DER VERKEHRSWASSERBAU

EIN WASSERBAU-HANDBUCH FÜR STUDIUM UND PRAXIS

VON

OTTO FRANZIUS
O. PROFESSOR AN DER TECHNISCHEN HOCHSCHULE ZU HANNOVER

MIT 1022 ABBILDUNGEN IM TEXT
UND AUF EINER TAFEL

BERLIN
VERLAG VON JULIUS SPRINGER
1927

Additional material to this book can be downloaded from http://extras.springer.com

ISBN 978-3-642-89696-5 ISBN 978-3-642-91553-6 (eBook)
DOI 10.1007/978-3-642-91553-6

Softcover reprint of the hardcover 1st edition 1927

Vorwort.

Das Werk soll für den entwerfenden und ausführenden Ingenieur eine möglichst kurz gefaßte Darstellung dessen geben, was heute im Gebiet des Verkehrswasserbaues an Wissen nötig ist. Es ist kein Buch über Verkehr, sondern über den Teil des Wasserbaues, der dem Verkehr dient. Das Buch soll wissenschaftlich gehalten sein nicht in dem Sinne, daß alle Theorien zur Darstellung gebracht werden, aber in dem Sinne, daß an jeder Stelle die Wahrscheinlichkeit des Gesagten kritisch beleuchtet wird. Veraltetes gänzlich fortzulassen, ist nicht möglich, weil die Erfahrung gezeigt hat, daß heute veraltete Methoden durch sinnreiche Umwertung morgen wieder neu sein können. Das heute Veraltete wurde aber mit Kürze behandelt, zum Teil nur genannt. Die Quellen, in denen man das Nötige finden kann, sind dabei als Fußnoten auf der gleichen Seite angegeben. Da das Werk vor allem einen praktischen Zweck verfolgt, so ist die Entwicklung der Theorien auf das kleinste Maß zusammengefaßt worden. Es erschien wertvoller, die Theorie kurz, aber mit scharfer Kritik zu geben, als weitestgehende Vollständigkeit zu schaffen. An vielen Stellen werden neue Darstellungen oder Auffassungen gebracht. So sind z. B. die Tafeln über Wassergeschwindigkeiten anders als die bisher üblichen, Berechnungsmethoden für Ufermauern, Schleusen, Schleusentore usw. konnten in neuerer Form dargestellt werden usw.

Das Werk ist beschränkt auf die Gebiete des Verkehrswasserbaues, die ich seit fünfundzwanzig Jahren praktisch und seit dreizehn Jahren lehrend behandelt habe. Das Eingehen auf Fragen des landwirtschaftlichen Wasserbaues ist als ferner liegend möglichst vermieden worden. Auch bei der Besprechung des Vorkommens und der Bewegung des Wassers ist insofern Zurückhaltung geübt worden, als das praktisch Notwendige immer in den Vordergrund gestellt worden ist. Das Buch soll kein Werk zur Ausbildung Gelehrter, sondern zur Unterstützung wissenschaftlich denkender Praktiker sein. Die Raumersparnis und der sachliche Zusammenhang zwang dazu, die mehr theoretischen Fragen im Zusammenhang zu behandeln, so z. B. alle Fragen über Vorkommen und Bewegung des Wassers, gleichviel, ob es sich um das Binnenland oder das Meer handelt. Schleusen aller Art, Kanäle, Häfen usw. sind in einzelnen Abschnitten zusammengefaßt, aber nicht nach Begriffen des Flußbaues, Seebaues usw. getrennt worden.

Besonders anerkennen muß ich die wertvolle Mitarbeit meines früheren Assistenten Dr.-Ing. F. Collorio und des jetzigen, Dipl.-Ing. Heinze, von denen der Erstgenannte den größten Teil der Zeichnungen, Zahlentafeln, z. T. auch die Materialbeschaffung bearbeitet hat, der Letztgenannte die Bearbeitung der Korrekturabzüge mit besonderer Zuverlässigkeit ausführte. Außerdem hat mein Assistent Dr.-Ing. A. Streck wertvolle Teilarbeit erledigt. Alle genannten Herren haben mir auch durch kritische Durchsicht wertvolle Hilfe geleistet. Es sind mir ferner von vielen Firmen und Ingenieuren wertvolle Zeichnungen und schriftliche Unterlagen bereitwilligst überlassen worden. Allen Förderern sei an dieser Stelle noch einmal für ihre Hilfe gedankt. Der Verlagsbuchhandlung Julius Springer spreche ich meine besondere Anerkennung für die gute Ausstattung des Werkes und die angenehme Art, in der die Zusammenarbeit zwischen Verfasser und Verlag sich vollzog, aus.

Hannover, im September 1927.

O. Franzius.

Inhaltsverzeichnis.

Erster Teil.

Der Wasserverkehr, sein Wesen und seine Bedeutung.

Zweiter Teil.

Das Wasser.

Dritter Teil.

Flußbau.

Vierter Teil.

Strommündungen und ihre Behandlung.

Siebenter Teil.

Talsperren.

Achter Teil.

Wasserkraftanlagen.

Neunter Teil.

Schiffsschleusen.

Zehnter Teil.

Künstliche Wasserstraßen.

Elfter Teil.

Hafenbau.

Bedeutung der Abkürzungen.

Z. Bauw.	= Zeitschrift für Bauwesen.
Zentralbl. Bauverw.	= Zentralblatt der Bauverwaltung.
Dt. Bauzg.	= Deutsche Bauzeitung.
Schweiz. Bauzg.	= Schweizerische Bauzeitung.
Beton Eisen	= Beton und Eisen.
Z. d. V.	= Zeitschrift des Verbandes deutscher Architekten und Ingenieur-Vereine.
Z. V. d. I.	= Zeitschrift des Vereins deutscher Ingenieure.
ETZ	= Elektrotechnische Zeitschrift.
Bauing.	= Der Bauingenieur.
Gl. Ann.	= Glaser, Annalen für Gewerbe und Bauwesen.
Ö. W.	= Österreichische Wochenschrift für den öffentlichen Baudienst.
D. W. W.	= Deutsche Wasserwirtschaft.
W. R. H.	= Werft, Reederei und Hafen.
Z. Binnensch.	= Zeitschrift für Binnenschiffahrt.
Baut.	= Bautechnik.
Wstrjahrb.	= Wasserstraßenjahrbuch.
Wkjahrb.	= Wasserkraftjahrbuch.
Jahrb. Haf. Ges.	= Jahrbuch der Hafenbautechnischen Gesellschaft.
Z. ö. I. A. V.	= Zeitschrift des österreichischen Ingenieur- und Architekten-Vereins.
Z. G. K.	= Zeitschrift für Gewässerkunde.
Ann. ponts chauss.	= Annales des ponts et chaussées.

Druckfehlerverzeichnis.

S. 63, Zeile 2 v. u. lies: Stevenson statt: Stephenson.
S. 63, Anmerk. 3 lies: Öltjen: Zentralbl. Bauverw. 1919 statt: Öltjen: Z. d. R. 1919.
S. 64, Abb. 54 lies: Stevenson statt: Stephenson.
S. 74, Anmerk. 2 lies: Verhandl. des XVII. Geogr. Tages statt: Verhandl. d. XVI. Geogr. Tages.
S. 135, Zeile 10 v. u. lies: sind im Ö. W. Ö. B. statt: sind im O. W. O. B.
S. 135, Zeile 14 v. u. lies: G. Ö. I. V. 1916 statt: G. O. I. V. 1916.
S. 219, Anmerk. 1 lies: Techn. Hochschule Hannover 1924 statt: Techn. Hochschule Hannover 1921.
S. 279, Abb. 361a u. b lies: Langmannsperre statt: Lampmannsperre.
S. 306, Überschrift lies: **d) Heberüberfälle** statt: 4. Heberüberfälle.
S. 307, Überschrift lies: e) Die Bauausführung der Wehre statt: d) Die Bauausführung der Wehre.
S. 310, Überschrift lies: f) Fischpässe statt: e) Fischpässe.
S. 315, Überschrift lies: g) Vergleich der ... statt: f) Vergleich der ...
S. 336, Abb. 446 lies: Iognetalsperre statt: Iognatalsperre.
S. 391, Anmerk. 1 lies: D. W. W. S. 125 statt: D. W. W. S. 30.
S. 455, Abb. 611 lies: Maßstab 1:1100 statt: Maßstab 1:110.
S. 516, Zeile 12 v. u. lies: Vergleich der ... statt: δ) Vergleich der ...
S. 527, Zeile 7 v. o. lies: Bevergern statt Beverzern, desgl. Zeile 7 v. u. hinter „Schleppwiderstandes" fehlt der Satz: „Man sollte deshalb in allen Auftragstrecken die Nutzbreite mit sanftem Übergang stark vergrößern, zumal die Kosten dafür meist gering sind."
S. 612, Anmerk. 1 lies: Die Bautechnik. statt: Der Bauingenieur.
S. 634, Anmerk. 1 lies: Proetel, H.: Seebau statt: Proetel, S.: Seebau.
S. 647, Zeile 8 v. u. lies: Abb. 811 statt: Abb. 809.

„Navigare necesse est,
vivere non est necesse."
(Am Seemannshaus Bremen.)

Erster Teil.

Der Wasserverkehr, sein Wesen und seine Bedeutung.

A. Allgemeines.

Verkehrsbauten kann nur der Ingenieur in richtiger Form schaffen, der das Wesen des Verkehrs beherrscht. Wenn auch das vorliegende Buch kein Werk über Wasserverkehr ist, so muß es doch das Wesen des Wasserverkehrs darstellen um der Bauten willen.

Der erste Wasserverkehr hat wahrscheinlich lediglich der Beförderung von Menschen gedient. Auch heute noch ist ein Teil der See- und Binnenschiffahrt dieser Aufgabe gewidmet. Häfen erfordern daher stets Einrichtungen für Menschenverkehr. In der Binnenschiffahrt ging aber die Beförderung von Menschen zu Wasser um so mehr zurück, je besser die Landverkehrsmittel sich entwickelten. Wo Zeit Geld ist, wird meist die Eisenbahn, der Kraftwagen oder demnächst das Flugzeug vorgezogen werden. Ausnahmen machen große Seen und große Ströme, zum Teil wegen der Schönheit der Fahrt. Kanäle dagegen weisen fast nur Güterverkehr auf.

Der Wasserverkehr mit Gütern ist seit den ältesten Zeiten, von gewissen Ausnahmen abgesehen, der Verkehr von großen Massen gewesen, gleichgültig, ob es sich um Menschen[1]), Tiere oder Waren gehandelt hat. Das Wort Masse ist dabei relativ zu verstehen und immer in bezug auf die anderen Transportmöglichkeiten des betreffenden Landes und der betreffenden Zeit zu setzen.

Wenn die Seeschiffe der alten Völker meist nur eine Tragfähigkeit von wenig hundert Tonnen besaßen, so konnten sie doch gegenüber den Landfahrzeugen mit einer Tragfähigkeit von vielleicht 10—30 Zentnern Riesenmassen befördern. Das Streben des Wasserverkehrs nach großen Mengen liegt in dem Wesen des Schiffes begründet. Während auf dem Lande die Ware auf 2 oder 4 Beinen, auf 2 oder 4 Rädern ruhen muß, ist das Schiff ein fast allseitig unterstützter Körper, der allerseits gleichmäßig gestützte Träger, dessen Widerstand gegen eine Fortbewegung nur ein Bruchteil dessen ist, den das Landfuhrwerk zu überwinden hat. Die Eigentümlichkeit der gleichmäßigen Unterstützung traf auf den Binnenwasserstraßen fast ganz zu; die Abweichung auf der See durch Seegang (ungleichmäßige Unterstützung) konnte bald durch entsprechende Ausbildung des Seeschiffes mit Kiel gegenüber dem kiellosen Binnenschiff überwunden werden. Wie und wo das erste Schiff entstanden ist, ist eine Frage von unbedeutendem Rang. Der Mensch, der die Erfahrung machte, daß Holz schwimmt, daß ein ausgehöhltes Holzgefäß leichter schwimmt als ein massives Holzstück, wird von dieser Erkenntnis aus bald zur Erfindung des Schiffes gelangt sein. Die Erfahrung zeigte dann, daß die Beförderungskosten mit der Größe des Schiffes abnahmen, die Sicherheit dagegen wuchs, so daß das Risiko, das jeder Kaufmann auch in alten Zeiten bereits einrechnen mußte, sich verringerte. Man ging daher von jeher schnell an die Höchstgrenze der Schiffsgrößen, die durch die jeweilige Technik gegeben war. Die bedeutende Größe der Schiffe gegen über den Landfuhrwerken erzwang dann entsprechende Kanäle im Binnenland

[1]) z. B. als Sklaven oder Truppen, die „verfrachtet‘ wurden.

und entsprechende Häfen an der See. Daraus folgt, daß einen erfolgreichen Schiffsverkehr im Großen nur gut organisierte Völker oder Städte entwickeln konnten. Wasserverkehr im großen mit der Anhäufung von Massen von Gütern verlangt Anhäufung von Kräften zu seiner Bewältigung, das setzt entweder Genossenschaftsbildung, Kapitalismus oder Despotismus in irgendeiner Form voraus. Ohne Anhäufung oder Zusammenfassung von Kräften war ein Wasserverkehr im großen nicht möglich. Irgendeine politische oder wirtschaftliche Organisation war Voraussetzung, wobei die politische Form jedenfalls nicht entscheidend war. Wir finden vom Altertum bis zur Neuzeit alle Formen dieser drei Voraussetzungen. Bei den alten Ägyptern die reine Autokratie, bei den Römern Sozialismus und Autokratie gepaart, bei den Phöniziern Oligarchie; bei den Deutschen des Mittelalters (Hansa) Sozialismus und Kapitalismus vereint, bei den Deutschen der neuen Zeit Staatssozialismus bei dem Bau der Binnenschiffahrtswege, Kapitalismus in der Seeschiffahrt, gepaart mit Sozialismus[1]) für den Bau der Häfen (Hamburg, Lübeck, Bremen).

Die Anhäufung von Gütern, die als Voraussetzung eines kräftigen Wasserverkehrs genannt ist, hat ihren Umfang in der heutigen Zeit durch die Entwicklung der Kohlenwirtschaft erhalten. Viele Wasserstraßen und Häfen leben geradezu von dem Kohlenverkehr. Bei jeder Wasserstraße ist daher auch die erste Untersuchung nach der Größe des Kohlenverkehrs durchzuführen. Daß aber solche Untersuchungen mit größter Vorsicht vorgenommen werden müssen, geht aus der Eigentümlichkeit der Kohle hervor. Es möge als Beispiel erwähnt werden, daß Koks für Hüttenzwecke z. B. nur dann auf die Wasserstraße übergehen kann, wenn er nicht durch einen wiederholten Umschlag zu stark zerkleinert wird. So ist z. B. die Koksausfuhr von England zu französischen Hochöfen vielfach unmöglich, so können auch die Hochöfen der Ilseder Hütte bei Peine den Koks nicht über den Mittellandkanal beziehen, weil der wiederholte Umschlag ihn zu sehr zermahlen würde. Neben der Kohle spielen Erze, Holz, Gesteine usw. eine ähnliche Rolle. Wenn man auch hoffen darf, daß die volkswirtschaftlich unzweckmäßigen Transporte der Kohle mehr eingeschränkt werden, soweit sie die Erzeugung von elektrischer Kraft in elektrischen Zentralen betrifft (z. B. Großkraftwerk Hannover, das die Kohle auf dem Wasserwege vom Ruhrgebiet bezieht), so ist doch für alle möglichen Industrien die Kohle als Stoff unentbehrlich. Wollte man nur mit der Elektrizitätswirtschaft, dem Eisenbahnverkehr, dem Hausbrand usw. rechnen, dann könnte man hoffen, daß bald einmal die Zeit kommen wird, in der wir die Kohle nicht mehr auf Wagen oder Schiffen verschicken, sondern in der wir ihre Energie nur noch durch den Draht über das Land senden. Aber selbst dann werden so viele Stoffe als Nebenprodukte gewonnen werden, daß mit der Steigerung aller Erzeugnisse der modernen Kulturvölker noch so gewaltige Gütermengen zu bewegen sind, daß der Wasserverkehr auch dann nicht entbehrt werden kann.

B. Geschichte des Wasserverkehrs.

Wir haben zu unterscheiden Seeschiffahrt und Binnenschiffahrt, wobei letztere beinahe Landschiffahrt genannt werden könnte, wenn das Wort nicht so unschön wäre. Dazu tritt die Seebinnenschiffahrt, wie sie von den alten Wickingern geübt wurde, heute aber auch noch im Verkehr von Seeschiffen auf dem Rhein, der Donau usw. besteht. Die Geschichte der Schiffahrt ist so alt wie die Geschichte der Menschheit. Die Schiffahrt tritt uns bereits in den ältesten Sagen vor Augen. So läßt Plato seinen Vorfahren Solon über die Geschichte der Insel Atlantis erzählen. Die ägyptischen Priester, die über eine Geschichte von Tausenden

[1]) Es ist hier nicht Sozialismus im politischen Sinne gemeint.

von Jahren zurückblicken konnten, erzählten, daß zwischen Atlantis und Europa ein reger Schiffsverkehr geherrscht habe. Für uns ist es ganz gleichgültig, ob es sich dabei um ein Festland westlich von Europa oder die Insel Atlantis gehandelt hat. Auch die Arche Noah der Bibel ist schließlich nichts als die Kunde von dem ältesten Schiffe. Es ist an sich auch kein Wunder, daß das, was primitive Negerstämme erfinden konnten, von den hochstehenden Kulturvölkern der verschollenen Sagenzeiten vor dem geschichtlichen Altertum erfunden wurde, wobei ihre Erfindung sicherlich aber in vollkommenerer Form erfolgte. In der Geschichte der schiffbaren Wasserstraßen nimmt Ägypten wahrscheinlich eine Ausnahmestellung ein. Der Nil war bereits im 3. Jahrtausend vor Christus eine von Handels- und Kriegsschiffen viel besuchte Wasserstraße, um 2300 v. Chr. (12. Dynastie) wurde der erste Kanal vom Nil zum Roten Meere begonnen. Die Ägypter ließen dabei ihre Schiffe von Griechen und Phöniziern bauen. Der Nilkanal soll zweimal verfallen und dreimal neu erbaut worden sein, zuerst nur bis zu den Bitterseen und erst unter Trajan bis zum Roten Meer. Nicht viel jünger als die ägyptischen Wasserstraßen waren die der Babylonier und Assyrier. Nebukadnezar hatte z. B. ein ganzes Wasserstraßensystem, aus 4 großen Kanälen bestehend, zwischen Euphrat und Tigris bauen lassen, von denen der größte, der Königsfluß Nahar malka, heute noch vorhanden ist. Auch in der Regelung von Flüssen müssen schon genauere Kenntnisse vorhanden gewesen sein, denn Herodot erzählt, daß der Euphrat zur Verkleinerung der Geschwindigkeit durch Anlegen von Krümmungen in seinem Lauf verlängert wurde. So wurde er an einer Stelle so in Schleifen gelegt, daß er denselben Ort dreimal berührte. Auch wurde der Euphrat durch Durchstiche unter Nebukadnezar geregelt. Es wurde ein solcher Durchstich an der Euphratmündung erbaut, um den Hafenplatz Diridotis anzulegen. Die Perser ließen die großen Anlagen des Nebukadnezar wieder verfallen.

Auch in China und Indien sind bereits in den ältesten Zeiten Schiffahrtskanäle entstanden, wobei aber die Schleuse nicht bekannt war. Der berühmte Kaiserkanal in China „Yünko“ mit der gewaltigen Länge von rund 1100 km soll im 13. Jahrhundert n. Chr. unter den Mongolenkaisern fertiggestellt worden sein. Der Kanal verläuft in der ganzen Länge ohne Schleusen, wobei er viele natürliche Wasserstraßen mit benutzt. Seinen Ausgang nimmt er bei Tientsin, der Hafenstadt von Peking, und führt über das Gebiet des Hoangho zum Jang-tsze-kiang bis nach Schang-hai.

Nicht nur im Altertum, sondern auch in der Neuzeit ist stets die Erweiterung von Stromgebieten der Anstoß für die Erbauung von Kanälen gewesen. Das trifft auf den Nil, Euphrat, Tigris, Hoangho, aber auch auf den Rhein, die Elbe, die Rhône und andere zu. Aber immer war der innere Grund, der vom Gedanken zur Tat führte, die so viel größere Tragfähigkeit der Schiffe gegenüber dem Landfuhrwerk.

Von großem Interesse ist nun die Tatsache, daß der erste große Fortschritt im Schiffsverkehr nicht zur See, sondern auf den Binnenwasserstraßen erfolgte. Die ersten Dampfschiffe waren Flußschiffe. Papin fuhr 1707 mit einem von ihm gebauten Ruderschiff, das durch Dampf angetrieben wurde, auf der Fulda von Kassel nach Hann.-Münden. Wie groß die Leistungsfähigkeit war, kann nicht mehr festgestellt werden, besonders da es sich um eine Talfahrt gehandelt hat. Es folgt dann eine große Reihe von oft mißglückten Versuchen, den Dampferverkehr auf den Flüssen einzuführen. 1803 machte Robert Fulton Versuche auf der Seine, hatte dann die ersten großen Erfolge bei Fahrten mit der Clermont im Jahre 1807 auf dem Hudson, den er von Newyork bis Albany regelmäßig befuhr. Schon in den deutschen Freiheitskriegen wäre somit die Benutzung von Dampfschiffen bereits möglich gewesen. Das immer nur auf die Erhaltung des Bestehenden gerichtete Wesen der Staatsverwaltungen konnte aber den neuen Gedanken nicht so schnell aufnehmen. 1812 fuhren aber schon mehr als 50 Raddampfer auf amerikanischen Flüssen. Erst 1824 gelang die erste Bergfahrt auf dem Rhein mit einem Dampfer von Rotterdam bis Caub und damit die Eröffnung der Rhein-Dampfschiffahrt[1]). Ein 7 Jahre früher unternommener Versuch war fehlgeschlagen.

Der erste Dampfer, der die See befuhr, war ein von Robertson in England erbauter Raddampfer. 1818 fuhr der erste Dampfer von Savanna (Amerika) in 26 Tagen bis Liverpool, wobei er 18 Tage unter Dampf fuhr. 1835 waren in England bereits über 500 Dampfer im Dienst. 1839 war ein Wendepunkt in der Seeschiffahrt, da von nun ab die Schiffsschraube allgemein in den Seedampferdienst eingeführt wurde. Gegenüber dieser Entwicklung ist es bemerkenswert, daß die erste Eisenbahn für öffentlichen Verkehr erst 1825 in England eröffnet wurde (zwischen Stokton und Darlington), daß aber dann die Eisenbahn gegenüber der künstlichen Schiffahrt auf Kanälen eine geradezu ungeheuerlich schnelle Entwicklung erfuhr, die nicht auf der Überlegenheit der Eisenbahn gegenüber dem Schiff, sondern gegenüber dem Landfuhrwerk beruht, das seit den Zeiten der Ägypter und Assyrer kaum einen nennenswerten Fortschritt gemacht hatte. Die Fluß- und Seeschiffahrt hatte inzwischen große Fortschritte gemacht, da bei ihnen immer der Vorteil bestand, daß die Fahrstraße nicht erst erbaut, wenn auch oft sehr verbessert werden mußte, und da der Seeverkehr zudem unersetzbar war. Diese natürliche Schiffahrt steht somit im Gegensatz zu der künstlichen auf Kanälen und im gleichen Sinne zum Eisenbahnverkehr. Aber die künstliche Schiffahrt auf Kanälen, die früher in Preußen, Frankreich usw. eine große Entwicklung durch den Bau vieler Kanäle genommen hatte, kam durch den Aufschwung der Eisenbahn stark in den Rückstand. Hierzu trug infolge der leichteren Herstellbarkeit der Eisenbahn ihre fast unbegrenzte Ausdehnungsmöglichkeit das Wichtigste bei. Es war bei den damals kaum vorhandenen Baggern viel leichter, einen Schienenweg zu bauen als einen Kanal. Die unbestreitbare Notwendigkeit und die Leichtigkeit der Erbauung der Eisenbahnen war eine so große, daß ihr gegenüber alle anderen Bedürfnisse zurücktreten mußten. Erst nachdem man die Hauptanforderung des Verkehrs durch den Bau der Bahnen hatte erfüllen können, begann man wieder mit dem Ausbau der Wasserstraßen. Die über ein halbes Jahrhundert währende Vernachlässigung war aber nicht mehr so schnell gutzumachen. Mit der Erbauung des Dortmund-Ems-Kanales, vollendet 1899, begann langsam in Deutschland ein neuer Zeitraum, in dem die Wasserwege wieder zu einer größeren Bedeutung gelangen sollten. Daß aber durch die übermäßige Vernachlässigung inzwischen große Werte verloren gegangen sind, vor allem eine Entwicklung der Wasserstraßen nicht geschehen ist, die bei verständnisvoller Behandlung hätte gewonnen werden können, ist leider als eins der großen Versäumnisse auf dem Gebiete des Verkehrswesens nicht zu bestreiten. In der Seeschiffahrt sind diese Versäumnisse nicht zu beklagen, trotzdem die Eisenbahn für viele Seeschiffslinien ebenso gut hätte eine Konkurrenz sein können wie für Binnenschiffslinien; denn man kann ebensogut von Königsberg nach Hamburg, Emden, Rotterdam, Lissabon mit der Bahn fahren wie mit dem Seeschiff. Das wertvollste Gut, der Mensch, tut meist das erste, die Ware das zweite.

C. Massenverkehr und Linienzwang.

Zwischen dem Schiffsverkehr und dem Landverkehr besteht ein besonderer Unterschied hinsichtlich des Verkehrsbildes. Der Schiffsverkehr für große Entfernung ist vorwiegend für Massengüter geeignet und dem Landverkehr bei Beförderung großer Massen überlegen, weil er billiger ist. Daher ist der Wasserverkehr vorwiegend ein Verkehr zwischen Massenzentren. Man kann nicht einen erfolgreichen

[1]) V. D. I. Nachr. vom 12. 11. 24.

Wasserverkehr einrichten zwischen kleinen, nahe beieinander liegenden Orten. Da nun große Massenzentren, gleichgültig, ob es Riesenstädte wie Berlin, Hamburg, Essen usw. sind oder große Eisenindustriegebiete wie das Ruhrgebiet, Oberschlesien, Peine, Kalimittelpunkte wie Hildesheim, Bernburg, Halle usw., gegenüber den normalen Landstädten selten sind, so ergeben sich für den Binnenwasserverkehr Linien als Verkehrsbilder, die Massenzentren verbinden. Im Seeverkehr tritt die gleiche Erscheinung auf. Die großen Schiffe brauchen, um Ladung zu finden, warenreiche Hinterländer und große Häfen. Auch letztere sind wieder seltene Erscheinungen. Der große Seeverkehr vollzieht sich auch auf bestimmten Linien (woher sogar das Wort Linien-Reederei entstanden ist). Wenn sowohl auf dem Lande wie auf der See gewisse Ausnahmen auftreten, so ist das eine Erscheinung, die zum Teil aus der geschichtlichen Entwicklung zu erklären ist, die aber im allgemeinen heute nur noch die Regel bestätigt.

Daß im Altertum und Mittelalter die Häfen kleiner und zahlreicher waren als heute, erklärt sich zwanglos aus dem so viel kleineren Tragvermögen der Schiffe, dann aber auch aus der Schwierigkeit des Landtransportes, die ein Heranbringen der Ware an manche Punkte wirtschaftlich machte, die heute ohne Bedeutung geworden sind. Dem linienmäßigen Wasserverkehr steht der netzartige Landverkehr mit Landfuhrwerk und Eisenbahn gegenüber. Von den großen Hauptlandstraßen und den großen Haupteisenbahnlinien zweigt nach allen Seiten, durch Gebirgszüge, Sümpfe und Flußtäler meist nur wenig gehemmt, das feinmaschige Eisenbahnnetz des platten Landes ab. Besonders der Eisenbahnverkehr ist ein systematisch an Hauptverkehrslinien angeschlossener Netzverkehr. Wenn auch der Eisenbahnverkehr heute für den Linienverkehr dem Großraumwagen von 50 t, bald vielleicht auch von über 100 t, zustrebt, so bleibt doch das Kennzeichnende des Eisenbahnverkehrs darin bestehen, daß jeder Zug aus einer Reihe kleinerer Transportgefäße besteht, die nach Bedarf auf das Netz ausgebreitet, man möchte fast sagen ausgeschüttet werden können. Einheitlichkeit der Ladung ist daher für die Eisenbahn keine Voraussetzung, wohl aber Bedingung für einen erfolgreichen Schiffsverkehr. Das Vorhandensein von großen Massenzentren ist für die Eisenbahn im Gegensatz zum Wasserverkehr in keiner Weise Vorbedingung.

Aus diesen Erwägungen folgt weiter, daß der Einfluß der Fördermaschine auf den Wasserverkehr ein entscheidender ist. Die Transportmaschinen, wie Krane, Aufzüge, Stapler, Sauger, Autokarren usw. in ihrer vollkommensten Form sind Voraussetzung für einen Fortschritt auf diesem Gebiet. Der Aufschwung des Seeverkehrs, der in erster Linie bedingt war durch die Ausbildung des Dampfschiffes gegenüber dem früheren kleineren Segelschiff, hatte dann aber als weitere wesentliche Voraussetzung die moderne Ausbildung der Häfen, wie sie zuerst von Bremen, dann von weiteren deutschen Häfen durchgeführt wurde. Während man wegen der Zerlegungsmöglichkeit eines Eisenbahnzuges die Be- und Entladung gleichzeitig an vielen Stellen, die räumlich auseinander liegen, vornehmen kann, ist wegen der Zusammenballung der Ladung in einem Raum bei der Schiffahrt eine große Zusammenfassung der Kräfte für eine schnelle Entladung die Voraussetzung.

Massenverkehr mit schnell zuströmenden großen Gütermengen setzt auch einen schnellen Massenumschlag voraus. Deshalb ist die maschinelle Ausrüstung aller Umschlagshäfen von entscheidender Bedeutung. Es wurde bald notwendig, den immer weiter wachsenden Schiffsgrößen entsprechende Häfen zur Verfügung zu stellen. Wurde die Zahl der großen Überseehäfen auch bedeutend kleiner, da nur örtlich sehr begünstigte Häfen mit einem aufnehmbaren Hinterland diese Bauveränderungen vornehmen konnten, so nahm die Größe der Häfen außerordentlich zu. Hier lag nun wieder die innige Berührung mit dem Eisenbahnwesen, denn ein großer Teil der Güter rollt auf dem Schienenwege heran und erfordert besondere Hafenbahnhöfe. Dieser Zweig des Wasserverkehrs ist zeitweilig zum großen Schaden der Schiffahrt vernachlässigt worden. Es mag gleich an dieser Stelle gesagt werden, daß ein Eisenbahnhafen oder der für Eisenbahnumschlag bestimmte Teil eines Hafens nur dann seine Aufgabe erfüllen kann, wenn die Hafenbahnanlagen den gleichen Grad der Vollkommenheit aufweisen wie die eigentlichen Hafenanlagen selbst. Gegen diesen selbstverständlichen Grundsatz ist oft verstoßen worden.

Das oberste Gesetz bei den Verkehrsentwicklungen war der Zwang zur Billigkeit. Nur der Hafen, nur der Kanal kann auf die Dauer Erfolg haben, der billiger arbeitet als seine Mitbewerber. Für die Hafenfrage ist das besonders klar durch Schumacher für Antwerpen[1]) beleuchtet worden. Er zeigt darin, daß der große Aufschwung Antwerpens auf der großen Billigkeit des Platzes beruht. Die Verwaltung hatte es immer wieder verstanden, diesen Hafen billiger zu halten als seine Mitbewerber, billiger wenigstens für die Güter, die für den Hafen in erster Linie in Frage kamen. Für Seekanäle ist der Suezkanal und in neuerer Zeit der Panamakanal ein gleich wertvolles Beispiel. Auch hier waltet das gleiche Gesetz. Die Abgaben für die Schiffahrt waren begrenzt dadurch, daß z. B. beim Suezkanal das Schiff trotz der hohen Abgaben billiger fuhr, als wenn es seinen abgabenfreien, aber langen Weg um das Kap der Guten Hoffnung nahm. Für Binnenkanäle kann der Dortmund-Ems-Kanal als wichtiges Beispiel gelten. Sein Berg- und Talverkehr ist fast ausgeglichen, er hat demzufolge die billigsten Transportkosten erreicht, die in seinem heutigen Zustand möglich sind. Sowie hier eine Verkehrsrichtung gesteigert wird, müssen sich die Transportkosten steigern.

Das, was sich im Seeverkehr als Zwang zum Bau großer Häfen zeigt, zeigt sich im Binnenschiffahrtsverkehr als Zwang zur Erbauung langer Binnenschiffahrtswege. Weil die Anhäufung der Güter im Binnenschiffahrtsverkehr vielfach noch nicht so gestiegen ist wie im Seeverkehr, ist der Zwang zur Ausbildung großer Häfen bis auf einige Ausnahmen (Ruhrort, Mannheim, Hamburg, Berlin, Kosel usw.) nicht so bestimmend gewesen wie an der See. Daraus ergibt sich für den Binnenschiffahrtsverkehr als heute noch vorhandene Störung, eine ungenügende Kran- usw. Ausrüstung der meisten Häfen, so daß die Schiffe lange Liegezeiten in den Häfen aufweisen. Für eine Fahrt vom Ruhrgebiet nach Hannover und zurück kam z. B. bis vor kurzem eine Fahrzeit von 12 Tagen in Frage, die Liegezeit in den Häfen aber beanspruchte 18 Tage[2]). Diese Liegezeit verzehrt damit an Zinsen, Tilgung usw. einen ganz unverhältnismäßig großen Teil der Unkosten. Daraus folgt, daß die Binnenschiffahrt unter diesen Umständen um so billiger arbeitet, je länger die Strecke ist[3]). Auf kurzer Strecke kann unter normalen Verhältnissen der Kahn nicht mit dem Eisenbahnzug in Wettbewerb treten, auf langer Strecke ist er ihm aber überlegen[4]). Hieraus folgt nun für jeden Wasserverkehr, daß er um so billiger ist, je länger die Fahrstrecke ist. Denn wie man auch die Lösch- und Ladevorrichtungen für die Schiffe gestalten möge, an die Geschwindigkeit der Eisenbahnentladung (z. B. Kippen ganzer Kohlenwagen in Schiffe usw.) wird man nicht herankommen können.

Zu beachten ist allerdings, daß dafür dem Schiffsverkehr als Linienverkehr ein Vorteil bleibt, nämlich das Fehlen des umfangreichen Rangierverkehrs, der die mittlere Fahrgeschwindigkeit der Eisenbahn stark mindert. Für den Seeverkehr bleibt zudem noch der Vorteil bestehen, daß die Seeschiffe wochenlang Tag und Nacht ohne Unterbrechung durchfahren, die Fahrleistung dadurch also gegenüber dem Eisenbahngüterverkehr gesteigert ist.

---

[1]) Schumacher, Antwerpenbuch.

[2]) Dr-Arbeit Petzel, T. H. Hannover. Die Verhältnisse sind inzwischen etwas verändert worden.

[3]) Genauere Untersuchungen hierüber folgen später in dem Abschnitt „Künstliche Wasserstraßen".

[4]) Bei den heutigen deutschen Eisenbahntarifen kann der Kahn vielfach auf kurzer Strecke mit der Eisenbahn in Wettbewerb treten.

Die Verbilligung der Wassertransporte mit der Länge des Weges führt zu einer wenn auch langsam, so doch stetig wachsenden Ausbreitung der Kanalsysteme, z. B. in Deutschland, Holland, Frankreich usw. Hand in Hand mit ihnen muß aber eine Verbesserung der Binnenhäfen gehen, so daß die Liegezeiten der Schiffe verkürzt werden. Nicht so sehr die Steigerung der Geschwindigkeit der Kähne, die auch zu erstreben ist, als die Verbesserung der Hafeneinrichtungen im Binnenland wird den größten Fortschritt für den Binnenwasserverkehr bringen.

Für jeden Wasserverkehr bleibt die Ausgestaltung der Schiffe eine Frage von allergrößter Bedeutung. Gelänge es z. B., Leichtmetalle in den Schiffbau einzuführen, so daß das Verhältnis von Schiffsgewicht zum Ladungsgewicht günstiger würde, dann wäre auch hieraus eine große Verbilligung des Transportes zu erwarten. Auch die Einführung der Dieselmaschine, bessere Ausnutzung der Windkraft, neue Methoden des Treidelns in der Binnenschiffahrt sind zur Zeit in der Entwicklung begriffen. Alles in allem genommen kann es einem Zweifel nicht unterliegen, daß sowohl in der Seeschiffahrt wie auch in der Binnenschiffahrt noch starke Transportverbilligungen möglich sind, und zwar bei letzterer mehr als bei ersterer.

Sowie nun ein Linienzwang für den Seeverkehr durch die Anfangs- und Endpunkte der Seeschiffahrt gegeben ist, so ist ein noch stärkerer Linienzwang für die Binnenschiffahrt, und zwar in zweifacher Hinsicht, vorhanden. Der Zwang ist gegeben einmal durch die Verkehrspunkte, dann durch das Gelände. Daß man für die Flußschiffahrt von vornherein an bestimmte Linien gebunden ist, ergibt sich von selbst, aber auch für die Kanalschiffahrt ist nur ein Bruchteil der Freiheit vorhanden, die für die Eisenbahn besteht. Der Einfluß der Schleusen auf die Kosten der Kanäle ist ein großer, man wird deshalb möglichst im Flachlande bleiben; die Frage der Speisung der Kanäle ist vielfach entscheidend, hier ist der Zwang gegeben, unterhalb von Höhengebieten zu bleiben, aus denen der Kanal durch natürliche Zuleitung gespeist werden kann. Besonders letztere Schwierigkeit besteht heute noch in hohem Maße, es ist aber zu erwarten, daß durch Weiterentwicklung der Hebewerke oder der Schleusen mit geringem Wasserverbrauch (Proetel-Schleuse) auch hier eine größere Freiheit der Linienführung erreicht wird. Der Unterschied gegenüber der Eisenbahn zeigt sich dabei sowohl in den Anlagekosten wie in dem Betrieb. Der Bau einer Eisenbahn im Gebirge ohne Tunnel ist teurer als in der Ebene, da die Bahn sich dem Gelände nicht so bequem anpassen kann. Die Anlagekosten eines Kanals im Gebirge sind aber ungleich höher als in der Ebene. Im Betrieb aber besteht ein Unterschied im umgekehrten Sinne, denn die Betriebskosten der Eisenbahn im Gebirge sind ungleich höher als in der Ebene, die Fahrkosten der Schiffe sind aber bis auf die Verlängerung der Fahrzeit durch den Schleusenaufenthalt im Gebirge nicht höher als in der Ebene, da auch im Gebirge sich das Schiff stets auf wagerechter Bahn bewegt. Gelingt es nun, die Zahl der Schleusen durch geschickte Linienführung und hohe Staustufen klein zu halten, dann besteht auch in dem Schleusenaufenthalt kein großer Unterschied gegenüber einem Kanal im leicht gewellten Gelände, denn der Schleusenaufenthalt wächst nur sehr wenig durch die Vergrößerung der Hubhöhe. Entscheidend kann aber die Höhe der notwendigen Abgaben sein, die streng genommen bei einem Gebirgskanal höher sein müßten als bei einem Flachlandkanal.

Verkehrstechnisch kann man die Kanäle einteilen in Durchgangskanäle und Stichkanäle. Wenn von den großen Durchgangskanälen der Satz gilt, daß sie um so wertvoller sind, je größere Entfernungen sie überwinden, dann gilt umgekehrt von den Stichkanälen der Satz, daß sie um so wertvoller sind, je kürzer sie sind. Ein Stichkanal ist niemals ein selbständiges Unternehmen, es ist daher auch völlig verfehlt, seinen Wert aus den auf ihm möglichen Abgaben ableiten zu wollen, ganz abgesehen davon, daß die Abgabe und damit die Kanalverzinsung in keiner Weise das entscheidende Merkmal für den Wert eines Kanales ist. Die Stichkanäle bilden gleichsam die große Schar der Obertöne zu dem großen Grundton der langgestreckten Saite eines großen Durchgangskanales; sie geben vielfach letzterem erst den richtigen Charakter. So sind sie besonders wichtig an Flüssen mit großer Schiffahrt, wie z. B. dem Rhein. Sie haben die Aufgabe, Umschlagskosten zu ersparen und bei für den Handel ungünstig aufgebauten Eisenbahntarifen die Transportkosten zu verbilligen. Überall dort, wo z. B. wie heute in Deutschland auf der Eisenbahn kurze Entfernungen einen hohen, lange einen geringen tkm-Satz erfordern, wird die Wasserfracht durch die Eisenbahnanschlußtarife stark verteuert. Es kann die Eisenbahnanschlußfracht über 50 km mehr Geld erfordern als die Wasserfracht über 250 km. Hier leistet dann ein Stichkanal für die Frachtverbilligung außerordentliche Dienste. Ein Beispiel hierfür ist der geplante Stichkanal vom Rhein nach Aachen. Hier können auch kurze Kanäle mit vielen hohen Schleusen trotz ihrer großen Baukosten hoch wirtschaftlich sein. Es ist sogar möglich, die Verzinsung solcher teuren Stichkanäle durch außergewöhnlich hohe Abgaben sicherzustellen, weil trotzdem dann der Wasserweg billiger wird als der Eisenbahnweg oder der gebrochene Weg Eisenbahn—Wasserstraße. Voraussetzung für solche teuren Stichkanäle ist ein großer Verkehr. Aber auch Stichkanäle mit kleinerem und mittlerem Verkehr sind als Verkehrszubringer für große Durchgangskanäle oft von allergrößtem Wert und oft der Eisenbahn überlegen. Sowohl große Ströme wie auch große Durchgangskanäle müßten zum Aufschluß des Ortsverkehrs aussehen wie ein Fischskelett, bei dem die Gräten die Stichkanäle sind.

Die großen Verkehrslinien im Seeverkehr scheinen auf den ersten Blick ideal durch die Natur vorgezeichnet zu sein. Man kann Häfen doch nur schließlich dort anlegen, wo sich die technische Möglichkeit bietet, den wirtschaftlichen Belangen zu entsprechen. Aber auch hier ist der Wille des Menschen oft von entscheidendem Einfluß gewesen. Die Vormachtstellung von England, die noch Mitte des vorigen Jahrhunderts auch für den deutschen Seeverkehr bestand, die so stark war, daß ein direkter Verkehr von und nach dem Kontinent, auch nach Deutschland, fast nicht vorhanden war, sondern die Güter über England als dem großen Stapelplatz gehen mußten, konnte nur durch die Erbauung der großen deutschen Häfen Hamburg, Bremen, Stettin usw. gebrochen werden. Als London, Liverpool, Glasgow schon Welthäfen waren, waren unsere deutschen Häfen noch örtliche Häfen. Sie sind durch den Weitblick deutscher Kaufleute und Ingenieure künstlich entstanden. So werden an der afrikanischen Küste, an der südamerikanischen Küste usw. im Laufe der nächsten Generationen neue Welthäfen entstehen, deren Bedeutung heute nur besonders weitschauenden Männern erkennbar ist. Es ist jedenfalls wichtig festzustellen, daß auch im Seeverkehr nicht nur die Verhältnisse das Handeln vorschreiben, sondern daß auch der Wille des Menschen neue Wirtschaftsverhältnisse schaffen kann.

Im Binnenschiffsverkehr zeigten die großen Ströme die ersten großen Verkehrslinien, dieses aber auch nur dann, wenn sich die großen Verkehrspunkte an den Strömen entwickelten und durch die Flüsse verbunden wurden. Deutschland zerfällt in dieser Hinsicht in drei große Gebiete, in das nördlich des Main, in das südlich des Main und in das Rheingebiet, oder in die norddeutsche Tiefebene, das Donaugebiet und das Rheingebiet bis nach Holland gerechnet. Die größte Bedeutung für die Entwicklung Deutschlands haben der Rhein und die Elbe; der Rhein, der mit seinem geringen Gefälle, seinen großen Wassermengen und seiner großen Tiefe den Rang einer Weltverkehrsstraße einnimmt, die Elbe, der Hamburg einen großen Teil seines Aufschwunges verdankt; eine ähnliche wird einmal die Weichsel für Polen erhalten.

D. Seehäfen und Binnenwasserstraßen; die wichtigsten Kanalpläne.

Der Einfluß der Binnenwasserstraße auf die Bedeutung des Seehafens wird besonders durch einen Vergleich zwischen Bremen und Hamburg klargelegt. Beide Häfen sind fast zu gleicher Zeit entwickelt worden, Bremen besitzt aber nur das Hinterland der verhältnismäßig unbedeutenden Weser, mußte sich somit vorwiegend als Eisenbahnhafen entwickeln, ist zudem durch die Elbe, die Ems (Dortmund-Ems-Kanal) und den Rhein so eingezwängt, daß das natürliche Hinterland der Weser teilweise von den anderen Flüssen mit bedient wird. Es findet eine starke Absaugung des Verkehrs nach anderen Gebieten statt, das natürliche Hinterland der Weser hört dadurch bald hinter Kassel auf. Das natürliche Hinterland von Hamburg reicht aber bis über Prag hinaus und ist durch den Bau von Kanälen sogar künstlich zur Oder bis über Breslau hinaus erweitert worden. Der Ausbau der großen Flüsse ist somit die erste Verkehrsforderung, die erfüllt werden muß; sie liegt ebenso im Interesse der Seehäfen wie im Interesse des Binnenlandes selbst. Beide Interessen bilden letzten Endes eine unzertrennbare Einheit. Die Hauptaufgaben dieser Art für Deutschland sind[1]): die Schiffbarmachung des Rheines bis zum Bodensee und seine Verbindung über den Main mit der Donau, deren Regelung oder Kanalisierung; Niederwasserregelung der Elbe, so daß auch in Zeiten geringer Wasserführung ein möglichst vollschiffiger Verkehr bis Böhmen hinein mit Erfolg möglich ist; Regelung oder teilweise Kanalisierung der Oder bis Breslau; Ausbau der Weichsel zur Aufschließung von Polen; der Ausbau der Weser bis Hann.-Münden und eines Teiles der Werra sowie Anschluß von Kassel, alles für große Binnenschiffe. Neben diesen Hauptaufgaben sind noch der Ausbau des Neckars, der Saale, der Mosel, der Aller und anderer zu nennen, die hier sämtlich aufzuzählen zu weit führen würde.

Jeder Strom besitzt sein besonderes Einflußgebiet, das von anderen durch Grenzen getrennt ist, die vielfach mit den Wasserscheiden zusammenfallen. Aufgabe des Verkehrsingenieurs ist es, diese getrennten Gebiete durch künstliche Wasserstraßen ebenso zu verbinden, wie er die einzelnen Meere durch Erbauung der Seekanäle (Suezkanal, Panamakanal usw.) miteinander zu einer Verkehrseinheit verbunden hat. In den meisten Kulturländern ist hierin bereits viel getan worden, es bleibt aber noch viel zu tun übrig. In Deutschland ist das östliche Wasserstraßennetz von der Elbe bis zur Weichsel durch die älteren deutschen Kanalbauten zu einer Einheit geworden. Das westliche Wasserstraßennetz ist seit der im Kriege bis Hannover erfolgten Fertigstellung des Mittellandkanals eine Einheit. Die Rheinhäfen, Emden und Bremen stehen miteinander und mit dem Hinterland durch den Rhein-Ems-Weser-, den Dortmund-Ems-Kanal und den Mittellandkanal Rhein-Hannover in Verbindung. Daß diese beiden großen Verkehrsgebiete, das westliche und das östliche, nicht bereits seit langem durch den Mittellandkanal Hannover-Elbe verbunden sind, ist eine der schwersten Unterlassungssünden, deren sich je eine Regierung schuldig gemacht hat. Zur Verbindung dieser Gebiete sind drei Wege möglich, einer über den Hansakanal, der das Rheingebiet über Bremen nach Hamburg an die Elbe anschließt mit weiterem Anschluß nach Lübeck, mehr ein Seehafenkanal als ein Flußverbindungskanal; der Mittellandkanal über Hannover-Magdeburg nach Berlin und der Oder; die Rehdersche mitteldeutsche Kanalstraße über den Main nach Mitteldeutschland, Leipzig, Dresden. Von diesen Straßen ist der Mittellandkanal jetzt im Bau und wird hoffentlich in nicht zu ferner Zeit fertiggestellt sein. Die Er-

[1]) Eine genauere Beschreibung der wichtigsten Wasserstraßenpläne folgt später im Abschnitt „Künstliche Wasserstraßen“.

bauung des Hansakanales ist in nicht zu ferner Zukunft zu erwarten. Die mitteldeutsche Kanalstraße ist eine Zukunftsaufgabe.

Das südliche Verkehrsgebiet der Donau wird durch den Donau-Main-Kanal mit dem Rheingebiet verbunden werden. Für Norddeutschland kommt die Main-Verbindung praktisch kaum in Betracht, da die Umwege für den norddeutschen Verkehr zu groß sind. Die im Ausbau befindliche Neckar-Kanalisierung hat mehr örtliche Bedeutung, könnte aber eine allgemeine Bedeutung gewinnen, sobald der Anschluß des Neckar an die Donau und beider Anschluß an den Bodensee durchgeführt werden würde. Bei einer weiteren friedlichen Entwicklung Europas kann die Donau eine Bedeutung als Verkehrsstraße gewinnen, die unmittelbar hinter der des Rheines stehen würde. Überschätzen darf man aber die Bedeutung nicht in der Hinsicht, daß man glaubt, daß Gütermassen aus dem Gebiet Serbiens, Rumäniens usw. etwa zu dem deutschen westlichen Industriegebiet gelangen würden. Das Fahren auf der See ist im Vergleich mit dem Fahren auf Binnenwasserstraßen so billig (etwa nur ein Zehntel so teuer), daß hierfür der Umweg um Gibraltar billiger wird als der Binnenwasserweg. Das gilt aber nur für ein befriedigtes Europa und die Wiederschaffung der „Freiheit“ der Meere. — Für einen Auf- und Anschluß der früheren Donauländer Österreich-Ungarns aber wäre der Ausbau der Donau mit Anschluß an den Rhein von großer Bedeutung.

Die Verkehrsbeziehungen Norddeutschlands zu Süddeutschland und den Donaustaaten sollen durch 2 Kanalpläne gefördert werden, den Werra-Main-Kanal und den Elbe-Oder-Donau-Kanal über Prerau. Aussicht auf Verwirklichung in absehbarer Zeit hat vielleicht der letztere. Der Ausbau des Werra-Main-Kanals wird dagegen der weiteren Zukunft vorbehalten bleiben müssen. Der Aubsau des Werra-Main-Kanals mit Kanalisierung der Weser würde Bremen stärken und wäre insofern sehr zu begrüßen, als die Konkurrenz von Bremen mit Hamburg förderlich ist.

Mit dem Ausbau des Elbe-Oder-Donau-Kanals würde der Einflußbereich Hamburgs wachsen, auch die Bedeutung des oberschlesischen Industriegebietes zunehmen. Hinsichtlich der Möglichkeit weitreichender Kanalverbindungen ist Deutschland von der Natur besonders begünstigt. Als wirkliche Gebirgsbarrieren liegen nur die Höhenzüge, die Norddeutschland von Böhmen und Süddeutschland trennen, als Erschwernis vor, also im wesentlichen der Schwäbische und Fränkische Jura, dann die Gebirge, die Böhmen umrahmen, während ganz Norddeutschland eine zusammenhängende Ebene ohne Gebirgsbarrikaden bildet. So ist es möglich, durch den Mittellandkanal einen Weg von Herne bis zur Elbe mit nur 3 Schleusen (Münster, Hannover, Magdeburg) bei einer Länge von über 300 km zu schaffen.

Aufgabe einer vernünftigen Verkehrspolitik ist es, eine richtige Auswahl unter den vielen heute für Deutschland bestehenden Kanalentwürfen zu treffen. Als Pläne erster Ordnung, die mit allen Kräften zu fördern sind, sind zu nennen der Mittellandkanal, der Donau-Main-Kanal und der Hansakanal. Der Hansakanal ist ein ausgesprochener Massengüterkanal zwischen dem Ruhrgebiet und Bremen, Hamburg, Lübeck. Die Lage unseres größten Industriebeckens am Rhein mit den Häfen Rotterdam und auch Antwerpen, die auf ausländischem Gebiet liegen, macht aus vielen Gründen eine großschiffige Verbindung mit den deutschen großen Seeschiffhäfen notwendig. Die natürliche Fortsetzung des Donau-Main-Kanals ist der Rhein. Der von Belgien im Friedensvertrag vorgesehene Rhein-Schelde-Kanal könnte eine zweite Fortsetzung nach Antwerpen bilden. Für Deutschland würde dieser Kanal nur dann Bedeutung haben, wenn er das wichtige Kohlen- und Industriegebiet um Aachen-Eschweiler an den Wasserverkehr anschließt. — Sehr wichtige und weitgehend durchgearbeitete Grundlagen für ein deutsches vervollständigtes Kanalsystem finden wir in der Schrift des verstorbenen

Lübecker Oberbaudirektors P. Rehder, in der unter anderem besonders der Gedanke eines großen mitteldeutschen Kanals von Frankfurt a. Main über Leipzig bis zur Weichsel behandelt wird. — Wie man sich auch zu den einzelnen Kanalplänen stellen möge, darüber ist kein Zweifel, daß die großen vorhandenen billigen Straßen, die in den Flußgebieten gegeben sind, eine Ergänzung durch den Bau von Querkanälen gebieterisch verlangen, denn dann erst können sich die großen Vorteile des Flußverkehrs, der an Billigkeit auf dem Festlande nicht übertroffen werden kann, voll auswirken. — Von besonderer Bedeutung verspricht in nicht allzu ferner Zukunft das mitteldeutsche Industriegebiet der Leipziger Bucht zu werden. Es ist im Osten bereits durch die Elbe vollwertig an den Wasserverkehr angeschlossen, bedarf aber durch Ausbau der Saale und Anschluß von Leipzig eines weiteren Anschlusses, der im Verein mit der Erbauung des Mittellandkanals auch geplant ist. Ob die Erbauung eines Oder-Elbe-Kanals zu einem Kanalplan erster Ordnung gehört, dürfte noch besondere Untersuchung verlangen. Der Gedanke, das obere Elbegebiet auf ganz kurzem Wege an die Oder und damit an den Ostseeverkehr (Stettin) anzuschließen, ist an sich verführerisch. Hier können aber nur genaue wirtschaftliche Untersuchungen weitere Aufklärung bringen.

E. Tarife, Eisenbahn und Kanal. Größe der Schiffe.

Den allergrößten Einfluß auf die Entwicklung des Wasserverkehrs hat die Tarifgestaltung der Eisenbahn. Heute ist es in Deutschland so, daß kurze Strecken auf der Bahn teuer, lange Strecken billig gefahren werden, eine ähnliche Erscheinung wie bei dem Wasserverkehr, die aber auf anderen Gründen beruht. Daraus folgt, daß das Heranholen von Gütern an den Kanal mit der Eisenbahn verhältnismäßig teuer ist, so daß die Einflußzone eines Kanals meist sehr schmal ist. Schon bei Entfernungen vom Kanal über 40 km sind die Anschlußfrachten oft so hoch, daß sich die Umladung auf den Kahn nicht lohnt. Da das Ziel unserer ganzen Verkehrspolitik nicht sein kann, möglichst viel auf die Eisenbahn zu bringen, sondern den billigsten Verkehrsweg zu wählen, der dem Volk am meisten an Transportarbeit und damit Kosten erspart, so ist die Einführung von gebrochenen Tarifen eine Notwendigkeit. Diese Maßnahme würde einen entscheidenden Schritt in unserem Verkehrswesen bedeuten. Die ganze Starrheit fiskalischer Einrichtungen wird dadurch gekennzeichnet, daß wir diesen gebrochenen Frachttarif für den Verkehr von der Bahn über den Kanal und weiter mit der Bahn noch nicht besitzen, trotzdem bisher Eisenbahn und Kanal den gleichen Eigentümer, den Staat, hatten.

Das Verhältnis der Selbstkosten von Eisenbahn zum Kanal ist auch heute noch eine Streitfrage. Es ist unmöglich, zu sagen, daß der Kanal an sich der Eisenbahn überlegen sei, noch schwieriger ist aber das Gegenteil zu beweisen. Die Lösung des Problems ist darin gegeben, daß in Verbindung mit der Flußschiffahrt und den Seehäfen der Kanal in den meisten Fällen tatsächlich billiger arbeitet als die Eisenbahn. Es gibt wahrscheinlich aber Fälle, bei denen auch für reine Massengüter die Eisenbahn überlegen sein wird. Daß die englischen Eisenbahngesellschaften fast sämtliche Kanäle in England aufgekauft und stillgelegt haben, ist wohl als Beweis für die große Konkurrenzgefahr des Kanales gegenüber der Eisenbahn aufzufassen. Auch daß die maßgebenden Männer des großen rheinisch-westfälischen Industriegebietes den Bau des Hansakanales nach Bremen und Hamburg verlangen, nicht aber den Bau einer Massengüterbahn, kann wohl nur als Beweis für die Überlegenheit des Kanals im reinen Massenverkehr gewertet werden. Gegen die Bedeutung der Kanäle spricht auch nicht die vorzügliche Arbeit von Cauer-Rathenau über Massengüterbahnen. Cauer führt in ihr den Nachweis, daß es durch den Bau von Massengüterbahnen möglich wäre, große Gütermengen zu außergewöhnlich billigen Preisen zu verfrachten. Es ist aber kein Nachweis darüber geführt worden, ob und wie es möglich ist, ein solches besonderes Bahnsystem in das vorhandene Eisenbahnnetz einzugliedern. Wenn es schon solche Schwierigkeit bereitet und noch nicht gelungen ist, gebrochene Tarife zwischen Eisenbahn und Kanal durchzuführen, so wird es gleiche Schwierigkeiten bereiten, innerhalb des jetzigen Eisenbahnsystems nach ganz anderen Tarifen mit einem besonderen Eisenbahnsystem zu fahren. Die großen Vorteile der Kanalverbindung, besonders für unsere Seehäfen, liegen darin, daß die Binnenschiffe unmittelbar längsseits der Seeschiffe gelegt werden können, so daß nun die Güterübernahme mit den eigenen Maschinen der Schiffe erfolgen kann. Es ist dadurch eine starke Vergrößerung der Ausnutzungsfähigkeit der Seeschiffe möglich, die bei Bedienung nur durch Eisenbahn weit geringer sein würde. Bei genügenden Kanalanschlüssen können die Seeschiffe gleichzeitig von den Binnenschiffen und der Eisenbahn bedient werden. Daß es ferner nicht wirtschaftlich sein kann, die getrennten vorhandenen Fluß- und Kanalgebiete durch Eisenbahnen miteinander verbinden zu wollen, geht oft aus der Notwendigkeit des wiederholten Umschlages hervor. Für kein Unternehmen ist eine Monopolstellung auf die Dauer von Vorteil gewesen. Die einzige Einrichtung, die der Eisenbahn wirksame Konkurrenz machen kann, ist die Binnenschiffahrt. Sie wird stets ein wirksamer Anreiz sein, die Leistung der Eisenbahn zu steigern, wie sie umgekehrt für die Eisenbahn den gleichen Anreiz für die Binnenschiffahrt bieten wird. Die Tatsache, daß vor dem Kriege nach tkm gerechnet bereits rund 25 v. H. des deutschen Güterverkehrs von der Binnenschiffahrt geleistet wurde, so daß der Binnenschiffsverkehr ein Drittel des Eisenbahnverkehrs betrug, sollte allen denen, die das Heil nur in der Eisenbahn sehen, entsprechend zu denken geben. Es ist aber nicht möglich, diese Frage rein theoretisch klären zu wollen. Sie kann nur von Fall zu Fall und dann häufig auch für die Massengüterbahn entschieden werden.

Immer wieder muß man aber die Verbesserungen, deren der Kanalverkehr noch fähig ist, in Rechnung stellen. Denn während der Eisenbahnverkehr einen hohen Grad der Vollkommenheit erreicht hat (natürlich ohne schon vollkommen zu sein), befinden sich der Kanal- und Flußverkehr trotz ihres Alters noch in den Kinderschuhen. Die Entwicklung der Eisenbahn erschien in den letzten 100 Jahren so überaus wichtig, daß der Ausbau der Binnenschiffahrtswege in fast katastrophaler Weise vernachlässigt worden ist (vgl. die Verzögerung im Bau des Mittellandkanals, der dann nur bis Hannover, nicht aber bis zur Elbe erbaut wurde). Auch sind die Kanäle in Deutschland, soviel besser sie anderen europäischen Ländern gegenüber auch schon sind, doch noch viel zu klein in ihren Abmessungen, so daß Schiffsgrößen, Fahrgeschwindigkeit, Hafenausrüstungen in keiner Weise hohen Anforderungen gerecht werden können. Die Amerikaner sind jedenfalls mit dem Bau ihrer Binnenkanäle, z. B. dem New-York Barge Canal, der für 2000-t-Schiffe erbaut wurde, schon ganz andere Wege gegangen. Auch wir werden in der Zukunft unsere Binnenwasserstraßen auf größere Abmessungen bringen müssen und dadurch erst den wirklichen Wert des Wasserverkehrs ausschöpfen können.

Die Untersuchungen, die heute beweisen wollen, daß größere Schiffsgefäße als wir sie heute im Durchschnitt haben, wirtschaftlich unzweckmäßig seien, setzen immer wieder die bestehenden primitiven Verhältnisse unserer Wasserstraßen und Binnenhäfen voraus. Es kann aber nicht unsere Aufgabe sein, das Bestehende, durch und durch Unvollkommene als Norm für die Zukunft anzusehen, sondern wir müssen erkennen, welche Wege zu weiteren Verbilligungen auch im Wasserverkehr führen. Der Entwicklungsgang des Seeschiffes gibt darin einen wichtigen Fingerzeig. Die Übersteigerung der Größen der Seeschiffe hat sich als unrichtig gezeigt, so wird es auch im Binnenverkehr sein. Rheinschiffe von 4000 t Tragfähigkeit sind heute noch unwirtschaftlich, daß aber das 1500-t- oder 2000-t-Schiff eines Tages wirtschaftlicher sein wird als das heute zugrunde gelegte 600-t- oder 1000-t-Schiff, wird wohl durch die Entwicklung bald bestätigt werden, sofern wir die Bedingungen schaffen, die geschaffen werden müssen.

Daß natürlich in Zeiten, in denen ein Strom wie die Elbe in den Hochsommern einiger trockener Jahre auf die Wassertiefe von 80 cm und weniger zurückgeht, in denen die Elbeschiffahrt an diesem Hindernis einfach zum Erliegen kam, noch nicht solche Schiffe zweckmäßig sind, soll gar nicht bestritten werden. Wenn aber unsere Ströme so ausgebaut sein werden, daß das 1500-t-Schiff den überwiegenden Teil des Jahres, daß das 1200-t-Schiff jederzeit mit voller Ladung verkehren kann, dann wird für viele Verkehrszentren und viele Massengüter, vor allem Kohle, Erz, Kali, Getreide usw. das 1500- bis 2000-t-Schiff oder eine ähnliche Größe das Gegebene sein. Die Kanäle müssen dann folgen, wenn nicht wieder die Wirtschaftlichkeit des Ganzen gestört werden soll. Der große Fehler aller bisherigen Pläne ist immer wieder der, daß man stets nur die Zustände der Wasserwege, wie sie heute sind, als Norm zugrunde legt und nicht daran denkt, daß der weitere Ausbau vor allem der natürlichen Wasserwege, auf die Dauer nicht umgangen werden kann und daß dann das gerade Fertiggestellte schon zu klein sein wird. Auch daß die Verkehrsentwicklung auf dem Kanal nun wieder den Verkehr auf dem Fluß steigern wird und dadurch seine Entwicklung automatisch fördert, wird meist nicht beachtet. Das ist gerade die innere Logik der Entwicklung, die uns vorwärts treiben wird, trotzdem ihr Sinn leider viel zu wenig beachtet worden ist und auch heute noch viel zu wenig beachtet wird, daß wir Pläne ausführen, als ob sie nicht für die Zukunft, sondern für die Gegenwart gedacht wären. — Einen nicht geringen Einfluß auf diese Entwicklung wird zudem der Ausbau der Talsperren in den Gebirgen haben, der die schädlichen Hochwasserzeiten der Flüsse abkürzen und die Zeiten guter Wasserführung verlängern wird. Das, was heute an Talsperren geplant wird, wird durch die Zukunft gleichfalls stark überholt werden und seinen Einfluß auf den Flußverkehr nicht verfehlen.

Auch darauf möge noch hingewiesen werden, daß eine Verbilligung des Verkehrs durch Ausbau der Seeschiffhäfen und Binnenwasserstraßen einer Verbilligung der Produktion gleichkommt. Sinken nun die Preise der Waren, teils wegen Verbilligung der Verkehrswege, dann auch wegen der Erfindung wirtschaftlicherer Maschinen usw., dann folgt eine Steigerung der Bedürfnisse und damit eine Vermehrung der Produktion. Sie trifft dann wieder den Verkehr, der daraus bis zu einem gewissen Optimum eine weitere Verbilligung erfahren muß.

F. Wirtschaftsfragen.

Worauf es somit bei der Lösung der großen Wasserverkehrsaufgaben ankommt, ist das gleiche, was auch die übrige Wirtschaft beherrrcht, die Ausbildung der Hilfsmittel zum Verkehr auf die wirtschaftlichste Weise. Oft wird das noch verwechselt mit dem Streben nach Verkehrswegen, die möglichst wenig kosten. Gerade der Hinweis auf die Entwicklung, wie sie die Zukunft uns bringen wird, soll aber zeigen, daß das wirklich Wirtschaftliche auf anderem Gebiet zu suchen ist als auf dem der möglichsten Ersparung von Geldausgaben. Daß selbstverständlich der Verkehrsingenieur jedes einzelne Bauwerk so preiswert wie möglich herstellen soll, ist ja eine selbstverständliche Forderung; wie ihr zu genügen ist, wird in den folgenden Kapiteln an vielen Beispielen gezeigt werden.

Gewöhnlich wird die Untersuchung nur für die Verzinsung des Anlagekapitals und die Frachtersparnis durchgeführt. Die Frachtersparnis kommt nur für die Benutzer in Frage, sie kann für sie ein Grund sein, sich am Unternehmen durch Kapitalhergabe zu beteiligen. Der Staat als Erbauer der Kanäle hat aber an der Frachtersparnis nur ein indirektes Interesse. Für ihn tritt aber als entscheidende Erscheinung die Vergrößerung der Steuerkraft der angeschlossenen Gebiete hinzu. Diese Steuersteigerung sollte ein Grund für den Staat als Erbauer sein, sich mit einer geringeren Verzinsung des Kapitals zufrieden zu geben, unter Umständen auf eine direkte Verzinsung ganz zu verzichten, wie es Belgien, Holland und andere Länder tun. Die wirtschaftlich besten Kanäle sind nicht die, welche eine größte direkte Verzinsung ergeben, sondern die, bei denen die Summe von direkter Verzinsung, Steuermehreinnahme und Frachtersparnis einen Höchstwert haben. Hinzu tritt als weiterer Nutzen stellenweise die Hebung der Landeskultur, vor allem in landwirtschaftlicher Beziehung. Abzuziehen ist aber die Minderung der Landeskultur durch Austrocknung gewisser Gebiete. Das Ganze ist somit eine sehr verwickelte Aufgabe, die bisher noch für keinen Kanal gelöst ist. In Zukunft ist aber die exaktere Lösung solcher Aufgaben notwendig, wobei die Wahrscheinlichkeit der Vorhersage über die Größe des Verkehrs von ausschlaggebender Bedeutung ist. Die Untersuchung zeigt, daß es immer mehr oder minder die Aufgabe des Staates sein wird, die Wasserstraßen auszubauen, denn dem Volke in seiner Gesamtheit fließen die ganzen Vorteile zu, die hier gewonnen werden. Gerade die Verbindung von Verkehr und Wasserwirtschaft heben die Wasserstraßen über die Aufgabe reinen Verkehrswasserbaues hinaus in das Gebiet der großen landeskulturellen Fragen, deren Förderung stets den Völkern einen weiteren Aufschwung, deren Vernachlässigung ihnen aber oft unberechenbaren Schaden zugefügt hat. (Beispiel: Das Fehlen des Mittellandkanales im Weltkriege.)

G. Vorausschauung in der Planung.

Zum Schlusse möge noch auf eine ganz besondere Eigentümlichkeit des Verkehrs hingewiesen werden. Es ist die, daß auch im Wasserverkehr wie in allem Lebendigen das Gesetz der Wandlung durchaus herrschend ist. Jedes Bauwerk wird gerade durch die vollständige Erfüllung seines Zweckes nach und nach unzureichend; es muß entweder abgebrochen und in größerem Maßstabe neu erbaut werden oder es kann als Zeuge der Vergangenheit für kleinere Belange neben den neuen Anlagen weiter benutzt werden. Geröllfänger im Gebirge füllen sich mit Geröll auf und müssen erhöht werden. Molen, die zur Sicherheit einer Hafeneinfahrt die Sandwanderung von der Küste um sich herum in tieferes Wasser leiten, versanden nach und nach und müssen, um ihren Zwecken wieder zu dienen, verlängert werden. Schleusen, Ufermauern, Hafenausrüstungen heben den Verkehr ihrer Häfen, ziehen immer größere Schiffe heran, bis sie schließlich infolge der Entwicklung zu klein geworden sind und nur noch für kleinere Bedürfnisse brauchbar bleiben. Es herrscht das Gesetz des Lebens auch in diesen scheinbar nur stofflichen Dingen. Dieses Gesetz zu kennen, ist Pflicht des Verkehrsingenieurs. Gerade je besser, je weitschauender er plant und baut, um so mehr muß er an die Vergänglichkeit seiner Schöpfung denken. Wer ohne Ingenium, nur als Techniker arbeitet, wird nicht die Befriedigung erleben können, für längere Zeit geschaffen zu haben. Seine Geisteskinder besaßen nicht die neue Werte schaffende Kraft des wirklichen Ingenieurs. Gerade der am weitesten schauende Schöpfer wird oft, dann aber zu Unrecht angegriffen werden, weil sein Plan sich wegen der durch ihn erzeugten schnellen Entwicklung in zu kurzer Zeit als zu klein erwiesen hat. Was nun der Ingenieur hieraus lernen soll, ist, daß er seine Pläne so aufstellt, daß sie vor Einengung geschützt und lebensfähig sind und auch bei einer über Erwarten großen Entwicklung sich durch zweckmäßige Erweiterung neuen Zeiten anpassen lassen.

So sehr nun der Ingenieur das „vertrauensvoll in die Zukunft Schauen“ nicht entbehren kann, so sehr muß er sich davor hüten, Hirngespinsten nachzujagen. Als Erbauer einzelner Verkehrsbauten kann er zur Not noch die Kenntnis der ganzen

Zusammenhänge entbehren, als Planer ganzer, großer Verkehrsanlagen muß er aber ein klares Bild der geographischen, wirtschaftlichen und politischen Welt besitzen. So kann er auch die Kenntnis der besonderen Eigenschaften des Eisenbahnverkehrs nicht entbehren, ohne daß er dabei in der Lage sein müßte, Eisenbahnanlagen im einzelnen entwerfen zu können[1]). Gerade eine gute Kenntnis der Verkehrsgeographie wird vor manchem Fehler bewahren können. Daß aber der Wasserverkehrsanlagen ebenso wie der Eisenbahnverkehrsanlagen entwerfende Ingenieur die Volkswirtschaft praktisch beherrschen muß, ergibt sich gerade aus seiner Aufgabe, die letzten Endes darin besteht, die innere Reibung des Wirtschaftslebens durch Schaffung besserer Verkehrseinrichtungen ebenso zu vermindern und ihre Nutzziffer dadurch zu verbessern, wie der Maschineningenieur die Leistung einer Arbeitsmaschine dadurch verbessert, daß er die Reibung mindert, ihren Rhythmus veredelt und den Kraftangriff verbessert. So wie kein wahrer Künstler ohne ein Erschauen der Dinge, die noch nicht sind, wirken kann, so kann auch der wirkliche Verkehrsingenieur nicht ohne ein gewisses Künstlertum Großes leisten. Besitzt er nicht die Eigenschaften des logischen Denkens, der Phantasie und der Kritik, so wird er gute Teilleistungen vollbringen, zur Meisterschaft in seinem Fache aber nicht emporsteigen können, ebenso wie nur das Vorhandensein einer unbestechlichen Wahrheitsliebe ihn davor bewahren kann, durch die Verhältnisse, die in ihrer Bedingtheit und gegenseitigen Verstrickung nicht geändert werden können, berichtigt zu werden.

---

[1]) Zwei ausgezeichnete Bücher über solche Fragen sind „Eisenbahn und Geographie" sowie „Allgemeine Einführung in das Verkehrswesen usw." von O. Blum: Handbibliothek Otzen. Berlin: Julius Springer.

Zweiter Teil.

Das Wasser.

A. Das Vorkommen des Wassers.

a) Allgemeines.

Goethe, Faust, II. Teil (Thales).

Alles ist aus dem Wasser entsprungen!
Alles wird durch das Wasser erhalten!
Ozean, gönn uns Dein ewiges Walten!
Wenn Du nicht Wolken sendetest,
Nicht reiche Bäche spendetest,
. . . .
Was wäre Gebirge, was Ebnen und Welt?
Du bist's, der das frischeste Leben erhält.

Die Ingenieurarbeit ist eine Tätigkeit, die große Anforderungen nicht nur an die allgemeine Intelligenz, sondern auch an Phantasie, Kritik usw. stellt. Künstler, Philosoph und Ingenieur begegnen sich auf diesem Gebiete. Je tiefer ein Mensch veranlagt ist, je mehr er im Innern Künstler ist, um so stärker beeinflußt ihn die fast jede andere Erscheinung überragende Bedeutung des Wassers auf der Erde, um so stärker wird auch sein Streben sein, Herr und nicht Knecht dieser Naturkraft zu werden.

Dieses Ziel kann nur erreicht werden, wenn Gleichgewicht im Wasserhaushalt erzielt wird. Alle Ingenieurkunst geht daher auch darauf hinaus, Gleichgewicht in dem Teil der Natur, der ihrem Wirken unterliegt, zu schaffen. Schaffung von Gleichgewicht ist nicht gleichbedeutend mit Vergleichmäßigung, wie sie von in der Phantasie nicht genügend entwickelten Ingenieuren bei Anlage großer Werke oft geübt wird. Nicht auf die Anlage ganz ausgeglichen aussehender Werke kommt es an, sondern auf die Vermeidung der großen Störungen, die oft von Zerstörungen begleitet sind. Je mehr sich dabei unsere Werke dem Charakter der Natur, unserer Heimat anpassen, desto besser sind sie. Heimatschutz soll neben den technischen Gesetzen ein Hauptgesetz des Bauingenieurs sein. Jede ungewollte Störung des Gleichgewichtes des Wasserzustandes oder der Wasserbewegung bedeutet Verlust an Energie, schafft Unheil, Kummer und Sorge für die Menschheit. Ob es sich um die gewaltigen Hochwasser der Ströme, um Sturmfluten der Meere, um den Bruch einer Talsperre oder eines Wehres handelt, immer ist die Ursache eine Gleichgewichtsstörung. —

Der Ingenieur, der die große Aufgabe hat, das Wasser der Kultur dienstbar zu machen, muß naturgemäß als erstes eine genaue Kenntnis und Vertrautheit mit dem Wasser als Stoff, seinem Herkommen, Verhalten usw. besitzen.

b) Der Kreislauf des Wassers.

Seit den letzten großen geologischen Umwälzungen ist der größere Teil der Erdoberfläche von Wasser bedeckt. Woher dieses Wasser stammt, ist für das vorliegende Werk ebenso müßig zu untersuchen, wie die Frage, woher die ganze Erde gekommen sei. Schon wegen der grundverschiedenen Art des Meerwassers und des Fluß- und Grundwassers sind die irdischen Gewässer zu trennen in die Ozeane und in die Festlandgewässer. Beide stehen aber miteinander in steter Verbindung und sind in ihren Eigenschaften gegenseitig bedingt. Für das Festland haben wir zu unterscheiden zwischen dem Wasser über, auf und unter der Erdoberfläche, die ebenso miteinander in unlösbarem Zusammenhange stehen und sich entsprechend beeinflussen. Das oberirdische Wasser in der Form von Bächen, Flüssen, Seen u. dgl. und das in der Nähe der Erdoberfläche vorkommende unterirdische Wasser, das Grundwasser verschiedener Art, stehen als Festlandwasser in besonders innigem Zusammenhang.

Das Festlandwasser kann aus drei Quellen stammen: aus dem Weltenraum (kosmisches Wasser), aus den tieferen Schichten der Erde (juveniles Wasser), aus dem Meere (vadoses Wasser).

Kosmisches und juveniles Wasser. Das kosmische Wasser wandert aus absoluter Kälte des Weltenraumes als Eis in bedeutenden Mengen in unsere Lufthülle hinein. Hörbiger[1]) bringt das großartige Bild des Vorkommens des kosmischen Eises und dessen Einwirkung auf die Erde. Das Werk, dessen Studium für jeden Bauingenieur zweckmäßig ist, erklärt viele für den Geologen und Hydrologen bisher unverständliche Dinge in einleuchtender Weise. Es ist anzunehmen, daß wir aber auch Wasser (Eis) an den Weltenraum wieder abgeben. Selbst wenn kosmisch Gleichgewicht bestünde, kann irdisch eine große Ungleichmäßigkeit für kosmisches Wasser bestehen (Wolkenbrüche, Hagelschlag usw.). Das juvenile Wasser wird durch chemische Neubildung bei Zersetzung fester Teile der Erdrinde in tieferen Schichten, z. B. bei Gasausbrüchen usw., erklärt. Das Ergebnis von Knallgas z. B. ist Wasser. Beide Arten der Wasserentstehung werden beträchtliche Mengen liefern. Irgendeine Schätzung über die Mengen, die nach den verschiedenen Theorien an das Festlandwasser abgegeben werden, ist vorläufig noch unmöglich.

Vadoses Wasser. Für den Wasserbau ist entscheidend das aus dem Meere kommende und ihm wieder zufließende Wasser, das als vadoses Wasser bezeichnet wird.

Oberirdische und unterirdische Gewässer sind mit einzelnen Ausnahmen Glieder eines Kreislaufes: Verdunsten des Wassers über dem Meere, Flug des Wasserdampfes bis über das Festland, Verflüssigung des Wasserdampfes zu tropfbarem Wasser, dann entweder wieder Verdunstung oder Übergang in die Gewässer und Rückfließen zum Meere. Die Verflüssigung des Wassers kann auf mehrere Arten stattfinden. Erstens kann sie bereits oberirdisch in Wolken, Nebel u. dgl. eintreten. Die oberirdische Verflüssigung gibt die Erklärung für das Auftreten der Niederschläge in Form von Regen, Schnee usw.; die damit verbundene Versickerung der Niederschläge bildet jedoch nur eine, aber vielleicht nicht die wichtigste Erklärung des Grundwasservorkommens. Zweitens kann aber die Verflüssigung auch in der Erde selbst erfolgen, also durch unterirdische Verflüssigung. Die erste Theorie heißt Versickerungstheorie (Infiltrationstheorie), die zweite Verflüssigungstheorie (Kondensationstheorie). Die Namen sind schlecht gewählt, da in beiden Fällen Verflüssigung eintritt. Besser ist es, nur zu sprechen von der Theorie mit oberirdischer und unterirdischer Verflüssigung. Der Vorgang der oberirdischen Verflüssigung darf als elektrische Erscheinung in den Wolken als bekannt vorausgesetzt werden; der der unterirdischen Verflüssigung muß aber, so ähnlich er auch der ersteren ist, genauer erklärt werden.

Der feinverteilte Wasserdampf erfüllt alle Teile der Lufthülle in einem von der Wärme, dem Luftdruck usw. abhängigen Maße. Die oberirdische Lufthülle setzt sich in den größeren Hohlräumen der Erde und auch den feineren Poren der Sande nach unten fort. Luft ist überall dort vorhanden, wo die Hohlräume nicht durch Wasser gefüllt sind. Der unterirdische Luftraum zeigt ähnliche Erscheinungen wie der oberirdische, auch unter der Erde ist stets ein Auf- und Abwärts-, ein Hin- und Herströmen der Luft vorhanden. Die Erde liegt da wie ein schlummernder Riese, der unausgesetzt ungeheure Luft-

[1]) Hörbigers Glacial-Kosmogenie, bearbeitet von Fauth, Kaysers Verlag, Kaiserslautern. Hörbigers Theorie wird heute noch vielfach bekämpft, dürfte aber in den Grundzügen neue Wahrheiten bringen.

mengen ein- und ausatmet. Wie die Jahreszeiten, wie Tag und Nacht, wie auch die Stellung von Mond und Sonne in Erscheinung einer Luftebbe und -flut dieses Atmen beeinflussen, wird sich jeder leicht vorstellen können. Da körnige Bodenarten oft 30 vH und mehr Hohlraum besitzen, sind es ungeheure Massen von Luft, die in den oberen Schichten der Erde enthalten sind, auch ungeheure Mengen, die hin und her fließen. Wird die Luft durch steigenden Luftdruck, durch Abkühlung der Luft usw. in der Erde zusammengepreßt, dann wandern Teile der oberirdischen Lufthülle in die Erde hinein und mit ihnen große Mengen von Wasserdampf. Dieser Wasserdampf schlägt sich unter Einfluß elektrischer Vorgänge tropfenförmig an den festen Stoffen nieder und bildet ebenso wie das versickernde Regenwasser Grundwasser[1]).

Der Kreislauf des Wassers gabelt sich somit für die Grundwasserbildung in drei Zweige: a) Verflüssigung des Dampfes über dem Meere, Bildung von Regenwolken dort und deren Flug über das Festland mit der bekannten Bildung von Regen bei Abkühlung der Wolken usw.; b) Bewegung der mit Wasserdampf beladenen Luft vom Meere über das Festland, dort an den Bergwänden Verflüssigung mit Bildung von Regen, Schnee, Nebel usw.; diese Erscheinung ist im Hochgebirge oft zu sehen, es wurde z. B. vom Verfasser auf dem Steinernen Meer an einem völlig wolkenlosen Tage die Bildung von Wolken an den Felswänden beobachtet; c) Bewegung der Luft über das Festland, Hinabsinken dieser Luft in die Erde und Verflüssigung dort. Jeder dieser Verflüssigungsvorgänge liefert im Wasserkreislauf verdunstetes und wieder flüssig gewordenes Süßwasser, das aus dem Meere stammt.

c) Oberirdische und unterirdische Wasser.

Neben den oberirdischen Gewässern, Quellen, Flüssen, Teichen und Seen haben wir es im Wasserbau fast immer auch mit unterirdischem Wasser, Grundwasserbächen, zu tun.

Gelegentlich wird man auch Baugruben ohne Grundwasser finden; niemals ist man aber sicher, daß man nicht doch auf Grundwasser stößt, wodurch die Bauausführung entscheidend beeinflußt wird. Anwesenheit und Erhaltung des Grundwassers in gewissen Höhenlagen ist die Voraussetzung für viele Ausbaumöglichkeiten im Fluß- und Kanalbau. Ebenso wie uns das Grundwasser bei Ausführung von Bauten oft ein recht unbequemer Gegner ist, ist es uns für die Durchführung großer Kulturwerke der unentbehrlichste Freund.

Für den Verkehrswasserbau ist das Grundwasser meist nur mittelbar von Bedeutung. Es wird nicht wie bei der Wasserversorgung der Städte, wie im landwirtschaftlichen Wasserbau unmittelbar ausgenutzt, es hat aber trotzdem eine ungeheure Bedeutung für die Erhaltung der besten Ausbauform der Flüsse, für die Ergiebigkeit der Quellen usw.

Das Grundwasser ist außerdem für uns in seiner Eigenschaft als Beeinflusser (Zubringer) der oberirdischen Wasserläufe von Bedeutung, ferner, soweit es von uns nicht verändert werden darf, als Objekt ständiger Rücksichtnahme. Eine künstliche Nutzung des Grundwassers liegt nicht im Wesen des Verkehrswasserbaues, daher ist ein Werk über landwirtschaftlichen Wasserbau oder ein solches über Wasserversorgung der Städte der Ort, in dem sein Wesen erschöpfend zu behandeln wäre.

Das Grundwasser tritt vorwiegend in Form von Grundwasserströmen auf, die oft eine Breite von vielen Kilometern haben und mit einer sehr geringen Geschwindigkeit von im Mittel 3 bis 8 m in 24 Stunden (bei sehr grobporigem Boden auch mehr) fließen. Es tritt auch auf in der Form von seitlich engbegrenzten unterirdischen Rinnen, die von den Wünschelrutengängern mit dem nicht sehr zweckmäßigen Ausdruck Quellen bezeichnet werden. Außerdem finden sich unterirdische Seen, Wasserkissen und andere Formen (über Wasserkissen siehe Handb. d. Ing.-Wes. Bd. III, S. 1). Das Grundwasser kann in mehreren Stockwerken übereinander liegen, wenn undurchlässige Tone oder Steinschichten in genügender Flächenausdehnung vorhanden sind.

---

[1]) Keilhack, Lehrbuch der Grundwasser- und Quellenkunde, Berlin: Gebr. Bornträger.

Tritt das Grundwasser an die Oberfläche, dann bildet es Quellen, auch unmittelbar größere fließende Gewässer und Rinnen. Jede Quelle war, wenn auch nur vorübergehend, Grundwasser.

d) Die Niederschläge und ihr Verbleiben.

Daß die Speisung des Grundwassers nicht nur durch Regen, Schnee, Tau, Reif usw., die dem Meere entstammen, erfolgt, wissen wir (siehe die vorherg. Seite). Wie schon erwähnt, kann für die Speisung der oberirdischen Wasserläufe zahlenmäßig vorläufig nur der oberirdische Zulauf betrachtet werden.

Die heutigen Mittel, die Ergiebigkeit von Quellen, Bächen und Flüssen aus der Größe der Niederschläge und der Größe des Zufluß- (Einzugs-) Gebietes zu berechnen, sind lediglich der Ausdruck einer Verlegenheit. Es wird hoffentlich eine Zeit kommen, in der die durchschnittliche Wassermenge jedes Baches in allen Zeitpunkten des Jahres durch Messungen bekannt ist. Dann wird die Größe der Regenfälle nur noch insofern bedeutungsvoll sein, als es sich um unmittelbare Klimaschwankungen handelt, deren Folge eine Änderung der jährlichen Wassermengen dieser Wasserläufe sein würde. Würden wir heute aber an die Bearbeitung eines kleineren Wasserlaufes herantreten, sei es, um ihn zu regeln, sei es, um Kraft aus ihm zu gewinnen, nur selten fänden wir in der Literatur oder bei den Anliegern Angaben über die Größe der Wassermengen, mit der wir rechnen müssen und dürfen. Hier ist als Ergänzung ein Beobachtungsnetz für die Größe der Niederschläge eingetreten. Weiß man, wieviel Wasser in einem bestimmten Zeitraum auf das Einzugsgebiet eines Wasserlaufes gefallen ist, hat man ferner Erfahrungswerte dafür, wieviel von diesem Wasser oberirdisch dem Fluß zufließt, wieviel in das Grundwasserbett hineinsinkt und wieviel verdunstet, dann kann man aus den beiden ersten Zahlen zu brauchbaren Werten über die zu erwartenden Wassermengen dieses Flusses kommen. Daß diese Rechnungen immer mit größeren Fehlerquellen behaftet sein müssen, ist einleuchtend, die Fehler gleichen sich einmal aber bei Zusammenfassung längerer Zeiträume aus, auch sind sie meist kleiner als die Unterschiede in der Wasserführung der Flüsse bei den verschiedenen Wasserständen, wie NW., MW. und HW. Über die Größe der Regenmengen geben die Regenbeobachtungen Aufschluß, die heute in allen Kulturländern durchgeführt werden. Die Regenmenge wird täglich gemessen, in Deutschland in Gefäßen, die von Hellmann angegeben worden sind.

Die Regenmesser geben dann, wenn der Wind an sie herankommen kann, gewöhnlich zu kleine Regenmengen an. Die Luft wird am Gefäß hochgetrieben, so daß ein Teil des Regens, statt das Gefäß zu füllen, über die Öffnung hinwegspringt. So ist damit zu rechnen, daß die Angaben der Regenmeßstationen meist noch durch die Wirklichkeit übertroffen werden. Die Größe der Regenfälle wird so angegeben, als ob der gefallene Regen den Boden in einer Schicht von einer bestimmten Millimeterhöhe bedeckte. Die Schneedecke wird dabei in Wasser umgerechnet, wobei der Wassergehalt des Schnees je nach Dicke und Alter der Schneedecke, ob er mehr Staub- oder mehr Eischarakter besitzt, 0,1 bis 0,5 der Dicke der Schneedecke hoch sein wird.

Zu der Speisung durch Regen und Schnee tritt für das Hochgebirge noch die Speisung durch das Eis aus Gletschern hinzu, die in Verbindung mit der Schnee- (Firn-) Schmelze im Sommer die Wasserführung der Gebirgsflüsse stark beeinflussen.

Die Wasserverhältnisse eines von Gletschern gespeisten Flusses sind gerade umgekehrt wie die eines gletscherlosen. Hat der letztere im Frühjahr Hochwasser durch Schneeschmelze, dann hat der Gletscherfluß Niedrigwasser; hat der gletscherlose Fluß im Sommer wegen Hitze und Trockenheit Niedrigwasser, dann hat der Gletscherfluß wegen starker Eisschmelze ein gutes Mittel- oder Hochwasser. Sowie es sich nicht um reine Gletscherspeisung handelt, vermindern sich diese Gegensätze. In den Flüssen der norddeutschen Tiefebene, wie Weser, Elbe, Oder, tritt das gefährlichste Hochwasser im Frühjahr ein, im Rhein und der Rhône dagegen im Hochsommer (siehe dazu die Abb. 2a bis c), bei der Oder auch im Sommer.

Der Rhein als Alpenfluß hat daher ganz andere Wasserverhältnisse als die Elbe oder die Weser, da die Quellgebiete sich in beiden Fällen ganz verschieden verhalten. Die Gletscher der Alpen bedeuten eine viel weiter in das Jahr hineinreichende Ansammlung von Wasser als die Schneedecke des Harzes oder des Riesengebirges. Die Ergiebigkeit der Gletscher wird u. a. durch die Lage ihres Fußes festgestellt. Ein Zurückweichen des Fußes von Jahr zu Jahr bedeutet Verminderung der Gletscherspeisung des Flusses. Wiederum ganz anders verhalten sich tropische Flüsse, so der Nil (Abb. 1) mit seinem regelmäßigen (nur selten fehlenden) Hochwasser von Juli bis Dezember.

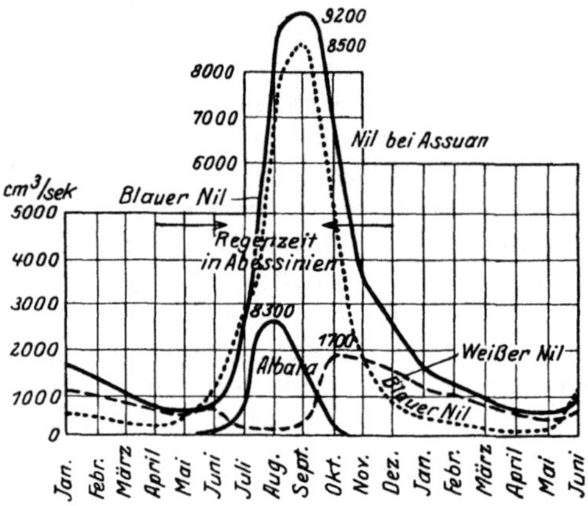

Abb. 1. Wasserführung des Nils und seiner Zuflüsse.

Die für uns maßgebenden Regenkarten sind von Hellmann[1]) gegeben worden. Eine solche Regenkarte zeigt Abb. 5. Sie wurde benutzt, um die Niederschlagsgebiete für die Talsperrenwerke im Harz zu klären. Die eingezeichneten Linien geben die Höhe der Jahresniederschläge für einen dreißigjährigen Durchschnitt in Millimetern an. Man sieht, daß der Brocken z. B. einen langjährigen mittleren Jahresniederschlag von 1700 mm besitzt, d. h. 1 qkm einer derartig bedachten Fläche erhält den Jahresniederschlag von 1,7 Mill. cbm.

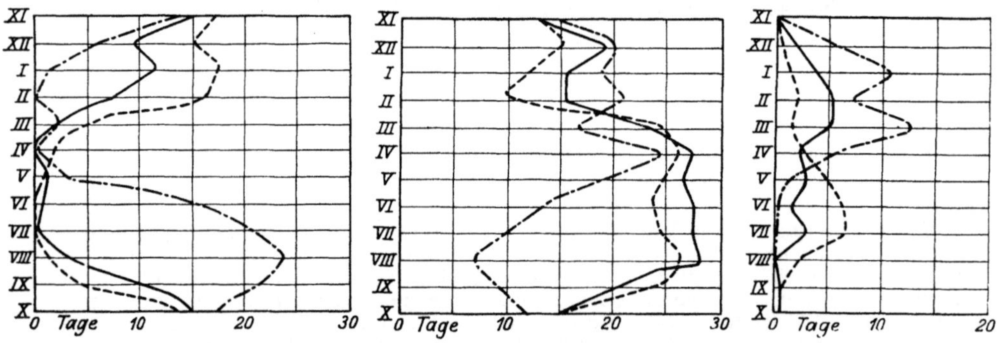

a) für NW. b) für MW. c) für HW.

Abb. 2. Häufigkeitskurven für verschiedene Wasserstände.

– – – – für den Rhein bei Mannheim, ——— für den Rhein bei Köln, —·—·— für die Weser bei Baden.

Ein Vergleich mit der Höhenkarte Abb. 4 zeigt klar die regenabfangende Wirkung der Bergrücken und die Regenbeschattung der Täler. Wie groß die Rolle der Gebirge als Regenfänger ist, erkennt man daraus, daß der durchschnittliche Jahresniederschlag Deutschlands etwa 660 mm ist, gegenüber einem solchen im Oberharz von 1500 bis 1700 mm, in den Vogesen von 1400 bis 2500 mm. Die größten Regenhöhen auf der Erde sollen zwischen 4000 und 5000 mm liegen. Bei der Beurteilung der Ausbauwürdigkeit großer Anlagen — Wasserkraftwerke

[1]) Hellmannsche Regenkarte, Berlin: Dietr. Reimer.

— sind die mittleren Werte der Niederschläge von größter Wichtigkeit, während die außergewöhnlichen Regenmengen sehr unbequem sind, da oft die ganze Anlage nach ihnen entworfen werden muß.

Da im November bereits oft Schnee fällt, der in dem betreffenden Kalenderjahr nicht mehr abfließt, so wird das hydrologische Jahr vom 1. November bis zum 31. Oktober gerechnet. Man hat dadurch in demselben Zeitabschnitt alle Abflüsse verzeichnet, die zu den Niederschlägen der gleichen Jahreszeit gehören.

Die größte monatliche Regenmenge tritt in Deutschland im Juli und August auf, sie kann bis zu $^1/_3$ der mittleren Jahresmenge steigen[1]). Für die einzelnen Jahresmengen lassen sich längere Zeiträume erkennen, in denen trockene mit nassen Jahreshälften abwechseln. Die Unterschiede einzelner Jahre können bis zu 100 vH und mehr betragen, so daß die Verwendung einzelner Jahre zu ganz falschen Schlüssen führen kann (in der Eifel bis 200 vH).

Je nach den verschiedenen Zwecken erfolgt die Auswertung der einzelnen Regenmessungen nach verschiedenen Richtungen. Die Mittelwertbildung über mehrere Jahre (im Mittel etwa 18 Jahre) sind für die Flüsse von besonderer Bedeutung. Die mittlere Regenmenge der einzelnen Jahre und Jahreszeiten ist für Talsperrenanlagen wichtig, die Höchstwassermenge bei der Bestimmung der Hochwasserschutzräume und der Anlage von Deichen.

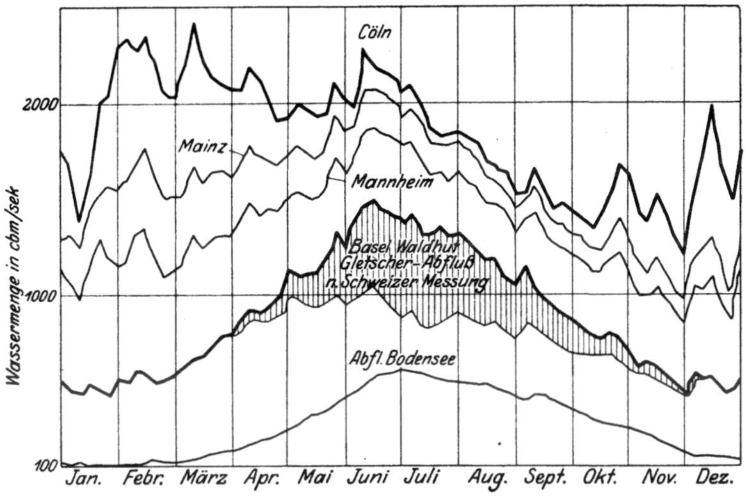

Abb. 3. Wassermengen des Rheins im Verlauf eines Jahres (30jähr. Mittel) vom Bodensee bis Köln.

Wichtig ist ferner die Tatsache, daß für die Hochwässer der aus nicht vergletscherten Gebirgen kommenden Flüsse die Schneeschmelze und damit das Frühjahr entscheidend ist, daß aber die stärksten Niederschläge kurzer Zeiträume im Sommer fast nur durch Regengüsse erfolgen. Nur ausnahmsweise ist im Oberharz der größte Monatsniederschlag eines langjährigen Zeitraumes im Dezember erfolgt (Clausthal mit 456 mm, Osterode mit 211 mm). Die größten täglichen Regenmengen liegen fast ausnahmslos in den Monaten Mai bis Oktober[2]). Die größten Tagesniederschläge gehen selbst in den Gebirgen nur selten über 100 mm hinaus (Clausthal 29. VI. 1861: 116 mm, Lautenthal 11. VII. 1898: 122 mm).

Auch die stündlichen größten Regenmengen werden gemessen, sind aber für den Verkehrswasserbau ohne große Bedeutung.

Entscheidend ist nun das Mengenverhältnis, in dem der Niederschlag oberirdisch abfließt, versickert und wieder verdunstet.

Allgemeine Angaben sind meist ohne Wert und führen nur zu gedankenloser Anwendung. Man muß zur genauen Feststellung dieser Zahlen für jeden Ort Versuche machen. Die oft vorhandene Angabe, daß je $^1/_3$ der Niederschlags-

---

[1]) Bei dem Hochwasser August 1924 fiel in den Gebieten der Isar in 36stündigem Sturzregen etwa $^1/_3$ des mittleren Jahresniederschlages.

[2]) Handb. d. Ing.-Wis. 1911, III. Teil, Bd. 1, S. 27.

menge abfließe, versickere und wieder verdunste, ist als Regel irreführend. Für irgendein Gebiet kann dieses Verhältnis einmal als seltene Ausnahme richtig sein, darf aber nie ohne weiteres zugrunde gelegt werden. Entscheidend für die Wahl dieser Zahlenwerte ist neben dem Klima und der Jahreszeit die Geländegestaltung und der geologische Aufbau der in Frage stehenden Gebiete. Auch die augenblicklichen Windverhältnisse sind nicht ohne Einfluß. Bei der Verdunstung ist zu be-

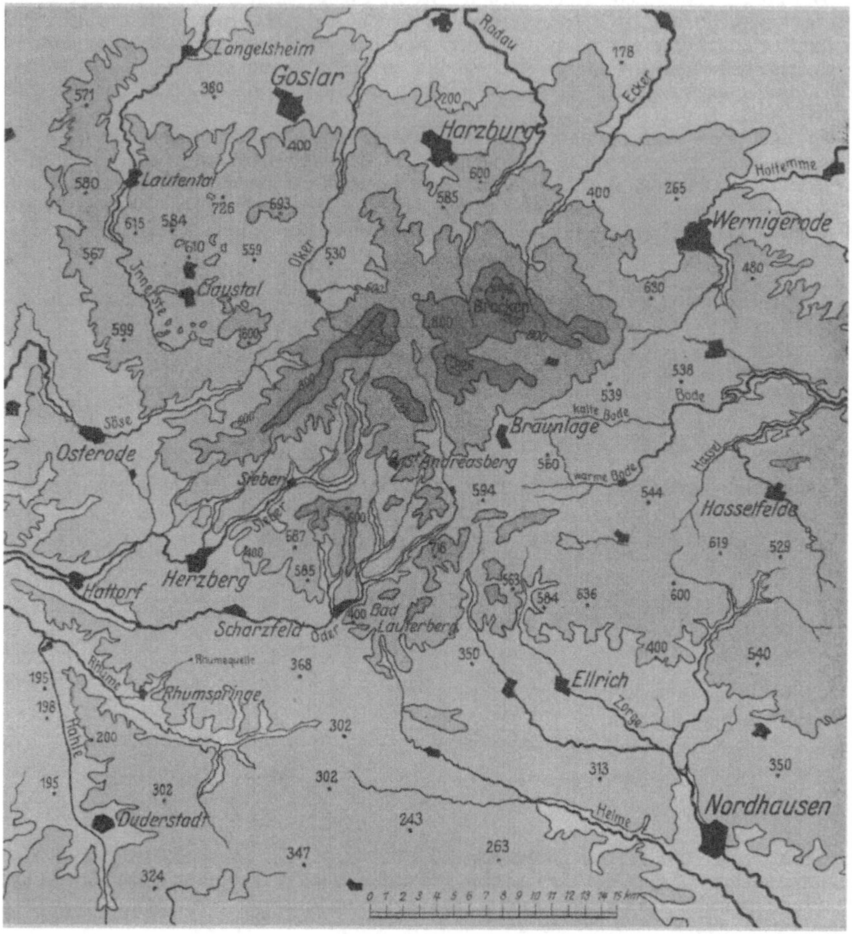

Abb. 4. Höhenkarte. Maßstab 1 : 500000.

denken, daß nicht nur Wasser, sondern auch Schnee in erheblichen Massen verdunstet.

Für die Verdunstung ist die landwirtschaftliche Bebauung des Landes stark entscheidend. Wald läßt mehr verdunsten als unbebaute Felder, aber nur $^1/_3$ soviel wie in Kultur stehende Felder. Als mittlere tägliche Verdunstungshöhe wird für mit Pflanzen bedecktes Ackerland 1 bis 7 mm angegeben, für Wiesen 3 bis 7 mm, für Wald verschiedener Art aber nur 0,5 bis 1 mm. Darauf beruht es, daß in den waldreichen Gebirgen trotz der großen Niederschlagshöhen nur wenig Wasser verdunstet, ebenso wie dort wegen der steilen Hänge und des steinigen Bodens nur wenig Wasser versickert, eine für unsere Kraftwirtschaft, aber auch unsere Flüsse sehr wichtige Tatsache. Die tägliche Verdunstung von Wasserflächen wird bis zu 150 mm[1]) in den heißen Monaten gerechnet. Im großen Durchschnitt rechnet man heute damit, daß einschließlich der Verdunstungsarbeit der Pflanzen fast 80 vH des herabfallenden Wassers vom Regenfall bis zum Meere verdunstet, daß also nur 20 vH versickert und oberirdisch abfließt. In Gebirgen dagegen mit wenig Spalten und kahlen Hängen kann 70 bis 80 vH versickern und verdunsten.

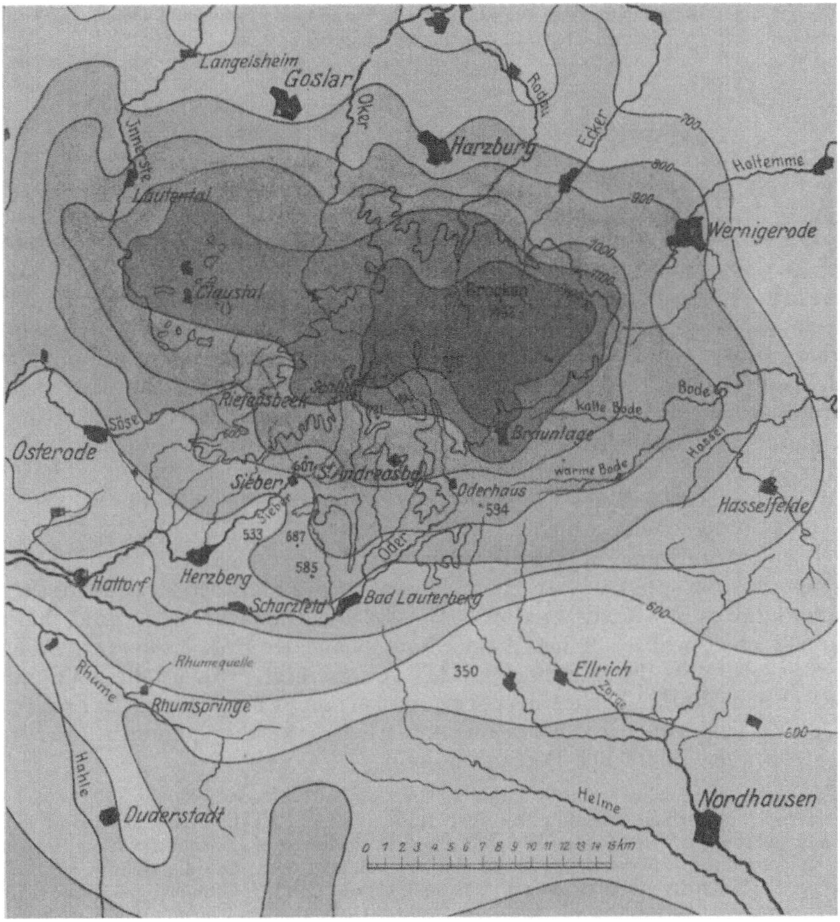

Abb. 5. Regenkarte. Maßstab 1 : 500 000.

Für die Versickerung finden sich noch stärkere Unterschiede. Die größte Versickerung hat Sand- und Kiesboden, die kleinste Felsboden und fester Lehmboden. Mooriger Boden, kalkartige Bodenarten usw. stehen in der Mitte. Ist der Boden mit Moos oder anderen Pflanzen bestanden, dann ist die Versickerung nur ein Bruchteil der kahlen unbestandenen Fläche. Bei Lehm ist dieses Verhältnis der Versickerung der kahlen Fläche zur mit Gras bewachsenen z. B. 25 : 1, bei Sand und Torf aber nur 5 : 1. In den heißen Monaten kann wegen der Verzögerung der Versickerung die Pflanzendecke die Versickerung auf 0 herabmindern. Grober, kiesiger Untergrund ohne wesentlich schützende Pflanzendecke

---

[1]) Messungen im Ruhrgebiet.

kann bis zu 80 vH des Wassers versickern lassen. Steile, felsige Gebirgshänge lassen Wasser nur in einzelnen Spalten versickern, die so verloren gehende Menge wird kaum 10 vH erreichen.

Zahlen über die Größe der Versickerung zu geben, hat hier keine Bedeutung, die Zahlen sind zu verschieden. Es genügt zu zeigen, wie groß die Unterschiede sind, wie vorsichtig die ganze Frage behandelt werden muß. Besonders hingewiesen werde aber auf die Angaben von Bubendey im Handb. d. Ing.-Wiss.[1]) über die Ermittlung von Hochwassermengen. Bubendey gibt hier in seiner praktischen Hydraulik auch Formeln verschiedener Fachmänner an, nach denen sich diese Wassermengen annähernd bestimmen lassen, auch sind in der gleichen Arbeit Tafeln enthalten, die angenäherte Zahlen ergeben.

B. Gewässerkunde des Festlandes.

a) Allgemeines und Eigenschaften des Süßwassers.

Wir haben bei den Festlandgewässern stehende und fließende zu unterscheiden. Die größten stehenden Gewässer, wie die Riesenseen von Nordamerika, Asien usw. unterscheiden sich von den Mittelmeeren der Ozeane vor allem durch die Art des Wassers. Bis auf die Unterschiede, die durch die Eigenschaften des Wassers gegeben sind, sind die Verhältnisse an großen Binnenseen ähnlich dem an Mittelmeeren. Die fließenden Gewässer des Festlandes unterscheiden sich aber so grundlegend von den Meeresströmungen, daß Ähnlichkeiten fast nicht zu nennen sind. Der grundlegende gewässerliche Unterschied zwischen Meer und Festland ist durch die Art des Wassers gegeben. Es mögen deshalb zuerst die Eigenschaften des Festlandwassers, und zwar des gewöhnlich vorkommenden Süßwassers, besprochen werden.

Das Festlandwasser wird nach altem Sprachgebrauch als Süßwasser im Gegensatz zum Seewasser bezeichnet. Den Namen hat das Süßwasser zweifellos dadurch erhalten, daß es im Gegensatz zum Seewasser süß schmeckt, wenn es auch an sich nicht süß ist. Chemisch reines Wasser kommt auf der Erde kaum vor. Auch das Süßwasser ist stets durch Salze aller Art verunreinigt. Nur ist diese Verunreinigung auf dem Festlande meist so gering, daß sie nicht bemerkt wird. Es gibt aber eine große Zahl von natürlichen und künstlichen Verunreinigungen, die für das Bauwesen von erheblicher Bedeutung sind.

Als erste natürliche Verunreinigung ist zu nennen die Moorsäure, die sich in stehenden Gewässern, vor allem in den Mooren selbst, findet. Besonders die Hochmoore sind in dieser Hinsicht gefährlich. Die meisten Moorsäuren sind in der Lage, Beton und Eisen in wenigen Jahren, manchmal in weniger als einem Jahre so zu zerstören, daß die Bauwerke einstürzen können. Bei Talsperrenbauten ist zu untersuchen, ob nicht Hochmoore mit großen Mengen von Moorwasser das Becken speisen. Als weitere Gefahren sind zu nennen Kaliendlaugen, die in den Flüssen Mitteldeutschlands von der Elbe bis zum Rhein von großer Bedeutung sind. Durch das Reichskaligesetz ist für viele Flüsse eine obere Versalzungsgrenze festgesetzt worden, für einige Flüsse aber, wie z. B. die Bode und Saale, besteht keine Versalzungsgrenze. Geringe Endlaugenbeimengungen werden ohne Bedeutung sein. Bei starken Verunreinigungen ist eine genaue physikalische und chemische Untersuchung notwendig. Bei Tiefbauten ist neben anderem auf das Auftreten von artesischen Quellen, Zufluß von Moorquellen zu achten, da sie oft salz-, säure- und gashaltig sind. Grundwasser ist stets zu untersuchen. Unsere für den menschlichen Körper so segensreichen Heilquellen können für einen Betonbau äußerst unheilvoll sein. So wurde z. B. ein Pfeiler der Sternbrücke bei Magdeburg während des Weltkrieges durch artesisches Mineralwasser in einem solchen Maße zersetzt, daß er abgebrochen werden mußte. Die Einleitung von Fabrikwässern in die Flüsse ist stets zu beachten, da z. B. Papierfabriken, Zuckerfabriken, chemische Fabriken usw. Abwässer einführen können, die den Bauwerken gleichfalls schädlich sein können. Hierbei ist besonders bemerkenswert, daß nicht nur freie Schwefelsäure, sondern auch gebundene (Sulfate wie Gips) für den Beton gefährlich sind. Bereits Mengen von einigen 100 mg/l können zerstörend wirken.

[1]) Teil III, Bd. 1.

Die Pflanzen- und Tierwelt des Süßwassers ist meist ungefährlich. In Seen und Flüssen kann die Verkrautung lästig werden, vor allem durch die Wasserpest[1]), die aber kalkhaltiges Wasser gebraucht und bei Fehlen des Kalkes wieder verschwindet.

Die meisten Flüsse führen Geschiebe körniger Natur mit sich. Großes Geschiebe kann durch Abschleifen Bauwerkteile beschädigen, so z. B. Unterwasserteile beweglicher Wehre. Sand, der vom Wasser aufgewirbelt wird, wirkt oft in gleicher Art; ist er besonders fein, dann dringt er in die Hohlräume der Bauwerke (Schleusen, Wehre usw.) ein und führt zu Verstopfungen, wenn nicht besondere Vorkehrungen für seine Abhaltung getroffen werden. — Die Versandung der Flüsse selbst wird im Flußbau besonders besprochen, desgl. die Gefahren, die den Flüssen durch Zufrieren, Bildung von gewaltigen Eisbarren usw. drohen.

Die Eisbildung in allen Gewässern verlangt Unterkühlung des Wassers. Es sind Kristallisationskerne notwendig; als solche kommen Schwebestoffe, der Untergrund und schon gebildetes Eis in Frage. Die Eisbildung in stehenden Gewässern geht von der Oberfläche aus und schreitet von da nach unten zu fort. Zu einer lebhaften Eisbildung ist eine lebhafte Wärmeabgabe an die Luft notwendig, diese erfolgt am schnellsten bei großer Kälte und Wind durch Verdunstung und Strahlung. Bei bewegtem Wasser ist eine Abkühlung der ganzen Wassermasse auf 0 ° nicht notwendig, wohl aber bei fließendem Wasser. Bei der Eisbildung gibt das entstehende Eis die freiwerdende Wärme an das umgebende Wasser ab, das auf diese Weise etwas erwärmt wird, so daß die Bildung zuerst nur in einzelnen Kristallen vor sich gehen kann. In fließenden Gewässern dagegen findet die Eisbildung am Grunde statt. Das Wasser wird um $^1/_{100}$ bis $^1/_{10}$ ° unterkühlt. Wegen der turbulenten Strömung kann aber Eis nur dort entstehen, wo die Wassergeschwindigkeit sehr verringert ist, das ist am ersten am Grunde der Fall. Hier werden zuerst kleinere Steine mit einer dünnen, schwammigen Eisschicht überzogen, die sich bald vergrößert und nun in eine unten festsitzende, schwammige Scholle übergeht. Wird diese groß genug, dann treibt sie auf, wird durch das Gegeneinanderschleifen mit anderen Schollen meist rund unter Bildung eines erhöhten Randes. Das in diesem Ring stehende Wasser gefriert dann meist zu einer glatten Fläche. Das ursprünglich schwammige Eis wird dann durch Gefrieren aller Zwischenräume bald zu einer festen Scholle. Die Grundeisbildung erfolgt nur bei nicht gefrorener Oberfläche. Unter dem Oberflächeneis kann sich aber Gallerteis (eine schwammige Eismasse) bilden. Sie kann in solchen Mengen auftreten, daß das ganze Flußbett verstopft wird. Es kommt auch vor, daß große Flüsse vom Grunde aus zufrieren; so froren einmal in der Newa die 20 m tiefliegenden Saugrohre der Wasserleitung zu. Auch sibirische und schottische Flüsse sind oft vom Grunde aus zugefroren. Diese Tatsache ist wichtig für Turbinenanlagen[2]).

b) Stehende Gewässer.

Als stehende Gewässer im eigentlichen Sinne sind zu nennen Sümpfe, Moore, Seen ohne merkbar strömenden Zu- und Abfluß und Teiche.

Stehende Gewässer, die keine Wassererneuerung durch Speisung aus einer Quelle oder aus dem Grundwasser erhalten, kommen selten vor. Wo sie zu finden sind, zeigen sie je nach den Niederschlägen und der Verdunstung einen dauernden Wechsel des Wasserstandes, der in manchen Gegenden zu regelmäßiger Austrocknung in der Zeit der größten Dürre führt.

Als stehende Gewässer müssen alle Seen angesehen werden, wenn ihr Zufluß oder Abfluß von untergeordneter Bedeutung ist. So sind das Steinhuder Meer bei

[1]) Die Wasserpest, Elodea canadensis, ist eine aus Nordamerika eingeschleppte Süßwasserpflanze, die durch starke Wucherung der Schiffahrt unbequem werden kann.

[2]) Zentr.-Bl. d. Baub. 1925, Seifert, S. 431.

Hannover, das Zwischenahner Meer in Oldenburg, der Königssee in Bayern, der Gjendin in Norwegen, das Tote Meer usw. mit unmerkbarem oder nur bachartigem Zu- und Abfluß ausgesprochen stehende Gewässer. Für den Verkehrswasserbau kommen sie meist wenig in Frage. Von Bedeutung können sie werden, wenn man einen Kanal durch einen solchen See hindurchführen will, wie es z. B. für die Verbindung der Stadt Hannover mit Bremen durch einen Verbindungskanal vom Mittellandkanal zur Weser durch das Steinhuder Meer möglich wäre. Dagegen spielen die großen Binnenseen in Amerika, Asien, Afrika usw. eine bedeutende Rolle.

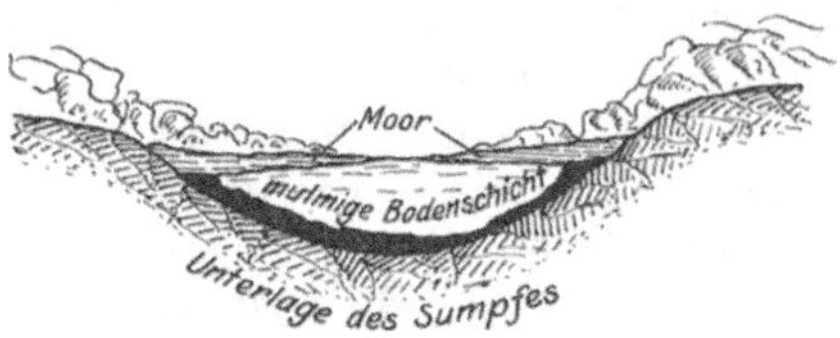

Abb. 6. Allmähliche Überwachsung eines Sumpfes von den Rändern aus durch eine Moosdecke. Niederungsmoor.

Als Teiche kommen künstliche Seen kleineren Umfanges in Frage, die meist den Zwecken der Landwirtschaft, Fischzucht, Industrie, Bergbau[1]) usw. dienen. Auch für die Speisung von Kanälen können sie wertvoll sein. Auf eine genauere Besprechung kann an dieser Stelle verzichtet werden, vgl. den Teil „Kanalbau“.

Sümpfe kommen in Kulturländern nur noch selten, Moore jedoch häufig vor. Deutschland ist z. B. ein Land mit ausgedehnten Moorflächen, die sich in allen Gegenden des Landes finden. Ebenso finden sich ausgedehnte Seenplatten in Ostpreußen, Holstein usw. Wir unterscheiden Niederungsmoore und Hochmoore nicht nach ihrer Höhenlage im Gelände, sondern nach der Art der Entstehung, ihrer Form, der Art des Untergrundes und der Pflanzen. Niederungsmoore (Abb. 6) entstehen auf fruchtbarem, vor allem kalkhaltigem Untergrunde, meist an den Ufern der Flüsse und Binnenseen. Sie führen je nach der Gegend den Namen Bruch, Luch, Moos oder Ried. Zu nennen sind das Oderbruch (mehrere), Wartebruch, das holländische Luch, das Isarmoos, die Eilenriede bei Hannover usw.

Die Hochmoore (Abb. 7) sind auf magerem Boden entstanden mit kalkarmem, sandigem Untergrunde. Als Hochmoore kennen wir die großen Heide- oder Moosmoore, deren früheres Vorhandensein vielfach noch an der Bildung des Ortsteines zu erkennen ist: Isernhagen (Eisenhag) bei Hannover. Da Wasserarmut ein Kennzeichen der Hochmoore ist, so ist diese Wasserarmut in der Mitte der Moore am geringsten, da es dort nicht so leicht abfließen kann wie am Rande. Die Moore wuchsen daher in der Mitte schneller und bildeten einen flachen Hügel gegenüber der Umgebung, eine wenn auch gering ansteigende Hochfläche, das Hochmoor. Die Erhebung beträgt stellenweise bis 6 m. Die an Hochmooren reichste Gegend Deutschlands ist die Provinz Hannover (das große Moor, Teufelsmoor usw.), aber auch Oldenburg, Schleswig-Holstein und Bayern weisen große Moorflächen auf.

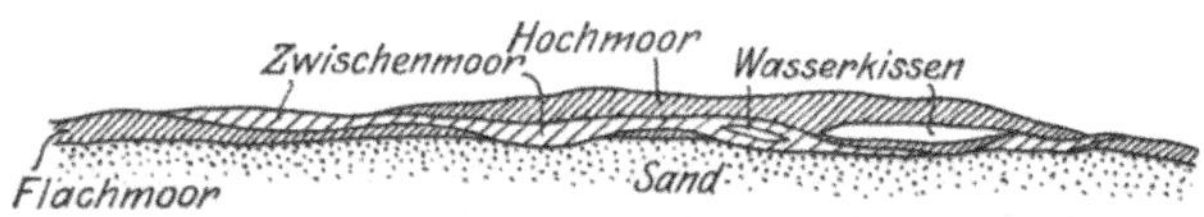

Abb. 7. Schnitt durch das große Moosbruch in Ostpreußen.

Aus Niederungsmooren können sich Hochmoore entwickeln. In Deutschland sind heute noch etwa 2,3 Mill. ha Moore vorhanden, also durch Moorkultur noch ganze Provinzen fruchtbaren Landes zu gewinnen, rd. 5 vH der Reichsfläche.

Den Mooren wird in unseren Mittelgebirgen vielfach die Fähigkeit zugesprochen, ausgleichend auf die Abflußvorgänge zu wirken. Nach Untersuchungen an den Hochmooren im Oberharz ist es zweifellos, daß die Moore Wasser aufsaugen, wenn sie trocken sind, Wasser abgeben, wenn sie wassergefüllt sind. Die Haupt-

[1]) Z. B. die Höhenteiche im Oberharz.

menge des Niederschlagswassers muß aber über sie hinwegfließen, ohne daß große Versickerungen stattfinden, so daß die regelnde Wirkung nur sehr beschränkt sein kann.

c) Fließende Gewässer.

1. Allgemeines.

α) Allgemeine Begriffsbestimmung. In der Erklärung des Kreislaufes der Gewässer liegt zugleich die Begründung für die Erscheinung der fließenden Gewässer. Die Hauptniederschläge finden, wie bereits ausgeführt, in den Gebirgen statt. Dieses Wasser muß nun, soweit es nicht verdunstet, dem Meere wieder zufließen. Diese ununterbrochene Kette eines Hauptwasserlaufes vom Gebirge bis zum Meer wird mit Strom bezeichnet. Die in den Hauptwasserlauf einmündenden Wasserläufe sind Flüsse erster Ordnung, die in den Fluß erster Ordnung mündenden Gewässer solche zweiter Ordnung usw.[1]). Aus den Quellen bilden sich die Bäche. Künstliche Wasserläufe werden je nach ihrer Größe Kanäle oder Gräben genannt. Kleine Wasserläufe, die in der Nähe des Meeres entspringen und in das Meer münden, heißen Küstenflüsse.

Volkstümlich gehen die Bezeichnungen durcheinander, der Sprachgebrauch richtet sich mehr nach der Größe der Wasserläufe als nach den obengenannten Gesichtspunkten. Auch die Unterscheidung zwischen Haupt- und Nebenflüssen ist nicht immer klar. Meist gilt bei Zusammenfließen zweier Flüsse der Wasserlauf mit der größten Wassermenge als Hauptfluß, oft der mit größerem Niederschlagsgebiet. Da beide Begriffe sich nicht immer decken, so sind auch hier Unklarheiten. Man hat zu bedenken, daß die Namengebung erfolgte, als die Kenntnis über das Wesen der Flüsse noch gering war. Der Hauptfluß sollte jedenfalls immer der sein, der das größte Gebiet beherrscht, so daß alle in ihn einmündenden Flüsse unbedeutender sind. Die Moldau ist jedoch bei Melnik bedeutender als die Elbe, die Leine führt an der Mündung in die Aller oft mehr Wasser als diese. Daß auch nicht jeder Strom von der Quelle bis zur Mündung den gleichen Namen trägt, zeigt die Weser. Trotzdem sie als „der deutsche Strom" gänzlich in Deutschland liegt, führt sie oberhalb von Hann.-Münden den Namen Werra. Tatsächlich ist Werra und Weser gleichbedeutend, beides entstanden aus dem althochdeutschen Wisera. Die Werra hat 269 km, die Fulda 180 km Lauflänge. Die Werra ist somit die eigentliche Weser. Vielfach sind auch die politischen Grenzen Ursache, wie z. B. bei der Memel u. a.

Landschaftlich wie wasserbaulich sind bei großen Wasserläufen 5 Teile zu unterscheiden: Das Quellgebiet, der Oberlauf, der Mittellauf, der Unterlauf und das Mündungsgebiet. In jedem dieser Teile können seeartige Erweiterungen eingeschaltet sein, die als Teile eines fließenden Gewässers hier und nicht unter den stehenden Gewässern zu besprechen sind.

β) Begriffsbestimmung für Wasserläufe im Wassergesetz. Die juristische Begriffsfassung ist einfach. Das preußische Wassergesetz gibt in § 1 und 2 folgende Begriffsbestimmung.

Begriff und Arten der preußischen Wasserläufe.

§ 1. Wasserläufe sind die Gewässer, die in natürlichen oder künstlichen Betten beständig oder zeitweilig oberirdisch abfließen, einschließlich ihrer oberirdischen Quellen und der Seen — Teiche, Weiher und ähnlicher Wasseransammlungen —, aus denen sie abfließen, sowie ihrer etwa unterirdisch verlaufenden Strecken (natürliche, künstliche Wasserläufe).

Grundstücke, die zur Fischzucht oder Fischhaltung oder zu sonstigen Zwecken mit Wasser bespannt werden und mit einem Wasserlaufe nur dadurch in Verbindung stehen, daß sie mittels künstlicher Vorrichtungen aus dem Wasserlaufe gefüllt oder in einen solchen abgelassen werden, gelten nicht als Wasserläufe.

Gräben gelten als Wasserläufe nur insoweit, als sie der Vorflut der Grundstücke verschiedener Eigentümer dienen. Seen, aus denen nur künstliche Wasserläufe abfließen, gelten nicht als Wasserläufe, soweit nicht die Wasserlaufsverzeichnisse etwas anderes bestimmen. Triebwerkskanäle — Mühlgräben u. dgl. — und Bewässerungskanäle gelten, soweit sie als Wasserläufe anzusehen sind, im Zweifel als künstliche Wasserläufe.

---

[1]) Die Erklärung nach dem Wassergesetz siehe S. 28.

Ein natürlicher Wasserlauf gilt als solcher auch nach einer künstlichen Veränderung.

§ 2. Im Sinne dieses Gesetzes sind:

1. Wasserläufe erster Ordnung: die in dem anliegenden Verzeichnis unter I. aufgeführten Strecken natürlicher und die dort unter II. bezeichneten Strecken künstlicher Wasserläufe;

2. Wasserläufe zweiter Ordnung: die Strecken natürlicher und künstlicher Wasserläufe, die in dem nach § 4 aufzustellenden Verzeichnis eingetragen sind;

3. Wasserläufe dritter Ordnung: alle anderen Strecken natürlicher und künstlicher Wasserläufe.

Natürliche Wasserläufe, die sich von einem natürlichen Wasserlauf abzweigen und wieder mit ihm vereinigen (Nebenarme), sowie Mündungsarme eines natürlichen Wasserlaufs sind der Ordnung zuzuzählen, welcher der Hauptwasserlauf an der Abzweigungsstelle angehört, wenn sich nicht aus der Anlage ein anderes ergibt oder nach § 3 Abs. 1 oder § 4 ein anderes bestimmt wird."

Die genannten Verzeichnisse I und II sind nicht beigefügt, sie können im Wassergesetz nachgesehen werden. Es ist aber wichtig, zu wissen, daß nicht nur die großen Ströme und Flüsse in diesem Verzeichnis enthalten sind, sondern auch Flüsse wie der Aalbach, die obere Angerapp, Cranzer Beek, Eider, Hase, Ilmenau, Oste, Schwinge, Seeve, Tollense usw. Auch der Bederkesa—Geest-Kanal, der Emder Stadtgraben, der Finowkanal, Ihlekanal, der Osterholzer Hafenkanal usw. sind Wasserläufe erster Ordnung.

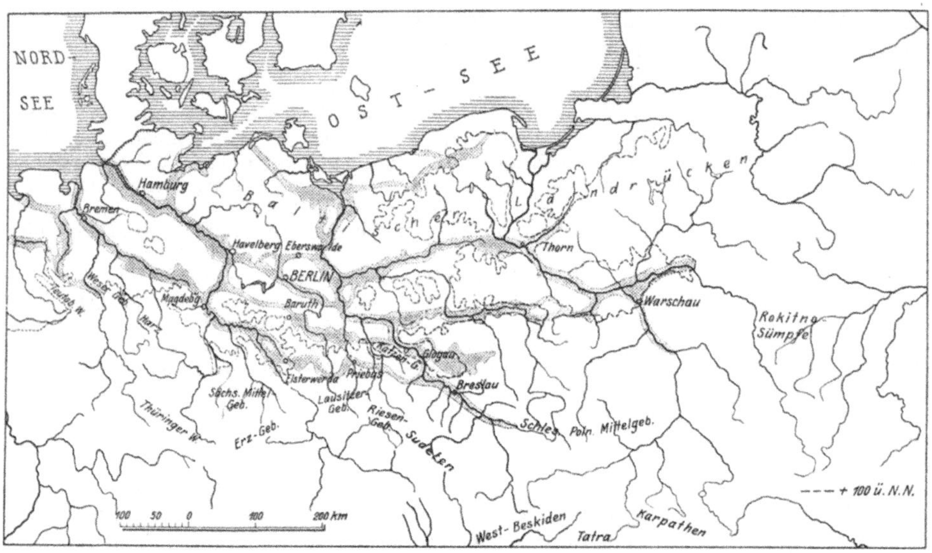

Abb. 8. Urstromtäler der norddeutschen Tiefebene. Maßstab 1 : 11100000.

γ) Entstehung der Flußtäler. Bereits in den Jugendtagen der Erde haben sich große Tal- und Strombildungen vollzogen. Es entstanden die riesenhaften Urstromtäler der Eiszeit (Abb. 8), die heute noch vielfach an der Geländegestaltung zu erkennen sind und in denen sich Grundwasserströme bewegen, wenn auch noch nicht festgestellt ist, wie sich die Bewegung überall vollzieht. Viele große Verkehrswege sind diesen Tälern gefolgt, so daß die Bedeutung dieser weit entfernten Vorgänge noch in unsere Zeit hineinragt. Das Gebiet der Ohre zwischen Elbe und Aller ist z. B. ein Teil eines solchen großen Tales, das von Magdeburg zur Weser verläuft. Daß aber die Elbe früher durch dieses Tal in die heutige Wesermündung geflossen sei, ist unwahrscheinlich. Die meisten Täler im Gebirge und Flachland sind eine Folge der Tätigkeit der Flüsse. Hitze und Kälte arbeiten unausgesetzt daran, die Felsen und Gebirge mit Spalten zu durchziehen und dann durch Eisbildung abzusprengen. Die Flüsse nehmen die Trümmer auf, führen sie mit sich zu Tale und zerkleinern die großen Felsbrocken nach und nach so gründlich, daß sie als feiner Sand oder sogar als Schlamm im Meere anlangen. Jeder Fluß hat sich so sein Tal gebildet, das gegen ein anderes Flußtal durch einen wenn auch noch so niedrigen Höhenrücken, die Wasserscheide, abgegrenzt wird. Wie weitgehend Einfressungen bei beweglichem Untergrund in kurzer Zeit gehen können, zeigt der „Wildbach", der sich innerhalb von 20 Jahren um rund 25 m gesenkt hat (Abb. 123, S. 128).

Will man einen Verkehrsweg vom Meere her in einem Flußtal entlang führen, so muß man dauernd aufwärts steigen (Abb. 9). Will man Verkehrswege quer

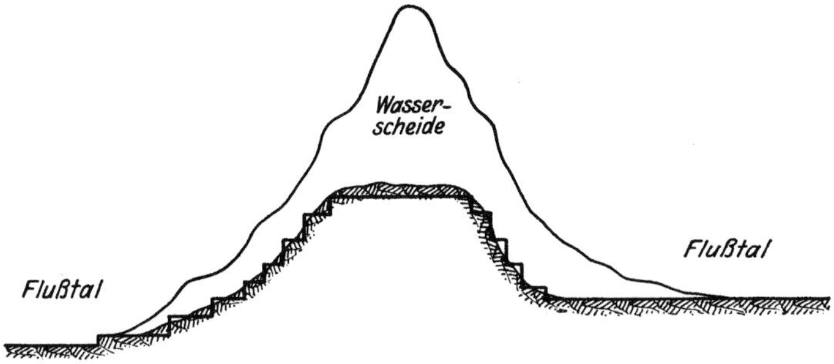

Abb. 9. Verkehrsweg über ein Gebirge längs der Flußtäler.
(Beispiel: Donau-Main- oder Weser-Main-Kanal.)

zu Flußtälern (Abb. 10) durchführen, so muß man immer abwechselnd über Flußtäler hinweggehen und Wasserscheiden durchstechen. Nur in seltenen Fällen ist es begrenzt möglich, auf der gleichen Höhenlinie einen Wasserweg durchzuführen. Wo es durchführbar ist, ist es das nur unter Aufwendung großer Umwege, die eine Umgehung der Wasserscheide an dem Zusammenfluß zweier Flüsse zulassen. Da man somit bei Schaffung von Wasserstraßen stets die Erde wund machen muß, ist die Kenntnis der Geologie eine wichtige Voraussetzung für den Bauingenieur. Hier kommt es mehr auf die Kenntnis der praktischen als einer streng wissenschaftlichen Geologie an.

δ) Die Entwicklung des Flusses von der Quelle bis zur Mündung. Für den Verkehrswasserbau ist die Bedeutung des Quellgebiets[1]) mittelbar groß, weil das Wesen des Flusses stark von ihm abhängt. Daher spielt auch die Frage der Talsperren, die die Verhältnisse der Quellgebiete regeln sollen, eine große Rolle im

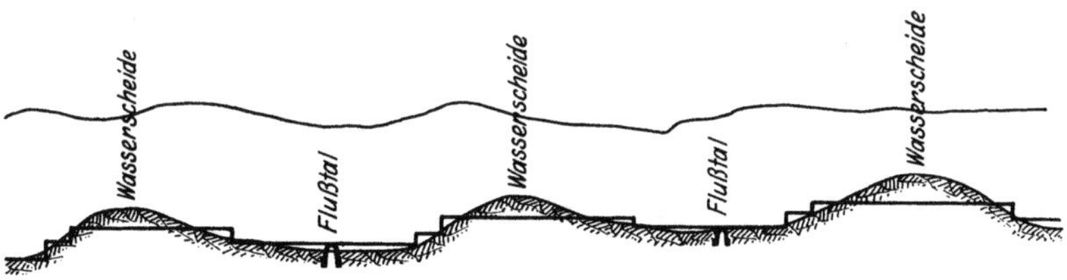

Abb. 10. Verkehrsweg am Rande eines Gebirges quer zu den Flußtälern.
(Beispiel: Rhein-Elbe-Kanal.)

Flußbau. Für die Allerquellflüsse, Oker, Ecker, Ilse, Leine, Innerste, Sieber und Oder sind z. B. gewisse Teile des Oberharzes um den Brocken, Bruchberg und Acker herum, oder das hannoversche Eichsfeld das Quellgebiet, dessen Behandlung wasserbaulich von entscheidender Bedeutung für die Entwicklung der Leine, Aller und Weser ist.

Zwischen dem Gefälle, den Flußbreiten, Tiefen und Wassermengen eines Stromes bestehen im allgemeinen folgende Beziehungen. Im Quellbach sind geringe Wassermengen vorhanden, die unter dem stärksten Gefälle die Hänge

[1]) Unter Quellgebieten sollen dabei nicht nur die Stellen verstanden werden, an denen die einzelnen Quellen entspringen, sondern das ganze Gebiet, in dem Quellen entspringen.

hinabfließen. Die Geschiebe haben die größten Durchmesser und werden von den geringen Wassermengen in solch großem Maße mitgeführt, wie es weiter unten unmöglich wäre. Das Gefälle nimmt dann im Gebirgsfluß und schließlich im Oberlauf weiter ab, die Wassermenge und das Geschiebe weiter zu. Da aber die Wassermenge in viel stärkerem Maße gestiegen ist als die Geschiebemenge, so ist der verhältnismäßige Anteil des Geschiebes dabei kleiner geworden. Breite und Tiefe des Wasserlaufes hat ebenfalls zugenommen, während das Gefälle immer flacher wird. Diese Änderungen halten in gleichem Sinne weiter an bis zum Unterlauf. Die Zunahme an Geschiebe braucht dabei nicht fortgesetzt zu werden, es können sogar durch Einschaltung von Seen, die als große Klärbecken wirken (Bodensee, Havelseen usw.), die Geschiebemengen abnehmen. Im Mündungsgebiet schließlich treten durch den Einfluß des Meeres vielfach auch in dem letzten Teil des Wasserlaufes ganz andere Verhältnisse ein. Zeitweise verlaufen die Strömungen flußaufwärts (Flutströmung im Tidefluß bei steigendem Meere), nehmen die Wassertiefen wieder ab statt zu usw. Im nicht vom Meere beeinflußten Flußgebiet aber ist der gewöhnliche Verlauf von der Quelle zur Mündung: allmähliche Abnahme der Gefälle verbunden mit Zunahme der Wassermenge, der Breite und Tiefe des Flusses. Auch für die Kraftwirtschaft zeigt sich ein ähnliches Bild. Im Oberlauf hat man die Möglichkeit, große Gefällstufen mit geringer Wassermenge anzulegen, im Unterlauf kleinere Gefällstufen mit großer Wassermenge. Im eigentlichen Quellgebiet finden sich die allergrößten Gefällstufen. So zeigt der Plan für den Ausbau eines Großoderteiches im Harz am Nordfuß des Brockens z. B. ein Nutzgefälle von 600 m.

Der Flußlauf zeigt nicht immer eine einheitliche Bettausbildung. Er weist oft Spaltungen auf. Diese sind im Oberlauf für den Verkehr ohne große Bedeutung, müssen aber im Mittel- und Unterlauf im Verkehrsinteresse meist beseitigt oder sonstwie unschädlich gemacht werden. Die Gleichmäßigkeit der Änderungen im Wesen des Flusses werden nun oft durch die Geländegestaltung verhindert. Bettformen, Gefällverhältnisse, die an sich dem Wesen des Flusses an nur bestimmten Stellen angepaßt waren, können durch das Eintreten des Flusses in Zwischengebirge, Sumpfstrecken usw. in ihrer Ausbildung verhindert werden. Wenn auch für den ganzen Fluß die oben gezeigten allmählichen Änderungen maßgebend sind, so sind in einzelnen Strecken oft große Abweichungen die Regel.

2. Laufentwicklung, Bett, Talweg und Wasserstände.

α) **Die Laufentwicklung.** Der eigentliche Flußlauf ist durch das Mittelwasserbett bestimmt, das sog. Ufer reicht vom Niedrigwasser bis zum Hochwassergelände. Das Hochwassergelände liegt meist trocken und wird nur bei höheren (über Mittelwasser) liegenden Wasserständen überstaut. Das überstaute Gelände wird Vorland oder Überschwemmungsgebiet genannt und ist vielfach durch Deiche eingefaßt. Die Veränderungen in der Lage des Mittelwasserbettes gelten als die eigentlichen Flußveränderungen.

Unsere Flüsse zeigten im Mittelalter ganz andere Bilder als heute. Unsere Vorfahren z. B. aus der Zeit des Dreißigjährigen Krieges würden wahrscheinlich ihre ihnen vertrauten Flußbilder nicht mehr wiedererkennen. Das Wesen der Flüsse im Urzustande ist durch eine maßlose Verwilderung gekennzeichnet. Darstellungen solcher früherer Flußläufe zeigen die folgenden Abbildungen. In Abb. 11 sind die verschiedenen z. T. wieder verlassenen Betten des Rheins zwischen Speyer und Worms eingetragen. Man sieht daraus, daß der Neckar früher viel weiter stromab mündete. Dieses alte Bett ist jetzt noch deutlich erkennbar. Der Fluß war früher vielfach nicht in zwei, sondern in drei oder mehr Arme gespalten. Die moderne Flußpflege hat es erst im vergangenen Jahrhundert vermocht, den Fluß in geregelte Bahnen zu zwingen und ihn erst so in die Lage versetzt, den Verkehrsbedürfnissen der immer zahlreicher gewordenen Menschen Genüge zu leisten.

Wesentlich ist jedenfalls, daß in früheren Zeiten in unseren Ländern fast niemals landwirtschaftliche Gründe Ursache der Flußverbesserungen waren, sondern vorwiegend Verkehrsfragen. In den großen Kulturländern des Südens (Ägypten, Zweistromland usw.) war es umgekehrt. Hier war das Verlangen nach Bewässerungswasser, also ein landwirtschaftlicher Grund, meist Ursache der Flußverbesserungen.

Der Grund für die Verwilderung der Flüsse im Urzustand ist das Beharrungsvermögen in Verbindung mit der Unregelmäßigkeit des Gefälles und Untergrundes. Ein im Strom befindliches Hindernis (ein gestrandeter Baum z. B.) zwingt das Wasser einer zufällig geraden Strecke nach dem anderen Ufer hinüber (Abb. 12). Hier wühlt das Wasser sich eine Verbreiterung heraus, es entsteht eine Krümmung. Aus dieser Krümmung tritt das Wasser nicht mehr in der alten Richtung in das unterhalb liegende Strombett hinein, sondern schräg zu der früheren Richtung. Es muß, wieder unter dem Einfluß des Beharrungswillens, das Ufer auf der andern Seite unterhalb des Baumes angreifen und hier bei abbruchfähigem Ufer eine neue Krümmung nach der andern Seite ausbilden. Ist das Gegenufer hart, so bleibt die Krümmung einseitig, gewöhnlich aber entsteht die erste Doppelkrümmung, eine Sinoide. Auf eine solche Doppelkrümmung folgen weitere. Das Wesen

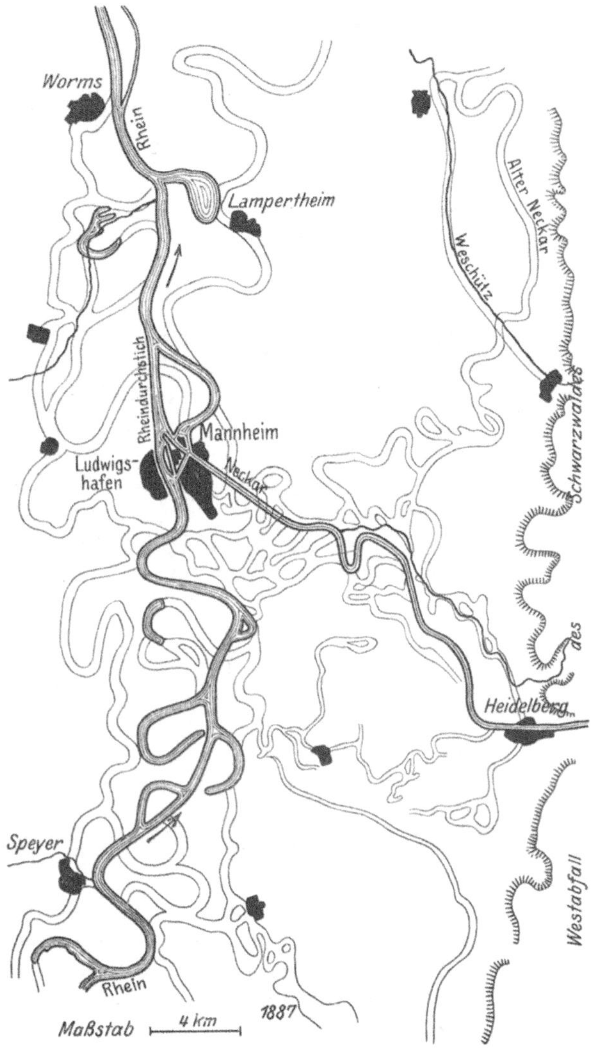

Abb. 11. Jetziger Rheinlauf zwischen Speyer und Worms mit Eintragung der verlassenen Betten. Maßstab 1 : 333 000.

Abb. 12. Hindernis mit Laufverlegung eines Flusses.

des Flußbettes ist gegeben durch eine Aufeinanderfolge von Krümmung und Gegenkrümmung. Nur ausnahmsweise geht eine Krümmung in eine längere gerade Strecke über. Die zweckmäßige Ausbildung und sinngemäße Erhaltung der Krümmungen, verbunden mit der Beseitigung zu langer gerader Strecken ist eines der Mittel zur Verbesserung der Flüsse im Schiffahrtsinteresse. Das Mündungsgebiet im Bereich der Gezeitenmeere macht aber von dieser Regel der Erhaltung der Krümmungen und der Beseitigung der geraden Strecken eine scharfe Ausnahme.

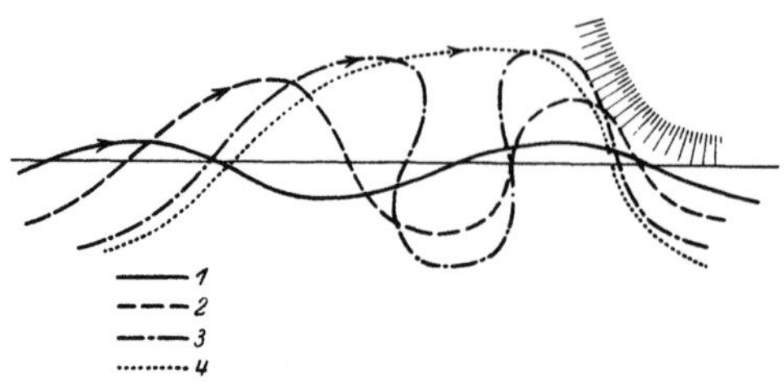

Abb. 13. Mäanderbildung durch Ausnagen im einbiegenden Ufer.

Bei mangelnder Flußpflege ist die weitere Folge des Beharrungsgesetzes die unausgesetzte Weiterbildung der einzelnen Krümmungen zu immer größeren Schleifen, wenn nicht Felsbänke oder Kunstbauten hindern (Abb. 13). Das Wasser stößt, da es sich in geradliniger Bahn bewegen möchte, fortdauernd auf das einbiegende Ufer. Hier liegen die großen Tiefen, die Kolke; auf der ausbiegenden Seite finden wir Ablagerungen, Sandbänke. Der Strom nagt unausgesetzt an der ausbiegenden Seite an dem Ufer und lagert an der anderen Seite Boden ab. So schoben sich die Krümmungen eines Flusses im Urzustande immer weiter vor, vgl. Abb. 14 „der Rhein bei Bislich“, wobei das Dorf Bislich vom Strome vernichtet wurde, und Abb. 15.

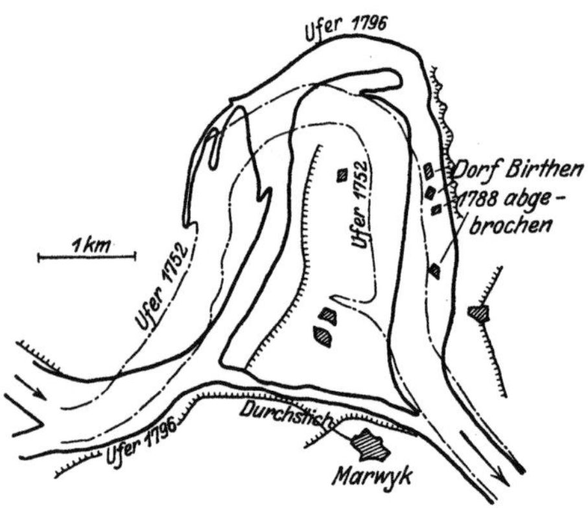

Abb. 14. Bettverlegung des Rheins bei Bislich von 1752 bis 1796. Maßstab 1 : 100000.

Oft wurden geradezu phantastische Schlingen- und Schleifenformen entwikkelt. Diese Wege wurden bei NW. innegehalten, bei Hochwasser aber kehrte sich der Strom oft nicht an das selbstgeschaffene langgewundene Bett. Das HW. strömte quer über die niedrig liegenden Flächen und durchbrach dann oft die manchmal nur schmalen Landrücken zwischen den einzelnen Armen. So entstanden neue nun wieder gestreckter liegende Flußbetten, die früheren Schleifen wurden überflüssig und begannen zu verlanden. Solche Altarme, Altwasser, kann man

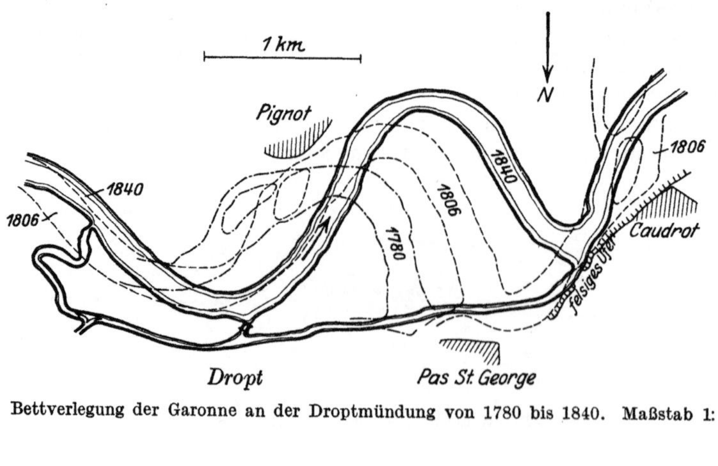

Abb. 15. Bettverlegung der Garonne an der Droptmündung von 1780 bis 1840. Maßstab 1: 50 000.

bei unseren sämtlichen Strömen und Flüssen finden. Oft sind sie so weitgehend verlandet, daß man sie im Wiesengelände wegen der größeren Feuchtigkeit des Bodens nur an der frischeren Farbe des Grases erkennen kann. Eine Folge der zu langen Laufentwicklung ist eine zu große Verminderung des Gefälles, die Versump-

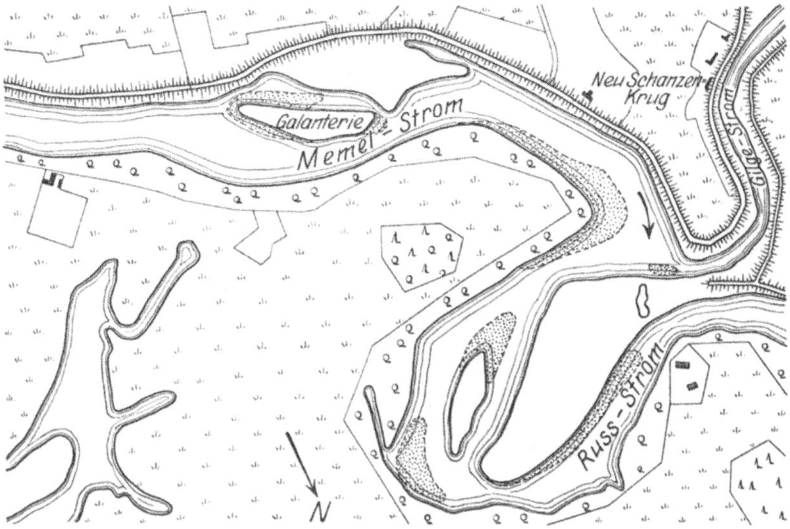

a

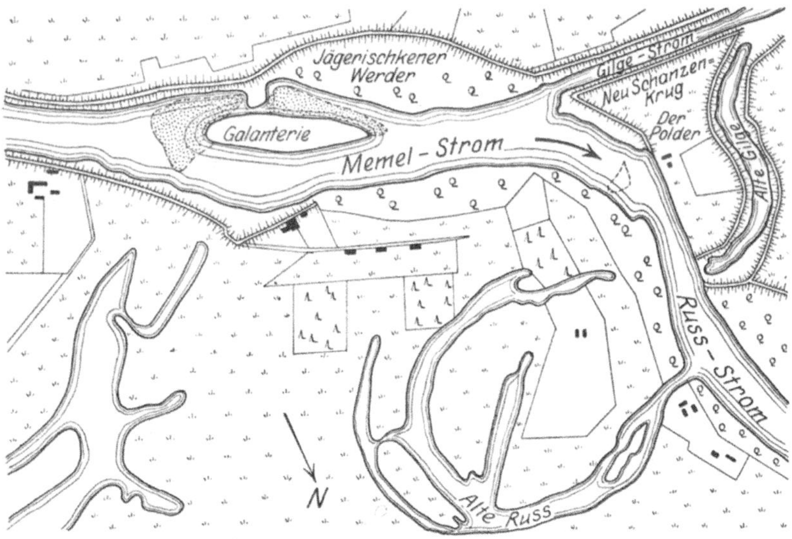

b

Abb. 16 a und b. Stromteilung der Memel bei Neuschanzenkrug.
a) im Jahre 1772, b) im Jahre 1822.

fungen zur Folge hat. Bilder dieser Art werden in Abb. 16 (Memel) und Abb. 17 (Elbe bei Wittenberge) wiedergegeben. Die Memel teilt sich in zwei Arme, Ruß und Gilge. Das Bild von 1822 zeigt den erfolgten Durchbruch und die Regelung mit der alten Ruß und Gilge. — Die Elbe vor und nach der Regelung zeigt die Arbeiten auf einer längeren Flußstrecke. Man sieht, wie aus dem breiten und wilden Strom der regelmäßig verlaufende geregelte Schlauch geworden ist,

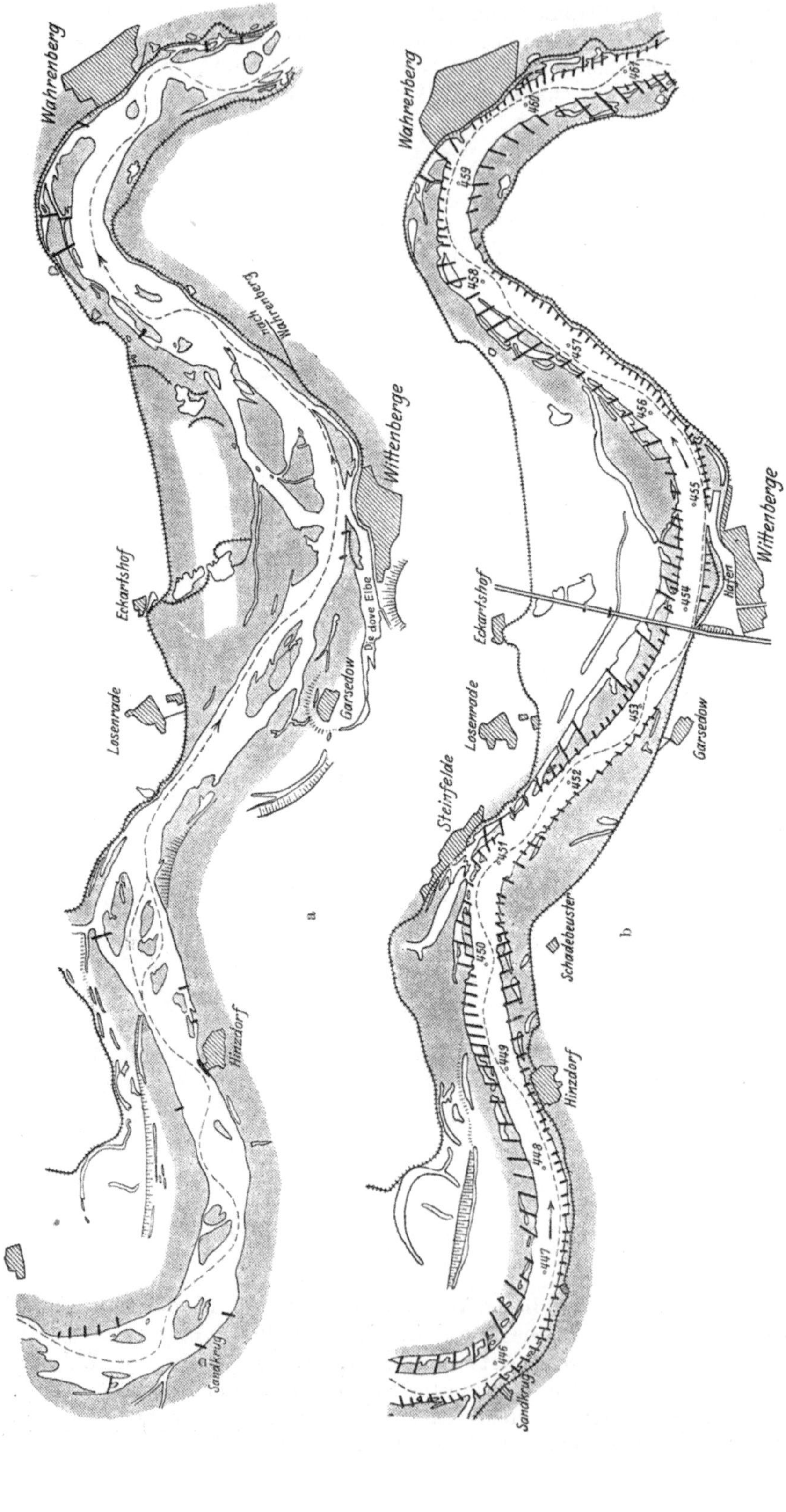

Abb. 17 a und b. Elbe bei Wittenberge. Maßstab 1 : 70 000.
a) vor der Regelung, b) nach der Regelung.

dessen Schaffung allein die heutige Schiffahrt ermöglicht. Die Deichbrüche vom Sommer 1926 zeigen aber, daß das Werk noch lange nicht vollendet ist.

Das gleiche, was im Innern des Landes sich in Form der Ausbildungen einzelner Flußarme zeigte, zeigt sich auch bei jeder Mündung unter dem Einfluß des Meeres. Auch hier Auflösung des Flußschlauches in mehrere Mündungsarme. Diese Arme sind vielfach oberirdisch nicht zu erkennen, sie sind aber in der eigentlichen Mündung stets vorhanden. Sind sie oberirdisch gegeben, dann zeigen sie die bekannte Deltabildung. In der See selbst bilden sich Unterwasserdeltas aus.

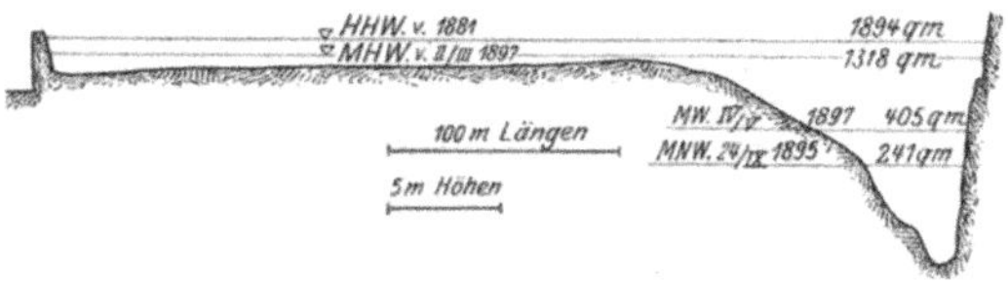

Abb. 18. Weser bei Baden. km 339,4. Querschnitt in einer Krümmung. Maßstab 1 : 6400 und 1 : 650.

Das Bild des Hauptlaufes eines Stromes gleicht somit einer Schnur, die an den beiden Enden aufgedreht ist, und die auch im mittleren Teil noch einzelne aufgewirbelte Stellen enthält. Je besser der Fluß entwickelt ist, desto weniger solcher Stellen enthält er auf der eigentlichen Stromstrecke zwischen Quellgebiet und Mündung. Dieses Bild ist durch die Nebenflüsse zum ganzen Stromsystem zu ergänzen. Über die Einwirkung der Nebenflüsse folgt Besprechung später.

β) Die Bettausbildung. Aus der Beschreibung der Laufentwicklung unserer Wasserläufe, die in erster Linie auf das Verlangen nach Beharrung zurückzuführen ist, folgt das Nötige über die Bettbildung.

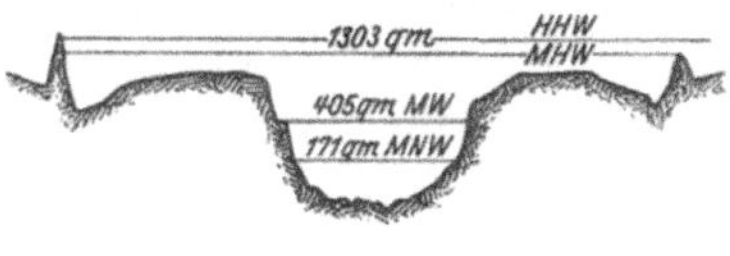

Abb. 19. Weser bei Inschede in einer geraden Strecke. Maßstab 1 : 6400 und 1 : 650.

Das Wasser muß sich immer dort am meisten zusammendrängen, wo es durch einbiegende Ufer aus seiner Richtung abgelenkt wird. Hier am einbiegenden Ufer steht der Wasserspiegel höher als am ausbiegenden Ufer. Die Erscheinung hat große Ähnlichkeit mit der Bewegung des Wassers im Schleudergefäß. Dort, wo die Wasserfäden zusammengedrängt sind und der Wasserspiegel am höchsten ist, muß auch die größte Geschwindigkeit auftreten. Sie ist dementsprechend auch fast ausnahmslos am einbiegenden Ufer vorhanden. Die Wirkung der Geschwindigkeit besteht in einer Vermehrung des Angriffes auf Sohle und Ufer. Auch ohne jede wissenschaftliche Begründung ist es klar, daß schneller fließendes Wasser leichter Sand und andere Bodenarten lösen und mit sich forttragen kann als langsam fließendes Wasser. So sind auch ganz logischerweise die Flußtiefen am einbiegenden Ufer größer als am ausbiegenden. In scharfen Krümmungen zeigen die Flüsse Querschnitte, wie sie Abb. 18 und 21 wiedergeben. Da nun die Tiefe in der folgenden Krümmung an der anderen Flußseite liegen muß, so muß ein Übergang von einer Tiefe zur anderen quer durch den Fluß erfolgen. Dieser Übergang ist niemals in der Form einer tiefen Rinne vorhanden, sondern zeigt im Gegensatz zu den Tiefen (Kolken) in den Einbiegenden eine gleichmäßigere Bettform, ähnlich wie Abb. 19 und 20. Bei schlecht ausgebildeten Flüssen können sich sogar Querschnitte nach Art von Abb. 22 zeigen. Der dort in der Flußmitte zu sehende

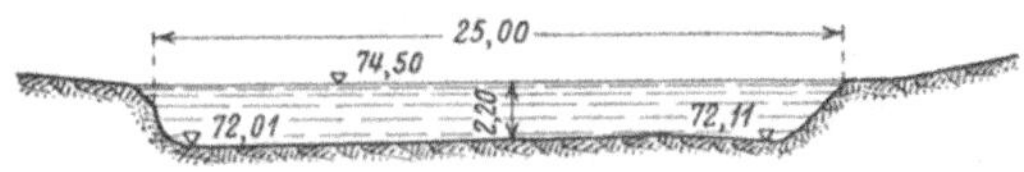

Abb. 20. Leine unterhalb Gronau. Strecke schwach gekrümmt. Maßstab 1 : 550 und 1 : 600.

Abb. 21. Leine oberhalb Elze. Strecke stark gekrümmt. Maßstab 1 : 550 und 1 : 600.

Rücken liegt dann so zu den Tiefen der beiden Krümmungen, daß der Strom quer über diesen Rücken hinwegsetzt, somit auch die Schiffe gezwungen werden, quer über diesen Rücken zu steuern.

Der Querschnitt hat nur selten Ähnlichkeit mit einer Parabel oder einer anderen regelmäßigen Kurve. Die Messungen haben aber ergeben, daß der Querschnittsinhalt für die Mehrheit der Querschnitte mit dem Inhalt der Parabel übereinstimmt, so daß $F = {}^2/_3\, b \cdot t$ ist, wenn F die benetzte Querschnittsfläche, b seine Wasserspiegelbreite und t seine größte Tiefe ist. Daraus folgt dann auch, daß die mittlere Querschnittstiefe $t_m = {}^2/_3\, t$ ist. Das Mittel aus vielen Untersuchungen am Rhein ergab einen Wert $t_m = 0{,}652\, t$, so daß man unbedenklich an Wert ${}^2/_3$ verwenden darf. Zu berücksichtigen ist, daß die Größe des für den Abfluß wirksamen Querschnittes oft durch das Auftreten der senkrechten Wasserwalzen (Uferwalzen) eine ganz andere ist, als der mechanisch ausgemessene Querschnittsinhalt angibt. Solche Wasserwalzen wirken ganz ähnlich, als wenn der Querschnitt an dieser Stelle Einbauten wie Brückenpfeiler enthielte.

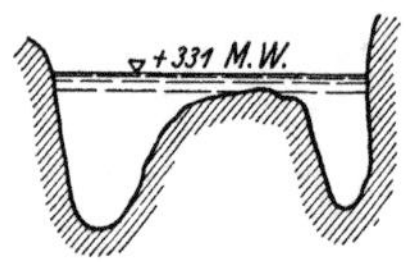

Abb. 22. Schlechte Ausbildung des Übergangs. Rhein bei Straßburg.

γ) **Die Talwegsausbildung,** Krümmung, Längenprofil usw. Der Weg, den die stärkste Strömung im Flusse nimmt, heißt der Stromstrich. Er fällt meistens zusammen mit dem Talweg, der die Verbindung der größten Tiefen darstellt. Beide Linien wechseln von einer Krümmung zur anderen, von einem Ufer zum anderen hinüber. Die vorhandenen großen Tiefen in den Krümmungen sind für die Schiffahrt ohne Nutzen, die nutzbare Wassertiefe des Flusses ist bestimmt durch die Tiefe des am höchsten liegenden Überganges, der ungünstigsten Schwelle. Die Verbesserung jedes schiffbaren Flusses beginnt mit der Vertiefung der höchsten Schwellen. Die Änderung der Tiefen über den Schwellen erfolgt rasch und oft, manchmal mehrere Male in einem Jahre. Die Änderung der Lage des Bettes im Gelände erfolgt sehr langsam, durchgreifend meist erst in Menschenaltern, die Festlegung des Bettes im Gelände ist daher erst eine Sorge zweiter Ordnung. Abb. 14, S. 32 zeigt die Verlegung des Rheinbettes innerhalb von 44 Jahren im 18. Jahrhundert, also in einer Zeit, in der eine Flußpflege nicht getrieben wurde. Ähnliche Bilder sind von der Elbe, Oder, Garonne und anderen Flüssen bekannt. Welche Wege bei der Regelung der Flüsse zur Erzielung guter Übergänge eingeschlagen werden müssen, wird im Teil „Flußbau“ beschrieben werden.

Über die Ausbildung des Längenprofils als Folge der Flußwindungen hat Fargue Richtlinien aufgestellt, die von Jasmund noch ergänzt worden sind[1]). Die meisten dieser Richtlinien besitzen aber keine große praktische Bedeutung, zum Teil sind sie auch selbstverständlich, wie z. B. die Regel, daß die Tiefe um so größer ist, je schroffer die Krümmung des Talweges ist. Für die Schiffbarkeit eines geregelten Flusses ist die Tiefe bei niedrigen Wasserständen maßgebend, die Wasserführung bei diesen Wasserständen ist eine fast zwangläufige, durch die Form der Tiefen und Übergänge bestimmte. Für die Ausbildung dieser Tiefen und Übergänge sind aber nicht die niedrigen Wasserstände, sondern die Hochwasserstände entscheidend. Der wichtigste Gesichtspunkt für die Beurteilung eines Flusses ist der, daß ein Übergang um so besser ist, je mehr die Richtung der Hochwasser-

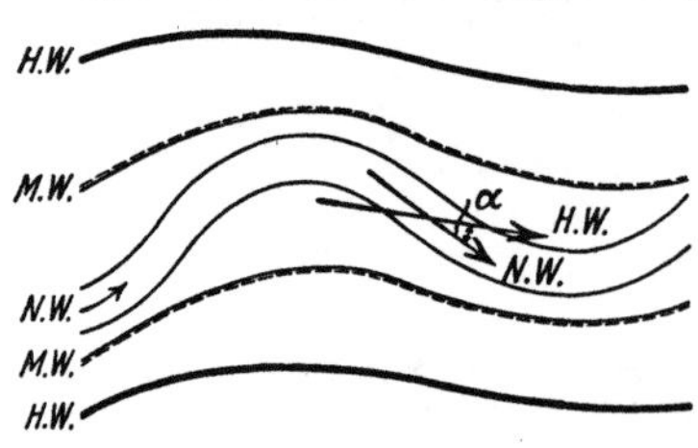

Abb. 23. Strömungsrichtung und Ufer bei NW, MW, HW.

[1]) Handb. d. Ing.-Wiss. III, 1, 1911, S. 222.

strömung in die Richtung des eigentlichen Flusses fällt, je kleiner der Winkel α in Abb. 23 ist. Ist der Winkel α groß, dann höht sich der Übergang während des Hochwassers meist stark auf, die entstandene Schwelle erniedrigt sich dann erst während der folgenden Niedrigwasserzeiten, ohne aber die günstige Form der Schwellen mit kleinem Winkel „α" anzunehmen. Hierbei spielt die verschiedene Bodenbeschaffenheit des Flußbettes eine nicht unerhebliche Rolle. Auch das Auftreten starker Verkrautung, sowie das Freispülen uralter Baumstämme, die sich in vielen Flüssen zahlreich vorfinden, hat großen Einfluß auf die Gestaltung des Bettes.

Als wesentlich muß noch erwähnt werden, daß der Talweg nicht immer fest liegt, sondern daß bei nicht genügender Krümmung die Tiefen und Sandbänke stromab wandern, so daß an der gleichen Querschnittsstelle in dem einen Jahr die Tiefe auf dem rechten, im anderen Jahr auf dem linken Ufer liegen kann, so z. B. auf Strecken in der Elbe unterhalb von Magdeburg. Das Ziel der Regelung ist dann die Verbesserung des Flusses derart, daß die Tiefen in jedem Jahr an gleicher Stelle liegen.

δ) Einfluß der Nebenflüsse auf die Talwegsausbildung. Jede Einmündung eines Nebenflusses bedingt eine Änderung des bisherigen Wesens des Flusses. Die Wassermenge vergrößert sich, die Geschiebemengen desgleichen in den meisten Fällen. Die Geschiebemengen des Hauptflusses können zudem ihre Art ändern, wenn Hauptfluß und Nebenfluß aus verschiedenen Gebirgsgegenden entspringen. Im Urzustande der Flüsse ist mit dem Eintritt des Nebenflusses meistens eine Verwilderung des Hauptflusses verbunden. Der Hauptfluß kann sich nicht sofort mit der Änderung der Verhältnisse abfinden und paßt sich erst nach und nach an. Die Schnelligkeit der Anpassung ist abhängig von der Bodenart und Bodengestaltung der Mündungsstelle. Stets ist die Anpassung eine sehr schnelle und meist unschädliche für den Hauptfluß, wenn der Nebenfluß auf der hohlen Seite des Flusses in die dort vorhandene Tiefe einfließt. Die neuen Geschiebemassen geraten sofort in eine kräftige Strömung und werden unschädlich weitergeführt. Solche Einmündungen sind dann meist beständig. Erfolgt aber die Einmündung auf der ausbiegenden Seite, dort, wo der Hauptfluß bereits Untiefen und Sandbänke aufweist, dann entstehen unbequeme Geschiebebänke, die sich in vielen Fällen nach und nach so weit in den Fluß hineingeschoben haben, daß ein Aufstau und Durchbruch erfolgt. Solche Mündungen sind vielfach sehr unbeständig und haben sich mehrfach verlegt. Auch der Umstand, ob Haupt- und Nebenfluß ihre Hochwasserwellen annähernd gleichzeitig oder zeitlich stark auseinanderliegend entwickeln, ist von großer Bedeutung. Das Ergießen starker Hochwasserwellen des Nebenflusses in den Hauptfluß zu einer Zeit, in der er einen niedrigen Wasserstand führt, ist gewöhnlich schädlich. Besonders das Auftreten einer Hochwasserwelle eines Nebenflusses in einem Hauptfluß mit großer Geschiebeführung kann zu Versandungen im Hauptfluß führen, weil dann die Hochwasserwelle des Nebenflusses den Hauptfluß zurückstaut und dort die Geschiebebewegung stört. Ein Beispiel hierfür ist die Aller oberhalb der Leinemündung, die

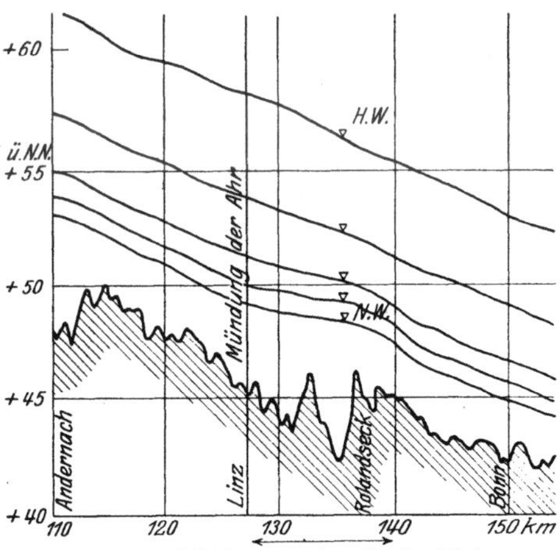

Geschiebe-Schüttmassen der Ahr im Rhein
Maßstab 1 : 800 000 und 1 : 400.

Abb. 24. Einfluß der Geschiebe-Schüttmassen eines Nebenflusses (Ahr) auf die Spiegellage des Hauptflusses (Rhein).

häufig Versandungen unterliegt, wenn Leinehochwässer bei niedrigen Allerwasserständen eintreten; ferner die Ahrmündung in den Rhein (Abb. 24), die sich durch Einbringen großer Geschiebemassen in den Wasserspiegel bemerkbar macht.

ε) Das Gefälle. Die Gefällverhältnisse eines Flusses sind die Bedingungen, an denen man am wenigsten ändern kann. Von dem Gefälle sind aber die Geschwindigkeiten stark mit abhängig.

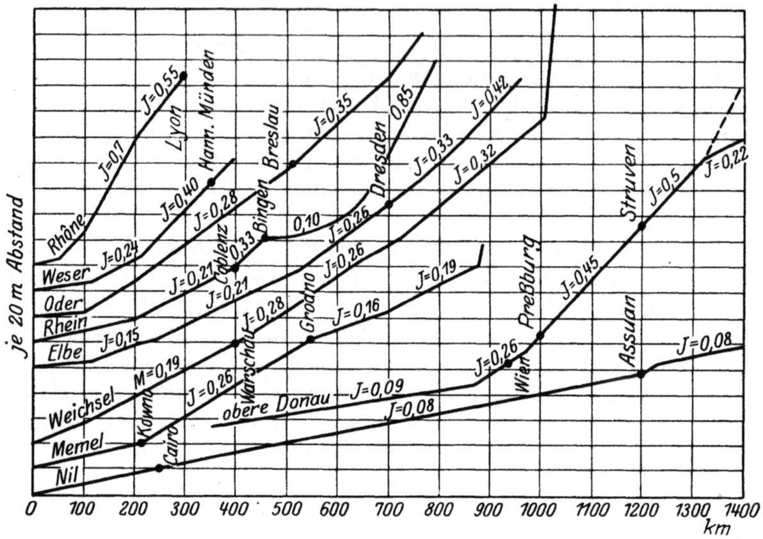

Abb. 25. Gefällelinien einiger größerer Flüsse.

Die Angabe über das Gefälle soll so sein, daß man sich das Verhältnis vorstellen kann. Eine Angabe wie z. B., daß das Längsgefälle einer Flußstrecke gleich 0,0005 sei, ist so gut wie unvorstellbar, die Angabe des gleichen Gefälles aber, daß es 0,5 m auf 1 km betrage, ist vorstellbar und zweckmäßig. Ebensogut ist es, an dessen Stelle einen Bruch $^1/_{2000}$ zu setzen. Man sollte am besten immer von dem kilometrischen Gefälle sprechen.

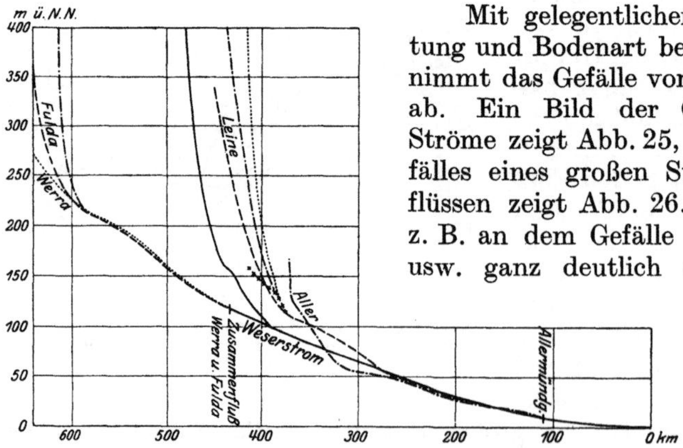

Abb. 26. Längenschnitt der Weser und ihrer Nebenflüsse.

Mit gelegentlichen durch die Bodengestaltung und Bodenart bedingten Unterbrechungen nimmt das Gefälle von der Quelle zur Mündung ab. Ein Bild der Gefällverhältnisse großer Ströme zeigt Abb. 25, ein weiteres Bild des Gefälles eines großen Stromgebietes mit Nebenflüssen zeigt Abb. 26. In Abb. 25 kann man z. B. an dem Gefälle des Rheines, der Memel usw. ganz deutlich erkennen, daß Gelände- und Untergrundverhältnisse die ausschlaggebenden Größen für die Gefällausbildung sein müssen. Die manchmal bedeutenden Gefällunterschiede innerhalb kleiner Flußstrecken sind nicht besonders hervorgehoben. Sie spielen bei MW. und NW. eine große Rolle, verschwinden aber bei hohen Wasserständen meist völlig, so daß dann die Gefällinie fast eine Gerade wird (vgl. dazu Abb. 24).

Neben dem Längsgefälle ist das Quergefälle von Bedeutung. Es tritt besonders stark in scharfen Krümmungen auf und kann bis zu 5 cm und mehr in den großen Strömen steigen, wobei das Wasser an der einbiegenden Seite über dem Kolk um dieses Maß höher steht als an der Seite der Sandbank. Nach Grashof ist die Überhöhung $h = \frac{v^2}{g} \ln\left(1 + \frac{b}{r}\right)$, worin v die Stromgeschwindigkeit, b die Strombreite und r der Krümmungshalbmesser des ausbiegenden Ufers ist.

3. Wasserstände, Wassermengen und Speisung des Flusses, Geschwindigkeiten.

α) **Die Wasserstände.** Von großer Bedeutung für alle Flußbauten ist es, daß die Wasserstandshöhen bei Hochwasser immer ein Vielfaches der Wasserstandshöhen bei Mittelwasser oder gar Niederwasser sind. Während z. B. die mittlere NW.-Tiefe der Elbe unterhalb Magdeburg oft nur 1,20 m beträgt, steigt das MW. hier bis zu etwa 2,5 m an und das HHW. bis zu 7,5 m Tiefe. In der Weser bei Minden sind die Verhältnisse ähnlich. Die NW.-Tiefe beträgt 1,1 m, die MW.-Tiefe 2,1 m und die HHW.-Tiefe über 7 m. Je größer der Strom ist, desto größer können auch seine Wassertiefen werden. So hat der Rhein bei Köln z. B. eine mittlere NW.-Tiefe von 2,5 m, eine MW.-Tiefe von 5,3 m und eine HHW.-Tiefe von rund 12 m. Einige Zahlen über die Tiefe der Flüsse bei verschiedenen Wasserständen gibt die Zahlentafel auf S. 40[1]). Besonders gefährliche Hochfluten entstehen durch Eisversetzung. Es können sich im Flusse innerhalb kurzer Zeit bis zum Grunde reichende Eisbarren bilden, die genau wie große Wehre wirken.

Solche Eisversetzung ist z. B. in der Weser eine häufig wiederkehrende Erscheinung, die Brücken, Deiche, Wehre usw. gefährdet. Diesen Gefahren, die oft, manchmal Jahr für Jahr wiederkehren, ist man durch Ausbildung des Eisbruchdienstes (Einstellung besonderer Dampfer) und Ausführung großer Eissprengungen usw. entgegengetreten.

Die Zahl der Wasserstände und zugehörigen Wassermengen, die unterschieden werden, ist so groß, daß hier nur die praktisch bedeutenden behandelt werden sollen. Die Wasserstände sind auf einen Festpunkt, oft NN. oder auch einen Pegel Null-Punkt bezogen, ändern sich demzufolge, wenn die Flußsohle starke Veränderungen der Höhe erfährt auch dann, wenn die Wassermengen gleich bleiben. Die wichtigsten sind folgende:

Unter NW. wird gewöhnlich ein gemittelter NW.-Stand eines Monats, Jahres oder einer längeren Reihe von Jahren verstanden (MNW.), wobei der Zeitraum angegeben wird. Der niedrigste Wasserstand NNW. ist der überhaupt bekannte niedrigste Stand des Flusses. Unter HW. wird meist ein in ähnlicher Weise gemittelter Hochwasserstand (MHW.) verstanden, dem der bekannte höchste Hochwasserstand (HHW.) gegenübersteht. Auch bei MHW. ist die Zeit, für die gemittelt wurde, ob ein Monat, ein Jahr oder eine Reihe von Jahren, anzugeben. Mittelwasser ist das arithmetische Mittel aller in dem Zeitraum beobachteten Wasserstände, wobei Voraussetzung ist, daß täglich die gleiche Zahl von Beobachtungen gemacht wird. Es wird auch wieder ein Monat, ein Jahr oder eine Reihe von Jahren gerechnet. Der Mittelwasserstand wird auch oft als Normalwasserstand bezeichnet. Man unterscheidet weiter SMW. für die sechs Sommermonate des hydrologischen Jahres Mai bis Oktober und WMW. November bis April einschl. Ist h der Unterschied zwischen NW. und HW., dann liegt bei unseren Flüssen das SMW. etwa 0,10 bis 0,20 h, MW. 0,20 bis 0,30 h und WMW. 0,25 bis 0,5 h über dem NW. Von Bedeutung ist ferner der gewöhnliche Wasserstand, GW., der auch im Wassergesetz eine große Rolle spielt. Diese und zugehörige Begriffe sind inzwischen amtlich festgelegt worden.

[1]) Die Fahrtiefen der ersten Spalten sind aus den Angaben des „Führers auf den deutschen Schiffstraßen" errechnet. Die hinteren Spalten sind meist gepeilt und von den betr. Verwaltungen freundlicherweise angegeben worden. Auf die Unterschiede wird hingewiesen.

Tiefenzahlen der Flüsse.

Strom	Pegelstelle	Zeit der Beobachtung	Errechnete Fahrtiefe bei			Verhältnis zur Fahrtiefe[1]) bei MW.		Neuere mittl. gepeilte Fahrtiefen bei		
			NW	MW	höchstem schiffbaren HW	NW	HW	MNW	MW	HSchHW
Weser	Hann.-Münden	1871	0,65	1,55	4,79	0,42	3,09	0,83	1,75	4,64
	Holzminden . .	bis	0,80	1,70	4,65	0,47	2,74	—	—	—
	Minden	1900	1,00	2,00	5,02	0,50	2,51	1,09	2,08	4,54
	Nienburg . . .		1,00	2,00	7,14	0,50	3,57	1,47	2,69	5,95
	Baden		1,00	2,35	6,12	0,43	2,60	1,44	2,81	5,63
Elbe	Dresden . . .	1875	1,03	2,06	3,59	0,50	1,74	—	—	—
	Torgau	bis	1,08	2,39	6,14	0,45	2,57	1,13	2,60	5,80
	Wittenberg . .	1895	1,23	2,53	4,94	0,49	1,95	1,06	2,44	4,72
	Magdeburg . .		1,26	2,36	5,16	0,53	2,19	1,27	2,40	5,37
	Sandau		1,45	2,77	6,20	0,52	2,24	1,36	2,66	6,43
	Darchau . . .		1,46	2,75	—	0,53	—	1,16	2,48	—
Oder	Ratibor	1873	0,50	1,20	3,16	0,42	2,64	0,50	1,50	3,60
	Oppeln	bis	1,50	1,80	4,02	0,83	2,23	—	—	4,20
	Breslau	1892	1,10	2,10	6,00	0,52	2,86	—	—	4,60
	Glogau		0,90	1,80	3,94	0,50	2,18	0,90	2,20	4,70
	Krossen. . . .		0,90	1,80	3,73	0,50	2,07	0,85	2,00	4,00
	Frankfurt . . .		1,00	2,00	3,84	0,50	1,92	0,80	1,95	5,20
	Küstrin		1,00	2,00	3,63	0,50	1,82	0,70	1,90	4,60
Memel	Schmalleningk.	1871	1,90	3,50	8,38	0,54	2,40	—	—	—
	Tilsit	bis	1,90	3,50	7,47	0,54	2,14	—	—	—
Russ	Sellen	1895	1,50	2,40	6,87	0,63	2,86	—	—	—
Weichsel	Thorn	1871	1,10	2,10	5,48	0,52	2,61	—	—	—
	Graudenz . . .	bis	1,40	2,40	5,43	0,58	2,26	—	—	—
	Dirschau . . .	1895	1,80	3,00	6,17	0,60	2,06	—	—	—
	Rothebude . .		1,40	2,00	3,20	0,70	1,60	—	—	—
Rhein	Basel	1908	0,70	1,60	3,51	0,44	2,20	—	—	—
	Straßburg . . .	bis	0,70	1,60	3,40	0,44	2,12	—	—	—
	Ludwigshafen .	1923	2,00	4,20	8,55	0,48	2,04	—	—	—
	Mainz		2,00	2,75	6,26	0,73	2,28	2,00	2,92	4,75
	Caub		2,25	3,35	7,75	0,67	2,32	2,00	2,94	—
	Ehrenbreitstein		2,50	3,60	8,65	0,69	2,40	2,50	3,44	7,20
	Bonn		2,50	3,60	8,48	0,69	2,36	2,50	3,63	—
	Köln		3,00	4,40	9,62	0,68	2,18	3,00	4,25	7,80
	Orsoy		3,00	4,40	9,71	0,68	2,20	3,00	4,29	—
	Wesel		3,00	4,40	9,62	0,68	2,18	3,00	4,46	—
	Tiel		3,00	3,80	—	0,79	—	—	—	—
	Zalt Bommel .		3,00	3,80	—	0,79	—	—	—	—
	Rotterd. Fey.		6,00	7,40	—	0,81	—	—	—	—
	Rotterd. Harr.		8,00	9,40	—	0,85	—	—	—	—
Main	Bischberg . . .	ge-	0,90	1,90	4,00	0,47	2,10	0,70	1,60	4,35
	Haßfurt . . .	peilt	0,90	1,90	4,15	0,47	2,18	0,70	1,45	3,50
	Würzburg . . .	1911	0,90	1,70	4,06	0,53	2,14	0,90	1,60	4,05
	Wertheim . . .	bis	0,90	1,70	3,66	0,53	2,16	0,90	1,60	3,70
	Aschaffenburg .	1920	0,90	1,70	3,86	0,53	2,86	0,90	1,60	3,90
	Hanau kanalis.	seit 1921	1,00	1,60	—	0,62	—	2,50	2,50	4,59
Donau	Neuulm . . .		0,45	1,10	1,60	0,41	1,45	0,45	1,10	1,60
	Ingolstadt. . .	1911	0,60	1,60	2,90	0,38	1,81	0,60	1,60	2,90
	Kelheim . . .	bis	0,90	1,95	3,50	0,46	1,79	0,90	1,70	3,70
	Regensburg . .	1920	1,50	2,33	4,16	0,64	1,79	1,40	2,40	4,90
	Passau		1,30	2,30	4,32	0,56	1,88	1,40	3,00	5,60
	Linz		2,55	4,10	7,91	0,62	1,93	2,55	3,80	7,45
	Spitz		2,30	3,80	7,97	0,61	2,10	2,30	3,75	7,25
	Wien		2,60	4,20	7,87	0,62	1,87	2,60	4,10	7,50

[1]) Die Verhältniszahlen für NW und HW beziehen sich auf MW = 1,0.

Die am 17.—19. September 1925 in München versammelten Vorstände der reichsdeutschen Landesstellen für Gewässerkunde einigten sich auf folgende Bezeichnungen:

A. Grenz- und Mittelwerte der Wasserstände (cm) und Abflußmengen (cbm/sek).

1. NNW niedrigster überhaupt bekannter Wasserstand, gegebenenfalls zu trennen in NNW überhaupt, NNW eisfrei,
   NNQ kleinste überhaupt bekannte Abflußmenge.
2. NW niedrigster Wasserstand des betrachteten Zeitraumes, gegebenenfalls zu trennen wie NNW,
   NQ kleinste Abflußmenge des betrachteten Zeitraumes.
3. MNW mittlerer niedrigster Wasserstand (mittlerer Niedrigststand, Mittelniedrigwasser) des betrachteten Zeitraumes,
   MNQ mittlere kleinste Abflußmenge des betrachteten Zeitraumes.
4. MW mittlerer Wasserstand (arithmetisches Mittel der täglichen Wasserstände) des betrachteten Zeitraumes,
   MQ mittlere Abflußmenge (arithmetisches Mittel der täglichen Abflußmengen) des betrachteten Zeitraumes.
5. MHW, MHQ
6. HW, HQ
7. HHW, HHQ

} gemäß 1—3.

Bemerkungen.

Bei 2—6 muß der zugehörige Zeitraum ersichtlich sein. Ohne Zusatz beziehen sich die Bezeichnungen auf das Jahr. MNW des Jahres ergibt sich, indem der niedrigste Wasserstand jedes einzelnen Jahres der betrachteten Jahresreihe festgestellt und aus diesen Werten das Mittel genommen wird, ebenso MNQ, indem die kleinste Abflußmenge jedes einzelnen Jahres aufgesucht und aus diesen Werten das Mittel gebildet wird. In entsprechender Weise sind MNW und MNQ für einen Monat zu verstehen und in den Ländern, die eine feststehende Einteilung des Jahres in ein Winter- und Sommerhalbjahr haben, auch MNW und MNQ des Winters oder des Sommers. Wie Winter und Sommer abgegrenzt sind, muß gesagt werden. Für die Werte MHW und MHQ treten an die Stelle der unteren Grenzwerte die oberen.

Die zu einem der Symbole 1—7 zusammengehörigen Buchstaben dürfen niemals voneinander getrennt werden. Etwaige Zeitangaben sind, soweit sie nicht aus tabellarischer Anordnung ersichtlich sind, in folgender Weise hinzuzufügen:

Jan. MW 1901/20
Wi. MNW 1901/20
So. MHQ 1901/20

Während die Abkürzung der Monatsnamen und Halbjahre durch einen Punkt kenntlich gemacht wird, werden die Symbole 1—7 ohne Punkt geschrieben.

Zusatz für den Rhein.

Der durch internationale Vereinbarung festgelegte „gleichwertige Wasserstand" wird mit GlW bezeichnet.

B. Bezeichnung der Wasserstände und Abflußmengen nach der Dauer.

Es ist eine Bezeichnungsweise sowohl nach der Unter- wie nach der Überschreitungsdauer vorzusehen. Beide sind in folgender Art voneinander zu unterscheiden:

$\overline{30}$ W der an 30 Tagen des Jahres überschrittene oder gerade vorhandene Wasserstand. Mit ihm fällt zusammen:

$\underline{335}$ W der an 335 Tagen des Jahres unterschrittene oder gerade vorhandene Wasserstand. Ohne weiteren Zusatz beziehen sich die Bezeichnungen wieder auf das Jahr. Zeitangaben sind rechts von W oder Q hinzuzufügen, wie in folgenden Beispielen:

$\overline{60}$ W Wi. 1901/20 der in den Wintern 1901/20 durchschnittlich an 60 Tagen überschrittene oder gerade vorhandene Wasserstand.

$\underline{90}$ Q So. 1901/20 die in den Sommern 1901/20 durchschnittlich an 90 Tagen unterschrittene oder gerade vorhandene Abflußmenge.

Der in einer Reihe von Jahren ebensooft über- wie unterschrittene Wasserstand (gewöhnlicher Wasserstand) wird mit GW, ebenso die gleich oft über- wie unterschrittene Abflußmenge mit GQ bezeichnet.

C. Wasserstandszonen.

Von einer mathematisch bestimmten Abgrenzung der Wasserstandszonen durch Mittelwerte oder durch Dauerzahlen muß wegen zu großer Mannigfaltigkeit der Verhältnisse an den einzelnen Gewässern abgesehen werden.

D. Sonstige Zeichen in Untersuchungen über Niederschlag, Abfluß und Verdunstung.

q Abflußspende in cbm/sek/qkm oder l/sek/qkm.
N Höhe des Niederschlages
A Höhe des Abflusses
U Unterschied N—A
V Verdunstung
} wenn nichts anderes bemerkt, in mm.

Wo Verwechslungen nicht möglich sind, können die Zeichen N, A, U und V auch für die entsprechenden Massen (Millionen cbm) benutzt werden. Sonst können diese, soweit Abkürzungen für sie überhaupt wünschenswert erscheinen, z. B. durch $\bar{N}$, $\bar{A}$, $\bar{U}$, $\bar{V}$ oder N′, A′, U′, V′ bezeichnet oder durch ähnliche Merkmale von den Höhen unterschieden werden.

Begriffliche Festlegung des gewöhnlichen Wasserstandes nach dem Preußischen Wassergesetz:

I. Abschnitt, Wasserläufe.

Zweiter Titel. § 8 (3) lautet:

„Als der gewöhnliche Wasserstand gilt der Wasserstand, der im Durchschnitt der Jahre an ebensoviel Tagen überschritten wie nicht erreicht wird, im Ebbe- und Flutgebiet das Hochwasser der gewöhnlichen Flut.“

Dazu folgt als Kommentar:

Bedeutung hat der GW.-Stand für das Eigentum der Anlieger und deren Grenze, es heißt in den Erläuterungen zum WG. in der Ausgabe von A. Lenhard und W. Reichau, S. 25, bb):

bb) Das anteilige Eigentum der Anlieger.

Das Eigentum steht den Anliegern „anteilig“ zu, d. h. innerhalb der nach § 8 Abs. 2, Ziff. 1 und 2 zu bestimmenden Eigentumsgrenzen. Die Grenze ist hiernach sowohl für die gegenüberliegenden, als auch für die Nachbarn auf derselben Uferseite festgelegt.

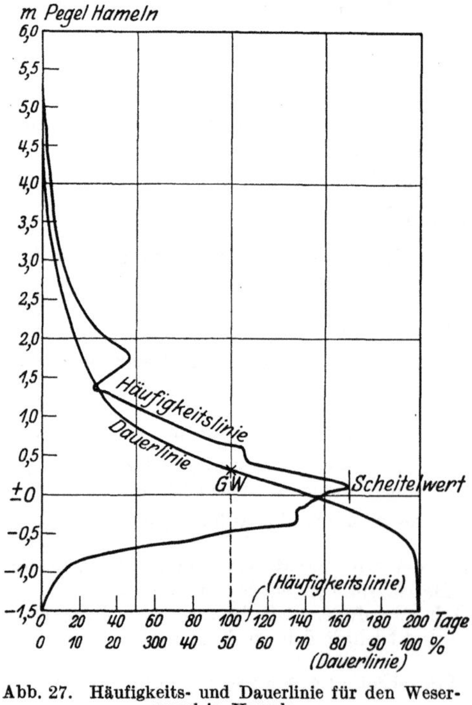

Abb. 27. Häufigkeits- und Dauerlinie für den Weserpegel in Hameln.

„Für die erstere gilt die in der Stromrichtung laufend gedachte Mittellinie bei dem gewöhnlichen Wasserstand; für die letzteren die senkrecht zu dieser Mittellinie vom Schnittpunkt der Grenzlinien der Ufergrundstücke mit der Uferlinie zu ziehende Linie.“ —

„Eine alle praktische Fälle erschöpfende mathematisch genaue Bestimmung der Mittellinie kann nicht getroffen werden. Die Praxis wird aus den ihr gegebenen Anhaltspunkten in jedem Einzelfalle die Mittellinie unter Berücksichtigung aller Umstände zu ermitteln in der Lage sein.“

Zweiter Titel § 12 (1) lautet (Wortlaut des Gesetzes):

„(1) Die Grenze zwischen dem Wasserlauf und dem Ufergrundstück (Uferlinie) wird durch die Grenze des Graswuchses und soweit diese über dem gewöhnlichen Wasserstande (§ 8, Abs. 3) liegt, durch den letzteren bestimmt.“

Der gewöhnliche Wasserstand läßt sich somit rein mechanisch durch Abzählen der Wasserstände finden. Das GW. liegt im Mittel bei uns 0,03 bis 0,05 h unter dem MW. Abb. 27 zeigt eine Dauerlinie der Wasserstände und die Häufigkeitslinie. Die Dauerlinie gibt die Zeitdauer für die verschiedenen Wasserstände an, wobei der gleiche Wasserstand der verschiedensten Tage und Monate so zusammengezählt wird, als ob er eine einheitliche Zeit vorhanden gewesen wäre. Sie zeigt, an wieviel Tagen (auch in vH) ein Wasserstand über- oder unterschritten wurde. Die Dauerlinie ist somit nicht mit der Wasserstandskurve (Ganglinie) eines Flusses zu verwechseln. Die Häufigkeit des Auftretens der Wasserstände ohne Rücksicht auf ihre Dauer wird durch die Häufigkeitslinie dargestellt, bei ihr werden also keine Wasserstände aufgetragen, sondern die Zahlen gleicher Pegelstände im Verhältnis zur Gesamtzeit. Sie zeigt, daß die mittleren Wasserstände am häufigsten, die niedrigsten und höchsten am seltensten sind. Dort, wo die Häufigkeitslinie umkehrt, wo sie ihren Scheitel hat, liegt der Wasserstand, der als Scheitelwert (SW.) bezeichnet wird. Man gibt die Häufigkeit entweder in Zahlen von Tagen oder in vH des Jahres an. Der Scheitelwert ist für Landwirtschafts- und Schiffahrtsinteressen oft von Bedeutung. Das GW. wird durch den Schnitt einer Senkrechten in der Mitte der Zeitstrecke, mit der Dauerkurve gefunden. Das MW. wird durch eine Wagerechte gefunden, die die unter der Dauerkurve liegende Wasserstandsfläche halbiert.

β) **Wassermengen und Speisung.** Wie die Speisung der Flüsse erfolgt, ist bereits gesagt worden. In welchen Mengen die Wassermengen aus dem Flußgebiete zufließen, ergibt sich aus der folgenden Zahlentafel.

Ergiebigkeit deutscher Stromgebiete bei N.W., M.W. und H.W.

Flußgebiet und Ort	Niederschlagsgebiet qkm	Ergiebigkeit in l/qkm bei N.W.	M.W.	H.W.	Bemerkung
Memel bei Tilsit	91 000	2,7*	6,2	69	*bei MNW.
Pregel bei Tapiau	13 600	1,6*	4,4	85	„
Weichsel bei Krakau	7 900	—	—	270	
Weichsel an der Montauer Spitze	192 814	2,3*	5,0	54	„
Oder bei Ratibor	6 698	—	—	232	
Oder bei Kosel	9 103	1,6	6,6	154	
Oder bei Breslau	22 600	—	—	93	
Oder bei N.-Glietzen	110 000	—	—	29	
Elbe bei Melnik	41 810	0,9	6,1	103	
Elbe bei Tetschen	51 000	0,9	5,6	92	
Elbe bei Dresden	53 100	—	—	87	
Elbe bei Magdeburg	94 944	1,0	5,3	45	
Elbe bei Artlenburg	134 944	1,1	4,8	27	
Saale bei Rothenburg	18 841	1,2	5,8	90	
Mulde bei Düben	5 984	1,7	8,4	184	
Fulda an der Mündung	7 000	—	—	280	
Weser bei Karlshafen	13 100	0,7	6,3	172	
Weser bei Hoya	22 300	2,1	7,8	134	
Weser bei Baden	37 900	1,9	7,8	122	
Ems bei Meppen	8 205	0,9	8,7	92	
Neckar bei Heidelberg	13 965	2,3	13,6	340	
Rhein bei Basel	36 400	—	—	165	
Rhein bei Linz	140 039	4,3	13,4	78	
Rhein bei Köln	144 612	4,6	14,4	71	
Rhein bei Rees	159 683	4,9	12,4	58	
Main an der Mündung	27 200	—	—	92	
Rhone bei Genf	6 901	10,1	—	83	
Rhone oberhalb Lyon	19 267	6,8	—	291	
Rhone an der Mündung der Saône	47 815	3,1	—	146	
Rhone an der Mündung der Isère	63 564	3,9	—	151	
Rhone an der Mündung der Durance	91 150	4,1	18,8	152	
Donau bei Wien	101 600	—	18,6	103	
Inn bei Passau	26 000	—	—	190	

Aus H. d. I.-W. Bd. 1, 1911, S. 285.

Die in dieser Tafel genannten Zuflußmengen enthalten nicht nur die Speisung durch das oberflächlich dem Flusse zufließende Wasser, sondern auch die durch den Grundwasserzustrom zu- oder abfließenden Mengen (Abb. 28). Man sieht z. B., daß die Unterschiede für NW. nicht so sehr beträchtlich sind. Für die meisten deutschen Ströme und Flüsse schwankt der Zufluß zwischen 1 und 2 l/qkm bei NW., auch bei MW. sind die Zahlen mit etwa 4 bis 8 l/qkm einander ähnlich. Nur für HW. ergeben sich starke Unterschiede. Der Rhein nimmt als Gletscherfluß durch hohe Werte für NW. und MW. und kleine für HW. eine Sonderstellung ein. Man kann an diesen Zahlen besonders gut den schon genannten Einfluß der Gletscher erkennen.

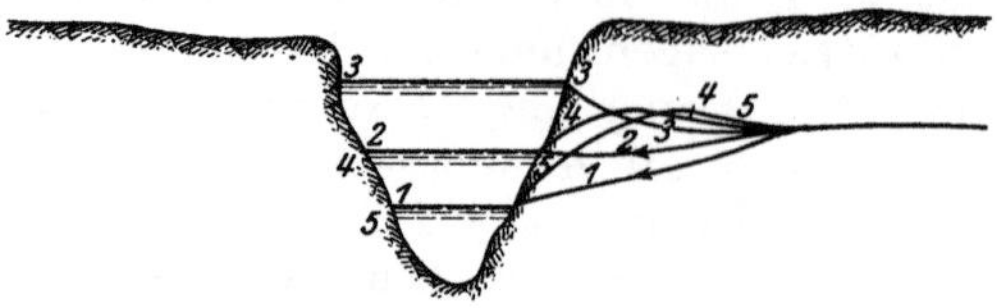

Abb. 28. Zusammenhang zwischen Fluß- und Grundwasser.

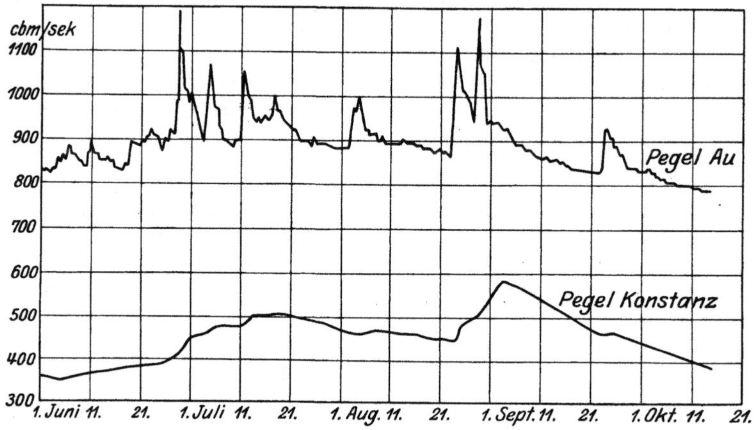

Abb. 29. Zurückhaltung des Bodensees. Zufluß gemessen am Pegel Au, Abfluß am Pegel Konstanz.

Von der Speisung der Flüsse kann man nicht unmittelbar auf die Wassermenge schließen. Die abfließende Wassermenge ist keine absolute Zahl, sondern eine auf die Zeit bezügliche. Wenn es sich um die Wassermenge handelte, die sich in der Sekunde in einem längeren Stück des Flusses befand, dann wäre ein Schluß von derSpeisung noch eher möglich. Da es sich aber jetzt um die Wassermenge in der Sekunde für einen bestimmten Querschnitt handelt, so haben die Angaben über die Speisung einen nur angenäherten Wert. Die Ursache hierfür liegt in dem Wechsel der Gefälle, dem

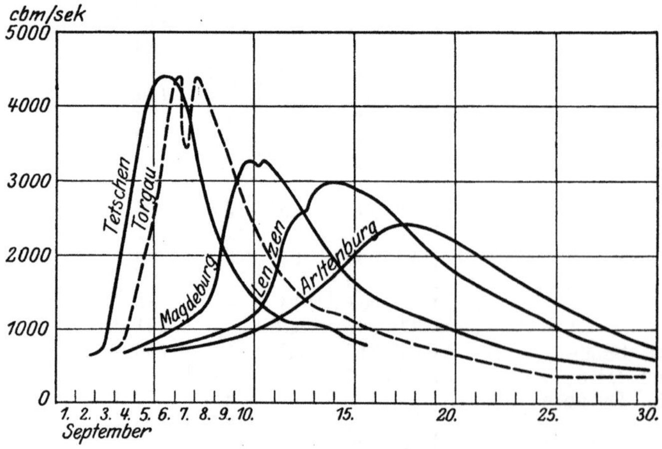

Abb. 30. Abflußmengen der Elbe beim Septemberhochwasser 1870.

Wechsel der Bodenart und der Querschnittsgröße. So spielen z. B. eingeschaltete Seen wie der Bodensee eine große Rolle (Abb. 29); sie verteilen das Hochwasser derart, daß die Hochwassermenge nach Durchfließen des Sees auf einen Bruchteil verringert werden kann. Die bewegte Wassermenge hat sich dabei, absolut genommen, nicht geändert. Am Rhein tritt durch den Bodensee nach Keller eine Verminderung von 3200 auf 1100 cbm/sek, nach Soldan von 3500 auf rund 800 cbm/sek ein[1]).

Ähnlich wirkt die Vergrößerung des Flußbettes und die Abnahme des Gefälles im Unterlauf der Flüsse. Die zuerst sehr starken Hochwasserwellen mit sehr steilem Gefälle auf dem vorderen Scheitel werden länger und flacher. Die Wassergeschwindigkeit und die Hochwassermenge nehmen, da sie relativ sind, demzufolge ab. Abb. 30 gibt hierfür ein lehrreiches Bild. Dieses Bild wird ergänzt durch Zahlentafel auf S. 46, die die Wassermenge verschiedener Flüsse und Orte für verschiedene Zustände wiedergibt.

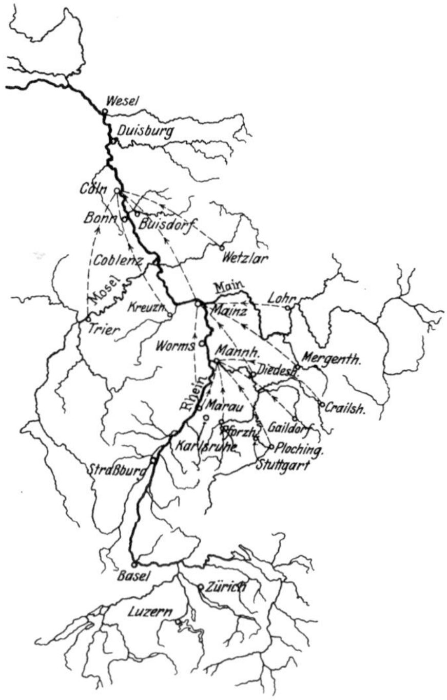

Abb. 31. Hochwassermeldedienst am Rhein. Maßstab 1 : 8 600 000.

Das Wesentliche an dieser Tafel ist nun, daß die Wassermengen bei NW. und MW. allmählich zum Meere hin zunehmen, daß aber die Hochwassermenge die schon geschilderte Ausnahme macht. Bett und Gefälle haben ihren geringsten Einfluß auf den Wasserstand bei den kleineren Wassermengen, ihren größten bei HW. Die Unterschiede in der Bettgröße sind für das HW. durch bald enge, bald weite Eindeichung tatsächlich auch viel größer als bei NW. und MW. Zu Abb. 30 ist noch zu bemerken, daß es sich hier um Darstellung der Wassermengen, aber nicht der Hochwasserwellen handelt. Abb. 32 zeigt die Aufstauchung einer HW.-Welle zwischen Deichen.

Der vordere Ast der Welle hat meist ein größeres Gefälle als der hintere und damit eine größere Wassergeschwindigkeit. So ist z. B. an der Elbe beobachtet worden, daß die größte Wassermenge noch vor Übergang des Wellenscheitels, also auf dem vorderen Ast eintritt. Von anderen Flüssen wird das Entsprechende mitgeteilt. Für die Regelung der Flüsse ist es von Wichtigkeit, daß ganz außerordentliche Hochwässer sehr selten, manchmal in 100 Jahren nur einmal auftreten. Es ist aus der Wahrscheinlichkeitslehre leicht nachweisbar, daß das gleichzeitige Auftreten von Katastrophenhochwässern in dem ganzen Zuflußgebiete eines Stromes nur ungeheuer selten eintreten wird. Die Hochwässer, die wir kennen, sind immer nur solche eines wenn auch oft großen Teilgebietes. Die größten bekannten HHW.-Stände der Vergangenheit sind zum Teil 2 m, in einzelnen Zonen auch 3 m höher als die von uns erlebten. Auch in der Zukunft muß man gelegentlich mit großen Katastrophen

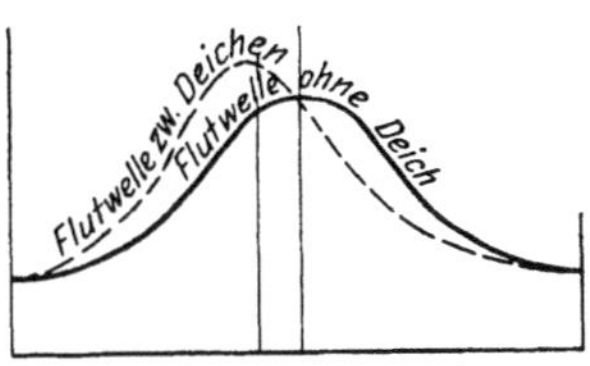

Abb. 32. Einfluß der Deiche auf die Hochwasserwelle.

[1]) Soldan: Deutsche Wasserwirtschaft 1923, S. 127.

wie Deichbrüchen, Überschwemmungen usw. rechnen (Elbe, Oder Sommer 1926, Rhein 1925/6). Es ist aber die Frage, ob man ein Flußgebiet auf solche ungewöhnlichen Fälle einrichten soll. Es ist denkbar, daß die Baukosten solcher Schutzbauten um ein Vielfaches kostspieliger sind als die alle 100—200 Jahre entstehenden Schäden. — Soweit nicht die Vernichtung von Menschenleben hierbei in Frage kommt, ist die Frage nur durch wirtschaftliche Untersuchungen zu lösen.

Die Wassermenge einzelner Ströme[1]).

Fluß und Ort	Wassermenge in cbm/sek.			Bemerkungen
	bei NNW	bei MW	bei HHW	
Elbe b. Dresden	56	280	4 600	
„ „ Torgau	70	275	4 200	
„ „ Magdeburg	100	500	4 320	
„ „ Artlenburg	154	650	3 600	
Oder b. Breslau	—	—	2 100	
„ „ Küstrin	150[1])	—	3 164	[1]) Bei MNW
Weichsel b. Krakau	50[1])	103	2 140	[1]) Bei MNW
„ a. d. Montauer Sp.	450[1])	1120	10 440	[1]) Bei MNW
Weser b. Karlshafen	11	94	2 350	
„ „ Hoya	47	175	3 000	
„ „ Baden	73	269	4 300[3])	[3]) Vor Erbauung der Edersperre 4600.
Ems a. d. Hasemündung	7	59	757	
Pregel b. Tapiau	22[1])	60	1150	[1]) Bei MNW
Memel b. Tilsit	250[1])	580	6 320	[1]) Bei MNW
Rhein b. Basel	330	865	6 000	
„ „ Linz	608	1879	10 000	
„ „ Rees	787	1983	9 000	
Neckar a. d. Mündung	32	190	4 800	
Main a. d. Mündung	44	—	2 500	
Donau b. Wien	—	1890	10 500	
Wolga	670[1])	5722	25 600[2])	[1]) Bei MNW
Nil b. Kairo	400	3000	12 000	[2]) Bei MHW

Zum Schluß sei ein interessanter Versuch am Aarekanal wiedergegeben (Abb. 33 u. 34). Man hat dort innerhalb einer Stunde die ganzen Schützen des Wehres geöffnet und nun an verschiedenen Stellen oberhalb bei Vingatz (P_0), unterhalb bei Brügg P und bei Buren P' alle notwendigen Messungen gemacht,

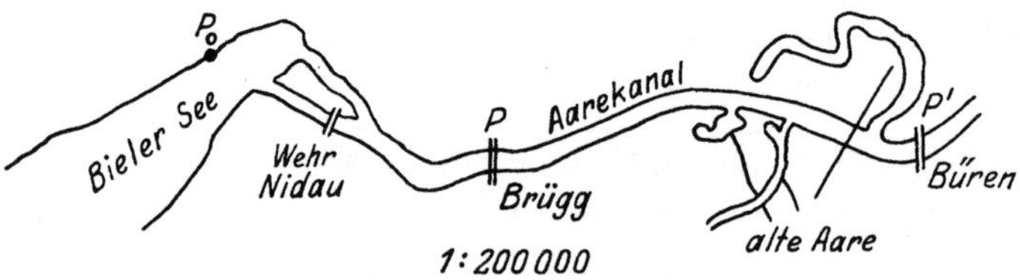

Abb. 33. Künstliche HW.-Welle im Aarekanal. Lage der Meßstellen.

um das Gefälle J, die Geschwindigkeit v, die Pegelstände P, den benetzten Querschnitt F und die Wassermenge Q festzustellen. Für die Punkte P_0 und P' sind nur die Pegelstände festgestellt und eingezeichnet worden. Man kann in den Linien das plötzliche Anspringen aller Werte, ihr über den Beharrungswert Hinausschießen und ihr Abklingen genau erkennen. Besonders bemerkenswert ist die Gefälleentwicklung bei Brügg, Punkt P.

Von großer Wichtigkeit ist der Hochwassermeldedienst. Es werden hierfür an allen wichtigen Punkten eines Stromgebietes Meldestellen eingerichtet, die

[1]) Entnommen aus H. d. I.-W. III. Teil, I. Bd. 1911.

die Beobachtung zur Zentralstelle telegraphisch weitergeben. Hier wird durch Auswertung die Zeit des Eintreffens der HW.-Welle an der Zentralstelle errechnet. Die einzelnen Stellen geben dann die Meldungen an die tiefer liegenden Zentralstellen weiter. Die Lage der einzelnen Punkte für das Rheingebiet zeigt Abb. 31, S. 45.

γ) **Geschwindigkeit.** Die Hochwasserwelle läuft einen Fluß um so schneller herunter, je höher die Welle ist. Als Laufgeschwindigkeit der Welle (nicht des Wassers) hat man mit 2—3,5 km/Stunde in größeren Flüssen zu rechnen. Die Wassergeschwindigkeit, die in m/sek angegeben wird, kann von wenigen Zenti-

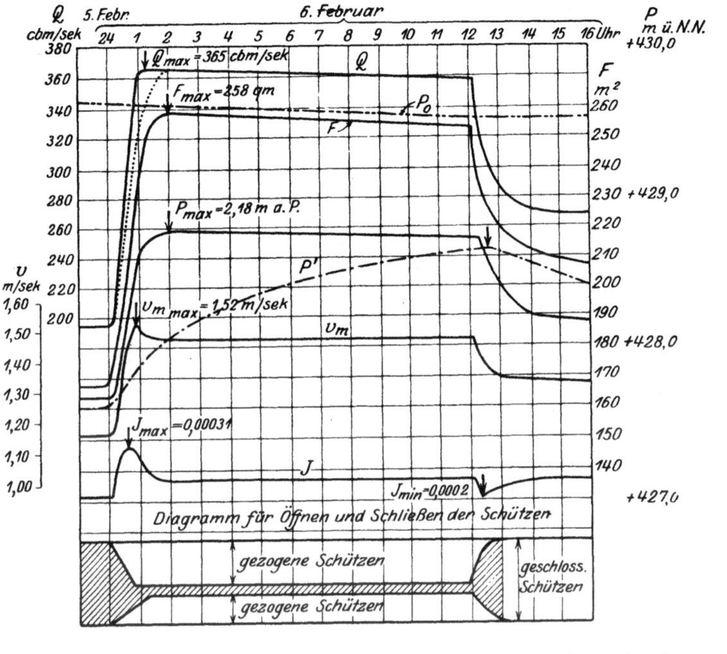

Abb. 34. Beobachtung einer künstlich erzeugten Hochwasserwelle in der Aare.

metern bis zu 3 oder 4 m betragen. Ihre Kenntnis ist für die Bestimmung der Wassermengen entscheidend, denn letztere können in den Flüssen niemals unmittelbar, sondern nur durch Feststellung der sekundlichen Geschwindigkeit errechnet werden. Der theoretische Teil hierüber folgt weiter hinten.

Die Geschwindigkeit ist unter sonst gleichen Verhältnissen eine Funktion der Wassertiefe. Einige Geschwindigkeiten größerer Flüsse gibt die Zahlentafel auf S. 48 an. In der Tafel ist die größte Oberflächengeschwindigkeit nicht angegeben, sie stimmt jedoch meist mit der größten Querschnittsgeschwindigkeit überein. Völlig gesetzmäßig ist es dabei, daß die Geschwindigkeit mit der Wassertiefe und Wassermenge, für einen einzelnen Querschnitt gerechnet, zunimmt[1]). In der Tafel sind nicht die Geschwindigkeiten für die größten Hochwässer angegeben. Für mittlere Hochwässer kann man schließen, daß die Geschwindigkeit von 2 m/sek nur selten überschritten werden wird. Für die höchsten Hochwässer aber werden Geschwindigkeiten zwischen 3 und 4 m auftreten können. Die größten Geschwindigkeiten bei MW. liegen in mittleren Strömen meist um 1 m/sek, bei den großen Strömen um 1—2 m/sek herum.

[1]) Es kann aber eintreten, daß ein enges und tiefes Profil bei kleinerem Wasser eine größere Geschwindigkeit aufweist als ein benachbartes flaches Profil bei einem höheren Wasserstand.

Größe der Geschwindigkeit in einzelnen Strömen[1]).

Lfde. Nr.	Fluß	Wasserstand am Pegel		Gefälle I.	Strom-breite b.	Mittlere Tiefe + m	Geschwindigkeiten mittlere Profil V_m	größte Profil V_{max}	Wasser-menge Q	Bemerkungen über Wasserstandshöhen
		zu	m	m/km	m	m	m	m	cbm	
1	Elbe	Torgau	+ 5,97	—	340	4,74	1,297	2,20	2091	
			+ 1,60	—	178	1,92	0,908	1,27	311	18 cm über MW.
			+ 0,30	0,220	109	1,24	0,680	0,87	92	11 cm über NW.
2	„	Hämer-ten	+ 34,82	—	747	3,65	0,987	1,60	2692	
			+ 31,50	0,171	316	1,77	0,936	1,44	522	23 cm über MW.
			+ 29,95	0,185	172	1,39	0,713	0,94	170	12 cm über NW.
3	„	Artlen-burg	+ 4,74	0,135	530	4,84	1,103	1,60	2830	
			+ 1,91	0,120	325	2,92	0,868	1,11	825	46 cm über MW.
			+ 0,05	0,117	270	1,51	0,546	0,79	223	17 cm über NW.
4	Rhein	Linz	+ 4,01	0,138	379	4,72	1,473	2,08	2634	
			+ 2,96	0,156	368	3,62	1,344	1,88	1792	12 cm über MW.
			+ 0,85	0,220	258	2,49	1,064	1,47	682	17 cm über NW.
5	„	Köln	+ 3,76	0,216	446	4,16	1,508	2,25	2795	
			+ 2,90	0,236	420	3,27	1,502	2,18	2061	ungefähr bei MW.
			+ 0,64	0,656	352	1,53	1,305	1,69	701	3 cm über NW.
6	„	Rees	+ 4,60	0,156	320	7,89	1,651	2,57	4165	
			+ 2,41	0,080	315	5,73	1,116	1,66	2017	bei MW.
			+ 0,05	0,039	298	3,35	0,796	1,04	797	7 cm über NW.
7	Donau	Wien	+ 5,15	0,580	789	8,68	2,970	3,38	8897	
			+ 1,41	0,561	267	4,91	2,510	3,17	3287	
			— 1,67	0,412	137	3,40	1,520	2,21	717	

Für jeden Fluß ist es notwendig, neben der Linie der Wasserstände auch die Linie der Wassermengen zu kennen. Man kann die Wassermengenabflußlinie $\varphi''T$ aus der Wasserstandslinie $\varphi'T$ mit Hilfe der Wassermengen-

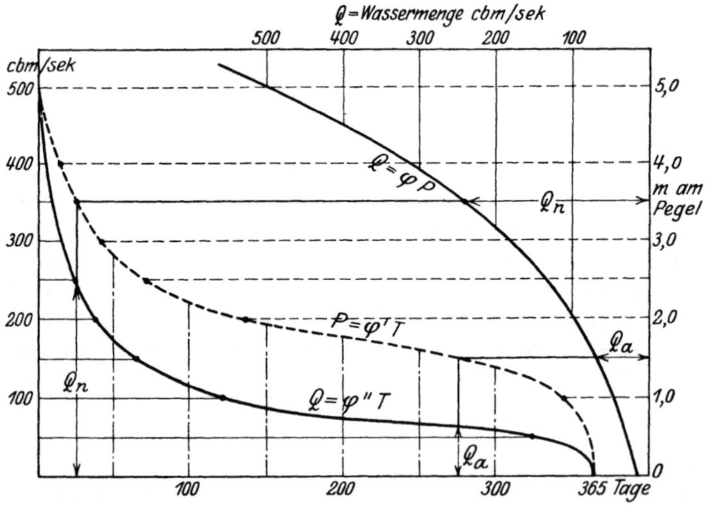

Abb. 35. Pegelstandsdauerlinie $P = \varphi' T$. Pegelcharakteristik $Q = \varphi'' T$.

kurve φP finden, die für jeden Wasserstand als Ordinate die Wassermenge als Abszisse zeigt. Abb. 35 zeigt die in Abb. 27 bereits erscheinende Wasserstandsdauerlinie. Hinzu tritt die ganz nach oben ausschlagende Wassermengenkurve. Aus diesen beiden oberen Kurven ist dann für jeden Pegel-

[1]) Aus H. d. I.-W. III, I. 1911, S. 337.

stand durch Abgreifen die Wassermenge unter der Pegeldauerlinie aufzutragen, sie ergibt die Wassermengendauerlinie. Die Dauerlinien sind beide theoretische Linien, die mit dem wirklichen Verlauf nichts zu tun haben.

Welchen Einfluß Steigen und Fallen des Wassers haben (vorderer oder hinterer Ast der Welle), zeigen die in Abb. 36 wiedergegebenen Messungen am Mississippi. Das steigende Wasser ergibt bei gleichem Pegelstand bis auf geringe Ausnahmen stets größere Wassermengen als das dann fallende.

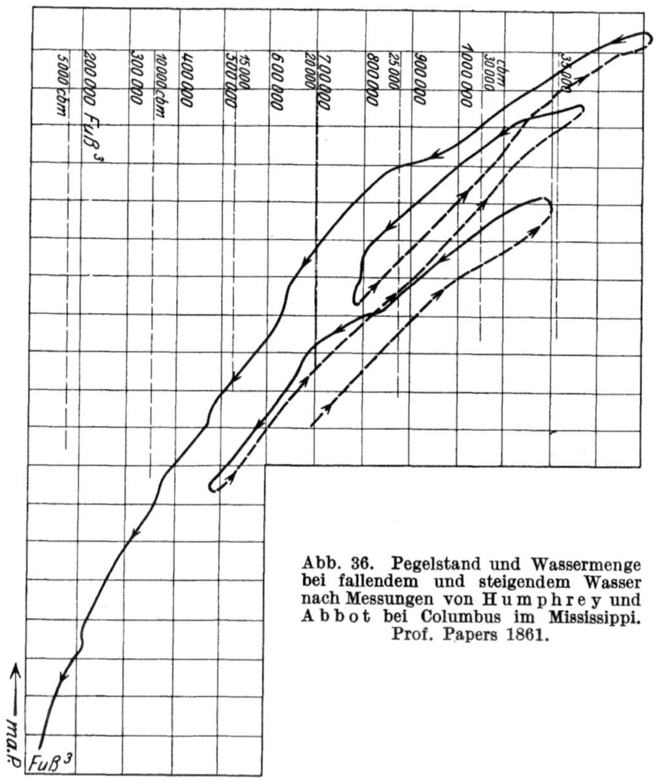

Abb. 36. Pegelstand und Wassermenge bei fallendem und steigendem Wasser nach Messungen von Humphrey und Abbot bei Columbus im Mississippi. Prof. Papers 1861.

C. Meereskunde.

a) Allgemeines.

Bei den Festlandgewässern sind von den atmosphärisch bedingten Erscheinungen Zufluß, Versickern und Verdunsten entscheidend, der Einfluß von Wind und Wellen ist aber, einige Sonderfälle ausgenommen, gleichgültig. Anders liegen die Verhältnisse für das Meer. Hier bilden Wind und Wellen, letztere in ihrer großartigsten Form der Gezeiten, die Haupteinflüsse, die Niederschläge aber Nebeneinflüsse. Mittelmeere und Randmeere bilden z. T. Ausnahmen. Die Winde sind bestimmend für die Höhe der Wasserstände und die Kraft der Wellen und üben dadurch den größten Einfluß aus. Die Wirkung der Festlandsniederschläge äußert sich meist nur indirekt in der Veränderung der Sinkstoff- und Geschiebemassen, die von den Flüssen dem Meere zugeführt werden und die für die Änderung der Wassertiefe der Mündungen und Meeresufer mitbestimmend sind. Für Mittelmeere ergeben die Festlandsniederschläge meist eine Verringerung des Salzgehaltes gegenüber dem Weltmeere.

Die Lehre von den Gesetzen der Atmosphäre, wie sie in der Meteorologie behandelt wird, ist für den Wasserbau am Meere noch wichtiger als im Binnenlande. Sind wetterkundige Seeleute zur Hand, wie es in allen Hafenstädten der Fall ist, dann wird der Ingenieur die Kenntnis der Meteorologie nicht so sehr vermissen, wohl aber dort, wo er an wenig bewohnter Küste Bauten ausführen soll. Es dürfte daher immer geraten sein, sich mit den Grundgesetzen der Wetterkunde frühzeitig bekannt zu machen, da selbst bei Benutzung der Wetterkarten der Seewarten ein Erfolg nur durch lange Erfahrung zu erreichen ist[1]).

[1]) Zum Studium dieses Gebietes eignet sich außer anderem das volkstümlich und sehr klar geschriebene Werk: Otto Freybe: Praktische Wetterkunde. Wissenschaftlicher, aber nicht so leicht verständlich ist: Bebber: Die Wettervorhersage, Stuttgart. Assmann: Winde usw.

Ähnlich, wie es notwendig ist, für das Binnenland eine Karte der Niederschläge für jedes Gebiet zu zeichnen, muß man für die See für jedes Küstengebiet die Windkarte besitzen. Die Winde werden nach ihrer Stärke eingeteilt. International ist heute die Windskala von Beaufort eingeführt worden.

Quartale. Jahresdurchschnitte.

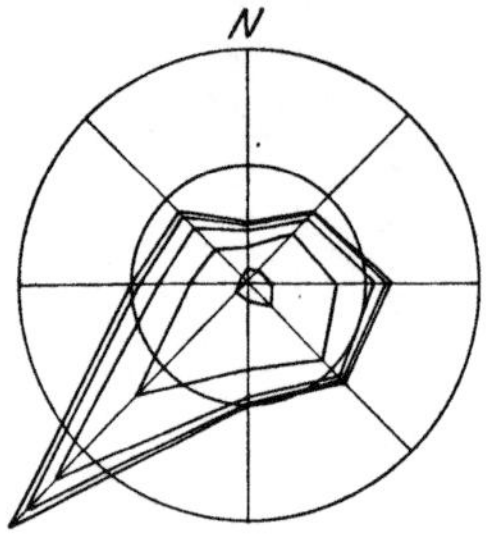

Abb. 37 a. Borkum. Winter.

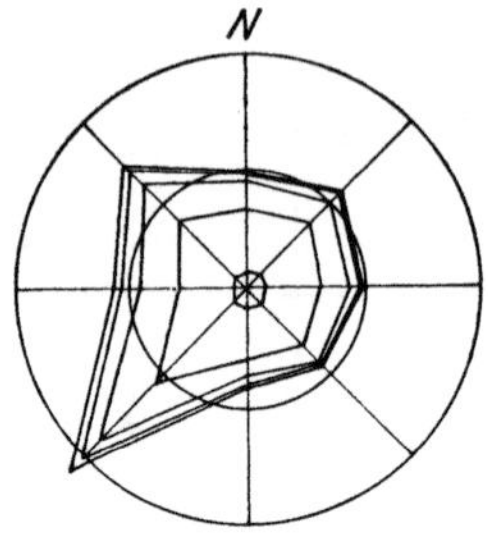

Abb. 37 e. Borkum + 4 m NN.

Abb. 41. Kiel + 47 m NN.

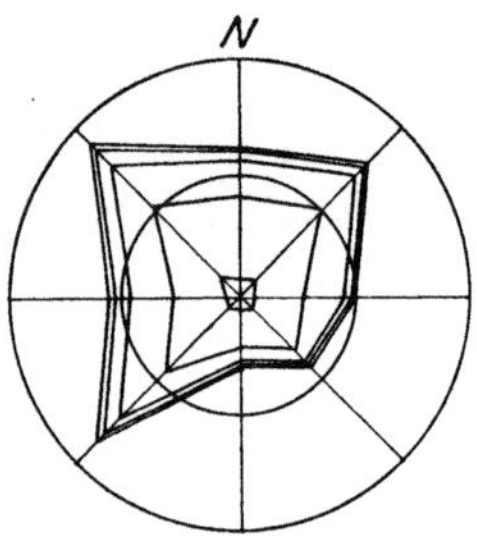

Abb. 37 b. Borkum. Frühjahr.

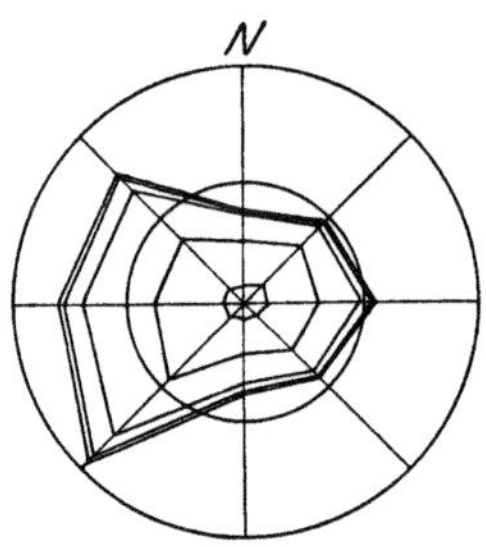

Abb. 38. Helgoland + 39 m NN.

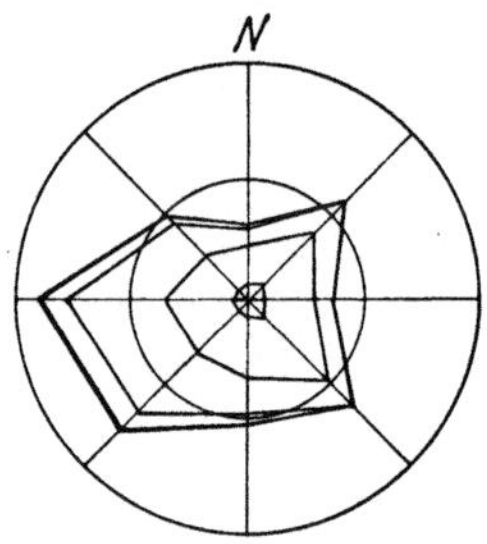

Abb. 42. Mustrow + 7 m NN.

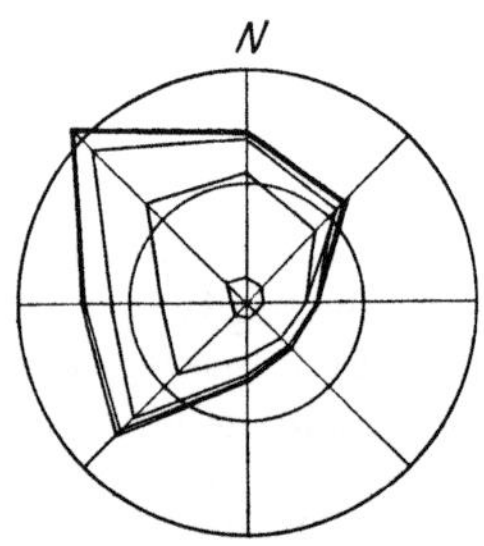

Abb. 37 c. Borkum. Sommer.

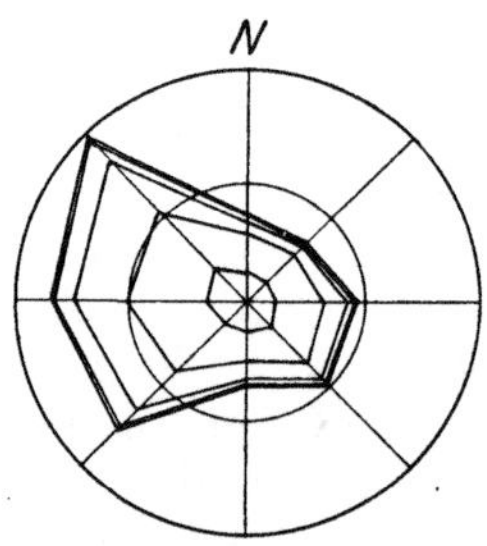

Abb. 39. Keitum + 9 m NN.

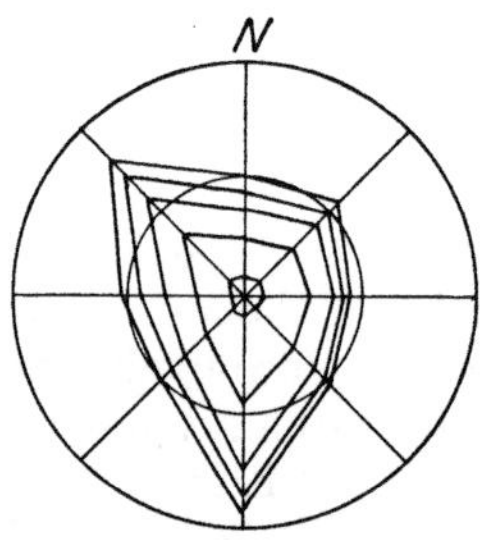

Abb. 43. Hela + 5 m NN.

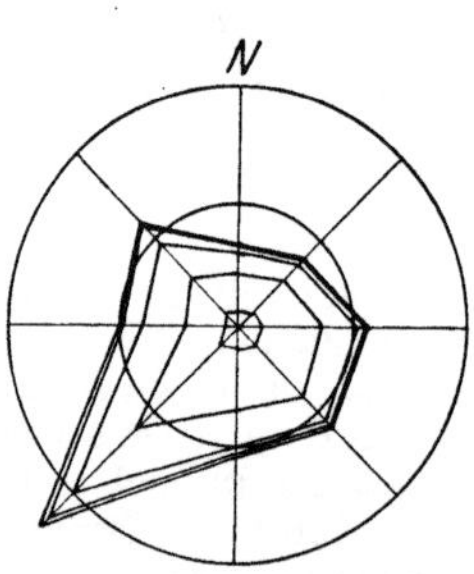

Abb. 37 d. Borkum. Herbst.

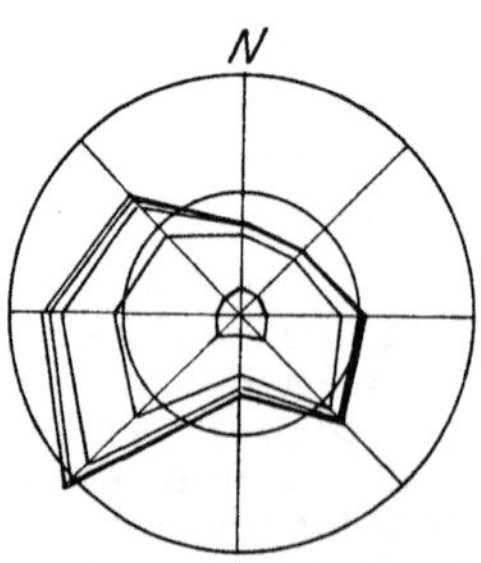

Abb. 40. Hamburg + 26 m NN.

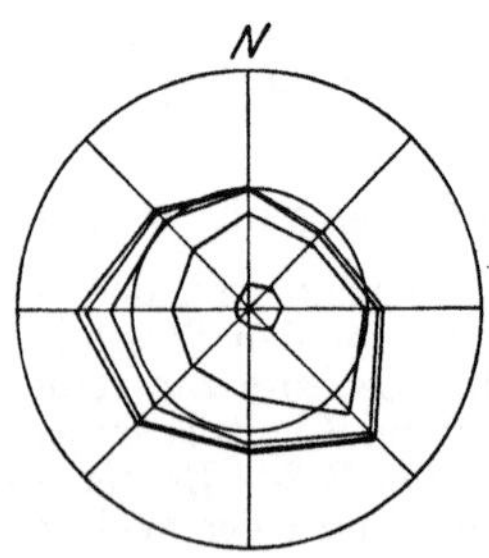

Abb. 44. Memel + 4 m NN.

Abb. 37 a—d. Borkum. Abb. 37 e—44. Jahreswindrosen.

Abb. 37—44. Windrosen von Küstenplätzen nach Aßmann.

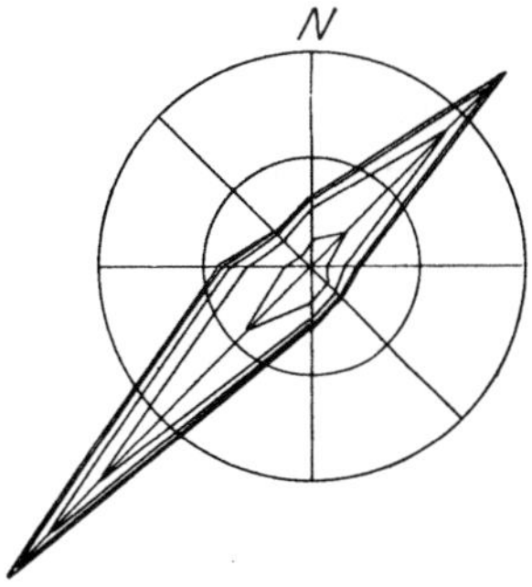

Abb. 45. Biberach + 537 m NN.

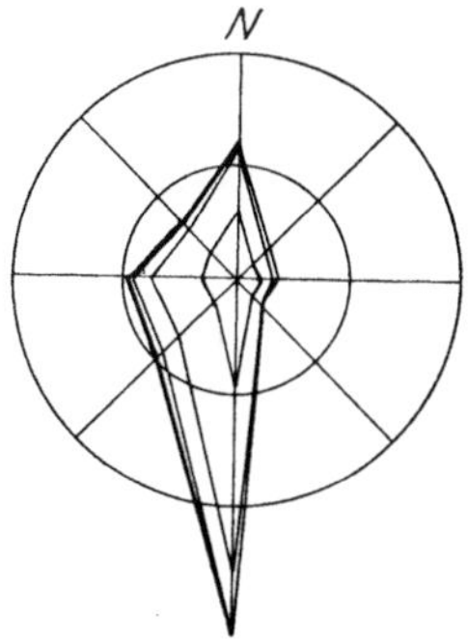

Abb. 46. Kassel + 202 m NN.

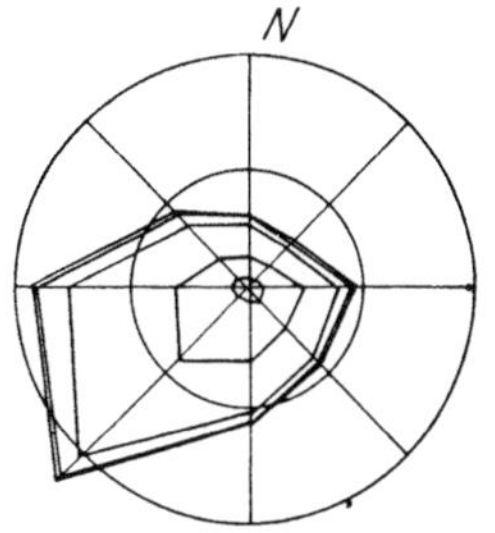

Abb. 47. Klausthal + 587 m NN.

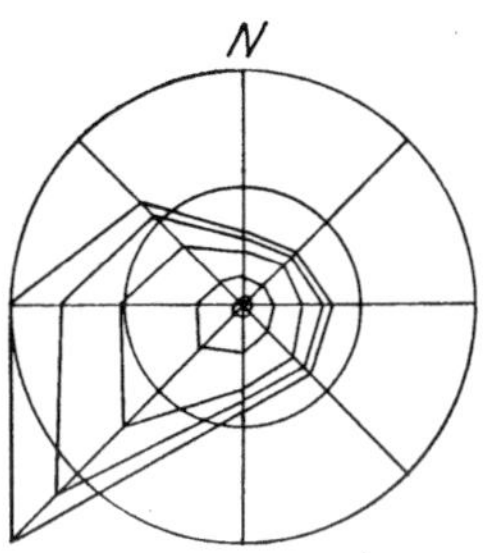

Abb. 48. Brocken + 1140 m NN.

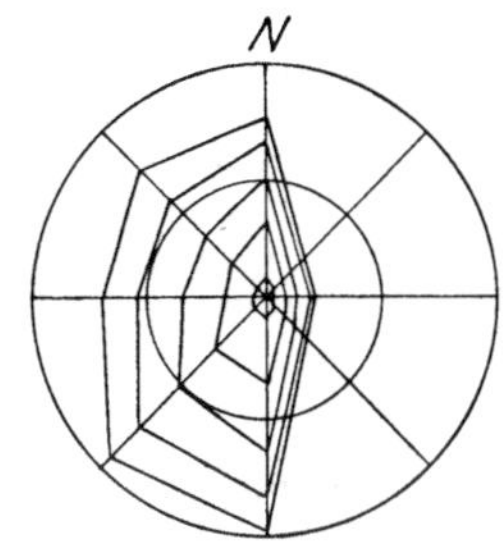

Abb. 49. Schneekoppe + 1603 m NN

Die Windrosen sind bei den Jahreskurven derart gezeichnet, daß von einen nach außen zuerst die Häufigkeit in Jahres vH des schwächsten Windes im Maßstab 10 vH = 7,5 mm aufgetragen wurde, dann wurde die nächste Windstärke außen angesetzt usw. Die Summe aller Abstände, d. h. die Gesamtstrecke für eine Richtung gibt dann die Jahreshäufigkeit aller Stärken. So weht z. B. in Helgoland Abb. 38 am häufigsten SW.-Wind mit 14 : 0,75 = rund 19 vH des Jahres = 365 · 0,19 = 68 Tage. Davon tritt am häufigsten 2—5 m/s auf mit 7,5 vH = 27 Tage und 5—10 m/s mit 7 vH = 25 Tage usw. Die Kreise geben 10 und 20 vH Häufigkeit an. Die Abbildungen 37 a bis d zeigen die Häufigkeit in vH der Vierteljahre.

Jahreswindrosen im Binnenlande nach Assmann.

Windstärken nach Beaufort.

Stärke	Bezeichnung	Geschwindigkeit m/sek	Geschwindigkeit Sml/st	Druck kg/qm
0	Windstille oder sehr leiser Zug	0—1,3	0—2,5	0—0,5
1	Leiser Zug	3,6	7	1,5
2	Flaue Brise	5,8	11,3	4,1
3	Leichte Brise	8,0	15,6	7,7
4	Mäßige Brise	10,3	20,0	12,6
5	Frische Brise	12,5	24,3	18,9
6	Steife Brise	15,2	29,6	27,9
7	Harter Wind	17,9	34,8	38,7
8	Stürmischer Wind	21,5	41,8	55,6
9	Sturm	25,0	48,6	75,6
10	Starker Sturm	29,1	56,6	102,5
11	Schwerer Sturm	33,5	65,1	135,7
12	Orkan	40,2 und darüber	78,1 und darüber	195,5 und darüber

Für jeden Hafenplatz wird nun die Häufigkeit der Winde in Tafeln zusammengestellt und daraus ein gezeichnetes Bild der Windhäufigkeiten entwickelt. Für die Wellenbildung ist aber nicht die Windstärke unmittelbar maßgebend, sondern das Quadrat der Windgeschwindigkeit. Man gibt daher für die Häfen besser neben dem Häufigkeitsbilde noch das Bild der Quadrate der Geschwindigkeiten an. Die meisten Angaben sind aber lediglich nach der Häufigkeit erfolgt. Abb. 37 bis 49 zeigen solche Bilder für deutsche Häfen nach Assmann[1]). Für 5 Windstärken von innen nach außen 0—2 m/s, 2—5 m/s, 5—10 m/s, 10—15 m/s, über 15 m/s in vH der Häufigkeit.

[1]) Assmann, Die Winde in Deutschland. Braunschweig, Vieweg & Sohn 1910.

Ähnliche Unterschiede, wie sie sich im Maßsystem der einzelnen Länder finden, sind auch auf die Meereskunde durch die einzelnen Völker übertragen worden. Nur sind die Unterschiede nicht so groß wie in den Festländern, weil sich die Ansichten des stärksten Seevolkes, der Engländer, gegenüber den anderen Völkern vielfach durchgesetzt haben.

In der Meeres- und Schiffahrtskunde sind folgende Maße üblich:

In deutschen Seekarten: Tiefenangabe unter Karten-Null in Metern, in englischen Seekarten in Faden (1 Faden = 6 Fuß englisch = 1,829 m). Das Karten-Null der deutschen Seekarten liegt an der Nordsee 30 cm unter dem mittleren Spring-NW. Der Schiffer mißt somit meist größere Tiefen, als die Seekarte sie angibt. An der Ostsee liegt das Kartennull in Deutschland in der MW.-Höhe. In Frankreich liegt es in der Höhe des bekannten NNW., in den Vereinigten Staaten von Nordamerika in der Höhe des Mittelwassers, in England und den anderen Ländern in der Höhe des Spring-NW. Das Kartennull hängt in jedem Lande von dem charakteristischen Wasserstande ab, der von örtlichen Verhältnissen bestimmt wird. — Unter MW. versteht man das Mittel aller Wasserstände, nicht aber das Mittel aus Hoch- und Niedrigwasser.

Die Entfernungen auf See werden in Seemeilen angegeben. Die deutsche Seemeile ist gleich der Länge einer Bogenminute eines Erdmeridians, somit 1 deutsche Seemeile = 1852 m, $^1/_{10}$ Seemeile = 1 Kabellänge. Die englische Seemeile ist 1853,5 m (1 Bogenminute am Äquator). Die Geschwindigkeitsangabe von Strömungen und Schiffen erfolgt meistens in Knoten. 1 deutsche Seemeile/st = 1 Knoten = 0,5144 m/sek. Da der Knoten ein Geschwindigkeitsmaß ist, dürfen mit ihm nicht unter Verwechslung mit der Seemeile Längen angegeben werden.

b) Größe und Gliederung des Meeres.

Das Weltmeer bedeckt etwa 360 Mill. qkm, das Festland weist rund 150 Mill. qkm auf. Rund 70 vH der Erdoberfläche ist Wasser, rund 30 vH Land. Der Atlantische, der Stille und der Indische Ozean stehen untereinander in natürlicher Verbindung. Das beste Bild der Flächenverteilung gibt

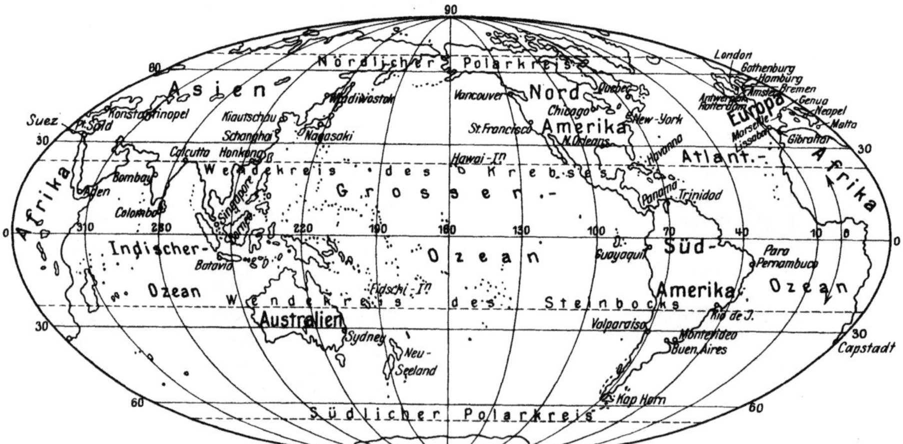

Abb. 50. Flächengetreue Abbildung der Erdkugel in einer Ebene.

Abb. 50, die nach Dierkes und Gaeblers Handatlas gezeichnet ist. Man sieht, wie der Atlantische und Stille Ozean vom Nordpol bis zum Südpol, der Indische Ozean von Asien bis zum Südpol reichen. Die Nordsee, Ostsee, das Mittelländische, Chinesische, das Eismeer usw. werden heute nicht mehr als besondere Meere, sondern nur als Teile des Ozeans angesehen. Die Zusammenhänge der einzelnen Meeresräume sind in Verbindung mit ihren Tiefen, Klima usw. bestimmend für die Entwicklung der Gezeiten, Meeresströmungen, Winde,

Wellen und dgl. Die Größen der Meeresräume können heute nach Krümmel wie folgt angenommen werden:

Größenzahlen der Meeresräume.

Name	Mittlere Tiefe m	Oberfläche Mill. qkm	Inhalt Mill. cbkm
I. Ozeane:			
Atlantischer Ozean	3900	81,66	314,82
Indischer Ozean	4000	73,45	288,53
Stiller Ozean	4100	165,71	678,84
Ozeane zusammen	4000	320,82	1282,19
II. Mittelmeere und Randmeere.			
Große Mittelmeere (wie das nördliche Eismeer, das Mittelländische Meer, Golf von Mexiko usw.)	1310	30,03	39,47
Kleine Mittelmeere (wie die Ostsee, das Rote Meer usw.)	180	2,32	0,41
Randmeere (wie die Nordsee, das Japanische Meer, Irisch-Schottische See, Ärmelkanal usw.)	980	8,11	7,88
Das Weltmeer, Ozeane, Mittel- und Randmeere	3700	361,28	1329,95

Die mittlere Höhe der Kontinente über dem Meere beträgt etwa 700 m, die mittlere Tiefe des Weltmeeres einschl. der Mittelmeere usw. rd. 3700 m, also mehr als das fünffache.

Die Ozeane haben im allgemeinen eine gleichmäßige, fast ebene Bodengestalt[1]), die nur selten von tiefen Furchen und steilen Rücken durchzogen ist und in der nur an vereinzelten Stellen unterseeische Gebirge mit Vulkanen festgestellt wurden. Die bisher größten Tiefen der Meere sind für

den Atlantischen Ozean . . . . . 7370 m,
den Indischen Ozean . . . . . . 5358 m,
den Stillen Ozean[2]) . . . . 9780 m.

Die größte Meerestiefe übertrifft wahrscheinlich die größte Bergeshöhe.

Die Meerestiefen werden durch Lotung festgestellt. Für kleinere Tiefen geschieht die Lotung durch Ablassen einer geflochtenen hanfenen Lotleine, die durch eingeflochtene Marken oder Bänder eingeteilt und durch ein Bleigewicht beschwert ist. Die modernen Tiefseelotungen werden mit Leinen aus bestem Klavierdraht und besonderen Lotmaschinen ausgeführt.

Form der Meeresoberfläche.

Bestände die Erde aus einer gleichmäßig flüssigen oder festen elastischen Masse, dann müßte sie ein vollkommenes Rotationsellipsoid bilden, so daß alle Meridiane gleiche Ellipsen sein würden, deren Abplattungen an den Polen lägen. Das ist nicht der Fall. Es weicht die wirkliche Oberfläche von der mathematischen wesentlich ab. Es treten örtliche Abplattungen über den großen Tiefseen und in kleinerem Maßstab über den Meeresbuchten und Mittelmeeren auf. Diese Form der Meeresoberfläche heißt das Geoid[3]). Die örtlichen Abplattungen entstehen dadurch, daß

1. die herausragenden Kontinente, für sich betrachtet, einseitige Anziehungskräfte auf die Wassermassen ausüben. Die Richtung der Schwerkraft wird dadurch seitlich nach dem Kontinent zu abgelenkt und bewirkt, da die Wasseroberfläche immer normal zu der Schwerlinie stehen muß, eine Aufwärtskippung der

[1]) Vgl. Schott: Physik. Meereskunde Leipzig 1910, S. 23.
[2]) Forschungsreise S. M. S. „Planet“ 1912.
[3]) Helmert: Theorien der höheren Geodäsie. II. Teil: Die physikalischen Theorien. 1884.

Wasseroberfläche zum Kontinent hin. Gemäß Abb. 51 tritt also an der Küste eine Hebung, in der Ozeanmitte eine Senkung der Fläche gegenüber dem eigentlichen Ellipsoid a—c ein. An steilen Hochgebirgsküsten muß das Meer somit höher stehen als an flachen Ufern. Hebung und Senkung kann, jede für sich, nicht über 100 m betragen, gerechnet von der Küste bis etwa zur Ozeanmitte. Als weitere Ursachen für eine ungleiche Höhe der Meeresoberflächen über dem Ellipsoid sind zu nennen:

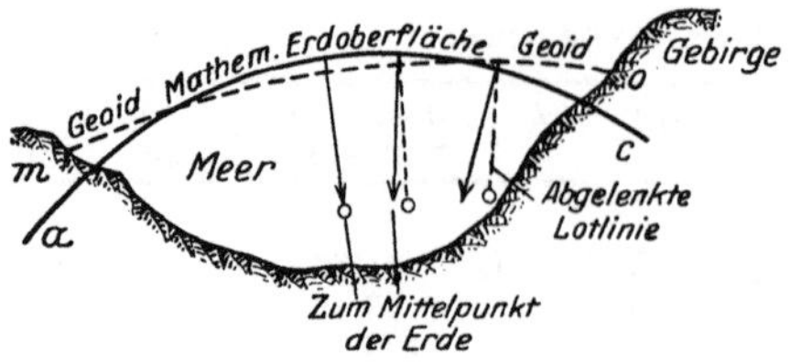

Abb. 51. Geoid.

2. die Sonnenstrahlung, die durch Erwärmung das Wasser einzelner Teile der Meere leichter macht, so daß die Fläche sich dort hebt (Gesetz der verbundenen Röhren);

3. Eintritt von leichterem Süßwasser aus Strommündungen und durch Eisschmelzen mit gleicher Wirkung wie unter 2;

4. verschiedener Druck der Atmosphäre, dem die Meeresoberfläche wie ein Quecksilberbarometer folgt, nur mit dem 13fachen Betrag der Schwankung der Quecksilbersäule;

5. Winde;

6. Meeresströmungen;

7. außerdem die periodisch wiederkehrende Änderung der Oberfläche durch Ebbe und Flut, die aber später für sich betrachtet werden wird und vorläufig ausgeschaltet werden soll.

Alle die vorher erwähnten Ursachen mit Ausnahme der Gezeiten haben aber nur einen geringen Einfluß auf den Unterschied, der zwischen der Mittelwasserhöhe an den verschiedenen Küsten vorhanden ist. Der Unterschied soll nicht über 50 cm betragen. So liegt z. B. nach genauen Nivellements in Frankreich der mittlere Wasserspiegel bei Marseille nur 16 cm höher als der bei Cherburg, der Spiegel des nördlichen Teiles des Adriatischen Meeres 15 cm tiefer als der der Nordsee. Solche Messungen setzen bis heute Landbrücken voraus, über die wir wegnivellieren können. Die Unterschiede haben aber auch nur für die Wasserstände zu beiden Seiten desselben Kontinents praktische Bedeutung für den Fall von Kanalbauten ohne Schleusen. Zwischen verschiedenen Kontinenten, z. B. Europa-Asien und Amerika wissen wir nichts über das Verhältnis der Küsten-Mittelwasserhöhen. Das gleiche gilt sogar für verhältnismäßig nahe Inseln, wie Helgoland, von dessen MW. wir nicht genau wissen, wie es sich zu dem der Küste z. B. von Cuxhaven verhält.

Diese annähernd gleichen Wasserstände an den Küsten entlang und an beiden Ufern von Kontinenten haben eine große Bedeutung für Seekanäle ohne Scheitelhaltung wie z. B. den Nordostseekanal, den Suezkanal und andere, bei denen die Frage, ob Schleusen notwendig sind oder nicht, außer durch andere Gründe auch durch den Wasserstand des Meeres an beiden Enden des Kanals mitentschieden werden mußte. Bei dem Bau des Panamakanals ist das MW. beider Ozeane gleich hoch angenommen worden.

c) Eigenschaften des Meerwassers.

1. Feste Beimengungen, wie Salz und Schlick; Gasgehalt.

Das Meerwasser unterscheidet sich von dem Süßwasser durch den starken Gehalt an gelösten Salzen, die ihm einen salzigen, bitteren Geschmack, ein größeres Gewicht, niedrigeren Gefrierpunkt, geringere Verdunstungsfähigkeit sowie eine große Zahl anderer abweichender Eigenschaften verleihen. An der Küste und in den Flußmündungen ist auch das Meerwasser wie das Flußwasser vielfach mit Sinkstoffen beschwert.

Das Weltmeer enthält im Mittel 34,5 kg Salz in 1 cbm Wasser. Im ganzen sind bisher im Seewasser 32 verschiedene Elemente, darunter hauptsächlich die sieben Stoffe Chlor, Brom, Schwefel, Kalium, Natrium, Kalzium und Magnesium, nachgewiesen worden. Die Salze, besonders die Sulfate, sind auf das Verhalten der Baustoffe im Meer von Einfluß, besonders für Betonbauten gefährlich. Von diesen Salzen werden im wesentlichen die in folgender Tafel[1]) genannten als für die einzelnen Meere charakteristisch bestimmt.

Salze	in 1000 g Wasser	in vH aller Salze
1. Kochsalz NaCl	26,86 g	78,33
2. Chlorkalium KCl	0,58 g	1,69
3. Chlormagnesium $MgCl_2$	3,24 g	9,44
4. Bittersalz $MgSO_4$	2,20 g	6,40
5. Gips $CaSO_4$	1,35 g	3,94
Rest andere Salze	0,07 g	0,20
Summe	34,30 g	100,00

Das hier analysierte Seewasser enthält 34,3 vT Salz. Das Verhältnis der salzbildenden Elemente zueinander ist in allen Meeren annähernd das gleiche. Das spezifische Gewicht des Seesalzes ist 2,22, das des Seewassers ist 1,028 bei 35 vT (Nordsee) Salzgehalt und 1,006 bei 7,8 vT (Ostsee) und 0° Wärme. **Ein Schiff, das im Ozean z. B. einen Tiefgang von 10 m hat, taucht bei der Fahrt durch den Panamakanal im Gatunsee (Süßwasser) 10,3 m tief ein. Ebenso entsprechen 10 m Tiefgang in der Nordsee 10,2 m in der Ostsee.** Hierauf ist bei der **Drempeltiefe** der Schleusen zu achten. Gemessen wird das Gewicht durch Aräometer, einem Instrument nach Art der schwimmenden Milchprüfer. Der Gehalt an Salz ist in den Ozeanen geringen, in den Nebenmeeren großen Schwankungen unterworfen. Der Atlantische Ozean hat 35,4 vT, der Stille Ozean 34,9 vT, der Indische Ozean 34,8 vT Salzgehalt an der Oberfläche. Für Mittel- und Randmeere ist der Salzgehalt an der Oberfläche nach Krümmel:

Nördliches Eismeer	25,5 vT
Das Mittelländische Meer	35—38 vT
Die Ostsee	7,8 vT
Das Rote Meer	38,8 vT
Die Nordsee	34,2 vT

Der geringe Salzgehalt mancher Nebenmeere rührt von dem Einströmen süßen Wassers aus Flüssen und aus Regenfall oder Gletscherschmelzen her; der hohe Salzgehalt entsteht hauptsächlich durch Verdunstung bei geringem Süßwasserzufluß.

Der Salzgehalt wird unter Verwendung besonders konstruierter Wasserschöpfapparate festgestellt, die in bestimmte Tiefen versenkt werden, sich dort mit Wasser füllen und die dann automatisch verschlossen und heraufgeholt werden.

Neben den festen gelösten und schwebenden Stoffen enthält das Meerwasser auch Gase, z. T. als Folge des Stoffwechsels der Tier- und Pflanzenwelt im Meere. Unter anderem kommen vor Luft (also Sauerstoff, Stickstoff, Argon) sowie gebundene Kohlensäure, wobei der Sauerstoff zum Stickstoff nicht wie in der Atmosphäre im abgerundeten Verhältnis 1 : 4, sondern 1 : 2 vorkommt. Bei 0° sind in 1 l Seewasser 10,26 ccm Sauerstoff, bei 30° nur 5,47 ccm enthalten. Die Eismeere sind also sauerstoffreicher und damit für Lebewesen geeigneter als die Tropenmeere. Der Kohlensäuregehalt scheint Beton in Seewasser sehr ungünstig zu beeinflussen und ist daher beim Hafenbau zu beachten.

2. Sinkstoffgehalt.

In der Nähe der Küsten machen sich oft Trübungen des Wassers bemerkbar, die aus erdigen und tierischen Bestandteilen bestehen. Man unterscheidet sie für den Wasserbau am Meere zweckmäßig in Sand, Schlick und Schlamm. Die beiden ersteren enthalten ausgewaschene Teile des Festlandes und werden zu-

[1]) Nach Krümmel-Forchheimer.

sammen mit den Geschieben von Flüssen dem Meere zugeführt. Der schwebend abgeführte Sand bildet den kleineren Teil.

Für die Entstehung des Schlicks ist die Eigenschaft aller Salzlösungen, somit auch des Seewassers, mechanisch ihm beigemengte Bestandteile, die im Süßwasser noch lange schweben würden, bald niederzuschlagen, von Wichtigkeit. Ferner ist sowohl das Wasser der Flüsse als auch das des Meeres erfüllt von kleinen Lebewesen, Diatomeen, Infusorien und anderen, die selbst bei geringen Änderungen des Salzgehalts absterben, während ihre Kalk- und Kieselpanzer lange im Wasser schweben bleiben. Schalen von $^1/_{50}$ mm Dicke sinken am Tage etwa 1 m, solche von $^1/_8$ mm etwa 500 m. In größeren Tiefen, also unter hohem Wasserdruck, werden die Panzer vom Wasser wieder aufgelöst, sonst müßte das Meer unter Entstehung von Grundgebirgen bereits süß geworden sein. Daß das Meer früher salziger gewesen ist als heute, dafür sind unsere Kalkgebirge z. T. ein Zeugnis[1]). Münden nun Süßwasserströme in Meere mit Ebbe und Flut oder mit starken Küstenströmungen, so sind alle Bedingungen für die Entstehung des Schlicks gegeben. Der Fluß führt den feingeschlämmten Ton in das Meer und dieses wälzt mit jeder Flut neue zahllose Scharen von Kleintieren dem Brakwasser zu (Mischung von Salz- und Süßwasser). So besteht der Schlick auch tatsächlich aus lehmigen und tonigen Bestandteilen, gemischt mit den Panzern der vorerwähnten Kleinlebewesen.

An der Nordsee können 5 vH der Schlickmenge aus Diatomeen (Kieselsäure) und 33 vH aus Infusorien (kohlensaurem Kalk) bestehen. Die Zusammensetzung ist aber einem steten Wechsel unterworfen. Der im Schlick vorkommende kohlensaure Kalk ist stets organischen Ursprungs. Am häufigsten kommt der blaue Schlick vor, außerdem noch der rote und grüne. Die Farbe beruht im wesentlichen auf verschiedenem beigemengtem Mineralstaub. Kommt das schlickhaltige Wasser zur Ruhe (Wechsel zwischen Flut und Ebbe), dann fällt der Schlick zu Boden und bildet z. B. an den Nordseeküsten im Verlauf vieler Jahre den Kleiboden der Marschen. Frisch abgelagerter Schlick enthält etwa 70 vH Wasser, alter Kleiboden nur noch 20 vH.

Dieser Schlickfall ist für die davon betroffenen Häfen sehr schädlich, da er in einem Jahre leicht die Fahrwassertiefe so verringern kann, daß große Schiffe nicht mehr einlaufen können. Seine Beseitigung erfolgt durch Baggern und ist eine sehr kostspielige Arbeit. Besonders unter Schlickfall haben in Holland und Deutschland der Zuidersee, der Dollart und der Jadebusen zu leiden. Der Schlickfall von Hoek van Holland beträgt z. B. rd. 1 cm im Tage, also rd. 3,60 m im Jahre. Der Schlickfall in Wilhelmshaven beträgt in 10 m Wassertiefe rd. 4,2 cm/Tag, würde also, wenn man den gefallenen Schlick stets in dünner Schicht fortbaggerte, eine Schicht von 15 m Höhe im Jahre ausmachen. Die Größe des Schlickfalls ist von der Wassertiefe abhängig, nimmt mit ihrem Wachsen zu. In den Dockhäfen von Bremerhaven besteht noch ein Schlickfall von 1 m/Jahr. So schädlich wie der Schlick für den Hafenbau ist, so nützlich ist er für die Gewinnung neuen Landes aus dem Meere (Marschbildung).

Die stärkste Trübung hat das Seewasser in den Flußmündungen, wenn der Strom bordvoll ist. Am wenigsten Schlick ist darin enthalten bei NW. und HW. Nach Hübbe sind in 1 cbm (genau genommen in 1000 kg) Seewasser in der Elbe an der Flutgrenze bei Geesthacht enthalten:

bei Wasserstand von NW. bis MW.	29,2 g
von MW. bis zum bordvollen Wasserstand	41,7 g
vom bordvollen Wasserstand bis HW.	25,2 g

[1]) Es ist auch nicht ausgeschlossen, daß eine Abkühlung der Meere die Ursache des Niederschlages von Kalk ist, daß die Erde bei Durcheilen anderer Teile des Kosmos, die arm an kosmischem Eise waren, in früheren Zeitepochen große Mengen von Wasser an den Kosmos abgegeben hat, wegen der Eisarmut dieser Teile des Kosmos aber wenig Eis aufgenommen hat. Die hierdurch entstehende Verminderung der Meereswassermenge führte dann zur Fällung von Kalk usw.

Weiter nach See zu nimmt der Schlickgehalt meist stark ab. So wurde im Hafen von Cuxhaven beobachtet, daß kurz nach NW. rd. 20 g Schlick in 1 cbm enthalten war, bei HW. 17 g. Der Schlickgehalt ist verhältnismäßig klein im Vergleich zu dem Salzgehalt, der ja rd. 3500 g für 1 cbm beträgt. Die Abnahme des Schlickgehaltes nach Überschreiten des bordvollen Wasserstandes beruht auf der Ablagerung großer Schlickmengen auf den dann überfluteten Landflächen. An der Jade sind von Hagen ähnliche Beobachtungen über die Größe des Schlickgehaltes gemacht worden.

Diese Erscheinung kann für viele Vorgänge von Wichtigkeit sein. Sie ist z. B. bei Untersuchungen über Versandung von Ufern und Häfen durch Sandaufwirbelung infolge von Baggerungen von Wichtigkeit. Zu diesen Beobachtungen tritt noch die folgende von Bedeutung, daß der Schlickgehalt dicht über der Sohle um 5—30 vH höher ist als in der Nähe der Oberfläche.

Der bereits erwähnte Schlamm, der z. B. viel in der Ostsee vorkommt, unterscheidet sich vom Schlick dadurch, daß er keine festen Ablagerungen bildet, sondern dickflüssig bleibt. Er fließt stets nach den tiefsten Stellen und bildet bei dem Aushub tiefer Baugruben in Meeresbuchten eine unangenehme Beigabe. Dieser gewöhnlich schwarze Schlamm besitzt einen üblen Geruch und besteht aus verfaulten Organismen.

3. Farbe, Durchsichtigkeit, Wärme, Gefrierpunkt, Eisbildung.

Die Farbe des Meeres schwankt je nach seinem Gehalt an Sinkstoffen zwischen blau und grün. Geringe Mengen Sinkstoffe erzeugen die grüne Farbe, größere Mengen erdiger Natur die gelbe und braune. Die Durchdringungsfähigkeit für Sonnenstrahlen kann nach neueren Versuchen mit versenkten photographischen Platten mehrere 1000 m betragen, die Durchsichtigkeit für das menschliche Auge jedoch kaum über 60 m. Nach Versuchen in Helgoland ist die Durchsichtigkeit verschieden, gemäß Annalen der Hydrogr. 1911, S. 133 schwankt sie zwischen 1 m und 17 m. Die Durchsichtigkeit ist für die Kontrolle und die Ausführung von Taucherarbeiten von Einfluß.

Neben dem auch im offenen Meer durch Verdunstung oder durch Regengüsse schwankenden Salzgehalt ist die verschiedene Wärme des Meerwassers, die nicht nur in wagerechter, sondern auch in senkrechter Richtung vorhanden ist, eine der wichtigsten Ursachen für das Auftreten der großen Meeresströmungen.

Die mittlere Wärme der großen Meere liegt nach Krümmel zwischen + 3,7° und + 4°. Das ganze Weltmeer besitzt im Mittel + 3,8°. Die mittlere Wärme des nördlichen Eismeeres ist — 0,7°, der Ostsee + 3,9°, der Nordsee + 7,7°, des Mittelländischen Meeres + 13,4° und des Roten Meeres + 22,7°. An der Oberfläche der großen Meere kann die Wärme über 27° betragen, ist bis zu 1000 m Tiefe von den klimatischen Verhältnissen (Tropen, Polargebiet) abhängig, darunter fast gleichmäßig kalt unter + 3° und kann am Boden bis unter 0° fallen. Die Erwärmung an der Oberfläche beruht auf der Sonnenstrahlung. Die Leitungsfähigkeit für Wärme ist jedoch so gering, daß sie für die Zuführung der Wärme aus den oberen warmen Schichten nach unten nicht von Bedeutung ist. Diese Zuführung beruht vielmehr darauf, daß das erwärmte Wasser durch Verdunsten salzreicher und somit schwerer wird[1]). Es muß tiefer sinken und gibt im Sinken seine größere Wärme an das umgebende Wasser ab.

In den oberen Schichten wird der Wärmeaustausch ferner durch Wellen und Strömungen beschleunigt, deren Wirkung aber nicht über 1000 m tief reichen dürfte. Von den Polarmeeren fließt nach Annahme einiger Forscher dauernd kaltes Wasser den großen Meerestiefen als Unterstrom zu. Es müßte in den Tiefen der Ozeane somit beständig eine Kälte unter 0° herrschen. Es ist jedoch in der Tiefsee vom Boden an ein Ansteigen der Wasserwärme bis zu einer gewissen Höhe beobachtet worden, eine Erscheinung, die in der Abgabe von Erdwärme seinen Grund haben muß. Die Wärme des Meeresgrundes selbst scheint nach neueren Messungen schon in geringer Tiefe unter der Sohle einige Grad höher als die Wasserwärme zu sein.

Der Gefrierpunkt sinkt mit wachsendem Salzgehalt, er liegt z. B. in der Ostsee (rd. 8 vT Salzgehalt) auf etwa — 1°, in der Nordsee bei rd. 34 vT auf etwa — 2°. Die Ostseehäfen sind dem Zufrieren daher leichter ausgesetzt als die

[1]) Sandström: Dynamische Versuche mit Meerwasser. Ann. d. Hydrographie 1908.

der Nordsee. Je höher der Salzgehalt, desto geringer ist die Verdunstung. Die größte Dichtigkeit des Ostseewassers liegt bei + 2,3°, die des Nordseewassers bei — 4°, die des Atlantischen Ozeans bei — 4,5°.

Das im Meer vorkommende Eis kann nach seiner Entstehung in Meereis, Flußeis und Gletschereis unterschieden werden. Die beiden letzten Arten, von denen das Gletschereis die Eisberge bildet, bestehen aus Süßwassereis. Das Meereis ist gefrorenes Seewasser. Es ist gleichfalls süß, wenn es langsam entstanden ist, hat aber bei plötzlichem Gefrieren des häufig stark unterkühlten Meereswassers nur einen Teil seines Salzgehaltes ausgeschieden. Diese Unterkühlung (Verhinderung des rechtzeitigen Gefrierens) ist bei Wellenbewegung möglich. Tritt dann bei Windstille glatte See ein, dann kann plötzliches Gefrieren mit nur wenig Salzausscheidung eintreten. Auf der Ausscheidung des Salzes beim Gefrieren beruht die für den Seefahrer und Hafenbauer wichtige Tatsache, daß selbst ganz flache Meere nie ganz zufrieren und auch nur selten eine Eisdecke von mehreren Metern Stärke bilden. Das Wasser unter dem Eis wird mit dem Wachsen der Eisdecke immer salzreicher, sein Gefrierpunkt sinkt demzufolge, während die Wärmeabgabe an die kalte Luft wegen der schlechten Wärmeleitungsfähigkeit des Eises immer geringer wird.

4. Einwirkungen des Meeres auf die Baustoffe[1].

Die Einwirkungen des Meeres lassen sich einteilen in:

α) solche mechanischer Art;

β) solche chemischer Art;

γ) solche durch die Tätigkeit der Lebewesen des Meeres.

***α*) Die mechanischen Einwirkungen.** Die merkbarsten Einwirkungen mechanischer Art sind einmal an unzweckmäßigen Baustoffen unmittelbar zu erkennen, wegen der durch Jahrhunderte hindurch fortgesetzten Wirkung jedoch vor allem an den Meeresufern. Diese letzteren werden später ausführlich besprochen werden. Noch mehr als bei Süßwasserbauten ist der Grundsatz zu beachten, daß einen kräftigen Widerstand gegen den Wellenschlag im Verein mit Strömungen und gegen den gleichzeitigen Einfluß der Atmosphäre nur Baustoffe von großer Härte, Dichte und Zähigkeit zu leisten vermögen.

Von künstlichen Baustoffen sind z. B. weiche Ziegel unbrauchbar, Hartbrandsteine und Klinker ein sehr schätzbares Baumaterial. Steine aus Beton müssen unter Zusatz genügend fetten Zementmörtels (Hochofenzement), möglichst nicht unter 1 : 3, hergestellt werden. Natürliche Steine müssen nach den gleichen Gesichtspunkten ausgesucht werden[2]; besonders wertvoll sind die Eruptivgesteine Basalt, Gneis, Grünstein, Porphyr, Granit und Syenit, da sie in kaum merkbarem Maße angegriffen werden. Letzterer verwittert infolge der in ihm enthaltenen Hornblende schneller als die erstgenannten. Auch Kalkstein, Grauwacke und harter Sandstein sind bei vorsichtiger Auswahl brauchbar, aber nicht von gleicher Dauer wie Basalt usw.

Andere Baustoffe wie Eisen, Holz, Buschwerk usw. unterliegen dem mechanischen Einfluß nur in geringem Maße, bei ihnen überwiegen die anderen Wirkungen.

***β*) Chemische Einwirkungen.** Holz- und Buschwerk. Holzpfähle halten sich unter Wasser unbegrenzt[3]. Nur an der Stelle, wo abwechselnd Wasser und Luft das Holz umgeben, fault es schnell. Buschwerk hält sich unter Wasser lange Jahre, scheint aber keine unbegrenzte Dauer zu haben. Im Wechsel von Wasser und Luft verrottet es schnell.

Eisen. Auch bei bestem Schutz durch Anstrich rostet es nach und nach,

---

[1]) Voisin Bey: Die Häfen Frankreichs, übersetzt von Georg Franzius.

[2]) Vgl. auch Nandelstädt: Die Werk- und Pflastersteine. Hannover: Jänecke.

[3]) Vgl. Lang: Das Holz als Baustoff. Kreidels Verlag.

da der Anstrich durch das Seewasser im Verlauf weniger Jahre zersetzt wird. Nach Untersuchungen von Dr. Ederhof[1]) hatten Winkeleisen von 9 mm Dicke eine Dauer von 23 Jahren in der Kenterzone und von 50—70 Jahren in Luft oder unter Wasser, bis sie bis auf $^1/_3$ (Bruchgrenze) abgerostet waren (Jadebusen). Ob Gußeisen oder Schmiedeeisen widerstandsfähiger ist, ist zweifelhaft. Wahrscheinlich ist Gußeisen widerstandsfähiger, denn für Röhren besteht die Erfahrung, daß gußeiserne Röhren durch kohlensäurehaltiges Wasser weniger angegriffen werden als schmiedeeiserne. Dort, wo keine starke Strömung die Rostfläche beunruhigt, scheint die Rostschicht selbst eine schützende Hülle zu bilden, die zum wenigsten das Rosten stark verlangsamt. Es sind bei der Dortmunder Union Versuche mit nichtrostendem Eisen im Gange, die einen weiteren Fortschritt erhoffen lassen.

Mörtel und Beton. Die Einflüsse des Meerwassers sind noch nicht ausreichend erforscht. Fetter Mörtel aus Portlandzement, Traß und scharfem Sande $1 : {}^1/_2 : 3$ bis $1 : {}^1/_2 : 4$ scheint dem chemischen Einfluß zu widerstehen. Nach bei den Marinebauten und auf Norderney gemachten Erfahrungen scheint sich Hochofenzement (Eisen-Portlandzement) wegen geringen Überschusses an freiem Kalk noch besser zu bewähren. Es ist dabei ebensoviel Gewicht auf den scharfen Sand wie auf völlige Füllung aller Hohlräume des Sandes durch das Bindemittel sowie vorherige gute Mischung von Zement und Traß und ausreichendem Wasserzusatz zu legen. Die genaue Zusammensetzung der Zuschlagstoffe, feiner Sand, grober Sand, Kies oder Splitt und Schotter ist entscheidend für den Verbrauch an Bindemitteln, wird aber meist noch zu wenig sorgfältig gehandhabt. Nach älteren und neueren französischen Erfahrungen zersetzt sich Mörtel aus feinem Sande mit wenig Zement sehr schnell, mit viel Zement langsamer, aber ebenso sicher. Der Mörtel wird bei dem Zersetzen völlig weich, so daß man ihn mit der Hand aus den Fugen kratzen kann.

Als vorzüglicher Mörtel für Beton galt früher Kalk-Traßmörtel. Es kommt bei ihm aber jedenfalls vor allem auf die Feinheit der Mahlung des Trasses an, ferner auf das Mengenverhältnis von Traß und Kalk. Während ältere vorzügliche Erfahrungen vorliegen, sind später (1908) sehr schlechte mit diesem Material gemacht worden. Das Seewasser ist imstande, Kalktraßbeton völlig aufzulösen, und zwar derartig, daß der feste, kieselsaure Kalk, der sich im Mörtel durch das Abbinden bilden soll, durch ganz weiche, käseartige, kieselsaure Magnesia ersetzt wird. Derartiger Beton entbehrt jeder Festigkeit. An denselben Bauwerken, an denen diese Erfahrung gemacht wurde (neuere Trockendocks der deutschen Marine in Kiel und Wilhelmshaven), zeigte der Traßbeton an anderen Stellen wieder eine ganz vorzügliche Beschaffenheit, die ihn dem gleichzeitig verwendeten vorzüglich abgebundenen Zementbeton der untersten Abgleichschicht überlegen erscheinen ließen[2]). Die Ursache dieser Unzuverlässigkeit des Traßbetons ist noch nicht aufgefunden. Bis dieses geschehen ist, sollte man aber lieber den teueren Zementtraß oder noch besser Hochofenzement verwenden und bei Wasserbauten nicht an Zement sparen. Der Traß hat die Aufgabe, den freien Kalk des Zements zu binden.

Die Menge der im Meerwasser enthaltenen Kohlensäure, der schwefelsauren Salze sowie der Magnesiumgehalt scheint von besonderem Einfluß auf die Mörtelzersetzung zu sein.

Große Festigkeit zeigt Zementbeton, der am Lande hergestellt und nach erfolgtem Abbinden in das Seewasser gebracht wurde. Die meisten Erfahrungen hiermit, z. B. bei Molenbauten, sind vorzüglich. Doch sind neuerdings auch in vereinzelten Fällen an solchen Blöcken Zersetzungserscheinungen beobachtet worden. Als ganz besonders vorzügliches Baumaterial ist zu nennen bester hartgebrannter Ziegel in fettem Zementmörtel. Er sollte an allen besonders wichtigen Stellen in dem Bauwerk verwendet werden.

[1]) Dr.-Arbeit Ederhof, T. H. Hannover.

[2]) Behrendt und O. Franzius: Z. Bauw. 1912, S. 613.

β) **Wirkung der Lebewesen.** Einige Arten von Würmern und Muscheln können unseren Bauwerken gefährlich werden. Besonders bemerkenswert sind die Zerstörungen, die die Bohrmuschel und der Bohrwurm anrichten. Die Bohrmuschel (pholas) ist eine Gefahr für weichen Kalkstein. Sie durchzieht ihn vollständig mit Gängen, so daß die Druckfestigkeit des Steins bis zum Zusammenbruch vermindert werden kann. Solche Muscheln kommen z. B. bei Helgoland vor, wo sie Gänge von mehr als Daumendicke erbohren. In Amerika hat die Bohrmuschel auch Beton angegriffen, der aus an Ort und Stelle gewonnenen Steinen gemacht wurde (Los Angeles), nicht angegriffen wird der Beton aber bei Verwendung fremden Materials[1]).

Der für uns wichtigere, in der Nordsee hauptsächlich auftretende Bohrwurm (teredo navalis) ist die größte Gefahr für alle nicht geschützten Holzbauten, die in seinem Bereich errichtet werden. Der Wurm setzt sich als mikroskopisch kleine Larve am Holze fest und wächst von hier aus unter stetem Bohren in das Holz hinein. Er erzeugt dabei Löcher von mehr als 1 cm Dicke und 20 cm Länge, die schließlich den Pfahl kreuz und quer durchsetzen, ohne daß je 2 Gänge durcheinandergehen. Er geht in dem Holz nicht unter den Meeresboden hinunter und nicht mehr als etwa 2 m über MW. hinauf. Der Befall durch Bohrwurm findet vor allem im strömenden Wasser, in geringem Maß aber auch in stehendem Wasser statt. Dauernde Verunreinigungen des Wassers, z. B. durch das Öl der Schiffe, vertreiben den Wurm. Der Bohrwurm kommt nicht in der inneren Ostsee und im Brakwasser vor, z. B. nicht in Bremerhaven. Er ist gegen merkbare Verringerung des Salzgehaltes empfindlich.

Unsere einheimischen Hölzer können von den Würmern binnen Jahresfrist vollständig zerstört werden. Eine Imprägnierung mit heißem Teeröl (Rüpings Verfahren) schützt nach neueren Versuchen der Werft Wilhelmshaven vorzüglich, solange das Öl nicht ausgelaugt ist. Ob dieses geschieht, steht noch nicht fest, ist aber unwahrscheinlich. Die Imprägnierung reicht etwa 4 cm tief in das Holz hinein. Wenn diese Schicht zerstört ist, wird der Pfahl angegriffen. Besonderen Widerstand leisten von den ausländischen Hölzern nach Versuchen in Dover das tasmanische Blaugummiholz und nach Versuchen in Wilhelmshaven das westaustralische Jarrahholz, die beide als fast bohrwurmsicher gelten dürfen. Turpentine, Eisenholz, Greenheart und andere werden mehr oder weniger angegriffen, aber alle viel weniger als hiesige Hölzer. Für den Bau von Holzwerken in durch Bohrwurm verseuchten Gewässern sollten nur die nach Rüpings Verfahren getränkten oder die bohrwurmsicheren Hölzer verwendet werden (Rütgers Werke, Berlin). Der auch empfohlene Schutz durch dichtes Benageln mit breitköpfigen Kupfer- oder Eisennägeln oder Überstülpen von Tonröhren und Ausfüllen mit Sand ist unsicher und teuer. Überstülpen von bewehrten Betonröhren oder Torkretieren der mit Drahtgewebe umhüllten Pfahlteile ist nach amerikanischen Versuchen zweckmäßig[2]).

d) Die Meereswellen.

1. Theorie der Wellen[3]).

Fast ständig befindet sich die Meeresoberfläche in dem Zustand schwankender Auf- und Abwärtsbewegung. Diese Wellenbewegung ist im offenen Meere kein Vorwärtsschreiten des Wassers, sondern besteht lediglich in einer kreisförmigen Schwingung der einzelnen Wasserteilchen. Nur die Wellenform der

[1]) Der Bauing. Heft 20. 1925. [2]) Förster, Werft Reederei u. H. 1926.

[3]) Supan: Grundzüge der physischen Erdkunde. Krümmel: Ozeanographie. Rottock: Meereswellenbeobachtungen, Ann. d. Hydrographie 1903. Zentralbl. d. Bauv. 1905, S. 358 u. 362. — Prötel, Z. Bauw. 1912. — Gaillard: On wave action usw. Professional papers of Engineers, Washington 1904.

Oberfläche, der Wechsel von Berg und Tal, schreitet fort. Den gewöhnlichen Anstoß zur Wellenbewegung gibt der Wind, der mit ungleich starken Stößen auf die Wasseroberfläche drückt. Es sei zunächst die Welle, die durch Windstöße im offenen Meere entsteht, betrachtet. Gemäß Abb. 52 bezeichnet man die Hebung über den Spiegel als Wellenberg, die Senkung darunter als Wellental, die Entfernung zwischen zwei Bergen oder zwei Tälern mit Wellenlänge, die Gesamthebung vom Tal bis zum Berg, also von *c* bis *d*, als Wellenhöhe. Der Punkt *a* heißt oberer, Punkt *c* unterer Scheitel. Die Zeit, in welcher der Wellenberg an demselben Punkt wiederkehrt, nennt man die Periode der Welle; sie ist gleich der Zeit, in welcher der Wellenberg eine Wellenlänge durchläuft. Mit der Laufgeschwindigkeit bezeichnet man die Geschwindigkeit, mit der ein Scheitel über das Wasser hineilt.

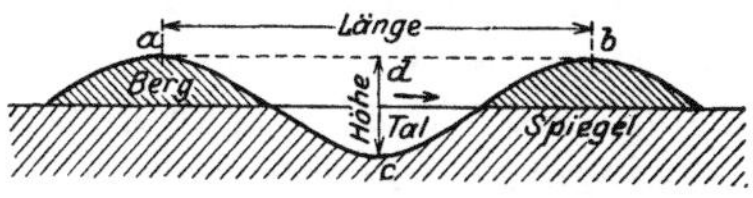

Abb. 52. Welle im Schnitt.

Daß jedes Wasserteilchen bei der Wellenbewegung eine kreisförmige Bahn um einen ruhenden Punkt beschreibt, wurde durch Versuche gefunden. Diese Kreise werden mit dem Wachsen der Wassertiefe immer kleiner, so daß auch die Wellenhöhe mit zunehmender Tiefe abnimmt (vgl. Abb. 53). Als Form der Welle wird die Trochoide, d. h. eine Kurve, die durch einen Punkt der Speiche eines rollenden Rades beschrieben wird, angenommen.

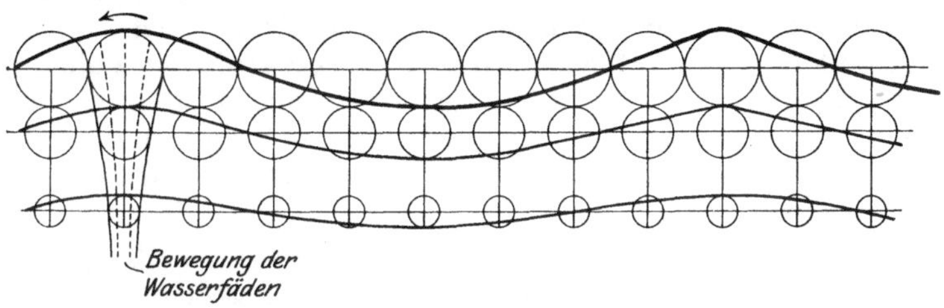

Abb. 53. Enstehung einer Wellenlinie und ihre Abflachung in der Tiefe.

Die Wellenbewegung besteht also nicht nur an der Oberfläche, sondern auch in der Tiefe, wie z. B. Taucher es empfinden. Die Welle wird mit Wachsen der Tiefe aber immer flacher, bis sie in eine gerade Linie übergeht. Die senkrechten Wasserfäden machen dabei wie die Ähren eines Kornfeldes eine hin und her schwankende Bewegung, jeder um einen tiefliegenden ruhenden Punkt. Der Unterschied gegen die Getreidehalme ist der, daß der schwankende Wasserfaden wie ein Gummifaden sich dabei abwechselnd verlängert und verkürzt. Bezeichnet man die Wellenlänge mit L, die Höhe mit H, beides in Metern, die Geschwindigkeit mit V m/sek, die Periode mit T sek, ist $\pi = 3{,}1416$ und $g = 9{,}8$ m/sek^2 die Beschleunigung durch die Schwerkraft, so ist ganz allgemein $V = \frac{L}{T}$. Ferner erhält man aus der Annahme der Trochoide folgende Beziehungen für T, L und V:

T	L	V
$= \sqrt{\frac{2\pi}{g}} \cdot L \backsim 0{,}8\sqrt{L}$	$= \frac{g}{2\pi} \cdot T^2 \backsim 1{,}56\,T^2$	$= \frac{g}{2\pi} \cdot T \backsim 1{,}56\,T$
oder	oder	oder
$= \frac{2\pi}{g} \cdot V \backsim 0{,}64\,V$	$= \frac{2\pi}{g} \cdot V^2 \backsim 0{,}64\,V^2$	$= \sqrt{\frac{g}{2\pi} \cdot L} \backsim 1{,}25\sqrt{L}$

Hat man von den 3 Größen V, L und T eine gemessen, so kann man die beiden anderen leicht nach obigen Formeln berechnen. Eine Beziehung zwischen der Höhe H und den anderen Größen läßt sich aus der Theorie der Trochoide nicht ableiten. Zu bemerken ist, daß die Beobachtungen im freien Meere und noch mehr an den Küsten oft abweichende Werte ergeben haben. Vgl. darüber Gaillard: On wave actions, professional papers, Washington. Die Formeln sind alle abhängig von der Richtigkeit der Annahme, daß die Welle eine Trochoide sei. Neuere Untersuchungen in Dr.-Arbeit Wey (Techn. Hochsch. Hannover).

Laufen verschiedene Wellen in gleicher oder entgegengesetzter Richtung aufeinander, so entstehen Durchdringungen aller Art. Treffen zwei Berge zusammen, so bildet sich theoretisch ein Berg, welcher der Summe der Einzelberge entspricht, zwei Täler ergeben desgleichen ein tieferes Tal, Berg und Tal von gleicher Größe gleichen sich bei dem Zusammenstoß aus. Kreuzen sich die Wellen in verschiedenen Richtungen, so finden schwierige Durchdringungen statt mit dem Erfolg, daß plötzlich sehr hohe oder sehr flache Wellen entstehen. Treffen reine Schwingungswellen aus tiefem Wasser ($t > 50$ m) auf steile Wände, so werden sie, ohne einen wesentlichen Stoß ausgeübt zu haben, zurückgeworfen. Erfolgt das gleiche in flacherem Wasser, wie es sich vor allen Hafenmolen findet, dann werden trotz des Zurückwerfens meist starke Stöße ausgeübt. Es entstehen dabei wieder hohe Berge und tiefe Täler mit allen Zwischenstufen. Prallt die Mitte des Berges z. B. auf die Wand, so steigt der Berg bis zur doppelten Höhe an usw., wie bei dem Zusammentreffen der Wellen. Nach Gaillard ist die Wirkung von steilen Böschungen bis zu etwa 23° Neigung ganz ähnlich.

So lange die Wasserteilchen lediglich um einen ruhenden Punkt schwingen, können die Wellen auf senkrechte Mauern keinen Stoß ausüben, sondern nur einen vermehrten Wasserdruck, da sie, wie bereits gesagt, eine größere Höhe durch Aufstauchen erreichen. Nur dann, wenn die Welle zu einer fortschreitenden wird, wie es an den Küsten der Fall ist, ist sie fähig, große Stoßwirkungen auszuüben. Dieser Fall wird später betrachtet werden.

Eine besondere Art der Wellen wird durch unterirdische Vulkanausbrüche (sog. Seebeben) hervorgerufen. Diese gehören zu den fortschreitenden Wellen und sind durch die Verwüstungen der von ihnen getroffenen Küsten bekannt. Graf Luckner schildert in seinem Seeteufel die Zerstörung des „Seeadlers" durch eine Seebebenwelle.

Die in Mittelmeeren oder Randmeeren vorkommenden stehenden Wellen, Seichen, auch Seebär genannt, haben Ebbe- und Flutcharakter und scheinen in der Schwingung der ganzen Wassermasse zu bestehen, so daß an einem Ufer der Wasserstand stark steigt, während er an dem entgegengesetzten fällt und umgekehrt mit mehrfacher Wiederholung an einem Tage. Bei dem Einlaufen der Flut in Meeresbuchten und Flußmündungen entstehen sog. Flutwellen. Hat ein Ort im Ebbe- und Flutgebiet des Flusses gerade Hochwasser, dann fällt vor und hinter ihm der Wasserstand in einer schlanken Kurve ab. Es besteht gewöhnlich eine einzige lange Welle, deren Wellenberg als jeweiliges Hochwasser den Fluß hinaufeilt bis dahin, wo der Wirkungsbereich der Ebbe und Flut aufhört.

2. Form, Tiefe, Geschwindigkeit und Stoßkraft der Wellen.

Die Beobachtung der Wellen ist eine sehr schwierige Aufgabe, so daß die Angaben über die Abmessungen der Wellen sehr schwanken. Am sichersten erhält man die Wellenbilder durch Stereoskopaufnahmen, die zeichnerisch ausgewertet werden müssen. Die Wellen müssen immer langsamer fortschreiten als der sie erzeugende Windstoß. Da die Wellen aber mit gleichbleibender Geschwindigkeit, der Sturm bald schneller, bald langsamer fortschreitet, haben die Wellen häufig eine größere Geschwindigkeit, als es das Sturmfeld im Mittel hat. Die Wellen laufen dann vor dem Sturm her und kündigen ihn an. Diese Wellen heißen Dünung, ebenso die Wellen, die nachträglich ohne Wind auftreten, wenn an anderen Stellen ein Sturm stattgefunden hat.

Die Geschwindigkeit der Wellen dürfte 25 m/sek nicht überschreiten, im Mittel ist sie 13 m/sek. In Helgoland wurden z. B. beobachtet bei Windstärke 9 (nach Beaufort) $V = 11$ m/sek, $L = 99$ m und $T = 9$ sek; ferner bei gleicher Windstärke $V = 9{,}6$ m/sek, $L = 134$ m und $T = 14$ sek. Es handelt sich um Wellen in flachem Wasser.

Die Seebebenwellen oder Stoßwellen durcheilen die Meere im Gegensatz zu den Windwellen mit Geschwindigkeiten, die bis zu 200 m/sek betragen können, wobei ihre Höhe im Verhältnis zu der Wellenlänge sehr gering ist (einmal beobachtet 40 cm). An den Küsten jedoch können sie zu der gewaltigen Größe von 25 m (nach einigen Angaben sogar 40 m) ansteigen[1]). Es ist nicht ausgeschlossen, daß gelegentlich eine Erdbebenwelle mit zur Ursache einer Sturmflut geworden ist.

Die Wellenhöhe ist im Mittel 3 m, beträgt selten mehr als bis zu 6 m, soll aber bei Orkanen im Ozean bis 15 m steigen. An flachen Küsten rechnet man mit 3 m Wellenhöhe. Die mittlere Länge der Sturmwellen ist 90—100 m, Höchstwert 400 m. Je länger die Welle, desto niedriger ist sie im Vergleich zur Länge. Für kurze Wellen kann man rechnen $L : H = 10 : 1$, im Mittel 33 : 1, bei sehr langen Wellen (selten) $L : H = 50 : 1$.

Die Wellenperiode kann 6—10 sek, höchstens 15 sek betragen.

Die Tiefe, bis zu der die schwingende Bewegung der Windwellen reicht, soll nach Versuchen der Gebrüder Weber das 350fache der Wellenhöhe sein können. Ein Orkan könnte danach das Meer bis zu 5300 m, ein Seebeben bis zu seiner größten Tiefe in Schwingung versetzen. Flutwellen in Flüssen besitzen meist eine sehr große Länge im Vergleich zu der Wassertiefe des Flusses. Ändert sich die Flußbreite und Flußtiefe nur sehr allmählich, so gilt für die Fortpflanzungsgeschwindigkeit dieser Welle die Formel: $C = \sqrt{g \cdot h} \pm \mu$, worin μ die Strömungsgeschwindigkeit und h die Wassertiefe ist. Nach Untersuchungen von de Thierry für den Suez-Kanal hat die Formel für Kanäle genügende Genauigkeit[2]). Nach Untersuchungen von Öltjen und Dr. Reinecke ist sie für Ästuarien (z. B. Weser) zu ungenau[3]).

Die lediglich schwingende Bewegung der Windwellen geht bei ihrem Auflaufen auf sanft ansteigende Ufer, auf plötzliche Untiefen in der See oder auf sehr schräge Böschungen in die fortschreitende über. Hier werfen die Wellen eine nicht unbeträchtliche Menge Wasser vor sich auf den Strand. Dieses muß nach jeder Welle, die den Strand berührt, durch den Fuß der dahinter kommenden Wellen am Grunde zurücklaufen. Dadurch erleiden die Wellen an ihrem Fuß eine immer größer werdende Verzögerung, sie neigen sich mehr und mehr nach vorn über, bis sie sich schließlich selbst überstürzen, sie branden. Es möge bemerkt werden, daß eine andere Erklärung, die auf Verzögerung am Wellenfuße infolge Reibung am Grunde beruht, nach Versuchen von Hagen nicht völlig einwandfrei zu sein scheint. Die Wahrheit liegt wahrscheinlich in der Mitte.

Die Geschwindigkeit der Welle wird bei dem Auflaufen verringert, und es geht die Schwingung in das Fortschreiten der Masse über, das sich dort, wo ihr ein Widerstand entgegengesetzt wird, in der Ausübung von heftigen Stößen äußert. Das Branden (Überschlagen) ist zur Ausübung der Stoßkraft nicht nötig. Kurz vor dem Branden wird aber die größte Stoßkraft erreicht. Die brandende Welle hat ihre größte wagerechte Stoßkraft bereits verloren, sie ist aber am wirksamsten für den Angriff auf den Grund. Die Höhe der Welle muß sich während des Auflaufens beträchtlich vergrößern und zwar um so mehr, je sanfter sie aufwärts geleitet wird. In Helgoland wurden 1910 bei 4 m Wassertiefe und Windstärke 7 (Beaufort) einfache Wellen von 2 m, Durchdringungswellen von 3,5 m größter Höhe beobachtet.

Die Stoßkraft des Wassers ist so bedeutend, daß große Beton- und Felsblöcke (in einem Falle von nicht weniger als 70 cbm Inhalt) flache Böschungen hinaufgetrieben werden.

Nach Messungen von Stephenson mit einer auf Spiralfedern ruhenden Platte von etwa 15 cm (6′) Durchmesser, dem sog. Wellendynamometer, treten im Atlantischen

---

[1]) Hann: Die Erde als Ganzes. 1896. — Krümmel: Ozeanographie II, 1913. — Rottock: Meereswellen. Ann. d. Hydrographie 1903. — Z. V. d. I. 1905, S. 1981.

[2]) Bericht zum Intern. Schiffahrtskongreß, Philadelphia 1912.

[3]) Öltjen: Z. d. R. 1919, S. 137. Über die Berechn. v. Flutwellenlinien. Dr.-Arbeit Reinecke, Techn. Hochsch. Hannover. Ferner: Krey, Die Flutwelle in Flußmündungen usw. Berlin 1926. Eigenverlag der Versuchsanst. f. W. u. Sch. Berlin.

Ozean Stöße von 30 t/qm auf. In der Nordsee wurden von ihm sogar Drücke von 33 bis 38 t/qm gemessen. Es dürfte aber genügen, in der Nordsee mit 30 t/qm und in der Ostsee mit 15 t/qm bei in normaler Richtung anlaufender Welle zu rechnen, wobei noch zu beachten ist, daß diese Drücke nur in der Wasserlinie in voller Stärke auftreten, nach oben und unten aber schnell abnehmen (vgl. Abb. 54). In dieser Abbildung zeigt die punktierte Linie den Verlauf der Druckkraft der Welle, mit dem größten Werte bei C in der Wasserlinie.

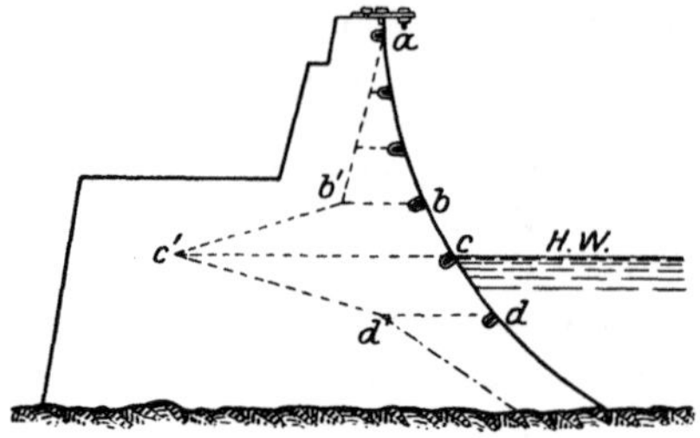

Abb. 54. Wellendruckmessungen nach Stephenson.

Für die Annahme, daß die Welle durch Brandung aus einer schwingenden ganz in eine fortschreitende übergegangen ist, also so, als ob die ganze Wassermasse sich in fortschreitender Bewegung befände, lassen sich die Kräfte in vereinfachter Art wie folgt berechnen: Ist v die Geschwindigkeit einer Brandungswelle in m/sek, s das Einheitsgewicht des Seewassers in t/cbm, dann erreicht in 1 sek die Wassermenge von $v \cdot s$ Tonnen 1 qm Wandfläche mit der Masse $m = \frac{v \cdot s}{g}\left(\frac{t \cdot \text{sek}}{m^3}\right)$. Die Stoßkraft ist dann $p = m \cdot v = \frac{v^2 \cdot s}{g}\left(\frac{t}{m^2}\right)$. Rechnet man für Ozeanwasser $s = 1{,}028$ t/cbm und $g = 9{,}81$ m/sek², dann wird $p = 0{,}106\, v^2$. Kräfte in dieser vollen Größe werden nicht auftreten, weil die reine Brandung, also die vollständige Umwandlung der schwingenden in nur fortschreitende Bewegung, nicht eintritt. Wir haben es somit mit einer zusammengesetzten Erscheinung zu tun, so daß der wahre Wert zu setzen wäre $p = n \cdot 0{,}106\, v^2$. Setzen wir für Wellen kurz vor dem Branden $n = 0{,}95$, dann werden die Kräfte $p =$ rd. $0{,}1\, v^2$. Es wird im allgemeinen genügen, mit diesen Kräften zu rechnen, es ergibt sich dann angenähert:

$v =$	1	3	6	10	15	20 m/sek
$p =$	0,1	0,9	3,6	10	22,5	40 t/qm

Messungen, die von Gaillard am Hafen von Duluth am Oberen See gemacht wurden, haben eine ausreichende Übereinstimmung obiger Werte für Süßwasser (hierfür $p^1 = 0{,}097\, v^2$ t/qm) ergeben. Die Werte der Formel scheinen manchmal noch um einige vH zu groß zu sein.

Die auflaufenden Wellen üben wegen der am Boden entstandenen Reibung eine aufwühlende Wirkung auf den Seegrund aus, die sich bis zu Tiefen von 200 m erstrecken soll. Die Wirkung ist an der Färbung des Wassers durch aufgewirbelten Schlamm leicht zu erkennen. Eine weitere Folge der Reibung des Wellenfußes am Grund ist, daß sie fast immer normal auf das Ufer zulaufen, selbst wenn das Ufer heftige Krümmungen macht (vgl. Abb. 55).

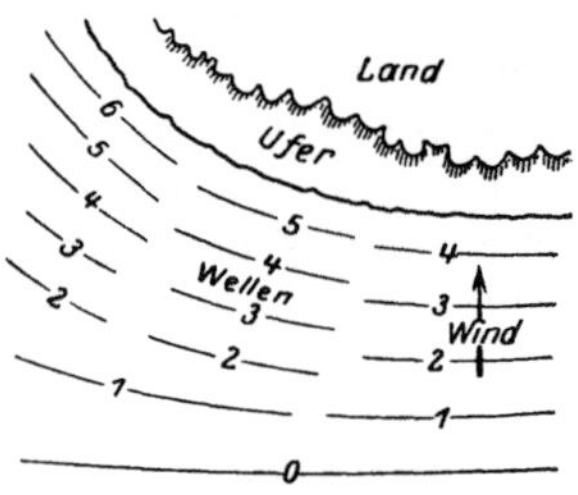

Abb. 55. Wellen am gekrümmten Ufer.

In diesem Fall wird z. B. die rechte Seite der Welle zuerst auflaufen und stark verzögert werden. Die linke Seite läuft dabei mit unverminderter Geschwindigkeit weiter, bis sich die Welle annähernd parallel zum Ufer gedreht hat. Bei kleineren Inseln kann selbst die dem Wind abgekehrte Seite Wellen bekommen, wobei die Wellen dann völlig um die Insel herumschwenken müssen. Eine ähnliche Erscheinung tritt bei Hafenmolen ein, bei denen Wellen um den Molenkopf herum drehen und in den Hafen eintreten. Diese Erscheinung ist für die Form und Lage von Molenköpfen von größter Wichtigkeit.

Für den Hafenbau ist ferner von Bedeutung, daß Wellen, die in ein sich verengendes Becken von gleicher Tiefe einlaufen, sich vergrößern, im sich erweiternden Becken aber erniedrigen. Eine Formel für Abnahme der Wellenhöhe im Hafen ist

$$x = H\left[\sqrt{\frac{b}{B}} - 0{,}027\left(1 + \sqrt{\frac{b}{B}}\right)\sqrt[4]{D}\right];$$

worin x und H die Wellenhöhe im Hafen und vor der Einfahrt (in der See) b und B die Breite der Einfahrt und des Hafens sind und D der Abstand des beobachteten Punktes von der Einfahrt ist. Diese Formel stammt von Thomas Stevenson und ist hier in Metern ausgedrückt. Für Fußmaß, wie sie Stevenson gefunden hatte, ist 0,027 durch 0,02 zu ersetzen. Für zwei Reeden mit

$$b = 200 \text{ m}, \quad B = 800 \text{ m} \quad \text{und} \quad B' = 1800 \text{ m}$$

ergeben sich für zwei Punkte in

$$D_1 = 260 \text{ m}, \quad D_2 = 1300 \text{ m}$$

Entfernung von der Einfahrt als Wellenhöhen X und X'.

$$x_1 = H\,(0{,}5 - 0{,}16) = \text{rd. } 0{,}34\,H; \quad x_1' = 0{,}19\,H,$$

$$x_2 = H\,(0{,}5 - 0{,}24) = \text{rd. } 0{,}26\,H; \quad x_2' = 0{,}12\,H,$$

also Abnahme auf 34 bis 12 vH der Wellenhöhe. Das erste Glied der Formel allein hätte $^1/_2$ und $^1/_3$ H ergeben. Bedingung ist, daß die Wellenbrecher hoch sind, die Tiefe gleichmäßig, keine übermäßig große Einfahrtsweite, annähernd senkrechte Mauern und $D > 15$ m[1]).

Ein Mittel zur Besänftigung der Wellen sind schwere Fisch- und Pflanzenöle. Mineralöl ist weniger wertvoll, Seifenwasser soll bei schwerer See völlig versagen. Die Öle überziehen das Wasser mit einer sehr feinen Haut, die eine größere Zähigkeit als das Seewasser und damit größere Festigkeit gegen Zerreißen besitzt. Dieses Häutchen ($^1/_{50000}$ mm Dicke soll genügen) drückt dann die Wellen wie ein dünnes elastisches Gummituch herunter, so daß sie nur einen Teil ihrer ursprünglichen Höhe erreichen.

e) Die Gezeiten (Tiden).

1. Allgemeines[2]).

An den Ufern der großen Ozeane und ihrer Nebenmeere wird ein regelmäßiges Steigen und Fallen des Wassers beobachtet, das im allgemeinen täglich zweimal eintritt. Dieser Wasserwechsel heißt die Gezeiten, an der Nordseeküste Tiden.

Das Steigen des Wassers wird mit Flut, das Fallen mit Ebbe, der höchste Wasserstand mit Hochwasser, der niedrigste mit Niedrigwasser bezeichnet (nicht aber etwa der höchste Wasserstand mit Flut!). Den Höhenunterschied zwischen Hoch- und Niedrigwasser nennt man Flutwechsel oder Flutgröße, den Zeitunterschied zweier aufeinanderfolgender Hochwasser die Flutperiode.

Die mittlere Flutperiode ist theoretisch annähernd gleich einem halben Mondtage, also abgerundet gleich $^1/_2 \cdot 24$ st $50^1/_2$ min $= 12$ st $25^1/_4$ min ($12^1/_2$ st). Je nach der Stellung des Mondes ist sie in Wirklichkeit länger oder kürzer, entsprechend den Änderungen des Mondtages.

Innerhalb eines Monats (Vollmond bis Vollmond) treten bei Vollmond und Neumond (also zweimal) besonders hohe Fluten, die Springfluten, zur Zeit des ersten und letzten Mondviertels besonders schwache, die tauben oder Nippfluten auf. Der Eintritt der Fluten weicht an den einzelnen Orten von den theoretischen Zeiten erheblich ab.

---

1) The Design and construction of Harbours von Th. Stevenson 1886.

2) Lentz, H.: Ebbe und Flut. — Darwin, Ebbe und Flut. Deutsche Ausgabe von Teubner. — Franzius, O.: Ann. d. Hydrographie 1911, S. 33ff.

Mit Flutkurve (Abb. 56) bezeichnet man den zeitlichen Verlauf der Flut an einem Punkte, z. B. die Form, die die Flut in Bremerhaven zeigt, wenn man die Stunden als Längen, die zugehörigen Wasserstände als Höhen darüber aufträgt (vgl. auch Abb. 62, S. 70). Mit Flutwelle (Abb. 57) bezeichnet man dagegen die Form des steigenden Wassers in einem und demselben Augenblick, z. B. die Wellenform, die die Wasseroberfläche in einem bestimmten Augenblick von den Shetlandinseln bis nach Emden oder von Helgoland bis nach Cuxhaven hin zeigt.

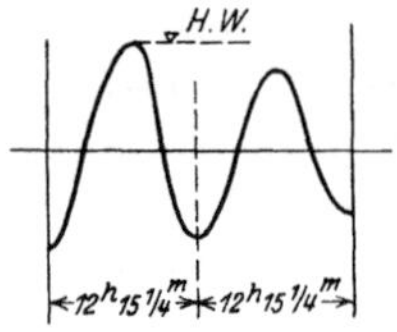

Abb. 56. Flutkurve.

Eine Folge dieser Flutwelle ist an den Küsten eine starke Flut- und Ebbeströmung, deren Wechsel Kentern der Strömung genannt wird.

2. Ursachen und Gesetze der Ebbe und Flut.

Die erste neuzeitliche Theorie der Gezeiten rührt von Newton her. Sie stellt als Grundsatz auf, daß die fluterzeugende Kraft des Mondes über zweimal so groß wie die der Sonne sei und hat dabei als Voraussetzung, daß die Erde allseitig von Wasser umgeben sei. Da die letztere Voraussetzung nicht zutrifft, so kann die Flutwelle sich ideal nur auf einem engbegrenzten Gebiet ausbilden, nämlich um den Südpol herum. Hier besteht ein vollständiges Ringmeer, das an der engsten Stelle (Kap Horn) immer noch etwa 10 Breitengrade (1080 km) breit ist.

Die klarste Anschauung vermittelt die Theorie der Relativbeschleunigungen. Die Voraussetzung des Verständnisses ist die Kenntnis der Bewegung der Erde in dem Sonnensystem. Man betrachtet die Erde, wie sie sich wirklich bewegt. Die Grundidee, von der alles hierbei ausgeht, ist, daß ein Körper, der sich mit gleichbleibender Geschwindigkeit geradlinig im Raume bewegt, sich in einem Zustand der relativen Ruhe befindet. Das heißt, an den einzelnen Punkten des Körpers werden durch diese Bewegung im Raume keine Veränderungen hervorgerufen, sie bleiben, wenn der Körper keine Rotation oder ähnliche eigene Bewegungen ausführt, stets in gleicher Stellung zueinander. Dieses ist somit der relative Ruhestand des Körpers; auch für die Erde muß daher von ihm ausgegangen werden. Der Umlauf der Erde um die Sonne ist gegenüber der ersteren geradlinigen Bewegung eine erzwungene. In dem relativen Ruhezustand auf gerader Bahn ist der Planet gezeitenlos. Nimmt man nun diese geradlinige Bewegung der Erde als Ausgangspunkt der Erwägung, dann erkennt man sofort die Bewegung um die Sonne herum als eine Fallbewegung von der ursprünglichen Geraden fort. Man sieht: die Erde nähert sich zwar nicht der Sonne, sie fällt nicht im Sinne eines zur Erde fallenden Steines zur Sonne hin, sie fällt aber trotzdem, nämlich dauernd, von der geraden Linie ab. Sie wird fortwährend von der Bahn ihres Ruhezustandes seitlich fortgeschleudert.

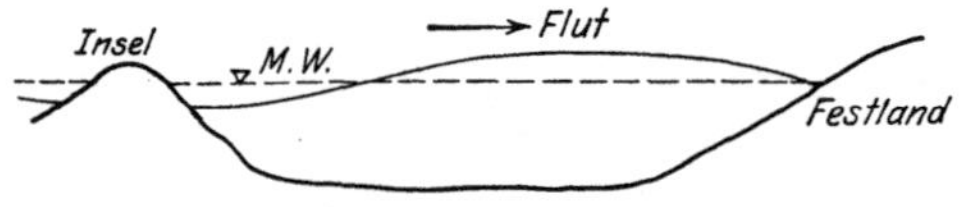

Abb. 57. Flutwelle.

Man begeht in den Gezeitenerklärungen somit einen logischen Fehler, wenn man erklärt, die Erde fiele nicht zur Sonne, folglich blieben alle Punkte der Erde stets im gleichen Beschleunigungsverhältnis. Die Tatsache, daß die Erde sich der Sonne bei angenommener Kreisbahn nicht nähert, ist völlig gleichgültig für die Theorie. Ist man sich nun klar darüber, daß die Erde sich dauernd von der geradlinigen Bahn ihres relativen Ruhezustandes beschleunigt fortbewegt, daß also tatsächlich die beschleunigte Bewegung auch wirklich eintritt, dann bedarf es nur noch der Anwendung des Newtonschen Gravitationsgesetzes. Nach ihm bewegt sich der der Sonne nächste Punkt schneller seitlich von seiner geraden Bahn fort als die Erdmitte, letztere wieder schneller als der abgewendete Punkt. Der sonnennahe Punkt eilt vor, der sonnenferne bleibt zurück, alles in bezug auf die gerade Bahn, die Tangente an die wirkliche Erdbahn. Daß dabei die gerade Bahn dauernd ihre Richtung ändert, wenn man die Bewegung in aufeinanderfolgenden Zeitdifferentialen betrachtet, ist wieder belanglos. Die Kugel wird somit in einen eiähnlichen Körper verwandelt. Etwas anders muß man vorgehen, wenn man mit Kräften arbeiten will.

In elementarster Form läßt sich hierbei die Entstehung der Gezeiten entsprechend der heute geltenden Theorie wie folgt erklären[1]). Es werde vorläufig nur die Sonne betrachtet, die Schlußfolgerungen müssen auf den Mond sinngemäß angewendet werden. Die Erde wird auf ihrer Bahn um die Sonne durch deren Anziehungskraft erhalten. Die Erde bewegt sich dabei unter Parallelverschiebung ihrer Teile um die Sonne, d. h. denkt man sich die tägliche Rotation aufgehoben, dann würde die Erde nicht wie der Mond stets die gleiche Seite zum Anziehungsmittelpunkt kehren, sondern gemäß Abb. 58 während eines Jahres, d. h. während eines vollen Umlaufs um die Sonne eine volle Rotation um die Erdachse ausführen. Dieser Punkt ist wichtig, weil dadurch die Fliehkraft der Erde, die der Anziehung entgegenwirkt und die den Sturz in die Sonne verhindert, für jeden Punkt des Erdkörpers den gleichen Wert besitzt. (Gegensatz zum Ball am Faden, der immer der Hand die gleiche Seite zukehrt und der eine nach außen zunehmende Fliehkraft hat.) Jeder Punkt der Erde dreht sich um einen besonderen Punkt in der Sonne, diese Punkte bewegen sich entsprechend der Bewegung der Erde um die Sonne.

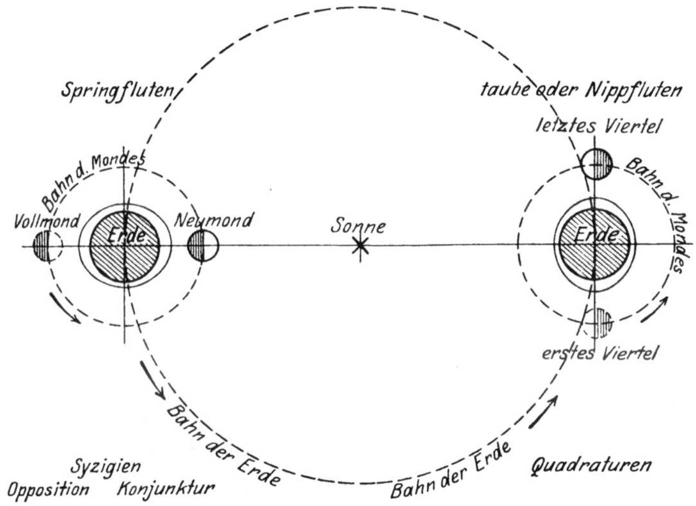

Abb. 58. Entstehung der Gezeiten.

Es werde zur Vereinfachung angenommen, daß die Bahn der Erde ein Kreis mit dem Radius $R = n \cdot r$ sei, wobei r der Radius der Erdkugel ist.

Denkt man sich die ganze Masse der Erde in ihrem Mittelpunkt vereinigt, dann wird die Fliehkraft, die diesen Punkt in jedem Augenblick nach außen in der geraden Linie fortfliegen lassen will, dauernd durch die Anziehung der Sonne aufgehoben. Im Erdmittelpunkt wirken somit nach der Sonne hin ihre Anziehungskraft G_s, von der Sonne fort die Schleuderkraft der Erde S_e, so daß $G_s = S_e$ ist. Ähnliche Kräfte sind aber nicht nur im Mittelpunkt der Erde, sondern an jedem Punkt von ihr, also auch an der Oberfläche, vorhanden.

Der der Sonne nächste Punkt der Erde sei A, der ihr fernste Punkt sei B. Es kommt nun auf die Größe der Kräfte in den Punkten A und B an, und zwar für einen beweglichen Punkt auf der Erdoberfläche. Es werde zuerst die Fliehkraft untersucht. Sie ist direkt verhältnisgleich dem Abstand, nicht wie die Anziehung umgekehrt dem Quadrat des Abstands. Ihre Größe ist gemäß dem bereits Gesagten für jeden Punkt der Erde gleich, und zwar gleich dem Wert für den Erdmittelpunkt. Nach bekannter Formel[2]) ist somit, wenn T die Sekundenzahl für einen Umlauf ist:

$$S_a = S_b = S_e = \frac{4\,M \cdot R \cdot \pi^2}{T^2} = \frac{4\,n\,r\,\pi^2}{T^2} \cdot M.$$

---

[1]) Vgl. Darwin: Ebbe und Flut. O. Franzius: Ebbe und Flut. Z. Arch. Ing.-Wes. Heft 5. Hannover 1910.

[2]) Mach: Mechanik.

Diese Formel tritt später nicht wieder in Erscheinung, aber darin, daß die Fliehkraft verhältnisgleich r, die Anziehung, wie gleich näher erläutert, verhältnisgleich $\frac{1}{r^2}$ ist, liegt der Hauptschlüssel zum Verständnis der Ebbe- und Fluterscheinung. Diese Kräfte dürfen nicht mit den Schleuderkräften der Erde infolge ihrer täglichen Rotation verwechselt werden. Letztere sind ohne Einfluß auf die Gezeiten.

Jetzt muß die Anziehungskraft der Sonne betrachtet werden. Nach dem Newtonschen Gesetz ändert sich die Anziehungskraft eines Körpers im umgekehrten Verhältnis des Quadrats der Entfernung der angezogenen Körper vom anziehenden, d. h. das Produkt aus Anziehungskraft und Quadrat des Abstandes des angezogenen Punktes ist unveränderlich, wohin er sich auch bewege. Es ist die Anziehungskraft

$$\text{in } A\colon\ G_{sa} = G_s \cdot \frac{n^2}{(n-1)^2}, \qquad \text{in } B\colon\ G_{sb} = G_s \cdot \frac{n^2}{(n+1)^2},$$

da beide Punkte gegenüber dem Erdmittelpunkt um einen Erdradius der Sonne näher oder ferner sind.

Diese Kräfte muß man mit der konstanten Fliehkraft zusammensetzen. Man erhält dann für Punkt A einen Überschuß an Anziehungskraft nach der Sonne hin, nämlich

$$\Delta G_s = G_s \cdot \frac{n^2}{(n-1)^2} - S_e \quad \text{und da} \quad S_e = G_s \text{ war,}$$

$$\Delta G_s = G_s \cdot \left(\frac{n^2}{(n-1)^2} - 1\right) = G_s \cdot \frac{2n-1}{(n-1)^2}.$$

Da $n = 23\,312$ ist, darf man, wie die Reihenentwicklung zeigt, ohne wesentlichen Fehler setzen

$$\Delta G_s = \frac{2}{n} \cdot G_s.$$

In B ergibt sich Überschuß an Fliehkraft, dort ist

$$\Delta S_e = S_e - G_s \cdot \frac{n^2}{(n+1)^2} = \frac{2n+1}{(n+1)^2} \cdot G_s,$$

welcher Wert übergeht in $\Delta S_e = \frac{2}{n} \cdot G_s$. Absolut genommen ist ΔG_s nur annähernd gleich ΔS_e, man darf aber ohne wesentlichen Fehler setzen $\Delta G_s = \Delta S_e$. Diese Kraft ΔG_s ist nun genau gleicher Art wie die Schwerkraft der Erde. Die Größe von $\Delta G_s = (-)\,\Delta S_e$ läßt sich nun nach Newton leicht für Sonne und Mond finden. Man denkt sich die Masse der Erde M_e im Erdmittelpunkt vereinigt, dann ist bei dem Erdradius r und der Erdmasse M_e die Erdanziehung an der Oberfläche $G_e = \frac{M_e}{r^2}$. Die Sonnenmasse sei $M_s = q_s \cdot M_e = 327000\ M_e$, die Mondmasse $M_m = q_m \cdot M_e = 0{,}0125\ M_e$ $\left[\text{genau } \frac{1}{81{,}45}\ M_e\text{[1]}\right]$. Die Halbmesser von Sonnen- und Mondbahn seien $r_s = n_s \cdot r = 23\,340\ r$ und $r_m = n_m \cdot r = 60{,}3 \cdot r$ (bei $r = 6377$ km). Dann ist für den Erdmittelpunkt gerechnet, für die Sonne

$$G_s = \frac{M_s}{r_s^2} = \frac{q_s}{n_s^2} \cdot \frac{M_e}{r^2} = \frac{q_s}{n_s^2} \cdot G_e,$$

für den Mond $G_m = \frac{q_m}{n_m^2} \cdot G_e$. Daraus folgt die fluterzeugende Kraft für Sonne und Mond als:

$$\Delta G_s = \frac{2}{n} G_s = \frac{2 \cdot q_s}{n_s^3} G_e, \qquad \Delta G_m = \frac{2\,q_m}{n_m^3} G_e.$$

Setzt man die Zahlenwerte ein, so folgt:

$$\Delta G_s = \frac{1}{19\,440\,000} G_e \quad \text{und} \quad \Delta G_m = \frac{1}{8\,510\,000} G_e, \quad \text{sowie} \quad \frac{\Delta G_m}{\Delta G_s} = 2{,}28.$$

Durch das Auftreten von ΔG_s und $\Delta S_e = -\Delta G_s$ und ΔG_m und $-\Delta G_m$, die entgegengesetzt der Schwerkraft nach außen wirken, wird letztere in beiden Punkten vermindert und damit auch das Gewicht des Wassers. Diese Kräfte ΔG_s und ΔS_e usw. nehmen von A und B nach den Punkten N und N_1 (Abb. 59) allmählich bis auf Null ab.

Man sieht an dem Kräftebild, daß nur in den Punkten A und B die Richtung von ΔG_s und ΔS_e mit der der Schwerkraft G zusammenfällt. Man muß diese Kräfte daher zum weiteren

---

[1]) Alle genannten Zahlenwerte sind Durchschnittswerte.

Verständnis überall nach der Richtung der Schwerkraft und senkrecht zu ihr zerlegen. Die Resultanten sind z. B. für ΔG_s als Tangente gemäß Abb. 60 $\Delta G_s'$ und $\Delta G_s''$, wobei $\Delta G_s'$ die Schwerkraft vermindert, $\Delta G_s''$ aber direkt das Wasser nach A hinzieht, also strömungserzeugend wirkt. Man erkennt, daß die tangentiale Teilkraft die eigentliche Flut erzeugende Kraft ist, während die radiale Teilkraft nur flutbefördernd wirkt. Hierbei ist die tang. Kraft in N am größten, in A Null, die radiale in N gleich Null und in A am größten. Das gleiche gilt für die Kräfte ΔS_e auf der Rückseite der Erde. Daraus folgt, daß die oben gezeigte Rechnung nur einen Teil der Erscheinung erfaßt, es war aber wichtig zu zeigen, wie man wenigstens in einem Teil bereits zu vorstellbaren Zahlengrößen rechnerisch gelangen kann. Die Tangentialkräfte haben als Folge vor allem die Meeresströmungen (siehe weiter hinten).

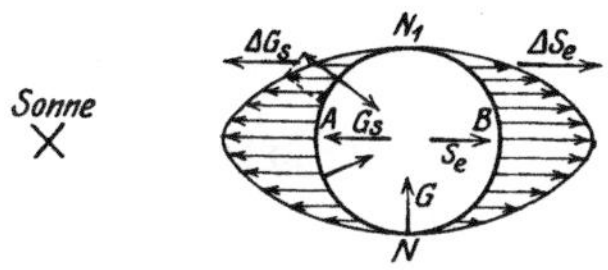

Abb. 59. Kräftebild.

Man erhält somit in A der Sonne zugekehrt und in B von ihr abgekehrt je einen Flutberg, zu dem das Wasser von den Ebbepunkten N und N_1 hingeströmt ist.

Aus den Berechnungen ergibt sich der in Abb. 61 dargestellte Wasserkörper, der in seiner Form als unveränderlich angesehen werden darf. Unter ihr dreht die Erde sich so fort, daß das Meer sich in jeder Stellung der Erde in diese Form hineinzuzwängen sucht. Man kann es sich so vorstellen, als ob das feste Land sich unter dem beiderseits ausgebauchten Weltmeer fortdrehe, dann sieht man, daß sein Ufer zweimal am Tage Flut und zweimal Ebbe haben muß.

In sinngemäßer Weise ist die Rechnung für den Mond durchzuführen. Hier drehen sich aber Mond und Erde um ihren gemeinsamen Massen-Schwerpunkt[1]), der noch innerhalb der Erde liegt. Die Erde bleibt sich dabei auch stets parallel, so daß ihre Schleuderkraft infolge Drehung um den Massen-Schwerpunkt überall in ihr unveränderlich ist. Wegen der großen Erdnähe des Mondes ergab aber die Rechnung, daß die Flut bewirkenden Kräfte des Mondes trotz seiner kleineren Masse etwa 2,28mal so groß sind als die der Sonne. Die Gewichtsverminderung des Wassers infolge Mondanziehung ist auch 2,28mal so groß als die infolge Sonnenanziehung, die eigentliche Mondflut somit ebenfalls 2,28mal so hoch als die reine Sonnenflut. Die Höhe des Flutberges läßt sich aus der errechneten Abnahme der Erdschwerkraft für bestimmte Meerestiefen finden. Nimmt man die Erde als Wasserkugel an, dann ist der Mondflutberg 0,375 m über dem MW. hoch, der Sonnenflutberg 0,164 m. Diese Zahlen besitzen nur theoretischen Wert.

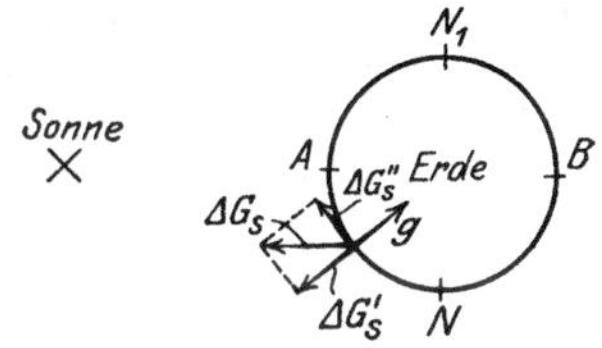

Abb. 60. Kraftzerlegung.

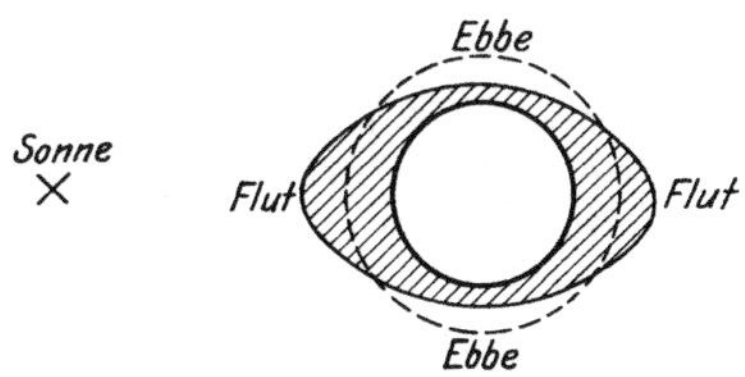

Abb. 61. Flutbild.

Außer den soeben beschriebenen Fluten, wie sie in reiner Form nur um den Südpol herum entstehen können, müssen noch in den drei großen Ozeanen besondere Fluten entstehen, die vor allem durch die Wirkung der tangentialen Teilkräfte von ΔG_s und ΔS_e zu erklären sind. Diese Flutwellen müssen sich durch das südliche Ringmeer hindurch stark gegenseitig beeinflussen.

Die einzelnen Fluterscheinungen werden nun wie folgt erklärt: Stehen Mond und Sonne in gleicher Richtung mit der Erde, so vereinigen sich ihre Wellenberge zu einer S p r i n g f l u t, von der theoretisch $\frac{1}{3}$ durch die Sonne und $\frac{2}{3}$ durch den Mond gehoben wird. Stehen Mond und Sonne in den Quadraturen, so fällt der

---

[1]) Dieser fällt beim System Sonne—Erde jedoch beinahe mit dem Sonnenschwerpunkte zusammen.

Wellenberg des Mondes mit dem Ebbetal der Sonne zusammen. Der dann entstehende Flutwechsel dürfte nur noch $\frac{2}{3} - \frac{1}{3} = \frac{1}{3}$ der Springflut betragen. Im allgemeinen ist jedoch infolge Einwirkung anderer Einflüsse die Springflut etwa doppelt so hoch wie die taube Flut. In Abb. 62 einer Springflutkurve in Cuxhaven ist die Springflut 4,85 m hoch, die Nippflut 2,25 m, das Verhältnis ist also $\frac{4,85}{2,25} = 2,16$. Da die Mondflut nun größer als die Sonnenflut ist, so macht sie stets die Sonnenflut unsichtbar. Wir sehen also immer eine durch Sonneneinwirkung in ihrer Höhe geänderte Mondflut.

Von der Springflut an nimmt die Flut bis zur tauben Flut dauernd ab und von dort an wieder zu, vgl. Abb. 62. So regelmäßig wie hier beschrieben verlaufen nun Ebbe und Flut nicht. Sie erleiden die verschiedensten Änderungen je nach der Deklination der Sonne und des Mondes, wodurch sich die Flutwirkung entweder mehr auf die nördliche oder auf die südliche Halbkugel erstreckt; ferner nach der wechselnden Entfernung von Sonne und Mond und der wechselnden Länge eines Mondtages. Alle diese Schwankungen sind gesetzmäßiger Art. Vgl. das vorzügliche Werk von Darwin: Ebbe und Flut [Teubner[1])].

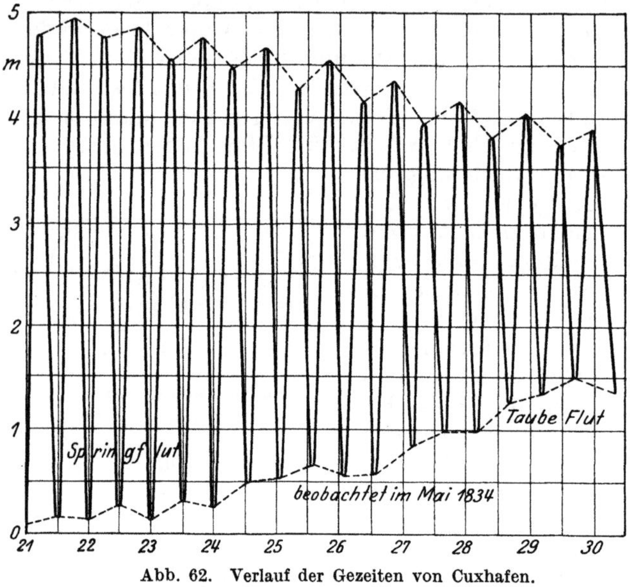

Abb. 62. Verlauf der Gezeiten von Cuxhafen.

Von großer Bedeutung für die Seeschiffahrt ist es, die Hochwasserzeiten, besonders die Spring- und Nippfluten, vorhersehen zu können. Die Möglichkeit, einfahren zu können, hängt für viele Häfen ganz von der Höhe des Wasserstandes ab. Ein von See kommendes nicht mit Funkspruch ausgerüstetes Schiff konnte bisher keine Nachricht über die Höhe des Wasserstandes erhalten, es hatte daher keine Möglichkeit, die Höhe der Flut zu erfahren. War aber der Eintritt des Hochwassers für Spring- und Nippfluten bekannt, dann ließ sich an Hand von Fluttafeln die Wasserstandshöhe berechnen. Es ist die große Leistung von Lord Kelvin gewesen, durch Erfindung der harmonischen Analyse eine Rechnungsmethode gegeben zu haben, die die Vorherbestimmung der Wasserstände ermöglicht. Durch Erfindung des Funkspruchs verliert die Kenntnis der Hafenzeit an Bedeutung für die Sicherheit der Schiffahrt. Kleine Schiffe können Barren meist gefahrlos überfahren, größere besitzen Funkausrüstung und erhalten rechtzeitig Wasserstandsmeldungen.

Die harmonische Analyse (harmonische Auflösung der Erscheinungen nach einzelnen Ursachen) geht von der Wirkung von Sonne und Mond aus. So wie die Hauptfluterscheinungen

[1]) Siehe auch hier die Untersuchungen von Hörbiger-Fauth in seiner Glacial-Kosmogenie 1913, S. 306ff., die eine wertvolle Weiterführung der Darwinschen Untersuchungen, verbunden mit Richtigstellungen bedeuten. Hörbigers Untersuchungen über die Sintflutsage, den Atlantisuntergang, Untergang eines früheren Mondes, die Wirkung des Einfangens des jetzigen Mondes auf die Erde, sind sehr anregend.

bereits harmonisch nach der Ursache von Mond und Sonne durch Newton aufgelöst worden sind, so mußte man nun die Einflüsse der Winde, der Meerestiefen, von vorspringenden Landzungen usw. rechnerisch erfassen können. Da die Wirkungen von Sonne und Mond so genau erfaßt werden konnten, führte nun Lord Kelvin Phantasiegestirne als Ursache der vorgenannten Störungen ein. Für jeden Monsunwind z. B., für jede besonders einflußreiche Landgestaltung, Meeresströmung usw. wurde ein besonderer Mond erfunden, dessen Maße, Abstand von der Erde, Bahn, Umlaufzeit usw. so bestimmt wurden, daß seine Wirkung der der Störung gleich ist. Man kann sich dann das ganze Flutsystem in der Art eines Planetariums vorstellen. Man erkennt dann, daß es nun möglich ist, das Zusammentreffen der verschiedenen Erscheinungen genau vorher zu berechnen. Das Ergebnis dieser sehr mühsamen Rechnung ist in den Fluttafeln, die für jeden Hafen besonders aufgestellt werden mußten, enthalten. So wie man nun ein Planetarium körperlich darstellen kann, so ist es nun gelungen, Ebbe- und Flutmaschinen zu konstruieren, die die ganze Rechenarbeit entbehrlich machen und wie eine Rechenmaschine mechanisch die Ergebnisse liefern. Eine solche Maschine ganz neuer Bauart ist z. B. für die deutsche Seewarte in Hamburg 1915 nach Angaben von Prof. Kühnen von Toepfer & Sohn in Potsdam erbaut worden[1]).

3. Tatsächliche Fluterscheinungen.

Wie schon gesagt, ist die Springflut nicht dreimal so hoch wie die Nippflut, sondern meist nur zweimal so hoch. Diese Erscheinung dürfte vor allem aus dem Zusammentreffen der erwähnten verschiedenen Fluten und der Nichteinrechnung der Wirkung der Tangentialkräfte sich erklären lassen. Die Flutwellen müssen ferner in ihrem Fortschreiten stark durch die Inseln, die Buchten der Festländer und durch die wechselnde Meerestiefe gestört werden. Den größten Einfluß an den Küsten dürften die unregelmäßig wehenden Winde haben.

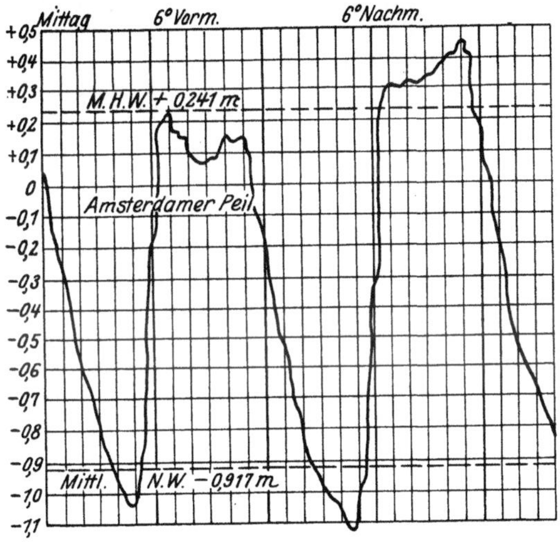

Abb. 63. Tidekurven von Helder (südlich der Insel Texel).

Die Flutgrößen sind im allgemeinen nur an den Küsten bekannt. Die Springfluten steigen im Atlantischen Ozean bei den Bermudas um etwa 1,3 m, bei Aszension um 0,6 m, an verschiedenen Inseln des Indischen Ozeans nur 0,2 und 1 m, im Stillen Ozean 0,3 bis 2 m. Jede Zahl bezieht sich auf eine bestimmte Insel.

Dort, wo an den Küsten trichterförmige Buchten vorhanden sind, erscheinen Fluten von großer Höhe, so in England im Bristol Kanal 12 m, Amerika Fundy-Bay 21 m. In der Nordsee ist der Wasserwechsel bei Springflut 3—6 m. Einige Gezeitenhöhen in Metern ergeben sich aus folgender Zahlentafel[2]):

	Cherbourg	Hoek van Holland	Norderney	Emden	Wilhelmshaven	Bremerhaven	Cuxhaven	Helgoland	Tönning	Husum
Mittl. Flutwechsel bei Springtide .	6,30	1,80	2,61	3,37	4,06	3,68	3,19	2,61	2,99	3,58 m
Mittl. Tidenhub aller Fluten . . .	4,50	—	2,35	3,02	3,59	3,31	2,85	2,32	2,67	3,18 m
Mittl. Flutwechsel bei Nipptide . .	2,70	1,40	2,09	2,69	3,12	2,93	2,44	1,80	2,35	2,79 m

[1]) D. A. Z. v. 16. 2. 23. Weltverkehr, Capelle.
[2]) Gezeitentafeln f. 1914 der „Deutschen Marine“ (Berlin: E. S. Mittler & Sohn).

In der Nordsee sind die Fluterscheinungen meist sehr verwickelt, weil die Flut sich vor England spaltet und dann der eine Strom durch den Kanal, der andere nördlich um England herum läuft (s. Abb. 64). Da die Wege sehr verschieden lang sind, treffen die Wellen mit sehr ungleicher Höhe zusammen. Die neu einlaufende zu spät kommende Flutwelle trifft dann nach dem höchsten Hochwasser auf ein bereits fallendes Wasser und läßt es wieder ansteigen. So haben einige Punkte am Ärmelkanal eine viermalige Flut am Tage. Vgl. darüber Abb. 63.

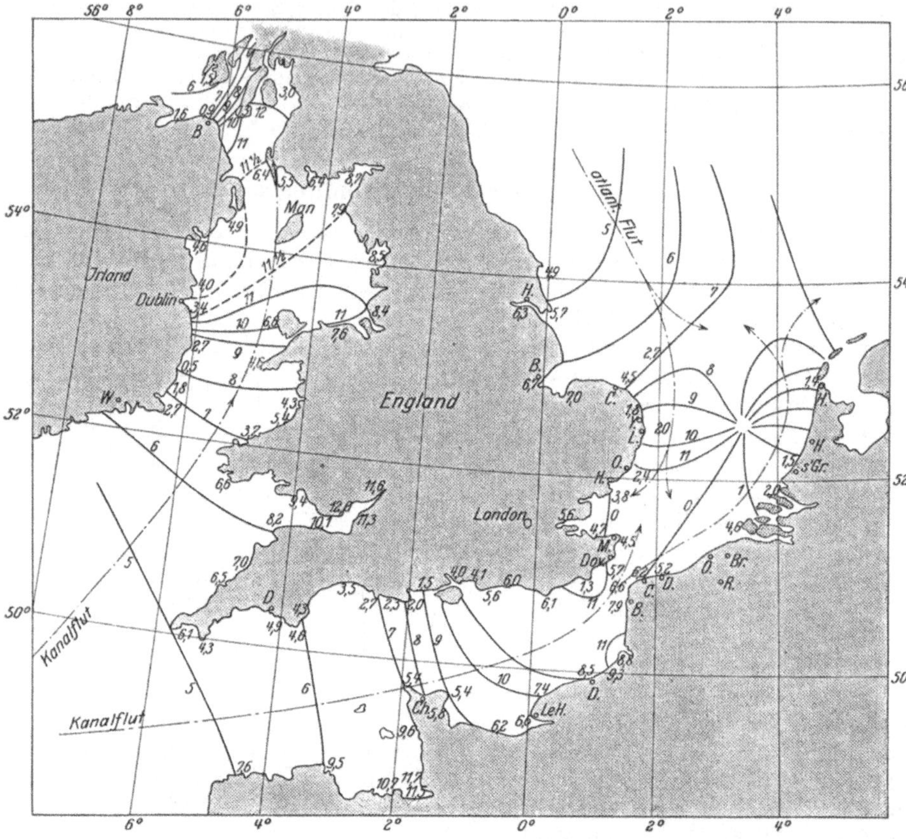

Abb. 64. Flutstundenlinien im Kanal und in der westlichen Nordsee. Maßstab 1 : 8 600 000.

An manchen Küsten tritt eine noch häufigere, an anderen eine seltenere Flut ein, so z. B. an der Ostküste von Schottland sechsmal täglich, an der Mississippimündung nur einmal täglich.

Selbst wenn die Springflut im offenen Meere genau im Augenblick des Durchganges des Mondes durch den Meridian entstände, müßte sie an den Küsten später eintreten, da die Welle je nach der Entfernung der Küste verschiedene Zeit braucht. Tatsächlich tritt die Springflut an der Küste auch später ein. Der Zeitunterschied zwischen dem Durchgang des Mondes am Tage des Vollmondes oder Neumondes durch den Meridian des Ortes und dem darauf folgenden Eintritt des nächsten Hochwassers heißt die Hafenzeit des betreffenden Ortes[1]). Das nächste HW. nach Neumond oder Vollmond ist im allgemeinen eine Springflut. Die

[1]) Da Sonne und Mond bei Voll- und Neumond gleichzeitig durch den Ortsmeridian gehen, so rechnet die Hafenzeit immer von 12 Uhr ab; die Zeitunterschiede der mitteleuropäischen Zeit usw. sind zu berücksichtigen.

Kenntnis der Hafenzeit eines Ortes ist deshalb wichtig, weil daraus nicht nur der Eintritt des Hochwassers der Springflut, sondern auch der Eintritt der Wasserstände an den anderen Tagen berechnet werden kann. Die Hafenzeit ist für jeden Ort für sich nur annähernd gleich, zeigt aber selbst zwischen nahe gelegenen Orten große Unterschiede. Sie beträgt z. B. für Cherbourg 7 Std. 58 min, Cuxhaven 0 (12) Std. 49 min, Helgoland 11 Std. 48 min, Bremerhaven 1 (13) Std. 18 min. Heute wird die Hafenzeit jedes Ortes meist nicht mehr auf den Monddurchgang des betreffenden Ortsmeridians bezogen, sondern auf den Meridian eines einzigen als Basisstation bezeichneten Ortes.

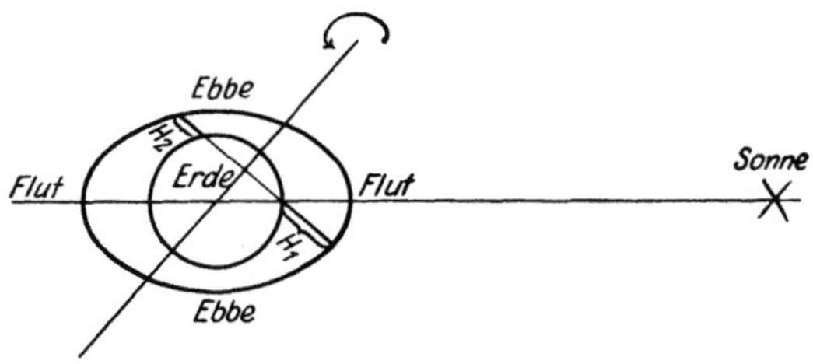

Abb. 65. Tägliche Ungleichheit.

Genaueres siehe in den Gezeitentafeln der „Deutschen Marine“. Die Spring- und Nipptiden treten an vielen Orten erst 1—3 Tage nach ihrer theoretischen Zeit ein.

Zu erwähnen ist noch bei den Flutkurven die tägliche Ungleichheit, d. h. die Erscheinung, daß jede zweite Flut kleiner ist als die vor und nach ihr kommende. Vgl. Abb. 62, S. 70. Die Ursache dieser Erscheinung ist wahrscheinlich in der Schrägstellung der Erdachse zu ihrer Bahn zu suchen, vgl. Abb. 65.

Man sieht Abb. 65, wie ein Punkt gerade theoretisch innerhalb von 24 Std. die Fluthöhen H_1 und H_2 durchschreitet, die voneinander verschieden sind. Ist nun z. B. zunehmende Flut, dann folgt auf eine Fluthöhe H_1 nicht eine höhere H_2, sondern eine kleinere. Die dann folgende H_3 muß aber wieder höher sein als H_1, H_4 höher als H_2.

Die Flutkurve, die das Gesetz des zeitlich aufeinanderfolgenden Falles und Steigens der Gezeiten an einem Punkte zeichnerisch darstellt, ist im offenen Meer eine Sinuslinie, gemäß Abb. 66. Die wirkliche Flutkurve weicht von dieser theoretischen Form aber überall dort stark ab, wo die Ebbe und die Flut unter ungleichen Bedingungen vor sich gehen, wie z. B. in Flußmündungen oder bei starken Küstenströmungen. In Flußmündungen steigt das Wasser schnell gegen den Strom und fällt langsam mit ihm.

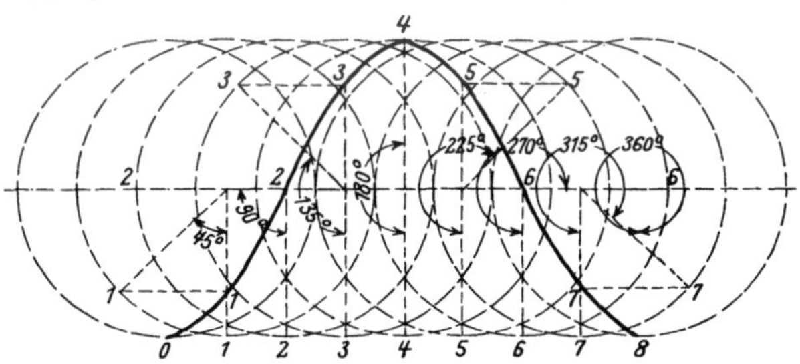

Abb. 66. Theoretische Flutkurve.

Weht ein Sturm in der Richtung vom Meer auf das Land zu, dann entstehen die gefürchteten Sturmfluten. Am gefährlichsten werden sie, wenn eine Springtide mit dem Sturm zusammentrifft. Höchster Wasserstand im Verein mit gewaltigen Wellenstößen bringen dann die für Deiche, Hafenmolen usw. gefährliche Wirkungen hervor. Diese Sturmfluten sind an unseren Küsten bis 3 m, an der englischen bis 4,5 m über gewöhnliche Fluthöhe gestiegen.

Das vollkommenste Mittel zur Aufzeichnung der Flutkurven bildet der selbstzeichnende Flutmesser, von denen die von Seibt-Fuess ausgeführten pneumatisch wirkenden als besonders gelungen bezeichnet werden, das Nähere siehe unter Teil II E.

Solche selbsttätig gezeichneten Flutkurven sind jeder Zeichnung nach Beobachtung vorzuziehen. Die Flutkurven sind für Häfen und Flüsse von Interesse, weil sie angeben, innerhalb welcher Zeiten das Wasser eine gewisse Mindesttiefe besitzt, die das Einlaufen der Schiffe gestattet und weil sie genau das Gesetz des Steigens und Fallens des Wassers zeigen.

Die Erfahrungen, die mit den pneumatischen Flutmessern bei längeren Luftdruckleitungen gemacht wurden, haben die Notwendigkeit besonders guter Wartung erwiesen (s. Kap. X). Unter anderem haben sich die Temperaturschwankungen in dem Luftrohr des pneumatischen Flutmessers zeitweilig als störend erwiesen. Trotzdem dürften die Druckluftpegel aber als unerreicht gelten.

f) Meeresströmungen.

1. Allgemeines und Einteilung.

Die Meeresströmungen sind besonders von Wichtigkeit für den Seefahrer, weil sie die Richtigkeit seines Kurses, Stromversetzungen sowie seine Fahrgeschwindigkeit stark beeinflussen können. Sie müssen aber auch hier kurz besprochen werden, weil gewisse Strömungen von großem Einfluß auf die Erhaltung der Ufer und die Veränderung der Wassertiefe der Hafen- und Flußmündungen sind.

Die Strömungen sollen nach ihrer Entstehungsursache in folgende Klassen eingeteilt werden:

1. Gezeitenströmungen,
2. Strömungen durch den Wind,
3. Strömungen infolge Gewichtsausgleichs des Meerwassers.

Die Bezeichnung der Richtung der Strömungen erfolgt entgegengesetzt wie bei den Winden nach der Richtung, wohin sie fließen. So erzeugt z. B. ein Westwind eine Strömung nach Osten hin. Fließt eine Strömung vom Äquator nach Norden oder Süden, so wird ihre Richtung immer mehr nach Osten abgelenkt, je weiter sie sich den Polen nähert. Diese Ablenkung ist eine Folge der am Äquator erhaltenen Geschwindigkeit von West nach Ost. Die Umdrehungsgeschwindigkeit der Erde wird nach den Polen zu kleiner, der Wasserstrom sucht infolge seiner Beharrung seine größere östliche Geschwindigkeit beizubehalten und geht somit immer mehr in eine nordöstliche oder südöstliche Strömung über. Die gleiche Ablenkung tritt auch bei örtlichen Strömungen auf[1]).

Die Entstehungsursache der Ströme ist nicht immer scharf nach den drei Gesichtspunkten zu trennen, nicht selten wirken alle drei Ursachen gleichzeitig ein.

2. Gezeiten- oder Tideströmungen.

Die für unsere Nordseeküsten wichtigsten Strömungen sind die regelmäßig hin und her gehenden Tideströmungen. Sie entstehen überall dort, wo die Flutwelle in flachere Meere, Buchten, Kanäle und Flüsse eindringt, wo also die schwingende Bewegung des Wassers in die fortschreitende übergeht. Diese Flutströmungen sind von größtem Einfluß auf die Gestaltung des Ufers, auf die Tiefenveränderung vor den Küsten und in den Flußmündungen und dadurch auf die Anlage der Häfen. So sind z. B. durch die Flutströmung alle englischen Kanalhäfen westlich von Dover der Gefahr der Versandung ausgesetzt.

3. Strömungen durch Wind, Driftströmungen.

Die wichtigen Versuche von Sandström[2]) haben gezeigt, daß Strömungen infolge von Windangriff auf eine Schicht von gleichem Salzgehalt kreisend in ihr verlaufen (vgl. Abb. 67). Das Seewasser sucht sich stets in gleich starken Schichten von gleichem Eigengewicht zu lagern, die zwar stetig ineinander übergehen, aber doch verhindern, daß sich Oberwasser von z. B. 20 vT Salzgehalt mit tiefer liegendem von 30 vT mischt.

---

[1]) Das gilt nach Plate auch für Tideströmungen.

[2]) Annalen der Hydrographie 1908, S. ff. — Krümmel, O.: Neuere Theorien der Meeresstr. Verhandl. des XVI. Geogr. Tages, Lübeck, S. 75ff.)

Gemäß Abb. 67 drückt der Wind eine Schicht annähernd gleichen Eigengewichtes nach rechts unter Fließen eines Oberstromes in gleicher Richtung. Da das Wasser nun stets das Bestreben hat, eine Schicht gleicher Stärke zu bilden, strömt es oberhalb der schweren Schicht als Unterstrom nach links zurück. Es würde dadurch die leichte Schicht links verstärken, wenn nicht der Wind oben ebensoviel nach rechts führte.

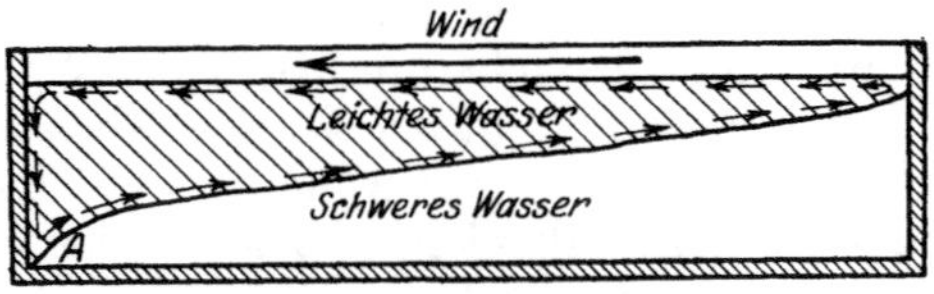

Abb. 67. Strömung durch Gewichtsausgleich verschieden schweren Wassers.

Ströme dieser Art, Drift- oder Triftströmungen genannt, werden im Meer erzeugt durch die Passat- und Monsunwinde an den Küsten Afrikas, Amerikas und Asiens. Für die Passatströmung zwischen Afrika und Amerika sei als erklärendes Bild Abb. 68 gegeben, die auch gleichzeitig die Tiefenverhältnisse angibt. Die Temperatur von Ober- und Unterstrom ist überall 15° C. Die Unterströmung ist nicht festgestellt worden, sondern nur die Oberströmung und die wachsende Tiefe des Wassers gleicher Wärme. Das Bild ist nach dem Atlas der Valdivia-Expedition gezeichnet. Diese Strömungen wechseln mit dem Winde, sind also von der Jahreszeit abhängig. Das Wechseln tritt natürlich nicht sofort nach Drehung der Windrichtung ein, sondern erst einige Zeit später.

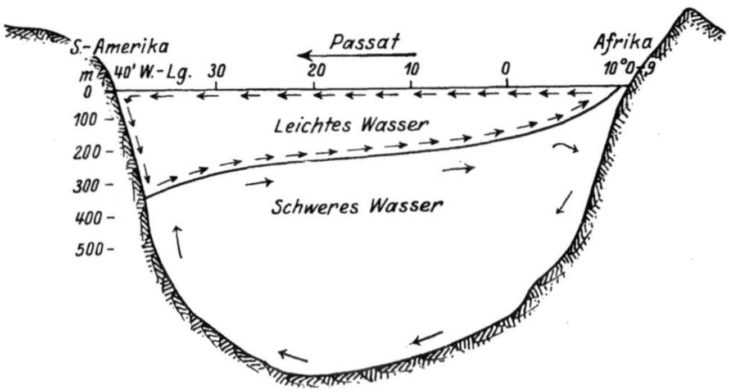

Abb. 68. Driftströmung.

4. Strömungen infolge des Gewichtsausgleiches des Wassers.

Wird der Ozean an einer Stelle durch die Sonne stark erwärmt, dann dehnt das Wasser sich hier aus, die Oberfläche hebt sich an diesem Ort. Es bildet sich eine Schicht leichteren Wassers, die nach den Untersuchungen von Bjerkeness und den bereits erwähnten Versuchen von Sandström das Bestreben hat, sich in einer über das ganze Meer erstreckenden gleichmäßig dicken Schicht auszubreiten. Das Wasser wird hier somit als ein stets flacher werdender Oberstrom laufen. Trifft dieser warme leichte Oberstrom nun auf ein Gebiet großer Kälte, dann wird das Wasser abgekühlt, wird dadurch schwerer und sinkt, wenn es salzreicher ist als das umgebende, in die Tiefe bis zu einer Schicht gleichen Gewichtes. Die Höhe dieser unteren kalten schweren Schicht wird dadurch vergrößert. Sie hat nun das gleiche Bestreben, sich auszugleichen wie vorher die warme und fließt als Unterstrom in entgegengesetzter Richtung wie die obere der Wärmequelle zu. Die tatsächlich treibende Kraft ist dabei die Schwerkraft der Erde, die Ursache der Erscheinung ist die Sonnenwärme.

Nach ihrem ganzen Verlauf kann angenommen werden, daß die großen, stets in gleicher Richtung fließenden Meeresströmungen wie der Golfstrom im Atlantischen und der Kuro-schio im Stillen Ozean z. T. wenigstens Strömungen infolge Gewichtsausgleiches des Wassers sind, die aber außerdem durch Winde, Gezeiten und Erdrotation in ihrer Geschwindigkeit und Richtung beeinflußt werden[1]). Der Golfstrom entsteht im amerikanischen Mittelmeer und tritt aus dessen Nordöffnungen in verschiedenen Richtungen aus. Das Wasser dieses Mittelmeeres wird in der Oberfläche durch die Sonne erhitzt, es verdunstet teilweise, wird salzreicher und trotz der Wärme schwerer. Es sinkt tiefer, gibt dabei Wärme und Salz ab, bis es nach Abkühlung und Verdünnung auf einer Schicht gleichen Gewichtes zur Ruhe kommt. Es wird somit eine tief reichende und verhältnismäßig salzreiche warme Schicht geschaffen, die wegen ihrer Wärme leichter als die Tiefenschichten ist. Gemäß vorheriger Erklärung fließt diese Schicht nun als Oberstrom ab, wobei seine Richtung durch die Küstenbildung und die Winde mit beeinflußt werden wird. Der Golfstrom beginnt mit einer Breite von 32 Seemeilen und endet mit einer solchen von über 600, wobei seine Tiefe sich von beinahe 400 m auf 150 m verringert unter gleichzeitiger Abnahme der Wärme.

Im Eismeer wird der Strom dann so weit abgekühlt, daß er wegen seines größeren Salzgehaltes untersinkt. Da sein Wasser nach der Abkühlung schwerer als das Wasser in den Oberschichten des Eismeeres ist, fließt er dann als kalter Unterstrom wieder nach Süden. Eine große Zahl von Gelehrten erklärt den Golfstrom durch Einfluß der Winde. Es ist nicht ausgeschlossen, daß diese mit einwirken, ihr Einfluß scheint aber doch nur nebensächlicher Natur zu sein. Nach allem scheint eine einwandfreie Erklärung für die Entstehung der Meeresströmungen noch nicht gefunden zu sein. Die mittlere Geschwindigkeit des Golfstromes beträgt 2 km/Std.

Die Erklärung des Kuro-schio im Stillen Ozean dürfte ähnlich sein.

Wesentlich einfacher ist die Entstehung von Ausgleichströmungen zwischen Mittelmeeren und ihren Ozeanen. Unterliegen geschlossene Mittelmeere wie das Rote Meer und das Mittelländische Meer einer starken Verdunstung ohne genügenden Flußwasserzustrom, so wird das Wasser salzreicher und schwerer und fließt als Unterstrom nach dem Ozean ab, während gleichzeitig das dünnere Ozeanwasser als Oberstrom durch die Meerenge nach Osten zu einströmt. Diese obere Strömung erreicht z. B. in der Straße von Gibraltar die Geschwindigkeit von 5 km/Std., d. h. fast 1,5 m/sek, und eine Tiefe bis zu 100 m.

In Mittelmeeren mit starkem Süßwasserzufluß und daher dünnerem Wasser als der Ozean, z. B. in der Ostsee und in dem Schwarzen Meer, ist der ausgehende Strom der Oberstrom, also umgekehrt wie vorher[2]).

Diese Strömungen entwickeln sich in einigen Meeren zu reinen Küstenströmungen, wenn sie in geschlossenem Strom in das Mittelmeer eintreten und dann an der Küste entlang weiterfließen. Diese Küstenströme sind für den Wasserbau von besonderer Bedeutung. Sie können aber wesentliche Veränderungen durch Wellenströme erleiden. Strömen die Wellen in eine schwach gekrümmte Bucht hinein, so staut sich das Wasser in der Mitte der Bucht am Ufer am höchsten auf und fließt als Oberstrom am Ufer entlang von der Mitte aus nach den beiden Enden der Bucht zu. Die Küstenströmung kann nun entweder ganz seitlich fortgedrängt werden oder wird wenigstens in der Oberfläche entweder zum Stillstand gebracht oder fließt sogar oberflächlich rückwärts. In den tieferen Lagen bleibt der Küstenstrom dann im wesentlichen unverändert. Für den Uferbau ist aber der Oberstrom das Bedeutsame, weil von ihm die für die Bauten gefährliche Beförderung von Sinkstoffen und der Angriff des Ufers geschieht.

---

[1]) Hörbiger erklärt den Golfstrom, Kuro-schio usw. als Folge des Einfangens unseres heutigen Mondes mit Auftreten und Summierung der tangentialen Flutkräfte.

[2]) So konnten die Türken im Weltkriege ihre Minen durch die Dardanellen zum Mittelmeer gegen die angreifenden englischen Panzerschiffe treiben lassen.

D. Die Bewegung des Wassers und fester Körper im Wasser; Wassermessungen.

a) Allgemeines.

Das Ziel der Arbeit des Wasserbauingenieurs, Kultur-, Energie- und Verkehrsaufgaben zu lösen, kann nur erreicht werden, wenn ihm die Kräfte, mit denen er es zu tun hat, genau bekannt sind. Die mechanische Wirkung des Wassers beruht auf seinen Druck-, Stoß- und Reibungskräften.

Das Wasser ist eine zähe Flüssigkeit, bei deren Bewegung im Gegensatz zur idealen Flüssigkeit die innere Reibung das entscheidende Merkmal ist. Bei Fließen in großen Massen, wie z. B. im tiefen Meere (Golfstrom usw.), sind außer Wind und Gezeiten nur die inneren Reibungskräfte maßgebend für die Bewegung, der Einfluß der äußeren Reibung in der Form der Boden- oder Küstenreibung ist unmerkbar. Im Binnenlande ist die Wirkung der Wandreibung (Sohle und Ufer) um so stärker, je kleiner der Fluß ist. Ströme wie der Rhein, die Donau und ähnliche zeigen bei hohen Wasserständen Bewegungen, die wenig von der Bettreibung beeinflußt werden; Flüsse wie die Weser, Leine usw. sind bei NW. von der Bettreibung bedeutend mehr abhängig. Dazwischen liegen Werte, bei denen die Bettreibung in mittlerem Maße einflußreich ist. Als Bettreibung wird aufgefaßt der Stoß der kleinsten Teilchen des Wassers gegen die Unebenheiten der festen Wandung, der sich als Wirbel in dem Wasserkörper weiter fortpflanzt. Eine glattgeputzte Zementfläche ist im Vergleich mit dem Wasser rauh. Die Fläche würde bei genügender Vergrößerung das Aussehen eines mit feinen Rippen versehenen Körpers besitzen, die so groß wären, daß die kleinsten Wasserteile in diese Rippen wie in Nischen hineinstoßen.

Wir haben drei Arten der Wasserbewegung zu unterscheiden, 1. das Gleiten, d. h. eine Bewegung, bei der die Wasserfäden annähernd in Bahnen verlaufen, die parallel zueinander und zur Sohle liegen; 2. das Strömen und Schießen, beides Bewegungen, in denen das Wasser sich in spiralförmigen Bahnen unter Auftreten von Wirbeln und Querströmungen (Wasserwalzen) bewegt, wobei aber die mittlere Geschwindigkeit für das Strömen kleiner als die Wellengeschwindigkeit ist, d. h. $v < \sqrt{t \cdot g}$, wenn t die mittlere Tiefe, $g = 9{,}81$ m/sek² ist. Schießen tritt dementsprechend ein, wenn die mittlere Geschwindigkeit die Wellengeschwindigkeit überschreitet $\left(v > \sqrt{t \cdot g}\right)$.

Fall 1 hat für die Grundwasserbewegung praktische Bedeutung, Fall 2 ist die gewöhnliche Bewegung in unseren natürlichen Wasserläufen, wobei das Schießen bei Floßdurchlässen, Schußböden von Wehren, auch bei Brückenstau usw. auftritt.

Die Geschwindigkeiten in den Punkten eines noch so regelmäßigen Querschnittes nehmen von den Ufern und der Sohle nach der Mitte des Wasserspiegels allmählich zu. In einer Senkrechten ergeben sich die Geschwindigkeitsbilder gemäß Abb. 69 u. 70. Ob die Geschwindigkeitskurve eine logarithmische Linie, eine Parabel oder Ellipse, oder welcher Art die Kurve ist, ist noch unsicher. Für den praktischen Wasserbau ist ihre mathematische Form nicht von entscheidendem Einfluß. Wichtig ist aber, daß die größte Geschwindigkeit unter normalen Verhältnissen (gewöhnliche Flüsse und Ströme) im Wasserspiegel liegt und daß die Geschwindigkeit an der Sohle meist größer als 0 ist. Die mittlere Geschwindigkeit der Senkrechten ist $V_m = \frac{F_v}{t}$, wenn F_v die Fläche und t die Tiefe der Geschwindigkeitslinie ist. Dabei darf $V_m \backsim 0{,}85\, V_o$ gerechnet werden, mit V_m in 0,5 bis 0,6 t unter dem Wasserspiegel und v_0 als Oberflächengeschwindigkeit.

Verbindet man in einem Flußquerschnitt die Punkte gleicher Geschwindigkeit miteinander, dann erhält man ein Bild (Isotachen) nach Abb. 71. Die Her-

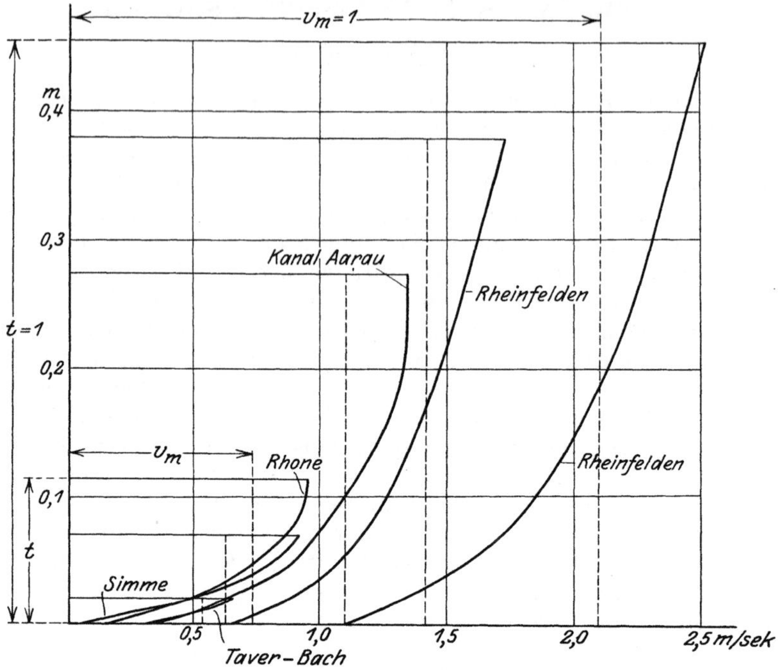

Abb. 69. Gemessene Geschwindigkeitslinien verschiedener Wasserläufe.

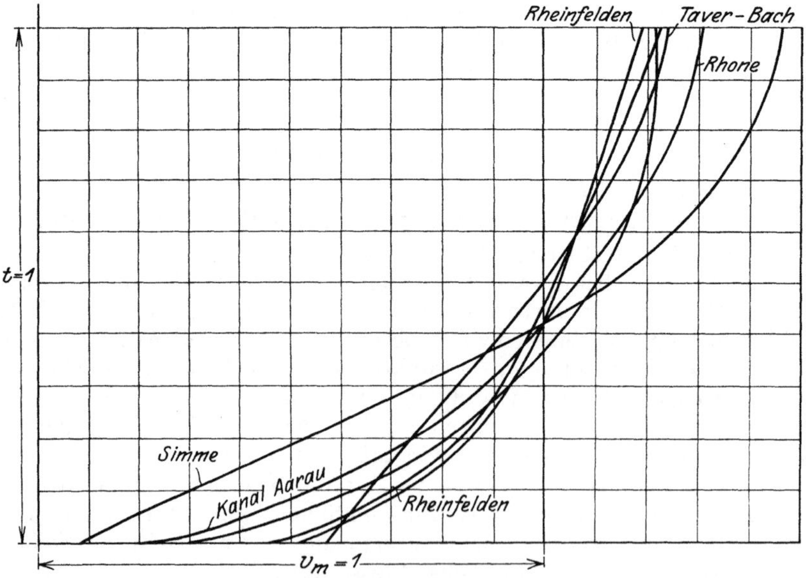

Abb. 70. Umrechnung der Geschwindigkeiten der Abb. 69 auf die Tiefe der zweiten Rhein-Linie als Einheitstiefe. Das Bild verdeutlicht nur die Verschiedenheit der Geschwindigkeitsänderung bei den verschiedenen Tiefen der Abb. 69.

stellung solcher Bilder ist für die Feststellung der Wassermengen in einem Wasserlauf nach Vornahme von Geschwindigkeitsmessungen notwendig. Wenn man auf der Fläche alle Geschwindigkeiten als Höhen auftragen würde, dann würde man einen Geschwindigkeitsberg über dem Querschnitt erhalten, dessen Wasserinhalt ebenso durch Planimetrieren oder Flächenausrechnung bestimmt wird wie der Inhalt eines Berges aus den Höhenschichtlinien. Die mittlere Querschnittsgeschwindigkeit ist $v_m = \frac{\int v \cdot dF}{F_0}$, worin v die zu einem Flächenteilchen F gehörige Geschwindigkeit, F_0 die gesamte Querschnittsfläche in qm und V_m die mittlere Geschwindigkeit in m/sek. ist. Diese mittlere Geschwindigkeit des ganzen Querschnitts findet sich in jeder Senkrechten einmal, und zwar so lange, bis die Oberflächengeschwindigkeit V_0 kleiner wird als die mittlere V_m.

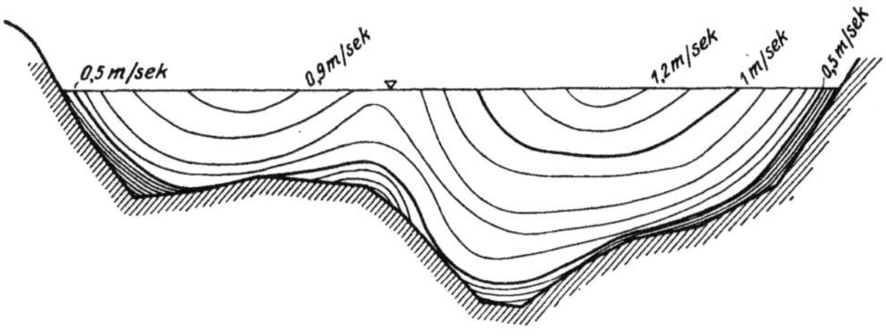

Abb. 71. Linien gleicher Geschwindigkeit (Isotachen).

Daß die Oberflächengeschwindigkeit im allgemeinen den größten Wert in jeder Senkrechten annimmt, beruht darauf, daß die Reibung an den Wandungen größer ist als die bei ruhender Luft fast unmeßbar kleine der Wasseroberfläche an der Luft.

Das Fließen des Wassers ist in physikalischer Hinsicht ein immer von neuem verzögerter Fall auf der schrägen Ebene. Durch die Schwerkraft erhält das Wasser Beschleunigung, die Geschwindigkeit wächst von 0 bis zu einem bestimmten Wert. Die Reibung nimmt dabei annähernd im Quadrat der Geschwindigkeit zu. Es tritt somit nach Beginn des Fließens (z. B. Entspringen einer Quelle nach einer Zeit der Trockenheit) ein Zeitpunkt ein, in dem der Reibungswiderstand im Flußbett so groß geworden ist, daß jede weitere Vermehrung der Fließgeschwindigkeit eine Reibungskraft erzeugen müßte, die größer als die treibende Kraft wäre. Da das unmöglich ist, so fließt das Wasser von diesem Augenblick an mit gleichmäßiger Geschwindigkeit.

Auch die innere Reibung des Wassers infolge seiner Zähigkeit spielt eine große Rolle. Sie kann praktisch bei gleicher Wärme überall gleich groß angenommen werden, wenn sie theoretisch auch von der Größe der Geschwindigkeit abhängig sein muß. Eine Abkühlung des Wassers vergrößert die innere Reibung, eine Erwärmung verringert sie. Die Wandreibung ist je nach der Art des Bettes verschieden, sie ist der entscheidende Maßstab für die Entwicklung der Geschwindigkeit.

Wäre die innere Reibung nicht vorhanden, dann wäre kein Mittel gegeben, um den Widerstand der Wandreibung in den bewegten Wasserkörper zu übertragen, dann müßte das Wasser zwar an den benetzten Flächen langsam fließen, unmittelbar neben diesen Flächen aber sogleich die Geschwindigkeit herrschen, die der Wassertiefe an dieser Stelle entspräche. Die innere Reibung ist somit zwar nicht ein Kennzeichen der Geschwindigkeit im Querschnitt, sie ist aber das Mittel, durch das die kennzeichnende Wandreibung im Querschnitt zur Wirkung gebracht wird.

b) Gleichförmige Bewegung, Geschwindigkeitsformeln.

Die gleichförmige Bewegung setzt eine gleichbleibende Wassermenge und eine gleich große Geschwindigkeit in den aufeinanderfolgenden Querschnitten voraus, es muß Beharrungszustand herrschen.

Überall dort, wo Zeit und Geld es erlaubt, wird man die Geschwindigkeit durch Messung feststellen, da nur durch sie die wirklichen Werte gefunden werden können. Für viele Arbeiten ist es aber notwendig, die Wassermenge durch Errechnung einer mittleren Geschwindigkeit des Wasserlaufes zu finden. Die bisherigen Ausführungen haben bereits gezeigt, daß es Flüsse mit einer solchen gleichmäßigen mittleren Geschwindigkeit in der Natur nicht gibt, wohl aber gibt es einen mittleren Wert aller Geschwindigkeiten als rechnerischen Begriff. Es ist die Arbeit vieler Forscher darauf gerichtet gewesen, eine brauchbare Formel für V_m zu finden. Die Entwicklung hierin ist noch im Flusse, eine größere Zahl wertvoller Formeln ist aber bereits vorhanden. Der Weg zur Auffindung einer solchen Formel geht über die Erfahrung. Noch Toricelli glaubte, daß die Geschwindigkeit des Wassers in den Flüssen vom Spiegel zur Sohle hin zunehmen müsse, genau so wie die Geschwindigkeit bei Ausfließen aus einem Gefäß um so mehr zunimmt, je tiefer die Austrittsöffnung unter der Oberfläche liegt. Erst Mariotte fand durch Schwimmerversuche die Tatsache, daß die Geschwindigkeit nach unten zu abnähme. Lange war man dabei im Zweifel, ob nicht eine größte Geschwindigkeit etwas unterhalb der Oberfläche zu finden sei. Es gibt Fälle, in denen auch letzteres der Fall ist.

Formeln von Chezy und Eytelwein. Die erste richtige Geschwindigkeitsformel ist von Chezy 1755 aufgestellt worden und von Eytelwein durch Auswertung des Beiwertes brauchbar gemacht worden. Die Formel von Crezy lautet $v_m = c\sqrt{t_u J}$, worin t_u die Umfangstiefe [im allgemeinen Profilradius R genannt], d. h. den Wert $t_u = \frac{F}{U} = \frac{\text{Querschnittsfläche}}{\text{benetzer Umfang}}$, $J = \sin\alpha$ das Gefälle und c einen zahlenmäßigen Beiwert darstellt. $t_u(R)$ ist eine von der Umfanglänge abhängige mittlere Tiefe, genau so wie die von der Wasserspiegelbreite abhängige mittlere Tiefe $t_m = \frac{F}{B}$. Eytelwein hat dann den Beiwert zum ersten Male mit $c = 50{,}9$ bestimmt. Die Chezy-Eytelweinsche Formel $V_m = 50{,}9\sqrt{t_u J}$ hat nur noch historischen Wert. Es läßt sich unter der vereinfachenden Annahme, daß die Geschwindigkeiten in allen Punkten des Querschnittes gleich groß seien, die vorstehende Formel wie folgt ableiten (Abb. 72). Als einzige treibende Kraft kommt die Schwerkraft des Wassers in Frage, sie ist gleich der seitlichen Komponente des Wassergewichtes in dem fraglichen Flußstücke von dem Querschnitt F und der Länge l. Diese Komponente muß gerade durch die Reibungskraft an der Wandung und die Reibung im Wasserkörper selbst aufgezehrt werden, wenn eine gleichmäßige, nicht beschleunigte Bewegung eintreten soll.

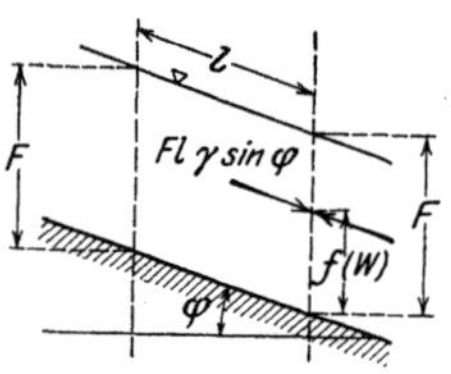

Abb. 72. Kräftebild.

Dieser Reibungswiderstand sei W_w. Die innere Reibung sei dabei völlig von der Größe der Wandreibung abhängig, somit $W_i = f(W_w)$. Es muß dann bei einem Querschnitt F und einem Einheitsgewicht des Wassers γ sein: $F \cdot l \cdot \gamma \cdot \sin\varphi = W_w + W_i = F(W_w)$. Funktion und Wert von W_w ist unbekannt und kann nur durch Erfahrung gefunden werden. Es wird angenommen, daß $F(W_w)$ sich ändere entsprechend 1. der Größe der benetzten Bettfläche, 2. dem Quadrat der Geschwindigkeit oder besser entsprechend der Geschwindigkeitshöhe $K = \frac{v^2}{2g}$ und 3. einem durch Versuch zu ermittelnden Zahlen-

[1]) Der Ausdruck Profilradius für eine Tiefe in offenen Gerinnen ist denkbar unglücklich. Ein Fluß von 200 m Breite hat z. B. einen Profil„radius“ von 0,5 m. Es ist wahrscheinlich, daß die Umfangstiefe t_u von offenen Gerinnen und der Profilradius R von irgendwie geformten Druckrohren, der bei kreisförmigen Rohren den Wert $R = \frac{r}{2}$ besitzt, nicht etwas völlig Gleiches ist. Es sollen deshalb auch diese beiden Begriffe hier auseinandergehalten werden. Man kann vermuten, daß die Einführung einer Umfangstiefe ohne Rücksicht auf die Neigung der Fläche und die Größe des auf ihr lastenden Druckes nicht richtig ist; denn wahrscheinlich ist die Größe der Wirbelerzeugung von Neigung und Flächendruck bei gleicher Rauhigkeit abhängig. Es muß dann aber Verwendung der mittleren Tiefe t_m an Stelle der Umfangstiefe t_u noch größere Fehler ergeben.

beiwert m, so daß also bei einem Umfange des benetzten Querschnittes U wird: $W_w = U \cdot l \cdot \frac{v^2}{2g} \cdot m$. Daraus folgt

$$F \cdot l \cdot \gamma \sin\varphi = U \cdot l \cdot \frac{v^2}{2g} m \qquad \text{oder} \qquad v = \sqrt{\frac{2g\gamma}{m}} \sqrt{\frac{F}{U} \cdot \sin\varphi}\,.$$

Setzt man

$$\frac{F}{U} = t_u, \qquad \sin\varphi = J \qquad \text{und} \qquad \sqrt{\frac{2g\gamma}{m}} = c,$$

dann ergibt sich die Chezysche Formel $v_m = c\sqrt{t_u J}$.

Diese unter den gemachten Annahmen logische Ableitung führt zu der Einführung der Umfangstiefe, die für künstliche Gerinne im allgemeinen auch nicht gut zu entbehren ist. Ob man dann den Beiwert m und aus ihm den Wert c oder ob man den Beiwert c unmittelbar bestimmt, ist gleichgültig. Die Erfahrung macht es wahrscheinlich, daß man den Beiwert c unmittelbar nicht verwenden kann, sondern daß er eine zusammengesetzte Form hat.

Die Arbeit der Forscher hat sich nun in der weiteren Entwicklung um zwei Fragen gedreht: 1. die Größe des Beiwertes „c" formelmäßig zu erfassen und Beiwerte für die Rauhigkeit für diese Formeln zu finden, 2. die Umfangstiefe $t_u = \frac{F}{U}$ durch die mittlere Tiefe $t_m = \frac{F}{B}$ (Abb. 73) zu ersetzen und hierfür die Werte c so zu entwickeln, daß der Rauhigkeitsbeiwert nicht mehr wählbar, sondern zahlenmäßig festgelegt ist. Ob die Einführung von t_m statt t_u richtig ist, ist fraglich, sie ist lediglich eine Vereinfachung. Der Weg ist dabei immer der, daß eine große Anzahl von Geschwindigkeitsmessungen für die Beiwerte einer Formel nach der Methode der kleinsten Quadrate so ausgewertet wird, daß diese Formel alle Geschwindigkeiten mit einer möglichst kleinen Fehlersumme ergibt.

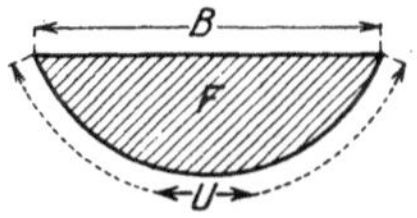

Abb. 73. Umfangstiefe.

Formeln von Hagen, Teubert, Matakiewicz und Bazin. Einwandfreie Werte für c zu finden, haben Hagen und später Teubert und Matakiewicz dadurch versucht, daß sie ganz allgemein setzten $v = K J^m t_m^n$, daraus $\log v = \log K + m \log J + n \log t_m$. Matakiewicz fand z. B. $v = 33{,}922\, J^{0{,}48} \cdot t_m^{0{,}923}$. Die Ergebnisse der Formeln dieser Forscher sind aber nicht befriedigend, Matakiewicz hat deshalb selbst eine weitere Formel gegeben. Es ist aber wahrscheinlich, daß die weitere Entwicklung nach der Formel $v_m = K \cdot J^m t_u^n$ erfolgen muß, wobei die Anmerkung auf S. 80 zu beachten ist[1]). Einen ersten Beiwert für die Geschwindigkeitsformel gab Woltmann, ferner Bazin in seiner neueren Formel, die eine ältere ursprünglich aufgestellte verdrängt hat. Die neuere Formel von Bazin, die für jede Art von Gerinne gelten soll, lautet

$$v = \frac{87}{\gamma + \sqrt{t_u}} \cdot t_u \sqrt{J}\,,$$

worin γ ein von der Rauhigkeit abhängiger Erfahrungswert ist. Bazin hat diese Werte nach vorhandenen Geschwindigkeitsmessungen bestimmt, er gibt dafür die später S. 86 folgende Tafel.

An den mitgeteilten Zahlen für Rauhigkeit (S. 88) erkennt man bereits, daß es sich immer um eine besondere Strecke eines Wasserlaufes handelt. Der Mühlengraben in Freiberg kommt z. B. unter Klasse 4 und 6 vor. Es ist selbstverständlich, daß viele dieser Beispiele ihre Rauhigkeit heute geändert haben, es wird daher immer schwer sein, die richtige Rauhigkeitsklasse zu finden. Trotzdem ist das Herausfinden der richtigen Rauhigkeitszahl keine Schwäche der Bazinschen Formel allein, denn alle Formeln für Wasserläufe mit stark wechseln-

[1]) Wie die Entwicklungen für Staukurven usw. zeigen, ist J das Gefälle der Energielinie, das bei gleichförmiger Bewegung dem Spiegelgefälle gleich ist, s. S. 87.

der Rauhigkeit enthalten offen oder versteckt Rauhigkeitsbeiwerte, so z. B. die Formeln von Hermanek für Gerinne deren sieben. Für natürliche Flüsse sind zudem hier höchstens 3 Klassen (4 bis 6) vorhanden. Am geringsten werden die Fehler sein bei der Benutzung für normale Flußstrecken und stark verkrautete Flußstrecken, schon weil hier der Unterschied des γ-Wertes gering ist gegenüber den Unterschieden in den vorhergehenden Klassen. Die Schwäche ist jedoch der Anspruch der Formel, für alle Arten von Wasserläufen gültig sein zu wollen. Trotzdem hat sich aber die Formel bis heute bei vorsichtiger Anwendung als brauchbar erwiesen. Sie wird vor allem immer sehr wertvoll sein, wenn es sich um schnelle Überschlagsrechnungen handelt.

Eine Tafel der γ-Werte zu geben, ist unpraktisch, weil man dann immer noch mit dem Ausdruck $\sqrt{t_u J}$ zu vervielfältigen hat. Es ist wertvoller, für ein angenommenes Grundgefälle, z. B. $J_0 = 1 : 10\,000$ einen Wert $v_0 = \gamma \sqrt{t_u J_0}$ anzugeben; dieses geschieht in der Tafel IX. Für beliebige Werte J sind dann Beiwerte K nötig, so daß man unmittelbar mit dem Rechenschieber den Wert $v = K v_0$ für alle Fälle finden kann. Diese K-Werte stehen unter der Tafel für viele J-Werte. Bei $J_0 = 1 : 10\,000$ wird $K_1 = 100\sqrt{J}$. Bei Angabe des kilometrischen Gefälles $J' = s$ m/km wird $K_2 = \sqrt{10\,s}$. Z. B. wird für $J = 1 : 2500$ oder $J' = 0{,}4$ m/km, $K_1 = \frac{100}{\sqrt{2500}} = 2$, $K_2 = \sqrt{10 \cdot 0{,}4} = 2$, $v = 2 \cdot v_0$. Für gleiches Gefälle $J = J'$ wird selbstverständlich immer $K = K_1 = K_2$.

Die Tafel auf den Seiten 88—91 hat den großen Vorteil, daß man in ihr jetzt wirkliche Geschwindigkeiten findet, nicht aber wie früher unvorstellbare Beiwerte.

Formel von Ganguillet und Kutter. Eine weitere Formel von großer Verbreitung ist die Formel der schweizerischen Ingenieure Ganguillet und Kutter. Sie geht davon aus, daß nicht nur die Umfangstiefe, sondern auch das Gefälle Einfluß auf die Rauhigkeit habe. Es läßt sich diese Annahme aber auch dadurch berücksichtigen, daß man J^n eine andere Funktion verleiht, z. B. n entsprechend anders als 0,5 wählt. Die Formel ist im übrigen dadurch gekennzeichnet, daß die Werte c in jeder Rauhigkeitsklasse für jedes Gefälle für $t_u = 1$ m unveränderlich sind, daß c bei $t_u < 1$ m mit Wachsen des kilometrischen Gefälles zu-, bei $t_u > 1$ aber abnimmt. Die Messungen an vielen Flüssen haben gezeigt, daß diese Eigentümlichkeit von c nicht richtig sein kann; die Formel muß somit falsch aufgebaut sein und wird deshalb hier nur mitgeteilt, aber nicht empfohlen, sie lautet

$$v = \frac{23 + \frac{1}{n} + \frac{0{,}00155}{J}}{1 + \left(23 + \frac{0{,}00155}{J}\right) \cdot \frac{n}{\sqrt{t_u}}} \cdot \sqrt{t_u J}.$$

Die Rauhigkeits-(Glätte-)beiwerte „n“ dieser Formel konnten später von Forchheimer benutzt werden (siehe dort).

Sobald man sich auf eine besondere Art von Wasserlauf beschränkt, beruhen die Schwierigkeiten in der Einschätzung eines richtigen Rauhigkeitsbeiwertes mehr in der Einbildung als in der Wirklichkeit.

Für die Behandlung einzelner gleichmäßiger Gruppen von Wasserläufen sind besondere Rauhigkeitswerte entbehrlich. Arbeitet man z. B. nur mit Flüssen gewöhnlicher Art, dann hätte man nach Bazin auch nur mit einer Rauhigkeitsklasse zu rechnen. Es erscheint dann als unnötig, für diese Rauhigkeitsklasse besondere c-Werte ausrechnen zu wollen, die noch eine Rauhigkeitsziffer enthalten. Dieser Gedanke ist von Siedeck zuerst ausgesprochen. Er führt aus, daß es die Folge der wechselnden Rauhigkeit ja gerade sei, daß die Wassertiefe sich ändere. Wäre die Rauhigkeit klein, dann flösse die gleiche Wassermenge schneller und mit geringerer Tiefe als bei großer Rauhigkeit. Er führt in seiner Formel dann noch die Flußbreite ein und verwendet statt der Umfangstiefe t_u die mittlere Tiefe t_m. Seine Begründung, daß die Umfangstiefe allein die Querschnitte ungenügend kennzeichne, ist zwingend. Der Querschnitt für $F = 3$ qm, $b = 3$ m, $t = 1$ m hat die gleiche Umfangstiefe wie der Querschnitt $b = 2$, $t = 1{,}5$ m, in beiden Fällen $t_u = 0{,}6$ m. Die mittlere Tiefe t_m ist aber 1 m und 1,5 m. In beiden müßte entsprechend $t_u = 0{,}6$ m gleiche Geschwindigkeit herrschen. Ob aber die mittlere Tiefe t_m der richtige Kennwert ist, ist ebenso fraglich. Die Formeln von Siedeck haben sich als schwieriger anwendbar erwiesen als neuere Formeln einiger anderer Fachleute. Er hat aber das Verdienst, eine neue Methode entwickelt zu haben.

Formeln von Hermanek. Hermanek hat Formeln entwickelt für natürliche Wasserläufe und für künstliche Gerinne. Es sind praktisch acht Rauhigkeitsklassen zugrunde gelegt worden, bei denen in der Anwendung die gleichen Schwierigkeiten bestehen wie bei Anwendung der Formel von Bazin. Für natürliche und für künstliche Gerinne werden verschiedene Formeln gegeben, die Formel für natürliche Wasserläufe ist in drei Formeln aufgelöst, die durch eine bestimmte Tiefe des Flusses gegeneinander abgegrenzt sind. Hermanek verzichtet darauf, in den Wert c das Gefälle hineinzunehmen, etwas, was zweifellos nicht ganz berechtigt ist. Man wird letzterer Ansicht zustimmen müssen, wenn man bedenkt, daß in den Formeln von Hermanek nur $\sqrt{J}$ vorkommt, also ganz starr an dem Exponenten 0,5 festgehalten ist. Die später folgenden Formeln von Lindboe zeigen den Unterschied. — Die Formeln von Hermanek haben sich aber praktisch als gut brauchbar erwiesen.

Die Formeln von Hermanek für natürliche Wasserläufe:

1) $t \leqq 1{,}5$ m, $\quad v = 30{,}7\sqrt{t_m}\sqrt{t_m J}$;

2) $1{,}5 \gtreqless t \leqq 6$ m $\quad v = 34\sqrt[4]{t_m}\sqrt{t_m J}$;

3) $t > 6$ m, $\quad v = (50{,}2 + 0{,}5\,t_m)\sqrt{t_m J}$.

Umformung der Formel 3 durch Forchheimer[1]) zu

$$v = 44{,}5\,t_m^{0,1}\sqrt{t_m J}.$$

Die Forchheimer Formel ergibt gleiche Werte wie die dritte von Hermanek. Der Wert c ist dabei

$$1)\ 30{,}7\sqrt{t_m}; \qquad 2)\ 34\sqrt[4]{t_m}; \qquad 3)\ 50{,}2 + 0{,}5\,t_m.$$

Zur leichteren Benutzung ist nun der Wert $c\sqrt{t_m}\sqrt{J_0}$ wie bei Bazin wieder in der Tafel auf S. 88—91 zusammengefaßt worden. Man kann die Hauptwerte für gleiches J_0 somit unmittelbar mit Bazin vergleichen.

Hermanek hat Formeln für künstliche Gerinne gegeben, unter Benutzung der Versuchswerte von Bazin. Diese Formel lautet in etwas geänderter Form

$$v = \frac{1}{3}\left(1 - \frac{t_m}{4b}\right)\left[(6 - m)\,17\sqrt[4]{t_m} + 35\,m\right]\sqrt{t_m J}$$

mit Beiwerten m für künstliche Gerinne für sieben Glätteklassen, siehe Tafel IX.

Der Faktor $\left(1 - \frac{t_m}{4\text{b}}\right)$ hat nur bei schmalem Gerinne Bedeutung. Bei dem Wert $\frac{t_m}{\text{b}} = 0{,}1$ wird er so klein, daß man ihn vernachlässigen kann. Für Gerinne mit $t_m < 0{,}1 \cdot \text{b}$ sind dann die Werte: $v = \frac{1}{3}\left[(6 - m)\,17\sqrt[4]{t_m} + 35\,m\right]\sqrt{t_m J}$ in der Zahlentafel IX zusammengestellt worden, wobei wieder unter die Tafel die Beiwerte K_1 und K_2 gesetzt wurden. Man kann nun die Werte von Hermanek bequem mit denen von Bazin vergleichen. Die Tafelwerte sind für schmale Gerinne noch mit $\left(1 - 0{,}25\frac{t_m}{\text{b}}\right)$ zu vervielfältigen. — Auch hier bleibt die gleiche Schwierigkeit wie bei Bazin in der Bestimmung der Rauhigkeit (oder bei Hermanek besser Glätte) bestehen. Für gewöhnliche Wasserläufe mit $t_m < 0{,}1 \cdot b$ wird $m = 0$ und $v = 34\sqrt[4]{t_m}\sqrt{t_m J}$, wie die mittlere Formel von Hermanek.

[1]) Forchheimer: Praktische Hydraulik. Leipzig: B. G. Teubner.

Zur Ergänzung der Tafel auf S. 88—91 sind dann noch die Werte der Potenz Formel von Forchheimer $v = \frac{1}{n} t_u^{0,7} J^{0,5}$ in die Tafel aufgenommen worden. Hierin darf „n" nach den genauen Untersuchungen Forchheimers[1]) mit den „n"-Werten der Formel von Ganguillet und Kutter gleichgesetzt werden, soweit man den Wert nicht für Flüsse oder Werkkanäle besonders durch Versuche bestimmt hat. Die Tafel auf Seite 86 gibt die „n"-Werte wieder.

Formeln von Lindboe. Sie sind aufgebaut nach der Formel

$$v_m = K\left(m + \frac{t_m}{b}\right) t_m^n J^r.$$

Worin t, b und J die mittlere Tiefe, die Spiegelbreite und das Gefälle bedeuten und worin K, m, n und r feste Werte sind. Lindboe erkannte richtig, daß das Verhältnis $t_m : b$ von entscheidender Bedeutung sei. Auch stellte er die Grenzen für die Formeln genauer fest. Seine Auswertungen führten dazu, daß vier Gruppen von Formeln notwendig waren, je nachdem $J \lesseqgtr 0,6$ m/km und $t \lesseqgtr 0,028 \cdot b$ ist (rd. $t_m \lesseqgtr \frac{1}{36} \cdot b$). Für alle vier Gruppen ergab sich dann eine weitere Einteilung nach Größe von t_m innerhalb und zu beiden Seiten außerhalb der Grenzen $1,12 < t_m < 3,65$m. Insgesamt bekam Lindboe somit 12 Formeln, die alle nur für natürliche Wasserläufe gültig sind.

Geschwindigkeitsformeln von W. Lindboe. v_m = Werte.

	$J < 0,6$ m/km	
	$\frac{t_m}{b} < 0,028$	$\frac{t_m}{b} > 0,028$
$t_m < 1,12$ m	$v = 23,37\left(0,822 - \frac{t_m}{b}\right) t^{0,9} J^{0,42}$	$v = 8,19\left(2,293 - \frac{t_m}{b}\right) t^{0,9} J^{0,42}$
$1,12$ m $< t_m < 3,65$ m	$v = 24,11\left(0,822 - \frac{t_m}{b}\right) t^{0,63} J^{0,42}$	$v = 8,45\left(2,293 - \frac{t_m}{b}\right) t^{0,63} J^{0,42}$
$t_m > 3,65$ m	$v = 27,45\left(0,822 - \frac{t_m}{b}\right) t^{0,53} J^{0,42}$	$v = 9,62\left(2,293 - \frac{t_m}{b}\right) t^{0,53} J^{0,42}$
	$0,6$ m/km $< J < 0,5$ m/km	
	$\frac{t_m}{b} < 0,028$	$\frac{t_m}{b} > 0,028$
$t_m < 1,12$ m	$v = 33,86\left(0,822 - \frac{t_m}{b}\right) t^{0,9} J^{0,47}$	$v = 11,86\left(2,293 - \frac{t_m}{b}\right) t^{0,9} J^{0,47}$
$1,12$ m $< t_m \leq 3,65$ m	$v = 34,94\left(0,822 - \frac{t_m}{b}\right) t^{0,63} J^{0,47}$	$v = 12,24\left(2,293 - \frac{t_m}{b}\right) t^{0,63} J^{0,47}$
$t_m > 3,65$ m	$v = 39,77\left(0,822 - \frac{t_m}{b}\right) t^{0,53} J^{0,47}$	$v = 13,94\left(2,293 - \frac{t_m}{b}\right) t^{0,53} J^{0,47}$
	Gültigkeitsgrenzen der Formeln:	
	$b \geqq 10$ m, $t_m \leqq 14$ m;	$t_m \leqq 0,1\ b$, $J \leqq 0,5$ m/km.

Es ist in Abb. 74 eine zeichnerische Darstellung der Formeln gegeben, die ein Ablesen der Werte in einfachster Weise gestattet. Die Formeln sind von Eckdahl zahlenmäßig in Tabellenform gebracht worden, die hier wegen ihres Umfanges nicht gebracht werden können[2]). Weitere Formeln sollen nicht gebracht werden. Alle Versuche, die Aufgabe mit vereinfachten Mitteln zu lösen, sind bisher fehlgeschlagen. Meist ergaben sich dann nur Formeln mit sehr begrenztem Gültigkeitswert. Die beste Methode ist heute, für jeden Fluß

[1]) Forchheimer: „Der Durchfluß des Wassers usw." Berlin: Julius Springer 1923.
[2]) Leipzig: Wilhelm Engelmann.

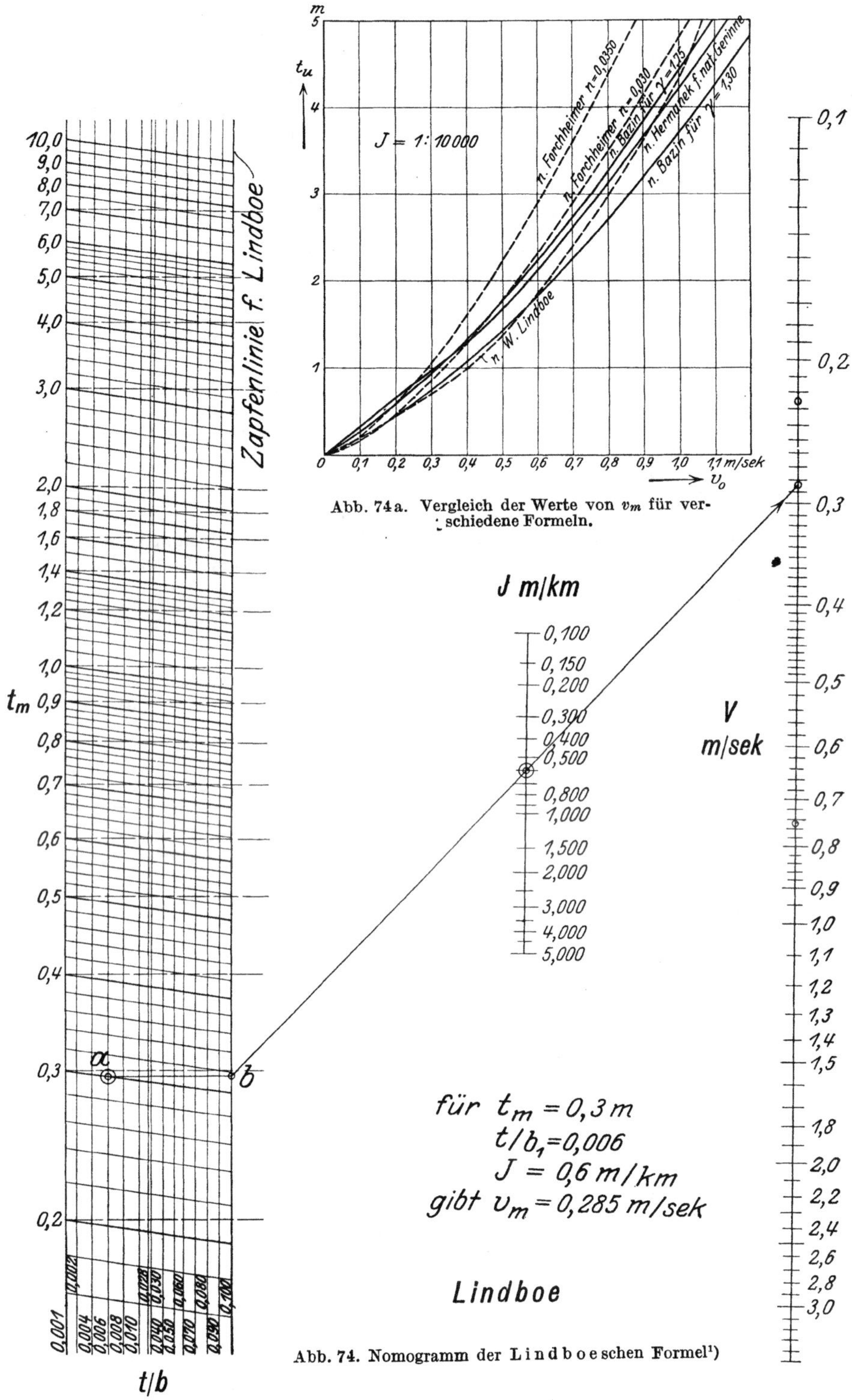

Abb. 74a. Vergleich der Werte von v_m für verschiedene Formeln.

Abb. 74. Nomogramm der Lindboeschen Formel[1])

[1]) Das Nomogramm wurde von Dr. Collorio vorgeschlagen und bearbeitet. Weitere Nomogramme, z. B. für den Eisenbetonbau nach Prager-Kappus sind in „Beton und Eisen“ 1926, Heft 17, veröffentlicht.

und sogar für jede Flußstrecke die hierfür gültige Potenzformel aufzustellen, wie das für die Weser, die Elbe usw. bereits geschehen ist. Muß man aber eine allgemeine Formel verwenden, weil die örtliche Potenzformel noch nicht vorhanden ist, dann werden in der Regel die genauesten Werte heute nach Lindboe erzielt, dann nach Forchheimer, Hermanek und Bazin.

Rauhigkeitswerte nach Bazin.

Klasse	Wandung und Bauwerk	γ
1	Zement, gehobelte Bretter wie im Aquädukt von Boston und Neapel, Kanalbrücke von Cervo im Kanal Cavour, Zementrohr in Dijon	0,06
2	Quadersteine, Ziegelsteine, Holzbohlen wie in der New Croton-Wasserleitung New York, der Wasserleitung von Boston und Glasgow, Abwasserkanal von Boston	0,16
3	Bruchsteinmauerwerk wie im Industriekanal von Verona, Aquädukt von Elvo im Kanal Cavour	0,46
4	Regelmäßige Erdquerschnitte, Böschungspflaster wie im Tunnel von Beacon-Street, im Aquädukt von Boston, Tunnel des Ableitungskanals Torlonia (Fuciner See), Hübengraben Hockenbach in der Rheinpfalz, Tauber, Kanalbrücke von Solani, am Ganges-Kanal, Mühlengraben in Freiberg und in Kagiswyl (Schweiz)	0,85
5	Gewöhnliche Erdkanäle und Flüsse wie Kanal des Jard, Haynefluß, Weser, Niederrhein, Seine, Saône, Kanal Cavour, Tiber in Rom, Po, Rhone, Elbe in Tetschen, Ganges-Kanal, Missouri, Mississippi, Irawadi	1,30
6	Kanäle und Flüsse mit Verkrautung, Geschiebe usw. wie der Rhein in Basel, Escher-Kanal, Simmen-Kanal, Salzach von Bergheim bis Wildshut, Mühlengraben in Freiberg usw.	1,75

Rauhigkeitswerte „n" nach Ganguillet-Kutter und für Forchheimer

$$v = \frac{1}{n} t_u^{0,7} J^{0,5}.$$

Klasse	Beschaffenheit der Wandungen	n
1	Gehobeltes Holz oder Zement	0,010
2	Rauhes Holz	0,012
3	Mauerwerk aus Quadern	0,014
4	Mauerwerk aus Bruchsteinen	0,017
5	Kanäle in Erde mit gepflasterten Böschungen	0,020
6	Kanäle und Flüsse, regelmäßig und rein	0,025
7	Desgl., teilweise steinig oder etwas Wasserpflanzen	0,030
8	Desgl., schlecht unterhalten, mit Wasserpflanzen und Geschiebe	0,035

Glättebeiwerte für künstliche Gerinne nach Hermanek.

Klasse	Art der Wandung	Glättewert m	Klasse	Art der Wandung	Glättewert m
1	(Sehr glatt). Geschliffener Zementputz	6	5	Bestockte Bruchsteine, rauhe Bretter	2
2	Zementputz, glatte Quadern .	5	6	Gewöhnliche Bruchsteine . .	1
3	Gehobelte Bretter, gewöhnliche Quader	4	7	Wände in Erde (keine glatten Flächen)	0
4	Verfugte Ziegel (wenig glatte Flächen)	3			

c) Die ungleichförmige Bewegung, Stau- und Senkungskurven.

Bei Änderungen des Gefälles im Flusse, bei Aufreten von Hindernissen über der Sohle, scharfer Einschnürung oder Vergrößerung der Breite oder bei Vorhandensein eines plötzlichen Abfalls der Sohle (z. B. Rheinfall bei Schaffhausen, Eisernes Tor in der Donau) kann das Wasser nicht mehr mit gleichmäßiger Geschwindigkeit abfließen. Es tritt an die Stelle der gleichförmigen Bewegung die ungleichförmige. Am einfachsten erkennt man diesen Vorgang bei Anstau eines Flusses durch ein Wehr. Man sieht, daß die Wassertiefe, vom ungestauten Fluß anfangend, sich stromab nach und nach bis zu der großen Tiefe oberhalb des Wehres vergrößert. Von dem Beginn des Staues an nehmen somit die Querschnitte bis zum Wehre allmählich zu und dementsprechend die mittleren Geschwindigkeiten v_m stetig ab. Die Bewegung ist also nicht mehr gleichförmig. Entgegengesetzt ist es bei einem plötzlichen Abfall, z. B. einer Floßgasse. Hier nimmt die Geschwindigkeit von oben her bis zum Abfall zu, es entsteht eine Senkungskurve, bei der sich der Wasserstand bis zum Abfall senkt.

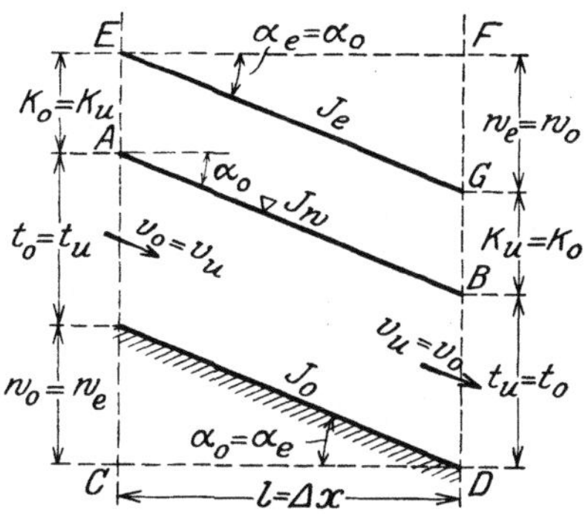

Abb. 75. Gleichförmiger Abfluß.

$F_o = F_u$
$v_o = v_w$
$k_o = k_u = \frac{v_2}{v_y}$
$w_e = w_o.$

Die Beziehungen zwischen der Geschwindigkeit, dem Querschnitt, Bettumfang und dem Gefälle sind entsprechend andere als bei der gleichförmigen Bewegung. Beide Arten der ungleichförmigen Bewegung können nach der gleichen Methode behandelt werden. Es wird dabei nicht auf eine scharf mathematische Behandlung Wert gelegt, sondern auf die Erzielung genügend genauer praktischer Formeln. Abb. 76 u. 77 zeigen ein Stück einer Stau- und einer Senkungskurve von einer so geringen Länge 1, daß auf ihr der Wasserspiegel $A-B$ als gerade angesehen werden darf.

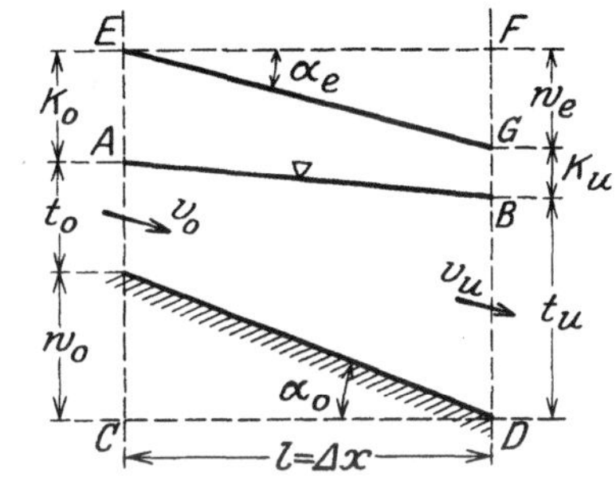

Abb. 76. Verzögerter Abfluß (Stau).

$F_o < F_u$
$t_o < t_u$
$k_o > k_u$
$w_e < w_o.$

Das Wasser ströme mit der Geschwindigkeit v_o bei A in den Querschnitt F_o ein und bei C mit der Geschwindigkeit v_u aus dem Querschnitt F_u aus. Dementsprechend ist die Geschwindigkeitshöhe bei A: $k_o = \frac{v_o^2}{2g}$, bei B: $k_u = \frac{v_u^2}{2g}$. Der Fluß habe auf ganzer Breite die mittleren Tiefen t_o und t_u und regelmäßigen Querschnitt. In der Streckenmitte möge sehr angenähert sein der Querschnitt $F_m = \frac{F_o + F_u}{2}$, die Geschwindigkeit $v_m = \frac{v_o + v_u}{2}$ und $k_m = \frac{v_m^2}{2g}$. Die Sohle sei parallel dem ungestauten Spiegel α_o, wobei $J_o = \sin \alpha_o$ das Gefälle von Sohle, Spiegel und Energielinie des ungestauten Flusses gleich groß ist (Abb. 75).

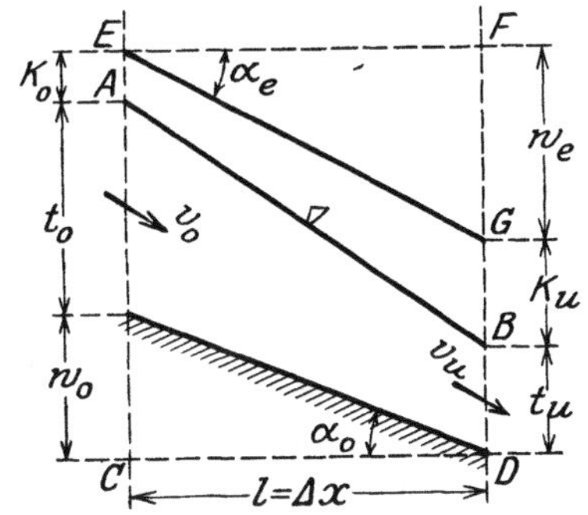

Abb. 77. Beschleunigter Ablauf (Absenkung).

$F_o > F_u$
$t_o > t_u$
$k_o < k_u$
$w_e > w_o.$

Das absolute Spiegelgefälle des ungestauten Flusses sei $\Delta X \sin \alpha_0$, das Spiegelgefälle des gestauten Flusses sei $J_s = \sin \alpha_s$, die durchfließende Wassermenge Q cbm/sek.

Mittlere Geschwindigkeit v_0

t_u in m	a) Formel von Bazin $v = \frac{87\,t_u}{\gamma + \sqrt{t_u}}\sqrt{J}$						b) Formel von Forchheimer					t_u in m
	Rauhigkeitsbeiwert γ						Rauhigkeitsbeiwert n (Ganguillet und					
	0,06	0,16	0,46	0,85	1,30	1,75	0,010	0,013	0,017	0,020	0,025	
	Zement, gehobelte Bretter	Quader, Ziegel, Bohlen	Bruchstein	Pflaster, Erde, regelartig	gewöhnl. Flüsse und gewöhnl. Erdkanäle	Geschiebe- und Verkrautung	Zement, gehobelte Bretter	Bohlen, Quader	Bruchstein	Erde und Pflaster	regelmäßige Flüsse und Kanäle	
0,10	0,231	0,183	0,112	0,075	0,054	0,042	0,200	0,153	0,117	0,100	0,080	0,10
15	292	238	154	106	077	061	265	204	156	133	106	15
20	343	287	192	134	100	079	324	249	191	162	130	20
25	388	330	226	161	121	097	379	291	223	189	152	25
30	429	369	259	187	141	114	431	331	553	215	172	30
35	468	405	290	211	161	130	480	369	282	240	192	35
40	503	439	319	235	180	146	527	405	310	263	211	40
45	536	471	346	257	199	162	572	440	336	286	229	45
0,50	567	502	373	279	212	177	616	474	362	308	246	0,50
55	596	531	398	300	235	192	658	506	387	329	263	55
60	625	559	423	321	253	207	699	538	411	350	280	60
65	653	585	447	341	269	221	740	570	435	370	296	65
70	679	611	470	361	285	235	779	599	458	390	312	70
75	705	636	492	380	301	249	818	629	481	409	327	75
80	729	660	514	399	317	263	855	658	503	429	342	80
85	753	684	535	417	333	277	892	686	525	446	357	85
90	776	706	556	435	348	290	929	715	546	464	372	90
95	799	728	576	453	363	303	965	742	567	482	386	95
1,00	821	750	596	470	378	316	1,000	769	588	500	400	1,00
1,05	0,842	0,771	0,616	0,487	0,393	0,329	1,035	0,796	0,609	0,517	0,414	1,05
10	863	792	635	504	408	342	069	822	629	534	428	10
15	884	812	653	521	422	355	103	848	649	551	441	15
20	904	831	671	537	436	367	136	874	668	568	454	20
25	923	850	689	553	450	379	169	899	688	585	468	25
30	942	869	707	569	464	391	202	924	707	601	481	30
35	961	888	724	584	478	403	234	949	726	617	494	35
40	980	907	741	599	491	415	266	974	744	633	506	40
45	998	925	758	614	504	427	297	998	763	649	519	45
1,50	1,016	943	775	629	517	439	328	1,022	781	664	531	1,50
1,55	1,034	0,960	0,791	0,644	0,530	0,451	1,359	1,045	0,799	0,680	0,544	1,55
60	051	977	807	658	543	462	390	069	817	695	556	60
65	068	994	823	672	556	473	420	092	835	710	568	65
70	085	1,011	839	686	569	484	450	115	853	725	580	70
75	101	027	854	700	581	495	480	138	870	740	592	75
80	117	043	869	714	593	506	509	161	888	754	604	80

Umrechnungstafel für andere Gefälle. Für das relative Gefälle $J = 1 : L$

Für kilometrisches Gefälle s m/km wird $K = \sqrt{10 \cdot s}$

$1:L;\ L =$	100	200	300	400	500	600	700	800	900	1000	1100	1200	1300	1400	1500	1600
$k =$	10	7,07	5,77	5,00	4,47	4,08	3,78	3,54	3,34	3,17	3.03	2,89	2,78	2,67	2,58	2,50

für ein Gefälle $J_0 = 1 : 10000$.

$v = \frac{1}{n} t_u^{0,7} \cdot J^{0,5}$				c) Formel von Hermanek für künstliche Gerinne $v_0 = \frac{1}{3}[(6-m) \cdot 17 \sqrt[4]{t_m} + 35\,m] \sqrt{t_m \cdot J_0}$							d) Hermanek für natürliche Gerinne	
Kutter, sowie Forchheimer)				Glättebeiwert m							Gewöhnliche Flüsse entspr. Bazin $\gamma = 1,3$, Forchheimer $n = 0,3$	t_m in m
t_u in m	0,030	0,035	0,040	6	5	4	3	2	1	0		
	gewöhnliche Flüsse	steinige Flüsse	Geschiebe und Verkrautung	geschliffener Zementputz[1])	Zementputz, Quader, glatt	gehobelte Bretter	Ziegel	Bohlen	Bruchsteine	Erdwände, rauh		
0,10	0,067	0,057	0,050	0,211	0,195	0,168	0,141	0,114	0,087	0,060	0,031	0,10
15	088	076	066	265	240	208	177	145	113	082	046	15
20	108	093	081	310	278	243	207	172	137	102	061	20
25	126	108	095	349	312	273	235	197	158	120	077	25
30	144	123	108	383	342	302	261	220	179	138	092	30
35	160	137	120	414	371	328	284	242	198	155	107	35
40	176	150	132	443	397	352	307	262	216	171	123	40
45	191	161	143	470	422	375	328	281	234	187	138	45
0,50	205	176	154	495	446	397	349	300	251	202	0,153	0,50
55	219	188	165	519	469	418	368	318	267	217	169	55
60	233	200	175	542	490	439	387	335	284	232	184	60
65	247	211	185	564	511	458	405	352	299	246	200	65
70	260	223	195	586	531	477	423	369	314	260	215	70
75	273	234	204	606	551	495	440	385	329	274	230	75
80	285	244	214	626	570	513	457	400	344	288	245	80
85	297	255	223	645	588	531	473	416	358	301	261	85
90	310	265	232	664	606	547	489	431	372	314	276	90
95	322	276	241	682	623	564	505	446	386	327	292	95
1,00	333	286	250	700	640	580	520	460	400	340	307	1,00
1,05	0,345	0,296	0,259	0,717	0,657	0,596	0,535	0,474	0,413	0,353	0,322	1,05
10	356	305	267	734	673	611	550	488	427	365	338	10
15	368	315	276	751	688	626	564	502	440	378	353	15
20	379	325	284	767	704	641	578	516	453	390	368	20
25	390	334	292	783	719	656	592	529	465	402	384	25
30	401	343	300	798	734	670	606	542	478	414	399	30
35	411	353	308	813	749	684	620	555	490	426	414	35
40	422	362	316	828	763	698	633	568	503	438	430	40
45	432	371	324	843	777	712	646	580	515	449	445	45
1,50	443	380	332	857	791	725	659	593	527	461	460	1,50
1,55	0,453	0,388	0,340	0,872	0,805	0,738	0,672	0,605	0,539	0,472	0,472	1,55
60	463	397	347	885	818	752	685	618	551	484	484	60
65	473	406	355	899	832	764	697	630	562	495	495	65
70	483	414	362	912	845	777	709	641	574	506	506	70
75	493	423	370	926	858	790	722	654	585	517	517	75
80	503	431	377	939	871	802	734	665	597	528	528	80

[1]) Für $m = 6$ und $t_m = 0{,}10$—$0{,}25$ sind die Werte nach Engels Handbuch des Wasserbaues berechnet.

wird $v_x = K \cdot v_0$ mit $K = 100\sqrt{J}$ z. B. $J = 1:2500$; $K = \frac{100}{\sqrt{2500}} = 2$.

z. B. $s = 0{,}4$ m/km, $K = \sqrt{10 \cdot s} = 2$.

1700	1800	1900	2000	2500	3000	3500	4000	4500	5000	6000	7000	8000	9000	10000	20000	40000
2,43	2,36	2,30	2,24	2,00	1,83	1,69	1,58	1,49	1,42	1,29	1,20	1,12	1,06	1,00	0,707	0,500

Mittlere Geschwindigkeit v_0

	a) Formel von Bazin $v = \frac{87\, t_u}{\gamma + \sqrt{t_u}} \sqrt{J}$						b) Formel von Forchheime					
	Rauhigkeitsbeiwert γ						Rauhigkeitsbeiwert n (Ganguillet unc					
	0,06	0,16	0,46	0,85	1,30	1,75	0,010	0,013	0,017	0,020	0,025	
t_u in m	Zement, gehobelte Bretter	Quader, Ziegel, Bohlen	Bruchstein	Pflaster, Erde, regelartig	gewöhnl. Flüsse und gewöhnl. Erdkanäle	Geschiebe- und Verkrautung	Zement, gehobelte Bretter	Bohlen, Quader	Bruchstein	Erde und Pflaster	regelmäßige Flüsse und Kanäle	t_u in m
1,85	1,133	1,059	0,884	0,728	0,605	0,517	1,538	1,183	0,905	0,769	0,615	1,85
90	149	075	899	742	617	528	567	206	922	784	627	90
95	165	090	914	755	629	539	596	228	939	798	638	95
2,00	180	105	928	768	641	550	625	250	956	812	650	2,0
2,10	1,210	1,135	0,956	0,794	0,664	0,572	1,681	1,293	0,989	0,840	0,672	2.10
20	240	164	984	820	687	593	737	336	1,022	868	695	20
30	269	193	1,012	845	710	613	791	378	054	896	717	30
40	298	222	038	870	733	633	846	420	086	923	738	40
50	325	250	064	894	755	653	899	461	117	950	760	50
60	352	277	090	918	777	673	952	502	148	976	781	60
70	379	303	116	942	798	693	2,004	542	179	1,002	802	70
80	405	329	142	965	819	712	056	582	209	028	822	80
90	431	355	167	988	840	731	107	621	239	054	843	90
3,00	456	380	191	1,011	861	750	158	660	269	079	863	3,0
3,20	1,506	1,428	1,238	1,055	0,901	0,787	2,257	1,736	1,328	1,129	0,903	3,20
40	554	476	284	098	941	823	355	812	385	178	942	40
60	600	522	328	140	979	859	451	886	442	226	981	60
80	645	568	371	181	1,017	894	546	958	498	273	1,018	80
4,00	689	612	414	221	054	928	639	2,030	552	320	056	4,0
4,20	732	654	456	260	091	962	731	101	606	365	092	4,2
40	774	695	497	299	127	995	821	170	659	411	128	4
60	815	735	537	337	162	1,028	910	239	712	455	164	6
80	855	775	576	374	197	060	998	306	764	499	199	8
5,00	1,895	1,815	1,613	1,410	1,230	1,091	3,085	2,373	1,815	1,542	1,234	5,0
5,20	1,933	1,854	1,651	1,445	1,264	1,133	3,171	2,439	1,866	1,586	1,268	5,2
40	971	892	688	480	296	153	256	505	915	628	302	4
60	2,008	928	724	515	329	118	340	569	965	670	336	6
80	044	965	759	549	361	213	423	633	2,013	712	369	8
6,00	080	2,000	794	582	392	243	505	696	062	753	402	6,0
6,50	167	087	879	663	469	315	707	852	181	854	483	6,5
7,00	251	171	961	742	543	385	905	3,003	297	952	562	7,0
7,50	331	251	2,040	818	616	454	4,098	152	410	2,049	639	7,5
8,00	410	329	117	892	686	520	229	298	522	144	715	8,0
9,00	559	478	263	2,034	821	648	655	581	738	328	862	9,0
10,00	2,670	2,619	2,402	2,168	1,950	1,771	5,012	3,855	2,948	2,506	2,005	10,0

Umrechnungstafel für andere Gefälle. Für das relative Gefälle $J = 1 : L$

Für kilometrisches Gefälle s m/km wird $K = \sqrt{10 \cdot s}$

$1 : L$; $L =$	100	200	300	400	500	600	700	800	900	1000	1100	1200	1300	1400	1500	16
$k =$	10	7,07	5,77	5,00	4,47	4,08	3,78	3,54	3,34	3,17	3,03	2,89	2,78	2,67	2,58	2,

für ein Gefälle $J_0 = 1:10000$.

$v = \frac{1}{n} t_u^{0,7} \cdot J^{0,5}$ Kutter, sowie Forchheimer)				c) Formel von Hermanek für künstliche Gerinne $v_0 = \frac{1}{3}[(6-m)\cdot 17\sqrt[4]{t_m} + 35\,m]\sqrt{t_m \cdot J_0}$ — Glättebeiwert m							d) Hermanek für natürliche Gerinne	
t_u in m	0,030	0,035	0,040	6	5	4	3	2	1	0	Gewöhnliche Flüsse entspr. Bazin $\gamma = 1,3$, Forchheimer $n = 0,3$	t_m in m
	gewöhnliche Flüsse	steinige Flüsse	Geschiebe und Verkrautung	geschliffener Zementputz[1])	Zementputz, Quader, glatt	gehobelte Bretter	Ziegel	Bohlen	Bruchsteine	Erdwände, rauh		
1,85	0,513	0,439	0,385	0,952	0,883	0,815	0,746	0,677	0,608	0,539	0,539	1,85
90	522	448	392	965	896	827	758	688	619	550	550	90
95	532	456	399	977	908	839	769	700	630	561	561	95
2,00	542	464	406	990	920	851	781	711	641	572	572	2,00
2,10	0,560	0,480	0,420	1,014	944	874	804	733	663	593	0,593	2,10
20	579	496	434	038	968	897	826	756	685	614	614	20
30	597	512	448	062	991	919	848	777	706	635	635	30
40	615	527	461	084	1,013	941	870	799	727	656	656	40
50	633	543	475	107	035	963	891	820	748	676	676	50
60	651	558	488	129	056	985	912	840	768	696	697	60
70	668	573	501	150	078	1,006	933	861	789	716	717	70
80	685	587	514	171	099	026	954	881	809	736	736	80
90	702	602	527	192	119	047	974	901	828	756	756	90
3,00	719	616	539	212	139	067	994	921	848	775	775	3,00
3,20	0,752	0,645	0,564	1,252	1,179	1,106	1,033	0,960	0,887	0,814	0,814	3,20
40	785	673	589	290	217	144	070	997	924	851	851	40
60	817	700	613	328	255	182	108	1,035	962	889	888	60
80	849	727	636	365	291	218	145	072	999	925	925	80
4,00	880	754	660	400	327	253	181	108	1,035	962	962	4,00
4,20	910	780	683	435	362	289	216	143	070	997	997	4,20
40	940	806	705	468	396	323	251	178	105	1,033	1,033	40
60	970	832	728	501	429	357	285	212	140	068	068	60
80	999	857	750	534	462	390	318	246	174	103	102	80
5,00	1,028	0,881	0,771	565	494	422	351	280	208	136	137	5,00
5,20	1,057	0,906	0,793	1,596	1,525	1,454	1,383	1,313	1,242	1,171	1,171	5,20
40	085	930	814	627	556	486	416	345	275	204	204	40
60	113	954	835	657	587	517	447	377	308	238	238	60
80	141	978	856	686	617	548	478	409	340	271	271	80
6,00	168	1,001	876	715	646	578	509	441	372	303	303	6,00
6,50	236	059	927	785	718	651	584	518	451	384	363	6,50
7,00	302	116	976	852	787	722	658	593	528	463	421	7,00
7,50	366	171	1,024	917	854	792	729	667	604	541	477	7,50
8,00	429	225	072	980	920	852	799	738	678	617	533	8,00
9,00	552	330	163	2,100	2,044	989	933	878	822	767	641	9,00
10,00	1,671	1,432	1,253	2,214	2,163	2,113	2,063	2,013	1,962	1,912	1,746	10,00

[1]) Für $m = 6$ und $t_m = 0,10$—$0,25$ sind die Werte nach Engels Handbuch des Wasserbaues berechnet.

wird $v = K \cdot v_0$ mit $K = 100\sqrt{J}$ z. B. $J = 1:3600$; $K = \frac{100}{\sqrt{3600}} = 1,667$.

z. B. $s = 0,278$ m/km; $K = \sqrt{10 \cdot s} = 1,667$.

1700	1800	1900	2000	2500	3000	3500	4000	4500	5000	6000	7000	8000	9000	10000	20000	40000
2,43	2,36	2,30	2,24	2,00	1,83	1,69	1,58	1,49	1,42	1,29	1,20	1,12	1,06	1,000	0,707	0,500

In Abb. 76 bedeutet $w_e = \Delta X \sin\alpha_e$ die Widerstandshöhe des fließenden Wassers, die übereinstimmend ist mit dem absoluten Gefälle der Energielinie. Zieht man durch E und D wagerechte Linien, dann sind die Strecken $EC = FD$ und damit für die Länge ΔX[2]: $w_o + t_o + k_o = t_u + k_u + w_e$ oder $w_o - w_e = t_u - t_o - (k_o - k_u)$. Setzt man $w_o = \Delta X \sin\alpha_o = \Delta X J_o$, $w_e = \Delta X \sin\alpha_e = \Delta X J_e$, $t_u - t_o = \Delta t$ (Abnahme der Wassertiefe von unten nach oben) und $k_o - k_u = \Delta k$, dann wird $\Delta X = \dfrac{\Delta t - \Delta k}{J_o - J_e}$, d. h. es ist für eine bestimmte Abnahme Δt der Tiefe von C bis A die zugehörige Flußlänge ΔX gleich dem Bruch, Differenz aus Tiefenabnahme und Abnahme an Geschwindigkeitshöhe der Strecke geteilt durch den Gefällsunterschied der Energielinien von ungestautem und gestautem Fluß[1]). Da J_o für jede Länge gleich ist, J_e sich stetig ändert, so ist J_e von der Streckenlänge abhängig. Der Wert $w_e = \Delta X \cdot J_e$ muß noch errechnet werden. Die Widerstandshöhe w_e muß bei Verlangsamung der Bewegung abnehmen, sonst wäre die Aufspeicherung an potenzieller Energie, wie sie durch jede Anstauung herbeigeführt wird, unmöglich. Es muß deshalb $w_e < w_o$ sein. Die ganze Summe der Einzelwiderstände Δw auf der Staustrecke ist durch Integrieren zu finden, $w_e = \int_0^{\Delta X} d\,w$. Vereinfacht wird aber angenommen, daß w_e gleich dem mittleren Widerstande der Strecke von der Länge ΔX und Geschwindigkeit v_m usw. sei. Unter Einschluß aller Wirbelbewegungen ist dann wie früher die Widerstandshöhe w_e direkt proportional der Bettfläche U_m, der mittleren Geschwindigkeitshöhe $k_m = \dfrac{v_m^2}{2g}$, einem Zahlenbeiwert m und umgekehrt proportional dem mittleren Querschnitt der durchströmten Strecke F_m. Daß w_e proportional k_m sein muß, ergibt sich aus der Lage der Energielinie. Sowie bei Wachsen von v_o sich die Energielinie durch Größerwerden von $k_o = \dfrac{v_o^2}{2g}$ hebt, dann bleibt AC sich nicht parallel, sondern C hebt sich, aber nur so weit, daß immer einer Vergrößerung von w eine Vergrößerung von k_m entspricht. $w = \Delta X$. J_e ist das absolute Gefälle der Energielinie des gestauten Flusses, deren relatives Gefälle $J_e = \sin\alpha_e$ ist. Es wird angenähert

$$w_e = \Delta X \cdot J_e = \frac{U_m \Delta X}{F_m} \cdot \frac{v_m^2\, m}{2g} = \frac{\Delta X\, v_m^2}{t_m \cdot c_m^2},$$

wenn man

$$\sqrt{\frac{2g}{m}} = c \quad \text{und} \quad \frac{F_m}{U_m} \cong t_m \quad \text{[streng genommen „Umfangstiefe“}^{3)}\text{]}$$

setzt. Für die Senkungskurve ist die Ableitung und die Formel für w_e die gleiche, nur mit der Umkehrung, daß $w_e > w_0$ wird. Es wird hier Energie aufgezehrt.

Hierin ist noch c unbekannt. Der Wert $w_e = \Delta X J_e = \dfrac{\Delta X\, v_m^2}{t_m\, c_m^2}$ war aber unter der Voraussetzung gefunden, daß $k_m = \dfrac{v_m^2}{2g}$ dem Mittel aller k-Werte entspräche. Diese Voraussetzung ist in Wirklichkeit erfüllt bei gleichmäßiger Bewegung, wenn $\sphericalangle \alpha_e = \sphericalangle \alpha_o$ wäre und die Sohle in der Tiefe t_m parallel zu dem Stauspiegel läge. Dann würde werden $J_e = J_o = \dfrac{v_m^2}{t_m\, c_m^2}$ oder $v_m = c_m \sqrt{t_m J_o}$

---

[1]) Für Senkungskurven wird $\Delta X = \dfrac{\Delta t - \Delta k}{J_e - J_o}$, worin Δt und Δk positive Werte $\Delta t = t_o - t_u$ und $\Delta k = k_u - k_o$ sind.

[2]) In den Abb. 75—77 fälschlich mit Δx bezeichnet.

[3]) Es wird statt der Umfangstiefe die mittlere Tiefe aus Rücksicht auf die neueren Geschwindigkeitsformeln eingesetzt.

d. h. c_m wäre (vereinfacht) der Beiwert der allgemeinen Geschwindigkeitsformel einer gedachten ungestauten Flußstrecke mit den Werten t_m und J_o.

Ferner ist da $w_e = \Delta X J_e$,

$$J_e = \frac{v_m^2}{c_m^2 t_m} = \left(\frac{Q}{c_m}\right)^2 \frac{1}{F_m^2 t_m}, \text{ sowie } k_o = \frac{v_o^2}{2g} = \frac{Q^2}{F_o^2 \cdot 2g} \text{ usw.}$$

Setzt man diese Werte in die Formel $\Delta X = \frac{\Delta t - \Delta k}{J_s - J_e}$ ein, dann erhält man

$$\Delta X = \frac{\Delta t - \frac{Q^2}{2g}\left(\frac{1}{F_o^2} - \frac{1}{F_m^2}\right)}{J_o - \left(\frac{Q}{c_m}\right)^2 \frac{1}{F_m^2 t_m}}.$$

Dieses ist die allgemeine Annäherungsgleichung, die für ein beliebiges kurzes Stück eines Flusses mit ungleichförmiger Bewegung gültig ist. Aus ihr kann entweder ΔX die Teilstrecke, oder Δt die Tiefenabnahme gefunden werden. Von besonderem Interesse ist in der Formel der Ausdruck

$$\Delta k = k_o - k_u = \frac{Q^2}{2g}\left(\frac{1}{F_o^2} - \frac{1}{F_u^2}\right).$$

Er drückt aus, daß der Wasserschwerpunkt infolge Aufstaues oder Senkung in bezug auf den ursprünglichen Schwerpunktsweg gehoben oder gesenkt wurde. Bei der Staukurve ist diese Hebung für den Bereich der Staukurve aufgespeicherte Arbeit, die erst für den Fluß durch Absturz vom Wehr verbraucht wird. Der Aufspeicherung an Arbeit entspricht die Verzögerung der Bewegung. Bei der Senkungskurve ist diese Senkung ein Arbeitsverlust innerhalb des Senkungsbereichs, ihr entspricht die Beschleunigung der Bewegung.

Der Ausdruck $\frac{Q^2}{2g}\left(\frac{1}{F_o^2} - \frac{1}{F_u^2}\right)$ besitzt bei zweckmäßiger Rechnung stets nur einen sehr kleinen Wert. Rechnet man z. B. bei einem Flusse mit $Q = 100$ cbm/sek., einer Tiefe an einer Stelle der Kurve von $t_u = 2$ m, und bei 100 m mittlerer Breite $F_u = 200$ qm, will man dann ΔX finden für eine Strecke, an deren anderem Ende $t_o = 1{,}8$ m ist, dann ist $t_u - t_o = 0{,}2$ m, $F_o \cong 180$ qm, und

$$\frac{Q^2}{2g}\left(\frac{1}{F_o^2} - \frac{1}{F_u^2}\right) = 0{,}003 \text{ m gleich } 1{,}5 \text{ v. H. des Wertes } \Delta t.$$

Dieser Wert ist bei Staukurven mit $F_u > F_o$ stets positiv, bei Senkungskurven mit $F_u < F_o$ stets negativ.

Kommt es bei Staukurven im Interesse der Schiffbarkeit und von Bewässerungen, bei Senkungskurven im Interesse der Entwässerung darauf an, keinen Wert ΔX zu finden, der größer als der wirkliche ist, dann wird man in beiden Fällen Δk vernachlässigen. Kommt es aber bei Staukurven im Interesse der Vermeidung von Überstauungen und bei Senkungskurven im Interesse der Vermeidung einer zu starken Entwässerung darauf an, keine zu kleine Länge der Staukurve und der Senkungskurve zu finden, dann muß man in beiden Fällen Δk beibehalten. Die Regel, daß man bei Staukurven den Wert $k_u - k_o$ vernachlässigen dürfe, bei Senkungskurven nicht, ist nur bedingt richtig. Je nach dem Zweck darf man es in beiden Fällen tun oder muß es in beiden Fällen lassen. Die Berücksichtigung von $k_u - k_o$ ist keine besondere Erschwernis. Für vereinfachte Berechnungen möge $\Delta k = 0$ gesetzt werden, dann lautet die vereinfachte Gleichung

$$\frac{\Delta t}{\Delta X} = J_0 - \left(\frac{Q}{c_m}\right)^2 \frac{1}{t_m F_m^2}.$$

Hierin sind Δt oder ΔX die Unbekannten, J_o und Q feste Werte, c_m, t_m und F_m vorhandene veränderliche bekannte Werte.

Das Unbequeme an dem Ausdruck für $\frac{\Delta t}{\Delta X}$ ist, daß er den Beiwert c_m enthält. Denn da man es bei der Berechnung von Stau- oder Senkungskurven mit Gewässern zu tun hat, deren Verhältnisse bekannt sind, so kann man aus ihnen den Wert c_m (wenn man z. B. nach der Bazinschen Formel rechnen will, auch den Rauhigkeitsgrad) bestimmen. Es liegt daher nahe, den Wert c_m gänzlich zu vermeiden und ihn zu ersetzen durch die bei dem Flusse bekannten Elemente. Man kann diese Arbeit unter Zugrundelegung verschiedener Geschwindigkeitsformeln ausführen. Die Umformung ist vom Verfasser durchgeführt worden unter Zugrundelegung der neueren Bazinschen Formel und auch der Lindboeschen Formel in der Zeitschrift des Verb. D. Arch.- u. Ing.-Ver. 1913, Nr. 29/30. (Die Zeitschrift ist eingegangen, aber in Bibliotheken zu haben.) Sie werden aber wesentlich einfacher bei der Verwendung der Formeln von Hermanek.

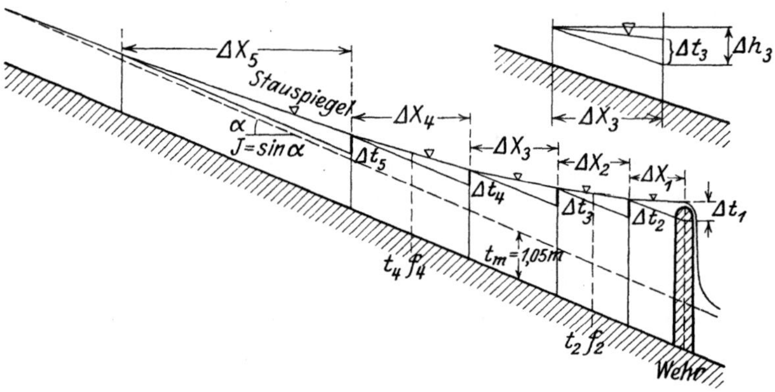

Abb. 78. Berechnung der Stauweite.

Ersetzt man den Wert c_m nach Hermanek durch

$$c_1 = 30{,}7 \cdot \sqrt{t_m}, \qquad c_2 = 34 \cdot \sqrt[4]{t_m}, \qquad c_3 = (50{,}2 + 0{,}5\, t_m)$$

für die Tiefengrenzen, die durch $t_m = 1{,}5$ m und $t_m = 6$ m bestimmt sind, dann erhält man nach einfacher Umrechnung

$$t_m < 1{,}5\text{ m}: \frac{\Delta t}{\Delta X} = J_o - \frac{Q^2}{943\, F_m^2\, t_m^2},$$

$$1{,}5 < t_m < 6\text{ m}: \frac{\Delta t}{\Delta X} = J_o - \frac{Q^2}{1156\, F_m^2\, t_m^{1,5}},$$

$$6_m < 6\text{ m}: \frac{\Delta t}{\Delta X} = J_o - \frac{Q^2}{2500\,(1{,}004 + 0{,}01\, t_m)^2\, t_m\, F_m^2}.$$

Diese Formeln sind bequemer als Formel S. 93, sie enthalten nur noch zwei Veränderliche t_m und F_m. Man muß zur Benutzung der Formeln entweder ΔX oder Δt willkürlich annehmen. Nimmt man einen Wert Δt an, dann findet man die zugehörige Staustrecke ΔX. Man geht vom Wehr aus, nimmt z. B. $\Delta t_1 = 0{,}3$ m an und findet für diese Abnahme der Stauhöhe das ΔX_1, dann wiederholt man die Rechnung für weitere Abnahmen der Stauhöhe Δt_2, Δt_3 usw. und findet die entsprechenden ΔX_2, ΔX_3 usw. Die Formeln lauten für ΔX:

$$\Delta X = \frac{\Delta t}{J_o} \frac{1}{1 - C^2},$$

wobei für die drei Grenzfälle für Hermanek ist:

$$1)\quad C_1 = \frac{Q^2}{943\,J_o}\,\frac{1}{F_m^2\,t_m^2},\qquad 2)\quad C_2 = \frac{Q^2}{1156\,J_o}\,\frac{1}{F_m^2\,t_m^{1,5}},$$

$$3)\quad C_3 = \frac{Q^2}{2500\,J_o}\cdot\frac{1}{(1{,}004 + 0{,}01\,t_m)^2\,t_m\,F_m^2}.$$

Das folgende Beispiel zeigt das Verfahren genauer.

Beispiel (Abb. 78). Ein Fluß von $b = 40$ m Spiegelbreite zwischen senkrechten Ufern (Bollwerke), $t = 1{,}25$ m mittlere Tiefe, $J_o = 0{,}576$ m/km Gefälle und $Q = 48$ cbm/sek. Wassermenge wird durch ein Wehr um 1,05 m angestaut. Wieviel Meter hinter dem Wehr beträgt der Stau noch 0,05 m? Man berechne die einzelnen Stauweiten ΔX für die Stauunterschiede $\Delta t_1 = \Delta t_2 = \ldots 0{,}2$ m, also für die Stauhöhen von 0,85 m, 0,65 ... 0,05 m. Es werden die Formeln (2) und (1) verwendet. Die Stauhöhen werden so gewählt, daß die Strecken ΔX_4 und ΔX_5 beiderseits an die Wassertiefe 1,5 m grenzen. Für Δt_1 bis Δt_4 gilt somit die Formel (2), für Δt_5 Formel (1).

Es ist

$$\frac{\Delta t}{J_s} = \frac{0{,}2}{0{,}000576} = 348 \text{ m};$$

Es werden eingeführt:

$$C_2 = \frac{Q^2}{1156\,J_o}\cdot\frac{1}{F_m^2\cdot t_m^{1,5}} = \frac{3450}{F_m^2\cdot t_m^{1,5}}$$

und

$$C_1 = \frac{Q^2}{943\,J_o}\cdot\frac{1}{F_m^2\cdot t_m^2} = \frac{4230}{F_m^2\cdot t_m^2}$$

und

$$\delta_2 = 1 - C_2,\qquad \delta_1 = 1 - C_1.$$

Dadurch erhalten wir hier die einfachen Werte:

$$\Delta X_{1\text{ bis }4} = \frac{\Delta t}{J_o}\cdot\frac{1}{\delta_2} = \frac{348}{\delta_2}\quad\text{und}\quad \Delta X_5 = \frac{\Delta t'}{J_o}\cdot\frac{1}{\delta_1} = \frac{348}{\delta_1}.$$

Die Berechnung ergibt sich dann aus folgender Tafel:

Strecke Nr.	t_m m	F_m qm	$t_m^{1,5}$	F_m^2	$C_2 = \frac{3450}{F_m^2\cdot t_m^{1,5}}$	$\delta_2 = 1 - C_2$	$\Delta X = \frac{\Delta t}{J_o}\cdot\frac{1}{\delta_2} = \frac{348}{\delta_2}$ Ergebnis nach Hermanek	Vergleichsrechnung $\Delta X'$ Ergebnis nach Bazin m	$\Delta X''$ Ergebnis nach Lindboe m	Bemerkungen
Normalstrecke	1,25	50								
1	1,25+1,05 — 0,1 = 2,20	88	3,3	7750	0,135	0,865	m 403	408	393	Die Werte $\Delta X'$ und $\Delta X''$ sind aus der genannten Veröffentlichung entnommen
2	2,2 — 0,2 = 2,00	80	2,84	6400	0,190	0,81	430	435	423	
3	1,8	72	2,45	5200	0,270	0,73	477	488	462	
4	1,6	64	2,05	4100	0,410	0,59	590	610	568	
	t_m m	F_m qm	t_m^2 m	F_m^2	$C_1 = \frac{4230}{F_m^2\,t_m^2}$	$\delta_1 = 1 - C_1$	$\Delta X = \frac{\Delta t}{J_o}\cdot\frac{1}{\delta_1} = \frac{348}{\delta_1}$			
5	1,4	56	1,96	3140	0,688	0,312	1116	1100	1035	
$\Sigma\Delta X$ = praktische Stauweite:							3016	3041	2879	

In vorstehender Tabelle sind zum Vergleich die Stauweiten unter Zugrundelegung der Geschwindigkeitsformeln von Bazin und Lindboe gegeben. Man sieht, daß die Übereinstimmung von Bazin mit Hermanek sehr weitgehend, von Lindboe ausreichend ist. Die Gleichmäßigkeit entsteht dadurch, daß in den Stauformeln nur noch das Hauptgesetz der Geschwindigkeitsformeln zum Ausdruck kommt.

Die Genauigkeit der Rechnungen wächst mit der Zahl der Unterteilungen. Fließt innerhalb der Staustrecke ein Nebenfluß in den Fluß, dann errechnet man umgekehrt durch Annahme des verbleibenden Δt das fehlende ΔX und damit die Stauhöhe der Einmündungsstelle aus. Von da an muß man dann mit einem neuen Q, F, R usw. weiterrechnen, und zwar in beiden Flüssen. Es ist zweckmäßig, nahe der Staugrenze das Δt zu verkleinern z. B. auf 0,1 statt 0,2. In der Zahlentafel ist der Einfachheit halber durchweg mit $\Delta t = 0{,}2$ gerechnet worden.

Der Fehler, der durch Vernachlässigung von $\Delta k = k_u - k_o$ entsteht, ist im allgemeinen kleiner als 2 bis 3 v. H. Selbst für genauere Rechnung wird es deshalb gänzlich ausreichend sein, wenn man den gefundenen Werten einen Zuschlag oder Abstrich von 2,5 v. H. gibt. Der Fehler, der dann noch vorhanden sein kann, würde theoretisch kleiner sein als 1 v. H. und wäre jedenfalls viel kleiner als die praktisch vorhandenen Fehler, die durch die verschiedenen Annäherungen gemacht worden sind.

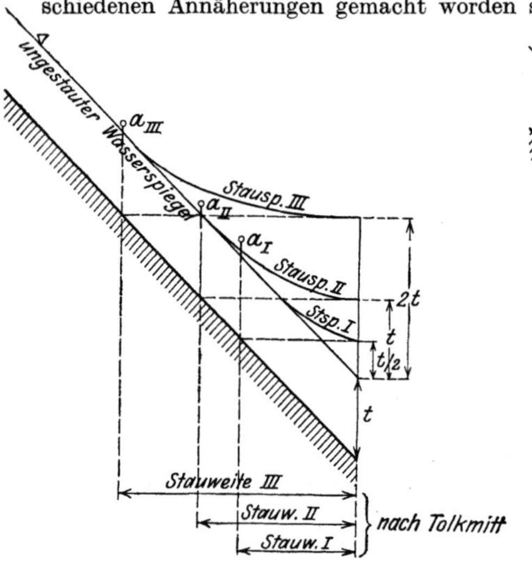

Abb. 79. Staukurve nach Tolkmitt.

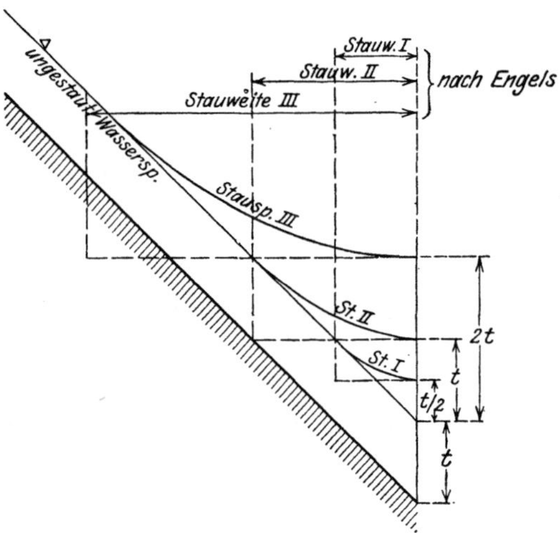

Abb. 80. Staukurve nach Engels.

Die Stauhöhe ist in Abb. 79 und 80 als vielfaches der Wassertiefe angegeben.

Bewegungen in natürlichen Flüssen mit voller mathematischer Schärfe errechnen zu wollen, ist völlig unzweckmäßig. Wohl müssen wir versuchen, die Ableitungen mathematisch scharf zu machen, aber die späteren Rechnungen müssen einfach sein. So sind z. B. durch Tolkmitt u. a. Differentialgleichungen der Staukurven aufgestellt worden, nach denen unter der Annahme, daß der Fluß einen ganz regelmäßigen Parabelquerschnitt hat, die genauen Stauweiten errechnet werden können. Diese Gleichungen sind einfach, bauen sich aber auf oft unmöglichen Annahmen auf und werden deshalb nicht gebracht. Man vergleiche darüber Hdbch. d. I., Teil III, Bd. 1, 1911, S. 532.

Die praktische Stauweite wird die Entfernung vom Wehr genannt, in der die Stauhöhe nur noch 3—5 cm beträgt. Für diese Stauweite hat Tolkmitt eine einfache Annäherungsformel für geringe Gefälle und für solche Fälle entwickelt, bei denen der Aufstau am Wehr größer als die ursprüngliche Tiefe ist. Ist die ursprüngliche Flußtiefe t, die Stauhöhe h, dann ist gemäß Abb. 79 für $h > t$ und unter der Annahme, daß man den Flußquerschnitt durch einen gleich großen Parabelquerschnitt ersetzen könne, die praktische Stauweite

$$l \cong \sum \Delta X = \frac{a + h}{J},$$

sie reicht bis zu dem Punkt, in dem die Flußsohle durch eine im Wasserspiegel am Wehr liegende Wagerechte geschnitten wird (s. Bubendey,

Hdbch. d. I., III. 1, 1911). Sobald aber $h < t$, dann muß die praktische Stauweite wie vorher durch stückweise Berechnung gefunden werden.

Engels gibt eine andere abgekürzte Berechnung für die praktische Stauweite ohne Begrenzung an. Nach seiner Angabe ergibt sich als angenähertes Bild das nach Abb. 80. Es ist hier die praktische Stauweite gleich dem doppelten hydrostatischen Stau, also $l = \frac{2h}{J}$. Zwischen beiden Rechnungen, Tolkmitt und Engel, besteht ein gewisser Unterschied, der aus einem Vergleich der Abb. 79 und 80 zu ersehen ist. Bei großer Stauhöhe $h > t$ ergeben die Angaben von Engels viel größere Stauweiten als die von Tolkmitt. Bei kleinen Stauhöhen $h \leq t$ stimmen aber beide überein, da dann auch nach Tolkmitt die Stauweite kleiner sein soll als die Senkrechte durch den Schnitt der Wagerechten mit der Sohle angibt. — Es ist im allgemeinen ausreichend, nach Tolkmitt zu rechnen, man wird aber stets durch genauere Rechnung das Ergebnis nachprüfen müssen.

Bei einer vollständigen Untersuchung der Anstauungen fließender Gewässer muß man auch das Fallen, besonders aber das Steigen des Wassers berücksichtigen. Die gleiche Rücksicht ist nötig bei der Feststellung der Stauhöhe. Unterwasser und Oberwasser steigen nicht gleichmäßig, das erstere steigt stärker als letzteres, weil u. a. das Gefälle auf der Staustrecke oberhalb des Wehres viel schneller ansteigt als unterhalb. Beim Steigen des Wassers vermindern sich somit Stauhöhe und Stauweite. Die Wirkung der Grundwehre kann bei höheren Wasserständen verschwindend klein werden.

Die Berechnung des Anstaues von Flüssen führt oft zu schwierigen Streitfragen. Einfacher liegen die Verhältnisse bei Seen und Talsperren, da man es hier wegen der großen Flächen fast immer mit dem hydraulischen Stau zu tun hat.

d) Wassersprung.

Bei dem Übergang vom Schießen zum Strömen entsteht ein Wassersprung Abb. 81. Die Höhe des Wassersprunges kann man in vereinfachter Form finden, wenn man setzt

$$t - t_0 = k_0 - k = \frac{v_0^2}{2g} - \frac{v^2}{2g}.$$

Es ist ferner bei senkrechten Wänden

$$v = \frac{v_0 \cdot t_0}{t}.$$

Setzt man diesen Wert ein und löst die Gleichung nach t auf, dann bekommt man den Wert

$$t = 0{,}5\, k_0 \pm \sqrt{k_0 t_0 + 0{,}25\, k_0^2}.$$

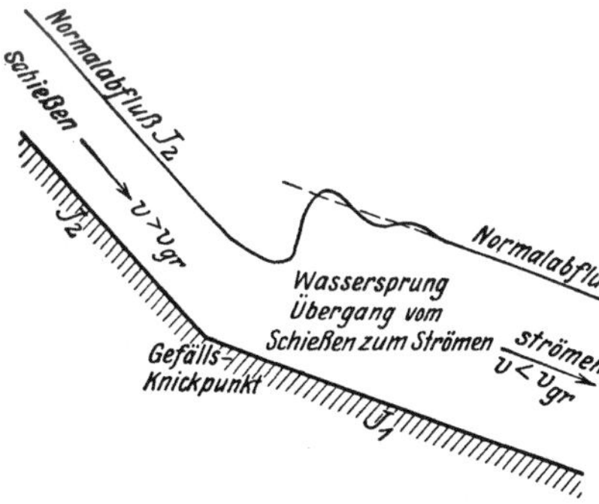

Abb. 81. Wassersprung.

Der Grenzfall für das Auftreten des Wassersprunges ist somit gegeben durch die Bedingung $t_0 = t$. Wird t durch t_0 ersetzt, dann wird

$$(t_0 - 0{,}5\, k_0)^2 = k_0 t_0 + 0{,}25\, k_0^2$$

und daraus folgt, daß Schießen vorhanden ist bei $t_0 \leqq 2\, k_0 \leqq 2\,\frac{v_0^2}{2g}$.

Solange also umgekehrt t_0 größer ist als die doppelte Geschwindigkeitshöhe, kann kein Wassersprung entstehen. t_0 ist dann die Grenztiefe für eine bestimmte Wassergeschwindigkeit v_{gr} oder die Grenzgeschwindigkeit für eine bestimmte Tiefe t_0 ist: $v_{gr} = \sqrt{g \cdot t_0}$.

e) Abfluß aus Öffnungen von Wehren, Überfällen, Schleusenumläufen usw.

1. Gewöhnliche Wehrformeln.

Der Abfluß über Überfälle aller Art wird nach Formeln berechnet, die ähnlich aufgestellt sind wie bei Abfluß aus Gefäßen. Ein Überfall ist dem Abfluß aus einem Gefäß gleichzusetzen, dessen eine Seite bis zu einer gewissen Tiefe aufgeschnitten ist. Durch Versuche ist ermittelt worden, daß die Geschwindigkeit, mit der ein Wasserstrahl aus einer kleinen glatten Öffnung (einem Loch) der dünnen Wand eines Gefäßes ausfließt, ist

$$v = \varphi \sqrt{2gh},$$

worin h die Höhe der Wasserfläche über der Mitte der sehr kleinen Öffnung der dünnen Wand und φ ein Beiwert kleiner als 1 ist. φ ist durch zahlreiche Versuche festgestellt worden, es kann bis zu dem Wert 0,96 wachsen. Bei dem Austritt aus der Öffnung findet ferner stets eine Zusammenschnürung des Wasserstrahles statt, so daß der Strahl einen Querschnitt f erhält, der kleiner ist als ihn die Wand mit F besitzt. Es wird $f = \alpha F$, wobei α etwa 0,64 wird. Es wird daher die ausströmende Wassermenge $Q = \varphi \cdot \alpha \sqrt{2gh} = \mu \sqrt{2gh}$, wenn man $\mu = \varphi \cdot \alpha$ setzt. Weitere Versuche haben ergeben, daß μ abhängig ist von der Höhe h und der Größe und Form der Öffnung. Die Hauptarbeit der Forscher hat sich daher darauf einstellen müssen, den Wert μ in entsprechende Formeln zu kleiden. Die Arbeiten mit irgendwelchen festen Werten von μ führten zu falschen Ergebnissen.

Der Ausfluß aus rechteckigen Öffnungen, der fast allein in der Praxis vorkommt, ist nun durch Zerlegen der Öffnung in Differentialstreifen von der Höhe dh zu finden. Es ist die durch einen Streifen von der Breite l und der Höhe dh abfließende Wassermenge

$$dQ = \mu l\, dh \sqrt{2gh}.$$

Liegt die obere und untere Kante der Öffnung um h_o und h_u unter dem Wasserspiegel des Gefäßes und fließt der Strahl in freier Luft aus, dann wird

$$Q = \mu l \sqrt{2g} \int_{h_o}^{h_u} \sqrt{h} \cdot dh = \tfrac{2}{3} \mu l \sqrt{2g} \, (h_u^{1,5} - h_o^{1,5}).$$

Fließt der Strahl aber unter Wasser aus und ist der Abstand zwischen oberem und unterem Wasserspiegel h (mit $h_o > h$), dann wird

$$Q = \mu l \sqrt{2gh} \, (h_u - h_o) = \mu l \cdot a \sqrt{2gh},$$

wenn $h_u - h_o = a$ gesetzt wird.

Die Gleichung für Ausfluß in freier Luft kann durch Reihenentwicklung und Vernachlässigung unwesentlicher Glieder in die Form

$$Q = \mu \cdot a l \sqrt{2gh_m}$$

übergeführt werden, wenn h_m die Höhe des Wasserspiegels über dem Schwerpunkt der Ausflußöffnung ist. Sie ist gültig, solange $h_o > 0{,}5a$ ist. Abb. 82.

Diese Formeln sind maßgebend für die Füllung und Entleerung von Schleusen durch Torschütze oder kurze Torumläufe usw. Die genaueren Formeln für Schleusenfüllungen werden im Abschnitt „Schleusenbau" gegeben. Für Wehre reicht die Öffnung gewöhnlich bis zum Oberwasser, so daß $h_o = 0$ wird; dann ist die zuletzt genannte Formel nicht anwendbar, und es geht die Formel

$$Q = \frac{2}{3} \mu l \sqrt{2g} \, (h_u^{1,5} - h_o^{1,5})$$

über in den Wert

$$Q = \frac{2}{3}\mu l \sqrt{2g}\, h^{1,5},$$

wenn $h_u = h$ gesetzt wird.

Bei dieser Formel ist die Geschwindigkeit v_0, mit der das Wasser sich in einem Kanal oder einem Flusse auf einen Überfall hin bewegt, vernachlässigt worden. Ist diese Geschwindigkeit aber nicht vernachlässigbar, dann wird sie gemäß Vorschlag von Weissbach dadurch berücksichtigt, daß man die Höhe h um die Geschwindigkeitshöhe $k = \frac{v_a^2}{2g}$ vergrößert denkt, als Druckhöhe somit $h + k$, als Ausflußhöhe aber nur h rechnet. Abb. 83. Es wird dann nach Eytelwein-Weissbach

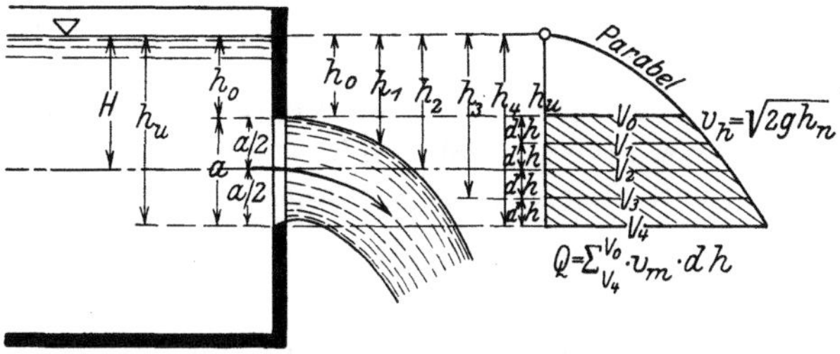

Abb. 82. Ausfluß aus Gefäß.

$$Q = \frac{2}{3}\mu l \sqrt{2g}\,[(h + k)^{1,5} - k^{1,5}]$$

Es ist $v_a = \frac{Q}{F}$, wenn F der normale Querschnitt des Wasserlaufes kurz oberhalb des Überfalles ist.

Wird $F = l\,(p + h)$ gesetzt, dann kann man k ersetzen durch eine Funktion $f\left(\frac{Q}{p+h}\right)$. Führt man sie ein, dann kann man nach Q lösen. Man erhält dann eine unbequeme Gleichung, aus der v_0 verschwunden ist, in der aber jetzt neben h und l noch p eine Rolle spielt, wobei p die mittlere Tiefe des Wasserlaufes oberhalb unter der Höhe der Überfallkrone ist. Diese Entwicklung zeigt, daß p eine wichtige Rolle in der Formel spielen muß.

Es ist durch Frese, Rehbock und andere festgestellt worden, daß der Beiwert μ von p mit abhängig ist. Frese hat nach Versuchen an der Herrenhäuser Schleuse in Hannover als Formel entwickelt

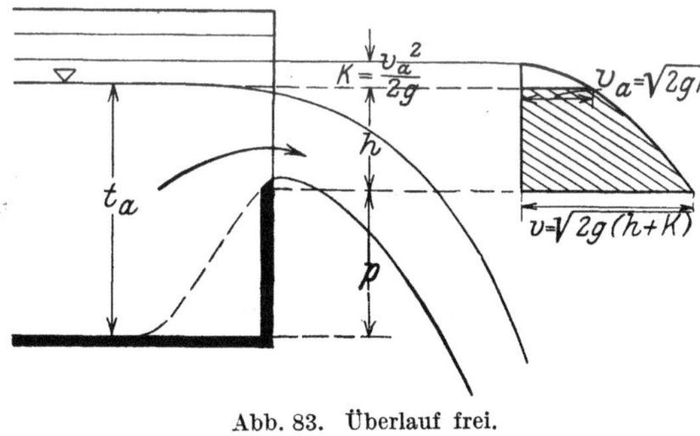

Abb. 83. Überlauf frei.

$$Q = \frac{2}{3}\left(0{,}615 + \frac{0{,}0021}{h}\right)\left(1 + 0{,}55\left[\frac{h}{h+p}\right]^2\right) l\sqrt{2g}\,h^{1,5}.$$

Hier wird der Beiwert μ durch die erste Klammer ausgedrückt. Die Formel gilt auf Grund der Versuche für $0{,}1 < h < 0{,}5$ m und $l > h$, also nicht für ganz schmale Gerinne. Außerdem darf keine Einschnürung erfolgen, die Wehrbreite muß der Gerinnbreite gleich sein. Des weiteren sind Versuche von Rehbock in Karlsruhe ausgeführt worden. Rehbock legt weniger Wert auf die Einführung von k_0 in die Überfallformel, sondern verwendet die einfache Dubuatsche Formel, in der er k durch Einführung von p und h berücksichtigt.

$$Q = \frac{2}{3}\mu_0 l \sqrt{2g}\,h^{1,5}.$$

Er führt unter der Annahme, daß die mittlere Tiefe des Wasserlaufes oberhalb des Wehres gleich der Wehrhöhe über der Sohle sei, diese Höhe h_0 ein und setzt den Ausdruck $\frac{h_0}{p}$ in der Formel für μ ein.

Die Versuche von Rehbock sind für Modelle kleineren Maßstabes gemacht worden, gelten aber als übertragbar. Sein Ausdruck für μ_0 lautet ganz allgemein

$$\mu_0 = a + b \cdot \left(c - \frac{h_0}{p}\right)^n,$$

worin je nach der Form des Wehres $c = 0$ bis 1 und $n = 1$ oder 2 wird. Für das Kreiszylinderwehr Abb. 84 ohne Sturzbecken und das S-förmige Wehr Abb. 85 mit Sturzbecken ergab sich z. B.

$$\mu_0 = 0{,}55 + 0{,}22\,\frac{h_0}{p} \qquad\qquad \mu_0 = 0{,}90 - 0{,}4\left(1 - \frac{h_0}{p}\right)^2$$

wobei h_0 zwischen den Grenzen $0{,}1\,p$ und $0{,}8\,p$ liegt. Weitere Werte sind im Handb. d. Ing.-Wiss. Teil III, Bd. 2, 1912, S. 53, oder Weyrauch, „Hydr. Rechnen", 1915, S. 166, zu finden. Die beiden Gleichungen gelten für $0{,}1\,p < h < 0{,}8\,p$. Die Grenzen sind für andere Wehrformen andere. Die Geschwindigkeitshöhe

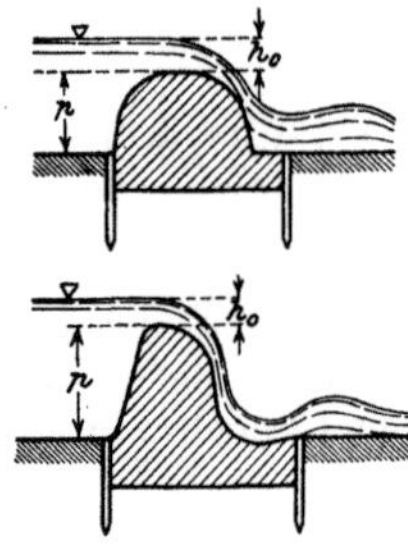

Abb. 84 u. 85. Wehrformen und Überlauf.

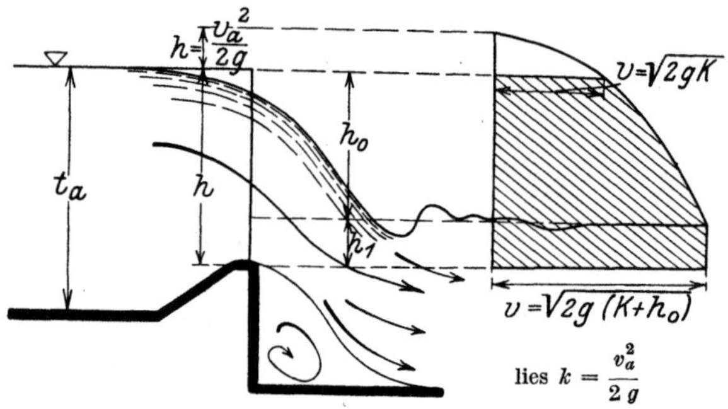

Abb. 86. Grundwehr. Überlauf z. T. unter Wasser.

des ankommenden Wassers liegt bei diesen Formeln mit in dem Ausdruck für μ_0, da diese Geschwindigkeit von dem Werte p abhängig ist.

Die Werte von Frese und Rehbock gehen nicht unwesentlich auseinander. Es ist möglich, daß die wahren Werte zwischen den von den beiden Forschern angegebenen liegen. Werte von absoluter Gültigkeit sind heute noch nicht vorhanden.

Für Grundwehre wird gewöhnlich die folgende Formel, die aus den Teilformeln für Abfluß in freie Luft und unter Wasser zusammengesetzt ist, angewandt (vgl. Abb. 86):

$$Q = l\sqrt{2g}\left\{\frac{2}{3}\,\mu_1[(h_0 + k_0)^{1,5} - k_0^{1,5}] + \mu_2\,(h - h_0)\,\sqrt{h_0 + k_0}\right\}.$$

In dieser Formel ist h_0 der Unterschied zwischen dem Ober- und Unterwasser, $k_0 = \frac{v_0^2}{2g}$, μ_1 und μ_2 sind Beiwerte für den oberen und den unteren Ausflußquerschnitt, die von Tolkmitt wie folgt angegeben werden:

1. Bei gut abgerundeten Grundwehren:

$$\mu_1 = 0{,}80 \text{ bis } 0{,}85, \text{ im Mittel } 0{,}83,\ \mu_2 = \text{etwa } 0{,}67.$$

2. Bei breiten Sturzwehren von rechteckigem Querschnitt und scharfen Kanten:

$$\mu_1 = 0{,}83,\ \mu_2 = 0{,}62.$$

3. Bei Grundschwellen mit Griesständern oder Setzpfosten:

$$\mu_1 = \mu_2 = 0{,}6 \text{ bis } 0{,}65.$$

4. Bei Grundablässen, die bis zur Sohle des Wasserlaufes hinabreichen:

$$\mu_1 = \mu_2 = 0{,}75 \text{ bis } 0{,}85.$$

Die vorstehenden Formeln sind gültig für angeschmiegten Strahl bei Wehren und Überfällen. Für den Fall, daß der Strahl sich von der Wand ablöst, sind bisher die gleichen Formeln verwandt worden. Rehbock gibt aber auf Grund seiner Versuche andere Formeln für die Beiwerte μ an, die im Handb. d. I., III, 2, zu finden sind.

Die Arbeiten über die beste Formel und über richtige Beiwerte für die Formel von μ_0 sind noch in vollem Gange. Die meisten Versuche sind wahrscheinlich in zu kleinem Maßstabe ausgeführt worden, so daß die Übertragung auf die Wirklichkeit nicht ganz unbedenklich ist. Es dürfte sich auf alle Fälle empfehlen, bei Entwürfen entsprechende Versuche durchführen zu lassen. Vor allem sollte man sich aber auf die Übereinstimmung zwischen Theorie und Praxis auf diesem Gebiet der Hydraulik nicht fest verlassen, sondern bei Wehrbauten und ähnlichen Anlagen durch Einbau beweglicher Teile dafür sorgen, daß willkürliche Vergrößerungen oder Verkleinerungen der Öffnungen jederzeit möglich sind. Die Vornahme späterer Erhöhung oder auch Vertiefung von Wehrkörpern ist keine seltene Erscheinung gewesen und zwingt zu obiger Forderung.

2. Überfall mit anschließender Rinne.

Es handelt sich um die Lösung der Aufgabe, für Floßgassen oder ähnliche Anlagen eine Rinne zu erbauen, die am oberen Ende geöffnet werden kann und deren Wassertiefe ein bestimmtes Maß nicht unterschreitet. Die obere Öffnung muß dann so tief sein, daß das in die Rinne hineinstürzende Wasser die gleiche Menge ergibt, die durch die Rinne vermöge ihrer Neigung, Tiefe und Rauhigkeit abgeführt werden kann. Man hat zuerst die Rinne in ihren Abmessungen zu finden, darauf die Tiefenlage des Rinneneinlaufes unter dem Oberwasserspiegel. Es ist verständlich, daß die gleiche Rinne, je nachdem sie höher oder tiefer unter den Oberwasserspiegel gelegt wird, entweder mehr Wasser erhält, als sie bei der geforderten Rinnentiefe abführen kann, oder weniger, so daß die Rinnentiefe nicht erreicht wird. Der Gang der Rechnung ist somit folgender:

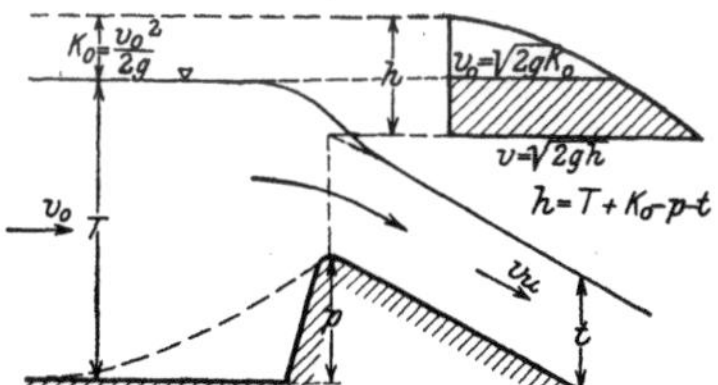

Abb. 87. Überfall mit anschließender Rinne.

Es sei eine Rinnentiefe verlangt von t, Abb. 87 die mit der mittleren Tiefe der Rinne gleichbedeutend sei (senkrechte Wände). Man nimmt für eine bestimmte Ausführungsart die Rauhigkeitsklasse an und findet daraus für ein bestimmtes wählbares Gefälle J die Geschwindigkeit v in der Rinne.

Die in die Rinne hineinstürzende Wassermenge wird so berechnet, als ob es sich um den einfachen Ausfluß aus einem Gefäß handele, und zwar so, als ob der Ausfluß unter Wasser bei der Höhe der Öffnung t und der Druckhöhe $h = H - t$ stattfinde. Es ist dann die ausfließende Wassermenge

$$Q = v \cdot F = \mu \cdot t \cdot b \sqrt{2gh}.$$

In dem Gerinne selbst ergibt sich der gleich große Wert v bei dem Gefälle J und dem Beiwert μ_1

$$v = \mu_1 \sqrt{t \cdot J}.$$

Daraus folgt

$$v = \mu_1 \sqrt{t\,J} = \mu \sqrt{2gh} \quad \text{und weiter} \quad h = \frac{v^2}{2g \cdot \mu^2} = \frac{t \cdot J \cdot \mu_1^2}{2g \cdot \mu^2}.$$

Zur Vereinfachung kann man v aus der Geschwindigkeitstafel ablesen. Wenn man setzt $\mu = 0{,}87$ und $g = 9{,}81$, dann wird $h = 0{,}067\, v^2$. Dann folgt als Tiefe der Rinnensohle unter dem Oberwasser an der Einlaufstelle $H = h + t$. Die Bewegung im Oberwasser bei dem Zufließen zu der Floßöffnung wird am besten durch die Wahl von μ berücksichtigt.

3. Streichwehre.

Streichwehre werden vielfach bei Ableitung des Wassers in Seitenkanäle gebraucht. Es sind Werke, deren Krone in der Uferlinie liegt. Engels hat auf versuchstechnischem Wege für zwei besondere Fälle der Gerinnegestaltung einmal mit parallelen senkrechten Wandungen, dann mit sich verengenden Wandungen zwei einfache Formeln gefunden [1]). Für beide Fälle gilt Abb. 88 als Ansicht. Für die erste Formel sieht das Gerinne in der Aufsicht aus wie Abb. 89, für die zweite Formel wie Abb. 90 oder 91.

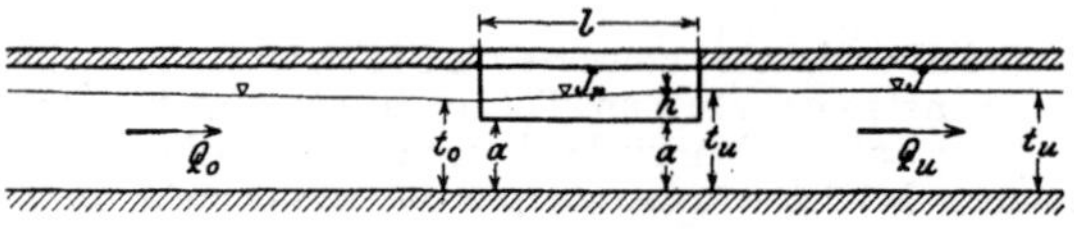

Abb. 88. Längsschnitt.

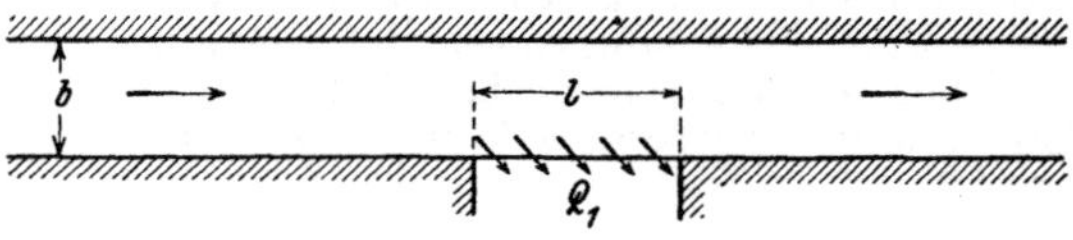

Abb. 89.

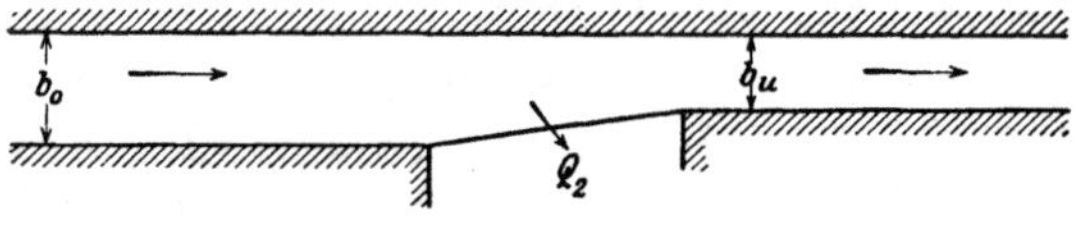

Abb. 90.

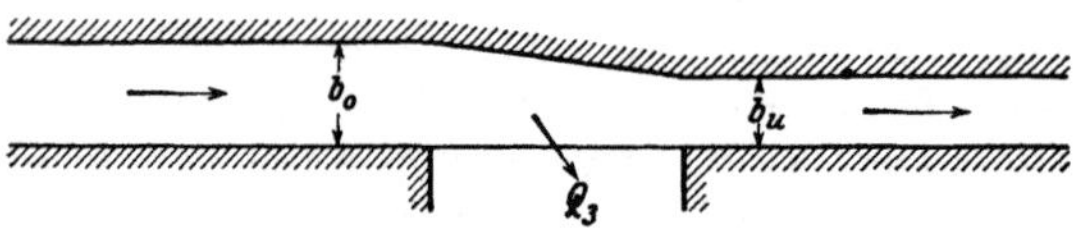

Abb. 91. $Q_{III} \sim Q_{II}$.

Abb. 88–91. Streichwehre nach Engels. Rechteckiger Querschnitt.

Die Formeln lauten für Gerinne mit parallelen, senkrechten Ufern:

$$Q_1 = \frac{2}{3}\mu\sqrt{2g}\sqrt[3]{l^{2,5}\cdot h^5}$$

und für Gerinne mit sich verengenden Ufern:

$$Q_2 = Q_3 \sim \frac{2}{3}\mu\sqrt{2g}\sqrt[3]{l^{2,7}\cdot h^{4,8}}\,.$$

In beiden Fällen ist für einen scharfkantigen, unter 45° abgeschrägten Überfall $\mu = 0{,}75$ zu setzen, sodaß der Ausdruck $\frac{2}{3}\mu\sqrt{2g}$ den Wert 2,2 annimmt. Für andere Formen der Wehrkronen wird man nach Rehbock den Beiwert μ ändern müssen. Die zweite Formel enthält keinen Beiwert mit der Funktion $f\left(\frac{b_o}{b_u}\right)$, bei sehr starken Unterschieden der oberen und unteren Breite wird aber dieses Verhältnis auch eine Rolle spielen, also vor allem dann, wenn es sich um Ableitung beträchtlicher Wassermengen aus engen Gerinnen handelt. Bei Ableitung von Wassermengen aus größeren Flüssen wird aber das Verhältnis $\frac{b_o}{b_u}$ ohne wesentlichen Einfluß sein.

4. Brückenstau.

Der Brückenstau ist eine ganz ähnliche Erscheinung wie der Stau bei Wehren. Die Berechnungen erfolgen in ähnlicher Weise. Die älteren Forscher haben zum Teil die Formel aufgebaut auf den Unterschied der Geschwindigkeitshöhen des

[1]) Z. V. d. I. 1920, S. 101.

oberhalb langsamer, in der Brücke aber schneller fließenden Wassers, wobei der Stau eine Funktion dieser Geschwindigkeitshöhen ist (d'Aubuisson), oder sie gingen von der Gleichung für Grundwehre aus (Rühlmann). Schon bei diesen beiden Formeln können sich Unterschiede bis zum dreifachen Betrage ergeben. Es sind deshalb noch Formeln von Freytag, Wex und anderen entwickelt worden, die aber auch keine Weiterentwicklung gebracht haben, vgl. die Ausrechnung eines Brückenstaues in Weyrauch: „Hydraulisches Rechnen" 1915, S. 188. Weyrauch gibt hier an einem Beispiel an, wie für den gleichen Fall der Wert je nach der verwendeten Formel zwischen 0,14 und 0,56 m Stauhöhe schwanken kann.

Die heute als brauchbar anerkannten Formeln stammen von Rehbock und Krey. Rehbock hat auf Grund einer großen Zahl von Versuchen eine empirische Formel aufgestellt. Er weist darauf hin, daß ebenso wie oberhalb der Brücke ein Anstau stattfand, innerhalb eine Absenkung einträte, vgl. Abb. 92 und Sonderdruck aus Z. d. B., 3. 5. 19. Der wirkliche Stau ist dabei nur der Anstau oben über dem früheren Wasserspiegel. Bisher wurde aber die Summe von Anstau und Absenkung als Stau angesehen, also ein Wert, der viel zu groß ist. So ergeben auch die Formeln von d'Aubuisson und Rühlmann nach Rehbocks Versuchen bei rein strömendem Abfluß um ein Mehrfaches zu große Werte.

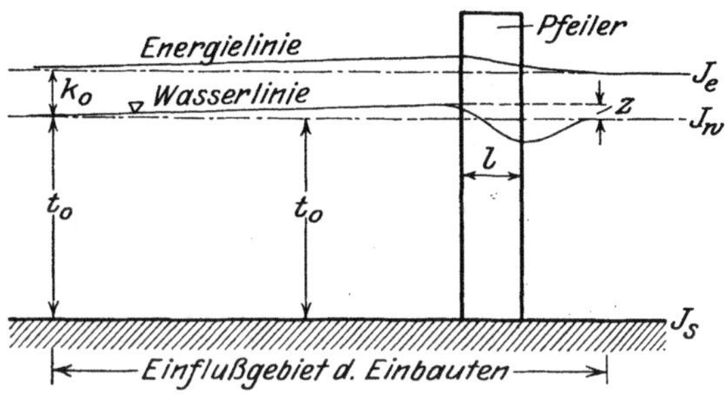

Abb. 92. Brückenstau nach Rehbock.

Es sind nach Rehbock drei Zustände zu unterscheiden,

1. der reine strömende Durchfluß, wobei kein Übergang zum Schießen vorkommt,

2. teilweiser Fließwechsel, wobei ein Teil des ursprünglich strömenden Wassers zu schießen beginnt,

3. voller Fließwechsel, wobei das strömende Wasser ganz in den schießenden Zustand übergeht.

Rehbock hat nun auf Grund von über 2000 Stauversuchen Formeln für alle drei Zustände aufgestellt. Es wird wiederholt, daß das Schießen des Wassers beginnt, wenn die Wellengeschwindigkeit überschritten wird; das ist der Fall, wenn die Geschwindigkeitshöhe $\frac{v^2}{2g} > \frac{t}{2}$ wird. Ist die Geschwindigkeit am ungestauten Querschnitt oberhalb der Brücke v_0 mit $k_0 = \frac{v_0^2}{2g}$ und die Tiefe dort t_0, dann wird das „Fließverhältnis" genannt $\omega = \frac{k_0}{t_0}$. Ist der benetzte Querschnitt oberhalb F und die Summe der Pfeilerquerschnitte im Wasser f, dann ist die Verbauung $\alpha = \frac{f}{F}$. Die folgenden Formeln sind für den Sonderfall aufgestellt, daß die Pfeiler durch Bogen zugespitzt sind, deren Halbmesser gleich der doppelten Breite der Pfeiler ist, wobei die Pfeilerlänge gleich 6,66 d ist, vgl. Abb. 93. Die Formeln gelten aber auch für Pfeiler mit den Werten $l = 3d$ bis $8d$. Der Abfluß erfolgt dann rein strömend im Gebiet I, solange der Wert α kleiner ist als α_A, wobei ist $\alpha_A = \frac{1}{0{,}97 + 21\,\omega} - 0{,}13$. Volles Schießen tritt ein, wenn α größer wird als α_B mit dem Wert $\alpha_B = 0{,}05 + (0{,}9 - 2{,}5\,\omega)^2$; zwischen den beiden Werten α_A und α_B liegt der Zustand mit teilweisem Fließwechsel.

Die Formeln für den Brückenstau haben sämtlich den gleichen Aufbau $Z = \beta \cdot \alpha \cdot k_0$ erhalten; für den ersten Zustand des rein strömenden Wassers wird $\beta_1 = (0{,}72 + 1{,}2\,\alpha + 40\,\alpha^4)\,(1 + 2\,\omega)$.

Diese Formel ist, wie die Versuche ergaben, bis zu dem Werte $\alpha = \mathbf{0{,}6}$ gültig, die Verbauung der meisten Strombrücken liegt aber innerhalb der Grenzen von $\alpha = 0{,}06$ bis 0,16 mit den Fließverhältnissen ω zwischen 0,03 und 0,12. Für diese Werte ist $\beta_1 \sim 1$, so daß dafür die Näherungsformel $Z_1' = \alpha\,K_0$ gültig ist.

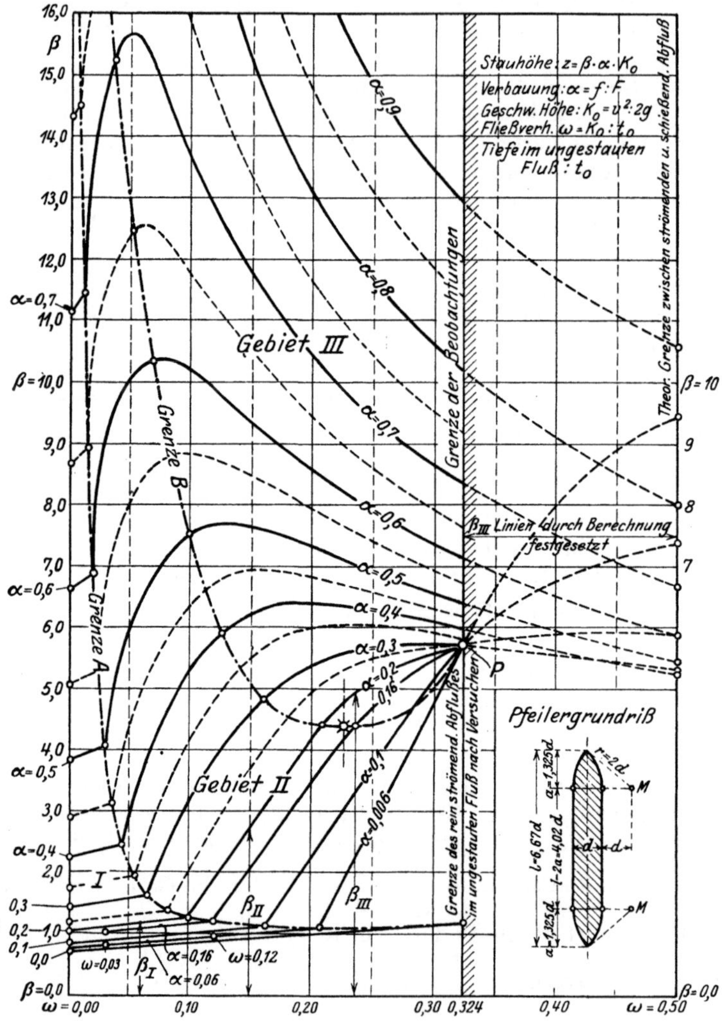

Abb. 93. Brückenstau nach Rehbock. Auftragung der Beiwerte α und β.

Die Werte β_1 sind von Rehbock in der Tafel Abb. 93 zeichnerisch dargestellt. Für die beiden anderen Zustände hat Rehbock die Formeln gleichfalls entwickelt, die Werte β_2 und β_3 aber in der gleichen Tafel dargestellt. Es genügt somit, vollständig die Tafel wiederzugeben, um für alle Zustände die β-Werte zu finden. Der α- und der ω-Wert können für jede Brücke vorher bestimmt werden, nur der β-Wert ist unbekannt. Er muß entweder nach den Formeln oder nach der Tafel festgestellt werden. Die Genauigkeit ist dabei bei Benutzung der Tafel eine durchaus genügende. Die Tafel enthält senkrecht aufsteigend die ω-Linie, quer herübergehend die β-Linie. Die α-Linien sind die zuerst gerade, dann gebogen verlaufenden Linien, die zusammen die Kurvenschar bilden. Der Vorgang ist ein sehr einfacher, man bestimmt die Verbauung α, dann das Fließverhältnis ω, geht dann auf der entsprechenden senkrechten ω-Linie bis zur α-Kurve. Die Höhenlage der α-Kurve gibt dann die Größe von β an. Man hat z. B. einen Wasserlauf mit der Geschwindigkeit $v_0 = 0{,}9$ m, der Wassertiefe $t_0 = 1{,}2$ m und einer Verbauung $\alpha = 0{,}2$ mit der Formel $z = \beta . a \cdot k_0$; dann ist

$$k_0 = \frac{0{,}9^2}{19{,}6} = 0{,}041 \text{ m}; \quad \omega = \frac{k_0}{t_0} = 0{,}034\,.$$

Man findet dann auf der $\alpha = 0{,}2$ Kurve im Schnitt mit der Senkrechten über $\omega = 0{,}034$ die Höhe $\beta = 1{,}1$ und befindet sich im Zustand I des reinen Strömens. Es ist dann $Z = \beta \cdot \alpha \cdot k_0 = 1{,}1 \cdot 0{,}2 \cdot 0{,}041 = 0{,}009$ m, das heißt 9 mm.

Wäre bei der gleichen Verbauung $\alpha = 0{,}2$, die Geschwindigkeit $v_o = 1{,}9$ m, bei der gleichen Wassertiefe $t_0 = 1{,}2$, dann wäre $k_0 = 0{,}18$ m und $\omega = 0{,}15$; dann würde man finden $\beta_2 = 2{,}7$ (zufällig gerade an der Stelle, an der β_{II} in der Abbildung eingeschrieben steht). Man befindet sich im Gebiet II des teilweisen Fließwechsels. Es wird $Z_2 = 2{,}7 \cdot 0{,}2 \cdot 0{,}18 = 0{,}098$ m $= 98$ mm. Hat man es mit stumpfen Vorköpfen zu tun, dann muß man die Z-Werte vergrößern.

Rehbock gibt an, daß bei rechteckigen Vorköpfen, die man noch bei alten Brücken antrifft, die vorgenannte Näherungsformel $Z_1 = \alpha K_0$ den Wert $Z_1' = 2{,}1\,\alpha K_0$ erreicht hat. Man schreibt die Näherungsformel besser $\frac{Z_1}{k_0} = \frac{f}{F}$. Für Überschlagsrechnungen wird sie in den meisten Fällen genügen.

Die Formeln von Krey geben in der Form der Energielinie ein klareres Bild der ganzen Verhältnisse ab, sind aber schwierig anzuwenden, da die Beiwerte nicht feststehen. Da die Formeln von Rehbock aber für die Praxis durchweg ausreichend und allen bisherigen Formeln weit überlegen sind, da die Änderungen nach Krey zudem nur unwesentlich sind, wird auf die Wiedergabe der Formel von Krey verzichtet. Sie ist veröffentlicht im Zentralblatt der Bauverwaltung vom 27. 9. 1919.

f) Bewegung fester Körper im Wasser.

1. Das Treiben schwimmender Körper.

Die Erfahrung zeigt, daß bei Windstille Schiffe schneller treiben als der Strom. Auf dieser Erscheinung beruht die Steuerfähigkeit frei zu Tal treibender Schiffe.

Es gibt hierfür mehrere Erklärungen; als einfachste kann folgende angeführt werden: Bewegen sich 2 Kugeln von dem Durchmesser R und r in einem gleichmäßig fließenden Strom (laminar) mit dem Gefälle $\sin\alpha$, dann ist die bewegende Kraft für die große Kugel $\frac{4}{3} R^3 \pi \cdot \gamma \sin\varphi$ und für die kleinere Kugel $\frac{4}{3} r^3 \pi \cdot \gamma \sin\varphi$. Der Widerstand gegen die umgebende Fläche wird der Kugeloberfläche proportional sein, d. h. für die große Kugel: $4\pi R^2 \cdot \varkappa$, für die kleine Kugel: $4\pi r^2 \cdot \varkappa$. Das Verhältnis von treibender Kraft zu Widerstand ist für die beiden Fälle somit für die große Kugel $\frac{1}{3} R \cdot \frac{\gamma \sin\varphi}{\varkappa} = CR$, für die kleinere Kugel: $\frac{1}{3} r \cdot \frac{\gamma \sin\varphi}{\varkappa} = Cr$, wenn $\varkappa$ in beiden Fällen gleich ist. Daraus folgt, daß dieses Verhältnis proportional dem Halbmesser und einer Unveränderlichen C ist.

Es muß sich demzufolge eine große Kugel schneller bewegen als eine kleinere. Da die kleinsten Kugeln im Wasser die Wassertröpfchen selbst sind, so muß sich jeder größere feste Körper schneller bewegen als das umgebende Wasser. Diese Schlußfolgerung scheint auch zulässig für turbulentes Wasser innerhalb der gleichen Geschwindigkeitszone. Hier tritt aber als wesentlicher Grund hinzu, daß das Wasser an der Oberfläche schneller fließt als weiter unterhalb. Hat man es mit tiefgehenden Schiffen zu tun, dann kann man aus beiden Gründen damit rechnen, daß das Schiff sich schneller bewegt als die mittlere Geschwindigkeit der betreffenden Tauchtiefe. Da die Geschwindigkeit in der Nähe des Bodens der Schiffe am geringsten ist und hier das Steuer sitzt, so bewegt sich das Steuer als Teil des Schiffes schneller als das umgebende Wasser. Das Steuer ist also imstande, wegen seiner schnelleren Bewegung gegen die Umgebung einen Druck auf das umgebende Wasser auszuüben. Ein treibendes Schiff ist somit steuerfähig, vorausgesetzt, daß ein genügender Geschwindigkeitsunterschied vorhanden ist. Dieser Unterschied ist um so größer, je besser ein Schiff gebaut ist. Bei Versuchen auf dem Rhein waren z. B. scharf gebaute Weserschiffe steuerfähig, während gewisse Rheinschiffe es nicht waren.

2. Die Bewegung der Geschiebe.

Unter Geschiebe werden alle auf oder in der Sohle sich bewegenden festen Bestandteile verstanden, vom Kies bis zum feinsten Sand, solange er nicht schwimmt. Wir haben zu unterscheiden zwischen der Räumungskraft des Wassers, von der die Lösung der Geschiebe von Ufer und Sohle abhängt und der Schleppkraft, durch die die Bewegung bedingt ist. Die Lösung der Geschiebe ist abhängig hauptsächlich von der Druck- und der Stoßkraft, die das Wasser ausübt, die Schleppkraft hauptsächlich von den Reibungs- und den Stoßkräften des fließenden Wassers. Beide sind in ihrer Gesamtwirkung abhängig von der lebendigen Kraft der Wasserfäden, die auf einen Geschiebekörper einwirken. Die Räumungskraft bedarf noch weitgehender Klärung, über die Schleppkraft sind aber bereits Versuche angestellt worden.

Bei der Tiefe t des Flusses an einer Stelle wirke auf einen vorläufig kugelförmig gedachten Kiesel das Wasser ein mit der lebendigen Kraft $L = M\frac{v_u^2}{2} = \frac{v_u^2}{2g}$, wenn das Einheitsgewicht des Wassers gleich 1 gesetzt wird. Gemäß den Vertikalgeschwindigkeitskurven ist die Geschwindigkeit v_u an der Sohle am geringsten. Sie werde bezogen auf die mittlere Geschwindigkeit v_m, es sei $v_u = a \cdot v_m$. Es sei nach irgendeiner Geschwindigkeitsformel $v_m = \mu \cdot \sqrt{t \cdot J}$. Der Bewegungsbeiwert, bezogen auf die lebendige Kraft, sei b, so daß die ausgeübte Schleppkraft des Wassers wird: $R = b \cdot L = \frac{b \cdot a^2 v_m^2}{2g} = \frac{b\,a^2\mu^2}{2g} t \cdot J = \alpha t \cdot J$ t/qm, wenn man $R = 1000\,\alpha\,t\,J$ kg/qm und $\frac{a^2 \cdot b \cdot \mu^2}{2g} = \alpha$ setzt.

In anderer Weise ist diese Gleichung abgeleitet worden aus folgender Betrachtung: In einem Flusse bewege sich eine Wassersäule von der Tiefe t, 1 qm Bodenfläche und damit dem Inhalt 1 cbm. Die seitliche Bewegungskraft ist $t \cdot \sin\alpha = t\,J$. Gemäß den früher erfolgten Ausführungen muß diese Seitenkomponente eine Beschleunigung des Wassers herbeiführen. Da aber gleichförmige Bewegung besteht, muß die Kraft dauernd durch innere Reibung und Sohlenreibung aufgezehrt werden. Soweit die innere Reibung dazu dient, wieder Stoßkräfte oder Reibungskräfte auf die Sohle auszuüben, wird sie wieder zur Schleppbewegung mit verbraucht. Ein Teil aber wird sich in Wärme verwandeln und an Sohle und Luft abgegeben werden. Es bleibt somit nur ein Teil dieser Kraft $t \cdot J$ für die Bewegung der Geschiebe verfügbar. Dieser Teil sei $\alpha \cdot t \cdot J$. Wir erhalten somit denselben Ausdruck wie vorhin.

Es sind Versuche über die Schleppkraft des Wassers von Engels und anderen Fachleuten ausgeführt worden. Aus ihnen ergibt sich, daß α kleiner als 1 ist, aber sehr nahe bei 1 liegt. α ist um so größer, je gleichmäßiger das Wasser fließt, und um so kleiner, je größer die inneren Wirbel sind. Erfahrungsgemäß treten bei NW. in den Flüssen über den Übergängen große Gefälle ein, über den Kolken schwache. Die inneren Bewegungen müssen über den Furten stärker sein als in den Kolken. Da aber wegen der geringeren Querschnittsgröße und des größeren Gefälles das Wasser über den Übergängen schneller fließen muß als in den Kolken, so muß trotz allem die Geschiebebewegung in den Übergängen größer sein als in den Kolken. Die Übergänge werden somit bei NW. stärker ausgewaschen und die Kolke aufgehöht. Steigt das Wasser, dann nehmen die inneren Bewegungen über den Übergängen schneller ab als in den Kolken. Das Gefälle verringert sich am Übergang in viel größerem Maße als über den Kolken. Die Erfahrung zeigt, daß auch hier das Gefälle wieder ausschlaggebend ist, daß die Schleppkraft über den Übergängen schneller abgenommen hat als in den Kolken. Die Übergänge erhöhen sich, die Kolke vertiefen sich.

E. Wassermengen.

a) Allgemeines.

Für jede wasserbauliche Arbeit, ob sie nun im Verkehrsinteresse oder im wasserwirtschaftlichen Interesse erfolgt, ist die Kenntnis der Wassertiefen, der Spiegellage und des Gefälles, der Geschwindigkeit und der Wassermenge notwendig, dazu das Wissen über die Art und den Umfang der Änderungen, die sich in den einzelnen Jahreszeiten in dem Wasserlauf vollziehen. Auch das allgemeine volkswirtschaftliche Interesse verlangt eine genaue Kenntnis der Eigenschaften der Flüsse. Für den Wasserverkehr kommt es vor allem an auf die Wassertiefe, Querschnittsbreite und Geschwindigkeit, für wasserwirtschaftliche Fragen, Ausbau von Staustufen usw. auf die Gefälle und die Wassermengen. Bei Flußkanalisierungen im Schiffahrtsinteresse spielt die Kenntnis der Wassermengen gleichfalls eine entscheidende Rolle, weil die Abmessungen der Wehre von ihnen abhängig sind. Eine vollständige wasserbauliche Arbeit wird auf alle Fälle über alle Belange des Wasserlaufes, Tiefen, Breite, Spiegelschwankungen, Gefälle, lichte Höhe der Brückenöffnungen, Lage alter vorhandener Wehre, Geschwindigkeit, Wassermengen Auskunft geben müssen.

Die Werte, die am schwersten zu erlangen sind, sind die relativen, also Geschwindigkeit und Wassermenge. Hat man die Geschwindigkeit für einen Querschnitt genau bestimmt, dann ist damit auch die Wassermenge gegeben. Die unmittelbare Messung der Wassermenge ist nicht möglich. Selbst die Messung an Wehren verlangt immer wieder Rechnungen, deren Ergebnis unsicher ist. Weil nun die Geschwindigkeiten eine so große Rolle spielen, einmal für die Bewegung der Schiffe im Wasser, dann für die Größe der Wassermengen, hat man durch Schaffung der Geschwindigkeitsformeln einfache Methoden zu finden gesucht, die uns die Geschwindigkeiten ohne große Messungen ergeben. Ob man nun aber die Geschwindigkeiten durch Formeln finden will oder durch Messung mit Geschwindigkeitsmessern, immer ist die Messung der Wassertiefen, Querschnitte und Gefälle Vorbedingung. Es müssen deshalb zuerst die Maßnahmen für die absoluten Messungen (Tiefen, Gefälle usw.) besprochen werden, danach die Maßnahmen zur Vornahme der relativen (Geschwindigkeiten und Wassermengen).

b) Pegel.

Die augenfälligste Erscheinung an einem Wasserlauf ist der Wasserstand. Seine Unterschiede sind für die Ländereien, Schiffbarkeit usw. bedeutungsvoll. Sie werden an Pegeln abgelesen, die fest oder beweglich sein können. Die festen Pegel bestehen aus Maßstäben, die an Pfählen, Mauern oder Pfeilern befestigt sind und die unter den tiefsten und über den höchsten bekannten Wasserspiegel hinüberreichen. Die Maßstäbe haben auf dem europäischen Festland fast durchweg Meterteilung, in den angelsächsischen Ländern Fußteilung. Die Pegel müssen an Stellen stehen, die dem Angriff des Eises wenig ausgesetzt sind und die ein bequemes Ablesen ermöglichen. Nicht immer ist es möglich, die niedrigsten und höchsten Wasserstände am gleichen Pegel abzulesen, dann ist ein Pegel in der Niedrigwasserrinne und ein weiterer auf dem Vorlande in der Nähe des Hochwasserufers notwendig. Beide Pegel müssen auf den gleichen Nullpunkt eingemessen sein. Sie sind den gleichen Veränderungen unterworfen wie Bauwerke. Auch Pegel an einzelnen Pfählen können ihre Höhenlage ändern, Pfähle können durch Anrennen von Schiffen schräg werden, sie können bei Aufwühlen des Untergrundes versacken, durch Anfrieren von großen Eisschollen bei Steigen des Wassers gehoben werden. Die Pegel müssen deshalb jährlich wenigstens einmal genau durch Einnivellieren auf zwei verschiedene Festpunkte auf ihre Höhenlage geprüft werden. Hat sich der Pegel um wenigstens 10 cm verändert, dann ist sein neuer Nullpunkt anzugeben. Pegellatten mit einfachem Ölfarbenanstrich besitzen nur kurze Lebensdauer und sind nur für vorübergehende Zwecke brauchbar. Am besten sind eiserne Latten mit Emailleoder Porzellanschildern, die sich im Wasser so gut wie nicht verändern und leicht gereinigt werden können. Abb. 94 bis 96 geben Ausführungen von Pegeln an. Will man die Wasserstände genauer ablesen können, dann kann man die Pegellatte auch auf eine Böschung legen, muß dann aber die Einteilung entsprechend der Neigung vergrößern. Die Böschungspegel sind im allgemeinen weniger zweckmäßig wegen der erschwerten Ablesung und weil bereits kleinere Änderungen der Böschungen z. B. infolge Sackens der Deiche usw. Ungenauigkeiten ergeben müssen.

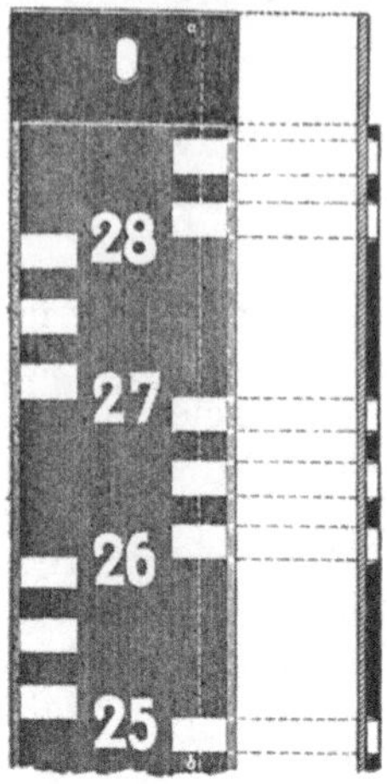

Abb. 94.

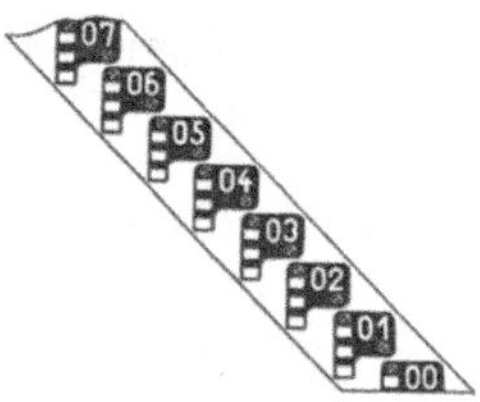

Abb. 95.

Abb. 94 u. 95. Pegellatten.

Das Ablesen des Wasserstandes in der Wasserlinie wird durch die Wellen erschwert, es wird wesentlich erleichtert, wenn man die Ablesungsstelle durch Einfügung von Schwimmern hochlegt. (Abb. 97 u. 99). Selbst stärkere Schwankungen sind dann kein Hindernis für gute Ablesungen. Ein einfacher Schwimmerpegel besteht aus einem Holz- oder Metallschwimmer, von dem aus ein dünnes Drahtseil nach oben über eine Rolle geleitet wird. An dem anderen Ende des Drahtseiles hängt ein Gegengewicht, dessen untere Kante an einem nun höher gelegten Maßstabe den Wasserstand ablesen läßt. Für wichtige Pegel werden nur hohle Metallschwimmer verwandt. Der Pegel wird dann am besten in einen selbstschreibenden umgewandelt.

Die Pegel müssen an allen wichtigen Stellen der Gewässer errichtet werden. Ihre Anlage ist die erste Voraussetzung für eine genaue Er-

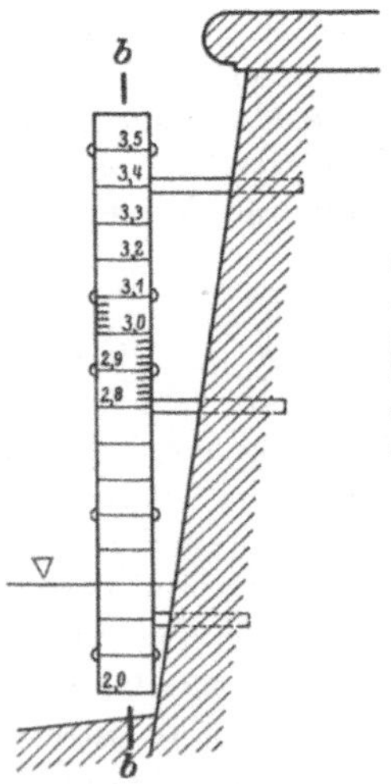

Abb. 96. Pegellatte an einem Brückenpfeiler. a) Ansicht, b) Schnitt $b-b$.

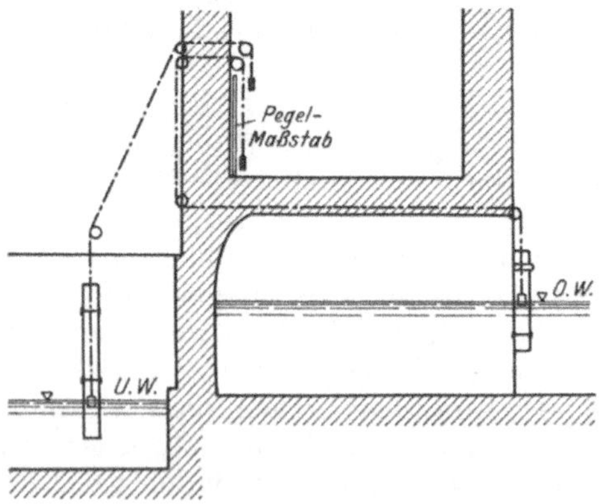

Abb. 97. Schwimmpegel für Ober- und Unterwasser an einer Staustelle.

kundung der Wasserstände. Wegen der Wichtigkeit der Wasserstände für die Ortschaften finden sich Pegel bei größeren Orten am besten an Brücken, dann vor und nach Einmündung von größeren Nebenflüssen, an allen größeren Brechpunkten des Gefälles. Der Pegelnullpunkt sollte stets unter dem NNW. liegen, so daß man immer nur mit positiven Ablesungen zu rechnen hätte. Leider liegen aber viele Pegelnullpunkte nicht unter dem NNW., so daß man mit Plus- und Minuswerten zu rechnen hat. Die Pegeleinteilung erfolgt gewöhnlich durch abwechselnd weiße und schwarze Striche von 2 cm Stärke, eine weitere Einteilung ergibt Felder von 10 cm Höhe, s. Abb. 94 bis 97.

Selbstschreibende Pegel entstehen dadurch, daß man durch den Schwimmer oder durch Druckluft einen Stab auf und nieder bewegen läßt, an dem eine Schreibfeder sitzt, die auf einer sich langsam drehenden, mit Papier bespannten Trommel Kurven schreibt. Der Schreibstab wird bei Schwimmpegeln am besten durch ein Zahnradgetriebe bewegt. Das Schwimmseil wird über ein größeres Rad geführt, auf das ein Zahnrad gekeilt ist. Das Zahnrad bewegt dann eine

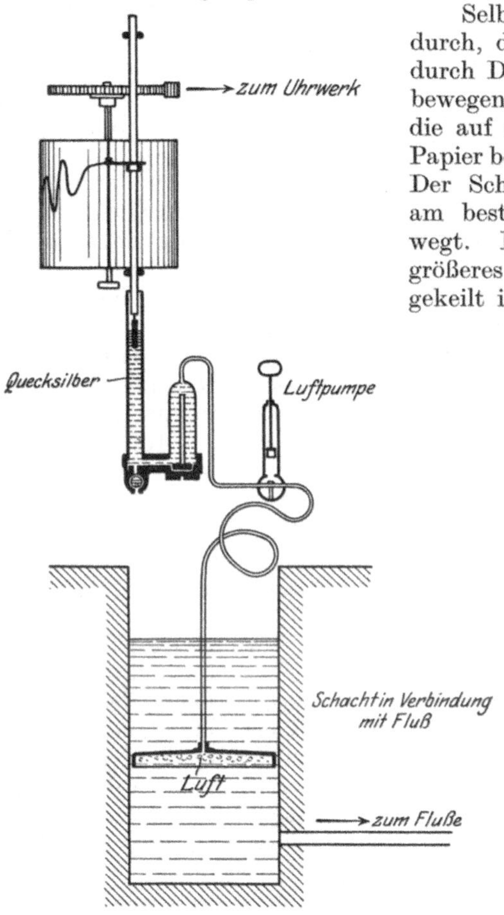

Abb. 98. Druckluftpegel nach Fueß. Schematisches Bild.

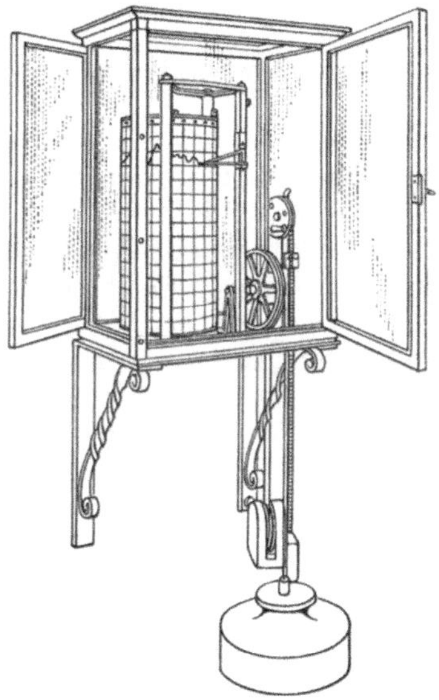

Abb. 99. Selbstzeichnender Schwimmerpegel von Fueß.

Zahnstange, an der der Schreibstift sitzt. Man kann auch noch weitere Radgetriebe einschalten und auf diese Weise jede gewünschte Übersetzung erhalten. Das Bild eines solchen Pegels zeigt Abb. 99. — Neben den Schwimmerpegeln sind Druckluftpegel entwickelt worden[1]). Es wird eine flache Druckluftglocke (Abb. 98) einige Dezimeter unter dem NNW. angebracht; sie steht mit dem Schenkel *U* einer U-förmigen Quecksilberröhre in Verbindung. Der andere Schenkel trägt den Schreibstift, der mit einem kleinen Schwimmer auf dem Quecksilber schwimmt. Die Glocke wird durch die Luftpumpe von Zeit zu Zeit neu gefüllt. Das Rohr besteht aus Blei mit 2 mm oder größerer Bohrung. Die Bohrung ist von der Länge der Leitung abhängig. In der Abbildung hat man sich vor

[1]) Große Verdienste um die Entwicklung der selbstschreibenden Pegel hat sich u. A. die Firma Fueß in Steglitz b. Berlin erworben.

und hinter der Glocke einen freien Raum im Schacht zu denken, so daß das Wasser sich an der feststehenden Glocke auf und ab bewegen kann. Der Schacht kann nach Abb. 101 durch einen Heber mit dem Gewässer verbunden werden. Es ist das u. U. besser als ein tiefliegendes Verbindungsrohr, das schwer zu reinigen ist.

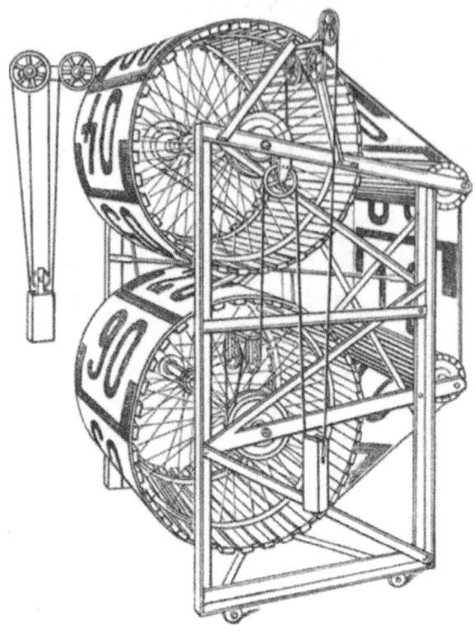

Abb. 100. Bandpegel von Fueß.

Da neben der Wasserstandshöhe auch das Gefälle eine große Rolle spielt, ist der Vorschlag von Kayser[1]) wertvoll, der durch Kupplung zweier Schwimmer auf eine Pegeltrommel einen selbsttätigen Differenzpegel geschaffen hat. Die beiden Schwimmerbrunnen müssen einen solchen Abstand voneinander haben, daß auch die beiden Pegelkurven genügend Abstand voneinander erhalten, wenn die Schreibfedern beider auf gleiche Höhenlagen eingestellt sind. Hat ein Fluß ein Gefälle von z. B. 1 : 5000, dann ergeben 100 m Abstand der Brunnen bereits ein ausreichendes Gefälle von 20 mm. Aus diesen Aufzeichnungen kann man dann das Gefälle unmittelbar für alle Wasserstände ablesen. Abb. 102.

Eine andere Form des Differenzpegels zwecks unmittelbarer Ablesung empfiehlt sich für Staustufen wie in Abb. 97 und Abb. 103. Die Seile der beiden Schwimmer sind zu einer Pegelstelle geführt. Der UW.-Schwimmer trägt eine bewegliche Pegellatte, die sich zwischen den beiden festen des UW. und OW. bewegt. An ihr sitzt am O.-Punkt der Anzeiger für den UW.-Stand. Der Anzeiger für das OW. zeigt einmal rechts den OW.-Stand an, dann links durch einen Abstand vom O.-Punkt der beweglichen Latte das Gefälle.

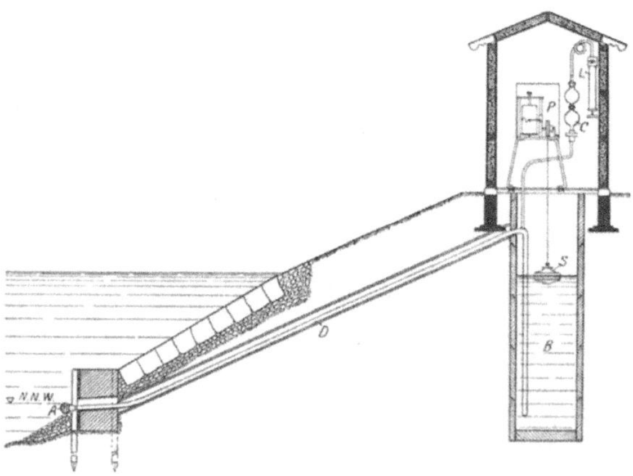

Abb. 101. Heberpegel.

Um die Schwankungen des Wassers infolge der Wellen und damit die Aufzeichnung der letzteren zu verhindern, werden die Schwimm- oder Druckluftglocken in Pegelschächten untergebracht, die nur durch ein enges Rohr mit dem Gewässer in Verbindung stehen. Die Wellenschwankungen werden dadurch so verkleinert, daß sie nicht mehr mit aufgezeichnet werden.

Die Firma Fueß hat selbstschreibende Pegel ferner noch mit großen Rollbändern versehen, Abb. 100, die eine Ablesung auf mehrere 100 m erlauben. Eine Beschreibung ist entbehrlich, denn es ist selbstverständlich, daß man die Bewegung des Schwimmers, nachdem sie auf ein Rad übertragen worden ist, zur Bewegung von Rollen benutzen kann, auf die sich ein Rollenband auf- und abwickelt. Auf diesen Bändern stehen dann die Wasserstandszahlen, deren gewöhnlich drei vor einem Fenster erscheinen. Die mittlere gibt den Pegelstand an, die beiden anderen dienen zur Kontrolle bei der Ablesung.

---

[1]) Z. d. Bauverwaltung 1906.

Oft besteht der Wunsch, die Ablesungen in die Ferne zu übertragen; dann sind Fernpegel notwendig. Auch hier ist die Möglichkeit durch die Bewegung des Rades gegeben. Es kann entsprechend groß ausgebildet und mit elektrischen

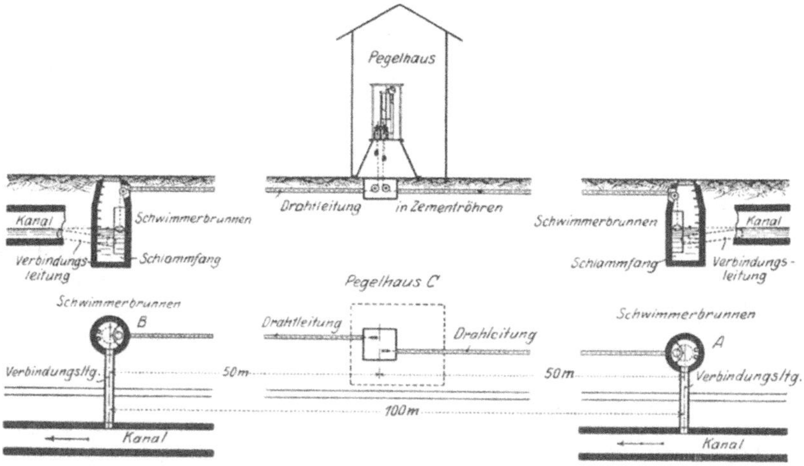

Abb. 102. Differenzpegel für Gefällmessungen nach Fueß.

Kontakten besetzt werden. Ebenso wie man Uhren elektrisch betreibt, kann man somit auch Pegelstände elektrisch übermitteln. Es muß aber darauf hingewiesen werden, daß man die elektrische Einrichtung nicht offen in einen Pegelschacht hineinsetzen darf, weil durch Oxydieren der Kontakte der Apparat leicht außer Betrieb kommt.

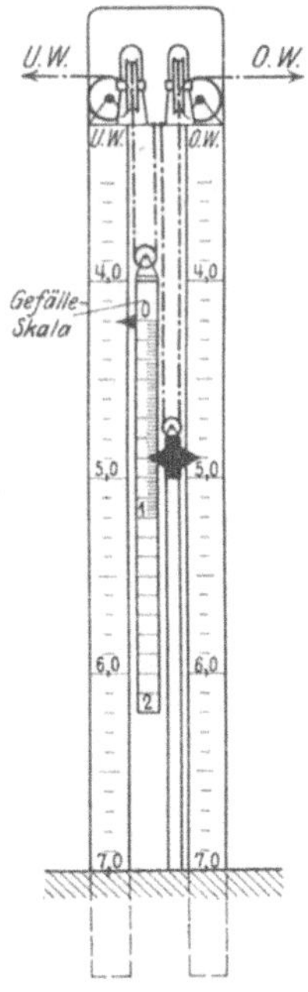

Abb. 103. Differenzpegellatte.

c) Geschwindigkeitsmessungen.

1. Schwimmermessungen.

Die Geschwindigkeiten in einem Wasserlauf können auf zwei verschiedene Weisen gemessen werden. Entweder man verwendet Schwimmer, mißt also die Bewegung unmittelbar, oder man mißt die Druckkraft des fließenden Wassers und macht daraus Rückschlüsse auf die Geschwindigkeit unter Berücksichtigung von Versuchen, die vorher mit den gleichen Apparaten angestellt worden sind.

Schwimmermessungen, Abb. 104: Diese Meßmethode war früher die allein bekannte, ist aber seit längerer Zeit zu Unrecht vernachlässigt worden. Schwimmer dürfen des Windes wegen nur wenig über das Wasser hinausragen und sollen eine sehr geringe Wasserverdrängung besitzen. Die Erfahrung, daß größere feste Körper schneller im Strom treiben als das Wasser an der Oberfläche fließt, verlangt einen möglichst geringen Inhalt der Schwimmer. Oberflächenschwimmer (1 und 2) bestehen aus Holzscheiben, Flaschen, Glaskugeln usw. Ihre Verwendung ist nur bei Windstille oder bei ganz schwachem Winde zweckmäßig, weil der Wind sie sonst zu stark aus der Bahn treibt und nicht mehr die Geschwindigkeit des Stromstriches angegeben wird. Zur Messung der Geschwindigkeit in bestimmten Tiefen werden Tiefenschwimmer verwandt. Sie bestehen aus Hohlkugeln von 10 bis

20 cm Durchmesser mit so viel Wasserfüllung, daß die Kugel gerade untersinkt (3). Das vollständige Untersinken wird durch einen ganz kleinen Oberflächenschwimmer verhindert, an dem die Kugel durch einen Faden befestigt ist. Oberflächenschwimmer und Faden müssen wenig Widerstände bieten, sonst ist der Einfluß der Oberflächengeschwindigkeit zu groß. Tiefenschwimmer sind viel verwandt worden, sie haben sich aber wegen des unregelmäßigen Schwimmens nicht gut bewährt.

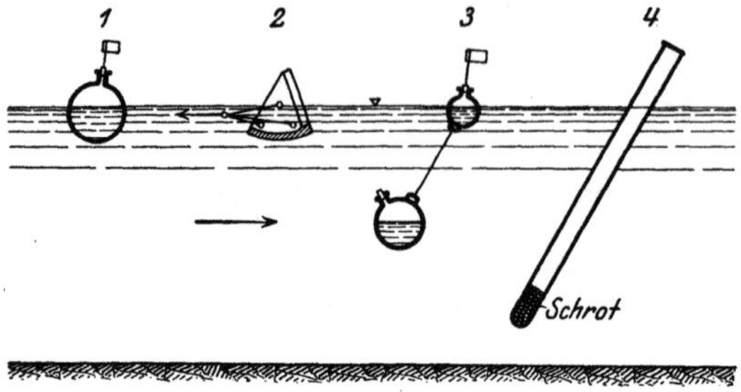

Abb. 104. Schwimmer.
1. Oberflächenschwimmer (hohle Metall- oder Korkkugel). 2. Log (unten beschwert). 3. Tiefenschwimmer. 4. Stabschwimmer.

Stabschwimmer (4): Da es fast immer auf die mittlere Geschwindigkeit in den betreffenden Senkrechten ankommt, so ist die Anwendung von Stabschwimmern, die bis dicht über die Sohle hinabreichen, zweckmäßiger. Diese Schwimmer werden durch die Treibkraft der ganzen Wasserschicht bewegt, müssen also deren mittlere Geschwindigkeit wiedergeben. Sie stehen bei Windstille schräg, mit dem oberen Ende stromabwärts. Von großer Wichtigkeit ist es, ob die durchschwommene Strecke eine gleichmäßige Tiefe besitzt, da sonst der Schwimmer in den schmäleren, aber tieferen Strecken eine zu große Geschwindigkeit erhält. Bei vorsichtiger Benutzung ergeben die Stabschwimmer Geschwindigkeiten, die höchstens 5 v. H. größer sind als die mit dem Voltmannschen Flügel ermittelten. Die Stabschwimmer können aus einem gewöhnlichen Stab, der unten beschwert ist, bestehen. Man kann auch schwimmende Röhren verwenden, die so weit mit Wasser gefüllt werden, daß sie auf der gewünschten Tiefe schwimmen.

Es sind viele Apparate gebaut worden, die den Druck des fließenden Wassers zur Geschwindigkeitsmessung benutzen. Es sind Wasserräder, Platten, die durch einen Wagebalken im Gleichgewicht gehalten und so weiter verwandt werden. Heute wird für Messungen in verschiedenen Tiefen die Pitotsche Röhre und der Voltmannsche Flügel verwandt.

2. Pitotsche Röhren.

Die Pitotsche Röhre, Abb. 105—106, zeigt den Druck des Wassers unmittelbar an. In seiner einfachsten Form besteht der Apparat aus einer Glasröhre, die an einem Ende in eine Spitze ausgezogen ist und dort um 90° gebogen ist. Kehrt

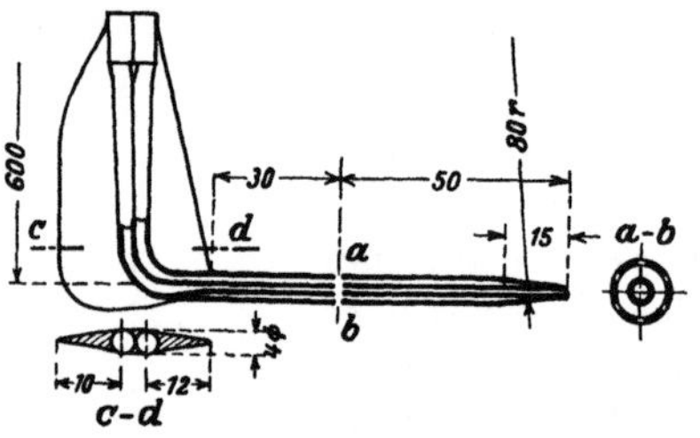

Abb. 105. Staurohr. Bauart Darcy.

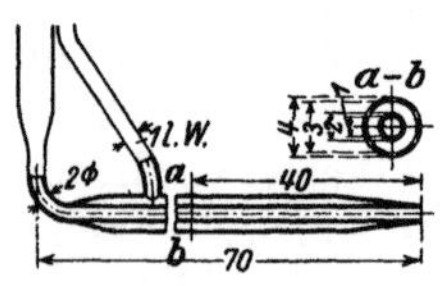

Abb. 106. Staurohr. Abgeänderte, neue Form.

man die spitze Öffnung gegen die Strömung, dann wird auf das Wasser in der Röhre ein Druck ausgeübt, so daß das Wasser in der Röhre um ein weniges ansteigt. Umgekehrt muß das Wasser in der Röhre sinken, wenn man die Spitze stromab richtet. Durch Eichung kann man feststellen, wie hoch dieses Ansteigen für jede Geschwindigkeit ist und umgekehrt aus der Höhe des Ansteigens die Größe der Geschwindigkeit finden. Das Ansteigen des Wassers ist bei den vorkommenden Geschwindigkeiten so gering, daß das Ablesen schwierig ist. Man hat den Apparat vielfach verbessert, z. B. dadurch, daß man kommunizierende Röhren verwandte, deren einen Schenkel man mit leichtem gefärbtem Öl füllt. Ferner verband man zwei Röhren miteinander, von denen der eine Schenkel stromauf, der andere Schenkel stromab gerichtet war, während beide Röhren oben in einem Rohr zusammenliefen. Man konnte dann durch Absaugen von Luft das Wasser beider Röhren gleichmäßig zum Steigen bringen, ohne daß sich der Höhenunterschied beider Röhren veränderte, so daß die Ablesung jetzt bequemer in größerer Höhe über dem Wasserspiegel erfolgen konnte. Große Ungenauigkeiten können entstehen, wenn der spitz ausgezogene Schenkel nicht genau in der Strömungsrichtung steht. Alle Verbesserungen haben aber doch nicht die Pitotsche Röhre zu einem für alle Fälle brauchbaren Gerät machen können. Ihre Hauptbedeutung liegt im Gebiet der Laboratorien, für die sie unentbehrlich sind, und der ganz flachen Gewässer. Es wird des halb auf weitere Beschreibung verzichtet. Alle Instrumente müssen vorher geeicht werden. Die auf dem gleichen Grundsatz beruhende Frankschc Röhre für Messung der mittleren Geschwindigkeit ist nach Amsler-Laffon nicht brauchbar.

3. Der Woltmannsche Flügel.

Der Woltmannsche Flügel beruht ebenso wie das Patentlog auf dem umgekehrten Prinzip wie die Schiffsschraube. Er besteht aus metallenen Flügelschaufeln, die mit einem ein- und ausrückbaren Zählwerk verbunden sind, ähnlich wie die Windmesser. Die Zahl der Umdrehungen, die mit Zunahme der Wassergeschwindigkeit wächst, kann an einem Zählwerk abgelesen werden. Der Flügel wurde von dem Wasserbaudirektor Woltmann 1790 erfunden und ist dann von Harlacher, Ott usw. zu hoher Vollkommenheit gebracht worden[1]). Heute wird der Woltmannsche Flügel durchweg mit elektrischer Signaleinrichtung ausgerüstet. Am einfachsten ist eine elektrische Klingel, die nach 25 oder 50 Umdrehungen ertönt. Daneben werden Telephone verwendet. Nach je 25 Umdrehungen ertönt im Hörer ein Knacken. Man stellt dann für eine bestimmte Zahl von Umdrehungen die Zeit durch Stoppuhren fest und rechnet für eine Einheitszeit die Zahl der Umdrehungen und damit die Geschwindigkeit aus. Diese Meßeinrichtungen werden für einfachere Apparate verwandt. Für die genaueren und besonders großen Apparate werden uhrenartige Zähler eingebaut, die in einem Kasten über Wasser die Umdrehungszahlen ablesen lassen. Die vollkommenste Einrichtung ist gegeben durch den selbstschreibenden Zähler, der die Zahl der Umdrehungen auf einem fortlaufenden Papierband aufzeichnet (Bandselbstschreiber).

Die Flügel sind am hinteren Ende mit einem Steuerruder versehen, so daß sie sich von selbst in die Stromrichtung einstellen können. Läuft die Strömung schräg zum Meßquerschnitt, dann muß der Flügel in die Normale gezwungen werden können. Er besitzt deshalb eine Klemmvorrichtung, so daß er auf der Stange festgeklemmt werden kann. Die genaue Einstellung ist sehr wichtig, weil man sonst nur einen Teil der Stoßkräfte des Wassers im Flügel auffängt und damit zu kleine Geschwindigkeiten erhält. Da in den Wasserläufen an manchen Stellen Wirbel und rückläufige Bewegungen eintreten, sind Flügel erbaut worden, die ein Rücklaufsignal geben oder die eine Vorrichtung besitzen, an der man die Richtung der Strömung erkennen kann. Ein kleines Pendel, das je nach der Strömungsrichtung den vorderen oder hinteren Kontakt berührt und dementsprechend Zeichen gibt, ist z. B. eine solche Einrichtung, die sich

[1]) Siehe die Schrift von Ott-Kempten: Moderne Instrumente der Hydrometrie Nr. 123.

bewährt hat. Darstellungen von Woltmannschen Flügeln werden durch Abb. 107 bis 110 gegeben. Zu den Abbildungen ist folgendes zu bemerken.

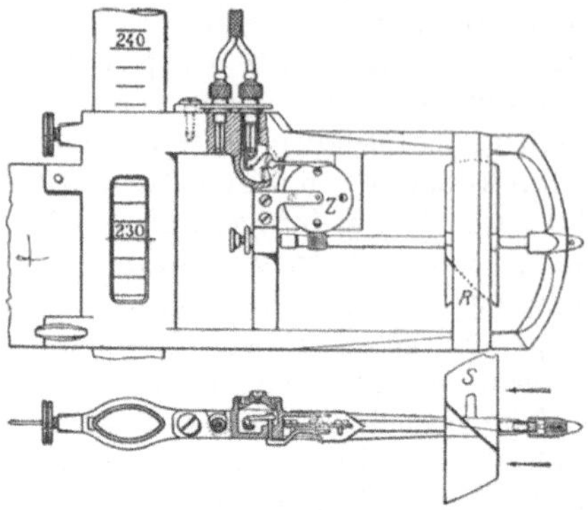

Abb. 107. Hydrom. Flügel, elektr. Kontakt im Schnitt.

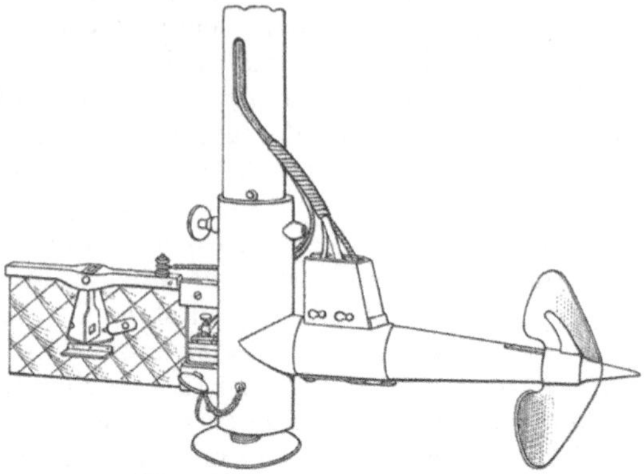

Abb. 108. Flügel mit Strompendel.

Der Woltmannsche Flügel wird entweder an einer Stange befestigt Abb. 107, 108 und 109 oder an ein Seil gehängt Abb. 110. Die Stange wird als stehende oder als Hängestange verwandt. Die stehende Stange [n. Harlacher] ist mit einem tellerartigen Fuß versehen und wird auf die Sohle des Gewässers aufgesetzt. Der Flügel muß sich an der Stange auf- und abbewegen können. Um nun die elektrischen Leitungsdrähte vom Flügel fernzuhalten, ist ein aufgeschlitztes Rohr als Stange verwandt worden. Die Schwächung ist aber durch das Aufschlitzen so groß, daß bei schnell strömendem Wasser ein starkes Erzittern der Stange eintritt, so daß zur Vermeidung des Schlitzes die ungeschützte Lage der Kabel vorzuziehen ist. Der Flügel muß dann aber in seiner Höhenlage besonders gesichert werden. Bei der Hängestange (n. Epper Abb. 109) wird der Flügel am unteren Ende der Stange befestigt und nun die ganze Stange gesenkt. Jetzt können die Leitungen bequem in der hohlen Stange untergebracht werden, auch ist die Tiefenlage des Flügels unveränderlich für jede Stangenstellung. Bei außergewöhnlich tiefen und schnellen Flüssen (Tiefe über 12 m, Geschwindigkeit über 3 m/sek) ist die Verwendung von gewöhnlichen Stangen nicht möglich. Es wird hier der Flügel meist an ein Seil gehängt, das über einer Rolle läuft, die entweder an einem quer über den Fluß gespannten Drahtseil hängt oder die an einem Ausleger eines Kahnes befestigt ist. Die Messung vom Querseil aus ergibt die besten Ergebnisse, weil jede Störung der Wasserbewegung, wie sie durch einen Kahn in der Oberfläche mit Sicherheit herbeigeführt wird, fortfällt. Es macht aber hier die genaue Tiefeneinstellung Schwierigkeiten, weil das quergespannte Drahtseil verschieden tief durchhängt, je nach der Stelle, an der der Flügel hängt. Diese Schwierigkeiten sind aber zu überwinden.

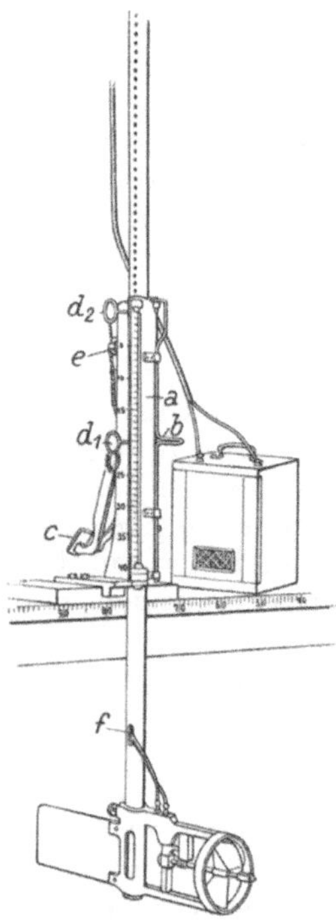

Abb. 109. Reiseflügel an hängenden Stangen (Eppersche Anordnung).

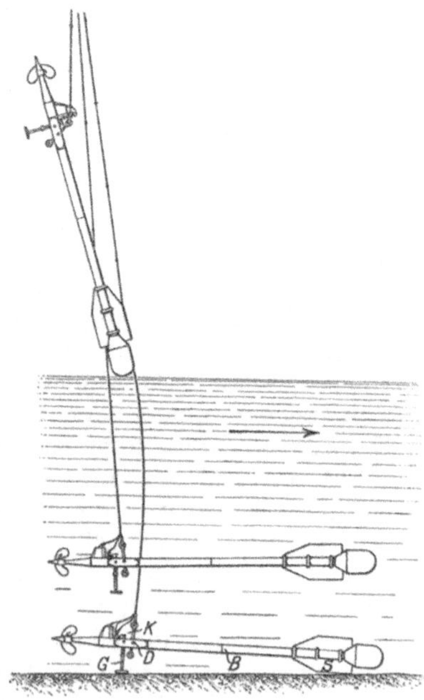

Abb. 110. Hydrom. Schwimmflügel am Seil.

Es sind auch Flügel für Reisezwecke gebaut worden Abb. 109, die bequem in einem kleinen Gehäuse mitgenommen werden können und eine auseinandernehmbare Aluminiumstange besitzen. Für kleinere Werkkanäle und kleinere Bäche sind diese Apparate, z. B. die von Ott in Kempten, sehr zu empfehlen. Neben den Apparaten von Ott werden auch die von Amsler-Laffon in Schaffhausen vielfach verwandt.

Man verwendet die Flügel nach zwei Methoden. Entweder mißt man die Geschwindigkeiten an einzelnen Stellen des Wasserlaufes, „Punktmeßverfahren“, oder man bewegt den Flügel gleichmäßig von oben nach unten durch die ganze Tiefe des Flusses hindurch, wobei der Flügel seine Drehgeschwindigkeit fortlaufend mit der Wassergeschwindigkeit ändert und wobei sich ohne Zwischenabmessungen eine mittlere Flügelbewegung ergibt, die einer mittleren Wassergeschwindigkeit entspricht (Integrierverfahren). Jeder Flügel muß geaicht werden.

d) Auswertung der Geschwindigkeitsmessungen.

Ist das Punktmeßverfahren angewandt worden, dann wird man für jede Lotrechte die Geschwindigkeiten für sich auftragen. Man erhält dann die Geschwindigkeitskurven gemäß Abb. 112 u. 113. Da in vielen Fällen die Wasserstände sich während einer Messung geändert haben, müssen jetzt alle Messungen auf den gleichen Wasserstand umgerechnet werden. Als wahrscheinlicher Wasserstand wird das arithmetische Mittel aus den beobachteten Wasserständen unter Berücksichtigung der zu jeder Höhe gehörenden Wassermenge genommen.

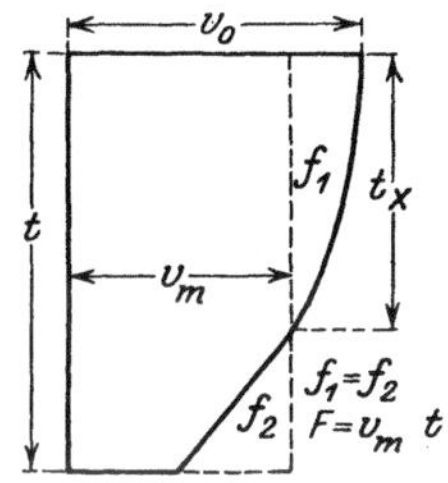

Abb. 111. Geschwindigkeitskurve für Messung.

Das Verfahren nach Harlacher ist folgendes: Werden die einzelnen Lotrechten von 1 bis n gezählt, dann seien die mittleren Geschwindigkeiten in ihnen bei verschiedenen Wasserständen v_1, v_2, v_3, v_n. Die Querschnittsfläche wird in einzelne Teilflächen geteilt, die je zu einer Lotrechten gehören, mit den Teilflächen ΔF_1, ΔF_2 bis ΔF_n. Die jeder Teilfläche zukommende Wassermenge ist $Q_1 = v_1 \Delta F_1$ bis $Q_n = v_n \Delta F_n$. Die gesamte gemessene Wassermenge ist $Q = \sum (Q_1 + Q_2 + \cdots + Q_n)$. Der wahre mittlere Wasserstand ist dann nach Harlacher

$$H = \frac{\sum (H_1' \cdot Q_1 + \cdots + H_n' Q_n)}{Q},$$

worin H_1' bis H_n' die festgestellten Wasserstände bei den einzelnen Messungen bedeuten. Für jede Messung entsteht somit eine Wasserstandsdifferenz zwischen dem bei der Messung wirklich vorhanden gewesenen Wasserstand H_1', $H_2' \ldots H_n'$ und dem Einheitswasserstand H, $\Delta H_1 = H - H_1'$ bis $\Delta H_n = H - H_n'$, die je nach der Größe von H und H' positiv oder negativ werden. Sind die Wassertiefen bei der Messung h_1' bis h_n' gewesen, dann sind die rechnungsmäßigen Tiefen h_1 bis h_n mit dem Wert $h_1 = h_1' + \Delta H_1$ bis $h_n = h_n' + \Delta H_n$.

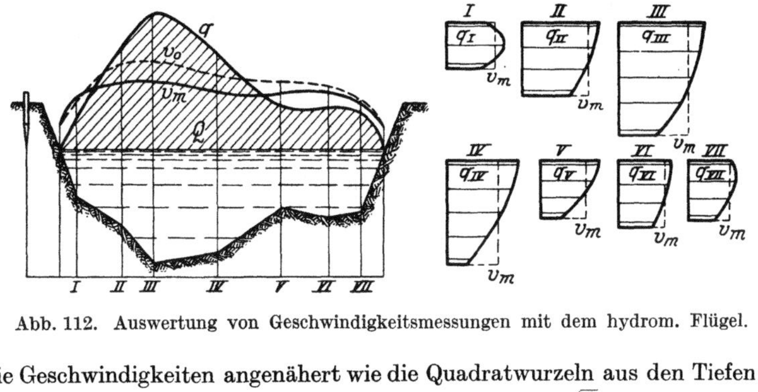

Abb. 112. Auswertung von Geschwindigkeitsmessungen mit dem hydrom. Flügel.

Da sich die Geschwindigkeiten angenähert wie die Quadratwurzeln aus den Tiefen verhalten, sind dann die neuen rechnungsmäßigen Geschwindigkeiten $v = \sqrt{\frac{h}{h'}}$. Jede einzelne Geschwindigkeitskurve ist dann nach dieser Formel für ihre verschiedenen Höhen umzurechnen, so daß sich dann statt der gemessenen Kurve die durch Strichelung eingezeichnete ergibt.

Das Verfahren von Harlacher erscheint für die meisten Messungen überflüssig umständlich. Es soll ja doch nicht der mittlere Wasserstand an sich gefunden werden, denn er kann nur durch die Auswertung vieler Wasserstände vieler Jahre errechnet werden. Es soll vielmehr ein wahrer mittlerer Wasserstand während der Zeit der Messung festgestellt werden. Ein solcher Wasserstand hat aber überhaupt keine wesentliche Bedeutung. Es wird vor allem dann, wenn während einer Messung der Wasserstand einigermaßen gleichmäßig gestiegen ist, völlig genügen, als mittleren Wasserstand denjenigen anzunehmen, der während der Ausmessung in der tiefsten Stelle vorhanden war. Er ist dann durch das Auftragen unmittelbar gegeben. Da man für die Messungen im allgemeinen möglichst gleichmäßige Querschnitte aussuchen wird, ist der Unterschied gegenüber der vorherigen Rechnung ganz geringfügig. Die während der Messung nach und nach eingetretene Spiegellage ist $A'B'$, zu finden ist AB. Es werden jetzt unmittelbar für die einzelnen Tiefen h_1 bis h_n die neuen Geschwindigkeitskurven nach dem vorigen Verfahren bestimmt.

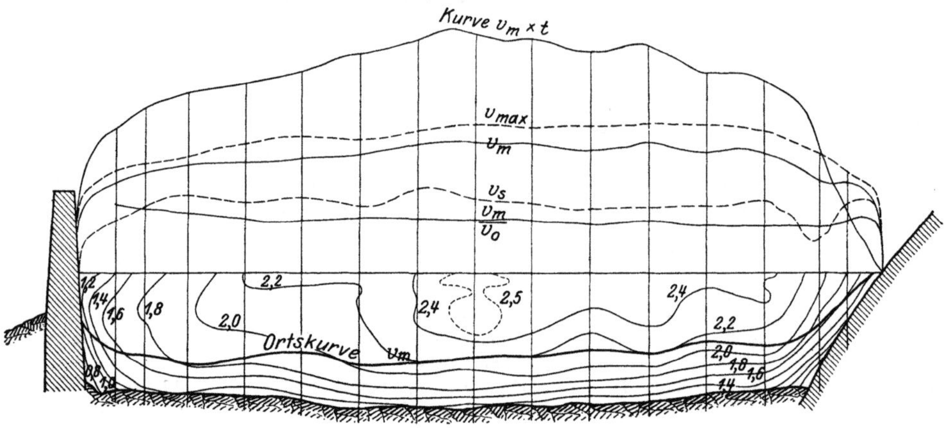

Abb. 113. Wassermengenkurve und deren Auswertung.

Hat man jetzt die berichtigten Geschwindigkeitskurven, die nun alle auf die gleiche Spiegellage bezogen sind, in den Querschnitten eingetragen, dann kann man daraus die Kurven gleicher Geschwindigkeit (Isotachen) zeichnen. Man teilt in jeder Geschwindigkeitskurve durch Parallelen zur Lotrechten die Geschwindigkeiten von 10 cm/sek., 20 cm usw. ab und überträgt diese gewonnenen Punkte auf die Lotrechte. Man wird alle Punkte gleicher Geschwindigkeit miteinander durch Kurven verbinden. Man erhält dann ein Bild wie Abb. 113.

Die Wassermenge kann 1. durch Herstellung der Wassermengenkurve gemäß Abb. 112 gefunden werden, wobei die über dem Wasserspiegel aufgetragene Höhe am besten die Wassermenge für einen Meter Breite angibt. Die Gesamtwassermenge ist dann $Q = \sum q \cdot \Delta l = F$, wenn Δl die zugehörigen Längen sind. Ist q angegeben in sek./cbm/m, dann ergibt $\sum q \Delta l$ die Menge in sek./cbm. Bei der Planimetrierung ist auf die Maßstäbe zu achten.

Man kann die Wassermenge aber noch genauer durch Auswertung der Isotachen gewinnen. Jede Isotache umschließt eine Fläche gleicher Geschwindigkeit. Beginnt man mit der Fläche kleinster Geschwindigkeit, so findet man für die Gesamtfläche bis zum Wasserspiegel hieraus die erste Teilwassermenge. Die zweite Fläche wird dann mit der Differenz der ersten und zweiten Geschwindigkeit angesetzt und so weiter. So erhält man dann als Wassermenge den Wert $Q = \sum (Q_1 + Q_2 + \cdots + Q_n)$. Große Unterschiede zwischen beiden Methoden werden sich aber im allgemeinen kaum ergeben.

Dritter Teil.

Flußbau.

A. Allgemeines.

Die bisherigen Untersuchungen haben schon erkennen lassen, daß wir es im Flußbau mit zwei ganz verschiedenen Aufgaben zu tun haben. Die eine Aufgabe ist die Erzielung einer glatten Wasserabfuhr, bei der die Geschiebebewegung uns nur so weit interessiert, als sie überhaupt mit der Wasserbewegung verbunden ist. Diese Aufgabe ist überall dort zu lösen, wo es nicht auf die Erreichung einer großen Tiefe für die Schiffahrt, sondern auf die Lösung von Kulturaufgaben der Landwirtschaft, Kraftwirtschaft, Stadtwirtschaft usw. ankommt.

Die zweite Aufgabe ist die Erzielung von möglichst großen und dementsprechend gleichmäßigen Tiefen im Flusse, d. h. die Durchführung einer gut geregelten Geschiebebewegung insbesondere bei MW. und NW. Hier ist die Räumungskraft des Flusses die Hauptsache, die Wasserbewegung interessiert uns nur so weit, als sie Ursache der Räumungskraft ist. Es kommt nicht auf eine gleichmäßige Wasserbewegung an, sondern auf die Ausgleichung der Geschiebebewegung, und diese ist wegen der Ungleichmäßigkeit der verschiedenen Flußabschnitte **nur möglich bei Ungleichmäßigkeit der Wasserbewegung** und einer damit verbundenen Ungleichmäßigkeit der Gefälle. Diese Aufgabe muß überall dort gelöst werden, wo die Flußtiefe das Kennzeichen der Güte des Flusses ist, also bei schiffbaren Flüssen. Jeder natürliche Fluß verläuft in Krümmungen. Wir finden in den Hohlufern der Krümmungen Abbruch und zu starke Geschiebebewegung, in den ausbiegenden Ufern zutage tretende Sandbänke bei viel zu kleiner Räumungskraft, in den Übergängen Barrenbildung unter Wasser bei mittlerer Räumungskraft, die aber für die Verkehrszwecke oft zu klein ist. Die Ausgleichung dieser Geschiebebewegung bezweckt Vertiefung der Furten auf Kosten der Tiefe der Kolke, also Ausgleich der Tiefen. **Nicht etwa Ausgleich der Gefälle, wie es zur Zeit noch vielfach als beste Lösung verlangt wird, ist zu erzwingen, sondern Ausgleich der verfügbaren Räumungskräfte.** Einen Ausgleich muß man aber in der Wasserbewegung anstreben, das ist die Vergleichmäßigung der Geschwindigkeiten in den Krümmungen. Hier muß die Geschwindigkeit im Kolk verringert und im übrigen Bett vermehrt werden. Nach früheren Darlegungen entspricht die Schleppkraft dem Ausdruck $S = \alpha\, t J$, vgl. S. 106. Einen ähnlichen Wert wird die Räumungskraft besitzen. Trotzdem wir in den Kolken besonders große Tiefen vorfinden, hat die Natur selbst schon dafür gesorgt, daß der Wert von S nicht zu weitgehend wächst, denn die Gefälle in den Krümmungen sind durchweg kleiner als auf den Übergängen. Trotzdem ist aber wegen der großen Tiefe die Räumungskraft in den Krümmungen meist wesentlich größer als auf den Übergängen. Könnten wir jederzeit die Tiefe auf den Übergängen mechanisch vergrößern, so wäre das ein Mittel, um die Räumungskraft hier zu steigern. Wir sind hierzu aber nicht in der Lage, da jedes Hochwasser wieder aufgehöhte Furten hinterläßt und der Wunsch nach schneller Aufnahme der Schiffahrt durch Fortbaggerung der Schwellen nicht immer erfüllt werden kann. Man muß auch bei gutem

Baggerpark den Fluß zwingen, selbst die Furten auszuspülen, und das kann vorwiegend durch Vergrößerung der Gefälle über den Furten geschehen. Eine auch nur geringe Verkleinerung der Gefälle in den Kolken gibt bei ihrer großen Länge die Möglichkeit, das Gefälle auf den Übergängen wesentlich zu vermehren, denn das steile Gefälle über einer Furt beginnt erst wenige Meter oberhalb des eigentlichen Furtrückens, genau wie bei Wehren. Nach oben hin wirkt der Stau bis weit in die Krümmung hinein, nach unten hin gleicht sich das steile Gefälle bald wieder zum schwächeren Gefälle der folgenden Krümmung aus. Die schwachen Gefällstrecken sind somit sehr lang, die steilen Strecken der Furten verhältnismäßig kurz. Man sollte in Zukunft bei großen Flüssen mit Überschuß an Breite die Breite der Übergänge wesentlich mehr einschränken als es bisher geschehen ist.

Es ist dabei daran zu denken, daß ebenso wie die Geschiebebewegung letzten Endes von dem Wert der lebendigen Kraft $\frac{mv^2}{2}$ des Wassers abhängt, auch die Schiffahrtswiderstände von diesem Werte abhängig sind. Es unterliegt aber gar keinem Zweifel, daß die Vergrößerung der Geschwindigkeit an einzelnen Stellen auf kurzer Strecke ein sehr geringes Übel ist, das gern von der Schiffahrt in den Kauf genommen werden wird, wenn die nutzbare Tiefe der Schiffahrt bei NW. vermehrt werden kann. Es ist nicht einmal nötig, die Maschinenkraft der Schleppdampfer bei Steigerung der Gefälle über den Furten zu vermehren. Es wird der Schleppzug bei vernünftiger Flußregelung an diesen Stellen lediglich etwas langsamer fahren, dafür aber den Vorteil haben, in den Krümmungen schneller fahren zu können, da hier die Strömungsgeschwindigkeit abgenommen hat. Der Gesamtaufwand an Schleppenergie für die Schiffahrtsbewegung wird zwar um ein weniges durch Vergrößerung der Ungleichmäßigkeit der Wassergeschwindigkeit vermehrt werden, der Nutzwert des Flusses als Verkehrsweg aber weit mehr steigen, da mit mehr Ladung als bisher gefahren werden kann.

Hat man die Hauptgrundsätze der Flußverbesserung erkannt, dann kann man nicht mehr grobe Fehler bei einer solchen Regelung machen. Man mag im einzelnen fehlgreifen, aber das Gesamtbild wird immer eine wesentliche Verbesserung erfahren müssen. Über die Mittel zur Gefällsteigerung wird später das Entsprechende gesagt werden, hier nur so viel, daß es meist darauf ankommt, das Bett umzuformen.

Von besonderem Einflusse auf die baulichen Maßnahmen unserer Flüsse ist die wichtige Erkenntnis, daß das Wasser sich nicht in gleichmäßigen parallelen Schichten fortbewegt, sondern in zum Teil regelmäßigen Schwingungen (Pulsationen), verbunden mit ganz unregelmäßigen Wirbel- und Walzenbildungen dahinströmt. Die Geschwindigkeiten wechseln ständig, jedem Wechsel der Geschwindigkeit muß aber mathematisch genommen auch ein Wechsel der Oberflächengestaltung folgen.

Haben wir eine annähernd geradlinige Strecke vor uns, deren Querschnitt muldenförmig sei, dann fließt das Wasser in der Mitte am schnellsten, an den Ufern am langsamsten. Das Wasser wird von den Ufern durch die Reibung zwischen Wasser und Wasser zur Mitte gezogen, geht fortdauernd aus der langsameren Randbewegung in die schnellere Mittenbewegung über. Es entsteht von beiden Seiten ein Quergefälle und eine Querbewegung nach der Mitte. Die Flußmitte muß tiefer liegen als die Ränder.

Diese Erscheinung tritt aber nicht nur auf bei unveränderter Wasserführung, sondern vorwiegend bei einem Sinken des Wasserstandes. Steigt das Wasser, so ist das Umgekehrte der Fall. Das Abtreiben der Schiffe bei steigendem Wasserstand ist ein deutliches Zeichen für dieses Verhalten. Aus dieser Strömungsbewegung folgt mit Notwendigkeit das Auftreten von Querbewegungen auch in geraden Flußstrecken. Hier müssen Querwirbel wirksam werden, die nach und nach gemäß Abb. 114 eine Ausnagung am Ufer herbeiführen werden. Da ein gleichmäßiger Flußuntergrund so gut wie niemals gefunden werden wird, wird sich aus diesem gleichmäßigen Querschnitt bald gemäß Abb. 116 ein ungleichmäßiger entwickeln müssen, der der Beginn einer Krümmung ist. Die Querbewegungen werden nun durch das Auftreten der Krümmungen noch verstärkt werden. Hierzu tritt noch die Erscheinung, daß das Wasser dann, wenn es durch eine scharfe Krümmung fließt, infolge des Beharrungsvermögens, das eine geradlinige Bewegung erzeugen möchte, am einbiegenden Ufer gestaut wird. Dadurch wird dann ein einseitiges Quergefälle erzeugt.

Dieser Aufstau in der Oberfläche entspricht der hier herrschenden großen Geschwindigkeit. Je tiefer man geht, desto geringer wird die Geschwindigkeit und desto kleiner wird die aufstauende Wirkung. Senkrecht zur Bewegung des Wassers in der Wagerechten herrscht nun in der Oberfläche ein Überdruck gegenüber den unteren Teilen. Daraus folgt, daß das Wasser sich dauernd am einbiegenden Ufer auch von oben nach unten bewegen muß. (Vgl. Abb. 116.) Die Folge von Krümmungen ist also das vermehrte Auftreten von Querwirbeln, die kraftverzehrend wirken und damit die Geschwindigkeit des Wassers verringern würden, wenn

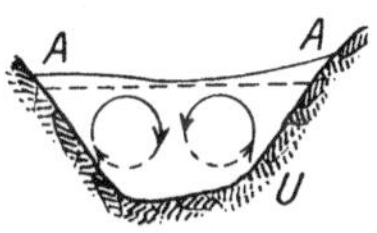

Abb. 114. Querwirbel in gleichmäßigem Querschnitt.

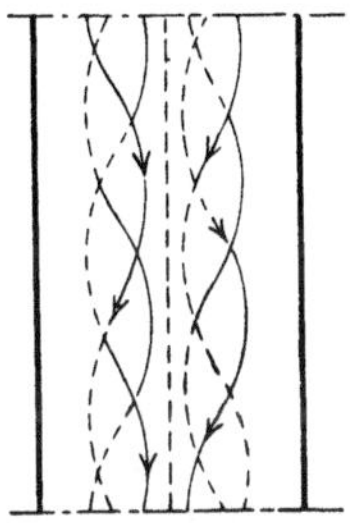

Abb. 115. Ausbildung ungleichmäßigen Querschnittes.

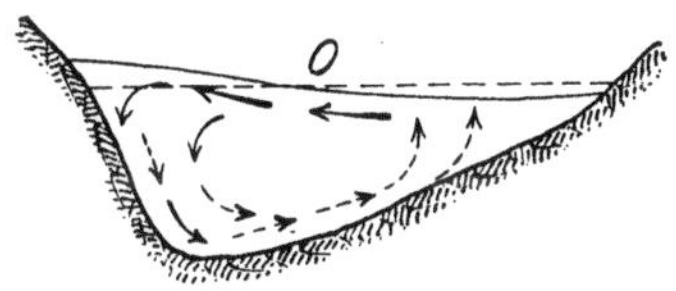

Abb. 116. Spiralartige Bewegung des Wassers.

dieser Mehrverbrauch an Energie nicht durch eine Steigerung des Gefälles (Schaffung von Unstetigkeit im Gefälle) ausgeglichen würde[1]). Die Querwirbel haben ferner zur Folge, daß das einbiegende Ufer fortgesetzt abbrechen muß und zwar am stärksten bei HW. Bei bündigen (lehmigen) Bodenarten findet häufig eine Unterwaschung des Ufers statt; das Ufer wird zwar während des Hochwassers noch durch den Wassergegendruck aufrechterhalten, stürzt jedoch bei Fortfallen dieses Gegendruckes beim Sinken des Wassers ein. Eine ähnliche Wirkung tritt bei sandigen Bodenarten auf, die noch dadurch vermehrt wird, daß der Sand sich mit Wasser gefüllt hat. Dieses Wasser fließt bei NW. zum Fluß aus und bewirkt den Einsturz. Eine einmal vorhandene Krümmung hat das Bestreben, sich im Sinne der Krümmung fortzusetzen und immer schärfere Schleifen zu bilden. Die Ablagerung der ausgewaschenen Bodenteile am Ende der Krümmung unterstützt diesen Vorgang.

Durchgehende Geschiebewanderungen finden überwiegend nur bei Hochwasser statt, und zwar sucht sich das Geschiebe den kürzesten Weg. Es bewegt sich nach den wichtigen Versuchen von Engels von einem ausbiegenden Ufer zum anderen usw. hinüber, wobei es die Furten (Übergänge) zwischen 2 Krümmungen schräg überschneidet (vgl. Abb. 117). Das Gefälle über Kolk und Über-

---

[1]) Daß das Wasser infolge dieser Querwirbel mit geringerer Geschwindigkeit aus der Kurve austritt als es eingetreten ist, wie es z. T. angenommen wird, ist unwahrscheinlich. Dazu würde Querschnittsvergrößerung am Ende jeder Krümmung gehören. Es besteht eine große Wahrscheinlichkeit dafür, daß das Gefälle in den Kurven sich so einstellt, daß im Durchschnitt eine gleichmäßige Geschwindigkeit erzielt wird. Eine genaue Erkenntnis können nur Versuche ergeben.

gang ist bei diesem HW. annähernd gleichmäßig. Tritt nun NW. ein, dann findet das Wasser den geringsten Widerstand in den tiefen Rinnen an der Innenseite der Krümmungen und muß, umgekehrt wie vorher das Geschiebe, seinen Weg bei Krümmungswechsel hauptsächlich von einem einbiegenden zum anderen einbiegenden Ufer suchen, das Geschiebeband somit schräg überkreuzen. Es staut sich vor den Geschiebestreifen auf, erzielt hier ein größeres Gefälle und spült nun Geschiebeteile vor dem Übergang fort, die sich im folgenden Kolk ablagern (vgl. Abb. 118). Einige Zeit nach Eintritt des Niedrigwassers tritt Beharrungszustand auf und die Sinkstoffbewegung hört größtenteils auf.

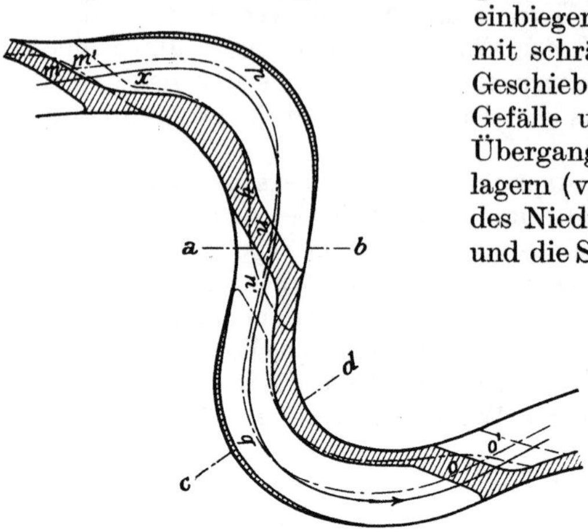

Abb. 117. Verhalten der beweglichen Sohle in Geschiebe führenden Flüssen.

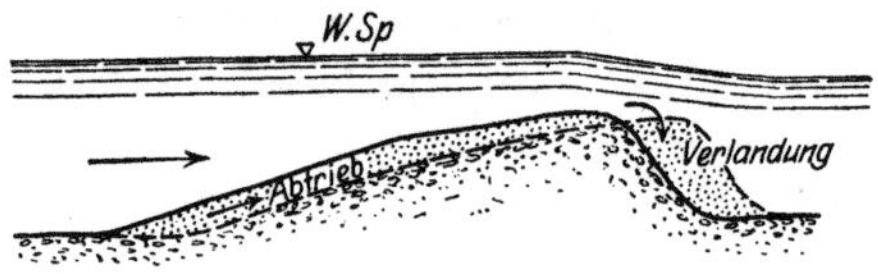

Abb. 118. Wanderungsart einer Kiesbank im Oberrhein.

Wir erkennen somit folgende Vorgänge im Fluß (Abb. 119a u. b). Bei HW. eine starke Vertiefung der Kolke, die der Schiffahrt nichts nützt, da die Wassertiefe zu groß ist, ferner ein Anwachsen der Geschiebebank im Übergang, das der Schiffahrt bei HW. nicht schadet, weil der Wasserstand viel schneller gestiegen ist, als das Geschiebe sich aufgehöht hat. Die Schädigung tritt später bei NW. ein. Somit zeigt sich bei HW. insgesamt eine Verbesserung der Schiffbarkeit. Bei HW. ist eine weitgehende Ausgleichung des Gefälles und trotz Steigerung der Sohlenungleichheiten eine relative Verminderung der Tiefenunterschiede eingetreten, daher auch die gleichmäßige Wanderung der Geschiebe. Je mehr nun das HW. abfällt, desto stärker wird jetzt der Gefällunterschied; über den Kolken entsteht ein flaches, über den Furten bildet sich ein steiles Gefälle. Die Räumungskraft und die Schleppkraft nimmt im ganzen ab, aber in den Kolken relativ mehr als über den Furten, In Abb. 119 kommt der Zustand nicht richtig zum Ausdruck. Die HW.-Linie müßte in der Abbildung etwa 2 bis 3 cm höher gezeichnet sein. Bei NW. finden wir eine Aufkiesung der Kolke, die der Schiffahrt nicht schadet, und eine Ausspülung der Übergänge, die der Schiffahrt nützt. Trotzdem sinkt die Tiefe am Übergang gegenüber der HW.-Tiefe stark, weil die Ausspülung der Übergänge viel langsamer vor sich geht als die Senkung des Wasserstandes. Immerhin bleibt es als großer Gewinn, daß während der Dauer des NW. nicht etwa eine Erhöhung, sondern eine Ausspülung der Übergänge eintritt. Die Räumungskräfte arbeiten also im Sinne der Verbesserung der Schiffahrt.

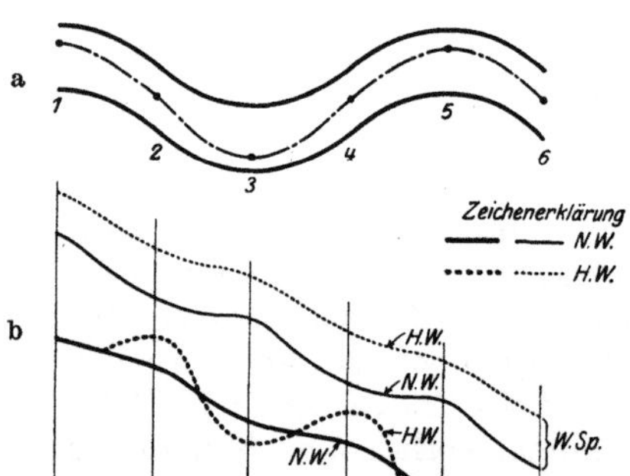

Abb. 119. Talweg (a) und Längenschnitt (b) eines gekrümmten Flußlaufes bei Hochwasser und Niederwasser.

Von Wichtigkeit ist die Frage nach der Herkunft der Geschiebe. Daß sie in den oberen Flußstrecken durch Abbruch in den Gebirgen entstehen, ist bekannt.

Es werden Geschiebe in großen Stücken zu Tal geführt. Häufig hört man bei Wolkenbrüchen in den Gebirgsbächen das Poltern der großen Steine. Je weiter die Geschiebe zu Tale kommen, desto mehr verkleinern sie sich.

Man hat aber die Beobachtung gemacht, daß in dem Unterlauf der Flüsse die Geschiebe sich nicht mehr auf die in den Gebirgen abgelösten Steine allein zurückführen lassen, sondern daß die hier wandernden Geschiebe zumeist aus den Uferabbrüchen des Unterlaufes selbst stammen. Wenn diese Auffassung richtig ist, dann entsteht sofort die Frage, wo denn eigentlich die Geschiebe aus den Gebirgen bleiben. Sie müßten irgendwie von dem Mittellauf des Flusses aufgenommen werden und hier im Laufe der Zeit eine Aufhöhung des Flusses bewirken, wobei dann die abgelagerten Geschiebe durch Material aus den Uferabbrüchen ersetzt würden. Diese Auffassung widerspricht im allgemeinen auch nicht der Erfahrung, da bei großen Hochwassern nicht geregelter Flüsse die Vorländereien oft mit Sand bedeckt werden. Teile des Gebirgsgeschiebes werden allerdings im Laufe der Zeit zu Staub vermahlen und wandern als solcher in das Meer.

Über die Form des Flußlaufes im Gelände sind viele wichtige Beobachtungen gemacht worden. Es hat sich gezeigt, daß wandernde Geschiebebänke vor allem in schwach gekrümmten oder geraden Strecken auftreten. Unter wandernden Geschiebebänken werden solche verstanden, die ihre Lage im Laufe der Jahreszeiten ändern, so daß mit ihnen auch der Talweg, d. h. die Linie, auf der ein frei schwimmender Körper zu Tal treibt, sich wandelt. Es verschieben sich in geraden Strecken die Geschiebebänke nach jedem Hochwasser gleichlaufend stromab, wobei sie an demselben Ufer bleiben. Diese Verschiebungen sind aber nicht gleichmäßig, sondern von der Höhe und Dauer des Hochwassers abhängig.

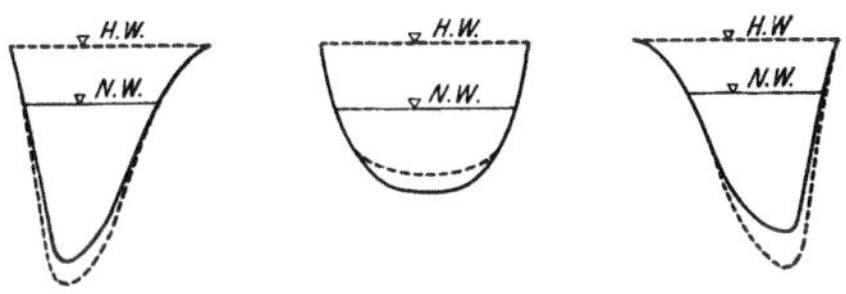

Abb. 120 a—c. Querschnitte zu Abb. 117. a in Schnitt 1 u. 5; b in Schnitt 2, 4, 6; c in Schnitt 3.

Je besser ein Fluß ausgebaut ist, desto unveränderlicher sind die Orte, an denen die Geschiebebänke immer wieder auftreten. Die innere Festigkeit der Bänke wird jedoch durch folgende Erscheinung gestört. Je höher der Wasserstand im Flusse, je größer also damit die Geschwindigkeit des Wassers ist, desto größer ist seine Schleppkraft. Bei hohem Wasserstand ist somit alles bewegliche Geschiebe im Fluß auf der Wanderung begriffen. Auf der Oder beobachteten die Schiffer bei hohem Wasserstande, daß sie bis zum Erreichen der festen Sohle mit den Lenkstangen erst eine fast schwimmende Geschiebeschicht bis zu 30 cm Dicke durchstechen müssen. — Nimmt das Hochwasser nun ab, dann reicht nach einiger Zeit die Schleppkraft nicht mehr zur Bewegung der großen Geschiebestücke aus. Sie lagern sich zuerst ab, darauf folgt Ablagerung kleinerer Geschiebe und zuletzt des Sandes. Man findet somit vielfach Flußstellen, in denen eine vollständige Sortierung der Geschiebe stattgefunden hat, z. B. in der Weser oberhalb Hemelingen bei Bremen. Ein geschickter Baggermeister, der seinen Fluß kennt, kann meist nach Bedarf feinen oder groben Sand baggern. Diese Sortierung wirkt günstig in den Übergängen, weil hier nun das obliegende feinere Material leichter von dem zum Teil sehr schwach strömenden Wasser fortgeschleppt werden kann als das gröbere untere. Man erkennt aber auch, daß der Vertiefung jedes Überganges bei Vorhandensein aller Art von Geschiebe nach einer gewissen Zeit ein Ziel gesetzt ist, weil das Wasser dann nach Beseitigung der feineren nicht mehr die gröberen Geschiebe bewegen kann. In einer gewissen Tiefe sind die Übergänge somit ausgepanzert. In dem Angriff dieses Panzers durch Baggerung liegt ferner die Gefahr, daß nun Bänke anfangen zu wandern, die bisher festlagen.

Geschiebebänke kommen an fast allen Stellen geschiebeführender Flüsse vor, besonders stark aber unterhalb der Einmündung von Nebenflüssen. Hier ist gewöhnlich ein Gefällbruch vorhanden, der schon eine Störung des Gleichgewichtes des Hauptflusses bedingt. Dazu werden hier meist Geschiebemengen in den Fluß geworfen, die größer sind, als der Zunahme an Wasser entspricht. Das neu eingeführte Geschiebe muß erst wieder wandern, bis es zu regelmäßigen Lagerstätten kommt. Auch wenn infolge einer Verbesserung eine gewisse Beständigkeit der Geschiebebänke und der Fahrrinnen erreicht ist — Wiedererscheinen der gleichen Fahrrinne nach jedem Hochwasser —, so läßt sich doch die Geschiebewanderung nicht beseitigen. Von seltenen Ausnahmefällen abgesehen, darf das somit auch nicht die Absicht der Regelung sein, denn die Beständigkeit der Fahrrinne verlangt, daß das von oben mitgebrachte Geschiebe weitergefördert wird, nicht aber Anhäufung an einzelnen Stellen. Der oben erwähnte Zustand der Bettbeständigkeit ist durch einen vorzüglichen Ausbau z. B. in der Weser erreicht worden, während es bei anderen Flüssen, wie z. B. dem Rhein, trotz größter Anstrengung nicht gelungen ist, die Wanderung von Sandbänken zu verhindern. Die Möglichkeit, Sandbänke festzulegen, hängt vor allem von der Beschaffenheit und Menge der Geschiebe, dem Gefälle, der Wassermenge und der Größe des Flusses ab.

Die Beobachtung der Geschiebewanderung bei HW. ist bis jetzt so gut wie unmöglich; unsere Erfahrungen über Geschiebewanderung sind daher größtenteils heute noch sehr mangelhaft und bedürfen dringend weiterer Aufklärung. In Bayern und Österreich sind wohl deshalb die eingehendsten Untersuchungen gemacht worden[1]), weil die Geschiebefrage in den südlichen Flüssen eine wesentlich größere Rolle spielt als bei den norddeutschen Flachlandströmen. Trotzdem wird vielfach noch zu wenig Rücksicht auf Geschiebewanderung genommen. Nach den südlichen Erfahrungen kann festgestellt werden, daß nicht das HHW. der ausschlaggebende Faktor bei der Bewertung der Geschiebeführung ist. Seine Wirkungsdauer ist gegenüber den übrigen Wasserständen, bei denen ebenfalls eine Geschiebebewegung, wenn auch in geringerem Maße, eintritt, zu gering. Die Vorschläge, die den Einfluß (Wert) der Wasserstände bei der Beobachtung nicht beachten, sind jedenfalls nach den gemachten Messungen vollkommen unbrauchbar. Der beste bis jetzt vorgeschlagene Weg braucht folgende Unterlagen: 1. Der Wasserstand, bei dem das Geschiebe in Bewegung kommt. Wenn dafür keine Beobachtungen vorliegen — obwohl sie verhältnismäßig leicht zu machen sind — kann eine Schätzung nach den Ergebnissen der Laboratoriumsversuche von Schocklitsch und Schaffernack, zwei österreichischen Forschern, erfolgen. 2. Die Kenntnis der Größe der Geschiebebewegung bei einigen Wasserständen: Bei der Unsicherheit der Schätzung der ganzen Frage genügen drei bis vier Zahlen, die im Notfall ebenfalls auf theoretischer Grundlage aufgebaut sein können, wenn nur die eine oder andere durch eine Beobachtung nachgeprüft wurde, um die Berechtigung der Annahme festzustellen. 3. Die Häufigkeitslinie der Wassermengen, in die dann die Häufigkeitslinie der Geschiebefracht eingezeichnet werden kann. Nun läßt sich sowohl der bettbildende Wasserstand — in dem am meisten Geschiebe im Zeitraum eines Jahres verfrachtet wird — an der Spitze der Häufigkeitslinie, als auch die gesamte Geschiebefracht in der gewählten Zeitspanne als Fläche ablesen. Ein gutes Beispiel ist für die Donau bei Wien in der Arbeit von R. Reich in der OWOB 1919, S. 482 zu finden, s. auch Abb. 136 und 137 S. 136. Bei baulichen Veränderungen kann sich der bettbildende Wasserstand etwas verschieben, die Gesamtgeschiebefracht muß aber gleich bleiben, wenn man eine Beständigkeit des Bettes haben will und nicht mit Baggerung usw. einzugreifen beabsichtigt, um z. B. eine Vertiefung der Sohle zu erreichen.

---

[1]) Hartmann: Untersuchung über das Verhalten der Wasserstände und der Talsohle in der oberen Donau; Kurzmann: Beobachtung über Geschiebeführung in der Ache am Einfluß in den Chiemsee usw.

Auch dann, wenn es durch Verbesserungen erreicht ist, daß die Geschiebe sich in ganz regelmäßigen Bänken absetzen, so daß die alte Fahrrinne nach jedem Hochwasser immer an der gleichen Stelle wiederkehrt, hat man trotzdem in den meisten Fällen die Geschiebewanderung nicht beseitigt, da ja stets neues Geschiebe von oben zugeführt wird. Dieser Zustand der Bettbeständigkeit ist, wie bereits gesagt, in der Weser erreicht worden. Trotzdem findet bei Hochwasser auch hier eine Geschiebewanderung statt, nur ist sie in der genannten Weise geregelt worden, so daß sie bei NW. nicht mehr erkennbar ist.

In Übereinstimmung mit der Art der Geschiebe stehen im allgemeinen die Gefälle des Flusses. In den oberen Teilen mit den ganz großen Geschieben haben wir große Gefälle, die den Fluß zur Bewegung dieser großen Geschiebe erst befähigen. Mit der Abnahme der Gefälle nehmen auch die Geschiebe größen im allgemeinen ab, so daß eine gewisse Anpassung zwischen Geschiebe und Gefälle vorhanden ist. Treten an querliegenden Felsbänken Gefällbrüche auf, so werden die Gefälle gewaltsam verändert; die allgemeine Regel verliert dann ihre Geltung. Hier sind vor allem die Stellen gegeben, die einer Regelung bedürfen.

Je nach der Art des Flusses oder des Flußabschnittes sind Zweck und Maßnahmen verschieden, die zur Regelung eines Flusses angewandt werden. Handelt es sich um einen Gebirgsfluß ohne Schiffbarkeit, dann kann es selbstverständlich nur darauf ankommen, das Land vor Schädigungen durch Überschwemmungen, Versumpfung oder auch vor zu starkem Sinken des Grundwasserstandes zu schützen. Es wird dabei nicht immer der Wunsch nach Schutz der anliegenden Ländereien maßgebend sein, sondern auch die Notwendigkeit, den Fluß vor Zutritt neuer Geschiebemengen zu bewahren. Regelmäßige Querschnitte werden nur dann notwendig werden, wenn man gleichmäßige Wassertiefen erzielen will, also bei Schiffbarkeit des Flusses. Bei Nichtschiffbarkeit des Flusses wird aber auf die gleichmäßige Ausbildung des Bettes weniger Wert zu legen sein, sofern man nur sicher ist, daß der etwa entstehende Schaden für die angrenzenden Ländereien tragbar ist und aus der Unregelmäßigkeit der einen Strecke sich nicht starke Nachteile für die dann folgenden Strecken ergeben. In allen Fällen soll man sich aber vor allzu gewaltsamen Eingriffen hüten, sie rächen sich meist durch vorher nicht übersehbare Schäden, die oft an Stellen eintreten, an denen sie am wenigsten erwartet worden sind. Den Arbeiten mit großem mathematischen Rüstzeug zu Leibe zu gehen, ist gewöhnlich vergebliche Mühe. Der Satz, daß es sich um die „Wasserbaukunst" handelt, ist heute noch im Flußbau für viele Arbeiten richtig. Fortschritte sind aber gegen früher dadurch gewonnen, daß man gewisse Regeln und Gesetze erkannt hat, gegen die zu verstoßen mit Sicherheit Schaden bringt. Engels hat eine Reihe von Leitsätzen aufgestellt, die in klarer Weise die Erfahrungen der letzten Jahrzehnte wiedergeben. Die Leitsätze find folgende:

Allgemeine Leitsätze:

a) Bei allen baulichen Anlagen ist die Natur des betr. Gewässers aufmerksam zu erforschen und die Bauanlage seiner Eigenart möglichst anzupassen.

b) Es ist nicht genug, daß man durch Aufnahmen gewisse Schäden wie Uferabbrüche, Untiefen usw. feststellt, sondern man soll sich bemühen, die Ursachen zu erkennen, die diese Schäden hervorgerufen haben. Erst wenn es gelingt, auf diese Ursachen einzuwirken, darf man auf einen bleibenden Erfolg der Arbeiten, die sich mit der Beseitigung ihrer Wirkungen befassen, rechnen.

c) Das abfließende Wasser soll bei HW. möglichst geringen Schaden, bei NW. möglichst großen Nutzen herbeiführen.

d) Gewaltsame Eingriffe in das Bestehende sind möglichst zu vermeiden; man soll sich vielmehr den bestehenden Verhältnissen tunlichst anpassen. Eine

Ausnahme bilden Flußspaltungen: sie sind, wenn irgend angängig, durch Verbauung des Nebenarmes oder der Nebenarme zu beseitigen[1]).

e) Eine allgemeine Vergrößerung der Geschiebebewegung (Räumungskraft) wird nur ausnahmsweise geboten sein. Bei NW. zutage tretende Geschiebebänke sind nicht — entgegen einer ebenso verbreiteten wie verhängnisvollen Anschauung — ein Zeichen ungenügender Geschiebebewegung.

f) Baggerung allein ist kein Regelungsmittel, da sie nur die Wirkungen angreift, ohne die Ursachen aufzuheben[2]).

g) Bei schiffbaren Wasserläufen empfiehlt es sich, die durch die Bauten beabsichtigte Verbesserung, insbesondere die Vertiefung der Fahrrinne, nicht der Wirkung der Bauten zu überlassen, sondern möglichst durch Baggerung herbeizuführen: sind die Bauten richtig angelegt, dann besteht ihre Wirkung in der Erhaltung der ausgebaggerten Tiefe.

h) Plötzliche Verminderungen der Geschwindigkeit sind schädlich, weil sie von einem Überschusse an lebendiger Kraft begleitet sind, der schädliche Sohlenauswaschungen herbeiführt. Deshalb ist solchen Wirkungen schroffer Querschnittswechsel durch bauliche Maßnahmen vorzubeugen.

i) Wo sich übermäßige Auskolkungen zeigen, seien sie natürliche oder durch Bauten hervorgerufene künstliche Bildungen, ist eine Befestigung der Sohle unter Ausfüllung der Kolke anzustreben.

Aus allem bisher Gesagten folgt, daß das Ziel aller Regelung sich auf eine Verbesserung der Wasserbewegung, eine Vergleichmäßigung der Wassermengen, eine Verringerung der Geschiebeentstehung, eine glatte und gleichmäßige Geschiebeabfuhr und bei schiffbaren Flüssen auf eine hinreichende Wassertiefe erstrecken muß. Als Mittel stehen uns nur wenige bauliche Maßnahmen zur Verfügung, die an der Querschnittgestaltung des Bettes, der Längenentwicklung des Flusses und insbesondere seinem Gefälle, an der Befestigung seiner Ufer und Sohle ausgeführt werden können. Die größten Schwierigkeiten bei der Regelung unserer Flüsse machen die großen Unterschiede zwischen NW. und HW. Das meiste Unheil bei vielen Flüssen kommt nicht durch die schlechte Querschnitt- und Gefälleausbildung, durch zu scharfe Windung oder ungeregelten Geschiebeabfluß, sondern durch diese außerordentlich ungleichmäßige Wasserführung.

B. Hauptgesichtspunkte für die wasserwirtschaftliche Regelung der Quellgebiete.

a) Einfluß von Wald und Acker auf die Wasserführung.

Die Unterschiede in der Wasserführung entstehen vorwiegend im Quellgebiete, in den Gebirgen, die die stärksten Niederschläge aufweisen. Hier, in der Regelung der Wasserführung, muß das Verständnis des Wasserbauingenieurs weit über die zunächstliegenden örtlichen Belange hinausgehen. Es muß hier die Gesamtheit der Fragen ins Auge gefaßt werden. Es ist zu untersuchen, wie Wald- und Ackerwirtschaft auf den Fluß einwirken, wie die Grundwasserverhältnisse beeinflußt werden können, wie vor allem im Gebirge durch Schaffung künstlicher Seen — Talsperren — oder Einleitung in bestehende Seen eine Ausgleichung herbeigeführt werden kann.

Im Hochgebirge ist die Wasserführung durch die langsame und im späten Frühjahr eintretende Schneeschmelze schon bis zu einem gewissen Grade ausgeglichen. Die Gletscher wirken ähnlich wie eine Talsperre. Der Bau von Tal-

[1]) Bei größeren Flüssen muß man Spaltungen oft bestehen lassen.

[2]) Der Satz „Der Bagger ist die Buhne der Zukunft“ hat sich nicht bestätigt.

sperren ist aber in den deutschen Kalkalpen vielfach aus wirtschaftlichen und geologischen Ursachen sehr erschwert. Hier kann ein solcher Ausgleich oft erst am Mittellauf erreicht werden. Die großen Gletscherrandseen Würmsee, Chiemsee usw. stehen hierfür zur Verfügung und sind in Entwürfen dafür auch schon genannt worden.

Der Wald übt auf die Hochwasserwellen der Flüsse in vielen Fällen eine ausgleichende Wirkung aus. Er verzögert den Abfluß starker Regenfälle und verlangsamt die Schneeschmelze. Dort also, wo die Gebirge abgeholzt sind, ist für eine vernünftige Aufforstung zu sorgen.

Die Ansichten über die günstige Wirkung des Waldes im Hochgebirge sind geteilt, im großen und ganzen überwiegt aber bei uns die Anschauung, daß der Wald vorteilhaft einwirke. Der Unterschied in den Anschauungen beruht wahrscheinlich mehr in der Nichtbeachtung des Charakters der Flüsse, für die man den Vorteil des Waldes untersucht hat. Die Wasserführung eines Flusses kann z. B. durch Waldbestand im Oberlauf ungünstig beeinflußt werden. Wird hier die Schneeschmelze durch den Wald so lange verzögert, bis große Teile der Schneeschmelze des Gebirges mit der des Oberlaufs zusammentreffen, dann muß eine Erhöhung der Hochwasser die Folge sein. Die Voraussetzung ist aber auch hier, daß bei Fehlen des Waldes die Schneeschmelze im Oberlauf bereits vorüber sein würde, wenn sie im Quellgebiet eintritt. Aber auch dann wird im Sommer eine günstige Wirkung des Waldes bestehen bleiben. Er wird durch Zurückhaltung der Regengüsse in der Hauptwachstumszeit auf die Sommerhochwasser mildernd einwirken und die Grundwasserstände günstig beeinflussen. Daß man durch Forstkultur allein Wildbäche regeln kann, wie französische Ingenieure es annehmen, dürfte nur in Ausnahmefällen zutreffen; im allgemeinen wird eine regelrechte Wildbachverbauung und moderne Sperrenanlage unentbehrlich sein.

b) Natürliche und künstliche Verzögerungsmittel (Talsperren, Moore, Gletscher, natürliche Seen usw.).

Der Bau von Talsperren steckt heute noch in seinen Anfängen. Talsperren, die nur aus Rücksicht auf die Flußwirtschaft gebaut werden, sind selten, meist erscheint der Kraftgewinn als unentbehrliche Voraussetzung. Die vollkommene Regelung der Wasserwirtschaft erfordert aber auch Talsperren dann, wenn der Kraftgewinn ohne Bedeutung ist. Bedauerlicherweise sind die Talsperren jedoch so teuer, daß innerhalb der nächsten Jahrzehnte kaum an einen Bau nur aus wasserwirtschaftlichen Gründen gedacht werden kann. Die Talsperren üben nicht nur einen stark mildernden Einfluß auf die Wasserstandsunterschiede aus, sondern sie sind auch Klärbecken für die Geschiebe. Es ist aber bereits an dieser Stelle darauf hinzuweisen, daß die Geschiebeansammlung in Talsperren so gewaltig sein kann, daß sie den größten Teil der Talsperren anfüllt, so daß dann der Nutzen der Sperre bald verloren geht. Das ist mit ein Grund, warum in den stark Geschiebe führenden Quellflüssen der Hochalpen die Anlage von Talsperren oft unterbleiben muß. Im folgenden sind daher vorwiegend die Mittelgebirge gemeint, in denen Talsperren in größerem Umfange bereits ausgeführt sind, in weit größerem aber wünschenswert erscheinen. Die Auffangung der großen Hochwassermengen ermöglicht die Abgabe ausgeglichenen Wassers in der Niedrigwasserzeit der Flüsse. Die Sperre erfüllt also zwei Zwecke gleichzeitig. Die Auffangung der Hochwasserwellen hindert die Überschwemmung, mindert also die Gefahren für die Flußtäler; die Abgabe von Wasser zur Sommerzeit dagegen erhöht die Wasserstände und wirkt auf die Wasserwirtschaft des ganzen Landes im Sommer segensreich ein. Meist aber werden diese beiden großen Wirkungen der Talsperren von den Hauptinteressentenkreisen nicht so anerkannt, daß es möglich wäre, aus den Kreisen der Anlieger so große Unterstützungen zu finden, daß rein wasserwirtschaftliche Talsperren heute schon möglich wären. Nur wenn man z. B. der Landbevölkerung billigen elektrischen Strom zusichern kann, dann wird das Mißtrauen, das sie jeder neuen Einrichtung entgegenbringt, geringer. — Die aufhöhende Wirkung der Talsperren auf das NW. der Flüsse ist am stärksten im Oberlauf, nimmt aber immer mehr ab, je weiter der Fluß sich seiner Mündung nähert. Es ist diese Tatsache ja ohne weiteres erklärlich, wenn man sich ausrechnet, daß sich die gleiche Zusatzwassermenge im Oberlauf z. B. auf ein Bett von 20 m Breite, im Unterlauf auf ein solches von 200 m Breite bezieht. Trotz der geringeren Geschwindigkeit im Unterlauf muß dann die Wirkung fast auf 10 v. H. derjenigen im Oberlauf herabgesunken sein. Eine Regelung unserer Flüsse nur durch Bau von Talsperren ohne entsprechenden Bettausbau ist unmöglich.

Den größten Einfluß haben die großen, natürlichen Sammelbecken wie der Bodensee für den Rhein, der Genfer See für die Rhône usw. Der größte Zufluß des Rheines zum Bodensee beträgt nach Soldan[1]) 3545 cbm/sek, der größte mittlere Abfluß der beiden Beobachtungstage (14./15. Juni 1910) 785 cbm/sek. Es hat also ein Abfluß von nur 22 v. H. des höchsten Zuflusses stattgefunden (vgl. S. 21/45). Abb. 29 S. 44 zeigt die Wirkung des Bodensees für mehrere Monate, wobei die größten Zuflüsse auf die Hälfte herabgedrückt worden sind. Deutschland besitzt eine große Zahl solcher Seen und Seengruppen. Zum Teil können solche Seen, wenn auch mit vorübergehender Anschwellung, künstlich angelegt werden.

So wäre zum Beispiel eine solche seeartige Sperre in dem Nebenfluß der Leine, der Rhume oberhalb von Northeim möglich. Es würde sich hier um eine niedrige dammartige Sperre handeln, die das Wasser nur eine oder zwei Wochen aufspeichert, aber in dieser ganzen Zeit bereits Wasser abfließen ließe. Besondere Einrichtungen müßten einen möglichst gleichmäßigen Abfluß ermöglichen. Es ist sorgfältig zu untersuchen, ob die Anlage solcher Seen zur Verzögerung der Hochwasserwelle nicht schädlich wirken kann. Marquardt[2]) weist z. B. darauf hin, daß man dann, wenn in einem Flusse die Hochwasserwellen zweier Nebenflüsse nacheinander eintreffen, den Nebenfluß, aus dem die erste Welle stammt, nicht durch eine Sperre verzögern darf. Denn dann würde die zweite Welle an der Mündung des ersten Nebenflusses einen höheren Wasserstand vorfinden, als wenn die erste Welle bereits ganz abgelaufen wäre. Solche Verhältnisse finden sich z. B. an der Donau, wo die Hochwasserwellen der Traun und Enns bereits abgelaufen sind, wenn die Hochwasserwelle des Inn eintrifft. Es ist dabei aber zu untersuchen, ob der Nutzen der Talsperre den etwaigen Schaden am Zusammenfluß weiter unterhalb doch nicht mehrfach gutmacht.

Im großen und ganzen ist es zu hoffen, daß wir uns hinsichtlich des Baues von Talsperren rein wirtschaftlichen Zweckes der Taten erinnern, die die großen Völker der Vergangenheit aufzuweisen haben. Die Staudämme der Chinesen, Inder, Ägypter, Assyrer, Mauren usw. waren rein wasserwirtschaftliche Anlagen. Mit dem Erstehen dieser Anlagen blühte das betreffende Land, mit dem Verfall der Anlagen verarmten die Länder. Wir haben allen Grund, daran zu denken, daß die Landwirtschaft stets die Grundlage der Volkswohlfahrt sein muß, daß keine Mittel zu groß sind, wenn sie nur den Erfolg haben, unsere Landwirtschaft zu verbessern.

Hochmoore, Sümpfe, Gletscher können auch eine entsprechende Wirkung besitzen, aber nicht in gleichem Maße. Die ausgleichende Wirkung der Gletscher ist anerkannt. Die hohen Sommerwasserstände der Hochgebirgsflüsse beruhen auf dem Schmelzwasser der Gletscher, dessen Menge zur Zeit der größten Sommerhitze natürlich am größten sein muß. Die Moore saugen zwar nach langen Trockenzeiten große Wassermengen auf und geben sie auch in Trockenzeiten wieder ab. Treffen aber auf ein vollgesogenes Moor Hochwassergüsse, dann laufen sie wirkungslos über das Moor hinweg. Es verhält sich genau wie eine Talsperre, die auch nur wirken kann, wenn sie einen Leerraum für Aufnahme von Hochwasser zur Verfügung hat. Eine gefüllte Talsperre, ein gefülltes Moor sind für eine Hochwasserwelle so gut wie nicht vorhanden.

---

[1]) Deutsche Wasserwirtschaft 1923, S. 127.

[2]) Marquardt. Erwin: Die Methoden des Flußbaues. Berlin: W. Ernst & Sohn, 1922.

c) Wildbachverbauung.

So wertvoll nach Vorgesagtem Sperren für die Zurückhaltung der Geschiebe sein können, eine wirksame Wildbachverbauung kann durch sie allein, wie schon erwähnt, nicht ersetzt werden.

Der Wildbach entsteht aus einzelnen Quellbächen. Wir können bei einem Quellbach 3 Gebiete unterscheiden (Abb. 121): das obere Gebiet, Sammeltrichter oder Zirkus, in dem die Hänge dauernd im Abbruch sind, ein mittleres Gebiet, der Tobel, in dem annähernd Gleichgewicht herrscht, ein unteres Gebiet, der Schuttkegel, in dem die oben gelösten Geschiebe abgelagert werden. Dieses untere Gebiet liegt meist dicht an der Mündung der Quelle oder des Wildbaches in ein flacheres Haupttal und bildet dort einen flachen, meist viele hundert Meter breiten Geschiebekegel. Die einzelnen Geschiebe sind durch Sand- und Tonteilchen verkittet, der Kegel zeichnet sich meist durch große Fruchtbarkeit aus und ist vielfach Träger von Ortschaften.

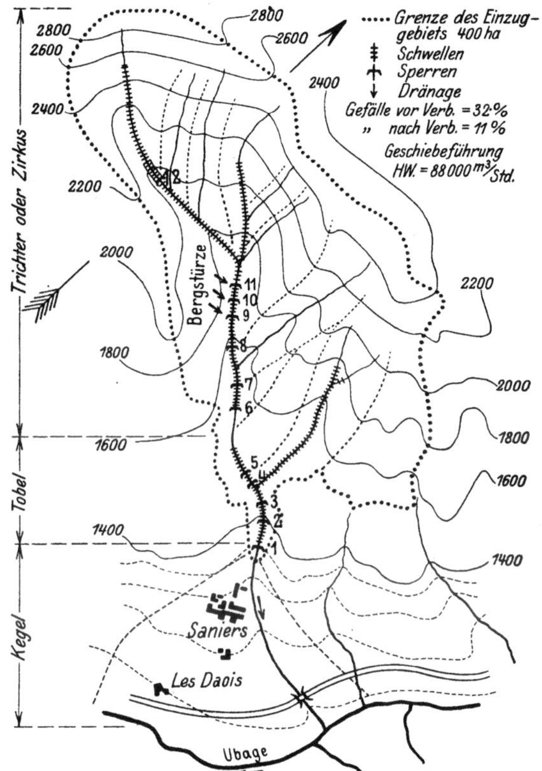

Abb. 121. Wildbach von Saniers. Maßstab.

Schon der Umstand, daß sich oft menschliche Niederlassungen auf den Schuttkegeln befinden, macht es erklärlich, daß eine starke Geschiebewanderung und neue Ablagerung auf diesem Kegel unerwünscht sind. Das Ziel der Wildbachverbauung ist somit, entweder die Abbrüche stark zu vermindern oder die Geschiebe dort aufzufangen, wo sie unschädlich lagern können. Dort, wo die Hänge bewaldet sind oder gut mit Pflanzen niederer Art bestanden sind, sind die Abbrüche meist sehr gering, hier ist eine Verbauung nur an besonders steilen Stellen notwendig. Die Stellen der Hänge aber, die ohne Pflanzenwuchs dem Abbruch stark unterliegen, müssen befestigt werden. Es ist notwendig, diese steilen Hänge möglichst in eine Treppenform zu wandeln. Es werden Flechtzäune (siehe weiter hinten) eingebaut und mit Geröll hinterfüllt. So bilden sich Kaskaden, die die Gewalt des Wassers brechen. (Abb. 122.)

Auch in der Sohle finden Ausnagungen statt (Abb. 123). Auch hier wird im Grunde das gleiche System angewandt. Es wird der Bach durch Einbau von Sperren stellenweise in eine Wassertreppe umgeformt. Diese Sperren werden in holzreichen Gegenden aus Holz, sonst aus natürlichem Stein errichtet. Je nach dem vorhandenen Material, der Art der Bewohner, den Transportweiten ist zu untersuchen, welche Bauart für eine längere Lebensdauer des Werkes die billigste ist. Holzbauten können zwar in der ersten Herstellung sehr billig sein, verschlingen aber oft solche Summen an Unterhaltungskosten, daß der Steinbau trotz anfänglicher Mehrkosten vorzuziehen ist. Nur bei großer Gefahr für Ortschaften kann dieser materielle wirtschaftliche Standpunkt keine Rolle spielen; hier ist das auszuführen, was am schnellsten Hilfe verspricht. — Abb. 124 bis Abb. 128 zeigen Ausführungen von Sperren in Holz und Stein, die sich aus sich selbst erklären.

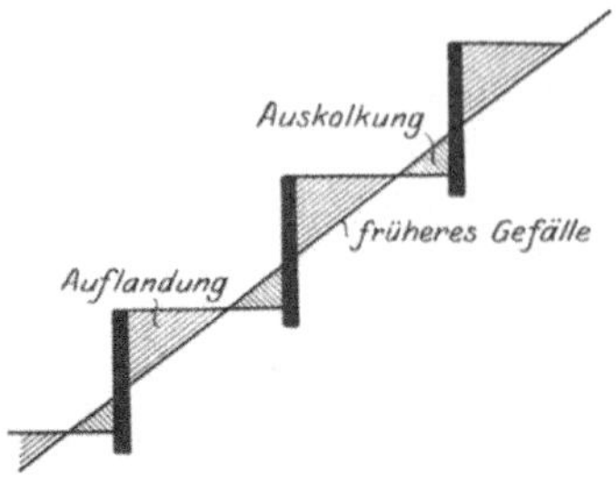

Abb. 122. Kaskadenbildung im Wildbach.

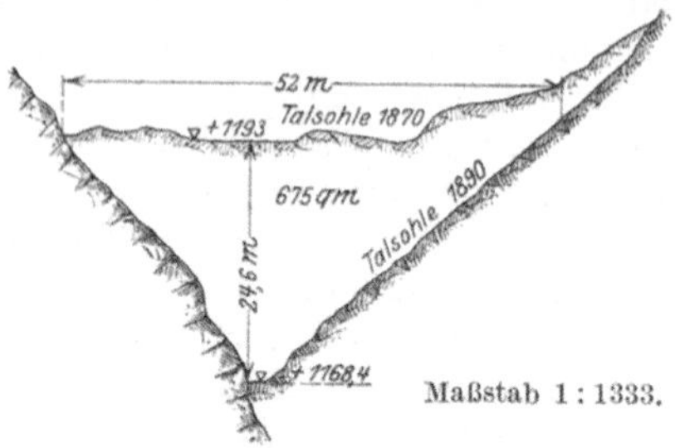

Abb. 123. Querschnitt der Nolla bei Thusis. Ausnagung des Tales um 25 m.

Die Sperren sind oft nicht imstande, die Geschiebe mit Sicherheit aufzufangen. Es entwickeln sich in den Tälern nach starken Regengüssen, bei Hochwasserwellen nach Schneeschmelzen bisweilen sog. Murgänge. Diese Muren sind Lawinen aus Wasser und Gerölle, die sich mit unwiderstehlicher Gewalt zu Tal wälzen, über die Schuttkegel hinwegstürzen und in besonders ungünstigen Fällen den Gebirgsfluß aufstauen. Weitreichende Überschwemmungen oberhalb der Aufstauung sind dann die Folge solcher Murgänge.

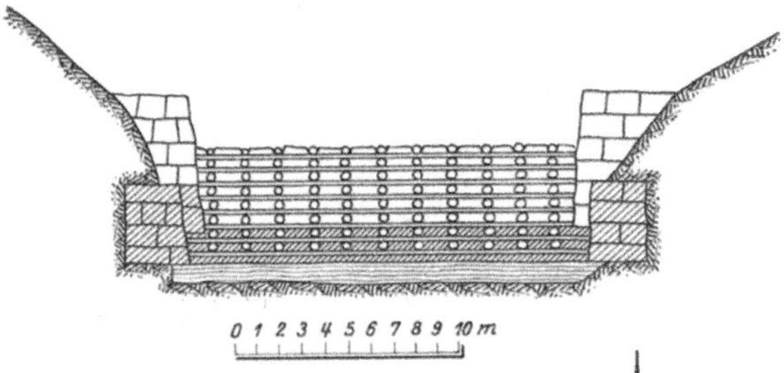

Abb. 124. Ansicht.

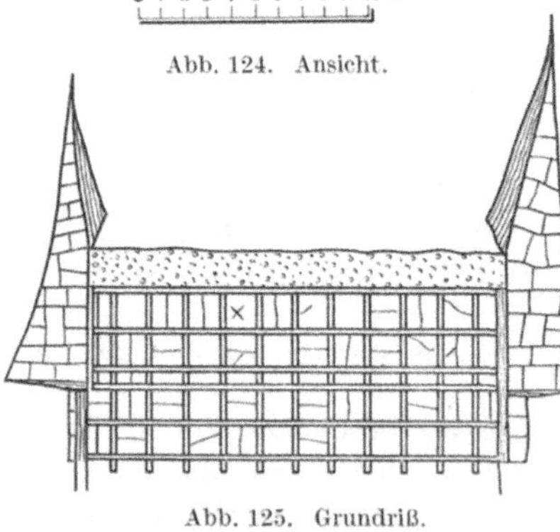

Abb. 125. Grundriß.

Abb. 124 u. 125. Wildbachverbauung. Flechtzaunkaskade. Maßstab 1 : 450.

Die natürlichen Vorbedingungen für die Entstehung von Muren im Bereiche der Wildbäche sind folgende:

1. Lockerer Boden, alte Moränen, alte Terrassen, Gehängeschutt, leicht zersetzbares Gestein.

2. Steile Böschungswinkel der Hänge.

3. Eintritt von Hochwasserkatastrophen[1]).

Der unter 1. genannte Einfluß zeigt sich besonders deutlich, wenn ein Tal zwei Gebiete wechselnder geologischer Beschaffenheit trennt (Pustertal: an einem Hang Tonglimmer, am anderen Dolomit). Als Beispiel ist zu nennen: Toblacher Feld, Vermurung des Dorfes Vahlen 1856.

[1]) Weitere Beispiele ihrer Wirkungen sind: 1471—1776 die Zerstöungen in den französischen Südalpen, die fast $^3/_4$ ihres kulturfähigen Bodens verloren. Von 1836—1866 haben die Departements Haute und Basse Alpe allein 25 000 Siedler eingebüßt. In kleinerem Maße z. B. 1921 in Sölden im Ötztal (Tirol) durch eine Mure aus dem Rettenbach neben dem Hotel Alpenverein, Beschädigung der meisten Häuser des Ortes 1924 noch zu sehen. Ferner 1891 Murgang im Eisacktal bei Kollmann durch den Gonderbach (13 qkm Niederschlagsgebiet). Zerstörung von 16 Häusern und 39 Menschenleben in wenigen Minuten. Murlawine von 18 m Höhe 500 000 cbm Inhalt. Bedeckung von rund 7 ha und von 1 km Brennerbahn mit Schutt und Geröll. Mitnahme von Porphyrblöcken von 25 cbm Inhalt.

Für die Beseitigung der Murengefahren werden die Hilfsmittel, die die Natur selbst anwendet, auch von uns gebraucht. Der einer steilen Talstufe entsprechende Wasserfall verbraucht die Förderkraft der Wildbäche und veranlaßt die Bildung eines Schuttkegels. Der Ingenieur ahmt diesen einfachen Grundsatz nach, indem er das Gefälle eines Wildbaches künstlich in eine Anzahl von steilen Stufen und ganz flach geneigten Strecken zerlegt. In den Wasserfällen der Stufen wird die lebendige Kraft des Wassers vernichtet, und die flachen Strecken werden gleichzeitig in eine ganze Anzahl künstlicher Schuttkegel umgewandelt. Die technische Ausführbarkeit eines solchen, in seiner Grundlage leicht verständlichen Werkes hängt von der geologischen Beschaffenheit des Untergrundes ab. Einen großen Einfluß hat man vielfach dem Walde zugeschrieben. Die Zurückhaltung des Wassers durch den Wald findet jedoch bei außerordentlichen Regengüssen bald eine Grenze, wie die Ereignisse von 1882 im Pustertal, die Untersuchung der Hochfluten in Schlesien vom August 1897 bestätigen, beide in Gebieten mit dichtem und vortrefflichem Waldwuchs. Es ist also für den Wert des Waldes

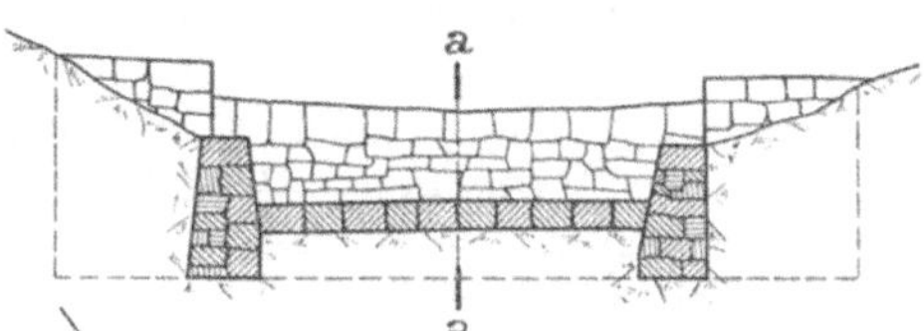

Abb. 128.

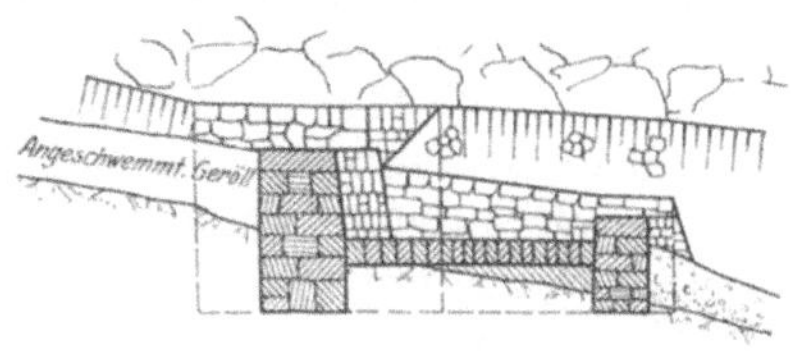

Abb. 127.

Abb. 126—128. Wildbachverbauung. Steinsperren.

Abb. 126. Draufsicht.
Abb. 127. Schnitt *a—a*.
Abb. 128. Schnitt *b—b*.

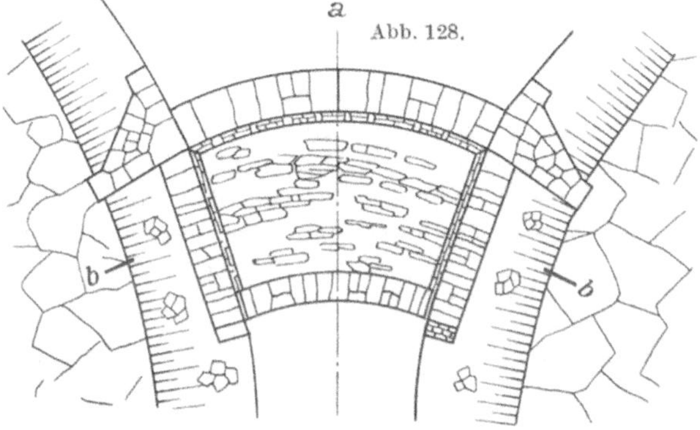

Abb. 126.

zu unterscheiden zwischen der im gewissen Sinne normalen Auswaschung der regelmäßig wiederkehrenden Schneeschmelzen und Regenperioden und den außergewöhnlichen, in großen Zeiträumen auftretenden örtlichen Wolkenbrüchen (wie z. B. die große Gebiete verheerenden Regenfluten von 1882, 1887, 1903 und 1907). Die tägliche Wirkung der Gebirgsabtragung durch fließendes Wasser und Wildbäche wird durch die auf die Waldpflege gerichtete Tätigkeit des Forstmannes und Ingenieurs stets auf ein ungefährliches Maß zurückgeführt werden können. Bei ungewöhnlichen Elementarereignissen versagt jedoch die das Wasser bindende Kraft des Waldes.

Auch Talsperren, Stauweiher, die Verbauung der Wildbachbetten und die Befestigung der Hänge sind in erster Linie für regelmäßige Hochwasser bestimmt und gewähren ungewöhnlichen Ereignissen gegenüber nur bedingten Schutz. Eine Verbauung der Wildbäche nach in den französischen Alpen erprobtem System hält die Schuttmassen zurück, bedingt aber nicht eine Verlangsamung des Wasserabflusses in einem irgendwie erheblichen Maße, das im Hochgebirge auch nicht so notwendig ist. Stauweiher und große Talsperren kommen vorwiegend im Mittelgebirge in Frage. Für die Hochgebirge der Alpen ist die Anlage von Staubecken eine oft noch ungelöste Aufgabe.

Im Sinne der Zurückhaltung des Wassers wirkt neben dem Walde ferner das Dränieren und Entsumpfen der Wiesen und Moore. Wenngleich die räumliche Ausdehnung der Wiesen, Moore und Weiden im Gebirge im ganzen geringer ist als die des Waldes, so ist darauf doch Rücksicht zu nehmen. Ein Hochmoor ist im ursprünglichen Zustand einem vollgesogenen Schwamm zu vergleichen, über den alles hinzutretende Wasser einfach hinwegläuft. Ein entwässertes Moor entspricht einem trockenen Schwamm, der sich vollsaugt und dann das Wasser allmählich abläßt. Da die besonders gefährlichen Alpenmuren gleichzeitig durch große Ausdehnung der Moore gekennzeichnet sind, ist auch die obige bei der Entwässerung gemachte Erfahrung zu berücksichtigen.

Nach einem scheinbar äußerlichen, aber für praktische Zwecke wichtigen Gesichtspunkt kann man bei den Wildbächen die Hochmuren und Niedermuren unterscheiden. Die Hochmuren entstehen oberhalb der Baumgrenze, die Niedermuren unterhalb der Baumgrenze im Bereich des dichten Baumwuchses. Die vollständige Verbauung einer Hochmure muß, wenn sie Aussicht auf Erfolg haben soll, bis in die höchsten Punkte durchgeführt werden. Sie ist mit Rücksicht auf die hierdurch bedingten großen Kosten nicht überall möglich. Niedermuren entstehen besonders häufig infolge von Kahlschlägen, Lawinen und Hochfluten bei besonders tiefgründigem Schutt unten am Hang. Ihr kurzer Lauf kann in den allermeisten Fällen durch sachgemäße Verbauung, Beflechtung der lockeren Hänge mit Weiden und Wiederaufforsten in ein ungefährliches Wasserrinnsal umgebildet werden. Beispiel für Hochmuren: Der oberhalb des Ortes Ötz bei stärkerem Regen strömende, Feld und Häuser bedrohende Wildbach soll vor 200 Jahren seinen Schuttstrom als Mure in das Tal gesandt haben. Dann verwuchs die Abbruchstelle, deren gefährdetster Teil innerhalb der Baumgrenze lag, während das oberste Ende weit in die Ötzer Alpen hineinreichte. 1817 riß eine Schneelawine den Boden auf und vernichtete den Wald. Mit diesem Zeitpunkte begann die alljährlich fortschreitende Verheerung des Talbodens. Der größte und gefährlichste Wildbach des Ötzer Tales, die Ötzer Mure, entsteht ebenfalls in der Baumgrenze in einer 2400 m hoch liegenden Schutthalde. Zahlreiche Felder und Häuser des Dorfes Ötz sind allmählich unter den Trümmern begraben worden. Die am Ausgang des Tobels errichtete mauerartige Talsperre war nicht nur zwecklos, sondern wirkte, da sie brach, noch besonders gefährlich. Niedermuren sind im großen und ganzen weniger häufig als die Hochmuren, von deren Wirksamkeit die großen Schutthügel fast aller Alpentäler Zeugnis ablegen. Sehr viel gefährlicher als die Abbrüche des weniger gefährlichen Gehängeschuttes sind die Einrisse in den mächtigen Grundmoränen. Während der Frühjahrsschneeschmelzen saugt sich dieser Schutt voll Wasser und gleitet langsam abwärts. So wurde das Dorf Götzen (Brenner) von einer mächtigen alten Moräne gefährdet.

Als Zusammenfassung kann man folgendes sagen:

I. In vorgeschichtlicher Zeit, während und nach der Abschmelzung der Riesengletscher, war die abführende Tätigkeit der Muren eine der Vorbedingungen für die Festlegung der beweglichen Schuttmassen, für die Entstehung einer Pflanzendecke und somit für die spätere Besiedlung des Gebirges.

II. Die hauptsächlichsten und dauerndsten Verwüstungen verursachten im Gebirge weniger das Hochwasser als vielmehr die von ihm bewegten Schuttmassen. Die Zurückhaltung des Gebirgsschuttes an seinen ursprünglichen Lagerstätten oder an geeigneten Stellen der Täler ist die Hauptaufgabe der technischen Regelung. Die das Wasser bindende Kraft eines gut gepflegten Waldes, die Entwässerung der Wiesen und Alpenmoore ist für die regelmäßigen Schmelzwasser und Regenperioden ausreichend, außergewöhnlichen Hochfluten gegenüber fast belanglos. Für die Regelung ist, abgesehen von den notwendigen baulichen und forstlichen Erwägungen, in erster Linie die vollständige Kenntnis der vorhandenen Schuttmenge oder eine möglichst genaue geologische Aufnahme des Gebirges notwendig.

Im Mittellauf oder Tobel, in dem die Abbrüche im allgemeinen nur durch Unterspülung oder in den Muren eintreten können, gilt das oben schon Gesagte; die Sperren werden hier in Anbetracht der vergrößerten Geschiebezufuhr nur größer gebaut. Der Grundsatz der Schaffung von Wasserfällen bleibt hier das gleiche. Da aber die Gefälle der Talsohle geringer sind als im oberen Abbruchgebiet, können im Mittellauf Gefälle größerer Strecken zusammengefaßt werden als oberhalb.

Auf dem Schutt- (Geröll-) Kegel ist der Bach, der oft in mehreren Armen abfließt, zusammenzufassen, vor Ausuferung zu schützen, möglichst in seinem Bett so zu dichten, daß ein Versinken des Wassers in Zukunft verhindert wird. Das versunkene Wasser weicht die Geröllhalden auf, löst ihren Zusammenhang und kann sie überdies durch die Auftriebswirkung leichter machen, so daß Gefahr besteht, daß unter dem Druck einer größeren, von oben kommenden Mure auch ein Teil des Schuttkegels in Bewegung gerät und große Verheerungen anrichtet. Es werden deshalb vielfach die Bäche in Betonschalen eingefaßt, die eine völlige Abdichtung gewährleisten. Auch Rinnen in gefugtem Stein sind angewandt worden (Abb. 129 u. 130).

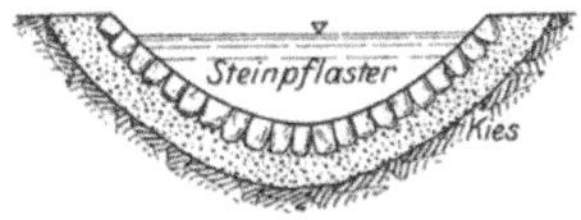

Abb. 129. Wildbachschale. Mit Stein ausgepflastert.

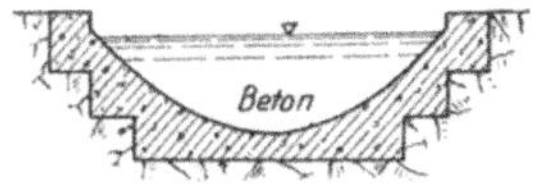

Abb. 130. Wildbachschale. In Beton.

C. Die Regelung der nicht schiffbaren Flüsse.

Die Entwicklung der Schiffahrt zu immer größeren Abmessungen hat eine große Reihe kleiner Flüsse praktisch aus der Reihe der schiffbaren Flüsse gestrichen[1]) und macht für die Zukunft das Eintreten anderer kleinerer Flüsse in die Reihe der schiffbaren sehr unwahrscheinlich. Zu den nicht schiffbaren Flüssen gehören ferner die meisten Gebirgsflüsse, einmal wegen der ungenügenden Wassermengen bei MW. und NW. und der großen Wasserschwankungen, ferner wegen des großen Gefälles und der damit verbundenen Geschwindigkeit, die die Schiffahrt unmöglich macht. Flüsse wie die Leine, die obere Aller, der Lech, die Isar können wohl kanalisiert und dadurch für die Schiffahrt nutzbar gemacht werden, aber sie können nicht einmal für Kähne vom Finowmaß mit Erfolg geregelt werden. Alle Regelungsarbeiten an diesen Flüssen sind daher einfacher, weil sie einen großen Gesichtspunkt, den der Schiffbarkeit, nicht zu berücksichtigen haben. Die Arbeit an diesen Flüssen ist heute auf die Forderungen der Fischerei, Landeskultur, der Stadtwirtschaft, der Industrie und der Kraftausnutzung einzustellen. Wird dieser letzte Gesichtspunkt mit berücksichtigt, dann ist oft zu erwägen, ob nicht der Einbau der Kraftstufen so erweitert werden kann, daß eine Kanalisierung im Schiffahrtsinteresse möglich ist, wie das bei dem Mittlere-Isar-Projekt nach Herstellung der sog. unteren Isar geplant ist. Es soll deshalb die Kraftausnutzung mit bei der Frage der Kanalisierung der Flüsse besprochen werden. — Die Gebirgsflüsse haben meist einen so scharfen Wechsel zwischen HW. und NW., eine so kurze Zeit, in der ein ausgesprochenes MW. herrscht, daß die Ausbildung von 3 verschiedenen Betten unnötig ist. Die Wassermenge der kleineren, nicht schiffbaren Flüsse, auch wenn sie keine Gebirgsflüsse sind, ist bei MW. meist so gering, daß sich auch hier die Ausbildung von 3 Betten in dem Flußschlauch nicht lohnt. Man wird in allen diesen Fällen

[1]) Die untere Leine bis Hannover, die Saale bei Wetzlar usw.

ein Hochwasserbett und ein Mittelwasserbett ausbilden und für das NW. den unteren Teil des MW.-Bettes bestimmen, ohne aber hier das NW. besonders festzulegen. Eine Bettausbildung gemäß Abb. 131 wird hier in den meisten Fällen allen Ansprüchen genügen. Auch hier kommen natürlich Ausnahmen vor. Vgl. dazu Abb. 145, S. 142, die den Oderquerschnitt zeigt. Hier ist das MW.- und das NW.-Bett zwecks Schiffbarmachung festgelegt worden.

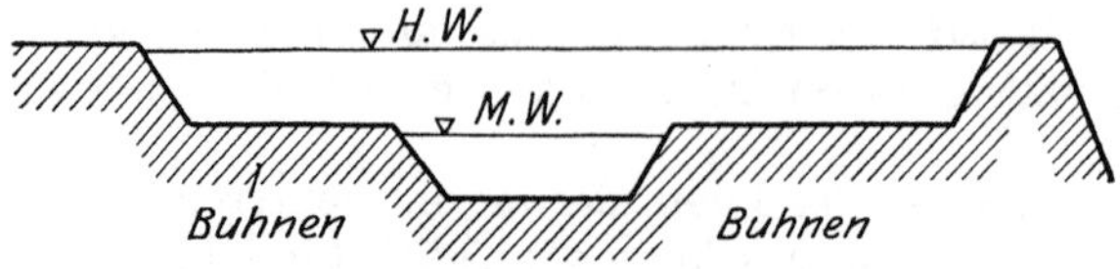

Abb. 131. M.W.- und H.W.-Bett.

Die größte Sorge bei den nicht schiffbaren Flüssen wird 1. in der Verhütung von schädlichen Überschwemmungen und Versumpfungen liegen müssen, soweit man hinsichtlich der Wassermengen regelt, 2. in dem richtigen und fortlaufenden Abtransport der Geschiebe, so daß weder Auflandungen noch Eintiefungen stattfinden können, wenn man die Geschiebeführung mit in Betracht ziehen muß.

Wie sehr eine falsche Regelung zu Enttäuschungen führen kann, zeigt die Regelung der Isar, deren mittleres Wasserbett innerhalb und unterhalb von München zu eng bemessen war, so daß sie sich bis zu 5 m einfressen konnte (an dem Einlaßwehr der M.-Isar ist die Sohlensenkung sogar 8 m). Die Räumungskraft des Flusses ist hier viel zu groß und hat die Folge, daß unterhalb von Freising das ganze zuviel mitgeschleppte Geröll auf weiten Flächen abgelagert werden muß. Am Ende dieser Riesenschutthalde hat sich die Isar dann rückwärts einschneidend in ihren eigenen Schutt ausgetieft. Dieses alles wäre verhindert worden, wenn man das mittlere Wasserbett der Isar etwas größer ausgebaut hätte. Ein derartiges Einfressen ist natürlich mit starker Senkung des Grundwassers verbunden, das in diesem besonderen Falle innerhalb der Stadt München als Vorteil bezeichnet werden kann, im allgemeinen aber gefährlich ist. Der Vorgang zeigt die Schwierigkeit der Aufgabe.

Ungenügende Geschiebeabfuhr und Entstehen von größeren Kiesbetten bewirken eine Auflandung, die bei flachen Ufern zu einer Versumpfung führen kann, wenn nicht rechtzeitig dagegen eingeschritten wird. Bei nicht schiffbaren Flüssen wird man zur Erzielung einer größeren Räumungskraft bzw. zur Verhütung von Überschwemmungen und Versumpfungen leichter und lieber zu Durchstichen greifen als bei schiffbaren Flüssen. Es ist aber bei allen diesen Arbeiten immer wieder daran zu denken, daß jede Änderung auch nur an einer Flußstelle Wirkungen nach oben und nach unten auslöst. So wird auch die Vergrößerung des Gefälles auf einer Strecke eine Gefällsänderung zum mindesten oberhalb (manchmal auch unterhalb) bewirken; oben muß das Gefälle dann steiler werden. Abb. 132 u. 133 zeigt, wie sich die Gefälländerungen einstellen können,

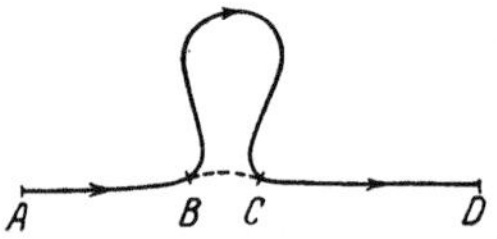

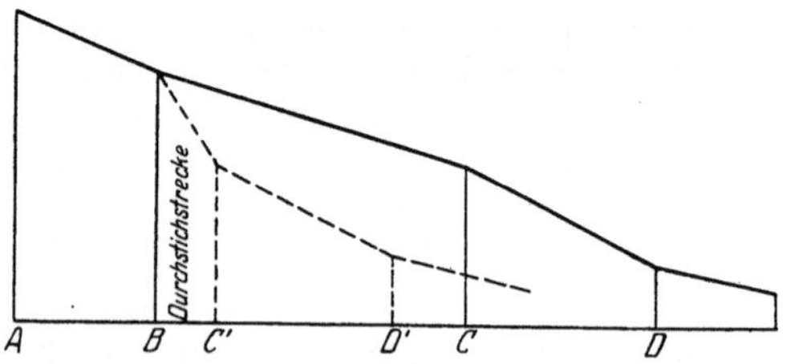

Abb. 132 u. 133. Gefälleausbildung bei zu radikalem Durchstich.

wenn zu radikale Durchstiche hergestellt werden. Es wird dann oft der Fall eintreten, daß das Gefälle auf der Durchstichstrecke größer wird als das Gefälle oberhalb und unterhalb. Dann wird das Geschiebe von oben her schnell durch die neue Strecke hindurchgeschleppt werden, oben fehlen und unten abgelagert werden. Dies geschieht anfänglich weiter unterhalb, wenn durch Gefällausgleich auch unterhalb zuerst eine Steigerung des Gefälles eintritt. Es wird also auch unterhalb Geschiebe in vermehrtem Maße gelöst werden. Alles wird zu einer tieferen Ausnagung des Bettes führen und damit zu einer Senkung des Spiegels oberhalb und unterhalb der Durchstichstrecke. Später kann allerdings durch einen Stau unterhalb diese Verschärfung wieder gemildert werden. Bei Versumpfung wird eine solche Senkung vorteilhaft sein; es wird somit durch einen Durchstich ein Gewinn erzielt werden können. In anderen Fällen kann aber die Senkung nachteilig sein. Dann muß man versuchen, das Gefälle in den alten Strecken auszugleichen. Soll eine Senkung des Wasserstandes auf der oberen Strecke vermieden werden, dann muß am Ende der oberen Strecke eine Staustufe eingebaut werden, die den früheren Wasserstand hält. Solche Staustufen sind überall möglich, bei schiffbaren Flüssen müssen sie durch eine Schleusenanlage umgangen werden.

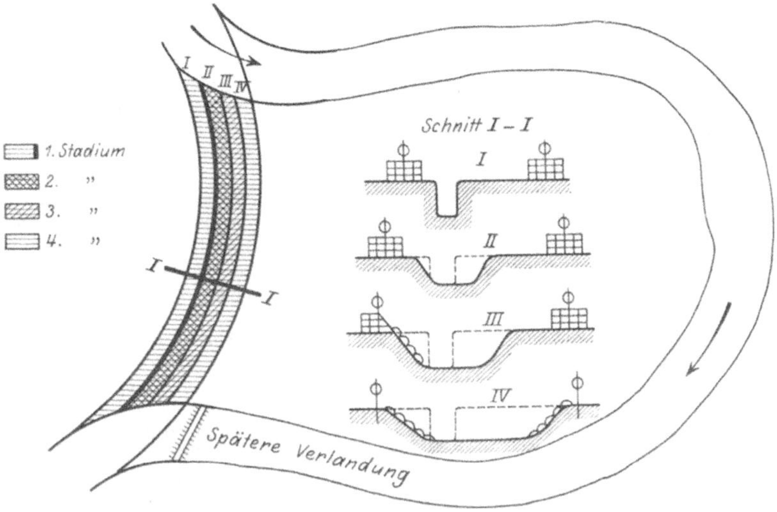

Abb. 134. Durchstich mit Hilfsgraben. Querschnitte der Entwicklungsstufen.

Die Ausführung von Durchstichen bei nicht schiffbaren Flüssen wird bei ausreichender Strömungskraft in folgender Weise vorgenommen werden: Man hebt zuerst einen Graben aus, dessen Sohle bis auf die zukünftige Sohle des Durchstiches reicht. Nach Fertigstellung des Grabens wird bei höheren Wasserständen der vorläufig aufrechterhaltene obere Querdamm durchstochen, so daß ein Teil des Flußwassers jetzt durch den Graben fließen muß. Da das Gefälle im Graben um ein Vielfaches größer sein muß als in dem bisherigen Krümmungsarm, so wird mehr Wasser durch den Graben fließen, als es dem Querschnitt des Grabens mit dem Flußgefälle entspräche. Es wird eine stark auskolkende Wirkung eintreten, und der Fluß wird sich innerhalb kurzer Zeit sein neues Bett auswaschen, wobei gleichzeitig eine Verlandung des jetzt langsamer fließenden alten Armes eintreten wird. Die zukünftigen Ufer des Durchstiches werden mit Steinhaufen fortlaufend so besetzt, daß diese Haufen dann, wenn die Auswaschung bis zu ihrem Fuß vorgeschritten ist, abrutschen und nun eine Uferdeckung herstellen (Abb. 134). Bei sehr wenig widerstandsfähigem Boden kann man auch die Ufer vorher für sich ausheben und durch Pflasterung befestigen. Durchstiche werden, damit sie einen sicheren Bestand haben, gern mit Krümmung angelegt. Man wird dann den Graben näher an die ausbiegende Seite legen als an die hohle Uferseite. Der Fortschritt nach dem hohlen Ufer hin wird schneller sein als zum ausbiegenden Ufer, die Ausspülung des ganzen neuen Bettes wird somit schneller eintreten, als wenn der Graben in der Mitte läge.

Wenn das Gefälle der nicht schiffbaren Flüsse und damit seine Wassergeschwindigkeit ungenügend ist, dann muß der Durchstich gleich in ganzer Breite hergestellt werden, wie es in dem Absatz „Regelung der schiffbaren Flüsse" dargelegt wird. Bei Gebirgsflüssen wird sich aber das Verfahren des Erstausbaues eines Grabens meist durchführen lassen.

Besondere Erfahrungen im Ausbau von Gebirgsflüssen konnten in Bayern gesammelt werden. Hier sind bereits im Jahre 1888 Bestimmungen für die Regelung solcher Flüsse aufgestellt worden, die auch heute noch in Kraft sind. Die Bestimmungen werden im folgenden wiedergegeben:

1. An den Flüssen mit höheren Ufern sind die konkaven Ufer festzuhalten.
2. Selbst in geraden Strecken ist, wo möglich, die Normallinie an eines der beiden Ufer anzulehnen.
3. Zur Erzielung einer geregelten Linie sind die Ufervorsprünge dem Strome zum Abbruch zu überlassen und die Normallinie tunlichst an die eingebogenen Uferstellen zu legen.
4. Bestehende Bauten und geschützte Uferstrecken sind besonders zu berücksichtigen.
5. Müssen wegen allzu großer Unregelmäßigkeit des Flusses die Ufer verlassen werden, so ist zur Vermeidung von kostspieligen Tiefbauten mit der Normallinie den Inseln, unbeweglichen Materialbänken und seichten Stellen insofern zu folgen, als dieses unbeschadet der gehörigen Regelung des Flußbettes geschehen kann.
6. Gebirgsflüsse mit starkem Gefälle vollkommen oder annähernd gerade zu leiten, rechtfertigt sich nur, wenn die Korrektion die Entsumpfung ausgedehnter Uferstrecken zum vorwiegenden Zweck hat.
7. In den übrigen Fällen muß im Interesse der Landwirtschaft sowie des gesicherten Bestandes der Uferbauten und deren möglichst billigen Unterhaltung einer zu großen Senkung des Flußwasserspiegels vorgebeugt werden.
8. Die Korrektionslinien sollen hierbei in einer Weise bestimmt werden, daß das ohnehin schon starke Gefälle nicht noch vergrößert wird.
9. Es sind daher für den Lauf dieser Flüsse Serpentinen von möglichst gleichmäßigen Kurven zu wählen.
10. Bewegt sich ein Fluß an Gehängen hin, welche auf wasserdurchlassenden Schichten Quellen zutage fördern, oder über welche herab sich andere Zuflüsse ergießen, so empfiehlt es sich nicht, die Korrektion längs diesen Gehängen hinzuführen, insofern, als sie den erwarteten einseitigen Schutz des Ufers wegen ungenügender Widerstandskraft gegen die Angriffe des Wassers selten gewähren, vielmehr häufigen Abbrüchen und Abstürzen ausgesetzt sind.
11. Dagegen ergibt sich durch die Verlegung der Korrektionslinien in die Talebene hinaus die Möglichkeit, die zwischen dem Fluß und dem Hochufer sich bildenden Alluvionen durch die Verwendung der den Gehängen entspringenden Gewässer in fruchtbare Wiesen umzuwandeln.

Das Hochwasserbett soll möglichst nicht verkleinert werden, wenn die Hochwasserwellen bereits das Vorland angreifen. Es würde bei Verengung des HW.-Bettes eine weitere Auswaschung die Folge sein. Die Zusammenfassung mehrerer Flußarme zu einem einzelnen Arm wird meist vorteilhaft, aber nicht so notwendig sein wie bei schiffbaren Flüssen. Oft wird der durch die Zusammenfassung entstehende Landgewinn entscheidend für die Ausführung oder die Geschiebebewegung sein, falls sie zu langsam erfolgt.

Von besonderem Einfluß ist ferner eine ständige Wasserentnahme auf die Geschiebebewegung eines Flusses. Die Entnahme kann natürlich und künstlich sein. Natürliche Entnahmen kommen als Versinkungen (Rhone, Donau) häufiger vor und können zu großen Wasserverlusten führen. Abb. 135 zeigt die Wassermengen der Donau oberhalb von Immendingen und die Mengen, die bei Immendingen durch Versinken zur Achquelle (Rhein) abfließen (untere Kurve).

Für Werkkanäle, Speisung von Schiffahrtskanälen usw. werden oft größere Mengen künstlich entnommen. Die ständige Entnahme einer verhältnismäßig großen Wassermenge aus einem Fluß hat unmittelbar zur Folge, daß unterhalb der Entnahmestelle in der sog. Entnahmestrecke eine kleinere Wassermenge zum Abfluß gelangt. Unterhalb der Entnahmestrecke kann durch Wiedereinführung des entnommenen Wassers der frühere Zustand erhalten bleiben (Werkkanäle). Die Verringerung der Durchflußmenge wird in der Entnahmestrecke eine Wasserspiegelabsenkung und in weiterer Folge eine Schwächung der Schleppkraft des Flusses herbeiführen. Werden nicht besondere Vorkehrungen getroffen, so ist in der Entnahmestrecke eine Geschiebeablagerung mit allen ihren nachteiligen Folgen zu erwarten. Das Bett der Entnahmestrecke wird daher eine entsprechende Änderung durch Querschnittsverkleinerung erfahren müssen.

Als Anforderungen sind zu stellen:

1. Der neue Querschnitt muß die in Betracht kommende Wassermenge abführen können.

2. Es muß eine geregelte Geschiebeabfuhr erfolgen, d. h. eine Beständigkeit des Querschnittes erwartet werden können.

3. Für den Fall der Schiffbarkeit muß bei niedrigstem Schiffahrtswasserstand die verlangte Tiefe in den entsprechenden Fahrwasserbreiten gesichert werden.

Als Wünsche, die zur Förderung der Schiffahrt möglichst weitgehend erfüllt werden sollten (oft aber nur wenig befriedigt werden können), sind zu nennen:

4. Das Wasserspiegelgefälle darf auch bei verschiedener Wasserführung nur in geringen Grenzen schwanken.

5. Die Wassergeschwindigkeit soll nicht erheblich größer sein als in den Anschlußstrecken.

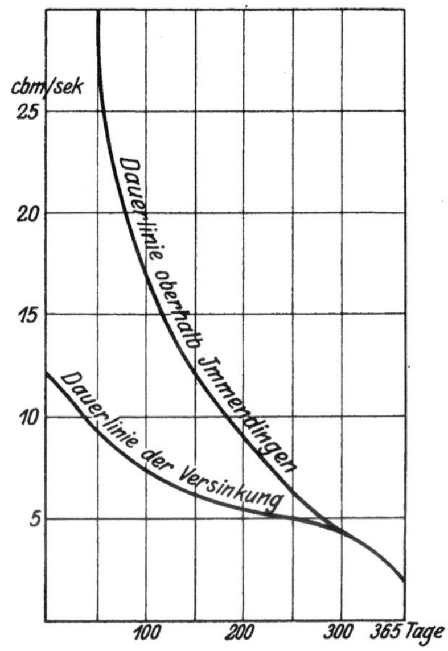

Abb. 135. Donauversinkung bei Immendingen. Die untere Kurve zeigt die versunkenen Wassermengen unterhalb Immendingen.

Es handelt sich darum, den neuen Querschnitt für einen besonders charakteristischen Wasserstand zu bemessen, da bei sämtlichen Wasserständen ein Querschnitt diesen 5 Bedingungen kaum genügen wird. Wenn das Schwergewicht einer richtigen Querschnittsgestalt in der Erfüllung einer geregelten Geschiebeabfuhr gelegen ist, so wird dieser Wasserstand mit dem gleich sein, der während eines bestimmten Zeitintervalles (z. B. 1 Jahr) das Maximum der Geschiebeabfuhr erzeugt hat. Dieser Wasserspiegel ist mit dem sog. bettbildenden Wasserstand übereinstimmend (Schaffernak, G. O. I. V. 1916, Heft 11/12), vgl. hierzu die vorhergehenden Ausführungen auf S. 43/48. Die rechnerischen Methoden, nach denen in solchem Falle der Querschnitt gefunden wird, und die auf dem Duboisschen Schleppkraftgesetz aufgebaut sind (in der Kreuterschen Form), sind im O. W. O. B. 1919, S. 482, vgl. auch S. 106, die Wassermengen und Geschwindigkeitskurven in Abb. 137 zu finden. Aufsatz von R. Reich über die Umgestaltung der Donau bei Entnahme von 400 cbm/sek für ein Kraftwerk. Die Abb. 136 und 137 sind aus diesem Aufsatz entnommen, aber etwas vereinfacht. Abb. 136 zeigt den Donauquerschnitt vor (punktierte Sohle) und nach dem Umbau. Die Linie a—a gibt die neue Achse an. In Abb. 137 ist die Häufigkeitslinie der Wasserstände für das alte Bett gepunktet, für das neue gestrichelt links eingetragen. Die von unten links nach oben rechts laufenden beiden Kurvenäste $\frac{G}{\psi}$ geben die relative Geschiebefracht mit 0 bis 2500 cbm für die Wasserstände von — 2,0 m a. P. bis + 4,7 m a. P. (Wasserstände links in Metern) für den Querschnitt an. G bedeutet hierin die wirkliche Geschiebefracht für den Querschnitt in der Sekunde bei einer von der Art des Geschiebes

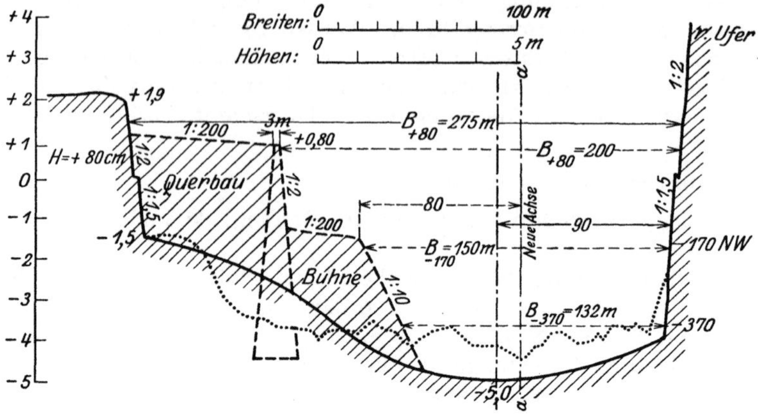

Abb. 136. Eingeengtes Normalprofil des Wiener Durchstichs. Maßstab d. L. 1 : 3840 u. d. H. 1 : 192.

abhängigen Geschiebeabfuhrziffer ψ. Da diese Ziffern noch wenig bekannt sind (sie sind sehr klein), so hat man für die Vergleichsrechnung den Wert $\frac{G}{\psi}$ eingeführt, bekommt aber einen richtigen Vergleich, da ψ sich durch die Umformung des Bettes nicht ändert. Der Wert der Abszissen in der $\frac{G}{\psi}$-Kurve ist somit ein ideeller.

Der Wert $\frac{G}{\psi}$ wird nach der Geschiebefracht-Formel (Dubois-Kreuter) berechnet, auf deren Bildung es hier weniger ankommt, da nur die Methode dargestellt werden soll. Vervielfältigt man die Wasserstandshäufigkeit mit der zugehörigen ideellen Geschiebefracht, dann erhält man die Geschiebefracht-Häufigkeitslinie $\frac{G}{\psi} \cdot \tau$, worin τ die entsprechenden Zeitspannen bedeuten.

Da bei — 1 m a. P. fast kein Geschiebe bewegt wird, liegt die $\frac{G}{\psi} \cdot \tau$-Linie noch direkt am linken Rande, sie erreicht bei + 0,80 m a. P. ihre größte (wagerechte) Höhe und fällt

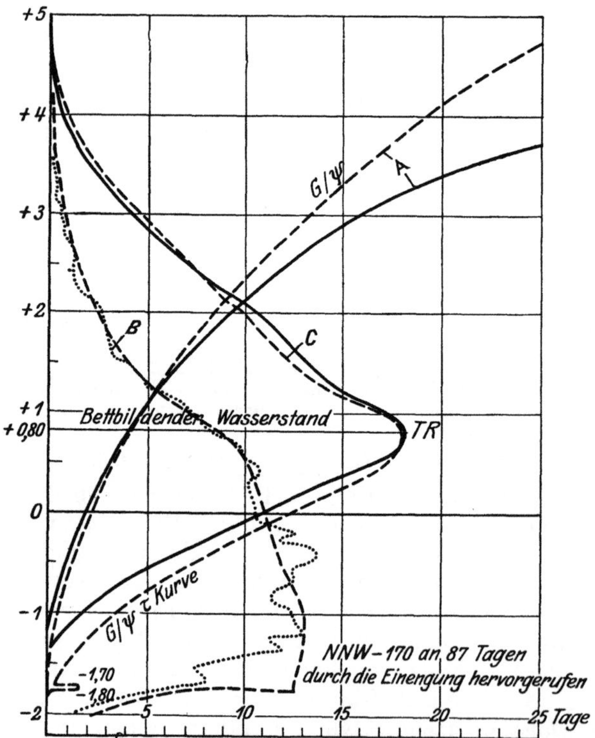

Abb. 137. Ermittlung des bettbildenden Wasserstandes. A. Abhängigkeit der Geschiebefracht in cbm/Tag vom Wasserstand. B. Häufigkeitslinie des Wasserstandes. C. Häufigkeitslinie der Geschiebefracht in cbm/untersuchten Zeitraum.

Abb. 136 u. 137. Donau bei Wien. Umgestaltung im Falle einer ständigen Wasserentnahme. .... vor und — — — nach Umgestaltung. (a—a neue Flußachse).

dann trotz Zunahme der Fracht infolge Abnahme der Wasserstandhäufigkeit zum linken Rande zurück. Der Scheitelpunkt der alten Linie (T) und der neuen (R) liegt fast aufeinander, auf der Höhe + 0,80 m a. P., hier liegt der bettbildende Wasserstand. Für diese Höhe + 0,80 m ist dann das neue Bett (Abb. 136) ausgebildet worden (Kronenhöhe des MW.-Leitwerkes). Diese ideellen Kurven verlaufen genau so, wie die wirkliche Geschiebefracht-Häufigkeitskurven verlaufen würden, lassen zwar einen richtigen Schluß auf die Lage des bettbildenden Wasserstandes zu, nicht aber einen solchen über die Größe der bewegten Geschiebemengen.

D. Die Regelung der schiffbaren Flüsse.

Zu den Forderungen für die Regelung der nicht schiffbaren Flüsse tritt bei Verlangen nach Schiffbarkeit eine entsprechende Neuforderung, das ist die Innehaltung einer Mindestwassertiefe, die nur möglich ist, wenn die Geschiebeabfuhr in geregelten Bahnen verläuft. Daß die Wassermengen auch bei dem schiffbaren Flusse unschädlich abgeführt werden müssen, ist selbstverständlich; diese Forderung kann immer erfüllt werden, wenn man die notwendigen Mittel aufwendet. Eine bestimmte Mindestwassertiefe zu erzielen, auch wenn sie dem Wesen des Flusses noch so sehr angepaßt ist, ist aber neben der Lösung gewisser seebautechnischer Aufgaben und Talsperrenbauten eine der schwersten Aufgaben, die dem Ingenieur gestellt werden können. Soll diese Aufgabe mit Erfolg gelöst werden, dann ist der oberste Grundsatz im Flußbau, „nicht gegen den Charakter des Flusses zu verstoßen, nicht von dem fließenden Wasser Leistungen zu verlangen, die dem Wesen des Flusses fremd sind“, auf das strengste zu beachten. Genau so, wie man die Charaktergegensätze eines Menschen beachten muß, wie man nur die Schärfen, die sein Wesen unharmonisch machen, mildern soll, so muß man auch den Charakter des Flusses achten. Letzterer ist aber in erster Linie ausgedrückt durch sein Gefälle, streng genommen durch seine Energielinie. Das Gefälle gibt dem Fluß die Kraft zur Wasserbewegung, das Gefälle ist dem Willen im Menschen zu vergleichen, das Wasser als Stoff dagegen entspricht mehr dem Körper. Der unausgebildete Fluß zeigt uns nun ein Gefällbild mit starken Gefällschwankungen, die bei NW. am stärksten sind, bei HW. am schwächsten. Diese Gefällschwankungen sind bedingt durch die Verschiedenheit des Geländes. Die Gefällunterschiede, die hierin beruhen, können wir nicht ändern, sie erstrecken sich auf weite Flußlängen; sie zu ändern wäre wahrscheinlich auch falsch, weil sich der Fluß dieser Geländeart im Laufe von Jahrhunderten, meist sogar Jahrtausenden, angepaßt hat. Die meisten Flußtäler sind aus Höhen herabgestiegen, die wir uns heute nur schwer vorstellen können. So liegen z. B. die Spuren der alten schweizerischen Donau heute 100 m über den Tälern[1]). Die Weser an der Porta Westfalica, die Bode bei Thale, die Donau bei Passau, der Amazonenstrom usw., sie alle erzählen Ähnliches aus ihrer Geschichte, vgl. auch Abb. 11, S. 31. Die überwundenen Höhenunterschiede waren so groß, daß der Fluß sein Gefälle in den einzelnen Hauptstrecken fast nach freier Wahl treffen konnte. Die von ihm getroffene Wahl wird richtiger sein als die, welche wir für ihn erdenken können.

Anders liegt es aber nun innerhalb der einzelnen Hauptstrecken. Lassen wir das Gesamtgefälle in einer Strecke mit lehmigem Untergrunde, in einer sandigen Strecke usw. für die ganze Länge der Strecke unberührt, so dürfen wir andererseits doch die lokalen Gefällunterschiede innerhalb einer Hauptstrecke so weit zu ändern suchen, als wir imstande sind, die Bettform des Flusses hier für die Dauer zu ändern. Aber eines dürfen wir nicht, nämlich versuchen, das Gefälle auf einer

[1]) D. A. Z. v. 16. 12. 23. Beilage Weltverkehr „Die alte Donau“.

solchen Strecke völlig auszugleichen. Das früher bereits einmal behandelte Bild möge deshalb wiederholt werden. Es ist folgendes:

Der Fluß fließt in Krümmungen, zwischen denen mehr oder minder gerade Übergangsstrecken liegen. Zwischen den Krümmungen liegen die Schwellen oder Furten (Frankfurt, Klagenfurt usw.), in den Krümmungen die großen Tiefen, die Kolke[1]). In den Krümmungen ist ein geringes Gefälle, in der Übergangsstrecke infolge des Aufstaues durch die Schwelle ein steileres Gefälle vorhanden. Daß trotz des kleineren Gefälles in der Krümmung hier die große Tiefe vorhanden ist, erklärt sich daraus, daß neben dem Längsgefälle in den Krümmungen starke Quergefälle zum ausbiegenden Ufer vorhanden sind. Hieraus folgen die Querwirbel, die im Verein mit der Stoßkraft, die das auf das hohle Ufer aufprallende Wasser ausübt, am hohlen Ufer immer wieder Abbrüche erzeugen. Die durch die Querwirbel erzeugten Stoßkräfte sind die eigentlichen Ursachen der Kolke, und zwar die Stoßkraft mehr als alles andere, sie fehlt auf den Übergängen. Um nun die notwendigsten Tiefen auf den Übergängen zu erhalten, schafft sich der Fluß hier das stärkere Gefälle.

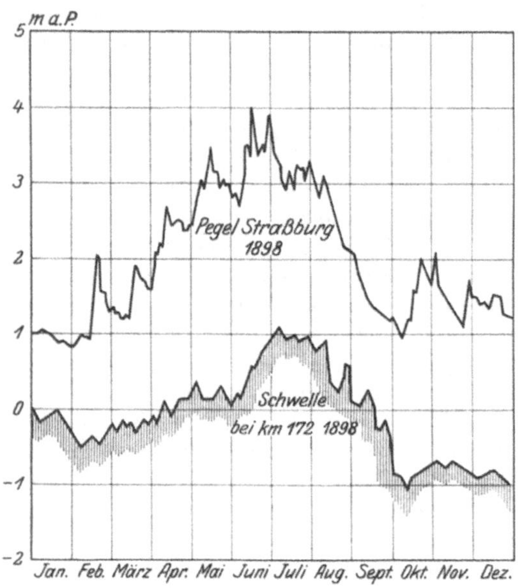

Abb. 138. Höhenlage der Sohle auf einen Übergang im Rhein bei Straßburg im Jahre 1898.

Die Folge ist die Auswaschung des Überganges. Die Furten sind unmittelbar für die Schiffbarkeit bestimmend, die Kolke nur insofern mittelbar, als sie mit den Furten in einem gewissen wageartigen Gleichgewicht stehen. Es wird deshalb an Abb. 138 die Entwicklung von Wasserstand, Wassertiefe und Furthöhe an einer Stelle des Oberrheins gezeigt. Man sieht hier, wie mit steigendem Wasser die Furt höher wird, weil trotz Tiefenvergrößerung das Gefälle abgenommen hat. Nach lange dauerndem Hochwasser, Mai bis August, ist die Schwelle stark angewachsen, sie ist von — 0,3 bis + 1,0 m aufgehöht. Vom 10. August bis 10. Oktober fällt der Wasserstand über 2 m, die Furt vertieft sich entsprechend. Der Wasserstand hebt sich Oktober/November um 1 m, sinkt bis Ende November, die Furt folgt der Bewegung. Wahrscheinlich tritt die größte Ausspülung nicht bei besonders kleinem Wasser ein, sondern bei mittleren bis niedrigen Ständen, da ja die Räumungskraft nicht von J, sondern von $t\,J$ abhängig ist. Für die Kolke würde sich genau das umgekehrte Bild ergeben, bei Steigen Vertiefung des Kolkes, bei Fallen Aufkiesung.

Für die Behandlung der Gefälle des Flusses erkennen wir hieraus folgendes: Eine Vermehrung des Gefälles in den Krümmungen müßte eine weitere Auskolkung der Krümmungen zur Folge haben, eine Verminderung des Gefälles über den Furten eine Erhöhung der Furt. Wir dürfen also das Gesetz der Wasserbewegung nicht antasten, dürfen nur lokale Übertreibungen mäßigen.

Die Wassergeschwindigkeit verringert sich über den Furten bei abnehmendem, steigert sich in den Krümmungen bei zunehmendem Gefälle. Das langsamer fließende Wasser braucht einen größeren, das schneller fließende Wasser einen kleineren Querschnitt. Darnach müßte sich somit der Spiegel in den Krümmungen senken, über den Furten heben, wenn wir das Gefälle gleich machen wollten. Da aber nur ein Gesamtgefälle zur Verfügung steht, kann eine wesentliche Änderung der Spiegellage nicht eintreten. Abb. 139 zeigt das Verhältnis sehr deutlich. Es ist in dieser Abbildung alles etwas übertrieben dargestellt, um das Bild

[1]) Die Furten waren verkehrstechnisch für den alten Landverkehr so wertvoll, wie sie heute für den Wasserverkehr schädlich sind.

deutlicher zu machen. Der Fluß zeigt in seinem natürlichen Zustand eine Wasserspiegellinie gemäß Punkt 1, 2, 3—7 des Längenschnittes. Wir gleichen das Gefälle aus und erhalten die Ausgleichslinie *a*, *b*—*f*, von der wir annehmen, daß sie, dem Wunsche nach Besserung entsprechend, über der Furt höher läge. Dann zeigt das Bild, daß dann der Spiegel auch in den Krümmungen höher liegen muß. Da aber das Gesamtgefälle nicht geändert werden soll, so ist eine Änderung der Gefälle nur möglich, wenn die Gefällemittelpunkte beibehalten werden, wie es Abb. 139 zeigt.

Da nun der Fluß sein Gefälle über den Schwellen ermäßigen soll, so kann die jetzt notwendige größte Tiefe über den Schwellen nur durch Baggerung hergestellt werden. Es bleibt dann aber immer noch sehr unsicher, ob die Tiefe dann vom Fluß selbst erhalten werden wird. Wahrscheinlich wird das meistens nicht der Fall sein, weil der Fluß ja vorher bei dem starken Gefälle über den Schwellen nicht imstande war, die Furten tief zu halten.

Eine stärkere Ausgleichung des Gefälles erscheint darnach geradezu gefährlich. Man wird, um die Räumungskraft auszugleichen, somit im Gegenteil die Gefällunterschiede örtlich steigern müssen.

Bei dieser ganzen Art der Regelung ist aber mit größter Genauigkeit darauf zu achten, daß sich der Wasserspiegel über den Furten nicht merkbar senkt, wie es möglich wäre, wenn eine zu starke Ausspülung der Furt eintreten würde. Man darf deshalb nicht davor zurückschrecken, auf Übergängen, wenn sie zu tief ausgespült werden sollten, Grundschwellen anzulegen. Ein zu tiefes Sinken des Wassers auf den Übergängen muß zur Folge haben, daß oberhalb der Wasserspiegel gleichfalls sinkt und daß nun Sandbänke oder andere Übergänge eine so geringe Tiefe unter dem Wasserspiegel bekommen, daß statt einer Verbesserung eine Verschlechterung eintritt. Es wird deshalb in vielen Fällen zweckmäßig sein, die erreichte Tiefe der Übergänge durch Grundschwellen oberhalb und unterhalb der Furt vorher festzulegen. Man ist dann sicher, daß durch die Gefällsteigerung die Furt nach jedem HW. schnell wieder freigespült wird, aber eine schädliche Absenkung des Wasserspiegels bei kleinen Wasserständen nicht eintreten kann.

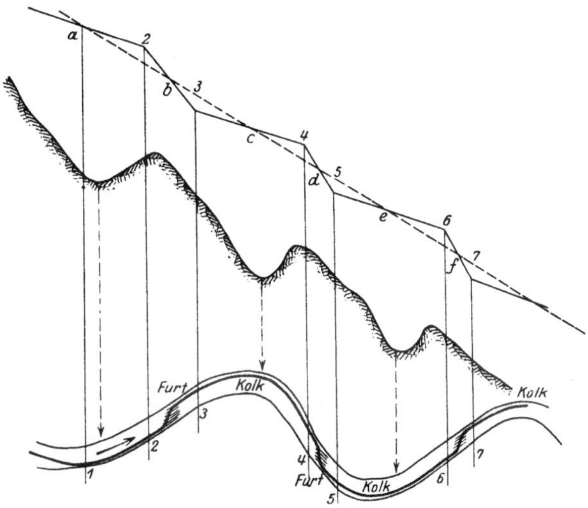

Abb. 139. Furt und Kolkbildung im natürlichen Fluß und deren Einwirkung auf den Wasserstand.

Aus allem folgt somit als erste Bedingung für die Regelung eines schiffbaren Flusses, daß man die dem Flusse eigentümlichen Gefälle für Krümmungen und Übergänge genau erkunden muß. Dabei zeigt sich, daß für jeden Krümmungshalbmesser bei gleicher Geländeart ein anderes Gefälle vom Flusse entwickelt wird und daß wir diese Gesetze, nach denen die Gefälle sich auch im geregelten Flusse ändern werden, erforschen müssen.

Praktisch bietet das Arbeiten mit vielen verschiedenen Gefällen große Schwierigkeiten, man wird sich deshalb auf wenige Hauptgefälle für Krümmungen und für Furten beschränken und nur in besonders begründeten Fällen davon abweichen.

Es ist nun weiter die Frage zu erörtern, wie man die Querschnitte behandeln soll, ob man den Fluß im Gelände verändern soll. Wir wissen, daß der Fluß seine Lage selbst dauernd ändert. Diese Änderung im Gelände ist die Folge der Veränderlichkeit des Bettes. Wäre das Flußbett von Anfang an in seiner Form unveränderlich gewesen, dann hätte auch kein Zwang für den Fluß bestanden, seine Krümmungen weiter auszubilden, dann wieder durchzubrechen usw. Hieraus folgt, daß der Festlegung eines neuen Bettgrundrisses eine Festlegung der Bettform vorhergehen muß. Für denselben Fluß sind im gleichen Geländeabschnitt eine ganze Reihe von Bettformen brauchbar, ohne daß es für uns möglich wäre, zwingend eine der Bettformen als die absolut beste bezeichnen zu können. Wir müssen solche Strecken heraussuchen, die eine möglichst gleichmäßige und beständige Form aufweisen, das sind die Querschnitte, die in einem gut ausgebildeten Übergange und in gut ausgebildeten Krümmungen dort liegen, wo die Gefälle nach vernünftiger Überlegung dem Charakter dieser Flußstrecken gut angepaßt sind. Man hat somit „Schul"-Querschnitte sowohl für Krümmungen als auch für Übergänge zu suchen.

Meist wird man, bevor man ausgedehnte Regelungen einer ganzen Flußstrecke unternimmt, eine Probestrecke bauen, in der nur die nach Vergleichsuntersuchungen, persönlichen Erfahrungen usw. gefundenen Formen eingebaut werden. Etwa auftretende Mängel werden beseitigt und so wird durch Probieren und Messen ein Querschnitt gefunden, der den Anforderungen einigermaßen entspricht. Damit können viele unnötige Ausgaben für verfehlte Anordnungen gespart werden. Bedauernswert ist nur, daß auf solchen bereits erbauten Probestrecken lange nicht in genügendem Umfange Berechnungen über Gefälle, Geschwindigkeit, vor allem Geschiebebewegung usw. gemacht worden sind. Sonst müßte heute unsere Kenntnis des Flußbaues viel weiter vorgeschritten sein[1]).

Der rein theoretische Weg führt deshalb zu keinem ausreichenden Erfolge, weil in die theoretischen Formeln teils aus Mangel an Beobachtung, teils um eine rechnerische Auswertung überhaupt möglich zu machen, so viel Voraussetzungen und Vereinfachungen hineingepreßt sind, daß die damit gefundenen Formeln mit der Wirklichkeit wenig oder fast nichts mehr zu tun haben. Nur für ganz eng begrenzte Beobachtungen kann der rechnerische Weg herangezogen werden. Das Ausschlaggebende wird aber wahrscheinlich noch nicht das rechnerische Ergebnis sein können, sondern die Beobachtungswerte.

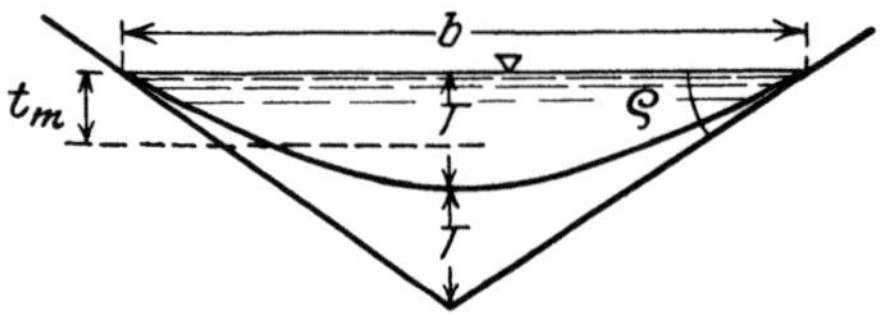

Abb. 140. Teuberts Normalquerschnitt.

So wurde eine rechnerische Methode von Strombaudirektor Teubert (früherem Chef der märkischen Wasserstraßen) gegeben[2]) (vgl. Abb. 140). Es wird ein Parabelquerschnitt vorausgesetzt, bei dem ϱ der natürliche Böschungswinkel des Ufers oder der eines künstlich befestigten Ufers sei. Es wird gesetzt: $\operatorname{cotg} \varrho = m$, demzufolge wird $b = 6\, m \cdot t_m$, wenn $t = {}^2/_3\, T$ gleich der mittleren Tiefe des Parabelquerschnittes ist. Gegeben sind als bekannte Größen J, Q und m, gesucht F, b und t_m. Nach der Chezyschen Geschwindigkeitsformel ist $v = c\sqrt{t\,J}$, dann ist $F = \frac{Q}{c\sqrt{t\,J}} = b \cdot t = 6\, m\, t^2$, daraus folgt $t_m = \sqrt[5]{\left(\frac{Q}{m \cdot c}\right)^2 \frac{1}{36\,J}}$.

Hierin ist c von t abhängig. Man muß somit zuerst eine Versuchsrechnung für die erste Annahme von c durchführen, die einen angenäherten Wert von t ergibt, daraus erhält man den verbesserten Wert von c, daraus wieder ein verbessertes t usw., bis genügend Übereinstimmung herrscht. Da sich c nur sehr langsam ändert, so genügen meist 2 Versuchsrechnungen.

In der ganzen Methode liegt bis zu einem gewissen Grade eine Überbestimmtheit. Den Wert c kann man für einen Fluß nur dann richtig finden, wenn man bereits ein Werturteil über die Güte bestimmter Querschnitte gefällt hat. Hat man also die Arbeit des Herausfindens des Wertes c für den Fluß bereits geleistet, dann hat man damit streng genommen bereits die richtigen Querschnitte gefunden und anerkannt. Aber gerade das Herausfinden von c selbst kann durch das Verfahren von Teubert erleichtert werden, wenn man mit den allgemeinen Beiwerten der Geschwindigkeitsformeln, z. B. Bazin, Hermanek, beginnt. Dann wird man auf Grund dieser Beiwerte theoretisch richtige Querschnitte ermitteln, solche in der Natur suchen, dann aus den Änderungen der Naturquerschnitte eine Verbesserung der c-Werte vornehmen können und so leichter zu einer Übereinstimmung kommen, als wenn man das theoretische Hilfsmittel nicht anwenden würde. Setzt man

---

[1]) Vgl. die Arbeiten von Lagally, Faber usw.

[2]) Teubert: „Die Verbesserung der Schiffbarkeit der Ströme durch Regulierung". Berlin 1894.

nach Hermaneck für $1{,}5\,m < t_m < 6\,m$ $c = 34\sqrt[4]{t_m}$, dann wird $t_m = \left(\frac{Q}{204\,m\sqrt{J}}\right)^{\frac{4}{11}}$ usw. Hierbei fallen die Versuchsrechnungen fort.

Der in dieser Formel gefundene Wert von t_m hat ferner die Bedeutung, einen Überschlag darüber zu gestatten, welche Schiffahrtstiefe man wahrscheinlich für den Fluß erreichen kann.

Abb. 141—144 geben Beispiele (verzerrter Maßstab) dafür, wie man an der Weser vorgegangen ist. Man hat zuerst den Normalquerschnitt für die Stelle des stärksten Gefälles gebildet (der innere Teil der Abb. 141) und dann für schwächere Gefälle die anderen Querschnitte bei gleicher Spiegelbreite ermittelt (die mittleren und äußeren Querschnitte). Die untere Parabeltiefe (Stich des Parabelbogens) beträgt dabei für die Strecke oberhalb Mindens 30 cm, für die Strecke unterhalb 45 cm. Alle Berechnungen sind für E.M.Kl.W. (erhöhtes Mittelkleinwasser, erhöht durch die Erdertalsperre) durchgeführt worden. Die Aufhöhung des M.Kl.W. durch die Edersperre sollte rechnungsgemäß von Münden bis Minden 0,35 m bis 0,25 m betragen, von dort bis zur Aller 0,25 bis 0,05 m, wobei die Wassertiefen von Münden mit 1,10 m, auf 1,40 m Minden und 1,75 m Hemelingen wachsen sollten. Die Mindestsohlenbreite soll 30 m betragen.

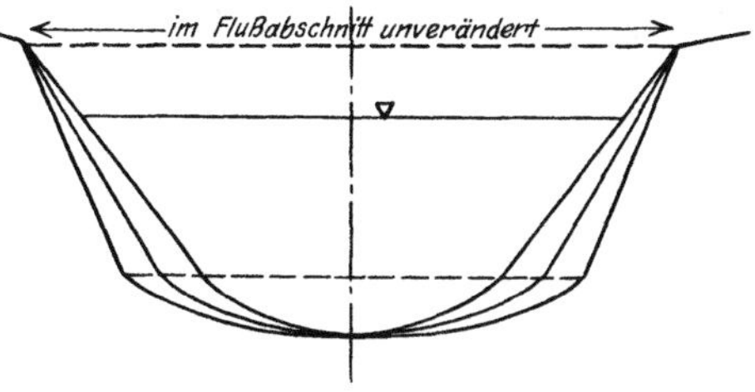

Abb. 141.

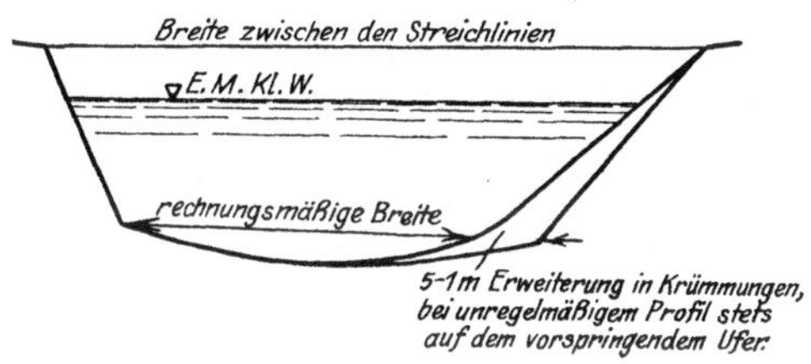

Abb. 142.

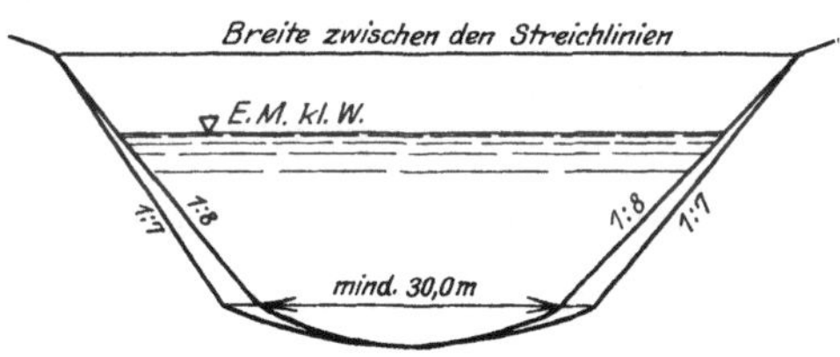

Abb. 143.

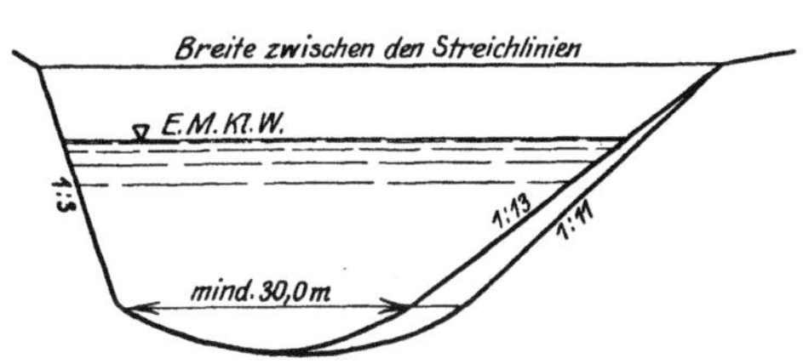

Abb. 144.

Abb. 141—144. Normalquerschnitte der Weser für erweiterten Ausbau.

Die Abb. 142 zeigt die Querschnitte in wenig gekrümmten Strecken mit der Erweiterung in der Krümmung.

In einigen Wasserbauämtern (Hoya usw.) soll keine Erweiterung in der Krümmung stattfinden, sondern eine Einschränkung auf den Übergängen, aber nicht unter das Maß von 30 m herunter. Abb. 143 und 144 zeigen diesen Querschnitt auf der regelmäßigen und der unregelmäßigen Strecke. Auf der regelmäßigen werden beide Böschungen flacher gemacht als rechnungsmäßig nötig ist, auf unregelmäßiger Strecke nur die flache Böschung noch weiter abgeflacht. Die Erfahrung hat gezeigt, daß die erwartete Aufhöhung des M.Kl.W. durch die Edersperre nur zum Teil eintritt. Wahrscheinlich geht ein beträchtlicher Teil des Zuschußwassers bei N.W. zum Nutzen der Landwirtschaft in das Grundwasserbett über und höht dieses auf. Man muß daher bei der Berechnung des Nutzens der Talsperren für die N.W.-Aufhöhung stets damit rechnen, daß ein Teil des Zuschußwassers der Gr.W.-Erhöhung zugute kommen wird, der Schiffahrt also nicht direkt Nutzen bringt. — Der Plan der Wasserregelung wird jetzt durch den der Kanalisierung abgelöst. Auch bei der Oder bereitet sich eine solche Entwicklung vor.

Die Regelung der Oder erfolgt hinsichtlich der Querschnitte gemäß Abb. 145, die durch Tafel S. 142 ergänzt wird. Die Spiegelbreite wächst danach bei M.W. von Ratibor mit 34 m bis zur schlesischen Grenze auf 94 m, Warthe 150 m und Schwedt 188 m bei 1 m Wassertiefe bei N.W. und 1,62 m bei M.W. Die Sohle ist als Gerade angenommen. Durch die Sperre bei Otmachau und andere sollen die Tiefen weiter verbessert werden. Der Erfolg scheint zweifelhaft.

Tafel der Oderbreiten (Abb. 145) gemäß Entwurf 1881.

	MW.-Spiegelbreite	Sohlenbreite
Oderberg bis Ratibor	34	
Cosel	45	
Malapane Zg. . . .	50	
Glatzer Neiße . . .	60	
Weistritz	83	53
Katzbach	87	53
Schles. Grube . . .	94	54
Obra	110	65
Bober	120	70
Görlitzer Neiße . .	135	80
Frankfurt	150	90
Warthe	150	94
Schwedt	188	132

Die Möglichkeit, die Querschnitte zu verbessern, erlaubt es, die Krümmungen zu ändern. Die ersten großen Regulierungserfolge kann man durch Abschneiden oder Ermäßigen der zu scharfen Krümmungen erzielen. Selbst größere Fehler im Entwurf sind gegenüber der Willkür der Natur nicht von solcher Bedeutung, daß sie nicht eine große Verbesserung des Flusses zuließen. Die schwerste Arbeit des Ingenieurs entsteht aber dann, wenn er den im rohen geregelten Fluß nun im feinen regeln will. Es ist dann viel schwerer, Verbesserungen der Fahrtiefe um Zentimeter herbeizuführen als bei der rohen Regulierung um Dezimeter.

Da die Wassertiefen bei HW. stets ausreichend sind, auch das Gefälle am meisten ausgeglichen ist, so muß der Entwurf einer Feinregulierung beim NW.-Bett beginnen, während im Gegensatz hierzu die Ausführung der Bauarbeiten beim HW.-Bett anfangen muß. Bei NW.-Stand kann man auch am ehesten die Querschnitte herausfinden, die die beste Form und größte Beständigkeit aufweisen.

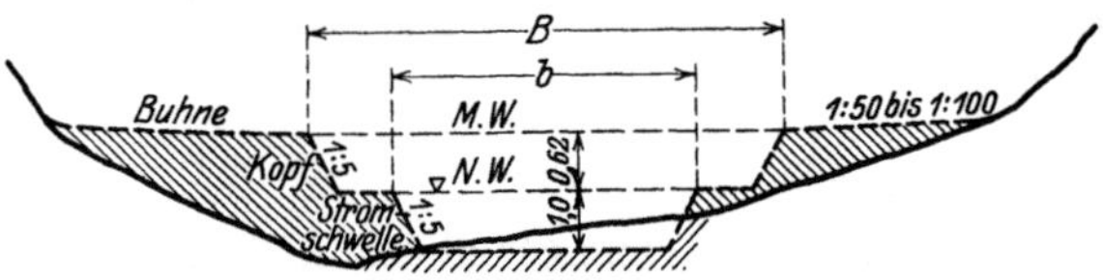

Abb. 145. M.W.- und N.W.-Bett der Oder. Jetzige Regelung. Maßstab 1 : 250.

Ihre Güte zeigt sich vor allem in der Richtung der Strömung. Zeigt die Strömung bei allen Wasserständen in einem Querschnitt nur geringe Richtungsunterschiede (vgl. Abb. 23, S. 36), dann ist der Querschnitt am meisten formbeständig. Da bei großen Strömen das NW.-Bett oft noch stark geschlängelt im MW.-Bett liegt, so begnügt man sich auch mit der Forderung, daß die Strömungsrichtung bei HW. und MW. möglichst die gleiche Richtung haben müsse. Es wird dann die Räumungskraft möglichst im gleichen Sinne wirken. Starke Abweichungen in den Richtungen treten meist dann ein, wenn das Hochwasserbett nicht richtig ausgebildet ist, vor allem, wenn es zu breit ist. Während somit ein zu breites HW.-Bett für die Hochwasserabführung nur wertvoll sein kann, so ist es für die Ausbildung des MW.- und NW.-Bettes gefährlich. Man muß dann durch Eindeichung das HW.-Bett so weit einschränken, daß ohne Gefahr für die Anlieger, ohne Erzielung eines zu hohen Aufstaues, der wieder für oberhalb liegende Deiche gefährlich werden kann, das HW. möglichst in die Strömungsrichtung des MW. gedrängt wird. Aus diesem Grunde ist die Ausbildung von richtig gelegenen Hochwasserufern ebenso wichtig wie zur Vermeidung von Abbrüchen, die die Geschiebebewegung vergrößern können.

Eine dauerhafte Neubildung der Querschnitte ist auch für MW. und NW. nur möglich bei Festlegung der Ufer in der gewählten Form. Die Festlegung der Ufer in den Krümmungen erfordert eine Milderung der Auskolkung. In den hohlen Ufern gehen die Ufer meist unter steiler Neigung in die Sohle über, und zwar um so steiler, je tiefer die Kolke sind. Je flacher die Ufer in den Krümmungen sind, also dort, wo die Schiffahrt nahe vorbeigeht, desto weniger Wirbel entstehen, desto gefahrloser kann die Schiffahrt erfolgen. Die Ufer sind somit in den Krümmungen abzuflachen. Voraussetzung hierfür ist die Verminderung der Kolktiefen. Letztere Maßnahme erzwingt eine Vertiefung des Querschnittes auf der ausbuchtenden Seite und bringt hier die Sandmassen in Bewegung. Das Ufer der ausbuchtenden Seite geht unterhalb des Mittelwasserspiegels meist sehr flach in die Sohle über, es wird hier entweder unmittelbar anschließend durch eine Sandbank fortgesetzt, oder es liegt (bei schlecht ausgebildeten Querschnitten) zwischen dem flachen Ufer und der Sandbank noch eine Rinne. Die Bettausbildung verlangt also ganz logisch eine Abflachung der Ufer und eine Verminderung der Kolke auf der Krümmungsseite, eine Abgrabung der Sandbank und damit „Aufsteilung" des zu flachen Ufers an der ausbiegenden Seite. Die Verflachung der Kolke wird durch Grundschwellen mit Auffüllung der Zwischenräume herbeigeführt, die Folge dieser Arbeit ist meist unmittelbar die Auswaschung der Sandbank. Die Verlegung der Ufer oder wenigstens Umlegung der Uferböschungen und ihre Befestigung hat damit Hand in Hand zu erfolgen. Eine Verminderung der Breite der Krümmungsstrecken ist im allgemeinen zu vermeiden, es kann aber eine Vergrößerung in Frage kommen. Auf den Übergangsstrecken wird es sich jedoch meist um eine weitere Einschränkung handeln. Es ist darauf hinzuweisen, daß die letzte Maßnahme viel weniger einschneidend ist, weil die eigentliche Übergangsstrecke viel kürzer ist als die zugehörige Krümmungsstrecke. Es kommen ja sogar Strecken vor, bei denen eine Krümmung unmittelbar in die andere übergeht, die Übergangsstrecke somit streng genommen fehlt. Eine solche hier zu schaffen ist dann die Aufgabe der Regelung.

Auf einen scheinbaren Gegensatz ist in den vorstehenden Ausführungen noch nicht hingewiesen worden (s. S. 140). Die Formel

$$t_m = \sqrt[5]{\left(\frac{Q}{m\,c}\right)^2 \frac{1}{36\,J}}$$

zeigt, daß die größte Tiefe über den Furten dann erreicht wird, wenn bei einem bestimmten Wasser J seinen kleinsten Wert erreicht. Daraus müßte man somit bei rein mathematischer Denkart folgern, daß man das Gefälle über den Furten so stark vermindern müsse wie nur möglich. Man müßte es darnach zu erreichen suchen, daß das Gefälle über den Furten kleiner wäre als in den Krümmungen. Man würde dann für ein bestimmtes Q erhalten

$$t_{\max} = \sqrt[5]{\left(\frac{Q}{m\,c}\right)^2 \frac{1}{36\,J_{\min}}}\,.$$

Diese Schlußfolgerung wäre richtig, wenn es sich nur um reine Strömungsvorgänge mit gleichmäßiger Bewegung handeln würde. Tatsächlich aber ist über den Furten 1. die Bewegung ungleichmäßig, 2. die Arbeit der Geschiebeausspülung und -beförderung nach Hochwässern und auch bei kleineren Wasserständen das wichtigste. Es kommt tatsächlich darauf an, eine starke Strömung in dem Übergangsquerschnitt zu erzeugen, nicht aber den Vorteil eines theoretisch möglichen größeren Bettes durch Erzwingung einer schwachen Strömung erkaufen zu wollen. Den für die geringere Füllung des Querschnittes entstehenden Nachteil der scharfen Strömung muß man durch Einschränkung des Bettes im Übergang aufheben. Selbst wenn man den Querschnitt im Übergang gänzlich durch Einbauten befestigt hätte, würde die Erzielung einer Strömung, die stärker ist als in der Krümmung, immer dort notwendig sein, wo Geschiebe wandern. Nur in Flüssen, in denen eine nennenswerte Geschiebewanderung nicht eintritt, muß man darnach streben, die Gefälle auf den Übergängen zu vermindern, hier sind aber auch die gefährlichen Schwellen nicht in dem Maße vorhanden, hier bietet dann die Festlegung des Übergangsquerschnittes keine besonderen Schwierigkeiten.

Die vorstehenden Untersuchungen werden am besten durch Abbildungen erläutert, die zeigen, wie gute und schlechte Breitenverteilung auf die Lage der Sandbänke einwirkt. Abb. 146a zeigt einen Fluß mit guter Breitenausbildung, Abb. 146b mit schlechter. In Abb. 146a zeigt sich eine Einengung in den Übergängen, eine Verbreiterung in den Krümmungen, Abb. 146b zeigt den entgegengesetzten Zustand. Bei der guten Breitenverteilung ist vor allem bemerkenswert, wie die Tiefen aus den Krümmungen allmählich zur Flußmitte abbiegen, wie die Sände ihnen in langgestreckten gleichmäßigen Sicheln folgen. Das Schiff fährt aus der Krümmung ganz gleichmäßig über den Übergang in die nächste Krümmung hinein. Bei der schlechten Ausbildung aber halten sich die Tiefen viel zu lang am Hohlufer und beginnen oft unmittelbar am anderen Ufer. Das Wasser fällt hier in sehr schräger Richtung über wie über ein Wehr, das Schiff kann solchen

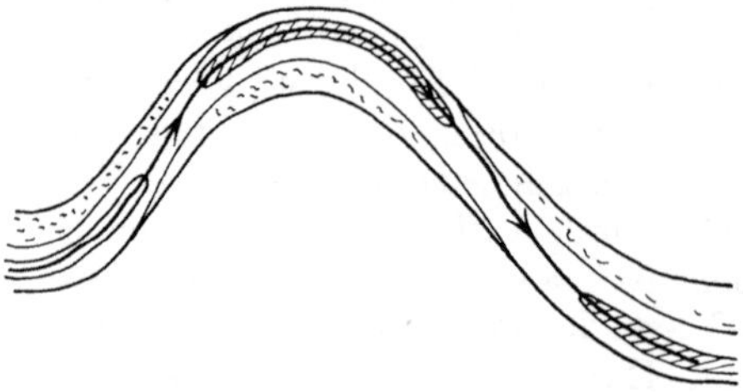

Abb. 146 a. Gute Breitenausbildung.

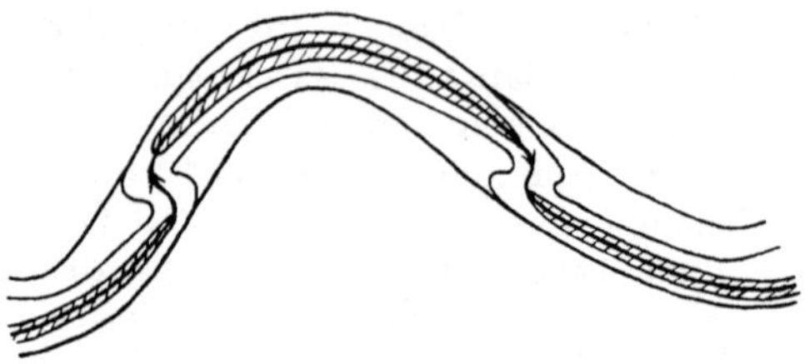

Abb. 146 b. Schlechte Breitenausbildung.

Sprüngen nicht folgen und findet viel ungleichmäßigere Tiefen vor. Auch die Form der Sandbänke ist bemerkenswert. Sie zeigen unter dem Einfluß des quer zum Fluß über die Barre strömenden Wassers Höhlungen, die auf der Wirbelbildung beruhen. Eine gute Anleitung zu der Breitenausbildung gibt Abb. 147, bei der folgender Gedanke zugrunde liegt: Jeder Querschnitt einer Krümmung ist größer als der eines stromauf-, und kleiner als der eines stromabliegenden Krümmungsquerschnittes. Das gleiche gilt für die Übergangsquerschnitte unter sich. Jeder Übergangsquerschnitt ist ferner kleiner als der jeder oben und unten zugehörigen Krümmung. Diese Anordnung entspricht auch genau den früheren Ausführungen. Aus ihr folgt eine Ungleichheit der Gefälle, kleine in den Krümmungen, große in den Übergängen. — Dieses Bild ist gültig für kleinere und evtl. mittlere Wasserstände, bei denen eine Speisung des Flusses aus dem Grundwasser und damit eine Zunahme der Wassermenge stromab erfolgt. Bei HW. ist eine solche Ausbildung von geringerer Bedeutung, dort kann sie von den örtlichen Verhältnissen abhängig gemacht werden.

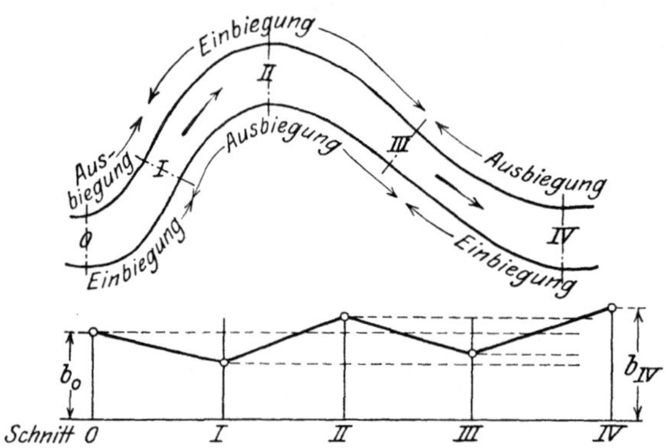

Abb. 147a u. b. Darstellung der Breitenentwicklung.

E. Einzelne Baumethoden: Durchstiche, Behandlung von Flußspaltungen, Mündungen von Nebenflüssen, Stromschnellen.

a) Durchstiche.

Bei Regelung eines im Naturzustand befindlichen Flusses finden sich so viele Krümmungen, die wegen ihres zu kleinen Halbmessers ein Hindernis für die Schiffahrt sind, daß ihre Abschneidung durch Durchstiche unvermeidlich ist. Solche Durchstiche sind z. B. bei dem Rhein, der Weser, der Elbe, der Oder usw. in weitgehendem Maße vorgenommen worden. Die Folge falsch angelegter Durchstiche ist bereits bei den nicht schiffbaren Flüssen kurz gestreift worden. Wenn dort die Folgen aber meist unbedenklich sind, so können sie bei schiffbaren Flüssen für die Schiffahrt vernichtend sein. Macht man die vereinfachende Annahme, die mit dem wirklichen Vorgang oft übereinstimmen wird, daß sich nach einem Durchstich das Gefälle der unteren Strecke nicht ändert, dann stellt sich in dem Durchstich sofort ein viel steileres Gefälle ein, das eine Vergrößerung des Gefälles oberhalb nach sich ziehen muß. Nach Art der Senkungskurven kann man dann ausrechnen, bis wie weit die Gefällvermehrung oberhalb reichen wird. Man muß dann die Strecke oberhalb des Durchstiches dem neuen Gefälle durch Bettverkleinerung anpassen. Da auch früher festliegende Sände in Bewegung geraten werden, die sich unterhalb an Stellen ablagern, die man nicht vorherbestimmen kann, so ist auch eine Störung des Flusses unterhalb des Durchstiches zu erwarten, die sich jahrelang bemerkbar machen kann. Hier muß dann unausgesetzt durch Baggern geholfen werden. Durch alle diese Maßnahmen werden große Mittel verbraucht. Es ist deshalb von vornherein zu erwägen, ob man nicht besser in dem Durchstich eine Schleuse anlegt, den Fluß aber in seinem alten Bette weiter fließen läßt.

Die Verzögerung, die die Schiffahrt an der Schleuse erfährt, wird bei langen Krümmungen durch den Zeitgewinn infolge Vermeidung des alten Krümmungsweges aufgewogen. Ein solcher Schleusendurchstich gibt ferner bei Krümmungen von vielen Kilometern Länge noch unter Umständen die Möglichkeit der Wasserkraftausnutzung. Hat ein Fluß z. B. ein Gefälle von 1 : 2000, beträgt die Länge der abgeschnittenen Krümmung 8 km, dann erhält man ein Gefälle von 4 m, wovon je nach der Art des Durchstiches vielleicht 3,5 bis 3,8 m ausgenutzt werden können.

Die bei den nicht schiffbaren Flüssen, vor allem den Gebirgsflüssen, mögliche Ausführung der Aushebung eines Grabens, von dem aus der Durchstich nach und nach ausgewühlt werden soll, ist bei schiffbaren Flüssen im allgemeinen unmöglich. Einmal ist die Geschwindigkeit des Wassers gewöhnlich nicht ausreichend, um in kurzer Zeit ein neues Bett auszubilden, zweitens bedeutet die Verteilung des Flusses in der Zeit, in der der Graben vom Fluß selbst zum Durchstich erweitert werden muß, eine derartige Verminderung der Wassermengen in dem alten Krümmungsarm, daß hier die Schiffahrt voraussichtlich während der Durchstichbildung aufgehoben werden müßte. Also selbst dort, wo die Strömung ausreichend wäre, verbietet die Rücksicht auf die Schiffbarkeit das Grabenverfahren.

Bei schiffbaren Flüssen ist somit ein Durchstich grundsätzlich in ganzer Breite herzustellen und erst nach völliger Ausbildung oben für den Durchfluß zu öffnen. Der Ausbau wird bis zum Grundwasserspiegel meist im Trockenen durchgeführt werden, man wird aber heute auch oft den Trockenausbau unter Anwendung der Grundwassersenkung bis zur Sohle fortsetzen. Manchmal kann auch der Aushub eines Mittelgrabens, der bis unter die auszuhebende Durchstichsohle hinunterreichen muß, die notwendige Grundwassersenkung herbeiführen; dieser Graben selbst muß aber dann mit künstlicher Grundwassersenkung erbaut werden oder muß durch Naßbaggerung ausgehoben werden. Er kann dann ein flacheres Gefälle bekommen als der künftige Durchstich und wird vor allem in der oberen Hälfte des Durchstiches die Absenkung herbeiführen, da er unten an einer Stelle des Flusses ausmündet, deren Wasserstand hier entsprechend tiefer liegt als oben. Ein flaches Gefälle im Graben ist möglich, da die von dem Grundwasser gelieferte Wassermenge meist nur gering ist. Sind die Durchstiche kurz, dann ist diese Art der Grundwassersenkung mit einem Graben nicht anwendbar, dann muß der Durchstich an beiden Enden geschlossen bleiben und das Wasser über die Abschlußdämme in den Fluß hinübergepumpt werden.

Will man nach Erreichung des Grundwasserspiegels im Nassen weiterarbeiten, dann wird der Durchstich von unten her geöffnet, so daß sich dann ein Schwimmbagger nach oben vorarbeiten kann. Nach Fertigstellung und Anbringung der Ufersicherung, wenn nötig auch Sohlensicherungen in Gestalt von

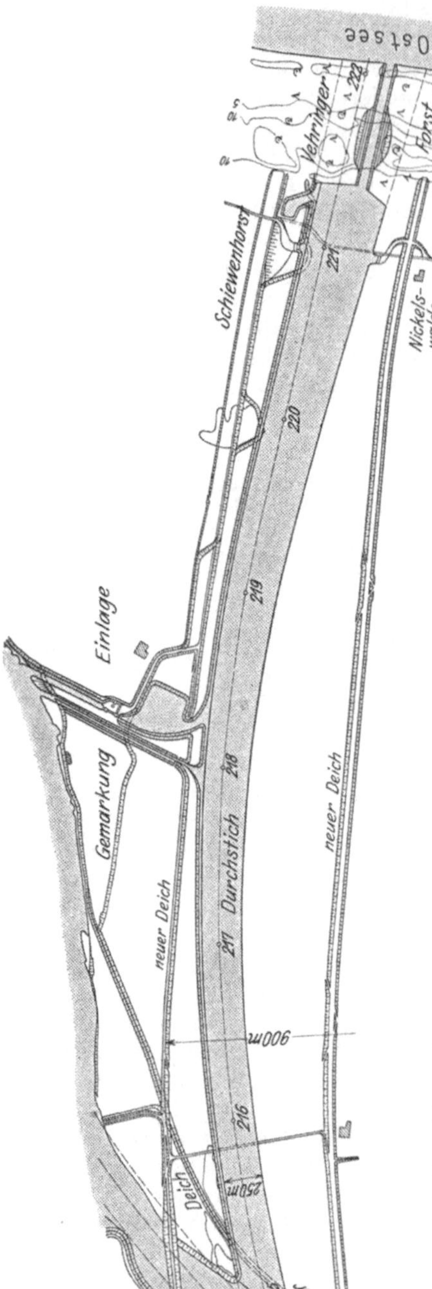

Abb. 149. Nehrungsdurchstich der Weichsel bei Schiewenhorst. Maßstab 1 : 43 500.

Grundschwellen, wird dann der obere Abschlußdamm bei Hochwasser durchstochen werden. Es ist dann die größte Spülwirkung vorhanden, die Schiffahrt noch nicht wieder in Betrieb. Die Durchspülung der Dammassen durch den Durchstich und ihre Einspülung

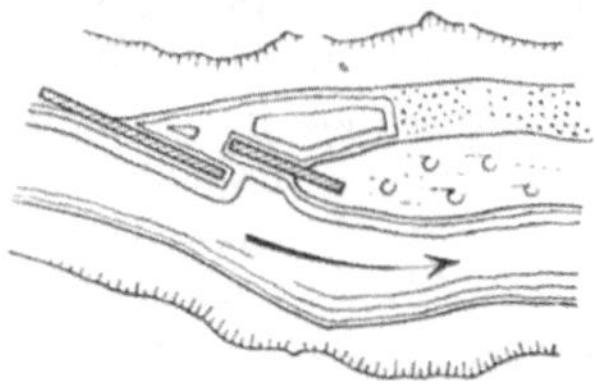

Abb. 148. Abschließung eines Nebenarmes zur allmählichen Verlandung mit Leitwerken.

in den Unterlauf wird dann zwar gewisse Störungen mit sich bringen, diese werden aber geringer sein, als wenn man den Damm bei NW. im Trockenen abgräbt und nun die Wegspülung den allmählich steigenden geringeren Wasserständen überläßt. Man wird durch Einbau eines buhnenartigen Leitwerkes in dem alten Flußarm den Eintritt des Wassers in den Durchstich noch verstärken (vgl. Abb. 148).

Abb. 149 zeigt das Durchstechen des Trenndammes für den großen Nehrungsdurchstich der Weichsel bei Schiewenhorst. Hier bahnte sich das Wasser selbst den Weg durch den Trenndamm, nachdem ein kleiner Hilfsdurchstich ausgeführt war.

b) Flußspaltungen.

Flußspaltungen können bei großen Strömen, z. B. dem Rhein, ohne schädlichen Einfluß auf die Schiffbarkeit des Stromes sein, sie können aber bei kleineren Wasserläufen, z. B. der Weser, sehr nachteilig wirken. Die Behandlung der Flußspaltungen ist somit abhängig von der Größe des Flusses und der auf ihm verkehrenden Schiffe.

Es soll zuerst einmal rechnerisch untersucht werden, wie sich die Verhältnisse im Fluß nach einer Spaltung zu denen im ungeteilten Fluß verhalten. Es wird, um zu einfachen Beziehungen zu kommen, angenommen, daß das Verhältnis der Breite b zur mittleren Tiefe t unveränderlich sei, $\frac{b}{t} = n$.

Die Gefälle mögen gegenüber dem Hauptarm auch nur geringe Unterschiede aufweisen, dann ist für den Flußarm mit der Wassermenge Q_1 die Geschwindigkeit $v_1 = \mu\sqrt{t_1 J}$, die Wassermenge $Q_1 = F_1 \cdot v_1 = b_1 t_1 \cdot \mu\sqrt{t_1 J}$.

Hier ist der Beiwert μ noch abhängig von t. Nehmen wir die Geschwindigkeitsformel von Hermanek für $1{,}5\,m < t < 6\,m$, die die meisten mittleren Fälle umfaßt, mit $v = 34\sqrt[4]{t}\sqrt{tJ}$, dann wird $Q_1 = 34\sqrt[4]{t_1}\,b_1 t_1\sqrt{t_1 J} = 34\sqrt[4]{t_1}\cdot n t_1 \cdot t_1\sqrt{t_1 J} = 34\,n\sqrt[4]{t_1^{11}}\sqrt{J}$, daraus folgt

$$t_1 = Q_1^{0,364}\cdot\frac{1}{\left(34\,n\sqrt{J}\right)^{0,364}}.$$

Entsprechende Formeln ergeben sich für andere Geschwindigkeitsformeln.

In Wirklichkeit wird nun das Gefälle in der Spaltungsstrecke meist kleiner sein als auf der einheitlichen Strecke. Es kann aber durch Regulierung erreicht werden, daß das Gefälle der oben und unten anschließenden einheitlichen Strecken und der Spaltungsstrecke ausgeglichen wird. Für die obige Untersuchung soll ein gleichmäßiges J in allen Strecken angenommen werden, man erhält dadurch Beziehungen zwischen nur 2 Veränderlichen, denn dann sind alle anderen Glieder der Gleichung unveränderlich geworden. Sie lautet dann, in etwas anderer Form geschrieben,

$$t_1 = c\,Q_1^{0,364},$$

worin $c = \left(\frac{1}{34\,n\sqrt{J}}\right)^{0,364}$ ist. Diese Gleichung gilt für jede Flußstrecke mit obiger Unveränderlichen ohne Rücksicht auf die Größe von Q. Man kann nun für die Hauptstrecke die Größe von t ausrechnen und dann für jedes beliebige Teilungsverhältnis von Q die entsprechenden Werte von t finden. Diese Werte liegen um einen Wert herum, der sich für Halbierung von Q ergibt. Wir finden dann für $Q_1 = 0{,}5\,Q$, wenn t die mittlere Tiefe der Hauptstrecke ist;

$$t_1 = c\,(0{,}5\,Q)^{0,364} = 0{,}5^{0,364}\,c\cdot Q^{0,364} = 0{,}5^{0,364}\,t\,,$$

$$t_1 = 0{,}777\,t \sim 0{,}8\,t\,.$$

Es ergibt sich somit nach vorstehender Rechnung als großer Nachteil der Spaltung, daß die Wassertiefe bei ihr nur 0,777, rd. 0,8 der Tiefe im einheitlichen Flußlauf beträgt.

Überall dort, wo die Wassertiefe bei NW. ungenügend ist, und das ist in fast allen Flüssen der Fall, wird man darnach streben, Spaltungen zum Wohl der Schiffbarkeit zu beseitigen. Man erreicht daneben den Vorteil, nur eine Flußstrecke unterhalten zu müssen. Als Nachteil tritt ein, daß neben dem einen Arm der Spaltung der Ausbauarm auf die Breite des Hauptarmes gebracht werden muß. Diese Breite errechnet sich wie folgt: Es ist

$$\frac{b}{t} = n = \frac{b_1}{t_1}$$

und daraus

$$b = b_1\cdot\frac{t}{t_1} = \frac{1}{0{,}777}\,b_1 = 1{,}3\,b_1$$

Man muß somit eine Uferstrecke von 0,3 der Breite eines Armes hinzunehmen. Es ist aber unsicher, wie lange es dauert, bis der andere Nebenarm so weit verlandet sein wird, daß er landwirtschaftlich wieder genutzt werden kann. Die Bodenmasse aus der Abgrabung genügt nur zum Teil zum Zuschütten. Sind die Arme ungleich, dann ist das Verhältnis bei Ausbau des größeren Armes günstiger. Ist eine baldige Verlandung möglich, dann ergibt sich landwirtschaftlich der Vorteil, daß ein Streifen von $2\,b_1 - 1{,}3\,b_1 = 0{,}7\,b_1$ gewonnen wird. — Hat man es mit genügend großen Flüssen zu tun, dann wird man das Verhältnis $\frac{b}{t}$ ändern können, man wird den einen Arm nur für NW. und MW. für die Schiffahrt ausbauen, dem anderen Teil die Abführung eines großen Teiles der HW.-Mengen zuweisen. So ist es z. B. bei Magdeburg gemacht worden, wo die Umflut durch das Pretziener Wehr abgeschlossen ist und nur bei höheren Wasserständen geöffnet wird.

Können Spaltungen nicht beseitigt werden, dann werden oberhalb und unterhalb meist Trennungswerke gebaut. Oberhalb haben sie die Aufgabe, die

Wassermengen, die durch die einzelnen Arme fließen sollen, zu regeln, unterhalb sollen sie die schräg aufeinander zustrebenden Wassermengen in eine gleiche Richtung führen, so daß der Zusammentritt ohne zu große Wirbelbewegungen und Geschiebeablagerungen vor sich geht. Die Trennungswerke dürfen nur bis zu dem Punkt reichen, an dem die Breite der beiden Arme zusammen die Breite des ungeteilten Laufes erreicht, also bis dort, wo der theoretische Trennungspunkt liegt. — Diese Trennbuhnen müssen ganz flach auf den Grund auslaufen, sich aber nach der Insel zwischen den Armen zu entsprechend verbreitern.

Sollen Spaltungen beseitigt werden, dann wird man den Sperrdamm am unteren Ende erbauen, so daß eine möglichst starke, natürliche Verlandung eintritt. Der Trenndamm wird dabei zuerst so hoch geführt, daß nur geringe Mengen des MW. durchströmen können, so daß die Hauptwassermenge dem Schiffahrtsarme zugute kommt. Bei höheren Wasserständen wird eine gleichmäßigere Teilung der Wasserführung und damit auch der Geschiebebewegung nach wie vor eintreten, der alte Arm wird aber nach und nach verlanden. Entsprechend der Verlandung wird der Trenndamm nach und nach höher geführt. Wird der Sperrdamm in einzelnen Abschnitten hochgeführt, dann wird er bei Hochwasser stark überströmt werden. Man legt ihn dann am besten nicht auf eine natürliche Schwelle, sondern an eine tiefere Stelle oberhalb einer solchen Schwelle. Er wird dann durch Sinkstücke am Fuß geschützt werden müssen. Man muß seinen Platz so auswählen, daß er beiderseits an so hohes und festes Gelände anschließt, daß er nicht vom HW. um- und damit an den Enden unterspült werden kann. Ist eine solche Lage nicht möglich, dann sind die Enden ganz besonders zu sichern. Die Ausführung der Dämme in einzelnen Abschnitten hat neben der Verlandung des Armes den Vorteil, daß der Damm nicht so breit ausgeführt zu werden braucht wie ein einheitlich hochgeführter. Er verlandet ja fortwährend von der Oberseite her, so daß hier eine natürliche Verstärkung von selbst heranwächst.

Sollen die Dämme in einem Zuge erbaut werden, dann wird man eine möglichst hochliegende Stelle aussuchen. Eine solche Ausführung wird stets dann am Platze sein, wenn man so viel Baggerboden gewinnt, daß ein Auffüllen des Armes möglich ist.

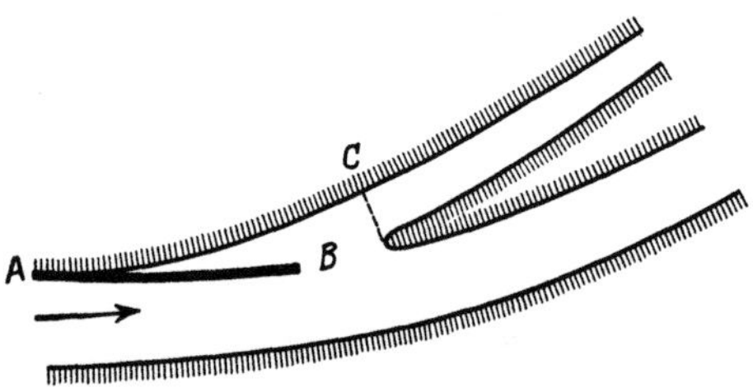

Abb. 150. Trennbuhne in verlandendem Arm.

Jede Sperrung eines Armes wird für die Schiffahrt auf die Dauer eine Verbesserung bedeuten. Während der Ausführung ist aber vorübergehend eine Verschlechterung möglich, da nun in dem Schiffahrtsarme Sände in Bewegung geraten müssen, die früher festlagen. Es ist somit bei größeren Ausführungen dieser Art notwendig, einen genügenden Baggerpark zur gleichzeitigen Austiefung und Verbreiterung des Schiffahrtsarmes bereit zu halten. Die Herstellung des neuen Hochwasserbettes kann dabei bereits lange vorher in Angriff genommen werden, weil sie die Schiffbarkeit nicht wesentlich beeinflußt. Die Ausführung der Trenndämme wird durch die einheitliche Dammausführung verteuert, die Gesamtausführung durch den vorherigen Ausbau des neuen HW.-Bettes aber wieder verbilligt. Die obere Abzweigung des Verlandungsarmes muß zum Teil durch eine Trennbuhne geschlossen werden, die so hoch liegt, daß das NW. und MW. eine genügend gute Führung zum Schiffahrtsarm erhalten (Abb. 150).

c) Mündungen von Nebenflüssen.

Die Mündungen der Ströme werden als Strommündungen in einem besonderen Abschnitt behandelt werden, da dort die Einflüsse des Meeres überwiegend sind.

Unter Flußmündungen im Gegensatz zu Strommündungen werden die Mündungen aller Nebenflüsse in den Strom (Hauptfluß) verstanden.

Nebenflüsse müssen so in die Hauptflüsse oder die Ströme einmünden, daß eine starke Querschnittsverbreiterung vermieden wird. Aus diesem Grunde ist die Mündung zweier Nebenflüsse von beiden Seiten des Stromes her am gleichen Kilometerpunkt meist schädlich und erfordert die Verlegung einer der beiden Mündungen. Die Verlegung stromauf ist dann möglich, wenn der Nebenfluß, wie es meist der Fall ist, ein steileres Gefälle hat als der Strom. Tangentiale Einmündungen werden als schädlich angesehen, weil die Erweiterung des Querschnittes hier eine viel längere Strecke umfaßt, als wenn die Einmündung unter einem spitzen Winkel erfolgt. Die Mündungen sind so zu verlegen, daß Strom und Fluß einen Winkel von etwa 20 bis 25° miteinander bilden. Bei jeder Einmündung eines Flusses in einen anderen (also auch bei dem Zusammenflusse von Spaltungen) treten unterhalb der Mündung des Nebenarmes Sandbänke auf, die ihre Ursache darin haben, daß der vereinigte Querschnitt beider Gewässer in der Übergangsstrecke zu groß ist. In der Übergangsstrecke halten sich die Strömungen von Hauptfluß und Nebenfluß noch lange Zeit getrennt, die sonst nach der Mitte beider Wasserläufe hin vorhandene Uferbegrenzung fehlt aber, so hat jeder Wasserlauf zum anderen hin eine Bettverbreiterung. Der Strom regelt dieses Verhältnis selbst dadurch, daß er die bereits genannte Sandbank unterhalb der Einmündung des Flusses ablagert. Bei breiten Strömen kann solche Sandbank unschädlich sein, sie wird durch das HW. auch immer wieder zum Teil beseitigt werden; s. auch Abb. 24 auf S. 27; bei kleineren Flüssen sind hier aber immer wiederkehrende Baggerungen notwendig, die nicht vermieden werden können, weil die Bildung der Sandbank in der Natur des Flusses liegt.

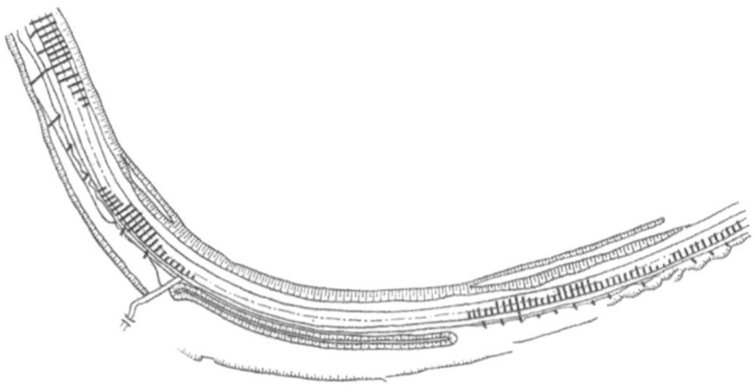

Abb. 151. Maßstab 1 : 33 300.

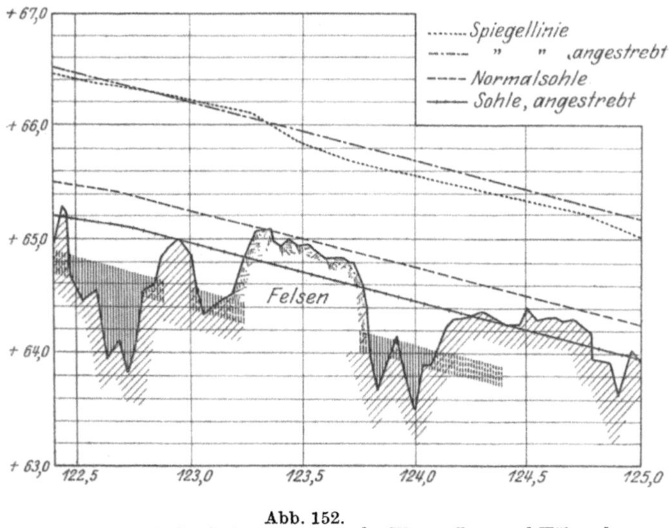

Abb. 152.
Abb. 151 u. 152. Latferder Klippen in der Weser. Lage und Höhenplan. Maßstab der Länge 1 : 33 300, Maßstab der Höhe 1 : 67.

d) Stromschnellen.

Stromschnellen kommen überall dort vor, wo das Bett des Flusses so widerstandsfähig ist, daß Auswaschungen an dieser Stelle wesentlich langsamer vor sich gehen als unterhalb. Es sind meist ausgesprochene Felsenstrecken, die seit alters her das größte Hindernis für die Schiffahrt sind. Das Binger Loch am Rhein, das Eiserne Tor und der Lange Struden an der Donau, der Domfelsen in der Elbe bei Magdeburg, die Latferder Klippen in der Weser und ähnliche sind solche Stromschnellen. Abb. 151 und 152 zeigen den Lage- und Höhenplan der Latferder Klippen 123,5 bis 123,75 km in der Weser unterhalb von Hann. Münden. In dieser Felsenstrecke ist das Fahrwasser von den mittleren Wasserständen ab bereits einschiffig, hat die geringsten Wassertiefen mit fehlender oder ganz schwacher Überschotterung auf den Felsenklippen. Eine Zweischiffigkeit ist nur durch Kanalisierung erreichbar. Die Gefällunterschiede zwischen diesen Flußstrecken und dem normalen Flusse sind meist so beträchtlich, daß eine Aussprengung der Felsen für die oberen Strecken sehr gefährlich ist. Es würde dann meist eine so starke Senkung der Wasserstände oberhalb erfolgen, daß nach und nach Felsbänke in Erscheinung träten, die früher kein Hindernis für die Schiffahrt bildeten. Bei großen Strömen wird es oft möglich sein, wie am Binger Loch, einen entsprechenden Kanal auszusprengen, während das Wasser zu beiden Seiten nach wie vor durch die Felsbank gestaut wird. Die Schiffe werden dann an langer Trosse geschleppt, so daß entweder der Dampfer oder nur je einer der Kähne sich in der Stromschnelle befindet. Bei genügender Schleppkraft des Dampfers kann so die starke Strömung der Schnelle überwunden werden. Noch besser ist es, einen Seitenkanal mit Schleuse zu erbauen, so daß die Stromverhältnisse unverändert bleiben. Auch die Erbauung eines Wehres mit Schleusenanlage quer durch einen Strom kann in Frage kommen, um so den Wasserspiegel hoch genug über die Stromschnelle zu heben. Der dabei mögliche Kraftgewinn kann solche Anlagen oft wirtschaftlich machen.

F. Material und Einzelteile der Regelungswerke.

a) Material.

Das Steinmaterial der Flußregelungswerke kann aus Sand, Kies oder größeren Schüttsteinen bestehen. Der Sand darf nicht zu fein sein, Triebsand ist selbstverständlich ganz zu verwerfen. Neben Sand darf auch Ton und Klei verwandt werden, wenn man sicher ist, daß sie sich nicht während der Verwendung auflösen können. Nasser Ton kann sich im strömenden Wasser in wenigen Stunden in einen fließenden Brei verwandeln. Kantige Steine sind besser als runde, Schotter daher auch besser als Kies. Am Ober- und Mittellauf sind Steine fast überall preiswert zu erhalten, da die Flüsse sich an vielen Stellen durch Quergebirge durchgefressen haben. Welche Art von Stein man wählt, ob Sandstein, Granit, Kalk usw., spielt keine große Rolle, wenn das Material dauernd unter Wasser bleibt. Die Steine mit größerem Einheitsgewicht sind den leichteren aber vorzuziehen. Die Mindestgröße der Steine wird am besten durch Versuch bestimmt, im Mittel wird man für Schottersteine 5—8 cm ∅ wählen.

Im Unterlauf der Flüsse, in ihren Mündungsgebieten sind Steine infolge der langen Transportentfernungen teuer, sie werden hier meist nur zur Belastung von Buschwerk verwandt. Buschwerkbauten werden aus Faschinen hergestellt, die Faschinenbündel sollen am Stammende etwa 30 cm dick sein. Die Länge der Faschinen soll 2 m nicht unterschreiten, besser aber wenigstens 2,5 m sein, erreicht werden 4 m und mehr. Der einzelne Zweig darf am Stamm nicht stärker als 5 cm sein, damit die Faschinen die genügende Biegungsfähigkeit besitzen. Als Material können fast alle Baum- und Straucharten verwendet werden; am besten eignen sich die Weiden-, Ellern- und Eschenarten. Dornsträucher sind aus Rücksicht auf die Gefahr für die Hände der Arbeiter zu vermeiden. Weidenholz hat die Eigenschaft, dann, wenn es während der Wachstumszeit geschnitten und bald verwendet wird, Wurzeln zu bilden und anzuwachsen. Dieses sog. wachsfähige Holz ist den toten Hölzern meist vorzuziehen. Totes Holz muß außerhalb der Wachstumszeit geschnitten werden, damit es saftlos ist. Ob Laubhölzer in der richtigen Zeit geschnitten sind, kann man meist daran erkennen, daß sie blatt- und knospenfrei sein müssen. Nadelhölzer werden mit Nadeln verwandt. Die Faschinen werden untereinander durch kurze, angespitzte Knüppel festgepflockt. Diese Buschpfähle haben bis 8 cm oberen Durchmesse,r können aus natürlichen

Aststücken oder dünnen Stammenden bestehen oder auch durch Spaltholz ersetzt werden. Die ersteren haben die Möglichkeit, Wachsholz zu sein, Spaltholz haftet andererseits besser in dem Bauwerk. Durch diese Pfähle werden oben Holznägel gesteckt, die gewöhnlich aus Eichenholz bestehen. Aus den Faschinen werden Würste von 12—18 cm Dicke gewunden, die über die einzelnen Packlagen hinweggespannt werden. Diese Würste werden heute besser durch doppelten gedrehten, geglühten und verzinkten Eisendraht von 1,2 mm Stärke ersetzt.

b) Faschinenbau.

Die Faschinen werden entweder unmittelbar an Ort und Stelle zu Packwerk oder Senklagen der Buhnen zusammengebaut oder es werden aus ihnen Senkwalzen, Senkfaschinen oder Senkstücke am Ufer hergestellt, die dann an die der Deckung bedürftige Stelle im Fluß versenkt werden.

Außer den Faschinen werden zur Uferdeckung Spreutlagen oder Rauhwehre hergestellt. Beide bestehen aus etwa 10—15 cm dicken Lagen von aufgehauenen Faschinen, die durch Würste oder Drahtschnüre an eingeschlagenen Buschpfählen befestigt werden. Die Pfähle werden in quadratischem Abstand von 0,6—0,8 m geschlagen und können 0,6—0,8 m lang sein. Spreutlagen werden am besten aus Weiden hergestellt, so daß sie anwachsen und begrünen; sie liegen quer zum Strom, Rauhwehre gleichlaufend mit dem Strom.

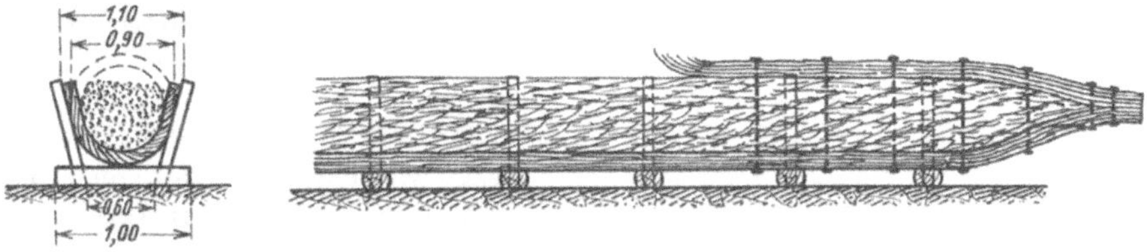

Abb. 153 a u. b. Senkfaschine im Bau mit Querschnitt und Faschinenbank.

Senkfaschinen werden auf besonderen Faschinenbänken gebunden. Es werden (siehe Abb. 153 a u. b) aufgehauene Faschinen in der Bank ausgebreitet und an den Seiten hochgelegt, so daß eine Art von langgestreckter Mulde entsteht. Diese wird mit Kies oder kleinen Steinen gefüllt und dann mit Faschinen bedeckt. Das Ganze wird mit Draht zusammengewürgt, so daß ein zigarrenähnlicher Körper entsteht. Da die Senkfaschinen an den Enden keine Steinfüllung bekommen, so wird hier durch das Zusammenwürgen der Zweige ein Schluß des wurstartigen Körpers erzielt. — Senkfaschinen sind 0,6—1,0 m dick und 4—6 m lang. Die Senkfaschinen können zu endlosen Senkwalzen entwickelt werden. Es wird die Senkwalze am Ufer in großer Länge gebunden, der fertige Teil kann dann in das Wasser gebracht werden, während der vordere noch in Arbeit ist; je nach Fortschritt der Arbeit vorn kann hinten abgerollt werden. Es können dabei auch mehrere Senkwalzen hintereinander erbaut und abgewalzt werden.

c) Senkstücke.

Dort, wo größere Flächen schnell bedeckt werden sollen, werden Senkstücke (oder Sinkstücke) verwandt. Bei Flüssen werden sie am Ufer auf schrägen Bahnen, an der See auf bei NW. trockenliegenden Platen erbaut. —

Zur Erbauung eines Senkstückes (Abb. 154—156) wird zuerst Rundholz auf Gleitbahnen verlegt, darauf Bohlen, die die Senkstücke tragen sollen. Nun werden Drahtschnüre im quadratischen Verband verlegt (1 m Abstand), an jeder Kreuzungsstelle der Drähte wird ein Luntpfahl in den Boden geschlagen, an dem die Luntleinen hochgezogen werden. Die Luntleine ist ein doppeltes Seil von Fingerstärke, das um die Drahtkreuzung geschlungen ist. Jetzt wird das Senkstück gepackt, wobei nach außen nur Stammenden sichtbar werden. Die Dicke beträgt 0,6—1,5 m. Nach Fertigstellung der Packung wird eine gleiche Drahtlage auf das Senkstück gelegt und die Drähte nun durch die Luntleinen zusammengezogen, wobei die Arbeiter die Faschinen durch Treten fest zusammenzupressen suchen. Die Drahtschnüre werden an den Enden zusammengebunden, es werden Querhölzer eingebaut, an denen man Trossen zum

Halten der Senkstücke befestigt. Auf das Senkstück werden Flechtzäune aufgebaut, die eine Art von Kassettenteilung für das Belastungsmaterial bilden. Das Senkstück wird dann kurz vor dem Versenken abgerollt, schwimmend an Ort und Stelle gebracht und durch Bewerfen mit Steinen von verankerten Kähnen aus versenkt. Das Senkstück selbst muß während des Versenkens gut verankert werden.

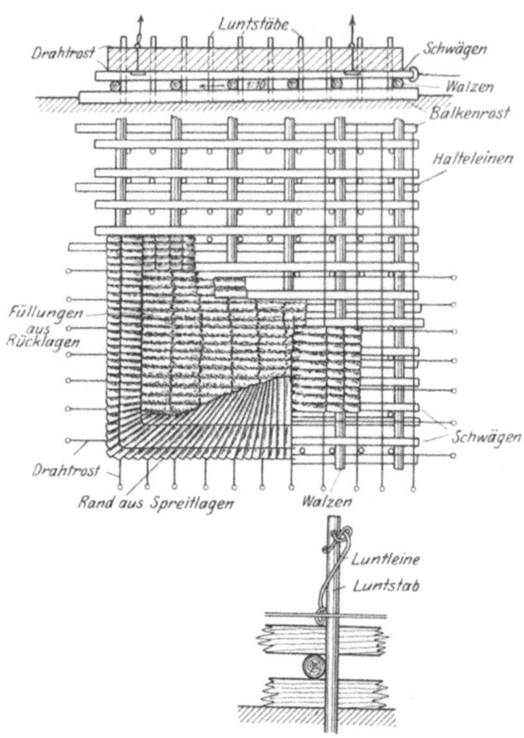

Abb. 154–156. Senkstückherstellung.
Abb. 154. Querschnitt.
Abb. 155. Draufsicht auf Rost und Senkstück.
Abb. 156. Luntpfahl.

Senkstücke können in unbegrenzter Länge und in Breiten bis zu 100 m ausgeführt werden. Unbegrenzt lange Senkstücke müssen schwimmend auf dem Wasser auf Flößen erbaut werden. Es wird dann das Floß von Zeit zu Zeit um ein Stück vorgezogen, so daß das Senkstück sich um das gleiche Maß auf den Grund niederlegen kann.

d) Sinklagen.

Sinklagen bilden einen Bestandteil von Buhnen, die im tiefen Wasser gebaut werden müssen. Über die Bauart dieser Buhnen wird im nächsten Abschnitt das Nötige gesagt werden. Die Sinklagen haben mit den Senkstücken das gemein, daß sie im schwimmenden Zustande erbaut und durch Beschwerung mit Sandkies oder Schotter versenkt werden. Sie werden aber nicht schwimmend an Ort und Stelle gebracht, sondern an Ort und Stelle erbaut, wobei sie mit dem landseitigen Ende auf dem bereits fertigen Teil der Buhnen beginnen. Man könnte die Sinklagen auch Klapplagen nennen, weil sie eine nach der anderen unter

Abb. 157. Modell eines Senkstücks.

dem Gewicht der Belastung herunterklappen. — Die Größe der Sinklagen ist begrenzt durch die Schwimmfähigkeit der Lage. Untere Drahtschnüre können nicht verwandt werden, der Zusammenhalt der Lage wird durch obere Drahtschnüre oder durch Würste hergestellt.

e) Sinkbäume usw.

An Stellen, an denen man keine dauernden Bauten ausführen, aber Ablagerungen erzwingen will, werden Sinkbäume und das Wolfsche Gehängeverfahren angewandt. Sinkbäume sind belaubte Bäume, die an großen Betonsteinen beweglich verankert werden (siehe Abb. 158). Sie wirken wie eine starke Verkrautung des Flusses, erhöhen dadurch die Rauhigkeit, so daß die Geschwindigkeit in der Umgebung dieser Sinkbäume verringert wird. Die Folge ist Abnahme der Schleppkraft und Liegenbleiben von Geschieben.

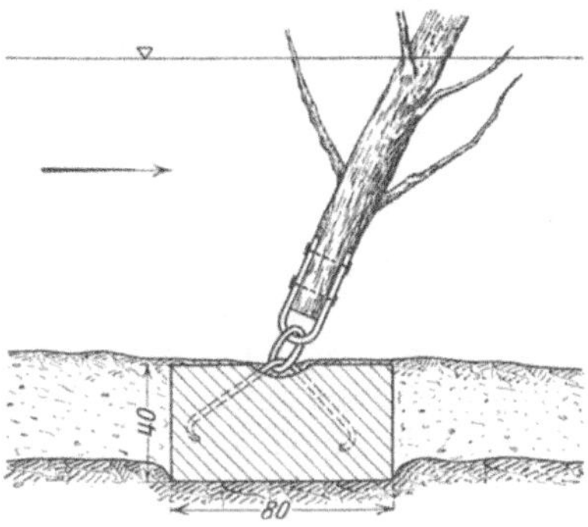

Abb. 158. Sinkbaum. Befestigung des Baumes am Betonblock. Maßstab 1:25.

Der gleiche Gedanke findet bei der Wolfschen Gehängebauweise Anwendung. Hier werden Faschinentafeln hergestellt und durch Pfahlgerüste schwebend im Wasser erhalten. Die Bauart dieser Tafeln bietet hinsichtlich des verwandten Materials nichts Neues; es können Faschinen aller Art verwandt werden. Auch quer zum Fluß an Pfählen gespannte Maschendrahtgewebe (Drahtbuhnen) beruhen auf dem gleichen Gedanken.

G. Art und Ausführung der Regelungswerke.

a) Allgemeines.

Die Regelungswerke werden in 3 große Gruppen eingeteilt:

1. in feste Einschränkungswerke, wie Buhnen und Parallelwerke u. dgl.,
2. in bewegliche Einschränkungswerke, wie Gehängebauten, Schwimmbuhnen (Stauflöße) Schwimmbäume u. dgl., und
3. in Auskleidungswerke, wie Uferdeckwerke und Sohlendeckwerke.

Die erste Art, die festen Einschränkungswerke, bestehen aus Parallelwerken, aus Grundschwellen, aus Buhnen, die auch Sporen, Schlengen, Staken usw. genannt werden, und aus Abschlußdämmen. Allen diesen Einschränkungswerken ist gemeinsam, daß sie auf einem Untergrund erbaut werden müssen, der an sich bereits veränderlich ist oder der gerade durch die Einbauten Veränderungen erleiden wird, ferner, daß sie als richtige Wasserbauten meist in das Wasser hineingebaut werden müssen. Aus diesen Gründen ist es zweckmäßig und notwendig, diese Bauten aus schüttbaren oder versenkbaren Stoffen herzustellen, aus Steinschüttungen oder aus Faschinen. Der Stoff, der zu den Bauten verwandt wird, kann in gewissem Grade als Maßstab der Wohlhabenheit des Landes gelten. Faschinenbauten werden oft dort ausgeführt werden, wo die Mittel für die Ausführung von Steinbauten fehlen. Wo es irgend angängig ist, sollten aber alle festen Einschränkungswerke möglichst aus Steinschüttung hergestellt werden, während man die Verwendung von Faschinen den Gehängebauten vorbehalten sollte. Eine Ausnahme machen oft Bauten in den Flußmündungen.

Beide Arten können durch Steinschüttungen oder Faschinenbauten gebildet werden. Die Steinschüttungen sind auch hier das Dauernde, die Faschinenbauten das Vergängliche. Besonders trifft das auf stark geschiebeführende Flüsse zu, deren Geschiebe Faschinenbauten zernagen können (Gebirgsflüsse). Sohlendeckungen aus Faschinen müssen in Form von Senkstücken oder Senkwalzen verwandt werden.

Die zweite Art, die beweglichen Einschränkungswerke, besteht aus Sinkbäumen und Gehängebauten. Beide werden nur vorübergehend an Ort und Stelle gebracht und können oft nach Erreichung des Zieles wieder verwandt werden.

Die dritte Art, die Auskleidungswerke, besteht aus Uferdeckwerken und Sohlendeckungen. Beide sollen Ufer oder Sohle vor dem Angriff des Wassers schützen. Sie haften dem Fluß an wie ein Kleid (Auskleidung des Flusses). Sie bilden die notwendige Ergänzung zu den Einschränkungswerken. Die neuen Anlandungen, die von den Einschränkungswerken dann geschaffen werden, wenn sie Erfolg haben, müssen geschützt werden, und zwar noch mehr als alte Ufer, da die neuen Ufer aus weniger widerstandsfähigem Material bestehen wie die alten gewachsenen Ufer.

b) Die Buhnen.

1. Zweck und Wirkung.

Buhnen sind Dämme aus Schüttsteinen oder Faschinen, die vom Ufer aus quer in den Fluß hineingebaut werden, um das Bett zu verengen. Einen wirklichen Erfolg zeigen die Buhnen erst dann, wenn die Zwischenräume zwischen ihnen verlandet sind, so daß sich das Ufer bis in die Gegend der Buhnenköpfe vorgeschoben hat. Die Wirkung von neuen, nicht verlandeten Buhnen ist ähnlich der Stauwirkung von vielen hintereinanderliegenden Brücken. Zwischen den gegenüberliegenden Buhnenköpfen fließt das Wasser schneller, um sich dann in den Buhnenfeldern wieder nach der Seite hin auszubreiten. Bei sehr schnellfließenden Flüssen, vor allem Gebirgsflüssen, hat sich dementsprechend gezeigt, daß der Einbau von Buhnen ein erfolgloses Verfahren ist. Es haben sich sogar nach Angabe von Kreuter[1]) zwischen zwei aufeinanderfolgenden Buhnen in der Flußmitte Geschiebebänke abgelagert. Das Ziel der Regelung ist somit niemals bereits mit dem Einbau von Buhnen erreicht, sondern erst dann, wenn die Buhnenfelder so verlandet sind, daß sich ein neues aus dem Fluß hervorgewachsenes Ufer von Buhnenkopf zu Buhnenkopf gebildet hat. Gut verlanden können nur Buhnen, die quer zum Fluß gemessen weit zurückreichende Buhnenfelder zwischen sich enthalten, sehr kurze Buhnen bieten nicht genügenden Schutz für die Ablagerung von Boden. Daraus folgt schon, daß man Buhnen vorwiegend dort bauen wird, wo sie eine genügende Länge erhalten können; diese Stellen sind von der Lage der neuen Streichlinie[2]) abhängig und liegen auf der ausbiegenden Seite. Als Abstand der Buhnen eines Ufers untereinander wählt man entweder das doppelte Maß der neuen Flußbreite zwischen den Streichlinien, um dann eine weitere Buhne nach erfolgter Teilverlandung zwischen die ersten Buhnen einzulegen, oder man erbaut sofort die Buhnen im Abstande der neuen Flußbreite. Die Maßnahme hängt von der Art des Flusses ab. Darf man mit schneller Verlandung rechnen, dann wird man die erste Maßregel wählen. Der Bau der Zwischenbuhnen wird dann billig, weil er in geringeren Tiefen durchgeführt werden kann, er ist notwendig, um die Verlandung zu verstärken und zu festigen (siehe Abb. 159).

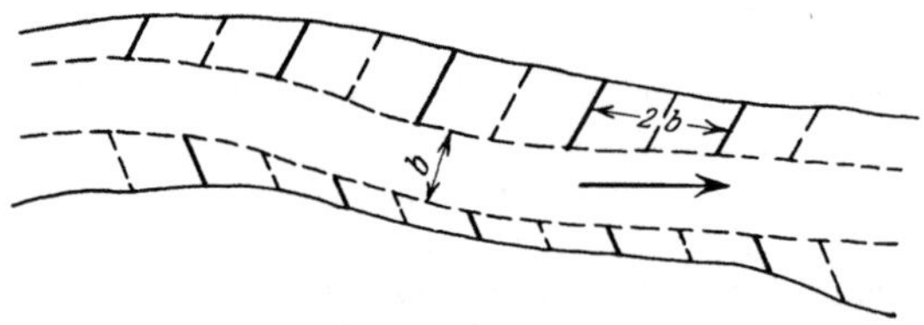

Abb. 159. Zwischenbuhnen.

[1]) Handb. d. Ing.-Wes. Bd. III, S. 6.

[2]) Die Streichlinie ist die neue Begrenzungslinie des Flusses für den gewählten Wasserstand, z. B. MW. oder NW.

Die Buhnen können stromab, normal zur Flußrichtung oder stromauf gerichtet sein, Aufwärts-, Normal- und Abwärtsbuhnen. Die Aufwärtsbuhnen haben sich im allgemeinen heute als das richtige System erwiesen. Ihre Wirkung auf die Flußsohle ist sanfter als die der Abwärtsbuhnen, sie lassen das Wasser in der Richtung zur Flußmitte überfallen, so daß es vom Ufer abgelenkt wird. Der Angriff auf das Buhnenfeld und das Ufer ist bei den Aufwärtsbuhnen daher wesentlich geringer als bei den Abwärtsbuhnen. Andererseits ist aber die Gefahr für den Buhnenkopf bei der Aufwärtsbuhne größer, weil die Kolke am Buhnenkopf bei ihr viel tiefer werden als bei der zweiten Art. Da aber die Aufgabe des Ingenieurs nicht darin besteht, Bauwerke zu schaffen, die möglichst wenig Schwierigkeiten bei der Ausführung verursachen, sondern solche, die eine möglichst große Wirkung erzielen, so muß die Sorge um die Gefahr für das Bauwerk gegenüber dem zu erreichenden Ziel zurücktreten. Die Möglichkeit der Gefahr muß aber dazu zwingen, Vorkehrungen zu treffen, die eine Zerstörung der Buhnen verhindern. — Trotzdem nun die Aufwärtsbuhnen heute das Feld behaupten, so ist doch stets zu überlegen, ob nicht in Ausnahmefällen die Abwärtsbuhnen richtiger sind. Haben wir es z. B. mit einem Fluß mit harter Sohle und harten Ufern zu tun, dann wird die Abwärtsbuhne das bessere System sein, weil hier gerade ein scharfer Angriff auf die Sohle nötig ist und weil ein vermehrter Angriff auf das Ufer ungefährlich ist. Es würde in solchem Falle ein grober Fehler sein, schematisch nach dem heute üblichen System zu bauen.

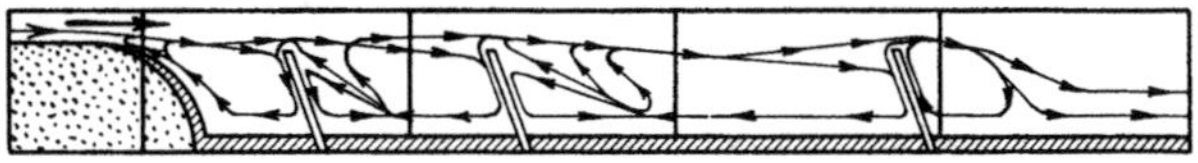

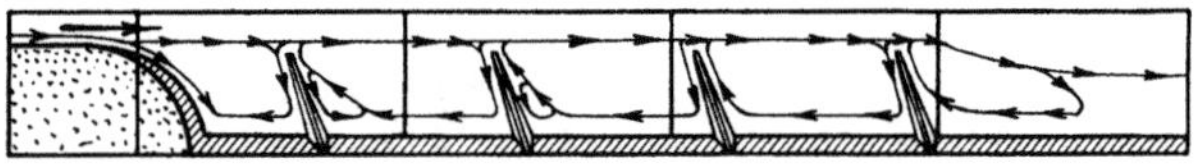

Abb. 160 u. 161. Wirbel im Buhnenfelde bei verschiedener Entfernung der Buhnen nach Engels.

Der Abfluß des Wassers von Buhnenkopf zu Buhnenkopf vollzieht sich nun nicht so, daß sich die vom Wasser durchströmte Fläche bis zur Mitte des Buhnenfeldes verbreitert, um sich dann zum nächsten Buhnenkopf wieder zusammenzuziehen, sondern die Strömung breitet sich unterhalb des Buhnenkopfes nach der Seite aus, stößt dann nach Durchlaufen des Buhnenfeldes auf die untere Buhne, wird hier zum Ufer hin umgebogen und entwickelt sich im Buhnenfeld zu einer Rundströmung (Abb. 160 u. 161). Diese Rundströmungen sind die Ursache der Verlandung, ohne sie wäre eine Verlandung nicht denkbar. Die Rundströmungen sind aber auch gleichzeitig ein Mittel zur Vernichtung von Energie, so daß nicht nur die Buhnen durch unmittelbare Einschnürung, sondern auch das Buhnenfeld durch Erzwingung von Wirbelströmungen und damit Schaffung größerer Rauhigkeit ihren Anteil an der Flußregelung haben. — Hinter dem Kolk bildet sich bei nicht verlandeten Buhnen ein Rücken aus, der sich an die stromauf gelegene Seite der Unterbuhne anschließt (Abb. 162). Der Verlandungsboden wandert durch den Kolk an dem Rücken entlang. Engels hat durch Versuche gefunden, daß sowohl Kolk wie Rücken einen stark fördernden Einfluß auf die Verlandung ausüben. Eine Gefahr bilden die Kolke dann, wenn sie sich so verlängern, daß sie miteinander in Verbindung treten; es bildet sich dann vor den Buhnenköpfen eine Nebenrinne im Fluß aus, die infolge ihrer größeren Wassergeschwindigkeit eine „ansaugende“ Wirkung auf die Schiffe ausübt. (Gefahr des Auf-den-Buhnen-

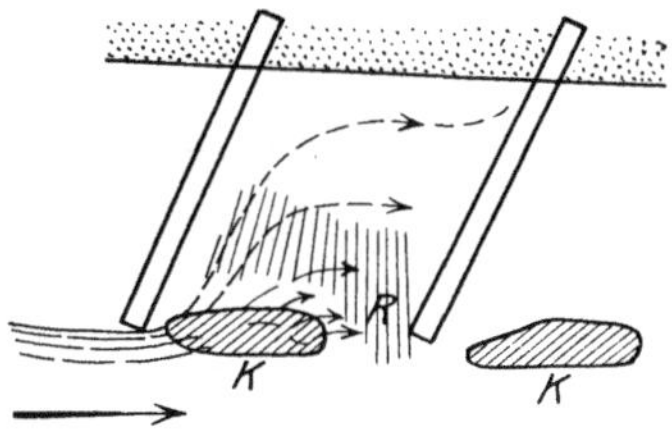

Abb. 162. Kolk- und Rückenbildung im Buhnenfelde.

kopf-Treibens.) Durch Sohlenbefestigung ist dieser Gefahr vorzubeugen. Engels gibt die Ergebnisse seiner Buhnenversuche wie folgt wieder:

Die Ergebnisse sind dahin zusammenzufassen, daß bei Niedrigwasser und bei mäßiger Überströmung der Buhnen der stromseitige und stromab gelegene, bei Hochwasser der uferseitige und stromauf gelegene Teil der Buhnenfelder verlandet. Da die letztere Verlandung — soweit die auf der Flußsohle sich bewegenden Sinkstoffe in Frage kommen — lediglich vom Kopf der oberen Buhne ausgeht, so wird sie von dem bei Niedrigwasser ausgeworfenen und bei höherem Mittelwasser erhöhten Rücken *R* nicht behindert, während die bei letzterem Wasserstande entstehende Auswaschungsrinne längs der Unterwasserseite der Buhne die Verlandungsfähigkeit für das nächste Hochwasser wieder herbeiführt. So schädlich daher auch diese Rinne für den Bestand des Buhnenkörpers sein mag, so nützlich ist sie in bezug auf die Verlandungswirkung bei Hochwasser.

Die stromauf gerichteten Buhnen sind sowohl hinsichtlich des Uferschutzes als auch der Verlandung der Buhnenfelder den senkrechten und stromab gerichteten Buhnen überlegen. Bei letzteren ist das Ufer bei mäßiger Überströmung am stärksten gefährdet, weil das normal zur Buhnenrichtung überfallende Wasser gegen das Ufer gerichtet wird, gleichzeitig ist die Verlandung am schwächsten. Allerdings ist bei letzteren auch die Kolkbildung an den Köpfen am geringsten: ein Vorteil, der jedoch von den beiden Nachteilen erheblich überwogen wird.

Es ist nicht angezeigt, den Abstand in geraden Flußstrecken größer zu machen als die Regelungsbreite bei Niedrigwasser.

Die Hochwasserverlandung wird durch die Kolke an den Buhnenköpfen begünstigt.

Werden durch Befestigung der Flußsohle die Kolkbildungen an den Buhnenköpfen verhindert, dann sind die flachköpfigen Buhnen hinsichtlich der Hochwasserverlandung den steilköpfigen überlegen.

Können sich die Kolke an den Buhnenköpfen frei entwickeln, dann verschwindet der Einfluß der Kopfform auf die Hochwasserverlandung.

Es empfehlen sich somit flachköpfige Buhnen, wenn man durch gehörige Befestigung der Flußsohle vor den Köpfen und unterhalb dieser Auskolkungen verhindert. Abb. 172.

Die meisten Flußregelungen werden heute auf den NW.-Stand eingestellt, da in dieser Zeit die Schiffahrt am meisten gestört wird. Bei solchen Regelungen werden die Buhnen vom alten Ufer her zur Streichlinie bei NW. gesenkt, so daß die Buhnenköpfe in NW.-Höhe liegen. Je flacher die Buhnenköpfe dann zur Sohle auslaufen, desto günstiger wirkt die Anlage auf die Schiffahrt ein.

2. Die Bauart der Buhnen.

Alle Buhnen müssen so tief in das feste Ufer eingebunden werden, daß eine Umspülung auch bei Hochwasser unmöglich wird. Die Ausschachtung am Ufer wird die Buhnenkammer genannt. Sie ist bei großen Flüssen schon bis 40 m lang geworden, im allgemeinen werden 3—5 m genügen. Bilder von Steinbuhnen

Abb. 163.

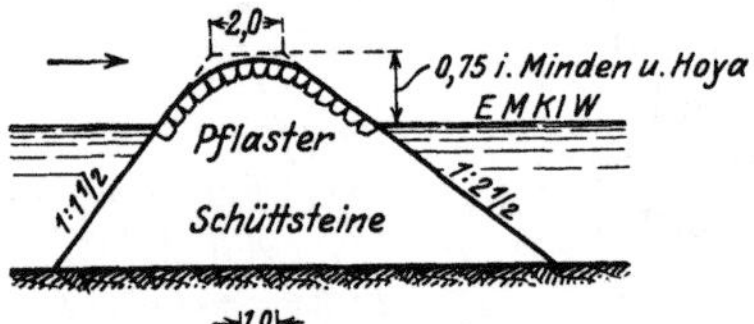

Abb. 165.

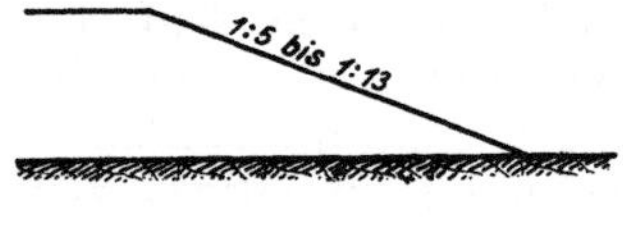

Abb. 164.

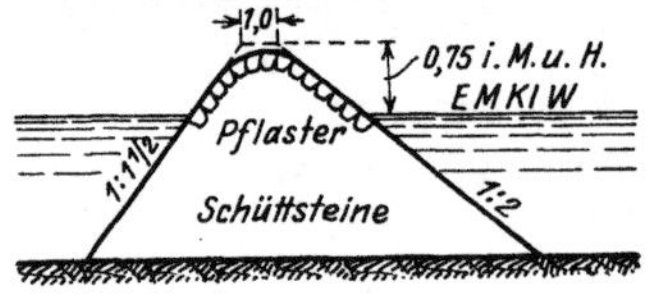

Abb. 166.

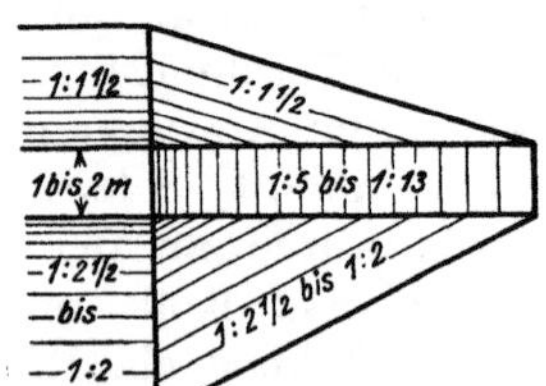

Abb. 163—166. Steinbuhnen der Weserregulierung.
Abb. 163 u. 164. Querschnitte. Abb. 165 u. 166. Längenschnitt und Aufsicht auf den Buhnenkopf.
Abb. 163. Buhne am einbiegenden Ufer. Abb. 164. Buhne am ausbiegenden Ufer. Maßstab 1 : 400.

zeigen Abb. 163—166. Man erkennt an diesen Zeichnungen, daß immer große Sorgfalt darauf gelegt wird, die stromab gelegene Seite der Buhnen besonders stark auszubilden. Hier bildet sich bei der Überströmung ein Überfall, der leicht eine Zerstörung hervorrufen kann. Die Neigung des Buhnenkopfes hängt vorwiegend von dem Gefälle des Flusses ab. Die steile Neigung 1:5 kommt an der Weser auf Strecken mit geringem Gefälle vor, die schwache, die bis zu 1:15 geht, bei starkem Gefälle im ungleichmäßigen Querschnitt, wenn gegenüber ein Deckwerk liegt. Das Pflastern der Buhnen ist wesentlich haltbarer als die Steinschüttung, Besonders bei Eisgang ist die Pflasterung sicherer, weil bei ihr kaum Steine aus dem Körper herausgerissen werden. Die Pflasterung soll

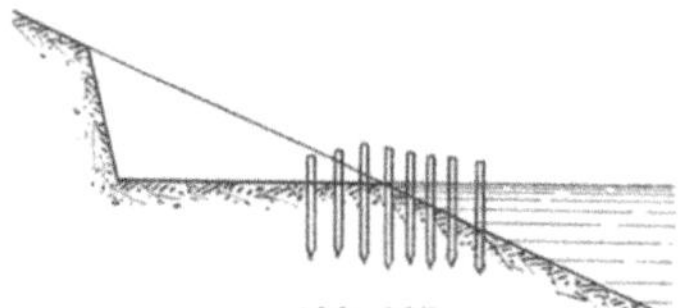

Abb. 167.

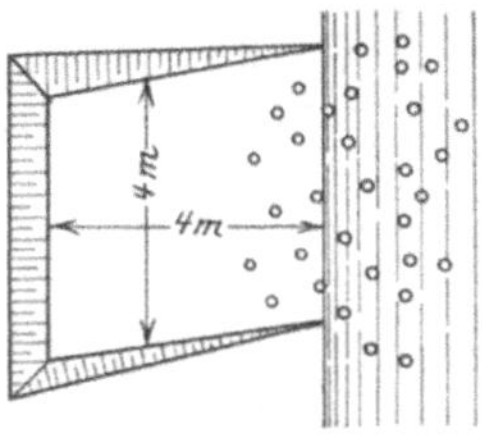

Abb. 168.

Abb. 167 u. 168. Buhnenkammer. Maßstab 1 : 220.

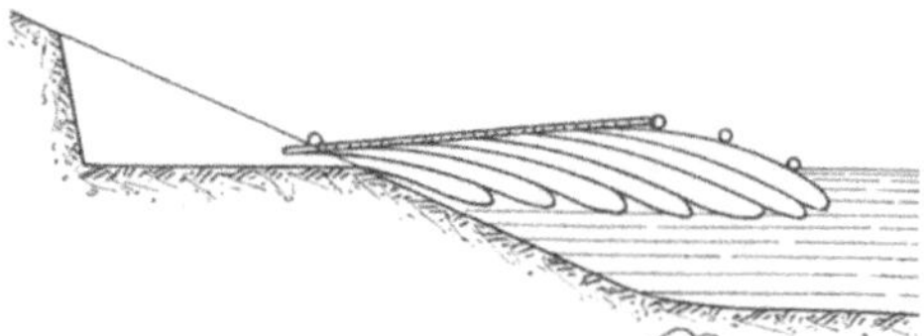

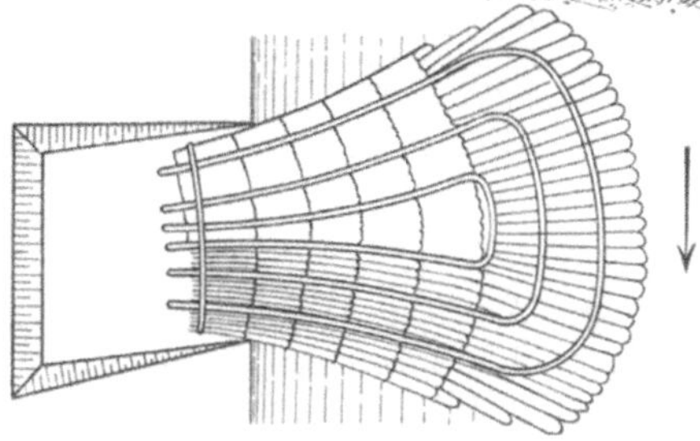

Abb. 169 u. 170. Bau der ersten Schwimmlage. Vorlage ist fertig.

dabei so tief als möglich geführt werden. Oft wird man die abwärts gekehrte Seite auch noch durch Sinkwalzen in der Nähe des Kopfes schützen müssen. Um Kolke zu vermeiden, muß man die Buhnen noch durch eine Sohlenschüttung ausdehnen oder ein Sinkstück davorlegen. Statt der Steine wird auch mit Erfolg Kies angewandt. Auch Sand wird als Material im Kern gebraucht, es ist dann aber für eine kräftige Überschüttung durch Kies oder Steine zu sorgen.

Buhnen aus Faschinen sind im allgemeinen schwieriger herzustellen. Der Bau beginnt mit der Aushebung der Buhnenkammer (Abb. 167 u. 168). Aus ihr wächst die erste Vorlage (30 cm stark) hervor (Abb. 169 u. 170), mit der die erste Schwimmlage beginnt. Die Vorlage zeigt oben nur Stammenden. Die Abb. 170 u. 171 zeigen nur die untere Hälfte einer einzigen Schwimmlage. Vom Vorderende der Vorlage wird dann die Rücklage zurückgebaut, die nur Wipfelenden an der oberen Seite zeigt. Diese erste Schwimmlage wird mit Drahtschnüren oder Würsten bespannt, die an eingeschlagenen Buschpfählen befestigt

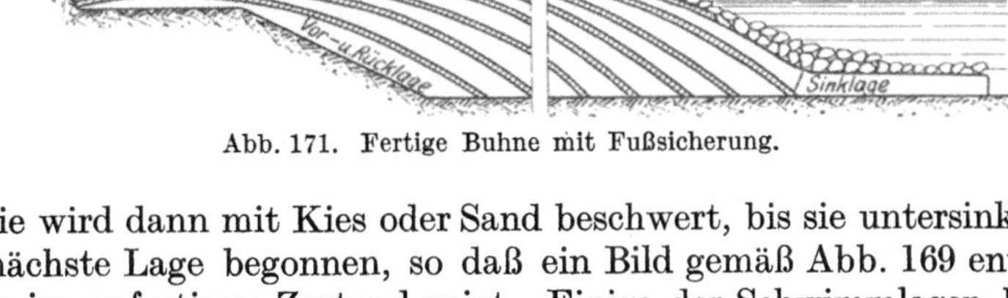

Abb. 171. Fertige Buhne mit Fußsicherung.

werden. Sie wird dann mit Kies oder Sand beschwert, bis sie untersinkt. Darauf wird die nächste Lage begonnen, so daß ein Bild gemäß Abb. 169 entsteht, das die Buhnen im unfertigen Zustand zeigt. Einige der Schwimmlagen haben sich bereits auf die Sohle aufgelegt, der Rest schwebt noch. Abb. 171 zeigt die fertige Buhne. Der Fuß wird durch Senkstücke oder Senkfaschinen besonders gesichert. Es kommt darauf an, daß die aufgeschnittenen Faschinen kräftig durch Handrammen zusammengerammt werden, so daß das Bauwerk möglichst dicht wird.

Es dürfen aber keine Pfähle durch die Buhnen in den Untergrund hineingetrieben werden, damit das Bauwerk völlig beweglich bleibt.

Abb. 172. Faschinenbuhne.

Vor der Ausführung der Buhnen muß der Untergrund genau erpeilt werden, damit man die einzelnen Sinklagen genau bestimmen kann. (Vgl. hierüber Handb. d. Ing. Bd. III, 6, S. 188.) Verschiedentlich sind die Buhnen bepflanzt worden, so daß die Krone durch die Verwurzelung besonders widerstandsfähig wurde. Wenn die Pflanzen regelmäßig geschnitten werden, wird Bepflanzung vorteilhaft sein. Hagen hat aber die Bepflanzung verworfen, weil sie zu unregelmäßigen Ablagerungen Anlaß gäbe.

3. Die Bauart der Grundschwellen.

Grundschwellen werden in Steinschüttung und Faschinenbau ausgeführt. Die stromabwärts gerichtete Seite soll stets wesentlich flacher sein (1 : 3) als die aufwärts gerichtete (1 : 1). Die Grundschwellen sollen die tiefen Kolke verbauen. Sie fangen demgemäß am Ufer an und enden an der anderen Seite dort, wo die Sohle wieder ansteigt. Wie an dem Beispiel der Weser gezeigt ist, soll der Abstand der Grundschwellen nicht übermäßig groß sein, im allgemeinen ein Bruchteil der Flußbreite. 15—20 m werden als mittlerer Abstand gelten können (Abb. 149).

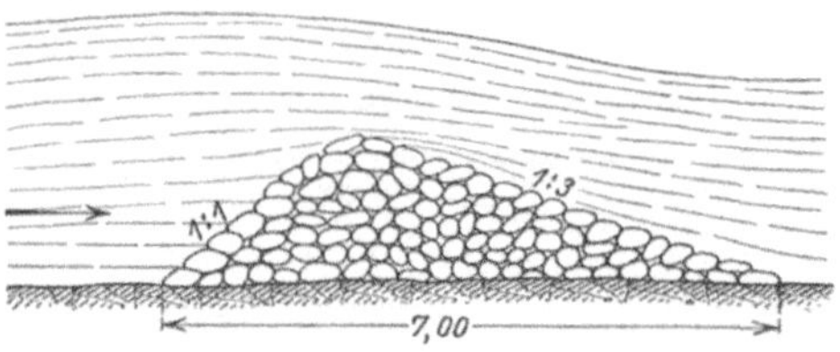

Abb. 173. Stein- und Grundschwelle. Maßstab 1 : 152.

In der Bauausführung der Grundschwellen sind große Verbesserungen möglich. Man hat auf der Elbe bereits gekuppelte Prähme verwandt, zwischen denen ein rostartiger Boden eingebaut wurde, bei dem die Zwischenräume durch Klappen gedeckt sind, Engels beschreibt diese Methode. Das Ziel wird immer sein müssen, die Arbeit mit einem Mindestmaß an Handarbeit durchzuführen. Baut man mit Faschinen, dann wird man die tiefsten Stellen durch kurze Sinkstücke ausfüllen, deren Böschungen aber durch Senkfaschinen decken. Man geht von den kurzen Sinkstücken allmählich zu längeren über. Grundschwellen allein ohne Zwischenschüttung von Kies oder Baggergut haben sich bei dem hisherigeu Ausbau der Weser als ungenügend erwiesen. Über jeder Grundschwelle ist zwar eine Hebung des Wasserspiegels eingetreten, dazwischen findet aber immer eine Absenkung statt, wenn nicht die ganze Sohle zwischen den Grundschwellen aufgehöht worden ist. Man sollte daher die Grundschwellen nur als Befestigung einer aufgehöhten Sohle auffassen, die eigentliche Hebung des Wasserspiegels aber durch Schüttung von Boden erzwingen. Bei der im übrigen vorzüglich durchgeführten Regelung der Weser (Muttray u. Visarius) hat man auf einer Länge gleich der Wasserspiegelbreite 5 Grundschwellen angeordnet. Die Oberkante der

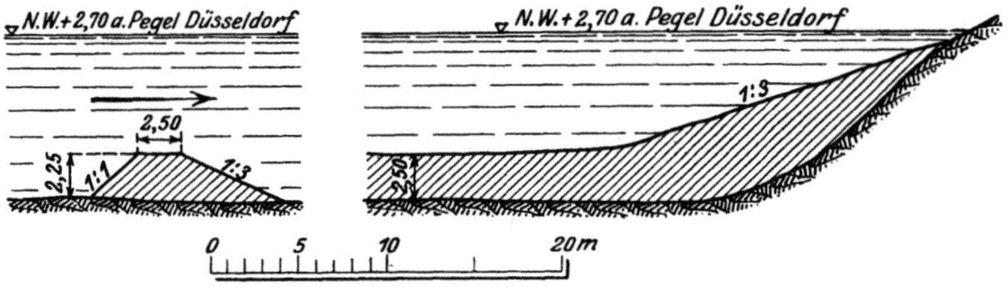

Abb. 174 u. 175. Querschnitt und Längsschnitt einer Grundschwelle. Maßstab 1 : 570.

Grundschwelle soll 30—50 cm tiefer liegen als die geplante neue Flußsohle, damit Steine, die sich bei der Schüttung etwa aufrechtstellen, nicht über die Flußsohle hinausragen. Bei der Weser hat man den Grundschwellen ein Gefälle von 1 : 40 von der Seite zur Flußmitte hin gegeben. Es lassen sich mit Grundschwellen ganze Kolke verbauen. Hierbei kann erst eine Grundschwellenlage verfüllt werden, dann kann die neue Lage darauf gebaut werden. Man kann aber auch die Grundschwellen als breitere Dämme erst in ganzer Höhe ausführen, um dann nachträglich zu verfüllen. Die erstere Bauart ist die wirtschaftlichere. Die Abb. 173 bis 175 zeigen Ansicht und Querschnitte von Grundschwellen.

c) Parallelwerke.

1. Allgemeines.

Wenn die Buhnenfelder gut verlandet sind, dann ist eine Abdeckung der neuen Ufer erforderlich. Es wird dadurch in der neuen Streichlinie ein Längswerk ausgebildet. Solche Längswerke können auch sogleich ohne Buhnenbau in der Gestalt von Parallelwerken errichtet werden. Will man einen sofortigen Regelungserfolg erzielen, dann kann man auf die Verlandung der Buhnenfelder nicht warten, man muß dann den fließenden Teil des Flusses von dem zwischen Damm und altem Ufer befindlichen, stehenden abtrennen. Diese Parallelwerke werden bei einer NW.-Regelung mit ihrer Krone 20—30 cm über den maßgebenden MNW.-Spiegel gelegt, am oberen Ende gut in das Ufer eingebunden, so daß eine Umspülung nicht möglich ist. Solange die Parallelwerke nicht überströmt werden, stellt sich am oberen Punkt ungefähr der Wasserstand ein, der am unteren Ende im Flusse herrscht. Hat ein Fluß ein Gefälle 1 : 2000, ist ein Parallelwerk z. B. 500 m lang, dann würde der Wasserstand oben im abgeschlossenen Raum des Parallelwerkes um 0,25 m tiefer stehen als oberhalb am Flusse. Dieser Unterschied kann durch weitere Querbauten zwischen dem Parallelwerk und dem alten Ufer entsprechend vermindert werden, da das Parallelwerk immer einen gewissen Grad von Durchlässigkeit besitzen wird. Diese Querbauten haben aber den weiteren Zweck, bei höheren Wasserständen eine stärkere Längsströmung mit Ausbildung von tiefen Rinnen hinter dem Parallelwerk zu verhindern (siehe Abb. 176). Eine Verlandung der Parallelwerke tritt sehr

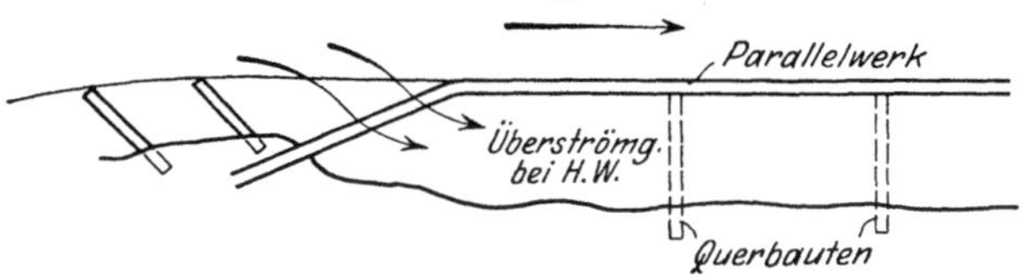

Abb. 176. Querbauten bei Parallelwerken.

langsam ein, da die auf dem Grund mitgeschleppten groben Geschiebe nicht über die Werke hinwegwandern können. Andererseits werden aber gute Ablagerungsflächen für Baggergut geschaffen, die nicht der Gefahr der Fortspülung wie bei Buhnenfeldern unterliegen.

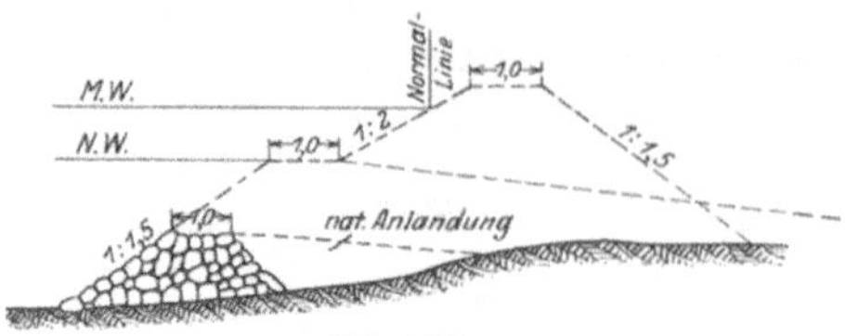

Abb. 177.

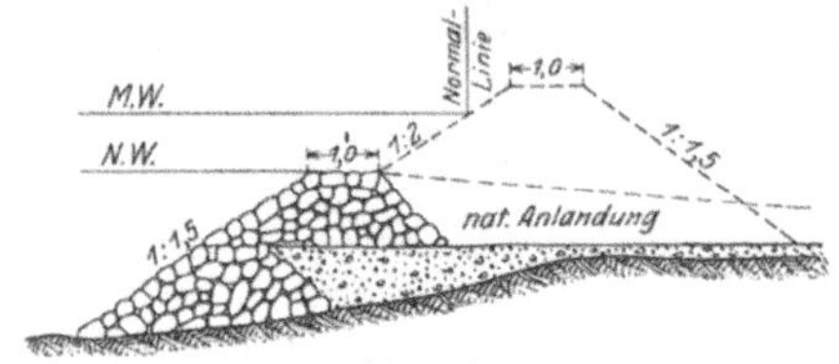

Abb. 178.

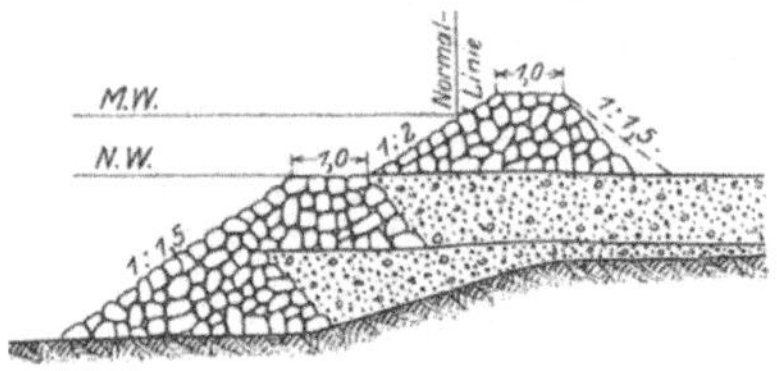

Abb. 179.

Abb. 177–179. Normalprofil für Parallelwerke mit reinem Steinbau der mittl. bayer. Donau in drei Baustadien mit natürlicher Verlandung. Maßstab 1 : 200.

Die Verlandung der Parallelwerke kann dadurch verbessert werden, daß man das Werk kurz unterhalb eines Querbaues unterbricht und dem Fluß hier Eintritt in das Feld gewährt. Nach Kreuter sind hiermit Erfolge erzielt worden.

2. Die Bauart der Parallelwerke.

Die beste und dauerhafteste Ausführung ist die in Steinschüttung. Man kann Steindämme aus Bruchstein von Gerüsten oder Prahmen aus schütten. Das feine Material wird in den Kern, das grobe in die Schale eingebaut. Abpflasterungen sind im allgemeinen bei schiffbaren Flüssen erwünscht, sollen aber erst vorgenommen werden, wenn der Damm sich in sich gut gesetzt hat. Die Kronenbreite wird meist zu 1 bis 1,5 m gewählt, die flußseitige Böschung 1 : 1,5 bis 1 : 3. Die Zerlegung der Ausführung in mehrere Baujahre verbilligt auch hier den Bau wieder sehr. Abb. 177—179 zeigt, wie nacheinander 3 Dämme gebaut werden, von denen sich der zweite und dritte auf die inzwischen geschehene Auflandung aufsetzt. Einheitliche Leitwerke mit Auflösung in Kern und Schale zeigen Abb. 180 u. 181.

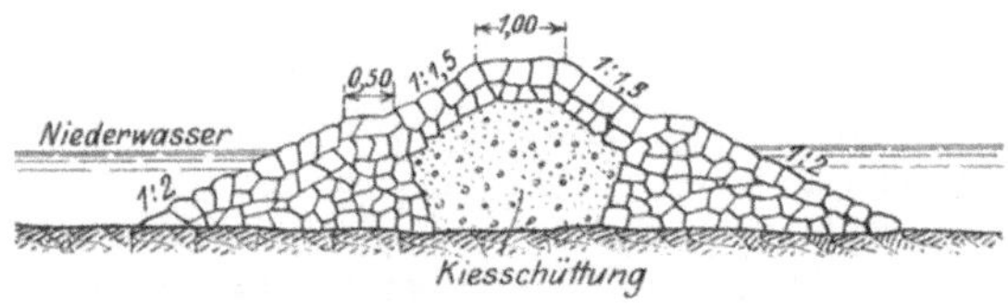

Abb. 180. Leitwerk am Main. Kern und Schale. Maßstab 1 : 150.

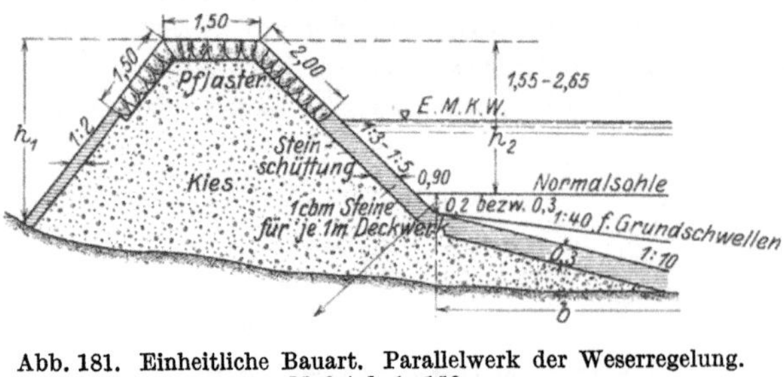

Abb. 181. Einheitliche Bauart. Parallelwerk der Weserregelung. Maßstab 1 : 150.

Bei Ausführung im Buschbau sind meist Senkstücke notwendig. Hierbei ist sehr darauf zu achten, ob eine starke Senkung des NW. durch das Parallelwerk herbeigeführt werden wird. Es ist dann mit einer baldigen Verrottung des Buschmaterials zu rechnen. Ist das Ufer dann bereits gut ausgebildet und geschützt, dann schadet dieses Verrotten nichts. Es werden sich lediglich etwas stärkere Setzungen zeigen als ohne Einbau dieser Parallelwerke.

Die Querbauten zwischen Parallelwerk und Ufer werden gewöhnlich nach Herstellung des Parallelwerkes ausgeführt. Die Krone der Querbauten hat am Parallelwerk entweder dessen Kronenhöhe oder liegt 20—25 cm höher, steigt dann zum Altufer unter 1 : 100 bis 1 : 30 an. Die Querbauten müssen wie die

Buhnen gut in das Ufer einbinden, dürfen aber das Vorland des Flusses nicht überragen. Bei geringen Tiefen sind keine Senkstücke erforderlich. Bis zu 0,8 m Tiefe kann man die Arbeiter in Gummianzügen arbeiten lassen und Packwerk wie im Trockenen machen lassen.

d) Bewegliche Einschränkungswerke.

Die bereits genannten Sinkbäume (vgl. S. 153) haben den Zweck, ruhiges Wasser zu schaffen, das den Fluß zu Ablagerungen zwingt. Es werden kleinere Laubbäume durch Ketten an Betonsteinen verankert und so versenkt. Man soll Baum und Stein nicht zu starr miteinander verbinden. Bei beweglicher Verbindung stellt sich der Baum in die ihm passende Lage. Besonders für die Verbauung von zu breiten Stromerweiterungen und von Kolken sind diese Sinkbäume ein billiges Regelungsmittel. Sie werden oft so von Sinkstoffen durchsetzt werden, daß sie in dem neuen Untergrund verbleiben müssen. Die so geschaffenen Anlandungen müssen durch Steinschüttung gedeckt werden.

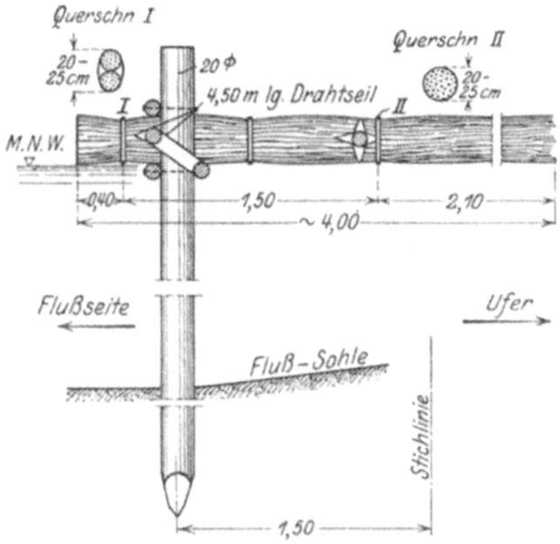

Abb. 182. Maßstab 1 : 60.

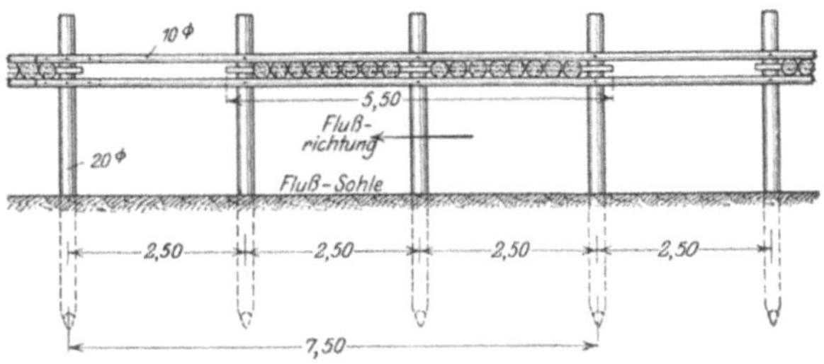

Abb. 183. Maßstab 1 : 150.

Abb. 182—184. Wolfsche Gehänge.

Abb. 182 u. 183 mit einfacher und Abb. 184 mit doppelter Pfahlreihe.

Abb. 184. Wolfsche Gehänge. Zweite Pfahlreihe bei starker Strömung.

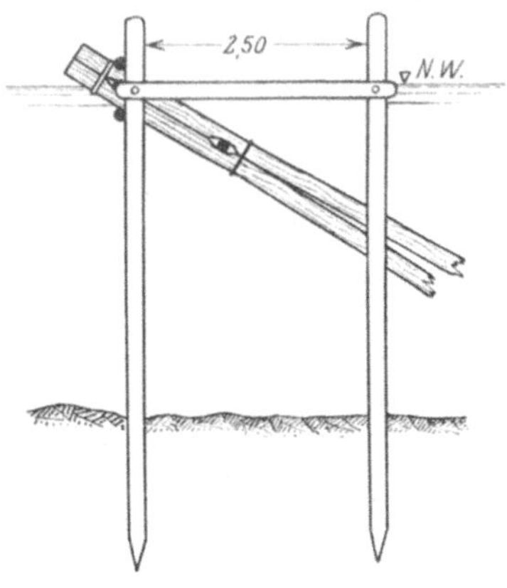

Abb. 184. Maßstab 1 : 120.

Der Wolfsche Gehängebau verwendet Faschinentafeln. Es werden 30 cm dicke Faschinenbündel am Stammende gehälftet und dort zu zwei einzelnen Bündeln gebunden, so daß das einheitliche Wipfelende 2 Stammenden bekommt. Es werden dann zwei 8 bis 12 cm dicke Stangen durch diese Bündel gesteckt, so daß Tafeln entstehen. Die vordere Stange heißt die Gehängestange, die hintere die Versteifungsstange. Die Tafeln (Abb. 182—184) erhalten bei 2,5 m Abstand der Tragpfähle eine Breite von 2,3 m, die Faschinen werden bis 4 m lang gemacht. Die Tragpfähle werden parallel zur Streichlinie in 2,5 m Abstand eingerammt und etwa 3 bis 4 m zur Flußmitte hingerückt. Die Pfähle haben 0,2 bis 0,25 m Dicke und reichen nur wenig über MW. hinaus, damit sie nicht bei HW. von Treibzeug und Eisschollen beschädigt werden können. Die Gehängetafeln werden nun in NW.-Höhe an den Pfählen durch Draht befestigt, so daß sie mit den Wipfeln gegen das Ufer zeigen (Abb. 185). — Jedes zweite Doppelfeld von 5 m Länge wird verbaut, das dazwischenliegende offen gelassen. Man erhält somit eine vor der Streichlinie im Fluß stehende schwebende, sehr rauhe Mattenkette (gleichsam eine bewegliche Sohle), die nun eine stark verlangsamende Wirkung auf das Wasser ausübt. Da diese Kette regelmäßig unterbrochen ist, so wandert nun das Geschiebe hauptsächlich an den Unterbrechungsstellen hinter das Gehänge und bleibt dort liegen. Es findet in kurzer Zeit eine Verlandung der Räume hinter und unter den Gehängen statt, wobei der Fuß der neuen Böschung erfahrungsgemäß am flußseitigen Rand der Gehänge, also vor der Streichlinie liegt, die Streichlinie entsteht damit an der richtigen Stelle. Die Gehänge stellen sich je nach Wasserstand in einer schwachen Neigung ein. Bei starker Strömung werden die Haltepfähle noch durch eine zweite Pfahlreihe zum Ufer hin verstärkt, die durch Querhölzer miteinander verbunden werden. Abb. 184 vor. S.

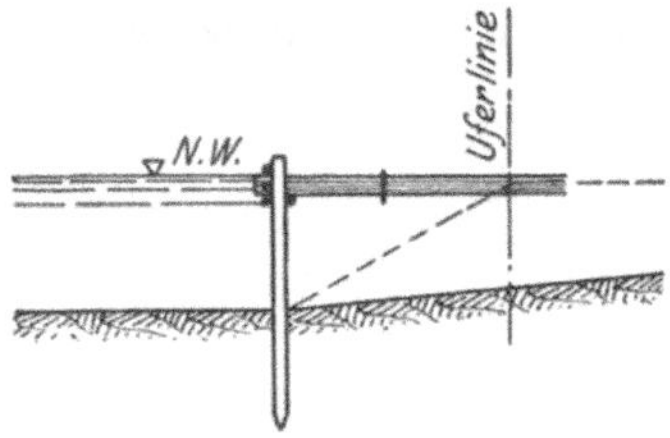

Abb. 185.

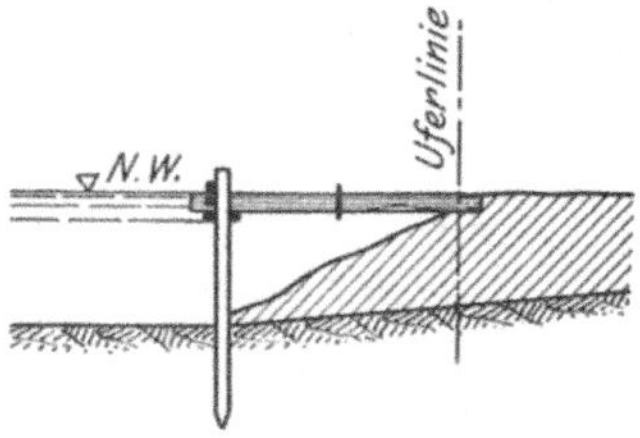

Abb. 186.

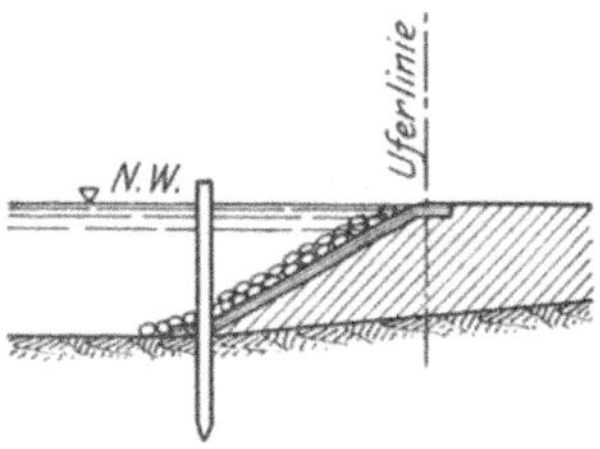

Abb. 187.

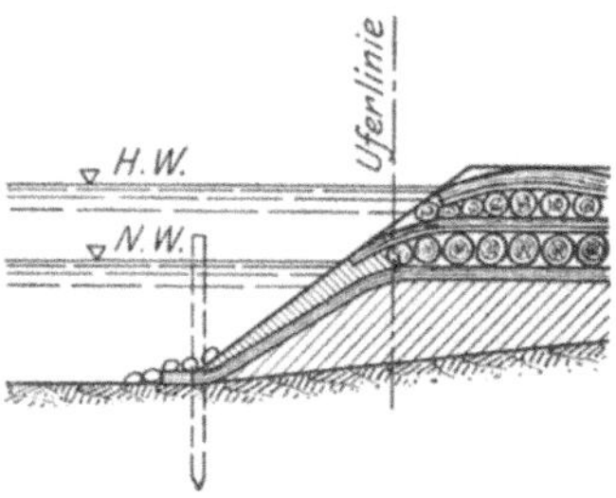

Abb. 188.

Abb. 185—188. Wolfsche Gehänge. Darstellung der natürlichen Verlandung und endgültige Form des Deckwerkes.

Kreuter empfiehlt, nicht zu schnell mit der Befestigung der entstandenen Verlandung vorzugehen, sondern das Eintreten eines Beharrungszustandes abzuwarten. Bei richtiger Stellung der Tragpfähle reicht die Anlandung nicht ganz an die Streichlinie heran, so daß Platz für die Befestigung der neuen Böschung bleibt. Abb. 185—188 zeigen den Zwischenzustand und den Endzustand. In Abb. 187 ist die Anlandung durch Packwerk oder Rauhwehr befestigt worden, in Abb. 188 ist das ganze Ufer ausgebaut, wobei sich die Sohle vor dem neuen Ufer vertieft hat, da der neue Querschnitt eingeschränkt wurde.

Neben den Gehängetafeln aus Buschwerk an festen Pfahlreihen sind auch Vorschläge von Gehängen an Schwimmstangen durch Möller, Leiner u. a. gemacht worden. Es werden sich zweifellos hier noch Methoden entwickeln lassen, die weitere Erfolge versprechen. Bis jetzt haben sich aber die Wolfschen Gehänge am besten bewährt. Sie bedeuten einen großen Fortschritt gegenüber den bisherigen festen Baumethoden, setzen aber eine sehr genaue Kenntnis des Flusses und eine genaue Beobachtung während der Ausführung voraus. Neuerdings (1926) werden wieder quergestellte Draht-„Buhnen“ und Stauflöße mit parallel schwimmender Stauwand in der Weser und Aller versuchsweise verwendet. Die Erfolge sollen gute sein.

e) Ufer- und Sohlendeckungen.

Die Uferdeckungen werden entweder sofort vollständig ausgeführt, oder man überläßt dem Fluß einen Teil der Arbeit. Im ersteren Falle werden Steinschüttungen auf die entsprechend abgeglichene Uferböschung geworfen, auch werden niedrige Dämme vor das Ufer gesetzt, die den Fuß der Deckung stützen sollen. Abb. 189—195 zeigen derartige Ausführungen.

Bei Verwendung von Buschwerk werden die bereits genannten Spreutlagen oder Rauhwehre eingebaut, die aber meist noch eine Bedeckung durch Steine erfordern. An der Weser hat man heute von der Verwendung von Faschinendeckwerken abgesehen und wendet Steinschüttungen an. Der Bau von schweren Uferdeckwerken unterscheidet sich nicht wesentlich von dem Bau von Parallelwerken. Abb. 190 zeigt ein Uferdeckwerk der Weser.

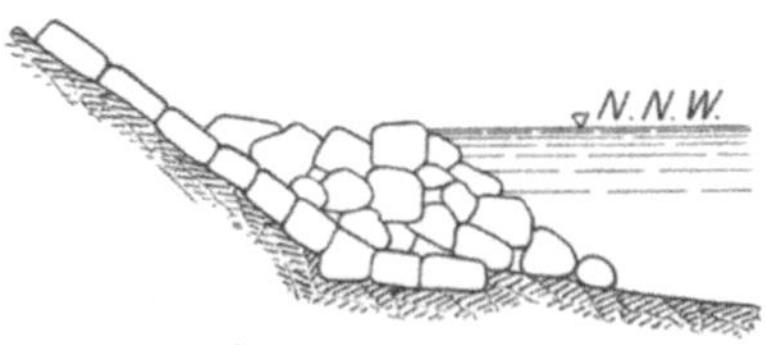

Abb. 189. Einfaches Deckwerk. Niedrige Dämme v. d. Ufer. Steinschüttung.

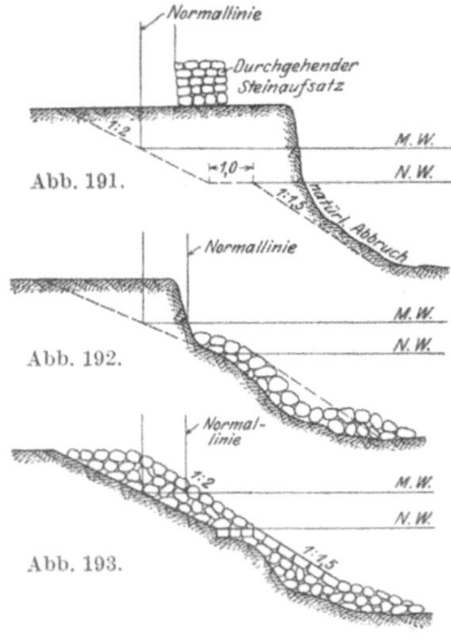

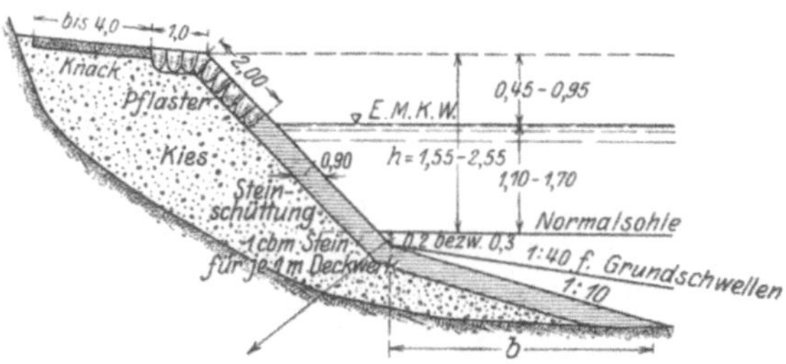

Abb. 190. Bauart des Deckwerks der Weserregulierung.

Abb. 191—193. Uferbefestigung durch Steinschlauch. Wirkungsweise. Abstürzen eines natürlichen . . .

Abb. 190—193. Maßstab 1 : 200.

Soll die Hilfe des Flusses mit hinzugenommen werden, dann setzt man fortlaufend Steinhaufen am Ufer auf. Der Fluß frißt sich bis zu diesen Steinhaufen durch und bringt sie zum Absturz. Die Steine rollen die neue Böschung herab und decken sie. Es ist dadurch ein weiteres Zurückweichen des Ufers meist unmöglich gemacht. Man kann dieses erste Deckwerk im kommenden Frühjahr und Sommer zu einem beständigen Bauwerk ausbauen. Beispiele solcher Ausführungen zeigen die Abb. 191—193.

Die Sohlendeckungen sind bereits bei den einzelnen Einschränkungsbauten mit behandelt worden. Daß je nach den vorhandenen Baustoffen Senkstücke, Sinkwalzen oder Stein- und Kiesschüttungen verwandt werden müssen, ergibt sich aus dem Vorhergehenden. Sinkstücke, die dauernd unter Wasser liegen und gut mit Steinen beschwert sind, können als nahezu unvergänglich angesehen werden, wenn der Fluß nicht grobe Geschiebe führt. Leichter wird aber im allgemeinen eine Steinschüttung anzubringen sein und auch besser den notwendigen Veränderungen der Flußsohle Rechnung tragen können.

f) Wertung der einzelnen Bauweisen, insbesondere Vergleich zwischen Buhnen und Parallelwerken.

Man hat darüber gestritten, ob Buhnen oder Parallelwerke die richtige Bauart sind. Wie in den meisten Fällen, so lag auch hier die Wahrheit in der Mitte. Dort, wo die neue Streichlinie weit vom Ufer entfernt liegt, sind Buhnen zweckmäßig, wo sie dicht am Ufer liegt, Parallelwerke. In den ausbiegenden Strecken wird man daher meist Buhnen, in den einbiegenden Parallelwerke bauen. Es ergibt sich dann eine Regelungsanlage nach Abb. 194. Bei dieser Anordnung ergibt sich dann auch noch der Vorteil, daß vor den Buhnenköpfen auf der ausbiegenden Seite eine sehr erwünschte Vertiefung des Querschnittes eintritt, so daß die zu ungleichmäßige Querschnittsform ausgeglichen wird.

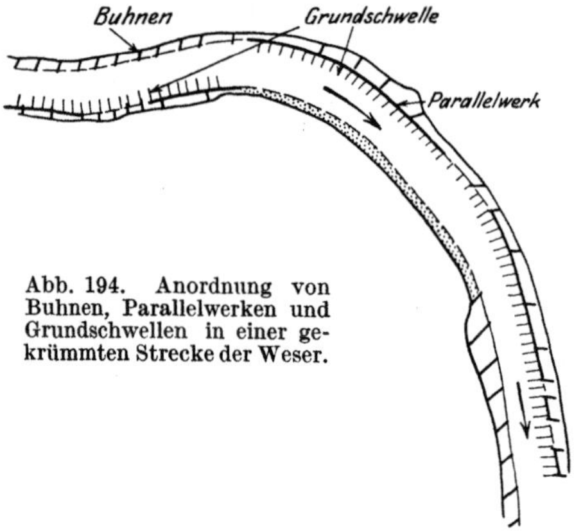

Abb. 194. Anordnung von Buhnen, Parallelwerken und Grundschwellen in einer gekrümmten Strecke der Weser.

In verkehrstechnischer Beziehung sind die Parallelwerke den Buhnen durchaus überlegen. Die Wasserbewegung an den Parallelwerken entlang ist gleichmäßiger und wirbelfreier als vor den Buhnenköpfen. Der Regelungserfolg tritt mit der Erbauung der Parallelwerke unmittelbar ein.

In entwurfstechnischer Beziehung sind die Buhnen überlegen, da sie sich verlängern und auch verkürzen lassen. Entwurfsfehler sind daher bei Buhnen zu beseitigen, bei Parallelwerken nicht, da sonst das ganze Parallelwerk durch ein anderes ersetzt werden muß und bei Zurücklegung des ersten sogar beseitigt werden müßte.

Wirtschaftlich sind, selbst wenn der Entwurf mit Parallelwerken untadelig war, die Buhnen überlegen. Sie sind in der Anlage und wegen der schnelleren Verlandung in der Unterhaltung billiger. — Diese Zusammenstellung bestätigt das bereits Gesagte, daß man die größte Summe von Vorteilen nur bei Verwendung beider Systeme erreichen kann.

Die beweglichen Einbauten haben sich als ein sehr wirtschaftliches Hilfsmittel erwiesen. Sie besitzen in besonders hervorragender Weise die Eigenschaft der elastischen Veränderlichkeit. Entwurfsfehler sind bei dieser Bauart von noch geringerer Bedeutung als bei Buhnen. Die Gehängebauten und das Sinkbaumverfahren ist zweifellos berufen, auch bei unseren norddeutschen Flüssen mit genügender Geschiebebewegung gegenüber den bisherigen Baumethoden mit Erfolg wettbewerbsfähig zu sein. Bayern hat sich ein besonderes Verdienst durch die verständnisvolle Ausdenkung und Anwendung dieser Bauweisen errungen.

Vierter Teil.

Strommündungen und ihre Behandlung.

A. Allgemeines.

a) Zweck der Korrektion von Flußmündungen.

Die Flußmündungen sind verkehrstechnisch die natürlichen Einfallpforten des Meeres in das Land. Aufgabe der Korrektion ist es, die Flußmündung für Seeschiffe befahrbar zu machen und für eine gefahrlose Hochwasserabführung zu sorgen.

Je weiter die Waren auf Seeschiffen ohne Umladung in das Land hineingebracht werden können, desto billiger wird der Transport. Es ist eine Aufgabe von allergrößter volkswirtschaftlicher Bedeutung, die Flußmündungen so auszugestalten, daß tiefgehende Seeschiffe weit im Lande liegende Häfen erreichen können. Der Bauingenieur hat dann die Aufgabe, festzustellen, in welchem Umfang eine Vertiefung erreicht werden kann und wie sie am billigsten herzustellen ist.

Diese Korrektionen können oft Dutzende von Millionen kosten, ihr Nutzen ist aber stets ein viel höherer als etwa nur die Verzinsung und Tilgung dieses Kapitals. Es können durch geglückte Korrektionen weit innen im Lande große Hafenstädte entstehen oder zu erneuter Blüte gebracht werden, wie das Beispiel von Glasgow, Bremen u. a. zeigt. An diese schließen sich Industriegebiete an, die jetzt durch billigeren Bezug der Rohstoffe in Wettbewerb mit ausländischen Industrien treten können. Der Gewinn fließt aber dem eigenen Lande zu. Ebenso werden für die im Lande selbst verbrauchten Stoffe Transportkosten gespart. In jedem Fall ist der indirekte Nutzen ein bedeutender und empfiehlt die Korrektionen nicht nur in Ländern mit vorhandener, sondern auch noch zu schaffender Industrie.

England verdankt nach dem Zeugnis englischer Fachmänner seinen Reichtum nicht zum wenigsten den dort schnell ausgeführten Korrektionen seiner sämtlichen größeren Flüsse. Der Aufschwung unseres Handels vor dem Weltkriege ist ohne die Korrektion der Rhein-, Weser-, Elbemündung usw. nicht denkbar gewesen.

Auch für die Landwirtschaft sind die Vorteile bedeutend, da die früher langdauernden Hochwasser des Oberlaufs jetzt schneller abgeführt werden und die Gefahren der Überschwemmung im oberen Flußgebiet verringert werden.

b) Begriff und Einteilung der Mündungen.

Die Mündungsgebiete der Flüsse weisen in vielen Punkten Erscheinungen auf, die mit denen in den oberen Flußstrecken nur sehr wenig gemein haben. Wo diese Übereinstimmung vorhanden ist, wie es in einzelnen Teilen immerhin der Fall ist, sind die betreffenden Abschnitte des III. Teiles dieses Werkes heranzuziehen. Die Unterschiede sind aber gegenüber den Ähnlichkeiten so überwiegend, daß die Behandlung der Mündungen eine besonderc Betrachtung notwendig macht.

Eine bestimmte Grenze der Mündung im Meere gibt es nicht. Für den Wasserbau ist es zweckmäßig, denjenigen Ort im Meer als Grenze zu bezeichnen, an dem

1. jede Uferbegrenzung durch festes Land und auch jede Zusammenfassung des Flußwassers durch seitliche, unter Wasser liegende Sandbänke aufhört, und wo

2. die Strömung des Flusses im Vergleich mit der Bewegung des Meeres vernachlässigt werden darf.

Diese beiden Punkte fallen annähernd, aber nicht genau zusammen. Letzteres ist auch nicht von Bedeutung, da keiner der beiden Punkte eine feste Lage hat, sondern von der veränderlichen Wassermenge des Flusses und den wechselnden Wasserständen des Meeres abhängt. Der Punkt 2, an dem die Flußströmung nicht mehr merkbar ist, kann z. B. je nach der Wasserführung bei demselben Flusse um 10 km oder mehr hin und her wandern.

Ebenso wie diese untere seeseitige, liegt auch die obere landseitige Grenze der Mündung nicht fest. Bei Landdeltas kann man die Strecke, auf der der Fluß sich in seine Hauptmündungsarme teilt, als Beginn der Mündung ansehen. Bei Fluttrichtern fehlt diese Art der Begrenzung. Die Grenze des Flutgebiets, an der die Gezeitenerscheinung aufgehört hat und die oft 100 km weit im Lande liegt, als oberen Beginn der Mündung zu bezeichnen, ist deshalb unzweckmäßig, weil auf dem größten Teile dieser Strecke der Fluß sein Wesen nicht stark verändert hat und er hier äußerlich meist den Binnencharakter stark wahrt. Es werde daher derjenige Punkt als obere Grenze der Mündung bezeichnet, in dem der Strom sich stark erweitert, in dem die Ufer seitlich zurücktreten und der Fluß mehr den Charakter der Meeresbucht mit brakiger Strömung zwischen Sandbänken erhält.

Wichtig ist es aber, daß in den Flüssen mit starker Ebbe und Flut das ganze Flutgebiet im Flusse mit der Mündung zusammen behandelt werden muß. Der Fluß hat hier zwar in seinem Aussehen die Art des oberen Flußlaufes mehr gewahrt, seine Korrektion erfolgt jedoch nach ganz anderen Grundsätzen.

Die Einteilung der Flußmündungen muß nach zwei Gesichtspunkten erfolgen, erstens nach der Art und Größe des Flusses und seiner Sinkstoffmenge, zweitens nach der Art des Meeres, in das er mündet, ob es im Verhältnis zur Größe und Art des Flusses schwache oder starke Gezeiten besitzt. Zu dem ersten Punkte werde folgendes bemerkt:

Führen Flüsse eine solche Menge Sinkstoffe mit sich, daß weder die Gezeiten noch Küstenströmungen in der Lage sind, sie aus der Mündung heraus fortzuführen, und hat das Meer an der Mündungsstelle nur eine sanfte Bodenneigung ohne große Tiefe, dann fallen die Sinkstoffe in der Mündung selbst zu Boden, verflachen sie und bilden schließlich neues Land. Hierbei wird der Strom in mehrere Mündungen gespalten, die strahlenförmig auseinander laufen. Jede neue Mündung setzt die Tätigkeit des Landbildens, manchmal unter Spaltung in weitere Arme, fort. Diese fächerartige Mündung mit dem dazwischen liegenden Neulande nennt man ein Landdelta oder auch kurz ein Delta.

Reicht die Landbildung nicht bis über das Wasser, so heiße sie unterseeisches Delta. Ist die Ablagerung nicht mehr so stark, um den Fluß unter Wasser scharf in mehrere Mündungsarme zu teilen, so wird sie als Barrenbildung bezeichnet und besteht in Landrücken unter Wasser, die meist eine beständige Lage quer zum Flusse haben, entsprechend den Furten im oberen Flusse. Diese Barren verringern die Tiefe der Einfahrt. Strömt der Fluß dabei durch eine abgeschlossene Bucht hindurch, so wie die Oder, Memel, früher die Nogat durch die Haffs fließen, so entsteht beim Eintritt in die Bucht ein Landdelta und beim Austritt aus der Bucht eine oder mehrere Mündungen ohne Delta. Diese Form mit zwei Mündungen hintereinander werde indirekte Mündung genannt. Jede Mündung, die nicht durch ein Haff oder eine Lagune hindurchgeht, heiße direkte Mündung. Solche direkte Mündung besitzt z. B. die Elbe, aber auch der Rhein, der Nil, der Mississippi und die Donau unbeschadet ihrer Deltamündung, und heute die Weichsel.

Sind die Sinkstoffmengen des Flusses sehr gering oder werden sie durch Gezeiten oder kräftige Küstenströmungen so weit fortgetragen, daß sie höchstens noch Barren bilden können, dann entstehen einheitliche Mündungen, die nach dem Meere zu stark erweitert und vertieft sind. Sie sind entweder eine talartige, natürliche Fortsetzung des Flußtals im Meere oder eine durch die Ebbe- und Flutströmung entstandene Ausspülung. An Meeren mit Gezeiten, an denen sie überwiegend vorkommen, haben sie die Bezeichnung Fluttrichter oder auch Ästuarium erhalten.

Zwischen diesen Formen kommen alle Zwischenstufen und Zusammensetzungen vor. Scharf betont werde jedoch: Der Unterschied schwache oder starke Gezeiten ist für die Kennzeichnung der Mündungen ein unbestimmter Begriff. Seine Wertigkeit hängt ab von der Größe und Sinkstoffmenge des Flusses im Vergleich mit dem Tidenhub und ist von Bedeutung vor allem an flach abfallenden Küsten.

Selbst absolut große Gezeiten verhindern bei Riesenströmen nicht die Deltabildung, sogar geringe Gezeiten vermögen sie bei kleinen Flüssen unmöglich zu machen. Je größer der Strom, desto eher wird ein Delta auftreten, je größer die Gezeiten, desto eher werden sie Fluttrichter schaffen. Delta und Fluttrichter widersprechen sich somit nicht. Der Riesenstrom bildet sein Delta, die Gezeiten bilden die einzelnen Deltaarme zu tiefen Fluttrichtern aus, wie es z. B. am Rhein[1]), Orinoko, Ganges usw. zu beobachten ist.

Anders ist es bei den gezeitenlosen Deltas, z. B. denen des Nil und der Donau. Sie besitzen keine natürlichen Fluttrichter, ihre Mündungen sind seicht und durch hohe Barren gestört.

Da die Frage, ob starke Flut und Ebbespülung zur Verfügung steht oder nicht, für die Korrektion von ausschlaggebender Bedeutung ist, darf nicht getrennt werden: Flüsse mit oder ohne Landdelta, sondern es werde für die weitere Behandlung gemäß Vorstehendem unterschieden in

1. Mündungen mit schwachen Gezeiten;
2. Mündungen mit starken Gezeiten.

B. Mündungen mit schwachen Gezeiten.

a) Strömungsverhältnisse.

Bei schwachen Gezeiten treten beide Fälle, direktes Einströmen in das Meer (direkte Mündung) und Durchströmen einer abgeschlossenen Bucht oder eines Haffs (indirekte Mündung) auf. Die Landdeltabildung wird sich in den beiden Fällen, direkte Einmündung in ein Meer mit schwachen Gezeiten oder in ein Haff, sehr ähnlich gestalten, ein Unterschied wird nur dann eintreten, wenn bei direkter Mündung ein einseitiger Küstenstrom das Delta seitlich verschiebt.

Alle Mündungen müssen mit einer Umkehrung der Strömungsrichtung infolge plötzlichen Ansteigens des Meeres rechnen. Am häufigsten tritt dieser Wechsel in den Außenmündungen der Haffs ein. Wächst das Meer sehr schnell, so ist der Fluß nicht imstande, so viel Wasser in das Becken zu bringen, daß dessen Ansteigen mit dem des Meeres gleichen Schritt hält. Es wird durch die

---

[1]) Holland, eine Anschwemmung des Rheins und damit nach Napoleon I. ein Stück von Frankreich.

Außenmündung Seewasser einströmen, so lange, bis außen und innen gleicher Wasserstand ist. Wenn das Meer dann fällt, muß nicht nur das angesammelte und weiter einströmende Flußwasser, sondern auch das eingeströmte Seewasser zum Haff hinaus. Hierbei entwickelt sich eine starke Strömung, deren Folge die große Verbreiterung und Tiefe der Haffmündungen ist. Diese Strömungsverhältnisse werden bestimmt durch die Wasserstände und durch die Wassermenge des Flusses, durch die Spiegelhöhen des Meeres, die Winde, durch die Größe und den Inhalt des Haffs. Da diese Bedingungen bei jedem Fluß andere sind, lassen sich nur örtliche, aber keine allgemeine Regeln für die Strömungsverhältnisse der Haffaußenmündungen geben.

Seltener wird die oben erwähnte Umkehrung der Strömung bei direkten Mündungen eintreten. Sie wird sich dort auf Sturmfluten und dann nur auf kurze Zeiten beschränken. Bei Mittelmeeren besonders steigt das Wasser gewöhnlich so langsam, daß der Fluß allmählich aufgestaut wird und seine Strömungsrichtung auch unten nicht umkehren wird.

Rechnet man mit drei besonderen Wasserständen im Meer und im Flusse, NW., MW. und HW., dann können neun verschiedene Zusammensetzungen stattfinden, deren jede besondere Strömungserscheinungen aufweist. Die stärkste Strömung zum Meere hin tritt bei hohem Flußwasserstand und niedrigem Meere ein. Die stärkste umgekehrte Strömung flußaufwärts entsteht bei hohem Meeresstand und niedrigem Flußwasserstand. Umkehrung der Strömung kann eintreten bei hohem Meer und mittlerem und niedrigem Flusse, sowie bei mittlerem Meer und niedrigem Fluß, also in drei der unterschiedenen Fälle!

Bei fast allen Flüssen tritt an der Mündung die Barrenbildung ein. Diese Barrenbildung ist im allgemeinen um so stärker, je mehr Sinkstoffe der Fluß führt und je salzhaltiger das Meer ist. Die starken Salzlösungen schlagen schwebende Stoffe schneller nieder als die schwachen. Die Barren der Flüsse am stark salzigen Mittelländischen Meere sind daher auch meist schroffer als die der Ostseeflüsse oder gar an süßen Binnenmeeren, wie den großen Seen in Nordamerika. An den Haffaußenmündungen tritt häufig aus anderen Gründen innen und außen eine Barre ein, entsprechend der wechselnden Stromrichtung. Strömt Wasser aus, so stört es den meist vorhandenen Küstenstrom; der von ihm mitgeführte Sand kommt dann vor der Mündung zur Ruhe und bildet die Barre. Strömt Wasser in das Haff ein, dann nimmt es den vom Küstenstrome herangeführten Sand mit in das Haff und läßt ihn hier sehr bald fallen, da die Strömung im Haff selber nahezu aufhört. Diese Barren ändern ihre Länge und Form sehr häufig.

Die Tiefe der Einfahrt wird bei schwacher oder fehlender Flut durch die Tiefe der Barre bestimmt. Es würde keinen Wert haben, den Fluß für Seeschiffe zu vertiefen, ohne gleichzeitig die Barre so weit zu beseitigen, wie sie hinderlich ist. Als Ziel der Korrektion bei Flüssen ohne Gezeiten ist somit zu bezeichnen, erst Vertiefung der Barre, wenn möglich bis zur Tiefe der übrigen Mündung und dann erst weitere Vertiefung der Mündung einschließlich der Barren.

Jede derartige Korrektion kann nicht allein durch Einbauten erreicht werden, es wird stets die Baggerung hinzutreten müssen. In besonders schwierigen Fällen, wenn die Barren sehr weit draußen liegen und diese vorgeschobene Lage nach See die Ausführung von Flußbauten unmöglich macht, muß die Baggerung allein als Hilfsmittel verwendet werden.

Die Errichtung von Molen, Parallelwerken usw. bezweckt die Erzeugung eines kräftigen Spülstroms. Hierfür ist die Kenntnis der Stromgeschwindigkeiten notwendig. Diese Kenntnis ist jedoch entsprechend den beschriebenen Strömungserscheinungen schwieriger zu erlangen als oberhalb des Einflusses von Ebbe und Flut. Jetzt bedeutet ein Ansteigen keineswegs stets eine Vergrößerung der Geschwindigkeit des ausströmenden Wassers, sondern kann gerade einen

Stillstand oder ein Einströmen des Wassers anzeigen. Da nun das Ansteigen des Meeres häufig so schnell erfolgt, daß eine gleichzeitige Wasserstandsmessung durch Beobachtung der verschiedenen Punkte des Mündungsgebiets unmöglich ist, müssen selbstzeichnende Pegel verwendet werden. Aus deren Aufzeichnungen ist dann zu berechnen, wieviel bei einem Ansteigen des Flusses auf Zufluß vom Meer und Zufluß vom Flusse kommt, oder ob etwa bei steigendem Flusse sogar ein Sinken des Meeres eintrat. Aus diesen Pegelkarten ist auch zu ersehen, wieviel Wasser sich schließlich im Stromschlauch oder dem Haff angesammelt hat. Diese Menge ist für die Größe des darauf folgenden Spülstroms maßgebend.

b) Korrektion von direkten Mündungen mit schwachen Gezeiten.

Während im Flußbau nur die Frage besteht, wie soll korrigiert werden, heißt es hier nicht nur wie, sondern vor allem, welcher Arm der Mündung soll verbessert werden. Zur Frage: wie soll korrigiert werden, ist zu sagen:

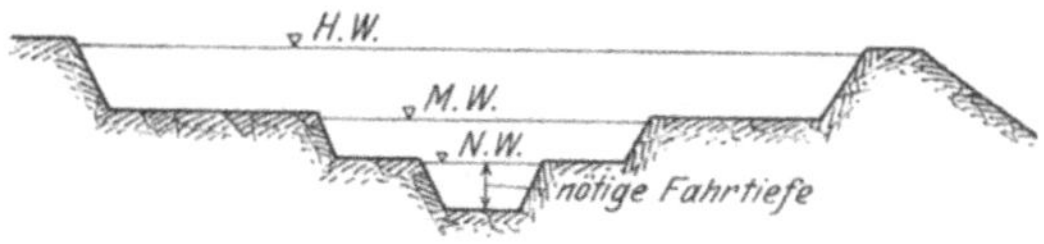

Abb. 195. Bettquerschnitt im Mündungsgebiet mit bes. HW.-, MW.- und NW.-Bett.

Kommt es bei einem Flusse vor allem auf unschädliche Hochwasserabführung im landwirtschaftlichen Interesse an, dann ist die Ausbildung eines genügenden Hochwasserbettes die Hauptsache, die Barrenbeseitigung nur dann wichtig, wenn die Barren Eisversetzungen hervorrufen, die für das Land gefahrdrohend werden. Ist aber die Förderung der Schiffahrt vor allen Dingen erforderlich, wie es bei den meisten mittleren und großen Flüssen der Fall zu sein pflegt, dann ist die Ausbildung des Flußbettes für die niedrigen und mittleren Wasserstände mit gleichzeitiger Erniedrigung der Barre zu erstreben. In diesem letzteren Fall empfiehlt sich eine Bettgestaltung entsprechend Abb. 195, die für das obere Mündungsgebiet einen schematischen Querschnitt geben soll.

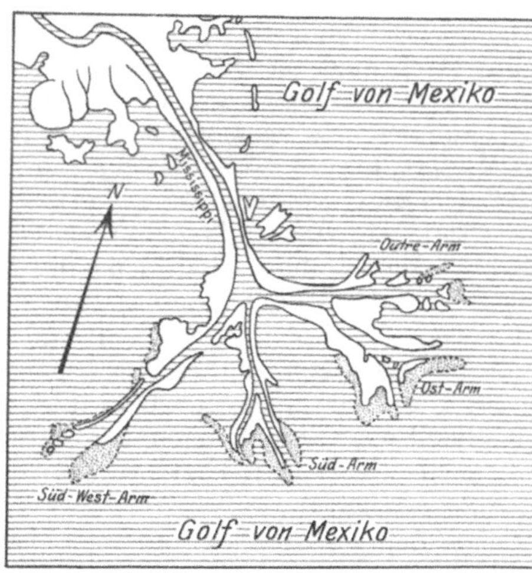

Abb. 196. Golf von Mexiko. Maßstab 1: 1 000 000.

Im unteren Mündungsgebiet hat man sich statt des Vorlandes Sandbänke zu denken, während hohe Ufer oder Deiche und damit die seitliche Zusammenfassung des HW. ganz fortfallen. Abb. 196 zeigt den Plan der Mississippimündung, die in vier Hauptarme ausstrahlt, von denen jeder wieder Nebenarme entwickelt hat. Die Tiden haben bei Spr.-Tide 0,4, bei Nipp-Tide 0,2 m Hub, der Strom mündet somit hier im Golf von Mexiko in ein Meer mit schwachen Gezeiten. (Charakter ähnlich dem Mittelländischen Meer.)

Für die Korrektion zerlegt man den Querschnitt in ein HW.-Bett, ein MW- und NW.-Bett. Das erste muß so bemessen werden, daß es nicht nur die Flußwassermenge, sondern auch angestautes Meerwasser ohne Gefahr für etwa vorhandene Deiche abführen kann. Das Mittelwasserbett hat die am häufigsten und längsten eintretenden Wasserstände abzuführen und muß bis in das tiefe Wasser führen, d. h. je nach der Größe der Schiffe bis 8 oder 12 m unter MW.

Dort genügt jedoch die Höhenlage der seitlichen Begrenzung in MW.-Höhe nicht mehr. Hier am offenen Meere ist es nötig, das Bett seitlich durch Molen einzufassen, die bis über HW. ragen, sowohl der Zusammenfassung der Strömung als der Sicherheit der Schiffahrt wegen. Das zusammengefaßte HW. wird nun von Zeit zu Zeit eine kräftige Spülwirkung auf die Barren ausüben und dadurch die Tätigkeit der Bagger sehr erleichtern. Das NW.-Bett muß gleichfalls bis zur Barre geführt werden, damit nicht während lang andauernder NW.-Zeiten ein starkes Anwachsen der Barre eintritt. Die bauliche Ausführung geschieht am besten wie folgt:

Das Mittelwasser wird durch aufwärts gerichtete Buhnen oder durch Parallelwerke eingefaßt. Die Parallelwerke werden im oberen Mündungsgebiet dort verwendet, wo die Buhnen zu kurz werden. Vgl. II. Teil, Flußbau. Im unteren Mündungsgebiet, also dort, wo die Ufer bereits fehlen und nur seitliche Sandbänke die Strömung bisher begrenzten, muß das MW.-Bett ganz durch Paralleldämme eingefaßt werden. Sie können in bekannter Weise aus Sinkstücken mit Steinbewurf hergestellt werden.

In gleicher Weise wird das NW.-Bett ausgebildet. Die dafür viel niedrigeren Buschdämme müssen aber von Zeit zu Zeit durch Querbauten an die MW.-Dämme angeschlossen werden, weil sonst die Strömung hinter dem Damm entlang fließen könnte. Am besten wird das Gebiet hinter den NW.-Dämmen noch mit Baggerboden ausgefüllt. An einzelnen Stellen, vornehmlich bei einbiegender (konkaver) Form des Leitwerks, wird auch eine einseitige Bettbegrenzung genügen. Im untersten Gebiet der Mündung macht der Wellenschlag die Ausführung leichter Dämme unmöglich. Es müssen hier bis über HW. reichende feste Molen errichtet und meist weit in das tiefere Wasser geführt werden. Andernfalls ist eine baldige Versandung durch den Küstenstrom zu erwarten. Diese Verlandung tritt jetzt nach Erbauung der Molen erst nach längerer Zeit ein. Dann sind die Molen zu verlängern.

Diese Molen dienen als Fortsetzung des MW.-Bettes, müssen aber auch das Hochwasser ohne wesentlichen Anstau hindurchlassen. Zwischen ihnen ist das NW.-Bett durch niedrige geschüttete Steindämme, am besten einseitig an einer Mole liegend, weiterzuführen.

Steht ein starker Seegang vor der Mündung, dann leiten ihn die parallelen Molen ungeschwächt bis in den Fluß fort. Bildet der Fluß eine Reede, so kann dieser künstlich eingeführte Seegang schädlich wirken. Vgl. hierüber das im XI. Teil, Hafenbau, über die Reede Gesagte.

Zur Beantwortung der zweiten Frage: welcher Arm soll korrigiert werden, ergeben sich die folgenden Leitsätze, die als Erfahrung aus bereits im Interesse der Schiffahrt ausgeführten Korrektionen angesehen werden können.

α) Leitsätze für die Regelung einer Deltamündung im Interesse der Seeschiffahrt.

1. Bei größeren Strömen ist möglichst der kleinste schiffbare Arm zu korrigieren. Die Gründe hierfür sind folgende: Er führt die geringste Wassermenge und dadurch die wenigsten Sinkstoffe mit sich. Der Fortschritt des Deltas und die Barrenbildung an seiner Mündung wird am geringsten sein. Da die Wassermenge gering ist, hört die Strömung früher im Meere auf. Der Sand muß eher zur Ruhe kommen, die Barren somit näher am Ufer liegen als bei den großen Armen. Die Leitdämme, die bis zur Barre führen müssen, werden dementsprechend kürzer und billiger. Je kleiner der Arm bei genügender Schiffbarkeit ist, desto billiger werden alle Arbeiten, desto geringer die Abgaben, um so wirtschaftlicher die Anlage und deshalb um so größer der Verkehr.

2. Die Wassermenge des korrigierten Armes darf nicht durch Absperrung anderer Arme vergrößert werden. Diese Absperrung würde zwar die Wasser-

menge im korrigierten Arme vermehren, gleichzeitig aber auch die Geschiebemenge. Die Geschiebemengen der einzelnen Arme sind eine Funktion der Wassermengen. Um aber eine Verkleinerung der Barre zu erreichen, muß die Wassermenge in viel schnellerem Verhältnis wachsen als die Geschiebemenge. Da bei Schließung anderer Arme aber Wasser und Geschiebe zugleich wachsen, muß die Barre vor dem offengelassenen Arme höher werden und, weil der Kenterpunkt der Strömung weiter nach außen rückt, auch weiter nach außen wandern. Das Delta wächst nun vor diesem Arm schneller als vorher, mit ihm wandert auch die Barre schneller nach außen als früher, so daß eine häufigere Verlängerung der Molen notwendig ist als bei Offenlassen aller Arme.

3. Sind mehrere kleine Arme vorhanden, von denen einer eine starke, andere eine schwache Küstenströmung besitzen, dann ist der erstere zu wählen.

4. Mündet ein mittlerer Arm in ein steil abfallendes Meeresufer, so ist ihm vor einem kleinen Arm, der in seichtem Ufer mündet, der Vorzug zu geben. Der Grund für 3 und 4 ist die verringerte Barrenbildung der zu wählenden Arme.

5. Ist keine Küstenströmung vorhanden, steht ferner der Hauptwind direkt auf die Küste zu, dann ist es vorteilhafter, eine neue Mündung zu schaffen, die seitlich weit genug vom Delta und den Barren mündet. Sie muß eine Schleuse am Flusse erhalten, die die Sinkstoffe zurückhält.

β) Leitsätze für Korrektionen im landwirtschaftlichen Interesse. Die unschädliche Abführung von HW. und Eis überwiegt jedes andere Interesse. Mancher der vorigen Sätze ist sinngemäß zu beachten, stets wird man aber einen Hauptarm, am besten mit steilem Abfall in der See ausbauen, oft auch eine neue kurze Mündung schaffen. Kleine Arme werden oft geschlossen werden müssen. Eine Aufhöhung der NW.-Stände zwecks Hebung des Grundwassers ist bei hochliegendem Gelände anzustreben, steht aber hinter der HW.-Sicherheit zurück.

c) Beispiele der Korrektion von direkten Mündungen.

Als Beispiele sind zu nennen: die Korrektion des Mississippi, der Donau, der Rhône und der Weichsel.

1. Die Donaumündung.

Behandelt werden soll die Verbesserung der Donau- und der Weichselmündung. Abb. 197 zeigt das Donau-Delta.

Oberhalb Tultscha besitzt die Donau ein einheitliches Bett mit einer Breite von über 500 m und 15 m Tiefe, ist dort somit für Seeschiffe befahrbar. Sie führt bei höchstem Hochwasser bis zu 27 000 cbm, bei niedrigstem Niedrigwasser bis zu 1700 cbm in der Sekunde dem Schwarzen Meere zu. Ihre Wassermengen bei mittlerem Hoch-, Mittel- und Niedrigwasser sind etwa 9000 cbm, 6300 cbm und 3500 cbm/sek. In der Nähe von Tultscha teilt der Strom sich in seine drei Hauptmündungsarme, den nördlichen Kilia-Arm, den mittleren Sulina-Arm und den südlichen St. Georgs-Arm, die 66 vH, 6 vH und 28 vH der Gesamtwassermenge abführen. Die Sulina-Mündung führt demnach bei mittlerem NW. immer noch 210 cbm/sek ab.

Während das Delta der Kilia-Mündung aus 12 ganz seichten Armen besteht und jährlich bis zu 90 m vorrückt und das Meer in einem großen Abstand vom Ufer seicht machte, bestand die kleine Sulina-Mündung aus einem Arm mit einer Barre in etwa 1300 m vom Ufer und tiefem Meere dahinter; die St. Georgs-Mündung besaß zwei Deltaarme mit einer Barre in etwa 2600 m vom Ufer und tiefem Meere dahinter. Die Deltaarme waren somit der Seeschiffahrt nicht zugänglich. Die Nachteile der Kilia-Mündung: viele seichte Deltaarme, seichtes Meer und schnelles Vorrücken des Deltas schlossen sie von vornherein von der Korrektion aus. Welche der beiden anderen Mündungen aber die bessere sei, konnte fraglich sein.

Die 1856 einberufene europäische Kommission hielt den St. Georgs-Arm wegen seiner größeren Tiefe und der größeren Nähe seiner Mündung am Bosporus gegenüber der Sulina-Mündung in technischer Beziehung für vorteilhafter. Der höheren Kosten wegen, die durch die größeren Abmessungen des St. Georgs-Arms und durch den größeren Abstand seiner Barre vom Ufer bedingt wurden, gab man jedoch vorläufig der Sulina-Mündung den Vorzug.

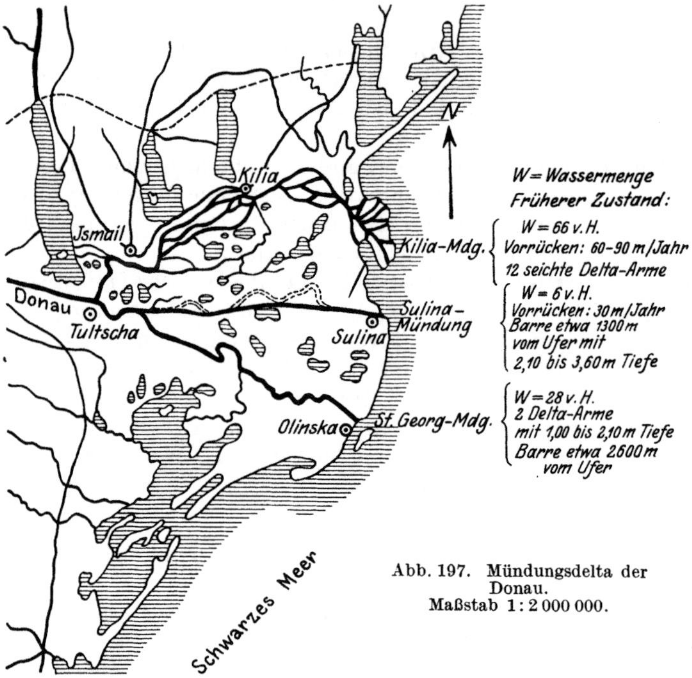

Abb. 197. Mündungsdelta der Donau. Maßstab 1 : 2 000 000.

Die Sulina - Mündung wurde erst durch leichte Steindämme mit Längsspundwand in der Mitte[1]) bis zum tiefen Wasser (— 5,5 m) verlängert und erhielt dort eine Breite von 180 m. Nach Vollendung dieser Dämme im Jahre 1861 schwemmte das Hochwasser der Donau die Barre fort und schaffte eine Fahrtiefe von beinahe 5 m statt der früheren von 2,1—3,6 m. Nach diesem Erfolg wurde die Korrektion der St. Georgs-Mündung ganz fallen gelassen und die Moleneinfassung der Sulina-Mündung gänzlich durch Schüttung von großen Steinen, Aufsetzen von Blöcken auf die Krone und Verlängerung der Dämme ausgebaut. Die endgültige Form der Mündung zeigt Abb. 198.

Die Fahrtiefe des Passes ist 1910 durch die Arbeit zweier Seebagger und die Wirkung der Strömung auf 7,3 m gebracht worden, die Fahrtiefe im Flusse fiel dabei nur an 6 Tagen im Jahr (im Juli und August) unter 6,4 m. Die Sinkstoffablagerung findet völlig südlich der Mündung statt. Eine Zeitlang nahm die Geschwindigkeit, mit der das Ufer längs der Molen vorrückte, bis zu 54 m im Jahr zu (bis 1861); dieses Vorrücken hat aber bis zu dem geringen Maß von 4 m

[1]) Vgl. XI. Teil, Hafenbau, über Steinkistenbau.

im Jahr abgenommen. Der Erfolg der Korrektion besteht vor allem darin, daß sich die Sinkstoffe des Sulina-Armes jetzt in größerer Meerestiefe unschädlich ablagern, so daß eine Versandung nicht zu befürchten ist. Das schnelle Vorschreiten der Kilia-Mündung wird aber später vermutlich zu starken Verlängerungen der Sulina-Molen zwingen.

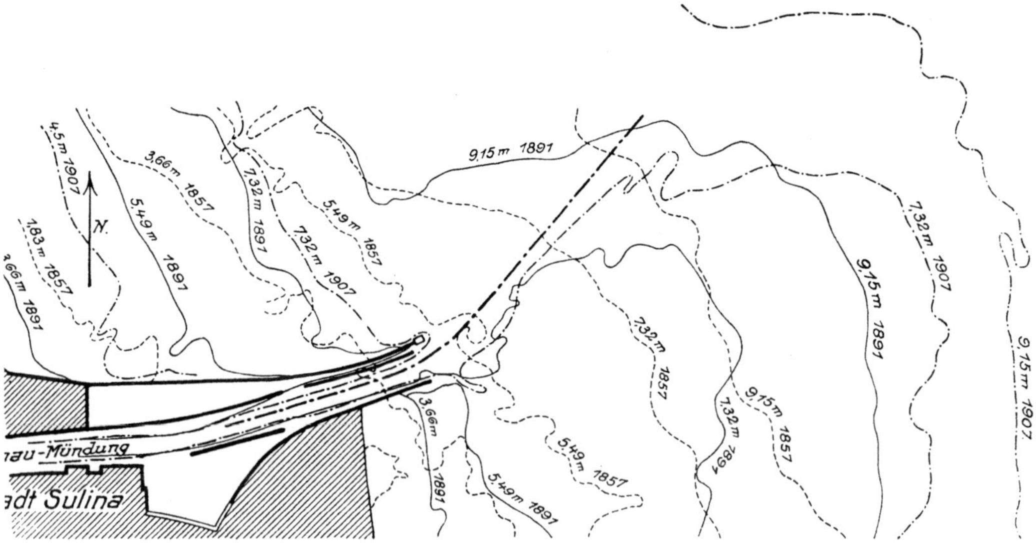

Abb. 198. Die Donaumündung bei Sulina. Maßstab 1 : 30 000.

2. Die Weichselmündung[1]).

Die Weichsel (Abb. 199) hatte seit vielen Generationen drei Hauptmündungsarme, einen Arm, der an der Küste entlang nach Westen führte, die Danziger Weichsel mit der Mündung bei Neufahrwasser, einen Arm, der zum Frischen Haff dicht an der Küste entlang nach Osten führte, die Elbinger Weichsel, und einen Arm, die Nogat, der bereits weiter oberhalb vor Dirschau abzweigte und gleichfalls in das Frische Haff strömte. Nach der ganzen Ausbildung des Deltas kann es keinem Zweifel unterliegen, daß der Raum zwischen dem Beginn des Deltas an der Montauer Spitze sowie den Städten Danzig und Elbing eine Anschwemmung der Weichsel selbst ist. Besonders ausgeprägt ist die Deltamündung bei der Nogat und der Elbinger Weichsel. Auch die Nehrung, die das Frische Haff nach Norden zu abschließt, ist aus einer Ablagerung der Weichsel entstanden. Der Weichselsand wurde durch den Küstenstrom nach Osten mitgeführt, wobei vorhandene ältere Inseln diluvialen Charakters durch den Sandstrom nach und nach zusammengeschlossen worden sind (Z. Bauw. 1923, Abb. 202—209). Die Weichsel führt im Durchschnitt des Jahres etwa 1000 cbm/sek Wasser ab, d. h. im Jahre etwas über 30 Milliarden cbm, in denen über 5 Mill. cbm Sinkstoffe enthalten sind. In frühesten Zeiten war die Elbinger Weichsel einer der Hauptarme, dann ist noch im Mittelalter die Nogat im Schiffahrtsinteresse künstlich ausgebaut worden, so daß sie die Hauptwassermengen dem Frischen Haff zuführt. Die Anlandungen im Frischen Haff sollen jährlich etwa 13 ha betragen haben. Der Danziger Arm ist in historischer Zeit neu gebildet worden, und zwar vor allem durch Eindeichungen der Ordensritter. Die natürliche Entwicklung der Weichsel wies nach Osten zum Frischen Haff.

[1]) Weißger: Z. Bauw. 1923, S. 39; Salfeld: Z. Bauw. 1919, S. 535.

Die Weichsel war bis 1853 ein Fluß mit vorwiegend indirekter Mündung, war dann vom Jahre 1915 zu $^2/_3$ ihrer Wassermengen ein Fluß mit direkter Mündung und besitzt heute nur noch eine direkte Mündung. Die früheren Anschauungen über die Spülwirkung in der Haffaußenmündung verlangten die Offenhaltung der Nogat. Die Entwicklung der Bagger hat dann die Einführung der Nogat-Wassermengen in das Haff als entbehrlich erscheinen lassen, so daß die Nogat abgeschlossen und kanalisiert wurde. Die Lösung der Aufgabe, ihre Mündung zu verbessern, ist in ganz anderer Weise erfolgt als bei der Donau.

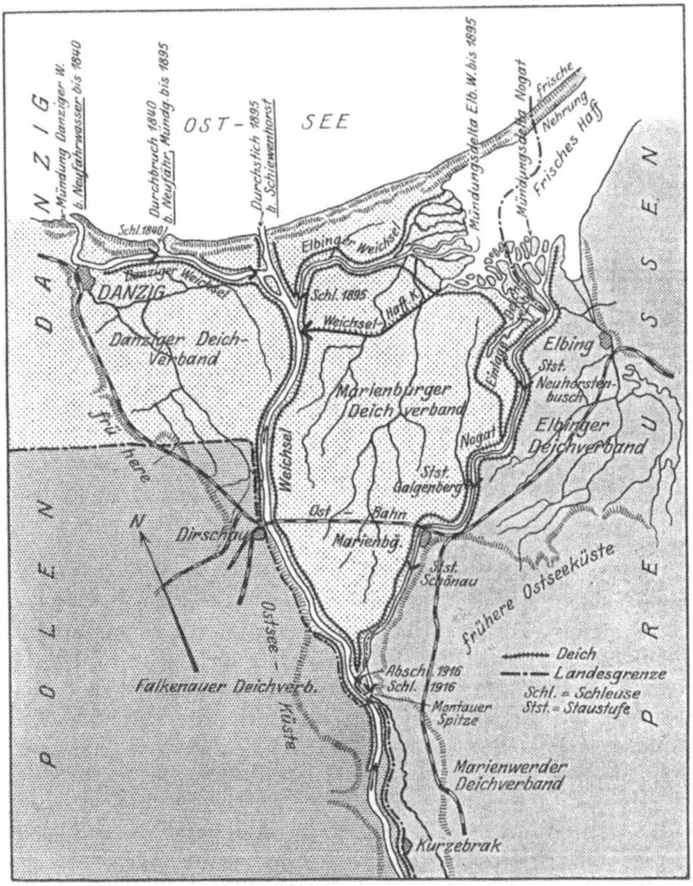

Abb. 199. Das Weichseldelta und die Deichverbände der Weichselniederung. Maßstab 1 : 700 000.

Es ist auch aus diesem Grunde schon eine Darstellung des Ausbaues der Weichselmündung von großem Interesse.

Die Wasserverhältnisse in der Weichsel sind seit jeher ungünstige gewesen. Es sind mehrfach Durchbrüche nach der Ostsee infolge von Eisversetzungen vorgekommen, so der Durchbruch bei Neufähr vom Jahre 1840. Hierdurch wurde die Einfahrt von Neufahrwasser von der Weichsel getrennt. Der Durchbruch war von besonderer Wirkung, weil er den Lauf der Danziger Weichsel um 15 km abkürzte. Die Folge war eine starke Vergrößerung des Gefälles in diesem Arm, so daß die Wassermenge in ihm stark zunahm, während die Elbinger Weichsel verflachte. Ihre Verflachung wurde so groß, daß sie für die Schiffahrt unbrauchbar wurde und durch den Weichsel-Haff-Kanal ersetzt werden mußte, wobei die Elbinger Weichsel aber nicht abgeschlossen wurde. Die neue Mündung bei Neufähr wurde beibehalten, der Arm nach Neufahrwasser durch eine Schleuse verbunden. Zu beachten ist, daß die Entwicklung bis hierher eine ganz natürliche war. Die Hauptwassermengen flossen dabei durch den Hauptmündungsarm, die Nogat, ab. Die Mündung bei Neufähr zeigte geringe

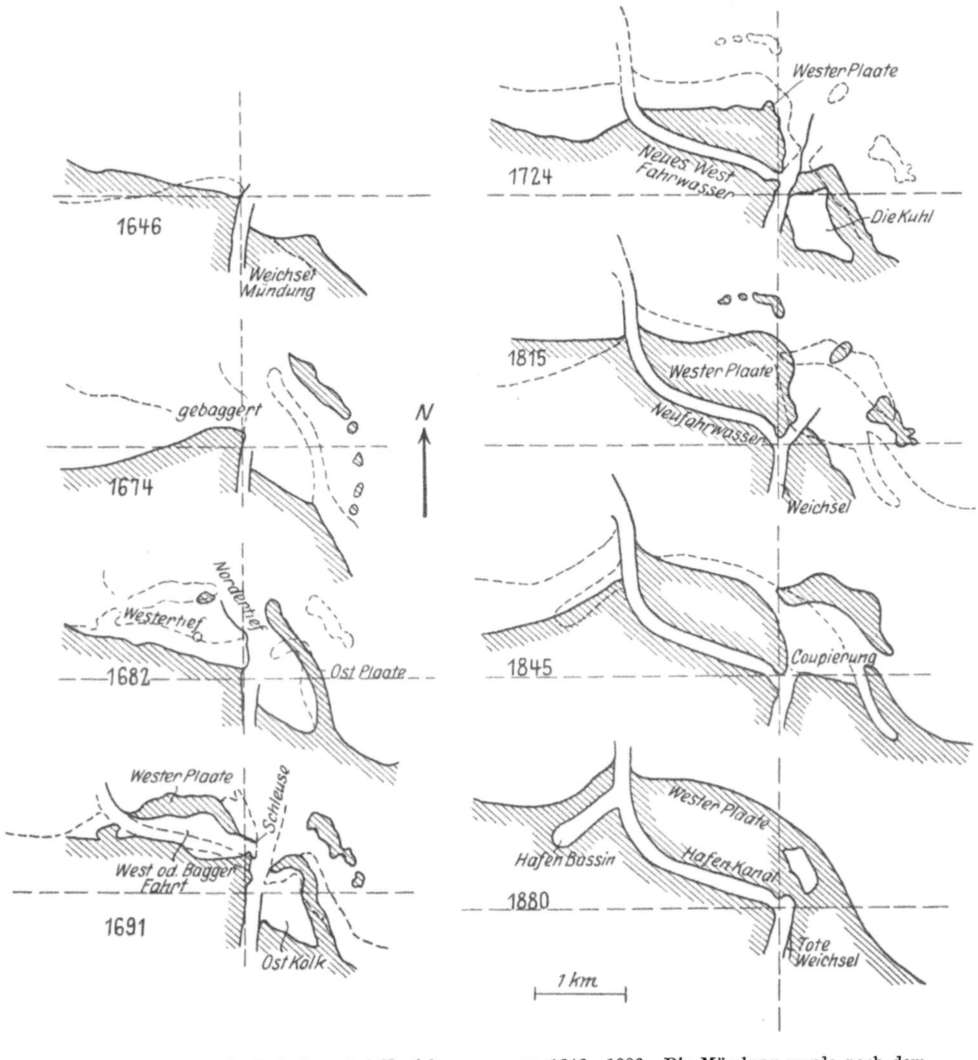

Abb. 200–207. Weichselmündung bei Neufahrwasser von 1646–1880. Die Mündung wurde nach dem Durchbruch 1840 bei Neufähr abgeschlossen. Maßstab 1 : 85 000.

Änderungen, besonders die Anlandungen waren regelmäßiger Natur, so daß sich die Mündung hier als einheitlicher Arm in die See vorschob. Vgl. Abb. 200 bis 207. Die untere Weichsel selbst ist im Gegensatz zum Rhein, der Donau usw. für Seeschiffe nicht befahrbar. Die wichtigen Hafenstädte Danzig und Elbing liegen unmittelbar an der Küste und waren für sich zugänglich. Ein Zwang, die Weichsel selbst, außer für diese Hafenstädte, für Seeschiffe zugänglich zu machen, bestand nicht. Man arbeitete hier ganz im Landeskulturinteresse, zuerst unter Anwendung anderer Grundsätze, als man sie später an der Donau besaß.

Im Jahre 1853 trat für die Weichsel eine grundsätzliche Änderung ein. Es wurde die Nogatabzweigung verlegt und ein kurzer Nogatkanal unterhalb der Montauer Spitze erbaut, der die Aufgabe hatte, das Weichselwasser so zu regeln, daß nur $^1/_3$ der Nogat zuflösse, $^2/_3$ aber der Danziger Weichsel. Nicht die Schließung der Elbinger Weichsel, wohl aber diese Änderung in der Wasserführung ist der bedeutendste Schritt, den man in der Entwicklung der Weichselmündung tat, denn man wies jetzt der Danziger Weichsel die Hauptsinkstofführung zu. Die Mündung von Neufähr, die ursprünglich sehr günstige Verhältnisse aufwies, entwickelte Inselbildung und verwilderte. Abb. 209 zeigt diese Verwilderung für das Jahr 1871, es bildeten sich jetzt hier vier Arme bei Neufähr aus. Die Anlandung war so intensiv, daß sich schließlich in der Zeit von 50 Jahren bis 1895 ebensoviel Neuland gebildet hatte wie bei Neufährwasser in den vergangenen 500 Jahren vor Erbauung des Nogat-Abzweigungskanals. Die Regeln, die später (1856) dem Ausbau der Donaumündung zugrunde gelegt wurden, sind nicht angewendet worden, die Weichsel hat ihre Richtigkeit aber zweifellos bestätigt und ist wahrscheinlich von Einfluß auf die Entwicklung der Donau gewesen.

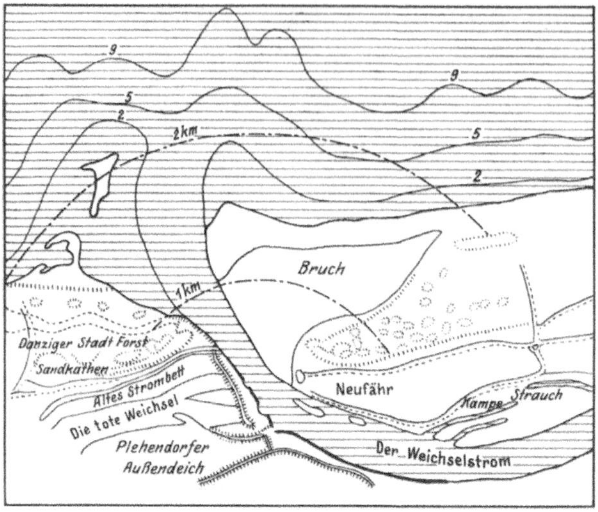

Abb. 208. Zustand 1852. Maßstab 1 : 50 000.

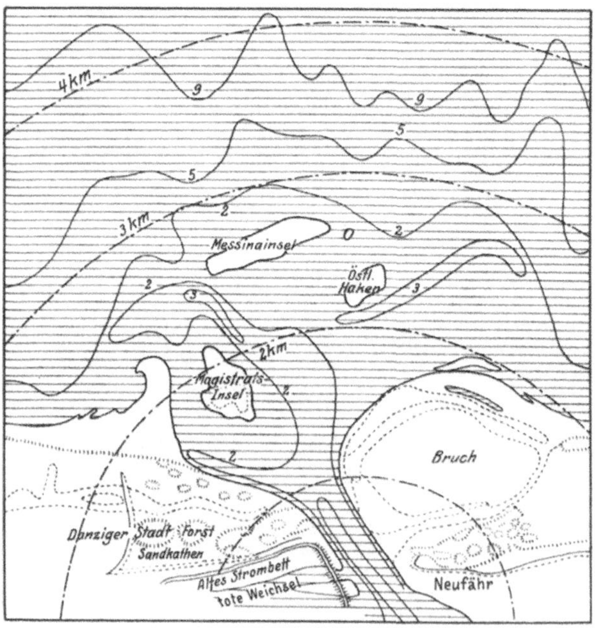

Abb. 209. Zustand 1871.

Abb. 208 u. 209. Weichselmündung bei Neufähr (Durchbruch erfolgte 1840). Maßstab 1 : 50 000.

Man mußte die Mündung von Neufähr immer weiter ausbauen und vor allem zu umfangreichen Molenbauten bis weit in die See schreiten, die aber doch nicht so weit vorgestreckt wurden, daß eine entscheidende Besserung eintrat. Die Eisversetzungen in der Danziger Weichsel blieben eine dauernde Gefahr und führten schließlich zu dem Entschluß, eine neue künstliche Mündung zu schaffen. Sie wurde durch Erbauung eines Durchstiches bei Schiewenhorst im Jahre 1895 erreicht. Die Schaffung dieses Durchstiches war die folgerichtige Fortsetzung des Gedankens, den man bis dahin über die Entwicklung der Weichselmündung verfolgt hatte. So war auch die Abschließung der Elbinger Weichsel, die gleichzeitig erfolgte, in dieser Hinsicht folgerichtig. Daß die Danziger Weichsel unter Anlegung einer Schleuse abgeschlossen wurde, war gleichfalls eine Notwendigkeit. Damit war praktisch eine gute Lösung im Schiffahrtsinteresse geschaffen, landeskulturell der Ausbau aber noch nicht beendet.

Die Entwicklung der Mündung bei Schiewenhorst vollzog sich nun ganz ähnlich wie die bei Neufähr. Es schoben sich starke Sandbänke in der Mündung

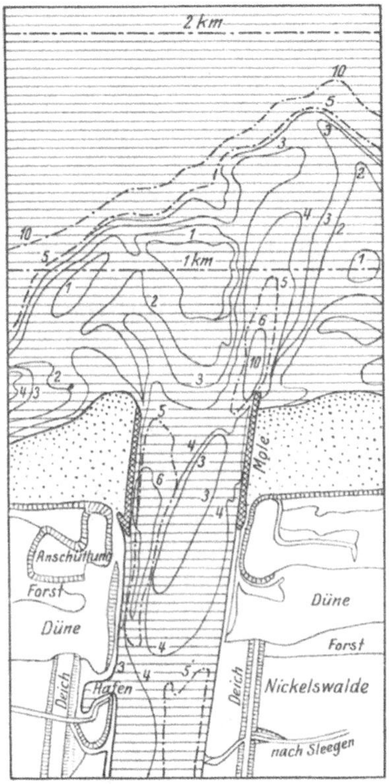

Abb. 210. Zustand 1916.

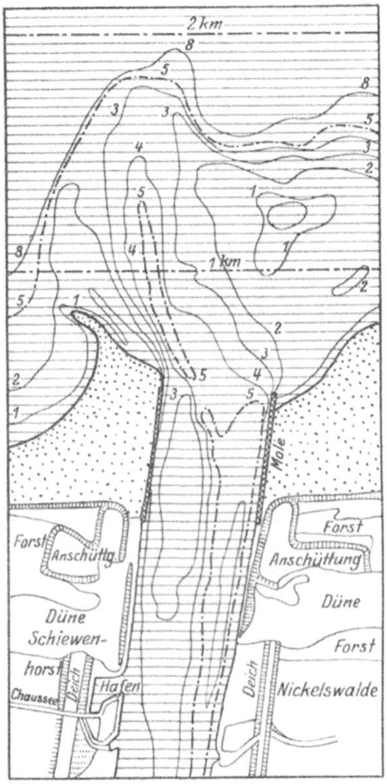

Abb. 211. Zustand 1919.

Abb. 210 u. 211. Weichselmündung bei Schiewenhorst (der Durchstich erfolgte 1895). Maßstab 1 : 33 000.

vor, die ein Hin- und Herwandern der Mündung zur Folge hatten, wobei allerdings meist ein einheitlicher Mündungsarm durch Einsetzung starker Bagger gehalten werden konnte.

Da die Nogatmündung keine Küstenströmung besitzt, so entspricht es den allgemeinen Regeln, daß man im Jahre 1915 schließlich die Nogat geschlossen und kanalisiert hat, so daß jetzt die gesamten Wassermassen und Geschiebemengen der Weichsel durch die neue Mündung bei Schiewenhorst hindurchgehen müssen. Die Folge dieser letzten Maßregel war eine wesentliche Vertiefung der Weichsel von der Nogatabzweigung bis zur Mündung, aber zugleich eine starke Barrenbildung in der Mündung selbst. Es entwickelten sich ähnlich wie bei Neufähr mehrere Mündungsarme unter Bildung von Inseln. Vgl. Abb. 210 bis 211. Dadurch, daß man die Mündung der Weichsel in einem einheitlichen Bett zusammengefaßt hat, hat man sämtliche Sinkstoffe der einen Mündung zugeführt. Man wird jetzt die weiteren Folgerungen aus dieser an sich unvermeidlichen Maßnahme ziehen müssen. Entweder versucht man, die Mündung durch Leitdämme bis über die neutrale Zone (Cornaglia) in das tiefe Wasser hineinzuführen, um auf diese Weise die Eisverstopfungen möglichst zu beseitigen und die Tiefe der Einfahrt dauernd zu erhalten, oder man muß dauernd durch Baggerung nachhelfen. Letzteres wird sich auch bei Bau von Leitdämmen nicht ganz vermeiden lassen. Die Mündung bei Neufähr wird jetzt, nachdem sie keinerlei Sinkstoffe mehr erhält, leicht tief zu erhalten sein.

d) Korrektion von indirekten Mündungen.

Die Verbesserung der Mündung des Flusses in einer abgeschlossenen Bucht hat nach den gleichen Gesichtspunkten zu erfolgen, wie sie im vorigen Absatz beschrieben wurde. Bemerkenswert ist, daß nie ein Küstenstrom vorhanden ist, so daß dann, wenn auf die Schiffbarkeit der Flußmündung großer Wert gelegt wird, die Anlage einer neuen Mündung mit Schleuse zweckmäßig sein wird. Ist es jedoch möglich, mit der neuen Mündung seitlich des Haffs in das Meer zu gehen, so ist dieses die beste Lösung. Man wird dann den zum Haff führenden Arm, wie bei der Nogat geschehen, kanalisieren. Die heutige Entwicklung der Bagger läßt die Vermehrung des Spülstroms im Außentief durch das Flußwasser meist weniger wichtig erscheinen.

Korrektion des Seetiefs. Auf die Tieferhaltung der Haffmündung (Seetief) wird großes Gewicht gelegt. Es liegen fast durchweg gute Häfen in den abgeschlossenen Buchten, deren Zugänglichkeit von dem Zustand des Seetiefs abhängt.

Das Ziel der Korrektion für das Tief ist die Beseitigung der Barren und die Erzielung eines schlanken, regelmäßigen Laufes. Da irgendwelche Rücksichten auf die Landwirtschaft nur selten genommen zu werden brauchen, ist die Breitenabmessung fast nur durch die Interessen der Schiffahrt bedingt. Es wird daher in den meisten Fällen richtig sein, die Breite so weit einzuschränken, daß die dann auftretenden stärksten Strömungen die Schiffahrt nicht zu sehr behindern. Auf diese Weise erhält man den kräftigsten Spülstrom in beiden Richtungen. Der Ausbau der Ufer erfolgt wie im gewöhnlichen Flußbau.

Die Barren treten je nach der Stromrichtung bald innen, bald außen auf und erhalten ihren Sand nicht aus dem Flusse, für den das Haff ja gerade das Klärbecken bildet, sondern von außen durch den Küstenstrom. Die soeben erwähnten starken Spülungen, die unregelmäßig eintreten, sind aber zur Erhaltung der nötigen Tiefe auf der Barre meist nicht ausreichend. Um mit möglichst wenig Baggerung auszukommen, empfiehlt es sich, auch die schwächeren Strömungen zusammenzufassen und zur Spülung mit zu verwenden. Zu diesem Zweck legt man innen niedrige Leitdämme an, die an der Mündung eng, in der Bucht aber weiter sind. Diese Dämme leiten den eingehenden Strom noch eine größere Strecke in die Bucht hinein. Seine Geschwindigkeit wird dann allmählich aufhören und auch seine Sandablagerung nicht an einer Stelle stattfinden. Die Barre wird also auseinandergezogen und dadurch tiefer liegen. Eine Verlängerung der Dämme von Zeit zu Zeit wird auch hier nötig sein, oft auch noch die Zuhilfenahme von Baggerungen. Hohe Molen werden an der Haffseite meist nicht gebaut.

Außen dürfen Unterwasserdämme aus Rücksicht auf die Sicherheit der Schiffahrt nicht angelegt werden. Es sind hohe Molen notwendig, die dort, wo ein wechselnder Küstenstrom besteht, stets beiderseitig sein müssen. Diese Molen würden zwar am einfachsten rechtwinklig zum Ufer liegen, sind praktisch aber in den meisten Fällen aus Rücksicht auf Seegang, Strömung und die dadurch bedingte Lage des Tiefs schräg angelegt worden. Sie bilden ein Hindernis für den Küstenstrom, der weiter in das Meer hinausgedrängt wird; dadurch versanden die Molen nach und nach. Die Molen müssen deshalb bis in das tiefe Wasser — 8 bis — 12 m vorgeschoben werden. Ist die Versandung trotzdem soweit vorgeschritten, daß die Einfahrtstiefe verringert wird, dann ist eine Verlängerung der Molen notwendig.

Beispiele. Als Beispiele sind anzuführen das Memeler und Pillauer Seetief, die Swinemündung und die Newa. Es soll hier das Seegatt des Frischen Haffs, genannt das Pillauer Seetief, praktisch heute das seeseitige Ende des Königsberger Seekanals, kurz besprochen werden. Vgl. Abb. 212.

Das Seetief bildete bis zum Weltkriege die Abflußöffnung für die Nogat, den östlichen Mündungsarm der Weichsel und heute noch für den Pregel und eine Reihe kleinerer Flüsse und Bäche; heute ist die Nogat abgeschlossen und kanalisiert, steht somit mit der Weichsel nur noch verkehrstechnisch in schiffbarer Verbindung.

Die Nogat brachte etwa $^1/_3$ des Weichselhochwassers (2700 cbm/sek) in das Haff und führte damit über doppelt soviel Wasser als der Pregel, der höchstens 1300 cbm/sek dem Meere zuführt. Bei Mittelwasser war die sekundliche Wassermenge der Nogat 360 cbm, sie betrug etwa 72 vH der Süßwassermenge, die in das Haff floß. Die größte ausfließende Wassermenge war 4630 cbm/sek mit 1,6 m/sek größter Geschwindigkeit, die größte einfließende Wassermenge etwa 3900 cbm/sek. Das Pillauer Seetief wurde mit Recht früher als eine der Weichselmündungen behandelt. Die Abschließung der Nogat bedeutet einen radikalen Wechsel in der Anschauung über den Wert des Spülstromes.

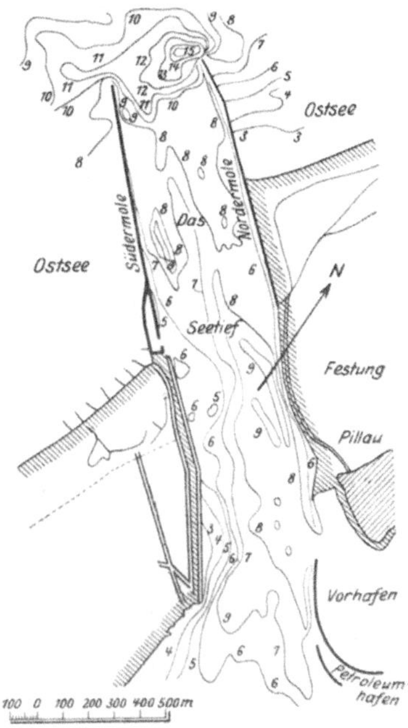

Abb 212. Pillauer Seetief. Maßstab 1 : 33 000.

Den wesentlichen Teil der Verbesserung des Seetiefs bilden die beiden seeseitigen Molen. Sie wurden erbaut, um die Strömung über der Außenbarre zusammenzufassen und dadurch die Barre zu vertiefen. Die Molen haben an ihrer Wurzel einen Abstand von 500 m und nach mehrfacher Verlängerung jetzt an ihrem Ende einen solchen von rd. 360 m. Sie reichen bis zur 8-m-Linie und besitzen eine Länge von rd. 1000 m (Nordmole) und 1100 m (Südmole).

Die Molen vergrößerten die Tiefen über der Barre von 4,7 m innerhalb einiger Jahre auf 5,3 m. Infolge eines Deichbruches der Weichsel wurde dann eine Tiefe von 7,8 m erreicht, die nach und nach wieder auf annähernd 6 m zurückging. Trotz der zeitweilig großen Geschwindigkeiten in dem Tief ist die Erhaltung der Wassertiefe allein durch die Schleppkraft des Wassers nicht möglich gewesen. Es wird dauernd eine große Menge Sand von der See in die Mündung getrieben. Die Beseitigung dieser Sinkstoffe muß durch Baggerung erfolgen. Die jährliche Baggermenge hat sich dabei von 7100 cbm in den sechziger Jahren auf 40 000 cbm in den achtziger Jahren gesteigert. Daß nicht noch mehr an Sandmengen gebaggert werden muß, dürfte auf der Wirksamkeit der Molen beruhen, die einen großen Teil des Sandes zu Zeiten starker Ausströmung bis in das tiefe Wasser führen. Der Anteil der Nogat an der Erhaltung des Tiefs wurde früher überschätzt. Die Kanalisierung und damit erfolgte Abschließung der Nogat wird nun die ausgehende Wassermenge im Tief vermindern, sie wird aber trotzdem nicht unter die eingehende sinken. Etwaige Verluste an Spülwirkung können leicht durch vermehrte Baggerung ersetzt werden.

C. Mündungen mit starken Gezeiten.

a) Verhalten der Flutwelle im Flusse.

Treffen in einem Kanal zwei Strömungen von verschiedener Geschwindigkeit aufeinander, so wird an der Treffstelle ein Aufstau entstehen. Da aber die lebendige Kraft der den Wasserberg erzeugenden Strömungen nicht gleich war, so wird der entstandene Wellenberg sich vorwärts bewegen und zwar in der Richtung der Strömung, die die größere lebendige Kraft besaß. Hierbei werden sich die entgegenströmenden Wasser mischen und eine Geschwindigkeit annehmen, die dem Unterschied der lebendigen Kräfte der ursprünglichen Strömungen entspricht. Die Äußerungen dieses Vorganges sehen wir in dem Eintreten der Flutwelle in die Flußmündungen an Meeren mit starken Gezeiten.

Zur Zeit der Flut besteht eine Strömung von der See her zum Lande, die beim Einlaufen in eine Bucht um so stärker wird, je mehr sich die Bucht verengt. Die Ästuarien sind in ausgeprägtem Maße solche sich verengenden Buchten mit der weiteren Eigentümlichkeit, daß eine Salzwasserströmung mit einer Süßwasserströmung zusammentrifft. Die Geschwindigkeit der Flutströmung ist bei Beginn der Flut kleiner, später jedoch größer als die des Flusses, anfangs behält daher das Flußwasser seine Richtung bei, später ist aber die Flutströmung stärker und muß ihre Richtung beibehalten, ihre Geschwindigkeit aber vermindern. In der Mündung findet jetzt ein Aufstau statt; es bildet sich ein Wellenberg, der im Flusse nach der Form einer schlanken Wellenlinie verläuft. Solange die Flut rasch steigt, liegt der Scheitel der Welle im Meer und rückt nicht vorwärts, nur der Fluß wandert stromauf. Erst im oberen Teil der Flutkurve, wenn das Steigen der Flut langsamer wird, beginnt der Scheitel der Welle stromaufzulaufen.

Solange noch ein Steigen der Flut im Meere stattfindet, hat die gesamte Wassermasse im Flusse zwischen Scheitel und Meer eine nach aufwärts gerichtete Bewegung. Dieser gesamten Wassermenge ergeht es wie einer Kugel, die einen Berg hinaufgestoßen wird, sie muß nach einiger Zeit, d. h. sobald ihre lebendige Kraft aufgezehrt ist, zur Ruhe kommen. Aber nicht nur die stete Überwinduug der Steigung und Reibung zehrt die Kraft der strömenden Welle auf, sondern auch das ihr stetig entgegenströmende Wasser des Flusses wirkt in gleichem Sinne hemmend. Dauernd muß das Wasser der Flutwelle sich mit dem Flußwasser entgegengerichteter Strömung mischen, fortwährend vermindert sich auch hierdurch ihre Geschwindigkeit[1]).

Sobald die Ebbe in dem Meer eintritt, kann die Entwicklung eines richtigen Wellenberges im Fluß beginnen. Der Flutberg im Flusse, der sich aus beiden aufeinanderstoßenden Wassermengen bildet, ist dann schon eine ganze Strecke stromauf gewandert, er wird von dem Meere her in sanfter Linie ansteigen. Mit Beginn der Ebbe muß nun auch Wasser aus dem Fluß wieder nach dem Meere fließen. Dieses kann aber anfänglich nur nahe der Mündung geschehen, weil weiter oberhalb die Geschwindigkeit des aufwärts strömenden Wassers ein Rückfließen verhindert. Je länger die Ebbe aber dauert, desto mehr bildet sich nun auch hinter dem Flutberg ein nach dem Meere zu abfallender Rücken aus. Auf ihm muß nahe dem Scheitel die Strömung noch stromauf gerichtet sein, weiter dem Meere zu aber sich in die Ebbeströmung umkehren. Wir erhalten jetzt den Zustand, daß von dem Flutberg dauernd Wasser dem Meere zufließt, er verliert jetzt also nicht nur durch die Widerstände im Flusse an Kraft, sondern wird auch durch das von ihm zum Meere hin abfließende Wasser an Menge verringert, in seiner Wirkung geschwächt.

[1]) Vor der Mischung tritt eine Überlagerung des Süßwassers über das Seewasser mit entgegengesetzter Strömung übereinander auf. Beobachtet von Baudirektor Plate, Bremen in der Weser, eine für die Berechnungen sehr wichtige Tatsache.

Beginnt nun das nach unten ablaufende Wasser das von oben zuströmende zu überwiegen, dann kann der Scheitel zwar noch weiter aufwärts laufen, seine Höhe muß sich aber immer schneller verringern, bis sie schließlich gleich Null wird, d. h. mit dem gewöhnlichen Wasserstand des Flusses zusammenfällt, hier liegt die Flutgrenze im Flusse. Der letzte Teil dieses Berges unterhalb der Flutgrenze ist nun nichts weiter als das vor dem Scheitel angestaute Flußwasser. Innerhalb des größten Teils dieses letzten Stauwassers ist Abwärtsströmung vorhanden, die allerdings desto mehr abnimmt, je näher sie dem Scheitel kommt. Bereits eine Strecke oberhalb der Endstellung des Scheitels müssen Tideströmung und Flußgeschwindigkeit einander gleich werden, d. h. jede Strömung verschwindet. Bis hierher reicht demnach der letzte Rest der eigentlichen Flut, hier liegt die Grenze der Flutströmung.

Zusammenfassend sieht man also zuerst eine zusammenhängende Wassermasse in den Fluß einströmen, diese löst sich aber bereits vor Eintritt der Ebbe im Meere durch Ausbildung eines Wellentals hinter sich vom Meer los und wandert nun unabhängig vom Meere lediglich infolge der ihr innewohnenden lebendigen Kraft als Welle den Fluß hinauf. Sobald der Flutberg die Grenze der Flutströmung erreicht hat, ist bereits der größte Teil des Flutwassers, das in den Fluß eintreten konnte, wieder abgelaufen. Es muß jetzt der Rest des Flutwassers zusammen mit dem aufgestauten Flußwasser abwärts strömen. **Je mehr Seewasser in den Fluß eintreten konnte, desto mehr Flußwasser wurde in ihm aufgestaut, eine um so viel größere Gesamtwassermenge muß nun auch bei der Ebbe zu Tal fließen und eine um so größere aufräumende sinkstoffabführende Kraft wird dem Flusse verliehen.** Dieser Satz bildet die Grundlage für jede Korrektion, es wird später auf ihn zurückgegriffen werden. Aus ihm geht der Zwang hervor, eine Tidemündung nicht in der Breite einzuschränken, sondern zwecks Einführung von möglichst viel Flutwasser nach bestimmten Regeln zu erweitern. Diese Regeln werden später entwickelt.

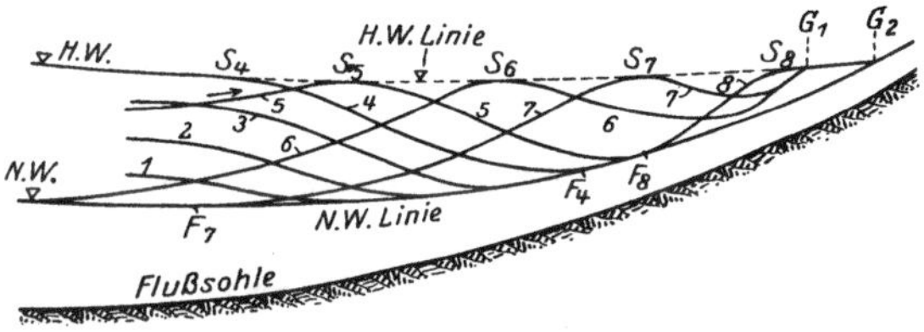

Abb. 213. Flutwellen im Fluß.

Die Flutwelle hat die Form einer sehr flachen Welle, ihre Periode ist gleich der Flutperiode im Meer, an der Nordsee also 12 Std. 25 Min.

Abb. 213 zeigt den Verlauf einer Flutwelle stromaufwärts, wie er bei einem sehr langen Flusse, wie z. B. dem Amazonenstrom, eintritt (bei europäischen Flüssen nicht!). Die Bahn des Wellenscheitels $S_4 S_5$ usw. S_7 nennt man die Linie des Hochwassers, die Bahn des Wellenfußes $F_7 F_4 F_8$ usw. die Linie des Niedrigwassers. Der vordere Wellenfuß muß sich dabei auf der gleichen Bahn bewegen wie der darauffolgende. Braucht der Wellenscheitel mehr als die Zeit einer Periode, um von der Mündung bis zur Grenze der Flutströmung zu laufen, dann treten hintereinander mehrere Flutwellen in den Fluß hinein. Dieses geschieht besonders leicht, wenn der Fluß eine große Tiefe und geringes Gefälle und das Meer einen großen Tidehub besitzt, z. B. Amazonenstrom, der gelbe Fluß.

Die Form dieser Welle ist abhängig von der Gestalt des Flußbettes. Ist dieses von gleichmäßig sich änderndem Querschnitt und Gefälle, dann wird die Form der Welle auch eine regelmäßige sein. Besitzt das Bett plötzliche Erweiterungen, dann wird die Welle an dieser Stelle eine Senkung zeigen; finden sich starke Verengungen, dann tritt eine Hebung der Welle ein. Beides ist mit einem Verlust an lebendiger Kraft und gleichzeitig an Wassermenge verbunden. Den gleichen Erfolg haben Reibungswiderstände, wie sie durch Sandbänke, Buhnenbauten usw. hervorgerufen werden.

Die Geschwindigkeit der Flutströmung selbst im Fluß ist von der Geschwindigkeit, mit der der Flutscheitel fortschreitet, verschieden, trotzdem sie gleiche Richtung besitzen. Noch viel klarer liegt dieses bei der Ebbeströmung, die abwärts gerichtet ist, während das Ebbetal stromaufwärts fortschreitet, die Richtungen hier also gerade entgegengesetzt sind. Wie alle Wellen, die auf schräge Flächen auflaufen, eine Verzögerung am Fuß erleiden, also steiler werden, so tritt dieses auch bei den Flutwellen im Fluß ein. Die Flutwelle ist stromauf steiler als der Ebbeberg hinter ihr. Die Dauer des Ansteigens ist also auch kürzer, die Dauer der Ebbe jedoch um soviel länger. Die Abb. 214 u. 215 zeigen das Abhängigkeitsverhältnis von Flutkurve und Flutwelle. Je steiler der hintere Flutzweig der Flutkurve, desto steiler muß auch der vordere Fluthang der Welle sein. Diese Aufstauchung der Welle beruht wieder zum großen Teil auf dem Stoß des abströmenden Flußwassers auf den Wellenfuß.

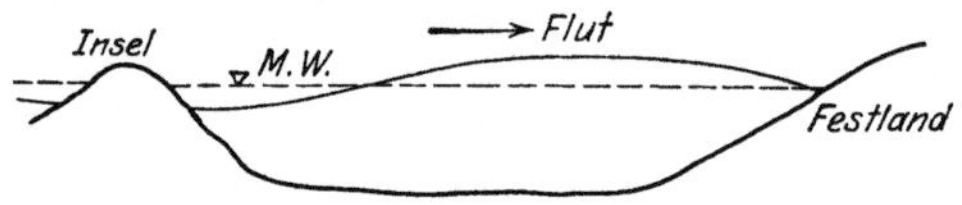

Abb. 214. Flutwelle.

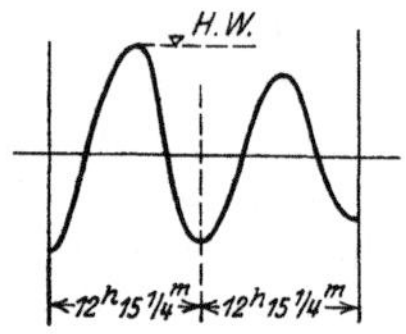

Abb. 215. Flutkurve.

Abb. 214—215. Abhängigkeitsverhältnis von Flutwelle und Flutkurve.

Besitzt ein Fluß eine im Verhältnis zum Tidenhub geringe Tiefe oder besonders starke Strömung, dann kann die Verzögerung so stark werden, daß die Flut wirklich brandet und als steile Wasserwand den Fluß hinaufeilt. Diese mauerähnliche Welle, **Bore** oder auch **Mascaret** genannt, erreicht auf dem Amazonenstrom 5 m Höhe und rast mit der Geschwindigkeit von 50 km in der Stunde stromauf. Die Bilder ändern sich dann sinngemäß um in die Abb. 221 S. 183.

Ein gutes Bild der Änderung der Flutkurven im Flusse geben die Flutkurven der Elbe (s. Abb. 216). Es ist zu erkennen, wie die Flutdauer in Hamburg z. B. nur 4 Std. 46 Min., die Ebbedauer rd. 7.5 Std. beträgt. Trägt man die Wasserstände für denselben Augenblick auf, dann erhält man die Flutwelle von Cuxhaven bis Hamburg. Alle Flutkurven sind auf gleiche Höhe bezogen. Die **Laufgeschwindigkeit** jedes **Punktes der Flutwelle** im Flusse kann annähernd nach der Formel

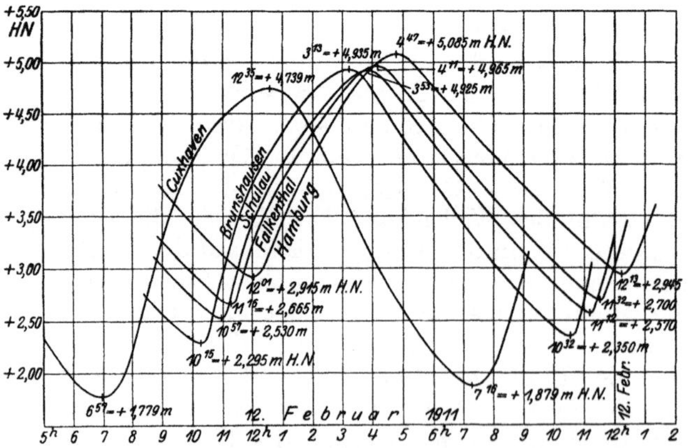

Abb. 216. Flutkurven der Elbe.

$$V = \pm\sqrt{2g \cdot h} + u$$

bestimmt werden, worin $g = 9{,}81$ m/sek², h den Abstand des Profilschwerpunktes von der jeweiligen Oberfläche und u die gewöhnliche Strömungsgeschwindigkeit des Flusses bedeutet. Für sehr breite Flüsse mit steilen Ufern und der Tiefe H bei irgendeinem beliebigen HW.-Stand geht die Formel praktisch über in

$$V = \pm\sqrt{g \cdot H} + u\,.$$

Bedingung ist, daß die Wellenhöhe kleiner als die Flußtiefe bei NW. bleibt. Die Formeln geben aber meist zu große Werte, sind also, wie **Oeltjen** und

Dr. Reinecke nachgewiesen haben, für genauere Berechnungen in unregelmäßigen Flüssen unbrauchbar, sie können aber in Kanälen (Suezkanal, Berechnungen von de Thierry) verwendet werden[1]). In Übereinstimmung mit der Formel ist die Geschwindigkeit des Flutscheitels immer größer als die seines Fußpunkts, so daß jeder Flutwellenscheitel das vorhergehende Tal teilweise einholt. Daher stammt die Verkürzung der Flutdauer und die Verlängerung der Ebbedauer (Abb. 216).

b) Die Hoch- und Niedrigwasserlinien.

Kennzeichnend für den Zustand eines Flusses sind die Hochwasser- und Niedrigwasserlinien. Sie zeigen folgende Eigentümlichkeiten:

1. Laufen Flußmündungen in trompetenförmige Buchten aus, wie z. B. den Bristolkanal, dann fällt die NW.-Linie nach der Spitze der Trompete zu, es steigt dagegen die HW.-Linie nach der Spitze zu an. Das Ansteigen oder Abfallen dieser sanft gekrümmten Linien kann über 10, zusammen also über 20 m betragen. Das Steigen und Fallen ist um so stärker, je stärker der Querschnitt der Mündung sich zum Flusse hin verengt. Diese Erscheinung ist aber mehr eine Eigentümlichkeit solcher Meeresbuchten als von Flüssen (Abb. 217).

2. In tiefen Flüssen mit regelmäßiger Ufer- und Bettform steigt die HW.-Linie anfangs etwas an, läuft dann den größten Teil des Ebbe- und Flutgebiets nahezu horizontal und steigt zuletzt rasch an bis zu ihrer Vereinigung mit der NW.-Linie, also der Flutgrenze. Die NW.-Linie fällt erst vom Meere zum Flusse hin und steigt dann allmählich in sanfter Kurve an. Je regel-

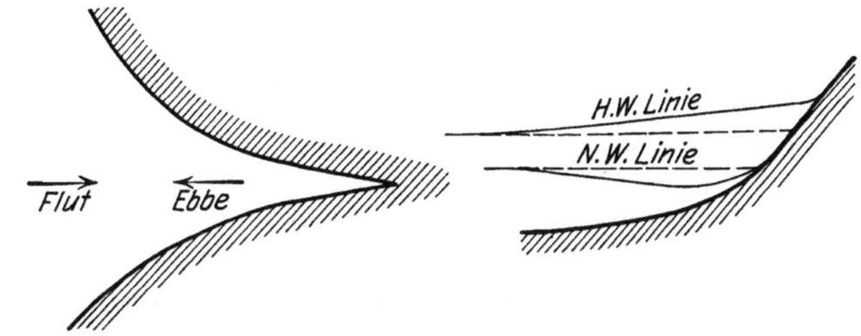

Abb. 217.

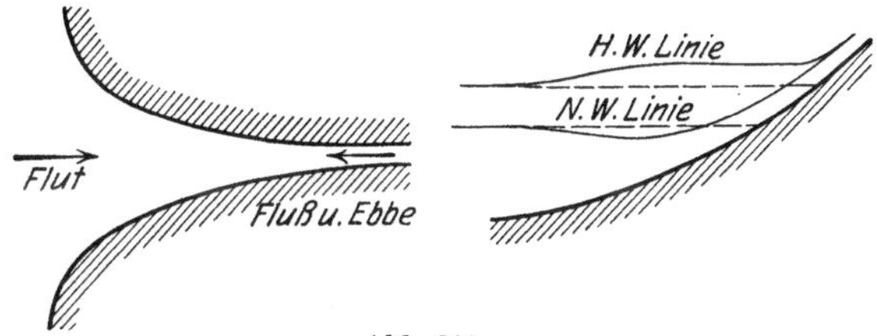

Abb. 218.

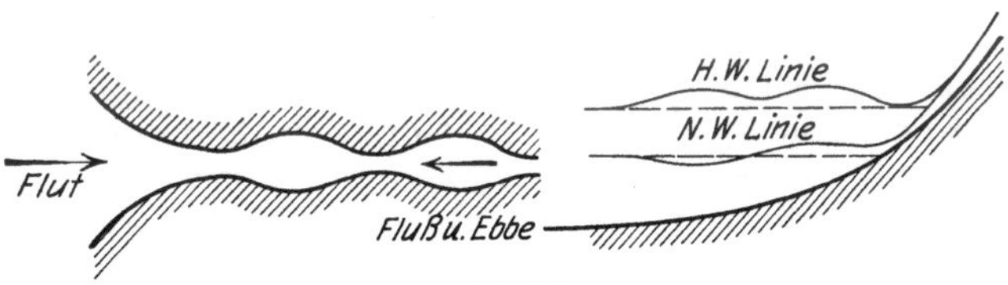

Abb. 219.

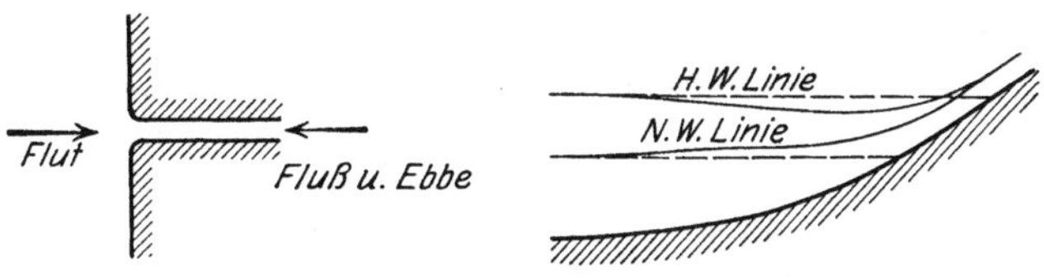

Abb. 220.

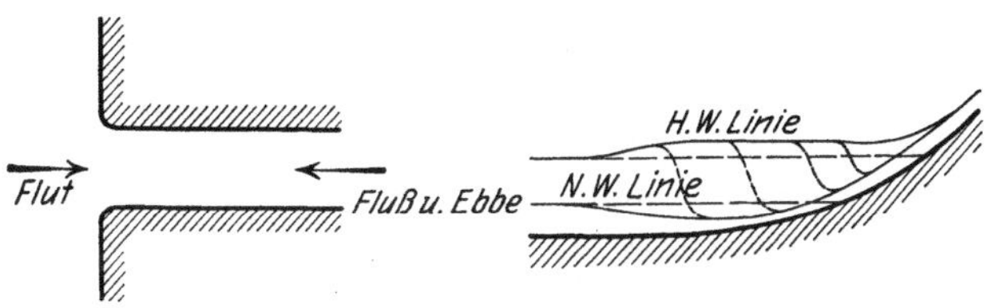

Abb. 221.

Abb. 217—221. Hoch- und Niedrigwasserlinie in Flußmündungen.

[1]) Oeltjen, Z. d. B. 1919, S. 137; Reinecke, Berechnung der Tidewelle im Tideflusse. Berlin: Mittler & Sohn 1921; Dr.-Arbeit, T. H., Hannover. Ferner Bericht de Thierry zum Intern. Schiff.-Kongreß Philadelphia 1912.

mäßiger der Fluß gestaltet ist, desto gleichmäßigeren Gefällewechsel werden beide Linien zeigen (Abb. 218).

3. In Flüssen mit stark wechselnder Breite und Tiefe, mit Spaltungen durch Inseln usw. fällt und steigt die HW.-Linie oft auf der ganzen Strecke mehrfach. Sie fällt, wenn der Fluß plötzlich breiter wird und steigt bei plötzlicher Verengung. Notwendig ist aber, daß eine große Menge Meerwasser in den Fluß eintreten konnte. Die NW.-Linie liegt höher, die HW.-Linie tiefer, damit ist der Höhenunterschied der beiden Linien geringer als bei den regelmäßig gestalteten Strömen (Abb. 219).

4. In Flüssen ohne trompetenartige Mündung, die außerdem dauernd eng bleiben, tritt nur wenig Flutwasser in den Fluß. Die Flutwelle wird schnell vernichtet, die HW.-Linie zeigt fast auf der ganzen Länge einen Fall vom Meere zum Flusse hin. Dieser Fall tritt bei den meisten kleinen Flüssen ein (Abb. 220).

5. Bei breiten, aber seichten Flüssen, oder bei tiefen mit sehr scharfer Strömung im Flusse tritt die bereits besprochene Bore auf (Abb. 221).

Fall 2 zeigt das für jeden zu korrigierenden Fluß anzustrebende Ziel. Die Niedrigwasserlinie wird durch die Korrektion soweit gesenkt, als es irgend möglich ist. Der Fluß weist dann den größtmöglichen Höhenunterschied zwischen HW.- und NW.-Linie auf. Die Flutgrenze liegt weiter aufwärts als bei den Fällen 3—5. Der Fluß besitzt daher auf größter Länge die größtmögliche Wassertiefe bei HW. und außerdem die größte Flutdauer.

c) Wirkung von Wasserstandsänderung in Fluß und Meer.

Bei der bisherigen Betrachtung wurde der obere Zufluß und die Flutmenge im Fluß als unveränderlich angesehen. Dieser Zustand ist aber zu keiner Zeit vorhanden; am häufigsten wird der Fall eintreten, daß der obere Zufluß sich gleich bleibt, aber dann ist der dauernde Wechsel der Fluthöhe zwischen Springtide und Nipptide vorhanden. Es kann aber auch vorkommen, daß in wenigen Tagen der obere Zufluß sehr stark wächst, während das Meereshochwasser, wenn es sich um die Zeit vor und nach der Springtide oder um die Nipptide herum handelt, nur geringe Unterschiede zwischen den einzelnen Fluthöhen aufweist. Diese Fälle sollen betrachtet werden.

1) Annähernd gleichbleibende Hochwasserhöhe im Meere, wachsender Oberwasserzufluß. Wenn der Oberwasserzufluß steigt, dann ist der Widerstand, den die Flutwelle im Flusse findet, größer als vorher, ihre Kraft wird daher eher aufgezehrt, sie läuft nicht so weit aufwärts wie vorher. Flutgrenze und Flutstromgrenze liegen weiter stromab als bei niedrigem Oberwasser. Scheitel und Fuß der Flutwelle werden gehoben, der Fuß mehr als der Scheitel. Der Flutunterschied wird also mit wachsendem Oberwasser geringer, die Fahrtiefe wächst aber trotzdem. Diese Veränderungen der Flutlinien sind am stärksten im oberen Flutgebiet und nehmen zum Meere zu ab. Sie sind aber lange vor der Mündung, sobald die Meerwassermenge im Flusse die Flußwassermenge mehrfach überwiegt, nicht mehr festzustellen.

2) Wechselnde Tiden im Meere, gleicher Süßwasserzufluß. Ein plötzlich eintretendes höheres Meereshochwasser (Sturmflut) schiebt die Flutgrenze stark stromauf und hebt die Hoch- und Niedrigwasserlinie im Flusse, das HW. aber mehr als das NW., wobei der Flutwechsel im Flusse wächst. Bei dem sich zur Springflut regelmäßig erhöhenden Meereshochwasser läuft die Flut von Tide zu Tide höher im Flusse hinauf, staut also jedesmal eine größere Menge Flußwasser oberhalb auf. Die Hochwasserlinie hebt sich dann auf der ganzen Strecke. Mit der Erhöhung des Hochwassers im Meere ist aber dort auch eine Senkung des Niedrigwassers verbunden. Dementsprechend muß die NW.-Linie des Flusses auch bei den niedrigsten Ebben an der Mündung tiefer liegen

als bei mittleren Tiden. Weiter oberhalb bewirkt jedoch die Anstauung des oberen Flußwassers eine Erhöhung der NW.-Linie. Das Gefälle der NW.-Linie der Springfluten wird somit im Flusse vergrößert, so daß sie die NW.-Linie der Nippfluten in einem Punkt oberhalb der Mündung schneidet.

In Abb. 232, S. 195, dem Längenprofil der Seine, liegt dieser Punkt 44 km vor der Mündung, bei Vieux Port.

Wir erhalten also bei Springfluten überall höhere HW.-Linien, in dem oberen Teile höhere, in dem unteren Teile des Flusses niedrigere NW.-Linien als bei Nippfluten.

3) Wechselnde Tiden und veränderlicher Zufluß von oben. Die Verlegung der Flutgrenze, die Lage von HW.- und NW.-Linie ist hierbei so wechselnd, daß allgemeine Regeln nicht aufgestellt werden können.

Selbst gleichhohe Sturmfluten können ganz verschiedene Verhältnisse im Fluß erzeugen, je nachdem, ob starke Hochfluten vorangingen oder nicht. Stets wird aber ein hohes Flußoberwasser unter sonst gleichen Verhältnissen nach einer Korrektion im oberen Flußgebiet tiefer liegen als früher, da sein Abfluß unten ein verbesserter ist.

d) Bestimmung der Wassermengen.

Die Mündungen mit starken Gezeiten weisen die charakteristische Eigentümlichkeit auf, daß die Wassermenge in der Mündung durch Eingriff des Menschen verändert werden kann, und zwar ist die Vermehrung der Wassermenge bis zu einem günstigsten Wert das Ziel, das erreicht werden muß, da aus ihm die weiteren Vorteile der Mündungsverbesserung entstehen. Die Vermehrung der Wassermenge, die als Flut den Strom hinaufeilt, zu errechnen, kann als erste wichtige Arbeit der Korrektion bezeichnet werden.

Um nun die mögliche Flutmasse, die erreicht werden kann, und dafür die Bettform genau bestimmen zu können, muß die Wassermenge, die sich in jedem wichtigeren Profil des Flusses vor der Korrektion hin und her bewegt, bekannt sein. Diese Kenntnis bildet die Grundlage, aus der die Schlüsse für das Verhalten der veränderten Profile und Wassermengen allein gezogen werden können.

Die Wassermenge, die durch einen Querschnitt fließt, kann immer nur für eine kurze Zeitdauer bestimmt werden. Dieses geschieht in folgender Weise: Es werden durch selbstschreibende Pegel die Wasserstände an mehreren Orten oberhalb des Querschnitts bis zur Flutgrenze am Anfang und Ende der Zeit, für die gerechnet wird, festgehalten. Aus diesen Wasserständen trägt man die Wellenlinien der Flut übereinander auf. Vgl. Abb. 222, in der angenommen ist, daß sich oberhalb des Profils zwei Wellen im Flusse befinden. Diese Wellen sind vom Beginn bis zum Ende der Beobachtung von A_1 bis A_2 und A_3 bis G fortgeschritten. Bei Beginn befand sich im Fluß alles Wasser unterhalb der Linie $A_1 B_2 A_3$, nach Ende der Zeit war noch im Flusse das Wasser unterhalb der Linie $B_1 A_2 B_3$, also weniger als vorher. Der Unterschied der beiden Mengen muß somit während der Beobachtungszeit durch das Profil ausgeflossen sein. Mehr gegen zu Anfang ist vorhanden die Fläche oberhalb von B_2, es fehlen aber die Flächen unterhalb von A_1 und A_3, hierzu tritt die von oben zugeflossene Menge q.

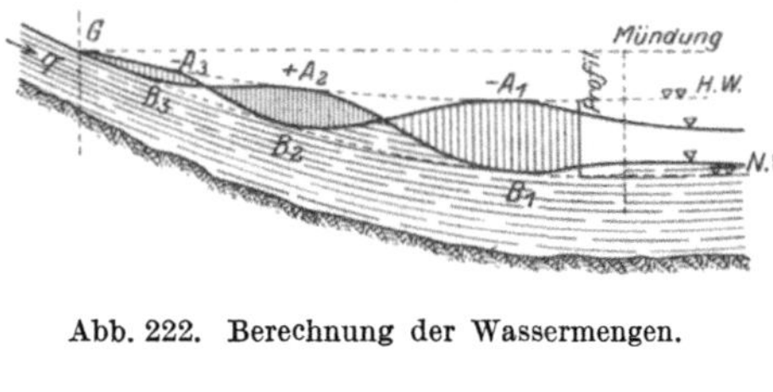

Abb. 222. Berechnung der Wassermengen.

Man bezeichne alle Senkungen unterhalb A_1 und A_3 mit $s_1' s_1'' s_1'''$ und $s_3' s_3'' s_3'''$ usw., alle Hebungen oberhalb B_2 mit $h_2' h_2''$ usw., die zu jeder Höhe gehörige mittlere Wasseroberfläche mit $0_1' 0_1'' 0_1'''$, $0_2' 0_2''$ usw., ferner den unveränderten Zufluß von oben während der fraglichen Zeit mit q, dann ist die Wassermenge Q, die durch den Querschnitt ausfloß:

$$Q = -\Sigma s_1 \cdot 0_1 + \Sigma h_2 \cdot 0_2 - \Sigma s_3 \cdot 0_3 + q$$

oder vereinfacht:

$$Q = +\Sigma h \cdot 0 - \Sigma s \cdot 0 + q\,.$$

Die mittleren wagerechten Oberflächen 0_1 usw. wird man einfach als arithmetisches Mittel der Flächen, die zu Anfang und am Ende der Zeiteinheit abgemessen werden können, bestimmen. Die einzelnen Summen sind die Inhalte des Körpers, die durch die Flutflächen nach oben und unten begrenzt wurden. Man sieht hieraus, daß man, um die Wassermenge in einem Querschnitt festzustellen, die Wasserstände für das ganze oberhalb belegene Flutgebiet nötig hat. Man kann, wenn man oben mit den Querschnitten beginnt, die Wassermenge Q_n jedes folgenden Querschnitts aus der des vorhergehenden Q_{n-1} dadurch finden, daß man je nach der Lage der Fläche die entsprechende Summe $\Sigma h \cdot 0$ oder $\Sigma s \cdot 0$ zu Q_{n-1} zuzählt oder davon abzieht.

Die Größe Q wird dann je nach Lage des Querschnitts positiv, negativ oder gleich Null. Dementsprechend herrscht dort entweder Ebbe, Flut oder Stillstand des Wassers.

Eine möglichst große Zahl von Pegelstationen ist die selbstverständliche Voraussetzung für genaue Messungen. Diese Ermittlung der Wassermengen ist nun nicht nur für eine große Zahl von Querschnitten, sondern auch für eine größere Zahl von Zeitpunkten zwischen HW. und NW. auszuführen. Ferner kommt es sehr darauf an, die am häufigsten auftretenden Fluten zu wählen, weil ihre Wirkung für den Ausbau die entscheidende ist. Außergewöhnlich hohe oder niedrige Fluten werden am besten ausgeschieden, weil nie mit Sicherheit auf ihr Eintreten gerechnet werden kann. Es werden somit aus einer großen Zahl von normalen Flutkurven mittlere Kurven gezeichnet und diese der Zeichnung der Flutwellenlinien zugrunde gelegt. Trägt man solche gemittelten Flutkurven, wie es gemäß Abb. 223 u. 224 für die Weser gemacht wurde, für die einzelnen Orte untereinander auf, so kann daraus jede beliebige Flutwellenlinie leicht gezeichnet werden. Beachtet man die in der Abbildung angeschriebenen Eintrittszeiten der Wasserstände, dann kann man für eine bestimmte Stunde den Wasserstand jedes Ortes abgreifen und von einer Wagerechten, auf der die Orte im richtigen Maßstab abgetragen sind, auftragen. Die entstehende obere Linie ist die Flutwelle. Abb. 223 u. 224 zeigen außer anderem, wie verschwindend der Einfluß der Flutwelle in dem oberen und wie bedeutend er in dem unteren Flutgebiet ist.

Nach diesen Vorarbeiten muß der Entwurf für die Korrektion selbst gemacht werden. Die Wassermenge, die voraussichtlich nach der Korrektion bei Flut stromauf laufen wird, ist die tatsächlich unbekannte Größe der ganzen Rechnung. Sie ist abhängig von den wählbaren Stücken, wie Form und Größe der Querschnitte, ihrer Höhenlage und damit der Größe des Sohlengefälles usw. Die Kunst des Ingenieurs besteht nun darin, diese frei wählbaren Stücke so zu bestimmen, daß die angenommenen Wasserstände in ihnen eintreten und damit die angenommenen Wassermengen auch in den Fluß einlaufen. Man kann leicht bestimmte Querschnitte auswählen und errechnen, es können aber die Widerstände im Fluß so groß sein, daß das Wasser nicht so weit einströmt, wie angenommen. Dann hat man zwar die gewählten Querschnitte ausgebaut, sie werden aber nicht ganz angefüllt. Sie sind also falsch gewählt, da nur der vom Wasser benutzte Teil als Querschnitt gelten kann. Es ist daher nötig, sich nach Wahl der Querschnitte usw. die neue Wassermenge vorerst annähernd zu errechnen. Man muß sich dabei alle vor der Korrektion vorhandenen Hindernisse, die die durch Messungen erhaltenen Flutwellenlinien nachweislich ungünstig beeinflußt haben, entfernt denken. Dann kann man sich verbesserte Flutwellenlinien mit der gedachten größeren Sohlentiefe und den veredelten Querschnittsformen zeichnen.

Darauf kann die Wassergeschwindigkeit der Flut annähernd mit Hilfe der Geschwindigkeitsformel $V = \pm\mu\sqrt{2g \cdot h} + u$ bestimmt werden. Aus ihr muß die Form der Flutwelle und der Ebbekurve unter Vergleich mit den vorhandenen Kurven vor der Korrektion möglichst genau bestimmt werden. Aus der Geschwindigkeit und den gezeichneten Kurven folgt dann wieder die Berechnung

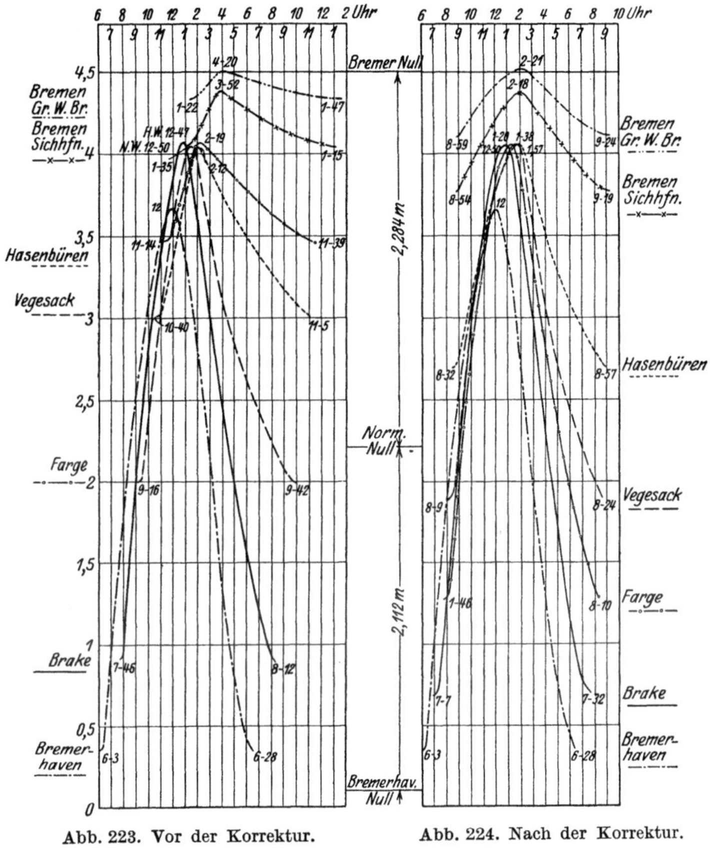

Abb. 223. Vor der Korrektur. Abb. 224. Nach der Korrektur.

Abb. 223 u. 224. Normalflutkurven der Weser bei niedrigem O-Wasser.

der Wassermengen, die als Größt- und Kleinstwert durch die veränderten Querschnitte strömen müssen. Die errechnete Wassermenge zeigt dann weiter, ob die neu angenommenen Querschnitte zu groß oder zu klein sind.

Es ist somit verständlich, daß diese Rechnung mehrfach zu wiederholen ist, wenigstens so oft, bis Übereinstimmung auf allen Punkten herrscht[1]).

[1]) Nach dieser Methode wurde die Korrektion der Unterweser von Ludwig Franzius berechnet. Die Untersuchungen von Oeltjen und Dr.-Ing. Reinecke in Bremen haben gezeigt, daß die ältere Formel zu große Fehlerquellen enthält. Es sind neue Methoden entwickelt worden, die zu sehr genauer Übereinstimmung zwischen Rechnung und Messung geführt haben. Sie sind in der genannten Doktorarbeit von Reinecke wiedergegeben. Das sehr Interessante an den Untersuchungen von Reinecke ist u. a., daß es möglich war, aus fein geschultem Ingenieurempfinden heraus mit den alten Annäherungsformeln ein solches Werk wie die Weserkorrektion zu einem erfolgreichen Ende zu führen, trotzdem die damals bekannten Formeln nicht stimmen (vgl. Plate, Werft und Reederei 1923, Bremen und die Weser).

Für die Beurteilung, ob die gewählten Profile zu groß oder zu klein sind, gelten die für den Flußbau angewendeten Regeln. Es darf sich die Stromgeschwindigkeit hierbei weder zu klein noch zu groß ergeben. Im ersteren Fall versandet das Bett, im zweiten Fall wird die Flutkraft durch vermehrte Reibungswiderstände zu früh aufgezehrt. Jeder Verlust an lebendiger Kraft $0{,}5 \cdot m \cdot v^2$ ist aber nicht nur in dem Profil zu merken, sondern ist ein unwiederbringlicher Verlust für die ganze obere Flutstrecke, da ihm ein entsprechender Verlust an eintretendem Flutwasser entspricht.

e) Das Flußbett und die Korrektionsmittel im Unterlauf.

Das Ziel der Korrektion ist hier wie im Oberlauf die größtmögliche und gleichmäßige Vertiefung des ganzes Flußbettes. Das anzuwendende Mittel ist aber ein völlig anderes. Im oberen Fluß muß mit der für jeden Zeitabschnitt und Ort gleichen Wassermenge gerechnet werden. Im Flutgebiet gilt es, die Wassermenge, die als Flut in den Strom tritt, nicht nur weiter stromauf als bisher zu führen, sondern auch auf das mehrfache des ursprünglichen zu steigern. Im Oberlauf heißt es, den zu weiten und daher zu flachen Querschnitt zu verkleinern, damit er sich vertiefe, im unteren Teile des Flutgebiets kommt es aber meist auf eine Vergrößerung des Querschnitts an.

Ludwig Franzius[1]) sieht mit Recht die Lösung der Aufgabe in der Anerkennung des Satzes:

„Je ungehinderter die Flutwelle sich an jedem Punkt bewegen kann, eine desto größere Wassermenge strömt bei der Flut nach oben und vergrößert sowohl während dieser als auch rückströmend bei der Ebbe die Stromkraft oder die Fähigkeit, ein geräumiges, namentlich tieferes Bett auszubilden und zu erhalten.“

Hierzu ist noch zu bemerken:

Der wirkliche Wert des Flutwassers liegt weniger in seinem Aufwärtsströmen als in der Rückströmung bei Ebbe. Gerade das Streben nach möglichst großer Flutmenge läßt die Räumungsarbeit des Wassers während seines Aufwärtslaufs als nutzlos erkennen. Die Geschiebemenge wird dabei ja sogar aufwärts geführt, es wird dadurch Arbeitskraft nutzlos vernichtet. Also Aufwärtsleiten der Flut unter möglichst großer Schonung ihrer Arbeitsfähigkeit und Abfluß von Flutwasser und Flußwasser zum Meer unter Vergrößerung ihrer Abbruchsleistung am Grund und ihrer Transportkraft ist zu erstreben. Um dieses Ziel zu erreichen, sind möglichst alle, besonders aber die im folgenden aufgeführten Hinderungen und Schwächungen der Flutwelle aus dem Flusse soweit als angängig zu beseitigen.

Die Linienführung des Flusses bedarf nicht wie im Oberlauf der Krümmungen. Sie sind sogar hier, wie bereits ausgeführt, als schädlich zu bezeichnen. Dieses gilt theoretisch auch dann, wenn sie ganz sanft verlaufen, weil immer die Flußlänge dadurch vergrößert wird. Praktisch wird man aber sanfte Krümmungen der großen Kosten wegen nicht beseitigen. Die Voraussetzung für den Ausbau langer gerader Strecken ist aber, daß das NW.-Bett genau festgelegt ist und in seinen Abmessungen so bestimmt wird, daß Ablagerungen sich in ihm nicht festsetzen können. Um dieses zu gewährleisten, müssen seine Ufer eine völlig schlanke Linie zeigen und nach unten regelmäßig weiter werden. Jede plötzliche Bettverbreiterung birgt die Gefahr in sich, daß unregelmäßige Ablagerungen stattfinden. Das Ideal des korrigierten Unterlaufs ist die gerade Linie.

Scharfe kleine Krümmungen zwingen das Wasser zu plötzlichen Richtungsänderungen und verzehren einen Teil der lebendigen Kraft der Flut. Sie kolken an der einbiegenden Seite aus, versanden an der ausbiegenden, ihre Querschnitte sind daher ungleichmäßig; ein Teil des Wassers fließt rasch, der andere langsam,

---

[1]) Handbuch der Ingenieur-Wissenschaften III, 3. 1901.

beides ist wieder Kraftvergeudung. Scharfe Krümmungen müssen abgeschnitten oder stark begradigt werden. Je näher der Hafen der Flutgrenze liegt, desto geringer ist die Wassertiefe. An der Flutgrenze selbst besteht ein schneller Übergang zur geringen Tiefe des Oberlaufs. Ist die Gefahr vorhanden, daß die Flutwelle nicht mehr in genügender Höhe an der Hafenstadt vorbeiläuft, dann müssen auch große Krümmungen durchschnitten werden, um den Weg zum Meer abzukürzen. Der Flutwechsel an der Stadt wird dadurch vergrößert.

Kurze Krümmungen können durch Abgraben der vorspringenden und Ausbauen der hohlen Seite verbessert werden. Der Ausbau der hohlen Seite darf natürlich nicht durch Buhnen, sondern durch Ziehen von Leitdämmen, die hinterfüllt werden, geschehen. Bei großen Halbmessern sind Durchstiche das einzige Abhilfsmittel, sie sind aber in Flüssen mit großem Fluttrichter der Kosten wegen nur im oberen Flutgebiet anwendbar. Im unteren Flutgebiet bedingt ihre große Breite zu gewaltige Bodenbewegungen. Zu bedenken ist bei jedem Durchstich, ob man den alten Arm am oberen Ende nur schließen und im übrigen als Spülbecken bestehen lassen will (Vermehrung der Flutmenge für die Strecke unterhalb), oder ob man ihn zuschütten darf (Verminderung der Flutmenge gegen die erste Annahme). Das Zuschütten wird gewöhnlich die Korrektion verbilligen, da oft Mangel an Ablageflächen für Boden besteht, das Offenlassen kann aber die Wirkung der Korrektion vergrößern.

Spaltungen. Sowohl Inseln als Sandbänke erzeugen Spaltungen. Sie vergrößern die Reibungsfläche und vernichten noch mehr an lebendiger Kraft als die Krümmungen. Sind die Arme zu beiden Seiten einer Insel verschieden lang, dann wird der kürzere schneller durchlaufen, dessen Flutwasser tritt dann von oben in den mehr gekrümmten Arm und vernichtet noch einen Teil der dortigen Flutwelle. Alle größeren Spaltungen sind zu beseitigen, sehr kleine Arme sind meist unschädlich und tun dem größeren Arm wenig Abbruch. Man kann diese kleineren meist ruhig unverändert beibehalten.

Bei der Sperrung von Stromspaltungen muß der Sperrdamm (Abb. 225) stets am oberen Ende des abzutrennenden Armes liegen, selbst wenn er dort teurer würde. Der tote Arm wirkt dann als Spülbecken günstig für das untere Flutgebiet. Die Zuschüttung des ganzen Armes wird manchmal der Kostenersparnis halber ausgeführt und empfiehlt sich im oberen Teile des Armes bis zur vollen Hochwasserhöhe, weil dadurch der Sperrdamm gegen die Wirkung des Überfalls besonders hoher Fluten gesichert wird. Sind zwei Arme gleich breit, dann wird der längere abgetrennt; ist ein Arm wesentlich breiter, dann wird er ausgebaut, falls er nicht gerade bedeutend länger ist als der schmale. Die Frage kann nur von Fall zu Fall entschieden werden.

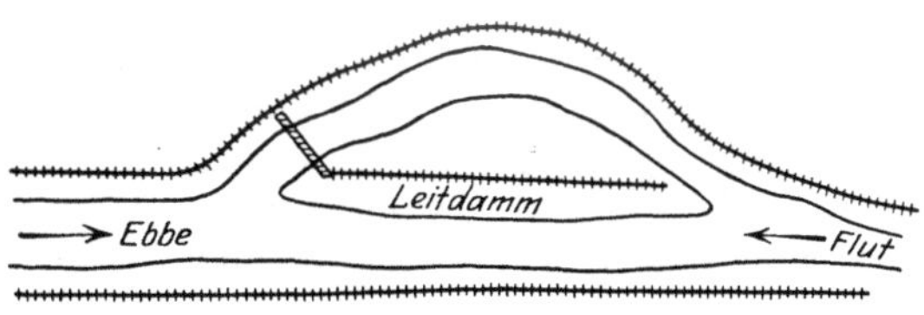

Abb. 225. Sperrdamm einer Stromspaltung.

Notwendig ist es, die Sperrdämme gegen Unterspülung zu schützen, bei lockerem Untergrund also Sinkstücke zu legen. Die Dämme müssen so schnell wie möglich hochgeführt werden, damit die Gefahrzeit für einen Durchbruch infolge Hochwassers verkürzt wird. Da der offenbleibende Arm doch verbreitert werden muß und dieses durch Baggern zu geschehen hat, wird diese Arbeit am besten gleichzeitig mit dem Dammbau ausgeführt. Dadurch kann man den fertigen Teil des Dammes immer gleich mit dem Baggergut von beiden Seiten einschütten und so sichern.

Abwechselnde Verengungen und Erweiterungen des Bettes. Diese treiben die Hochwasserlinie teils plötzlich in die Höhe, teils lassen sie sie abfallen. In beiden Fällen wird die günstigste Querschnittsform und die größte

Stromgeschwindigkeit dadurch verhindert. Diese Verringerung der Geschwindigkeit bedingt wieder einen Verlust an lebendiger Kraft. Die Querschnitte müssen ausgeglichen werden, so daß sie unter Verkleinerung nach oben allmählich in ihrer Querschnittsgröße ineinander übergehen. Vgl. Abb. 235 auf S. 197[1]).

Barrenbildung. Die Barren bestehen aus Sandbänken, die den Fluß in ganzer Breite durchsetzen und ihre Lage wenig ändern. Außer in der Mündung finden sie sich oft stromauf an der oberen Grenze des Flutstroms, weil dort regelmäßig ein Stau, aber keine darauffolgende verstärkte Spülwirkung, sondern nur die gewöhnliche Flußströmung eintritt. Hier wird man vor allen Dingen durch Baggerung helfen müssen. Als sicherstes Mittel für die Beseitigung der Mündungsbarren dient die Verstärkung des Flutstroms und die Baggerung.

Die Barren verhindern bei genügender Flutgröße nicht die Schiffahrt, lassen aber die tiefgehenden Schiffe nur bei höheren Wasserständen hinüberfahren. Dadurch werden die Dampfer oft gezwungen, fast eine Tide lang vor der Barre zu warten, falls sie erst nach HW. vor der Barre anlangten. Es kann auch allgemein dem Tiefgang der Schiffe für niedrige Fluten zu früh ein Ziel gesetzt werden, so daß die Wettbewerbsfähigkeit mit anderen Häfen stark gemindert wird. Bei den Außenbarren sind Bauten meist nicht möglich, hier kann nur Baggerung helfen.

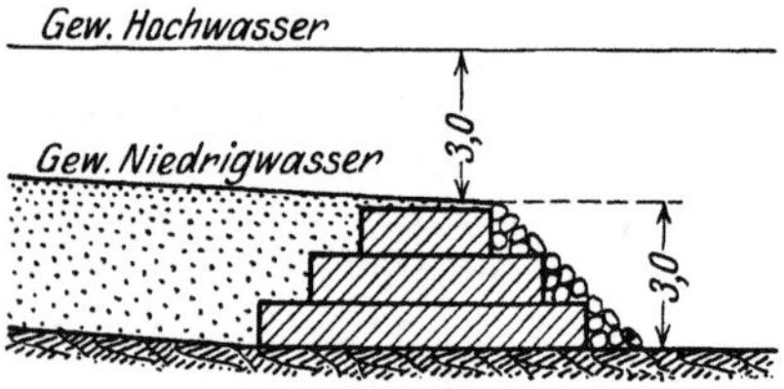

Abb. 226. Leitdamm der Weser für Niederwasser.

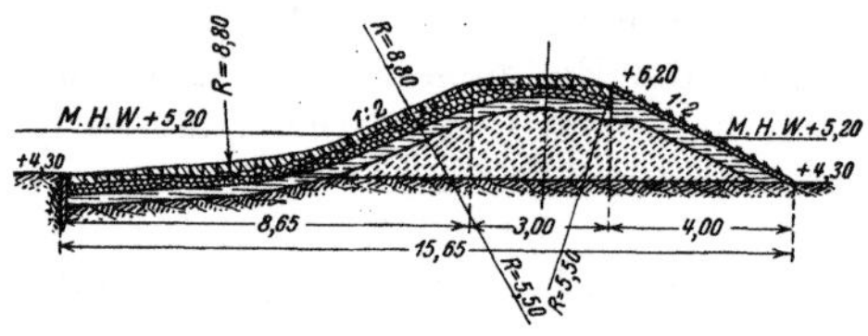

Abb. 227. Hochwasserleitdamm der Elbe.

Maßstab 1 : 300.

Die einzelnen Grundelemente des Flußbaues, wie Deckwerke, Leitdämme usw. werden auch bei der Verbesserung der Strommündungen verwendet. Nur die Gesichtspunkte, nach denen diese Bauten angelegt werden, sind andere.

Die Einfassung von NW.- und MW.-Bett darf über das seitliche HW.-Bett nicht hinausragen, da bei Ebbe das seitlich stehende Flutwasser ohne Hinderung in das NW.-Bett strömen muß. Tatsächlich ist in gut korrigierten Flüssen bei Flut stets ein Strömen von der Mitte nach der Seite, bei Ebbe von der Seite nach der Mitte zu bemerken. Die niedrigen Leitdämme sind in Anlage und Unterhaltung billiger als solche, die das Niedrigwasser überragen. Ein Beispiel dafür bietet Abb. 226, die einen Leitdamm für das NW.-Bett der Weser darstellt. Wesentlich stärker werden HW.-Leitdämme ausgebildet. Abb. 227 zeigt einen solchen der Elbe unterhalb Hamburgs vor dem Park. Der Damm besteht aus einem Sandkern mit Kleiabdeckung, ist an der Stromseite durch Pflasterung, an der Rückseite durch Rasenabdeckung geschützt. Die Leitdämme werden zweckmäßig mit Baggergut hinterfüllt. Sie gehen in dem oberen Flutgebiet nach und nach in die üblichen höheren Parallelwerke über und sind dann als solche häufiger durch Querdämme an das Ufer anzuschließen.

Das Hochwasserbett bedarf keines so sorgfältigen Ausbaues. Es muß möglichst weit sein, ohne aber zu große Unregelmäßigkeiten zu zeigen. Diese sind, falls es wirtschaftlich möglich ist, durch Abgrabungen oder Anschüttungen annähernd auszugleichen. Eine sehr genaue Abgleichung ist aber nicht nötig, weil die Strömung an den Rändern eines breiten Bettes gering ist. Oft wird Gelände

[1]) Die Abbildungen sind sehr lehrreich, weil sie zeigen, wie weitgehend man im Interesse der Billigkeit die alten Querschnitte unverändert ließ.

für das Aufspülen von Boden erwünscht sein. Durch diese Aufspülungen kann man wertvolles Land gewinnen und zugleich das HW.-Bett gleichmäßiger machen.

Bei allem ist auf eine möglichst geringe Rauhigkeit des Bettes größtes Gewicht zu legen. Die Rauhigkeit des Bettes kann eine natürliche (vorspringende Felsen, Klippen am Grund) oder eine durch mangelndes Verständnis künstlich geschaffene sein (Buhneneinbauten). Ihr kraftverzehrender Einfluß zeigt sich vor allem im Zusammenhang mit den vorhergehenden Punkten dann, wenn das Wasser unregelmäßig zu plötzlich schnellerem Lauf gezwungen wird. Besonders die Anlage vieler Buhnen im Flutgebiet ist schädlich. Sie vermögen eine sonst genügende Flutwelle nach kurzer Zeit zu vernichten und erreichen stets das Gegenteil des Erstrebten. Die Anlage von einzelnen Buhnen wird dagegen meist keinen großen Einfluß auf die Flutwassermenge haben, sie kann aber örtlich von großem Nutzen sein.

In viel höherem Maß als die obere Strecke bedarf das Flutgebiet während und nach der Korrektion der Baggerungen. Im wesentlichen ist die Baggerung in folgenden Fällen erforderlich:

1. Während der Ausführung, wenn die Strömung nach Anlage der Regulierungswerke den Boden nicht von selbst lösen kann, und um die Wirkung der Regulierung zu beschleunigen. Es kann z. B. eine starke Sandbank der Flut den Weg sperren. Wird diese Bank schnell fortgebaggert, dann wirkt die Flut bereits während der Regulierung weiter oberhalb sandabführend.

2. Nach der Ausführung, sowohl an der Grenze des Flutgebiets als auch in seinem mittleren Teile. Die Grenze des Flutgebietes unterliegt leicht der Versandung. Ist hier noch die tiefe Rinne erforderlich, dann kann sie dauernd nur durch Baggerung freigehalten werden. Die Stromkraft reicht hier allein nicht aus. Im mittleren Flutgebiet können Ablagerungen durch besonders hohe Oberwasser oder Sturmfluten erzeugt werden. Diese würden nach Eintritt der normalen Verhältnisse von selbst verschwinden, brauchen hierzu aber viel Zeit. Ein reger Schiffahrtsbetrieb kann eine längere Störung nicht ertragen, in seinem Interesse ist die schnelle Beseitigung der Sandbänke durch Baggern erforderlich. Die Anschaffung eines genügendes Parkes von Baggern, Prähmen und Spülern ist gleich bei dem Entwurf der Korrektion mit vorzusehen, besonders die Verwendung von Dampfprähmen ist sehr zu empfehlen, weil sie die Transportkosten des Baggerguts besonders verringern.

Verkehrstechnisch ist folgende Regel bestimmend für die Korrektion: Die von See bei HW. einfahrenden Schiffe reiten den Fluß gleichsam auf dem Scheitel der HW.-Welle ab, wobei sie bei genügender Tiefe annähernd mit der Geschwindigkeit des Wellenscheitels fahren. Die zur See auslaufenden Schiffe fahren gegen die Welle an und haben die schlechteren Fahrverhältnisse. Die Korrektion ist so auszuführen, daß die ausfahrenden Schiffe möglichst in einer Tide das tiefe Wasser erreichen, vgl. die Weserkorrektion S. 203.

f) Beispiele für die Korrektion des Unterlaufes der Tideflüsse.

In folgendem sollen einige Korrektionen besprochen werden. Der Zweck dieser Besprechungen ist zum Teil mit der, zu zeigen, mit wie verschiedenen Mitteln gearbeitet werden muß, um den gewünschten Erfolg zu erzielen. In keinem Gebiet der Ingenieurkunst muß aber vor der Verallgemeinerung von Einzelfällen mehr gewarnt werden als gerade hier.

Als bemerkenswerte Beispiele von Korrektionen sind zu nennen: der Clyde, Tyne, Tees, Mersey, die Seine, Loire, Garonne, die neue Maas, die Schelde, Ems, Weser und Elbe, ferner der Hugli (westlicher Hauptarm des Ganges). Hier sollen behandelt werden der Clyde, die Seine und die Weser.

1. Der Clydefluß.

Nach einem Laufe von 158 km Länge mündet der Clyde in eine tiefe und breite Bucht, den Firth of Clyde, der völlig frei von Sandbänken ist. Der Fluß entwässert ein Gebiet von über 2400 qkm, sein Mündungsgebiet ist 34 km, das obere Flutgebiet etwa 31 km lang.

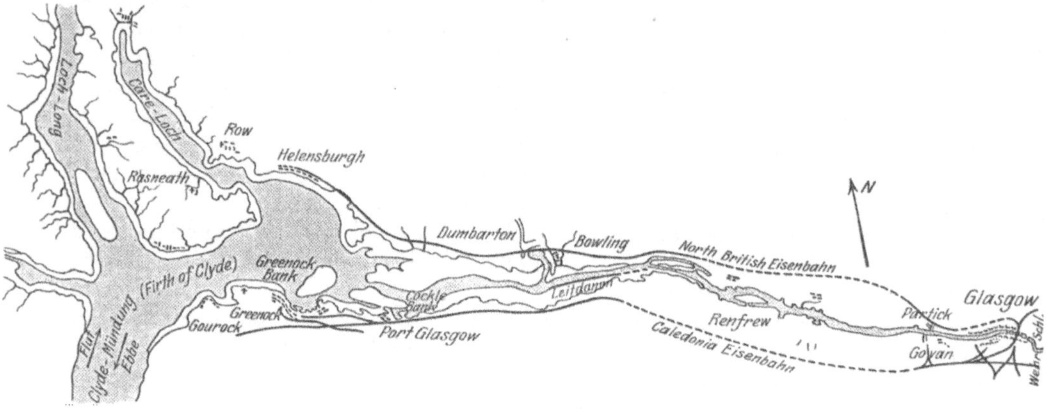

Abb. 228. Lageplan. Maßstab 1 : 300 000.

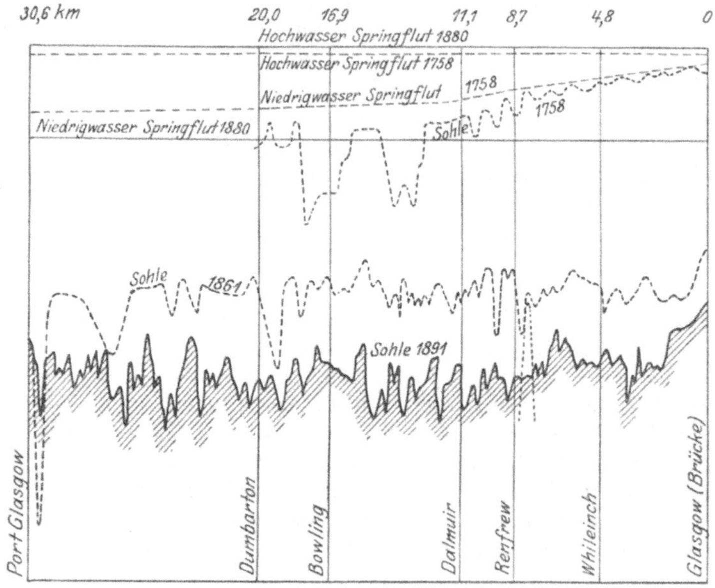

Abb. 229. Längenschnitt.

Abb. 228 u. 229. Der Clyde.

Die wichtigste Stadt am Clyde ist Glasgow, ihre Industrie und ihr Handel machten vor allem eine Korrektion notwendig.

Noch im Jahre 1773 besaß der Fluß (Abb. 228 u. 229) 19 km unterhalb von Glasgow nur eine Tiefe von weniger als 1,5 m unter NW. Im gleichen Jahre begann man mit den ersten wesentlichen Korrektionsarbeiten, die sich jedoch auf eine Strecke von 20 km unterhalb Glasgows beschränkten. Die Flußbreite wurde auf dieser Strecke durch Anlage von Buhnen von 212 m bei Dumbarton allmählich bis auf 55 m unterhalb Glasgow eingeengt. Wahrscheinlich deshalb, weil die Buhnenfelder sich nur auf dieses kurze Stück (20 km) erstreckten, die Flutwelle also bis Dumbarton ungeschwächt anlaufen und nun zwischen den Buhnen stark wühlend wirken konnte, wurde tatsächlich trotz der falschen Maßregel des Buhnenbaues ein Erfolg erzielt. Es wurde die Untiefe bei Dumbarton auf die Tiefe von 4,27 m und der Flutwechsel in Glasgow auf über 2 m gebracht.

Im Jahre 1836 wurde dann ein Entwurf für das ganze Flutgebiet aufgestellt und ausgeführt. Der größte Teil der Buhnen wurde wieder beseitigt, die neu aufgestellten Uferlinien wurden durch Leitdämme festgelegt. Die Flußbreite zwischen den Leitdämmen unterhalb Glasgow sollte jetzt 113 m, bei Dumbarton 305 m betragen.

Die Wirkung der Stromverbesserung ist dabei durch kräftige Baggerung wesentlich verstärkt worden. Abb. 229 zeigt, in welchem Maße die Vertiefung gelungen ist. Die Erhaltung der Tiefe ist ohne Baggerung nicht möglich gewesen. Es muß im Durchschnitt jährlich über 0,5 Mill. cbm Boden gebaggert werden, der teilweise zur Gewinnung wertvoller Fabrikgrundstücke angeschüttet wird.

Es sei aber darauf hingewiesen, daß der Wert der Korrektionswerke nicht verkannt werden darf[1]). Denn wenn auch viel gebaggert werden muß, so dürfte doch eine viel größere Menge Sand durch die Strömung selbst entfernt werden. Vor allem ist die wertvolle Vergrößerung des Flutwechsels im Flusse der Haupterfolg. Der Flutunterschied ist in Glasgow hauptsächlich infolge Senkung des Ebbespiegels (2,59 m) um 2,67 m gewachsen, so daß er jetzt 3,43 m beträgt. Die Fahrtiefe bei Niedrigwasser schwankte 1912 zwischen 5,2 und 6,1 m.

Die Kosten des eigentlichen Korrektionswerks haben 43,4 Mill. Mark betragen und sind in ihrer Höhe bei der geringen Länge des Flusses wohl nur durch die anfänglich unrichtigen Korrektionsmethoden zu erklären.

In ihrem jetzigen Zustande darf die Korrektion als ein Erfolg bezeichnet werden.

2. Die Seine.

Die Seine ist 770 km lang und entwässert ein Gebiet von 77 800 qkm. Das Mündungsgebiet ist 20 km, das obere Flutgebiet rd. 150 km lang, es reicht von Berville bis Le Havre, die Flutgrenze liegt 19 km oberhalb Rouen. Das Flutintervall beträgt bei Springfluten in Le Havre 7,50 m, in Rouen 2,2 m, bei Nippfluten in Le Havre 2,30 m, in Rouen 1,00 m. Abb. 230 zeigt die Tidekurven von See (Barfleur) aus über 100 km bis nach Le Havre. Man kann die Aufstauchung der Flutwelle gut erkennen. Abb. 232 zeigt dann den weiteren Verlauf der Flutkurven in der Seine selbst bis Rouen.

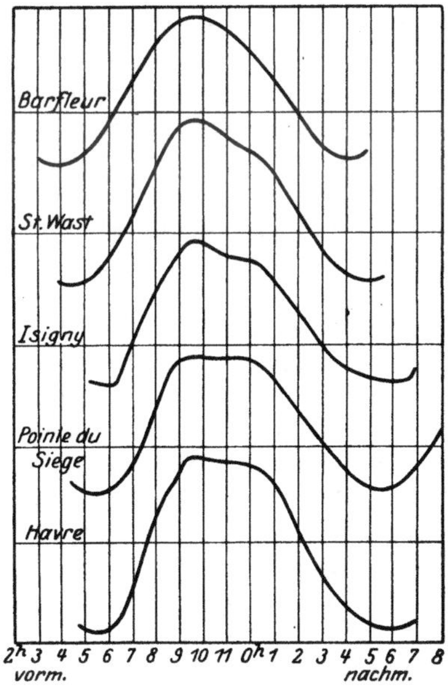

Abb. 230. Tidekurven in der Seinebucht.

Die Seine führt höchstens 2500 cbm/sek, wenigstens 200 cbm/sek, im Mittel etwa 485 cbm/sek ab und hat wenig Sinkstoffe. Vor der Korrektion (1848) war das Fahrwasser zwischen Rouen und la Mailleray regelmäßig und genügend tief, unterhalb davon jedoch sehr unregelmäßig. Dort befanden sich viele, stets ihren Ort wechselnde Sandbänke. Das Bett hatte eine Breite, die von oben nach unten gerechnet, von 1000 m (Tancarville) bis auf 10 000 m (Honfleur) zunahm. Unterhalb Quillebœf war die Tiefe

[1]) Engineering Bd. 1, S. 29. 1912.

bei Springflut nur 4,3 m, bei tauber Flut 1,75 m, oberhalb dieses Ortes begann die gefährliche Bore.

Die erste Korrektion wurde 1848 begonnen und 1866 beendet. Sie bestand im wesentlichen aus dem Ziehen von Leitdämmen zwischen einem Punkt oberhalb von Caudebec und dem stromab liegenden Ort Berville und in Baggerungen zwischen la Mailleray und Berville. Der Abstand der Leitdämme betrug zwischen Caudebec und Quillebœf 300 m und nahm von dort bis Berville auf 530 m zu. Die Dämme sollten bis über mittleres HW. bei Springflut reichen und innerhalb der eingedämmten Strecke das ganze Hochwasser einheitlich abführen.

Diese Arbeiten haben die Schiffbarkeit des eigentlichen Flusses wesentlich verbessert. Die früheren Untiefen sind verschwunden, wobei an einigen Stellen die Sohle um 3 bis 4 m gesenkt worden ist. Die Wassertiefen haben sich so vergrößert, daß bei Springfluten Schiffe von 7,0 m Tiefgang, bei tauben Fluten solche von 5,6 m Tiefgang in einer Tide ohne Schwierigkeit bis Rouen gelangen konnten. Vgl. Abb. 232.

Die Niedrigwasserlinie ist durch die Korrektion nur wenig gesenkt worden, bei Springfluten um 2 m in Quillebœf, 1,50 m in Caudebec und 0,80 m in Rouen. Dieser nur geringen Senkung der Niedrigwasserlinie entspricht auch die nur geringe Zunahme des Flutintervalls, das bei Springfluten in Le Havre 7,50 m, in Caudebec nur noch 3 m und in Rouen 0,5 m beträgt. Die Hochwasserlinie steigt nicht an, sondern verläuft fast gänzlich wagerecht, ein Zeichen für eine dauernde starke Verminderung der lebendigen Kraft der Flutwelle im Flusse.

Diese Vernichtung der lebendigen Kraft beruht zum Teil auf dem starken Gefälle der Niedrigwasserlinie, das eine die Hochwasserwelle hemmende starke Niedrigwasserströmung zur Folge hat, zum Teil auf dem zu geringen Hochwasserquerschnitt, der durch die bereits erwähnten Hochwasserdämme zu stark eingeengt ist. Die Hochwasserwelle läuft wie in einem Kanale dahin; was ihr an Kraft genommen wird, hat ein Abfließen nach unten und damit eine Verminderung ihrer Höhe zur Folge. Würden die Querschnitte sich stetig nach oben verengen, dann würde die sich verringernde Flutwelle auch stets einen verkleinerten Querschnitt finden und weniger an Höhe einbüßen.

Trotz aller Nachteile dieser Korrektionsart ist für den Fluß selbst, wie bereits gesagt, ein Erfolg erzielt worden, nicht aber für sein Mündungsgebiet.

Durch die große Einengung des Hochwasserbettes ist trotz Senkung der Niedrigwasserlinie die einströmende Flutwassermenge so verringert worden, daß eine andauernde Verschlechterung der Mündung eingetreten ist. Nach Berechnung namhafter Ingenieure soll durch die erfolgten Anlandungen die Abnahme der Flutwassermenge, die bei Le Havre vorbeiströmt, 100 Mill. cbm, die Verminderung an Raum für das Flutwasser im ganzen Strome aber 370 Mill. cbm betragen. Dieser Abnahme entsprechen auch eine wesentlich verringerte Spülwirkung und sehr vergrößerte Ablagerungen in Form von Sandbänken und Barren in dem Mündungsgebiet.

Diese Ablagerungen in der Mündung wurden so stark, daß sie eine sichere Schiffahrt dort unmöglich machten und daß sie ferner einige Jahre später sogar die Einfahrt zum Hafen von Le Havre gefährdeten. Der Zugang zur Seine mußte durch einen besonderen Kanal neu geschaffen werden, der aus dem Hafen von Le Havre abzweigt und bei Tancarville, km 355, in die Seine einmündet. Er ist unten und oben durch Schleusen geschlossen. Zur Sicherung der Zugänglichkeit von Le Havre selbst mußte eine neue Einfahrt durch Erbauung langer und kostspieliger Molen gewonnen werden, die nach Westen offen ist und außerhalb des Verlandungsgebiets liegt.

Es ist ferner ein neuer Entwurf zur Korrektion der Seine aufgestellt und seit 1895 durchgeführt worden.

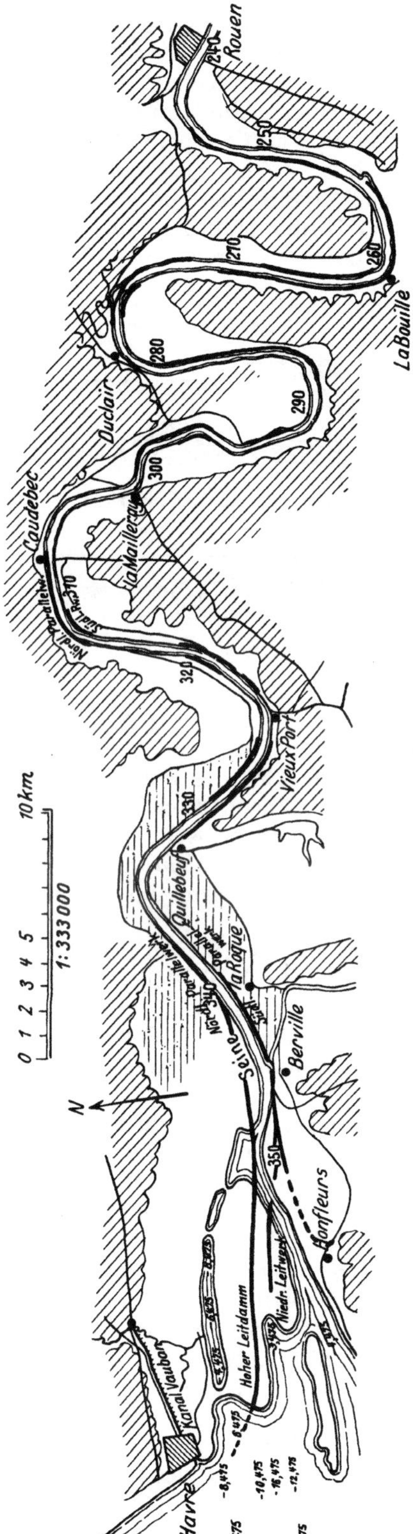

Abb. 231. Lageplan 1 : 300 000.

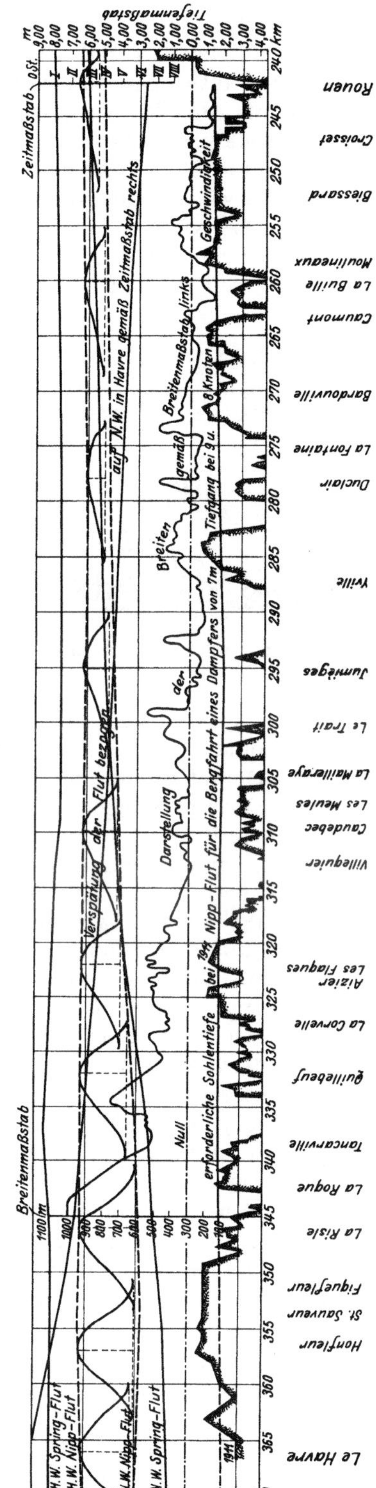

Abb. 232. Längenschnitt der Seine. Länge 1 : 666 000; Höhe 1 : 444.

Abb. 231 u. 232. Flutgebiet der Seine zwischen Le Havre und Rouen.

Es ist von Quillebœf an abwärts ein besonders verbreitertes NW.-Bett mit seitlich anschließendem HW.-Bett erbaut worden, um so wieder eine größere Spülwirkung des Flutwassers zu erzielen. Die Lage der neuen Korrektionsbauten, Jahr 1911, ist aus Abb. 231 zu ersehen. Aus der gleichen Abbildung ergibt sich ebenso die Entwicklung der früher zu engen Mündung zur Trompete. Die eingetragene Breitenlinie (Abb. 232) zeigt, wie die Breite von La Risle von 1100 m bis Rouen auf etwa 170 m abnimmt. Abb. 233 zeigt ferner die stufenweise Ausbildung von Leitwerken mit Verlandung und Hinterspülung, wobei immer die Erhöhung auf der Auflandung erbaut wird. Seit 22 Jahren wird außerdem stark im Flusse, seit 10 Jahren auch in der Mündung gebaggert.

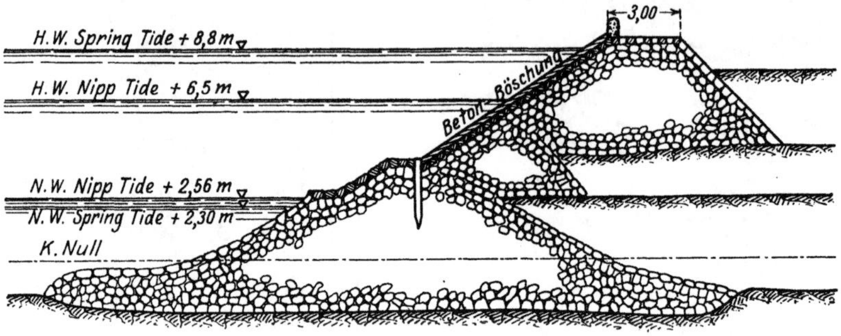

Abb. 233. Deckwerke im Mündungsgebiet der Seine. Maßstab 1 : 333.

3. Die Weser.

Die Weser entspringt im Thüringer Wald, heißt zuerst Werra (das gleiche Wort wie Weser) und nimmt bei Hann. Münden, km 269, die Fulda auf.. Sie besitzt eine Gesamtstromlänge von der Werraquelle bis nach Bremerhaven von 704 km; die Länge ihres oberen Flutgebietes vom Hemelinger Wehr bis Bremerhaven ist 73 km mit der Grenze für die Flut bei Bremen, Wehranlage. Das Mündungsgebiet kann zu 45 km bis zum Rotesand-Leuchtturm, .insgesamt zu 55 km Länge angenommen werden.

Die größte, aus dem Binnenland kommende Hochwassermenge beträgt bei Bremen 4600 cbm, das M. Sommer-HW. ist 540 cbm, die MW.-Menge 290 cbm und die NW.-Menge 100 cbm/sek. Die Flutwassermenge, die bei 1,5 m Wasser über gewöhnlichem Hochwasser bei Bremerhaven vorbeiläuft, ist 12 000 cbm/sek; die mittlere Flutwassermenge, die sich dann in der Mündung bewegt, beträgt über 100 000 cbm/sek.

Die Wirkung jedes, auch des höchsten Oberwassers hört bereits bei Brake, 27 km vor der Mündung auf, d. h. auf etwa $^2/_5$ des Flutgebiets, von der Mündung an. Das Mittelwasser stand vor der Korrektion auf + 0,73 m, das gewöhnliche Wasser auf + 0,5 m am Bremer Pegel, PN. = + 2,284 NN. Das mittlere Flutintervall beträgt in Bremerhaven 3,3 m. Der Zustand des Flusses vor der Korrektion war folgender: Auf der 40 km langen Strecke Bremerhaven bis Vegesack war der Fluß völlig verwildert, ein kurzes Stück von 5 km Länge ausgenommen. Die verwilderte Strecke besaß eine unregelmäßige Bettform und war etwa zur Hälfte durch Inseln und bei Ebbe trocken liegende Sandbänke in mehrere Arme geteilt. Korrigiert waren bereits das Stück von Elsfleth bis Farge und von Vegesack bis Bremen.

Man kann die Flutverhältnisse mit genügender Genauigkeit erkennen, wenn man Abb. 234 mit Abb. 235 und der Tafel der mittleren Tiden vergleicht. Man sieht dann folgendes:

Unterhalb Brake waren die Flutverhältnisse und auch die Tiefenverhältnisse einigermaßen günstig, die Fortschrittsgeschwindigkeiten groß (letzte Spalte der

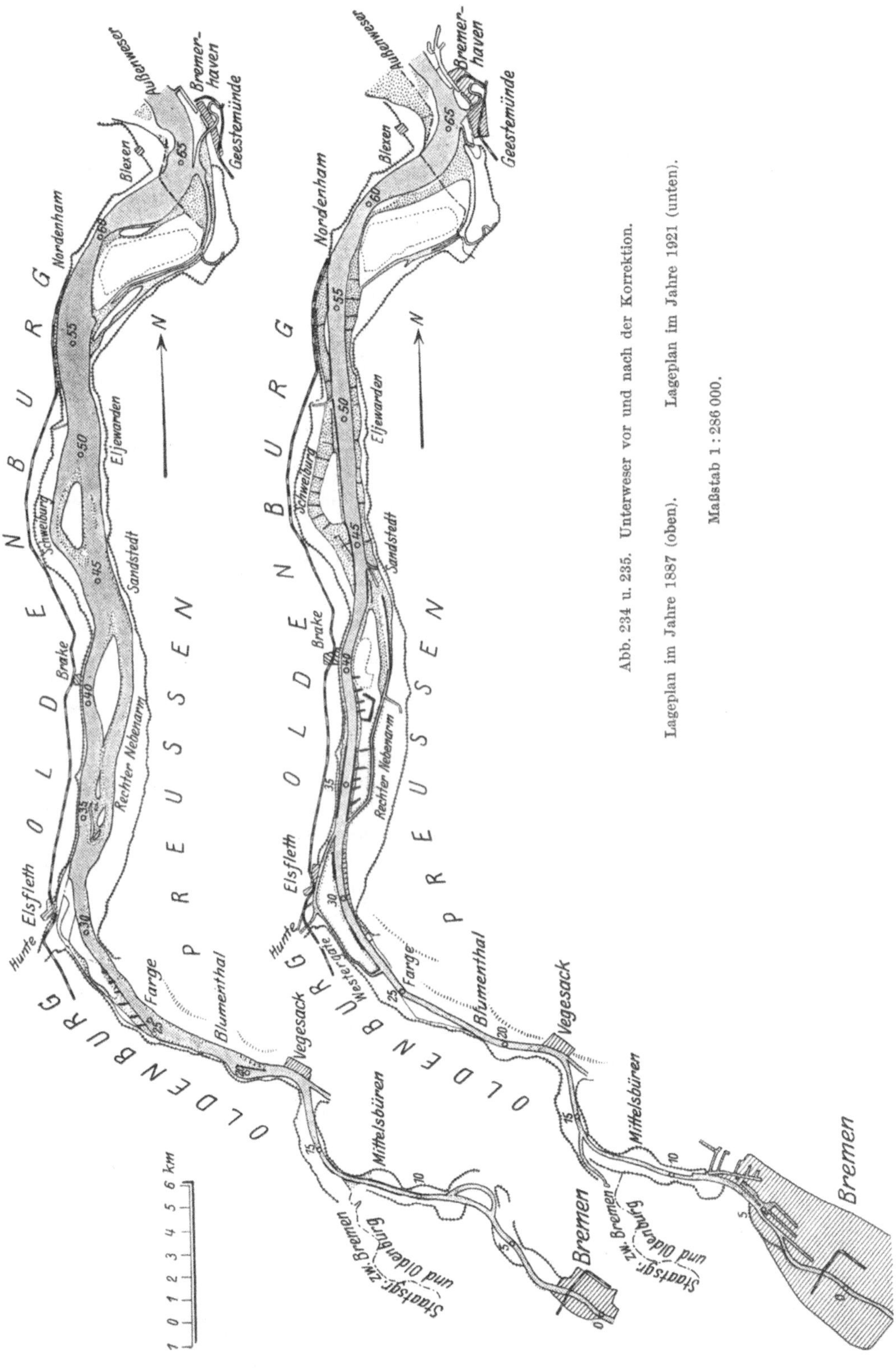

Abb. 234 u. 235. Unterweser vor und nach der Korrektion.

Lageplan im Jahre 1887 (oben). Lageplan im Jahre 1921 (unten).

Maßstab 1 : 286 000.

Tafeln A u. B). Oberhalb Brake stieg die Sohle plötzlich an, desgl. die NW.-Linie (Abb. 238). Die Fahrwassertiefe war dadurch stark vermindert. Die Geschwindigkeit des Wassers und die Flutdauer wird plötzlich viel geringer. Diese ungünstigen Erscheinungen waren die Folge der mehrfachen Stromspaltungen und unregelmäßigen Bettformen oberhalb von Brake, die einen großen Teil der lebendigen Kraft der Flutwelle schnell vernichteten.

Die größte Schwächung erlitt die Flutwelle zwischen Brake und Vegesack, auf welcher Strecke die NW.-Linie die steilste Neigung besaß. Auf dem korrigierten Stück bis Bremen wurde ihre Neigung dann wieder geringer.

Das schlechteste Stück der Strecke Brake—Vegesack war die Strecke von Brake bis Elsfleth. Oberhalb von Elsfleth bis Vegesack war der Fluß durch Einbau von Buhnen korrigiert und dabei so eingeengt worden, daß die dort vorhandene Geschwindigkeit das Niederfallen von Sinkstoffen verhinderte. Unterhalb von Elsfleth wurde die Geschwindigkeit wegen der übermäßigen Breite des Flusses plötzlich sehr gering. Die Sinkstoffe, die sonst von Vegesack bis Brake die Sohle gleichmäßig bedeckt hatten, waren ausgespült worden, hatten sich dann aber unterhalb Elsfleth niedergeschlagen und bildeten dort geradezu eine Barre.

Die Aufgabe, die gelöst werden sollte, war nun, das Gebiet zwischen Bremerhaven und Bremen so zu verbessern, daß der neue günstigere Zustand mit nur geringer künstlicher Nachhilfe durch die natürliche Strömung erhalten bleiben sollte, wobei auch die Mündungsstrecke nur in günstigem Sinne verändert werden durfte.

Um dieser Forderung, vor allem in bezug auf das Mündungsgebiet, genügen zu können, war die Vergrößerung der in den Fluß strömenden Flutmenge und die Verlängerung des Flutgebiets nach oben auf die möglichsten Größtwerte zu erstreben.

Es wurden alle größeren Stromspaltungen beseitigt. Soweit es erforderlich war, wurden die abgeschnittenen Arme unten offen gelassen und als Sammelbecken benutzt. Der Stromteil unterhalb mußte dann dementsprechend breiter angelegt werden, um dem Sammelbecken ohne Schädigung des oberen Stromstückes genügend Wasser zuzuführen. Das Bett wurde regelmäßig gestaltet, so daß sein Querschnitt von Bremerhaven bis Bremen allmählich abnahm (Abb. 237a und 237b, S. 201). Bis Vegesack wurde ein doppelter Querschnitt, von dort bis Bremen ein einfacher verwendet. Der Doppelquerschnitt besteht aus dem schmalen unteren Niedrigwasserbett und dem breiteren oberen Hochwasserbett, die teilweise unsymmetrisch angeordnet wurden.

Das tiefe Niedrigwasserbett wurde so gelegt, daß es die vorhandenen Tiefen möglichst ausnutzte, hierdurch wurde wesentlich an Erdarbeit gespart. Das HW.-Bett hielt sich im allgemeinen an die vorhandenen Ufer derart, daß wertvolle Ländereien möglichst außerhalb blieben.

Die Vorherberechnung der zu erwartenden Wassermenge und damit der notwendigen Querschnittsgrößen ermöglichte es, die Leitdämme von vornherein genau festzulegen, so daß nachträgliche Verlegungen nicht notwendig geworden sind.

Buhnenbauten zur endgültigen Begrenzung des Profils wurden nicht verwendet. Alle Leitdämme wurden aus Buschwerk, zum größten Teil als Sinkstücke mit Steinbewurf hergestellt. Vgl. Abb. 226, S. 190. Die Leitdämme wurden nach zwei Methoden erbaut. Entweder wurde der Leitdamm gleich ganz erbaut, oder es wurde durch Herstellung allmählich höher geführter Grundschwellen eine Verlandung herbeigeführt, auf der dann der Damm errichtet wurde. Im ersten Falle wurden die Queranschlüsse zuerst völlig fertiggestellt und von ihnen aus der Damm begonnen, im zweiten Falle wurden die Grundschwellen erst nach der Verlandung völlig fertiggebaut. Wo ein

Schutz gegen Eisgang oder Wasserangriff nötig war, wurde starke Steinbelastung zwischen Flechtzäunen unter möglichst enger Packung von Bruchsteinen angewendet.

Tafel der mittlern Tiden nach Höhe Dauer, Fortschrittzeit und Geschwindigkeiten vor und nach der Korrektion.

A. Vor der Korrektion.

I. Normale Flutwelle bei mittlerem Oberwasser = 0,73 m an der Bremer Börsenbrücke[1]).

Bezeichnung der Profile nach Orten	Entfernung der Profile	Höhen am Pegel: I. Niedrigwasser	Höhen am Pegel: II. Hochwasser	Flutgröße	Dauer der Flut		Dauer der Ebbe		Fortschrittszeit des I. Niedrigwassers		Fortschrittszeit des II. Hochwassers		Fortschrittsgeschwindigkeit des I. Niedrigwassers	Fortschrittsgeschwindigkeit des II. Hochwassers	Bemerkungen
	km	m	m	m	Std.	Min.	Std.	Min.	Std.	Min.	Std.	Min.	m. f. d. Sek.		
1. Bremerhaven .		0,26	3,56	3,30	5	57	6	28							
	26,93								1	42	—	47	4,30	9,50	
2. Brake		0,97	4,11	3,14	5	0	7	25							
	14,80								1	30	—	46	2,74	5,30	
3. Farge.		1,07	3,02	1,95	4	17	8	8							
	8,67								1	42	—	41	1,40	3,52	
4. Vegesack . . .		1,02	1,93	0,91	3	16	9	9							
	8,54								—	56	—	35	2,54	4,07	
5. Hasenbüren . .		0,84	1,10	0,26	2	55	9	30							
	8,46								1	39	1	34	1,42	1,50	
6. Bremen, Sicherheitshafen. . .		0,56	0,66	0,10	2	50	9	35							
	1,63														
7. Bremen, große Weserbrücke. .		0,73	0,73	0											Flutgrenze.
Zwischen Bremerhaven u. Bremen, groß. Weserbrücke	69,03								7	29	4	23	2,50	4,27	Mittlere Fortschrittsgeschwindigkeit mit Beachtung der Länge der einzelnen Strecken.

B. Nach der Korrektion.

II. Normale Flutwelle bei mittlerem Oberwasser = 0,73 m an der Bremer Börsenbrücke.

Bezeichnung der Profile nach Orten	Entfernung der Profile km	I. Niedrigwasser m	II. Hochwasser m	Flutgröße m	Flut Std.	Flut Min.	Ebbe Std.	Ebbe Min.	Fortschrittszeit I. Std.	Min.	Fortschrittszeit II. Std.	Min.	Geschw. I. m. f. d. Sek.	Geschw. II. m. f. d. Sek.	Bemerkungen
1. Bremerhaven .		0,26	3,56	3,30	5	57	6	28							
	26,96								1	4	—	50	7,0	9,0	
2. Brake		0,76	4,11	3,35	5	43	6	42							
	14,80								—	38	—	30	6,5	8,2	
3. Farge.		0,28	3,07	2,79	5	35	6	50							
	8,67								1	3	—	27	2,3	6,1	
4. Vegesack . . .		0,01	1,93	1,94	4	59	7	26							
	8,54								—	40	—	26	3,6	5,5	
5. Hasenbüren . .		0,02	1,10	1,12	4	45	7	40							
	7,41								1	—	—	57	2,4	2,5	
6. Bremen, Sicherheitshafen . .		0,34	0,66	0,32	4	42	7	43							
	1,63								—	19	—	5	1,4	5,03	
7. Bremen, gr. Weserbrücke .		0,60	0,80	0,20	4	28	7	57							
	6,82								—	—	—	—	—	—	
8. Habenhausen .		0,60	0,60	0	—	—	—	—							Flutgrenze.
Zwischen Bremerhaven u. Bremen, groß. Weserbrücke	67,98								4	44	2	55	4,0	6,6	Mittlere Fortschrittsgeschwindigkeit mit Beachtung der Länge der einzelnen Strecken.

[1]) Jetzt „Große Weserbrücke“.

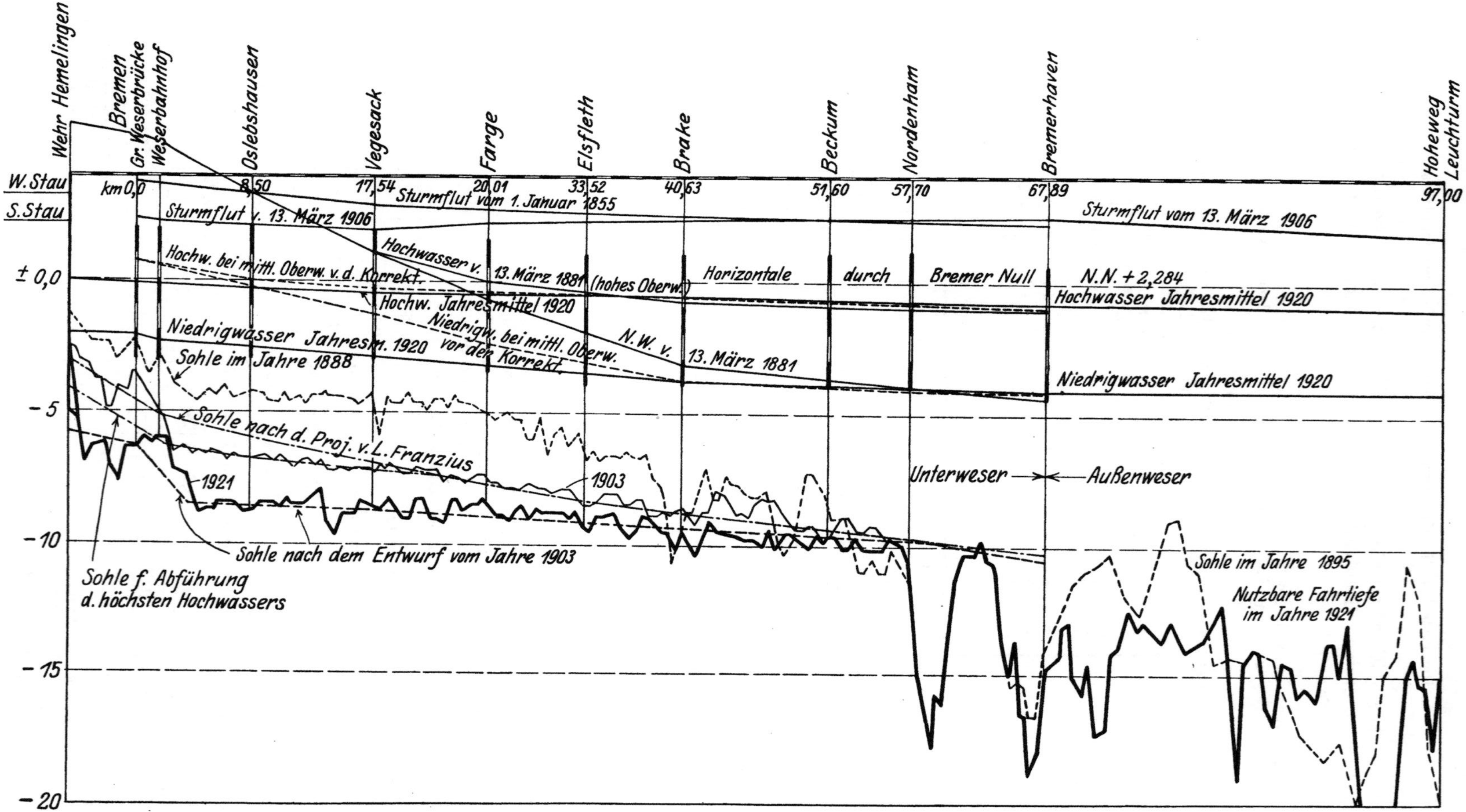

Abb. 236. Längenprofil der Unterweser. Entwurf 1903. Maßstäbe L = 1 : 500 000; H = 1 : 250.

An Erdmassen mußten insgesamt 55 Mill. cbm bewegt werden, davon 8,6 Mill. über Niedrigwasser. Etwa 24 Mill. cbm sollten durch die Strömung entfernt werden, rund 31 Mill. durch Baggerung. Die von der Strömung abgeführte Masse sollte sich nirgends im Flusse, sondern in dem Mündungsgebiet ablagern. Letzteres ist mit einer Fläche von 53 000 ha so groß, daß diese Ablagerungen gegenüber den vom Meere herangebrachten Sinkstoffen verschwindend sind.

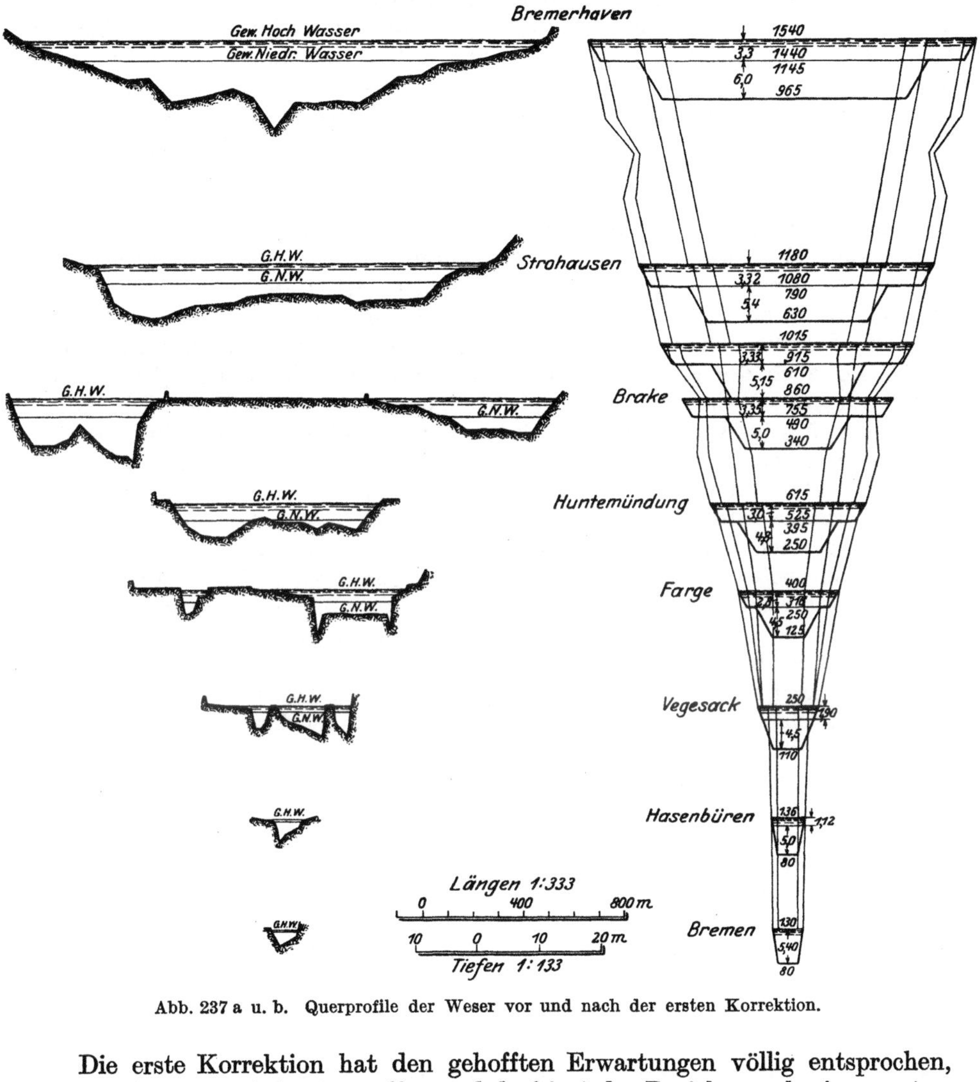

Abb. 237 a u. b. Querprofile der Weser vor und nach der ersten Korrektion.

Die erste Korrektion hat den gehofften Erwartungen völlig entsprochen, sie zum Teil wesentlich übertroffen und darf in jeder Beziehung als eine mustergültige Lösung derartiger schwieriger Ingenieuraufgaben bezeichnet werden. 1886 war nur ein Tiefgang der Schiffe von 2,75 m zulässig. 8 Jahre später, im Jahre 1894 war die verlangte Mindesttiefe von 5 m auf der ganzen Strecke erreicht.

Die Ableitung der oberen Hochwässer der Weser durch die Stadt Bremen hindurch erfolgt jetzt in besserer Weise als früher. Die vordem zeitweilig eingetretenen Überschwemmungen von Stadtteilen werden jetzt vermieden. Ein höheres Auflaufen der Sturmfluten von unten her ist nicht eingetreten, ebensowenig ein Höherrücken der Salzwassergrenze. Beides wäre für die an der Weser liegenden Marschen schädlich gewesen. Die Strömungsgeschwindigkeit hat gemäß Tafel S. 199 fast durchweg zugenommen, die Wassermenge überall in erheblichem Maße.

Die Lage des Niedrigwasserbettes verändert sich nicht merkbar. Es ist dieses ein Erfolg des geteilten Profils. Auch die Anwendung der Flutsammler, wie sie sich in Gestalt von Nebenarmen und abgeschnittenen Spaltungen in genügender Größe vorfanden, wird günstig eingewirkt haben.

Einige besondere Wirkungen der Weserkorrektion sind nach Plate: Bremen und die Weser aus „Werft, Reederei und Hafen", 1923, die folgenden: „Die augenfälligste Erscheinung des Ausbaues der Unterweser war die Veränderung des Tidenhubes oberhalb Brakes und besonders in der Stadt Bremen. Sie trat in viel stärkerem Maße hervor, als im voraus erwartet war. Es zeigte sich am Pegel an der Großen Weserbrücke in Bremen nicht nur ein stärkeres Abfallen des Niedrigwassers um 1,50 m, sondern auch das Hochwasser senkte sich, wenn auch in viel geringerem Maße, nämlich um 0,58 m. Der Tidenhub wuchs von 0,19 m auf 1,11 m, während nur mit einer Vergrößerung auf 0,4 m, ohne Senkung des Hochwasserstandes, gerechnet war. Die Folgen dieser größeren Wasserstandssenkung waren für die Schiffahrt im Laufe der Korrektion dadurch unschädlich gemacht, daß die Sohlenlage oberhalb Vegesacks mit Rücksicht auf die sichere Abführung auch des größten Hochwassers durch die Stadt um 1,10 m tiefer gelegt war, als im Entwurf ursprünglich angenommen worden war. Die außerordentlich günstige Einwirkung der Unterweserkorrektion auf den Abfluß großer Oberwassermengen war unverkennbar und zeigte sich in einem starken Abfallen der dabei auftretenden Wasserstände. Dadurch erfolgt auch eine Herabminderung der gefährlichen Sturmfluten beim Zusammentreffen mit hohem Oberwasser, weil die Speicherbecken aufnahmefähiger bleiben. Das Tidegebiet dehnte sich etwa 10 km weiter stromaufwärts aus und die Einwirkung der Unterweserkorrektion machte sich auch hier noch in einer Erniedrigung der Weserwasserstände bemerkbar. Die Grundwasserabsenkung bei normalen Verhältnissen und auch die Absenkung der schlammführenden Frühjahrshochwässer wirkte nachteilig auf die Landwirtschaft in den preußischen Marschen oberhalb Bremens ein. Wie vorhin schon erwähnt wurde, mußte zur Abstellung dieser Nachteile in der Weser oberhalb der Stadt eine Staustufe errichtet werden[1]). Auf große, tiefliegende Flächen, deren Entwässerung verbessert wurde, wirkte die Wasserstandssenkung der Weser, die sich auch in die Nebenflüsse erstreckte, sehr günstig ein, und es kann wohl keinem Zweifel unterliegen, daß der landwirtschaftliche Nutzen der Unterweserkorrektion ein viel größerer gewesen ist als die schädigende Einwirkung."

Zugrunde gelegt war von Ludwig Franzius das Regelfrachtschiff aus der Zeit der Entwurfsaufstellung (etwa 1886) von 1000—2000 N.-R.-T. Rauminhalt und 5 m Tiefgang. 1900 hatte das Regelfrachtschiff bereits 2000 bis 3000 N.-R.-T. Rauminhalt und 7 m Tiefgang. Es mußte deshalb die Unterweserkorrektion weiter ausgebaut werden. Ein 1903 aufgestellter Plan konnte wegen der schwierigen Verhandlungen mit den anderen Uferstaaten erst 1913 begonnen werden. Es wurde ein Ausbau der Unterweser für 7 m tiefgehende Schiffe vorgenommen, der im Jahre 1916 trotz des Weltkrieges fast durchgeführt worden war. Die Neubauten der Jahre 1918—1920 für Seeschiffe wiesen 220 Schiffe von 4000—5000 Br.-R.-T., 1556 Schiffe von 5000—8000 Br.-R.-T. und 110 Schiffe von 8000—10 000 Br.-R.-T. auf. Der Schwerpunkt lag 1920 somit bei den Schiffen von 5000—8000 Br.-R.-T. (etwa 3200—5200 N.-R.-T.) mit 7,5—9,1 m Tiefgang.

---

[1]) In dem Aufsatze ist vorher ausgeführt, daß zur Weiterentwicklung der Korrektion nach dem Plane von 1903 auf Verlangen Preußens in Hemelingen oberhalb von Bremen ein Wehr erbaut werden mußte, daß das Tidegebiet nach oben begrenzt.

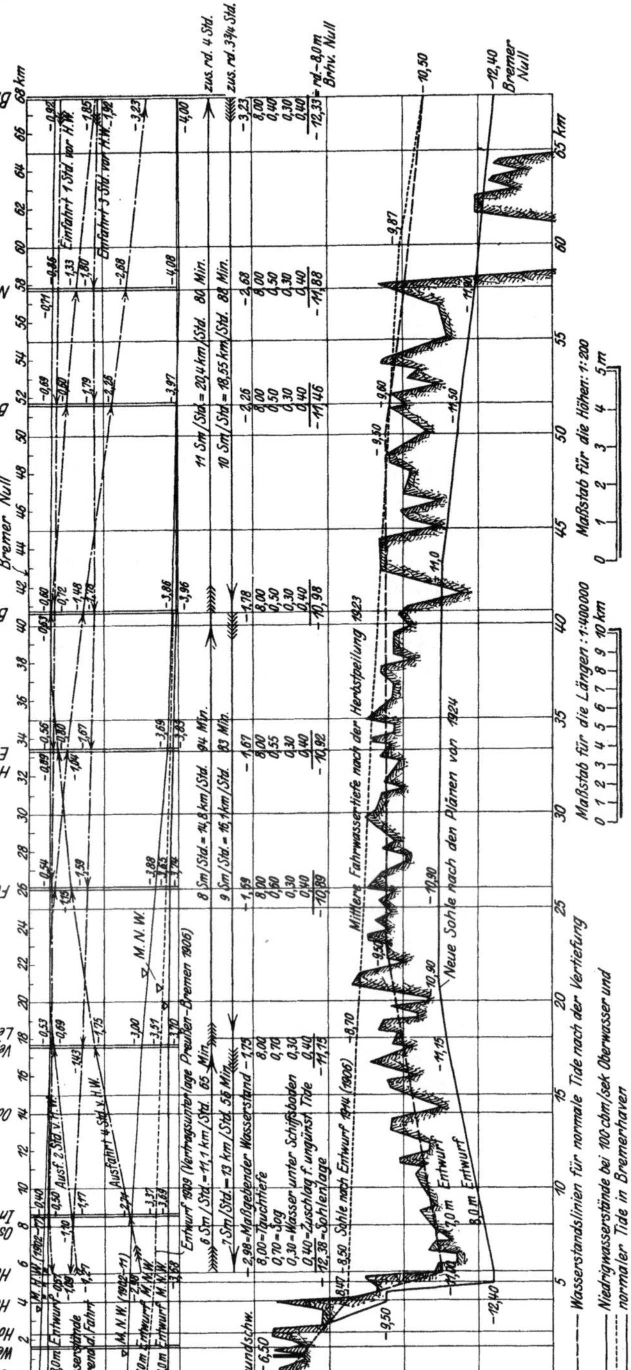

Abb. 238. Längenprofil der Unterweser. Entwurf 1925.

1924 stellte es sich bereits als Notwendigkeit heraus, die Weser auf die obere Grenze eines Regelfrachtschiffes von 8000 Br.Reg.T. (rund 5200 NRT.) auszubauen, wobei ein mittlerer Tiefgang von 8,4 m zu rechnen ist[1]). Der Entwurf

[1]) Auszug aus dem Entwurf für die Erweiterung und Vertiefung der Unterweser für 8 m tiefgehende Seeschiffe vom August 1924 von Strombaudirektor Plate Juni 1925.

wird durch den Längenschnitt Abb. 240 im wesentlichen wiedergegeben[1]). Die bisherigen Breiten sind für den sicheren Verkehr der großen Schiffe nicht mehr ausreichend, es sind Breitenvergrößerungen geplant. Die Breite nahm früher von Bremen mit 70 m bis nach Brake auf 150 m zu, sie soll in Zukunft bei Hafen II Bremen mit 100 m beginnen und bis Brake auf 200 m zunehmen, so daß die Gefahren durch Festfahren oder Querschlagen großer Schiffe verkleinert werden.

Im Hafen Bremen war es häufiger eingetreten, daß größere Schiffe bei niedrigem Oberwasser und länger dauerndem Ostwind mehrere Tage auf günstigen Wasserstand warten mußten. Die Sohle muß daher auf Tiden berechnet werden, die am Hafen 0,4 m tiefer liegen als im Mittel. Dazu tritt die Vergrößerung des Tiefgangs durch den Sog der Schraube, der bei Bremen 0,7 m und bei Bremerhafen 0,4 m betragen kann, und die neue Wasserstandssenkung infolge Vertiefung des Flusses. Als Mindestwasser unter dem Boden soll ferner 0,3 m gerechnet werden. Die Schiffe sollen außerdem die Möglichkeit haben, innerhalb eines Zeitraums von 2 Stunden den Hafen zu verlassen oder zu erreichen, so daß mehrere Schiffe nacheinander in genügendem Abstande fahren können. Die ausfahrenden Schiffe müssen daher erfahrungsgemäß 2 bis 4 Stunden vor Eintritt des Hochwassers in Bremen ausfahren können, um den Hochwasserscheitel dann zu Vegesack und Brake anzutreffen, sie fahren also noch bei niedrigem Wasser aus. Daraus ergab sich die interessante Notwendigkeit, die Sohle bei Bremen tiefer zu baggern, als sie z. B. bei Vegesack liegt. Man vergleiche die Sohlenlinien von 1903 (1914) mit dem 7-m- und 8-m-Entwurf. Bei dem Entwurf 1903 fällt die Sohle von Bremen noch nach Vegesack, bei den beiden anderen steigt sie von Bremen nach Vegesack. Bei der Einfahrt müssen die Schiffe 1 bis 3 Stunden vor HW aus Bremerhaven abfahren, daraus ergeben sich ihre Wasserstands-Fahrlinien. Die Wasserstandslinien für solche mit bestimmter Geschwindigkeit ausfahrende und entsprechend größerer Geschwindigkeit einfahrende Schiffe sind in den Längenschnitt eingetragen. Es sind das die unterhalb der HW-Linie liegenden mit Längspfeilen versehenen Linien, sie durchschneiden sich für Ausfahrt und Einfahrt mehrfach. Von der in einem Querschnitt jeweils am tiefsten liegenden Linie sind dann die Wassertiefen mit Zuschlägen abgetragen worden. Die Berechnung ist in den Längenschnitt eingeschrieben worden. Es ist dabei von Wichtigkeit, daß 8 m tiefgehende Schiffe je nach der Breite des Fahrwassers 9,4 bis 9,1 m Wassertiefe nötig haben. Vom Beginn der ersten Korrektion 1889 bis zur Durchführung des 7-m-Entwurfs sind insgesamt 59 Mill. cbm Boden gebaggert worden, bis 1925 weitere 10 Mill., bis 1932 wird mit der Baggerung von weiteren 21 Mill. cbm gerechnet. Im November 1926 konnten bereits Schiffe mit einem größten Tiefgang von 7,7 m einlaufen und von 7,8 m auslaufen.

Die 5 m tiefgehenden Schiffe fuhren nach See von Bremen mit 8 km/Std. ab und steigerten sie bis Bremerhaven auf 12 km/Std. Nach der Vertiefung auf 7 und 8 m können die Schiffe wegen ihrer gesteigerten Größe nur mit 6 bis 11 km/Std. fahren. — Der neue Entwurf zeigt, daß selbst ungünstige Verhältnisse kein Hindernis für eine große Entwicklung zu bilden brauchen.

Die Verbreiterung der Querschnitte, die, wie gesagt, für den Fahrbetrieb unvermeidlich ist, kommt auch dem Fortschreiten der Tidewelle zugute. Es wird nach dem geplanten Ausbau mehr Flutwasser einströmen und damit auch ausströmen. Die räumende Kraft wird, wenn auch nur unwesentlich, größer, der Einfluß der Oberwassermengen geringer. Die Grundwassersenkung wird bei Vegesack mit höchstens 10 cm, bei Farge höchstens 5 cm angenommen. Die Höhe der Sturmfluten in der Unterweser nimmt erfahrungsgemäß bei Vergrößerung des Aufnahmebeckens ab. Ein Höherrücken der Versalzungsgrenze im Flusse ist nicht zu erwarten.

---

[1]) Es wird darauf hingewiesen, daß dieser Längenschnitt der größeren Deutlichkeit halber im Längenmaßstab 1 : 400000 statt 1 : 500000 der Abb. 286 wiedergegeben wird.

g) Das Außenmündungsgebiet.

Für den Unterlauf im Tidegebiet eines Flusses lassen sich bestimmte Regeln aufstellen, deren Übertretungen, wie die Beispiele gezeigt haben, schwere Schädigungen für das Stromgebiet mit sich bringen. Es sind das Schädigungen, die sich nicht so sehr im Unterlauf der Flüsse selbst, soweit es Tidegebiet ist, zeigen, sondern die vor allem ihre Wirkung auf die Außenmündung selbst besitzen. Es besteht ein inniger Zusammenhang zwischen der Flußgestaltung in der Außenmündung und der Wassermenge, die sich im Unterlauf des Flusses bewegt. Je geringer die Wassermenge im Unterlauf, desto näher wird sich der Sand dem Lande zu im Außengebiet ablagern, desto geringer wird die spülende Wirkung sein, desto geringer die Befahrbarkeit der eigentlichen Außenmündung. Le Havre ist ein warnendes Beispiel dafür, daß man diesen Zusammenhang nicht ungestraft außer acht läßt. — Es unterliegt keinem Zweifel, daß wir im Laufe der Zeit auch die Gesetze herausfinden werden, die für die Außenmündungen gültig sind. Die Arbeiten der letzten Jahre von L. Franzius, Krüger, Suling, Plate, Engels, de Thierry usw. über die Jade und die Weser lassen vieles in dieser Beziehung erhoffen. Es soll deshalb die Außenweser besprochen werden, wobei die Verhältnisse der Außenjade gestreift werden müssen. Weser und Jade hängen in ihrem Mündungsgebiet innig zusammen. Die Veränderung des einen Gebietes bedingt immer eine entsprechende Änderung im andern.

Die Entwicklung der Mündungen wird daher besonders schwierig, wenn mehrere Außenmündungen benachbart sind, wie es in der deutschen Bucht der Fall ist. So haben sich z. B. zwischen Jade- und Wesermündung Zusammenhänge gezeigt, die mit das Schwierigste ergeben, was sich dem Ingenieur an Erscheinungen darstellen kann. — Diese Vorgänge sind besonders schwer zu erkennen, weil sich die Periode der Änderung über mehrere Generationen erstreckt, sie also meist nicht in die Erfahrungszeit einer, sondern mehrerer Persönlichkeiten fällt, und weil uns gute Seekarten der vergangenen Zeiten, die genügend genaue Bilder wiedergeben, nicht oder nur sehr selten zur Verfügung stehen. So gibt es planmäßige Tiefenmessungen in der Nordsee erst seit 150 Jahren[1]), gelegentliche Karten bereits seit 1680.

Bei dem Stand unserer Kenntnisse ist es heute noch völlig unmöglich, allgemeine Regeln oder gar Gesetze über die Veränderungen in den Außenmündungen aufzustellen, es sollen deshalb an einem Beispiel, nämlich der Außenweser[2]) die Vorgänge gezeigt werden, wie sie sich dort abgespielt haben. Danach kann für jeden anderen Fall das Notwendige durch langjährige Beobachtung abgeleitet werden.

Entscheidend für das Mündungsgebiet der Jade, Weser und Elbe ist die Wanderung der Sände. Von Frankreich, Belgien her kommt der Sand als ein sich zickzackförmig vorschiebendes Band die Küste entlang gewandert, er dringt in jede Flußmündung mit der Flutwelle ein und wandert mit der Ebbeströmung wieder hinaus. Seine Wirkung an den Inseln ist seit langem beobachtet worden. Die Insel Wangeroog begrenzt das Jadegebiet nach Westen. Von hier lösen sich von Zeit zu Zeit die Sandmassen in Form einer Plate los und wandern dann von Minser Oldeoog aus als Plate durch die Jade und Weser zur Elbe hin. Natürliche Erhebungen unter Wasser spielen dabei zweifellos eine ähnliche Rolle wie die Inseln über Wasser, an die die Sände sich heranlegen und von denen sie sich ablösen, wenn sie groß genug geworden sind. Strömung und wandernde Sände sind Ursache und Wirkung, die sich von Zeit zu Zeit umkehren. Die Strömungen (in Verbindung mit Stürmen) sind die Ursache der Sandwande-

[1]) Deiche und Sturmfluten von Carl Woebcken 1924, S. 36. Friesen-Verlag Bremen.
[2]) Siehe Plate: Bremen und die Außenweser aus Werft, Reederei, Hafen 1923, Heft 1—3.

rungen, aber so wie ein Mann, der einen zu schweren Sack trägt, schließlich über diesen Sack stolpern kann, so sperren schließlich die zu groß gewordenen Sände der eigenen Strömung den Weg und zwingen sie zu Richtungsänderungen. Dadurch kann es eintreten, daß Strömungen ganz verschwinden, daß sie sich umkehren usw.

Die 4 Bilder der Außenweser (Abb. 239—242), die die Zustände der Jahre 1859, 1889, 1899/1900 und 1921 wiedergeben, zeigen die Entwicklung. Es sind

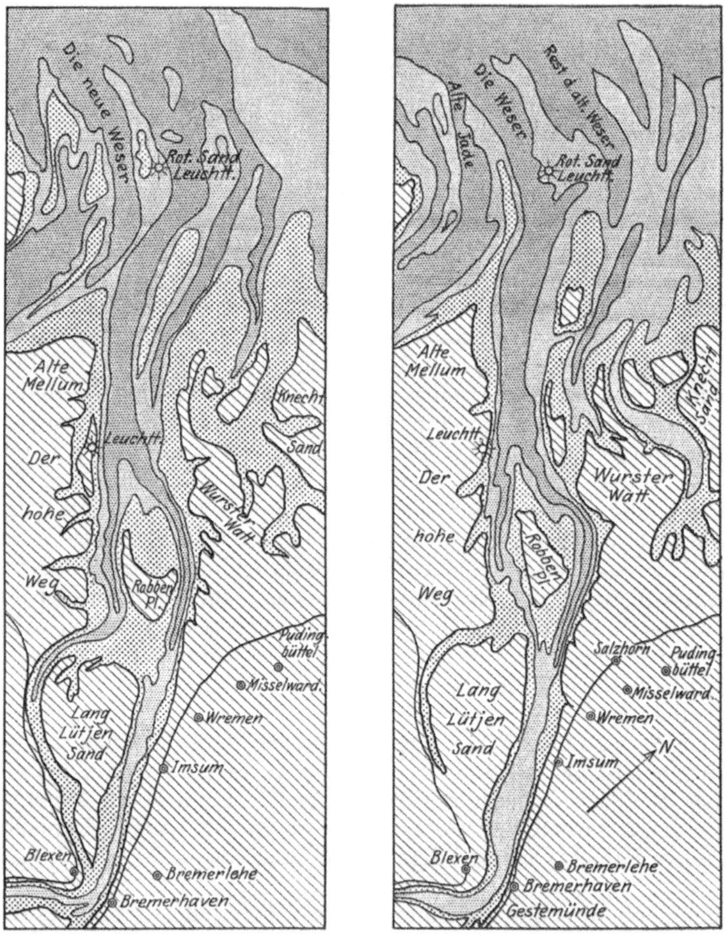

1859 1889

Abb. 239 u. 240. Außenweser 1859, 1889.

noch ältere Karten aus den Jahren 1680, 1791 und 1812 vorhanden. Ihre zeitlichen Abstände sind aber unregelmäßig. Von 1859 an besitzen wir aber deutsche Marinekarten.

Die schon genannten Sände, die sich vom Minser Oldeoog ablösen, wandern nach NO. über die Jade weg in die Stromrinne der Außenweser. Ebbe und Flut überkreuzen sich dabei unter etwa 10°. Die Sände schließen sich zuerst in der Weser an das Nordende der alten Mellumplatte an, die die westliche Begrenzung der Weser bildet. Hier verharren sie so lange, bis sie die alte Mellumplate so verbreitert haben, daß sich dort Stromrinnen einzufressen beginnen, dann lösen die Sände sich wieder los und wandern weiter, wobei ein neuer westlicher Wesermündungsarm, die neue Weser, zur Jade hin entsteht. Auf den 4 Karten ist deutlich zu erkennen, wie sich 1859 der rote Sand, auf dem der berühmte Rote-Sand-Leuchtturm erbaut ist, von der alten Mellumplatte ablöst, sodaß 1889 bereits die früher östlich vom Roten Sand liegende Weser jetzt westlich davon liegt. Dabei hat sich 1889 der Rote Grund, der 1859 noch westlich von der Mellum lag, an die Mellum angeschlossen. (Die Sände behalten dabei solange ihre Namen, bis sie in den Bereich eines früheren Sandes gelangt sind, dann müssen sie den Namen dieses früheren Sandes annehmen.) 1900—1921 findet nun wieder ein

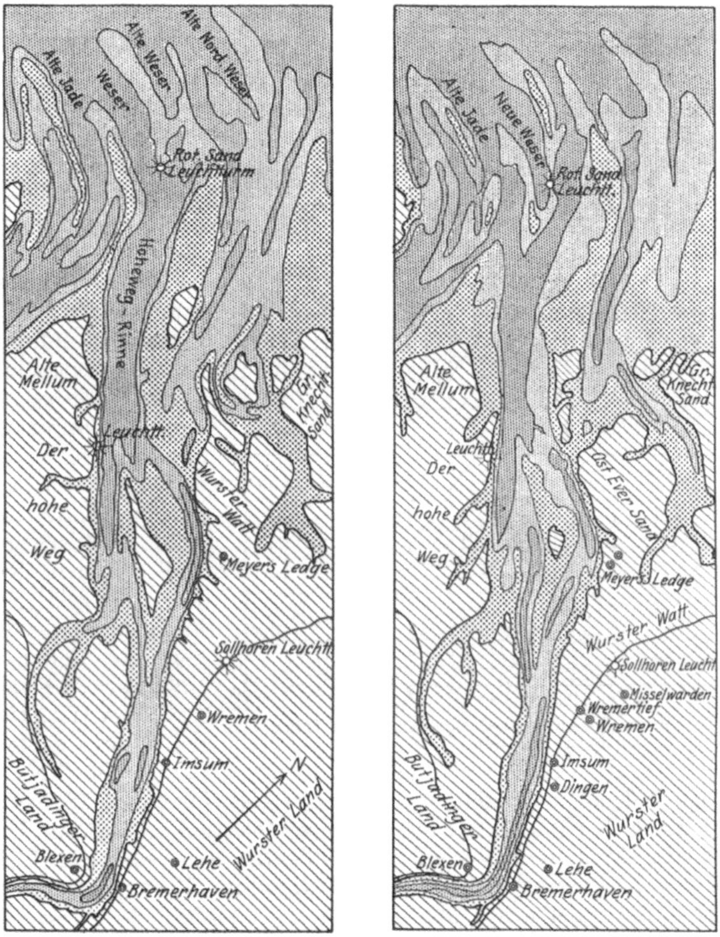

1899/1900 1921

Abb. 241 u. 242. Außenweser 1899/1900 und 1921.

Durchbruch der Verbindung Mellum-Roter Grund statt, wobei ein Fahrwasser östlich des Roten-Sand-Leuchtturms und ein anderes westlich des zum Roten Sand hin gewanderten Roten Grundes als Weserfahrt mit der Fortsetzung durch die alte Jade (eine der Jademündungen) entsteht. Diese Entwicklung kann man bereits 1791 feststellen und rückwärts bis zum Jahre 1642 verfolgen, da in diesem letzteren Jahre eine Segelanweisung die Verlegung der betonnten Rinne von einer Oster-Weser in die Wester-Weser meldet. Da die Schiffe damals nur sehr geringen Tiefgang besaßen, muß es sich um Sperrungen der Arme in stärkstem Maße gehandelt haben. — Plate rechnet als Periode die Zeit von 60—70 Jahren, innerhalb welcher diese Vorgänge kreislaufartig wiederkehren. Die Kräfte sind dabei derartige, daß wir heute nicht daran denken können, diese

Entwicklungen etwa derartig zu hemmen, daß wir unsere bisherigen Mündungsarme in ihrer Lage beibehalten können, die Sände also so durch künstliche Rinnen durchbrechen, daß wir Herr der Bewegungen würden. Wir müssen uns heute vielmehr diesen Gewalten beugen, wobei wir aber bei verständnisvollem Erfassen der Vorgänge die Entwicklung fördern können.

Je nachdem, ob wir nun in der Außenmündung ein oder mehrere gut entwickelte Mündungsarme haben, werden wir auch nach Land zu schlechtere oder bessere Verhältnisse bekommen. Die Zustände von 1859 oder 1921 gestatteten ein kräftiges Vordringen der Hauptgezeitenwelle in die Weser, die Zustände von 1889/1900 dagegen versperrten durch die vorgelagerten Sände der Welle vielfach den Weg, erlauben aber Nebenwellen den Eintritt, die dann schwächend auf die Hauptwelle einwirken können. — Diese Entwicklung der Rinne weiter landwärts ist nun meist für die Befahrbarkeit der Außenmündung das Entscheidende, wichtig war es aber, festzustellen, daß sie so weitgehend von der Entwicklung der eigentlichen Außenrinnen abhängig sind.

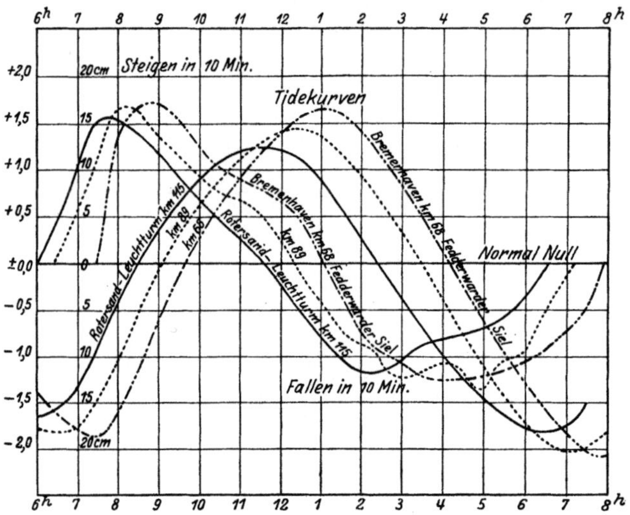

Abb. 243. Tidekurven der Außenweser mit Steigen und Fallen in cm je 10 Min.

Wir haben nun weiter binnenwärts zwischen Bremerhaven und dem Roten-Sand-Leuchtturm 3 Rinnen in der Weser zu unterscheiden, 2 Hauptrinnen, den ganz im Nordosten liegenden Wurster Arm, das ganz auf der Südwestseite liegende Fedderwarder Priel und zwischen beiden das Wremer Loch, heute auch Fedderwarder Arm genannt. — Schon im Jahre 1680 war das Fedderwarder Priel das Hauptfahrwasser der Weser, es bildete sich damals eine Stromspaltung, die derartige Folgen hatte, daß dieses Fahrwasser im Jahre 1825 aufgegeben wurde und durch den Wurster Arm ersetzt werden mußte. Das alte Hauptfahrwasser hat sich dann durch Verlandung schließlich ganz geschlossen, der Lang-Lütjen-Sand wuchs weitgehend mit dem Festland im Westen zusammen, so daß das Fedderwarder Priel heute nur noch in seinem nördlichen Teil deutlich zu erkennen ist. Der Wurster Arm hat sich dann bis in den Anfang unseres Jahrhunderts gut erhalten, es wurden aber bereits Ende des vorigen Jahrhunderts Buschwerksbauten zu seiner Verbesserung notwendig. Man konnte damals die Entwicklung noch nicht klar erkennen und versuchte unter Aufwendung erheblicher Mittel den Wurster Arm zu halten. Eine besonders ungünstige Stelle im Wurster Arm war das Dwarsgatt (Quertür), das starke Barrenbildung aufwies. Hierfür war vor allem die Entwicklung der Robbenplate wichtig. Sie hatte 1859 eine große Breite, lief aber nach Norden sehr flach aus. Sie nahm dann in der Breite immer mehr ab, ihr Nord-Steert wanderte aber nordwärts, so daß die aus dem Wremer Loch abfließenden großen Watt-Wassermengen eine bessere Abflußmöglichkeit erhielten. Dadurch wurde die Spülwirkung im Wremer Loch vergrößert, es vertiefte sich zusehends und hatte bereits im Jahre 1921 das Übergewicht über den Wurster Arm erreicht. Abb. 242 zeigt die Entwicklung der Weser auf Grund von umfangreichen Messungen sehr deutlich.

Plate gibt die Ursache der Entwicklung wie folgt wieder:

Die Ursachen der günstigen Entwicklung des Fedderwarder Arms sind folgende:

1. Die Öffnung neuer Mündungsarme beim Roten Sand.
2. Rasches Abfallen des Wassers im Fedderwarder Priel nach Trockenfallen der Watten und infolgedessen verstärktes Gefälle im Wremer Loch im letzten Drittel der Ebbe.
3. Geringere Länge des Fedderwarder Armes gegenüber dem Wurster Arm.
4. Nordwärtswanderung des Robbennordsteerts infolge scharfen Angriffs durch Ebbeströmung und starker Querströmung nach Norden.
5. Begünstigung des Flutstromes durch diese Verlagerung.
6. Abnahme des Robbensüdsteertes und dadurch vergrößerter Wasserzufluß aus dem Wurster Arm.
7. Allgemeine Verschlechterung des Wurster Armes.

Diese ist wiederum durch folgende Umstände veranlaßt:

1. Vordringen der Tegeler[1]) Tidewelle zum Dwarsgatt.
2. Barrenbildungen im Dwarsgatt, bei Meyerslegde und Solthörn und Bildung eines Zwischensandes infolge ungünstiger Strömungsverhältnisse, starker Überkreuzung von Ebbe- und Flutstrom und Grund- und Oberstrom.

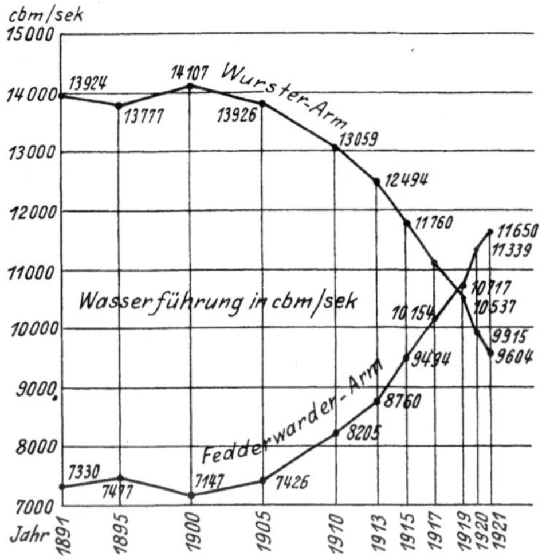

Abb. 244. Änderung der Wasserführung der Weser bei halber Ebbe im Wurster und Fedderwarder Arm.

Die Arbeiten zur Erhaltung des Wurster Armes mußten schließlich wegen der Macht der Verhältnisse erfolglos bleiben. Die riesigen Buschwerksbauten in der Weser sind oft gänzlich zerstört worden, wobei auch die Erschwernisse des Weltkrieges zum Teil mitgewirkt haben. Im großen und ganzen darf man aber den Kampf um die Erhaltung des Wurster Armes als eine wertvolle Bereicherung unserer Erfahrungen bezeichnen. Es ist darnach sicher, daß wir durch gut angelegte Bauten wohl eine Entwicklung fördern, aber niemals auf die Dauer hemmen können.

Im Jahre 1923 mußte auf Grund der Erfahrungen der Entschluß gefaßt werden, die Erhaltung des Wurster Armes aufzugeben und die Ausbildung des Fedderwarder Fahrwassers zu befördern. Es hatten sich die Stromrinnen zum Fedderwarder Arm schon so weit durchgefressen, daß nur noch die Übergangsbarre im Wremer Loch in einer Länge von 3 km in wenigstens 200 m Breite durchzubrechen ist. Der Langlütjen-Arm ist durch eine Buhne und Verklappen von Baggerboden geschwächt worden, auch wurde ein Trennwerk auf dem südlichen Steert der Robbenplate erbaut. Im übrigen sind nur Strombauwerke zur Verhütung von Verwilderungen im Fahrwasser beabsichtigt, die auch die Vertiefung der Stromrinnen unterstützen sollen. Es ist geplant, innerhalb von 5 Jahren eine Rinne zu schaffen, die bei wenigstens 200 m Breite eine Tiefe unter NW. von 10 m (13 m unter HW.) aufweist[2]). Während früher alle Arbeiten von dem Freistaat Bremen allein ausgeführt und getragen werden mußten, ist die Ausführung dieser Arbeiten vom 1. April 1921 ab auf Grund des Artikels 97 der Reichsverfassung Aufgabe der Reichs-Wasserstraßenverwaltung und damit des Deutschen Reiches geworden.

[1]) Der Tegeler Arm ist ein nördlich liegender Nebenarm zur See.

[2]) Die Befeuerung ist inzwischen gleichfalls geändert worden.

Fünfter Teil.

Einwirkung des Meeres auf die Küsten. Seeuferbau, Deichbau.

A. Natürliche Veränderungen des Ufers.

a) Allgemeines und Ursache der Veränderungen.

Hafenbau ohne Kenntnis von Ufer und Uferbau ist nicht möglich. Oft muß der Ingenieur das Ufer durch den Bau eines Hafens verändern, dann ist aber auch der Einfluß der natürlichen Ufergestaltung, Uferbeständigkeit und der Möglichkeit der künstlichen Umgestaltung von großem Einfluß auf Entwurf und Ausführung eines Hafens.

Alle Meeresufer befinden sich in einem steten Zustand der Umgestaltung. Diese Umgestaltung kann geologischer oder örtlicher Natur sein. Geologisch ist besonders die Hebung und Senkung der Küstenländer von großer Bedeutung. Die lange andauernden Senkungen unserer Nordseeküste, die wahrscheinlich mit einer Vergrößerung des Gezeitenhubes an unserer Küste verbunden waren, sind die Ursachen dafür, daß die großen Sturmfluten eine so grauenvolle Wirkung haben konnten. Die Deiche waren ohne Wissen der Marschbewohner immer wieder mit dem Lande gesunken[1]). Die örtlichen Ursachen sind weniger eindrucksvoll. Entweder wird Land fortgeschwemmt, so daß das Ufer in Abbruch liegt, oder es werden Sinkstoffe vor dem Ufer abgelagert, so daß es verlandet. Beide Zustände beruhen auf den Einflüssen der Wellen und Strömungen. Die Wirkung dieser Einflüsse richtet sich aber nach der Form des Ufers und seiner Lage zu den Strömungen. In der Regel zeigen Landstrecken, die gegen eine Strömung vorspringen, Abbruch, Buchten dagegen Verlandung, das Maß und die Art ihrer Veränderung hängen dabei unter gleichen Wasserverhältnissen von der Bodenart, Ufergestaltung und auch von dem Klima ab.

Das Augenmerk des Wasserbauers muß nun auf alle Ursachen gerichtet sein. Er muß die Höhenlage der Deiche im Verhältnis zu den möglichen Sturmfluthöhen dauernd beobachten, die Deiche nach Bedarf erhöhen, er soll auch die örtlichen Veränderungen verfolgen. In letzter Hinsicht ist seine Aufgabe zweifach. Er soll an einem Punkte die Anlandung unterstützen oder erst bewirken, an einem anderen Orte verhindern, je nach den überwiegenden Interessen der das Land bebauenden oder die See befahrenden Bevölkerung. Derselbe Streit, der bei Meliorationen und Flußkorrektionen so oft auftritt, ist auch hier zu schlichten.

Der Hauptangriff auf die Ufer erfolgt durch die Wellen, weniger durch die Strömungen, die nur bei großer Stromgeschwindigkeit angreifen. Die Strömungen wirken mehr mittelbar, sie besorgen die Beförderung des gelösten Materials nach Orten, wo es sich wieder ablagern kann. Während die Wellen das Material meist nur in nächster Nähe versetzen, rauben die Strömungen es dauernd. Man

---

[1]) Deiche und Sturmfluten von Carl Woebcken S. 46—48, Friesen-Verlag, Bremen 1924.

darf z. B. annehmen, daß dauernd eine sandführende Strömung von Belgien her bis nach Jütland hin fließt[1]).

Steht ein Wind auf die Küste, dann treibt er die Wellen dem Lande zu. Infolge des Fortschreitens der Wellen findet auch eine landwärts gerichtete Wasserförderung statt. Diese erzeugt am Ufer einen Aufstau von Wasser, das ununterbrochen als Unterstrom unter den auflaufenden Wellen zurückströmt. Diese am Boden zurückgehende Rückströmung führt den durch die Brandung gelösten Boden uferabwärts der See zu, bis zu einer Tiefe, in der seine Wirkung aufhört. Diesem direkten Abbruch in der eigentlichen Uferlinie steht eine Anlandung in einer seewärts gelegenen Vorzone gegenüber. Ehe die Welle brandet, übt sie schon eine Kraft auf den Boden aus. Diese Kraft ist aber mit der Welle auf das Ufer zu gerichtet und schiebt je nach der Wellenstärke feineres oder gröberes Material langsam nach dem Ufer zu, bis höchstens zu der Grenze, an der die abwärtsführende Kraft des Rückstroms aufhört. Auf dieser Grenzlinie kommen die von beiden Seiten eintreffenden Bodenmassen zur Ruhe und können ein Riff, d. h. einen Bodenrücken unter Wasser vor dem Ufer, bilden. Der hier geschilderte Vorgang der Riffbildung findet nur bei heftigem Wellengang statt. Bei sanfter Wellenbewegung ist der Abbruch unwesentlich, es wird dann nur Material in der Vorzone aufwärts geführt, vgl. Cornaglia.

Tritt nun zu diesem Angriff der Wellen noch eine starke Küsten- oder Wellenströmung hinzu, dann kann je nach der Lage der Küste die Materialzu- oder abführung verstärkt werden. Der Küstenströme, soweit sie zu Meeresströmungen gehören, ist bereits im Teil 1c gedacht worden. Ein solcher Küstenstrom besteht z. B. in der südlichen Ostsee nach Osten hin fließend. Er kann an einigen Stellen infolge einer Verstärkung durch Wind eine Geschwindigkeit bis zu 3 m/sek erreichen, kann aber auch durch entgegengesetzte Wellenströme ganz aufgehoben werden. An der südlichen Nordseeküste wirken die auf den vorherrschenden Westwinden beruhenden Driftströmungen ähnlich.

Die Gezeitenströmungen haben am Ufer oft den Charakter von regelmäßig wechselnden Küstenströmungen. Es kommt hierbei vor, daß sie in einer Strombahn einfließen, in einer anderen aber ausströmen, das bedeutet dann für einige Uferstrecken dauernden Abbruch, für andere fortgesetzte Anlandung. Fließen sie über dieselbe Bahn hin und zurück, so hebt ihre Wirkung sich fast auf. Wie bei den Festlandströmen, so hängt bei Meeresströmungen die Menge und Korngröße der bewegten Materialien von der Stärke der Strömung ab. Vgl. hierüber Teil II und die Versuche von Engels[2]).

Die anlandende Wirkung der Flüsse durch Einschwemmung von Sand und Kies in das Meer gehört mit hierher, ist aber wegen ihrer Wichtigkeit in einem besonderen Abschnitt besprochen worden.

b) Steile Ufer.

Die steilen Ufer bestehen nicht nur aus Felsgestein, sondern häufig aus erdigen und kalkigen Massen, die durch tonige Bindemittel zusammengebacken sind. Findet sich vor dem steilen Ufer sofort eine große Wassertiefe, so kann man auf harte Felsart schließen. Ein wenn auch nur schmaler Strand mit flach geböschtem Vorstrand ist dagegen ein Zeichen von weicher Beschaffenheit des steilen Ufers. Je senkrechter der Abfall des Ufers und je härter das Material ist, desto größer ist die Wahrscheinlichkeit für Erhaltung der steilen Küste. Die Welle wird dann auch meist nicht stoßend, sondern nur schwingend wirken.

Die atmosphärischen Einflüsse sind die stärksten Bundesgenossen des Meeres. Sie bereiten die Zerstörung des Ufers vor; ohne sie würde das Meer die mehrfache Zeit zur Zerstörung brauchen wie jetzt. Am stärksten ist diese Verwitterung

[1]) Vgl. Krüger: Zeitschr. f. Bauw. 1911, Heft 7.
[2]) Versuche von Engels: Zentralbl. d. Bauverw. 1908.

für unsere Halbkugel im Norden. Die Sonne erwärmt die Felsen an heißen Tagen bis zu hohen Wärmegraden, aber ungleichmäßig je nach der Oberflächengestaltung. Hierbei entstehen Temperaturrisse. In diese dringt das Wasser ein und sprengt die Felsen im Winter durch Gefrieren auseinander. Bei hohen Fluten vollendet das Meer durch seine wuchtigen Wellenstöße das Zerstörungswerk. Die gelösten Trümmer werden dann von den Wellen solange hin- und hergeschoben, bis sie genügend zerkleinert sind, um von der Strömung fortgeschwemmt zu werden.

Ist das Ufer nicht sehr hart, so geht der Abbruch so schnell vor sich, daß sich vor dem Ufer ein seichter Strand bildet. Dieser wirkt dann als Schutz bei allen niedrigeren Fluten und verlangsamt den Abbruch. Er leitet aber bei hohen Fluten die Wellen sanft aufwärts und entwikkelt ihre Stoßkraft zu ihrer größten Wucht, so daß dann der Strand schädlich einwirkt. Dazu kommt noch, daß die Wellen jetzt auch die Gesteintrümmer selber mit großer Gewalt auf die Uferwand schleudern. Die Felsen werden dann erst am Fuße zermürbt und ausgewaschen, bis sich große überhängende Teile bilden, die zum Schluß unter der Wirkung von Frost und dem eigenen Gewicht abstürzen. Wo die Wirkung des Frostes fehlt, wie in den Tropen, wird sie teilweise durch die größere Erhitzung ersetzt.

Abb. 245. Schnepfgatt[1]).

Sind weiche Ufer noch von wagerechten, womöglich wasserführenden Sandschichten durchzogen, dann geht der Abbruch besonders schnell vor sich. Der Sand wird ausgespült, die Ton- oder Kreideschicht senkt sich, bricht und gleitet bei heftigem Wellenangriff ab. Die vorsichtige Ableitung alles Quellwassers aus solchen Ufern ist das erste Schutzmittel für sie. Lagen von grobem Kies und Findlingen sind ebenso schädlich wie Sand.

Ein lehrreiches Beispiel für die Zerstörung steiler Ufer bietet die Südwestküste von Helgoland. Hier werden nicht nur Felspartien unterspült, sondern ganze Höhlen dort ausgewaschen, wo sich weichere Gesteinteile, die noch oft von senkrechten Rissen durchzogen sind, vorfinden. Diese Höhlen werden nach und nach zu durchgehenden Portalen. Die Decke der Portale wird durch Herabfallen von abgefrorenen oder von Wasser abgeschlagenen Teilen immer dünner, bis sie schließlich durch ihr eigenes Gewicht einstürzt. Es bleiben einzelne Pfeiler übrig, an denen sich das Zerstörungswerk bis zu ihrem völligen Verschwinden

[1]) Die Abb. 245 ist dem 12. Jahrgang der „Flotte" entnommen. Siehe auch Prometheus 1912, S. 230.

fortsetzt. Abb. 245 zeigt das Schnepfgatt, eine Höhle des Helgoländer Ufers kurz vor dem Zusammenbruch 1895. Capri zeigt ähnliche Erscheinungen, auch dort steht ein natürlicher Felsbogen als Rest eines Felsens im Wasser.

c) Flache Ufer, Riffe und Dünen.

Die Veränderungen der flachen Ufer gehen meist viel schneller vor sich als die der steilen. Es treten seewärts die bereits erwähnten Riffbildungen und landwärts die Strand- und Dünenbildung ein. Mit Strand bezeichnet man den (meist sandigen) Uferstreifen, der häufiger überflutet wird und keinen wesentlichen Pflanzenwuchs aufweist. Das eigentliche Baumaterial für den Strand ist der Sand, ferner Geröll aus zerriebenem Feuerstein, Kalkstein und anderem. Der Sand umlagert die Küsten in einem breiten Gürtel, der oft in 12 m Tiefe beginnt. Von der neutralen Linie, nach Cornaglia in 8 bis 10 m Tiefe, wandert der Sand nach dem Ufer hin, darunter seewärts. Die neutrale Linie wandert entsprechend den Wind- und Wasserverhältnissen hin und her.

Vor dem Strand nach See zu liegen unter Wasser Riffe, die hauptsächlich durch den von der See heraufgetriebenen Sand gebildet werden. Ein Riff ist nach der See zu sanft geneigt, fällt aber von seinem Kamme an wesentlich steiler nach dem Ufer zu ab. Der Sand wird über die sanfte Böschung hinübergetrieben und lagert sich dahinter unter seinem natürlichen Böschungswinkel (Abb. 246). Die Riffe sind von größter Wichtigkeit für die Hafeneinfahrten. Nach starken Stürmen entstehen oft Riffe, die bei anderem Winde zwar bald wieder verschwinden, aber einige Zeit die Einfahrt für tiefgehende Schiffe sperren. An der Nordseeküste können z. B. Riffe bis zu 2 m Höhe über der Sohle entstehen. Es ist nun die Aufgabe des Hafenbauers, die Einfahrten möglichst an solche Stellen zu legen, wo Riffe erfahrungsgemäß nicht vorkommen.

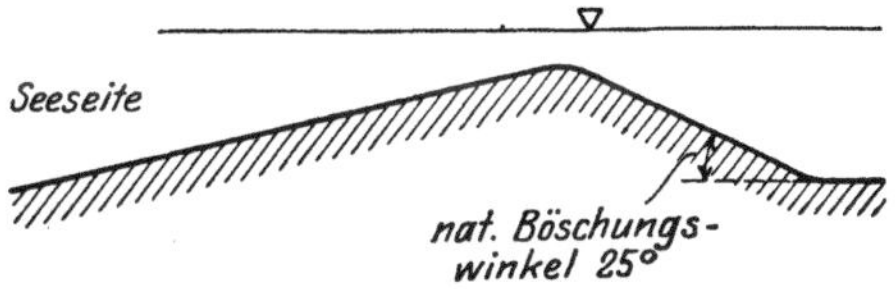

Abb. 246. Sandriff. Sanfte Neigung nach der See, unter natürlichem Böschungswinkel nach Land zu.

Es finden sich häufig mehrere Riffe hintereinander, entsprechend der Stärke des sie bildenden Seeganges. Als letztes Riff kann man den Strand selbst ansehen. Der Strand ist flach, fast wagerecht (1: 50 bis 1: 100), wenn Ufer und Meeresboden aus Sand bestehen, er ist steiler (1: 5 bis 1: 20), wenn der Sandgürtel nur schmal ist. Auf flachem Strande, der eine genügende Sandzufuhr durch die Wellen erhält, kann der Sand bei niedrigeren Wasserständen trocknen und dann durch den Wind landwärts getrieben werden. Genau wie das Wasser bildet nun der Wind Riffe, die aber aus trockenem Sande bestehen und Dünen heißen. Auch diese Dünen sind für den Hafenbau des genannten Uferschutzes halber wichtig.

Der Sand findet an irgendwelchen Stellen einen Widerstand, er bleibt liegen, so daß die folgenden Sandmengen über ihn fortgetrieben werden müssen. Es entsteht dieselbe nach der See zu flache Böschung, die so flach ist, daß der Wind den Sand hinauftreiben kann; dahinter kommt wieder die steile Böschung, in der der Sand sich unter seinem Böschungswinkel lagert. Wie bei den Riffen, so entstehen auch mehrere Dünen hintereinander. Sie gewähren dem Ufer dann, wenn sie durch Bewachsen mit Hafer und Gräsern fest geworden sind, einen nachhaltigen Schutz gegen zu weitgehenden Abbruch durch Sturmfluten, bedürfen aber stets der Erneuerung durch bei ruhigem Wetter wieder anfliegenden Sand. Wo starke Tide- oder Driftströmungen den Strand schmal halten, so daß kein Sand zur Erneuerung der Düne vorhanden ist, kann weder die Düne auf dauernden Bestand, noch das Ufer auf steten Schutz durch die Düne rechnen.

d) Dünenschutz und Dünenkultur.

Die Kosten für die Unterhaltung der Dünen sind im Vergleich mit künstlichen Bauten gering. Nur in seltenen Fällen werden gut unterhaltene und genügend große Dünen ganz durch Sturmfluten vernichtet. Die Wiederherstellungsarbeit leistet die Natur sehr schnell, wenn sie durch Menschenhand unterstützt wird.

Wie der Dünenfluß bei schmalem Strand zu sichern sei, wird bei der Beschreibung der Deckwerke erläutert. Diese Arbeit ist gewöhnlich nur bei schmalem Strand erforderlich.

Eine Folge mangelnder Pflege sind die Wanderdünen. Die Dünenpflanzen bedürfen zu ihrer Unterhaltung des steten Zuflugs frischen Strandsandes, der noch mit nährenden Salzen gesättigt ist. Wo dieser Zuflug wegen zu schmalen Strandes ausbleibt, sterben die Pflanzen nach und nach ab, die Düne wird kahl. Der Wind, der frühere Erbauer und Erhalter der Düne, wird jetzt ihr grimmigster Feind. Er treibt den Dünensand, der durch Regen ausgespült und seiner Bindekraft beraubt ist, die flache, seeseitige Böschung hinauf, so daß er entweder in hohem Bogen weiter in das Land hineinfliegt oder die steilere landseitige Böschung herabgleitet. Die Düne wird geradezu landseitig vorwärts gewälzt, sie wandert. Abb. 247.

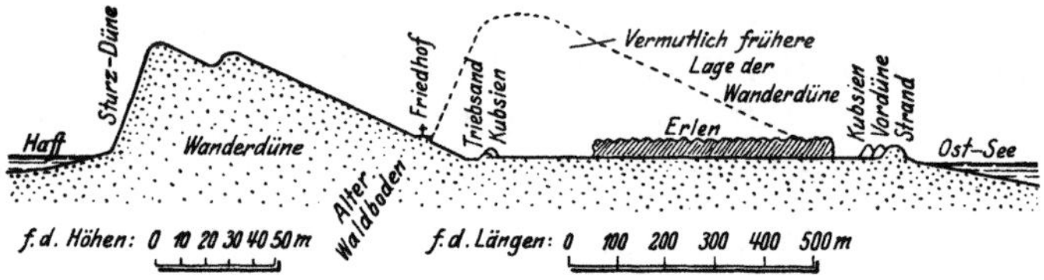

Abb. 247. Düne.
H.-Maßstab 1 : 5000. L.-Maßstab 1 : 25 000.

Hierbei tötet sie jede Vegetation und wird wie in Ostpreußen selbst durch Wälder nicht aufgehalten, die erstickt werden. Dieses Wandern kann in einem Jahre oft über 5 m betragen. In dem Maße, wie die Düne vor der See flieht, folgt ihr diese meist unter Abbruch des entblößten Strandes nach.

Die Hauptaufgabe bleibt daher, die Begrünung der Düne zu erhalten oder wieder zu schaffen; die Voraufgabe hierfür die Schaffung oder Erhaltung des Strandes als Nährmutter der Dünenpflanzen.

Als besonders wirksames Mittel gilt die Schaffung von Vordünen vor den alten. Sie geschieht in folgender Weise: Der Strand wird in mehreren etwa 5 m entfernten Reihen hintereinander mit biegsamen Ruten ohne Strauchwerkszäunen besteckt. Diese Strauchzäune sollen in schlanken Linien ohne Ecken verlaufen und werden mit der Gartenschere auf gleiche Höhe geschnitten. Sie ragen 0,8—1 m über den Strand heraus, müssen dem Winde den Durchgang gewähren, wobei sie nur seine Geschwindigkeit etwas mäßigen sollen. Dichte Zäune sind falsch, sie würden gerade das Entgegengesetzte, nämlich Vermehrung der Windgeschwindigkeit und Ablenkung nach oben, bewirken.

Im Schutze dieser Strauchzäune fällt der Sand nieder, bis die Zäune völlig eingesandet sind. Jetzt müssen sie auf der entstehenden Düne erneuert werden, bis eine gewisse Höhe erreicht ist. Wollte man die Düne nun sich selbst überlassen, so wäre eine baldige Zerstörung durch den Wind die wahrscheinliche Folge. Es muß die Begrünung beginnen. Dies ist aber wegen des leicht beweglichen Sandes eine schwierige Aufgabe. Oft werden die Pflanzen so schnell eingeweht, daß sie ersticken, oder so freigeblasen, daß die Wurzeln zutage treten. Eine vorhergehende tote Bedeckung hat sich als notwendig erwiesen. Es erfolgt Abdeckung mit Kiefernadelbüscheln, mit Strauchwerk als sog. liegende

Bedeckung, oder erneutes Bestecken mit biegsamen Strauchzäunen, in deren Schutze die jungen Pflanzen anwachsen können.

Es gedeihen auf Dünen nur wenige Pflanzenarten. Für die künstliche Bepflanzung haben sich bewährt hauptsächlich der Strandhafer, der Strandweizen, die Strandgerste und die Sandsegge. Das Pflanzen geschieht zweckmäßig im Frühjahr oder Spätherbst mit aus Samen gezogenen Setzlingen. Sie werden an geschützteren Stellen in Büscheln im Dreiecksverband gesetzt, an den dem Wind ausgesetzten Seiten jedoch einzeln in Reihen. Auf gut befestigten Dünen werden in den Dünentälern die gewöhnliche Fichte, Birke und Erle als Kulturpflanze angebaut.

Das Wachsen von Weidenbüschen auf den Vordünen ist zu verhindern, da sie meist die Ursache von Sandtrichtern durch vermehrten Windangriff sind. Jedes feste Hindernis auf der Windböschung der Düne wirkt wie eine

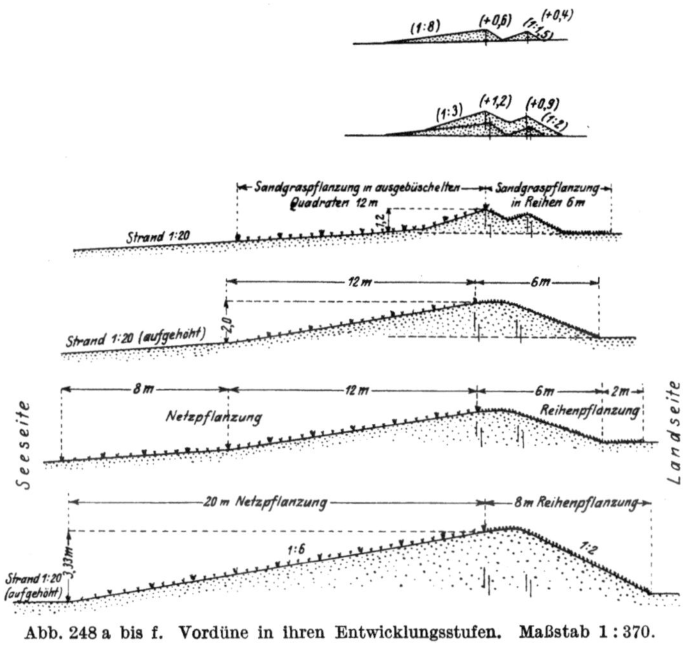

Abb. 248 a bis f. Vordüne in ihren Entwicklungsstufen. Maßstab 1 : 370.

Buhne im Wasser, es erzeugt einen Windkolk. Von diesen Windtrichtern geht dann häufig die Zerstörung der ganzen Düne aus. Die vielfach geglückte Erzeugung von Vordünen ist einer der größten Erfolge der neueren Dünenpflege.

Abb. 248 a bis f gibt ein Bild von der künstlichen Bildung einer Vordüne. In gleicher Weise wie die Vordünen werden auch alte, kahl gewordene Dünen begrünt.

Das Vorhandensein von Dünen schließt die Notwendigkeit der Erbauung von Deichen hinter ihnen nicht aus. Die Deiche können dann aber wesentlich schwächer gehalten werden als ohne vorliegende Dünen.

e) Buchten und Inseln.

1. Buchten.

Springen Meeresbuchten plötzlich unter scharfem Winkel gegen Meeresströmungen zurück, dann tritt nur der Rand der Strömung etwas in die Bucht ein. Die Strömung läßt wegen der erfolgenden Geschwindigkeitsverminderung dort die mitgeführten Sinkstoffe in einem schmalen Streifen als Landzunge liegen. Vgl. in Abb. 249 die Landzunge von Hela und die Kurische Nehrung. Oft mögen solche Zungen auch durch Senkung der Küste entstanden sein, bei der dann ein aus festem Boden bestehendes, höheres, schmales Gelände als Landzunge über Wasser blieb.

Diese Landzungen, Nehrungen genannt, können sich so weit verlängern, daß sie die Bucht bis auf eine Öffnung wie durch einen Damm abschließen. Diese Buchten werden „Haffs, Lagunen" usw. genannt. Eine Öffnung bleibt mindestens bestehen, weil bei wechselndem Meereswasserstand der Wasserausgleich durch sie hindurch erfolgt oder weil sie bei einmündenden Flüssen als Austrittsöffnung für das Flußwasser dienen muß. Die vorhandene Strömung verhindert in beiden Fällen große Bodenablagerungen in der Öffnung. Ist die Küstenströmung täglich wechselnd, wie z. B. Gezeitenströmungen, dann bleiben mehrere Öffnungen wie bei den ostfriesischen Inseln.

Diese Buchten, vor allem die mit einer Öffnung, sind deswegen besonders zu betrachten, weil ihre Ufer und auch sie selbst ein besonderes Verhalten zeigen.

In noch größerem Maße als die offenen Buchten besitzen die abgeschlossenen eine starke Neigung zum Verlanden. Bei Stürmen tritt das Meerwasser als starker Strom durch die Öffnung, Seegatt genannt, in die Bucht ein. Hier kommt es wegen des vielfach vergrößerten Querschnitts bald in einen Ruhezustand, in dem es die mitgeführten Sinkstoffe fallen läßt. Wird gleichzeitig Boden vor den Landzungen aufgewühlt, dann wird auch dieser durch den eintretenden Strom mit eingeführt. Vom Land aus wird die Auflandung besonders durch Flüsse begünstigt. In der Bucht fehlt der Küstenstrom, der die Sinkstoffe des Flusses weiterführt. Außer der allgemeinen Verlandung sind dann umfangreiche Deltabildungen nichts Seltenes. Das Delta der Nogat im Frischen Haff soll früher nach Hagen jährlich um 40 m vorgerückt sein. Wie im Teil IV gezeigt, ist die Nogat heute durch Schleusen abgesperrt.

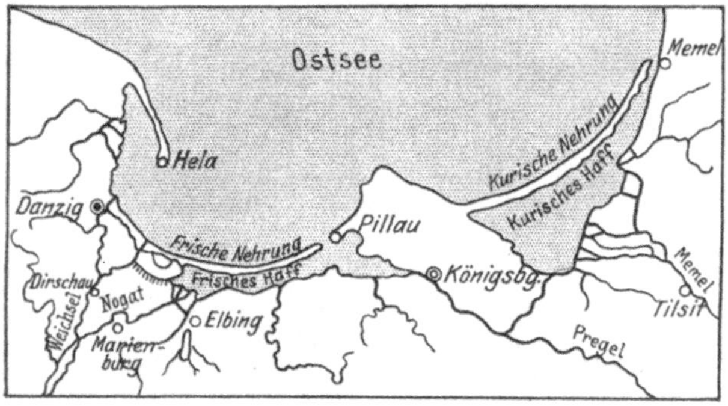

Abb. 249. Kurische Nehrung. Maßstab 1 : 3 750 000.

Liegt an einem Haff ein Seehafen, dann ist die Tiefhaltung des Seegatts die wichtigste Frage für den Bauingenieur. Auch wenn das Seegatt in seiner Tiefe und Breite einigermaßen beständig ist, wird es häufig nötig sein, die Öffnung seeseitig durch zwei parallele Dämme weiterzuführen. Sie halten den das Gatt reinigenden Spülstrom zusammen und führen die Fahrrinne bis in das tiefe Wasser.

2. Inseln.

Die den Küsten vorgelagerten Inseln sind im allgemeinen durch Abbruch entstanden. Erwiesenermaßen senken viele Küsten sich langsam, aber unaufhaltsam. Liegen dann Stellen der Küste höher als Landstreifen hinter ihnen, so werden im Verlaufe großer Zeiträume diese tieferen Landstreifen unter die Meeresfläche treten, nach und nach ausgespült werden, bis die höheren Ufer ganz vom alten Lande getrennt sind und als Inseln weiterbestehen. Das dazwischenliegende, in früheren Jahrtausenden als Ufer bestehende Land taucht jetzt noch an vielen Stellen bei Niedrigwasser regelmäßig als Watt aus dem Meere auf. Wie die Senkung der Küste vor sich gegangen ist, ist heute noch nicht festgestellt. Es ist aber wahrscheinlich, daß sie weder überall noch gleichmäßig der Zeit und der Höhe nach erfolgt ist. Es wird mit großer Wahrscheinlichkeit angenommen, daß die Nordseeküste früher weit draußen in der See, etwa bis zur Doggerbank hin, gelegen hat, d. h. auf einer Linie, die ungefähr vom Skagerrak nach Hull hinführt (Abb. 250). England hing noch mit dem Kontinent zusammen, der Rhein lief durch die Silberrinne in die viel kleinere nördliche Nordsee, die Elbe hatte ihre eigene Mündung, aber weiter nördlich. Die Senkungen sind hier so große, daß ein Auftauchen des früheren Landes bei NW. nicht mehr erfolgt. Als letzte Insel dieses früheren Festlandteiles kann Helgoland gelten, das sich wohl nur seines felsigen Charakters wegen erhalten hat, früher aber eine große, fruchtbare und dichtbewohnte Marschinsel gewesen ist.

Abb. 250. Wahrscheinliche frühere Grenzen der Nordsee in der frühen Postglacialzeit rd. 1 : 16 000 000.

Man unterscheidet an der Nordsee zweckmäßig Geestinseln und Marschinseln nach der Beschaffenheit ihres Bodens. Auf beiden Arten finden sich Dünen. Diese Inseln zeigen ein ganz verschiedenes Verhalten gegenüber den Sturmfluten[1]).

Eine dauernde Verkleinerung ist in historischer Zeit an den meisten Geestinseln, wie z. B. den ostfriesischen, nicht nachweisbar, wohl aber ein Wandern der Inseln. Die Inseln werden meist am Westende stark angegriffen. Der losgerissene Sand gelangt aber oft in der Nähe der Insel am Ostende wieder zur Ablagerung, da der Ebbestrom dieses schwere Material nicht weit zu führen vermag. Es handelt sich meist um örtliche Veränderungen derselben Insel, die aber für die betroffene Generation genau so gefährlich ist wie eine Zerstörung. Es ist aber wahrscheinlich, daß die Geestinseln früher auch wirklich an der Küste entlang gewandert sind. Aber heute kann ihre Form, solange der Uferschutz richtig geübt wird, für wenigstens kürzere Zeiträume von einigen Generationen als beständig gelten. Hinsichtlich dieser zeitweiligen Beständigkeit macht Wangeroog eine Ausnahme. Dort wurde in den Sturmfluten des Dezembers 1854 ein Dorf von 50 Häusern an der Westseite der Insel von den Wellen zerstört, die Dünenketten und der teilweise vorhandene fruchtbare Kleiboden fortgeschwemmt, so daß ein kahler Strand zurückblieb; die Insel wurde 2 km kürzer. Daß es auch anderen Inseln nicht besser ergangen zu sein scheint, ergibt sich daraus, daß 1924 am äußersten Westende von Baltrum ein Kirchhof freigelegt wurde, der früher zweifellos in der Mitte oder dem Osten der Insel gelegen hat. Juist bestand vor 300 Jahren aus zwei Teilen, zwischen Juist und Norderney lag eine Insel.

---

[1]) Fülscher: Über Schutzbauten zur Erhaltung der ost- und nordfriesischen Inseln. Zeitschr. f. Bauw. 1905. — Krey: Aufsatz gleichen Titels. Zentralbl. d. Bauverw. 1906. — Sehr wertvoll: Plener: Zeitschr. f. Arch. u. Ing. S. 44, Hannover 1856, der im scharfen Gegensatz zu Fülscher steht. — Krüger: Zeitschr. f. Bauw. 1911, Heft 7—9, mit guten Karten.

Die schützende Wirkung der Inseln für das Festland ist bestritten, sie liegen meist zu weit von ihm entfernt, um die Wellen wirklich bedeutend zu mäßigen. Oft ist das Vorland vor dem Festlandsdeich gerade dort stark fortgerissen worden, wo die Inseln es nach der früheren Anschauung am besten schützen sollten. Der Hauptwert der Inseln beruht auf ihrem Badestrand, nach dessen Verlust sie dem Bodenertrag nach wertlos wären. Auf den meisten dieser Inseln wachsen keine Bäume. Norderney macht mit einem kleinen Wald eine Ausnahme.

Ähnlich wie bei Wangeroog und Baltrum liegt es bei den nordfriesischen Marschinseln. Der feste Kleiboden dieser Inseln widersteht dem Wellenangriff zwar länger als Sandboden, er wird aber nach erfolgtem Abbruch in Schlick zurückverwandelt und durch die Strömung auf weite Entfernungen fortgeschwemmt. Der Abbruch der Marschinseln ist erweislich ein ganz bedeutender. Durch ihn sind, nach dem heutigen Ertragswerte berechnet, wahrscheinlich Hunderte von Millionen Mark an Land vernichtet worden. Die ganze Inselgruppe Nordstrand, Pellworm, Föhr mit den Halligen bildete einst eine große fruchtbare Insel mit Dutzenden von Kirchspielen. Sie ist in der Sturmflut vom 11. X. 1634 unter Verlust von Tausenden von Menschen und Tieren zerstört worden. Der Schutz der Geestinseln ist unbestreitbar notwendig, die Erhaltung der Marschinseln ist in demselben Maße eine nationale Pflicht wie die Sicherung der Küstenmarschen. Die Erhaltung der Felseninsel Helgoland mit ihrer Düneninsel war aus militärischen Gründen nötig, um Deutschlands Stellung als Seemacht zu sichern. Zur Zeit ist der Badestrand auf der Düne das Wichtigste. Die Hauptinsel muß aber für den kommenden Aufschwung Deutschlands erhalten werden.

Gemeinsam ist das Interesse der Schiffahrt an der Erhaltung aller unserer Küsteninseln. Gerade die deutsche Nordseeküste ist eine der am meisten befahrenen, aber auch eine der gefährlichsten Küsten der Erde. Die zahlreichen auf den Inseln errichteten Leuchttürme und Seezeichen verringern die Gefahren bedeutend und machen sich indirekt durch Verhinderung von Schiffbrüchen bezahlt. Das, was von unseren Inseln gesagt ist, gilt auch von den Inseln vieler anderer Länder.

B. Künstliche Veränderungen des Ufers.

a) Allgemeines über den Schutz des Ufers gegen die Angriffe des Wassers.

Für die Notwendigkeit von Uferschutzbauten ist bestimmend der Wert des gefährdeten Landes und die Größe der Gefahr, die der Küste droht. Wo Inseln nachweislich die Küste durch Verringerung des Wellenangriffs schützen, muß für die Inselschutzbauten das Küstenland als mit geschütztes Gebiet angesehen werden.

Des nachhaltigsten Schutzes bedürfen vor allem die hochertragreichen Marschländereien, gleichwohl ob sie auf Inseln oder dem festen Lande liegen.

Wie im Flußbau unterscheidet man anliegende Schutzwerke, Parallelwerke und Buhnen oder Schlengen. Anliegende Schutzwerke können lediglich weiteren Abbruch verhüten, vorspringende jedoch noch Anlandungen herbeiführen. Die anliegenden bilden eine widerstandsfähige Decke auf dem Ufer, die vorspringenden gehen in Gestalt von Parallelwerken und Buhnen weit auf den Vorstrand hinaus und erzwingen Schlick- und Sandablagerungen bei mittleren oder höheren Wasserständen.

Je schneller und in je größerem Umfang die Schutzbauten ausgeführt werden können, desto wirkungsvoller sind sie. In einer Sturmflut können mehr Werte vernichtet werden, als alle Schutzbauten des zerstörten Gebietes zusammen gekostet haben würden. Man denke an die Marcellusflut von 1362, die den Verlust von 50 Kirchspielen brachte. Kann man daher mit leichten und billigen Konstruktionen mit Sicherheit ein großes Gebiet auf mehrere Jahre schützen, so ist das wertvoller, als nur einen Teil mit schweren Bauten für immer zu sichern und die übrigen Teile ungeschützt den Sturmfluten bis zur Bewilligung weiterer Mittel auszusetzen. Die dauernde Sicherung kann nachgeholt werden. Versprechen jedoch die leichten Werke selbst für wenige Jahre keinen sicheren Schutz, dann führe man gleich schwere je nach den vorhandenen Mitteln aus.

Kann man vorspringende Landecken, die den Angriff auf rückliegende Uferstrecken vermindern, selbst nur unter Aufwendung größerer Mittel dauernd sichern, so warte man nicht, bis man nach Abbruch der Ecke das Ufer selbst durch noch kostspieligere Bauten schützen muß. Dasselbe gilt von dem Schutze von Sandstränden mit dahinterliegenden Dünen. Man darf dort, wo Küstenströmungen den Strand gefährden, auch vor kostspieligen, oft weit hinausragenden Buhnenbauten oder Durchdämmungen gefährlicher Stromrinnen nicht zurückschrecken, damit die Dünen und der sie nährende Strand erhalten bleiben.

Wo Verlandungen schnell vor sich gehen und ein nicht zu starker Wellenangriff vorhanden ist, kann man leichte Holz- oder Buschwerksbauten mit Steinpackung errichten. Diese Bauten werden dann bald soweit im Sand eingebettet sein, daß sie selbst einen nennenswerten Angriff nicht mehr zu ertragen haben. Wo aber die Verlandung nur langsam erfolgt, muß man schwere Steinlagen auf elastischer Stroh-, Buschwerk- oder Seegrasunterlage verwenden. Die Steine werden meist durch dünne eingeschlagene Pfähle am Grunde festgehalten.

Statt der Steinblöcke wendet man auch neuerdings Betonblöcke oder in einem Stück an Ort und Stelle gestampfte Betonschalen an, die der fehlenden Fugen wegen den Wellen den geringsten Angriff bieten. Bei starkem Abbruch werden Deckwerke allein nie langen Bestand haben, sondern bald unterspült werden und dann einstürzen. Die Sicherung des Strandes durch Buhnen gewährt erst dem durch Deckwerke geschützten Ufer seinen Bestand.

b) Anliegende Schutzwerke.

Diese Werke schützen das Ufer, einen hochliegenden Teil des Strandes oder auch den Fuß der Dünen unmittelbar gegen den Wellen- und Strömungsangriff. Ihre tatsächliche Widerstandsfähigkeit gegen den Wellenangriff hängt erstens von ihrer Form ab, zweitens von der Höhenlage des Deckwerkfußes und des Deckwerkkopfes. Der Einfluß der Höhenlage ist entscheidend. Je tiefer der Fuß und je höher der Kopf liegt, desto größer ist die Sicherheit, aber auch desto höher der Herstellungspreis[1]).

[1]) Über den Bau von Deckwerken vgl. Doktor-Arbeit Hansen (Techn. Hochschule Hannover 1921). Hansen kommt zu folgendem Ergebnis:

a) Uferschutzwerke im Hallig- und Marschgebiet.

Ein Standsicherheitsnachweis der üblichen Granitsteinabdeckung im Hallig- und Marschgebiet führt unter Annahme der allgemeinen Erddruckgesetze und deren empirischen Formeln zu dem Begriff der Verstärkungsgrenze, die für weitere Ausführungen den Ausgangs- und Angelpunkt bildet.

Ein Überschreiten der Verstärkungsgrenze nach unten hin ist mit Rücksicht auf den wirtschaftlichen Bedarf an Baustoffen zu vermeiden.

Bei Gegenüberstellung angewandter Fußbefestigungen der Steindecken ist als günstigste die Pfahlreihe, bei großen Deckwerkshöhen und Möglichkeit einer Strandsenkung eine Pfahlreihe, die durch Zangen und Pfahlblöcke gestützt ist, zu betrachten.

Die üblichen im Hallig- und Marschgebiet gewählten Steinstärken für die Kronenabdeckung (450 kg/qm) reichen nicht aus; die Stärke des Böschungspflasters selbst ist teil-

Die Deckwerke lassen sich einteilen in:

1. Deckung niedrig liegender Ufer mit vorliegendem flachen Wasser, wobei die Ufer so tief unter den hohen Fluten liegen, daß die Fluten für sie unschädlich sind.

2. Deckung am flachen Wasser liegender, hoher Ufer, die gerade dem Wellenangriff der hohen Fluten ausgesetzt sind.

3. Deckung tiefliegender, steil abfallender Ufer mit stark angreifender Küstenströmung, aber mit geringem Wellenangriff.

Für die Ufer 1 und 2 mit vorwiegend Wellenangriff werden die Werke gemäß Abb. 251 nach fünf verschiedenen Formen zusammengesetzt, für deren Wahl folgende Gesichtspunkte maßgebend sind:

Form a, gerade steil hochsteigend, ist bei festem Vordergrund anwendbar. Sie wird in Holz, Stein oder Beton ausgeführt und erfordert den geringsten Materialaufwand. Die Wellen branden direkt an der Mauer. Sie ist daher bei weichem Boden ohne Grunddeckung nicht anwendbar, da sie infolge Unterspülung leicht einstürzt.

Form b, gerade schräg ansteigend, ist die bequemste, aber nur für schwachen Wellenangriff zweckmäßige Bauweise. Der obere Teil der Böschung wird sehr stark angegriffen, die Welle springt teilweise heftig zurück und schlägt hart in der unteren Ecke auf den Boden und wühlt ihn hier auf.

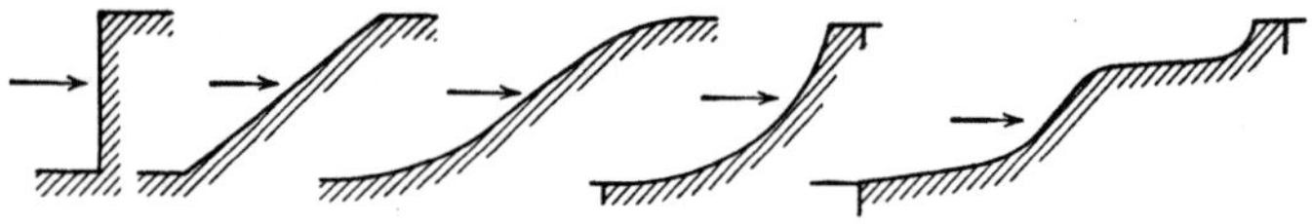

Abb. 251 a bis e. Deckwerksformen.

a Gerade und steil. b Gerade und schräg. c Unten hohl, oben gewölbt. d Völlig hohl. e Zusammengesetzte Form.

Form c, unten hohl, oben als Buckel gebildet, leitet die Welle besser, wird selber weniger als Form b angegriffen, führt aber noch mehr Wasser auf das Ufer, das oben wenigstens ebenso leidet wie bei b.

---

weise von 900 auf 1080 kg/qm zu erhöhen (d. i. von 35 auf 40 cm). Die Bettungsschicht (Schotter, Kies) darf 0,25 m nicht unterschreiten.

Bei Betrachtung der verschiedenen Böschungsformen ist festzustellen, daß bei durchlässiger Bauweise die gradlinig ebene Begrenzung anderen Linienführungen vorzuziehen ist.

An niedrigen, vom HW. überfluteten Ufern erfüllt eine ebene, steile Böschung besser ihren Zweck als eine flacher geneigte Böschung.

Eine Gegenüberstellung verschiedener Kronenausbildungen läßt erkennen, daß als beste Kronenausbildung bei an ausgedehntes Hinterland sich anlehnenden Uferbefestigungen das sogenannte Wasserpolster zu betrachten ist. Bei dammartigen Schutzbauten ist eine ebene, ununterbrochene Linienführung der Krone mit möglichst hoch gelegenem Scheitel dem Wasserpolster vorzuziehen.

Den technischen und wirtschaftlichen Anforderungen bezüglich des verwendeten Steinmaterials entsprechen am besten für die Böschungspflasterung: der Granitfindling, für die Bettung: der Grand.

Eine Kostenzusammenstellung ebener Deckwerke auf Grund der ermittelten Verstärkungsgrenzen führt zu dem Ergebnis, daß die für Halligzwecke in Frage kommenden Deckwerke keinen Anspruch auf höchste Wirtschaftlichkeit erheben können.

b) Dünenschutzwerke.

Durchlässige Dünenschutzwerke in Form von sogenannten Pfahlwerken und Wellenbrechern im Vergleich zu den anderen Bauweisen auf Wangeroog, Norderney und Spiekeroog und in Anlehnung an Uferdeckwerke aus dem Hallig- und Marschgebiet haben sich als unwirtschaftlich erwiesen und haben den undurchlässigen Bauwerken weichen müssen.

Auf Grund eingehender Aufführung der Licht- und Schattenseiten der bestehenden wichtigsten Dünenschutzwerke im ostfriesischen Gebiet kann festgestellt werden, daß wirtschaftlich wie technisch die Borkumer Mauer im Vergleich zu den anderen Bauweisen auf Wangeroog, Norderney und Spiekeroog den höchsten Grad in der Entwicklung erreicht hat.

Form d, ein völlig hohles Profil, ist nicht schwieriger auszuführen als c, zwingt aber die Welle, in sich selbst zurückzufallen. Diese Art wird erfahrungsgemäß wenig von den Wellen angegriffen.

Form c ist dadurch verbessert worden, daß man die obere Rundung in eine wenig gegen die Wagerechte geneigte Ebene auslaufen läßt, an die man dann ein Stück nach Art der Form d anschließt. Vgl. Abb. 251 e. Diese Form wird jetzt viel auf den Nordseeinseln ausgeführt, zuerst auf Borkum, dann auch auf den anderen, wie Norderney. Sie ist billiger als ein steiles Uferschutzwerk, aber teurer als das Profil Nr. d, wie es auf Wangeroog ausgeführt worden ist. In allen Fällen ist es ratsam, das Ufer oben noch auf eine gewisse Strecke hin durch eine dichte Decke zu schützen. Die schrägen Steindeckungen können nur bei tonigen Ufern mit Kiesunterstopfung direkt auf das Ufer gelegt werden, müssen aber bei Sandufern entweder starke Tonlagen unter dem Kies erhalten (schwacher Wellenangriff) oder durch Buschwerksunterpackung und Sinkstückvorlagen gegen Unterspülung gesichert werden. Bemerkenswert ist, daß bei diesen Deckwerken ein Beton von 1: 9 oder 1: 10 verwendet worden ist und zwar ohne Zusatz von grobem Kies oder Splitt. Der Beton hat sich bis heute gut gehalten, wahrscheinlich nur deshalb, weil er durch Klinkerverblendung gut geschützt ist.

Form a ist bei dem Admiralitätshafen von Dover vor einigen Jahrzehnten als einfache Uferschutzmauer aus Beton erbaut worden. Der Vorgrund besteht aus widerstandsfähigem Kreidefelsboden.

An der Ostsee sind mehrere solche Mauern ausgeführt worden. Die Mauer Abb. 252 ist ein gutes Beispiel bei hartem Vorboden, die Mauer gemäß Abb. 253 bei festem Strande, der weichere Lagen enthält.

Bei beiden Arten wird das Ufer hinter der Mauer bis zur Oberkante aufgehöht. Bemerkenswert ist in beiden Fällen die vorsichtige Abführung von Sickerwasser durch Drainrohre oder Schotterlagen. Die Ausführung dieser Entwässerungen ist Voraussetzung für eine lange Lebensdauer der Mauer. Beispiele für Form b und eine Verbindung von b und d geben die Abb. 254, 255 u. 257. Abb. 254 zeigt ein Deckwerk auf Sandstrand mit nicht großem Wellenangriff. Hier wie bei den folgenden Deckwerken mußte besonderer Wert darauf gelegt werden, ein Durchsaugen des Sandes durch die Deckschicht hindurch zu verhüten. Deshalb wurde entweder eine dichte Betondecke oder Faschinenunterlage eingebaut. Ohne solche Sicherungen stürzt ein Deckwerk, selbst wenn die Steine mit Zement verstrichen werden, infolge Unterwaschung der Decke bald ein. Auch bei Sandstrand sollte man Entwässerungen einbauen. Solche Deckwerke sind auch vielfach ohne Verblendung in Eisenbeton erbaut worden, z. B. in Belgien. Es ist hier besonders die Muraltsche Bauweise mit verschieblichen Platten zwischen mit Nuten versehenen Eisenbetonschwellen zu nennen.

Abb. 255 zeigt ein Deckwerk auf Packwerk bei Bremerhaven, das als gute Ausführung gelten kann.

Abb. 256, ein Deckwerk mit Wasserpuffer, wird als Gegenbeispiel gegeben. Das hintere Wasserbett wurde in einfacher Weise durch Vorrücken des Deckwerks vor das Vorland gebildet. Der dadurch nötig werdende hintere Rücken des Deckwerks macht es teurer. Die Wirkung des Wasserpuffers, der den Schlag der überschlagenden Welle auffangen soll, ist früher sehr hoch eingeschätzt worden. Große Vorteile sind aber aus dem Wasserpuffer nicht zu erwarten. Die überschlagende Welle durchschlägt das dünne Wasserpolster so, als ob es nicht vorhanden wäre. Die Konstruktion ist nicht zu empfehlen. Auch Hansen gibt in seiner Dr.-Arbeit als Erfahrung an der jütländischen Westküste an, daß der Wasserpuffer oft wirkungslos sei.

An der Ostsee sind auch mit bestem Erfolg Steinwälle aus großen Findlingen angewandt worden, die neuerdings auf doppelter Faschinenlage verlegt werden.

Feste Lagerung, geradezu Verspannung der schweren Außensteine ist nötig, Auszwicken mit kleinen Steinen aber schädlich. Es wird gerade Wert darauf gelegt, daß Teile der Welle den Wall durchdringen, da dadurch die Kraft des Stoßes verringert wird[1]). Das Abrücken vom Ufer erzeugt wieder den Wasserpuffer (s. Abb. 258).

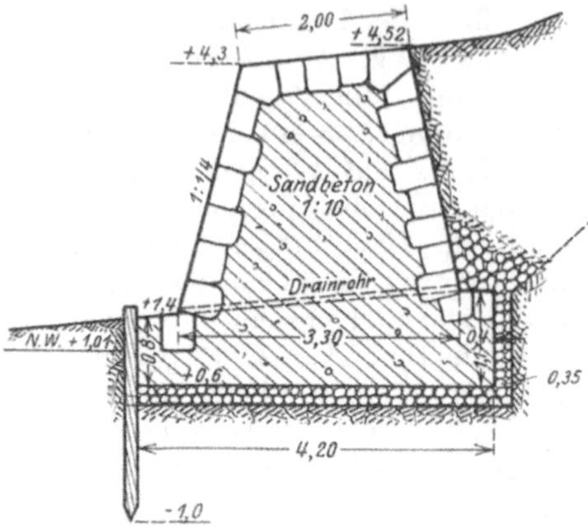

Abb. 252. Ufermauer bei sehr festem Strand. Maßstab 1 : 150.

Eine Verbindung von b und d zeigt Abb. 257. Dieses Deckwerk dient zum Schutze der Dünen auf Wangeroog. Es ist oben herumgebogen, um einen sonst vielleicht noch möglichen Angriff auf den Dünenfuß zu verhindern. Die Welle bricht jetzt in sich selbst zusammen; der dadurch erzeugten starken Rückströmung wegen ist der Fuß noch durch Packwerkunterlage zwischen Pfahlreihen geschützt. Dieses Deckwerk ist mit die beste der bekannten Formen.

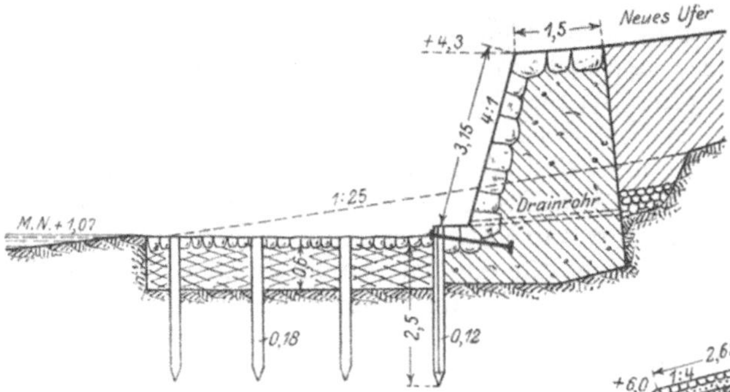

Abb. 253. Bei festem Strand mit weichen Zwischenlagen. Maßstab 1 : 150.

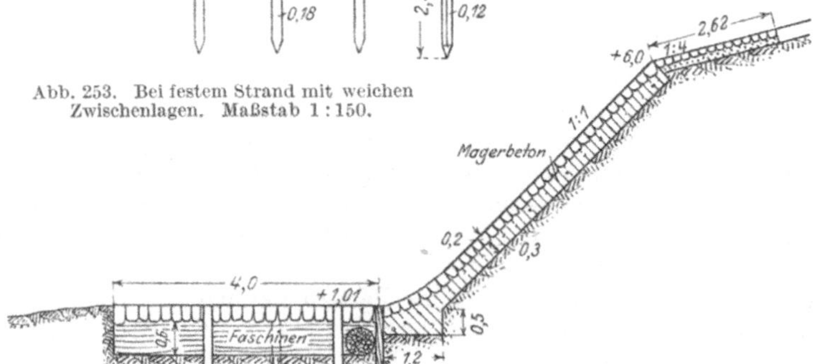

Abb. 254. Auf Sandstrand. Maßstab 1 : 150.

Das bereits genannte Zwischenglied von Form c und d ist das Deckwerk auf Borkum (Abb. 259). Dieses Deckwerk ist sehr hoch hinaufgeführt, bis 2 m über Sturmflut und dann noch nach oben hin durch auf die Düne gelegte Grassoden fortgesetzt. Wichtig ist dabei das 1 : 12 geneigte Zwischenstück, auf welchem die Wellenköpfe ihre Kraft schon zum größten Teil einbüßen müssen. Diese Form besitzt gleichfalls viele Vorzüge, ist aber sehr teuer.

[1]) Weiteres siehe unter anderm Zentralbl. d. Bauverw. 1908, Nr. 26.

Eine Form, die eher zu Art d als zu Art b zu rechnen ist, zeigt Abb. 260, ein Deckwerk in Saßnitz, das sich für starken Wellenangriff vorzüglich bewährt hat. Es wird zuerst die Spundwand in die See hineingerammt und verankert. Binnen folgt Geröllschüttung, damit die Hinterfüllung nicht auswäscht, dann vorne Sinkstück mit großen Steinen und hinten Anschüttung und Geröll

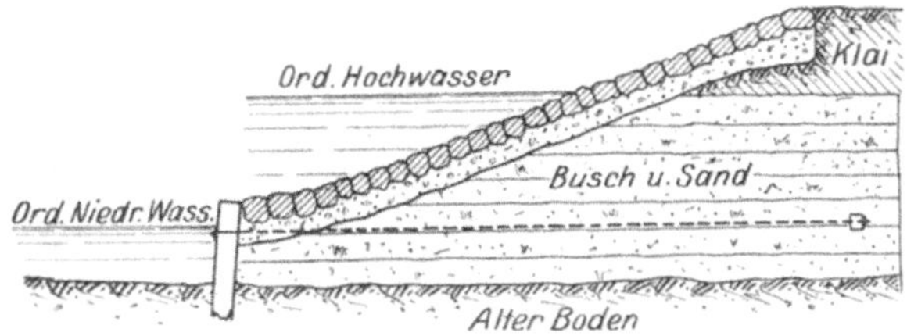

Abb. 255. Deckwerk Bremerhaven. Maßstab 1 : 300.

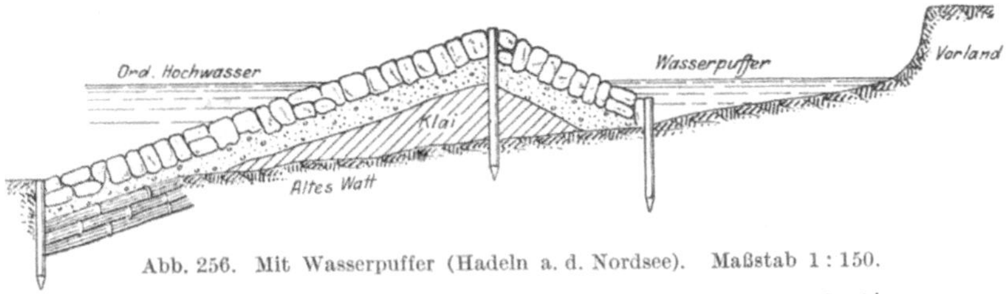

Abb. 256. Mit Wasserpuffer (Hadeln a. d. Nordsee). Maßstab 1 : 150.

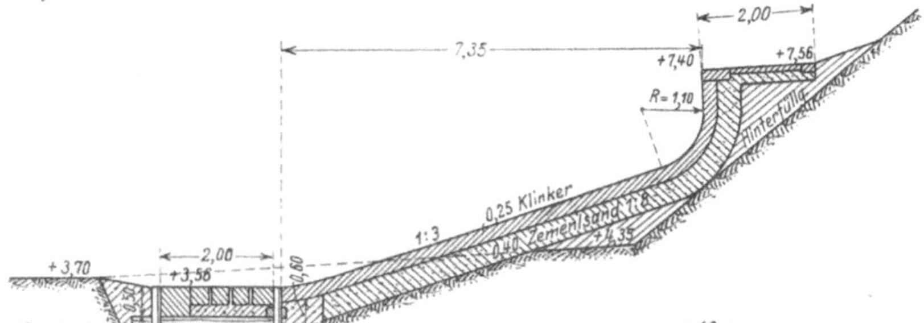

Abb. 257. Deckwerk auf Wangeroog. Maßstab 1 : 150.

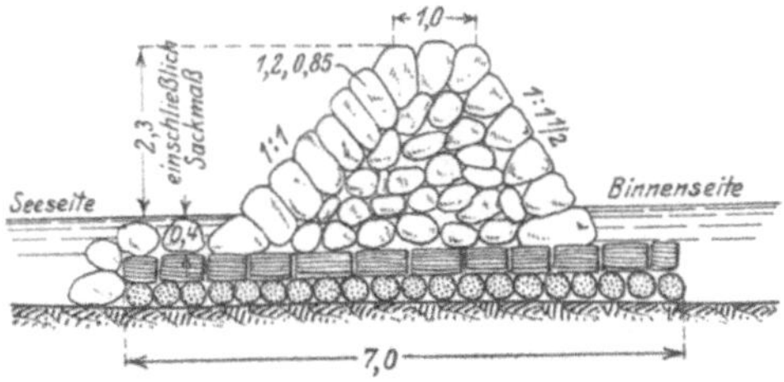

Abb. 258. Steinwall an der Ostsee. Maßstab 1 : 150.

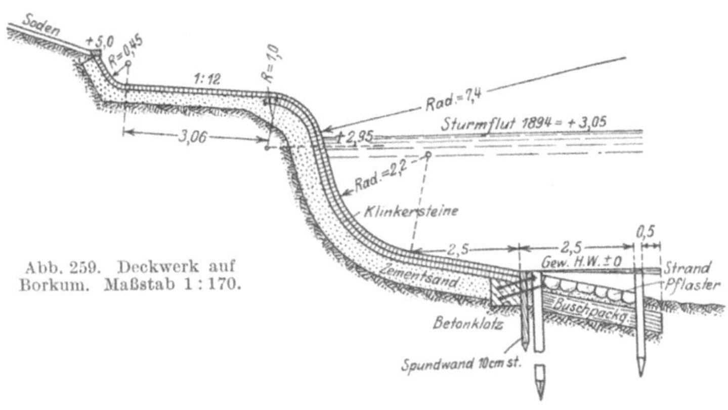

Abb. 259. Deckwerk auf Borkum. Maßstab 1 : 170.

Abb. 252—259. Deckwerke.

bis zur Wasserlinie. Unter vorübergehender Abdeckung mit Busch und Steinen bleibt das Werk über Winter liegen, wird dabei kräftig durch die See eingeschlämmt und im Frühjahr fertiggestellt. Bei *A* wird durch Pappe eine Fuge im Beton erzielt. Bei diesem Werk wird die Welle dreimal angegriffen, am Fuße, in der Mitte und am Kopfe.

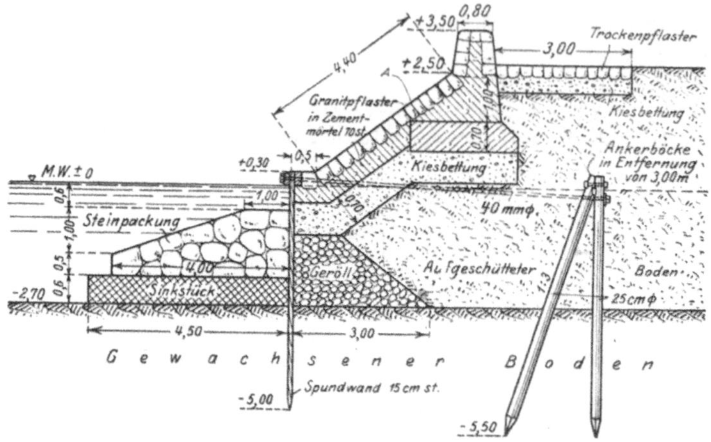

Abb. 260. Deckwerk in Saßnitz. Maßstab 1 : 170.

c) Vorspringende Schutzwerke.

Neuerdings macht auch die Uferbefestigung durch Eisenbetonbauwerke Fortschritte. Es ist von dieser Bauweise großer Nutzen zu erwarten; zu beachten sind aber die Zersetzungserscheinungen des Betons. Es ist deshalb nur beste Betonmischung unter Benutzung von Gußbeton mit Erzzement zu empfehlen[1]), wobei besonders auf die Erfahrungen mit Erzzement auf Norderney hingewiesen werden. Es sind neben Basaltprismen zur Befestigung der schweren Steinbuhnen dort gleiche Prismen aus Portlandzement und Erzzement im Jahre 1908 eingebaut worden. Im Jahre 1924 waren die Erzzementprismen so gut wie unverändert mit ganz blanken Oberflächen und scharfen Kanten, während die Portlandzementprismen zum Teil zersetzt waren und abgerundete Kanten zeigten. Die Bauart der Strandbuhnen unterscheidet sich grundsätzlich von derjenigen der Flußbuhnen in seichtem Wasser z. B. dadurch, daß die Faschinen und Decksteine durch Pfähle befestigt werden, die in den Strand eingetrieben werden. Auch die Wirkungsweise ist eine andere. Die Flußbuhnen sind im 3. Teil S. 154 dieses Buches beschrieben, ihre Bezeichnungen und ihre Wirkungsweise kann daher als bekannt vorausgesetzt werden.

Während die Flußbuhnen bis in tiefes Wasser reichen und vor allem der Strömung gegenüber sicher sein müssen, liegen die Strandbuhnen, von einigen neueren Ausführungen abgesehen, meist nur flach auf dem Strande, sie sollen ihn möglichst wenig überragen und besonders dem Wellenschlag widerstehen können. Dazu müssen sie eine hinreichend dichte und schwere Abdeckung besitzen. Sie sollen weniger die Küstenströmung ablenken, als zwischen sich einen Stau schaffen, in dessen Schutz der Sand niederfällt. Sie wirken besonders bei den gewöhnlichen Wasserständen sandfangend, können bei Sturmfluten jedoch vorübergehend schädlich wirken, da dann oft große Sandmengen wieder fortgewaschen werden. Ihre Gesamtwirkung ist jedoch stets günstig für den Strand.

[1]) Vgl. Neue Uferbefestigungen in Eisenbeton. Deutsche Bauztg. 1907, S. 18 des Anhangs über Eisenbeton. — Dingl. Polyt. Journal 1907, S. 282. — Engels: Zentralbl. d. Bauverw. 1911, S. 563.

Voraussetzung für Sandantrieb ist selbstverständlich das Vorhandensein von Sand in einer Küstenströmung oder beweglichen Sandes im Meer vor dem Strand. Auch ist es von großer Bedeutung, ob sich vor den Buhnen eine tiefe Rinne durch Gezeitenströmung ausbildet oder nicht. Auf Norderney hat sich seit langem eine solche tiefe Rinne entwickelt. Es ist dort zum Teil die sandfangende Wirkung der Buhnen eine ungenügende. Es hat den Anschein, als ob unsere Bauwerke, wenigstens die jetzigen Methoden, gegen solche Rinnenbildung machtlos wären.

Wo eine regelmäßige Küstenströmung fehlt, wird die Länge jeder Buhne nicht wie am Flusse wasserseitig von einer theoretischen Streichlinie begrenzt, sondern man sucht mit jeder Buhne soweit vorzugehen, wie es das Niedrigwasser gestattet; hierdurch wird das größtmögliche Stück des Strandes geschützt. Die Buhnenköpfe liegen daher dort dicht an der Grenze des Niedrigwassers, damit sie noch im Trockenen, wenn auch in Tidearbeit[1]), hergestellt werden können. Wo ein genügender und regelmäßiger Küstenstrom vorhanden ist, empfiehlt sich jedoch auch am Meere die Einhaltung einer Streichlinie[2]).

Die Buhnenwurzeln müssen sicher in das Ufer hineingeführt oder an das Uferdeckwerk angeschlossen werden, sie besonders haben unter den Sturmfluten zu leiden und müssen daher über den höchsten Wasserstand hinausgeführt werden oder bei vorhandenem Deckwerk weit genug in die Uferböschung eingeführt werden. Je geringer der Abstand, desto größer ist die Wirkung der Buhnen. Trotzdem legt man die Buhnen ihrer großen Kosten wegen (eine Buhne von 200 m Länge kann heute bis zu 100000 Mk. kosten) in größeren Entfernungen, etwa 100—120 m, an, um so ein möglichst breites und langes Strandfeld schnell zu schützen, und baut erst nach und nach Zwischenbuhnen ein.

Durch den Wasserüberfall, den Wellenangriff und den Rücklauf des Wassers bei Ebbe an den Buhnen entlang bilden sich neben ihnen leicht Rinnen aus, die sich nach der Mitte des Buhnenfeldes zu nach und nach verbreitern. Ihnen begegnet man durch Anbringung von Sporen, die normal von der Hauptbuhne wie Fischgräten in das Buhnenfeld hineinragen. Die Zwischenbuhnen müssen daher so früh angelegt werden, daß eine durchgehende Erniedrigung des Feldes noch vermieden wird. Darnach tritt wieder eine Erhöhung des Strandes ein. Wo ein Ufer im Abbruch liegt, würde ohne die Buhnen die Erniedrigung des Strandes viel schneller fortschreiten und nicht vorübergehend, sondern dauernd sein. Man legt Buhnen zweckmäßig zuerst in dem dreifachen Abstand ihrer Länge an, wobei die Länge vom festen Ufer bis zur Niedrigwasserlinie gerechnet wird. Die Höhe soll an der Wurzel möglichst wenigstens 1 m über Hochwasser betragen, der Kopf soll bis zum Spring-Niedrigwasser reichen, die Seiten sollen möglichst flach, 1 : 3 bis 1 : 4, geböscht sein. Nirgends darf man schematisch arbeiten, alles muß von Fall zu Fall geändert werden. Ein Strand, der gänzlich gleiche Bauten in gleichem Abstande aufweist, läßt oft Schematismus und damit Verstoß gegen den Geist echten Ingenieurtums vermuten. Nach holländischen Erfahrungen soll der Buhnenrücken den Strand höchstens 60 cm überragen.

Die Stärke der Bauart richtet sich vornehmlich nach dem Wellenangriff. So kann man an der Ostsee mit viel schwächeren Konstruktionen auskommen als an der Nordsee.

Beispiele. Die einfachsten Buhnen bestehen aus ein- oder zweireihigen Pfahlwänden. Sie können dort, wo kein Bohrwurm ist, verwendet werden, haben aber keine große Lebensdauer, sobald sie zu hoch über den Strand

[1]) Tidearbeit wird die sehr teure Arbeit zwischen den Hochwässern, also in den kurzen Zeiten von etwa NW. bis MW. genannt. Sie ist für den bauenden Ingenieur auch deshalb lästig, weil sich die Arbeitsuhrzeiten stetig wegen des Vorrückens des NW. um täglich rd. 1 Stunde verschieben, also immer zu anderen Tageszeiten eintreten.

[2]) Gerhardt: Die Befestigung der Ostseeküste bei Kranz, Zeitschr. f. Bauw. 1906.

hinausragen. In diesem Falle stoßen Wellen und Eis die Pfähle hin und her, bis sie locker werden. Das Wasser spült dann einzelne Pfähle heraus, bis schließlich eine Lücke und zum Schluß ein tiefer Kolk entsteht.

Die Bauart wird wesentlich verbessert, wenn man die Pfahlreihen auseinander setzt und Steine dazwischen legt, aber dann fangen die Steine an, im Sande nach und nach zu versinken. Die beste Ausbildung erhält die Pfahlbuhne entsprechend Abb. 261 dadurch, daß die Steine auf Faschinen gepackt werden. Soweit die Pfähle nie austrocknen können, ist die Haltbarkeit der Buhne unbegrenzt.

An der Nordsee müssen die Buhnen des schweren Seegangs halber anders gebaut werden. Hier haben sich alle leichteren Bauten, wie die hohen Unterhaltungskosten zeigen, nicht bewährt. Nur die schwerste Bauart verbürgt hier den Erfolg. Die Abb. 262a bis d geben ein Bild der Buhnen, wie sie sich auf Norderney und den anderen ostfriesischen Inseln bewährt haben.

Abb. 263 zeigt den Querschnitt der auch angewendeten schwächeren Zwischenbuhnen, deren Widerstandsfähigkeit nicht genügend war. Diese schwächeren Werke mußten oft bis zur vollen Breite der Buhnen nach Abb. 262b verbreitert werden, ohne aber deren Sicherheit zu erreichen.

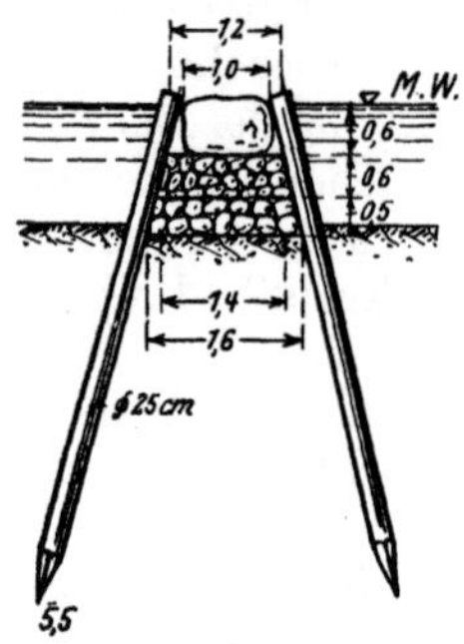

Abb. 261. Pfahlbuhne aus Steinpackung auf Faschinen. Maßstab 1 : 182.

An diesen Strandbuhnen fällt sofort die schwere Steindeckung auf, die noch außerdem durch Pfähle gehalten wird. Schnitt a liegt dicht vor der Wurzel, b dicht vor dem Kopfe. Von dem Schnitte a an steigt die Buhne noch empor bis zur Höhe des Deckwerks. Die Kopfoberkante liegt 0,3 m über G.-NW., die Unterkante etwa 1,2 m unter G.-NW. Die Breite der eigentlichen Buhne wächst von der Wurzel zum Kopfe von 5,8—8,7 m, die Quadern wachsen in gleicher Richtung von 0,3 auf 0,5 m Dicke. Die Pfähle wechseln je nach der Lage des Strandes von 1,5—3 m Länge und 9—18 cm Stärke. Die Steinbrockenlage ist 15—20 cm stark. Heute werden vielfach Basaltprismen oder Betonsteine (Erzzement) als Belastung verwendet. Der Buhnenkopf wird durch Senkfaschinen oder Steinschüttung besonders gesichert. Diese Faschinen werden heute auf Norderney usw. aus Buschwerk mit eingelegten Basaltprismen ähnlich so gebaut wie im Flußbau. Die Verwendung von Kies als Einlage ist wegen des Wellenangriffs unzweckmäßig. Die Faschinen waren 50—60 cm dick, 2,5 m lang. Um den Kopf dieser Buhnen möglichst weit vorschieben zu können, wird ihr Bau in den Springtiden bei Spr.-NW. vorgenommen. Es kann dann nur alle 2 Wochen wenige Tage lang einige Stunden gearbeitet werden. Es muß dann die ganze Arbeiterschaft auf diese Arbeit vereinigt werden. Bei diesen Arbeiten zeigt es sich, ob ein Ingenieur die Arbeit einteilen kann. Neuerdings scheinen Versuche für Verwendung von Spundwänden bei Buhnen Erfolg zu versprechen. Hierfür dürfte Kupferstahl besonders zweckmäßig sein.

In anderer Weise, als bisher beschrieben, ist die Erhaltung der Düneninsel von Helgoland, die östlich der Hauptinsel in 1100 m Abstand liegt, in Angriff genommen worden. Die Düneninsel, die als Badestrand die Grundlage des Wohlstandes der Insel Helgoland bildet, hing noch bis zum Jahre 1720 mit der Hauptinsel zusammen. Das beide verbindende Gipsriff wurde von den Helgoländern zwecks Gipsverkauf es so lange abgebaut, bis die Düne durch die Sturmflut vom 31. XII. 1720 abgetrennt und immer mehr bis auf den jetzigen Rest verkleinert wurde[1]).

[1]) Zeitschr. f. Bauw. 1905. — Geisse, A.: Schutzbauten an der Helgoländer Düne. Woebcken: Nach Adam von Bremen war um 1100 Helgoland noch fast 8 Meilen lang,

Die Insel liegt in der Mitte einer Rundströmung, die ein Fortspülen des abgerissenen Sandes in große Tiefen verhindert hat. Diese Sandmassen wenigstens teilweise einzufangen, war die gestellte Aufgabe. Sie erforderte natürlich andere Mittel als die, welche zur Erhaltung des Strandes gebraucht werden. Es wurden zwar auch Buhnen angewandt, sie reichen aber teilweise bis 5 m unter Niedrigwasser. Dort sollen sie den bewegten Sand zur Ablagerung bringen, so daß er durch die Wellen nach und nach den Strand hinaufgeschoben wird.

Die Buhnen gehen von der Düneninsel nach allen Seiten strahlenförmig in die See hinaus und erreichen Längen von 900 m. Soweit sie über NW. liegen, wurden sie nur aus Faschinen, die mit Sand bedeckt wurden, erbaut, unter NW.

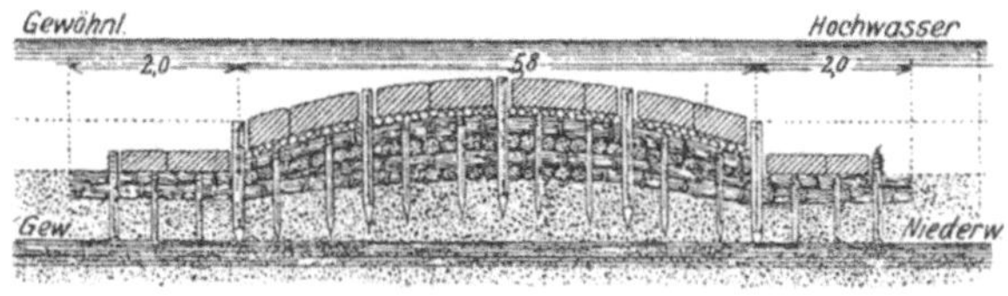

Abb. 262 a. Hauptbuhne. Schnitt an der Wurzel. Maßstab 1 : 150.

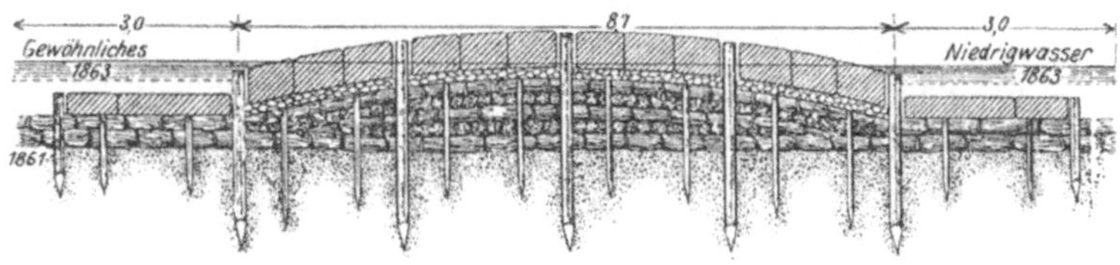

Abb. 262 b. Hauptbuhne. Schnitt am Kopf. Maßstab 1 : 150.

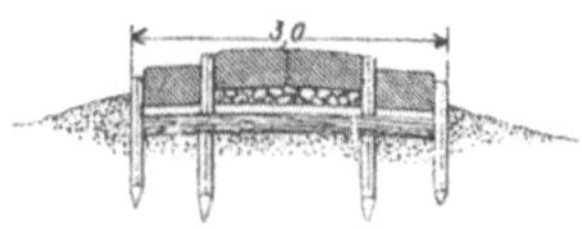

Abb. 263. Zwischenbuhne. Schnitt. Maßstab 1 : 150.

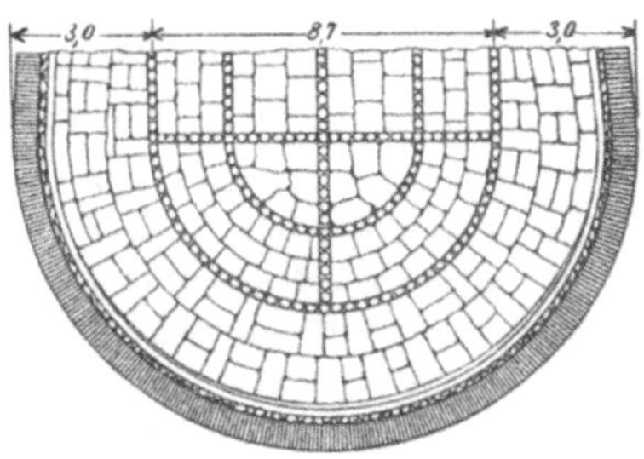

Abb. 262 c. Aufsicht auf den Kopf der Hauptbuhne. Maßstab 1 : 300.

Abb. 262—263. Steinbuhnen an der Nordseeküste (Norderney).

aus Sinkstücken mit Steinbeschwerung. Die Sinkstücke bestehen aus Faschinen, die durch Draht und Luntleinen zusammengebunden sind. Die Beschwerung des Packwerks über NW. durch Steine schien sich als unnötig zu erweisen, da es nach kurzer Zeit so vollständig unter der Wirkung der Wellen durch und durch mit Sand durchsetzt war, daß eine Losspülung nicht mehr eintrat. Dadurch

4 Meilen breit und sehr fruchtbar für Getreidebau. Damals war es zweifellos z. T. eine Marschinsel. Helgoland wird bereits 325 v. Chr. von Pytheas von Massilia unter dem Namen Abalus erwähnt. Pytheas schildert die Nordsee damals als Binnenmeer. Wahrscheinlich war zu der Zeit die Doggerbank noch nicht versunken, denn es wird eine riesige Insel, 3 Tagereisen von der Küste, neben der 1 Tagereise von der Küste entfernten (Helgoland) erwähnt. Die „3-Tagereise-Insel" liegt dort, wo heute die Doggerbank liegt. Nach Woebcken sind in den Namen, nicht aber in den Entfernungsangaben, bei Plinius Verwechselungen vorgekommen. Martenius von Tetarius gibt dann 100 n. Chr. an den gleichen Stellen zwei Inselgruppen an, die wahrscheinlich die Reste der zum Teil zerstörten großen Inseln waren. Der traurige Rest ist heute Helgoland. Im Altertum werden die Nordseeinseln als Bernsteininseln mit ungeheuren Mengen Bernsteins, das verbrannt wurde, geschildert, während der Bernstein heute nur noch selten dort angetrieben wird.

wurde es möglich, diesen oberen Teil der Buhnen durch erneute Packlagen bequem weiter zu erhöhen. Vgl. Abb. 264 b.

Abb. 264 a zeigt einen Schnitt durch ein Senkstück in dem tieferen Teil der Buhne. Der Strand lag ursprünglich mit der Unterkante des Senkstückes gleich. Aus beiden Abbildungen ersieht man schon die Wirksamkeit der Buhne. Die Bauausführung ist etwas genauer erwähnt, weil sie ein Versuch von großer Bedeutung ist.

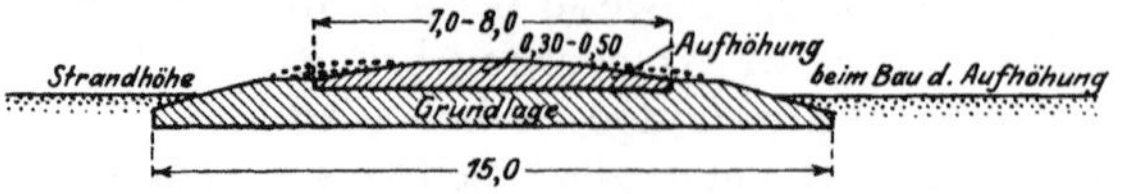

Abb. 264 a. Maßstab 1 : 133.

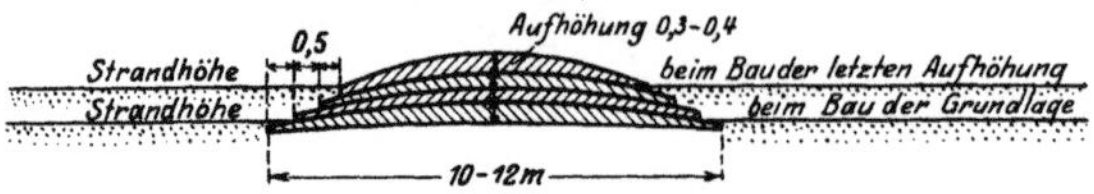

Abb. 264 b. Maßstab 1 : 133.

Abb. 264 a u. b. Buhne Helgoland. Querschnitt.

Die Erhaltung der Düneninsel ist durch die Buhnenbauten bis heute gesichert worden; sie würde bei Ausführung von Deckwerken, wie sie ursprünglich geplant waren, wahrscheinlich nicht erreicht worden sein. Die Erwartungen, die der Bearbeiter des Entwurfs, Oberbaudirektor Franzius †, Bremen, für die Düne gehegt hatte, sind nicht ganz in Erfüllung gegangen. Die Düne wird lediglich nicht mehr verkleinert, aber auch dieses ist bereits ein Erfolg ersten Ranges.

C. Marschen und Deiche.

a) Entstehung der Marschen und Beförderung der Marschbildung[1]).

Im Teil III ist bereits der Schlick erwähnt worden, aus dem sich an den Küsten neues Land bilden kann. Die Neubildung dieses Landes, Marsch genannt, ist bei Hafenbauten dann erforderlich, wenn vorher eingepoldert (eingedeicht) werden muß. Auch ist die Kenntnis der Marsch für Bauausführungen wichtig, weil viele Häfen im Marschgebiet liegen. Die Marschen gehören zu der jüngsten geologischen Formation, dem Alluvium, und sind als die fruchtbarsten landwirtschaftlichen Gebiete bekannt. Junge, neu eingepolderte (eingedeichte) Marschen geben doppelte Ernten. Ebenso, wie an den Abhängen der Vulkane (Vesuv) die Bewohner trotz der schrecklichsten Katastrophen immer wieder zu ihrer Scholle zurückkehren, so haben die holländischen und friesischen Marschbewohner sich ihr oft überschwemmtes Land stets neu erobert. Natürliche Marschen finden sich an vielen Stellen der Erde, so in Indien, Ägypten, China, Texas, Florida, Südamerika. Die Flußmarschen sind oft ebenso fruchtbar wie die Seemarschen. Am wichtigsten für uns sind die Marschen der Norseeküste. Hier kann immer wieder neues Land gewonnen werden. Nur selten, und nur dann, wenn die völlige Unmöglichkeit feststand, das Land wiederzugewinnen, sind die Bewohner ausgewandert (Cimbern und Teutonen, Friesen usw.). Sie haben oft eine halbe Generation (einmal 18 Jahre) die Wiedergewinnung versucht, bis das Land endgültig aufgegeben werden mußte. Meist ist aber die Wiedergewinnung und Neugewinnung weiteren Landes geglückt. Die Geschichte der Marschschaffung ist eine der Großtaten deutschen Menschentumes. Die Bewohner des Landes hinter den Deichen waren stets in Lebensgefahr. Es ist zweifellos, daß im Laufe der Geschichte Hunderttausende von Männern, Frauen und Kindern dem Meere durch Sturmfluten zum Opfer gefallen sind. Die Leiden der Bevölkerung

[1]) Prometheus 1912, S. 231. Woebcken, Deiche und Sturmfluten, Friesen-Verlag 1924.

sind geradezu entsetzlich gewesen. Es hat sich aber bei diesen Meeranwohnern durch den steten Kampf mit den Elementen eine Zähigkeit entwickelt, die nur bei wenigen Stämmen in gleichem Maße angetroffen wird.

Die größten Sturmfluten sind in sehr enger Auswahl folgende:

Vor der Erbauung der Deiche (bis etwa 1000 n. Chr.) etwa um 115 v. Chr. (Auswanderung der Cimbern und Teutonen), 57/58 n. Chr. (Auswanderung von Friesen zum Rhein), 26. XII. 838 n. Chr. usw., dann nach der Erbauung der Deiche: die Julianenflut vom 17. II. 1164, die viele Tausende von Menschen verschlang, dann die Marcellusflut vom 16. I. 1362, nach der 50 Kirchspiele ausgedeicht werden mußten, vom 16. IX. 1509 und vom 16. I. 1511, die den Jadebusen auf seine heutige Größe brachten, vom 11. X. 1634, die Nordstrand zerstörte (6400 Tote in Ostfriesland und Oldenburg), vom 24. XII. 1717 mit über 8000 Toten und vom 3. II. 1825 und 16. II. 1916.

Das Merkwürdige an diesen Erscheinungen ist, daß die Marschbewohner sich vor Auftreten dieser furchtbaren Sturmfluten, die meist ganz unvermutet kamen, völlig sicher gefühlt haben, daß sie sogar Warnungen oft nicht beachtet haben, so daß sie von der Unzulänglichkeit der Schutzdeiche immer erst durch die fürchterliche Not überzeugt werden konnten. Auch heute ist das nicht anders. Es sind zwar die Gefahren durch die Verbesserung des Deichbaues, durch die Errichtung massiver Häuser gemindert worden. Es ist aber in keiner Weise ausgeschlossen, daß nicht noch einmal in unserer Generation Fluten auftreten könnten, die ähnliche Verheerungen anrichten würden, wie die vorher gezeigten.

Die Bildung von Neuland kann dort stattfinden, wo erstens ein genügender Schlickfall vorhanden ist und zweitens die Küsten- oder die Gezeitenströmung so schwach ist, daß sie den während des Kenterns der Strömung abgelagerten Schlick nicht gleich wieder mit fortspült. Vornehmlich bilden sich neue Marschen in Buchten und hinter Inseln; in Ausnahmefällen, wie die Entstehung der Insel Trischen vor Dithmarschen zeigt[1]), auch im Meer vor einer offenen Küste. Nur dort, wo das Wasser während längerer Zeit frei von Wellen und Strömungen ist, schlägt sich der Schlick auf dem reinen Untergrund nieder; meist bedarf er der Unterstützung durch Seepflanzen, die eine fast völlige Ruhe des Wassers zwischen sich erzeugen. Die Bildung dieser Pflanzen wird zuerst durch den fruchtbaren Schlick befördert, schließlich setzt sich aber so viel Schlick ab, daß die Pflanzen ersticken. Fortlaufend entsteht eine neue Pflanzendecke, die nach und nach wieder vom Schlick bedeckt wird. Diese Schichten von vertorften Pflanzen, Darg genannt, finden sich in vielen Marschen oft in mehreren Lagen übereinander. Darglagen können mehrere Meter dick sein. Der Umstand, ob die Marsch direkt auf dem Sand oder auf Dargschichten liegt, ist von großer Wichtigkeit für ihre Benutzung, da infolge der Verrottung der weichen Dargschicht letztere Marschen viel mehr zusammentrocknen als die ersteren.

Das durch Schlickfall anwachsende Ufer vor den Deichen wird Watt genannt. Solange das Watt noch unter dem Niedrigwasser liegt, wächst seine Höhe schnell, sobald es aber nur noch von den höheren Wasserständen überspült wird, langsamer. Der Teil, der schließlich über dem gewöhnlichen Hochwasser liegt, gerät nur noch während eines kleinen Teiles des Jahres unter Wasser und nimmt äußerst langsam zu.

Sobald das Watt über halber Fluthöhe liegt, beginnt es, sich zu begrünen. Es wachsen dann bereits der Glasschmelz oder Queller und das Salzkraut. Es wird nun schnell unter dem immer mehr wachsenden Einfluß von Sonne und Wind in der Oberfläche so fest, daß es begehbar ist.

Sobald das Watt begehbar geworden ist, beginnt die künstliche Beförderung der Marschbildung. Es werden Gräben ausgehoben und aus deren Material

[1]) Zeitschr. f. Bauw. 1905, S. 317 und 318.

niedrige Dämme geschüttet, die das Wasser einige Zeit zum Stillstand zwingen, so daß möglichst aller Schlick sich absetzen kann. Je höher sich das Watt hebt, desto mehr Pflanzen siedeln sich an. Aber erst dann, wenn die Marsch bis zur Höhe des gewöhnlichen Hochwassers gewachsen ist, beginnt der Graswuchs, der das Watt ertragreich macht. Das Watt ist gewöhnlich von Stromrinnen durchzogen, in denen während der Ebbe das Wasser von den Seiten her zusammenläuft und abfließt. Diese Rinnen, Priele genannt, bilden eine Erschwerung bei der Eindeichung.

Die Zeit von der Begehbarkeit bis zum Anwachsen der Marsch zur gewöhnlichen Hochwasserhöhe beträgt im Mittel 25 Jahre, zum Wachsen bis 0,5 m über diese Höhe weitere 25 Jahre.

Ohne die künstliche Beförderung würde das Watt etwa 100 Jahre zum gleichen Wachstum gebrauchen. Nach 50jähriger Arbeit ist das Land nun für den Menschen zur Einpolderung reif. Diese Einpolderung geschieht durch Einfassen des hochliegenden Wattes durch Deiche[1]) und durch Entwässerung des Landes vermittls Gräben und Siele. Mit Sielen werden die Entwässerungsschleusen in den Deichen bezeichnet. Das Watt wird jetzt zur Marsch.

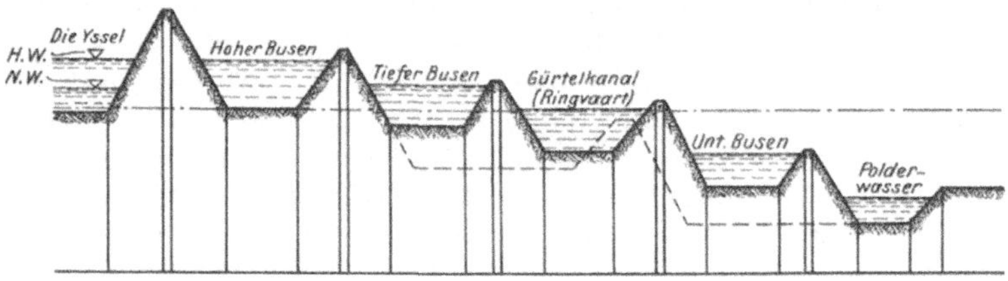

Abb. 265. Querschnitt durch die Busen des Zuidplas-Polder.

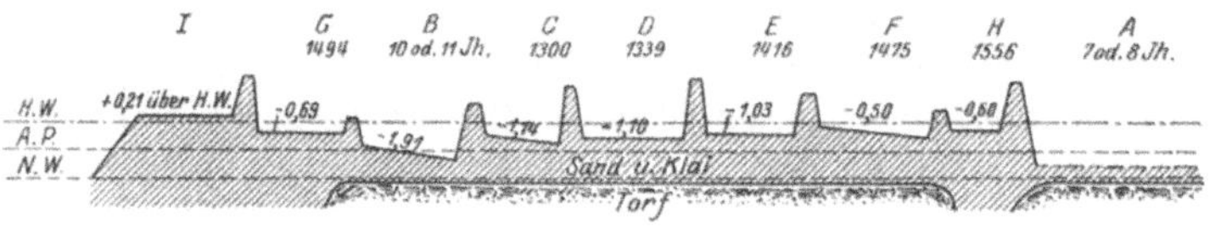

Abb. 266. Höhenlage der Polder auf Tholen.

Von großer Wichtigkeit ist der Zeitpunkt, in dem ein Watt eingepoldert wird. Jede Marsch sinkt infolge der Entwässerung in sich zusammen. Je mehr Wasser dem Klaiboden durch Austrocknung entzogen wird, desto weniger Raum nimmt er ein. In noch viel höherem Maße gilt das von dem Darg. Viele ostfriesische und holländische Marschen sind in den letzten zwei Jahrhunderten um das Maß von 2 m zusammengetrocknet. Die Senkung der ganzen holländischen und ostfriesischen Küste in neuerer Zeit selber aus geologischen Ursachen ist dagegen nach genaueren Berechnungen ziemlich unbedeutend, sie beträgt im Mittel 1,8 mm pro Jahr, also in den letzten 200 Jahren vielleicht 36 cm[2]), kann früher aber stärker gewesen sein.

Da nun die neuen Polder den alten immer vorgelagert werden, entsteht der für die Entwässerung der alten Polder sehr ungünstige Zustand, daß ihr neuerstandenes Vorland immer viel höher liegt als der alte Polder (Abb. 265 u. 266). Um die Senkungen so gering wie möglich zu machen, ist mit der Einpolderung erst dann zu beginnen, wenn eine wesentliche Aufhöhung des Wattes durch Schlick nicht mehr eintritt. Dieses ist der Fall, wenn das Watt 0,3—0,5 m über gewöhnlichem Hochwasser liegt.

---

[1]) Über die Geschichte der Marsch und der Deiche siehe C. Woebcken, Deiche und Sturmfluten, Friesen-Verlag 1924, S. 46/48.

[2]) Annalen der Hydrographie 1909, S. 81, und Martin: Beitrag zur säkularen Senkung der Nordseeküste, Bd. 17 des Jahrb. f. Altertumskunde.

In früheren Jahrhunderten ist vielfach zu früh eingepoldert worden. Es konnte dadurch zwar früher ertragreicher Boden dem Meere abgewonnen werden, der gewonnene scheinbare Vorteil kehrte sich aber später in Schaden um, der nie wieder gutgemacht werden kann. Die bald zu tief liegenden Marschen bedürfen immer kostspieliger werdender Entwässerungsanlagen und sind auch im Fall eines Deichbruches immer stärker durch Sturmfluten bedroht.

Es ist bei allen tiefliegenden Marschen daher das größte Gewicht auf die Pflege der Deiche und deren Schutz durch Erhaltung des Strandes und Ufers zu legen. Hierüber soll in den folgenden Teilen gesprochen werden.

b) Die Deiche.

1. Allgemeines, Zweck und Einteilung der Deiche.

Deiche sind Erdanschüttungen in Dammform, die an der Küste zum Schutze vor den Hochfluten der See, an den Flüssen zum Schutze vor den Hochwässern des Flusses für niedrige Ländereien angelegt werden. Die ersten Seedeiche sind bei uns vermutlich um 1000 n. Chr. erbaut worden. Vorher war in den Niederlanden und Dithmarschen der Bau von Warfen wahrscheinlich über 1000 Jahre lang üblich. Die Warfen (Werften) sind künstliche Erdhügel meist von solcher Riesengröße, daß sie ganze Ortschaften tragen. Sie wurden vor dem Bau der Deiche von den hohen Fluten umspült und ragten dann als Inseln aus dem Meere hervor. Ihre Erbauung ist überall in drei verschiedenen Schichten erfolgt, die wahrscheinlich mit besonders starken Sturmfluten zusammenhängen. Die Warfen Nordfrieslands haben meist für Einzelhöfe oder kleine Häusergruppen gedient. Auf den Halligen werden die Warfen heute noch gebaut. Es wird der Kleiboden aus einem tiefen Graben ausgehoben und die Werft in Schichten von 50 cm Höhe, die festgestampft werden, bis auf 4 bis 5 m Höhe aufgeschichtet. Der Graben schlickt dann innerhalb von 10 bis 20 Jahren wieder völlig zu. So sind auch die großen Warfen zu erklären; die See trug das Baumaterial immer wieder neu heran. Als dann aber die Sturmfluten, wahrscheinlich wegen Senkung der Küste, immer häufiger, stärker und gefährlicher wurden, entschloß man sich in Ostfriesland zum Bau der Deiche. Es wurde der „Goldene Ring" erbaut[1]). Der Bau der Deiche ist eine der großen Taten unserer Vorfahren, durch dieses Unternehmen sind nicht nur große Teile der Nordseeküste vor dem Untergang gerettet worden, sondern dadurch ist auch die Gewinnung der großen Strecken Neulandes möglich geworden, die wir heute besitzen. Es ist wahrscheinlich, daß lange vor dem Bau der Seedeiche bereits Flußdeiche am Rhein und in noch viel älteren Zeiten bei den großen Völkern des Altertums (Zweistromland usw.) bestanden haben.

Beim Bau von Seehäfen kommt man aus den verschiedensten Anlässen in die Lage, Deiche verlegen oder neu bauen zu müssen. Wird ein Hafen weit auf einen Polder vorgeschoben, dann muß das Gelände vorher eingedeicht werden, soll eine neue Seeschleuse gebaut werden, dann muß oft der vorhandene Deich durchbrochen und die entstandene Lücke bis zur Schleuse geschlossen werden. Ebenso müssen im Flußbau bei Regelungen oder Kanalisierungen oft Deiche gebaut werden. Die Kenntnis des Baues von Seedeichen ist für den Wasserbauingenieur ebensowenig zu entbehren wie die von Flußdeichen, Dünenkultur usw.

Die Deiche werden in die beiden großen Gruppen der Seedeiche und Flußdeiche eingeteilt. Zu ihnen gehört noch die Gruppe der Kanaldeiche, sie werden

[1]) Aus der Rüstringer Rechtssitzung: „Das ist auch Landrecht, daß wir Friesen eine Seeburg zu stiften und zu stärken haben, einen Goldenen Ring, der um ganz Friesland liegt." — „Wir Friesen sollen unser Land verteidigen mit drei Werkzeugen: mit dem Spaten, mit der Schiebkarre und mit der Forke." (Nach Woebcken). So alt wie die Deiche sind auch die Deichsiele, denn ohne sie sind Deiche unmöglich.

aber meist als Kanaldämme bezeichnet, trotzdem es sich um richtige Deichbauten handelt.

Eine scharfe Grenze zwischen Fluß- und Seedeichen gibt es jedoch nicht, da die Seedeiche auch an den Flußmündungen so weit hinaufgezogen werden, als sich die Wirkungen des Meeres auf den Fluß erstrecken. Die Deiche werden von dort an zu den Flußdeichen gerechnet, wo nicht mehr die Hochwasser des Meeres, sondern die des Flusses die größte Gefahr für sie bedeuten. Daß aber die Verhältnisse in den Übergangsstrecken oft gänzlich ineinander übergehen müssen, ist verständlich. Auch der Unterschied Ebbe und Flut oder Salz- und Süßwasser vor dem Deich ist nicht entscheidend. In Bremen-Stadt ist z. B. eine Ebbe und Flut bis zu 2 m vorhanden, während es sich um reines (Süß-)Wasser handelt. An der Ostsee steht reines Seewasser vor den Deichen ohne Ebbe und Flut.

Flußdeiche haben nicht nur die Aufgabe, niedriges Gelände zu schützen, sondern sollen auch die Aufgabe der Flußverbesserung erfüllen. Sie halten die Hochwasserwellen der Flüsse zusammen und verbessern dadurch die Geschiebebewegung bzw. verhindern eine frühzeitige Ablagerung der Geschiebe. Vielfach sind aber die Deiche der großen Ströme ursprünglich ganz ohne Rücksicht auf die Aufgaben des Flußbaues angelegt worden. Die große Veränderung der höchsten Hochwassermenge im gleichen Fluß (die ja eine auf die Sekunde bezogene Wassermenge ist), z. B. Abnahme stromabwärts, dann wieder Zunahme, hat ihre Hauptursache in dem wechselnden Abstand der Deiche, die an einer Stelle die Wassermengen zusammendrängen, an anderen sie sich ungebührlich ausbreiten lassen. Flußdeiche werden somit vorwiegend durch Strömung und Eisgang, weniger aber durch Wellen angegriffen. Flußdeiche brauchen das HHW. des Flusses nur um weniges (0,3—0,5 m) zu überragen.

Die Seedeiche haben nicht die Aufgabe, Strömungen zusammenzuhalten. Ihre Lage ist auch selbst in den Fluttrichtern der Flüsse für die vor ihnen liegende Wasserfläche gleichgültig, da eine merkliche Einengung nicht erfolgt. Die Seedeiche werden selten durch Strömung, sondern vorwiegend durch Wellen bedroht. Bei den Sturmfluten sind die Strömungen den Wellenstößen gegenüber ohne Belang. Die Deiche müssen deshalb wesentlich höher über das höchste Hochwasser hinausragen als am Flusse, die am Deiche größtmögliche Wellenhöhe muß von ihnen noch übertroffen werden. Die Zerstörung der Deiche an der See ist bisher fast stets durch Wellenschlag oder Hochwasserüberströmung, nicht aber durch Eisgang oder Überströmung infolge Eisstopfung erfolgt. Die Durchweichung ist auch eine Gefahr für sie, denn das sie gefährdende Hochwasser kann selbst im Ebbe- und Flutgebiet bei tagelang dauernden Stürmen während der Ebbe so wenig sinken, daß große Teile des Deiches im Wasser bleiben und während dieser Zeit durchweicht und zugleich vom Wellenschlag angegriffen werden. An der Ostsee aber kann das Hochwasser tagelang unverändert stehen. — Die Durchweichung ist aber nicht so gefährlich wie am Fluß, weil es sich an der See nur um Tage, beim Fluß aber um Wochen handeln kann.

Die Durchweichung spielt deshalb bei allen Deichen eine große Rolle, was sich auch daraus ergibt, daß „die Durchweichungslinie“ eine für jeden Deichentwurf entscheidende Größe ist. Über sie wird bei der Untersuchung der Deichform noch zu sprechen sein (s. S. 237).

Die Deiche werden an der See und auch am Fluß eingeteilt in Hauptdeiche und Nebendeiche. An der See werden die Hauptdeiche oft Winterdeiche genannt, weil die Hauptgefahr dort im Winter zu erwarten ist, doch auch am Fluß kommt diese Bezeichnung vor. Ihr entspricht die Bezeichnung „Sommerdeiche“ für die Nebendeiche, die an der See und den Flüssen die niedrigen Sommerhochwasser von dem Vorlande fernhalten sollen. Die Sommerdeiche liegen vor dem Haupt- oder Winterdeich. Der Winterdeich hat auch die Bezeichnung Bann- oder Schaudeich erhalten, weil er dem Deichbann und der Deichschau (durch den Deichhauptmann oder Deichgrafen) unterliegt. An den Hauptdeichen hängt seit alters her ein Bann, eine schwere Strafandrohung für den, der den Deich beschädigen würde[1]). Es handelt sich um Sein oder Nichtsein der Deichanwohner. Die Anlage von Nebendeichen geschieht zu dem Zwecke, die Polder bei den hohen Fluten durch das schlickhaltige Wasser überfluten zu lassen, damit das Gelände weiter anwachsen oder durch Schlick neu gedüngt werden kann.

Schardeiche sind solche, die vor sich nur noch wenig schützendes Vorland besitzen, bei denen der Seegang oder auch die Strömung des Flusses nicht durch ein höheres Vorland geschwächt wird, es sind Gefahrdeiche. Die drohende Gefahr des Deichbruches muß oft durch Zurückverlegung des Deichstückes, die Erbauung eines Einlagedeiches, beseitigt werden.

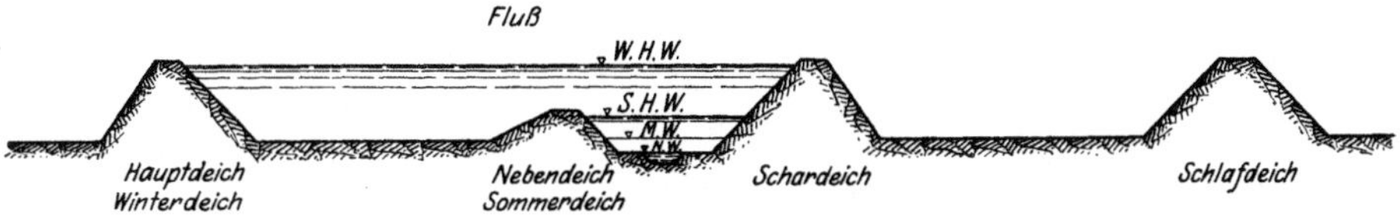

Abb. 267. Flußdeich.

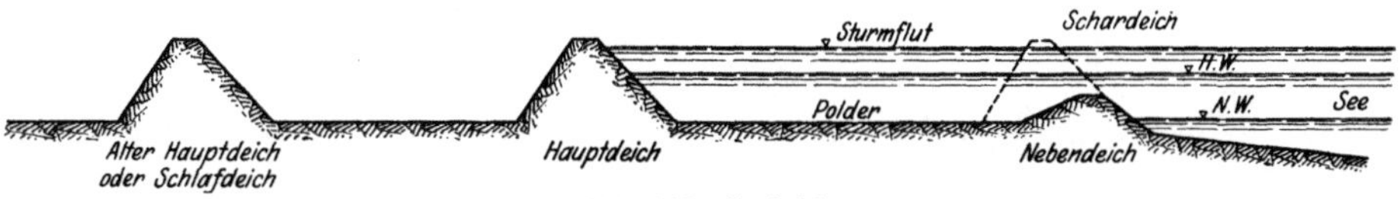

Abb. 268. Seedeich.

Schlafdeiche sind im Gegensatz hierzu alte Hauptdeiche, die durch Erbauung neuer Hauptdeiche vor ihnen (Schaffung neuer Polder) entbehrlich geworden sind. Wenn ein Deich zum Schardeich geworden ist, dann ist natürlich ein weiter zurückliegender Schlafdeich sehr wertvoll. Letztere kommen meist nur an der See vor. Die verschiedenen Deicharten sind für einen Strom und für die See in Abb. 267 u. 268 dargestellt. Die Deiche sind dabei verzerrt gezeichnet.

Neben dem Hauptdeiche gibt es Flügeldeiche, die die Aufgabe haben, besonders gefährdete Deichstrecken vor dem schärfsten Angriff des Wassers oder Eises zu schützen. Sie verdienen den Namen Deich streng genommen nicht,

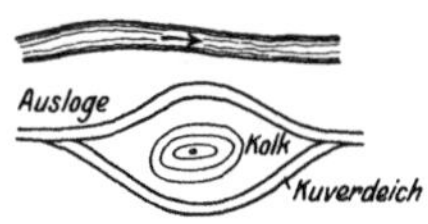

Abb. 269. Auslage.

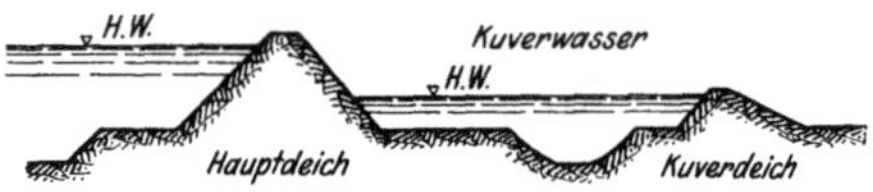

Abb. 270. Kuverdeich.

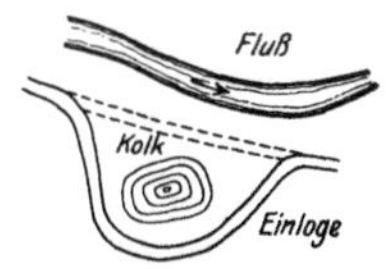

Abb. 271. Einlage.

da es sich bei ihnen um Schutzdämme, Wellenbrecher oder Leitdämme, aber nicht um Deiche handelt. Sie müssen meist mit besonders schweren Böschungssicherungen (Steinpflasterung) ausgeführt werden, auf eine sehr flache Form der Böschungen kommt es aber nicht so an wie bei den Hauptdeichen.

Ringdeiche sind geschlossene ringförmige Deiche, wie sie auf den Halligen vor Schleswig und zum Schutze einzelner Ortschaften auch bei Flüssen vorkommen (Abb. 272). Das oft einen Deich durchquellende Wasser heißt Qualm oder Kuverwasser. Dort, wo diese Durchquellungen besonders stark sind, wird oft ein Qualm- oder Kuverdeich hinter dem Deich angelegt Abb. 270

[1]) Nach Woebcken. Im Keurbrief des Grafen Philipp von Flandern an Brügge: „Wer den Deich des Meeres bricht, soll die rechte Hand verlieren.“ In Stedingen hieß es: „Man soll ihn in die Brake werfen, einen Pfahl durch seinen Leib schlagen und so im Deich begraben.“ Der Satz: „Wer nicht kann deichen, muß weichen“ zwang den Unvermögenden, sein Land zu verlassen, eine harte, aber unvermeidliche Notwendigkeit.

u. 271, der eine ähnliche Aufgabe hat wie die Einlagedeiche, sie schützen die Niederungen vor zu starker Verwässerung. An der See ist zum Schluß noch der Sturmdeich zu nennen, der hinter einem gefährdeten Hauptdeich vorsichtshalber gebaut wird, um im Falle des Durchbruches an die Stelle des Hauptdeiches zu treten. Einlagedeiche haben oft die Aufgabe der Sturmdeiche.

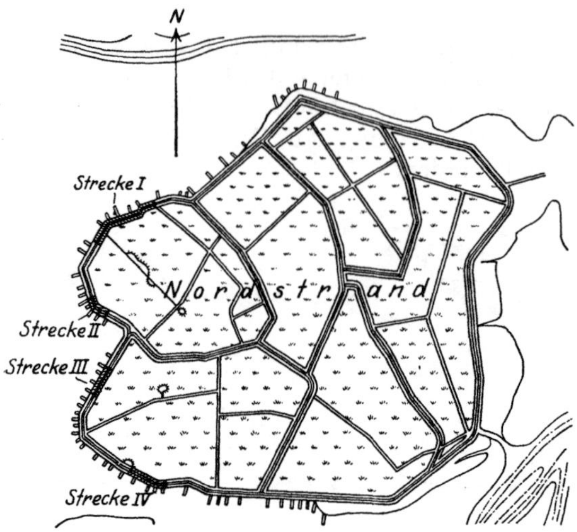

Abb. 272. Ringdeich. Nordstrand.

Die Begriffe Binnendeichland und Außen-(Buten)-deichland verstehen sich von selbst.

Nach der Böschungsbefestigung wird unterschieden Rasen-, Stroh-, Busch- und Steindeiche, nach dem Baumaterial des Deiches: Klei-, Ton- und Sanddeiche[1]).

2. Lage, Querschnitt und Höhe der Seedeiche.

Der Querschnitt und die Höhe über dem höchsten Hochwasser sind von der Form der zu schützenden Küste und von der Lage des Deiches zur gefährlichsten Sturmrichtung abhängig. Je mehr der Deich normal zur Sturm- und damit zur Wellenangriffsrichtung steht, desto mehr ist er gefährdet. Es ist daher auf die Form der Linie, in der man einen neuen Deich bei Einpolderungen oder Deichverlegungen bei Hafenbauten ziehen will, das größte Gewicht zu legen. Man sollte neue Deiche, wenn irgend angängig, so legen, daß sie der Hauptangriffsrichtung eine sanfte Abrundung entgegensetzen, von der ab die Linie beiderseits schräg verläuft. Scharfe Ecken in der Linienführung sind ängstlich zu vermeiden. Die kürzeste Linie ist im Interesse der Kostenverminderung immer die beste, solange die Deichsicherheit gewahrt bleibt. Priele werden daher am besten durchdeicht. Hierbei sind aber besondere Vorsichtsmaßregeln notwendig[2]).

Wo kein breites Watt dem Ufer vorgelagert ist, muß vor dem Deich ein genügend breites Vorland gewahrt bleiben. Dieses mäßigt die Wellen und ist wie bei Flußdeichen zur Erdentnahme für die Deichunterhaltung notwendig. Das Vorland soll wenigstens 120 m, bei besonders starkem Wellenangriff 350 m breit sein. Das Maß ist von den örtlichen Verhältnissen abhängig. Als Vorland gilt der Streifen vom genannten Niedrigwasserufer bis zum Deichfuß. Die Erhaltung dieses Vorlandes ist meist mit der Erhaltung des Deiches selbst in viel höherem Maß gleichbedeutend als bei Flüssen. Spart man an Uferschutzwerken, so wird häufig das Vorland weggewaschen werden, dadurch wird der Deich zu einem Schardeich gemacht, dessen Unterhaltung und Verteidigung nun kostspieliger ist, als es vorher die von Schutzwerk und Deich zusammen gewesen wäre.

Bei Einpolderungen muß der Deich so weit zurückliegen, daß das noch nicht deichreife Watt außen bleibt. Es muß sonst bald an Stelle der natürlichen Entwässerung eine um ein Vielfaches teurere künstliche treten. Bei Abschluß von

[1]) Grässner: Zeitschr. d. Bauk. 1911, S. 565. — Prometheus 1912, S. 232. — Denkschrift zur Vollendung der Bedeichung der Bredeau-Niederung (Tondern und Hadersleben) von Deichinspektor Hinrichs. Husum: Verl. Petersen 1919.

[2]) In den alten Zeiten hat man die Durchdeichung der Priele nicht gewagt.

Buchten, wie z. B. des Zuidersees, wird die Einpolderung sandiger Gebiete möglichst vermieden, da dort beständig Qualmwasser durchdringt. Sommerdeiche sollen nur auf bereits grünem Vorland erbaut werden.

Die Deichkappe muß höher als der Wellenkamm bei der größten bekannten Sturmflut liegen. Die Höhe dieser Flut richtet sich nach der Form der Küste und ist in spitzen Buchten größer als am geraden Ufer. In Deutschland wird meist die Sturmflut von 1825, in Nordholland die von 1872 zugrunde gelegt. Die Flut vom 3./4. Febr. 1825 überstieg an unseren Küsten die gewöhnliche Flut um 3—4 m; die Flut von 1872 übertraf an der holländischen Küste die Flut von 1825 noch um 60 cm. Die Sturmflut vom 16./17. Febr. 1916 hat stellenweise noch die vorigen übertroffen. Geologische Veränderungen von Meeresgrund und Küsten können wesentliche Änderungen der Fluthöhen herbeiführen. Die Wellenhöhe wächst, je normaler der Deich zu ihrer Richtung, je steiler seine Außenböschung und je schmäler das Vorland ist. Die größte Wellenhöhe vor Deichen an der offenen See ohne Vorland kann an der deutschen und holländischen Nordseeküste 3 m, an der englischen 4,5 m betragen, in den Flüssen an ihrer Flutgrenze aber auf 0,3 m abfallen. Die Höhe der Deichkappe über höchster Sturmflut sollte somit in Deutschland höchstens 3,3 m, an ungefährdeten Stellen aber wenigstens 0,6 m betragen. Sommerdeiche werden selten angelegt und dann später oft in Hauptdeiche umgewandelt. Ihre etwa 2 m breite Kappe liegt 2—3 m über gewöhnlicher Flut. Vergleiche die folgende Zusammenstellung.

Entsprechend diesen Gesichtspunkten ergibt die Auftragung der Deichkrone für längere Strecken eine Wellenlinie, deren Berge an den gefährdetsten Stellen liegen. Die Erfahrung bei den großen Sturmfluten der Vergangenheit zeigt, daß man niemals an eine vollkommene Sicherheit eines Deiches glauben soll, auch nicht daran, daß nicht mehr eines Tages eine Flut kommen könne, die höher wäre als alle vorhergehenden.

Die Breite der Kappe beträgt in Deutschland im Mittel 3—4 m, in Holland bis 8 m. In Deutschland wird meist die Binnenberme als Zufahrtsweg, in Holland die Kappe als gewöhnlicher Verkehrsweg benutzt. Der breitere Deich ist bei gleichen Böschungen der sicherere.

Je heftiger der Wellenschlag, desto flacher muß die Außenböschung sein, sie ist an den gefährdetsten Stellen direkt am Meere 1: 12, an sehr sicheren Punkten in Flußmündungen steilstens bis 2: 3 angelegt worden.

Zusammenstellung der Höhe einiger Nordseedeiche von Ost nach West fortschreitend.

Lage der Küsten	Höhe der Kappe über Sturmflut	Höhe der Kappe über gewöhnlicher Flut
Holsteinische Westküste (Dithmarschen)	1,8—2,8 m	5,3—6,3 m
Weserdeiche	0,6—1,2 m	4—4,6 m
Zwischen Weser und Jade	1,8 m	5,0 m
Jadedeiche	1,60—2,20 m	5,3—5,8 m
Ostfriesische Deiche	1,7—2,2 m	5,2—5,7 m
Erhöhte Groninger Deiche in Holland	—	5,8 m
Zuidersee-Deiche	—	3,5—3,8 m
Nordseedeiche am Helder	—	3,7—4,8 m
Westkapeler Deich an der Schelde	3,3 m	5,55 m

Viele Deiche besitzen statt der geraden Außenböschung eine gebuckelte oder auch ausgehöhlte Böschung, letztere dürfte den Vorzug verdienen. Vgl. Abb. 273 u. 274[1]). Abb. 275 ist gleichzeitig ein Beispiel für eine gebuckelte Außenböschung. Von großer Wichtigkeit ist die Außenberme, die ganz be-

[1]) Abb. 273 ist aus Hinrichs, S. 25, entnommen (vgl. Anm. S. 234).

sonders wellendämpfend wirkt und vielen alten Deichen noch nachträglich zugefügt wurde. Die Neigung der Innenböschung beträgt 1 : 1½ bis 1 : 2.

Alle diese Querschnitte sollen zwar einen besonders günstigen Einfluß auf die Haltbarkeit des Deiches haben, die Hauptsache bleibt aber schließlich die

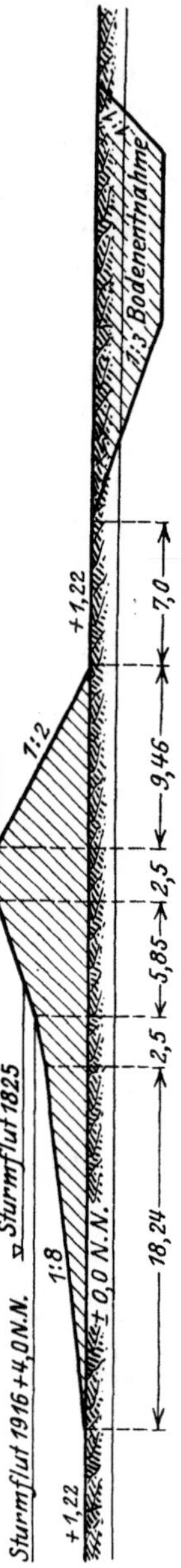

Abb. 273. Deichquerschnitt nach Hinrichs. Maßstab 1 : 500.

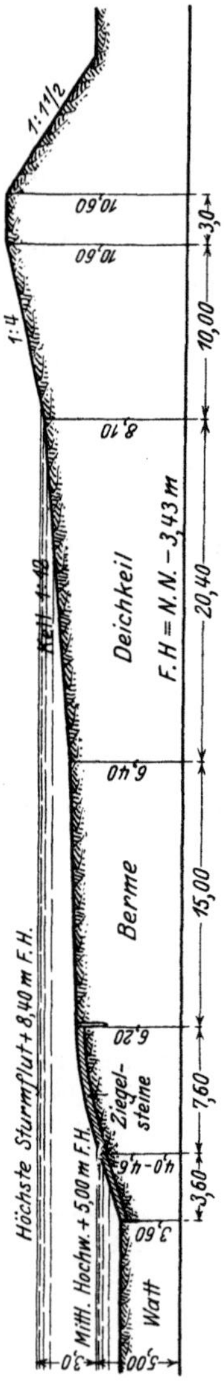

Abb. 274. Deich am Jadebusen. Maßstab 1 : 600.

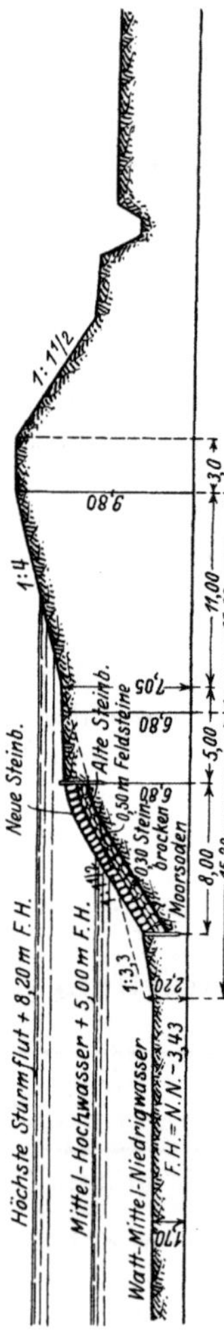

Abb. 275. Schardeich an der Ahne (Jadebusen). Maßstab 1 : 600.

Deckung der Außenböschung und die gute Berasung der Kappe und der Innenböschung. In die Außenböschungen der Deiche dürfen keine Pfähle geschlagen werden. Sie werden sonst durch die Wellen gelockert, so daß dann von dort aus die Zerstörung des Deiches beginnt[1]). Für die Ausbildung der Querschnitte

[1]) Bei der Sturmflut von 1916 ist der Cuxhavener Deich fast gebrochen. U. a. hatte die Marine entgegen der Angabe des Baubeamten Stacheldrahtverhaue auf der Außenböschung errichtet. Jeder Pfahl wurde ausgekolkt.

ist die Durchweichungslinie von bestimmendem Einfluß. Man soll darnach die Außenböschungen so flach machen, daß die Durchweichungslinie, die im Mittel, je nach der Bodenart unter 1 : 6 bis 1 : 8 geneigt sein wird und die im Schnittpunkt des höchsten Wasserstandes mit der wasserseitigen Böschung beginnt, nicht binnen aus dem Deichkörper heraustritt. Die Neigung der Linie ist stark von dem Material abhängig.

3. Lage, Querschnitt und Höhe der Flußdeiche.

Bei der Anlage von Flußdeichen kommt es nicht nur auf die günstige Wahl des Geländes an, sondern auch darauf, daß nicht das Hochwasserbett des Flusses zu sehr eingeengt wird. Eine solche Einengung würde sofort neben der Gefahr für die neuausgebaute Strecke eine Steigerung der Gefahr für die weiter oberhalb liegenden Strecken bedeuten. Man hat mit großer Vorsicht die notwendigen Querschnittsbreiten des Flußbettes auszuwählen und durch Rechnungen festzustellen, daß die Erhöhung des höchsten Hochwasserstandes ein bestimmtes ausgewähltes Maß nicht übersteigt. Die Berechnung der Staukurve bei HHW. zeigt dann, wie weit und wie hoch ein Rückstau nach oben eintritt. Man wird einen Deich in möglichst schlanken Linien verlaufen lassen, vor allem auf die Lage des Stromstriches sehr acht geben müssen, so daß starke Angriffe auf den Deich vor allem durch Eis vermieden werden. Daß Eisstopfungen durch plötzliche Verengungen des Querschnitts erleichtert werden, bedarf keiner weiteren Ausführungen. Alle Übergänge der Deichlinien müssen auch bei starken Änderungen der Tiefenverhältnisse sanft sein. Die örtliche Lage des Deiches spielt insofern eine Rolle als genügend Vorland verbleiben muß, um den Deichboden aus diesem Vorlande zu gewinnen. Oft wird man von der idealen Deichlinie abweichen und den Deich weiter zurücklegen, um das Durchweichen von unsicherem Gelände zu vermeiden. Diese Zurückverlegung ist nicht unwirtschaftlich, wenn es sich um minderwertigen Boden handelt, der doch nicht landwirtschaftlich genutzt werden kann. Gehört das Vorland aber zum fruchtbaren Alluvialboden, dann wird die Zurückverlegung oft nicht möglich sein.

Für die Querschnittsausbildung der Flußdeiche gelten die gleichen Gesichtspunkte wie bei den Seedeichen. Eine Ausnahme machen aber die Sommerdeiche, wenn sie als Überlaufdeiche dienen sollen. Die Hauptdeiche müssen nach der Stromseite zu flache Böschungen erhalten, die etwa unter 1 : 3 bis 1 : 5 liegen. Vielfach wird das verwendete Material auch hierfür ausschlaggebend sein. Das Bild eines Winterdeiches an großen Strömen gibt Abb. 267, S. 233; es wird im allgemeinen ausreichend sein, die Rückseite unter 1 : 1,5 bis 1 : 2 zu böschen. Auch hierfür ist die Durchweichungslinie maßgebend. — Es wird aber darauf hingewiesen, daß ein am Binnenfuß angelegter Graben bei starker Durchquellung gefährlich werden kann. Es wird sich dann empfehlen, den Fuß der Binnenböschung durch Schotterauflage zu sichern.

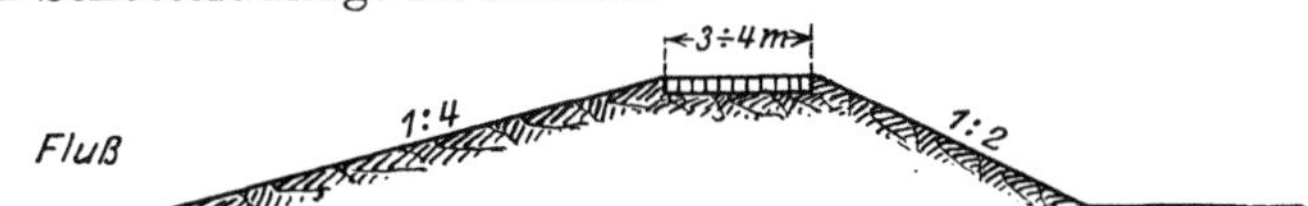

Abb. 276. Deich für kleinere Flüsse. 3—4 m Kronenbreite.

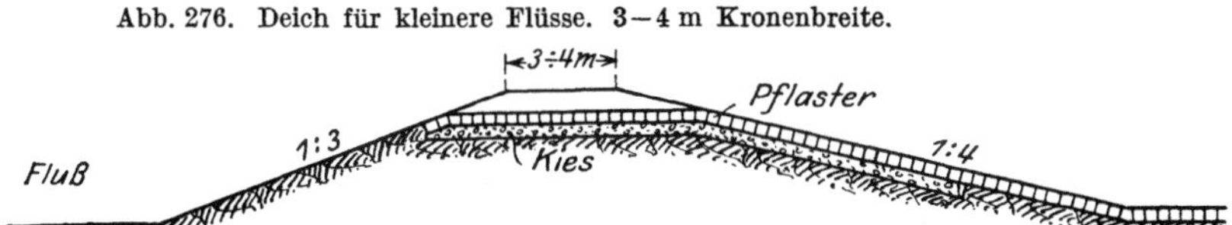

Abb. 277. Überlauf in einen Sommerdeich.

Abb. 276 zeigt das Bild eines Deiches für kleinere Flüsse, der gleiche Querschnitt kann auch für Sommerdeiche verwendet werden. Die Kappenbreite wird zweckmäßig so gewählt, daß sie befahren werden kann. Meist werden 3—4 m ausreichend sein. Soll ein Sommerdeich überströmt werden, dann wird das Bild umgekehrt. Man wird dann gemäß Abb. 277 die Binnenböschung flach machen müssen, damit sie nicht bei dem Überlaufen zerstört wird. Besser ist es im allgemeinen, einem Sommerdeich eine besondere Überlaufstrecke zu geben, die so breit ist, daß der Überlauf durch sie so schnell erfolgt, daß der Raum hinter dem Sommerdeich bereits größtenteils gefüllt ist, wenn der allgemeine Überlauf über die ganze Deichkappe eintritt. Diese besondere Überlaufstrecke muß 0,3—0,5 m tiefer liegen als die Deichkrone, die Binnenböschung wird hier am besten gepflastert.

4. Material und Bauausführung von Deichen.

Wie bereits gesagt, soll man unzuverlässigen Untergrund möglichst vermeiden, das ist aber nur durchführbar, wenn dadurch nicht große Umwege notwendig werden. Am Flusse wird es meist noch eher möglich sein als an der See. Schlechte Untergrundstellen, wie z. B. die auf den Watts stets vorkommenden Priele müssen durchdeicht werden. Man muß hier, genau wie bei ähnlichen Stellen am Fluß, den Deich bis auf den festen Untergrund durchschütten, wobei oft ein ganz bedeutender Mehrverbrauch an Boden entsteht. Das Setzen der Deiche ist besonders an der See eine kostspielige Erfahrung. Hier kann in besonderen ungünstigen Fällen der Mehrverbrauch an Boden bis zu 200 vH gegenüber einer normalen Deichstrecke betragen. Es kommt vor, daß Deiche in Prielen so versacken, daß nichts mehr von ihnen zu sehen ist. Ein Setzen tritt bei allen Deichen auch noch jahrelang nach der Erbauung ein, es muß deshalb beim Bau genügend Sackmaß gegeben werden.

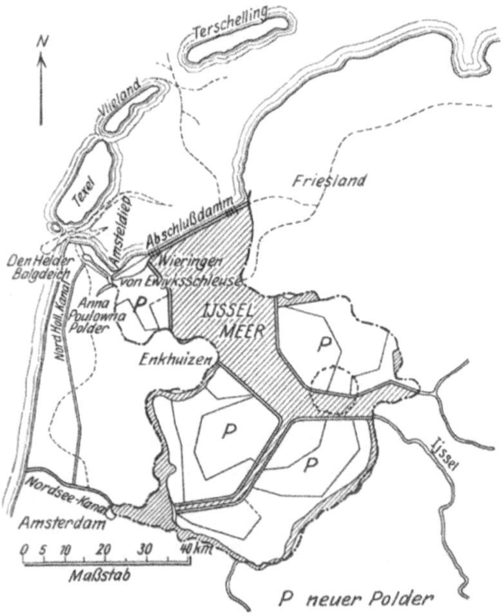

Abb. 278. Absperrung der Zuidersee zur Schaffung neuer Polder. Maßstab 1 : 1 820 000.

Vor der Schüttung des Untergrundes soll der Untergrund so gesäubert werden, daß eine innige Verbindung zwischen ihm und dem neuen Deich gewährleistet ist. Alte Wurzeln, Grassoden usw. sind zu entfernen. Am besten wird der Boden vorher noch umgepflügt. Das Durchquellen von Wasser wird durch diese Vorbehandlung vermindert. Scheint es doch zu drohen, dann muß an Flüssen mit Sanduntergrund ein Tonkern angebracht werden, der bis möglichst auf eine schwer durchlässige Schicht hinabreicht.

Das Material der Deiche besteht am besten aus Klei- oder Lehmboden.

Auf die Reinheit der Deicherde ist größtes Gewicht zu legen, es sollen alle Wurzeln, Pflanzenreste, Holz usw. entfernt werden, damit sich nicht später nach dem Verfaulen Hohlräume im Deich bilden. Bei Verwendung der besten Deicherde, des Kleibodens, müssen Darglagen sorgfältig ausgeschieden werden. In Holland wird jetzt bei der Schließung der Zuidersee[1]) ein dort gebaggertes

[1]) Der Zuidersee (Abb. 278) ist bei den Sturmfluten im 13. Jahrhundert entstanden.

Material, Keileem, verwendet, das eine außerordentliche Widerstandskraft gegen Wellenangriffe besitzen soll. Abb. 279 zeigt die außergewöhnliche Vorsicht, mit der dieser neue Deich erbaut ist.

Wenn kein Kleiboden verfügbar ist, dann wird man möglichst Ton und Sand mischen oder noch besser natürlichen Lehm, der ja bereits eine Mischung von Ton und Sand ist, verwenden. Reiner Sand muß entweder durch einen Tonkern oder eine sichere undurchlässige Außenbedeckung gesichert werden. Als solche dient am besten eine Kleiauflage. Als Beispiel diene Abb. 280.

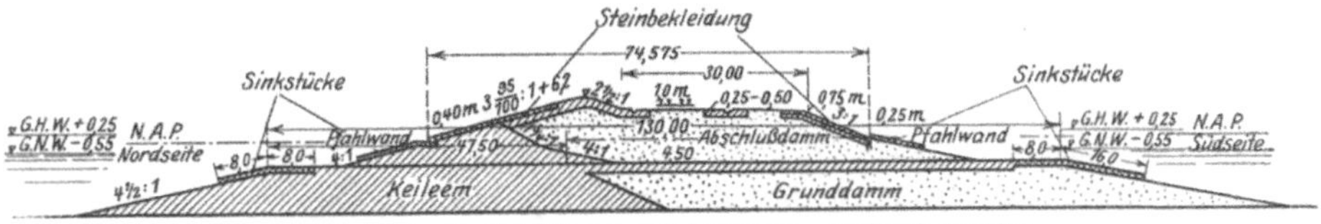

Abb. 279. Abschlußdamm der Zuidersee. Maßstab 1 : 1800.

Hier ist die Kleibekleidung in der Reihenfolge Außenbermeböschung, obere Böschung, Krone und Binnenböschung 0,5 m, 0,4, 0,2 und 0,2 m stark. Die Sicherung außen unter Hochwasser ist hier durch Strohbestickung erreicht, eine minderwertige Deckung, die besser nicht mehr angewendet wird.

Die Deicherde soll wie bei Kanaldämmen in dünnen Lagen von 30—40 cm Stärke geschüttet werden, die eine Neigung zum Wasser hin hat, so daß Regenwasser ablaufen kann. Früher hat man die Erde durch Herumreiten mit Pferden auf ihr vorzüglich verdichtet (das sog. Einreiten der Erde), heute wird man besser Motorwalzen zum Einwalzen verwenden. Diese Methode hat sich vor allem bei Kanaldämmen ausgezeichnet bewährt und kann auch mit gleichem Erfolg bei den Deichen angewendet werden. Das Stampfen mit der Hand ist zu unsicher. Man muß wegen der Zusammenpressung des Bodens durch das Stampfen einen entsprechenden Zuschlag zu der losen Bodenmasse von 20—25 vH geben und den Deich etwa 8—10 vH, bei weichem Untergrund in der Regel bis 25 vH höher machen, damit er nach dem Sacken die richtige Höhe hat.

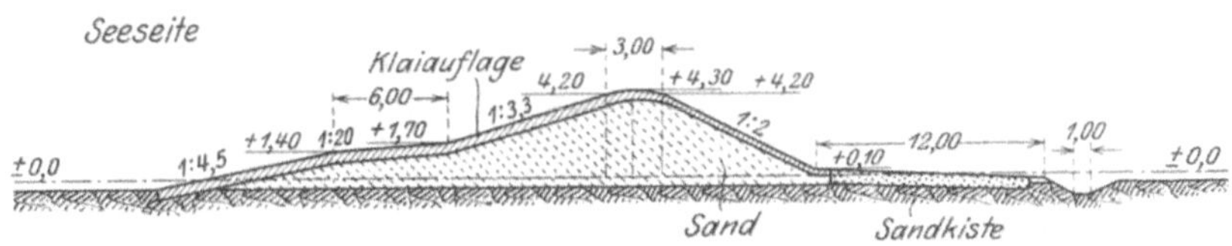

Abb. 280. Sanddeich. Maßstab 1 : 600.

Die Zerstörung des Deiches findet an der See nicht nur durch Herausschlagen von Erdlöchern, sog. Schölungen, in der Außenböschung statt, sondern geht auch durch überschlagende Wellen in der Innenböschung vor sich; die Sicherung letzterer ist somit auch erforderlich.

Unter der gewöhnlichen Flut muß die Böschung durch eine besondere Schutzdecke gesichert werden. Als solche werden angewendet die Strohbestickung, das heißt das Aufbringen einer 2—3 cm dicken gleichmäßigen Strohschicht, am besten Roggenstroh, die durch in der Erde befestigte Strohseile niedergehalten (bestickt) wird. Diese Methode ist nur auf Kleiboden brauchbar. Ferner wird Bedeckung mit Strauchwerk auf Strohunterlage, mit geflochtenen Weidenmatten (Hürden) mit Seegras und im Notfall mit Segeln, die alle auf der Böschung durch Pflöcke befestigt werden, verwendet. Alle diese Arten müssen häufig, meist sogar jedes Jahr erneuert werden, so daß sie schließlich ebenso teuer werden wie die Dauerbedeckungen, ohne jedoch deren Sicherheit zu erreichen. Die Erneuerung findet im Herbste statt.

Wo ein hohes, über gewöhnlicher Flut liegendes Vorland vorhanden ist, erfolgt die Sicherung des ganzen Deiches meist durch Rasenbelag. Eine gute Rasendecke kann entweder durch Belegen mit Rasensoden erfolgen oder durch Ansamung. Die Rasensoden müssen möglichst frisch verwendet werden, weil sonst das Anwachsen sehr schwer erfolgt. Die Soden sollen rechteckige Kanten haben. Sie werden mit schweren Hölzern festgeklopft, dann noch mit Humuserde bestreut. Die Ansamung von Gras muß früher erfolgen als die Auflage von Soden. Sie verlangt die Auswahl geeigneter Grassamen und Aussaat auf einer etwa 30 cm starken Schicht von gutem Boden. Eine besondere Kunst ist die Besamung von Seedeichen, weil hier Salzgräser ausgesucht werden müssen. Man darf diese Arbeit nur ganz besonders erfahrenen Gärtnern anvertrauen, die es verstehen, die richtigen Grassorten zusammenzustellen, zu säen und zu pflegen. Solche Gärtner sind selten, sind aber an der Küste zu finden.

Die beste Dauerdecke besteht aus Steinpflaster. Es wird ähnlich hergestellt wie bei den Uferdeckwerken. Es werden natürliche, 100—500 kg schwere Bruchsteine aus Granit, Basalt, hartem Sandstein oder Betonsteine auf Schotter versetzt. Bei Sanddeichen wird außerdem Klei- oder Moorbodenunterlage verwendet. In Oldenburg und Holland werden auch vielfach Klinkerabdeckungen mit Erfolg verlegt. Bei diesen Steindeckungen werden die Außenböschungen entsprechend steil hergestellt. Es ist dann billiger, die Berme etwas weiter vorzuziehen mit steiler Steinböschung davor, als eine sehr breite flache Böschung zu pflastern. Vgl. dafür auch Abb. 274 u. 275.

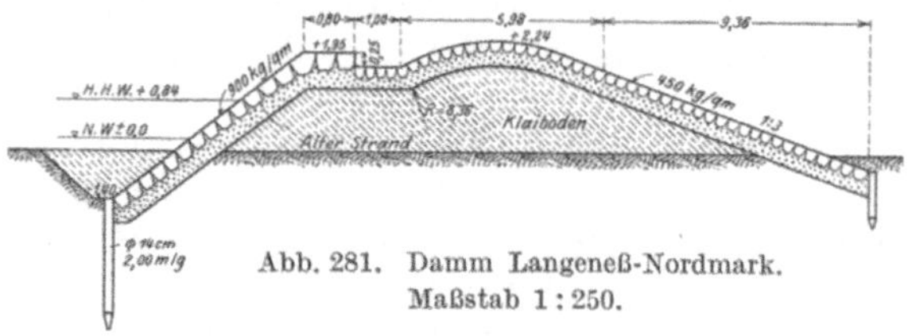

Abb. 281. Damm Langeneß-Nordmark.
Maßstab 1 : 250.

Die Pflasterung der Deiche, die bei Flüssen an Schardeichen oder Flügeldeichen, an der See an allen gefährdeten Stellen erfolgt, sollte stets auf einer Unterlage von Kies oder Schotter erfolgen, die der Schutz der Deicherde gegen Ausspülung aus den Fugen der Pflasterung ist. Die Pflasterung wird 30 bis 40 cm stark, die Kiesschicht etwa 25—30 cm. Abb. 281 zeigt den Schutzdamm auf Langeness Nordmark in seiner stärksten Ausbildung. An schwächer beanspruchten Stellen ist die Krone (+ 2,24) und die Binnenböschung 1 : 3 durch 10 cm starke Rasensoden geschützt worden, die aber starken Angriffen überschlagender Wellen nicht Stand halten. Die dargestellte Form ist in ihrer Abdeckung die sicherste, die Anordnung des 1 m breiten Wasserpolsters ist aber ohne großen Wert. Hansen[1]) gibt in seiner Doktorarbeit an, daß es besser sei, sofort hinter dem auf + 1,95 liegenden Absatz mit einer Neigung bis zur Krone (+ 2,24) aufzusteigen, man wird auch den Abfall um 0,25 cm besser fortlassen und unmittelbar von + 1,95 auf + 2,24 übergehen. Diese Erfahrung stimmt auch mit den Versuchen von Krey über die mangelhafte Wirkung flacher Wasserpolster überein. Die Außenböschung ist bei schwerer Steindeckung 900 kg/qm (gute Stärkeangabe!) steil, rund 1 : $1^1/_4$.

Die Deckung der Flußdeiche braucht nicht so stark zu sein wie die der Seedeiche. Es empfiehlt sich aber auch hier, nicht zu sehr zu sparen. Die meisten Deiche sind mit Rasen belegt worden. Strohbestickung und Buschbelag kommen nicht vor, wohl aber sind Steindeiche ausgeführt worden, jedoch selten gegenüber den Seedeichen. Vor allem an Gebirgsflüssen werden Deiche mit Stein-

[1]) Dr.-Arbeit Hansen: Untersuchung von parallelen Uferschutzwerken, T. H. Hannover 1924. Abb. 19.

deckung verwendet werden. Der im Gelände zu beiden Seiten eben im Deich liegende Streifen von 4—5 m soll als Berme erhalten und nicht als Fahrweg benutzt werden.

Der Deichbau muß, wenn angängig, bis Ende September fertig sein, so daß die Erde ablagern kann und doch ein Anwachsen des Rasens sicher ist. Ist eine völlige Fertigstellung der großen Deichlänge wegen unmöglich, dann kann der Deich entweder gemäß Abb. 282 in ungefähr halber Höhe vorläufig fertiggestellt und dann für den Winter durch Aushilfsabdeckung geschützt werden

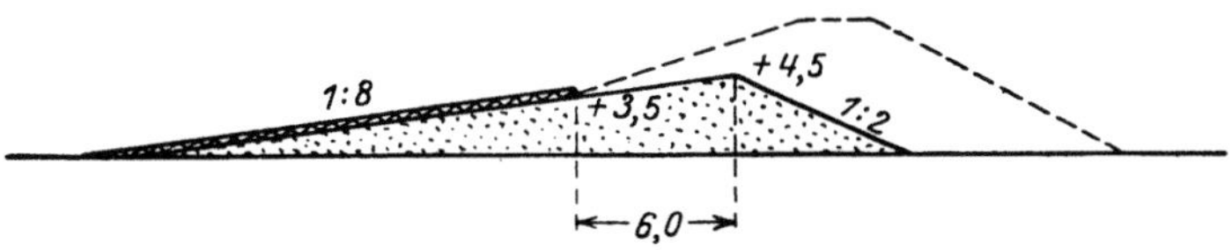

Abb. 282. Deich im Bau nach Hinrichs. Maßstab 1 : 500.

oder man stellt einen Teil des Deiches ganz her und braucht dann nur das Ende vor dem Angriff von Wellen und Strömung zu schützen. Die Herstellung des Deiches in ganzer Länge mit halber Höhe wird oft erstrebt werden, weil bei Ausbleiben hoher Fluten der Zweck der Eindeichung vielfach schon durch einen halbhohen Deich erreicht wird. Dieses Verfahren ist aber sehr teuer und daher bei geringen Baumitteln nicht immer anwendbar.

5. Unterhaltung und Verteidigung der Deiche.

Aus den Anliegern, soweit ihre Grundstücke von dem Deich geschützt werden, werden Zwangsverbände gegründet, sog. Deichverbände, die einem Deichhauptmann oder Deichgrafen unterstehen. Alle Mitglieder des Verbandes haben zur Unterhaltung der Deiche beizutragen, s. Anm. S. 233.

Die Deichpflege besteht darin, daß alle entstandenen Schäden stets sofort wieder ausgebessert werden, so sind alle Mäuse-, Maulwurf- und Kaninchenlöcher usw., sobald sie entdeckt werden, auszufüllen, da von solchen Gängen aus eine Zerstörung des Deiches bei Sturmfluten ausgehen kann und nachweislich oft ausgegangen ist. Das Wachsen von Sträuchern oder Bäumen auf der Deichböschung ist zu verhindern. Bei Hochwasser entstehende Löcher sind stets sofort auszufüllen, Beschädigungen der Deichkronen durch Wagengleise sind gleichfalls auszubessern. Findet ein zu starkes Setzen des Deiches statt, dann muß er aufgehöht werden.

Eine besondere Beachtung muß das Vorland der Deiche finden. Auf seiner Erhaltung beruht zugleich der Bestand des Deiches. Geht das Vorland durch Strömungs- oder Wellenangriffe zurück, dann ist zu versuchen, es durch Buhnenbauten oder Deckwerksanlagen zu halten, es ist aber nicht damit zu rechnen, daß diese Erhaltung immer gelingt.

In Stunden besonderer Deichgefahr ist der Deichhauptmann berechtigt, die Hilfe aller Mitglieder der Genossenschaft in Anspruch zu nehmen. Die Deichverteidigung ist anerkannterweise Sache aller Anwohner. Jeder ist verpflichtet, alle Materialien[1]) und jede Arbeitskraft, über die er verfügt, bereitzustellen. Sobald das Hochwasser einen gefährlichen Stand überschreitet, z. B. die halbe Deichhöhe, dann müssen regelmäßige Wachen den Deich begehen, es werden die Baustoffe für etwa nötige Ausbesserungen herbeigeschafft. Die Wachen fehlten früher oft, so daß die Anwohner im Schlafe von der See überfallen wurden.

Gegen die schweren Sturzseen am Meere sind besondere Hilfsmittel nicht möglich, am Flusse kann man sich aber durch Auflegen von Faschinenmatten

[1]) Selbst Betten, Möbel, Haustüren, Klaviere usw. können in der Not verlangt werden.

auf die Außenböschung helfen, diese Matten sollen wenigstens 1—1,5 m weit unter Wasser auf den Außenböschungen liegen. Auch alte Matratzen, Segeltuch u. dgl. werden im Falle der Not aufgelegt. Für entstandene Löcher soll man größere Mengen von Sandsäcken bereithalten. Vielfach wird man die Eintrittsstellen des Wassers nicht finden, so daß die Deckung durch Sandsäcke nicht möglich ist, dann muß man auf der Innenseite am Austrittspunkt der Quelle einen Fangdamm zuerst aus Sandsäcken oder aus eingeschlagenen Pfählen bauen (Abb. 283 u. 284), der schnell verstärkt werden muß, so daß er dem sich zwischen Deich und Fangdamm aufstauenden Wasser Widerstand leisten kann. Auch wenn das Wasser hier binnenwärts nicht so hoch gehalten würde, wie es außen steht, so verlangsamt es dann doch die Bewegung ganz bedeutend, so daß das Loch im Deich sich zuschlemmen kann. Für das Aufsuchen solcher Quellen sollte man einen erprobten Wünschelrutengänger in der Nähe haben. Viele Menschen besitzen diese Fähigkeit, ihre Zuverlässigkeit muß aber vorher ausgeprobt sein. An der See werden bei den stärksten Sturmfluten auch Wellen bis über die Kappen schlagen können, so daß die Rückböschung gefährdet ist. Sobald hier Zerstörungen, Kappenstürze, eintreten, sind sie mit größter Beschleunigung zu beseitigen, da die Fortsetzung der Zerstörung von hinten her außerordentlich rasch vor sich geht. Eine Verstärkung durch einen Fangdamm, der nun auf der Vorderseite aufgerichtet wird, ist dann notwendig, wenn die Rückböschung ins Rutschen geraten ist (Abb. 285). Bei Flüssen kann die Aufhöhung des Deiches in Frage kommen. Man wird durch den Eiswachdienst rechtzeitig Nachricht bekommen, ob eine Eisverstopfung droht. Bei eingetretener Verstopfung kann das Wasser sehr schnell außergewöhnlich steigen. Manchmal kann man sich schon durch Auflegen einiger Reihen von Sandsäcken helfen, es kann aber auch der Bau eines kleinen Fangdammes (Abb. 286) auf der Deichkappe in Frage kommen. Dieser Fangdamm muß so nahe als möglich an die wasserseitige Böschung gerückt werden. Um hohe Fangdämme kann es sich nicht handeln, es kann auch ausreichend sein, nur eine Pfahlreihe einzuschlagen, vor die mehrere Schichten von Sandsäcken gepackt werden.

Abb. 283.

Abb. 284.

Abb. 283 u. 284. Abfangen einer Quelle.

Abb. 285.

Abb. 286.

Abb. 285 u. 286. Sicherung gegen Rutschung.

Sieht die Deichverteidigung voraus, daß ein Deichbruch nicht mehr zu vermeiden ist, dann muß die Bevölkerung, die schon vorbereitet ist, auf das schnellste gewarnt werden. Heute wird man dazu vor allem Sirenengeheul, aber für abgelegenere Häuser auch Boten verwenden. In naher Zukunft könnte der Radiodienst hierfür von Wert sein.

a b

Abb. 287 a u. b. Kappensturz.

Wir haben drei Formen des Deichbruches zu unterscheiden:

1. Den Kappensturz (Abb. 287 a u. b), bei dem nur ein Teil der Kappe durchbrochen ist, gewisse Hochwässer aber noch gestaut werden können, sowie den gewöhnlichen Deichbruch, bei dem mittlere Hochwasserstände noch abgehalten werden (Abb. 288);

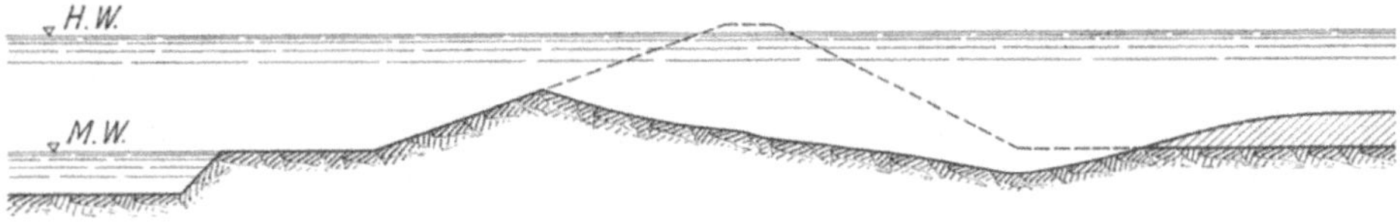

Abb. 288. Gewöhnlicher Deichbruch.

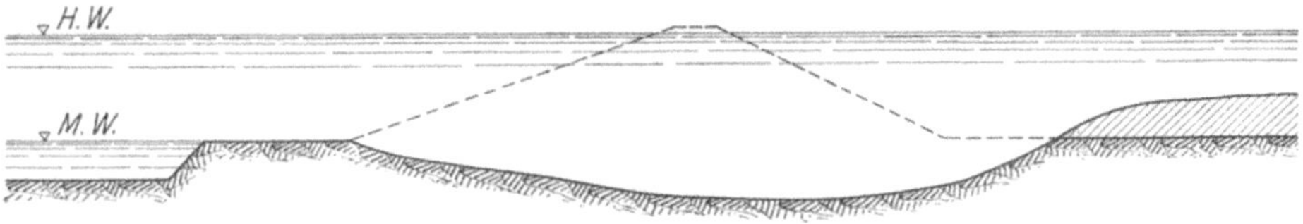

Abb. 289. Grundbruch.

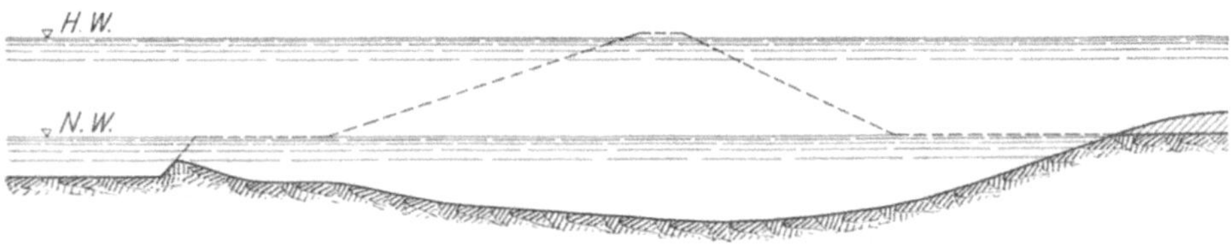

Abb. 290. Strombruch.

2. den Grundbruch, bei dem der Deich bis zum Grund durchgebrochen ist, aber bei dem noch höheres Vorland stehengeblieben ist, so daß bei mittlerem und niedrigem Wasserstand kein Wasser in die Niederungen dringen kann (Abb. 289);

3. den Strombruch (Abb. 290), bei dem auch bei MW. am Fluß oder gewöhnlichen Fluten an der See das Wasser noch in die Niederungen strömt. Diese letztere Zerstörung tritt zum Glück seltener auf.

Ein Deichbruch erzeugt fast regelmäßig einen Kolk, der den Wiederaufbau an der alten Stelle sehr er-

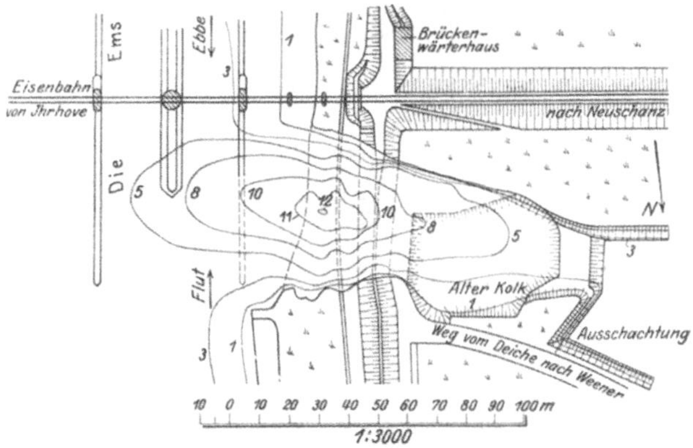

Abb. 291. Wirkung der Sturmflut vom Januar 1877. Grundbruch des Emsdeiches.

schwert[1]). Man umgeht diese Kolke entweder durch einen Auslagedeich oder einen Einlagedeich; der erstere schränkt ein Flußbett ein, ist auch an der See wegen der vorspringenden Ecken besonders gefährdet. Er ist auch deshalb oft nicht anwendbar, weil dabei die landseitige Böschung zu nahe an dem Kolk steht und der Abrutschgefahr ausgesetzt ist. Meist wird zuerst ein Einlagedeich gebaut werden. Diese Einlagedeiche werden mit der Zeit nach Zuschlickung des Kolks durch einen in der alten Linie erbauten Deich ersetzt, so daß doch schließlich die alte Deichlinie, besonders an der See, wieder erscheint. Man kann aber hinter vielen Fluß- und Seedeichen solche Kolke sehen, die dort wie kleine Teiche stehen und nicht verschlicken können. Ein Einlagedeich wird deshalb meist besser sein. Abb. 291 zeigt einen Deichbruch an der Ems, bei dem zuerst ein Auslagedeich gebaut werden sollte, später aber ein endgültiger Einlagedeich mit Verlegung des Sieles erbaut wurde.

Man kann auch an Flüssen nicht mit der Schließung von Strombrüchen warten, bis das Wasser tief genug gesunken ist. An der See tritt zudem täglich zweimal die Flut ein und damit Wasser durch den Strombruch in die Niederung. Die Schließung eines Strombruches geschieht gewöhnlich durch Aufführung zweier Sinkstückdämme mit Bodenausfüllung dazwischen oder durch Errichtung eines außenliegenden, provisorischen Kajedeiches, in dessen Schutz der neue Deich zu erbauen ist.

An der Schelde hat man sich 1907 dadurch geholfen, daß man zwei große Seeleichter voll Steine lud, sie an die Bruchstelle brachte und während des Kenterns des Stromes versenkte; dadurch hatte man zwei Steindämme geschaffen, die die Strömung soweit verringerten, daß man den Deich neu bauen konnte.

6. Deichrampen und Durchfahrten.

Deiche sind sowohl für den Verkehr für Menschen als auch für den Abfluß von Binnenwasser ein Hindernis. Dieses Hindernis kann durch Durchfahrten und Siele überwunden werden. Der Deichbau war erst möglich, als das Siel, die Deichschleuse, erfunden war. Die alten großen Völker müssen das Siel schon gekannt haben. Daraus, daß offene Siele möglich sind, geht ohne weiteres hervor, daß auch Straßendurchfahrten möglich sind, wenn sie nur mit genügend sicheren Verschlußeinrichtungen versehen werden. Der Kosten wegen werden aber für die vielen Wege, die einen Deich kreuzen, meist Rampen angewendet. Auch sind die Deichdurchfahrten nicht so sicher wie die stets selbsttätig schließenden Siele. Auf den Bau der Rampen sind die allgemeinen Regeln des Straßenbaues anzuwenden. Eine Rampe für einen Deich muß so gebaut werden, daß sie den Deich nicht schwächt und daß nicht durch das Heranbringen der Rampen gefährdete Winkel am Deich entstehen, die dem Angriff der Strömung oder der Wellen besonders ausgesetzt sind. Das gezeichnete Bild einer Rampenanlage

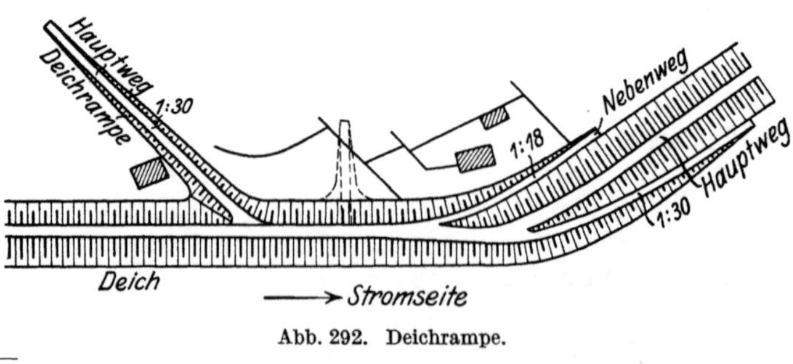

Abb. 292. Deichrampe.

[1]) Solche alten Kolke sind in Ostfriesland, Jeverland usw. noch heute als Zeugen der alten Sturmfluten z. T. weit innen im Lande zu finden, z. B. bei Ostiem (Jever) der Grahlmannsche Kolk, der etwa 8 km von der nächsten Küste entfernt liegt.

für einen Flußdeich (Abb. 292) zeigt deshalb auf der Stromseite nur eine stromabkehrende Rampe, während auf der Landseite eine nach aufwärts und eine nach abwärts vorhanden ist. Die Neigung der Rampen ist nach der Höhe der Rampe mit zu bemessen. Bei wichtigen Straßen (Fährverbindung über einen Fluß) und hohen Deichen sollte die Rampenneigung nicht steiler als 1: 30 sein, für die gewöhnlichen Deiche und Landverkehr können die Rampen aber unter 1: 10 bis 1: 15 angelegt werden. Man wird sich nach den Steigungen der vorhandenen Straßen richten.

Durchfahrten werden gewöhnlich mit fester Sohle und Flügelmauern erbaut (Abb. 293a u. b). Eine feste Sohle in ganzer Deichbreite anzulegen, ist im allgemeinen entbehrlich, viel wertvoller ist es, den Teil der Durchfahrt, der mit einer Sohle versehen wird, durch eine Spundwand nach unten fortzusetzen; man wird dabei aus Rücksicht auf Unterspülung den wasserseitigen Teil der Durchfahrt vor der Spundwand ganz mit einer Sohle ausrüsten. Bei drohendem höheren Hochwasser wird der Verkehr durch die Lücke aufgehoben und die Lücke meist durch zwei Dammbalkenwände mit dazwischengestampftem Ton geschlossen. Für großen Verkehr ist es aber durchaus zu empfehlen, die Durchfahrt mit richtigen Schleusenstemmtoren, die sich bei etwa durchströmendem Wasser von selbst schließen, zu versehen. Der Verkehr kann dann länger aufrecht gehalten und das Schließen sehr schnell vollzogen werden. Die Gefahr eines Deichbruches wird dadurch sehr verringert, daß man seitlich Ansatzmauern etwa 2 m tief in den Deich hineinragen läßt und daß man die Sohle auf ein Drittel bis halbe Deichhöhe legt.

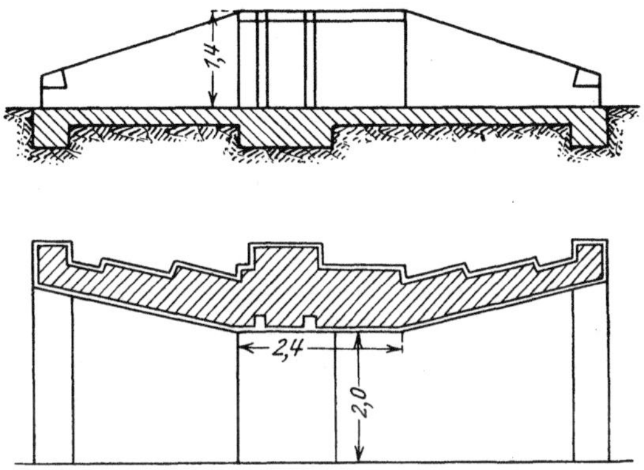

Abb. 293 a u. b. Durchfahrt durch einen Deich. Maßstab 1 : 150.

7. Deichschleusen, Siele und Deichheber.

a) Allgemeines, Berechnung der Sielabmessungen.

Jeder Deich schneidet die Gewässer des Binnenlandes von seinen natürlichen Vorfluten zum Fluß oder der See ab. Handelt es sich um große Flächen, die entsprechend große Entwässerungsanlagen besitzen, dann müssen auch entsprechende große Deichschleusen erbaut werden. Diese Deichschleusen werden auch Siele genannt. Der Wasserlauf, der zum Deich führt, heißt Binnentief, der Abführungskanal zum Fluß oder zum Meere Außentief. — Jedes Siel muß in erster Linie mit Toren oder Klappen versehen sein, die den Hochfluten von außen den Zutritt zur Niederung verwehren. Je größer die Hochfluten (Sturmfluten des Meeres) sind, desto sorgfältiger muß die Ausrüstung mit Verschlüssen sein. Viele Deichschleusen an der See haben zwei Torpaare hintereinander, kleinere Flußdeichsiele kommen mit einem Verschluß aus. Diese Sicherheitsverschlüsse sind bei Orten mit gefährlichen Hochfluten selbsttätig eingerichtet. Sie öffnen sich von selbst bei niedrigem Außenwasserstand und schließen sich, sowie das Außenwasser über den Binnenwasserstand steigt. Doppelte Drehtore mit senkrechter Achse haben diese Eigenschaft ohne weiteres, wenn ihr Drehkreis so begrenzt wird, daß sie sich nicht dicht an die Wand legen können. Um das Binnenwasser zeitweilig, während der Dürre, aufstauen zu können, also zu Bewässerungszwecken, wird vielfach auch ein gegen das Binnenwasser kehrendes Binnentor angebracht.

Es werden unterschieden offene und gedeckte Siele, als Material wird Beton oder Mauerwerk, Eisen und Holz verwendet. Bei den hölzernen Sielen ist noch die Unterscheidung als Bohlen-, Balken- und Ständersiel üblich. Daß für die Erbauung der Siele stets eine Stelle mit möglichst gutem Baugrund ausgesucht werden muß, um eine Pfahlgründung zu vermeiden, ist selbstverständlich. Der Ort, an dem das Siel erbaut werden soll, muß so ausgesucht werden, daß möglichst viele Grundstücke entwässert werden können. Oft wird man nicht mit einem Siel auskommen können, sondern an günstig gelegenen Punkten mehrere Siele erbauen. Sowohl bei einem Fluß wie an der See soll das Außentief möglichst kurz sein, weil dadurch ein möglichst großes Gefälle gewonnen wird und das Siel um so besser „zieht".

Der Sielquerschnitt und die Höhe der Sielschwelle sind von der Menge des in einer bestimmten Zeit abzuführenden Binnenwassers, der Höhe des zulässigen höchsten Wasserstandes im Binnentief und dem maßgebenden Wasserstand im Außentief abhängig. Bei Flüssen wird man nicht nur die Abführung für die niedrigsten Flußwasserstände berechnen müssen, sondern auch eine große Zahl von Rechnungen für mittlere Wasserstände, bei denen auch eine Entwässerung notwendig ist, durchführen. Die Breite des Siels ist von diesen Rechnungen nach Festlegung der Sielschwelle abhängig. Die Rechnungen am Flusse oder Meere ohne Gezeiten sind verhältnismäßig einfach, viel verwickelter sind sie an Meeren mit Gezeiten. Dienen Siele an Seedeichen, wie es oft vorkommt, zugleich der Schiffahrt, dann gehören sie mit zu den Schiffsschleusen.

Siele an Gezeitenmeeren oder an Flüssen und an gezeitenlosen Meeren unterscheiden sich dadurch, daß die Gezeitensiele mit wenigen Ausnahmen (Sturmfluten) täglich zweimal eine Entwässerung zulassen, während die anderen Siele lange Zeiten hindurch andauernd die Entwässerung bewirken, zu anderen Zeiten langer Hochfluten aber gänzlich außer Betrieb kommen und durch Pumpeinrichtungen ersetzt werden müssen, wenn man in dieser Zeit nicht auf die Entwässerung verzichten kann. Die Schwierigkeit bei Gezeitensielen beruht auf der kurzen Zeit, die vielfach nur für die Entwässerung verfügbar ist. Diese Zeit, die zwischen zwei im Abstand von rd. $12^1/_2$ Stunden aufeinanderfolgenden Hochwasserständen liegt, beträgt meist nicht mehr als 6 Stunden bei tief eingesunkenen Marschen, oft aber viel weniger. Es muß daher der Lage und den Abmessungen des Siels das größte Gewicht beigelegt werden. Die Forderung, daß das Außentief so kurz wie möglich sein soll, gilt hier vor allen Dingen. Es ist der Verschlickung um so mehr unterworfen und vermindert um so mehr die Vorflut, je länger es ist. Der Sieldrempel darf dann aus Rücksicht auf die Verschlickung nicht zu tief gelegt werden; lieber wird das Siel dann breiter angelegt. Wo die Verschlickungsgefahr nicht vorhanden oder nicht groß ist, legt man die Schwelle möglichst niedrig, da bei gleichem Querschnitt das tiefer reichende Siel leistungsfähiger ist. Bestimmend für die Weite sind folgende Punkte:

1. Die abzuführende Wassermenge im Zusammenhang mit den Abführungsmöglichkeiten der Entwässerungszüge der Marsch. Die Wassermenge selbst bestimmt sich aus der Niederschlagsmenge des Polders und des zugehörigen Geestlands und bei teilweise sandigem Untergrund aus dem hochquellenden Kuwerwasser.

2. Die Höhenlage der niedrigsten an das Siel angeschlossenen Marschländereien und damit die Tiefe der Schwelle unter Binnenwasserstand.

3. Die Länge und Tiefe des Außentiefs.

4. Die Zeit des Sielzuges, die für das Abfließen des Binnenwassers zur Verfügung steht.

Wo große Schlickgefahr vorhanden ist, müssen möglichst große Gebiete an ein Siel angeschlossen werden zwecks Erzeugung eines kräftigen, zweimal täglichen Spülstromes.

Die Berechnung der Siele erfordert die Feststellung

1. der abzuführenden Wassermenge,
2. des Stauspiegels beim Beginn des Ablassens,
3. des nach Abführung des Wassers bleibenden Binnenebbespiegels,
4. Der Zeit des Sielzugs.

Die Darstellung Abb. 294 ist für Seedeichsiele im Tidegebiet bezeichnend. Sie besteht aus der Flutkurve vor dem Siel, die von den Binnenwasserständen durchschnitten wird. Sowie das Außenwasser bis A gefallen ist, wird das Siel geöffnet. Das Wasser fließt nun aus, wobei nicht nur das vor dem Deich angesammelte entströmt, sondern auch noch weiterer Zufluß aus der Marsch stattfindet. Das Wasser im Siel fällt dabei langsamer als das Meer. Letzteres beginnt wieder zu steigen. In dem Augenblick, in dem der Meereswasserstand mit dem erreichten niedrigsten Binnenwasser gleich geworden ist, würde wieder Wasser einströmen. Das Siel muß, wenn es nicht selbsttätig wirkt, jetzt geschlossen werden. Dieser Augenblick tritt in dem Punkte B ein. Die Zeit Z zwischen A und B ist also die Zeit des Sielzugs. Man sieht, daß sie immer nur einen Teil der Flutperiode beträgt. Sie ist desto größer, je höher die Marsch liegt und je höher dementsprechend der Binnenstau sein darf und ist desto kleiner, je niedriger die Lage der Marsch ist. Die Zeit des Sielzugs kann bei sehr hochliegenden Marschen bis 9 Stunden, bei mittelhohen etwa $4^1/_2$ Stunden und bei alten, sehr tief gesunkenen Poldern manchmal nur $1^1/_2$ Stunden betragen.

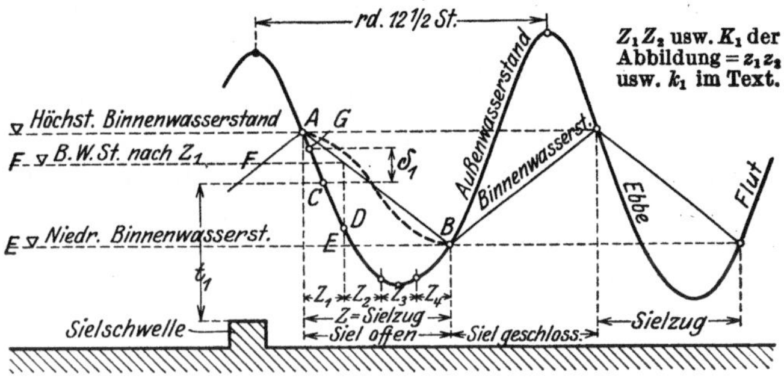

Abb. 294.

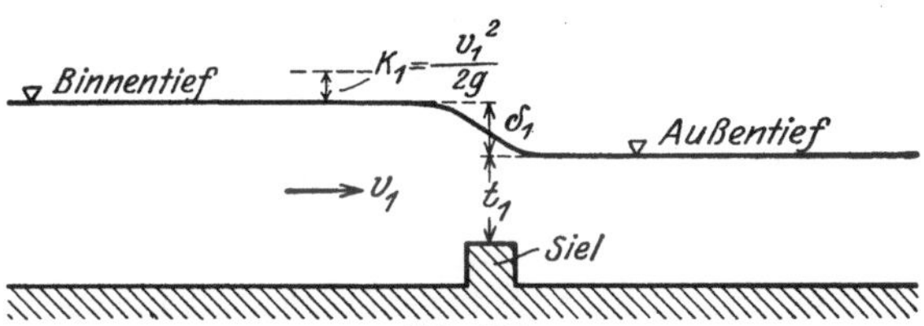

Abb. 295.

Abb. 294 u. 295. Berechnung des Sielzuges.

Während des Abströmens entsteht in dem Siel ein Gefälle. Dieses ist wieder bei hohen Grundstücken am größten (15 cm) und fällt bei niedrigen bis auf 3 cm. Die niedrigen Polder sind daher am ungünstigsten daran, sie haben bei kurzem Sielzug ein kleines Gefälle, brauchen daher die größten Sielöffnungen. Weit zurückliegende alte tiefgesunkene Marschen haben meist die schlechteste Entwässerung.

Die Berechnung der Siele im Gezeitengebiet erfolgt am einfachsten nach Tolkmitt[1]) oder nach dem Handbuch der Ing.-Wissenschaft Teil III, Bd. 7.

Es ist dabei zu berücksichtigen, daß man die Wahl unter den verschiedensten Flutkurven hat. Man darf nicht etwa die Flutkurve bei Springflut mit tiefem NW. auswählen, sondern muß eine solche für mittlere Fluten nehmen. Auch hat man daran zu denken, daß große Wassermengen, die in ein Außentief einströmen, die Form der Flutkurve hier wesentlich verändern können. Es ist nicht die Flutkurve im Meere, sondern die im Außentief vor dem Siel maßgebend.

Die Berechnung kann nach Abb. 294 u. 295 in folgender Weise durchgeführt werden. Aus den Wassermengen, die innerhalb der Zeit $Z = 12^1/_2$ Stunden im

[1]) Tolkmitt: Grundlagen der Wasserbaukunst, Berlin 1898.

Binnenland zufließen, kann man sich die Höhe des Stauzieles errechnen. Damit eine genügende Entwässerung der Ländereien möglich ist, muß man eine bestimmte Lage des NW. im Binnentief am Ende des Sielzuges annehmen. Hierin hat man eine gewisse Wahl, die lediglich von der Abführungsmöglichkeit der Zuführungsgräben und selbstverständlich der Form der Flutkurve abhängt. Die Wahl ist möglich, weil man ja selbst die Größe des Sielquerschnitts bestimmen will und von ihr die Menge des abgeführten Wassers abhängig ist. Aus dieser Lage der beiden Wasserspiegel im Binnentief für eine bestimmte nicht zu günstig ausgesuchte Flutkurve folgt nun die Zeit des Sielzuges Z. Man teilt nun diesen Sielzug Z in eine bestimmte Zahl von gleichen Teilen z ein. Hier, in Abb. 294, sind z. B. 4 Teile gewählt worden. Bei einer Gesamtzeit des Sielzuges von fast $Z = 8$ Stunden wäre z also rd. 2 Stunden. Die Einteilung von Z ist hier so erfolgt, daß der dritte Zeitraum z_3 zu beiden Zeiten der NW.-Zeit der Flutkurve liegt, so daß als mittlerer Außenwasserstand zur Zeit z_3 das NW. gelten kann. Das Gesamtgefälle ist nun für die Zeiten z_1 bis z_3 nicht ausgedrückt durch den Abstand zwischen Binnenstauspiegel und Außen-NW., sondern durch eine kleinere Höhe, da der Binnenstauspiegel ja auch dauernd fällt. Es ist aber ersichtlich, daß in dem Zeitraum z_1 das größte Gefälle verfügbar ist, da das Außenwasser dann bereits bis zu dem Punkte D abgefallen ist. Die folgenden Zeiten haben ein immer kleiner werdendes Gefälle. Das kleinste Gefälle hat der Zeitraum z_4: Um die Wassermenge, die während der Zeit z_1 abfließt, zu finden, nimmt man nach einer ersten Versuchsrechnung an, daß der Binnenstauspiegel in der Zeit z_1 bis FF gefallen sei und rechnet in ganz roher Annäherung so, als ob der Außenwasserstand statt allmählich von A bis D zu fallen, die ganze Zeit z_1 über in halber Höhe bei C gestanden habe. (Für die erste Proberechnung könnte man z. B. so rechnen, als ob der Binnenwasserspiegel sich während der ganzen Zeit z_1 unverändert in $^1/_4$ der Höhe AB gehalten hat, daraus findet man nach der jetzt folgenden Methode den ersten noch falschen Wasserstand FF.) Jetzt macht man die gleiche Rohannahme für den Binnenwasserstand, man rechnet statt mit allmählich fallendem Binnenwasser so, als ob es die ganze Zeit z_1 in halber Höhe zwischen A und FF gestanden hätte, nämlich im Punkt G. Dann ist $GC = \delta_1$ als unveränderliches Gefälle an Stelle des von 0 bis AD angewachsenen zu nehmen. Garbe gibt dann nach Dubuat als Formel für die in der Sekunde durch das Siel fließende Wassermenge an:

$$q_1 = u\, b\, (\tfrac{2}{3}\,\delta_1 + t_1)\,\sqrt{2g\,(\delta_1 + k_1)}\,.$$

Hier ist gemäß Abb. 295 t_1 die Wassertiefe mit angenommenem mittleren Wasserstand des Außentiefs während der Zeit Z_1 (Punkt C der Abb.) über der Schwelle, δ_1 das als unabänderlich angenommene Gefälle während der Zeit Z_1, k_1 die Geschwindigkeitshöhe des zufließenden Binnenwassers vor dem Siel $k_1 = \dfrac{v_1^2}{2g}$, worin v_1 aus der noch zu findenden Wassermenge Q_1 und dem Querschnitt des Binnentiefs zu bestimmen ist, der während der Zeit Z_1 für die Berechnung in Frage kommt. b ist die geringste Breite des Sieles während der Zeit Z_1 und u ein Ausflußbeiwert, der bei sehr glattem Siel zu 0,85—0,95 angenommen werden kann, der aber bei schlechten Verhältnissen bis zu 0,6 heruntergehen kann (z. B. Holzständersielen mit vielen Widerständen). So findet man dann die erste angenäherte Wassermenge $Q_1 = Z_1 \cdot q_1$ für eine angenommene Sielbreite b. Sie wird nur durch Zufall mit der angenommenen Menge übereinstimmen, man hat nun b so zu verändern, daß Übereinstimmung besteht. Die Rechnung ist nun für den weiteren Teil Z_2 bis Z_n weiterzuführen, wobei aber zu beachten ist, daß jede Änderung von b, die man im weiteren Verlaufe für notwendig hält, eine Änderung der vorher gefundenen Wassermengen Q_1, Q_2

usw. notwendig macht. Darin liegt der Grund, daß man vielfach darauf verzichten muß, eine zu große Unterteilung von Z vorzunehmen. Eine Teilung von Z in 4 Teile wird schon eine verhältnismäßig langwierige Rechnung verlangen. — Man kann sich die Rechnung dadurch erleichtern, daß man für die Zeit Z_1 mit einem viel zu großen b rechnet, dieses beibehält, danach den Binnentiefspiegel $F'F'$, wie er sich hiernach einstellen würde, errechnet, nun die Rechnung noch einmal bis zum ungefähren Stimmen wiederholt, dann geht man an das zweite Stück Z_2 usw. und rechnet sich stückweise aus, wie die einzelnen Binnentiefspiegel liegen.

b) Die Ausführung der Siele und Sielheber.

Kleinere Siele bis zu etwa 1,5 m Breite und Höhe werden Pumpsiele genannt, fast alle Rohrsiele gehören zu den Pumpsielen. Die alten Pumpsiele sind durchweg aus Holz in einfacher Kistenbauart mit Bohlen oder in Rahmen oder Ständerbauart durchgeführt worden. Abb. 296 a u. b geben das Bild eines einfachen Balkensiels aus Holz. Holz darf nur dann verwendet werden, wenn man sicher ist, daß das Bauwerk nicht verfaulen kann, also wenn es durch Erde dauernd genügend feucht bleibt und auch eine Austrocknung von innen nicht stattfinden kann. Zweckmäßig werden heute Holzrohre verwendet werden, wie sie für Druckrohre für Kraftanlagen hergestellt werden. Diese Holzrohre zeichnen sich durch eine besondere Elastizität aus, so daß sie Sackungen des Deiches gut folgen können. Um die Wirkung dieser Sackungen für die üblichen Sielbauarten zu verhindern, hat man sie vielfach auf Pfahlroste gestellt, wobei bei kleinen Pumpsielen schon eine Pfahlreihe in der Achse des Sieles genügt. Pumpsiele werden ferner als Eisenröhren, Betonröhren oder auch in Kastenform aus Steinplatten gebaut. Sie müssen an der Wasserseite eine selbstschließende Klappe besitzen, so daß bei Rückstau ein genügender Verschluß von selbst eintritt. Oft wird daneben noch ein Schützenverschluß der größeren Sicherheit halber zweckmäßig sein. Für diese Teile wird auf die Besprechung im „Wehrbau und Schleusenbau" hingewiesen.

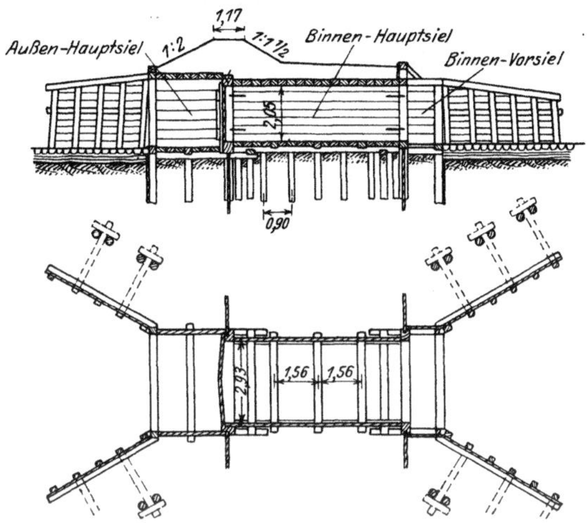

Abb. 296 a u. b. Balkensiel. Maßstab 1:300.

Ein Ständersiel wird durch die Abb. 297 a u. b dargestellt. Die Abbildungen geben das provisorische Holzsiel für das Mariensiel in Oldenburg wieder, das vor der Ausführung des massiven Sieles notwendig wurde. Abb. 299 zeigt das massive Mariensiel in Schnitt und Ansicht. Die ganze Konstruktion ist sehr gedrungen gehalten. Es hat etwa die 5fache Fläche des Holzsieles.

Als weiteres Beispiel eines massiven Siels wird die Hoyerschleuse bei Husum (Schleswig) wiedergegeben (Abb. 300 a bis d). Sie zeigt eine im allgemeinen selten vorkommende Ausführung der Verbindung einer offenen Deichschleuse beiderseits mit gedeckten Sielen. Die mittlere Schleuse mit 7,5 m lichter Breite dient neben der Entwässerung Schiffahrtszwecken. Das Beispiel wurde gewählt, weil es ungefähr alles zeigt, was bei solchen Sielen beobachtet werden muß. Man sieht, wie die seitlichen Siele an der Wasserseite durch — wenn hier auch nicht hohe — Stirnmauern gegen den Deich abgeschlossen

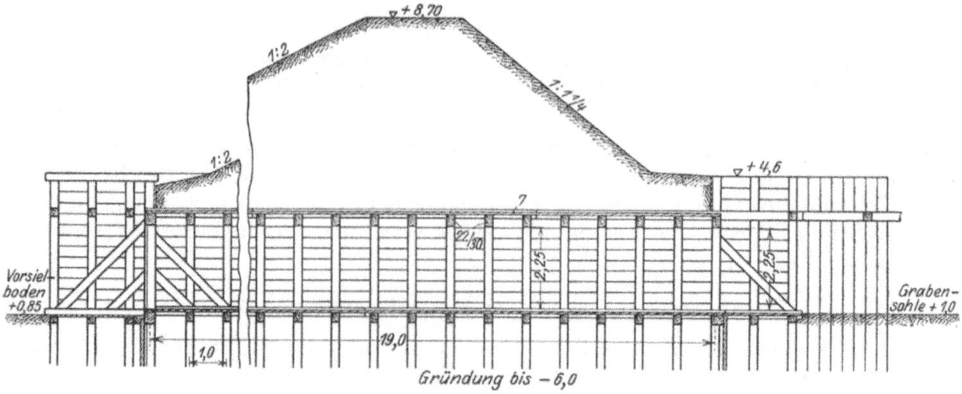

Abb. 297 a. Längenschnitt. Maßstab 1 : 200.

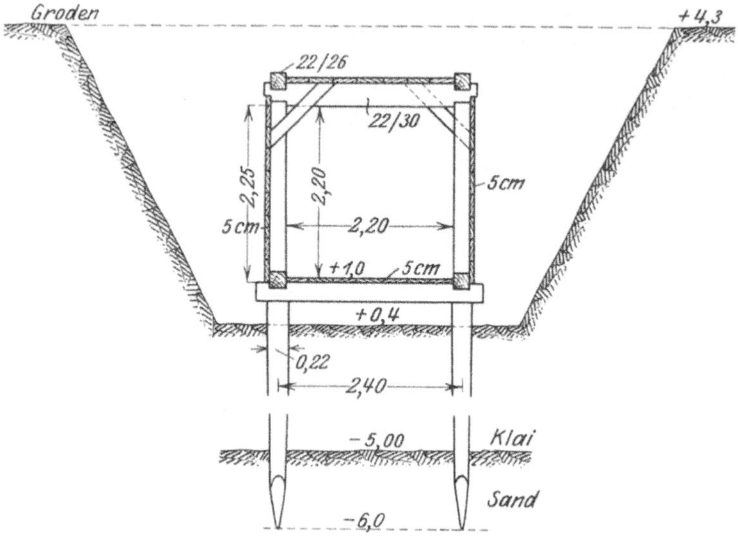

Abb. 297 b. Querschnitt mit Baugrube. Maßstab 1 : 100.

Abb. 297 a u. b.
Prov. Holzsiel für das Mariensiel.

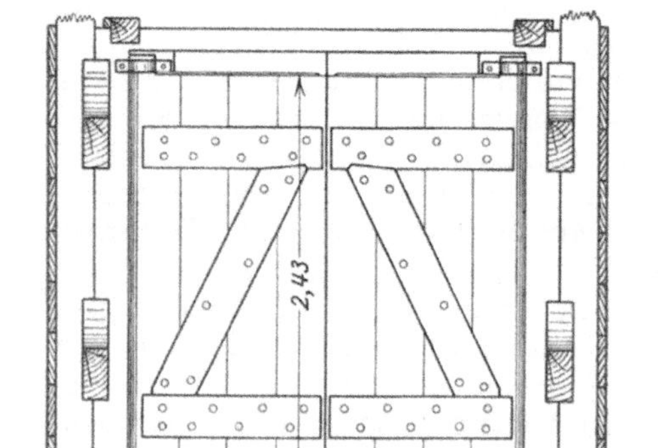

Abb. 298 a. Sieltüren, Ansicht.

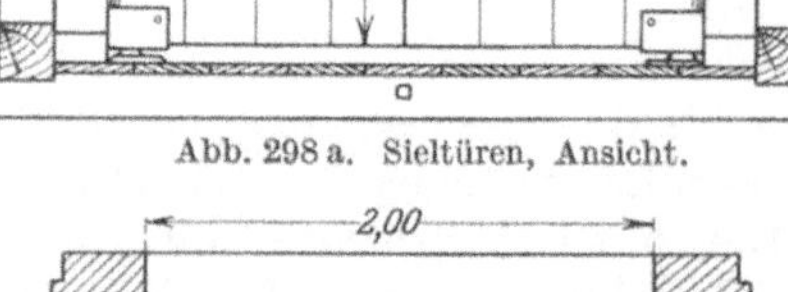

Abb. 298 b. Schnitt durch Sieltür.
Maßstab 1 : 60.

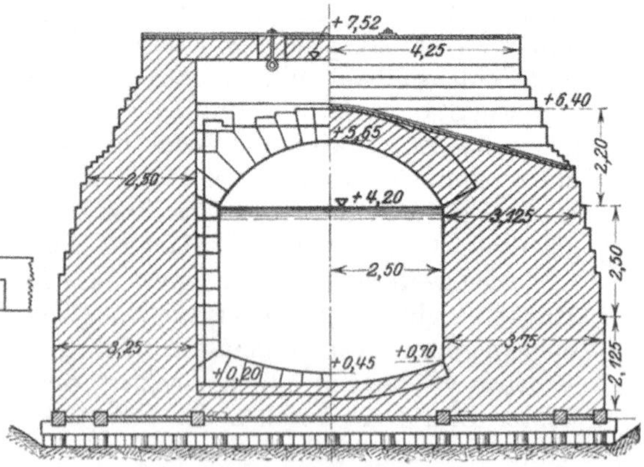

Abb. 299. Querschnitte des neuen Mariensiels.
Links: Ansicht von außen. Rechts: Schnitt in Sielmitte.
Maßstab 1 : 200.

sind. Das ganze Bauwerk ruht auf Pfählen. Die große Deichschleuse besitzt zwei Paar gegen die Außenwasser kehrende Fluttore und ein Tor gegen das Binnenwasser. Alle diese Tore sind richtige Stemmtore. Die bedeckten Siele werden gegen das Außenwasser durch Stemmtore abgeschlossen, die sich oben und unten an den Anschlag legen. Das Stemmen erzeugt hier lediglich die Dichtung in der Mittelfuge, die Drempelneigung ist deshalb sehr flach, s. auch Abb. 300. Die Binnentore sind bei den überdeckten Sielen durch Schützen ersetzt, die durch Winden von der Binnenberme des Bauwerks aus gezogen werden. Den Verschluß eines gußeisernen Rohrsiels zeigt Abb. 301. Die Ein- und Ausmündung des Sieles muß stets in Mauerwerk mit Flügel- und Sohlenmauerwerk eingefaßt werden, so daß eine Unterspülung unmöglich ist.

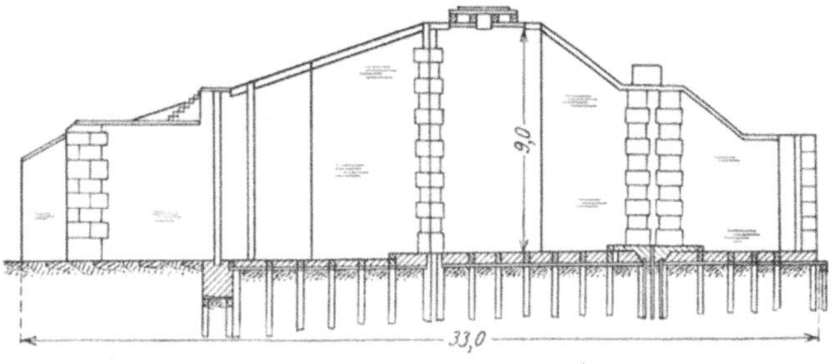

Abb. 300 a. Längenschnitt durch das offene Siel.

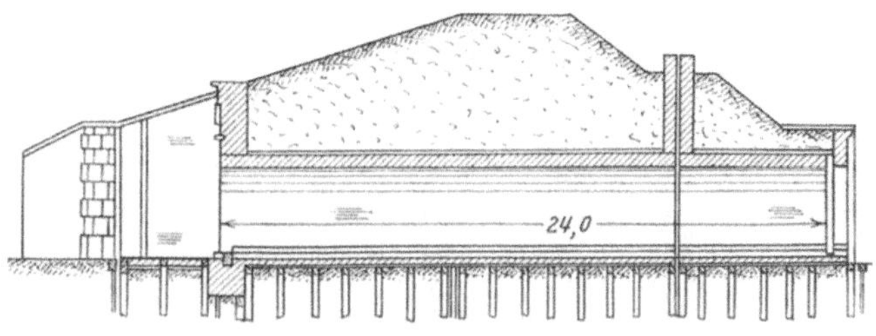

Abb. 300 b. Längenschnitt durch die bedeckten Siele.

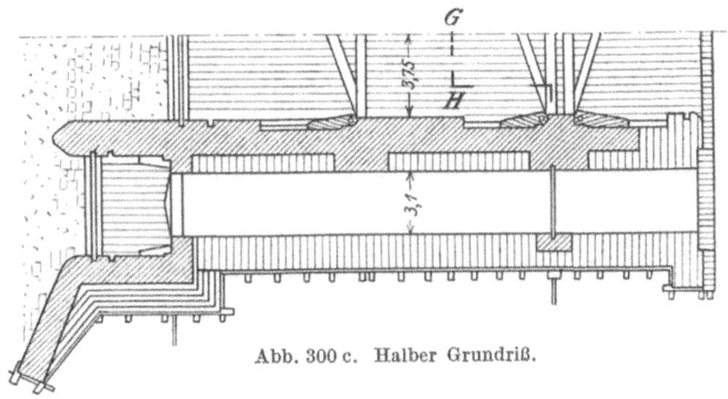

Abb. 300 c. Halber Grundriß.

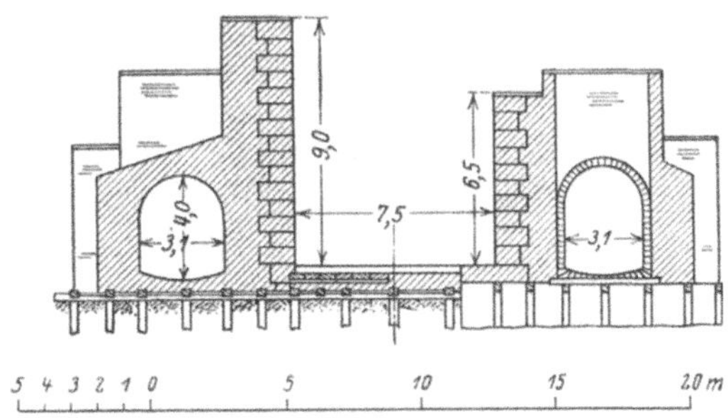

Abb. 300 d. Querschnitt.
Abb. 300 a bis d. Hoyerschleuse in Husum.
Maßstab 1 : 400.

Die Durchbrechung der Deiche durch Siele ergibt stets einen besonderen Gefahrpunkt. Es kann sich leicht Wasser an den Sielen entlang ziehen, so daß Quellen auftreten. Oberbaurat A b r a h a m ist dadurch angeregt worden, statt der Siele Heber anzuordnen. Diese Heber folgen in einiger Tiefe der Böschungslinie des Deiches und können nicht Ursache eines Wasserdurchbruches werden. Das sichere Arbeiten dieses Hebersiels ist abhängig von ihrer Entlüftung. Es ist deshalb eine Wasserstrahlpumpe angeordnet worden, die den Heber dauernd luftleer hält. Abb. 302 a bis d zeigt ein solches Hebersiel.

In der Abbildung bedeutet *a* einen Speicherraum für Wasser, *b* ein Saugrohr, *c* ein Rohr (von nur wenig cm Durchmesser), das die Wasserstrahlpumpe *f* in Bewegung setzt, *d* ein Ablaßrohr für das mit Luft vermischte Wasser der Pumpe, *e* eine Klappe, die durch einen Drucküberschuß des Außenwassers geschlossen wird. Das sonst in den langen Pausen zwischen zwei Sielzügen eintretende Absetzen des Hebers wird bei dieser Anordnung durch ein Zusammenwirken der Strahlpumpe *f* und des Doms *a* verhindert. Die Wirkungsweise ist folgende:

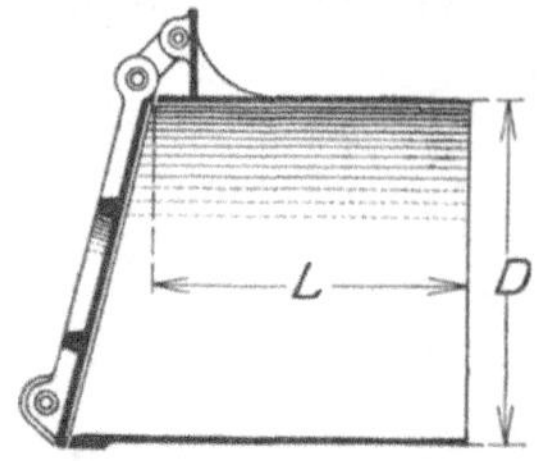

Abb. 301. Rohrsiel mit Klappe und Doppelscharnier für $D = 20$ cm, 30 cm, 40 cm; $L = 40$ cm

a) Der Heber ist mit Wasser gefüllt, das Binnen- und Außenwasser stehen annähernd gleich hoch. Die Klappe *e* ist geöffnet, der Heber setzt aus, *a* füllt sich langsam mit Luftblasen.

b) Das Außenwasser steigt weiter, schließt durch seinen Überdruck die Klappe *e* und setzt die Wasserstrahlpumpe *f* durch Rohr *c* in Bewegung. Diese saugt Luft aus dem Dom *a* durch *b* nach *c* und füllt *a* mit Wasser.

c) Das Außenwasser fällt wieder, der Überdruck ist zu gering geworden, um die Wasserstrahlpumpe in Betrieb *f* zu halten. Der Dom *a* füllt sich mit

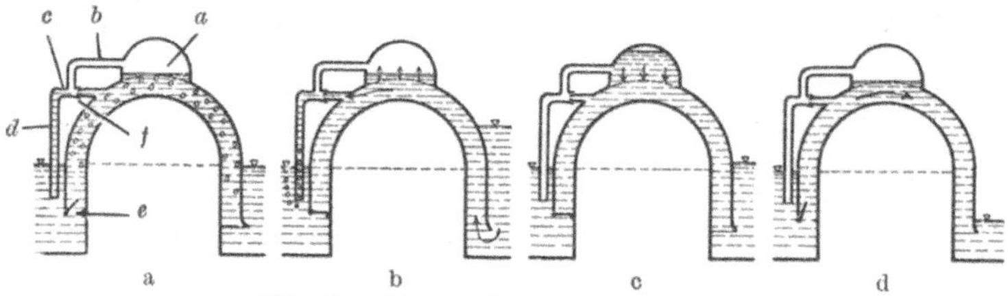

Abb. 302 a bis d. Abrahamsches Hebersiel.
a Gleicher Außen- und Binnenstand. b Steigen des Außenwassers, Anspringen der Luftpumpe und Ansaugen des Wassers im Dom. c Heber, betriebsfertig, Sinken des Außenwassers. d Der Heber springt von dem Augenblick an, in dem der Wasserstand außen tiefer steht als binnen.

Luft und gibt Wasser ab. Der Dom „*a*" muß so bemessen werden, daß er in der Zeit des annähernd gleichen Innen- und Außenwasserdrucks die ganze aufsteigende Luft fassen kann.

d) Das Außenwasser fällt weiter, der Überdruck des Innenwassers öffnet die Klappe *e*, der Heber tritt in Tätigkeit.

Größere Siele werden als offene und geschlossene, als lange und kurze erbaut. Die offenen werden dann notwendig, wenn das Siel so hoch werden muß, daß das Gewicht des überlagernden Deiches nicht mehr gegenüber den Wellenangriffen groß genug wäre. Kurze Siele (Abb. 303 a bis c) müssen durch senkrechte Stirnwände abgeschlossen werden. Lange Siele sind den kurzen vorzuziehen. Größere Siele werden durchweg auf Pfahlgründungen gesetzt, wenn nicht der

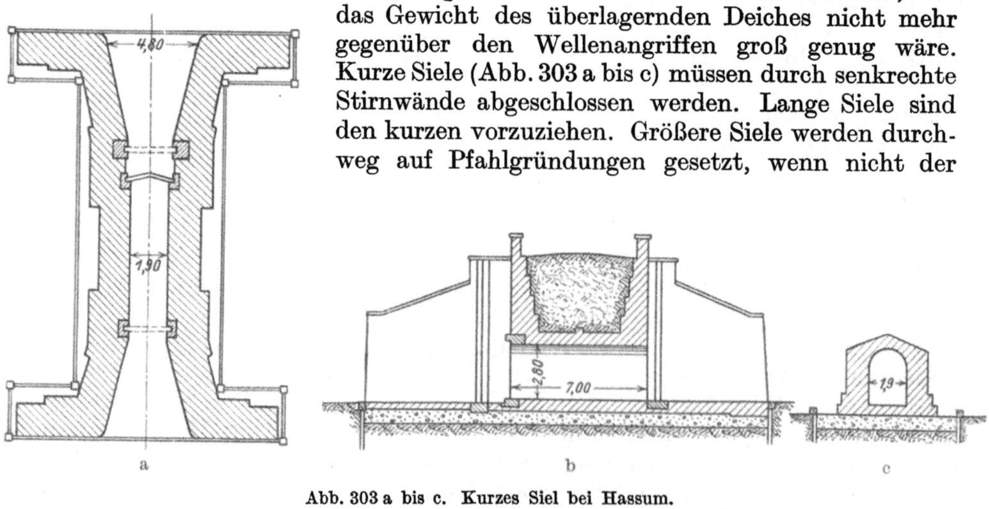

Abb. 303 a bis c. Kurzes Siel bei Hassum.
a Grundriß. b Längenschnitt. c Querschnitt durch Sielmitte vor Überschüttung.
Maßstab 1 : 400.

gute Baugrund so hoch liegt, daß der Mauerkörper unmittelbar bis auf ihn hinabreicht. Die massiven bedeckten Siele werden am besten nur noch in Beton oder Stein ausgeführt. Man kann Betonsiele bei Anwendung von Eisenbeton zu fast den gleichen Kosten bauen wie Holzsiele, es liegt somit kein Grund mehr vor, Holzsiele anzuwenden, die leicht faulen und erneuert werden müssen. Holzsiele haben infolge Verfaulens des Holzes oft Anlaß zu Deichbrüchen gegeben. Sie sind stets als eine besondere Gefahrstelle des Deiches anzusehen und daher besonders sorgfältig zu beobachten.

Die Sielverschlüsse bieten gegenüber den Verschlüssen der Schiffsschleusen nichts wesentlich Neues. Es ist lediglich noch einmal darauf hinzuweisen, daß bei überdeckten Sielen, wie in Husum, die Stemmtore einen Anschlag oben und unten bekommen, so daß das Durchschlagen der Tore nicht durch eine verhältnismäßig steile Drempelneigung 1:3 oder 1:2 verhindert werden muß. Man gibt diesen Toren deshalb meist nur eine ganz schwache Drempelneigung 1:6 bis 1:10, so daß wegen des starken Stemmdruckes eine vorzügliche Dichtung erreicht wird, eine Zerstörung des Holzes infolge Durchschlagens aber doch nicht möglich ist.

Sechster Teil.

Wehre.

A. Allgemeines.

a) Begriffsbestimmung.

Die Wehre bilden einen Teil der Bauwerke, die allgemein unter dem Namen Stauwerke zusammengefaßt werden. Als Stauwerke sind zu bezeichnen Talsperren, Wehre, Sperrdämme und Buhnen in Flüssen, Deiche aller Art usw. Talsperren haben als wesentliche Aufgabe die Ansammlung und Ausgleichung von Wassermengen, Wehre dagegen haben als Hauptaufgabe die Hebung des Wasserspiegels in einem Flusse, d. h. eine Zusammenfassung des Flußgefälles an einzelnen Punkten, entweder um die Wassertiefe oberhalb zu vergrößern oder um einen Wasserspiegel so hoch zu heben, daß ein genügendes Betriebsgefälle für Kraftwerke entsteht. Man hat somit bei Wehren zwischen dem Wunsch nach Erzeugung einer großen Flußtiefe und dem Wunsch nach Hebung einer Wasserfläche zu unterscheiden. Für den ersten Zweck ist stets ein genügender mit Wasser gefüllter Raum Voraussetzung, für den zweiten könnte der wasserführende Querschnitt ganz klein sein, wenn nur der Wasserspiegel gehoben würde. In beiden Fällen von Wehranlagen kommt es aber nicht auf die Ansammlung von Wassermengen an, sondern auf die Erzeugung von Tiefe oder Gefälle.

Sowohl Talsperren als auch Wehre können aber ihren Zweck niemals erfüllen, wenn sie nicht nebenbei auch die Wirkung der anderen Bauwerksart zum Teil mit enthielten, d. h., Talsperren heben stets auch den Wasserspiegel, Wehre sammeln stets eine (wenn auch meist kleine) Wassermenge an, ohne daß aber der Zweck der Werke hierin begründet läge.

Die rein juristisch entwickelte Begriffsbestimmung des preußischen Wassergesetzes ist für die Praxis ungenügend. Das Wassergesetz sagt in § 106 über Talsperren: „Für Stauanlagen, bei denen die Höhe des Stauwerkes von der Sohle des Wasserlaufes bis zur Krone mehr als 5 m beträgt und das Sammelbecken, bis zur Krone des Stauwerkes gefüllt, mehr als 100 000 cbm umfaßt (Talsperren), gelten die nachstehenden Vorschriften.“ Daraus folgt, daß alle Stauanlagen, die von der Sohle des Flusses bis zur Krone mehr als 5 m hoch sind und die, bis zur Krone gefüllt, mehr als 100 000 cbm Wasser fassen, als Talsperren bezeichnet werden. Hiernach wären fast alle Wehranlagen, die in der Elbe, Weser, Rhein und anderen großen Flüssen errichtet worden sind, Talsperren. Talsperren aber, die in einem Seitenteil eines Gebirges errichtet sind und nicht in einem Wasserlauf stehen, wären strenggenommen keine Talsperren. Nicht zur Bemängelung dieser Begriffsbestimmung wird auf diese Eigentümlichkeit des Wassergesetzes hingewiesen, sondern aus dem Grunde, damit diese Eigentümlichkeit genügend beachtet wird. — Denn der Ingenieur, der Bauwerke ihrem Zwecke nach ausführt, wird oft geneigt sein, solche rein formale Begriffsbestimmungen zu übersehen.

b) Zweck und Einteilung der Wehre.

Die Hebung des Wasserspiegels der Wehre kann aus verschiedenen Gründen erfolgen, meistens ist eine ganze Zahl dieser Gründe gleichzeitig maßgebend gewesen. — Als Gründe sind zu nennen 1. Kraftausnutzung, 2. Schiffahrtsinteressen, 3. Bewässerungs- und Entwässerungszwecke, 4. Vergleichmäßigung der Wasserschwankungen.

Dem ersten Zwecke, Kraftgewinn, dienen fast alle älteren Wehre in kleineren Flüssen. Sie sind bereits früh im Mittelalter entstanden und in der Form fester Wehre erbaut worden. Heute treten an ihre Stelle auch in kleineren Flüssen oft bewegliche Wehre, wobei aber verlangt wird, daß der Vorteil des festen Wehres, der in der selbsttätigen Abführung des Wassers liegt, gewahrt bleibt. Dem zweiten Zweck (Schiffahrt) hatten bisher die meisten Wehre in größeren Flüssen zu dienen. Viele waren aber auch hier bereits für Krafterzeugung erbaut worden. Heute werden die Wehre in größeren Flüssen meist zum Zweck der Kraftausnutzung geplant, zugleich aber die Verwirklichung von Schiffahrtsverbesserungen mit ihnen verbunden.

Für Erfüllung nur des dritten Zweckes werden Wehre meistens nur in kleineren Flüssen erbaut werden. In großen Flüssen tritt die Verbesserung der Landwirtschaft oft als Nebenzweck zu den anderen hinzu.

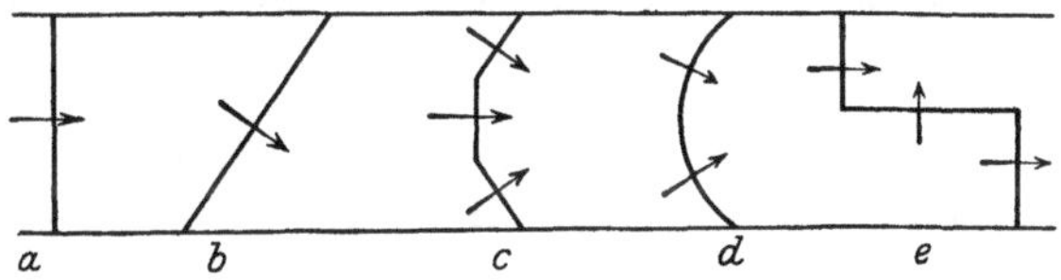

Abb. 304. Grundriß von Wehren.

a Gerades, b schräges, c geknicktes, d gekrümmtes, e versetztes Wehr.

Der vierte Zweck kann lediglich als Nebenzweck angesprochen werden; er wird bei neueren Wehren durch Einbau beweglicher Wehröffnungen von selbst mit erreicht, kann aber im Interesse der Landwirtschaft und der Industrie besonders gefordert werden. Es ergeben sich dann im Betrieb meist besonders vorsichtig zu behandelnde Wehrarten, die manchmal einen bestimmten Wasserzustand automatisch halten (Hemelingen bei Bremen).

Wie die Wehre auf einen Fluß einwirken, ergibt sich aus dem Teil Kanalisierung der Flüsse. Die durch den Wehrstau entstehende neue Wasserfläche ist im Längenschnitt eine gekrümmte Staukurve, ihre Berechnung ist im Teil IV behandelt worden. Ebenso sind im gleichen Abschnitt die Untersuchungen über die Wassermengen, die über eine Wehrkrone abfließen, wiedergegeben worden.

Die Wehre lassen sich nach der baulichen Seite einteilen in die beiden großen Gruppen der festen und der beweglichen Wehre.

Hinsichtlich der Wasserbewegung werden unterschieden Schußwehre, bei denen das Wasser stets am Wehrkörper bei dem Überfall haften bleibt, und Sturzwehre, bei denen der Wasserstrahl sich von dem Wehrkörper loslöst. Schußwehre sind solche mit flachem Wehrkörper zum Unterwasser hin, Sturzwehre solche mit steilem Wehrkörper zum Unterwasser (Abb. 313 u. 314). Diese dynamischen Unterschiede kommen bei festen und beweglichen Wehren vor.

Nach der Grundrißanordnung ergeben sich die in Abb. 304 gezeichneten Formen, deren Benennung an die Abbildung angeschrieben ist. Über die Einwirkung dieser Form auf die Wasserführung wird im Absatz e) das Nötige gesagt.

c) Die Wehre im preußischen Wassergesetz.

Es ist bereits gesagt worden, welche Begriffsbestimmung im preußischen Wassergesetz für Talsperren und dementsprechend auch für Wehre gewählt worden ist. Es unterliegt heute jeder Wehrneubau oder jede Änderung an einem Wehre der Genehmigung durch die staatlichen Behörden. In Preußen ist diese Behörde der Bezirksausschuß, gegen dessen Entscheid Berufung an das Oberverwaltungsgericht in Berlin (früher Landeswasseramt) zulässig ist.

Die Einsprüche gegen die Verleihung einer Wasserkraft oder die Erbauung einer Wehranlage können eingeteilt werden in die der Oberlieger und Unterlieger. Die Einsprüche finden nach Ludin meist aus folgenden Gründen statt:

a) Von seiten der Oberlieger:

1. wenn der Untergraben einer weiter oben liegenden Mühle in den Staubereich gerät und dadurch die Gefahr einer Gefälleminderung entsteht;

2. wenn Geländeüberschwemmungen eintreten;

3. wenn Grundwasserhebungen entstehen mit Versumpfungen weiter binnenwärts liegender Gelände, Feuchtwerden von Kellern u. dgl.;

4. wenn die Vorflut erschwert wird, Schäden bei Abzugsgräben, Kanalisationen usw.;

5. wenn eine Auflandung des Flußbettes und dadurch eine vergrößerte Gefahr für Deiche bei Hochwasser eintritt;

6. wenn die verfügbare Wassermenge durch Verdunstung oder Versickerung vermindert wird;

7. wenn die natürliche Wasserregelung eines Flusses durch die künstliche Wasserregelung eines Wehres ersetzt wird[1]) und dadurch das Unterwasser eines höher liegenden Kraftwerkes von der Willkür der Bedienung des neuen Wehres abhängig gemacht wird.

b) Es finden Einsprüche von seiten der Unterlieger statt:

1. wegen Senkungen der Flußsohle infolge Weiterwanderns der Geschiebebänke, deren rechtzeitiger Ersatz von oben durch das Wehr verhindert wird, damit Austiefung und Sinken des Unterwassers und Sinken des seitlichen Grundwasserstandes;

2. wegen Gefährdung von Pfahlgründungen und nicht genügend tief gegründeten Brückenpfeilern infolge Sinkens des Unterwassers;

3. wegen Ableitung des Wassers durch den Werkgraben, der das Wasser erst weit unterhalb des Wehres wieder dem Fluß zuführt. Hierbei entsteht leicht eine Trockenlegung des Unterwasserbettes. Dadurch erleiden die Anlieger, die ihr Vieh tränken, die waschen, baden wollen usw., eine Schädigung, die Fischerei kann stark gestört und die Schönheit der Gegend gemindert werden.

c) Einsprüche der Ober- und Unterlieger können gemeinsam eintreten, wenn durch bewegliche Wehre zeitweilig eine willkürlich starke Änderung der Wassermenge zu befürchten ist.

Der Bezirksausschuß ist eine dem Regierungspräsidenten angegliederte Behörde mit dem Regierungspräsidenten als Vorsitzenden. Dem Oberverwaltungsgericht ist ein wasserrechtlicher Senat angegliedert worden, der die Aufgaben des früheren preußischen Landeswasseramtes wahrzunehmen hat.

d) Wasserabfluß bei Wehren, Wirkung oberhalb und unterhalb, Auftriebsverhältnisse usw.

Das Ziel jeder Wehrkonstruktion soll sein, das abfließende Wasser so zu führen, daß seine Geschwindigkeit möglichst innerhalb des Raumes, den das

[1]) Das trifft auch bei Ersatz eines festen Entlastungswehres durch ein bewegliches zu, sofern der Oberlieger nun von der Willkür der neuen Wehrbedienung abhängig wird.

Bauwerk einnimmt, so vermindert ist, daß eine Gefährdung des Unterwasserbettes nicht mehr möglich ist.

Bei Sturzwehren sucht man dieses Ziel dadurch zu erreichen, daß man das Wasser fast senkrecht auf einen natürlichen Sturzboden fallen läßt, daß also die entstehende Fallgeschwindigkeit durch den senkrechten Aufschlag möglichst vernichtet wird. Diese Bauart bedingt besonders widerstandsfähige Sturzbetten. Die Nachteile dieser Methode hat man durch Ausbildung der Schußwehre zu vermeiden gesucht. Hier tritt eine schlanke Führung des Wasserfadens ein (Abb. 321, S. 263). Das Wasser strömt oder schießt mit großer Geschwindigkeit, vermindert aber meist seine Geschwindigkeit auffallend rasch. Das Mittel, wodurch diese Aufzehrung der Strömungsenergie erreicht wird, ist die Wasserwalze, die sowohl bei Sturzwehren als auch Schußwehren auftritt, vgl. die Walzenbilder in Abb. 318—321, S. 263. Diese Wasserwalzen haben die gleiche Wirkung wie Reibungskörper. Sie verrichten bei ihrer Drehung Arbeit und verringern die Wassergeschwindigkeit des Abflußstrahles. Die Richtung der Walze stimmt an der Berührungsstelle mit der Richtung des Hauptstrahles überein. Eine oben aufliegende Walze muß sich demzufolge in ihrem oberen Teil entgegengesetzt drehen, wie der Hauptstrahl abfließt; Walzen, die unter dem Strahl liegen, drehen sich umgekehrt wie oben aufliegende. Die Kunst der Wehrformung muß dahin gehen, möglichst starke derartige Walzen zu erzielen.

Die Wirkung eines Wehres stromauf ist durch das Auftreten der Staukurve zu erklären. Von dem weit oberhalb liegenden Punkt aus, in dem eine Stauwirkung nicht mehr zu bemerken ist, nimmt stromabwärts unter sonst gleichen Verhältnissen der benetzte Querschnitt dauernd an Größe zu und die Geschwindigkeit dementsprechend ab. Die Schleppkraft nimmt bei mittleren Wasserständen gleichfalls ab. Es findet sich somit ein Punkt vor dem Wehre, an welchem die Schleppkraft nicht mehr imstande ist, das Geschiebe weiterzufördern; hier treten dann Bänke aus gröberen Geschieben auf. Das Bett wird auf diese Weise weiter und weiter erhöht, bis schließlich oberhalb Verhältnisse eintreten, die den früheren ähnlich sind; dann ist die Geschiebebewegung wieder im Gleichgewicht. Es findet dann sogar bei einzelnen Wehren ein Wandern der Geschiebe über die Wehrkrone statt. Man soll jedenfalls vorsichtig in der Anlage von Raststätten für die Geschiebe sein. Es tritt leicht ein, daß eine solche Stelle für Ansammlung von Geschiebe ausgesucht und ausgebaggert wird, daß das Geschiebe dann viel weiter oberhalb liegen bleibt und die Schiffahrt stört.

Unterhalb tritt bis zur Erreichung des Gleichgewichtszustandes leicht das Gegenteil ein. Der Fluß hat sich durch den Einbau des Wehres vorläufig unterhalb nicht verändert. Die Wassermengen, Gefälle, Querschnitte sind zuerst die gleichen wie früher, die Geschiebewanderung geht ebenso weiter, aber der Geschiebezufluß von oben her bleibt aus. Dadurch kann die bereits erwähnte Austiefung des Flußbettes leicht eintreten mit den Schäden, die als Einspruchgründe genannt wurden. Diese Schädigungen können sehr langwierig sein, denn wenn auch das Gleichgewicht oben wieder hergestellt ist, bedarf es noch geraumer Zeit, bis das gleiche unterhalb wieder der Fall sein wird. Es werden jetzt Geschiebe unterhalb liegen bleiben und nach und nach das verminderte Gefälle wieder steigern. Erst dann, wenn das Gefälle wieder so groß geworden ist, daß das zuwandernde Geschiebe weitergeschleppt wird, tritt neues Gleichgewicht ein. Es kann aber keine Gewähr dafür übernommen werden, ob das überhaupt eintreten wird, denn alte, abgelagerte Geschiebebänke brauchen nicht durch neue, frisch zugewanderte ersetzt zu werden.

Der Grundwasserstand oberhalb wird oft gehoben werden, besonders wenn der Stau am Wehr über dem seitlichen Grundwasserstand liegt. Hat man es mit sandigem Boden zu tun, dann ist eine künstliche Dichtung meist unmöglich. Es tritt aber gewöhnlich im Laufe der Zeit eine natürliche Dichtung ein. Zuerst sickern große Wassermengen durch die Sohle und die seitlichen Dämme hindurch und versumpfen die anliegenden Grundstücke. Hier wird durch Drainierung geholfen. Führt der Fluß Lehm oder andere feine Bestandteile mit sich, dann dringen diese in die Poren des Sandes ein und verstopfen sie nach und nach. Bei dem Weserwehr in Hemelingen (Bremen) wurde bereits einige Jahre nach seiner Erbauung an im Flusse stehenden Grundwasserpegeln beobachtet, daß der Grundwasserstand im Flußbett dicht oberhalb des Wehres nur wenig über dem Unterwasserstand lag. Bei der Spree oberhalb des Mühlendammes in Berlin liegt der Grundwasserstand etwa 2 m unter dem Spreespiegel. Die Zeit bis zur Erreichung dieses Zustandes gibt aber Anlaß genug zu vielen Streitigkeiten. Man wird zwar in den meisten Fällen mit der Selbstdichtung rechnen dürfen, kann aber nicht gut einen Zeitpunkt angeben, bis zu welchem dieses Ereignis eingetreten sein wird.

Der Auftrieb unter dem Wehrkörper ist von der Grundwasserhöhe oberhalb und unterhalb des Wehres stark abhängig. Die größten Gefahren drohen dem Wehr in seinem Jugendzustande. Man wird stets in durchlässigem Boden oberhalb eine Spundwand bauen, vielfach wird auch unterhalb das gleiche geschehen, trotzdem dort meist eine doppelte Pfahlwand richtiger ist. Jede Spundwand erzeugt einen Stauabfall, so ergibt sich das in Abb. 305 dargestellte Bild des Auftriebes unter einem Wehrboden, ganz gleich, ob es sich um ein festes oder ein bewegliches Wehr handelt. Der Auftrieb wird an der abwärts gerichteten Seite der oberen Spundwand um das Maß $\Delta_1 H$ kleiner sein als der Wasserdruck H, vom Oberwasserspiegel bis zur Unterkante des Wehres gemessen, er wird um das Maß $\Delta_2 h$ größer sein als der Wasserdruck unterhalb der unteren Wand. Wie groß aber diese Maße $\Delta_1 H$ und $\Delta_2 h$ sein werden, ist sehr schwer vorherzusagen. Nach der Erbauung kann man durch eingebaute Pegelbrunnen diese Wasserstände zu beiden Seiten der Spundwand messen. Unter besonders erschwerten Verhältnissen (Bau des Untergrundbahntunnels an der Jannowitzbrücke Berlin) hat Dr. Enzweiler[1]) einen Stauunterschied im Bereich der Grundwasserabsenkung von über 2 m festgestellt. Solche Unterschiede dürfen wohl als Höchstwerte dessen gelten, was bei Spundwänden im Absenkungsgebiet eintreten kann. Sie sind die Folge einer verhältnismäßig schnellen Grundwasserströmung zu den Grundwasserbrunnen hin. Wie die Verhältnisse unter einem Wehr liegen, hängt ganz von der Durchlässigkeit des Untergrundes und vor allem von der Höhe des Staues ab. Hat man es mit einem Stau von vielleicht 6—8 m zu tun, dem eine Grundplatte von vielleicht nur 12—15 m Breite gegenübersteht, dann kann auch ein Unterschied von vielleicht 1 m zu beiden Seiten solcher Spundwand erwartet werden. Die Wirkung ist für die Grundplatte meist eine ungünstige, da der untere Teil dieser Platte schwächer belastet ist als der obere. Je gleichmäßiger nun der Auftrieb unter der Platte verteilt ist, desto stärker muß die Platte auch in ihrem abwärts liegenden Teil sein. Es ist deshalb zweckmäßig, als Begrenzung der Platte stromab keine Spundwand, sondern wasserdurchlässige Pfahlwände

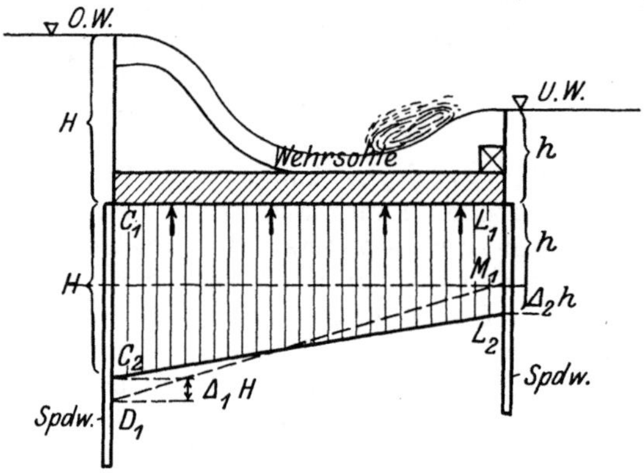

Abb. 305. Auftrieb unter Wehrboden.

[1]) Enzweiler: Die Grundwasserabsenkungsmethode in ihrer Anwendung auf den Unterwassertunnelbau unter besonderer Berücksichtigung der Groß-Berliner Verhältnisse.

zu wählen, die nur die Aufgabe haben, eine Sandausspülung zu verhindern. Nimmt nun die Selbstdichtung und damit die Undurchlässigkeit des Untergrundes oberhalb stark zu, dann sinkt dementsprechend der Auftrieb unter der Platte immer mehr, bis schließlich praktisch ein Auftrieb entsteht, der annähernd dem Unterwasserdruck entspricht. Man kann somit im allgemeinen damit rechnen, daß die statischen Verhältnisse eines Wehres sich stets bessern. Hat es als junges Bauwerk Bestand gehabt, dann wird das erst recht später der Fall sein, sofern nicht Betonzersetzungen oder andere derartige Umstände einwirken. Treten solche Schädigungen nicht auf, dann wirkt neben der Verminderung der angreifenden Kräfte die weitere Erhärtung des Betons günstig auf die Standfähigkeit ein.

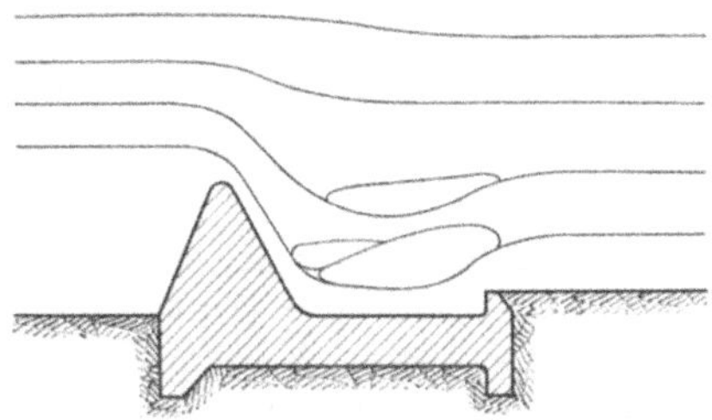

Abb. 306. Einwirkung des Wehres auf Wasserstand.

Die Einwirkung eines Wehres auf die Wasserstände, gleichviel, ob es sich um ein festes oder ein bewegliches Wehr handelt, wird um so geringer, je höher das Wasser steigt. Abb. 306 zeigt das Bild deutlich. Ein Wehr, das bei NW. einen Stau von vielleicht 4 m erzeugt, kann bei HHW. nur noch durch eine leichte Schwellung im Flusse anzeigen, daß es vorhanden ist. Es genügt dann bei HHW. ein ganz kleines Gefälle, um die Geschwindigkeitsvermehrung zu erzeugen, die den Unterschied an Querschnitt über dem Wehre ausgleicht. Es ist daran zu denken, daß bei Anwendung der Formel, z. B. $v = \mu\sqrt{2gh}$ mit $\mu = 0{,}7$ und $h = 0{,}1$ m, bereits eine Zusatzgeschwindigkeit von fast 1 m erzeugt wird.

e) Lage der Wehre.

Gründungen sind im allgemeinen um so teurer, je tiefer die Gründung geführt werden muß. Je tiefer der Querschnitt ist, den man durch ein Wehr zubauen kann, desto kleiner ist er, da die mittlere Geschwindigkeit in einem tiefen Querschnitt größer ist als in einem flachen. Hat man die Wahl zwischen einem schmalen tiefen Querschnitt und einem flachen breiten, dann wird aus vielen Gründen der breite und flache den Vorzug verdienen, sofern der Untergrund gleich ist. Die durchbaute Fläche wird meist größer sein, aber gewöhnlich weniger Gründungskosten verursachen. Vor allem gewinnt man für die Hochwasserabführung einen breiteren Querschnitt, so daß sich der Einfluß des Wehres weniger bemerkbar machen wird als bei schmalem Querschnitt. Da auch durch Schädigungen der Oberlieger leicht Einsprüche entstehen können, die einmal in ihrer Größe nicht abzuschätzen sind, die oft aber in ihrer Größe weit über gewisse Baukostenunterschiede hinausgehen, so wird es sich meist bezahlt machen, den Anstau durch das Wehr bei hohen Wasserständen so klein als möglich zu halten. Der Anstau kann nun bei einer großen Zahl von Wasserständen (nicht aber bei höchstem HW.) durch eine Verlängerung der Wehrkrone verringert werden. Man ist zu dem Aushilfsmittel gekommen, schräge oder gebrochene Wehre einzubauen. Man kann schräge Wehre ohne Gefahr anwenden, wenn man dafür sorgt, daß die Ufer nicht an der Seite beschädigt werden, an der das Wehr weiter stromauf liegt. Das Wasser wird im allgemeinen normal zum Wehr abfließen und daher das eine Ufer leicht gefährden können (Abb. 304 b, S. 255). Wenn das Ufer auf höher liegender Seite gut durch Steinwurf usw. geschützt ist, dann wird kein Einwand zu machen sein. Es bestehen viele schräge Wehre, wie z. B. in Hameln, Wetzlar und an anderen Orten. Krumme Wehre werden am besten in der Mitte nach aufwärts gekrümmt werden. Einmal ist die Standsicherheit

u. U. größer, dann wird aber auch das Wasser zur Flußmitte zusammengeführt, so daß die Ufer nicht besonders geschützt zu werden brauchen. Es ist hierbei auf eine genügende Sicherung der Flußsohle unterhalb durch Schüttung von wenigstens kopfgroßen Steinen zu achten. Die Anlage gebrochener Wehre verlängert die Wehrkrone zwar mehr als die vorigen Maßnahmen, sie wird aber wegen der großen Kosten selten angewandt werden. Bei sehr hohen Wasserständen spielt die Kronenlänge des Wehres keine merkbare Rolle mehr. Man hat zu beachten, daß für diese Wasserstände die Flußbreite an der Wehrstelle entscheidend ist, nicht aber bei einer bestimmten Breite die Kronenlänge.

B. Feste Wehre.

a) Allgemeines.

Nach der hydrostatischen Seite lassen sich die festen Wehre einteilen in 1. Überfallwehre (Abb. 308), bei denen stets die Wehrkrone über dem Unterwasser liegt; 2. Grundwehre, bei denen die Krone unter dem Unterwasser liegt; Grundwehre entstehen aus den Überfallwehren stets dann, wenn die Wassermenge so stark wächst, daß das Unterwasser über die Wehrkrone steigt (Abb. 309); 3. Stauschwellen, die im Flußbau eine Rolle spielen und bei denen die Oberkante der Schwelle stets unter dem Unterwasser liegt (Abb. 310).

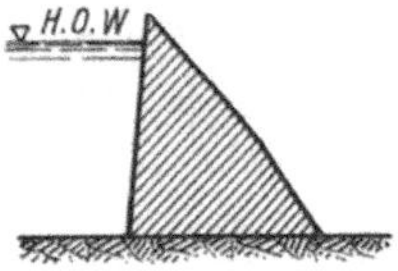

Abb. 307. Staudamm.

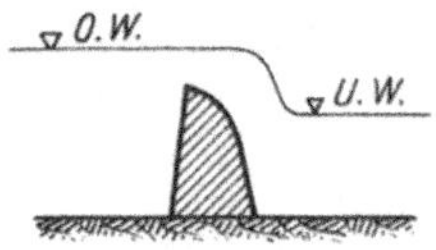

Abb. 308. Überfallwehr.

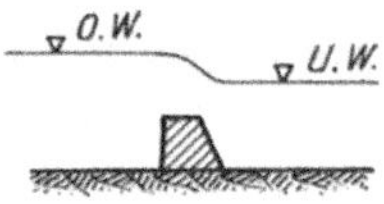

Abb. 309. Grundwehr.

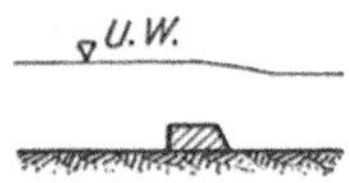

Abb. 310. Grundschwelle.

Abb. 307–310. Stauform.

Staudämme, gemäß Abb. 307, die niemals überströmt werden sollen, brauchen zwar ihrer Bauart nach nicht von Wehren verschieden zu sein, werden aber später unter Talsperren für sich behandelt.

Nach der Herstellungsart lassen sich feste Wehre einteilen in solche

1. aus Schüttmaterial, meist durchlässige Wehre genannt,
2. aus massivem Mauerwerk oder Betonkörpern, meist undurchlässige Wehre genannt,
3. mit aufgelöster Bauart.

Die Einteilung nach Durchlässigkeit oder Undurchlässigkeit trifft meist nicht den Kernpunkt, denn es sind viele Wehre massiver Bauart im Laufe der Zeit durchlässig geworden, es können sich auch Wehre aus Steinschüttung so stark dichten, daß sie so gut wie dicht werden. Wehre aus Holzspundwänden (Abb. 334, S. 266), die mit Lehmfüllung versehen sind, haben alle Eigenschaften eines Fangedammes und können nicht gut, wie es oft geschieht, zu den durchlässigen Wehren gerechnet werden. — Immerhin ist aber der Zweck des Wehres, je nachdem, ob man auf Undurchlässigkeit Wert legt oder nicht, insofern von Einfluß, als man im ersten Fall unbedingt eine Fortsetzung des Wehres durch Spundwände in den Boden hinein vornehmen muß, wenn der Boden aus Sand, Lehm usw. besteht.

Stauwerke aus Buschwerk, Knüppeln oder Steinkisten gehören nicht zu den Wehren im strengen Sinne, sondern zu den Bachverbauungen. Sie werden nicht errichtet, um den Wasserspiegel zu heben, sondern um das Geröll aufzuhalten und die Sohle des Tales in einen Wasserfall zu verwandeln. Diese Bauwerke wurden in dem Abschnitt Wildbachverbauung besprochen.

b) Wehre aus Steinschüttung.

Wehre aus Steinschüttung können bei ganz einfacher Ausführung stark durchlässig sein. Sie können aber auch bei guter Abpflasterung und bei Verwendung einer Kernspundwand so gut wie undurchlässig sein. Die Form des einfachen Schüttwehres war durch die Natur vorgeschrieben, denn es haben sich in den Flüssen gelegentlich derartige Steinwälle gebildet, die einen Aufstau der niedrigen und mittleren Wasserstände verursacht haben. Es werden zur Herstellung solcher Wehre die Steine entweder ausgesucht, wobei dann die kleinen in die Mitte, die großen nach außen kommen (Abb. 311), oder man verwendet die Steine in gemischter Form. Bei letzterer Anordnung gebraucht man mehr Steine, der Wehrkörper ist aber schwerer und daher widerstandsfähiger. Es ist sehr schwer möglich, einem reinen Schüttwehr eine gute Form für den Wasserabfluß zu geben. Es wird fast stets ein Schußwehr entstehen, dessen Wirkung auf die Sohle im Unterwasser gefährlich sein kann. Man ist aber durch Anordnung von Pfahlreihen oder Zwischenspundwänden in der Lage, die Form zu verbessern, sie in eine Treppe aufzulösen. Eine solche verbesserte Form zeigt Abb. 312. Hier sind 4 Reihen von Rundpfählen vorgesehen, die Krone ist abgepflastert worden, so daß ein Herausreißen einzelner Steine aus dem Wehr nicht zu befürchten ist. Würde in dieses Wehr an der höchsten Stelle eine Spundwand eingesetzt werden, dann würde das Wehr undurchlässig sein.

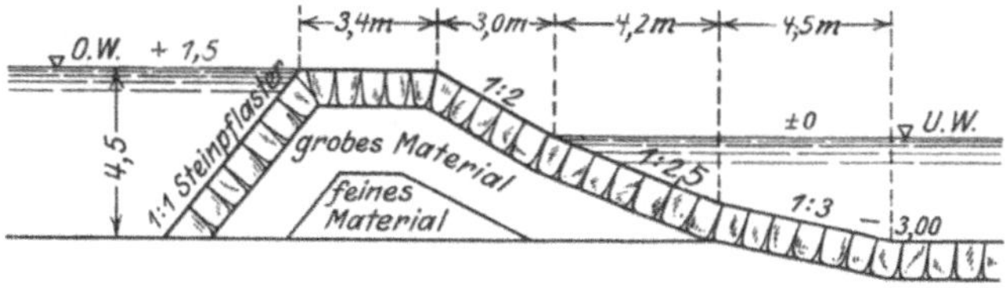

Abb. 311. Schüttwehr mit Steinpackung. Maßstab 1 : 300.

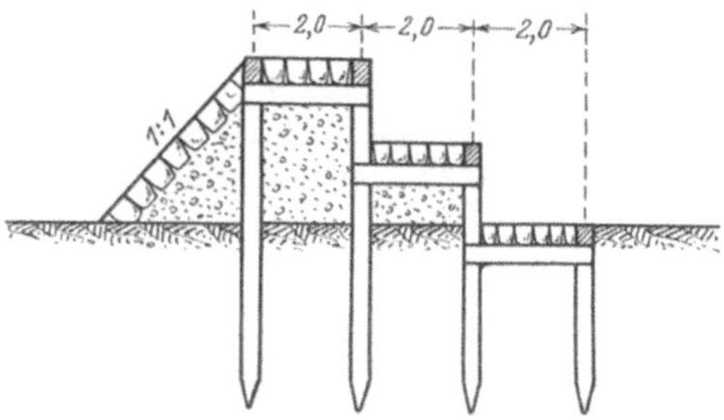

Abb. 312. Festes Wehr mit Steinpackung. Maßstab 1 : 200.

c) Massive Wehre.

Formen solcher Wehre zeigen die Abb. 316, 317 u. 331—333. Es handelt sich meist um ganz einfache Wehrformen, wie sie seit Jahrhunderten in unseren Flüssen bestehen. Meist sind diese Wehre zwischen Spundwänden gegründet worden, oder es sind auch Pfahlwände zur Verwendung gelangt. Die Wehre bestehen vielfach aus Beton oder auch aus Mauerwerk. Es wird darauf aufmerksam gemacht, daß viele dieser Wehre im Laufe der Zeit durch Unterspülung und darauf folgende Sackung einzelner Teile durchlässig geworden sind. Man kann bei niedrigem Wasserstand oft unterhalb des Wehres die Wirbel erkennen, die durch das Durchfließen des Wassers durch die Risse entstehen. Die Wasserverluste sind in solchen Fällen meist nicht unbeträchtlich, und man sollte die Kosten einer Dichtung nicht scheuen.

Über die günstigsten Formen der massiven Wehre sind viele Untersuchungen angestellt worden. Hervorzuheben sind die Versuche, die für das feste Wehr in der Moldau auf der Hetzinsel bei Prag angestellt worden sind, sowie die Versuche von Rehbock. Von den Prager Versuchen werden nur drei Formen, die nacheinander untersucht worden sind, hier wiedergegeben (Abb. 313—315). Einige Zwischenwerte sind fortgelassen. Die Versuche begannen mit einem Schußwehr, führten über verschiedene Formen von Sturzwehren zu der letzten wiedergegebenen Form eines Sturzwehres. Bei dieser letzten Form löst sich das Wasser nicht vom Rücken ab. Die Modellversuche sind im Maßstab 1:20 ausgeführt worden, die Maße sind in den Abbildungen in Zentimetern der wirklichen Größe angegeben.

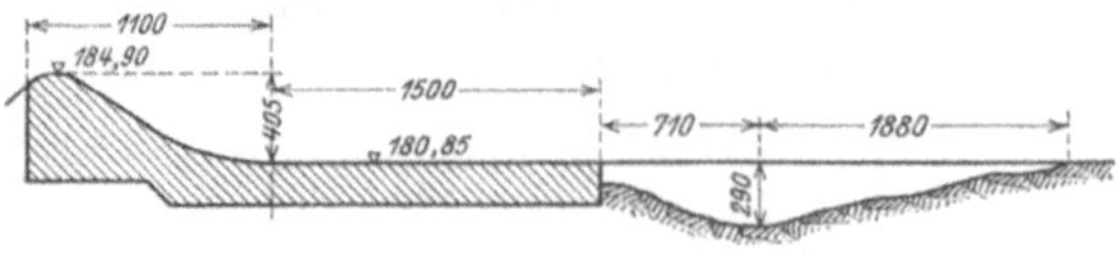

Abb. 313. Schußwehr mit langem Vorboden.

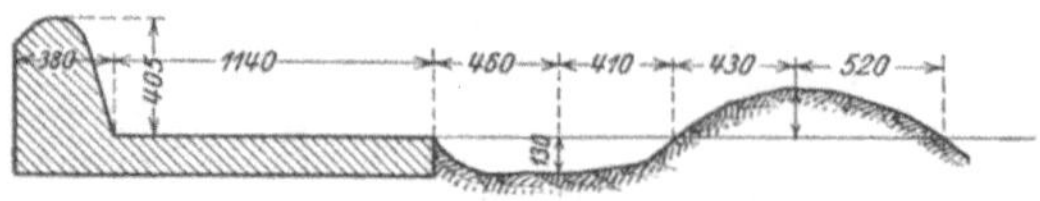

Abb. 314. Sturzwehr ohne Stoßnase.

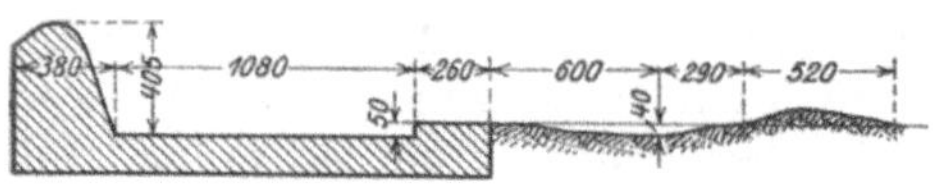

Abb. 315. Sturzwehr mit Stoßnase.
Abb. 313—315. Versuche am Moldauwehr bei Prag.

Der erste Versuch zeigte eine gewaltige Kolkbildung und Aufschlemmung des ausgespülten Bodens. Dann folgte ein Versuch mit Verlängerung des Vorbodens (Abb. 313), er zeigte, daß eine Verlängerung des Sturzbettes im wesentlichen nur eine Verschiebung des Kolkes zu Folge hat, die Abschwächung betrug noch nicht 10 vH.

Die dann folgende Form ergab eine bedeutende Steigerung der Kolkbildung nach der Tiefe und der Länge. Die Form des eigentlichen Schußwehres wurde dann verlassen und die Form der Sturzwehre gewählt (Abb. 314). Der Kolk nahm hierbei in entscheidender Form ab.

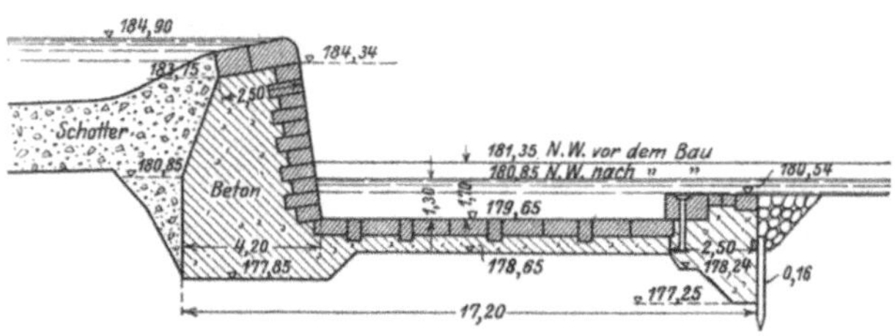

Abb. 316. Helmer Wehr in der Moldau bei Prag. Maßstab 1:333.

Die dann folgende Form eines Sturzwehres mit senkrechter Wand (nicht wiedergegeben) und abgelöstem Strahl zeigt eine Verschlechterung, der Kolk wurde länger und tiefer. Als Grund kann man annehmen, daß die Reibung am Rücken fehlt, da das Wasser durch die freie Luft fällt. Man kehrte zu Form 314 zurück, verbesserte sie aber durch die Anbringung einer scharfkantigen Nase am Ende des Sturzbettes (Abb. 315). Versuche, die Nase höher zu machen, sie aber dafür abzurunden, ergaben eine Vertiefung des Kolkes, er nahm sofort bis zu der Tiefe von 70 cm zu. Die Ausführungsform des Wehres wird durch Abb. 316 wiedergegeben.

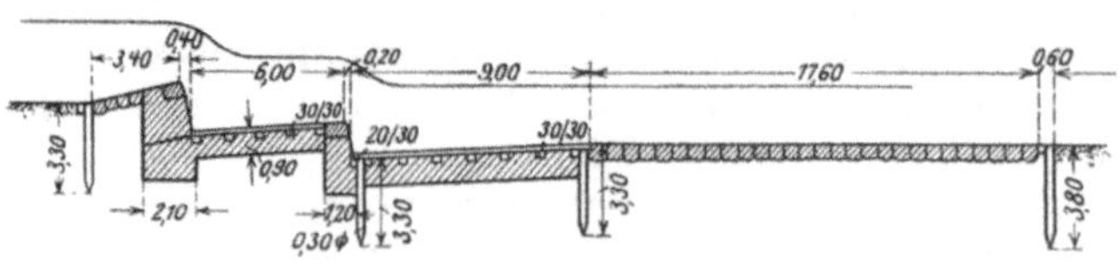

Abb. 317. Elzwehr bei Wasser. Maßstab 1:500.

Abb. 317 zeigt die in Kaskadenform aufgelöste Form des Sturzwehres, das Wehr in der Elz bei Wasser. Man dürfte durch Einbau einer Stoßnase etwa das gleiche erreichen wie durch die Kaskadenauflösung.

Von der Form des Sturzwehres ist man, vor allem auf Grund der Versuche von Rehbock, mehr zurückgekommen. Rehbocks Versuche haben gezeigt, daß ein richtig ausgebildetes Schußwehr mit gut angelegter Stoßnase solche Wasserwalzen entwickelt, daß durch sie die Energie des schießenden Wassers genügend vernichtet wird. Die Abb. 318—321 zeigen die Ausbildung. Bei dem ersten Versuch, Abb. 318, ist die auskolkende Grundwalze unter dem Strahl groß, die Deckwalze klein. Die Vergrößerung der Stoßnase, Abb. 319, unten vergrößert die Deckwalze. Die beste Ausbildung ergibt sich bei dem Schußwehr, Abb. 321, mit zwei Deckwalzen, von denen die eine sehr große Abmessungen angenommen hat. Neuere Versuche haben gezeigt, daß durch Anbringung einer zahnförmigen Stoßleiste die Beruhigung noch vermehrt wird. Es ist als sicher anzusehen, daß die Weiterentwicklung darauf gerichtet sein muß, die Deckwalzen so groß wie möglich zu machen. Hierzu ist nach dem Schußboden ein sanftes Ansteigen der UW.-Sohle mit anschließender Zahnleiste heute als bestes Mittel anzusehen (Abb. 322).

Abb. 318. Kurzer Sturzboden mit einer Nase. Die Walze verschwindet periodisch (strichpunktierte Linie).

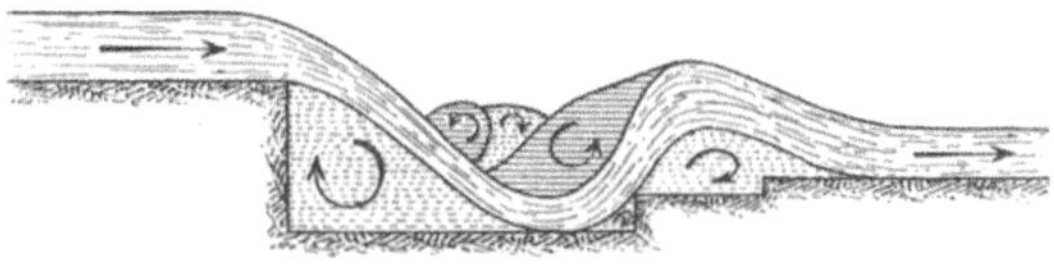

Abb. 319. Sturzwehr mit zwei Stoßnasen.

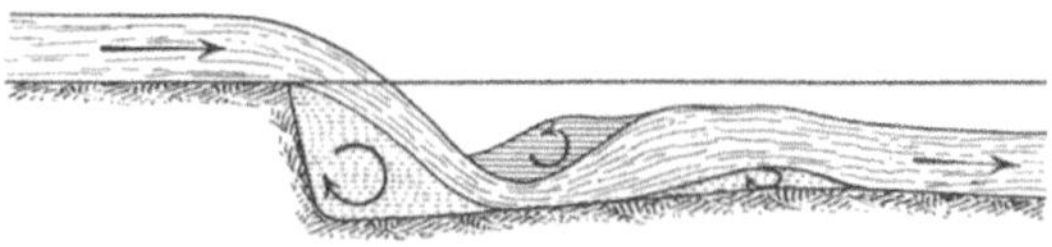

Abb. 320. Sturzwehr ohne Stoßnase.

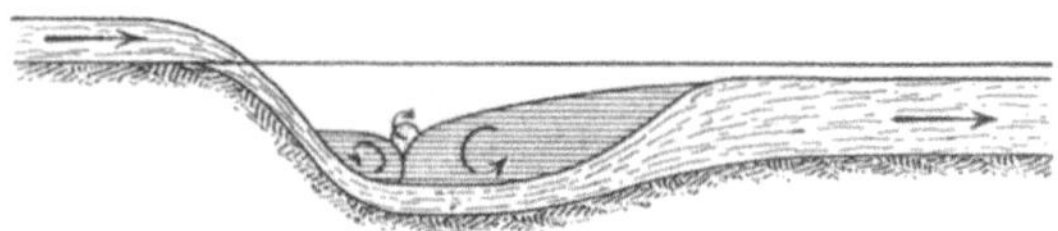

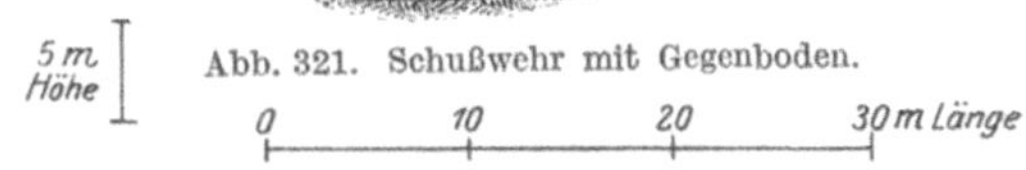

Abb. 321. Schußwehr mit Gegenboden.

Maßstab 1:750.

Abb. 318—321. Walzenbilder bei Schuß- und Sturzwehren bei gleichen Wassermengen. Nach Rehbock.

Als weiteres gutes Mittel zur Wasserberuhigung kann, besonders für Floßgassen, die Anwendung beweglicher Rostplatten (durchbrochene Balkenroste), sog. Floßfedern angegeben werden. Die Abb. 323—330 zeigen Schweizer Versuche mit Geschwindigkeitsbildern an solchen Wehren ohne und mit Floßfeder. In den beiden ersten Bildern kann man an den eingetragenen Geschwindigkeiten des bald vorwärts, bald rückwärts strömenden Wassers die Wirkung ohne und mit Floßfeder erkennen. Die folgenden Bilder zeigen die Kolkwirkungen. Man sieht, wie schließlich eine rost-(gitter-)artige Floßfeder die geringste Kolkwirkung aufweist. Am stärksten sind die Wirkungen ohne Stoßnase aber mit rostartiger Floßfeder, Abb. 330. Die Versuche sind im Pumpwerk der Stadt Basel ausgeführt worden[1]).

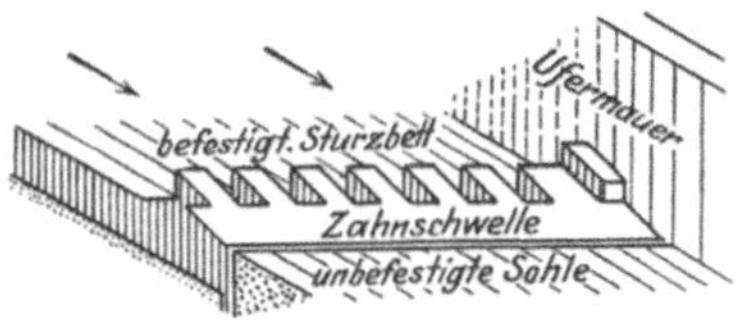

Abb. 322. Zahnleiste nach Rehbock.

Eine ältere Form des Schußbodens bei einem sehr hohen Stau von über 20 m zeigt Abb. 331 u. 332, die das Wehr im Dracfluß bei Avignonnet wiedergeben. Hier klingt die Form ganz an die von Talsperren an. Man hätte hier wahrscheinlich aber besser getan, noch eine Stoßnase einzubauen. Die hierfür maßgeblichen Versuche sind aber lange nach Erbauung dieses Wehres durchgeführt worden. Bei der hier gewählten Form ist man gezwungen, den Sturzboden noch weit nach unten weiterzuführen trotzdem eine aufsteigende Form gegeben wurde, um den Aufprall des Wasserstrahles auf die Flußsohle möglichst weit nach unten zu verlegen. Der Bau wird zwar zu den Wehren gerechnet, weil sein Hauptzweck nicht die Ansammlung von Wasser ist, rein baulich gehört er aber zu den Talsperrenmauern. Das entstehende Staubecken hat ein Fassungsvermögen von 1,5 Mill. cbm, entspricht in seiner ganzen Art etwa dem Oderteich bei Andreasberg im Harz.

[1]) Schweizer Bauzeitung 1918, S. 25.

Zum Schlusse werde noch das Wehr bei Rheinfelden, Abb. 333, erwähnt, das auch als Schußwehr, wenn auch in primitiver Formgebung erbaut ist. Das Wehr

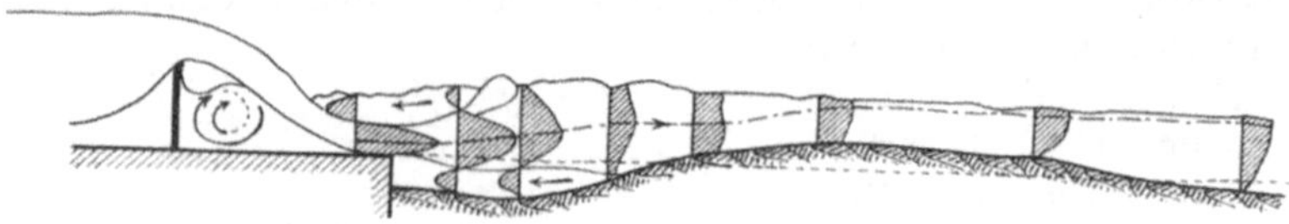

Abb. 323. Geschwindigkeitsverteilung im Kolk.

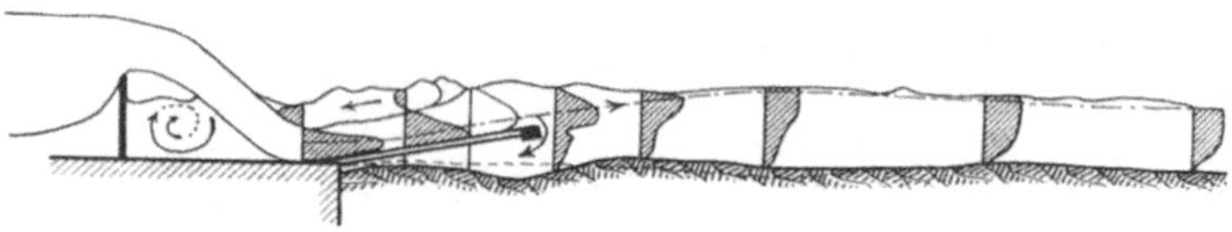

Abb. 324. Geschwindigkeitsverteilung mit Floßfeder.

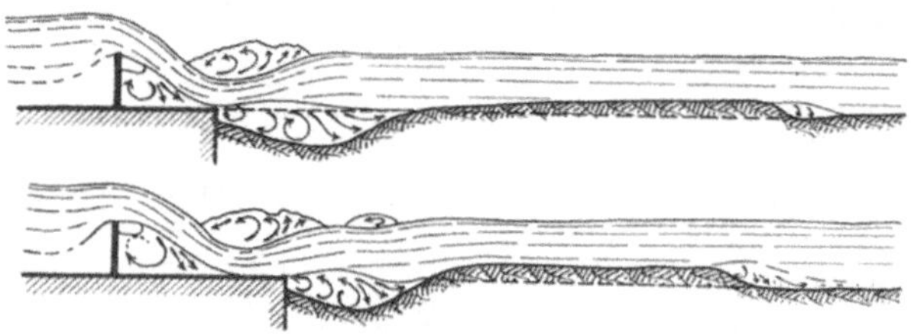

Abb. 325 a u. b. Kolkbildung, Schußboden ohne Nase.

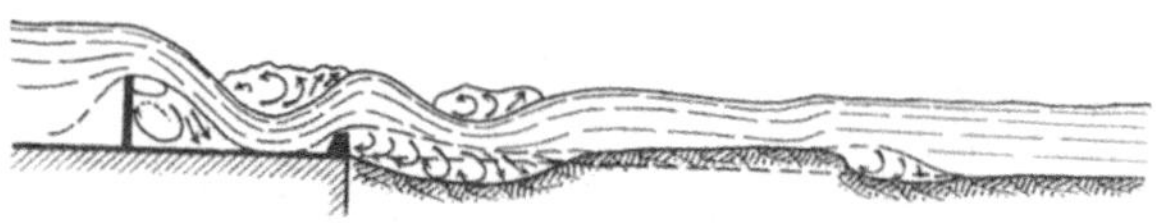

Abb. 326. Kolkbildung, Schußboden mit Nase.

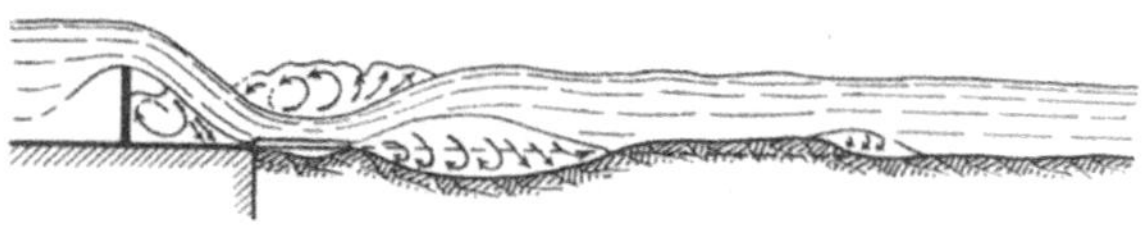

Abb. 327. Dasselbe mit Längsrippen.

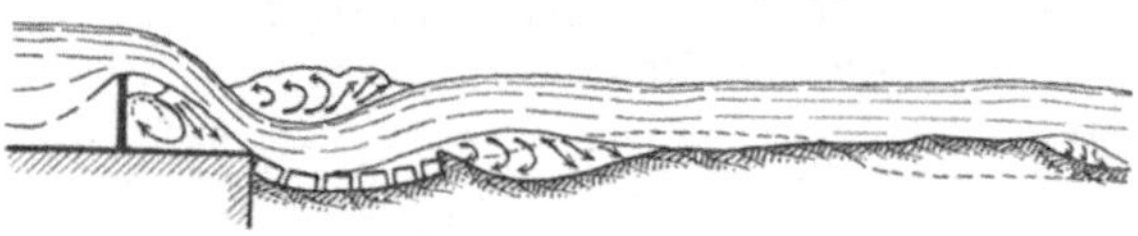

Abb. 328. Gepflastert.

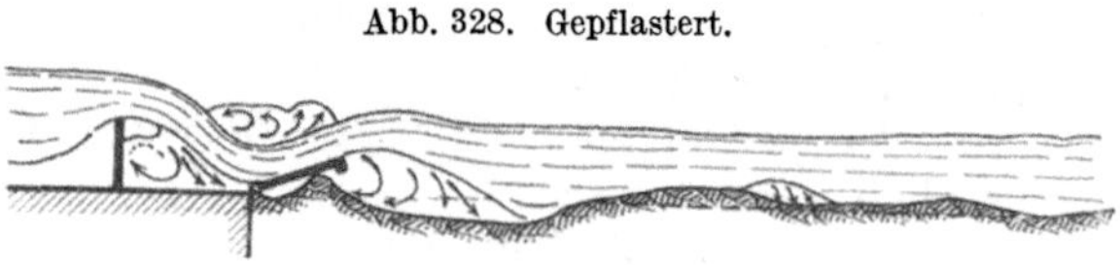

Abb. 329. Platte als Feder.

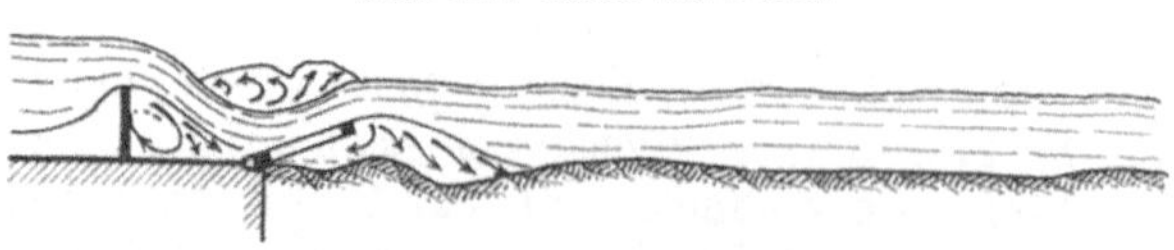

Abb. 330. Gitter als Floßfeder.

hat felsigen Untergrund (Muschelkalk) und bedurfte daher für den gewöhnlichen Überfall keiner besonderen Vorkehrungen. Es ist aber von Wichtigkeit, daß selbst solch ein Untergrund bei der Bauausführung zu großen Schwierigkeiten führen kann. Das Wehr wurde von beiden Ufern aus zur Mitte vorgebaut. Dadurch wurde die Strömung so stark zusammengefaßt und verstärkt, daß der Freipaß vor Einbau des Schlußstückes, so wie es Abb. 333 zeigt, ausgekolkt wurde. Die ursprüngliche Sohle lag in Höhe der punktierten Linie. Die Schwierigkeiten, die durch den Kolk entstanden, und die Mittel zu ihrer Überwindung sind von Rehbock im H. D. I.-Band Wehrbau beschrieben.

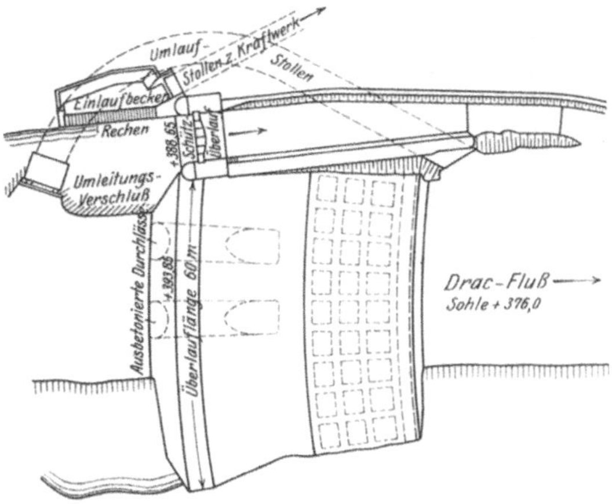

Abb. 331. Wehr im Dracfluß bei Avignonnet 1:1600.

d) Wehre aus Spundwänden, Hohlkörpern mit oder ohne Füllung.

Wehre aus Spundwänden können in der modernen Form der eisernen Spundwände als völlig undurchlässig gelten, in der älteren Form der hölzernen oder auch Eisenbetonspundwand nur dann, wenn sie durch dichte Hinterschüttung gesichert sind.

Reine Spundwandwehre sind bisher sehr wenig ausgeführt worden, Spundwandwehre mit Lehmfüllung aber vielfach. Das Bild eines solchen Wehres zeigt Abb. 334. Es sind meist 3 Reihen von Spundwänden vorhanden, je eine an der Ober- und Unterseite, eine unter dem höchsten Punkt. Die Wehre sind in sorgfältiger Zimmermannkonstruktion ausgebildet worden, mit gestampftem Lehm gefüllt und oben durch eine gespundete dichte Decke geschlossen. Das Ganze ähnelt sehr einem mit großer Sorgfalt errichteten Fangdamm. Alle bei Fangdämmen zu beachtende Regeln sind auch hier auf das Sorgfältigste zu wahren. Auf die Dichtigkeit der Decke ist großes Gewicht zu legen, da sonst eine Ausspülung des Lehmes unausbleiblich ist. — Bei guter Ausführung können die Wehre als völlig dicht gelten.

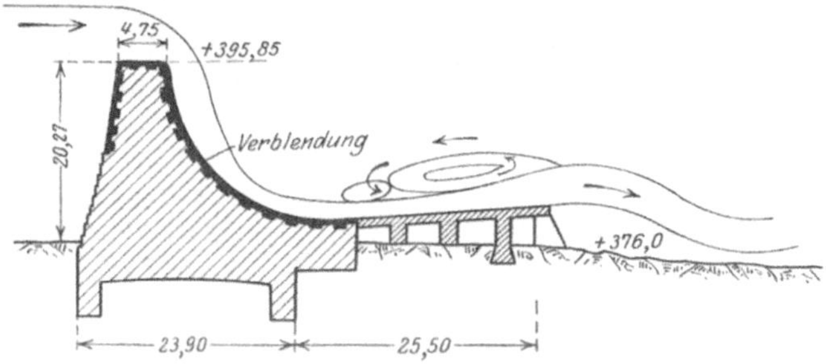

Abb. 332. Querschnitt des Dracwehres. Maßstab 1:1000.

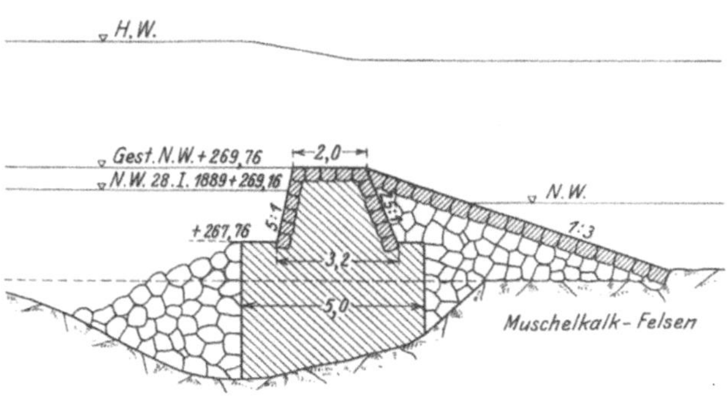

Abb. 333. Wehr bei Rheinfelden an der Kolkstelle. Maßstab 1:250.

Hohlwehre aus Eisenbeton: Die Wehrart ist in Amerika in großer Zahl zur Ausführung gelangt. Man hat vielfach auf Spundwände verzichtet, dabei aber teilweise schlechte Erfahrungen gemacht. Bei den vorgekommenen Unterspülungen hat sich dann aber gleichzeitig die große Zähigkeit der aufgelösten Eisenbetonbauweise gezeigt.

Die Hohlwehre unterscheiden sich grundsätzlich von den anderen festen Wehren dadurch, daß sie eine dachförmige Neigung der Stauwand besitzen müssen, wenn sie nicht unwirtschaftlich werden sollen. Durch diese dachförmige Neigung wird über dem Wehr ein Wassergewicht erzeugt, das das fehlende Eigengewicht des Wehrkörpers ersetzt. Man kann somit den auf die schräge Platte wirkenden Wasserdruck (Abb. 335) auflösen nach der Wagerechten und Senkrechten und erkennt nun, daß bei der notwendigen Unveränderlichkeit des wagerechten Druckes der senkrechte durch die Neigung der Platte geändert werden kann. Eine kleine rechnerische Untersuchung zeigt für eine ebene Stauplatte, daß sich die Ersatzkräfte des wagerechten Wasserdruckes W_2 und des senkrechten W_1 in der Oberfläche der Platte schneiden, daraus folgt weiter, daß die Ersatzkräfte W aus W_1 und W_2, die dem schrägstehenden Drucktrapez entsprechen, durch den gleichen Punkt der Plattenoberfläche gehen müssen, auf der sie normal stehen[1]). Diese normal stehenden Druckkräfte müssen nun zusammengesetzt werden mit dem Eigengewicht des Wehres. Die Kraft W nimmt mit steigendem Wasser zu, das Eigengewicht des Wehres G bleibt unverändert. Daraus folgt, daß die Ersatzkraft aller Kräfte R am steilsten steht bei niedrigstem Wasserstand, der Einfluß von G ist dann am größten. Mit steigendem Wasser ergibt es sich ferner, daß die Kraft W vorwärts rückt, da der Schwerpunkt des schräg liegenden Trapezes sich weiter nach oben verschiebt. Dadurch ist die Möglichkeit gegeben, die Belastung der Grundplatte, auf der die einzelnen Querwände stehen, bei steigendem Wasser gleichmäßiger zu machen. Macht man die Platte so lang, daß bei NW. der Angriffspunkt in der Nähe des hinteren Kernpunktes liegt, dann wird bei steigendem Wasser die Kraft W mehr zur Mitte rücken und die Kantenpressung weniger zunehmen, als wenn W über die Mitte hinaus nach vorn gelegen hätte. Die Wirkung des Unterwassers wird gewöhnlich bei niedrigen Wasserständen vernachlässigt, es übt eine entlastende Wirkung auf das Wehr aus. Das Unterwasser steigt schneller als das Oberwasser, so daß die Entlastung auch schneller zunimmt als der Druck von oben. Bei höheren Wasser-

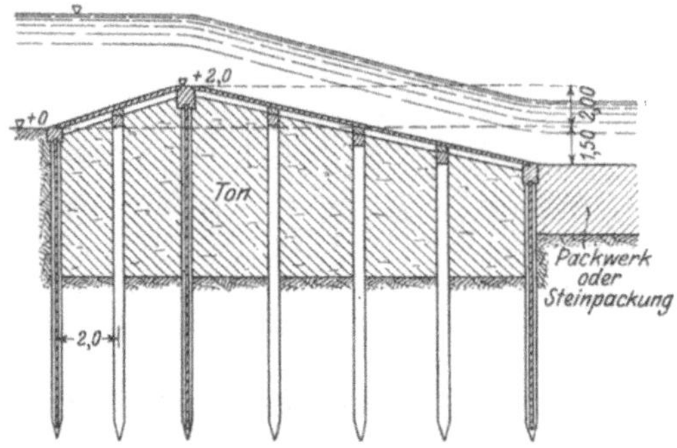

Abb. 334. Festes Wehr mit gestampftem Ton, mit Holz abgedeckt. Maßstab 1 : 450.

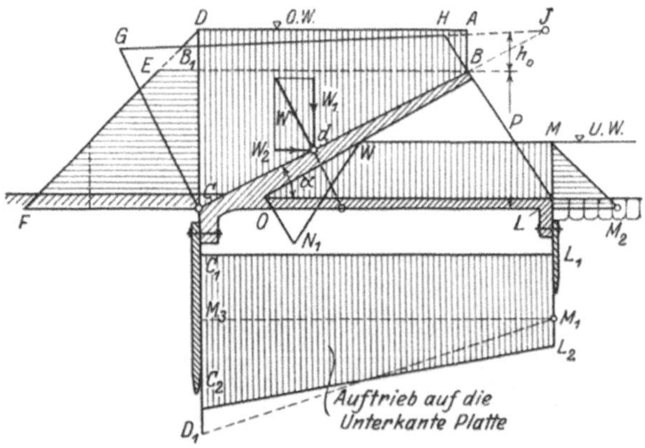

Abb. 335. Berechnung eines offenen Hohlwehres.

[1]) Die Kräfte W_w, W_s und W_n schneiden sich nur dann auf der Oberfläche der Platte, wenn die Platte eine Ebene ist.

ständen muß auch die Unterwasserwirkung eingesetzt werden, wobei die Wirkung des Auftriebes auf die Grundplatte und die Pfeiler zu berücksichtigen ist. Für die Sicherheit gegen Verschieben ist der Winkel β maßgebend, unter dem R zur Senkrechten steht. β ist von α abhängig. Nach den Erfahrungen ist es ausreichend, wenn die Platte gegen die Wagerechte unter einem Winkel $\alpha = 38°$ bis $45°$ geneigt ist. Der Winkel β ist dann steiler als $52°$ bis $45°$.

Wegen der Entlastung durch den Unterwassergegendruck wird die ungünstigste Beanspruchung des Wehres bei einem MHW. eintreten, die ungünstigste Wasserhöhe ist besonders festzustellen. Im ungünstigsten Zustand darf R nicht aus dem Kern hinausfallen, eine Forderung, die meist leicht zu erfüllen ist.

Die Wehre werden als offene und geschlossene ausgeführt, die offenen mit oder ohne Grundplatte, die geschlossenen wohl immer mit Grundplatte.

Formen der offenen Wehre zeigen Abb. 336 u. 337, die der geschlossenen Abb. 338. Bei felsigem Untergrund ist eine Grundplatte meist entbehrlich. Es genügt dann, die Pfeiler so zu verbreitern, daß sie die Tragfähigkeit des Flußuntergrundes nicht überschreiten. Bei weichem Untergrund wendet man am besten eine durchgehende Grundplatte an. Man kann aber auch die Pfeiler auf Streifenfundamente setzen, sie gegebenenfalls auf Pfählen gründen, die Billigkeit wird den Ausschlag geben. Die Gründung ohne durchgehende Platte wird stets den Vorzug verdienen, weil dann ein nennenswerter Auftrieb unter der Platte nicht auftreten kann. Man wird dann die Stauplatte nach unten durch Spundwände oder eine tiefreichende Betonschürze fortsetzen. Die Stauplatte kann als durchgehende Platte berechnet werden, sie wird vielfach aber auch als Träger auf 2 Stützen behandelt. Die Platten nehmen in ihrer Stärke von oben nach unten zu, ebenso läßt man die Pfeiler nach unten zu stärker werden (vgl. Abb. 339).

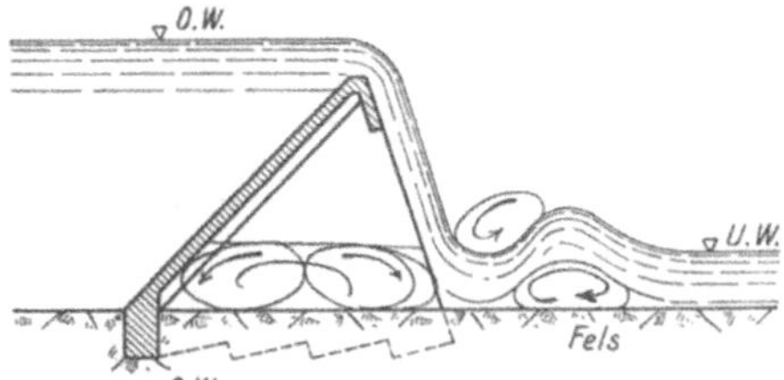

Abb. 336.

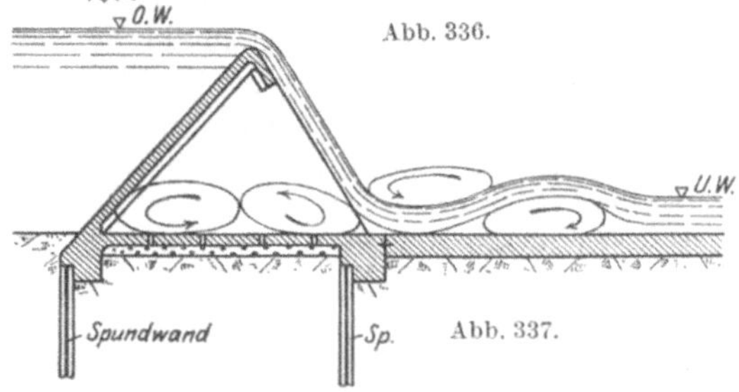

Abb. 337.

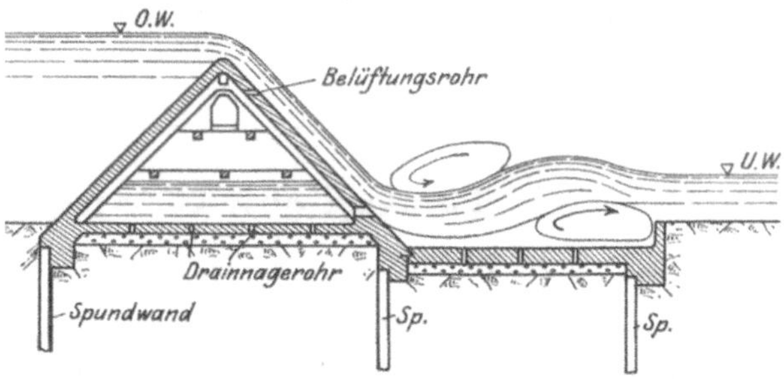

Abb. 338.

Abb. 336—338. Hohlwehre aus Eisenbeton.

Bei kleinen Wehren hat man Abstände der Pfeiler von 1,5—2 m gewählt, ist aber bei großen Stauhöhen auf 6 m und mehr gegangen. Die Wandstärken schwanken zwischen 0,2 und 1 m, die Stauplatten desgleichen. Die Stärke der Stauplatte und der Rippen (Pfeiler) steht im bestimmten Verhältnis zu dem Abstand der Rippen voneinander und der Stauhöhe. Es gibt für bestimmte Annahmen der Bodentragfähigkeit ein bestimmtes Verhältnis, das die geringsten Kosten verursacht. Die Mischung der Pfeiler ist im Mittel 1 : 3 : 6, die der Stauplatte 1 : 2 : 4 gewählt worden. Die Stauplatte muß eine fettere Mischung erhalten, da sie für Wasser undurchlässig sein soll. — Dort, wo Schotter oder Schüttsteine billig zu erhalten sind, kann die Füllung des Wehres durch diese Materialien in Frage kommen. Man kann dann die Stärke der Pfeiler vermindern, weil ihre Knicksicherheit durch die Steinfüllung zunimmt. — Auf die Drainage der Sohle bei geschlossenen Wehren sollte man kein zu großes Vertrauen setzen, weil sich Drainagen verstopfen können. Es ist zweckmäßig, sie für das junge Wehr einzusetzen, da sie dann wahrscheinlich noch mit Sicherheit arbeiten werden.

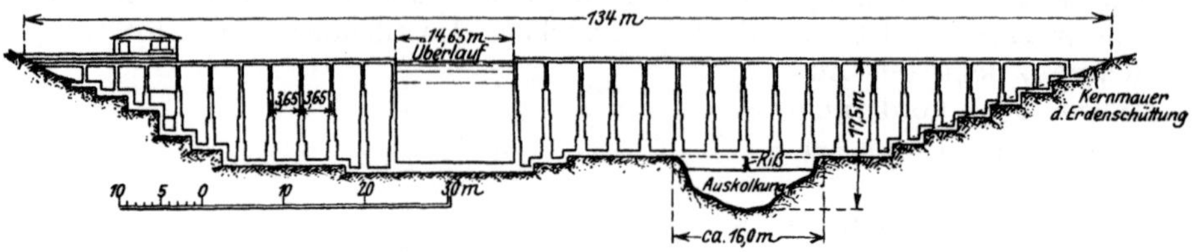

Abb. 339. Hohlwehr bei Pittsfield (Amerika). Maßstab 1:1200.

Ihre Wirkung wird für spätere Zeiten meist auch entbehrlich werden, wenn die Selbstdichtung der Sohle im Oberwasser eintritt und weil der Beton im Laufe der Zeit stark an Festigkeit zunimmt. — Man hat Hohlwehre bis zu Abmessungen entworfen, die denen kleiner Talsperren ähnlich sind. Man hat dabei Straßen, Wasserleitungen, sogar einen Schiffahrtskanal durch den Wehrkörper hindurchführen wollen. Der Wehrkörper, der ja das Oberwasser wie ein Deich abhält und dessen Innenraum ganz trocken sein kann, ist für die Durchführung von Verkehrswegen gut geeignet. — Über die Bauausführungen fester Wehre wird nach Betrachtung der beweglichen Wehre berichtet werden; auf einen interessanten Grundbruch des Wehres bei Pittsfield wird dort hingewiesen, Abb. 339. Das Wehr war auf rund 16 m Länge ganz unterspült, ist nicht durchgebrochen. Die Senkung soll bis 30 cm betragen haben und wurde durch Hochschrauben beseitigt. Vorher erfolgte Einbau einer Herdmauer bis zum gewachsenen Fels.

C. Bewegliche Wehre und Heber.

a) Allgemeines.

Im Jahre 1834 wurde durch Poirée das bewegliche Nadelwehr erfunden. Bis dahin war das feste Wehr das einzige Mittel, große Flüsse aufzustauen. Kleine bewegliche Wehre in Form von Mühlenfreipässen und Floßdurchlässen waren bereits seit alten Zeiten bekannt, auch die Überwindung der Staustufen durch Schleusen war seit Erfindung der Kammerschleuse möglich geworden. Die oft starke Störung der Wasserwirtschaft im Fluß selbst durch feste Wehre aber mußte bis zur Erfindung der beweglichen Wehre in den Kauf genommen werden. Diese Störung war besonders gefährlich bei Eisgang, weil hier durch feste Wehre oft Eisversetzungen eintreten, die zum Bruch von Flußdeichen und Überschwemmung weiter Ländereien führen. Auch die Fortschwemmung der Ernte durch schnell eintretende Sommerhochwässer blieb neben anderem eine stete Gefahr. Alle diese Schäden sind durch den Einbau beweglicher Wehrverschlüsse größtenteils zu beheben.

Die Anforderungen, die man an bewegliche Wehre zu stellen hat, sind folgende:

1. Eine möglichst große Dichtigkeit, wenn das Wasser als Kraftwasser oder zur Bewässerung Verwendung finden soll. Will man das zufließende Wasser nicht am Wehr besonders nutzen, dann braucht das Wehr nur so dicht zu sein, daß der Stau mit Sicherheit gehalten werden kann.

2. Einfache und leichte Verstellbarkeit.

3. Die Öffnung muß gänzlich und jederzeit freigelegt werden können.

4. Der obere Teil der Öffnung muß in eisführenden Flüssen ohne Aufhebung des Staues freigelegt werden können, damit das Eis über das Wehr abgeführt werden kann. Eine Hebung der Wehrkörper genügt nicht, weil das oben schwimmende Eis nicht unter dem Wehrkörper hindurch tauchen kann.

5. Eine teilweise Abhebung vom Grunde soll möglich sein, damit Geschiebe fortgespült werden kann; nach der Hebung soll die Schließung keine Schwierigkeiten machen.

6. Alle maschinellen oder beweglichen Teile sollen so liegen, daß sie von Zeit zu Zeit untersucht und in Anstrich gehalten werden können. Hierzu muß das Wehr entweder zeitweilig trockengelegt werden können, oder es müssen die Teile so liegen, daß sie bei NW. von selbst trocken fallen, oder es müssen die beweglichen Teile aus dem Wasser herausgehoben werden können[1]).

Als Einteilung der beweglichen Wehre empfiehlt sich folgende:

a) Schleusen- und Kanal-Notverschlüsse.

b) Stabwehre.
   1. Dammbalkenwehre,
   2. Nadelwehre,
   3. Rolladenwehre.

c) Tafelwehre.
   1. Klappenwehre:
      α) Wehrklappen, die durch den Wasserdruck geöffnet werden, aber durch mechanischen Eingriff wieder aufgerichtet werden müssen,
      β) Wehrklappen, die durch den Wasserdruck geöffnet, aber durch Gegengewichte wieder geschlossen werden:
         a) Die Doellsche Klappe,
         b) Aufsatzklappen.
      γ) Wehrklappen, die ganz hydraulisch betätigt werden:
         a) Gewöhnliche zweiarmige Klappen,
         b) Trommel- und Winkelschützwehre,
         c) Doppelklappenwehre.
   2. Schützenwehre:
      α) Ältere Schützen für Mühlengerinne,
      β) Neuere Wehre mit beweglichen Zwischenstützen,
      γ) Neuere Wehre ohne bewegliche Zwischenstützen.

d) Zylindrische Wehre:
   1. Segmentwehre, die mechanisch bewegt werden,
   2. Sektorwehre, die hydraulisch bewegt werden,
   3. Walzen- oder Vollzylinderwehre.

e) Heberüberfälle u. dgl.

Wie die vorstehende Einteilung zeigt, weisen die beweglichen Wehre eine große Mannigfaltigkeit auf. Es entspricht aber der modernen Entwicklung, daß

---

[1]) Rollen usw. werden nicht nur unter Wasser, sondern bei mehrmonatiger Ruhe auch oft über Wasser unbeweglich. Solche Erfahrungen sind an vielem Stellen, neuerdings (1925) wieder in Dörverden an der Weser, gemacht worden. Noch gefährlicher wirkt auf die beweglichen Teile das Abschleifen durch Sand, besonders dort, wo das Wasser durch enge Zwischenräume hindurchspritzt (Düsenwirkung). In Dörverden sind in den 11 Jahren des Bestehens bis 1925 die Fußplatten unter den beweglichen Griesständern stellenweise gänzlich durchschliffen worden. Die Platten hatten eine Dicke von 85 mm, so daß hiernach der Sand imstande ist, im Jahre 8 mm fortzuschleifen. Harter Granit wurde an den gleichen Stellen in derselben Zeit um 15 cm ausgeschliffen. Die Beweglichkeit von Lagern und dergleichen kann dadurch vollständig aufgehoben werden.

die Mehrzahl dieser Wehre sich nicht hat behaupten können. Der größte Teil der zuerst aufgeführten Wehre ist heute veraltet, die Doppelklappenwehre, Schützenwehre ohne Zwischenstützen und vor allem die wichtige Gruppe der Zylinderwehre entwickeln sich immer mehr zu den Wehrformen, die die Zukunft für sich haben. Maßgebend ist dabei mit die Einfachheit der Konstruktion und der Handhabung, die auch für die Kosten von ausschlaggebender Bedeutung ist.

Die zu a) genannten Schleusen- und Kanal-Notverschlüsse bilden eine Klasse für sich. Sie erfordern aber keine Sonderbesprechung, sondern können mit bei den einzelnen Wehrformen besprochen werden. Ihre besondere Eigentümlichkeit besteht darin, daß sie oft monate-, wenn nicht jahrelang unbenutzt sind, um dann nur für kurze Zeit in Tätigkeit zu treten.

b) Stabwehre.

1. Dammbalkenwehre.

Hölzerne Dammbalken sind rechteckig behauene Balken, die in Falzen oder Nuten der Pfeiler hinabgelassen oder heruntergedrückt werden und so eine Stauwand bilden. Einige Formen von Dammbalken zeigen Abb. 340—343. Wie man die Vorrichtung zum Einhaken ausbildet, ob als Haken, Öse oder Bolzen, ist schließlich gleichgültig. Dammbalken wurden vielfach zum Abdämmen von Gerinnen verwendet. Der unterste Dammbalken soll sich auf eine glatte Sohle aufsetzen, eine Schwelle ist schädlich, weil sie Anlaß zur Ansammlung von Schmutz oder Geschiebe gibt. Das Einlegen der Dammbalken in fließendes Wasser, das sich erst entsprechend dem Einlegen der Balken aufstaut, ist einfach, das Einbringen in tiefes Wasser schwierig, weil der Auftrieb überwunden werden muß. Es ist im letzten Fall nötig, den Dammbalken beiderseits durch einen Stab zu fassen, der durch eine Winde heruntergedrückt wird. Man kann auch an der Sohle des Gerinnes eine Rolle befestigen, über die eine Kette gelegt wird, so daß ein Stab nun nach unten heruntergezogen werden kann (Abb. 344).

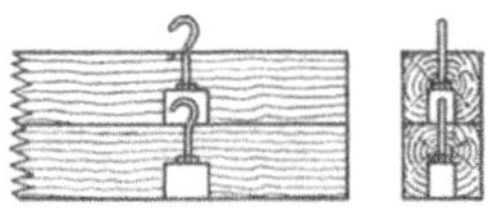

Abb. 340.

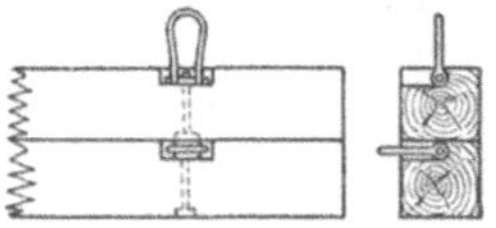

Abb. 341.

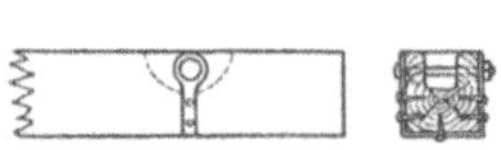

Abb. 342.

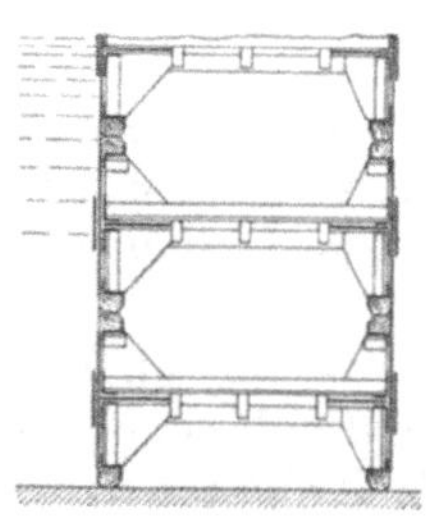

Abb. 343.

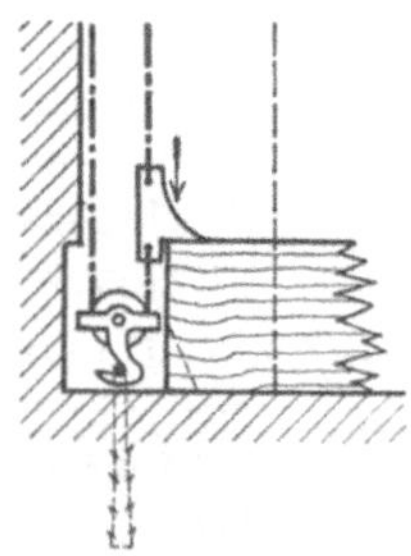

Abb. 344.

Abb. 340—344. Dammbalkenausbildung. Abb. 340. Mit Haken; Abb. 341. Mit Ringen; Abb. 342. Mit Bolzen zum Anheben und Abstoßen der Balken. Maßstab 1 : 50.

Abb. 343. Eiserne Dammbalken der M.A.N. Maßstab 1 : 50.

Abb. 344. Vorrichtung zum Herunterziehen der Dammbalken.

Wehre aus Dammbalken sind wenig erbaut worden. Ein großes Wehr dieser Art ist in dem Ottawaflusse in Kanada errichtet worden (Handb. d. Ing., Rehbock), kann aber keinen Anspruch auf große Vollkommenheit machen. Der große Holzreichtum des Landes mag mit eine der Ursachen gewesen sein.

Als Notverschlüsse für Schleusen wurden bisher vorwiegend Dammbalken angewandt, sie sind aber auch dort vielfach durch Nadelverschlüsse (siehe Nadelwehre) verdrängt worden. Dammbalkenwände in Wasserläufen sind auch mit umklappbaren Anschlägen verwandt worden. Die Anschlagsäule kann z. B. unten beweglich gelagert sein und wird oben durch eine Kette festgehalten. Nach Lösen der Kette klappt die Säule um, so daß die Dammbalken frei schwimmen. An der festen Säule wird man sie dann am besten durch eine Kette festhalten (Abb. 345). — Eine neuere Ausführung von Dammbalken ist von der M. A. N. in der Form der Rolldammbalken durchgeführt worden. Der Gedanke ist zuerst von dem Baurat Theodor Hoech veröffentlicht worden. Näheres über die Rolldammbalken der M. A. N. findet sich in den Werbeblättern der Firma.

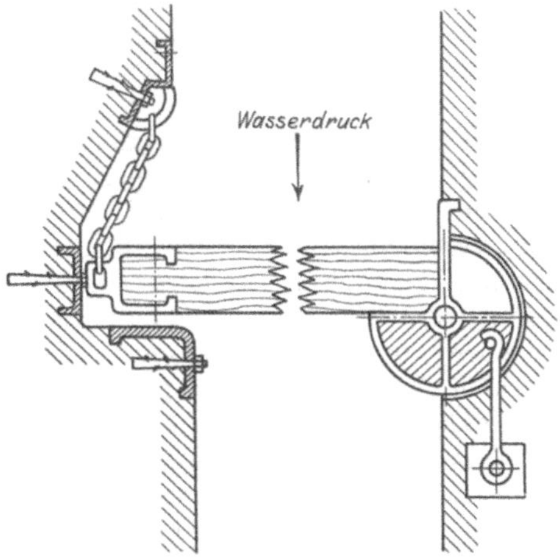

Abb. 345. Dammbalkenwehr mit Drehsäule zum schnellen Freimachen der Öffnung.

Bei großen Schleusen macht die Länge der Dammbalken Schwierigkeiten, hier muß man entweder Balken aus eisernen Kastenträgern verwenden, die an einer Seite eine Dichtungswand tragen (Abb. 343), man kann auch hohle Eisenbetonbalken konstruieren. Dammbalkenwehre können als veraltet gelten.

2. Nadelwehre.

α) Allgemeines und Ausbildung der Nadeln.

Stellt man die einzelnen Balken aufrecht, lehnt sie unten gegen ein Widerlager in der Wehrsohle, oben gegen die Unterkante einer eisernen Bedienungsbrücke, dann erhält man ein Nadelwehr. Ein solches Wehr wird z. B. als Erhöhung des Wehres am Schnellen Graben (von der Leine zur Ihme bei Hannover) von der Stadtverwaltung Hannover gelegentlich angewandt.

Das Bild eines Nadelwehres mit festen Böcken gibt Abb. 346 wieder. Die Böcke müssen in einem solchen Abstande stehen, daß die Summe der Bockkosten, vermehrt um die Kosten der Nadellehnen und der Bedienungsbrücke, ein Kleinstwert wird. Die Bockausbildung ebenso wie die Ausbildung der Grundplatte des Wehres bedarf keiner besonderen Besprechung, das über feste Wehre Gesagte hat hier Gültigkeit. Die Nadellehne kann aus einem Eisenträger, auch aus einer Eisenbetonbohle bestehen.

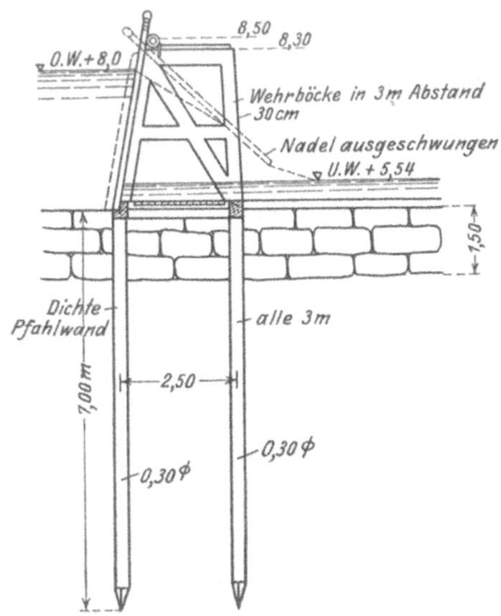

Abb. 346. Nadelwehrbock auf Pfählen aus Eisenbeton. Maßstab 1 : 150.

Entscheidend für die Ausbildung des Wehres sind die Nadeln. Die Nadeln bestehen aus Holz oder aus Mannesmannstahlröhren. Die Nadeln sind so zu gestalten, daß sie von zwei Männern mit Sicherheit eingesetzt werden können. Größte Leichtigkeit der Nadeln ist deshalb erstes Erfordernis, dann kommt erst die Frage der Festigkeit. Man geht deshalb bei Holznadeln bis an die Bruchgrenze, wobei die Festigkeitsverminderung der Hölzer unter Wasser berücksichtigt werden muß. Die Nadel besteht aus einer im Querschnitt rechteckig behobelten Bohle, die bei größerer Länge am Ort des größten Biegungsmomentes den größten Querschnitt aufweist. Das obere Ende ist zur Handhabe ausgearbeitet, so daß ein Hineinstoßen von der Bedienungsbrücke aus durch einen Mann möglich ist. Die Nadeln werden so dicht wie möglich aneinander heruntergestoßen, so daß sie vor den unteren Anschlag kommen. Jede Nadel wird dann durch ein Rammholz an die letztgesetzte herangeschlagen. Der dabei verbleibende Zwischenraum beträgt im Mittel 1 cm auf 10 cm Nadelbreite. Die Dichtung dieser Zwischenräume geschieht durch davorgeworfenen Pferdedünger oder Kohlenasche. Beide Materialien bilden an der Oberseite des Wehres nach kurzer Zeit einen Filter, der so dicht wird, daß kaum noch ein Tropfen Wasser hindurchgeht. Die Dichtung bei Verwendung von Röhrennadeln ist die gleiche. Röhrennadeln sind in Dörverden auch mit gutem Erfolge durch einen eingelegten Teerstrick von etwa Zolldicke gedichtet worden. Dieser Strick wurde am unteren Ende eines langen Rundeisenstabes befestigt, durch den der Teerstrick bis an den Fuß der Nadeln heruntergezogen wurde.

Die Nadeln müssen als Balken auf 2 Stützen berechnet werden, wobei das größte Biegungsmoment wegen der dreieckförmigen Belastung nicht in halber Höhe, sondern tiefer liegt. Man nimmt gewöhnlich an, daß das Oberwasser bis zur Nadellehne reicht, und vernachlässigt das Unterwasser. Ist der Winkel, den die Nadel mit der Senkrechten bildet, α, dann darf man meist setzen $\cos^2\alpha = 0{,}9$. Die etwas umständliche Formel für die Dicke d der Nadeln an der Stelle des größten Biegungsmomentes läßt sich dann auf die einfache Form bringen

$$d = \sqrt{\frac{0{,}043}{\sigma} h^3}\,,$$

wenn d die Nadeldicke in der Richtung des Flusses in m, h die Höhe der Nadellehne über dem unteren Auflager in m und σ die zugelassene Spannung des nassen Holzes in kg/qcm ist. Um leichte Nadeln zu erhalten, ist man mit dem Wert σ bis an die äußerste Grenze gegangen, so weit, daß in jedem Jahre eine größere Zahl gebrochener Nadeln ersetzt werden muß. Es wird das aber im Interesse der leichten Beweglichkeit des Wehres in den Kauf genommen. Man hat die Grenze von $\sigma = 200$ kg/qcm bei ausgesuchten Hölzern, z. B. in Luzern, noch überschritten. Die Höhe der Nadeln über dem unteren Auflager ist dort z. B. 2,8 m, die Nadeln sind 6 cm stark, d. h., es ist eine Holzspannung zugelassen von

$$\sigma = \frac{0{,}043}{d^2} h^3 = \frac{0{,}043}{0{,}06^2} 2{,}8^3 = 265\,\text{kg/qcm}\,.$$

Man kann deshalb für besonders gutes Holz den Wert $\sigma = 200$ kg/qcm einsetzen. Holznadeln fangen schon bei einer Stauhöhe von 3,5—4 m an, unbequem zu werden. Die zuerst in Hemelingen bei Bremen durchgeführte Anwendung von Mannesmannstahlröhren ist insofern ein großer Fortschritt, als diese Nadeln jetzt bedeutende Längen zulassen, so daß man den Stau von 5,5 m erreichen konnte. Die Nadeln haben bei dem angegebenen Stau einen äußeren Durchmesser von 21,5 cm und 6 mm Wandstärke. Sie sind oben und unten geschlossen, unten mit einem Loch zum Wassereinlauf, oben mit einem Lufthahn versehen. Sie werden schwimmend herangebracht, dann vom Kahn so weit voll Wasser gelassen, daß sie senkrecht schwimmen und nun wie die Holznadeln behandelt. Die Dichtigkeit ist wenigstens die gleiche wie bei Holznadeln. Die geringere Berührungsfläche wird mehr als ausgeglichen durch die gleichmäßige Form der Nadeln, bei der Verdrehung und Verbiegung wie bei den hölzernen

Nadeln nicht vorkommen kann. Die Dichtung durch eingelegten Teerstrick hat die größte Beständigkeit.

Um die Herausnahme der Holznadeln zu erleichtern, sind sie mit Haken versehen worden. Das Bild einer solchen Hakennadel zeigt Abb. 347. Der Haken ist zugleich mit einem Ansatz versehen, der das Einsetzen eines Hebels vom Bedienungssteg aus ermöglicht. Die Haken sind so lang, daß die Nadeln noch auf dem Haken bleiben, wenn sie unten den Anschlag verloren haben. Sie schlagen dann mit der Strömung aus, hängen aber noch auf der für diesen Zweck rund ausgebildeten Nadellehne. Um eine feine Regelung des Wehres zu ermöglichen, erfand Greve bei der Fuldakanalisierung die nach ihm benannten Greveschen Bügel (Abb. 348). Jede zweite Nadel ist mit solch einem Bügel versehen, sie kann durch den Steckhebel D vorgedrückt werden, so daß sie sich gegen den umgeklappten Bügel legt. Dadurch wird die vorher dichte Wehrplatte in ein Gitter verwandelt, ohne daß die Nadeln herausgenommen zu werden brauchen. Nimmt die Hochwasserwelle ab, dann können die Nadeln wieder in ihre alte Lage gebracht werden.

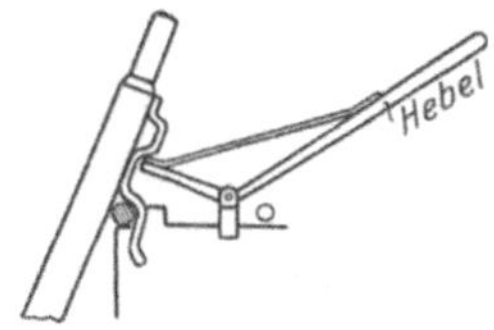

Abb. 347. Guillemainsche Hakennadelausheber.

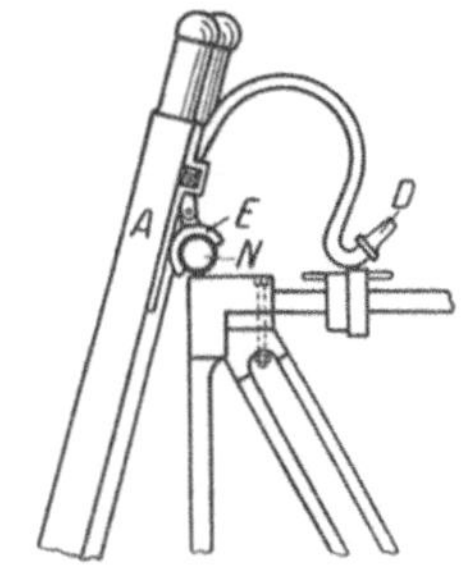

Abb. 348. Nadelausrücker von Greve.

Die Erfindung des belgischen Ingenieurs Kummer, bei der (für bewegliche Nadelböcke) jede einzelne Nadellehne, die hier immer nur von einem Bock bis zum anderen reicht, in einer wagerechten Ebene stromab herausgeklappt werden kann, so daß dann die Nadeln ihr oberes Gegenlager verlieren und umfallen, hat sich nicht bewährt. Durch das plötzliche Freilegen einer großen Bocköffnung entstehen derartige Stöße in dem Wehr, daß die Konstruktion gefährdet ist. Es wird deshalb die Kummersche Auslösung als veraltet hier nicht wiedergegeben. — Das Herausnehmen der Nadeln ist an der Fulda durch Einbau einer Seilkatze über dem Wehr sehr erleichtert. Es ist ein Seil von Pfeiler zu Pfeiler über Stützen gespannt. Auf dem Seil läuft eine einfache Katze. Mit ihr werden die Nadeln gefaßt und auf einen kleinen Transportwagen gelegt.

Über die Ausbildung der festen Nadelwehrböcke sind weitere Ausführungen nicht nötig. Ihre Berechnung ist einfach, zudem kommen sie in nördlichen Gegenden kaum vor.

β) Die beweglichen Nadelwehrböcke.

Die beweglichen Nadelböcke haben von Poiree bis heute eine große Entwicklung durchgemacht. Abb. 349 zeigt die Ansicht eines Wehres mit beweglichen Nadelböcken in der alten Form, bei der die einzelnen Böcke sich aufeinanderlegten. Abb. 350 zeigt eine neue Form, bei der das Umlegen jedes einzelnen Bockes für sich und damit die Freimachung jeder beliebigen Wehröffnung möglich ist.

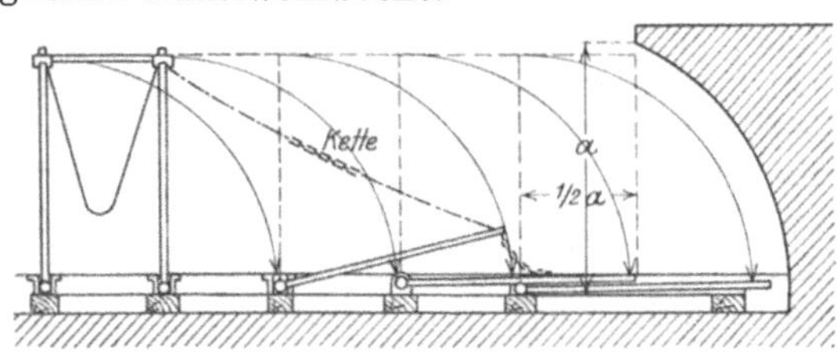

Abb. 349. Nadelwehr, alte Form der Bockanordnung.

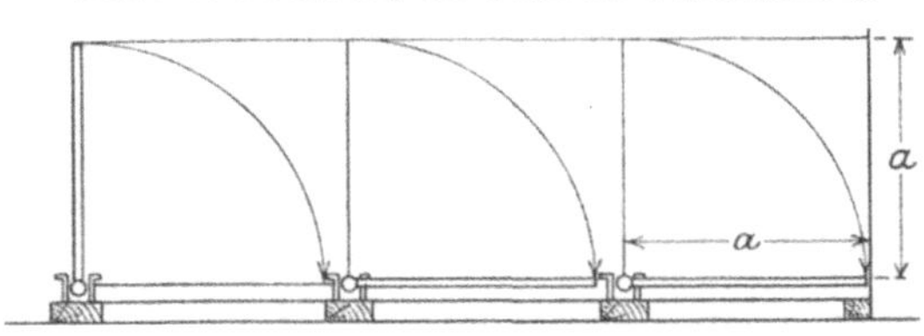

Abb. 350. Nadelwehr, neue Form der Bockanordnung.

Der bewegliche Nadelbock besteht aus einem unten beweglich gelagerten Fachwerkrahmen, an dem in der ursprünglichen Form eine Klappe befestigt war, die als Brücke von Bock zu Bock diente. Man ging von dem unbewohnten Ufer rückwärts und legte einen Bock nach dem anderen um. Um den ersten Bock umlegen zu können, mußte der Landpfeiler eine Nische besitzen, in die sich der erste Bock hineinlegen konnte. Es ist dieses in der Abb. 349 zu erkennen. Die Klappe legte sich dabei auf den Bock. Die Kette, an der diese Klappe bei dem Umlegen gehalten wurde, wurde dann am nächsten Bock befestigt. So konnte nach Entfernung der Nadeln die ganze Bockreihe umgelegt werden. Da nun später nach dem Aufrichten jeder Bock den Anfang der Kette zum nächsten Bock mit hoch nahm, war ein leichtes Aufrichten der ganzen Bockreihe wieder möglich. Genauere Skizzen dieser Bockkonstruktionen sind entbehrlich, da Wehre mit solchen engen Böcken wegen ihrer Unwirtschaftlichkeit nicht mehr gebaut werden. Die Baukosten und die Bedienungskosten sind zu groß, die Zeit für das Umlegen zu lang.

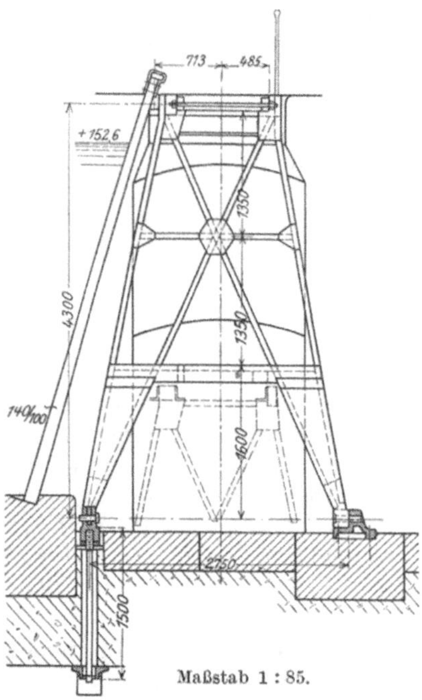

Abb. 351. Nadelwehrbock (Wegstädtl a. d. Elbe). Der niedergelegte Bock ist punktiert.

Abb. 351 gibt Skizzen eines neueren Nadelwehres in der kanalisierten Moldau bei Wegstädtl. Die bei Poiree ursprünglich geschweißten Böcke sind hier aus Normalprofilen zusammengenietet. Eine untere Querverbindung fehlt, es ist der untere Teil portalartig so ausgebildet worden, daß die Böcke sich nach Niederlegen ineinanderlegen können. Es kann dabei nicht ein Bock beliebig aus der Reihe heraus umgelegt werden, weil der Kopf des Bockes an den noch stehenden Nebenbock anschlagen würde. Die Böcke liegen aber jetzt platt auf dem Boden und bieten dem Geschiebe weniger Angriffsfläche, dürften aber immer noch stark durch Abschleifen gefährdet sein. Der Bockabstand ist hier 3 m bei einer Bockhöhe von 3,3—4,8 m. Es sind hier weder Stauhöhe noch Bockentfernung so grundsätzlich geändert, daß das Wehr eine wirkliche Neuheit darstellt. Die Brücken sind nicht mehr als Klappen ausgebildet worden, die einzelnen Brückentafeln, die die Nadellehnen in Rohrform tragen, werden abgenommen und vor Umlegen der Brücke an das Ufer gebracht. Im Betrieb ergeben diese Wehre gegenüber der alten Anordnung aber große Fortschritte. Man brauchte bei dem alten Poireewehr mit 1,25 m Bockabstand für das Umlegen eines Bockes 3 Mann und 2 Stunden, für 10 m Wehröffnung somit 16 Stunden oder 48 Arbeitsstunden, in Wegstädtl braucht man für 10 m Wehröffnung 10 Mann eine Stunde lang, also 1 Stunde mit 10 Arbeitsstunden. Besonders die rein zeitliche Abkürzung ist wertvoll, weil man bei dem Auftreten großer Hochwasserwellen besser geschützt ist.

Das Bockumlegen wird gewöhnlich durch feste Winden ausgeführt. Einen wirklich großen Fortschritt hat man in den Vereinigten Staaten von Amerika dadurch erzielt, daß man die Bockentfernung so gesteigert hat, daß jeder Bock einzeln in der Reihe unabhängig von dem anderen umgelegt werden kann. Man ist zu Bockentfernungen über 6 m gekommen bei Stauhöhen zwischen 5 und 6 m Höhe. Man wird bei Verwendung von Röhrennadeln zu noch höheren Stauhöhen gelangen können. In den Vereinigten Staaten werden die schweren Nadeln bereits durch Winden gezogen. Die Steigerung der Bockentfernung hat eine Verbilligung des Wehres um 25 vH ergeben.

In Deutschland hält man heute Nadelwehre in schiffbaren Flüssen für nördliche Gegenden für unzweckmäßig. Es besteht die stete Gefahr, daß die Nadeln bei scharfem Frost zusammenfrieren, es ist dann ihr Lösen sehr schwierig. Der Wärter wird das Wehr aus Sorge vor Frost entweder zu früh umlegen — tritt dann kein Frost ein, dann hat er falsch gehandelt — oder er wird, um den Stau so lange als möglich zu halten, das Wehr stehenlassen; friert es dann zusammen, dann entsteht die Gefahr der Überschwemmung oberhalb, wenn zufällig gleichzeitig Hochwasser eintreten sollte. Es wird auch an die Erscheinung erinnert, wonach bei Eisstand das Wasser langsamer fließen muß und nun der Wasserstand sich hebt, worin dann die Gefahr der Überflutung für das Wehr gegeben ist. — Man soll deshalb Nadelwehre nur in Flüssen ohne Eisgefahr verwenden, sie sind aber den meisten neueren Wehrarten an sich unterlegen.

Aus dem Nadelwehr ist das A-Bockwehr entstanden, das im Handbuch der Ingenieurwissenschaften Teil III, Bd. 2 von Hilgard beschrieben ist. Das Wehr ist eine vereinzelte Konstruktion, interessant in der Anordnung, aber etwas verwickelt. Das Wehr hat den Gedanken verwirklicht, den Wehrbock gleichzeitig als Nadel oder Stauschild zu benutzen und doch eine volle Umlegbarkeit zu ermöglichen.

3. Rolladenwehre.

Bei dem Versuch, die Undichtigkeit des Nadelwehres durch abgerolltes Segelleinen zu verbessern, entstand der Gedanke der Rolladenwehre. Die Rollade (Abb. 352) besteht aus einem Vorhang aus Holzleisten, die miteinander durch Bronzegelenke verbunden sind. Dieser Stabvorhang, der ganz ähnlich gebaut ist wie ein moderner Fensterstabvorhang, rollt sich auf eine schwere Gußwalze auf, die an dem untersten Stab hängt. Diese Walze wird durch ein Doppelseil aufgewickelt. Der Vorhang kann entweder auf Wehrböcken, ähnlich denen der Nadelwehre, gelagert werden, oder er wird auf Ständern gelagert, die oben an einer Brücke gelenkig befestigt sind und sich unten gegen ein Widerlager legen. — Es sind mehrere Wehre dieser Art ausgeführt worden. Eine genaue Wiedergabe ist entbehrlich, weil die Wehrart sehr teuer ist und als veraltet gelten kann.

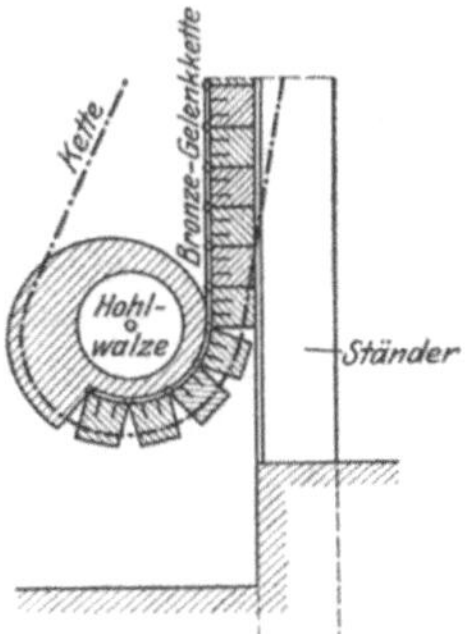

Abb. 352. Rolladenwehr.

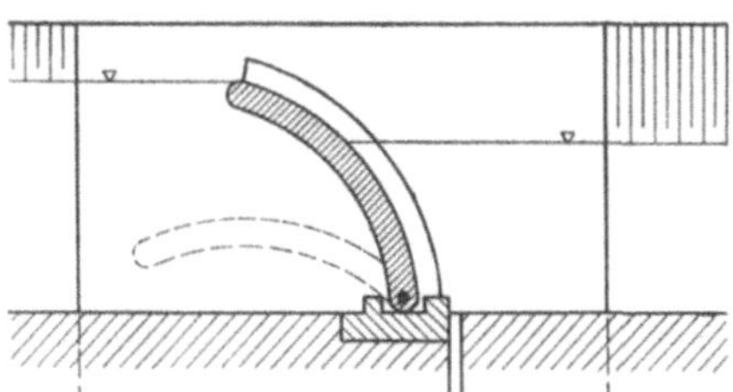

Abb. 353. Blocklandwehr.

Eine Konstruktion, die als ein Vorhangwehr bezeichnet werden kann, aber nicht aufgerollt wird, ist das Bremer Blocklandwehr. — Seine Wirkung geht aus Abb. 353 hervor. Für das Torfgrabennetz des Bremer Blocklandes waren Stauanlagen nötig, die in einfacher Weise einen Stau von jeweils etwa 30 cm ermöglichen, die aber dem Durchgang der zahlreichen Torfkähne kein Hindernis in den Weg legen. Diese Forderungen sind durch die Erfindung des Blocklandwehres erfüllt worden. Es werden zu beiden Seiten der Seitenwände Holzwangen angebracht, gegen die sich die Klappe vom Oberwasser heranlegt. Die Holzklappen sind auf eine Lederplatte aufgenietet, aber so beweglich, daß ein Torfkahn die Klappe bequem herunterdrücken kann. Wenn der Kahn von oben kommt, dann drückt der Torfschiffer die Klappe erst mit der Stange herunter und fährt dann über das Wehr hinweg, das durch den Kahn noch tiefer heruntergedrückt wird. Ein von unten kommender Kahn fährt ohne weiteres über die Stauklappe fort. Der Wasserverlust während der kurzen Zeit der Überfahrt ist gering. Das Wehr ist eine ausgezeichnete Konstruktion, das für alle ähnlichen Entwässerungsgebiete bei vorhandenem Kahnverkehr sehr empfohlen werden kann. Es wird im Blockland von den Einwohnern (Verbände) meist selbst in Ordnung gehalten.

c) Tafelwehre.

1. Klappenwehre.

α) Wehrklappen, die durch den Oberwasserdruck niedergelegt, aber mechanisch gehoben werden.

Die einfachste Anordnung kann dadurch geschaffen werden, daß eine drehbare Platte durch eine Stütze gehalten wird, deren unteres Ende sich gegen ein Widerlager legt. Man kann die Stütze seitlich durch einen Haken so weit verschieben, daß sie an dem Widerlager vorbeirutschen kann, dann fällt die Klappe um. Diese primitive Anordnung kann gelegentlich für ganz einfache Aufsatzwehre auf festen Wehren in Frage kommen. Im allgemeinen ist sie nicht zu empfehlen.

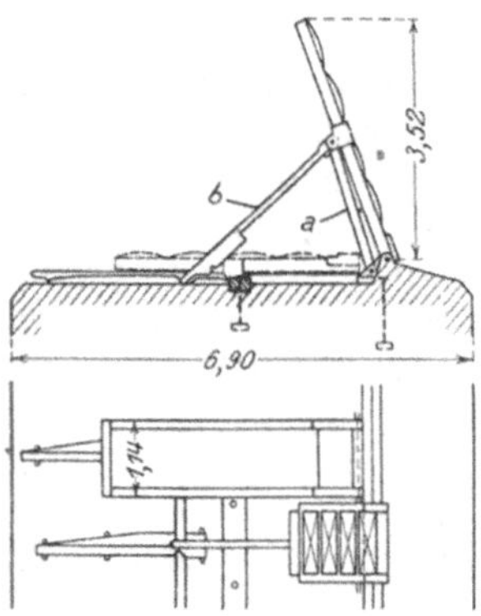

Abb. 354 a u. b. Klappe mit ausrückbarer Stütze. Maßstab 1 : 180.

Das Chanoinesche Klappenwehr (Abb. 354), ein nach seinem Erfinder benanntes Wehr, übernimmt den gleichen Grundgedanken, verwendet aber zweiflügelige Klappen mit besonderer Lagerung. Die Lagerung geschieht durch zwei Streben *a* und *b*, von denen *a* oben und unten, *b* nur oben gelenkartig angeschlossen ist. Strebe *b* wird unten durch ein schmales Gegenlager gehalten. Die Klappe fällt wie oben gezeichnet um, sobald der Fuß von *b* seitlich verschoben wird. Die Verschiebung geschieht durch eine bewegliche Schubstange, die so viel Ansatznasen erhält, wie Klappen vorhanden sind. Die Nasen sind gegeneinander so versetzt, daß immer erst nach Umfallen der einen Klappe die folgende Stütze von der Nase berührt und in Bewegung gesetzt wird. Die Verbesserung beruht vor allem auf der Anordnung der Klappe selbst. Solange die Resultante des Wasserdruckes W unter dem Drehpunkt der Klappe bleibt, bleibt die Klappe stehen; sowie sie bei steigendem Wasser darüberrückt, klappt die Klappe um, ohne aber auf den Boden zu fallen. Sie schwebt in einer mittleren Lage. Sinkt das Wasser wieder, dann kann man die Klappe durch einen Haken wieder in die steile Lage bringen. Außerdem kann man die Klappe ganz umlegen. Es sind 9 Klappen von je 1,5 m Breite nebeneinander aufgestellt worden, wenn die Klappen einzeln umfallen sollen. Legt man 2 gleichzeitig um, dann hat man bis zu 16 nebeneinander gestellt. Der Spalt zwischen den Klappen beträgt 5—10 cm. Die Wehre sind somit nicht besonders dicht. Die größte erreichte Klappenhöhe ist 5,4 m. Um das Aufrichten des niedergelegten Wehres bequemer zu ermöglichen, hat man vor das Klappenwehr noch eine Nadelbrücke gesetzt. Das ganze System ist sehr verwickelt und kann nicht empfohlen werden; es werden deshalb auch viele an sich interessante Einzelheiten nicht mitgeteilt.

β) Wehrklappen, die durch Wasserdruck geöffnet, durch Gegengewichte geschlossen werden.

a) Die Doellsche Klappe.

Vollständig automatisch arbeitet die Klappe nach dem Vorschlag von Doell, Abb. 355a u. b. Hier wird der Wasserdruck W im Gleichgewicht gehalten durch das Gegengewicht G_1; sowie das OW. steigt, dann wird W größer und drückt die Klappe auf. Da bei der Drehung der Klappe der Hebelarm von G_1 sofort kleiner wird, müßte die Klappe umfallen, wenn nicht durch das Durchfließen des Wassers W verkleinert würde. Es stellt sich für jeden OW.-Stand bald ein Gleichgewichtszustand heraus. Das Gewicht G_2 soll lediglich das Gewicht der unteren Klappenhälfte ausgleichen. Auch diese Anordnung wird hauptsächlich theoretisches Interesse beanspruchen können. Es wird sehr schwierig sein, durch solche Klappen einen bestimmten Wasserstand zu halten. Daß gewisse Höchstwasserstände nicht überschritten werden, läßt sich aber bequem erreichen. — Die Konstruktion ist zum Abschluß schmaler Gerinne brauchbar.

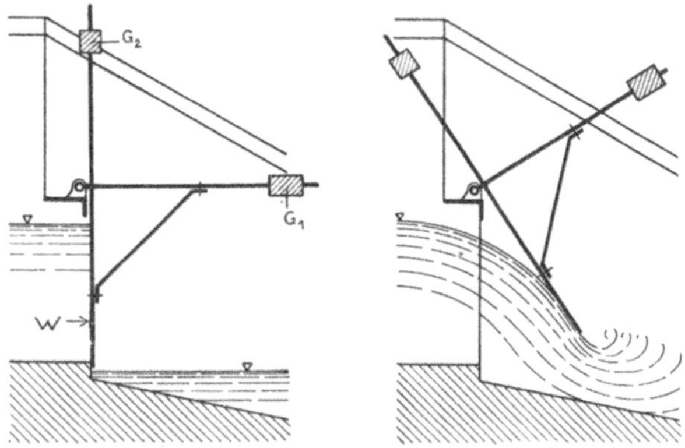

Abb. 355a u. b. Selbsttätige Klappe nach Doell mit Obergewicht.

b) Aufsatzklappen.

Für die Erhöhung fester Wehre werden heute vielfach Aufsatzklappen verwendet, die ganz automatisch arbeiten sollen. Die Klappen sollen den Wasserstand oberhalb annähernd so lange unverändert erhalten, bis sie ganz umgelegt sind; dann ist die alte Wehrhöhe erreicht, so daß an die Klappe keine Bedingungen mehr gestellt werden können. Es gibt eine größere Zahl derartiger Konstruktionen, von denen 5 hier wiedergegeben werden sollen.

Die Aufsatzklappe mit Untergewicht am Hebel.

Eine unten gelenkartig gelagerte Klappe (Abb. 356—357) ist mit einem Gegengewicht versehen, das in einem unter der Klappe ausgesparten Raum des festen Wehres hängt. Das Gegengewicht wirkt an der anderen Seite des Drehpunktes wie die Klappe, hält sie somit in aufrechter Lage. Bei Erhöhung des Wasserstandes legt sich die Klappe um ein entsprechendes Maß um, wobei der Wasserdruck auf die Platte steigt, die Hebel des Gegengewichtes werden gleichzeitig länger. Die Abmessungen können so gewählt werden, daß der obere Wasserstand annähernd gleich hoch bleibt, bis ein vollständiges Umlegen der Klappe eingetreten ist. Man kann den ausgesparten Raum unter der Platte auch nach dem Unterwasser zu abschließen und heizen, so daß ein Einfrieren der Klappe erschwert wird. Ebenso können die seitlichen Auflager der Klappe durch Heizung vor dem Einfrieren bewahrt werden. Eine Einzelheit der Lagerung auf Schneidenlager zeigt Abb. 357.

Aufsatzklappen mit Obergewicht am Hebel.

Abb. 358 zeigt die Anordnung, die den Einbau eines unteren Gegengewichtes vermeidet. Alle Schwierigkeiten, die durch die Gefahr des Einfrierens des Gegengewichtes entstehen könnten, werden hier vermieden. Wird der Hebel, an dem das Gegengewicht hängt, in einem gewöhnlichen Lager gelagert, dann sind die gleichen Möglichkeiten gegeben wie bei der Anordnung Abb. 356. Man kann aber

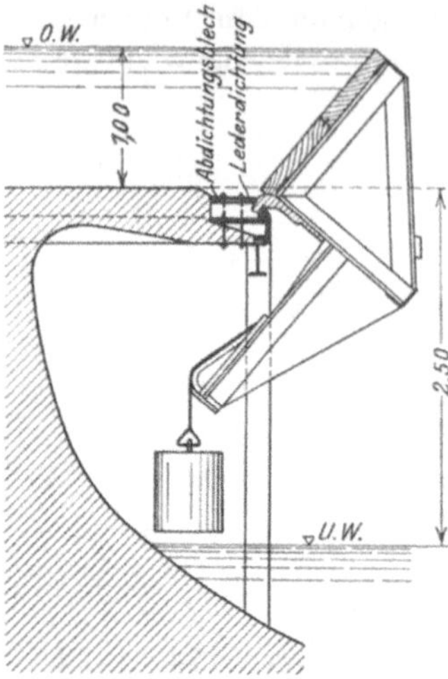

Abb. 356. Selbsttätige Stauklappe mit Untergewicht. Stauwerke A.-G., Zürich. Maßstab 1 : 75.

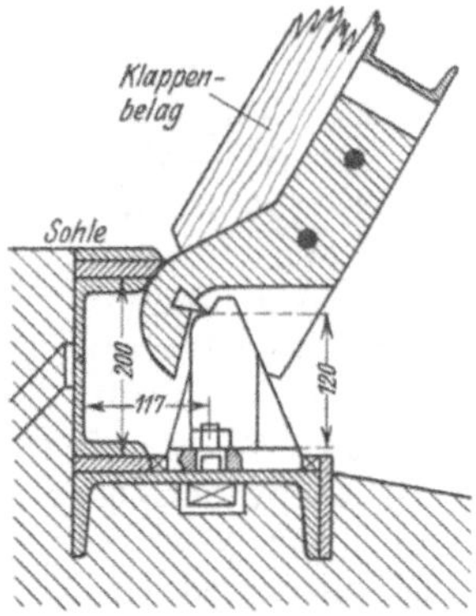

Abb. 357. Schneidenlager. Maßstab 1 : 11.

den Hebel auch auf einem Kurvenstück unter Benutzung von Zahnangriff lagern und dadurch einen Gewichtsausgleich erreichen, so daß der Oberwasserstand dauernd in gleicher Höhe gehalten wird. Die gleiche Möglichkeit ergibt sich, wenn man das Kurvenstück am Ende des Hebels anbringt, so daß das Seil, an dem das Gegengewicht hängt, sich über diese Kurve abrollen muß. Es wird sich dadurch die einfachste Anordnung ergeben. Die Ausführung dürfte die meisten Vorzüge unter den verschiedenen Aufsatzklappen aufweisen. Aufsatzklappe mit Obergewicht am Seil, Abb. 359 zeigt diese Anordnung. Das Gegengewicht ist durch eine Rolle auf einer Kurve geführt, so daß bei Umlegen der Klappe durch den wachsenden Wasserdruck auch der Hebelarm des Gegengewichts wächst. Auch hier ist der Vorteil vorhanden, daß die beweglichen Teile über Wasser liegen.

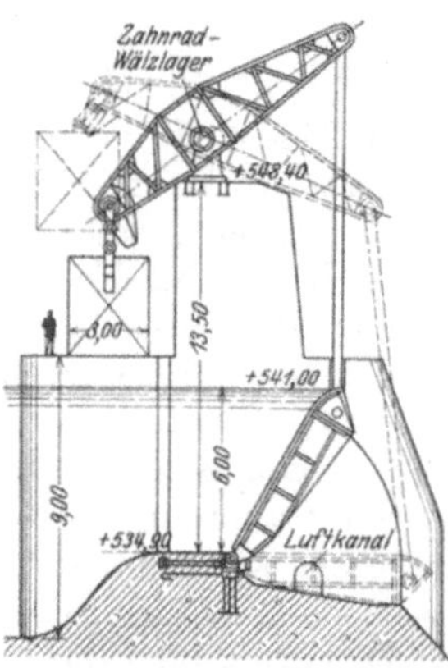

Abb. 358. Stauklappe mit Obergewicht am Hebel. Maßstab 1 :450.

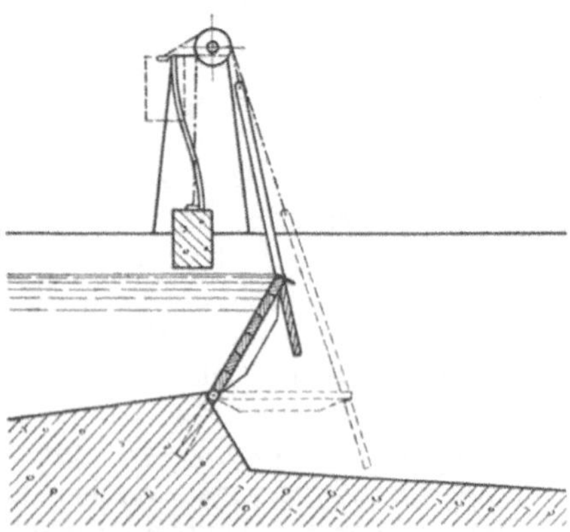

Abb. 359. Aufsatzklappe mit Gegengewicht am Seil über Kurve. Stauwerke A.-G., Zürich.

Aufsatzklappen mit Oberrollgewicht.

Wie Abb. 360 zeigt, ist es auch möglich, durch Anordnung einer Walze, die über die Öffnung gelegt wird und beiderseits durch ein Seil mit der Klappe verbunden ist, eine Ausgleichung des Wasserdruckes herbeizuführen. Man ist durch entsprechende Formung der Rollbahn in der Lage, eine Ausgleichung so herbeizuführen, daß das Oberwasser dauernd auf der gleichen Höhe bis zur völligen Niederlegung der Klappe gehalten wird. Steigt das Oberwasser dann

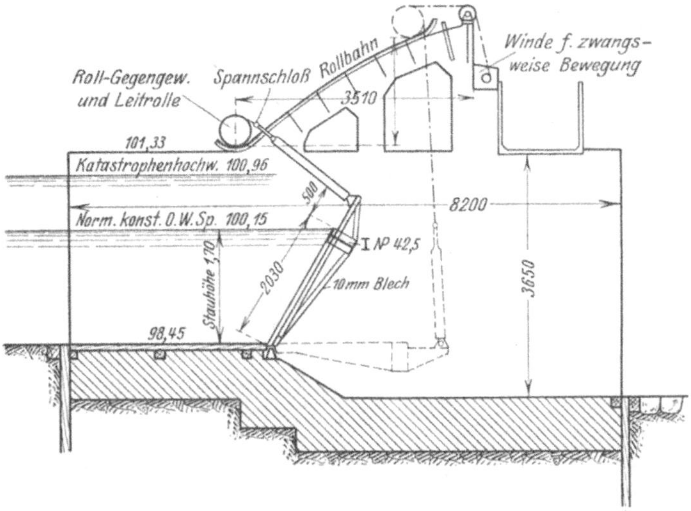

Abb. 360. Klappe mit Oberrollgewicht. Stauwerke A.-G., Zürich. Maßstab 1 : 113.

weiter, dann kann die Klappe natürlich keinen Einfluß mehr ausüben. — Das Antriebsseil ist so gelegt, daß es die Rolle beim Sinken der Klappe im Sinne des Uhrzeigers dreht, so daß die Rolle nun nach aufwärts läuft.

Aufsatzklappe mit Druckkolben.

Zum Schluß wird noch eine weitere Form der Aufsatzklappe wiedergegeben, die automatisch arbeitet. Die Klappe dient zur automatischen Freilegung des Überlaufes einer Talsperre (Lampmannsperre) Abb. 361 a u. b. Wie Abb. 361 a

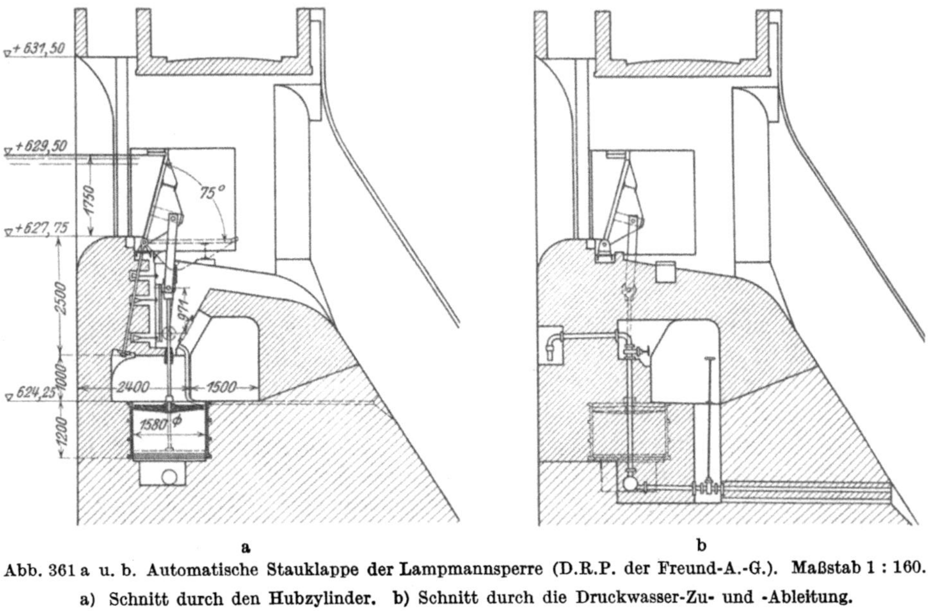

Abb. 361 a u. b. Automatische Stauklappe der Lampmannsperre (D.R.P. der Freund-A.-G.). Maßstab 1 : 160.
a) Schnitt durch den Hubzylinder. b) Schnitt durch die Druckwasser-Zu- und -Ableitung.

zeigt, steht der Druckkolben bei geöffnetem Oberventil und geschlossenem Unterventil von unten unter Druck. Dieser Druck ist bei dem zulässigen Oberwasser imstande, die Klappe geschlossen zu halten. Steht das Wasser hier über + 629,50, dann beginnt die Klappe sich umzulegen. Bei dem höchsten Oberwasserstand ist sie ganz umgelegt. Durch Öffnen des unteren Ventils kann die Klappe willkürlich bewegt werden.

γ) Wehrklappen, die ganz hydraulisch betätigt werden.

1. Gewöhnliche zweiarmige Klappen.

Abb. 362 zeigt die einfachste Form des ganz hydraulischen Wehres. Die Klappe ist so gelagert, daß bis zu dem Wasserstand, bei dem kein Wasser abfließen soll, die Kraft W in den Auflagerpunkt fällt. Sobald das Wasser dann weiter steigt, dann steigt auch die Kraft W über den Auflagerpunkt hinaus, und das Wehr klappt um. Am völligen Umklappen wird es durch einen Anschlag oder eine Kette verhindert, so daß bei Zurückgehen der Wasserhöhe das Wehr wieder automatisch durch den Druck aufgerichtet wird. W ist die Ersatzkraft des Wasserdrucks.

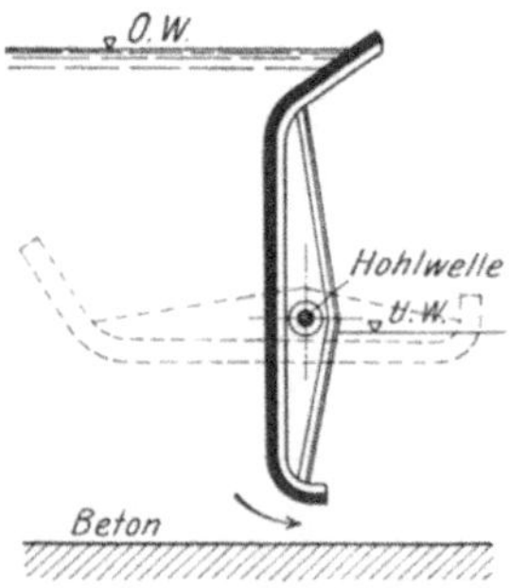

Abb. 362. Selbsttätige Schwingklappe.

2. Trommel- und Winkelschützwehre.

Das Trommelwehr entsteht aus dem zuletzt beschriebenen Klappenwehr, wenn man nur den oberen Teil der Klappe über dem Auflager als Staukörper verwendet, den unteren Teil aber in eine zylindrische Kammer oder Trommel einschließt. Ein solches Trommelwehr in moderner Ausführung zeigt Abb. 363. Das Lager ist hohl und besteht aus einzelnen Zylinderstücken, die für sich auf Konsolen ruhen. Zwischen diesen einzelnen Stücken ist das Stehblech der Klappenträger durchgeführt worden. Die Blechhaut der Klappe

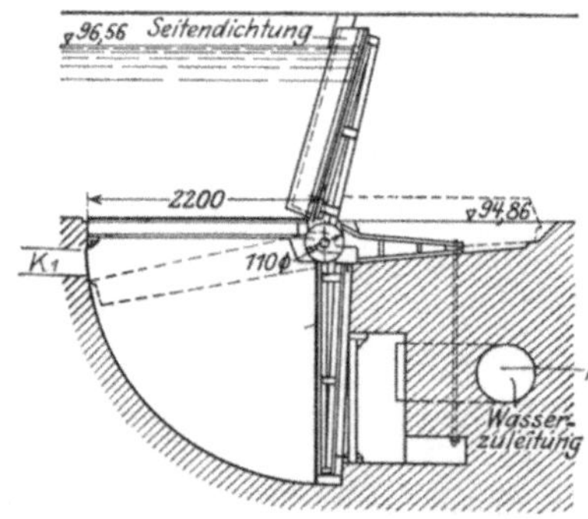

Abb. 363. Trommelwehr der Staustufe Kesselstadt. Maßstab 1:100.

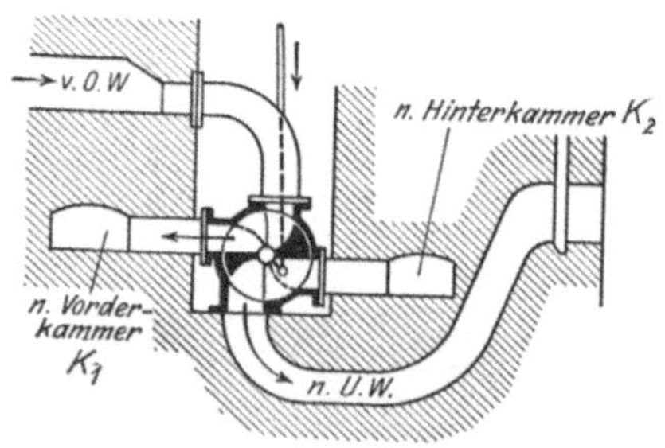

Abb. 364. Regulierhahn für ein Trommelwehr.

schleift oben und in der Kammer von unten an der Außenhaut der Lagerzylinder. Die Klappenträger sind im unteren Teil gekröpft, so daß bei umgelegter Klappe die Deckenträger noch Platz haben und noch ein Raum oberhalb der umgelegten Klappe verbleibt. Die Vorder- und Hinterkammer sind beide wasserdicht nach oben gegen das Gerinne abgeschlossen. Der Raum oberhalb der unteren Klappe steht durch den Kanal K_1, der Raum unterhalb durch den Kanal K_2 mit einem Vierwegehahn in Verbindung. Von dem Vierwegehahn (Abb. 364) führen 2 weitere Kanäle nach dem Oberwasser und dem Unterwasser. Es kann entweder dadurch K_1 mit dem Oberwasser und K_2 mit dem Unterwasser verbunden werden oder umgekehrt. Im ersteren Falle wirkt auf den unteren Klappenteil der ganze

Oberwasserdruck in Richtung der Strömung, dagegen aber nur der Unterwasserdruck. Auf die obere Klappe wirkt der Oberwasserdruck. Angenähert ist der Unterwasserdruck auf die untere Klappe etwa 3mal so groß wie der Oberwasserdruck auf die obere Klappe, das aufrichtende Moment überwiegt somit stark. Die Länge der unteren Klappe ist so zu berechnen, daß genügend Übergewicht vorhanden ist. Wird der Vierwegehahn umgelegt, dann kommt der gleiche Oberwasserdruck als Drucktrapez auf die Unterwasserseite der Unterklappe, das Wehr wird umgelegt. Das Umlegen geschieht schlagartig. Diese Wehre sind viel zum Abschluß von Floßgassen angewandt worden. Man hat vor allem in den Zeiten, in denen die Elektrizität noch in ihren Anfängen war, die Selbsttätigkeit als großen Vorteil empfunden. Sie sind aber verhältnismäßig teuer und werden heute besser durch einfache Klappen, Segmentwehre, Walzenwehre und ähnliche ersetzt werden.

3. Selbsttätige Doppelklappenwehre.

Abb. 365 zeigt die Ausführung in ihrer ursprünglichen Form. Es sind 2 Klappen über einer Rinne dachförmig so gelagert, daß die Oberwasserklappe die Unterwasserklappe deckt. Der entstehende Hohlraum kann mit dem Oberwasser oder dem Unterwasser durch einen seitlichen Kanal, der Schützen enthält, verbunden werden. Ist die Verbindung mit dem Oberwasser hergestellt, dann ist der Druck auf die Oberwasserklappe von innen und außen annähernd gleich, der Druck auf die Unterwasserklappe von innen entspricht dem Oberwasserdruck. Die Unterwasserklappe ist der eigentliche Hebungsapparat. Werden die Schieber des Kanals umgestellt, dann läuft das Wasser aus dem Wehrraum zum Unterwasser ab, die Oberklappe erhält Überdruck und drückt die Unterklappe in die liegende Stellung hinab. In diesem Falle ist die Oberwasserklappe der Senkungsapparat. Eine Kette von der Sohle zur Unterwasserklappe verhindert das Ausschlagen der letzteren über die Endstellung hinaus. Wenn die Klappen aus einem Holz bestehen, das das annähernd gleiche Eigengewicht wie das Wasser hat, dann genügen einige Zentimeter Oberwasserdruck, um das Wehr aufzurichten. Sind die Klappen schwer, z. B. aus Eisen oder Eisenbeton, dann muß durch ein anderes aufgerichtetes Wehr ein gewisser Überdruck geschaffen werden, ehe die Doppelkappe aufgerichtet werden kann oder durch Einblasen von Druckluft die Bewegungen eingeleitet werden. Die Wehre haben auch den Namen Bärenfallenwehr nach einem Scherzwort der Arbeiter, die das erste Wehr im Ohiofluß bauten, erhalten.

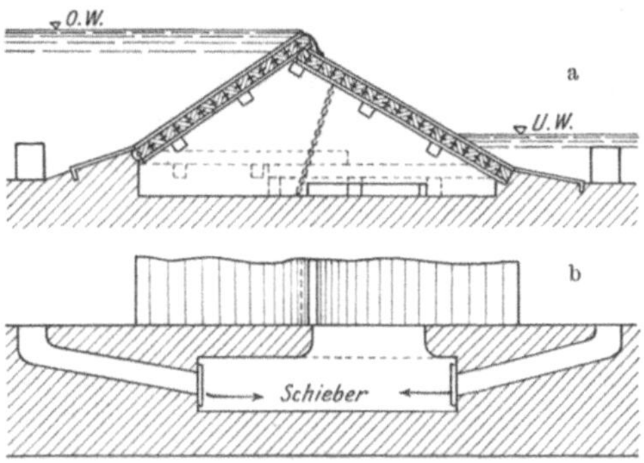

Abb. 365 a u. b.. Selbsttätiges Doppelklappenwehr.

Besonderes Augenmerk ist der Dichtung zwischen den Klappen gewidmet worden. Man kann entweder eine Klappe an der anderen schleifen lassen oder oben die beiden Klappen durch Scharniere gelenkig miteinander verbinden, muß dann aber eine der beiden Klappen auf der Sohle schleifen lassen. Immer ist also bei Anwendung von nur 2 Klappen ein Schleifen unvermeidlich. Eine besonders gute Dichtung ist dabei nicht zu erzielen, es bleibt immer die Gefahr, daß Sand in die Kammer eingespült wird. Man hat deshalb noch besondere Deckklappen angewandt, hat auch eine der Klappen in zwei aufgelöst, so daß jetzt statt des Schleifens ein Zusammenfallen dieser Doppelklappen möglich ist. Abb. 366 zeigt ein solches Doppelklappenwehr mit Deckklappe. Abb. 367 zeigt die Auflösung der Unterwasserklappe in eine durch Scharniere miteinander verbundene Doppelklappe, wobei auch wieder eine Deckklappe angeordnet ist. Die gleiche Maßregel ist auch für die Oberklappe angewandt worden, wo sie wegen des Druckausgleiches von beiden Seiten während des Staues noch zweckmäßiger erscheint als bei der unteren Klappe. Die Wehre haben sich nach Angabe von Hilgard ausgezeichnet bewährt. Es sind bereits mehrere Dutzend dieser Wehre ausgeführt worden, sie gelten in den Vereinigten Staaten als eine besonders zweckmäßige Konstruktion. Sie sind bei uns noch sehr wenig zur Ausführung gelangt, verdienen aber zweifellos gewisse Beachtung, da sie auch die Eisabführung gestatten. Durch entsprechende Stellung der Schieber lassen sich die verschiedensten Wehrstellungen erzielen. Eine sehr feine Regelung der Wasserstände wird mit ihnen jedoch schwierig sein, auch dürfte die Dichtigkeit nicht vorbildlich sein.

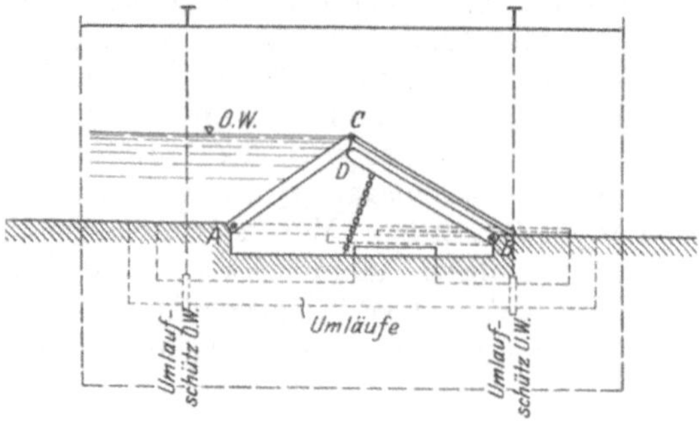

Abb. 366. Selbsttätiges Doppelklappenwehr mit Geschiebeschutzdeckklappe.

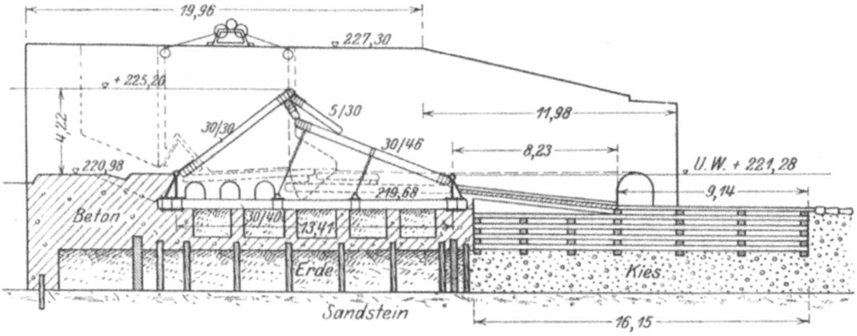

Abb. 367. Doppelklappe am Chikago-Drainage-Kanal. Maßstab 1 : 380.

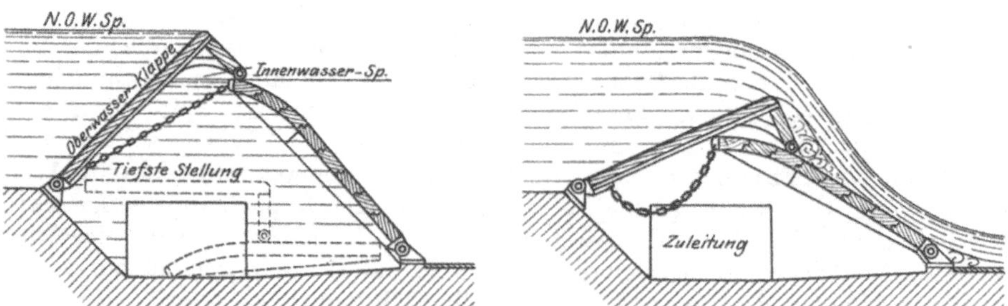

a b

c

Abb. 368 a bis c. Hydraulisches Dachwehr. Höchste und Zwischenstellung. Grundriß.

Eine besondere Ausführung des Doppelklappenwehres hat sich in der Schweiz entwickelt, Abb. 368 a bis c. Hier wird die Oberklappe dachförmig ausgebildet, so daß das Ganze wie ein Dach aussieht. Die Dichtung kann dadurch besser entwickelt werden. Diese Wehre werden jetzt in der Schweiz häufiger gebaut. Der Nachteil, daß man schwer an die unteren Lager herankommen kann, ist hier aber auch vorhanden.

Die größte bisher bekannte Ausführungsbreite eines einheitlichen Doppelklappenwehres ist 48,6 m bei rd. 5 m Stauhöhe. Bei sehr großen Breiten können Verbiegungen eintreten, weil der Druck zuerst nur in der Nähe der Pfeiler seinen vollen Wert erreichen wird, nach der Mitte hin aber Zeit zur Ausbreitung braucht. Die Klappen sind deshalb während der Bewegung an den Seiten höher beansprucht als in der Mitte. Das Umgekehrte tritt bei der Entleerung ein. Dieser Nachteil kann durch besondere Führung der Kanäle gemildert werden.

2. Schützenwehre.

α) Einfache Schützenwehre für Mühlengerinne u. dgl.

Schützen als Verschlußeinrichtungen für Mühlengerinne sind seit den ältesten Zeiten bekannt. Es ist wahrscheinlich, daß auch die alten Völker bei ihren großen Bewässerungsanlagen bereits ähnliche Verschlüsse gebraucht haben. Einfache Schütztafeln bestehen aus Holzbohlen, die durch eiserne Bänder miteinander verbunden sind. Diese Tafeln gleiten in Nuten oder Falzen; es muß bei der Öffnung der Schützen der ganz gewaltige Reibungswiderstand, der meist größer als der halbe Wasserdruck ist, überwunden werden. Erst in neuer Zeit hat man feste Rollen und Rollenzüge zur Verminderung der Reibung angewandt. Abb. 369 a bis c zeigt ein einfaches Mühlenschütz, wie es auch heute noch vielfach in Gebrauch ist.

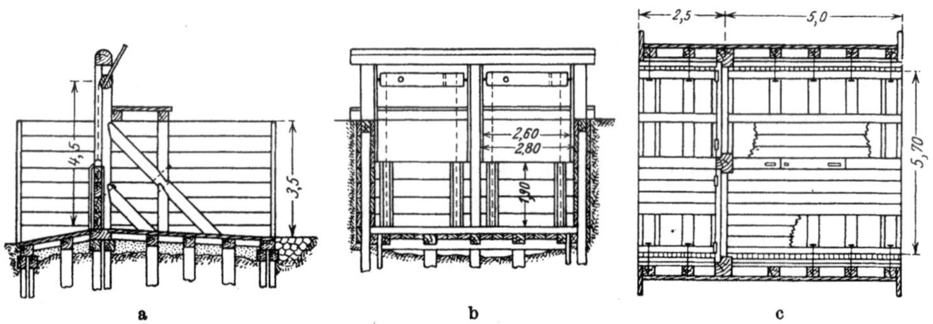

Abb. 369 a bis c. Mühlenschütz. Freiarche mit Grieswand. Maßstab 1 : 230.
a) Schnitt. b) Ansicht. c) Grundriß.

Um breitere Gerinne abschließen zu können, hat man entweder feste Zwischenstützen (Griesständer) eingebaut, so daß man die Öffnung in mehrere Teile zerlegte, oder man hat auch diese Ständer beweglich gemacht, sog. Losständer verwandt. Diese Losständer sind früher meist in reiner Holzkonstruktion ausgeführt worden. Die Schütztafeln werden heute stets mit festem Gestänge zum Öffnen versehen, da zum Herunterbringen feste Stangen nötig sind. Ganz einfache Anordnungen dieser Art zeigt Abb. 370 a bis c, die eine neuere Bauart mit Zahnstange und in U-Eisen laufender Schütztafel zeigt, sich im übrigen aber aus sich selbst erklärt. Man hat auch Schraubenspindeln zum Antrieb verwandt. Um den Reibungswiderstand geringer zu machen, hat man die Gleitfläche mit Bronzeplatten (Rostverhinderung, aber Elektrolysegefahr) belegt. Besonderes Gewicht wird darauf gelegt, daß Strauchwerk und ähnliches Treibzeug nicht in der Freiarche (alter Name für den Freilauf) festhakt. Man hat deshalb die Holzkonstruktion mit Bohlen verkleidet, so daß glatte Wände entstehen. — War der Stau hoch, dann hat man die Schützen auch der Höhe nach in mehrere Teile aufgelöst, die nacheinander herausgezogen wurden. Die dadurch entstehenden Ausführungen waren, besonders bei beweglichen Griesständern (Losständern), etwas verwickelt. Alle solche Anordnungen sind daher für heutige

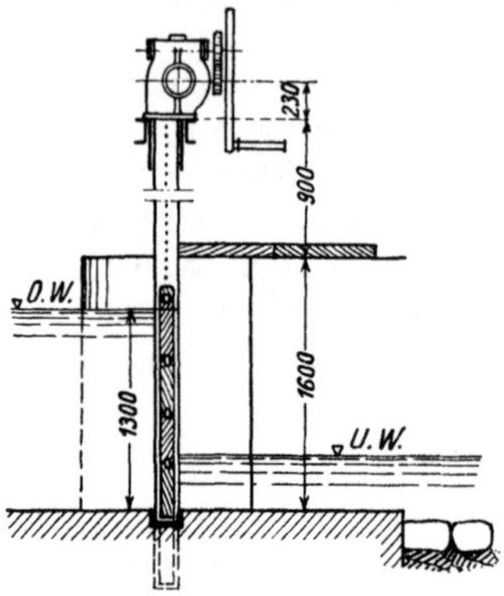

a

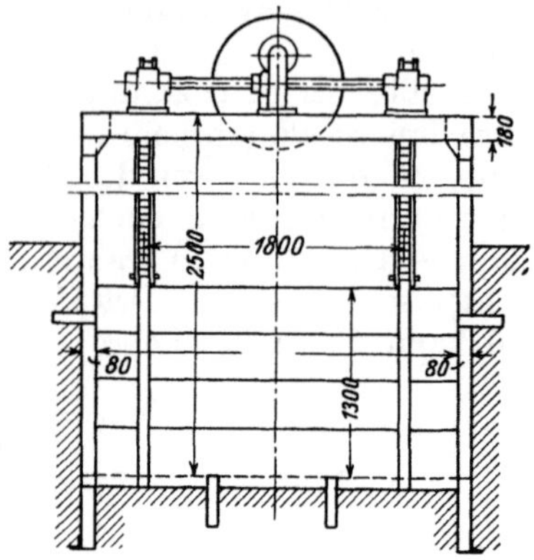

b

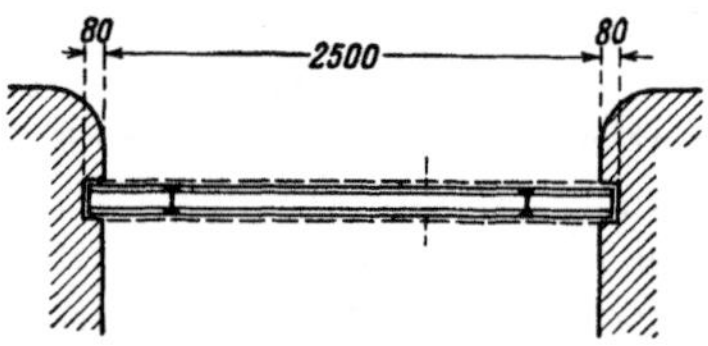

c

Abb. 370a bis c. Einfaches Schützenwehr mit eisernem Rahmen mit Vorgelege und Handantrieb.
Maßstab 1 : 80.
a) Schnitt. b) Ansicht. c) Grundriß.

Ausführungen veraltet, man wird auch bei einfachen Anlagen eine große Platte einbauen und diese dann lieber auf Rollen legen. — Die Berechnung der einfachen Schützplatte geschieht wie bei Balken auf 2 Stützen und bietet nichts Bemerkenswertes.

β) Neuere Wehre mit beweglichen Zwischenstützen.

In den alten Freiarchenschützenwehren mit beweglichen Holzpfeilern als Losständern war bereits der Weg gewiesen, der zu den neueren Wehren mit Zwischenstützen führt. Um große Öffnungen schließen, aber auch völlig freilegen zu können, war es notwendig, entweder Zwischenstützen nach Art der Nadelböcke zu schaffen oder aber eine eiserne Brücke über die Öffnung zu spannen, gegen die sich die Ständer oben anlegen konnten, während sie in dem Wehrunterbau das andere Auflager fanden. Die letztere Gruppe wird am besten mit dem Namen Brückenwehre bezeichnet.

1. Schützenwehre mit Böcken.

Die Schützenwehre mit beweglichen Böcken sind auch in neuer Zeit noch zur Ausführung gelangt. Abb. 371a u. b zeigt ein solches Wehr, wie es bei Libschitz in der kanalisierten Moldau zur Ausführung gelangt ist, um einen Schiffsdurchlaß von 65 m lichter Weite abzuschließen. Das vollständige Öffnen des Schiffsdurchlasses erfordert 6 Stunden Zeit bei Verwendung von 10 Arbeitern. Die gleiche Freilegung einer solchen Öffnung durch ein oder zwei Segmentwehre würde nur wenige Minuten erfordern.

Die Abbildungen zeigen das ganze System klar genug, so daß eine ausführliche Beschreibung entbehrlich ist. Zur Bewegung der Schützen sind fahrbare Winden vorhanden, die Böcke werden immer zu 6 Stück gekuppelt durch eine im Pfeiler stehende feste Winde umgelegt oder aufgerichtet. Die ganze Einrichtung ist sehr verwickelt, empfindlich und unwirtschaftlich, sie muß gegenüber den neueren Segment- und Walzenwehren als schlechte Konstruktion verworfen werden. Vor allem ist eine Eisabführung durch Senken des Wehres nicht möglich.

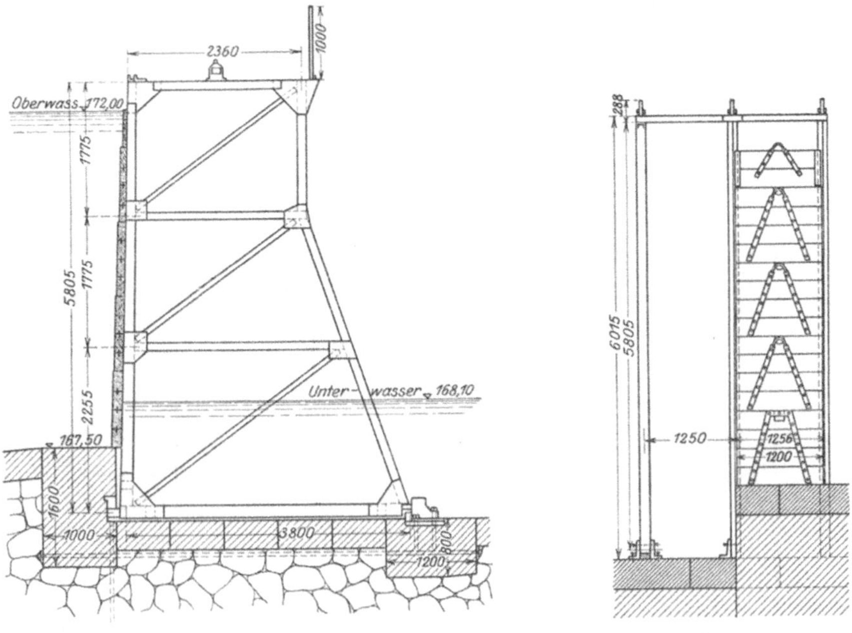

Abb. 371a u. b. Schützenwehr bei Liebschitz. Maßstab 1 : 100.
a) Ansicht eines Bockes. b) Vorderansicht einer Tafelbahn.

2. Die Brückenwehre.

Das älteste Wehr dieser Art ist das Pretziener Wehr, das den Umflutkanal der Elbe oberhalb von Magdeburg bis zu einem gewissen Hochwasserstand abschließt, um ihn erst bei HW. zur Entlastung der Stromelbe freizugeben. Bei dem Pretziener Wehr (Abb. 372a bis c) sind die beweglichen Ständer oben an der Brücke drehbar gelagert, haben unten auf der Wehrplatte ein auskuppelbares Widerlager. Das Pretziner Wehr hat seinerzeit bahnbrechend gewirkt; es wird seines historischen Wertes wegen kurz besprochen. Das Wehr hat eine Gesamtöffnung von 162,8 m mit 9 Öffnungen, in denen je 8 Losständer stehen. Es sind kleine Schütztafeln aus Buckelblech von 0,84 m Höhe und 1,31 m Breite zu je 4 übereinander angewandt worden, die durch Drahtseile herausgezogen werden. Die Auskuppelung des unteren Widerlagers geschieht durch einen Hebel, so daß nach Heraushebung der Schütztafeln und Entriegelung der Ständer letztere mit dem Strom herausgeklappt werden können. Diese Anordnung ist wegen des Eisganges wichtig. — Das Wehr ist in seiner Ausführung veraltet, aber in verbesserten Ausführungen mehrfach wieder gebaut worden. Frühere Ausführungen, bei denen das Gelenk der Losständer auf der Wehrsohle lag, so daß die Ständer auf die Sohle umgelegt wurden, sind wegen der Lage der beweglichen Teile unter Wasser und des Verschlusses der Ständer durch Geschiebe unzweckmäßig.

In Österreich hat man ähnliche Wehre wie das Pretziener gebaut, z. B. bei Mirowitz in der Moldau, bei denen man einen festen Anschlag für die Losständer verwandt hat, so daß die Ständer gegen den Strom hochgeklappt werden müssen. Bei Eisgang ist diese Anordnung gefährlich und sollte nur bei Flüssen verwendet werden, bei denen Eisgang mit Sicherheit nur bei geöffnetem Wehr eintritt. Das wird eine große Seltenheit sein.

Die Pretziner Ausführung ist in der Mulde bei Bitterfeld, der Weser bei Dörverden, in Ransern bei Breslau in der Oder usw. in verbesserter Form angewandt worden, ohne daß aber der grundsätzliche Fehler der ganzen Wehranlage, daß es zu empfindlich ist, zu große Mengen Eisen enthält, kein Eis durch Senken des Wehres abführen kann usw., behoben wäre. Es ist bedauerlich, daß man in der Weser, der Oder usw. auch in neuerer Zeit noch an dem

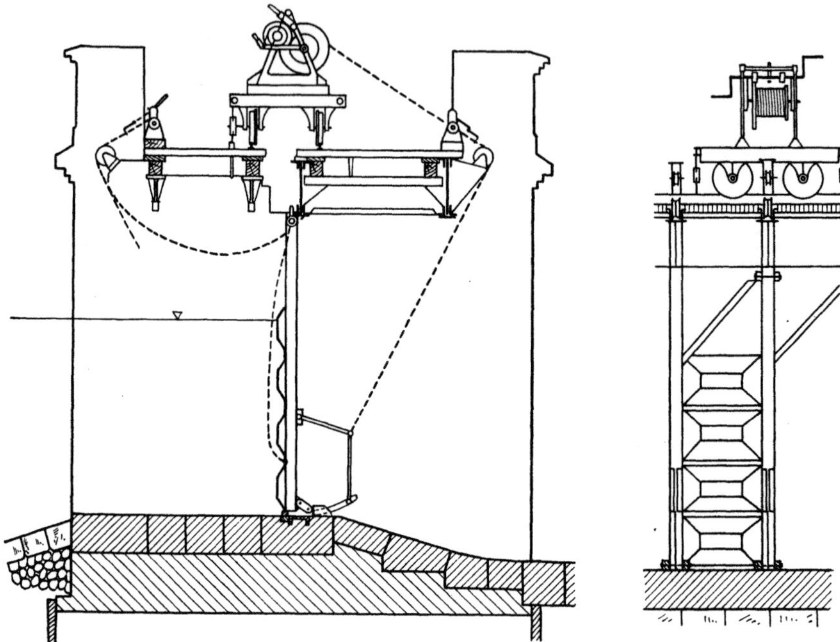

a b

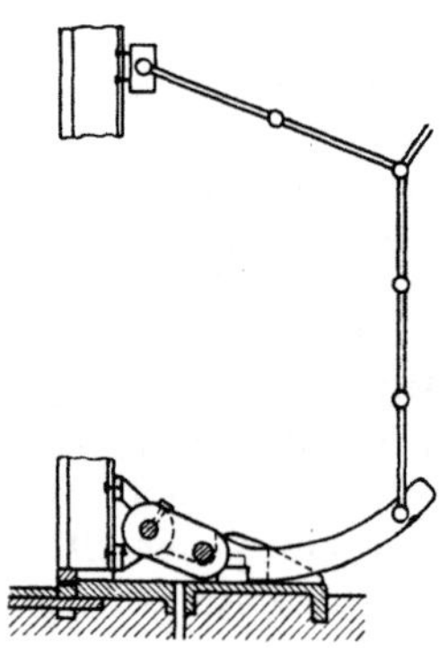

c

Abb. 372 a bis c. Pretziener Wehr.

a) Querschnitt.
b) Ansicht vom U.W. her.
c) Fangvorrichtung der Losständer.

System der alten Schützenwehre mit vielen Ständern festgehalten hat und nicht unter Verwendung von Walzen, Segmenten und Sektoren neue bessere Wehrtypen geschaffen hat. — Das bereits genannte Wehr bei Mirowitz in der Moldau ist wenigstens insofern einen großen Schritt vorwärtsgegangen, als man hier statt der einzelnen Schütztafeln, die zu je vieren übereinander liegen, eine einzige hohe Schütztafel von 5,3 m Höhe und 1,84 m Tafelbreite wählte und nun diese Schütztafeln auf Rollenzüge legte. Besser wären feste Rollen gewesen; über die Ausführung solcher Rollenzüge, die heute auch nicht mehr als zweckmäßig gelten, folgt Besprechung bei den Rollschützwehren. Auch sind nicht mehr 2 Schütztafeln auf einen Ständer beiderseits aufgelagert worden (Abb. 373), sondern man hat an Stelle eines I-Trägers 2 voneinander unabhängige [-Eisen verwandt und die zu einer Tafel gehörigen [-Eisen miteinander verbunden (Abb. 374). Dadurch ist es erreicht worden, daß man jedes Feld für sich unabhängig vom Nachbarfeld bedienen kann. Man braucht auch nicht mehr die Schütztafeln aus den Führungsständern herauszunehmen, sondern sie bleiben in dem oberen Teil der Ständer hängen, um dann mit den Ständern umgeklappt zu werden. Aufmerksam gemacht werde auch noch auf die gut durchgebildete Lagerung der Ständer in der Brücke bei den neueren Ausführungen. Die Lager sind hier in der Senkrechten durch Einlegung von Gleitkörpern beweglich gemacht, so daß die Brücke sich bei Durchbiegung auf den Ständern verschieben kann. — Trotz der in den Einzelheiten mustergültig durchgebildeten Anordnung dieses Wehres kann es den Wettbewerb mit den zylindrischen Wehren nicht aushalten und sollte nicht wieder gebaut werden. Auch die großen Schützenwehre ohne Zwischenstützen sind überlegen.

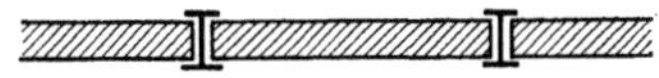

Abb. 373.

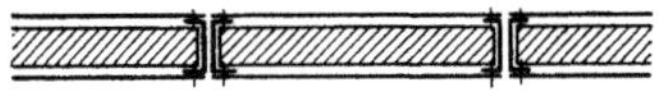

Abb. 374.

Abb. 373 u. 374. Alte und neue Lagerung der Schütztafeln bei Ständerwehren.

Eine besondere Gruppe bilden die Hubbrückenwehre, wie sie z. B. in Melnik (kanalisierte Mittelelbe) und im New York-Barge-Kanal ausgeführt worden sind. Die Ausführung geht hier einen ganz anderen Weg dadurch, daß man die Brücke dicht über den höchsten Stau legt, nun aber die Brücke in eine Hubbrücke umwandelt. Die ganze Ständeranordnung wird jetzt natürlich viel leichter, weil die Ständer viel kürzer werden. Die Auslösung der Ständer geschieht durch das Heben der Brücke um einige Dezimeter, da dann die Ständer unten ihr Widerlager verlieren. Die Ständer können dann umgeklappt werden und das ganze Wehr mit der Brücke so hoch gehoben werden, daß die Öffnung gänzlich frei wird. Von den Schützenwehren mit Losständern ist diese Art jedenfalls die beste. Eine ähnliche Wirkung hat man in Breslau durch Anordnung sehr schwerer Exzenter, die die Ständer über die Schwelle heben, erreicht, ohne damit aber einen guten Wehrtyp geschaffen zu haben. Eine besondere Art hat sich für den Abschluß von Schleusenkanälen (Sault St. Marie in Kanada) und im Panamakanal entwickelt. Es sind das die Drehbrückenwehre, bei denen durch Verwendung von Drehbrücken eine ganz ähnliche Wirkung erzielt wird wie durch Hubbrücken. Für Seeschiffe waren Hubbrücken wegen des notwendigen großen Hubes nicht anwendbar, so daß man hier zu Drehbrücken greifen mußte[1]).

γ) Neuere Wehre ohne bewegliche Zwischenstützen.

1. Allgemeines.

Bei Überdeckung breiter Öffnungen durch Schütze sind Gleitschütze meist nicht mehr anwendbar, weil der Reibungswiderstand zu groß wird.

Anordnungen wie die in Wangen an der Are, bei der Gleitschützen von 4,6 m Breite und 2,1 m Höhe verwandt wurden, können als veraltet gelten. Die Aufzugswinden werden wegen der großen Kräfte zu schwer. Das Beispiel von Wangen zeigt, daß man solche Schwierigkeiten überwinden kann, es beweist aber nicht die Richtigkeit der Anordnung.

Rollschützen können sich zwischen Steinpfeilern, auch zwischen Eisenständern bewegen. Da es sich meist um breite Tafeln handelt, so ist die zwangläufige Führung von großer Bedeutung, da sonst leicht ein Verecken eintreten könnte. Ebenso ist die Dichtung der Tafeln an den Seiten hier von besonderer Bedeutung, da die Rollen einen kleinen Zwischenraum zwischen Schütztafel und Pfeiler voraussetzen. Dieser Zwischenraum muß durch irgendwelche gleitende Dichtungen, die das Rollen nicht verhindern, überbrückt werden.

[1]) O. Franzius, Der Panamakanal, Z. D. J. 1914.

Die Berechnung der Schützplatte geschieht nach dem Grundsatz des Balkens auf 2 Stützen. Bei größeren Platten sind entweder Blechträger- oder Gitterträgerkonstruktionen notwendig. Die Platten werden aus Riegeln zusammengesetzt, die durch senkrechte Querkonstruktionen verbunden sind und auf deren Oberseite die Blechhaut aufgenietet ist. — Die Arbeit wird verbilligt, wenn die Riegel gleich stark werden. Man kann das bis zu gewissen Grenzen durch die Anwendung der folgenden Berechnung erreichen (Abb. 375). Oberhalb des Unterwassers nimmt der Wasserdruck nach dem Bilde des Dreiecks, unterhalb nach dem des Rechtecks zu. Unterhalb des Unterwassers kann man also eine gleichmäßige Einteilung wählen.

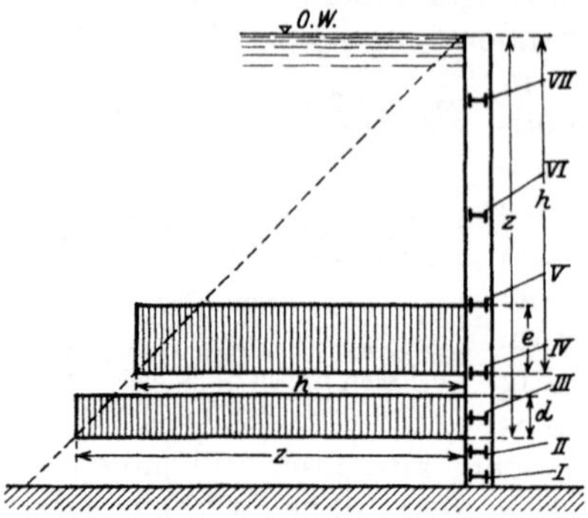

Abb. 375. Berechnung der eisernen Schütztafeln.

Der Druck des Wassers über dem Unterwasser ist bei einer Stauhöhe: H $W = \frac{H^2}{2}$. Hiernach hat man dann zu entscheiden, wieviel Druck ein Riegel aufnehmen soll. Soll ein Träger z. B. $\frac{1}{n} W$ übernehmen, dann ist jede Fläche so groß zu machen, daß ihr Druck $\frac{1}{n} W$ entspricht. Für die Streifen unter dem Unterwasser ergibt sich daraus sofort, daß ihre Höhe ist

$$h_n = \frac{H}{2n}, \quad \text{denn dann ist} \quad W_n = \frac{H^2}{2n} = \frac{W}{n}.$$

Die Höhe des obersten Dreiecks ist $h_1 = H\sqrt{\frac{1}{n}}$, die Gesamthöhe h_2 des zweiten Dreieckes ist $h_2 = H\sqrt{\frac{2}{n}}$, des dritten $h_3 = H\sqrt{\frac{3}{n}}$ usw. Daraus folgen die Dreiecksinhalte:

$$\Delta_1 = \frac{H^2}{2}\frac{1}{n} = \frac{w}{n}; \quad \Delta_2 = \frac{H^2}{2}\frac{2}{n} = \frac{2}{n} w; \quad \Delta_3 = \frac{H^2}{2}\frac{3}{n} = \frac{3}{n} w.$$

a

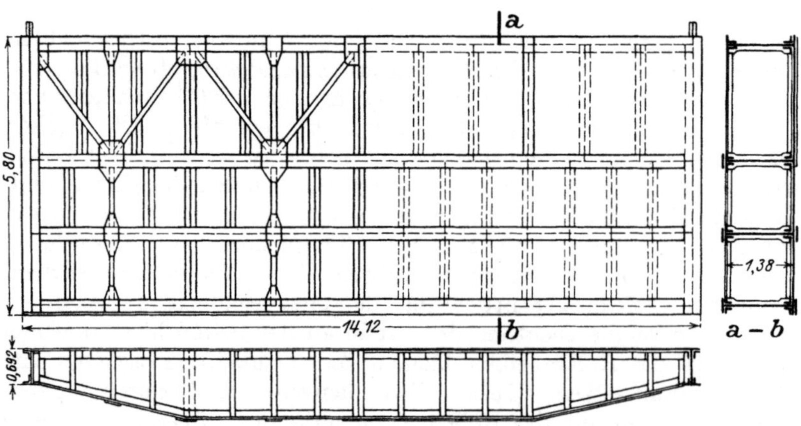

b

c

Abb. 376 a bis c. Stoney-Schütz im Gatundamm. Maßstab 1 : 160.

a) Ansicht. b) Wagrechter Schnitt. c) Lotrechter Schnitt $a-b$.

Der Unterschied von Dreieck zu Dreieck ist somit immer $\frac{w}{n}$, daraus folgt, daß alle Streifen den gleichen Inhalt haben wie das oberste Dreieck. Man kann somit die Abstände bequem mit dem Rechenschieber errechnen. Kann das Unterwasser sehr flach werden, dann empfiehlt es sich, es ganz zu vernachlässigen, weil es durch den Wassersprung ganz verschwinden kann, sowie das Wehr ein wenig angehoben ist. Soll der obere Teil eines Schützenwehres fest sein, z. B. durch eine Mauer gebildet werden, dann ist die Berechnung gleichfalls durchführbar. Die Druckflächen für Riegel und Blech werden am besten vereinfacht wie in Abb. 375 angesetzt.

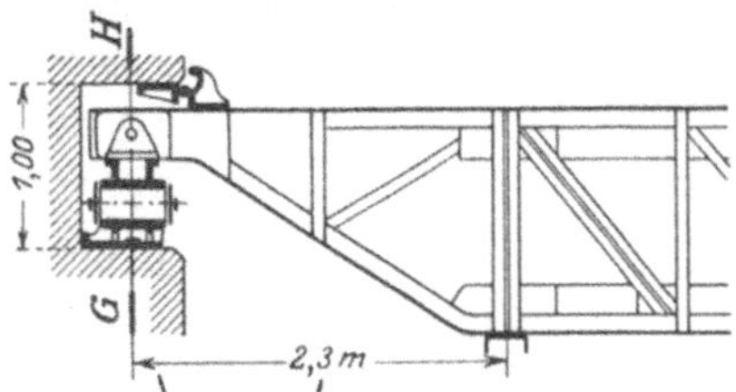

Abb. 377 b. Maßstab 1:85.

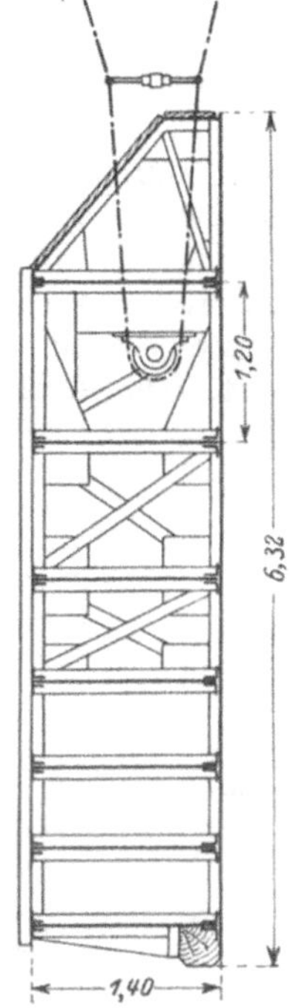

Abb. 377 a.

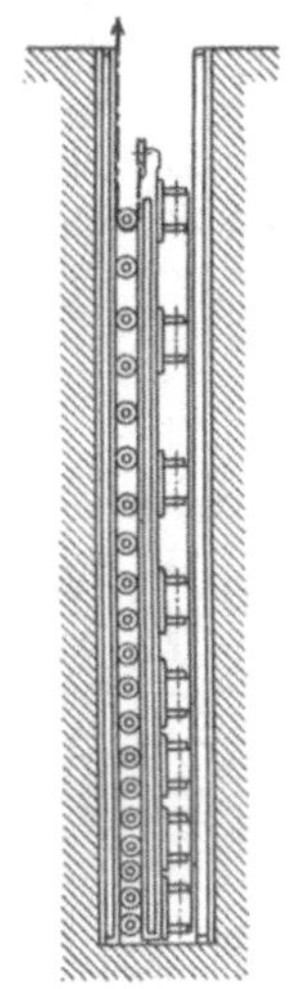

Abb. 378.

Abb. 377—378. Schützenwehr an der Aare in der Beznau.

Abb. 377 b. Horizontalschnitt durch das Schütz. Abb. 377 a. Vertikalschnitt. Abb. 378. Vertikalschnitt durch Auflager und Rollenwagen *G-H*.

Bilder von ausgeführten großen Schütztafeln zeigen Abb. 376—378. Es handelt sich in allen Fällen um die Ausführung dicht genieteter, sonst aber normaler Eisenkonstruktionen. Besonderes Gewicht ist darauf zu legen, daß Hohlstellen vermieden werden, damit alles immer gut im Anstrich gehalten werden kann. Wie bei Schleusentoren empfiehlt es sich, krumme Bleche zu vermeiden und alles eckig zu biegen. Gekröpfte Winkel werden sich nicht vermeiden lassen, können auch nicht als schädlich gelten. — Diagonalaussteifungen werden meist entbehrlich sein, da die Haut eine genügende Aussteifung bildet.

Die Schütztafeln werden aus Rücksicht auf eine bequeme Konstruktion meist in den Falzen auf Flächen gelagert, die parallel mit der Schütztafel liegen. Diese Lagerung nimmt keine Rücksicht auf die Spannungen infolge Wärmedehnung der Schütztafeln. Es können durch Längenänderungen der Tafeln große seitliche Kräfte erzeugt werden, die ein Ausschlagen des normalen Auflagerdruckes bis zu 30° und mehr nach jeder Seite möglich machen. Bei Zusammenziehung der Tafeln

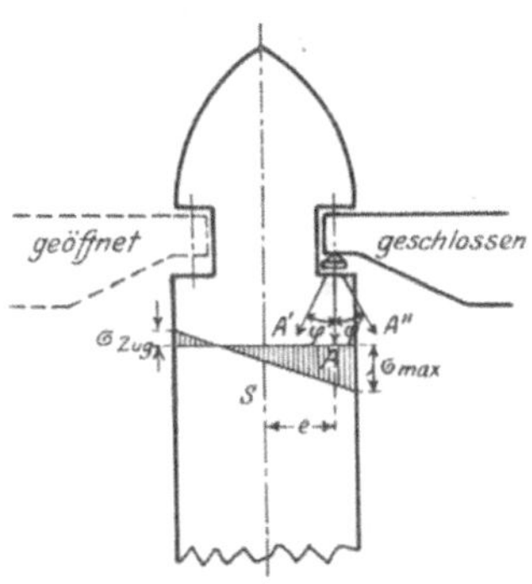

Abb. 379.

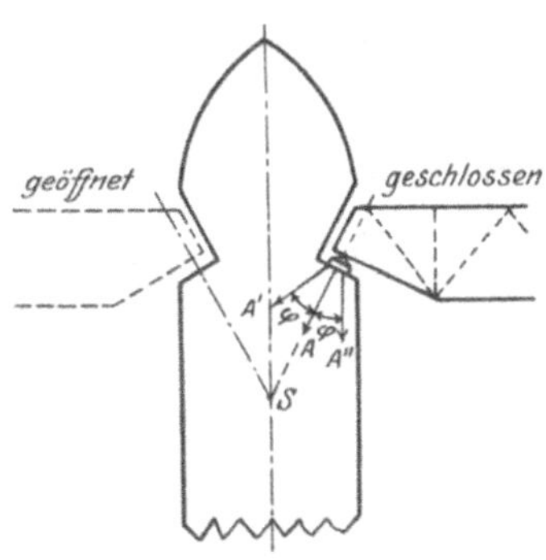

Abb. 380.

Abb. 379 u. 380. Beanspruchung der Schützpfeiler.
Abb. 379 bei rechtwinkligen, Abb. 380 bei schrägen Auflagern.

durch Abkühlung schlägt dann der Auflagerdruck nach der freien Seite aus. Es kann dann leicht ein Abscheren der Nut eintreten (Abb. 379), wenn nicht durch kräftige Eiseneinlagen vorgesorgt ist. Man kann dieser Gefahr durch Schrägausbildung der Nutenflächen (Abb. 380) vorbeugen. Diese Ausbildung wird von Eggenschwylers vorgeschlagen. Sie hat auch noch den Vorteil, den Pfeiler weniger zu schwächen als die mit geraden Nuten.

2. Die Rollenauflagerung und die Dichtung.

Es sind zu unterscheiden feste Rollen und Rollenzüge. — Die Rollenauflagerung an sich bietet meist wenig Neues, da es sich um Teile handelt, die im Maschinenbau weitgehend entwickelt sind, die Anordnung der Dichtung ist dagegen das wichtige. Abb. 381 u. 382 zeigen Auflagerungen auf festen Rollen. Die erste Abbildung zeigt eine Platte aus Holzbalken, die Dichtung wird durch ein federndes Blech, das mit Chromleder belegt ist, besorgt. Die zweite Anordnung Abb. 382 zeigt die Schütztafel im Umlauf einer Schleuse im Schnitt. Die Dichtung kann hier die gleiche wie bei Wehren sein, da ein grundsätzlicher Unterschied nicht besteht. Auch hier wird bei dem gewöhnlichen Rollschütz eine seitliche Dichtung, am besten durch federnde Bleche, ausgeführt. Die Auflagerung von Schütztafeln auf festen Rollen ist u. a. durch Louis Eilers, Hannover für Druckstollen von Talsperren bei Wasserdrücken von mehreren 100 m durchgeführt worden, kann danach auch bei jeder Wehrplatte durchgeführt werden.

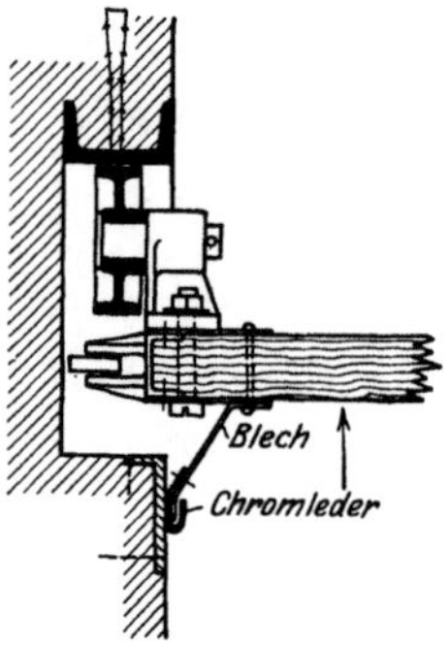

Abb. 381. Feste Rollenauflagerung.

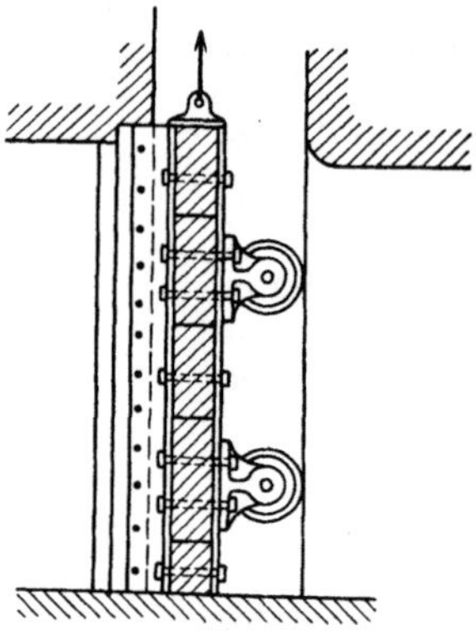

Abb. 382. Feste Rollenauflagerung.

Handelt es sich um große Platten, bei denen ein Bewegen durch den Wind zu befürchten ist, nachdem sie aus dem Wasser herausgehoben sind, dann ist noch eine Gegenrolle auf der anderen Seite notwendig. Es empfiehlt sich, die Dichtung möglichst nach dem Oberwasser zu legen, so daß die beweglichen Teile sich an der Luftseite befinden. Bei niedrigen Wasserständen ist man dann in der Lage, Anstriche daran ausführen zu können.

Die Auflagerung auf Rollenzügen (Abb. 378 u. 383—386) hat den Nachteil, daß der Rollenzug sich bei der Hebung nur halb so schnell bewegt wie die Wehrplatte. Es ist die gleiche Erscheinung wie bei dem Verschieben von Blöcken auf Rollen, wobei immer die Rollen hinter dem Block zurückbleiben, vorn immer neue eingeschoben werden müssen. Der Rollenzug wird stets an der Schützplatte aufgehängt, weil er sonst nach gänzlichem Herausheben des Schützes herausfallen könnte. Man hängt ihn so auf, daß er in einem einfachen Flaschenzug hängt (Abb. 388), wobei die Aufhängerolle nicht den gleichen Durchmesser zu besitzen braucht, wie die Druckrollen; ein Seilende der Aufhängung ist dann an dem Schütz, das andere oben an dem Pfeiler befestigt. Die Abschleifgefahr ist bei den Rollenzügen eine große.

Eine zweckmäßige Lösung für das schnellere Heben des Rollenzuges nach erfolgter Heraushebung des Schützes aus dem Wasser ist bei den Schützen des Freipasses des Gatunsees im Panamakanal gefunden worden (Abb. 390 a u. b). Hier ist in das eine Seil ein vielfacher Flaschenzug eingeschaltet worden, dessen beide Rollensätze durch einen Stempel verhindert werden, sich einander zu nähern. Sowie nun das Schütz bis über das Wasser gehoben ist, wird es

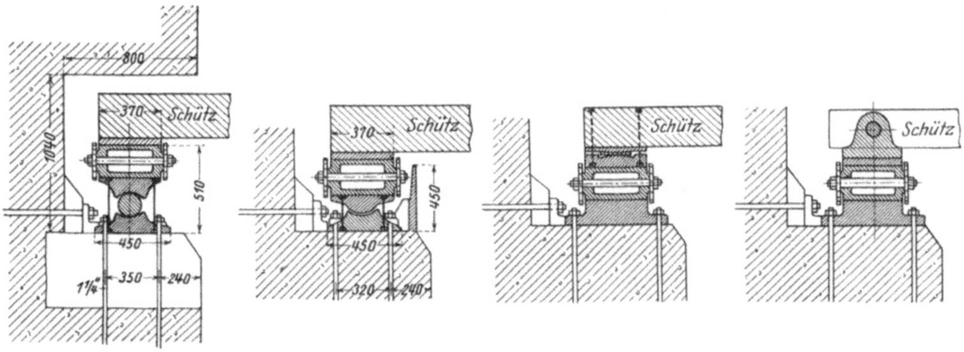

Abb. 383. Abb. 384. Abb. 385. Abb. 386.

Abb. 383—386. Seitliche Lagerung der Rollschütze. Maßstab 1: 50.

durch eine Rolle von der Auflagerung abgedrückt, so daß der Rollenzug frei hängt, ferner greift jetzt eine Nase, die am Pfeiler befestigt ist, in die untere Rollenflasche ein und hält sie fest. Der Flaschenzug muß sich jetzt auseinanderziehen und hebt dadurch den Rollenzug mit einer vervielfachten Geschwindigkeit, so daß er am Ende der Bewegung des Schützes nicht mehr unter dem Schütz heraushängt.

Die Auflagerung auf Walzenzügen muß so geschehen, daß die Schütztafel Durchbiegungen ausführen kann, ohne dabei nur auf den Kanten der Walzen zu laufen. Es muß somit eine bewegliche Querauflagerung geschaffen werden. Eine solche Auflagerung zeigt das Wehr bei Chèvres (Abb. 387). Hier ist der am Schütz befindliche Lagerstuhl gelenkartig im Schütz gelagert. Dieses letztere Bild zeigt zugleich eine oft angewandte gute Dichtungsart durch Rundstäbe. Zwischen die Eckenbewehrung des Pfeilers und den Z-förmigen Körper wird der eschene Rundstab eingelegt, der elastisch ist und eine gute Abdichtung durch den Wasserdruck selbst ergibt. Die Erfahrung hat bei diesem Wehr gezeigt, daß das viel feinen Sand führende Wasser bald ein starkes Abschleifen des Rollenzuges verursacht hat, wenn er bei teilweise gehobenem Schütz nach unten heraushängt. Um diese Schleifarbeit zu vermindern, hat man die Schilde A und B oberhalb und unterhalb angebracht.

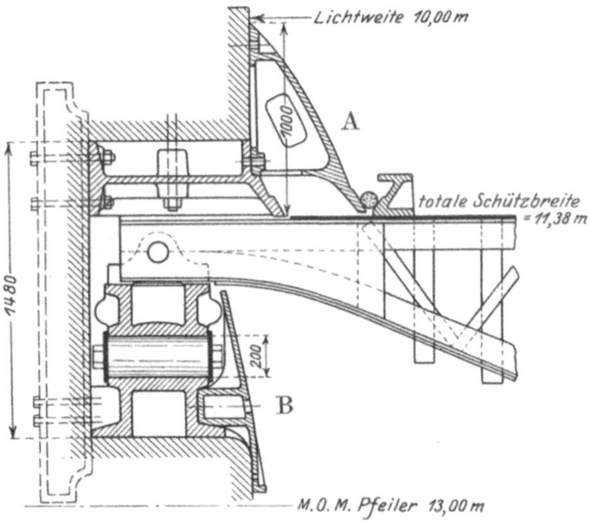

Abb. 387. Rollschütz bei Chèvres. (Abweisschild A und B gegen Sand nachträglich angebracht.) Maßstab 1: 40.

Eine besonders gute Ausbildung zeigen die Schützen am Gatunwehr bei Panama. Die Dichtung wird hier durch eine Leiste bewirkt, die durch eine Feder angedrückt wird, ferner durch ein Flacheisen, das in einer Nut der Mauer entlang schleift. Da dabei die Bewegung nur eine sehr beschränkte sein darf, so ist neben der Rollenauflagerung die Anordnung von Gegenrollen und auch noch von Querrollen, die jedes Verecken ausschließen, notwendig geworden.

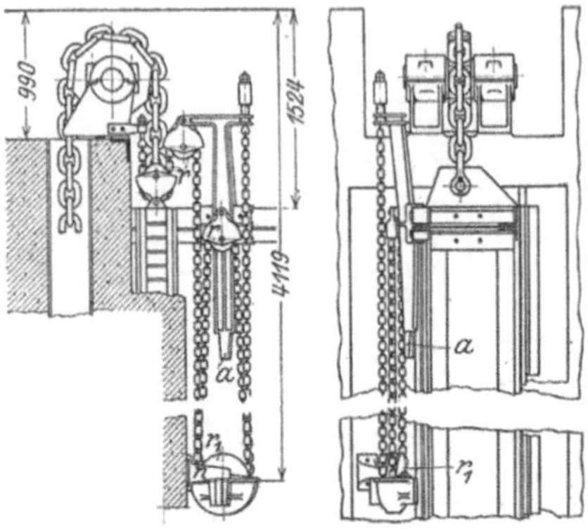

Abb. 389 a u. b. Rollenzug bei den Schützentafeln des Gatundammes. Maßstab 1:85.

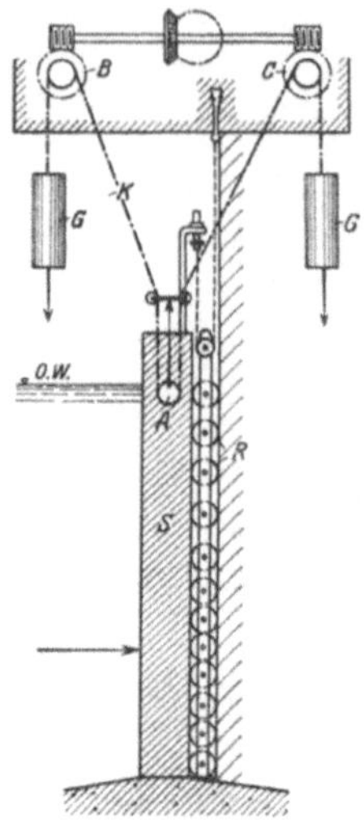

Abb. 388. Rollschütz. Aufhängung.

Das Gewicht der Schütztafeln wird durch Gegengewichte aufgehoben. Man hat dann nicht mehr unmittelbar das Gewicht der Tafel zu heben, sondern nur noch den Reibungswiderstand der Rollen, an denen Platte und Gegengewicht hängen und den Rollwiderstand der Platte selbst am Pfeiler zu überwinden. Der Widerstand der oberen Rollen ist sehr gering, da die Rollen groß gewählt und stets in guter Schmierung gehalten werden können, er ist maschinenbautechnisch genau faßbar. Der Widerstand der Rollen, auf denen die Schütztafel rollt, würde nach den Versuchen, die man in der Werkstatt mit derartigen Anlagen (auch z. B. bei Drehrücken) gemacht hat, 0,01 der Last betragen. Erfahrungsgemäß ist aber der Rollenwiderstand 10 mal so groß, also 0,1 W, kann aber bis zum Werte der gleitenden Reibung wachsen. Die Ungleichmäßigkeit der Rollenbahn, Abschleifen der Rollen, Verschmutzung, ungleichmäßige Auflagerung der Schütztafel, vor allem auch das Einfrieren verursachen diese Steigerung. Da nun der Gleitwiderstand wenigstens 0,5 W betragen würde, so bedeutet die Anbringung der Rollen, solange sie sich drehen, immerhin eine Verminderung auf $^1/_5$ des Reibungswertes des einfachen Gleitens. Man kann aber bei großen Bewegungspausen keine Gewähr dafür übernehmen, daß die Rollen nicht unbeweglich werden. Es ist das eine immer wieder auftretende Erfahrung.

Die Gegengewichte werden entweder an Drahtseilen, besonders bearbeiteten Gliederketten oder Gallschen Ketten aufgehängt. Den Antrieb trennt man am besten ganz von der Gegengewichtsaufhängung. Die Gegengewichte können schräg in den Pfeiler geführt werden, wo am besten wasserdichte Schächte hergestellt werden. Zum Antrieb sind bei breiten Schützen Drahtseile nicht zweckmäßig, weil man bei ihrer Verwendung noch für eine besondere Parallelführung des Schützes sorgen müßte. Verwendet man dagegen festes Antriebsgestänge, wie Zahnstangen, Spindeln oder Gallsche Ketten, dann ist die Parallelführung durch Kuppelung der Antriebsorgane (Zahnräder oder Schneckenräder) leicht zu erreichen. Man braucht z. B. nur die Antriebsritzel durch eine (am besten schnellaufende) Welle zu verbinden, um die Zwangläufigkeit zu sichern.

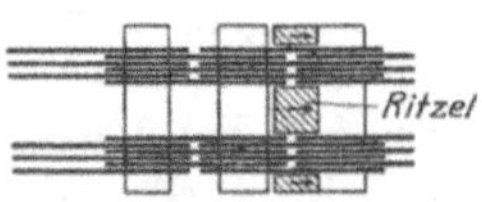

Abb. 390. Patentlaschenkette der M.A.N.

Die Gegengewichtsseile werden ganz am Ende der Schützen angebracht, während die Antriebsstangen bei einigen Ausführungen in $^1/_4$ der Länge von den Enden angreifen. So ist es z. B. bei dem Herbrunner Wehr in der Ems gemacht worden, das Schütztafeln von 8,5 m Länge und 2,5 m Höhe besitzt. Die Genauigkeit der Parallelverschiebung ist aber größer, wenn der Antrieb auch an die Enden verlegt wird. Eine solche Anordnung der M. A. N. mit Gelenkgliederketten der M. A. N. zeigt Abb. 395.

3. Doppelschützen.

Die Forderung, daß der obere Teil eines Wehres zwecks Eisabführung gesenkt werden kann, wird durch die bisher besprochenen Schützanordnungen nur in seltenen Fällen, meist aber nicht erfüllt. Die bisherigen Schützenwehre sind deshalb auch zum großen Teil als veraltet anzusehen. Der Fehler kann durch Anordnung von Doppelschützen, die aneinander vorbeibewegt werden können, beseitigt werden. Ein älteres Beispiel solcher Schützen ist das Wehr im Rhein bei Lauffenburg. Hier ist jede Schütztafel für sich auf Rollenzug in besonderer Nische geführt, Abb. 391. Durch diese Anordnung wird die Stützweite der unteren (stärker beanspruchten) Tafel vergrößert. Die Abdichtung zwischen den beiden Schützplatten macht gewisse Schwierigkeiten, auf die hier nicht näher eingegangen werden soll, da bessere Konstruktionen mit festen Rollen vorhanden sind.

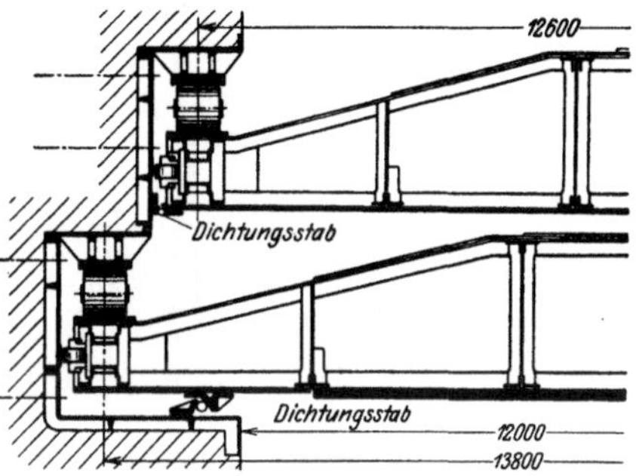

Abb. 391. Schnitt durch die Rollennischen des Wehres in Lauffenburg.

Abb. 391 zeigt. wie die Dichtung an den einzelnen Platten vorgenommen wird. Die beste Lösung hierfür ist von der M. A. N. in ihrer Doppelschützanordnung gegeben. Abb. 392 zeigt die Anordnung einer älteren Doppelschützkonstruktion, Abb. 394 die der neuen M.-A.-N.-Schütze. Die M. A. N.

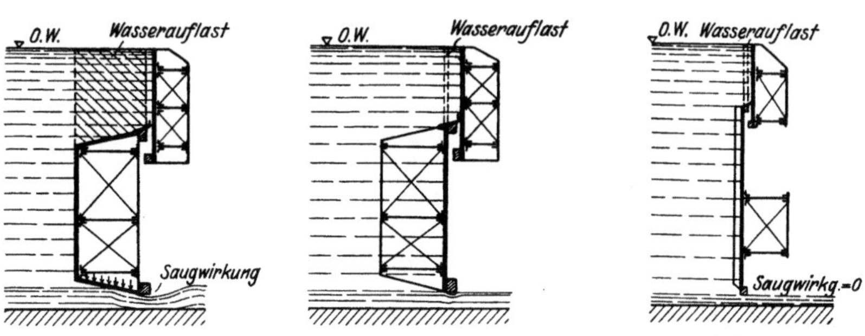

Abb. 392. Abb. 393. Abb. 394.

Abb. 392—394. Saugwirkung der Doppelschütze.

Abb. 392. Gewöhnliches Doppelschütz. Große Druck- und Saugwirkung. Vorteil: Konstruktion nicht im Wasser. Abb. 393. Gewöhnliches Doppelschütz, kleine Druck- und Saugwirkung, aber Nachteil, daß Konstruktion im Wasser steht. Abb. 394. M.-A.-N.-Doppelschütz vereint die Vorteile beider Formen.

hebt als Vorteil ihrer Anordnung besonders hervor, daß das untere Schütz nicht wie bei der älteren Anordnung den Wasserballast zu heben brauche, auch entstehe bei der älteren Methode nach Anheben eine Saugwirkung, die einen Zug nach unten auf das untere Schütz ausübe, so daß beträchtliche Gewichte zu heben wären. Dieser Vorteil ist ein großer. Die Nachteile der älteren Anlage können aber auch sofort beseitigt werden, wenn man die Dichtungshaut nicht auf die Oberwasserseite des unteren Schützes legt, sondern auf die Unterwasserseite, Abb. 393. Die Wirkung ist dann genau die gleiche wie bei der M.-A.-N.-Anordnung. Es liegt dann aber die ganze Tragkonstruktion der Unterschütze im Wasser, etwas, was als Nachteil angesehen werden müßte. Zudem hat die M.-A.-N.-Schützenanordnung den Vorteil, daß die Rollen beider Schützen auf der gleichen Rollenbahn laufen können. Die M.-A.-N.-Anordnung ist somit vorzuziehen. Die Doppelschütze erlauben es je nach Belieben, entweder das Oberschütz zwecks Eisabführung zu senken oder das untere zwecks Geschiebefortspülung zu heben. Die Dichtung geschieht am besten durch 2 Leisten, die sich dicht aneinander legen. Durch Auflage einer Lederplatte kann die Dichtung fast vollkommen gemacht werden. Die M.-A.-N. verwendet ein freibewegliches Blech als Dichtung. Abb. 395 b zeigt die Dichtung eines solchen Schützes. Die Dichtung ist hier dadurch, daß sich die beiden gleich langen Dichtungsplatten dicht nebeneinander befinden,

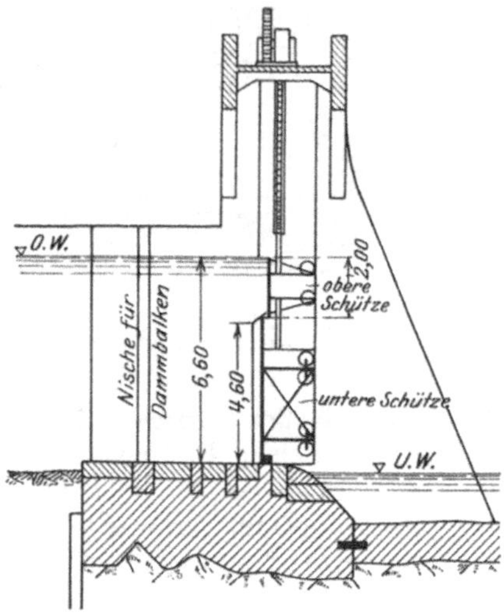

Abb. 395 a. Doppelschütz nach Entwurf der M.-A.-N. Maßstab 1: 300.

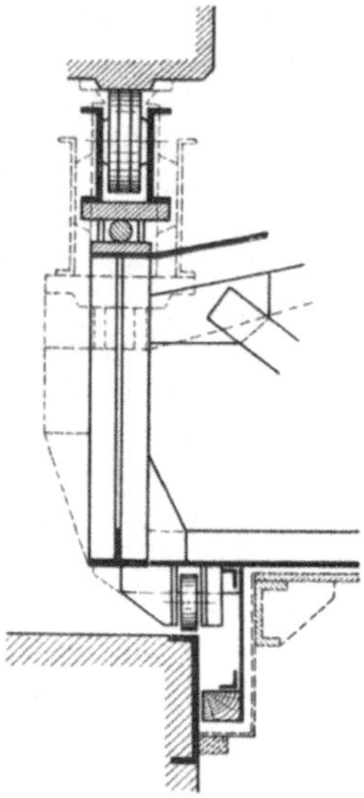

Abb. 395 b. M.-A.-N.-Doppelschützdichtung. Grundriß. Maßstab 1 : 50.

wesentlich vereinfacht. Es muß aber immer noch an der Wand eine besondere Dichtung durchgeführt werden. Man sieht, wie in der Abbildung die Dichtungsbleche hier umeinander fassen. Die Ausführung einer guten Dichtung ist auch hier der schwierigste Teil der Anlage. Die M.-A.-N.-Schützen sind bis zu 17 m Breite und bis zu 10 m Stauhöhe erbaut worden. Es bestehen aber keine Hindernisse, diese Maße bei Rollenschützenanordnung noch zu steigern. Im allgemeinen wird man aber den Walzenwehren, den Sektorwehren oder den Segmentwehren den Vorzug vor den Doppelschützen geben müssen.

3. Zylindrische Wehre.

1. Segmentwehre.

Das Segmentwehr besteht aus einem zylindrischen Stauschild, das durch einzelne Arme gegen weiter zurückliegende Lager abgestützt wird (Abb. 396—401). Wenn die Öffnung gänzlich freigelegt werden soll, dann werden nur 2 Arme an den beiden Außenseiten angebracht. Diese Arme werden oft nach hinten über das Auflager verlängert und mit Gegengewichten versehen, Abb. 396, so daß hier —

ähnlich wie bei den Rollschützen — nur noch der Reibungswiderstand in den Lagern zu überwinden ist. Die Gegengewichte können auch durch Seilzug unmittelbar am Staukörper wirken. Die gefährlichen Punkte bei diesen Wehren sind die Lager, da der Wasserdruck allein von diesen Lagern aufgenommen werden muß. Andererseits ist aber die Zusammenfassung der Kräfte in diesem einen Punkte eine große Sicherheit, weil man jetzt den Punkt so ausbilden muß, daß er mit Sicherheit Widerstand leisten kann. Die Arme liegen in ausgesparten Nischen, die wegen der Eisenkonstruktion der Arme eine größere Tiefe erhalten müssen als bei Rollschützen. Die Wehre können so gebaut werden, daß sie nur nach oben oder auch nach oben und unten bewegt werden können. Können sie nicht nach unten abgesenkt werden, dann ist eine besondere Vorrichtung zum Umklappen des oberen Teiles des Segmentes erforderlich. Eine solche Vorrichtung ist in Abb. 396—398 dargestellt. Ein nach unten versenkbares Wehr zeigt Abb. 401.

Das Gerippe der Stauwand ist je nach der Zahl der Stützarme als Portalrahmen oder als Balken auf mehreren Stützen zu berechnen. Meist wird die Stauwand als eine Art von Kastenträger ausgebildet. Da der größte Wasserdruck aber im unteren Teil wirkt, so müssen die Hauptträger auch dort angebracht werden. Es ergibt sich daraus logisch eine Hammerform, wie sie auch in Abb. 396 gezeigt wird. Bei kleineren Stauhöhen ist diese Hammerform in besonders klarer Weise zum Ausdruck gekommen. Da hier die Dichtungsplatte ebensowenig gegen die Wand gepreßt wird wie bei einem Rollschütz, so ist eine ähnliche Dichtung notwendig. Sie macht keine besonderen Schwierigkeiten, da sich die zylindrische Stauwand in einer zylindrischen Nische parallel herausdreht. Es werden auch hier federnde Bleche verwandt, vgl. Abb. 398, die mit Chromleder umlegt sind.

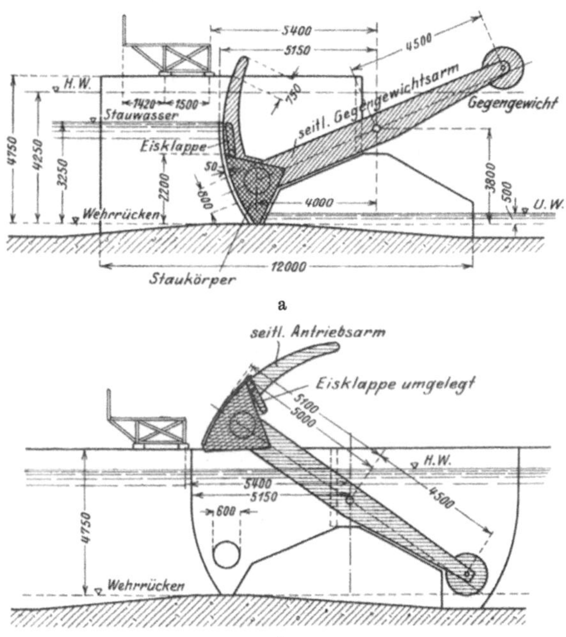

Abb. 396 a u. b. Segmentwehr mit Gegengewicht und Eisklappe. Maßstab 1:250. a gesenkt. b gehoben.

Soll das Wehr nach unten absenkbar sein, dann ist an der Oberkante der wagerechten festen Wehrschwelle gleichfalls ein federndes Blech notwendig, an dem die Staufläche vorbeistreicht. — Eine gute Dichtung dieser Art zeigt das Sektorwehr in Bremen, Abb. 402 (vgl. folgenden Absatz, so daß sich weiteres hier erübrigt).

Nach unten versenkbare Segmente kommen nur in besonderen Fällen zur Anwendung, sie werden in fast allen Fällen durch ein Segment mit oberer Eisklappe ersetzt werden können. Diese Wehrausbildung wird im allgemeinen eine bessere Dichtung ermöglichen, als die mit Absenkung nach unten.

Bei der Berechnung zweiarmig gestützter Segmente sind die Verbiegungen der Arme theoretisch entsprechend zu berücksichtigen, denn da das Wehr sich in der Mitte durchbiegen muß, werden die Seitenarme die entgegengesetzte

Durchbiegung durchmachen. Praktisch wird aber meist nur die Verdrehung durch entsprechend kräftige Lagerausbildung berücksichtigt[1]).

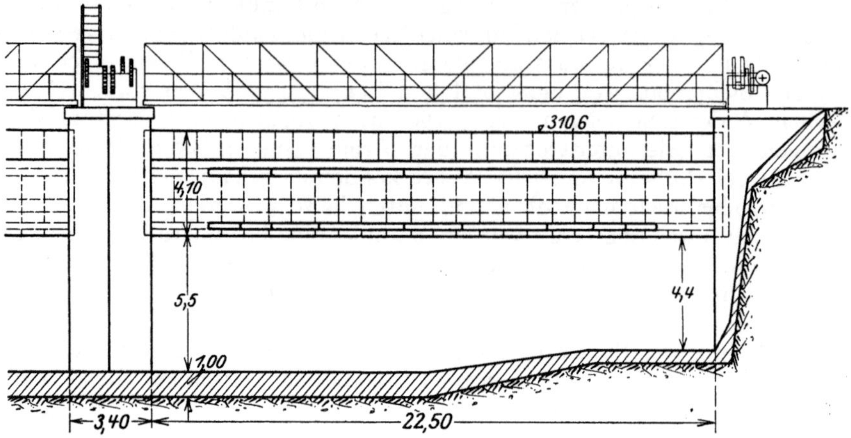

a

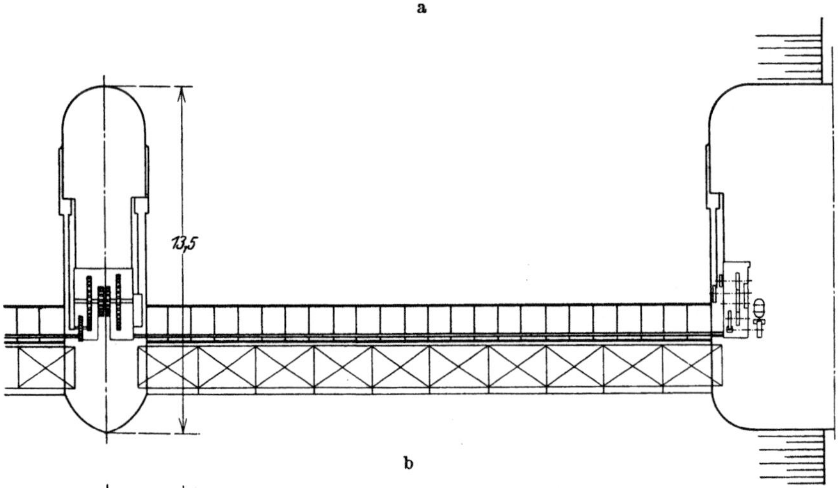

b

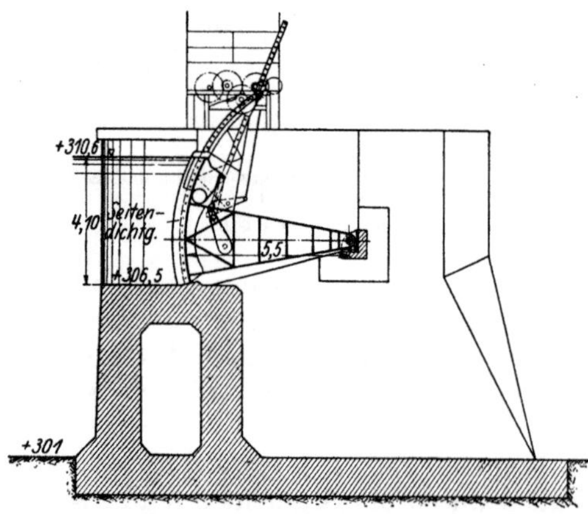

c

Abb. 397 a bis c. Segmentwehr (Louis Eilers) bei Boberröhrsdorf. Maßstab 1: 300.
a Querschnitt. b Lageplan. c Längsschnitt.

Das Segmentwehr kann auch so ausgeführt werden, daß es den Oberwasserstand automatisch unverändert hält, daß es also automatisch gesenkt wird, wenn der Oberwasserstand steigt, daß es sich aber hebt, wenn der Wasserstand abnimmt. Es liegt dafür eine Konstruktion von Louis Eilers vor. Der Antrieb der Segmentwehre erfolgt entweder am Lager durch Zahnradgetriebe oder besser durch Zugstangen, die am Stauschild angreifen. Man

[1]) Dr. Kulka, Segmentwehre, Verlag Wilhelm Engelmann, Leipzig.

ist heute dazu gekommen, den Antrieb selbst einseitig wirken zu lassen, wobei die beiderseitig wirkenden Huborgane zwangläufig mit dem einseitigen Antrieb verbunden sind. Kulka verwendet zur Kraftübertragung schnell laufende Wellen mit Zahnradübersetzung. Die Verdrehung dieser schnell laufenden Welle spielt gegenüber der einer sich langsam drehenden keine wesentliche Rolle mehr.

Die neueste Konstruktion von Louis Eilers, Hannover, hat eine besonders praktische Eisklappe vorgesehen. Der Antrieb erfolgt am besten so, daß durch eine Hubstange die Klappe umgelegt wird, dann durch eine andere Stange das ganze Segment hochgezogen wird. Abb. 399 zeigt eine Segmentklappe mit Eisklappe in der Fabrik, Abb. 400 ein fertiges Wehr mit Gegengewichtsarmen, die Gegengewichte aus Beton tragen (s. auch Abb. 398).

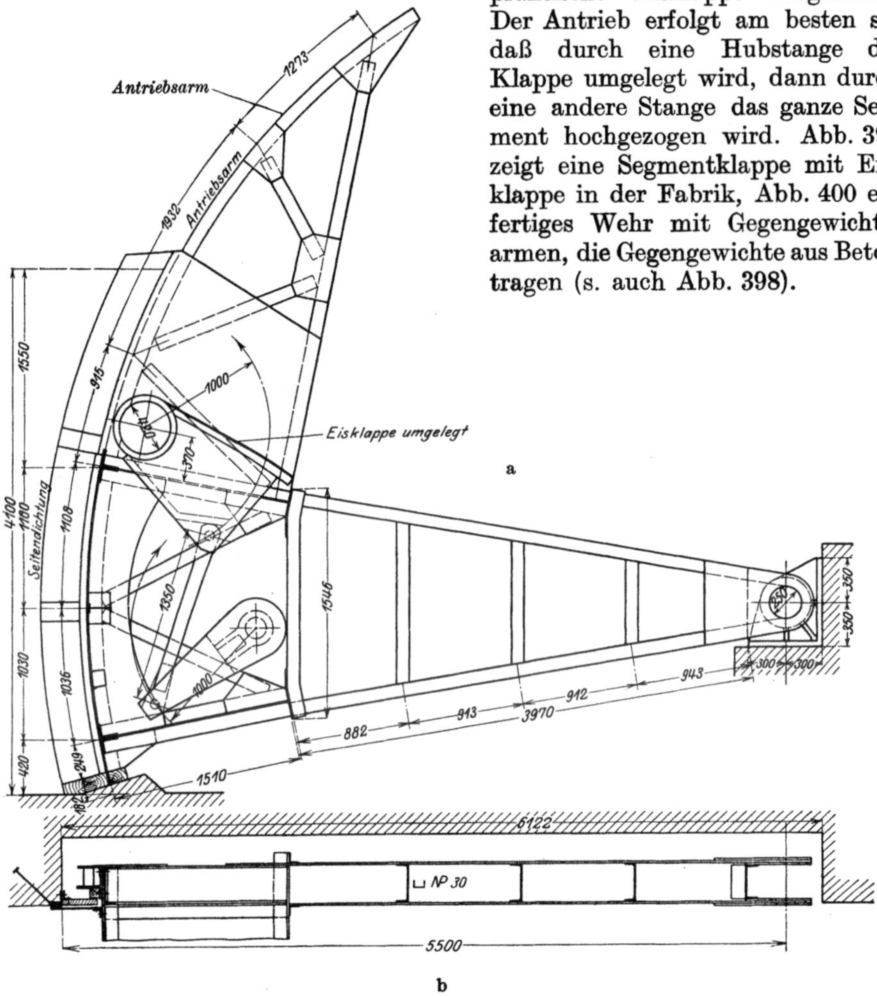

Abb. 398 a u. b. Segmentwehr bei Boberröhrsdorf.

a Schnitte durch den einen Hauptträger. Die gesenkte Eisklappe liegt hinter der Trägerkonstruktion, ist also nicht sichtbar. b Schnitt durch Träger. Maßstab 1: 60.

Bei Verwendung von mehreren Zwischenstützen hat Eilers lichte Weiten bis zu 40 m mit einem Segment abgeschlossen (Oderwehr bei Barteln bei Breslau).

Die Segmentwehre stehen heute in engstem Wettbewerb mit den Walzenwehren, gehen dauernd weiteren Verbesserungen entgegen und können als eine der besten Wehrarten der heutigen Zeit angesehen werden.

Eine besondere Form der Segmentwehre ist zur Absperrung von gefährdeten Kanalstrecken entwickelt worden, es sind das die Segmentsperrtore. Es ist das aber eine Konstruktion, die nichts besonders Bemerkenswertes gegenüber den neueren Wehren zeigt. Die Zurücklegung des Auflagers in eine besondere Nische verlängert die ganze Konstruktion und kann deshalb nicht als vorbildlich angesehen werden.

Abb. 399. Segmentwehr mit Eisklappe für Boberröhrsdorf in der Werkstattmontage. Hinten der Antriebsarm.

2. Sektorwehre.

Das Sektorwehr ist konstruktiv eine Abart des Segmentwehres, ist aber aus dem Doppelklappenwehr hervorgegangen. Das ältere hier nicht wiedergegebene Doppelklappenwehr am Chikago-Drainage-Kanal erfüllt fast die gleichen Bedingungen wie ein Sektorwehr, man hat nur für eine weitere Ausführung in Chikago die Doppelklappe durch das geschlossene Segment ersetzt.

Abb. 400. Segmentwehr nach dem System Louis Eilers, Hannover, bei 22 m Lichtweite, 6 m Höchststau; einseitiger Antrieb.

Das dann folgende größere Wehr dieser Art ist in Hemelingen bei Bremen erbaut worden. Das Wehr hat die Aufgabe, den Oberwasserstand automatisch auf gleicher Höhe zu halten, gleichviel, ob sich der Zufluß von oben ändert oder ob das Turbinenwerk infolge der Ebbe und Flut und der sich damit unausgesetzt ändernden Unterwasserhöhe mehr oder weniger Wasser verbraucht. In allen Fällen muß das Wehr so gebaut sein, daß es die veränderten Wassermengen abfließen läßt, ohne den Oberwasserstand merkbar zu verändern. Abb. 402 u. 403 zeigen das Wehr, das in der ganzen Länge auf einen massiven Wehrrücken gelagert ist, der die untere Begrenzung der entstehenden Sektorkammer bildet. Die Anwendung einer Klauenlagerung (Abb. 404a bis c) war möglich, weil die Bewegung des Sektors nur etwa 45° beträgt. Wegen der durchgehenden Welle ist die Dichtung

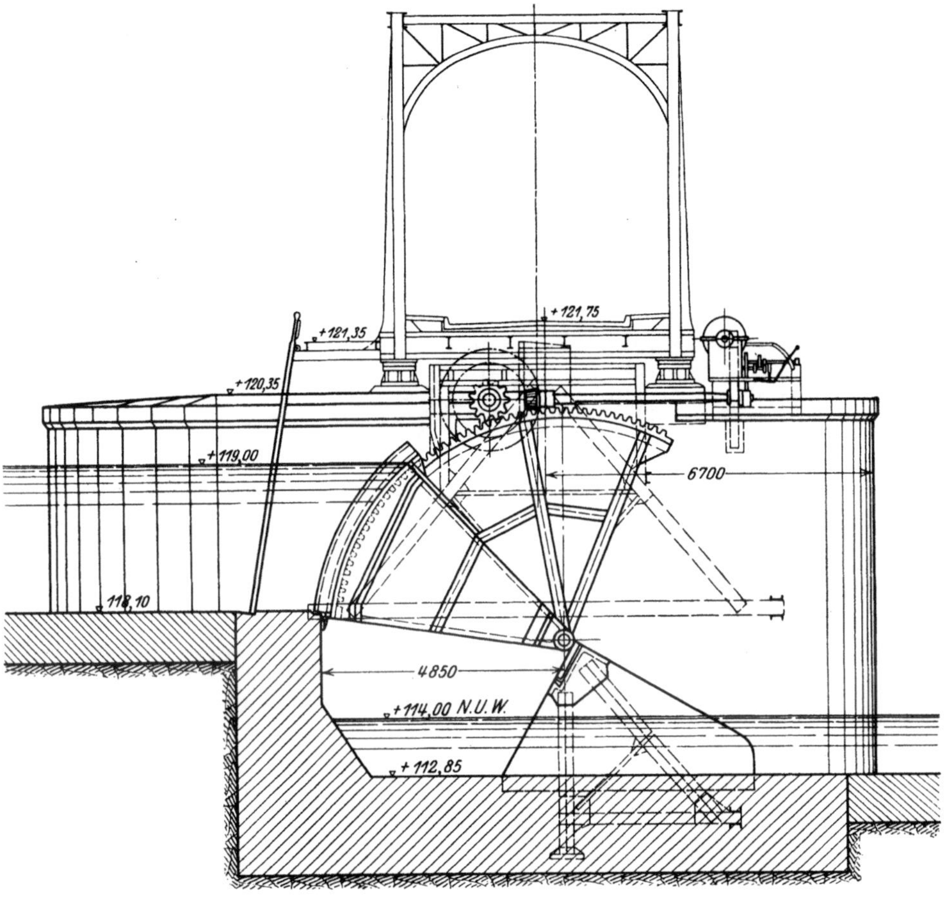

Abb. 401. Versenkbares Segmentwehr nach Louis Eilers. Maßstab 1:155.

hier fast vollkommen. Die durchgehende Abstützung verbilligt die Eisenkonstruktion. Der Sektor wird durch den inneren Wasserdruck getragen, der von innen auf die Abschlußplatte wirkt und der stets so gehalten wird, daß das Gewicht des Sektors, vermehrt um das des überfließenden Wassers, gerade aufgenommen wird. Durch ein Sinken des Wasserstandes in der Kammer wird der Druck auf die Unterwasserseite der Klappe vermindert, der Sektor muß dann sinken. Die Drücke auf die Zylinderfläche von außen und innen gehen stets durch das Auflager und beeinflussen die Lage des Wehres nicht. Das Bild der Kräfte bei verschiedenen Wasserständen in der Wehrkammer zeigt Abb. 405 Die Steuerung des Wehres geschieht durch ein Rohrschütz (Abb. 403). Die Einrichtung ist folgende: Vom Oberwasser ist in dem Pfeiler ein Kanal B_1 zur Kammer K geführt worden, der an einer Stelle durch den Schacht R_1 nach oben geführt ist. Dieser Schacht ist in seinem oberen Teil fortgesetzt durch ein Zylinderrohr, das leicht auf- und abwärts bewegt werden kann und das in einem erweiterten Schacht hängt. Von diesem Schacht führt ein

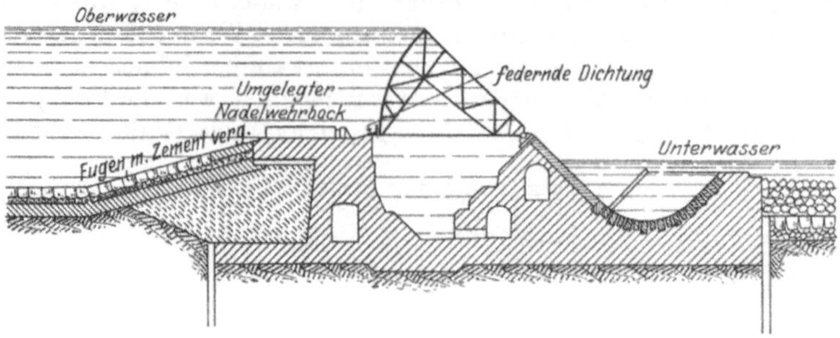

Abb. 402. Schnitt durch das Wehr.

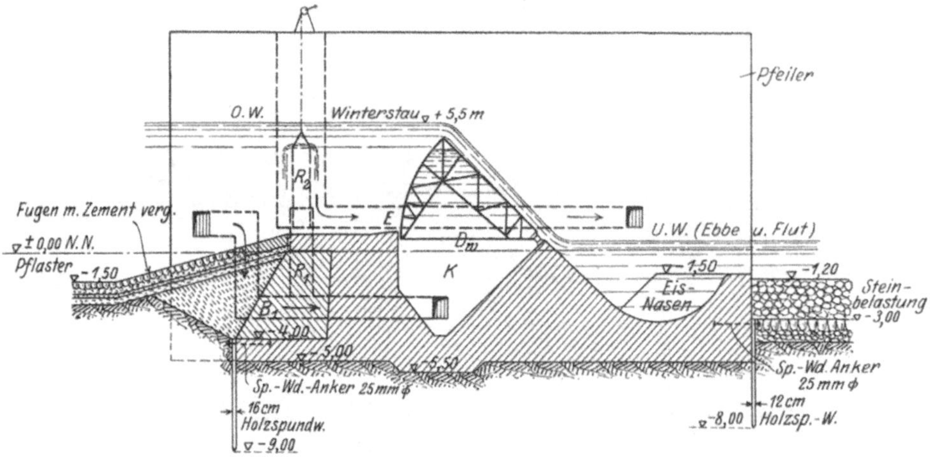

Abb. 403. Hydraulische Bewegung des Wehres. Maßstab 1 : 350.

Abb. 402 u. 403. Sektorwehr bei Bremen (Hemelingen).

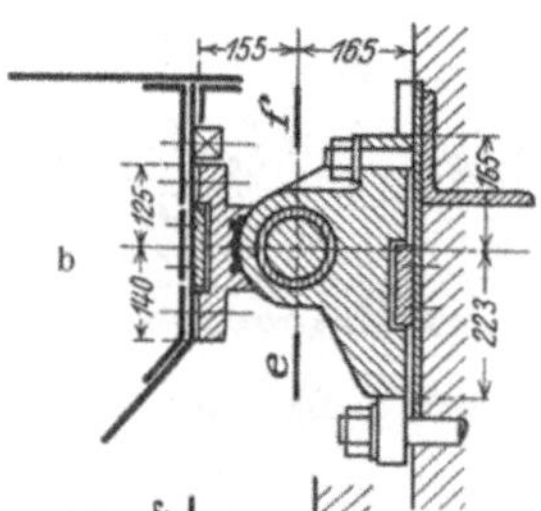

b

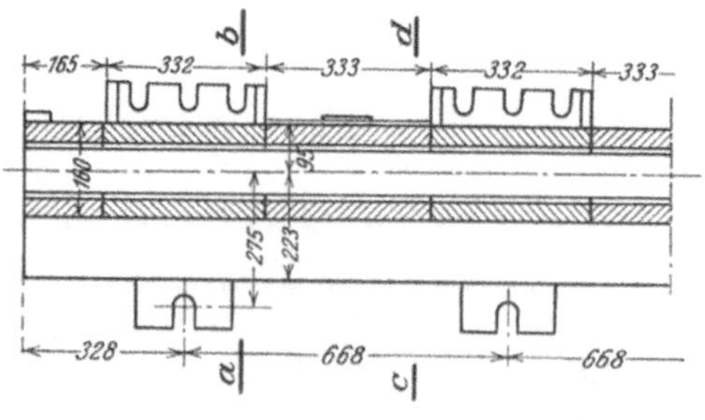

a

Maßstab 1 : 22.

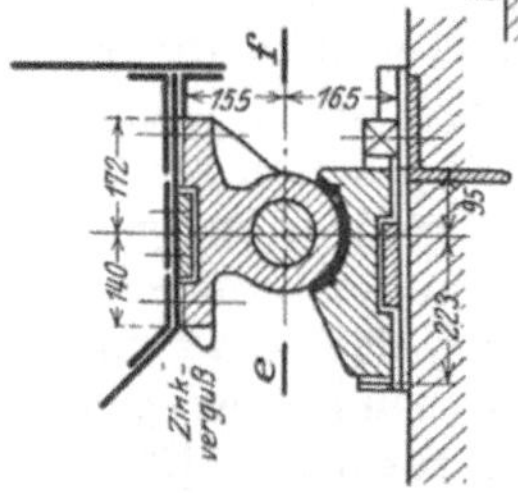

c

Abb. 404 a bis c. Lageranordnung des Sektorwehres bei Bremen.

a Längsschnitt durch Lagerwelle.
b Querschnitt durch oberen Lagerstuhl.
c Querschnitt durch unteren Lagerstuhl.

Kanal zum Unterwasser. Das Zylinderrohr, Rohrschütz genannt, hängt an einem Seil, das durch einen Elektromotor gehoben oder gesenkt werden kann. Dieser Motor wird durch einen Schwimmer im Oberwasser gesteuert. Steigt das Oberwasser, dann schließt es einen Kontakt, der eine Motorbewegung auslöst, die das Rohrschütz senkt und umgekehrt. Theoretisch könnte man die Rohrschützbewegung auch direkt durch den Schwimmer vornehmen lassen, praktisch ist das aber nicht zur Ausführung gekommen. Um nun den Sektor um selbst große Höhen zu senken, sind oft nur Änderungen des Wasserstandes in ihm um wenige Zentimeter notwendig. Zur schnellen Herbeiführung dieser Änderung wird aber das Rohrschütz um ein Vielfaches gehoben oder gesenkt. Würde es in dieser Lage bleiben, dann würde der Sektor um ein Vielfaches dessen ausschlagen, was nötig ist. Es ist deshalb eine Rückführung des Rohrschützes erforderlich. Diese wird durch ein Seil, das von der Wehrkrone ausgeht, vorgenommen. Das Rohrschütz hängt an 2 verschiedenen Rollen. Die eine der beiden Rollen wird von dem Elektromotor bedient, die andere ist mit der Wehrkrone unter Einschaltung eines doppelten Flaschenzuges verbunden. Ist z. B. durch den Motor das Rohrschütz zu stark gesenkt worden, dann sinkt die Wehrkrone gleichfalls und führt die Rückführung des Rohrschützes aus. Ausführliche Beschreibungen der Bewegungsvorrichtungen sind von ihrem Erfinder, dem Baudirektor Plate, gegeben[1]).

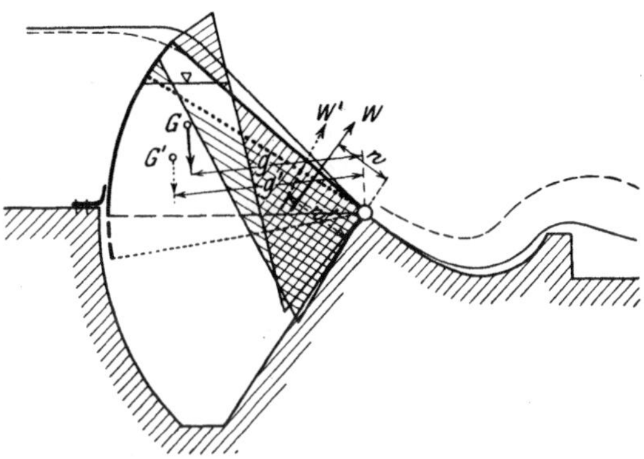

Abb. 405. Kräfte bei verschiedenen Wasserständen.

Der Sektor ist an seinen Seitenflächen durch Blechwände abgeschlossen, da er ja einen zur Aufnahme des Wasserdruckes brauchbaren Raum bilden soll. Die Brustdichtung und die Seitendichtungen geschehen durch federnde Bleche. Die Brustdichtung ist nach ersten Erfahrungen stark verbessert worden, da erhebliche Sandmengen durch die erste Dichtung hindurchdrangen. Es trat dadurch einmal der Fall ein, daß das Wehr nicht ganz niedergelegt werden konnte, weil die Kammer zum Teil durch Sand angefüllt war. Die eingebaute Spülvorrichtung genügte damals nicht, man hat dann noch Preßluftrohre eingelegt, um durch Einblasen von Preßluft die Sandmengen lockern zu können. Die Anlage arbeitet jetzt vorzüglich. Die Preßluftanlage ist gleichfalls notwendig, wenn beide Wehre ganz niedergelegt sind und wieder aufgerichtet werden sollen. Dann fehlt der Überdruck vom Oberwasser. Sowie dann ein Sektor durch Einblasen von Preßluft um einige Dezimeter gehoben ist, genügt bereits der entstandene Oberwasserdruck, um die Weiterhebung zu vollenden. Seitenkammern können durch Koksöfen (auch elektrisch) geheizt werden, so daß ein seitliches Einfrieren verhindert wird. Besondere Vorrichtungen sind erdacht worden, um die Luft aus der Spitze des Sektors abzusaugen. Der Sektor wird durch die Absaugung künstlich bis oben mit Wasser gefüllt, so daß die Schwankungen des Oberwassers sich unabhängig von Luftdruckerscheinungen im Wehrinnern auswirken können. — Die gesamte Konstruktion des Wehres ist von ihrem Erbauer, Oberbaurat Kölle, im Z. d. I. 1916, S. 81, und Baudirektor Plate a. gl. O. 1917, geschildert worden. Das Wehr hat einige Kinderkrankheiten durchgemacht, sich aber im großen und ganzen glänzend bewährt.

Die Sektoren haben eine lichte Weite von 54 m und halten einen größten Stau von 6,5 m. Der normale Stau ist 3 bis 4 m. Im Sommer wird der Stau auf + 4,5 m NN. gehalten, im Winter auf + 5,5 m NN. Es kann aber das Unter-

[1]) Plate, Z. D. J. 1917. S. 902.

wasser bei Ebbe 1 m unter NN. fallen. Die Anwendung dieser Wehrart in Flüssen mit Sandwanderung empfiehlt sich besonders, wenn die Oberwassersohle 1 bis 2 m höher liegt als die Unterwassersohle, so daß eine Durchspülung der Wehrkammer möglich ist.

Daraus, daß die Regelung des Wehres durch einen Oberwasserschwimmer elektrisch erfolgt, geht bereits hervor, daß man eine ähnliche automatische Regelung auch bei Segment- oder Walzenwehren sowie Rollschützenwehren durchführen kann. Man kann hier gleichfalls eine Schwimmerbewegung auf eine elektrische Einrichtung wirken lassen und dadurch die Wehrbewegung selbständig bedienen.

Um das Sektorwehr instand halten zu können, ist im Ober- und Unterwasser ein Nadelwehr eingebaut worden, das für den Einbau der Sektoren nötig war und das bei Ausbesserungen aufgerichtet wird. Die Böcke liegen im Oberwasser dauernd auf der Sohle, werden im Unterwasser nach Bedarf eingesetzt. Man läßt sie dort nicht liegen, damit sie durch Eis und Geschiebe nicht beschädigt werden[1]).

3. Walzenwehre.

Das Walzenwehr ist eine Erfindung des Direktors der M. A. N., Dr.-Ing. e. h. Carstanjen. Das ursprüngliche Walzenwehr bestand lediglich aus einem Hohlzylinder aus Eisenblech mit entsprechender innerer Versteifung, das zugleich Staukörper und Bewegungskörper war (Abb. 406). Form 406 erzeugt bei dem Anheben eine starke Saugwirkung. Deshalb Weiterentwicklung gemäß Abb. 408. Bei größeren Stauhöhen würde zudem die Walze viel zu groß und damit zu teuer werden. Man kann dann entweder nach Abb. 407 oder Abb. 408 vor die Walze ein

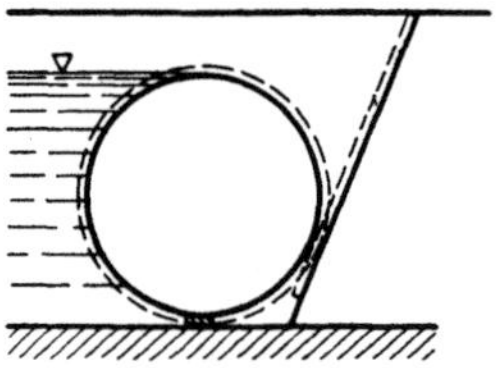

Abb. 406.

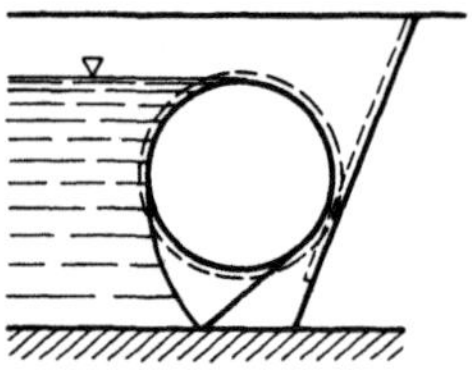

Abb. 407.

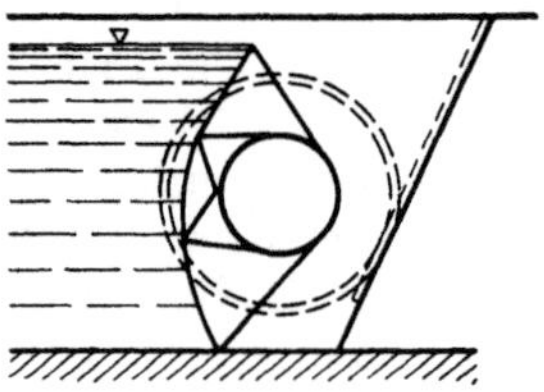

Abb. 408.

Abb. 406—408. Die Entwicklung der Walzenwehre.
Abb. 406. Reine Zylinderform. Abb. 407. Zylinder mit Schnabelansatz. Abb. 408. Zylinder mit Stauschild.

Stauschild legen. Die Walze liegt beiderseits auf einer schrägen, etwa 2 : 1 geneigten Laufbahn auf, die in einer Nische der Pfeiler ausgespart ist. Wie bei einem Fensterrollvorhang genügt ein einseitiger Seilzug, um die Walze zu bewegen. Das Ende der Walze ist hierfür beiderseits als Zahnrad ausgebildet, das auf Zahnstangen läuft, die auf der Bahn befestigt sind. Die weitere Entwicklung der Wehrart führte dann über das versenkbare Wehr (Abb. 410) zu dem Wehr mit aufgesetzter Klappe (Abb. 409). Die Vorrichtung zum Absenken der Walze vernichtet zwar den Vorteil des Walzenwehres, unten nur durch eine Dichtungsleiste die Dichtung zu bewirken. Die Dichtung durch ein schleifendes Blech kann man aber wie bei nach unten absenkbaren Segmentwehren auch bei der absenkbaren Walze anwenden, wenn man das untere Stück des Stauschildes entsprechend formt. Es ist aber bei den neuen Entwürfen der M. A. N. das federnde Blech in die Walze selbst gelegt worden. Der Vorteil, diesen Teil mit aus dem Wasser zu heben, ist groß.

Die Beanspruchungen der Walze sind im allgemeinen am größten während des Staues, kurz nachdem die Aufwärtsbewegung eingeleitet ist, aber ehe eine

[1]) Ein Sektorwehr ist am Glommen bei Raanaasfoss, Norwegen, ein weiteres in Hammarfors, Schweden erbaut worden. Kleinere Sektorwehre wurden von der Stauwerke A.-G. Zürich als Aufsatzwehre gebaut.

nennenswerte Abhebung stattgefunden hat. Es treten dann neben den Biegungsspannungen besonders Torsionsspannungen in dem Körper auf.

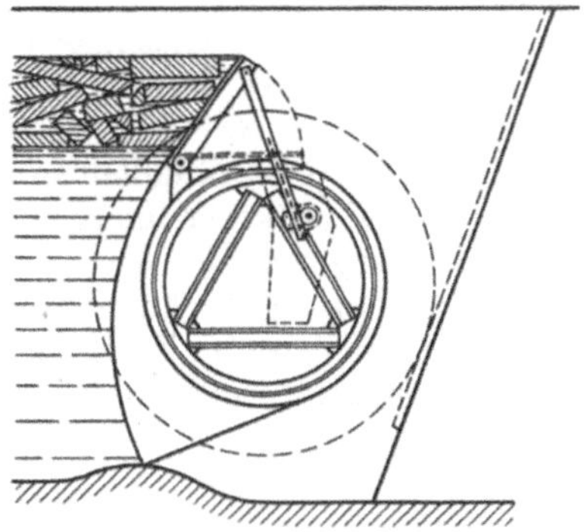

Abb. 409. Zylinder mit Stauschild und Eisklappe.

Die Kraftwirkung der Walze infolge einseitigen Seilangriffes kann man sich am anschaulichsten aus der beiderseits angetriebenen Walze ableiten. Abb. 411 a u. b stellen die beiderseits angetriebene Walze im gehobenen Zustande dar. Das Gewicht G, das in der Mitte der Walze am Schwerpunkt angreife, wird zerlegt nach der Richtung normal und tangential zur Bahn. Die Seilangriffe mögen zur Vereinfachung parallel der Bahntangente wirken. Sind die Kräfte normal zur Bahn als Anteil von G $2B$, die Kräfte tangential $2S$, dann sind die Auflagerdrücke normal zur Bahn an jeder Seite B. Tangential zur Bahn wird die Walze beiderseits gehalten je durch den Druck auf den Zahn der Zahnstange, der mit $+0{,}5Z$ bezeichnet sei und durch den Zug des Seiles $+0{,}5S$.

Will man jetzt zu der einseitig angetriebenen Walze übergehen, dann muß man ein Seil fortnehmen, das geschieht mechanisch dadurch, daß man die Gegenkraft $-0{,}5S$ anbringt. Die Folge dieser Handlung ist eine Fallbewegung der Walze, die aber sofort durch die noch vorhandenen Auflagerkräfte aufgefangen und in eine Verdrehung der Walze mit der folgenden Wirkung übergeführt wird. Es muß

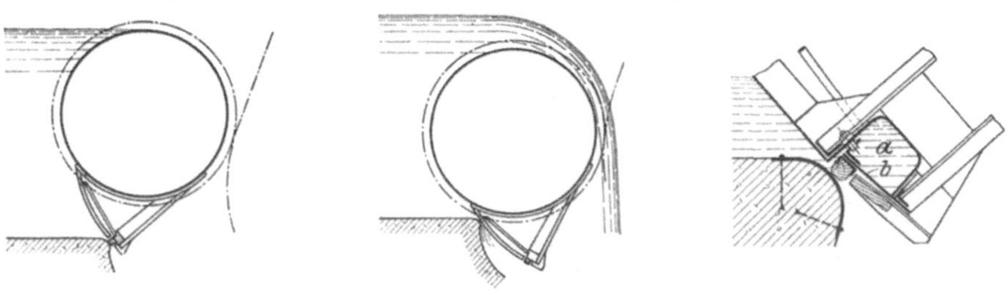

a b c

Abb. 410 a bis c. Versenkbare Walze der M.A.N.
a Normallage. b Abgesenkt. c Sohlendichtung.

durch Hinzutritt anderer Kräfte wieder das Gleichgewicht hergestellt werden, es muß sowohl die Summe der tangentialen Kräfte im Raum als auch die Summe der Momente die gleiche bleiben wie vorher. Geht man zuerst auf die senkrechte Ebene rechts ein, dann sieht man, daß die Forderung nach Gleichgewicht der Tangentialkräfte unten eine Vergrößerung des Zahndruckes um $+0{,}5Z$ erfordert mit $0{,}5S = 0{,}5Z$. Hierdurch entsteht ein Moment, das die Walze verdreht. Das entgegengesetzte Moment muß somit an der anderen Seite entstehen, wenn der Ruhezustand erhalten bleiben soll. Man muß daher an der linken Seite oben die Kraft $+0{,}5S$, unten die Kraft $-0{,}5Z$ anbringen, die nun die entgegengesetzten Momente erzeugen. Gleichzeitig ist dadurch die Gleichgewichtsbedingung in allen anderen Ebenen erfüllt: In der Firstebene der Walze heben sich die

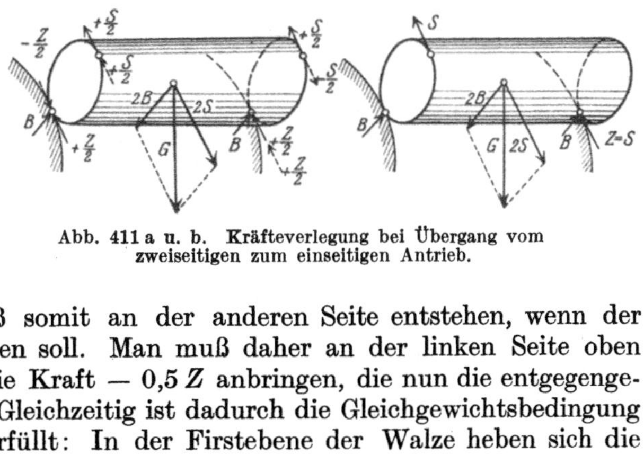

Abb. 411 a u. b. Kräfteverlegung bei Übergang vom zweiseitigen zum einseitigen Antrieb.

Kräfte $-$ 0,5 S und $+$ 0,5 S als neue Kräfte auf, in der Sohlenebene die Kräfte $+$ 0,5 Z und $-$ 0,5 Z. In der linken senkrechten Ebene heben sich weiter auf $+$ 0,5 S und $-$ 0,5 Z. Im Raum ist somit Gleichgewicht erhalten geblieben, da in allen Ebenen Gleichgewicht blieb. Als Kräfte bleiben endgültig die in Abb. 411 b eingezeichneten bestehen, links oben die Kraft $+ S$, rechts unten die Kraft $+ Z = S$. Links unten ist der Druck auf den Zahn verschwunden. Die Walze ist jetzt räumlich in der Diagonale gelagert, so wie ein vierbeiniger Tisch auf zwei Beinen im labilen Gleichgewicht bleiben kann, wenn eines der vier Beine abgenommen ist.

Die Zerlegung der äußeren Kräfte geht aus der Abb. 412 a bis d hervor. Zuerst wird die Walze im Zustande des Stauens betrachtet. Der Unterwasserdruck sei vernachlässigt, der Horizontaldruck vom Oberwasser sei W_w, der Auftrieb

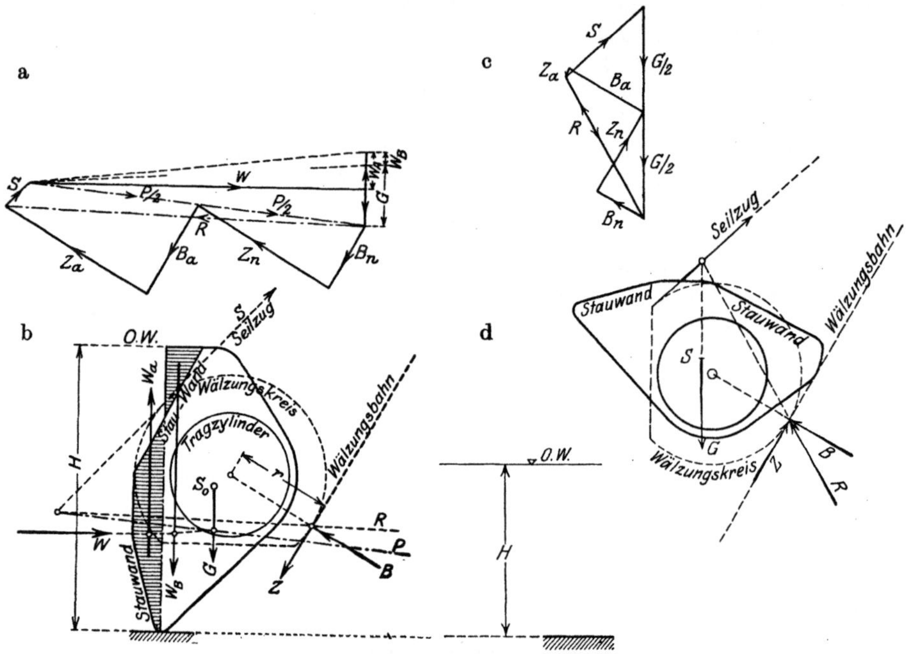

Abb. 412 a bis d. Zerlegung der äußeren Kräfte der Walzenauflagerdrücke links vor dem Anheben, rechts auf der Bahn.

der Walze durch das Stauschild W_a, die Belastung durch Wassergewicht rechts vom Auftrieb W_b, Seilzug einseitig S, der jetzt aber nicht mehr parallel zum Zahndruck Z liegt, Auflagerdruck normal zur Bahn B. Die Kräfte Z und B wirken an beiden Seiten, sie werden als angetriebene und nicht angetriebene Seite unterschieden als Z_a und B_a, sowie Z_n und B_n. Das Gewicht der Walze G wirkt im Gegensatz zu vorhin exzentrisch.

Sämtliche bekannten Kräfte, Gewicht, Wasserdruck, Auftrieb und Wasserbelastung werden zu einer Kraft P zusammengesetzt. Diese Kraft P wirkt über die ganze Walze gleichmäßig verteilt. An jedem Ende kommt dann 0,5 P zur Wirkung. Auf den Seilzug S wirkt die ganze Kraft P, da ja alle Kräfte durch S überwunden werden sollen. Man kann sich zu diesem Zweck die Kräfte Z_n und B_n nach dem angetriebenen Ende hinübergewandert denken, so daß man die Zerlegung von S dort in der senkrechten Ebene vornehmen kann. Man bringt S mit P zum Schnitt, legt durch diesen Schnittpunkt und den Schnittpunkt von Z und B eine Hilfskraft R. Die Kräfte R, P und S gehen durch einen Punkt und können nun im Kräftedreieck zerlegt werden. So ist S gefunden, und es kann jedes Walzenende für sich betrachtet werden. Es wirken jetzt am angetriebenen Ende die bekannten Kräfte 0,5 P und S, die nach Z_a und B_a zerlegt werden müssen, am nicht angetriebenen Ende die Kraft 0,5 P, die nach Z_n und B_n zerlegt wird. Das geschieht in dem Kräftebild. In ganz ähnlicher Weise geschieht die Zerlegung für die Walze im gehobenen Zustand Abb. 412 c bis d. Man sieht, daß der Zahndruck im ersten Falle während des Stauens schräg gegen die Bahn nach oben gerichtet ist, die Zähne erhalten somit Druck nach oben. Diese Erscheinung erklärt sich durch das Überwiegen des wagerechten Wasserdruckes W_w. Im zweiten Falle ist der Zahndruck nach unten gerichtet.

Um die Walze nach unten unter die Sohle absenken zu können, hat die M. A. N. eine besondere Dichtung erfunden, die in Abb. 410c wiedergegeben ist. Es ist an der Dichtungsstelle eine Längsfurche im Stauschild ausgespart, die durch ein Rohr von weiter oben her mit dem Oberwasser verbunden ist. Diese Kammer ist durch eine Feder nach unten bis auf einen schmalen Spalt geschlossen. Bei der Bewegung an der Wehrkante vorbei kann die Feder etwas eingedrückt werden. Im Ruhezustand dagegen findet eine fast völlige Abdichtung statt. Die Abdichtung einer nach unten versenkbaren Walze ist sehr viel schwerer herzustellen als die eines Segmentwehres, da die Walze sich bei der Senkung nach unten mit ihrer Dichtungsfläche gegen die Wehrkante zu bewegt. Daher die Notwendigkeit der komplizierten Dichtung. Ohne besondere Schutzmaßregeln ist die Gefahr gegeben, daß die Spaltdichtung der nach unten absenkbaren Walze einfriert, so daß das Vorderblech seine Wirkung verliert. Die Folge würde ein Bruch oder Bewegungsunfähigkeit der Walze sein. Es dürfte aber nicht besonders schwierig sein, in die Dichtungskammer (Spalt) der Walze eine Heizung einzubauen, die bei Frost dauernd in Wirkung gesetzt wird, so daß ein Einfrieren unmöglich ist. Aber auch bei einer solchen Maßregel wird die absenkbare Walze immer größere Schwierigkeiten bereiten. Das Aufsetzen einer Eisklappe dürfte, genau wie bei den Segmentwehren, vorzuziehen sein, scheint aber bei den Walzenwehren auch gewisse Schwierigkeiten zu bereiten. Daß diese aber überwunden werden können, kann als sicher angenommen werden. — Die Walzenwehre sind jedenfalls heute eine der am meisten angewendeten Bauarten.

Abb. 413. Walze der Wehranlagen Raanaasfos (Norw.) von 45 m L. W. und 6,5 m H.) in Fabrikmontage.

Walzenwehre können in fast beliebiger Breite und Höhe erbaut werden. Die längsten Wehre sind in Norwegen mit einer Walze von 45 m Länge und 6,5 m Höhe erreicht worden (Ranaasfos). Abb. 413 zeigt eine Walze in der Werkstatt, das seitliche Dichtungsschild tritt deutlich hervor. Abb. 414 gibt ein Walzenwehr in der Aufstellung wieder, Abb. 416 eine fertige Wehranlage vom U.W. aus mit angehobener linker Walze.

Abb. 416 zeigt ein fertiges Walzenwehr alter Ausführung, Abb. 417 a u. b ein solches neuer Ausführung im Quer- und Längsschnitt. Bei der alten Bauart ist die Tragwalze sehr dick, bei der neuen wesentlich dünner, während bei der neueren der Zahnkranz unverändert geblieben ist. In Abb. 417 b sind die aus-

Abb. 414. Walzenwehr bei Ribling. L. W. 13, 6. H. = 8,5.

gesparten Nischen in den Pfeilern zu erkennen. Alle Ausführungen stammen von der M. A. N., die die Patente für die Walzenwehre besitzt.

4. Heberüberfälle u. dgl.

Stärkere Wasserschwankungen werden häufig als große Unbequemlichkeit empfunden. Ist die Gefahr des Überschreitens der zugelassenen Stauhöhe gegeben, dann kann sich der Werkbesitzer auch der Bestrafung aussetzen. Es ist in diesen Fällen entweder notwendig, Tag und Nacht für genaue Aufsicht zu sorgen oder ein selbsttätiges Wehr einzubauen, wie es in Hemelingen geschehen ist, auch als Segmentwehr wie es durch Kulka erfunden ist, oder eine automatisch wirkende Entlastungsanlage einzubauen. Letztere Anlagen sind durch Anwendung des Hebers möglich.

Die Saugheber sind besonders entwickelt worden von dem Stettiner Ingenieur Heyn, dem italienischen Ingenieur Gregotti und der Schweizer Firma „Stauwerke A.-G. Zürich". Die Konstruktionen unterscheiden sich nicht grundsätzlich, es genügt daher, die neuesten deutschen Bauten dieser Art zu besprechen.

Der gesunde Gedanke des Saughebers beruht darauf, daß das Wasser über die Wehrkante dort, wo der Heber eingebaut ist, nicht mit der Druckhöhe, die dem Stande des Oberwassers über der Wehrkrone entspricht, abfließt, sondern daß die an dem Heber hängende Wassersäule als volles Gefälle wirkt. Es fließt das Wasser bei einer wirksamen Heberlänge von 3 m z. B. mit der Geschwindigkeit

$$v_h = \mu \sqrt{2 g h} = 7{,}7\, \mu\,,$$

während bei der Druckhöhe $h' = 0{,}2$ m nur die Geschwindigkeit $v' = 2\,\mu'$ entstehen würde. Da μ und μ' sich nicht stark unterscheiden, erzeugt der Heber somit ein Vielfaches der Abflußgeschwindigkeit, mit der sonst gerechnet werden könnte, und braucht demzufolge viel geringere Querschnitte, als sie sonst bei freiem Überfall notwendig sind. Der Heber hat sich daher vor allem für feste Wehre als ein ausgezeichnetes Mittel zur Regelung erwiesen. Auch bei Frost hat er sich durchaus bewährt.

Abb. 415. Walzenwehranlage Torshnofudforsen (Norw.). L. W. 17, H. 3,75, 6,25 u. 8,85 m.

Abb. 418—420 zeigen solche ausgeführten Anlagen, die sich aus sich selbst erklären. Die Firma Heyn hat Heber ausgeführt, die eine Wasserabführung bis zu 150 cbm/sek gestatten. Die Ausführung kann in Eisen, Holz oder Eisenbeton geschehen. Das Anspringen des Hebers geschieht automatisch. Sowie der Wasserstand zu steigen anfängt, dann fängt das Wasser an, über den Heber zu laufen und reißt Luft mit fort. Da der Heber unten stets wasserdicht abgeschlossen ist, so kann die Luft sich nicht erneuern. Der Heber wird nach kurzer Zeit luftleer und wassergefüllt. Die Regelung durch den Heber ist eine sehr feine. Bei den Werken der mittleren Isar sind solche Heber in großen Ausmaßen angewendet worden.

d) Die Bauausführung der Wehre.

Die Art, wie Wehre erbaut werden, ist mehr ein Teil des Grundbaues, meist handelt es sich bei Bauten in Flüssen um schwierige Wasserbaugründungen. Die Hauptschwierigkeit besteht darin, daß man für Abführung des Flußwassers während des Baues sorgen muß. Wehre werden deshalb meist in mehreren Stücken erbaut werden. Man erbaut zuerst einen Damm um einen Teil der Wehrbaustelle

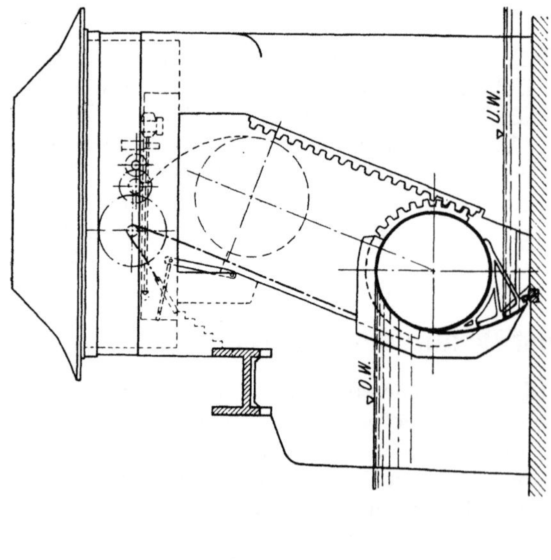

Abb. 416. Alter Querschnitt mit Pfeiler.

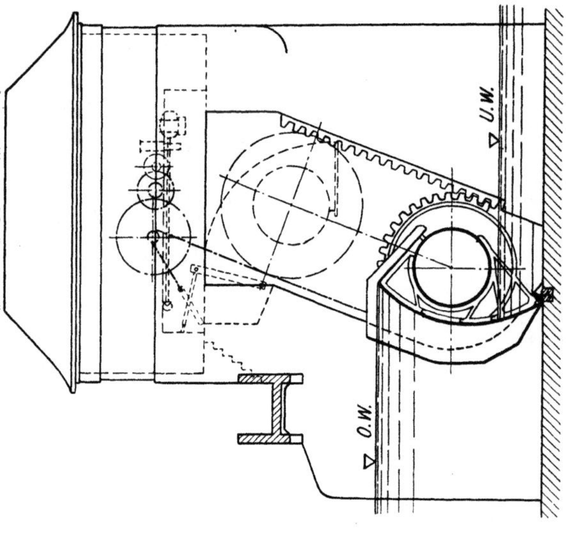

Abb. 417a. Aufgelöster Querschnitt mit Pfeiler.

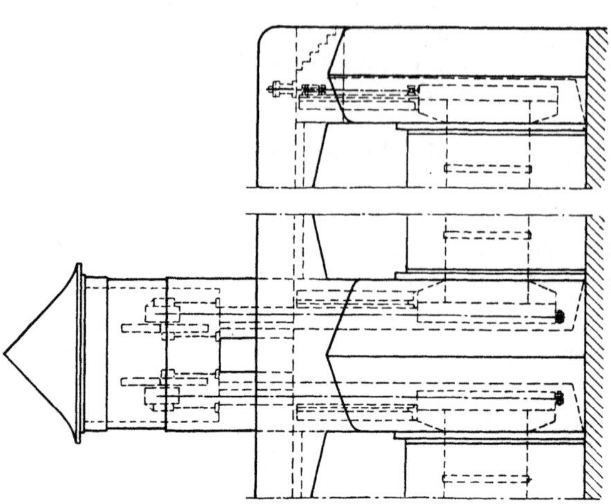

Abb. 417b. Längsschnitt zu 417a.

Abb. 416–417. M.A.N. Walzenwehre.

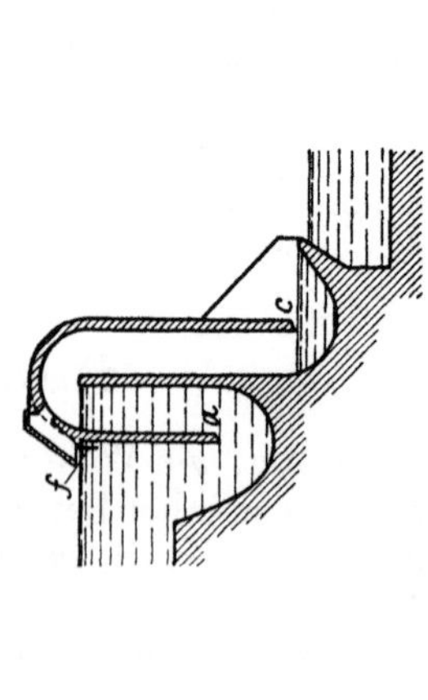

Abb. 418. Saugheber Gregotti.

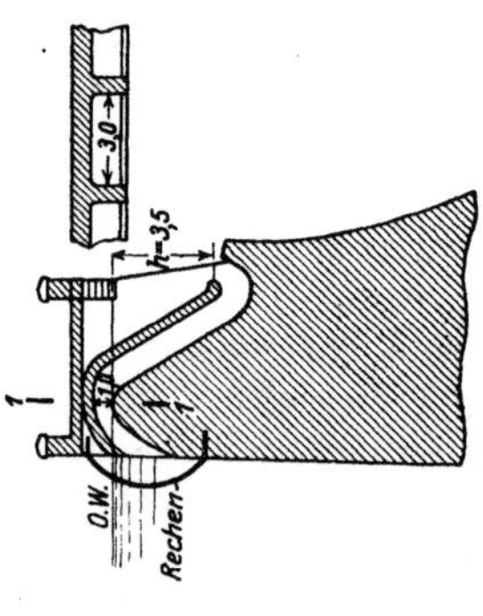

Abb. 419. Saugheber von Heyn. Edertalsperre.

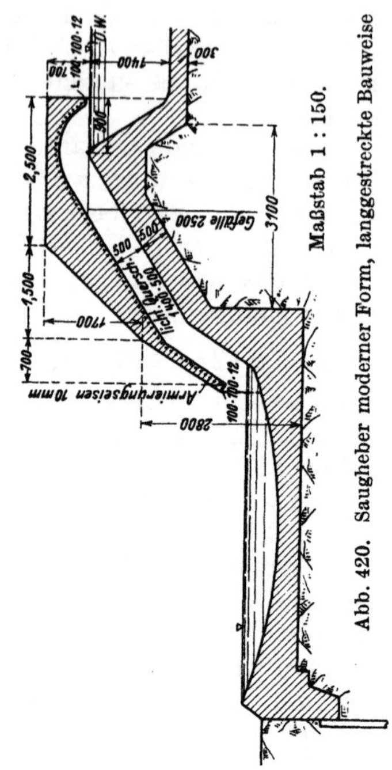

Maßstab 1 : 150.

Abb. 420. Saugheber moderner Form, langgestreckte Bauweise

herum, führt hier einen Teil des Wehres aus, wobei man zweckmäßigerweise einen der Mittelpfeiler als Endpunkt der Baugrube erwählt. Im nächsten Sommer wird dann die andere Baugrube bis an diesen fertiggestellten Pfeiler herangebaut, nachdem vorher der fertiggebaute Teil des Wehres niedergelegt ist, so daß das Wasser hier abfließen kann. Diese Ausführung bietet bei beweglichen Wehren meist keine große Schwierigkeiten. Soll ein festes Wehr erbaut werden, dann muß man für anderweitige Ableitung des Wassers sorgen. Da gewöhnlich ein Kraftwerk mit dem Wehr verbunden ist, bei Bewässerungswehren ein Abführungskanal, so wird man das Sommerwasser durch das Kraftwerk oder den Kanal ableiten. Beide werden zu diesem Zweck am besten vorher fertiggestellt. Ist das nicht möglich, dann muß man den Rest der Wehrbaugrube durch Fangdämme sichern, die wesentlich höher sind als für den ersten Teil. Denn jetzt muß das Wasser über den ersten fertiggestellten Teil des festen Wehres hinüberfließen, man arbeitet also im bereits angestauten Flusse.

Eine besonders schwierige Ausführung dieser Art war der Bau des Wehres am Rhein bei Rheinfelden. Hier spülte die Strömung trotz des vorhandenen Muschelkalkfelsens derartige Kolke aus (Abb. 333, S. 265), daß das Wehr entsprechend tiefer gegründet werden mußte. Eine gut gelungene Ausführung der Erbauung eines beweglichen Wehres ist die des Hemelinger Wehres bei Bremen (Abb. 421a u. b). Hier hat man zunächst einen Teil des Turbinenhauses, soweit es zuerst zur Ausführung

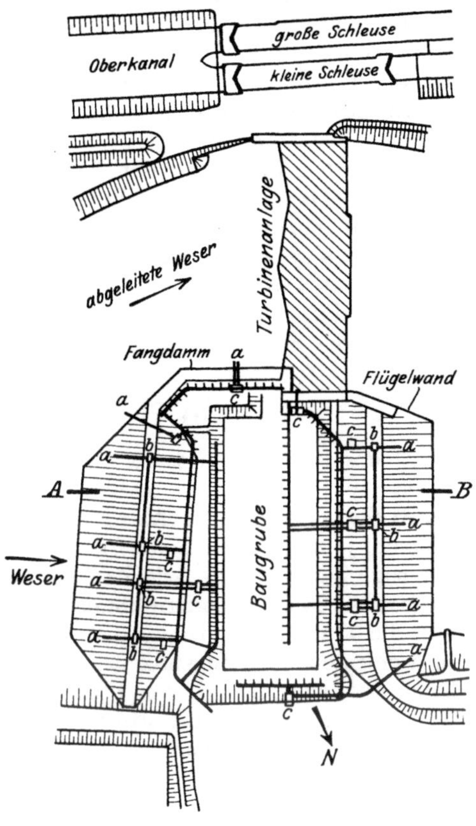

a

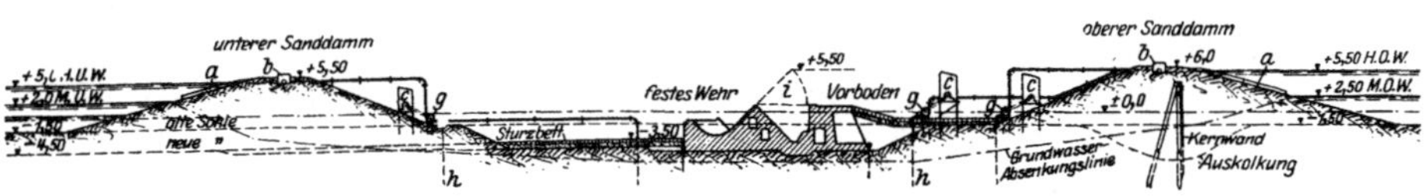

b

Abb. 421a u. b. Sektorwehr Bremen, Baugrube. Maßstab 1 : 1500.
a Lageplan. b Schnitt.

kommen sollte, erbaut, die Turbinen aber noch fortgelassen. Im folgenden Jahre wurden die Schützen zu den Turbinenkammern geöffnet und das Wasser durch diese so geschaffenen Freiläufe gelassen. Die Wehrbaustelle wurde durch Sanddämme, die von dem rechten Ufer bis zum Turbinenhause reichten, abgeschlossen. Der obere Damm erhielt eine Kernspundwand, die vorher gerammt war. Weil die Schwelle der Turbinenkammer 1,3 m über der mittleren Flußsohle lag, so mußte bei Schließen des oberen Dammes ein entsprechender Stau entstehen. Da aber die Flut hoch genug stieg (Hemelingen ist heute der obere Endpunkt der Ebbe- und Fluterscheinung in der Weser), so war die Weserströmung stark vermindert. Man mußte während der Hochwasserzeit die freigelassene Lücke schnell durch Spundwände schließen. Das erstemal ging die Rammung nicht schnell genug vor sich, es wurde eine Lücke von 30 m durch die Spundwand hindurchgerissen. Beim zweiten Versuch gelang aber die Schließung gut, weil man die Spundwände vorher sämtlich so eingesetzt hatte, daß sie bis zum Wasserspiegel reichten. Es konnten jetzt die Spundwände schnell herabgelassen und durch 3 schwimmende Rammen etwas in den Boden gerammt werden. Nach Fertigstellung dieser Rammung wurde der Damm durch Elevatoren eingeschüttet. Es wurde dann eine Grundwasserhaltung in die Dämme auf der inneren Seite eingebaut. Durch sie wurde eine genügende Absenkung des Grundwassers mitten im Fluß erreicht, so daß eine vorzügliche Trockenlegung eintrat. Die Dämme waren an der Innenseite trocken, alles Wasser fiel von außen in den Damm zu den Filtern der Saugrohre hinab, konnte aber nicht mehr zum Dammfuß in der Baugrube vordringen. — Die ganzen Betonarbeiten wurden in einem Sommer vollendet und die Nadelwehrböcke eingesetzt. Im nächsten Jahre konnte das ganze Wehr im Schutz des eingesetzten Nadelwehres fertiggebaut werden. Die Schwierigkeiten der Bauausführung werden bei jedem Wehre andere sein; es möge genügen, an diesem einen Beispiel gezeigt zu haben, wie man der Schwierigkeiten Herr werden kann.

e) Fischpässe und Fischwege.

Jedes Wehr bedeutet die Unterbrechung der Fischwanderungen, wenn nicht besondere Vorkehrungen geschaffen werden, die den Fischen das Übersteigen der Wehre ermöglichen. Alle Fische, auch die sog. Standfische, wandern in den Flüssen, je nach ihren Bedürfnissen, kleinere oder größere Strecken auf und ab. Die sog. Wanderfische, wie Lachse, Meerforellen, Störe, Aale usw. müssen vom Meer in die Flüsse wandern können und umgekehrt, wenn sie nicht sterben sollen, weil die Flüsse entweder die Laichplätze dieser Tiere sind oder der Ort, an dem sie wenigstens ihre Jugendzeit zubringen, wie z. B. der Aal, der als ganz junger Fisch aus dem Meer in den Fluß hineingeht.

Alle Anlagen für die Fischwanderung müssen die Lebensgewohnheiten der Fische entsprechend berücksichtigen. Die erste Bedingung für einen Fischpaß ist, daß er so liegt, daß der Fisch ihn findet. Der Fisch sucht bei jedem Hindernis nach der Stelle, aus der das Wasser herausfließt, um dort aufwärts zu wandern. Wird nun z. B. der Paß an eine Stelle gelegt, an der keine Strömung mehr vorhanden ist, dann geht der Fisch an dem Paß vorbei. Ist ein Kraftwerk direkt am Wehr vorhanden, dann muß der Paß in der Nähe dieses Kraftwerkes liegen, weil dort die Strömung ist, die den Fisch anlockt. Liegt das Kraftwerk weiter unterhalb, dann muß so viel Wasser (wenigstens zeitweilig) durch den Fischpaß geschickt werden, daß der Fisch hier auf die Strömung aufmerksam wird. Es können dann in wenigen Stunden die ganzen angesammelten Fische durch den Paß wandern, der dann zu anderen Zeiten wieder mit ganz wenig Strömung bedient werden kann. Die Fische halten sich dabei oft sehr lange in dem Paß auf. Bei Pässen, die mit Schlupflöchern versehen sind (siehe weiter unten) oder die nur Stege besitzen, ist die Mindestwassermenge bereits gegeben. Sie kann nicht unterschritten werden, man kann aber auch hier ein Mehr an Wasser durchlaufen lassen.

Eine weitere Forderung ist, daß an den Fischpässen alles möglichst glatt sein soll, damit die Fische sich nicht verletzen. Sowie die Haut eines Fisches verletzt ist, geht er gewöhnlich ein. Alle eingebauten Rippen oder Querwände sollen runde Kanten besitzen.

Die Haut ist für den Fisch deshalb sehr wichtig, weil er durch sie trinkt. Durch den Fischmund wandert kein Wasser in den Magen.

Vorrichtungen, die Lärm verursachen oder harte Stöße auf das Wasser übertragen, werden von den Fischen gemieden. Die Fische wandern durch Schiffsschleusen mit hindurch. Maschinell arbeitende Anlagen, die eingebaut werden, haben aber bis jetzt keinen Erfolg gehabt. So kann die Fischschleuse von Recken, trotz ihrer guten Ausbildung und des an sich zweckmäßig erscheinenden Gedankens nicht empfohlen werden, da sie bisher keine Fische angelockt hat. In Bremen-Hemelingen gehen z. B. die Fische nicht durch diese Fischschleuse hindurch, trotzdem ihr Eingang neben dem Eingang der viel benutzten Fischtreppe liegt.

Die einfachsten Anlagen zum Überschreiten der Wehre durch Fische sind Fischrinnen aus Holz oder Stein, die gemäß Abb. 422 bis 425 so mit Querwänden versehen sind, daß das Wasser nur unter Entwicklung von vielen Wirbeln und Wasserwalzen durchfließen kann. Der Zweck der Querschotten ist die Verlängerung des Weges für das Wasser, dann aber auch die Erzeugung der Wirbel, die die Geschwindigkeit mindern. Die Wassertiefe in solcher Rinne soll wenigstens 30—40 cm betragen, die Breite etwa 80 cm, das Gefälle sollte nicht steiler als etwa 1 : 4 sein. Solche Fischrinnen sind früher häufiger erbaut worden.

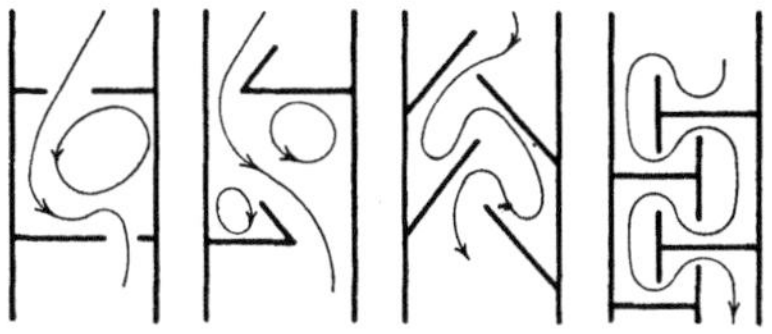

Abb. 422—425. Einfache Fischpässe.

Einen ähnlichen Weg ist man in neuer Zeit an vielen Wehren, z. B. in Belgien, gegangen. Dort hat man in bewegliche Wehre hölzerne oder eiserne Rinnen eingehängt, die gleichfalls mit besonderen Widerständen versehen sind, so daß das Wasser langsam abfließt. Die beste dieser Anordnungen ist die Dénilsche Rinne (Abb. 426a bis c), die von einer ausgesparten Lücke im Wehre aus, die den Querschnitt der Rinne besitzt, zum Unterwasser führt. Dénil hat Rippen aus Holz in die Holzrinne eingebaut, die an den Seitenwänden und dem Boden quer zur Rinne ganz herumlaufen. Dénil baute in eine ältere Rinne, die nach dem System von Caméré erbaut war (deren Ausbildung hier aber nicht weiter interessiert), seine Rippen ein. Das Wasser der Rinne hatte in der alten Ausführung bei der Neigung 1 : 4 und einem Stauunterschied von 3,5 am Unterwasser eine Geschwindigkeit von rd. 6 m/sek, die für die Fische viel zu groß ist. Durch den Einbau der Rippen ist die Geschwindigkeit auf die Hälfte herabgesetzt worden, wobei durch die Rippen die Breite von 0,9 m auf 0,6 m eingeschränkt wurde. Nach den Beobachtungen sind in 20 Stunden 9 Lachse aufwärts gewandert, ein für den einfachen Apparat sehr gutes Ergebnis. Die Erfahrung hat gezeigt, daß die Geschwindigkeit sich nur wenig ändert, wenn die Neigung steiler wird. Dénil hält eine Neigung bis zu 45° (1 : 1) für zulässig, man sollte aber Neigungen von 1 : 3 auch hier möglichst nicht überschreiten. Die ganze Anlage ist so einfach, daß es sich empfiehlt, sie auch dort einzubauen, wo man größere Fischpässe erbaut, dann aber an der anderen Seite des Wehres.

Die besten Bauten zur Vermittlung des Fischverkehrs sind die Fischtreppen und die Wildpässe. Abb. 427 a bis c zeigen die Hemelinger Fischtreppe, die eine der am besten gelungenen Ausführungen der neueren Zeit ist. Es sind in den einzelnen Becken Schlupflöcher vorgesehen, unterhalb derer eine Abweisnase in der nächsten Kammer sitzt. Diese Nase weist das Wasser in die diagonale Ecke, so daß in jeder Kammer Wirbel entstehen. Die Kammern sind von Wand bis Wand in der Längsachse gemessen 4,8 m lang und 4 m breit, also von der Größe ganz ansehnlicher Zimmer. Das Gefälle schwankt je nach der Stauhöhe, beträgt im Mittel im Winter etwa 30 cm, im Sommer etwas über 20 cm. Die Neigung der Sohle ist rd. 1 : 20.

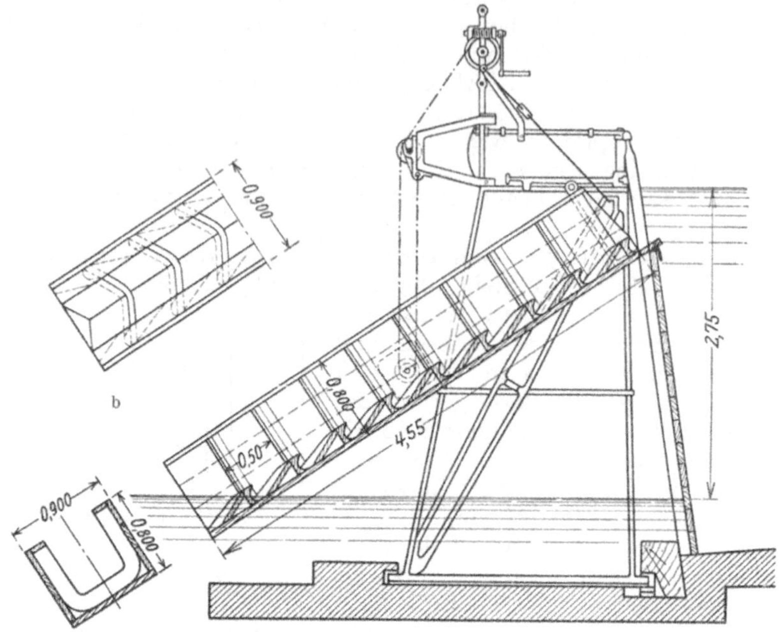

a Maßstab 1 : 68.

Abb. 426 a bis c. Fischweg nach Denil.

a Vertikal- und Querschnitt. b Grundriß der Rippe.
c Schnitt durch die Sporen.

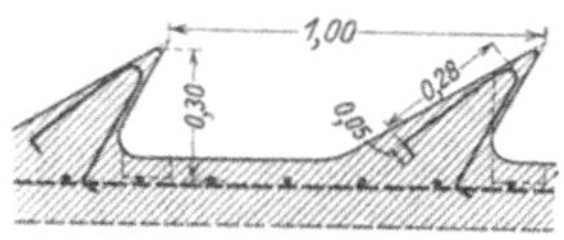

c Maßstab 1 : 40.

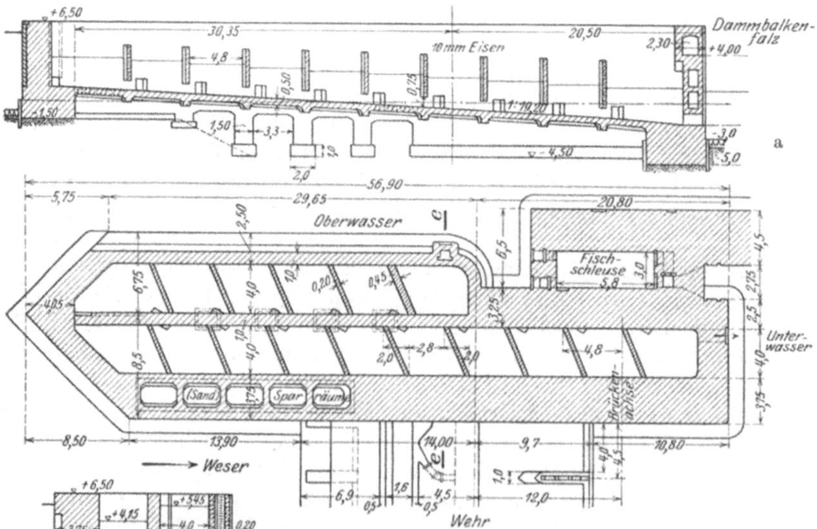

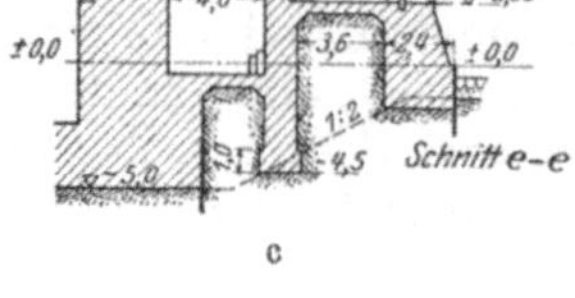

c

Abb. 427 a bis c. Fischpaßanlage Hemelingen (Bremen). Maßstab 1 : 600.

a Längenschnitt. b Grundriß (alle Schlupflöcher liegen an der Mittelwand). c Querschnitt.

Im allgemeinen können folgende Maße gelten: die Beckenlänge sollte sein 2—4 m, die Breite desgl. 2—4 m, die Wassertiefe 0,5—0,7 m. Das Gefälle von Stufe zu Stufe kann zwischen 0,25 und 0,4 schwanken. Die Schlupföffnungen sollten etwa 0,4 · 0,4 bis 0,8 · 0,75 m groß sein. Die Öffnungen in Bremen sind 0,75 · 0,75 m. Die Hemelinger Treppen sind in allen Abmessungen sehr reichlich gewählt worden, ihre Erfolge bestätigen aber die Richtigkeit der Maßnahmen.

Einen wesentlich einfacheren Fischpaß zeigen Abb. 428 a bis c, die den Fischpaß im Weserwehr bei Hameln wiedergeben. Wie die Abbildungen zeigen, sind hier die Kammern viel kleiner gehalten; sie haben nur etwas mehr als die Hälfte an Fläche wie die Hemelinger Anlage. Der Beckenunterschied ist im Mittel 0,33 m bei einem Stau, der im Mittel nur halb so groß ist wie der in Bremen. Der Paß hat sich gut bewährt, ein Zeichen, daß man auch mit weniger reich ausgestatteten Anlagen auskommen kann.

Die Fischtreppen müssen an dem oberen Ende mit Schützen versehen sein, so daß sie bei Hochwasser geschlossen werden können, sonst ist die Gefahr der Geschiebeeinspülung zu groß. Die Wasserstände in den einzelnen Becken stellen sich automatisch ein. Wenn alle Öffnungen gleich groß sind, dann kann durch jede Öffnung nur so viel Wasser fließen als der Druckhöhe entspricht. Würde die Druckhöhe oben zuerst zu groß sein, dann würde zu viel Wasser durch die oberen Öffnungen fließen und die unteren Becken zu hoch füllen; dadurch würde die Druckhöhe oben vermindert werden, so daß weniger zufließen könnte usw. Ebenso regeln sich die Wasserstände in den Becken selbsttätig bei Änderungen des Ober- und Unterwasserstandes.

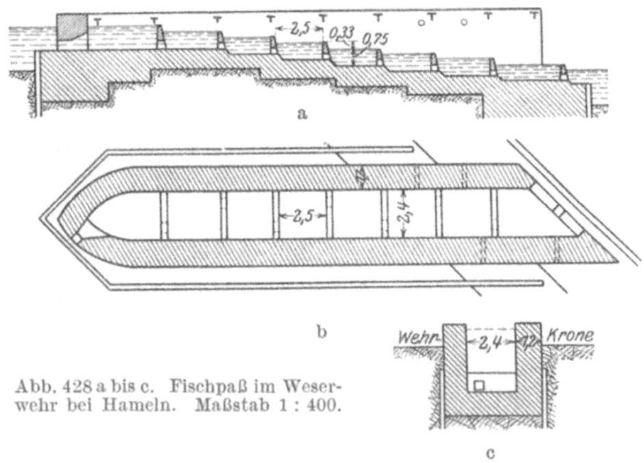

Abb. 428 a bis c. Fischpaß im Weserwehr bei Hameln. Maßstab 1 : 400.

a Längenschnitt. b Grundriß. c Querschnitt.

Ältere Ausführungen sehen Querwände ohne untere Öffnungen mit kleinem oberen Ausschnitt vor. Das Wasser lief über und die Fische mußten von Becken zu Becken über die Querwand springen. Große Fische führen zwar Sprünge bis zu mehreren Metern Höhe aus, die Treppen mit Schlupföffnungen sind aber vorzuziehen.

Der Wasserverbrauch der Sperren kann nach ihrer Druckhöhe und Schlupföffnung berechnet werden. Im allgemeinen beträgt der Wasserverbrauch bei großen Treppen 0,4—0,5 cbm/sek. Bei kleinen Anlagen geht der Verbrauch bis auf 10 ltr./sek herunter. Um die Fische besser anzulocken, ist oft neben dem Durchlauf durch die Treppe ein besonderes Rohr vom Oberwasser zur unteren Austrittsöffnung geführt worden, so daß dauernd Wasser dort ausströmt. Dieses Wasser vermehrt den Verbrauch entsprechend, das Rohr muß mit einer Klappe versehen sein, so daß es in der Zeit, in der die Fische nicht wandern, geschlossen werden kann. Ein Wasserverlust von fast 0,5 cbm/sek ist ein immerhin merkbarer Kraftverlust, da er z. B. bei einem Stau von 4 m bereits 20 PS entspricht.

Die Wildpaßanlagen in Bremen sind auf Vorschlag des von Bremen zugezogenen norwegischen Sachverständigen Landmark erbaut worden (Abb. 429). Die Anlage besteht aus einer Reihe von künstlichen Becken von rd. 10 m Durchmesser im Wasserspiegel mit Böschungen 1 : 2, die durch Beton- und Klinkerrollschicht befestigt sind. Es sind 7 solcher Becken vorhanden, die miteinander und mit dem Ober- und Unterwasser durch Rinnen in Verbindung stehen, die mit Dénilschen Rippen ausgekleidet sind. Diese Rippen sind hier aus Eisenbeton erbaut worden. Die Becken liegen so, daß die von oben kommende Strömung immer auf die Böschung trifft, so daß in den Becken kreisförmige Wirbel entstehen. Die Fangversuche haben gezeigt, daß trotz der geringeren Zahl der Becken (7 Becken gegen 16 der Treppe) die Fische gern durch den Wildpaß wandern. Die Zahl der Rippen muß durch Versuch festgestellt werden. Bei falscher Anordnung kann es bei diesen Becken vorkommen, daß das Wasser zu schnell abfließt, so daß der Wasserstand in einigen Becken zu hoch, in anderen wieder zu tief ist oder umgekehrt.

Besondere Fürsorge muß dafür getroffen werden, daß die Aale im jungen Zustand die Flüsse aufwärts wandern können, im ausgewachsenen Zustand aber über die Wehre wieder zum Meer schwimmen können. Die jungen Aale, die sog. Glasaale, sind etwa stricknadeldick und 10 cm lang, dabei durchsichtig wie Gallert. Sie kommen im Frühjahr in ungeheuren Scharen die Flüsse herauf, sind aber zu schwach, um durch die Fischpässe hindurchkommen zu können. Auch scheuen sie das Freiwasser, weil sie von den größeren Fischen dort gern gefressen werden. Sie streichen mehr am Ufer entlang. Man muß für sie hölzerne oder tönerne Rinnen einbauen, die man zu $^9/_{10}$ mit Kies füllt. Es soll nur ein wenige Zentimeter hoher Raum übrig bleiben, in dem die Wasserbewegung ganz langsam vor sich geht. Man kann die Rinne in die Neigung 1 : 8 bis 1 : 10 legen und sie neben einen Fischpaß einbauen oder auch in einem Wildpaß die einzelnen Becken durch solche Rinnen verbinden. Die Glasaale kriechen dann in den Rinnen anscheinend ohne große Anstrengung aufwärts. Die meisten Anlagen dieser Art scheinen aber nicht auszureichen, denn man kann an den meisten Wehren im Frühjahr beobachten, daß Scharen von solchen Glasaalen wie Würmer an dem Mauerwerk der Wehrpfeiler aufwärts kriechen, um in das Oberwasser zu gelangen. In Hemelingen wurden z. B. diese Aale eimerweise abgebürstet und in das Oberwasser geschüttet. Jeder Wasserbauer, der den Wert des Aales für die Küche kennt, sollte sein Augenmerk auf eine ausreichende Aalleiteranlage richten, wie es auch die Aufgabe des Wehrbauers ist, die Volksernährung durch Einbau guter Fischpaßanlagen zu fördern. Um die Aale über die Wehre hinab zu führen, müssen Rinnen eingebaut werden, durch die etwas Wasser verloren geht. Der ausgewachsene Aal, der auch den Weg über Land nicht scheut, kriecht dann über diese feuchte Unterlage hinweg und gelangt so in die Rinne, die zum Unterwasser führt. Nimmt er seinen Weg trotz des Feinrechens durch die Turbine, dann kommt er im Unterwasser in gleichmäßige Stücke zerhackt an.

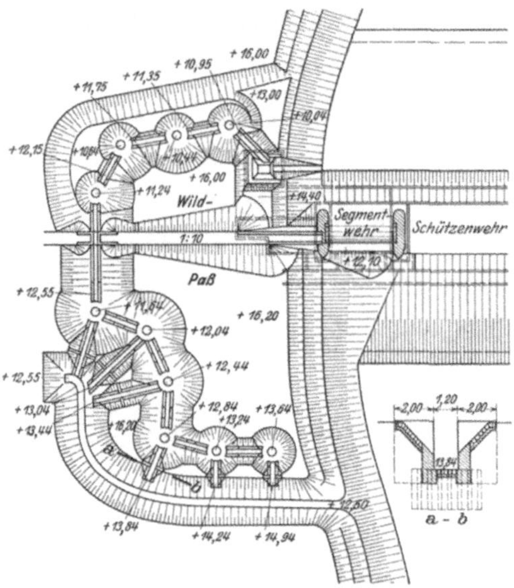

Abb. 429. Wildpaß der Stauanlage Dörverden. Maßstab 1 : 400.

Die Kosten der Fischpässe sind z. T. sehr beträchtlich. Die Treppe in Hameln hat rd. 21 000 M. gekostet. Die Hemelinger Treppe in außergewöhnlich großer Ausführung hat bereits 105 000 M. gekostet, die Wildpaßanlage dort 62 000 M. [Vorkriegspreise[1])].

f) Vergleich der beweglichen Wehrarten.

Die Bewertung der einzelnen Wehrarten ist bereits am Schluß jeder Einzelbesprechung geschehen. Zusammenfassend kann hier noch einmal gesagt werden, daß als moderne Wehre, die allen Anforderungen Genüge leisten, nur gelten können das Doppelklappenwehr, Doppelrollschützenwehr ohne Zwischenstützen und die zylindrischen Wehre, die sich alle in ihrer technischen Güte nicht grundlegend unterscheiden, bei denen somit vorwiegend der Preisunterschied entscheidend ist. Daß das Sektorwehr fast unbegrenzt in der Längenausbildung ist, hat bereits das Bremen-Hemelinger Wehr mit 54 m lichter Weite gezeigt. Die Segmentwehre werden bei systematischer Weiterentwicklung gleiche lichte Öffnungen überspannen können wie die Walzenwehre. Für Spannweiten bis zu 40 m wird das Segmentwehr im allgemeinen billiger sein als die anderen Wehrarten. Es ist aber von Louis Eilers, Hannover, heute bereits bis zu der lichten Weite von 44 m gebracht worden. Man hat ferner bei Segment- und Schützenwehren eine größere Freiheit in der Gestaltung des Tragkörpers. Dieser muß bei den Walzenwehren mehr oder weniger die Form eines Zylinders haben, kann aber bei den anderen Wehren ganz als Träger in mehreren parallelen Ebenen ausgebildet werden. — Das Doppelklappenwehr und die zylindrischen Wehre haben vor den Schützenwehren noch den Vorzug voraus, daß sie versenkbar gebaut werden können, etwas, was für den Verschluß von Schiffsdurchlässen sehr wertvoll werden kann, besonders wenn eine große lichte Höhe verlangt wird. Das Nadelwehr, das früher das Feld stark beherrschte, kann heute keinerlei Vorteile mehr bieten; auch der oft genannte Vorteil, daß man unbegrenzte Breiten damit ohne Zwischenpfeiler schließen kann, fällt, wie Engels zutreffend bemerkt, nicht ins Gewicht, weil doch aus Gründen der Sicherheit stets Zwischenpfeiler eingebaut werden. Man soll jedenfalls heute an jedes moderne Wehr die Anforderung stellen, daß es das Eis ablassen kann, ohne daß der Stau durch Hebung des Wehres aufgehoben wird. Diese unabweisbare Forderung muß in Zukunft die Stellungnahme gegenüber den vielen beweglichen Wehrkonstruktionen zu einer viel schärferen machen als bisher. Nicht die Erfindung möglichst vieler neuer Wehrarten ist die Forderung der Zukunft, sondern die Entwicklung der genannten guten Formen zur Höchstleistung, größter Billigkeit, Einfachheit und Sicherheit.

---

[1]) Die Anlagen sind von Bremen aus Rücksicht auf die preußische Weserfischerei ganz übermäßig reichlich bemessen worden.

Siebenter Teil.

Talsperren.

A. Allgemeines.

a) Zweck und Nutzen der Sperren.

Bauwerke, die ein Tal absperren, um Wasser anzusammeln und auszugleichen, heißen Talsperren. Das Wasser kann aus dem Niederschlagsgebiet des abgesperrten Tals stammen, es kann auch aus fremden Gebieten zugeleitet werden. Die Sperrbauten können aus geschütteten Erd- oder Steindämmen, massiven Mauern oder aufgelösten Mauern bestehen. Der grundsätzliche Unterschied zwischen Wehren und Talsperren besteht, wie bereits im vorigen Teil gesagt, nicht in der Art des Bauwerkes, sondern in dem Zweck; Talsperren sollen Wasser ansammeln, wobei eine große Hebung der Wasserfläche eine oft erwünschte, manchmal auch unerwünschte Nebenerscheinung ist; Wehre sollen die Wasserfläche heben, wobei die Ansammlung und Ausgleichung von Wasser Nebenzweck ist. Die gesetzlichen Bestimmungen sind in Teil VI besprochen worden. Der Bau von Talsperren ist im Rahmen des Verkehrswasserbaues notwendig für die Verbesserung der Wasserführung der Flüsse und die Speisung der Kanäle. Beide Aufgaben lassen sich heute vielfach ohne den Bau von Talsperren nicht durchführen. Daneben ist aber der Bau von Talsperren eine selbständige Aufgabe für die Wasserversorgung der Städte mit Trink- und Fabrikwasser und die Erzeugung von elektrischem Strom. Die Verbesserung der Landeskultur allein ist nur in Ausnahmefällen alleinige Ursache, wie z. B. der Bau der Assuansperre in Ägypten usw. Sie ist aber ein so wichtiger Erfolg des Talsperrenbaues, daß ihr das größte Augenmerk zugewendet werden muß. Es ist an dieser Stelle schon mit Nachdruck darauf hinzuweisen, daß es in Ländern gemäßigten Klimas mit hoher Ackerbaukultur nur selten möglich ist, Talsperren allein für Landeskulturfragen zu finanzieren. Man muß sich hier vor einer Überspannung der Forderungen der Landwirtschaft hüten, da sie in vielen Fällen dazu geführt hat, den Bau der Talsperren so zu verteuern, daß er im Rahmen unserer heutigen Geldwirtschaft unmöglich geworden ist. Die Geschichte der seit 30 Jahren geplanten, aber noch nicht gebauten Harztalsperren ist hierfür ein lehrreiches Beispiel. Die Verbindung der Energieerzeugung mit den Forderungen der Landeskultur, Flußverbesserung oder des Kanalbaues ist aber meist nicht nur möglich, sondern auch notwendig, um das Talsperrenunternehmen geldlich durchführbar zu machen.

Besonders bei dem Bau von Kanälen wird oft nach dem Wert von Talsperren gefragt. Man kann den Kanal durch Pumpen speisen (verbunden mit dem Einbau von Hebewerken statt Schleusen) oder man kann neues Wasser aus Talsperren gewinnen. Pumpen bedeutet unter allen Umständen einen Verlust an Volksvermögen. Talsperren sind aber zu vergleichen mit einer großen Sparkasse für das Volk. Selbst wenn sie anfangs etwas teurer arbeiten sollten als ein Dampfkraftwerk, was durch geschickte Entwurfsarbeit vermieden werden muß, so tritt im Laufe der Zeit eine große Verbilligung der Strompreise bei den

Talsperrenwerken ein. Talsperren erfordern einen großen Kapitalaufwand und wegen der automatischen Zuführung des Betriebsstoffes (Wasser) geringe Betriebskosten, Dampfkraftwerke einen kleineren Kapitalaufwand und wegen des Kohlenverbrauches große Betriebskosten. Man kann durch Tilgung daher bei Wasserkraftwerken einen viel größeren Teil der Jahreskosten im Laufe der Zeit beseitigen als bei Dampfkraftwerken und damit den Strompreis bei ersteren auf einen Bruchteil der Stromkosten der Dampfkraftwerke senken. Daher werden Wasserkraftwerke im Laufe der Zeit zu den billigsten Krafterzeugern, die zur Zeit denkbar sind, so daß sie dann auch den Kanalbetrieb verbilligen. Es ist aber hier bereits auf den Nachteil für die Landeskultur hinzuweisen, der entsteht, wenn die Talsperre zu einseitig in den Dienst des Kanales gestellt wird. Es lassen sich die Interessen des Kanales, der Landwirtschaft, Stadtwirtschaft, und Energieerzeugung niemals gleichmäßig vertreten.

Talsperre und Kraftwerk sollten niemals als gleichbedeutend angesehen werden. Der Nutzen von Talsperrenbauten läßt sich nur zum Teil exakt in Geld ausdrücken, besonders der Nutzen der Landeskultur überwiegt oft den der ganzen Energiewirtschaft, ohne daß aber der Nachweis rechnerisch zu erbringen wäre. Allein die Beseitigung der Schadenhochwässer und die Aufhöhung der Niedrigwasserstände kann von gewaltigem Nutzen sein, besonders, da mit letzterem eine Hebung der im Sommer oft zu tief absinkenden Grundwasserstände verbunden ist. Dazu tritt die Schaffung von Wasser für Bewässerungen. Es ist somit eine der vornehmsten Aufgaben auch des Verkehrswasserbaues, so viel Talsperren wie möglich zu schaffen, selbst wenn die Verkehrswasserbauten hierdurch eine kleine Verteuerung erleiden sollten. Nicht der Vor- und Nachteil einer einzelnen Aufgabe sind im Auge zu behalten, sondern der Nutzen der gesamten Volkswirtschaft.

So wird man im allgemeinen darnach streben, eine Talsperre so groß als möglich zu machen, um einen wirklichen Wasserausgleich zu erreichen. Gerade in diesem Punkte ist aber vor Übertreibungen zu warnen. Es gibt Fälle, in denen es möglich ist, eine Talsperre, die z. B. einen Fassungsraum von 40 vH der zulaufenden Jahreswassermenge hat, wirtschaftlich aufzubauen, während 50 oder gar 60 vH Ausgleich einen Stromverkauf unmöglich machen[1]). Dann ist es selbstverständlich richtiger, die Erbauung der kleineren Sperre zu sichern, als die große nicht ausführen zu können. Wenn auch die Landwirtschaft dann selbst jedes Jahrzehnt einmal in einem ungewöhnlich trockenen Jahre wegen ungenügender Füllung der Sperre wenig oder keinen Nutzen erfährt, so ist doch in der ganzen Reihe der anderen Jahre ein großer Nutzen vorhanden, der ohne Erbauung der Sperre nicht gewesen sein würde. Zudem ergibt sich dann nach einigen Jahrzehnten nach Tilgung des größten Teiles der Baukosten die Möglichkeit, den Sperraum zu vergrößern und das, was man nicht gleich ganz schaffen konnte, nachzuholen. Man muß nur Mauern und Dämme von vorneherein vergrößerungsfähig entwerfen. Dort wo große Zuschüsse vom Staat für Landeskultur erreichbar sind, wird man selbstverständlich so groß wie möglich bauen. Das was am Schlusse des Absatzes c gesagt ist, ist somit sehr zu beachten.

b) Lage und Art der Talsperre.

Für, die Zwecke des Verkehrswasserbaues ist das Wasser als Stoff, nicht als Krafterzeuger das wichtigste. Es kommt daher meist darauf an, Talsperren so zu bauen, daß der Stauraum möglichst billig wird. Man gibt dafür an, wieviel ein Kubikmeter Stauraum kostet. Diese Größe ist zum großen Teil von den Kosten des Staudammes und vom Grunderwerb abhängig. Es ist daher die

[1]) D. W. S. 68. 1924. Momber, wonach bei völligem Ausgleich über alle trockenen und nassen Jahre hinweg 70—80 vH und mehr nötig wären.

erste Aufgabe, eine Sperrstelle zu wählen, die möglichst geringe Dammkosten verursacht. Der Kubikmeter Stauraum ist im allgemeinen um so teurer, je kleiner das Fassungsvermögen der Sperre ist. Zwei Talsperren werden im gleichen Tale unter sonst gleichen Verhältnissen teurer als eine von gleichem Fassungsvermögen der beiden kleineren zusammen. Der Kubikmeter Stauraum hat bei ausgeführten Sperren Werte gemäß folgender Zahlentafel ergeben.

Kosten von gemauerten Talsperren nach Ludin.

Name	Baujahr	Stauinhalt Mill. cbm	Mauermasse cbm	Größte Mauerhöhe m	Kosten: Mauer und Grunderwerb Mill. Mk.	Kosten: Mauer-Massen 1 cbm Mk.	Kosten: Stauinhalt je cbm Pfg.
Eschbachtal Remscheid . . .	1889/91	1,07	17 000	25	0,536	31,5	54
Sengbachtal Solingen	1900/02	3,14	60 000	43	1,866	31,0	60
Hennetal bei Meschede	1901/05	11,0	107 000	37,9	3,35	35,8	30,5
Urfttal in der Eiffel	1900/05	45,5	135 000	58,0	4,00	29,6	9
Marklissa Queiß . .	1901/05	15	62 000	45,0	1,82	29,4	12,2
Mauer Bober . . .	1904/11	50	250 000	62	8,3	33,2	16,6
Möhne Arnsberg . .	1908/12	130	290 000	40,3	20,29	—	15,8
Edertal Waldeck . .	1910/14	202,4	290 000	52,6	17,80	—	8,8

Bemerkung: Es wird ausdrücklich darauf aufmerksam gemacht, daß die Einheitskosten der Mauer auch den Grunderwerb mit enthalten.

Man sieht aus der Tafel, daß der Kubikmeter Stauraum im Durchschnitt nur in ganz günstigen Fällen für 10 Pfg./cbm herzustellen ist und das nur bei Riesensperren; bei kleineren Sperren steigt er auf 60 Pfg. in der Tafel; der Stauraum sehr kleiner oder sehr ungünstiger Sperren ist aber schon auf mehr als 1 Mk./cbm gestiegen. Ludin gibt als Höchstwert 1,70 Mk./cbm an für die Selbachtalsperre von 0,3 Mill. Kubikmeter Inhalt. Die obigen Zahlen sind nur für den Vergleich verschiedener Sperren sonst gleicher Verhältnisse, wie gleichem Ausgleich, Kraftgewinn usw. brauchbar, sagen aber nichts über die Wirtschaftlichkeit.

Die älteste Talsperre Deutschlands (aus geschichtlicher Zeit), der Oderteich oberhalb von St. Andreasberg im Harz, erbaut 1722 mit 18 m hohem Steindamm, zeigt bereits den wichtigen Gesichtspunkt, daß günstige Sperrenstellen an solchen Knickpunkten der Gebirgstäler liegen, bei denen oberhalb ein flaches Gefälle vorhanden ist. Je flacher dieses Gefälle ist, desto länger ist bei gleicher Höhe der Stausee und desto größer sein Inhalt. Je größer der Inhalt, desto billiger wird im Durchschnitt der Kubikmeter Stauraum; daher kosten, wie bereits gesagt, gewöhnlich mehrere kleinere Talsperren mehr als eine große gleichen Inhaltes. Ohne Rücksicht auf Krafterzeugung sind tiefliegende Talsperren billiger als hochliegende, weil das Talgefälle $\sin \varphi$ und die Talbreite meist um so kleiner wird, je mehr man an den Gebirgsrand herankommt. Der Talsperreninhalt ist bei gleicher Mauerhöhe X verhältnisgleich dem Talgefälle. Das ergibt sich ohne weiteres daraus, daß die Beckenlänge dem Produkt Mauerhöhe $\times$ Talgefälle ($h \sin \varphi$) gleich ist, so daß man den Beckeninhalt nur als Pyramide mit der Mauerfläche als Grundfläche anzusehen braucht. Da nun die Unterschiede in den Talgefällen gewaltige sind, so ergeben sich auch große Unterschiede in den Beckenkosten. Dieser Nachteil der steilen Täler wird zwar dadurch vermindert, daß die Größe des Stauraumes mit steigender Höhe der Mauer schneller wächst als die Kosten der Sperrmauer, es bleibt aber trotzdem immer das steile Tal für Talsperren wesentlich teurer als das flache.

Für die Kraftwirtschaft ergeben sich die Gesichtspunkte, daß man bei hochliegenden Talsperren im allgemeinen einen teuren Talsperrenraum mit wenig

Wasser, aber dafür großem Gefälle schaffen kann, umgekehrt bei tiefliegenden Sperräumen große Wassermengen mit billigerem Stauraum, aber geringerem Gefälle. Oft ist eine Verbindung zweier solcher Werke am Platze.

Als Baustelle für eine Talsperre kommen im allgemeinen Talengen in Frage, wobei sich die Platzfrage nicht allgemein, sondern nur von Fall zu Fall lösen läßt. Es sind die genauesten geologischen Untersuchungen erforderlich, die vor allem über die Art und Lagerung des Gebirges, Klüfte, Tragfähigkeit des Gebirges, die Tiefe der Verschotterung des Tales usw., Aufschluß geben müssen[1]). Hierfür wird stets ein Geologe zur Hilfe herangezogen werden müssen. Nicht immer wird die engste Talstelle die günstigste sein, besonders wenn sie wegen der Talform eine hohe Mauer erfordert. Oft ist es möglich, den gleichen Stauraum an einer breiteren Stelle durch einen niedrigen Damm zu erreichen. Auch ist genau zu untersuchen, ob der Talboden so undurchlässig ist, daß man nicht mit großen Versickerungsverlusten rechnen muß. Rücksicht auf Ortschaften wird stets die Lage stark beeinflussen. Bei großen Sperräumen, wie z. B. der Waldecker Talsperre, hat man allerdings nicht davor zurückgeschreckt, ganze Dörfer abzubrechen und neu aufzubauen.

Ob man Dämme oder massive oder aufgelöste Mauern verwenden soll, hängt einmal von dem Untergrund, dann von dem vorhandenen Baumaterial ab. Mauern sind nur möglich, wenn tragbarer Fels in nicht zu großer Tiefe ansteht[2]). Genaue Bodenuntersuchungen, am besten durch Schürfung, sind hier unentbehrlich. Bohrungen haben schon oft Mißerfolge gezeitigt, weil große Felsblöcke im Bohrverfahren für anstehenden Fels gehalten werden können. Mauern wird man bei gutem, felsigem Untergrund in nicht zu großer Tiefe dann bauen, wenn kein brauchbares Schüttmaterial für Dämme vorhanden ist. Kann man aber in kurzer Entfernung von der Baustelle Schotter, Lehm oder andere gute, schüttbare Bodenarten gewinnen, dann ist oft auch bei felsigem Untergrund ein Damm vorzuziehen. Die Herstellung von Dämmen aus gebrochenem Material wird in den meisten Fällen zu teuer werden. Gewißheit hierüber können aber nur vergleichende Kostenanschläge geben. Es werden Erddämme, massive Mauern und aufgelöste Mauern besonders besprochen.

Die besondere Besprechung einer Reihe anderer Bauarten, so z. B. von Talsperren aus Eisen oder Stahl, bei denen auf massiven Fundamenten aufgelöste Eisenpfeiler errichtet sind, die als Stauwand eine Blechhaut tragen, ferner von Talsperren in reiner Gewölbeausführung, erscheint hier entbehrlich.

c) Die Wirtschaftlichkeit der Talsperren.

Der industrielle Nutzen der Talsperren hängt heute in hohem Maße davon ab, welche Energiemengen bei ihnen erzeugt werden können. Denn durch die Erzeugung von Energie wird das Wasser als Stoff nicht verändert, es steht nach Durchlauf durch die Turbinen für andere Zwecke ungeändert zur Verfügung. Die Kunst der Planung beruht daher sehr oft darauf, genügend große Zusatzgefälle zu finden, die die Energieerzeugung, die bei Ausnutzung des reinen Talsperrengefälles klein und unsicher ist, vergrößern und gleichmäßiger machen. Dabei wird es für Talsperren fast immer darauf ankommen, Spitzenstrom zu erzeugen, da die Mehrkosten hierfür meist gegenüber den Kosten der Mauern usw. gering sind, dieser Strom aber zu einem viel höheren Preise abgenommen wird als Laufstrom. Dieser Strom ist um so wertvoller, je größer die Sicherheit für seine Lieferung ist. Man muß daher die Sperren in dieser Hinsicht nach der

---

[1]) Vgl. D. W. S. 55. 1924. Leppla: Die geologischen Voraussetzungen für die Errichtung von Talsperren usw.

[2]) Vgl. aber die aufgelöste Mauer der Ciscotalsperre S. 341 mit den seitlichen auf Lehm stehenden Pfeilern.

Größe ihrer Ausgleichsziffer unterscheiden. Eine bestimmte Sperrengröße kann z. B. 75 vH des zulaufenden mittleren Jahreswassers mit Sicherheit ausgleichen, so daß die nutzbare Wassermenge nicht unter 75 vH des mittleren Jahreszulaufes sinken würde. Ein größeres Becken dagegen 92 vH, dann kann man mit der größeren Sperre $\frac{92}{75}$ der Strommenge gewährleisten, wie mit der kleineren, aber auch eine entsprechend größere Wassermenge verfügbar halten.

Es ist somit niemals die Größe des Sperraumes für die Wirtschaftlichkeit entscheidend, sondern die Größe der jährlich im Mittel langer Jahre ausgeglichene Wassermenge. Man hat daher folgendermaßen vorzugehen. Man rechnet für verschiedene Sperrengrößen nach Aufstellung der Wasserwirtschaftspläne die im Durchschnitt vieler Jahre ausgeglichene Wassermenge aus. Daraus folgt die Menge der Kilowattstunden, die jährlich geleistet werden können, sie ergeben einen bestimmten Gewinn durch Verkauf. Diesen Gewinn hat man von den Jahresunkosten der Anleihe abzuziehen und dann die verbleibenden Jahreskosten durch die Menge der jährlich ausgeglichenen Kubikmeter Wasser zu teilen. Dann erhält man die Kosten für 1 cbm Wasser. Als Beispiel möge folgende Rechnung dienen: Man untersucht, ob man ein Becken von 90 Mill. Kubikmeter Fassungsraum oder ein solches von 140 Mill. Kubikmeter Fassungsraum erbauen will. Für das erste Becken, das an einer etwas höheren Stelle liegt, kommt ein jährlicher Zulauf von 200 cbm, für das zweite von 210 cbm in Frage. Nach den Wasserwirtschaftsplänen ist die Ausgleichsziffer des kleineren Beckens 75 vH, die des größeren 92 vH. Man kann daher mit dem kleinen Becken jährlich 150 Mill. Kubikmeter, mit dem großen 193 Mill. Kubikmeter ausgleichen und auch jährlich zur Verfügung stellen. Mit dem kleineren Becken kann man jährlich 24,7 Mill. Kilowattstunden an Strom, mit dem größeren 28,9 Mill. Kilowattstunden erzeugen, die mit 3 Pfg. Kilowattstunden verkauft werden können. Die Einnahme aus Energieverkauf ist daher bei dem kleineren Becken 0,74 Mill. Mark, bei dem größeren 0,865 Mill. Mark jährlich. Das kleinere Becken kostet 28 Mill. Mark, das größere 32 Mill. Mark mit Jahreskosten von 2,8 und 3,2 Mill. Mark. Es bleiben daher für die Schaffung des ausgeglichenen Wassers bei dem kleinen Becken 2,06 Mill., bei dem großen Becken 2,335 Mill. Mark. Die kleinste früher vorhandene Wassermenge war in beiden Fällen in den trockensten Jahren fast gleich 0,3 cbm/sek., sie konnte aber nicht als Wasser für industrielle Zwecke, Kanalspeisung usw. benutzt werden, weil sie zu gering war. Dann kostet 1 cbm ausgeglichenes Wasser bei der kleinen Sperre $\frac{2{,}06}{150} \cdot 100 = 1{,}37$ Pfg., bei der größeren 1,2 Pfg. Man kann dieses Wasser nun je nach seiner Nutzungsart verkaufen. Ist die Möglichkeit gegeben, größere Mengen als Industriewasser, z. B. für Papier-, Farb-, Zuckerindustrie oder als Kesselspeisewasser abzugeben, oder es zu Kanalspeisungszwecken zu verwenden, dann kann man diesen Verkauf vorher abziehen. Die Industrie möge z. B. 1,6 Pfg./cbm, der Kanal mit gleichliegender Scheitelhaltung 1,4 Pfg./cbm zahlen, mit einem Jahresverbrauch von 40 und 50 Mill. Kubikmeter. Dann kann man hierfür vorweg erzielen $0{,}64 + 0{,}7 = 1{,}34$ Mill. Mark, dann bleibt als Jahresunkosten bei der kleinen Sperre $2{,}06 - 1{,}34 = 0{,}72$ Mill. Mark, bei der größeren 0,995 Mill. Mark und ein für landeskulturelle Zwecke verfügbares Wasser von $150 - 90 = 60$ Mill. Kubikmeter und $193 - 90 = 103$ Mill. Kubikmeter. Dann kostet 1 cbm Wasser bei der kleineren Sperre $\frac{0{,}72}{60} \cdot 100 = 1{,}2$ Pfg., bei der größeren $\frac{0{,}995}{103} \cdot 100 = 0{,}95$ Pfg. Da nun für Landeskulturzwecke niemals zuviel ausgeglichenes Wasser vorhanden sein kann, so ist die größere Sperre unter allen Umständen die wirtschaftlichere, und das um so mehr, da die Hochwasserbekämpfung bei ihr mit viel größerer Sicherheit durchgeführt werden kann als bei der kleineren. Über diese soeben geschilderten Verhältnisse würde aber die Sperrenraumgröße kein genügendes Bild gegeben haben. Denn aus ihr könnte man nur finden, daß die kleinere Sperre $\frac{90}{200} = 45$ vH und die größere $\frac{140}{210} = 66^2/_3$ vH des mittleren Jahreszulaufes aufnehmen könnte, und daß demzufolge 1 cbm Sperrraum bei der kleineren Sperre 31,2 Pfg., bei der größeren 22,8 Pfg. kosten würde. Diese Rechnungen müssen selbstverständlich nach dem Zweck, dem die Sperre dienen soll, weiter durchgeführt werden. So ist z. B. unter allen Umständen der Wert des Hochwasserschutzes mit hineinzunehmen, der sich aus dem Schaden der regelmäßig wiederkehrenden, die Heuernte zum Teil vernichtenden Sommerhochwasserschäden und den meist nicht ganz so großen, aber darum doch schwer ins Gewicht fallenden Schäden der Winter-Katastrophenhochwasser zusammensetzt. Aus allem folgt im Anschluß an das unter a Gesagte, daß in der Erbauung von Talsperren nur nach den ganz großen Gesichtspunkten vorgegangen werden darf, und daß es dringend erwünscht ist, daß ein Mehrfaches der bisher verfügbar gemachten Gelder im Sinne des öffentlichen Wohles bereitgestellt werden sollte. Die Talsperren allein nach ihrer Energiewirtschaftlichen Seite, so wichtig sie auch ist, betrachten zu wollen, würde ihrem Nutzen immer nur zum kleineren Teil gerecht werden.

B. Erd- und Steindämme.

a) Die verschiedenen Dammarten.

Man hat 3 Arten der Sperrdämme zu unterscheiden: 1. Dämme aus durchweg undurchlässigem Material, 2. Dämme aus durchlässigem Material mit vornliegender Dichtung, 3. Dämme aus durchlässigem Material mit senkrecht hochgehender Kerndichtung. Statisch könnte aus dieser Einteilung eine Verschiedenheit der Form folgen, da ein Dammkörper nach Art 1 und 2 in ganzer Breite stauwirkend ist, der nach Art 3 aber streng genommen es erst hinter der Kerndichtung ist. Praktisch sind jedoch die Unterschiede in den Abmessungen kaum vorhanden, da die Böschungsneigung, unter der geschüttet werden kann, im allgemeinen entscheidend ist. Eine einwandfreie statische Berechnung der Dämme läßt sich nicht durchführen, die Sicherheit gegen seitliches Verschieben des Dammes durch den Wasserdruck ergibt sich ohne weiteres aus der Schwere und dem Umfang der verwendeten Erdmassen[1]). Aber gerade die scheinbare Unsicherheit auf statischem Gebiet hat dazu geführt, die Dämme im allgemeinen massiger zu bauen, als es vielleicht notwendig wäre. Die Erfahrung zeigt, daß bei den ausgeführten Dämmen die Standsicherheit durchweg

[1]) Bei einem Wasserdruck von h m ist die Druckkraft $W = 0{,}5\,h^2$. Ist ein Damm wenigstens 2 m höher als der höchste Wasserstand, besitzt er eine Kronenbreite von 4 m, Böschung auf einer Seite 1 : 2 und der anderen 1 : 1,5 und ein Bodengewicht von $\gamma = 2$, dann ist das Dammgewicht immer größer als $3{,}5\,h^2$. Bei einem Reibungswert $\mu = 0{,}5$ von Erde gegen Erde ist ein Reibungswiderstand vorhanden von $1{,}75\,h^2$. Dieser Reibungswiderstand ist also 3,5mal so groß als die angreifende Kraft.

Will man zur Vorsicht mit Auftrieb rechnen, was zu empfehlen ist, dann muß die Wasserfüllung des Dammaterials mit eingerechnet werden. Selbst bei stärkster Zusammenpressung wird immer noch ein Hohlraumgehalt von wenigstens 15 vH vorhanden sein, so daß dann das Dammgewicht nicht unter 2,15 sinken kann; es bleibt dann ein Auftriebsgewicht von 1,15 übrig mit einem Reibungswiderstand von $1{,}75\,h^2\,\frac{1{,}15}{2} > h^2$. Auch ohne Berücksichtigung der Mehrhöhe und der Kronenbreite ist dann die Sicherheit gegen Verschieben größer als 2. Man wird aber trotzdem in jedem Einzelfalle soweit als irgendmöglich besondere statische Nachweise der Standsicherheit zu geben versuchen.

genügend ist. Die Gefahr, die bei Sperrmauern darin liegt, daß man auf Grund von rechnerischen Nachweisen zu schwachen Konstruktionen kommt, ist jedenfalls bei Dämmen geringer. Bei kleineren Dämmen empfiehlt es sich, die Kronen nur so breit zu machen, wie es der Verkehr über den Damm hinweg verlangt.

In statischer Beziehung hat der luftseitige Teil die Hauptbedeutung; er ist der eigentliche Widerstandsteil und wird deshalb vielfach auch mit möglichst flacher Böschung ausgeführt. Hierbei ist die Erfahrung zu beachten, daß die sog. natürliche Böschung des geschütteten Materials nur so lange „natürlich" ist, als sie nicht unter Druck steht. Je größer der Druck ist, desto flacher muß die Böschung werden. Das ist eine Erfahrung, die durch die Natur bestätigt wird, denn sehr hohe Hänge sind im allgemeinen oben steil und unten flach. Diese Form ist einmal durch den Abbruch infolge von Luft, Sonne und Regen bedingt, der immer das Abbruchsmaterial an den Fuß wirft und ihn abflacht, sie entspricht aber auch unabhängig davon den statischen Gesetzen. Diese Form steht ferner in Übereinstimmung mit der Durchweichungslinie und hat somit besondere Bedeutung bei Dämmen aus einheitlichem, dichtem Material[1]).

Die wasserseitige Böschung kann so steil gewählt werden, wie es die Sicherheit gegen Abrutschen erlaubt. Hierbei ist der Zustand schnell fallenden Wassers im Becken besonders gefährlich, das ist also vor allem die Zeit, in der das Becken bei kleinster Oberfläche nur noch wenig Wasser enthält, das Wasser also schnell fallen kann. Dann ist bei nicht vorsichtiger Ausbildung dieser Böschung die Bildung von Wassersäcken hinter der Böschungsbefestigung möglich und damit das Abdrücken und Abrutschen großer Teile der Böschung in das Becken hinein. Es tritt hierdurch zwar selten eine Gefahr für die Unterlieger ein, da dieser Dammrutsch meist bei verhältnismäßig leerem Becken eintreten wird, aber es sind vor der Wiederfüllung umfangreiche Ausbesserungsarbeiten notwendig. Diese Gefahr wird vermieden, wenn man entweder den wasserseitigen Teil der Böschung so abdichtet, daß die Bildung von Wassersäcken unmöglich ist, oder wenn man diesen Teil aus so großstückigem Material schüttet, daß das Wasser im Damm stets den gleichen Stand haben muß wie im Becken. Zahlreiche Ausführungen scheinen die Anschauung zu bestätigen, daß man die wasserseitige Böschungsneigung steiler halten dürfte als die luftseitige, wenn man nur die zulässige Neigung nicht unterschreitet. Da aber wasserseitig stets durch Pflasterung usw. befestigt werden muß, so kann der Böschungswinkel steiler sein als für die natürliche Böschung, z. B. 1 : 2. Ziegler, Clausthal, vertritt die Anschauung, daß die luftseitige Böschung die steilere sein müsse. Diesem Standpunkt kann man für Dämme ohne Kern beitreten, bei Dämmen mit Kern aber sollte man aus statischen Gründen auf einen breiten luftseitigen Teil Wert legen. Vgl. auch den Bruch des Apishopa-Dammes, Colorado. Hier liegt die Ursache wahrscheinlich in schlechter Ausführung, es kann aber auch die Form, wasserseitig 1 : 3, luftseitig 1 : 2, mitgespielt haben[2]). Statisch hat der wasserseitige Teil des Dammes nur die Aufgabe, ein Abrutschen des luftseitigen Dammteiles nach der Wasserseite hin zu verhindern. Könnte man diesen Dammteil z. B. durch eine billige Winkelstützmauer in seiner Wirkung auf den luftseitigen Dammteil ersetzen, dann wäre er ohne weiteres entbehrlich. Eine solche Ausführung wird im allgemeinen aber zu teuer.

Die Einlegung von Bermen ist statisch schlechter als die Ausführung einer durchgehenden, flachen Böschung an ihrer Stelle. Bermen sind aber trotzdem häufig eingelegt worden, um eine Begehung und damit Kontrolle hoher Böschungen zu ermöglichen. Dabei sind selbst auf der Wasserseite Böschungen angewendet worden, die nur durch künstliche Befestigung standsicher gemacht werden

---

[1]) Viele Dämme sind aber mit gerader Böschung erbaut worden.

[2]) Schmidt: D. W. S. 69. 1924.

konnten. Vgl. z. B. den Staudamm bei Charmes, Abb. 430, der zugleich das Beispiel für einen Damm aus einheitlich dichtem Material ist.

Im allgemeinen wird man so rechnen müssen, daß bei Dämmen bis zu etwa 30 m Höhe ohne Kern Böschungen von 1 : $2^1/_2$ auf der Wasserseite und 1 : 2 auf der Luftseite nicht unterschritten werden sollten, mit Kern wären 1 : $1^1/_2$ wasserseitig und 1 : 2 luftseitig die steilsten Böschungen bei sehr grobem Material. Bei noch höheren Dämmen wird man vor allen Dingen an der Luftseite die Böschung in den unteren Teilen entsprechend weiter abflachen und an der Wasserseite für eine besonders gute Böschungsbefestigung sorgen müssen. Wenn auch die zuerst genannte Bauart 1 ohne Kern wegen des durchweg dichten Materials auf den ersten Blick besondere Vorzüge zu haben scheint, so dürfte sie doch den Dämmen nach Art 2 und 3 mit besonderer Dichtungsschicht oder Kern kaum überlegen sein; denn es läßt sich bei dem einheitlich dichten Damm schwer verfolgen, ob sich in ihm nicht Wasseradern bilden, deren Verlauf dann schwer festgestellt werden kann. Auch schon aus Gründen der Materialbeschaffung wird oft Art 2 oder 3 gewählt werden müssen. Zudem kann man wohl die geringen Massen des Kernes in jedem auch geringsten Punkte sichern, nicht aber die ungeheuren Massen eines ganzen Dammes.

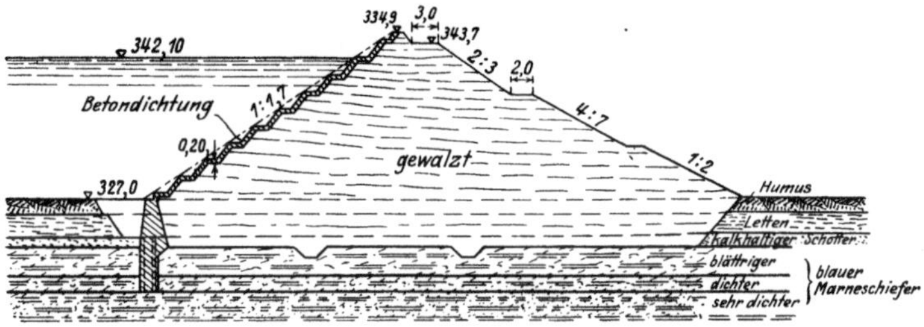

Abb. 430. Querschnitt des Dammes bei Charmes. Maßstab 1 : 1000.

Art 2 mit schräg vorn liegender Dichtungsplatte ist statisch zweifellos der dritten Art mit senkrechtem Dichtungskern überlegen. Es muß diese Überlegenheit aber durch eine größere Unsicherheit der für den Damm lebenswichtigen Dichtung erkauft werden. Es ist unter allen Umständen sicherer, einen senkrechten Ton-, Mauerwerks- oder Betonkern hochzuführen, als in einen in der Schüttung befindlichen und damit noch nicht zur Ruhe gekommenen Damm die schräge Dichtungsplatte sicher einzubauen. Schon die ältesten Dammbauer in Deutschland, die Erbauer der zahlreichen Staudämme im Harz, haben das erkannt und seinerzeit in diese relativ schwachen Dämme einen senkrechten Dichtungskern aus gestampften Grassoden, ein sog. Rasenhaupt, eingebaut. Diese Dämme, mehrere hundert an der Zahl, haben sich glänzend bewährt. Zerstört worden sind sie, soweit bekannt, nur in seltenen Fällen, und dann durch Überlauf. Das Bild eines Dammes mit schräg liegender Dichtung zeigt Abb. 431 u. 432, der geplante Staudamm bei Ottmachau[1]) in Schlesien mit einem Höchstwasserdruck von rund 18 m. Als Beispiel eines Dammes mit senkrechtem Kern wird Abb. 433 wiedergegeben. Ludin macht besonders darauf aufmerksam, daß die Beanspruchungen eines solchen senkrechten Kernes stark einseitig sein können. Es wirken von der einen Seite der Wasserdruck und der Erddruck der wasserseitigen Einschüttung, auf der anderen Seite hat ihm der passive Gegendruck der luftseitigen Böschung Widerstand zu leisten. Es wird hier also darauf ankommen, die luftseitige Einschüttung so zu verdichten und so energisch an den Kern heranzupressen, daß nennenswerte Bewegungen bei Auftreten des

[1]) Vorschlag und erster Entwurf dieser Talsperre stammt von Reg.- u. Baurat Kurt Weidner, Magdeburg.

passiven Widerstandes nicht eintreten können. Die Versuche des Verfassers über passiven Erdwiderstand, vgl. S. 404, dürften bei guter Bauausführung in dieser Beziehung beruhigend wirken. Immerhin soll man aber damit rechnen, daß vor Auftreten des passiven Erdwiderstandes gewisse Verschiebungen möglich sind, wenn nicht die allerbeste Ausführung angewendet wird. Wenn aber das Material entweder durch Spülung eingebracht wird oder in der heute erprobten

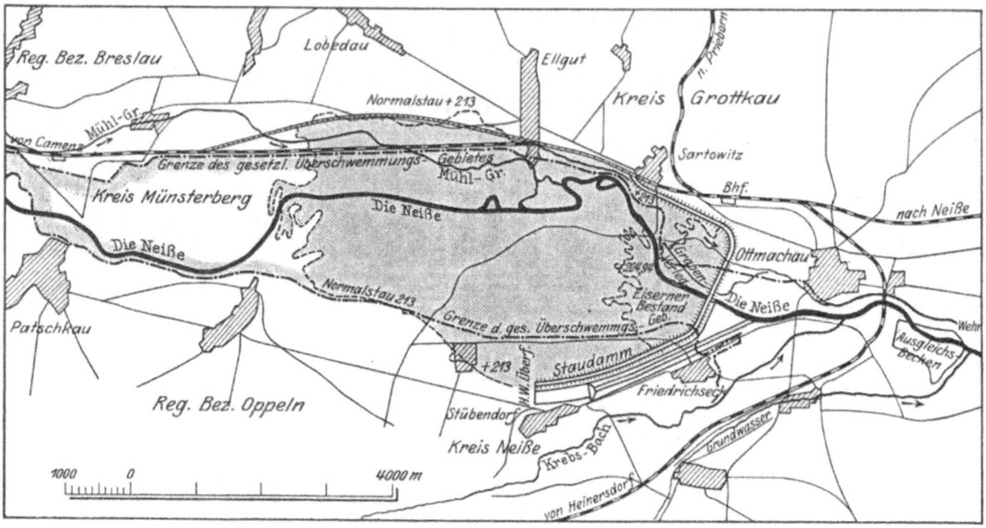

Abb. 431. Ottmachauer Sperre. Maßstab 1 : 115 000.

Weise eingewalzt wird, dann kann man damit rechnen, daß praktisch die Setzungen innerhalb der Größe von 0,5—1 vH der Höhe bleiben und daß dementsprechend die wagerechte Bewegung im Damm auch nur eine ganz geringfügige sein kann, denn die nachträgliche Setzung des Dammes bedeutet weitere Verdichtung und Verminderung von wagerechten Bewegungen des Kernes. Die Dichtungsschicht kann bestehen aus Lehm, massivem Beton oder Mauerwerk oder Eisenbetonhohlkörpern. Der Lehm hat am besten 50 vH Sandgehalt. Reiner Ton ist schwer

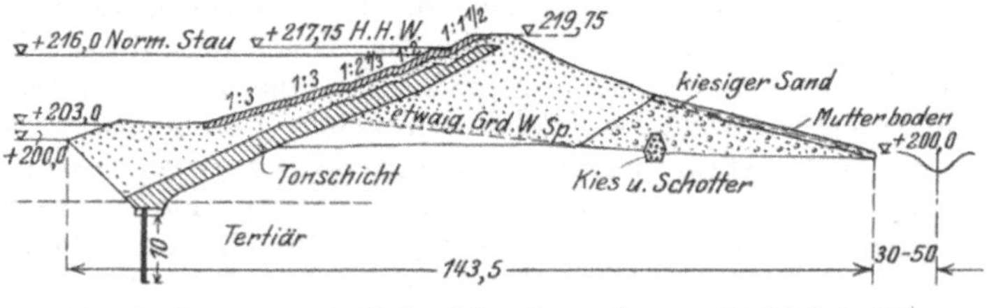

Abb. 432. Dammquerschnitt der Ottmachauer Sperre. Maßstab 1 : 2000.

einzubringen und ist dem Reißen stark ausgesetzt. Ein Lehmkern hat gegenüber einem Betonkern den Vorzug, daß er eher gewisse Verschiebungen ohne Gefahr überstehen kann, ein entsprechend gut konstruierter Betonkern dagegen kann durch Aufnahme innerer Spannungen solche Verschiebungen unmöglich machen. Besondere Vorteile scheint aber ein Eisenbetonhohlkörper zu bieten, vgl. Abb. 434. Ein solcher Vorschlag ist zuerst von der Ambursen-Comp., Amerika, gemacht worden. Bei dieser Bauart wird man zweckmäßigerweise auf der Wasserseite einen möglichst dichten Dammkörper vorlegen, darauf folgt der Hohlkern, dann eine dichte Schicht luftseitig und dann ein möglichst poröser Dammkörper nach der Luftseite. Der Hohlkern besteht aus Eisenbetonwänden mit Querwänden und Sammelkanal am Fuße, von dem am Dammfuß nach der Luftseite Kanäle hinausgeführt sind. Alles Wasser, das von der Wasserseite aus trotz des dichten Dammteiles bis zum Kern vordringen könnte, fällt in ihm herab und läuft unschädlich nach der Luftseite ab. Durch fortlaufende Messung des Ablaufwassers ist man stets im Bilde über den Grad der Dichtigkeit. Der Damm erfährt eine systematische Auflösung nach Dichtungsteil und Stützteil. Der

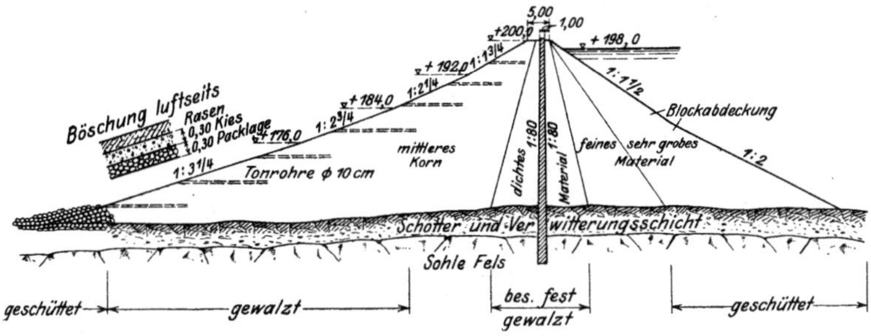

Abb. 433. Querschnitt des projektierten Sösedammes im Harz. Maßstab 1 : 2000.

Hohlkern hat die doppelte Aufgabe, zu dichten und zu entwässern. Bei richtiger Ausführung dieser Bauweise ist es unmöglich, daß das Beckenwasser bis zu dem Stützteil vordringt. Gerade bei der großen Zähigkeit der Eisenbetonkonstruktionen wird es am ersten möglich sein, dem einseitigen Drücken von der Wasserseite her Widerstand zu leisten und ein Zerreißen zu verhindern.

Besondere Vorsicht ist notwendig, um einen dichten Anschluß des Dammes an den Untergrund herbeizuführen. Der Untergrund ist von allen Wurzeln und Pflanzen zu reinigen. Baut man auf felsigem Untergrund, dann wird es im allgemeinen genügen, in der Dammitte einen Schlitz im Untergrund herzustellen, in den der Damm eingreift. Liegt der Felsen sehr tief und ist vor allem der darüberliegende Untergrund nicht genügend dicht, dann muß man, wenn irgend möglich, mit einem Schlitz bis auf den Felsen heruntergehen. Bei einheitlich geschütteten Dämmen ebenso wie bei besonderer Dichtungsschicht wird man dann einen Dichtungskern in diesem Schlitz herunterführen. Es besteht hierin ein grundlegender Unterschied gegenüber den Talsperrenmauern, die fast durchweg in ganzer Mauerbreite bis auf den Fels nach unten geführt werden müssen, während bei einem Damm, der sein Gewicht auf ein Vielfaches der Breite einer Mauer verteilt, lediglich die Hinabführung eines Dichtungskernes nötig ist. Bei sehr schwieriger Wasserhaltung wird man unter Umständen die Herunterrammung einer eisernen Spundwand vorziehen. Wenn auch die Rostgefahr bei solchen Spundwänden im Untergrunde so gut wie nicht vorhanden ist, da eine Erneuerung angreifenden Sauerstoffes kaum vorkommen kann, so dürfte es sich doch empfehlen, solche Spundwände durch Anwendung des Metallspritzverfahrens oder Verwendung von Kupferstahl der Dortmunder Union rostsicher zu machen. Es sind aber die Eisenspundwände wegen ihrer fast vollkommenen Dichtigkeit gerade bei Talsperren den Holzspundwänden unter allen Umständen vorzuziehen.

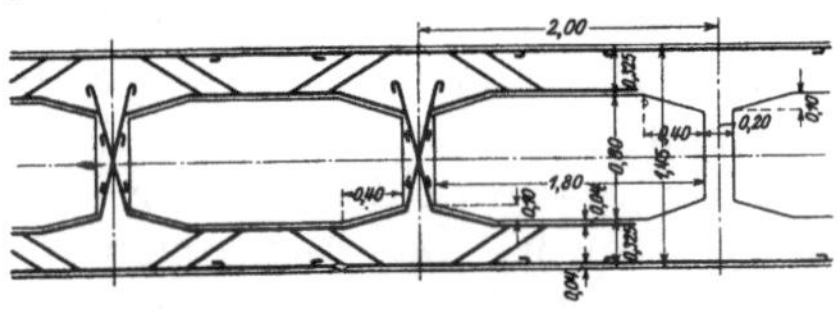

Abb. 434. Eisenbetonhohlkern (Entwurf). Maßstab 1 : 100.

Ebenso wichtig wie der Anschluß des Dammes an den Untergrund ist der Anschluß an den Hang. Die preußische Vorschrift für den Bau von Talsperrendämmen in der Ausführungsanweisung zum Verleihungsverfahren des preußischen Wassergesetzes von 1913 verlangt Abtreppung der Hänge. Dr. Leiner - München macht auf Grund des Bruches des Apishapa-Dammes in Colorado darauf aufmerksam[1]), daß durch die Abtreppung gerade das Gefahrmoment erhöht würde. Es scheint darnach zweckmäßig, Hänge nicht abzutreppen, sondern in möglichst gleichmäßiger Kurve für den Anschluß herzurichten. Die Anwendung von senkrechten Kernen dürfte auch hier die Gefahr der Umspülung beseitigen, da man den Kern sicher in den Hang einführen kann.

b) Ausführung des Dammkörpers.

1. Walzverfahren.

In der Wahl des Dammaterials wird man nur selten frei sein, sondern sich nach dem vorkommenden, in genügenden Mengen anstehenden, baggerfähigen Material richten müssen. Unter Umständen ist die Lage der Talsperren davon abhängig, ob man in der Nähe genügend mit Lehm ausgefüllte Schottermassen finden kann, die mit nicht zu großer Transportweite an die Talsperrenstelle gebracht werden können. Das Einbringen des Materials kann erfolgen durch Eisenbahnbetrieb, Kabelbahnen oder Spülverfahren. Bei dem Einbringen auf Gleisen hat man es bei vielen Ausführungen zweckmäßig gefunden, die Gleise unmittelbar auf das geschüttete Material zu legen, um dessen Verdichtung durch die Erschütterungen der fahrenden Züge herbeizuführen. Zweckmäßiger dürfte es aber sein, das moderne Walzverfahren anzuwenden[2]). Es werden Dampf-, Benzol- oder ähnliche Walzen angewendet, die nach Ausführungen in Amerika z. B. einen Walzdruck von 2 kg/qcm erzeugten. Es sind dort Walzen bis zu 6 t Gewicht verwendet worden. Nach französischen und deutschen Erfahrungen empfiehlt sich die Anwendung kleinerer Walzen von $2^1/_2$ bis 4 t Gewicht mit etwas schmäleren Rädern, da man nach Ludin dadurch in vorteilhafter Weise bei Einführung der kleinen Walze die Leistung von 600 cbm/Tag bis auf 2400 cbm/Tag steigern konnte mit einer mittleren Leistung je Walze von 250, in Deutchsland sogar 350 cbm/Tag. Es wird der Boden dabei in Schichten bis zu 20 cm Dicke eingewalzt, ganz ähnlich, wie es bei den Dichtungsschichten der Kanaldämme der Fall ist. Es ist dabei gelungen, den Boden so weit zu verdichten, daß sein Einheitsgewicht, das ursprünglich 1,6 bis 1,9 t/cbm betrug, auf 2 t/cbm gesteigert wurde. Das Aufstreuen von grobem Kies oder noch besser einer dünnen Schicht gebrochenen Schotters vergrößert das Gewicht in ähnlicher Weise wie das Einbetonieren von Steinblöcken in den Gußbeton. Es wird durch diese Walzmethode ein Dammkörper von großer Einheitlichkeit geschaffen, der in seiner Lagerung dem gewachsenen Boden sehr nahekommt und nach Ansicht der meisten heute maßgebenden Fachleute die gleiche Sicherheit gewährt wie Betonmauern. Ob bei dem Walzverfahren der Boden durch Lokomotivbetrieb oder Kabelbahnen eingebracht wird, ist gleichgültig.

2. Spülverfahren.

Das Spülverfahren hat den Vorteil, das Einbringen des Bodens mit der Verdichtung zu vereinigen. Es ist das ein Verfahren, das auch in Deutschland für Aufbringung von großen Bodenmassen auf tiefliegendes Gelände an Flüssen oder an der See seit langem angewandt wird und das eine besonders dichte Lagerung des Bodens gewährleistet. Das Spülverfahren ist besonders zweckmäßig dort, wo ein natürliches Gefälle und genügender Druck schon zur Verfügung steht oder während des Baues geschaffen werden kann. Dieser Druck ist notwendig, um mit Hilfe eines Spritzverfahrens das Material am Hang zu lösen. Es wird also hier das Material nicht durch Baggern gewonnen, sondern durch den Wasserstrahl. Es kann das Material aber auch durch Sprengung und Baggerung gewonnen werden.

[1]) Z. d. B. S. 73. 1925.

[2]) Das Verdichten mit Handstampfern, Einreiten usw. kann heute nicht mehr als genügend sicher angesehen werden.

Bei Gewinnung durch Spritzen ist an der Gewinnungsstelle ein Wasserdruck von 7 bis 10 at und eine Wassermenge von 300 bis 400 l/sek an der Düse wünschenswert. Drücke von 3 at und Wassermengen von 50 l/sek scheinen die untere Grenze zu sein. Es wird das gelöste Spülmaterial bei 15—30 vH Gehalt an fester Masse in Holzrinnen mit 3 vH Mindestneigung dem Damm zugeleitet. Kann man das Material nicht oben am Hang gewinnen, sondern in tiefer Lage, dann muß es

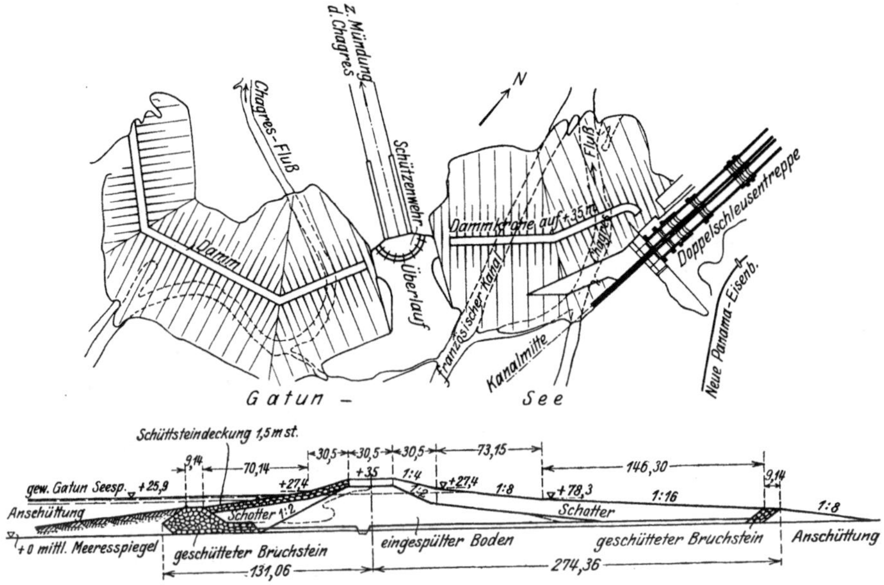

Abb. 435 u. 436. Gatundamm.
Abb. 435. Grundriß. Abb. 436. Querschnitt. Maßstab 1 : 50 000.

durch starke Kreiselpumpen genau so in die Höhe gepumpt werden, wie dieses bei unseren großen Saugbaggern in der See der Fall ist. Die Auffüllung eines Dammes beginnt in der Weise, daß zuerst an beiden Seiten des Dammfußes Dämme aus Steinschüttung errichtet werden, die sich bald so weit dichten, daß nun das Material immer von den Rändern zur Mitte läuft. Hat man im gelösten Material genügend grobe Bestandteile und spült von den beiden Außenseiten des Dammes nach der Mitte, dann lagert sich dieses grobe Material auch am Rande ab und bildet nach oben fortschreitend die Fortsetzung der ursprünglichen Steindämme. Wie bei jedem Spülverfahren ist auch hier die Abführung des Wassers die Hauptsache. Die Anwendung des Hohlkernes dürfte die Abführung des Wassers besonders erleichtern. Mit dem Spülverfahren wird im allgemeinen nicht das gleiche Einheitsgewicht wie bei dem Einwalzen erreicht. Es findet aber eine vorzüglich gleichmäßige Lagerung statt, wie auch die Dichtigkeit allen Ansprüchen genügt. Mit das berühmteste Beispiel dieser Baumethode ist der Bau des großen Gatunsperrdammes (Abb. 435 u. 436) am Panamakanal, dessen Breitenabmessungen allerdings wegen der besonderen Verhältnisse ganz außergewöhnliche sind. Ein Damm von außergewöhnlichen Abmessungen ist ferner der Damm im kleinen Bärental in Kalifornien mit 61 m größter Höhe (s. Abb. 437).

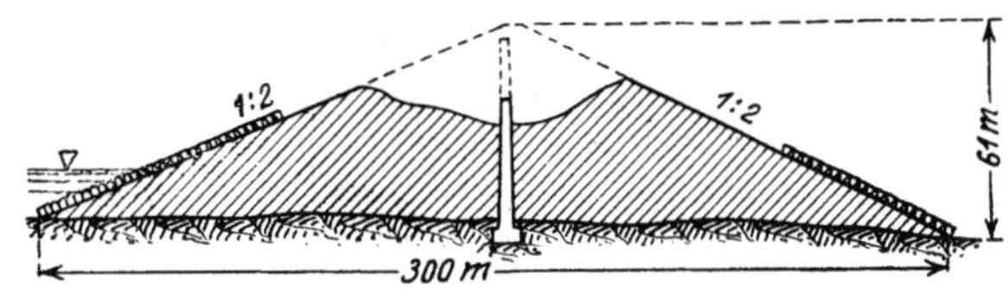

Abb. 437. Querschnitt des kleinen Bärentaldammes (Kalifornien). Im Bau. Maßstab 1 : 3000.

c) Böschungsbefestigung.

1. Die wasserseitige Böschung.

Aus Rücksicht auf die Bildung von Wassersäcken muß die Böschung entweder vollständig wasserdurchlässig sein oder gänzlich wasserundurchlässig. Die erstere Art besteht im allgemeinen aus Steinschüttung oder aus unverfugtem Steinpflaster, das auf einem groben Kiesbett verlegt wird. Im allgemeinen wird wegen der angreifenden Kräfte ein regelmäßig versetztes Böschungspflaster aus schweren Steinen vorzuziehen sein. Der Angriff auf der Wasserseite erfolgt durch Wellen, Eisstoß und den Sog des fallenden Wassers. Völlig dichte Böschungen bestehen aus Eisenbetonplatten, auf die man entweder Asphaltpappendichtung oder eine Blechhaut aufbringen kann. Die dichtende Haut muß dabei nach außen wieder durch eine Eisenbetonschicht geschützt werden. Dämme mit Blechdichtung sind bereits häufiger gebaut worden und haben sich gut bewährt. Die Bleche sind im allgemeinen beiderseits mit Asphalt überzogen worden. Ziegler und Ludin stehen aber beide auf dem Standpunkt, daß man zweckmäßigerweise die Asphaltlage nur auf der Außenseite anwenden solle, da sonst der Zusammenhang zwischen der Betonunterlage und der Blechhaut nicht genügend sicher sei. Ludin empfiehlt außerdem, die Blechhaut mit einer Eisenbetonbewehrung der Unterlage fest zu verbinden. Nach den Erfahrungen, die mit Spundwänden und davor liegender Betonschürze gemacht sind, dürfte es sich sogar nach Ansicht des Verfassers weiter empfehlen, auch auf die äußere Asphaltschicht zu verzichten und lieber die Blechhaut mit einer Eisenbewehrung der äußeren Dichtungsschicht zu verbinden, so daß Betonunterlage, Blechhaut und Betonauflage auch konstruktiv ein zusammenhängendes Ganzes bilden. Es kann dann mit einem sicheren Schutz der Blechhaut durch die dicht anliegenden Betonschichten gegen Rosten gerechnet werden. Besser erscheint es, daß man bei einer solchen Entwicklung der Dinge lieber auch auf die Blechhaut verzichtet und eine entsprechend dicke Eisenbetonplatte in fetter Mischung mit Torkretierung ausführt, so daß man schon von vornherein mit genügender Dichtigkeit dieser Platte rechnen kann, die durch starke Armierung oder Ausdehnungsfugen gegen Wärmerisse geschützt ist. Über die Gefahr der Wärmerisse vergleiche den folgenden Teil: „Massive Stützmauern“.

2. Die luftseitige Böschung.

Die luftseitige Böschung ist gefährdet durch die atmosphärischen Wirkungen, Regen, Schnee und dergleichen, durch etwa durchdringendes Talsperrenwasser und durch Überlaufwasser. Einen Schutz gegen letzteres könnte man nur dadurch gewinnen, daß man die Außenböschung mit einer durchgehenden Eisenbetonhaut überzieht. Der beste Schutz ist aber der Einbau von so reichlichen Entlastungsanlagen, daß ein Überlaufen nicht stattfinden kann. Als solche kämen vor allem in Frage neben offenen Überläufen und Grundablässen weitgehende Heberanlagen, da sie ein vielfaches der offenen Überläufe leisten können. Die Zerstörung der Dämme ist bisher durchweg durch Überlaufen eingetreten. Dämme, die an sich durchaus sicher erbaut waren, haben den Angriffen des überlaufenden Wassers nicht standhalten können[1]). Wenn die Entlastungsanlagen mit Sicherheit reichlich genug sind, und hierauf kommt bei Dämmen alles an, dann dürfte im allgemeinen eine gute Berasung genügen, wobei man zum Schutz gegen die Wühlarbeit von Mäusen, Ratten, Kaninchen usw. unter die Rasenerde noch eine Schicht groben Geschiebes anordnet.

---

[1]) Es sind die gleichen Erfahrungen wie bei dem Bau der Deiche, s. S. 243, bei denen die furchtbarsten Katastrophen fast stets auch durch Überströmung entstanden. Auch die Katastrophen bei Talsperren haben meist den gleich grausigen Verlauf.

Bei Dämmen aus groben Schüttsteinen ist vielfach eine Böschungssicherung nicht für nötig gehalten worden. Der älteste europäische Talsperrendamm am Oderteich im Harz mit 18 m größter Höhe (Abb. 438), besitzt keinerlei Böschungssicherung, er hat lediglich einen Kern aus gestampftem Granitsand, der sich bis heute genügend dicht gehalten hat. Auch Dämme wie der Escondidodamm und der Pescodamm in Kalifornien (Abb. 439 u. 440) besitzen keine besondere Böschungssicherung auf der Luftseite, sofern man nicht die in eine Art Abpflasterung übergehende Steinschüttung der Luftböschung als eine solche ansehen wollte.

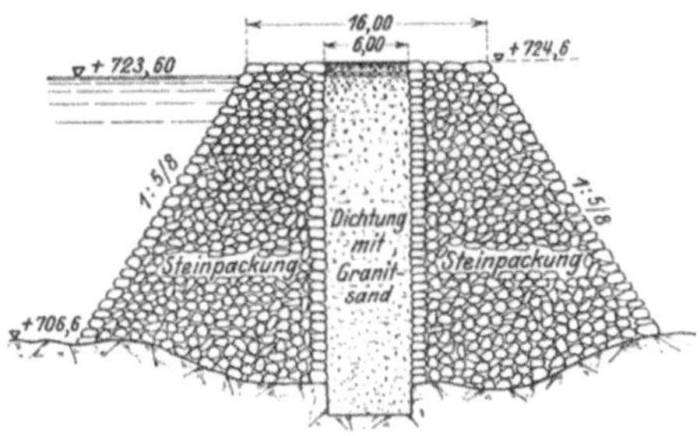

Abb. 438. Querschnitt des Oderteichdammes im Harz. Maßstab 1 : 800.

Wenn aber keine besondere Kernsicherung vorhanden ist, wird im allgemeinen die Ausbildung einer wasserseitigen dichten Haut notwendig sein. Eine solche wird z. B. von den Italienern vielfach angewandt[1]). Der Belice-Damm auf Sizilien, auch Honedamm genannt (Abb. 441), besteht aus einem Damm aus Trockenmauerwerk, der an der Wasserseite durch eine Eisenbetonplatte

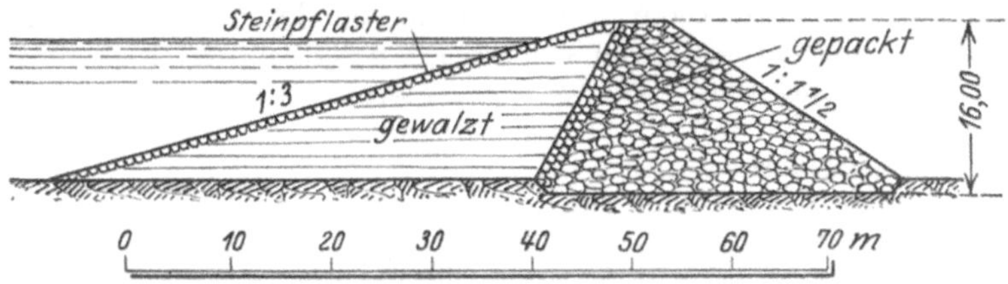

Abb. 439. Querschnitt des Pescodammes. Maßstab 1 : 1000.

gedichtet ist. Die Platte aus Eisenbeton mit einer Neigung 1 : 1,4 geht nach unten in eine Herdmauer über. Die Dichtungsplatte ist von außen torkretiert und in 12 m Abstand durch Dehnungsfugen gegen Reißen gesichert. Um einen guten Zusammenhang zwischen der dichtenden Betonschicht und dem eigentlichen Dammkörper zu schaffen, sind quer durch den Damm Pfeiler errichtet worden, die an der Wasserseite aus Mörtelmauerwerk bestehen, nach hinten in Trockenmauerung

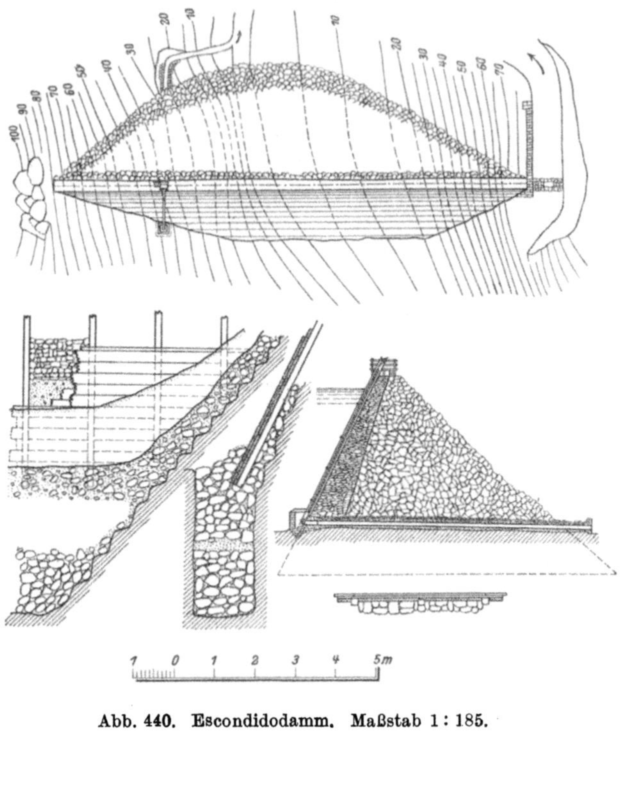

Abb. 440. Escondidodamm. Maßstab 1 : 185.

[1]) Die Bautechnik, S. 29. 1925. — Bauing. S. 769. 1924. Aufsatz von Probst.

übergehen. Dazwischen ist das übrige Trockenmauerwerk gesetzt worden, das auch noch durch Bänder von größeren Blöcken unterteilt ist. An der Wasserseite liegen drei 1,6 m hohe Entwässerungskanäle, zu denen durch zahlreiche Entwässerungsrohre das Sickerwasser hingeführt wird. Zur Kontrolle des Mauerwerkes sind Stollengänge und Schächte vorgesehen. Die größte Höhe des Dammes von Unterkante bis Oberkante beträgt 40 m, die größte Breite am Fuß 67 m, die Kronenbreite 5 m. Der Mauerinhalt ist 150000 cbm, das Gestein hatte nur geringe Festigkeit. Unter dem Dammkörper aus Trockenmauerwerk ist noch eine Betonplatte vorgesehen worden.

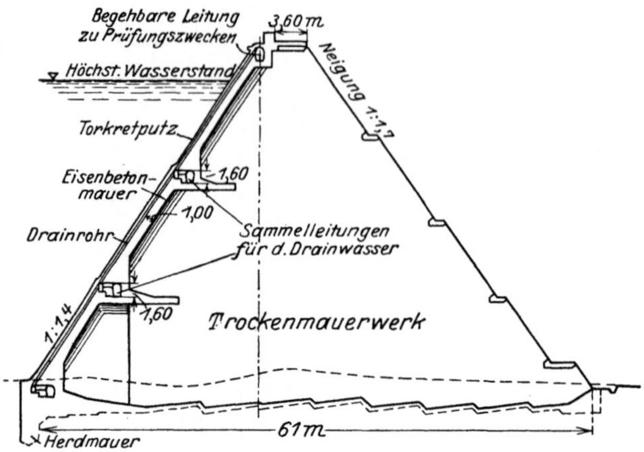

Abb. 441. Belice- oder Honedamm. Sizilien. Maßstab 1 : 1000.

Grundsätzlich dürfte diese Konstruktion von der des Großoderteiches im Harz nicht wesentlich verschieden sein. Beide bestehen aus Trockenmauerwerk, nur liegt hier die dichtende Schicht vorn, während sie bei dem Großoderteich in der Mitte liegt. Es dürfte aber die italienische Anordnung aus statischen Gründen vorzuziehen sein.

C. Massive Mauern.

a) Berechnungsgrundlagen und Formgebung.

Für die Formung der massiven Talsperrenmauern haben sich heute bestimmte Regeln entwickelt, die nicht ohne Gefahr übertreten werden dürfen. Die Art der Berechnung muß wegen der ungeheuren Gefahren, die der Bruch einer Talsperrenmauer für die unterhalb liegenden Gebiete mit sich bringt, eine viel feinere sein, als dies bei gewöhnlichen Stützmauern, Ufermauern und dergleichen der Fall ist. Auch sind die Kräfte, die auftreten, zum Teil so gewaltige, daß nur die allerbesten Berechnungsmethoden Sicherheit versprechen. Zum Teil sind dabei die Kraftwirkungen noch nicht völlig geklärt. So weiß man in vielen Fällen noch nicht, wie man der gefährlichen Temperaturspannungen und der aus ihnen folgenden Temperaturrisse Herr werden soll. Es scheint das einzig Erfolg versprechende Mittel das Einfügen von Baufugen zu sein. Es ist dieser Punkt mit vorangenommen worden, weil er einer der wichtigsten ist, der in keinem Zeitpunkt der Berechnung oder Bauausführung vergessen werden darf. Die Kräfte, mit denen man zu rechnen hat, sind 1. der Wasserdruck, der auf der ganzen benetzten Fläche wirkt mit seiner Ersatzkraft in $^1/_3$ Höhe über dem tiefsten Punkt, an dem der Wasserdruck angreifen kann, 2. der Auftrieb unter der Sohle des Bauwerkes und örtliche Wasserdrücke in einzelnen Fugen mit gleicher Wirkung für den darüberliegenden Teil, 3. in solchen Gegenden, in denen es sich um sehr starke Witterungsunterschiede handelt, der Eisschub, wobei der Eisschub entsprechend den verschiedenen möglichen Wasserständen zu verschiedenen Zeiten in verschiedenen Höhen wirken kann, 4. das Eigengewicht der Mauer, das aber ebensosehr als angreifende Kraft bezeichnet werden darf, wie es die Eigenschaft einer widerstehenden Kraft besitzt. Die Verhältnisse liegen so, daß das Mauergewicht bei gefüllter Sperre vor allem die Wirkung einer widerstehenden Kraft besitzt, während es bei leerer Sperre auf den wasserseitigen Teil des Untergrundes unter der Mauer die Wirkung einer angreifenden Kraft hat. Da massive Mauern stets unmittelbar auf tragfähigem Felsen gegründet werden müssen, können die widerstehenden Druckkräfte des Untergrundes als statisch bestimmt angenommen werden, so daß die Schwierigkeiten, wie sie sich z. B. bei der Gründung von Trockendocks usw. auf Sand ergeben, hier nicht in Erscheinung treten.

Die Berechnung der Staumauer hat nachzuweisen, daß an keiner Stelle der Mauer Zugspannungen auftreten und daß ferner die Hauptspannungen und Schubspannungen nirgends das durch das Material vorgeschriebene Maß überschreiten. Ferner ist die Unverschieblichkeit der Mauer und ihre Kippsicherheit nachzuweisen. Die Bedingung, daß an keiner Stelle Zugspannungen auftreten dürfen, wird erfüllt, wenn die Ersatzkräfte bei gefüllter und bei leerer Sperre innerhalb des Kernes verlaufen. Die Forderung, daß keine Zugspannungen auftreten können, hat nur Bedeutung für das Verhalten der wasserseitigen Wand, denn bei ihrer Erfüllung können dort keine Zugrisse entstehen, und es kann somit kein Druckwasser in die Fugen eintreten. Es wird also gleichzeitig ein völlig dichtes Mauerwerk vorausgesetzt. Das Ansetzen von Kräften infolge eintretenden Druckwassers in den Mauerkörper steht somit in Widerspruch zu dieser Forderung. Es dürfte bei wirklich guter Ausführung einer Mauer mit völlig dichter, wasserseitiger Isolierschicht auch entbehrlich sein, derartige Druckkräfte anzusetzen, vor allem dann, wenn durch eine einwandfreie Entwässerung des Raumes hinter der Isolierschicht für drucklose Abführung des Wassers gesorgt wird.

Die bisherigen Berechnungen haben sich im allgemeinen darauf beschränkt, den Verlauf der Drucklinien für viele Horizontalschnitte im Mauerkörper festzulegen. Dabei wird zur Vorsicht stets der Wasserspiegel in Höhe der Mauerkrone angenommen. Diese Maßnahme ist zweckmäßig, weil niemals dafür gutgesagt werden kann, ob nicht der Wasserspiegel einmal so hoch steigen könne. Die Berechnungen einer Mauer nach dieser Methode wird durch Abb. 442a u. b wiedergegeben. Die neuere Art der Mauerformung nach Link geht von einem regelmäßigen Grunddreieck aus, dem lediglich ein breiterer Kopf aufgesetzt und bei größerer Höhe 2 Fußdreiecke angefügt werden. Auch hier verläuft, wie man sieht, die Drucklinie vollständig im Kern. Stets treten dabei als Lagen der Drucklinie auf: eine solche an der wasserseitigen Linie des Kernes bei leerem Becken und eine solche an der luftseitigen Begrenzung des Kernes bei gefülltem Becken.

Zu den vorgenannten Kräften ist noch folgendes zu bemerken. Der Eisschub wird in Ländern mit starker Frostgefahr nach Versuchen von Hilgard, Zürich, zweckmäßig mit 40—75 t für jeden Längenmeter der Mauer angesetzt. Die Wirkung dieser Kraft ist eine sehr große, besonders, wenn sie bei gefülltem Becken wirkt. Man kann durch Abschrägung der wasserseitigen Fläche, die im oberen Teile ohne Beeinträchtigung der statischen Sicherheit möglich ist, den Eisdruck vermindern. Hat man es mit sehr rauher Gebirgslage zu tun, dann könnte für die Zeit des härtesten Frostes im Falle gefüllten Beckens eine Heizung des Mauerkopfes vorgesehen werden, die nicht sehr kostspielig zu sein braucht und mit Sicherheit vor der Mauer die Eisbildung verhindern würde. Es hat in den meisten Fällen sogar die Eigenwärme der Mauer hierzu genügt. Eine Heizung der tieferen Lagen des Mauerkörpers für Eisbildung bei tieferen Wasserständen ist entbehrlich, da dann die Drücke durch den geringeren Wasserstand schon entsprechend vermindert sind. Wellenschlag dürfte nur bei sehr großen Sperrbecken und ungünstiger Windrichtung von Bedeutung sein. In den meisten Fällen wird man auf das Ansetzen dieser Kraft verzichten können. Druckwasserkräfte im Inneren des Mauerkörpers sollten nur dann unberücksichtigt bleiben, wenn man die wichtige Forderung erfüllt, eine wirklich dichte wasserseitige Dichtungsschicht zu schaffen. Die Mittel hierfür sind heute vorhanden.

Neben einer solchen Dichtungsschicht wird meist noch eine Entwässerung des wasserseitigen Teiles des Mauerkörpers vorgenommen. Man baut Sickergalerien hinter der Dichtungsschicht ein, die zusammengefaßt unter den Mauerkörper hindurchgeführt werden. Diese Sickerkanäle haben aber nur dann eine entscheidende Wirkung, wenn das Wasser von jedem Punkte der zu entwässernden wasserseitigen Mauerschicht hinter der Dichtungsschicht zu ihnen gelangen

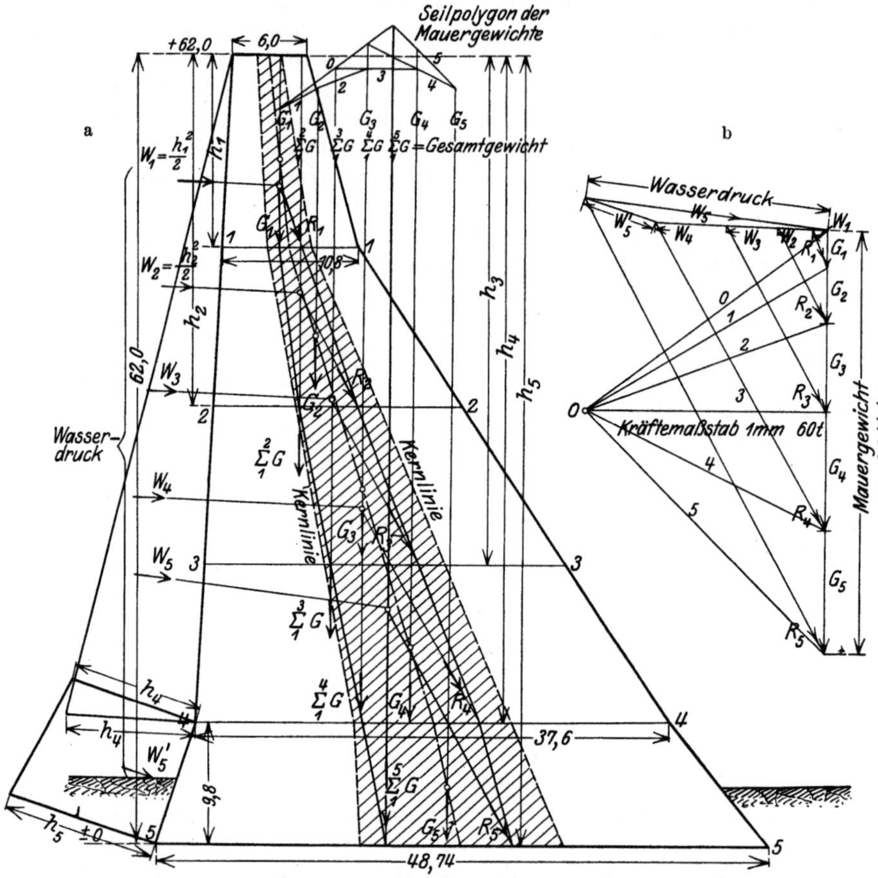

Abb. 442 a u. b. Statische Untersuchung einer massiven Sperrmauer mit Stützlinie. a Mauerquerschnitt. Maßstab 1 : 600. b Kräftezug. 1 mm = 60 t.

kann. Baut man also z. B. nur in Abständen von vielleicht 5 m senkrechte Schächte ein, die entwässert werden, dann kann immer noch das Wasser zwischen diesen Schächten hindurch in das Mauerinnere gelangen. Man muß also den Zwischenraume zwischen den Schächten durch eine poröse Schicht füllen. Eine solche ist ein künstlich zu mager gehaltener Beton aus Kies mit genügend Zement, aber zu wenig Sand. In Verfolgung dieses Gedankens ist man sogar so weit gegangen, daß man die Dichtungsschicht auf vorgebaute flache Gewölbe gelegt hat.

Der Auftrieb unter der Sohle ist einer der wichtigsten Punkte für die Standsicherheit. Auch bei sorgsamster Ausführung kann nicht Gewähr dafür geleistet werden, daß nicht starke Auftriebskräfte eintreten. Bei einigen Mauern ist der Auftrieb wahrscheinlich zu groß geworden, so daß ihre Zerstörung hierauf zurückzuführen war. Es ist deshalb üblich geworden, die Sohle der Mauer weitgehend zu entwässern. Auch hierdurch wird der Auftrieb nicht immer völlig beseitigt werden können. Es wird der Auftrieb stark von dem geologischen Aufbau des Gebirges abhängen, auf dem die Talsperre steht. Messungen haben das an sich Verständliche bestätigt, daß der Auftrieb an der Wasserseite größer ist als an der Luftseite. Um der Wirkung der Spalten und Klüfte entgegenzuarbeiten, soll man in solchem Gebirge an der Wasserseite eine tiefe Schürze herunterführen. Zwischen die Schürze und den Fels wird am besten Lehm gestampft. Die Entwässerung des Mauerfußes ist das beste Mittel, um den Auftrieb zu verringern. O. Lange gibt in seiner Doktorarbeit[1]) Zahlen auf Grund seiner Messungen an der Edertalsperre für die Annahme der Auftriebsgröße. Die Zahlen ergeben sich aus folgender Tafel:

Geologische Verhältnisse der Baugrube	Auftrieb in Prozenten der Wassertiefe nach Lange	
	an der Wasserseite	an der Luftseite
1. Bei ungünstigem geologischen Aufbau und stark zerklüftetem Fels	100	50—66
2. Bei mittleren Verhältnissen	80	50
3. Bei günstigem geologischen Aufbau und dichtem Fels	70	35
4. Bei Verhältnissen wie unter 3, aber mit Drainage	50—66	10

Die Entwässerung ist ihrem Wesen entsprechend gleichbedeutend mit Verlust von Wasser. Man pendelt somit in diesem Punkt stets zwischen zwei Gefahren, entweder entwässert man zu wenig und spart das kostbare Talsperrenwasser, hat aber einen größeren Auftrieb unter der Mauer, oder man setzt den Auftrieb herab und den Wasserverlust herauf. Hieraus folgt ohne weiteres, daß der ge-

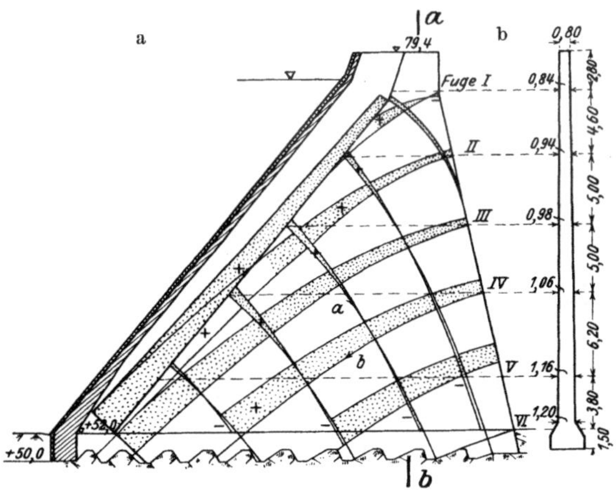

Abb. 443 a u. b. Spannungstrajektorien der Pfeiler der Vöhrenbachsperre. Maßstab 1 : 625.

forderte möglichst dichte Anschluß der wasserseitigen Mauerfläche an den Untergrund und das Vorhandensein eines dichten Untergrundes besonders wichtig sind. Ebenso erhellt daraus, wie bedeutungsvoll es ist, den Untergrund auf Risse und Klüfte genau zu erforschen und diese vollständig zu dichten, falls sie festgestellt werden.

Die neueren Berechnungsmethoden sind zuerst festgestellt worden in dem Aufsatz von Dr. Maier: Deutsche Wasserwirtschaft 1923, S. 17: Grundzüge

[1]) Dr.-Arbeit O. Lange, Braunschweig: Über den Auftrieb bei Talsperren.

für die Berechnung von Eisenbetontalsperren, d. h. über aufgelöste Sperrmauern; dann in der Doktorarbeit von Dr. Collorio, Hannover, ganz allgemein für alle dreieckförmigen Querschnitte. Maier weist nach, daß die Berechnung nur nach Normalspannungen fehlerhaft ist und zu einer Gefahr für das Bauwerk werden kann. Er verlangt die Berechnung nach Hauptspannungen. Er führt seine Berechnungen durch für einen Pfeiler der Föhrenbachsperre, indem er die Spannungstrajektorien für Hauptspannungen einträgt (vgl. Abb. 443). Dr. Collorio führt den gleichen Gedanken für Massivtalsperren durch. Seine Arbeit hat insofern besondere Bedeutung, als er zum erstenmal Tafeln gibt, aus denen die Formung der Talsperrenmauern für bestimmt angenommene Verhältnisse erfolgen kann (vgl. Abb. 445a u. b). Der Bemessungstafel Abb. 445b liegt der Querschnitt Abb. 444 zugrunde. Die Spannungen stehen bei geometrisch gleichen Querschnitten und Belastungen in gleichen Verhältnis zueinander wie die Höhen. In der Bemessungstafel sind die Spannungen für eine Mauerhöhe $= 1$ eingetragen: „Einheitsspannungen" $= \frac{\text{zul. Spannung}}{\text{Mauerhöhe}}$. Aus der Bemessungstafel können die kleinsten Querschnitte nach folgender Berechnungsgrundlage ersehen werden. Es ergibt sich z. B. für eine Mauerhöhe von 50 m bei bestimmten Bedingungen folgendes:

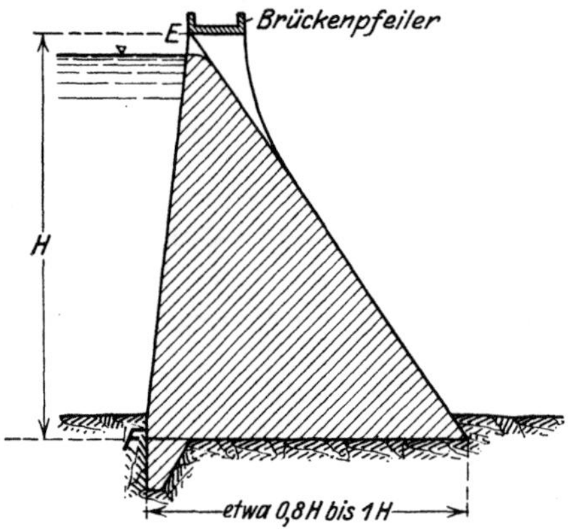

Abb. 444. Normaler Mauerquerschnitt.

1. Die Hauptspannungen sollen 200 t/qm nicht überschreiten. Die Einheitsspannung ist dann $\sigma_a \leqq \frac{200}{50} = 4$. Außerdem dürfen die Hauptspannungen an der Wasserseite nicht negativ werden $\sigma_i \geqq 0$.

2. Der Bodendruck soll die zulässige Belastung von 100 t/qm nicht überschreiten, $\sigma'_a \leqq \frac{100}{50} = 2$.

3. Der Auftrieb an der Wasserseite ist zu 80 vH, an der Luftseite zu 40 vH angenommen, daraus ergibt sich $x = 2 \cdot 0{,}8 + 0{,}4 = 2{,}0$.

4. Der Bodendruck an der Wasserseite muß größer sein als der dort angenommene Auftrieb, um „offene" Fugen zu vermeiden. Hier ergibt sich $\sigma'_i \geqq 0{,}8$.

5. Außerdem soll immer die Sicherheit gegen Umsturz bei voll wirkendem Auftrieb > 1 sein. Die für diesen Fall in Frage kommenden Diagrammlinien sind mit einem Raster versehen. Durch jede dieser Linien wird ein Teil der Tafel, und zwar der linke, abgeschaltet für die weitere Untersuchung, da die dort liegenden Querschnitte der verlangten Bedingung nicht mehr genügen. Der leicht finden, da die Größe $a + b$, die den günstigste Querschnitt läßt sich dann Querschnitt $F = \frac{h_2}{2}(a + b)$ kennzeichnet, auf dem Diagramm aufgetragen ist. Eine weitere Erklärung der Buchstaben usw. erübrigt sich, da die Bezeichnungen alle in die Abbildung eingetragen sind. Wie man aus dem Beispiel ersieht, sind hier, wie fast immer, maßgebend die Sicherheitsbedingungen. Wird der Auftrieb kleiner vorausgesetzt, z. B. 75 vH an der Wasserseite, 0 vH an der Luftseite, was bei guter Dränageanlage möglich ist, so wird $x = 1{,}5$; soll die zul. Hauptspannung 120 t/qm nicht überschreiten, so wird $\sigma_a = 2{,}4$, und maßgebend wird, wie leicht zu ersehen ist, die zul. Hauptspannung. Es ist nach diesen Tafeln möglich, unter Annahme des wasserseitigen Winkels des Betongewichtes und

Abb. 445 a u. b. Bemessungstafel für massive Talsperrmauern.

$a = \cot g\,\alpha$, $b = \cot g\,\beta$,
σ_a Hauptschonung Luftseite ———
σ_i Hauptschonung Wasserseite - - - - - -
σ'_a Bodendruck Luftseite ————
σ'_i Bodendruck Wasserseite ··········
Sicherheit $s = 2$ bei Auftrieb-Annahme
$2\eta + \varepsilon = x$ — · — · —
Sicherheit $s' = 1$ bei vollem Auftrieb — · · — · · —

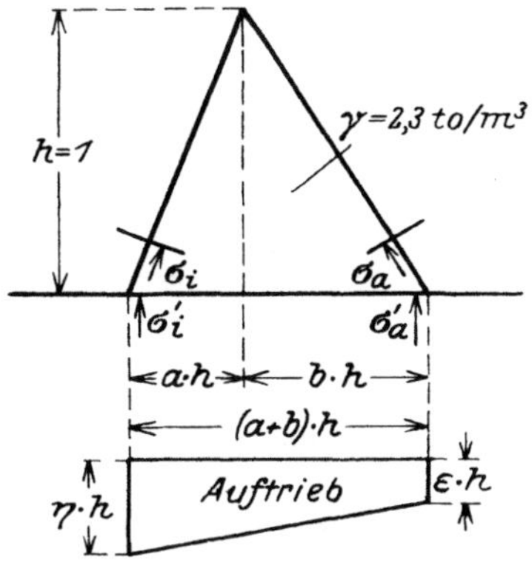

a Querschnitt des zugrunde liegenden Profils.

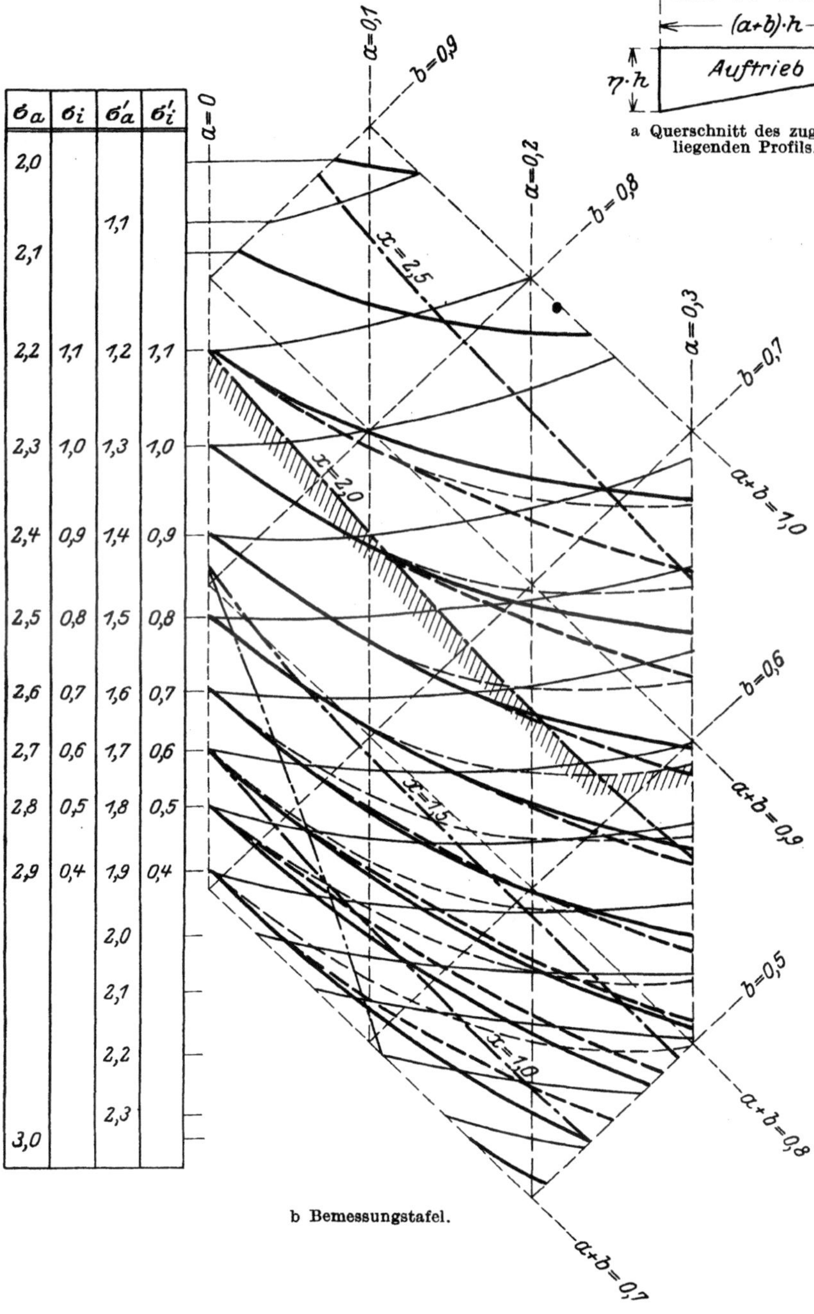

b Bemessungstafel.

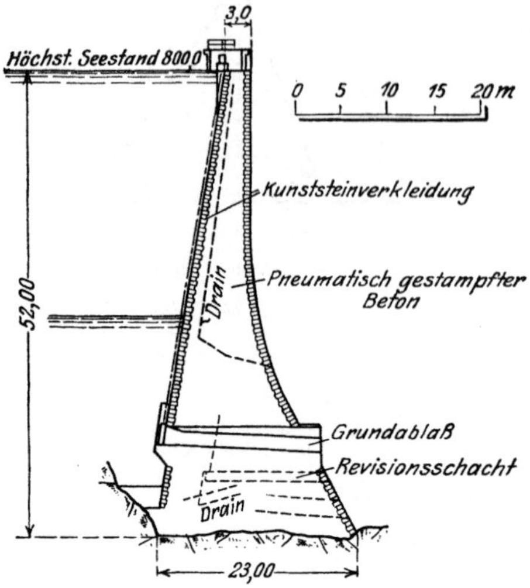

Abb. 446. Jognatalsperre (Gewölbetalsperre).

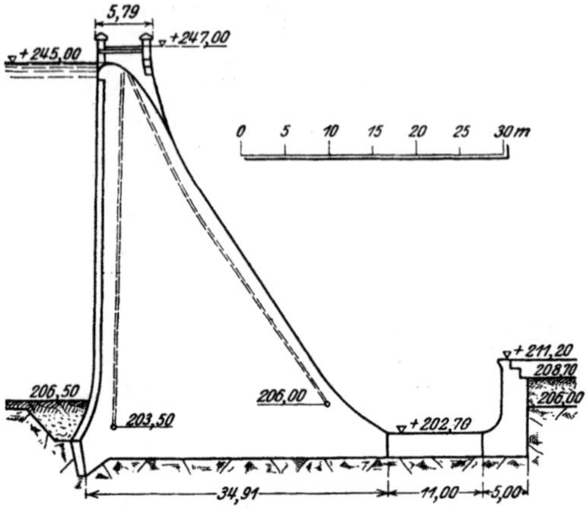

Abb. 447. Edertalsperre.

Maßstab 1:1000.

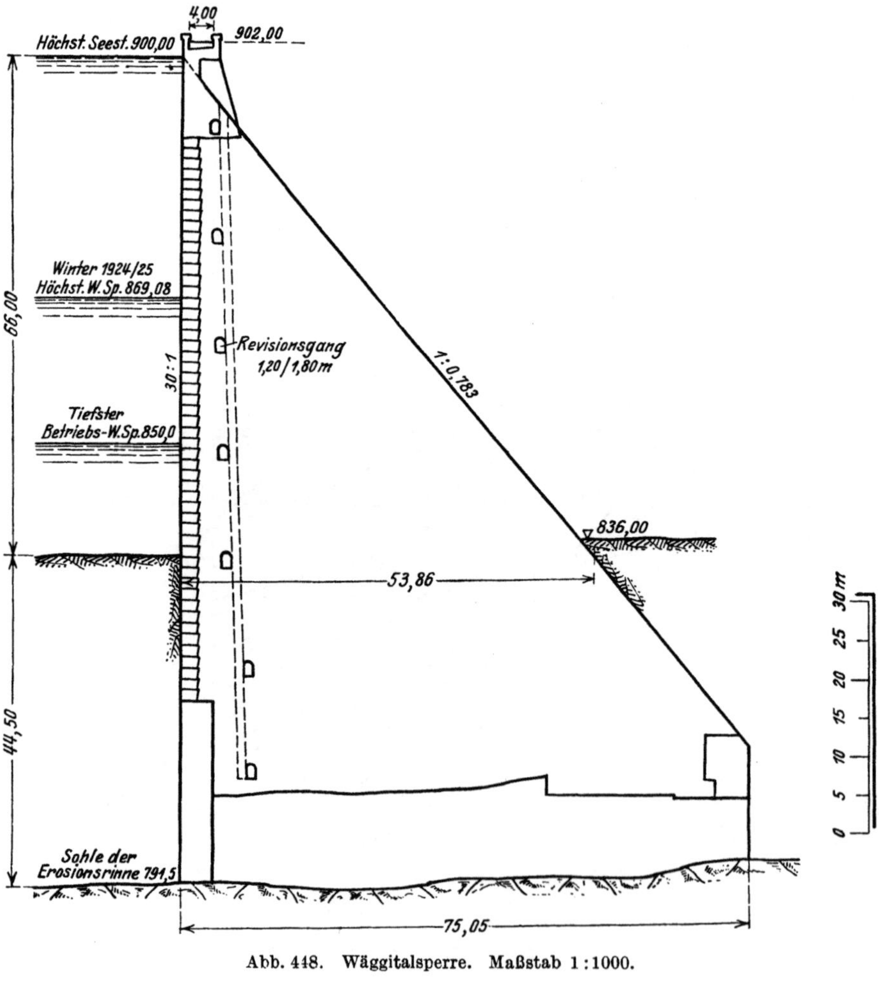

Abb. 448. Wäggitalsperre. Maßstab 1:1000.

der zulässigen Spannungen die Breite des Mauerfußes und den luftseitigen Winkel zu bestimmen, so daß man für verschieden entnommene Verhältnisse die günstigste Form ohne weiteres finden kann. Dieses Verfahren bedeutet keine Normung, es erleichtert aber sehr die Entwurfsarbeit.

Ist die Gründung einer Talsperrenmauer auf festem Felsen nicht möglich, dann soll man von einer Mauer ganz absehen und an ihrer Stelle einen Erddamm bauen. Um Wärmerisse zu verhindern, würde bei dem gewaltigen Querschnitt der Mauern die Einlage von derartig schweren Längseisen notwendig sein, daß hierdurch einmal der Verband der Mauer gestört werden könnte, dann aber auch die Wirtschaftlichkeit zu sehr herabgedrückt würde. Die Kälterisse sind am stärksten in den oberen Teilen der Mauer, weil hier eine vollständige Auskühlung stattfinden kann, während in den unteren dickeren Teilen eine vollständige Auskühlung wohl niemals eintritt. Bei vielen Sperrmauern sind starke Rißbildungen beobachtet worden, so z. B. an der amerikanischen Crotonsperre Risse in Abständen von 30 m, die am Mauerkopf bis 6 mm stark waren und nach unten auf 0 dort abnahmen, wo die Mauerdicke etwa 12—14 m betrug. Im Sommer schlossen sich die Risse, im Winter öffneten sie sich wieder. Nach Untersuchungen von Mattern werden je nach der Art des Traßzementmörtels 40 kg/qcm Wärmespannung bei einem Wärmeunterschied von 21—34° erreicht (Angabe von Ludin). Als Mittel gegen die Entwicklung der Risse wird ein bogenförmiger Grundriß der Mauer empfohlen, wobei dann bei Voraussetzung sehr fester Hänge infolge der Stemmwirkung die Risse geschlossen werden sollen. Mattern hat aber beobachtet, daß auch trotz der Bogenform in der Solinger Talsperre Risse aufgetreten sind. Es wird somit wahrscheinlich nichts übrigbleiben, als Dehnungsfugen einzubauen, die in Abständen von 25—30 m angeordnet werden. In den Fugen muß die Mauer dann aber auch seitlich verblendet werden, um hier das Eintreten von Druckwasser zu verhindern; eine Dichtung der Fugen wird am besten durch eingelegte, senkrechte Stahlbleche, die mit in Asphalt getauchter Jute umwickelt sind, bewirkt werden. Die Bleche sind so zu berechnen, daß sie nicht durch den starken Wasserdruck durchgeknickt werden können. Sie müssen so viel Spielraum in ihren seitlichen Schlitzen haben, daß sie sich um die Wärmedehnung verschieben können (vgl. Abb. 449). Bei Ufermauern ist diese Dichtungsart bei allerdings kleineren Drücken bereits mit Erfolg angewendet worden, sie dürfte auch für Talsperrenmauern Erfolg versprechen.

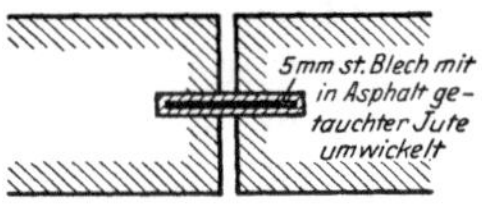

Abb. 449. Schlitze zur Ermöglichung der Wärmeausdehnung bei Talsperren.

b) Ausführung der Mauern.

Von besonderer Wichtigkeit ist das Einbinden der Mauern in die seitlichen Hänge. Es muß der Felsen in ganzer Breite der Mauer so weit ausgebrochen werden, bis man auf den gewachsenen guten Felsen stößt. Darüber hinaus wird zweckmäßig noch ein Schlitz ausgesprengt, in den der Kern der Mauer hineinfaßt. Die sichere Einbindung in den Hang ist eine Frage von großer Bedeutung, da sie einmal eine Gefährdung der Mauer durch Umläufigwerden verhindert und dann auch größere Wasserverluste an dieser Stelle ausschließt. In Verbindung hiermit steht die Untersuchung der Talhänge auf Klüftebildung, da Klüfte, die beiderseits in der Mauer vorhanden sind und im Hang irgendwie miteinander verbunden sein können, große Wasserverluste zur Folge haben würden.

Als Baustoffe kommen in Frage Bruchsteinmauerwerk, Stampfbeton und Gußbeton. Da bei den meisten Talsperren das Steinmaterial künstlich gebrochen werden muß, ist eine große Zahl von Mauern in Bruchsteinmauerwerk ausgeführt worden. Die Bruchsteinmauerung ist der Ausführung in Stampfbeton vorzuziehen, weil sie ein dichteres Mauerwerk und einen in sich gleichmäßigeren Mauerkörper ergibt. Die beim Stampfbeton stets entstehenden Fugen müssen als eine sehr schädliche Eigenart dieser Betonart gelten. Auch wenn der Stampfbeton in einzelnen Blöcken, die gegeneinander versetzt sind, hochgestampft wird, so enthält trotzdem jeder einzelne Block die Fugen, so daß die Scherfestigkeit nicht als ausreichend angesehen werden kann. Bei der Aufmauerung in Bruchsteinen ist es dagegen möglich, eine derartige Versetzung der Fugen vorzunehmen, daß das Mauerwerk vollständig gleichmäßig wirkt. Ebenso günstig ist die Ausbildung bei Verwendung von Gußbeton, da hier durch Verstürzen von gebrochenen Blöcken in allen möglichen Formen und Größen ein ähnlicher Versatz stattfindet wie bei dem Bruchsteinmauerwerk. Dadurch, daß man eine genügende Zahl von Bindersteinen aus jedem gegossenen Block nach oben herausragen läßt, ist ferner eine gute Verdübelung in den Flächen möglich, zudem wird die Scherfestigkeit durch Versetzen der einzelnen Blöcke gegeneinander noch vermehrt. Bei deutschen Ausführungen ist durchweg die Verwendung eines Betons aus Kalk, Traß und Zement mit entsprechenden Zuschlägen zu empfehlen. Der Traßzusatz muß nach dem Mengenverhältnis des Kalks und Zements bestimmt werden; auf 1 Teil Zement wird man zweckmäßig 0,7 Teile Traß rechnen, auf 1 Teil Kalkteig 1,2 Teile Traß. Die Mischungszahlen weichen sehr stark voneinander ab, so ist z. B. die Raumischung 1,5 Kalkteig, 2,5 Traß, 0,5 Zement, 7 Sand, 9 Schotter bei der Dreilägertalsperre in Aachen gewählt worden; bei der Möhnetalsperre 1,5 Kalkteig, 2,5 Traß, 0,5 Zement, 6 Sand; ein Mörtel, der somit etwas fetter ist als der bei der Aachener Sperre. Es werden diese Zahlen nur als Anhalt für eine Betonmischung und für eine Mörtelmischung gegeben. Sie müssen in jedem Einzelfall je nach dem Hohlraumgehalt von Sand und Schotter besonders festgesetzt werden. Bei amerikanischen Sperren ist vielfach ein Mischungsverhältnis 1 Zement, 3 Sand, 6 Schotter verwendet worden. Dieser Beton wurde als Gußbeton verwendet, in den die Blöcke unregelmäßig eingesetzt wurden. Es dürfte wahrscheinlich sein, daß die Ausführung in Gußbeton mit eingesetzten Blöcken den anderen Bauweisen überlegen ist. In Amerika soll man bei regelmäßigem Versetzen von Blöcken einen Gehalt an solchen von 60—65 vH der fertigen Masse erreicht haben, in Deutschland ist man beim regellosen Verkippen (Schwarzenbach) bis zu etwa 18 vH Anteil der Blöcke gekommen. Wahrscheinlich ist das unregelmäßige Verkippen trotz des geringeren Blockgehaltes vorzuziehen, da es wesentliche Verbilligungen ergibt.

Die Baustelleneinrichtung erfordert wegen der großen Massen eine genaue Durcharbeitung. Es müssen sowohl die Steinbrüche wie auch die Sandmühlen, die den nötigen Betonsand durch Zermahlen des gebrochenen Schotters herstellen, die Brecheranlagen zur Schaffung des Schotters aus den gesprengten Blöcken, Zement, Traß, Kalklager usw. in besonderer Weise maschinell ausgerüstet werden, um eine möglichst große Tagesleistung zu erreichen. Als Beispiel für eine derartige Betonfabrik sei die der Siemensbauunion für die von Prof. Rehbock, Karlsruhe, entworfene Schwarzenbachsperre gegeben, Abb. 450a bis d. Die Fabrik ist am Abhang erbaut worden. An der oberen Außenseite sind die Silos für Zement, Kalk und Traß erbaut, die Bindemittel werden von außen her nach dem Boden über den Silos gehoben und unten aus den Silos abgezapft, wobei sie dann durch Förderschnecken „*a*" nach dem rechten Gebäudeende (Lageplan) in Übergangssilos gefördert werden. Von hier werden sie durch eine Hängebahn um das Gebäude herum zu den Mischmaschinen gefahren (Querschnitt) und unmittelbar in sie durch eine Rinne verstürzt (*g*). Die groben, im Steinbruch gebrochenen und vorher gewaschenen Steine werden in das Gebäude eingefahren (*f*), in Rutschen gekippt, von wo aus sie dem Brecherwerk (*b*) zulaufen. Nach der Zerkleinerung fallen sie in einen Schrägaufzug und gelangen in die Sortiertrommeln *d* und *e*, von hier aus in die Schotter- und Sandsilos. Von dort fällt der Schotter und Sand zur Mischmaschine, wo er sich mit dem Bindemittel unter Wasserzugabe ver-

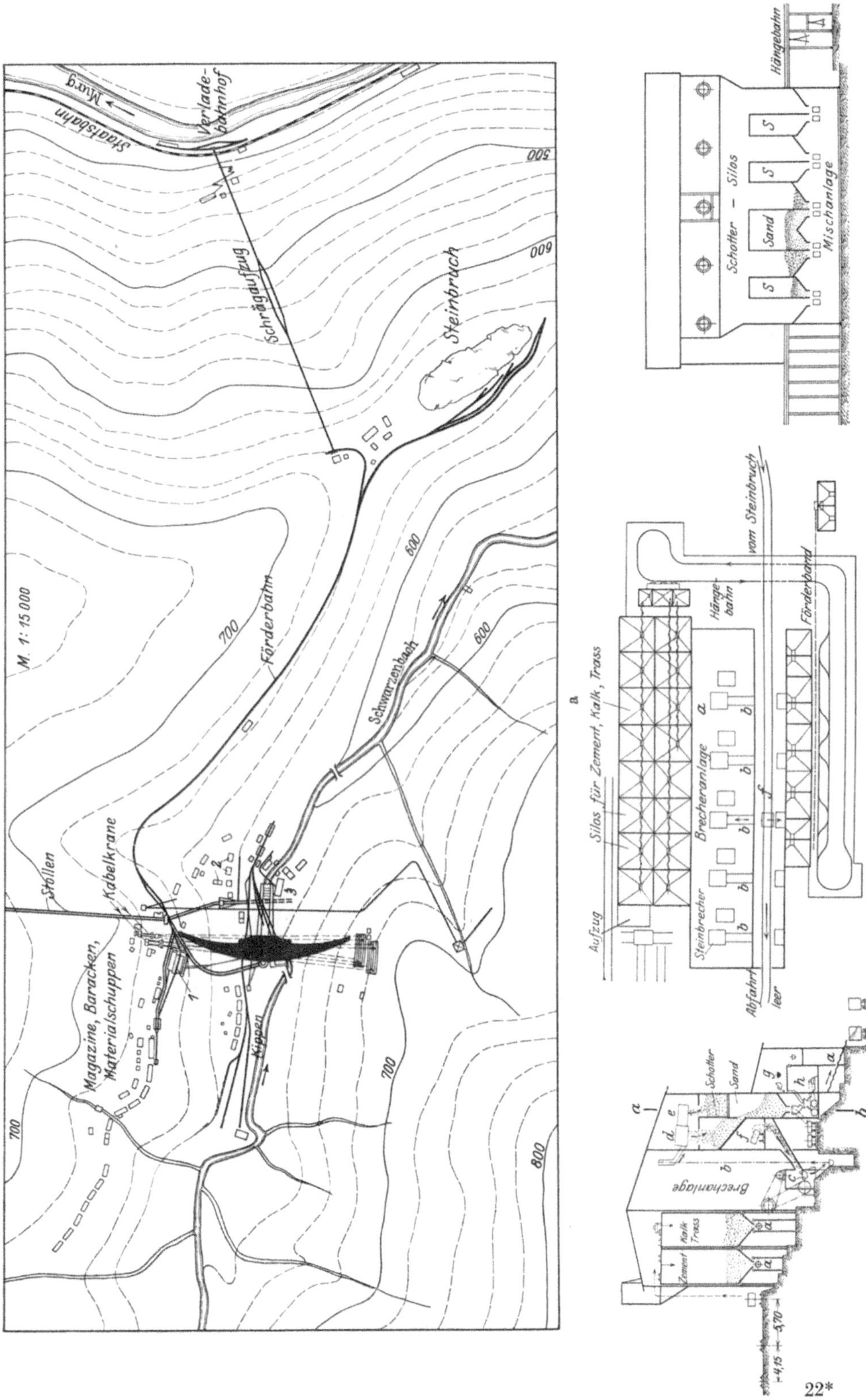

Abb. 450 a bis d. Mischanlage (Betonfabrik) der Siemens-Bauunion beim Bau der Schwarzenbachsperre.
a Baustelleneinrichtung Schwarzenbachsperre. b Querschnitt 1 – 1. c Grundriß. d Längsschnitt.

einigt. Von der Mischmaschine (*h*) aus rutscht der frische Beton über eine Förderschnecke *a* zu den Transportwagen.

Als Beispiel einer Baustellenförderanlage diene ebenfalls die der Schwarzenbachsperre, Abb. 450a. Die Betonfabrik, Magazin, Baracken usw. liegen am linken Hang, die Betonfabrik trägt im Lageplan die Nr. 1. Sie steht mit dem Steinbruch und dem oberen Ende eines Materialaufzuges durch eine Förderbahn in Verbindung. Der Aufzug befördert von dem Bahnhof an der Murg die Hauptgüter rd. 300 m hoch.

In voller Harmonie hierzu muß die ganze Transportanlage zwischen den einzelnen Werken zu der Talsperre hin und über die Talsperre hinweg stehen. Bei dem großen Gewinn, den jedes Jahr, um das man ein Talsperrenwerk früher in Betrieb nehmen kann, besitzt, ist eine reichliche maschinelle Ausrüstung in hohem Maße wirtschaftlich. Je mehr Maschinen und je weniger Arbeiter man verwendet, desto leichter wird es auch sein, gute Löhne zu zahlen und ungerechtfertigte Streiks auszuschalten. Als Transportmittel zu der Baustelle kommt im allgemeinen Lokomotivbetrieb, bei ganz großen Anlagen mit Normalspur, in Frage. Die einzelnen Werke müssen, wenn sie in verschiedener Höhenlage angeordnet werden, durch Aufzüge miteinander verbunden werden. Der Transport über die Mauer kann, wie bereits erwähnt, bei Stampfbeton oder Mauerung unmittelbar durch Gleisbetrieb, bei Gußbeton aber durch hochgelegte Gleise oder auch durch Kabelbahnen erfolgen. Letzteres Mittel ist z. B. in weitgehendem Maße mit 4 großen Kabelbahnen bei der Schwarzenbachsperre angewendet worden. Ergänzt werden diese Transportanlagen noch durch eine große Zahl von Kränen, die meist am Rande der nach und nach hochgehenden Sperrmauer versetzbar angeordnet sind. Solche Krane haben auch bei der Schwarzenbachsperre Verwendung gefunden. Die Leistungen sind nach Ludin in Amerika wesentlich höher als in Deutschland. Man hat früher in den besten Monaten in Deutschland bis rund 1200 cbm täglich in 11 Stunden geleistet, im Durchschnitt von rund 160 reinen Arbeitstagen aber nur rund 700 cbm täglich. Nach Dr. Enzweiler[1]) kann man bei Gußbeton-Massivsperren heute stets auf 500—1000 cbm Tagesleistung rechnen, in Amerika ist man bis zu 2500 cbm Tageshöchstleistung gekommen. Es steht somit heute außer Zweifel, daß die Verwendung von Gußbeton ein Mittel ist, um die Leistungen wesentlich zu erhöhen und damit die Bauzeit abzukürzen. Wie weit man Gußbeton mit Einlage von Blöcken verwenden kann, hängt selbstverständlich von der Art des Gebirges ab. Dort, wo man Granit, Quarzit, Grauwacke oder ähnliche Steinarten findet, wird man das Verfahren mit großem Erfolg anwenden können; dort, wo man mehr schieferige Steine gewinnt, wahrscheinlich besser Bruchsteinmauerwerk.

c) Sperren in Bogenform.

Es ist bereits gesagt worden, daß man die Wärmefugen durch Formung des Grundrisses nach der Gewölbeform bekämpfen kann. Es ist auch die Gewölbeform als reine Bauform für sich verwendet worden. Sie bildet einen Übergang zu der aufgelösten Bauweise. Die reine Gewölbeform hat im wesentlichen nur Bedeutung bei sehr spitzen und hohen Tälern mit harten Hängen, wie sie in unseren Gebirgen im allgemeinen selten vorkommen. Schluchten, wie z. B. bei der Zolasperre in der Provence, die am Grunde 7 m, in 38 m Höhe erst 67 m breit ist, oder der Pathfindersperre (Wyomink), die in 64 m Höhe erst 69 m obere Weite hat, und ähnliche mehr eignen sich natürlich ausgezeichnet für solche Bogensperren. Es sind je nach der Weite der Schlucht Halbmesser von rund 30 m, 45 m, 122 m usw. angewendet worden. Zum Teil ist die Dicke der Sperrmauer dabei, wie z. B. bei der Sixmilecreek-Sperre in Neusüdwales trotz einer

[1]) D. W. S. 58. 1924. Aufgelöste oder Massivtalsperren.

Gesamthöhe der Sperre von 10 m nur 2,4 m; Abmessungen, die in Europa wohl kaum Aussicht auf Verwirklichung haben würden, trotzdem es sich im letzteren Falle nur um eine Schlucht von 30 m Weite, die durch einen Bogen von 20,5 m Halbmesser geschlossen werden konnte, handelt. Entworfen war die Sperre mit den gleichen Abmessungen für eine Höhe von 27 m, ist aber zur Vorsicht nur in 10 m ausgeführt worden.

D. Aufgelöste Staumauern.

Die aufgelösten Staumauern bestehen stets aus einer großen Zahl von Stützpfeilern und der davorliegenden Stauplatte. Es lassen sich zwei Bauweisen unterscheiden, die eine mit Ausführung der Stauplatte als ebene Platte, die andere mit Ausführung der Stauplatte in Gewölbeform. Um die Ausführung der ersten Art hat sich vor allem die Ambursen-Comp. in Amerika verdient gemacht. Das System ist das gleiche wie bei Ausführung der Eisenbetonhohl-

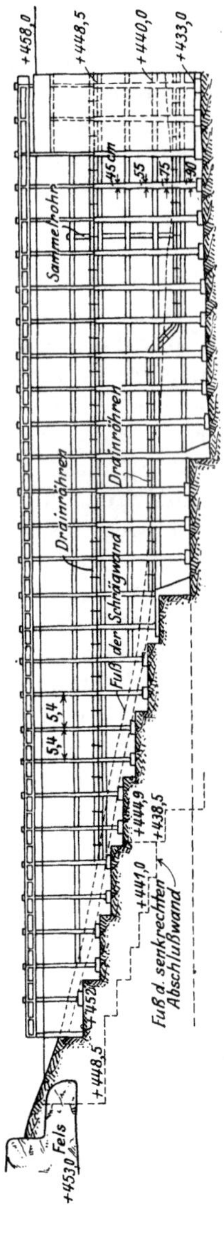

Abb. 451 a. Aufgelöste Mauer. Ciscosperre in Texas. Maßstab 1 : 1500.

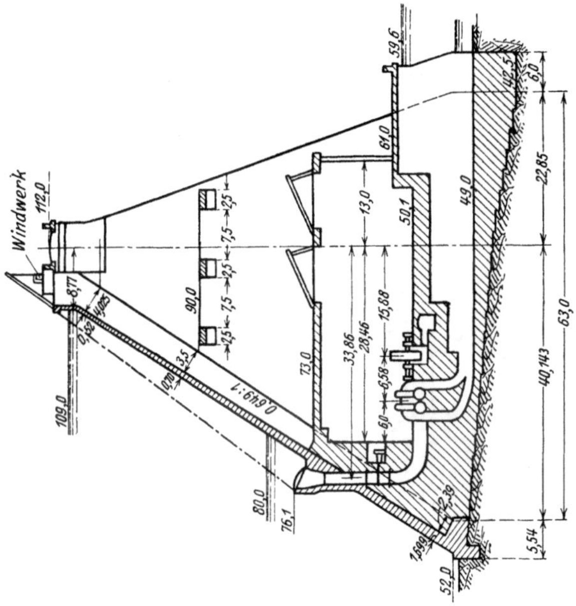

Abb. 452. Tirsotalsperre. Sardinien. Maßstab 1 : 1150.

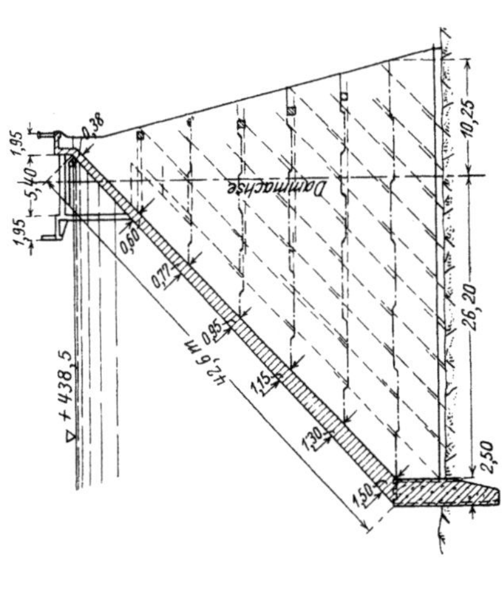

Abb. 451 b. Ciscotalsperre. Texas. Maßstab 1 : 850.

wehre. Da das Eigengewicht der Mauerkonstruktionen verhältnismäßig gering ist, so muß die Platte so stark geneigt sein, daß die auf der Platte ruhende Wasserauflast eine Verschiebung des ganzen Bauwerkes durch den wagerecht wirkenden Wasserdruck verhindert. Als Neigung der Deckplatte hat sich eine solche in der Nähe von 45° gegen die Wagerechte als zweckmäßig erwiesen. Die Berechnungen haben nach den Regeln für Eisenbetonkonstruktionen zu erfolgen, wobei vor allem auch auf die Aufnahme der Schubspannungen Gewicht zu legen ist. Während bei uns die Aufnahme der Schubspannungen ganz von den Eiseneinlagen geschehen soll, gilt es in Amerika für zulässig, die Schubspannungen bis zur Hälfte durch den Beton aufnehmen zu lassen. Das Bild einer solchen aufgelösten Konstruktion nach der Ambursen-Bauweise mit größter Höhe von 30 m zeigt Abb. 451 a u. b der Ciscotalsperre in Texas. Es handelt sich um eine Talsperre mit rund 37 Mill. cbm Inhalt. Die hohen mittleren Pfeiler sind durchweg bis auf den Felsen (Kalkstein und Schiefer) heruntergeführt worden; die niedrigen seitlichen Pfeiler stehen auf Lehmuntergrund. Die Pfeilerstärken sind zum Teil in Abb. 451 a eingeschrieben, sie wachsen von 35 cm oben bis auf 105 cm unten an. Für den Kalkstein und Schiefer ist eine größte Bodenpressung von 7,5 kg/qcm zugelassen worden. Die seitlichen Pfeiler sind im allgemeinen zu zweien auf eine Betonplatte gesetzt worden, um so den Bodendruck zu verringern. Der Pfeilerabstand beträgt durchweg 5,4 m, von Mitte zu Mitte gerechnet. Die Stärke der Stauplatte (vgl. Abb. 451 b) wächst von oben nach unten für den schrägen Teil von 38 bis auf 150 cm an. Der senkrechte unterste Teil ist 2,25 m dick. Die Stauplatte wurde in Abschnitten von 21,6 m Breite (= 4 Feldern) auf einmal gegossen, dann folgt jedesmal eine Dehnungsfuge. Eine besondere Dichtung ist nicht auf die Stauplatte aufgebracht worden. Die Betonmischung bestand aus 1 Zement, 2 Sand, 4 Schotter, wobei der Kalksteinschotter eine Korngröße von

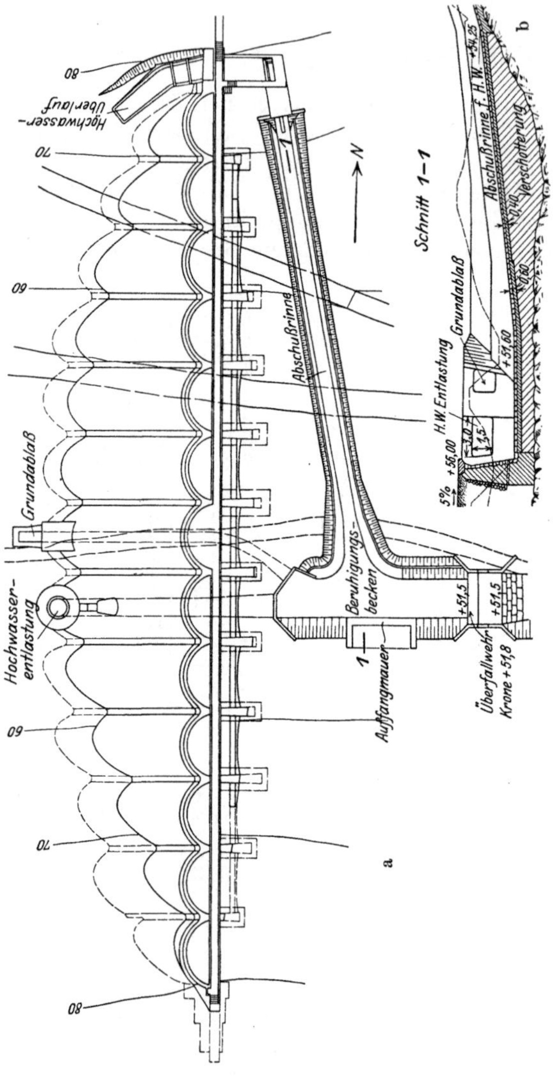

Abb. 453 a u. b. Aufgelöste Talsperre bei Vöhrenbach. Maßstab 1 : 500. a Grundriß der Mauer und der Entlastungsanlagen. b Schnitt durch die Schußrinne.

6 cm nicht überschreiten sollte. Die Entlastung erfolgt durch einen Überfall von 90 m Breite, der 3 m hoch überströmt wird, und zwei Grundablässe von je 5,8 qm

Abb. 454. Eisenbetontalsperre in Vöhrenbach (bad. Schwarzwald). Ansicht von der linken Talseite während des Baues.

Abb. 455. Wie obige Ansicht von der rechten Talseite.

Querschnitt. Am Orte des Überfalles ist ein Schußboden eingebaut worden, während sonst die Luftseite offen ist. Die Kosten betrugen 1,3 Mill. Dollar.

Ein Bild einer aufgelösten Staumauer mit Gewölben zeigt Abb. 452. Das Beispiel, die Tirsotalsperre in Sardinien, besteht aus gemauerten Pfeilern und

Gewölben in Eisenbeton. Die Pfeiler haben an der Krone eine Länge von 5 m und wachsen nach unten nach dem Verhältnis $5 + h$ bis auf 63 m an. Die Dicke der Pfeiler wächst parabolisch, wobei die Parabeln durch gebrochene Linien ersetzt wurden. Die untere Breite der Pfeiler beträgt 7,725 m, die obere 2,5 m. Die größte Pfeilerhöhe von der Unterkante bis zur Straßenoberkante beträgt rund 70 m, der Abstand der Pfeiler von Mitte zu Mitte 15 m. Die Pfeiler sind in drei verschiedenen Höhenlagen durch gewölbte Brücken ausgesteift worden. Vor den Pfeilern liegt die gewölbte Stauplatte. Der Halbmesser der Gewölbe wechselt entsprechend der Zunahme der Pfeilerdicken. Die Stärke der Gewölbe nimmt entsprechend dem Wasserdruck nach unten zu, und zwar von 52 cm oben bis auf 161 cm unten. Wegen der Einspannung der Gewölbe in den Pfeilern sind die Gewölbe als zweifach unbestimmte Systeme berechnet worden. Als wirkende Kräfte für die sehr sorgfältige Berechnung der Gewölbe wurden angenommen das Eigengewicht, gleichmäßiger Wasserdruck normal zur Gewölbelinie, ungleichmäßiger Wasserdruck wegen der schrägen Lage der Gewölbe, Temperatureinwirkung, Schwindwirkung[1]).

Die bisherige einzige deutsche aufgelöste Sperre wird durch Abb. 453 bis 455 wiedergegeben. Die Sperre ist von Dr. Maier, Karlsruhe, entworfen und von Dyckerhoff & Widmann erbaut worden. Die Mauer ist 29 m hoch und ganz in Eisenbeton erbaut. Die schräg liegenden Kappen sind Kreissegmente mit einem Pfeilerabstand von 10,80 m. Die Kappen sind an der stärksten Stelle 60 cm, oben 40 cm dick, die Pfeilerstärke nimmt von 120 cm auf 80 cm nach oben ab. Gut gelöst ist unter anderem die Entlastungsanlage. Das Überlaufwasser stößt nach Durchlaufen der Schußrinne gegen eine Wand, die die Energie vernichtet. Es läuft dann unter 90° einem Überfallwehr zu. Die untere Hochwasserentlastung und der Grundablaß werden dem gleichen Gerinne zugeführt.

E. Entlastungs- und Entnahmeanlagen.

a) Allgemeines.

Die Entlastungs- und Entnahmeanlagen sind bei Talsperren jederzeit erforderlich, ganz gleich, ob bei ihnen das Kraftwerk eine große oder kleine Bedeutung hat. Diese Anlagen erfordern im allgemeinen nur einen geringen Bruchteil der Kosten, den die Dämme oder Mauern verlangen, und zwar um so weniger, je höher die eigentlichen Sperrwerke sind.

Um einen Überblick über die Möglichkeit der Ausführung von Talsperren für verkehrsbauliche oder andere Zwecke zu gewinnen, wird es neben den hydrologischen Ermittlungen, die im nächsten Teil besprochen werden, genügen, die Kosten der eigentlichen Sperrwerke und bei langen Entnahmeleitungen — seien es nun offene Leitungen, Druckrohrleitungen oder Stollen — deren Kosten genügend genau zu kennen, während man die Kosten der Betriebseinrichtungen einschließlich der Maschinenkosten nach ausgeführten Anlagen leicht genau genug überschlagen kann. Es ist deshalb für den Zweck dieses Werkes nur notwendig, so weitgehend auf die Einzelheiten der Betriebseinrichtung einzugehen, daß das Verständnis für diese Anlagen geschaffen wird.

Der wichtigste Teil der Betriebseinrichtungen ist ohne Zweifel die Hochwasserentlastungsanlage, weil von ihr bei vielen Sperranlagen, vor allem den Erddämmen, die Sicherheit des Bauwerkes abhängt. Bei Mauern spielt die Überstauung im allgemeinen keine so entscheidende Rolle, aber ein Überlauf an falscher Stelle kann auch bei ihnen zerstörend wirken. Dann erfordert die Wasserfassung besondere Aufmerksamkeit, weil bei ihr wegen der vorkommenden großen Wassergeschwindigkeiten außergewöhnlich große Kräfte auftreten, die

[1]) Die Berechnungen sind von Probst im Bauing. S. 765ff. 1924 genügend ausführlich wiedergegeben worden. Vgl. auch Kelen, D. W., S. 80. 1924.

leicht zur Zerstörung der Wasserfassung Anlaß geben können. Hierdurch wird zwar der Bestand des Bauwerkes nur in seltenen Fällen gefährdet sein, der Betrieb kann aber empfindlich gestört werden. Neben diesen Einrichtungen sind noch zu nennen Kiesspüler und Gefälleschoner, für die auf Ludin besonders hingewiesen sein möge.

Die Kiesspüler haben zweifellos eine große Bedeutung, da sie für eine Weiterführung der Geschiebe in das Unterwasser der Talsperren sorgen sollen. Es ist in dem Kapitel „Flußbau" bereits darauf hingewiesen worden, wie wichtig es ist, die Geschiebeführung nicht zu unterbrechen. Talsperren unterbrechen aber die Geschiebeführung grundsätzlich. Einmal, um die Füllung der Talsperren durch Geschiebe möglichst zu verhindern, die bis zum Unbrauchbarwerden der Talsperren gehen kann, zweitens aber, um dem unteren Flußlauf nicht die nötige Auspanzerung durch Geschiebe zu nehmen, deren Fehlen unerwünschte Kolke herbeiführen kann, wird man in vielen Fällen dazu kommen, für die Hochwasserzeit einen Teil des Wassers abzuzweigen, so daß das Geschiebe dem Unterwasser trotz der Talsperre zugeführt werden kann.

b) Hochwasserentlastungsanlagen.

1. Feste Überfälle.

Als Hochwasserentlastungsanlagen kommen neben Grundablässen Überfälle und Hebereinrichtungen in Frage. Der große Vorzug der Sperrmauern besteht darin, daß man ohne Gefahr die Hochwasserüberfälle in die Mauer selbst legen kann, während dieses Vorgehen bei Dämmen ganz außergewöhnliche Vorsichtsmaßnahmen erfordert. Besser ist es bei Dämmen, die Hochwasserüberfälle grundsätzlich außerhalb des Dammes anzuordnen, entweder an Stellen, an denen man einen offenen Kanal in den Felsen sprengen kann oder durch Ausführung von Stollen. Die Überfälle brauchen nicht immer starr nach Art der festen Wehre ausgebildet zu sein, sondern können auch durch aufgesetzte Stauklappen usw. leistungsfähiger gestaltet werden. Die Berechnungen erfolgen nach den Formeln, die in Teil I gegeben sind. Offene Überfälle werden im allgemeinen außergewöhnliche Breiten erfordern. Diese Breite kann aber durch Einbau von Hebern bedeutend gekürzt werden. Die Gefahr des Einfrierens der Heber ist dabei stets

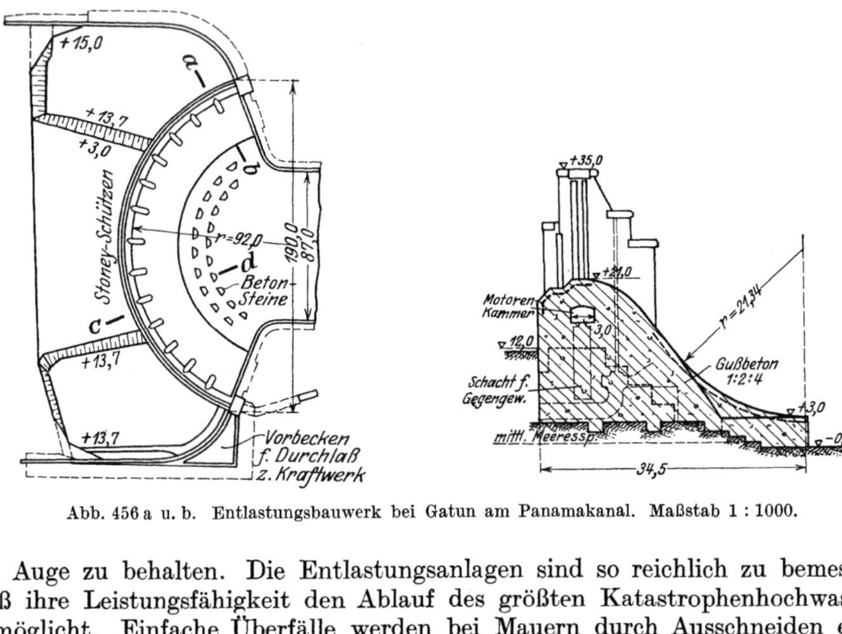

Abb. 456 a u. b. Entlastungsbauwerk bei Gatun am Panamakanal. Maßstab 1 : 1000.

im Auge zu behalten. Die Entlastungsanlagen sind so reichlich zu bemessen, daß ihre Leistungsfähigkeit den Ablauf des größten Katastrophenhochwassers ermöglicht. Einfache Überfälle werden bei Mauern durch Ausschneiden eines Teiles der Krone gebildet, wobei man die Überfallkante stets abrunden wird.

Das Wasser kann auf einer Schußbahn abgeleitet werden, auf der sich nach kurzer Zeit eine gleichmäßige Geschwindigkeit des schießenden Wassers einstellen wird. Der Energievernichtung am unteren Auslauf durch Ausbildung geeigneter Tosbecken ist hierbei die größte Aufmerksamkeit zu schenken. Man wird die geeignete Form dieser Tosbecken für jeden Einzelfall am besten im Laboratorium erproben. Bei nicht genügender Energievernichtung können selbst größere Felssteine aus dem Untergrunde herausgerissen und fortbewegt werden. An der Edertalsperre z. B. sind außerhalb der Grundablässe Teile des Felsuntergrundes herausgerissen worden. Die Anlage von Wasserpolstern wird bei großen Geschwindigkeiten ohne wesentlichen Wert sein. Neben den Schußrinnen werden Kaskadenüberfälle angewendet, deren treppenförmige Anordnung die Ausbildung zu großer Geschwindigkeiten automatisch verhindert. Bei kleineren Überfallhöhen sind Wasserpolster zweifellos zweckmäßig. Beispiele zeigen Abb. 453 u. 456.

2. Überfälle mit Hebern oder beweglichen Klappen.

Beide Arten sind im Wehrbau bereits geschildert worden. Es besteht keinerlei Unterschied gegenüber den Anlagen im Talsperrenbau. Bei der Wichtigkeit der sicheren Hochwasserabführung sei aber darauf hingewiesen, daß willkürlich bediente Hochwasserentlastungen, wie sie bei Anlage von Schützen, Segmenten und dergleichen vorhanden wären, allein nicht zugelassen werden sollen, denn es wäre durch eine Unachtsamkeit die nicht rechtzeitige Inbetriebsetzung der Entlastungsanlagen möglich. Hat man zwei gleich gute, aber verschiedene Systeme, z. B. Heber und selbsttätige Klappenanordnungen, dann sollte man sie beide gleichzeitig anwenden, weil ein Betriebsfehler eines Systems nicht gleichzeitig bei dem anderen vorzukommen braucht. Das Bild eines Überfalles mit fester Krone und Hebereinrichtung gibt Abb. 457 u. 361 S. 279, siehe auch Abb. 356—359.

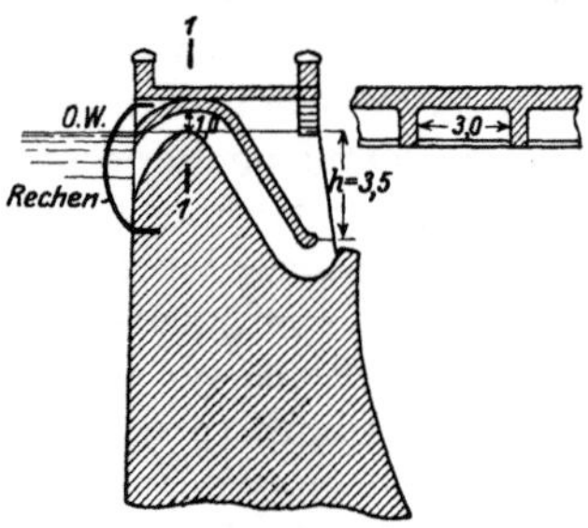

Abb. 457. Heberüberfall (Edertalsperre). Maßstab 1 : 500.

c) Entnahmevorrichtung und Grundablässe.

Grundablässe können einen ähnlichen Zweck haben wie Hochwasserentlastungen, sind aber in ihrer Bauart fast immer den Entnahmeeinrichtungen so ähnlich, daß sie zusammen besprochen werden müssen.

Da die Entnahmeeinrichtungen das Wasser bis auf einen festen Bestand bei jeder Spiegellage entnehmen sollen, müssen sie stets im unteren Teile des Beckens angelegt werden. Es werden Betriebsleitungen für Kraftwasser und Wasserversorgungsanlagen, je nach der Höhe der Sperrmauer, 3—10 m über dem tiefsten Punkte liegen müssen, um das Mitreißen von Schlamm oder feinerer Sandteilchen zu verhindern. Grundablässe, die ein vollständiges Ablassen des Wassers ermöglichen sollen, müssen jedoch am tiefsten Punkte angreifen und von den Entnahmeleitungen getrennt sein. Grundsätzlich sollten alle solche Entnahmerohre bei Dammbauten nicht im Damm liegen, um Brüche des Dammes durch Setzungen oder Undichtwerden usw. unmöglich zu machen. Aber auch hierin darf man nicht schematisch verfahren, es gibt zweifellos Fälle, bei denen man unter Aufwendung besonderer Vorsichtsmaßnahmen auch durch den Damm hindurchgehen kann.

Grundablässe wird man dann aber möglichst in den gewachsenen Boden hineinlegen, so daß sie durch Dammsetzungen nicht berührt werden. Sie werden zweckmäßig als Eisenbeton- oder Eisenrohre ausgeführt werden, wobei auch wegen der Möglichkeit des Eindringens warmer Luft von der Luftseite aus im äußeren Drittel Temperaturfugen notwendig sein werden.

Es wird vielfach empfohlen, Entnahmeleitungen als eiserne Rohrleitungen in besondere Betonstollen zu verlegen, um jederzeit auch eine Außenkontrolle dieser Leitungen vornehmen zu können und sie später auswechseln zu können. Bei Grundablässen wird man aber von dieser Forderung abweichen können, wenn der Zwang zur Sparsamkeit solche teure Ausführung verbietet. Der Verschluß jeder Leitung soll wenigstens ein zweifacher sein. Es sind erforderlich ein Schütz auf der Wasserseite und für den Fall des Versagens oder der Reparaturbedürftigkeit dieses Schützes ein zweites auf der Luftseite. Bei Anlage dieses zweiten Schützes luftseitig sind die Leitungen auf vollen Wasserdruck zu berechnen. Bei Öffnen der Schütze treten häufig bedeutende Stoßkräfte auf, die mit gefährlichen Schwingungen verbunden sind. Die Erschütterungen können so stark werden, daß die Schützrahmen aus ihren Befestigungen losgerüttelt werden. Es sind deshalb die Schützkonstruktionen und auch die Mauerwerkkonstruktionen, die die Verbindung zwischen Damm oder Mauer und dem Schützrahmen herstellen, mit außergewöhnlicher Vorsicht anzulegen. Nur allerbeste Materialien, wie Hartbrandsteine in Zement, hochwertiger Eisenbeton und ähnliche dürfen hier angewendet werden. Um eine Ausbesserung der wasserseitigen Schütze zu erleichtern, sollte der Eingang des Rohrkanales von der Wasserseite aus noch durch eine besondere, möglichst einfache Verschlußeinrichtung abgeschlossen werden können. Diese Verschlußeinrichtung braucht nicht unter Druck bewegt zu werden, sie wird bei geschlossenem Hauptbedienungsschütz eingesetzt und ebenso wieder entfernt. Man kann somit entweder mit einfachen Dammbalken, Nadelverschlüssen oder einfachen Gleitschützen arbeiten.

Vor die Schütze der Betriebsleitungen müssen Rechen gesetzt werden und zwar so, daß sie jederzeit bequem gereinigt werden können. Besonders empfehlenswert ist der Einbau von Doppelrechen, von denen einer zwecks Reinigung nach oben gezogen werden kann, während der andere den Eingang schützt. Diese beiden Rechen werden somit immer wechselseitig betrieben. Für die Reinigung der Rechen sind besondere Maschinen konstrüiert worden. Besonders zweckmäßig ist die Vereinigung aller dieser Betriebseinrichtungen in einem Entnahmeturm. Ein solcher Entnahmeturm wird zweckmäßigerweise frei vor den Damm oder die Mauer gesetzt, so daß er bei gefülltem Becken wie eine kleine Insel aus dem Wasser hervorragt und nur durch eine Brücke erreichbar ist. Solche Entnahmetürme können unten mit einem Freilauf verbunden werden, so daß sie dann als Überfalltürme die Entlastung der Talsperre besorgen. Man kann ihren oberen Teil im ganzen Umfang als bewegliches Zylinderschütz ausbilden, das durch Schwimmereinrichtungen automatisch gesenkt werden kann. Der Durchmesser eines solchen Entnahmeturmes als Hochwasserüberfall ist dann von der notwendigen Länge des Überfalles abhängig.

Soll ein solcher Entnahmeturm gleichzeitig als Grundablaß dienen, dann müssen an seinem Fuße die Einlaßschützen für den Grundablaß angebracht werden. Die Entnahmerohre für den Betrieb müssen dann also durch den Turm hindurchgeführt werden. Zweckmäßig wird es sein, neben dem Überfallturm einen besonderen Entnahmeturm für die Triebleitungen zu erbauen (vgl. die Anlagen des Lönschwerkes, Abb. 458).

Wenn es irgendwie angängig ist, dürfte es auch bei Entnahmeleitungen zweckmäßig sein, sie seitlich durch das Gebirge zu führen, um möglichst jede Durchbrechung von Dämmen oder Mauern zu vermeiden.

Der Einbau von Entnahmetürmen ist nicht immer durchgeführt worden, so hat z. B. die Waldecker Talsperre und andere keinen besonderen Turm dieser Art erhalten, sondern es sind die Schieber unmittelbar in einen ausgesparten

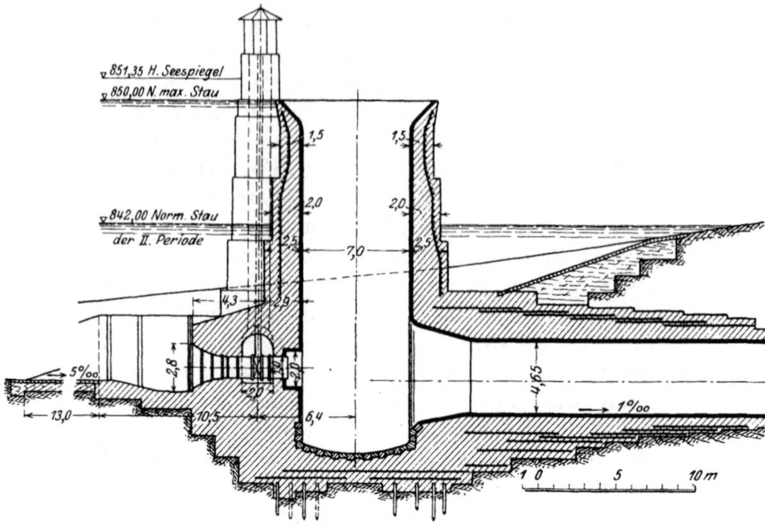

Abb. 458. Überfallturm und Entnahmeturm. Lönschwerk. Maßstab 1 : 500.

Schacht der Mauer eingebaut worden. Die Anlage von besonderen Türmen ist somit zwar oft entbehrlich, in vielen Fällen aber zweckmäßig.

Für die Schützeinrichtungen kommen die im „Wehrbau" und „Schleusenbau" genannten Gesichtspunkte zur Anwendung. Nur müssen sämtliche Einzelheiten mit noch größerer Vorsicht entwickelt werden, weil die auftretenden Druck- und Stoßkräfte meist ein Vielfaches der bei Wehren oder Schleusen vorkommenden sind. Daß aber auch die größten Drücke durch bewegliche Schütze aufgenommen werden können, zeigen Ausführungen der letzten Jahre; so hat z. B. die Firma Louis Eilers, Hannover, bei einem schwedischen Wasserkraftwerk Rollschützen mit 1000 t Wasserdruck für jedes Schütz erbaut.

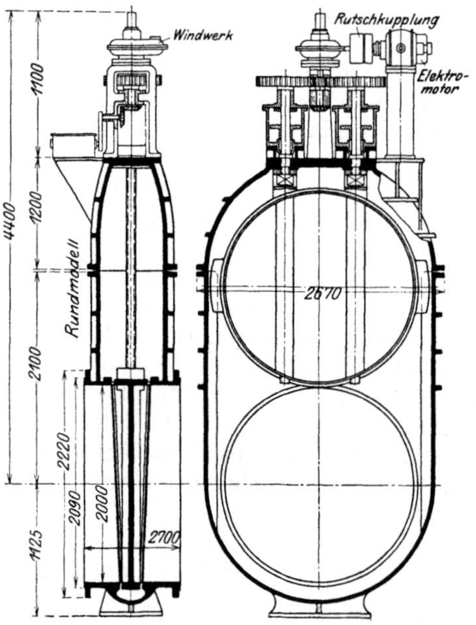

Abb. 459 a u. b. Absperrschieber von 2000 mm Durchmesser mit elektrischem Antrieb. Maßstab 1 : 75.

Als Schützkonstruktionen kommen in Frage Rollschütze, Segmentschütze, Ventile und Klappen. Doppelte Drehklappen dürften im allgemeinen nicht als zweckmäßig gelten, da ihr plötzliches Öffnen zu starken Wasserschlägen Veranlassung gibt. Rollschütze können, wie bereits gesagt, bis zu den größten Abmessungen, heute bereits 1000 t Druck, ausgeführt werden. Die Ventile sind in letzter Zeit durch verschiedene Erfindungen wesentlich verbessert worden, wobei besonderer Wert auf die innere Entlastung des Drehkörpers gelegt worden ist, so daß die eigentliche Bewegung in fast stoßlosem Zustande erfolgen kann. Walzenschieber von Freund, Berlin, und Shone-Schieber von Reuling, Mannheim. Beispiele von Rollschützen und von Segmentschützen finden sich im Teil Schleusenbau, das Bild eines großen Ventiles zeigt Abb. 459a u. b[1]).

[1]) Vgl. D. W. Nr. 24, S. 61ff. Galland.

Achter Teil.

Wasserkraftanlagen.

A. Allgemeines.

Der Teil Wasserkraftanlagen ist die notwendige Ergänzung zu den beiden Teilen Wehrbau und Talsperrenbau. Wenn auch Wehre und Talsperren früher vielfach ohne Wasserkraftausnutzung erbaut worden sind und gelegentlich auch heute noch so erbaut werden, so ist es doch die Regel, daß beide Bauformen heute mit möglichst weitgehender Wasserkraftausnutzung verbunden werden. Für die Wasserkräfte bedeuten „Wehre" im wesentlichen die Ansammlung von Gefälle einer längeren Flußstrecke an einer Stelle des Flusses, „Talsperren" die Ansammlung von Wasser vorwiegend kürzerer Zeiträume (der kurzen Hochwasserzeiten) zur Verteilung auf einen längeren Zeitraum. Flußkraftwerke enthalten somit ein starkes geometrisches Moment (die Wehrhöhe), Talsperren ein starkes zeitliches Moment (den zeitlichen Ausgleich), das in den Entwurfsarbeiten immer wieder zum Ausdruck kommt. Neben Flußkraftwerken und Talsperrenkraftwerken treten heute noch Kanalkraftwerke in Erscheinung, die wie die Kraftwerke des Donau—Main-Kanales Wassermengen (hier des Lech nach den Vorschlägen des Zivilingenieurs Hallinger, München), in einem künstlich gegrabenen Kanal mit willkürlich gewählten Gefällstufen ausnutzen. Die Einteilung kann noch ergänzt werden danach, ob nur das Wehr- oder Talsperrengefälle ausgenutzt wird oder ob Zusatzgefälle verwendet werden, so daß wir Werke ohne und mit Zusatzgefälle zu unterscheiden hätten.

Bei jeder Wasserkraftanlage lassen sich im allgemeinen drei Hauptteile klar unterscheiden: 1. die Wasserfassung, 2. die Triebwasserleitung, 3. die Maschinenanlage. Die Wasserfassung ist in den vorhergehenden Teilen Wehre und Talsperren in baulicher Hinsicht ausführlich besprochen worden. Für die Kraftkanäle treten die eine oder die andere Art der Wasserfassung oder auch beide gleichzeitig in Wirkung. Man wird oft nur das Wasser eines Flusses oberhalb eines Regelungswehres ableiten, oft aber auch dieses Wasser noch durch Talsperrenwasser ergänzen.

Die hydrologischen Vorarbeiten für Fluß(Kanal-)kraftwerke und Talsperrenwerke haben einen gänzlich verschiedenen Charakter. Bei den Fluß- und Kanalkraftwerken wird die Art der Wasserfassung nur insofern durch die hydrologischen Untersuchungen beeinflußt, als die Größe der freizulegenden Öffnung oder bei festen Wehren die Länge und Höhenlage der Wehrkrone durch die Größe der höchsten Hochwassermengen bedingt werden. Bei Talsperren dagegen hängt die Höhe der Mauer und damit der Inhalt des Speicherwerkes gänzlich von der hydrologischen Untersuchung ab. Bei allen drei Arten der Wasserkraftwerke aber ist die Größe der Maschinenanlage vollständig durch die hydrologische Untersuchung und die Vorarbeiten über die Abnahmeverhältnisse im Netz bedingt. Die hydrologischen Vorarbeiten werden ihres Umfanges wegen in einem besonderen Abschnitt behandelt.

Für die Besprechung der sehr wichtigen elektrischen Verhältnisse wird vorausgeschickt, daß, von Ausnahmen (Riesenwerken) abgesehen, jedes Wasserkraftwerk heute, wenn irgend möglich, als Ergänzung zu vorhandenen großen Dampfkraftwerken erbaut werden sollte. Die Leistung der Wasserkraftwerke macht nur einen so geringen Teil der nötigen Gesamtenergie aus, daß die Energieerzeugung der Wärmewerke wahrscheinlich immer die Hauptsache bleiben wird. Durch geschickte Anpassung wird man außerdem auf diesem Wege zu den günstigsten wirtschaftlichen Verhältnissen gelangen können.

Von besonderer Wichtigkeit sind folgende Begriffe:

1. Die Ausbauziffer der Werke, d. h. das Verhältnis der möglichen zur Zeit aufgebauten Leistung zur Summe der tarifmäßig angeschlossenen Leistungsverpflichtung, alles in PS oder kW.

2. Die Benutzungsziffer, d. h. das Verhältnis der gleichzeitig benutzten Anschlüsse zu der Summe der im Werk möglichen gesamten Anschlüsse. Diese Benutzungsziffer ist um so größer, je einheitlicher der Verbrauch des Netzes ist. Für durchweg gleichmäßige Verbraucheranlagen kann sie 100 vH betragen, für den Durchschnitt kann man 75—80 vH rechnen, für städtische Werke mit sehr stark gemischtem Verbrauch 50 vH.

3. Die Belastungsziffer: d. h. das Verhältnis der durchschnittlichen zu der Höchstbelastung in Kilowatt. Hieraus geht die Spitzenbelastung besonders klar hervor, d. h. das Auftreten des Verbrauches großer Energiemengen zu bestimmten Zeiten, das sich in der Verbrauchskurve als Spitze darstellt (Abb. 460).

4. Die Ausnutzungsziffer, d. h. das Verhältnis der tatsächlich erzeugten jährlichen Kilowattstunden zur möglichen Kraftabgabe. Es wird bei den meisten Werken Zeiten geben, bei denen ein Maschinensatz nur unvollkommen ausgenutzt wird. Die Ausnutzungsziffer kann für Überlandzentralen mit 0,7—0,8, für gemischte Betriebe mit 0,4—0,5 und für reine Licht-, Straßenbahn-, landwirtschaftliche und ähnliche Betriebe mit 0,25 gerechnet werden.

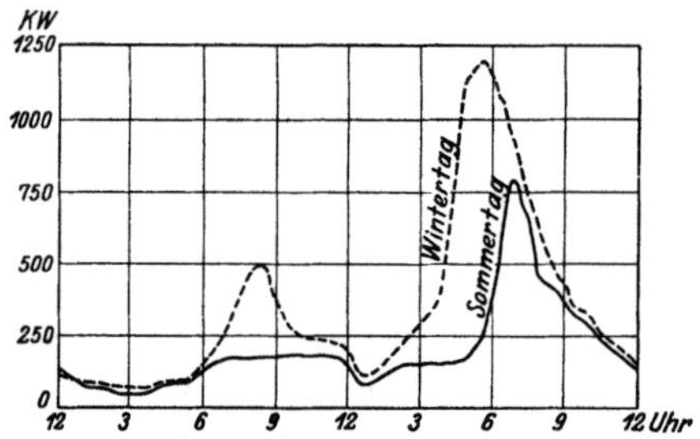

Abb. 460. Energiebedarf an einem Sommer- und Winterwochentag, beginnend um 12 Uhr nachts.

Fluß- und Kanalkraftwerke dienen im allgemeinen zur Erzeugung von Grundbelastung, wobei sie aber in Zeiten starken Wasserzuflusses auch sog. Zeitkraft abgeben, die wegen ihres unregelmäßigen Auftretens billig verkauft werden muß. Talsperrenwerke mit großen Speicherräumen können bei richtiger Ausgestaltung überwiegend Spitzenkraft abgeben; d. h. sie speisen das Netz in den Zeiten besonders erhöhten Strombedarfes, wobei sie Zeitstrom infolge außergewöhnlicher Hochwasserwellen nur selten erzeugen werden. Solche Spitzenkraftwerke müssen je nach der Größe der Spitze, ob sie z. B. 4, 6, 8 oder 12 Stunden laufen soll, mit den 6-, 4-, 3- oder 2fachen Maschinensätzen ausgerüstet werden, wie sie für die durchschnittliche Leistung notwendig wären. Talsperrenwerke mit relativ kleinen Speicherräumen werden einen entsprechend kleineren Teil ihrer Kraft als Spitzenkraft verwerten können. Bei großen Speicherräumen kann die Ausnutzung bis nahe an 100 vH Spitzenstrom steigen, also Strom mit vollem, besonders hohem Verkaufspreis, während bei kleinen Speicherräumen vielleicht nur 50 oder 75 vH hochwertiger Spitzenstrom und der Rest als Zeitstrom abgesetzt werden kann. Letzteres ist gleichbedeutend mit einer kleineren Ausnutzungsziffer. Die Ausnutzungsziffer läßt sich durch geschickte Auswahl der angeschlossenen Werke oder sogar durch Gründung entsprechender Werke und eine geschickte Tarifpolitik verbessern. Die landwirtschaftlichen und industriellen Belange der Unterlieger, die auf das Wasser angewiesen sind, beeinflussen häufig in ungünstiger Weise die Energieerzeugung. Wird z. B. ein gleichmäßiger Ablauf des Wassers verlangt, dann wäre ohne besondere Vorkehrungen die Erzeugung von Spitzenkraft mit ungleichmäßigem Wasserablauf unmöglich. Man kann diese Verschlechterung der Ausnutzungsziffer durch Anlage von Ausgleichbecken und Tagesspeicher verbessern. Ausgleichbecken sind unterhalb von Spitzenkraftwerken notwendig, um das stoßweise zukommende

Wasser gleichmäßig innerhalb 24 Stunden ablaufen zu lassen. Tagespeicher sind oberhalb von Flußkraftwerken und Kanalkraftwerken erwünscht, um das bei Nacht zufließende, nicht gebrauchte Wasser bei Tage ablaufen zu lassen. Spitzenkraft wird sehr hoch bezahlt, weil ihre Erzeugung in Dampfkraftwerken besonders hohe Kosten verursacht. Man muß einen Kessel, dessen Maschinenanlage vielleicht nur 8 Stunden Spitze erzeugen soll, schon mehrere Stunden vorher anheizen und bis zum Schluß der 8 Stunden voll unter Dampfdruck halten. Der Rest der Kohle verbrennt dann ohne weiteren Nutzen. Man verbraucht somit für die Spitze viel mehr Kohlen als für die Dauerkraft. Spitzenkraft wird somit zum Teil mit mehr als dem doppelten der Dauerkraft bezahlt. Garantierte Energieleistung ist ferner wertvoller als Zeitleistung, die zufällig, je nach der im Überflusse zufließenden Wassermenge, erzeugt werden kann. Wasserkraftwerke sollten stets nur als Ergänzung von großen Dampfzentralen erbaut werden oder durch Dampfkraftwerke ergänzt werden. Der Ausbau in solcher Vollendung, daß das Wasserkraftwerk sich stets selbst helfen kann, ist so teuer, daß er fast immer unwirtschaftlich ist.

Da der Energiebedarf im Winter meist stets viel höher ist als im Sommer (oft doppelt so hoch), so sollte die Energieleistung stets nach Winter und Sommer getrennt werden. Dort, wo im Winter mehr Wasser zur Verfügung steht, kann dann leichter Winterstrom garantiert werden als Jahresstrom. Es kommt alles darauf an, durch Wasserstrom nicht nur Kohlenersparnis zu erzielen, sondern die Leistung ganzer Dampfaggregate zu ersetzen. Solange man durch Hergabe von Wasserstrom nur erreicht, daß irgendeine Maschine im Dampfwerk stillgelegt wird, kann dieses Werk auch nur die Ersparnis an Kohle, Schmieröl usw., aber meist nicht einmal an Bedienungskraft bezahlen (je nach der Benutzungsdauer vielleicht nur 1 bis 3 Pfg./Kwh). Tritt aber das Wasserkraftwerk als Ersatz von sonst notwendig gewesenen Dampfmaschinen, deren Erbauung nun erspart wird, in Tätigkeit, dann kann der Preis des ganzen Kohlestromes bezahlt werden. Bei unseren großen Überlandzentralen wird der Strompreis heute meist aus Grundgebühr (Leistungsgebühr) und Arbeitsgebühr (Kohle usw.) zusammengesetzt. Die Grundgebühr schwankt heute (1927) zwischen 40 bis 80 $\mathcal{M}$/Kw jährlich, die Arbeitsgebühr zwischen 1,8 bis 1,2 Pfg./Kwh. Je kürzer die Benutzungsdauer ist, um so höher ist im allgemeinen die Grundgebühr und ebenso auch die vom Kohleverbrauch abhängige Arbeitsgebühr. Die Grundgebühr hängt ab von den Gestehungskosten für ein Kilowatt der entsprechenden Maschinenanlage, ist daher um so kleiner, je größer die Maschinensätze sind, die gebaut werden können. Die Grundgebühr besitzt daher heute noch eine fallende Tendenz. Will man nun aus einem Talsperrenkraftwerk hohe Spitze von vielleicht 2000 Benutzungsstunden jährlich an ein Dampfkraftwerk abgeben, dann errechnet sich der Preis wie folgt. Es werde jährlich 60 $\mathcal{M}$/Kw Grundgebühr zugrunde gelegt und 1,5 Pfg./Kwh Arbeitsgebühr. Bei 2000 Lieferstunden ergibt sich dann die Grundgebühr zu $\frac{60 \cdot 100}{2000} = 3$ Pfg./Kwh. Insgesamt wäre in diesem Falle 4,5 Pfg./Kwh zu erzielen. Je nach dem Wert der Kohle, der Höhe und Unregelmäßigkeit des Spitzenbedarfs lassen sich 2,5 bis 6 Pfg./Kwh erzielen (1927). Besonders wenig wird im Gebiet der Braunkohle bezahlt, oft werden aber auch von den großen Werken ganz geringe Preise angeboten, um die Entstehung von Wasserkraftwerken aus Wettbewerbsgründen zu verhindern. Sowie die Dampfwerke die Möglichkeit erkennen, Talsperrenwerke in eigne Verwaltung zu übernehmen, dann sind sie meist stark für deren Erbauung eingenommen. Man sollte daher immer schon bei der Planung von Wasserkraftwerken die Bedarfs- und Absatzverhältnisse genau prüfen. Ein großer Fehler ist es, die Stromkosten nach den Anfangskosten der Wasserkraftwerke zu berechnen. Da sie im Laufe von ein oder zwei Geschlechterfolgen abgeschrieben werden können, so sinken die Stromkosten, wenn sie anfangs selbst über denen der Dampfwerke gelegen haben, später auf einen Bruchteil der Dampfkosten herab, z. B. von ursprünglich 3 Pfg./Kwh auf später 0,5 Pfg./Kwh. Kapitalkräftige Dampfwerke gliedern sich deshalb gern Talsperrenwerken an, wie es z. B. seitens des Werkes „Zukunft“ bei Düren mit der Urfttalsperre geschehen ist.

B. Hydrologische Untersuchungen.

a) Untersuchungen für Talsperren.

Die hydrologischen Untersuchungen für Talsperren werden vorangenommen, weil sie sich auf die Quellgebiete der Flüsse beziehen und somit auch für den Ausbau des Flusses mitbestimmend sind.

Bei der Planung muß zuerst versucht werden, ein möglichst klares Bild über den Umfang des Einzuggebiets, die Größe der Niederschläge, der Verdunstung und Versickerung und damit der Abflußziffer zu gewinnen, da hieraus allein die Größe des Zuflusses zur Talsperre errechnet werden kann. In Kulturländern wird man im allgemeinen genügende Angaben über die Höhe der Niederschläge für eine lange Reihe von Jahren besitzen. So sind in Deutschland die Hellmannschen Regenkarten die beste Auskunftsquelle auf diesem Gebiete. Man wird aber diese Angaben stets durch Anfragen bei der Landesanstalt für Gewässerkunde[1]) zu ergänzen haben. Die gemessenen Regen- und Schneehöhen, zusammen also die Gesamtjahresniederschläge, geben oft zu geringe Werte an. Kann man an wichtigen Stellen des betreffenden Tales Aufzeichnungen von Kraftwerken, Mühlen, Fabriken usw. über den Wasserablauf erhalten, dann ist das das beste Mittel, um die Angaben der Regenkarten nachzuprüfen. Sind solche Prüfstellen nicht vorhanden, dann muß eine Anzahl von Meßwehren errichtet werden, die am besten mit selbstschreibenden Pegeln zu besetzen sind, so daß fortlaufend Aufzeichnungen gewonnen werden können. Vorhandene ältere Meßwehre und Pegel haben sich häufig als gänzlich unbrauchbar erwiesen, da der Fluß manchmal sein Bett vollständig in der Zwischenzeit verändert hat. Früher aufgestellte Wassermengenkurven können darnach gänzlich ungültig geworden sein. So wurde z. B. bei den unter Leitung des Verfassers entworfenen Plänen für die Talsperren im Südwestharz keine ältere Pegelstation im Oberlauf der dortigen Flüsse gefunden, für die heute noch die früheren Wassermengenkurven brauchbar waren. Aus dem Verhältnis der abgelaufenen Wassermengen zu dem Niederschlag des Einzugsgebietes kann man die Ablaufziffern finden. Als hydrologisches Jahr gilt aus Rücksicht auf Schneefall und Schneeschmelze die Zeit vom 1. November bis zum 31. Oktober. Daß im Frühjahr die Ablaufziffer einzelner Monate über 100 vH steigen kann, liegt daran, daß der Schnee mehrere Monate angesammelt ist und dann innerhalb eines Monats zum Abfluß gelangt. Aber auch für den ganzen Jahresdurchschnitt kann es vorkommen, daß die Abflußziffer so nahe an 100 vH herankommt (z. B. 90 vH), daß man diese Größe nicht mehr allein aus geringer Versickerung und Verdunstung erklären kann. Es wird sich dann oft ergeben, daß die Regenmesser örtlich im Regenschatten stehen und zu geringe Niederschläge anzeigen. Daß man die Abflußziffern nur aus Abflußmessungen und Regenmessungen gewinnen kann, wurde bereits gesagt. Leider stehen aber meist den ausreichenden Regenmessungen nur ungenügende Abflußmessungen gegenüber. Es wäre ein großer Fehler, nun diese Regenmessungen nicht heranziehen zu wollen. Eine Gesetzmäßigkeit zwischen Niederschlag und Regen besteht, diese Gesetzmäßigkeit ist aber bis heute noch nicht genügend erforscht worden. Man kann große Fehler begehen, wenn man etwa

[1]) Landesanstalt für Gewässerkunde, Berlin.

die Abflußziffern einer längeren Durchschnittszeit, z. B. des Frühlings oder des Sommers einer bestimmten Gegend, auf die vergangenen Zeiten, in denen kein Abfluß gemessen werden konnte, anwenden wollte. Man darf auch hier nur von Fall zu Fall vorgehen. Die Abflußziffer für einen sommerlichen starken Regenfall nach vorhergegangener dreimonatlicher Trockenzeit ist natürlich ganz anders als nach vorhergegangener dreimonatlicher Regenzeit. Besteht der Untergrund aus Sand, dann wird die Abflußziffer nach vorhergegangener Trockenheit wahrscheinlich kleiner sein als nach erfolgter Regenzeit. Besteht der Untergrund aus Ton, dann kann es umgekehrt sein, wenn der Ton so hart eingetrocknet ist, daß der Regenguß nicht ausreicht, um ihn aufzuweichen. Will man also die Niederschläge früherer Zeiten verwenden, dann muß man aus den Beobachtungsjahren mit bekannter Abflußziffer immer die Zeiten mit annähernd ähnlichen Niederschlagsverhältnissen einander gegenüberstellen. Hierbei wird man selbstverständlich Fehler nicht vermeiden können, sie werden aber sicherlich kleiner sein, als wenn man die Niederschlagsbeobachtungen von vielleicht 20 oder mehr Jahren fortläßt, nur weil sie für die Abflußziffern nicht vorhanden sind.

Festzustellen ist die Verteilung der Niederschläge auf die einzelnen Monate, da hiervon die notwendige Größe des Beckens stark beeinflußt wird. Alles, was an Rechnungen durchgeführt wird, gilt für die Vergangenheit, alles, was geplant wird, für die Zukunft. So ist es selbstverständlich, daß eine völlige Übereinstimmung zwischen den Annahmen und der späteren Wirklichkeit nicht zu erreichen ist. Es ist verhältnismäßig leicht, einen Verteilungsplan für die Vergangenheit aufzustellen, da die aufgetragenen Kurven genau zeigen, wie der frühere Jahresverlauf war. Es ist aber ungemein schwer, später die Maßnahmen über die Wasserbewirtschaftung mit solcher Voraussicht zu treffen, daß das Wasserkraftwerk niemals in Verlegenheit kommt. Das gilt sowohl für die Füllung als für die Leerung des Beckens. Hält der Betriebsleiter das Becken zu voll, um nicht in eine Wasserklemme hineinzugeraten, dann kann er vielleicht plötzlich einsetzende, lange andauernde, starke Niederschläge nicht mehr aufnehmen und muß sie als Fehlschlagwasser ablaufen lassen. Hält er, hierdurch gewarnt, sein Becken immer nur so weit voll, daß er solche Niederschläge mit Sicherheit aufnehmen kann, dann bleiben sie vielleicht gerade monatelang aus, so daß er wegen Wassermangels den Betrieb einstellen muß. Ein gewisser Instinkt und große Erfahrung sind die Eigenschaften, die allein einen guten wasserwirtschaftlichen Betrieb eines Talsperrenwerkes gewährleisten können, wenn nicht vielleicht die Talsperrenräume so ungeheuerlich groß sind, daß auch größere Fehler ohne Gefahr überstanden werden können. Ist man aber aus Rücksicht auf den Wettbewerb benachbarter Werke gezwungen, den elektrischen Strom billig zu verkaufen, dann muß man mit der Größe des Sperrenbeckens an eine untere Grenze gehen, dann aber solche Annahmen über größere Wasserverluste machen, daß man regelmäßig gewisse Wassermengen fehlschlagen kann. Dazu wird man so große Maschinensätze einbauen, daß man in der Lage ist, bei einsetzenden starken Niederschlägen und noch gefülltem Becken innerhalb weniger Wochen größere Mengen Wasser zu verarbeiten als gewöhnlich, wobei der Mehr-Strom allerdings zu billigeren Preisen abgesetzt werden muß, der Volkswirtschaft aber doch nicht verlorengeht.

Die Wahl der Größe des Stauweiherinhaltes geschieht gemäß Aufzeichnung der Beckenzuflußkurve (Abb. 461 u. 462). Die Beckenzuflußkurve wird durch Auftragung der monatlichen Zuflüsse zu dem Becken dargestellt. Die ältere Art der Darstellung ist die gemäß Abb. 461. Es werden die Zuflußmengen auf den Ordinaten, die Zeiten auf den Abszissen aufgetragen. Dadurch erhält man Pläne, die eine immer höher steigende Kurve ergeben und die, wenn auch sehr anschaulich, doch unbequem sind. Es wird deshalb vielfach ein schiefwinkliges Ordinatenkreuz angewendet, bei dem die Mengenordinate senkrecht steht und die Zeitabszisse schräg nach unten verläuft. Man wählt dann den Winkel, unter dem die Zeitabszisse verläuft oder den Maßstab, nach dem man die Mengen aufträgt, so, daß die Mittellinie der Zu- und Abflußmengen wagerecht liegt. Da bei einem längeren Blatt die Zeitabszisse bald nach unten verschwindet, wird man sie immer wieder von neuem in höherer Lage ansetzen. Die Mengen

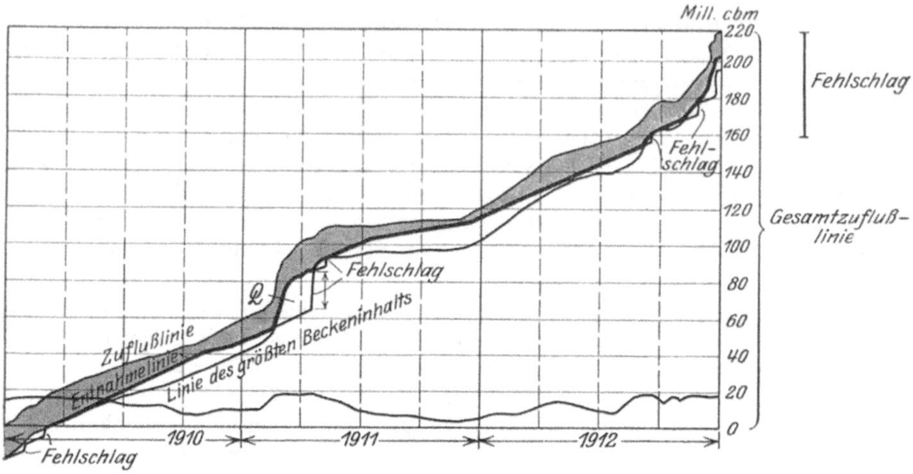

Abb. 461.

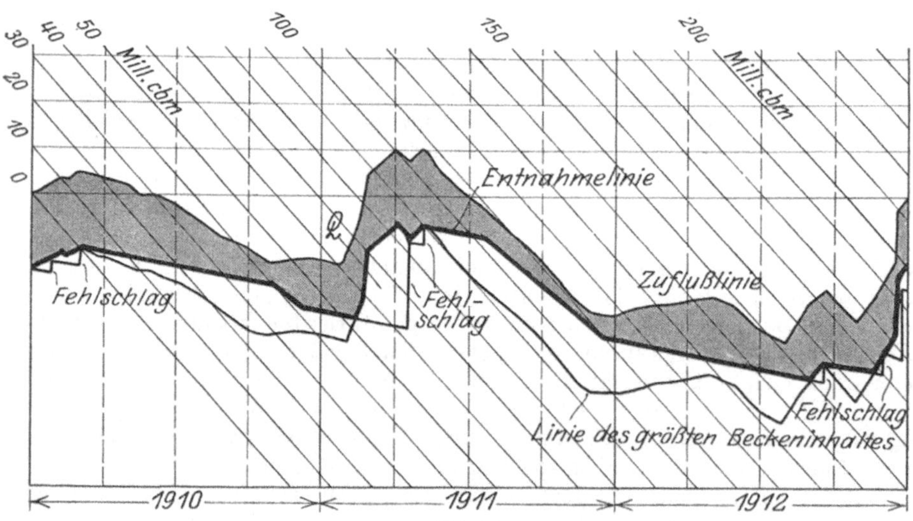

Abb. 462.

Abb. 461 u. 462. Beckenzufluß- und Abflußlinie. Zwei Methoden.
Abb. 461. Im rechtwinkligen Achsensystem. Abb. 462. Im schiefwinkligen Achsensystem.

werden dabei stets als Summen aufgetragen, so daß jede Mengenordinate für irgendeinen Punkt die bisher zugelaufene Gesamtmenge angibt. Ein gleichmäßiger Abfluß wird nun durch eine mehr oder weniger wagerecht liegende Linie dargestellt. Bei starkem Zulauf steigt diese Linie etwas, bei geringem Zulauf fällt sie. Der Unterschied zwischen der Zulauf- und Ablauflinie gibt für jeden Zeitpunkt den Inhalt des Beckens an.

Wird durch zu großen Zufluß der Beckenraum überschritten, dann findet Überlauf statt, der gleichbedeutend für das Becken ist mit dem Verlust durch

Versickerung oder Verdunstung, für die Unterlieger aber natürlich die Bedeutung vermehrten Wasserzuflusses hat. Für die Sicherheit von Erddämmen ist die Menge des Überlaufwassers von entscheidender Bedeutung, da sie für die Größe der Entlastungsanlagen bestimmend ist. Der Überfall wird neben der Entnahme von der Entnahmelinie abgesetzt, so daß die Entnahmelinie von der Überfalllinie aus weitergeführt wird, nicht, wie es wenig zweckmäßig oft angegeben wird, von der ursprünglichen Zuflußlinie aus. Denn der Überfall ist nichts anderes als ein nicht genutzter Teil der Entnahme. Die Beckenzuflußlinie ebenso wie die Entnahmelinie können beide mit Null beginnen, meist wird aber der Beginn des Ablaufs später liegen, so daß die Entnahme erst bei einer bestimmten Beckenfüllung anfängt (Abb. 461). Die Bedeutung der Kurven liegt nun darin, daß man jetzt in der Lage ist, für die Vergangenheit, und zwar für eine möglichst große Reihe von Jahren zu bestimmen, mit welchen Wassermengen man in dem Turbinenwerk hätte arbeiten können.

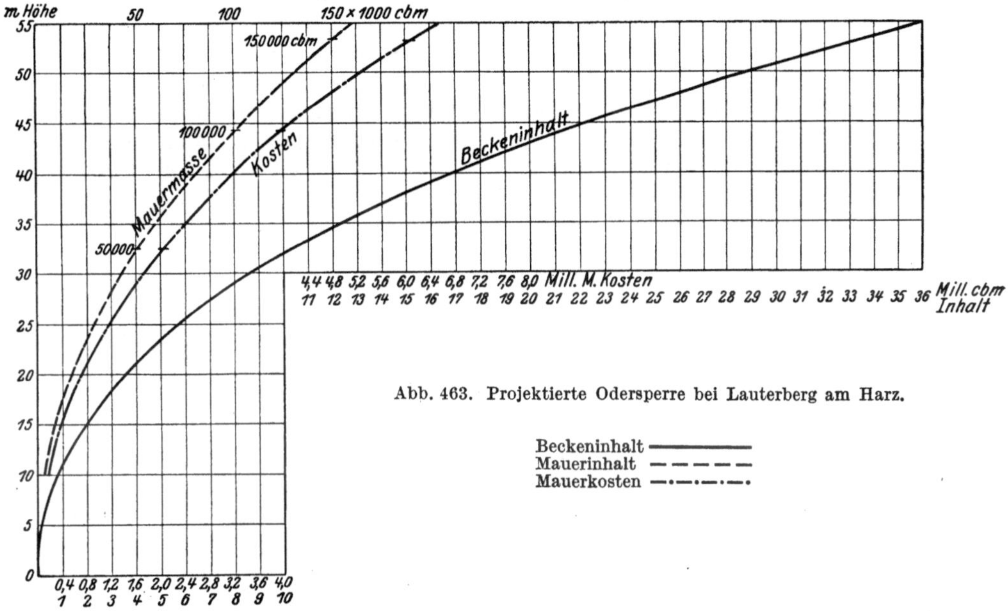

Abb. 463. Projektierte Odersperre bei Lauterberg am Harz.

Man findet dadurch für die Zeit der Dürre die Mindestwassermengen und für die Zeit starker Niederschläge die Höchstwassermengen, mit denen man für eine bestimmte angenommene Beckengröße hätte arbeiten müssen, um nicht in Wassermangel zu geraten und nicht zu große Fehlschläge[1]) zu haben. Um eine gute Übersicht zu gewinnen, ist es nötig, den Beckeninhalt und den Mauer- oder Damminhalt für die verschiedenen Höhen der Beckenfüllung als Kurven aufzutragen. Man kann dann sofort für jeden Beckeninhalt den Inhalt der Sperrmauer bestimmen (vgl. Abb. 463).

Man kann nun die Untersuchung nach zwei Richtungen führen: 1. Man untersucht, welches die kleinste Beckengröße ist, um möglichst ohne Fehlschlagwasser auszukommen. Hierbei ergeben sich im allgemeinen Beckengrößen, die etwa 66 vH des mittleren Jahresniederschlages aufnehmen können; nach Mattern soll die notwendige Beckengröße hierbei sogar bis zu 100 vH steigen können. Es ist dabei zu beachten, daß alles auf den mittleren Jahresniederschlag bezogen wird und daß die Abweichungen nach oben und unten in den einzelnen Jahren je nach Art des Gebirges beträchtlich sein können. 2. Man untersucht, welches

[1]) Wasser fehlschlagen heißt, das Wasser nutzlos ablaufen lassen.

der größte Beckeninhalt ist, bei dem man einen gewissen Preis der Kwh, für den man die Kraft noch verkaufen kann, nicht überschreitet. Man muß hierbei, wie bereits gesagt, größere Wasserverluste in den Kauf nehmen und wird keine so große Zahl von Kilowattstunden jährlich erzeugen können wie in Fall 1. Die Energieerzeugung wird aber billiger. Selbst wenn es vor allem auf die Gewinnung von Wasser als Stoff für Speisung von Flüssen oder Kanälen oder auch die Wasserversorgung der Städte ankommt, wird man oft die Methode 2 wählen müssen, entweder, um überhaupt die Talsperre ermöglichen zu können oder auch, um das Nutzwasser zu verbilligen. Kann man aber wegen Förderung der Landeskultur auf Staatszuschuß rechnen, dann baue man die Becken so groß wie möglich.

Die Zu- und Abflußlinien müssen für eine lange Reihe von Jahren gezeichnet werden, weil es die Aufgabe des Sammelbeckens ist, große Jahreszuflüsse über mittlere Jahre hinweg möglichst bis zu den trockenen Jahren hinüber auszugleichen. Bei der Abflußlinie ist zu beachten, daß ein gewisser Weihermindestinhalt nicht unterschritten werden darf. Die Entnahmerohre können aus verschiedenen Gründen nicht an die tiefste Stelle des Dammes gelegt werden; so muß also immer ein gewisser Inhalt, der aber meist gering ist, im Weiher verbleiben. Für seine Entleerung sind Grundablässe vorzusehen. Sobald der Mindestinhalt des Stauweihers erreicht ist, dann muß die Entnahme so weit vermindert werden, daß sie den Zulauf nicht mehr übersteigt, bei mangelndem Zulauf hört dann die Entnahme ganz auf. Dieser letztere Zustand soll durch geschickte Regelung vermieden werden. Eine immer gleichmäßige Stromerzeugung würde verlangen, daß man bei vollem Becken wegen der dann größeren Druckhöhe weniger Wasser entnähme als bei leerem Becken. Die Rücksicht auf den zweckmäßigeren Wasserwirtschaftsplan wird aber meist das Umgekehrte verlangen, so daß zu Zeiten stärkeren Wasserzuflusses eine größere, zu Zeiten der Dürre eine kleinere Energie erzeugt wird. Durch entsprechende Verträge ist dann für nutzbaren Absatz zu sorgen. Daß dieser Zwang zu vermehrter Wasserabgabe bei vollem Weiher und verminderter Abgabe bei leerem Weiher den Zwecken der Wasserwirtschaft oft widersprechen wird, wie er auch den Bedürfnissen der Energiewirtschaft nicht Genüge leistet, ist eine Tatsache, mit der man sich abfinden muß. Ihre Beseitigung verlangt derartig große Stauräume, daß die hierdurch entstehenden Mehrkosten die Wirtschaftlichkeit oft schwerer schädigen, als es die sonst notwendige Ungleichmäßigkeit der Lieferung täte, sofern nicht der Bau sogar unmöglich wird. Die Ungleichmäßigkeit der Energiewirtschaft muß durch Einstellung entsprechender Dampfreserven vergleichmäßigt werden. Die verbleibende Ungleichmäßigkeit der neuen Wasserwirtschaft bedeutet wenig gegenüber dem Vorteil, daß sie jetzt in viel höherem Maße gleichmäßig geworden ist, als sie es vor Erbauung der Talsperre war. Der Fehler, der meist gemacht wird, ist, daß man nicht mit dem früheren unvollkommenen Zustande vergleicht, sondern mit dem gedachten Idealzustande des völligen Wasserausgleichs.

Für den Entwurf jeder Talsperre ist eine Kurve des Beckeninhaltes für die verschiedenen Höhen der Mauer, dazu der Mauerinhalte und Mauerkosten zu zeichnen (Abb. 463). Für letztere sind Entwürfe für verschiedene Mauer- oder Dammhöhen aufzustellen, für die die Zwischenwerte gemittelt werden müssen. Es ist dann ohne weiteres möglich, aus diesen Kurven die Kosten der Erhöhung der Mauer über ein ursprünglich angenommenes Maß und damit die Kosten für jedes Kubikmeter mehr ausgeglichenen Wassers zu finden.

Es ist vielfach verlangt worden, daß jede Talsperre einen Hochwasserschutzraum erhalten müsse, der unter normalen Verhältnissen leergehalten werden soll und nur außergewöhnlichen Niederschlägen, die früher Schadenhochwasser erzeugten, Aufnahme gewähren solle. Diese Forderung verteuert, wenn sie zu weit getrieben wird, im allgemeinen die Kosten der Talsperren derart, daß sie aus der Energiewirtschaft nicht mehr bezahlt werden kann. Es wird die Freihaltung eines Hochwasserraumes aber in tragbaren Grenzen auch für die Kraftwirtschaft vorteilhaft, in sehr nassen Jahren aber nicht immer möglich sein. Aber auch schon mit einem verhältnismäßig kleinen Schutzraum, z. B. 15 vH des Beckeninhalts, läßt sich bei gleichzeitiger Abgabe größerer Wassermengen ein größeres Hochwasser meist schon so weitgehend ausgleichen, daß die früheren großen Gefahren beseitigt werden können.

Daß diese „Hochwasserdämpfung" nicht immer eintreten wird, ist erklärlich. Denn selbst bei bester Schulung wird ein Talsperrenleiter oft Sorge tragen, eine künstliche Hochwasserwelle zu erzeugen, wenn er nicht ganz sicher ist, daß das Hochwasser auch genügend stark herankommt. So werden vor allem die Winterhochwasser nicht immer genügend gedämpft werden, wenn die Sperrräume klein sind. Sofern es sich hier aber nicht um die seltener auftretenden Katastrophenhochwasser handelt, ist ihre Gefahr geringer als die der Sommerhochwasser. Es kommt, wie es auch die Erfahrungen an den schlesischen Talsperren gezeigt haben, viel mehr auf die Beseitigung der Sommerhochwasser an als auf die der Winterhochwasser. Letztere sind sogar oft als düngende Hochwasser erwünscht. —

Wenn möglich, sollte jede Talsperre ein Zusatzgefälle erhalten. Je größer dieses ist, desto geringer ist der Zwang, immer ein möglichst volles Becken zu halten. Es ist dann viel wichtiger, die Becken für kommende Hochwasserwellen frei zu halten, als die geringe Vermehrung der Druckhöhe durch das Talsperrengefälle selbst. Es ergibt sich sogar bei großen Zusatzgefällen eine fast völlige Gleichgerichtetheit von Landeskulturinteressen und Energiewirtschaft. Die Landeskultur verlangt Bekämpfung der Hochwasser, die um so besser ist, je leerer das Becken bei ankommendem Hochwasser ist, daneben aber Ausgleichung des Wassers, damit in der Dürre Wasser an den Fluß abgegeben werden kann, also möglichstes Vollhalten der Becken im Sommer. Die Energieerzeugung verlangt möglichste Erfassung aller Wassermengen, um so viel Strom wie denkbar zu erzeugen, also auch bei ankommenden Hochwasserwellen leere Becken, ferner aber eine möglichst große Garantie für Gleichmäßigkeit der Stromerzeugung. Auch dieser Wunsch nach Garantiestrom verlangt im Sommer möglichst volle Becken, damit die Stromlieferung nicht unterbrochen zu werden braucht. Es besteht sowohl für die landwirtschaftlichen als auch für Energiebelange der gleiche Gegensatz unter sich, nicht aber ein Gegensatz zwischen den beiden Belangen. Es besteht aber ein gewisser Gegensatz zwischen Kanalspeisung und den beiden vorher genannten Zwecken, weil die Kanalspeisung meist im Winter geringer ist als im Sommer, sogar im Winter zeitweilig aussetzen kann. Talsperren für Kanalzwecke können somit schlecht den beiden erstgenannten Belangen gleichzeitig richtig dienen. Man wird deshalb immer gut tun, Talsperrenspeisung durch Pumpenspeisung für die Kanäle zu ergänzen, besonders, wenn sonst die landeskulturellen Belange Schaden leiden würden.

b) Hydrologische Untersuchungen für Fluß- und Kanalkraftwerke.

Wie bereits im vorigen Abschnitt dargelegt ist, geht die hydrologische Untersuchung für ein Talsperrenwerk darauf hinaus, die mittlere Jahresmenge des den Talsperrenbecken zufließenden Wassers zu ermitteln, wobei möglichst das ganze Wasser vom Kraftwerk ausgenutzt werden soll. Man arbeitet gleichsam aus einem großen Gefäß, dessen Füllung allerdings Schwankungen unterliegt, wobei die Höhe des Verbrauches bis zu einem gewissen Grade willkürlich in die Hand der Werkleitung gelegt ist. Bei einem Flußkraftwerk liegen die Verhältnisse gänzlich anders. Wir haben es mit oft täglich wechselnden Wassermengen zu tun und sind nicht in der Lage, so weit nicht der Bau von Talsperren dieses ermöglicht, nennenswerte Änderungen der Wassermengen herbeizuführen. Die Wassermengen schwanken, wie es im Abschnitt A, „das Wasser", auseinandergesetzt wurde, innerhalb großer Grenzen, die Gefälle desgleichen. Wir haben dabei zwei Kraftwerksarten zu unterscheiden, eine, die unmittelbar am Flusse liegt und nur das Wehrgefälle ausnutzt und eine andere, bei der eine Flußschleife abgeschnitten wird und damit ein größerer Teil des Flußgefälles als Zusatzgefälle hinzutritt. Bei der ersteren Art treten die größten Gefälleschwankungen auf, denn bei steigendem Wasser wächst das Unterwasser schneller als das Oberwasser. Mit steigender Wassermenge nimmt somit das Gefälle ab, wobei es bei den höchsten Wasserständen und ganz geöffnetem Wehr auf wenige Dezimeter sinken kann. Die zweite Art hat günstigere Verhältnisse, weil zu dem Gefälle am Wehr noch das Zusatzgefälle als fast unveränderliche Größe hinzutritt.

Für die Kanalkraftwerke ist es bezeichnend, daß das Gefälle so gut wie unveränderlich ist und daß die Wassermenge in geringen Grenzen schwankt. Da die Wasserzuführung bei Flußkraftwerken keine große Schwierigkeit bedeutet kann man auch solche ausnutzen, die nur kürzere Zeit, z. B. 3 Monate, zur Verfügung stehen. Kanäle aber würden für die Wassermengen dieser kurzen Zeit dauernd die Schaffung des großen Querschnittes verlangen. Dadurch würden die Kosten zu hoch gesteigert. Man leitet daher für Kraftwasserkanäle wesentlich gleichmäßigere Wassermengen ab. Rein theoretisch setzt sich ein Flußkraftwerk mit Zusatzgefälle aus einem Wehrkraftwerk und einem Kanalkraftwerk zusammen. Praktisch müssen aber die Kanalkraftwerke als Gruppe für sich behandelt werden.

Die hydrologische Arbeit beginnt mit der Aufzeichnung der Wassermengen der einzelnen Jahre. Es werden aus den einzelnen Wasserstandslinien durch Aneinanderreihung aller gleichen Wasserstände Wasserstandsdauerlinien gezeichnet und zwar für eine möglichst lange Reihe von Jahren. Besonders ungünstig würde man dabei verfahren, wenn man mit einem katastrophal trockenen Jahre endigte. Es wird das meistens so ungünstige Werte ergeben, daß dieses Verfahren nicht zweckmäßig ist. Ganz besonders trockene Jahre waren in Deutschland u. a. die Jahre 1911 und 1921[1]). Es dürfte für die meisten Untersuchungen genügen, eines dieser Jahre in der Zusammenstellung zu haben; z. B. die Zusammenstellung zu wählen von 1912 bis 1921 und damit zu vergleichen 1896 bis 1920. Im allgemeinen wird der längere Zeitraum der wichtigere sein. Nimmt man aber zwei katastrophal trockene Jahre, die zufällig dicht beieinanderliegen, in einen so kurzen Zeitraum von 10—25 Jahren hinein, dann erhält man ein zu ungünstiges Resultat. Man bildet also eine mittlere Wassermengendauerlinie, bei der dann die Wirkung des Zuschußwassers von etwaigen Talsperren für die Zeit vor Erbauung der Talsperren so zu berücksichtigen ist, als wenn die Talsperren für die ganze Zeit bestanden hätten. Es ist nun zu bestimmen, für welche Wassermengen man das Kraftwerk ausbauen will. Während man früher für Wassermengen ausbaute, die wenigstens in 3 oder 4 Monaten vorhanden waren, baut man jetzt vielfach für Wassermengen aus, die wenigstens in 2 oder 3 Monaten vorhanden sind[2]). Die Größe der gewählten Ausbauwassermengen hängt von den wirtschaftlichen Verhältnissen ab. Zu Zeiten geringer Strompreise und bei teuren Baupreisen wird man für geringere Wassermengen ausbauen und die größeren Wassermengen, die über die Ausbauwassermenge hinausgehen, über das Wehr ablaufen lassen. Es lohnt sich nicht, für solche wirtschaftlichen Verhältnisse einen Teil der Kraftanlage herzustellen, der den größten Teil des Jahres ungenutzt liegt. Sind aber die Strompreise sehr hoch, dann können auch Wasser-

[1]) In der Eifel und an der Weser auch 1920. Das ist eine besonders ungünstige Folge da sonst solche Jahre durchschnittlich nur alle 20—30 Jahre eintreten.

[2]) Die Kohlennot der vergangenen Jahre übt noch ihren Einfluß aus.

mengen, die nur kürzere Zeit verfügbar sind, eine genügende Verzinsung der Zusatzmaschinen ergeben.

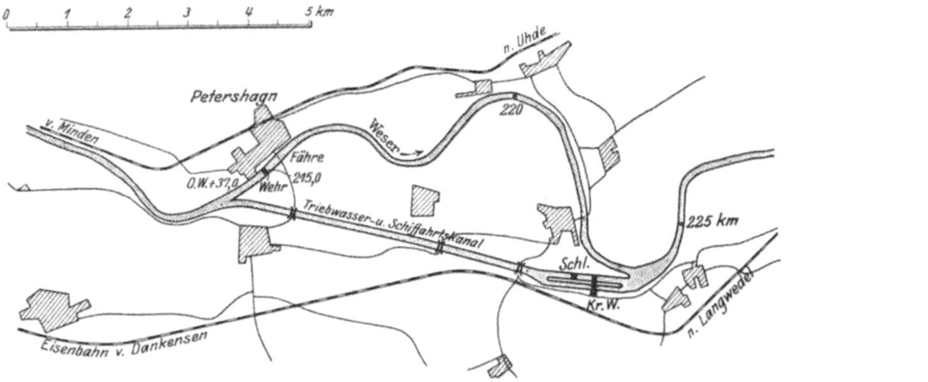

Abb. 464. Petershagen. Lageplan. Maßstab 1 : 125 000.

Als Beispiel der hydrologischen Untersuchungen seien die Ausbaupläne für eine Staustufe der Weserkanalisierung bei Petershagen unterhalb von Minden wiedergegeben. Abb. 464 zeigt den Lageplan. Das Kraftwerk liegt in einem rund

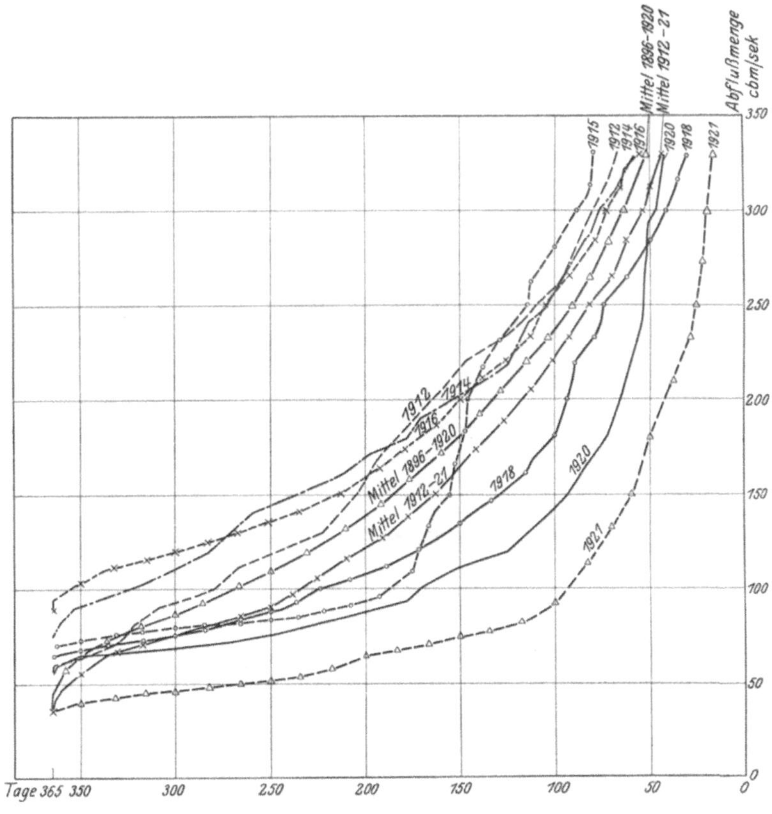

Abb. 465. Wassermengendauerlinien Nienburg für 25 Jahre.

7 km langen Durchstich etwa 5 km unterhalb des Wehres, hat somit ein starkes Zusatzgefälle. Abb. 465 gibt die Wassermengendauerlinien am Nienburger Pegel für die Jahre 1912—1921 wieder. Da man bis an das Katastrophenjahr 1921

herangegangen ist, das insgesamt eine wesentlich geringere Wassermenge zu Tal gebracht hat als das Jahr 1911, so hatte man ursprünglich das Jahr 1911 ausgelassen. Die Untersuchungen sind später aber über das Jahr 1911 rückwärts ausgedehnt worden, wobei die Zeit 1896—1920 unter Auslassung von 1921 zugrunde gelegt worden ist. In der Abb. 465 sind der größeren Klarheit halber nur die Wasserstände von 1912, 1914, 1915, 1916, 1918, 1920 und 1921 eingetragen, dazu das Mittel von 1912—1921 und zum Vergleich das Mittel für 1896—1920. Man sieht, wie ungünstig auch 1920 war.

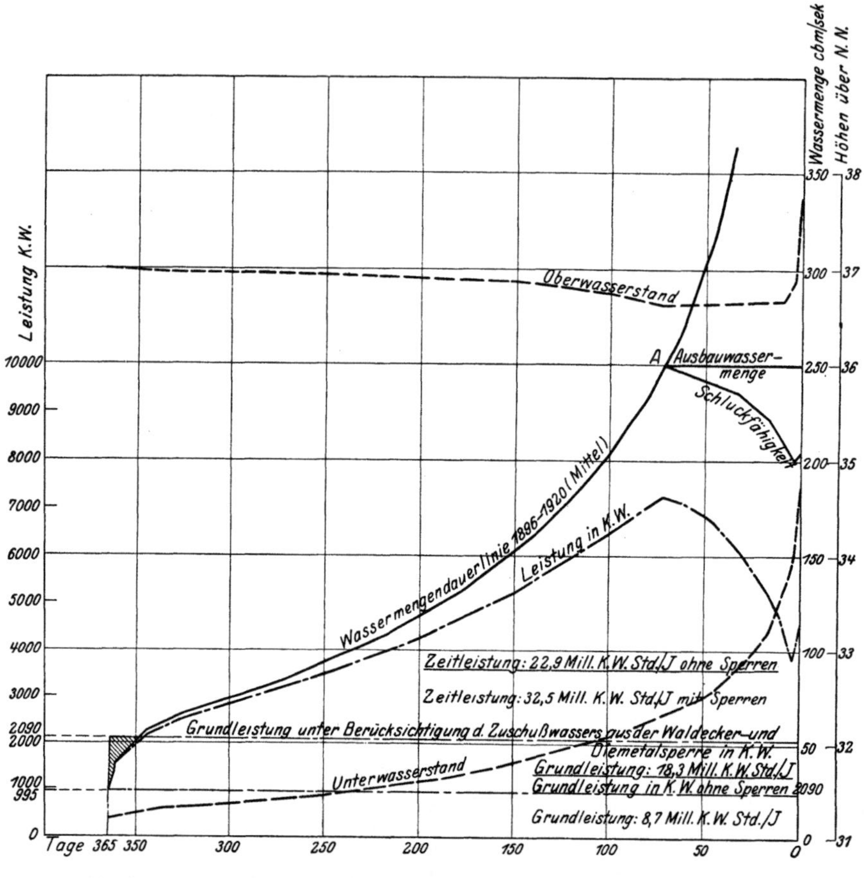

Abb. 466. Wassermengen und Leistungskurven für ein gemitteltes Jahr 1896/1920.

Abb. 466 zeigt nun die Untersuchung für die Wassermengendauerlinie der 25 Jahre 1896—1920 für Petershagen. In genau der gleichen Weise sind die Oberwasser- und Unterwasserstände für die 25 Jahre zu jeder einzelnen Wassermenge gemittelt und als Wasserstandslinien aufgetragen worden. Wie diese Wasserstände zeigen, ist die größte Druckhöhe 5,5 m mit dem OW. auf + 37,00 NN. Als Ausbauwassermenge ist die Wassermenge von 250 cbm/sek zugrunde gelegt worden, die wenigstens an 72 Tagen in diesem Zeitraum von 25 Jahren durchschnittlich jährlich vorhanden war, d. h. die größte Schluckfähigkeit der Turbinen beträgt 250 cbm/sek[1]). Da die Wassermenge bis zu diesem

[1]) Es war nach der Methode der größten Verzinsung die Rechnung als Maximalaufgabe für 1912—1921 durchgeführt worden, wobei man die Linie des Jahres 1913 als Mittelwert für die vorläufige Rechnung angenommen hatte. Man hatte dabei 90 Tage als Mindestzeit zugrunde gelegt. Die Linie für 25 Jahre ist nun im Durchschnitt günstiger als die für die

Punkte schneller zunimmt als das Gefälle abnimmt, wächst bis hierher der Wert $10\,q \cdot h$, der für die Energieerzeugung angenommen ist, und damit die Leistung der Maschinen dauernd an[1]). Hierbei ist der Oberwasserstand bis zu diesem Punkte etwas abgefallen, da zur Abführung dieser größeren Wassermenge ein Zuwachs an Fließgefälle im Oberwasserkanal notwendig war. Von dem Zeitpunkt der Erreichung der Ausbauwassermenge an steigt das Unterwasser sehr schnell, das Druckgefälle der Turbinen nimmt weiter ab. Es wird daher durch die Turbinen, deren Leitschaufeln gänzlich geöffnet sind, infolge starker Abnahme des Druckes

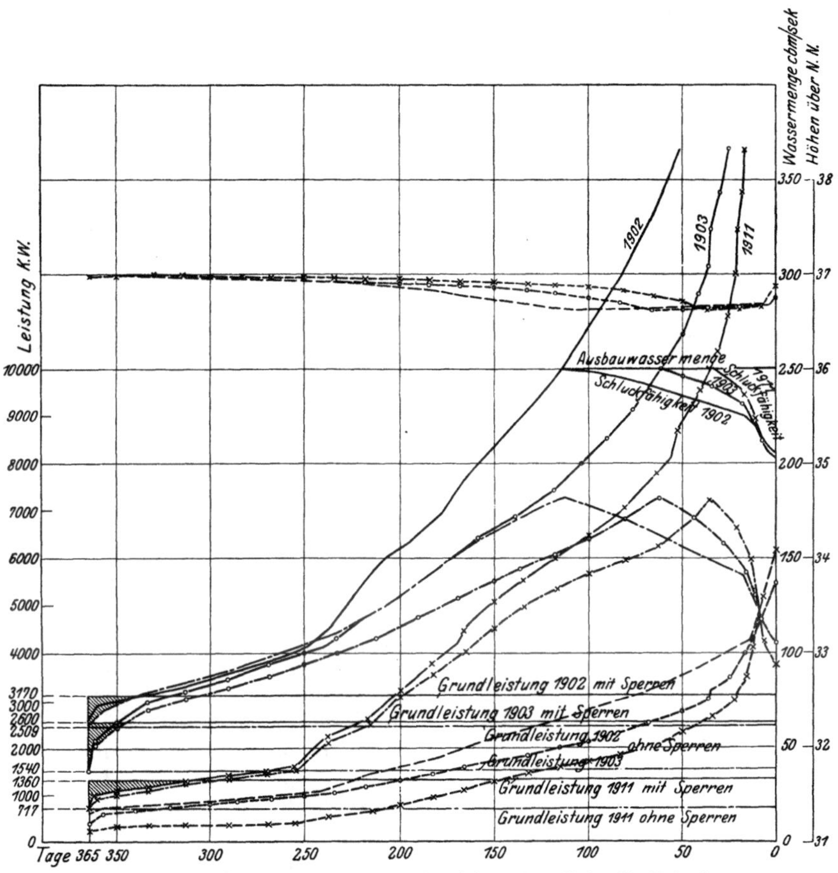

Abb. 467. Gefälle-, Wassermengen- und Leistungsdauerlinien für Petershagen. (Jahre 1902, 1903 und 1911.)

nach und nach eine verminderte Wassermenge hindurchgehen, wie es die Schluckfähigkeitskurve zeigt. Von dem Punkte A der Erreichung der Ausbauwassermenge nimmt daher die Durchflußmenge durch die Turbinen und damit ihre Leistung wieder ab. Der Oberwasserstand wird am Wehr noch auf + 37 gehalten, steigt am Krafthaus etwas, weil die Verringerung der Turbinenwassermenge auch eine Verkleinerung des Fließgefälles im Oberwasserkanal erlaubt. Für wenige Tage, bei katastrophalem Hochwasser z. B., steigt dann das Gefälle um

10 Jahre, wie aus den Dauerlinien der Abb. 465 hervorgeht, die 25er Linie liegt höher als die 10er Linie. Für die Staustufe Petershagen geht die Zeit für Vorhandensein der 250 cbm dabei von 90 Tagen auf 72 Tage zurück. Die Rechnungen werden weitergeführt, ein Ausbau auf 72 Tage dürfte heute wegen der stark gesunkenen Strompreise nicht mehr vertretbar sein. Die Rechnungen wurden zur Zeit hoher Strompreise durchgeführt.

[1]) Vgl. S. 380.

ein weniges, so daß zum Schluß[1]) ein geringes Ansteigen der Schluckfähigkeit und der Maschinenleistung zu erkennen ist.

Die Grundleistung des Werkes ist dabei die, welche das ganze Jahr hindurch ununterbrochen zur Verfügung steht, also für geringste Wassermenge. Sie beträgt bei einer Kleinstleistung von 995 Kw: 8,7 Mill. Kwh jährlich. Durch die Waldecker und Diemetalsperre wird unterhalb von Minden ein je nach den Jahren wechselnder Zuschuß in den trockenen Zeiten gegeben werden können. Hierdurch wird die Grundleistung auf die Höhe von 18,3 Mill. Kwh Jahresdurchschnitt gebracht. Das ist wichtig, da diese stets lieferbare Grundleistung teurer verkauft werden kann als eine unregelmäßig zur Verfügung stehende Zeitleistung. Die Zeitleistung steigert sich von 22,9 Mill. Kwh jährlich in gleicher Weise auf 32,5 Mill. jährlich. Nach diesen Untersuchungen sind dann die Turbinen zu bemessen. Es muß dabei die genannte Untersuchung bereits mit der Wahl der Turbinengröße Hand in Hand gehen. Ergänzt wird Abb. 466 durch Abb. 467, die die gleichen Untersuchungen für die einzelnen Jahre 1902, 1903 und 1911 darstellt. Je nach den Jahren ist die Zeit für die größte Ausbauwassermenge von 250 cbm/sek 113 Tage 1902, 61 Tage 1903, 35 Tage 1911, 25 Tage 1921. Man erkennt, wie große Unterschiede in den Kraftleistungen in den einzelnen Jahren auftreten können, wie vor allem auch trotz der Zuschußarbeit der Waldecker- und der Diemetalsperre die Grundleistungen gewaltige Unterschiede aufweisen. Die Wertverhältnisse, die sich aus den Rechnungen ergaben, sind in Abb. 468 u. 469 zeichnerisch dargestellt. In allen Fällen ergibt sich 250 cbm/sek als günstigste Ausbauziffer. Bei ihr ist auch (Abb. 469) das Verhältnis Zeitstrom : Dauerstrom am kleinsten, der Dauerstrom somit besonders günstig. Als Preise wurden die Vorkriegspreise vom Juli 1914 zugrunde gelegt.

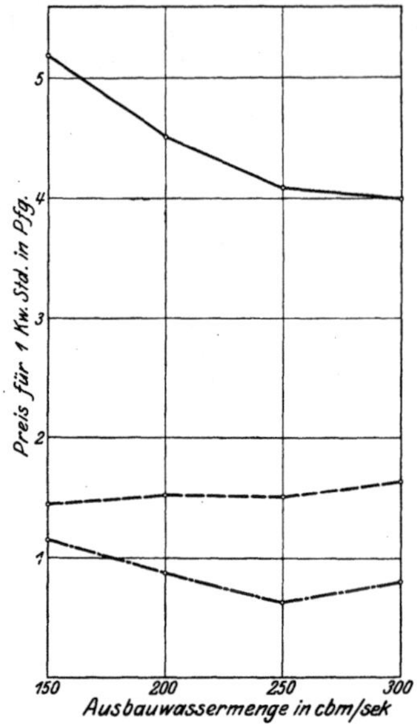

Abb. 468. Staustufe Langwedel.
——— Kosten einer Kwh bei alleiniger Berücksichtigung der für die Erzeugung elektrischer Energie aufzuwendenden Betriebskosten.
- - - - Kosten einer Kwh bei Berücksichtigung aller für die Stauanlage aufzuwendenden Betriebskosten.
—·—·— Verhältnis $\frac{\text{Zeitstrom}}{\text{Dauerstrom}}$.

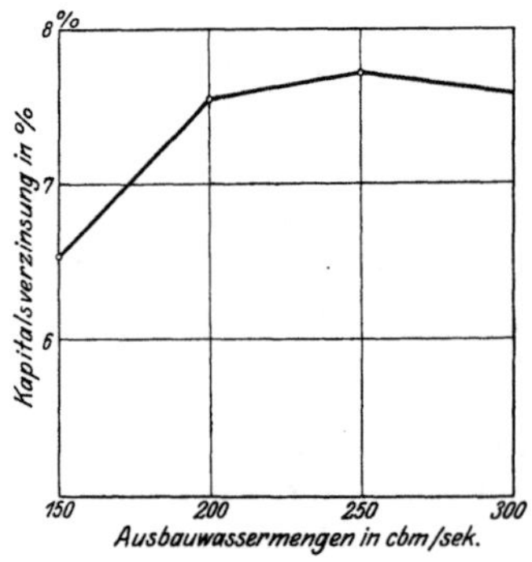

Abb. 469. Graphische Darstellung der Kapitalverzinsungssätze bei verschieden großen Ausbauwassermengen unter Berücksichtigung von Vorkriegspreisen für Staustufe Drakenburg.

Ludin gibt in seinem Werk „Wasserkräfte" Bd. 1, S. 324. 1913 die Untersuchung für das Kraftwerk Oldau a. d. Aller. Hier sind die Kurven für die verfügbare Wassermenge, das Nutzgefälle und die Schluckfähigkeit noch ergänzt durch Kurven über Wirkungsgrade der einzelnen Turbinen und der Gesamtanordnung.

[1]) Es ist daran zu erinnern, daß die Wassermengen in Wirklichkeit bunt durcheinanderliegen und hier nur zu der gleichmäßigen Kurve geordnet wurden.

C. Triebwasserleitungen für Talsperren-, Fluß- und Kanalkraftwerke, Wasserschloß.

a) Allgemeines.

Aufgabe der Triebwasserleitungen ist die Zuführung des Wassers zu den Maschinen und die dann folgende Abführung. Die Abführung ist ebenso wichtig wie die Zuführung und gehört betriebstechnisch zum Betriebe. Man kann Oberwasser- und Unterwasserleitungen unterscheiden. Die Triebwasserleitungen können als offene Kanäle oder als Röhren ausgebildet werden. Die offenen Kanäle sind ihrer Natur nach stets drucklos, sie bestehen aus natürlichen oder künstlichen Gerinnen. Die Rohrleitungen bestehen aus Röhren oder Stollen. Als Oberwasserleitungen sind sie meist Druckleitungen, als Unterwasserleitungen fast immer drucklose Leitungen oder solche mit ganz kleinem Druck.

Von entscheidender Bedeutung für die Wahl, Formgebung und Ausstattung der Betriebswasserleitungen ist der Gefällverlust. In starkem Zusammenhang mit ihm steht die zulässige Geschwindigkeit. Der Zusammenhang mit der Maschinenanlage ist gleichfalls ein sehr inniger, da die angewandte Druckhöhe in der Turbine von dem Gefällverlust mit abhängt. Es ist ohne weiteres verständlich, daß die Vermeidung größerer Gefällverluste Geld kosten muß, denn man kann Gefälle nur sparen, wenn man Reibungsarbeit spart; letztere kann wiederum nur erspart werden durch Anwendung kleinerer Geschwindigkeiten, die dann große Querschnitte bedingen. Da aber bei hohen Drücken die Druckleitungen von der Größe der Gefällverluste wenig beeinflußt werden, so ergibt sich bereits, daß ein Rohr mit geringem Gefällverlust fast den gleichen Druck erhalten muß wie ein Rohr mit großem Gefällverlust. Man vermindert also durch Ersparung von Gefällverlust nicht die Baukosten, sondern vergrößert sie. Man wird daher Triebwasserleitungen mit hohem Druck eng bauen, dagegen bei Niederdruckleitungen mehr auf große Querschnitte und geringen Gefällverlust sehen müssen. Die ganze Aufgabe ist in wirtschaftlicher Beziehung eine Höchstwertaufgabe und kann nur von Fall zu Fall, aber nicht im allgemeinen, gelöst werden. Daß bei der Lösung der Höchstwertaufgabe auch die Sicherheitsfrage entsprechend bewertet werden muß, ist selbstverständlich. Es handelt sich somit nicht nur um die Lösung nach dem geringsten Kostenaufwand oder der größten Nutzung in geldlicher Beziehung, sondern in letztere Frage muß die Betriebssicherheit entsprechend hineingearbeitet werden. Für die Querschnittsbemessung der Leitungen sind die Fragen der praktischen Hydraulik entscheidend. Man wird die Formeln von Bazin, Hermanek, Kutter usw. sinngemäß anwenden. Wichtig ist es dabei, daß man es nicht nur wie bei natürlichen Flüssen oder Erdkanälen mit einer bestimmt vorgeschriebenen Rauhigkeit zu tun hat, sondern daß man die Rauhigkeit selbst entscheidend beeinflussen kann und dadurch in deren Wahl frei ist.

Welche Art von Betriebswasserleitung gewählt werden muß, hängt von den einzelnen Verhältnissen ab. Bei Talsperren ohne großes Zusatzgefälle wird man fast immer Druckrohrleitungen zum Krafthaus verwenden müssen. Bei flachen Talsperren mit sehr großen Zusatzgefällen wird man die Zuleitung bis zum Zusatzgefälle oft durch offene Kanäle bewirken können, weil die Druckschwankungen in der Talsperre durch große oder kleine Füllung gegenüber den großen Kosten einer langen Druckleitung wenig von Einfluß sind, wenn ein starkes Zusatzgefälle vorhanden ist. Hierbei kann das Zusatzgefälle oft dadurch ausgenutzt werden, daß man die offene Triebwasserleitung bis an einen möglichst steilen Abfall führt, hier einen Schacht abtäuft, an dessen Fuße ein unterirdisches Kraftwerk angeordnet ist. Von diesem Kraftwerk aus geht man mit einem Freigefällestollen an den Gebirgsrand heran. Bei vielen Talsperrenkraftwerken wird die Anwendung von offenen Triebwasserleitungen, Druckrohrleitungen und Stollen gleichzeitig erfolgen müssen.

b) Offene Kanäle.

Ein grundsätzlicher Unterschied zwischen natürlichen Kanälen in baggerbarem Boden und Felsen oder künstlichen Kanälen besteht in hydraulischer Beziehung nicht. Dasselbe gilt von drucklosen Stollen und Rohrleitungen. Lediglich in der Ausführung können große Unterschiede entstehen. Bei allen offenen Kanälen wird man die größte zulässige Wassergeschwindigkeit zugrunde legen und für sie die günstigste Gerinneform suchen, und zwar eine Form, die nicht nur in hydraulischer Beziehung, sondern vor allem auch in baulicher Hinsicht die günstigste ist. Für Erdkanäle gilt nach T o l k m i t t die Regel, daß die günstigste Form hydraulisch gegeben ist durch ein Trapez, das einen Halbkreis umschreibt, dessen Mittelpunkt im Wasserspiegel liegt (Abb. 470). So-

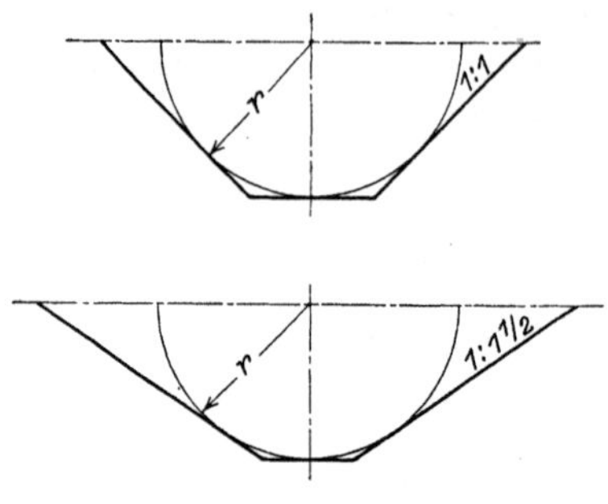

Abb. 470 a u. b. Hydraulisch günstigste Form von Kanälen.

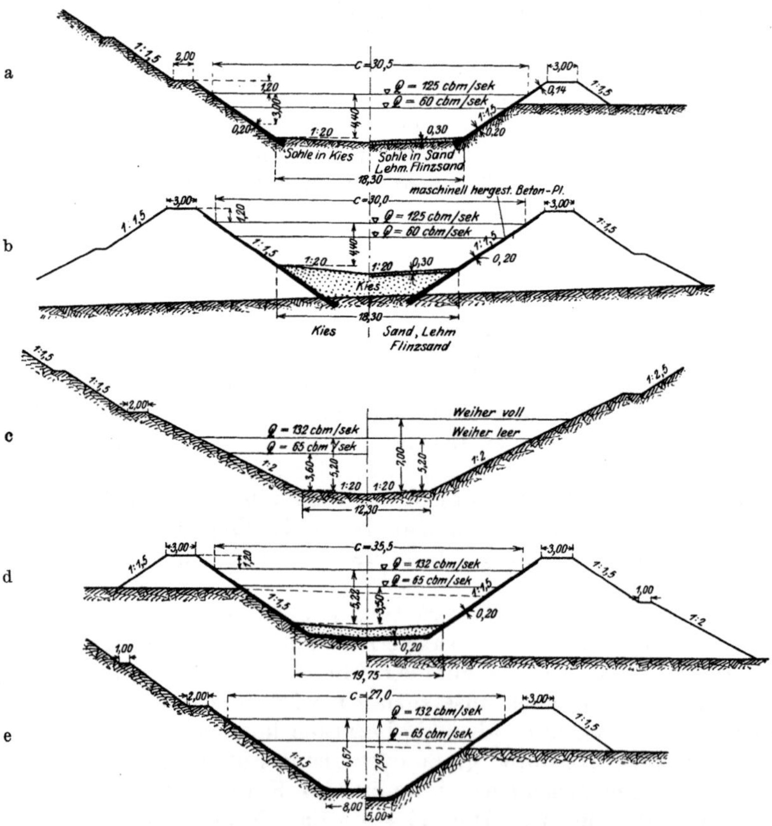

Abb. 471 a bis e. Triebwasserkanäle. Mittlere Isar-A.-G. Maßstab 1 : 750.

a Einschnitt. Böschungen betoniert (Schiffahrtsstrecke). b Auftrag. Böschungen betoniert (Schiffahrtsstrecke). c Einschnitt im Kies (unbefestigt) (Schiffahrtsstrecke). d Sohle und Böschungen betoniert. Oberes Breitenmaß des Kanales muß 30,5 statt 35,5 m heißen. e Sohle und Böschungen betoniert.

wie aber bei dieser Form die zulässige Wassergeschwindigkeit überschritten wird, muß sie zugunsten eines flacheren Querschnittes verlassen werden. Die mitgeteilten Ausführungen über Schiffahrtskanäle sind hier sinngemäß zu benutzen. Beispiele von ausgeführten Triebwasserkanälen zeigen Abb. 471 a bis e. Im allgemeinen werden die Böschungen nicht steiler als 1 : 2 liegen dürfen. Bei Einschnitt in Fels kann man mit senkrechten Wänden arbeiten. Da die offenen Zuführungskanäle oft am Hang liegen, so muß man auf Querausgleich der Massen großes Gewicht legen. Die künstliche Dichtung wird durch eingebaute Ton-

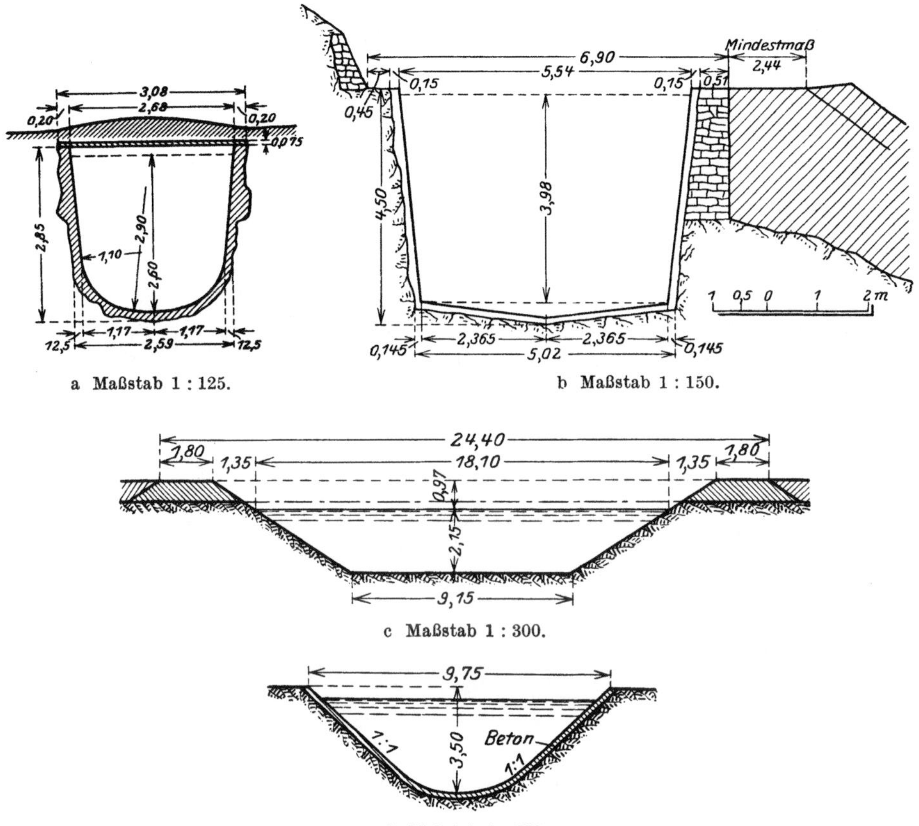

a Maßstab 1 : 125. b Maßstab 1 : 150.

c Maßstab 1 : 300.

d Maßstab 1 : 250.

Abb. 472 a bis d. Los Angeles-Kanal in flachen und Gebirgsstrecken.
a u. b Gebirgsstrecke. c u. d Flachlandstrecke.

oder Betonschalen ganz ähnlich erfolgen müssen wie bei den Schiffahrtskanälen, sofern nicht der Untergrund selbst aus Lehm oder Ton besteht. Bei Kanälen in Fels kann der hydraulisch bessere, tiefe Querschnitt wirtschaftlich oft einem breiteren, flacheren unterlegen sein, weil bei letzterem nur weicheres, verwittertes Oberflächengestein zu beseitigen ist. Beispiele solcher Kanäle zeigen Abb. 472 a bis d.

Um den hydraulisch günstigen, tiefen Querschnitt in baggerbarem Boden zu erreichen, sind die Kanäle vielfach ausgemauert, gepflastert oder ausbetoniert worden. Besonders das letztere Verfahren dürfte bei weiterer Ausbildung eine große Zukunft besitzen. Auch hier wird es darauf ankommen, wilde Temperaturrisse zu vermeiden. Man muß also alle 20—25 m ganz durchgehend Querfugen einlegen. Bei Betonkanälen kann die Wand aus eingesetzten Betonplatten bestehen, die entweder an Ort und Stelle gegossen oder vom Betonlagerplatz herangebracht werden, oder man betoniert die Wandung an Ort und Stelle in längeren Strecken aus. Auch hier wird sich am meisten Gußbeton empfehlen. Ob man die Platten armiert oder nicht, wird von der Stärke abhängen. Vielfach wird es wirtschaftlicher sein, starke Platten von 12—20 cm Stärke zu verwenden und auf die Armierung zu verzichten. Größtes Augenmerk ist der Gefahr des Ausfrierens zuzuwenden. Es werden noch besondere Versuche notwendig sein, um Betonarten herauszufinden, die nicht nur wasserdicht, sondern auch frostbeständig sind. Es kommt für letzteren Punkt darauf an, den Beton völlig dicht zu machen, so daß nicht Wasser eindringen und durch Gefrieren den Beton zersprengen kann[1]).

Der Beton muß dabei so billig werden, daß er nicht die Wirtschaftlichkeit des Unternehmens gefährdet. Es ist deshalb der Kornmischung des Betons das allergrößte Gewicht beizumessen. Da es nicht auf Beton großer Festigkeit ankommt, wird es zulässig sein, einen Teil der Porenfüllung durch Sandmehl

Abb. 473. Offenes Holzgerinne in Gstad bei Waidhofen a. Ybbs. Durchmesser 1,60 m. Ausgeführt von der Deutschen Holzröhren A.-G., Hannover, „Deuhrag".

vorzunehmen. Daß dieses Sandmehl keine abbindende Wirkung hat, ist bekannt; es kann aber zugunsten der Dichtigkeit — wenn auch auf Kosten einer entbehrlichen zu großen Festigkeit — ein großer Teil des Zements dadurch ersetzt werden. Die Abdichtung des Kanales wird dabei zweckmäßig durch die Betonabdeckung selbst bewirkt werden, so daß eine untergelegte Tonschale entbehrlich ist.

Künstliche Gerinne bestehen aus Holz, Eisen, Mauerwerk oder Beton. Holzgerinne finden sich bei älteren Triebswerkanlagen wie im Harz usw. noch in großer Zahl, werden auch heute noch für kleinere Anlagen häufig angelegt werden, besitzen aber nur dann eine größere Lebensdauer, wenn die Holzwandungen so dünn gehalten sind, daß sie stets vollständig durchfeuchtet sind. Es kommt bei der Konstruktion somit vollständig darauf an, die eigentliche Tragkonstruktion von der Trogkonstruktion zu trennen. Man kann dabei die Tragkonstruktion aus Holz oder Eisen bilden, muß aber die einzelnen Rahmen so nahe aneinander rücken, daß man mit dem Kleinstwert an Stärke der Trogwandung auskommen kann. Ein Beispiel solcher Holzkanäle gibt Abb. 473.

[1]) Dichtungsmittel „Sika" werden von der Firma Kasp. Winkler & Co., Durmersheim-Karlsruhe, Baden, hergestellt.

Eiserne Kanäle werden im allgemeinen auch in Kastenform erbaut werden. Wegen ihrer größeren Vergänglichkeit durch Rosten sind sie in den meisten Fällen aber Betonkanälen unterlegen.

Betonkanäle größerer Abmessungen werden zweckmäßig mit freistehenden Stützmauern und eingelegter Sohle erbaut werden. Beispiele solcher Stützmauern geben Abb. 474 u. 475. Bei Vorhandensein billiger Bruchsteine kann man auch massive Mauern erbauen. Kleinere Kanäle werden in reiner Kastenform hergestellt, wobei man zweckmäßig Vollrahmen verwendet, in die die Tröge einbetoniert werden. Bei Überschreitung der Breite von etwa 2,5 m wird man meist auf volle Rahmen verzichten und nur Halbrahmen verwenden. Die Überführung von offenen Gerinnen über Flüsse und tiefere Täler bietet nichts Besonderes; es wird auf die Ausführung von Kanalbrücken im Teil X hingewiesen. Es ist in jedem Einzelfalle zu untersuchen, ob nicht die Überführung eines offenen Kanales besser durch einen Düker ersetzt wird. Der Düker wird dann mit kleinerem Querschnitt ausgeführt werden, auf kurzer Strecke einen größeren Druckverlust ergeben, aber billiger werden. Daneben kommen Rohrbögen (bei Drücken über 10 m ohne Heberwirkung) in Frage, bei denen das Rohr selbst die Bogenbrücke bildet.

Zu den offenen Kanälen gehören organisch auch Rohrleitungen mit freiem Gefälle. Vielfach sind offene Kanäle, besonders bei Anwendung von Vollrahmen,

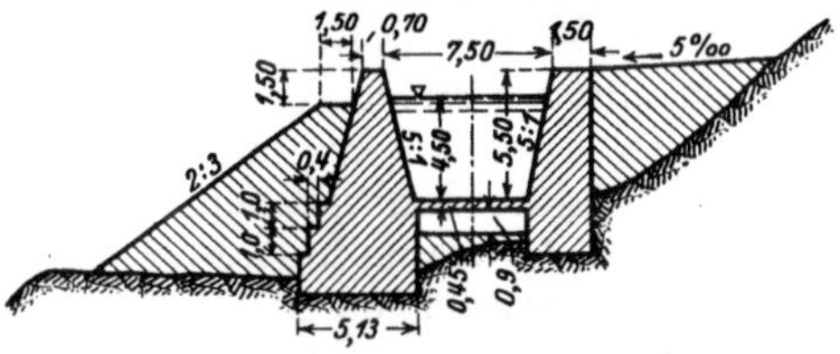

Abb. 474. Querschnitt durch den Hangkanal des Alzwerkes. Maßstab 1 : 600.

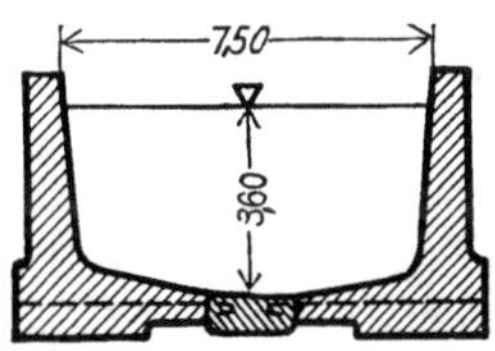

Abb. 475. Betonkanäle mit Stützmauer. (Plattenkanal). Maßstab 1 : 300.

auch oben überdeckt worden, so daß viereckige Rohre entstanden. Es werden aber auch Eisen- oder Betonrohre gelegentlich als Freigefälleleitungen verwendet. Hauptsächlich kommen hierfür die Eisenbetonrohre in Frage, da das Fehlen größerer Wasserdrücke die Ausbildung besonders leichter Rohre gestattet.

Es werde an dieser Stelle bereits darauf hingewiesen, daß es oft nötig ist, Freigefälleleitungen durch Druckstrecken oder Stollen zu unterbrechen, wenn die Weiterführung der Freigefälleleitung — gleichgültig, ob im offenen Kanal oder im drucklosen Rohr — zu große Umwege erfordern würde. Die Anlegung von Druckleitungen kommt also in Frage bei Durchstechen von Bergnasen und dem Durchfahren von Tälern, im ersteren Falle durch Stollen, im zweiten durch Druckrohre.

Wie vorsichtig man bei dem Bau solcher Kanäle am Hang sein muß, zeigt der Bruch der Hangkanalstrecke der Alzwerke 1924[1]). Der Querschnitt (Abb. 474) war durchaus genügend, das Bauwerk hat $1^1/_2$ Jahr gut gehalten, dann erfolgte plötzlich der Zusammenbruch auf einer Länge von 130 m. Die Ursache ist nicht einwandfrei festgestellt worden.

c) Stollen.

Die Ausbildung der Stollen wird stets stark von der Größe der Wassermenge abhängig sein. Der wirtschaftliche Kleinstquerschnitt beträgt 3,5 bis 4,5 qm je nach der Gebirgsart, wobei für weicheres Gebirge der größere, für sehr hartes Gebirge der kleinere Querschnitt maßgebend ist. Man wird somit bis zu

---

[1]) D. W. W. S. 153. 1924.

dem mittleren Querschnitt von 4 qm je nach der vorhandenen Wassermenge die Neigung und Stollenausbildung zu bestimmen haben. Als zulässige Größtgeschwindigkeit bei hartem Gestein oder hochwertiger Auskleidung des Stollens durch Beton oder Ausmauerung wird das Maß von 3 m in der Sekunde meist nicht überschritten werden dürfen, wenn es sich um Dauerbetrieb handelt. Handelt es sich aber um unterbrochenen Betrieb, wie z. B. bei Spitzenkraftwerken, dann wird man Geschwindigkeiten bis zu 5 m zulassen können[1]). Die Geschwindigkeit wird dabei stets von der Reinheit des Wassers und der Güte der Auskleidung abhängen müssen. Es ist auch hier wieder zu untersuchen, ob es nicht billiger ist, in druckfesten und nicht klüftigen, genügend harten Fels lieber einen etwas größeren Stollen zu sprengen, ihn unverkleidet zu lassen und dabei an Gefälle zu sparen. Es ist zu beachten, daß bei nicht bedeutender Querschnittsvergrößerung auf vielleicht 5 qm die Erleichterung des Arbeitsvorganges und die Transporterleichterung so stark verbilligend wirken können, daß die Mehrkosten nur sehr geringe sind. Ein grober Fehler ist es, sich den Vorschlägen eines Stollenunternehmers gegenüber ablehnend zu verhalten, wenn er einen etwas größeren Querschnitt zu gleichen Preisen wie den ursprünglich vorgeschriebenen ausführen will, Angebote, wie sie häufiger vorkommen. Druckstollen werden im allgemeinen mit dem Höchstwert der zulässigen Geschwindigkeit ausgeführt werden und müssen aus diesem Grunde mit glatter Wandung versehen werden. Es kommt hierfür auch für die Zwecke der Dichtung das Ausspritzen mit Torkret oder ähnlichen Verfahren vorwiegend in Frage. Offene Stollen werden dagegen bei geringerer Geschwindigkeit häufig ohne Verkleidung bleiben können. Es ist bei ihnen darauf zu achten, daß sie nicht nur theoretisch als offene Stollen ausgebildet werden müssen, d. h. daß man einen Raum von vielleicht 20 oder 25 cm über den theoretisch höchsten Wasserspiegel als Luftraum frei läßt, sondern daß dieser freie Raum auch so groß ist, daß ein Heranschlagen des Wassers an die Decke und damit streckenweise völlige Ausfüllung des Freilaufstollens unmöglich wird. Es kann ohne weiteres vorkommen, daß entweder die Turbinen einmal nicht ganz gleichmäßig arbeiten oder daß auch die Abflußverhältnisse ungleichmäßige sind, so daß dann Schwallerscheinungen auftreten, die streckenweise zur völligen Füllung des Querschnittes führen würden. Solche Querschnitte führen aber bei ganzer Füllung wegen der Vermehrung der Reibung infolge Deckenberührung weniger Wasser ab als bei Teilfüllung. Einmal kann auf diese Weise Preßluft erzeugt werden, die dann nach rückwärts in die Maschinenanlage gedrückt werden könnte oder es kann auch der Unterwasserstand an den Turbinen unzulässig erhöht werden, etwas, was besonders bei den Freistrahlturbinen zu Störungen Anlaß geben würde.

Ob die günstigste Querschnittsform der Stollen als Kreis oder Ellipse oder Rechteck gewählt wird, wird zum Teil von den Größen-, Druck- und Gesteinsverhältnissen abhängen. Kleine Stollen wird man vielfach, um wenigstens einen zweigleisigen Betrieb während des Baues in ihnen zu ermöglichen, in Rechteckform mit abgerundeten Ecken durchführen. Die Anordnung einer Sickerleitung am tiefsten Punkte der Stollen hat nur Bedeutung für die Ausführung und wird nicht immer notwendig sein.

Bei druckhaftem Gebirge wird sich eine Ausmauerung nicht vermeiden lassen. Das gleiche gilt für die Strecken, bei denen durch Klüfte Wasserverluste zu erwarten sind. Aber selbst bei Nichtvorhandensein von Klüften wird man nur in ganz harten, dichten Gesteinen auf die Abdichtung der Stollen verzichten dürfen, in den meisten Fällen aber wenigstens zur Torkretierung greifen müssen, wobei Eiseneinlagen häufig notwendig sein werden. So ist der Schwarzenbachstollen z. B. durch Torkretierung geschützt worden (vgl. Abb. 476). Weitere

[1]) Diese Zahlen sind nicht feststehend, sie können mit der Verbesserung der Materialien wachsen.

Beispiele von Stollen zeigen die Abb. 477 bis 480. Einen einfacheren Ausbau zeigt Abb. 477, hier ist es zum Teil wegen der Güte des Gebirges nicht nötig gewesen, eine Dichtung anzubringen. Dort, wo sie nötig war, besteht sie aus Torkret mit Eiseneinlage. Wesentlich stärker ist der Ausbau, wenn wenig druckfestes Gebirge vorhanden ist. Abb. 478 zeigt einen solchen kreisrunden

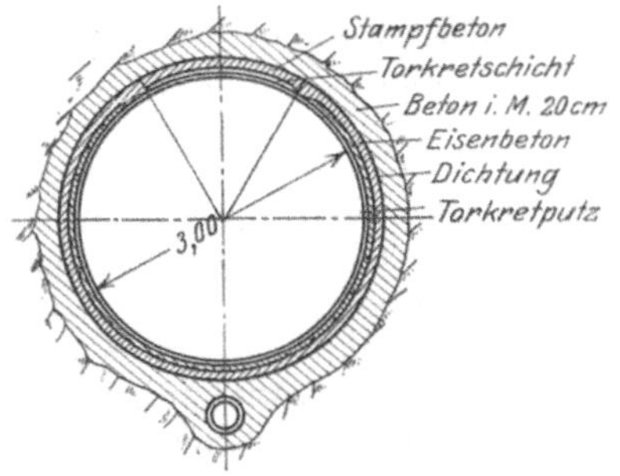

Abb. 476. Stollen mit elastischer Dichtung. Maßstab 1 : 125.

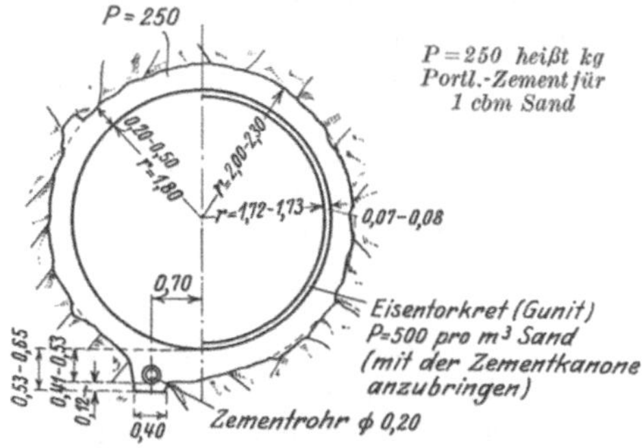

Abb. 477. Druckstollenquerschnitt im festen Gestein ohne und mit zugfester Dichtungseinlage aus eisenbewehrtem Torkret. Maßstab 1 : 150.

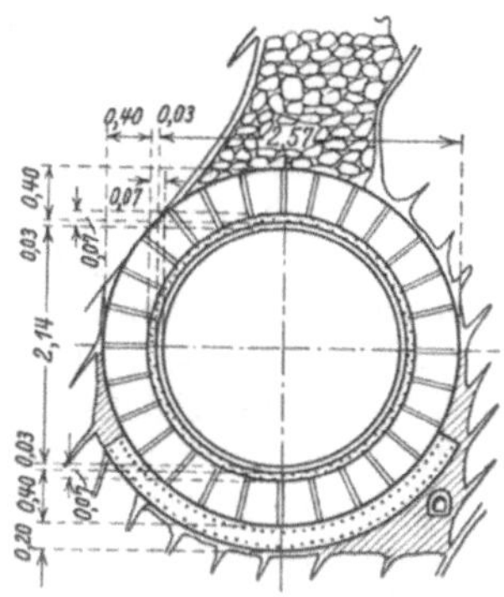

Abb. 478. Stollenquerschnitt an einer Einbruchstelle von Sand. Maßstab 1 : 115.

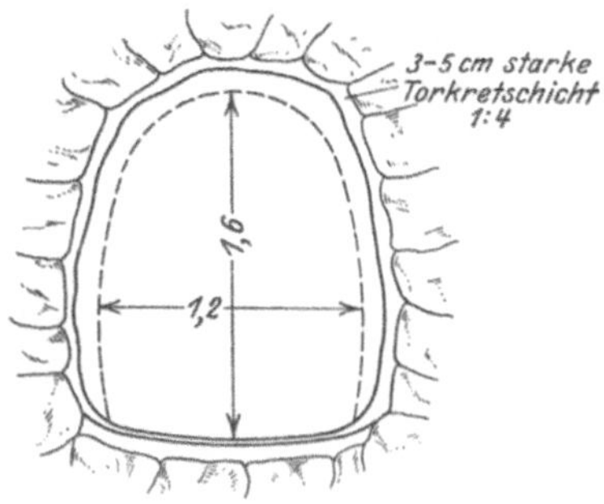

Abb. 479. Stollen in festem Gestein, durch Torkretierung gedichtet. Maßstab 1 : 55.

Stollen, an dem ein Einbruch erfolgt ist. Zur Sicherung hat man den Stollen ausgemauert und dann noch innen torkretiert. Die Sohle ist besonders durch Eisenbeton geschützt worden, die Ausmauerung ist $1^1/_2$ Steine stark. Ein Stollen von weniger als 2 qm Querschnitt in festem Gestein wird durch Abb. 479 wiedergegeben. Auch hier ist eine Dichtung durch Torkret erfolgt. Stollen von solch kleinen Abmessungen sind nur zweckmäßig, wenn es sich um kurze Baustrecken handelt. Im allgemeinen werden die Schwierigkeiten der Materialbeseitigung und Materialeinfuhr bei kleinen Querschnitten so groß, daß ein Querschnitt von 4—4,5 qm billiger wird. Bei der Torkretierung kommt es vor allem auf Herstellung von glatten Flächen an, meist wird aber nicht auf besondere Ebenheit der Fläche Wert gelegt, sondern man torkretiert so, wie es der Ausbruch nach einer gewissen Nacharbeit erlaubt.

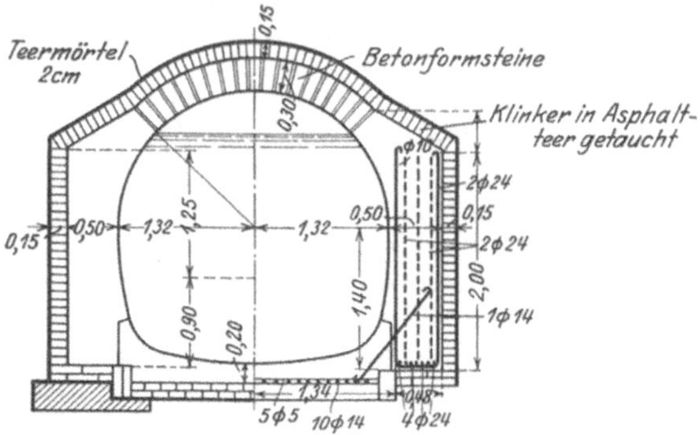

Abb. 480. Stollenquerschnitt in einer Gipsstrecke. Maßstab 1 : 100.

Besondere Sorgfalt erfordern Stollen, die durch Gips, Anhydrid oder andere in Wasser lösliche Gesteine führen. Am besten werden solche Strecken gänzlich vermieden, sie bieten auch bei bester Ausführung stets Gefahrpunkten, und das schon während der Ausführung. Wenn ihre Durchörterung nicht vermieden werden kann, müssen sie ganz besonders schwer ausgemauert werden. Eine solche Strecke zeigt Abb. 480. Der ganze Stollen ist außerdem durch eine Klinkerrollschicht von in Asphalt getauchten Klinkern geschützt worden. Der obere Teil ist durch Gewölbe aus Betonformsteinen gesichert, Seiten und Sohle in Beton mit Eiseneinlagen. Die Außenrollschicht ist ferner noch durch einen auf die Gebirgswand aufgebrachten Teermörtel von 2 cm Stärke abgedichtet worden. Es ist also mit ganz außerordentlicher Vorsicht vorgegangen worden, und zwar durchweg, um ein Durchdringen des Wassers von innen nach außen zu vermeiden, das den Gips auflösen konnte und dann umgekehrt das ganze Bauwerk durch Zerstörung des Betons gefährden würde. Daß Gips ein ganz besonders gefährlicher Feind des Betons ist, ist an anderer Stelle gesagt worden. Die Linienführung der Stollen wird bei größerer Länge davon abhängig sein, daß man genügend Ausbruchschächte oder Einbruchfenster gewinnt. Hangstollen, bei denen man durch seitliche Einbruchfenster an den eigentlichen Stollen auf kurzem Wege herankommen kann, werden billiger als Schachtstollen. Nach bergmännischen Erfahrungen betragen die Kosten für Herstellung eines Meters Schacht ein Vielfaches der Kosten für einen Meter Stollen. So mußte z. B. für die Herstellung der Schächte bei dem Entwurf für den Großoderteich im Harz mit 80 ℳ/cbm Ausbruch gerechnet werden, während man für den Ausbruch der Stollen selbst mit 40—50 ℳ/cbm auskommen konnte. Dazu kommt, daß bei Stollen mit Minimalquerschnitt (4 bis 4,5 qm) der Schacht meist weiter sein muß. So kann der Meter Schacht 4 bis 5 mal soviel kosten wie ein Meter Stollen. Man wird somit Stollen mit Schachtausbruch systematisch über die tiefsten Punkte eines Geländes führen, so daß diese Tiefstpunkte Stollenstrecken ergeben, die möglichst das Maß von 2—3 km nicht überschreiten. Es ist das richtige Abwägen zwischen Zahl und Tiefe der Schächte und Länge der einzelnen Stollenstrecken nicht nur von entscheidendem Einfluß auf die Baukosten, sondern auch auf die Schnelligkeit der Fertigstellung. Es ist zu berücksichtigen, daß man bei einem Schachtausbruch häufig nicht mehr als $1-1^1/_2$ m täglichen Fortschritt machen kann, daß in demselben Gebirge aber ein Stollenvortrieb von 3—5 m möglich ist. Von entscheidendem Einfluß auf den Arbeitsfortschritt ist die Auswahl der Sprengmittel und der Bohrapparate. Neben den vielen, heute vorhandenen Sicherheitssprengstoffen wie Astralith u. a. sei besonders auf das Sprengen mit flüssiger Luft hingewiesen, da letzteres die Sicherheit auf ein Höchstmaß bringt und damit auch die Fortschrittsgeschwindigkeit erhöht. Es ist der große Vorteil des Sprengens mit flüssiger Luft, daß Sprengpatronen, die nicht explodiert sind, infolge Verdunstung der flüssigen Luft nach kurzer Zeit ihre Wirksamkeit eingebüßt haben, so daß nicht durch Auftreffen des Bohrers auf steckengebliebene Patronen bei weiteren Bohrlöchern ungewollte Explosionen erfolgen können, die früher oft genug zum Verlust von Menschenleben geführt haben.

d) Druckrohrleitungen.

Die Stärke der Druckleitungen ist von der Höhe des Innendruckes, dem Durchmesser und den zulässigen Spannungen abhängig. Ist D der innere Rohrdurchmesser in Zentimetern, p der innere Druck in kg/qcm, δ die Wandstärke in Zentimetern und σ die zulässige Zugbeanspruchung in kg/qcm, dann ist für Rohre, die nur auf Zug beansprucht werden, ohne Berücksichtigung von Längsspannungen die Wandstärke $\delta = \frac{D \cdot p}{2\sigma}$. Für Blechrohre aus Flußeisen kann

$\sigma = 600$ bis 800 kg/qcm genommen werden, je nachdem, ob sie genietet oder geschweißt sind; für Stahlblechrohre kann man bis auf 1200—1500 kg/qcm gehen. Für Eisenbetonrohre und Holzrohre läßt sich die Armierung in ähnlicher Weise einfach berechnen, da für beide das Verbindungsmaterial, Beton oder Holz, keinerlei Zugfestigkeit aufnehmen kann, so daß sämtliche Zugkräfte durch die Armierung aufgenommen werden. Aus Rücksicht auf den Durchmesser ist man häufig gezwungen, statt einer Druckrohrleitung mehrere nebeneinander zu legen. So zeigen die Druckleitungen zu den Krafthäusern fast stets das Bild einer ganzen Reihe von Druckrohren nebeneinander.

Da ein Rohr von 2 m Durchmesser den 4fachen Querschnitt wie ein solches von 1 m Durchmesser hat, da es ferner nur den doppelten Umfang besitzt wie das 1 m-Rohr, daneben aber die doppelte Wandstärke erfordert, so würde man für ein Rohr von 2 m Durchmesser theoretisch dasselbe Wandmaterial gebrauchen, wie für 4 Rohre von 1 m Durchmesser. Da aber die benetzte Fläche bei dem 2 m-Rohr nur halb so groß ist wie bei den vier 1 m-Rohren, so leistet das 2 m-Rohr, wie auch die Geschwindigkeitsformeln ausweisen, wesentlich mehr als die vier kleineren. Da nun auch die Rohrverbindung, die Fundamente, Anschlüsse usw. bei den größeren Rohren relativ billiger werden, strebt man danach, möglichst wenig, aber große Rohre zu verwenden. Hierbei ist man hinsichtlich der Wahl der Wassergeschwindigkeit innerhalb gewisser Grenzen frei und kann daher die Berechnung der Durchmesser der Rohre als Kleinstwertaufgabe durchführen. Für eine bestimmte Wassermenge, die durch ein Rohr abgeleitet werden soll, findet man für bestimmte Rohrdurchmesser entsprechende Geschwindigkeiten und demzufolge die Druckverluste. Die Druckverluste sind gleichbedeutend mit Minderung des Gefälles und damit mit Verlust an Kilowattstunden. Man kann sonach Kurven aufzeichnen, die für jeden Rohrdurchmesser die jährlichen Kosten für das aufgewendete Baukapital (Rohrkosten, Verlegung usw.) ergeben, dazu die jährlichen Unterhaltungskosten und den jährlichen Verlust durch Verminderung der Druckhöhe. Die Zusammenziehung dieser Kurven ergibt eine Schlußkurve, deren tiefster Punkt den wirtschaftlichsten Rohrdurchmesser angibt. Dieselbe Aufgabe kann gelöst werden für die Wahl einer verschiedenen Zahl von Rohren und die zugehörigen wirtschaftlichsten Durchmesser. Kammerer gibt in einem Aufsatz über Veranschlagung von Wasserkraftmaschinen Z. d. V. d. I. 1908, S. 1901, ein Beispiel.

Als Geschwindigkeiten wird man meist unter 3 m/sek bleiben und 6—7 m nicht überschreiten, da sonst die Betriebsverluste zu groß werden. Bei Entlastungsanlagen oder Leerlaufleitungen von kurzer Länge ist man aber bis zu 20 m/sek Geschwindigkeit gegangen. Den Druckverlust (Widerstandshöhe) kann man nach der Formel $h_w = \lambda \cdot \frac{l}{D} \frac{v^2}{2g}$ bestimmen, wobei λ nach Weisbach gesetzt werden darf, $\lambda = 0{,}01439 + \frac{0{,}00947}{\sqrt{v}}$, hierin ist l die Rohrlänge, D der innere Durchmesser, v die Geschwindigkeit, alles in Metern. Krümmungen erfordern einen geringen Zuschlag. Man wird dabei stark darauf zu achten haben, ob man es mit absolut klarem Wasser zu tun hat oder ob Beimengungen denkbar sind, die die Schleifarbeit des Wassers beschleunigen können. Für Hochdruckleitungen kommt Flußeisen und Flußstahl in Anwendung, für Leitung niederer und mittlerer Drücke Eisenbeton und Holz. Besonders die Holzleitungen erfreuen sich wegen ihrer großen Billigkeit und doch ausreichenden Lebensdauer einer steigenden Beliebtheit. Alle Rohrleitungen müssen aus einzelnen Stücken zusammengesetzt werden, wobei auf Dehnungsfugen durch Temperatureinflüsse großes Gewicht zu legen ist. Gußeiserne Rohre kommen für größere Drücke nicht in Frage, können aber für Niederdruckleitungen vorteilhaft sein. Im allgemeinen werden die eisernen oder stählernen Druckrohre aus Blechen zusammengenietet und durch einzelne Winkeleisenkränze verstärkt. In neuerer Zeit spielt die autogene Schweißung eine große Rolle. Die genieteten oder geschweißten Rohre sind den gußeisernen wegen ihrer größeren Zähigkeit, Biegungsfestigkeit und ihres geringeren Gewichtes meist überlegen. Die einzelnen Rohrschüsse erhalten Längen von 5—10 m. Ihre Verbindung erfolgt heute durchweg durch Flanschen oder direkte Vernietung. Die Form der direkten Vernietung ist besonders zeitweilig von den Amerikanern bei den Spiralrohren angewendet worden, bei denen die Nietung fortlaufend und zwar vorwiegend auf der Spirale erfolgen konnte, während die reine Längsnietung unnötig war. Je nach dem Druck müssen die Flanschen eine besondere Ausbildung erhalten. Eine Muffenausbildung ist möglich in Verbindung mit Flanschen. Beispiele von Rohrverbindungen geben Abb. 481 bis 483.

Die Hochdruckrohre sollen im allgemeinen frei verlegt werden, so daß sie jederzeit einer Prüfung unterzogen werden können. Sie werden auf einzelnen Betonsockeln aufgelagert, von denen einzelne zu druckfesten Punkten aus-

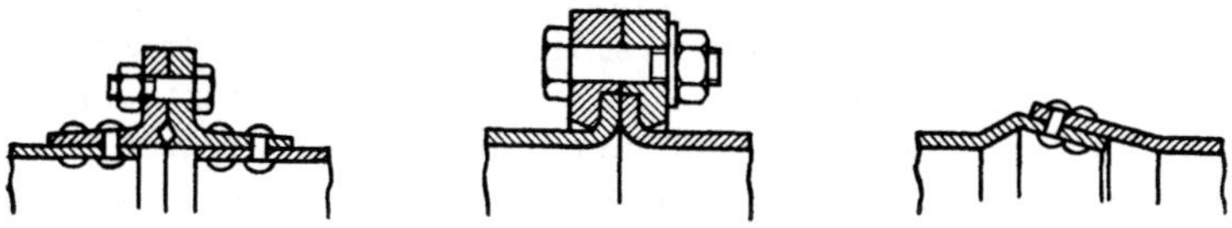

Abb. 481. Abb. 482. Abb. 483.

Abb. 481—483. Rohrverbindungen. Eisenrohre.

gebildet werden müssen. Besonders die Zuführung des Wassers vom Wasserschloß zu den Turbinen erfordert meist die Verlegung der Rohre in sehr steiler Neigung mit großen, talabwärts gerichteten Schubkräften, so daß die Ausbildung dieser Hauptbetonfundamente als Druckpunkte von größter Bedeutung ist; denn es kommt bei den entstehenden Druckkräften nicht nur auf den Schub durch das eigentliche Rohrgewicht an, sondern auch auf die Aufnahme der vom schnellfließenden Wasser ausgeübten Reibungskräfte. Alle Nietverbindungen müssen vor Verlegen der Rohre auf ihre Dichtigkeit geprüft werden, alle Stoßverbindungen der Rohre nach einer Probeinbetriebnahme. Es wird sich bei vielen Stoßverbindungen ein Nachziehen als notwendig erweisen.

e) Eisenbetonrohre.

Alle Leitungen mit einem nennenswerten Druck müssen, wenn sie aus Beton gemacht werden sollen, bewehrt werden. Es sind heute Rohrleitungen bis zu den größten Abmessungen bei immerhin Drücken bis zu 6 Atmosphären ausgeführt worden. Als Beispiel gelte die Ausführung der Siemens-Bauunion bei dem Ostpreußenwerk bei einem Rohr von 3,6 m lichtem Durchmesser und 2,6 at Innendruck. Kleinere Rohre können entweder auf einem Betonbauplatz fertig hergestellt und dann am Verwendungsplatz zusammengesetzt werden oder man gießt sie ebensogut an Ort und Stelle. Für große Rohre kommt nur letzteres Verfahren in Frage. Bei der Gießarbeit kommt es darauf an, daß jeder Rohrschuß in einem Guß ununterbrochen in Tag- und Nachtbetrieb fertiggestellt wird. Die Berechnung der Bewehrung der Eisenbetonröhren bildet einen Teil der Eisenbetonstatik und ist in Büchern, wie Moersch, Emperger, Otzen, Probst usw. zu finden. Man kann die Röhren fortlaufend oder mit Dehnungsfugen verlegen. Die Dehnungsfugen lassen sich durch eine entsprechende Längsbewehrung, die die Wärmespannungen aufnimmt, vermeiden. Die Längsbewehrung erzwingt dann eine Verteilung der sonst auftretenden Wärmerisse in Form von ganz feinen Haarrissen auf der ganzen Länge. Wenn irgend angängig, verlegt man die Röhren im Boden mit genügender Überdeckung, so daß nennenswerte Wärmeunterschiede nicht auftreten. Die Längsbewehrung kann dadurch entweder ganz vermieden oder stark verringert werden. Das Verfahren, in ein Eisenbetonrohr einen dünnen Blechmantel einzulegen, kann nicht als nachahmenswert bezeichnet werden. Es ist heute möglich, durch zweckmäßige Mischung des Betons unter genauer Abstimmung der Körnung der Zuschlagstoffe einen an sich dichten Beton herzustellen, der noch durch Innenanstriche, besonders aber durch Torkretierung, praktisch völlig gedichtet werden kann. Es hat sich gerade bei Eisenbetonröhren gezeigt, daß die Verarbeitung nassen Betons wesentlich dichtere Röhren ergibt als die Anwendung von Stampfbeton. Für die Herstellung der Eisenbetonröhren an Ort und Stelle wird man stets eine Kernform brauchen. Diese Kernformen sind gewöhnlich so eingerichtet, daß sie durch radförmige Lehrgerüste unterstützt werden, wobei die Speichen durch Schrauben verkürzt werden können, so daß dann die Form mit verkleinertem Umfang aus dem Rohr herausgezogen werden kann. Bei Verwendung von Gußbeton ist dann eine äußere Form notwendig. Bei nicht zu großen Abmessungen ist auch die Herstellung der Betonhaut nur mit Innenschalung nach vorheriger Aufbringung der Bewehrung durch das Aufspritzen des Betons (Torkret) möglich, wie es bei der Herstellung der Eisenbetonschiffe in weitgehendem Maße durchgeführt worden ist. Als Beispiel eines solchen gegossenen Druckrohres diene Abb. 484. Eisenbetonröhren werden bis zu Drücken von 3—5 kg/qcm ausgeführt.

Abb. 484. Schalung des Eisenbetondruckrohres des Radaunewerkes bei Danzig.

f) Holzrohre.

Hölzerne Druckrohrleitungen werden in immer größerem Maße verwendet. Sie können einen praktisch fast unbegrenzten Bestand haben, wenn dafür gesorgt wird, daß das Holz stets naß bleibt. Hierzu ist es zweckmäßig, die Holzwandungen so dünn zu halten, daß das Druckwasser stets bis an die äußerste Holzfaser dringen kann. Theoretisch wird bei diesen Holzröhren somit weniger durch Durchsickern als durch Verdunsten des durchgedrückten Wassers ein Wasserverlust eintreten. Er ist praktisch aber so klein, daß er nicht ins Gewicht fällt. Bei den Holzrohren ist die Konstruktion zu unterteilen nach Dichtungskörper und Bewehrung. Die Rohre werden aus sorgfältig gehobelten Dauben, die aber nicht wie die Faßdauben in der Längsrichtung gekrümmt sind, zu-

Abb. 485. Holzrohr von 4 m Durchmesser eines Zweigwerkes der Niagarafälle, E.W.

sammengesetzt und dann auf maschinellem Wege durch Draht oder Rundeisen unter starkem Druck umschnürt. Bei der Inbetriebnahme quillt das Holz und führt völlige Dichtung herbei. Holzleitungen werden über der Erde verlegt, können aber auch in die Erde verlegt werden. An der Föhrenbachsperre ist dabei die Holzrohrleitung noch durch eine Betonumhüllung geschützt worden. Sofern hierdurch das Feuchthalten des Holzes gesichert wird, wäre das Verfahren zweckmäßig. Es müssen aber die Erfahrungen hierüber abgewartet werden, ob nicht ein Faulen eintritt. Wahrscheinlich ist diese Gefahr nicht groß. Die Holzrohrleitungen haben den großen Vorzug einer ungewöhnlichen Elastizität. Sie können jeder Windung am Hang bequem folgen, ohne daß besondere Vorkehrungen hierfür erforderlich wären, auch kann ihre Herstellung sehr schnell erfolgen. Eine Umlegung ist leichter möglich als bei den anderen

Abb. 486. Turbinendruckwasserleitung, 2,75 m Durchmesser, der Papierfabrik Grohmann in Klein Wöhlen bei Bodenbach. (Hergestellt von der Deutschen Holzröhren A.-G., Hannover, „Deuhrag").

Rohrsystemen. Der größte Vorteil der Holzröhren ist ihr geringer Preis, sie sind hierin allen anderen Rohrsystemen überlegen. Große Rohre können bis zu einem Druck von 5, kleine bis zu 20 Atm. ausgeführt werden (Abb. 485 u. 486).

g) Einlaß- und Entlastungs-Bauwerke, Wasserschlösser.

α) Einlaßbauwerke.

Bei jeder Ableitung aus einem Fluß muß außer dem Wehr ein ähnliches Bauwerk in den Kanal eingeordnet werden. Das Bauwerk soll die Menge des

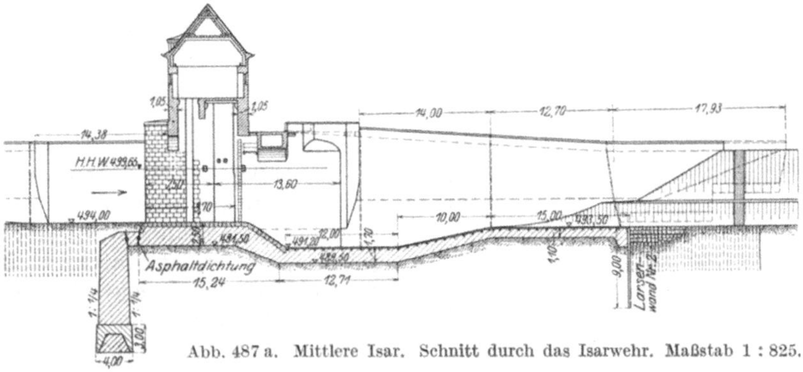

Abb. 487 a. Mittlere Isar. Schnitt durch das Isarwehr. Maßstab 1 : 825.

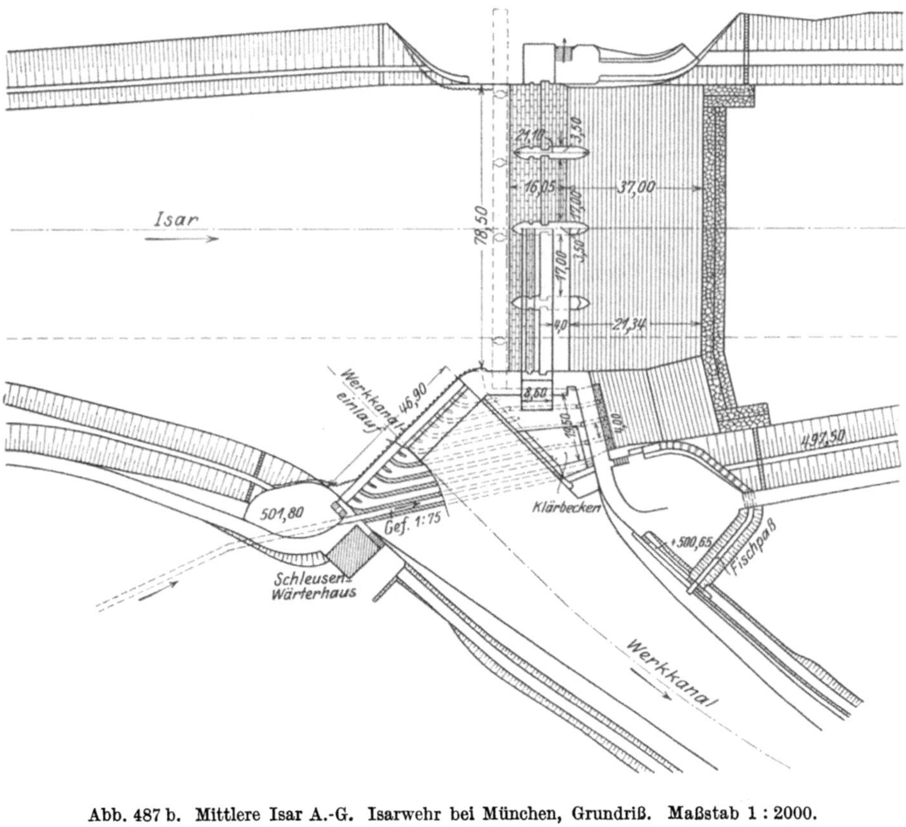

Abb. 487 b. Mittlere Isar A.-G. Isarwehr bei München, Grundriß. Maßstab 1 : 2000.

Wassers, die abgeführt wird, regeln können, außerdem so eingerichtet sein, daß kein oder möglichst kein Geschiebe mit in den Kanal geführt wird. Eine besonders zweckmäßige Lösung ist von der mittleren Isar A.-G. durchgeführt worden. Längsschnitt und Grundriß der modernen Wehranlage (Schützenwehr der M. A. N.) sind in Abb. 487 a u. b wiedergegeben. Wie der Längsschnitt zeigt, hat man die Abdichtung nach unten durch Absenken von Preßluftschächten erreicht, an deren oberem Teil die Wehrsohle anschließt. Die nach unten ausgerundete Form der Sohle soll die Walzenbildung begünstigen, die zur Energievernichtung notwendig ist. Seitlich von dem Wehr zweigt der Werkkanal ab (Abb. 487 c), dessen Überfall eine besondere Einrichtung für Abführung am Grunde ankommenden Geschiebes besitzt. Unter der Überfallkrone des Werkkanales sind Kanäle ausgespart worden, die zum eigentlichen Flußlauf herumgebogen sind. Sie sollen das Geschiebe dem Fluß wieder zuführen, damit auf diese Weise eine Ansammlung vor dem Werkkanal vermieden wird. Um ganz sicher zu gehen, ist hinter dem Einlaß ein Ausgleich- und Spülbecken angeordnet worden. Bei NW. ist dieses Becken gegen die Isar durch Schützen abgeschlossen, zum Kanal aber offen. Das Geschiebe, das etwa mitgerissen wird, gelangt durch untere Kanäle in das Kiesbecken und bleibt hier liegen. Bei Hochwasser wird das Becken gegen den Kanal abgeschlossen und nach der Isar geöffnet. Durch eine kräftige Durchspülung wird das Geschiebe dann der Isar wieder zugeführt.

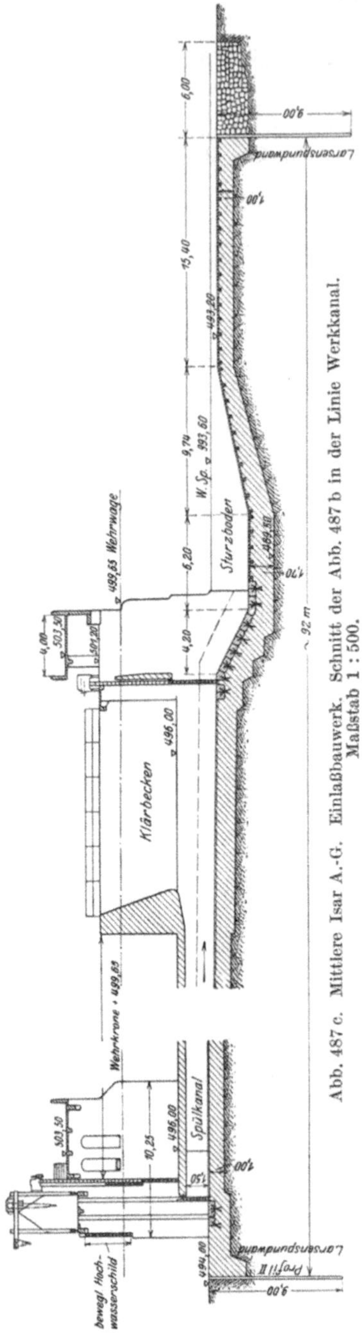

Abb. 487 c. Mittlere Isar A.-G. Einlaßbauwerk. Schnitt der Abb. 487 b in der Linie Werkkanal. Maßstab 1 : 500.

β) Wasserschlösser.

Auch vor der Zuführung zu den Turbinendruckrohren muß jede Leitung mit Einrichtungen versehen sein, die ihren Abschluß ermöglichen und die eine Regelung der Wasserbewegungen in der Leitung bewirken[1]). Diese Einrichtungen werden in einem Bauwerk, das Wasserschloß genannt wird, zusammengefaßt. Über Absperrorgane ist das Notwendige bereits gesagt worden, auf die Regelung der Wasserbewegung durch das Wasserschloß muß noch besonders eingegangen werden. Bei Forderung einer gleichbleibenden Leistung der Turbinen nimmt der Wasserverbrauch mit sinkendem Wasserstand im Staubecken zu, ebenso bei Anstellen weiterer Turbinen bei vermehrtem Kraftbedarf. Die Vermehrung des Wasserbedarfes kann nicht sofort durch die Zuführungsleitung gedeckt werden, gleichgültig, ob sie offen ist oder aus einer Druckrohrleitung besteht. Es muß vor dem Turbinendruckrohr ein Raum vorhanden sein, der zu dieser Zeit Wasser abgeben kann, bis die Geschwindigkeit im Zuführungskanal entsprechend gesteigert ist. Das Umgekehrte tritt bei Außerbetriebnahme von Turbinen ein, in ganz besonderem Maße aber,

[1]) D. W. W. S. 113. 1924. Vogt, Die hauptsächlichsten Gesichtspunkte für die Anlage von Wasserschlössern.

wenn Überdruckturbinen plötzlich wegen Kurzschluß der Dynamomaschinen oder aus anderen Gründen ihre Leitschaufeln schließen. Dann muß die vorhandene lebendige Kraft in den Zuleitungskanälen in irgendeine potenzielle Form übergeführt werden, die eine Zerstörung verhindert. Bei offenen Leitungen würden (Schwall-)Wellen in dem Kanal entstehen, die infolge Schwingungserscheinungen zu hohem Aufstau, Überlauf und ähnlichem führen könnten. Bei langen Stollen oder Druckrohrzuleitungen aber würde ein Wasserstoß entstehen, der zu schweren Zerstörungen Anlaß geben könnte. Diese Gefahr besteht besonders bei

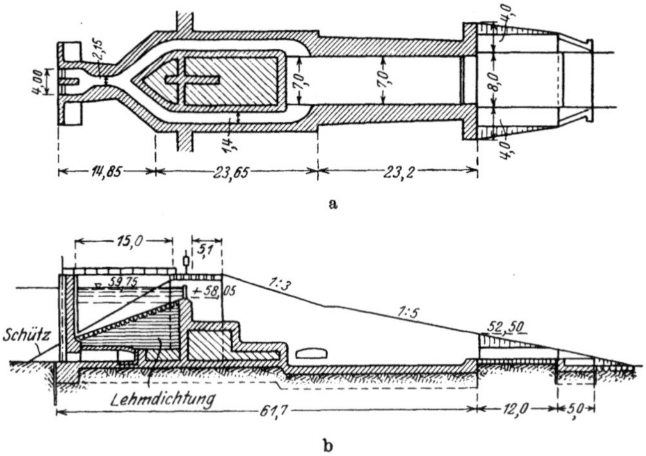

Abb. 489 a u. b. Entlastungsanlage Roßnow. H.-W.-Überfall mit Grundablaß. Maßstab 1 : 1130.

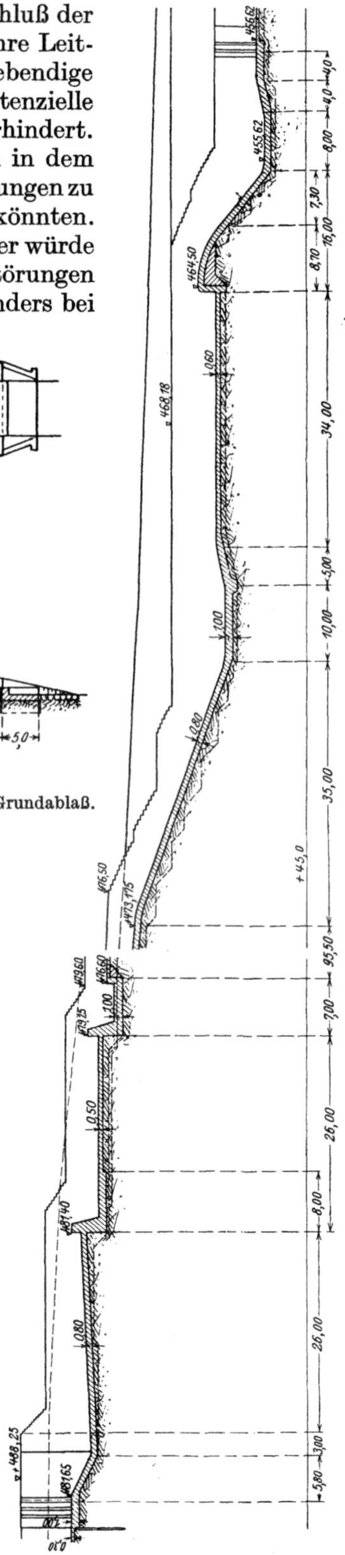

Abb. 488. Absturzbauwerk. Mittlere Isar-A.-G. Maßstab 1 : 1000.

Francisturbinen, während Freistrahlturbinen mit Ablenker- oder Abschneideeinrichtungen versehen sind, die ein Weiterlaufen des Wassers zum Unterwasser zulassen, bis die Schieber allmählich geschlossen sind.

Das eigentliche Wasserschloß für die Regelung der Wasserbewegung muß auch bei Freistrahlturbinen gebaut werden. Die Einrichtung zur Aufnahme der Wasserstöße und zum Ausgleich starker Schwankungen besteht aus einem Steigschacht, der künstlich in Turmform oder durch Ausbruch in Felsen hergestellt werden kann und der bis über den höchsten Hochwasserstand des Stausees reichen muß. Dieser Schacht ist oben oft zu einem größeren Becken erweitert. Baulich bieten die Wasserschlösser meist nichts Besonderes. Während des Betriebes ist der Wasserstand in dem Schacht um das Maß der verlorenen Widerstandshöhe abgesenkt. Wird der Turbinenzulauf aus irgendeinem Grunde plötzlich geschlossen, dann kann das Wasser aus der Druckleitung in dem Wasserturmschacht nach oben steigen. Es wird in dem Schacht so lange steigen, bis die lebendige Kraft der ganzen, in der geschlossenen Druckrohrleitung bewegten Masse aufgezehrt ist. Hierbei steigt das Wasser um ein genau berechenbares Maß über den Spiegel des Stausees. Darauf folgt ein Zurückschwingen, und zwar entsprechend der Umkehrung der Fließrichtung bis unter den Stauspiegel herunter. Diese Schwingungen setzen sich bei richtiger Bauart unter allmählichem Abklingen so lange fort, bis

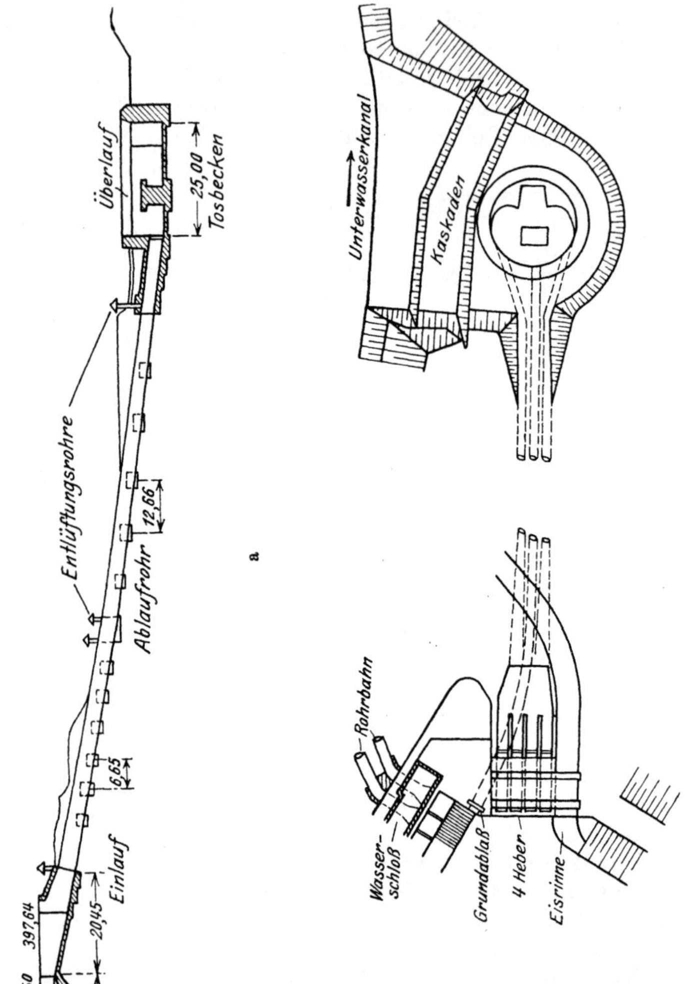
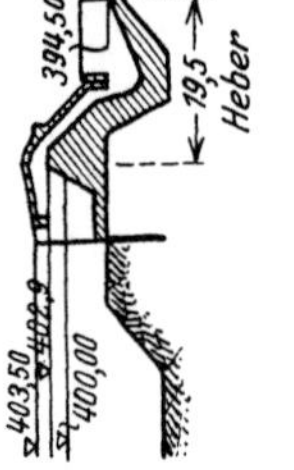

Abb. 490 a u. b. Entlastungsanlage Töging. Innwerke. Maßstab 1 : 1750.
a Längsschnitt. b Grundriß.

Gleichgewicht eingetreten ist. Das Abklingen geschieht im allgemeinen relativ schnell, wenn es sich um gedämpfte Schwingungen unter dem Einfluß der Reibungswiderstände in den Druckrohrleitungen handelt. Die Art der Schwingungen ist im übrigen abhängig von dem Verhältnis des Wasserschloßdurchmessers zum Rohrdurchmesser. Bei zu geringem Durchmesser des Wasserschlosses kann eine Verstärkung der Schwingungen eintreten. Es kommt darauf an, dem Wasserschloß nach Berechnung einen geringsten zulässigen Durchmesser zu geben, um dadurch die Schwingungen auf ein Mindestmaß herunterzubringen. Die Gleichungen für die Bemessungen des Wasserschlosses sind von Ludin im ersten Band seines Werkes gegeben[1]). Die richtige Anlage

[1]) Ludin: Die Wasserkräfte, S. 152. 1913. Siehe ferner D. W. W. S. 113. 1924. Vogt.

von Wasserschlössern ist ein unentbehrliches Erfordernis für den guten Betrieb eines Kraftwerkes. Außer dem Steigturm kann ein Überdruckventil vor der Turbine vorteilhaft sein, das sich bei plötzlichem Schluß der Turbine vorübergehend öffnet.

γ) Entlastungsbauwerke.

Die Entlastungsanlagen bestehen aus Überfällen und Hebereinrichtungen und aus Grundablässen.

Bei beiden kommt es darauf an, die Energie des schießenden Wassers möglichst restlos zu vernichten. Hierzu werden Stoßnasen, Schußböden, Erzeugung von Gegenläufigkeit usw. verwendet. Das Bild eines solchen Schußbodens zeigt Abb. 488. Im oberen Teil fällt das Wasser mehr kaskadenförmig herab, im unteren schießt es auf schräger Ebene unter Bildung von Wasserwalzen, die die Energievernichtung besorgen. Das Bauwerk kann oben und unten durch Dammbalken abgeschlossen werden. Der Absturz erfolgt über die Höhe von 25 m. Das Bauwerk ist an der mittleren Isar ausgeführt worden.

In ganz anderer Weise ist die Aufgabe bei dem Überfall und Grundablaß des Talsperrenwerkes Rosnow in Pommern gelöst worden, Abb. 489a u. b. Hier ist der durch ein Schütz abgeschlossene Überfall in Kaskaden sturzwehrartig übergeführt, unten folgt das durch eine Stoßnase abgeschlossene Tosbecken. Die Grundablaßrohre sind in sehr interessanter Weise vor dem Tosbecken, in dem sie münden, gegeneinander geführt, so daß die beiden Wasserstrahlen aufeinander treffen und so ihre Energie fast völlig vernichten.

Eine ähnliche Lösung zeigt die Anlage Töging des Innwehres Abb. 490a u. b. Neben dem Wasserschloß für die Rohrbahn des Kraftwassers liegt zuerst ein Grundablaß, dann 4 Heynsche[1]) Heber und daneben eine Eisrinne. Die 4 Heber gehen in 2 Rohre über, der Grundablaß geht in ein Rohr über, das zwischen den vorgenannten liegt. Das Grundablaßrohr endet vor einem Prellblock, der zur Energievernichtung dient. Die beiden Rohre der Hebereinrichtung sind in ein kreisförmiges Becken seitlich so eingeleitet, daß das Wasser der beiden Rohre teils aufeinander, teils von der anderen Seite auf den Prellblock stößt. Das in dem Becken hochstoßende Wasser fließt dann seitlich über Kaskaden zum Unterwasserkanal ab. Die Eisrinne ist über die 3 Rohrbahnen hinweggeführt worden.

D. Wasserkraftmaschinen[2]).

a) Allgemeines.

Die Triebwerksanlagen werden heute unterteilt in Hochdruck-, Mitteldruck- und Niederdrucktriebwerke. Die meisten Talsperrenanlagen erfordern Hochdrucktriebwerke, die meisten Flußkraftanlagen Niederdrucktriebwerke. Es ist dabei vor allem die Druckhöhe, dann aber auch die Ausbildung des Wasserschlosses maßgebend. Als Wasserkraftmaschinen sind die früher allein vorhandenen Wasserräder im völligen Verschwinden begriffen. Selbst in den gewöhnlichen Wassermühlen werden heute mehr und mehr die alten Wasserräder wegen ihres geringen Wirkungsgrades und ihrer zu kleinen Tourenzahl durch Turbinen ersetzt. Vorwiegend werden heute verwendet die Francisturbinen, die Freistrahlturbinen, die Kaplanturbinen (und die Propellerturbinen). Freistrahlturbinen oder Tangentialräder werden vor allem für kleinere Wassermengen und großes Gefälle, Francisturbinen und Kaplanturbinen dagegen vorwiegend für große Wassermengen und mittleres und kleines Gefälle verwendet.

[1]) Patent von Zivilingenieur Heyn, Stettin.
[2]) Quantz, Wasserkraftmaschinen. J. Springer 1924.

Die Größe der Kraftleistung an der Turbinenwelle gemessen für eine Wassermenge q und eine Nettodruckhöhe h[1]) errechnet sich zu $L = \frac{1000\, q \cdot h \cdot \eta}{75} \cdot \text{PS}$, wobei η der Wirkungsgrad, q die Wassermenge in cbm und h die Druckhöhe in m ist. Setzt man für ältere Maschinen und für Druck und Wasserverluste in den Zuleitungen zusammen $\eta = 0{,}75$, dann ergibt sich als üblicher Wert einer Wasserkraft $L = 10\, q \cdot h$ PS. Da aber der Wirkungsgrad moderner Turbinen über 0,9 steigen kann, so kann die Leistung einer Wasserkraft bis über 11 qh steigen. Bei einem Wirkungsgrad einer Dynamomaschine von 0,9 würde dann an letzterer rd. 10 $q \cdot h$ PS zur Verfügung stehen, womit man bei neuen Maschinenformen rechnen kann. Es ergibt sich hieraus, daß auf dem Gebiete der Wasserkraftausnutzung auch nicht mehr solche Fortschritte zu erwarten sind wie auf dem Gebiete der Kohleausnutzung; denn bei einem Wirkungsgrad $\eta = 1$ würde die Kraft an der Turbinenwelle nur 13,3 $q \cdot h$ PS sein können. Dieser Wirkungsgrad kann aber niemals erreicht werden. Es ist zu erwarten, daß noch wesentliche Fortschritte durch Verbilligung der Maschinen und der Bauwerke erreicht werden können.

Für das Hinaufpumpen von Flußwasser oder Fehlschlagwasser auf größere Höhe zwecks Schaffung eines Kraftsammlers ist der Energieverbrauch von Pumpen von Wichtigkeit. Für die aufgepumpte Wassermenge q und die Druckhöhe „h“ ergibt sich hier, da der Wirkungsgrad η jetzt auf der Seite der Antriebsmaschine stehen muß, also in den Nenner kommt, der Energieverbrauch $V = \frac{1000\, q \cdot h}{75 \cdot \eta}$ PS und bei $\eta = 0{,}75$, das im allgemeinen nicht wesentlich überschritten werden wird, V = rd. 18 qh PS an der Pumpenwelle gemessen. Die dem Elektromotor zuzuführende Leistung muß dann sein: $L_1 = \frac{18\, qh}{0{,}9} = \text{rd.}\ 20\, qh\ \text{PS}$. Man kann also im allgemeinen damit rechnen, daß man für das Hochpumpen von Wasser ungefähr die doppelte Energie aufwenden muß, als man in der Turbine gewinnen kann. Bei sehr guten Anlagen kann man ebenso, wie man bei Turbinen mit 11 $q \cdot h$ oder mehr rechnen darf, für die Pumpen mit 18 $q \cdot h$ als Kraftbedarf rechnen. Als Überschlagswerte empfehlen sich aber 10 qh und 20 qh.

Der Wirkungsgrad der gesamten Anlage wird auch noch dadurch beeinflußt, daß der Wirkungsgrad der Turbinen selbst bei wechselndem Gefälle und wechselnder Wassermenge sich ändert. Die Tourenzahl der Turbinen muß dabei fast genau unverändert bleiben, weil sonst starke Störungen in der Arbeit der Dynamomaschine eintreten würden. Der Wirkungsgrad der Turbine hat seinen größten Wert bei dem zugrunde gelegten Normalgefälle und normaler Beaufschlagung. Er nimmt bei abnehmendem Gefälle oder abnehmender Wassermenge stark ab, wobei die Schluckfähigkeit der Turbine, d. h. ihre Fähigkeit, Wasser zu verarbeiten, sinkt. Nach Pfarr kann man damit rechnen, daß die Leistung 1,5 mal so schnell abnimmt als das Gefälle.

Die Turbinen werden mit senkrechter und wagerechter Welle ausgeführt und mit dem Generator unmittelbar auf der Welle gekuppelt oder durch Zahnräder oder Riemenübertragung verbunden. Letztere Übertragungen sind notwendig, um von der kleineren Drehzahl einer langsamlaufenden Turbine auf die größere einer Dynamomaschine zu gelangen. Die Leitschaufeln werden von dem Generator gesteuert, um so die Tourenzahl unverändert zu erhalten. Die Generatoren sind heute vorwiegend 3 phasige Wechselstrommaschinen. Für Betrieb von Bahnen und für kurze Entfernungen wird auch Gleichstrom- oder

[1]) Die Nettodruckhöhe entsteht aus der Bruttodruckhöhe (Gefälleunterschied) durch Abzug aller Gefällverluste infolge von Reibung, Richtungsänderung, Geschwindigkeitsänderungen usw.

einphasiger Wechselstrom verwendet. Da die Dynamomaschinen nicht den Strom von der hohen Spannung großer Überlandnetze erzeugen können, sind noch Transformatoren zur Umwandlung von der Maschinenspannung auf die Netzspannung notwendig. Außerdem enthalten die Kraftwerke Verteileranlagen, Sicherheitsvorrichtungen und manchmal Akkumulatorenbatterien. Die Einrichtungen zur Transformierung des Stromes auf hohe Spannung sind bisher meist in besonderen Gebäuden untergebracht worden; neuerdings sind auch solche Anlagen als Freiluftanlagen durchgeführt worden, wobei die ganzen Einrichtungen in einem in freier Luft stehenden Gerüst untergebracht worden sind.

Eine Turbine arbeitet in der Regel um so günstiger und ist um so leichter und damit billiger, je größer ihre Tourenzahl ist. Da nun die Tourenzahl entsprechend der Größe der Maschinen, also auch mit der wachsenden Größe des Wasserverbrauches abnehmen muß, ist ein unmittelbarer Vergleich von Maschinen mit verschiedener Schluckfähigkeit nicht möglich. Camerer hat deshalb den Begriff der spezifischen Drehzahl eingeführt. Die spezifische Drehzahl ist die Drehzahl einer auf die Leistung von 1 PS bei 1 m Gefälle geometrisch verkleinerten Turbine. Tangentialräder gehören im allgemeinen zu den Langsamläufern, während Francisturbinen als Normal- oder Schnelläufer konstruiert werden können. Die Kaplanturbine dürfte bestimmt sein, auf dem Gebiete des Schnelllaufens führend zu werden. Als Langsamläufer gelten die Turbinen mit einer spezifischen Drehzahl kleiner als 100, als Schnelläufer die mit einer solchen über 200. Die Normalläufer liegen dazwischen. Man kann nun für jede Wassermenge und Druckhöhe bei einer gewählten Bauart nur eine günstigste Umdrehungszahl haben, ebenso wie eine bestimmte Maschine für eine bestimmte Umdrehungszahl nur eine günstigste Wassermenge verarbeiten kann. Es werde aber noch einmal betont, daß die spezifische Drehzahl eine rein rechnerische Größe ist, die für jede Turbine errechnet wird, aber nichts mit der wirklichen Tourenzahl gemein hat.

Bei sämtlichen Turbinen sind Regelungseinrichtungen an der Turbine nicht nur zum Abschluß oder Herbeiführung eines freien Auslaufes, sondern auch vor allem zur Regelung bei Wechsel der Wassermengen und beim Anlassen der Turbinen erforderlich, um den Wert $q \cdot h$ unverändert zu halten. So ist beispielsweise bei dem Kraftwerk Hemelingen bei Bremen infolge des Ebbe- und Flutwechsels unterhalb des Werkes ständig eine Änderung der Druckhöhe vorhanden, derzufolge der Wasserzufluß geregelt werden muß. Bei Flut und damit sich vermindernder Druckhöhe muß der Wasserzufluß vermehrt, bei Ebbe vermindert werden.

b) Francisturbine.

Die Francisturbine ist eine der Formen der Überdruckturbinen, bei denen die entsprechend geformten Laufradzellen zur Umsetzung der Druckenergie in Geschwindigkeit mit herangezogen werden. Das Wasser tritt von außen durch ein feststehendes Leitrad (Abb. 491 u. 492), das be-

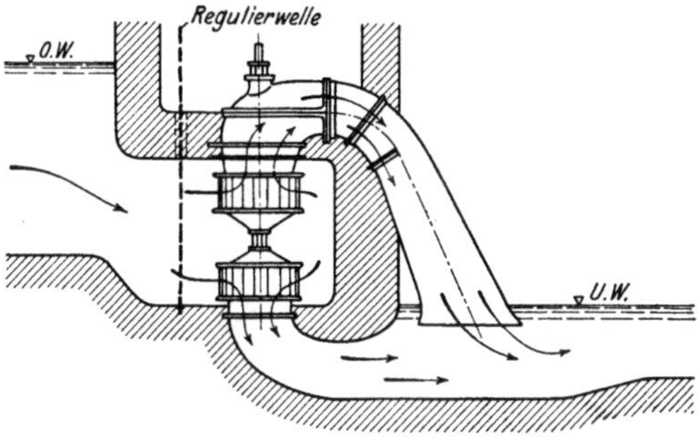

Abb. 491. Zwillingsturbine mit senkrechter Achse.

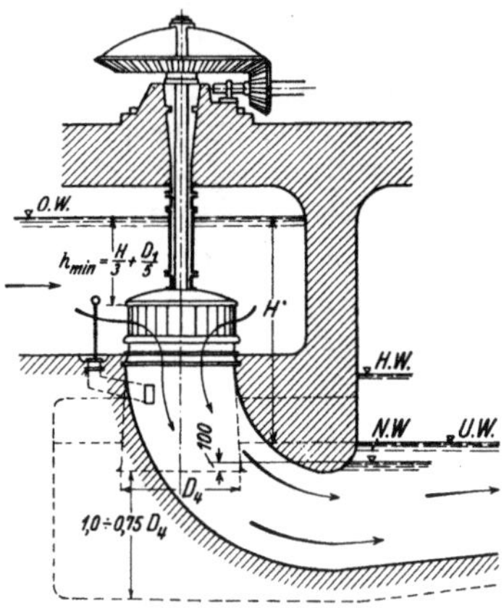

Abb. 492. Einfache Francis-Turbine mit senkrechter Achse.

wegliche Zungen besitzt, in das drehbar gelagerte Laufrad. Dieses Rad ist auf eine senkrecht stehende oder auch wagerecht liegende Welle aufgekeilt. Es wird durch das einströmende Wasser in Umdrehung versetzt und überträgt die Kraft auf die Welle. Der Wasserzutritt wird durch das Leitrad geregelt. Dieses besteht aus einem Zellenkranz, in dem schräg auf das Laufrad zu gerichtete Leitschaufeln stehen. Diese Leitschaufeln können von oben her mechanisch verstellt werden, und zwar von voller Öffnung bis zum vollen Schluß. Die Stellung der Leitschaufeln erfolgt durch die Regler der Dynamomaschinen. Brennt z. B. eine Dynamomaschine durch, so daß die zulässige Tourenzahl überschritten wird, dann schließt der Regler automatisch den Wasserzufluß ab. Hierdurch entstehen die bereits vorher geschilderten Stoßkräfte in den Druckrohren. Um die ganze Druckhöhe auszunutzen, wird das Turbinengehäuse bis in das Unterwasser durch ein Saugrohr fortgesetzt.

Gegenüber anderen Überdruckturbinen (Fourneyron oder Henschel-Jonval usw.), bei denen das Leitrad innerhalb oder oberhalb des Laufrades gelagert ist, hat die Francisturbine den Vorteil eines möglichst kleinen Laufrades, eines glatten Anschlusses des Saugrohres und der freien Zugänglichkeit des Laufrades nach Abheben des Deckels.

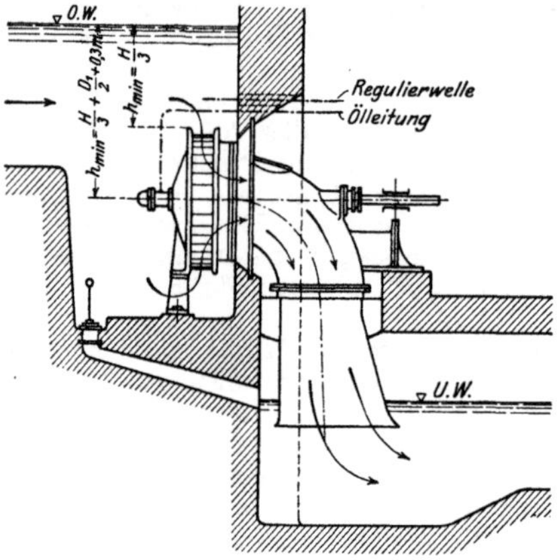

Abb. 493. Einfache Francisturbine mit wagerechter Achse.

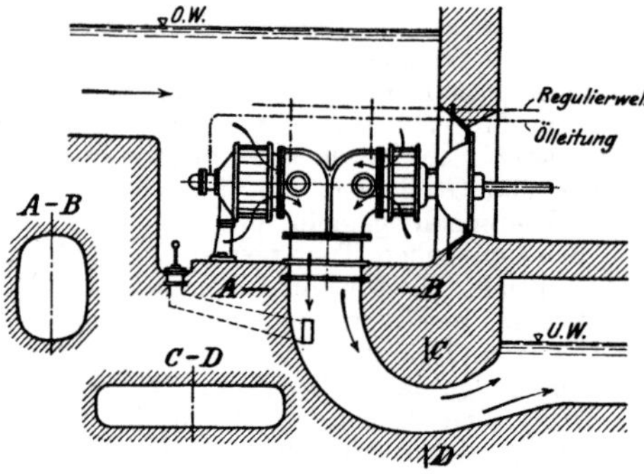

Abb. 494. Zweifache Francisturbine mit wagerechter Achse.

Da das Saugrohr den Gesamtdruck um die Höhe der Wassersäule vom Laufrad bis zum Unterwasser vermehrt, kann der Gesamtwasserstandsunterschied zwischen Ober- und Unterwasser ausgenutzt werden. Es liegt kein Grund vor, die Turbinen besonders dicht über dem Unterwasser zu lagern. Man wird im Gegenteil bei stark wechselnden Unterwasserständen die Turbine so hoch legen, daß sie bei ausnutzbaren Wasserständen nicht in das Unterwasser eintaucht. Das Saugrohr muß so weit unter das niedrigste Unterwasser heruntergeführt werden, daß die Ansaugung von Luft unmöglich ist, sonst erfolgt Abreißen im Saugrohre. Francisturbinen sind bis zu einem Größtgefälle von 350 m ausgeführt.

c) Tangentialräder.

Die Freistrahlturbinen, auch Druck- oder Partialturbinen genannt, werden heute vorwiegend in der Form der Tangentialräder (Peltonräder) ausgeführt (Abb. 495a u. b). Das Tangentialrad ist ein Langsamläufer. Bei ihm erfolgt die Zuführung des Wassers durch ein quadratisches oder rundes Rohr, dessen Öffnung durch einen Doppelschieber oder durch eine vorschiebbare Nadel geregelt werden kann. Das Wasser spritzt auf becherförmige Schaufeln, die am Umfange des wagerecht gelagerten Rades befestigt sind. Der Düsenregler tritt an die Stelle der Leitschaufelregelung bei den Francisturbinen. Auch hier kann der Wasserzufluß plötzlich gänzlich abgeleitet und dann abgesperrt werden. Es ist dabei aber bei den Tangentialrädern die Einrichtung getroffen, daß vor der Absperrung des Zuflusses zur Turbine durch die Nadel eine Abschneidung oder Ablenkung des freien Strahles erfolgt, so daß das Druckwasser bis zum sehr langsamen Schluß der Nadel gefahrlos abfließen kann. Wegen der freien Lage des Rades über dem Unterwasser ist bei ihm stets ein Verlust an Druckhöhe vorhanden, der aber bei größeren Druckhöhen gegenüber den sonstigen Vorzügen des Tangentialrades nicht ins Gewicht fällt. Sein Gehäuse ist nicht, wie es bei der Francisturbine notwendig ist, mit Wasser, sondern mit Luft gefüllt; das Wasser kann also auf anderem Wege bequem dem Unterwasser zufließen. Bei Tangentialrädern ist somit die Ausführung von so umfangreichen Steigschächten wie bei den Francisturbinen entbehrlich. Ihre Ausführung ist aber auch hier oft zweckmäßig. Das Tangentialrad eignet sich vor allem für große Druckhöhen, da es eine sehr niedrige spezifische Drehzahl hat; für kleine Druckhöhen ist es unzweckmäßig. Die Francisturbine ist zwar für alle Druckhöhen anwendbar, wird aber für größere Druckhöhen vom Tangentialrade, von dem es Konstruktionen für eine Druckhöhe von über 1500 m gibt, übertroffen.

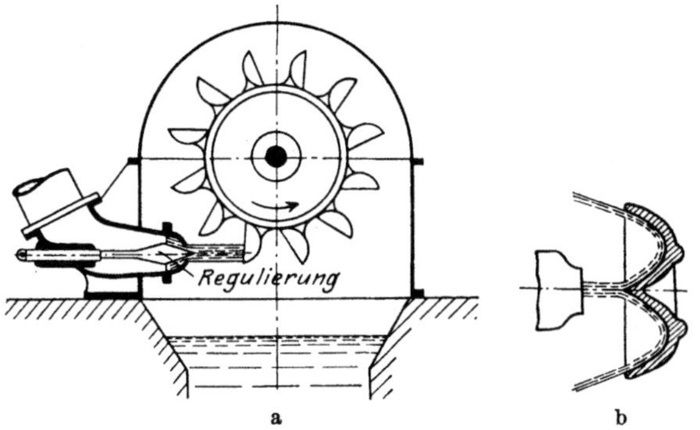

Abb. 495 a u. b. Freistrahlturbine.
a Allgemeine Anordnung. b Becherquerschnitt, wagerecht geschnitten.

d) Kaplan- und Propellerturbinen.

Die Kaplanturbine bedeutet die Anwendung der Schiffsschraube auf den Turbinenbau. Professor Kaplan in Brünn erfand diese Turbine 1912. Sie besteht in einer Art von Schiffsschraube mit heute durchschnittlich 4 Flügeln, die sich frei in einem Rohre dreht (Abb. 496). Besonders geregelte Zuführungseinrichtungen, wie sie bei den anderen Turbinensystemen notwendig sind, fallen fort. Das Wasser kann von der Seite oder von oben zugeführt werden, es gerät in dem Zuführungsrohr in spiralige Drehung und gibt, trotzdem das Laufrad der Kaplanturbine nur einen Teil des Querschnittes abschließt, seine Kraft fast restlos an das Laufrad ab. Die Flügel des Kaplanrades sind drehbar auf einer Hohlwelle gelagert und können von oben durch eine im Inneren der Welle liegende Stange verstellt werden. Hierdurch wird die günstigste Flügeleinstellung für die jeweilige Wassermenge ermöglicht.

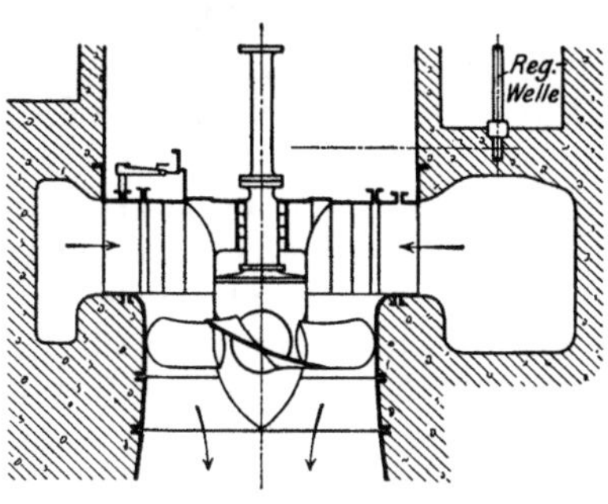

Abb. 496. Kaplanturbine.

Es sind bei der Kaplanturbine heute bereits z. B. im Laboratorium von Professor Oesterlen, Technische Hochschule Hannover, größere Wirkungsgrade erzielt worden als bei den anderen Turbinen. Es ist zu erwarten, daß die Kaplanturbine im Laufe der Zeit eine immer weitere Verbreitung erfährt. Die Kaplanturbine ist ein ausgesprochener Schnelläufer, sie ist für kleinere Gefälle, etwa bis zu 16 m zweckmäßig. Die Propellerturbine ist der Kaplanturbine ähnlich, sie hat mehr Schaufeln, die aber nicht verstellbar sind. Die Kaplanturbine hat den Vorteil der größeren Anpassungsfähigkeit an Wechsel von Wassermenge und Gefälle voraus.

E. Anlage der Krafthäuser, Einführung der Rohrleitungen usw.

a) Hochdruckwerke.

Für die Ausbildung der Hochdruckanlagen ist vielfach die Lage der günstigsten Baustelle entscheidend. Man kann dann im allgemeinen den Plan des Krafthauses gänzlich frei gestalten, da er lediglich von der frei wählbaren Form der Zuführung der Druckleitungen und den Ableitungen abhängig ist. Entscheidend wird vielfach die Notwendigkeit sein, eine steile Absturzstelle zu suchen, so daß die Hochdruckleitungen so kurz wie möglich werden. Unter Umständen führt der Wunsch nach kurzen Druckleitungen dazu, unterirdische Krafthäuser am Fuße eines senkrechten, abgetäuften Schachtes auszubilden. Solche Krafthäuser sind wahrscheinlich zum ersten Male bei den Hochdruckkraftwerken im Harz, in Clausthal, mit einer Schachttiefe von 360 m erbaut worden. Die Ableitung muß dann durch einen Freigefällestollen (im Harz der 18 km lange Ernst-August-Stollen) erfolgen. Bei derartigen Krafthäusern ist besondere Rücksicht auf die Sicherung der Menschenleben im Falle des Bruches der Hochduckleitungen zu nehmen. Eine solche Sicherung wird am besten dadurch erreicht werden, daß der Maschinenraum eine Entlastung zum Unterwasserstollen in solchem Umfange erhält, daß bei Rohrbruch das Wasser mit Sicherheit abgeführt werden kann, ohne den Maschinenraum zu hoch zu überschwemmen.

Im Freien stehende Krafthäuser werden durchweg eine starke Unterkellerung verlangen, da die Rohre von unten in die Maschinen eingeführt werden. Die Druckrohrleitungen werden meist deshalb von der Unterseite des Krafthauses aus eingeführt, damit bei einem Bruch der Ablauf des Wassers günstig ist. Bei Zuführung sehr vieler Rohrleitungen kann man aber gezwungen sein, die Rohre von beiden Seiten des Hauses aus zuzuführen. Die Rohre sollten stets so angeordnet werden, daß keinerlei Rohre übereinander liegen, damit man jederzeit an eine Leitung herankommen kann. In den Kellerräumen müssen die Rohre völlig frei liegen und so viel seitlichen Raum besitzen, daß man an ihnen arbeiten kann.

Bei größeren Kraftwerken wird man in der Regel die Maschinen hintereinander anordnen, wobei die Maschinen meist nur in einer Reihe stehen. Eine zweireihige Aufstellung der Maschinen wird häufig auch die beiderseitige Zuführung der Druckrohre zweckmäßig machen. Der Maschinenraum soll so weiträumig sein, daß die Maschinisten von der Schalttafel aus eine gute Übersicht über sämtliche Maschinenanlagen erhalten. Unmittelbar unter dem Krafthaus liegt im allgemeinen der Unterwasserkanal. In ihm werden die Saugrohre von Francisturbinen oder Kaplanturbinen schräg in der Strömungsrichtung eingeführt. Peltonräder müssen so hoch stehen, daß auch das höchste Unterwasser nicht mit dem Laufrad in Berührung kommen kann, die Laufradunterkante liegt gewöhnlich 1,5—2 m über dem höchsten Unterwasser. Bei nicht sorgfältiger Berechnung ist es vorgekommen, daß der Rückstau aus dem Unterwasser bis zum Laufrad gereicht hat, so daß der Wirkungsgrad der Turbine verschlechtert wurde.

Hochdruckwerke werden mit großem Erfolge als Ergänzung zu großen Dampfkraftwerken oder Niederdruckwerken als Spitzenkraftwerke ausgebildet. Da bei ihnen durch die Talsperren eine natürliche Ansammlung des Wassers vorhanden ist, dessen Verwendung auf einen beliebigen Teil des Tages beschränkt werden kann, so ist man in der Lage, während dieser Zeit, z. B. 12 Stunden, die doppelte Wassermenge abzulassen und damit die doppelte Kraft zu erzeugen. Bei sehr großen Überlandnetzen ist heute oft eine ausgesprochene Spitze nicht mehr im gleichen Maße vorhanden wie früher. Man wird deshalb manchmal solche Spitzenkraftwerke kaum mehr als für doppelte Spitze ausbauen. Es kommen aber auch Fälle vor, bei denen eine Spitze auf das vier- oder sogar achtfache ausgebaut werden kann. Der teuerste Teil der Anlage, die Talsperre, kostet für ein Spitzenkraftwerk nicht mehr als für ein Laufwerk. Die Druckrohrleitungen und Unterwasserleitungen ebenso wie die Maschinenanlagen müssen aber entsprechend der Höhe der Spitze vergrößert werden. Trotzdem wird die Verteuerung eines Talsperrenwerkes durch den Ausbau als Spitzenwerk nur Bruchteile der Anlagekosten des Laufwerkes mehr erfordern, z. B. 10—20 vH, je nach Art des Werkes und der Spitze. Da aber die Erzeugung der Spitzenkraft in Dampfkraftwerken stets sehr teuer ist, wird die

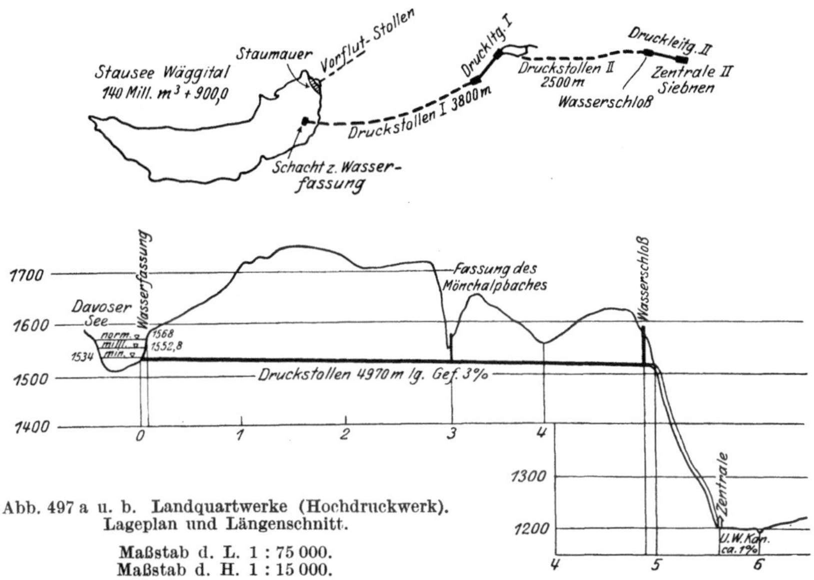

Abb. 497 a u. b. Landquartwerke (Hochdruckwerk). Lageplan und Längenschnitt.

Maßstab d. L. 1 : 75 000.
Maßstab d. H. 1 : 15 000.

Spitze hoch bezahlt, vielfach mit dem doppelten oder noch höheren Preise der Laufkraft. Erst bei einem richtigen organischen Zusammenarbeiten zwischen Talsperrenwerken, Wasser- und Dampfkraftlaufwerken kann die größte Wirtschaftlichkeit der Krafterzeugung gewährleistet werden. Bei einer solchen Ausbildung als Spitzenkraft wird auch meist die Anlage von Talsperren seitens großer Dampfkraftwerke begrüßt werden, da sie den Betrieb der letzteren verbilligen kann. Als Beispiele von Hochdruckwerken werden Abb. 497a u. b gegeben, die das Landquartwerk bei Davos zeigen. Die Abbildungen bedürfen keiner weiteren Erläuterung.

b) Niederdruckwerke.

Die meisten Flußkraftwerke gehören zu den Niederdruckwerken, einige zu den Mitteldruckwerken. Es sind 2 Formen der Niederdruckwerke zu unterscheiden; einmal solche, bei denen das Turbinenhaus unmittelbar mit der Wehranlage verbunden ist, die zweite Form, bei der das Oberwasser durch einen längeren Kanal dem Turbinenhaus zugeleitet ist, um von dort durch einen entsprechenden Kanal dem Unterwasser zugeführt zu werden. Diese zweite Form erscheint bei Abschneidung von Flußschleifen. Wegen der geringen Druckhöhen und der Verringerung dieser Druckhöhen bei Hochwasser sind die Niederdruckwerke noch empfindlicher gegen Druckverluste als die Hochdruckwerke. In einem Niederdruckwerk sind die bei Hochdruckwerken zum Teil auseinanderliegenden Teile der Anlage auf engem Raum vereinigt. Zuführungs- und Abführungskanäle, Rechenanlagen, Krafthaus mit Maschinen bilden ein zusammengehöriges Ganze. Besondere Wasserschlösser werden im allgemeinen nicht ausgebaut, sondern sie bilden organisch einen Teil des oberen Zulaufkanales. Von großem Einfluß auf die Güte der Anlage ist die Stellung des Krafthauses. Bei genügendem Platz ist die günstigste Anordnung, das Krafthaus mit seiner Längsachse parallel zum Wehr zu stellen, so daß das Wasser auf kürzestem Wege quer durch das Krafthaus hindurchströmen muß. Alle Kanäle erhalten auf diese Weise die geringste Länge. In dieser Form sind viele Krafthäuser erbaut worden, so z. B. das Werk Rheinfelden (Abb. 498), das Werk Hemelingen bei Bremen (Abb. 499). Eine Zwischenform ist das schräg zum Flusse stehende Krafthaus (Abb. 500). An sich günstig ist die Anordnung, das Kraftwerk gleichsam zu einem Teile des Wehres auszubilden, wie es von Prüßmann vorgeschlagen wurde (vgl. Abb. 501 u. 502). Diese an sich sehr zweckmäßige Anordnung verlangt außergewöhnliche Kosten in der

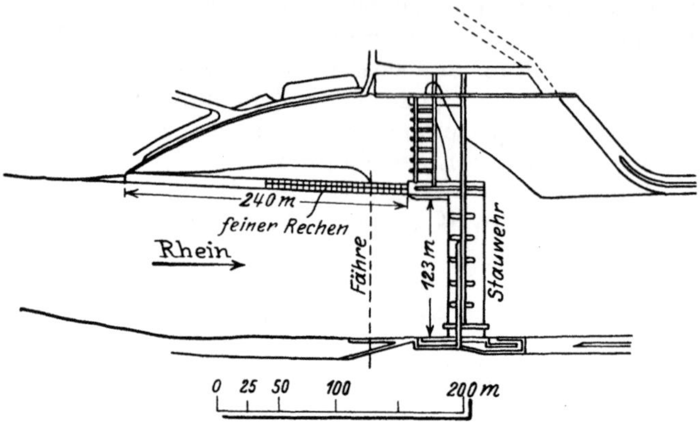

Abb. 498. Rheinfelden. Maßstab 1 : 6670.

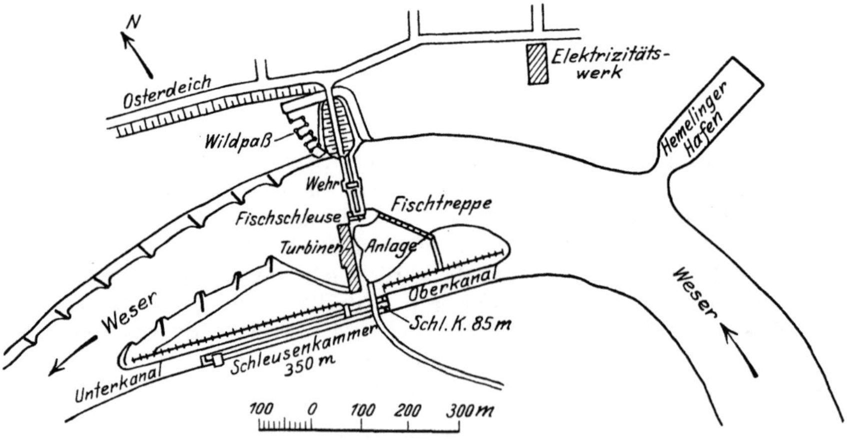

Abb. 499. Hemelingen bei Bremen. Maßstab 1 : 15 000.

Gründung, da das Kraftwerk dann mitten in den Fluß gestellt werden muß, ist heute aber in etwas veränderter Form am Main wieder angewendet worden. Der Druck auf das Turbinenhaus hat in einem Falle zu einer geringen Kippung von 2 cm geführt. Dadurch ist die Wehrbreite der Flutöffnung gewachsen, so daß die Wehrwalze von der Zahnstange abrutschte. Daraus ist zu schließen, daß solche Turbinenhäuser und Wehrpfeiler durch Fugen getrennt werden müssen. Als Nachteil dieser Stellung der Krafthäuser gibt

Winkel einen unregelmäßigen Wasserzufluß mit starkem Gefällverlust an. Abb. 503 zeigt die geplante Anordnung eines Krafthauses im Durchstich der Weser bei Drakenburg unterhalb von Minden (Entwurf). Hier ist der Zulauf und der Ablauf des Kraftwassers in günstigster Form geführt. Die Abb. 498 bis 502 sollen gleichzeitig als Beispiele für die Ausbildung von Lageplänen für Wehre und Schleusen dienen. Kleinere Kraftwerke können einfach an das Ufer gestellt werden, wobei man das Wasser von der Flußseite ein- und wieder zur Flußseite herausleiten kann. Das Wasser muß dabei einen Kreisbogen durchlaufen, verlangt wegen der Krümmung der Kanäle größere Kanalquerschnitte und wird trotzdem im allgemeinen einen größeren Reibungsverlust in den Kanälen erfahren. Der Einlauf zum Kraftwerk wird meist höher als die Sohle des Zuführungskanales gelegt, damit der Kies vorher abgelagert wird. Es sind aber auch Werke ohne eine solche Kiesschwelle ausgeführt worden. Die Kiesschwelle soll wenigstens 50 cm hoch sein, erreicht aber Höhen bis zu 3 m. Die Anordnung einer Kiesschwelle verlangt den Einbau von Grundablässen zwischen oder neben den Turbinenkammern, durch die der abgelagerte Kies zum Unterwasser hindurchgeführt werden kann.

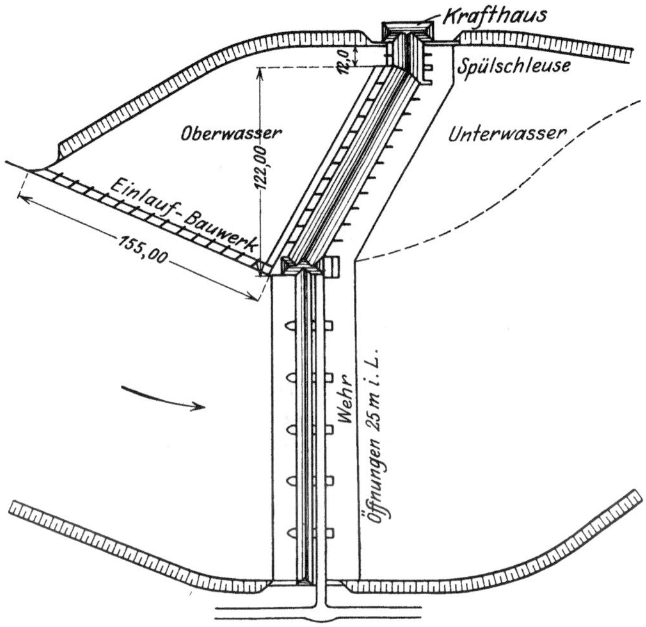

Abb. 500. Schräge Anordnung des Kraftwerkes. Maßstab 1 : 4500.

Der Einlauf zu den Turbinenkammern muß durch Feinrechen abgeschlossen werden. Im allgemeinen hat man sich mit dem Einbau eines Rechensystems begnügt, da die Rechen fortlaufend von der Kraftwerksbrücke aus reingehalten werden können. Es kommt darauf an, die Rechenfläche auf das größtmögliche Maß für den Durchfluß zu bringen, weil selbstverständlich durch jede Rechenanlage ein Stauverlust eintritt. Um das Wasser durch den Rechen hindurchzutreiben, muß, da die Stauhöhe festliegt, unterhalb des Rechens eine Absenkung erfolgen, ein Vorgang, der auf Kosten der Druckhöhe vor sich geht. Bisher hatte man die Abschlußschützen für den Einlaufkanal stets hinter die Rechen gelegt, schon aus dem einen Grunde, um die Rechen möglichst weitflächig machen zu können. Neuerdings hat man an der mittleren Isar auch die Schützen vor die Rechen gelegt, um auf die Weise eine bequeme Reinigung der Rechen erreichen zu können. Die Rechen bestehen ebenso wie bei den Hochdruckwerken aus senkrecht gestellten Flacheisen mit 2—3 cm Spaltbreite. Letztere wird jetzt vergrößert, da die neuen Turbinen weniger empfindlich gegen Treibzeug sind. Vielfach hat man geplant, in größerer Entfernung vor die Feinrechen noch Grobrechen zur Abhaltung von Eis und größeren Schwimmkörpern auszuführen. Sie sind gewöhnlich aber fortgelassen worden. So hat man auch bei dem Kraftwerk Hemelingen auf die Anlage des Grobrechens verzichtet.

Um die großen Wassermengen, die bei den Niederdruckwerken in größeren Flüssen zu verarbeiten sind, bewältigen zu können, werden auch zwei Turbinen übereinander angeordnet. Diese Anordnung hat den Nachteil der schlechteren Zugänglichkeit der unteren Turbine. Bei liegender Welle werden Zwillingsturbinen verwendet. Der Zuführungskanal zu den beiden Turbinen ist dann ebenso wie der Abführungskanal einheitlich. Besondere Saugrohre werden vielfach nicht ausgebildet, sondern die Unterwasserkanäle als Saugrohre in

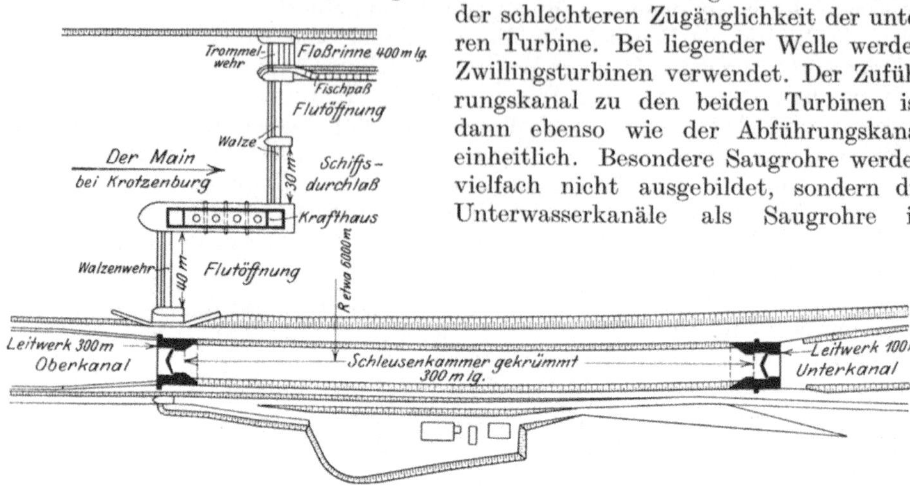

Abb. 501. Staustufe Krotzenburg. Prüßmannsche Kraftwerkanordnung. Maßstab 1 : 4000.

Beton oder Eisenbetonkonstruktion bis unter das Unterwasser geführt (vgl. Abb. 491 bis 494). Da die Dynamomaschinen über dem höchsten Unterwasser stehen müssen, werden vielfach stehende Wellen verwendet, so daß die Dynamomaschine als Schirmdynamo hoch über den Turbinen schwebt, wobei die gemeinsame Welle oben an einer Bockkonstruktion aufgehängt wird (Abb. 491). Die Heraushebung von Dynamo und Turbine durch den Laufkran des Werkes

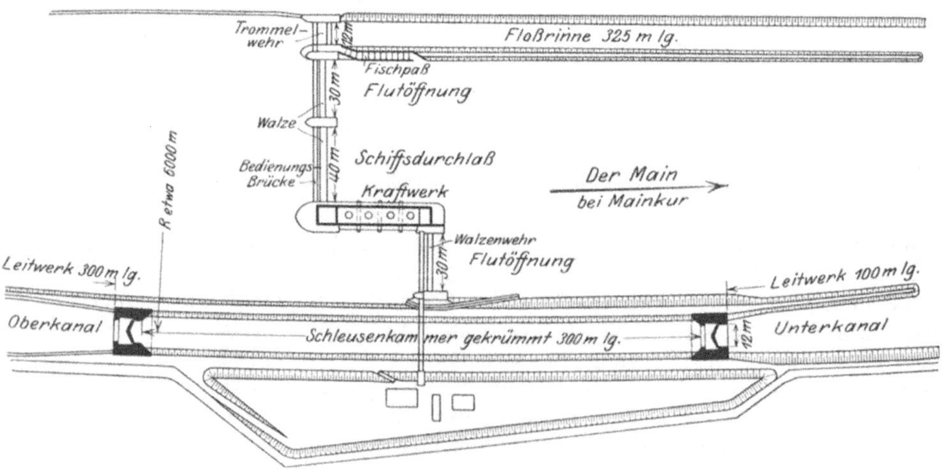

Abb. 502. Staustufe Mainkur. Maßstab 1 : 4000.

ist dann bequem möglich. Liegende Wellen sind zweckmäßig, wenn der Boden des Krafthauses tief liegen kann, so daß das Saugrohr kurz wird (Abb. 494). Die Turbinenkammern müssen auch nach dem Unterwasser zu abgeschlossen werden können, um sie bei Beschädigungen trocken legen zu können. Es darf dabei nicht vergessen werden, in die Sohle der Turbinenkammer einen Pumpensumpf einzubauen, zu dem die Sohle von allen Seiten Gefälle erhält. Bei Fehlen eines solchen

Pumpensumpfes ist eine völlige Trockenlegung der Turbinenkammer nicht möglich. Der Abschluß der Unterwasserkanäle kann durch einfache Dammbalken- oder durch Schützanordnung erfolgen. Die Saugrohre der Turbinen sind vielfach in Eisen ausgeführt worden; die Ausführung in Eisenbeton dürfte aber wegen der

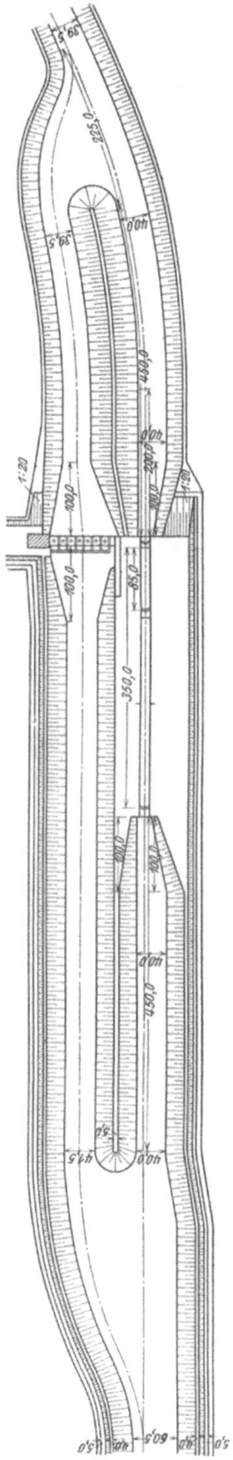

Abb. 503. Geplante Stauanlage bei Drakenburg (Weser). Maßstab 1 : 10 000.

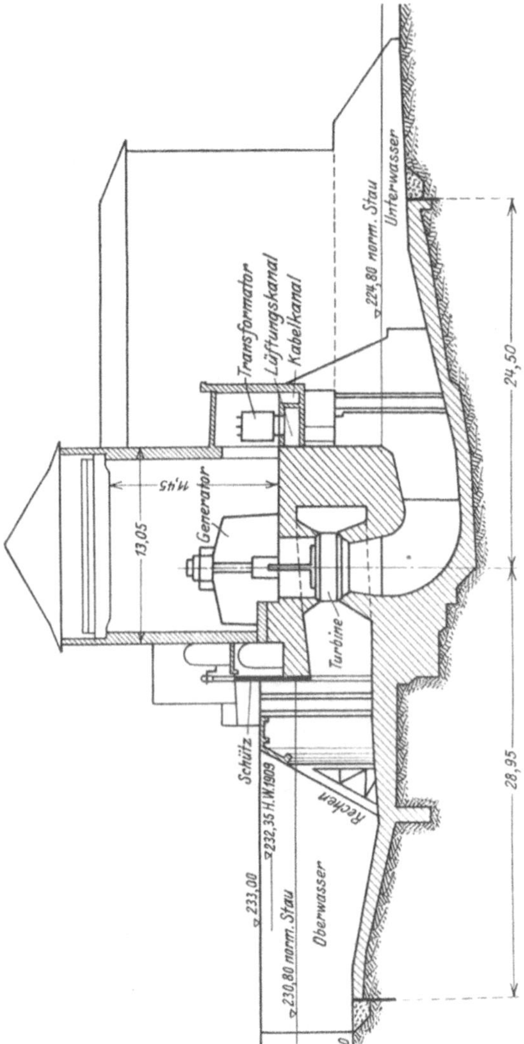

Abb. 504. Querschnitt durch Kraftwerk Viereth a. Main. Maßstab 1 : 500.

gut ausgerundeten Form im allgemeinen vorzuziehen sein. Abb. 504—505 zeigen zwei Kraftwerke mit ähnlichem Gefälle von rd. 6 m, bei 504 der Fußboden über, bei 505 unter dem OW. Dementsprechend die Art der Turbinenlagerung. Bei der Anlage Rosenheim hat Hallinger in die Mitte des Hauses einen Saugheber, Abb. 505b, und einen Grundablaß (Fortsetzung von 505c rechts) gelegt. Zwei Turbinen wirken immer gleichzeitig auf die Welle eines Generators (D. W. W. 1924, S. 96).

Flußkraftwerke haben im allgemeinen den Nachteil, daß die erzeugte Kraft, z. B. nachts, nicht abgesetzt werden kann, da die Fabriken, Straßenbahnen usw. dann stillstehen und die Beleuchtung auf ein geringes Maß eingeschränkt ist. Wenn man nicht mit solchen Laufwerken die Versorgung von Fabriken, wie Holzschleifereien, Stickstoffwerken usw. verbinden kann, die Tag und Nacht arbeiten, muß man versuchen, den Nachtstrom irgendwie aufzuspeichern. Akkumulatorenbatterien für große Flußkraftwerke anzulegen wird im allgemeinen zu teuer sein. Ein gutes Hilfsmittel ist entweder die Anlage von Tagesausgleichbecken oberhalb, bei denen gewisse Wassermengen bei Nacht aufgespeichert und am Tage abgelassen werden oder, falls die Örtlichkeit es zuläßt,

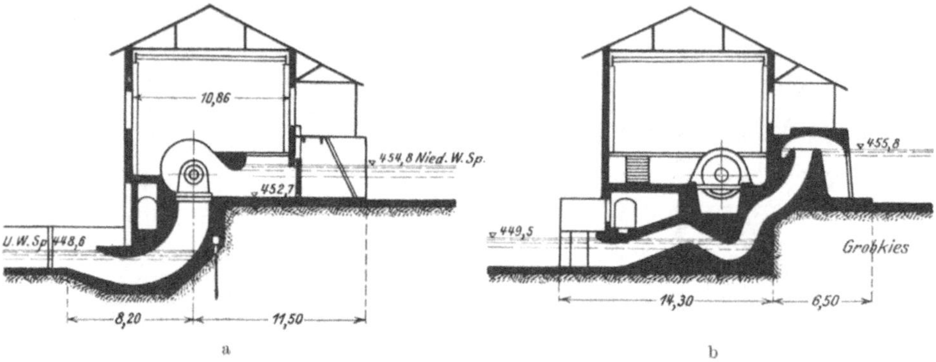

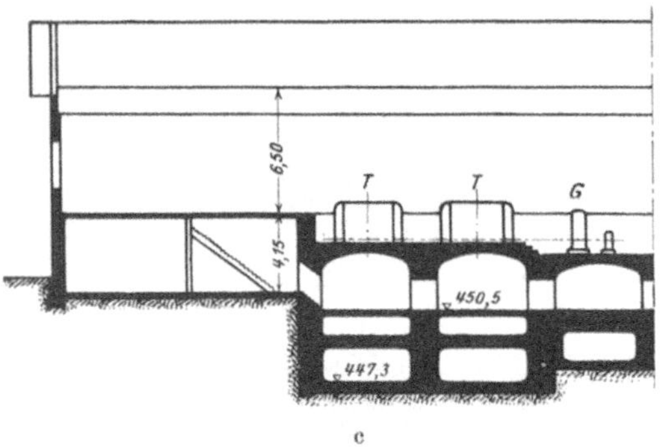

Abb. 505 a—c. Wasserkraftanlage Rosenheim (Hallinger). Maßstab 1 : 500.

a Schnitt durch die Turbine.
b Schnitt durch den Saugheber bei höherem Wasserstand.
c Längsschnitt durch das Krafthaus.

das Hochpumpen verhältnismäßig kleiner Wassermengen aus dem Oberwasser auf möglichst große Höhe in natürliche oder künstlich erzeugte Behälter, das heißt, die Umwandlung des Wertes $Q \cdot h$ in den Wert $q \cdot H$. Je größer die Höhe, desto kleiner können die Maschinensätze sein, trotzdem sie wegen des hohen Druckes eine große Leistung besitzen. Das aufgespeicherte Wasser kann dann am Tage als Hochdruckanlage arbeiten. Für das Hochpumpen vgl. das über Pumpenergie Gesagte auf S. 380. Man wird danach nur rund die halbe bei Nacht aufgewendete Energie wieder gewinnen, hat damit aber doch die halbe Energie, und noch dazu für Spitzenleistung gerettet.

c) Mitteldruckwerke.

Werke mit Druckhöhen von 10—50 m können als Mitteldruckwerke bezeichnet werden. Man wird es in vielen Fällen vorziehen, einen besonderen Ober- und Unterkanal zu bauen, so daß die Werke nicht unmittelbar in einer Aussparung des Flußufers stehen. Das Kraftwasser wird im allgemeinen durch besondere Rohrkanäle den Turbinen zugeleitet werden, so daß die Turbinen nicht, wie es bei den Niederdruckwerken meist der Fall ist, frei im Wasser stehen. Die Werke der mittleren Isar können zum großen Teil als Mitteldruckwerke

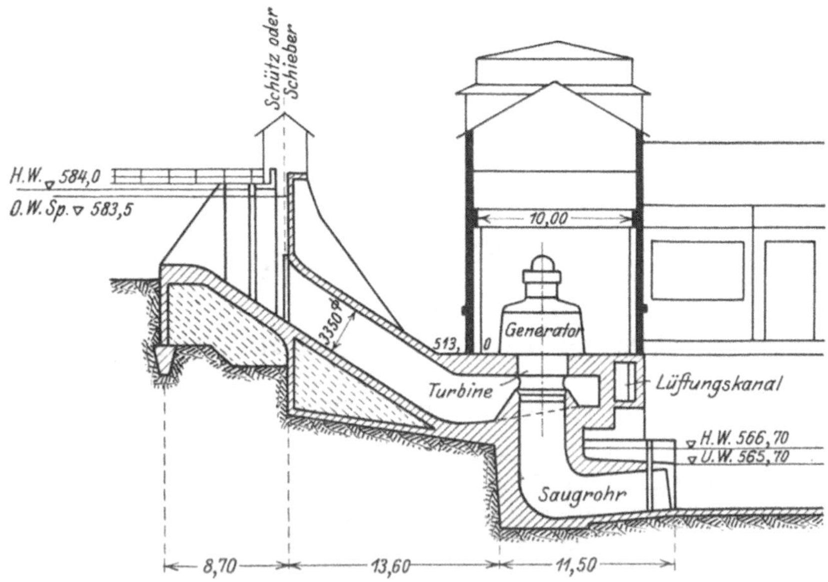

Abb. 506. Mitteldruckwerk. Isenwerk bei Mühldorf. Illerwerk Flenn, Tannheim. Maßstab 1 : 500.

bezeichnet werden. Weitere Werke sind z. B. das Illerwerk bei Tannheim und das Isenwerk der Stadt Mühldorf[1]) (Abb. 506). Der Unterschied dieser Werke gegenüber den Niederdruckwerken geht aus dem Beispiel genügend klar hervor.

d) Krafthäuser.

Der hochbauliche Teil der Kraftwerke berührt den Bauingenieur im allgemeinen nur so weit, als es sich um die Raumverteilung handelt. Es ist darauf zu achten, daß die Anlage weiträumig genug und erweiterungsfähig ist. Die Hallen müssen so hoch sein, daß der Laufkran die Maschinen vollständig aus den Schächten herausheben kann. Es kommt auf eine vorzügliche natürliche und künstliche Beleuchtung an; Sparsamkeit auf diesem Gebiete kann große Un kosten im Betriebe verursachen. Vorbildlich sind in dieser Hinsicht die Krafthäuser der Mittl. Isar A. G. Die Ausbildung der Krafthäuser wird schematisch durch die angeführten Beispiele dargestellt.

---

[1]) D. W. W. S. 30. 1924. Schäfer.

Neunter Teil.

Schiffsschleusen.

A. Allgemeines und Geschichtliches.

a) Begriffsbestimmung.

Die Entstehung der Schiffsschleuse fällt praktisch mit der Erfindung der Kammerschleuse zusammen. Eine Kammerschleuse ist ein zur Aufnahme eines oder mehrerer Schiffe genügend großer Raum, der gegen 2 verschieden hohe Wasserflächen durch wenigstens je 1 Tor beiderseits abgeschlossen ist. Dieser Raum hat die Fähigkeit, ein Sinken oder Heben des Wasserspiegels zwischen den beiden angrenzenden Wasserspiegeln zu ermöglichen, ohne daß in diesen Außenwasserständen größere Unterschiede entstehen. Durch diese Spiegelhebung oder -senkung in der Kammer können Schiffe in senkrechter Hebung oder Senkung von dem einen Außenwasserstand zum anderen gebracht werden. Jedes der beiden Tore kann geöffnet werden, wenn der Wasserspiegel auf seinen beiden Seiten annähernd gleich ist. Vorläufer dieser Kammerschleusen, die in Deichen an der Nordsee in Form einzelner Tore schon um 1000 n. Chr. erbaut wurden, gehören zu den Schleusen, da sie geöffnet wurden, wenn der Wasserspiegel beiderseits ausgeglichen war. Vorläufer dieser Kammerschleuse, die in einzelnen Toren in den festen Wehren bestanden, sind dagegen nichts anderes als die heutigen Schiffsdurchlässe bei Wehren und verdienen den Namen Schleusen nicht. Sie müssen den beweglichen Wehren zugezählt werden.

Das Kennzeichnende für Schiffsschleusen ist, daß sie den Schiffen, aber nicht dem Wasser den Durchtritt gewähren sollen. Da bei Flüssen für das Schleusen der Schiffe auch der Durchfluß des Wassers bei Verwendung einfacher Tore unvermeidlich war, bei einfachen Deich(Dock-)toren aber nicht eintrat, so wird obige Einteilung hierdurch bestätigt, sofern nicht die Bauart, sondern der Zweck für die Begriffsbestimmung entscheidend ist. Für den Betrieb eines solchen einfachen selbsttätigen Schleusentores (Docktor) ist es also notwendig, daß der zeitweilig tiefere Außenwasserstand für eine gewisse Zeit über den Hafenwasserstand steigt, wie es bei den geschlossenen Nordseehäfen regelmäßig der Fall ist. Es bleibt dann das Schleusentor während dieser Zeit des höheren Außenwasserstandes offen, d. h. während dieser Zeit ist das Tor außer Betrieb gesetzt[1]), um erst wieder zu seiner Bestimmung zurückzukehren, wenn der Außenwasserstand unter den normalen Hafenwasserstand gefallen ist. Ein einfaches Schleusentor kann somit ein Hafenbecken nur für eine gewisse Zeit mit einem wechselnden Meereswasserstand verbinden, ist aber nicht imstande, die jederzeitige Zugänglichkeit eines Hafens zu ermöglichen.

---

[1]) Der gleiche Zustand wie bei einer Kammerschleuse, bei der ein Tor längere Zeit geöffnet bleibt.

b) Geschichtliches.

Nach Untersuchungen von Dr.-Ing. Wreden, Hannover, ist es wahrscheinlich, daß die Kammerschleuse etwa gleichzeitig in Deutschland, Holland und Italien erfunden wurde. Eine Beeinflussung Italiens durch die nördlichen Länder ist nicht ausgeschlossen, ist aber zur Zeit nicht nachzuweisen.

Wreden sagt in seiner Schrift „Vorläufer und Entstehen der Kammerschleuse usw.“ (Verlag Julius Springer, Berlin 1919):

Die ältesten Baudaten bzw. Nachrichten über eine Schiffskammerschleuse sind:

1. Für Holland das Jahr 1203, wahrscheinlich aber 1413. Die einwandfreie Entscheidung über die damalige Bedeutung der Worte „verlaat“ und „kolk of schutthinge“ ist Aufgabe der Sprachforschung (Abb. 507).

2. Für Deutschland das Jahr 1325 als Baujahr für doppelte Stauschleusen, 1398 bzw. 1448 als Baujahr der ersten Kistenschleusen (Abb. 508). Die erste massive (steinerne) Kammerschleuse in Kesselform wurde 1569 gebaut.

3. Für Italien das Jahr 1420 für die Muschelschleuse (conca), 1452 für doppelte Stauschleusen (ein Vorschlag von Leone Battista Alberti) und 1497 für die doppelseitig geschlossene massive Kammerschleuse mit Einrichtungen zum Füllen und Entleeren, wie sie Leonardo da Vinci auf technischer Grundlage erstmalig entworfen und erbaut hatte (Abb. 509 a—d).

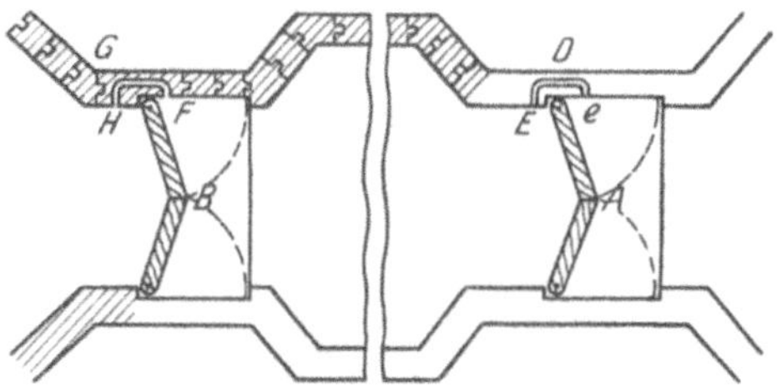

Abb. 507. Älteste Form der Kammerschleuse in Holland nach Stevin; lange vor 1600.

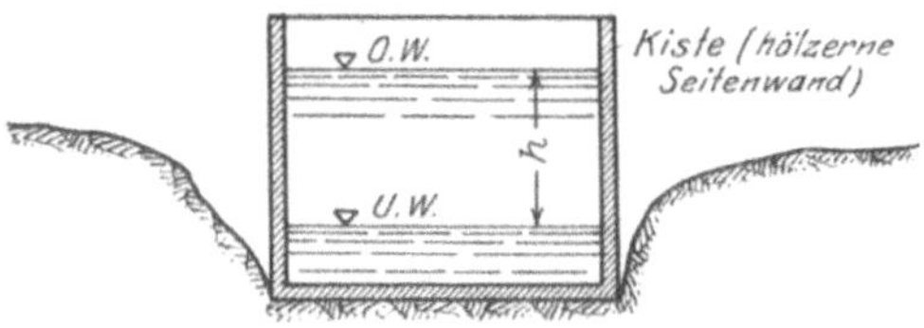

Abb. 508. Kistenschleuse an der Stecknitz.

Ein Zwang zur Entwicklung der Schleuse entstand überall in dem Augenblick, als man früher zusammenhängende Wasserflächen durch Dämme trennte

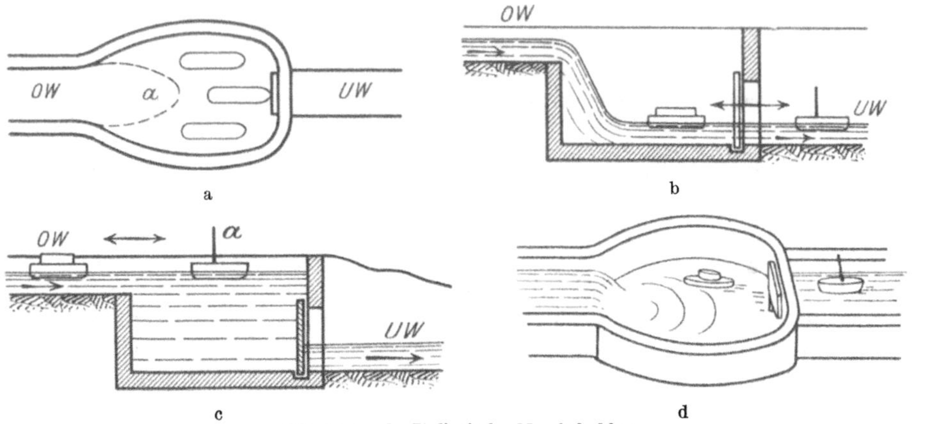

Abb. 509 a—d. Italienische Muschelschleuse.

a Draufsicht (α Wassersturz). b Kammer gefüllt. c Kammer entleert. d Conca in Stra bei Padua 1481 (nach einem alten Stich).

(Deiche an der See oder feste Wehre in den Flüssen), oder indem man Landbrücken zwischen benachbarten verschieden hoch liegenden Wasserflächen für die Schiffahrt durchstechen wollte. Die älteste Schiffahrt hat sich mit dem System des Umladens beholfen. Man brachte nicht die Schiffe von einem Wasserspiegel zum anderen, sondern die Fracht. Dann erfand man die Überwegung für die damals noch sehr kleinen Schiffe (bis zu 20 t Inhalt) über schräge Ebenen, die durch Rollen oder Kleiauflagen erleichtert wurden.

Der von Karl d. Großen um 800 geplante berühmte Kanal zwischen Rhein und Donau (Rhein—Main—Regnitz—Rednitz—Rezat—Fossa Carolina[1])—Altmühl—Donau) kann kaum anders als mit solchen schrägen Ebenen geplant gewesen sein, wenn man nicht die Waren von einer Haltung zur anderen hätte umladen wollen. Eine Verbesserung des Verfahrens wurde dann in den Flüssen dadurch möglich, daß man einzelne Staustufen einbaute und nun die Fahrt auf Schwellungen erfand (Abb. 510 u. 511. Man sammelte die Schiffe oberhalb des Wehres an, öffnete dann ein Tor in dem Wehr und ließ zuerst eine größere Menge Wasser ablaufen, bis sich der Wasserfall etwas ausgeglichen hatte und ließ dann die Schiffe mit der Welle den Fluß hinunterfahren. Durch Hinterherschicken weiterer Wellen gelang es dann, die Schiffe bis zur nächsten Staustufe zu bringen. Einzelne besonders ungünstige Furten machten die Erbauung zweier Staustufen dicht hinter-

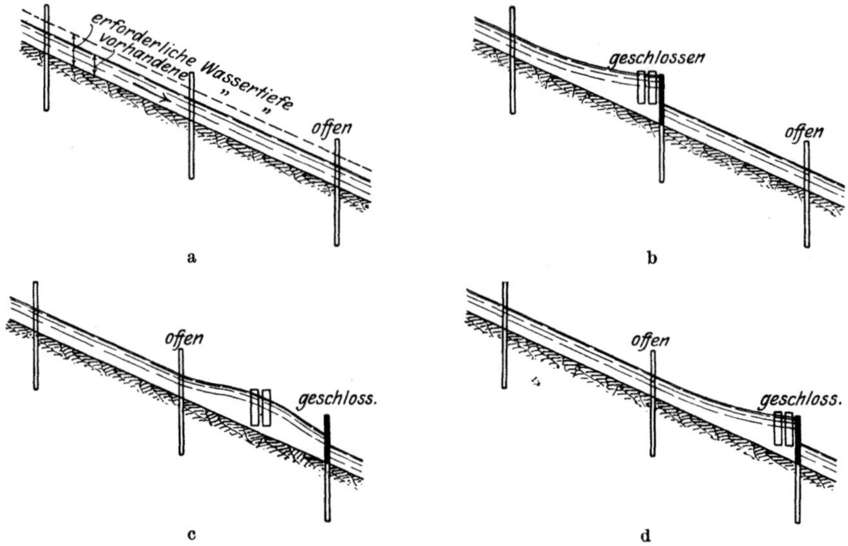

Abb. 510 a—d. Fahrt auf Schwellungen (Stecknitzfahrt).

a Zustand ohne Stauung. b Stauhaltung 1 geschlossen. c Stauhaltung 2 geschlossen. Schiffe fahren auf Rücken der Welle von 1 nach 2. d Stauhaltung 2 geschlossen. Schiff wartet auf Fortsetzung.

einander notwendig. Durch sehr nahes Aneinanderrücken solcher Wehre entstand dann eine kurze Haltung, die die gleiche Aufgabe erfüllt wie eine Schleusenkammer. Eine solche Fahrt auf Schwellungen war die Stecknitzfahrt, die Lübeck mit der Elbe verband und für den Salzhandel Lübecks von entscheidender Bedeutung war. Die Oberschleuse auf der Stecknitz ist in einer Urkunde des Herzogs Albrecht IV. von Sachsen 1336 erwähnt, die St. F. ist aber wesentlich älter. Auf der Stecknitz ist dann eine Kammerschleuse, die sog. Kistenschleuse, erfunden worden, die sich hier wahrscheinlich aus den Erfahrungen bei dem Schleusen mit 2 dicht benachbarten Schleusentoren entwickelt hat. Abb. 508 zeigt das Bild einer solchen Kistenschleuse, wie sie auf der Stecknitz in Gebrauch war.

In Holland hat sich die Kammerschleuse in ganz anderer Weise, aber wahrscheinlich aus ähnlichen Gedankengängen heraus, entwickelt. Abb. 507 zeigt nach Stevin die erste Kammerschleuse in Holland, die lange vor 1600 bestand. Sie enthielt bereits die beiden Stemmtorpaare *A* und *B* und die Umläufe *C D E* und *F G H*, die durch kleine Tore geschlossen wurden. In Italien ist der

---

[1]) Der „Karlsgraben“ liegt vor dem Bahnhof Grönhart, einer kleinen Station 4 km von Treuchtlingen in Bayern.

Vorläufer der Kammerschleuse die Muschelschleuse, bei der ein natürlicher Wasserfall in einem Fluß mit einem beweglichen Verschluß (unteres Schleusentor) versehen wurde (Abb. 509 a—d). Durch Hinzunahme eines oberen Tores entstand die Kammerschleuse, die in Italien von Leonardo da Vinci erfunden und in seinen Schriften dargestellt wurde (1497). Es ist wesentlich, daß

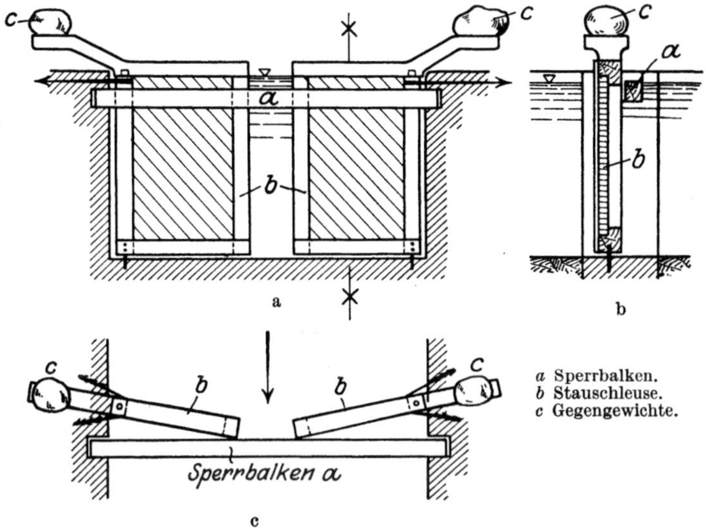

Abb. 511 a—c. Stauschleusen der Stecknitzfahrt.
a Vorderansicht des Tors. b Draufsicht. c Schnitt.

Kammerschleusen in Deutschland und Holland schon im Gebrauch waren, als Leonardo die Schleuse zeichnete. Die für den Gebrauch wichtigste Erfindung Leonardos war vor allem die Einrichtung zum Füllen und Entleeren der Schleuse durch Einbau von Torschützen, die früher nicht bekannt waren. Diese Erfindung war der wichtigste Schritt in der Entwicklung der Schleuse; durch sie ist die Kammerschleuse erst ein praktisch brauchbarer Apparat, eine entwicklungsfähige Erfindung für den Verkehr geworden.

B. Einteilung der Schleusen.

a) Einfache Schleusen.

Wie die geschichtliche Entwicklung gezeigt hat, sind die Kammerschleusen aus den einfachen Torschleusen (Schleusentoren) heraus entstanden. Es ist dieses einzelne Schleusentor auch heute noch die einfachste Form der Schleuse, wie sie in der Form von Deichschleusen und Hafenschleusen an Meeren mit Gezeiten usw. angewandt wird. Abb. 512 zeigt eine einfache Hafenschleuse, die sog. Dockschleuse, die heute in England noch vielfach die einzige Verbindung von Hafenbecken mit der See ist. Der Hafen ist nur in der Zeit zugänglich, in der der Außenwasserstand über den Hafenwasserstand gestiegen ist. Die Schleuse besteht aus einer gemauerten oder betonierten Durchfahrt, die aus einer Sohle und aufgehenden Mauern gebildet ist, und die nach unten durch Spundwände gegen Unterspülung gesichert ist. Die Einfassung der Durchfahrt ist mit großer Vorsicht zu erbauen, weil sie meist einen Teil eines Deiches bildet, der das Hafengelände ebenso wie die Niederung gegen die Hochfluten des Meeres schützt. In diese Durchfahrt werden ein oder mehrere Paare von Stemmtoren eingesetzt, die in zurückspringenden Nischen liegen, wenn die Tore geöffnet sind (Abb. 513). Das **äußere** Torpaar wird bei Sturmfluten in Betrieb genommen, wenn das Außenwasser von dem Hafenbecken ferngehalten werden soll. Bei normalen Fluten bis zu den gewöhnlichen Springfluten läßt man das Wasser im Hafen bis zur Springfluthöhe ansteigen. Die beiden gegeneinander gerichteten Tore können durch

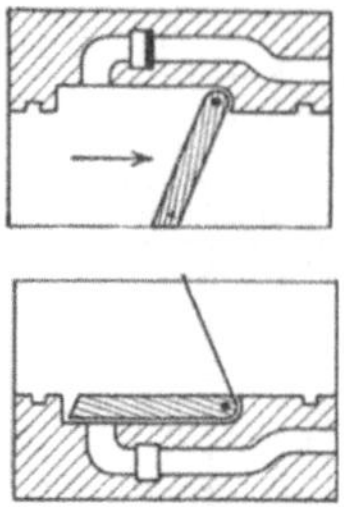

Abb. 512.

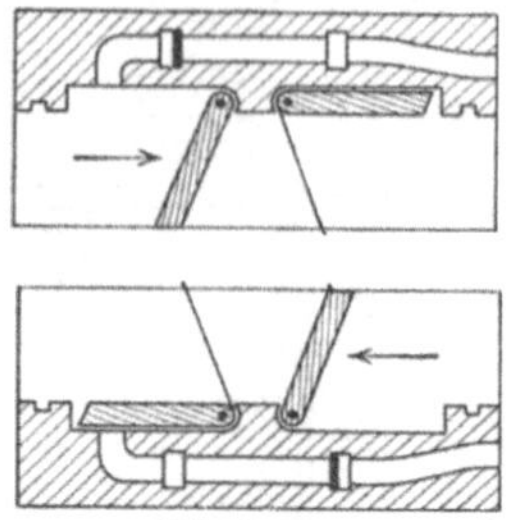

Abb. 513 a.

Abb. 512—513. Toranordnung.

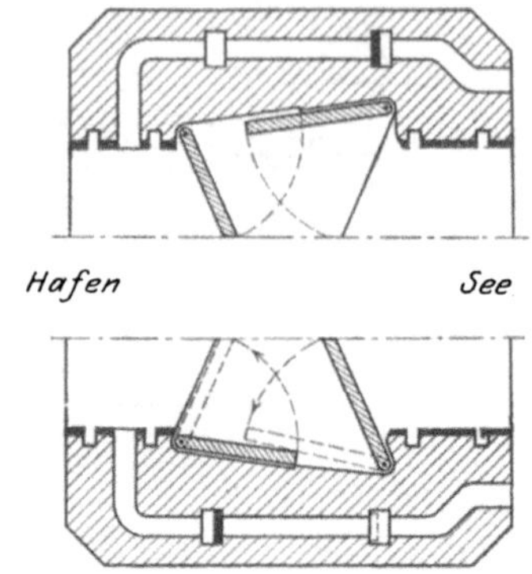

Abb. 512. Einfaches Stemmtor, geschlossen und geöffnet.
Abb. 513 a. Doppeltes Stemmtor (Sicherheitstor).
Abb. 513 b. Doppeltes Stemmtor Tore vertauscht.

Abb. 513 b.

ein Schwimm- oder Rollponton ersetzt werden. Eine etwas veränderte Form entsteht für diese Schleuse durch Vertauschung der beiden Torpaare (Abb. 513 b). Man kann hierdurch an Mauerwerk sparen, da die Tornische nur einmal, aber in größerer Tiefe, notwendig ist. Die Länge des zurückliegenden Tores wächst aber gegenüber der ersten Ausführung. Welche Ausführung besser ist, richtet sich vornehmlich nach den entstehenden Kosten. Die Umläufe sind bei diesen Toren oft entbehrlich.

b) Kammerschleusen.

Die vorstehenden Formen sind mehr Einzelteile als vollständige Schleusen. Die vollständige Schleusenform ist erst in der Kammerschleuse gegeben. Sie kehrt in allen möglichen Formen, als einfache, Doppelschleuse, Zwillingsschleuse, Schleppzugschleuse usw. wieder.

Die einfache Kammerschleuse in ihrer modernen Form ist wiedergegeben durch die Abb. 514 a u. b. Die Bezeichnungen sind verschieden, je nachdem es sich um eine Schleuse in Flüssen und Kanälen oder an der See handelt. Die Schleuse besteht (Lageplan) aus den beiden Häuptern und der Kammer. Es sind die üblichen Bezeichnungen in die Abbildung hineingeschrieben worden, so daß eine Wiederholung sich hier erübrigt. Der Drempel ist der Anschlag, gegen den sich das Tor anlegt.

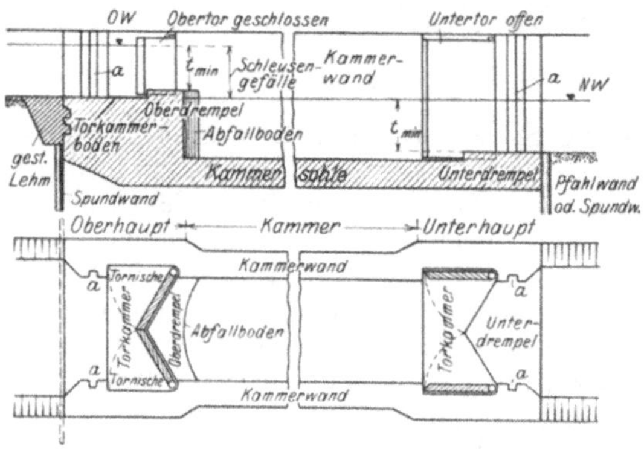

Abb. 514 a u. b. Einfach kehrende Flußschleuse.

Zwischen den Schleusen im Fluß oder Kanal und Schleusen an der See besteht ein wichtiger Unterschied insofern, als das Oberhaupt bei den beiden erstgenannten Schleusen gewöhnlich wesentlich höher liegt als die Kammer. Es ist ein Übergang vom Oberhaupt zur Kammer notwendig, das durch die Abfallmauer dargestellt wird. Diese Abfallmauer wurde früher vor dem Zeitalter des Betons durch Gewölbe gebildet, wird heute aber ebenso gut als Betonwand ausgeführt, die bei großem Höhenunterschied bewehrt wird. Der höchste Punkt in der Sohle des Oberhauptes und des Unterhauptes ist der Drempel für die Schleusentore, ganz gleich, wie letzteres ausgebildet wird. Diese Drempeloberkanten müssen wenigstens so tief liegen wie die Sohle des Flusses, Kanales oder Hafens. Es wird aber oft die Vorsicht angewandt, die Drempel wesentlich tiefer zu legen, um die Möglichkeit der Vertiefung der anschließenden Gewässerstrecken zu erhalten[1]). Vor den Torkammern, deren Sohle gegenüber dem übrigen Schleusenboden vertieft liegt, liegen die Vorschleusen. Sie haben die Aufgabe, ein Nadelwehr, ein Dammbalkenwehr oder ein Ponton für vorübergehenden Abschluß des Hauptes bei Reparaturen aufzunehmen. Diese Abschlüsse haben bis über den höchsten Wasserstand, auf den bei der Reparatur gerechnet wird, zu reichen. So hat ein Nadelwehr des Unterhauptes z. B. nur bis über den Wasserstand zu reichen, den man im Unterwasser bei der Reparatur als höchsten vermutet, nicht aber etwa bis zur oberen Schleusenplattform. Das Stemmtor ist heute bereits vielfach verlassen worden, es werden Stemmtore aber immer noch häufig ausgeführt.

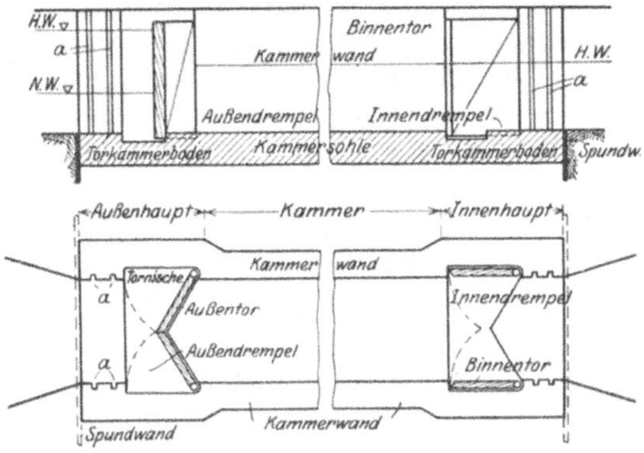

Abb. 515 a u. b. Einfach kehrende Seeschleuse.

Der bereits angedeutete große Unterschied zwischen Kanal- und Seeschleusen wird durch Abb. 515a u. b erläutert. Es gibt hier kein Oberhaupt, sondern ein Außenhaupt, während dem Unterhaupt ein Binnenhaupt ent-

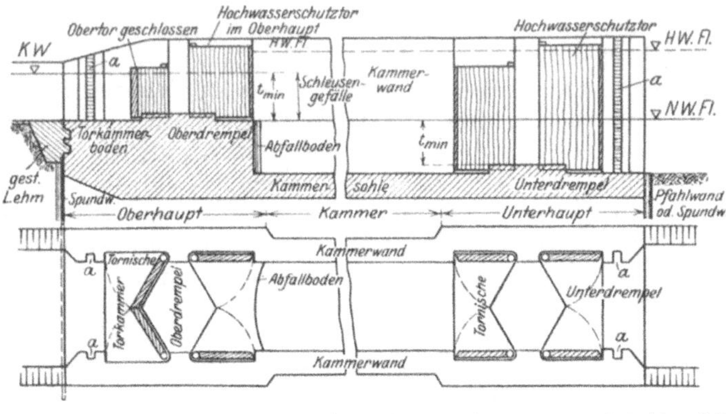

Abb. 516a u. b. Abstiegschleuse zum Flusse mit Hochwasserschutztoren, nach beiden Seiten kehrend.

spricht. Soll eine Kammerschleuse nach zwei Richtungen kehren, dann muß sie mit wenigstens 2 Torpaaren nach jeder Richtung versehen werden (vgl. Abb. 516a u. b).

Solche zweiseitigen Schleusen können z. B. notwendig werden, wenn ein Kanal in einen Fluß mündet, und wenn der Kanalwasserstand über niedrigen Flußwasserständen liegt, sich dieses Verhältnis aber bei hohen Flußwasserständen umkehrt.

---

[1]) In der Weser ist der Niedrigwasserstand durch Regelung in den letzten Jahrzehnten jährlich um 1 cm gesunken. An der Oder hatte sich das NW. unterhalb von Breslau jährlich um 5 cm gesenkt, so daß schließlich der Unterdrempel bei NW. frei lag.

c) Doppelte und Schleppzugschleusen.

Auf S. 399 sind die Grundformen zusammengestellt. Die einfachen Schleusen sind durch Abb. 517 u. 518 dargestellt. Um mehrere Schiffe gleichzeitig zu schleusen, hat man früher Doppelschleusen verwandt (Abb. 519 u. 520), bei denen Einfahrt und Ausfahrt meist versetzt sind. Mehrfachschleusen dieser Form werden im allgemeinen nicht mehr gebaut, sie sind aber an der See ohne Versetzung der Häupter unter Umständen zweckmäßig. Sie dienen in der Form dem Verkehr von großen und kleinen Schiffen gleichzeitig. Das große Schiff fährt zuletzt ein und zuerst wieder aus. Die Kaiserschleuse in Bremerhaven ist eine solche Schleuse. Weit besser als die Doppelschleusen sind für die Binnenschiffahrt die dem gleichen Zweck dienenden Schleppzugschleusen Abb. 521, die ganzen Schleppzügen den Durchgang ohne Auflösung des Zuges erlauben, während bei der Schleuse gemäß Abb. 519 u. 520 stets eine Auflösung des Schleppzuges notwendig ist. Die Schleppzugschleuse für 2 Schiffe wird teurer als die Doppelschleuse für 2 Schiffe, hat den gleichen Wasserverbrauch, spart aber beträchtlich an Schleusungszeit. Sie ist somit betriebstechnisch der Doppelschleuse weit überlegen und wird an anderen Stellen heute durchweg für größeren Verkehr gebaut. Große Schleppzugschleusen erreichen Längen von mehreren 100 m, so hat z. B. die Bremer Schleppzugschleuse in der Weser bei Hemelingen eine lichte Länge von 350 m bei 12,5 m lichter Weite.

Zu den Formen für die gleichzeitige Schleusung mehrerer Schiffe gehört die Kesselschleuse Abb. 520, bei der die sonst schmale Kammer durch einen kesselartigen Raum (ähnlich wie bei der Muschelschleuse Abb. 509 a—d, S. 393) ersetzt wird. Diese Schleuse hat nur noch historisches Interesse.

d) Mehrfache Schleusen, Treppen, Hebewerke usw.

Die Durchführung des Verkehres aus beiden Richtungen durch nur eine Schleuse hat oft Verkehrsstörungen zur Folge, auch wird bei Beschädigung dieser einen Schleuse der ganze Verkehr lahmgelegt. Es werden deshalb heute überall dort, wo es die Geldmittel irgendwie erlauben, zweifache Schleusenanlagen erbaut. Die übliche Form dieser Anlage bei gutem Untergrund ist die Zwillingsschleuse (Abb. 525 a u. b), die aus zwei nebeneinanderliegenden Schleusen mit gemeinsamer Mittelmauer besteht. Es wird an Mauerwerk etwas weniger als die Kosten einer Seitenwand erspart. Es ergeben sich aber große Ersparnisse an Erdarbeiten usw. Man hat oft auf die Gefahren hingewiesen, die dem ganzen Bauwerk drohen, wenn die Unterspülung einer Schleusenkammer oder ein ähnliches Unglück eintreten würde, es sei dann gleich das ganze Bauwerk gefährdet. Trotz dieser unleugbaren Gefahr sind aber immer wieder Zwillingsschleusen erbaut worden und werden auch in Zukunft gebaut werden. Die Vorteile der Ersparnis an Baukosten, durch Überwachung des Betriebes beider Schleusen von einem Punkt aus, Verminderung des Schleusenpersonals gegenüber zwei Einzelschleusen usw. sind im Vergleich mit den mehr theoretischen Gefahren so groß, daß die Zwillingsschleusen sich selbst bei den größten Bauwerken durchgesetzt haben, z. B. auch bei den Riesenschleusen bei Anderten (Hannover).

Nur dort, wo der Untergrund große Gefahren in sich birgt, wie z. B. im Bergbaugebiet (Westfalen, Rhein-Herne-Kanal), hat man den Bau von Zwillingsschleusen nicht gewagt, sondern hier die Schleusen einzeln und in der Längsrichtung gegeneinander so weit vorgeschoben gebaut, daß Unfälle an einer Schleuse sich nicht auf die benachbarte zu übertragen brauchen (Abb. 526 vom Rhein-Herne-Kanal). Ihrer Grundrißanordnung wegen sind noch zu erwähnen die Weichenschleusen, die Sackschleusen, Kesselschleusen und die Drehschleusen,

Abb. 517. Einfach kehrende Schleuse.

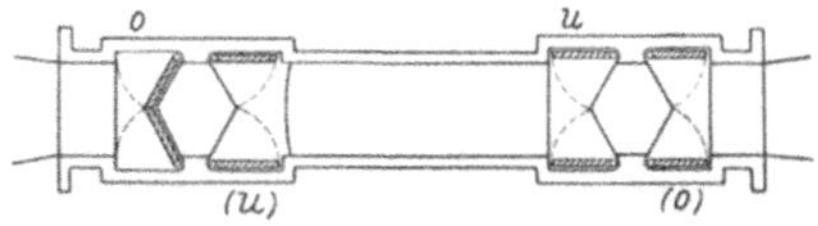

Abb. 518. Doppelt kehrende Kammerschleuse.

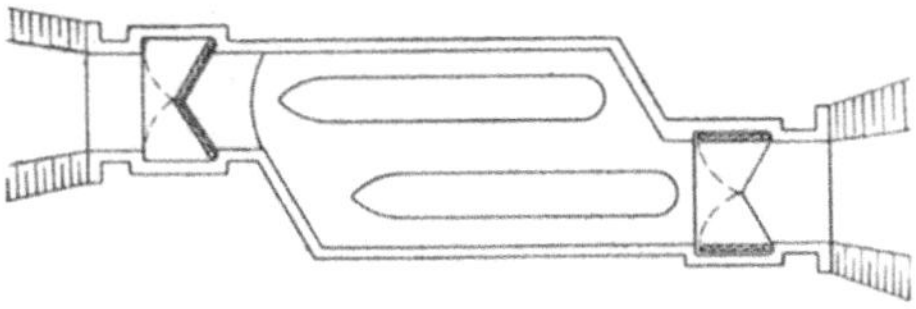

Abb. 519. Versetzte Schleuse (Doppelschleuse).

Abb. 520. Kesselschleuse für 3 Schiffe.

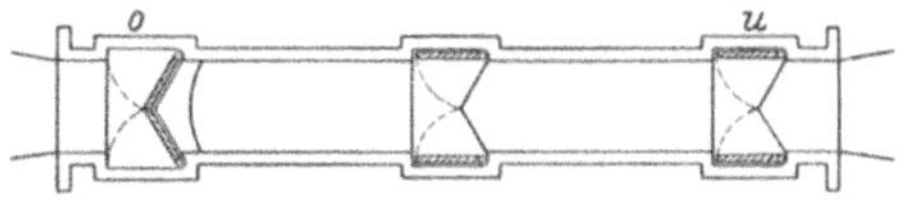

Abb. 521. Schleppzugschleuse mit Mitteltor.

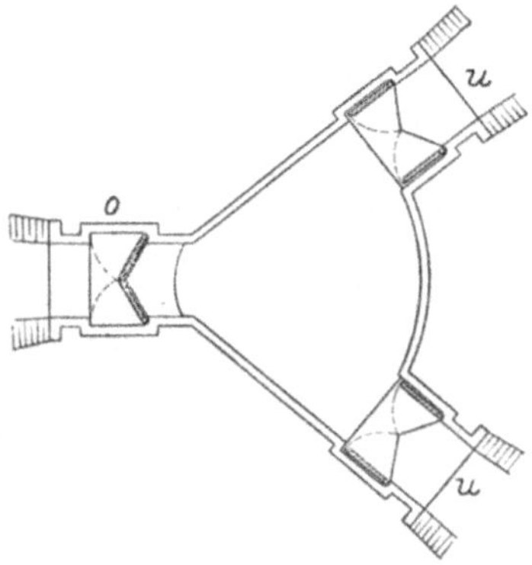

Abb. 522. Weichenschleuse.

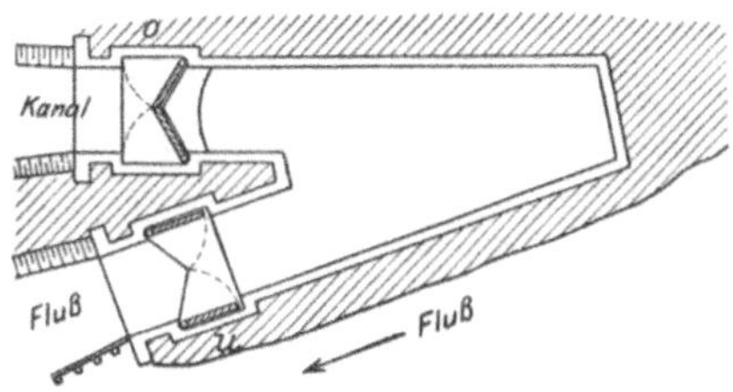

Abb. 523. Sack- und Kopfschleuse.

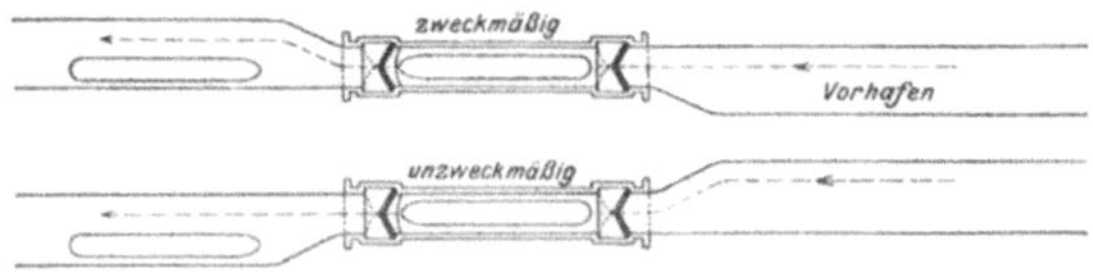

Abb. 524 a u. b.

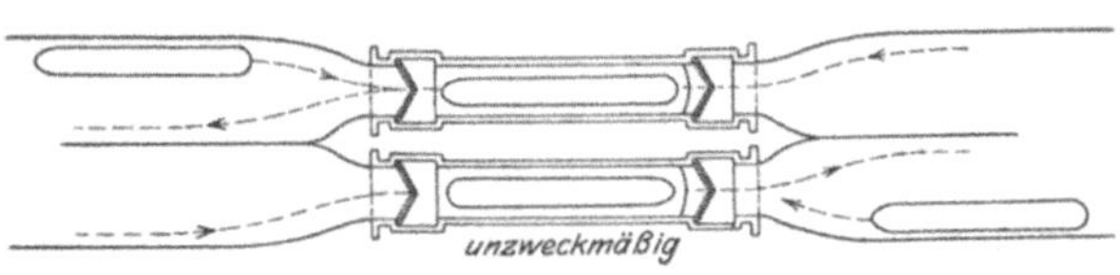

Abb. 525 a.

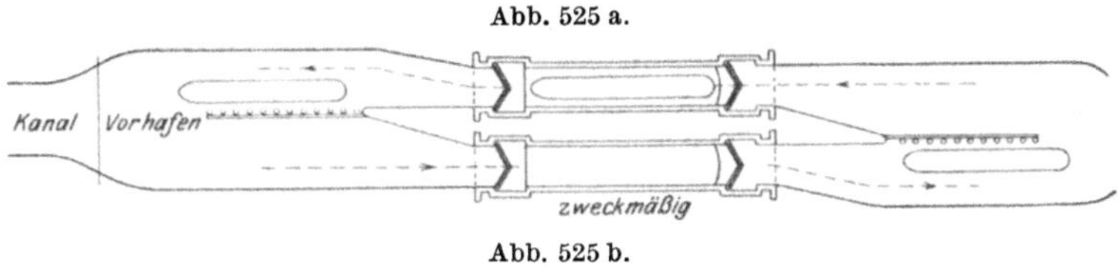

Abb. 525 b.

Abb. 524 u. 525. Zweckmäßige und unzweckmäßige Anordnung der Einfahrt und Vorhäfen bei einfachen und Zwillingsschleusen, das wartende Schiff führt gerade aus.

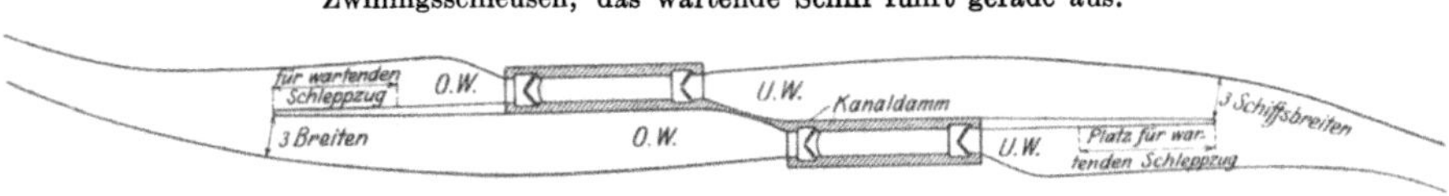

Abb. 526. Auseinandergezogene Anordnung der Schleusen im Bergbaugebiet usw.

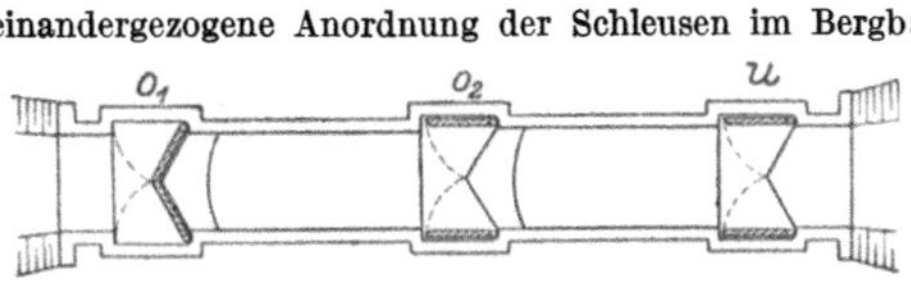

Abb. 527. Schleusentreppe.

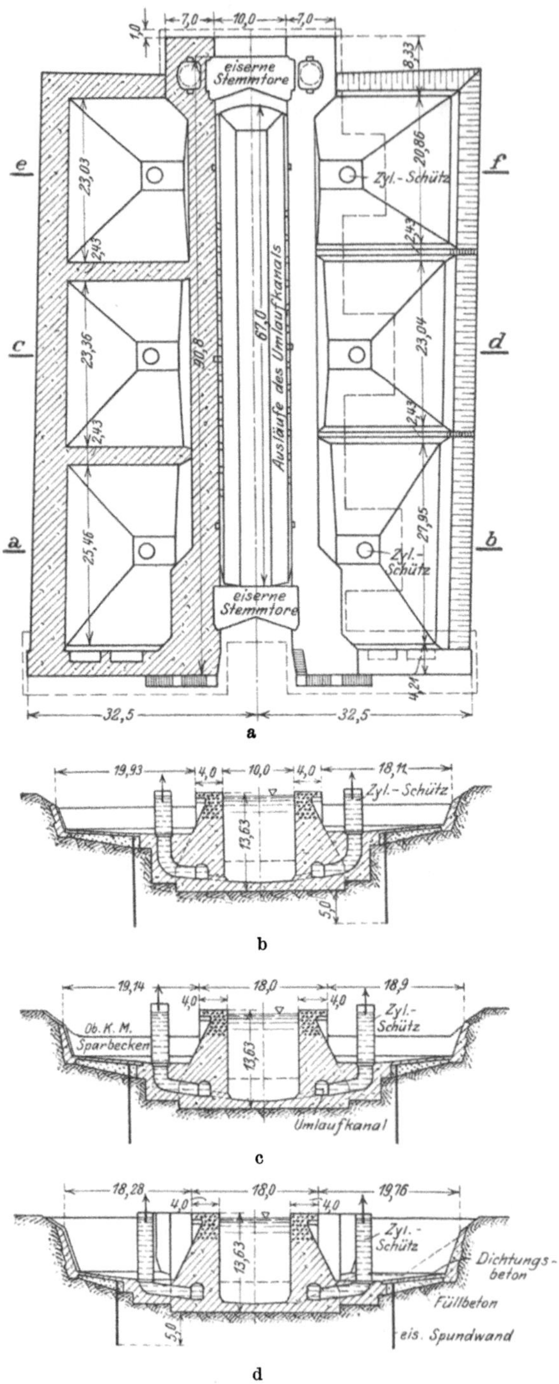

Abb. 528 a–d. Sparschleuse Niederfinow mit offenem Sparbecken. Maßstab 1 : 1100.
a Lageplan. b Querschnitt *e–f*. c Querschnitt *c–d*. d Querschnitt *a–b*.

die durch die Linienskizzen (Abb. 522 u. 523) erläutert werden, die heute aber nur noch historisches Interesse besitzen.

Die neue Kanalbaukunst erstrebt die Anlegung von möglichst wenigen, aber hohen Staustufen. Es werden heute Staustufen von 15 bis sogar 36 m angelegt. Hierfür verwandte man früher Schleusentreppen gemäß Abb. 527, bei denen das Unterhaupt der obersten Schleuse zugleich das Oberhaupt der nächsten usw. ist. Heute werden an ihrer Stelle zumeist Schachtschleusen mit Sparbecken erbaut. Abb. 528 zeigt eine solche Sparschleuse mit beiderseits 3 offenen Sparbecken. Das Streben nach Ersparnis von Wasser gab dann Anlaß zur Erfindung anderer wassersparender Schleusen. Als solche sind zu nennen die Verdrängerschleuse von Schnapp und Gerstenberg, die Schwimmerschleuse von Schneiders, die überholt sind durch die vom Verfasser erfundenen Umlaufschleusentreppen und durch die von Professor Proetel erfundenen verschiedenen Sparschleusen, die theoretisch so wie die Schneidersschleuse ganz ohne Wasserverbrauch arbeiten. Die Proetelschleuse ist für einzelne Kammern anwendbar, während die Schneidersschleuse ebenso wie die Schleuse mit Umlaufprinzip doppelte zweistufige Schleusentreppen voraussetzt.

Neben den Schleusen wird die Überwindung großer Höhen durchgeführt durch schräge Ebenen und durch Hebewerke, die einer besonderen Besprechung am Ende dieses Abschnittes bedürfen.

C. Lage und Abmessungen der Schleusen.

a) Die Lage der Schleusen.

Die Lage der Schleusen ergibt sich meist so zwangläufig aus der Linienführung, daß große Willkürlichkeiten nicht möglich sind. Man soll aber die Linienführung bereits unter Berücksichtigung der Schleusenlage festlegen. So sollten Kanalschleusen wenn möglich in die Nähe von Kreuzungen großer Straßen oder in die Kreuzung des Kanals mit der Eisenbahn gelegt werden. Man ist dann in der Lage, die Bahn oder die Straßen, oft unter geringen Umlegungen, über das Unterhaupt oder Oberhaupt hinweg oder unter dem Oberhaupt hindurchzuführen. Hierdurch ergeben sich stets große Ersparnisse an Brückenbaukosten. Bei Abstiegschleusen zu Flüssen wird man die Schleuse möglichst nicht zu weit in den Hang legen, wenn Rutschungen drohen. Wenn Rücksichten auf Eisenbahnen oder große Straßen maßgebend sind, wird man jedoch bei gut gelagerten Schichten nicht vor dem Bau der Schleuse am Hang zurückzuweichen brauchen. Im Flusse (Kanalisierungen) hat man die Schleuse meist an die ausbiegende Seite gelegt. Hier ist sie vom Eisgang am wenigsten gefährdet, es ist aber die Sandwanderung eine Gefahr. Da der Fluß außer bei Hochwasser angestaut wird, so ist die Versandungsgefahr, die sonst für die ausbiegende Seite groß gewesen wäre, stark herabgemindert. Man wird aber mit gewissen Baggerungen rechnen müssen. Heute werden Schleusen oft in die einbiegende Seite gelegt (Main). Schleusenkanäle sollen so liegen, daß sie unter einem spitzen Winkel von etwa 20° in den Fluß münden. Die Anlage von Schleusenkanälen unter zu stumpfem Winkel gemäß Abb. 499, S. 386, ist schlecht. Sie wurde für Bremen durch Forderungen seitens Preußens erzwungen. Wenn aber eine solche Lage des Kanals nicht zu vermeiden ist, dann soll man nicht vor dem Mittel, die Schleusen selbst und evtl. auch die Vorhäfen zu krümmen, zurückschrecken, trotzdem eine solche Maßregel bisher als unzulässig galt. Mehrere solcher gekrümmter Schleusen sind oberhalb von Frankfurt im kanalisierten Main erbaut worden (Abb. 501 u. 502, S. 388). Die Krümmung einer Schleuse wird im allgemeinen nur für längere Schleppzugschleusen in Frage kommen.

Ebenso wichtig wie die Ausbildung der Schleusen selbst ist die Anlage der Vorhäfen. Besonders wenn mit Schleusenrang[1]) zu rechnen ist, und das ist bei starkem Verkehr fast immer der Fall, dann müssen Vorhäfen von wenigstens der Länge eines Schleppzuges vorhanden sein. In Flüssen kann der Fluß selbst oft die Aufgabe dieser Vorhäfen übernehmen, besser ist aber auch hier der Ausbau richtiger Vorhäfen. In Kanälen ist durch entsprechende Verbreiterung ein genügender Vorhafen auszubilden. Man wird die Vorhäfen bei Kanälen oberhalb und unterhalb im allgemeinen gleich lang machen, weil letzten Endes von beiden Richtungen im Laufe der Zeit gleich viel Fahrzeuge kommen müssen, vgl. Schleuse Anderten, Abb. 529. Bei Flüssen soll der obere Vorhafen länger sein, da die Schiffe von oben her hier mit der Strömung einfahren. Vgl. die Mainschleusen Abb. 501/02. Bei längeren Flußdurchstichen können die Vorhäfen reichlich lang werden. Dann wird man bereits zwecks Verringerung der Erdarbeiten die Schleuse so weit stromab rücken, daß der untere Vorhafen gerade lang genug wird. Man wird die Pläne im übrigen stark von der Geländegestaltung abhängig machen müssen und obige Angaben nur als Richtungspunkte ansehen dürfen.

---

[1]) Schleusenrang, ursprünglich die Rangordnung (Reihenfolge), in der die Schiffe geschleust wurden, die bei Anhäufung der Schiffe vor der Schleuse wichtig ist. Eine bessere Bezeichnung wäre Schleusendrang.

Bei Seeschleusen soll man darauf achten, daß die Schleusentore nicht dem stärksten Seegang unmittelbar ausgesetzt sind. Die Bewegung von Schiebe-

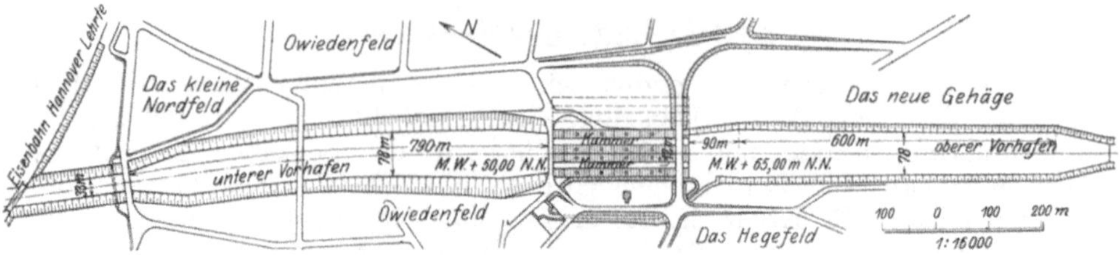

Abb. 529. Vorhäfen Anderten bei Hannover.

pontons kann durch starken Seegang, der in der Richtung der Schleusenachse anläuft, erschwert werden. Auch hier wird aber die Geländegestaltung ausschlaggebend sein. Wie man das Ufer des Vorhafens in bezug auf die Schleuse legen soll, zeigen Abb. 524 u. 525, S. 399.

b) Abmessungen der Schleusen.

Die Wahl der Schleusenabmessungen legt dem entwerfenden Ingenieur eine besonders schwere Verantwortung auf. Am geringsten ist wohl noch die Gefahr der Wahl falscher Maße bei Erbauung einzelner Seehafenschleusen. Zeigt die Entwicklung der Seeschiffahrt, daß die erbaute Schleuse nach einiger Zeit zu klein ist, dann ist ihr Bau doch nicht überflüssig gewesen. Die Abmessungen der Seeschiffe schwanken derart, daß dann die für die größten Schiffe zu kleine Schleuse immer noch ihre Bedeutung für die Schiffe mittlerer Größe behält, vgl. die Schleusen des Manchester Seekanals, (s. hinten). Bei Binnenschleusen liegt das meist nicht so günstig, weil große und kleinere Schiffe oft in einem Schleppzug vereinigt sind. Hier legt man durch eine zu kleine Schleuse der Schiffahrt eine Fessel an. Da es sich in großen Kanälen nun oft nicht nur um 4 oder 5, sondern bei Gebirgskanälen um 50—100 Schleusen[1]) handelt, so kann man verstehen, daß hier der Einbau eines neuen Schleusentyps von größeren Abmessungen nicht so bald möglich ist. — Besonders die großen Verbindungskanäle, wie z. B. der Mittellandkanal, sind wegen der großen Flußgebiete, die sie verbinden, richtunggebend für die Schiffahrt ganzer Länder. Es sind deshalb bei diesen Kanälen auch die Schleusenabmessungen mit allergrößter Sorgfalt erwogen worden.

Die Abmessungen der großen Kanalschleusen in Deutschland sind heute folgende: Breite 12 m, Drempeltiefe 3 m, Länge für einschiffige Schleusen (ein Kahn mit Schlepper) 100 m, für Schleppschleusen (zwei 80-m-Kähne mit Schlepper) 225 m. Die 12-m-Schleusen sollen 10,5 m breite Schiffe (über alles) aufnehmen, entweder zwei zu 80 m oder drei zu 65 m. Die Schleppdampfer haben 15—23 m Länge. Die zweite Rheinschleuse am Rhein-Herne-Kanal hat wegen der großen Rheinschiffe 13 m Weite. Abmessungen großer Seeschleusen finden sich am Schlusse des Teiles.

Hat man sich auf die Schiffsgröße geeinigt, für die man den Kanal bauen will, dann ist noch zu überlegen, mit welchem Spielraum man die Schleusen ausstatten will. An dieser Stelle ist darauf hinzuweisen, daß die Abmessungen, mit denen der Schiffbauer rechnet, andere sind als die, mit denen der Bauingenieur rechnet. Der Schiffbauer gibt die Abmessungen des Schiffes ohne Scheuerleisten, der Bauingenieur mit Scheuerleisten an. Dadurch ist bei einer wichtigen Schleuse der Fall eingetreten, daß die Schleuse nach Angabe der Reederei erbaut wurde und daß dann nach Fertigstellung der Schleuse erst erkannt wurde, daß das

[1]) Es sind für den Main-Donau-Kanal im Entwurf von 1919 (Bericht von Kölle) 60 Schleusen vorgesehen.

Schiff um die Breite der Scheuerleisten breiter war, als man im Bauamt angenommen hatte. Dieser größte Dampfer hatte dann nur noch 5 cm Spielraum an jeder Seite, statt 15 cm. Das Durchschleusen machte keinerlei Schwierigkeiten.

Als Zuschläge sind die in der folgenden Tafel gegebenen zu empfehlen:

Art der Schleuse	Zuschlag in m (von — bis) zur Breite		zur Tiefe		zur Länge		Bemerkungen
Schleuse in Binnenkanälen	2.0,1	2.0,75	0,2	1,0	3,0	10,0	Reichliche Zuschläge gewährleisten einen kurzen Zeitverlust in der Schleuse, da weniger vorsichtig eingefahren zu werden braucht.
Flußschleusen	2.0,1	2.0,75	0,3	1,0	4,0	10,0	
Seeschleuse mit Kammer .	2.1,0	2.2,5	0,5	2,0	5,0	15,0	
Einfache Dockschleusen. .	2.1,5	2.2,5	0,5	2,0	—	—	

Die Vergrößerung der Tiefe macht sich nur in den Baukosten, hier aber sehr stark, bemerkbar. Die Vergrößerung der Längen- und Breitenmaße spielt bei Binnenkanalschleusen häufig eine große Rolle für den Wasserverbrauch, kann also den Betrieb verteuern, macht sich aber durch Verkürzung des Zeitverlustes bezahlt. Etwas Ähnliches zeigt sich bei Flußschleusen dann, wenn mit der Wehranlage eine Kraftanlage verbunden ist. Das Wasser, das in der Schleuse zu viel verbraucht wird, geht im Kraftwerk verloren. Die Kraftwirtschaft reizt dazu, die Spielräume so klein wie irgendmöglich zu gestalten, der Verkehr, sie groß zu machen. Sowie man die Schleusen mit guten Leitwerken, elektrischen Lokomotiven für das Anschleppen der Schiffe, genügenden Pollern und Bremsbalken usw. versieht, dann kann man die Spielräume in mittleren Grenzen halten. Bei guter Führung vor der Schleuse ist die Ein- und Ausfahrt, wie das Beispiel einer großen Schleppzugschleuse zeigt, bei der ein Dampfer von 12,4 m Außenbreite in die 12,5 m breite Schleuse anstandslos ein- und ausfährt, kein Risiko. Man soll dabei allerdings an die mögliche Vergrößerung der Schiffe denken. Ist aber für ein Schiffahrtsgebiet im Binnenland die größte Schiffsbreite festgelegt, dann ist ein zu großer seitlicher Spielraum eine Verschwendung. Will man aus übergroßer Vorsicht eine breite Einfahrt haben, dann soll man der Schleuse beiderseits eine trompetenförmige Gestalt geben. Man verbreitere dann bei einer Schleppzugschleuse von 225 m lichter Länge beiderseits von 25 m von den Enden an. Ist das betreffende größte Schiff mit Gewißheit z. B. 10,5 m einschl. Scheuerleisten, dann brauchte man das Mittelstück in wenigstens 150 m Länge nur 11,2 m breit zu machen, sollte dann aber an den Enden auf 12 m auseinander gehen. — Das gleiche kann man aber bereits durch die Anlage geeigneter Leitwerke erreichen. Um das Wasser besser aus der Schleuse abführen zu können, kann man dann einen etwas größeren Spielraum unter dem Boden geben, der die Betriebskosten nicht belastet. Wenn man heute durchweg 12 m Breite gewählt hat, so ist das zweifellos aus Rücksicht auf kommende Schiffsvergrößerungen geschehen und nicht nur aus Rücksicht auf die jetzigen Schiffe.

Die lichte Höhe von Schleusenüberbauten, wie Brücken, Hubtoren, Segmenttoren u. a. muß die auf dem Kanal übliche sein. Bei den modernen deutschen Binnenschiffahrtskanälen ist 4 m lichte Höhe über dem höchsten schiffbaren Wasserstande durchgeführt worden, besser wäre 4,5 m. Man hat sich nach den Verhältnisen zu richten, so erfordert die große Ladehöhe bei Torfkanälen z. B. eine lichte Höhe von 6—7 m.

D. Berechnung der Schleusen- und Dockkörper.

a) Die Größe der wirkenden Kräfte.

Die Berechnung von Schleusen- und Trockendocks gehört ganz allgemein zu den Aufgaben der Berechnung trogförmiger Körper, die einseitig unter Überdruck stehen. Der Überdruck kann bei Schleusen von außen (gewöhnlicher Fall) oder von innen wirken. Die Größe des Auftriebes spielt hierbei eine entscheidende

Rolle. Der Auftrieb, d. h. die senkrecht nach oben gerichtete Druckkraft des Wassers, ist überall gleich dem Druck der Wassersäule, die über der Wagerechten durch den gedrückten Punkt steht. Sobald die vom Wasser benetzte Fläche durch Röhren von mehr als kapillarer Größe mit der Drucksäule zusammenhängt, ist statisch der ganze Auftrieb einzustellen. Da alle Schleusenkörper[1]) nur für statische Zustände untersucht werden können, so wäre danach bei dichten Sohlen dann mit dem vollen Auftrieb zu rechnen, wenn der Untergrund aus praktisch durchlässigem Material besteht, wie z. B. Sand, Kies und dergleichen. Bei tonigem oder lehmigem Untergrund und völlig dichtem Anschluß des Dockkörpers allerseits an ihn kann die Größe des Auftriebs bis auf 0 sinken. Dieser Fall wird sehr selten sein. Es ist aber darauf aufmerksam zu machen, daß auch bei porigem Untergrund häufig der Fall statischen Auftriebes deshalb nicht eingetreten ist, weil die Sohle stark durchlässig ist. Das Wasser konnte schneller durch die Sohle abfließen, als es durch den Untergrund wieder hinzutreten konnte. In diesen Fällen beträgt der Auftrieb nur einen Bruchteil des statischen. Eine wesentliche Änderung der Beanspruchung ist damit meistens nicht verbunden, weil nun der Verlust an Auftrieb durch den passiven Gegendruck des Untergrundes ersetzt wird. Anders liegt es aber bei den Dockwänden. Hier hat der Wasserdruck, der dem Auftrieb auf die Sohle entspricht, eine sehr aktive Rolle. Eine Mauer kann durch den Erddruck oft nur sehr schwach beansprucht werden, sobald aber der Wasserdruck hinzutritt, können die Spannungen auf das Doppelte und mehr anwachsen. Auch bei den Mauern muß man dann, wenn es sich um sehr grobkörnigen Boden handelt, mit dem vollen Wasserdruck rechnen.

Zu der Berechnung dieser Körper gehört weiter eine genaue Kenntnis der Größe und des Wesens des Erddruckes. Es soll hier auf die verschiedenen Berechnungsarten für Erddruck nicht eingegangen werden. Es empfiehlt sich, die Hauptarbeit nicht auf die mathematische Verfeinerung der Erddruckformeln, sondern auf die genaue Ergründung der Eigenschaften des Bodens, mit dem man arbeiten soll, zu legen. Es hat gar keinen Sinn, einige vH an Verbesserungen in der mathematischen Größe des Erddruckes herauszufinden, wenn man gleichzeitig, wie es leider nur zu oft geschieht, Fehler mit dem 10fachen Ausmaß in der Bestimmung des Böschungswinkels usw. macht. (Man nimmt z. B. statt eines natürlichen Böschungswinkels von 28° einen solchen von 33° an usw.) Es wird deshalb empfohlen, für alle normalen Fälle mit wagerechter Oberfläche und annähernd senkrechten Wänden die Erddrücke nach nachstehender, auf der Methode von Coulomb errechneten Tafel zu bestimmen. Hierbei ist die Richtigkeit für die aktiven Erddrücke durch die Versuche von Müller-Breslau und die Richtigkeit für die passiven Erddrücke durch die Versuche des Verfassers dargetan[2]). Zu dieser Tafel ist zu bemerken, daß es sich in diesem Sonderfall empfiehlt, die Größe der passiven Erddrücke nicht nach den Versuchsergebnissen des Verfassers anzusetzen, sondern nach den kleineren Werten von Coulomb. Eine Bewegung der Mauern, wie sie zur Erzielung des passiven Erddruckes gemäß den Versuchen nötig ist, kann bei Schleusen und Trockendocks nicht eintreten. Es wird zwar der Wert von Coulomb überschritten werden, das Maß der Überschreitung kann aber nicht mitgeteilt werden.

Es wird ausdrücklich darauf aufmerksam gemacht, daß unbedingt bei grobporigen Bodenarten, wie grobem Sand oder gar Kies, eine Trennung von Erddruck und Wasserdruck stattfinden kann. Feiner Sand oder bindiger Boden halten dagegen das eingeschlossene Wasser durch die inneren (kapillaren) Reibungskräfte fest. Das Wasser wird gezwungen, sich bei Bewegung der Wand so zu be-

[1]) Alles, was für Schleusenkörper gesagt wird, gilt auch für Dockkörper.

[2]) Müller-Breslau: Erddruck auf Stützmauern. Kröner: Stuttgart u. Leipzig 1906. — Franzius, O.: Versuche mit passivem Erddruck. Bauing. 1924, H. 10.

Abgekürzte Erddruck-Tabelle. Grenzwerte der wagerechten Erddrücke für die lotrechte gerade glatte Wand nach der Formel

$$E = \frac{1}{2}\gamma_e h^2 \operatorname{tg}^2\left(45 \mp \frac{\varrho}{2}\right) = \gamma_e \operatorname{tg}^2\left(45 \mp \frac{\varrho}{2}\right). \quad W = \text{untere Wand.}$$

Erdart	γ_e in t/cbm	Natürlicher Böschungswinkel ϱ in Grad	$\operatorname{tg}^2\left(45 - \frac{\varrho}{2}\right)$	$\operatorname{tg}^2\left(45 + \frac{\varrho}{2}\right)$	$E_a = \gamma_e \operatorname{tg}^2\left(45 - \frac{\varrho}{2}\right) W = \mu_a W$	$E_p = \gamma_e \operatorname{tg}^2\left(45 + \frac{\varrho}{2}\right) W = \mu_p W$	Abgerundete Werte E_a	E_p	Bemerkungen
Trockene Dammerde	1,4	40	0,22	4,60	0,31	6,4	$\frac{1}{3}$	6	Von den bekannten Erfahrungswerten für ϱ sind die Kleinstwerte, die E_a max. und E_p min. ergeben, gewählt worden. Nach den Versuchen des Verfassers sind die passiven Werte (Erdwiderstand) infolge Zusammenpressung des ursprünglich losen Bodens und Vergrößerung von ϱ größer. Die Versuche werden mit einem Druckkasten von 2 m innerer Höhe und 2 m lichter Weite durchgeführt. Die hier angegebenen Werte haben besonders für Überschlagsrechnungen Wert.
Nasse Dammerde	1,65	30	0,33	3,00	0,53	5,0	$\frac{1}{2}$	5	
Trockene Tonerde	1,6	40	0,22	4,60	0,35	7,3	$\frac{1}{3}$	7	
Nasse Tonerde	2,0	20	0,49	2,04	0,98	4,08	1	4	
Trockener Sand	1,6	31	0,32	3,12	0,51	5,0	$\frac{1}{2}$	5	
Feuchter Sand	1,8	40	0,22	4,60	0,4	8,3	$\frac{2}{5}$	8	
Nasser Sand	2,1	29	0,35	2,88	0,74	6,0	$\frac{3}{4}$	6	
Nasser Kies	1,86	25	0,41	2,46	0,76	4,6	$\frac{3}{4}$	4,5	
Sand unter Wasser, unter Abzug des Auftriebes und des wagerechten Wasserdruckes	2,1 − 1 = 1,1	25	0,41	2,46	0,45	2,7	$\frac{1}{2}$	2,5	

wegen wie der Boden, d. h. die Bewegung des Erddruckkeiles auf der Gleitfläche mitzumachen. Dadurch wird nur ein Teil des Wasserdruckes frei, das Wasser wirkt hier nur als Gewicht, soweit es die Poren des Sandes gefüllt hat, folgt hier aber dem Gesetz des Erddruckes. Bei großen Poren kann sich aber das Wasser bei langsamen Bewegungen der Wand verhalten, als ob es frei wäre. Es ist dann der Erddruck unter Abzug des Auftriebes für eine unter Wasser beobachtete Gleitfläche für sich und der Wasserdruck für sich anzusetzen. Wie die Tafel es zeigt, ist die Summe dieser beiden Kräfte dann viel größer als die von mit Wasser gefülltem Sand. Der Unterschied ist gesetzmäßig, weil das Wasser sich jetzt auf seiner ihm eigentümlichen Gleitlinie, nämlich der wagerechten, bewegt, während es vorher auf einer schrägliegenden Gleitfläche mit der Erde zusammen abrutschte.

Die Berechnung der Schleusenkörper beginnt mit der Ermittlung der äußeren Kräfte, aus ihnen sind dann die inneren Spannungen des Körpers zu finden. — Die äußeren Kräfte sind gegeben durch die soeben besprochenen Wasser- und Erddrücke, durch die Gewichte der Mauerkörper, das Gewicht der Wasserfüllung und bei leeren Trockendocks durch das Gewicht eines im Dock stehenden Schiffes. — Alle als Erddruck von den Seiten oder als Gewicht von oben her wirkenden Kräfte sind ohne Schwierigkeiten zu bestimmen, das gleiche gilt für die Größe des Auftriebes unter der Sohle und für die Größe (nicht aber die Form) des von unten wirkenden Bodengegendruckes. Die Form des Sohlendruckbildes zu finden ist eine besonders schwer zu lösende Aufgabe.

b) Die Form des Bodengegendruckes.

Schwierig bleibt es, die Form dieses Bodengegendruckes zu finden. In der Lösung dieser Aufgabe besteht die einzige, aber auch die fast unüberwindbare Schwierigkeit der exakten Berechnung der trogförmigen Körper. Über die Größe der Kräfte ist wenig zu sagen: Es ist erforderlich, daß alle von oben her senkrecht wirkenden Kräfte durch gleich große Kräfte von unten her aufgenommen werden. Daraus folgt, daß der Bodengegendruck unter der Schleusensohle gleich sein muß dem Unterschied aus dem Gewicht von Schleusenkörper, Wasserfüllung oder trockenstehendem Schiff im Dock und dem Auftrieb von unten. Ebenso ergibt es sich, daß die Pressung in der Schleusensohle gleich sein muß der Summe der von außen auf die Außenwand der Schleuse wirkenden Erd- und Wasserdrücke, bei gefüllter Schleuse vermindert um den wagerechten inneren Wasserdruck.

Ist G_o die Summe der von oben wirkenden senkrechten Kräfte einschl. des Sohlengewichts, ist A der von unten wirkende Auftrieb, dann ist der Bodengegendruck $G_u = G_o - A$. Zu den Kräften G_o gehören auch die senkrechten Komponenten der Erddruckkräfte E_a und das Gewicht des Wasserinhaltes von Schleuse oder Dock. Diese senkrechten Kräfte sind abhängig von der Bewegung des Schleusenkörpers. Jeder Schleusenkörper macht bei der Füllung eine Bewegung nach abwärts, bei der Entleerung eine solche nach aufwärts. Gewöhnlich sind diese Bewegungen so gering, daß sie ohne praktische Bedeutung sind. Sie können aber so stark werden, daß man die senkrechten Komponenten des Erddruckes danach annehmen muß. Es darf dann diese senkrechte Komponente bei dem Füllen, also Sinken des Körpers, nur nach oben gerichtet, bei dem Entleeren nur nach unten gerichtet angesetzt werden. Sand und Kies sind nach den Untersuchungen des Verfassers mit Sicherheit als elastische Körper anzusehen, die sich in abgeschwächtem Maß wie Gummi verhalten[1]). Ist $E_a + W_a$ der wagerechte Erd- und Wasserdruck von außen, W_i der wagerechte Wasserdruck von innen, dann ist die in der Sohle wirkende wagerechte Druckkraft $H = E_a + W_a - W_i$.

[1]) Zeitschr. f. B. 1908.

Aufgabe der Rechnung ist, die Lage der Drucklinie im Schleusenkörper, insbesondere die Höhenlage der Ersatzkraft H in der Schleusenachse zu finden.

Die Größe des Bodengegendruckes steht in innigem Zusammenhang mit der Größe der Bewegung der Sohle. Bei nicht breiartigem Boden wird die notwendige Größe des Bodengegendruckes stets durch eine Zusammenpressung des Untergrundes erzeugt werden, daher auch das Einsinken eines Dockes, wenn es gefüllt wird. Macht nun ein Schleusen- oder Dockkörper eine starke Verbiegung unter dem Einfluß der äußeren Kräfte durch, wie es bei dünnen Betonsohlen der Fall ist, dann wird die Form des Bodengegendruckes von der Größe der Verbiegung abhängig sein. Biegt sich die Sohle z. B. an den Enden hinunter, dann werden die Sohlenenden tiefer in den Boden eingepreßt, die Mitte weniger. Die Gesamteinpressung muß im Durchschnitt annähernd gleich groß bleiben, die Einpressung an den einzelnen Sohlenteilen ist aber verschieden. Ein solcher Dockkörper wird dann an den Sohlenenden einen stärkeren Gegendruck von unten erfahren als in der Mitte. Bei einer entgegengesetzten Verbiegung ist die Wirkung umgekehrt.

Die Summe der wagerechten Druckkräfte in der Docksohle kann man sich durch die Kraft H dargestellt denken, die als Ersatzkraft an die Stelle der Spannungen tritt. — Die Lage dieser Kraft H ist entsprechend der Spannungsverteilung abhängig von der Verbiegung der Sohle[1]) (Abb. 530a u. b).

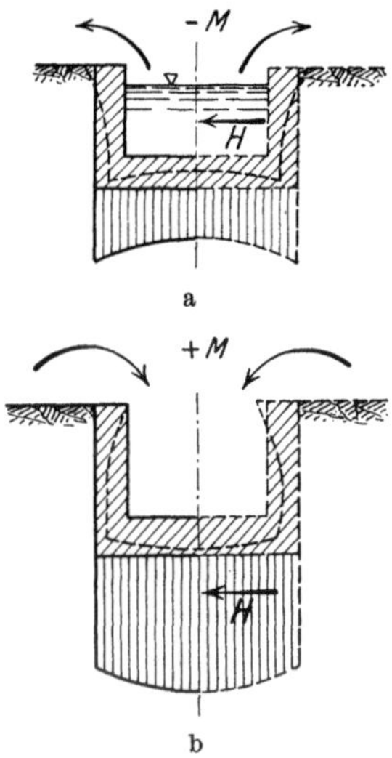

Abb. 530 a u. b. Verbiegung und Bodendruck.

Wir finden somit, daß die Sohlenverbiegung maßgebend ist 1. für die Form des Bodengegendruckes unter der Sohle, 2. für die Lage der Kraft H in bezug auf die neutrale Faser der Sohle, d. h., die Aufgabe ist wenigstens einfach statisch unbestimmt. Durchführbar ist die Rechnung dann, wenn das Gesetz bekannt ist, nach dem sich die Bodengegendrücke für bestimmte Formen der Biegungslinie einstellen. Das ist z. B. der Fall, wenn angenommen werden darf, daß Verhältnisgleichheit zwischen den senkrechten Abständen der Biegungslinie von einer Wagerechten und der Größe der Erddruckkräfte von unten besteht. Eine solche Lösung findet sich in der Doktorarbeit von Freund[2]). Die Berechnung nach dieser Methode wird sich für größere Bauwerke empfehlen, vor allem bei Anwendung dünner Eisenbetonsohlen, die größere Verbiegungen durchmachen müssen. Für die heute noch üblichen Ausführungen im Wasserbau mit dicken Schleusensohlen kann aber angenommen werden, daß die Verbiegung der Sohle so gering ist, daß größere Unterschiede in der Form des Bodengegendruckes nicht eintreten, so daß dieser Gegendruck als Rechteck gedacht werden kann. Wie weit die Annahme einer solchen Rechteckform gerechtfertigt ist, wird weiter unten noch einmal behandelt werden. Zuerst wird jetzt auf Grund dieser Rechteckannahme die Berechnung eines solchen Schleusenkörpers zeichnerisch durchgeführt werden.

c) Wirkung der Wasserfüllung auf die Biegungslinie.

Es wird dargestellt 1. Berechnung eines Dockkörpers im leeren Zustand, 2. für den Zustand der Füllung mit mehreren verschiedenen Wasserständen nacheinander.

[1]) Ebenso wie die Verbiegung der Sohle umgekehrt von der Größe der auftretenden Spannungen abhängig sein muß.

[2]) Freund, Alb.: Anwendung der Elastizitätstheorie auf elastisch gestützte Körper usw. Berlin: Ernst & Sohn 1913.

Für dieses Bild sind die Annahmen so gewählt worden, daß bei voller Füllung der innere Wasserdruck größer ist als der Außendruck auf die Mauern, so daß also bei ganz gefülltem Dock die Kraft H sich umgekehrt hat.

Die zeichnerische Berechnung wird in einfacher Weise dargestellt, da es für die hier gewollte Darstellung nur auf die Lage der Kraft „H" ankommt (Abb. 531 a bis d). Zuerst erfolgt die Berechnung für ein leeres Dock (Schleuse) (Abb. 531 a u. b). Die Kraft H_0 liegt unterhalb der neutralen Faser. Dann erfolgt die Untersuchung für drei verschiedene Füllungszustände (Abb. 531 c u. d). Die Größe von H hat stark abgenommen, H ist tiefer gesunken als vorher, ist aber noch positiv geblieben, da die von außen wirkenden Kräfte noch größer sind als die von innen wirkenden Wasserdrücke. Diese zweite Untersuchung folgt nur für die Lage von H unter

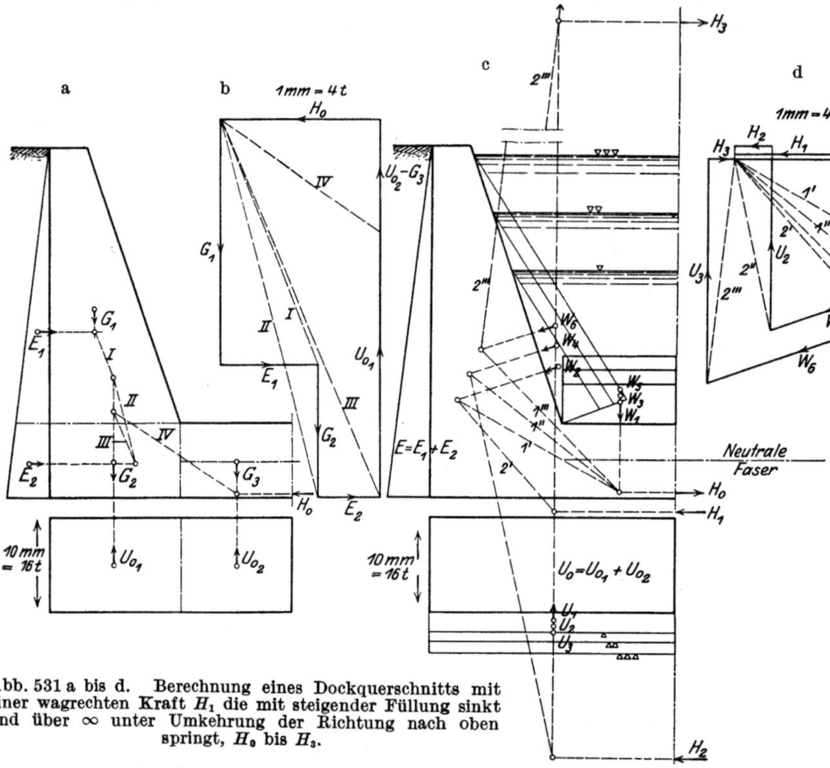

Abb. 531 a bis d. Berechnung eines Dockquerschnitts mit einer wagrechten Kraft H_1 die mit steigender Füllung sinkt und über ∞ unter Umkehrung der Richtung nach oben springt, H_0 bis H_3.

Ausgehen von der Lage und Größe der Kraft H_0 im ersten Fall. Es werden die neu hinzutretenden Kräfte lediglich mit der ersten Kraft H_0 zusammengesetzt und dadurch die Lagen von H_1 und H_2 gefunden. Dann folgt der letzte Fall bei ganz gefülltem Dock. Jetzt überwiegt der Wasserdruck von innen, H_3 ist negativ geworden. Während die vorletzte Resultante $2''$ für H_2 mit dem zusätzlichen Bodengegendruck U_2 einen Schnitt unterhalb der Sohle ergab, liegt sie für H_3 entgegengesetzt, so daß nun der Schnitt von $2'''$ und U_3 oberhalb der Sohle erfolgt. Für den Füllungszustand $H = 0$ liegt diese vorletzte Resultante jeder Rechnung senkrecht und ergibt einen Schnitt im ∞. Dann ist das Moment $M = 0 \cdot \infty$, hat also einen endlichen Wert. In allen Fällen bleibt das Vorzeichen des Moments für diesen Fall unverändert. In den drei ersten Fällen ist M immer $(-h) \cdot (+H)$, in dem letzten Fall $(+h_3) \cdot (-H_3)$, also auch negativ. Durch Auftragen der Momente für eine Reihe von Füllungszuständen kann man graphisch auch schnell die Größe des Momentes für $H = 0$ finden. In dem geschilderten Fall ergab sich also folgender Lagenwechsel von H: Mit wachsender

Füllung des Docks sinkt H immer tiefer, bis in dem Augenblick, in dem Innen- und Außenkraft gleich sind, $H = E_a + W_a - W_i = 0$ ist und H im Unendlichen liegt, ohne aber daß etwa dabei die Spannungen gleich 0 würden. Sowie nun bei Weiterfüllung H negativ wird, kehrt H unter Weiterbewegung auf einem ∞ groß zu denkenden Kreis aus dem Unendlichen von der anderen Seite, also nun von oben her, zurück und bewegt sich jetzt als negative Kraft von oben nach unten auf die neutrale Achse zu, wobei die Spannungen in der Sohle noch immer zunehmen. Das Wichtige ist, daß bei Umkehrung des Vorzeichens von H diese Größe immer durch ∞ hindurchwandern muß.

Diese gleichmäßige Entwicklung der Lage von H auf einem Kreise findet sich nicht immer. Vielfach ergeben sich geradezu Merkwürdigkeiten in dem Verlauf der Drucklinien, sogar auch in der Lage von H. H sinkt z. B. bei der Füllung ganz langsam und springt dann vor Erreichen des Wertes 0 plötzlich zurück nach der andern Seite, um nach dort in das ∞ zu gehen und von der anderen Seite wieder zu erscheinen (Abb. 532a). Dabei gehen in dieser Abbildung h und M nicht durch den 0-Punkt der H-Kurve. Es empfiehlt sich, die Veränderungen durch Kraftbilder darzustellen, und zwar derart, daß man in demselben Bilde die Kraft H, ihren Hebelarm h und das daraus folgende Moment darstellt. Eine solche Darstellung ist in den Abb. 532a bis d für den Fall einer normalen Schleuse gegeben, bei der die Richtung von H sich zum Schluß umkehrt. Bei der Lage der Kraft H über der 0-Linie wird der Hebelarm h als positiv gerechnet, ebenso gilt H bei Überwiegen der Kraft von außen als positiv. Das die Schleusenwände zur Mitte biegende Moment ist gleichfalls positiv[1]).

Die Abb. 533 zeigt die Wirkung in der Annahme verschiedener Grundwasserstände. Ähnlich wirkt die Annahme verschiedener Neigung des auf die Mauer wirkenden Erddruckes. Es kann dabei der Erddruck bei der gleichen Füllung des Dockes von oben oder von unten her geneigt sein, je nachdem sich das Dock bei dieser Wasserhöhe im Zustand der Entleerung oder der Füllung befindet. Der gleiche Füllungszustand kann also zwei ganz verschiedene Spannungen in der Sohle aufweisen, wobei die Größe der Kraft H in beiden Fällen unverändert sein muß.

Weitere Bilder zeigen nun die Änderung der Lage von H und damit der Spannungen bei Veränderung der Form des Bodenunterdruckes. Die Form des Auftriebes bleibt hierbei in allen Fällen ein Rechteck, der Überschuß $G_u = G_o - A$ kann aber je nach der Größe der Verbiegung der Sohle Veränderungen unterliegen. Es ist dabei stets scharf darauf zu achten, daß die Änderung der Form von G_u sinngemäß gemacht werden muß. Wenn die Sohle an den Enden heruntergebogen ist, dann muß auch die Kraft G_u an den Schleusenenden größer sein als in der Mitte, nicht aber umgekehrt! Die äußerste Formänderung der Kraft G_u ist durch die Dreiecksform gegeben. Da die Entstehung der Erddrücke stets eine Berührung mit der Erde voraussetzt, ist der Zustand, daß die Kraft G_u in der Sohlenmitte etwa gleich 0 würde, nicht möglich. Dieser Zustand ist also als ein Grenzzustand anzusehen, ebenso wie der andere Grenzzustand in der Annahme des gleichmäßig verteilten Unterdruckes gegeben ist.

Wie aus den weiter unten folgenden Untersuchungen der Sohlenspannung als Maximalaufgabe, S. 411, noch näher hervorgeht, kann der Zustand mit negativem Biegungsmoment nur auftreten bei nach außen gebogenen Mauern mit dem Bodenunterdruck gemäß Abb. 532a, wobei als Grenzzustand der gleichmäßig wirkende Unterdruck (Abb. 532b) gelten darf. Bei nach innen gebogenen Mauern mit dem Bodengegendruck gemäß Abb. 532c kann ein negatives Moment nicht auftreten. Es sind daher die in Abb. 532a gefundenen positiven Momente für den dortigen Unterdruck nicht möglich. Für den gleichmäßig wirkenden Unter-

---

[1]) In gewissen Fällen treten die größten Spannungen kurz vor Erreichung des höchsten oder niedrigsten Wasserstandes ein. Vgl. „Über die Berechnung von Trockendocks". Zeitschr. f. B. 1908.

druck sind aber sowohl positive als negative Momente möglich. Die möglichen Momente sind ausgezogen, die unmöglichen gestrichelt. Man sieht daher nach Durchführung der Rechnung, für welche Momente man überhaupt einen solchen Schleusenkörper berechnen darf und scheidet das sich Widersprechende dann aus.

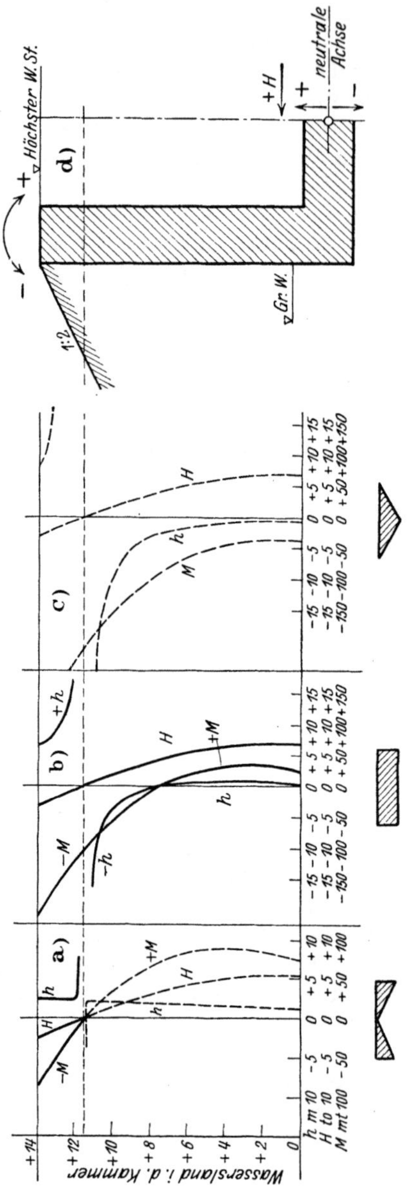

Abb. 532. Horizontalkraft H, Hebelarm h und Moment M einer Schleuse bei verschiedener Druckverteilung bei verschiedener Füllung.

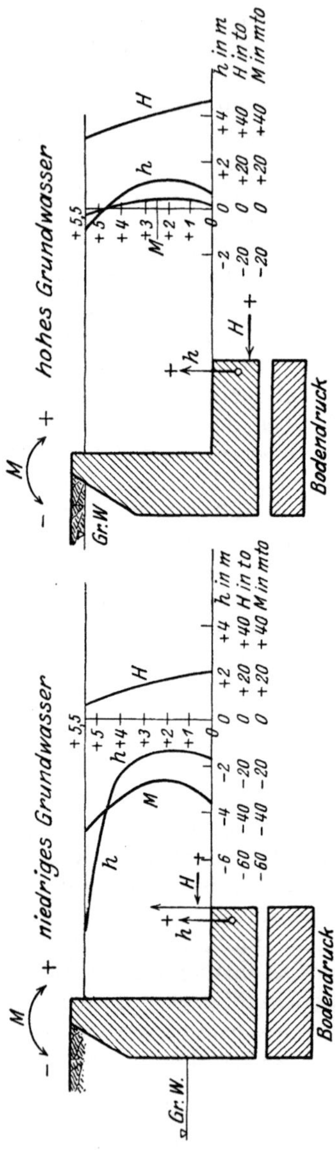

Abb. 533. Horizontalkraft H, Hebelarm h und Moment M für tiefen und hohen Grundwasserstand. Kraftbilder für verschiedene Füllung bei wagerechtem Erddruck.

Diese verschiedenen Momente kann man nun in einer Abbildung zusammenstellen. Eine solche Zusammenstellung ist in Abb. 534 erfolgt. Der Druck von außen ist dabei als wagerecht angenommen worden. Die drei Momentenlinien sind für die drei verschiedenen Unterdruckformen eingezeichnet und die Momente, die möglich sind, d. h. die mit der Annahme des betreffenden Unterdruckes verträglich sind, sind schraffiert worden. Das positive Moment ist verträglich nur mit gleichmäßigem Unterdruck oder einem solchen, bei dem der Unterdruck in der Mitte größer ist als an den Seiten. Diese letztere Unterdrucksform ergab aber nur negative Momente, die also unmöglich sind. Das positive Moment reicht somit bis etwa 100 mt, das negative bis —420 mt. Für diese Momente wäre die Sohle dann zu bewehren, falls sie mit Eiseneinlagen versehen werden kann.

In gleicher Weise sind die Fälle des bei der Füllung sinkenden, bei der Entleerung steigenden Docks in den Abb. 535a u. b durch Eintragen der Momentenlinien dargestellt worden. Bei dem Zustand der Füllung, also in den Boden einsinkenden Dock, kann der seitliche Erddruck auf die Mauern wagerecht wirken oder von unten nach oben gerichtet sein, die hierfür möglichen Momente bei den verschiedenen Wasserständen sind schraffiert. In gleicher Weise ist das für den Zustand der Entleerung durchgeführt. Daß Docks bei der Füllung bis zu 10 mm in den Sanduntergrund einsinken und bei der Entleerung sich um dieses Maß wieder heben können, ist durch die Untersuchungen des Verfassers an dem Dock V der Reichswerft in Kiel seinerzeit nachgewiesen worden.

Eine genauere Betrachtung der vorgenannten Abbildungen zeigt bereits, daß die größten Momente in der Sohlenmitte bei gleichmäßiger Bodendruckverteilung unter der Sohle eintreten. Es ist diese Frage nach der ungünstigsten Form des Bodenunterdrucks weiterzuuntersuchen.

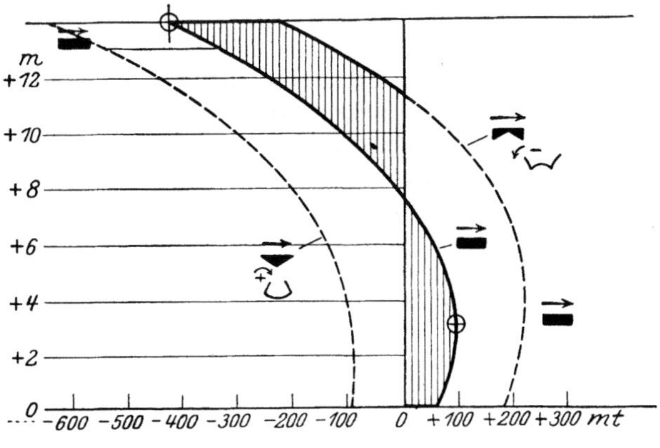

Abb. 534. Momente bei Füllung und Entleerung, bei wagerechtem Erddruck und verschiedener Bodendruckverteilung.

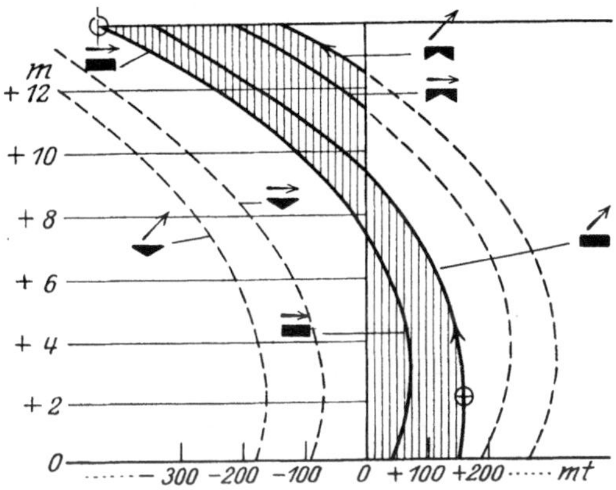

Abb. 535 a. Momente bei Füllung und verschiedener Druckverteilung.

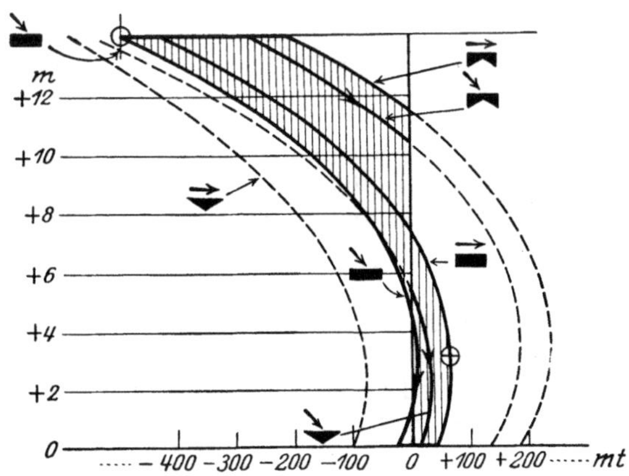

Abb. 535 b. Momente bei Entleerung. Verschiedene Druckverteilung.

d) Die Berechnung der Sohlenspannungen als Maximalaufgabe.

Die meisten Sohlenbrüche sind bisher in der Sohlenmitte in Form eines Mittelrisses erfolgt. Eine weitere Zahl von Docks oder Schleusen hat auch Risse unter dem inneren Mauerfuß bekommen. Risse, die sich zwischen diesen Grenzen befinden, sind wahrscheinlich die Folge von ungleichmäßigem Material.

Es soll nun untersucht werden, bei welcher Form des Bodenunterdruckes die größten Spannungen in der Sohlenmitte und unter dem Mauerfuß eintreten müssen. Hierbei sind die bereits gemachten Voraussetzungen hinsichtlich der Übereinstimmung zwischen Form des Bodenunterdruckes und Sohlenverbiegung zu beachten. Es wird zuerst der Fall mit einheitlicher Sohlenverbiegung betrachtet: a) der Fall, daß die Drucklinie gänzlich oberhalb, b) der Fall, daß sie gänzlich unterhalb der neutralen Faser verläuft. Dann folgt der Fall c), bei dem die Drucklinie an den Seiten oberhalb der neutralen Faser in der Mitte unterhalb von ihr liegt, bei der also die Sohle eine doppelte Verbiegung durchmacht.

Die Fälle werden zeichnerisch behandelt (Abb. 536a u. b). Wir gehen im Fall a) von der einzig möglichen Annahme aus, daß die Sohle an den Enden

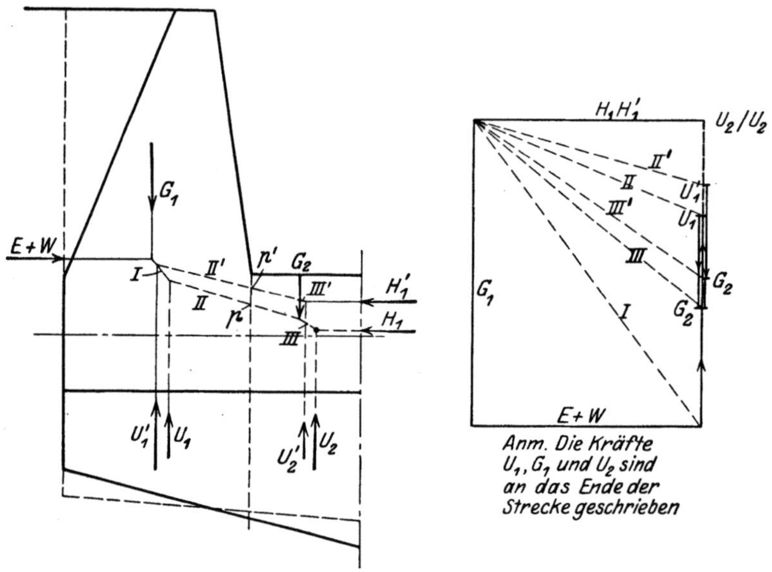

Abb. 536 a. Statische Untersuchung des Falles: Sohle an den Enden gleichmäßig nach oben durchgebogen.

nach oben gebogen ist (Abb. 536a). Der Unterdruck muß in diesem Fall in der Mitte am größten sein. Man kann sich den Fall denken, daß ein ursprünglich härterer Tonboden durch Eindringen von Wasser aufweicht, daß sein Widerstand geringer wird, daß er also mehr und mehr hydraulische Eigenschaften annimmt.

Hierbei wird der Gegendruck in der Mitte allmählich kleiner werden, der Körper sinkt ganz allgemein etwas tiefer ein, wobei der Druck an den Enden wächst. Der Bodendruck ändert sich im Sinne der gestrichelten Linie. Die Kraft U ist im Kraftbilde zerlegt worden in U_1 und U_2. Aus der Verteilung dieser Teilkräfte ergab sich die Neigung der Ersatzkraft II, deren Schnittpunkt mit der Kraft U_2 die Höhenlage von H bestimmt hatte. Wenn der Bodengegendruck gleichmäßiger wird, dann wächst U_1, während U_2 um das gleiche Maß abnimmt. Die Neigung der Kraft II' wird flacher, H steigt. Da H in seiner Größe unverändert bleibt und über der Nullinie liegt, so wachsen die Spannungen in der Sohlenmitte mit dem Steigen von H. Auch der Schnittpunkt p mit der Senkrechten durch den Mauerfuß mit der Kraft II' steigt bei Flacherwerden der Kraft II'; damit wachsen auch die Spannungen in diesem Schnitt. — Der Grenzzustand ist erreicht, wenn der Bodengegendruck U die Form eines Rechteckes angenommen hat. Daraus folgt, daß bei hochliegendem H die Sohlenspannungen einen Höchstwert annehmen, wenn der Bodengegendruck gleichmäßig verteilt wird.

Der Fall b) zeigt das umgekehrte Bild für den Unterdruck (Abb. 536 b). Auch hier kann man mit der gleichen Annahme eines Aufweichens einer Untergrundschicht und damit Vergleichmäßigung des Unterdruckes arbeiten. Hier zeigt sich folgendes: Wird der Unterdruck gleichmäßiger, dann wird die ursprüngliche Kraft U_1 kleiner. Die Ersatzkraft II fällt immer steiler, damit sinkt der Punkt p tiefer und auch die Ersatzkraft H tiefer. Hierdurch wachsen bei unveränderter Größe der Kraft H die Spannungen in beiden Schnitten. Der Grenzzustand mit dem Höchstwert von H ist wieder erreicht, wenn der Unterdruck die Form eines Rechteckes angenommen hat.

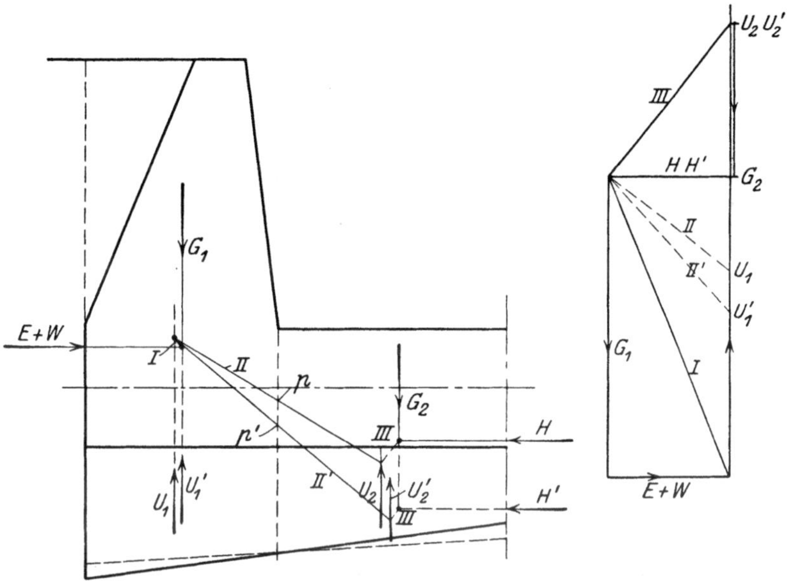

Abb. 536 b. Statische Untersuchung des Falles: Sohle an den Enden gleichmäßig nach unten durchgebogen.

Damit ist der Beweis geführt, daß bei einheitlicher Sohlenverbiegung die Spannungen in der Sohle ihren größten Wert bei gleichmäßig verteiltem Unterdruck annehmen. Hiermit ist ein großer Gewinn erzielt, denn bei den meisten Docksohlen ist die Verbiegung wegen der großen Stärke der Docksohle so gering, daß ein wesentlicher Unterschied in der Größe des Unterdruckes an den Enden und in der Mitte der Sohle nicht gut bestehen kann. Man ist dann sicher, bei Zugrundelegung der Annahme des gleichmäßigen Unterdruckes einmal der Wirklichkeit sehr nahe gekommen zu sein, ferner aber auch die größtmöglichen Sohlenspannungen gefunden zu haben.

Der Fall c) läßt eine so einfache Lösung nicht zu. Bei ihm ergibt es sich, daß die Mittelfuge gleichfalls bei gleichmäßiger Annahme des Sohlenunterdruckes ihre größte Spannung erhält. Die Seitenfuge kann aber bei ungleichmäßig verteiltem Unterdruck größere Spannungen annehmen. Solange aber die Sohle dick ist, können die Unterschiede nicht groß sein. Es empfiehlt sich deshalb, auch in diesem Fall mit dem gleichmäßig verteilten Unterdruck zu rechnen.

Gänzlich unbrauchbar ist die Methode, wie sie früher bei Brücken angenommen wurde und wie sie auch gelegentlich für Schleusensohlen empfohlen wird, die

Kraft H in der Sohlenmitte in der neutralen Faser wirkend anzunehmen und daraus die Form des Bodenunterdruckes zu bestimmen. Da die Größe der Kraft H aus den äußeren Kräften völlig bekannt ist, bleibt für sie immer nur ihre Lage zur neutralen Achse unbekannt. Setzt man die Lage von H als gegeben voraus, dann ist die Aufgabe durch eine ganz willkürliche Annahme bereits gelöst gedacht, die Form des Untergrundes ist dann völlig gleichgültig. Diese Methode verkennt das Wesen der Aufgabe. Es kann vor ihr nur gewarnt werden, da bei ihrer Anwendung das Auftreten von Sohlenbrüchen oft genug unvermeidlich sein wird.

e) Einzelberechnungen.

Zu den Berechnungen ist noch im einzelnen zu sagen, daß besonders gefährdet erscheinende Teile der Mauer, z. B. dort, wo Schächte in der Mauer heruntergeführt sind, wo mehrere Kanäle übereinander in der Mauer ausgespart sind, besonders berechnet werden müssen. Auch die Stellen, an denen bei Stemmtoren der Stemmdruck wirkt, sind besonders zu behandeln. Einzelkräfte können dabei unter Anwendung der Eisenbetonweise auf eine größere Mauerlänge verteilt werden. Schächte werden ummäntelt, die Mauern hier gleichfalls durch Längseinlagen von Eisen verstärkt, so daß eine Verteilung der Hohlraumwirkung gleichfalls auf eine größere Mauerlänge eintritt.

Besondere Schwierigkeiten entstehen in der Berechnung der Schleusenquerschnitte, wenn die Sohle durch Längsspundwände am Fuße der Mauer in 3 Längsstreifen unterteilt ist, wie es früher z. B. für die Trockendocks in der kaiserlichen Marine vorgeschlagen worden ist. Man muß dann die Mauern, die zuerst erbaut sind, für sich berechnen und nun auch die Sohlenberechnung für sich durchführen. Wird der Bau im Trocknen unter Grundwassersenkung durchgeführt, dann tritt nun auch für die Mauer eine Zustandsänderung ein, wenn das Dock gefüllt wird (umgekehrt bei Bau mit Schüttbeton unter Wasser). Die Wirkungen sind dann sehr schwer zu übersehen, so daß man sich mit Versuchsrechnungen helfen muß, um der Wirklichkeit einigermaßen nahezukommen.

Für die Berechnung einer Mauer mit großem Umlaufkanal im Unterteil empfiehlt sich folgende vereinfachende Berechnung (Abb. 537). Man berechnet die Mauer bis zu einem Horizontalschnitt, der im Scheitel des Kanals liegt. Darauf zeichnet man das Spannungsbild, das gewöhnlich die Form eines Trapezes haben wird. Man verteilt nun die entsprechenden Spannungstrapeze vom Scheitel aus nach beiden Seiten und ersetzt sie durch ihre beiden Resultierenden. Es werden dann der linke und der rechte Mauerteil so weiter berechnet, als ob sie freistehende Mauern wären, unter dem Kanal wird die Kraft dann wieder zu einer Ersatzkraft zusammengeführt. Diese Berechnungsart vernachlässigt die Tatsache, daß die Mauer um den Kanal herum einen Vollrahmen bildet. Die Berechnung wird deshalb im allgemeinen viel zu ungünstig sein, ist aber sehr einfach. Bei Berechnung der Mauern lassen sich die für Vollportale gefundenen Methoden des Eisenbaues nicht mit Erfolg anwenden, die Kräfteverteilung wird ganz anders verlaufen, als es in Eisenstäben der Fall sein wird. Die vereinfachte Rechnungsart ist hier die bessere.

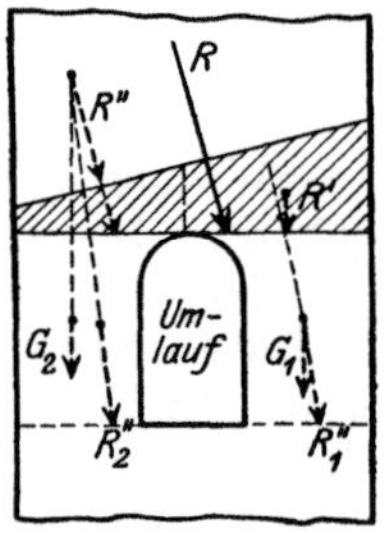

Abb. 537. Statische Untersuchung des durch Umläufe geschwächten Mauerquerschnittes.

Bei der Unsicherheit aller Annahmen und den großen Kosten solcher Bauwerke darf man vor der Ausführung vieler Versuchsrechnungen nicht zurückschrecken. Man soll alle Annahmen, deren Eintreten nur irgend denkbar ist, für alle möglichen Rechnungsarten zugrunde legen. Die Kosten, die für diese Rechnungen aufgewendet werden, sind im Vergleich zu den Kosten des Bauwerkes so gering, daß man nicht leicht zuviel in dieser Hinsicht tun kann. Auch macht sich die Erforschung des wahrscheinlichen Spannungszustandes entweder durch die genügende Sicherheit oder durch Ersparnisse im Bau selbst gegenüber einer zu großen Sicherheit bezahlt. Letztere wird leicht bei ungenügender Erforschung des Spannungszustandes vorhanden sein. — Besondere Vorsicht in den Rechnungen ist stets geboten, weil die Zahl der Schleusen- und Dockunfälle nicht gering ist.

Die Berechnung der Schleusenkörper kann auch rein rechnerisch erfolgen. Die Methode bietet nach Feststellung der Form des Untergrunddruckes keinerlei Schwierigkeiten. Die zeichnerische Darstellung ist aber vorzuziehen, da sie den Verlauf der Kräfte für das Auge genau erkennen läßt. Man wird gut tun, für Entwürfe, die zur Ausführung gebracht werden sollen, die zeichnerischen Methoden immer durch rechnerische nachzuprüfen. Streng ist darauf zu achten, daß keinerlei Kräfte vernachlässigt werden, daß auch Kräfte, die sich auf beiden Seiten der Mauer scheinbar aufheben, doch für die Bestimmung der Drucklinie angesetzt werden, denn ehe die Kräfte sich aufheben, müssen sie im Mauerwerk Drücke erzeugen, die fehlen, wenn diese Kräfte von vornherein als aufgehoben gelten dürften.

E. Vorrichtungen zum Füllen und Leeren.

a) Die verschiedenen Einrichtungen zum Füllen und Leeren.

Die Erfindung Leonardos, Schützen in die Tore einzubauen, hat sich jahrhundertelang als einzige Einrichtung zum Füllen und Leeren der Schleusen sowie der Trockendocks erhalten. — Sie war für kleine Schiffe auch völlig ausreichend, da hier bei Schleusenabmessungen, wie z. B. im Finow-Kanal von $41{,}0 \times 5{,}3$ und im Mittel etwa 3 m Hub, nur die geringe Wassermenge von 660 cbm zu bewegen war gegenüber 40 000 cbm und mehr bei heutigen großen Schachtschleusen. Es haben sich aber die Torschützen stellenweise bis heute als Reserveeinrichtung erhalten. Man sollte aber jetzt mit der Überlieferung, Torschützen als Reserve einzubauen, brechen, sie lieber als Hauptschützen wieder einführen.

Für die Beurteilung einer Füllungs- und Entleerungseinrichtung ist ein einziger Gesichtspunkt entscheidend; es ist der: Das Wasser soll in die Schleuse so hinein- und so aus ihr herausströmen, daß die Schiffe in der Schleuse ruhig liegen. Füllen und Leeren ohne Wasserbewegung in der Schleuse gibt es nicht. Es besteht aber zwischen Füllen und Leeren ein grundlegender Unterschied; bei der letzten Zeitspanne kurz vor dem völligen Entleeren ist nur noch ein ganz geringer Druckunterschied zwischen Oberwasser und Unterwasser vorhanden, so daß man die Schützen weit öffnen kann; das Wasser fließt verhältnismäßig ruhig. Bei Beginn der Entleerung befindet sich unter dem Schiff ein tiefes Wasserpolster, die Bewegungen in der Kammer sind auch hier bei gleicher Schützenöffnung unschädlicher als bei der Füllung. Bei der Füllung schwimmt das Schiff zuerst im Unterwasser, also mit ganz wenig Wasser unter dem Boden. Öffnet man jetzt die Schützen, die unter dem gleichen Überdruck stehen wie beim Anfang der Entleerung ebenso weit wie bei letzterer, dann ist wegen der geringen Wassermenge, in der das Schiff schwimmt, die Wirkung bei Füllung eine viel stärkere auf das Schiff. Man muß also langsamer füllen als man entleert.

Die folgenden Abbildungen geben die verschiedenen Formen der Füll- und Entleerungseinrichtungen wieder. Abb. 538 zeigt die ursprüngliche Anordnung mit Füllung durch Torschützen. Das Wasser führt die ganze Strömungsbewegung in der Kammer selbst durch, es entsteht immer ein vom Oberwasser zum Unterwasser gerichteter Strom in der Schleusenkammer. Die Schiffe liegen in ihren Trossen stets in der gleichen Richtung.

Abb. 539 zeigt die Anordnung von Torumläufen in einfacher Ausführung. Es sind um die Tore Kanäle herumgeführt worden, die durch Schützen geschlossen werden können. Anfänglich wurden einfache Gleitschützen nach Art der Torschützen verwandt, die Schützen haben dann eine weitgehende Entwicklung erfahren. Die Wasserbewegung ist die gleiche wie bei den Torschützen. Die Anordnung der Umläufe ist gegenüber den Torschützen von Vorteil, wenn sie wie bei dem Oberhaupt der gezeichneten Schleuse gegeneinandergeführt werden, so daß die Wasserstrahlen vor der Schleuse aufeinandertreffen und ihre Energie zum größten Teil vernichten. Bei der Anordnung wie am Unterhaupt ist die Strömung in der Vorschleuse die gleiche wie bei Torschützen. Die Umläufe (ohne Stichkanäle) bieten somit gegenüber den Torschützen hier keinen Vorteil. Man sollte deshalb bei eisernen Stemmtoren nur noch Schützen in das Untertor einbauen, etwas, was gerade bei Eisenkonstruktion bequem möglich ist und die Tore nicht einmal zu schwächen braucht. Die Schützen können trotzdem gut in der ganzen Torbreite vorgesehen werden.

Die ersten Schleusen mit Torumläufen wurden in Holland lange vor 1600 erbaut. Die weitere Entwicklung der Umläufe zeigen Abb. 541 a u. b. Hier sind die Umläufe durch die ganzen Schleusenmauern hindurchgeführt worden. Aus dem Umlaufkanal münden viele kleine Stichkanäle unmittelbar auf der Sohle. Ist der Umlaufkanal an einem Ende geschlossen, dann ist der oberhalb liegende Wasserspiegel abgesperrt. Das Kennzeichnende ist, daß jetzt nur eine unbedeutende Längsströmung in der Schleuse entsteht, statt dessen aber eine kräftige Querströmung zu oder von den Stichkanälen. Die Bedienung der Schützen muß sorgfältiger geschehen als bei den Torumläufen, weil sonst unbequeme Querströmungen eintreten können, die das Schiff an die Schleusenwand werfen wollen. Es ist sogar vorgekommen, daß die Wassersäule zwischen Schiff und Mauer plötzlich abgesaugt wurde und das Schiff durch den Überdruck der anderen Seite mit Gewalt gegen die Mauer gedrückt wurde.

Die Stichkanäle werden in gleichmäßigem Abstand angelegt. Theoretisch müßten die Abstände nach einer Seite abnehmen. Bei der Füllung ist der Weg zu den Stichkanälen am Unterhaupt durch den Umlaufkanal länger als zu denen am Oberhaupt. Man müßte also die Stichkanäle am Unterhaupt anhäufen. Bei der Entleerung ist das Entgegengesetzte der Fall, der Weg von den Stichkanälen in der Nähe des Unterhauptes zum Unterwasser ist kürzer, man müßte also die Stichkanäle am Oberhaupt anhäufen. Beide Zustände werden dadurch ausgeglichen, daß bei dem Umlaufkanal notgedrungen, da er dem Füllen und Leeren dienen soll, die gleichen Querschnitte beibehalten werden müssen. Die Erfahrung hat gezeigt, daß man mit gleichmäßig verteilten Stichkanälen am besten arbeitet. Es ist aber sicher, daß bei ihnen neben den Querströmungen gewisse Längsströmungen in der Kammer auftreten müssen, weil die Leistungsfähigkeit der Stichkanäle für jeden Punkt der Schleuse eine verschiedene sein muß. Die Stichkanäle werden bei Binnenschiffsschleusen in Abständen von 6 bis 12 m angelegt. Die Mündungen der Stichkanäle liegen sich genau gegenüber. Durch Versetzungen der Mündungen würden Wirbelströmungen erzeugt werden.

Die idealste aber teuerste Lösung wird geschaffen, wenn man von den Umlaufkanälen nicht unmittelbar Stichkanäle über der Sohle münden läßt, sondern wenn man von den Hauptkanälen Stichkanäle quer in die Sohle hineinführt und von diesen tiefliegenden Sohlenkanälen nun Stichkanäle senkrecht nach oben aufsteigen läßt. Das Wasser steigt jetzt von unten auf und umgekehrt. Schädliche Stöße auf die Schiffsseitenwand können so gut wie nicht vorkommen. Abb. 541 b zeigt diese Anordnung, wie sie bei den Schleusen des Panamakanals in vollendeter Weise durchgeführt worden ist. Hier liegen die Stichkanäle immer gegeneinander versetzt; Stichkanal 1, 3, 5 usw. werden von der einen, 2, 4, 6 usw. von der anderen Seite aus gespeist. Selbst bei ganz ungleich geöffneten Schützen ist die Füllung dann gleichmäßig verteilt, so daß Strömungen so gut wie nicht auftreten. Man kann hier ebensogut nur durch einen Seitenkanal füllen und den anderen außer Betrieb lassen. Abb. 556 zeigt die Anordnung in Panama genauer, die niedrigen Zylinderschützen sind nicht eingezeichnet. Eine fast gleich gute Anordnung ergibt sich, wenn man die Längskanäle nicht in die Seitenmauern, sondern in die Sohle legt und nun aus z. B. 2 oder 3 solcher Parallelkanäle Stichkanäle nach oben austreten läßt. Die kanadische Schleuse bei Sault St. Mary vom Oberen zum Huronensee ist nach diesem System gebaut (Abb. 540 b). Der Abschluß findet oben durch liegende Drehschützen statt.

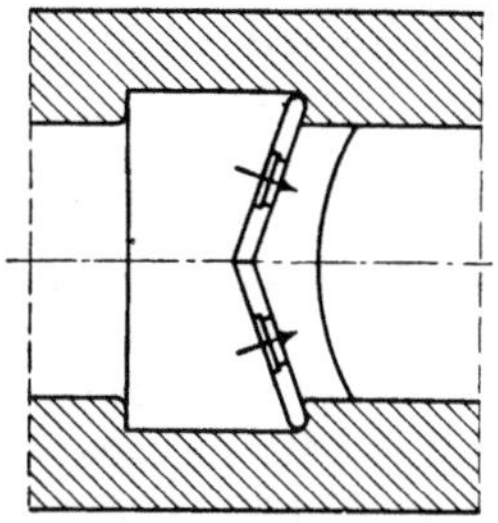

Abb. 538.

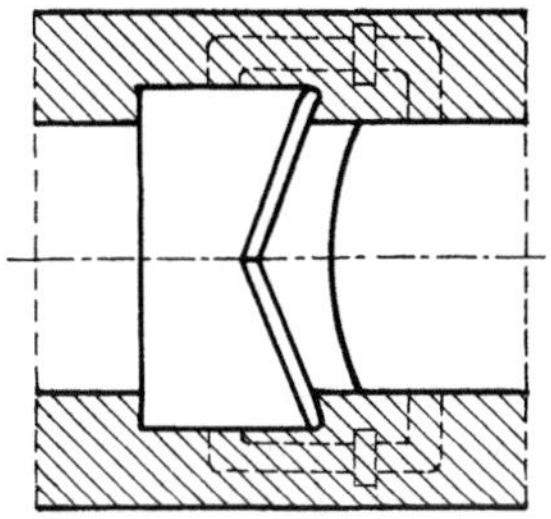

Abb. 539.

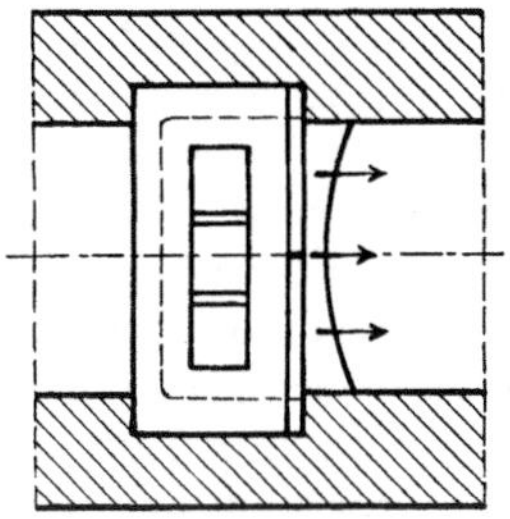

Abb. 540 a.

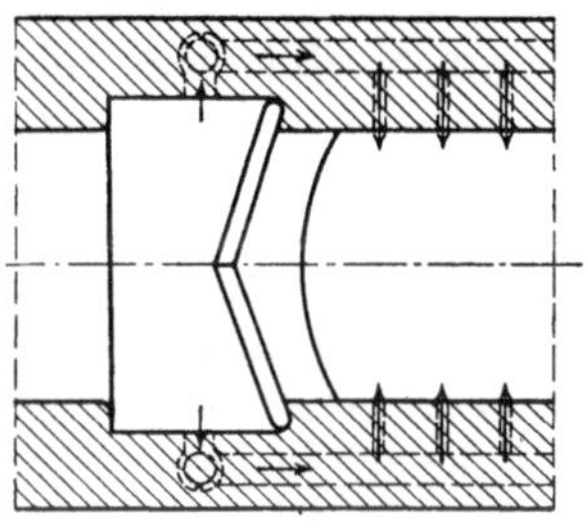

Abb. 541 a.

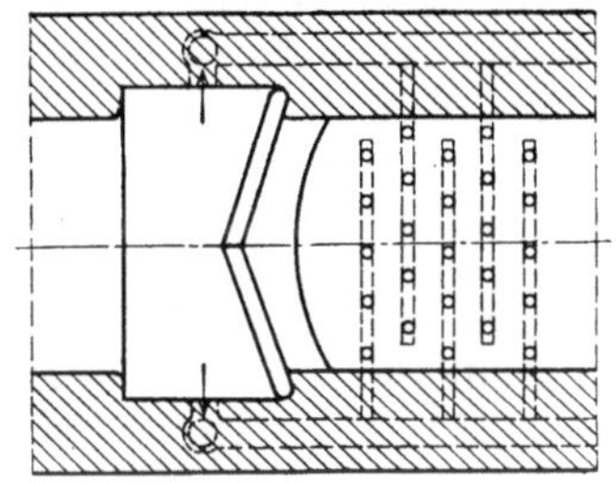

Abb. 541 b.

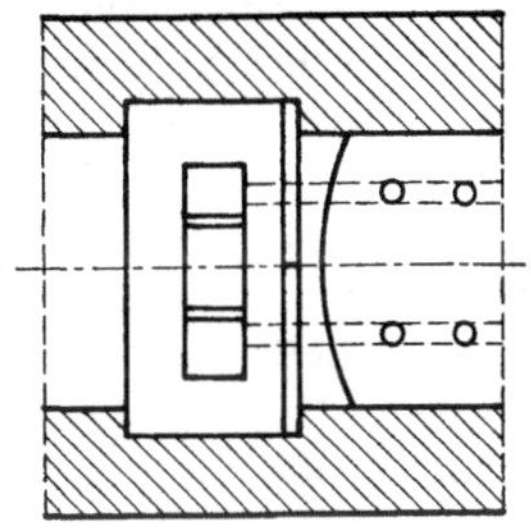

Abb. 540 b.

Abb. 538—541 b. Einrichtung zum Füllen und Leeren der Kammer.

Abb. 538. Durch Torschütze.
Abb. 539. Einfacher seitlicher Torumlauf.
Abb. 540 a. Mit Beruhigungsbecken nach Mohr.
Abb. 540 b. Senkrechte Torumläufe. Längskanal in Sohle.
Abb. 540 c. Seitliche Fallschächte mit Beruhigungsbecken.
Abb. 541 a. Durch Umläufe mit Stichkanälen.
Abb. 541 b. Durch Umläufe mit Sohlenkanälen.

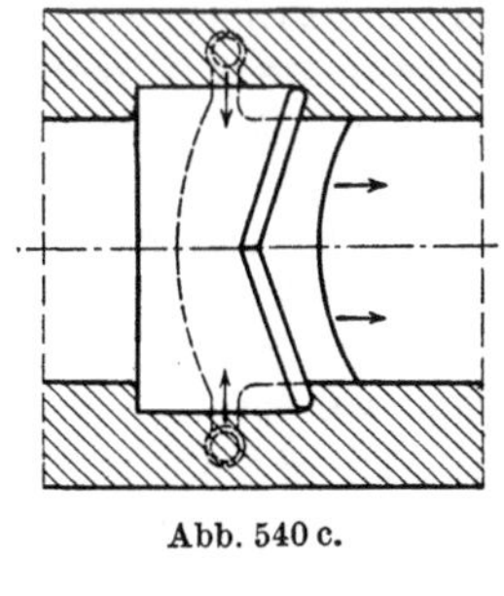

Abb. 540 c.

Die großen Kosten der Umlaufkanäle haben in neuer Zeit dazu geführt, wieder zu den einfachen Torumläufen zurückzukehren. Die große Schleppzugschleuse in Hemelingen hat z. B. nur solche Torumläufe erhalten, so daß hier wieder die Längsströmung in der Schleuse mit in den Kauf genommen worden ist. Es sind die Bemühungen darauf gerichtet worden, diese Längsströmungen möglichst unschädlich für die Schiffe zu machen. In dieser Beziehung sind zu nennen die Arbeiten von Mohr (Erbauer des Oder—Spree-Kanals) und von Krey (Leiter der Preußischen Versuchsanstalt für Wasserbau und Schiffbau in Berlin). Mohr rüstete die Schleusen mit einem großen Beruhigungsbecken unter dem Oberhaupt aus, in der richtigen Erkenntnis, daß die Füllung dem Schiffe meist gefährlicher sei als die Entleerung [Abb. 540 a] [1]). Das Wasser fällt durch wagerechte Klappen in den Beruhigungsraum, verliert hier den größten Teil seiner

[1]) Während des Druckes erschien der Aufsatz in Bautechnik 27, H. 3 „Schleusen ohne Umläufe". Dr.-Ing. Burkhardt.

Energie und strömt als ziemlich gleichmäßiger Strom durch die Schleuse. Das System kann auch heute wieder als gut empfohlen werden. Krey hat die Wirkung von Segment- oder Hubtoren untersucht, die gleichzeitig als Entleerungs- oder Füllorgane dienen sollen. Auch hier soll das Wasser in breitem Band bei wenig gesenktem Tor in die Schleuse über das Tor fallen und muß dann die ganze Kammer durchströmen. Will man das Tor heben, dann macht das Verfahren bei Kanalschleusen Schwierigkeiten, da nun das eintretende Wasser über den Abfallboden in die Schleusenkammer abstürzen müßte. Die vom Verfasser für den Entwurf der Leinekanalisierung vorgeschlagene Lösung beseitigt diesen Übelstand[1]). Hier sollte das Wasser durch einen Sohlenschlitz am Oberhaupt auch in ein Beruhigungsbecken geführt werden, um hier wie bei Mohr in die Schleusenkammer einzutreten. Die Verwendung von Hubtoren am Unterhaupt macht bei großen Torhöhen Schwierigkeiten, die aber überwindbar sind. Die Entleerung der Schleuse unter dem Tor hindurch ist eine gute Lösung.

Von größter Wichtigkeit ist es, bei dem Einlauf des Wassers in den Umlauf das Mitreißen von Luft zu verhindern. Ob es sich um Heber, Umläufe oder irgendwie sonst geartete Rohrleitungen handelt, immer ist zu beobachten, daß das Mitreißen von Luft die Leistungsfähigkeit der Leitungen entscheidend beeinflußt. Es sind in dieser Richtung durch Krey wichtige Versuche für das Oberhaupt der Schachtschleusen bei Anderten (Mittellandkanal Hannover) gemacht worden, die zu einer eigenartigen Anordnung des Einlaufes am Oberhaupt geführt haben. Abb. 549 zeigt die zuerst nach altem Muster entworfene Anlage im Querschnitt durch das Oberhaupt. Man sieht, wie jeder Umlauf seinen besonderen Einlauf in der Seitenmauer erhalten sollte. Diese Anordnung hat sich bei den Versuchen als nicht zweckmäßig erwiesen. Man ist schließlich zu der in Abb. 550 dargestellten Lösung gelangt, bei der das Wasser nicht von der Seite, sondern ähnlich wie bei den Schleusen von Mohr, am Oder-Spree-Kanal, in Sault St. Mary usw. unmittelbar von oben in den Schacht der Sohle einfällt. Hier in Anderten ist der Schacht in ganz besonderer Weise geformt, wie es aus der Abbildung zu ersehen ist. Diese Abbildung darf nicht mechanisch für andere Hubhöhen nachgeahmt werden; man sollte bei größeren Unterschieden in den Abmessungen neue Versuche machen.

Besondere Schwierigkeiten macht das Füllen und Entleeren bei Schleusen mit Sparbecken, die später beschrieben werden sollen. Es soll an dieser Stelle nur darauf hingewiesen werden, daß es auch hier darauf ankommt, für das Füllen oder das Entleeren, am besten für beide Zustände, in der Schleuse stets die gleich gerichtete Wasserbewegung zu erzielen. Es muß alles so entworfen werden, daß nicht nacheinander entgegengerichtete Strömungen in der Schleuse auftreten, sondern so, daß die Strömungen immer die gleiche Richtung besitzen, so daß die Schiffe stets in der gleichen Richtung von der Strömung beansprucht werden und in ihren Trossen unverändert liegen. Das gleiche gilt für die Umlaufkanäle. Wenn sich hier auf einzelnen Strecken die Strömung umkehrt, wie es bei offenen, parallel geschalteten Sparbecken leicht eintreten kann, dann sinkt natürlich die Leistung der Umläufe entsprechend.

Eine ausgezeichnete Lösung einer Schleuse mit Stichkanälen ist die Sparbecken- (Speicher-) Schleuse in Minden mit 15 m Hub, in der die Schiffe fast ohne Bewegung bei nur 7 Minuten Füllzeit liegen. Das Gegenbeispiel einer sonst gut gelungenen Ausführung ist die gleich hohe Schachtschleuse mit offenen Sparbecken in Datteln (Henrichenburg), bei der sich aus der Anlage offener Sparbecken Schwierigkeiten ergaben, die zu unruhigen Wasserbewegungen in der Schleuse führten. Die Füllungszeit ist hier etwa doppelt so lang wie in Minden.

[1]) Zusatz während des Druckes: Ein ähnlicher Vorschlag soll bereits früher von Trier gemacht worden sein.

b) Die Zeit für Füllen und Leeren.

Die Zeit, die zum Füllen oder Entleeren einer Schleuse gebraucht wird, bildet nur einen Teil der Schleusenzeit, die ein Schiff für die Überwindung einer Schleuse aufwenden muß, und meist nur den kleinsten Teil dieser Zeit. Der Schleusenaufenthalt kann je nach der Größe einer Schleuse zu 20 Minuten bis zu 1 Stunde gerechnet werden. Die Zeit für Füllen und Leeren beträgt in solchen Fällen meist nur 5—10 Minuten. Trotzdem ist die Berechnung der Füllungszeit durchaus notwendig, weil die angenommenen Zeiten leicht stark überschritten werden könnten, wenn die Fülleinrichtungen nicht die richtigen Maße erhalten haben.

Für die Berechnung wird die einfache Formel für den Ausfluß aus einem Gefäß verwandt. Bei der Druckhöhe H ist die Geschwindigkeit des austretenden Wassers $v = \mu\sqrt{2gH}$, wobei auf die Bestimmung des Beiwertes μ alles ankommt. μ kann geschätzt werden wie folgt:

Art des Zuflusses	μ
Einfache Torschützen . .	0,8 bis 0,6
Torumläufe	0,7 bis 0,5
Mauerumläufe	0,4

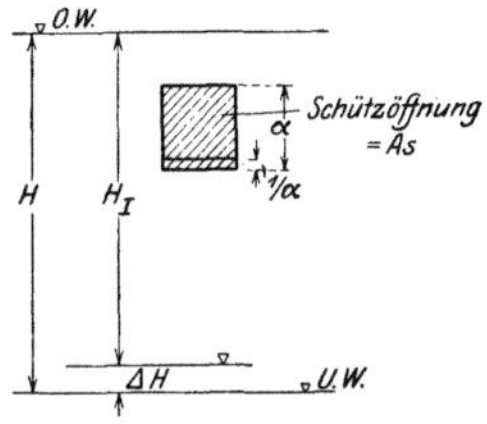

Abb. 542. Füllzeitskizze. A_k = Kammeroberfläche. A_s = Wirksamer Schützquerschnitt. Druckhöhe bei Beginn des Füllens H. Mit der Schützenöffnung $\frac{1}{\alpha} A_s$.

Für Mauerumläufe mit Stichkanälen muß μ nach den Röhrenformeln berechnet werden. Nur für Überschlagsrechnungen ist der oben angegebene Wert brauchbar. Als Formel empfiehlt sich hierfür die von Bazin für künstliche Gerinne, in der der Profilradius R enthalten ist. Ist die Kammeroberfläche A_k, die Summe der wirksamen Schützquerschnitte zusammen (im allgemeinen 2 Schützquerschnitte) A_s, die Druckhöhe bei Beginn des Füllens H mit der Schützenöffnung $\frac{1}{\alpha} A_s$, soll das Schütz diese Stellung beibehalten, bis das Wasser um die Höhe $\Delta_1 H$ auf die Druckhöhe $H_1 = H - \Delta_1 H$ gestiegen ist (Abb. 542), dann fließt in der Zeiteinheit bei Beginn des Abschnittes ein: $\frac{1}{\alpha} \cdot A_s \cdot \mu\sqrt{2gH}$, am Ende $\frac{1}{\alpha} \cdot A_s \cdot \mu\sqrt{2gH_1}$, im Mittel somit angenähert $\frac{A_s}{2\alpha}\mu\sqrt{2g}\left(\sqrt{H} + \sqrt{H_1}\right)$. Die Zeit für die Füllung dieses Abschnittes ist dann:

$$\Delta_1 T = \frac{2\alpha A_k (H - H_1)}{A_s \mu\sqrt{2g}\left(\sqrt{H} + \sqrt{H_1}\right)} = \frac{2\alpha A_k}{\mu A_s \cdot \sqrt{2g}}\left(\sqrt{H} - \sqrt{H_1}\right).$$

Für den nächsten Abschnitt mit der Füllöffnung $\frac{1}{\beta} A_s$ und den Füllhöhen von H_1 bis H_2 ergibt sich als Zeit

$$\Delta_2 T = \frac{2\beta A_k}{\mu A_s\sqrt{2g}}\left(\sqrt{H_1} - \sqrt{H_2}\right) \quad \text{usw.}$$

Bei dem letzten Abschnitt ist die Zeit bei ganz geöffnetem Schütz

$$\Delta_n T = \frac{2\varrho A_k}{\mu A_s\sqrt{2g}}\sqrt{H_n}.$$

Zerlegt man z. B. die Füllung in 4 Abschnitte, dann ist die Gesamtzeit

$$T = \Sigma \Delta T = \frac{2 A_k}{\mu A_s\sqrt{2g}}\left[\alpha\sqrt{H} - (\alpha - \beta)\sqrt{H_1} - (\beta - \gamma)\sqrt{H_2} - (\gamma - \delta)\sqrt{H_3}\right].$$

Haben wir eine Schleuse von 12 m Hub zu füllen, dann möge sein $\mu = 0{,}4$; $H = 12$; $H_1 = 10$; $H_2 = 8$; $H_3 = 5$ m; $\alpha = 4$; $\beta = 3$; $\gamma = 2{,}1$; $\delta = 1$.

Dann wird

$$T = \Sigma \Delta T = \frac{1}{0{,}2\sqrt{20}} \cdot \frac{A_k}{A_s} [4\sqrt{12} - (4-3)\sqrt{10} - (3-2{,}1)\sqrt{8} - (2{,}1-1)\sqrt{5}]$$

$$= 1{,}11 \frac{A_k}{A_s} [13{,}86 - 3{,}16 - 2{,}55 - 2{,}47]$$

$$= 6{,}32 \frac{A_k}{A_s}.$$

Wird nun das Verhältnis $\frac{A_k}{A_s} = 100$ gewählt, dann ist die Füllzeit 632 sk $= 10\frac{1}{2}$ min. Hätte man das Schütz gleich ganz öffnen dürfen, dann wäre die Füllzeit gewesen:

$$T = 1{,}11 \frac{A_k}{A_s} \cdot 1 \cdot \sqrt{12} = 3{,}81 \frac{A_k}{A_s} = 381 \text{ sk} = \text{rd. } 6{,}4 \text{ min}.$$

Man sieht an dieser Vergleichsrechnung und kann es an weiteren noch genauer erkennen, daß durch unvorsichtiges, zu schnelles Aufreißen der Schütze nicht viel an Zeit gewonnen werden kann. — Die wirkliche Füllungszeit wird sich nach verschiedenen Umständen richten, so z. B. darnach, daß die Schiffer die Trossen neu belegen müssen, wenn die Schiffe sich gesenkt haben, usw. Man muß die Anordnung der Festmachevorrichtungen dann dem gewollten Rhythmus anpassen und kann dann dessen Durchführung dadurch annähernd erreichen. Auf geringe Unterschiede kommt es zudem nicht an.

F. Ausführung von Sohlen und Wänden, Drempel usw.

a) Sohlen und Spundwände.

Bei dem Entwurf einer Schleuse soll man stets dessen eingedenk sein, wie die Schleuse historisch entstanden ist. Sie ist strenggenommen nichts weiter als eine sehr kurze Strecke eines Kanals oder eines kanalisierten Flusses, bei der die Wehre dicht aneinandergerückt sind, oder sie kann an der See aufgefaßt werden als ein kleiner Dockhafen. Auf alle Fälle hat man bisher weder eine Flußstrecke noch eine Hafensohle mit einer Betonsohle versehen, die eine völlige Undurchlässigkeit herbeigeführt haben würde. Es ist auch heute oft nicht nötig, Schleusensohlen so einzubauen, daß die ganze Kammer einem großen Troge gleicht. Wenn die Ausbetonierung einer Schleusenkammer oder ihre Aussetzung mit Steinen trotzdem durchgeführt wird, dann geschieht es aus Rücksicht auf die Strömung in der Schleusenkammer beim Füllen und Leeren, wenn der Untergrund so beweglich ist, daß man eine Aufwühlung und Hügelbildung befürchten muß.

Ganz anders sieht es dagegen mit den Schleusenhäuptern aus. Sie sind als bewegliche Wehre aufzufassen, die stets einer Grundplatte als Abschluß nach unten bedürfen und die auch stets bei nicht felsigen Bodenarten durch Spundwände nach unten fortgesetzt werden müssen. Spundwände an der Kammer entlang sind als Sicherheitsmaßregeln gegen Unterspülung entbehrlich, weitreichende Querspundwände unter den Häuptern dürfen aber dort, wo sie gerammt werden können, nicht fehlen. Wenn Spundwände um die Kammer herum ausgeführt werden, dann ist der Grund hierfür die Absteifung der Baugrubenwände, nicht aber Abtrennung der Wasserstände. — Wird z. B. eine Kammer unter Grundwassersenkung erbaut, so daß die Baugrube ganz mit geböschten Wänden ausgehoben werden kann, dann sind Längsspundwände gänzlich entbehrlich, sogar schädlich.

b) Ausführung der Häupter.

Der schwierigste Baukörper bei Kanal- und Flußschleusen mit hohen Wasserstandsunterschieden ist das Oberhaupt. — Die Sohle des Oberhauptes soll nur den Übergang von der oberen Kanalhaltung zum Abfallboden vermitteln und eine Schwelle für die Tore ermöglichen. Es sind in Abb. 543—548 sechs verschiedene Formen von Schleusenoberhäuptern dargestellt. Form 543 u. 544 kommen für einfachere Ausführungen in rammfähigem Boden in Frage. Bei felsigem, gleichmäßigem Untergrund wird man Form 545 mit dünner Oberhauptsohle anwenden können; Form 546 dagegen mit plötzlichem Absatz zwischen dem massiven Teil des Hauptes und der dünnen Sohle zur oberen Haltung hin ist statisch so ungünstig, daß sie selten ausgeführt werden sollte. Nur dann, wenn das dünne Sohlenstück kurz ist und durch genügende Eiseneinlagen mit dem

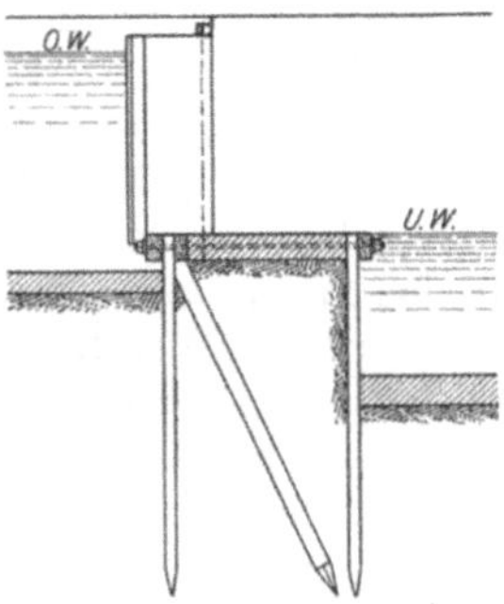

Abb. 543. Drempelausbildung durch Spundwand mit Stemmtor.

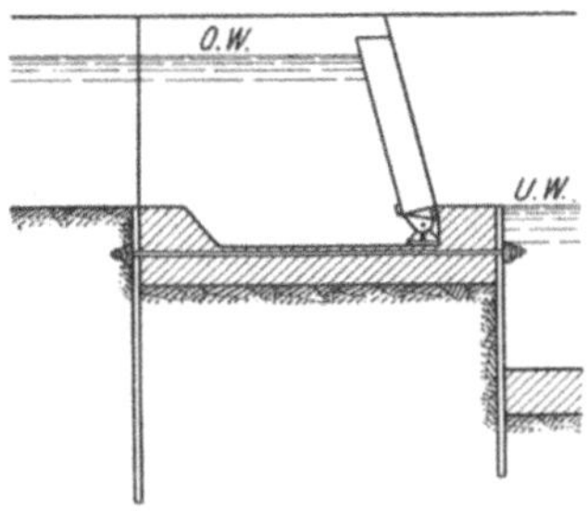

Abb. 544. Dsgl. mit Klapptor.

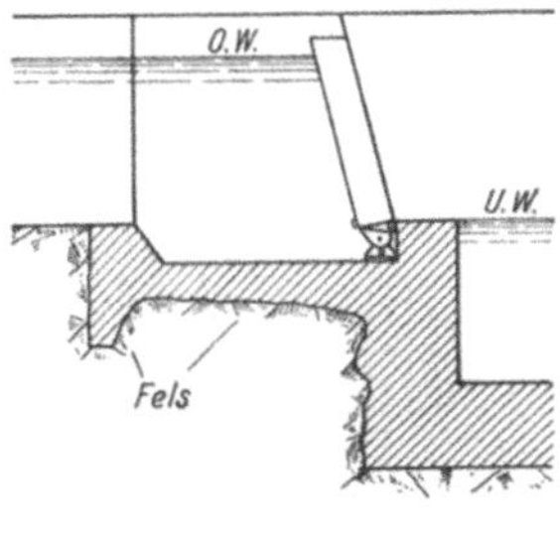

Abb. 545. Massiv bei Felsboden.

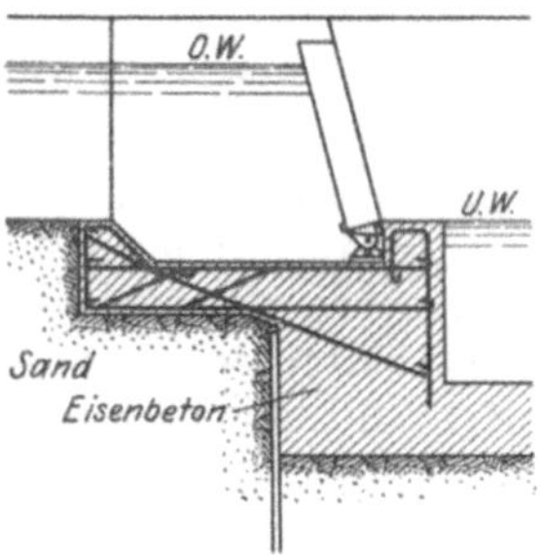

Abb. 546. In Eisenbeton bei Sand- oder Lehmboden.

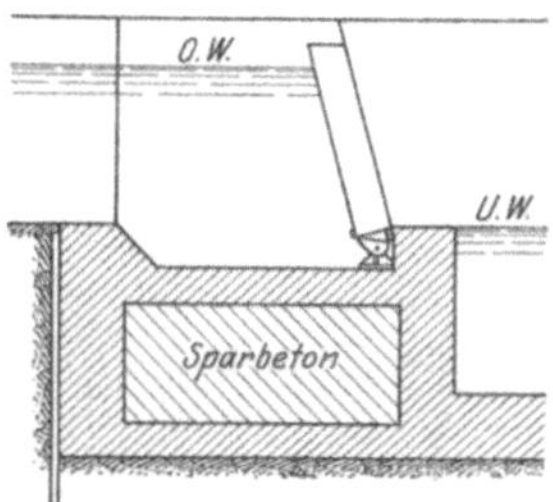

Abb. 547. Massiv bei Sand- oder Lehmboden.

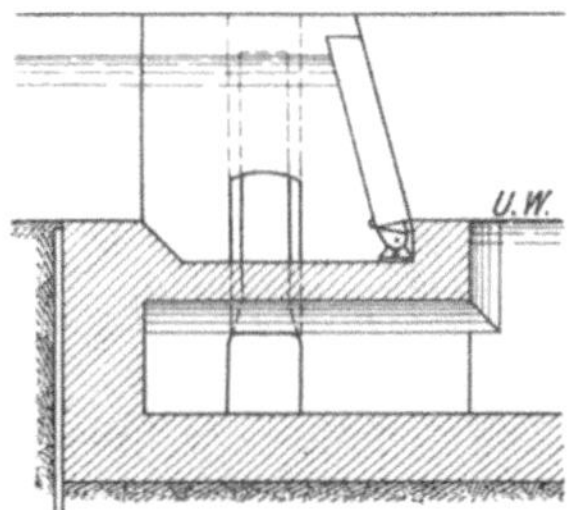

Abb. 548. Mit Beruhigungsbecken.

Abb. 543—548. Oberhauptausbildung.

dicken Block verbunden ist, wird diese Form in Frage kommen. Die nächste Form 547 findet am besten bei weicheren Bodenarten Verwendung, wenn der Boden so ungleichmäßig ist, daß es ratsam ist, das Oberhaupt genau so tief zu gründen wie die Kammerwände. Man kann dann aber eine weiterreichende Auflösung durch Einlage großer Sparbetonnester durchführen. Es drängt sich hierfür unwillkürlich die von Mohr zuerst angewandte Wasserzuführung durch Anlage eines Beruhigungsbeckens im Oberhaupt auf. Man braucht den Sparbeton nur fortzulassen und den Hohlraum entsprechend auszugestalten, dann ist das Beruhigungsbecken von selbst gegeben. So ergibt sich als wertvolle letzte Form der Oberhauptausführung die gemäß Abb. 548 unter Einlegung eines Hohlraumes. Zwei verschiedene Formen des Querschnittes des Oberhauptes einer Schachtschleuse (Anderten) zeigen Abb. 549 u. 550, S. 422. Die Form 549 wurde auf Grund von Versuchen zugunsten der anderen verlassen, deren Wasserführung günstiger war.

Die Unterhäupter liegen mit der Oberkante der Sohle in der Höhe der Oberkante Kammersohle, also tief. Man wird hier darnach streben, die Sohle nur so dick zu machen, wie es aus statischen Gründen notwendig ist. Um an Gründungstiefe zu sparen, ist die Verwendung von Eiseneinlagen hier oft geboten, während die große Dicke der Oberhauptsohle Eiseneinlagen meist entbehrlich macht. Eine überall passende Regel läßt sich natürlich nicht geben. Man muß stets von Ort zu Ort je nach den Verhältnissen die Ausführung wechseln.

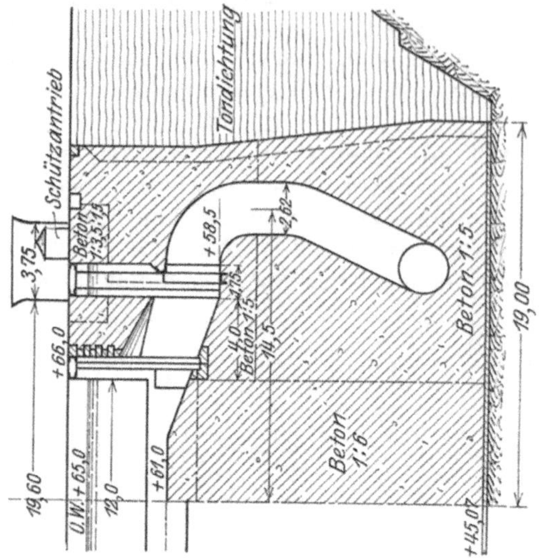

Abb. 549. Schleuse Anderten. Erster Vorschlag. Maßstab 1 : 400.

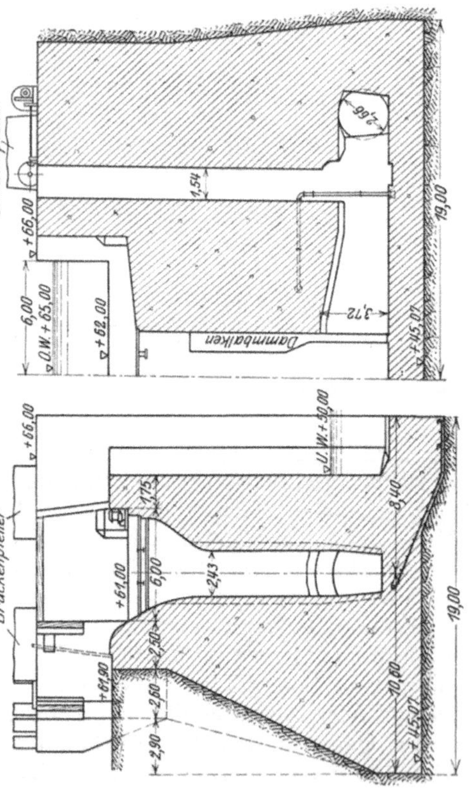

Abb. 550. Neue Ausbildung. Maßstab 1 : 400.

Abb. 550 a u. b. Schleuse Anderten. Oberhaupt.

Jedes Haupt soll wenigstens mit einer Querspundwand, besser aber mit zweien versehen werden. Die obere Spundwand ist dabei stets die wichtigere. — Das, was für das Oberhaupt gilt, gilt ebenso für das Unterhaupt. Die Sohle der Häupter soll so stark gebaut sein, daß das Haupt als starrer Körper wirkt, dessen Wände und Sohle keine nennenswerten Bewegungen machen können. Diese Starrheit ist für das gute Arbeiten der Schleusentore notwendig. Alles, was im Wehrbau über diesen Punkt gesagt ist, hat auch hier Gültigkeit.

Die Wände der Schleusenhäupter erhalten eine besonders große Dicke, besonders im unteren Teil, wenn Umläufe angelegt werden. Die Kanäle nehmen wegen der großen Abmessungen der Schleusen gewaltige Durchmesser an, z. B. bei großen Seeschleusen größere Durchmesser als Eisenbahntunnels. (Die Umläufe der Panamakanalschleusen haben einen Durchmesser von über 6 m.) Da nun die Schützeinrichtungen in Schächten untergebracht werden, so muß oft die Mauer an dieser Stelle in fast gleicher Stärke, wie sie die Mauer unten besitzt, bis nach oben durchgeführt werden. Die Mauern der Häupter für sich zu gründen und die Sohle dann hineinzusetzen, empfiehlt sich im allgemeinen nicht. Man soll besser eine dicke, starre Sohle, gegebenenfalls mit genügender Eiseneinlage bauen und darauf die Mauern aufsetzen. — Ausnahmen machen die Häupter bei Seeschleusen, sobald die Sohlen hier die Dicke von 5 oder sogar 8 m annehmen. Hier werden die Mauern am besten vorher für sich erbaut, dann sind die später eingefügten Sohlen derartige Klötze, daß die nötige Starrheit gewahrt ist.

Besondere Sorgfalt erfordert die Ausbildung des Drempels im Haupt. Der Drempel ist die Schwelle, gegen die sich die meisten Torarten (Segment- und Walzentore ausgenommen) anlegen. Bei kleinen Schleusen kann man die dicke Sohle fortlassen, wenn man den Drempel entsprechend ausbildet. Man muß dann den Drempel gemäß Abb. 543 durch eine Spundwand, die nach der Kammer zu durch Bockpfähle gestützt ist, ersetzen und den Abfallboden durch eine zweite Spundwand sichern. Das Ganze nimmt die Form eines Fangedammes an. Solche Häupter werden aber nur in seltenen Fällen ausgeführt werden. Baut man z. B. in Kolonialländern Schleusen aus Holz — eine Bauart, die wegen der dort vorhandenen unverwüstlichen Holzarten durchaus ihre Berechtigung hätte —, dann kommen diese Ausführungen in Frage.

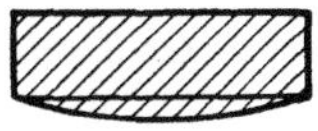
Abb. 551. Drempelsteine mit Kugelkalotte.

Im allgemeinen muß der Drempel mit Stein ausgesetzt werden oder durch Walzeisenauflagen oder Gußstahlkanten befestigt werden. Es werden auf ihn gewaltige Drucke ausgeübt, die nun mit Sicherheit in die Sohle des Hauptes übertragen werden müssen. Diese Schwelle muß dementsprechend stark nach unten verankert und so ausgebildet werden, daß sie nicht durch Auftrieb gefährdet wird. Besonders bei großen Trockendocks ist der Auftrieb der hohen Wassersäule eine Gefahr; bei z. B. 10 m Wassertiefe kann im ungünstigsten Fall unter den Drempelsteinen 10 t/qm als Auftrieb auftreten.

Die Drempelplatte würde am besten in einem Stück mit der Sohle hergestellt, so daß keinerlei Fuge zwischen beiden Teilen vorhanden ist. Oft ist aber erst ein Rohbau des Docks oder der Schleuse geschaffen worden, auf den der Feinausbau aufgesetzt wurde. Diese Bauart wird in allen Fällen angewandt, wenn keine Grundwassersenkung möglich ist, sondern der Beton im Nassen zwischen Spundwänden geschüttet wird. Es kann dann der Feinausbau erst nach Trockenlegen der Sohle einsetzen. Darauf müssen die Drempelsteine nach unten in der fertigen Sohle verankert und die Vorschleuse oder der Vorraum des Docks bis zur Höhe der Drempeloberkante mit Klinkern in Zement ausgemauert werden. Bearbeitung, Versetzen und Vergießen der Quader geschieht dann in folgender Weise: Die einzelnen Quader werden nicht nur oben und an den Seiten, sondern auch unten bearbeitet, und zwar unten so, daß sie nach einer Kugel-Kalotte oder ähnlich abgemeißelt werden, so daß der am tiefsten liegende Punkt in der Mitte des Steines liegt. Die Steine werden dann in Streifen nebeneinander versetzt und auf gewöhnliche Art vergossen. Weil jetzt aber jeder Stein eine regelmäßige Unterfläche erhalten hat mit nur einem tiefsten Punkt, ist die Bildung von Luftglocken unter den Steinen unmöglich (Abb. 551). Bei der gewöhnlichen Art, Steine zu versetzen und zu vergießen, dringt der Zement oft nur an den Steinrändern ein, wird durch die mit Luft gefüllten Hohlräume unter dem Stein aber verhindert, den Zwischenraum zwischen Betonsohle und Stein auszufüllen. Das Wasser kann sich dann unter dem Stein durchwühlen und dort seine Auftriebskraft entwickeln. Viele Drempelbrüche sind lediglich aus dieser falschen Art der Steinbearbeitung zu erklären.

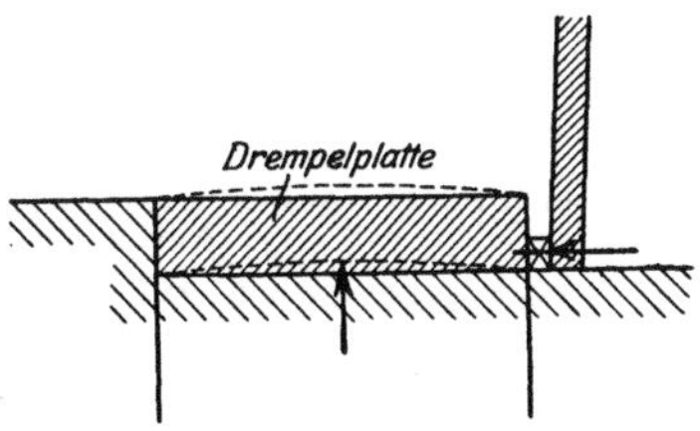

Abb. 552. Drempelverbiegung.

Der Drempeldruck des Tores soll möglichst auf die Mitte der Steine (der Höhe nach) wirken, so daß in der Drempelplatte nur Normalspannungen entstehen. Ein zu tief liegender Angriffspunkt kann infolge der Verbiegung der Drempelplatte gemäß Abb. 552 ein Abheben der Platte von der Sohle herbeiführen, wenn die Drempelsteine, nicht aber die Platten hinter dem Drempel, mit verankert sind. Werden Schleusen im Trockenen erbaut, dann soll man, wie bei dem Bau der Panamakanalschleusen, die Drempel und Abfallböden durch Eisengerüste, die mit einbetoniert werden, verankern.

c) Ausführung der Kammer.

Gemäß der vorher gegebenen Darstellung über das Wesen der Schleusenkammern ergibt sich die Möglichkeit, die Kammer völlig wie ein Stück eines Kanals oder eines Hafens auszuführen. Man kann bei langen Schleppzugschleusen geböschte Wände anwenden, die ebenso wie die Sohle lediglich durch Steinpflasterung gesichert sind, wenn der größere Wasserverlust getragen werden kann. Eine Böschung der Kammerwände bedingt eine Vergrößerung des Kammerinhaltes. Diese Vergrößerung ist für den Betrieb von Bedeutung, soweit sie über dem Unterwasser liegt. Der Teil unter dem Unterwasserspiegel bleibt stets gefüllt und rechnet nicht mit.

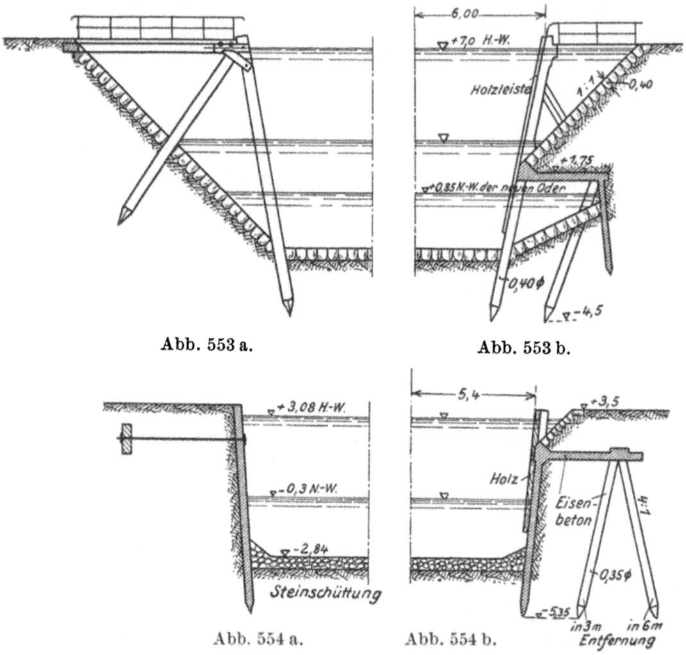

Abb. 553 a. Abb. 553 b. Abb. 554 a. Abb. 554 b.

Abb. 553—554. Ausbildung der Kammer ohne massiven Boden. Maßstab 1 : 333.

Abb. 553 a. Schräge Böschung mit Steinpflaster. Abb. 554 a. Einfache Spundwand. Abb. 553 b. Schräge Böschung mit Pflaster und Bollwerk (Ostoderschleuse). Abb. 554 b. Bollwerk (Westoderschleuse).

Wir haben 3 Formen der Kammerwände zu unterscheiden, 1. die Böschung, 2. das Bollwerk, 3. die Mauer. Die Gesichtspunkte, die bei Ausbildung von Mauern im Tidegebiet maßgebend sind, gelten hier in verstärktem Maße. Im Tidegebiet findet der Wasserwechsel im Verlauf von rd. 6 Stunden statt, hier oft in 6 Minuten. Die Bildung von Wassersäcken ist bei Schleusenwänden somit viel leichter möglich, die Mauern sind deshalb stärker gefährdet als an anderen Stellen.

Abb. 553—554 zeigen die verschiedenen Formen der Kammerausbildung ohne feste Sohle. Bei Verwendung von Böschungen ist ein Leitwerk in der Schleuse erforderlich, das die Schiffe in der Mitte der Kammer hält und ihr Aufsetzen auf die Böschungen verhindert. Daß eine solche Ausführung nur bei starkem Wasserüberfluß möglich ist, ergibt sich bereits aus dem Bilde. Man wird die Böschungen meist kaum steiler als 1 : 1 machen können, und dann erhält man bei 3 m Schleusentiefe und 10 m Wasserwechsel für 12 m breite Schleusen bereits statt eines Füllraumes von 120 qm Querschnitt einen solchen von 280 qm. Diese Zahlen zeigen, daß solche Kammern im allgemeinen nur bei Flüssen mit kleinerem Hub, nicht aber in Kanälen möglich sind. Aber auch in Flüssen wird die Ausbildung senkrechter Wände notwendig, wenn Kraftwerke mit der Wehranlage verbunden sind. Hier trifft der größte Wasserverbrauch der Schleuse mit der größten Wasserknappheit zusammen.

Die Ausbildung der Wand als Bollwerk wird in Flüssen oft möglich. Mit besonders großem Erfolg ist diese Bauart in Hemelingen bei Bremen durchgeführt worden. Erleichtert wird die Bauweise durch Einlegung einer Sohle oder eines Sohlenrahmenwerkes, das die Spundwand in der Sohlenoberkante einspannt. So ist auch die Ausführung in Bremen gemacht worden. Die Beanspruchung der Bollwerke ist dann ganz bedeutend geringer als bei Einrammung in den Boden ohne massives Gegenlager. Erschwert ist bei der Anwendung des Bollwerkes die Verwendung von Umlaufkanälen. Deshalb muß man sich hier oft mit Torumläufen begnügen oder mit dem Mohrschen Beruhigungsbecken arbeiten. Die Spundwände werden am besten nach Hemelinger Muster von der Sohle bis etwas über das mittlere NW. durch eine vorgelegte, mit den Spundwänden verankerte Betonschürze verblendet, s. Abb. 557, in der die 5-m-Latte als Maßstab diene. Diese Schürze schützt das Eisen nach den gemachten Untersuchungen völlig vor Rost, hat sogar durchweg eine Entrostung der Spundwände herbeigeführt, da der Rost vom Beton aufgenommen wurde und chemisch somit zur Bildung des Betons beigetragen hat. Es liegt darüber ein Gutachten von Oberbaurat Kölle, Bremen, vor. — Die Anwendung des Bollwerkes findet seine

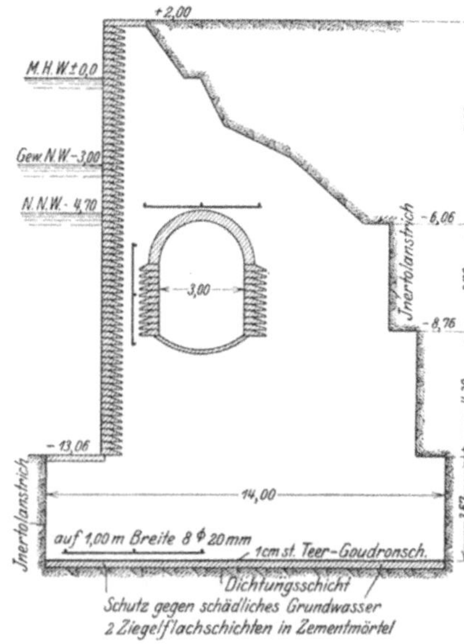

Abb. 555. Emdener Seeschleuse. Querschnitt durch die Kammermauer. Maßstab 1 : 300.

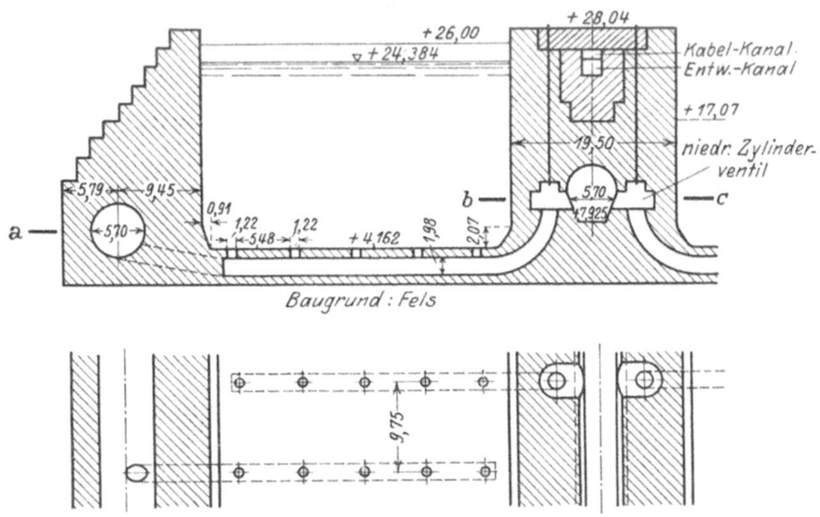

Abb. 556 a u. b. Querschnitt der Gatunschleusen. Maßstab 1 : 850.

Grenze in der Stauhöhe der Schleuse. Wenn man Schleusen von 15 m Druckunterschied und 3 m Kammertiefe baut, dann wird die Spundwand von der Schleusenplattform aus bis zur Sohlenoberkante bereits 19 m hoch. Da bei Unterwasser in der Kammer der Wassergegendruck so gut wie nicht vorhanden ist, haben wir es dann mit einem freistehenden Bollwerk von 19 m freier Höhe zu

Abb. 557. Kammerwände der Hemelinger Schleuse. Bremen. Betonverkleidete Spundwände.

tun. Ob eine solche Ausführung noch möglich, vor allem wirtschaftlich ist, hängt ganz von den vorhandenen Bodenverhältnissen und der Stärke der Spundwand ab. Im allgemeinen scheint die Grenze für Bollwerke bei einem Schleusenhub von etwa 10 m zu liegen.

Die Kammerwände sind, wie bereits gesagt, mit großer Vorsicht zu berechnen. Man soll die Vorsicht aber nicht bis zur Unwirtschaftlichkeit übertreiben, z. B. einen Grundwasserstand hinter der Mauer dicht unterhalb der Schleusenplattform annehmen. Vielfach wird der Grundwasserstand tief liegen. Bei Flußschleusen muß der Grundwasserstand in der Nähe des Oberhauptes ähnlich wie das gestaute Oberwasser liegen, am Unterhaupt ähnlich wie das Unterwasser. Man braucht somit dann, wenn man Erd- und Wasserdruck trennen muß, die Mauer nicht in der ganzen Länge gleich stark zu machen, sondern kann die Stärke nach dem Unterwasser zu abnehmen lassen. Dieser Gesichtspunkt ist bisher bei Schleusenbauten nicht genügend beachtet worden.

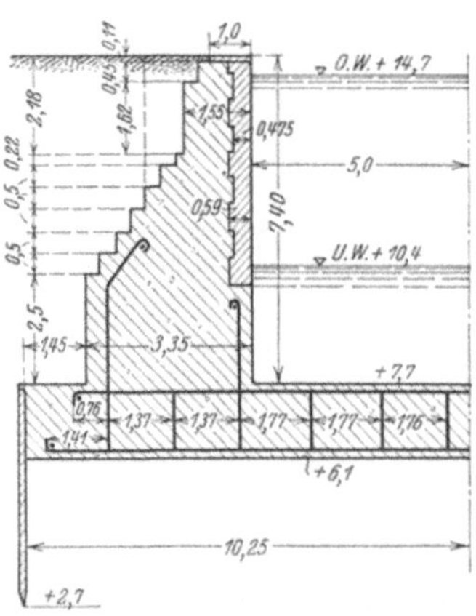

Abb. 558. Kammerquerschnitt. Schleppzugschleuse bei Meppen. Dortmund-Ems-Kanal. Maßstab 1 : 250.

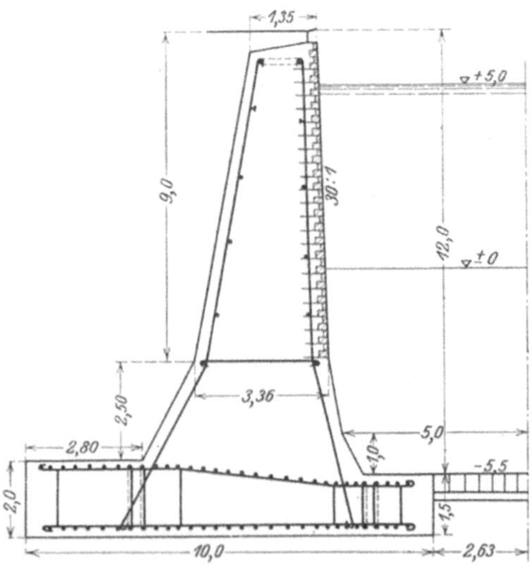

Abb. 559. Kammerquerschnitt (Schleusen des Rhein-Herne-Kanales). Maßstab 1 : 230.

Eine Verbilligung des Baues wird man durch gut arbeitende Entwässerungen erzielen können, die aber so angelegt werden müssen, daß sie dem Oberwasser nicht bei offenem Obertor den Durchtritt hinter die Kammermauer erlauben.

Wo Entwässerungen erbaut werden, müssen sie so angelegt werden, daß eine jederzeitige Kontrolle möglich ist. Wenn die Entwässerung nicht stets zuverlässig arbeitet, dann schadet sie mehr als sie nützt. Die schlechten Erfahrungen an der Schleuse (Hemelingen) Bremen, bei der durch ausgefälltes Eisen, das im Grundwasser enthalten war, die ganze Dränage verstopft wurde, mahnen sehr zur Vorsicht.

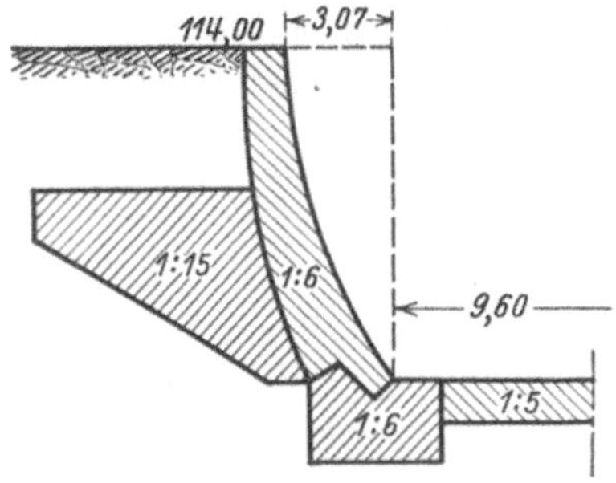

Abb. 560. Ausbildung der Kammer an der Oder und Aller. Maßstab 1 : 350.

Die Mauern werden heute möglichst in aufgelöster Bauart durchgeführt oder wenigstens durch Einlage von Eisen verbilligt. Besonders gute Ausführungen von Schleusenmauern sind in den Abb. 555—559 gegeben. Von diesen ist Abb. 559 bei den Schleusen des Rhein-Herne-Kanals unter Rücksicht auf die Bergbausenkungen völlig freistehend erbaut worden. Abb. 560 gibt einen Querschnitt wieder, der sich bei Wasserüberfluß als zweckmäßig und billig erwiesen hat. Er ist an der Oder und Aller zur Anwendung gekommen. Die Betonmischungen sind in die Zeichnung eingeschrieben, der Sparbetonklotz 1 : 15 dient zur Entlastung von Erddruck. Die Mauern sollen sich aber trotzdem merkbar bewegt haben. Der 3,07 m oben breite Raum ist zum Teil verlorener Raum, der einen größeren Wasserverbrauch bedingt. Abb. 561 zeigt ferner die Mauer zwischen der Hemelinger Schleppzugschleuse und dem U.-W.-Kanal der daneben liegenden einfachen Schleuse nach der Wiederherstellung. Diese Mauer wirkt bei voller Schleppzugschleuse wie ein Wehr gegenüber dem U.-W.-Kanal[1]).

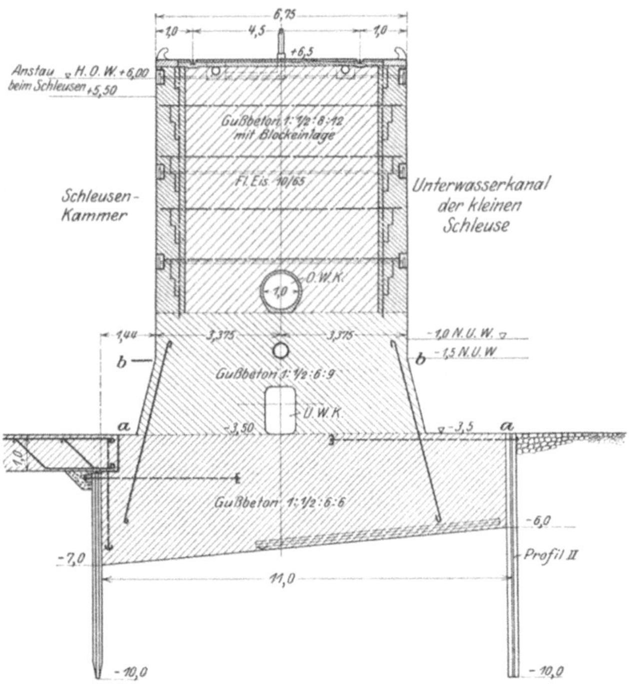

Abb. 561. Schleusenmittelmauer in Hemelingen. Querschnitt unterhalb der Bruchstelle. Maßstab 1 : 200.

Eine noch weitergehende Auflösung bei Erbauung des ganzen Querschnittes in Eisenbeton zeigt Abb. 562, Schleuse im Tobol- und Kamaflußgebiet, von v. Emperger. Ob eine so weitgehende Auflösung ratsam ist, erscheint zweifelhaft. Die Schleusenmauern sind in unserem Klima auch bei bester Betonausführung meist verblendet. Da auch die beste Verblendung abfrieren kann, wenn sie nicht ganz sachgemäß angebracht wird, so wird die Methode von Baudirektor Claussen-Bremerhaven wiedergegeben, wie sie neuerdings bei der Schleuse Anderten angewendet wird, Abb. 563. Es wird das Verblendmauerwerk aus Klinkern in Verzahnung hergestellt, so daß

[1]) O. Franzius, Erfahrungen mit Gußbeton. B. u. E. 1914, Heft 3.

z. B. auf 4 Schichten von einer Steinstärke immer 4 Schichten von einer halben Steinstärke folgen. Durch schwalbenschwanzförmige, nach hinten auskragende Pfeiler wird ferner eine weitere Verankerung mit dem Beton erzielt. Diese Pfeiler sind durch eingelegte senkrechte Rundeisen ausgesteift und durch eingelegte Flacheisen mit der eigentlichen Verblendschicht verbunden. In Anderten „stehen" die Flacheisen in den senkrechten Querfugen. Dieses Verblendmauerwerk hat einen ausgezeichneten Zusammenhang mit dem Beton bewiesen, während die meisten anderen Verblendarten gelegentlich abgefroren sind.

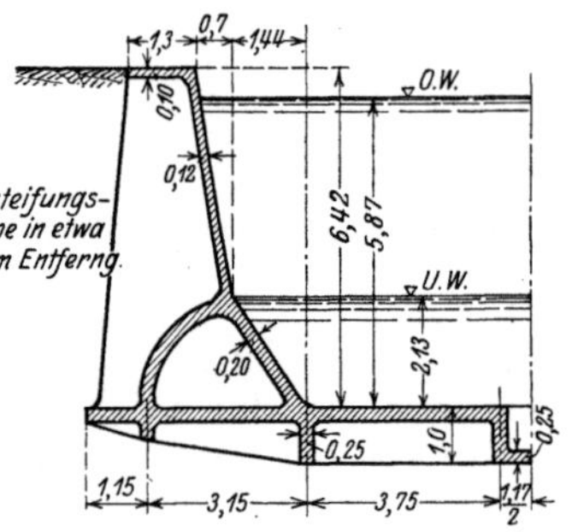

Abb. 562. Kammerquerschnitt aus Eisenbeton (Tobol- und Kamaflußgebiet). Maßstab 1 : 250.

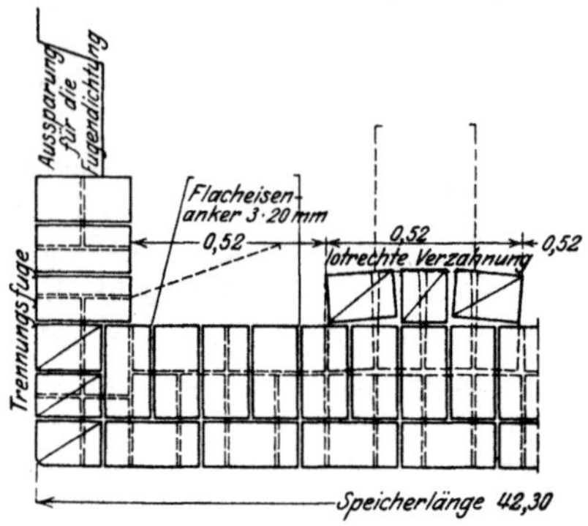

Abb. 563. Verblendung der Schleuse Anderten. Maßstab 1 : 30.

Die von Zander an der Emder Schleuse gleichfalls mit Erfolg angewendete Verblendungsart zeigt Abb. 564.

In Süddeutschland steht man vielfach auf dem Standpunkt, Betonmauern nicht zu verblenden. Da das Klima dort nicht wesentlich milder ist als in Norddeutschland, kann der Klimaunterschied nicht entscheidend sein. Durch die Erfindung der neueren Betondichtungsmittel, wie Sika und andere, dürfte es in Zukunft möglich sein, Betonverblendungen zu schaffen, die kein Wasser aufnehmen und demzufolge nicht ausfrieren. Es wird aber notwendig sein, die dichte Betonverblendung mit dem Mauerkörper gleichzeitig hochzuführen, so daß eine innige Verbindung beider Betonarten stattfindet. Es sind hierdurch wesentliche Ersparnisse in den Betonbauten zu erwarten. Das gleiche gilt auch für Talsperrenmauern usw.

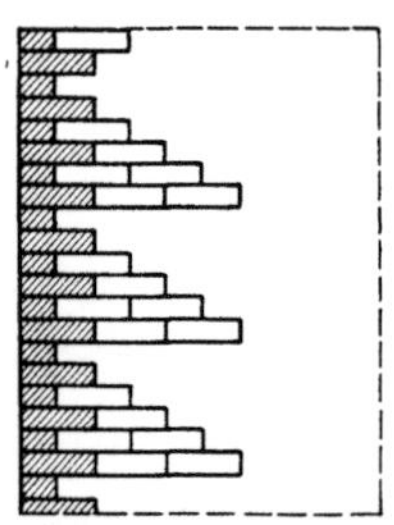

Abb. 564. Verblendung bei der Emdener Seeschleuse mit Klinkern I. und II. Qualität.

Wie die Kammersohle ausgebildet werden muß, wenn der Kammerquerschnitt einheitlich massiv ist, ergeben die Berechnungen. Wird auf eine massive Sohle verzichtet, dann kann in Eisenbetonbau eine aufgelöste Sohle eingebaut werden, die dann gewöhnlich aus starken Querrippen (Rippengerüst) mit dazwischengespannten Decken bestehen wird, oder es wird nur eine Pflasterung der Sohle vorgenommen werden. Sohlen aus Steinschüttung sind unzweckmäßig, weil einzelne hervorstehende Steine die Schiffe gefährden können. Die Steinpflasterung geschieht am besten auf Kiesunterlage, damit nicht die Strömung in der Schleuse den Boden unter den Steinen heraussaugt. Bei großen Seeschleusen mit Klaiboden hat man nicht nur auf die Sohle verzichtet, sondern auch die Steinpflasterung fortgelassen. Die Kaiserschleuse in Bremerhaven besteht z. B. nur aus den massiv erbauten Häuptern und der Mauereinfassung der Kammer.

G. Die Schleusentore.

a) Allgemeines.

Die Schleusentore können heute in folgende Arten eingeteilt werden:

1. Stemmtore und Fächertore,
2. Klapptore,
   α) mit wagerechter Achse,
   β) mit senkrechter Achse,
3. Segmenttore, Hubtore, Walzentore,
4. Pontons,
   α) Schwimmpontons,
   β) Gleit- und Rollpontons,
5. Sonderkonstruktionen.

Das Material der Tore ist bei uns heute vorwiegend Stahl[1]). Holztore werden nur noch ganz selten ausgeführt. Auch die Verbindung von Holz und Stahl, die gelegentlich empfohlen wurde, hat sich nicht durchsetzen können.

Über die Haltbarkeit von Eisen im Wasser liegen wichtige Untersuchungen von Dr. Ederhof-Siegen vor. Sie erstrecken sich zwar vorwiegend auf Eisen im Seewasser, lassen aber auch Schlüsse über Eisen im Süßwasser zu. Die wichtigsten Ergebnisse sind folgende:

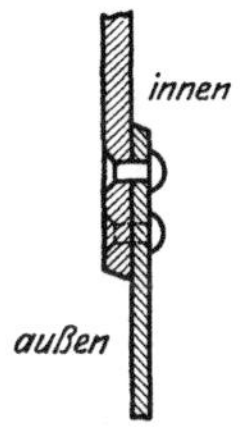

Abb. 565. Vernietung der Tore im Seewasser.

Besondere Gefahren für Eisenkonstruktionen sind durch den Schlickfall gegeben. Es ist die Beobachtung gemacht worden, daß Eisenteile, auf denen sich Schlick absetzen kann, schneller rosten als andere. Man muß deshalb an der See die Schleusentore so ausbilden, daß die vorstehenden Blechkanten im Tor und nicht außerhalb sind, daß alle Nieten außen versenkt sind (Abb. 565). In Holtenau hat man ferner die Erfahrung gemacht, daß eine Rostschicht das Rosten verlangsamt, wenn keine starke Strömung vorhanden ist. Zur Fortsetzung der Rostbildung gehört immer neuer Sauerstoff, wird er ferngehalten oder wird sein Zutritt verlangsamt, wie es durch eine vorhandene Rostschicht anscheinend geschieht, dann wird auch das Rosten verhindert oder verlangsamt.

b) Stemmtore.

1. Beanspruchung der Wände, Drempelneigung usw.

Das Stemmtor ist heute noch die wichtigste Torart. Es muß ausführlicher besprochen werden. Die Ausbildung von hölzernen Stemmtoren soll nicht besonders beschrieben werden. Es mögen lediglich die Bilder der vorbildlichen Holzkonstruktionen der Papenburger Schleuse wiedergegeben werden (Abb. 566a bis f), aus denen die Gliederung des Tores hervorgeht. Die Bezeichnungen aus der Zeit der Holzkonstruktionen haben sich bis heute im großen und ganzen erhalten. Die Torbekleidung kann einfach oder doppelt sein, man wird bei kleineren Toren stets mit einer einfachen Bekleidung auskommen.

Die Anordnung einer durchgehenden Wendesäule, die sich in einer nach ihr bearbeiteten Wendenische dreht, ist heute vielfach verlassen worden. Es werden heute an der Wendesäule einzelne Stemmkörper angebracht, für die allein eine genaue Bearbeitung der Wendenische nötig ist. Diese Anordnung wird weiter hinten besprochen werden. Aber auch für diese einzelnen Stemmkörper wird die Wendesäule exzentrisch gelagert, so daß sie sich sofort nach

[1]) Unter Stahl wird nach der neueren Begriffsbestimmung jetzt auch hochwertiges Flußeisen verstanden.

Beginn der Drehung aus der Wendenische herausdreht. Abb. 567 zeigt, wie eine Tornische ausgebildet wird.

Das Tor möge mit der Normalen zur Schleusenachse den Winkel φ bilden, die Spielräume des Tores an allen Seiten sind s, s_1 und s_2. $\varphi_1 = 90 - \varphi$ ist der Winkel, um den das Tor sich vom geschlossenen zum geöffneten Zustand dreht. Die Wendesäule ist zylindrisch abgedreht, ihr Mittelpunkt ist bei geschlossenem Tor C_1, bei geöffnetem C_2. Der Mittelpunkt hat sich somit um das Maß $C_1 C_2 = e$ (Exzentrizität) von dem Anschlag ab verlegt. Gesucht wird der Drehpunkt M, um den sich die Wendesäule zur Erzielung dieser Bewegung drehen muß. M liegt auf dem Schnittpunkt der Normalen, die in der Mitte von $C_1 C_2$ errichtet wird, und der Halbierenden des Winkels $C_2 C_1 C$, den die Torachsen im offenen und geschlossenen Zustand des Tores miteinander bilden. Der Beweis ist so einfach, daß er hier nicht besonders gebracht zu werden braucht.

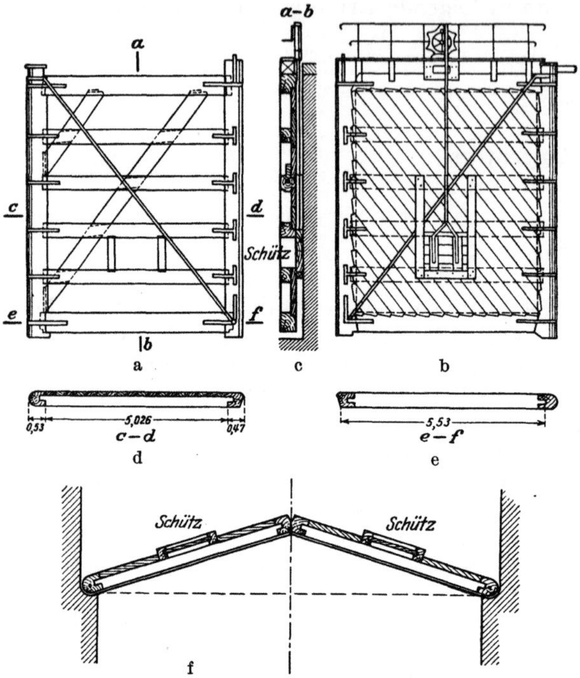

Abb. 566 a—f. Hölzernes Stemmtor der Papenburger Schleuse. a Vorderansicht. b Rückansicht. c Senkrechter Schnitt. d bis f Querschnitte.

Die Exzentrizität e wird gewöhnlich $e = 2$ cm gewählt. Die Spielräume sind abhängig von der Bauart des Tores. Im allgemeinen ist $s = 5$—10 cm, $s_1 = 5$—6 cm, aber auf alle Fälle so, daß die Bolzenköpfe des Tores in diesem Zwischenraum Platz finden, und $s_2 = 10$ cm. Die Länge des Tores ist aus diesen Maßen, der Schleusenbreite und dem Winkel φ zu errechnen.

Die Neigung φ des Drempels gegen die Normale zur Schleusenachse: Die Neigung des Drempels ist abhängig von dem Druck, den man auf die Mauer des Hauptes zulassen will. Die Rücksicht auf das Schleusentor selbst ist heute nicht mehr so maßgebend, da die Ausbildung des Tores es erlaubt, jede praktisch auftretende Beanspruchung aufzunehmen. Es ist deshalb zuerst die Beanspruchung der Wände zu untersuchen.

Beanspruchung während des Stemmens der Tore: Die beiden Flügel des Tores bilden einen Dreigelenkbogen mit symmetrischer Belastung (Abb. 568). Man kann sich die Belastung aus dem Unterschied der Wasserdrücke, die von beiden Seiten auf das Tor wirken, leicht errechnen. Man hat

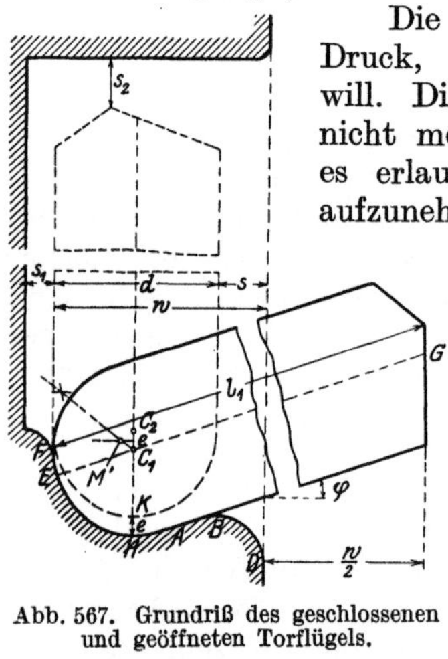

Abb. 567. Grundriß des geschlossenen und geöffneten Torflügels.

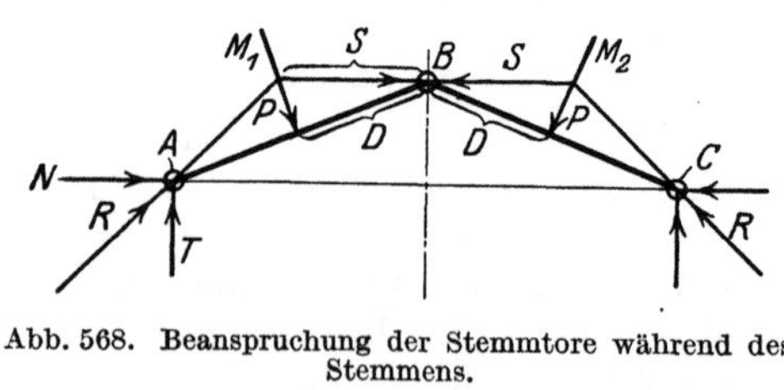

Abb. 568. Beanspruchung der Stemmtore während des Stemmens.

den ganzen Torflügel einschl. des Teiles in der Wendenische einzusetzen. Die Ersatzkraft aller dieser Wasserdrücke für einen Flügel sei P. Bei Verwendung von besonderen Druckkörpern in der Berührung beider Tore und in der Wendenische sind die Gelenkpunkte genau gegeben, sie seien A, B, C. Man hat die Wasserdrücke P mit der Normalen zur Schleusenachse durch den mittleren Gelenkpunkt B zum Schnitt zu bringen (Schnittpunkte M_1 und M_2), dann erhält man die Kräfte R und S, von denen die erstere die Stemmkraft in der Tornische ist. Um nun die Wirkung dieses Druckes auf die Mauer zu erkennen, wird R normal und tangential zur Wand zerlegt mit den Ersatzkräften N (normal zur Mauer) und T (tangential).

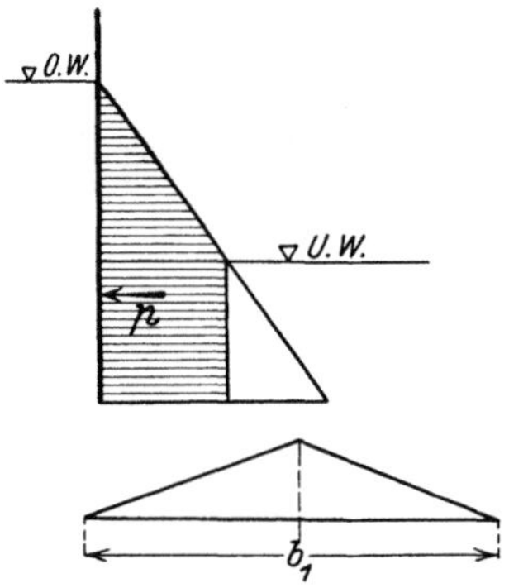

Abb. 569 a u. b. Wasserdruck auf Schleusentore.

Die Kraft P muß nun ausgedrückt werden durch den Druck, der auf einen senkrechten Streifen von 1 m Breite auf die Schleusentore wirkt. Dieser Druck sei gemäß Abb. 569 gleich p. Die Breite der Schleuse zwischen den Auflagerungspunkten in der Wendenische sei b_1. Es ist dann $P = \frac{b_1}{2 \cdot \cos\varphi} p$. Aus dem Kraftbild (Abb. 570) ergibt sich

1. $R = S = \frac{P}{2\sin\varphi} = \frac{1}{2\sin\varphi\cos\varphi} \cdot \frac{b_1 p}{2} = \frac{b_1 p}{2\sin 2\varphi}$,
2. $N = R\cos 2\varphi = 0{,}5\, b_1 p \operatorname{cotg} 2\varphi$,
3. $T = R\sin 2\varphi = 0{,}5\, b_1 \cdot p$.

Als beste Lage des Drempels kann eine solche angesehen werden, bei der die Kraft R annähernd gleich große Kräfte N und T erzeugt. Diese Kräfte werden gleich groß bei $\varphi = \frac{45°}{2}$, es wird dann $\operatorname{cotg} 2\varphi = 1$ und $N = T = 0{,}5\, b_1 p$. R steht dann unter 45° zur Schleusenachse. Diese Drempellage ist durch Halbierung des Winkels von 45° mit $\varphi = 22\tfrac{1}{2}°$ bequem zu zeichnen und kann besonders empfohlen werden.

Die Drempellagen bewegen sich zwischen den Neigungen 1 : 5 und 1 : 2. In Deutschland ist die Neigung 1 : 3 im allgemeinen gewählt worden. Die Drempel der Panamakanalschleusen haben wegen der großen Drücke die Neigung 1 : 2 erhalten. Im allgemeinen könnte man somit für neuere Ausführungen annehmen, daß der Wert in der Mitte liegen müßte. Der Drempel 1 : 3 hat den Winkel $\varphi = 18{,}5°$, der Drempel 1 : 2 $\varphi = 26{,}5°$. Das Mittel beider Winkel ist $0{,}5\,(18{,}5 + 26{,}5) = \frac{45°}{2}$, wie es vorher empfohlen wurde. Die Neigung des Drempels bei $\varphi = 22{,}5°$ ist 1 : 2,41.

Abb. 571 zeigt die Lage von R bei verschiedenen Drempelneigungen. Die Lage 1 : 5 muß für größere Schleusen wegen der großen Pressung auf die Seitenwände von vornherein ausscheiden. Man erkennt, wie von 1 : 4 anfangend bis 1 : 1 die Lage und Größe von R sich ändert. Da die Kraft T immer unverändert bleibt $T = 0{,}5\, b_1 p$, und da der Schnitt der Horizontalen durch das Ende von T mit der Richtung von R dessen Größe angibt, so liegt der Ort für R auf der Horizontalen im Abstand $T = 0{,}5\, b_1 p$. Man sieht in der Abbildung, wie schnell nun die Größe von N zunimmt, bei der Drempelneigung 1 : 4 ist N bereits annähernd doppelt so groß wie T. Eine zu steile Stellung von R ist deshalb nicht gut, weil die Anpressung an die Wendenische durch die Kraft N erfolgt und eine nicht zu geringe Größe dieser Kraft günstig auf die Scherfestigkeit der Wendenische einwirkt.

Die Mauer des Hauptes muß in ihrer Standfestigkeit auf die Wirkung der Kraft N berechnet werden. Man muß die Kraft auf eine größere Länge des Hauptes verteilen, hat aber die infolge Auftretens dieser Einzelkraft entstehenden Spannungen zu berechnen und muß gegebenenfalls durch Eiseneinlagen die

Mauern verstärken. Die Kraft R wirkt angenähert im unteren Drittel der Wassertiefe, da der Gegendruck des Unterwassers sehr gering ist. Man wird den Angriffspunkt durch Rechnung genau bestimmen.

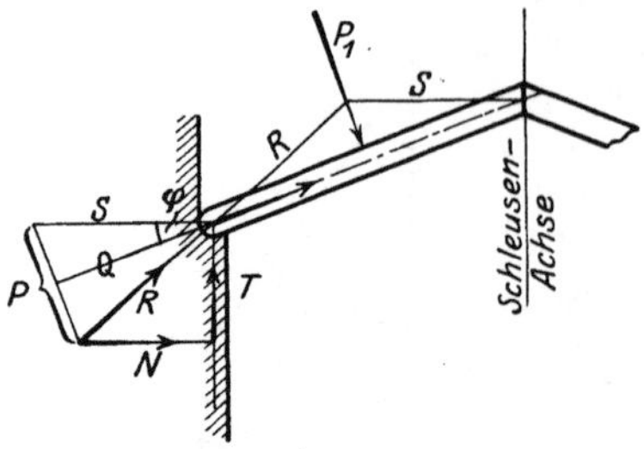

Abb. 570. Beanspruchung der Tore während des Stemmens.

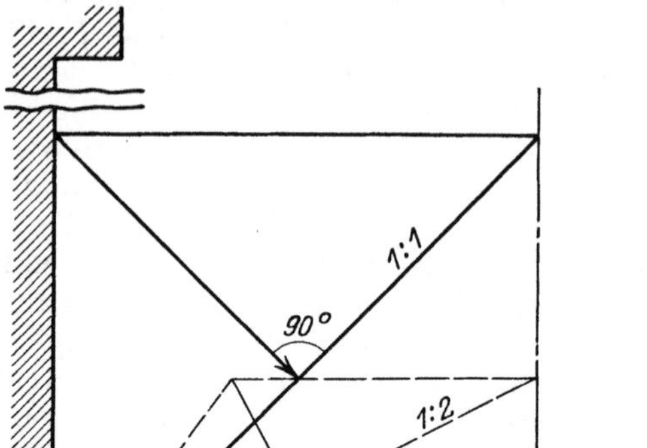
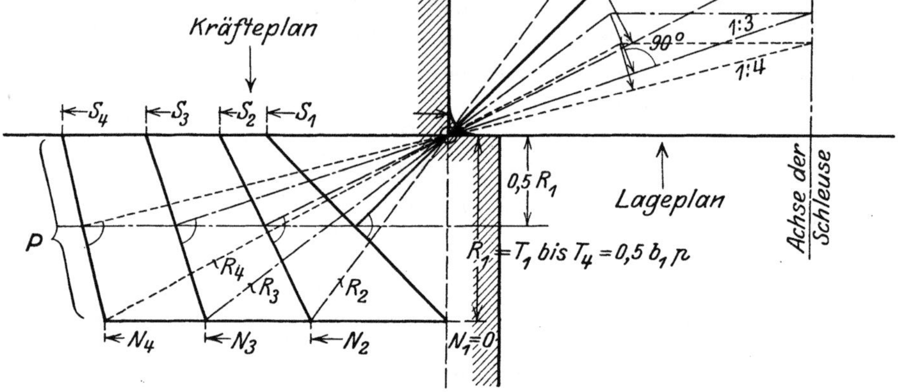

Abb. 571. Kräfte bei verschiedener Drempelneigung.

2. Beanspruchung des Torflügels während des Stemmens.

Aus der Größe der Kraft R folgt die Größe der Kraft Q, die als Normalkraft in das Tor hineingeht. Sie ist abhängig von der Größe des Überdruckes und ist unterhalb des Unterwassers für jeden Tiefenmeter unveränderlich. Ist

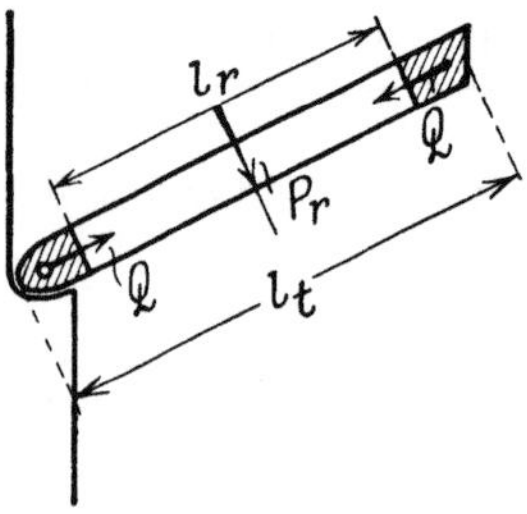

Abb. 572.

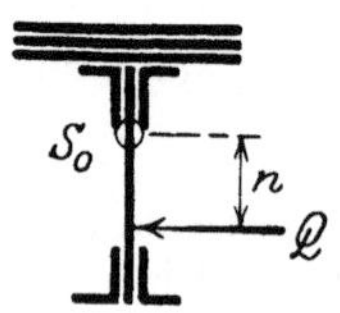

Abb. 573.

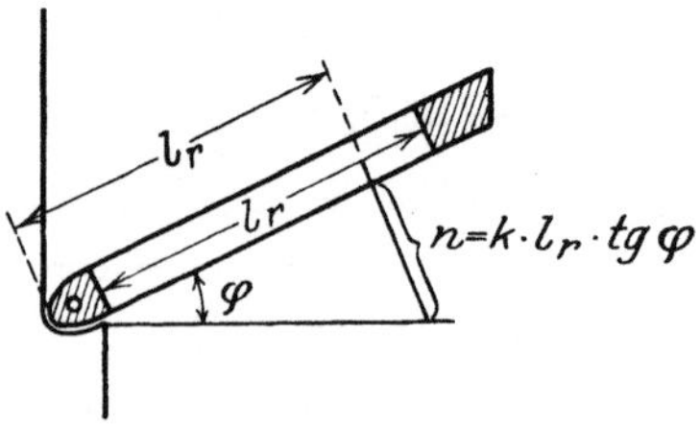

Abb. 574.

Abb. 572—574. Beanspruchung des Torflügels während des Stemmens. Lies in Abb. 573 η statt n und in Abb. 574 $k \cdot l_r$ statt l_r.

die Kraft R für einen Streifen von bestimmter Tiefe festgestellt, dann kann man gemäß Abb. 570 daraus Q finden. Q kann auch unmittelbar aus der Kraft P gefunden werden. Es ist $Q = \frac{P}{2} \operatorname{cotg} \varphi$.

Für die Berechnung wird die Ausführung von Riegeltoren vorausgesetzt, die sich im allgemeinen als die sicherste Bauart bewährt haben.

Auch bei Ausführungen in Stahl werden die Tore aus Rahmenstücken und Riegeln bestehen. Diese Riegel sind das eigentliche Skelett der Tore. Das Widerstandsmoment der senkrechten Rahmenträger ist so groß, daß man die Riegel für die Verbiegung nur in wirklicher Länge, d. h. von Rahmeninnenkante bis Rahmeninnenkante, zu rechnen braucht (Abb. 572). Ist die Torflügellänge l_t, dann ist die kleinere Riegellänge l_r. Der Querschnitt des Tores sei gegeben durch Abb. 573. Man nimmt aus Rücksicht auf die Biegungsbeanspruchung eine Materialhäufung an der Druckseite vor und erhält jetzt folgende Beanspruchung: Es ist die Beanspruchung in der Mitte des Riegels, wenn er den Querschnitt F und das Widerstandsmoment W besitzt:

$$\sigma = \sigma_1 \pm \sigma_2 = \frac{Q}{F} \pm \left(\frac{P_r \cdot l_r}{8\,W} - \frac{Q\eta}{W}\right).$$

Man sieht, Q wirkt wegen der hohen Lage der neutralen Faser im Schwerpunkt S_0 und der absichtlich tief gerückten Lage des Druckpunktes von Q einmal als Normalkraft, dann aber mit $Q \cdot \eta$ als Gegenmoment gegen das aus dem Wasserdruck entstehende Biegungsmoment. Je größer η wird, desto kleiner muß bis zur Grenze 0 das in der Klammer stehende Moment werden. Es wird nachher untersucht, ob der Grenzwert 0 praktisch erreicht werden kann. Es wird jetzt P_r und Q durch p ausgedrückt.

Es wird dann

$$P_r = p \cdot l_r \text{ (für die Riegellänge), und } Q = \frac{P}{2\operatorname{tg}\varphi} = \frac{p \cdot l_t}{2\operatorname{tg}\varphi} \text{ (für die Torlänge).}$$

Dann wird

$$\sigma = \frac{p \cdot l_t}{2\operatorname{tg}\varphi\,\mathrm{F}} \pm \left(\frac{p \cdot l_r^2}{8\,W} - \frac{p \cdot l_t \eta}{2\operatorname{tg}\varphi\,W}\right) = \frac{p \cdot l_t}{2\operatorname{tg}\varphi}\left[\frac{1}{F} \pm \frac{1}{W}\left(\frac{l_r}{l_t} \cdot \frac{l_r \operatorname{tg}\varphi}{4} - \eta\right)\right].$$

Bezeichnet man $\frac{l_r}{l_t}$ mit k und $l_r \operatorname{tg}\varphi$ mit n, dann ist k bei den heutigen Ausführungen etwa 0,95 und n der in Abb. 574 angegebene Wert. Man trägt von der Wendenische aus $k \cdot l_r$ auf der Drempellinie ab, errichtet im Endpunkt die Normale zum Drempel, auf ihr wird durch die Verbindungslinie der Tornischen der Wert $n \frac{l_r}{l_t} \cdot l_r \operatorname{tg}\varphi$ abgeschnitten. Es wird dann

$$\sigma = \frac{p l_t}{2\operatorname{tg}\varphi}\left[\frac{1}{F} \pm \frac{1}{W}(0{,}25\; n - \eta)\right].$$

Man sieht, das Biegungsmoment kann gleich 0 werden, wenn es gelingt, den Abstand zwischen dem Angriffspunkt des Stemmdruckes und der 0-Linie $\eta = 0{,}25\,n$ zu machen. Bei einer Schleuse von 12 m Breite und der Drempelneigung von 22,5° ist $n =$ rd. 2,4 m, $\frac{n}{4} = 0{,}6$ m. Es ist hier zwar möglich, aber meist unwirtschaftlich, das Tor so dick zu machen, daß das Biegungsmoment 0 wird; bei großen Seeschleusen wird das Mißverhältnis noch stärker. Man wird daher ein gewisses Biegungsmoment aufnehmen, aber darnach streben, es durch Vergrößerung von η (druckseitige Anhäufung von Material) klein zu halten.

Früher versuchte man die Zugspannungen aus den Toren durch Ausbildung zylinderförmiger Torflügel ganz fernzuhalten. Es lassen sich aber statt dessen statische Vorteile durch parabelförmige Ausbildung des Torquerschnittes erreichen. Es kommt jedoch bei der Konstruktion mehr darauf an, möglichst einfache Formen zu finden, bei denen die Biegearbeit bei der Herstellung gering ist. Man wird besser bei großen Abmessungen die Querrahmen der Tore im Grundriß nicht biegen, sondern nach Vorbild der Stemmtore des Kaiser-Wilhelm-Kanals mit geknickten Außenlinien ausführen. Es ist aber von Interesse, daß heute noch die Torflügel vielfach mit gebogener Außenhaut durchgebildet worden sind; vgl. die Tore in Hemelingen, Dörverden und am Panamakanal. Darnach scheint die Vermehrung der Kosten durch Biegearbeit nicht so groß zu sein, wie es oft behauptet worden ist.

3. Wirkung der Stemmtore während des Hängens, Einbau von Luftkästen.

Das hängende Stemmtor übt in diesem Zustand eine Wirkung aus wie jedes andere Tor. Es wird angenommen, daß in das Tor Luftkästen eingebaut sind, die den Auftrieb vergrößern. Es ist dann die senkrechte Kraft, die in den unteren Drehzapfen hineinwandert, $S = G - A$, die wagerechte Kraft, die als Zug oben und als Druck unten wirkt, gleich

$$Z = \frac{G \cdot g - A \cdot a}{h}.$$

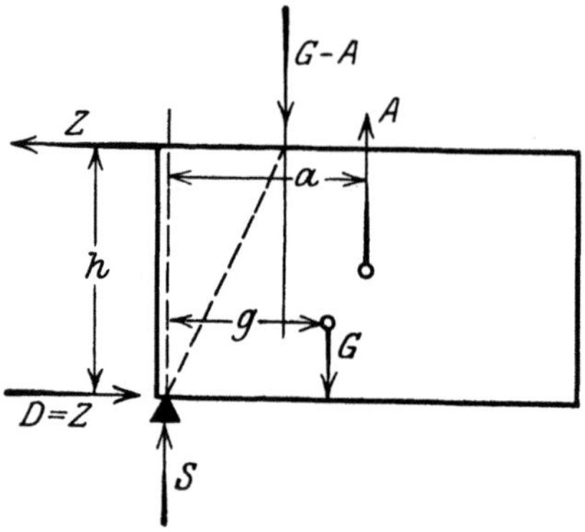

Abb. 575. Kräfte bei hängendem Tor.

Richtung und Größe der Kräfte ergibt sich im übrigen ebenso leicht zeichnerisch gemäß Abb. 577. Der Zug des hängenden Tores muß bei der Berechnung der Mauer mit berücksichtigt werden, er darf ebenso wie der Stemmdruck auf eine größere Länge der Mauer verteilt werden, wobei die entsprechenden Sicherungsmaßnahmen in der Mauer (Eiseneinlagen usw.) unter Umständen nötig sind. — Es empfiehlt sich, die Beanspruchung der Mauern unter Vernachlässigung der Wirkung etwaiger Luftkästen durchzuführen, da die Luftkästen durch Stoß der Schiffe leck werden können[1]). Man hat auch Luftkammern wegen der Unzuverlässigkeit nachträglich wieder ausgebaut.

4. Höhe der Tore, Maßnahmen bei Sturmfluten an der See.

Im Binnenlande werden die Tore bis etwa 20 cm über den höchsten Wasserstand geführt, den sie kehren sollen. Eine Ausnahme machen große Binnenseen, wie z. B. die großen Seen Nordamerikas usw., bei denen die auftretenden großen Wellen gleiche Maßnahmen erfordern, wie sie in dem Meere notwendig sind. Wenn die Schiffahrt in Flüssen bei einem bestimmten höchsten schiffbaren Wasserstand aufhört, läßt man das Wasser über die Schleusenplattform und damit auch über die Tore strömen; es liegt dann die Toroberkante 20 cm über dem höchsten schiffbaren Wasserstande. Die Überschreitung des höchsten schiffbaren Wasserstandes um ein geringes Maß ist nötig, damit nicht bei diesem Wasserstand dauernd bereits Wasser über das Tor fließt oder Wellen hinüberschlagen.

In dem Meere oder bei großen Binnenseen muß je nach der Wellenhöhe die Toroberkante 0,6—1 m über dem HHW. liegen. Diese Torhöhe kommt besonders für die Sturmfluttore in Betracht, die einen besonderen Teil der Seeschleusen bilden. Die Sturmfluttore bilden mit dem Außenhaupt die Fortsetzung des Deiches; sie unterliegen auch der Deichschau, der Aufsicht der Deichgenossenschaft.

Abb. 576a u. b geben zwei Arten der Ausbildung von Sturmfluttoren. a) zeigt die bei uns übliche Ausbildung besonderer Sturmfluttore, die außen liegen, so daß durch sie der ganze innere Teil der Schleusen einschl. der äußeren Hafentore geschützt wird. b) zeigt eine französische Anordnung mit Gegentoren. Die Gegentore bestehen nur aus Rahmen, die das

[1]) Das ist häufiger vorgekommen, z. B. bei den Schleusen in Hemelingen (Bremen).

Schleusentor gegen den Druck des Außenwassers geschlossen erhalten sollen. Diese Einrichtung ist wesentlich billiger als die gemäß Abb. a. Sie bietet dafür aber auch nicht die gleiche Sicherheit. Schon das gewaltige Rütteln der anlaufenden Wellen könnte zu einer Lockerung der Rahmen führen, dann aber werden hier auch das Hals- und das Fußlager genau umgekehrt beansprucht wie sonst. Diese Lager erhalten bei dem normalen Stemmen keinerlei Kraft, da alles unmittelbar durch die Stemmkörper in das Mauerwerk übertragen wird. Jetzt sollten diese Lager des Haupttores aber unter dem Einfluß starker Wellenstöße einen Teil der Kraft aufnehmen. Es kann deshalb diese Anordnung nicht empfohlen werden. Bei der Bedeutung eines sicheren Deiches für eine Niederung darf an Kosten für ein Sturmfluttor nicht gespart werden, wenn durch die Aufwendung dieser Kosten eine größere Sicherheit geschaffen werden kann.

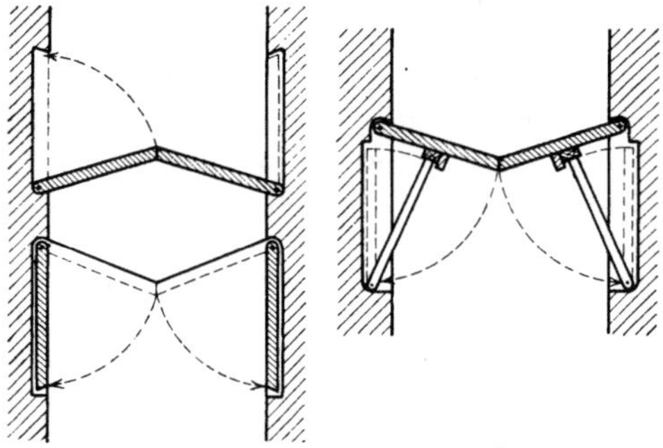

a b

Abb. 576 a u. b. Sturmfluttore.

a. Deutsche Ausführung. b. Französische Ausführung.

Die Höhe des Drempels wird so klein wie möglich gewählt, weil die Ausbildung eines hohen Drempels eine Schwächung der Sohle bedeutet. Man wird bei normalen Kanalschleusen mit einer Drempelhöhe von 0,3 m auskommen, bei Seeschleusen aber bis zu 0,5 und mehr steigen müssen.

5. Ständertore oder Riegeltore, Ausführung der Konstruktion.

Bei sehr langen Toren von nicht großer Höhe ist die Aussteifung nur durch Riegel statisch ungünstig. Es ist deshalb die Anordnung eines Riegels etwa in der Höhe des Oberwassers und die weitere Aussteifung durch senkrechte Ständer empfohlen worden. Durch diese Bauart werden wesentlich größere Drücke auf den Drempel übertragen als bei reiner Riegelanordnung.

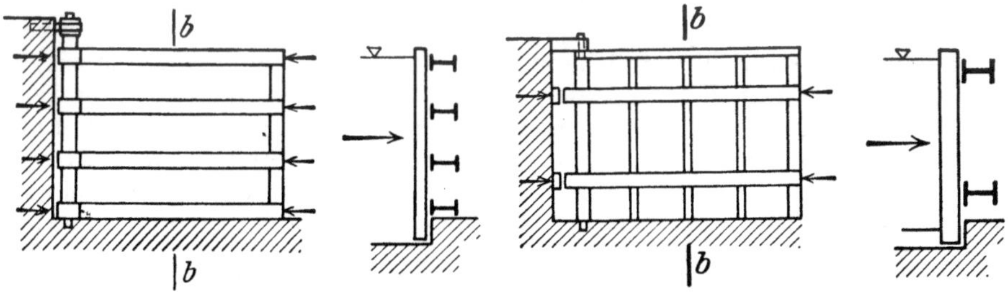

Abb. 577 a u. b Riegelanordnung, 578 a u. b. Ständeranordnung.

Die Gefahr von Drempelbrüchen ist vergrößert worden zugunsten einer für den ganzen Schleusenbau nicht entscheidenden Ersparnis an Torkosten. — Will man den Gedanken des Ständertores durchführen, dann muß es so geschehen, daß in geringer Höhe über dem Drempel ein unterer Riegel eingelegt wird, der zusammen mit dem oberen das Auflager für die Ständer bildet (Abb. 578). Durch Anbringung großer und gut verankerter Auflagerplatten kann man den unteren Riegeldruck, der sehr groß werden kann, aufnehmen, und zwar um so mehr, da dieser Auflagerpunkt unter der Auflast der ganzen Seitenmauer steht. Man muß aber einen solchen Punkt durch ein einbetoniertes Eisengerüst besonders stark verankern.

Die Regeln über die Ausführung von Eisenkonstruktionen finden auf den Bau von Schleusentoren sinngemäße Anwendung. Da es sich aber um Körper handelt, von denen große Teile abwechselnd im Wasser oder in der Luft liegen, ist die allergrößte Einfachheit in der Konstruktion geboten. Man wird meist auf die Anwendung von Gitterwerk verzichten und lieber Blechträger verwenden. Das eigentliche Tragwerk der Tore besteht aus der Wendesäule (an der Mauer) und der Stemmsäule (am Torende), die bei größeren Toren aus starken Blech- oder Kastenträgern gebildet werden. Zwischen sie werden die Riegel eingespannt, die gleichfalls am besten Blechträger sind, aber auch als Gitterträger ausgebildet werden können. Man legt die Torhaut am besten unmittelbar auf die Stegwinkel auf und nietet dann die Verstärkungsbleche der Blechträger auf die Torhaut auf. Die ganze Niet- und Paßarbeit wird dadurch billiger, die Unterhaltung einfacher. Da die Verstärkungsauflagen verschieden lang sind entsprechend der Größe der Momente, so müßte die Blechhaut mehrfach gebogen werden, wenn sie auf den Lamellen aufläge; diese Arbeit wird so gespart und die Dichtigkeit vergrößert. Diese Bauart ist auch bei den Gatunschleusen (Abb. 579 a—c) angewendet worden. Bei kleinen Toren sind besondere Verstärkungen der Blechträger nicht nötig, oft wird man hier mit Normalprofilen auskommen. Die auf diese [- oder I-Eisen aufgenietete Haut wirkt dann meist wie eine einseitige Verstärkung und kann zum Teil als solche gerechnet werden. — Die Riegel müssen durch senkrechte Zwischenständer verbunden werden. Die Riegel gehen in der ganzen Torbreite durch, da sie die am stärksten beanspruchten Teile des Tores sind, die Ständer können von Riegel zu Riegel gestoßen werden. Bei sehr breiten Riegeln kann man die Ständer aber auch durch die Riegel hindurchführen. Krumme Konstruktionen soll man, wie bereits gesagt, möglichst vermeiden. Es ist aber auffallend, daß noch viele Tore in der neueren Zeit mit gekrümmter Haut ausgeführt worden sind, z. B. die Tore der Gatunschleusen im Panamakanal (Abb. 579). Der Riegelabstand ist unterhalb der Unterwasserlinie gleichmäßig, kann aber von dort nach oben entsprechend wachsen. Es zeigt sich dann, daß man oft theoretisch oben gar keinen Riegel mehr braucht, man muß aber der örtlichen Festigkeit halber hier einen oberen Rahmen einlegen, auf dem auch der Bedienungssteg aufgelagert wird. — Die örtliche Festigkeit spielt bei den Toren eine große Rolle. Man darf sich nicht nur mit der allgemeinen Konstruktionsfestigkeit begnügen, sondern soll immer an die Angriffe denken, denen die Tore durch Schiffsstoß, Eisdruck, Wellenschlag usw. ausgesetzt sein können. Man muß deshalb viele Teile viel stärker bauen, als es sonst nötig wäre.

Will man Luftkästen anbringen, dann werden sie am besten unter Luftdruck gehalten, so daß man dann eine Undichtigkeit sofort an dem Austreten von Preßluft bemerken kann. Bei den alten Schleusen des Kaiser-Wilhelm-Kanals ist eine sehr zweckmäßige Einrichtung dadurch getroffen worden, daß die Preßluft durch den hohlen Halszapfen zugeführt worden ist. Bei großen Toren wird die Haut meist doppelseitig angebracht, sie bildet dann eine doppelte Sicherheit. Die Luftkästen entstehen dann bei dichter Nietung von selbst. Man hat in diesen Fällen darauf zu achten, daß neben den Luftkästen entsprechende Wasserkästen vorgesehen werden, da sonst ein unerwünschter Druck des Tores unter das obere Halslager auftreten kann.

Die Anschlagleisten laufen bei Verwendung besonderer Stemmkörper an der dem UW. zugekehrten Seite des Tores herum. Die Stemmleisten liegen dann am besten vor den Stemmkörpern nach der Unterwasserseite hin. Die Schlagsäule wird am besten als durchgehender Eisenträger ausgebildet, der die Anschlagsleiste trägt. Als Material kommt hierfür nur Hartholz in Frage, entweder Eichenholz oder gutes Buchenholz, soweit es vor Fäulnis durch Imprägnierung geschützt ist. Man muß daran denken, daß Holz unter Wasser nur noch 50 vH der Festigkeit von Holz über Wasser hat[1]). Zerstörungen an Schleusen infolge Zusammenquetschung der Anschlagleisten und Durchschlagen der Tore sind auf

---

[1]) Lang: Das Holz als Baustoff. Wiesbaden: Kreidels Verlag 1915.

diese Festigkeitsverminderung des Holzes zurückzuführen. (Vgl. Mitteilungen des Materialprüfungsamtes Lichterfelde 1919, 5/6, S. 281, nach denen eine

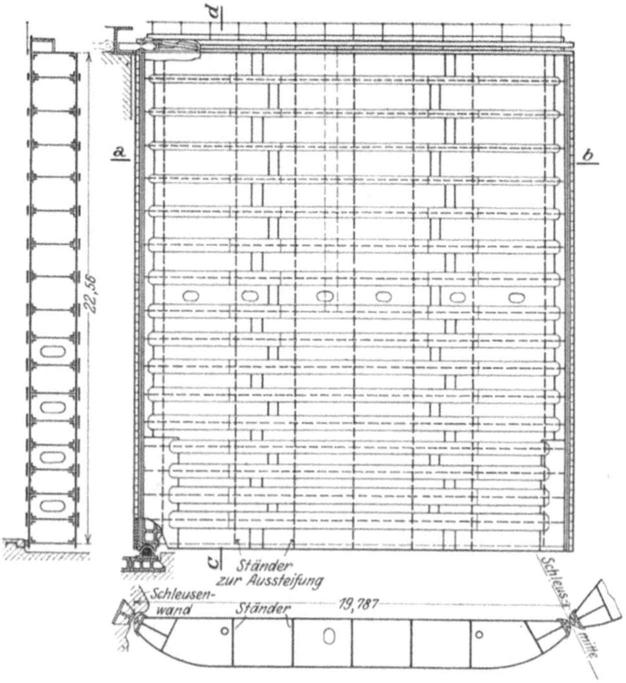

Abb. 579 a—c. Stemmtore der Gatunschleuse. (Z. V. d. I.) a—c. Schnitt, Ansicht und Grundriß. Maßstab 1:350.

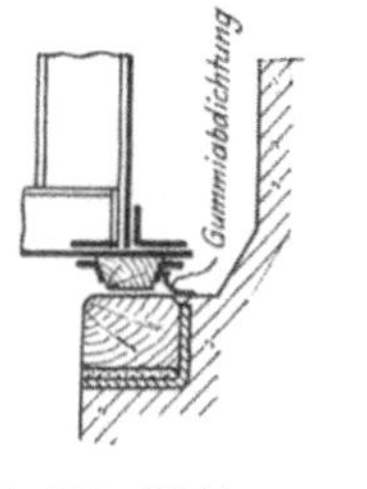

Abb. 580. Dichtung am Schleusendrempel. Maßstab 1 : 50.

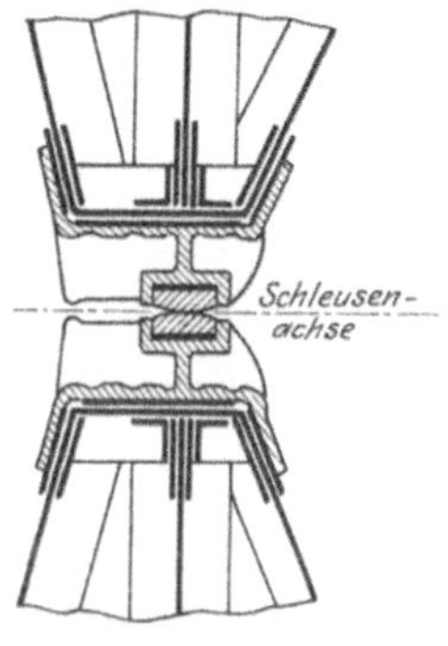

Abb. 581 a. Stemmkörper der Schlagsäule. Maßstab 1 : 50.

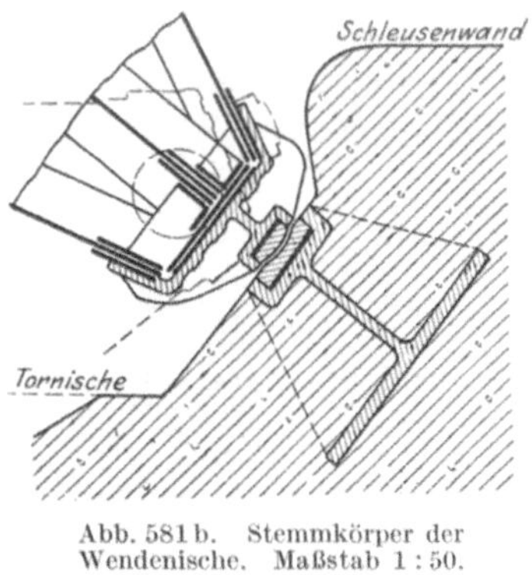

Abb. 581 b. Stemmkörper der Wendenische. Maßstab 1 : 50.

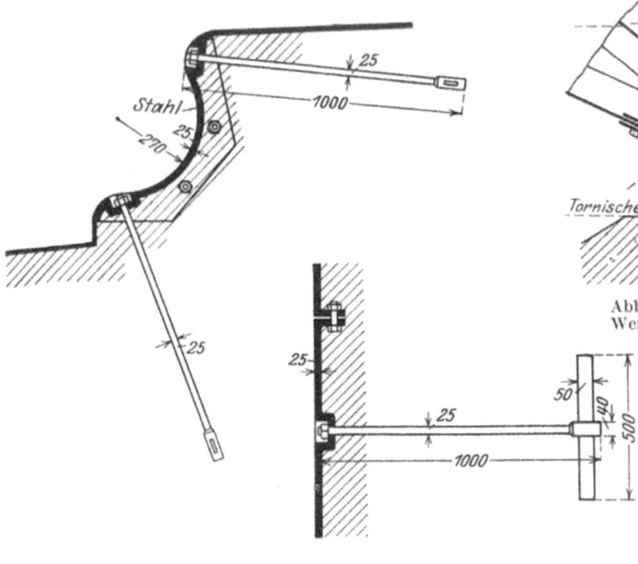

Abb. 582 a u. b. Bekleidung der Wandnische. Maßstab 1:25.

Braheschleuse infolge Durchschlagens von Stemmtoren einen Unfall erlitten hat, der auf der unzureichenden Festigkeit des Holzes unter Wasser beruht.)

6. Lager aller Art, Verankerungen.

Für die Stemmlager der Riegel in den Wendenischen und an der Schlagsäule werden als Beispiele die Abb. 581, 584 und 587—589 gegeben. Die Bilder erklären sich aus sich selbst. Die Lager in den Gatunschleusen (Abb. 581a—b) sind besonders sorgfältig durchgebildet worden. Als Material wird bei großen Toren Gußstahl, bei kleinen Gußeisen verwandt. Heute wird man auch gern zum schmiedbaren Guß greifen.

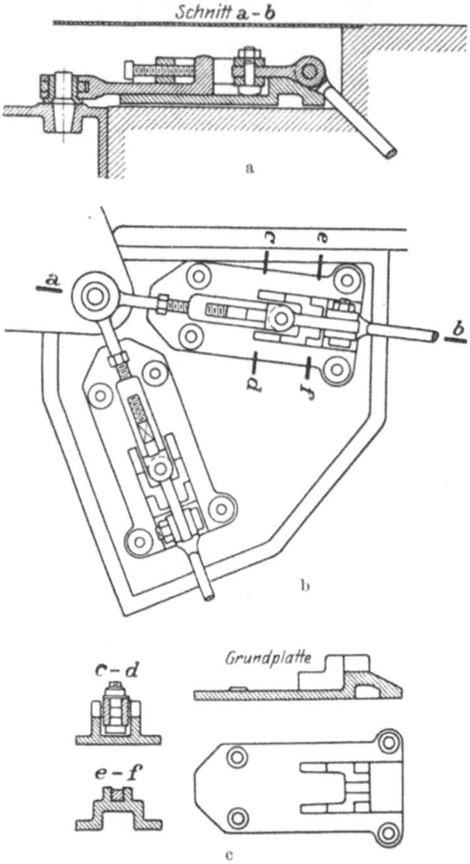

Abb. 583a—c. Oberes Halslager in Aufsicht, in Schnitten.

Die Wendenische muß mit entsprechenden Lagerkörpern, die gut in der Nische verankert werden, ausgekleidet werden. Es genügt die Anbringung einzelner Lagerstücke, die genau ausgedreht werden müssen, s. Abb. 582. Die exzentrische Lagerung wird so durchgeführt wie bei den alten Holztoren. Es fängt das Tor somit gleich nach Beginn der Drehbewegung an, sich von der Anschlagleiste abzuheben. Vielfach wird auch die ganze Wendenische mit Gußkörpern ausgekleidet. Es ist ratsam, Tor- und Nischenverkleidung vollständig in der Fabrik fertigzumachen und zusammenzubauen und sie dann, wenn der Transport im ganzen nicht möglich ist, in einzelnen Teilen zur Baustelle zu schaffen. Nur bei den Riesentoren der großen Seeschleusen wird man meist den Bau an Ort und Stelle durchführen.

Die Wendesäule geht nach oben in einen abgedrehten Halszapfen über, der von einem Halsband gefaßt wird. Dieses Halsband wird in der Mauer nach zwei Richtungen verankert. Der Halszapfen kann einschnittig oder zweischnittig gelagert sein. Abb. 583a bis c zeigt die erstere, Abb. 584a und b die zweite Anordnung. Die einschnittige kommt für kleinere Schleusentore, die zweischnittige für große Tore in Frage. Die einschnittige Ausbildung erfordert eine Zapfendicke von

$$d_1 = \sqrt[3]{\frac{10}{K_b}}\sqrt[3]{z \cdot l},$$

wobei Z die Zugkraft, an der oberen Kante des Zapfens angreifend, l die Zapfenlänge und K_b die zulässige Materialspannung bedeutet. Als Widerstandsmoment des Kreises ist dabei gesetzt $W = 0{,}1\,d^3$ [1]).

Für die zweischnittige Anordnung wird

$$d_2 = \sqrt[3]{\frac{2{,}5}{K_b}}\sqrt[3]{z \cdot l},$$

[1]) Genauer $0{,}0982\,d^3$.

worin z in der Mitte des Zapfens angreift. Für $K_b = 1000$ wird z. B.

$$d_1 = 0{,}215\sqrt[3]{z\,l}, \qquad d_2 = 0{,}136\sqrt[3]{z\,l}.$$

Man darf hierbei die zulässige Spannung nicht sehr hoch setzen, da die Abnutzung meist groß ist.

Neuere Konstruktionen, das Halslager in ein Kugellager zu legen, sind eine Verfeinerung, die wegen der langsamen Bewegung der Tore, wegen des geringen Kraftaufwandes und der Kleinheit gerade der Zapfenreibung gegenüber den anderen hemmenden Kräften als gänzlich überflüssig erscheint. Es ist zweckmäßig, das rohe Instrument eines Schleusentores einfach zu behandeln.

Im allgemeinen ist das Verfahren zu empfehlen, den Zapfen zu berechnen und dann wegen der Abnutzung um einige Zentimeter stärker zu machen.

Während der Halszapfen ein starrer Bestandteil der Wendesäule ist, muß das Halsjoch so gebildet sein, daß es während des Einbaues, wenn nötig auch später, Verrückungen nach allen Seiten zuläßt, daß es aber durch Anker und Schrauben oder Keile so befestigt werden kann, daß es im Betrieb unverrückbar ist.

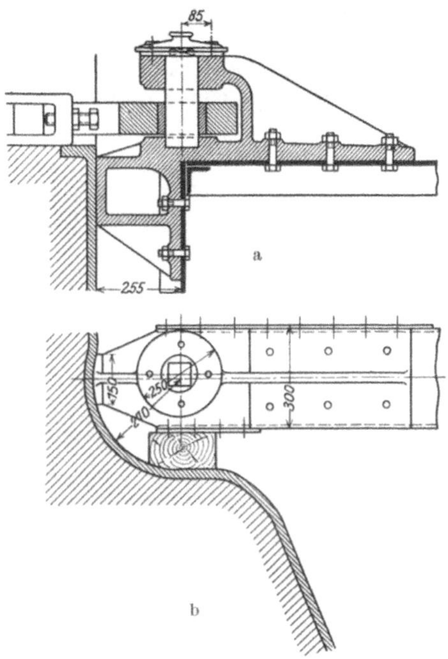

Abb. 584 a u. b. Halslager und Anschlag der Scheitniger Schleuse bei Breslau. In zwei Schnitten. Maßstab 1 : 24.

Die Abb. 583—585 geben verschiedene Lösungen hierfür. Die älteren Lösungen, die endgültige Einstellung beim Einbau durch Keile vorzunehmen, sind nicht empfehlenswert. Es ist besser, alle verschiebbaren Teile durch Schrauben zu sichern. Die Arme des Joches werden zweckmäßig so gespreizt, daß sie etwa in die Richtung der Zugkräfte in den Endstellungen des freihängenden Tores hinweisen. Für das Hängen des Tores ganz in der Wendenische ist diese Richtung nicht völlig erreichbar, weil dann die Verankerung zu dicht an der Außenwand liegen würde. — Um eine völlig unverschiebliche Lage des Halsjoches zu sichern, empfiehlt es sich, die Wendenische oben durch einen entsprechend geformten Stahlgußkasten auszubilden, durch den die Anker hindurchgeführt werden. Die richtige Stellung des Joches kann dann durch Richtschrauben, die sich gegen diesen Kasten stützen, genau festgelegt werden, vgl. Abb. 585.

Die Anker müssen während des Baues der Mauern eingebaut werden. Vielfach folgt ihr Verguß erst nach Einsetzen des Tores, besser aber bereits vorher. In vielen Fällen läßt man die Anker in Ösen auslaufen, in die die Befestigungsbolzen des Joches eingreifen, so daß sich zwischen Joch und Anker ein Gelenk befindet. Die Anker werden am besten bis zur Hinterkante der Mauer geführt. — Sind keine Hohlräume hinderlich, dann können die Anker geradlinig durchgeführt werden. Sind Schächte oder andere Aussparungen im Wege, dann werden die Anker geteilt um diese herumgeführt. — An den Knickpunkten bringt man Drucklager im Mauerwerk an.

Das untere Spurlager ist bei den meisten Toren auch noch in neuerer Zeit unverschieblich ausgeführt worden, s. Abb. 586 u. 587, die eine heute nicht mehr empfehlenswerte Lösung zeigen. In einer Lagerplatte ruht ein nach oben gerichteter Zapfen, auf dem die in der Säule mit der Höhlung nach unten befestigte Pfanne läuft. — Durch diese Umkehrung des alten Zapfenlagers wird verhindert, daß Sand in größeren Mengen zwischen Zapfen und Pfanne gelangen kann. Im allgemeinen ist es ausreichend, wenn die Zapfen so stark gemacht werden, daß der Kantenradius mit der Mittelachse einen Winkel bildet, der 3 mal so groß ist wie der größte Ausschlagwinkel der Druckkräfte gegen die Senkrechte.

Der Halbmesser R ist abhängig von der Kraft P und dem verwendeten Material. Es wird nach Landsberg

$$R \geqq 0{,}691 \sqrt{\frac{P}{K(1-\cos^3\alpha)}}, \quad \text{wobei} \quad \operatorname{tg}\alpha \geqq \frac{Z}{V}.$$

P ist angegeben in t, K in t/qm, Z ist der wagerechte Ankerzug, V das Torgewicht nach Abzug des Auftriebes. Es ist darauf zu achten, daß der Zapfen von Zeit

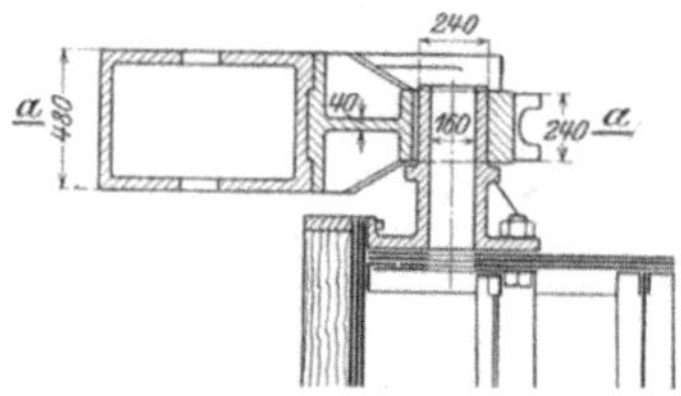

585 a.

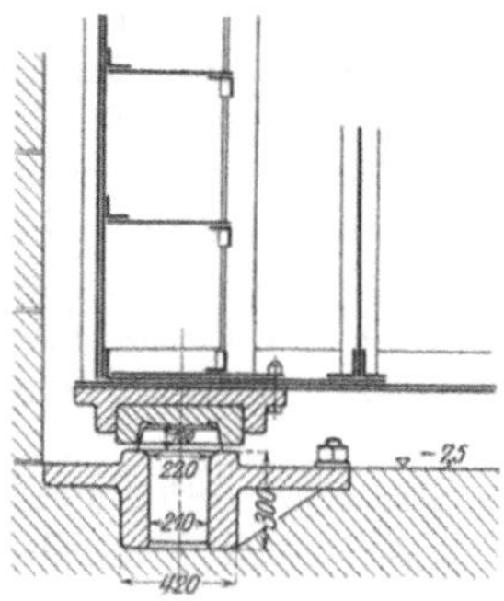

586 a (veraltet!).

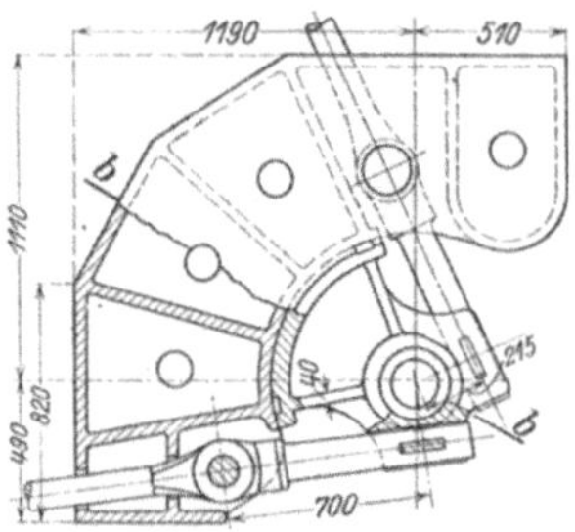

585 b.

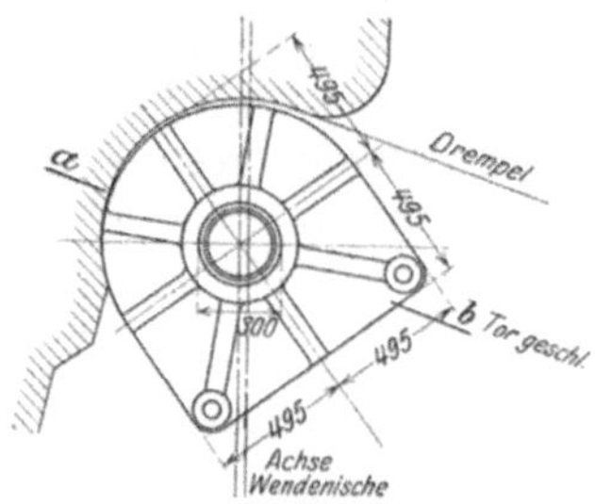

586 b.

Abb. 585—586. Kammerschleuse Bremerhaven. Hals- und Spurlager. Maßstab 1 : 50.

Abb. 585 a u. b. Hals. Schnitt a und Schnitt b. Abb. 586 a u. b. Unteres Spurlager, veraltet!

zu Zeit erneuert werden kann, daß er also für sich in einer besonderen Unterlagsplatte ruht. Ebenso muß der Pfannenboden auswechselbar sein. Einen Fortschritt in der Ausbildung der Spurlager brachte die Konstruktion von Hotopp an den Schleusen des Elbe—Trave-Kanals (Abb. 588 a u. b). Hotopp setzte die Tragplatte mit Zapfen auf eine untere Grundplatte, auf der die erste verschiebbar ist. Die obere Tragplatte ist dreieckförmig und durch Keile seitlich gehalten. Hierdurch ist eine geringe Verschiebung in der Wagerechten nach allen Seiten möglich und der genaue Einbau sehr erleichtert. — Bei dieser Methode bliebe aber immer noch die Gefahr der Zapfenbrüche bei Einklemmen fester Gegenstände zwischen Tor und Anschlag bestehen.

Diese Gefahr wird durch die Erfindung von Buchholz wenn nicht ganz beseitigt, so doch sehr vermindert (Abb. 589). Buchholz hat den Tragzapfen als Pendelstütze ausgebildet, und diese Stütze folgt genau den Druckkräften, die auf das Tor ausgeübt werden. Wenn das Tor stemmt, dann legt es sich in

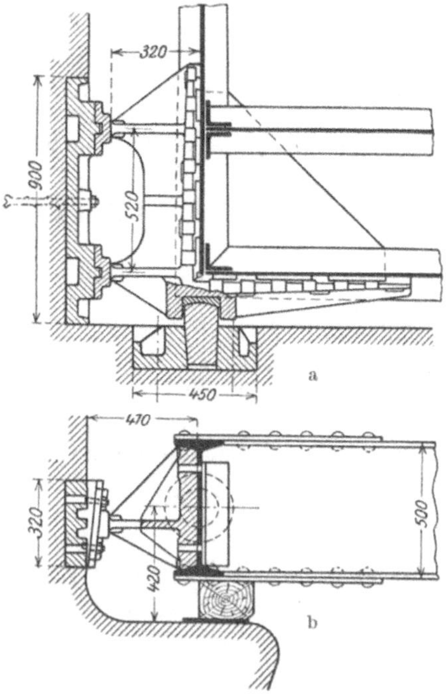

Abb. 587 a u. b. Unterer Zapfen der Stemmtore im Unterhaupt der Schleuse bei Troja (veraltet!). Maßstab 1:30. a. Senkrechter Schnitt. b. Wagerechter Schnitt und Anschlag.

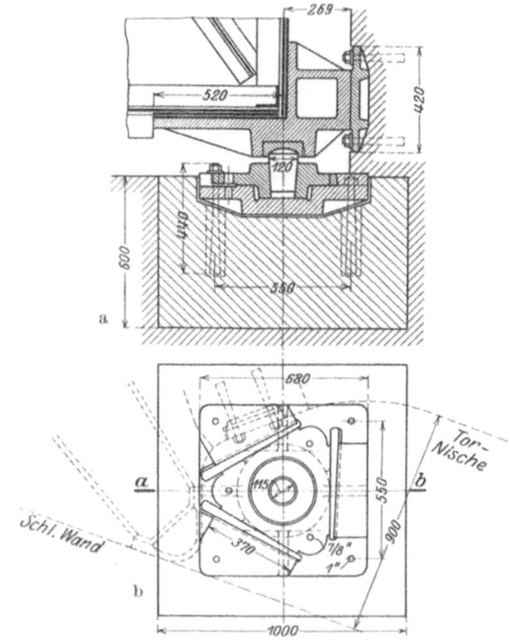

Abb. 588 a u. b. Spurlager nach Hotopp. Maßstab 1:30. a. Aufsicht auf die Sohlplatte. Der Schnitt durch die Wendenische gepunktet. b. Schnitt *a*—*b*.

die Wendenische hinein, wenn das Tor hängt, dann klappt es von der Wendenische ab. Es legt sich dann das Pendel gegen einen Ansatz, so daß die Bewegung des Tores von der Wendenische weg nach Zurücklegen einer kurzen Strecke aufhört. — Die Konstruktion von Buchholz ist heute die beste Lagerkonstruktion, die wir haben; sie erspart den größten Teil der Reibungskraft in der Wendenische, weil sich jetzt die Wendesäule im freien Raum dreht, auch ist die Bruchgefahr des Zapfenlagers sehr klein geworden. Zapfenbrüche solcher Lager waren bisher nichts Außergewöhnliches. So sind z. B. Zapfenbrüche in Le Havre, Wilhelmshaven und an anderen Orten eingetreten. — Es ist noch darauf hinzuweisen, daß im Seewasser nicht verschiedene Metalle aufeinander ruhen dürfen, weil sonst die Zerstörung durch galvanische Ströme mit Sicherheit innerhalb kurzer Zeit eintreten würde.

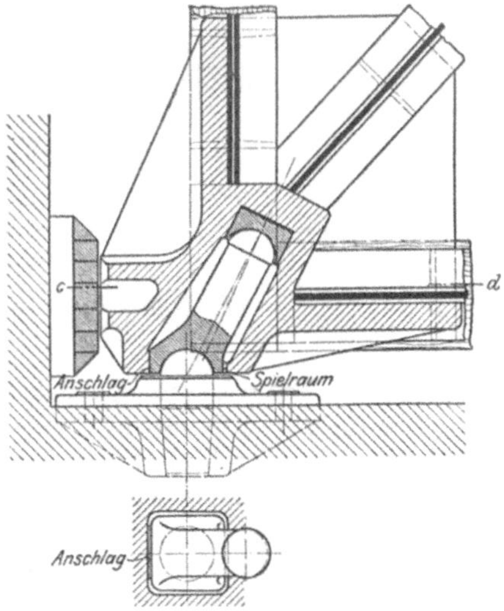

Abb. 589 a u. b. Buchholzlager für Stemmtore.

7. Bewegungsvorrichtungen für Stemmtore.

α) Bewegungswiderstände.

Die Bewegungswiderstände der Stemmtore setzen sich zusammen

1. aus der Reibung am Halsband und Spurlager,
2. dem Beharrungswiderstand des Tores selbst gegen die Beschleunigung,

3. dem Wasserdruck durch Überstau,
4. dem Wasserwiderstand durch Bewegung
   a) infolge der Bewegung gegen das Wasser (entsprechend dem Schleppwiderstand bei Schiffen),
   b) infolge von Aufstau des Wassers, das bei fast ganz geöffnetem Tor verdrängt wird,
5. dem Widerstand von Eisschollen bei Frost, durch Schlickfall, Sandanspülung u. dgl.

Die Widerstände zu 1. bis 4. lassen sich theoretisch annähernd erfassen, die zu 5. dagegen nicht genügend.

Man kann sich die Zugkraft Z zerlegt denken in Z_1 und Z_2 (Abb. 590). An dem Umfang des Halszapfens muß aber letzten Endes als Gesamtkraft wirken die Kraft Z, die man sich zur Vereinfachung als Einzelkraft in einem Punkt wirkend denken kann. Diese Kraft wirkt dann an dem Hebelarm $0{,}5\,d_1$. Das Drehmoment ist bei einem Reibungwiderstand μ zwischen Halsband und Zapfen

$$M_1 = 0{,}5\,\mu \cdot d_1 \cdot Z\,,$$

und wenn

$$Z = V \cdot \operatorname{tg} \alpha \qquad M_1 = 0{,}5\,\mu\, d_1\, V \cdot \operatorname{tg} \alpha\,.$$

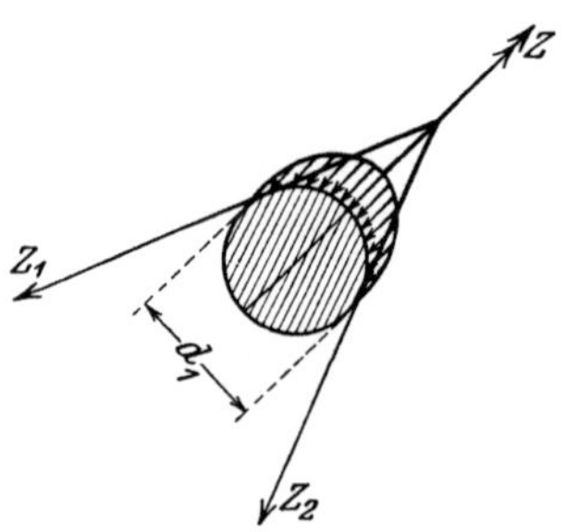

Abb. 590. Bew.-Widerstände am Halslager. Berechnungsfigur.

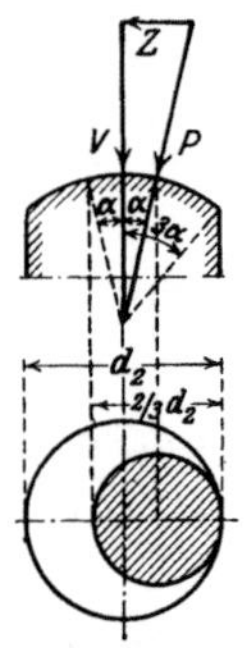

Abb. 591. Bew.-Widerstände am unteren Zapfen.

Der Widerstand des unteren Zapfens läßt sich ähnlich finden (Abb. 591). Es ist $P = \frac{V}{\cos \alpha}$. Man kann sich die auf den Zapfen wirkende Kraft P auf eine Kreisfläche von $^2/_3 d$ verteilt denken. Den ganzen Flächendruck kann man sich dann ersetzt denken durch den Druck einer Einzelkraft P, die im Abstande $0{,}25 \cdot {}^2/_3 d_2 = {}^1/_6 d_2$ vom Drehmittelpunkt liegt. Wenn der gleiche Reibungsbeiwert μ angenommen werden darf, dann ist das Drehmoment

$$M_2 = \frac{\mu \cdot d_2 \cdot V}{6 \cos \alpha}\,.$$

Das Gesamtmoment der Lagerreibung ist dann

$$M_1 + M_2 = \left(0{,}5 \cdot d_1 \cdot \operatorname{tg} \alpha + d_2 \frac{1}{6 \cos \alpha}\right) \mu\, V\,.$$

In ähnlicher Weise lassen sich dann die anderen Drehmomente berechnen. Alles das, was man so berechnen kann, ist aber nur ein kleiner Bruchteil der Kräfte, die insgesamt auftreten. Besonders bei den Widerständen zu 5 ist man auf ganz willkürliche Annahmen angewiesen, auch der Widerstand unter 4 b ist sehr schwer zu bestimmen. Den größten Einfluß bei normalen Betrieb hat die Forderung, das Tor gegen Wasserüberdruck öffnen zu können (Δh meist 10 cm).

Führt man alle diese exakten Berechnungen z. B. für ein mittleres Schleusentor durch, dann erhält man für Tore, die Antriebsmaschinen von 10 PS in Wirklichkeit besitzen, theoretisch nur als notwendige Kraft 5—6 PS, also vielleicht nur $^1/_2$ dessen, was sich in der Wirklichkeit bewährt hat. Es lassen sich die Widerstände, die in Verklemmungen des Tores, in dem Widerstand von Schlick und Eis usw. bestehen, rechnerisch schlecht fassen. Die Kosten einer Maschine selbst von 15 PS sind gegenüber einer solchen von 10 PS nicht so erheblich, daß man das Wagnis einer zu kleinen Maschine auf sich nehmen sollte. Zudem ist der Kraftverbrauch dieser Maschinen nur gering. Die Zeit für das Toröffnen beträgt heute selten mehr als 0,5 Minuten, es soll aber 1 Minute gerechnet werden. Mehr als 20 Schleusungen pro Tag kommen kaum vor, dann wäre das eine Betriebszeit von 40 Minuten am Tage. Rechnet man mit 300 Schleusungstagen, dann sind das 200 Stunden zu je 5 PS mehr, also 3000 KW-St. für 4 Tore, d. h. rd. 300 M. Jahresmehrkosten für Stromverbrauch. Es spielt somit keine Rolle, ob man die Maschinen 15 oder 10 PS groß macht, vgl. S. 465.

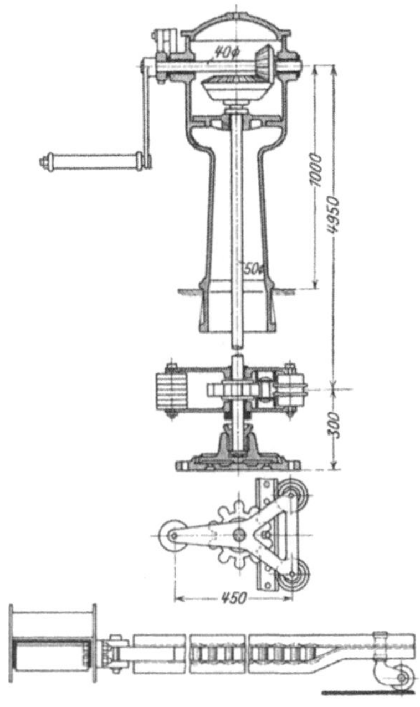

Abb. 592 a–d. Torantrieb mit Zahnstange für Handantrieb der Schleuse in Brieg. Maßstab etwa 1 : 30.

β) Die verschiedenen Arten des Torantriebs für Stemmtore.

Der älteste Antrieb ist der durch Menschenkräfte. Er erfolgte in einfachster Form durch Stangen, mit denen das Tor aufgezogen oder zugestoßen wurde. Dann wurden Winden eingeschaltet, die durch Menschen gedreht wurden. Einfache Einrichtungen dieser Art sind durch Abb. 592a bis d gegeben. Es wurde eine Stockleiter verwandt, die durch ein Zahnrad bewegt wurde. Die Stockleiter wird durch Gegenrollen gegen das Zahnrad gedrückt, die Gegenrollen und das Zahnrad müssen zwischen 2 Blechscheiben gelagert sein, die sich um irgendeinen Punkt, am einfachsten die Achse des Zahnrades, drehen können. Die Stockleiter verändert unausgesetzt ihre Richtung, bei nicht beweglicher Lage dieser Blechplatten würde bald ein Einklemmen erfolgen. — Dann wurde Kettenantrieb eingebaut, bei dem die Ketten unten an den Toren angreifen mußten, weil der eine Kettenzug für das Schließen, der andere für das Öffnen nötig war, also bei geöffneten Toren die Schließketten quer durch die Schleuse gespannt worden wären, wenn sie nicht ganz unten am Tor angegriffen hätten. — Diese Antriebsart ist für große Seeschleusen ausgeführt worden, heute aber gänzlich veraltet.

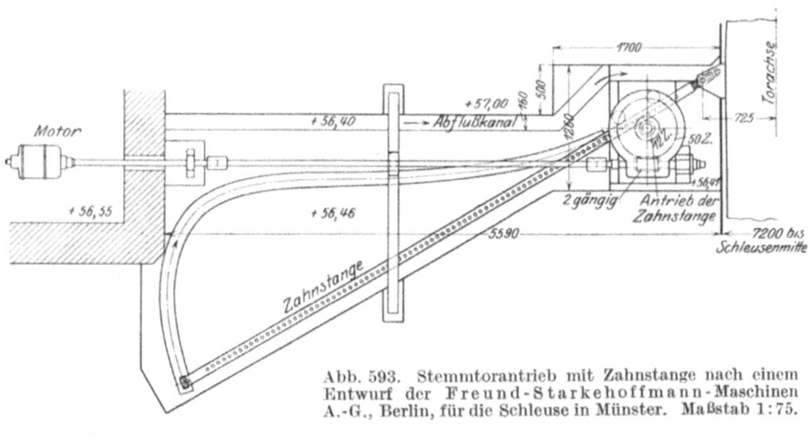

Abb. 593. Stemmtorantrieb mit Zahnstange nach einem Entwurf der Freund-Starkehoffmann-Maschinen A.-G., Berlin, für die Schleuse in Münster. Maßstab 1 : 75.

Es sollen nun im folgenden von den vielen Arten des Antriebes diejenigen wiedergegeben werden, die als die besten angesehen werden können. Alle modernen Antriebe werden elektrisch ausgerüstet. Fast alle verwenden eine Schubstange, die in irgendeiner Weise vorwärts gedrückt und zurückgezogen wird. Diese Schubstange muß stets aus Rücksicht auf Wellen und Strömung elastisch, d. h. mit Zwischenschaltung einer Feder angeschlossen werden. Bei starrem Anschluß sind Brüche eingetreten. Es sind zu nennen:

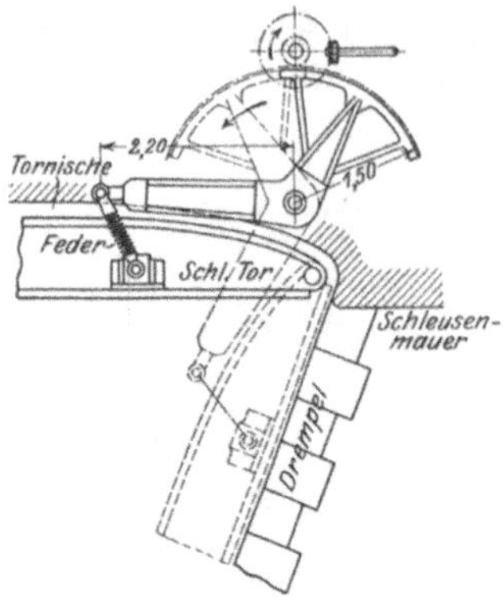

Abb. 594. Stemmtorantrieb in Niederfinow. Maßstab 1:136.

1. Antrieb durch ein Zahnrad, wobei die Schubstange als Zahnstange ausgebildet ist (Abb. 593).

2. Antrieb durch eine elektrische Katze, die auf einer feststehenden Zahnstange läuft.

3. Antrieb durch einen Quadranten, der hinter das Tor gelegt ist und durch einen Winkelarm das Tor bewegt (Abb. 594 u. 595).

4. Drehscheibenantrieb mit Schubstange (Panama) (Abb. 596 u. 597).

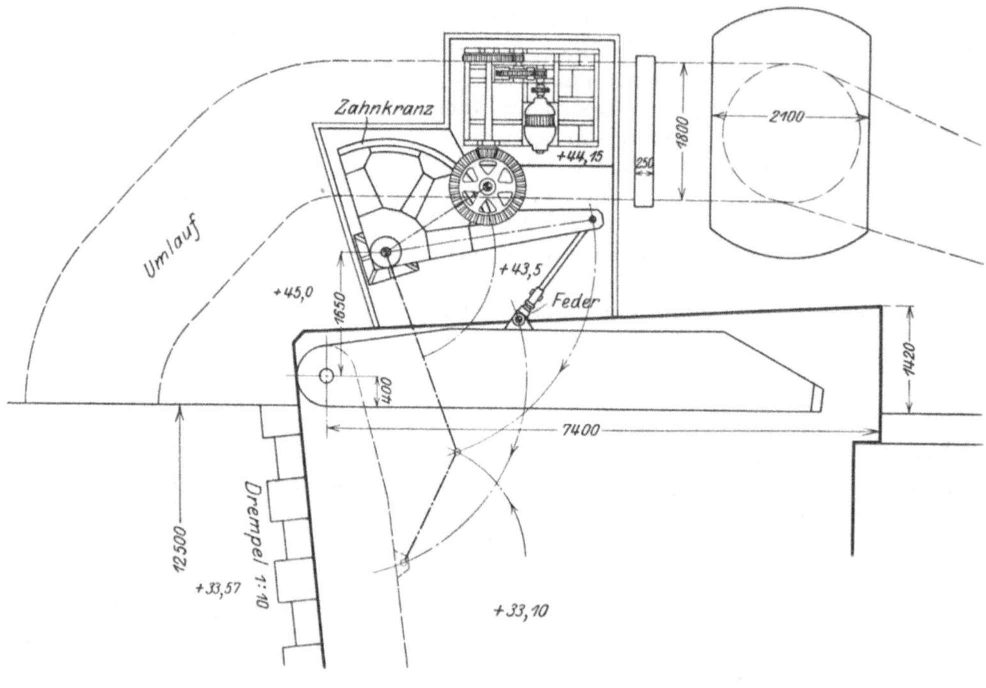

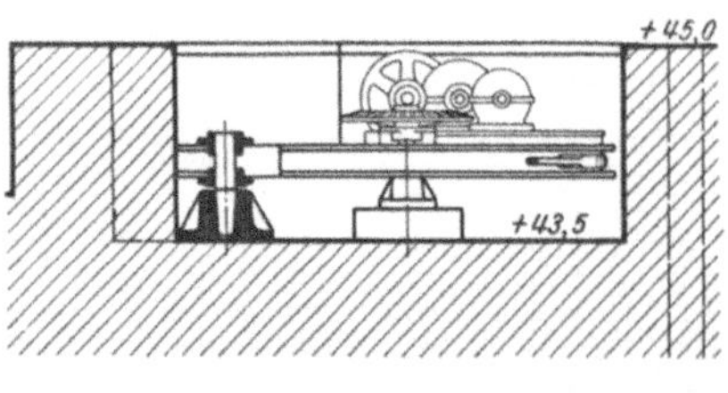

Abb. 595. Stemmtorantrieb mit Kurbelradsektor. Entwurf der Freund-Starkehoffmann-Maschinen A.-G. für Weserabstieg Minden, Schnitt und Grundriß. Maßstab 1:100.

5. Der Antrieb der Freund-Starkehoffmann-Maschinen A.-G. mit geknickter Schubstange (Abb. 598).

6. Die Antriebe von Hotopp, Nyholm, Franke und durch Schiffsschrauben (Abb. 599—601).

Zu 1. Antrieb durch ein Zahnrad mit Schubstange. Die Schubstange muß am Tor federnd befestigt werden. Der Antriebsritzel wird so nahe wie möglich an die Vorderkante der Tornische gerückt, die Schubstange erhält dann die geringste Länge. Da die Stange stark auf Knicken beansprucht wird, muß sie stets auf Knicken berechnet werden. Der Weg des mauerseitigen Endes der Schubstange muß bestimmt werden, damit der Hohlraum breit genug wird. Vgl. hierzu Abb. 593, bei der das Tor ganz rechts liegt.

Zu 2. Diese Antriebsart ist bei den Klapptoren mit Erfolg ausgeführt worden, kann aber ebensogut bei Stemmtoren verwendet werden. Man würde hierbei die Möglichkeit gewinnen, die Richtung der Druckkraft auf das Tor beliebig gestalten zu können.

Zu 3. Der Quadrant ist unabhängig vom Tor gelagert. Zwischen dem Tor und dem Ende des Armes des Quadranten ist eine starke Pufferfeder angebracht.

Zu 4. Die Anordnung Panama beruht auf dem Grundgedanken, daß die Schubstange in den beiden Endstellungen des Tores so liegt, daß der Angriffpunkt am Tor, der Befestigungspunkt auf der Scheibe und der Mittelpunkt der Scheibe eine Gerade bilden. Wenn die Scheibe dann über die Endstellung heraus weiterläuft, dann tritt in jedem Falle eine rückläufige Bewegung ein, so daß Zerstörungen der Antriebsvorrichtung oder des Tores unmöglich sind. Die geometrische Lösung ist in dem Taktionsproblem des Apollonius Pergaeus gegeben, die in Lehrbüchern über Geometrie zu finden ist. Bei einer neueren Lösung der Firma Freund-Starkehoffmann-Maschinen A.-G. für die Schleuse in Minden hat man auf die mathematisch genaue Lösung verzichtet (Abb. 597). Die Lösung ist zum Vergleich mit den anderen für Minden eingesetzt.

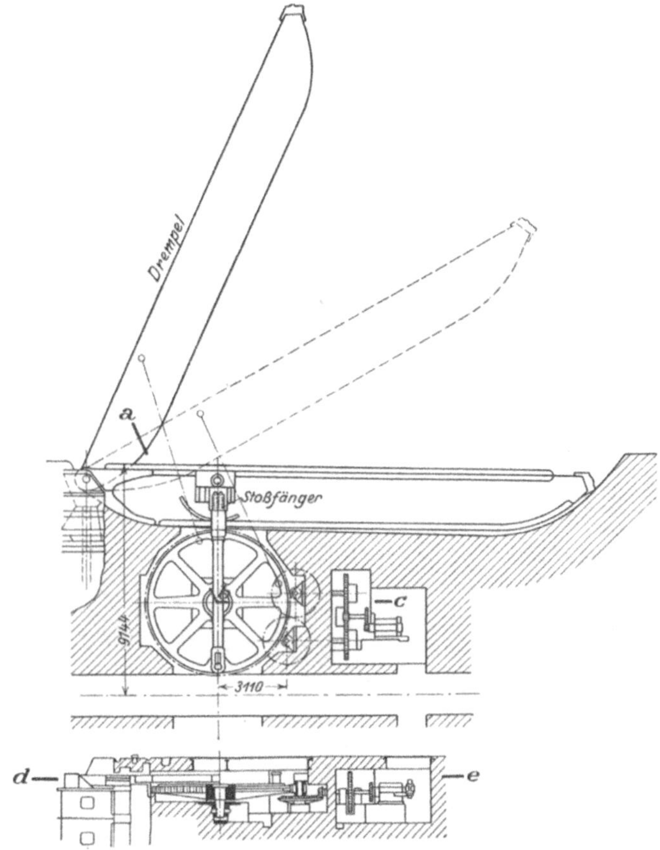

Abb. 596 a u. b. Torantrieb der Gatunschleuse am Panamakanal. Maßstab 1: 300.

Zu 5. (Abb. 598.) Hier ist die Schubstange am Tor und an der Mauer gelenkartig befestigt und mit einem Mittelgelenk versehen. Der Antrieb erfolgt am Mittelgelenk durch eine zweite Schubstange. Auch hier ist der gleiche Vorteil gegeben, daß in den Endstellungen keine Überanspruchung des Tores eintreten kann.

Zu 6. Die hier zu 6 genannten Antriebsarten verwenden bis auf die Schiffsschraube gleichfalls eine Schubstange. Alle drei nutzen das Schleusengefälle zur Druckerzeugung aus. Hotopp erzeugt mit Hilfe des Druckwassers Druckluft in einer hydraulisch interessanten, aber für die Praxis heute nicht mehr nachahmenswerten Weise. Diese Druckluft wird benutzt, um eine schwere Tauchglocke in einem Schacht auf und ab zu bewegen. Abb. 624, S. 463, zeigt die Erzeugungsanlage, Abb. 599 den Antrieb für Stemmtore.

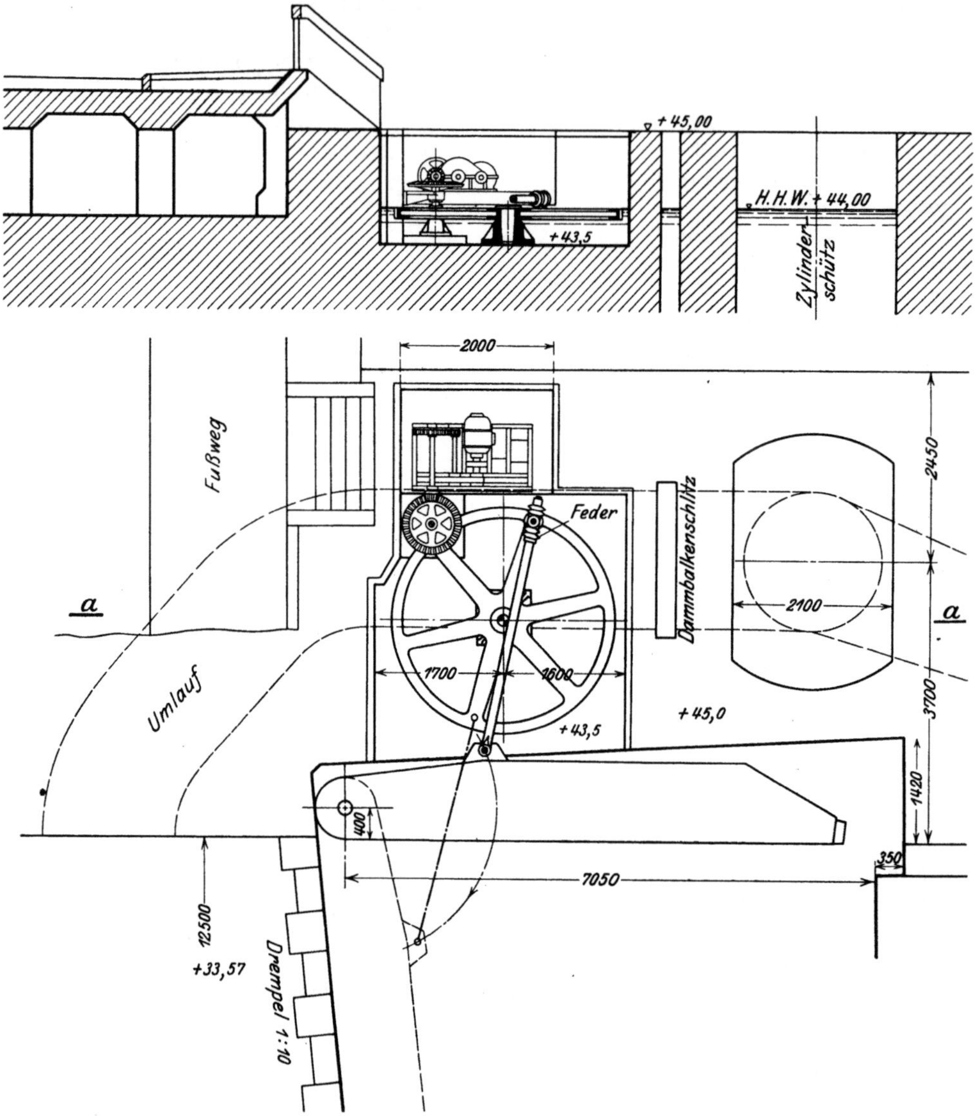

Abb. 597. Stemmtorantrieb mit Kurbelrad. Entwurf der Freund-Starkehoffmann-Maschinen A.-G. für den Weserabstieg in Minden. Maßstab 1:100.

Wenn die Glocke durch den Metallschlauch mit Druckluft gefüllt ist, ist sie leichter als ihr Gegengewicht. Sie wird durch das Gegengewicht gehoben, wobei eine Rolle bewegt wird. Wird die Druckluft aus der Glocke herausgelassen, dann sinkt die Glocke, da sie jetzt schwerer als das Gegengewicht geworden ist. Von der bewegten Rolle aus wird die Schubstange bewegt. Das gleiche könnte erreicht werden, wenn man eine kleine Turbine einbaute und diese auf eine Luftpumpe wirken ließe. — Die Einrichtung von Hotopp ist patentiert und bei den Schleusen des Elbe-Travekanals, an der Oder und bei der alten Hafenschleuse an der rechten Weserseite in Minden eingebaut worden. Es ist nicht wahrscheinlich, daß das Verfahren noch dort verwandt werden wird, wo elektrischer Strom zur Verfügung steht.

Die Methode von Nyholm: Sie verwendet sog. Tauchplatten (Abb. 600). Es stehen zwei Schächte von oben her in Verbindung mit dem Oberwasser. Jeder Schacht kann von unten durch einen Vierwegehahn entweder mit dem Oberwasser oder Unterwasser verbunden werden. Wird der eine Schacht mit dem

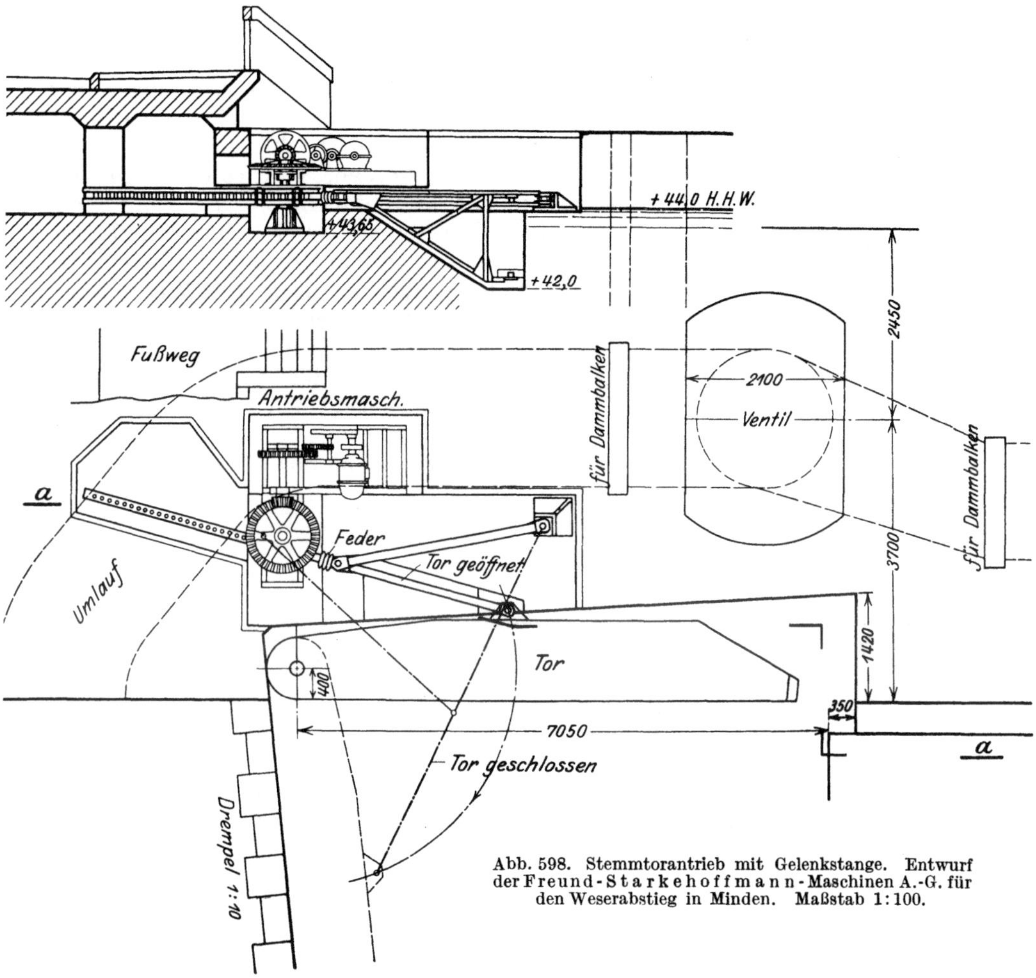

Abb. 598. Stemmtorantrieb mit Gelenkstange. Entwurf der Freund-Starkehoffmann-Maschinen A.-G. für den Weserabstieg in Minden. Maßstab 1:100.

Unterwasser verbunden, dann steht der andere mit dem Oberwasser in Verbindung. In diesem Fall erhält die erste Platte den ganzen Druck des Oberwassers von oben, unter ihr herrscht Unterdruck. Diese Platte muß sich dann nach unten bewegen. Die andere Platte hat zu gleicher Zeit von oben und unten Oberwasserdruck, also gleichen Druck von beiden Seiten, sie leistet keinen Widerstand und wird durch die erste Platte nach oben gezogen. Die Bewegung wird dann durch Umlegen des Vierwegehahns umgekehrt. Beide Platten wirken auf eine Rolle mit Zahnrad, die die Schubstange der Tore antreibt. Der gleiche Antrieb kann für die Hebung der Schützen verwandt werden. Der Nyholm-Antrieb hat sich bei den Schleusen in Hemelingen gut bewährt. Bei Verwendung dieses Antriebs für die Tore des Unterhauptes muß man das Oberwasser durch ein Rohr bis zum Unterhaupt führen und das Oberhaupt durch ein Rohr mit dem Unterwasser verbinden, da im Augenblick der Bewegung der Tore an jedem Haupt in der Schleusenkammer immer nur der gleiche Wasserstand, aber kein Gefälle vorhanden ist. Diese Rohrleitungen in Verbindung mit den Schächten, die sehr sorgfältig hergestellt werden müssen, machen die Anlage teurer als eine elektrische Ausrüstung. Die an sich interessante Erfindung hat Bedeutung dort, wo ein elektrischer Antrieb fehlt, wird aber überall, wo elektrische Kraft zur Verfügung steht, durch elektrischen Antrieb übertroffen werden.

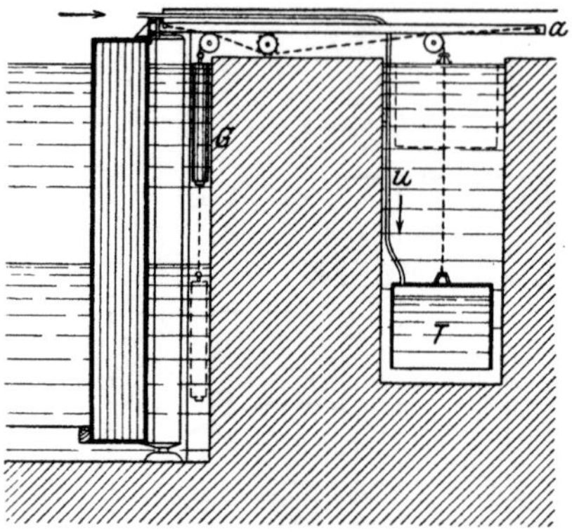

Abb. 599. Hotopp-Antrieb.

Das Verfahren von Franke verwendet 2 Schwimmer, die durch ein Seil über Rollen verbunden sind. Das Verfahren ist bei der Schleuse in Meppen angewandt worden, und zwar zur Bewegung eines Klapptores. Es ist aber an dieser Stelle mitgeteilt worden, weil es ebensogut für Stemmtore gebraucht werden kann. Die Schächte können durch Schieber mit dem Oberwasser oder mit dem Unterwasser verbunden werden, je nach dem Wasserstand muß der Schwimmer hoch oder tief stehen. Es ist eine Einrichtung ähnlich der von Hemelingen, nur daß die Platten durch Schwimmer ersetzt sind. Das über die vorigen Einrichtungen Gesagte gilt auch für diese. Das Verfahren von Franke kann auch mit nur einem Schacht verwendet werden, wobei das Gegengewicht frei in das Ober- oder Unterwasser eintaucht, vgl. Abb. 601 mit nur einem Schacht.

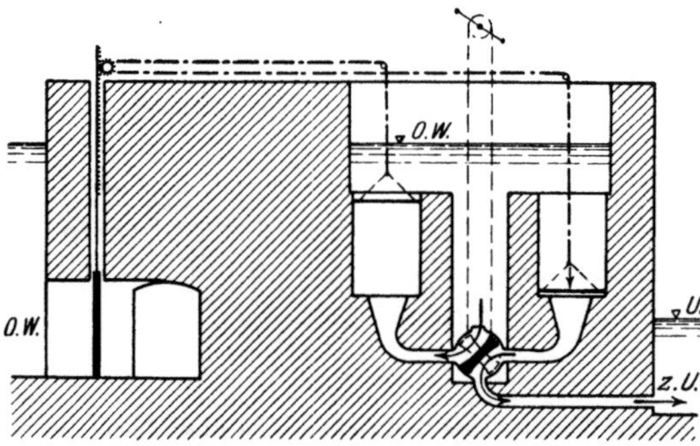

Abb. 600. Antrieb von Nyholm.

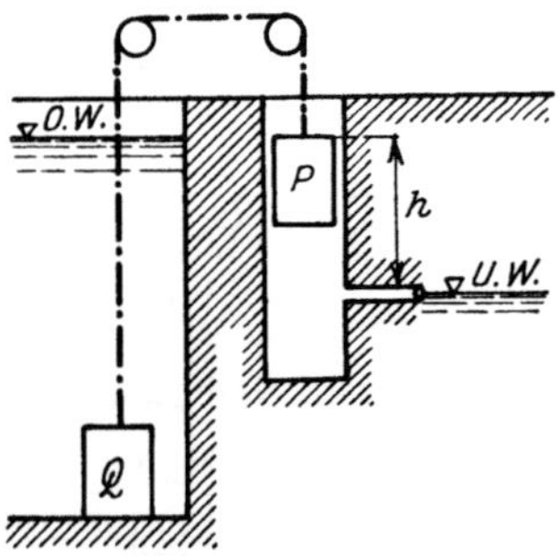

Abb. 601. Antrieb von Franke.

Es ist vorgeschlagen worden, den Antrieb durch Schiffsschrauben vorzunehmen, die mit Elektromotor in das Tor eingebaut werden. Das Verfahren empfiehlt sich aber nicht, weil dann die Wellenstöße nicht sicher genug aufgenommen werden können. Eine Welle, die das sich schließende Tor trifft, könnte zu Zerstörungen führen, die bei elastischem Schubstangenantrieb usw. vermieden werden können.

Die Schiffsschraube als Antrieb hat sich u. a. auch deshalb nicht durchgesetzt, weil der Antrieb nicht stark genug ist, um das Tor, wenn nötig, scharf anzupressen.

Zum Schlusse werde noch auf den interessanten Vergleich aufmerksam gemacht, der sich aus den Entwürfen für den neuen rechtsseitigen Weserabstieg in Minden ergibt. Die drei hier wiedergegebenen Entwürfe der Freund-Starkehoffmann-Maschinen A.-G. (Abb. 595, 597 u. 598) zeigen die Unterschiede, die sich für dasselbe Tor aus der verschiedenen Antriebsanordnung ergeben können.

c) Klapptore.

1. Klapptore mit wagerechter Achse.

Diese Torart wird für Binnenschleusen-Oberhäupter viel angewandt, wird aber an der See nicht benutzt. Die Tore bestehen aus einer Platte von der Breite der Schleuseneinfahrt und der Höhe vom Drempel bis über das Oberwasser. Da die neueren Kanalschleusen etwa 12—13 m Breite erhalten und eine Drempeltiefe unter dem Oberwasser von 3—4 m besitzen, so ergeben sich Platten von etwa 3,3 × 12,3 bis 4,3 × 13,3 qm Fläche, die in der Höhenrichtung verhältnismäßig gering beansprucht werden. — Die Klapptore sind heute durchweg nach der Wasserseite zu geneigt, so daß ihr Gewicht für das Niederlegen günstig wirkt, wenn der Wasserdruck beiderseits gleich groß ist. Damit keine Beschädigungen durch darüber hinwegfahrende Schiffe eintreten können, muß auch hier eine in der Sohle liegende Tornische ausgespart werden, die so tief ist, daß kein Teil des Tores aus ihr hervorsteht. Die älteren Tore dieser Art, wie sie z. B. von Mohr für die Schleusen in Fürstenberg am Oder—Spree-Kanal erbaut wurden, bestanden aus Holz und wurden durch einen Kettenzug gesenkt und gehoben. Mohr hatte bei diesen Toren das Beruhigungsbecken am Oberhaupt angewandt. Neuere und bessere Ausführungen dieser Art wurden bei den Schleusen des Hohenzollernkanals in Niederfinow, bei der Schachtschleuse in Minden usw. durchgeführt.

Die Konstruktion der Klapptore erfolgt am besten so, daß man zwei starke wagerechte Riegel einlegt und diese durch Ständer verbindet. Die Beplattung erfolgt meist beiderseits, eine diagonale Verstrebung ist dann entbehrlich, da die Blechhaut genügend Steifheit besitzt. Bei Anwendung doppelter Blechhaut ist die Anlegung eines Luftkastens einfach. Man hat aber den Luftkasten genau zu berechnen, um einen richtigen Gleichgewichtszustand zu finden. Bei Einlegung von Ständern wird es sich meist empfehlen, den Luftkasten nicht in der ganzen Breite durchzuführen, sondern nur auf einen Teil des Kastens zu verteilen, doch sollte die Anordnung stets ganz von der Art der Konstruktion des Tores abhängig gemacht werden.

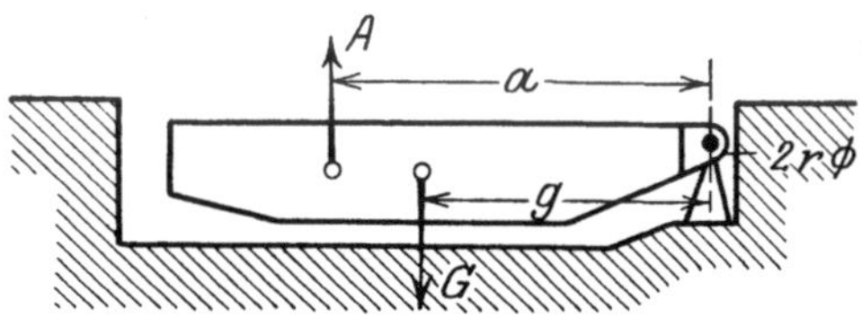

Abb. 602. Kräftewirkung während des Aufrichtens eines Klapptores.

Ist in Abb. 602 A der Auftrieb, D der Druck auf den Zapfen und G das Gewicht des eingetauchten Tores ohne Auftrieb, dann ist der Zapfendruck $D = G - A$. Ist der Abstand von Gewicht und Auftrieb von der Zapfenmitte g und a und das Reibungsmoment gegen das Aufrichten im Lager $M_D = \mu \cdot D \cdot r$, wenn r der Zapfenhalbmesser ist, dann wird

$$A \cdot a = G \cdot g + \mu \cdot D \cdot r = G \cdot g + \mu G r - \mu A r.$$

Es wird dann

$$A = \frac{G(g + \mu r)}{a + \mu r}.$$

Daraus folgt, daß A am kleinsten wird, wenn a am größten wird. Man soll danach somit den Luftkasten so hoch wie möglich legen, aber so, daß er bei niedrigstem Oberwasser noch unter dem Wasserspiegel bleibt. Bei dieser Anordnung bekommt der Luftkasten auch den kleinsten Wasserdruck, solange das Tor aufgerichtet ist. Die Anwendung von Luftkästen ist im Gegensatz zu Stemmtoren hier zu empfehlen, weil der Kasten bei jeder Schließung einmal ganz aus dem Wasser herauskommt und somit stets bequem vom Unterwasser her wasserfrei gehalten werden kann. Es ist z. B. nur eine ganz einfache doppelte Hahneinrichtung nötig, die durch einen kleinen Schwimmer am Tor bedient werden könnte. Dieser Schwimmer öffnet den unteren Leerlaufhahn und den oberen Lufthahn, wenn das Wasser in der Kammer entsprechend gesunken ist, und

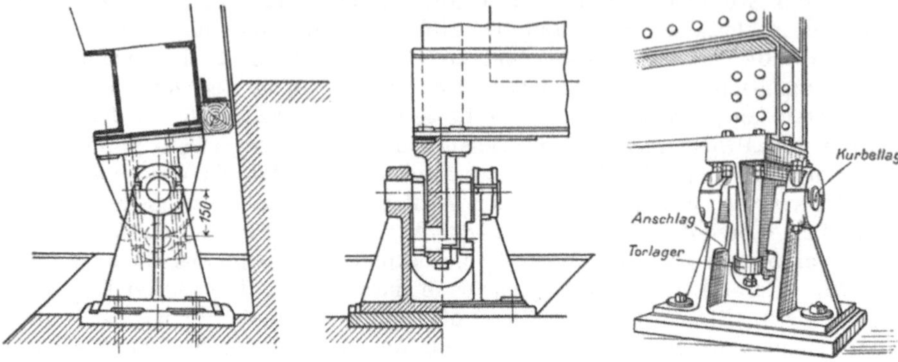

Abb. 603 a bis c. Pendellager für Klapptore nach Buchholz. Maßstab 1 : 25.
a u. b Schnitte. c Ansicht.

schließt die Hähne bei Füllung der Kammer. Werden Automaten dieser Art nicht für zuverlässig gehalten, dann kann man die Hähne von Zeit zu Zeit durch einen Schleusenmeister mit der Hand bedienen lassen.

Das untere Lager ist früher vielfach in sehr primitiver Weise ausgebildet worden. Die beste Ausbildung hat Buchholz[1]) gegeben. Er hat ein doppeltes Lager verwandt, bei dem das eigentliche Torlager auf einer gekröpften Welle sitzt, die fest gelagert ist (Abb. 603 a bis c). Durch diese Anordnung hat das

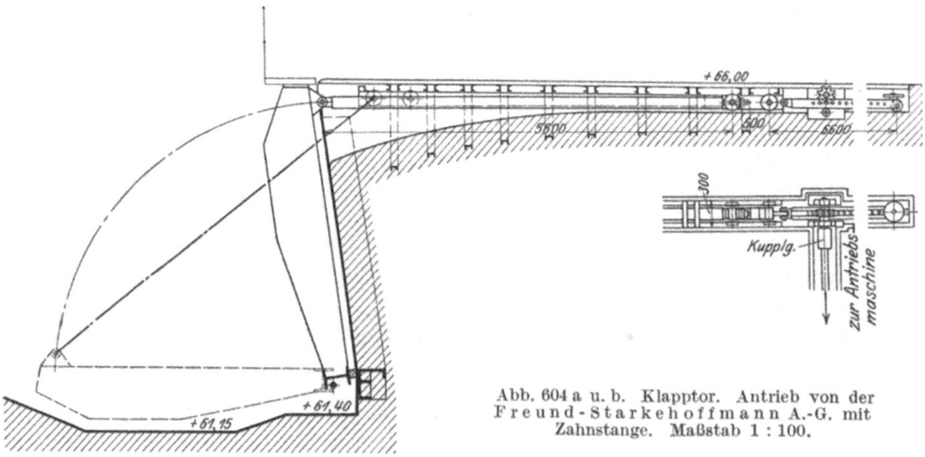

Abb. 604 a u. b. Klapptor. Antrieb von der Freund-Starkehoffmann A.-G. mit Zahnstange. Maßstab 1 : 100.

Torlager eine Bewegungsmöglichkeit in Richtung der Schleusenachse gewonnen. Es ist der gleiche Gesichtspunkt zum Ausdruck gekommen wie bei den Pendelstützen der Stemmtore. Wird das Tor geschlossen, dann drückt der Wasserdruck das Tor gegen den Anschlag; klemmt sich aber ein Stück Holz zwischen Drempel und Tor, dann schlägt die gekröpfte Welle nach hinten aus, und es wird eine Zerstörung des Lagers vermieden. Eine solche Konstruktion hat sich in Minden als etwas schwach erwiesen. Es empfiehlt sich, die Lager etwas schwerer aus-

[1]) V. D. I. 1913, S. 1809.

zubilden, um alle vorher nicht mit Sicherheit feststellbaren Beanspruchungen aufnehmen zu können. Es sollte keine andere Ausführung als mit solchen beweglichen Lagern mehr gebaut werden.

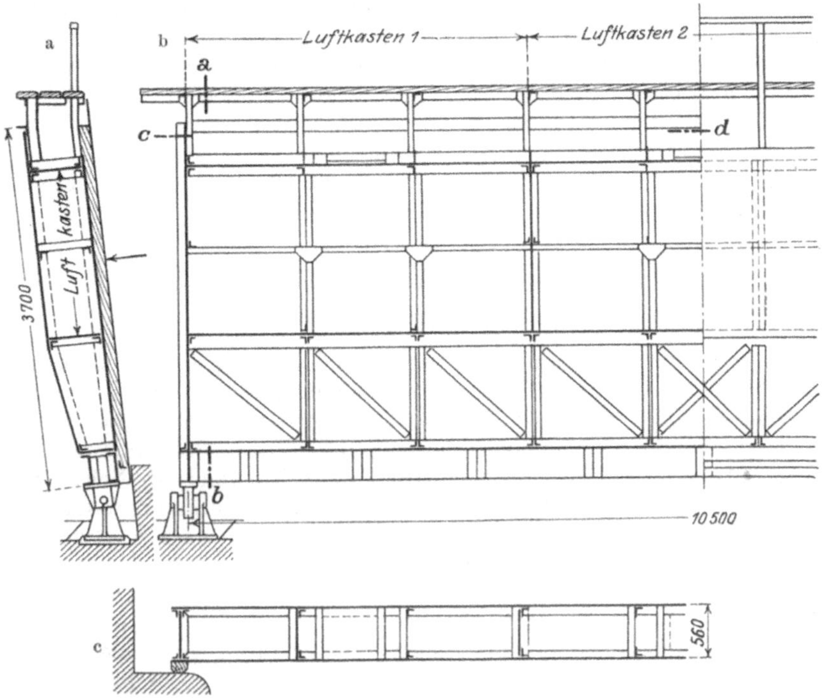

Abb. 605 a bis c. Klapptor der Schleuse bei Schandau. Maßstab 1 : 75.
a Schnitt $a-b$. b Ansicht. c Schnitt $c-d$.

Auch der Torantrieb ist durch Buchholz durch Verwendung einer festen Schubstange neu ausgebildet worden (Abb. 604). Der Kettenantrieb hatte sich zwar bewährt, war aber schwerfällig. Buchholz hat eine Schubstange verwandt, die von einem nahe der oberen Mauerkante laufenden Kreuzkopf geschoben wird. Die Schubstange ist oben und unten gelenkartig gelagert und wird am besten durch eine zwischengeschaltete Feder elastisch gemacht. Der Kreuzkopf wird durch eine zweite Schubstange, die sich horizontal bewegt, vor und zurück bewegt. Es ist nötig, hinter dem Anschlag einen Schlitz auszusparen, der in einer Kurve so nach unten geführt ist, daß die Torstange nirgends das Mauerwerk berühren kann. Ausgeführte Anlagen werden durch Abb. 605—606 wiedergegeben.

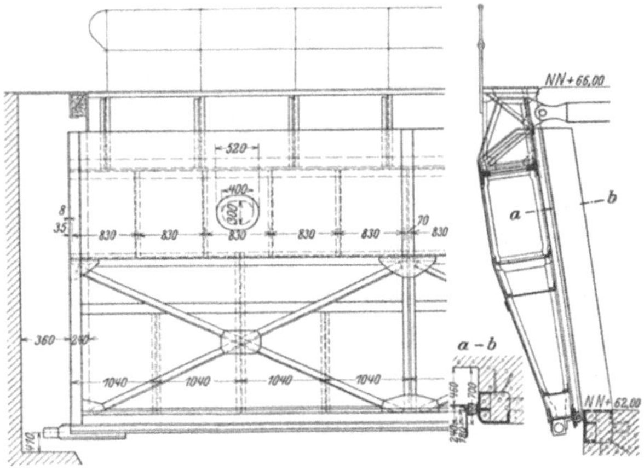

Abb. 606 a u. b. Klapptor. Schleuse Bolzum.
Querschnitt und Seitendichtung. Maßstab 1 : 100.

2. Klapptore mit senkrechter Achse.

Diese Tore werden selten angewandt. Als einflügelige Tore schließen sie zwar die Schleusenkammer in einfachster Weise ab, erfordern aber eine bedeutende Verlängerung des Hauptes und sind deshalb meist unwirtschaftlich. Aus diesem Grunde wurden die Stemmtore erfunden. Man muß daher auch diese Tore zweiflügelig ausbilden, da nun in der Mitte eine Mittelsäule unmöglich ist, so müssen die Tore mit einem Falz aufeinanderschlagen. Solche Tore kommen nur bei Schachtschleusen in Frage, wo sie einen oberen und einen unteren Drempel erhalten können. Es empfiehlt sich, diesen Anschlägen eine wenn auch geringe Schräge zu geben, so daß die Dichtung der Mittelfuge durch geringen Stemmdruck erfolgt. Vgl. Deichschleusen.

d) Segment-, Hub- und Walzentore.

1. Allgemeines.

Diese drei Torarten zeichnen sich einerseits dadurch aus, daß bei dem Öffnen der Verschlußkörper ganz aus dem Wasser herausgehoben wird, sie haben aber andererseits den Nachteil, daß sie über die Unterkante des lichten Raumes der Einfahrt gehoben werden müssen; sie sind deshalb bei Seeschleusen nicht anwendbar. Auch bei Flußschleusen kann ihre Verwendung Schwierigkeiten machen, wenn große Unterschiede zwischen dem normalen Stau und dem höchsten schiffbaren Wasserstand vorhanden sind. Vorwiegend werden diese Tore für Binnenkanalschleusen Verwendung finden. — Hubtore werden außerdem in dem Unterhaupt von Schachtschleusen zweckmäßig verwandt. Alle im Wehrbau über Segment-, Schützen- und Walzenwehre gemachten Ausführungen sind hier sinngemäß anzuwenden. Bei vielen Ausführungen im Schleusenbau war die Konstruktion der Tore dadurch vereinfacht, daß sie nur nach Ausspiegelung des Wasserstandes gehoben oder gesenkt werden sollten. Man wird aber heute die Tore gern mit zur Füllung benutzen, wenn nicht sogar die Füllung allein durch sie erfolgen soll (bei Schachtschleusen mit zur Entleerung). Es ist dann kein Unterschied mehr zwischen den Konstruktionen der Wehre und der der eigentlichen Tore vorhanden. Lediglich die Bewegungseinrichtungen werden bei den Schleusen so gebaut sein, daß eine schnellere Bewegung möglich ist. Bei Wehren findet die Bewegung selten, bei den Schleusen sehr häufig statt. Nur dort, wo einzelne Wehröffnungen zur Regelung des Wasserstandes mit benutzt werden, werden diese Wehrverschlüsse den entsprechenden Schleusentoren ganz ähnlich sein. — Es würde nur eine Wiederholung sein, wenn das, was im Wehrbau bereits einmal ausführlich behandelt ist, hier eine nochmalige Behandlung erführe.

2. Segmenttore.

Die Bauart der Tore ist durch die lichte Höhe der Schleuse über dem höchsten Wasserstand bestimmt. Das Drehlager wird möglichst hoch gelegt, es kann dann die Länge der Segmentarme am kürzesten werden. Die Arme müssen völlig in Nischen zurücktreten, so daß nach Hebung des Tores kein Teil vor die Schleusenwand vortritt. — Ein besonderer Drempel ist nicht nötig, es genügt eine einbetonierte Eisenleiste, auf die sich die untere Dichtungsleiste stumpf aufsetzt. Die Konstruktion wird wie bei den Wehren ausgeführt. Auch die Anordnung der Gegengewichte kann in gleicher Weise erfolgen. Da die Arme in seitlichen Nischen liegen, ist hier stets auch Raum genug, um Gegenarme mit Gegengewichten sich bewegen zu lassen. Man kann den Stauschild mit Leisten versehen, so daß er bei gehobenem Tor einen Übergang über das Haupt bildet. Zu diesem Zweck sind Treppen vorgesehen. — Abb. 607—608 zeigen Beispiele ausgeführter Segmenttore.

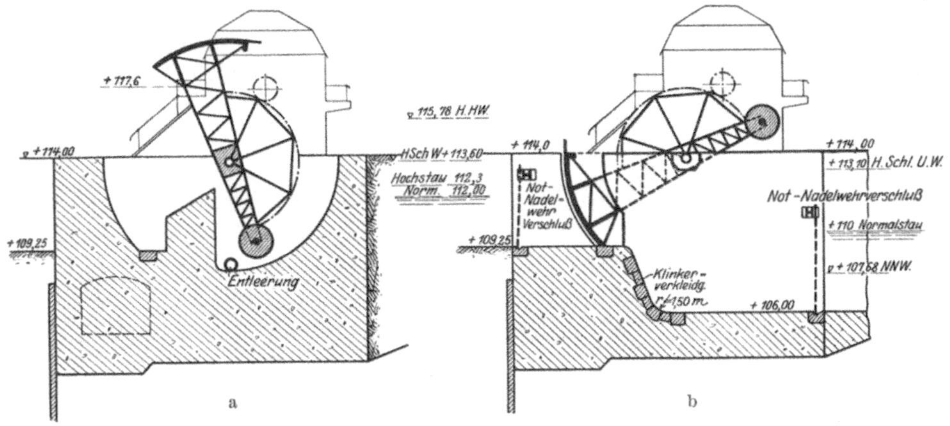

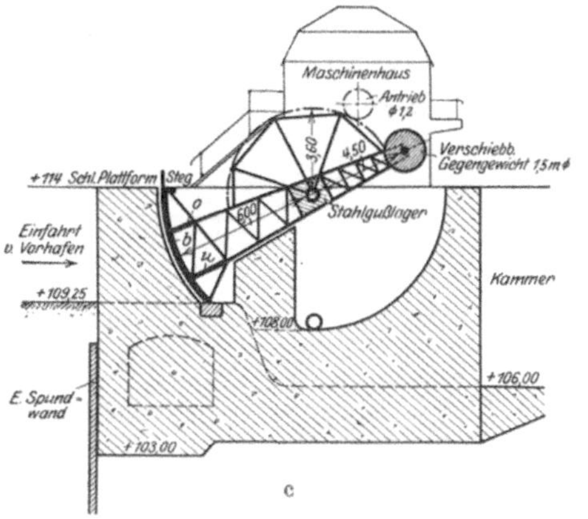

Abb. 607 a bis c. Segmenttor an der Gröschelschleuse in Breslau. Maßstab 1 : 400.

a Tor geöffnet.
b Schnitt durch Schleusenkammer. Tor geschlossen.
c Schnitt durch Torkammer. Tor geschlossen.

3. Hubtore.

Solange diese Tore nur bei ausgeglichenem Wasserstand geöffnet werden sollen, können sie als einfache Gleitschützen gebaut werden. Will man sie aber zum Füllen und Leeren mit benutzen, dann muß man sie als Rollschützen konstruieren. Es sind 2 Arten von Hubtoren zu unterscheiden: 1. die bei den Häuptern gewöhnlicher Schleusen, 2. die als Verschluß der Unterhäupter von Schachtschleusen.

Die Hubtore gewöhnlicher Schleusen gleichen den großen Schütztafeln der Wehre. Sie erfordern einen Aufbau über den Häuptern, in den sie hineingehoben werden können. Auch wenn das Heben nur nach Wasserausgleich erfolgen soll, wird man Führungsrollen anbringen, die dann aber leicht konstruiert werden können, da sie so gut wie keine Beanspruchung auszuhalten haben. In der Eisenkonstruktion unterscheiden sich solche Hubtore in keiner Weise von den Klapptoren; auch hier handelt es sich um

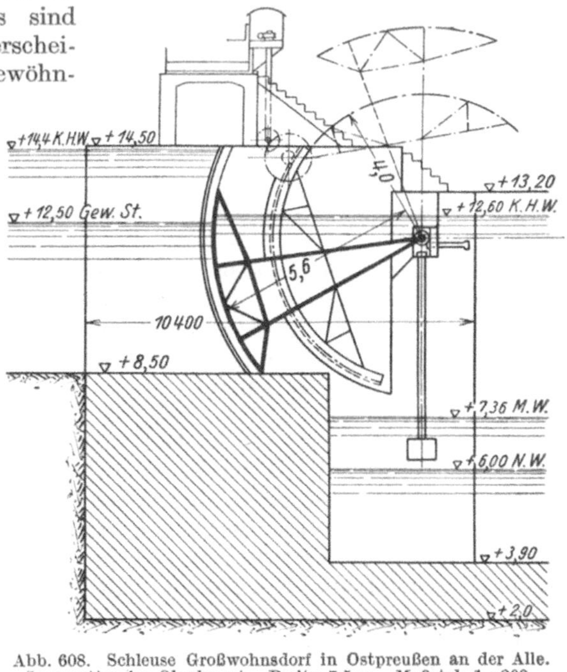

Abb. 608. Schleuse Großwohnsdorf in Ostpreußen an der Alle. Segmenttor im Oberhaupt. Breite 7,5 m. Maßstab 1 : 200.

große Platten, die nur mit Drempel- und Seitenauflagerung die Öffnung schließen sollen. Man wird auch hier am besten zwei starke Riegel einlegen und dazwischen Ständer anordnen. — Die Tore der Schachtschleusen werden stets

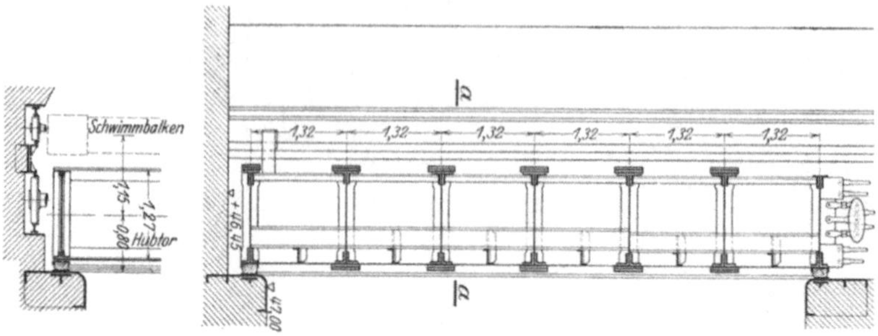

Abb. 609 a u. b. Untertor der Anderten-Schleuse (Hannover). Schnitt. Maßstab 1 : 120.

wesentlich schwerer werden als gleichhohe gewöhnlicher Schleusen, sie haben aber den Vorteil aufzuweisen, daß sie an allen vier Seiten ein Auflager besitzen. Alle Hubtore werden mit Gegengewichten versehen, die seitlich in

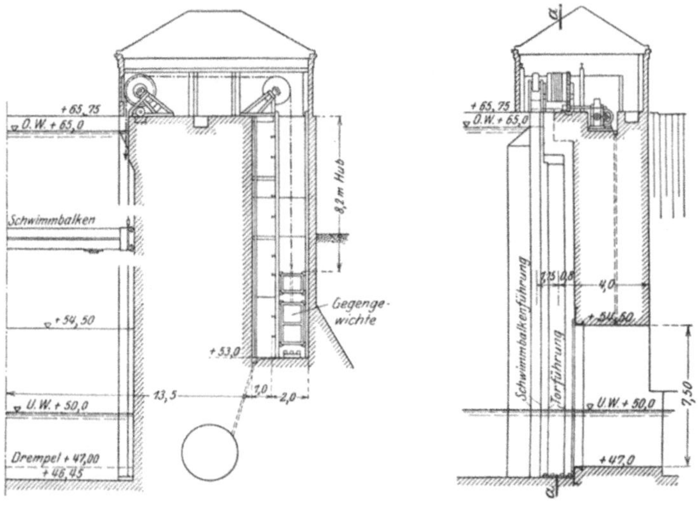

Abb. 610. Tor- und Schwimmbalkenaufhängung der Schleuse Anderten. Maßstab 1 : 400.

Nischen laufen. Die Tore haben ferner den Vorteil, sich leicht durch Holzfender schützen zu lassen, die in der Wasserlinie schwimmen, zum Schluß aber doch vom Tor mit gehoben werden (Abb. 609 u. 610).

Beispiele solcher Tore sind Klein-Machnow am Teltow-Kanal und Anderten bei Hannover (Abb. 609 u. 610).

4. Walzentore.

Diese Torart hat bisher selten Verwendung gefunden. Ihre Eignung ist die gleiche wie die der Segment- und Hubtore. Das Tor braucht bei richtiger Ausbildung auch nicht wesentlich teurer zu werden als das Hubtor, dürfte aber meistens größere Kosten verursachen als das Segmenttor. Da es auch bis über die lichte Durchfahrtshöhe hinaufgerollt werden muß, so ist in dem Oberhaupt stets ein besonderer Aufbau für die seitlichen Rollbahnen nötig. Bei den Unterhäuptern wird dann, wenn der Hubunterschied die notwendige lichte Höhe übersteigt, ein hoher Aufbau meist entbehrlich sein. Der Antrieb wird von einer

Seite aus durchgeführt. Das gleiche ist bei Segmenttoren möglich. Ein Vorteil gegenüber den Hubtoren kann hierin nicht erblickt werden, weil die Hubtore doch einen Überbau brauchen und nun der Antrieb der Hubtore von der Mitte des Überbaues aus erfolgen kann.

e) Pontons.

1. Schwimmpontons.

Schwimmpontons sind in ihrer ursprünglichen Ausführung schiffähnliche Körper, die gänzlich nach den Schiffbauregeln erbaut wurden. Sie werden in schwimmendem Zustand in einen Falz gefahren, dann durch Einlassen von Wasser versenkt. Sie haben, um eine gute Dichtung zu besitzen, in der Längsmittelebene des Pontons eine umlaufende Anschlagsleiste. Für Schleusen ist diese ältere Form des Pontons unzweckmäßig, weil das Ein- und Ausfahren einen erheblichen Zeitaufwand erfordert. Für Trockendocks haben sich aber die Schwimmpontons bewährt. Für Schleusen wurden sie auch in der Form verwendet, daß sie an einem Ende durch ein Gelenk festgehalten werden, um das sie sich wie eine einflügelige Tür drehen. Es wird dann genau wie ein Klapptor mit senkrechter Achse in eine Nische gelegt. Diese Nische muß wegen der Dicke des Pontons eine große Tiefe erhalten. Das Schleusenhaupt gewinnt gleichfalls eine große Länge, weil das Ponton länger als die lichte Schleusenbreite wird. (Vgl. Abb. 611, Tancarville.)

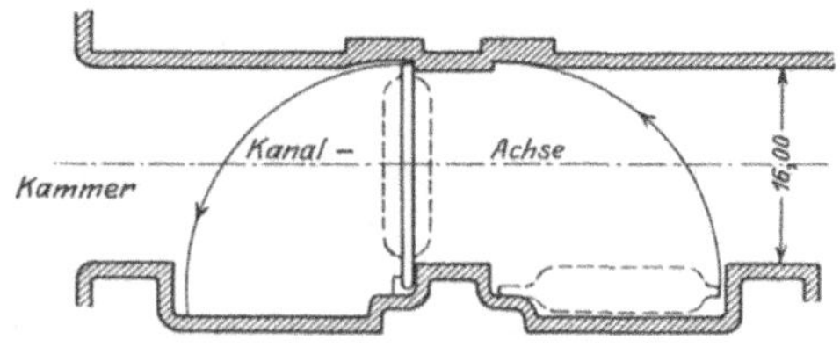

Abb. 611. Drehtore der Ostschleuse zu Tancarville. Grundriß. Maßstab 1 : 110.

Neuere Schwimmpontons haben die Schiffsform gänzlich verlassen und eine richtige Kastenform angenommen, bei denen die Anschlagsleiste in der Vorderebene des Kastens liegt (Abb. 612 u. 615). Die Schwimmfähigkeit dieser Pontons ist größer als die der schiffsförmigen, weil diese Kästen einen viel größeren Schwimmraum unten besitzen als die ältere Form. — Für Trockendocks ist die Anwendung solcher Schwimmpontons gegenüber Schiebepontons zu empfehlen. Besonders wenn die Docks im Hafen liegen, also kein Seegang zu befürchten ist, dann kann Öffnen und Schließen verhältnismäßig schnell erfolgen. Schiebepontons sind bei Docks deshalb entbehrlich, weil die Verschlüsse selten bewegt werden, die Schiffe aber immer längere Zeit (meist Tage oder Wochen) im Dock liegen.

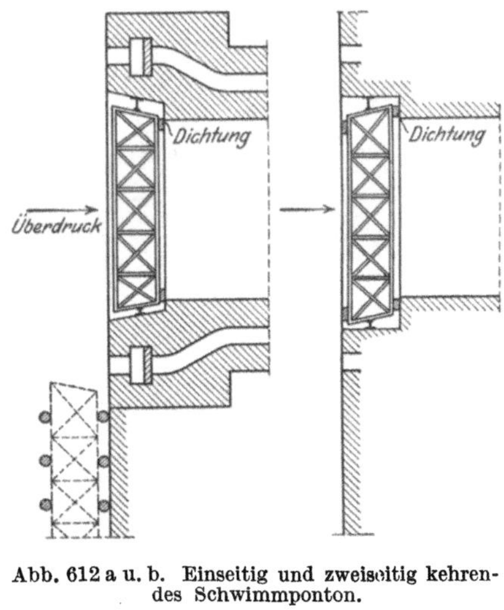

Abb. 612 a u. b. Einseitig und zweiseitig kehrendes Schwimmponton.

Von besonderer Bedeutung ist die metazentrische Höhe dieser Pontons. Abb. 613 u. 614 zeigen, wie das Metazentrum gefunden wird. Die metazentrische Höhe ist der Abstand des Metazentrums vom Schwerpunkt des Pontons. Diese Höhe soll wenigstens 0,4 m sein, es empfiehlt sich aber, sie möglichst noch größer zu wählen. Das Mittel zu dieser Vergrößerung ist Ausführung einer leichten Konstruktion, die nun zum genügend tiefen Sinken einen schweren

Bodenballast gebraucht. Dieser Bodenballast rückt den Schwerpunkt tief hinab und vergrößert damit die metazentrische Höhe. Abb. 613 zeigt ein kenterndes, Abb. 614 ein stabiles Ponton.

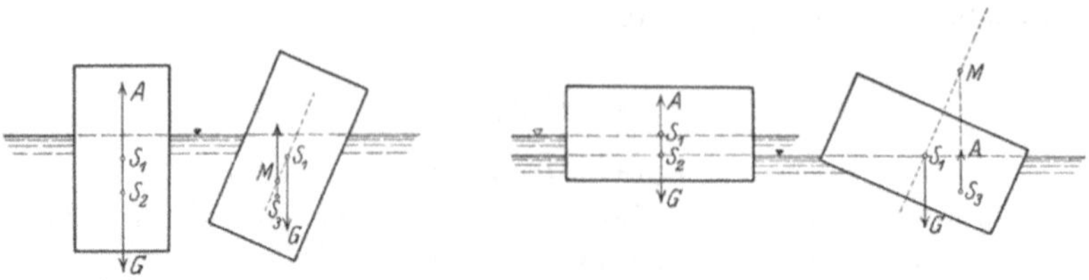

Abb. 613. Abb. 613 u. 614. Metazentrum. Abb. 614.

2. Gleit- und Rollpontons.

Die kastenförmige Form führt naturgemäß zu dem Gedanken, das Ponton entweder gleitend auf Gleitbahnen oder auf Rollen in seiner Längsrichtung zu bewegen. Hierdurch kann eine für den Betrieb von Schleusen wichtige kurze Zeit für Öffnen und Schließen erreicht werden, die der Zeit, wie sie für die Bewegung großer Stemmtore an der See nötig ist, ähnlich wird. Schiebetore setzen die Erbauung einer besonderen Torkammer voraus, die seitlich an die Schleuse angehängt ist, Abb. 615 u. 619. Diese Pontonkammern sind für die Schleusen besonders gefährdete Punkte, es wird darüber am Schluß dieses Teiles etwas gesagt werden. — Gleitpontons dürften heute mehr einen historischen Wert besitzen, sie sind häufiger gebaut worden, ihre Erbauung empfiehlt sich aber nicht. Es haben sich bei diesem System gewisse Nachteile ergeben, die durch Anbringung von Rädern leicht vermieden werden können. Von Bedeutung sind auch die Versuche von Zander in Emden. Es sind dort Schleifversuche gemacht worden, die ergeben haben, daß bei normalem Betrieb der Pontons Greenhartleisten in einem Monat um 1 cm abgeschliffen werden würden, wobei man eine Schmierung durch den in Emden fallenden Schlick annahm. Da der Schlick in den meisten Fällen Sand enthält, so ist die Abnutzung vor allem auf diese Beimengung zurückzuführen. Voraussetzung für die Anwendung von Gleitpontons auf Kufen ist somit das Fehlen von Sand oder ähnlichen Stoffen auf der Gleitbahn.

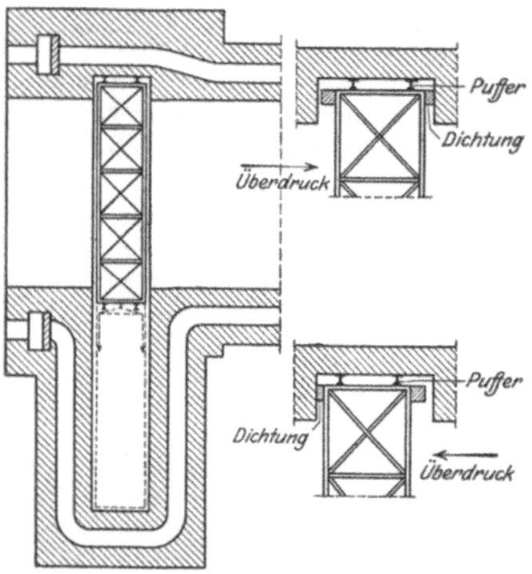

Abb. 615. Doppeltkehrendes Schiebetor (Ponton).

Im Zusammenhang mit der Abschleifgefahr ist noch die Eigentümlichkeit des Hüpfens von Gleitpontons zu nennen. Es hat sich diese Erscheinung in Kiel gezeigt und zwar als Folge einer zu geringen Bahnbelastung. Um die Bewegung des Tores zu erleichtern, wurden die Luftkammern so weit entleert, daß nur ein geringer Druck, z. B. 20 t, auf der Gleitbahn überblieb. Die Erfahrung ergab, daß bei diesem Druck Wellen von vorüberfahrenden Schiffen rhythmisch den Auftrieb so vergrößerten und wieder verkleinerten, daß das Ponton unter dem Einfluß der Zugkraft in schaukelnde Bewegung geriet und zwar in der Längsrichtung, dem Stampfen der Schiffe entsprechend. Hierdurch traten in den Zugketten sehr ungleichmäßige Beanspruchungen, verbunden mit Überanstrengungen und gewaltigem Recken der Ketten auf. Man mußte die Vorgelege umbauen und den Druck auf die Gleitbahnen auf 50 t vergrößern. — Alle Schiebepontons werden heute so gebaut, daß sie auch als Schwimmpontons verwandt werden können.

3. Die Bauart der Pontons.

α) Die Eisenkonstruktion.

Das Ponton wird am zweckmäßigsten als Riegeltor gebaut, in welches Ständer eingeschaltet werden. Da das Ponton wegen der nötigen Schwimmfähigkeit eine große Dicke erhalten muß (4—8 m), so erhalten diese Riegel eine große Biegungsfestigkeit. Sie werden entweder im Deck oder Boden dieser Pontons als Blechträger gebaut. Besser aber wird der Schwimmkasten zu einem großen Kastenträger ausgebildet. Diese Träger müssen aber wegen der großen Höhe des hier liegenden Stehbleches querlaufende und diagonale Versteifungen erhalten, so daß man sie auch als Fachwerkträger berechnen kann. Letztere Art der Berechnung wird im allgemeinen vorzuziehen sein, weil das Blech ohne die Aussteifung wahrscheinlich ausknicken würde. Die Ständer sollen nicht nur zur Aufnahme der Wasserdrücke auf die Haut dienen, sondern das Ponton auch in der Querrichtung aussteifen; sie werden deshalb als senkrecht stehende Fachwerkträger erbaut. In der Längsrichtung wird die nötige Aussteifung durch die Torhaut, die beiderseits angebracht werden muß, gebildet. Diese Torhaut hat in Verbindung mit den Riegeln und Ständern eine solche Steifigkeit, daß besondere Längsdiagonalaussteifungen entbehrlich sind.

In der Nähe des Drempels wird bei tiefliegendem Luftkasten ein Unterriegel meist entbehrlich, man lagert dann die Ständer oben gegen diesen Kastenträger (Luftkasten) und unten gegen den Drempel. Man muß von Fall zu Fall entscheiden, ob die Drücke gegen den Drempel nicht zu groß werden, ob man nicht besser einen unteren Riegel einlegt. Geschieht letzteres, dann ist es ratsam, das untere Ende der Ständer nach unten auszukragen und weich zu konstruieren, so daß sich das Ponton unten doch mit einem hinreichenden Druck gegen den Drempel legt.

In der Ansicht sind die Pontons oft trapezförmig gebaut worden, so daß sie sich bei Aufschwimmen leichter aus der Nische herausnehmen lassen (Abb. 616 bis 618). Die gleiche Leichtigkeit des Betriebes ergibt sich, wenn das Ponton in der Ansicht rechteckig ist, wenn dann aber der Falz (nicht der Anschlag) trapezförmig gemacht wird. Die rechteckige Form bietet vor allem für Schleusen Vorteile, so daß sie dort im allgemeinen den Vorzug verdient. Um das Herausdrehen aus der Tornische zu erleichtern, erhält das Ponton dann im Grundriß entweder die Form eines Trapezes, Abb. 612a, die von dem englischen Ingenieur Kinipple zuerst

Abb. 616. Gedocktes Docktor, Puerto-Militar.

Abb. 617. Schwimmtor. Bremerhaven. Lichte Weite oben 40, unten 34 m, Höhe 13,60 m.

gewählt wurde, oder besser die Form eines Rhombus, wie sie zuerst bei den Toren der Trockendocks 5 und 6 der deutschen Marine in Kiel gewählt wurde (Abb. 612 b). Die Form nach Kinipple hat den Nachteil, nicht symmetrisch

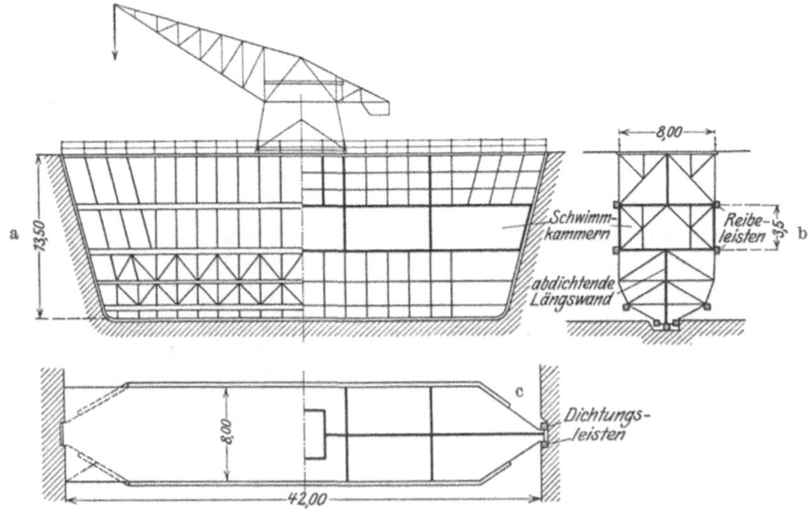

Abb. 618 a—c. Schwimmtor. Trockendock Bremerhaven. Gew. 880 t. Maßstab 1 : 650.
a Ansicht (links). Längsschnitt (rechts). b Querschnitt. c Draufsicht (links). Schnitt durch Schwimmk. (rechts).

zu sein, so daß das Tor nur einseitig verwandt werden kann, während die Kieler Form eine gleich gute Verwendung beiderseits gestattet. Die Herausnahme der Pontons erfolgt unter Drehung um eine senkrechte Achse, verbunden mit gleichzeitiger Längsverschiebung. Dichte Querschotten (oder Querwände) werden im Ponton am besten vermieden, damit das Wasser, das bei der

Herausfahrt in die Kammer hineinfließen oder bei Einfahrt herausfließen muß, seinen Weg durch das Ponton nehmen kann. Kinipple hatte diese Schwierigkeit dadurch vermieden, daß er die Kammer am hinteren Ende durch einen Kanal mit dem Hafen in Verbindung brachte, der die Wasserbewegung von und zu der Kammer erlaubte. Bei der bisher einmal ausgeführten Anordnung, das Tor unmittelbar durch Wasserdruck zu bewegen (Wilhelmshaven, Saug- und Druckbewegung), müssen

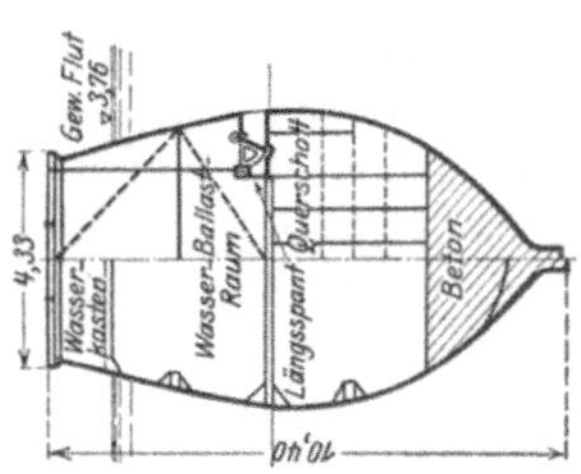

Abb. 620. Verschlußponton, veraltete Form. Binnenhaupt. 1. Einfahrt Wilhelmshaven. Maßstab 1 : 300.

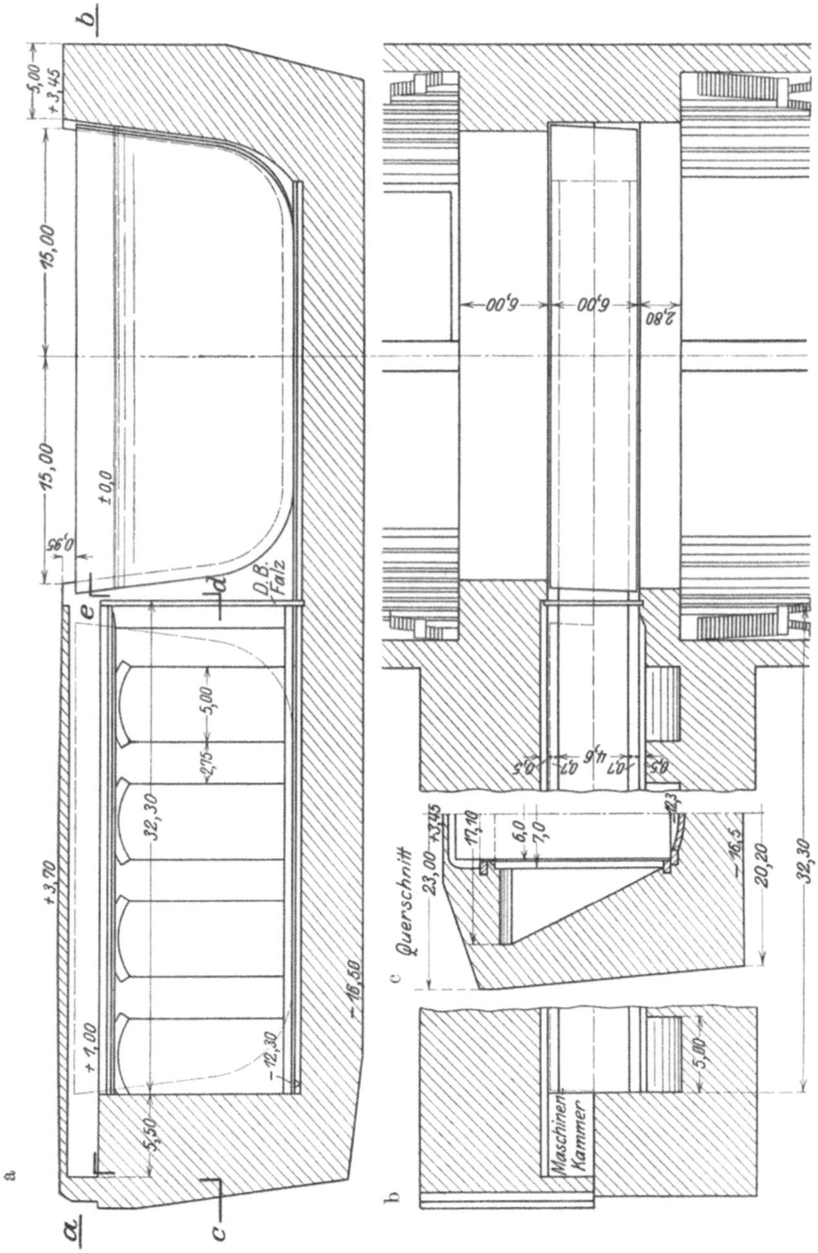

Abb. 619 a bis c. Trockendock Kiel. Pontonkammer von Dock 5. Maßstab 1 : 500.
a Längsschnitt durch die Pontonkammer. b Schnitt *a*—*b* oben. Schnitt *c*, *d*, *e*, *b* unten. c Querschnitt der Mauer.

dichte Querwände vorgesehen werden. Hier wird aber das Wasser in und aus der Pontonkammer durch große Pumpenanlagen (MAN-Schraubenschaufler) bewegt[1]).

Es wird auch auf die Erfahrung in Kiel hingewiesen, die mit dem Einbau eines unteren Bodens gemacht wurde. Dieser tief unten im Ponton liegende Boden hatte sich nach einer längeren Dockung so mit Schlamm, Muscheln usw. beladen, daß die Bewegung des Pontons gestört war. Die Bodenbleche wurden entfernt und durch Gitterträger ersetzt. Die Konstruktion eines gut durchgebildeten Pontons zeigt Abb. 621 a bis c, die das Binnentor der Kaiserschleuse in Bremerhaven wiedergibt. Diese Konstruktion kann auch heute noch in vielen

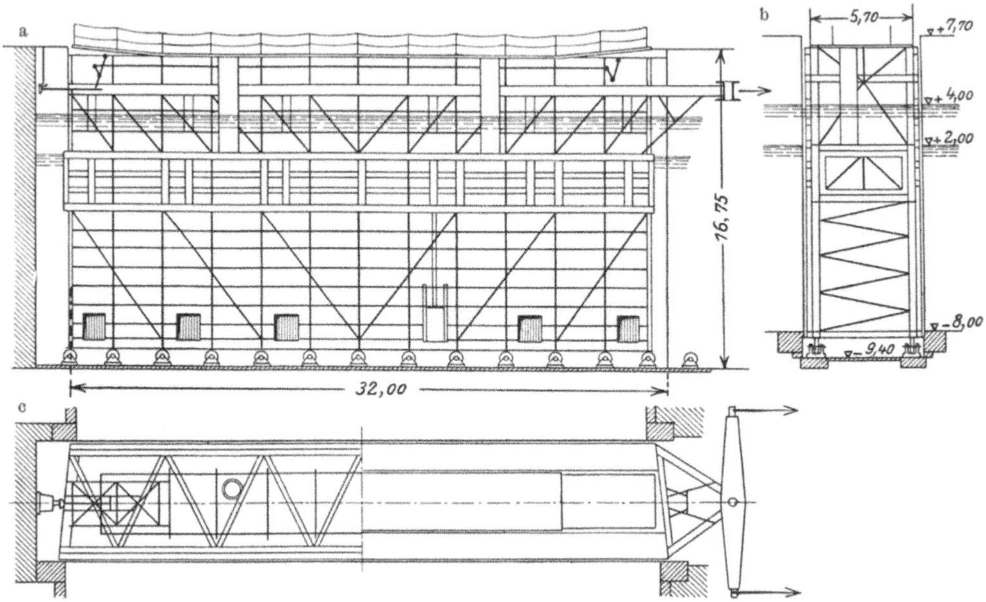

Abb. 621 a bis c. Schiebetor auf Rollen. Große Kaiserschleuse Bremen. Maßstab 1 : 400. a Vorderansicht. b Querschnitt. c Draufsicht.

Punkten als vorbildlich gelten. Die Längsdiagonalen sind allerdings entbehrlich. Weitere Bilder zeigen die Pontons in Emden und in Puerto Militar, gebaut von der MAN.

Für Trockendocks, die doch innen abgetreppte Mauern erhalten müssen, ist die Trapezform gemäß Abb. 616—618 oft vorteilhafter, besonders wenn es sich nur um Schwimmpontons handelt. Das Ausfahren und Einsetzen des Pontons ist hier sehr erleichtert.

β) Die Rollenanordnung.

Eine der ältesten Rollenanordnungen ist die der Kaiserschleuse Bremerhaven. Hier wurden die Rollen (Räder von 80 cm ∅) auf der Gleitbahn befestigt, so daß das Ponton unten ganz glatt war. Diese Anordnung ist veraltet, hat sich zwar bewährt, ist aber zu teuer. Es ergibt sich ohne weiteres, daß bei Anbringung der Räder am Ponton nur ein Teil der Räder erforderlich ist, wie sie in Bremerhaven nötig waren. In Bremerhaven war man zu der Anordnung aus dem gleichen Gesichtspunkte gekommen, der dazu geführt hatte, die Pfannen

[1]) Die MAN-Schraubenschaufler sind Pumpen für große Wassermengen und geringen Druck. Nach der MAN-Mitteilung vom Mai 1925 verbraucht eine solche Maschine, um 750 l/s auf 1 m zu heben, 17 PS.

der Spurlager bei Stemmtoren in das Tor zu legen. Man fürchtete, daß bei Anordnung von Schienen auf der Gleitbahn dort leicht Hindernisse das Weiterfahren der Räder hemmen könnten, während sich ein Drahtseil oder Holzstück unschädlich zwischen die Räder legen könnte. Man kann diese Gefahr aber bei unten liegender Schiene durch gut ausgebildete Bahnräumer beseitigen.

Ein Zwischending zwischen Gleit- und Rollponton wurde in Devenport ausgeführt. Hier sind an beiden Seiten Kufen angeordnet, zwischen den Kufen aber ein Rad, das auf einer Mittelschiene läuft. Bei der Bewegung wird das jeweilige Vorderrad durch Preßwasserkolben heruntergedrückt, das Hinterrad gehoben, so daß das Ponton vorn auf dem Rad läuft, hinten auf Kufen gleitet. Ein Hüpfen ist hierbei unmöglich. Die Anordnung ist aber inkonsequent, denn wenn man ein Rad zuläßt, kann man auch mehrere zulassen.

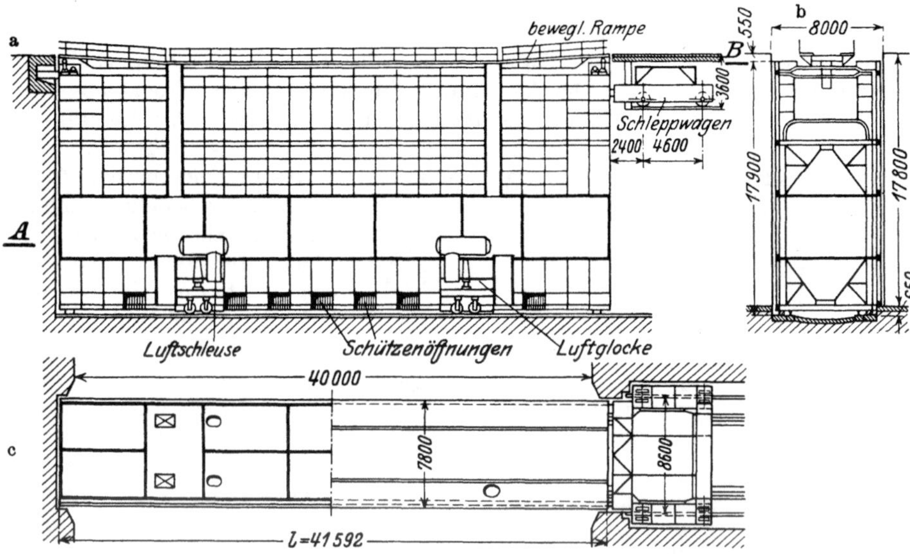

Abb. 622 a bis c. Schiebetor der neuen Seeschleuse bei Emden. Ges.-Gew. 1200 t. Maßstab 1 : 550. a Längenschnitt. b Querschnitt. c Schnitt A (links). Aufsicht (rechts).

Spätere Konstruktionen in anderen Häfen wurden mit 4 Radsätzen von je 2 oder mehr gekuppelten Rädern versehen. Immer aber bestand die Besorgnis, daß diese maschinellen Teile, die dauernd unter Wasser bleiben, Störungen erleiden konnten. Deshalb hat Behrend in Wilhelmshaven und später Zander in Emden diese Räder so in Blechglocken eingehüllt, daß diese Glocken durch Einpressen von Luft zu Taucherglocken werden und die Räder zugänglich machen. Die Konstruktion ist klug erdacht, aber etwas verwickelt (Abb. 622a bis c). Es sind deshalb die neuen Ausführungen, wie sie am Kaiser-Wilhelm-Kanal gewählt wurden, vorteilhafter. Die beste Lösung kann wohl in der Ausbildung gefunden werden, wonach der hintere Radsatz über den Wasserspiegel gelegt wird, so daß sich das Ponton hinten auf einen Wagen aufstützt, der querüber in der Pontonkammer läuft, während das vordere Ende des Pontons unter Wasser auf einem Wagen ruht, der auswechselbar ist. Es kann ein solches Ponton so weit gekrängt[1]) werden, daß es mit seinem Vorderwagen bis über das Wasser gelangt. Dieser Wagen kann durch einen Schwimmkran abgenommen und durch einen Ersatzwagen ersetzt werden. Diese Ausbildung zeigen die Tore in Brunsbüttel, während die Tore in Holtenau zwei Unterlaufwagen besitzen, die durch Kräne

[1]) Krängen heißt, ein Schiff durch einseitige Belastung in die Schräglage bringen.

ausgewechselt werden können. — Bei allen Rollenkonstruktionen ist auf einen Punkt ganz besonders zu achten, das ist die Verschiebbarkeit des Pontons auf den Radachsen. Bei der Bewegung muß das Ponton Spielraum haben und sich nicht an der Anschlagwand und dem Drempel entlang schieben, es muß sich aber nach Einfahren in das Dock unter dem einseitigen Wasserdruck quer zu der bisherigen Bewegung auf den Anschlag zu bewegen können, s. Abb. 617. Dadurch ist eine seitliche Verschiebung auf den Radachsen oder eine seitliche Verschiebung der Räder auf den Schienen unerläßlich. Wird sie nicht vorgesehen, dann muß ein Bruch erfolgen. Das gleiche gilt für Antriebswagen, wenn sie starr mit dem Ponton verbunden sind.

γ) Bewegungseinrichtungen.

Die Bewegung der Schiebepontons erfolgt durch Vermittlung eines Wagebalkens (Abb. 621), der in der Mitte des Pontons oben abkuppelbar angebracht ist und der seitlich in der Pontonkammer entweder durch Ketten ohne Ende oder Zahnstangen gezogen wird. Die Anordnung durch Drahtseile (Trockendock auf der Werft von Palmers in Newcastle am Tyne mit oben offener Pontonkammer) oder Ketten (Bremerhaven, Kiel) hat sich zwar bewährt, es mußten aber anfänglich Kinderkrankheiten beseitigt werden. Um das ungleichmäßige Ziehen durch verschiedene Längung der Seile zu vermeiden, hat Kinipple den in Abb. 623 dargestellten Antrieb mit umlaufendem Seil gebaut. Es sind vier feste Rollen an den Mauern der Pontonkammer und zwei am Wagebalken vorhanden, über die das eine Seil läuft. Das Seil bewegt sich an den Pontonrollen praktisch fast nicht und kann hier durch eine Spannvorrichtung immer stramm gespannt gehalten werden.

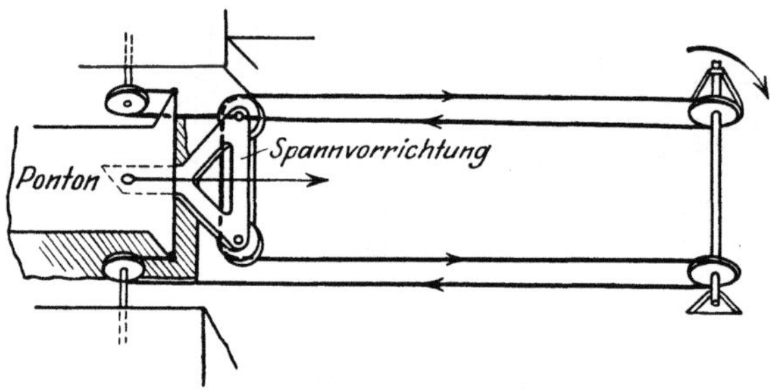

Abb. 623. Kinipples Antrieb für Schiebetore.

Es ist aber auch hier wie bei den Stemmtoren, Klapptoren usw. der starre Antrieb durch Zahnstangen usw. durchaus vorzuziehen. Die Zahnstangen können entweder beweglich sein, so daß sie am hinteren Ende der Pontonkammer von einem Zahnrad angetrieben werden (Kaiser-Wilhelm-Kanal), oder man legt die Zahnstangen auf Konsolen in der Pontonkammer und bringt die Antriebsmaschine auf einem besonderen Antriebswagen an, der hinter dem Ponton befestigt ist (Emden, Abb. 622a bis c). Bei Verwendung beweglicher Zahnstangen, die deshalb Vorteile besitzen, weil dann die ganze Maschinenanlage in einem geschlossenen Raum untergebracht werden kann, sind Zahnstangentunnels notwendig, in denen die Zahnstangen auf Rollen laufen. Diese Tunnels liegen dicht unter der Oberfläche und müssen von Ort zu Ort von oben zugänglich gemacht werden.

δ) Vergleich zwischen Stemmtoren und Schiebetoren[1]).

Eingehende Untersuchungen haben ergeben, daß bei einseitig beanspruchten Schleusen Stemmtore im allgemeinen billiger sind als Schiebetore. Wenn dagegen auf eine spätere Trockenlegung der Häupter nicht verzichtet werden kann, dann kann bei großen Abmessungen das Schiebetor Ersparnis bringen. Muß nach zwei Seiten gekehrt werden, dann wird die Anlage bei Verwendung von Schiebetoren billiger, und zwar um so mehr, je größer die Schleusenweite ist.

[1]) Vor- und Nachteile des Schiebetores für Schiffsschleusen usw. Doktorarbeit von Regierungsbaurat W. Groth, Techn. Hochschule Hannover.

Die Kosten eines Schiebetores sind meist nicht viel größer als die eines Stemmtorpaares, aber stets kleiner als die von zwei Stemmtorpaaren.

Das Schließen und Öffnen gegen Überstau oder gegen durchgehende Strömung ist bei Schiebetoren ungefährlicher und mit größerer Sicherheit durchzuführen als bei Stemmtoren. Das Schiebetor ist in seiner ganzen Bauart ein viel starrerer Körper als das Stemmtor, daher Verbiegungen weniger ausgesetzt als letzteres. Die Betriebssicherheit des Schiebetores ist im allgemeinen auch für den gewöhnlichen Betrieb größer als die der Stemmtore.

Bei Trockendocks ist das Schwimmtor (Pontons) dem Schiebetor und auch meist den Stemmtoren überlegen. Die Erbauung von Schiebetoren in der deutschen Marine bei Trockendocks dürfte als eine zu hochwertige und damit zu teuere Ausrüstung anzusehen sein.

f) Besondere Bauarten.

1. Das Hotopp-Klapptor.

Wie bereits an anderer Stelle gesagt, wird bei den Hotoppschleusen Preßluft erzeugt. Hotopp hat diese Kraftquelle in sehr sinnreicher Weise zur

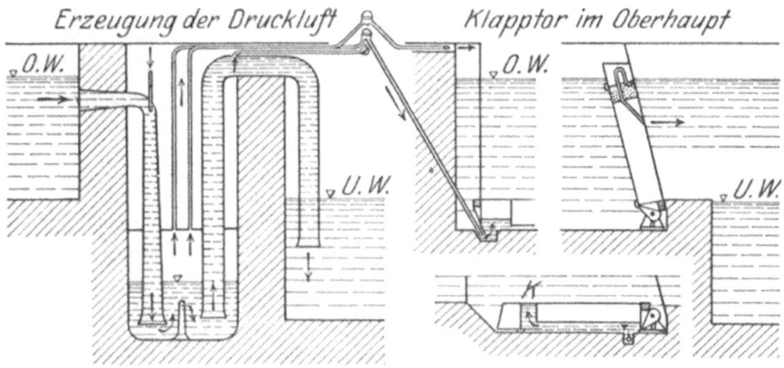

Abb. 624. Hotopp-Klapptor.

Bewegung seiner Klapptore verwandt. Die Klapptore haben dicht unter der Wasserlinie einen Luftkasten erhalten, der bei niedergelegtem Tor durch die von unten zugeführte, frei unter dem Tor im Wasser aufsteigende Preßluft zugänglich ist (Abb. 624). Die

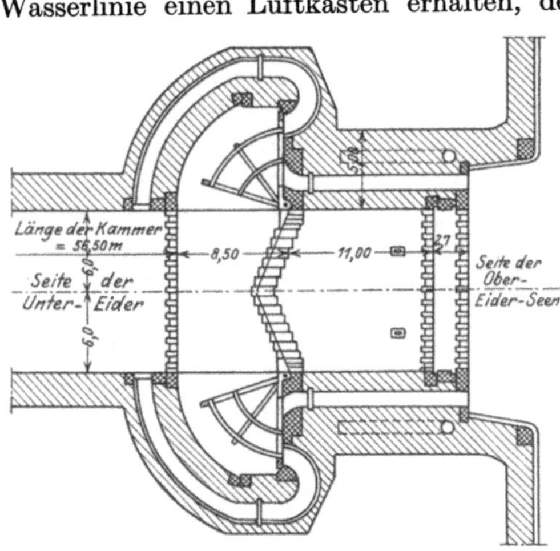

Abb. 625. Fächertor der Rendsburger Schleusen (alt). Maßstab 1 : 650.

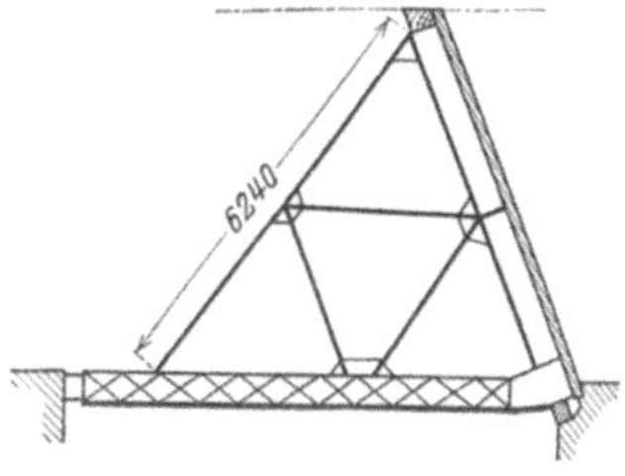

Abb. 626. Fächertor Rendsburg (neu). Maßstab 1 : 220.

Preßluft verdrängt das Wasser aus dem Luftkasten, das Tor hebt sich selbsttätig. Durch ein Heberrohr kann sich nach genügendem Abfall des Wassers in der Kammer der Luftkasten wieder mit Wasser füllen, so daß das Tor nach wiedererfolgter Füllung der Kammer infolge seines Eigengewichtes umfällt und sich auf den Boden legt. Die Anordnung ist gut durchdacht, arbeitet gut, im allgemeinen wird sich aber überall dort, wo elektrischer Strom vorhanden ist, der Antrieb durch elektrisch bewegte feste Schubstangen empfehlen.

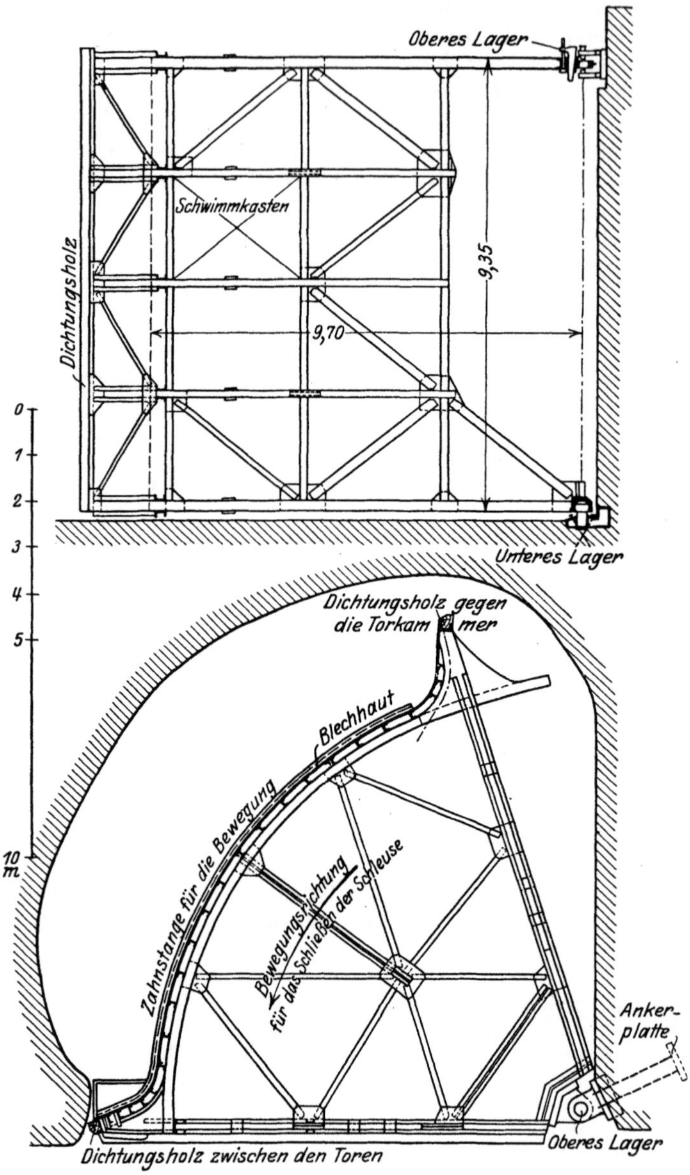

Abb. 627 a u. b. Sektortor in Södertälje (Schweden). Maßstab 1 : 172.

2. Fächertore.

Abb. 625 u. 626 zeigt das Bild eines solchen Tores. Der Gedanke ist der gleiche wie bei den Konstruktionen von Nyholm, Franke, Hotopp usw., das Tor durch Ausnutzung des Wasserstandunterschiedes an beiden Enden der Schleuse zu bewegen. Es muß, wie bei Nyholm, ein Kanal vom Ober-(Binnen-) Haupt zum Unter-(Außen-) Haupt geführt werden, so daß an dem Außenhaupt stets der Unterschied der Wasserstände zur Verfügung steht. Die Anordnung, die einer näheren Beschreibung nicht bedarf, zeigt, wie auf einen inneren Flügel, der starr mit dem Stemmtor verbunden ist, bald der eine, bald der andere Wasserstand je nach Stellung der Schützen in den Umläufen wirken kann. Brennecke empfiehlt die Anwendung dieser Tore. Die Bauausführungen der letzten Generation haben aber gezeigt, daß der Gedanke keine große Gegenliebe findet. Wenn man Stemmtore anwenden will, dann ist immer ein moderner Antrieb durch eine irgendwie bewegte Schubstange einfacher und vor allem billiger. Vorteile vor den gewöhnlichen Stemmtoren, außer dem theoretischen Gedanken der selbständigen Öffnung besitzen aber die Fächertore nicht. Sie besitzen aber den Nachteil, daß bei gleich hohem Innen- und Außenwasserstand der Antrieb versagt und daß für diese Zeit doch ein maschineller Antrieb eingebaut werden muß.

3. Sektortore.

Sektortore sind bisher einmal bei der schwedischen Schleuse Södertälje erbaut worden, und zwar zu dem Zweck, das Füllen und Entleeren dieser Schleuse ohne Umläufe durch die Tore selbst vornehmen zu können. Die Sektoren haben stehende Achse und bewegen sich ähnlich wie Fächertore in ausgesparte Kammern hinein. Während der Bewegung des Tores ist dauernd ein Abschluß gegen die Torkammer vorhanden, so daß die Drücke stets auf die zylindrische Torfläche wirken. Es ist dabei möglich, die Tore unter Druck zu öffnen, wobei die Entleerung durch den sich langsam vergrößernden, senkrechten Torschlitz erfolgt. Die Anordnung ist deshalb besonders interessant, weil sie zum ersten Male das Verfahren der Entleerung durch den Torspalt bei einer Seeschleuse bringt (Abb. 627 a u. b.

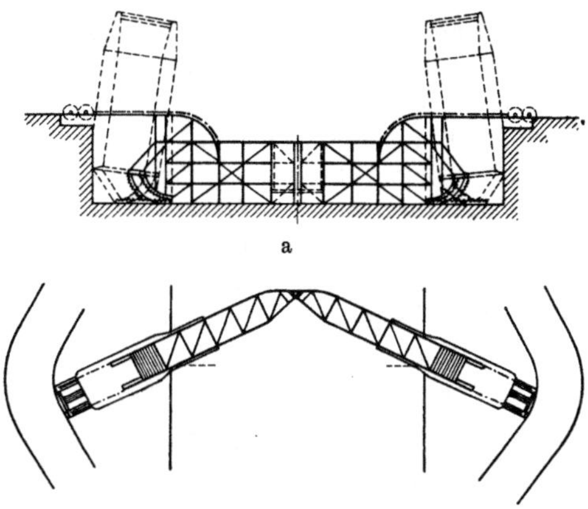

a

b

Abb. 628 a u. b. Wälztor. Projekt der M.A.N.
a. Ansicht. b. Grundriß.

4. Wälztore.

Diese Tore sollen ähnlich wie die Wälzbrücken seitlich herausgewälzt werden (Abb. 628 a u. b). Es wäre der Vorteil der Freigabe der ganzen Öffnung erreicht, wofür allerdings der Ausbau der großen Nischen erforderlich wäre. Wälztore sind, soweit bekannt, noch nicht ausgeführt worden.

g) Größe der Antriebsmaschinen.

In der folgenden Zahlentafel wird die Leistung einiger Motoren für Torantriebe wiedergegeben. Die Errechnung der Widerstände für die Torbewegung ergibt meist viel zu kleine Werte; es empfiehlt sich daher, die Antriebsmotoren durchweg wesentlich stärker zu wählen, vor allem mit einem genügenden Überstau, gegen den das Tor auch vor voller Ausspiegelung geöffnet werden soll, zu rechnen. Dieser Überstau erfordert dann den größten Teil der Kraftleistung. Die Motorenstärke ist im übrigen sehr von der Zeit, in der das Tor geöffnet werden soll, abhängig. Der Überstau sollte mit 10 cm angenommen werden.

Stärke von Motoren für Toröffnen.

Schleuse	Einfahrts-Breite m	Höhe des Tores m	Überstau m	Zeit für Öffnen sek	Maschinen-Leistung PS für einen Flügel	Touren-zahl n
		Stemmtore				
Alte Schleuse Münster . . .	10	8,5	—	30	5	—
Neue Schleuse Münster . . . (beide Dortmund-Ems-Kanal)	12	10,5	0,05	60	10,1	850
Bolzum (Hildesheim)	12	11,7	0,10	40	13,5	1000
Sault St. Mary (U. S.) . . .	rd. 20	13,6	—	—	50,0	—
Alte Schleuse Ymuiden . . .	rd. 25	15,0	—	—	41,0	—
		Klapptore				
Neue Schleuse Münster . . .	12	4,0	0,10	120	10,1	850
Bolzum	12	3,5	0,10	25	13,5	1000

H. Schützen und Ventile zum Füllen und Leeren der Schleusen.

a) Allgemeines, Einteilung und Schützschächte.

Wie bereits gesagt wurde, sind nach den Versuchen von Krey Umläufe in Schleusen ohne Sparbecken entbehrlich. Sie können durch die Bewegung der Tore unter Wasserdruck ersetzt werden. Die neueren Tore der Schleusen von Södertälje in Schweden sind als volle Sektoren mit senkrechter Achse gebaut und werden zur Füllung oder Leerung der Kammer unter Druck geöffnet. Die eigentliche Erfindung Leonardo da Vincis war es, erkannt zu haben, daß man das Öffnen der Tore erleichtern müsse; deshalb wurden von ihm die Tore mit Schützen versehen, die auch unter vollem Wasserdruck geöffnet werden müssen, aber wegen ihrer geringeren Abmessungen dieses Öffnen leicht gestatten. Jedes Schütz ist letzten Endes ein Schleusentor im kleinen. Es ist nicht unwahrscheinlich, daß die Entwicklung der Schleusen dahin geht, die Umläufe möglichst zu vermeiden und den Wasserein- und -austritt durch Öffnen der Tore zu gestatten. Hierzu sind nur Tore brauchbar, die entweder von unten nach oben oder umgekehrt bewegt werden oder wie Sektorstemmtore das Wasser in der Schleusenachse eintreten lassen. Überall dort, wo man keine Schleusensohlen einbauen will, wo man der Billigkeit wegen auch die Mauern durch Spundwände ersetzt, ist die Benutzung der Tore zum Füllen und Leeren ein zweckmäßiges Verfahren.

Bei Seeschleusen werden die Umläufe aber oft nicht vermieden werden können.

Bei Kanalschleusen mit starkem Verkehr, besonders in der Ausbildung als Speicherschachtschleusen, werden Umläufe mit Sohlenkanälen Vorteile bieten können. Umläufe mit Sohlenkanälen gestatten es z. B., die Staubecken nur einseitig oder auch unsymmetrisch anzuordnen. Man gewinnt dadurch eine größere Freiheit, die oft zu Ersparnissen führen kann. Es wird somit immer noch ein Feld für die Anwendung von Schützen usw. verbleiben.

Die Verschlüsse der Umläufe lassen sich in fünf Gruppen einteilen, es sind das:

Zugschütze,
Segmentschütze,
Ventilschütze,
Heberverschlüsse, hydraulische Verschlüsse,
Drehschütze, Registerschütze, Anordnung von Nyholm, Franke usw.

Eine besondere Besprechung erfordert die Schachtausbildung für die Schütze. Mit Ausnahme der niedrigen Zylinderprofile wird für jede Schützart, die in Umläufen verwandt wird, ein Schützschacht notwendig. Dieser Schacht besteht aus einer senkrechten, meist rechteckigen Ausspaarung in der Mauer über dem Umlauf. Der Schacht setzt sich nach unten als rechteckige Öffnung in dem Umlauf fort, so daß hier der oval oder sonstwie geformte Umlauf auf kurzer Strecke einen rechteckigen Querschnitt erhält, der über die Wände des Umlaufes hinaus seitlich tiefer in das Mauerwerk hineinspringt. Dadurch werden Nuten oder auch nur Falze geschaffen, vor deren Dichtungsflächen sich das Schütz bewegt. Bei Zugschützen ist es möglich, den Schacht über dem Umlauf so abzuschließen, daß sich das Schütz mit ganz geringem Spielraum durch einen schmalen Schlitz nach oben bewegt, bei vielen anderen Schützarten ist das aber nicht möglich. Im allgemeinen muß man damit rechnen, daß das Oberwasser bei geschlossenem Schütz im Schacht ebenso hoch steht wie im Oberhaupt. Hat man es nun mit Fluß- oder Seeschleusen zu tun, die ein das höchste Ober- oder Außenwasser kehrendes Oberhaupt, aber niedrigere Schleusenplattform haben, dann muß dieser Schacht entweder im Oberhaupt liegen, oder er muß dann, wenn er in der Kammerplattform liegt, die wohl über dem höchsten schiffbaren Wasserstand, aber unter dem höchsten Oberwasser liegt, so hoch über diese Plattform hinausgeführt werden, daß das höchste Oberwasser nicht durch den Schacht in die Schleuse laufen kann.

b) Zugschütze.

Die älteste uns bekannte Form ist das Zugschütz. Es hat bei den Schleusen die gleiche Entwicklung durchgemacht wie bei den Wehren. Zuerst handelte es sich um einfache Gleitschütze in kleinen Toren mit geringem Druck, heute sind diese Schütze bei großen Seeschleusen zu bewegten Platten von Abmessungen, wie z. B. 4 × 7 m angewachsen, die unter Drücken von z. B. 10 m bewegt werden sollen und die deshalb auf Rollen oder Rollzügen laufen. Ein charakteristischer Unterschied zwischen einem solchen Schütz und einem Hubtor im Unterhaupt einer Schachtschleuse besteht in der Konstruktion der Platte nicht.

Für kleine Schleusen sind die einfachen Gleitschütze auch heute noch die beste Art. Die Kraft zum Antrieb ist so gering, die Bewegung so selten und der Kraftverbrauch demzufolge so klein, daß es in vielen Fällen im Interesse der Einfachheit richtiger ist, die Schütztafel ganz einfach und billig zu bauen und etwas mehr für eine größere Antriebsmaschine oder ein größeres Vorgelege auszugeben, statt das Geld für eine verwickelte Schützkonstruktion zu verwenden. Man hat letzten Endes doch immer nur die Wahl, entweder eine schwierigere und damit teurere Schützkonstruktion zu wählen (z. B. auf Rollen) oder eine etwas kostspieligere Antriebsmaschine bei einem Gleitschütz[1]).

Die einfache Schützplatte besteht am besten aus einem Rahmen von U-Eisen mit Holzbohlenfüllung. Bei größeren Flächen und großen Drücken muß man die ganze Schützplatte in Stahl ausbilden.

Das einfache Gleitschütz läuft am zweckmäßigsten in Nuten aus Profileisen. Es wird ein vollständiger Rahmen hergestellt, durch den 'die Schütztafel nach oben herausgezogen werden kann. Rahmen und Schütztafel mit Antrieb werden in der Eisenwerkstatt vollständig zusammengebaut und können dann so fertig in die Schleuse eingemauert oder eingegossen werden. Kleine Schütztafeln von z. B. 2 m Breite und 3 m Höhe können noch bequem an einem Punkt durch die Hubstange gefaßt werden. Größere Tafeln werden besser an 2 Punkten gezogen. Abb. 629 zeigt das Bild eines einfachen Gleitschützes. Sofern man nicht bei kleinen Schleusen nur Handantrieb verwenden will, wozu bei geringem Verkehr durchaus geraten wird, sollte man nur noch elektrischen Antrieb einbauen. Man kann das Schütz durch eine Zahnstange, die durch ein Zahnrad bewegt wird, oder durch Spindeln mit Antriebsmutter heben (Abb. 633, S. 469). Selbst bei großen Seeschleusen, wie z. B. der Kaiserschleuse in Bremerhaven, hat man noch

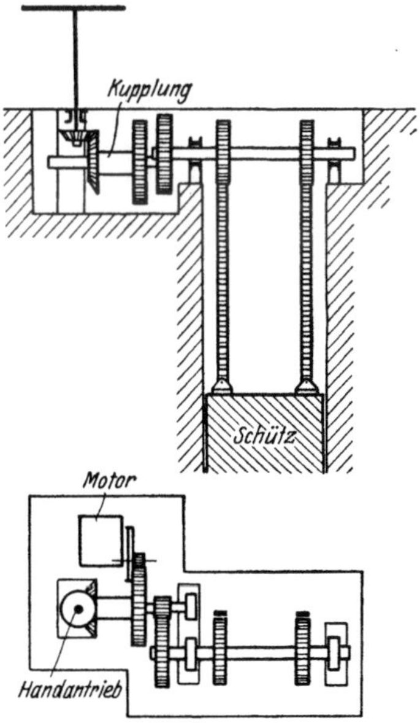

Abb. 629. Gleitschütze.

[1]) Ein neueres Beispiel zeigt, daß man in der Bemessung der Übersetzung bei der Antriebsmaschine vorsichtig sein soll, man soll nicht zu kleine Übersetzungen bei Handantrieb wählen.

1894 das einfache Gleitschütz vorgezogen. Es handelt sich dabei um Schütze von 2 × 2,5 m Fläche. Die Anschauung, daß man bewegte Maschinenteile im Wasserbau vermeiden soll, ist auch heute noch häufiger, vor allem bei älteren Fachgenossen, zu treffen. So berechtigt der Grundgedanke ist, unter Wasser alles so einfach wie möglich zu gestalten, so notwendig ist es bei dem heutigen hohen Stand unserer Maschinentechnik doch, wertvolle Neuerungen anzuwenden, wenn der Betrieb dadurch beschleunigt werden kann, man muß also Rollschütze bauen.

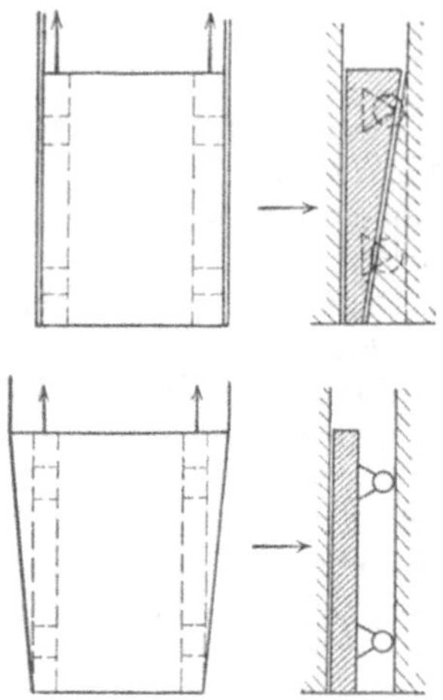

Abb. 630 u. 631. Keilschütz. Keilformen.

Das Rollschütz besitzt in älteren Ausbildungen den Nachteil, daß es undichter ist als Gleitschütze. Wenn die Platten rollen sollten, müßten sie durch Rollen von der Gleitfläche abgehoben sein, der notwendige Spalt mußte irgendwie gedichtet werden, die Dichtung gelang aber trotz Anbringung federnder Bleche usw. nicht immer gut. Ein Fortschritt ist die Erfindung des Keilschützes, das in 2 verschiedenen Ausführungen möglich ist. Man kann entweder das Schütz im Querschnitt keilförmig gestalten oder es in der Ansicht keilförmig ausbilden (Abb. 630 und 631). Beide Anordnungen benutzen eine Gleitbahn, gegen deren Achse die Dichtungsfläche geneigt ist, so daß sich zum Schluß die Schützplatte immer näher an die Dichtungsfläche heran bewegt, bis sie sie schließlich berührt. In diesem Augenblick tritt dann der Stillstand ein. Entweder wird an der Vorderfläche abgedichtet dadurch, daß diese sich schließlich gegen die Dichtungsfläche legt, oder an der

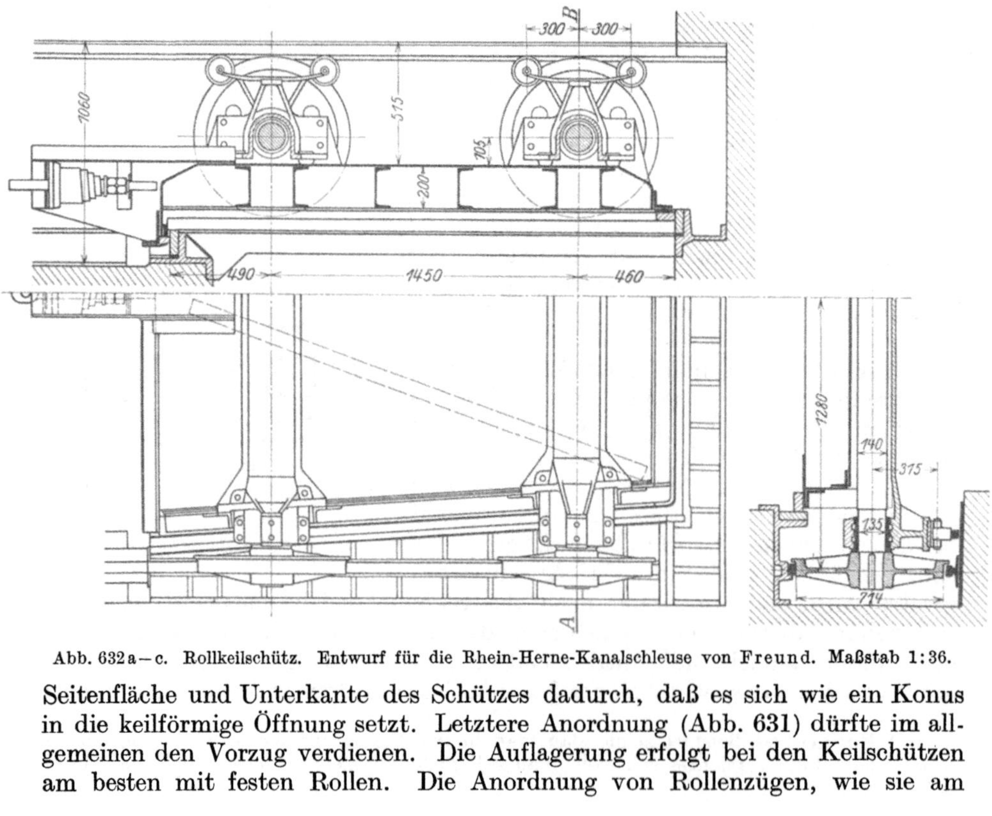

Abb. 632a—c. Rollkeilschütz. Entwurf für die Rhein-Herne-Kanalschleuse von Freund. Maßstab 1:36.

Seitenfläche und Unterkante des Schützes dadurch, daß es sich wie ein Konus in die keilförmige Öffnung setzt. Letztere Anordnung (Abb. 631) dürfte im allgemeinen den Vorzug verdienen. Die Auflagerung erfolgt bei den Keilschützen am besten mit festen Rollen. Die Anordnung von Rollenzügen, wie sie am

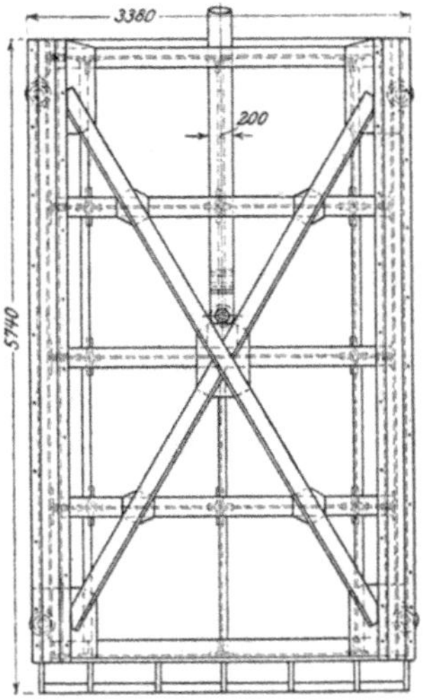

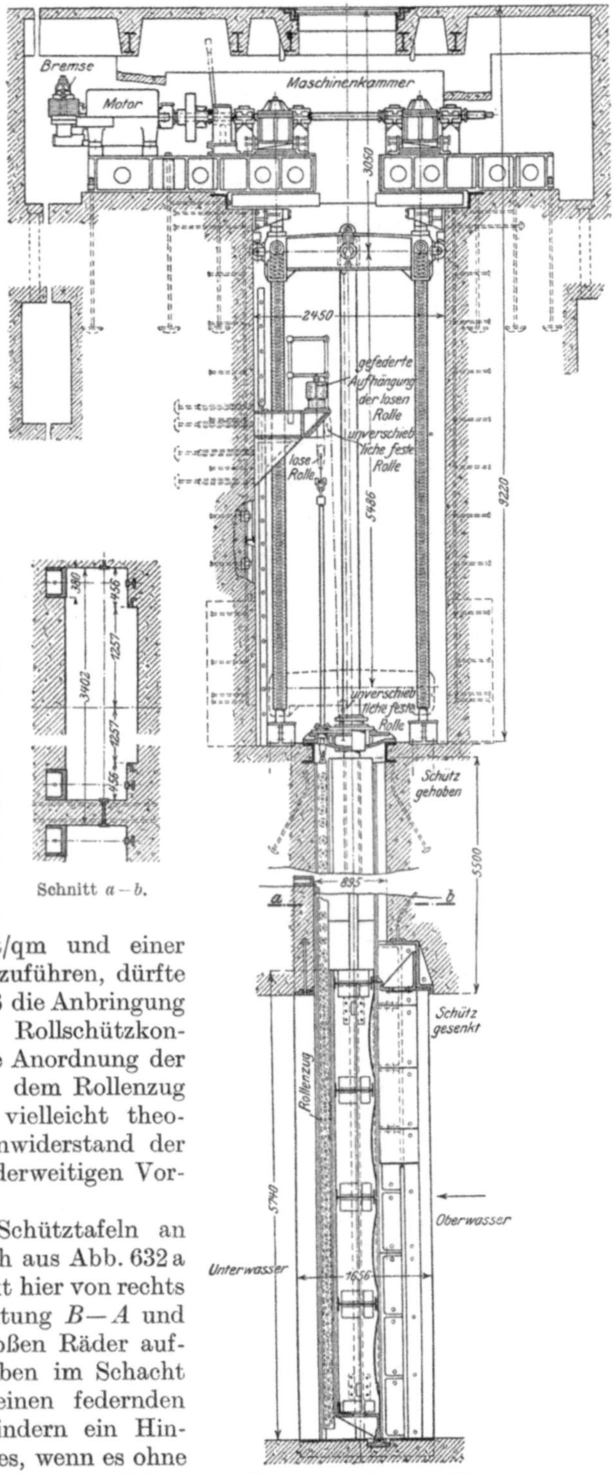

Panamakanal z. B. in den Stoneyschützen durchgeführt ist, hat den Nachteil der zum Schluß unten halb heraushängenden Rollenzüge (vgl. Wehrbau). Die MAN, Freund, Louis Eilers Hannover, usw. bauen heute mit Vorliebe Schütze mit festen Rollen. Nachdem es gelungen ist, Schütze mit festen Rollen für ein Wasserkraftwerk in Schweden mit einem Druck bis zu 250 t/qm und einer Schützfläche von 25 qm auszuführen, dürfte der Beweis erbracht sein, daß die Anbringung von festen Rollen für alle Rollschützkonstruktionen möglich ist. Die Anordnung der festen Rollen ist gegenüber dem Rollenzug so viel einfacher, daß der vielleicht theoretisch etwas größere Rollenwiderstand der festen Rollen durch ihre anderweitigen Vorteile überwogen wird.

Die Aufhängung der Schütztafeln an einer starken Feder ergibt sich aus Abb. 632a bis c. Der Wasserdruck wirkt hier von rechts nach links, also in der Richtung $B—A$ und wird dauernd durch die großen Räder aufgenommen, bis die Tafel oben im Schacht verschwunden ist. Die kleinen federnden doppelten Gegenrollen verhindern ein Hin- und Herschlagen des Schützes, wenn es ohne Druck ist. Die Dichtung findet an den Seiten und unten durch Anlegen an den Keilrahmen

Schnitt $a-b$.

Abb. 633a—c. Panamaschützen. Maßstab 1:100.

statt, oben durch gleichzeitiges Auflegen einer Leiste auf das obere Rahmenstück. Eine gute Anordnung zeigen auch die Panamaschützen (Abb. 633a—c), bei denen man das große Schützgewicht durch Gegengewichte aufgehoben hat. Die Aufhängung ist elastisch erfolgt, der Antrieb geschieht durch zwei Spindeln. Die hier verwendeten Rollenzüge sind aber nicht zu empfehlen.

c) Segmentschütze.

Der ganze Unterschied eines Segmentschützes gegenüber einem Segmentwehr liegt darin, daß das Schütz an allen 4 Seiten dichten muß, während das Wehr oben frei ist. Es werden in Abb. 634—635 ausgeführte Segmentschütze wiedergegeben. Man sieht, daß diese Segmente in 2 Lagerstühlen gelagert

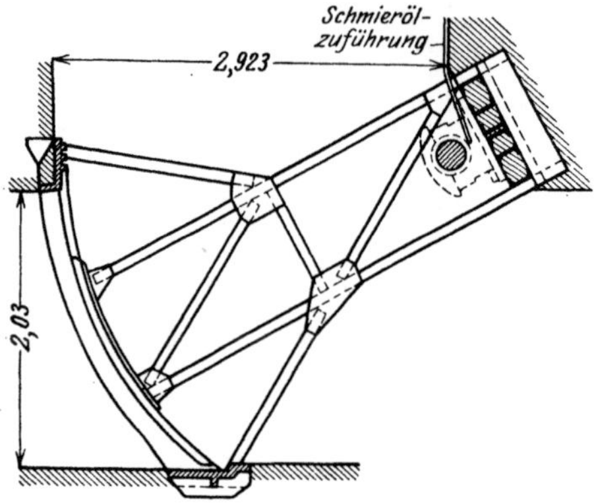

Abb. 634a. Ansicht des Rahmens. Maßstab 1:75.

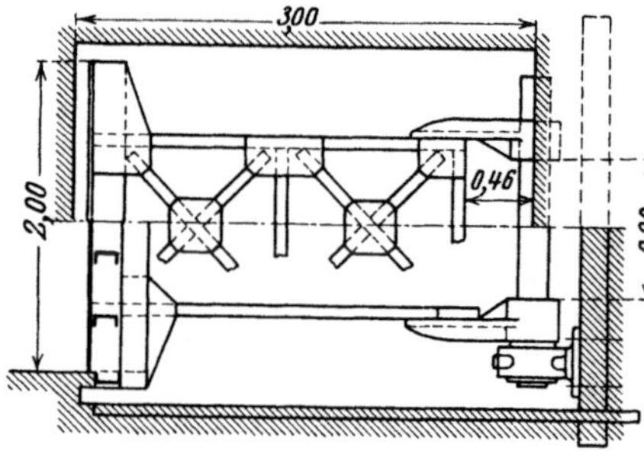

Abb. 634b. Aufsicht und wagerechter Schnitt.

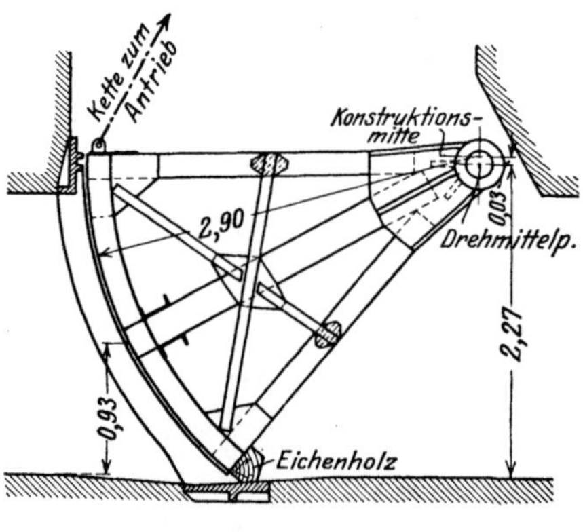

Abb. 634c. Senkrechter Schnitt durch das Schütz. Maßstab 1:75.

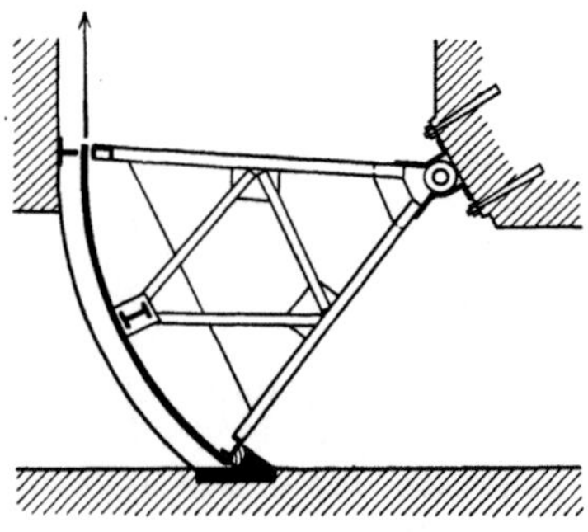

Abb. 635. Segmentschütz mit Dreieck-Aussteifung.

Abb. 634—635. Segmentschütze.

sind, die in dem Schacht liegen, so daß sie nicht in den Kanal hineinragen. Das Segment bewegt sich in einem Eisenrahmen, in den es in der Fabrik hineingepaßt ist. Dieser Eisenrahmen trägt auch die Lager. An dieser Stelle muß die Schachtwand durch längs eingelegte Träger verstärkt werden, so daß der Einzeldruck der Lager sich auf eine größere Länge verteilt. Die Dichtung erfolgt an den Seiten durch federnde Bleche, unten und oben durch gleichzeitiges Aufsetzen. Besonders gute Konstruktionen sind von Buchholz erdacht worden.

d) Rohrschütze (Zylinderventile).

1. Hohe Rohrschütze.

Der hohe Röhrenverschluß besteht aus einem an beiden Enden offenen, innen ausgesteiften Blechrohr, das auf einen Fallschacht aufgesetzt wird. Überall dort, wo man den Umlauf aus einer wagerechten Fläche nach unten als

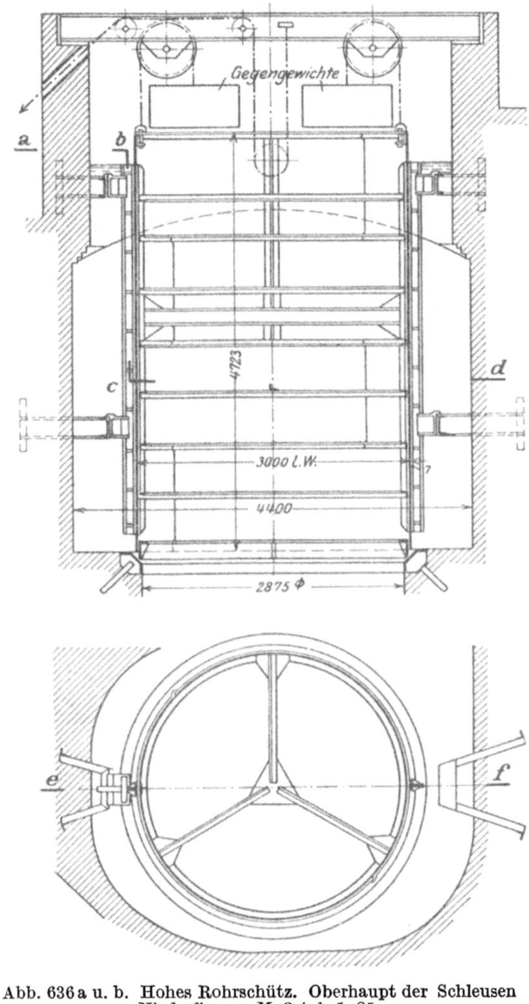

Abb. 636a u. b. Hohes Rohrschütz. Oberhaupt der Schleusen Niederfinow. Maßstab 1:85.

a Schnitt *e—f*. b Querschnitt.

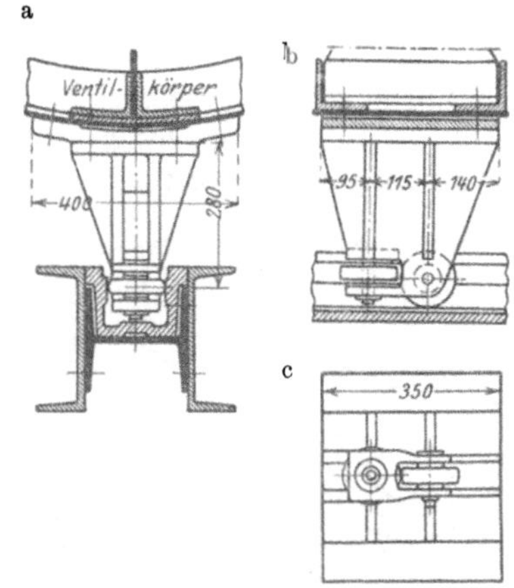

Abb. 637a bis c. Führung des hohen Rohrschützes der Schleusen Niederfinow. Maßstab 1:20.

a Horizontalschnitt. b Vertikalschnitt. c Draufsicht.

Fallschacht abführen kann, ist ein solcher Verschluß brauchbar. Abb. 636a bis b zeigen einen solchen Verschluß. Sie können bei Sparbecken, die später noch besprochen werden, im freien Wasser stehen, müssen aber bei einfachen Schleusen in einer seitlichen Nische angeordnet werden. Das Rohr wird an zwei oder drei Punkten aufgehängt, wobei die Seile über Rollen geführt werden und an dem anderen Ende Gegengewichte tragen. Die Aufhängung an zwei Punkten ist die gebräuchlichere, besser ist die an drei Punkten. Die Bewegung geschieht durch ein besonderes Seil, das an der Versteifung im Innern des Rohres angreift. Dieses Hubseil wird am besten über Rollen geleitet und durch eine elektrisch angetriebene Winde von der Seite her bedient. Die Anordnung geht aus Abb. 636 klar hervor. Die Röhrenverschlüsse sind oft Körper von großen Abmessungen, z. B. von 6—8 m Höhe und mehr, bei einem Durchmesser bis zu 2 m, die wegen der günstigen Röhrenform auch bei großer Höhe aus dünnem Blech (6—8 mm) erbaut werden können. Ihr großer Vorteil liegt darin, daß bei ihnen kein Wasserdruck überwunden zu werden braucht, da sich alle Wasserdrücke am Zylindermantel gegenseitig aufheben. Steht das Rohr nicht im freien Wasser, dann muß die Nische in der Mauer so groß sein, daß das Wasser auch nach hinten um das angehobene Rohr herumfließen kann, um ebenfalls von hinten in den Fallschacht stürzen zu können. Genau wie bei dem Ablauf einer Badewanne entstehen auch bei bester Ausführung leicht Wirbelströme in dem Fallschacht, die sich zum Teil nach oben fortsetzen. Sie zwingen dazu, dem Zylinder Ausführungen zu geben, die eine Drehbewegung und eine seitliche Kippbewegung verhindern. Es hat sich bewährt, an der Hinterwand der meist runden Nische ein quer zur Schleusenachse stehendes senkrechtes Blech anzubringen, das die Entwicklung der Wirbel nach oben verhindert (Abb. 638 a bis c). Die Führung erfolgt am besten nur in einer senkrechten Ebene. Es sind dann vier Rollen notwendig, die die Kippbewegung verhindern, und vier Rollen, die die Drehbewegung verhindern. Diese letzteren Rollen werden meist zweifach oben und unten angebracht, vgl. Abb. 639.

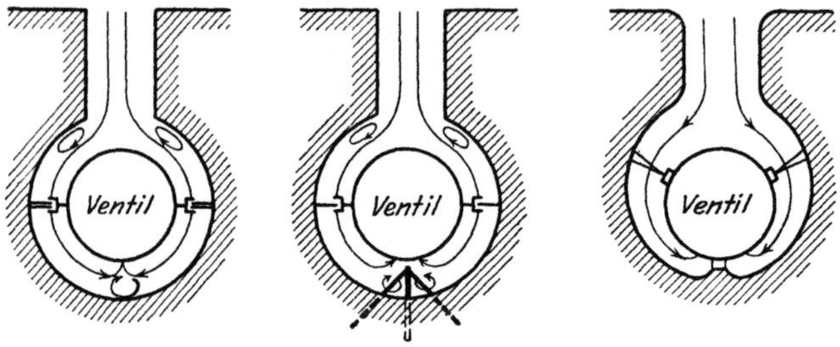

Abb. 638 a—c. Entwicklung des Querschnitts der Wasserzuführung zu den Zylinderschützen.

Die Röhrenverschlüsse brauchen nur um ein geringes Maß gehoben zu werden. Ist der Durchmesser des Fallschachtes r, der Durchmesser des Rohres (der immer größer sein muß) R, dann ist die Fläche, die im Fallschacht durchströmt wird, $r^2\pi$. Wird das Rohr um das Maß h gehoben, dann ist die dadurch von allen Seiten freiwerdende Zylinderfläche $2R\pi \cdot h$. Nimmt man an, daß die Beiwerte für die Durchströmung des Fallschachtes und des freien Rohrmantels gleich groß sind, dann muß werden $h = \frac{r^2}{2R}$. Nimmt man roh an, daß $R = r$ ist, dann genügt eine Hebung um das Maß $h = \frac{r}{2}$, also bei einem Rohr von 1,6 m $\varnothing$ eine Hebung von nur $h = 0{,}4$ m. Man wird den Hub stets etwas größer bemessen, aber in solchen Fällen z. B. mit $h = 0{,}5$ m auskommen. Es ist wichtig, daß dieses Maß nur klein zu sein braucht, weil meist wenig Spielraum zwischen der Rohroberkante, die vielleicht 0,1 m über dem höchsten Wasserstande liegt, und der Schleusenplattform ist. Bei nur geringem Spielraum zwischen höchstem Oberwasser und Schleusenplattform muß ein kleiner Aufbau erfolgen.

Die Rohre werden aus Eisenblech, in Zukunft vielleicht aus Aluminiumverbindungen hergestellt, sie haben meist einen verdickten Wulst unten, der mit einer Gummidichtung belegt ist. Der Fallschacht erhält eine trompetenartig ausgerundete Form. Genaue Senkrechtführung des Rohres ist notwendig, weil ein schrägstehendes Rohr nicht mehr dicht aufsitzt. Der Horizontalschnitt eines schrägstehenden Rohres ist eine Ellipse, diese kann ein kreisförmiges Loch nicht abdichten.

Die offenen Zylinderventile haben als Nachteil die Ansaugung großer Mengen von Luft ergeben. Sie sind deshalb bereits früher oft mit einem oberen Deckel versehen worden, der gleichzeitig auch das Einfließen von Wasser von oben her bei H.W. verhindern sollte. Das Ansaugen von Luft verringert den wasserführenden Querschnitt im Fallschacht, so daß die Leistungsfähigkeit des Ventils stark verkleinert werden kann. Die Anbringung eines Deckels zur Vermeidung des Luftansaugens ist unzweckmäßig, weil bei entstehendem Unterdruck dann das Ventil durch Luftdruck von oben belastet wird. Man bringt nach Vorschlag von Krey besser eine Platte im Zylinder an, die unten im Fallrohr abgestützt ist und an der sich dann der Zylinder mit ganz geringem Spielraum vorbeibewegt. Ein etwa entstehender Luftdruck ist dann sehr klein und wird dann vom unteren Mauerwerk, nicht aber mehr vom Zylinder, getragen. Der Wirkungsgrad kann hierdurch stark vermehrt werden.

2. Einfache und mehrfache Rohrschütze.

Die vorhergehende Betrachtung, gemäß der ein Zylinder nur um das Maß von $\frac{r}{2}$ gehoben zu werden braucht, läßt es naheliegend erscheinen, statt des ganzen Zylinders nur einen Ring von etwas mehr als $\frac{r}{2}$ Höhe im Rohr zu bewegen. Dieser Gedanke ist in den einfachen und in den mehrfachen Rohrschützen verwirklicht. Bei den einfachen Rohrschützen ist man so vorgegangen, daß man von dem Rohr nur einen so hohen Teil eingebaut hat, als zur Bewegung eines beweglichen Ringes notwendig ist, Abb. 639 u. 640[1]). Muß ein Ring

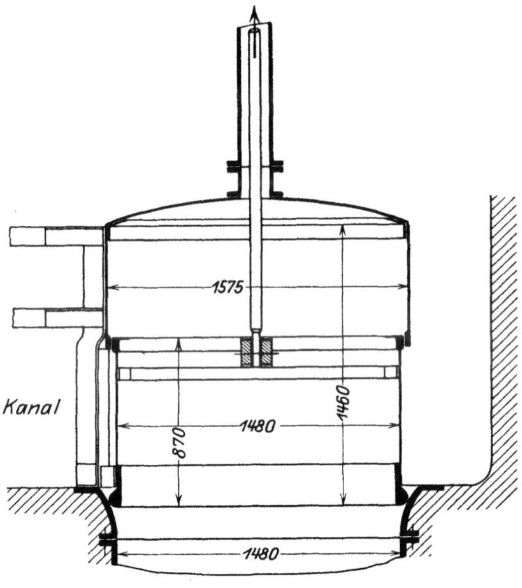

Abb. 639. Niederes, geschlossenes Rohrschütz der Schleuse bei Brieg im offenen Schacht. Maßstab 1:40.

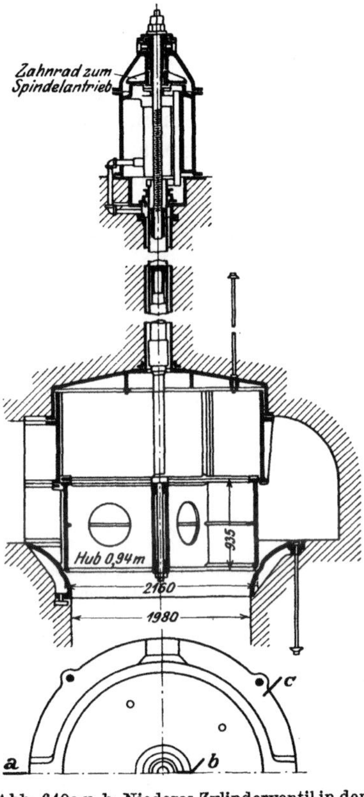

Abb. 640a u. b. Niederes Zylinderventil in den Panamaschleusen. Gatunschleusen. Maßstab 1:85. a Schnitt $a-b-c$. b Horizontalschnitt.

von z. B. 60 cm gehoben werden, dann ist der ganze Zylinder einschließlich der Ringhöhe etwas über 120 cm hoch. Der Ring liegt im Rohr und wird in die obere feststehende Haube oder Glocke hineingehoben, so daß nach seiner Hebung eine doppelte Rohrwand vorhanden ist. Es ist dann nicht mehr nötig, den Zylinder weiter nach oben fortzusetzen, er wird oben durch eine Blechkappe geschlossen, an die ein Gasrohr angeschlossen ist. Ein solches Schütz kann nun ohne Kostenvermehrung so tief angebracht werden, wie man will. Der bewegliche Ring ist ausgesteift und an einem Rundeisen oder Gasrohr aufgehängt. Dieses Rundeisen oder Gasrohr geht durch das einbetonierte Gasrohr nach oben und kann nun genau wie vorher das Hubseil durch Gegen-

[1]) Aus Z. V. d. I. 1915: O. Franzius, „Der Panamakanal“.

gewichte ausgeglichen und auch ebenso wie vorher angetrieben werden. Man wird aber den Antrieb durch eine Spindel oder eine Zahnstange vorziehen.

Der bewegliche Ring bedarf nun einer viel genaueren Dichtung als vorher der ganze Zylinder, denn der Ring muß an seinem oberen **und** an seinem unteren Rand dichten. In dem gleichen Augenblick, in dem der Ring sich unten aufsetzt, muß sich ein ausgekragter Wulst auch oben auf die Auskragung der Glocke aufsetzen. Abb. 639 zeigt ein solches Schütz in einem offenen Schacht. Die Haube ist an Trägern befestigt.

Die untere Aufsitzfläche kann wagerecht oder keilig sein. Bei ersterer ist ein Schrägstellen erschwert, bei letzterer aber die Anpressung besser, man zieht deshalb heute durchweg die keilige Aufsitzfläche (Abb. 641b—642) vor, sorgt aber für gute Führung des Ringes. Die Dichtung ist in besonders vollkommener Weise bei den niedrigen Ringschiebern des Panamakanals gelöst worden (Abb. 641). Hier liegen die beiden Kragwulste nebeneinander, so daß sich von jeder Seite ein Gummiring auf den Wulst legen kann. Die Dichtung kann also mit Überdruck von der einen, aber auch von der anderen Seite erfolgen. Man hat dabei die Erfahrung gemacht, daß die gegossenen Wulste nicht scharf abgeschnitten sein dürfen, sondern eine Abrundung gebrauchen, so daß der Gummiring eine genügende freie Länge erhält, auf welche der Wasserdruck wirkt. Ohne einen solchen Druck ist die Anpressung ungenügend und das Schütz zu undicht.

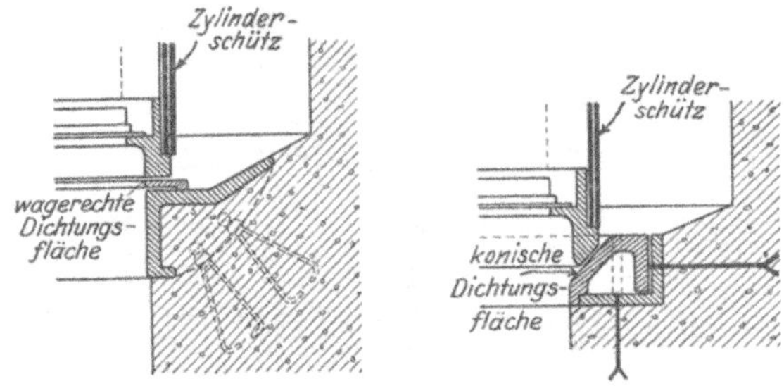

a b

Abb. 641 a u. b. Dichtungsflächen an Zylinderschützen. a Wagerechte Flächen. b Keilige Fläche.

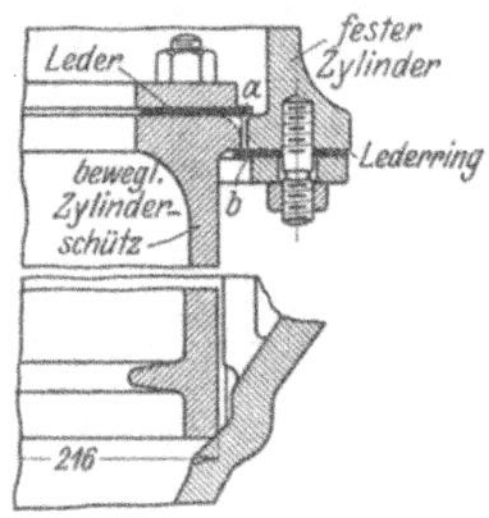

Abb. 642. Dichtung des Hubzylinders der Ventile der Gatunschleuse.

Ein solches niedriges Schütz wird somit am Ende eines wagerechten Umlaufkanals in einer Verbreiterung angebracht. Es entsteht eine Art von Höhle, die das Schütz aufnimmt. Von dieser Höhle geht dann der Fallschacht nach unten ab. Ein Schacht nach oben ist meist entbehrlich, wenn man ihn macht, dann kann man ebensogut ein hohes Rohrschütz einbauen.

Der Gedanke, im hohen Rohrschütz eine Platte gegen die Luftansaugung anzubringen, hat dann zu dem Vorschlag geführt, den oberen Rohrteil fortzulassen und den verbleibenden Ring mit Doppeldichtung zu versehen (Abb. 643a—d). Es stülpt sich jetzt die oben durchbrochene Haube über die Platte und dichtet an ihr und unten ab. Man kann aber ebensogut die Außenhaube unten verankern und den Ring in sie hineinheben, damit die niedrigen Rohrschütze im offenen Wasser verwenden und dadurch den großen Vorteil gewinnen, daß Luft praktisch nicht mitgerissen wird. — Krey schlägt für eine bessere Wasserführung einen inneren Zackenkranz (Abb. 643) vor, der das Öffnen langsamer (weicher) macht.

Aus der Bauart des niedrigen Zylinderschützes folgt dann die Bauart der mehrfachen Ventile. Ebenso wie ein beweglicher Zylinderring in einen feststehenden Zylinder eingeordnet werden kann, können dann auch mehrere in mehreren Stockwerken übereinander angebracht werden. Diese Anordnung wird bei den später dargestellten Speicherschachtschleusen (S. 483) notwendig. Hier liegen mehrere Wasserspeicher übereinander. Jeder Raum ist von dem unteren durch eine Eisenbetondecke getrennt. Durch alle Räume geht ein Zylinder von oben nach unten hindurch, der unten in einen Umlauf endet, von dem aus die Schleuse gefüllt und entleert wird. Jeder Speicherraum (Abb. 654, S. 479) muß mit dem durchgehenden festen Zylinder verbunden oder von ihm abgetrennt werden können. Hierzu dient ein mehrfaches Zylinderschütz, das die Wiederholung eines niedrigen Schützes in verschiedenen Lagen übereinander darstellt. Abb. 646 zeigt eine solche Anordnung. Weil jetzt das Wasser aus verschiedenen Höhen durch den festen Zylinder hinabstürzt, so wäre das Vorhandensein jener beweglichen Ringe im Zylinder eine sehr große Bewegungshemmung, abgesehen davon, daß die Stöße des fallenden Wassers auf die inneren Ringe zu Zerstörungen Anlaß geben könnten. Man hat deshalb diese Ringe außen angebracht, ohne daß dadurch an dem Grundgedanken irgend etwas geändert wäre. Die Aufhängevorrichtung kann jetzt nicht mehr von einem Punkte aus durch die Mitte

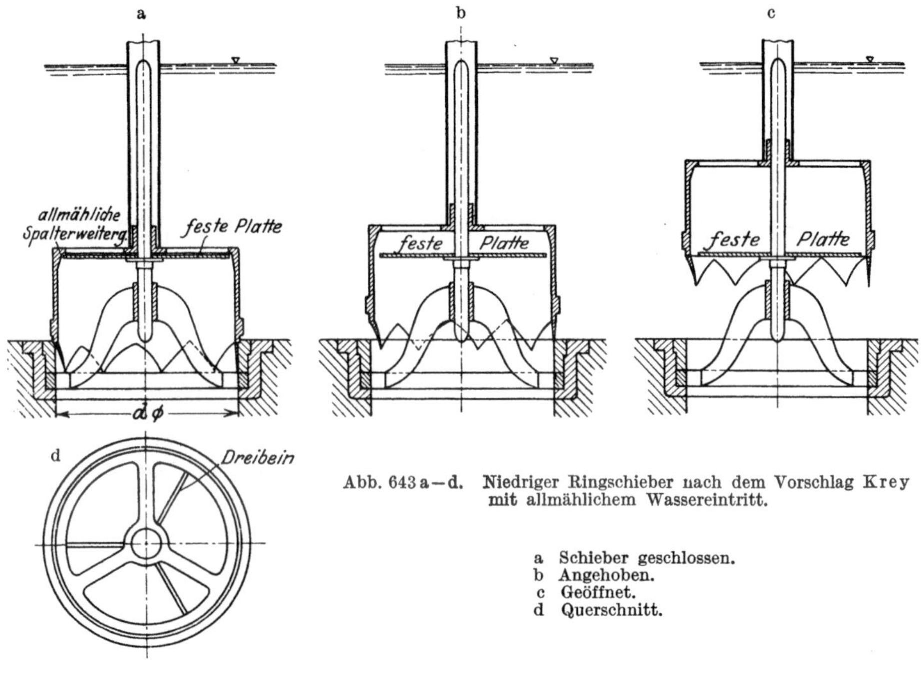

Abb. 643 a—d. Niedriger Ringschieber nach dem Vorschlag Krey mit allmählichem Wassereintritt.

a Schieber geschlossen.
b Angehoben.
c Geöffnet.
d Querschnitt.

des festen Zylinders nach oben geführt werden, sondern muß den beweglichen äußeren Ring außen an zwei oder drei Punkten am Umfang fassen, wobei die Aufhängestangen genau wie vorher durch Gasrohre nach oben geführt werden. Jeder Ring ist dann gegen alle anderen etwas gedreht, so daß die Stangen an verschiedenen Stellen liegen und sich gegenseitig nicht stören. Die ganze Antriebsmaschine ist oben über dem festen Zylinder in einem Turm angebracht, wobei nur eine Winde notwendig ist, die mit den verschiedenen Stangensystemen jedesmal gekuppelt wird. Bei der Mindener Schachtschleuse hat man den Antrieb von vier Ringen in der einen Antriebsmaschine vereinigt.

Abb. 644 zeigt das mehrfache Ringschütz Anderten in seiner ersten Anordnung ohne den Gabelantrieb, mit Aufhängung jedes Ringes an drei Stangen. Die Anordnung wird durch den Gabelantrieb nicht grundlegend geändert. Die Ausbildung der Ringverschlüsse ist ähnlich wie bei der Schachtschleuse in Minden (Abb. 645). Man kann an dem Bilde auch gut die notwendige äußere und innere Abdichtung durch Gummiringe erkennen.

So wie man die obere Dichtung der Ringe nach Art der Panamaanordnung genügend elastisch macht, wird eine hinreichende Dichtung erzielt werden

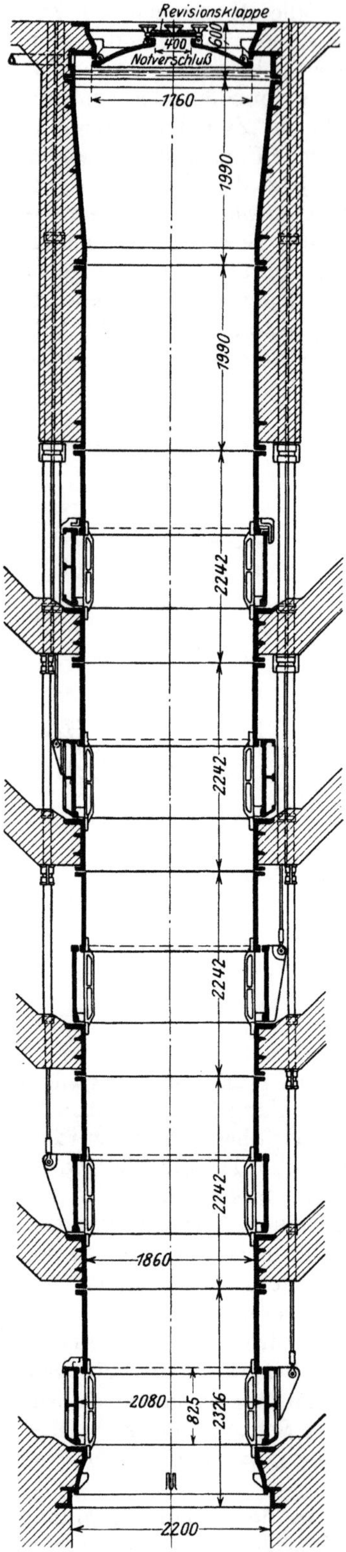

Abb. 644. Mehrfache Rohrschützen in den Sparbecken der Schachtschleuse Anderten (Hannover). Maßstab 1 : 82.

können. — Es sei aber darauf hingewiesen, daß auch Klagen über ungenügende Dichtung mehrfacher Ventile laut geworden sind.

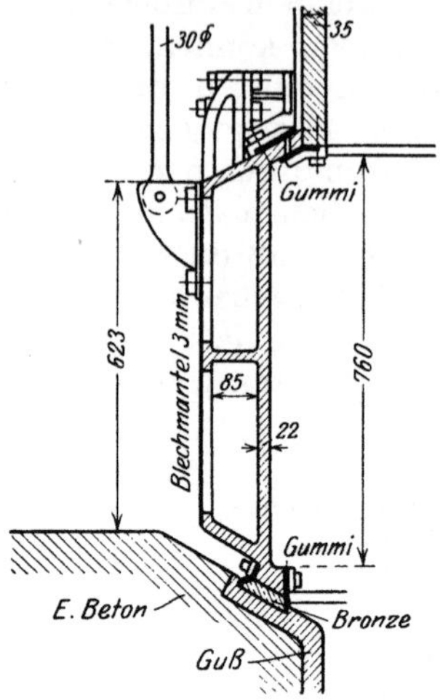

Abb. 645. Zylinderventil der Schachtschleuse Minden. Querschnitt und Dichtung. Maßstab 1 : 20.

Durch die Aufhängung der Zylinder an drei Punkten erhält man dann, wenn eine größere Zahl derartiger Schütze übereinandersitzt, eine wenig übersichtliche Anordnung der Bedienungsmaschine, z. B. bei der Schachtschleuse in Minden, eine Maschine, die 12 Aufzugstangen ziehen muß. Es bedeutet dem-

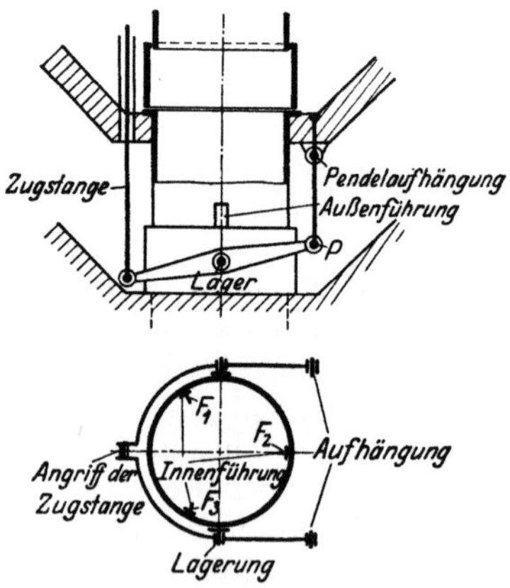

Abb. 646.

gegenüber eine wesentliche Verbesserung, wenn man das Schütz in eine bewegliche Gabel in der in Abb. 646 dargestellten Weise lagert. Man braucht dann zur Bewegung eines Schützes nur eine einzige Zugstange. Diese auf dem Vorschlag der Maschinenfabrik **Freund** beruhende Anordnung kommt bei der zur Zeit im Bau befindlichen Schachtschleuse in Anderten zur Ausführung. Um die senkrechte Bewegung des Zylinderringes zu sichern, ist er an dem feststehenden Zylinder in drei Punkten geführt, F_1 bis F_3. Wäre der Drehpunkt P der Gabel festgelagert, dann müßte der bewegliche Zylinder einen Kreis um P beschreiben. Da das gerade durch die Führung verhindert werden soll, muß Punkt P querverschieblich sein. Das ist durch pendelnde Aufhängung von P erreicht. Die Zugstange ist durch dichte Rohre bis über das Oberwasser geführt. Um ganz sicher zu gehen, hat man die Anordnung zuerst in Minden eingebaut und erprobt. Sie hat dort einwandfrei gearbeitet. Anderten braucht jetzt bei 5 Speicherbecken nur 5 Antriebe für ein Mehrzylinderschütz, statt deren 12 in Minden.

e) Heberverschlüsse, hydraulische Verschlüsse.

1. Der Hotopp-Heber.

Vollkommen dichte Umlaufverschlüsse gibt es kaum, wohl aber kann die Dichtigkeit durch gute Ausbildung so weit getrieben werden, daß die Verschlüsse praktisch dicht sind. Eine auch theoretisch vollkommene Abdichtung läßt sich aber durch die Führung des Umlaufes selbst erreichen. In einfacher Form hat das Hotopp durch eine Heberanordnung und Proetel durch einen Druckluftverschluß erreicht. Der Heber ist dabei nichts Neues, wohl aber die Art, wie Hotopp die Ansaugung des Hebers bewirkt.

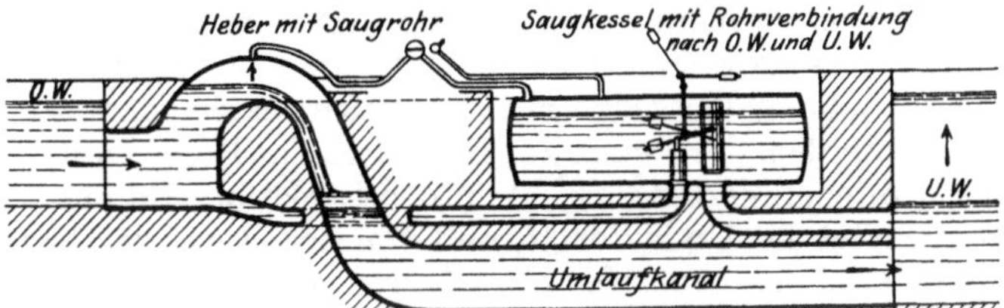

Abb. 647. Hotoppscher Heber.

Abb. 647 zeigt eine solche Hotoppsche Heberanordnung. Die Unterkante des Umlaufes wird an einer Stelle des Ober- und Unterhauptes bis über das Oberwasser gehoben, so daß von selbst kein Wasser über diesen Wall hinüberlaufen kann. Wird der Heber angesaugt, dann beginnt das Wasser hinüberzufließen und reißt dann bald den ganzen Luftinhalt des Hebers mit hinüber, so daß er volläuft. Das Ansaugen geschieht durch den Hotoppschen Saugkessel. Es ist in einer Seitenmauer ein liegender eiserner (ev. auch Eisenbeton-)Zylinderkessel eingebaut, der zwischen den beiden Wasserspiegeln OW. und UW. liegt. Der Kessel ist mit dem UW. durch ein Rohr verbunden. Er steht mit allen Heberscheiteln durch Luftröhren in Verbindung, die nach Bedarf geöffnet oder geschlossen werden können. Da der Kessel nahe dem Unterhaupt eingebaut ist und zudem mit dem OW. durch einen Kanal in Verbindung steht, so steht hier stets der ganze Druckunterschied zur Verfügung. Vor Ansaugen eines Hebers ist der Kessel mit Wasser gefüllt. Es werden jetzt die Luftröhren zwischen den Hebern, die angesaugt werden sollen, geöffnet, es beginnt dann das Wasser aus dem Kessel zum UW. abzufließen, wobei die Luft aus dem Heber in den Kessel abgesaugt wird. Hierdurch entsteht im Heber ein luftverdünnter Raum, der Heber springt an und läuft nach kurzer Zeit voll. Sowie letzteres der Fall ist, saugt der Wasserstrahl des Hebers die Luft umgekehrt aus dem Luftröhrchen ab, das zu dem Kessel führt, so daß sich letzterer wieder automatisch aus dem Unterwasser füllt. Diese letztere Erscheinung war nicht von vornherein beabsichtigt, ergab sich aber von selbst als Gewinn aus der Folgerichtigkeit der ganzen Anordnung. Sowie der Kessel wieder gefüllt ist, muß das Luftrohr geschlossen werden, damit er nicht wieder leerläuft. Der Saugkessel ist jetzt wieder für weiteres Ansaugen fertig. — Die ganze Anordnung ist, wie alles Derartige von Hotopp, gut und klar durchdacht. Sie ist anwendbar dort, wo Heber anwendbar sind, also bis zu Schleusenhüben von etwa 7 m. Durch gewisse Umänderungen läßt sich die Anordnung aber für jeden Schleusenhub anwenden. Um ein Abreißen des Hebers zu vermeiden, ist es z. B. nur notwendig, den unteren Schenkel in ein seitlich eingebautes Wasserbecken münden zu lassen, das nicht leerläuft. Die Heber haben den großen Vorteil, völlig dicht zu sein, sind aber mit dem Saugkessel teurer als andere Verschlüsse. Es ist nicht nötig, einen Saugkessel einzubauen, eine elektrisch betriebene Luftpumpe genügt für das Ansaugen.

2. Der Luftverschluß von Proetel.

Die von Proetel in Aachen vorgeschlagene Anordnung wird durch Abb. 648a u. b erläutert.

Die Umläufe U_1 und U_2 sind in ihrem mittleren Teil U-förmig nach oben so abgebogen, daß die Scheitel der Krümmungen noch unter dem niedrigsten Oberwasserspiegel bleiben. Es wird in den Scheitel dieses Umlaufkanales bei ruhendem Wasser verdichtete Luft eingeblasen, die in beiden Schenkeln das Wasser nach unten drückt. Reicht die Absenkung bis unter die Schwelle des Krümmers, so wird der Durchfluß verhindert.

Die Erzeugung der Druckluft erfolgt selbsttätig in den geschlossenen Räumen V_1 und V_2 durch Wasserdruck. Der Raum V_1 kann durch die Rohrleitung D und den Dreiwegehahn E entweder mit dem Oberwasser oder mit dem Unterwasser verbunden werden, der Raum V_2 steht durch das Rohr S mit der Schleusenkammer stets in offener Verbindung. Von der Decke des Raumes V_1 führt das Rohr T_1 zum Scheitel des Umlaufes U_1 und von der Decke der Kammer V_2 das Rohr T_2 zum Scheitel des Umlaufes U_2. Über den beiden Umlaufscheiteln sind noch die beiden Entlüftungsrohre L_1 und L_2 angeordnet und mit den Rohren T_1 und T_2 durch die Dreiwegehähne F_1 und F_2 verbunden.

Soll zwecks Entleerung der Schleuse der Umlauf U_1 abgeschlossen werden, so ist nur der vorher durch D nach dem Unterwasser entleerte und dann luftgefüllte Raum V_1 durch den Hahn E mit dem Oberwasser zu verbinden. Dadurch wird die Luft in V_1 verdichtet, durch das Rohr T_1 in den Krümmer gedrückt und das Wasser in den Krümmerschenkeln gesenkt. Wenn später die Schleusenkammer geleert wird, tritt weiter verdichtete Luft aus V_1 in den Krümmer über, so daß das Wasser im längeren Schenkel immer um das Maß h unter dem Kammerspiegel bleibt. Die Ausflußöffnung des Umlaufes muß so tief liegen, daß die Luft nicht entweichen kann.

Zum Füllen der Kammer wird das Entlüftungsrohr L_1 geöffnet; die Luft entweicht und der Durchfluß beginnt. Der Verdichtungsraum V_1 kann während des Füllens der Schleuse wieder nach dem Unterwasser entleert werden.

Das Schließen und Öffnen des Umlaufes U_2 am Unterhaupt ist ganz entsprechend. Beim Füllen der Schleusenkammer wird aber die Luft im Krümmer durch das Aufsteigen des Wassers im kammerseitigen Schenkel und im Raum V_2 schon selbsttätig verdichtet, so daß der Abschluß des Umlaufes unmittelbar erfolgt. Es ist daher nur ein Hahn F_2 zum Abschließen und Entlüften des Krümmers erforderlich. Beim Entleeren der Schleusenkammer ist das Entlüftungsrohr wieder abzuschließen, sobald der Durchfluß in Gang gekommen ist, denn der Krümmer U_2 muß als Heber wirken, wenn der Wasserstand in der Kammer unter den Krümmerscheitel gesunken ist. Die Anwendbarkeit des Luftverschlusses ist aber an die Saughöhe der Heber nicht gebunden, weil der Krümmerscheitel am Unterhaupt beliebig tief unter das Oberwasser gelegt werden kann.

Verbindet man die Rohre T_1 und T_2 durch eine Leitung, dann kann man V_2 durch V_1 ergänzen, das Rohr ist aber entbehrlich.

Die Umläufe an der anderen Seite werden gleichzeitig von V_1 und V_2 durch die Rohre H_1 und H_2 mit bedient.

Der Luftverschluß ermöglicht einen völlig dichten Abschluß der Umläufe und erfordert keinerlei maschinelle Anlagen und keine größeren beweglichen Teile.

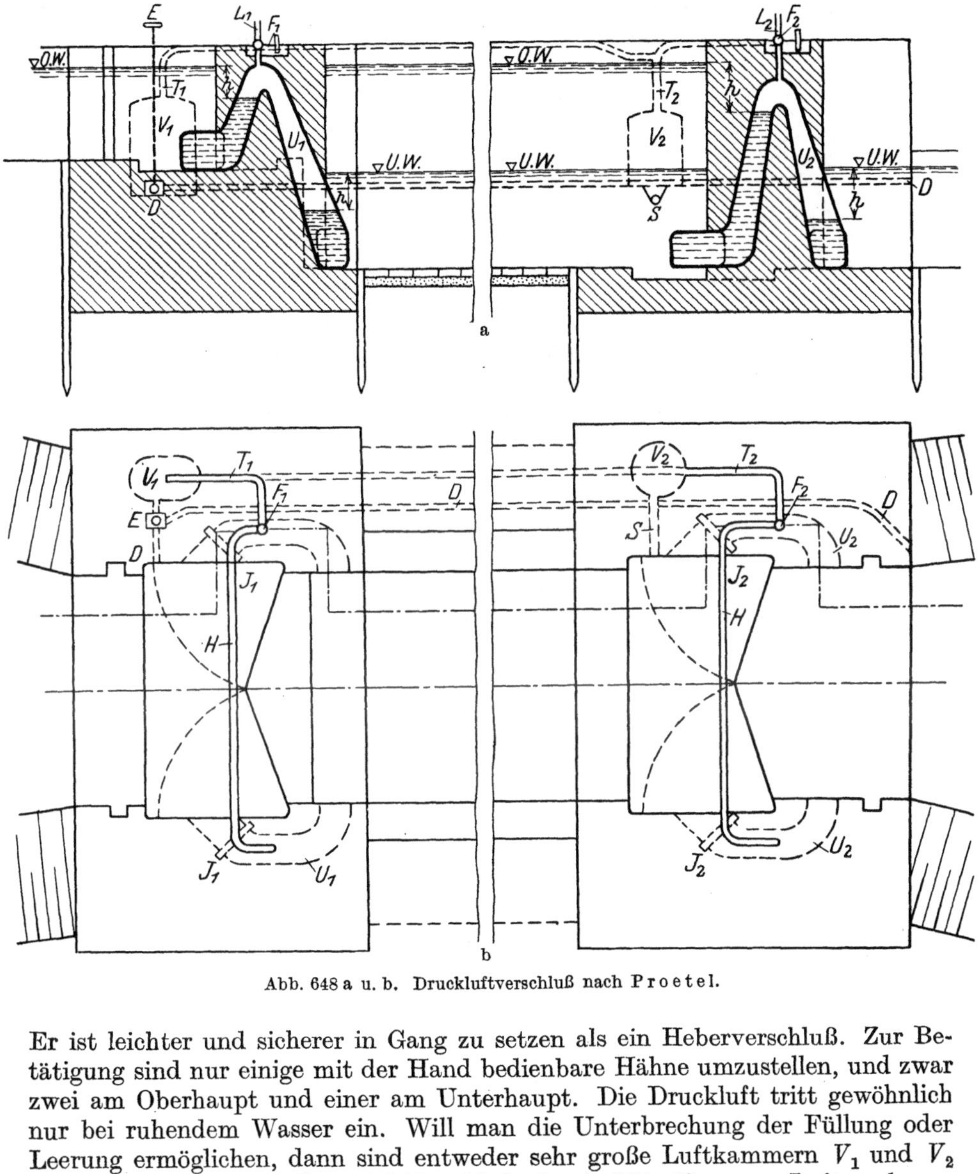

Abb. 648 a u. b. Druckluftverschluß nach Proetel.

Er ist leichter und sicherer in Gang zu setzen als ein Heberverschluß. Zur Betätigung sind nur einige mit der Hand bedienbare Hähne umzustellen, und zwar zwei am Oberhaupt und einer am Unterhaupt. Die Druckluft tritt gewöhnlich nur bei ruhendem Wasser ein. Will man die Unterbrechung der Füllung oder Leerung ermöglichen, dann sind entweder sehr große Luftkammern V_1 und V_2 nötig, da in diesen Fällen viel Druckluft durch Mitreißen von Luft verlorengehen wird oder man muß die einfachen Verschlüsse J_1 und J_2 (Gleitschütze) einbauen. Letztere sind dann gewöhnlich außer Betrieb. Bei großen Schleusen erhalten die Luftleitungen einen Durchmesser von etwa 12 cm, während die Rohrleitung D für das Füllen und Entleeren des Verdichtungsraumes V_1 etwa 25 cm weit wird. Die Drucklufterzeugung kann auch durch Luftpumpen geschehen.

f) Ältere Schützsysteme.

1. Drehschützen.

Drehschützen sind Klappen, die um eine wagerechte oder senkrechte Achse gedreht werden. Die Achse (Abb. 649) liegt so, daß der Wasserdruck auf dem einen Teil größer ist als auf dem anderen, so daß der Überdruck der einen Seite bei geschlossener Klappe diesen Zustand dauernd erhält. Bei diesen Schützen ist die unmittelbare Überwindung des Wasserdruckes notwendig, was bei fast keiner anderen Schützart erforderlich ist. Um diesen Unterschied der Drücke beider Klappen möglichst klein zu halten, wird der Flächenunterschied meist nur wie 4 : 5 oder 9 : 10 gehalten. Die Klappen sind dann leicht zu öffnen. Sie sind aber in der Form, in der sie gewöhnlich gebraucht werden, wenig dicht und deshalb bei neueren Schleusen meist nicht mehr angewandt worden. Sie werden durch eine Welle gedreht, die entweder durch ein Zahnrad oder — bei kleinen Anlagen — durch einen einfachen Winkelhebel bewegt wird. Als Nachteil ist auch zu bezeichnen, daß man sie gleich ganz öffnen oder schließen muß, weil die mittleren Stellungen einen zu starken Angriff auf die Klappe ergeben.

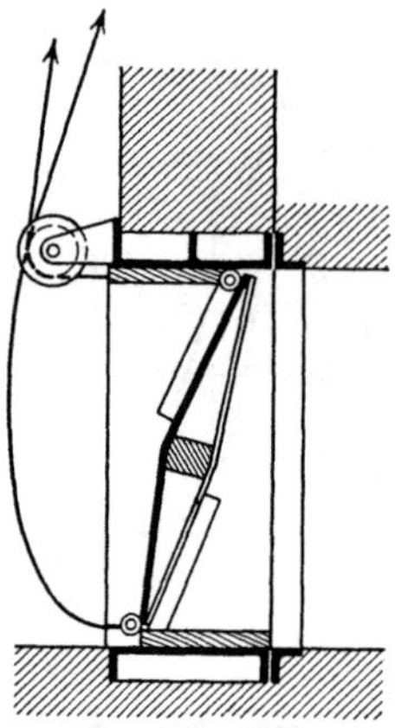
Abb. 649. Drehschütz im Umlauf einer Schleuse mit Seilantrieb.

In neuer Zeit sind die Klappen in liegender Stellung bei den Schleusen Sault St. Mary in Kanada verwandt worden, und zwar in Verbindung mit Sohlenkanälen. Hier fließen noch so große Wassermengen vom Oberen- zum Huronensee ungenutzt ab, daß es auf große Dichtigkeit der Klappen nicht ankam. Es erscheint nicht ausgeschlossen, daß die Klappen weitgehend verbessert werden können.

2. Das Registerschütz.

Dieses Schütz ist ein Zugschütz in etwas veränderter Form. Die zu überwindenden Kräfte sind die gleichen wie bei jedem anderen, flächengleichen Gleitschütz, die Zeit für Öffnen und Schließen ist aber eine sehr geringe, der Weg der Schützverschiebung ein sehr kurzer. Abb. 650 zeigt dieses Schütz. Der Umlauf ist durch eine Mittelstütze in 2 Hälften geteilt und durch Querholme in wagerechte Schlitze aufgelöst. Vor diesen Schlitzen bewegt sich ein gleichfalls geschlitztes Schütz, das geöffnet ist, wenn Holm über Holm liegt, und geschlossen ist, wenn die Schützholme auf den Schlitzen liegen. Die eine Schützplatte bewegt sich nach oben, die andere nach unten, so daß beide Platten an die beiden Arme eines doppelten gleichen Hebels angeschlossen werden können. Durch die Auflösung in viele kleine Durchflußflächen an Stelle einer großen wird der Durchflußbeiwert μ sehr klein, so daß eine bedeutende Vergrößerung der Durchflußöffnung nötig ist. Dadurch wächst der zu überwindende Druck oder dessen Reibung nicht unbeträchtlich; infolge des kleinen Weges der Schutztafel ist eine viel größere Übersetzung der Zugkraft möglich als sonst. Es muß aber als eine Gefahr angesehen werden,

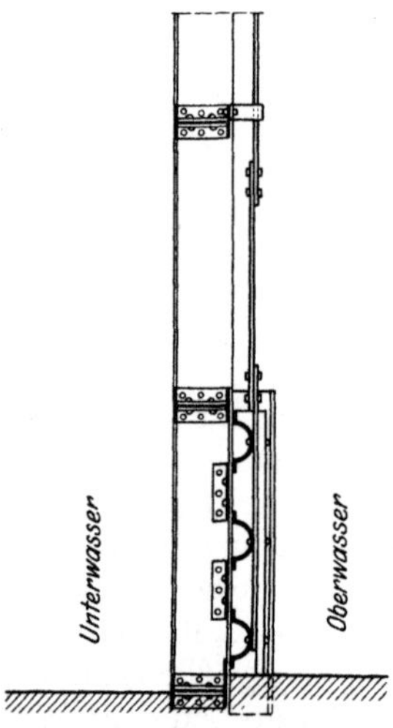

Abb. 650. Registerschütz in einem Schleusentor.

daß bei kleinen Ausführungen ein schwimmendes Holz oder ein Strauchstück, das sich in der Öffnung verfängt, die Schließung verhindern kann, so daß dann jedesmal das Hinuntersteigen eines Tauchers in den Schützschacht erforderlich wird.

Auch diese Schützanordnung trägt einen guten Gedanken in sich. Bei sehr großen Umläufen hat man bereits die Schütztafel in 2 Tafeln aufgelöst, die durch eine Mittelwand getrennt sind (Panamakanalschleusen). Bei solchen großen Anlagen wäre ein Erfolg durch die Anlage von Registerschützen denkbar, weil die Bewegungsgröße eines solchen Schützes dann sehr gering wird. Die bisherigen Ausführungen sind aber für heutige Schleusen veraltet.

g) Größe der Antriebsmaschinen.

Schleuse	Verschlußart	Zeit für Öffnen sek	Zeit für Schließen sek	Motor PS	Touren-zahl/Min.
Münster (neu) . . .	Sparbeckenventil 3000 mm Durchmesser	180	20	1,8	810
Bolzum	Rollkeilschütz 3,8 qm; 8,5 m Druckhöhe	25	25	13,3	1000
Bolzum	Zylinderschütz für Umläufe und oberes Sparbecken 2200 mm Durchmesser; 0,8 m Hubhöhe	15	15	8,2	1000
Bolzum	Zylinderschütz für unteres Sparbecken 2200 mm Durchmesser; 1 m Hubhöhe	100	15	8,5	1000

I. Anlagen zur Wasserersparnis.

a) Allgemeines.

Die Notwendigkeit von Einrichtungen zur Ersparnis von Schleusenwasser ergibt sich stets dann, wenn die Beschaffung des Wassers schwierig ist, wie z. B. in den Scheitelstrecken der Kanäle oder wenn das Wasser in Kraftwerken zur Energiegewinnung benutzt wird, wie an Flüssen, und zwar besonders dann, wenn Schleusen mit großem Hub verwendet werden.

Einrichtungen zur Ersparnis von Schleusenwasser gehören der neueren Zeit an. Man hat zwar auch in früheren Jahrhunderten das Bestreben gehabt, an Wasser für Kanalschleusen zu sparen, konnte aber damals keinen anderen Weg finden als den, den Schleusenhub klein zu halten. Nicht auf die Größe des Schleusenhubs, sondern auf die Höhe der verbrauchten Wasserschicht kommt es bei einer Schleuse an. Die alten Kanäle und Flußschleusen haben im allgemeinen einen Hub, der etwa 3—4 m beträgt. Auch die Schwierigkeit, hohe Wehre zu bauen, mag mit einer der Gründe für den geringen Hub gewesen sein. Einer der ersten Versuche, Wasser an den Schleusen durch ein besonderes Verfahren zu sparen, war der des Grafen Caligny bei der Schleuse von Aubois an der Loire.

Caligny benutzte die lebendige Kraft des Wassers. Er ließ das Wasser bei der Leerung der Schleuse durch einen künstlich verlängerten Umlauf abfließen, der so eingerichtet war, daß er plötzlich am unteren Ende geschlossen werden konnte, sobald das Wasser in ihm eine genügende Geschwindigkeit erhalten hatte. Dieser Umlauf besitzt an seinem oberen Ende ein Aufsatzrohr, das bis über das Oberwasser reicht. Um dieses zu ermöglichen, ist der Umlauf in einem Kanal unter einem Seitenbecken, das in Höhe des Oberwassers liegt, durchgeführt worden. Sowie nun das Wasser in seinem Lauf plötzlich gehemmt wird, muß es einen Ausweg suchen; es steigt in dem Rohr nach oben und ergießt sich so lange in das Oberbecken, bis die lebendige Kraft verbraucht ist. Dann wird wieder der untere Verschluß geöffnet, Wasser so lange zum Unterwasser abgelassen, bis die nötige Geschwindigkeit wieder erreicht ist, usw. Es ist genau der gleiche Vorgang, der in einem Wasserschloß bei einem Talsperrenkraftwerk nach plötzlichem Schluß der Turbinenschaufeln eintritt. Das Verfahren von Caligny ist sehr einfach, wird aber wegen der unregelmäßigen Wasserbewegung in der Schleuse und der längeren Zeit, die es erfordert, bei uns nicht angewendet.

Es sind heute vorwiegend Sparkammern zur Wasserersparnis angewandt worden, daneben sind viele Vorschläge für Schleusen mit vermindertem oder ohne Wasserverbrauch gemacht worden, von denen die Schleusen von Proetel und die Umlaufschleuse des Verfassers wiedergegeben werden sollen. Früher gemachte Vorschläge, wie die von Schnapp und Gerstenberg, Schneiders usw., sind an sich interessante Lösungen des Problems, aber durch die neueren Erfindungen, besonders Proetels, übertroffen, so daß sie nicht mehr zur Erörterung stehen. Die vielleicht einfachste Lösung der Aufgabe, Schleusung mit Hilfe von schrägen Ebenen oder in Hebewerken, bildet einen Teil für sich. Diese Bauwerke sind letzten Endes nicht Schleusen, sondern Hebemaschinen, wenngleich ihr Zweck der gleiche wie der der Schleusen ist.

Das erste Grundgesetz, auf dem jede Wasserersparnis mit Hilfe von festen oder beweglichen Sparbecken beruht, ist die Verminderung der Druckhöhe bei der Füllung oder Leerung auf Bruchteile des Schleusengefälles. Je weitgehender der angewandte Überdruck verkleinert wird, desto größer ist die Wasserersparnis. Bei beweglichen Sparbecken oder beweglichen Verdrängern wird der Druckunterschied auf ein so geringes Maß gebracht, daß dieser Druckhöhenunterschied zwischen Schleuse und Sparbecken vervielfacht mit der Fläche der Schleusenkammer entweder den Wasserverlust oder die Kraft ergibt, die zum Bewegen der beweglichen Teile (Schwimmer oder Verdränger) nötig ist. Hieraus folgt weiter, daß bei gleich großer Schleusenzeit der Querschnitt der Umlaufrohre eine Funktion der Druckhöhe ist. Wird die Druckhöhe von H auf h herabgesetzt, dann wächst der Umlaufquerschnitt annähernd im Verhältnis $\mu \sqrt{\frac{H}{h}}$, wobei μ ein Wert ist, der bei geringen Druckunterschieden $= 1$ gesetzt werden kann, sonst aber in der Nähe von 1 liegt (z. B. 0,9).

Das zweite Grundgesetz ist: je länger der Weg ist, den ein Wassertropfen zwischen Kammer und Sparbecken zurücklegt, oder je länger die Zeit ist, die hierfür verbraucht wird, desto größer ist die Ersparnis.

Bei Schleusen mit festen Sparbecken zeigt sich folgendes: Es fließt der letzte Wassertropfen bei der Füllung vom Oberwasser zu der Sohlenfläche der Schleuse und wird dann bei der folgenden Entleerung in das oberste Sparbecken gedrückt. Bei der zweiten Füllung fließt das Wasser in eine Schicht, die um ΔH über dem Unterwasser liegt, wird bei der Entleerung in das zweite Sparbecken von oben gedrückt usw., so daß das Wasser seinen Weg durch eine ganze Reihe von Sparbecken nimmt, ehe es schließlich im Unterwasser ankommt. Je länger dieser Zickzackweg des Wassers ist, desto größer ist die Ersparnis. Bei Füllung durch Überläufe mit Schieberverschluß ist der Wasserweg ähnlich.

Bei Schleusen mit Umlaufprinzip fließt das Wasser durch sämtliche Sparbecken. Bei Schleusen mit beweglichen Schwimmern (Schneiders, Proetel) oder Verdrängern (Proetel) fließt das Verlust- oder Ballastwasser entsprechend dem Werte $\frac{H}{h}$ mal zwischen Kammer und Sparbehälter hin und her, bis es zum Unterwasser gelangt; auch hier ist das gleiche Gesetz gültig. Wird kein Belastungswasser verwendet, sondern ein maschineller Druck für das bewegliche Sparbecken, dann fließt das Wasser auf ∞ langem Wege ∞ lange zwischen Kammer und beweglichem Sparbecken hin und her, dann ist der Verbrauch theoretisch gleich 0.

Ferner ergibt sich, daß der Raumgehalt der Sparbehälter unmittelbar für die Größe der Ersparnis maßgebend ist. Schleusen ohne Wasserverbrauch verlangen daher einen Sparraum (beweglich als Schwimmer oder mit Verdränger), bei dem der Schwimmer- oder Verdrängerinhalt dem Inhalt der Schleusen über dem Unterwasser gleich ist. Bei Zwillingsschleusen ist es (bei Proetel) durch Anwendung eines Umkehrungsprinzips möglich, zwei getrennte Becken von je der halben Schleusenfüllung zu verwenden, die bei jeder Schleusung doppelt verwendet werden. Dafür erzwingt dieses Prinzip aber bei einer Einzelschleuse bewegliche Kammern von zusammen dem vollen Inhalt der Kammer und dazu eine feste Sparkammer auch vom Inhalt der Schleusenkammer, zusammen also doppelt so große Spar- wie Betriebsräume. Aus allem wird sofort die ganze Schwierigkeit der Ersparnis großer Wassermengen erkannt; denn man muß, ob mit festen oder beweglichen Sparbecken, stets seitliche Speicherräume bauen, die das ersparte Wasser aufnehmen sollen, und man muß bei Schleusen ohne oder mit Ballastwasserverbrauch bewegliche Schwimmer oder Verdränger von der Größe des Hohlraumes der Schleusenkammer errichten. Diese beweglichen Körper erfordern derartige Kosten, daß in vielen Fällen das Pumpen von Wasser billiger werden wird. Es ist aber hier nur Entscheidung von Fall zu Fall möglich.

b) Berechnung des Wasserverbrauches bei Sparschleusen.

Die Anlage von Sparbecken bedeutet die Lösung der Aufgabe, den Schleusenraum der Höhe nach in verschiedene Abteilungen zu zerlegen und nun für jede Abteilung außerhalb der Schleuse für den Entleerungszustand ein besonderes Unterwasserbecken zu schaffen, das hinterher für den Füllungszustand als Oberwasserbecken dienen soll. Abb. 651 zeigt die Aufgabe und ihre Lösung. Es werden die Sparbecken *1* und *2* angeordnet, man läßt den Füllungs-

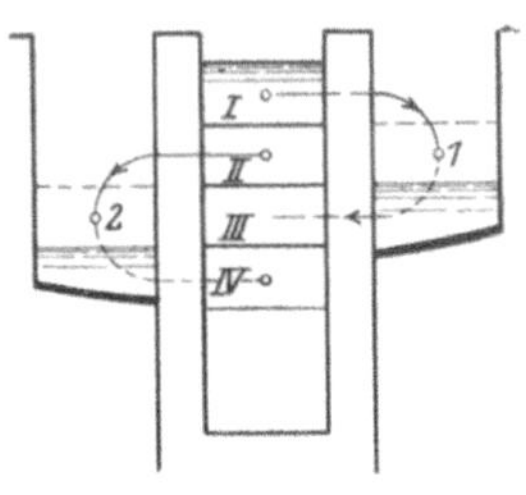

Abb. 651. Erläuterungsskizze für Sparschleusen.

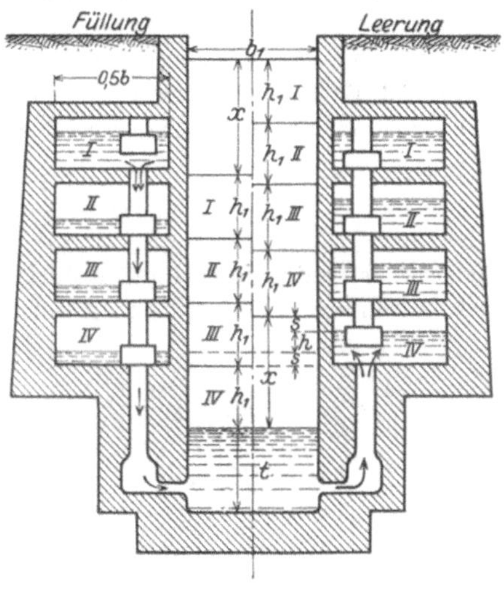

Abb. 652. Sparschleuse mit 4 Sparbecken. Vorgang der Füllung und Leerung.

teil *I* in das Becken *1* laufen, dann den Füllungsteil *II* in das Becken *2*. Man sieht, man würde keine besondere Vorrichtung brauchen, um diese Wasserführung zu erreichen, da in das Sparbecken *1* nicht mehr als der Füllungsteil *1* hineinlaufen kann, weil Schleuse und Sparbecken sich dann ausgespiegelt haben. Das gleiche gilt von *II* und *2*. Der Rest läuft zum Unterwasser ab. Soll gefüllt werden, dann läßt man *2* in die Schleusenkammer laufen, bis der Raum *IV* gefüllt ist, dann *1* in den Raum *III*. Teil *II* und *I* müssen aus dem Oberwasser gefüllt werden. Für ein vollständiges Schleusenspiel Entleerung und Füllung hat man somit nur den Inhalt der Teile *I* und *II* gebraucht, die Teile *III* und *IV*, die den Teilen *I* und *II* gleich sind, sind erspart worden. — An diesem einfachen Beispiel sieht man bereits, daß es mit Hilfe von Sparkammern nur möglich ist, einen gewissen Teil des Schleusenwassers zu ersparen, daß aber die Ersparnis abhängig ist von der Höhe des Teiles, den man zum Unterwasser abfließen läßt, und daß diese Höhe um so kleiner wird, je größer die Zahl der Sparbecken ist. Eine große

Rolle spielt die Breite der Sparbecken. Je breiter die Sparbecken im Verhältnis zur Schleusenkammer sind, desto flacher kann die Wasserschicht in ihnen sein, desto größer die Ersparnis. Es wird nun zunächst die Berechnung mitgeteilt, nach der man die Höhe der Ersparnis berechnen kann (Abb. 652). In der Abbildung ist man rechts von der gefüllten Kammer ausgegangen, links wird der Zustand während der Füllung dargestellt. Das Verhältnis der Kammerbreite b_1 zu der gesamten Sparbeckenbreite b (Summe der beiderseitigen Breiten zusammengenommen) sei

$$k = \frac{b}{b_1} = \frac{h_1}{h} = \frac{1}{m},$$

wenn h_1 und h die Schichtenhöhe in der Kammer und den Becken ist. Es muß immer sein $b \cdot h = b_1 \cdot h_1$. Die Zahl der Sparbecken sei n. Es sollen die Schichten nicht völlig ausgespiegelt werden, sondern es soll sowohl bei Füllen wie bei Leeren immer noch ein geringer Überdruck (s) zwischen der Unterkante einer abgeflossenen Schicht der Schleuse und der Oberkante der eingeflossenen Schicht im Sparbecken bleiben, umgekehrt entsprechend beim Entleeren. Die unten zum Unterwasser ablaufende Schicht rechts ist gleich der vom Oberwasser zulaufenden links. Die Höhe dieser Schichten x läßt sich bequem aus der Abbildung ablesen. Sowohl oben wie unten ist wegen vollständiger Symmetrie

$$x = h + s + h_1 + s = (k + 1)h + 2s.$$

Ferner ist als Differenz der Höhe einer Seite $x = H - nh$, und wenn man hieraus den Wert von h in die vorige Gleichung für x einsetzt und nach x auflöst

$$x = \frac{(k+1)H + 2ns}{k + n + 1}.$$

Dieser Wert entspricht der absoluten Verlusthöhe für die Hubhöhe H. Als Verhältnis zum Ganzen ergibt sich der Verlust V zu

$$V = \frac{x}{H} = \frac{k + 1 + \frac{2ns}{H}}{k + n + 1}$$

und die Ersparnis E zu

$$E = 1 - V = \frac{n - \frac{2ns}{H}}{k + n + 1}.$$

Die wichtigste Zahl hiervon ist die Verlustzahl, da sie unmittelbar für die Pumpkosten oder die Menge des Speisungswassers maßgebend ist. Das Maß s kann praktisch 0 gesetzt werden. Bei den langen Umläufen ist es nicht nötig, vor völliger Ausspiegelung abzudrosseln. Es ist sogar, wie es Caligny praktisch nachgewiesen hat, möglich, die Sparbecken höher als den jeweiligen Kammerspiegel zu füllen. Man wird aber im Interesse eines schnellen Füllens und Leerens hierauf verzichten und $s = 0$ setzen, die Schleusen aber auch hiernach bauen. Dann wird die Verlusthöhe praktisch

$$V_p = \frac{k+1}{k+n+1}$$

und damit unabhängig von der Hubhöhe der Schleuse. Die Annahme $k = 1$, d. h. Breite der Kammer gleich der Breite beider Sparbecken, ist für Speicherschleusen nur mit versetztem Sparbecken möglich, wird aber als zu ungünstig so gut wie nicht verwandt werden, für sie würde werden $V = \frac{2}{n+2}$. Das

Schleusenwasser ist im allgemeinen so kostbar, daß sich eine Verbreiterung der Sparbecken über die Kammerbreite hinaus durchaus empfiehlt.

Man erhält folgende Tafel für den Verlust für verschiedene Zahlen von Sparbecken und verschiedene Breitenverhältnisse, wobei zu beachten, daß das Sparbecken um so breiter ist, je kleiner k oder je größer m ist. Das Verhältnis der Sparbeckenbreite b_1 zur Kammerbreite b, das angibt, ob die Sparbecken 1,5-, 2,0- oder 3 mal so breit sind wie die Kammer, ist $m = \frac{1}{k}$.

Schleusenverlust V für $s = 0$.

$\frac{b_1}{b} = m$	$\frac{b}{b_1} = k$	Wasserverbrauch in Teilen der Füllung bei $n =$									
		1	2	3	4	5	6	7	8	9	10
		Sparbecken									
3,0	0,33	0,57	0,40	0,31	0,25	0,21	0,18	0,16	0,14	0,13	0,12
2,5	0,4	0,58	0,41	0,32	0,26	0,22	0,19	0,17	0,15	0,13	0,12
2,0	0,5	0,60	0,43	0,33	0,27	0,23	0,20	0,18	0,16	0,14	0,13
1,5	0,67	0,63	0,46	0,36	0,29	0,25	0,22	0,19	0,17	0,16	0,14
1,0	1,0	0,66	0,50	0,40	0,33	0,29	0,25	0,22	0,20	0,18	0,17
0,5	2,0	0,75	0,60	0,50	0,43	0,37	0,32	0,30	0,27	0,25	0,23
0,2	5,0	0,86	0,75	0,67	0,60	0,55	0,50	0,46	0,43	0,40	0,37

Diese Tafel ist sehr lehrreich. Sie zeigt einmal, daß der Verlust bei vielen Sparbecken durch Hinzunahme eines weiteren nur wenig abnimmt, z. B. bei $m = 2$ von 5 Sparbecken auf 6 nur um 3 vH der ganzen Schleusenfüllung, wobei aber zu beachten ist, daß diese 3 vH der ganzen Schleusenfüllung immerhin noch $\frac{3}{23} = 13$ vH der vorherigen Speisewassermenge sind. D. h., daß man z. B. bei einem Jahresverbrauch von 100 Mill. cbm und 5 Sparbecken die Wassermenge von $100 \cdot \frac{3}{23} = 13$ Mill. cbm ersparen würde, wenn man 6 Sparbecken einbauen würde. Ebenso sieht man, daß die Verbreiterung der Sparbecken über ein gewisses Maß hinaus einen noch geringeren Gewinn bringt. Geht man von doppelt so breiten Sparbecken (wie die Kammer) aus, dann ergibt bei einer Sparbeckenzahl über 2 die Verbreiterung auf das 2,5- und 3fache immer nur einen Gewinn von 1 vH des Gesamtverbrauches. Man sieht ferner, daß 7 Sparbecken von gleicher Breite wie die Kammer ungefähr das gleiche leisten wie 5 Sparbecken von 2,5facher Kammerbreite. Da nun die Kosten der Sparbecken vorwiegend von ihrer Breite abhängen, und da die Deckenbelastung bei vergrößerter Zahl zudem noch abnimmt, wird oft eine große Zahl von schmalen Sparbecken wirtschaftlicher sein als eine kleine von breiten. Die Kosten der Ventile werden hierbei eine gewisse Rolle spielen. Da aber für jedes mehrfache Zylinderventil nur eine Antriebsmaschine nötig ist, so kann dieser Punkt nicht entscheidend sein, besonders wenn man den Gabelantrieb von Freund anwendet. Die von Proetel verbesserte Form der Speicherschleuse wird weiter hinten gezeigt. Es ergibt sich jedenfalls, daß eine genaue wirtschaftliche Untersuchung in jedem Fall nötig ist, um die billigste Form zu finden.

Die in Abb. 653 gegebenen Kurven zeigen die Verhältnisse genauer. Die Schnittpunkte der Kurven mit den Senkrechten geben den gleichen Verbrauch an. Man kann daraus unmittelbar entnehmen, welche Verhältnisse für einen gewollten Verbrauch zweckmäßig sind.

Die bisherigen Ausführungen haben meist 4 oder 5 Sparkammern bei 1,5- bis 2facher Breite gewählt. Es ist aber fraglich, ob nicht eine Vermehrung der Zahl der Sparkammern bei geringerer Breite wirtschaftlich doch gerechtfertigt sein würde. Von Wichtigkeit ist es noch, den Unterschied festzustellen, der sich bei Annahme eines heute meist noch üblichen Schlußgefälles zwischen Schleuse und Becken ergibt. Man hat meist als diesen Wert gewählt $s = 0{,}15$ m. Für eine Hubhöhe von 15 m ergibt sich dann für verschiedene Werte von k das entsprechende V wie folgt für $n = 5$ Sparbecken

$$s = 0{,}15\,,\quad H = 15\text{ m},\quad V = \frac{k + 1 + \frac{2ns}{H}}{k + n + 1} = \frac{k + 1 + 0{,}1}{k + 5 + 1} = \frac{k + 1{,}1}{k + 6}\,.$$

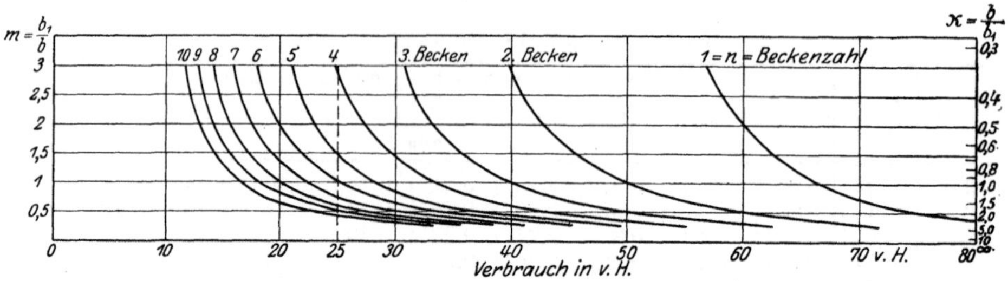

Abb. 653. Darstellung des Wasserverbrauchs in vH der Schleusenfüllung, b und b_1 Breite der Schleusenkammer und der Sparbecken.

Es wird die Tafel für V für $s = 0{,}15$ und $s = 0$ gegeben.

Schleusenverlust für $s = 0{,}15$ und $s = 0$ bei $H = 15$ m.

m	k	V	
		$s = 0{,}15$	$s = 0$
3	0,33	0,226	0,210
2	0,5	0,247	0,231
1	1,00	0,300	0,285

Man sieht an dieser Tafel, daß der Wert s einen ungünstigen Einfluß auf die Größe der Ersparnis besitzt, der fast unabhängig von der Sparbeckenbreite 0,016 bis 0,015 H beträgt, d. i. 6 bis 8 vH des Verlustes für $s = 0$. Man verbraucht 108 bis 106 Mill. cbm jährlich statt 100, wenn man mit $s = 0{,}15$ m statt $s = 0$ arbeitet. Da nun, wie bereits gesagt, dieses Endgefälle zwischen Schleusenkammer und Sparbecken durch Ausnutzung des Nachlaufes (der lebendigen Kraft) des Wassers entbehrlich ist, ein nennenswerter Zeitverlust durch diese Ausnutzung nicht eintritt, so sollte man in Zukunft mit dem Wert $s = 0$ arbeiten oder s sehr klein, z. B. $s = 5$ cm wählen.

c) Neuere Systeme.

1. Umlauftreppe.

Wenn 2 zweistufige Schleusentreppen außer durch Längsumläufe auch noch durch Querkanäle miteinander gekuppelt werden, dann ist es möglich, durch Querausspiegelung eine Wasserersparnis von 50 vH zu erzielen. Das Verfahren ist in der Patentschrift Nr. 383093 genauer dargestellt. Man kann die Ersparnis durch Hinzufügen von Sparbecken noch vergrößern. Die schematischen Abb. 654a bis f zeigen den Vorgang.

Die Abb. 654a ist ein Grundriß. Zur Vereinfachung des Bildes ist die Wasserbewegung so gezeichnet, als wenn sie durch einfachen Überlauf oder Heber, nicht durch Grundläufe erfolgte. Es sind (Abb. 654b) die Kammern $O\,I$ und $U\,II$ gefüllt und desgleichen die Sparbecken s_3 und s_2 von $O\,II$ und $U\,I$, während s_1 und s_4 leer sind. Der Schleusungsvorgang spielt sich wie folgt ab: Er beginnt gemäß Abb. 654c mit dem Einlassen des Wassers in die Sparbecken s_1 und s_4 der Kammern $O\,I$ und $U\,II$, dann (Abb. 654d) Ausspiegelung zwischen den parallelen Kammern. Dann folgt (Abb. 654e) die Füllung der Kammern $O\,II$ und $U\,I$ aus den Sparbecken s_3 und s_2.

Die Größe und Höhenlage der Sparbecken ist nun so angeordnet, daß das Wasser *7* und *8* der Sparbecken s_3 und s_2 (Abb. 654e) gerade ausreicht, um die Kammern nach der in Abb. 654d erfolgten Ausspiegelung bis zur Unterkante des obersten Sparbeckens zu füllen. Es folgt nun (Abb. 654f) Füllung von *O II* durch Teil 9 aus dem Oberwasser, Ablassen von Teil *6* aus *U II* zum Unterwasser und Ablassen von Teil *3* aus *O I* nach *U I*. Hierfür ist die Höhenlage der Sparbecken so gefunden, daß das Restwasser *3* der Kammer *O I* gerade ausreicht, um den Fehlbetrag in der Kammer *U I* zu füllen (Abb. 654f), wobei auch die in *O II* einlaufende Wassermenge *9* gerade so groß ist wie die aus *U II* auslaufende *6* und wie Teil *3* der Treppe *I*. Damit ist ein halber Schleusenvorgang dargestellt; es ist mit Abb. 654f ein Zustand geschaffen, der unter Vertauschung der Kammern dem Zustand in Abb. 654b genau entspricht, wobei auch die richtigen Sparbecken gefüllt sind. Der weitere Vorgang ist selbstverständlich und braucht nicht besonders geschildert zu werden. Es war die Hälfte des nicht in die Sparbecken s_1

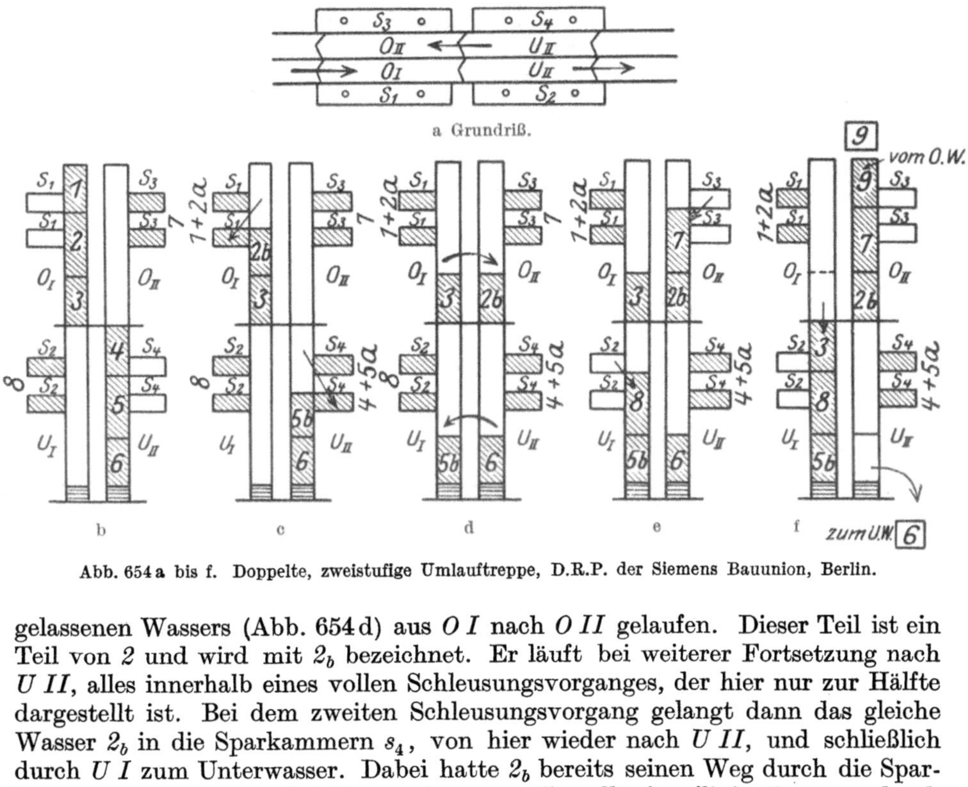

Abb. 654a bis f. Doppelte, zweistufige Umlauftreppe, D.R.P. der Siemens Bauunion, Berlin.

gelassenen Wassers (Abb. 654d) aus *O I* nach *O II* gelaufen. Dieser Teil ist ein Teil von *2* und wird mit 2_b bezeichnet. Er läuft bei weiterer Fortsetzung nach *U II*, alles innerhalb eines vollen Schleusungsvorganges, der hier nur zur Hälfte dargestellt ist. Bei dem zweiten Schleusungsvorgang gelangt dann das gleiche Wasser 2_b in die Sparkammern s_4, von hier wieder nach *U II*, und schließlich durch *U I* zum Unterwasser. Dabei hatte 2_b bereits seinen Weg durch die Sparbecken s_1 genommen. Bei Verwendung von Grundläufen fließt 2_b sogar durch sämtliche Sparbecken und Kammern. Das, was von 2_b gilt, gilt für alles Wasser, das zu den Oberkammern läuft. Der Umlauf ermöglicht bei gleich großer Sparwassermenge, wie sie eine Anordnung ohne Umlauf hätte, viel kleinere und höher liegende Sparbecken. Bei Schleusung mit nur einer Treppe und Anwendung von Sparbecken ist auch die Benutzung der nicht gebrauchten Nebentreppe für Sparzwecke möglich.

Bemerkt wird, daß sich in der Praxis eine so genaue Ausgleichung nicht erzielen lassen wird. Es werden sich kleine Fehler, die aber nur Zentimeter betragen werden, ergeben. Diese können entweder dadurch ausgeglichen werden, daß die Unterkammer durch eine Leitung kleinen Querschnittes, die aber mit großem Druck arbeitet, mit dem Oberwasser verbunden wird. Es kann aber auch die Bedienung der Unterkammer durch die entleerte Oberkammer hindurch geschehen. Es ist nicht nötig, bis zum vollen Ausgleich auszuspiegeln. Man kann mit einer teilweisen Ausspiegelung arbeiten; es ergeben sich dann bei der Treppe mit Sparbecken geringe Änderungen in der Höhenlage.

Von Bedeutung ist es auch, daß die Querkupplung der Treppe jederzeit aufgehoben werden kann. Es ist dann nur nötig, die Querschützen nicht zu bedienen. Man kann mit jeder Treppe für sich arbeiten. Dieser Fall wird bei geringem Schiffsverkehr eintreten, bei dem man bei Eintreffen eines Schiffes auf ein zweites nicht warten will, um beide Treppen gleichzeitig zu benutzen.

Es ist auch möglich, dieses Umlaufprinzip bei ungleich geteilten Treppen anzuwenden, z. B. so, daß der obere niedrigere Teil der Treppe zwei Sparbecken, der untere drei Sparbecken erhält. Für diese allgemeinsten Fälle ergeben sich dann folgende Berechnungen:

Es hat die obere Schleuse der Treppe einen Hub gleich H_1, die untere gleich H_2, die obere hat n_1, die untere n_2 Sparbecken. Der Unterschied zwischen dem teilweise ausgespiegelten Wasser in den Kammern sei s_k, zwischen Kammer und Becken s_b. Das Verhältnis der Querschnittsflächen der Kammer und der Becken sei $k = \frac{F_k}{F_b}$; es sei wie früher $m = \frac{1}{k}$. Dann ergeben sich folgende Bedingungen für ungleich geteilte Treppen

$$k = \frac{F_k}{F_b} = \frac{t_b}{t_k} \qquad a = t_b + 2\,s_b\,.$$

$$H_1 = t_k\,[n_1 + 2\,(k+1)] - s_k + 4\,s_b\,,$$

$$H_2 = t_k\,[n_2 + 2\,(k+1)] - s_k + 4\,s_b\,,$$

$$H_1 + H_2 = H\,.$$

$$t_k = \frac{H + 2\,s_k - 8\,s_b}{2\,[0{,}5\,(n_1 + n_2) + 2\,(k+1)}\,.$$

Der Wasserverbrauch als Höhe genommen ist

$$v = t_k + a = t_k + t_b + 2\,s_b = t_k\,(k+1) + 2\,s_b\,.$$

Daraus folgt der Wasserverbrauch als Teil der ganzen Hubhöhe der Treppe

$$V = \frac{t_k\,(k+1) + 2\,s_b}{H} = \frac{(H + 2\,s_k)\,(k+1) + 2\,s_b\,(n_1 + n_2)}{2\,H\,[0{,}5\,(n_1 + n_2) + 2\,(k+1)]}\,.$$

Wählt man

$$H_1 = H_2\,, \quad n_1 = n_2 = n\,, \quad s_k = 0 \quad \text{und} \quad s_b = 0\,,$$

dann wird

$$t'_k = \frac{H}{2\,[n + 2\,(k+1)]}$$

$$V' = \frac{(k+1)}{2\,[n + 2\,(k+1)]}\,.$$

Hieraus kann man wieder tabellarisch die Größe des Verbrauches für verschiedene Zahlen der Sparbecken und verschiedene Breitenverhältnisse finden. n ist dabei immer die Zahl der Sparbecken einer Stufe, nicht der ganzen Treppe. Diese Umlauftreppen, auch in der ungleich geteilten Form, können oft bei ungünstigem Gelände und großen Schleusenstufen große Vorteile bieten, besonders dann, wenn die Schleusenstufe so groß ist, daß man den Bau einer einheitlichen Schachtschleuse nicht mehr recht wagen möchte. Diese Treppen haben den Nachteil, gekuppelt zu sein. Dieser Nachteil ist aber bei großem Verkehr sehr gering. Ist zu gewissen Zeiten der Verkehr klein, dann kann man jederzeit die

Kupplung aufheben. Man braucht hierfür nur die Querläufe nicht zu bedienen. Es ist außerdem bei geringem Verkehr möglich, eine Treppe als Sparbecken für die andere mit zu benutzen. Man kann das Umlaufprinzip auch für doppelte Schachtschleusen verwenden. Wenn man hier mit Ausspiegelung arbeiten will, dann können die Sparbecken höher liegen und kleiner werden als bei gewöhnlichen Schachtspeicherschleusen.

2. Die Speicherschleusen von Proetel.

Ein anderer, von Professor Proetel gemachter Vorschlag betrifft die in Abb. 655 a u. b dargestellte Anordnung. Hier wird mit festen Sparbecken durch teilweise Ausnutzung der beim Ein- und Ausströmen geleisteten Arbeit eine weit höhere Wasserersparnis erzielt, als es mit den bisher üblichen Speicherschleusen möglich war.

Wie bei gewöhnlichen Speicherschleusen sind zu beiden Seiten der Schleusenkammer *a* die Sparbecken *b* übereinander angeordnet. Oberhalb des obersten

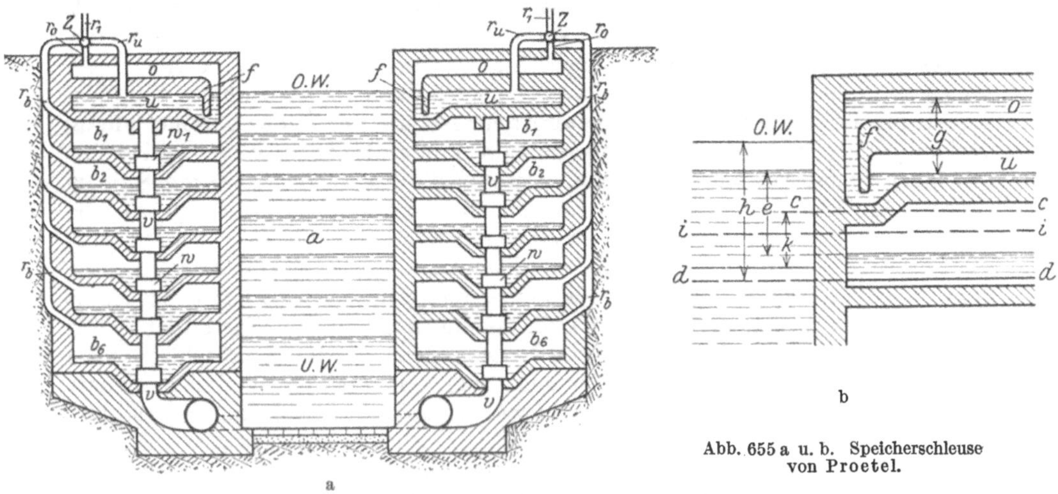

Abb. 655 a u. b. Speicherschleuse von Proetel.

a Querschnitt durch Kammer und Becken. b Einzelheiten der Druckluftkammer nach Ausspiegelung.

Sparbeckens *b* sind noch zwei weitere Kammern *o* und *u* vorhanden. Die Sparbecken sind in bekannter Weise durch die Ventilschächte *v*, die mittels der Ringschieber *w* (vielfache Zylinderventile) abschließbar sind, mit den Umläufen und der Schleusenkammer verbunden. Alle Sparbecken und die Kammern *o* und *u* sind luftdicht abgeschlossen. Von der Decke der Kammer *o* führen Rohre r_o, und von der Decke der Kammer *u* Rohre r_u nach oben; für jedes Sparbecken sind drei Rohre r_b, r_o und r_u zusammengeführt und können mittels eines Vierwegehahnes *z* miteinander und mit einem zur freien Luft führenden Rohr r_1 verbunden werden. Die Kammern *o* und *u* stehen durch den bis unter den tiefsten Wasserstand in *u* reichenden Füllschacht *f* in stets offener Verbindung.

Die beschriebene Anordnung wirkt nun folgendermaßen. Es sei die Schleusenkammer *a* gefüllt, alle Sparbecken *b* seien leer, ferner sei Kammer *u* gefüllt und Kammer *o* sei leer. Für Sparbecken b_1 wird nun der Hahn *z* so gestellt, daß r_b mit r_u und r_o mit r_1 verbunden ist, dann wird der Ringschieber w_1 geöffnet. Das Wasser strömt in das Sparbecken b_1 und verdichtet die darin eingeschlossene Luft, die durch das Rohr r_b in die Kammer *u* übertritt und das darin enthaltene Wasser in die Kammer *o* hinaufdrückt. Nach erfolgtem Druckausgleich ist, wie in Abb. 655 b dargestellt, der Spiegelunterschied zwischen Schleusenkammer und Sparbecken b_1, der ursprünglich gleich *h* war, durch Absinken des Wassers in der Schleusenkammer und Ansteigen im Sparbecken auf das Maß e zurückgegangen; um ein entsprechendes Maß g, das um die Reibungsverlusthöhe geringer ist als e, hat sich der Wasserspiegel in der Kammer o über demjenigen in der Kammer u eingestellt. Jetzt werden die Rohre r_o und r_u abgeschlossen und r_b wird durch Verbinden mit r_1 gelüftet. Dadurch spiegelt sich das Wasser in der Schleusenkammer und im Sparbecken aus, und zwar in der Linie $i—i$. Nachdem dies geschehen ist, wird r_o mit r_b und r_u mit r_1 verbunden; dadurch fließt das Wasser aus der Kammer o nach u zurück und erzeugt eine Saugwirkung, durch die die Luft aus der Kammer b_1 abgesaugt und der Wasserstand bis zur Linie $c—c$ gehoben wird, während er in der Schleusenkammer bis zur Linie $d—d$ absinkt. Das Sparbecken ist also um ein Maß k über den Wasserspiegel in der Schleusenkammer angefüllt.

In derselben Weise werden auch die übrigen Sparbecken höher aufgefüllt. Umgekehrt wird durch entsprechende Benutzung der beiden Kammern o und u, in denen das Wasser nur ausgetauscht, aber nicht verbraucht wird, beim Füllen der Schleusenkammer und Leeren der Sparbecken erstere über den Wasserstand im Sparbecken hinaus aufgefüllt. Dabei wird, wie aus der Abb. 655 a ersichtlich ist, eine beträchtliche Wasserersparnis dadurch erzielt, daß die Höhe der ins Unterwasser abfließenden Wassersäule eingeschränkt wird. Wenn man die Ausspiegelung bis auf 20 cm Überdruck beschränkt, geht z. B. bei einer Schleuse von 20 m Gefälle mit 6 Sparbecken von doppelter Kammerbreite nur $^1/_7$ der Kammerfüllung verloren. Die Proetelsche Speicherschleuse mit sechs Sparbecken wird wahrscheinlich ebensoviel kosten wie eine gewöhnliche Speicherschleuse mit 8 Sparbecken. Es fallen die Ringschieber für zwei Sparbecken fort, dafür muß aber die Luftleitung eingebaut werden, die aber wenig kostet. Auch müssen bei Proetel die Sparbecken luftdicht hergestellt werden. Die Luftdichtigkeit braucht nicht eine völlige zu sein, da der Luftdruck immer nur gering ist und nur ganze kurze Zeit wirkt. Es ist anzunehmen, daß die Ausführung, die für Wasserdichtigkeit ausreichend ist, auch hier genügen wird. Ohne genauere Kostenanschläge kann man annehmen, daß etwa theoretisch acht Sparbecken der gewöhnlichen Bauart die gleichen Kosten verursachen werden wie die sechs Proetelschen Sparbecken mit zwei Oberbecken.

Bei Ausspiegelung bis auf $s = 0{,}2$ m entsteht bei acht gewöhnlichen Sparbecken mit doppelter Kammerbreite für eine Schleuse von 20 m Gefälle ein Verlust von 17,5%. Diesem Verlust stehen bei der Proetelspeicherschleuse rd. 14% Verlust gegenüber. Es wird somit gegenüber dem Verbrauch der gewöhnlichen Speicherschleuse $\frac{3{,}5}{17{,}5}$, rd. 20% erspart. Hatte man z. B. früher einen Jahresverbrauch von 100 Mill. cbm, dann würde man jetzt mit rd. 80 Mill. cbm auskommen. Dieser Vorteil wird bei angenommenen gleichen Kosten durch eine Verlängerung der Füllzeit erkauft. Es müßte durch eine genauere Untersuchung, noch besser durch eine bauliche Ausführung geklärt werden, wie groß die Vorteile der neuen Erfindung gegenüber der gewöhnlichen Speicherschleuse sein würden. Es ist anzunehmen, daß die Vorteile so stark überwiegen, daß sich die Anwendung empfehlen würde. Die Proetelsche Schleuse hat gegenüber den Umlauftreppen den Vorteil, als Einzelschleuse gebaut werden zu können. Die Umlauftreppen können aber bei großen Hubhöhen vorteilhaft sein.

d) Die Ausführung von Sparschleusen.

Wie die vorstehenden Berechnungen gezeigt haben, müssen die Sparbecken auf eine genau vorher bestimmte Höhe gelegt werden. Man geht bei der Höhenbestimmung so vor, daß man für die gewählten Annahmen n, k und s zuerst den Wert

$$x = \frac{(k+1)\,H + 2\,n\,s}{k+n+1}$$

errechnet, und daraus den Wert

$$h = \frac{x - 2s}{k + 1} \quad \text{und} \quad h_1 = k \cdot h\,.$$

Daraus findet man sofort von oben anfangend die Einteilung in der Schleusenkammer und die Oberkante und Unterkante der Sparbeckenspiegel bei gefülltem und geleertem Sparbecken.

Man unterscheidet Schleusen mit offenen Sparbecken und Speichersparschleusen. Bei den ersteren sind die Sparbecken sämtlich nebeneinander treppenförmig angeordnet. Entweder liegen sie sternförmig, wie es z. B. bei der Donnerschleuse des Elbe—Trave-Kanals durch Rehder geschehen ist (Abb. 656), oder man legt die Sparbecken parallel nebeneinander, so daß man mit der Wassertreppe dem Kanalgefälle folgt, das oberste Sparbecken also am Oberhaupt (Abb. 657). So ist es bei den Schleusen in Niederfinow (Abb. 528 u. 659) und Datteln (Henrichenburg) gemacht worden. Oder man kann auch die Becken nach Vorschlag des Verfassers parallel zur Schleuse anordnen, so daß die langen schmalen Becken nebeneinander gleichlaufend mit der Schleusenachse liegen (Abb. 658 a u. b). Die Abtreppung kann auch umgekehrt erfolgen.

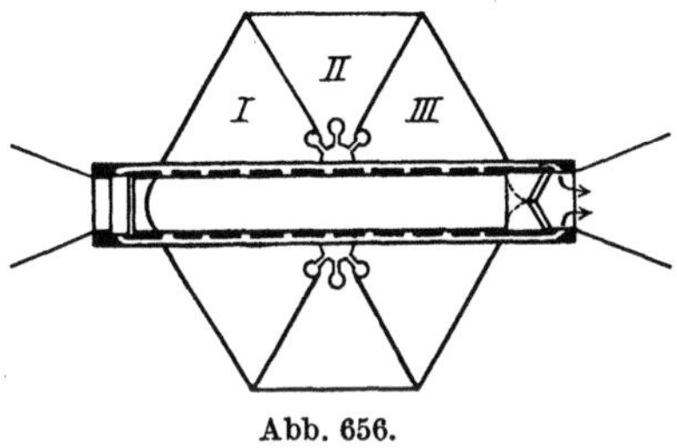

Abb. 656.

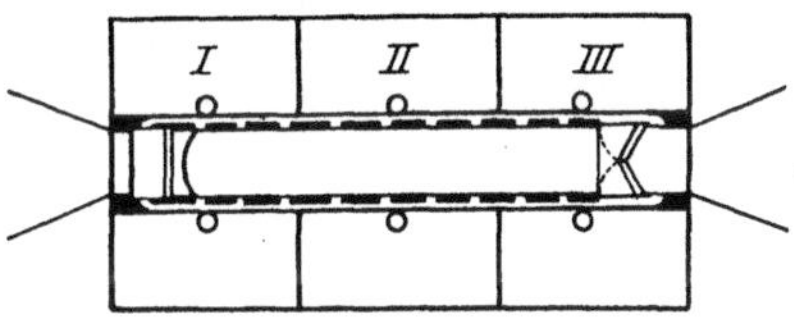

Abb. 657.

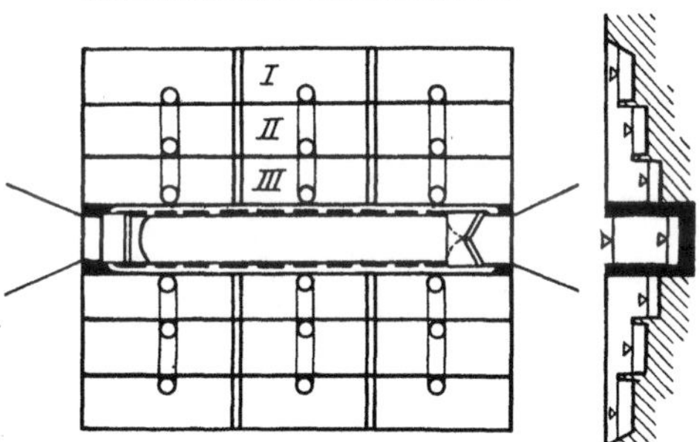

Abb. 658 a u. b.

Abb. 656—658. Sparbeckenanordnung.

Die billigste dieser Anordnungen wird im allgemeinen die mittlere sein, sie hat aber bis jetzt den unerwünschten Erfolg gehabt, eine unruhige Wasserbewegung in der Schleuse zu ergeben, die z. B. für die Schleuse bei Datteln dazu geführt hat, daß die Schleusungszeit doppelt so groß ist wie die der sonst gleichartigen in Minden mit Speicherbecken. Es muß bei allen Anordnungen eine solche Führung der Zu- und Ablaufkanäle erfolgen, daß das Wasser immer an der gleichen Stelle in die Umlaufkanäle eintritt und umgekehrt und daß keine Gegenläufigkeit in den Umläufen eintritt (wie es z. B. in Datteln der Fall ist). Diese Anordnung ist sehr einfach bei den Speicherbecken, die sämtlich übereinander liegen, so daß die bereits geschilderten mehrfachen Zylinderventile angewandt werden können, die das Wasser aller Sparbecken nach der gleichen Stelle führen. Eine solche Anordnung muß auch bei den offenen Becken erstrebt werden. — Sie ist sehr leicht möglich bei der Anordnung zu 3 (parallele Längsbecken), da hier nur ein Querkanal zu jedem Zylinderventil nötig ist, um das Wasser überall zu dem gleichen Punkt des Grundrisses zu leiten.

Die einzelnen Becken der offenen Sparbecken werden entweder durch leichte Mauern oder durch Dämme voneinander getrennt. Wenn der Untergrund nicht bereits dicht ist, muß das ganze Becken nach Art der Auftragsstrecken der Kanäle durch eine mehrfache Lehmschicht gedichtet werden, die zum Schutz gegen das strömende Wasser mit Betonplatten oder Pflasterung belegt wird. Auch können dünne Betonsohlen eingebaut werden. Die Sohle wird zur Schleuse

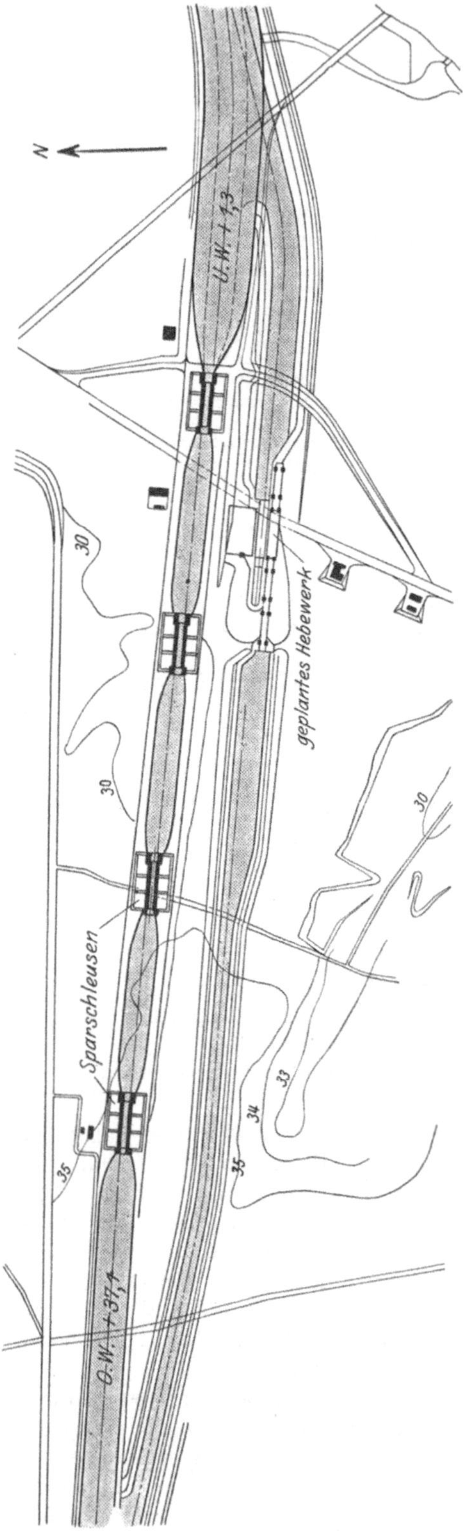

Abb. 659. Schleusentreppe Niederfinow mit Sparschleusen.

hin geneigt, am besten muldenförmig so, daß das Wasser von allen Seiten zum Ablaufpunkt hinfließen kann. Auch bei Eintritt des NW.-Wasserstandes des Sparbeckens muß noch ein wasserführender Querschnitt vorhanden sein, da sonst das Abfließen zum Schluß zu langsam vor sich gehen würde. Deshalb muß die Sohle der Becken am Einlauf wenigstens noch 0,3—0,5 m tiefer liegen als der NW.-Stand des Beckens. Das Gefälle kann zu 1 : 50 bis 1 : 100 gewählt werden. Bei offenen Sparbecken ist es möglich, mit dem Verhältnis m bis zu dem Maße $m = 1$ hinabzugehen, bei Speicherschleusen wird das durch die notwendigen Decken verhindert. Es wird dieser Punkt weiter unten näher erläutert. Als Beispiel von Sparschleusen mit offenen Becken diene Abb. 662a u. b, ein Entwurf von Baudir. Plate, Bremen, für den Hansa-Kanal. Um mit einseitigen Sparbecken auszukommen, sind Grundläufe angeordnet worden. Die Becken liegen sternförmig, so daß die Wasserbewegung gleichmäßig sein würde. Die Sparschleusen mit offenen Becken sind bedeutend billiger als die Speicherschleusen, können auch das gleiche leisten, wenn die Wasserführung gut durchgearbeitet ist, die Ausführung von offenen Becken wird aber im allgemeinen bei vielen Sparbecken nicht mehr so zweckmäßig sein wie die von Speicherschleusen.

Das System der Speicherschleusen ist vor allem bei Schachtschleusen angewandt worden. Wenn der Schleusenhub so groß ist, daß er die lichte Durchfahrtshöhe bei höchstem Unterwasser um wenigstens 3 m überschreitet, dann wird es vorteilhaft, das Unterhaupt durch eine Abschlußwand, deren Unterkante über der lichten Durchfahrtshöhe bei höchstem Unterwasser liegt, abzuschließen und nun ein Hubtor zu bauen, das sich allseitig anlegen kann. Die Schleuse bekommt die Form eines Schachtes.

Bei z. B. 4 m lichter Durchfahrtshöhe können solche Schleusen bereits entstehen, wenn das OW. mehr als 5 m über dem höchsten UW. liegt. In diesem Grenzfall wird allerdings das gewöhnliche Stemmtor ohne oberes Gegenlager im allgemeinen noch die billigere Lösung sein. Bei Schachtschleusen von 8 m Höhe (Aufstiegschleuse zum Lindener Hafen bei Hannover) ist z. B. bereits die Einlegung eines oberen Schleusenabschlusses gewählt worden.

Schachtschleusen werden mit wenigen Ausnahmen mit Sparbecken verbunden werden, wobei allerdings diese Sparbecken aus Sparsamkeitsgründen oft als offene ausgeführt worden sind. Es sind dann die Berechnungen der hohen, in der Nähe des Unterhauptes freistehenden Mauern besonders sorgfältig durchzuführen. Die Anlegung der Speicher bereitet im übrigen nicht solche Kosten, wie man es im ersten Augenblick annehmen möchte. Die Schleusenmauern können jetzt stark verbilligt werden, so daß ein Teil der jetzigen Kosten wieder eingespart wird. Es ist im allgemeinen ausreichend,

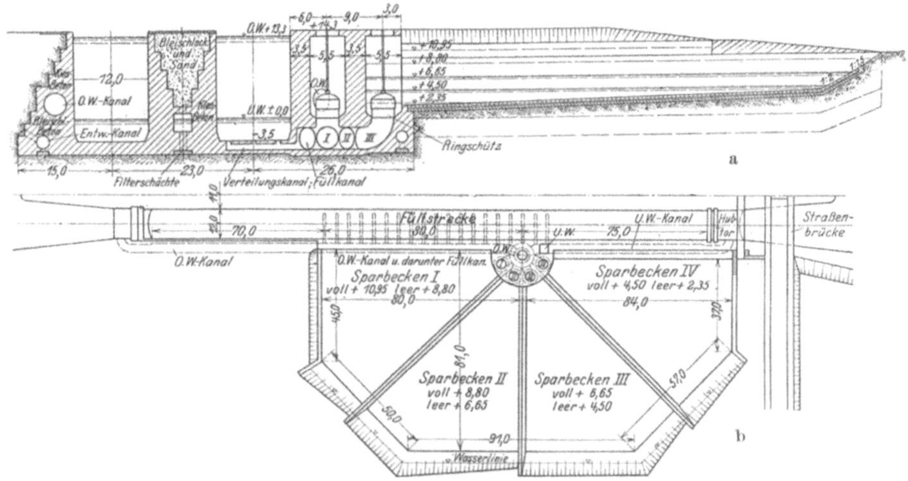

Abb. 660 a u. b. Schleusenentwurf Hansa-Kanal für eine Sparschleuse (Plate).
a Schnitt oberhalb der Sparbecken und Schnitt durch die Sparbecken. Maßstab 1 : 1200.
b Grundriß der einen Schleusenhälfte mit Sparbecken. Maßstab 1 : 3000.

die Wasserspeicher (Sparbecken) wie andere Speicheranlagen auszubilden, d. h. die Tragdecken auf Stützen mit kurzen Kopfbändern zu setzen, diagonale Verstrebungen werden oft nötig sein. Die Decken der Speicher müssen auf zweiseitige Biegungsbeanspruchung berechnet werden. Außer der Biegung durch Wasserbelastung von oben kann bei Bruch eines Ventiles eine Biegung der Decken durch Unterdruck erfolgen. Damit dieser Unterdruck nicht zu große Maße annimmt, sind Überläufe vorgesehen worden, die zu einem Fallschacht führen, der frei mit dem Unterwasser durch einen besonderen Kanal in Verbindung steht. Bricht z. B. eines der Ventile in dem untersten Sparbecken bei ganz gefüllter Schleuse (und leerem Becken), dann strömt das Wasser mit dem ganzen Druckhöhenunterschied zwischen Oberwasser und Beckenunterkante ein; in dem Augenblick, in dem die Überfallkrone erreicht wird, fließt Wasser zum Unterwasser ab, aber nicht genug. Das Wasser steigt weiter, der volle Abfluß über den Überfall wird erst erreicht, wenn das Wasser bis unter die Decke getreten ist. Jetzt wirkt der Überfall nicht mehr als solcher, sondern wie die Öffnung in einem Gefäß. Je nach der Größe dieser Öffnung läßt sich entweder der Druck unter der Decke berechnen, oder man kann für einen angenommenen Unterdruck die Größe der Öffnung berechnen. Bei der Schleuse in Anderten ist angenommen, daß der

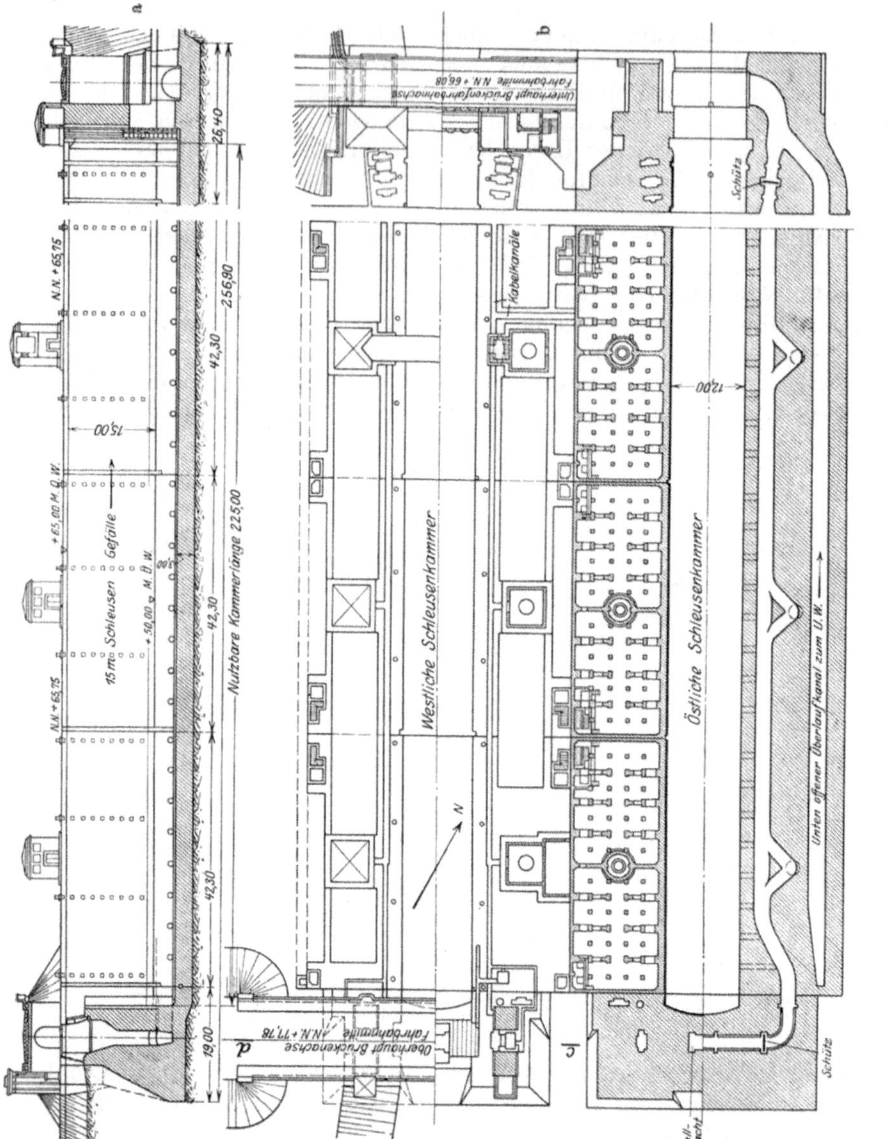

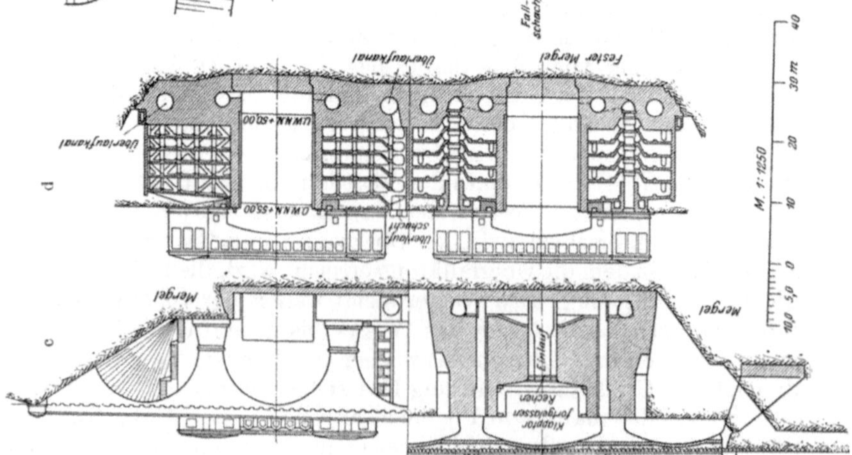

Abb. 661 a bis d. Schachtschleuse Anderten bei Hannover.

a Längenschnitt der Kammer. b Von oben nach unten. Aufsicht auf die Plattform. Schnitt in Höhe der untersten Sparkammer und der Umläufe. c Schnitt durch das Oberhaupt und Ansicht des Unterhauptes. d Schnitt durch Sparkammer an dem Ventilschacht.

Unterdruck das Maß von 400 kg/qm erreicht. Für diesen Unterdruck ist die Decke zu berechnen. Wegen dieser doppelten Beanspruchung müssen die Decken wesentlich schwerer bewehrt werden, als es bei der einseitigen von oben nötig wäre. Sie brauchen aber nicht dicker zu werden, es kann selbstverständlich auch die Zugeinlage für die eine Beanspruchung bei der anderen als Druckeinlage gerechnet werden. Es ist zu berücksichtigen, daß das Auftreten eines Unterdruckes ein äußerst seltener sein wird, er ist z. B. in Minden noch nicht aufgetreten. Es erscheint durchaus zulässig, die Beanspruchung für den Fall des Unterdruckes doppelt so hoch zuzulassen wie für den Druck von oben.

Die Abbildungen der Schleusen bei Anderten geben im übrigen ein vorzügliches Bild derartiger Anlagen (Abb. 661a bis d). Hingewiesen werde noch darauf, daß der Einlauf des Wassers im Sparbecken vertieft angelegt werden muß, so daß er ähnlich wie ein Pumpensumpf wirkt und das Ansaugen von Luft verhindert. Die Querwände der Schachtschleusen haben vielfach eine sehr massive Form erhalten. Bei Verwendung von Eisenbeton wird diese meist leichter gestaltet werden können, da diese Mauern beiderseits eingespannt sind, zum mindesten aber wie eine beiderseits aufgelagerte Platte wirken.

Von Interesse ist der Weg, den das Wasser bei Sparbeckenschleusen nimmt. Wenn mehr als 50 vH Ersparnis eintritt, also mehr als bei 2 Sparbecken, dann nimmt alles Wasser vom Oberwasser aus seinen Weg durch die Sparbecken. Ist während der Füllung die Schleuse, soweit es möglich ist, aus dem Sparbecken gefüllt, dann tritt das neue Oberwasser unter die Schicht, die aus den Sparbecken genommen ist und hebt sie hoch. Wird jetzt entleert, dann wird diese neue Oberwasserschicht zuerst in die Sparbecken gedrückt, und zwar das zuletzt eingetretene Oberwasser in das oberste Sparbecken usw. Ist die Ersparnis mehr als 50 vH, dann nimmt ein Teil des Wassers seinen Weg mehrfach durch die Sparbecken. Der Grad der Ersparnis und die Weglänge, die das Wasser im Schleusenkörper zurückzulegen hat, stehen in unmittelbarem Verhältnis, so daß der Satz gilt, je länger der Weg für das Wasser in der Schleuse, um so größer die Ersparnis. Das bezieht sich nicht auf die Länge der Umläufe, sondern auf die senkrechten Wege des Wassers. Besonders wird auf die Form des oberen Einlaufes bei der Schleuse Anderten hingewiesen. Es ist durch Versuche von Krey, Berlin, die Form festgestellt worden, bei der am wenigsten Luft mit eingesogen wird. Der Einlauf liegt in der Mitte vor dem Obertor und verteilt sich dann unten nach beiden Seiten.

e) Schleusen ohne Wasserverbrauch.

1. Vorbemerkung.

Wie bereits im Teil a dieses Abschnittes gesagt ist, sind bereits mehrere Systeme zur Lösung des Problems vorgeschlagen worden. Die Hauptschwierigkeit wirtschaftlicher Natur besteht darin, daß immer bei Schleusen ohne Wasserverbrauch das Füllungswasser der Kammer in einen beweglichen Behälter zur Aufspeicherung geleitet werden muß, der entsprechend auf- und abbewegt wird, und zwar im allgemeinen um das doppelte Maß des Schleusenhubes. Diese Schwierigkeit ist bei den Erfindungen Proetels durch besondere Methoden stark gemildert worden, bleibt aber auch hier in gewissem Umfange bestehen. Es ist in hohem Maße wahrscheinlich, daß die Proetelschleusen das Beste darstellen, was auf diesem Gebiete möglich ist. Gewißheit über diese Frage wird sich nur durch vergleichende Ausschreibungsergebnisse gewinnen lassen.

2. Verdrängerschleuse von Proetel.

Die Aufspeicherung des Wassers wird erzielt durch das Zusammenwirken von beweglichen Aufnahmebecken und feststehenden Verdrängern.

In Abb. 662 a bis c ist die Vorrichtung dem Grundsatze nach schaubildlich im Querschnitt dargestellt. In diesen Abbildungen ist *a* der Teil der Schleusenkammer zwischen Oberwasser und Unterwasser, *b* das Aufnahmebecken, *c* der feststehende Verdränger. Die Schleusenkammer *a* steht mit dem Aufnahmebecken *b* durch Rohrleitung in Verbindung, die hier nicht mitgezeichnet ist. Das Aufnahmebecken ist beweglich, durch Gegengewichte, Zahnstange, Schwimmerauftrieb oder ähnlich ausgeglichen, aufgehängt. Der Verdränger *c* steht fest, hat die gleichen Abmessungen wie die Schleusenkammer *a*.

In Abb. 662 a ist das Becken *b* in der tiefsten Stellung ganz mit Wasser gefüllt dargestellt, die Schleusenkammer *a* ist leer. Wird das Becken gehoben, z. B. durch Vergrößerung der Belastung *G*, so taucht der Verdränger *c* ein und verdrängt einen Teil des Wassers. Das Wasser steigt über den Spiegel in der Schleuse und fließt nach dort über. In der Mittelstellung, Abb. 662 b, ist der Verdränger *c* halb eingetaucht, die Schleusenkammer *a* halb gefüllt. Infolge des bleibenden Übergewichts *G* bleibt der Spiegel seitlich des beweglichen Beckens dauernd über dem Schleusenspiegel. In der höchsten Stellung des Beckens, Abb. 662 c, ist der Verdränger *c* ganz eingetaucht und die Schleusenkammer *a* ist ganz gefüllt. Da der Verdränger *c* einen gleich großen Horizontalschnitt hat, wie die Schleusenkammer *a*, und beide senkrechte Wände haben, so tritt stets ebensoviel Wasser in die

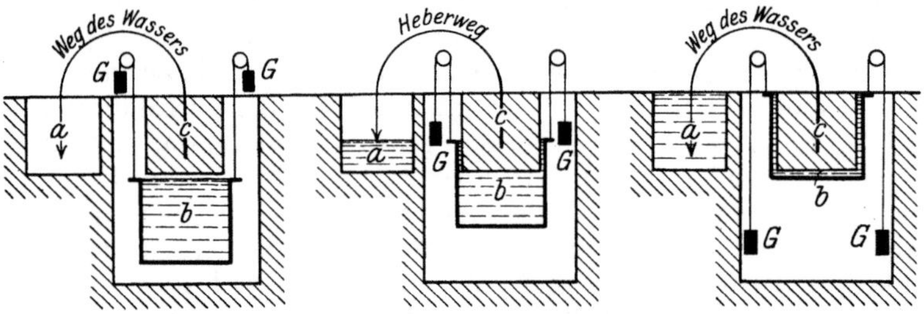

Abb. 662 a bis c. Verdrängerschleuse. Systembild. Verdränger in Anfangs-, Mittel- und Endlage.

Schleusenkammer ein, wie von dem Verdränger *c* verdrängt wird. Die Wasserhöhe im Becken *b* bleibt also in allen Stellungen ungeändert, und da es sich in freier Luft bewegt, so bleibt sein Gegendruck noch unten in jeder Stellung der gleiche, denn der Wasserdruck auf den Boden des Beckens ist stets der gleiche.

Ausgleichung durch Gegengewichte.

In Abb. 663 ist eine Anordnung dargestellt, bei der das Gewicht des Beckens *b* durch Gegengewichte *l* ausgeglichen wird. An sich könnten die Gegengewichte wie bei Schiffshebewerken auch mittels über Rollen geführter Seile oder Ketten aufgehängt werden (Abb. 662). Zwecks Vermeidung zu zahlreicher Seile und Rollen zwecks Zusammenfassung der Gegengewichte zu größeren Einheiten sind gemäß Abb. 663 die Gegengewichte *l* an dem einen Ende von Wagebalken *m* befestigt, die auf den Böcken *n* gelagert sind. Am anderen Ende greifen Hängestangen *o* an, mittels deren das Becken *b* aufgehängt ist. Der Verdränger *c* ist an den Balken *i* befestigt, die auf die Seitenwände der Beckengrube aufgelagert sind. Wenn das Schleusengefälle nicht mehr als ungefähr 8 m beträgt, kann die kommunizierende Verbindung zwischen Schleusenkammer *a* und Becken *b* in sehr einfacher Weise durch Heber erfolgen, die in den Abb. 663 u. 664 mit *k* bezeichnet sind. Die Heber brauchen nicht, wie bei gewöhnlichen Heberschleusen, für jede Schleusung angesaugt und wieder gelüftet zu werden, weil die kommunizierende Verbindung dauernd bestehen bleibt. Wenn das Gefälle größer ist, wird eine bewegliche Rohrverbindung erforderlich; die Größe des Schleusengefälles ist dann unbegrenzt.

Die Bewegung des Beckens b kann auch hier durch Belastung und Entlastung oder durch Maschinenkraft geschehen. Die Gegengewichte können nach Abb. 664 durch ein anderes Aufnahmebecken, das zu einer zweiten Schleuse gehört, ersetzt werden. Diese zweite Schleuse kann entweder in derselben Höhe liegen wie die Ausgangsschleuse und mit dieser eine Doppelschleuse bilden, oder sie kann eine Stufe höher angeordnet sein und mit der ersten Schleuse zu einer zweistufigen Treppe vereinigt werden. Im ersteren Falle besteht der Nachteil der Kuppelung.

In Abb. 664 ist eine solche Schleusentreppe dargestellt. Zu der oberen Schleusenkammer a_1 gehört das Aufnahmebecken b_1, zu der unteren Schleusenkammer a_2 das Aufnahmebecken b_2. Die Becken b_1 und b_2, die mittels Hängestangen o an dem Wagebalken m aufgehängt sind, gleichen in jeder Stellung ihr Gewicht gegenseitig aus. Im übrigen ist die Anordnung genau dieselbe wie in Abb. 663. Alles weitere erklärt sich aus der Abbildung. Proetel hat ferner Vorschläge gemacht, wie man den Verdränger hohl ausbilden und in ihm einen Schwimmer anbringen kann, an dem das Becken b aufgehängt wird. Die Schleuse mit Verdränger ist eine außerordentlich interessante Lösung, die wohl kaum durch eine andere an Einfachheit übertroffen werden wird. Das Wichtigste ist, daß mit dem Verdränger Einzelschleusen oder Einzeltreppen oder Zwillingsschleusen bedient werden können. Auch hier war es nicht zu vermeiden, einen Raum für das bewegliche Becken zu schaffen, der um das Maß des Hubes der Einzelschleuse tiefer gegründet werden muß als die Schleuse selbst, und daß das bewegliche Becken mehr als die ganze Füllung fassen muß. Bei einer Kammer von 100 × 12 × 8 m muß das Becken rd. 10 000 cbm fassen und nimmt damit bereits die Abmessungen eines Seeschiffes an, die Gegengewichte G werden ebenso schwer. —

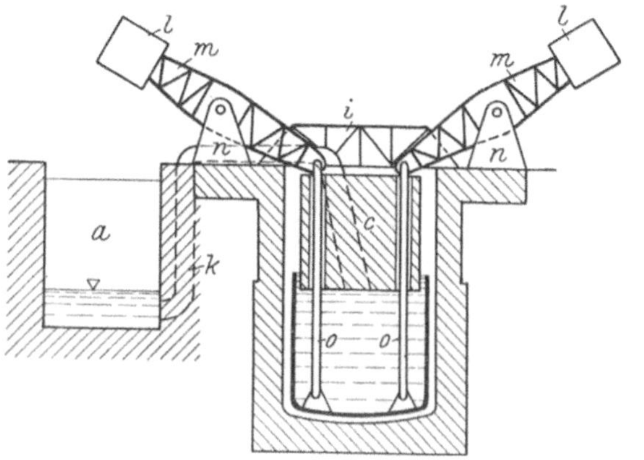

Abb. 663. Mit Gegengewicht bei einfacher Schleuse.

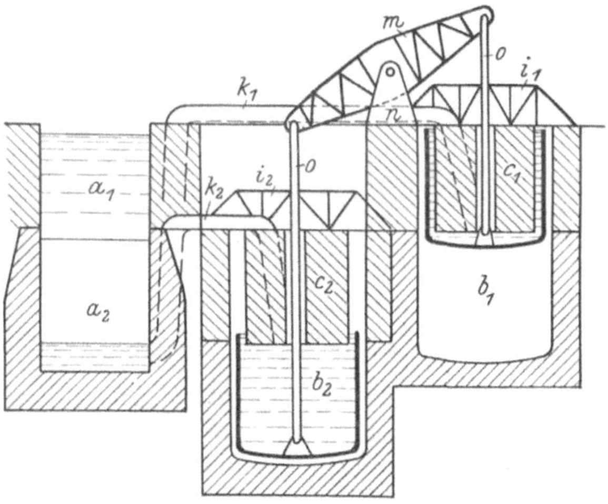

Abb. 664. Bei Doppelschleuse.

Abb. 663 u. 664. Verdrängerschleuse Proetel.

3. Schwimmerschleuse von Proetel mit Preßluftbetrieb.

Die Schleuse kann entweder als Doppelschleuse nach Abb. 665, oder auch als Einzelschleuse ausgebildet werden. Im ersteren Falle ist zwischen den beiden Schleusenkammern a_1 und a_2 eine Tauchgrube angeordnet, in der sich die beiden schwimmenden Aufnahmebecken b_1 und b_2 senkrecht entgegengesetzt auf- und abbewegen. Diese beiden Becken dienen zur Aufnahme des Wassers aus den Schleusenkammern. Sie enthalten drei gleiche Kammern c_1, d_1, e_1 bzw. c_2, d_2, e_2 und außerdem je eine Schwimmkammer v zum Ausgleich des Eigengewichtes. Die Kammern c_2, d_2, e_2 bewegen sich in einer Zone, die um die halbe Höhe des Schleusengefälles höher liegt als die Bewegungszone der entsprechenden Kammern c_1, d_1, e_1; damit nun das Aufnahmebecken b_2 in gleicher Weise wie b_1 in die Tauchgrube eintaucht, ist bei ihm ein entsprechend hoher Verdränger z zwischen e_2 und v angeordnet.

Jedes Aufnahmebecken kann in seinen Kammern c, d, e zusammen die halbe Wassermenge einer Kammerfüllung aufnehmen. Damit es in jeder Stellung im Gleichgewicht ist, muß es in der höchsten Stellung geleert und in der tiefsten Stellung gefüllt sein und alle drei Kammern müssen sich beim Senken gleichmäßig füllen, beim Heben gleichmäßig leeren. Dies erfolgt dadurch, daß nur die beiden mittleren Kammern d_1 und d_2 gelüftet sind, während c_1 und c_2 geschlossen und mit verdünnter Luft, und e_1 und e_2 geschlossen und mit verdichteter Luft gefüllt sind. Entspricht das Vakuum in den Kammern c einerseits und der Überdruck in den Kammern e andererseits gerade einer Wassersäule von der Höhe der Beckenkammern und bleiben die Luftdrücke unverändert, so muß das Wasser stets in allen drei Kammern eines Aufnahmebeckens gleich hoch stehen. Die Unveränderlichkeit der Luftdrücke wird dadurch bedingt, daß von der Decke der Kammer c_1 ein Rohr bis zur Decke der Kammer c_2 und ebenfalls ein Rohr von der Decke der Kammer e_1 zur Decke der Kammer e_2 geführt ist. (Die beiden Rohre sind in Abb. 665a nicht mitgezeichnet.) Die Luft tritt also beim Füllen des einen und Leeren des anderen Aufnahmebeckens von c_1 nach c_2 bzw. von e_1 nach e_2 über. Da in c_2 und e_2 ebensoviel Wasser eintritt wie aus c_1 und e_1 austritt, so bleibt der in den beiden entsprechenden Kammern von verdünnter und verdichteter Luft erfüllte Raum stets derselbe, also bleiben auch die Luftspannungen unverändert.

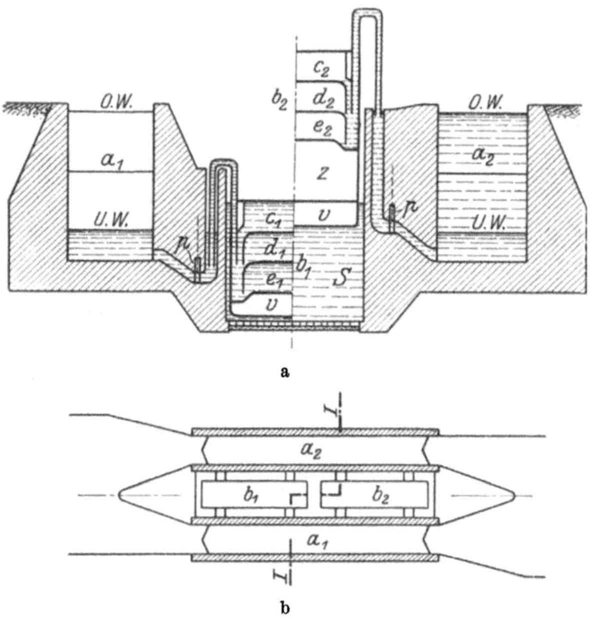

Abb. 665 a u. b. Schwimmerschleuse von Proetel mit Preßluftbetrieb. a Querschnitt durch die Doppelschleuse und die Schwimmkammer. b Lageplan einer Doppelschleuse.

Die offenen Beckenkammern d_1 und d_2 stehen mit den Schleusenkammern a_1 und a_2 in kommunizierender Verbindung, und zwar durch Heber, die in offene Schächte eintauchen. Dadurch wird eine Dichtung überflüssig. Durch besondere, hier nicht näher zu beschreibende Vorrichtungen kann solche Verbindung unabhängig von der Saughöhe der Heber für beliebige Schleusengefälle ausgebildet werden. Die Aufnahmebecken haben an beiden Seiten derartige Heber, können also mit beiden Schleusenkammern verbunden werden. In die Verbindungskanäle sind Abschlußschieber p eingebaut. Auch können die Luftrohre ohne schleifende Verbindungen völlig dicht von Aufnahmebecken zu Aufnahmebecken geführt werden.

Die Wirkungsweise der Anordnung ist folgende. Ist nach Abb. 665 Schleusenkammer a_1 geleert und a_2 gefüllt, so befindet sich Aufnahmebecken b_1 in tiefster und b_2 in höchster Stellung. Durch richtige Stellung der Schieber p wird Becken b_1 mit Schleusenkammer a_1 und Becken b_2 mit Schleusenkammer a_2 verbunden. Wird nun b_2 durch Maschinenkraft oder eine aufgebrachte Last gesenkt, dann steigt das Wasser im Schwimmraum S und hebt b_1. Die Becken b_1 und b_2 sind durch den gemeinsamen Schwimmraum S hydraulisch gekuppelt. Bei dieser Hebung von b_1 und der Senkung von b_2 entleert sich b_1 in die Schleusenkammer a_1, und b_2 wird aus a_2 gefüllt. Am Ende der Beckenbewegungen ist Schleusenkammer a_1 zur Hälfte gefüllt, und a_2 ist zur Hälfte geleert. Jetzt wird durch Umstellen der Schieber p Becken b_1 mit a_2 und Becken b_2 mit a_1 verbunden. Wenn nun b_2 wieder gehoben und b_1 wieder gesenkt wird, so wird a_1 ganz gefüllt und a_2 ganz geleert. Beim Leeren von a_1 und Füllen von a_2 sind die Vorgänge ganz entsprechend. Der Größe der unveränderlichen Belastung des Beckens b_2 entspricht die gleichbleibende Druckhöhe s von b_2 nach a_2 und von a_1 nach b_1. Es spielt dabei keine Rolle, ob der Druck durch ein Gewicht (Wasserballast) oder eine Maschine erreicht wird. Für die Höhenlage der Schwimmer sind die gelüfteten Kammern d_1 und d_2 maßgebend. Bei Beginn der Füllung von a_1 steht der Spiegel von d_1 etwas (s) über dem UW von a_1, die Sohle von d_2 etwas (s) unter dem OW von a_2. Bei der Umkehrung der Schwimmerbewegung steht die Sohle von d_1 etwas (s) unter dem MW, der Spiegel von d_2 etwas (s) über dem MW der (halbgefüllten) Schleusen.

Mit drei Kammern in den Aufnahmebecken können Hubhöhen bis zu 20 m erreicht werden; bei kleinen Hubhöhen kann die Druckkammer fortgelassen werden, bei sehr großen Hubhöhen kann man zwei Druckkammern anwenden. Weniger als zwei Kammern dürfen die Aufnahmebecken nicht haben. Es empfiehlt sich, stets eine der Kammern als Saugkammer auszubilden, um die Tiefe der Tauchgrube einzuschränken. Da die Saugkammern obere Kammern sind, wird das Wasser bei Füllung des tiefstehenden Sparbeckens über den Schleusenwasserspiegel gehoben. Um dieses Maß wird der Schwimmraum der Sparbecken flacher. Dieses System ist für Zwillingsschleusen daher dem Verdrängersystem wahrscheinlich überlegen.

Schlußfolgerungen. Die Proetelschleusen ohne Wasserverbrauch sind das Vollkommenste, was bisher auf diesem Gebiete erfunden wurde. Die früheren Erfindungen von Schnapp-Gerstenberg sowie die von Schneiders[1]) waren wesentlich schwieriger und teurer. Proetels Erfindung bildet die logische Fortsetzung dieser Arbeiten, wenn er auch ganz selbständig andere Wege beschritten hat. Seine Haupterfindung hat er bereits vor 20 Jahren gemacht. Das Wesentliche ist, daß es jetzt möglich ist, mit beweglichen Kammern von der halben Füllung einer Schleusenkammer die volle Wasserersparnis zu erzielen. Allerdings ist bei dieser Anordnung entweder eine Zwillingsschleuse notwendig mit Kupplung, oder es sind Aufnahmebecken von gleichem Inhalt wie die Schleusenkammer nötig. Die vorher beschriebene Verdrängerschleuse ohne Wasserverbrauch wird noch teurer werden. Es ist jedoch wahrscheinlich, daß die Proetelsche Speicherschleuse seinen Schleusen ohne Wasserverbrauch überlegen ist. Abschließende Urteile lassen sich aber nur fällen, wenn einmal durch Preisausschreiben oder Ausschreibungen genauere Ergebnisse gebracht sein werden. Sollte sich diese Auffassung bewahrheiten, dann könnte man das Kapitel der Schleusen ohne Wasserverbrauch für die heutige Zeit abschließen, da über die jetzt gefundenen Lösungen hinaus kaum noch wesentliche Verbesserungen zu erwarten sind. Die Patente der Proetelschleusen gehören der Siemens Bau-Union, Berlin.

[1]) Die Schneiders-Schleuse ist durch den Verfasser dargestellt in Esselborn, Handbuch des Tiefbaues, 5. Aufl.

K. Schräge Ebenen und Hebewerke.

a) Schräge Ebenen.

1. Allgemeines.

Wie in der Einleitung schon gesagt wurde, benutzte man vor der Erfindung der Schleusen bereits schräge Ebenen zur Überführung der Schiffe von einem Wasserspiegel zum anderen, damals wegen des Mangels eines geeigneten Apparates. Heute steht man bei sehr großen Wasserstandsunterschieden wieder vor der gleichen Lösung, aber in neuer Form; auch heute werden von vielen Seiten schräge Ebenen empfohlen, auf denen die Schiffe übergeführt werden sollen. Wir haben dabei zwei Arten von schrägen Ebenen und zwei Arten von Förderung zu unterscheiden. Genau wie bei den Aufschleppen und den Hellingen werden längs geneigte und quer geneigte schräge Ebenen verwandt. Für die Förderung kommt eine solche mit Wasserkasten, d. h. Naßförderung mit schwimmendem Schiff oder solche auf mehr oder weniger elastischer Unterlage, d. h. Trockenförderung, in Frage. Trockenförderung ist zuletzt auf den schrägen Ebenen des Elbing-Oberländer-Kanals angewandt worden. Die dortigen schrägen Ebenen sind aber heute durch Schachtschleusen ersetzt worden. Die dort gewesene Trockenförderung auf starrer Platte hat sich nicht als gerade schlecht erwiesen, es werden aber doch Beschädigungen von Schiffen auf diese Förderungsmethode zurückgeführt. Ein Schiff erleidet je nach dem Wellengang und je nach der Art der Beladung im Wasser Formänderungen, alle diese sind aber sehr vorübergehend und sehr elastischer Natur. Bei der Trockenförderung auf starrer Platte sind dagegen die Formänderungen gegenüber der Lage im Wasser unelastisch und lange dauernd. Es ist deshalb von Riedler, Berlin, der Vorschlag gemacht worden, die Kähne auf ein Bett von hydraulischen Stempeln zu setzen, die an das schwimmende Schiff von unten angepreßt werden. Dann werden die Zuführungskanäle abgesperrt, so daß jeder Stempel in seiner Lage verharren muß, so daß das Schiff in der gleichen Lage, die es im Wasser hatte, über das Land gefahren werden kann. Eine Ausführung dieser Art gibt es noch nicht, es unterliegt aber keinem Zweifel, daß diese und ähnliche Methoden geeignet sind, die Nachteile der Trockenförderung zu beseitigen.

2. Längsgeneigte Ebenen.

Die verlassene Form der Trockenförderung wird durch Abb. 666 a u. b gezeigt. Es sind für die Vorderräder und die Hinterräder des Wagens verschiedene Gleise vorhanden, die in der Wagerechten um den Abstand der Radachsen versetzt sind. Zuerst bewegen sich Vorder- und Hinterrad schräg auf parallelen Gleisen unter Wasser, so daß sich die wagerecht liegende Plattform wagerecht unter das Schiff schiebt, dann läuft die Hinterachse über ein wagerechtes Gleisstück, der Wagen neigt sich nach hinten und fährt in der Schräglage aufwärts. Es führt nun der Weg über die Wasserscheide hinweg und zur oberen Haltung unter Umkehrung der Kippung um ein geringes Maß hinab. Die so gebauten schrägen Ebenen des Elbinger Kanals hoben mit einer Steigung von 1 : 12 die Schiffe um 25 m. Solche Höhen können heute bei guten Bodenverhältnissen vielleicht mit einer einzigen Schachtschleuse, sicher aber einer zweistufigen Schleusentreppe überwunden werden und zwingen nicht zur Erbauung von schrägen Ebenen.

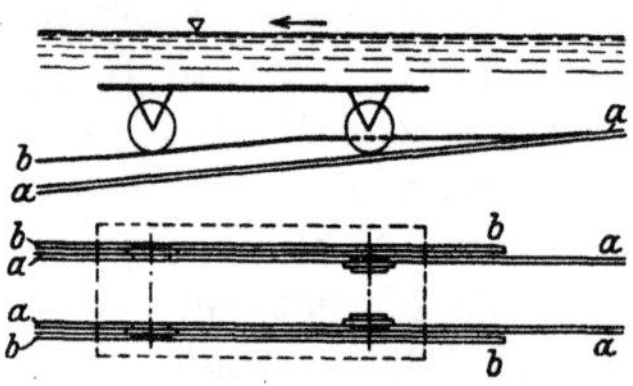

Abb. 666 a u. b. Trockenförderung auf schräger Ebene. Systembild. Oben Schnitt. Unten Aufsicht.

Eine andere Form der längs geneigten schrägen Ebene zeigt Abb. 667. Hier sollen die Schiffe naß befördert werden. Es ist deshalb ein Schwimmkasten, der das Schiff aufnehmen kann, auf ein Eisengerüst gestellt worden, das auf Rädern oder Rollen läuft. Die Ebene soll doppelt sein, so daß ein Kasten unten ist, wenn der andere oben ist, mit Gewichtsausgleich der beiden Förderkästen gegeneinander. Es sind an jedem Kasten eine größere Zahl von Seilen befestigt, die oben über Rollen laufen, so daß jedes Seil nach Berührung zweier Rollen an dem entsprechenden Punkt des anderen Kastens angreift. Entweder kann man diese Seilscheiben unmittelbar antreiben oder man bringt besondere Zugseile an, die die Aufwärtsbewegung des unteren Kastens unabhängig von den Gegengewichtsseilen bewirken. Es ist nur die rollende Reibung zu überwinden, die theoretisch mit 0,01 der Last angesetzt werden, praktisch aber das Dreifache betragen kann. Ein Vorschlag von Haniel & Lueg will die Räder durch Gleitschuhe ersetzen, die durch Preßwasser gehoben werden. Jeder Schuh soll aus einem unten offenen Stahlkasten bestehen, der ringsum durch eine Lederstulpe nach unten abgedichtet ist. Es soll Druckwasser von solchem Druck in

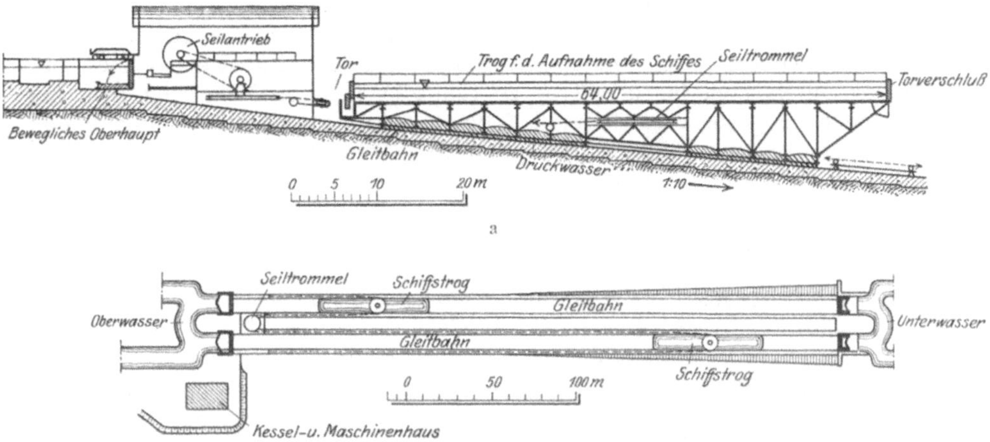

Abb. 667 a u. b. Längs geneigte, schräge Ebene. Vorschlag Nakonz.
a Schnitt durch den Trog und die obere Haltung. Maßstab 1 : 900. b Grundriß. Maßstab 1 : 4500.

diesen Kasten gepreßt werden, daß dauernd Wasser unter der Lederstulpe hervorquillt, das fortgesetzt von oben ersetzt wird. Es läuft dann der Gleitschuh nicht auf der Lederstulpe, sondern auf dem Druckwasser, das sich zwischen Lederstulpe und Unterlage bewegt. Nach Versuchen soll der Reibungswiderstand dann nur noch $^1/_{112}$—$^1/_{300}$ betragen. Bei Frost ist Glyzerinzusatz vorgesehen. Der Gedanke ist theoretisch interessant, es ist aber fraglich, ob es möglich ist, eine Gleitbahn so eben herzustellen, daß selbst federnd gelagerte Gleitschuhe nicht stellenweise wasserlos würden. Vorläufig scheint die Räderanordnung noch sicherer[1]).

Der Wassertrog muß an beiden Enden durch bewegliche Tore geschlossen werden können, denen an den Kanalhaltungen entsprechende Tore gegenüberstehen. Während der Bewegung müssen alle Tore geschlossen sein. Bei dem Übergang eines Schiffes von und zum Kanal müssen die beiden Tore an der Berührungsstelle gleichzeitig geöffnet sein. Sie werden zu diesem Zweck am besten gekuppelt, so daß sie durch die gleiche Hubvorrichtung gehoben und ge-

[1]) Dieser Gedanke ist in dem phantastischen schönen Roman von Kurt Laßwitz „Auf zwei Planeten“ für die Eisenbahnen des Mars aufgenommen worden.

senkt werden. Es werden Hubtore verwandt, da sie den geringsten Raumaufwand erfordern. Die Anordnung der Tore ist die gleiche wie bei den Trögen der senkrechten Hebewerke.

Diese Anordnung, wie sie geschildert wurde, hat den Nachteil der Kupplung zweier Tröge. Dieser Nachteil kann dadurch beseitigt werden, daß man als Gegengewicht einen entsprechend belasteten Gegengewichtswagen verwendet. Dadurch wird allerdings der Kraftaufwand vergrößert, da nun die gleiche Kraft wie vorher für die Bewegung nur eines Schiffes aufgewandt werden muß. Nach dem Vorschlag von Th. Hoech kann man die Gegengewichtswagen unter dem Trog auf der gleichen Gleitbahn durchlaufen lassen, so daß nur eine schräge Ebene für ein Schiff nötig ist. Die längsgeneigte schräge Ebene weist den großen Vorteil auf, das Schiff in seiner Längsrichtung weiterzufahren und zwar mit einer größeren Geschwindigkeit, als das Schiff im Kanal fährt. Sie ist besonders bei großen Hubunterschieden sehr zweckmäßig. Bei Hubhöhen von 50 m und mehr sollten nur längsgeneigte schräge Ebenen verwandt werden.

3. Quergeneigte schräge Ebenen.

Die quergeneigten schrägen Ebenen besitzen nicht den Vorteil der Weiterbeförderung der Kähne in ihrer Fahrtrichtung. Sie haben aber den Vorteil, ein billigeres Untergestell für den Trog zu ermöglichen. Ein Längstrog muß bei einer steilen Längsebene am unteren Ende einen entsprechend der Länge hohen Unterbau bekommen. Bei der quergeneigten Ebene ist dieser Unterbau nur von der an sich geringen Trogbreite abhängig. Eine solche quergeneigte Ebene ist in Foxton, Grand Junction Kanal, England, zur Ausführung gekommen, und zwar als doppelte Ebene mit voller Unabhängigkeit der beiden Tröge voneinander.

Die Abb. 671 zeigt die Anordnung, die einer besonderen Erklärung nicht weiter bedarf. — Auch hier muß der Trog an beiden Enden durch Tore abgeschlossen sein, während nur die obere Haltung an einer Seite einen Abschluß braucht. Die untere Haltung braucht kein Tor, wenn der Trog in das Unterwasser so weit hineinfährt, bis der Wasserspiegel im Trog mit dem Unterwasserspiegel übereinstimmt. Große Unterschiede im Oberwasser können auf diese Weise stets sehr bequem ausgeglichen werden, weil bei hohem Oberwasser mit entsprechend hoher Trogfüllung der Trog nur entsprechend tiefer in das Unterwasser hineinzufahren braucht, um auch hier immer die gleiche Füllung zu haben. Bei großen Schiffsabmessungen werden dann aber über 3000 cbm innerhalb ganz kurzer Zeit verdrängt oder in die Haltung hineingesogen, so daß die Entstehung starker Strömungen unvermeidlich ist. Man wird deshalb den Anschluß besser wie er vorher dargestellt wurde, durch Häupter anlegen, so daß der Abschluß des Troges und der Häupter durch Tore nötig wird.

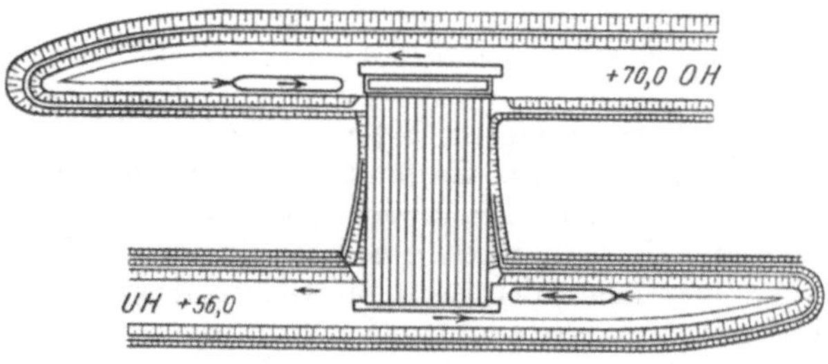

Abb. 668. Schräger Schiffsaufzug nach Th. Hoech.

Der Trog muß im Grundriß an beiden Enden schräggeschnitten sein, damit er zwecks guter Dichtung an das Haupt der oberen, gegebenenfalls auch der unteren Haltung anfahren kann (Abb. 671). Die Anpressung der Trogquerrahmen an die Häupterflächen geschieht dann selbsttätig. — Es ist eine ganz ähnliche

Einrichtung, wie sie bei dem Hebewerk von Henrichenburg durchgeführt wurde. Diese Einrichtung ist dort genauer dargestellt worden.

Ein guter Vorschlag der Anordnung einer quergeneigten schrägen Ebene stammt von Theodor Hoech. Abb. 668 zeigt den Grundriß in verbesserter Form. Hoech will den Trog oben in ein entsprechend ausgebildetes Haupt hineinfahren lassen, so daß er von beiden Seiten zugänglich ist. Unten soll er in die untere Haltung hineintauchen. Es werden oben alle 4 Tore gleichzeitig geöffnet, so daß das aufgehende Schiff vorwärts heraus-, das abgehende rückwärts in den Trog gezogen werden kann. Zu diesem Zweck ist das abwärtsgehende Schiff vorher um das Haupt herumgefahren und dann rückwärts an den Trog herangeholt worden. Es kann damit fast gleichzeitig die Ausfahrt und die Einfahrt der Schiffe in den Trog erfolgen. Unten erfolgt die Schiffsbewegung umgekehrt. Jedes Schiff kommt in richtiger Lage an und kann unmittelbar die Reise fortsetzen. Ein längerer Aufenthalt entsteht nur für die Schiffe, die in den Trog hinein wollen, da sie immer erst um den Trog herum müssen, um dann rückwärts bis an den Trog zurückgeschleppt zu werden. Hoech hatte die Kanalstümpfe hinter dem Trog stumpf abgeschnitten; man wird sie viel länger machen müssen und spitz zulaufen lassen können, wie es die Abb. 668 zeigt. Bei starkem Verkehr mit Schleusenrang ist keine Verlängerung der Fahrt zu befürchten, bei weniger Verkehr aber bedeutet die Anordnung eine starke Verlängerung der Schleusungszeit. Die schräge Ebene von Hoech kann aber fast das Doppelte leisten wie eine gewöhnliche. Er hat hier den Vorschlag gemacht, Gegengewichtswagen mit Ziegelsteinbelastung unter dem Trog durch laufen zu lassen.

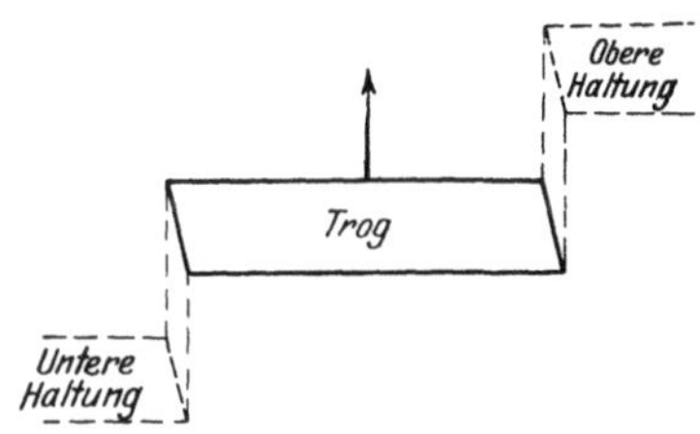

Abb. 669. Schrägschnitt des Trogs.

Wird der Unterschied zwischen Ober- und Unterwasser sehr groß, dann kann die schräge Ebene zu einer Schiffseisenbahn werden, wie sie für die Beförderung von Seeschiffen z. B. an Stelle des Panamakanals vorgeschlagen worden ist. Hier war keine Kanalstrecke vorgesehen, sondern nur die Beförderung auf der Bahn.

Zum Schluß wird die schräge Ebene der M. A. N. dargestellt, die heute wohl als die beste Konstruktion einer solchen Ebene gelten kann (Abb. 670). Es ist hier ein Trog auf einem großen in der Mitte angeordneten Wagen gelagert, der ursprünglich auf vier riesigen Walzenrädern laufen sollte. Später sind kleinere Räder vorgesehen worden. Der Wagen soll nicht durch Seile mit Gegengewichten gezogen werden, sondern wird unmittelbar durch Elektromotoren, die auf dem Wagen angebracht sind und ihren Strom aus einer Schleifleitung entnehmen sollen, bewegt.

Die Auflagerung soll auf jeder Seite auf 8 Rädern erfolgen. Eine solche Anordnung der Räder ist bereits bei großen Laufkränen mit Erfolg durchgeführt worden. Der Trog ist bei dem Entwurf der M. A. N. pendelnd in einem Doppelrahmen aufgehängt. Man kann auch, wie bei der Oberländer Ebene, mit diesem Apparat über eine künstliche Wasserscheide hinwegfahren und die Tröge in die Haltung eintauchen, besser aber unten Häupter anordnen. Das über quergeneigte Ebenen Gesagte gilt im übrigen auch für diese M. A. N.-Ebene. Sie erscheint vor allem für sehr große Hübe wertvoll.

Eine andere Form der Trogausbildung zeigt Abb. 671. Hier ist der Trog in einem großen Rahmen aufgehängt, soll sich aber nicht stets senkrecht stellen (seitliche Anschläge). Dementsprechend stellt sich der Wasserstand nach Überfahren des Scheitels ein, siehe die Sohlenausbildung. Der Rahmen ruht auf vier Doppelradsätzen, von denen zwei immer durch Wagebalken verbunden sein müssen, so daß die vier rechten und die vier linken Räder je um einen Punkt pendeln können. Die Anordnung ist einfacher, die tote Last aber größer als bei Abb. 670.

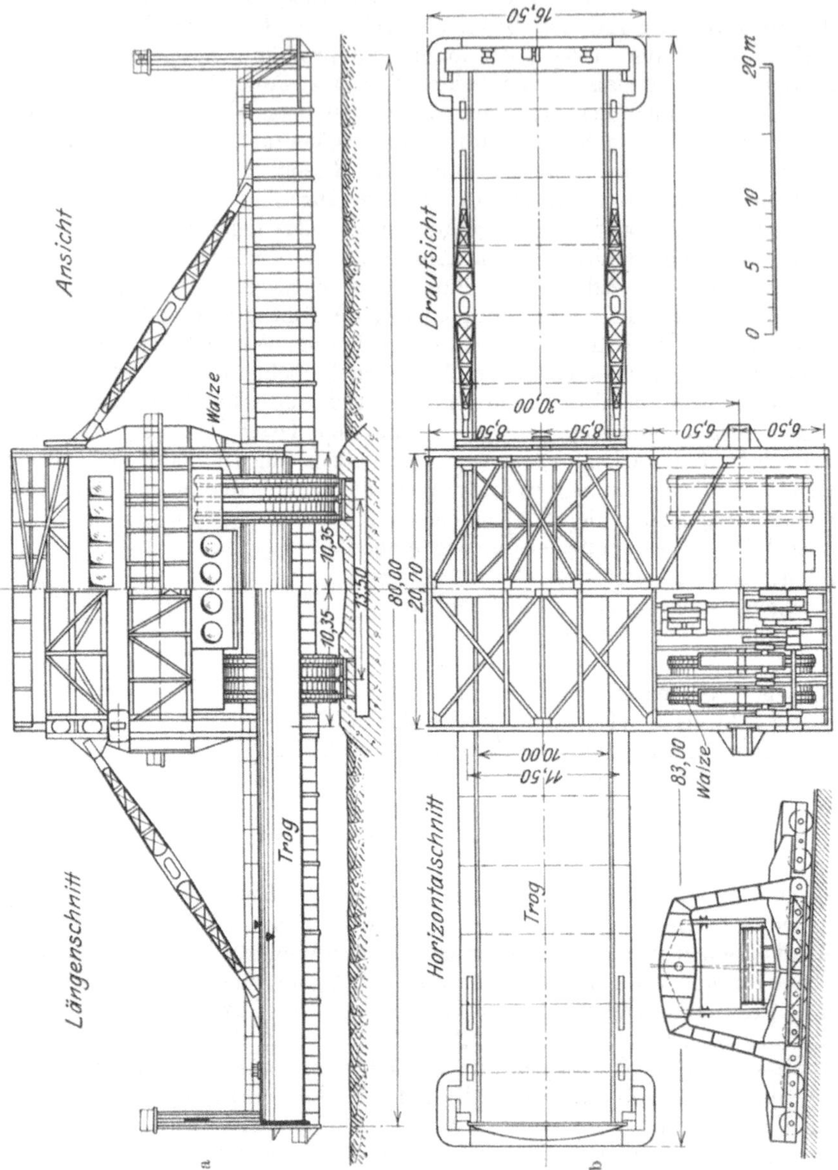

Abb. 670 a bis c. MAN-Ebene. Maßstab 1 : 570.

b) Senkrechte Hebewerke.

1. Allgemeines.

Die senkrechten Hebewerke verwenden z. Z. durchweg einen mit Wasser gefüllten Trog. Ihre Hubgeschwindigkeit überschreitet die der Schleusen bedeutend. Ein Hebewerk ist dadurch stets leistungsfähiger als eine Schachtschleuse. Die Zeiten für Ein- und Ausfahrt usw. sind die gleichen. Ein grundlegender Unterschied besteht nur dann, wenn der Trog einschiffig ist, die Schachtschleuse aber als Schleppzugschleuse gebaut wird. Dann tritt zu der Zeit, die die Schachtschleuse brauchen würde, für das Hebewerk noch die Zeit hinzu, die für Zerlegen und Wiederzusammensetzen des Schleppzuges nötig ist, und der Zeitverlust für das Nacheinanderschleusen der einzelnen Schiffe, wobei die Unterschiede in der Hubzeit zu beachten sind. Es dürfte aber technisch nichts im Wege stehen, auch die Hebewerke für Schleppzüge auszugestalten. Ob ein solches Bauwerk mit einer Schleppzugschachtschleuse den Wettbewerb aushalten kann, muß von Fall zu Fall untersucht werden. Einen großen Schritt vorwärts würde man kommen, wenn der Nachweis gelänge, daß die Naßförderung eine Übertreibung der Forderung nach Sicherheit darstellt. Die Schiffe verbiegen sich bei vorsichtiger gleichmäßiger Beladung im Wasser nicht so stark, daß der Druck unter dem Boden große Unterschiede aufweist. Ein Schiff, das 2 m Tiefgang hat, besitzt einen Bodendruck von 2 t/qm. Wenn es gelänge, die Schiffe im Rahmen federnd so aufzuhängen, daß jeder Rahmen sich mit dem Druck unter das Schiff legt, der der augenblicklichen Schwimmtiefe entspräche, wobei dieser Druck durch gesperrte Zahnräder oder andere Einrichtungen während der Bewegung erhalten bliebe, dann könnte mehr als die Hälfte des zu hebenden Gewichtes gespart werden. Die ganze Anlage würde dann halb so teuer und dadurch stark an Wettbewerbsfähigkeit zunehmen. Der Gedanke von Riedler bietet in dieser Hinsicht bereits einen Vorgang.

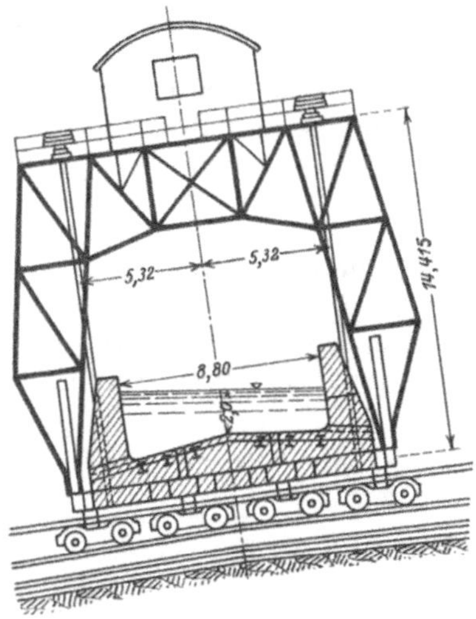

Abb. 671. Trogwagen einer quergeneigten Ebene. Maßstab 1 : 400.

Von größter Bedeutung ist die Abdichtung des Troges gegen die untere und obere Haltung. Sie bietet keine besonderen Schwierigkeiten, wenn der Trog gemäß Abb. 669 schräg geschnitten wird. Abb. 669 stellt eine Ansicht dar. Für schräge Ebenen kann die Abb. auch als Aufsicht dienen, man erreicht dann damit den gleichen Zweck. Wie bei senkrechten Hebewerken Wasserzustandsschwankungen ausgeglichen werden, wird bei dem Hebewerk Henrichenburg gezeigt (S. 509).

2. Preßwasserhebewerke.

Das Preßwasserhebewerk ist eine der ältesten Ausführungen, die bekannt sind. Es ruht der Trog auf einem Preßwasserzylinder. Es sind dabei 2 Tröge nebeneinander gelegt worden, deren Druckzylinder miteinander gekuppelt sind. Die Abb. 672 stellt das Hebewerk bei Anderton in England vor dem Umbau dar. Die neue Form zeigt Abb. 680. Der Wasserdruck wird automatisch durch das Gewicht des Troges erreicht. Die Bewegung wurde in einfacher Weise dadurch eingeleitet, daß die Tröge nicht ganz bis zur Ausspiegelung mit ihren Kanalhaltungen gehoben und gesenkt wurden. Der obere Trog blieb in etwas tieferer, die untere in etwas höherer Stellung. Dann wurde der obere aus dem Oberwasser um ein weniges aufgefüllt, bis Ausspiegelung bestand, während der überschüssige Wasserteil aus dem unteren abgelassen wurde. Vorher war die Verbindung zwischen den beiden Druckzylindern abgestellt worden. Nach Aus- und Wiedereinfahrt der Schiffe und Wiederschleusen der Tore mußte sich nun der obere Trog, der eine größere Wasserfüllung als der untere besitzt, senken und den unteren heben. Der untere wurde wieder zum Stillstand gebracht, ehe sein Wasserspiegel den der oberen Haltung erreichte usw. Die Schnelligkeit der Bewegung kann durch das Ventil zwischen den beiden Preßkolben willkürlich geregelt werden. Die Abmessungen dieses Hebewerkes waren gering. Der Trog hatte die Maße von 1,5 · 4,72 · 22,7 m und konnte Schiffe bis zu 100 t Tragkraft befördern. Nur wegen dieser Abmessung war die Lagerung auf einem Druckzylinder möglich. Bei modernen Hebewerken mit 1000-t-Schiffen würde die Lagerung auf drei oder mehr Zylindern erforderlich sein.

Eine Schrägstellung des Troges hat eine Anhäufung des Wassers an einer Seite zur Folge und damit eine Vermehrung des Druckes auf dieser Seite. Ruht der Druck auf mehreren Zylindern, dann wird der eine Zylinder plötzlich stark belastet, während dann der andere entlastet wird. Um dabei Unfälle zu verhüten, sind sehr genaue Parallelführungen notwendig. Das Preßwasserhebewerk gilt heute als veraltet, es ist aber nicht ausgeschlossen, daß es durch Benutzung der heutigen Maschinentechnik doch eines Tages wieder wettbewerbsfähig wird. Voraussetzung ist, daß es dann nicht als Doppelhebewerk, sondern als Einzelhebewerk ausgeführt werden kann, d. h., man müßte das Preßwasser durch

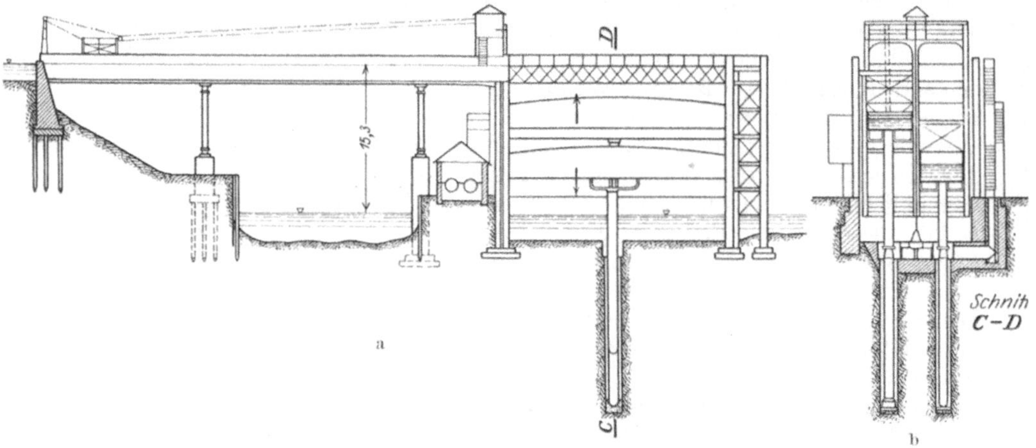

Abb. 672 a u. b. Früheres Preßwasser-Hebewerk am Weaver-Fluß bei Anderton in England. Maßstab 1 : 800. a Ansicht. b Querschnitt durch die Tröge.

entsprechende Pumpen erzeugen, wenn man nicht Gegengewichte anbringen will. Dieser Gedanke führt aber zu dem Hebewerk mit Gegengewichten, die von namhaften Firmen bereits eine weitgehende Ausbildung erfahren haben und unten weiter beschrieben werden.

3. Schwimmerhebewerke.

α) Hebewerke mit stehenden Schwimmern.

Es ist bisher ein Schwimmerhebewerk ausgeführt worden, Systeme von Schwimmerhebewerken gibt es eine größere Zahl. Die Haupteinteilung beruht auf der Form der Schwimmer, ob sie stehende oder liegende sind. Das heute noch bestehende einzige Hebewerk ist das mit stehenden Schwimmern bei Henrichenburg, das den Aufstieg vom Dortmund-Ems-Kanal zum Hafen von Dortmund bewirkt. Das Hebewerk hat sich vorzüglich bewährt, es ist aber kennzeichnend, daß der Bau eines solchen Hebewerkes nicht wiederholt ist, sondern in Minden unter fast gleichen Verhältnissen und in Datteln neben Henrichenburg unter gleichen Verhältnissen Schachtschleusen, aber keine Hebewerke ausgeführt worden sind. Es hat sich gezeigt, daß bei solchen Hubhöhen ein Hebewerk zu teuer ist, auch wenn kein Speisewasser vorhanden ist. Man hielt die Schleusen für besser, hat den Bau von Schachtschleusen weiter entwickelt, aber die Entwicklung des Hebewerkbaues auf diese Weise leider nicht gefördert.

Die Abb. 673—675 stellen das Hebewerk Henrichenburg dar. Das gleiche, was von den Preßwasserhebewerken hinsichtlich der Parallelführung gesagt wurde, gilt auch von allen Schwimmerhebewerken. Wird z. B. durch Wind in der Längsrichtung des Troges eine Anhäufung von Wasser an einem Ende des Troges herbeigeführt, dann steigt auch hier wieder die Belastung, der betreffende Schwimmer oder — bei Längsschwimmern — der betreffende Schwimmerteil muß tiefer einsinken. Dadurch sinkt nun der Trog an dieser Stelle, das Wasser muß nachströmen, infolgedessen wächst die Belastung immer weiter, so daß zum wenigsten starke Verklemmungen, wenn nicht Unfälle die notwendige Folge wären, wenn nicht eine gut ausgebildete Parallelführung diesen Zustand unmöglich machen würde. Diese Parallelführung ist daher auch einer der Hauptpunkte des Henrichenburger Hebewerkes.

Der Trog ruht auf 5 Schwimmern, die aus Eisenzylindern bestehen. Diese Zylinder bewegen sich in bergmännisch hergestellten Schwimmerschächten, die 9,2 m Durchmesser und 29,5 m Tiefe unter der Sohle der Troggrube besitzen. Der Untergrund besteht aus festem Mergel. Der obere Teil der Schächte ist mit Beton ausgekleidet, der untere durch Tübbings (gußeiserne, miteinander verschraubte Zylindersegmente). Die Sohle der Schächte ist durch kugelförmige Kappen von 80 cm Stärke abgeschlossen. Dicht an dem Scheitel dieser Kappen sind wagerechte Eisenrohre (12 cm ∅) von Schacht zu Schacht durchgetrieben worden, die den Wasserstand der Schächte miteinander in Verbindung halten. Diese Rohre sind durch wagerechte Bohrlöcher von 15 cm ∅ hindurchgesteckt worden, die beim Ausbau der Schächte zur gleichmäßigen Wasserhaltung dienen sollten. Die Schwimmer haben einen Außendurchmesser von 8,8 m und eine Gesamthöhe von 13,0 m, sie sind somit nur etwa 1,5 mal so hoch wie breit. Das Gesamtgewicht, das die 5 Schwimmer zu heben haben, beträgt 3100 t, davon entfallen 1540 t auf das Wassergewicht des Troges bei Leerfahrt (oder Wasser- und Schiffsgewicht bei Fahrt mit Schiff), 800 t auf das Eigengewicht des Troges und seiner Stützen und 760 t auf das Eisengewicht der 5 Schwimmer. Da der Auftrieb jedes Schwimmers 620 t beträgt, so überwiegt der Auftrieb mit zusammen 3100 t die Belastung. Die Schwimmer bleiben stets ganz unter Wasser. Der Trog bewegt sich zwischen beiderseits je 5 Gittersäulen, die zu zweien oben zu einem Portal zusammengeschlossen sind. In den Gittersäulen stehen Spindeln, auf denen große Muttern, die am Troge befestigt sind, auf- und abgleiten. Die Muttern sind fest gelagert und drehen sich nicht, die Spindeln werden oben angetrieben, so daß sie sich alle gleichzeitig mit gleicher Drehgeschwindigkeit drehen. Spindeln und Muttern sind so berechnet, daß sie entweder die ganze Last bei Vollaufen aller Schwimmer (3000 t) tragen können, oder daß sie bei Leerlaufen des Troges die Auftriebsgröße von dann 1500 t nach oben aufnehmen können. In beiden Fällen kommt die Bewegung vorher zum Stillstand. Die Spindeln werden elektrisch angetrieben, die einen elektrischen Gleichstrom erzeugende Dampfmaschine leistet 220 PS, sie erzeugt in der Dynamomaschine 150 Kw Leistung. Die Trockenhaltung der Schwimmer geschieht durch Preßluft.

Die Spindeln besitzen 280 mm äußeren Durchmesser bei 24,6 m Länge und 245 mm Kerndurchmesser und bestehen aus Siemensmartinstahl. Sie sind alle 5 m durch bewegliche Zahnlager gehalten, die von dem Trog mitgenommen werden. Zur Kontrolle des Materials ist ein Kern von 100 mm Durchmesser ausgebohrt worden. Die Schraubenmuttern haben eine Höhe von 800 mm und bestehen aus Bronze. Die Muttern haben sich bewährt; bei einer Untersuchung, die während des Weltkrieges vorgenommen werden konnte, hat sich aber gezeigt, daß die Muttern so stark ausgeschliffen waren, daß sie eine Gefahr für das Bauwerk bildeten. Sie konnten noch rechtzeitig erneuert werden. Der Vorgang hat gezeigt, daß man solche maschinellen Teile nach

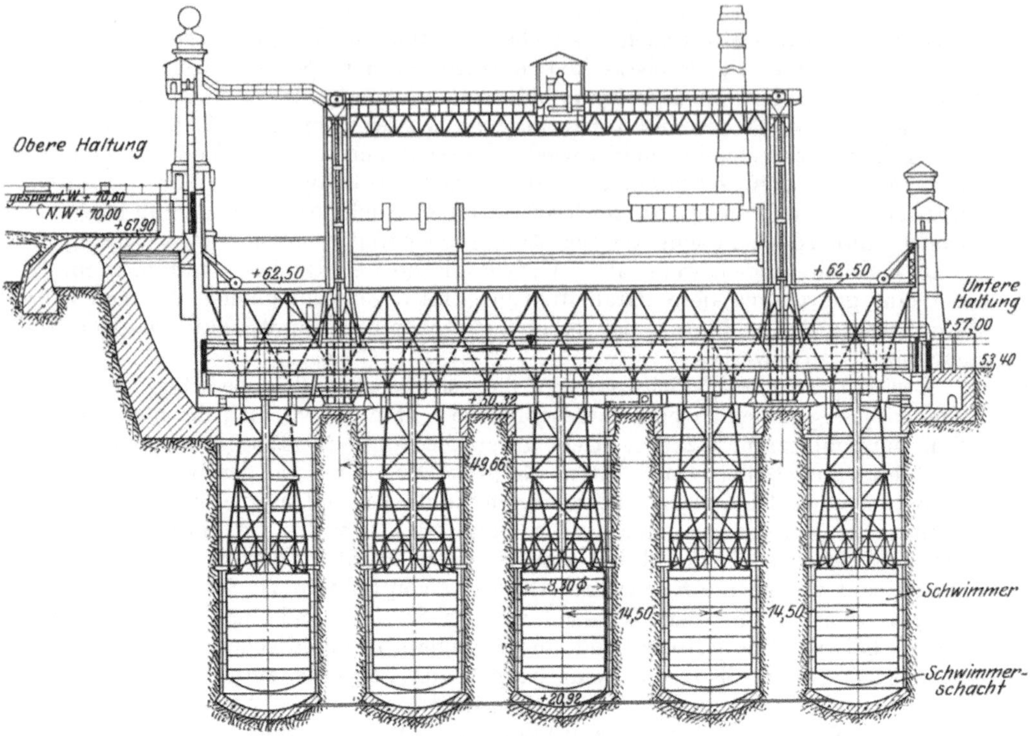

a Maßstab 1 : 800.

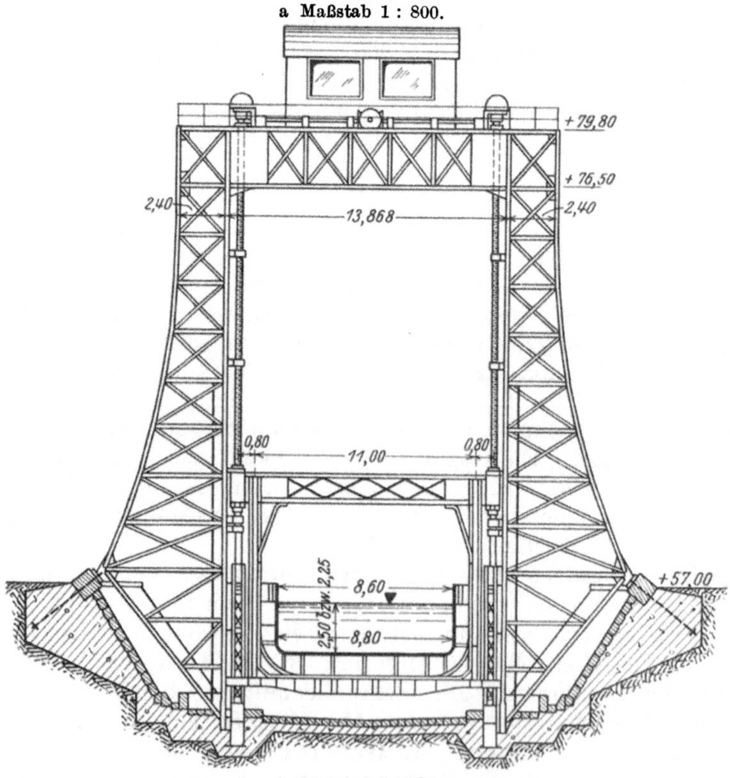

b Maßstab 1 : 380.

Abb. 673 a u. b. Hebewerk Henrichenburg.
a Längenschnitt in Trogachse. b Schnitt durch die Kammernische mit Führung, Gerüst und Maschinenhaus.

Verlauf einiger Jahre regelmäßig auseinandernehmen muß, um sie zu untersuchen.

Der Trog ist für sich hergestellt und in eisernen Rahmenträgern aufgehängt. Der Trog kann sich auf diese Weise für sich frei bewegen. Er ist durch die oft erneuerte Wasserfüllung gekühlt, während die Rahmen starken Erwärmungen durch die Sonne ausgesetzt sind. Beide Teile haben daher sehr verschiedene Wärmedehnungen. Der Trog hat eine innere Länge von Tor zu Tor von 70 m, eine innere Breite von 8,8 m; die nutzbare Breite und Länge wird durch Längsscheuerleisten und querlaufende Parallelbalken vor den Toren auf die Maße von 8,6 m und 68 m vermindert. Die Außenmaße des Troges sind $71 \times 10{,}5$ m. Die Seitenwände besitzen oben 10 mm, unten 12 mm Blechstärke. Die glatten

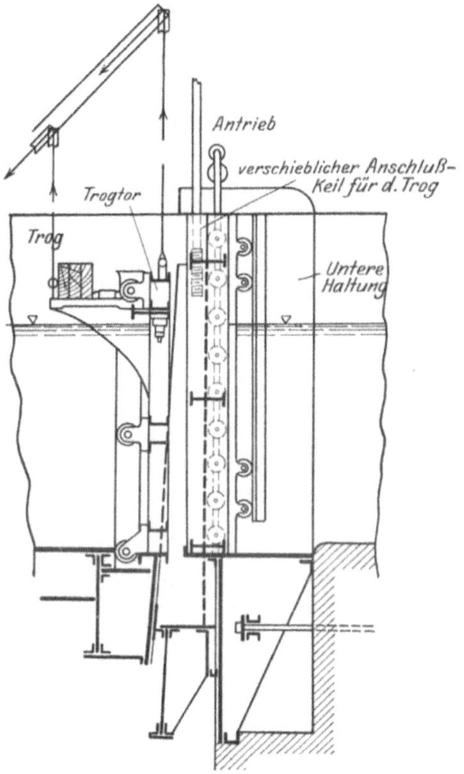

Abb. 674. Verschlüsse für Trog und Haltung Henrichenburg.

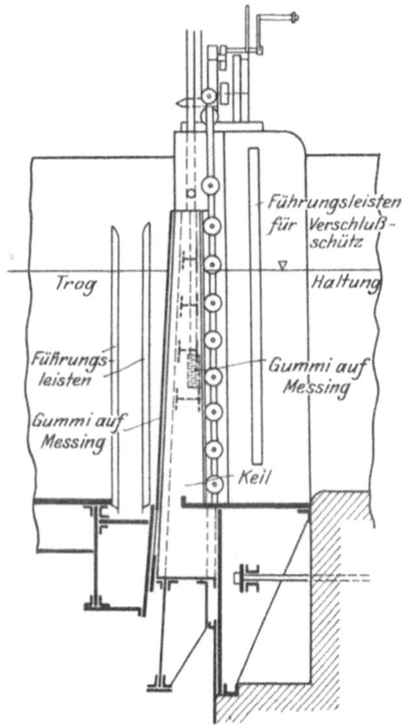

Abb. 675. Keilverschluß Henrichenburg.

seitlichen Bodenbleche haben 14 mm, die gekrümmten 8 mm und die Buckelbleche 8 mm Blechstärke. Die Hebe- und Senkgeschwindigkeit ist 6 m/min bei einer mittleren Hubhöhe von 14,5 m und einer größten von 16 m.

Bei allen Hebewerken macht die Veränderung des Wasserstandes oben und unten Schwierigkeiten, wenn die Dichtung durch keilförmigen Abschluß geschaffen werden soll. Es ist deshalb nötig, den keilförmigen Abschluß des Troges oder der Haltung in der Höhe verschiebbar zu machen. Dieser Dichtungskeil läuft gemäß Abb. 674 u. 675 auf Rollen, so daß er dem Wasserstandswechsel der Haltung folgen kann. Sinkt der Wasserstand unten, dann wird der Keil um das gleiche Maß durch eine Handwinde gesenkt, so daß der Trog dann in der entsprechend gesenkten Lage den gleichen Anschluß findet wie in der höheren. Die hintere Fläche des Keiles ist durch Gummidichtung an die Haltung angeschlossen.

Die Hubtore des Troges und der Haltung werden bei Gegenüberstehen miteinander gekuppelt. Es wird das Tor der Haltung gehoben und dadurch das Trogtor mit ihm. Vor der Hebung der Tore wird Wasser zwischen die beiden Tore durch einen Schieber eingelassen, ebenso wie das Wasser vor der Bewegung des Tores abgelassen wird. Bei der schon erwähnten Ausbesserung des Hebewerkes ist am Troge die Beobachtung gemacht worden, daß fast alle nicht versenkten Nietköpfe an der Sohle bis auf den Stumpf weggeschliffen waren. Es wird bei Ausfahrt des Schiffes Wasser und damit auch Sand mit großer Geschwindigkeit in den Trog eingesogen und bei der Einfahrt wieder herausgedrückt. Dieser Sand hat die Nieten abgeschliffen. Man darf bei solchen Trögen somit nur versenkte Niete verwenden, da mit der Anwesenheit von Sand stets zu rechnen sein wird.

Die Schiffe haben eine Länge von 67 m mit Steuer, 62 m zwischen Außenkante der Steven und 8,2 m Breite zwischen den Scheuerleisten und sollen 600 t Ladung tragen bei 1,75 m Tiefgang, wobei dann 0,75 m Spielraum unter dem Boden ist. — Die gleichen Schiffe können nach Teubert (Binnenschiffahrt) bei einer Länge von 66,5 m über alles, 8,2 m Breite über den Scheuerleisten bei 2 m Tauchtiefe 750 t, bei 2,3 m Tauchtiefe 900 t tragen. Das Eigengewicht ist 180 t. Es ist keine Frage, daß das Hebewerk ohne Schwierigkeit auch für diese 900-t-Schiffe benutzt werden kann.

Von Interesse bei diesem Hebewerk ist das Verhältnis von toter Last zur Nutzlast. Die tote Last ist bei einem Gewicht von rd. 1100 t des beladenen Schiffes 3100 — 1100 = 2000 t, also ein Verhältnis von rd. 1:2.

Da diese Last aber durch den Auftrieb ganz ausgeglichen ist, so ist die Arbeitsleistung der Maschine nur sehr gering. Bei einer entsprechenden Schleuse ohne Sparbecken ist aber eine tote Last von $14{,}5 \cdot 8{,}6 \cdot 70 - 1100 =$ rd. 8600 t zu bewegen, und zwar muß diese Last in Gestalt von Wasser bei mangelndem Zulauf von oben auf die Höhe von 14,5 m gepumpt werden. Würde auf den Auftrieb durch Schwimmer bei einem Hebewerk verzichtet, dann wäre die Gesamtlast einschließlich Schiff nur etwa 2300 t. Es ist von Wichtigkeit, daß die Überwindung dieser Last nur ein Schwimmergewicht von rd. 800 t erfordert. Der viel größere Teil der Leistung besteht aber in der Herstellung der Schwimmerschächte. — Wird nun eine Schachtschleuse mit Sparbecken ausgestattet, dann können rd. 74 vH der Wassermasse erspart werden. Es bleibt dann ein Wassergewicht einschließlich Schiff über von rd. 2200 t, ohne Schiff rd. 1100 t, also wesentlich weniger, als bei einem solchen Hebewerk an Gewicht aufgewandt werden muß. Hieraus ist bereits mit einiger Wahrscheinlichkeit der Schluß zu ziehen, daß ein Hebewerk theoretisch dann einer Schachtschleuse überlegen ist, wenn das Gewicht des in der Schleuse zu bewegenden Wassers größer wird als das Gewicht der bewegten Masse im Hebewerk, sofern das Wasser gepumpt werden muß. Praktisch entscheiden aber die geringeren Bauschwierigkeiten, der schnellere Betrieb und die größere Leistungsfähigkeit des Hebewerks die Frage früher zu seinen Gunsten. Bei 20 m Hub ist die Überlegenheit mit Sicherheit bereits vorhanden. — Gewißheit kann man selbstverständlich nur durch genaue wirtschaftliche Berechnungen erhalten. — Die Kosten des Henrichenburg-Hebewerkes haben 2,5 Millionen Goldmark betragen.

Die große Tiefe der Schwimmergruben, die auch bei liegenden Schwimmern nötig ist, hat Harkort zu dem Vorschlag bewogen, die Schwimmer in seitliche Türme zu legen. Eine starke wagerechte Gitterkonstruktion liegt dann über den Schwimmern, an ihr hängt der Trog (Abb. 676). Die Schwimmergrube wird hier aus der Erde herausgenommen und in Eisenbetonbehälter über die Erde gelegt. Man kann jetzt die Schwimmertürme im Trockenen in Eisenbeton ausführen, sie auf jeden Fall billiger erbauen als in der Erde, da dort die Wasserhaltung meist besonders hohe Kosten verursacht. Die Aufhängung des Troges hat zudem gegenüber der Aufstützung den Vorteil einer größeren Stabilität. Die Parallelführung ist nicht schwieriger als vorher. Die Troggrube braucht nur um ein weniges tiefer zu werden als die Sohle des Unterwassers, so daß hier keine nennenswerten Gründungskosten entstehen. Ob aber die ganze Anordnung wirtschaftlicher wird als eine Schachtschleuse, kann auch wieder nur von Fall zu Fall entschieden werden.

β) Hebewerke mit liegenden Schwimmern.

Die große Tiefe der Schwimmerschächte wird von einem Bergmann als eine ganz gewöhnliche Ausführung ohne Schwierigkeiten angesehen werden, von einem Bauingenieur dagegen in der Regel als eine außergewöhnliche Gründung. Das Tatsächliche ist, daß bei einigermaßen gutem Untergrund das Abtäufen der Schächte bergmännisch keine besonderen Schwierigkeiten bereitet. Es wird also in diesen Fällen nur darauf ankommen, die in diesen Arbeiten besonders geübten Bergleute zur Mitarbeit heranzuziehen. Bei schlechtem Untergrund kann aber die Schwierigkeit groß werden und führt dann zu dem Gedanken, liegende Schwimmer unter dem Trog oder seitlich von dem Trog zu verwenden. Der erste Vorschlag eines solchen Hebewerkes mit liegendem Schwimmer ist von Offermann in einem Bericht zum IX. internationalen Schiffahrtskongreß gemacht worden. Der Vorschlag ist dann von verschiedenen Firmen aufgenommen und umgestaltet worden.

Einer der neuesten Vorschläge dieser Art ist der von Böhmler † (Grün & Bilfinger) und von Harkort. Böhmler will unter das Traggerüst des Troges 3 liegende Schwimmer aus Eisenbeton legen, die keiner weiteren Unterhaltung bedürfen und wegen der Auflösung in 3 Körper auch keine große senkrechte Tiefe erfordern. Er wollte zuerst eine seitliche, schräg liegende Führung anwenden, ging dann aber später zu der besseren senkrechten Führung über. Es soll ein Eisengerüst seitlich ausgekragt und mit Führungsrollen versehen werden (Abb. 677a u. b). Die Führungsrollen sind an einem Fahrwagen angebracht, der maschinell angetrieben werden soll.

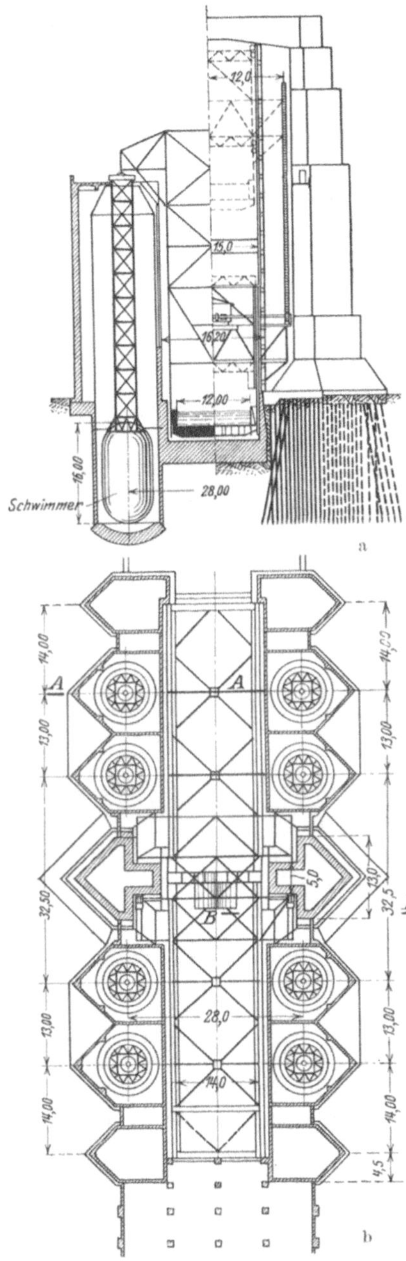

Abb. 676 a u. b. Schwimmerhebewerk Harkort. Maßstab 1 : 1200.
a Senkrechter Schnitt und Ansicht.
b Grundriß.

Die Schwimmergrube würde auch bei diesem Hebewerke (von Böhmler „Tauchschleuse“ genannt) für Henrichenburger Verhältnisse die erhebliche Tiefe von 29,5—13 + 5 = 21,5 m erhalten. Vergleicht man mit dem Henrichenburger

Werk, dann sieht man, daß man zur Aufwendung von 3100 t Auftrieb 3 Schwimmer von 70 m Länge und rd. 5 m äußerem Durchmesser verwenden müßte. Gegenüber der Henrichenburger Schwimmerhöhe von 13 m würde man somit nur 8 m an Tauchbeckentiefe ersparen. Da nun die Eisenkonstruktion bei den liegenden Schwimmern zweifellos mehr Raum einnehmen wird, so wird wahrscheinlich die Ersparnis nicht mehr als 7 m betragen, zwingt aber dann zur Anlage einer wesentlich schwierigeren Baugrube. Die Baugrube des Hebewerkes von Grün & Bilfinger sollte ohne feste Wände nur mit Böschungen ausgeführt werden. Diese Ausführung ist möglich in gutem, felsigem Boden. Hier ist aber auch die Abtäufung von Schächten keine Schwierigkeit. Es scheint nach allem, daß in der Annahme von liegenden Schwimmern kein großer Gewinn erzielt werden kann.

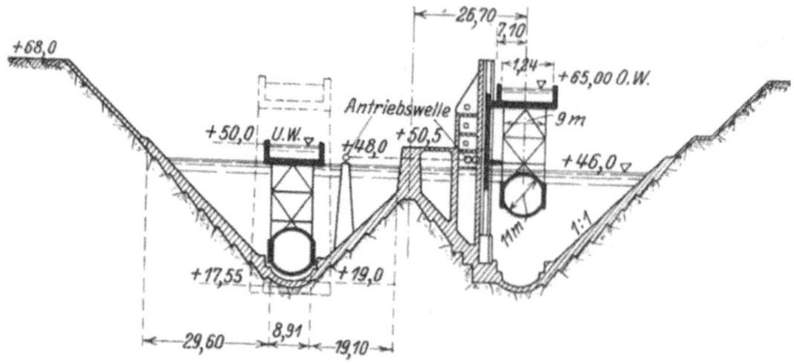

a

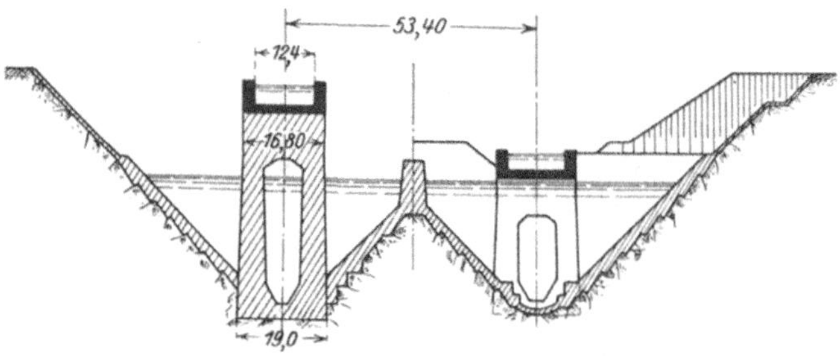

b

Abb. 677 a u. b. Tauchschleuse von Böhmler. Maßstab 1 : 2100.
a Schnitt durch Tauchkörper und Führungsturm. b Schnitt durch Ober- und Unterhaupt.

γ) Die Tauchschleusen.

Die Tauchschleuse ist der älteste bekannte Versuch, mit Hilfe eines Schwimmers ein Hebewerk zu erbauen. Bereits im März 1794 nahm Robert Welden in England ein Patent auf ein solches Hebewerk und baute auch ein solches für Schiffe von rd. 22 m Länge, 2,13 m Breite für ein Gefälle von 13,7 m. Die Anlage wurde zerstört, wann und wodurch, ist nicht mehr bekannt. Der Gedanke der Tauchschleuse ist sofort klar, wenn man sich eine Schachtschleuse vorstellt, in der ein liegender Schwimmer von solcher Größe auf- und niedertauchen kann, daß ein Schiff in seinem Inneren Platz finden kann. Es ist hierfür nötig, daß der Wasserspiegel so hoch über dem der oberen Haltung gehalten wird, daß der Schwimmer auch in seiner oberen Schwimmlage nicht aus dem Wasser heraussieht. Der Schwimmer muß dann in der oberen und der unteren Endstellung gegen die Seite der zu bedienenden Haltung abdichtend gepreßt werden, so daß man die Durchfahrtstore zwischen Schwimmer und der Haltung öffnen kann. Eine ähnliche Tauchschleuse wurde von den holländischen Ingenieuren Wouter-Cool und van Panhuis für das Preisausschreiben von Prerau

(Staustufe im Elbe-Donau-Kanal mit 36 m Hub) vorgeschlagen. Der Schwimmer wird durch Einlassen von Wasserballast zum Sinken gebracht und an den Seitenwänden durch Rollen geführt. Die Abmessungen sind ähnlich wie die des Troges in Henrichenburg. Das Steigen des Wasserstandes in der Haltung belastet den Schwimmer, es muß dann aus dem Schwimmer Wasser herausgelassen werden, ebenso wie Ballast eingelassen werden muß, wenn der Wasserstand in den Haltungen sinkt. Da es aber bei Wind in Richtung des Kanals leicht vorkommt, daß der Wasserstand in der unteren steigt, während er in der oberen sinkt, so ergeben sich große Schwierigkeiten, die noch nicht gelöst zu sein scheinen. Die Abdichtung des Schwimmers gegenüber den Schachtwänden soll durch Anpressen geschehen, das von dem Inneren des Schwimmers aus betätigt werden soll. Diese Abdichtung erscheint unsicher.

Diese letztere Schwierigkeit veranlaßte **Böhmler** zu dem Vorschlag einer neuen Tauchschleuse, bei der er den Schwimmer mit einem riesigen Schild versehen wollte, der sich mit ihm auf- und abbewegen sollte. Dieser Schild sollte nach der Unterwasserseite zu einen senkrechten Schlitz decken, der von unten bis fast zum Oberwasser durchlief und den Tauchschwimmer dauernd mit der Luft in Verbindung hielt. Die Ausführung dieses Schildes, der an beiden Enden des Schwimmers notwendig ist, erscheint möglich, kaum aber die Abdichtung einer so großen Fläche während einer Bewegung über 10 m Höhe. Es wird deshalb auf eine weitere Beschreibung dieser im übrigen völlig durchgearbeiteten Bauart verzichtet.

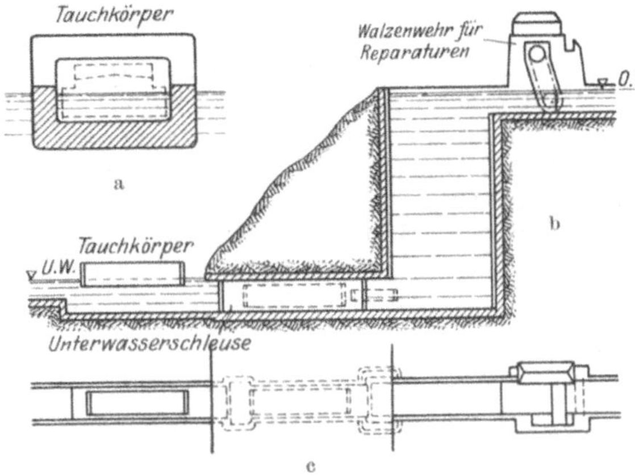

Abb. 678 a bis c. Schiffshebewerk mit Tauchschacht.
a Tauchkörper. b Längenschnitt. c Grundriß.

Zum Schlusse wird noch erwähnt, daß die Erfolge der Unterseeboote im Weltkriege einen Anstoß dazu gegeben haben, daß ihre Einführung in die Binnenschiffahrt für Schleusungszwecke vorgeschlagen wurde. Ein solcher Gedanke ist der M. A. N. patentiert worden. Es geht alles Nötige aus der Abb. 678 hervor.

4. Hebewerke mit Gegengewichten.

α) Entwurf **Demag**, in Verbindung mit **Gute-Hoffnungs-Hütte**, **Dyckerhoff & Widmann**, **Siemens-Schuckert** und **Baurat Roeder**, Abb. 679 a u. b.

Es ist ein Trog an vielen Punkten an Seilen aufgehängt, die am Kopf des Tragbauwerkes über Rollen laufen und am anderen Ende Gegengewichte tragen. Es sind in dem Entwurf für Nieder-Finow 8 Aufhängepunkte beiderseits vorgesehen, deren jeder durch 10 Seile gehalten ist, so daß 160 Seile für die Aufhängung im ganzen verwandt werden. Jedes Seil hat sein eigenes Gegengewicht. An je 5 dieser Seile hängt ein Rahmen, der unter die Gegengewichte herunterreicht. Sowie ein Seil reißen sollte, setzt sich das Gegengewicht auf den Rahmen auf, so daß die 4 noch tragenden Seile die Last der 5 Gegengewichte tragen, also an der Ausgleichung des Troggewichtes nichts geändert wird. Die ganze Tragwerkausbildung ist im übrigen sehr einfach in Eisenbeton gedacht. Der Antrieb soll elektrisch erfolgen und ist mit allen Einrichtungen der modernen Maschinentechnik ausgerüstet, so daß die Sicherheit allen Anforderungen genügt. Für die Überwachung der ganzen Anlage ist die große Zahl der Aufhängeseile lästig. Auch sind große Räder von über 2 m Durchmesser als Seilrollen erforderlich, um die Biegungsfestigkeit der Seile nicht zu überschreiten. Eine kleinere Zahl Gallscher Ketten würde jedenfalls das Gefühl der Sicherheit steigern. Das gilt nicht für ein neuerbautes Hebewerk, aber für ein Hebewerk, das vielleicht ein Menschenalter seinen Dienst getan hätte. Die beschriebene Konstruktion kann als eine der wirtschaftlichsten und besten bezeichnet werden.

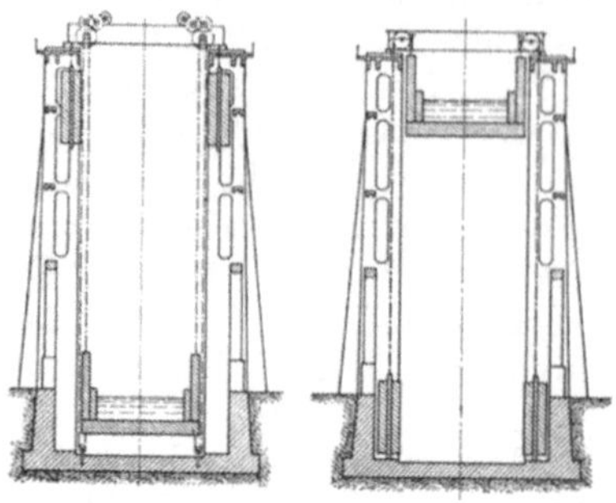

Abb. 679 a u. b. Hebewerk Demag mit Gegengewichten.

Ein Hebewerk mit Gegengewichten an Seilen ist bereits ausgeführt worden. Das bereits genannte Druckwasserhebewerk von Anderton ist in ein solches mit Gegengewichten an Seilen umgebaut worden. Bei dieser Gelegenheit ist die Kupplung beider Tröge aufgegeben worden, so daß jetzt jeder Trog für sich bewegt werden kann (Abb. 680).

β) Hebewerk Bruno Schulz, Philipp Holzmann.

Der Einwand der zu vielen Aufhängeseile, die konstruktiv zweckmäßig und billig, kontrolltechnisch unbequem sind, hat Anlaß zur Konstruktion des Hebewerkes mit vier Gegengewichten gegeben (Abb. 681). Der Gedanke ist so einfach, daß eine weitere Beschreibung entbehrlich ist. Es wird besonders darauf hingewiesen, daß diese Bauart auch im Bergwerkssenkungsgebiet Verwendung finden kann, weil eine Senkung der Stützenfundamente die Wirkung der Gegengewichte nicht aufhebt, sondern sich die Gegengewichte lediglich in eine andere Lage einstellen werden, man auch die Fundamente der Gegengewichtsstützen jederzeit wieder hochschrauben und untermauern kann. Der Vorteil für das Senkungsgebiet wird bei dem vorbeschriebenen Hebewerk der Demag auch erreicht.

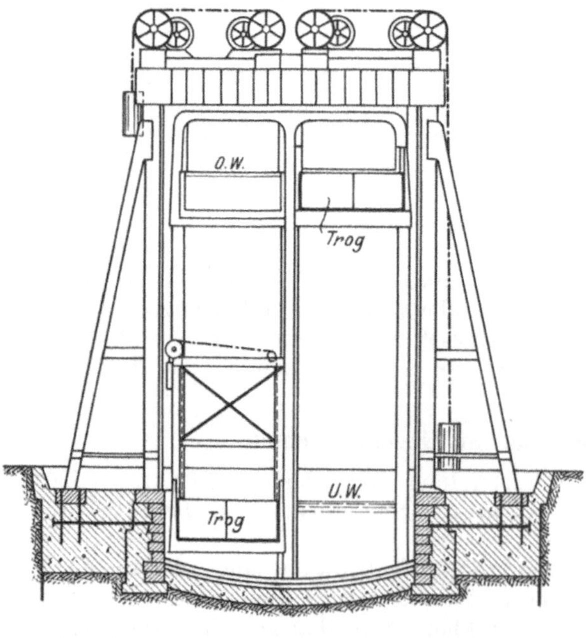

Abb. 680. Hebewerk Anderton, England, nach Umbau. Maßstab 1 : 330.

γ) Hebewerk Bruno Schulz, Beuchelt (Abb. 682).

Im Abstand von 60 m sind zwei Tröge an zwei gewaltigen zweiarmigen Hebeln aufgehängt. Zwei Einzelhebel, bei denen die Angriffspunkte und der Befestigungspunkt an der Mittelsäule eine gerade Parallele zum oberen Hebel bilden, verhindern seitliche Schwankungen der Tröge (Ausbildung von Gelenkrechtecken).

Ein Durchgehen des Hebewerkes soll durch Bremsplatten, die sich in Schächten bewegen, welche entsprechend der Bewegung der Hebel zylindrische Seitenwände besitzen, verhindert werden. Der Antrieb erfolgt durch ein Zahnradgetriebe, das auf eine entgegengesetzte, zylindrisch gebogene Zahnstange wirkt. Das ganze Bauwerk ist gründlich durchdacht, hat aber den Nachteil, etwas verwickelter Natur zu sein und eine Kupplung zweier Tröge zu besitzen. Das Außerbetriebkommen eines Troges zieht das des anderen sofort nach sich. Das Hebewerk war bereits für Niederfinow mit 36 m Hub zur Ausführung bestimmt. Die Gründung machte aber wegen der großen Drücke und des unsicheren Mergeluntergrundes Schwierigkeiten, so daß der Beschluß wieder aufgehoben worden ist.

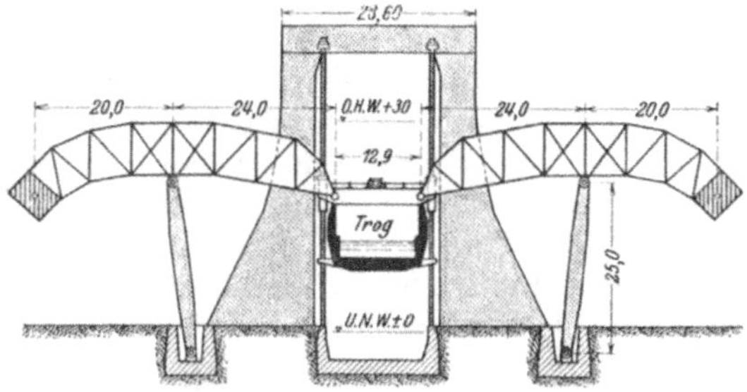

Abb. 681. Hebewerk Bruno Schulz, Holzmann. Mit 4 Gegengewichten. Maßstab 1 : 1600.

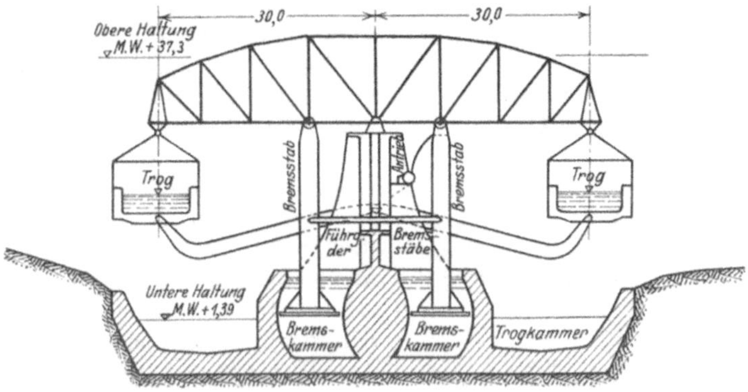

Abb. 682. Hebewerk an Hebeln Bruno Schulz-Schnapp, Beuchelt. Maßstab 1 : 1100.

δ) Gegengewichtshebewerk mit Schwimmer der M. A. N., Gustavsburg (Abb. 683 u. 684).

Ein Trog wird durch zwei große Gitterträgerhebel gehalten, die auf einem Schwimmer gelagert sind. Dieser Schwimmer kann entweder in einem Behälter im Oberwasser (erster Vorschlag) oder in einem Behälter am Unterwasser (neuer Vorschlag) schwimmen. Der Trog wird durch ein Führungsgerüst so geführt, daß er,

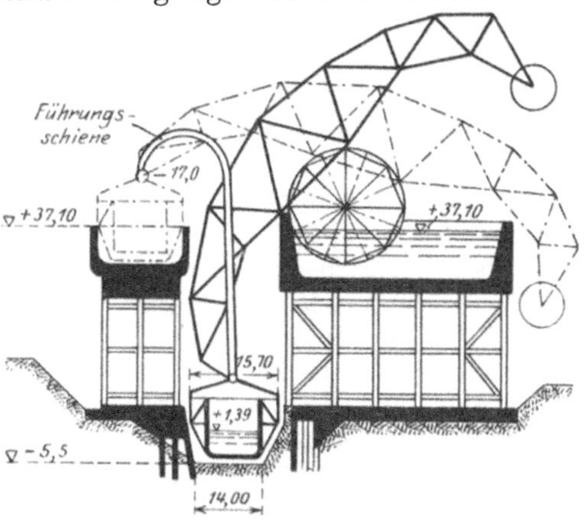

Abb. 683. Gegengewicht-Hebewerk MAN Gitterhebel, die auf Schwimmern gelagert sind. Maßstab 1 : 1750.

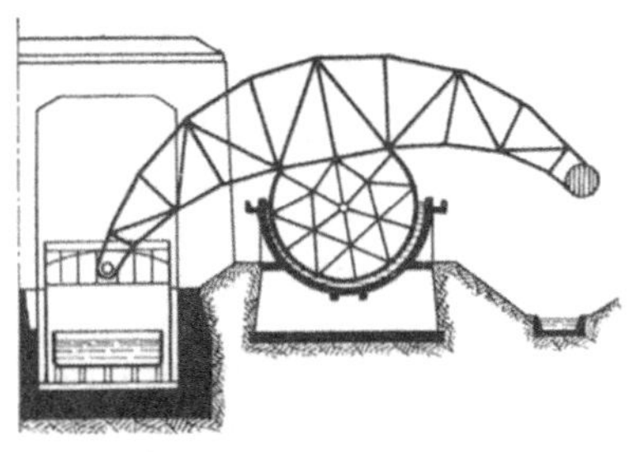
Abb. 684. MAN-Hebewerk mit schwimmendem Wagebalken (senkrechte Hubbewegung). Maßstab 1 : 1100.

von unten aufsteigend, hoch über die obere Haltung, die hier die Form einer Kanalbrücke hat, gebracht wird, um dann in diese Haltung hinabzusinken. Die Führung hat zu diesem Zwecke oben eine Kreisform erhalten. Die Schwierigkeit des Eintauchens mit der Erzeugung der großen Strömung in der betreffenden Haltung soll dadurch beseitigt werden, daß große Kammern in dem Trog, die über Wasser liegen, dieses Wasser durch Einpumpen aufnehmen sollen. Hierzu sollen die sog. Schraubenschaufler der M. A. N., eine Pumpenart für große Wassermengen und niedrige Drücke, verwandt werden. Der Trog ist mit so hohen Längswänden und so niedrigen festen Stirnwänden versehen, daß der Kahn nach Eintauchen über die Stirnwand hinwegfahren kann. Das Hebewerk ist auch für 36 m Höhe für Niederfinow durchgearbeitet worden.

5. Trommelhebewerk.

Diese Bauart wird nur in einer Linienskizze (Abb. 687) wiedergegeben. Der Gedanke ist ohne weiteres aus der Skizze verständlich. Die Haupttrommel von 52,6 m äußerem Durchmesser schwimmt in einem Becken des Unterwassers und enthält zwei ringförmige Schleusentröge. Die Tröge werden während der Drehung der Trommel durch Tore abgeschlossen. Die Konstruktion ist für einen unveränderlichen Hub einfach, ist aber auch für veränderlichen Hub durchgearbeitet worden. Es kommt dabei immer nur auf den Unterschied zwischen den beiden Wasserständen an. Die Änderungen des unteren spielen an sich keine Rolle, weil die Trommel sich entsprechend mit dem Wasserstand senkt und hebt. Wird der Höhenunterschied kleiner, dann werden ringförmige Kammern, die wie eine Haube über dem Schiffstrog schweben und nicht mit in das Unterwasser eintauchen, nach der Drehung aus dem Trog in seiner oberen Stellung gefüllt, so daß das Wasser nun oben in dem Trog tiefer stehen muß als unten.

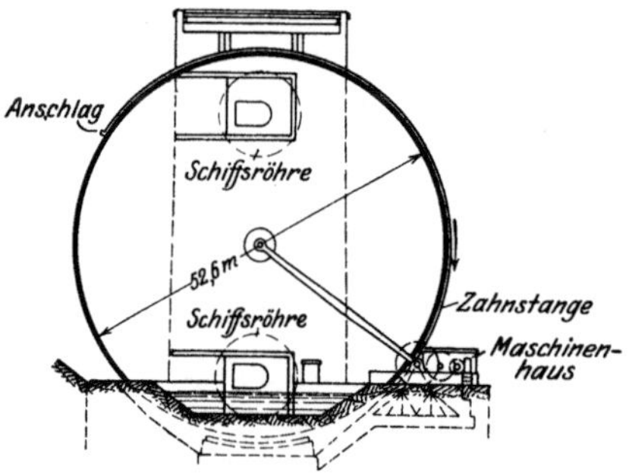

Abb. 685. Schwimmende Trommelschleuse Stokkert und Offermann der MAN. Entwurf 1904 für die 35,9 m hohe Stufe bei Prerau im Zuge des Donau-Oder-Kanals. Maßstab 1 : 1650.

Diese Kammern nehmen nur einen Teil der Länge ein und können geöffnet oder geschlossen werden. Entsprechende Kammern sind für eine Vergrößerung des Hubes vorhanden. Sie füllen sich aus dem Unterwasser und entleeren sich bei der Drehung in den Trog, so daß das Wasser im Trog steigt. Durch Öffnen und Schließen einer entsprechenden Zahl von Kammern mit verschiedenem Inhalt lassen sich alle notwendigen Unterschiede erzielen. Der Kostenanschlag dieses Vorschlages weist eine wesentlich höhere Summe auf als der für schräge Ebenen.

δ) Vergleich der schrägen Ebenen und Hebewerke untereinander und mit Schachtschleusen.

Bis heute haben sich Schachtschleusen mit Sparbecken bis zu Hubhöhen von 16 m noch als wirtschaftlicher gezeigt als Hebewerke und schräge Ebenen. Bei großen Hüben, wie bei Niederfinow, dürfte ein Hebewerk wirtschaftlicher sein als zwei oder drei Schachtschleusen hintereinander. Ob die Proetel-Schleuse oder eine Umlauftreppe hier wirtschaftlicher ist, bedarf noch der Klärung. Ein Hub von etwa 40 m scheint zur Zeit etwa die Grenze zu sein, bei der Hebewerke noch mit schrägen Ebenen in Wettbewerb treten können. Wahrscheinlich fangen hier die schrägen Ebenen an, wirtschaftlicher zu sein.

Eine wirkliche Klärung der Verhältnisse besteht noch nicht. Es ist notwendig, für eine größere Zahl von Einzelfällen, bei denen besonders die Untergrundverhältnisse, die Geländeneigung und die Größe der Schiffe und des Verkehrs entscheidend sind, Rechnungen durchzuführen. Aus ihnen wird man dann Regeln ableiten können, die zwar nicht allgemeine Gültigkeit haben werden, aber doch bereits für sehr viele Einzelfälle richtige Werte angeben, so daß das heutige Tasten auf diesem Gebiet durch zielbewußtes Vorgehen ersetzt werden kann.

L. Vorhäfen, Ausrüstung und Betrieb der Schleusen.

a) Lage der Vorhäfen.

Die Vorhäfen sind früher gemäß Abb. 524a S. 399 so gelegt worden, daß das ausfahrende Schiff geradlinig ausfuhr, das einfahrende Schiff aber seitlich vor der Schleuse lag und nun mühsam in die Schleuse seitlich hinein verholt werden mußte. — Die neue Lage der Vorhäfen Abb. 524b ist so, daß die einfahrenden Schiffe in einiger Entfernung vor der Schleuse warten, aber in der Schleusenachse liegen, so daß sie geradlinig einfahren; die ausfahrenden Schiffe aber müssen um das liegende Schiff einen Bogen machen. Da das ausfahrende Schiff (oder der Schleppzug) mit steigender Geschwindigkeit fährt, so ist er gut steuerfähig und kann leichter die Krümme durchfahren als ein Schiff, das in der Fahrt verlangsamt werden muß, weil es ja in der Schleuse zur Ruhe kommen muß. Die Abb. 525a S. 399 zeigt ferner die Lage der Schleusen, wenn es sich um Zwillingsschleusen handelt. Hier muß bei schmaler Mittelmauer eine Erweiterung nach beiden Seiten stattfinden; ist aber die Mittelmauer breit, dann kann die Anordnung wie bei einer einfachen Schleuse einfach verdoppelt werden.

Die Vorhäfen sollen wenigstens die 1,5fache Länge eines Schleppzuges erhalten. Auf ihre Ausbildung kommt es sehr stark an, ob der Schleusenbetrieb gut vor sich geht.

b) Die Ausrüstung der Schleusen.

Die Zeit zum Durchschleusen eines Einzelschiffes durch eine Schleuse setzt sich etwa wie folgt zusammen, wobei es wenig ausmacht, ob die Schleuse 3 oder 10 m Hub besitzt. Für noch größeren Hub (15 m wie bei Minden) muß die Füllzeit etwas verlängert werden.

Einfahrt mit Abstoppen aus voller Fahrt	6,0 Min.
Untertor schließen	0,5 „
Vertauen des Schiffes und Füllen	5,0 „
Obertor öffnen	0,5 „
Ausfahrt einschl. Fahrtverlust	5,0 „
Unvorhergesehenes	3,0 „
Gesamtzeitverlust durch eine Schleuse	20,0 Min.

Dieser Zeitverlust hat sich im Mittel auch bei der Hemelinger einschiffigen Schleuse mit etwa 4 m Hub gezeigt, ist aber nicht maßgebend für die Aufeinanderfolge der Schiffe, da hier ein Teil der Einfahrts- und Ausfahrtszeit nicht gerechnet zu werden braucht. Hier kommt aber die Verzögerung durch den Kreuzungsverkehr hinzu. In Hemelingen wird gerechnet, daß man alle 20 Min. abwechselnd ein Schiff aus jeder Richtung schleusen kann. Die dortige Schleppzugschleuse von 350 m lichter Länge braucht für die Durchfahrt eines Schleppzuges etwa 45 Min. Man erkennt hierbei bereits die Zeitersparnis für Schleppzüge gegenüber der Durchfahrt durch Einzelschleusen.

Die Aufstellung zeigt, daß der größte Teil der Zeit durch die Ein- und Ausfahrt aufgewendet wird. Es ist deshalb von entscheidender Bedeutung für die

Güte der Schleuse, gute Treideleinrichtungen für die Schleuse zu schaffen. Es kommen für die Zu- und Abfahrt zur Schleuse für die Schiffe in Frage

1. Spills mit Seilzug;
2. Katzen auf hochliegender Bahn mit Seilzug;
3. Treidellokomotiven mit Seilzug.

Zu 1. Die Spills werden an den Schleusenenden aufgestellt, sie ziehen die Schiffe in die Schleuse herein, werden aber dann gebraucht, um die Schiffe abzubremsen, so daß sie nicht gegen die geschlossenen Schleusentore von innen anrennen. Da die Schiffe meist vom Bug aus gezogen werden, so ist ein Festhalten des Schiffskörpers leicht möglich, da der Bug vom Spill bis zum Schleusenende selbst bei Einzelschleusen noch meist über 80 m zurückzulegen hat, heute meist über 100.

Abb. 686. AEG-Treidellokomotive Hemelingen (Bremen).

Zu 2. Die Laufkatze erhält eine solche Geschwindigkeit, daß der Schleusenwärter bequem neben ihr hergehen kann. Er hat dann die Steuerschnur in der Hand und kann die Bewegung der Katze jeden Augenblick ändern. Auch diese Katzen werden zum Abbremsen der Schiffe mit verwandt, es empfiehlt sich aber, daneben zur Sicherheit Poller einzubauen.

Zu 3. Treidellokomotiven. Es wird die bewährte Anlage in Hemelingen gezeigt (Abb. 686), bei der die Lokomotive die Form eines Portals besitzt, der Motor sitzt in der Nähe der Räder. Der Wärter fährt auf der Lokomotive mit. Die Maschine ist so gebaut, daß sie über die kleinen Bedienungshäuser auf der Schleusenmittelmauer hinwegfahren kann. Auch diese Maschine dient gleichzeitig mit zum Abstoppen.

Eine noch weitergehende Einrichtung ist bei den Schleusentreppen des Panamakanals gewählt worden. Abb. 687 a u. b zeigt die dortigen Lokomotiven.

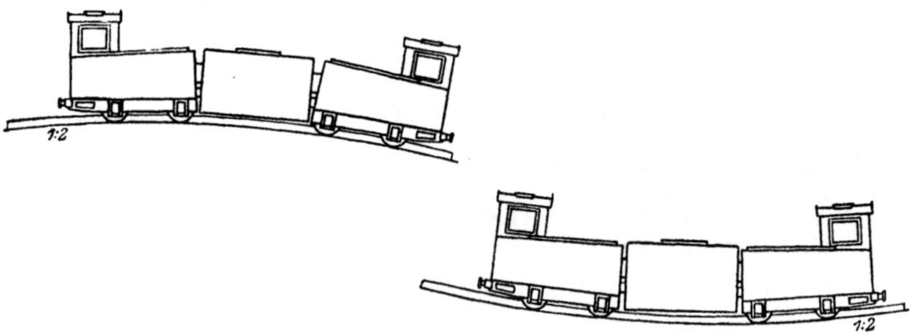

Abb. 687 a u. b. Treidellokomotiven Panama.

Es ist eine in der Mitte gelenkartig bewegliche Lokomotive gewählt worden, die auch die Steigung der Bahn, wie sie sich von einer Schleuse zur nächsthöheren ergibt, gut überwinden kann. Jedes Seeschiff wird im allgemeinen von 4 Lokomotiven, an jeder Seite vorn und hinten je eine, begleitet, größere Schiffe sogar von acht solcher Maschinen. Die Maschinen dienen auch als Bremsklötze. Jedes Schiff wird durch die gleichen Maschinen durch die ganze Schleusentreppe hindurchgeleitet[1]).

[1]) Näheres siehe Z. V. d. I. 1915 O. Franzius, Der Panamakanal.

In den Schleusen werden zweckmäßig Leitern angebracht, so daß die Schiffsmannschaft an Land kommen kann. Das ist vielfach schon deshalb notwendig, damit der Steuermann mit dem Schleusenmeister verhandeln kann. Der Schleusenmeister ist allein berechtigt, die Schleusung anzuordnen oder nicht, er hat die Verantwortung, nicht der Kapitän des Schiffes. Treppen sind in Schleusen entbehrlich, sie können aber in Trockendocks nicht entbehrt werden.

Stoßhölzer (Streichbalken) werden in den Schleusen meist nicht angebracht, weil es notwendig ist, ganz glatte Wände ohne Vorsprünge zu erhalten. Eine vorspringende Ecke an einer Schleusenwand kann zum Kentern des Schiffes führen, wenn das Schiff bei der Hebung darunterfaßt oder sich bei der Entleerung daran aufhängt. — Bei größerem Hub (über 3 m) sind Kreuze zum Belegen durch Trossen in der Schleusenmauer nötig. Keines dieser Kreuze darf über die Wand hervortreten. Es sind deshalb die Kreuze besser als Ringe, weil die Ringe sehr weit zurückliegen müßten, um ein Vortreten vor die Mauer zu vermeiden. Die Kreuze dürfen nicht etwa, wie es bei einer größeren Schleuse an der Weser gemacht war, in den einzelnen Horizontalen gegeneinander versetzt sein, sondern müssen senkrecht übereinander liegen. Bei der versetzten Anordnung hat der Matrose bei Wechsel des Kreuzes wegen Änderung der Höhenlage des Schiffes nicht mehr das nächste Kreuz unmittelbar vor sich, sondern er muß ein Stück laufen, um die Trosse neu zu belegen. Dadurch kann eine Gefährdung des Schiffes eintreten. Die Kreuze liegen am besten in wagerechten Linien in 2 m Abstand übereinander, eine einfache Schleuse wird wenigstens 4 senkrechte Reihen solcher Kreuze gebrauchen, die beiderseits der in $^1/_5$ Abstand von den Enden liegenden Linie angeordnet sein sollen. Wenigstens alle 20 m sollte eine solche senkrechte Reihe solcher Kreuze angebracht werden.

Für große Seeschleusen wird im allgemeinen das Zwischenschalten von Korbfendern für die Stoßdämpfung genügen. Bei den Schleusen des Panamakanals hat man aber die Anordnung, die bei den Fährbetten in Trelleborg angewandt wurde, den Einbau von Stoßpuffern, angewandt. Es sind in der Mauer starke Spiralfedern angebracht worden, die vorn ein Stoßholz tragen und den Seitenstoß der Schiffe aufnehmen sollen. Die Anordnung erscheint etwas zu empfindlich, um sie zu empfehlen.

Das Durchrennen der Untertore in den Schleusen von Sault St. Mary zwischen dem Oberen und dem Huronensee und manche ähnliche Havarie an Seeschleusen hat zu der Einrichtung der Pufferketten geführt, die vor die Schleusen des Panamakanals oben und unten gespannt worden sind. Es sind auf beiden Seiten in die Mauern der Vorschleusen doppelte Preßwasserzylinder eingesetzt worden, die beim Auseinanderschieben wie große Flaschenzüge wirken. Eine schwere Kette ist um die Rollen dieses Flaschenzuges herumgeschlungen worden und hängt gewöhnlich bis auf den Boden der Einfahrt herab, so daß sie die Einfahrt nicht stört. Wenn das untere Tor unter Druck steht, dann wird der Flaschenzug gespannt, er wickelt dann die Kette auf, so daß sie sich in der Einfahrt hebt und die Einfahrt sperrt. Wenn jetzt ein Schiff gegen die Kette fährt, dann erzeugt der Druck auf die Kette einen Wasserdruck in den Preßwasserkolben bis zu 53 at (gegen 4,5 at bei Heben der Ketten). Es wird ein unveränderlicher Zug in der Kette erzeugt von 100 t, der zuerst nur eine geringe Kraft auf das Schiff ausübt, die sich aber schnell bis zu etwa 100 t in der Längsrichtung des Schiffes steigert. Abb. 688 zeigt die maschinelle Anordnung, Abb. 689 gibt die Druckverteilung bei verschiedenen Schiffsgrößen mit verschiedenen Geschwindigkeiten an. Man sieht, daß ein Schiff von 10 000 t Wasserverdrängung bei 5 km Anfangsgeschwindigkeit nach etwa 28 m zum Stillstand gekommen ist.

Um die Tore schnell zum dichten Schluß zu bringen, ist bei dem Panamakanal eine Torschließmaschine angewandt worden, die die beiden Stemmsäulen faßt und zusammenpreßt. Bei kleineren oder mittleren Schleusen erscheint eine solche Maschine entbehrlich, bei den Riesentoren des Panamakanals dient die Maschine aber zweifellos zur Beschleunigung und Sicherung der Schließung.

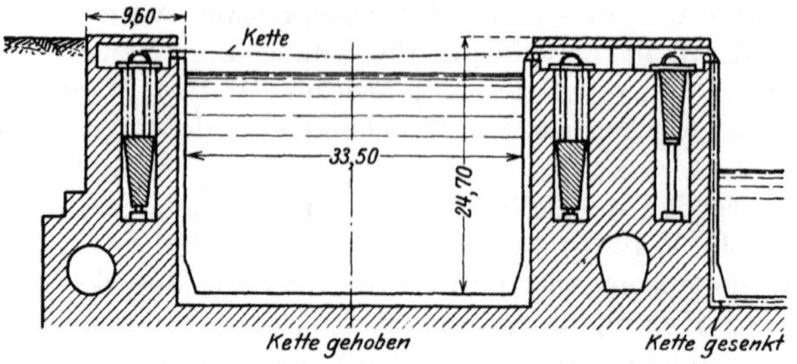

Abb. 688. Gatunschleuse, Anordnung der Pufferketten. Links Kette gehoben, rechts gesenkt. Maßstab 1 : 1000.

Spills werden im allgemeinen nur notwendig werden, wenn keine Katzen- oder Lokomotiveinrichtung geschaffen wird. Poller dagegen werden unter allen Umständen längs einer größeren Schleuse von Vorteil sein. Entweder wird man, wie bei Ufermauern, Randpoller einbauen, die aber nicht über den Rand der Mauerkrone vortreten dürfen, oder man muß die Poller in einem größeren Abstand von der Mauervorderkante setzen. Letzteres macht hier meist keine Schwierigkeiten, weil Gleisanlagen an den Schleusenseiten selten sind.

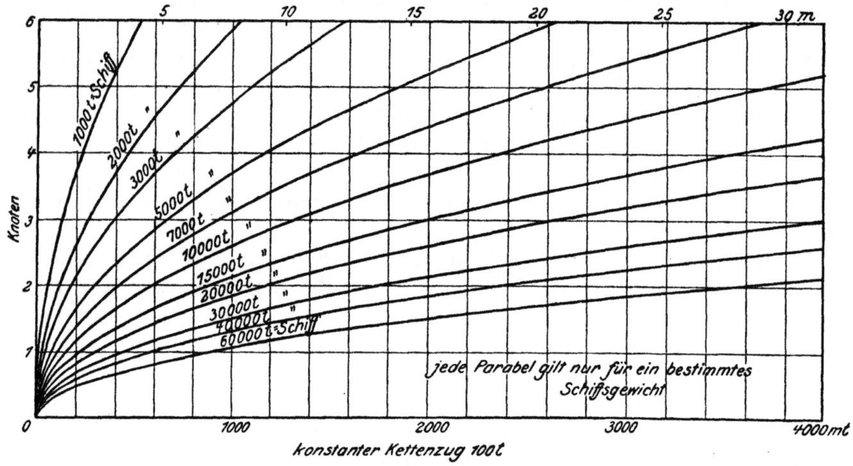

Abb. 689. Pufferketten, Beanspruchung der Ketten.

c) Schleusenbetrieb und Unterhaltung.

1. Schleusenbetrieb.

Für die Wirtschaftlichkeit von Kanalentwürfen ist die Anzahl des Schleusenpersonals von großer Bedeutung. Es werden deshalb einige Zahlen über den Personalumfang gegeben. Für die alten Schleusen in Brunsbüttel des Nord-Ostsee-Kanals war vorhanden 1 Hafenmeister, 2 Hafenaufseher, 2 Schleusenmeister, 8 Schleusenwärter, 1 Obermaschinist, 6 Maschinisten und 6 Heizer. Es ist zu beachten, daß hier Tag und Nacht der Betrieb durchgeführt werden mußte. Auf eine Einzelschleuse würde mehr als die Hälfte entfallen, weil viele Arbeiten von den gleichen Leuten für beide Schleusen nacheinander ausgeführt werden können.

2. Unterhaltung.

Für eine gute Unterhaltung der Schleusen ist es wertvoll, alles Mauerwerk in gut gefügtem Zustande zu erhalten. Es ist sehr bemerkenswert, wie schnell Mauerwerk an der See verfällt, ausfriert und mürbe wird usw., wenn dem Wasser und dem Frost durch Auswaschen der Fugen der Weg ins Mauerinnere freigegeben wird. Selbst in einem so milden Klima, wie es England besitzt, konnte Verfasser bei den Schleusen und Docks in Tilbury an der Themsemündung größere Zerstörungen an den Häuptern und Mauern beobachten. Ein gutes Inanstrichhalten der Eisenteile, besonders der eisernen Tore, ist selbstverständlich von großer Bedeutung. Bei guter Unterhaltung kann die Lebensdauer solcher Tore 30—50 Jahre betragen. Der Anstrich mit Steinkohlenteer hat neben einem guten Rostschutz den großen Vorteil, daß er dem Tor auch bei geringer Feuchtigkeit der Anstrichfläche noch anhaftet. Es sind neben diesem Mittel aber auch noch eine große Zahl anderer guter Anstrichmittel bekannt. Als solche sind zu nennen: Tenax-Lösung, die sich bei Schwimmdocks bewährt hat[1]), dann die große Zahl von Ölfarbenanstrichen, deren Namen z. T. gesetzlich geschützt sind.

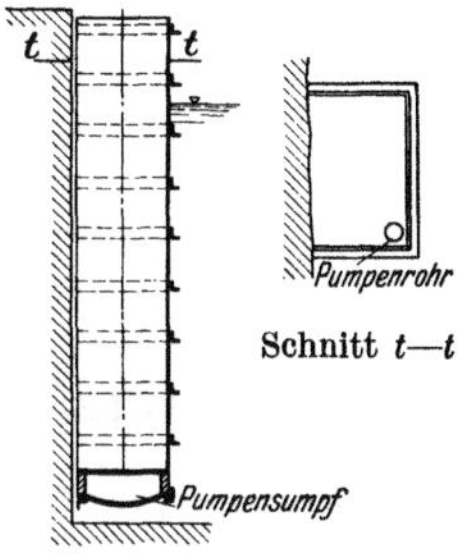

Abb. 690. Reparaturkasten.

Ausbesserungen unter Wasser lassen sich mit Hilfe eines Reparaturkastens aus Eisenkonstruktion ausführen, der an die Mauer gehängt und dann ausgepumpt wird. Ein solcher Kasten ist in Wilhelmshaven und anderen Orten auch für die Ausbesserung von runden Flächen der Häupter verwandt worden. Eine schematische Skizze eines solchen Kastens gibt Abb. 690. Die Form der Dichtungsfläche wird durch Taucher festgestellt, dann am Kasten angebracht. Die Dichtung erfolgt am besten durch einen Gummischlauch, der nach Absenken des Kastens unter Wasserdruck gesetzt wird.

[1]) Doktorarbeit Lange, Schwimmdock, Trockendock, Aufschleppe. Techn. Hochschule Hannover.

Zehnter Teil.

Künstliche Wasserstraßen.

A. Allgemeines.

a) Einteilung, Zweck der künstlichen Wasserstraßen.

Zu den künstlichen Wasserstraßen sollen die kanalisierten Flüsse[1]), Binnenschiffskanäle und Seekanäle gerechnet werden. Streng genommen müßten die nach den neuen Methoden geregelten schiffbaren Flüsse auch zu den künstlichen Wasserstraßen gerechnet werden, denn sie sind in ihrer ganzen Art so grundlegend gegenüber dem Naturzustand umgewandelt worden, daß bei ihnen von natürlichen Wasserstraßen nicht mehr gut gesprochen werden kann. Natürlich ist bei ihnen nur der Abfluß des Wassers geblieben, künstlich jedoch das Bett geworden. Es ist aber üblich, die geregelten Flüsse mit den ungeregelten als natürliche Wasserläufe zu behandeln. Es ist daher die Behandlung der geregelten Flüsse bereits in Teil III erfolgt.

Zwischen der Regelung und der Kanalisierung eines Flusses besteht als kennzeichnender Unterschied, daß bei der Regelung eine Ausgleichung des Gefälles über große Strecken hinweg erstrebt wird, wobei eine sich oft wiederholende Zusammenfassung des Gefälles innerhalb der einzelnen kleinen Abschnitte (Wechsel von Krümmung und Übergang) entsteht, während bei der Kanalisierung die Zusammenfassung der Gefälle über große Strecken hinweg notwendig ist mit einer fortlaufenden Gefällsänderung innerhalb der Staustrecke.

Für den Ausbau eines Flußsystems werden heute beide Ausbauarten hintereinander verwendet. Es wird der Fluß so weit geregelt, als seine Wassermenge, besonders bei MNW., den Verkehr der üblichen Schiffe wirtschaftlich zuläßt. Dort, wo die Regelungsmöglichkeit wegen zu geringer Wasserführung aufhört, beginnt der Zwang zur Kanalisierung. So ist z. B. die Weser (s. Abb. 730 S. 561) mit Einschaltung einiger Zwischenstaustufen von Bremen bis Hann.-Münden geregelt und ihr Nebenfluß, die Fulda, von dort bis Kassel kanalisiert. Es ist die Elbe bis Schandau geregelt, von dort aufwärts sind die Elbe bis Königgrätz und die Moldau bis Prag kanalisiert.

Die Aller ist von der Weser bis zur Leinemündung geregelt und von dort bis Celle kanalisiert worden usw. Es ist aber leider[2]) zu erwarten, daß mit der dauernden weiteren Steigerung des Verkehrs die Kanalisierung der Flüsse immer weiter fortschreiten wird. So ist jetzt bereits beabsichtigt, die Weser von Bremen bis Hann.-Münden und im Anschluß daran die Werra zu kanalisieren. Ausnahmen ergeben sich aus örtlichen Verhältnissen. So soll zuerst die Weser von

---

[1]) Nach dem preußischen Wassergesetz gehören die kanalisierten Flüsse juristisch zu den natürlichen Gewässern. Der Gegensatz klärt sich dadurch auf, daß ein Fluß wohl als Gewässer seiner Entstehung nach natürlich genannt werden kann, während er als Straße künstlich genannt werden darf.

[2]) „Leider" vom Standpunkte des Naturfreundes aus.

Minden bis Bremen kanalisiert werden, um Bremen an den Mittellandkanal anzuschließen und als Ersatz des „echten“ Hansakanals Achim Bramsche.

Die Kanalisierung des Rheins von Basel bis zum Bodensee ist geplant. Der Main wird teils zwecks Durchführung des Donau-Mainkanals, teils zum Anschluß an größere Städte wie Würzburg, bis Würzburg kanalisiert. Einen großen Anreiz zur weitergehenden Kanalisierung gibt die Möglichkeit des Gewinns großer Kraftmengen. Heute wehrt sich noch die Schiffahrt auf großen Strömen gegen Kanalisierung. Es ist aber im Verkehrsinteresse zu wünschen, daß auch auf der Elbe die Kanalisierung auf Strecken durchgeführt werden wird, an die man heute noch nicht denkt, daß z. B. die Elbe von Magdeburg bis Schandau, die Oder von Stettin bis Breslau kanalisiert wird, so daß man dann das ganze Jahr hindurch über alle deutschen Wasserstraßen von der Donau zum Rhein, der Weser, Elbe und Oder vollschiffig fahren kann. Nur der Rhein in seiner Hauptstrecke macht wegen seiner großen Wassermengen und verhältnismäßig flachen Gefälle eine Ausnahme von dem Zwange zur Kanalisierung.

Es ist dabei nicht wirtschaftlich, die Kanalisierung der Flüsse in ihrem Oberlauf zu weitgehend fortzusetzen. Die Rücksicht auf die Landwirtschaft zwingt dort zu zu vielen niedrigen Staustufen mit kurzen Staustrecken. Sobald das Gefälle der Flüsse zu steil wird, das Maß 1 : 1500 z. B. überschreitet[1]), wird man besser zu Seitenkanälen übergehen oder die Schiffahrtstraße ohne jede Rücksicht auf den Fluß quer durch das Land fortsetzen. So ist z. B. der Anschluß Leipzigs durch einen besonderen Kanal an die Saale geplant, sofern nicht ein Kanalanschluß unmittelbar an den Mittellandkanal vorzuziehen sein würde[2]). Eine entsprechende Entwicklung zugunsten der Kanäle vollzieht sich hinsichtlich der Anlegung von Seeschiffahrtskanälen. Man wird immer mehr dahinstreben, die Seeschiffahrt so weit wie möglich in das Land hineinzuführen, weil die Billigkeit der Seeschiffahrt bisher von keinem anderen Verkehrsmittel übertroffen werden konnte. So besteht z. B. eine große Zahl von Seeschiffskanälen, die große Binnenstädte mit der See verbinden; so sind Königsberg, Manchester, Brügge, Amsterdam, St. Louis durch Seeschiffskanäle an die See angeschlossen worden. Es ist zu erwarten, daß die Bestrebungen, große Industrie- und Rohstoffmittelpunkte bei günstiger Lage im Tiefland von der See aus zugänglich zu machen, immer weitere Fortschritte machen werden. So wäre z. B. der Anschluß von Städten wie Berlin, Hannover usw. durch Seekanäle an die See heute erwünscht.

b) See- und Binnenschiffe.

Bei sämtlichen Schiffen hat sich heute der Übergang von dem früheren Kielschiffe zum Schiffe mit kastenförmigem Querschnitt vollzogen, hierdurch wird besonders die Ausgestaltung der Schleuseneinfahrten und Kammern beeinflußt. Auf den Bau und die Ausrüstung der Schiffe näher einzugehen, ist nicht Aufgabe dieses Buches, es sind dafür Spezialwerke, wie z. B. das Werk über „Schiffbau“ von Johow - Krieger, von Teubert, Binnenschiffahrt usw. zu nennen.

Das Verhältnis von Länge, Breite und Tiefe der verschiedenen Schiffsarten zueinander ändert sich nur in verhältnismäßig engen Grenzen. So schwankt

[1]) Das Grenzgefälle ist selbständig für jeden Fluß zu bestimmen. Die Grenze ist vorwiegend abhängig von der Tiefe, bis zu der sich der Fluß in das Gelände eingeschnitten hat. Bei sehr stark eingeschnittenen Flüssen, wie z. B. der Saale oder der Fulda, sind Kanalisierungen mit sehr hohem Stau und damit Kraftstufen bei Gefällen möglich, die eine Kanalisierung an anderen Stellen ausschließen.

[2]) Dieser Vorschlag wurde zuerst Anfang 1916 vom Verfasser dem Oberbaudirektor Rehder-Lübeck unterbreitet und führte später zur Ausarbeitung der Linie durch Rehder in seinem bekannten Werk: Der Nord-Süd-Kanal und das zukünftige Mitteldeutsche Kanalnetz usw.“ Lübeck 1918. Druck von Gebr. Borchers, Lübeck.

das Verhältnis der Länge zur Breite der Seeschiffe in den Maßen B : L = 1 : 6,7 bis 1 : 8,5, die Tiefe zur Breite T : B = 0,45 bis 0,54 : 1, als ein mittlerer Wert ergibt sich für Frachtdampfer L : B : T = 15 : 2 : 1, für Schnelldampfer L : B : T = 22,5 : 2,5 : 1.

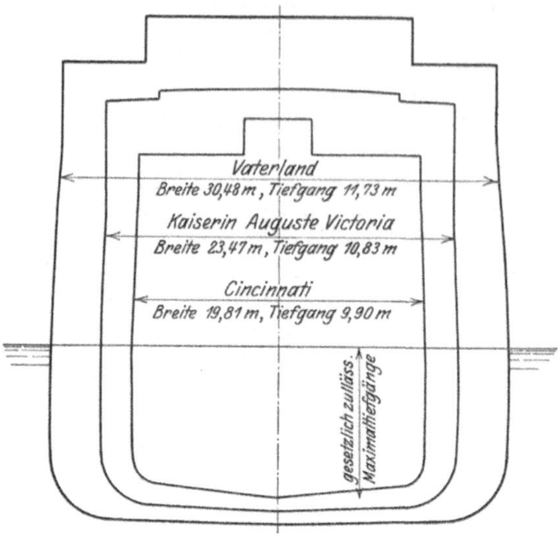

Abb. 691. Querschnitte von Seeschiffen der Hapag. Maßstab 1 : 520.

Der Völligkeitsgrad des Schiffes ist die Zahl, mit der man das Produkt L × B × T zu vervielfachen hat, um die Wasserverdrängung zu erhalten. Dieser Wert δ schwankt bei Frachtdampfern des Meeres zwischen 0,65 und 0,8, bei Schnelldampfern etwa zwischen 0,58 und 0,63 und bei großen Kriegsschiffen etwa um 0,6 herum. Die Wasserverdrängung eines Schiffes ergibt sich somit durch den Wert $V = \delta \cdot L \cdot B \cdot T$, wobei L die größte Länge über alles ohne Steuer, T die größte Eintauchtiefe des Schiffes und B die größte Breite in der Wasserlinie ohne Scheuerleiste[1]) ist. Abb. 691 zeigt einige Schiffsquerschnitte von Seeschiffen der Hapag aus der Zeit vor dem

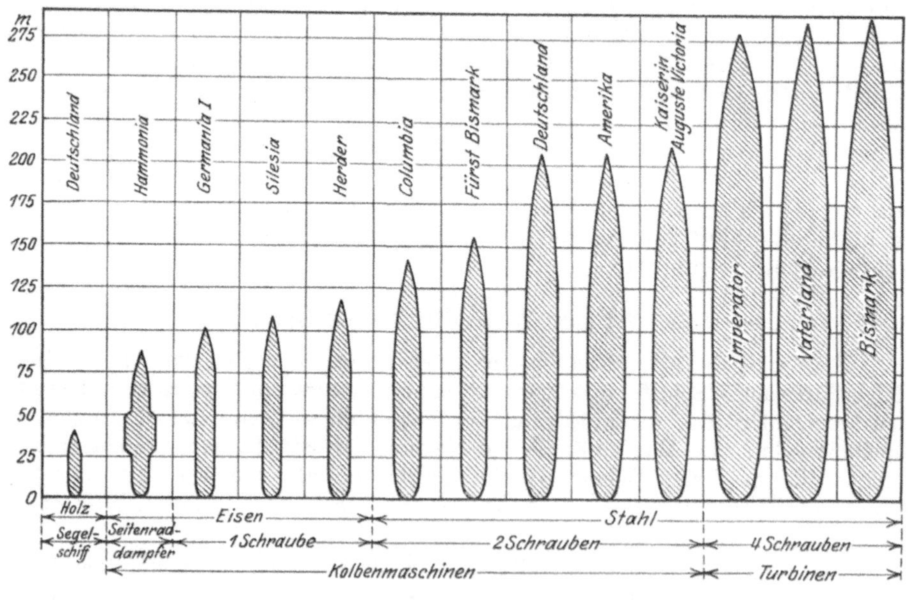

Abb. 692. Entwicklung der Schiffsgrößen der Hapag. Maßstab 1 : 4500.

Kriege. Abb. 692 gibt eine Übersicht über die Entwicklung der Schiffslängen der Schiffe dieser Gesellschaft von 1848 bis 1915.

Binnenschiffe unterscheiden sich von den Seeschiffen durch die geringe Höhe gegenüber der Breite; auch hier ist ein vollständiger Kastenquerschnitt

[1]) Der Schiffbauer rechnet die Schiffsbreite ohne, der Wasserbauer mit Scheuerleiste.

vorhanden. Die Verhältnisse sind $t : b = 1 : 3$ bis $1 : 6$, im Mittel $1 : 4{,}5$; $b : l = 1 : 5$ bis $1 : 9$, im Mittel $1 : 8$, so daß sich im Mittel ergibt $l : b : t = 36 : 4{,}5 : 1$. Der Völligkeitsgrad schwankt zwischen 0,8 und 0,95. Kanalschiffe können wegen ihrer geringeren Geschwindigkeit meist einen größeren Völligkeitsgrad erhalten, Flußschiffe müssen aber aus Rücksicht auf Strömungen und gute Steuerfähigkeit schlanker gebaut sein und besitzen einen kleineren Völligkeitsgrad.

Die Tragfähigkeit der Binnenschiffe schwankt zwischen 0,75 und 0,82 der Wasserverdrängung, d. h. das tote Gewicht des Schiffes einschließlich Ausrüstung beträgt 25—18 vH der Wasserverdrängung. Der Tiefgang unbeladener Kähne schwankt zwischen 25 cm und 40 cm. Auf den Flüssen wird vielfach die Löffelform verwendet, wobei Bug und Heck nach der Form eines Löffels abgerundet sind. Auf den Kanälen hat sich dagegen die scharfe Stevenform am Bug und Heck ähnlich einem Plätteisen als vorteilhaft erwiesen.

Die Abmessungen üblicher Binnenschiffe gibt die folgende Zahlentafel:

Wasserstraße	Länge über alles m	Größte Breite m	Tiefgang leer m	Tiefgang voll m	Gewicht leer t	Tragfähigkeit t	Wasserverdrängung t	Völligkeitsgrad
Weser	61	8,7	0,4	1,9	160	650	810	0,81
Elbe.	75	10,6	0,39	2,0	250	1090	1340	0,87
Rhein (großes Schiff) .	87	11,1	0,47	2,6	360	1760	2120	0,87
Oder (Breslau)	55	8	0,40	2,0	150	610	760	0,89
Dortmund-Ems-Kanal	67	8,2	0,45	2,42	180	940	1120	0,88

Die Größenentwicklung der Schiffe vollzieht sich gleichsam in Wellenform und ist sehr stark abhängig von der wirtschaftlichen Lage der Völker. Durch die Einführung von Eisen und Stahl in den Schiffsbau sind die Schiffsabmessungen in sehr schnellem Maße gewachsen. Auf dem Rhein verkehren Schiffe von über 4000 t, es bestehen aber nur ganz wenige Fahrzeuge dieser Größe. Es wird bei der Größenentwicklung der Schiffe meist zu gewissen Zeiten über das Ziel hinausgeschossen (auch in der Seeschiffahrt), dann erfolgt ein gewisser Rückschlag, dem wieder ein sprunghaftes Anwachsen folgt usw. Auf unseren Flüssen und Kanälen sind die ganz großen Schiffe in starker Minderzahl. Es ist aber wahrscheinlich, daß auf dem Rhein das 2000-t-Schiff bald eine sehr große Bedeutung gewinnen wird, auf der Elbe etwa das 1200-t-Schiff, während auf den Kanälen das 1000- bis 1200-t-Schiff vorgesehen ist.

Man geht bei unseren Flüssen jetzt zu amtlichen Beschränkungen der Abmessungen über. So ist durch Verordnung der Uferstaaten der Elbe festgesetzt worden, daß die größte Breite der Elbkähne 11 m und ihre größte Länge 76 m nicht überschreiten darf. Engels empfiehlt als Maße für das Schiff von 1000 t Tragfähigkeit eine Breite einschließlich Scheuerleiste von 9,2 m, Länge 80 m, Tauchtiefe bei Volladung 1,9 m[1]).

Es sind auch Versuche gemacht worden, den Eisenbeton in den Schiffsbau einzuführen, mit dem Erfolg einer starken Verringerung des Schiffswiderstandes. Die geglättete Zementhaut ist glatter als eine Blechhaut. Es hat sich aber gezeigt, daß die örtliche Festigkeit der Eisenbetonschiffe zu gering ist. Es können solche Schiffe an nicht durch Eisenbewehrung außen besonders geschützten Stellen innerhalb kurzer Zeit durchgescheuert werden, so daß ein Gefahrzustand für das Schiff eintreten kann. Es ist aber wünschenswert, daß die Versuche zum Bau brauchbarer Eisenbetonschiffe fortgesetzt werden, da hierdurch eine wesentliche Verbilligung möglich ist.

---

[1]) Z. Binnenschiff. 1922, S. 281 rechts.

c) Der Schiffswiderstand.

1. Einfluß der Querschnittsform auf den Widerstand.

Solange in einem Fahrwasser die Fahrwasserbreite wenigstens gleich der 15fachen Schiffsbreite und die Fahrwassertiefe gleich der 20fachen Tauchtiefe des Schiffes ist, handelt es sich nach Versuchen von Gebers praktisch um Fahren im unbegrenzten Wasser. Danach ist das Fahren im Ozean dem Fahren im unbegrenzten Querschnitte gleichzusetzen.

Die Entwicklung der Seeschiffahrt in den letzten 50 Jahren baut sich auf Versuchen über den Widerstand der Schiffe auf.

Die ersten großen Versuche dieser Art sind von dem Engländer Froude gemacht worden. Danach ergab es sich, daß der Widerstand der Schiffe sich annähernd im Verhältnis des Quadrats der Geschwindigkeit ändert, daß er aber nicht im direkten Verhältnis der Schiffslänge, sondern in einem kleineren zunimmt, auch ergab sich, daß der Potenzexponent der Geschwindigkeit von der Länge des Schiffes abhängig ist. Diese Versuche haben Wert für die Entwicklung der Schiffsformen und können als eine Besonderheit des Schiffbaues angesehen werden.

Bei dem Fahren auf Flüssen und Kanälen aller Art handelt es sich nicht mehr um Fahren im unbegrenzten Wasser; denn praktisch ist die Breite der Kanäle nur etwa 3 bis 5mal so groß wie die der Schiffe und ihre nutzbare Tiefe nur um einen Bruchteil größer als die Tauchtiefe des Schiffes.

Wir haben hier zwei Gebiete zu unterscheiden: einmal das Fahren von Seeschiffen in Seekanälen, zweitens das Fahren von Binnenschiffen auf Binnenkanälen und Flüssen. Da das Fahren in der offenen See, also unbegrenztem Wasser, die Hauptaufgabe der Seeschiffe ist, ihr Fahren im Kanal aber eine seltene Ausnahme, muß man für die Querschnittsausbildung der Seeschiffskanäle von den für die See erprobten Formen der Seeschiffe ausgehen und dann eine Querschnittsform für den Kanal suchen, die den vier folgenden Bedingungen genügen muß:

1. Verbürgung eines sicheren Fahrbetriebes,
2. billige Herstellung,
3. geringer Fahrwiderstand.
4. Möglichkeit der Erweiterung.

Hierbei ist Bedingung 3 bei Seekanälen mehr nebensächlich.

In der Binnenschiffahrt ist das Fahren auf dem Kanal oder dem verbesserten Fluß die Lebensaufgabe des Schiffes. Hier ist es die Aufgabe, Kahnform und Bettform gegeneinander abzustimmen. Hier kommt es nun bei der Auswahl von Kahnform und Querschnittsform der Wasserstraße gleichfalls auf die Erfüllung der gleichen vier obigen Forderungen an, nun aber für jeden der beiden Teile. In der bisherigen Literatur ist vorwiegend vom Fahrwiderstand die Rede, die drei anderen Bedingungen werden kaum gestreift. Es liegt aber auf der Hand, daß alle vier Gesichtspunkte berücksichtigt werden müssen, daß der Fahrwiderstand allein nicht maßgebend sein darf. Die zu starke Betonung der Wichtigkeit des Schiffswiderstandes hat bei dem bisherigen Bau der Kanäle zu Ausführungen geführt, die nur verbessert werden können, wenn man die etwas einseitige bisherige Auffassung aufgibt.

Aus allem folgt, daß wegen der Doppelheit der Aufgabe die richtige Formung der Binnenkanäle schwieriger sein muß als die der Seekanäle. Ferner ist die Querschnittsausbildung von Binnenkanälen schwieriger als die von Flußkanalisierungen, weil wir wegen der großen Erdarbeiten bei Kanälen meist mit wesentlich geringeren Querschnitten auskommen müssen, als sie in den Flüssen vorhanden sind.

Von den Schiffsformen kommen zur Zeit in Frage: die scharfe Stevenform und die Löffelform. Es ist nach den bisherigen Versuchen wahrscheinlich, daß die scharfe Form auf Kanälen den Vorzug verdient. Für die Kanalformen ist heute dagegen noch keine Klarheit geschaffen. Man hat lange auf dem Standpunkt gestanden, daß die Muldenform, deren Querschnitt ähnlich wie eine Parabel aussieht, die günstigste Form sei. Unter Mulde ist dabei immer ein Querschnitt, wie ihn der Mittellandkanal zwischen Beverzern und Hannover als Norm zeigt, gemeint. Nach den Versuchen des Engländers Froude und den darauffolgenden von Engels hat sich ergeben, daß der Schiffswiderstand im begrenzten Kanalquerschnitt zunimmt im Verhältnis $v^{2,25}$, ferner, daß das Verhältnis $n = \frac{F}{f}$, d. h. vom benetzten Kanalquerschnitt zum eingetauchten Schiffsquerschnitt, mit zunehmender Fahrgeschwindigkeit vergrößert werden muß. Bei einer Geschwindigkeit von 1,5 m/sek (5,4 km/st) muß sein $n = 5$ bis 6, es muß aber bei der Steigerung der Geschwindigkeit bis 2 m (7,2 km/st) anwachsen bis auf 10, wenn der Schiffswiderstand nicht übermäßig anwachsen soll. Von zwei gleich großen benetzten Querschnitten besitzt der breitere den größeren Schiffswiderstand.

Nach Versuchen, die von Engels in Dresden gemacht sind, ist es aber wahrscheinlich, daß die Trapezform für die praktisch vorkommende Geschwindigkeit einen geringeren Schleppwiderstand ergibt als die Muldenform. Es sind dann Versuche in der Berliner Versuchsanstalt durch Thiele[1]) angestellt worden, wobei auch wieder von dem Gesichtspunkt der gleichen Querschnittsflächen ausgegangen wurde. Es ergab sich bei Versuchen mit scharfen Steven, daß bei einer Tauchtiefe des Kanals von 1,5 m der Trapezquerschnitt bis zu 1,9 m/sek (6,8 km/st) günstiger ist als der Muldenquerschnitt, daß aber bei einer Tauchtiefe von 1,79 m die Mulde bei einer Geschwindigkeit von 1,2 m/sek (4,3 km/st) günstiger wird, und zwar mit der Zunahme der Geschwindigkeit wachsend. Bei einer Tauchtiefe von 2,07 m war der Muldenquerschnitt durchweg überlegen. Ferner wurde für Versuche mit Löffelform die Überlegenheit der Mulde bei allen Verhältnissen gefunden, wobei diese Überlegenheit bei der Tauchung von 1,5 m und Geschwindigkeiten von 1,5 bis 2,07 m/sek nur 6 bis 10 vH war. Aus diesen Versuchen wurde geschlossen, daß die Mulde der günstigste Querschnitt für Kanäle sei. Dieser Schluß ist nicht bindend. Es ist erstens das Schiff mit scharfen Steven wegen seiner großen Völligkeit wirtschaftlicher als das Schiff mit Löffelform. Die Versuche mit Löffelform sind somit nicht entscheidend. Ferner müssen die Versuche gegliedert werden nach Strecken in flachem Gelände mit Auftrag und nach Strecken mit tieferen Einschnitten, da die Baukosten hierdurch stark beeinflußt werden. Für den ersten Fall könnte die benetzte Querschnittgröße von entscheidendem Einfluß sein. Sie ist es aber nicht allein, sondern von wesentlichem Einfluß ist die Breite, und zwar die Breite in der Höhe des eingetauchten Schiffsbodens, denn diese Breite ist für den Fahrbetrieb ausschlaggebend, weil die Häufigkeit der Böschungsberührungen von dieser Breite stark abhängt. Die Sicherheit der Kanalufer vor allem in den Auftragstrecken dürfte aber wichtiger sein als die Erzielung eines etwas geringeren Schleppwiderstandes. Ferner erscheint es nicht richtig, Querschnitte wie die nach Abb. 693 u. 694 zu vergleichen; denn wenn es möglich ist, in der Wasserlinie, in der der stärkste Angriff erfolgt, eine Böschung von der Steilheit des Muldenprofils herzustellen, dann ist dasselbe bei den Trapezprofilen auch möglich. Man müßte also für flaches Gelände Querschnitte vergleichen, die in der Höhe der Kanalsohle gleiche Breite besäßen, wobei man dann hier den Gesichtspunkt der gleichen Querschnittsgröße nicht für den benetzten Querschnitt, sondern für

[1]) Thiele: Schiffswiderstand auf Kanälen. Z. Binnenschiff. 1904

den gesamten Aushubquerschnitt anwenden müßte; denn **die Kanalkosten sind nicht bedingt** von der Größe des benetzten Querschnittes, sondern **von der Größe des ausgehobenen.** Es ergibt sich dann, daß der Trapezquerschnitt tiefer

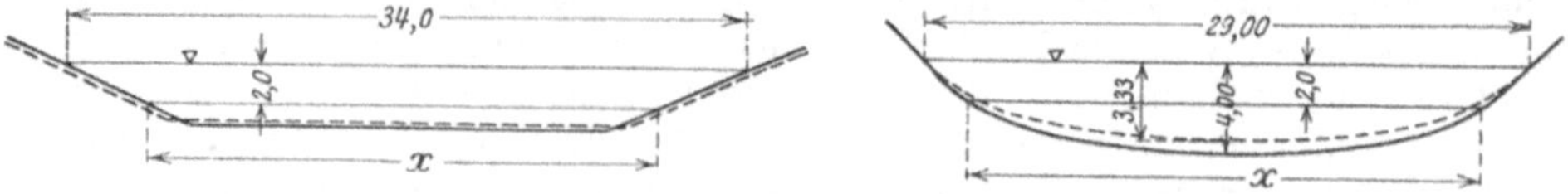

Abb. 693 u. 694. Querschnitt der Übigauer Versuchskanäle. Maßstab 1 : 625.

ist als der Muldenquerschnitt, daß er ferner eine geringere Wasserspiegelbreite als der Muldenquerschnitt hat, und daß er demzufolge einen geringeren Schleppwiderstand haben muß. Hingewiesen ist aber darauf, daß der Unterschied in dem Schleppwiderstand in der Natur sehr gering sein muß, so daß dieser Vorteil gar nicht ins Gewicht fällt. In der Wasserbewegung dürfte das an der Seite tiefere Trapez vorteilhafter sein, da es eine kleinere Uferwelle bei fahrendem Schiff haben wird als die Mulde.

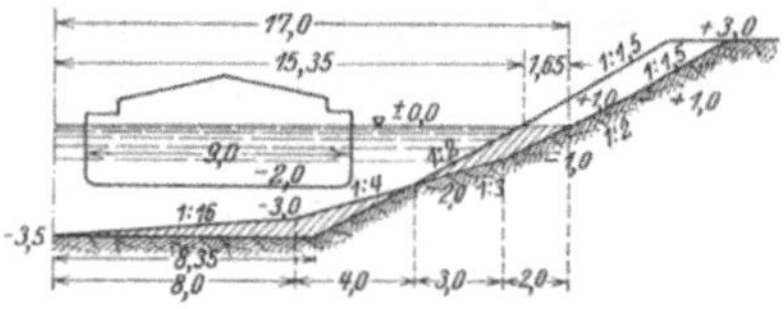

Abb. 695. Vergleich zwischen Mulde und Trapez. Maßstab 1 : 500.

Das Verhältnis der Querschnitte geht aus den Abb. 695 u. 696 hervor. In noch vermehrtem Maße muß sich dieser Vorteil des Trapezquerschnittes im tiefen Einschnitt zeigen; denn hier ist die Größe des Aushubs fast ganz abhängig von der Wasserspiegelbreite.

Wendet man hier den Gesichtspunkt gleich großer Aushubquerschnitte an, der doch allein maßgebend sein kann, dann ist es möglich, wegen der geringeren Wasserspiegelbreite bei gleicher Breite in der Höhe des Schiffbodens tiefere Trapezquerschnitte mit gleichen Kosten herzustellen als Muldenquerschnitte. Als weiterer Einfluß zu dem vorherigen treten noch hinzu die Kosten für die Erbauung der vielen Brücken und Düker, die um so kleiner werden, je schmaler der Kanal wird. Im vorerwähnten Zusammenhang dürfte ein Vorschlag von Krey von Interesse sein, der einen Querschnitt gemäß Abb. 696 untersucht hat. Krey will zur Vermeidung der Spiegelbreite das Kanalufer durch Bollwerke einfassen; wie die Abbildung zeigt, wird dadurch der Aushub wesentlich verringert. Der eingeschränkte Querschnitt ergibt eine Verringerung des Schiffswiderstandes bei 5 km/st Geschwindigkeit um etwa 5—6 vH, bei 6 km/st um 9 vH. Es müßte ausgeführt werden für 1 km Kanal etwa 8000 qm Eisenbetonwand mit

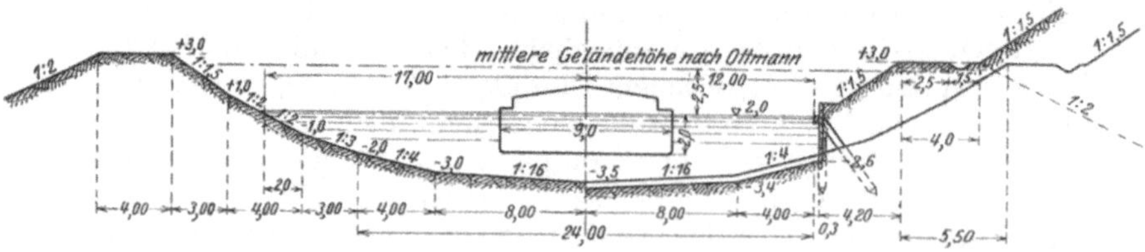

Abb. 696. Querschnittsvorschlag von Krey. Maßstab 1 : 500.

Verankerung; es wird erspart bei Gelände auf 3 m über dem Wasserspiegel 27 000 cbm Erdarbeit oder entsprechend 10 000 qm Dichtungsflächen im Auftrag, Verringerung der Grundfläche um 11 000 qm und des Deckwerkes um 9000 qm. Ferner ist eine Verkürzung der Brücken um 13 m und der Düker um 11 m möglich. Krey hält daraufhin den Querschnitt mit steiler Wand für wettbewerbsfähig. Ohne weiteres kann man aber bereits schließen, daß derartig eingeschränkte Querschnitte für große Einschnittstiefen die richtige Form sind.

Nach einem Aufsatz von Oberbaurat Schmidt, D. W. 1927, der während des Druckes erschien, soll der Vorteil des Kreyschen Vorschlags am Dortmund-Ems-Kanal erst von einer Einschnittstiefe von 34 m an über dem Wasserspiegel gemessen, eintreten, so daß er für normale Ausführungen nicht in Frage käme.

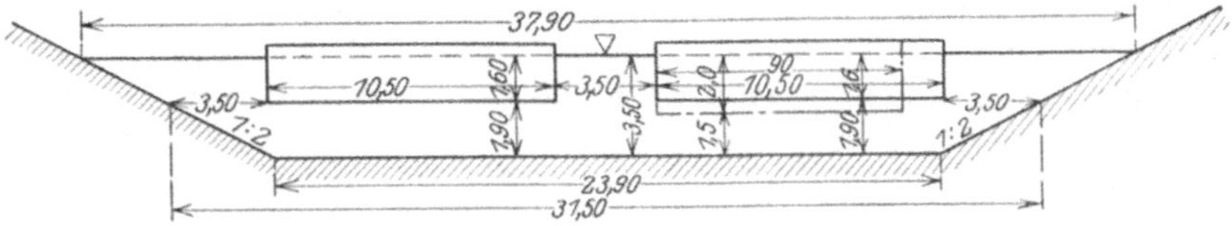

Abb. 697. Trapezförmiger Kanalquerschnitt. Maßstab 1 : 400.

Völlig unzweckmäßig ist die Mulde in Dichtungsauftragsstrecken, weil hier, wie noch weiter hinten gezeigt wird, eine Verbreiterung des Kanales im Betriebe unmöglich ist, während ein Querschnitt mit ebenem Boden bei entsprechender Anordnung der Dichtung eine solche Verbreiterung gestattet.

Zum Schlusse werde noch einmal darauf hingewiesen[1]), daß nicht der Schiffswiderstand allein das Ausschlaggebende sein darf, sondern daß die Rücksicht auf den Fahrbetrieb und vor allem eine billige Bauausführung von gleicher Wichtigkeit sind. Die Rücksichten auf die Bauausführung haben bei dem weiteren Ausbau des Mittellandkanals, Baustrecke Hannover—Hildesheim und Hannover—Peine dazu geführt, das früher durchweg allein maßgebende Muldenprofil zu verlassen und stellenweise das Trapezprofil anzuwenden[2]). Die neueren Bauausführungen haben ergeben, daß ein Regelquerschnitt gemäß Abb. 697 den Vorzug vor dem Muldenquerschnitt verdient.

Die am D. E. K. gemachte Erfahrung, daß die Böschungsneigung 1 : 2 zu steil sei, hat wahrscheinlich nur bedingten Wert, da dort der Querschnitt zu klein ist. Bei großen Querschnitten (Abb. 697) ist die Strömungsgeschwindigkeit und damit die Rutschgefahr kleiner. Je nach der Bodenart wird man aber neben 1 : 2 auch flachere Neigungen verwenden oder sogar einen unteren Stützkeil einlegen müssen. So wird z. B. bei dem Mittellandkanal z. T. die Böschung ober- und unterhalb des Wasserspiegels jetzt auf 1 : 2,5 gelegt, darunter 1 : 2.

2. Die Größe des Schiffswiderstandes.

Die Größe des Schiffswiderstandes ist besonders geklärt worden durch Versuche von Froude (1871), Sweet (Erie-Kanal 1877/78), de Maas (Seine usw.

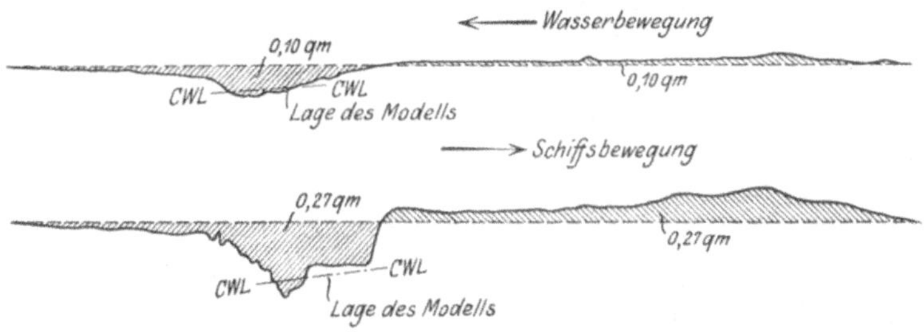

Abb. 698 u. 699. Längsschnitt durch die Wasseroberfläche bei der Fahrt eines Kahnmodells von 7 m Länge mit einer Geschwindigkeit von 0,474 m/sek und 0,674 m/sek (Längen $^1/_{10}$ der Höhen).

1890/95), Haak (Dortmund-Ems-Kanal 1900), Mattern und Buchholz (Gr. Schiff.-Weg Berlin—Stettin 1912), Gebers und Engels.

Es ist bei dem Fahren eines Schiffes die Lage des Wasserspiegels durch besondere Vorrichtungen genau festgestellt worden. Es ergaben sich dann für zwei

[1]) Franzius, Die Querschnittsausbildung von Kanälen. Z. f. Binn. 1926; Meinungsaustausch Z. f. Binn. 1927, Heft 4.

[2]) Doktorarbeit von Reg.-Bauf. Paul Schmies, Techn. Hochsch. Hannover. 1925.

verschiedene Geschwindigkeiten die Abb. 698 u. 699, die einer Modellgeschwindigkeit von 0,474 m/sek und 0,674 m/sek und einer Wirklichkeitsgeschwindigkeit von 5,12 km/st und 7,28 km/st entsprechen. Die verzerrt dargestellten Bilder zeigen, daß vor dem Schiffe ein Aufstau stattfindet, dem eine Absenkung neben und hinter dem Schiff entspricht. Die Modelle bewegen sich von links nach rechts. Das Schiff muß bei der Vorwärtsbewegung fortdauernd eine Wassermenge verdrängen, die von dem Schiffsquerschnitt und der Geschwindigkeit abhängig ist. Hinter sich schafft das Schiff im Wasser ein Tal, vor sich wirft es einen Wasserberg auf. Es muß dauernd das vorn aufgehäufte Wasser am Schiff vorbei nach hinten in das dort geschaffene Tal strömen. Die Bilder zeigen diesen Übergang deutlich. Der Aufstau vor dem Schiffe muß so groß sein, daß die entstehende Druckhöhe zur Erzeugung der notwendigen Wassergeschwindigkeit ausreicht. Der spitze Wasserberg im vorderen Teil des Aufstauwassers wird durch Unregelmäßigkeit der Versuchsrinne erklärt durch Ablösung einer Welle, die dem Schiff vorauslief. Es zeigt sich vor allem das Gesetz, daß der Schiffswiderstand nicht allein abhängig ist von der Fahrgeschwindigkeit des Schiffes, sondern von der Summe Fahrgeschwindigkeit und Rückströmungsgeschwindigkeit[1]). Nach Gebers ergibt sich für Schiffahrtskanäle mit ruhendem Wasser der Schleppwiderstand, solange die Wassertiefe unter dem Boden größer als 1 m bleibt, angenähert zu:

$$W = (k \cdot f + \xi \cdot 0)\, v_r^{2,25} \text{ in kg}^{2)},$$

worin ist $v_r = \frac{v \cdot (f + f_s)}{F - (f + f_s)} + v$ mit $f_s = B \cdot s$ (Querschnitt der Absenkung);

$$s = \frac{(v + v_1)^2 - v^2}{2g} \text{ (Absenkung)}, \qquad n = \frac{F}{f}; \qquad v_1 = \frac{vf}{F - f} = \frac{v}{n - 1}.$$

Darin ist B die Spiegelbreite, f der eingetauchte Querschnitt des Kahnes, F der Kanalquerschnitt, v die Fahrgeschwindigkeit des Schiffes, k der Bugbeiwert des Schiffes, der 1,7 für scharfe oder leere und 3,5 für stumpfe und beladene Kähne ist, ξ Beiwert für Hautreibung mit 0,14 für neue eiserne Schiffe, aber etwa 0,3 für alte hölzerne[3]).

Wird die Wassertiefe unter dem Schiff kleiner als 1 m, dann wird die Formel verwickelter, desgleichen, wenn es sich um Fahrten auf Wasserläufen im strömenden Wasser handelt.

Neuere umfangreiche Versuche im natürlichen Maßstab sind ferner durchgeführt worden durch Mattern und Buchholz auf dem Großschiffahrtsweg Berlin—Stettin[4]).

Die Versuche von Mattern und Buchholz enthalten die wichtigsten Ergebnisse, die in der neueren Zeit mit Schleppzügen in Binnenkanälen gemacht worden sind. Es sind die Versuche auf einer Strecke von 1 km Länge durchgeführt worden. Der Querschnitt geht aus Abb. 713 S. 546 hervor. Die Versuche

---

[1]) Bei der Bewegung tritt dann eine Absenkung des Schiffes ein, bei Fahren im Schleppzug wird dann für jedes folgende Schiff die Absenkung größer. Die Absenkung hat auf dem Dortmunder Kanal bis zu 11 cm betragen, bei Seekanälen können Einsenkungen bis zu 1,5 m eintreten (Suezkanal bis zu 1,5 m). Strombaudirektor Plate gibt z. B. an, daß auf der Unterweser, in der gegenüber einem Kanal breiten Strecke zwischen Bremen und Vegesack, bei etwa 7 m tief gehenden Schiffen eine Absenkung von 0,5—0,7 m eintritt. (Weserztg. v. 15. II. 25, Nr. 84, erste Beilage.)

[2]) Engels: Handbuch des Wasserbaues. 3. Aufl., II., S. 1005.

[3]) Man sieht, wie wichtig es ist, das Holz in der Binnenschiffahrt aus dem Schiffsbau zu beseitigen. De Thierry weist mit Recht darauf hin, daß hölzerne Schiffe ebenso wie stumpfe einen höheren Schlepplohn bezahlen müßten, am höchsten stumpfe hölzerne Kähne.

[4]) Mattern und Buchholz: Schlepp- und Schraubenversuche im Oder-Spree-Kanal und Großschiffahrtsweg Berlin—Stettin. Engelmann 1912.

sind bei etwas erhöhtem Wasserstand gemacht worden, mit rund 72 qm benetztem Querschnitt. Der eingetauchte Schiffsquerschnitt ist rund 14 qm

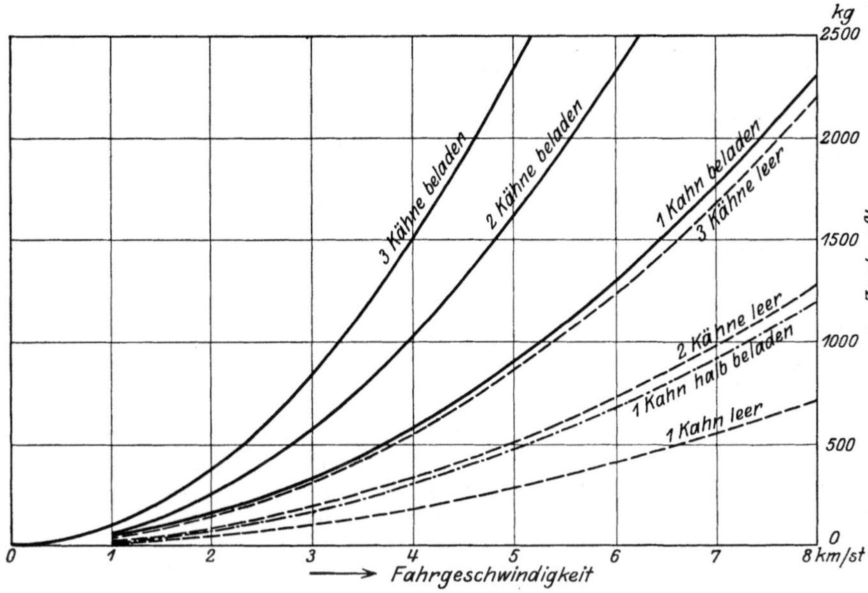

Abb. 700. Zugkraft in der Schlepptrosse bei verschiedenen Fahrgeschwindigkeiten.

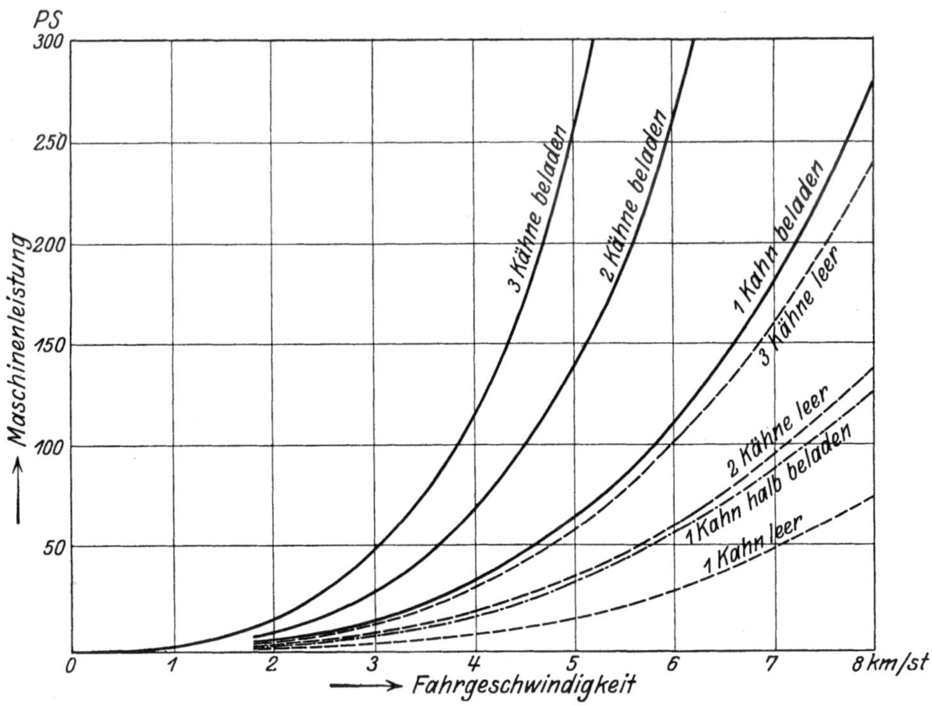

Abb. 701. Maschinenleistung bei verschiedener Fahrgeschwindigkeit. Abmessungen der Kähne. Länge 65 m, Breite 8 m, Tiefgang beladen 1,75 m.

gewesen, mit dem Verhältnis Schiffsquerschnitt zu Kanal 1 : 5,15. Es ist eine große Reihe von Versuchen durchgeführt worden, deren Ergebnis in Abb. 700 u. 701 und in Zahlentafel S. 532 dargestellt sind.

Zahlentafel.

Bruttolast	Geschwindigkeit in km/st	Geschwindigkeit in m/sek	kg m/sek $\frac{Z \cdot v}{75}$	PS_i	$\frac{PS_i}{\frac{Z \cdot v}{75}}$	Wirkungsgrad η $\frac{\frac{Z \cdot v}{75}}{PS_i}$
1 Kahn leer 186 t	2	0,555	0,306	1,0	3,27	0,306
	3	0,833	1,00	3,0	3,00	0,333
	4	1,111	2,59	8,0	3,09	0,325
	5	1,388	5,10	16 ,0	3,14	0,318
	6	1,666	8,90	29,0	3,26	0,307
	7	1,944	14,22	48,0	3,37	0,294
	8	2,222	21,00	76,0	3,62	0,276
1 Kahn halb beladen 392 t Ladung 206 t	2	0,555	0,630	2,5	4,02	0,250
	3	0,833	1,772	7,0	3,95	0,251
	4	1,111	4,29	17,0	3,96	0,252
	5	1,388	8,53	32,5	3,81	0,262
	6	1,666	14,65	57,0	3,89	0,257
	7	1,944	23,80	88,0	3,70	0,270
	8	2,222	35,60	127,0	3,57	0,280
1 Kahn beladen 786 t Ladung 600 t	2	0,555	1,12	4,5	4,02	0,249
	3	0,833	3,62	14,0	3,87	0,258
	4	1,111	8,50	33,0	3,89	0,257
	5	1,388	16,70	65,0	3,90	0,257
	6	1,666	28,60	113,0	3,95	0,253
	7	1,944	45,50	184,0	4,05	0,247
	8	2,222	67,80	285,0	4,20	0,238
2 Kähne leer 372 t	2	0,555	0,640	2,5	3,91	0,256
	3	0,833	2,060	7,5	3,64	0,275
	4	1,111	4,81	18,0	3,74	0,267
	5	1,388	9,23	36,0	3,91	0,256
	6	1,666	15,96	61,0	3,82	0,262
2 Kähne beladen 1572 t Ladung 1200 t	2	0,555	1,93	8,5	4,40	0,227
	3	0,833	6,33	28,0	4,42	0,226
	4	1,111	14,95	68,0	4,54	0,220
	5	1,388	29,80	142,0	4,76	0,210
	6	1,666	49,00	263,0	5,37	0,186
3 Kähne leer 558 t	2	0,555	1,039	4,0	3,85	0,260
	3	0,833	3,33	12,0	3,61	0,278
	4	1,111	8,14	30,0	3,68	0,272
	5	1,388	15,85	59,0	3,72	0,269
3 Kähne beladen 2358 t Ladung 1800 t	2	0,555	2,75	15,0	5,45	0,183
	3	0,833	9,43	48,0	5,09	0,196
	4	1,111	22,40	116,0	5,18	0,193
	5	1,388	43,20	254,0	5,88	0,170

Man kann aus der Abbildung und der Zahlentafel[1]) die entsprechenden Zugkräfte und Maschinenleistungen entnehmen, auch den Wirkungsgrad der Schleppleistung erkennen. Man sieht, wie bei allen Versuchen mit steigender Geschwindigkeit die Maschinenleistung unverhältnismäßig zunimmt. Z. B. sind bei einem beladenen Kahn bei 2 km/st Geschwindigkeit 4,5 PS_i notwendig, bei 4 km/st Geschwindigkeit 33 PS_i und bei 8 km/st 285 PS_i. Die Maschinenleistung steigt somit bei Steigerung der Geschwindigkeit von 2 km auf 4 km/st von 4,5 auf 33 PS_i, also auf das 7,4fache, und bei 4 km/st auf 8 km/st von 33 PS_i auf 285 PS_i, also auf das 8,6fache, also viel schneller als im Quadrat. Die Zahlentafel hat auch einen besonderen Wert deswegen, weil sie erkennen läßt, wie die Steigerung von leeren Kähnen zu vollen Kähnen, von einem Kahn zu mehreren Kähnen ist. Man erkennt sehr deutlich, daß eine Steigerung der Geschwindigkeit über 5 bis

[1]) Aus Mattern und Buchholz, S. 35.

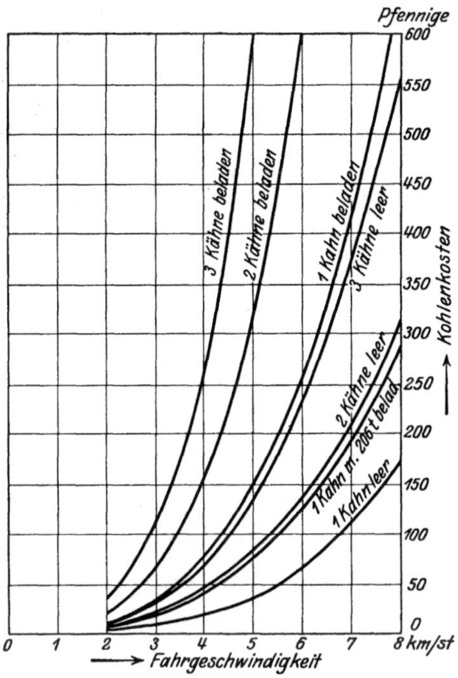

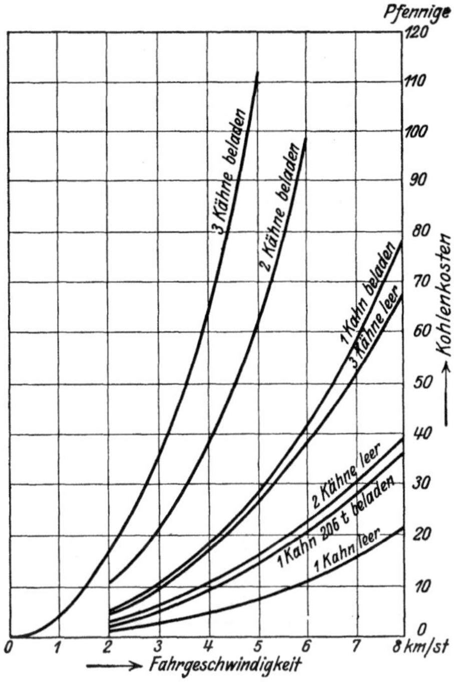

Abb. 702. Kohlenkosten für 1 Std. der Schleppzüge bei verschiedenen Fahrgeschwindigkeiten.

Abb. 703. Kohlenkosten für 1 km der Schleppzüge bei verschiedenen Geschwindigkeiten.

Länge 65 m, Breite 8 m, Tiefgang beladen 1,75 m, angenommen Kohlenverbrauch 1,25 kg/PSh. Kohlenpreis 18,00 ℳ/t.

6 km hinaus große Aufwendung an Maschinenleistung bedingt. Man sieht auch, daß derselbe Schleppdampfer, der 3 volle Kähne (mit 1800 t Ladung) bei 5 km/st unter Aufwendung von 254 PS_i schleppt, 2 beladene Kähne mit fast 6 km Geschwindigkeit und 1 beladenen Kahn mit fast 8 km Geschwindigkeit schleppen kann, ebenso, daß mit demselben Maschinenaufwand 3 leere Kähne mit etwa wahrscheinlich 10 km/st Geschwindigkeit geschleppt werden könnten. Es sind ferner für die Annahme, daß für eine Leistung von 1 PS_i/st 1,25 kg Kohle erforderlich sei, mit 18 ℳ/t die Kohlenkosten für das Schleppen errechnet worden. Diese Kosten sind für die verschiedenen Fahrgeschwindigkeiten in den Abb. 702 u. 703 dargestellt worden. Abb. 702 zeigt die Kohlenkosten ganz allgemein für einen Schleppzug-Kilometer in ₰/st. Abb. 703 zeigt die Kohlenkosten für den Schleppzug-Kilometer; sie entstehen aus der Abb. 702 dadurch, daß man die Stundenkosten durch die stündliche Fahrtleistung teilt. Abb. 706 zeigt die Schleppkosten für den tkm reine Nutzlast. Aus dieser

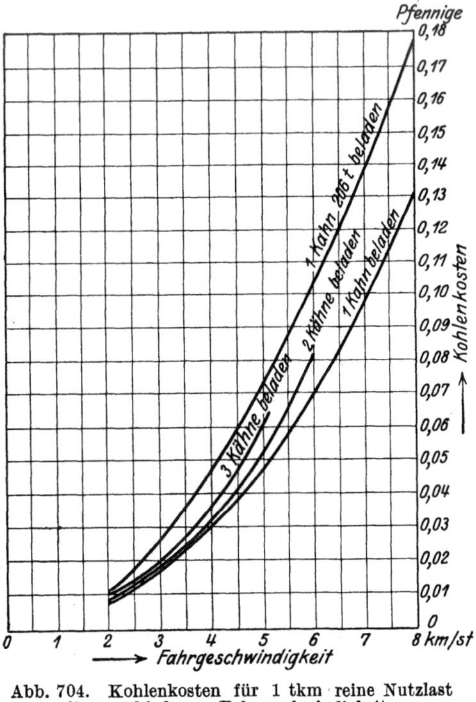

Abb. 704. Kohlenkosten für 1 tkm reine Nutzlast mit verschiedenen Fahrgeschwindigkeiten.

letzten Abbildung erkennt man, wie z. B. die Kohlenkosten für 100 tkm bei einem vollbeladenen Kahn steigen von rund 0,7 ₰ bei 2 km Geschwindigkeit auf rund 3,0 ₰ bei 4 km Geschwindigkeit, auf rund 13,1 ₰ bei 8 km Geschwindigkeit. Das ist eine Steigerung bei 2 auf 4 km auf das rund 4,3 fache und von 4 auf 8 km auf das rund 4,4fache im Durchschnitt, also über das Quadrat der Geschwindigkeit, alles für die reinen Nutzlasten gerechnet. Von Wichtigkeit ist ferner, daß die Kohlenkosten bei teilbeladenen Kähnen für 1 t/km bedeutend höhere sind, ferner daß bei Schleppen von 2 und 3 Kähnen hintereinander die Kohlenkosten entsprechend der Zahl der Anhänger für den t/km Nutzlast zunehmen. Das ergibt sich, wenn man aus Zahlentafel S. 532 die folgende Zahlentafel entwickelt.

Geschwindigkeit km/st	Zahl der Kähne	Leere Kähne		Beladene Kähne		Bemerkungen
		Bruttolast in t	PS_i	Bruttolast in t	PS_i	
2	1	186	1	786	4,5	Bei den kleinen Geschwindigkeiten unsichere Messung, bei dem dritten beladenen Kahn aber starke Steigerung
	2	2 · 186	1 + 1,5	2 · 786	4,5 + 4	
	3	3 · 186	1+1,5+1,5	3 · 786	4,5+4+6,5	
3	1	186	3	786	14	
	2	372	3 + 4,5	1572	14 + 14	
	3	558	3+4,5+4,5	2358	14 + 14 + 20	
4	1	wie vorstehend	8	wie vorstehend	33	Bei den größeren Geschwindigkeiten Steigerung der Kraft für jeden weiteren Kahn in höherem Verhältnis als die Kahnzahl, dabei ist noch nicht berücksichtigt, daß nach Mattern-Buchholz die Zugkraft schneller wächst als die gemessenen PS_i, so daß die Steigerung noch größer ist.
	2		8 + 10		33 + 35	
	3		8 + 10 + 12		33+35+48	
5	1	wie vorstehend	16	wie vorstehend	65	
	2		16 + 20		65 + 77	
	3		16+20+23		65+77+112	
6	1	wie vorstehend	29	wie vorstehend	113	
	2		29 + 32		113 + 150	

Desgleichen ergibt sich aus Abb. 704 für den tkm Nutzlast bei z. B. 5 km/st bei einem Anhänger 0,047 ₰, bei zwei Anhängern 0,053 ₰ und bei drei 0,062 ₰. Da nun der Schleppwiderstand des Dampfers mit überwunden werden muß, dieser aber bei einem Anhänger vielleicht 5 vH beträgt, so ergibt sich etwa die Steigerung 0,044 ₰ auf 0,050 auf 0,059 ₰ tkm. Diese Erscheinung ist vor allem durch die steigende Absenkung zu erklären, die jedes folgende Schiff der Kanalsohle mehr nähert und damit seinen Schleppwiderstand steigert.

Es ist also für die reinen Kohlenkosten wirtschaftlicher, mit Einzelschiffen zu fahren als mit Schleppzügen. Dieses Ergebnis wird aber durch die hohen Anschaffungskosten vieler kleiner Schleppdampfer gegenüber wenigen großen umgekehrt, da nicht die reinen Kohlenkosten, sondern vor allem die Betriebskosten der Schleppdampfer maßgebend sind. Bei Treideln mit der Schleppkatze (System Müller[1]) wird aber das Einzelschleppen billiger.

Bei Mattern - Buchholz findet sich dann noch eine interessante Feststellung (S. 83), wonach aus den Kurven hervorgeht, daß bei wachsender Anhängerzahl die Zugkraft im Verhältnis zu der Maschinenleistung steigt. So brauchte der Dampfer „Klara“ zur Entwicklung einer Zugkraft von 1600 kg in der Schlepptrosse bei

1 Anhänger: 147 PS_i ($v \sim 6{,}5$ km/st),
2 Anhänger: 130 PS_i ($v \sim 4{,}9$ km/st),
3 Anhänger: 118 PS_i ($v \sim 4{,}0$ km/st).

[1]) Vergleiche über die Treidelsysteme weiter hinten.

Es folgt dann die Erklärung: „Der Grund ist darin zu suchen, daß, wie bei festgelegtem Dampfer, so auch mit wachsendem Widerstand der Anhänger der frei fahrenden Dampfer eine bessere Stemmkraft zur Geltung kommen kann.“ Die Maschine hat dabei bei wachsender Zahl der Anhänger mit 1 PS_i 10,9, 12,3 und 13,5 kg Zugkraft geleistet.

Bei dieser Erklärung ist die verschiedene Geschwindigkeit nicht berücksichtigt. Es darf nicht der Schluß gezogen werden, daß es wegen der Ersparung von Kohlen wirtschaftlicher sei, mit vielen Anhängern zu fahren; denn die Vergrößerung der Zugleistung wird nur auf Kosten der Geschwindigkeit erreicht. Daß aber die Kohlenkosten bei Verminderung der Geschwindigkeit erheblich abnehmen, ist bereits bekannt. Man kann für einen Kanal nicht ohne weiteres das Schleppen mit verschiedenen Fahrgeschwindigkeiten vergleichen, wenigstens nicht bei verschieden vielen Anhängern, wenn man nicht zu falschen Folgerungen kommen will. Denn die Schlußfolgerung, daß das Schleppen durch Vermehrung der Anhänger billiger würde, steht im vollen Gegensatz zu dem vorher Ausgeführten, wonach die Kohlenkosten bei gleicher Geschwindigkeit mit der Zahl der Anhänger für den tkm Nutzlast wachsen. Der wirkliche Vorgang ist so, daß man für einen Kanal eine bestimmte Geschwindigkeit von z. B. 4,8, 5,3 oder 6 km/st als das fahrtechnisch und wirtschaftlich Beste für beladene Kähne erreichen muß. Dann muß man feststellen, ob es günstiger ist, mit einem oder mehreren Anhängern zu fahren. Es zeigt sich dann, daß bei Schleppdampferbetrieb die Kohlenkosten nicht das Entscheidende sind, daß man dann trotz Wachsen der Kohlenkosten mit mehreren Anhängern wirtschaftlicher fährt, ferner, daß bei Treidelei vom Ufer aus das Fahren mit vielleicht 2 Anhängern das Richtigste ist und daß bei Treideln von gespannter Leitung und mit elektrischer Katze das Fahren mit einem Schiff wahrscheinlich das Wirtschaftlichste ist. Zur vollständigen Klärung dieser Frage werden aber noch viele Versuchsarbeiten notwendig sein. Das Schleppen auf einem Kanal ist immer wesentlich teurer als auf einem größeren Strom. Wegen der Gefahr der Strömung sind meist die Mannschaftskosten auf dem Strom größer. Auf dem Rhein sind als Gesamtbeförderungskosten der Kohlen von Ruhrort nach Mannheim (326 km) 1 ₰/t/km bei niedrigem Wasser und 0,3 bei höchstem Wasserstand gezahlt worden (1911). Oberhalb von Mannheim bis 1,2 ₰/tkm. Über das Schleppen von großen Schiffen auf Seekanälen findet sich eine Zusammenstellung in Engels 3. Auflage, Band 2, S. 1008, für den Kaiser-Wilhelm-Kanal, die für den Betrieb auf Seekanälen von Wichtigkeit ist.

d) Schiffahrtsbetrieb.

1. Allgemeines, Treiben und Segeln.

Auf allen Wasserstraßen, auch den künstlichen, können für die Schiffsbeförderung in Frage kommen: das Treiben der Schiffe mit dem Strom, das Segeln, das Treideln und das Schleppen durch Dampfer. Das Treiben der Schiffe mit dem Strom kommt auch bei künstlichen Wasserstraßen vor, wenn sie eine nennenswerte Strömung haben. Eine solche tritt bei kanalisierten Flüssen und bei Kraftwasserkanälen auf, wenn letztere zugleich der Schiffahrt dienen. Bei einem Treiben mit dem Strom ist die Erscheinung zu beobachten, daß bei gleichem Tiefgang größere Schiffe schneller treiben als kleinere. Eine Erklärung hierfür findet sich im Teil I, D, e.

Das Treiben der Schiffe zu Tal hat heute geringe Bedeutung. Dort, wo Schleppschiffahrt stromauf besteht, müssen die Schleppdampfer auch zu Tal fahren, sie sind daher gezwungen, ihre Dienste für billiges Geld anzubieten. Viele Schiffe werden daher auch zu Tal geschleppt werden, besonders da das Zutaltreiben bei Durchgang durch die Brücken nicht ohne Gefahr für die Schiffe ist. Das Segeln kommt auf Flüssen und künstlichen Wasserstraßen immer mehr ab. Es hat früher eine gewisse Rolle gespielt, ist heute aber ohne wirtschaftliche Bedeutung.

2. Das Treideln.

Das Treideln ist eine der ältesten Arten der Beförderung des Schiffantriebs. Es besteht darin, daß das Schiff vom Lande aus durch Menschen, Tiere oder Maschinen gezogen wird. Es ist schon im alten Ägypten als Menschen- oder Eseltreidelei angewendet worden, dann im ganzen Mittelalter als Menschen- oder Pferdetreidelei und ist heute zu einer hohen Stufe der Vollendung als elektrische Treidelei entwickelt worden.

Das Treideln vom festen Ufer aus oder einer gespannten Leitung nach dem Müllerschen System hat vor dem Schleppen der Schiffe einen wesentlich größeren Wirkungsgrad der Maschine voraus. Der Wirkungsgrad einer Schiffsschraube ist so gering, daß man an Stelle der Schiffsmaschine eine Treidelmaschine setzen kann, die nur einen Bruchteil der Kraft zu entwickeln braucht wie die Schiffsmaschine. Das Treideln bedeutet somit bei richtiger Ausnutzung der Anlagen eine starke Verbilligung der Schiffsbewegung.

Beim Treideln vom Lande aus wird dem Schiff durch das Steuer stets eine solche Lage gegeben, daß seine Fahrrichtung vom Treidelufer ab schräg zur Mitte gerichtet ist (Abb. 705), etwas, was durch die Stellung des Steuers stets erzwungen werden kann. Es empfiehlt sich dabei, die möglichst langen Treidelleinen nicht am Bug des Schiffes, sondern etwa in der Mitte des Schiffes an einem kurzen Mast zu befestigen. Das Treideln durch Menschen und Tiere gehört heute in den Kulturländern fast völlig der Vergangenheit an. Bei scharfen Krümmungen könnten in ausbiegenden Strecken wegen des dann stärker zum Ufer gerichteten Zugs leicht Grundberührungen auftreten. Es werden deshalb Leitrollen am Ufer angebracht, um so eine Krümmung des Treidelseiles zu erreichen.

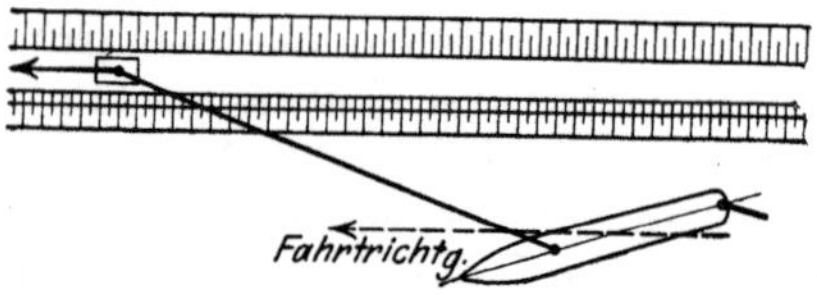

Abb. 705. Lage des Schiffes beim Treideln.

Das Treideln mit Maschinen kann durch endlose Seile, die sich am Ufer fortbewegen, durch elektrische Schleppkatzen, die an einer hochliegenden Bahn laufen, durch elektrische oder Motorlokomotiven geschehen[1]). Untersuchungen von Block haben ergeben, daß das Treideln mit elektrischen Motorlokomotiven erst bei mehreren Millionen Tonnen Jahresverkehr wirtschaftlich wird. Vorher ist das Schleppen durch Schleppdampfer wirtschaftlicher (s. Z. Bauw. 1908; die dort gefundenen Zahlen ändern sich mit den Verhältnissen).

Das Treideln mit endlosem Seil verlangt am Ufer die Anordnung einer ununterbrochenen Folge von endlosen Seilen, die auf eine bestimmte Strecke als oberes Seil in der einen, als unteres Seil in der entgegengesetzten Richtung laufen. Das Zugseil des Schiffes wird an dem Zugseil befestigt, das die entsprechende Zugrichtung besitzt. Das Verfahren ist bereits durchgeführt worden, ist aber heute nicht von großer Bedeutung.

Im Wettbewerb stehen die drei Arten:

Treideln mit elektrischer Katze, mit elektrischer Lokomotive und mit Motorwagen. Es scheint, daß der Wettbewerb vor allen Dingen zwischen dem Treideln mit elektrischer Katze und den frei auf dem Treidelpfad beweglichen Motorwagen ausgefochten werden wird. Das Treideln mit elektrischen Lokomotiven ist in Deutschland im großen am Teltowkanal Berlin durchgeführt worden. Es ist dort durch die Siemens-Schuckert-Werke eine elektrische Lokomotivtreidelei eingerichtet worden. Es laufen niedrig gebaute Lokomotiven auf jeder Seite

[1]) Sympher-Thiele-Block: Untersuchungen über den Schiffahrtsbetrieb auf dem Rhein-Weser-Kanal. Berlin 1907. — Block: Die Betriebseinrichtungen des Teltow-Kanals. ETZ. 1906, Nr. 82.

des Kanals. An einem Auslegearm der Lokomotive ist das Treidelseil befestigt. Die Anlage hat sich in vorzüglicher Weise bewährt. Es wird mit 4 km/st geschleppt. Hindernd ist aber für die Durchführung der Treidelei vom Ufer, daß bei ihr die Anlage von Anlegestellen erschwert, wenn nicht unmöglich gemacht wird; denn überall dort, wo Schiffe am Ufer laden und löschen, müßte die Treidelei unterbrochen werden. Es wird deshalb bei Kanälen mit Treideln vom Ufer aus notwendig, alle Hafenanlagen hinter das Ufer zu legen und den entstehenden Hafenmund durch leichte Brücken für die Treidellokomotive zu überbrücken. Es bedeutet für die Treidellokomotive keine Schwierigkeit, selbst steilere Rampen zu überfahren.

Erwähnt werden möge in diesem Zusammenhange der interessante Vorschlag von Reg.-Baurat Koß, der auf das Kanalbett eine auf- und abwärts bewegliche Schiene, die an schrägliegenden Haltearmen befestigt ist, legen will, an der Druckräder eingreifen, die von einem kleinen Schleppdampfer angetrieben werden. Es wird dadurch für diesen Schleppdampfer annähernd der gleiche Nutzeffekt erzielt wie durch eine Treidellokomotive, da der Dampfer am festen Gestänge eingreift und nicht durch Schrauben bewegt wird. Es sind erfolgreiche Versuche mit dem Verfahren gemacht worden; es ist aber wegen der Schwierigkeit der Schienenanlage nicht weiter durchgeführt worden[1]). Größere Aussicht auf Durchführung dürfte ein Vorschlag von Reg.-Baumeister Art. H. Müller, Blankenese bei Hamburg, haben. Müller will die ganze Wasserstraße mit einem Tragnetz überspannen, an dem eine Zugschiene aus U-Eisen, von ihm Fahrkette genannt, hängt. An der Fahrschiene läuft eine elektrische Katze, die vom Schiff aus oder vom Hängesitz aus gesteuert werden kann. Das Ideal des Einzelfahrens wird durch die Erfindung gelöst. Die Konstruktion des billigen Tragnetzes ist einer der Hauptpunkte der Erfindung. Es hat sich eine Studiengesellschaft in Hamburg zur Erprobung des Verfahrens gebildet, die erfolgreiche Versuche durchgeführt hat[2]). Das Verfahren enthält sehr beachtenswerte Gedanken und dürfte nach entsprechend weiterer Bearbeitung auf Grund der geglückten Versuche von Bedeutung für die Treidelei werden. Da es den Angriffspunkt vom Ufer in den Raum über der Wasserstraße verlegt, so wird die ganze Schwierigkeit, die durch die Treidelei vom Ufer aus entsteht, beseitigt. Auch das Verfahren, vom Ufer entsprechend elektrische Katzen laufen zu lassen, dürfte durch das Müllersche Verfahren übertroffen werden, da bei Müller die Hafeneinfahrten frei bleiben.

3. Das Schleppen der Schiffe durch Dampfer.

Über das Schleppen der Schiffe ist bereits vieles bei der Untersuchung des Schleppwiderstandes gesagt worden. Das Schleppen geschieht heute durchweg mit Schraubendampfern, die für die Kanalsohle durch Bildung starker Wirbel und für die Böschungen durch Bildung starker Wellen gefährlich sind. Versuche von Mattern und Buchholz haben ergeben, daß auf unseren heutigen Kanälen das Fahren von einzelnen Dampfern nicht über 8,5 km/st gesteigert

---

[1]) Das Verfahren von Koß ist der Kettenschiffahrt ähnlich, bei der eine Kette auf dem Grunde des Flusses liegt. Der Kettendampfer hebt die Kette, zieht sich an ihr entlang und läßt sie hinter sich wieder auf den Grund des Flusses hinabfallen. Der abwärtsfahrende Dampfer muß die Kette bei der Begegnung mit stromauffahrenden fallen lassen. Er ist mit einer Suchvorrichtung ausgestattet, so daß er sie wieder aufnehmen kann, nachdem die Begegnung vorüber ist. Auch Koß hebt die Fahrschiene an, allerdings nur durch ein an einem Gestell hängendes Rädergetriebe, durch das die Schiene hindurchläuft.

Nach der Kanalisierung der Elbe von Außig an aufwärts ist auch hier die Kettenschiffahrt beseitigt, nachdem sie auf der Spree schon lange vordem aufgehört hatte. Sie besteht aber heute z. B. noch auf dem Neckar von Mannheim bis Heilbronn.

[2]) Siehe Z. f. Binn. 1926, Vortrag von Müller.

werden darf, wenn nicht die Wellenbildung für das Ufer gefährlich werden soll[1]). Abb. 706 zeigt, daß bei den bisher üblichen Schleppdampfern mit 8,5 km/st eine Wellenhöhe am Ufer von 15 cm entsteht, während schon eine Steigerung der Geschwindigkeit auf z. B. 11 km die Wellen auf über 30 cm steigert. Bei 12,5 km/st wächst die Höhe bereits auf 90 cm an. Bei 8,5 km/st konnte keine Bewegung der Schüttsteine am Ufer beobachtet werden. Die Fahrgeschwindigkeit der Schleppzüge sollte auf dem Mittellandkanal 5 km/st[2]) betragen, ist aber zur Ausnutzung des sehr ungleichmäßigen Schlepperparkes auf 4 km/st herabgesetzt worden, wobei nun 4—5 Anhänger statt der beabsichtigten 2 geschleppt werden[3]). Auf dem Teltowkanal beträgt die Geschwindigkeit auch 4 km/st. Die Erzielung größerer Geschwindigkeit setzt starke Schlepper voraus. Es ist nicht wahrscheinlich, daß das Schleppen mit so geringen Geschwindigkeiten wie 4 km auf die Dauer das richtige ist. Nach Abb. 704 S. 533 kosten die Kohlen nach Vorkriegspreis für 1 tkm mit 3 Anhängern bei 4 km/st bereits 0,037 ₰/tkm. Es ist nach den Kurven anzunehmen, daß sich bei 4 Anhängern bereits 0,045 ₰/tkm ergeben. Das Schleppen mit 2 Anhängern bei 6 km/st würde 0,082 ₰t/km an Kohlenkosten notwendig machen, dementsprechend auch eine Maschinenstärke von etwa dem 2fachen erfordern wie bei 4 Anhängern. Der Umlauf der Schiffe würde dadurch erheblich gesteigert werden, die Ware früher am Bestimmungsort ankommen, die Ausnutzung von Schiffs- und Schlepperparks erheblich verbessert werden. Dieses würde um so mehr der Fall sein, je mehr man die Liegezeiten abkürzt. Die Steigerung der Kohlenkosten von 0,045 auf 0,082 ₰/tkm kann aber kein Hindernis bilden, da die Beförderungskosten, die z. B. für die Strecke Gelsenkirchen—Berlin in der amtlichen Denkschrift zu 1,1 ₰/tkm errechnet worden sind, durch den Kohlenverbrauch nur um $\frac{0,037}{1,1} = 3,4$ vH wachsen. Mehr würde die Vergrößerung des Schlepperparks zu beachten sein, aber auch diese Aufwendungen würden wirtschaftlich tragbar sein, wenn nur die Querschnitte der Kanäle das Fahren mit diesen Geschwindigkeiten überhaupt gestatten. Das ist aber bei den jetzt geplanten Querschnitten der Fall. Die bei größeren Geschwindigkeiten entstehenden Angriffe auf die Sohle durch die Wirkung der Schrauben können durch Anwendung der Flamm-Buchholzschen Platten wesentlich vermindert werden. Die Platte hat aber im Dortmund-Ems-Kanal die Böschungsangriffe erzeugt und wird dort nicht mehr verwendet.

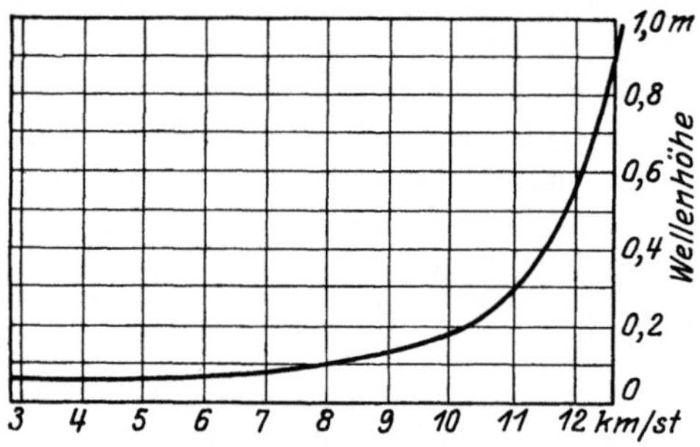

Abb. 706. Beziehung zwischen Fahrgeschwindigkeit und Wellenhöhe am Kanalufer bei der Fahrt eines Einzeldampfers.

Es hat sich gezeigt, daß die Wirkung der Schrauben auf die Sohle um so stärker ist, je tiefer die Schraube liegt. Der Schraubendurchmesser beträgt heute etwa 1,15—1,2 m; darnach sollte der tiefste Punkt der Schraube nicht mehr als etwa 1,4 m unter dem Spiegel liegen. Es hat sich ferner gezeigt, daß bei 3 m Sohlentiefe eine Maschinenleistung von 90—100 PS_i bei Doppelschraubendampfern

[1]) Kleinere Personendampfer machen eine Ausnahme. 1925 ist von der Wasserstraßendirektion Hannover ein Schnell-Gleit-Motorboot angeschafft worden, das mit 45 km/st fährt und dabei eine geringere Welle erzeugt als das kleinste bisherige Motorboot der Verwaltung. Die Steigerung der Geschwindigkeit auf das Doppelte erscheint möglich.

[2]) Der Schlepperpark wurde im Kriege angekauft.

[3]) Die Geschwindigkeit soll wieder auf 5 km/st gebracht werden.

nicht überschritten werden sollte. Das gleiche gilt für einen Schraubendampfer mit 2 Steuern oder Steuer vor der Schraube. Als sehr schlecht hat sich der Einschraubendampfer mit Steuer hinter der Schraube erwiesen, da er die Kanalsohle sehr stark angriff. Man ist nach diesen Versuchen auf dem Kanal Berlin-Stettin dazu übergegangen, die Maschinenstärke der Dampfer zu beschränken, so daß auch größere Dampfer auf dem Kanal fahren können, aber durch besondere Einrichtungen verhindert werden, eine gewisse Maschinenleistung zu überschreiten. Diese Apparate werden bei Beginn der Fahrt plombiert. Bei Durchführung eines staatlichen Schleppmonopols, wie auf dem Mittellandkanal, ist man in der Lage, besonders zweckmäßige Dampfer einzustellen. Auch ist die Tiefe des Kanals 3,5 m, so daß das Fahren mit größeren Geschwindigkeiten hier zweifellos durchführbar sein wird.

e) Die Berechnung der Frachtkosten in der Binnenschiffahrt.

Die Berechnungen werden nach dem zuerst von Sympher angewendeten Verfahren durchgeführt, unter Benutzung der neueren Rechnungen von Dr. Werner Teubert für den Hansakanal. Es sind zu unterscheiden die Schiffskosten, die aus dem Vorhalten von Schiff und Mannschaft entstehen, dann die Kosten für das Schleppen und die Abgaben, die auf Kanälen und Flüssen erhoben werden, zum Schlusse die Nebenkosten für Versicherung, Umschlag, Wertminderung u. dgl.

1. Die Schiffskosten.

Es werden die Rechnungen ausgeführt für ein Schiff, das 650 t laden kann und ein solches, das 1030 t laden kann. Es werden 290 Schiffahrtstage zugrunde gelegt mit der Annahme, daß das Schiff während dieser ganzen Zeit beschäftigt ist, also z. B. ein Schiff, das in dem Dienst eines großen Kohlenkonzerns steht. Die Schiffe sollen auf der ganzen Hinfahrt jedesmal voll beladen sein, auf der Rückfahrt im Durchschnitt 20 vH Rückladung nehmen. Dabei ist es gleichgültig, ob sich die Fracht in anderer Weise auf die Hin- und Rückreise verteilt, wenn insgesamt für die Rückreise mit nicht mehr als 20 vH einer vollen Ladung gerechnet werden kann. Für die Hinreise und für die Rückreise wird je ein Tag als Wartezeit auf Ladung gerechnet. Für selbständige Schiffsbesitzer wird diese Zeit wahrscheinlich im Durchschnitt höher eingesetzt werden müssen. Die Liegezeit ist ferner abhängig von der Größe des täglichen Umschlages. Es sind die drei Fälle untersucht worden, daß der Umschlag 200 t, 300 t und 500 t pro Tag beträgt. Dabei werden kleine Überschreitungen nicht gerechnet. Es wird aber z. B. so gerechnet, daß bei 200 t/Tag Umschlag die Beladung mit 650 t 3 Tage, die Entladung 4 Tage erfordere, daß bei der Rückfahrt mit 20 vH, also 130 t, die Beladung und Entladung je einen Tag erfordere, so daß sich als Liegezeit ergibt:

Ladung	650 t			1030 t			
Umschlag t/Tag	200	300	500	200	300	500	
	Zahl der Tage			Zahl der Tage			
Für Beladen	3	2	1	5	3	2	bei voller Ladung
Für Löschen	4	2	2	6	4	2	bei voller Ladung
Dazu Warten auf Ladung	1	1	1	1	1	1	
Für Beladen	1	1	} 1	1	1	} 1	bei 20 vH Rücklad.
Für Löschen	1	1		1	1		bei 20 vH Rücklad.
Für Warten auf Ladung	1	1	1	1	1	1	
Gesamtliegezeit für Hin- und Rückreise	11	8	6	15	11	7	

Nach dem Stand vom Jahre 1913 ergibt sich für die beiden angenommenen Schiffsarten folgende Zahlentafel:

Hauptwerte für die Rechnung	650 t Tragfähigkeit	1030 t Tragfähigkeit
Länge	65 m	80 m
Breite	8 m	9,2 m
Tiefgang	1,75 m	2,0 m
Tragfähigkeit	650 t	1030 t
Gesamte Baukosten des Schiffes	47 000 ℳ	68 000 ℳ
Jahreskosten für Zinsen, Tilgung, Verwaltung, Unterhaltung und Versicherung, 15 vH	7 050 ℳ	10 200 ℳ
Jahreskosten für Bemannung	3 700 ℳ	3 700 ℳ
Gesamte Jahreskosten	10 750 ℳ	13 900 ℳ
Tägliche Kosten für 1 Schiffahrtstag bei 290 Tagen	$\frac{10750}{290} = 37$ ℳ/Tag	48 ℳ/ Tag
Nebenwerte, die in der Rechnung nicht vorkommen		
Baukosten für 1 t Tragfähigkeit	72,3 ℳ/t	65,7 ℳ/t
Baukosten für die Tonne und den Schiffahrtstag	$\frac{37 \cdot 100}{650} = 5,7$ ₰/t/Tag	$\frac{48 \cdot 100}{1030} = 4,7$ ₰/t/Tag

Wird mit einer Fahrtleistung von 60 km/Tag als Durchschnitt der Hin- und Rückreise gerechnet, dann ergibt sich bei einer Gesamtreiselänge von n km hin und zurück zusammengerechnet und einer mittleren Ladung im Durchschnitt je für die Hin- und Rückreise von $0,5 \cdot \frac{120}{100} \cdot 650 = 390$ t für das kleinere und $0,5 \cdot \frac{120}{100} \cdot 1030 = 618$ t für das große Schiff. Als Streckenkosten, also während der Fahrt, ergibt sich entsprechend in Pfennigen $100 \cdot \frac{37}{60 \cdot 390} = 0,16$ ₰ /tkm und $100 \cdot \frac{48}{60 \cdot 618} = 0,13$ ₰/tkm, unabhängig von der Lösch- und Ladezeit.

Bei 200 t Umschlagsleistung sind dann die Liegekosten für das kleine Schiff, das insgesamt $\frac{120}{100} \cdot 650 = 780$ t befördert hat, $100 \cdot \frac{37 \cdot 11}{780} = 52$ ₰/t und somit für n km Hin- und Rückfahrt $= \frac{52}{n}$ ₰/tkm.

Für das große Schiff mit 1236 t Gesamfracht der Hin- und Rückreise zusammen ergeben sich entsprechend als Liegekosten $100 \cdot \frac{48 \cdot 15}{1236} = 59$ ₰/t und somit $\frac{59}{n}$ ₰/tkm. Insgesamt ergeben sich somit für das kleine und das große Schiff als Beförderungskosten

650 t Ladung $\left(\frac{52}{n} + 0,16\right)$ ₰/tkm bei 200 t/Tag Umschl.

1030 t Ladung $\left(\frac{59}{n} + 0,13\right)$ ₰/tkm bei 200 t/Tag Umschl.

Entsprechend finden sich die Zahlen für die größeren Umschlagszahlen. In der Zusammenstellung sind die Schiffskosten:

Umschlagsleistung	600 - t - Schiff mit 650 t Ladung ₰/tkm Schiffskosten	1000 - t - Schiff mit 1030 t Ladung ₰/tkm Schiffskosten
200 t/Tag	$\frac{52}{n} + 0,16$	$\frac{59}{n} + 0,13$
300 t/Tag	$\frac{38}{n} + 0,16$	$\frac{43}{n} + 0,13$
500 t/Tag	$\frac{29}{n} + 0,16$	$\frac{28}{n} + 0,13$

Daraus ergibt sich als Beförderungskosten für die Reiselänge von n km z. B. für die 650 t Ladung und 200 t Umschlag $(52 + 0{,}16 \cdot n)$ ₰/t. Für verschiedene Reiselängen ergeben sich dann als Kosten für die Tonne folgende Zahlen:

Kosten für Vorhalten von Schiff und Mannschaft.

Länge der Reise hin und zurück km	Umschlagsleistung am Tage in t	650 t Ladung Schiffskosten in ₰		1030 t Ladung Schiffskosten in ₰	
		für den tkm	für die t	für den tkm	für die t
300	200	0,33	100	0,32	98
	300	0,29	86	0,27	82
	500	0,26	77	0,22	67
400	200	0,29	116	0,28	111
	300	0,26	102	0,24	95
	500	0,24	93	0,20	80
500	200	0,26	132	0,25	124
	300	0,24	118	0,22	108
	500	0,22	109	0.19	93
700	200	0,23	164	0,21	150
	300	0,22	150	0,19	134
	500	0,20	141	0,17	119

Diese Kosten gelten nur für Wasserstraßen, auf denen das ganze Jahr mit voller Ladung gefahren werden kann. Sowie ein Teil des Jahres nur mit Teilladung gefahren werden kann, dann muß das entsprechend berücksichtigt werden. Ebenso ist bei den Jahreskosten für die Bemannung zu beachten, daß auf Flüssen wie z. B. der Weser ein Mann Bemannung mehr erforderlich ist.

Die vorstehende Tafel zeigt, wie die Schiffskosten mit wachsender Entfernung abnehmen. Es ist das eine natürliche Erscheinung, weil bei Größerwerden der Entfernung auf die gleiche Liegezeit eine längere Fahrzeit entfällt oder umgekehrt, weil auf den Tag Fahrzeit ein kleinerer Anteil Liegezeit zu rechnen ist. So nehmen die Schiffskosten bei dem 1000-t-Schiff und 300 t täglichem Umschlag von 300 auf 700 km Fahrstrecke von 0,27 ₰/tkm auf 0,19 ₰/tkm ab. Das ist, wenn man von der langen Strecke ausgeht, eine Abnahme um 42 vH der Schiffskosten. Ähnlich ist der Einfluß einer Vergrößerung der Umschlagsleistung, da hierdurch die Liegetage stark vermindert werden. Bei der Reiselänge von 500 km z. B. nehmen die Schiffskosten von 0,25 auf 0,19 ₰/tkm ab, wenn die Umschlagsleistung sich von 200 auf 500 t/Tag steigert.

2. Schiffahrtsabgaben und Schleppkosten.

Für die Schiffahrtsabgaben sind die Güter auf den neueren Wasserstraßen in 5 Klassen eingeteilt. Klasse 1 enthält u. a. Baumwolle, Drogen, Eisen- und Stahlwaren, Maschinenteile, Getreide, Früchte, Samen, Fette, Mehl, Grieß, Malz, Reis, Petroleum, Gestein- und Kupferbruch, bearbeitete Steine.

Klasse 2: Profileisen und Eisenröhren aller Art, ausländisches Holz, Jute, Blei und Zink als Bruch, ferner Tonwaren, Rohzucker.

Klasse 3: Roheisen, Hartholz in Brettern und Balken, Steinkohlenteeröle, Pech, Zement und Betonwaren.

Klasse 4: Grubenholz, Stämme und Schwartenholz, Kalk, Tonröhren, Traß, Zement, Zement- und Betonwaren.

Klasse 5: Düngemittel wie Kalisalze usw., Erde, Erze, Rüben und Wurzeln, Futtermittel, Mörtel, Futtersalze, Schiefer, Schlacken, Abbrände, natürliche und gebrannte Steine, Ziegelsteine und Klinker, Steinkohle, Torf.

Sonderklasse: Kalidüngesalz für deutschen Verbrauch.

Die Abgaben gehen aus folgender Zahlentafel hervor:

Abgaben auf neueren Kanälen in Rpf/tkm vom 1. April 1927 ab:

Güterklasse	Rhein-Herne-Kanal	Rhein-Weser-Kanal mit Anschluß nach Hannover nebst Zweigkanälen sowie der zugehör. Strecke des Dortmund-Ems-Kanals (Dortmund bis Bergeshövede/Bevergern)	Dortmund-Ems-Kanal unterhalb Bergeshövede, Strecke Bergeshövede/Bevergern bis Emden	Dortmund-Ems-Kanal f. Fahrten zwischen Dortmund und Emden: a Strecke südlich Bergeshövede (Dortmund/Bergeshövede)	b unterh. Bergeshövede (Bergeshövede/Bevergern bis Emden)
I	3	1,5	0,15	1,5	0,15
II	2,4	1,2	0,12	1,2	0,12
III	2	1	0,1	1	0,1
IV	1,4	0,7	0,07	0,7	0,07
V	1	0,5	0,05	0,5	0,05
Kalidüngesalz	—	0,05	0,05	—	—

Auf den älteren Wasserstraßen, z. B. den märkischen, werden gleichfalls Abgaben erhoben, die aber geringer sind, bei Einteilung in 4 Klassen.

Für die Schlepplöhne können die früheren Sätze des Mittellandkanales einen ersten Anhalt bieten. Man rechnete auf dem Rhein-Herne-Kanal 0,18 Rpf/tkm und auf den übrigen Kanälen 0,09 Rpf/tkm Grundgebühr, zu der ein Zuschlag von 10 vH der Abgaben trat. Es wurde dabei als Schlepplohn stets nicht die Ladung, sondern die Tragfähigkeit des Schiffes zugrunde gelegt. Für ein voll hinfahrendes Schiff ergab sich daher auf dem Mittellandkanal für Güter 5. Klasse als Schlepplohn $0{,}09 + 0{,}05 = 0{,}14$ Rpf/tkm, für ein mit 20 vH zurückfahrendes Schiff dagegen, da die volle Tragfähigkeit gerechnet wurde, als Schlepplohn auf die beförderte Tonne $0{,}09 \cdot \frac{100}{20} + 0{,}10 = 0{,}55$ Rpf/tkm, wobei die 10 vH Zuschlag nur von der wirklichen Last gerechnet wurden. Diese Tarifpolitik kann doppelt beurteilt werden. Sie kann den Zweck haben, den Schiffer zu ermuntern, nach Rückfracht zu suchen, um die verhältnismäßig hohen Schleppgebühren der Rückfahrt, die fast die Höhe der Hinfahrt für den ganzen Kahn erreichen, zu vermeiden. Dieses Ziel ist anscheinend am Mittellandkanal erreicht worden; denn es sind heute viel mehr als 20 vH Rückfracht vorhanden, vielfach bis 60 vH

Mittlere Schleppkosten.

Von—nach	Zur Zeit ℳ/t	Künftige Kosten ℳ/t	km	Rpf/tkm	Bemerkungen
Duisburg—Mannheim .	0,85	1,00	350	0,24	
Duisburg—Rotterdam .	0,20	0,22	216	0,10	
Bremen—Minden . . .	1,60	1,20	163	0,75	Ausbau und Aufstau der Weser
Hameln—Münden . .	1,70	1,50	136	1,10	„ „ „ „ „
Minden—Hameln . . .	0,85	0,70	68	1,00	„ „ „ „ „
Minden—Bremen . . .	0,15	0,20	163	0,12	„ „ „ „ „
Hamburg—Magdeburg.	0,80	0,95	296	0,32	Ausbau der Elbe
Magdeburg—Dresden .	1,70	1,50	271	0,55	„ „ „
Magdeburg—Hamburg.	0,60	0,30	296	0,10	„ „ „
Dresden—Aussig . . .	1,10	1,10	90	1,22	Kettentarif
Aussig—Dresden . . .	0,22	0,22	90	0,24	„
Lauenburg—Lübeck .	0,14	0,14	66	0,21	Schleppmonopol
Parey—Berlin	0,25	0,30	125	0,24	Ausbau des Plauer Kanals
Spandau—Parey . . .	0,20	0,25	107	0,23	„ „ „ „
Hamburg—Berlin . .	0,95	1,10	376	0,25	
Berlin—Hohensaaten .	0,25	0,25	100	0,25	Eröffnung des Hohenzollernkanals
Berlin—Fürstenberg .	0,25	0,30	110	0,27	
Stettin—Hohensaaten .	0,25	0,25	79	0,31	Verbesserung der unteren Oder
Breslau—Kosel	1,10	1,30	153	0,85	Neue Staustufen
Breslau—Fürstenberg .	0,35	0,40	300	0,13	„ „
Breslau—Stettin . . .	0,45	0,50	490	0,10	„ „
Fürstenberg—Breslau .	1,50	1,75	300	0,58	„ „
Kosel—Breslau	0,35	0,40	153	0,26	„ „
Hohensaaten—Stettin .	0,10	0,12	79	0,15	

und darüber. Es können aber auch die hohen Schleppkosten die Wirkung haben, die Liegezeiten nur zu vergrößern, wenn die Erlangung von Rückfracht besonders schwierig ist.

Das System ist jetzt bei dem Mittellandkanal geändert worden; es wird der Schlepplohn gerechnet einmal nach der Tragfähigkeit des Schiffes, dann aber ein Zuschlag von der Ladung dazugenommen, so daß eine gerechtere Verteilung stattfindet.

Die Schleppkosten auf den Flüssen sind stark von Angebot und Nachfrage abhängig. Vgl. die Zahlentafel auf S. 542, die von Werner Teubert errechnet ist.

Man sieht, daß die billigsten Schlepplöhne gezahlt werden für Talfahrten, und zwar mit 0,1 Pf/tkm auf dem Rhein unterhalb von Duisburg und der Elbe unterhalb von Magdeburg, auf der Oder von Breslau nach Stettin. Zum Teil erreichen die Schlepplöhne eine beträchtliche Höhe, wie z. B. mit 1,10 Pf/tkm von Hameln nach Hann.-Münden oder 1,22 Pf/tkm an der Kette von Aussig nach Dresden.

3. Sonstige Kosten.

Zu den Fahrkosten treten die Hafenabgaben, Versicherung, Anschlußfrachten, Umschlagkosten und unter Umständen Wertminderung der Ware.

Die Hafenabgaben können für Abgangs- und Empfangshafen zusammen mit 0,1—0,3 M/t gerechnet werden. Die Versicherungskosten betragen je nach Wert des Gutes 0,01—0,03 Pf/tkm. Wertminderung tritt vor allem bei Wasserversand der Kohlen ein infolge Kippens der Kohlen in die Schiffe und Löschens durch Greifer. Die Wertminderung kann 4—7 vH betragen. Teubert rechnet mit 0,5 M/t, die bei sehr guten Umschlagseinrichtungen berechtigt sein wird. Die Umschlagkosten von Kohlen können für Kippen zu 0,1 M/t, für Löschen vom Schiff auf die Bahn zu 0,4 M/t angenommen werden. Die Lösch- und Ladekosten für andere Güter können 0,3—1,2 M/t betragen. Für das Löschen von Gütern aus Kanalschiffen in Seeschiffe sind meist geringere Kosten aufzuwenden als von der Eisenbahn in Seeschiffe. Werden alle Unkosten zusammengerechnet, dann zeigt es sich, daß bei mittleren Entfernungen von z. B. 400 km und 300 t Umschlag/Tag der Transport im 1000-t-Schiff für Kohlen 1,2 bis 1,3 Pf/tkm erfordert. Hiervon betragen die reinen Schiffskosten nur 20 vH. Voraussetzung für diese Rechnung ist allerdings, daß der Verkehr sich in der angenommenen Weise abspielt. Zur Zeit beträgt die Schleppleistung auf dem Mittellandkanal meist bedeutend weniger als die gerechneten 60 km, während auch die Liegezeiten noch größer sind als hier angenommen. Es ist aber zu erwarten, daß nach Fertigstellung eines größeren Kanalnetzes die heute vorhandenen Übelstände beseitigt werden werden. Man erkennt aber, daß das Hauptgewicht in der Verminderung der Abgabensätze und dann erst in der Minderung der Schiffs- und Schleppkosten zu suchen ist. Auch hierin werden Änderungen möglich sein, sowie ein größerer Verkehr auf den Kanälen entstanden sein wird.

B. Die Bettausbildung von kanalisierten Flüssen und Binnenkanälen.

a) Querschnittsbildung.

1. Kanalisierte Flüsse und Kraftwasserkanäle.

Man wird sich bei Flußkanalisierungen im allgemeinen an die vorhandenen Querschnitte, soweit sie breit genug sind, halten. Besonders oberhalb der Wehre wird man wegen der dort vorhandenen übermäßigen Tiefe und geringen Strömung kaum etwas Wesentliches an der Querschnittsausbildung zu tun haben. Unterhalb der Wehre dagegen wird es oft nötig sein, das Bett künstlich neu zu gestalten, selbst wenn der Stau des unterhalb liegenden Wehres bereits eine größere Wassertiefe ergibt. Denn da das Bett dort im natürlichen Zustand den Anforderungen nicht genügte, so wird bei Vergrößerung der verkehrenden Schiffe, die durch die Kanalisierung eintreten wird, der Querschnitt auch meist nicht genügen. Weil aber unterhalb der Wehre fast stets eine merkbare Strömung vorhanden ist, so wird der Querschnitt schon wegen der nicht fortzubringenden Strömung größer sein müssen als bei Kanälen mit ruhendem Wasser. Diese Querschnittsvergrößerung ist zugleich ein Mittel, um die Strömung zu verringern. Als Form empfiehlt sich im allgemeinen die einfache Trapezform mit unter 1 : 2 bis 1 : 3 geböschten Ufern, Abb. 707.

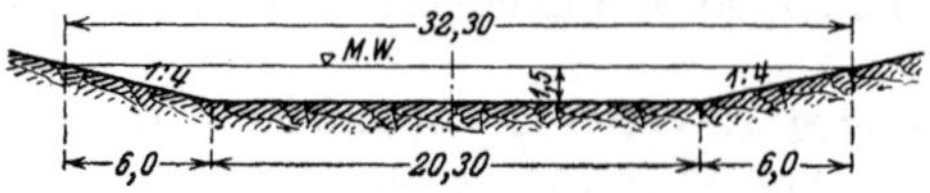

Abb. 707. Allerquerschnitt. Maßstab 1 : 630.

Kraftwasserkanäle müssen bei mäßiger Schiffahrt hauptsächlich durch die gewonnene Kraft verzinst werden. Sie verlangen größte Sparsamkeit, so daß auch an Querschnitt nach Kräften gespart wird. Im allgemeinen ist danach zu streben, daß die Wassergeschwindigkeit im Mittel das Maß von 0,8 m/sk nicht überschreitet. Ein Vergleich mit größeren Strömen ist nicht ohne weiteres möglich, weil die Querschnitte dort gewöhnlich wesentlich größer sind. Den Schleppwiderstand allein als Maßstab der Wirtschaftlichkeit zugrunde zu legen, wäre nach den bereits gemachten Untersuchungen ein großer Fehler. Es spielt keine entscheidende Rolle, ob ein Schleppdampfer 200 oder 300 PS_i entwickeln muß, solange man mit den Gesamtwasserfrachten unter den Eisenbahnfrachten bleibt. Es wird in allen Fällen das Optimum herauszufinden sein, das bei einem mittelgroßen Querschnitt und einer mittelgroßen Schleppkraft zu suchen ist. Das Maß $n = \frac{F}{f} = 7$ sollte bei Kraftwasserkanälen und bei kanalisierten Flüssen möglichst nicht unterschritten werden.

Eine besondere Art der Bettausbildung großer Flüsse ist von Direktor Böhmler für die Rheinkanalisierung zwischen Basel und dem Bodensee vorgeschlagen worden. Er entwarf einen Doppelquerschnitt. Es soll an einer Seite ein flacheres, möglichst rauhes Bett für die Bergfahrt mit der notwendigen Wassertiefe ausgebildet werden; daneben liegt ohne Trenndamm das tiefere Bett des

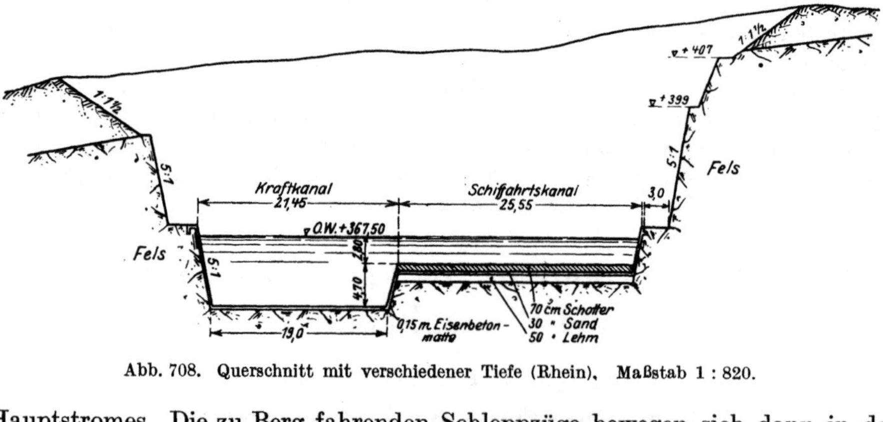

Abb. 708. Querschnitt mit verschiedener Tiefe (Rhein). Maßstab 1 : 820.

Hauptstromes. Die zu Berg fahrenden Schleppzüge bewegen sich dann in dem flachen Querschnittsteil mit geringer Strömung, die zu Tal fahrenden dagegen in dem mit starker Strömung. Versuche in dem Wasserbaulaboratorium der Technischen Hochschule Berlin (de Thierry) haben gezeigt, daß der erwartete Zustand im Modell eintritt, er ist daher auch in der Wirklichkeit zu erwarten. Es sind Bedenken gegen den Vorschlag erhoben worden; es unterliegt aber keinem Zweifel, daß diese Bettausbildung einen großen Fortschritt darstellt. Sie ermöglicht eine systematische, zweckmäßige Ausgestaltung der Querschnitte von kanalisierten, großen Flüssen zum Kraftwasserkanal. Der geplante Querschnitt wird durch Abb. 708 wiedergegeben. Bei Kraftwasserkanälen wird man vielfach Betonplatten als Böschungsbefestigung verwenden. Die Böschungen bei Flußkanalisierungen werden am besten durch Steinbewurf oder durch Rethbermen geschützt werden. Die Ausführungen, wie sie bei den Kanälen entwickelt werden, können auch bei Flußkanalisierungen entsprechend angewendet werden.

2. Kanalquerschnitte.

Der Aufbau eines Kanalquerschnittes muß stets von der Sohle der beladenen Kähne ausgehen. Man wählt nach Erfahrung den Abstand, der bei der Begegnung wenigstens zwischen den Kähnen selbst und zwischen den Böschungen und der Kahnwand bestehen muß (Abb. 697). Dadurch ist die Breite in der

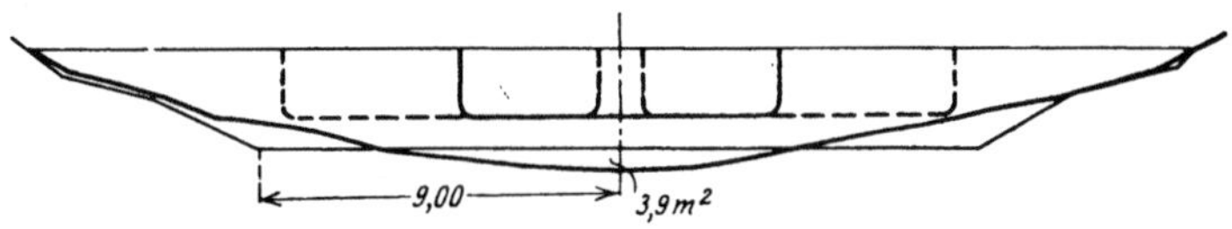

Abb. 709. ——— im Januar 1899, - - - - - - im Januar 1906.

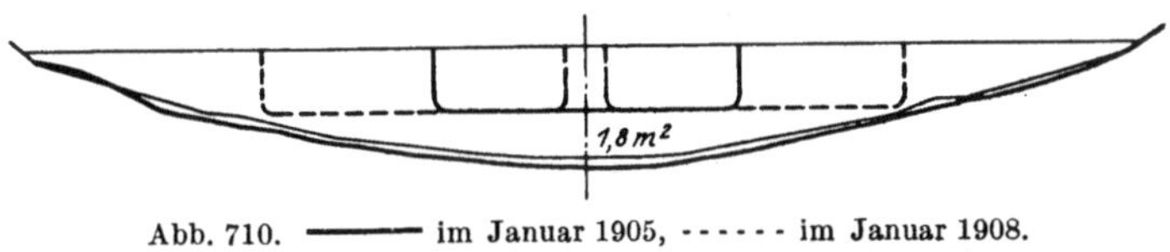

Abb. 710. ——— im Januar 1905, - - - - - - im Januar 1908.

Abb. 709 u. 710. Querschnitt des Dortmund-Ems-Kanals bei 160 km. Maßstab 1 : 333.

Höhe des Kahnbodens bestimmt. Dann folgt die Festlegung für die notwendig gehaltene Tiefe unter dem Boden der beladenen Kähne und die Formung der Böschungen, für welche die Art des vorhandenen Geländes maßgebend ist. In Felsstrecken wird man mit annähernd senkrechten Wänden arbeiten, in Sandboden mit der Trapezform, wobei die Böschung 1 : 2 betragen kann. Dieser Querschnitt Abb. 698 wird auch nach den Erfahrungen bei dem Bau des Hildesheimer Stichkanals vorgeschlagen. Der Abstand der Kähne voneinander wird gewöhnlich dem Abstand vom Ufer in der Höhe des Kahnbodens gleich gewählt.

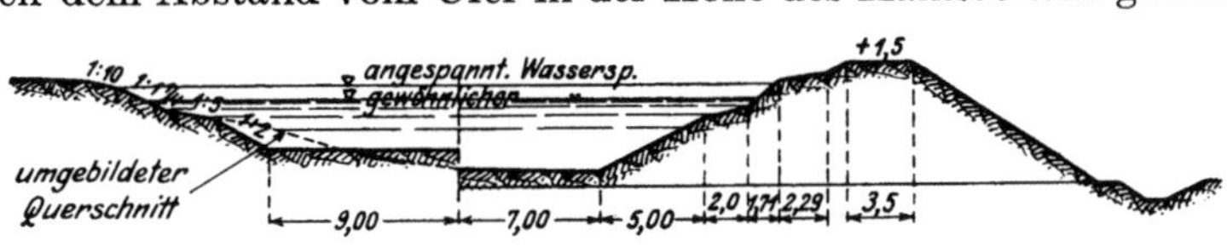

Abb. 711. Querschnitt des Dortmund-Ems-Kanals 1 : 620.

Schmies[1]) gibt als erwünschten Regelquerschnitt den gemäß Abb. 697, S. 529, an, woraus sich eine nutzbare Breite in Sohlenhöhe der breiten Kähne von 31,5 m, und der Trapezsohle von 23,9 m ergibt.

Weitere Querschnitte zeigen Abb. 711—718. Einer der ältesten Querschnitte neuerer Kanäle ist der des Dortmund-Ems-Kanales. Er sah in ursprünglicher Form aus gemäß Abb. 711. Da seine Tiefe zu gering war, war der Angriff des Schraubenwirbels auf die Sohle zu stark; der Kanal vertiefte sich gemäß Abb. 709 in der Mitte. Der ausgespülte Boden mußte naturgemäß irgendwo abgelagert

---

[1]) Schmies, P.: Über Querprofile von Binnenschiffskanälen. Doktorarbeit. Technische Hochschule Hannover 1925.

werden. Der hierfür ruhigste Platz war an der Seite, so daß die Muldenform entstand[1]). Die Wassertiefe des Dortmund-Ems-Kanals bei gewöhnlichem Wasser war nur 2,5 m. Abb. 709 gibt die Messungen von 1899 und 1905, Abb. 710

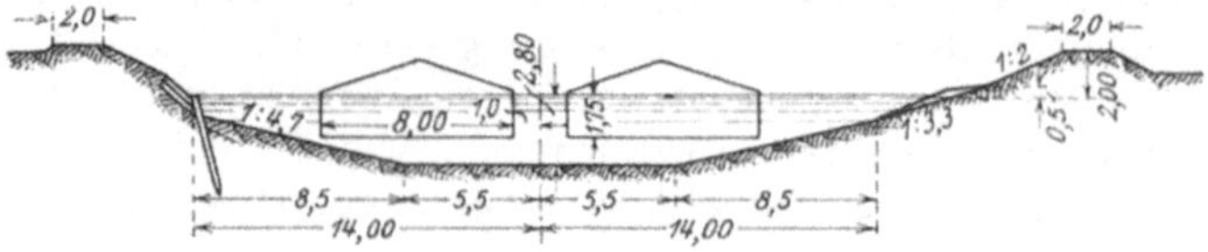

Abb. 712. Oder-Spree-Kanal. Östlicher Teil. Große Tränke – Fürstenberg. Maßstab 1 : 575.

die von 1905 und 1908 wieder. Ähnlich waren die Verhältnisse bei dem Oder-Spree-Kanal, der auch eine Trapezform mit 2,8 m Tiefe besaß, bei dem aber die Schiffsaußenkante schon bedenklich nahe an der Böschung entlang streift (Abb. 712). Unter Verwechslung der Tatsache der ungenügenden Tiefe mit der Ungunst der Form wurde hieraus geschlossen, daß die Natur eine Mulde fordere.

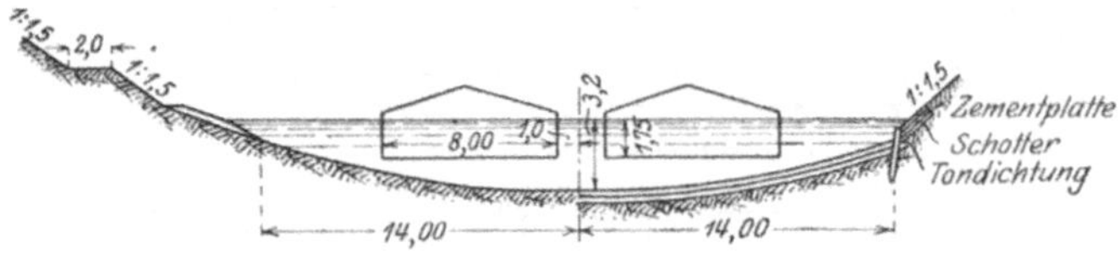

Abb. 713. Oder-Spree-Kanal. Westlicher Teil. Seddin-See. Große Tränke. Maßstab 1 : 575.

Man hat daraufhin die älteren Kanäle zum Teil umgestaltet und ihnen eine Muldenform gegeben. So ist ein Teil des Oder-Spree-Kanals, Seddinsee—Große Tränke, bereits als Mulde erbaut (Abb. 713). Vor allem wurde aber der Mittellandkanal gänzlich mit Muldenform ausgebaut. Den Querschnitt des Mittellandkanals zeigt Abb. 714 u. 715. Da die Mulde für das vorwiegend noch in der

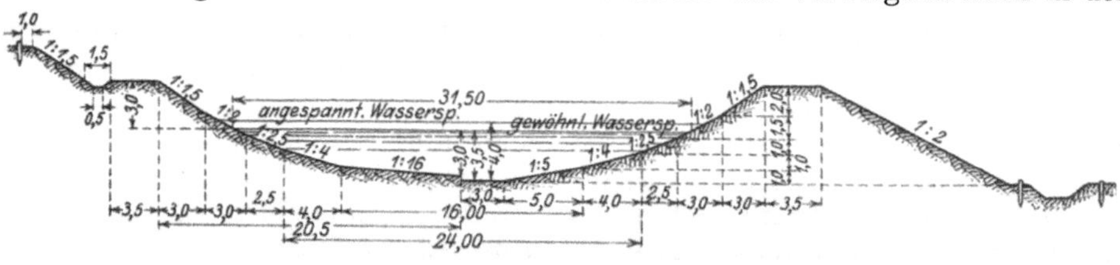

Abb. 714. Querschnitt des Ems-Weser-Kanals. Maßstab 1 : 625.

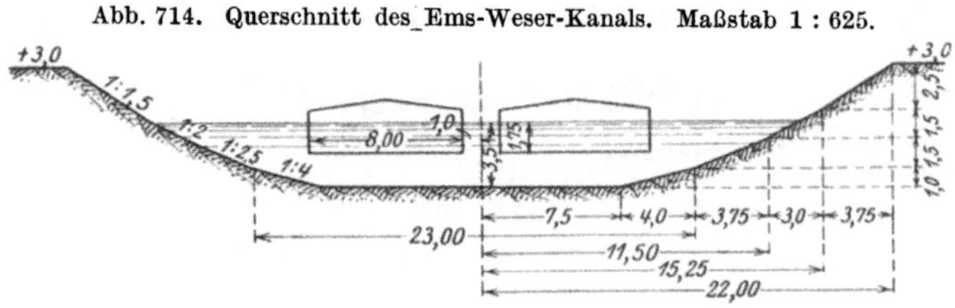

Abb. 715. Querschnitt des Rhein-Herne-Kanals im Einschnitt. Maßstab 1 : 575.

Mitte erfolgende Fahren tief genug ist, so sind, im Gegensatz zum Dortmund-Ems-Kanal, nur geringe Veränderungen erzielt worden (Abb. 714). Wenn wirklich die Muldenform das Entscheidende wäre, dann dürfte man nicht die großen Seekanäle durchweg als Trapeze bauen, wie es weiter hinten gezeigt wird, und vor allem nicht den Rhein-Herne-Kanal, der die Fortsetzung des Mittellandkanales zum Rhein ist, fast als Trapez ausgeführt haben (Abb. 715) und man

[1]) Prof. Franzius: Die technische Ausgestaltung unserer Kanäle. Z. V. d. I. 1919, S. 645, sowie Franzius: Die Querschnittsausbildung von Kanälen. Z. f. Binn. 1926.

dürfte auch nicht die Aller mit der Trapezform kanalisiert haben. Man sieht, daß man die Mulde verlassen hat, sowie eine genügende Tiefe vorgesehen wurde.

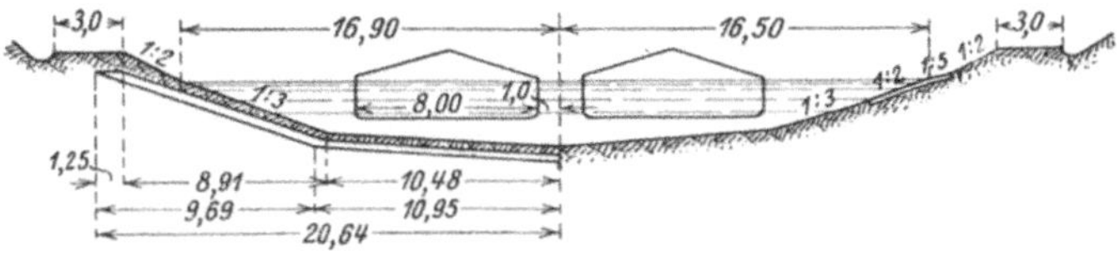

Abb. 716. Querschnitt des Berlin-Stettiner Kanals. Maßstab 1 : 575

Auch der Berliner Teltow-Kanal hat mehr die Form des Trapezes als die der Mulde erhalten (Abb. 717), ebenso hat Rehder dem Elbe-Trave-Kanal eine Trapezform gegeben. Zum Schlusse seien noch die Querschnitte für den Donau-Main-Kanal gegeben, die für 1200-t-Schiffe von 10 m Breite geplant sind (Abb. 718) Auch hier sieht der Querschnitt z. T. mehr dem Trapez als der Mulde ähnlich. Die Mulde sollte jetzt auch für die Fortsetzung des Mittellandkanales als überwundene Form gelten.

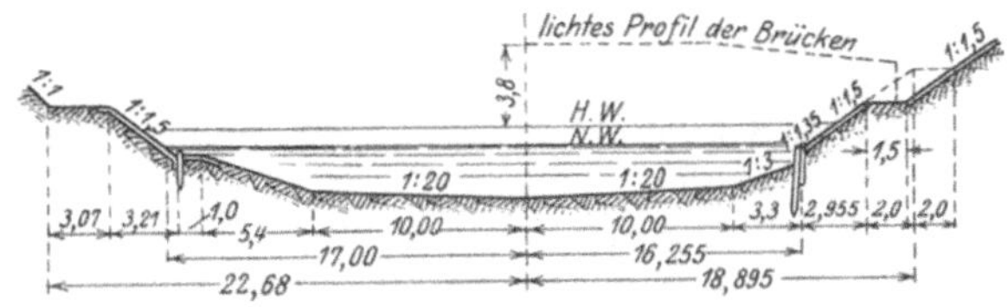

Abb. 717. Querschnitt des Teltow-Kanals. Maßstab 1 : 625.

Querschnitte von Seekanälen werden durch die Abb. 719—722 wiedergegeben. Abb. 719 zeigt den Querschnitt des Kaiser Wilhelm-Kanales in alter und neuer Form. Die alte Tiefe von 9 m ist auf 11 m vergrößert worden, kann aber noch weiter vergrößert werden. Die ursprüngliche Sohlenbreite von 22 m wurde verdoppelt. Für große Kriegsschiffe ist der Querschnitt einschiffig, es sind deshalb Ausweichstellen in rund 9 km Abstand vorhanden. Von Bedeutung

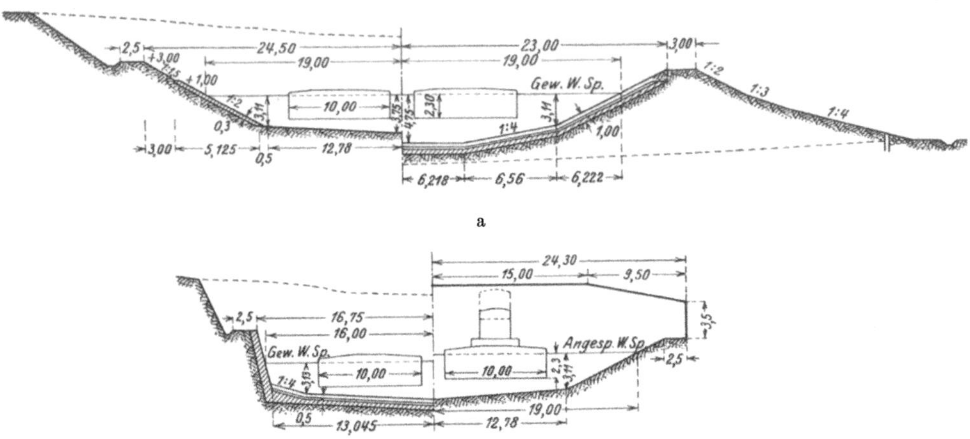

Abb. 718a u. b. Die Großschiffahrtstraße Aschaffenburg-Passau. Kanalquerschnitte im Maßstab 1 : 700. a Im Ab- und Auftrag. b Im Felseinschnitt und unter Brücken.

ist, daß die Unterwasserbermen, die man früher für nötig hielt, jetzt weggelassen worden sind. Die Kanalverwaltung hielt die Böschung ohne Berme für widerstandsfähiger als die frühere mit Berme. Bemerkenswert ist, daß die Böschung früher 1 : 2, jetzt 1 : 2,25 bis zu der Tiefe von 5,3 m unter Wasser reicht; man möchte daraus wohl schließen dürfen, daß dann eine Böschung 1 : 2 bis 1 : 2,5 bei Binnenkanälen bei einer Wassertiefe von 3,5 m auch herstellbar sein könnte.

Abb. 720a bis d zeigen den Querschnitt des Königsberger Seekanales. Wegen der geringen Erdbewegungen konnte eine breite Sohle (42,5 m) ge-

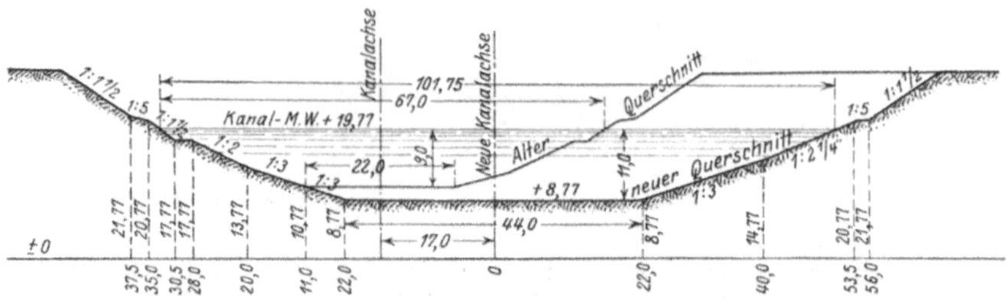

Abb. 719. Alter und neuer Querschnitt des Nord-Ostsee-Kanales. Maßstab 1 : 1400.

wählt werden. Die neue Wassertiefe soll 9 m betragen, die Böschungen im Sande 1 : 2,5, im Schlick 1 : 5 liegen. An einigen Stellen sind die Sohlenbreiten noch vergrößert worden.

Abb. 721 zeigt den Querschnitt des Suezkanales, der dem des Kaiser Wilhelm-Kanales sehr ähnlich ist; Wassertiefe 11 m, Sohlenbreite 45 m, Böschungen 1 : 2. An anderen Stellen liegen die Böschungen 4 : 1 bis 1 : 1.

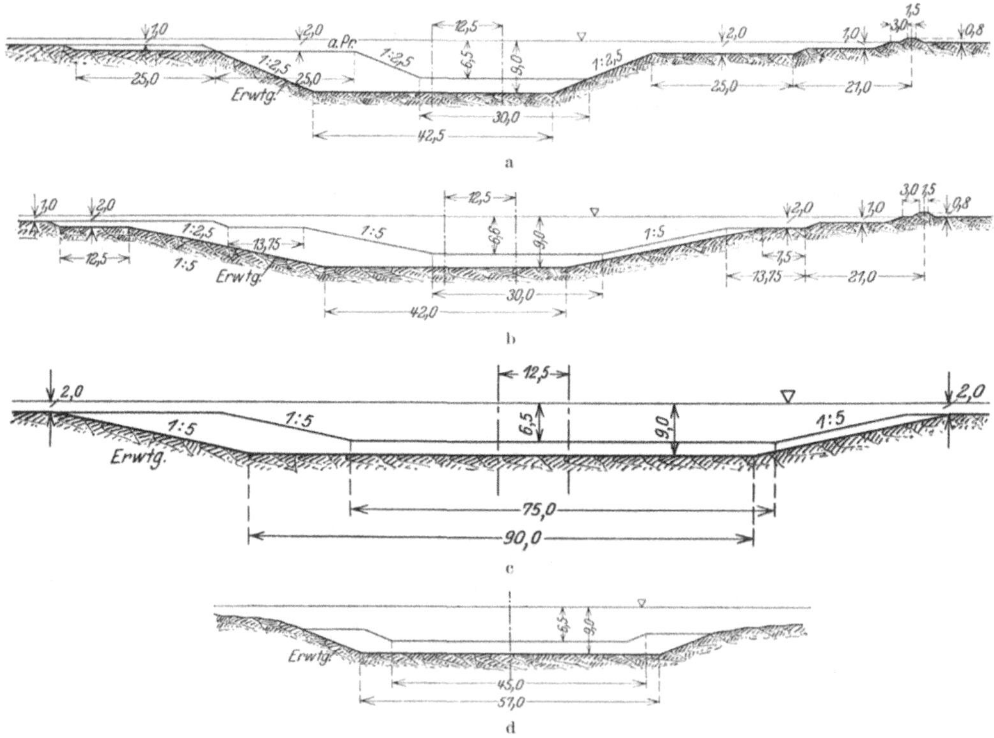

Abb. 720a bis d. Querschnitt des Königsberger Seekanals. Maßstab 1 : 1350.
a Normalquerschnitt bei Sandboden. b Normalquerschnitt bei Schlickboden. c Normalquerschnitt der Fischhauser Wiek. d Normalquerschnitt der Pregel.

Abb. 722a bis d zeigen die Querschnitte des Panamakanales, die entsprechend der großen Bedeutung dieses Kanales außergewöhnlich groß bemessen worden sind. Die Querschnitte sind zum großen Teil in Fels ausgehoben worden, sie haben hier eine fast senkrechte Wand 10 : 1 erhalten. Selbst an der engsten Stelle ist der Kanal zweischiffig mit einer Sohlenbreite von 91,5 m (300′), Abb. 722 b.

Die Böschungen sind allerdings in den oberen Teilen zum Teil während des Baues, zum Teil nachträglich wegen der starken Rutschungen stark abgeflacht worden, vgl. Abb. 722. Hier ist die größte Einschnittstiefe allerdings 82 m. Es ist für den Betrieb dieses Kanales wichtig, daß auf einer Strecke von rund 38 km der Querschnitt überall über 150 m breit ist.

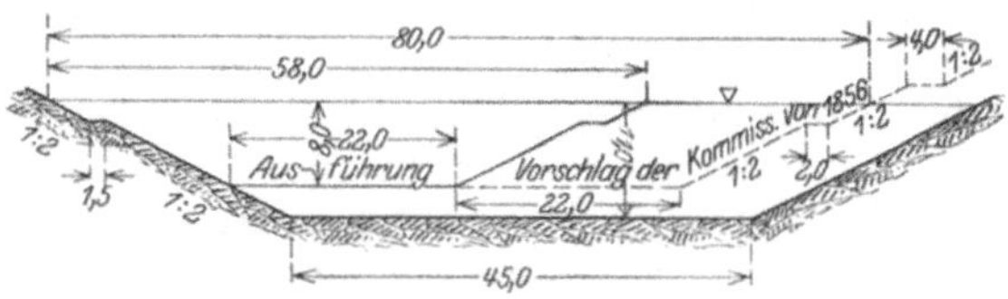

Abb. 721. Suezkanal. Maßstab 1 : 1350.

Als Fahrgeschwindigkeit sind zugelassen im Kaiser Wilhelm-Kanal für mittlere Schiffe 15 km/st, Suezkanal für große Schiffe 10 km/st, Panamakanal 11 km/st im Kanal und bis 28 km/st in den Seestrecken. Im allgemeinen rechnet man für einen zweischiffigen Kanal für die großen Schiffe 100 m Sohlenbreite, also mehr als das Doppelte eines einschiffigen. Diese Annahme scheint etwas übertrieben; der Panamakanal mit 91,5 m kann jedenfalls durchaus als zweischiffig gelten. Die Fahrgeschwindigkeit, die in den Seekanälen zugelassen werden kann, hängt ganz von der Querschnittsgröße ab. Es liegen hierüber Untersuchungen von de Thierry, Berlin, für den Suezkanal vor. Im Suezkanal hatte

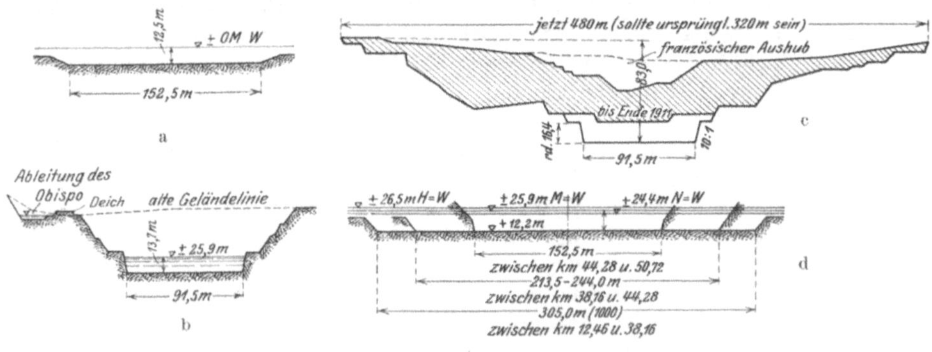

Abb. 722 a bis d. Querschnitte Panamakanal. Maßstab 1 : 6250.

a Offene Kanalrinne auf der atlantischen Seite. b Querschnitt am Culebra-Einschnitt bis Pedro Miguel. c Am Culebra-Einschnitt, wegen Rutschung verbreitert. d Anwachsen der Sohlenbreite vom Culebra-Einschnitt bis zu den Gatunschleusen.

es sich gezeigt, daß ein rund 8,5 m tief gehender Dampfer, trotzdem der Kanalquerschnitt fast 7 mal so groß war wie der eingetauchte Schiffsquerschnitt, bei einer Geschwindigkeit von 13 km/st eine Absenkung des Wasserspiegels um 1,37 m herbeiführte. de Thierry verlangt daher, daß das Verhältnis $n = \frac{F}{f}$ nicht kleiner als 5 sein dürfe. Man wird bei kurzen Kanälen mit diesem Maß auskommen, bei sehr langen Kanälen, die sehr stark befahren werden, dürfte aber eine Vergrößerung durchaus erwünscht sein. Bei dem Kaiser Wilhelm-Kanal hat — bei heute 827 qm Querschnitt — ein 25 m breites Schiff mit 8 m Tiefgang erst das Verhältnis von rund $n = 4{,}1$. Solche Schiffe müssen entsprechend langsamer fahren.

b) Sohlenausbildung und Uferbefestigung.

1) Sohlenausbildung, Pflaster, Beton und Tondichtung.

In den Einschnittstrecken ebenso wie bei kanalisierten Flüssen hat eine besondere Behandlung der Sohle bisher nicht stattgefunden. Man könnte daran denken, die Sohle mit einem groben, schweren und unbeweglichen Material zu überschütten, um die Angriffe des Schraubenstromes zu verhindern. Es wird aber in den meisten Fällen billiger und zweckmäßiger sein, das Kanalbett entsprechend tief zu machen, da man dadurch gleichzeitig den Schleppwiderstand verringert. Eine besondere Behandlung verlangt aber das Kanalbett dort, wo der Fluß- oder Kanalwasserspiegel über dem Grundwasserspiegel liegt.

Hier tritt bei allen nicht wasserdichten Bodenarten das Wasser durch die Kanalsohle und das Kanalufer in das Grundwasserbett über. Das gleiche tritt auch bei kanalisierten Flüssen ein, nur ist hier im allgemeinen eine Bettdichtung nicht oder nur so schwer möglich, daß sie bisher nicht ausgeführt worden ist. Die Schwierigkeit liegt bei Kanalisierungen vor allem darin, daß zwecks Einbau einer Sohlendichtung der Fluß während der Bauzeit abgeleitet werden müßte. Das würde in Kulturländern besondere Schwierigkeiten bereiten. Das Durchsickern des Wassers durch die Kanalsohle erreicht seinen Größtwert dann, wenn der tiefste Punkt der Kanalsohle über dem Grundwasserspiegel liegt. Werden die Kanaldämme dann noch höher, so kann im allgemeinen eine weitere Steigerung nicht mehr eintreten. Die beste Methode zur Dichtung eines Kanalbettes bei durchlässigem Untergrund besteht darin, daß eine durch eine Schutzschicht überdeckte wasserdichte Schicht in das Kanalbett eingebracht wird. Bei älteren Kanälen hat man Pflaster in Mörtel versetzt angewendet. Bei sehr gutem, standfähigem Boden und nicht großem Querschnitt ist die Methode anwendbar, wegen ihrer großen Kosten aber unwirtschaftlich und veraltet. Dann ist das Einbringen von Betonschichten angewendet worden. Es dürfte seine Bedeutung vorwiegend bei Aushub in klüftigem Fels besitzen. So hat man z. B. bei dem Marne-Saône-Kanal in den Felseinschnitten die senkrechten Wände durch eine schwache Bruchsteinmauer geschützt und die Sohle mit einer 20 cm starken Betonschicht bedeckt. Der Kanal hat dabei nur eine Wassertiefe von 2,10 m und eine Gesamtbreite von 12 m, ist also unseren heutigen Großschiffahrtswegen gegenüber ein Kanal dritter Ordnung. Immerhin würde die Methode, klüftigen Fels durch Betonschichten abzudecken, auch heute noch gut sein, nur muß über der Betonschicht eine Schutzschicht von 30 bis 60 cm Stärke liegen. Es ist sonst mit Sicherheit zu erwarten, daß im Laufe der Zeit die Betonschicht von den Matrosen durchstoßen werden wird.

Wenn man in Sanddämmen Beton verwenden will, dann könnte man nach dem Vorschlag des Verfassers eine Eisenbetonmatte nehmen, die so dünn, 3 bis 5 cm, und so elastisch ist, daß sie den Setzungen folgen kann. Je höher der Damm ist, desto stärker werden die Setzungserscheinungen an ihm sein. Man darf eine solche Dichtung daher erst dann einbringen, wenn die Hauptsetzungen vorbei sind, also frühestens 1 Jahr nach Fertigstellung des Dammes. Nur bei Sanddämmen, die eingespült worden sind, kann man die Dichtung sofort nach Fertigstellung einbringen. Bei einer solchen Eisenbetonmatte ist auf Biegungsfestigkeit kein Wert zu legen, sondern nur darauf, daß der Beton bei etwaigem Brechen der Matte auch zusammenhält. Man wird deshalb entgegen den normalen Eisenbetonkonstruktionen die Eisenbewehrung in die neutrale Zone legen. Treten nun größere Setzungen ein, dann kann die Matte zwar brechen, sie wird aber nur in ganz unerheblichem Maße oder gar nicht undicht werden, weil der Beton durch die Eisenbewehrung zusammengehalten wird und, so wie er zwischen den Bodenschichten eingeklemmt ist, seine Lage nicht ändern kann. Will man auf eine fernere Zukunft Rücksicht nehmen, die vielleicht eine spätere Verbreiterung des Kanales wünschenswert erscheinen läßt, dann kann man die Betonmatte einseitig horizontal durchstrecken und auf sie einen Tonkern aufsetzen, der in dem Damm hochgeht (Abb. 725). Die Matte reicht dabei bis in die Nähe der Außenböschung, am Ende ist ein Schotterdreieck aufgesetzt. Bei einer Verbreiterung wird man dann zuerst in der Außenböschung einen Schacht niederbringen oder am Ende der Matte über der Betonmatte einen Betonkern aufsetzen, dann einen neuen Damm neben den alten schütten und dann den alten Damm soweit als nötig wegbaggern. Daß unsere Kanäle bei einem wirtschaftlichen Wiedererstarken Deutschlands in nicht zu vielen Jahrzehnten viel zu schmal sein werden, kann mit Sicherheit erwartet werden[1]). Die Anwendbarkeit der Matte müßte von Fall zu Fall durch Ausschreibungsvergleich mit der Tondichtung geprüft werden. Wird die Tondichtung wesentlich billiger, dann wird sie zu wählen sein, wenn die zukünftige Erweiterung bedeutungslos wäre.

Eine einfache Möglichkeit einer Tondichtung ist gegeben, wenn der Kanal zum Teil in dichten, tonigen Boden eingeschnitten wird, der Aushub aber nicht

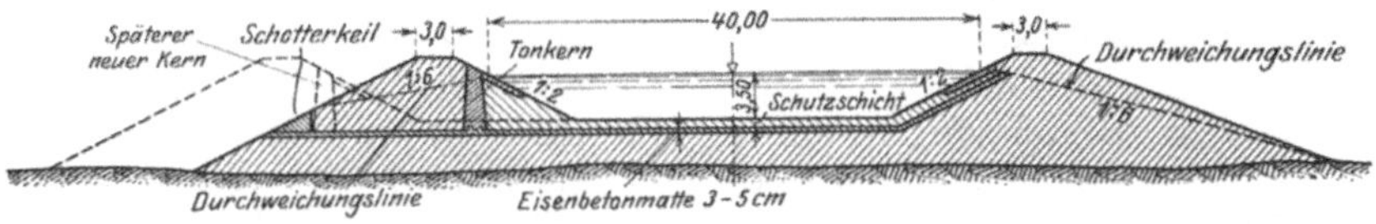

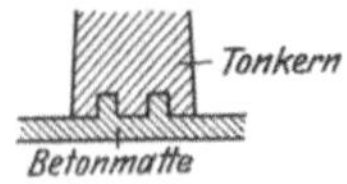

Abb. 723 a u. b. Dichtung eines Kanaldammes mit Eisenbetonmatte. Maßstab 1 : 1000.

zur Errichtung von Tondämmen ausreicht, also gerade dann, wenn die Querschnitte nur wenig in das Gelände eingreifen. Ist man hier aus irgendwelchen Gründen, wie z. B. der Billigkeit wegen, zum Bau von Sanddämmen gezwungen, dann kann man in die Sanddämme einen Tonkern einbauen, der bis in den Tonuntergrund hineinreicht. Hierdurch kann eine vollkommene Dichtung erzielt werden.

Ist ein dichter Untergrund nicht erreichbar, dann ist ein Damm aus möglichst grobem Material im allgemeinen einem solchen aus feinem Schüttboden vorzuziehen. Es ist dann notwendig, eine vollständige Tonschale einzubauen. Der grobe Schüttboden erleichtert bei undichter Tonschale das Versickern ohne Ausspülung von Boden. Letzteres mit Bildung von richtigen Wasseradern kann bei feinerem Boden leicht eintreten und zu Dammbrüchen führen.

Die heute in Deutschland am meisten angewendete Dichtung ist die Tondichtung. Abb. 724 zeigt die Ausbildung der Dichtung am Großschiffahrtsweg

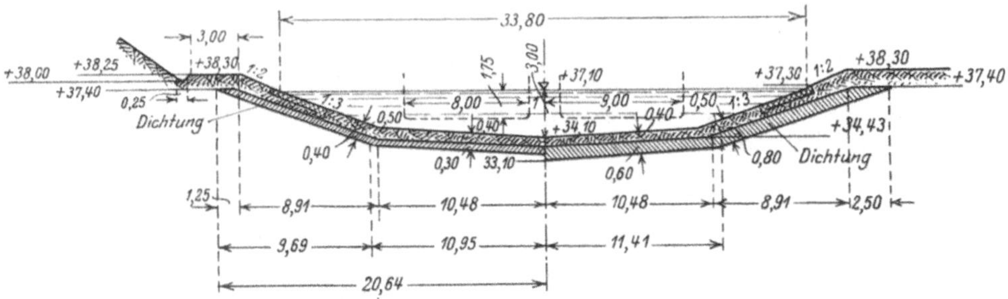

Abb. 724. Querschnitt in Dichtungsstrecke. Großschiffahrtsweg Berlin-Stettin. Maßstab 1 : 500.

Berlin—Stettin. In besonders gefährdeten Strecken (hohen Dämmen) ist die Dichtungsschicht 60—80 cm stark unter Überdeckung mit einer 40—50 cm starken Schutzschicht. In den weniger gefährdeten Strecken ist bei gleicher Schutzschicht die Tonschale 30—40 cm stark. Eine solche Tonschale muß beim Einbringen sehr sorgfältig behandelt werden. Der Ton darf nicht ausgetrocknet, sondern soll bergfeucht sein. Er wird in 20 cm starken Lagen eingebracht und

[1]) Jede Generation hat bisher nur für ihre Bedürfnisse gebaut, und das um so mehr, je mehr sie erklärte, keine Erweiterung vorsehen zu brauchen. So liegt es auch mit den jetzigen Kanälen und Schiffsabmessungen.

dann entweder durch Pferde eingeritten oder durch Motorwalzen eingewalzt. Dieses Einwalzen bietet Schwierigkeiten, wenn der Ton zu weich ist. Unmittelbar nach Fertigstellung der Dichtungsschicht ist die Schutzschicht aufzubringen. Man sollte stets dem gleichen Unternehmer Dichtunsgschicht und Schutzschicht übertragen, da sonst bei Trennung der Arbeiten keiner der beiden Unternehmer verantwortlich gemacht werden kann. Die Erfahrungen am Rhein-Hannover-Kanal mit dem Dammbruch bei Dankersen (östlich Minden) haben die Richtigkeit einer Verstärkung der Tonschicht an den Seiten bestätigt. Wegen der zu großen Enge des Kanales und der ungünstigen Form (Mulde) sind die Schiffe sehr häufig an die Böschung herangefahren. Sie wurden dann, selbst wenn sie sich in der Böschung etwas festgefahren hatten, durch den fahrenden Schlepper wieder losgerissen. Es sind große Strecken der Tondichtung gleichsam abgerollt worden. Die Böschungsbeschädigungen führten dann zu großen Undichtigkeiten und schließlich zum Dammbruch. Großes Gewicht ist auf eine Schutzschicht aus hartem Schüttboden zu legen. Toniger Boden weicht auf und ist unbrauchbar.

Die meisten ausgeführten Tondichtungen sind erst lange Jahre nach Inbetriebnahme des Kanales dicht geworden. Es hat das zum Teil daran gelegen, daß Dichtung und Schutzschicht an verschiedene Unternehmer vergeben waren. Bei dem Mittellandkanal zwischen Minden und Hannover lag beispielsweise entgegen den Anordnungen der Bauverwaltung die Tondichtung lange Zeit im Sonnenbrande. Es entstanden Risse in Abständen von etwa 30—50 cm, die so breit waren, daß man die Hand hineinstecken konnte. Nach Aufbringen der Schutzschicht und Füllung des Kanales ist der Ton wieder gequollen und hat die Risse geschlossen, sofern sie nicht ganz durch die Tonschicht hindurchgingen. Das muß aber an vielen Stellen der Fall gewesen sein, denn die Dämme waren in weitgehendem Maße undicht. Heute ist die Dichtung eine befriedigende.

In vielen Fällen wird eine nachträgliche Dichtung einer Tonschale notwendig werden. Solche Dichtungen sind in umfangreichem Maße am Oder-Spree-Kanal, Rhein-Herne-Kanal und auch am Mittellandkanal durchgeführt worden. Sie beruhen darauf, daß Ton in einem Rührwerk zu einer flüssigen Brühe verrührt wird und dann nach Durchlaufen durch ein Sieb mit 1 cm weiten Löchern durch einen Pumpenschlauch unmittelbar auf die undichte Stelle hinabgeführt wird. Dieser flüssige Ton wird dann durch das wegsinkende Wasser mit in die Tondichtung und den Damm hineingeführt. Er führt schon nach kurzer Zeit eine fast völlige Abdichtung aus. Das Einbringen von Ton allein hat im allgemeinen keinen dauernden Bestand, weil der Ton stets weich bleibt und durch Schraubenwirbel leicht wieder fortgespült wird. Es ist notwendig, vorher eine Kiesschicht aufzubringen. Darf die Kanaltiefe nicht verringert werden, dann muß vorher eine entsprechende Fläche abgebaggert werden. So ist beim Rhein-Herne-Kanal z. B. ein Teil der Dichtungsschicht, die 30—40 cm betragen sollte, vorher weggebaggert worden. Nach Aufbringen des grobkörnigen Kieses füllt sich dann diese Schutzschicht vollständig mit Ton. Das Versenken von Lehmklumpen ohne Rührwerk kann nicht als zweckmäßig angesehen werden. Ob solche Kanaldichtung unter Wasser einen wirklich dauernden Bestand hat, kann nicht gesagt werden, sie wird immer ein Aushilfsmittel bleiben. Besser ist es schon, von vornherein für eine gute Dichtung zu sorgen.

Wenn ein Kanalquerschnitt nur wenig mit seinem Wasserspiegel über dem Grundwasser liegt, dann bietet die Ausführung der Dichtungsschicht meistens große Schwierigkeiten. Es ist dann notwendig, nicht nur die Böschungen, sondern auch die Sohle weitgehend trocken zu legen. Auch eine Dränage der Böschung durch eingebohrte, wagerecht liegende Röhren hat sich als notwendig erwiesen, besonders wenn der Boden zum Rutschen neigte (Hildesheimer Kanal). Die Absenkung des Grundwassers während des Kanalbaues macht ein Versiegen von Brunnen meist auf weite Entfernung hin unvermeidbar. Ehe man an einen solchen Kanalbau herangeht, sollte man daher stets alle Brunnen der Umgebung genau einnivellieren. Diese Arbeiten sind schon lange vor Beginn der eigentlichen Bauarbeiten bei der Planung durchzuführen.

Bei Vorhandensein von besonderen Bodenarten (Raseneisenerz usw.), die bei Zutritt der Luft erhärten, kommt es vor, daß die Brunnen unten so dicht werden, daß sie auch nach späterem Steigen des Grundwassers trocken bleiben. Es ist dann eine Vertiefung der Brunnen notwendig, sofern sie nicht schon bei dem Bau durchgeführt wurde.

Wenn ein Kanalwasserspiegel unter dem Grundwasserspiegel liegt, ist es möglich, durch Einbau von Tonschalen die Absenkung des Grundwasserspiegels zu verhindern. Es ist dann aber notwendig, eine genügend starke Überdeckungsschicht zu geben, so daß die Tonschale nicht durch den Grundwasserdruck abgedrückt wird. Es ist aber von dieser Methode bisher nur wenig Gebrauch gemacht worden. Im Interesse der Landwirtschaft müßte sie aber weitgehend entwickelt werden. Verheerungen des Geländes, wie sie vielfach bei tief eingeschnittenen Kanälen eintreten, dadurch, daß Bäume absterben und sich das ganze Vegetationsbild ändert, müßten unter allen Umständen vermieden werden. Der Erbauer eines Kanales muß sich immer dessen bewußt bleiben, daß Kanäle stets Bauwerke für Jahrhunderte sind, bei denen kleinliche Sparsamkeit nicht am Platze ist.

Ein Aufstau von Grundwasser oberhalb und eine Absenkung unterhalb eines Kanales kann eintreten, wenn der Kanal quer zum Grundwasserstrom verläuft und so eingeschnitten ist, daß er in einer Auftragsstrecke in den undurchlässigen Untergrund einschneidet. Es ist dann notwendig, nicht seitlich Tonkerne aufzusetzen, sondern eine Tonschale einzubauen, die auf einer dicken Schotterschicht liegt. Diese Schotterschicht bildet dann unter dem Kanal hindurch die Verbindung von dem Grundwasserstrom oberhalb nach unterhalb, so daß damit eine Unterbrechung des Stromes vermieden ist. Auch eine größere Zahl von Dükern würde ähnlich wirken, aber viel zu teuer werden. Eine Schotterschicht von etwa 30—50 cm Dicke wird im allgemeinen vollkommen ausreichen.

2. Die Befestigung der Kanalufer.

Der stärkste Angriff auf die Kanalufer ebenso wie auf die Ufer kanalisierter Flüsse findet in und kurz unter der Wasserlinie statt, da hier eine starke Welle mit dem fahrenden Schiff am Ufer entlang läuft. Rehder hat unter Anwendung guter Naturbeobachtung die Ufer des Elbe-Trave-Kanales durch eine Rethböschung geschützt. Die Ufer liegen im oberen Teil, ähnlich wie beim Dortmund-Ems-Kanal, flach. Es ist auf dem nur wenige Handbreit unter Wasser liegenden Ufer eine Schilfart, Reth, angepflanzt worden, die einen dichten, grünen Saum

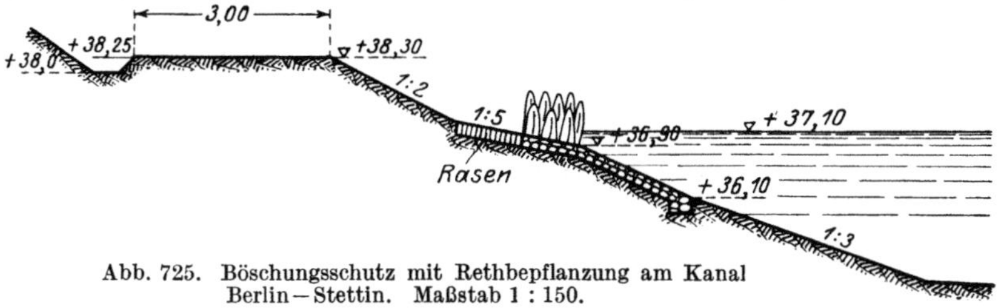

Abb. 725. Böschungsschutz mit Rethbepflanzung am Kanal Berlin—Stettin. Maßstab 1 : 150.

gebildet hat. Die Wellen werden in diesem Reth„walde“ so stark gebrochen, daß ein Zurückwerfen nicht eintritt. Bei den preußischen Kanälen hat man dieses Verfahren am Großschiffahrtsweg Berlin—Stettin mit gutem Erfolge angewendet (s. Abb. 725). Es ist aber vorher eine Steinböschung bis 1 m unter Wasser eingebracht worden, die auch in den Dichtungsstrecken angewendet worden ist. Oberhalb der Wasserlinie ist Rasen gelegt. Die ganze Kanalböschung sieht in der Landschaft wesentlich ästhetisch schöner aus als die an Häßlichkeit kaum zu übertrumpfende des Mittellandkanals. Die Uferbefestigung am Mittellandkanal ist fast durchweg durch Schütten von Steinschlag erfolgt. Diese Schüttsteinschicht liegt in der Mulde in der Neigung 1 : 2 von 1 m über Wasser bis 1 m unter Wasser. Sie wurde ursprünglich z. B. am Oder-Spree-Kanal auf die Böschung aufgelegt. Dieses Verfahren ist aber später verlassen worden, so daß die Schüttsteinschicht in die Böschung eingebettet worden ist. Man kann an vielen Stellen des Mittellandkanales, z. B. bei Hannover, beobachten, daß die Schüttschicht abgerutscht ist, und zwar wahrscheinlich infolge von Unterspülung. Der Fehler dürfte aber weniger in der Ausführung der Steinschüttung an sich als in dem starren Festhalten an einer Querschnittsform liegen, die nicht für jede Bodenart geeignet ist. Im allgemeinen hat es sich gezeigt, daß eine Schüttung nach Abb. 727 einer solchen nach Abb. 726 vorzuziehen ist. Man wird die Schüttung nach Abb. 726a vielfach am Fuße durch kurze, eingerammte Pfähle mit vorgelegten Brettern gegen das Abrutschen schützen, vgl. Abb. 726b. Die Böschung nach Abb. 727 hat den Vorzug, daß nicht bei einem Rutschen der Steinschüttung der Mutterboden hinterherkommt. Sie ist somit sehr viel leichter nachzubessern als Abb. 726a, die vielfach stärkere Zerstörungen aufgewiesen hat.

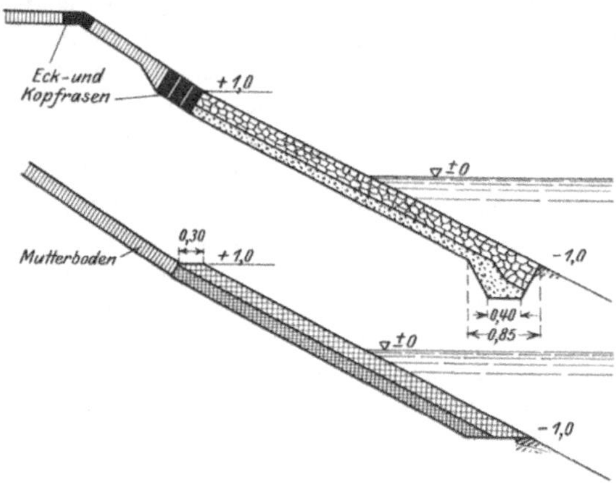

Abb. 726a u. 727. Uferbefestigung. Maßstab 1 : 100.

Abb. 726b. Böschungsschutz.

Zu bemängeln ist an der Steinschüttung auch, daß sie dem Heimatgefühl keine Rechnung trägt, denn ein solcher Kanal mit vielfach abgerutschten Böschungen sieht ungemein häßlich aus. Man sollte sämtliche Kanäle nach dem Vorbild des Großschiffahrtsweges Berlin—Stettin mit einer, wenn auch nur schmalen Rethböschung ausführen. Auch die Abdeckung mit Betonplatten, wie sie z. B. am Teltowkanal vielfach angewendet worden ist, sieht sehr häßlich aus und sollte nicht angewendet werden[1]).

Ein besonders zweckmäßiges Material für Böschungsbefestigung ist minderwertiger Torf, der hochwertige ist zu teuer. Der sog. weiße Torf hat einen genügend festen Zusammenhalt, um bei einer Sodenstärke von vielleicht 30 bis 50 cm eine gute Böschungsbefestigung abzugeben, die bis vielleicht 1 oder 1,5 m unter den Wasserspiegel geführt werden kann. Oberhalb des Wasserspiegels empfiehlt sich dann die Erzielung einer Grasnarbe. Nicht sehr zweckmäßig dürfte dagegen die Befestigung der Böschungen durch Heidesoden sein. Sie besitzen zwar eine dichte Verwurzelung durch die Heidepflanzen, enthalten aber zu viel losen Humusboden, der im Laufe der Zeit durch die Wellen ausgespült wird.

Die Böschungsbefestigung von Seekanälen braucht im wesentlichen auch nur in der Nähe des Ufers zu erfolgen. Im allgemeinen wird ein Schutz durch Be-

[1]) Wenn jeder deutsche Ingenieur so erzogen würde, daß er niemals etwas Häßliches schaffte, dann könnte Deutschland das schönste Land der Erde werden und das Heimatgefühl und der Nationalstolz der Deutschen zu unser aller Nutzen gestärkt werden. Häufig Unterlassungssünden von Regierung und Schulen!

rasung ausreichen, vielfach wird man aber auch eine Steinschüttung in der Nähe der Wasserlinie für zweckmäßig halten. Es sind bei dem ersten Bau des Kaiser-Wilhelm-Kanales größere Untersuchungen über die beste Böschungsabdeckung gemacht worden, die von Fülscher 1898 veröffentlicht worden sind[1]). Die Versuche wurden am alten Eiderkanal durchgeführt, und zwar mit einer Unterwasserberme, die 2 m unter MW. lag. Man kam dazu, daß alle aus Steinen verlegten Pflasterungen eine Kies- oder Schotterunterbettung erhalten müßten, die auch bei Steinschüttung als zweckmäßig angesehen wird. Die an sich interessanten Untersuchungen haben für die heutigen Querschnitte keinen besonderen Wert, weil, wie bereits ausgeführt, die Böschungen ohne Berme ausgeführt werden. Man wird bei Seekanälen vielfach Steinschüttungen anwenden, sollte aber unter die Steinschüttung Kies und darunter tonigen Boden bringen und eine Rethbepflanzung durchführen.

3. Die Linienführung der Kanäle.

Neuere Kanäle können sich nicht mehr wie die früheren kleineren Kanäle mit ihren kleinen Fahrzeugen, den Geländefalten weitgehend anpassen. Die Höhenlage des Kanales ist vorwiegend bedingt durch den Grundwasserstand. So ist bei der Nordlinie des Mittellandkanales zwischen Hannover und Magdeburg die Höhenlage im Drömlingsgebiet (Aller, Ohre) von Prüßmann in sorgfältigster Weise nach vielen Grundwassermessungen so festgelegt worden, daß der Kanalwasserstand durchweg einige Dezimeter über dem Grundwasserstand lag. Diese Lage ist eine Notwendigkeit in einem Gelände, das bei Entwässerung an Kulturwert verlieren könnte. Im Gelände mit besonders hohem Grundwasserstand ist dagegen die Lage des Kanalwasserspiegels entsprechend unter dem Grundwasserstand vorteilhaft. Es läßt sich also nicht angeben, wie ein Kanal durchschnittlich im Gelände liegen soll. Bei der Voraussetzung, daß ein Grundwasserspiegel durchschnittlich 1,5—2 m unter der Oberfläche liegt, sollte auch der Kanalwasserspiegel annähernd die gleiche Höhenlage wie das Grundwasser haben, denn die Absenkung eines so tief liegenden Grundwasserspiegels würde für die Landwirtschaft nachteilig sein[2]). Da nun aber der Grundwasserspiegel mit der Geländehöhe entsprechend häufig seine Lage ändert, so ist es nicht möglich, sich ihm immer anzupassen; denn so sehr man auch bestrebt sein wird, auf derselben Höhenschichtlinie mit der Kanallinie weiterzulaufen, so wird man doch erfahrungsgemäß unausgesetzt zwecks geradliniger Linienführung kleine Hügel durchstoßen und kleine Täler auf Dämmen durchschneiden müssen. Je weniger Krümmungen ein Kanal aufweist, desto besser ist er. Auf alle Fälle sollte die Linie so geführt werden, daß möglichst lange, gerade Strecken durch kurze Krümmungen miteinander verbunden werden. Der Krümmungshalbmesser soll bei 600-t-Kanälen 600 m, bei 1000-t-Kanälen 1000 m nicht unterschreiten. Abweichungen sind zulässig, wenn außergewöhnliche Kosten entstehen, aber auch nur dann, wenn die Krümmung kurz ist. So ist eine Krümmung mit einem Winkel von 20° und 600 m Halbmesser weniger unbequem als eine solche von 40° und 1000 m. Seekanäle müssen entsprechend der größeren Geschwindigkeit der Seeschiffe und der so viel größeren Gefahren bei der Bewegung der Riesenschiffe wesentlich größere Krümmungshalbmesser erhalten. Der kleinste Halbmesser im Kaiser-Wilhelm-Kanal ist 1800 m. Im allgemeinen sollte bei großen Seeschiffahrtskanälen ein Halbmesser von 2000 m nicht unterschritten werden.

---

[1]) VII. Internationaler Schiffahrtskongreß Brüssel 1898, 3. Abteilung, 3. Frage.

[2]) Ottmann: Zentralbl. Bauverw. 16. II. 1918, steht auf dem Standpunkt, daß man den Kanalwasserspiegel 0,5 m unter den Grundwasserspiegel legen soll. Diese Lage kann aber die Landwirtschaft stark schädigen und ist wegen der Landeskulturbelange oft nicht möglich.

Bei der Planung der Kanallinie wird man im allgemeinen so vorgehen, daß man sich nach Anlegung der Schichtenlinien mit verschieden abgetönten Farben ein genaues Bild der Höhenlage des zu durchschneidenden Geländes macht. Es kommt stets darauf an, bei Querkanälen, wie z. B. dem Rhein-Maas-Schelde-Kanal, dem Mittellandkanal, dem Hansakanal, dem Nord-Süd-Kanal usw., große Orte und Rohstoffmittelpunkte auf kürzestem Wege miteinander zu verbinden. Man wird aber oft in der Lage sein, unter Aufwendung großer Umwege höher liegende Scheitelhaltungen zu vermeiden. Entsprechend wird es oft möglich sein, bei Einlegung hoher Scheitelhaltungen sehr große Abkürzungen zu erhalten. Man wird auch hier nach dem Optimum streben müssen und eine mittlere Lage herausfinden, bei der die Jahresunkosten des Kanales in Verbindung mit den Frachtkosten die volkswirtschaftlich beste Lösung geben. Diese Lösung wird meist in der Mitte zwischen den Grenzwerten liegen. Mäßig hohe Scheitelhaltungen bieten keinerlei Schwierigkeiten. Man muß dementsprechend so vorgehen, daß man sich bei der Linienführung eine solche Scheitelhaltung heraussucht, die noch mit Sicherheit aus den erreichbaren Gebirgen oder größeren Flußgebieten auf natürlichem Wege gespeist werden kann. Je kürzer die Scheitelhaltung bis zu einem gewissen Kleinstwerte ist, desto besser ist sie. Ihre Länge darf aber ein gewisses Maß nicht unterschreiten, wenn man nicht zu große Schwankungen durch die Abgabe des Schleusenwassers in ihr haben will. Man wird sich nach der Höhe des errechneten Verkehrs die Größe des Schleusenverlustes errechnen und nun die Haltung möglichst so lang machen, daß die Wasserschwankungen und damit auch die Strömungsgeschwindigkeiten im Kanal nicht unbequem werden. Sonst ist die Anwendung von Hebewerken oder schrägen Ebenen nötig, die ja das Mittel sind, um die Hauptspeisungsschwierigkeiten zu beseitigen. Dann wird man die weiteren Haltungen entwickeln, wobei es vorteilhaft ist, die Gefälle möglichst zusammenzufassen, etwas, was bei geschickter Linienführung oft möglich ist. Man ist dann leichter in der Lage, entweder Schleusentreppen, schräge Ebenen oder hohe Hebewerke anzuwenden, deren Durchfahrung einen weit geringeren Zeitverlust bedingt als die vieler Einzelschleusen.

Muß man hohe Gebirgsrücken durchschneiden, wie z. B. bei dem Donau-Main-Kanal oder dem Elbe-Oder-Donau-Kanal, dann wird man meist die tiefste Einsattlung aufsuchen müssen Abb. 752 S. 593. Theoretisch wird zwar die Einlegung eines Tunnels an der schmalsten Stelle des Gebirges vorteilhaft erscheinen, praktisch sind aber die Kosten großer Schiffahrtstunnel wegen ihrer ungeheuren Abmessungen so gewaltige und ist die Baumöglichkeit solcher Tunnel bei drückendem Gebirge oft so unsicher, daß das Kanalunternehmen unter Umständen durch eine solche Tunnelstrecke gefährdet werden kann. Wenn es möglich ist, soll man die Haltung möglichst nicht in den Hang von Flußtälern legen. Das wird in vielen Fällen bei Verbindungskanälen durchführbar sein. Es besteht immer die Gefahr des Abrutschens von Hangkanälen. In großen Scheitelkanälen, welche Flußgebiete über die Quellgebiete hinwegverbinden, also in der Längsrichtung der Flüsse, läßt sich vielfach das Einschneiden in den Hang nicht umgehen. Aber auch hier wird man manches Mal in Nebentälern entlanggehen können und dadurch die ungünstige Lage vermeiden.

Der Zweck der Kanäle, alle im Einflußgebiet befindlichen größeren Städte und wichtigen Verkehrspunkte anzuschließen, kann nicht immer unmittelbar erreicht werden. Da nun selbst größere Städte von dem Durchgangsverkehr an sich keinen Nutzen haben, so ist besser, sie an eine niedrigere Scheitelhaltung durch Stichkanäle anzuschließen, als den Hauptkanal in eine hohe Scheitelhaltung hineinzuzwingen. Die Stichkanäle haben zudem noch den Vorteil, sich in das strahlenförmig von einer größeren Stadt ausgehende Straßennetz gut einpassen zu können, so daß viele Brückenbauten vermieden werden, die notwendig sind, wenn ein Kanal dicht an einer Großstadt vorbeigeführt wird.

Die Höhe der zulässigen Einschnittstrecken und der Kanaldämme richtet sich nach der Bedeutung des Kanales. Bei Kanälen, die z. B. Millionenstädte miteinander verbinden, kann es ohne weiteres wirtschaftlich vertretbar sein, Einschnitte von 40 oder 50 m Tiefe, falls sie nur kurz sind, durchzuführen[1]), während bei Kanälen mit geringerer wirtschaftlicher Bedeutung besser längere Umwege in den Kauf genommen werden. Kanaldämme über 30 m Höhe werden dagegen nur ungern ausgeführt. Der Ragöser Damm im Großschiffahrtsweg Berlin—Stettin mit 26 m Höhe grenzt schon an die heutige Höchstleistung.

Der Wechsel der Haltungen wird an solche Punkte gelegt, bei denen die Dammhöhe der oberen Haltung und die Einschnittstiefe der unteren Haltung ungefähr Massenausgleich ermöglichen. Man soll sich aber an die Möglichkeit des Massenausgleichs nicht zu stark anklammern, da vielfach Seitenablagerung und Seitenentnahme billiger werden als der Massenausgleich. Die Höhenlage der zu kreuzenden Flüsse wird vielfach die Linienführung beeinflussen, ebenso wie die Kreuzung von Eisenbahnen und Straßen, wenn sie auch nicht von gleicher Wichtigkeit ist. Um Flüsse mit einer Kanalbrücke überschreiten zu können, muß man oft die Linie etwas stromab verlegen und lange und hohe Dämme einlegen. Wenn ein Fluß z. B. mit seinem Mittelwasser gerade in der Oberkante der eingedeichten Niederung liegt, ein höchstes schiffbares Hochwasser von 5 m über diesem Mittelwasser besitzt, dann muß die Unterkante der Kanalbrücke wenigstens 4 m über diesem letzteren Wasserstand liegen. Ist die Konstruktionshöhe der Kanalbrücke 1,2 m und ihre Trogtiefe 3 m, dann erhält man als Mindesthöhe des Kanalwasserspiegels bereits 13,2 m über dem Gelände mit etwa 14,5 m hohen Dämmen. Empfehlenswert ist es, die Haltungen so zu legen, daß der Schleusenhub möglichst gleich ist. Man erhält dadurch die geringsten Speisewassermengen; denn sowie nur eine Schleuse einen höheren Hub erhält, so erfordert sie eine größere Speisewassermenge, wobei es nichts nützt, daß die anderen nun einen geringeren Hub haben. Gemildert wird diese Schwierigkeit aber dadurch, daß das heutige Sparkammerschleusensystem es erlaubt, durch Änderung der Zahl der Sparbecken die Ersparnis entsprechend zu vermehren oder zu vermindern. Man wird dann die Zahl der Sparbecken so bemessen, daß die Verlusthöhen der Schleusen möglichst einander gleich sind. Hat man z. B. eine Schleuse mit 20 m Hub und 78 vH Ersparnis, dann ist ihre Verlusthöhe bei 22 vH 4,4 m. Eine Schleuse von 15 m Hub braucht dann eine derartige Sparkammereinrichtung, daß ihr Verbrauch rund 29 vH beträgt mit auch rund 4,4 m Verlusthöhe. Durch Abstimmung der Anzahl und Breite der Sparbecken lassen sich solche Übereinstimmungen erreichen.

Spiegelkreuzungen zwischen Kanälen und anderen Wasserstraßen müssen möglichst vermieden werden. Über Flüsse sollten Kanäle grundsätzlich mit Kanalbrücken hinweggeführt werden, da die Durchfahrung der Flüsse neben dem verlorenen Gefälle einen ganz anderen Schiffahrtsbetrieb erfordert als das Befahren des Kanales. Aber auch die Spiegelkreuzung von Hauptkanälen sollte dann vermieden werden, wenn die Kanäle sehr stark belastet sind. Liegen die Kanäle aber, wie es durch das Gelände oft geboten ist, in gleicher Höhe, dann wird man unter Parallelführung und entsprechender Verbreiterung auf kurzer Strecke eine Spiegelkreuzung zulassen müssen. Gegen die Flüsse müssen die Binnenkanäle meist durch eine Schleuse abgeschlossen werden. Das ist meist der Fall, wenn es sich um eine eingedeichte Niederung handelt, aber auch hier nicht immer nötig. Geht der Kanal nach Durchlaufen der Niederung bald in eine höhere Haltung über, dann kann man ihn durch Fortsetzung der Deiche beiderseits bis an den Hang gegen die Niederung abschließen. Es wird von Fall

[1]) Einschnitte von 25 m Tiefe sind bei Binnenkanälen selten. Der Culebraeinschnitt im Panamakanal ist aber 82 m tief.

zu Fall entschieden werden müssen, ob die Schleuse mit höher liegendem Kanal oder die Eindeichung mit dem dem Niedrigwasser des Flusses entsprechend tief eingeschnittenen Kanal das richtige ist.

Bei der Kreuzung von Eisenbahnen muß man, um die Verlegung von Bahnhöfen zu vermeiden, oft den Kanal im Gelände verschieben. Im allgemeinen muß die Eisenbahn über den Kanal hinweggeführt werden, wobei die Bahnrampen wegen der bei Hauptbahnen oft nötigen flachen Steigung (1 : 300) meist sehr lang und teuer werden. Bei Nebenbahnen kann man bis 1 : 100 gehen, bei Hauptbahnen im gebirgigen Gelände bis zu der steilsten Neigung, die in der Linie vorkommt. Nur bei höheren Dämmen ist die Unterführung meist möglich, wobei auch die Bahn eingeschnitten werden darf, wenn der Bahneinschnitt entwässert werden kann. Die Überführung von Landstraßen bietet wegen zulässiger steilerer Rampenneigung (1 : 35 bis 1 : 50) meist weniger Schwierigkeiten. Man wird aber vielfach Straßen abschneiden und zwei oder drei Straßen zu einer gemeinsamen Brücke führen. Es ist diese Maßregel mit der Bezahlung von Beihilfen für wirtschaftliche Erschwernisse oft billiger als der Bau von vielen Brücken. Ebenso wird man benachbarte kleinere Wasserläufe gern zusammenfassen, um die Zahl der sehr teuren Düker zu verringern.

Bis auf einige Punkte gleichen die Grundsätze für die Linienführung von Seekanälen denen der Binnenschiffskanäle. Von Ausnahmen abgesehen (Suezkanal) wird man bei Seekanälen meist zu wesentlich größeren Einschnittstiefen gelangen, weil es wegen der so viel größeren Halbmesser nicht möglich ist, sich dem Gelände so gut anzupassen wie bei den Binnenschiffskanälen. Meeresspiegelkanäle brauchen wie der Suezkanal nicht durch Schleusen an den Enden abgeschlossen zu werden, können aber auch wie der Kaiser-Wilhelm-Kanal einen solchen Abschluß erhalten. Man wird bei sehr großen Wasserstandsunterschieden und großer Verschlickungsgefahr letzteres Mittel anwenden. Der Wasserstandsunterschied am Kaiser-Wilhelm-Kanal beträgt beispielsweise in der Elbe 8,4 m, in der Kieler Bucht 5,26 m; für den Suezkanal beträgt der Wasserwechsel an der Mittelmeerseite (Port Said) etwa 0,8 m, an der Roten-Meer-Seite (Suez) etwa 2,5 m. Die Strömungen betragen nach Rechnungen von de Thierry an der Roten-Meer-Seite etwa 0,9 m. Sie würden bei dem Kaiser-Wilhelm-Kanal auf der Elbeseite mit Sicherheit viel zu groß geworden sein, hätten aber auf der Ostseeseite vielleicht mit in den Kauf genommen werden können. Es ist aber verständlich, daß man auch bei der Erweiterung an beiden Seiten Schleusen eingebaut hat, nachdem man bei der ersten Erbauung beiderseits Schleusen für notwendig gefunden hatte. Seeschiffskanäle werden, wenn irgend möglich, als Meeresspiegelkanäle ausgeführt, sie müssen aber im allgemeinen, wenn sie tiefer in das Land hineingeführt werden, wie z. B. der Manchester Seekanal, eine größere Zahl von Aufstiegschleusen erhalten. Aber auch Verbindungskanäle zwischen Meeren werden bei Vorhandensein hoher Landrücken besser als Schleusenkanäle mit Scheitelhaltungen ausgeführt, wie als Meeresspiegelkanäle. Das wichtigste Beispiel dieser Art ist der Panamakanal. Aus den Verhandlungen für die Erbauung des Panamakanales ergaben sich folgende Grundsätze:

1. Für lange Kanäle:

Große Höhenunterschiede erfordern bei Lage längerer Kanäle im Meeresspiegel derartige Bodenbewegungen, daß die Einschränkung der Breite auf ein Mindestmaß aus finanziellen Gründen nötig wird. Zur Anschmiegung an die tieferen Strecken des Geländes werden kleinere Krümmungshalbmesser nötig, als sie der hoch liegende Kanal erfordert. Die Ersparnis von Schleusentreppen wird zum Nachteile des Kanales ausgeglichen durch eine Verminderung an Kanalbreite.

Es ist eine Erfahrungstatsache, daß der enge Querschnitt infolge Auffahrens von Schiffen auf die Böschung beim Ausweichen mehr Unfälle verursacht als gut eingerichtete, moderne Schleusen. Daher ist es in solchen Fällen besser, einen Kanal mit mehreren Haltungen, aber sehr breitem Querschnitt zu wählen, selbst wenn die Kosten dann gleich werden. In vielen Fällen, vor allem bei langen Kanälen, werden die Kosten des hoch liegenden Kanales billiger werden. Der Zeitverlust für Schleusungen in ihm wird durch die Möglichkeit des schnelleren Fahrens in dem breiteren Bett wieder ausgeglichen, die Sicherheit ist dabei noch größer.

2. Für kurze Kanäle:

Die Kosten für mehrere Schleusen oder Schleusentreppen sind ganz bedeutende. Sie können bei z. B. dreistufigen Treppen in doppelter Anlage, ähnlich denen am Panamakanal, nach roher Schätzung etwa 120—150 Mill. Mark betragen. Unter Aufwendung der gleichen Mittel kann das Kanalbett je nach der Länge des Kanals als Meeresspiegelkanal eine große Breite erhalten. Es ist hier meist der offene Meeresspiegelkanal vorzuziehen.

Es ist dabei zu bedenken, daß eine Schleuse im Kriegsfall durch einen Torpedoschuß oder Fliegerangriff für Monate unbrauchbar gemacht werden kann[1]), daß der Betrieb des Kanals durch Schleusen verteuert wird und daß die Schleusungszeit nur bei langen Kanälen durch schnelleres Fahren im breiten Bett ausgeglichen werden kann, außerdem, daß der Querschnitt eines kurzen Kanales seiner geringen Kosten wegen nicht sehr eingeschränkt zu werden braucht. Es ist deshalb auch der Panamakanal von der amerikanischen Regierung in richtiger Würdigung der Verhältnisse trotz des Beschlusses einer internationalen Kommission mit europäischer Mehrheit, der zugunsten des Meeresspiegelkanals erging (1906), als Schleusenkanal erbaut worden, wobei auf jeder Seite Schleusentreppen für einen Gesamthub von 26 m notwendig waren.

Auf die Linienentwicklung in Meßtischblättern oder sonstigen vorhandenen Karten muß die genaue Begehung und Untersuchung des Geländes folgen, wobei durch zahlreiche Bohrungen die geologischen Formationen erforscht und auch die Grundwasserverhältnisse auf das peinlichste festgestellt werden müssen. Gleichzeitig ist weitgehend die Möglichkeit der Speisung zu prüfen. Liegen im Bereich des Kanales bergbauliche Unternehmungen, dann sind die möglichen Bodensenkungen zu berücksichtigen. Kommt man durch Gips oder an Anhydritgebiete, auch solche mit Kalilagern, dann ist auf das Vorkommen von Erdfällen Obacht zu geben. Besonders letztere Gebiete sind ängstlich zu meiden. Bei Durchschneiden von Gebirgsstöcken ist auf Vorkommen von Tonschichten zwischen den einzelnen Steinlagen zu achten. Diese haben z. B. beim Panamakanal zu den bekannten umfangreichen Rutschungen im Culebraeinschnitt Veranlassung gegeben. Moorige Gebiete ohne Torfbildung sollen trotz des billigen Geländeerwerbs möglichst umgangen werden. Müssen sie durchschnitten werden, dann sind vorher Erddämme zu schütten, um den Schlamm zu verdrängen. Man darf aber nicht versuchen, ohne einen solchen Schutz eine Rinne hindurchzubaggern, da man sonst ein Vielfaches des sonst nötigen Aushubes bewältigen muß (Teltowkanal). Durch Hochmoore usw. können aber Kanäle ohne Schwierigkeit hindurchgeführt werden. Es ist hier sogar die Herstellung der Böschungen oft besonders erleichtert.

Die Linienführung von Flußkanalisierungen besitzt eine viel geringere Freiheit als die von Kanälen. Meist wird es darauf ankommen, die zu weit ausholenden Flußschleifen abzuschneiden. Möglich ist das aber nur bei Flüssen, die in einem breiten Tal stark geschlängelt verlaufen, z. B. wie die Leine, nicht aber bei Flüssen wie der Weser oder der Saale. Die Staustufen wird man möglichst an die Stelle schon vorhandener Wehre legen, wobei man oft die alten Stauhöhen belassen wird, da schon die früheren Wehrerbauer meist bis an die oberste zulässige Grenze

---

[1]) Die erstere Gefahr ist nach den Erfahrungen des Weltkrieges klein, die Gefahr der Zerstörung durch Flieger dürfte heute aber um so höher einzuschätzen sein.

gegangen sind. Besonders bei flach eingeschnittenen Flüssen wird sich diese Notwendigkeit ergeben. Bei Flüssen mit steilen Ufern dagegen, wie z. B. bei der Fulda oder der Saale, lassen sich oft weitgehende Zusammenfassungen alter Staustufen erreichen. Hier ist auch die Gefahr der Verwässerung angrenzender Ländereien gering oder nicht vorhanden.

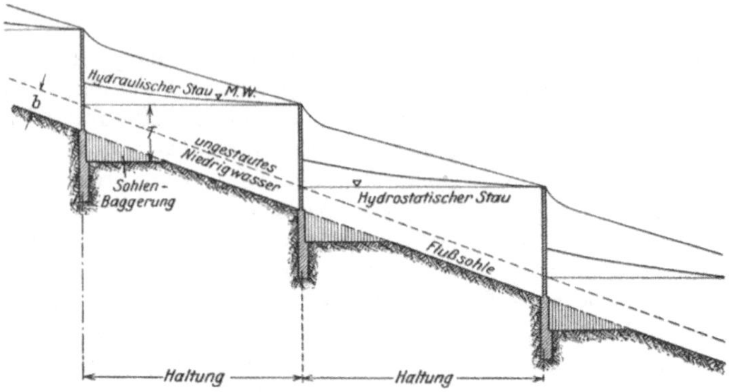

Abb. 728. Schematischer Längsschnitt eines kanalisierten Flusses.

Teilkanalisierungen durchzuführen hat bei kleineren Flüssen heute keinen Zweck mehr, bei größeren Strömen dagegen kann die Einlegung einzelner Staustufen zur Überwindung von Katarakten oder langen Schleifen, die man durch einen Durchstich abkürzen kann, von großem Wert sein. Im großen und ganzen soll man bei kleineren Flüssen lieber Parallelkanäle bauen und sie möglichst als Kraftwasserkanäle entwikkeln, als die Flüsse neu kanalisieren zu wollen. Der Längenschnitt eines kanalisierten Flusses ergibt sich meist ähnlich Abb. 728. Von dem Punkte an aufwärts, an dem die Wassertiefe über der alten Sohle ihr Mindestmaß für den hydrostatischen Stau erreicht, muß eine neue, tiefere Sohle durch Baggerung hergestellt werden unter der ausdrücklichen Voraussetzung, daß nicht die Gefahr der Verwilderung in diesem oberen Teil durch zu große Geschiebeführung des Flusses vorliegt. Die Geschiebebewegung des Flusses bei Hochwasser wird, da dann alle Wehre niedergelegt sind, gegenüber dem früheren Zustande nicht wesentlich geändert sein. Das Flußbild sieht dann aus wie in Abb. 729 gezeichnet, in dem nun nur noch die festen Teile der Wehre eingezeichnet sind, die beweglichen, da umgelegt, fortgelassen sind. Bei genügend langen Haltungen, wie sie durch die Baggerung gerade erreicht werden sollen, werden dann die Punkte B, die Bruchpunkte der Sohle, ähnlich wirken wie schwache Barren im Fluß, die Tiefen C wie die Kolke; denn wegen der großen Tiefe im oberen Teil der Strecken $C_3 B_2$ wird dort der Hochwasserspiegel etwas abgesenkt sein, um von B_2 bis C_2 wieder die alte Lage zu erreichen. Sofern die Räumungskraft des Flusses ausreicht, werden somit die Stellen B angegriffen und geändert werden, während durch die vorhandenen Geschiebe und durch die Abbrüche bei B_1, B_2 eine Aufkiesung der für das Hochwasser zu tiefen Teile C_1, C_2 usw. erfolgen muß. Wie groß die Gefahr der Verkiesung ist, hängt ganz von der Art des Flußbettes ab. An einigen Flüssen kann sie sehr gering, an anderen

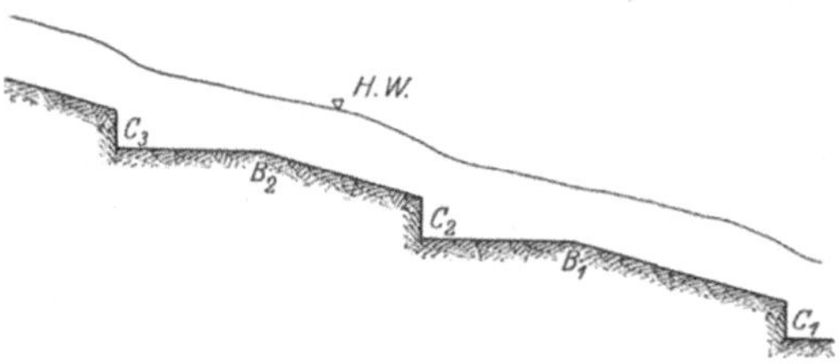

Abb. 729. Kanalisierter Fluß mit beschränkter Tiefe bei H.-W. Ausbaggerung im N.-W. des Wehres auf der Strecke $C-B$.

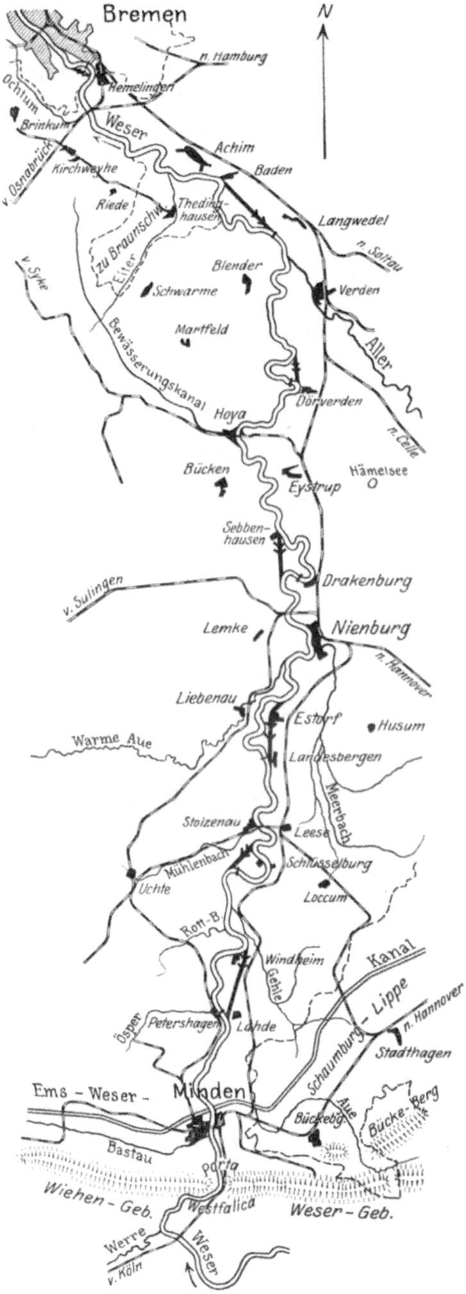

Abb. 730 a. Lageplan der geplanten Weserkanalisierung von Bremen bis Minden. Maßstab 1 : 650 000.

Franzius, Verkehrswasserbau.

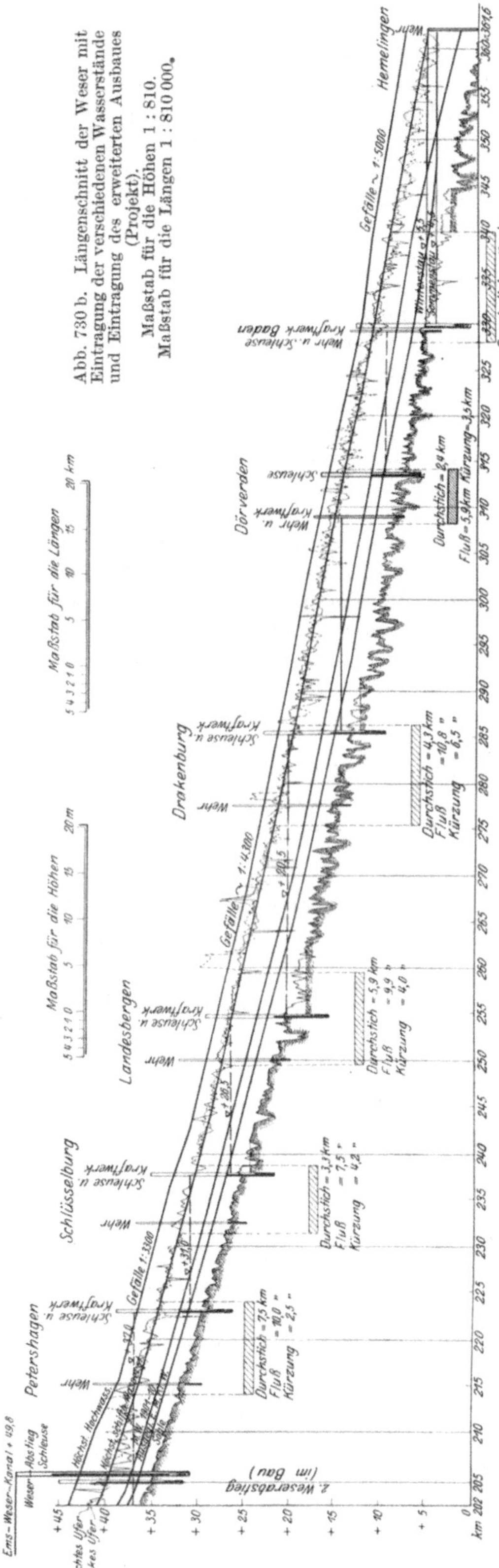

Abb. 730 b. Längenschnitt der Weser mit Eintragung der verschiedenen Wasserstände und Eintragung des erweiterten Ausbaues (Projekt). Maßstab für die Höhen 1 : 810. Maßstab für die Längen 1 : 810 000.

so groß sein, daß sie die Herstellung der Baggerstrecken C verbietet. Allgemein eine Kanalisierung gemäß Abb. 728 zu empfehlen, ist somit eine Unmöglichkeit. Besonders bei großen Flüssen mit großen Geschiebemengen würden die nach jedem längeren Hochwasser notwendigen Baggerungen so groß werden können, daß die gewünschte Tiefe in keinem Jahre mehr erreicht wird, abgesehen von der Störung des Schiffsverkehrs durch die Bagger. Die Hebung des Stauspiegels nach Aufkiesung von C ist bei kleinem Wasser auf alle Fälle so gering, daß sie so gut wie nicht gerechnet zu werden braucht. Der Zweck der Kanalisierung und der Baggerung war gerade, bei kleinem Wasser, also praktisch bei hydrostatischem Stau, die nötige Fahrtiefe oberhalb von B zu erreichen. Will man also Kanalisierungen mit Baggerungen ausführen, dann sind auf alle Fälle sehr genaue und weitgehende Untersuchungen, am besten auch in Flußbaulaboratorien, anzustellen, um die Möglichkeiten zu erforschen. Sind die Baggertiefen gegenüber der Hochwassertiefe nur gering, dann ist die Möglichkeit immer mehr gegeben als bei großen Baggertiefen und geringeren Hochwasserhöhen. Auch bei großen Flüssen wird man im Laufe der Zeit immer mehr dazu kommen, lieber Parallelkanäle zu bauen, als die Flüsse zu kanalisieren; die Parallelkanäle werden dann weitgehend Kraftwasserkanäle werden und sich aus dem Kraftgewinn ermöglichen lassen.

Abb. 730a und b zeigt den Entwurf für die geplante Weserkanalisierung von Bremen bis Minden. Die Schleusen liegen durchweg in Durchstichen, die hierdurch die Möglichkeit von Energiegewinn geben. Die Durchstiche müssen z. T. im Flusse selbst durch Baggerung fortgesetzt werden, siehe km 240, 260, 290, 340[1]). Auf die Berechnungen ist an anderer Stelle eingegangen worden, siehe S. 86ff. Der gesamte Höhenunterschied von Bremen (Hemelingen OW + 4,5) bis Minden (OW + 37,00) wird durch 7 Stufen überwunden mit Gefällen von 4,5 bis 6 m. Der längste Durchstich ist 10,4 km lang. 33,8 km der neuen, rund 134 km langen Fahrstraße entfallen auf Durchstiche, rund 25 vH. Der Wasserweg, früher 156,5 km, wird um 22,3 km verkürzt.

C. Wasserverbrauch, Speisung und Entlastung der künstlichen Wasserstraßen.

a) Wasserverbrauch und Speisung.

1. Der Bettverlust.

Der Wasserverbrauch setzt sich zusammen aus dem Verlust im Kanalbett durch Verdunsten und Versickern und dem Schleusenverlust.

Der Bettverlust ist je nach der Art der Wasserstraße verschieden. Bei Flußkanalisierungen ist er örtlich wesentlich größer als bei Kanälen, weil bisher bei Kanalisierungen die künstliche Dichtung des Flußbettes nicht durchgeführt werden konnte. Da hier der Wasserstand vor einem Wehr angehoben wird, dringt das Wasser bei durchlässigem Boden durch Wand und Sohle des Bettes in den Untergrund und fließt als Grundwasser ab.

Dort, wo nun die nächste Haltung unterhalb des Wehres, wie es bei Vollkanalisierungen oft geschieht, tiefer eingeschnitten ist, tritt dieses Sickerwasser als vermehrter Grundwasserstrom wieder in den Fluß ein. So fließt ein Teil des Versickerungswassers immer wieder der nächsten Haltung zu, wobei dieses „Umfließen“ sich von Wehr zu Wehr wiederholt. Der Hauptverlust trifft dann nur die oberste Haltung einer Kanalisierung.

Die Größe dieser Verluste ist von Bedeutung für die Anlage von Flußkraftwerken, die heute meist mit Kanalisierungen der Flüsse im Schiffahrtsinteresse verbunden werden. Bei der Kanalisierung der Aller waren die Wasserverluste

[1]) Bearbeitung von Reg.-Baurat Witte, Hannover.

so stark, daß eine sehr schädliche Verwässerung der angrenzenden Gelände am unteren Ende der Haltungen eintrat. Es ist notwendig geworden, das Gelände weitgehend aufzuhöhen, wozu der im oberen Teile der Haltungen gewonnene Baggerboden gute Verwendung findet. Auch an der Werra (Kraftwerk „Letzter Heller") sind Aufhöhungen durch Abgrabungen am Hang mit großen Erfolg durchgeführt worden, mit z. T. Musterwiesen. Über die Größe der Versickerung lassen sich Zahlen schwer angeben; es kann aber damit gerechnet werden, daß 10 bis 100 l/sek/km leicht dort versickern, wo der angestaute Wasserspiegel mehrere Meter über dem Grundwasser liegt.

Bei den Kanälen in heutiger Ausführung ist mit viel geringeren Versickerungsverlusten zu rechnen. Für die Entwürfe des Mittellandkanales nach den älteren Kanalvorlagen hatte Prüßmann noch mit einem Versickerungsverlust von 12 l/sek/km gerechnet. Versuche am jetzigen Rhein—Hannover-Kanal und Dortmund-Ems-Kanal haben aber ergeben, daß man vielfach mit keinen Verlusten durch Versickerung zu rechnen braucht, da eine weitgehende Grundwasserspeisung[1]) eintritt, daß es aber bei Unkenntnis der Verhältnisse bei gut gedichteten Kanälen auch ohne Grundwasserspeisung sicherlich ausreichend ist, mit 8 l/sek/km Versickerungsverlust bei einem Kanal von 34 m Wasserspiegelbreite, 3,5 m größter und 2,5 m mittlerer Tiefe zu rechnen. Diese Zahlen sind für die Versickerungsverluste am Mittellandkanal für die Strecke Hannover—Magdeburg zugrunde gelegt worden, wobei Grundwasserzufluß nicht berücksichtigt ist. Bei Grundwasserzufluß ist oft Wasserüberschuß vorhanden.

Für die Verdunstung wurden von Prüßmann bei dem ersten Teile des Mittellandkanales 4—11 mm am Tage gerechnet, entsprechend einer Menge bis zu 4 l/sek/km in den heißen Monaten. Bei dem Kanal Hannover—Magdeburg hat man für die Wintermonate mit insgesamt 280 mm und die Sommermonate Mai bis Oktober mit 720 mm Verdunstungshöhe, insgesamt mit 1000 mm im ganzen Jahre gerechnet, wieder bei 34 m Breite entsprechend einer mittleren Verdunstung von 1 l/sek/km. Insgesamt ergibt sich für diesen Kanal als Annahme für den Winter 7 l/sek/km, für den Sommer 9 l/sek/km Bettverlust durch Versickern und Verdunsten. Der Gesamtverlust einer Haltung wird somit unmittelbar aus seiner Länge bestimmt, für 100 km Kanallänge ergeben sich dann z. B. im Sommer 0,9 cbm/sek Verlust.

Bei Bildung großer Seen durch Kanalisierung von Flüssen spielt die Verdunstung eine wesentlich größere Rolle; sie wächst aber nicht im Verhältnis der Fläche, sondern langsamer. Man kann sie sich annähernd an Hand obiger Zahlen errechnen. Die Verdunstung in heißen Klimaten wird die für den Sommer in Norddeutschland um ein Vielfaches überschreiten. Man muß sich dort die nötigen Zahlen durch Versuche verschaffen. Die Versuche müssen so gemacht werden, daß man ein entsprechend großes Blechbecken in eine solche Wasserfläche eintaucht und dann den Verlust mißt. Versuche am Lande würden falsche Werte ergeben.

2. Schleusenverluste.

Bevor auf die Berechnungen eingegangen wird, ist noch die Frage zu behandeln, ob durch Schleusungen eine Speisung des Kanales stattfinden kann. Die Frage ist dahin zu beantworten, daß der Schleusenverbrauch stets einen Verlust an Wasser ergibt. Die in einigen Aufsätzen und Lehrbüchern vertretene Ansicht, daß durch bestimmte Schleusungsvorgänge die Speisung einer Scheitelhaltung bewirkt werden könne, ist irrig.

So wird z. B. errechnet, daß dann, wenn aus einer Scheitelhaltung dauernd beladene Schiffe zu Tal und unbeladene Schiffe zu Berg fahren würden, bei kleinem Schleusenhub eine Speisung der Scheitelhaltung eintreten würde. Es wird dabei die Voraussetzung gemacht, daß der Wasserverbrauch der Schleuse kleiner sei als der Unterschied der Wasser-

[1]) Diese Grundwasserspeisung erfolgt oft auf Kosten der Landwirtschaft und müßte vielfach im allgemeinen Landesinteresse vermieden werden.

verdrängung der bei einer Schleusung mit Kreuzung zu Tal und zu Berg fahrenden Schiffe. Unter dieser Annahme müßte natürlich am Ende jedes Schleusungsvorganges in der Scheitelhaltung mehr Wasser sein als vorher. Der Irrtum liegt in zwei Vernachlässigungen.

1. Es handle sich um eine Scheitelhaltung mit Schleusen an beiden Seiten und durchgehenden Verkehr, dann spielt sich an der einen Seite genau das Entgegengesetzte ab wie an der anderen. Würde theoretisch durch Abwärtsschleusen der vollen Schiffe Wasser gewonnen, dann müßte dieses vorher durch das entsprechende Aufwärtsschleusen an der anderen Seite verlorengehen. Gewinn und Verlust gleichen sich dabei nicht einmal aus, sondern es bleibt das Verbrauchswasser der Schleuse immer als Verlust.

2. Es handle sich um ein hoch liegendes Haltungsende. Dann muß nachgewiesen werden, woher die vollen Schiffe kommen, da doch immer nur leere in die Haltung hineinfahren. Es kann sich dann nur um Beladen der Schiffe in der Scheitelhaltung handeln, und das ist gleichbedeutend mit einem Einschütten von Gütern in den Kanal selbst; ob man das Schiff beladet oder die Güter in den Kanal schüttet, stets muß der Wasserspiegel steigen. Also nicht durch einen Schleusungsvorgang, sondern durch das Beladen kann der Spiegel einer Scheitelhaltung erhöht werden. Der Schleusungsvorgang bedeutet dann stets nur den Verlust dieser Aufhöhung. Daß durch Schleusung keine Speisung erfolgen kann, geht u. a. zwingend aus der Erwägung hervor, daß durch die Überfahrt irgendeines Schiffes in die Schleusenkammer ob leer oder beladen, kein Wasserstandswechsel in der Haltung erfolgt, daß aber umgekehrt durch das Füllen der entleerten Schleuse stets vorher ein Absenken des Spiegels erfolgen muß.

Es sind zu unterscheiden Undichtigkeitsverlust an Toren und Schützen und Verlust durch Kammerfüllung.

Für die Ausrechnung der Verlustmengen werden die Zahlen der Denkschrift über die Fortsetzung des Mittellandkanales vom 1. II. 1920, wie sie dort in Anlage Nr. 2, Blatt 7 gegeben sind, zugrunde gelegt. Auch die vorbildliche Darstellung der ganzen Wasserwirtschaft des Kanales wird hier nach der Denkschrift wiedergegeben.

Als Verluste infolge Undichtigkeit der Tore und Schützen sind erfahrungsgemäß zu rechnen bei Schleusen von 12 m Breite 5 l/sek. für jedes Meter Schleusengefälle. Für jede Einzelschleuse ergibt sich daraus im Jahre ein Verlust von 0,1575 H Mill. cbm/sek. (bei 31,5 Mill. Sekunden im Jahre), wenn H der Schleusenhub in Metern ist.

Schleusen für 1000-t-Schiffe erhalten eine Nutzlänge von 225 m bei 12 m lichter Weite mit 2800 qm Oberfläche einschl. der Torkammern und Schützenschächte. Bei einem Schleusenhub von H m, einer Verbrauchsziffer V der Sparschleusen bei 5 Sparbecken z. B. $V = 0{,}24\,H$ [1]), ergibt sich für je 1000 Schleusungen im Jahre ein Jahresverbrauch von $W_1 = 2800 \cdot 1000 \cdot V \cdot H = 2{,}8\,V \cdot H$ Mill. cbm. Für Schleusen in Stichkanälen mit 100 m Länge und 12 m lichter Weite ist die Oberfläche 1250 qm und der jährliche Wasserverbrauch für 1000 Schleusungen $W_2 = 1{,}25\,V \cdot H$ Mill. cbm. Werden am Tage höchstens 18 Schleusungen ausgeführt, dann ist der Höchstbedarf an Pumpleistung für die großen Schleusen $p_1 = \frac{2800 \cdot 18}{86400} = 0{,}5825\,V \cdot H$ cbm/sek ohne Undichtigkeitsverlust für jede einzelne Schleuse, und für die kleineren Schleusen bei 20 Schleusungen am Tage $p_2 = 0{,}29\,\mathrm{V} \cdot \mathrm{H}$ cbm/sek für jede einzelne Schleuse. Für den Verkehr mit 1000-t-Schiffen wird nun gerechnet, daß ebensoviel Kreuzungsschleusungen wie Richtungsschleusungen vorkommen. Bei Kreuzungsschleusungen entfallen auf eine Schleusenfüllung hin 2 Kähne zu je 1000 t = 2000 t, zurück 20 vH = 400 t, zusammen 2400 t, auf die Richtungsschleusungen kommen auf eine Schleusung die Hälfte = 1200 t, so daß im Mittel auf jede Schleusung 1800 t entfallen würden. Es wird aber damit gerechnet, daß immer eine größere Zahl von 600-t-Kähnen in den Schleppzügen enthalten sind, so daß im Durchschnitt auf jede Schleusung im Jahresmittel zur Vorsicht nur 1500 t zu rechnen ist. Diese Zahl wird sofort stark vergrößert, sowie es gelingt, mehr Rückfracht heranzuziehen.

[1]) Vgl. Abschnitt „Schleusen“ S. 483 ff.

Aus dem angenommenen Verhältnis der Schleusung zur Gütermenge folgt, daß für einen Verkehr von jährlich 12 Mill. Tonnen im Hauptkanal 8000 Schleusenfüllungen verbraucht werden. Für die Einzelschleusen der Stichkanäle wird mit $^1/_3$ der obigen Ziffer, also einer Gütermenge von 0,5 Mill. Tonnen auf 1000 Schleusungen gerechnet, bei der möglichen Zahl von 4000 Schleusungen kann eine solche Schleuse dann 2 Mill. Tonnen bewältigen.

Abb. 731 gibt eine Übersicht der Verbrauchs- und Speisungsverhältnisse der Fortsetzung des Mittellandkanals in der Mittellinie.

Der Wasserbedarf der einzelnen Haltungen unter Zugrundelegung einer bestimmten Talsperrenwassermenge, die unter natürlichem Gefälle aus der Oker- und Ekersperre im Harz bei Braunschweig zufließen sollte, ist dann in Tafel S. 566 wiedergegeben. Es ist dabei die verschiedene Schleusungszahl in den einzelnen Monaten berücksichtigt worden. Die Länge der Haltungen ist dabei für die Größe des Versickerungs- und Verdunstungsverlustes maßgebend. Nach den in dem Plan und Tafel S. 566[1]) gemachten Angaben wurde dann der Wasserbedarf für die einzelnen Haltungen zusammengestellt, vgl. Tafel S. 567. In Tafel S. 568 sind dann die Grundlagen für die Ermittlung der Anlage- und Jahreskosten der Pumpanlagen in übersichtlicher Weise vorgenommen und daraus schließlich die wirklichen Kosten der Kanalspeisung in Tafel S. 569 zusammengestellt worden.

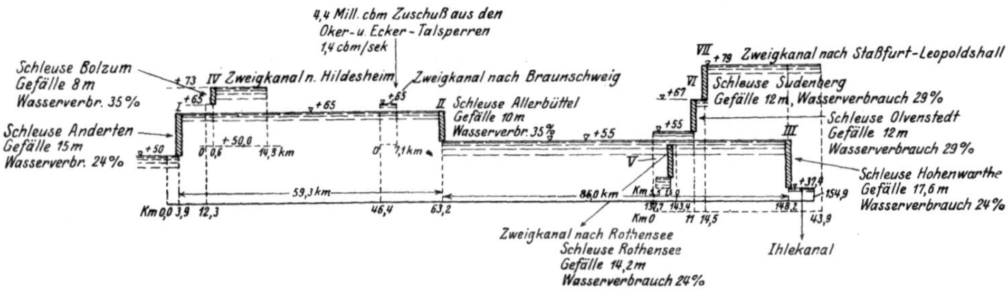

Abb. 731. Mittellandkanal. Längenschnitt nach der amtlichen Denkschrift.
Höhen 1 : 3000; Längen 1 : 18 500 000.

Die Zahlentafeln sind im allgemeinen ohne besondere Erklärung verständlich, zu Tafel S. 569 wird noch bemerkt, daß der Zuschuß zu den Talsperren so errechnet wurde, daß aus dem Kraftgewinn der Talsperren der Kapitalaufwand dieser Sperren errechnet wurde, der von den Sperren selbst verzinst wird und daß der überschüssige Betrag auf den Kanalfonds übernommen werden sollte. Der Zuschuß war zu 3,3 Mill. Mark errechnet worden. Es ist alles für 5 vH, also mit 20 kapitalisiert worden. Die Zahlen sind heute zum Teil andere, da seitens des Reichsverkehrsministeriums der Bau von größeren Talsperren im Bode- und Okergebiet geplant ist, deren Wasser durch lange Druckstollen zum Eker- und Okertale geführt werden soll, so daß eine Speisung durch Pumpen vielleicht entbehrlich sein wird[2]). Die wiedergegebenen Untersuchungen sind aber so systematisch durchgeführt worden, daß sie ein lehrreiches Bild solcher Arbeiten geben.

Als Grundlagen für die Ermittelung des Wasserbedarfs der Mittellinie ergeben sich folgende Zahlen[3]):

1. Verdunstung und Versickerung.

a) Verdunstung 280 mm im Winter
720 mm im Sommer
zus. 1000 mm im Jahr

bei 34 m Wasserspiegelbreite rd. 1 l/sek/km.

---

[1]) Tafeln S. 566/69 sind aus der Denkschrift für die Weiterführung des Mittellandkanales vom 1. II. 1920, Ministerium der öffentlichen Arbeiten, Berlin, im Auszuge entnommen.

[2]) Nach dem augenblicklichen Stande Mitte 1927 wird die Speisung vielleicht durch Pumpen aus der Weser möglich sein, sofern die hierfür nötige Weserkanalisierung von Minden bis Bremen genehmigt wird.

[3]) Aus der Preußischen Regierungsdenkschrift vom 1. 2. 1920 über die Vollendung des Mittellandkanals.

Wasserverbrauch der Mittellinie Hannover—Magdeburg für 8000 Schleusungen im Jahre (12 Mill. t/Jahr) (4000 für den Zweigkanal nach Hildesheim).

Monat (je 30 Tage)	Tägliche Schleusungszahl		Haltung + 65									Haltung + 55						
	Hauptkanal u. Zweigkanäle nach Rothensee und Staßfurt	Zweigkanal nach Hildesheim	Schleuse I		Pumpleistung	Verdunstung und Versikkerung	Schleuse II		Gesamtbedarf	Zuschuß d. Oker- u. Ecker-Talsperren	Pumpleistung bei Schleuse II	Verdunstung und Versikkerung	Torverluste Schleuse III u. V	Schleusungswasser		Gesamtbedarf	Zufluß aus Haltung + 65	Pumpleistung bei Schleuse V
			Torverluste	Schleusungswasser			Torverluste	Schleusungswasser						Schleuse III	Schleuse V			
			Mill. cbm	Mill. cbm	Mill. cbm	Mill. cbm	Mill. cbm	Mill. cbm	Mill. cbm	Mill. cbm	Mill. cbm	Mill. cbm	Mill. cbm	Mill. cbm	Mill. cbm	Mill. cbm	Mill. cbm	Mill. cbm
Januar . .	7	4	0,40	2,13	2,53	1,64	0,26	2,07	3,97	3,66	0,31	2,62	0,84	2,50	0,90	6,86	1,80	5,06
Februar . .	11	6	0,39	3,34	3,73	1,64	0,26	3,26	5,16	3,66	1,50	2,62	0,84	3,92	1,42	8,80	1,79	6,99
März . . .	16	8	0,39	4,87	5,26	1,64	0,27	4,74	6,65	3,67	2,98	2,62	0,83	5,73	2,06	11,24	1,79	9,45
April . . .	24	12	0,39	7,30	7,69	1,64	0,27	7,11	9,02	3,67	5,35	2,62	0,83	8,58	3,08	15,11	1,79	13,32
Mai . . .	26	13	0,39	7,91	8,30	2,11	0,27	7,69	10,07	3,67	6,40	3,38	0,83	9,29	3,33	16,83	1,79	15,04
Juni . . .	27	14	0,39	8,21	8,60	2,11	0,27	7,98	10,36	3,67	6,69	3,38	0,83	9,65	3,46	17,32	1,79	15,53
Juli . . .	27	14	0,39	8,21	8,60	2,11	0,27	7,98	10,36	3,67	6,69	3,38	0,83	9,65	3,46	17,32	1,79	15,53
August . .	26	13	0,39	7,91	8,30	2,11	0,27	7,69	10,07	3,67	6,40	3,38	0,83	9,29	3,33	16,83	1,79	15,04
September .	27	14	0,39	8,21	8,60	2,11	0,27	7,98	10,36	3,67	6,69	3,38	0,83	9,65	3,46	17,32	1,79	15,53
Oktober . .	28	14	0,39	8,52	8,91	2,11	0,27	8,29	10,67	3,67	7,00	3,38	0,83	10,00	3,59	17,80	1,79	16,01
November .	26	13	0,39	7,91	8,30	1,64	0,26	7,69	9,59	3,66	5,93	2,62	0,84	9,29	3,33	16,08	1,79	14,29
Dezember .	20	10	0,40	6,08	6,48	1,64	0,26	5,92	7,82	3,66	4,16	2,62	0,84	7,15	2,58	13,19	1,80	11,41
	275	135	4,70	80,60	85,30	22,50	3,20	78,40	104,10	44,00	60,10	36,00	10,00	94,60	34,00	174,60	21,50	153,10

Für 4000 Schleusungen im Jahre (6 Mill. t/Jahr) (2000 für den Zweigkanal nach Hildesheim).

Das ganze Jahr . .	135	69	4,70	40,30	45,00	22,50	3,20	39,20	64,90	44,00	20,90	36,00	7,80	47,30	17,00	108,10	21,50	86,60

Ermittelung des Wasserbedarfs für die einzelnen Haltungen der Mittellinie.

Wasserbedarf des Hauptkanals	8000 Schleusungen		
	Normaler Verbrauch		Höchstverbrauch
	im Jahr	im Jahresdurchschnitt	
	Mill. cbm	cbm/sk	cbm/sk
a) Haltung + 65.			
1. Verdunstung und Versickerung (einschl. Haltung + 73)	22,5	0,715	0,715
2. Torverluste bei Schleuse I.	4,7	0,150	0,150
Torverluste bei Schleuse II	3,2	0,100	0,100
3. Schleusungswasser bei Schleuse I. . . .	80,6	2,560	4,200
Schleusungswasser bei Schleuse II . . .	78,4	2,486	4,080
b) Haltung + 55.			
1. Verdunstung und Versickerung.	23,8	0,756	0,756
2. Torverluste bei Schleuse III	5,6	0,176	0,176
Torverluste bei Schleuse V	4,4	0,142	0,142
3. Schleusungswasser bei Schleuse III . .	94,6	3,000	4,930
Schleusungswasser bei Schleuse V . . .	34,0	1,080	1,980

Wasserbedarf des Zweigkanals nach Hildesheim	4000 Schleusungen		
	Normaler Verbrauch		Höchstverbrauch
	im Jahr	im Jahresdurchschnitt	
	Mill. cbm	cbm/sk	cbm/sk
1. Verdunstung und Versickerung.	3,9	0,125	0,125
2. Torverluste bei Schleuse IV	1,3	0,040	0,040
3. Schleusungswasser bei Schleuse IV . . .	14,0	0,444	0,810

Wasserbedarf des Zweigkanals nach Staßfurt—Leopoldshall	8000 Schleusungen		
	Mill. cbm	cbm/sk	cbm/sk
a) Haltung + 79.			
1. Verdunstung und Versickerung.	8,1	0,258	0,258
2. Torverluste bei Schleuse VII	3,8	0,120	0,120
3. Schleusungswasser bei Schleuse VII . .	34,8	1,104	2,020
b) Haltung + 67.			
1. Verdunstung und Versickerung.	1,0	0,030	0,030
2. Torverluste bei Schleuse VI	3,8	0,120	0,120
3. Schleusungswasser bei Schleuse VI . . .	34,8	1,104	2,020
c) Haltung + 55.			
Verdunstung und Versickerung.	3,1	0,097	0,097

b) Versickerung durchschnittlich 7 l/sek/km.

c) Verdunstung und Versickerung

im Winter 7 l/sek/km

im Sommer 9 l/sek/km

Speisung aus dem Grundwasser und Zuflüsse aus Bächen sind nicht berücksichtigt.

2. Verluste infolge Undichtigkeit der Tore und Schützen 5 l/sek/m Schleusengefälle (H). Für jede Schleuse ist im Jahr der Torverlust

$$T = 0{,}1575\ H.\ \text{Mill. cbm.}$$

3. Schleusungswasser.

Für den Hauptkanal und die Zweigkanäle nach Rothensee und Staßfurt werden 4000 und 8000 Schleusungen im Jahr (6 Mill. t bzw. 12 Mill. t Verkehr für den Hauptkanal und 2 Mill. t bzw. 4 Mill. t Verkehr für die Zweigkanäle zugrunde gelegt, für den Zweigkanal nach Hildesheim 2000 und 4000 Schleusungen (1 Mill. t bzw. 2 Mill. t Verkehr).

Der Hauptkanal hat je 2 Schleppzugschleusen von 225 m Länge, 12 m Breite, rd. 2800 qm Wasserfläche einschl. Torkammern und Schützenschächten.

Die Zweigkanäle haben Einzelschleusen von 100 m Länge, 12 m Breite, rd. 1250 qm Wasserfläche.

Beim Hauptkanal ist für eine Wasserverbrauchsziffer m und ein Gefälle H im Jahr das Schleusungswasser

$S_1 = 11{,}2$ m. H. Mill. cbm für 4000 Schleusungen
$S_2 = 22{,}4$ m. H. Mill. cbm für 8000 Schleusungen.

Der Höchstbedarf (für Bemessung der Pumpen) ist bei einer Höchstleistung jeder Schleppungsschleuse von 18 Schleusungen am Tage

$S_{H1} = 0{,}5825$ m. H. cbm/sek bzw.
$S_{H2} = 1{,}165$ m. H. cbm/sek.

Bei den Zweigkanälen ist im Jahre das Schleusungswasser

$S_1 = 2{,}5$ m. H. Mill. cbm für 2000 Schleusungen
$S_2 = 5$ m. H. Mill. cbm für 4000 Schleusungen
$S_3 = 10$ m. H. Mill. cbm für 8000 Schleusungen.

Der Höchstbedarf (für Bemessung der Pumpen) ist bei einer Höchstleistung jeder Einzelschleuse von 20 Schleusungen am Tage

$S_{H1} = S_{H2} = 0{,}29$ m. H. cbm/sek (eine Schleuse)
$S_{H3} = 0{,}58$ m. H. cbm/sek (zwei Schleusen).

Grundlagen für die Ermittlung der Anlage- und Jahreskosten der Pumpanlagen der Mittellinie.

1. Anlagekosten
für Pumpen, Motore, Saug- und Druckrohre usw. sowie für Gebäude und Kanäle, je rund 25 000 *M*, zusammen rund 50 000 *M* für 1 cbm/sk Pumpleistung.

Pumpensätze mit 1,5facher Leistung des Höchstbedarfs P_H. Demnach sind die Anlagekosten der Pumpen $A = 1{,}5 \cdot P_H \cdot 50000$ *M*.

(Die verschiedene Hubhöhe ist hier nicht berücksichtigt, weil der Einfluß gering ist.)

2. Jahreskosten.

a) Elektrischer Strom. 1 Mill. cbm Wasser 1 m hoch zu heben kostet (0,04 *M*/kW-st)

$$\frac{1000 \cdot 0{,}736 \cdot 1\,000\,000 \cdot 0{,}04}{3600 \cdot 75 \cdot 0{,}75 \cdot 0{,}90} \ldots = \text{rund } 160{,}—\ M$$

dazu für Putzwolle und Schmierung (1 *M* für 1000 kW-st) . . = 4,— *M*

zusammen rund 164,— *M*

Bei einer Pumpwassermenge P in Mill. cbm und einer Förderhöhe H in m sind die jährlichen Kosten für Strom und Schmierung $K_1 = 164 \cdot P \cdot H$ *M*.

b) Verzinsung, Tilgung und Unterhaltung:

Verzinsung	(5 vH)	0,05 · 50 000	= 2500 *M*
Tilgung	(½ vH)	0,005 · 50 000	= 250 *M*
Unterhaltung und Erneuerung der Maschinen . .	(6 vH)	0,06 · 25 000	= 1500 *M*
Unterhaltung und Erneuerung der Gebäude . .	(1 vH)	0,01 · 25 000	= 250 *M*
		zusammen	4500 *M*

für 1 cbm/sk Leistung.

c) Bedienung der Anlage
für die Pumpwerke an den Schleusen bei Anderten, Allerbüttel und Rothensee 1 Maschinist und 2 Wärter zusammen . . . . 8550 *M*
(einschl. 25 vH Pensionslast für den Maschinisten),
für die Pumpwerke an den Zweigkanälen nach Hildesheim und Staßfurt 3 Wärter, zusammen. . . . . 7200 *M*

d) Demnach sind bei einer Pumpwassermenge für den Höchstbedarf P_H in cbm/sk die jährlichen Kosten K_2 für Verzinsung, Tilgung, Unterhaltung und Bedienung
für die Pumpwerke an den Schleusen bei Anderten, Allerbüttel und Rothensee . . . . . $K_2 = (1{,}5 \cdot P_H \cdot 4500 + 8550)$ *M*
für die Pumpwerke an den Zweigkanälen nach Hildesheim und Staßfurt . . . . $K_2' = (1{,}5 \cdot P_H \cdot 4500 + 7200)$ *M*

e) Die gesamten Jahreskosten sind $K = K_1 + K_2$; die kapitalisierten Jahreskosten sind $K_0 = 20 \cdot K$.

Ermittlung der Kosten der Kanalspeisung.

Schleuse	Pumpwassermenge im Jahr P Mill. cbm	Förderhöhe H m	$K_1 = 164 \cdot P \cdot H$ ℳ	Pumpwassermenge Höchstbedarf P_H cbm/sk	$K_2 = 1{,}5\, P_H \cdot 4500 + 8550$ $K_2' = 1{,}5\, P_H \cdot 4500 + 7200$ s. S. 568 unten ℳ
	8000 Schleusungen im Jahr (4000 für den Zweigkanal nach Hildesheim)				
I. Anderten	85,3	15,0	210 000	4,350	
II. Allerbüttel	60,1	10,0	98 700	3,495	
V. Rothensee	153,1	14,2	357 000	7,684	$1{,}5 \cdot 21{,}330 \cdot 4500$ $+ 3 \cdot 8550 + 3 \cdot 7200$
IV. Zweigkanal nach Hildesheim	19,2	8,0	25 200	0,975	
VI. Zweigkanal nach . . .	47,7	12,0	95 000	2,428	
VII. Staßfurt — Leopoldshall	46,7	12,0	92 000	2,398	
			877 900	21,330	rund 191 100 ℳ

K_1 = 877 900 ℳ

Gesamte Jahreskosten K = 1 069 000 ℳ
darunter Verzinsung und Tilgung = 88 000 ℳ

K_3 = 981 000 ℳ
davon Zweigkanal nach Staßfurt—Leopoldshall . . . . = 243 400 ℳ

ohne Zweigkanal nach Staßfurt—Leopoldshall . . . . = 737 500 ℳ

Kapitalisierte Pumpkosten $20 \cdot K_3$ . . . . = 19,62 Mill. ℳ
Anlagekosten $1{,}5 \cdot 21{,}330 \cdot 50\,000$ . . . . = 1,60 Mill. ℳ
Zuschuß zu Oker- und Eckertalsperren . . . . . = 3,30 Mill. ℳ
24,52 Mill. ℳ
Davon Zweigkanal nach Staßfurt—Leopoldshall . = 5,26 Mill. ℳ
Ohne Zweigkanal nach Staßfurt—Leopoldshall . . = 19,26 Mill. ℳ

Die Speisung erfolgt entweder, wie vorstehend zum Teil angenommen war, durch Pumpen oder durch Zulauf aus Talsperren. Aus kleineren Wasserläufen kann man heute niemals mehr Wasser entnehmen, ohne den berechtigten schärfsten Widerspruch der Anlieger zu erfahren. Es ist also notwendig, vorher für Ersatz zu sorgen. Über die Möglichkeit und die Ausführung von Talsperren ist bereits das Nähere gesagt worden. Es wird aber noch darauf hingewiesen, daß auch eine Speisung durch Pumpen im allgemeinen eine Ergänzung durch natürlichen Zulauf verlangt, weil der Verbrauch auch bei der angenommenen 1,5fachen Pumpleistung des Normalverbrauches zu gewissen Zeiten weit stärker sein kann als diese Pumpleistung und dann starke Schwankungen in den einzelnen Haltungen entstehen können.

Das Wasser wird bei Zulaufspeisung durch Zubringergräben dem Kanal zugeführt. Diese Gräben können große Längen erhalten. So ist z. B. von P. Rehder, Lübeck, für die Speisung des Mittellandkanales ein Zubringer aus dem Bodegebiet oberhalb von Oschersleben geplant worden, der über 40 km lang wurde, von dem Verfasser ein solcher aus dem Leinegebiet von rund 30 km Länge. Oft zeigt es sich, daß die Kosten dieser Gräben dann so groß werden, daß die Speisung durch Pumpen wirtschaftlicher ist. Da man oft mit sehr geringem Gefälle, z. B. 1 : 20 000 auskommen muß, so erhalten diese Gräben zum Teil große Abmessungen.

In seinem Entwurf für die Mittellinie hatte Verfasser z. B. einen Zubringergraben mit $J = 1 : 5000$ für 5 cbm/sek mit dem folgenden Querschnitt entworfen, der in standfestem Boden gedacht ist. Der Graben ist bei 2 m Tiefe und rund 8 m Breite schon ein größeres Bauwerk (Abb. 732).

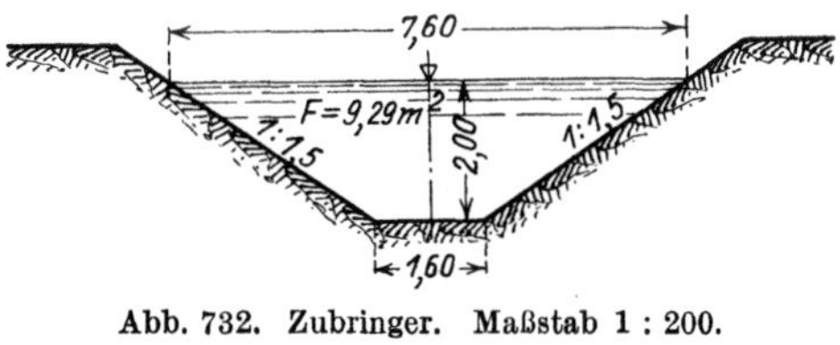

Abb. 732. Zubringer. Maßstab 1 : 200.

Für die Zuführung in den Kanal ist ein besonderes Einlaßbauwerk erforderlich, desgleichen ein Wehr und ein Einlaßbauwerk in dem Fluß. Das Wehr muß den Fluß so hoch anstauen, daß man jederzeit das nötige Wasser in den Zubringer hineinbekommen kann. Das Einlaßbauwerk im Zubringergraben muß am Flusse eine Regelung der einlaufenden Wassermenge bis zum völligen Absperren ermöglichen. Das Einlaßbauwerk am Schiffahrtskanal soll für eine unschädliche Einführung des Wassers in den Kanal sorgen. Am zweckmäßigsten wird man an der Einführung eine Wendestelle anlegen und das Wasser so weitflächig einströmen lassen, daß keine schädliche Strömung mehr entstehen kann. Diese Bauwerke bieten im übrigen nichts besonders Bemerkenswertes. Es sind bei ihnen die Grundsätze, die bei Wehren üblich sind, zu beachten.

Die Speisung von Seekanälen bietet nichts Besonderes. Auch hier ist der Wasserverbrauch ganz von der Menge der beförderten Güter abhängig. Grundsätzlich braucht ein Seekanal keinen größeren Wasserverbrauch zu haben als ein Binnenkanal, wenn er einen gleichen Güterverkehr besitzt. Er kann sogar einen geringeren Schleusenverlust haben, wenn der Schleusenhub kleiner ist als bei modernen Binnenkanälen.

In vorzüglicher Weise ist diese Frage bei dem Panamakanal gelöst worden, bei dem der künstlich aufgestaute Gatunsee von 425 qkm Oberfläche gleichzeitig einen Teil des Kanales und die große Talsperre für die Speisung der Schleusen bildet. Der Gesamthub von 26 m ist zudem in 3 Stufen eingeteilt, so daß der Schleusenhub rund 9 m beträgt (Höchstwert bei Meeres-NW. 11,9 m), während man bei den Binnenkanälen heute schon Schleusen von fast der doppelten Hubhöhe baut. Man hat aber bei Seeschiffschleusen noch keine Sparbecken angewendet. Die Trogtiefe der Schleuse ist bei dem Wasserverlust von Einfluß nur für den Undichtigkeitsverlust durch die Tore.

b) Entlastungsanlagen.

In Zeiten geringen Schiffsverkehrs, aber starker Speisung aus dem Grundwasser oder eingeleiteten Wasserläufen kann es notwendig werden, für Abfluß von entbehrlichem Kanalwasser zu sorgen. Man kann die Entlastung entweder durch Grundschütze, durch Überfälle oder Hebervorrichtung vornehmen. Da die Entlastungsrohre bei Anordnung von Grundschützen in Auftragstrecken unter einem Druck von 2—3 m stehen, so treten hier Strömungsgeschwindigkeiten in den Rohren von 4 m und mehr auf, die ruhig zugelassen werden können, da sie nur kurze Zeit wirken. Die Ablaßrohre brauchen bei diesen Geschwindigkeiten keine großen Abmessungen zu erhalten. Ein Rohr von 1 m lichtem Durchmesser kann dann bereits 3 cbm/sek bewältigen. Da man die Entlastung wohl stets zu einem Fluß hin vornehmen wird, so liegt sie in einer Dichtungsstrecke und muß besonders sorgfältig angeschlossen werden.

Bei einem Überlauf sind die Grundsätze, wie sie für feste Wehrüberfälle entwickelt wurden, zu berücksichtigen. Man wird in den Kanaldamm dann ein Überlaufbauwerk aus Beton einbauen, das einem festen Wehr sehr ähnlich wird. Besonders zweckmäßig hat sich eine Entlastung durch Heber erwiesen, wie sie z. B. von dem Zivilingenieur Heyn, Stettin, nach patentiertem System ausgeführt wird. Bei diesen Heberanlagen ist durch die Anordnung des Saugrohres eine größere Leistung möglich als bei Überfällen mit gleichem Querschnitt. Die Rohrquerschnitte können somit noch kleiner werden. Da der Wasserverbrauch der aufeinanderfolgenden Schleusen auch niemals genau gleich sein wird, ist eine Entlastung an den meisten Schleusen von der oberen zur unteren Haltung notwendig. Hierfür eignen sich gleichfalls am besten die Heberüberfälle. Ein solcher ist durch Heyn z. B. an einer Kammerschleuse des Bromberger Kanales ausgeführt worden[1]).

---

[1]) Vgl. Dr.-Arbeit W. Heyn, T. H. Hannover, „Die Entwickelung des selbsttätigen Saugüberfalles zum Wasserpegel. D. R. P. usw.

D. Besondere Bauwerke an den Kanälen.

a) Schleuseneinfahrten, Ausweichstellen, Wendeplätze, Leitwerke, Dalben und Poller.

Die Güte einer Schleuse hängt zum großen Teile von ihren Vorhäfen und den dort vorhandenen Leitwerken ab. Es werden als Beispiel die Vorhäfen bei der Schleuse von Anderten für den Aufstieg zur Scheitelhaltung des Mittellandkanales wiedergegeben, Abb. 529, S. 402, vergl. auch die Main-Schleusen, Abb. 501 u. 502, S, 388. Der Grundsatz, die wartenden Schiffe in der Schleusenflucht so weit zurückliegen zu lassen, daß das ausfahrende Schiff an ihnen vorbeifahren kann, ist auch hier befolgt worden. Die Anordnung der Leitwerke macht in der Einschnittstrecke, also am Unterhaupt, keine Schwierigkeiten. Am Oberhaupt in der Dichtungsstrecke darf aber die Dichtungsschicht nicht durch Rammung von Pfählen zerstört werden; man muß deshalb schwere Pfeiler auf die Sohle setzen. So ist es z. B. in Minden geschehen. Es dürfte sich aber wahrscheinlich empfehlen, für diesen Zweck Eisenbetonsenkkästen anzuwenden, die mit Sand gefüllt werden können, diese Kästen dann aber nach dem Lande zu noch abzusteifen. Die Poller und Dalben unterscheiden sich von den im Hafenbau üblichen nicht; es sind dort Beispiele zu finden.

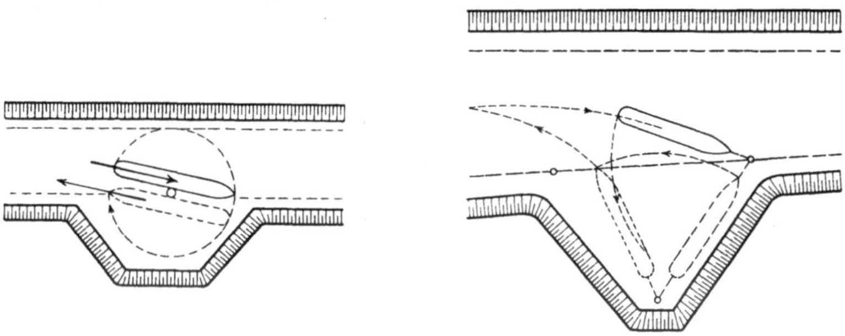

Abb. 733 u. 734. Wendestellen am Kanal.

In jedem Kanal müssen in entsprechenden Abständen Wendeplätze vorgesehen werden. Die meisten Kanäle sind zu schmal, um das Wenden der Schiffe im Kanalschlauch zu gestatten. Die Wendeplätze werden durch Ausbuchten eines Ufers mit solcher Sohlenbreite hergestellt, daß das längste Schiff bequem drehen kann. Es genügt dabei als Breite eine Länge von etwas mehr als einer Schiffslänge. Das Schiff wird dann an einer Seite am Ufer der Wendestelle festgemacht und schlägt um diesen Punkt herum, dabei soll die Wendestelle bei stark befahrenen Kanälen so weit in das Land einschneiden, daß das Schiff beim Wenden nicht in den Kanalschlauch hineinreicht. Bei 80 m langen Schiffen ist somit eine Sohlenverbreiterung um über 80 m notwendig. Die Wendestellen können die Form eines Halbkreises haben oder auch die eines stumpfwinkligen Dreieckes, Abb. 733 u. 734. Auch bei Seekanälen sind solche Wendestellen notwendig; so sind sie bei dem Kaiser-Wilhelm-Kanal in Abständen von 15—27 km mit einem Halbmesser in der Kanalsohle von 300 m erbaut worden.

Ausweichstellen sind bei allen einschiffigen Kanälen oder einschiffigen, kanalisierten Flüssen erforderlich. Sie bestehen in einer Verbreiterung des Kanales so weit, daß ein vorbeifahrendes Schiff das liegende nicht berühren kann. Bei einer Schiffsbreite von 10,5 m würde eine solche Ausweichstelle für Schleppzüge von 2 Kähnen praktisch eine Länge von 250 m ohne die Übergänge haben müssen, bei einer Verbreiterung des Kanales um etwa 15 m. Solche Verbreiterungen werden ferner in zweischiffigen Kanälen für eine oder zwei Schiffslängen vielfach als Liegestellen eingebaut. In großen, einschiffigen Seekanälen, wie z. B. dem Kaiser-Wilhelm-Kanal, sind Ausweichstellen von 1100 m Länge, die mit Dalbenreihen zum Festmachen der Schiffe ausgerüstet sind, eingebaut worden in Abständen von 5—14 km. Die ungleichen Abstände sind aus der Geländegestaltung zu erklären; man hat für die Weichen niedriges Gelände ausgesucht.

b) Durchlässe und Düker.

Wasserläufe können in einen Kanal bei genügend hoher Lage nur dann eingeleitet werden, wenn die Unterlieger, denen dadurch Wasser entzogen wird, die Einleitung zulassen. In den meisten Fällen wird das nicht der Fall sein. Wenn es möglich ist, dann muß bei Sinkstoff führendem Wasser ein Klärbecken vorgeschaltet werden, so daß keine Verflachung des Kanales eintreten kann. Alle kalihaltigen oder sonstwie verunreinigten Gewässer sind, auch wenn sie ganz klar aussehen, vom Kanal fernzuhalten, weil der Kanal als Badegelegenheit einen großen Wert für die Städte besitzt und weil durch Versickerung die Gefahr der Schädigung (z. B. Versalzung) tieferliegender Grundstücke vorhanden ist. Ist der Kanal auf so hohem Damm geführt, daß seine Sohle genügend hoch über dem Gelände liegt, dann sind Durchlässe nach Art der in Eisenbahndämmen üblichen für Bachdurchführungen notwendig. Man wird sie möglichst begehbar anlegen. Sonst sind auch fertige Betonrohre oder Eisenrohre anwendbar (Mindestdurchmesser im Lichten 80 cm).

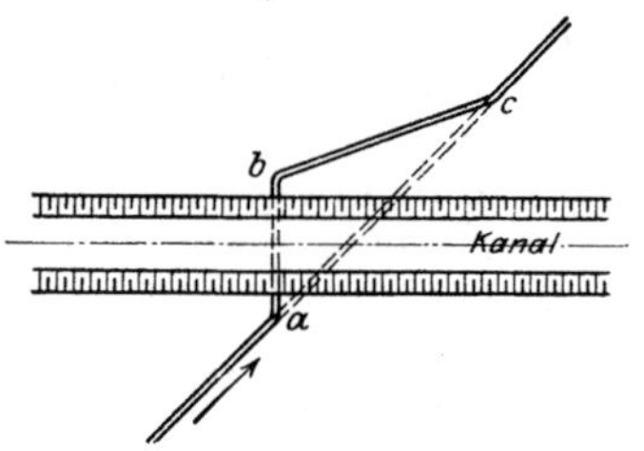

Abb. 735. Unterführung eines Grabens mit einem Düker $a-b$ unter einen Kanal.

Liegt das Gelände zu hoch, dann muß jeder Wasserlauf, der nicht abgeschnitten werden darf, durch einen Düker unter dem Kanal durchgeführt werden. Jeder Düker wirkt als Druckrohr und braucht eine gewisse Stauhöhe oberhalb, die das Wasser hindurchtreibt. Ein Aufstau oberhalb kann dann vermieden werden, wenn es gelingt, den Wasserstand unterhalb des Kanales durch Verbreiterung und Vertiefung des Baches abzusenken. Wenn das nicht möglich ist, ist es zweckmäßig, den Düker so zu führen, daß der Wasserlauf oberhalb bis zum Kanal wenigstens keine Verlängerung erfährt. Es ist dann die Lage des Dükers gemäß Abb. 735 zweckmäßig, wobei man den gedükerten Bach am besten nach Linie $a\ b\ c$, oft aber aus Rücksicht auf die Grundstücke und den sonst notwendigen Grunderwerb nach Linie $a\ c$ führen wird. Damit wenigstens ein Durchkriechen durch den Düker möglich ist, soll der Durchmesser von Rohrdükern nicht kleiner als 80 cm sein. Für die Mittellinie zwischen Hannover und Magdeburg ist dieses Maß als Kleinstmaß vorgesehen.

Man kann die Düker als Gewölbe, als Eisenbetonrohre oder Eisenrohre bauen, ganz ähnlich, wie die Siele in den Deichen angelegt werden. Ein Düker muß nicht nur für den Druck des Wassers von innen nach außen dicht sein, sondern auch in umgekehrter Richtung, für den Fall, daß er in heißen Sommermonaten leer ist und damit das Kanalwasser dann nicht etwa einen bequemen Weg durch ihn als Abfluß findet. Auch gegen Auftrieb müssen die Düker für den gleichen Fall des Leerseins gesichert sein, sonst kann es vorkommen, daß der Auftrieb sie durch die Kanalsohle durchdrückt, wenn ihre Bedeckung gering ist. Solche Unfälle können eine Außerbetriebsetzung des Kanales zur Folge haben.

Der Durchmesser der Düker wird nach den üblichen Rohrformeln unter Annahme eines zulässigen Überdruckes berechnet, wobei die Geschwindigkeit im Düker bei größter Wassermenge nur kurze Zeit auftritt. Lange anhaltende Wassermengen sollten die Geschwindigkeit von 3 m nicht übersteigen.

Vor jedem Düker soll ein Schlammfang angeordnet sein, damit der wie ein Wassersack wirkende Düker sich nicht in seinem am tiefsten liegenden mittleren Teile unter der Kanalsohle verstopft. Eine häufige Durchspülung muß in die Betriebsvorschrift des Kanales mit

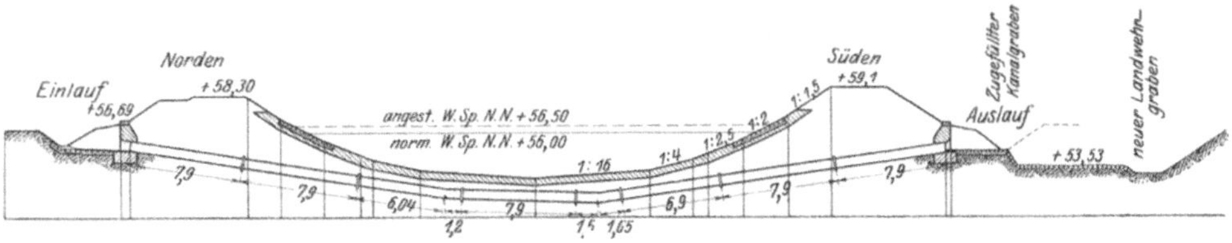

a

Abb. 736 a u. b. Düker bei Schulze-Wedeling.
a Schnitt in der Achse, b Einlauf.
Maßstab 1 : 650.

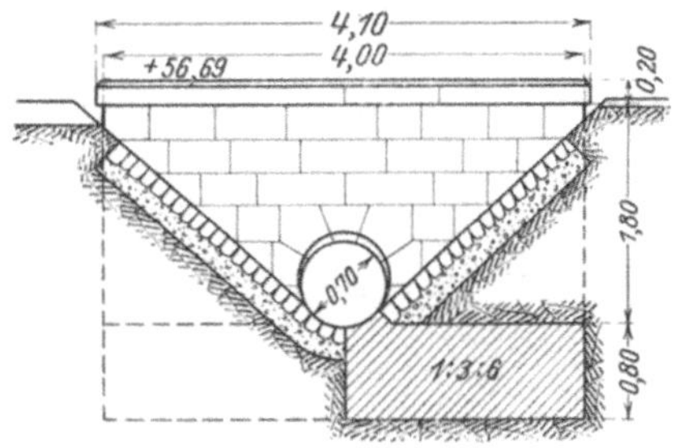

b Maßstab 1 : 100.

aufgenommen werden. Sie kann bei wichtigen Dükern durch Einlaßschützen vom Kanal aus erreicht werden. Solche Auslässe dienen oft gleichzeitig zur Entlastung des Kanales. Rohrdüker sollen eine Reinigungskette erhalten, die bei Verstopfung dem Spülwasser den ersten Weg bahnt.

Die früher übliche Dükerform eines geraden Rohres, das zwei tief reichende Schlammschächte verband, ist verlassen worden. Heute werden die Düker zweckmäßig gemäß Abb. 736, 737 ausgeführt. Abb. 736 a u. b zeigen den Düker bei hochliegendem Gelände. Die Stirnmauer am Einlauf reicht so tief, daß der Wasserstand stets über der Oberkante der Stirnmauer steht. Schwimmstoffe

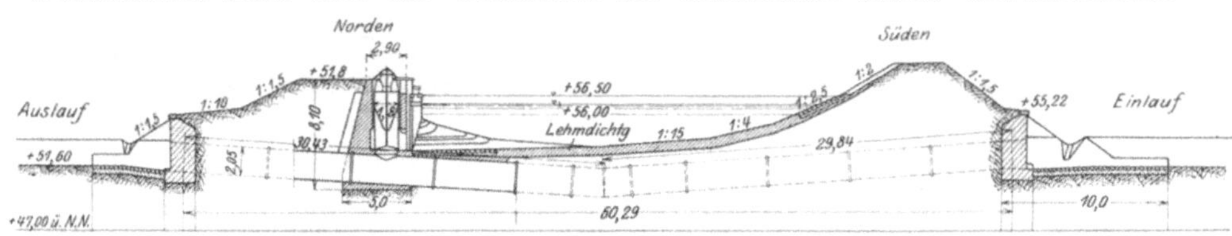

a

Abb. 737 a u. b. Beverbachdüker.
a Längenschnitt, b Einlauf.
Maßstab 1 : 680.

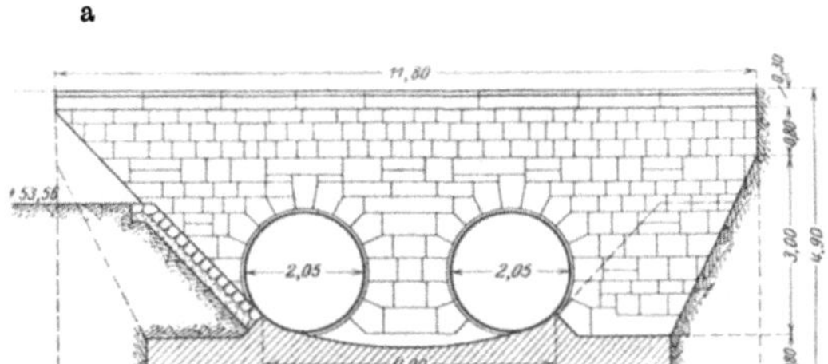

b Maßstab 1 : 200.

gelangen somit nicht in den Düker, sondern bleiben schwimmend oben und können dann entfernt werden. Abb. 737 a u. b zeigen einen Düker, bei dem ein Einlauf als Entlastung des Kanales in den Düker erbaut ist. Die Kanalböschung ist aufgeschlitzt, der Schlitz ist in der Mitte durch eine Überlaufmauer abgeschlossen. Weitere Düker zeigen die Abb. 738 a bis d. Sie zeigen die Unterführung des Semptbaches unter den großen Werkkanal (30 m Breite) der mittleren Isar. Der Düker ist ganz in Eisenbeton erbaut mit 3 rechteckigen Röhren von je 12 qm Quera

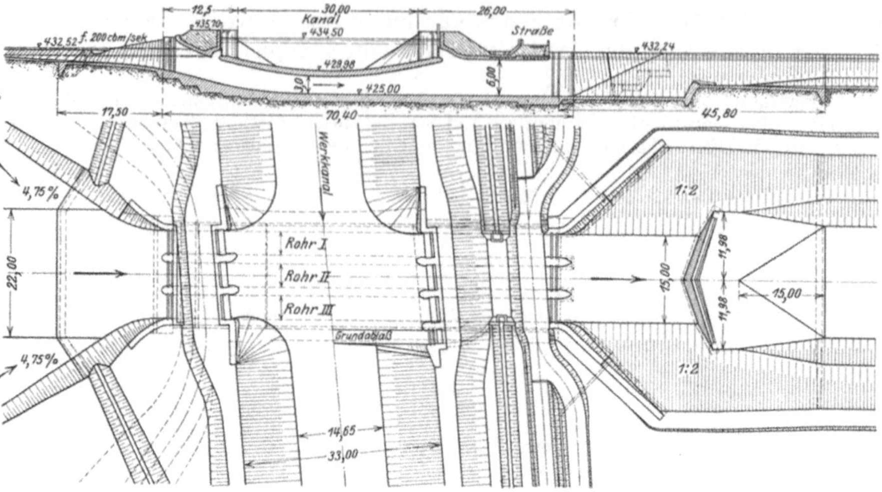

b Maßstab 1 : 1300.

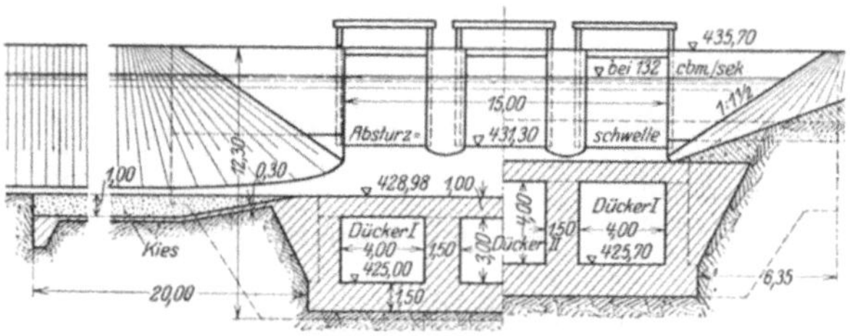

c Lies rechts Düker „III“. Maßstab 1 : 500.

Abb. 738 a bis d. Semptflutdüker.

a Grundriß. b Längsschnitt. c Querschnitt durch Düker, links in der Kanalmitte, rechts am Anfang. d Längsschnitt durch Düker, Grundablaß.

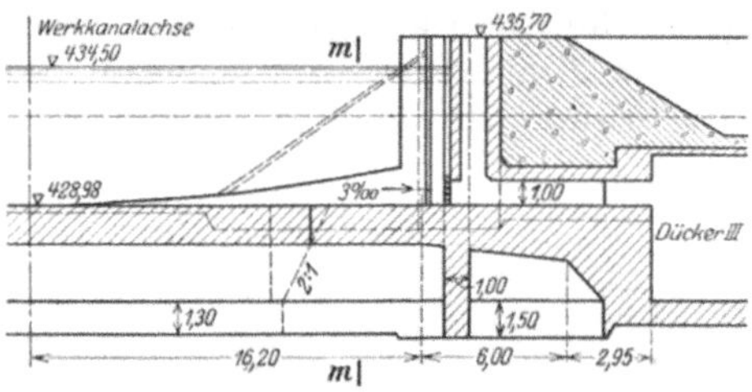

d

schnitt in der Kanalmitte, am Anfang und Ende mit je 16 qm. Vom Werkkanal sind Einlaufschützen in den Düker vorgesehen, die zur Spülung und Entlastung dienen sollen.

c) Sicherheitstore.

Alle Haltungen mit Kanaldämmen und Kanalbrücken müssen an den Enden in der dichten Einschnittsstrecke durch Sperrtore gesichert werden. Es werden solche Gefahrstrecken, wenn sie durch eine kurze Auftragsstrecke unterbrochen sind, zu einer gemeinsamen Strecke zusammengefaßt. Die Tore können alle Formen der Schleusentore erhalten, es wird aber heute stets die Forderung erhoben, daß sie nach beiden Seiten kehren sollen. Es eignen sich dann nur Segmenttore und Hubtore praktisch für diesen Zweck. In Deutschland sind bei den neueren Kanälen nur diese beiden Arten ausgeführt worden. Zuerst sind am Dortmund-Ems-Kanal Segmenttore als Sicherheitstore ausgeführt worden, dann am Kanal Berlin—Stettin und darauf am Mittellandkanal Hubtore.

Der Gedanke, die Tore selbsttätig zu machen, ist nicht durchgeführt worden. Es müßte dabei die Forderung erhoben werden, daß die Tore entweder durch einen merkbaren Wasserwechsel, wie er bei Dammbrüchen entsteht, oder durch die dann entstehende starke Strömung betätigt würde. Bis zu einem gewissen Grade kann aber beides durch Windstau oder durch die Schiffahrt erzeugt werden, auch besteht die Gefahr, daß bei selbsttätigem Schließen im wichtigen Gefahrmoment sich gerade ein Schleppzug unter dem Tore befindet und das Tor auf ein fahrendes Schiff aufschlägt. Entweder könnte das Schiff an dieser Stelle sinken oder das Tor beschädigt werden, so daß in beiden Fällen das Tor außer Betrieb wäre.

Man verlangt von den Toren, daß sie durch einen Hebeldruck entriegelt werden können, so daß sie sich sofort unter der Wirkung ihres eigenen Gewichtes schließen, etwas, was bei den beiden genannten Bauarten unschwer zu erreichen ist. Bei dem Dammbruch von Dankersen haben sich die Sicherheitstore bewährt; ohne das schnelle Schließen bereits kurz nach dem Dammbruch wären wahrscheinlich Menschenleben dem Dammbruch zum Opfer gefallen.

Die Segmenttore des Dortmund-Ems-Kanales bestehen aus zwei pfeilerartigen Armen, die einen Gitterbalken tragen, der an der Außenseite das Stauschild trägt. Die Kanalbreite ist im Tore auf das Maß der Schleusen eingeschränkt worden, die lichte Weite beträgt 18 m. Die Verlegung der Tragarme in eine ausgesparte Kammer mit nach der Kanalseite vorliegendem, 1,8 m dickem Mauerwerk vermehrt die Stützweite der Tore um das gleiche nutzlose Maß. Hierdurch sind diese Tore unnötig verteuert worden. Das System der Segmenttore ist im übrigen einfacher als das der Hubtore und sollte bei neueren Kanalbauten in verbesserter Form wieder Verwendung finden. Es ist bei ihnen ohne jede Schwierigkeit möglich, durch Einlegung einer zwangläufigen Übertragung eine vollständige Zwangläufigkeit für die gleichmäßige Senkung beider Seiten zu erreichen.

Nach den Erfahrungen der Firma Eilers, Hannover, ist eine schnell laufende Welle das beste Mittel, die Zwangläufigkeit zu sichern. Die Tragarme sind an den Enden mit Gegengewichten versehen, die aber leichter als das Stauschild sind. Das Schließen erfolgt nach Lösen eines Hebels selbsttätig, die Hebung durch eine Handwinde mit selbstsperrendem Schneckenantrieb, so daß bei Loslassen des Antriebshebels das Tor durch die Selbsthemmung feststeht.

Bei dem Mittellandkanal ist an den Stellen der Sperrtore der Kanal mit senkrechten Wänden auf 24 m eingeschränkt worden. Es ist das zufällig das doppelte Maß, das die neuen Schleusen für den Ausbau auf 1000 t erhalten. Der Kanal ist bei dieser Konstruktion durch schön wirkende Torhäuser überspannt worden. Die Tore sind Hubschützen mit Parallelführung und Gegengewicht. Die Parallelführung erfolgt durch Seile, die von beiden Enden nach einer Seite über die gleiche Seiltrommel geführt worden sind, so daß sich diese Seile stets gleichmäßig abwickeln müssen. Das Tor hat ein größeres Gewicht als sein Gegengewicht, so daß es nach Aufhebung der Sperrung sinkt. Es ist mit festen Rollen ausgerüstet, so daß es auch im strömenden Wasser geschlossen werden kann. Das Heben geschieht durch einen an den Gegengewichten hängenden Wasserbehälter, der vollgepumpt werden kann, so daß dann die Gegengewichte das Übergewicht erhalten.

d) Straßen-, Eisenbahn- und Kanalbrücken.

1. Straßen- und Eisenbahnbrücken.

Straßen- und Eisenbahnbrücken sollten bei allen Binnenkanälen niemals als Bogenbrücken, sondern als Balkenbrücken oder Bogenbrücken mit aufgehobenem Horizontalzug ausgeführt werden, so daß eine spätere Hebung möglich ist. Im Rhein-Herne-Kanal ist wegen der Bodensenkungen infolge Bergbaues nach diesem Gesichtspunkte gehandelt worden. Die Brücken werden ganz regelmäßig, sowie Senkungen eintreten, hydraulisch hochgedrückt, wonach die Fundamente hochgemauert werden. Bei dem Mittellandkanal Bevergern—Hannover hat man diesen Gesichtspunkt aber nicht beachtet und eine große Reihe von Eisenbetonbogenbrücken erbaut, deren Hebung praktisch unmöglich ist. Es ist aber nicht ausgeschlossen, sogar in hohem Maße wahrscheinlich, daß man in nicht zu ferner Zeit nach Fertigstellung des Mittellandkanales den Wasserspiegel zwecks Erleichterung des Verkehrs heben möchte. Dann erfordert diese Maßnahme den Neubau einer ganzen Reihe von Bogenbrücken[1]).

Wie die Straßen- und Eisenbahnbrücken erbaut werden müssen, gehört in das Gebiet des Brückenbaues. Es ist auch hier zulässig, den Kanalquerschnitt entsprechend einzuschränken, so daß die Nutzbreite des Kanales in Höhe des tiefsten Schiffbodens nicht unterschritten wird, die Schiffe können dann ohne Richtungsänderung durchfahren. Bei dem genannten Regelquerschnitt auf S. 559 würde dann die lichte Weite des reinen Kanalschlauches zwischen den Auflagern wenigstens 30 m betragen (bei 10,5 m breiten Schiffen); zu dieser Zahl muß aber noch die Breite der Treidelwege hinzugerechnet werden, so daß sich als lichtes Maß bei 3 m breiten Treidelwegen 36 m für Straßenbrücken usw. ergeben würden.

Die lichte Weite der Brücken beträgt im Mittellandkanal und im Entwurf für die Mittellinie der Regierung 41 m; man hat also den Kanal nicht bis an die Nutzbreite heran eingeschränkt. Diese Maßnahme ist zweckmäßig, weil sie eine spätere Verbreiterung des Kanals ohne Brückenverlängerung gestattet. Feldwegbrücken und Brücken für Straßen zweiter Ordnung sollen 4,5 m Nutzbreite erhalten mit einer Fahrdammbreite von 3,5 m; die übrigen Brücken werden je nach ihrer Bedeutung für zwei oder mehr Fuhrwerke mit entsprechenden Bürgersteigen ausgeführt. In den Städten kommen Brücken fast jeder Breite je nach der Bedeutung der vorhandenen Straße vor. Die lichte Höhe der Brücken soll wenigstens 4 m, besser aber 4,5 m, über dem höchsten Wasserstand betragen. Bei Kanälen, wie z. B. dem Küstenkanal, mit Torfladungen wäre es erforderlich, um die Schiffe auf vollen Tiefgang mit Torf abladen zu können, eine lichte Höhe von wenigstens 7 m zu wählen.

Bei Seekanälen müssen Straßen entweder durch Fähren, Drehbrücken, Schwebefähren oder Hochbrücken überführt werden. Vorbildlich sind die Anlagen am Kaiser-Wilhelm-Kanal, bei dem neben den erstgenannten Ausführungen Hochbrücken erbaut worden sind, deren Unterkante 42 m über dem höchsten Wasserstand liegt. Besonders für die Überführung wichtiger Eisenbahnlinien hat sich die Erbauung solcher Brücken als zweckmäßig erwiesen. Hingewiesen werde auch auf den Manchester-Seekanal, bei dem die Brücken entweder als Drehbrücken (auch für eine Kanalüberführung über den Seekanal, Bridgewater-Kanal) oder Schwebefähren ausgeführt sind.

2. Kanalbrücken.

Kanalbrücken[2]) haben die Aufgabe, die Kanäle über tiefe Flußtäler hinwegzuführen; sie sind bei modernen Kanälen erster Ordnung häufig notwendig. Sie bewirken den Übergang über einen Fluß in solcher Höhe, daß bei Nichtschiffbarkeit das Hochwasser ungehindert unter der Kanalbrücke hindurch kann, bei Schiffbarkeit die Schiffahrt unter der Kanalbrücke ungehindert verkehren kann. Bei dem Bau jeder Kanalbrücke ist die Frage zu klären, ob man eine zweischiffige oder zwei einschiffige bauen soll. Es sollte unter allen Umständen jede Flußüberbrückung durch zwei einschiffige Kanalbrücken durchgeführt werden. Man gewinnt die doppelte Sicherheit, erleichtert die Ausbesserungen und die Instandhaltung, da man dann leicht zu Zeiten geringen Verkehrs eine Brücke aus dem Betrieb nehmen kann. Mit der Auflösung ist eine Verkürzung der Querträger verbunden, die im allgemeinen verbilligend wirkt. Man kann ferner

---

[1]) Es ist diese Ausführung von Bogenbrücken letzten Endes nichts weiter als der Ausdruck des Glaubens an eine Beherrschung der Zukunft, während die wirtschaftliche Entwicklung uns den Weg weisen wird, den wir zu gehen haben.

[2]) Der Ausdruck „Brückenkanal“ ist sprachlich falsch. Ebenso wie es Straßenbrücke, Eisenbahnbrücke heißt, muß es auch Kanalbrücke heißen, da der Zweck der Brücke das Tragen einer Straße, Eisenbahn oder eines Kanales ist.

einschiffige Brücken schmäler halten als die Hälfte der Breite einer zweischiffigen. Wenn z. B. für die vom Verfasser vorgeschlagene große Kanalbrücke von 600 m Länge über die Elbe bei Magdeburg später von der Regierung 30 m lichte Weite für eine zweischiffige oder aber 15 m lichte Weite für zwei einschiffige Brücken genannt wurde[1]), so ist dabei nicht beachtet, daß in einer einschiffigen Brücke keine Schiffszusammenstöße erfolgen können, wie es in einer zweischiffigen trotz einer Breite von 30 m leicht der Fall sein könnte. Das gleiche, was bei der Einfahrt in eine Schleuse von 250 m Länge möglich ist, nämlich mit 12 m lichter Weite auszukommen, ist auch bei Kanalbrücken selbst bei 600 m Länge zulässig und möglich. Die Schiffe haben gleichsam in einer solchen einschiffigen Brücke eine gute Führung, während sie beim Begegnen in der zweischiffigen sehr auf die Steuerkunst angewiesen sind. Baut man dann aber zwei einschiffige Brücken von je 12 m lichter Weite, dann werden sie billiger und sicherer werden als eine zweischiffige von 30 m.

Die Vergrößerung des Schleppwiderstandes zwingt die Schiffer zum langsameren Fahren in der Kanalbrücke, der Zeitverlust spielt aber bei der geringen Länge keine merkbare Rolle. Es werde angenommen, daß Schleppzüge, die in der freien Kanalstrecke heute mit z. B. 4 km/st fahren, in der Kanalbrücke ihre Geschwindigkeit auf 3 km/st mäßigen müssen. Sie müssen dabei bereits vorher auf die langsamere Geschwindigkeit übergehen, um Zusammenstöße im Schleppzug zu vermeiden. Bei der Magdeburger Kanalbrücke möge die ganze Strecke der 3-km-Geschwindigkeit 1 km lang sein, dann beträgt der Zeitverlust $20 - 15 = 5$ min. $= 1/3$ Betr. Km. Ihm steht die bedeutende Kostenersparnis der schmäleren Kanalbrücke gegenüber.

Kanalbrücken können aus Stein, Beton, Eisenbeton oder Eisen erbaut werden. Kleinere Kanalbrücken erhalten heute zweckmäßig eine Eisenbetonkonstruktion; sie wird aber auch bei größeren Spannweiten bis zu etwa 50 m in Eisenbeton ausgeführt werden können. Bei Eisenbrücken dürfte sich die Verwendung von hochwertigem Brückenstahl empfehlen. Auch schon bei kleineren Spannweiten wird Eisen verwendet. Es wird sich das richtige Material nach dem Angebot zu richten haben. Die lichte Weite der Kanalbrücken im Mittellandkanal beträgt bei Minden und Seelze 24 m mit 3 m Wassertiefe im Trog bei gehobenem Wasserstand. Die Belastung der Brücke ist somit eine außerordentlich große.

Die eigentliche Trogkonstruktion bietet an sich nichts für die Kanalbrücken besonders Bemerkenswertes. Die Konstruktionen könnten auch für andere Brücken ähnlicher Natur angewendet worden sein. Die Ausbildung des Troges und der Anschluß des Troges an das Land sowie die Übergänge über den Pfeilern sind aber wichtige Sonderkonstruktionen. Bei den Beton- oder Eisenbetonbrücken wird die Betonkonstruktion selbst als Trog benutzt. Man hat sie aber vor dem Durchdringen des Wassers durch Bitumendichtung und Anbringung einer den ganzen Trog innen einhüllenden Bleihaut geschützt. Es wurde zuerst eine Schicht aus dichter Bitumenpappe um die ganze Innenfläche des Troges geklebt, darauf kam eine auf der Sohle 2 mm und an den Seitenwänden 3 mm dicke verlötete Bleihaut. Auf diese wurde wieder eine Schicht in den Stößen geklebte Bitumenpappe verlegt, darauf folgt in der Sohle eine 12 cm dicke Lehmschicht; auf dieser liegt die eigentliche Schutzschicht für die Bleihaut aus Eisenbetonplatten, die mit Feder und Nut versehen sind. Die seitliche Bleihaut ist durch eine dichte Holzbeplankung gegen Beschädigung durch ein fahrendes Schiff geschützt worden. Die Brückengelenke sind durch Hängebleche überkappt worden, die die geringen Bewegungen der Brücke durch Wärmeänderung usw. mitmachen können. Der Übergang zum Landwiderlager erfolgt am besten so, daß dort ein mit dem Kanal durch Lehmdichtung verbundener Betonkörper erbaut wird, der von der Brücke unabhängig ist. In diesen Körper muß dann die Trogdichtung über Hängebleche übergeführt werden. Es kommt immer darauf an, die Aufgabe so zu lösen, daß sowohl die einzelnen Brückenteile wie auch das Brückenende gegen den im Gelände weiterführenden Kanalteil alle Bewegungen unabhängig ausführen können, ohne die Dichtung zu zerstören. Ob die heute außerordentlich teure Bleidichtung eine Notwendigkeit ist, erscheint zweifelhaft. Es ist möglich, den Beton derart mit wasserabweisenden Stoffen auszurüsten, daß ein Durchdringen von Wasser

[1]) Amtliche Denkschrift über Fortführung des Mittellandkanales vom 1. II. 1920.

so gut wie ausgeschlossen erscheint [1]). Durch Torkretierung ist ein weiterer Schutz möglich. Da die Brücken erst lange Zeit nach der Erhärtung in Betrieb genommen werden, wenn sie rechtzeitig begonnen werden, so ist eine Zerstörung des Betons durch das reine Kanalwasser nicht zu befürchten. Die Übergänge zwischen den einzelnen Trogstücken werden etwas schwieriger herzustellen sein, selbst wenn hier aber geringe Undichtigkeiten auftreten sollten, so kann man sie versteckt durch Abflußrohre abführen. Geringe Schönheitsfehler sollte man in den Kauf nehmen, wenn man dadurch so hohe Aufwendungen wie die Bleidichtung ersparen kann.

Eiserne Kanalbrücken werden so ausgeführt, daß der Trog frei beweglich in das Trogsystem hineingelegt oder hineingehängt wird, so wie es bei dem Trog im Henrichenburger Hebewerk geschehen ist. Man verlangt, daß das Trogsystem seine Bewegungen frei für sich ausführen kann und sie nicht auf den Trog, der weit geringere Formänderungen durchmacht, überträgt. Es empfiehlt sich, bei genügender Konstruktionshöhe den Trog auf eine große Zahl von Hauptträgern zu legen, ähnlich wie es mit dem Überbau bei schweren eisernen Straßenbrücken vielfach geschieht. Ein Beispiel für eine solche Ausführung ist die von der Firma Louis Eilers, Hannover, erbaute Kanalbrücke über die Leine bei Seelze, Abb. 739, die in sehr geschickter Weise als Kragträgerkonstruktion erbaut ist. Hier ruht der Trog auf einer großen Zahl von Hauptträgern und legt sich beweglich gegen die seitlich hochgezogenen Querträger an. Die lichte Tragweite ist auch hier wieder 24 m.

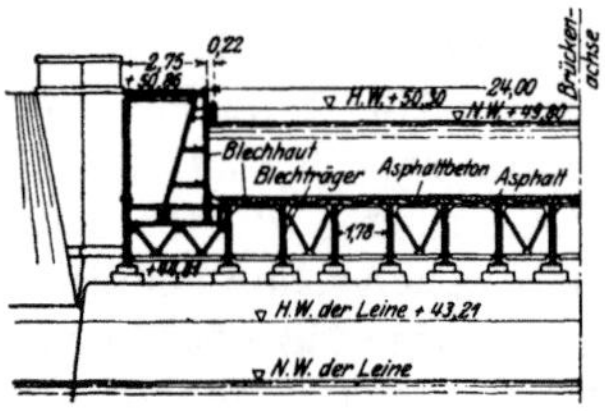

Abb. 739. Kanalbrücke über die Leine bei Seelze. Erbaut L. Eilers, Hannover. Maßstab 1 : 500.

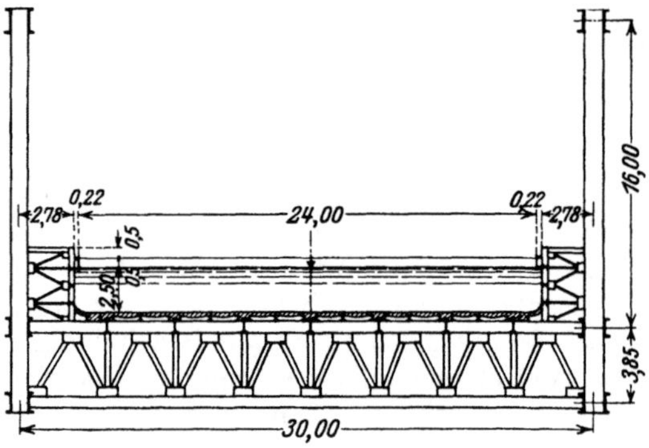

Abb. 740. Querschnitt einer Kanalbrücke über die Elbe. Entwurf L. Eilers, Hannover. Maßstab 1 : 500.

Die Leinpfade werden in der Oberkante des Troges seitlich ausgekragt und haben in Minden und Seelze 2,7 m Breite erhalten. Von der gleichen Firma Eilers ist in der Denkschrift des Verfassers über den Bau der Mittellinie des Mittellandkanales ein Entwurf für eine Kanalbrücke über die Elbe enthalten. Es kam hier darauf an, die für die Elbe notwendige größte lichte Durchfahrtsöffnung von 100 m mit einer Kanalbrücke zu überbrücken. Der Kanaltrog war hier zu 30 m lichter Weite angenommen. Hier sind, Abb. 740, seitliche schwere Hauptträger in der großen Mittelöffnung mit Bogenaussteifung angenommen worden, die durch entsprechende Querträger verbunden wurden. Der Entwurf hat gezeigt, daß der Bau solcher Brücken über 100 m Spannweite trotz der gewaltigen Lasten möglich ist.

[1]) Es wird ein Dichtungsmittel Sika von Kaspar Winkler & Co., Durmersheim, Karlsruhe in Baden, hergestellt. Nach vorgelegten Zeugnissen läßt sich Beton durch Beimischung des flüssigen Mittels mit 10 bis 20 l/cbm nicht nur völlig dicht und widerstandsfähig für jede Art von gefährlichem Wasser machen, sondern man kann auch durch Innenputz von Kellern, Tunnels, Turbinenkammern usw. gegen heraussspritzendes Wasser völlige Dichtung erzielen. Die Schweizer Tunnels sind von der Verwaltung der Schweizer Bundesbahnen durchweg mit Sika gedichtet worden, die Firma übernimmt Garantie. Für verschiedene Wasserarten werden verschiedene Sika-Mittel angewandt. Einige Sika-Mittel sollen die Betonfestigkeit stark, bis zu 50 vH, erhöhen. Das Mittel läßt wegen der Möglichkeit, völlig dichten Beton herzustellen, ganz neue Entwickelungen für Betonausführungen im Wasser- und Grundbau erwarten.

e) Kanaltunnel.

Die Ausführung von zweischiffigen Kanaltunnels für Kanäle erster Ordnung dürfte sich im allgemeinen wegen der übermäßigen Kosten und der Unsicherheit der Ausführung verbieten. Das, was für Kanalbrücken über Einschiffigkeit und Zweischiffigkeit gesagt ist, gilt für Tunnels im verstärkten Maße. Ein Tunnel wird sich immer mehr oder minder einer Kreis- oder Ellipsenform anpassen müssen. Will man auf ein knappes Maß für zwei 10,5 m breite Schiffe heruntergehen, dann wird man die lichte Weite des nutzbaren zweischiffigen Fahrwassers doch wenigstens 25 m breit machen müssen, wobei die Gefahr der Kollision schon reichlich groß erscheint. An der breitesten Stelle wird der Tunnel dann immerhin eine Breite von 27 m erhalten müssen, und wenn man 2,5 m breite Leinpfade durchführt, 30 m. Die Tunnelhöhe wird dann etwa 18 m nicht gut unterschreiten können. Es sind das Abmessungen, deren Ausführbarkeit vielleicht einmal möglich ist, wofür aber heute noch keinerlei Beweise vorliegen. Zudem werden zwei einschiffige Tunnels unter allen Umständen ganz bedeutend billiger werden und bieten eine größere Sicherheit. Dabei ist es dann unter Vergrößerung der Tiefe im Tunnel, die hier keinerlei Schwierigkeiten und fast nicht einmal Kosten bereitet, möglich, die beiden einschiffigen Tunnels auch auf 12 m lichter Fahrwasserbreite zu bringen, wobei dann der Treidelweg zweckmäßigerweise nicht seitlich, sondern im First des Tunnels angeordnet wird. Der Ausbruch zweier einschiffiger Tunnels kann dann nur ungefähr drei Fünftel des Ausbruches eines zweischiffigen betragen, und somit werden auch die Kosten nur etwas mehr als die Hälfte sein. Das Bild eines einschiffigen Tunnels mit seitlichen Treidelwegen zeigt Abb. 741, das Bild eines solchen mit oben liegendem Treidelweg Abb. 742. Es ist möglich, entweder die Treidellokomotive durch den Tunnel durchzuführen oder sie in dem Tunnel durch eine im First laufende Zugkatze zu ersetzen. Ersteres Verfahren dürfte den Vorzug verdienen. Neben dem oberen Treidelweg ist zugleich ein Fußgängerweg möglich. Der Tunnel würde am besten eine kreisförmige Gestalt haben. Tunnel dieser Art dürften ausführungsfähig sein. Man wird dem Tunnel mit Firsttreidelei ein tieferes Wasser geben als mit Seitenweg. Da in letzterem die Breite zwischen den Pfeilervorderkanten maßgebend sein würde, leistet der benutzte Querschnitt von Abb. 742 annähernd das Gleiche. Der Ausbruchquerschnitt ist aber nur 54 vH des Seitenwegtunnels.

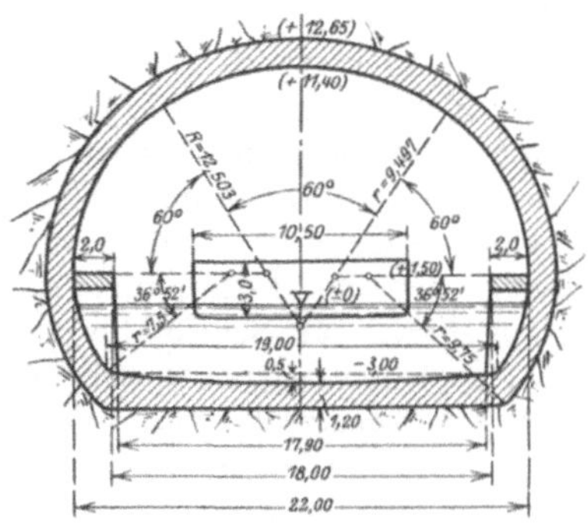

Abb. 741. Mit Treidelweg seitlich.

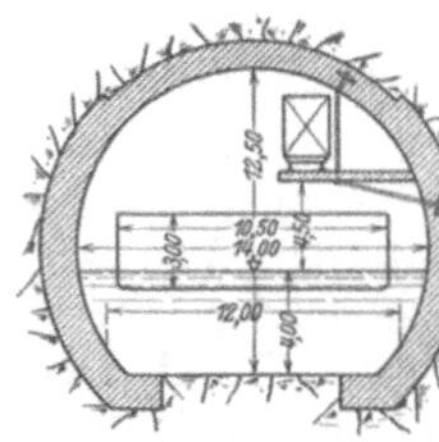

Abb. 742. Mit Treidelweg im Scheitel.

Abb. 741 u. 742. Kanaltunnel.
Maßstab 1 : 560.

E. Beispiele wichtiger Wasserstraßen.

a) Binnenkanäle und Flußkanalisierungen.

1. Allgemeines.

Die Darstellung der wichtigen Binnenwasserstraßen soll im wesentlichen auf deutsches Gebiet beschränkt werden, wobei die Beziehungen zu den benachbarten Staaten nur in den notwendigsten Teilen gestreift werden sollen. Das deutsche Wasserstraßennetz (Abb. 743) ist heute noch in der Entwicklung begriffen und wird voraussichtlich mit dem Wiedererstarken Deutschlands in schnellerem Schritte ausgebaut werden.

Wir haben heute noch drei verschiedene Strom- und Kanalgebiete zu unterscheiden, einmal das westliche Gebiet des Rheins bis zur Weser mit dem dazwischenliegenden Dortmund-Ems-Kanal, dann das östliche Gebiet von der Elbe bis zur Weichsel und zum Schluß das Gebiet der Donau mit ihren schiffbaren Nebenflüssen. Daß das westliche und östliche Gebiet heute noch nicht in schiffbarer Verbindung stehen, ist eine der großen Unterlassungssünden der vergangenen Zeit. An vorhandenen Kanälen erster Ordnung sind zu nennen: der Dortmund-Ems-Kanal, der das Ruhrgebiet mit der Seestadt Emden verbindet; der Kanal ist befahrbar für Schiffe bis zu 800 t und steigt von Dortmund nach Emden mit vielen Schleusen von relativ geringem Hub hinab. Sein erweiterter Ausbau wird die Ersetzung von jeweilig mehreren Staustufen zu einer erfordern. Dann folgt der Rhein-Hannover-Kanal, der von Ruhrort nach Herne an den Dortmund-Ems-Kanal führt und von Bevergern bis Hannover fertiggestellt ist. Seine Fortsetzung von Hannover nach Hildesheim und Peine ist im Bau und wird jetzt über Braunschweig nach Magdeburg unter Hinwegführung über die Elbe im Zuge der Mittellinie fertiggestellt. Es folgt dann das Netz der märkischen Wasserstraßen, von denen der Plauer Kanal und die ausgebaute untere Havel die Elbe mit Berlin verbinden. An die untere Oder ist Berlin durch den Berlin-Stettiner-Kanal angeschlossen worden, an Schlesien durch den Oder-Spree-Kanal. Mit der Weichsel ist eine Verbindung durch den Bromberger Kanal, der das Gebiet der Warthe und Netze mit dem der Brahe verbindet, vorhanden. Neben diesen Kanälen besteht noch eine große Zahl kleinerer, die heute ohne wirtschaftliche Bedeutung sind. Ferner ist zu nennen die Kanalisierung der Saale, die für 400-t-Schiffe besteht. Die Saale mit Anschluß nach Leipzig wird als „Südflügel“ des Mittellandkanals neu ausgebaut. Sie besitzt in ihrem heutigen Zustande wegen der zu kleinen Abmessungen keine große wirtschaftliche Bedeutung mehr. Ähnlich steht es mit der Kanalisierung der Fulda, der Aller usw. In dem südlichen Wasserstraßengebiet sind ausgebaut: der Main bis Aschaffenburg für 1200-t-Schiffe, im Bau ist die Fortsetzung zur Donau. Es ist im Ausbau begriffen der Neckar von Mannheim über Stuttgart hinaus bis Plochingen gleichfalls für 1200-t-Schiffe.

Es mögen nun einige der großen Kanalpläne im einzelnen besprochen werden.

2. Die Fertigstellung des Mittellandkanales. Abb. 744.

Der bestehende Rhein-Hannover-Kanal war ausgebaut für 600-t-Schiffe. Um die Speisung zu erleichtern, hatte man die lichte Höhe der Brücken auf 4,5 m über dem normalen Wasserstand (+ 49,80 m NN der Weserhaltung) bemessen, so daß man durch Anspannung des Wasserspiegels um 0,5 m einige Millionen Kubikmeter Speisewasser ansammeln konnte. Es ist beschlossen, den Wasserspiegel in Zukunft dauernd um 0,5 m zu heben (+ 50,30 m). Dadurch wird der benetzte Querschnitt so vergrößert, daß dann 1000-t-Kähne auf dem Kanal verkehren können. Nur durch diesen Zufall ist es möglich gewesen, den bestehenden Teil des Mittellandkanals ohne schwierige Umbauten

Additional material from *Der Verkehrswasserbau*
ISBN 978-3-642-89696-5 (978-3-642-89696-5_OSFO1),
is available at http://extras.springer.com

EXTRAS ONLINE

für 1000-t-Schiffe herzurichten. Dieser Vorgang zeigt gleichzeitig die Wichtigkeit der Forderung, keine Bogenbrücken über einem Kanal zu bauen.

Die Fortsetzung des Mittellandkanals erfolgt entsprechend dem Vorschlag und Entwurf des Verfassers[1]) im Zuge der Mittellinie. Der Entwurf wurde von der Regierung übernommen und in Einzelheiten umgearbeitet. In den Hauptstücken blieb er unverändert. Der Kanal geht bei Hannover aus der Weserhaltung in die Scheitelhaltung + 65 m NN durch eine Aufstiegschleuse bei Anderten (Hannover) über, die als doppelte Schleppzugschachtschleuse mit beiderseits je 5 Sparbecken übereinandergebaut wird. Der Kanal umzieht den durch Kaliverkehr wichtigen Ort Sehnde im Süden, führt dann südlich an Peine und Braunschweig vorbei und steigt mit einer Abstiegschleuse in der Nähe von Fallersleben[2]) zur Drömlinghaltung hinab auf + 56 m NN. Es wird dann das Tal der Aller und der Ohre, das Drömlingsgebiet, durchzogen und der Kanal nördlich von Magdeburg durch eine Kanalbrücke von 600 m Länge über die Elbe geführt. Hier bei

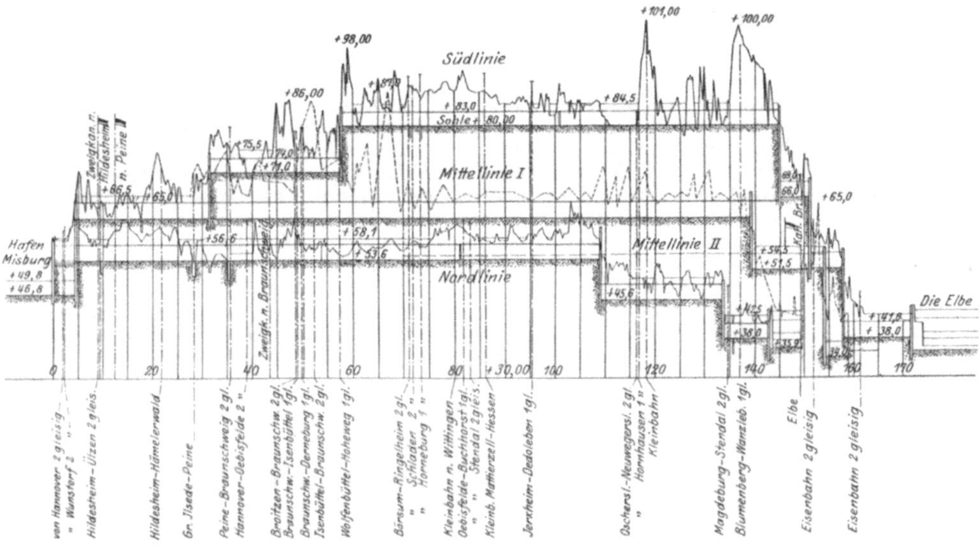

Abb. 744. Entwürfe für die Fortsetzung des Mittellandkanals ab Hannover. Nordlinie, Südlinie, Mittellinie I und II. Längenmaßstab 1 : 1 500 000. Höhenmaßstab 1 : 15 000.

Hohenwarthe liegt die Abstiegschleuse zum Ihlekanal. Diese Schleuse hat einen Hub von 18,6 m bei einer Höhe der Ihlekanalhaltung von + 37,40. Infolge von Windstau kann der größte Schleusenhub fast das Maß von 20 m erreichen. Von hier an wird der Ihlekanal über Burg hinaus ausgebaut. Kurz vor Genthin wird der Abstieg zum Plauer Kanal, der die Elbe mit der Havel verbindet, bewirkt.

An diese Hauptlinie ist ein Stichkanal nach Hildesheim, der heute bereits fertig ist, mit Haltung auf + 74 m NN und rd. 15 km Länge angeschlossen. Ein Stichkanal bei Braunschweig ist entbehrlich, da die Hauptlinie dicht genug an der Stadt vorbeigeführt wird. Auf beiden Seiten der Elbe ist ein Abstieg zur Elbe geplant, so daß im Falle des Versagens der Kanalbrücke der Verkehr über die Elbe gesichert ist.

[1]) Denkschrift betr. die Vollendung des Mittellandkanals durch Ausbau der Mittellinie. Magdeburg 1918. Druck von E. Baensch jun. Denkschrift über den Mittellandkanal usw. des Preuß. Min. der öffentl. Arbeiten v. 1. Febr. 1920.

[2]) Geburtsort Hoffmanns von Fallersleben.

Der Stichkanal zur Elbe auf der linken Seite wird zu dem Magdeburger Hafen Rothensee fortgesetzt. Zu der Mittellinie gehört ferner ein sog. Südflügel, das ist der Ausbau der Elbe bis zur Saalemündung, Ausbau der Saale über Bernburg hinaus mit Stichkanal nach Leipzig. Die Elbe bei Magdeburg wird durch einen Umgehungskanal auf dem rechten Elbeufer ersetzt. Die Mittellinie hat ihre größten Einschnitte östlich von Braunschweig mit 21 m Tiefe, von der Sohle gemessen, der Damm durch die Elbeniederung westlich der Elbe wird 6 km lang mit durchschnittlich 15 m Höhe. Es steht noch nicht fest, ob der östliche Abstieg als Schleusen oder als Hebewerke ausgebildet werden soll.

Die Speisung des Mittellandkanals hat in dem wirtschaftlichen Kampfe um die beste Linienführung, ob die Nord-, Mittel- oder Südlinie gebaut werden solle, eine große Rolle gespielt. Sie sollte durch den Ausbau der Bode-, Ecker- und Okersperre, sowie des Großoderteiches sichergestellt werden. Der Wasserbedarf für den annähernd voll belasteten Kanal ist bereits auf S. 567 dargestellt worden. Der lange verfolgte Speisungsentwurf ist folgender: es soll die große Rappbodesperre mit 70 Mill. cbm Inhalt durch einen 40 km langen Druckstollen in das Eckertal geleitet werden, hier kommt der Stollen aus dem Eckertal (unter Umständen auch dem Okertal) und von dem Großoderteich mit dem Bodestollen zusammen. Es werden in mehreren Stufen die Kraftwerke der einzelnen Talsperren vereinigt, so daß insgesamt 135 Mill. Kwh nach dem Plan der Elbstromdirektion Magdeburg gewonnen werden können. Es würden dabei insgesamt rd. 4,5 cbm/sek Wasser dem Mittellandkanal zugeführt werden, das von dem Eckertal durch das Okertal über Braunschweig durch einen kurzen Zubringerkanal der Scheitelhaltung zugeflossen wäre. Dieses Wasser würde beim Bau von Hebewerken auf dem Ostabstieg ganz für die westliche Stufe verfügbar sein und gleichzeitig als Überschußwasser der Weserhaltung die Speisung des später beschriebenen Hansakanales sicherstellen. Die Talsperren sehen ein größtes Gefälle vom Großoderteich bis zur untersten Kraftstufe von über 600 m vor. Durch die Zuführung dieses Wassers ist der Bettverlust und der Schleusenverlust des Kanales völlig gedeckt, wenn auf der Ostseite Hebewerke erbaut werden. Sollten auf der Ostseite Schleusen gewählt werden, dann würde eine Ergänzung durch Pumpen bei voll ausgelastetem Kanal nötig werden, die aber wegen der gewonnenen großen Energiemengen keine Schwierigkeiten bereiten werden. Die Provinzen Hannover und Sachsen haben aber gegen die Ableitung des Wassers Einspruch erhoben, so daß die Speisung voraussichtlich durch Aufpumpen aus der Weser und Elbe erfolgen wird.

Man rechnet mit einem Verkehr bis zu 12 Mill. t auf dem Kanal. Wahrscheinlich ist es aber, daß der Verkehr in kurzer Zeit nach der Fertigstellung ganz bedeutend größer sein wird, so daß dann entweder eine Verlängerung der Schiffahrtsdauer am Tage (gegebenenfalls Nachtbetrieb) eintreten muß oder daß man auf eine Vergrößerung der Kähne hinzielen wird. Der Mittellandkanal ist so wichtig für die Entwicklung unseres ganzen deutschen Kanalsystems, daß ihm die größte Entwicklung in der Frachtgestaltung bevorsteht.

3. Küstenkanal, Hansakanal und Nord-Süd-Kanal.

Die Gruppe dieser Kanäle will den Anschluß von Bremen-Hamburg-Lübeck an das Hinterland bewirken (Abb. 745). Die Kanäle sind wichtige Seehafenkanäle und können im Zusammenhang besprochen werden.

α) Küstenkanal und Hansakanal.

Für die Aufschließung der Oldenburger Moore ist der Ausbau des seit langem bestehenden Campe-Dörpen-Kanals auf die Ausmaße eines 600-t-Kanals im Bau (Abb. 745). Der Kanal ist bis Campe in der Ausführung begriffen, Oldenburg erstrebt gegen den Widerstand ostfriesischer Kreise die Weiterführung bis Dörpen am Dortmund-Ems-Kanal und dürfte damit Erfolg haben. Der Kanal hat eine außerordentliche Bedeutung als Kulturaufschließer für die durchzogenen Landschaften. Er entwässert die Hochmoore in weitgehendem Maße und ermöglicht die Entwicklung wertvoller Moorgüter. Es ist keine Frage, daß er sich allein

Additional material from *Der Verkehrswasserbau*
ISBN 978-3-642-89696-5 (978-3-642-89696-5_OSFO2),
is available at http://extras.springer.com

EXTRAS ONLINE

durch die kulturtechnischen Vorteile bezahlt machen muß. Als Verkehrsunternehmen wird er eine beschränkte Bedeutung für Oldenburg und die Unterweserorte Bremerhaven, Wesermünde, Brake usw. haben. Emden befürchtet von ihm Nachteile. Eine größere Bedeutung als große Verkehrsstraße dürfte ihm aber nicht beschieden sein, da sein Umweg bis Hamburg gegenüber dem geplanten Hansakanal 145 Betriebskilometer beträgt. Der Kanal wird sehr billig, da er durch fast ebenes Gelände führt. Bis jetzt ist eine einschiffige Schleuse für 1000-t-Schiffe erbaut worden. Kunstbauten sind nur sehr wenige erforderlich, da die durchschnittene Gegend heute noch vorwiegend Moorgegend ohne viel Eisenbahnen und Straßen ist.

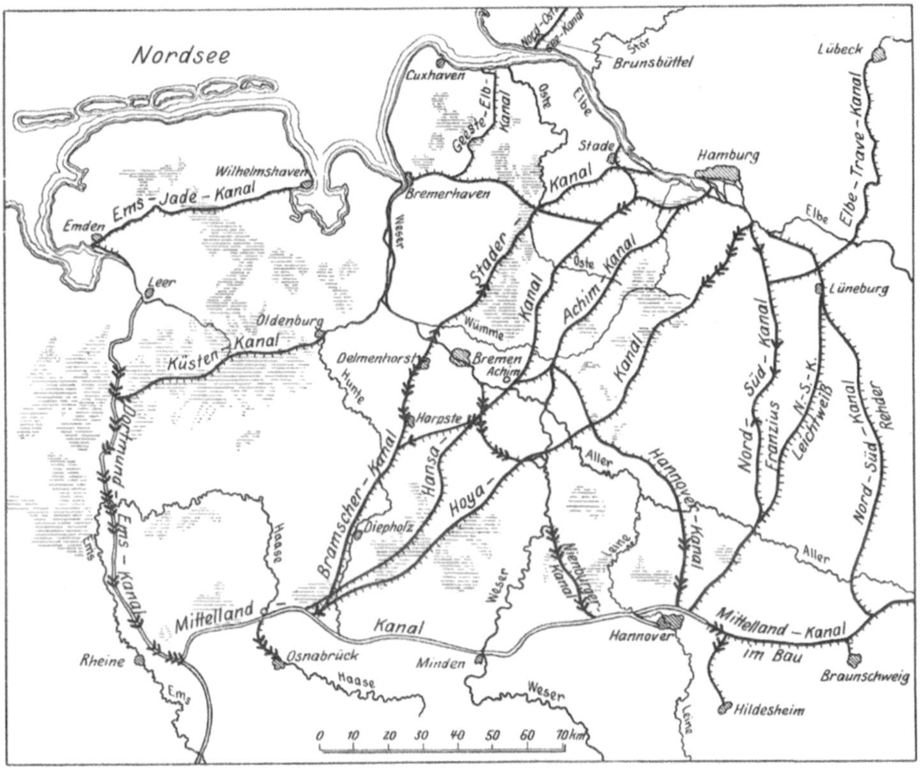

Abb. 745. Nordwestdeutsche Kanalpläne. Maßstab 1 : 2 200 000.

Der Hansakanal (Abb. 746a u. b) soll die große Verbindung vom Ruhrgebiet über den Mittellandkanal bis Bramsche, dann über den eigentlichen Hansakanal, Bramsche, Dümmersee, Achim oberhalb Bremens, Hamburg werden. Wie die Karte zeigt, ist er eine fast geradlinige Verbindung, die nur bei Bevergern eine kleine Einknickung zeigt, die auch noch beseitigt werden kann. Von Barenaue (Bramsche) ab steigt der Kanal ohne verlorenes Gefälle bis nach Hamburg hinab. Er überquert die Weser mit einer Kanalbrücke, wobei ein Abstieg zur Weser vorgesehen ist. Der Hansakanal besitzt von der Weserhaltung bis zur Weser 3 Abstiegschleusen, bis zur Elbe insgesamt 4 Abstiegschleusen. Der Kanal soll für 1000-t-Schiffe ausgebaut werden. Seine Bedeutung beruht vorwiegend auf der Beförderung der Kohle zu den Seehäfen, denen er die passive Tonnagebilanz verbessern soll, dann aber wird er auch der nächste Verkehrsweg zwischen Bremen, Hamburg und ein naher nach Lübeck werden. Zum Schluß gibt er die Möglichkeit, bei einer Beschädigung der Mittellandkanalbrücke in

Minden oder der dortigen großen Dammstrecken die unterbrochene Strecke durch das Stück Hansakanal—Weser zu ersetzen. Nächst dem Mittellandkanal ist der Hansakanal der wichtigste deutsche Kanal. Er ist eine Voraus-

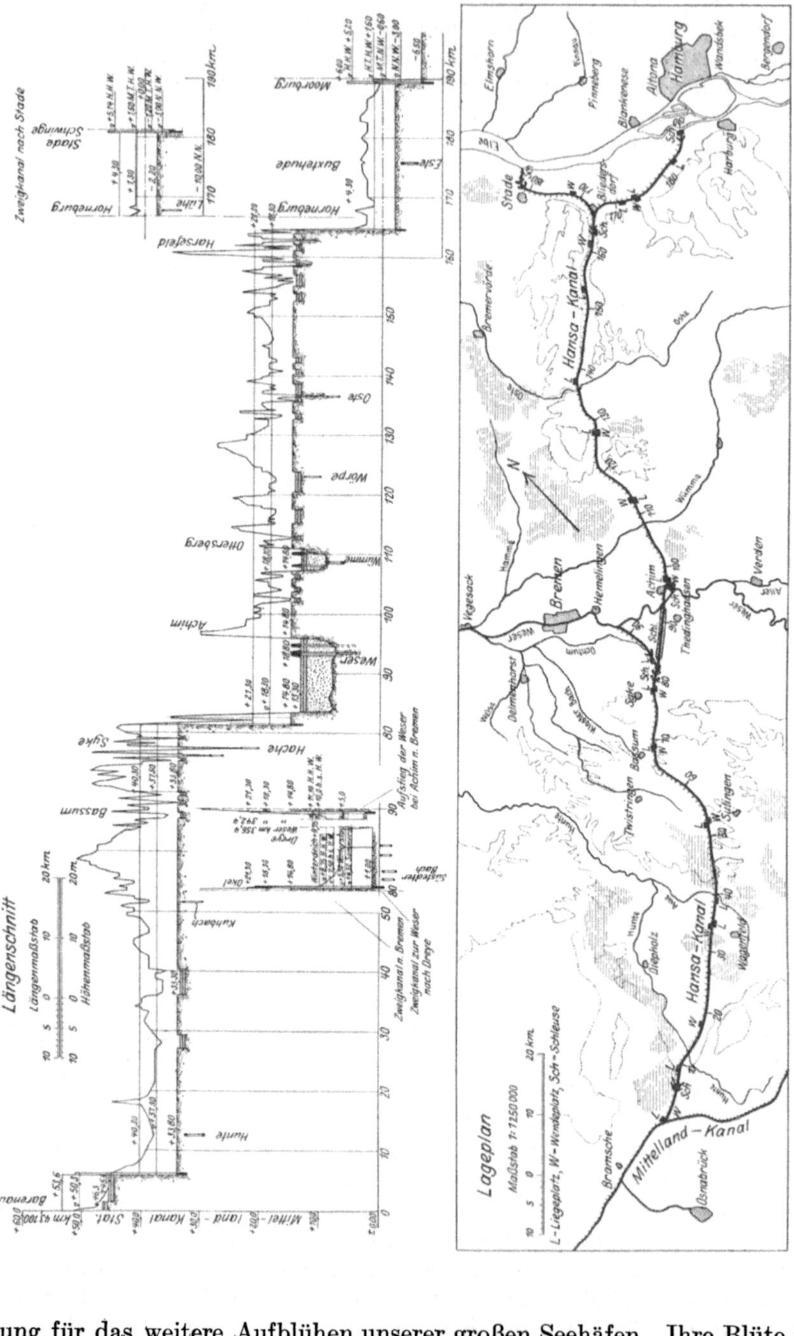

Abb. 746 a u. b. Hansa-Kanal. Lageplan und Längenschnitt. Längenmaßstab 1 : 1 250 000. Höhenmaßstab 1 : 1250.

setzung für das weitere Aufblühen unserer großen Seehäfen. Ihre Blüte ist aber eine Vorbedingung für das wirtschaftliche Gedeihen des Hinterlandes. So steht die Bedeutung des Hansakanals hoch über allen Vorteilen irgendwelcher Lokalkanäle.

Die Wegelängen der verschiedenen Kanalstrecken vom Ruhrgebiet Gelsenkirchen aus sind folgende[1]):

Von Gelsenkirchen nach	Bahnweg	Über den Mittellandkanal, die kanalisierte Weser oder die Elbe		Küstenkanal		Hansakanal über Bramsche Achim		Nord-Süd-Kanal Leichtweiß		Nord-Süd-Kanal Franzius	
		Strecken-	Betriebs-	Strecken-	Betriebs-	Strecken-	Betriebs-	Strecken-	Betriebs-	Strecken-	Betriebs-
	km	km		km		km		km		km	
Bremen . .	245	338	410	337	413	264	296	—	—	—	—
Hamburg .	345	711	743	435	523	346	378	452	484	423	468
Lübeck . .	411	723	783	562	676	473	533	485	545	488	556

β) Der Nord-Süd-Kanal.

Der Nord-Süd-Kanal, Abb. 747 a u. b, war zuerst von Oberbaudirektor Rehder, Lübeck, zur Erweiterung des Einflußgebietes von Lübeck, entsprechend auch von Hamburg, geplant, und zwar als Verbindung dieser beiden Seehäfen mit der älteren Nordlinie des Mittellandkanals. Die Arbeit von Rehder „Der Nord-Süd-Kanal und das mitteldeutsche Kanalnetz“ ist eine der großartigsten und wichtigsten Arbeiten, die je über ein Kanalnetz erschienen sind. Der Kanal war von Rehder gemäß der beigefügten kleinen Skizze geplant, er sollte von der Elbe unterhalb Lauenburgs über Lüneburg, Ülzen, Giffhorn südlich von Braunschweig in der Nordlinie münden. Der Kanal sollte u. a. stark durch den Kohlenverkehr aus dem Ruhrgebiet nach Hamburg befruchtet werden. Die Rehdersche Linienführung wurde vom Verfasser durch eine Linie von Hannover über Celle nach Hamburg ersetzt, die ebenso wie die Rehdersche Linie eine Abzweigung nach Lüneburg zwecks nächster Verbindung nach Lübeck vorsah.

Die Franziussche Linienführung des Nord-Süd-Kanals übersteigt die Wasserscheide zwischen Weser und Elbe in einer Scheitelhaltung von + 80, während Rehder von der Haltung der Nordlinie + 56,6 m NN (später der der Mittellinie + 65) ohne Gefällverlust zur Elbe hinabsteigen konnte. Die beiden Entwürfe zeigen mit großer Klarheit, daß man sich nicht bei solchen Arbeiten durch den Gedanken eines verlorenen Gefälles beeinflussen lassen darf. Es kommt nicht auf die technische Güte des Entwurfes an, sondern auf die beste wirtschaftliche Lösung. Der Nord-Süd-Kanal Hannover—Celle—Hamburg erspart gegenüber der Lösung Rehder über 73 Betriebskilometer, also einschließlich der Anrechnung der Zeitverluste durch Schleusen. Er ist teurer als die Lösung Rehder, aber wirtschaftlicher. Die Scheitelhaltung kann bei der Lösung Franzius nicht natürlich gespeist werden. Auch das ist ganz gleichgültig gegenüber dem ungeheuren Vorteil einer solchen Abkürzung. Es wäre hier nötig, schräge Ebenen oder Hebewerke statt der Schleusen anzuwenden, so wie es jetzt in Niederfinow und bei Magdeburg geplant ist. Ein Vermittlungsvorschlag ist von Professor Leichtweiß, Braunschweig, gemacht worden, der die Franziussche und die Rehdersche Linie vereinigt und in einer Scheitelhaltung + 60 aus der ersten in die zweite Linie übergeht. Aber auch bei dieser Linie ist ein Umweg für Hamburg von 16 Betriebskilometern erforderlich (s. S. 586), die Linie Leichtweiß wird aber wahrscheinlich billiger als die Linie Franzius.

Bei weiterer Entwicklung unseres Kanalnetzes wird es sich somit darum handeln, durch genaue wirtschaftliche Untersuchungen festzustellen, ob der Umweg nach Hamburg in den Kauf genommen werden kann. Von großem Einfluß wird dabei die Aufrechnung der beiden Staustufen von je 20 m Hub der Linie II gegen die Mehrlänge der Linie III von 17 km sein. Es ist möglich, daß die Leichtweißsche Linienführung die wirtschaftlichere ist, der Beweis muß aber noch erbracht werden. Zur Zeit hat kein Nord-Süd-Kanal Aussicht erbaut zu werden.

[1]) Vgl. Teubert, W., Werft, Reederei und Hafen 1924, Heft 13. Verlag Julius Springer, Berlin, und Leichtweiß, Verkehrstechnik 1924, Heft 31 unter Umrechnung der Schleusen mit 4 Betriebskilometern.

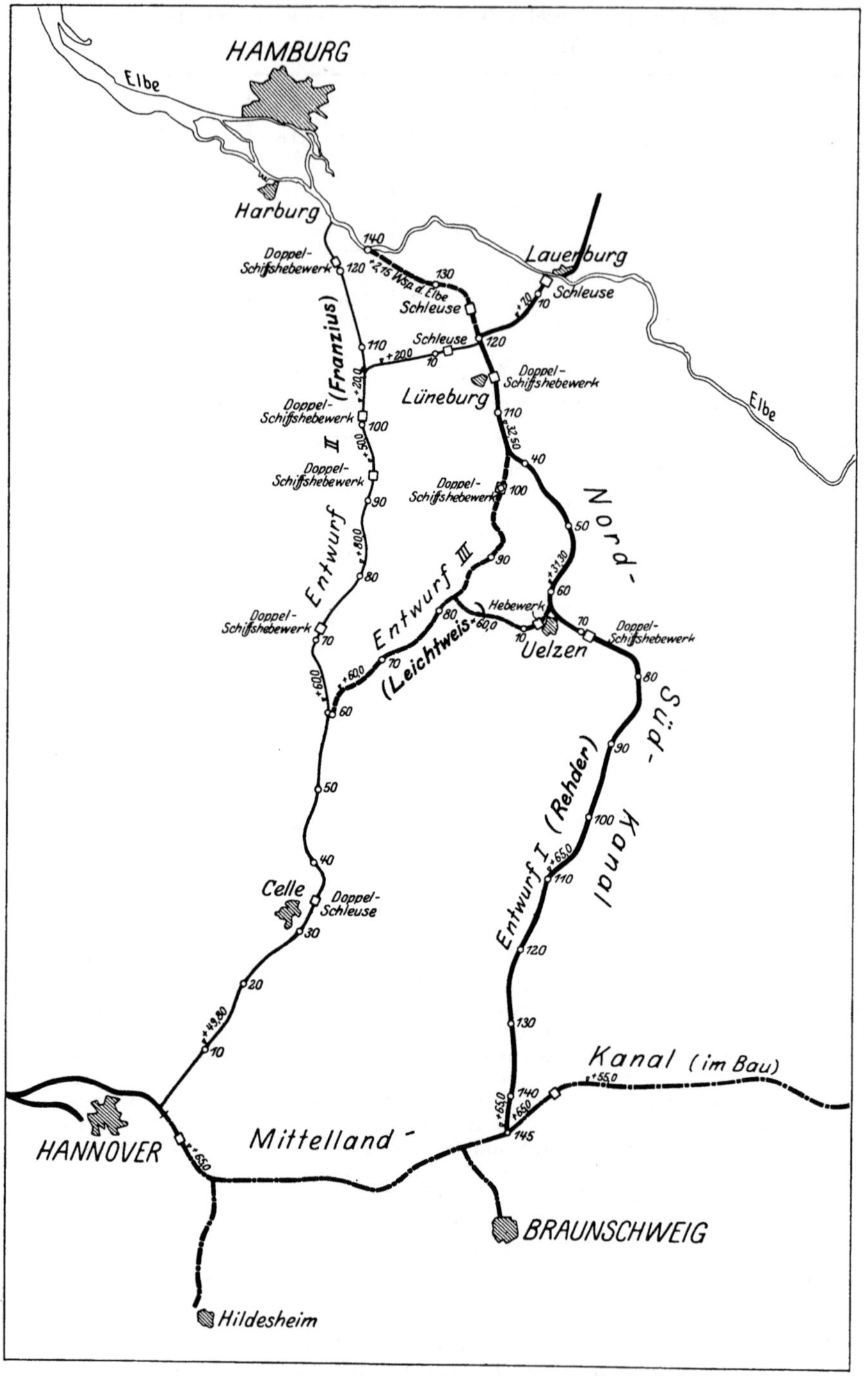

Abb. 747 a. Nord-Süd-Kanal. Lageplan. Maßstab 1 : 1 000 000.

4. Die Weserkanalisierung und der Weser-Main-Kanal.

Das unterste Stück der Weserkanalisierung greift in das Problem Hansakanal mit hinein. Es ist möglich, den Hansakanal bis zu einem gewissen Grade durch die Kanalisierung der Weser von Bremen bis Minden und die Benutzung des Mittellandkanals von Minden bis Bramsche zu ersetzen. Man würde durch die Kanalisierung große Mengen an elektrischem Strom gewinnen; man glaubte auch längere Zeit, den größten Teil der Baukosten durch den Energiegewinn verzinsen zu können. Heute (Mitte 1927) liegt es so, daß Braunkohlenstrom so billig angeboten wird, daß man die Weserkanalisierung nicht mehr auf der Energiewirtschaft aufzubauen wagt. Damit würde die Erhebung von Abgaben auf der kanalisierten Weser, ähnlich wie auf dem Hansakanal, nötig werden und die Billigkeit der Verbindung Bremen-Minden-Bramsche verschwinden. Da wegen der vielen Windungen der Weser auch noch nach der Kanalisierung der Weg von Bremen über die Weser nach Minden weiter ist, als der über Bramsche—Minden (Hansakanal und Mittellandkanal), so hätte auch Bremen von der Weserkanalisierung für sein oberes Wesereinflußgebiet keinen großen Vorteil, weil die Schiffe nach Erbauung des Hansakanals die Weser nicht benutzen würden.

Zudem gibt man sich einem Trugschluß hin, wenn man den Mittellandkanal ohne weiteres in die Rechnung für den Weg Bremen—Minden—Bramsche einsetzt, denn dieser Kanal mit seinen viel zu geringen Abmessungen wird nach Fertigstellung bald so überlastet sein, daß es eine Unmöglichkeit ist, daß er dann noch die errechneten 10 bis 12 Mill. t Verkehr des Hansakanals bewältigen könnte. Man müßte dann einen zweiten Kanal Bramsche—Minden bauen, d. h. man würde dann den Hansakanal doch zur Entlastung bauen müssen und hätte die Weser wahrscheinlich ohne Nutzen für den Verkehr mit großen Schleusen ausgerüstet. Es bliebe aber immer bei der Weser der Nutzen auf dem Gebiet der Energiewirtschaft bestehen mit allerdings teurem Strom.

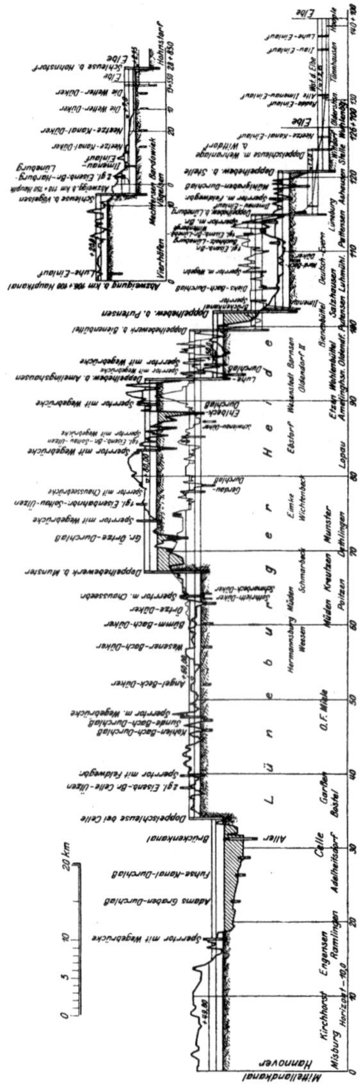

Abb. 747 b. Nord-Süd-Kanal. Längenschnitt. Längenmaßstab 1 : 1 000 000. Höhenmaßstab 1 : 3000.

Die Kanalisierung der Weser von Minden weiter aufwärts bis Hannoversch-Münden und dann der Umbau der alten Fuldakanalisierung bis Kassel, vielleicht auch Kanalisierung der Werra bis etwa Berka in das dortige Kaligebiet hinein würde eine Aufgabe von großer wirtschaftlicher Bedeutung sein. Nicht kann man aber das gleiche von der Durchführung eines Werra-Main- oder Fulda-Main-Kanals sagen. Die wirtschaftlichen Berechnungen des staatlichen Vorarbeitenamtes in Eisenach haben gemäß Bericht von Inecken[1]) ergeben, daß die günstigste dieser Linien einen Fehlbetrag von 14 Mill. Goldmark jährlich ergeben würde. Der jetzt ermittelte Verkehr müßte sich auf das 5,2fache heben, wenn das angelegte Kapital verzinst werden sollte. Es kann sein, daß nach Ausbau des großen deutschen Kanalnetzes auch der Werra- oder Fulda-Main-Kanal einmal ein unentbehrliches Bindeglied zwischen Nord und Süd werden wird. Bis auf weiteres aber gehört dieser Plan zu denen, deren Studium wertvoll gewesen ist, weil es uns Klarheit über die Ver-

[1]) Wasserstraßen-Jahrbuch 1924, Richard Pflaum-Verlag, München.

hältnisse gebracht hat, dessen Ausführung aber auf eine fernere Zukunft vertagt werden muß.

Die Werralinie zweigt aus der obersten Weserhaltung in der Höhe von 117 m NN ab, steigt bis zu + 356 m, also 239 m hoch auf und fällt dann nach Bamberg auf die Höhe von + 242,8 m NN zum Donau-Main-Kanal ab mit der Abstieghöhe von 113 m. Das gesamte, zu überwindende Gefälle ist somit 352 m. Für den Aufstieg sind 39 Schleusen und eine geneigte Ebene vorgesehen. Der Abstieg erfordert 9 Hubwerke, darunter 3 Hebewerke und 6 Schleusen. Insgesamt sind somit 39 Hubwerke zu durchfahren. Als Schiffsgröße ist das 1000-t-Schiff gewählt worden. Eine Speisung der Scheitelhaltung durch Talsperren kommt nicht in Frage, das Speisewasser für den Bettverlust muß hinaufgepumpt werden mit einem Höchstbedarf von 0,3 cbm/sek, wobei zur Vorsicht auf der Scheitelstrecke mit 15 l/sek/km gerechnet wurde. Die Linie führt zuerst im Werratale entlang, erreicht bei Ritschenhausen die Scheitelhaltung und steigt durch das Kreck-, Rodach- und Itztal zum Main hinab bei 285 km Länge von Hannoversch-Münden bis Bamberg. Die berührten Orte sind Witzenhausen, Soden, Eschwege, Ritschenhausen, Römhild, Heldburg, Seßlach, Hallstadt.

Die Fulda-Main-Linie steigt gleichfalls von der letzten Weserhaltung + 117 auf die Scheitelhaltung + 350 m NN und fällt nach Hanau zum Main zu der Haltung + 98,91 m NN hinab. Die Aufstieghöhe ist somit 233 m, das Abstieggefälle 251 m, insgesamt 484 m bei einer Gesamtlänge der Strecke von Hannoversch-Münden bis Hanau von 232 km. Es sind hier Hebewerke mit Gegengewichten von 50 m Hub in großer Zahl geplant. Die Ausführbarkeit dieser Hebewerke ist aber noch nicht durch die Tat erwiesen. Auf weitere Wahllinien, die bearbeitet sind, einzugehen, erscheint im augenblicklichen Zeitpunkt entbehrlich.

5. Der Ausbau des Rheins.

Große Teile des Rheins und seiner Nebenflüsse harren noch der Verbesserung. Ruhr, Lippe und Lahn waren bereits kanalisiert, diese Anschlußverbindungen waren aber nur für 165 bis 190-t-Schiffe befahrbar. Wichtige Anfänge des Ausbaues des Rheingebietes sind bereits in dem Rhein-Herne-Kanal, dem Lippe-Seiten-Kanal und in der Kanalisierung der Ruhr bis nach Mühlheim für 1700 t-Schiffe, der Kanalisierung von Main und Neckar für 1200-t-Schiffe vorhanden. Auch der Rhein-Herne-Kanal ist für 1700-t-Schiffe befahrbar. Die Kanalisierung der Ruhr ist bis Hagen geplant. Ferner sind die Kanalisierungen der Mosel und der Saar für 1500-t-Schiffe entworfen worden. Auf den wichtigsten Seitenanschluß, eine Mainkanalisierung im Anschluß an den Main-Donau-Kanal, wird weiter unten eingegangen werden. Um einen vollwertigen Anschluß des Donau-Main-Kanals und des Neckars an die Rheinwasserstraße zu bewirken, muß die Wassertiefe des Rheines bei gemitteltem NW, die von der Mündung bis Köln 3 m und bis St. Goar 2,5 m beträgt, bis Mannheim auf 2,5 m vergrößert werden. Heute ist sie auf dieser Strecke und bis Straßburg 2 m. Es muß dann später erreicht werden, den Rhein bis Straßburg auf die Tiefe von 2,5 m zu bringen, wenn nötig, in der oberen Strecke durch Kanalisierung. Hierbei ist die wichtigste Aufgabe der Ausbau des Binger Loches zu einer zweischiffigen Strecke von gleichfalls 2,5 m Tiefe. Von Straßburg bis zum Bodensee ist unter allen Umständen Kanalisierung oder Seitenkanal erforderlich. Bei den großen Abmessungen des Rheins wird die Kanalisierung vorzuziehen sein. Frankreich erstrebt auf große Längen Seitenkanäle, um den Rhein auch wirtschaftlich in sein Machtbereich zu bringen. Für die Kanalisierung der Strecke Basel-Bodensee wurde 1919 ein Wettbewerb ausgeschrieben, der eine große Zahl guter Entwürfe zur Folge hatte. Vgl. de Thierry, der Bauingenieur 1921. Von Wichtigkeit ist ferner, daß es möglich ist, von der Rheinmündung bis Koblenz eine Tiefe von 3,5 m bei 150 m Sohlenbreite zu erreichen.

6. Der Rhein-Maas-Schelde-Kanal und der Aachen-Rhein-Kanal.

In dem Friedensvertrag von Versailles ist Deutschland die Bedingung auferlegt worden, einen deutschen Anschluß an den von Belgien geplanten Rhein-Schelde-Kanal zu bauen, wenn Belgien diesen Bau innerhalb von 25 Jahren nach Inkrafttreten des Vertrags von Versailles verlangen würde, und zwar mit der

Mündung in der Höhe von Ruhrort. Es liegt eine große Zahl von Entwürfen für einen solchen Kanalanschluß vor, teils von deutscher, teils von belgischer Seite (Abb. 748). Die Entwürfe lassen sich darnach einteilen, ob sie an Krefeld, München-Gladbach oder Aachen vorbeiführen sollen, ob sie Durchgangskanäle oder Aufschlußkanäle sein sollen. Die Untersuchungen der letzten Zeit, die vom Verfasser zusammen mit Prof. Proetel, Aachen und Regierungsrat Dr. Werner Teubert, Berlin, durchgeführt worden sind, haben ergeben, daß es die wirtschaftlich beste Lösung wäre, einen Kanal in mittlerer Höhenlage von etwa + 86 m NN in der Nähe von Aachen vorbeizuführen, mit dem Aachen, Eschweiler und

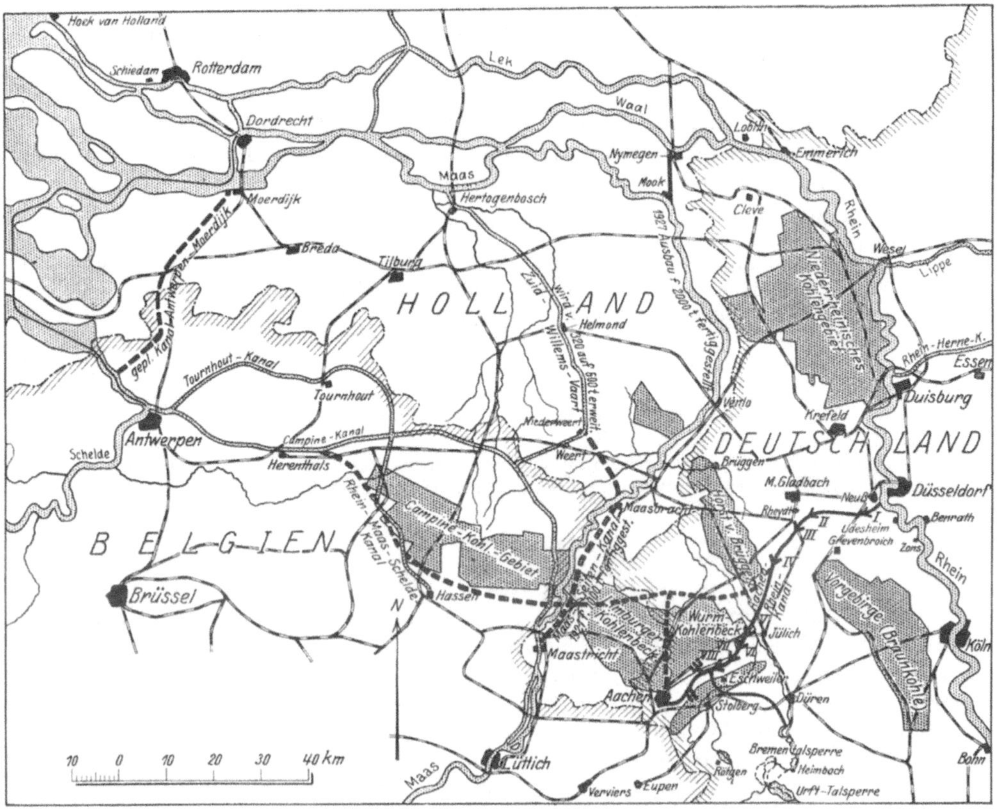

Abb. 748. Rhein-Maas-Scheldekanal. Maßstab 1 : 1 600 000.

Düren durch Stichkanäle verbunden wären. Die Maas muß dabei durch eine Kanalbrücke überschritten werden. Es würde durch diesen Kanal der Durchgangsverkehr einen Umweg machen, aber dafür das wichtige Kohlengebiet von Aachen, Eschweiler, Geilenkirchen, Holländisch-Limburg und der Campine aufgeschlossen werden, auch das Kohlengebiet von Rheydt würde angeschlossen werden können. Zugleich würde die von Holland und Belgien neu kanalisierte Maas eine Wasserverbindung in mittlerer Höhe nach Osten und Westen erhalten haben, so daß die Güter vom Rhein, wie von Antwerpen über die Maas weit nach Belgien hineingelangen könnten. Es zeigte sich, daß der Durchgangsverkehr nicht in der Lage war, eine Verzinsung des Baukapitals zu ermöglichen. Der Verkehr auf dem Rhein ist so billig, daß von dem Durchgangsverkehr auf dem Kanal nur Abgaben in der Höhe von weniger als $^1/_5$ dessen erhoben werden könnten, die auf dem Mittellandkanal erhoben werden. Es sind durchweg nur 0,1 ₰/tkm eingesetzt worden, und zwar für alle Güterarten. Der Rhein-Schelde-Kanal bildet eine Sonderklasse für sich, da er nicht so sehr gegen die Eisenbahn, als gegen den billigen Rheinweg zu kämpfen hätte. Trotz der erheblichen Abkürzung wäre der Weg auf dem Rhein in vielen Fällen vorzuziehen. Zur Zeit ist der Gedanke des Rhein-Schelde-Kanals bis auf weiteres zur Ruhe gelangt. Es ist von diesem Plan der Gedanke eines Anschlußkanals des Aachener Industriegebietes zum Rhein übriggeblieben, der vielleicht Aussicht auf Verwirklichung hat. Dieser Plan nach Vorschlag und Entwurf von Prof. Proetel, Aachen, bietet so viel Interessantes, daß eine kurze Besprechung lohnend ist. Der Kanal ist 62 km lang, er würde einschließlich der zur Speisung nötigen Pumpanlagen 180 Mill. Goldmark erfordern. Nach Angaben der Kohlenzechen und genaueren Verkehrsberechnungen sind jährlich wenigstens 7 Mill. t Verkehr zu erwarten. Um den Kanal trotz dieses namhaften Verkehrs verzinsen zu können, sind Abgaben in Höhe von etwa 2 ₰/tkm notwendig, also das vierfache dessen, was früher auf dem Mittellandkanal für die Güterklasse V erhoben wurde. Die Güter würden dann ohne Umschlag unmittelbar von dem Aachener Bezirk aus nach Mannheim usw. fahren können.

Es ergeben sich folgende Vergleichsfrachten:

1 t Steinkohlen

ganz mit der Bahn von Alsdorf nach Mannheim	M. 10,90
mit der Bahn bis Köln, dann zu Schiff nach Mannheim, dort wieder Umschlag auf die Bahn.	„ 7,30
ganz zu Schiff nach Mannheim mit Umschlag auf die Bahn in Mannheim	„ 5,20

Hierbei ist in dem letzten Satz die Abgabe von 2 ₰/tkm auf dem Aachen-Rhein-Kanal enthalten. Die Rechnung ist deshalb von großem Interesse, weil sie zeigt, daß ein Anschlußkanal selbst bei hohen Abgaben bei den billigen Rheinfrachten eine große Transportverbilligung ermöglicht. Diese Verbilligung ist hier so groß, daß sie der Wurmkohle des Aachener Gebietes den Wettbewerb mit der holländischen Kohle ermöglichen würde.

7. Süddeutsche Kanalpläne.

α) Donau-Main-Kanal.

Abb. 749 zeigt eine Übersicht der süddeutschen Kanalpläne. Die Vorläufer des Rhein-Main-Donau-Kanals sind die Fossa Carolina, nördlich von Treuchtlingen 793 begonnen, aber nicht vollendet, und der Ludwigskanal, der 1836 bis 1846 für 120-t-Schiffe erbaut wurde. Dieser Kanal ist wegen der kleinen Abmessungen dem Wettbewerb der Eisenbahn erlegen. Es ist eine große Reihe von Plänen bearbeitet worden, von denen die Beilngrieser Linie Frankfurt, Aschaffenburg, Wertheim, Gmünden, Arnstein, Bamberg, Nürnberg, Beilngries, Kelheim zur Ausführung bestimmt worden ist. Diese Linie ist im Lageplan (Abb. 750) dargestellt, ihr Vergleich mit den anderen Linien ist aus folgender Zusammenstellung zu entnehmen.

Die jetzt im Bau befindliche Linie fährt die große Mainschleife über Wertheim bis Gmünden aus, verläuft dann im Tale der Wern nach Osten, überschreitet den Main unterhalb Schweinfurt, benutzt ihn wieder von Haßfurt bis Bamberg. Die wichtige Stadt Würzburg soll durch Kanalisierung des Main auf 35 km Länge angeschlossen werden. Dann wird ein Kanal in den Flußtälern der Regnitz, Rednitz und Altmühl über Forchheim, Erlangen, Nürnberg, Roth zur 14 km langen Scheitelhaltung Hiltpoltstein + 405 und dann weiter über Beilngries nach Kehlheim an die Donau gebaut. Von hier aus wird die Donau bis unterhalb Regensburg kanalisiert oder auf kurzer Strecke durch einen Seitenkanal ersetzt, Fahrwassertiefe 2,5 m. Von der Mündung des Regen (Regensburg) aus wird die Donau als geregelter Fluß mit 2 m Wassertiefe bei niedrigstem, schiffbaren Wasserstand und 80 bis 100 m Breite benutzt. Insgesamt werden rd. 160 km durch NW-Regelung verbessert. Die Breite nimmt auf der Kiesstrecke zwischen

Bezeichnung der Linie	Beilngrieser Linie		Amberger Linie[1]	Neuburger Linie[2]
		Mainkanalisierung Wernfeld-Würzburg		
Länge der Wasserstraße	607	35	530	745
Höhe der Scheitelhaltung m über NN	405	—	425	409,5
Zahl der Schleusen	49	3	48	54
Zahl der Tunnel	—	—	6	3
Betriebslänge einschl. Zuschlag für Schleusen und Tunnels	810	52	724	994
Baukosten (ohne Bauzinsen) in Mill. ℳ ohne Wasserbeschaffung für die ganze Strecke	467,9	17,4	651,2	577,4
für Wasserbeschaffung	47,6	—	11,9	12,5
einschl. Wasserbeschaffung für die ganze Strecke	515,5	17,4	663,1	589,9
auf 1 km Baulänge	0,85	0,5	1,25	0,79
Betrieb und Unterhaltung in Mill. ℳ	3,4	0,1	8,0	3,9

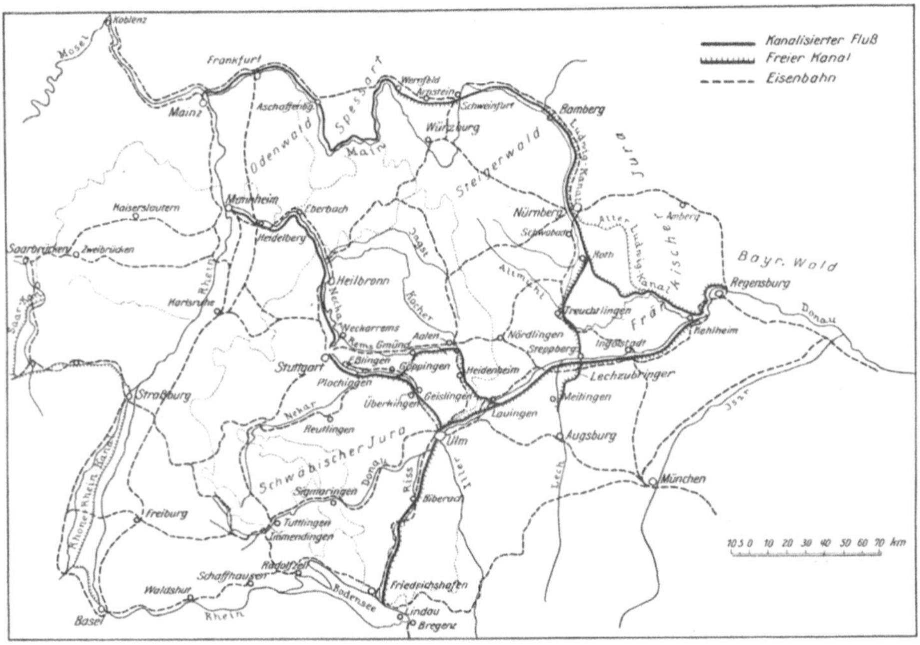

Abb. 749. Süddeutsche Kanalpläne. Rhein-Neckar-Donau-Bodensee- und Rhein-Main-Donau-Kanal. Maßstab 1 : 4 000 000.

der Isarmündung und der Reichsgrenze (Passau) auf 100 bis 210 m zu. Das Donaukachlet[3]) von Pleinting bis Passau wird durch Einbau einer Schleuse bei Steinbach oberhalb Passaus mit 9 m Gefälle schiffbar gemacht. Der Längenschnitt ergibt sich aus Abb. 750 b. Die Querschnitte in der Kolk- und der Schwellenstrecke zeigen Abb. 751 a u. b. Man rechnet bei 2 m Mindesttiefe 90 m Sohlenbreite.

Die Speisung des Kanals wird nach dem Plan von Zivilingenieur Hallinger, München, mit einer großzügigen Kraftversorgung verbunden. Es soll der Lech oberhalb seiner Mündung bei Thierhaupten abgeleitet und dann durch eine Trogbrücke bei Steppberg über die Donau weg geleitet werden. Durch einen Zubringer von 89 km, von der Ableitungsstelle aus

[1]) Aschaffenburg-Wertheim-Mergentheim-Nürnberg-Amberg-Regensburg-Passau-Grenze

[2]) Aschaffenburg - Würzburg - Bamberg - Nürnberg - Neuburg - Saal - Regensburg - Passau-Grenze.

[3]) Stromschnellen mit Felsklippen.

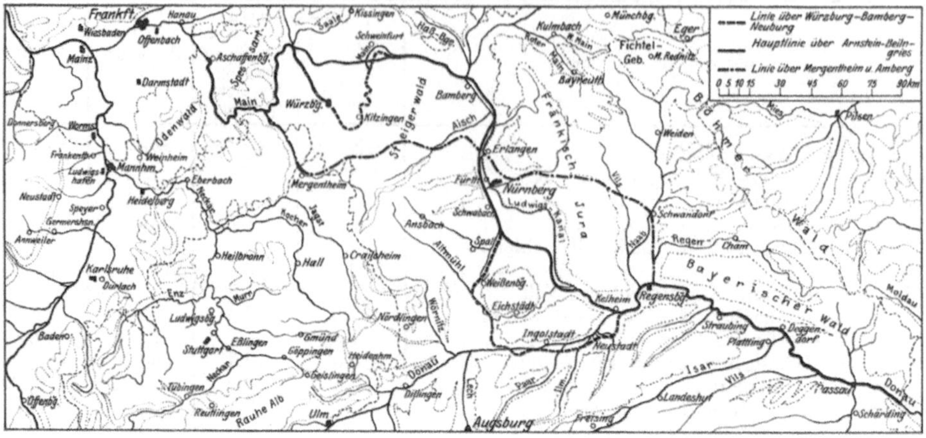

Abb. 750 a. Lageplan des Donau-Mainkanales. Maßstab 1 : 3 600 000.

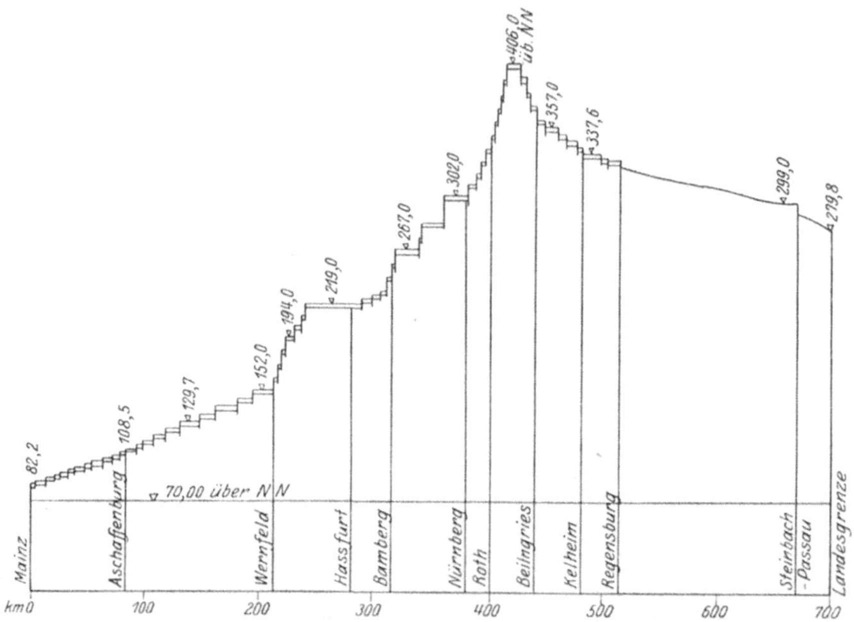

Abb. 750 b. Längenschnitt Donau-Mainkanal. Längenmaßstab 1 : 6 500 000. Höhenmaßstab 1 : 5800.

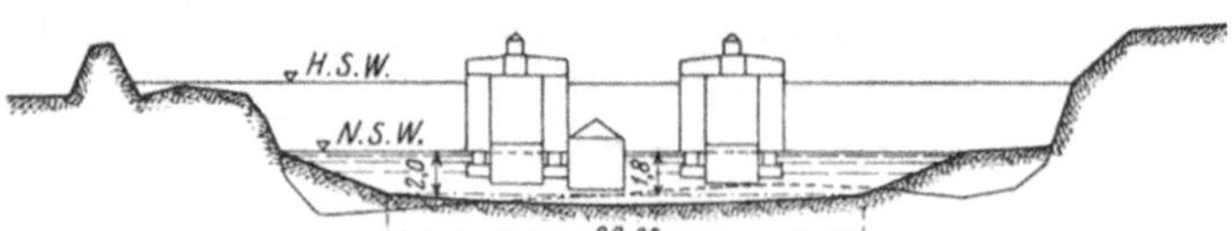

Abb. 751 a. Die Donau im Schwellenquerschnitt.

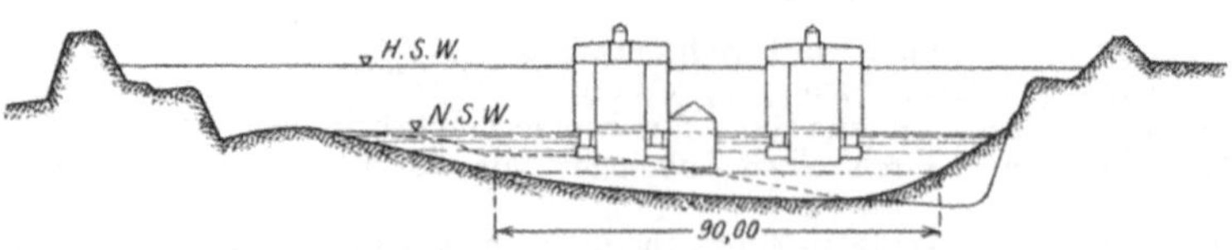

Abb. 751 b. Die Donau im Kolkquerschnitt.

Abb. 750 u. 751. Großschiffahrtsstraße Aschaffenburg—Passau. Querschnitte der Donauniederwasserregelung. Höhen 1 : 600. Längen 1 : 2500.

gemessen, der im Tal der Altmühl aufwärts, dann über Weißenburg nach Roth verläuft, wird normal 31 cbm/sek, höchstens aber 75 cbm/sek Lechwasser der Scheitelhaltung (+ 406) unter natürlichem Gefälle zugeführt werden. Es sind insgesamt 33 Kraftstufen in der ganzen Wasserstraße geplant, im kanalisierten Main 15, in der Kanalstraße 11, der Altmühl 4 und der Donau 3. Von der Scheitelhaltung bis Aschaffenburg beträgt das Nutzgefälle 300 m, in der Altmühl 18 und der Donau 15 m mit den dortigen, bedeutend größeren Wassermengen. Von Aschaffenburg bis Kehlheim werden insgesamt erzeugt werden 250 000 PS und 1,5 Milliarden Kwh/Jahr. Zu diesen Plänen tritt der eines Ausbaues der Donau von Ulm bis Kehlheim vorwiegend durch Seitenkanäle mit 150 000 PS und 1 Milliarde Kwh/Jahr. Insgesamt können somit 400 000 PS mit 2,5 Kwh/Jahr erzeugt werden. Die Bedeutung dieses Verkehrsweges geht daher über das rein Verkehrstechnische weit hinaus, der Plan ist zu einem Kulturwerk erster Ordnung, auch auf dem Gebiet der Energieerzeugung, geworden. Man rechnet mit einem Gesamtverkehr von 3,3 Mill. t. nach dem Ergebnis des Jahres 1913, schätzt aber, daß er sich bis zum Jahre 1955 auf rd. 10 Mill. t/Jahr gesteigert haben wird. Es ist aber wegen der sehr vorsichtigen Berechnungen zu erwarten, daß der Verkehr wesentlich stärker anwachsen wird.

β) Die Neckar-Donau-Bodensee-Straße.

Diese Wasserstraße ist noch ein Zukunftsplan, von dem der erste Teil, Mannheim-Plochingen mit 200 km Länge, in der Ausführung begriffen ist. Der Neckar wird hier auf 2,5 m Tiefe für 1200 t-Schiffe gebracht. Das Gesamtgefälle beträgt 160 m, das in 28 Staustufen mit rd. 0,5 Milliarden Kwh/Jahr Krafterzeugung ausgenutzt werden soll.

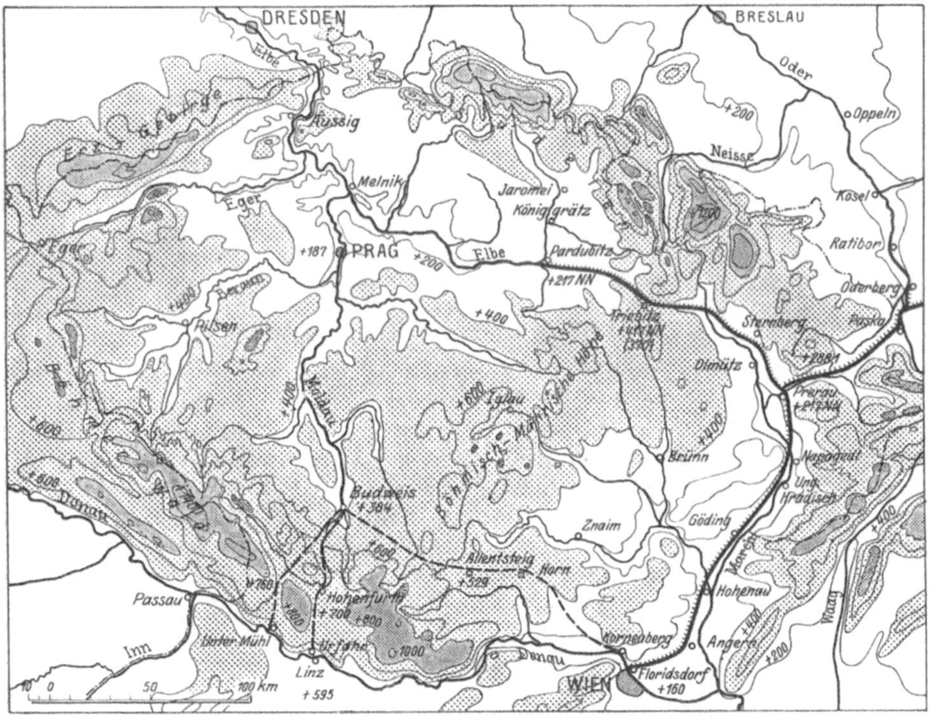

Abb. 752. Kanalpläne Elbe-Donau. Lageplan. Maßstab 1 : 3 800 000.

Die Fortsetzung von Plochingen zur Donau soll nach Ulm erfolgen. Es können die Täler der Rems und Brenz mit einer Scheitelhaltung auf + 496 m NN benutzt werden, daneben sind andere Lösungen möglich. Da die Donau von Ulm bis Kehlheim kanalisiert werden soll, ist damit ein vollwertiger Anschluß nach Osten gegeben. Die Fortsetzung zum Bodensee kann im Tale der Rieß aufwärts und im Tal des Schussen abwärts nach Friedrichshafen über eine Scheitelhaltung von rd. 30 km Länge weg erfolgen. Die Donau bei Ulm liegt auf + 464, die Scheitelhaltung auf + 546, der Bodensee auf + 395 m NN.

8. Die Verbindung der Elbe und der Oder mit der Donau.

Diese Wasserstraße hat für Hamburg eine wesentliche Bedeutung, ihre Ausführung dürfte aber aus politischen Gründen noch in weiter Ferne liegen. Die Linienführung geht aus Plan Abb. 752 u. 753 hervor[1]). Es ist von der kanalisierten Elbe bei Pardubitz ein Kanal geplant, der bei Trebitz die Scheitelhaltung + 417 m NN erreicht, um dann im Tale der March über Prerau + 217 hinabzusteigen. Wien soll bei Florisdorf erreicht werden. Die Linienführung ist

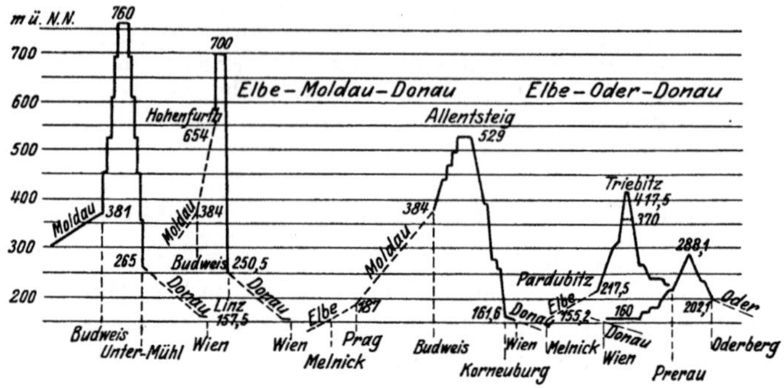

Abb. 753. Kanalpläne Elbe—Oder—Donau. Längenschnitte. Höhenmaßstab 1 : 18 500.

u. a. deshalb wertvoll, weil sie einen Anschluß der Oder von Oderberg aus bis Prerau auf dem kurzen Wege von rd. 80 km ermöglicht. Es würde dadurch ein sternförmiger Wasserweg zwischen drei großen Stromgebieten geschaffen werden können.

Der Längenschnitt dieser Straße geht aus Abb. 753 hervor. Er zeigt, daß die Scheitelhaltung der Oder-Donau-Straße sehr günstig auf + 288,1 liegt. Andere Pläne sind von Prag aus verfolgt worden, wobei entweder der Böhmerwald mit einer Haltung auf + 700 m NN oder die Senke zwischen dem Böhmerwald und der böhmisch-mährischen Höhe mit + 529 m überstiegen werden sollten. Diese Pläne sind gegenüber der Linie Prerau unwirtschaftlich. Auf die Einzelheiten dieser Pläne einzugehen, erübrigt sich.

9. Weitere deutsche Kanalpläne.

Neben den hier dargestellten Kanalplänen wäre noch eine Reihe anderer von Interesse. Es würde aber den Rahmen des Werkes übersteigen, auf diese im einzelnen einzugehen. Erwähnt werden muß aber die große mitteldeutsche Kanalstraße, die von Rehder, Lübeck, als sein letztes, großes Lebenswerk entworfen wurde. Dieser Kanal ist in den Längenschnitten dargestellt Abb. 754, er soll von Frankfurt über Schlüchtern, Hersfeld, Eisenach, Weißensee, Sangerhausen, Halle, (Leipzig,) Torgau, Spremberg, Liegnitz nach Breslau führen, somit ein mittlerer Parallelweg zum Mittellandkanal und der Main-Donau-Straße werden. Der Kanal liegt noch in weiter Ferne, zeigt aber eine gute Lösung unserer Verkehrsfragen. Ferner ist zu nennen die Verbindung zwischen der Elbe und der Oder über Kottbus, Guben nach Fürstenberg und Frankfurt a. O. von Platzmann, die einen kurzen und wertvollen Weg von der Oberelbe über die Oder bis nach Stettin ergeben würde. Auch diese Wasserstraße dürfte eine Zukunft besitzen, aber erst zur Entwicklung gelangen, wenn der deutsche Osten sich wirtschaftlich gekräftigt hat. Zum Schluß sei noch der Plan von O. Taaks und Herzberg für den Anschluß des Rheins an Emden nach Erbauung eines Kanals von Wesel nach Emden genannt, der gut durchgearbeitet ist, aber kaum imstande sein dürfte, die billige Rheinwasserstraße nach Rotterdam zu ersetzen.

[1]) Bubendey, „Die Elbschiffahrt und ihre Fortsetzung zur Donau." Hamburg 1916, Heroldsche Buchhandlung.

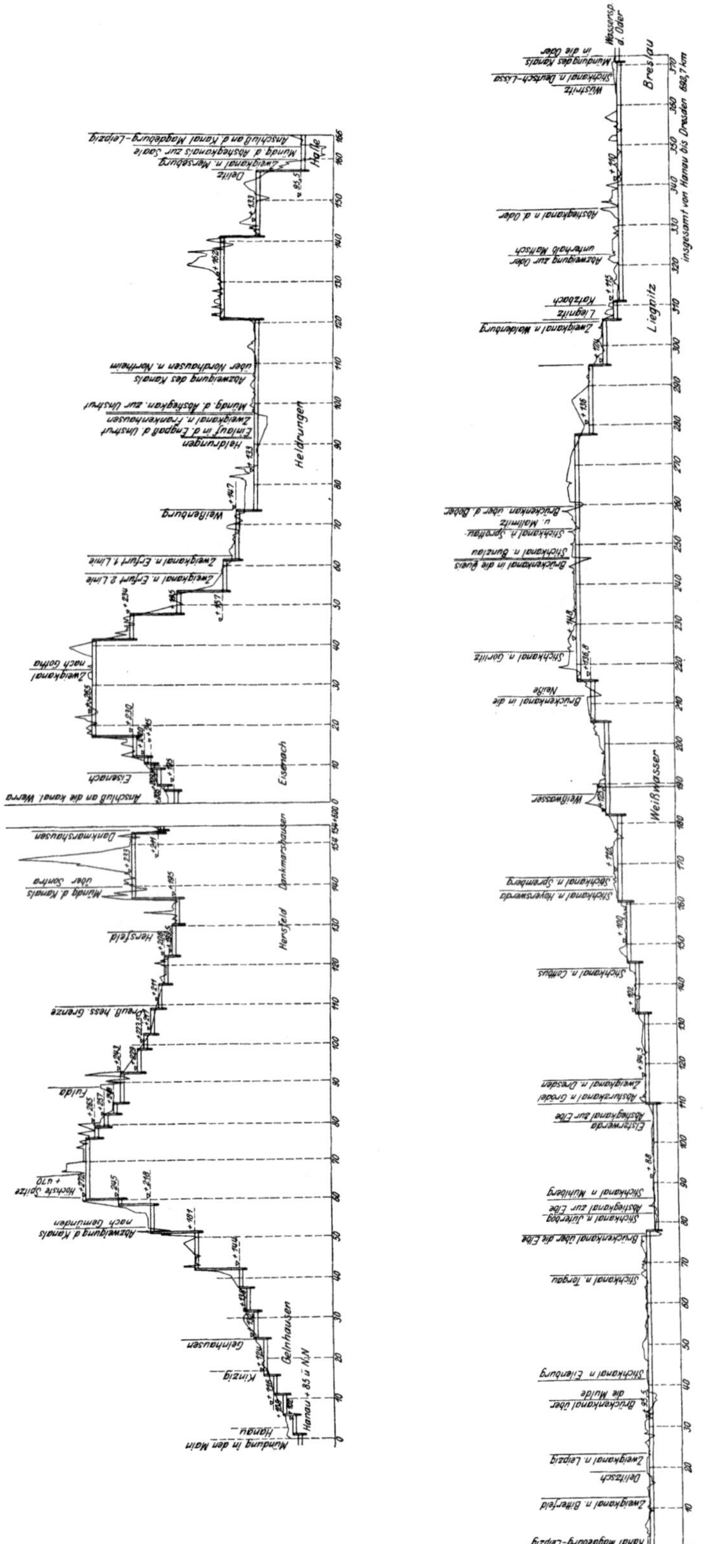

Abb. 754. Mitteldeutsche Kanalstraße nach Rheder. Längenschnitt. Längenmaßstab 1 : 1 950 000. Höhenmaßstab 1 : 6 500.

Die geplanten großen Wasserverkehrswege dürfen nicht, wie es leider lange Zeit selbst an maßgebender Stelle geschah, nur als Zukunftshoffnungen eines niedergebrochenen Volkes behandelt werden, sondern der Gedanke ihrer Notwendigkeit gerade für den Wiederaufbau Deutschlands muß so sehr Gemeingut aller wirtschaftlich denkenden Deutschen werden, daß sich die auch heute schon mögliche Durchführung schließlich von selbst ergibt. Am wichtigsten werden dabei immer die Kanäle bleiben, die große natürliche Wasserstraßen unter sich oder mit Seehäfen verbinden.

10. Der Merwede-Kanal (Holland).

Holland ist — wie bekannt — durch das vorhandene große Kanalnetz und die leichtere Möglichkeit der Erbauung von Kanälen in ganz anderer Weise auf den Binnenschiffahrtsverkehr angewiesen als viele andere Länder. — Welchen Umfang der Binnenschiffahrtsverkehr angenommen hat, möge nur aus dem einen Beispiel ersehen werden, daß auf dem jetzigen Merwede-Kanal, der Amsterdam mit dem Lek und dem Waal (Gorinchem) verbindet, ein Verkehr von rund 15,3 Mill. t/Jahr Schiffsraum mit rund 86000 Fahrzeugen im Jahre entstanden ist. Auf dem Merwede-Kanal können Schiffe bis zu 2000 t Tragfähigkeit verkehren. Die Schiffe haben eine Länge von 80 m, eine Breite von 10 m und 2,4 m Tiefgang. Die großen Rheinschiffe haben inzwischen eine Länge von 123 m, eine Breite von 14,1 m und einen Tiefgang von 2,85 m erreicht[1]).

Wenn auch der Merwede-Kanal nur sehr stark dem reinen holländischen Verkehr dient, so gehen auch sehr viele Schiffe auf den Rhein über. Der Merwede-Kanal ist vor allem auf der Strecke zwischen Amsterdam und Vresswijk (Lek) an der Grenze seiner Leistungsfähigkeit angelangt. Das Profil ist zu eng. An den Schleusen ist ein Schleusenrang vorhanden, der bis zu 24 Stunden dauert. Auf der anderen Seite kann der Verkehr zwischen Rotterdam, Antwerpen usw. mit 3500-t-Schiffen erfolgen. — Besonders wird aber auch auf die Begegnungsschwierigkeiten auf dem jetzigen Merwede-Kanal hingewiesen. Der Querschnitt des jetzigen Merwede-Kanals ist in Abb. 755 zugleich mit dem geplanten neuen Querschnitt eingetragen. Der jetzige alte Querschnitt hat 20 m Sohlenbreite, 3,10 m Tiefe unter NW und 35 m Spiegelbreite bei NW (fertiggestellt 1892/93). Das sind etwa die Abmessungen, wie sie der neue Mittellandkanal von 1930 bekommen soll. Es ist von Interesse, daß trotz der Schiffsbreite von nur 10 m sich die Schwierigkeiten beim Begegnen herausgestellt haben. Die Sohlenbreite des neuen Querschnitts soll 35 m betragen bei 4 m Tiefe unter NW. Es ist dabei beiderseits eine Berme vorgesehen, die wahrscheinlich bald mit Schilf bewachsen sein wird und einen entsprechenden Uferschutz ausüben wird. Die Spiegelbreite beträgt theoretisch 59 m, einschließlich Berme 60 m. Es wird in Holland weniger Wert auf den theoretischen Teil, wie z. B. einen geringen Fahrwiderstand nach Laboratoriumsversuchen gelegt, als auf guten Uferschutz.

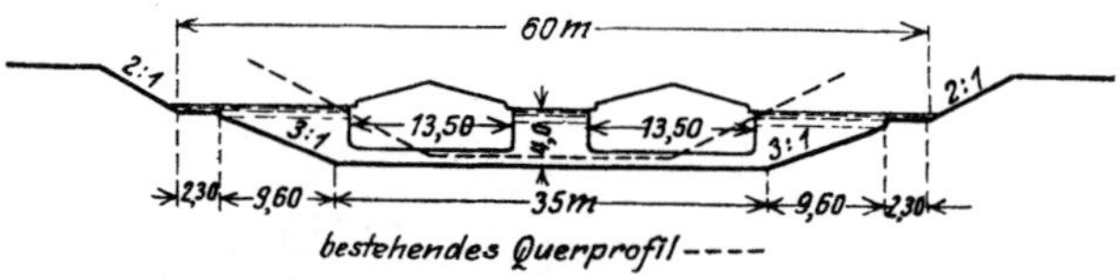

Abb. 755. Merwede-Kanal. Querschnitte. Maßstab 1 : 1150.

Von den vielen ausgearbeiteten neuen Plänen sind in Abb. 756 fünf Entwürfe eingezeichnet worden, die von einer staatlichen Kommission untersucht worden sind. Die Tafel gibt die hauptsächlichsten unter den Entwürfen wieder. Von den in der Tafel aufgeführten Plänen ist von der Kommission der Plan E als der vorteilhafteste empfohlen worden. Er ergibt einmal eine vorzügliche Verbindung

[1]) Der Bauingenieur, 22. 1. 1927, S. 55.

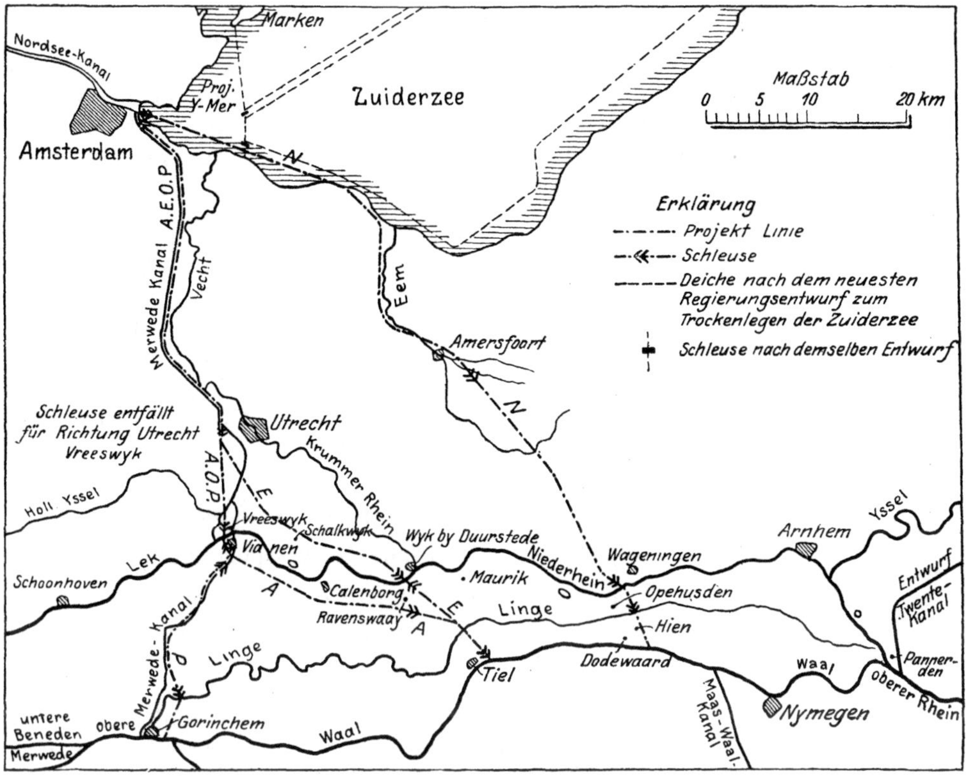

Abb. 756. Merwede-Kanal. Lageplan. Maßstab 1 : 770 000.

Zahlentafel. **Pläne zur Verbesserung des Schiffahrtsweges von Amsterdam zum Rhein.**

Entwürfe	Länge in km: Flußfahrt	Länge in km: Kanalfahrt	Gesamtlänge	Zahl der Schleusen[1]	Gemittelte Fahrzeit in Stunden und Minuten	Kostenvergleich in Reichsmark nach den Einheitspreisen von Juli bis August 1925	Erläuterungen
A Amsterdam—Vreeswijk—Tiel—Pannerden	45	78	123	4	26,20	101 136 000 [2]	Die Schleuse bei Tiel ist offen bei Waalständen unter 0,37 m = MW (1901—1910)
E Amsterdam—Wijk bei D-Tiel—Pannerden . . .	45	73	118	4	25,30	90 300 000 [2]	Die Schleuse bei Ravenswaaij ist offen bei Lekständen unter MW 1901 bis 1910)
Na Amsterdam—Amersfoort—Hien—Pannerden (unter Benutzung des Ij-Busens)	32	78	110	3	22,40	132 216 000	Desgl.
O Amsterdam—Vreeswijk, regulierter Fluß bei Pannerden	84	47	131	1	23,00	50 349 600	
P Amsterdam—Vreeswijk—Gorinchem—Pannerden .	86	69	155	4	31,30	81 984 000	Die Schleuse nördlich der Linge kann ungefähr das halbe Jahr offen stehen

[1]) Die Schleuse bei Zeeburg ist überall außer Betracht gelassen, da diese meist offen steht.

[2]) Für den Ersatz der bestehenden Drehbrücken durch neue mit größerer Weite und Tiefe ist in den Beträgen nichts enthalten.

zum Lek, dann aber auch zum Waal und damit zum Oberrhein. Auf die Vergleiche im einzelnen einzugehen, dürfte sich erübrigen. Als einer der Vorzüge von Plan E ist jedenfalls angegeben worden, die kurze Fahrzeit vor allem nach Ruhrort, die kürzere Flußstrecke und die Wahl eines günstigeren Kreuzungspunktes mit dem Niederrhein, nicht entscheidend gewesen sind die geringen Kosten, denn dann hätte man den Ausbau des alten Merwede-Kanals—Amsterdam—Vreeswijk und von dort Fortsetzung über den Niederrhein wählen müssen. Man zieht aber trotz der Kreuzung des Niederrheins bei Wijk einen längeren Kanalweg und die Abkürzung der Flußstrecke durch Benutzung des Waal der früheren Linienführung vor.

Von Interesse ist es, daß bei einer Länge des Kanals von 73 km (Linie E) sich ein kilometrischer Satz von rund 1,25 Mill M/km ergibt. Daß das normale Trapezprofil gewählt wurde, entspricht auch den in diesem Werke vertretenen Anschauungen.

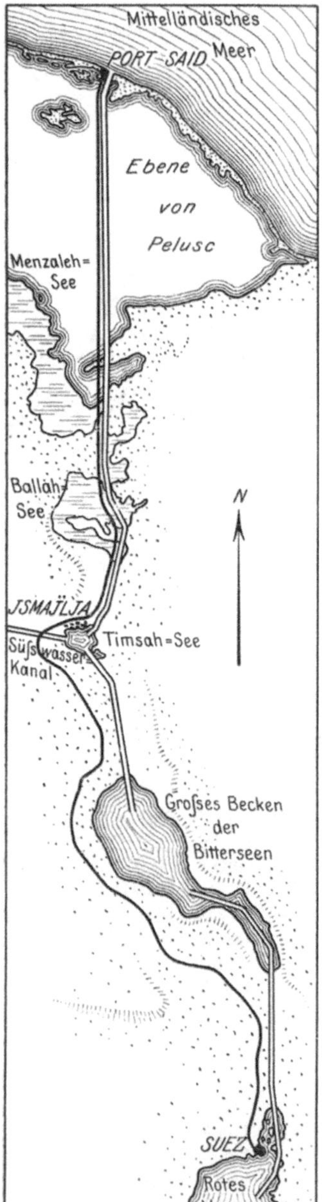

Abb. 757a. Lageplan des Suez-Kanales. Maßstab 1 : 1 000 000.

b) Seekanäle.

1. Offene Meeresspiegelkanäle.

α) Der Suezkanal. Abb. 757a.

Die Verbindung zwischen dem Mittelmeer und dem Roten Meer wurde bereits zur Zeit der Pharaonen hergestellt und zwar als Kanal vom Nil zum Roten Meer. Sethos I. und Ramses II. erbauten 1400 v. Chr. diesen Kanal durch den Timsahsee für die Flotte[1]). Dieser Kanal wurde unbrauchbar wahrscheinlich durch Verschlammung als Folge der wenn auch schwachen Durchströmung zum roten Meere hin. Er sollte unter Necho um 600 v. Chr. in anderer Linienführung neu erbaut werden, wurde aber nach dem Tode von 120 000 Arbeitern auf Grund eines Orakelspruches aufgegeben und um 500 v. Chr. herum durch Dareius Hystaspes vollendet. Auch dieser Kanal verfiel, wahrscheinlich wie der erste durch Versandung; es wurde dann anscheinend unter Trajan ein neuer Kanal gebaut, der auch wieder verfallen sein muß, denn der General Amr stellt unter Omar im 7. Jahrhundert n. Chr. den Kanal von Kairo zum Roten Meer wieder her. Auch dieser war ein Jahrhundert später bereits unbrauchbar. Versuche der Phönizier und später der Türken zur Wiederherstellung kamen nicht zur Ausführung. Napoleon I. wollte gleichfalls einen Kanal erbauen, seine Ingenieure be-

[1]) Da das Gefälle des Nils von Kairo bis zum Meere nur noch 10 cm beträgt so lag der im Altertum wichtige östliche pelusische Arm nordwestlich vom Timsahsee nur etwa 1 m über dem Meeresmittelwasser. Man hat zweifellos die geringe entstehende Strömung im Kanal in den Kauf genommen. An ihr wird aber im Laufe der Jahrhunderte der Kanal zugrunde gegangen sein.

richteten aber, daß der Spiegel des Roten Meeres rd. 10 m höher läge als der des Mittelländischen Meeres; dieser Irrtum wurde erst 1841 durch englische Offiziere richtiggestellt. Daraufhin unternahm der österreichische Ingenieur Negrelli genaue Geländeuntersuchungen und legte 1856 in Paris einen Entwurf für die Erbauung des Suezkanals vor. Negrelli wurde mit dem Bau beauftragt, starb aber 1858. Darauf wurde der Kanal durch Lesseps, der die Aktien aufgekauft hatte, zur Ausführung gebracht. Der Kanal wurde 1859 begonnen und 1869 vollendet und eröffnet. Es ist von Interesse, daß der Plan und der Beginn deutsch-österreichischen Ursprungs ist.

Die Bedeutung des Suezkanals liegt darin, daß er den Weg von Europa nach Indien um rd. 5000 Seemeilen (8000 km) abkürzt, so daß die Fahrzeit der Dampfer im Mittel um einen Monat verringert wird. Der Kanal Abb. 757a hat eine Länge von 160 km, er beginnt am Mittelmeer bei Port Said und endet am Roten Meer bei Suez. Den Längenschnitt des durchschnittenen Geländes zeigt Abb. 757 b. Der Flutwechsel bei Port Said ist 0,44 m (gewöhnlich) bis 0,95 m (Sturmflut), bei Suez am Roten Meer gewöhnlich 0,8 bis 1,5 m, Sturmflut 3,24 m. Demgemäß besitzt der Kanal eine Strecke geringer Strömung bis zu 0,6 m/sek. von Port Said bis zu den Bitterseen und eine größere Strömung bis zu 1,27 m/sek. von den Bitterseen bis Suez. Die Zahlen gelten für die frühere Sohlenbreite, die 22 m

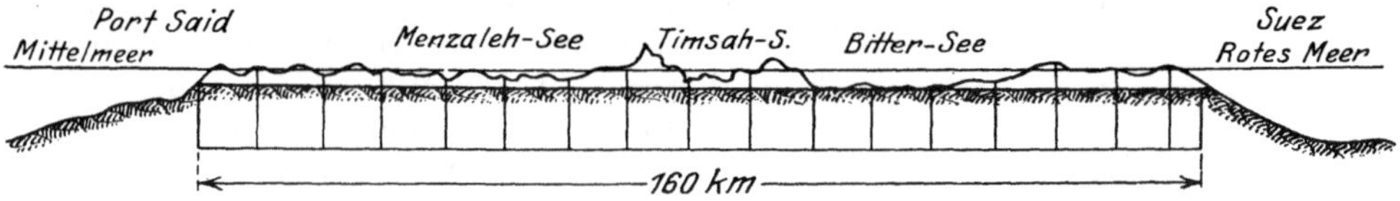

Abb. 757 b. Suez-Kanal. Maßstab 1 : 1 760 000.

betrug; sie sind jetzt aber, nachdem eine Verbreiterung vorgenommen worden ist, gewachsen[1]). Die Veränderung des Querschnitts und eine Versandung infolge dieser Strömungen, die auf dem Wasserstandswechsel an den Mündungen beruhen, ist verschwindend gering. Auch die Versandung durch Sandstürme ist ohne Bedeutung. Die Wahl als offener Kanal war somit eine sehr glückliche. Sein Verkehr betrug 1926 26,1 Mill. N.-R.-T.

Die Vertiefung des Kanals auf 10 m ist 1924 vollendet worden, sie soll aber auf das Maß von 12 m gebracht werden. Der Kanal ist durch Baggerung auf der Asienseite auf 45 m Sohlenbreite gebracht worden. Vorher lagen hier in Abständen von je 5 km die Ausweichstellen, deren Vereinigung durch Wegbaggerung der Zwischenstücke die Verbreiterung ergab. Die flache Böschungsneigung von 1: 3 bis 1: 4 ist wegen des zum Teil leicht beweglichen Sandes notwendig, sie spielt wegen der geringen Geländehöhen auch keine entscheidende Rolle. Einen Querschnitt des Kanals zeigt Abb. 721, S. 549. Es sind die alten Querschnitte, wie sie nach und nach hergestellt wurden, in den jetzigen punktiert eingetragen. Die Breite soll auch noch weiter vergrößert werden, so daß die Breite 65 m in den geraden und bis zu 80 m in den krummen Strecken beträgt. Die Süßwasserversorgung des Kanals geschieht durch einen besonderen Süßwasserkanal auf der Afrikaseite.

β) Der Königsberger Seekanal.

Der Königsberger Seekanal ist durch die geringen Wassertiefen des Frischen Haffs notwendig geworden. Er ist zum Teil mit einseitigem Damm, zum Teil als offene Rinne erbaut worden. Er ist 42 km lang, seine Breite beträgt im allgemeinen 42,5 m in der Sohle, an einigen Stellen aber 90 m (Fischhauser Wiek). Die Böschungen liegen im Sand 1: 2,5, im Schlick 1: 5. Der Kanal konnte fast ganz durch Baggerungen in flachem Wasser durch das Haff hergestellt

[1]) Die interessanten Berechnungen von de Thierry über die Flutströmungen im Kanal (Intern. Schiff.-Kongreß von Chikago 1911) haben die Übereinstimmung von Rechnung und Wirklichkeit ergeben.

werden. Seine Tiefe betrug ursprünglich (1901) 6,5 m, sie ist heute 9 m unter MW. Die Bedeutung des Kanals für die Stadt Königsberg ist groß, da er diese alte Seestadt praktisch jetzt wieder zum Seehafen macht. Den Lageplan zeigt Abb. 758, die Querschnitte Abb. 720, S. 548.

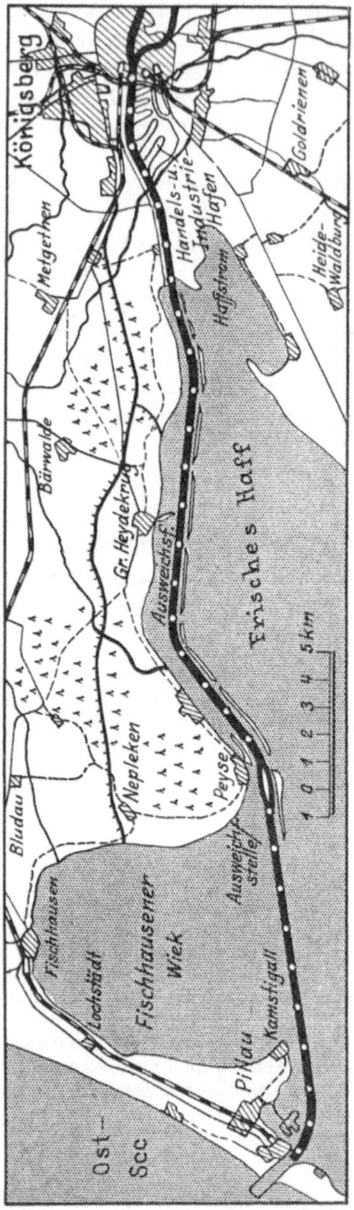

Abb. 758. Königsberger Seekanal. Maßstab 1 : 278 000.

γ) Weitere offene Kanäle sind der Kanal von Korinth, der Chesapeake-Kanal, der Cod Cape-Kanal.

2. Geschlossene Seekanäle in Meeresspiegelhöhe.

Als Beispiel sei der die Nord- und Ostsee verbindende Kaiser-Wilhelm-Kanal (Abb. 759) beschrieben[1]). Der Vorgänger des Nord-Ostsee-Kanals ist der 1777 bis 1784 erbaute 3 m tiefe Eiderkanal, der nicht mehr besteht. Der Nord-Ostsee-Kanal wurde auf Anregung des Hamburger Rehders Dahlström unter Benutzung der Pläne des Wasserbauinspektors Boden 1887 bis 1895 unter Fülscher für 156 Mill. Mk. erbaut, 1907 bis 1914 unter Hans W. Schulz für 220 Mill. Friedensmark erweitert.

Maßgebend waren vorwiegend militärische Gründe. Er ermöglicht es der deutschen Kriegsflotte, in kürzester Zeit entweder in der Nordsee oder der Ostsee zu erscheinen, so daß auch bei Sperrung der Eingänge zur Ostsee durch eine feindliche Flotte die Trennung in eine Ostsee- und eine Nordseeflotte fortfiel.

Die wirtschaftliche Bedeutung des Kanals liegt:

1. in der Verkürzung des Weges von der Ostsee zur Nordsee, die z. B. bis London 240 Sm, bis Hamburg aber 425 Sm beträgt;

2. in der Vermeidung der Fahrt um das gefährliche Kap Skagen herum. Der Kanal beginnt bei Holtenau in der Kieler Bucht und endet in Brunsbüttel an der Elbe, seine Länge ist 98,65 km. Trotz nicht besonders günstiger Geländeverhältnisse war es durch geschickte Linienführung möglich, den Kanal im Spiegel der Ostsee durchzuführen. Nicht wäre es aber zweckmäßig gewesen, ihn als offenen Kanal zu erbauen, weil 1. auf der Nordseeseite große Landstrecken zum Teil bis 2 m unter dem jetzigen MW des Kanals liegen, und weil 2. die Gefahr der Verschlickung bei täglichem Einlaufen des Nordseewassers in den Kanal sehr groß gewesen wäre.

Der gewöhnliche Flutwechsel auf der Nordseeseite beträgt 2,8 m, der größte 8,40 m. Der größte Wasserstandsunterschied auf der Ostseeseite ist fast 5 m.

[1]) Zeitschr. f. Bauw. 1896 bis 1899 und Zentralbl. d. Bauverw. 1907, S. 461.

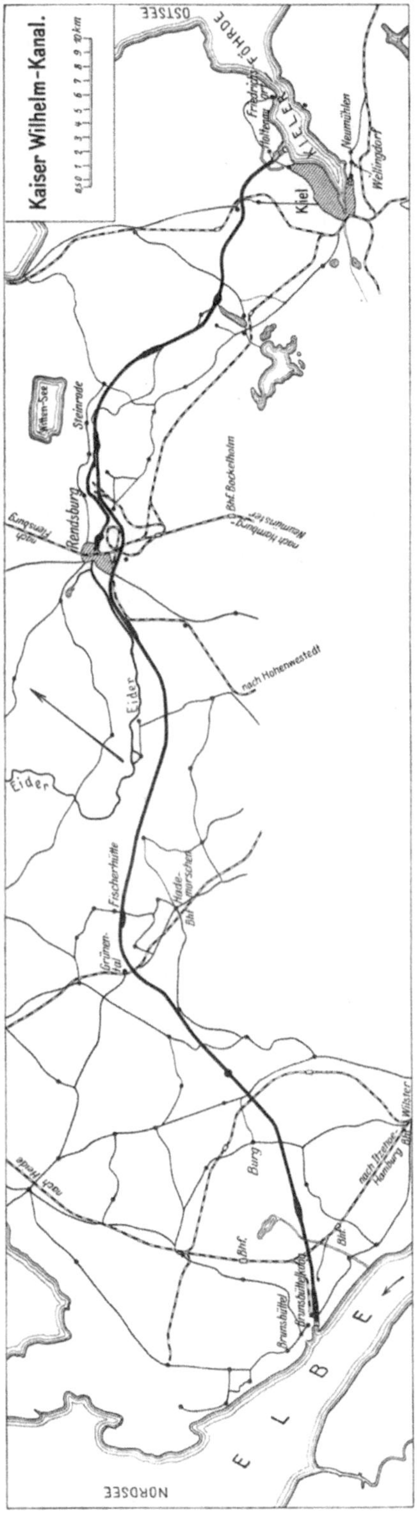

Abb. 759.

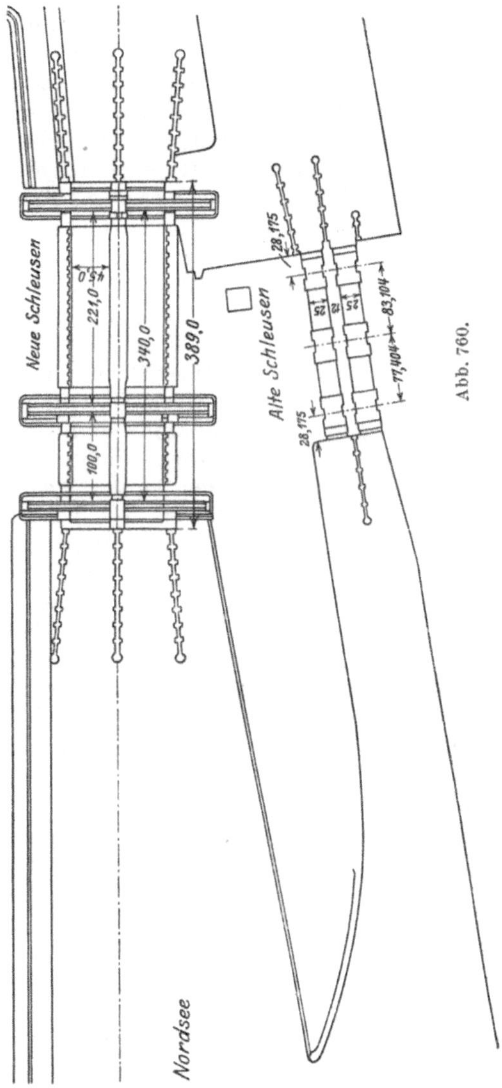

Abb. 760.

Abb. 759. Kaiser Wilhelm-Kanal. Nord-Ostsee-Kanal. Maßstab 1 : 535 000.

Abb. 760. Schleusen des Kaiser Wilhelm-Kanals bei Brunsbüttel. Maßstab 1 : 8 750.

Diese Zahlen sind im Vergleich mit dem Suezkanal von Wichtigkeit. Als Vorteil der Schleusen ergab sich dabei, daß die Kanalsohle höher liegen konnte, als wenn zeitweilig das NW der Nordsee auch im Kanale vorhanden wäre. Die Strömungen allein, die bei Fortfall der Schleusen entstanden wären, haben auch von der Erbauung eines offenen Kanals abgeschreckt. Den alten und den neuen Querschnitt des vergrößerten Querschnitts zeigt Abb. 719, S. 548. Der Kanal ist für große Schiffe einschiffig, für mittlere Schiffe zweischiffig angelegt. Es waren ursprünglich acht Ausweichstellen vorgesehen, jetzt ist die Zahl auf elf vermehrt worden. Die frühere, für jetzige große Schiffe unzureichende Breite wurde verdoppelt. Das früher vorhandene, etwa 2 m unter Wasser liegende „Bankett" wurde nicht wiederhergestellt, weil es nach den bisherigen Erfahrungen keine Haltbarkeit besitzt und durch Abrutschen nur zur Sohlenverflachung beigetragen haben soll. In den Ausweichstellen beträgt die Sohlenbreite 134 m, die Wasserspiegelbreite 190 m. Vier dieser Weichen wurden zu Wendestellen ausgebaut mit 300 m in der Sohle und 340 m Durchmesser im Wasserspiegel. Sie ermöglichen die Umkehr von Schiffen im Kanal. Die Länge der Weichen schwankt zwischen 600 und 1400 m.

Die schärfste Krümmung hat jetzt 1800 m Halbmesser erhalten, da 1000 m sich als zu klein erwiesen hatten. 80 vH der Halbmesser betragen 3000 m und mehr. Der Kanal wurde früher abgeschlossen durch je zwei Schleusen von 150 m Länge, 25 m Breite, mit einer Drempeltiefe, die 8,5 m tiefen Schiffen bei niedrigstem Wasserstand noch das Durchfahren erlaubte. Der Drempel in Holtenau lag rund 9,8 m unter Mittelwasser.

Neben diesen älteren Zwillingsschleusen sind jetzt je zwei neue erbaut, die 330 m Länge, 45 m Breite und 14,1 m Drempeltiefe unter MW erhalten (Abb. 760). Die Drempeltiefe unter gewöhnlichem Elb-NW ist 12,42 m, die Drempeltiefe von 12 m an der Elbe wird nur an 42 Tagen im Jahr in jeder Tide für kurze Zeit unterschritten. An der Ostsee ist 12 m Drempeltiefe auch bei NNW der Ostsee fast stets vorhanden. Hierdurch hofft man auch, den größten Schiffen der Zukunft die Durchfahrt zu ermöglichen. Die neuen Schleusen sind mit Grundwasserhaltung im Trockenen erbaut worden. Sie sind mit Rollpontons als Toren ausgerüstet worden, deren Ausbildung in Holtenau und Brunsbüttel verschieden ist. Die ganze Ausrüstung ist elektrisch.

Wesentlich größere Schwierigkeiten als bei dem Bau des Suezkanals bot die Überführung der Straßen und Eisenbahnen, die in einem Kulturland von größter Bedeutung ist. Sie erfolgte teils durch Hochbrücken, deren Unterkante 42 m über höchstem Kanalwasserstand liegt, teils durch Drehbrücken, bei Straßen auch durch Pontonbrücken und Fähren. Nach der Verbreiterung werden alle Eisenbahnen über Hochbrücken hinwegfahren. Die Beleuchtung erfolgt durch gewöhnliche, 25 kerzige Glühlampen, die für den Lotsen bei Nacht beide Kanalufer wie eine leuchtende Perlenkette kennzeichnen.

Zu bemerken ist, daß die Oberleitung formell einem juristischen Verwaltungsbeamten übertragen wurde, während der Bau des Panamakanals zu gleicher Zeit auch offiziell von einem Ingenieur geleitet wurde. Es ist deshalb hier der techniche Leiter mit Namen genannt worden.

Der Verkehr ist mit 18,2 Mill. N.-R.-T. nur wenig hinter dem Verkehr des Panamakanals mit 19,8 Mill. N.-R.-T. zurückgeblieben.

3. Seekanäle mit mehreren Haltungen.

α) Der Manchester Seekanal.

Der Kanal wurde hergestellt, um die große Fabrikstadt Manchester mit der See zu verbinden und sie von dem Hafen Liverpool unabhängig zu machen. Bemerkenswert ist, daß zwischen beiden Städten bereits fünf Eisenbahnlinien und zwei Binnenschiffahrtskanäle bestanden. Manchester liegt am Irwell, einem Nebenflusse des Mersey (s. Abb. 761).

Der Flutwechsel beträgt bei Liverpool bei Springtiden 8 m. Da Manchester etwa 21 m höher als der mittlere Meeresspiegel liegt, war ein Spiegelkanal nicht

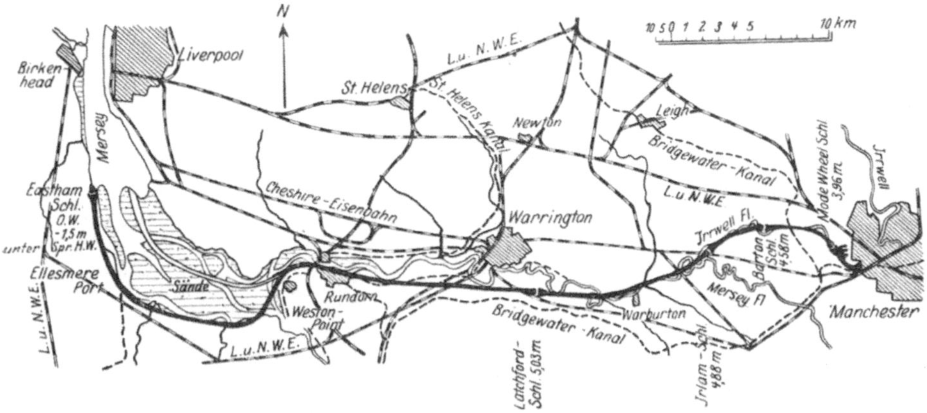

Abb. 761. Der Manchesterseekanal. Maßstab 1 : 500 000.

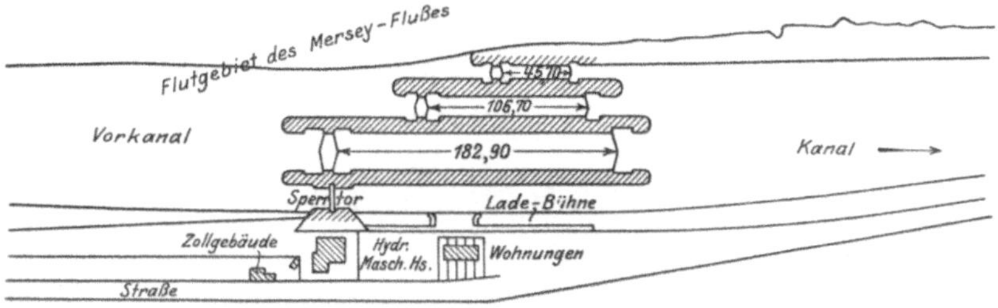

Abb. 762. Schleusengruppe des Manchesterseekanals. Maßstab 1 : 6250.

möglich, zumal die Hafenanlagen in der Stadt liegen sollten. Der Kanal wurde in fünf Haltungen durchgeführt, von denen die unterste 1,5 m unter HW-Springflut liegt. Die anderen Haltungen haben ein Gefälle von wenigstens 4 m, höchstens 5 m. Es sind überall Doppelschleusen, am Eingang zum Mersey drei Schleusen angelegt worden. Letztere Anlage zeigt Abb. 762. Die Breiten der Schleusen sind 24,38 m, 15,24 m und 9,14 m. Die normale Wassertiefe des Kanals war bisher rd. 8 m, die Schleusen haben für spätere Vertiefung des Kanals 8,32 m Drempeltiefe erhalten.

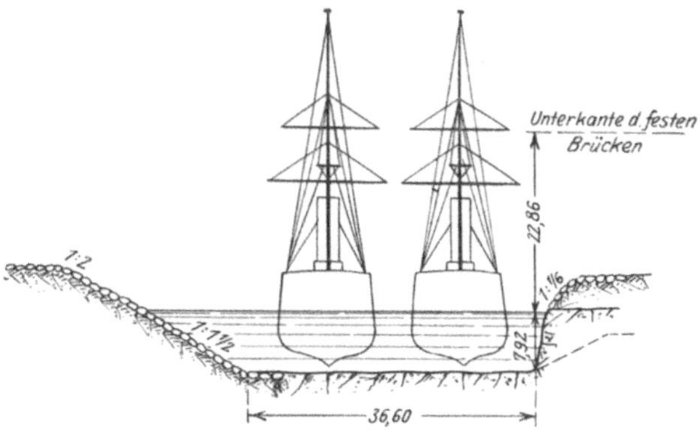

Abb. 763. Querschnitt des Manchesterseekanals. Maßstab 1 : 1100.

Der Kanal besitzt als geringsten Krümmungshalbmesser 2000 m; er war für alle Schiffe, die durch seine Schleusen fahren können, als zweischiffiger Kanal angelegt worden. Da seine Sohlenbreite jedoch nur 36,6 m beträgt, so daß neuere Schiffe von etwa 23 m Breite und völligem Querschnitt, die noch durch die Schleusen hindurchkönnen, sich in ihm nicht begegnen dürfen, ist er praktisch heute zu den einschiffigen Kanälen zu rechnen. Einen Querschnitt durch den Kanal zeigt Abb. 763, in der das linke Ufer erdiger Boden, das rechte Felsen ist. Interessant sind die Straßen und Binnenkanalkreuzungen. So ist z. B. der Bridgewater Kanal vermittels einer Drehbrücke überführt worden.

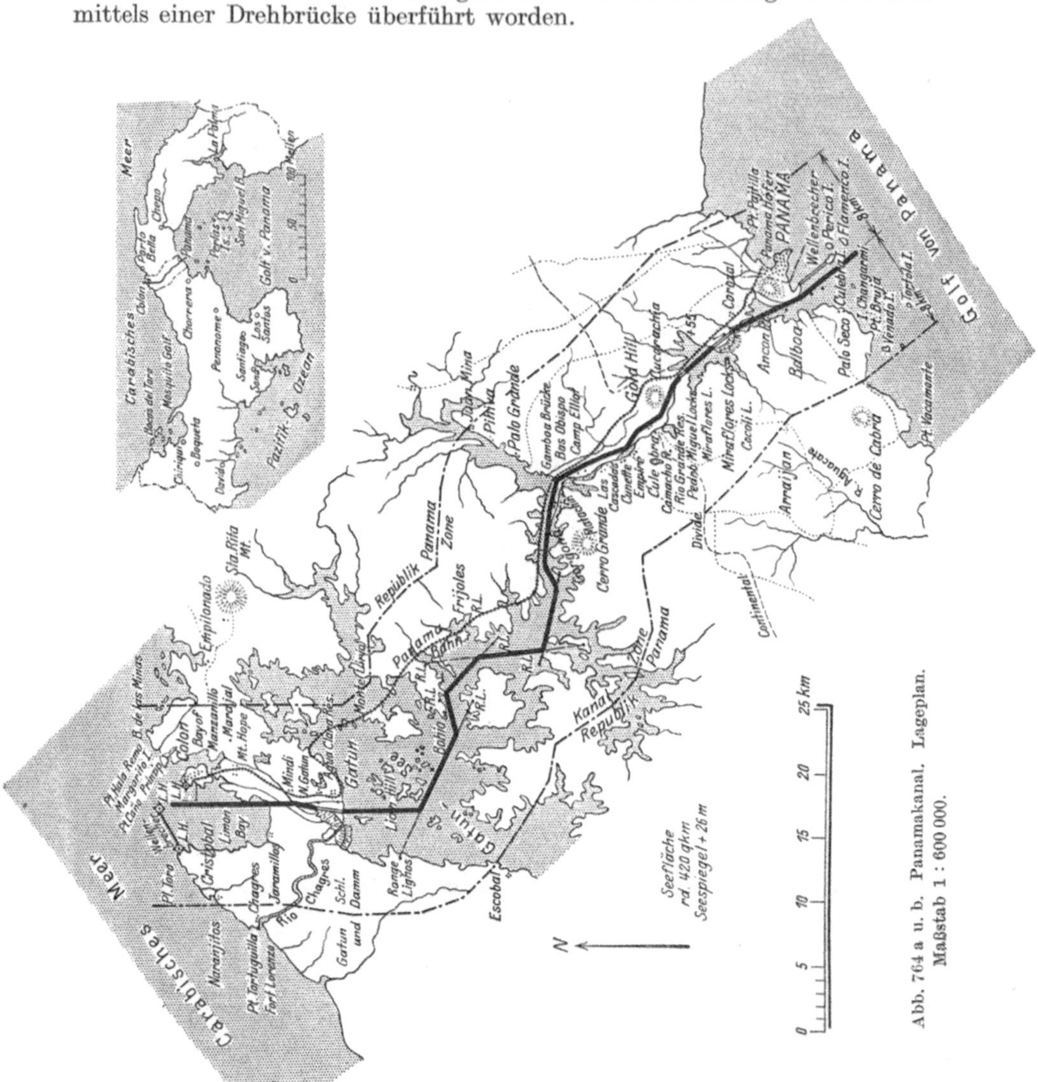

Abb. 764 a u. b. Panamakanal. Lageplan. Maßstab 1 : 600 000.

β) Der Panamakanal[1]).

Der erste Versuch der Durchstechung der Landenge von Panama, die Nord- und Südamerika verbindet und den Atlantischen Ozean vom Stillen Ozean trennt, wurde von dem Erbauer des Suezkanals, von Lesseps, unternommen. Der mittlere Flutwechsel beträgt in Colon am Atlantischen Ozean 0,3 m, in Panama am Stillen Ozean 4 m. Der größte Flutwechsel in Colon und Panama ist 0,75 m und 6,8 m.

[1]) Fülscher: Panamakanal. Zeitschr. f. Bauw. 1907. — Tincauzer: Panamakanal. Zeitschr. f. Bauw. 1911. — Franzius, O.: Der Sookanal und der Panamakanal. Zeitschr. d. Ver. Deutsch. Ing. 1912. — Franzius, O.: Panamakanal. Zeitschr. d. Ver. Deutsch. Ing. 1914.

Nachdem dieser Bau 800 Mill. Mk. gekostet hatte, mußte er aber aus Mangel an Geld aufgegeben werden.

Aus der alten Gesellschaft bildete sich später eine neue, die im Jahre 1903 von den Vereinigten Staaten von Nord-Amerika übernommen wurde. 1905 berief man einen internationalen Beirat zur Lösung der Frage, ob der Kanal, wie ursprünglich geplant, als Meeresspiegelkanal oder als Schleusenkanal mit mehreren Haltungen zu erbauen sei. Die Mehrheit, vorwiegend Europäer, empfahlen den Meeersspiegelkanal, die Minderheit den Schleusenkanal. Die Regierung der Vereinigten Staaten schloß sich dem Gutachten der Minderheit des Beirats an, so daß der Kanal als Schleusenkanal mit drei Stufen ausgebaut worden ist.

Der Kanal (Abb. 764—766) beginnt an der atlantischen Seite mit einem 11 km langen offenen Zufahrtskanal, steigt vermittels der dreistufigen Zwillingsschleusentreppe bei Gatun zu dem künstlich geschaffenen, 25,8 m über Meeres-MW liegenden Gatunsee hinauf, durchläuft den See und den anschließenden Culebradurchstich auf einer Strecke von 52 km, steigt durch die Pedro-Miguel Zwillingsschleuse zu einer 2 km langen Zwischenhaltung (dem Mirafloressee) und durch die zweistufige Miraflores-Zwillingsschleusentreppe zum Stillen Ozean hinab, der durch einen 13 km langen offenen Zufahrtskanal erreicht wird. Einschließlich der Schleusen ist der Kanal rund 80 km lang. Abb. 766a und Abb. 721, S. 549 geben die heutigen Querschnitte, Abb. 766b und c die durch die engste Stelle und die breiteste Stelle des geplanten Meeresspiegelkanals.

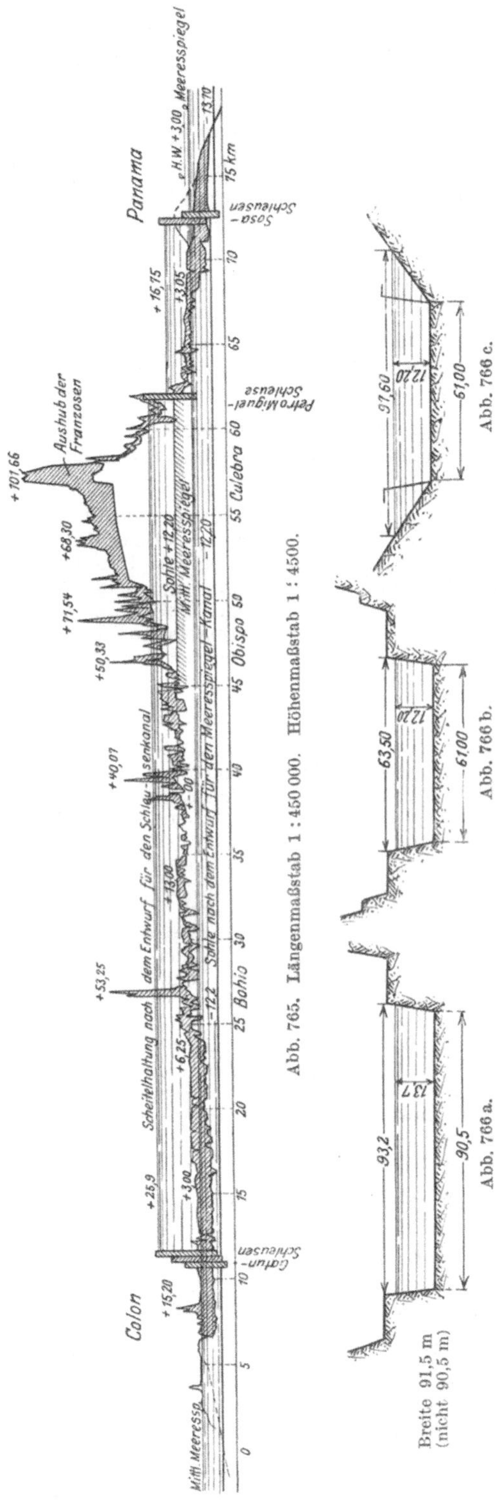

Abb. 765. Längenschnitt. Abb. 766 a. Engste Stelle im fertigen Kanal. Böschungen im Boden 1 : 1,5, Böschungen im Fels 10 : 1.
Abb. 766 b u. c. Breiteste Stelle im geplanten aber nicht gebauten Meeresspiegel-Kanal. Maßstab 1 : 2500.

Maßgebend für die Wahl war, daß der Schleusenkanal in etwa zwei Drittel der Zeit und für etwa zwei Drittel des Geldes gebaut werden konnte, wie der Meeresspiegelkanal, und daß das Durchfahren der Schleusen als weniger gefährlich angesehen wurde als das Begegnen der Schiffe auf der langen engen Strecke des Meeresspiegelkanals. Die enge Strecke wäre in letzterem etwa 21 km lang gewesen mit 45,75 m Sohlenbreite, während die engste Stelle des Schleusenkanals nur rund 8 km lang ist mit 91,5 m Sohlenbreite. Auf 31 km führt der Schleusenkanal durch künstlich aufgestaute Seen mit 305 m Fahrstraßenbreite, während der Meeresspiegelkanal nirgends über 61 m Sohlenbreite gehabt hätte.

Ferner hat der Schleusenkanal durchweg 13,7 m Tiefe im allgemeinen erhalten, die in der Scheitelhaltung selbst in der regenarmen Zeit nicht unter 12,7 m sinken wird, während sein Konkurrent nur eine solche von 12,2 m erhalten hätte. Die Fahrzeit durch den Schleusenkanal ist auch durchweg geringer. Trotzdem hat er einige Hunderte Millionen Friedensmark weniger gekostet als der Meeresspiegelkanal. Auffallend sind jedoch die bereits genannten Maße der Schleusen, die nur eine Breite von 33,5 m bei einer Länge von 304 m und 12,2 m Mindestdrempeltiefe erhalten haben. Die Breite könnte vielleicht für die fernere Zukunft zu gering sein (vgl. Nordostseekanal).

Die Bauzeit für den Schleusenkanal hat 9 Jahre betragen und war für den Spiegelkanal auf 13 Jahre berechnet. Den größten Einfluß auf die Bauzeit haben die Erd- und Felsbewegungen gehabt. Die Hänge der tiefen Einschnitte, wie z. B. im Culebraeinschnitt, bestehen aus festem Fels, der aber dünne Tonschichten enthält. Es sind daher nach tropischen Regengüssen starke Rutschungen eingetreten, die eine starke Abflachung der Böschungen und Mehrarbeiten an Felsbewegungen notwendig gemacht haben. Die Rutschungen waren zum Teil so stark, daß man an der Ausführbarkeit des Kanals Zweifel zu hegen begann. Verfasser konnte 1911 in der Hauptbauzeit z. B. eine Rutschung beobachten, die mehrere große Dampfschaufeln begraben hatte, während auf dem Rutschkörper ein teilweise zerstörtes Haus und unversehrte Palmen standen. Es kann jedenfalls nicht mit Sicherheit gesagt werden, ob die Ausführung des Meeresspiegelkanales, die die Einschnittstiefe um 26 m vergrößert hätte, möglich gewesen wäre, ob dann nicht die Rutschungen die Durchführung verhindert hätten.

Als ein weiterer Gegengrund gegen den Schleusenkanal galt die Erdbebengefahr. Nördlich und südlich vom Isthmus liegen berüchtigte noch tätige Erdbebengebiete. Die Anhänger des Meeresspiegelkanals befürchteten den Einsturz der großen Schleusen unter dem Einfluß der Erdbeben. Ein in der Stadt Panama seit Jahrhunderten stehendes sehr flaches Gewölbe, „The flat arch" genannt, scheint aber als Beweis dafür gelten zu können, daß die Gefahr nicht groß ist. Es soll in der Kanalzone mehr ein Erzittern des Bodens als unmittelbare Erdbeben vorkommen. Bis heute sind jedenfalls keine Zerstörungen eingetreten. Der Beweis für die Ungefährlichkeit dürfte aber damit noch nicht geführt sein.

Als letzter Punkt von Wichtigkeit gilt die Gefahr der Undichtigkeit des Gatunsees oder des Bruches des Gatundammes. Man befürchtete Felsspalten, die nur oberflächlich bedeckt sein könnten. Die Erfahrung hat die Dichtigkeit des Seeuntergrundes, die von der Bauleitung behauptet wurde, erwiesen. Der Gatundamm ist mit derartigen Abmessungen erbaut, daß er vielleicht als der sicherste Talsperrendamm bezeichnet werden kann, der bisher erbaut worden ist. Hingewiesen wird auf die Erfahrung, daß der Mirafloressee durch das Aufsteigen des Salzwassers in den Schleusen so schnell versalzt wurde, daß das Trinkwasser für die Stadt Miraflores nicht mehr aus diesem See entnommen werden kann[1]). Die Erscheinung ist ohne weiteres verständlich. Auch der Gatunsee muß eine gewisse Versalzung erfahren, die aber wegen seiner großen Süßwasserzuflüsse nicht so bemerkbar ist wie im Mirafloressee.

Fast ausnahmslos haben die Tatsachen den Erbauern des Kanals rechtgegeben. Der Kanal wurde am 1. Januar 1915 feierlich eröffnet. Sein Verkehr ist bis heute so stark angewachsen, daß er den des Suezkanals übertroffen hat, und daß der Gedanke der Notwendigkeit der Erbauung eines zweiten Kanals an einem anderen Ort (z. B. Nicaragua) in der Öffentlichkeit erörtert wird.

Die Kosten für den Schleusenkanal haben etwa 1600 Millionen Goldmark beansprucht. Die Erwägungen für den Bau dieses Kanals sind hier kurz wiedergegeben worden, da sie ein lehrreiches Bild der Gründe bieten, die für die Erbauung solcher Riesenwerke zu beachten sind. Der P. K. steht im starken Wettbewerb mit den amerikanischen Eisenbahnen; er hat sie für den Ost-West-Verkehr zu großen Frachtermäßigungen gezwungen. Sein Verkehr betrug 1926 19,8 Mill. N.-R.-T.

---

[1]) D. A. Z. vom 3. VIII. 1914. Beilage Kraft und Stoff.

Elfter Teil.

Hafenbau.

A. Allgemeines.

a) Geschichtliches, Zweck und Einteilung.

1. Geschichtliches.

Nach allem, was wir über die Geschichte der Schiffahrt wissen, ist es wahrscheinlich, daß die Seeschiffahrt und nicht die Flußschiffahrt zuerst entstanden ist. Die Überschreitung von Flüssen an den Stellen, die Furten aufwiesen, ist bei fast allen Flüssen möglich, die Überschreitung des Meeres aber ohne Schiffahrt undenkbar. Da das Seeschiff um so mehr Sicherheit gegen die Gefahren der See bot, je größer es war, mußte sich die Schiffbaukunst vor allem bei dem Bau der Seeschiffe entwickeln. Auf dem Flusse war ein solcher Zwang so gut wie gar nicht vorhanden, hier wuchsen im Gegenteil die Gefahren, die sich aus der Strömung ergaben, eher mit der Größe der Schiffe, wenigstens, wenn die Größe ein gewisses Maß überschritt.

Die größten Schiffe des Altertums und des beginnenden Mittelalters waren aber immer noch so klein, daß sie an Land gezogen werden konnten, wie das heute noch selbst mit großen Fischerbooten geschieht. Kleine und große Schiffe sind aber gefährdet, wenn sie bei Sturm an eine offene Küste geraten und nicht wenigstens in einer geschützten Bucht ruhigeres Wasser finden. So waren zuerst die geschützten Buchten die natürlichen Zufluchtshäfen, ihr Vorhandensein mußte zum Bau „künstlicher geschützter Buchten“ der ersten Seehäfen anregen. Ein Hafen ist somit nichts anderes als eine künstlich geschützte Meeresbucht, die Schutz vor den Wellen gewährt. Die Entwicklung führte dann mit dem Entstehen einer Flußschiffahrt von den Seehäfen zu den Flußhäfen, wobei die ersten Flußhäfen sicherlich Zufluchtshäfen gewesen sein werden, denn für den Handel genügte ein offener Liegeplatz am Ufer. Bei ungewöhnlichem Hochwasser und vor allem bei Eisgang aber mußten die Schiffe entweder auf das Ufer gezogen werden oder in Zufluchtshäfen versammelt werden. Das Aufschleppen von Flußschiffen ist sicherlich bis in die neue Zeit das Hauptsicherungsmittel gegen die Gefahren des Winters gewesen, natürliche alte Arme sind aber auch bereits in alter Zeit als Zufluchtshäfen verwendet worden. Die wirklichen großen Fortschritte sind zuerst bei den Seehäfen gemacht worden, die Erfahrungen in dem Bau der Ausstattung, Betrieb usw. dieser Häfen sind dann auf die Flußhäfen übertragen worden. So zeigen die Flußhäfen sich meistens als getreue Nachahmer der Seehäfen; sie weisen allerdings einige charakteristische Merkmale auf, die durch die andere Artung der Flußschiffe und der Flußschiffahrt bedingt sind. Die Ausstattung der Häfen ist aber in den meisten Teilen fast die gleiche wie bei den Seehäfen.

2. Zweck, Erfordernisse und Einteilung der Häfen.

Ein Hafen in seinem allgemeinsten Begriff ist eine vor den Angriffen des Wassers geschützte Wasserfläche, die zeitweilig oder immer für Schiffe zugänglich ist und den Verkehr mit dem Lande ermöglicht. Ein moderner Verkehrshafen verlangt weitgehende Ausrüstung mit Transportmaschinen, Eisenbahnanlagen solche für Kraftwagenverkehr usw. Die Einrichtungen für Ein- und Ausfahrt, ruhige Lage usw. der Schiffe bedingen den Ruf des Hafens für die Schiffahrt, die Einrichtungen für den Verkehr bedingen seinen Ruf für Handel und Verkehr. Von beidem ist die Entwickelung des Hafens mit abhängig.

Der Hafen kann ein natürlicher sein (Kieler-Bucht, Schelde bei Antwerpen), ein durch die Baukunst verbesserter (hierher gehören die meisten Flußmündungshäfen) oder ein gänzlich künstlich angelegter (ausgehobene Hafenbecken an Flüssen wie Bremen und Hamburg, ferner Helgoland, Dover, Ymuiden).

Ein guter Hafen verlangt, daß die Schiffe niemals auf Grund geraten können: Der Schutz gegen die Angriffe des Wassers verlangt entweder Schutz vor Wellen, eine Forderung, die an der See im Vordergrund steht, Schutz vor Strömung, der besonders im Flusse wichtig ist oder beides, wie es z. B. bei den großen Häfen am Ärmelkanal und ähnlichen Punkten von Bedeutung ist. Alle Häfen verlangen als Bedingung Schutz vor Versandung, d. h. Erhaltung der Tiefe, dazu gehören an der Küste vielfach Vorrichtungen zur Beseitigung von Schlick, gegen dessen Niederfallen man sich nicht schützen kann. Einen Schutz vor dem Winde kann ein Hafen nur selten gewähren, es gibt aber Häfen, wie die in den norwegischen Fjorden, die sogar auch diesen Vorteil aufweisen. Schutz vor dem Winde kann aber niemals als Bedingung gestellt werden.

Jeder Hafen hat als wesentliche Anforderung die jederzeitige Zugänglichkeit durch eine genügend tiefe Hafenstraße. Sie muß bei Flußhäfen oft durch Baggerung freigehalten werden, wenn die Einfahrt leicht versandet. Diese ist bei Flußmündungen und bei Seehäfen aber häufig durch Baggerung nicht bei allen Wasserständen freizuhalten, weil die Sandwanderung oder Barrenbildung zu stark ist, dann ist eine geschützte Reede als Ankerplatz notwendig. Auf dieser Reede sollen die Schiffe die Zeit bis zur Einfahrt abwarten können. Die Reede hat besondere Bedeutung im Tidegebiet, da hier die Einfahrt manchmal nur bei Hochwasser befahrbar ist, bei Niedrigwasser aber zu flach ist.

Von hoher Bedeutung für die Güte der Seeschiffhäfen ist ferner ihre Zugangsstraße vom Meere her, Fahrwasser genannt. Die Häfen liegen gewöhnlich nicht am offenen und tiefen Meere. Je kürzer, tiefer, gerader und breiter dann die Zugangsstraße ist, desto geringer ist die Gefahr für das Schiff während des Einlaufens. Die Wichtigkeit dieses Zugangs geht genügend klar aus der Tatsache hervor, daß in der Seeschiffahrt $^1/_4$ bis $^1/_5$ aller Schiffbrüche sich nahe dem Hafen abspielt und häufig in der schlechten Befahrbarkeit des Fahrwassers ihren Grund hat.

Eine weitere Forderung für alle Hafenbecken, in denen Schiffe mit dem Lande verkehren sollen, ist möglichst völlige Bewegungslosigkeit des Schiffes. Um dem zu genügen, müssen die Becken mit Kajemauern ausgerüstet werden, an denen die Schiffe dicht angelegt und befestigt werden können.

Je nach dem weiteren Zwecke des Hafens ist dann eine mehr oder minder vollkommene Lösch- und Ladeeinrichtung, die Anlage von Schuppen, Speichern, Lagerplätzen und Reparaturanstalten notwendig.

Bei den Kriegshäfen und bei vielen großen Handelshäfen treten dazu noch die Schiffbauanstalten, die im wesentlichen aus den Hellingen, Docks, Schiffbau- und Maschinenbauwerkstätten und ähnlichem bestehen.

Man kann die Häfen nach zwei Gesichtspunkten einteilen, entweder nach den Fahrzeugen, die in den Häfen verkehren oder nach der Örtlichkeit, in der die Häfen liegen. Die erste Einteilung ergibt die beiden großen Gruppen „Seeschiffhäfen“ und „Flußschiffhäfen“, je nachdem, ob Seeschiffe oder Flußschiffe in den Häfen verkehren.

Eine große Zahl von Häfen hat aber einen gemischten Verkehr, vor allem Häfen in den Mündungen der großen Ströme, hier verkehren See- und Flußschiffe gleichzeitig in dem Hafen. Man gliedert deshalb besser nach der Örtlichkeit in: Häfen an der offenen See, das sind die eigentlichen Seehäfen, Häfen in Flußmündungen, das sind Häfen, die der See und dem Fluß gleichzeitig angehören und Binnenschiffshäfen. Auch Flußhäfen können dem Verkehr von Seeschiffen dienen, so fahren Seeschiffe den Rhein, die Donau weite Strecken hinauf. Ebenso sind die Schiffe vieler großer Binnenseen so groß, daß sie sich von Seeschiffen nicht unterscheiden. Vgl. die Schiffahrt auf den großen Seen von Nordamerika, dem Kaspischen Meere usw. Diese letzteren Häfen würden organisch zu den Binnenschiffshäfen gehören, stehen aber in ihren Abmessungen den Seeschiffhäfen viel näher.

Im wesentlichen kann man somit nach der Lage drei Gruppen unterscheiden:

1. Binnenschiffshäfen, die hauptsächlich dem Verkehr von Binnenschiffen dienen,
2. Häfen in Flußmündungen, die dem Verkehr von Seeschiffen und Flußschiffen dienen,
3. Seehäfen, die hauptsächlich dem Verkehr von Seeschiffen dienen.

Ganz unabhängig von dieser Einteilung der Häfen nach der Örtlichkeit, Binnenwasserstraße oder Meer, muß eine weitere Teilung nach dem Zweck, den die Schiffahrt verfolgt, geschehen.

Hier ergibt sich als große Gruppierung, je nachdem, ob die Häfen Kriegszwecken, Handels- und Gewerbezwecken oder nur Sicherheitszwecken dienen sollen:

α) Kriegshäfen,
β) Handels- und Industriehäfen,
γ) Zufluchts- oder Sicherheitshäfen.

Auch auf großen Binnenseen haben früher Kriegsschiffe verkehrt, so auf dem Bodensee, den großen Seen von Amerika; man denke auch an die Eroberung von Mexiko durch Cortez, der auf dem großen Binnensee, an dem die Hauptstadt lag, eine größere Anzahl von selbsterbauten kleineren Kriegsschiffen fahren ließ. Sogar während des Weltkrieges haben sich auf dem Tanganjikasee kleinere Schiffe bekämpft.

Im allgemeinen sind aber Kriegsschiffe im Binnenlande verschwunden, sie kommen regelmäßig nur bei den unter 2 und 3 genannten Häfen vor. Es ist aber nicht ausgeschlossen, daß sie auf großen Binnenseen wiederkehren können. Den Häfen zu β und γ gehören meistens die unter 1—3 genannten Häfen an.

Streng genommen würden sich somit neun Hafenarten ergeben. Die baulichen Unterschiede sind aber in den meisten Fällen nicht so groß, daß sich eine so weitgehende Unterteilung rechtfertigen ließe. So sind viele Kriegshäfen ein Zwischending zwischen einem Ausrüstungshafen, einem Zufluchtshafen und dementsprechend einer Seefestung. Der Hafen von Helgoland z. B. hat mehr den Charakter eines kriegstechnisch geschützten Zufluchtshafens für kleinere Kriegsschiffe gehabt, als den eines richtigen Kriegshafens.

Auch die Seuchenschutzhäfen gehören innerlich den Zufluchtshäfen an, denn man gewährt den verseuchten Schiffen, die sonst in keinem Hafen Eingang erlangen könnten, einen sicheren Zufluchtsort, in dem sie die Zeit bis zur Seuchenfreiheit abwarten können.

Als letzte Unterabteilungen ergeben sich für Kriegshäfen die nach der Größe der Schiffe und dem Zweck der Häfen als:

Kriegshäfen für den Bau und die Ausrüstung von Schiffen, Kriegshäfen für Linienschiffe und große Kreuzer, solche für kleine Kreuzer, Torpedo- und Unterseeboote.

Für Handel- und Industriehäfen ergibt sich zum Schlusse als Unterteilung:

Häfen für den Verkehr von Menschen,

eigentliche Handelshäfen (Umschlagshäfen) und Industriehäfen.

Dann ist bei den eigentlichen Handelshäfen zu unterteilen nach:

Häfen für Mischgüter und für Massengüter.

Bei den letzteren sind zu unterscheiden: Fischereihäfen, dann Häfen, die dem Verkehr für Kohlen, Erz, Holz (Flöße), Petroleum, Baumwolle, Getreide, Früchte usw. dienen. Meistens handelt es sich hierbei nur um einzelne Hafenbecken. Manchmal dient aber auch der ganze Hafen dem einen Zweck, wie die großen Kohlenhäfen Ruhrort, Cardiff, der Erzhafen Duluth (Nordamerika), der Getreidehafen Mont-Real und andere zeigen. Die Ware, die hauptsächlich umgeschlagen wird, bestimmt dabei die Ausstattung des Hafens, berührt aber die Bauart des Hafens meist nur unbedeutend.

Bei den später folgenden Besprechungen wird zuerst die Eigentümlichkeit der einzelnen Hauptgruppen:

Binnenschiffshäfen, Häfen an Flußmündungen und Seehäfen einzeln hervorgehoben werden, die Ausrüstung mit Fördermaschinen, Eisenbahnanlagen usw. kann aber gemeinsam besprochen werden. Ebenso wird sich über das rein Bauliche eine kurze Betrachtung empfehlen. Rein baulich lassen sich im wesentlichen zwei große Gruppen unterscheiden, die offenen Häfen und die durch Schleusen vom offenen Wasser abgetrennten Dockhäfen. Die schon erwähnten Halbtidehäfen an der See stehen zwischen beiden, haben aber für moderne Anlagen ihre Bedeutung fast ganz verloren.

Da für alle Häfen die gleiche Forderung gilt, daß sie die Schiffe vor Wellengefahr oder Strömung schützen und ihnen den Verkehr unter sich oder mit dem Lande ermöglichen sollen, so ist es klar, daß der Zweck des Hafens meist keinen Unterschied in wasserbaulicher Hinsicht bedingt, sondern daß die Art, wie die Hauptforderung, Schutz gegen die Gefahren des Meeres oder des Stromes, zu erfüllen ist, das kennzeichnende Merkmal für die baulichen Unterschiede ergeben muß. Der Unterschied der Häfen für den vorliegenden Zweck beruht auf den Verschiedenheiten der Meere, ob mit oder ohne starke Gezeiten, der Lage des Hafens zum Meer oder Flusse, der Form des Ufers, Art der Meeres- und Flußströmungen, Gefahr der Verschlickung und Versandung usw.

Die bereits genannte bauliche Einteilung, ob offen oder geschlossen, berücksichtigt auch besonders die praktischen Wirkungen der Häfen in bezug auf den Verkehr der Schiffe mit dem Land.

Diese beiden großen Gruppen lassen sich nun für See oder Flußmündungshäfen noch weiter nach nautischen Gesichtspunkten, also vor allem danach unterteilen, ob der Zugang erfolgt:

1. über eine durch Wellenbrecher gesicherte Reede hinweg;
2. durch eine mit Leitdämmen eingefaßte Einfahrt;
3. direkt aus der Bucht oder dem Fluß ohne künstliche Sicherungen der Einfahrt.

Diese Unterteilung berücksichtigt die baulichen Unterschiede der Haupthafenteile mit. Zweckmäßig werden hierbei die offenen Häfen, die unmittelbar am Meer liegen und nur durch Molen eingefaßt werden, mit unter 1. besprochen. Es gibt viele Fälle, in denen Hafen und Reede dasselbe ist. Dieses ist immer dann der Fall, wenn der Hafen mit Wellenbrechern so groß ist, daß nicht nur Schiffe an seinen Kajen liegen, sondern auch in ihm ankern können, wie es z. B. in Dover, Helgoland usw. der Fall ist. Der Unterschied: offene in das Land hineingebaute Beckenhäfen und offene in große Binnenseen oder das Meer hinausgebaute Häfen mit Wellenbrechern, wird dadurch gleichzeitig mit berücksichtigt.

Die Frage der Durchbrechung der Ufer-(Deich)Linie ist meistens nur an der See, an Meeren mit Gezeiten wichtig, kann aber auch im Binnenlande eine Rolle spielen, wenn man einen Hafen hinter einen Deich legen und nicht das ganze Hafengelände gegen die höchsten Hochwasser ringsherum abschließen will. Meistens wird man dabei im Binnenlande den Hafen nur bei höheren

Wasserständen als Dockhafen verwenden, bei niedrigen und gewöhnlichen Wasserständen aber die Tore offen stehen lassen.

Bei Anlage eines Hafens ist zuerst die Frage, ob offener oder Dockhafen, zu entscheiden. Als Vor- und Nachteile der offenen und geschlossenen Häfen ergeben sich folgende:

Der offene Hafen erspart die Bau- und Betriebskosten der Schleusen, er erleichtert den Schiffahrtsbetrieb, vorzüglich bei Ein- und Ausfahren der Schiffe. Er erhöht aber die Kosten für die Kaimauern, die um den Betrag des größten Wasserstandswechsels höher sein müssen als in Dockhäfen. Der Ladebetrieb kann bei wesentlichem Flutwechsel im Meere und ungenügender Kranausrüstung unbequem und teuer werden. Die Anlage moderner Kräne mindert aber diesen Nachteil auf ein sehr kleines Maß herab. Bei Schlickfall entstehen im offenen Hafen an der See und an der Flußmündung große Kosten für die Fortbaggerung des Schlickes.

Diese Sätze gelten in umgekehrtem Sinne für die Dockhäfen. Aus ihnen erhellt, daß die wesentlichsten Punkte für die Entscheidung das Maß des Flutwechsels und die Schlickgefahr sind. Ist nur ein geringer Flutwechsel und Schlickfall vorhanden, dann wird stets die Anlage offener Häfen vorzuziehen sein, wie es die Häfen von Bremen und Hamburg zeigen.

Vor kurzem ist der Umbau des Geestemünder Fischereihafens vollendet worden. Der bisher offene Hafen wurde in einen Dockhafen umgewandelt. Der Vorgang zeigt, daß bei starkem Schlickfall und großem Wasserwechsel offene Häfen unzweckmäßig sind.

Hinsichtlich der Hafenorganisation sind besonders die Freihäfen zu besprechen.

Ein Teil ihres Aufschwungs verdanken viele deutsche Seehäfen der Möglichkeit, daß sie nach Schaffung entsprechender Absperrvorrichtungen gegen das Inland zum Freihafen und somit zum Zollausland erklärt werden können.

Man unterscheidet Frei**häfen**, in denen man innerhalb des Zollauslandgebietes auch Industrien betreiben darf, wie z. B. in Hamburg, und Freihafen**bezirke**, bei denen man nur Güter im Zollauslandsgebiet lagern darf, wie z. B. in Bremen. Der Freihafen muß gegen das Zollinland allseitig so durch Gitter und Bewachung abgeschlossen sein, daß ein unerlaubter Verkehr zwischen Zollausland und -inland praktisch unmöglich ist. Es müssen deshalb auch die Bezirksbahnhöfe meist mit in den Freibezirk eingeschlossen werden, so daß es sich um ausgedehnte Gitteranlagen von großer Höhe und Stärke handelt.

Die Vorteile des Freihafens oder -bezirks sind vor allem in folgendem zu suchen:

Schiffe, die den Freihafen oder -bezirk anlaufen, unterliegen nicht dem Zollzwang für ihre Waren; Schiffe, die zwischen zwei Freihäfengebieten verkehren, können unter Bewachung durch Zollbeamte mit plombierten Laderäumen ohne weitere Kontrolle von einem Hafengebiet zum anderen durch das Zollinland hindurchfahren. Waren lagern in dem Freihafen dementsprechend ohne Verzollung, können aus ihm wieder abgefahren werden, ohne Zoll entrichten zu müssen. Der Kaufmann spart bei Waren, die vielleicht längere Zeit lagern müssen, ehe sie in das Inland ausgeführt werden, die Zinsen für den Zoll, da letzterer erst nach Überführung in das Inland fällig ist. Im Freihafengebiet kann sofort über die Ware verfügt werden, während im Inlandshafen häufig erst die langwierigen Verhandlungen über die Verzollung durchgeführt werden müssen, ehe die Empfänger an die Waren herankommen können.

Freihäfen sind wegen ihrer größeren Billigkeit besonders für den Umschlagsverkehr geeignet, da, wie bereits betont, die Ware ohne Verzollung wieder ausgeführt werden kann. Erforderlich werden dabei in Freihäfen meist größere

Schuppen und Speicheranlagen, weil die Ware hier länger lagert als in Inlandshäfen. Welche Bedeutung man den Freihäfen beimißt, geht daraus hervor, daß erst kürzlich Kiel einen Freihafen erhalten hat[1]).

b) Lage der Häfen.

1. Die geographische Lage.

Die Lage der Häfen ergibt sich aus dem Zwecke, dem der Hafen dienen soll.

Ein Kriegshafen ist um so besser, je näher er zur See liegt, so daß die Kriegsflotte so schnell als möglich nach der Ausrüstung oder einer Reparatur auf dem Kampfplatz erscheinen kann. Kriegshäfen sind meistens gleichzeitig Seefestungen

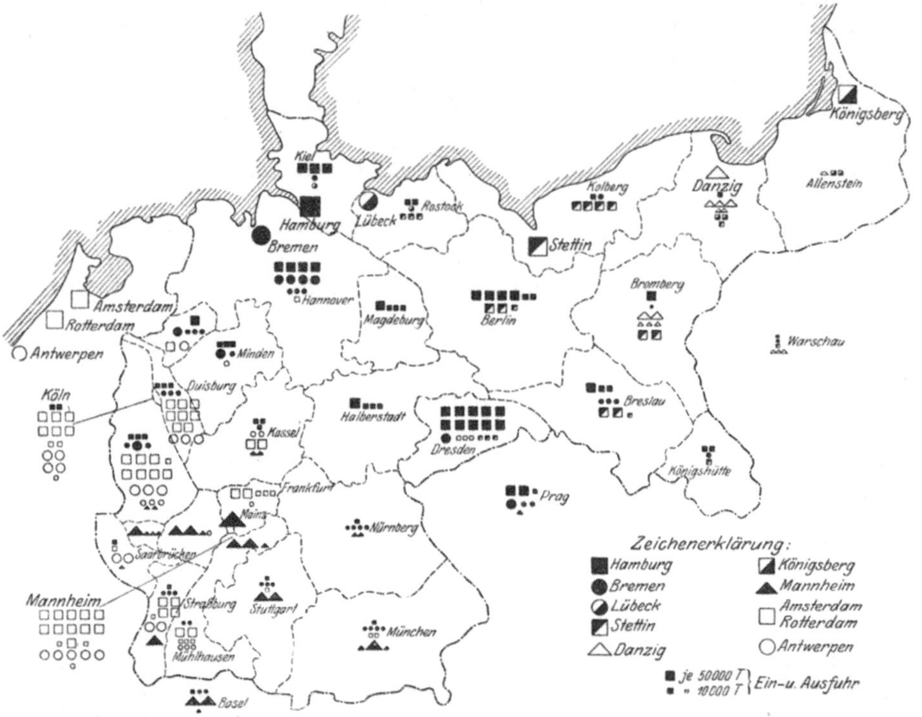

Abb. 767. Verkehrskarte der deutschen Häfen. Maßstab 1 :10 000 000.

und werden deshalb so weit nach der See hinausgeschoben, wie die Rücksicht auf die Sicherheit des Hafens es erlaubt.

Die Lage der Handelshäfen ist von dem Wirtschaftsgebiet, dem sie dienen sollen, abhängig. Bei Seeschiffhäfen ist meistens die Lage um so besser, je weiter im Lande der Hafen liegt. Es ist bereits früher darauf hingewiesen worden, daß die Seefracht nur etwa $^1/_{10}$ so hoch ist wie die Eisenbahnfracht. Man spart somit viele Transportkosten, wenn ein Seeschiffhafen weit landeinwärts liegt. Viele Übersee- und Kolonialprodukte können in den Seehäfen billiger verkauft werden als weit im Binnenlande. Alle großen Seeschiffshäfen liegen entweder an der oberen Grenze des Tidegebietes großer Ströme oder am Ende tief einschneidender Buchten oder sie werden durch Kanäle mit der See verbunden.

Der große Vorsprung Englands liegt z. B. darin, daß alle seine großen Handels- oder Industrieräume dicht an der See liegen, so daß nur geringe Land-

---

[1]) Der Bauingenieur 1924, S. 559.

frachten entstehen. Die englische Ware könnte somit immer um das Maß der in anderen Ländern mehr entstehenden Landfracht billiger sein, wenn die übrigen Bedingungen die gleichen wären, wie die in anderen Ländern.

Die Lage der Binnenhäfen ist einerseits durch die Wasserstraße bestimmt, an der sie liegen, andererseits aber auch durch das Wirtschaftsgebiet. Besonderen Einfluß haben die Gebiete, die an Naturschätzen reich sind; hier ist die Lage um so besser, je näher die Häfen dem Schwerpunkt dieser Naturschätze liegen. So ist z. B. die Lage von Kohlenhäfen am besten, wenn sie das Einladen

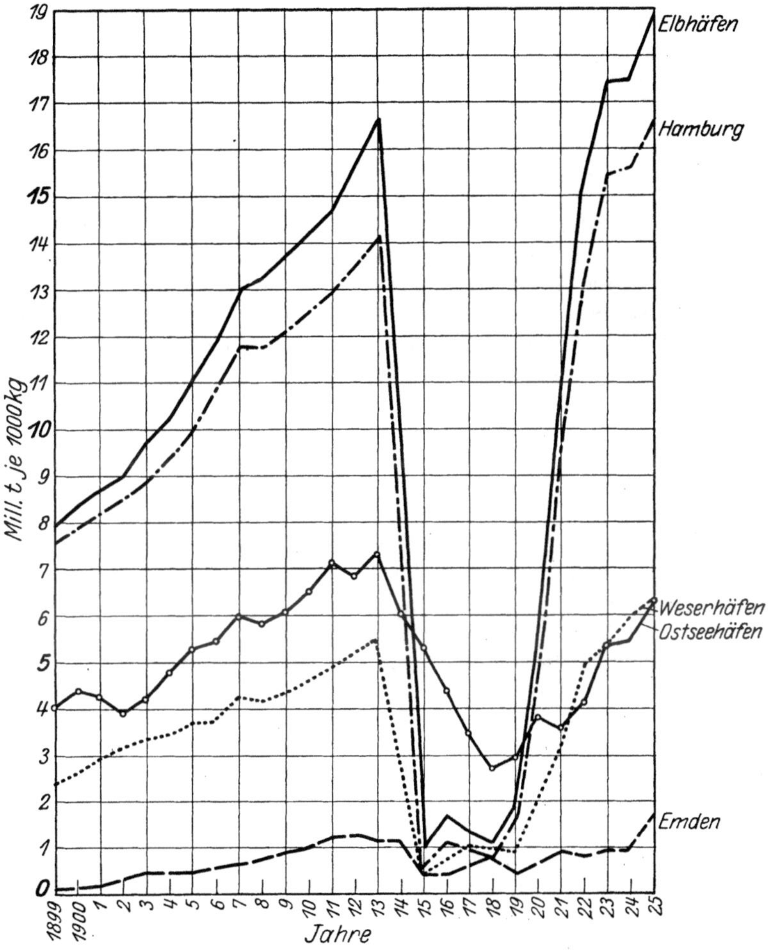

Abb. 768. Seeverkehr der deutschen Häfen, Einfuhr in Tonnen zu 1000 kg.

der Kohle in das Schiff unmittelbar aus der Zeche erlauben, also die Umladung aus dem Eisenbahnwagen in das Schiff ersparen (nasse Zechen). Man wird deshalb manchmal Stichkanäle nicht scheuen, um den Hafen frachttechnisch näher an einen Rohstoffort heranzubringen.

Von entscheidender Bedeutung ist ferner die Lage von großen Häfen zu verkehrsreichen Meeresstraßen. So ist z. B. Singapore gegenüber von Sumatra ein Hafen von außergewöhnlicher Wichtigkeit, weil fast die ganze Europa-Ostasienfahrt an diesem Hafen vorbeigehen muß. Colombo wieder ist der südwestlichste Punkt, der von Schiffen, die an Vorderindien vorbeifahren, berührt wird. Southampton liegt für den Verkehr der Schiffe von Deutschland, Skandinavien und von nördlichen Teilen Frankreichs besonders günstig. Konstantinopel hat eine Bedeutung als Pforte zwischen den Schwarzen-Meer-Ländern und den Mittelmeergebieten, Astrachan ist der Schlüssel zum Wolgagebiet und dem Kaspischen Meere, die Häfen der deutschen Bucht Hamburg-Bremen beherrschen den Außenhandel des größten Teils von Deutschland. Es zeigt sich, daß die reine Gunst einer guten geographischen Lage oft die gleiche Wirkung besitzt wie die Nähe großer Wirtschaftsgebiete.

Ein übersichtliches Bild der Verteilung des Verkehrs (Ein- und Ausfuhr) der deutschen Häfen gibt Abb. 767. Hierin ist z. B. der Gesamtverkehr Hamburgs, ein schwarzes Quadrat, in den vielen kleinen Einzelquadraten in Berlin, Hannover, Leipzig, Prag, Breslau, Oberschlesien usw., wiederzufinden. Man sieht, wie der Einfluß Bremens, ein schwarzer Kreis, auch bis nach Oberschlesien, Leipzig, Prag usw. reicht, wie aber die Rheinflußhäfen fast ganz zum Einflußgebiet von Antwerpen, Rotterdam usw. gehören (Hansa-Kanalfrage). Über die zeitliche Entwicklung der deutschen Häfen nach der Einfuhrstatistik gibt ferner Abb. 768 einen Überblick in Gewichtstonnen zu 1000 kg. Man erkennt den gewaltigen Aufstieg der deutschen Häfen vor dem Weltkriege, den Abfall bis 1919 und den neuerlichen Aufstieg. Die Ostseehäfen haben im Weltkriege weniger gelitten als die Nordseehäfen, in denen der Verkehr fast verschwunden war. Die Weserhäfen allein haben 1923 einen ebenso großen Verkehr wie die ganzen deutschen Ostseehäfen, die Elbhäfen einen über dreimal so großen. Hierin zeigt sich der Einfluß der geographischen Lage. Der Einfuhr entsprach in Hamburg für 1900—1913 eine Ausfuhr von 47 vH. Es entfiel auf 1 NRT. Einfuhr 1,19 Gew./t je 1000 kg, auf 1 NRT. Ausfuhr nur 0,56 t. In Bremen ergeben sich ähnliche Verhältnisse, in Emden ein günstigeres Verhältnis zwischen Ein- und Ausfuhr.

2. Die örtliche Lage.

Sobald die richtige geographische Lage eines geplanten Hafens herausgefunden ist, wie es z. B. bei dem Erwerb von Tsingtan nötig war, oder wenn ein bestehender Hafen vergrößert werden muß, dann ist für die Hafenbecken die örtliche Lage zu bestimmen. Sie kann oft in gewissen Grenzen abgeändert werden. Bei Küstenhäfen richtet sich die örtliche Lage nach der Richtung des stärksten Seeganges, nach den vorherrschenden oder stärksten Winden und nach der Sandbewegung an der Küste. Für eigentliche Seehäfen ist dabei oft eine Reede vor dem Hafen notwendig. Wenn eine solche erbaut wird oder durch die Natur gegeben ist, dann kann die Lage der Hafenbecken selbst meist nach Belieben gemäß der vorhandenen Örtlichkeit gewählt werden. Ist aber keine Reede vor einem Küstenhafen möglich oder ist sie vielleicht entbehrlich, dann wird die Lage des Hafens vorwiegend durch die Lage der Einfahrt bestimmt. Reede und Einfahrt werden in einem besonderen Abschnitt behandelt werden. Es wird bei dem Seehafen die Rücksicht auf die gute Ansteuerung und die sichere Ein- und Ausfahrt alle anderen Momente überwiegen müssen. Die einfachste Lage erhalten die Küstenhäfen, wenn sie in einzelnen offenen Becken gleichlaufend mit dem Ufer angeordnet werden, wobei der Schutz vor den Wellen durch große Molenbauten geschaffen wird, die gleichlaufend mit dem Ufer liegen, vgl. z. B. Abb. 769 den Hafen von Marseille. Diese Form wird für Küstenhäfen meist dem Bau von Becken hintereinander im Lande vorgezogen werden.

Bei Flußmündungshäfen wird die Lage durch diejenige Strömungsrichtung bestimmt werden, bei der die Schiffe vorwiegend in die Einfahrt einfahren sollen. Man wird dem Hafen eine solche Lage geben müssen, daß seine Einfahrt in der Richtung der Strömung liegt, bei der gefahren werden soll, so daß die Schiffe gegen die Strömung einfahren müssen. Hierdurch wird das Einfahren stark erleichtert, weil die Schiffe bei Fahrt gegen die Strömung steuerfähiger sind als bei Fahrt mit der Strömung. Bei Bremerhaven ist z. B. der Hafen nach der See zu gelegt worden, weil die Einfahrt in Richtung der Flutströmung, also weseraufwärts, liegt. Die Schiffe sollen somit bei Flut oder Kentern der Flut einfahren. In Emden dagegen sind die Hafenbecken nach der Landseite zu entwickelt worden, weil die Einfahrt in der Richtung des Ebbestromes liegt. Die Schiffe werden hier somit am besten entweder bei Ebbe oder während des Kenterns der Ebbe einfahren. An Mündungen ohne Ebbe und Flut wird man die Häfen so legen, daß die Einfahrt stromab gelegen ist. In allen Fällen wird man sich für den Hafen eine Lage aussuchen, bei der die Einfahrt in tiefes Wasser hineinführt, das werden gewöhnlich die hohlen Ufer sein. Nur in ganz seltenen, durch irgend welche besonderen örtlichen Verhältnisse bedingten Fällen (besondere Lage einer Stadt, vorhandene alte Hafenanlagen usw.) wird man von dieser Grundregel abweichen dürfen, sich dabei aber der Gefahr bewußt sein, daß man die Einfahrt zum Hafen durch dauernde kostspielige Baggerungen freihalten muß. Meist wird es sich empfehlen, dieses Experiment nicht zu wagen.

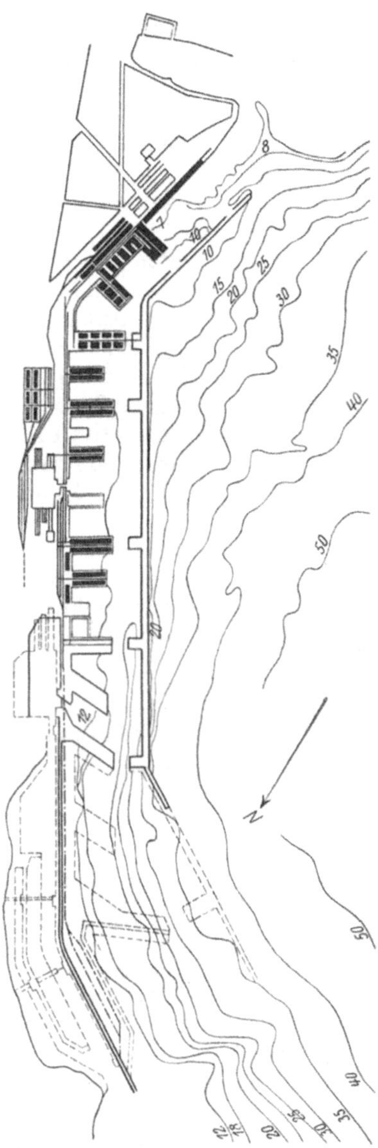
Abb. 769. Marseille. Maßstab 1 : 52 000.

Für Binnenhäfen am Fluß sind die gleichen Gesichtspunkte maßgebend wie vorstehend angeführt. Wenn irgend möglich, wird man die Einfahrt stromab legen. Aus der Tatsache aber, daß man Durchstiche mit Schleusen bauen kann, bei denen ein Arm stromaufwärts weist, kann man die Berechtigung herleiten, im Notfalle auch Häfen mit stromaufwärts zeigender Mündung anzulegen, wenn die Lage der Stadt dies erfordert. Auch hier wird häufige Baggerung in der Einfahrt die Folge sein. Diese Kosten können aber oft weniger schwerwiegend sein als eine falsche Lage zur Stadt, vor allem zu einem gut gelegenen Übergabebahnhof. Kanalhäfen sind in ihrer Lage am freiesten. Wenn keine Strömung vorhanden ist, wie es meist der Fall ist, dann kann man den Hafen normal zum Kanal in das Land hineinlegen. Man wird hier die Landform und die Rücksichten auf Ortschaften, Bahnanlagen usw. bestimmen lassen.

c) Die Hafeneinfahrt.

1. Einfahrten für Küstenhäfen und Reeden.

Im vorstehenden Absatz ist bereits vielfach von der Hafeneinfahrt als bestimmendem Einfluß für die Lage des Hafens gesprochen worden. Die Einfahrt zu einem Hafen oder einer Reede ist von ganz besonderer Wichtigkeit für

Küstenhäfen, die einer künstlich geschützten Einfahrt bedürfen. Eine gute Einfahrt soll so liegen, daß sie allen Schiffen bei jedem Wetter und Wind das Einlaufen, großen Dampfern auch jederzeit das Auslaufen ermöglicht. Liegt der Hafen am tiefen Meere, so wird die Einfahrt in einfacher Form durch eine Lücke in dem Wellenbrecher gebildet. Liegt zwischen dem Hafen oder der Reede und dem tiefen Meere noch ein Streifen flachen Wassers, dann muß eine tiefe, möglichst gerade und breite Zufahrtrinne, die Hafenstraße, die meist seitlich durch Molen geschützt wird, hergestellt werden. Die Breite der Hafenstraße schwankt je nach Größe und Tiefgang der Schiffe, Seegang usw. zwischen 120 und 1500 m. Sie wird betonnt und befeuert, so daß sie auch nachts befahrbar ist. Das seeseitige Ende der Molen einer Hafenstraße bildet oft die eigentliche Einfahrt.

Die Lage der Einfahrt wird stets bestimmt durch die Richtungen des stärksten Seegangs, der Küstenströmungen und der stärksten Winde. Da diese Einflüsse aber bei jedem Hafen andere sind und die Änderung von Stärke oder Richtung eines der drei Punkte völlig neue Zusammensetzungen ergibt, lassen sich keine festen Regeln für die Anlage aller Arten von Mündungen aufstellen[1]).

Nur für die einfachen Mündungen am offenen Meer oder die weiten Flußmündungen ist die Aufstellung solcher Regeln möglich. Die Regeln müssen aber auch oft sinngemäß nach den örtlichen Verhältnissen abgeändert werden. Sie sind im „Handbuch der Ingenieur-Wissenschaften"[2]) von Ludwig Franzius klar dargestellt worden und werden daher übernommen.

Regeln für einfache Mündungen am offenen Meere oder an weiten Flußmündungen:

1. Die Mündung soll von allen Teilen des Hafens am weitesten seewärts liegen, damit sie mit der geringsten Gefahr anzulaufen ist und damit das Schiff bei etwaigem Verfehlen der Mündung noch seitwärts „Seeraum" findet, um wenden zu können.

Diese Regel gilt vor allem für die Mündungen von Häfen und Reeden, die durch Wellenbrecher geschützt sind.

2. Die Einfahrtsrichtung soll bei genügendem Raum des Vorhafens mit der Richtung des heftigsten Seegangs zusammenfallen, damit das einlaufende Schiff von ihm geleitet und nicht seitwärts gegen die Wände der Mündung geworfen wird.

Ebensowenig wie der stärkste Seegang quer an der Mündung vorbeilaufen darf, darf eine Strömung dieses tun. Beide können ein im Einfahren begriffenes Schiff auf die Mole werfen. Die Regel gilt ferner nur bei im Verhältnis zur Mündungsbreite großen Vorhäfen. Das Verhältnis der Mündungsbreite zur Hafenfläche soll so sein, daß der Seegang durch die plötzliche Erweiterung nach Durchlaufen der Mündung so geschwächt wird, daß er den Schiffen nicht mehr gefährlich wird; vgl. hierfür auch Regel 5 und S. 64/65.

Auch selbst bei großen Vorhäfen darf Regel 2 nicht angewendet werden, wenn nahe der Einfahrt häufiger Schiffe liegen müssen, die dann dem Seegang ausgesetzt wären.

3. Die Mündung soll bei ungenügendem Raum des Vorhafens einen spitzen Winkel bis etwa 70° mit dem heftigsten Seegang bilden, aber alsdann nach der Seite, von welcher er kommt, mit einem Flügeldamm gedeckt werden, damit das Schiff in seinem Schutz die Mündung einlaufen kann.

4. Die Einfahrtsrichtung soll mit den herrschenden Winden nicht zusammenfallen, sondern einen zum Ein- und Aussegeln genügenden Winkel von mindestens 65° bilden.

Wird der Winkel zwischen Wind und Einfahrtsrichtung spitzer als 65°, dann kann bei Wind von der See her ein Segelschiff zwar bequemer einlaufen, aber nicht mehr auslaufen.

---

[1]) Es entwickelt sich hier eine Aufgabe großen Umfanges für die Wasserbaulaboratorien.
[2]) H. d. I. 4. Aufl., Dritter Teil, Bd. 11, Kap. 2, Seeschiffshäfen, S. 70. Verl. Engelmann.

5. Die Mündung soll nie weiter sein, als das sichere Einlaufen erfordert, damit innerhalb der Seegang möglichst geschwächt werde.

Als Mindestweite für Häfen mit kleinen Schiffen kann 30 m, für Häfen mit großen Schiffen 200 m gelten. Als Größtmaß der Breite der Einfahrten ist etwa 300 m anzusehen. Die Breite soll wenigstens so groß sein, daß die beiden größten im Hafen verkehrenden Segelschiffe sich ohne Gefahr in der Einfahrt begegnen können. Hierbei ist die breite Takelage der Segelschiffe an Stelle der Rumpfbreite maßgebend.

Führt ein sandhaltiger Küstenstrom am Hafen vorbei, dann soll die Mündung so breit sein, daß bei Ansteigen des Meeres (z. B. durch Gezeiten) die Strömung in den Hafen hinein nicht so stark wird, daß sie den Sand des Küstenstromes mit in den Hafen führt.

6. Wo in der eigentlichen Mündung noch heftiger Seegang stattfindet, soll nahe dahinter eine erhebliche Erweiterung folgen, damit die einlaufenden Wellen ihre Höhe und Kraft verlieren und damit die Schiffe die geeignetsten Wendungen machen können.

Bei den Leistungen der heutigen Bagger und der Verbilligung der Baggerarbeit sollten bei Einfahrten mit Molen letztere stets nach der See zu sich einander nähern, wenn häufig ein starker Seegang vor der Einfahrt steht. Dieser Grundsatz wurde früher meist nicht befolgt. Man legte die Leitdämme gleichlaufend an, um den Spülstrom zusammenzuhalten und dadurch der Versandung vorzubeugen. Der große Fehler solcher Mündungen ist aber, daß sie den Seegang in unveränderter Stärke bis in den Hafen hineinleiten. Vgl. die Formel über Wellenabschwächung S. 65.

Selbst bei Flußmündungen sollte man bei großem Seegang heute lieber auf die Vermehrung der Spülwirkung weniger Wert legen als auf die Beruhigung des Seeganges und die Leitdämme nach außen hin einander nähern. Die etwas größeren Sandablagerungen müssen dann mit Hilfe von Baggern beseitigt werden.

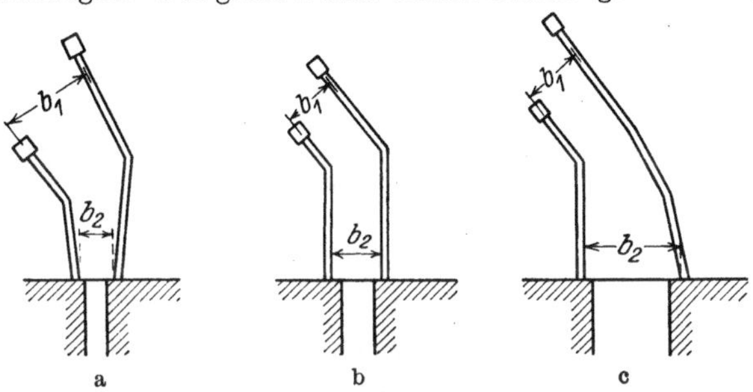

Abb. 770 a bis c. Richtige und falsche Anordnung von Wellenbrechern. a Falsch. b Unzweckmäßig. c Zweckmäßig.

7. Die Mündung soll, wo noch heftiger Seegang stattfindet, nie von außen nach innen sich trichterförmig verengen, weil dadurch eine Verstärkung der Wellen hervorgerufen werden würde[1]).

8. Die am weitesten vortretenden Teile der Mündung sollen möglichst steil, eben und glatt sein.

Über die Höhe der Leitdämme gilt das gleiche wie bei den Wellenbrechern.

Soll die Zufahrt zu einem Hafen nun allen angeführten Regeln genügen, dann wird es oft nötig sein, statt einer Einfahrt mehrfache Mündungen anzulegen. Es kann vorkommen, daß heftiger Seegang abwechselnd aus verschiedenen Richtungen kommt, daß die Hauptwindrichtung nicht mit der des stärksten Seegangs zusammenfällt oder daß starke Strömungen in wechselnder Richtung am Hafen vorbeifließen, wie es z. B. bei Tideströmungen meist der Fall ist. Zwei oder gar drei Einfahrten müssen dann so gelegt werden, daß die eine stets zugänglich ist. Jede einzelne Einfahrt ist so weit als möglich im Einklang mit obigen Regeln anzulegen.

2. Die Einfahrt für Binnenhäfen.

Wie bereits gesagt, soll die Einfahrt für Flußhäfen möglichst flußabwärts geneigt sein. Die Richtung der Einfahrt soll dabei einen spitzen Winkel mit der Flußrichtung haben, nicht aber etwa tangential in den Fluß hineinlaufen. Der

[1]) Eine solche Form erleichtert anscheinend die Einfahrt, erschwert aber das Steuern in der Mündung.

Winkel, den die Richtung der Einfahrt mit der Richtung der Flußströmung bildet, soll etwa 20° bilden. Er wird aber oft größer sein, wenn die Lage der Becken das erfordert. Schon ein Winkel von 45° führt oft zu unbequemen Verhältnissen bei der Einfahrt. Nur bei ganz geringer Strömung ist man bis zu 60° gegangen, das wird aber meistens nicht zu empfehlen sein. Man soll die Einfahrt in die ausbuchtenden Ufer legen, da hier eine genügende Tiefe stets gewährleistet ist. Ist diese Lage aus örtlichen Gründen unmöglich, dann soll man die ausbuchtenden Ufer möglichst oberhalb der stärksten Sandbankbildung wählen, also möglichst vor dem Scheitel der Krümmung (Abb. 146a, S. 144). Hier ist noch eine gewisse Beständigkeit vorhanden, wenn auch Baggerung meist nicht vermieden werden wird. Einfahrten normal zur Richtung des Wasserlaufs müssen, ausgenommen bei Kanälen, grundsätzlich als ausgeschlossen gelten.

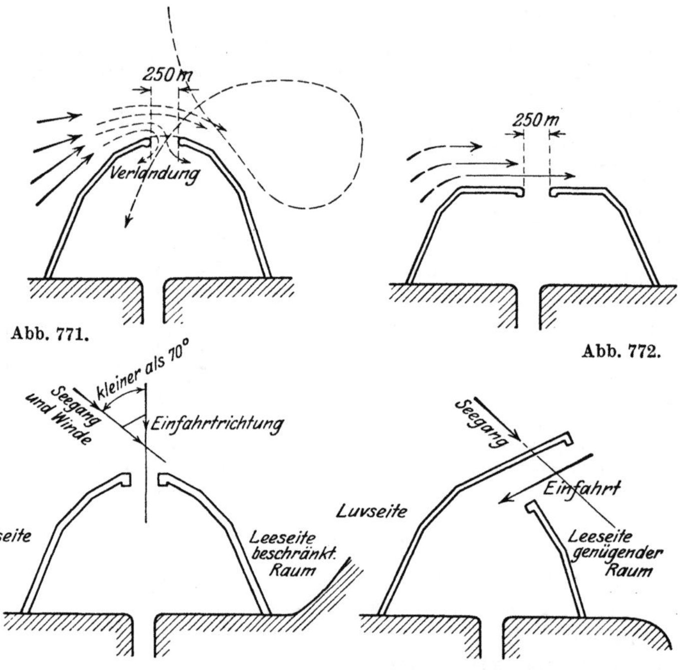

Abb. 771—774. Ausbildung der Molen und Wellenbrecher. Maßstab 1 : 750 000.
Abb. 771. Vorteil: Wenn Einfahrt verfehlt, kann gewendet werden.
Abb. 772. Vorteil geringer Verlandung durch Küstenströmung.
Abb. 773. Gut bei beschränktem Raum leeseitig. Abb. 774. Gut bei genügendem Raum leeseitig.

Die Breite der Einfahrt sollte möglichst wenigstens vier Schiffsbreiten betragen, nicht unter drei Schiffsbreiten der größten verkehrenden Kähne heruntergehen. Dabei findet folgende Beziehung statt: je spitzwinkliger eine Einfahrt in den Fluß hineinläuft, desto enger muß sie sein. Bei sehr spitzwinkliger Mündung wird der Fluß an dieser Stelle auf große Länge verbreitert, die Verbreiterung führt mit Sicherheit zu Sandablagerungen; sie sind um so kleiner, je schmäler die Einfahrt ist. Das Einfahren in eine solche Einfahrt ist sehr einfach, da das Schiff nur wenig von der Flußrichtung abzuweichen braucht, deshalb darf die Einfahrt auch schmaler sein. Sowie der Winkel aber größer ist, dann ist die Strecke der Flußerweiterung kürzer, das Einfahren aber schwieriger, deshalb die Notwendigkeit und auch die Möglichkeit recht weiter Einfahrten.

Die Breite der Einfahrten dürfte zwischen 25 und 75 m schwanken, die Einfahrt zum Hafen von Breslau hat 25 m Breite, die zum Mainzer Hafen 55 m, die zum Lauswardhafen bei Düsseldorf 75 m. Bei Kanalhäfen wird man über die dreifache Breite nicht hinauszugehen brauchen, wenn keine Strömung vorhanden ist. Handelt es sich aber um die Schiffahrt auf einen Kraftwasserkanal, dann finden die gleichen Gesichtspunkte Platz wie bei den Flüssen, nur fällt die Rücksichtnahme auf die Geschiebewanderung fort.

Die Hafeneinfahrten müssen auch bei Flüssen bis in das tiefe Wasser geführt werden, die Länge der Molen ist durch die Streichlinie des Flusses begrenzt. Es ist hier nun meist nicht notwendig, die Einfahrten durch steile Molen einzufassen, es werden Böschungen genügen. Diese Böschungen können durch Abpflasterung steiler als die übrigen Ufer gehalten werden, wobei vielfach Böschungen 1:1 verwendet werden. Ist der Flußhafen vom Strom nur durch eine schmale Landzunge an der Einfahrtsstelle getrennt, dann genügt eine Lücke in diesem Trennwerk.

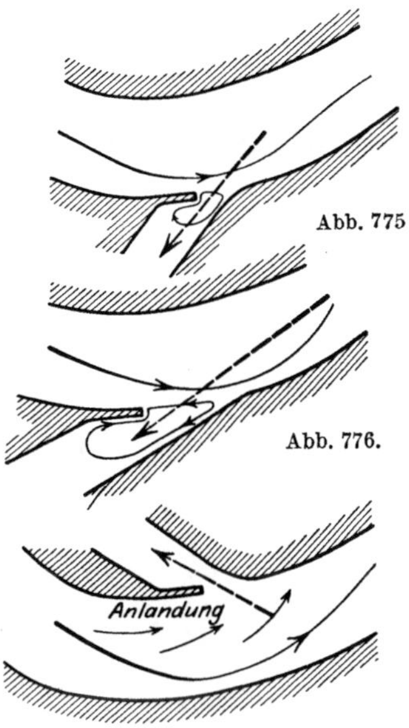

Abb. 775

Abb. 776.

Abb. 777.

Abb. 775—777. Hafeneinfahrten.

Abb. 775. Zweckmäßige Neigung ..... geringe Verlandung.

Abb. 776. Winkel zu spitz, große Walze, schnell verlandet.

Abb. 777. Unzweckmäßige Lage am ausbiegenden Ufer. Einfahrt wird immer wieder zugeworfen.

Eine Ausnahme von der Regel, daß die Einfahrt möglichst stromab liegen soll, machen die Floßhäfen. Die Flöße werden stets stromab geführt, sie sind sehr unhandlich und ihrer großen Länge wegen wenig steuerfähig. Man hat deshalb die Einfahrt für die Floßhäfen oft stromauf gelegt, so daß die Flöße mit der Strömung in den Hafen einschwimmen können. Sobald aber Flöße durch Dampfer geschleppt werden, dann kann man sie auch in Einfahrten, die stromab gerichtet sind, hineinbringen. Die Flöße werden dabei nicht in ihrer Richtung umgekehrt, sondern man fährt mit dem Floß so lange an der Einfahrt vorbei, bis das obere Ende unterhalb der Einfahrt liegt. Sie werden dann mit dem oberen Ende voran in den Hafen eingeschleppt.

3. Beispiel für Hafeneinfahrten.

Die Lage der Einfahrt der Hamburger und Bremer Häfen ist aus Abb. 975 u. 976, S. 754 u. 755 zu ersehen.

Die Einfahrt in ein Haff, die zugleich Hafeneinfahrt ist, zeigt Abb. 758, S. 600, das Pillauer Seetief.

Das Pillauer Seetief ist gleichzeitig Flußmündung und Hafeneinfahrt. Als erstere ist sie bereits betrachtet. Die Molen sind nur schwach von dem Meere nach dem Haff zu erweitert von 362 m auf 500 m Weite. Der Seegang kann daher ohne wesentliche Schwächung das Tief durchlaufen. Trotzdem ist dieser Umstand für den Hafen von Pillau nicht als besonders schädlich zu bezeichnen, weil die eigentliche Hafenmündung sehr eng gehalten werden konnte und die Wellen in dem Hafen eine wesentliche Beunruhigung des Wassers nicht hervorrufen können.

Wegen seiner Breite ist das Seetief für das Einlaufen auch von Segelschiffen sehr bequem.

Der Hafen von Calais. Abb. 778. Calais liegt Dover gegenüber. Ein großer Teil des Verkehrs vom Festlande nach London geht über diese Linie. Der rege Personenverkehr forderte einen Hafen, der zu jeder Zeit angelaufen werden kann, damit der anschließende Schnellverkehr zu Lande sich glatt abzuwickeln vermag.

Die Einfahrt wird durch zwei durchbrochene Molen in einem Abstand von 125 m gebildet. Der Hauptwind kommt aus westlicher Richtung; aus diesem Grund ist der westliche Leitdamm länger als der östliche, so daß einfahrende Schiffe bei westlichen Winden davor bewahrt werden, auf die östliche Mole geworfen zu werden.

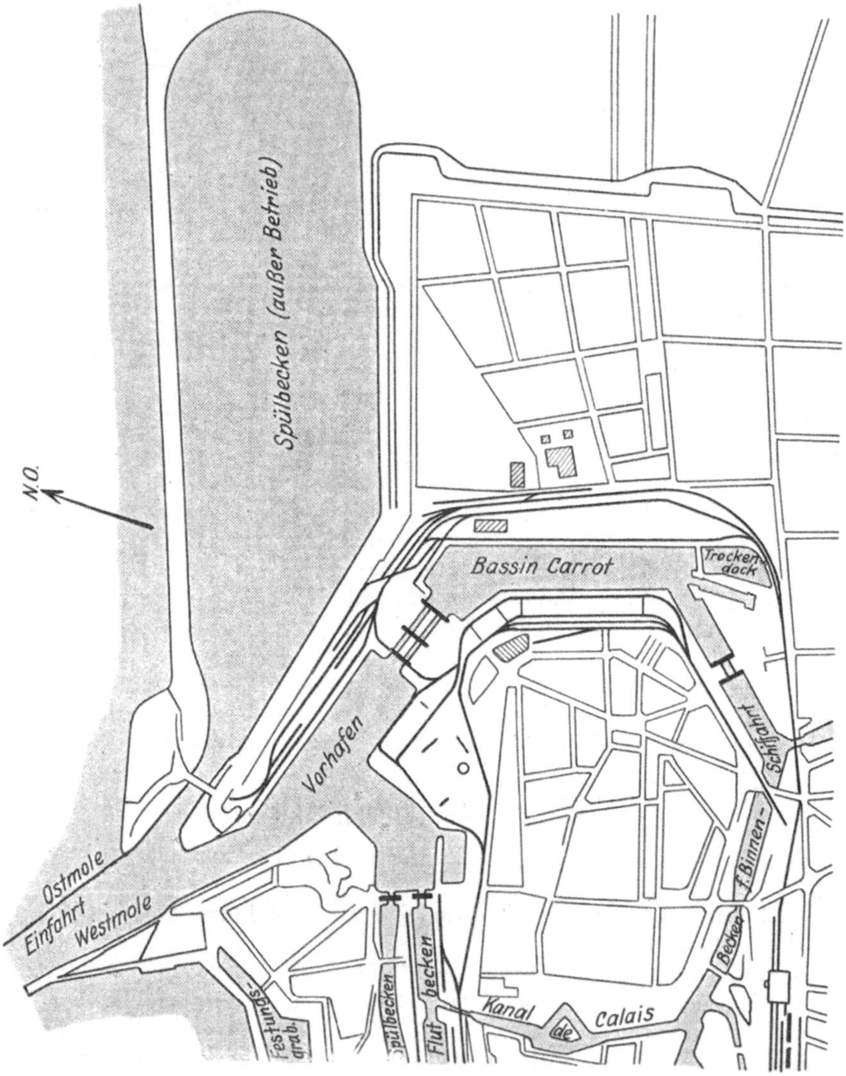

Abb. 778. Hafen von Calais. Maßstab 1 : 20 000.

Die Einfahrt war früher schmäler, so daß die Schiffe damals stets in der soeben genannten Gefahr schwebten. Der östliche Leitdamm ist deshalb abgebrochen und weiter nach Osten neu erbaut worden. Die Lage, der Abstand und die Länge der Leitdämme hat sich bisher als zweckmäßig bewährt. Die Tiefe in der Einfahrt beträgt 8,85 m unter Hochwasser-Nippfluten, bei Springfluten 10,75 m. Die Einfahrt leidet unter Schlickfall. Zur Erhaltung der Tiefe ist ein großes Spülbecken von 100 ha Grundfläche östlich der Einfahrt angelegt, aber nicht in Betrieb genommen worden. Es sind keine Tore mehr in die Spülschleuse eingebaut und sollen auch nicht eingebaut werden. Es wird die Baggerung vorgezogen, weil der Erfolg der Spülung für zu gering gehalten wird.

Eine ähnliche Lösung findet sich in Libau (Abb. 779) für Ostseeverhältnisse. Hier sind aber vor die Einfahrt noch Wellenbrecher gelegt worden, um so eine größere Reede zu schaffen.

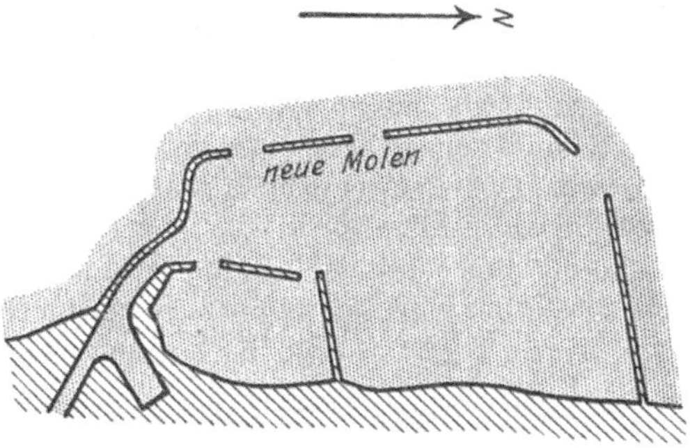

Abb. 779. Molen des Hafens von Libau. Maßstab 1:85000.

d) Die Reede.

1. Binnenreeden.

Eine Reede kann bei allen Hafenarten auftreten. Ihre größte Bedeutung hat sie bei Seehäfen, aber auch große Binnenhäfen weisen diesen Teil eines Hafens auf, dann aber meist als natürliche Reede. Große Binnenhäfen, wie der Hafen von Ruhrort, von Magdeburg, haben als natürliche Reede den Strom, an dem sie liegen. Diese Binnenreede wird weniger als Warteplatz der Schiffe, ehe sie in den Hafen einfahren können, gebraucht, sondern als Warteplatz bei der Abfahrt. Solche Binnenreeden werden meist dort nötig sein, wo eine Zusammenstellung von Fahrzeugen zu neuen Schleppzügen stattfindet, also entweder an großen Häfen mit Rohstoffumschlag oder auch an der Einmündung großer Binnenkanäle. Beides ist in Ruhrort der Fall. Die Vollendung des Mittellandkanals wird auch an die Reede von Magdeburg größere Anforderungen stellen. Die Reede vor einem Binnenhafen sollte so tief sein, daß sie das Liegen der Fahrzeuge bei jedem Flußwasserstand gestattet[1]). Wenn das wegen mangelnder Regelung des Flusses nicht möglich ist, dann müssen die Schiffe bei zu niedrigen Wasserständen im Hafen bleiben, es hört dann der Schiffsverkehr auf diesem Strome auch von selbst auf. Das gleiche tritt auf, wenn das höchste schiffbare HW. überschritten wird oder wenn Eisgang eintritt. Die Benutzung einer Flußreede wird somit durch die beiden genannten Wasserstände und auch durch die Zeit des Eisganges eingeschränkt. Die Binnenreede hat eine besondere Bedeutung bei großen Strömen, wenn ein Hafen oder Kanal durch Schleusen gegen den Fluß abgeschlossen ist (Rhein-Herne-Kanal).

2. Die Reede bei Seeschiffshäfen.

Auch hier kann eine Reede von Natur aus bei offenen Häfen vorhanden sein oder auch aus besonderen Gründen künstlich erbaut werden, meist finden wir die Reede vor Dockhäfen. Die schönsten und größten Reeden sind von der Natur selbst gebildet worden. Reeden wie die Kieler Bucht (eine der schönsten Reeden der Erde), die Schelde vor Antwerpen, die Weser bei Bremerhaven, die Themse und viele andere können durch die Kunst des Ingenieurs nur selten erreicht werden. Es sind aber auch einzelne künstliche Reeden geschafft worden, die einen weithinreichenden Ruf besitzen, so die Reede von Dover, Cherbourg, Ymuiden usw. Ihre Erbauung ist meist notwendig gewesen, um die frühere offene Reede, die ungenügend gegen den Wellenschlag geschützt war, in eine geschlossene und damit besser geschützte Reede zu verwandeln. Das Haupterfordernis einer guten Reede ist demgemäß ein genügender Schutz gegen den

[1]) Auch bei plötzlichem HW. soll die Reede Flußschiffen Platz gewähren, wenn der Flußhafen gegen das HW. durch Tore geschlossen werden muß.

Seegang, so daß die vor Anker liegenden Schiffe nicht losgerissen werden können. Zu welchen Unglücksfällen der ungenügende Schutz einer Reede führen kann, zeigte der Untergang der vier deutschen und amerikanischen Kriegsschiffe, die auf der Reede von Apia (Samoa) am 16. 3. 1889 scheiterten.

Die Anforderungen an eine gute Reede sind neben der nach ruhigem Wasser eine genügende Tiefe. Die Tiefe soll der sonst notwendigen langen Ankerketten wegen höchstens 100 m betragen, ist jedoch oft viel weniger, 12 bis 25 m. Bei mittleren Tiefen unter 100 m genügt noch eine Kabellänge (225 m) für die Ankerkette. Die Tiefe muß mindestens so groß sein, daß ein Schiff, das vor Anker liegt und dabei auf- und niedergeht, nie den Grund berühren kann, das Schiff soll den Sturm abreiten können. Je nach der Größe des Seegangs und des Schiffes

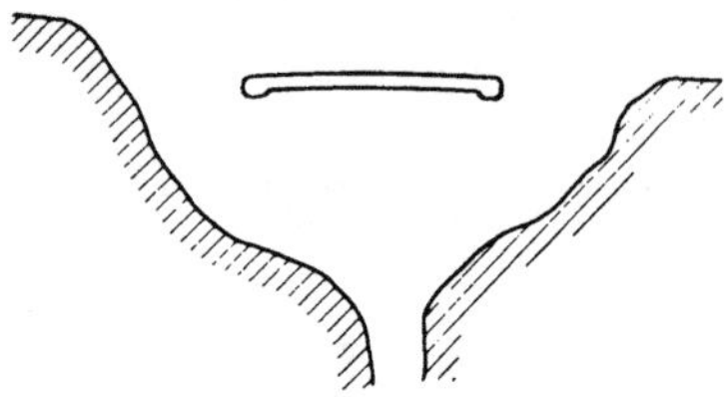

Abb. 780.

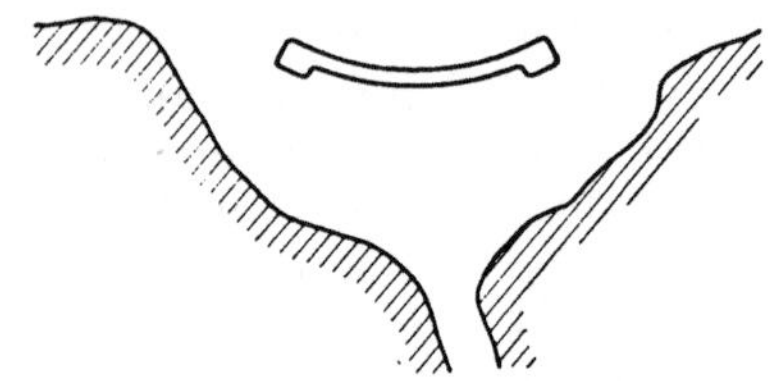

Abb. 781.

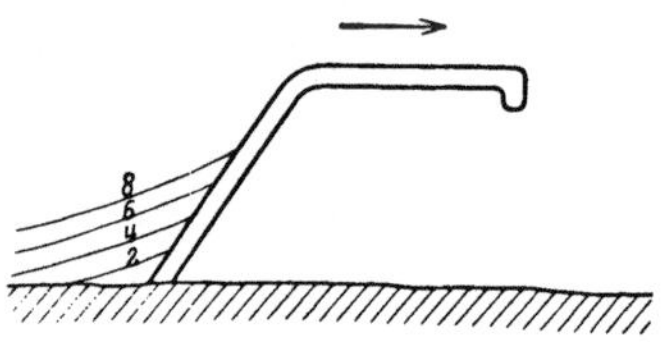

Abb. 782.

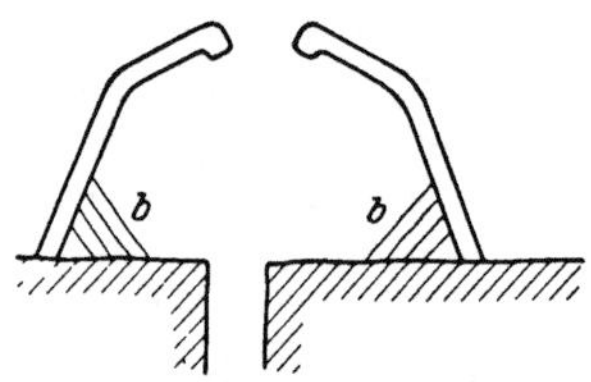

Abb. 783.

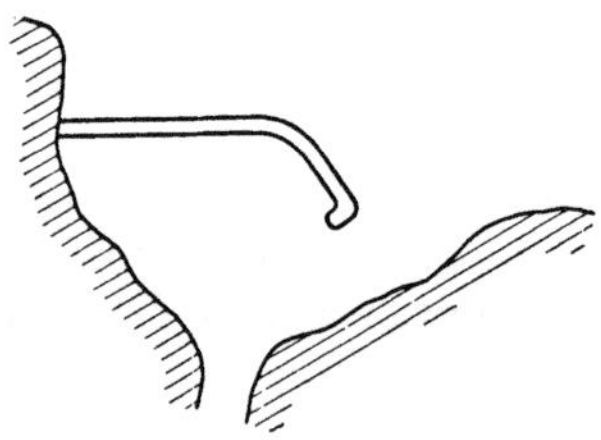

Abb. 784.

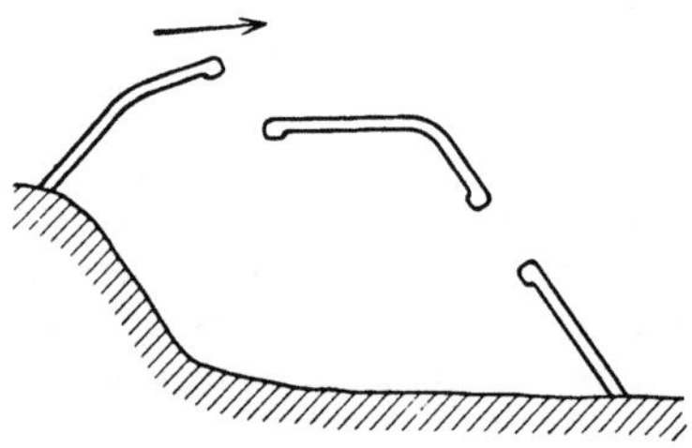

Abb. 785.

Abb. 780–785. Reedeformen.

müssen 2 bis 4 m Spielraum unter dem Kiel vorhanden sein. Für große Schiffe sollte die Wassertiefe nicht unter 20 m betragen, weil sonst die Anker leicht ungenügend halten und das Schiff vertreibt. Je flacher die Reede, desto kürzer wird die Ankerkette und desto unmittelbarer werden die Stöße auf den Anker übertragen. Eine lange schwere Kette hängt immer in großem Bogen, sie muß durch den Stoß auf das Schiff erst gespannt werden. Der Grund guter Reeden soll aus Sand oder weichem Ton bestehen, in dem die Anker gut festhalten. Fester Ton, Fels oder gar tiefer Schlamm ist ein schlechter Ankergrund. Große Steine und Schiffstrümmer müssen von jeder Reede entfernt werden. Der Abstand, in dem die Schiffe von einander ankern dürfen, muß derart sein, daß die Schiffe, die bei Wechsel des Windes um den Ankerpunkt herumschwenken (schwojen), sich nicht berühren können. Bei ruhigem Wetter genügt eine Länge der Ankerkette gleich der dreifachen Wassertiefe, bei Sturm muß die Länge oft das Sechsfache betragen. Ist die Reede zu klein, dann müssen die Schiffe an beiden Enden verankert werden.

Künstliche Reeden erhalten zweckmäßig folgende Flächengröße: Für kleine Schiffe bis zu 150 t Gehalt 1 ha, für größere von 100 m 10 bis 15 ha, für

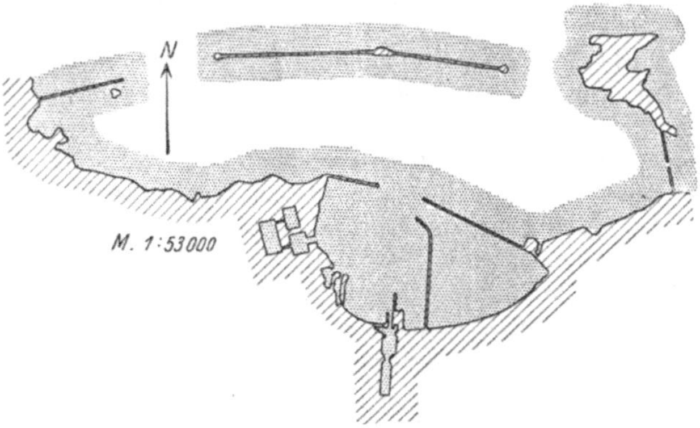

Abb. 786. Molen des Hafens von Cherbourg.

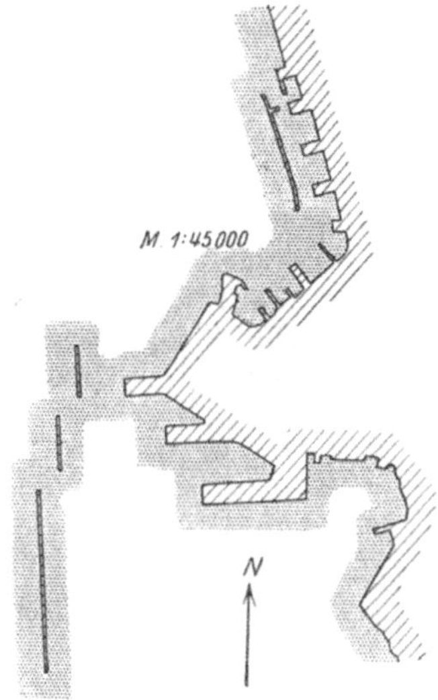

Abb. 787. Molen des Hafens von Triest.

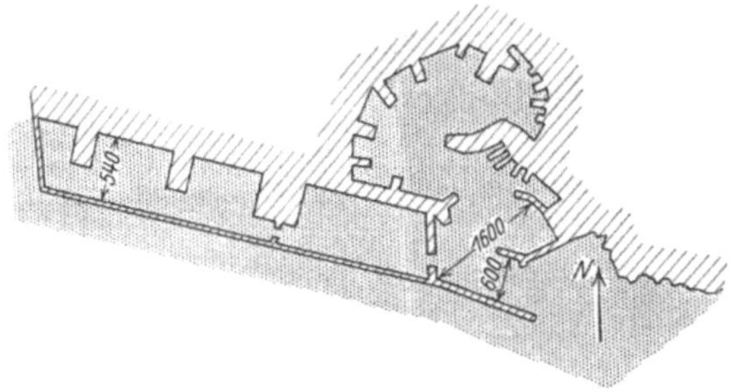

Abb. 788. Molen des Hafens von Genua. Maßstab 1 : 16 500.

ganz große bis zu 200 m Länge etwa 40 ha Wasserfläche für ein Schiff. Diese Zahlen setzen voraus, daß die Tiefe der Reede das notwendige Mindestmaß nicht wesentlich übersteigt, andernfalls wird die Ankerkette länger und die erforderliche Fläche größer.

Aus der Zahl der Schiffe, die gleichzeitig auf der Reede liegen sollen, deren Größe und deren Wassertiefe läßt sich dann die notwendige Fläche, die man einer künstlichen Reede geben muß, bestimmen. Der Schutz der Reede gegen den Seegang wird durch Wellenbrecher erreicht. Ihre Lage und Linienführung richtet sich nach der Form des Ufers, der Größe der Reede, den Küstenströmungen und dem Hauptseegang. Be-

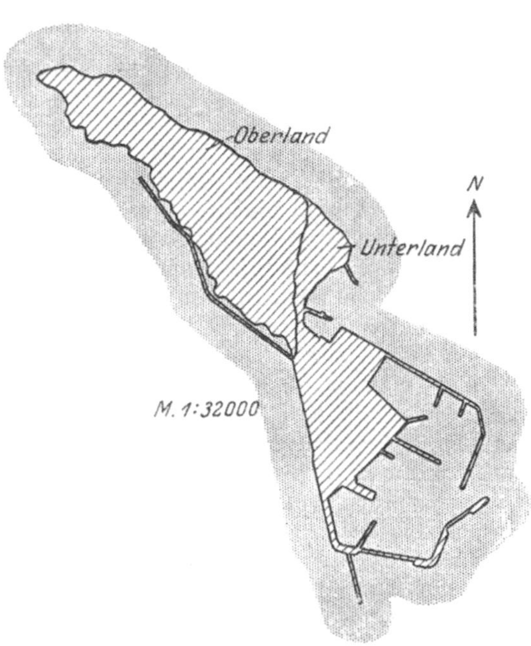

Abb. 789. Molen von Helgoland.

sonders lehrreiche Grundformen zeigen Abb. 780—785. Man wird für die Wellenbrecher im allgemeinen eine nach außen gebogene Linie wählen, die aus einzelnen geraden Strecken besteht. Die Einfahrt oder die Einfahrten legt man dann an die Knickpunkte. Eine nach außen hohle Linie, wie in Abb. 781 angedeutet, hat den Vorteil, die Wellen von der Einfahrt abzuweisen, hat aber unter einem verstärkten Wellenangriff in der Mitte zu leiden, der sogar den Bestand des Bauwerks in Frage stellen kann. Trotzdem wird aber diese Bauart doch oft gewählt, um eine möglichst ruhige Einfahrt zu sichern. Die Rücksicht auf das Schiff soll der Rücksicht auf das Bauwerk vorgehen.

Läuft ein sandführender Küstenstrom quer über den Ort, auf dem die Reede erbaut werden soll, hinweg, so wirken die neuen Wellenbrecher wie Buhnen. Sie müssen nach und nach versanden, und zwar um so schneller, je mehr ihr Winkel mit der Stromrichtung sich 90° nähert. Vergleiche z. B. die Hinausschiebung der Tiefenlinien beim Hafen von Calais, bei der Donaumündung usw. Die Ablagerungen können dann so stark werden, daß sie die Einfahrt bedrohen. Diese Drohung ist stets besonders groß, wenn die Molen nicht

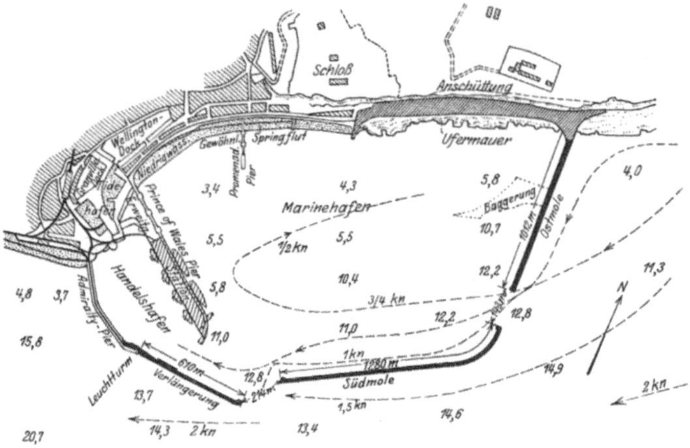

Abb. 790. Hafen von Dover. Äußere Reede. Maßstab 1 : 42000.

über die neutrale Strandlinie [Cornaglia[1])] hinausgeführt sind. Das Sicherste ist es aber stets, auf einer längeren Uferstrecke seitlich der Reede Buhnen zu erbauen, so daß der Sand bereits dort ablagert, der Küstenstrom weiter nach außen gedrückt wird und nun unschädlich an den Molen vorbeifließt.

Die ausgeführten Reeden weichen von den Grundformen erheblich ab. Man mußte sich den Verhältnissen, besonders den Tiefen anpassen. Die Abb. 786 bis 791 zeigen solche Reeden. Von ganz einfachen Formen, wie Marseille (Abb. 769) usw., ist man zu so verwickelten wie Cherbourg usw. gelangt. Man sieht auch, wie der Zwang zur Erweiterung zu wenig glücklichen Lösungen geführt hat. Besonders einfache und darum gute Formen sind durch Reeden wie die von Dover (Abb. 790) und Rundö (Abb. 791) gegeben.

Für größere Anlagen sind die massiven Dämme am zweckmäßigsten. Ihre Konstruktion wird in Abschnitt D näher besprochen werden. Es sind Versuche gemacht worden, solche Dämme durch Lücken zu unterbrechen, damit der Küstenstrom freien Durchgang finde und einer Versandung des Wellenbrechers vorgebeugt würde. Dieser Erfolg ist aber nicht erreicht worden. Der Seegang wurde nur wenig verringert und die Strömung doch so weit geschwächt, daß

---

[1]) Cornaglia, P.: Sul regime delle spiagge e sulla regolazione dei porti. Torino: Paravia e comp. 1891.

sich der Sand nun auf der Reede ablagerte. Die Schließung dieser Lücken ist fast stets erforderlich geworden, wenn die Reede nicht eine sehr große Ausdehnung hatte. Der Hafen von Ceara an der brasilianischen Nordostküste ist trotz Freipaß gänzlich versandet, vgl. F. W. O. Schulze: Seehafenbau.

Bewegliche Wellenbrecher, die aus verankerten Schwimmkörpern bestanden, haben bisher nie den Erfolg gehabt, die Reede zu schützen (Versuche in russischen Häfen).

Die Wellenbrecher sollen im allgemeinen den höchsten Wasserstand um 1—2 m überragen, damit das Hinüberschlagen starker Wellen vermieden wird. Eine wertvolle Einrichtung ist die Anlage von flachen (1:20) „wellenbrechenden“ Böschungen in den landseitigen Hafenecken, auf denen die Wellen sich totlaufen, so daß kein Zurückwerfen der Wellen in den Hafen entsteht. Solche Böschungen sind in Abb. 783 bei *b*/*b* angedeutet. Künstliche Reeden haben vielfach den Charakter von Häfen. Es sollen deshalb Beispiele von solchen Reedehäfen weiter hinten bei den Beispielen für Seehäfen gegeben werden.

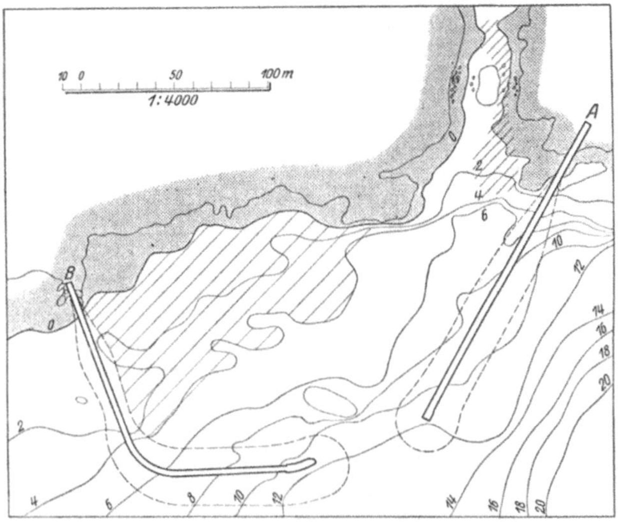

Abb. 791. Bucht von Kjaerringholmen. Rundö. Anordnung der Wellenbrecher.

e) Die einzelnen Hafenbecken.

1. Becken für Seeschiffe.

α) Der offene Vorhafen. Offene Vorhäfen sind vorzugsweise vor Dockhäfen an Küsten mit starker Ebbe und Flut notwendig. Bei fehlender Reede sollen sie während der Zeit des Dockschlusses die einlaufenden Schiffe aufnehmen und ihnen, falls es Segelschiffe sind, ermöglichen, ihre Fahrt so weit zu vermindern, daß sie schließlich durch Ankerwerfen von allein ganz zur Ruhe kommen. Für letzteren Fall sind besonders große Vorhäfen notwendig, die entweder so breit sind, daß sie das Beidrehen der Segelschiffe gestatten, oder die so lang sind (2—3 km), daß die Fahrt nach Fortnahme der Segel bei nachschleppendem Anker rechtzeitig aufhört. Die Vorhäfen sollen ferner ausgehenden Segelschiffen das Setzen der Segel oder die Verbindung mit dem Schleppdampfer nach der Durchschleusung gestatten und den Personendampfern das Abwarten der regelmäßigen Abfahrtszeit, die gewöhnlich von den Eisenbahnen abhängt, ermöglichen.

Besonders bei starkem Personenverkehr wird man stets einen Vorhafen vor der Schleuse haben, damit nicht die Reisenden den Zeitverlust des Durchschleusens mit in den Kauf zu nehmen haben. Bei offenen Häfen ist ein Vorhafen an sich nicht erforderlich, es kann aber der äußere Teil des großen Hafens die Aufgabe eines Vorhafens erfüllen.

Ein gutes Beispiel eines natürlichen Vorhafens zeigt Cardiff (Abb. 805, S. 639). Der größte Teil läuft bei Ebbe trocken, so daß man das eigentümliche

Bild sieht, daß zu beiden Seiten einer schmalen Rinne Schiffe auf dem weichen Schlick liegen.

β) Der Halbtidehafen. Er ist ein stets nur durch einfache Schleusentore verschließbarer Vorhafen; er liegt zwischen der Reede oder dem offenen Vorhafen und dem eigentlichen Dockhafen. Seine Tore sind von halber Fluthöhe bis zum Hochwasser und weiter bis zur halben Ebbe geöffnet und lassen während dieser Zeit die Schiffe frei ein- und auslaufen. Er ist gewöhnlich durch Mauern eingefaßt, damit die Schiffe dicht an ihnen anlegen und eng nebeneinander Platz finden können. Der Halbtidehafen verschwindet mit der Erbauung der Kammerschleusen immer mehr. In neueren Häfen wird man besser Kammerschleusen bauen. Der Halbtidehafen kann in diesen Fällen durch einen offenen, genügend tiefen Vorhafen ersetzt werden; er kann heute als veraltete Einrichtung gelten.

γ) Die eigentlichen Dockhäfen. Die Vorzüge und Nachteile dieser Häfen sind auf S. 611 besprochen.

Diese Becken sind fast alle künstlich hergestellt. Bei Vorschaltung eines Halbtidebeckens besitzen die Dockhäfen einfache Schleusen, in neuerer Zeit unter Fortfall des Halbtidebeckens in immer wachsendem Maße Kammerschleusen. Die Höhe der Mauern über dem Wasserspiegel beträgt je nach der Größe der Schiffe 1—3 m. Das Hafenwasser wird zweckmäßig im Mittel 0,1—0,2 m unter MHW gehalten. Der Hafen wird bei Springflut immer wieder aufgefüllt, der Wasserstand sinkt dann durch den Schleusenverlust bis zur mittleren Flut, die auf die nächste Nippflut folgt, bis unter MHW ab; von da an folgt gewöhnlich wegen nun höherer HW-Stände von selbst eine Auffüllung. Bei zu großem Wasserverlust, z. B. bei durchlässigen Mauern oder Bodenarten, ist eine Pumpeinrichtung zum Hochhalten des Hafenwassers notwendig. Die Sohlentiefe unter dem niedrigsten Hafenwasserstand braucht den größten Tiefgang der Schiffe um nicht mehr als 0,3—0,5 m zu übersteigen. Es ist aber zweckmäßig, den Überschuß an Tiefe auf 0,6—1 m festzusetzen, weil durch Auswerfen von Asche, Aufwühlen von Boden durch Schraubenbewegung an einzelnen Stellen oft Hügel entstehen können. Maschinenprobe an der Kaje ist verboten, geschieht aber doch und kann sogar die Mauern gefährden.

Sehr zweckmäßig ist die Anlage der Becken in dem Bogen eines gekrümmten Flusses, da sie hier von beiden Seiten durch Schleusen zugänglich gemacht werden können. Vgl. den Hafen von London (Abb. 997 u. 998, S. 774 u. 775).

Bei Häfen mit einheitlicher Verwaltung wird oft in einem Becken nur geladen, im anderen nur gelöscht. Diese müssen dann durch Schleusentore direkt verbunden werden, da es gefährlich sein kann, sie durch einen offenen Kanal zu verbinden. Läuft dann ein Becken aus, so kann in ersterem Falle das andere seinen Wasserstand halten. Da die Reparatur einer gebrochenen Schleuse meist Monate erfordert, ist dieser Punkt von großer Wichtigkeit.

Alle Kanäle und Schleusen müssen überbrückt werden. Hierzu genügt oft der Laufsteg auf dem Tore selbst.

δ) Offene Becken. Sie sind auch bei Ebbe und Flut besonders empfehlenswert bei nicht zu großem Flutunterschied, und wenn der Hafen an einem Flusse mit bedeutendem Hinterland und demzufolge starkem Flußleichterverkehr liegt. Das Schleusen der kleinen Leichterfahrzeuge wäre dann sehr lästig und würde sehr verteuernd auf den Betrieb wirken.

ε) Form, Breite, Länge, Tiefe usw. der Hafenbecken. An geschützten Buchten oder in geschützten Flußmündungen genügt oft die Anlage von vorspringenden Ladezungen, z. B. New York (Abb. 1002, Seite 779). Bei nicht genügendem Raum im Fluß oder zu starker Strömung ist aber die Anlage einzelner Becken nebeneinander fast selbstverständlich, wie z. B. in Hamburg (Abb. 976 und 979). Die Uferhöhen sollen den höchsten Wasserstand um wenigstens 0,5 m übersteigen, die Sohle soll wenigstens 0,5 m unter dem tiefsten Wasserstand liegen, besser wird als Mehrtiefe aber 1 m gewählt.

Die Uferlinie soll in allen Fällen, sowohl bei Uferkajen als auch bei Becken, möglichst geradlinig sein, da dabei lange Schiffe sich dicht an die Mauer legen können. Je dichter sie an der Kaje liegen, desto kürzer können die Arme der Kräne werden, um so schneller erfolgt das Ent- und Beladen, um so billiger und leistungsfähiger arbeitet der Hafen. Aus diesem Grunde werden Seeschiffshäfen fast stets mit senkrechten Ufermauern ausgerüstet, wenn der Umschlag zum Land erfolgen soll. Bei Umschlag von Schiff zu Schiff genügen aber Böschungen statt Ufermauern. Das Becken darf nur so lang sein, daß ein Bezirksbahnhof den Eisenbahnverkehr dieser Kaje bewältigen kann. Besser werden meist zwei Kajen zusammengefaßt werden. Über 2 km sollte man solche Becken nicht ausdehnen, besser aber sie innerhalb der Grenzen von 1,5 bis 2 km halten. Entscheidend wird schließlich die Gestaltung des Geländes sein müssen.

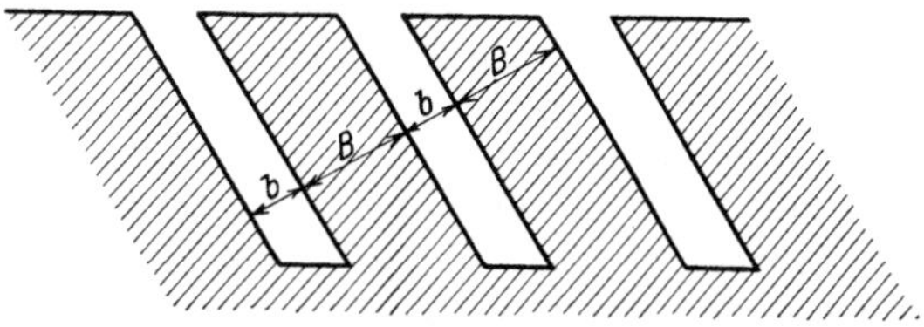

Abb. 792. Breite der Ladezungen. $B = 2b + 10$ m.

Der Abstand einzelner Ladezungen voneinander braucht, wenn an jeder Zungenseite nur ein Schiff liegen soll, nicht größer zu sein als die Breite zweier Schiffe mit einigem Spielraum dazwischen, der selbst bei großen Schiffen nicht 10 m zu überschreiten braucht, bei kleinen aber mit 5 m genügt. Lange Hafenbecken müssen wenigstens eine Breite von 6 Schiffsbreiten zuzüglich eines Spielraums von 10—20 m besitzen. Es können dann an jeder Kaje zwei Schiffe nebeneinander liegen und zwei Schiffe sich noch dazwischen begegnen. An den Enden kann die Breite verringert werden, weil dort sich entweder keine Schiffe begegnen oder nur ein Schiff an der Kaje zu liegen braucht. Diese Verringerung der Breite des Hafenendes ist sehr vorteilhaft für das Heranführen der Kajegleise an den Hafen. Die Breiten sind bei 15 m breiten Schiffen 100 bis 110 m, bei 25 m breiten Schiffen 170 m und können bis auf 200 m wachsen. Da die Schiffe nicht rückwärts in den Strom gehen dürfen, muß an geeigneter Stelle, am besten am Eingang, ein Wendeplatz vorgesehen werden, der etwa anderthalbmal so breit sein muß als ein Schiff lang ist.

2. Becken für Binnenschiffe und Flöße.

Die meisten Ausführungen, die für Seeschiffshäfen gemacht worden sind, können sinngemäß auf Flußschiffhäfen angewendet werden. Auch bei Binnenhäfen kommen Dockhäfen vor, und zwar meist in Verbindung mit Kanälen. Besonders wenn das Gelände nahe an einer Stadt, die nicht unmittelbar vom Kanal berührt wird, sehr hoch liegt, dann muß man mit einem kurzen höherliegenden Stichkanal zu dem Hafengelände aufsteigen. Streng genommen ist dann nur der Hafen durch eine Schleuse abgeschlossen, da der Stichkanal keine eigene Bedeutung besitzt (vgl. Linden bei Hannover, die Dortmunder Häfen). Hier muß dann der Hafenwasserstand durch Einleiten eines natürlichen Wasserlaufes oder wie z. B. in Linden durch Pumpen künstlich hochgehalten werden. Aber auch bei Erbauung eines Hebewerkes dürfte, selbst wenn das Hafenbett nicht ganz dicht wäre, in heißen Sommern doch so viel durch Verdunstung verloren gehen, daß auf ein Hochpumpen nicht verzichtet werden kann, sobald natürliche Speisung fehlt. Der Abschluß von Hafenbecken kann ferner an Flüssen vorkommen, wenn man die Häfen in das Gelände hinter einem Hochwasserdeich legen will. Die Schleuse wird dann den größten Teil des Jahres offenstehen und nur bei Hochwasser geschlossen sein. Man gewinnt dadurch den Vorteil, nicht das ganze Hafengelände bis über das HHW aufhöhen zu müssen und braucht dann den Nachteil nicht mit in den Kauf zu nehmen, daß bei HHW niedrig liegende Hafenteile unter Wasser kommen. Wenn irgend angängig, wird man an Strömen die Häfen offenlassen. Man legt dann meist nicht das ganze Hafengelände hoch, sondern läßt besonders Freiladeplätze und Lagerplätze für Steine und ähnliche Materialien tiefer liegen. So hat man an verschiedenen Häfen eine große Zahl von solchen Plätzen angelegt, die bei besonders hohen Wasserständen überflutet werden. Der Schaden ist meist gering, weil bei diesem Wasserstand die Schiffahrt aufhört, also auch der Be- und Entladebetrieb ruht. Auch legt man einzelne Tiefladekajen an, die mit dem höheren Gelände durch bequeme Rampenstraßen verbunden werden. Diese Tiefladekajen sind bei gewöhnlichem Wasserstand sehr beliebt, weil sie die geringsten Kosten für das Ein- und Ausladen erfordern. Alle Schuppen und Speicher müssen aber wie an der See so hoch liegen, daß wenigstens ihre Plattformen 0,5 m über dem höchsten Wasserstand bleiben und die Keller nicht überflutet werden können.

Die Tiefe der Binnenhäfen soll so groß sein, daß die Schiffe auch bei niedrigstem Wasserstand noch wenigstens 0,5 m Wasser unter dem Boden behalten. Die Hafensohle muß daher oft tiefer als die Flußsohle liegen. Es wird auch als ausreichend angesehen, wenn ein Teil des Hafens nahe der Einfahrt die volle Tiefe besitzt. Hier versammeln sich dann die beladenen Schiffe bei NNW des Flusses.

Vorhäfen sind bei starkem Personenverkehr auch bei Flußhäfen zweckmäßig, um ein schnelles In-den-Strom-gehen der Personendampfer zu ermöglichen. Die Sohle braucht nicht tiefer als die Flußsohle gelegt zu werden.

Die Breite der Hafenbecken muß für Umschlags-Handels-Häfen im allgemeinen auf das Sechsfache der größten Schiffsbreite zuzüglich entsprechenden Spielraums gewählt werden. Bei 10 m breiten Schiffen würde eine Breite von 70 m genügen, es können dann an jeder Seite zwei Reihen Schiffe liegen und in jeder Fahrtrinne von 30 m Breite bequem zwei Kähne sich begegnen. Man kann das Maß für den Zuschlag bei großem Platzmangel auch auf vielleicht 6,6 m ermäßigen. Bei Fabrikhäfen wird im allgemeinen eine vierfache Schiffsbreite zuzüglich von Spielraum genügen. Die Breite der Binnenschiffshäfen ist naturgemäß viel geringer als die von Seeschiffshäfen.

Sicherheitshäfen werden gern so breit gemacht, daß die Schiffe normal zum Ufer nebeneinander liegen können, so daß die Mannschaft über den Bug an das Land kann. Hierdurch wird das lästige Übersteigen über eine größere Zahl von Schiffen und damit das Betreten der Schiffe durch fremde Mannschaften verhindert. Die Breite solcher Sicherheits- oder Zufluchtshäfen ist somit größer als die größte Schiffslänge. Will man Schiffe außer der Reihe herausfahren lassen können, dann muß noch eine entsprechende breite Fahrtrinne dazukommen, so daß dann die Breite solcher Sicherheitshäfen leicht 100 m annehmen kann. Meist wird man allerdings auf diese große Breite verzichten müssen.

Während die Herstellung der Handelshäfen durchweg den Städten oder größeren Industriewerken überlassen wird, erkennt der Staat eine Verpflichtung zum Bau der Schutz- oder Winterhäfen an. Es kann die Schiffahrt auf einem Strome nicht mit Sicherheit ausgeübt werden, wenn nicht entsprechend viele Sicherheitshäfen vorhanden sind; sie dienen nicht dem Interesse einer Stadt, sondern dem Interesse der Gesamtheit. Der Abstand der Sicherheitshäfen beträgt z. B. auf dem Rhein von Straßburg bis Emmerich 11 km, auf der Weser von Hann.-Münden bis Bremen 30 km. Man kann als mittleren Abstand somit etwa 20 km annehmen, wird sich aber nach den besonderen Eigentümlichkeiten des Stromes zu richten haben. Schutzhäfen sollen möglichst so ausgebildet werden, daß ihre Umwandlung in Umschlagshäfen ohne grundsätzliche Änderung möglich ist. Es haben sich schon öfters Umschlagshäfen aus Schutzhäfen entwickelt.

Wenn es angängig ist, soll man die Handelshäfen, besonders bei großen Längen, von beiden Seiten zugänglich machen, wobei der stromauf gelegene Zugang durch eine Schleuse oder wenigstens ein Sperrtor abgeschlossen werden muß. Floßhäfen sollte man, wenn erreichbar, von beiden Seiten zugänglich machen. Diese Maßregel macht die Anlage des Hafens in dem Bogen eines Flusses besonders bequem, es werden aber solche Häfen auch von der geraden Strecke abgezweigt.

Auch bei Binnenhäfen ist der Grundsatz, möglichst gerade Kajen zu haben, so weit als irgend möglich durchzuführen. Eine ganz sanfte Kurve im Grundriß schadet meist weniger als gebrochene Linien.

Die Ufer vieler Binnenhäfen werden nicht durch steile Mauern begrenzt, sondern durch Böschungen, die aber dann möglichst steil, nicht flacher als 1 : 1 sein sollen. Diese Maßregel ist natürlich auch bei Kanalhäfen mit gleichem Wasserstand anwendbar, weil wegen des geringen Tiefganges der Kähne die Schiffe dann nur wenige Meter von der oberen Kante der Böschung abliegen. Aber auch bei Kanalhäfen wendet man heute besser steile Mauern an, deren Erbauung wegen der geringen Wassertiefe auch nicht so sehr kostspielig ist. Man kann sie auch durch verankerte Bollwerke ersetzen. Über Wendeplätze gilt das gleiche wie bei Seehäfen am Strom.

Bei Kanalhäfen oder auch langen Flußhäfen soll man auf die Frischerhaltung des Wassers bedacht sein. Wechselt an einem Fluß der Wasserstand häufiger, dann wird er eine genügende Erneuerung des Hafenwassers bewirken. Bei Abschluß eines Hafens durch eine Schleuse wird man zweckmäßig durch einen verschließbaren Oberkanal Wasser aus dem Fluß zuführen. Steht der Grundwasserstand gewöhnlich höher als der Hafenwasserstand, dann wird eine genügende Erneuerung aus dem Grundwasser eintreten. Die Einleitung eines Baches (bei Schlammführung mit vorgeschaltetem Klärbecken) bietet auch eine gute Lösung. Die Länge der Flußhafenbecken kann ebenso groß werden wie die von Seeschiffsbecken strenggenommen noch größer wenn man die Gütermengen als Maßstab zugrunde legt. Denn trotz eines häufigeren Schiffswechsels, als ihn ein Seehafen hat, wird der Binnenhafen doch nur selten einen so großen Umschlag für 1 m Kajelänge aufweisen wie gut besuchte Seehäfen. Wird also die gleiche Gütermenge umgeschlagen, dann kann die Kajelänge größer sein, da die Leistungsfähigkeit der Bahnanlage als gleichbleibend angenommen werden kann. Sonderhäfen wie die Ruhrortkohlenhäfen machen eine Ausnahme. Die Umschlagmengen für 1 m Kajefläche schwanken zwischen etwa 600 t/m (Ruhrort) und 700 t/m (Kosel) für Massengüter und 100—400 t/m bei Handelshäfen. In Gustavsburg ist der Umschlag rund 300 t/m, Berlin desgl., Magdeburg 240, Mainz 160, Ludwigshafen 420 t/m.

Bei sehr großem Kohlenumschlag wird man die Kajen nicht geradlinig, sondern sägeförmig ausbilden, wie das z. B. in Kosel geschehen ist.

Bei Floßhäfen ist eine schräge Ebene zum Hochziehen des Holzes notwendig, sog. Ausschleifen. Hier wird das Holz durch Winden auf das Land geschleift und von dort verladen. Abb. 793 zeigt den Floßhafen bei Kostheim mit einer Nutzlänge von 700 m zwischen Main und Rhein. Die Einfahrt vom Main ist durch ein Schleusentor abgeschlossen, um die dauernde Durchspülung des Hafens zu vermeiden. Die Breite schwankt zwischen 40 und 30 m. Die Ausschleifen liegen an der rheinab gekehrten Seite des Hafens.

Bei Kanälen werden häufig keine besonderen Hafenbecken ausgebildet, sondern ein Stück des Kanals an einer Seite verbreitert, so daß die Schiffe dann an dieser zurückspringenden Stelle wie in einem Hafen parallel zur Kanalachse liegen können. In dieser Art sind im Mittellandkanal viele Häfen entstanden, unter anderen der Nordhafen bei Hannover. Diese Hafenausbildung schließt den Verzicht auf Treidelei vom Ufer aus in sich und kann nur als ein vorüberge-

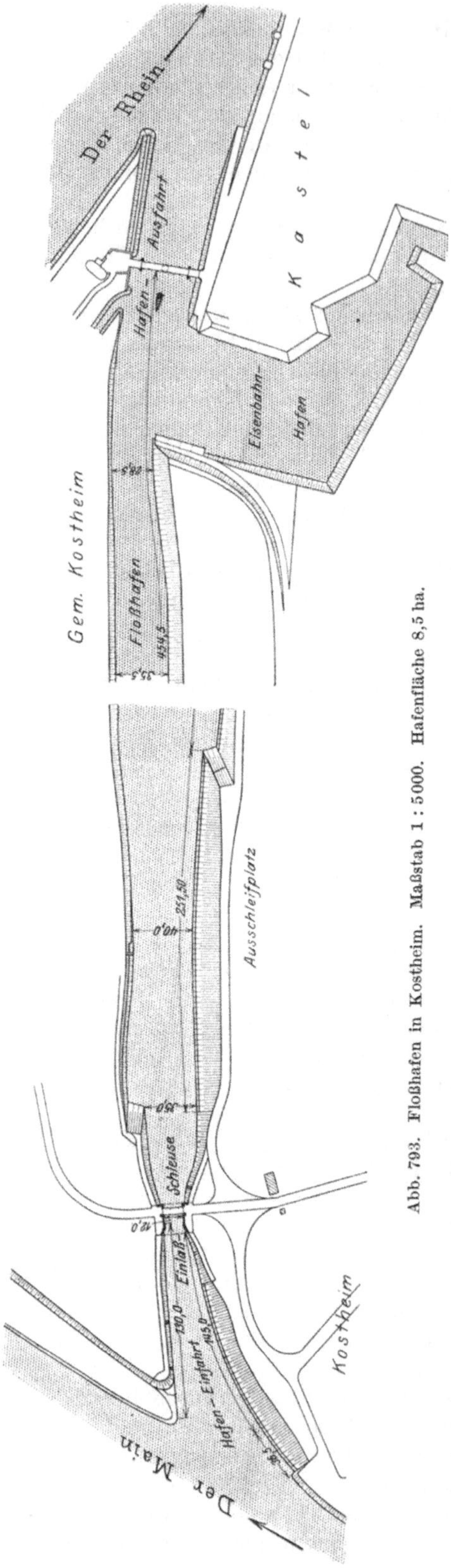

Abb. 793. Floßhafen in Kostheim. Maßstab 1 : 5000. Hafenfläche 8,5 ha.

hendes Aushilfsmittel angesehen werden, solange man nicht ein besseres Mittel als die Treidelei durch Lokomotiven vom Ufer aus erfunden hat[1]). Die Liegestelle muß so weit zurückspringen, daß die an der Kaje liegenden Schiffe um wenigstens 3—4 m vor dem am nächsten am Ufer fahrenden Schiffe zurückliegen.

Liegt ein Flußhafen oberhalb einer Wehranlage, dann kann man den größten Teil der Hafensohle dem angespannten Wasserspiegel anpassen und höher als die ursprüngliche Flußsohle legen. Soll aber bei umgelegtem Wehr der Wasserstand tiefer stehen dürfen, dann wird man einen Teil des Hafens (am besten nahe der Einfahrt) tiefer baggern, so daß die Schiffe während der Zeit des niedergelegten Wehres dort schwimmend erhalten werden können. Es können durch diese Maßregel größere Baggerkosten erspart werden. Eine Störung bedeutet diese Maßregel meist nicht, weil bei niedergelegtem Wehre und abgesenktem Wasserstand die Schiffahrt aufgehört hat.

f) Erhaltung der Tiefe der Häfen.

1. Allgemeines.

Mit Ausnahme von Hafenplätzen, die im Binnenlande in dem Gebiet von Bodensenkungen durch Bergbau oder an der See im Gebiet von tektonischen Senkungen liegen, kommen von selbst eintretende Vertiefungen von Häfen so gut wie nicht vor. Verflachungen der Häfen sind aber bei fast allen Häfen zu beobachten. Je nach dem Umfang und der Schnelligkeit der Verflachung können sie einen großen Einfluß auf die Güte des Hafens ausüben. Diese Erhöhung der Hafensohle wird zum Teil durch die Schiffe selbst herbeigeführt, von denen Abfallstoffe aller Art trotz strengster Verbote über Bord geworfen werden oder mit denen der Maschinist in Seeschiffhäfen oft Maschinenproben im Hafen trotz des Verbots vornimmt. Durch die Arbeit der Schraube wird an einer Stelle ein nutzloser Kolk, an anderer aber eine schädliche Aufhöhung erzeugt. Meistens treten die Erhöhungen durch sinkstoffhaltige Wasserläufe ein, falls solche in den Hafen eingeführt sind, und durch Ein-

[1]) Vgl. aber das Treidelsystem Müller.

spülung von Sand, Schlick oder Schlammassen von außen. Alle Aufhöhungen dieser Art können bei offenen und Dockhäfen eintreten. In besonderer Gefahr zu verflachen stehen alle Hafeneinfahrten, wenn das Gewässer, zu dem sie führen, sinkstoffhaltig ist. Die Anlage eines Hafens kann durch die Gefahr der Verflachung der Einfahrt entscheidend beeinflußt werden.

2. Verflachung von binnenher.

Früher ließ man in vielen großen Häfen die Abzugskanäle der Stadt ohne Bedenken in den Hafen münden. Das einfließende Abwasser hatte nicht nur Verflachung des Hafens, sondern auch Epidemien zur Folge. Das sicherste Abhilfsmittel in solchen Fällen ist die Sammlung aller Abwässer in besonderen Kanälen und ihre Ableitung um den Hafen herum nach solchen Stellen, wo die Abfallstoffe unschädlich sind. Diese Maßregel wurde z. B. in dem Entwurf für den Ausbau des Hafens Trelleborg vorgeschlagen[1]).

Vielfach werden Häfen auch von Bächen oder selbst kleineren Flüssen durchströmt, die dann fast stets Sinkstoffe mitführen und im Hafen fallen lassen. Ist es nicht möglich, den Fluß um den Hafen herumzuleiten oder wenigstens ein Klärbecken vorzuschalten, so kann nur durch Baggerung geholfen werden.

3. Verschlickung oder Versandung von außen.

Für die Häfen an Meeren mit Gezeiten ist die Verschlickung eine große Gefahr, die oft zur Anlage von Dockhäfen an Stelle offener zwingt, vgl. Fischereihafen Wesermünde. Mittel gegen die Verschlickung gibt es nicht, nur Mittel zur Beseitigung des niedergefallenen Schlickes.

Selbst in geschlossenen Häfen ist die Verschlickung noch sehr merkbar. So beträgt z. B. die Verschlickung in den geschlossenen Dockhäfen von Bremerhaven 1 m/Jahr.

Außer der Verschlickung ist die Versandung gefährlich, sie erstreckt sich zwar meist nur auf die Mündung oder ihr naheliegende Teile, wirkt dort aber wie eine Barre.

Das sicherste Mittel zur Beseitigung dieser Ablagerung ist die Baggerung. Sie verspricht in allen Fällen Erfolg. Bis vor etwa 20 Jahren konnte der Schlick nur durch Eimerbagger oder durch Kolbensaugpumpen gebaggert werden. Heute sind auch richtig gebaute Saugbagger mit Kreiselpumpen in der Lage, Schlick zu baggern. Die Schwierigkeit besteht darin, den Schlick so dickflüssig zu heben, daß er nicht als nur mit Schlick leicht getrübtes Wasser wieder über den Rand der Baggerschute abläuft.

Ein weiteres Mittel ist die natürliche Spülung, die meist auf auf der Ebbe und Flut beruht. Sie erzeugt Strömungen in der Einfahrt offener Häfen, die die Ablagerungen mit fortführen. Ihre Ergänzung durch Baggerung ist meist nötig. Ein erfolgreiches Beispiel einer solchen Hafenspülanlage durch Tideströmungen ist das des Hafens Nieuwediep am Helder in Nordholland. Hier liegen ganz eigenartige Verhältnisse vor, die wohl kaum an anderen Orten wieder eintreten werden. Vgl. Engels 1923, Hdbch. d. W. II, S. 1537. An Flüssen kann eine solche Spülung dann Erfolg haben, wenn große Wassermengen durch den Hafen geschickt werden. Die Strömung wirkt aber störend auf den Hafenverkehr, die Ruhelage der Schiffe usw. ein, man wird auch hier meist besser baggern.

Man hat früher viele Versuche gemacht, die Häfen an der See künstlich zu spülen. Zu diesem Zwecke sammelte man in Dockhäfen zur Zeit der Springflut große Wassermengen an, die man dann bei NW. durch besondere Spülschleusen ausströmen ließ. Oder man legte große besondere flache Sammelbecken an,

[1]) Zeitschr. der Siemens Bauunion Berlin 1922, Heft 5/6, gedr. bei Mittler & Sohn, Berlin.

die sich bei Flut füllen und die bei Niedrigwasser abgelassen werden. Die Erfolge dieser künstlichen Spülung sind aber so gering gewesen, daß vor ihr gewarnt werden muß. Statt ihrer hat die Baggerung eintreten müssen.

Wichtige Beispiele für Seehäfen mit Spülung sind die Häfen von Birkenhead (gegenüber Liverpool), Ostende und das bereits erwähnte Calais. Vgl. darüber die ausführlichen Mitteilungen im Handbuch der Ingenieur-Wissenschaften, III. Teil, Band 11. Besonders der Vorhafen von Birkenhead kann ebenso wie Calais als Schulbeispiel eines völlig mißglückten Versuchs gelten, die Tiefe durch Spülung zu erhalten.

Birkenhead erhielt für einen Dockhafen von 60 ha einen Vorhafen von 15 ha Größe. Letzterer wurde durch das Hinauslassen von rund 400 000 cbm Wasser in 22 Minuten gespült, so daß in der Mündung 1 m Geschwindigkeit erzielt werden konnte. Der Erfolg war nur eine Umlagerung der großen Schlickmassen, ferner eine weitere Verschlickung innerhalb von sieben Monaten um 1 m und die Gefährdung von Ufermauern durch Unterspülung. Der offene Vorhafen wurde daraufhin in einen Dockhafen umgebaut.

Calais erhielt ein großes Spülbecken zur Reinerhaltung der Hafeneinfahrt. Nach den Erfahrungen von Birkenhead hat man die Schleusentore für dieses Becken gar nicht erst eingebaut, sondern auf das Spülverfahren als unmöglich verzichtet.

g) Befeuerung der Häfen und Zufahrten; Seezeichen.

1. Allgemeines.

Aus der bereits erwähnten Tatsache, daß ein unverhältnismäßig großer Teil der Schiffsunfälle in der Nähe der Küste stattfindet, geht hervor, wie wichtig es für die Sicherheit des Schiffsverkehrs auf der See ist, die genaue Ortsbestimmung zu ermöglichen. Eine gewisse Ortsbestimmung ist dem Schiffe durch Peilung möglich, aber auch nur dann, wenn es einigermaßen weiß, wo es sich befindet und der Meeresboden charakteristische Unterschiede aufweist. An der Küste ist es durchweg erforderlich durch Feuerschiffe, Leuchttürme und Leuchttonnen usw. die Ortsbestimmung bei Nacht zu sichern und sie durch ausgelegte Bojen und Baken bei Tage zu regeln. Die Anlage von Seezeichen aller Art ist heute auf der ganzen Erde, soweit Schiffe regelmäßig Küsten anlaufen, durchgeführt worden. Die Ausrüstung der Küste mit Seezeichen ist aber in einer beständigen Entwicklung begriffen und wird bald durch die vollständige Durchführung der drahtlosen Telegraphie zu ihrer höchsten Vollkommenheit gelangen. Die Erfahrung der letzten 10 Jahre hat gezeigt, daß es möglich ist, die Stellung eines Schiffes auf drahtlosem Wege vom Lande aus genau festzustellen, wenn das Schiff mit einer Sendeanlage ausgerüstet ist. Es kann dem Schiffe dann innerhalb weniger Minuten sein Standort mitgeteilt werden. Die Einführung der Unterwasserschallsignale führt zu weiteren Verbesserungen auf diesem Gebiet. Die Seezeichen müssen gemäß vorstehendem eingeteilt werden in Tag-, Nacht- und Nebelzeichen. Heul- und Glockenbojen, Nebelhörner, Unterwasserschallanlagen sind ausgesprochene Nebelzeichen. Alle Lichtzeichen sind Nachtzeichen. Feuerschiffe, Leuchttürme und Leuchtbojen usw. können mit zu den Tagzeichen gehören, trotzdem ihre eigentliche Aufgabe sie zu den Nachtzeichen verweist. Die Befeuerung der Küstengewässer wird auf Grund eines Reichsgesetzes durchgeführt.

2. Tagzeichen.

Zu den Tagzeichen sind zu rechnen: Türme, Baken, Pricken, Stangen, Tonnen und Bojen. Die Unterscheidung der einzelnen Tagesseezeichen erfolgt durch Zahlen, Buchstaben oder charakteristische Bilder, meist geometrischer

Art, wie Dreiecke, Vierecke, Sterne u. dgl. (Toppzeichen). Flache Zufahrten z. B. auf den Watts werden durch Stangen und Pricken bezeichnet, die dicht an der Fahrrinne stehen und über die das Schiff nicht seitlich hinausfahren darf, wenn es nicht auf den Grund geraten soll. Pricken bestehen aus jungem Stangenholz, dem der Wipfel gelassen ist. Baken sind Holz-, Eisenbeton- oder Eisengerüste von bestimmter Form, die in den Segelhandbüchern vermerkt ist. Die Formen sind durchweg so charakteristisch gehalten, daß

Abb. 794 u. 795. Bakentonne.

Abb. 796. Spierentonne.

Abb. 797. Spitztonne.

Abb. 798. Stumpfe Tonne.

Abb. 799. Faßtonne.

Abb. 794–800. Tonnen und Bojen.

Abb. 800. Kugeltonne.

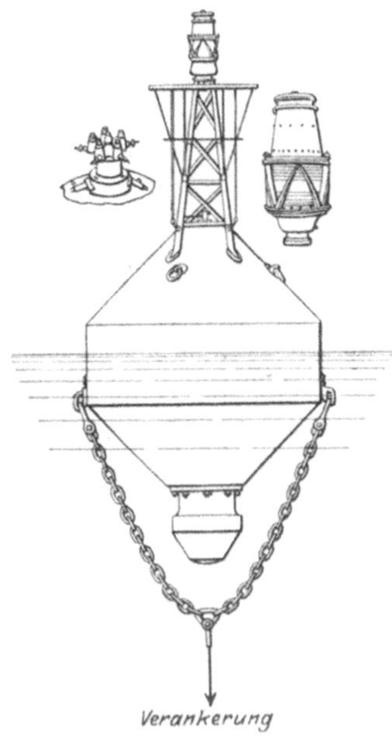

Abb. 801. Leuchttonne.

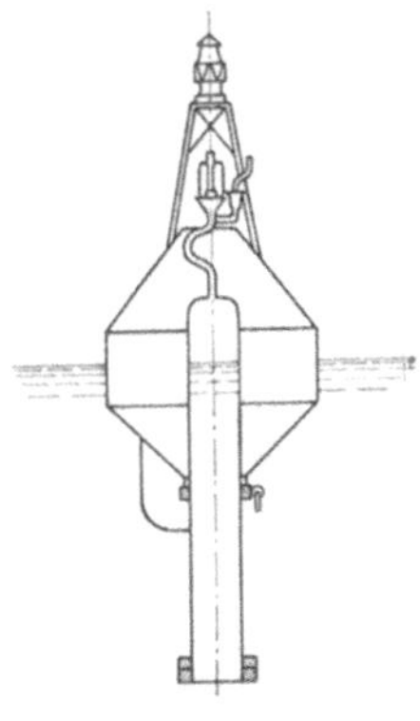

Abb. 802. Heultonne.

sie selbst bei diesigem (unsichtigem) Wetter nicht gut verwechselt werden können. Bei schwerem Nebel sind Irrtümer natürlich nicht ausgeschlossen. Einzelstehende Baken werden Peilbaken genannt. Stehen zwei Baken hintereinander, so daß sie die Richtung des fahrenden Schiffes festlegen, dann heißen sie Richtbaken. Sind die Baken mit beweglichen Armen versehen, die den Schiffen Signale geben können, dann heißen sie Winkbaken. Baken können auch auf Tonnen gesetzt werden, es entstehen dann die Bakentonnen, wobei der charakteristische Aufbau die Bakentonne leicht erkennbar macht. Unter den Tonnen und Bojen sind zu unterscheiden: die Spierentonnen, die als Kennzeichen eine gen Himmel ragende kräftige Stange (Spiere) tragen; dann die gewöhnliche zylindrische Tonne, die stehende stumpfe Tonne, die liegend Faßtonne genannt wird, ferner die Kugeltonnen, deren Oberteil halbkugelförmig ist. Die Spitztonne enthält einen kegelförmigen Oberteil. Tonnen mit eingehängter Glocke heißen Glockentonnen, solche mit akustischer Einrichtung Heultonnen und mit Beleuchtungseinrichtung Leuchttonnen. Beispiele solcher Tonnen sind in den Abb. 794—802 gegeben. Es sind hierin Abb. 794 u. 795 Bakentonnen, 796 Spierentonne, 797 Spitztonne, 798 stumpfe Tonne, 799 Faßtonne, 800 Kugeltonne, 801 Leuchttonne. Je nachdem die Tonnen nördlich, südlich usw. von einer Untiefe liegen, erhalten sie als Toppzeichen zwei Kegel, die nach oben (nördlich), nach unten (südlich) oder gegeneinander weisen[1]). Tonnen auf einer Untiefe tragen als Toppzeichen gewöhnlich eine Trommel. Es gibt noch eine Reihe weiterer Bezeichnungen, die z. B. Telegraphenkabel, Marineausrüstungsplätze, Wraks usw. anzeigen. Die Tonnen werden zum Teil als Bojen bezeichnet (Heul-, Leuchtbojen usw.). Die Verankerung der Tonnen erfolgt an Ankern, an schweren gußeisernen Platten oder größeren Betonsteinen. Die Ankerketten müssen einen Wirbel besitzen, so daß die Kette nicht abgewürgt werden kann. Die Tonnen bestanden früher durchweg aus Holz, werden heute aber größtenteils aus Eisen erbaut. Wenn Holz verwendet wird, dann ist es bestes Eichenholz.

3. Nachtzeichen.

Maßgebend für die Befeuerung der deutschen Küste sind die Vorschriften des Reichsmarineamts[2]). Man unterscheidet ortsfeste Feuer (Leuchttürme, Leuchtbaken usw.) und bewegliche Feuer Leuchttonnen, Feuerschiffe). Nach dem Wirken des Lichtes gibt es Leitfeuer, bei denen das Schiff in einem besonderen Sektor des einzelnen Feuers, der sich durch besondere Farbe oder Kennung auszeichnet, fahren muß; Richtfeuer, die zu zweien hintereinander stehen, und als Ober- und Unterfeuer die genaue Fahrtrichtung bezeichnen und einzelne Quermarkenfeuer. Genau wie die einzelnen Baken, Tonnen usw. eine bestimmte Kennzeichnung erhalten, so werden die Feuer durch die Art des Lichtes unterschieden, die Kennung genannt wird. Ein Leuchtfeuer ist mit „Schein" ausgerüstet, wenn das Licht länger scheint, als die Unterbrechung währt. Sind die Unterbrechungen wesentlich länger als das Aufleuchten, dann handelt es sich um ein Blinkfeuer, z. B. 12 Sek. Dunkelheit, 6 Sek. Licht usw. Ist dagegen das Aufleuchten kürzer als 2 Sek., dann handelt es sich um Blitzfeuer. Dabei können mehrere Blinke und Blitze hintereinanderfolgen, z. B. 0,5 Sek. Blitz, 1,5 Sek. Dunkelheit; 0,5 Sek. Blitz 1,5 Sek. Dunkelheit; 0,5 Sek. Blitz, 15,5 Sek. Dunkelheit, darauf wieder wie vorher 3 Blitze usw. Dieses Blitzfeuer ist ein Gruppenblitzfeuer, bei dem die „Wiederkehr" 20 Sek. beträgt, vom Beginn des ersten Blitzes einer Gruppe bis zum ersten Blitz der nächsten Gruppe. Nach den Bestimmungen darf die Wiederkehr nicht länger als eine Minute einnehmen, die Unterbrechungen sollen 0,5—1,5 Sek. betragen, die Blitze sollen 0,1 (elektrisches Bogenlicht), sonst 0,2 Sek. nicht unterschreiten. Für Hafeneinfahrten sollen einfahrende Schiffe auf ihrer Steuerbordseite ein grünes Licht, an ihrer Backbordseite ein rotes Licht sehen, entsprechend ihren Positionslaternen.

Die verschiedenen Kennungen der Feuer werden auf den Seekarten durch abgekürzte Bezeichnungen angegeben, so daß z. B. ein festes Feuer durch *F* bezeichnet wird, unterbrochene Feuer mit einzelnen Unterbrechungen durch *Ubr*, mit Gruppen von z. B. vier Unterbrechungen mit *Ubr Gr 4*. Entsprechend sind die Bezeichnungen von Einzelblink- oder Einzelblitzfeuern *Blk* und *Blz*, bei Gruppen werden die Bezeichnungen *Gr. 3* (bei z. B. drei Gruppen) angehängt.

Verschiedene Kennungen im selben Feuer ergeben ein Mischfeuer *Mi*, diese verschiedenen Kennungen stammen dann aus dem gleichen Sektor. Es werden aber auch mehrere Sektoren bei dem gleichen Feuer verwendet, die dann gewöhnlich verschiedene Kennungen haben.

Ein Leuchtfeuer ist für die Ansteuerung auf große Entfernung (z. B. der Rote Sand in der Wesermündung) um so wertvoller, je größer die Sichtweite des Feuers ist. Die Sichtweite ist in erster Linie abhängig von der Stärke der

[1]) Proetel, S.: Seebau. Berlin: Julius Springer. Ferner: Lorenzen, Fürsorge für die Unterelbe, „Werft u. Reederei", Berlin: Julius Springer 1921.

[2]) Grundsätze für die Leucht- und Nebelsignale der deutschen Küste. Berlin: E. S. Mittler & Sohn.

Lichtquelle, die besonders bei diesigem Wetter, Nebel usw. eine große Rolle spielt, dann aber von der Höhe des Feuers über dem Wasser (die geographische Sichtweite). Es ist heute gelungen, die Lichtquellen derart zu verstärken, daß die geographische Sichtweite sogar übertroffen werden kann, Licht mit gelber Flamme hat dabei bei Nebel eine größere Durchdringungsfähigkeit als solche mit blauer oder grüner. Die in oder an der See stehenden Leuchttürme werden meist aus Mauerwerk hergestellt, heute kommt auch Eisenbeton, Gußeisen und Eisenfachwerk in Frage. Die Ausführung muß wegen der starken Angriffe durch Witterung und Wellen ganz besonders sorgfältig sein. Die Ausbildung der Lampe und Linsen ist ein Spezialgebiet einiger weniger Firmen[1]). Früher wurde offenes Holzfeuer auf der Plattform der Türme angewendet, dann folgten Öl- und Petroleumlampen. Heute werden Gaslampen aller Art und elektrische Lampen angewendet. Letztere haben den Vorteil, ganz kurze Blitze von nur 0,1 Sek. Dauer erzeugen zu können. Die Gasbeleuchtung ist durch die Einführung des Glühstrumpfes zu einem sehr wirkungsvollen Feuer gemacht worden. Gasglühlicht kann unter Verwendung von Preßgas, Blaugas[2]) usw. auch für bewegliche Feuer, Leuchttonnenfeuerschiffe u. dgl. ohne Schwierigkeit verwendet werden, während hier elektrisches Licht wegen der häufigen Brüche der beweglichen Kabel oft versagt. Die größte Aufspeicherungsfähigkeit auf kleinem Raume hat das in Azeton gelöste Azetylen und vor allem das von Blau erfundene Blaugas. Mit offenem Brenner ist das Azetylen allen anderen Gaslampen stark überlegen, bei Verwendung des Glühstrumpfes ist die Überlegenheit nur gering.

Die Sichtweite des Lichtes wird durch die Färbung der Gläser stark verringert, sie beträgt für rote Gläser im Mittel nur noch 25 vH und für grüne Gläser nur noch 15 vH der weißen Flamme.

Die Lichtstärken für Hauptfeuer schwanken zwischen 0,5 Mill. und 60 Mill. Hefnerkerzen. Die Zusammenfassung der Strahlen nach einer Richtung wird durch Spiegel, Linsen oder Prismen erreicht, über die das Nötige in den Lehrbüchern der Optik zu finden ist[3]). Die Kennung des Feuers kann bei elektrischen Glühlampen und bei Gaslampen durch Löschen und Wiederentflammen erzeugt werden. Besonders bei Gasflammen ist die Methode wertvoll, da bei den selbsttätigen Feuern das Licht Tag und Nacht brennt und durch das Auslöschen an Gasvorrat gespart wird. Dieses Verfahren ist von der Firma Pintsch, Berlin, zu großer Vollendung gebracht worden. Elektrisches Bogenlicht oder gewöhnliche Öllampen brauchen bewegliche Blenden, oder es muß die Lampe selbst gedreht werden. Für bewegliche kleinere Feuer, besonders Leuchttonnen, ist es besonders wertvoll, die Selbsttätigkeit des Feuers so weit zu steigern, daß das Feuer monatelang ohne jede Wartung brennen kann. Heute ist es erreicht worden, daß Gastonnen über $^1/_4$ Jahr lang selbsttätig ohne Wartung brennen können.

4. Nebelzeichen.

In der Nähe der Küste ist die Schiffahrt durch Nebel oder Schneegestöber in hohem Maße gefährdet. Hier können auch drahtlose Anrufe ohne Erfolg sein, wenn die Küste so nahe ist, daß die Bewegungsfreiheit des Schiffes nur noch gering ist. Die Feuer sind bei starkem Nebel unsichtig geworden. Es werden deshalb Luftschallsignale oder Unterwasserschallsignale eingebaut.

Alle einen starken Schall erzeugende Vorrichtungen, Glocken, Sirenen, Nebelhörner, Kanonen usw. werden verwendet. Daneben werden für Tonnen Heulvorrichtungen, die durch den Seegang selbst betrieben werden, verwendet

---

[1]) Z. Beisp. Pintsch, Berlin.

[2]) Blaugas, ein flüssiges Gas nach seinem Erfinder benannt.

[3]) Siehe auch Proetel: Seehafenbau. Berlin: Julius Springer; ferner Jochmann: Experimentalphysik.

(Heulbojen Abb. 802, S. 633). Die Verwendung der Unterwasserschallsignale ist heute sicherer als die der Luftsignale. Die mit Aufnahmevorrichtungen für Unterwasserschallsignale ausgerüsteten Schiffe haben die Vorrichtung auf beiden

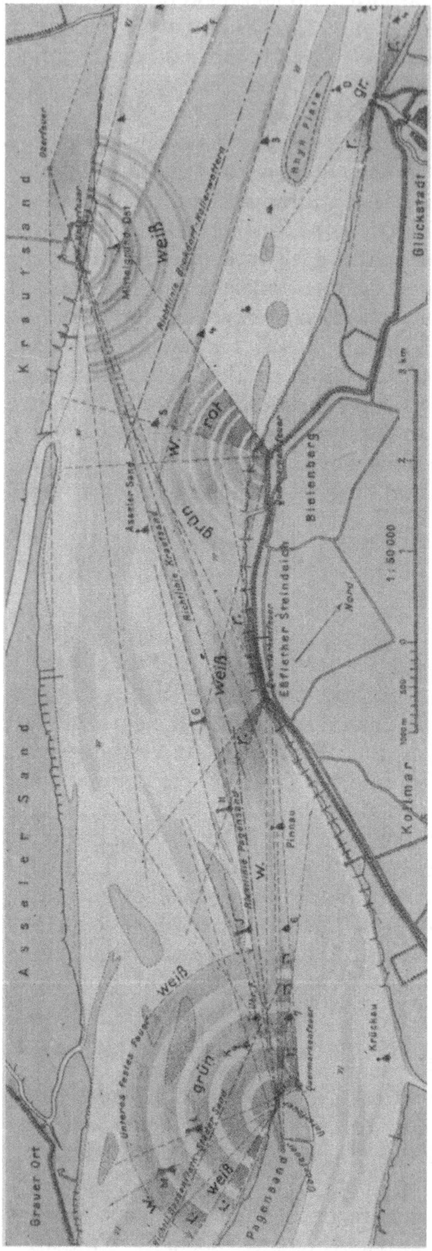

Abb. 803. Befeuerung der Elbe durch Richtfeuer. Maßstab 1 : 83 500.

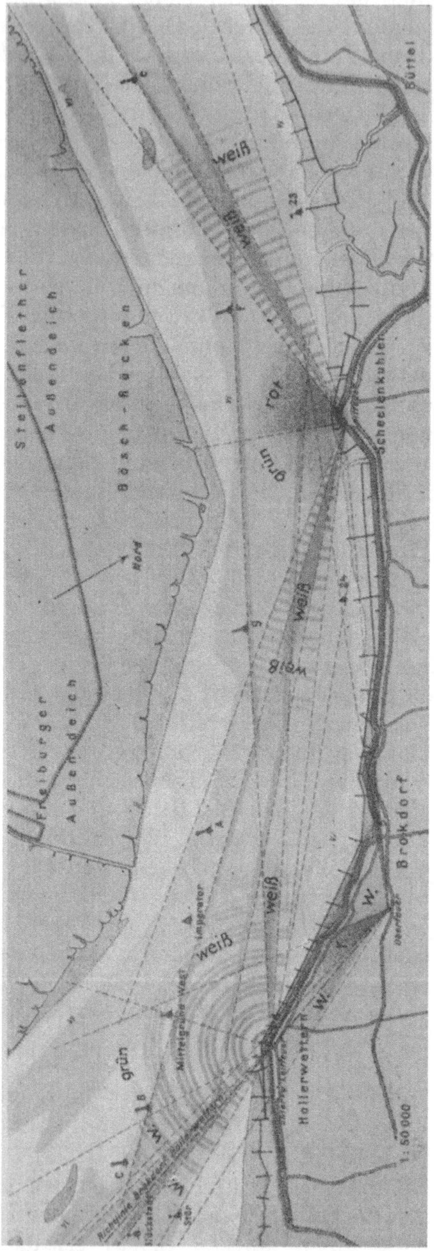

Abb. 804. Dasselbe durch Leuchtfeuer. Maßstab 1 : 83 500.

Seiten des Schiffes. Es ertönt aber bei querfahrendem Schiffe nur die dem Signalorte zugewendete Vorrichtung. Wird das Schiff dann langsam auf den Signalpunkt zugedreht, dann beginnt auch die vorher abgewendete Seite zu ertönen. Wenn der Ton, der durch Steuerbord und Backbordtelephon zum Kommandohaus geleitet wird, auf beiden Seiten gleichstark ist, hat die Schiffsachse die Richtung zum Signalpunkt. Dadurch ist die Anpeilung dieses Punktes und die Ortsbestimmung mit großer Sicherheit möglich. Für Unterwasserschallsignale wird gewöhnlich das Glockensignal verwendet.

Für die unmittelbare Anpeilung der Häfen wird sich die drahtlose Übertragung als das beste Signalmittel entwickeln.

5. Ein Beispiel für die Befeuerung.

Die Befeuerung durch Richt-, Leit- und Quermarkenfeuer, Leuchtbojen usw. wird in anschaulicher Weise durch Abb. 803 u. 804 farbig dargestellt, die die Befeuerung der Elbe vom Pagensand bis Glückstadt und unmittelbar anschließend von Glückstadt bis Büttel zeigen. Die Bilder sind etwas gegeneinander gedreht, wie auch aus dem Nordpfeil hervorgeht, die Nordrichtung zeigt schräg nach unten. Man sieht, wie die Schiffe von Hamburg kommend (oberes Bild) zuerst mit Deckpeilung nach dem Richtfeuer Bassenfleth-Stadersand fahren müssen, dann kommen sie an das Quermarkenfeuer auf dem Pagensand, durchfahren es, bis sie an das Richtfeuer, Ober- und Unterfeuer, Pagensand gelangen, dem sie bis zum Quermarkenfeuer Elsflether-Steindeich folgen, worauf sie in die Richtlinie Krautsand (Ober- und Unterfeuer) übergehen usw. Die Richtfeuer haben weißes Licht, wobei die Oberfeuer festes, die Unterfeuer unterbrochenes Licht haben. Sobald das Fahrwasser breiter, tiefer und gestreckter wird, ist die Fahrt im Sektor von Leitfeuern möglich.

Zuerst noch vor Passieren des Leuchtfeuers Hollerwettern muß nach dem vorausliegenden Leitfeuer Scheelenkuhlen gefahren werden, bis man in den Sektor des zurückliegenden Feuers Hollenwettern gerät, innerhalb dessen Leuchtbereich weiterzufahren ist. Nach Passieren des roten und grünen Quermarkenfeuers Scheelenkuhlen muß in dem nach See weisenden Sektor Scheelenkuhlen weitergefahren werden, hier kommt dann das Schiff bald auf die Reede von Brunsbüttel usw. Die Leitfeuer können die Mitte des Fahrwassers nicht bezeichnen. Es ist deshalb die Vorsichtsmaßregel angewendet worden, daß eine Änderung der Kennung eintritt, sowie sich das Schiff der Grenze des Fahrwassers, dem Tonnenstrich, nähert. Diese Änderung der Kennung ist auf dem Bilde z. B. für das Leitfeuer Scheelenkuhlen klar zu erkennen. Die Fahrt wird durch viele andere Feuer, darunter den Leuchtturm Cuxhaven, weiterhin gesichert. Es folgen dann die vier Feuerschiffe Elbe IV bis Elbe I. Das am weitesten nach See liegende Feuerschiff Elbe I, das das Ansegelungsfeuer für die Elbmündung ist, ist mit Unterwasserglocke, Nebelsirenen und drahtloser Telegraphie ausgerüstet. Zu den Leuchtfeuern und Leuchtschiffen treten noch eine Zahl Leuchttonnen, so daß die Elbe von kundigen Lotsen auch in der Nacht ebenso sicher wie am Tage befahren werden kann[1]).

B. Ausstattung der Häfen.

a) Allgemeines.

Von entscheidendem Einfluß auf die Entwicklung eines Hafens ist seine Ausstattung mit Transportmaschinen aller Art, Telephon, Beleuchtung, Schuppen, Speichern und Gleisen. Der große Aufschwung der deutschen Häfen in den vier Jahrzehnten vor dem Weltkriege gegenüber den englischen beruhte vor allem darauf, daß die deutschen in viel früherer Zeit eine wesentlich reichere Ausrüstung erhielten als ihre Konkurrenten jenseits des Kanals. Das englische Werk über Hafenbau von Cuningham trägt auf seinem Buchdeckel ein Bild

---

[1]) Werft und Reederei 1921, S. 549ff.; Lorenzen, Hamburg: Fürsorge für die Unterelbe. Berlin: Julius Springer.

des Querschnitts des Freihafens I in Bremen, wohl die größte denkbare Anerkennung, die ein selbstbewußter englischer Ingenieur der deutschen Geistesarbeit zollen konnte.

Die Entwicklung der Hafenausrüstung nahm bei den Seehäfen ihren Ausgang, wurde dann aber auch je nach dem Umfang des Verkehrs auf die Binnenhäfen übertragen. Voran gingen hierin die großen Rheinhäfen, dann folgten die anderen Stromgebiete.

Daß die Seehäfen vorangehen mußten, liegt daran, daß sowohl die Baukosten als auch die Betriebskosten eines großen Seedampfers ganz außerordentlich viel höhere sind als die der Flußschiffe. Kostet nach Zahlen vor dem Kriege z. B. ein mittlerer moderner Handelsdampfer 5 000 000 Mark, rechnet man für Verzinsung, Abschreibung und Versicherung 12%, dann ergibt das bereits 600 000 Mark an Unkosten im Jahr. Einschließlich der Löhne kann die Summe leicht auf 2500 Mark für den Tag wachsen. Es ist nach diesen Zahlen ohne weiteres verständlich, welchen Wert es hat, wenn ein solcher Dampfer statt in zehn Tagen ent- und beladen zu werden nur sechs Tage braucht. Hat er eine Fahrzeit von zehn Tagen von Hafen zu Hafen, dann beträgt jetzt die Zeit zwischen zwei Abfahrten 16 Tage statt 20 Tage, er kann dann $\frac{20}{16} = \frac{5}{4}$ mal so viel Fahrten ausführen als bei Anlaufen des schlecht ausgerüsteten Hafens. Sein Gewinn kann sich dann trotz des größern Kohlenverbrauchs infolge der höheren Zahl der Fahrten wesentlich vergrößern.

Große Dampfer sind häufig gezwungen, das Hochwasser abzuwarten, um die Hafenstraße durchfahren zu können; die Möglichkeit der Ausfahrt ist für sie auf ganz wenige Stunden beschränkt. Die Beschleunigung des Ladegeschäfts durch eine gute Kranausrüstung um auch nur eine Stunde kann oft für diese Dampfer den Zeitgewinn einer vollen Tide ausmachen, da andernfalls das notwendige Hochwasser vorbei sein kann.

Die Ausstattung des Hafens muß so erfolgen, daß die Schiffsladung ohne Unterbrechung in kürzester Frist gelöscht und geladen werden kann, daß die Ladung im gleichen Zeitraum entweder in Schuppen oder Wagen gebracht wird, so daß der Uferplatz nach Abfahrt des Schiffes wieder frei ist.

Für Binnenhäfen ergibt sich entsprechend, daß die Anlage einer schnell arbeitenden Hafenausrüstung um so wichtiger ist, je größer die Schiffe und je größer der Verkehr sind.

Wir haben im wesentlichen drei Arten des Güterverkehrs zu unterscheiden.

1. Verladung von Schiff zu Schiff, z. B. Überladen von Schiffen der großen Fahrt (Europa nach Amerika, Asien usw.) auf Schiffe der kleinen Fahrt (Ostseeschiffe, Schwarze-Meer-Schiffe usw.) oder von Seeschiffen auf Flußschiffe und Seeleichter oder umgekehrt, ferner von Flußschiffen auf Kanalschiffe usw.

2. Verladung auf Landfahrzeuge zur sofortigen Abfuhr, z. B. auf Frachtwagen mit Pferde- oder Motorantrieb oder auf Eisenbahnwagen.

3. Ausladen in Schuppen zwecks Sortierung und Prüfung der Waren und Weitertransport der Ware entweder durch Fuhrwerke, Schiffe usw. oder Transport in Speicher zwecks längerer Lagerung.

Häfen, in denen nur eine der drei vorgenannten Arten des Warenverkehrs vorkommt, gibt es kaum, es findet fast stets eine Verbindung aller drei Arten statt. Wohl werden aber einzelne Hafenbecken nur für die eine oder andere Art gebaut. Die Löschung nach der Methode 1 und 2 findet vor allem bei der Beförderung von Massengütern Anwendung, die zu 3 für Stückgüter aller Art, aber auch für einige wertvollere Massengüter, wie Baumwolle, Getreidearten, Öl, Wein, Tabak usw.

Die Ausrüstung der Häfen für den Umschlag von Schiff zu Schiff ist denkbar einfach. Es sind keine steilen Ufermauern nötig, sondern nur Reihen von Pfahlbündeln, oder Leitwerke, an denen man die Schiffe festmachen kann, damit der

Verkehr zwischen den Bord an Bord liegenden Schiffen in ruhiger Lage möglich ist. Es müssen am Ufer lediglich für den Verkehr der Mannschaft Anladevorrichtungen vorhanden sein. Diese werden später ausführlicher behandelt werden. Die Breite dieser Hafenbecken ist groß. Besonders wenn Getreideheber oder Kohlenkräne zwischen Seeschiffen und Leichtern liegen, dann ergeben sich breite Becken, Hamburg, Rotterdam. Für den Verkehr vom Schiff unmittelbar zu Fuhrwerken aller Art einschließlich der Eisenbahn sind genügende Flächen zur Aufstellung der Fahrzeuge notwendig. Das Ladegeschäft unmittelbar von oder in Straßenfuhrwerke erfordert eine genügend breite gepflasterte Uferstraße mit Wendeplätzen. Es müssen mehrere Wagenreihen nebeneinander stehen können, damit die Kräne beim Löschen immer leere Wagen während der Zeit vorfinden, in der die vollen Wagen durch leere ersetzt werden müssen. Ein Beispiel für diese Art ist Antwerpen.

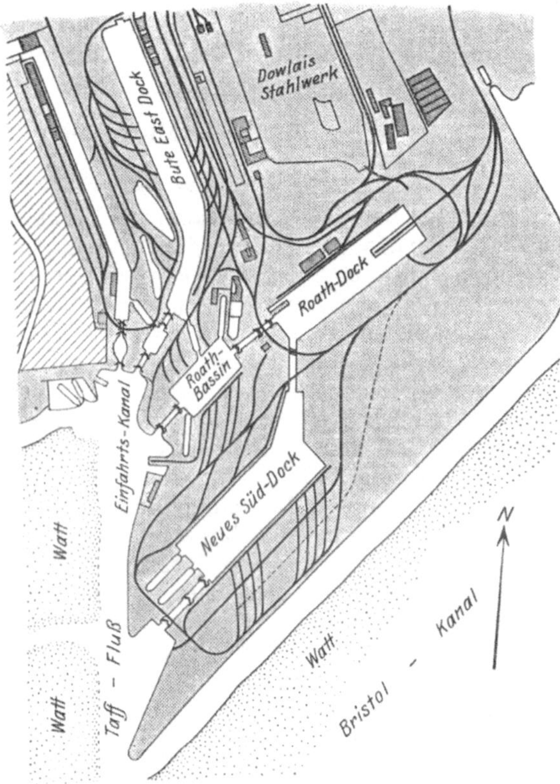

Abb. 805. Cardiff. Maßstab 1 : 33 000.

Die Beladung der Schiffe unmittelbar von der Eisenbahn aus spielt eine besondere Rolle im Kohlenverkehr. Hier ist die Leistungsfähigkeit des Hafens unmittelbar von der Ausrüstung mit Kohlenkippern und Gleisanlagen, die dann oft hoch liegen müssen, abhängig. Beide werden in besonderen Abschnitten besprochen werden.

Vielfach müssen hier die Hafenmauern eine ganz besondere Grundrißanordnung erhalten. Um ein bequemes Anfahren der Eisenbahnwagen an die Kipper zu ermöglichen, hat man z. B. die Kajen sägeblattförmig im Grundriß gestaltet, vgl. Abb. 871, S. 674 (Kosel). Welche Rolle bei unmittelbarem Umschlag zwischen Bahn und Schiff die Gleisanlage spielt, zeigt Abb. 805, die den großen englischen Kohlenhafen Cardiff am Bristol-Kanal (England) vorführt. Ganz ähnliche Bilder zeigen die Kohlenhäfen von Ruhrort am Rhein-Herne-Kanal usw.

Allgemein ist für die unmittelbare Abfuhr oder Anfuhr durch die Eisenbahn die Anlage von wenigstens zwei, besser aber drei Gleisen nebeneinander notwendig. Ein Gleis dient als Ladegleis, die beiden anderen zur An- und Abfuhr der Wagen. Letztere Gleise müssen möglichst mit ganzen Zügen befahren werden können. Eine häufige Verbindung der Gleise untereinander ist notwendig. Zwischen diesen Gleisen liegt zuweilen noch eine Verkehrsstraße für Landfuhrwerk.

Das dritte Verfahren, Ausladen in Schuppen als Durchgangsplatz erfordert stets gleichfalls Gleis- und Straßenanlagen. Oft ist die Verbindung von Schuppen und Speichern erwünscht, wobei zwei grundsätzlich verschiedene Anordnungen üblich sind. Entweder stellt man die Speicher an eine Straße, die an der hinteren

Seite der Schuppen entlang läuft, so daß über diese Straße hinweg ein Verkehr zwischen beiden Gebäuden möglich ist (Bremen, Stettin usw.), oder man ordnet ganze Speicherblocks an, die nur vom Binnenschiff oder der Eisenbahn aus zugänglich sind (Hamburg). Die Kajen der Seeschiffshäfen z. B. sind so teuer, daß man sie fast nur mit Schuppen, selten aber mit Speichern besetzt. Die Anordnung von nur Schuppen an der Kaje zeigt Abb. 824, S. 650, die eine Kaje im Kaiser-Wilhelm-Hafen in Hamburg wiedergibt; die Anordnung von Speichern hinter einem Schuppen zeigt Abb. 810, S. 644, die einen Schnitt durch die Kaje des Freihafens I in Bremen wiedergibt, der die erste derartige großzügige Anlage war und für alle modernen Häfen vorbildlich geworden ist[1]).

Der Raum, der zwischen Kaivorderkante und Ladebühne der Schuppen frei bleiben muß, beträgt bei zwei Gleisen etwa 10, bei drei Gleisen 14—15 m. Liegen hinter dem Schuppen noch Speicher, dann werden in diesen Zwischenraum auch noch Gleise zur Bedienung der Schuppenrückseite gelegt.

b) Schuppen, Speicher und Schuppenspeicher.

1. Allgemeines.

In den großen deutschen Häfen wie Hamburg, Bremen, Stettin, Emden usw. wird eine scharfe Trennung zwischen Schuppen und Speichern durchgeführt; Schuppen sind nur zum vorübergehenden Durchgang der Güter bestimmt, Speicher für längere Lagerung. In einigen kleineren deutschen Häfen, z. B. Königsberg, in vielen größeren ausländischen Häfen, wie z. B. Mont Real, hat man sich aber an diese starre Einteilung nicht gehalten, sondern Schuppen und Speicher vereingt. Diese Gebäude sollen Schuppenspeicher genannt werden. Jetzt scheint man auch in größeren deutschen Häfen Gebäude gemischter Bedeutung zu errichten. So berichtet de Thierry[2]), daß in Stettin Schuppenspeicher angelegt werden sollen. Es ist wahrscheinlich, daß man in Zukunft die drei in der Überschrift genannten Bauten, je nach dem Zweck, errichten wird, man wird hauptsächlich die reinen Schuppen- und die reinen Speicherbauten errichten, aber das Gebäude gemischter Natur gelegentlich daneben verwenden. Die modernen Kraneinrichtungen machen es ohne Schwierigkeiten möglich, das oberste Stockwerk eines Schuppenspeichers genau so zu benutzen wie einen einstöckigen Schuppen, so daß Keller und Unterstockwerke den Speicherzwecken dienen können. Auch könnten die äußeren Teile solcher Gebäude, die genug Licht von der Seite erhalten würden, Schuppenzwecken dienen, Innenteile dagegen mehr Speicherzwecken, sofern man nicht dunklere Räume mit künstlicher Tageslichtbeleuchtung vorsieht, die heute elektrisch möglich ist. Vgl. auch S. 641.

Die Entwickelung sowohl der mehrstöckigen Schuppen als auch von Schuppenspeichern ist von dem verfügbaren Landraum, den Baukosten und der Größe des Verkehrs abhängig. Häfen, wie Hamburg, Bremen, stellen die Schnelligkeit der Verkehrsabwickelung obenan und sind deshalb bis heute bei dem einstöckigen Schuppen geblieben[3]). Es ist Raum genug vorhanden, einstöckige Schuppen sind trotz des größeren Landbedarfs bei einfacher Gründung billiger für die Tonne Lagergut und erlauben eine schnellere Ent- und Beladung der Schiffe als mehrstöckige. Selbst höhere Schuppenkosten würden sich durch die bessere Kajeausnutzung bezahlt machen. Auch gilt das natürliche Tageslicht

---

[1]) Franzius, L.: Der Freihafen in Bremen, Denkschrift.

[2]) de Thierry: Anforderungen des neuzeitlichen Güterumschlagverkehrs an den Hafenbau. Z. d. I. 1925, Nr. 38.

[3]) Dr.-Arbeit Brockmann, T. H., Hannover. 1927: „Über die Möglichkeit der wirtschaftlichen Betreibung mehrstöckiger Umschlagschuppen im Hamburger Hafen."

als die beste Beleuchtungsart. Häfen mit kleinerem Verkehr, vor allem mit weniger „Kajezwang“ können gewisse Vorteile der mehrstöckigen Schuppen voll ausnutzen, Kopenhagen, Montreal, Königsberg. Aber selbst das Streben nach Zwischenlagerung (Einschalten einer längeren Lagerzeit zwischen Löschen aus dem Schiff und Abfahrt in das Land) hat in den großen deutschen Nordseehäfen noch nicht zur Einführung der mehrstöckigen Schuppen geführt. Die großen teuren Schiffe gehen in Hamburg vorwiegend an die Kaje, die kleineren löschen und laden im Strom; die großen verlangen sehr schnelle Abfertigung, die kleineren sind oft mit der billigeren, aber langsameren im Strom zufrieden. In Bremen gehen fast alle Schiffe an die Kaje, in Rotterdam der kleinere Teil. Die Verhältnisse sind in allen Häfen verschieden.

2. Schuppen.

Bei dem Umschlage von Stückgütern, aber auch von Baumwolle, Tabak, Wein usw. in Massen müssen die Güter in der Regel zuerst in einen Schuppen

Abb. 806. Elektroschlepper.

befördert werden. In dem Schuppen werden sie nach Empfängern geordnet, es müssen bei guter Tagesbeleuchtung Proben entnommen werden können; die Güter müssen unter Umständen eine Spanne Zeit liegenbleiben, um dann entweder in die Speicher zu wandern oder mit der Bahn, Flußschiffen usw. über das Land verteilt zu werden. Die Schuppen haben die Aufgabe eines riesenhaften Sortiertisches zu erfüllen, auf dem die Güter gleichsam aus dem Schiff heraus ausgeschüttet werden, um dann nach allen Richtungen hin zu kleineren Einzelhaufen zusammengekarrt zu werden. Der Schuppen bildet dann ein Zwischenglied zwischen dem Schiff und dem Lagerhaus oder dem anschließenden Beförderungsmittel und muß daher dem Ufer am nächsten liegen.

Das Sortieren wird ausgeführt mit Hilfe kleiner zweirädriger Karren (sog. Sackkarren). Diese werden in neuerer Zeit ergänzt durch elektrische, niedrige Plattformwagen, die auch mit Anhänger fahren (Abb. 806). Besondere Stapelmaschinen, die verfahrbar sind, können Fässer und Ballen ungefähr bis zur Höhe von 3 oder 4 m hoch stapeln[1]) Abb. 807 u. 808. Das Sortieren geschieht am be-

[1]) Vgl. Schrift: A. E.-G., Elektrizität im Nahtransport.

quemsten und schnellsten, je ausgedehnter die Schuppenflächen und je weniger Hindernisse in ihnen vorhanden sind. Wo man mehrstöckige Schuppen als unzweckmäßig ansieht, wächst die Breite der Schuppen mit dem Größerwerden der Schiffe. Demzufolge ist die Breite einstöckiger Schuppen von 25 m jetzt bis auf fast 70 m gewachsen. Ihre Länge wird nur durch Gründe der Feuersicherheit begrenzt und beträgt bis zu 200 m. Zwischen zwei Schuppen läßt man aus gleichen Gründen Zwischenräume von 30—50 m bestehen, die gleichzeitig als Anfuhrplätze für Landfuhrwerke dienen. Die Anlage von Kellern unter und Böden über den Lagerflächen der Schuppen zwecks Aufspeicherung von Waren wird gewöhnlich vermieden, Kellereingänge bringen leicht eine Störung des eigentlichen Schuppenbetriebs mit sich und verzögern dadurch das Laden des Schiffes. Böden setzen die Helligkeit in den Schuppen so herab, daß die Entnahme von Proben nicht mehr gut ausführbar ist.

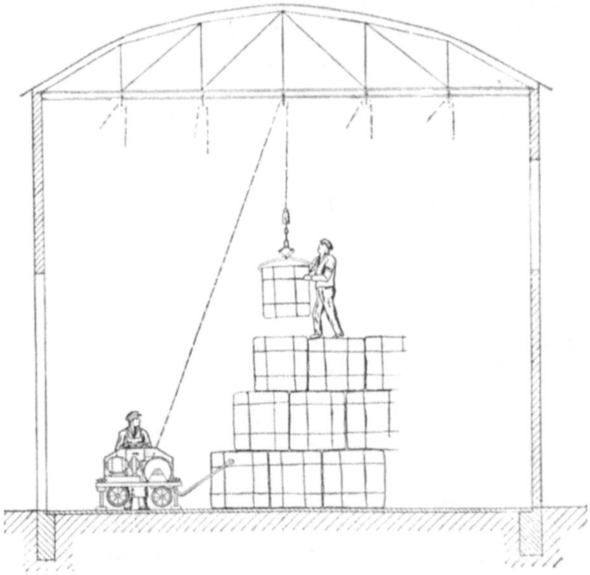

Abb. 807. Fahrbare Stapelwinde im Baumwollspeicher.

Abb. 808. Sackstapler.

Der Fußboden der Schuppen wird bei Gleisanschluß auf die Bodenhöhe der Eisenbahnwagen gelegt und in Form einer Ladebühne hafenseitig wenigstens in 1,5 m, besser 3 bis 5 m Breite über die Wände nach außen weitergeführt.

Die Krane setzen die Lasten auf dieser Bühne ab. Sie bildet die ideelle Grenze zwischen Schiff und Schuppen. Der Fußboden wird zweckmäßig mit Pitchpine, Eiche, Buche oder ähnlichen Holzdielen belegt und besonders auf den dem Verkehr der Karren ausgesetzten Streifen mit Blech benagelt. Ein Schuppenfußboden soll nicht an den Wänden und Zwischensäulen befestigt sein, sondern sich unabhängig davon setzen können. Ist der Untergrund nicht reiner Sand, dann wird ein solcher vorher aufgeschüttet. Sind die Setzungen, wie es bei kleiartigem Untergrund oft der Fall ist, zu stark geworden, dann wird der Fußboden aufgenommen, neuer Sand aufgebracht und der Boden wieder verlegt. Die Bohlen werden auf langen Balken verlegt, wobei nach Hamburger Erfahrungen das Faulen des Holzes durch Aufbringen einer 1 bis 2 cm dicken Lage von Seesalz auf den Sand so gut wie verhindert wird. Es werden jetzt auch Versuche mit Stahlbeton gemacht.

Je mehr Türen der Schuppen kajeseitig besitzt, desto eher wird eine solche auch den Ladeluken verschiedener Schiffe gegenüber liegen. Am besten ist die in Bremen zum ersten Male getroffene Einrichtung, die Vorderwand des Schuppens gänzlich in Türen aufzulösen, die voreinander geschoben werden

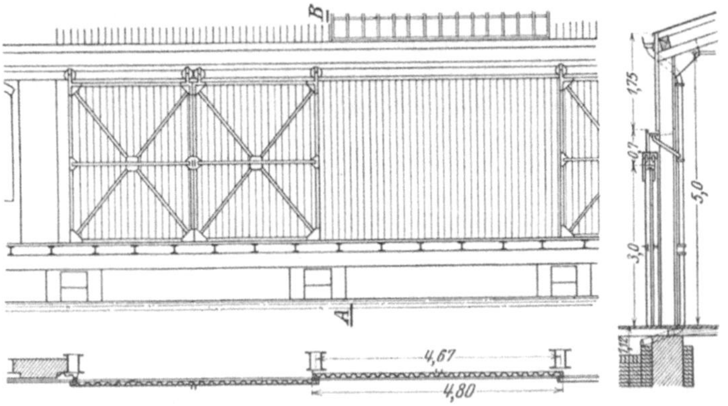

Abb. 809. Torwand der Bremer Schuppen und zwei Schnitte. Maßstab 1:150.

können, so daß an jeder beliebigen Stelle eine Türöffnung geschaffen werden kann. Abb. 809 zeigt das Bild der älteren Schuppen in Bremen, die Anordnung wird dadurch möglich, daß je zwei Türen außen, zwei innen verschiebbar sind. Die innen verschieblichen sehen auf der Zeichnung wie eine feste Wellblechwand aus, die Versteifung liegt an der Innenseite. Abb. 810 zeigt den Querschnitt durch einen älteren Schuppen in Bremen mit den davor laufenden einbeinigen hydraulischen Portalkranen älterer Bauart. Abb. 811 gibt den Grundriß der neuesten Bremer Schuppen mit Speicher wieder, der eine Breite von 66 m besitzt. Es sind hier vier Säulenreihen statt nur einer angewendet worden.

In Hamburg wurden vielfach Schuppen verwendet, die landseitig durch Türen geschlossen, wasserseitig aber offen sind. Die Anordnung ist nicht vorbildlich, die neueren Schuppen sind geschlossen. Es sind bei den älteren Schuppen einbeinige Portalkrane, aber mit Dampfantrieb von einem Zentralkesselhaus aus angewendet worden. Abb. 812 u. 824 geben neuere Schuppen in Hamburg wieder. Die Speicher fehlen völlig. Es liegt nur ein Gleis am Kai, die Ladebühne hat eine Breite bis zu 9 m erhalten. Der eigentliche Schuppen ist 50 m breit, hinter ihm liegen drei Gleise. Die Kräne sind dadurch leistungsfähiger geworden, daß sie 3 t heben und ihre Ausladung verstellen können. Der Schuppen ist ganz aus Holz und besitzt Brandmauern mit großen Öffnungen. Es wird vorgezogen, den ganzen Schuppen, wenn er nicht gegen Feuer gehalten werden kann, abbrennen zu lassen, als bei einem Eisenbau nach dem Brande den schwierigen Abbruch machen zu müssen. (Bei Holzschuppen nach dem Brande „Abbruch mit dem Besen".)

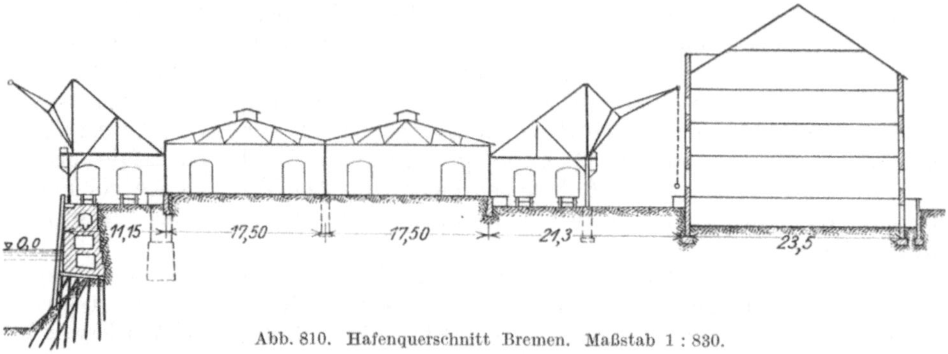

Abb. 810. Hafenquerschnitt Bremen. Maßstab 1 : 830.

Bei neueren Bremer Schuppen sind alle Türen so miteinander zwangläufig verbunden, daß sie sich auf einen Hebeldruck schließen, die Türen sind feuerfest. Die zur Zeit neuesten Schuppen sind 66 m tief, (Abb. 811) Schuppen ohne Wände, also lediglich überdachte Lagerplätze, werden auch verwendet, sie sind etwa halb so teuer wie die ganz geschlossenen. Bis vor kurzem erschien eine Begrenzung der Breite durch die Quertransporte eintreten zu sollen, die elektrischen Karren bewirken aber ein Hinausschieben der Breitenbegrenzung.

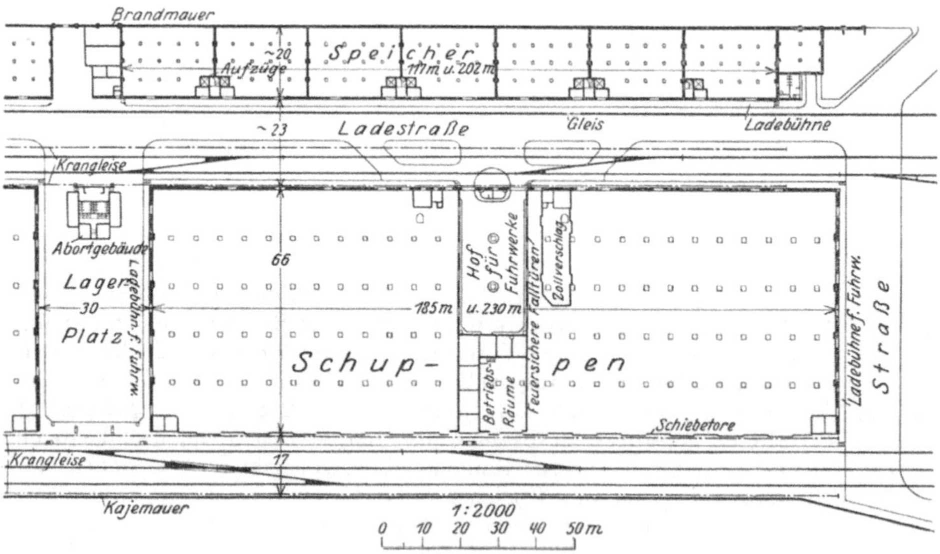

Abb. 811. Neuer Schuppen und Speicher in Bremen.

Die bereits erwähnten mehrstöckigen Schuppen sind vielfach ausgeführt worden. So sind in Königsberg, Stettin, in Montreal, Quebec, New York und in anderen amerikanischen Häfen Schuppen bis zu vier Stockwerken erbaut worden. In Hamburg und Bremen verhält man sich aber noch ablehnend. Ein Versuch, der in Bremen gemacht wurde, ist wieder aufgegeben worden, da der Betrieb im einstöckigen Schuppen einfacher, klarer, schneller und billiger ist. Schnitte durch einen zweistöckigen amerikanischen Schuppen zeigt Abb. 814, durch einen ähnlichen mit Speicher Abb. 815. Die teure hier notwendige Pfahlgründung und der Platzmangel machen in vielen amerikanischen Häfen zweistöckige Schuppen wirtschaftlich. Die gewöhnlichen geschlossenen Hamburger Schuppen haben vor dem Weltkriege 52 M./qm gekostet, sie kosten heute rd. 80 M./qm. Zweistöckige Schuppen würden anschlagsgemäß rd. 130 M./qm kosten, immer je Quadratmeter Bodenfläche gerechnet, sie sind daher baulich kostspieliger als einstöckige ohne künstliche Gründung.

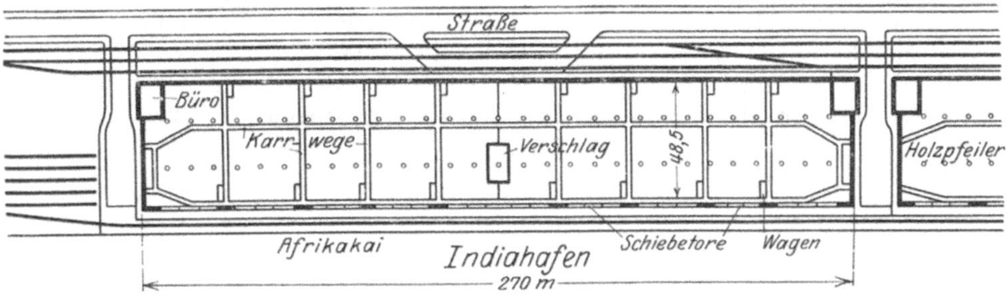

a

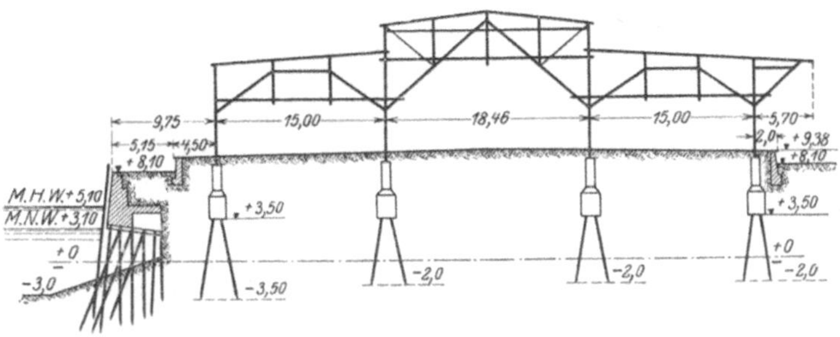

b

Abb. 812 a u. b. Hamburger Schuppen am India Kai.

a Grundriß. Maßstab 1 : 3333. b Querschnitt mit gespreitzter Pfahlanordnung vgl. Abb. 824. Maßstab 1 : 800.

Es wird immer großer Wert auf eine möglichst gute Verbindung zwischen Schuppen und Speicher gelegt. Bei großen Getreideanlagen in Bremen hat man dies durch Förderbänder, die in einem Kanal laufen, hergestellt. Auch die zwischen Schuppen und Speicher stehenden Kräne stellten letzten Endes eine solche Verbindung dar, vgl. Abb. 810, in der die Krangleise an der Rückseite des Schuppens eingezeichnet sind. Abb. 814 zeigt ferner eine Überwegung zwischen dem oberen Geschoß des Schuppens und dem Speicher. Eine besonders sorgfältige Verbindung ist ferner für die eine Kölner Hafenanlage durchgeführt worden (Abb. 813). Hier ist die Verbindung durch eine an dem Gerüst laufende Katze geschaffen worden, durch die jedes Stockwerk des Speichers von außen her erreicht werden kann.

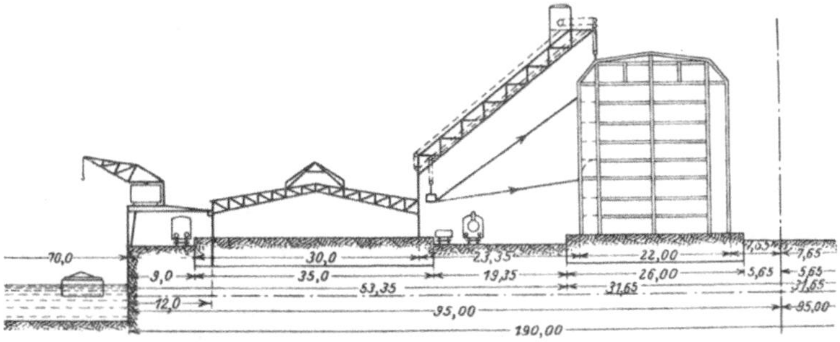

Abb. 813. Hafenneubauten Köln. Schnitt durch die Hafenzunge mit neuer Transportanordnung zwischen Schuppen und Speicher. Maßstab 1 : 1250.

Die Belastung der Schuppen für den Quadratmeter Nutzfläche ist bei einstöckigen Schuppen in Hamburg bei mäßigem Stapeln erfahrungsgemäß 0,9 t/qm, daraus läßt sich für eine bestimmte Schiffsgröße die notwendige Nutzfläche des Schuppens berechnen, hierzu tritt noch rd. 20 vH der Nutzungsfläche (17,5 vH der Gesamtfläche) für Karrwege, Wagen usw. Die Leistung im Jahre beträgt rd. 16 t/qm. Im Mittel entfallen auf 100 qm überdeckte Fläche in Hamburg 82,5 qm Nutzfläche. Maßgebend für die Schuppenbemessung in Deutschland usw. ist die Einfuhr, in den Vereinigten Staaten von Nordamerika usw. die Ausfuhr. In Hamburg entfällt auf 1 NRT. Einfuhr 1,19 t (je 1000 kg) Gut, auf 1 NRT Ausfuhr 0,56 t (je 1000 kg) Gut. Von der Einfuhr sind dort i. M. 76 vH, von der Ausfuhr 40 vH über die Kaje gegangen (Betrieb der Hapag).

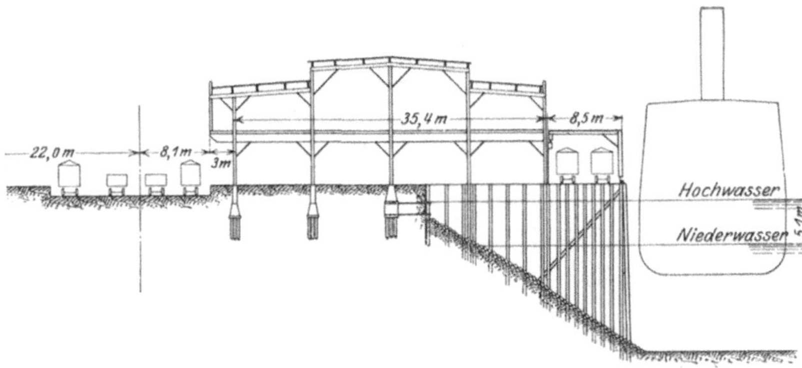

Abb. 814. Zweigeschossiger Schuppen in Seatle. Maßstab 1 : 890.

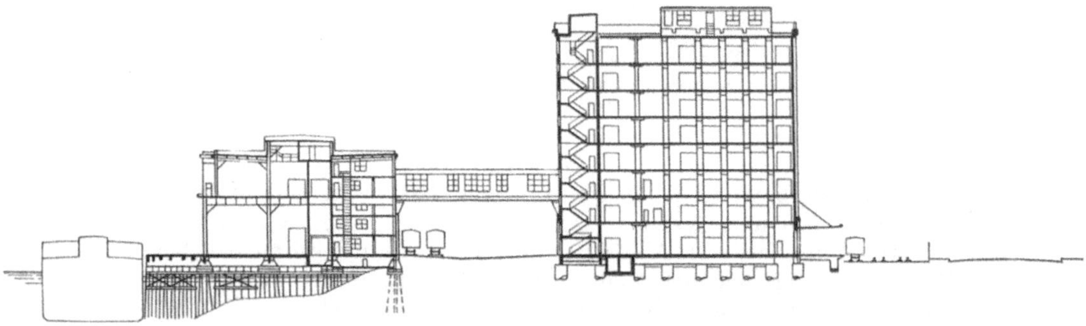

Abb. 815. Zweigeschossiger Schuppen mit Speicher in Boston. Maßstab 1 : 1000.

Eine Sonderform stellen die Fischschuppen dar (Abb. 816). Die Fische werden sofort nach dem Löschen verauktioniert, verpackt und mit Eilzügen versandt, soweit sie in das Binnenland verkauft sind. Der Auktionsraum ist einstöckig, die Dockhalle zweistöckig, mit Kontor und Materiallager über dem Packraum.

3. Speicher.

Die Speicher werden selten unmittelbar an die Kaje gelegt. Es geschieht das dann, wenn sie zur Aufnahme von Gütern (Getreide, Mais) eingerichtet werden, die in großen Ladungen ankommen und keiner Sortierung bedürfen, so daß der Schuppen davor nur eine Erschwerung bedeuten würde. Es hängt ganz von den örtlichen Verhältnissen ab, ob die Lage der Speicher jeweils hinter dem Schuppen zweckmäßig ist. Bremen hat diese Anordnung gewählt, Hamburg dagegen einen besonderen Teil des Hafens nur mit Speichern besetzt. Hamburg gibt als Grund an, daß die Speicher hinter den verfügbaren Schuppen oft gefüllt sind, so daß das Schiff nach Abgabe eines Teils der Ladung doch an andere Stelle verlegt werden müßte. Dann hindert der Schuppen.

Die Speicher werden meist mit mehreren Stockwerken angelegt, wobei die einzelnen Stockwerke durch Aufzüge und Krane besonders verbunden werden.

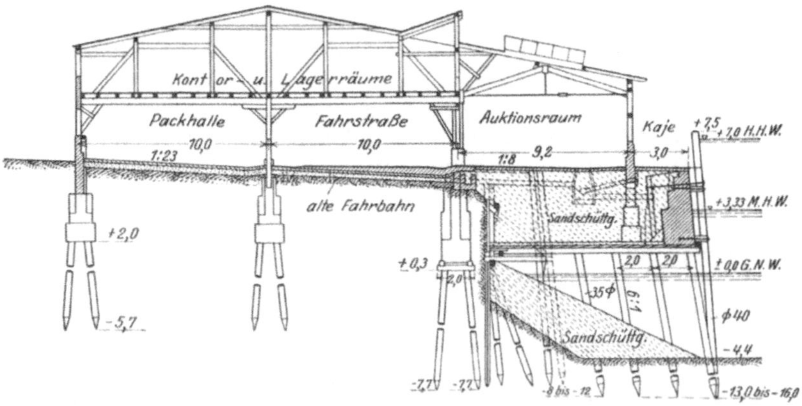

Abb. 816. Geestemünde. Querschnitt Fischereihafen, Auktionshalle und Packhalle und der Umbauzustand vor dem Umbau ist einpunktiert. Maßstab 1 : 400.

Die Breite wird nicht über 25 m genommen, da die Speicher nicht wie die Schuppen das Licht durch das Dach, sondern von der Seite her erhalten müssen (Abb. 810a u. 813). Die Bodenbelastung der Speicher beträgt in Hamburg durchschnittlich 1,8 t/qm Nutzfläche.

Die Rücksicht auf die Feuersicherheit ist auch hier maßgebend für die Länge. Die einzelnen Abteilungen werden daher meist nicht über 500 qm groß gewählt und alles aus feuersicherem Material erbaut. Da ungeschütztes Eisen nicht dazu rechnet, muß es stets feuerfest ummantelt werden. Für die Grundrißausbildung der Speicher haben Bremen und Hamburg gute Vorbilder entwickelt, die grundsätzlich verschieden, aber beide wertvoll sind. Es kommt immer darauf an, daß die Treppenanlagen so abgetrennt sind, daß ein Brand nicht durch sie verpflanzt werden kann. Einen Grundriß eines Hamburger Speichers zeigt Abb. 817, den Grundriß eines Bremer Speichers Abb. 809. In Bremen haben je zwei Abteilungen ein gemeinsames Treppenhaus, es hat aber jeder Raum einen Windfang, also zwei Türen hintereinander. In Hamburg hat jede Abteilung ein Treppenhaus und je zwei einen gemeinsamen Treppenturm, zu dem man nur über die Galerie gelangen kann.

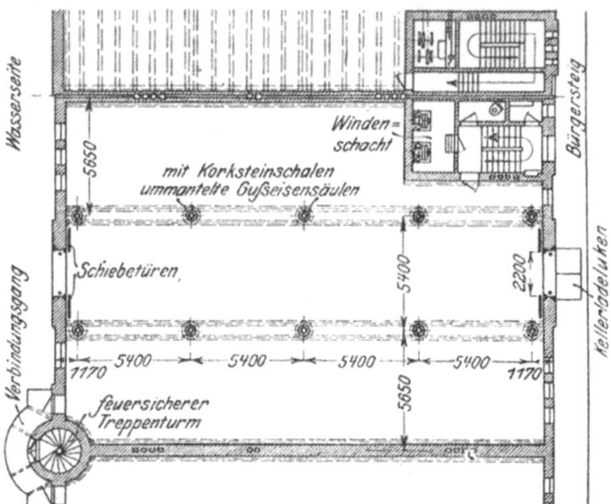

Abb. 817. Grundriß eines Hamburger Speichers. Maßstab 1 : 370.

4. Schuppenspeicher.

Schuppenspeicher stellen, wie eingangs gesagt wurde, eine Vereinigung der beiden vorher beschriebenen Bauten vor. Werden Schuppenspeicher erforderlich, dann werden sie zweckmäßigerweise nicht mehr als etwa vier Geschosse erhalten, von denen das Kellergeschoß, das Geschoß zu ebener Erde und das erste Stockwerk Speicherzwecken, das zweite Obergeschoß Schuppenzwecken dienen würden. Noch besser erscheint die Anordnung mit nur drei Geschossen. Die Güter müssen doch im allgemeinen aus Rücksicht auf die Schiffe und den Verkehr so hoch gehoben werden, daß sie ohne Mehraufwand an Arbeit ebensogut auf einer Schuppenplattform im ersten Stockwerk abgesetzt werden können, wie zu ebener Erde. Das oberste Stockwerk kann aber stets genau so mit Oberlicht ausgestattet werden wie ein einstöckiger Schuppen. Die innere Ausrüstung würde so wie bei Speichern angeordnet werden. Das ganze System hätte noch den Vorteil, daß man viele Güter unmittelbar aus dem oberen Schuppenraum in die unteren Speicherräume durch Aufzüge befördern könnte. Wenn die Speicherräume dann durch feuersicher abschließbare Verkehrswege verbunden würden, könnte man von jedem Schuppen aus bequem jede Speicherfläche erreichen. Vielfach ist nicht soviel Speicherraum wie Schuppenraum erforderlich. Dann würde man neben einstöckigen Schuppen Schuppenspeicher verwenden, so daß insgesamt die Schuppenfläche etwa doppelt so groß wäre wie die Speicherfläche oder dem Erfahrungssatze entsprechend. Auch hier würde künstliche Tagesbelichtbeleuchtung vorteilhaft sein.

Die Vereinigung von Schuppen und Speichern hätte auch dort, wo man sonst eine ganz klare Trennung verlangt, einen Vorteil für die Zwischenlagerung. Vielfach liegen in großen Häfen Güter zu lange in den Schuppen, so daß für den Kaufmann größere Lagergebühren entstehen und auf die Belegung von Schuppenflächen, die für neu ankommende Schiffe nötig wären, störend wirken. Hier könnte eine solche Speicherfläche, die meist auch nur wochen-, aber nicht monatelang in Anspruch genommen würde, wertvoll sein. Die Schuppenspeicher sollen nicht die Aufgabe haben, die Schuppen und die Speicher zu ersetzen, sondern dort, wo der Bedarf nach beiden Arten nahe beieinander entsteht, auszuhelfen. Für den Verkehr von Kraftwagen sollte man Aufzüge verwenden, die bis in die Schuppen hineinreichen. Solche Aufzüge waren z. B. in einigen zweistöckigen Schuppen in Montreal, Kanada, vorgesehen. Alles, was über Feuersicherheit usw. vorher ausgeführt wurde, wäre sinngemäß auf das Gebäude mit Doppelzweck anzuwenden.

c) Krane, Kohlenkipper, Getreideheber usw.

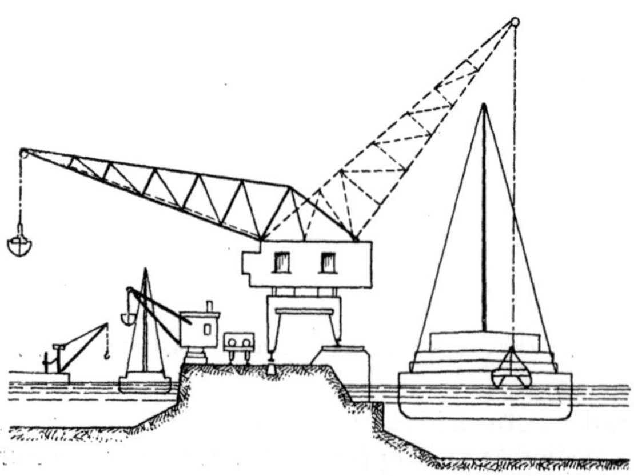

Abb. 818. Entwicklung der Drehkrane am Rhein.

In den Handelshäfen werden Hebemaschinen zum Heben von Stückgütern, zum Herausfördern von Massengütern aus den Schiffen und zum Verstürzen solcher in die Schiffe gebraucht. In Industrie- und Kriegshäfen treten dazu die festen und die schwimmenden Krane zum Heben von Schwergütern. Die Entwicklung der Krane nach ihrer Größe für Binnenhäfen zeigt treffend Abb. 818, die einen alten festen Dampfkran neben fahrbaren elektrischen, mit verstellbarem Ausleger darstellt. Für Seeschiffshäfen zeigt Abb. 819—821 das gleiche.

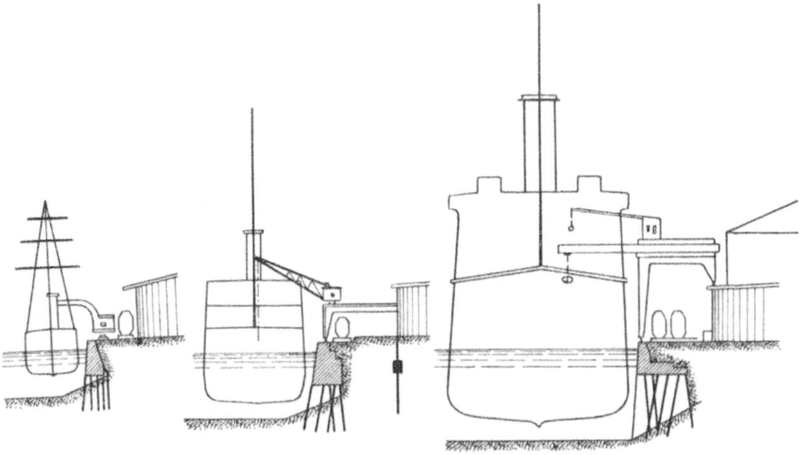

Abb. 819. Abb. 820. Abb. 821.

Abb. 819—821. Entwicklung der Krane und Schiffe in Hamburg.
Abb. 819. 1870 Brownscher Dampfkran (Sandtorhafen).
Abb. 820. 1900 Halbportalkran von 11 m Ausladung und 2,5 t Hebkraft.
Abb. 821. 1920 Doppelkran, Hebkraft 4 t.

Abb. 822. Krananlage mit Unterbau in Eisenbeton.

Die Krane werden heute in allen größeren Häfen als verfahrbare Drehkrane mit Auslegern ausgeführt, nur in kleineren Häfen mit geringerem Schiffsverkehr sind gelegentlich feste Krane üblich; vgl. Abb. 822, die zeigt, wie man den Nachteil einer Böschung durch Erbauung eines Eisenbeton-Krangerüstes ausgleichen kann, mit dem Nachteil der großen Ausladung.

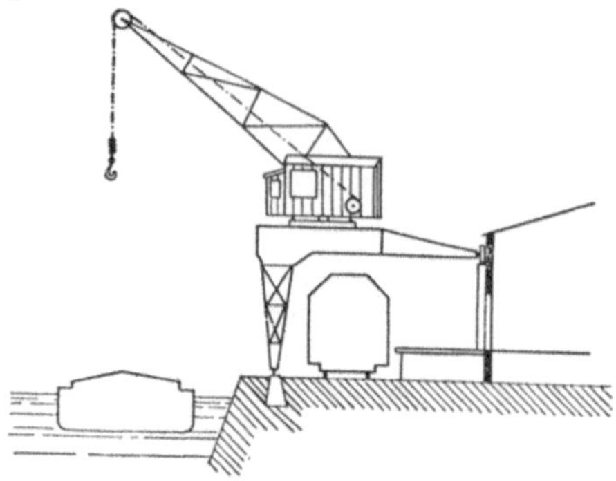

Abb. 823. Halbportalkran.

Besonders bewährt haben sich die auch in Abb. 823 u. 824 gezeichneten H a l b p o r t a l k r a n e die in Flußhäfen und Seehäfen verwendet werden. Sie bedürfen einer Schiene an der Kaikante, das andere Räderpaar läuft auf einer

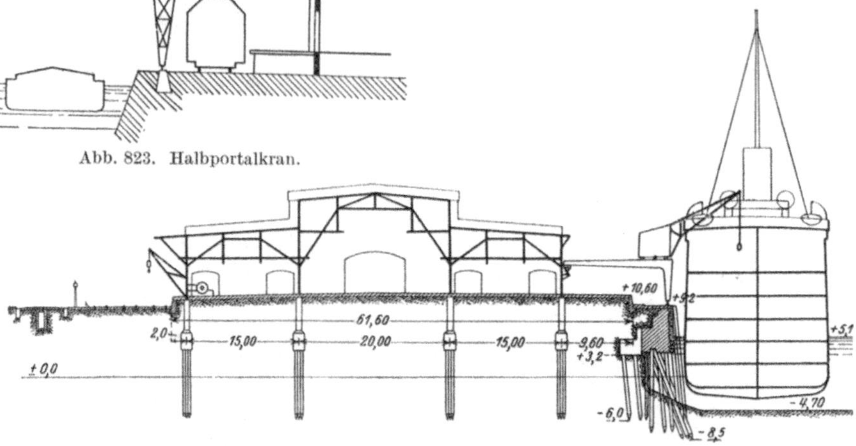

Abb. 824. Kran und Schuppen Hamburg am Kaiser-Wilhelm-Hafen. Maßstab 1 : 1000.

Schiene über der Tür der Schuppen. Die Kajegleise werden durch diese Krane nicht gestört. Der Kran kann auch über einer Weiche arbeiten, ohne wie die

Abb. 825. Halbportalkrane Nagel & Kaemp.

Vollportalkrane mit einem Beine mitten in der Weiche zu stehen und sie so zu sperren. Der einzige Nachteil der Halbportalkrane ist, daß ihre obere Schiene zwischen den Schuppen einer besonderen hochliegenden Laufbahn bedarf, wenn die Krane durchlaufen sollen. Neuere Portalkrane für hochbordige Seeschiffe zeigen Abb. 825 u. 826[1]). Die Krane (Abb. 825) sind elektrisch angetrieben; sie sind in Hamburg zur Ausführung gelangt. Diese Kräne von Nagel und Kaemp und der Demag haben verstellbare Ausleger. Man erkennt in dem Bilde ganz deutlich, wie von der Spitze des Drehbockes auf dem Dach des Führerhäuschens eine Spindel zu dem Ausleger hinausführt. Durch Drehen dieser Spindel kann der Ausleger ohne Last gehoben oder gesenkt werden. Die Krane

Abb. 826. Doppelkran der Demag.

nach Abb. 826 verbinden einen verschiebbaren wagerechten Ausleger mit Katze mit einem Dreharm. Die Last, die an der Katze hängt, kann durch eine Dachluke unmittelbar in den Schuppen gefahren werden. Die Dreharme sind auch durch eine Spindel verstellbar. Diese Krane sind von der Demag geliefert worden. Neuerdings werden in Hamburg an dem wagerechten Ausleger zwei Katzen angebracht, die sich nicht stören, da die Lasten sich immer in der gleichen Richtung, also hintereinander bewegen. Es arbeiten dann in einem Kran drei Haken auf eine Luke. Wenn keine Schuppen am Ufer stehen oder nur Freiladeplätze zu bedienen sind, dann muß man Vollportalkrane oder Rollkrane verwenden. Abb. 827 zeigt die Linienskizze eines Vollportalkranes, die sich selbst erklärt, Abb. 828 Rollkrane für die Ladearbeiten an Seeschiffen.

[1]) Elektrizität im Nahtransport. AEG, Abb. 111, S. 93.

Die Auslegerweite muß danach bestimmt werden, ob die Krane die Güter unmittelbar aus dem Schiffsraum herausholen und auf die Schuppenplattform setzen sollen, oder ob sie die Güter von Deck entnehmen sollen, nachdem die Schiffswinden die Güter auf das Deck gesetzt haben. Auch hierin weisen die Häfen Unterschiede auf. Die erste Methode ist z. B. in Bremen, die zweite in Hamburg üblich. Die erste Art schont die Schiffsmannschaft nach der anstrengenden Seereise mehr, da die Mannschaft dann die Schiffskrane im Hafen nicht zu bedienen braucht. Die Ausladung schwankt zwischen 5 und 20 m von der Kajekante aus gemessen. Diese Krane erhalten meist eine Tragkraft von 1,5—2,5 t, die aber bis zu 5 t geht, sie haben eine große Hub- und Drehgeschwindigkeit. Es ist bei Anlage der Transporteinrichtung sehr darauf zu achten, daß dort, wo leichte Güter geladen werden sollen, auch leichte Krane arbeiten, da sonst der Kranbetrieb unwirtschaftlich und teuer wird. Es ist aber das Bestreben vorhanden, die Tragkraft der Kajekräne zu vergrößern.

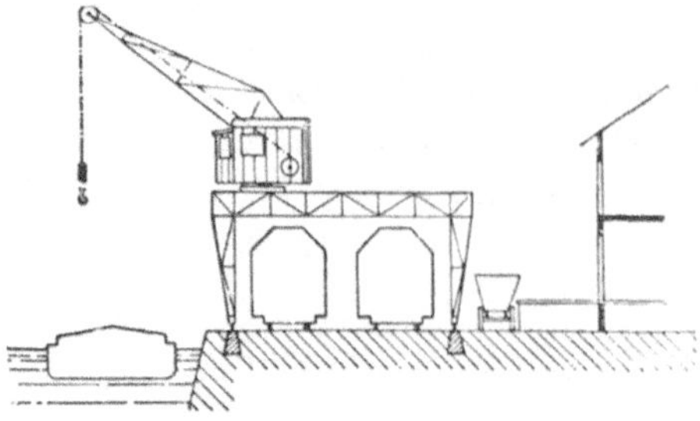

Abb. 827. Vollportalkran[1]).

Abb. 828. Rollkrane der Demag.

Der Zwang zum schnellen Ent- oder Beladen der Schiffe macht die Aufstellung von vielen Kranen an einem Schiffe notwendig. So entfallen nach einem Aufsatz von Oberbaudirektor Tillmann in Bremen[2]) 5,1 Krane auf 100 m

[1]) Elektrizität im Nahtransport. AEG., Abb. 1, S. 9.
[2]) „Die Weser“ v. 15. III. 1926, Verlag Weserbund, Schütting, Bremen.

Schuppenlänge im Freihafen II zu Bremen. Die Krane müssen zum Teil so an den Luken gehäuft werden, daß sie sich wegen der starren Dreharme behindern. Durch Einführung von Einziehkranen hat Bremen diese Schwierigkeit vermindert[1]). Die Einziehkrane sind gleichfalls Drehkrane auf Halbportalen, sie überspannen die drei vor dem Schuppen liegenden Gleise. Der Ausleger hat eine größte Ausladung von 17 m, die innerhalb von 12 Sek. auf 6 m verkleinert werden kann, ohne daß dabei die Last gehoben oder gesenkt wird. Es kann somit mit einer sich in gleicher Höhe bewegenden Last eine Ellipse bestrichen werden, deren große Achse normal zum Schuppen liegt. Die Krane können demzufolge näher aneinandergerückt werden[2]). In Bremen werden hierfür fünf verschiedene Kranbauarten verwendet, die von der Maschinenbauanstalt Tigler in Duisburg, der Mannheimer Fabrik von Moor & Federhaff, der MAN, der Demag und den Francke-Werken in Bremen geliefert wurden. Abb. 829 zeigt eines dieser Systeme (Tigler), bei dem ein Lemniskaten-Lenker verwendet wird. Da die Last hier bei der Querbewegung nicht gehoben wird, so sind in den Gelenkpunkten nur Reibungskräfte zu überwinden; es genügt daher ein 6 PS-Motor. Die anderen Einziehkrane verwenden Motoren von 5—7 PS und zeigen jedesmal eine andere Lösung. Diese Krane stellen einen wesentlichen Fortschritt in der Entwicklung der beweglichen Krane dar.

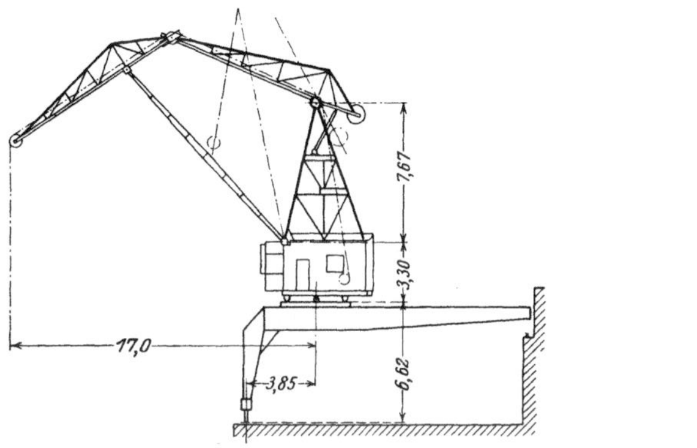

Abb. 829. Einziehkran der Maschinenbau A.-G. Tigler, Duisburg-Meiderich. Maßstab 1 : 500.

In Hamburg stehen vor den je 270 m langen Schuppen 52 und 53 am Australiakai zusammen 16 einfache und 8 Doppelkrane, insgesamt 32 Haken. Auf 100 m Schuppenlänge entfallen somit 4,5 Krane oder 6 Haken, es kommt auf 16,9 m Schuppen ein Lasthaken[3]). Man stellt dort auch bei einfachen Kranen bis 3 Haken an eine Luke. Es werden 2 einfache Kräne dicht nebeneinander an eine Seite, der dritte an die andere Seite der Luke in 12 m Abstand gestellt. Die benachbarten Krane schwenken stets nach verschiedenen Seiten, der Kreis des inneren Kranes überschneidet sich mit dem des dritten ohne Störung, da die Ausleger 10 m lang sind.

Die Ausnutzung der Krane kann nach 1 m Kaje- (auch Schuppen-) Länge oder für 1 qm Schuppenfläche bestimmt werden. In Hamburg entfällt für die Hauptkajen auf rd. 170 m Kaje 150 m Schuppenlänge, am Bremer Ufer ist das Verhältnis 106 : 100, am O'Swaldkai 124 : 100. Bei den schmäleren Schuppen von rd. 50 m Tiefe entfallen bei 200 Betriebstagen, wie sie sich in Hamburg bei jährlich etwa 12 Schiffen an der Kaje ergeben, rd. 16 t/qm Nutzfläche oder rd. 590 t/Jahr auf 1 m Kaje. Bei den älteren schmalen Schuppen stieg die Leistung bis auf 24 t/qm. Die Leistung für 1 m Kaje ist aber natürlich bei den breiten Schuppen die größere, so entfiel als langes Jahresmittel für 1 m Kaje auf die 14,8—19 m tiefen Schuppen am Sandthorkai 241 t/Jahr, auf den Kaiserkai (22 m) 276 t/Jahr, den Hübnerkai (23—25,7 m) 382 t/Jahr, den O'Swaldkai (34 m) 500 t/Jahr und den Bremerkai (48,5 m) 592 t/Jahr. Die an die Pachtreedereien verpachteten breiten Schuppen zeigen noch höhere Zahlen[4]).

[1]) Overbeck: „Die Weser" v. 15. III. 1926. Verlag Weserbund, Schütting, Bremen.

[2]) Einer der ersten Krane dieser Bauart wurde bereits vor 20 Jahren Professor Proetel (jetzt Aachen) patentiert. Proetel hatte den Kran für das Versetzen von Steinen bei Uferdeckwerken, bei denen es auf das Bestreichen von Flächen ankam, erfunden und auch gebaut. Dinglers Polytechnisches Journal 1911, Heft 44 und 45.

[3]) Vgl. vorige Seite unten.

[4]) Dr.-Arbeit Brockmann. Techn. Hochsch. Hannover 1927.

Für einzelne schwere Lasten bis zu etwa 30 oder 50 t setzt man an leicht zu erreichende Stellen des Kais feste Krane oder erbaut für den Hafen einen Schwimmkran. Einen neueren festen Kran, der als aufklappbarer Hammerkran gebaut ist, zeigt Abb. 830. Dieser Kran ist für die Werft von Blohm & Voß in Hamburg geliefert worden. Für noch größere Lasten, wie sie z. B. in Kriegshäfen zu bewegen sind, werden jetzt mit Vorliebe Schwimmkrane verwendet. So ist z. B. für die Germaniawerft Kiel und die frühere kaiserliche Werft dort je ein 150 t Schwimmkran, für Wilhelmshaven ein solcher für 200 t erbaut worden. Diese Krane sind gleichzeitig Dreh- und Auslegerkrane. Der Kran

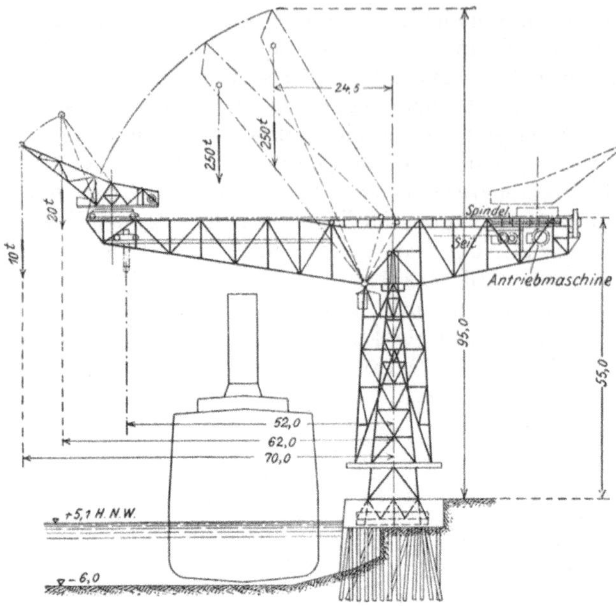

Abb. 830. Fester Hammer- und Schwingkran. Maßstab 1 : 1400.

(Abb. 831) kann bei einer Ausladung über seine Bordkante hinaus von 8 m, 18,3 m und 33 m die Last von 150 t, 50 t und 30 t heben. Der große Vorteil solcher Schwimmkrane ist ihre Beweglichkeit. Die Arbeiten an den Schiffen werden durch ihre Benutzung nicht unterbrochen, wie es der Fall wäre, wenn man das Schiff zum feststehenden Krane hin vorholen müßte.

Für das Laden von Massengütern werden Becherwerke, Sauger, Krane mit Greifvorrichtung (Getreide, Mais usw.) gebraucht, zum Beladen der Schiffe mit Kohlen sind in den besonderen Kohlenhäfen Kohlenkipper notwendig. Sie müssen, wie schon bei der Gleisanlage Cardiff gesagt worden ist, in großer Geschwindigkeit einen Eisenbahnwagen mit Kohlen nach dem anderen in das Schiff verstürzen können, oder besondere Kasten mit Bodenklappe in den Schiffsraum senken. Diese Kastenmethode kann heute als veraltet gelten, sie ist durch Schwingkipper mit Teleskoprohr überholt worden. Früher wurden

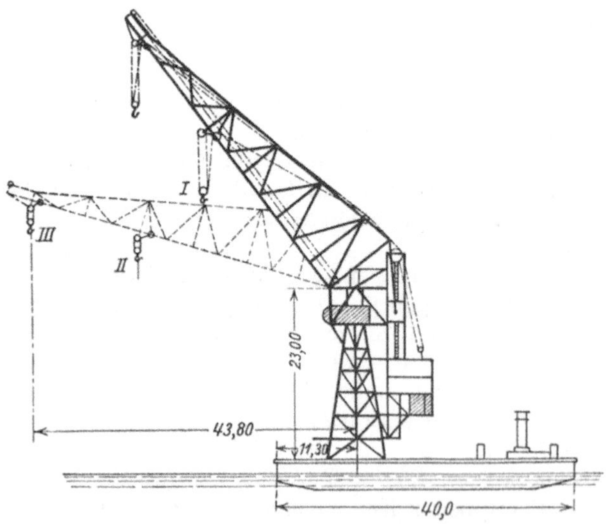

Abb. 831. Schwimmkran Germaniawerft Kiel. Maßstab 1 : 1000.

die Kohlenkipper durchweg hydraulisch angetrieben, in neuerer Zeit elektrisch.

Als beste Kipper müssen heute die Schwingkipper der „Demag“ in Duisburg bezeichnet werden; sie sind mit Teleskoprohren ausgerüstet, so daß die Kohlen immer nur bis zur Oberkante des gefüllten Teleskoprohres über kleine Fallhöhen stürzen, dann aber im Rohr nur rutschen. Der Wertverlust der Kohle infolge von Grusbildung wird dadurch stark beschränkt (auf etwa 5%). Die Abbildung 832 zeigt einen solchen Schwingkipper als Linienskizze. Während die früheren Kohlenkipper lediglich die Eisenbahnwagen umkippten und die Kohlen meist aus beträchtlicher Höhe in das Schiff oder einen Trichter fallen ließen, wird bei diesem Kipper der Demag, der Wagen auf einer Plattform nach vorn ausgeschwungen, wobei gleichzeitig die Kippung erfolgt. Der Teleskoptrichter, der verlängert und verkürzt werden kann, reicht

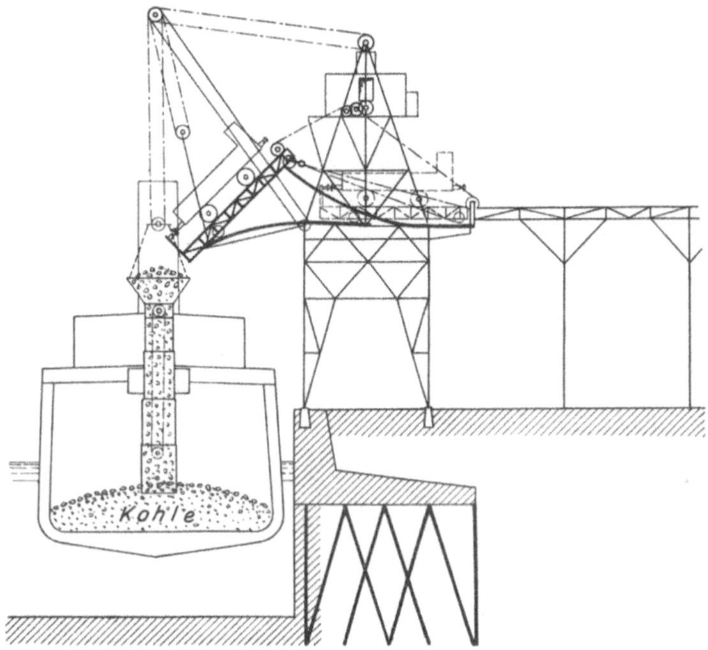

Abb. 832. Schwingkipper mit Teleskoptrichter.

immer bis auf die Oberfläche der verstürzten Kohle. Es ist durch diese Ausbildung die kleinste Fallhöhe erreicht worden. Für die Zuführung zu den Kohlenkippern sind hochliegende Gleise erforderlich. Die Skizze zeigt rechts einen Ansatz dieser Brücke. Gewöhnlich werden vor den Kipper in das Zufahrtsgleis Drehscheiben geschaltet, über die der Wagen vom Einfahrtsgleis her herangeholt und über die er zum Abfahrtsgleis gerollt werden kann. Die Leistung des gezeichneten Kippers beträgt 30—40 Wagen in der Stunde, kann somit bis auf etwa 600 t/st steigen. Bei Bereitstellung vieler voller Wagen sind bis zu 60 Wagen/st Kippleistung in Seeschiffe erreicht worden. Solche Leistungen sind aber keine Dauerleistungen. Auch 40 Wagen/st werden gewöhnlich bei Flußschiffen nicht voll erreicht werden, weil das Schiff zwischendurch verlegt werden muß, um gleichmäßig beladen zu werden. Man kann die Zeit für das Beladen eines 1000 t Kahnes auf 3—4 Stunden bemessen.

Die Kipper gehören zu den ortsfesten Kränen. Sie werden sowohl in Seeschiffshäfen als auch Binnenhäfen verwendet. Es sind auch fahrbare Gleiskipper Pohlig (von Prof. Aumund) gebaut worden. Sie werden aber mehr in großen Industriewerken, weniger in Häfen verwendet; für das Verstürzen von Kohlen in Schiffe kommen sie nicht in Frage.

Ähnliche Aufgaben leisten die Kohlenverladebrücken, Abb. 833 u. 834. Bei ersterer ist wegen der beweglichen Brückenklappe die Anwendung einer einfachen Katze möglich, bei der zweiten Art ist ein Auslegerlaufkran notwendig.

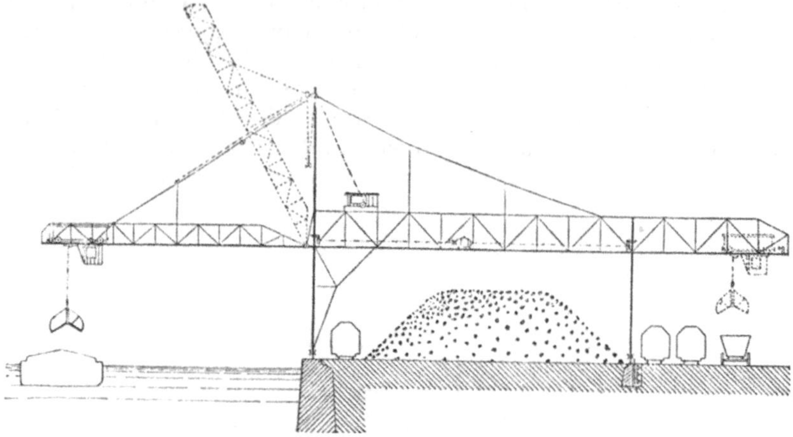

Abb. 833. Verladebrücke mit Führerkatze.

Zum Schlusse wird noch das Bild eines elektrischen Universal-Drehlaufkrans mit Akkumulatoren ohne Schienen gegeben (Abb. 835), der im inneren Hafenbetrieb von großem Wert ist.

Einen Vergleich der Förderkosten für 1 t Fördergut bei hydraulischer und elektrischer Anlage gibt Abb. 836. Bei kleineren jährlichen Umschlagmengen

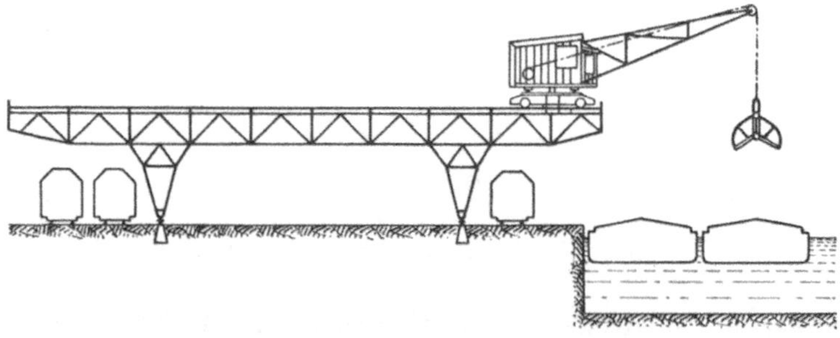

Abb. 834. Verladebrücke mit fahrbarem Drehkran.

arbeitet die elektrische, bei größeren die hydraulische Anlage billiger. Die Vorteile der elektrischen Anlage sind aber in anderer Hinsicht so große, daß man selbst bei sehr großer Leistung die elektrische Einrichtung unter allen Umständen bauen wird.

Wie wichtig die Ausrüstung der Häfen mit Hebe- und Transportmaschinen aller Art ist, geht aus Ausführungen de Thierrys (Z. d. I. 1925, Nr. 38) hervor. De Thierry führt folgendes aus: „Wie berechtigt eine Erörterung dieser Frage ist, geht daraus hervor, daß nach Angaben von Sir Fred. Lewis, des Leiters vieler englischer Schiffahrtsgesellschaften, bei der Golf Line, die den Verkehr zwischen englischen und kanadischen Häfen vermittelt, von den Bruttoeinnahmen eines Jahres 29 vH durch den Lösch- und Ladebetrieb verbraucht werden. Obwohl es sich hierbei um einen Verkehr über eine reine Seestrecke von annähernd 3000 Seemeilen (5500 km) handelt, bei der also der Aufenthalt in Zwischenhäfen nicht in Frage kommt, übersteigen die Ausgaben des Hafenbetriebes diejenigen für Kohlen und Heizöl um 10 vH. Wenn die Ursache für ein solches Mißverhältnis, zum Teil wenigstens, auf die Schwierigkeit, die Güter durch die Luken zu befördern, zurückzuführen ist und in dieser Beziehung ein Unterschied zwischen Massengut und Stückgut gemacht werden muß, so lassen die angegebenen Zahlen, die mehr nach ihrer verhältnismäßigen als nach ihrer absoluten Größe zu werten sind, doch erkennen, in welch ungeheurem Umfange das Löschen und Laden die Betriebsergebnisse der Reedereien, namentlich bei kürzeren Reisen oder beim Anlaufen zahlreicher Zwischenhäfen belasten und die Höhe der Frachten beeinflussen muß."

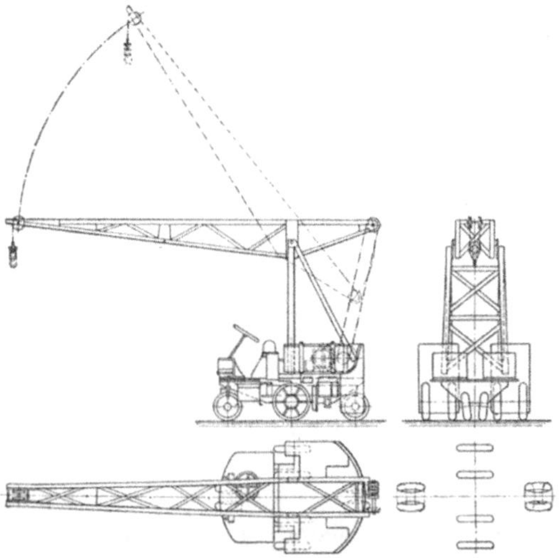

Abb. 835. Universal-Drehlaufkran für inneren Hafenbetrieb.

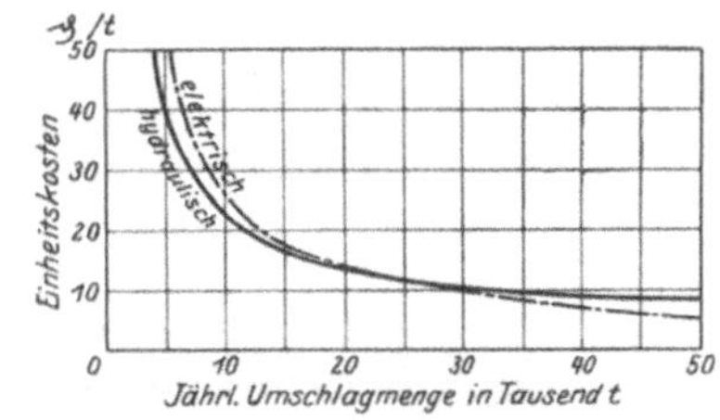

Abb. 836. Leistungen und Wirtschaftlichkeit der hydraulischen und elektrischen Krane.

Das, was hier für Seehäfen gesagt ist, gilt in ähnlicher Weise auch für Binnenhäfen.

d) Anlade- und Festmachevorrichtungen.

1. Leitern, Treppen und Anlandebrücken.

Die meisten Anlandevorrichtungen, die in Flußhäfen zu finden sind, werden auch in Seehäfen verwendet. Entsprechend den größeren Abmessungen der Schiffe und den oft vorhandenen Gezeiten mit großem Wasserwechsel müssen die Vorrichtungen aber in Seeschiffshäfen größer und stärker ausgebildet werden. Während für Boote hauptsächlich feste Leitern und Treppen als Anlandevorrichtungen dienen, sind für Schiffe besonders die mit dem vorderen Ende auf einem Ponton ruhenden Landungsbrücken im Gebrauch.

Die Leitern (Abb. 837a u. b), die nur für die Schiffsmannschaften bestimmt sind, und die so zahlreich an der Kaje angebracht werden, daß auf je eine Schiffslänge mindestens eine, besser zwei Leitern kommen, werden 0,5 m breit aus Schmiedeeisen hergestellt und liegen so weit vertieft in der Mauer, daß sie nirgends hervortreten. Oben auf der Mauer ist ein flacher Bügel anzubringen, in den man hineingreift, um sich ganz hinaufzuziehen. Zu beiden Seiten der Leiter befinden sich Bootsringe zum Befestigen der Fahrzeuge.

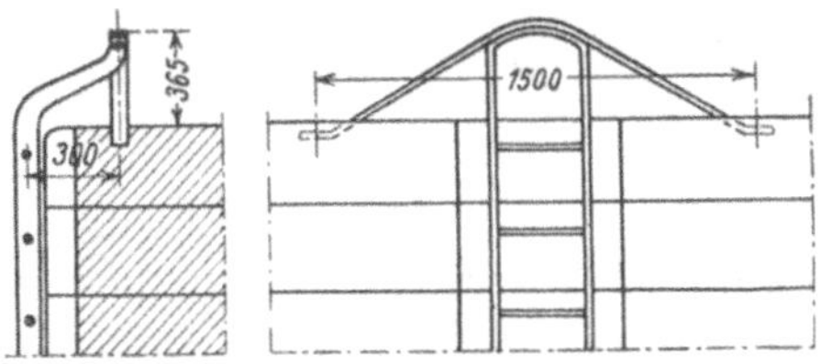

Abb. 837 a u. b. Griffbügel einer eisernen Steigleiter. (Schleuse des Industrie- und Handelshafens Bremen)[1]). Maßstab 1 : 50.

[1]) Die nicht versenkte Anordnung der Leiter in Abb. 837 ist nur zwischen Reibepfählen zulässig.

Die für das Anlegen von Booten bestimmten festen Treppen (Abb. 838 u. 839) laufen am besten parallel mit der Mauer und sind in sie eingeschnitten

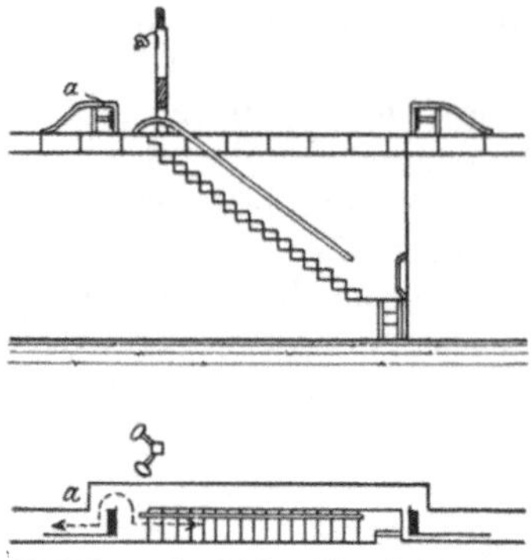

Abb. 838 a u. b. Linksseitige Schachttreppe.

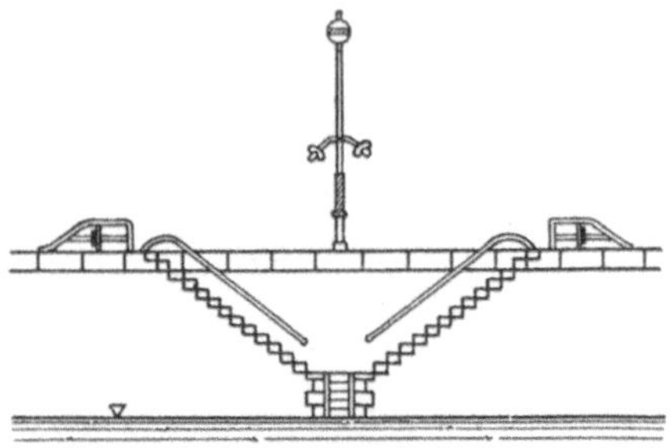

Abb. 839. Doppeltreppe.

Abb. 838 u. 839. Hamburger Treppenanlagen.

Die Breite der Treppe beträgt 1—2 m, sie wird an der Mauerseite zweckmäßig mit einem eisernen Handläufer versehen. Auf jeder vierten oder fünften Stufe empfiehlt sich die Anbringung eines eisernen Bügels, in den man mit den Bootshaken eingreifen kann. Eine falsche Sparsamkeit ist, die Treppen ein Stück über dem NNW aufhören zu lassen, da das Schiffsbord gewöhnlich so hoch liegt. Wird bei schwankendem Schiff und vielleicht glatter Stufe vorbeigetreten, dann ist bei einer Treppe nach Abb. 840 a leicht ein Unfall möglich, der bei Anlage nach Abb. 840 b vermieden werden kann.

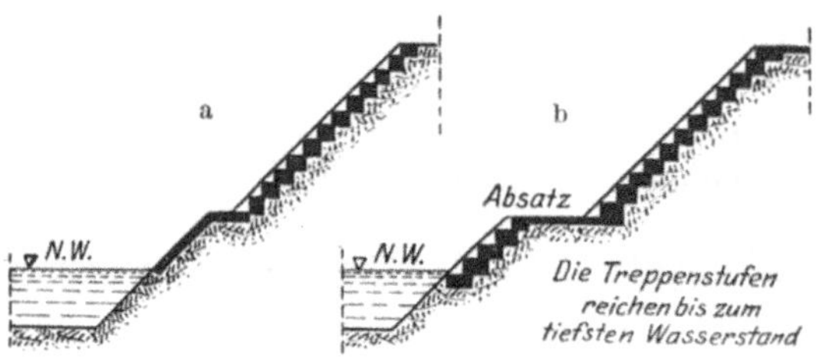

Abb. 840 a u. b. Falsch und richtig angelegte Treppe.

Bei starkem Wasserwechsel werden solche Treppenanlagen mit mehreren Plattformen ausgebildet. Eine ältere zweckmäßige Anlage ist die in Calais ausgeführte (Abb. 841). Hier kann je nach dem Wasserstand eine der drei Plattformen benutzt werden. Die Ausführung erfolgte in Holz und Eisen. Ähnliche Anlagen finden sich in Dover, Folkestone, Ostende und an anderen Orten.

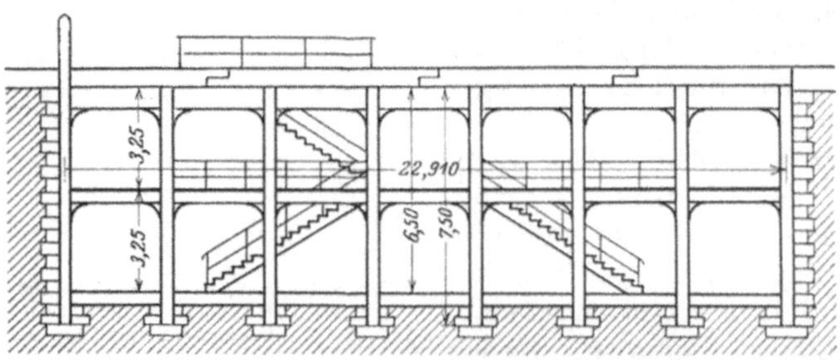

Abb. 841. Treppe in Calais. Maßstab 1 : 300.

Eine neuere, sehr schöne Anlage findet sich in Bremen, Freihafen II, Abb. 842 a u. b. Die Kajemauer läuft oben ganz durch, sie ist aber durch einen Tunnel (Abb. 842 b) durchbrochen, der zu einer rückwärtsliegenden Treppe führt. Die Vorteile für Fahrgäste und für die Schiffsbedienung sind große.

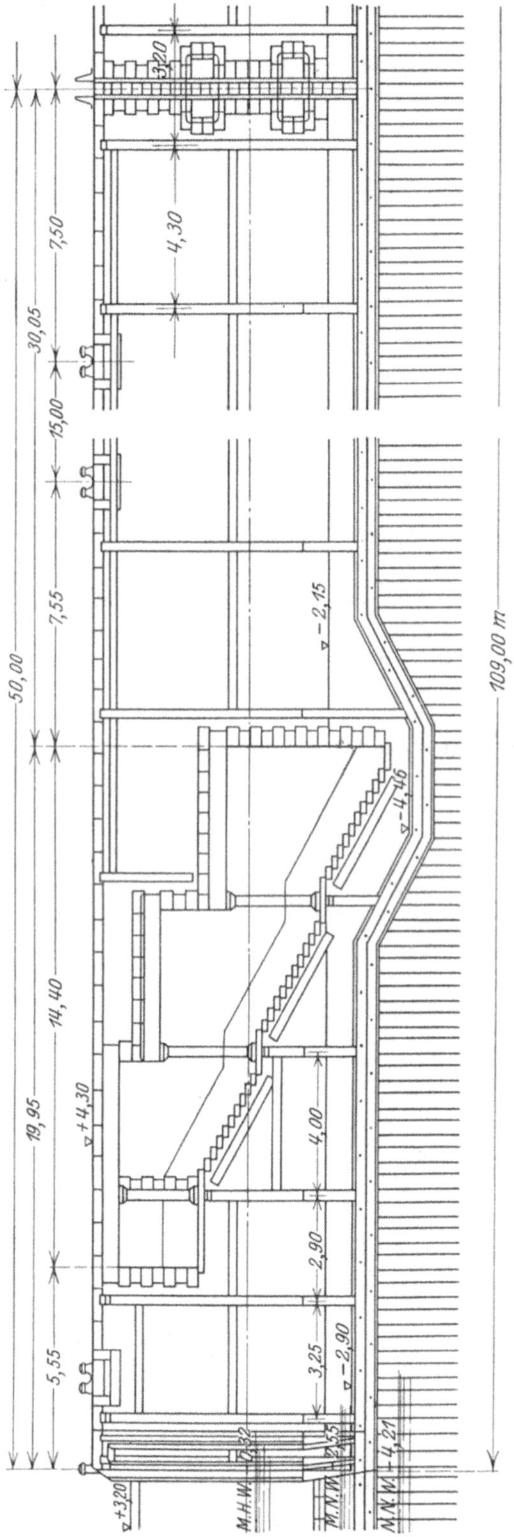

Abb. 842 a. Ufermauer Bremen mit Treppenanlage. Maßstab 1 : 200.

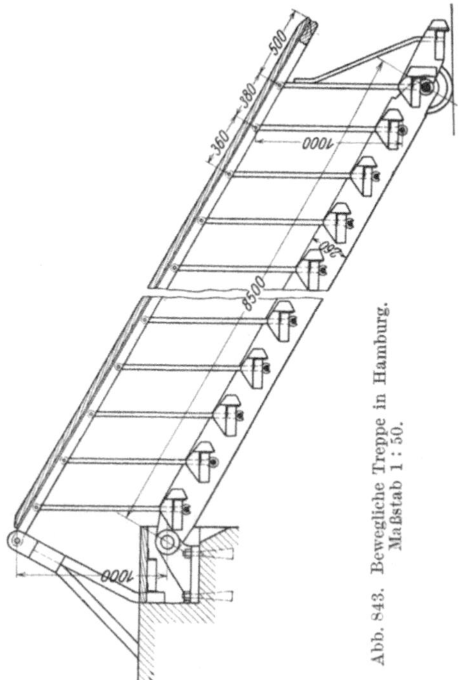

Abb. 843. Bewegliche Treppe in Hamburg. Maßstab 1 : 50.

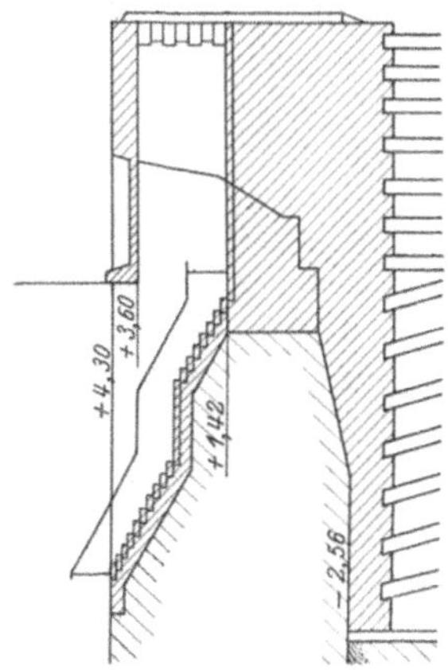

Abb. 842 b. Bremer Ufermauer und Treppe. Schnitt. Maßstab 1 : 350.

Anlandebrücken mit Ponton am vorderen Klappenende sind besonders für einen häufig und rasch sich ändernden Wasserstand geeignet, bei dem eine selbsttätige Hebung und Senkung der Brückenklappen erwünscht ist (Abb. 844). Diese sind an dem Ufer festgelagert, während ihr unteres freies Ende auf Rollen liegt. Das Neigungsverhältnis der Brücke darf für Personen

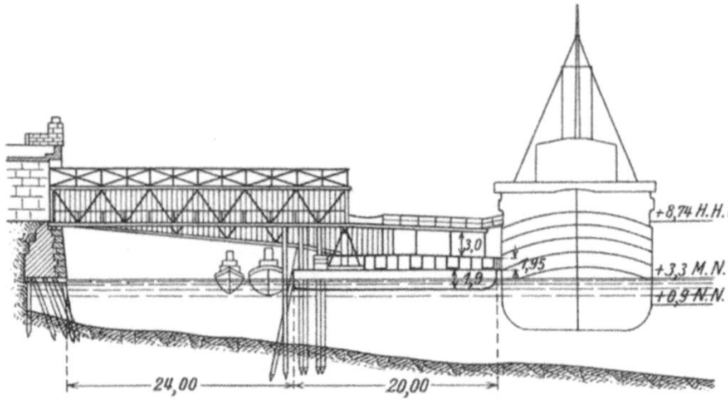

Abb. 844. St. Pauli-Landungsbrücke. Querschnitt. Maßstab 1 : 850.

und Vieh höchstens 1: 5, für beladene Fuhrwerke nur 1: 20 sein. Die Anlandebrücken mit Ponton werden meist nur für kleinere und mittlere Schiffe verwendet, sie kommen meist für die großen Seedampfer nicht in Frage[1]). Die größten Anlagen solcher Art sind die St. Pauli-Landebrücken in Hamburg, die auch für Seeschiffe bestimmt sind. Die Plattformen ruhen hier auf einer großen Zahl von schmalen Pontons, die quer zu der sich lang hinerstreckenden Plattform liegen.

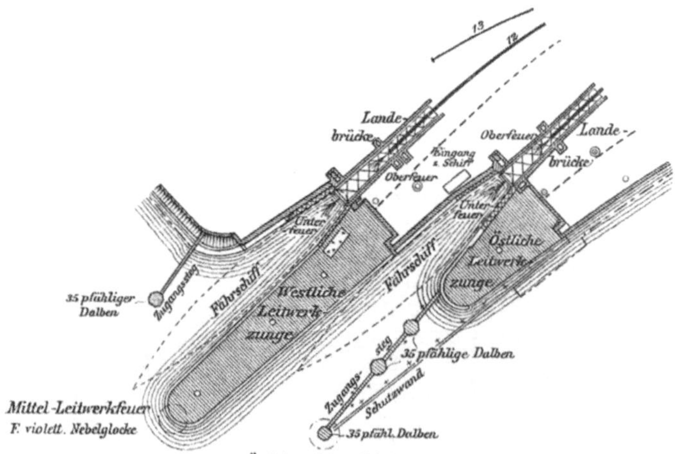

Abb. 845. Saßnitz. Fähranlage.

Gewöhnlich trägt das Ponton einen entsprechenden Teil der Plattform, sowie aber ein Ponton beschädigt wird, dann hängt es sich an die Plattform an und wird von dieser getragen, wobei das Gewicht des beschädigten Pontons von den anderen Pontons mit aufgenommen wird. Diese St. Pauli-Landebrücken sind zweistöckig, so daß man aus dem Seeschiff auf das obere Deck übersteigen kann. Ein Bild dieser Anlage zeigt Abb. 844.

[1]) Vgl. St. Pauli-Landungsbrücken in Hamburg. Dt. Bauzg. 1909, S. 6ff.

Unentbehrlich sind bewegliche Landebrücken bei Fährdampfern, die zur Beförderung von Eisenbahnzügen dienen. So ist in Saßnitz und Trelleborg eine interessante und umfangreiche derartige Anlage geschaffen worden. Das Heben und Senken des Endes der beweglichen Brücke geschieht dabei aber nicht durch ein Ponton, sondern durch elektrischen Spindel-Antrieb zwischen Pfeilern. Die bewegliche Brücke ist zweiteilig, insgesamt 50 m lang[1]). Den Grundriß der Anlage zeigt Abb. 845. Es sind vor den Klappen zwischen Leitwerken sogenannte Fährbetten geschaffen worden, die so gestaltet sind, daß sie das Schiff gerade aufnehmen können, wobei bei der Endstellung des mit dem Heck in das Fährbett einfahrenden Schiffes kein seitlicher Spielraum mehr vorhanden ist. Das Schiff ruht dann fast unbeweglich in dem Fährbett. Es wird dann die Klappe gesenkt, bis sie mit der Vorderkante auf dem Schiff ruht. Die Eisenbahnwagen können dann vom Schiff auf das Land und umgekehrt fahren.

2. Festmachevorrichtungen.

Die Festmachevorrichtungen der Schiffe können getrennt werden in auf dem Wasser und auf dem Lande befindliche.

Die ersteren zerfallen wieder in Bojen und Pfahlbündel, die letzteren in Poller, Ringe, Kreuze und Spills.

α) Bojen und Pfahlbündel.

Wegen des Aufwühlens des Untergrunds durch die Anker wird den Schiffen das Ankern in den Häfen nicht gestattet. Ausgenommen sind kleinere Segelschiffe, Boote u. dgl. Bei natürlichen Häfen mit großer Tiefe werden dann Bojen ausgelegt, die durch große Betonblöcke, Anker oder Schrauben am Grunde festgehalten werden. Die Ankerkette der Boje muß so lang sein, daß sie einen genügend spitzen Winkel mit dem Untergrund bildet, da sonst die Boje leicht von dem Schiffe unter Wasser gezogen werden kann (vgl. Abb. 846a bis c). Die Auslegung von Bojen kommt besonders in Seeschiffshäfen in Frage, kann aber auch bei Flußschiffshäfen an tiefen Strömen angewendet werden.

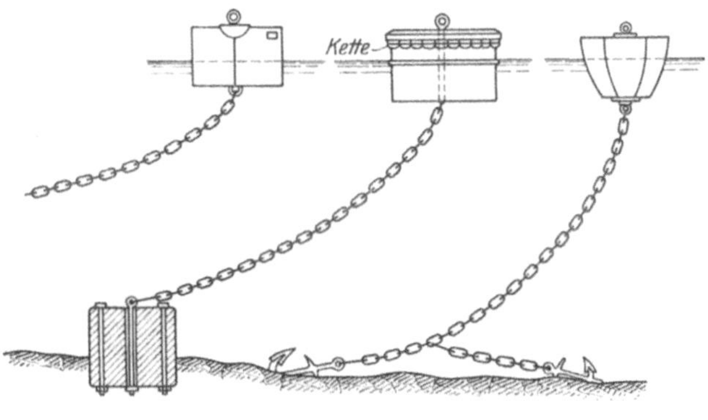

Abb. 846 a bis c. Ankerbojen.

Die Boje muß mindestens so groß sein, daß sie das Gewicht ihrer Ankerkette tragen kann, auch wenn sie etwa $^1/_4$ voll Wasser gelaufen ist. Es ist zweckmäßig, die Bojen durch Zwischenwände wasserdicht zu unterteilen. Jährlich einmal müssen die Bojen herausgenommen, gestrichen und auf Wasserdichtigkeit untersucht werden.

Ist der Hafen nicht groß genug, um das Schwojen (Herumschwenken um den Anker) der Schiffe zu gestatten, und ist die Tiefe nicht zu groß (weniger als 12 m), dann sind Pfahlbündel zweckmäßig. Die Pfahlbündel (Abb. 847 bis 851), bestehen aus mindestens drei, gewöhnlich aber aus einer größeren Anzahl eingerammter hölzerner Pfähle, von denen dann der mittlere höher ist als die anderen und senkrecht steht, während jene eine Neigung von 1 : 3 bis 1 : 4 gegen die Senk-

[1]) Vgl. Proetel, H.: „Die neuen Hafen- und Fähranlagen in Saßnitz" in der Z. f. Bauw. 1913.

rechte erhalten. Der Mittelpfahl, der auch **Königspfahl** genannt wird, muß 1 bis 1,5 m über den höchsten Wasserstand reichen. Für große Seeschiffe sollte man sie nie unter neun Pfählen, besser zwölfpfählig erbauen. Es kommen auch 20—30pfählige Dalben vor. In Flußschiffshäfen werden oft dreipfählige

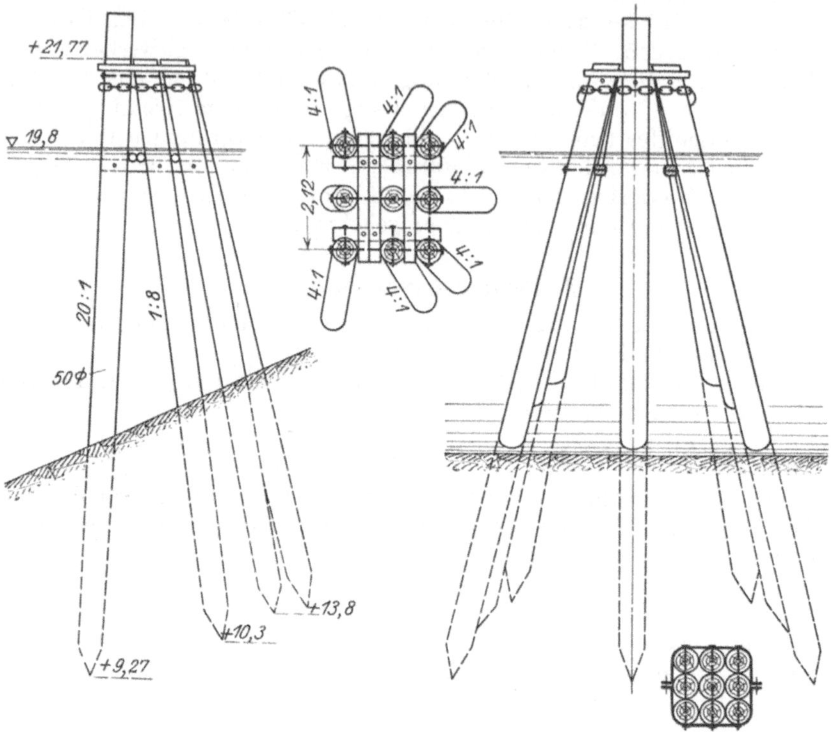

Abb. 847 a bis d. Dalben Holtenau. Maßstab 1 : 150.

Dalben verwendet, sie sollten aber auch hier besser fünfpfählig gemacht werden, besonders wenn Schiffe in der Strömung an ihnen festmachen müssen. Statisch richtiger ist es, die Pfähle mit dem dicken Stammende nach unten zu rammen, da diese keulenförmigen Enden sowohl größeren Widerstand gegen Ausziehen, als auch gegen Abbrechen leisten. Da das dünnere Zopfende aber sehr viel schneller in der Wasserlinie abfaulen würde, rammt man meist mit dem Zopfende nach unten. Der einzelne Dalbenpfahl wird trotz bester Verbindung am Kopf leicht auf Biegung beansprucht, vor allem, wenn der Schiffsrumpf unmittelbar auf den Pfahl drückt.

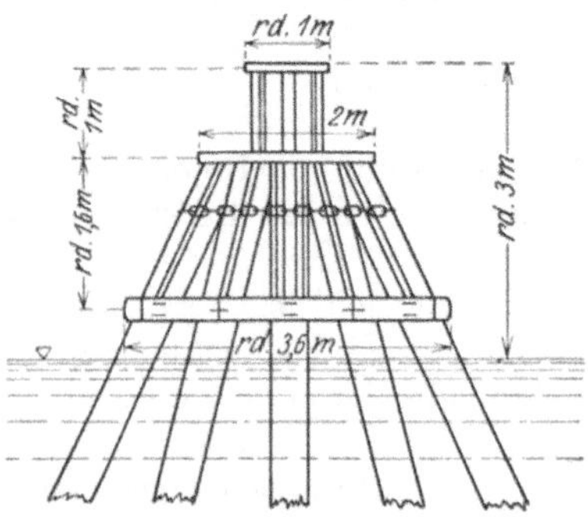

Abb. 848. Kieler Pfahlbündel. Maßstab 1 : 135.

Die Verbindung der Pfähle miteinander erfolgt bei geringer Anzahl durch Schraubenbolzen, bei größerer dagegen durch umgelegte Bügel und Ketten. Die Köpfe müssen entweder mit Holz abgedeckt oder mit Zink oder Kupferblech bekleidet werden. Bei dem in Abb. 848 dargestellten **neunpfähligen Pfahlbündel** des Kieler Hafens sind die Pfähle über Wasser mit je zwei Leisten aus hartem Holz zum Schutze gegen die Abnutzung durch die Ketten und Taue versehen. Außerdem ist eine wagerechte

Scheuerleiste angebracht, auf der man stehend das „Belegen" des Dückdalben leichter bewerkstelligen kann. Noch viel stärker sind Dalben in Emden ausgeführt worden (Abb. 849 a bis d). Die Abbildung zeigt einen Schnitt in der Mitte, einen am Kopf. Alles ist auf das kräftigste miteinander verzimmert, so daß ein völlig starres Pfahlbündel gebildet wurde. Trotzdem sind solche Pfahlbündel schon ausgerissen worden. Die Emdener Dalben sind 20 pfählig. In Cuxhaven sind 27 pfählige Dalben zum Schutz einer seitlich durch Anlegebrücken verbreiterten Mole erbaut worden (Abb. 850). Man kann die Pfahlbündel entweder starr oder elastisch ausbilden. Im ersten Fall muß man die Zwischenräume der Pfähle am Kopf sorgfältig mit Futterhölzern ausfüttern, so daß der Kopf zu einem massiven Holzkörper wird. Im zweiten Falle werden die Pfahlköpfe mit gehobelten Flächen aneinander gelegt und nurdurch Ketten zusammengezogen, so daß sich die glatten Flächen unter Reibung aneinander verschieben können. Die letztere Art hat im allgemeinen den längeren Bestand, sie schont auch die Schiffe mehr als die starren Pfahlbündel. Hierbei werden die Pfähle dicht an dicht gerammt. Solche Dalben sind in Holland ausgeführt worden (Abb. 851).

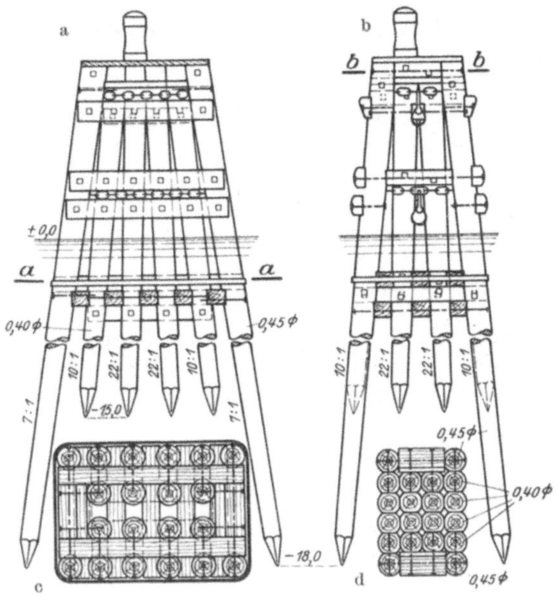

Abb. 849 a bis d. Dalben verstärkt. Anordnung in Emden, Hafensohle auf −11,5.
a Vorder-, b Seitenansicht, c Schnitt *a—a*, d Schnitt *b—b*. Maßstab 1 : 150.

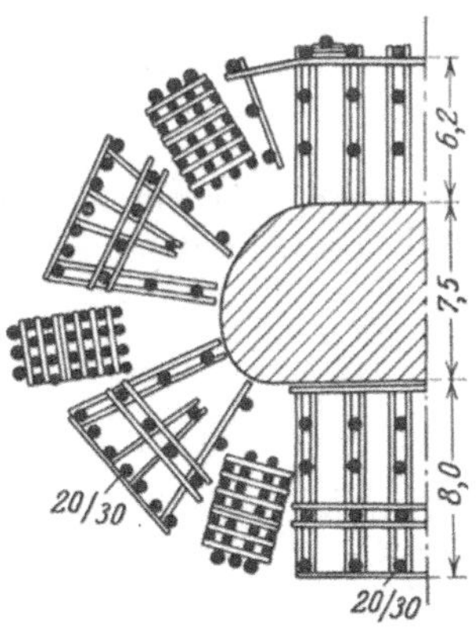

Abb. 850. Landungsgehöft Cuxhaven, Schnitt durch den Kopf in Höhe der unteren Zangen. Maßstab 1 : 500.

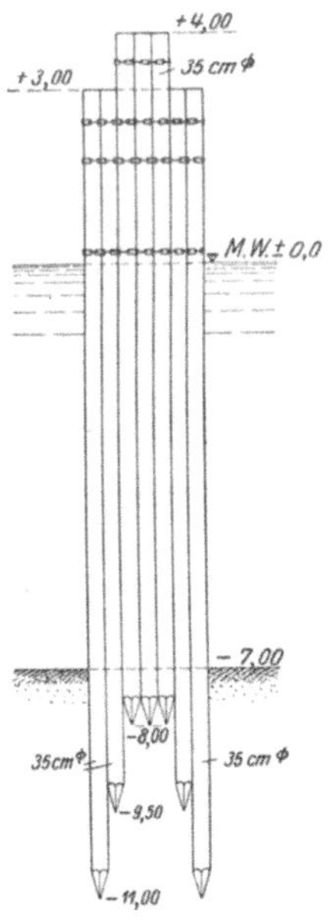

Abb. 851. Elastischer Dalben. Maßstab 1 : 200.

Bei der Festmachung von großen Seeschiffen entstehen an den Dalben derartig große Kräfte (vgl. die nachfolgende Berechnung), daß die Ausbildung von Pfahlbündeln bei tiefliegendem guten Baugrund nicht mehr genügend Sicherheit zu gewähren schien. Es ist deshalb von Christianse für den Hafen von Rotterdam eine besondere Art von Eisenbetondalben entworfen und ausgeführt worden (Abb. 852 a u. b). Die Eisenbetondalben bestehen aus Eisenbetonhohlkörpern, die bis zu 6 m Höhe im Dock erbaut, dann an anderer Stelle fertiggestellt wurde. Nach der Erhärtung wurde der Körper unter Zuhilfenahme eines Schwimmkranes schwimmend an die Versenkungsstelle gebracht und dort durch Einlassen von Wasser versenkt. Dann folgt Zufüllen der Baggergrube mit Sand, Ausfüllen des Hohlkörpers mit dem gleichen Material und Aufsetzen des hölzernen Aufbaues mit Verschraubung auf Stahlgußlagern. Die Kosten werden angegeben nach Vorkriegspreis zu: 11 000 Gulden, Nachkriegspreis 17 500 Gulden für ein Stück. Trotz großer Stürme sind die Dalben nicht aus der lotrechten Lage gewichen. Für die Berechnung ist angenommen, daß ein Wind mit einem Stoßdruck von 70 kg/qm, bei etwas über 2000 qm Wind getroffener Fläche, eine Kraft von 150 t erzeugt.

Daneben ist noch die Kraft zu berechnen, die durch das Abstoppen eines noch in Bewegung befindlichen Schiffes am Dalben entsteht. Die Berechnung geschieht wie folgt:

Das Gewicht des Schiffes sei G, mit der physikalischen Masse $M = \frac{G}{g}$. Die Strecke, auf welcher das Schiff bei Fieren der Trosse, somit unter dem Einfluß des Trossenzuges P zur Ruhe kommt, sei s. Die Größe s kann auch bei direktem Stoß durch das Schiff entstehen, dann ist es das Maß, um das der Kopf

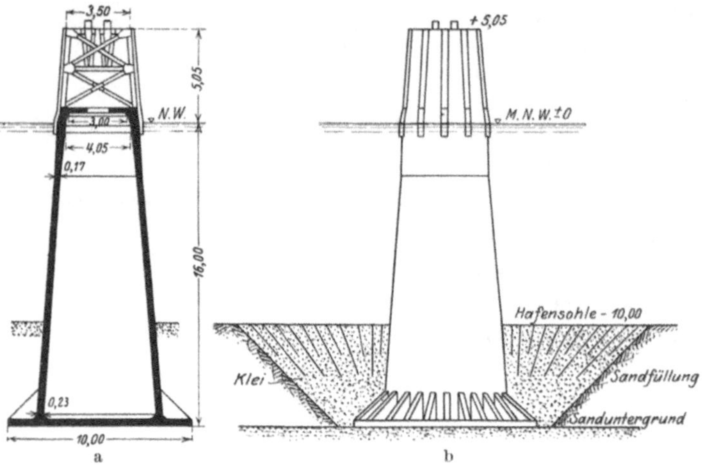

Abb. 852 a u. b. Dalben E. B. Christianse, Rotterdam.
a Querschnitt. b Ansicht. Maßstab 1 : 400.

des Dalbens sich zurückbewegt, bis die lebendige Kraft der Schiffsbewegung vernichtet ist. Die hierbei entstandene Verzögerung (entsprechend der Beschleunigung g) sei f.

Es ist die Kraft $P = M \cdot f = \frac{G}{g} \cdot f$. Ferner ist $f = \frac{v^2}{2s}$. Dann wird $P = \frac{G}{g} \cdot \frac{v^2}{2s} \backsim 0{,}1\, G \frac{v^2}{2s}$. Für ein Schiff von 20 000 t Wasserverdrängung ergeben sich als Druckkraft auf den Dalben folgende Werte für verschiedene Annahmen von s und v:

$G = 20\,000$ t					
in m	v in m/sek				
	0,05	0,1	0,2	0,3	0,5
0,05	50	200	800	1800	5000
0,10	25	100	400	900	2500
0,20	12,5	50	200	450	1250
0,40	6,25	25	100	225	625
1,00	2,5	10	40	90	250
2,00	1,25	5	20	45	125

Kräfte $P \backsim 0{,}1\, G \frac{v^2}{2s}$ als Dauerkraft in t je 1000 kg.

Man sieht an dieser Tafel, um wieviel entweder das Schiff sich an der gefierten Trosse entlang bewegen oder der Kopf nachgeben muß, wenn nur eine bestimmte Druckkraft am Dalbenkopf aufgenommen werden kann. Der unmittelbare Stoß auf den Dalben wird im allgemeinen mit keiner größeren Geschwindigkeit als 0,1 m erfolgen. Der Trossenzug kann aber unter Geschwindigkeiten erfolgen, die bis 0,3 m/sek und mehr stehen können. Hervorzuheben ist aber ganz besonders, daß beide Kräfte zugleich auftreten können, und dann die zusammengesetzte Kraft ermittelt werden muß. — Pfahlbündel werden sich im Falle der Überanstrengung dadurch helfen, daß sich die Druckpfähle tiefer in den Boden hineindrücken, die Zugpfähle etwas herausziehen; Eisenbetonhalbdalben werden sich um ein entsprechendes Maß schräg stellen oder verbiegen, wenn sie stark genug sind.

β) Ringe, Poller, Prellpfähle usw.

Die Ringe erhalten einen Durchmesser von 30—40 cm und eine Stärke von 6—8 cm. Abb. 853 a bis c zeigt solche Doppelringe. Besser werden sie vertieft in der senkrechten Fläche der Kaimauer angebracht, damit durch sie

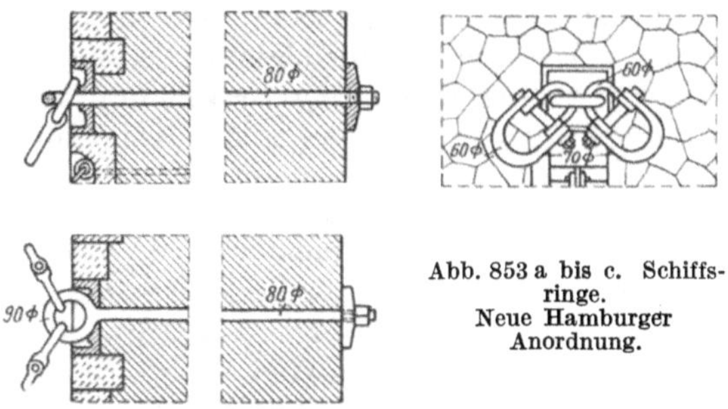

Abb. 853 a bis c. Schiffsringe. Neue Hamburger Anordnung.

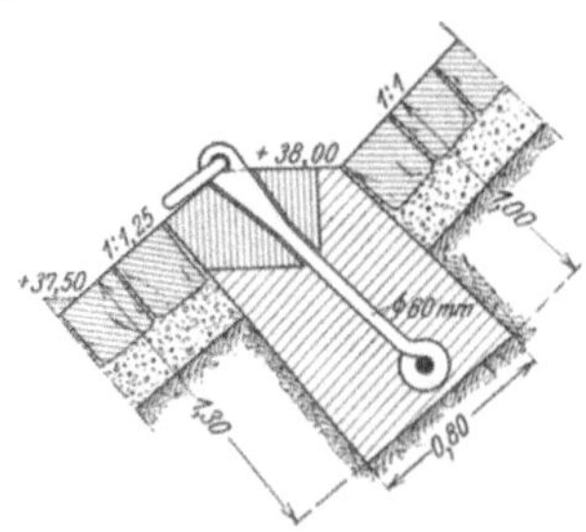

Abb. 854. Mehrringstein Gewerkschaft A. V. Hüls (Recklinghausen). Maßstab 1 : 60.

kein Fahrzeug beschädigt wird. Die Ringe werden am besten in Stahlgußkasten befestigt, die in der Mauer verankert werden. Dabei soll der eigentliche Ringhalter nur so stark sein, daß bei einer Überanstrengung der Anlage der Ringhalter bricht, nicht aber die Bolzen des Ringkastens. Man kann dann den Kasten durch Abschrauben der Muttern lösen und einen neuen Ringhalter einsetzen. Hierdurch wird die Arbeit des Ausstemmens der Anker in der Mauer erspart. Die Ausführung (Abb. 853) wendet in ähnlicher Weise den gleichen Grundsatz an. Hier bricht zuerst der Bolzen, der die beiden Schäkel (halbes Kettenglied) zusammenhält. Abb. 854 zeigt die Ringbefestigung an der Böschung eines Binnenhafens nach Meiners, Essen.

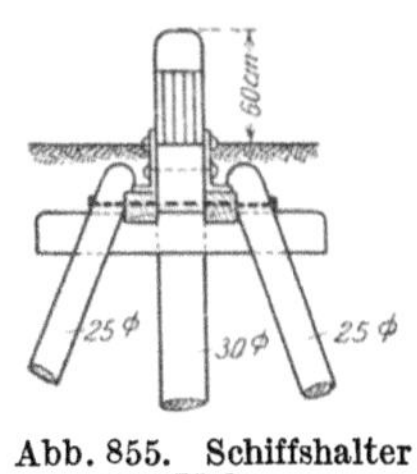

Abb. 855. Schiffshalter aus Holz. Maßstab 1 : 100.

Die Schiffshalter, auch Haltepfähle oder Poller genannt, werden in Häfen für große Seeschiffe, damit die Kajemauer nicht erschüttert wird, 8—10 m hinter dieser und in Entfernungen von 25—30 m voneinander aufgestellt, damit auch kleine Schiffe mindestens zwei Haltepfähle benutzen können. Liegt der Hafen so geschützt, daß starke Bewegungen der Schiffe nicht entstehen, so rückt man die Schiffshalter möglichst nahe an die Mauer oder befestigt sie in dieser selbst, damit die sonst im Wege liegenden Trossen den Verkehr nicht stören.

Schiffshalter aus Holz (Abb. 855) bestehen aus einem senkrecht eingerammten Rundpfahl von 40—50 cm Durchmesser, der durch zwei oder vier schräg gestellte Pfähle in den Richtungen gestützt wird, in denen er einem Zuge widerstehen muß. Der Haltepfahl soll 1 m hoch aus dem Boden hervorragen und je nach der Bodenbeschaffenheit 6—10 m lang sein. Zur Vergrößerung der Reibung und zum Schutze des Pfahles ist er oben ringsum mit Leisten beschlagen.

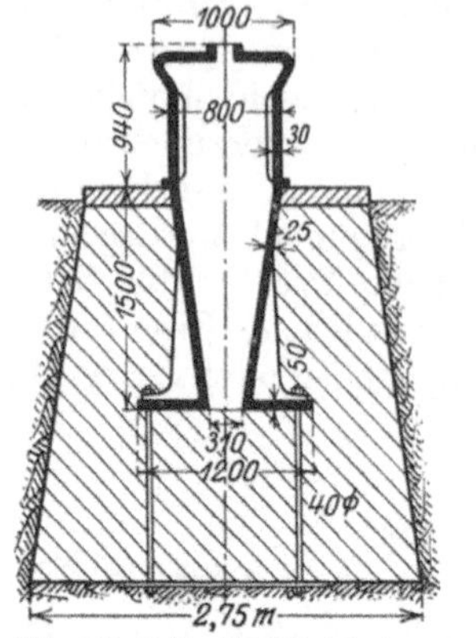

Abb. 856. Poller Kiel Reichs-Werft. Maßstab 1 : 85.

Einfacher und ebenso widerstandsfähig ist die Herstellung der Schiffshalter aus drei Pfählen, wobei die beiden schräggestellten unmittelbar mit dem Mittelpfahl verbolzt sind. Solche Poller werden meist für Flußschiffhäfen ausreichen, aber auch hier wird man der größeren Lebensdauer halber oft Poller aus Gußeisen oder aus Granit vorziehen.

Am besten werden die Poller aus Gußeisen (Abb. 856—858) in Form von Säulen hergestellt, die 1 m hoch über den Boden hervorragen und 2—3m tief in einen schweren Mauerkörper eingelassen sind. Sehr kräftige Poller mit gutem Fundament zeigen Abb. 856 u. 857. Die genaue Prüfung eines solchen großen Gußkörpers auf Risse usw. ist notwendig.

Ein Nachgeben des Pollers findet am leichtesten bei ablandigem Winde statt. Reißt der Poller dann aus der Erde oder aus der Mauer, dann ist das Schiff gefährdet. In Cuxhaven wurde 1908 ein alter Poller ausgerissen. Das Schiff (Schnelldampfer „Deutschland") schlug herum und beschädigte sich durch Gegenschlagen gegen die Kajekante. Bei Pollern mit besonderem Fundament ist der Ansatz der Erddruckkräfte besonders schwierig. Kleinere Poller werden zweckmäßig auf die Mauervorderkante gesetzt. Einen solchen Poller zeigt Abb. 858 a u. b.

Bei großen Schiffen sind Ringe weniger beliebt und dort, wo häufiger Wasserwechsel vorhanden ist, weniger gut anwendbar; dort müssen die Poller weit genug von der

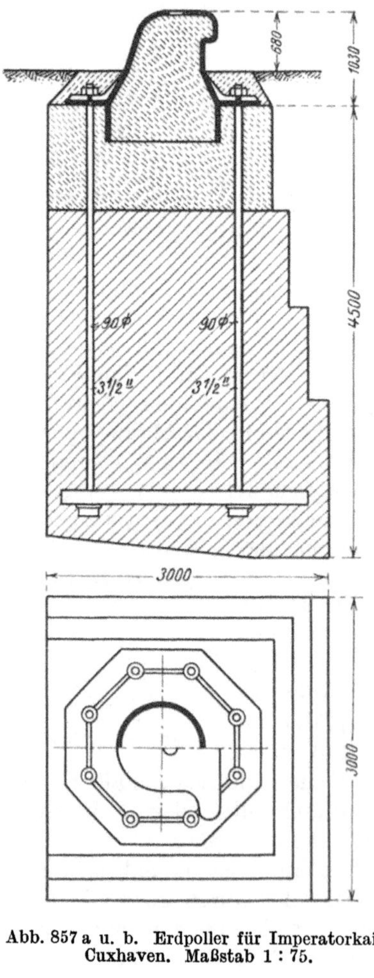

Abb. 857 a u. b. Erdpoller für Imperatorkai Cuxhaven. Maßstab 1 : 75.

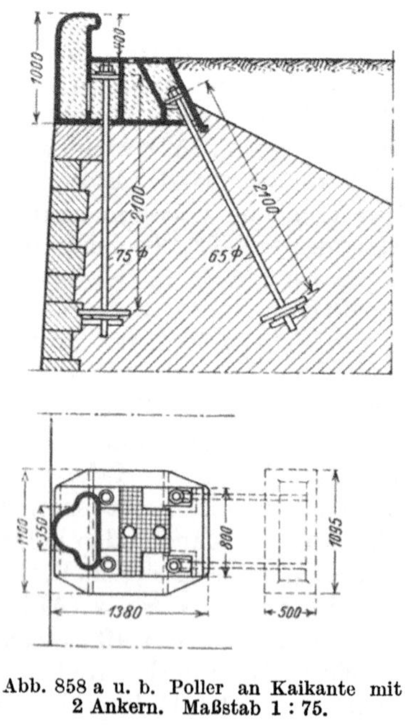

Abb. 858 a u. b. Poller an Kaikante mit 2 Ankern. Maßstab 1 : 75.

Kajekante abstehen, damit die Trossen genügend lang werden, um bei Änderung des Wasserstands nicht zu brechen.

Die Prellpfähle und Reibepfähle an den Kajen dienen meist nicht zum Festmachen, sondern als elastisches Zwischenglied zwischen Schiff und Mauer.

Liegt ein Schiff hart an der Kaje, so ist mittels fester oder beweglicher Reibhölzer die durch das Hin- und Herschwanken des Schiffes hervorgerufene Reibung zwischen ihm und der Mauer für beide unschädlich zu machen. Feste stehende Reibhölzer (Abb. 842, S. 659) bestehen aus starken eichenen Balken und reichen so weit über und unter das Wasser, daß ein Schiff weder bei Hoch- noch bei Niedrigwasser die Mauer unmittelbar berühren kann. Die Hölzer stützen sich unten auf einen vorstehenden Quader und werden oben durch eine an der Mauer befestigte eiserne Kappe gehalten.

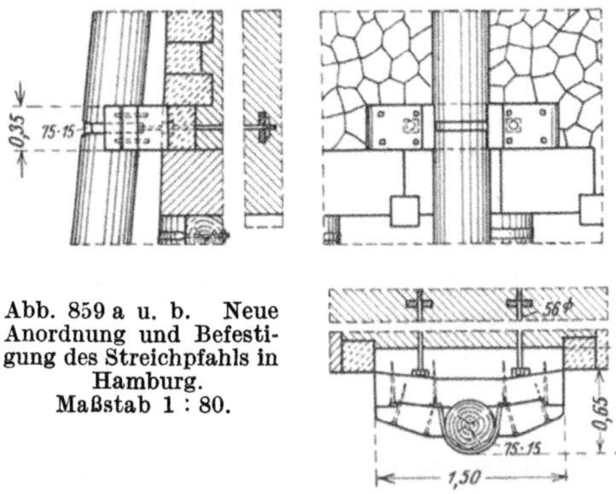

Abb. 859 a u. b. Neue Anordnung und Befestigung des Streichpfahls in Hamburg. Maßstab 1 : 80.

Ist die Mauerhöhe nicht zu groß, so wendet man statt der Reibhölzer eingerammte Prellpfähle an, die sich durch zwischengelegte Holzpolster gegen die Kaimauer stützen und elastischer sind als die eigentlichen Reibhölzer. (Abb. 859 a bis c).

Da aber die senkrechten Prellpfähle die Schiffe nur an einzelnen Punkten berühren, die nicht immer zur Aufnahme des Drucks geeignet sind, so werden vielfach feste Reibhölzer vorgezogen, die jedoch nur für einen ziemlich gleichbleibenden Wasserstand geeignet sind. Bei starkem Wasserwechsel sind deshalb schwimmende Reibhölzer empfehlenswert.

Spills sind drehbare Poller, die durch Menschenkraft, Wasserdruck und Elektrizität angetrieben werden. Mit ihrer Hilfe kann man das Schiff näher an das Ufer heranziehen und in die gewünschte Lage bringen. Spills werden heute auch fahrbar verwendet, so baut Amme, Giesecke & Konegen, Braunschweig, ein sehr praktisches fahrbares Spill. Man sollte heute neben festen Spills stets fahrbare verwenden.

C. Eisenbahnausrüstung der Häfen.

a) Allgemeines.

Für die Eisenbahnausrüstung der Häfen sind zwei Dinge zu unterscheiden:

1. die Bahnhofsanlagen, die den Verkehr zwischen dem Hinterlande und dem Hafen vermitteln einschließlich der Bezirksrangierbahnhöfe vor den Häfen,

2. die eigentliche Anlage von Gleisen, Drehscheiben usw. im Hafengebiet selbst zum Zwecke der Ent- und Beladung der Wagen, trotzdem diese Gleisanlage eisenbahntechnisch einen Teil der Bezirksbahnhöfe bildet. Um die Anlage der Bahnhöfe richtig zu gestalten, muß man das Entwerfen von Eisenbahnanlagen kennen. Die Grundlagen dieser Wissenschaft müssen hier als bekannt vorausgesetzt werden. Es sollen aber hier die besonderen Eigentümlichkeiten der Eisenbahnanlagen in Häfen besprochen werden, wofür die Arbeiten von Cauer[1]), Hirsch und Blum[2]) im besonderen verwertet werden. Zuerst ist einiges über den Betrieb zu sagen.

---

[1]) Cauer: Eisenbahnausrüstung von Häfen. Berlin: Julius Springer.

[2]) Hirsch s. Anm. 2, S. 668, und Blum (Bahnhöfe) Sammlung Otzen. Berlin: Julius Springer.

Die einzelnen für die Häfen bestimmten Güterwagen rollen aus dem Binnenlande gewöhnlich nicht in geschlossenen Güterzügen[1]) zu einem bestimmten Hafen hin, sondern meist in Verbindung mit anderen Wagen, die für den Verkehr der Hafenstadt oder andere Zwecke bestimmt sind. Es ist deshalb notwendig, einen Haupthafenbahnhof (im folgenden „Hafenbahnhof" genannt) anzulegen, der an den Verschiebebahnhof der Eisenbahngesellschaft, hier zur Vereinfachung „Staatsbahnhof" genannt, anschließt. Wenn bei einem großen Hafenneubau ein solcher genügend großer Verschiebebahnhof der Eisenbahngesellschaft nicht vorhanden ist, vielleicht deshalb, weil der neue Hafenplatz nur ein kleiner Ort war, dann muß ein solcher Bahnhof erst gebaut werden. Von diesem Staatsbahnhof aus erfolgt die Zustellung der für den Hafen bestimmten Wagen zu dem Hafenbahnhof. Im allgemeinen wird die Hafenbahnverwaltung vollständig von der anderen Bahnverwaltung getrennt. Die Hafenbahnzüge werden im Hafenbahnhof von besonderen Beamten übernommen und umgekehrt auch wieder an die Eisenbahngesellschaft übergeben. Die Trennung wird deshalb durchgeführt, weil die Eisenbahnwagen im Hafen besonderen Gefahren ausgesetzt sind, somit besondere Gefahrprämien bestehen. Der Rangierbetrieb ist dort im allgemeinen gefährlicher, durch ihn und auch durch den Kranbetrieb werden Wagen leicht beschädigt. Auch kann es zweckmäßig sein, im Hafenbetrieb besondere Tarife anzuwenden.

Der Eisenbahnbetrieb kann im Hafen nun in vollständiger Trennung vom allgemeinen Eisenbahnbetrieb der Hafenverwaltung (Bremen) mit eigenen Lokomotiven ausgeübt werden oder von einer besonderen Abteilung der Eisenbahngesellschaft als Beauftragte der Hafenverwaltung (Hamburg, Triest), wobei die Lokomotiven der Eisenbahngesellschaft ohne weiteres mit benutzt werden können. Eine dritte Form, bei der die Hafengleise und Hafenbahnhöfe von der Eisenbahngesellschaft gepachtet werden, wird im allgemeinen nicht empfohlen. Gehört dagegen der Hafen, wie es in England und anderen Ländern häufig der Fall ist, einer bestimmten Eisenbahngesellschaft, dann fällt jede Trennung fort, es wird der Hafenbahnbetrieb unmittelbar von der Gesellschaft mit durchgeführt. Zu den beiden obengenannten Betriebsformen ist zu bemerken, daß beide dann, wenn eine volle Ausnutzung des Lokomotivparkes gewährleistet ist, gleich wirtschaftlich sein können. Es wird aber im allgemeinen der Einfluß der Hafenverwaltung auf den Eisenbahnbetrieb stärker sein und sich der Betrieb besser den Hafenerfordernissen anpassen, auch werden sich alle Sonderinteressen strenger ausscheiden lassen, wenn der Eisenbahnbetrieb im eigenen Betrieb der Hafenverwaltung durchgeführt wird. Es ist doch immer ein Unterschied, ob der Hafenbeamte unmittelbar dem Hafendirektor untersteht oder ob er ihm nur gleichsam leihweise überlassen ist[2]).

Der Vorzug des eigenen Betriebes kann aber stark geschmälert werden, wenn die Hafenverwaltung ihren Lokomotivpark nur ungenügend ausnützen kann. Die Gefahr liegt leicht vor, weil ein großer Teil des Betriebes, das ist der Wagenwechsel an den Schuppen und Speichern, nur in den Betriebspausen erfolgen kann und hier wegen der Kürze der Zeit ein sehr großer Lokomotivpark bereit gehalten werden muß.

Die schon genannten Sonderinteressen können bestehen in alten Vorrechten aus früheren Zeiten, in den Ansprüchen einzelner Speichergesellschaften, sofern nicht der ganze Hafen einer Lagerhausgesellschaft untersteht u. dgl. Besondere Gerechtsame aus alten Zeiten haben sich z. B. in Ant-

---

[1]) Massengüter in Kohlen oder Erzhäfen machen meist eine Ausnahme.

[2]) Auch Hirsch weist in „Eisenbahnausrüstung von Häfen, Heft 13 von Zeitfragen der Binnenschiffahrt, Verein zur Wahrung der Rhein. Schiff.-Int. Duisburg 1922" darauf hin, daß es ratsam sei, daß der Hafeneigentümer den Betrieb selbst übernehme.

werpen (Genossenschaft der Hafenarbeiter und Karrenführer), in Saloniki (die alten Leichtergesellschaften mit unwirtschaftlichem Betrieb) erhalten und schädigen den Verkehr.

Cauer stellt daher in seinem Werke folgende Anforderungen:

a) Schon bei der Planung und der Anlage des Hafens darf sich eine unzulässige Berücksichtigung einzelner Hafeninteressenten zum Schaden der anderen und des Ganzen nicht geltend machen.

b) Die Hafenverwaltung muß den Hafenbetrieb mit starker Hand nach solchen Grundsätzen führen, die das Gedeihen des Ganzen im Auge haben. Es dürfen daher weder die Sonderinteressen einzelner Schiffahrtsgesellschaften, Lagerhausgesellschaften oder industrieller Unternehmungen noch die Sonderinteressen einzelner Erwerbszweige, wie der Hafenarbeiter, Barkenführer usw. zum Schaden des Ganzen vorzugsweise berücksichtigt werden.

c) Sofern ein Hafen sich im Eigentum einer Eisenbahnverwaltung befindet, gilt das zu b) Gesagte sinngemäß ohne weiteres auch für den Eisenbahnbetrieb. Andernfalls befindet sich die Eisenbahnausrüstung des Hafens zweckmäßig im Eigentum der Hafenverwaltung. Der Eisenbahnbetrieb im Hafen wird je nach Lage des Falles (s. oben) entweder von der Hafenverwaltung selbst ausgeführt oder der zuständigen Eisenbahnverwaltung (in Deutschland werden dies in Zukunft in der Regel die Reichseisenbahnen sein) übertragen, wobei die Bemessung der Entschädigung für die Bedienung der Kaigleise und die Tarifgestaltung als wirtschaftliches Ganze zu behandeln sind.

Hingewiesen werden mag noch darauf, daß die Hafenbahnanlagen möglichst so angelegt werden sollten, daß auch die Lokomotiven der Staatsbahn im Hafen verkehren können. In stark befahrenen Gleisen sollten Krümmungshalbmesser unter 250 m möglichst vermieden werden, solche von 180 m jedenfalls selten vorkommen. Ebenso sollten Steigungen von 1: 100 nicht überschritten werden. Weichen 1 : 7 sind gleichfalls für Durchfahrtsgleise möglichst zu vermeiden. Ihre Anwendung ist wenigstens auf die Gleise zu beschränken, in denen vorwiegend Wagen aufgestellt oder verschoben werden wie in den Kajegleisen.

Von besonderer Wichtigkeit ist es, daß keine schienengleichen Kreuzungen zwischen den Hauptzufahrtsgleisen zum Hafen und den Haupthafenstraßen erfolgen. Für den Fußgängerverkehr kann zwar durch Unterführungen oder durch Fußgängerbrücken vorgesorgt werden, aber der Landfuhrwerkverkehr zum Hafen leidet stark darunter, daß oft stundenlang auf solchen Gleisen rangiert werden muß. Man soll deshalb entweder die Eisenbahn oder die Straßen hochlegen. Es wird meist leichter sein, eine Hauptzufahrtstraße hochzulegen als ein ganzes Bündel von Gleisen.

Hirsch weist demgegenüber in seiner Schrift: „Zur Eisenbahnausrüstung von Häfen“ daraufhin, daß es zweckmäßig sei, die Straßen tief und die Eisenbahn hoch zu legen (Bremen), weil dabei die Übersicht über den Eisenbahnverkehr eine bessere sei. Es wird sich aber bei hohem Grundwasserstand diese Forderung oft nicht erfüllen lassen, so daß man zu der Überführung der Straße über die Eisenbahn greifen wird.

Eine wesentliche Forderung ist ferner die Brückenfreiheit für Seeschiffshäfen, d. h. daß der Schiffs- und Eisenbahnverkehr sich nicht gegenseitig stören. Es müßten deshalb dann, wenn Häfen auf beiden Seiten eines Stromes liegen, die Eisenbahnbrücken so hoch liegen, daß Seeschiffe ohne Störung unter den Brücken hindurch können, eine meist unerfüllbare Forderung, oder es müssen die Brücken soweit stromauf liegen, daß Seeschiffe nicht mehr bis in die Nähe der Brücken kommen (Hamburg). Die Anwendung von Dreh- oder Klappbrücken (Duisburg-Ruhrort) sind ein schlechtes Aushilfsmittel und stören sowohl den Land- wie den Wasserverkehr.

b) Verkehr zwischen Bahnhof und Hafen.

Auf dem Haupthafenbahnhof erfolgt die Ordnung der Wagen nach einzelnen Hafenbezirken. Organisch gut zusammenhängende Hafenteile, entweder ganze Hafenbecken oder auch einzelne Hafenzungen werden zu Bezirken zusammengefaßt und erhalten einen besonderen Bezirksbahnhof. Die Bezirksbahnhöfe sollen, wenn angängig, möglichst dicht vor Kopf des Hafens liegen,

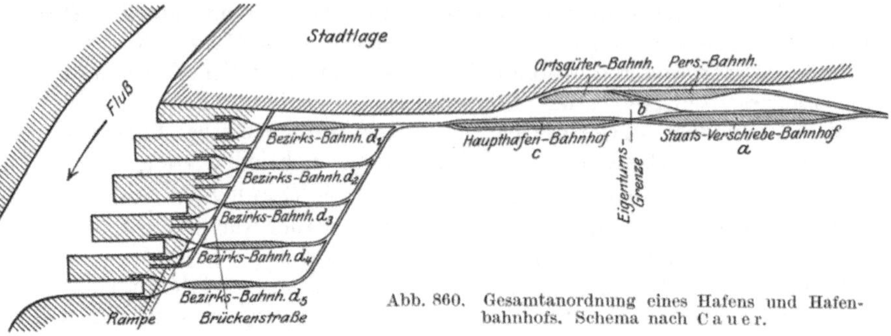

Abb. 860. Gesamtanordnung eines Hafens und Hafenbahnhofs. Schema nach Cauer.

können aber, wenn es nicht anders möglich ist, auch neben dem Haupthafenbahnhof angeordnet werden[1]). Die einzelnen Wagengruppen werden vom Hafenbahnhof *c* zu den einzelnen Bezirksbahnhöfen abgefahren und dort noch einmal nach den einzelnen Kajen, Schuppen, Speichern usw. untertrennt, wobei die einzelnen Empfänger berücksichtigt werden. Abb. 860 zeigt das Grundsätzliche einer solchen Anlage nach Cauer. Man sieht bei *a*) den Verschiebebahnhof der Eisenbahngesellschaft (Staatsbahnhof), der mit dem Hafenbahnhof *c* und dem Ortsgüterbahnhof *b* Verbindung hat. An den Hafenbahnhof *c* schließen dann an die Bezirksbahnhöfe b_1, d_2, d_3 usw., die hier unmittelbar vor Kopf des Hafens liegen. Die Kreuzung zwischen der Zufahrtstraße der Stadt und den Gleisen soll schienenfrei erfolgen. Cauer schlägt deshalb hier vor, diese Straße auf hochliegendem Damm anzulegen, wobei die Hafenbahn unterführt wird, von der Hochstraße führen dann Rampen zu den einzelnen Kajezungen hinab.

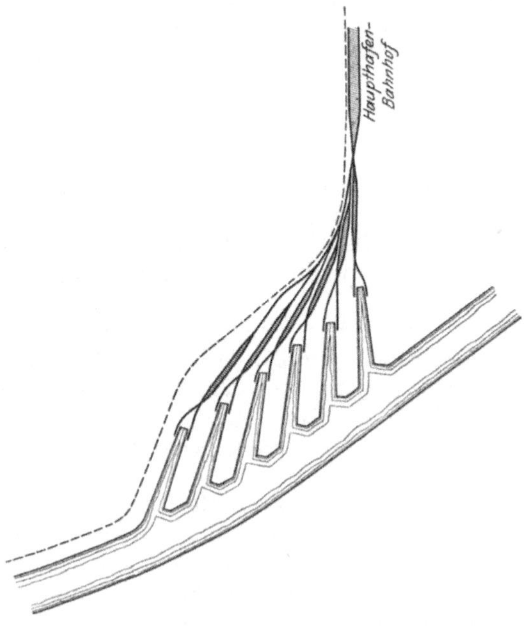

Abb. 861. Anordnung der Becken und Bahnanschlüsse bei einseitiger Entwicklung.

Die Bezirksbahnhöfe haben nicht nur die Aufgabe, die von dem Haupthafenbahnhof kommenden Züge aufzulösen und neu einzuteilen, sondern auch die, den Verkehr zwischen den einzelnen Bezirken zu vermitteln, denn es kann vorkommen,

[1]) Hirsch betont ausdrücklich, daß der Hafenbahnhof zur Vermeidung von Leerfahrten möglichst vor Kopf der Hafenbecken liegen solle, das gilt aber ganz besonders für die Bezirksbahnhöfe. Abweichungen werden durch die Örtlichkeit oft notwendig.

daß zwischen den einzelnen Bezirken ein Warenaustausch vorgenommen werden muß oder daß Wagen aus verschiedenen Bezirken beladen werden müssen. Im allgemeinen empfiehlt es sich, Vorsorge zu treffen, daß nicht alle Züge durch den Staatsbahnhof hindurchfahren müssen. Können z. B. Züge in dem Hafenbahnhof nach bestimmten Orten des Hinterlandes zusammengestellt werden, dann können sie unmittelbar vom Hafenbahnhof nach der Übernahme am Staatsbahnhof vorbei zum Hinterlande abgefahren werden und umgekehrt. Der Staatsbahnhof wird dadurch entlastet. Ebenso kann es vorkommen, daß Wagen unmittelbar von dem Bezirksbahnhof zum Staatsbahnhof geführt werden ohne den Hafenbahnhof zu durchlaufen und umgekehrt, und schließlich ist es z. B. bei Massengütern möglich, daß ein unmittelbarer Verkehr vom Binnenland am Staatsbahnhof und Hafenbahnhof vorbei zu einem Bezirksbahnhof stattfindet und umgekehrt. Diese Fälle werden aber die Ausnahme bilden und bedürfen besonders sorgfältiger Klärung.

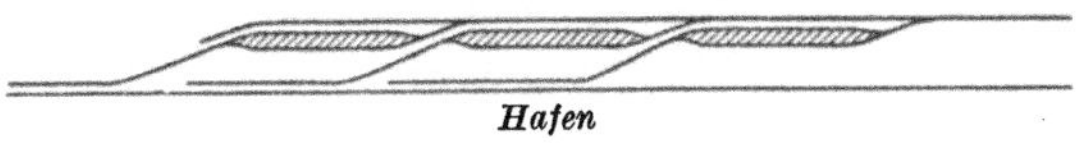

Abb. 862. Bezirksbahnhöfe für lange Landkais.

Man wird im allgemeinen danach streben, die Bahnhofsanlage unter bester Platzausnutzung anzulegen, eine solche gibt Cauer in Abb. 861. Es ist oft möglich, die Bezirksbahnhöfe noch näher aneinander zu rücken, so daß sie dicht an dicht liegen, ohne daß dabei die Übersicht gefährdet ist.

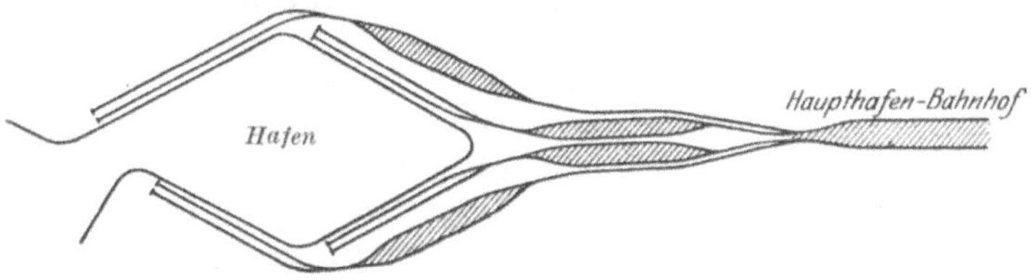

Abb. 863. Gleisanordnung in einem rhombischen Hafenbecken.

Eine starke Zusammenrückung der Bezirksbahnhöfe zeigt Cauer in Abb. 862 in der er mehrere Bezirksbahnhöfe gleichlaufend mit einer langen Kaje legt. Hier kann man sich den Hafenbahnhof seitlich vor dem Bezirksbahnhof denken, so daß die ganze Anlage ganz zusammengedrängt wäre. Auch Abb. 863 gibt eine lehrreiche Anordnung wieder.

Die Anlage des Bezirksbahnhofs neben einem Hafenbecken wird im allgemeinen nicht empfohlen, weil hierbei viel zeitraubende Leerfahrten nötig werden. Vgl. ferner die Anlagen in Duisburg, Hamburg, Bremen, Triest, die zum Teil wegen Raummangels ohne Bezirksbahnhöfe durchgeführt worden sind, dann auch die neueren Entwürfe von Trelleborg, Neuß, Köln usw.

c) Ausrüstung der Kajen, Schuppen, Speicher und Freiladeplätze mit Gleisen.

Wenn die erste Bedingung für einen reibungslosen Eisenbahnverkehr vom und zum Hafen durch Anlage der Verschiebebahnhöfe erreicht ist, so ist damit noch nicht erwiesen, daß der Hafen auf seine volle Leistungsfähigkeit gebracht ist. Hierzu ist es notwendig, daß auch der Verkehr im Hafengebiet selbst an den Kajen, Speichern usw. ohne Zeitverlust erfolgen kann. Es ist zu berücksichtigen, daß im allgemeinen während des Lösch- und Ladebetriebs Abrollen und Zustellung der Wagen nicht gut erfolgen kann, sondern daß hierfür die Zeit vor Beginn der Morgenarbeit, die Mittagspause und die Abendzeit benutzt werden muß. Die Einlegung einer Pause für den Verschiebedienst am Mittag macht im allgemeinen in Häfen die Anwendung einer durchgehenden Arbeitszeit unmöglich. Es muß aber die Umstellung einzelner Wagen während der Arbeitszeit möglich sein, da beladene Wagen abgeschoben und leere Wagen herangeschoben werden müssen. Deswegen empfiehlt sich die Anlage von wenigstens drei Gleisen vor dem Schuppen, während hinter dem Schuppen wenigstens zwei, oft aber mehr Gleise liegen können. Sind die Kajelängen kurz, z. B. nicht länger als 600 m, dann kann man vor dem Schuppen auch mit zwei Gleisen auskommen. Es sind auch sehr lange Kajen in Bremen z. B. von fast 2000 m mit nur zwei Gleisen vor dem Schuppen ausgerüstet worden, besser sind hier aber drei Gleise.

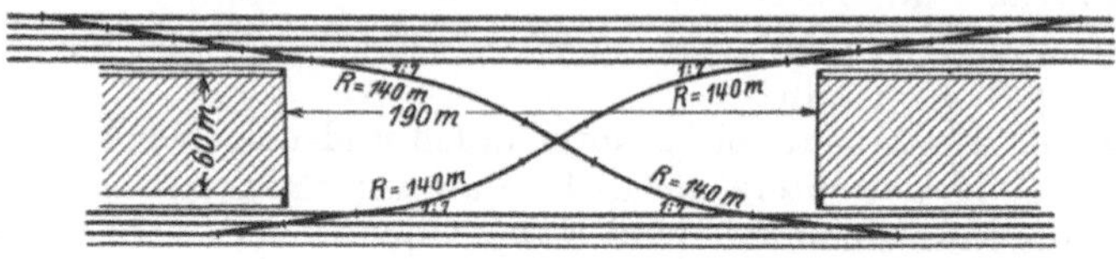

Abb. 864. Gleisverbindung zwischen zwei Schuppen. Maßstab 1 : 4500.

Bei langen Kajen ist eine Unterteilung in einzelne Abschnitte notwendig, wobei dann eine Verbindung von den Vordergleisen zu den Hintergleisen erforderlich wird. Abb. 864 zeigt eine solche S-förmige Gleisverbindung, die aber den Nachteil hat, daß die Schuppen einen großen Abstand voneinander erhalten müssen. Bei 60 m breiten Schuppen mit Ladebühnen von landseitig 1,5 m, wasserseitig 5 m ergibt sich bereits eine Schuppenlücke von 150—190 m, wenn man mit Weichen 1 : 7 und Krümmungshalbmessern von 140 m arbeitet. Wenn man die Schuppen in die Gleiszwickel etwas zugespitzt hineinschiebt, kann man diese Lücke allerdings verkleinern, muß dann aber erhöhte Längstransporte im Schuppen in den Kauf nehmen. Mit den heutigen modernen Elektrokarren ist das möglich. Auf alle Fälle wird aber wegen der großen notwendigen Lücken die Einlegung solcher Gleiskreuzungen nur selten möglich sein. Cauer empfiehlt deshalb die Anlage von kürzeren Kajen von 400—600 m. Er hält die Kajen über 1000 m für unzulässig. Demgegenüber ist zu sagen, daß die Anlage von langen Hafenbecken meist wegen der besseren Ausnutzung der Schiffsliegestellen sehr wirtschaftlich ist und daß man hafenbautechnisch das Streben nach dem Bau von längeren Hafenbecken begrüßen muß. Die Schwierigkeit, die durch die Entstehung der Hafenlücken bei S-förmigen Gleisverbindungen entsteht, muß also irgendwie beseitigt werden. Das kann dadurch geschehen, daß man über der Lücke einen Speicher erbaut, durch den man die Gleisverbindung hindurchführt. Es können dabei von der S-förmigen Gleisverbindung noch kurze Stummelgleise in den Speicher hineingeführt werden, so daß hier an genügend vielen Stellen ebenso wie von den außenliegenden Gleisen die Wagen be- und entladen werden können. Das unterste Speichergeschoß wird dabei offen gelassen werden und nur die Bedeutung eines Ladeplatzes erhalten. Es wird vielleicht Fälle geben, in denen ein Speicher von vielleicht 150—200 m Länge mitten in einer Kajeanlage sehr erwünscht ist. Auf diese Weise ist es möglich, Kajen von über 2000 m bequem in Stücke von weniger als 1000 m Länge zu teilen. Die Anlagen von Schiebebühnen oder Drehscheiben für die Querverbindung sind zu verwerfen, sie sind gelegentlich angewendet worden, können aber nicht als zweckmäßig anerkannt werden. Ein weiteres Mittel ist es, die

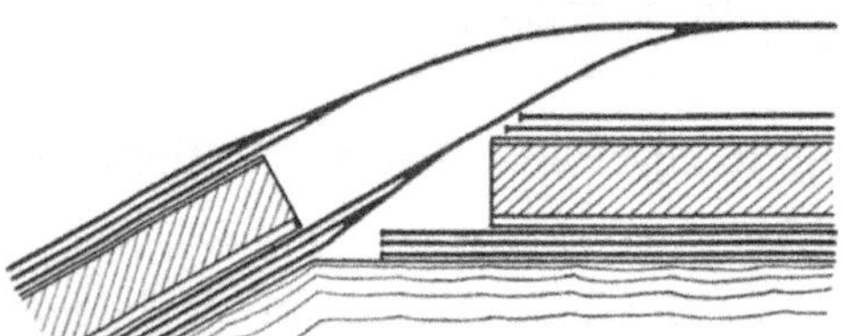
Abb. 865. Knick in der Kajelinie und Anordnung der Gleise.

Kajen zu knicken, Abb. 865. Man sieht hierbei, daß die Gleiszuführungen sehr zwanglos erfolgen können. Zu bedenken ist aber, daß sehr oft die Anlage der Hafenbecken das Ursprüngliche ist, sofern man sich dem Gelände anpassen muß, und daß man dann mit der Eisenbahnanlage sich dem Hafengelände an, passen muß. Das Knicken der Kajen ist hafentechnisch ein schlechtes Mittel-

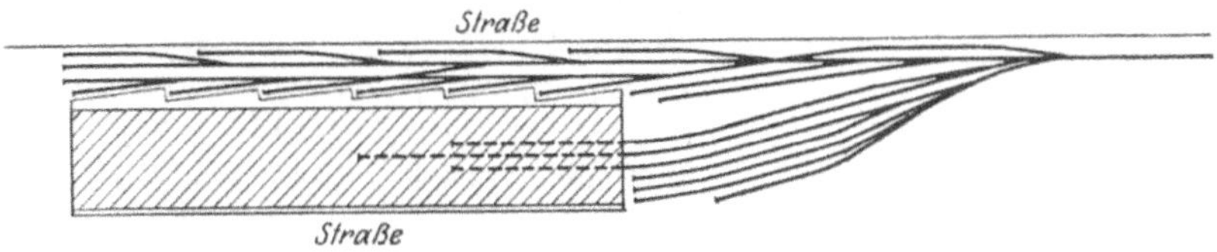

Abb. 866. Sägeförmige Anordnung der Ladebühne eines Speichers.

da hierdurch oft wertvolle Liegeplätze verloren gehen. Man sollte deshalb nicht eisenbahntechnisch so ungünstig auf die Kajengestaltung einwirken wollen. Um die Verschiebung der einzelnen Wagen vor den Schuppen möglichst zu erleichtern, werden Weichen eingelegt, sie liegen z. B. in dem Bremer Freihafen in den kurzen Abständen von etwa 100 m. Dort sind allerdings nur zwei Gleise

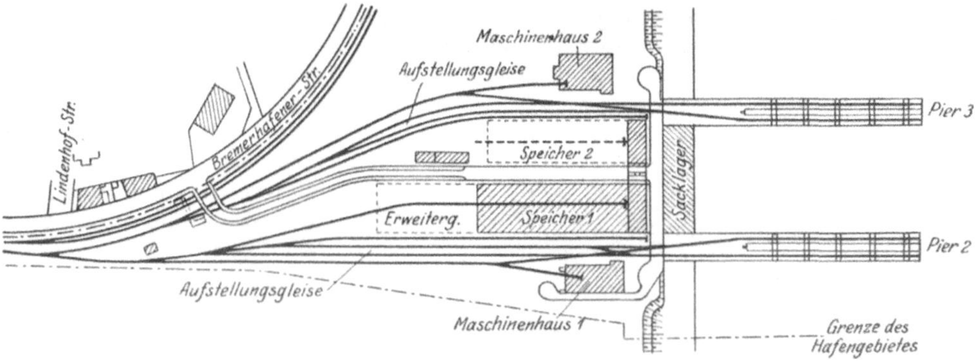

Abb. 867. Getreideumschlaganlage in Bremen.

vor dem Schuppen vorhanden. Besonders gut durchgeführt ist der von Blum für den Hafenbahnhof Trelleborg aufgestellte Entwurf, Abb. 989, S. 768.

Hirsch empfiehlt, diese Weichen fortzulassen, weil dadurch ein moralischer Zwang auf die Schuppenmannschaft ausgeübt würde, die Wagen rechtzeitig zu beladen, es habe sich diese Anordnung ohne Weichen im Duisburger Hafen

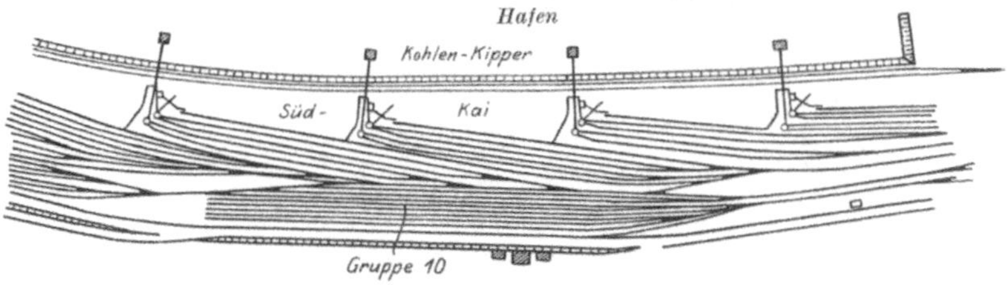

Abb. 868. Gleisanschlüsse für Kohlenkipper im Duisburger Hafen.

bei zwei Gleisen vor den Schuppen sehr bewährt. Es wäre dort nur selten vorgekommen, daß teilweise beladene Wagen wieder mit abgefahren werden mußten. Es scheint im allgemeinen aber vorteilhafter, die Weichenverbindung trotz ihrer Kostspieligkeit einzulegen. Es werden jedenfalls nutzlose Fahrten von nur teilbeladenen Wagen vermieden.

Die Gleisanlage für Speicher braucht sich nicht grundsätzlich von der für Schuppen zu unterscheiden, es sind aber häufig besondere Anlagen geschaffen worden. Eine besondere Anlage ist die mit sägeförmig liegenden Gleisen, bei denen die zur Be- oder Entladung kommenden Wagen aus dem Durchlaufgleis herausgezogen werden. Die Auswechslung von Wagen ist durch die vor Kopf des Speichers angeordneten Wechselgleise dann noch besonders erleichert (Abb. 866). Getreidespeicher werden oft in der ganzen Länge untertunnelt, so daß das Getreide von obenher in die Wagen abgelassen werden kann. Zweckmäßig ist es, dann besondere Lösch- und Ladepiers auszubilden, wie es z. B. in Bremen geschehen ist; Abb. 867 zeigt diese Anlage.

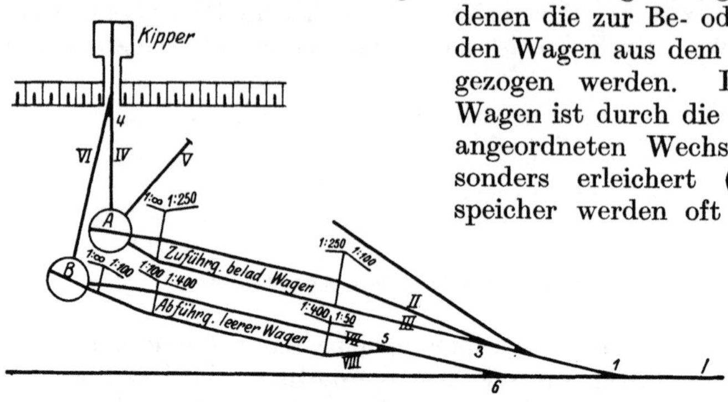

Abb. 869. Einzelheiten des Anschlusses bei einem Kohlenkipper im Duisburger Hafen.

Die Eisenbahnausrüstung von Kohlen- und Erzhäfen ist in den Bahnhofsanlagen meist verhältnismäßig einfach, in den Kajeanlagen aber verwickelt. Die Bezirksbahnhöfe werden hierbei vielfach in die Nähe der Kaje gerückt. Die modernen Kipperanlagen erfordern die Einlegung von wenigstens zwei Drehscheiben für jeden Kohlenkipper. Über die eine Drehscheibe gehen die beladenen Wagen zum Kipper, über die andere rollen die leeren Wagen zurück. Abb. 868 zeigt einen allgemeinen Gleisplan eines Stückes des Duisburger Hafens, Abb. 869 zeigt die Gleiszuführung im einzelnen. Diese letztere Anordnung hat aber bei ganz großen Kipperleistungen noch nicht

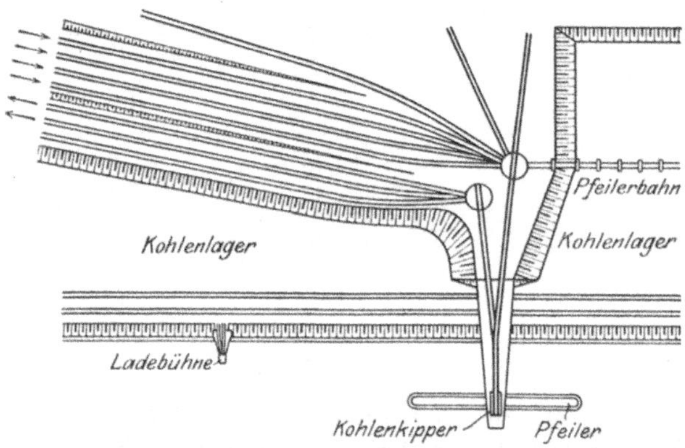

Abb. 870. Gleis- und Drehscheibenanordnung bei einem neuen Kipper in Ruhrort.

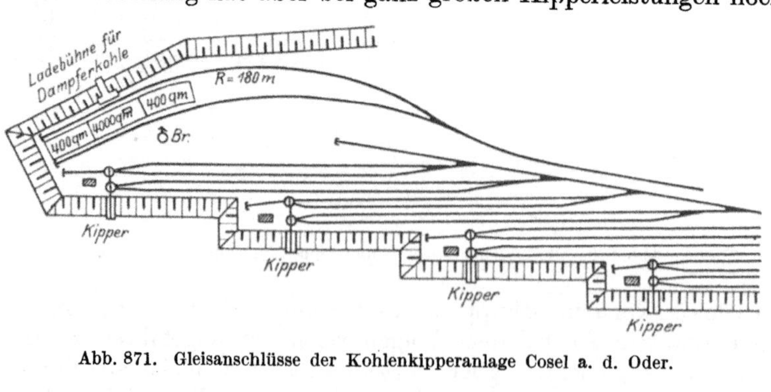

Abb. 871. Gleisanschlüsse der Kohlenkipperanlage Cosel a. d. Oder.

völlig genügt, denn die Kipper in Ruhrort, Abb. 870, sind noch viel weitgehender mit Gleisen ausgerüstet worden. Es sind hier vier Zuführungsgleise zur Drehscheibe vorhanden und drei Abführungsgleise von der anderen Drehscheibe. Außerdem sind noch weitere Abstellgleise vorhanden. Die Kohlenbahnanlage liegt hoch, so daß noch zwei Gleise unten am Ufer entlang geführt werden können. Der Kohlenkipper ist weit in das Wasser vorgerückt, so daß hinter dem Pfeiler des Kohlenkippers noch ein Schiff liegen kann, das von dem Ufergleis bedient wird. Eine andere Anordnung der Kipper zeigt der Koseler Hafen, Abb. 871, 1106 u. 1017, bei dem eine sägeförmige Anordnung gewählt ist. Die Anlage von Personenbahnhöfen erfordert meist keine besonders komplizierten Einrichtungen, gewöhnlich werden vor die Bahnhofshalle zwei Gleise gelegt, dahinter ein oder zwei Gleise.

D. Beschreibung wichtiger Einzelbauwerke für Häfen.

a) Hafendämme.

1) Allgemeines.

Wir haben drei Arten von Dämmen zu unterscheiden:

1. Dämme, die die Wellen brechen sollen, Wellenbrecher genannt.

2. Dämme, die Strömungen abhalten oder zusammenfassen sollen, Leitdämme genannt.

3. Dämme der beiden oben genannten Arten, die zugleich Kajen für die Schiffe bilden sollen, Molen genannt.

Alle drei Arten können bei allen Häfen vorkommen. An der See überwiegen die Dämme zu 1 und 3, im Binnenlande zu 2 und 3. Die Dämme zu 2 kommen aber viel an Flußmündungen vor, die zu 1 auch an großen Binnenseen.

Der Angriff durch Wellenstöße ist der fast allein in Frage kommende Angriff bei Küstenhäfen, der durch Strömung bei Häfen an Flüssen. Bauwerke in Flußmündungshäfen sind beiden Angriffen ausgesetzt. Die Gesichtspunkte, die bei Seeschiffshäfen zu nennen sind, können auch für Flußhäfen in entsprechender Form in Frage kommen. In baulicher Beziehung bieten die Dämme an Flüssen so wenig Neues, daß eine besondere Besprechung entbehrlich ist.

Der Stoß der Welle ist die Kraft, die einen Hafendamm an der See am stärksten bedroht. Ihr Anprall kann vier verschiedene Kraftwirkungen auslösen. Es tritt ein:

1. der wagerechte Stoß;

2. der aufwärtsgerichtete Stoß gegen Vorsprünge und Fugen;

3. die nach unten schlagende Kraft des zurückfallenden oder über die Krone schlagenden Wassers, die den Dammfluß oder die Krone zermürben;

4. die fortschwemmende Kraft der rückströmenden Welle.

Die Wirkungen dieser Kräfte äußern sich:

α) in der direkten Erschütterung des Dammes oder locker gewordener Teile. Die Erschütterung kann bei großen Hohlräumen bis zur Innenböschung reichen;

β) in der hydraulischen Fortpflanzung der Druckkraft nach allen Seiten im Innern des Dammes, falls die Hohlräume mit Wasser gefüllt sind;

γ) in der Erzeugung von gepreßter Luft dort, wo die Hohlräume über Wasser liegen.

Diese Wirkungen sind verständlich, wenn man berücksichtigt, daß die Wellen Stöße ausüben, die bis zu 38 t/qm = 3,8 Atmosphären Druck betragen können. Vgl. den Abschnitt „das Meer“.

Die daselbst angegebenen Erläuterungen über Angriff der Wellen auf das Ufer haben für die Hafendämme sinngemäße Geltung. Zu beachten ist nur, daß die Wirkungen an Hafendämmen zum Teil um vieles stärker sind, weil hier die Wellen noch nicht, wie am Ufer, einen Teil ihrer Kraft eingebüßt haben.

Die Form der Dammböschung ist von entscheidendem Einfluß auf die Haltbarkeit des Bauwerks nur bei Dämmen auf weichem Boden und in flachem Wasser. Die Neigung der Böschung richtet sich nach der Wassertiefe. Man kann im allgemeinen annehmen, daß ein Damm, der gegen den Angriff der Meereswellen gesichert ist, auch den Angriff einer Strömung aushalten kann.

Dämme in tiefem Wasser werden zweckmäßig mit möglichst steilen Wänden ausgeführt. Die Welle schlägt dann nur selten über die Krone, die zurückfallende Welle trifft auf ein tiefes Wasserpolster und wirkt nicht mehr auf den Fuß des Dammes ein. Im Gegensatz zu den Deckwerken hat hier das Wasserpolster wegen seiner großen Dicke eine größere Bedeutung. Die steile Neigung hat den Vorteil, daß jeder Stein unter dem vollen Gewicht der über ihm lagernden steht und dadurch kräftig festgehalten wird.

Dämme in flachem Wasser dürfen nur bei felsigem Untergrund steile Wände erhalten, bei weichem oder sandigem Grunde dagegen muß die Außenböschung geneigt sein und möglichst in einer Kurve in den Grund übergehen, so daß die rücklaufende Welle wenig Angriff auf die Sohle ausübt. Die Neigung darf nicht flacher als 1 : 1,5 werden, da sonst Steine aus der Böschung herausgeschlagen werden können. Der Meeresboden muß dabei durch Steinschüttung oder Buschpackung mit Steinauflage geschützt werden, die in Neigung von 1 : 3 bis 1 : 4 verlegt wird.

Das beste Material für Hafendämme sind natürliche oder künstliche Steinblöcke von möglichst großen Abmessungen. Man setzt bei ihrer Anwendung der ungeheueren Stoßkraft der Wellen die Trägheit schwerer Steinmassen entgegen. Stehen natürliche Steine zur Verfügung, so schüttet man die kleineren in die Dammitte, die großen nach außen. Die Kosten für das Sortieren werden durch die größere Sicherheit und den geringeren Steinverbrauch aufgewogen. Falls man nicht schwimmende Beton- oder Eisenkasten nach ihrer Versenkung an Ort und Stelle ausbetoniert (Seebrügge, Helgoland), handelt man bei dem augenblicklichen Stande der Kenntnis des Betons vorsichtig, wenn man auf dem Lande hergestellte, gut erhärtete und an der Wasserseite verblendete Gußbetonblöcke aus Eisenportlandzement versetzt. Das Versenken von fertigen Betonblöcken oder innen durch Klinker verblendeter Eisenkästen ist gleichwertig, weil im letzteren Falle der Kasten den inneren Schüttbeton bis zu seinem Erhärten vor Zersetzung schützt. Bei dem Bau des Helgoländer Kriegshafens wurden beide Verfahren angewendet.

Die Höhe der Krone muß bei Wellenbrechern wenigstens bis zum Hochwasser reichen, besser 1 m darüber. Für Molen ist 1 m über HW. die geringste Höhe, außerdem ist bei ihnen noch eine Brustmauer von 2 m Höhe oder mehr zum Schutze der Menschen gegen die überschlagenden Wellen unerläßlich.

Die Breite der Krone richtet sich noch mehr als die Höhe nach dem Zwecke des Bauwerks. Für Wellenbrecher an der Nordsee empfiehlt Stevenson, in der Hochwasserlinie nicht unter 10—12 m Breite zu gehen; dieses ist namentlich bei geschütteten Dämmen empfehlenswert. Bei Molen und Dämmen aus regelrecht versetzten großen Blöcken kann man geringere Breiten wählen. Sie werden bei Molen dann vor allem durch den Verkehr bestimmt; so haben die Dämme von Ymuiden 8,8 m, von Dover 15,6 m, von Marseille 32,2 m und der von Seebrügge 75 m Breite in der HW.-Linie. Die letztere Breite ist aber dadurch entstanden, daß dieser Damm gleichzeitig eine Art von Hafengelände bilden soll, auf dem auch Schuppen erbaut worden sind. Die Brustmauer wird dabei 2—3 m stark gemacht und ist auch sehr verschieden hoch, so z. B. in Dover an der Westmole rund 4 m, in Seebrügge 6 m, in Marseille 7,5 m[1]).

Alle Molen müssen mit Vorrichtungen zum Festmachen und Verholen, Anlegetreppen usw. ausgerüstet werden, damit das Anlegen der Schiffe bequem ist.

---

[1]) 4 m dürften im allgemeinen genügen und der größeren Höhe vorzuziehen sein.

Der Molenkopf ist der gefährdetste und auch für die Schiffe gefährlichste Teil der Hafendämme. Die Wellen laufen in der Regel schräg zur Mole an, so daß ein Teil nach dem anderen den vollen Anprall der Welle erleidet. Alle bis zum Molenkopf liegenden Teile werden dann im Augenblick der größten Gefahr beiderseits durch weniger angegriffene Molenstücke gestützt. Der Molenkopf erhält diese Stützung aber nur einseitig oder gar nicht, wenn die Angriffsstrecke lang genug ist. Er muß somit stets wesentlich gegenüber dem angrenzenden Molenstück verbreitert werden. Dadurch gewinnt man zugleich auf ihm den Platz für das Hafenfeuer. Stets sollte die Mole am Ende nach außen gekrümmt sein und eine eckige Form erhalten, so daß die Wellen verhindert werden, um den Molenkopf herum in den Hafen hineinzuschwenken. Vergleiche hierüber die an der Torpedobootsmole in Kiel gemachten Erfahrungen (Handbuch der Ingenieur-Wissenschaften III, 3). Als Form empfiehlt sich die Hammerform, gemäß Abb. 872a u. b, alle runden Formen sollten vermieden werden.

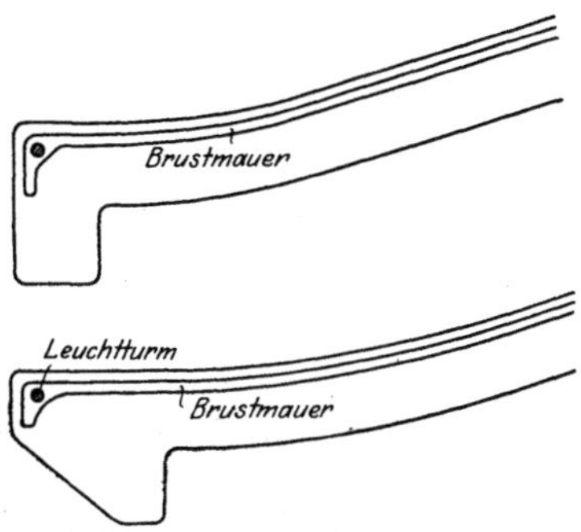

Abb. 872 a u. b. Ausbildung von Molenköpfen.

2. Konstruktion der Hafendämme mit Beispielen.

Die Bauart der Hafendämme richtet sich, abgesehen von den örtlichen Verhältnissen wie Vorkommen des Bohrwurms, besonders geschützter Lage usw., vor allem nach folgenden Gesichtspunkten:

1. Art des Baugrunds,
2. Wassertiefe,
3. Größe des Flutwechsels,
4. Stärke des Wellenangriffs,
5. Vorkommen und Stärke von Strömungen,
6. Art des üblichen und am Ort billigsten Baumaterials.

Es lassen sich nur ganz wenige Regeln für die Dämme aufstellen, die allgemeine Geltung haben. Meist ist ihr Wert durch die anderen Umstände bedingt. Auch eine Einteilung der Dämme nach den erwähnten Gesichtspunkten ist kaum möglich und führt leicht zu gezwungenen Zusammenstellungen.

Am besten teilt man die Hafendämme nach ihrer Bauart in Gruppen ein und bemerkt dabei, wo und wann diese Bauweise zweckmäßig ist.

Es gibt kaum einen Zweig des Wasserbaues, der mit so viel Enttäuschungen und Unfällen rechnen muß, wie der der Erbauung von Wellenbrechern und Molen. Es ist hier wie nirgends sonst zweckmäßig, sich an geglückte Ausführungen zu halten, unter genauer Untersuchung der Gründe, warum die Ausführung an einem Orte glückte, an einem anderen nicht. Denn so einfach der Hafendamm meist in der Zeichnung aussieht, so ungemein schwierig ist seine wirklich gute Konstruktion und noch mehr seine Ausführung, die an Übersicht und Entschlußkraft die größten Anforderungen stellt.

Die Dämme sollen eingeteilt werden in:

1. Dämme aus Sand oder Geröll mit befestigten Böschungen,
2. Dämme aus Steinkisten,
3. Dämme aus Pfahlwänden mit Faschinen- oder Steinpackung,
4. Dämme aus Steinschüttung,
5. Dämme aus regelmäßig versetzten Blöcken,
6. Dämme aus zwei Reihen von Blöcken mit einer Zwischenfüllung aus Sand oder Geröll.

1. Dämme aus Sand. Sie sind nur bis zu mittleren Wassertiefen von etwa 10—12 m unter MW., bei geringem Wellenschlag und nicht zu großem Flutwechsel möglich und vor allem bei weichem Untergrund zweckmäßig. Der Fuß der Dämme muß bis zu genügender Tiefe durch Sinkstückvorlagen mit Steinbewurf geschützt werden. Beides muß so tief reichen, daß der ungeschützte Sand nicht mehr durch die Wellen in Bewegung gesetzt werden kann. Günstig ist es in dieser Beziehung, daß meistens der stärkste Wellenschlag mit bedeutendem HW. zusammenfällt, so daß man nicht die betreffende Sicherungstiefe unter NW. zu rechnen braucht.

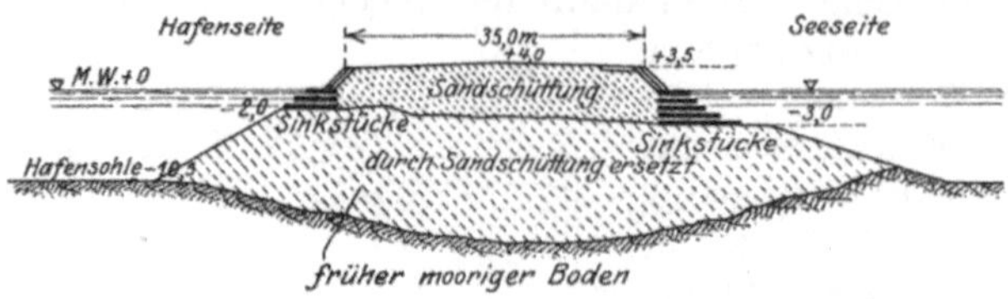

Abb. 873. Abschlußdamm in Kiel auf Sandboden. Maßstab 1 : 1450.

Ein Beispiel einer bemerkenswerten Ausführung zeigt Abb. 873. Er ist in der Kieler Bucht als Abschlußdamm eines Außenhafens der früheren kaiserlichen Werft zur Ausführung gelangt. Der Bau begann mit dem Fortbaggern von moorigen Schichten bis auf den guten Sanduntergrund, dann Schütten von Sand bis —2,0 und —3,0 m NN. (vgl. Abbildung) durch Klappschuten. Die Sicherung der Böschung gegen Wellenschlag beginnt außen bei —3 m, innen bei —2 m und besteht bis zum Mittelwasser (± Null) aus Sinkstücken und Packwerkslagen. Die Sinkstücke wurden als fortlaufende Bänder hergestellt und versenkt und bieten infolge Fehlens der Stoßfugen einen besonders sicheren Schutz gegen Auswaschungen. Die Herstellung der endlosen Sinkstücke erfolgte auf einem Floße, das unter dem fertigen Stücke vorgezogen wurde, so daß ein entsprechendes, vorher schwebendes Stück sich dann auf den Grund legte[1]). Außen

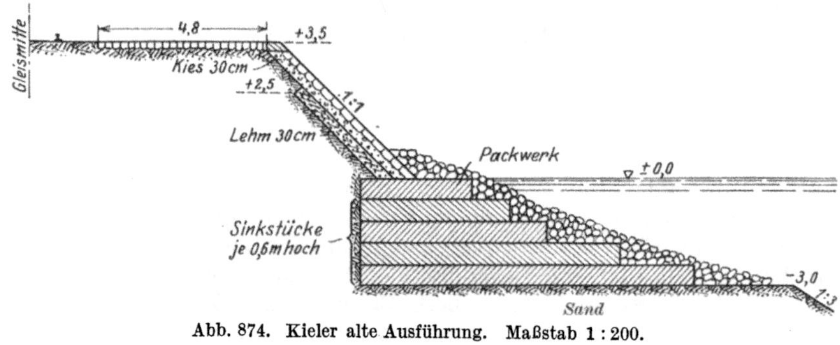

Abb. 874. Kieler alte Ausführung. Maßstab 1 : 200.

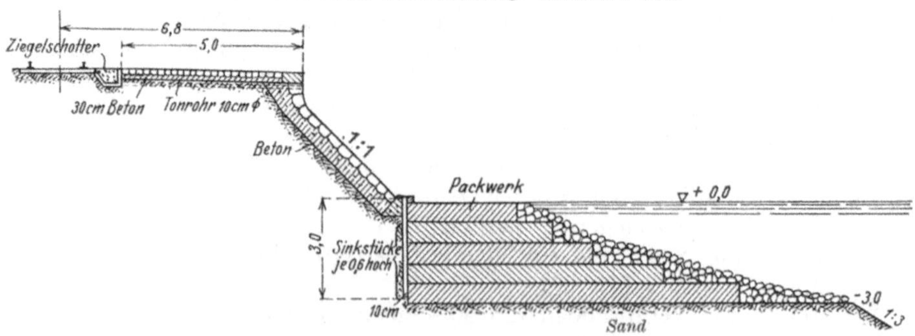

Abb. 875. Kieler neue Ausführung.

Abb. 874 u. 875. Sanddämme. Maßstab 1 : 200.

[1]) Vgl. Vogeler: Zentralbl. d. Bauverw. 1909.

liegen 4, innen 2 je 60 cm starke Lagen, darauf Packwerk bis ± o. Die vorhandene Rundströmung in der Kieler Bucht ist so schwach, daß man die Außenböschung unter —3,0 ungeschützt lassen konnte, die Wirkung der Wellen ist bei HW. am gefährlichsten, die Gefahrzone hört aber unter —3,0 auf. Die Böschung von MW. bis zur Dammkrone wurde mit gespaltenen Findlingen abgepflastert, die in Kies versetzt wurden, darunter liegt eine Tonschicht von 30 cm Stärke.

An einem nach Norden gelegenen und dem stärksten Wellenangriff ausgesetzten 200 m langen Dammstück genügte die Steinsicherung der Böschung nicht, so daß sie im Winter 1907/08 zum Teil zerstört wurde, ohne daß aber die Packwerksicherung merkbar angegriffen worden wäre. Die Pflasterung wurde darauf unten durch eine Spundwand gesichert, mit Beton unterstampft und oben aufwärtsgekrümmt. Das Pflaster der Dammkrone wurde gleichfalls in

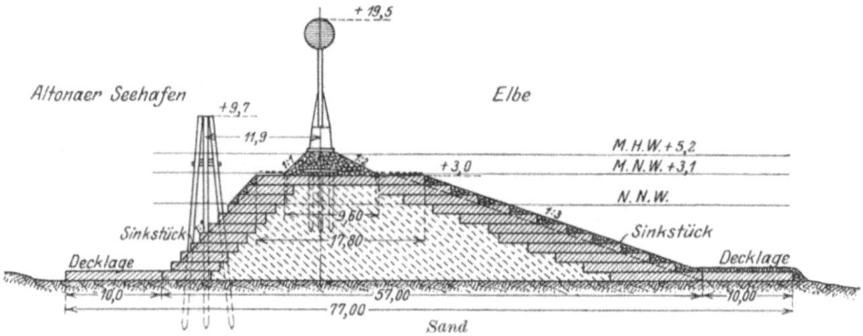

Abb. 876. Sanddamm. Altonaer Ausführung. Maßstab 1 : 800.

Beton versetzt, so daß ein Unterspülen der Böschung von hinten her nicht mehr eintreten kann (vgl. Abb. 874 u. 875). Das HHW. liegt auf +3,18, das NNW. auf —1,7 m.

Das Beispiel eines anderen bemerkenswerten Sanddammes mit Sicherung durch Sinkstücke zeigt Abb. 876. Der Damm dient zum Abschluß des Altonaer Hafens gegen die Elbe und hat eine Höhe von etwa 13 m. Die untere Breite des eigentlichen Dammes ist 57 m. Da die Strömung bis zum Fluß hinabreicht, mußte der Damm in ganzer Höhe durch Sinkstücke gesichert werden und steht hiermit im Gegensatz zu der Kieler Ausführung.

2. Dämme aus Steinkisten. Diese Bauart ist viel in der Ostsee, England, dem Schwarzen Meer usw. angewendet worden, sie ist eine der ältesten Bauarten. Sie ist auch in neuerer Zeit wieder häufiger angewendet worden, so z. B. bei den Marinebauten in Helgoland als Aushilfsbau.

Die Dämme werden aus großen Holzkisten mit Steinfüllung gebildet. Die Kisten besitzen keine dichten, sondern rostartige Wände. Es kommt nur darauf an, daß die Zwischenräume der horizontalen Balken in den Wänden und dem Boden so schmal bleiben, daß die Steine nicht hindurchfallen können. Die Kisten werden so hergestellt, daß man auf dem schwimmend herangeflößten Boden die Seitenwände aus den vorher bearbeiteten einzelnen Hölzern zusammenbaut und die nach und nach entstehende Kiste durch Steinbeschwerung gleichzeitig immer so weit ver-

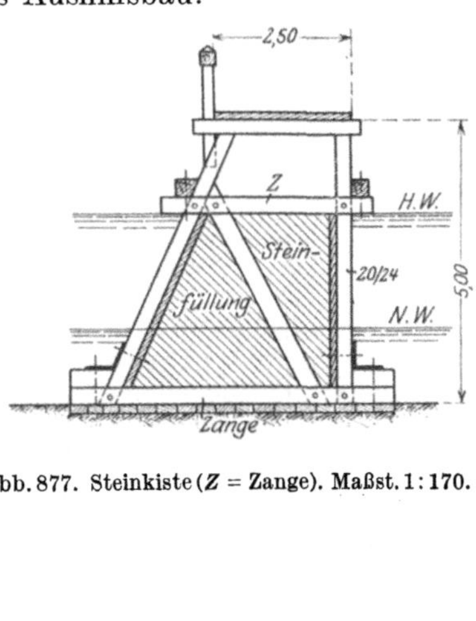

Abb. 877. Steinkiste (Z = Zange). Maßst. 1 : 170.

senkt, daß die zur Zeit fertige Oberkante der Wände gerade über das Wasser hinausragt.

Sobald die Kiste unten aufstößt, wird sie ganz mit Steinen gefüllt und noch ein Stück über Wasser nach oben fortgesetzt. Es kann eine beliebige Zahl von Kisten aneinandergereiht werden, deren Zwischenräume dann durch Steinschüttung geschlossen werden. Bei unebenem Boden ist das Versenken der Kisten oft schwierig, da sie sich dann schräg stellen. Die Kisten sind oft oben schmaler als unten, so daß die Wand eine Neigung von meist 4 : 1 erhält (Abb. 877).

Bei sehr billigen Holzpreisen ist diese Bauart durchaus empfehlenswert, wird aber in neuerer Zeit oft zu teuer werden, da sie etwa die 1,5—2fache Holzmenge beansprucht wie die Dämme mit gerammten Pfahlwänden. Die Kisten wurden bis 9 m tief, 15 m lang und in der Oberfläche 5,5 m breit verwendet; in Amerika sogar bis 10 m Höhe, 40 m Länge und 10 m Breite, wobei dann Zwischenwände zur Aussteifung nötig werden. Sie wurden früher viel bei sandigem Untergrund angewendet.

Abb. 878—880 zeigen Steinkistenbauten in Helgoland. Der Damm (Abb. 878) wurde bei Beginn der Bauten hergestellt, um einen Abschluß für Aufspülen von Sand zur Herstellung des ersten Hafengeländes zu gewinnen. Nach drei Jahren war der Damm bereits durch Bohrwurm so gefährdet, daß die gezeichnete Betonschürze mit rückwärtigem Ankerbalken eingebaut wurde. Durch gänzliche Einspülung wurde der Damm dann gesichert. Weitere Steinkistenbauten für Molen im Hafen (Ostdämme) auf Helgoland zeigen die Abb. 879 u. 880. Die Steinkisten wurden schwimmend herangefahren, dann gefüllt. Der Bau, der während des Weltkrieges notwendig wurde, konnte wegen des Bohrwurmes und der Fäulnisgefahr auf keinen dauernden Bestand rechnen. Der Hafen ist nach dem Kriege zerstört worden[1]).

Von Interesse ist, daß die Dämme an der Donau- (Sulina-) Mündung mit Steinkisten begonnen wurden, daß man aber des zu hohen Preises wegen bereits nach kurzer Zeit dazu überging, statt der Kisten Pfahlwände zu rammen, gegen die man Steine schüttete.

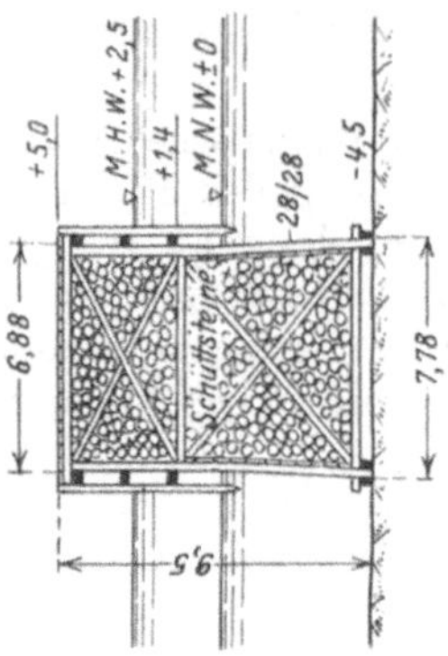

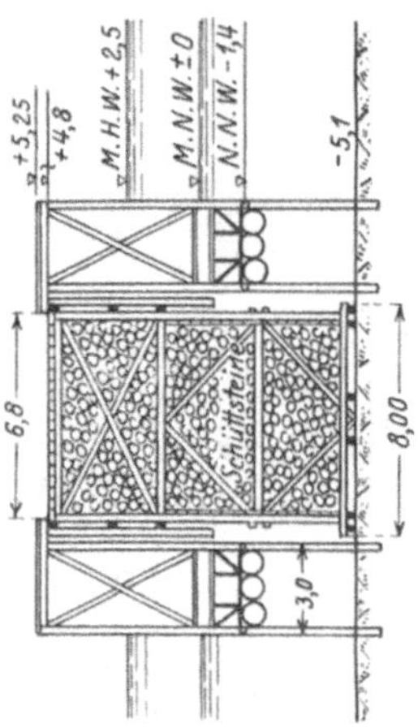

Abb. 879 u. 880. Ostdamm.

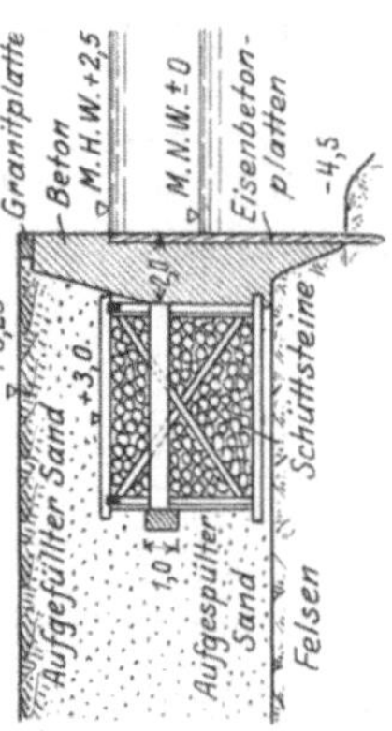

Abb. 878. Südwestkaje.

Abb. 878—880. Steinkistenbauten in Helgoland. Maßstab 1 : 400.

3. Dämme aus Pfahlwänden mit Faschinen- oder Steinpackung. Pfahldämme mit Faschinenpackung.

Sie werden dort angewendet, wo ein beweglicher, wenig tragfähiger Untergrund und nicht zu große Wassertiefe vorhanden ist, so daß Pfahlrammungen noch möglich sind. Dem stärksten Seegang sind die Dämme nicht gewachsen; sie sind deswegen auch bisher nur dort ausgeführt worden, wo die Küste durch Inseln oder in Flußmündungen schon etwas geschützt war. Solche Dämme sind vielfach in Holland erbaut worden, weil große Mengen von Bruchsteinen oder von Findlingen dort schwer zu beschaffen sind. Die Pfähle werden schräg gegeneinander gerammt, so daß ihr Querabstand

[1]) Nübling und Barelmann, Z. f. B. 1924, S. 59 ff.

am Kopf 6—8 m beträgt. Es ist bei nicht zu großen Tiefenunterschieden nicht nötig, diesen oberen Abstand zu verändern, da die Dammbreite am Fuße bei zunehmender Tiefe infolge der Pfahlneigung von selbst größer wird.

Die Faschinen werden am besten in der Längsrichtung des Dammes verlegt. Demzufolge brauchen die Pfähle nicht so eng wie bei Steinpackung zu stehen. Die Pfähle werden am Kopfe längs durch Holme, quer durch Zangen verbunden. Unzweckmäßig wäre eine Diagonalverstrebung in der senkrechten Ebene, sie erschwert das Einbringen der Faschinen und auch ihr gleichmäßiges Setzen. Ein Teil würde sich stets an den Diagonalen aufhängen. Die Faschinen werden über Wasser durch flache Steine beschwert, die bei späterem Nachpacken von Faschinen einfach abgenommen und oben wieder aufgelegt werden.

Der große Vorzug dieser Dämme ist ihr geringes Gewicht. Sie sinken nicht tief in den Boden ein, selbst wenn der feste Boden noch von weichem Klei überdeckt ist. Auch eine gewisse Elastizität des Dammes kann als Vorteil gelten, da anstoßende Schiffe nicht so leicht beschädigt werden als bei starren Steindämmen.

Wo jedoch der Bohrwurm vorkommt, sollte man nur Holz verwenden, das nach dem Rüpingschen Sparverfahren durch Einpressen von Teeröl gegen den Befall geschützt ist. Die Haltbarkeit dieser Dämme scheint bisher hinreichend gewesen zu sein. Ein Beispiel gibt Abb. 881. Sie stellt einen Damm am Eingang des zur Maas führenden Kanals zwischen Voorne und Goeree dar.

Der Schnitt liegt dicht vor dem Molenkopf. Auffallend ist die verhältnismäßig schwache Konstruktion, die aber den Damm gerade gegen die Wellenstöße elastisch macht. Die Pfähle stehen in einem Abstand von etwa 1,3 m (Mitte bis Mitte) voneinander.

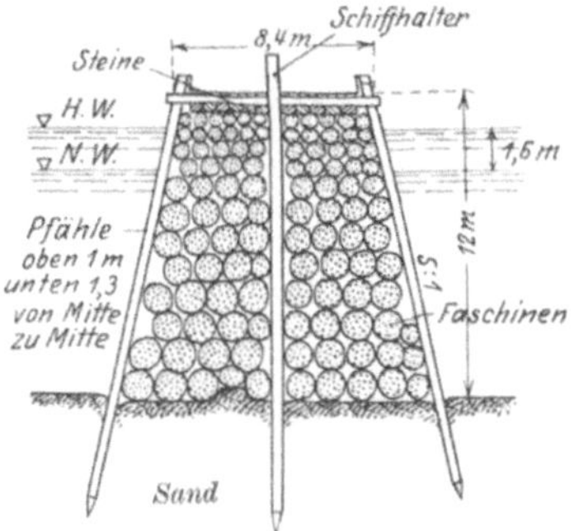

Abb. 881. Damm zwischen Voorne und Goeree. Maßstab 1 : 500.

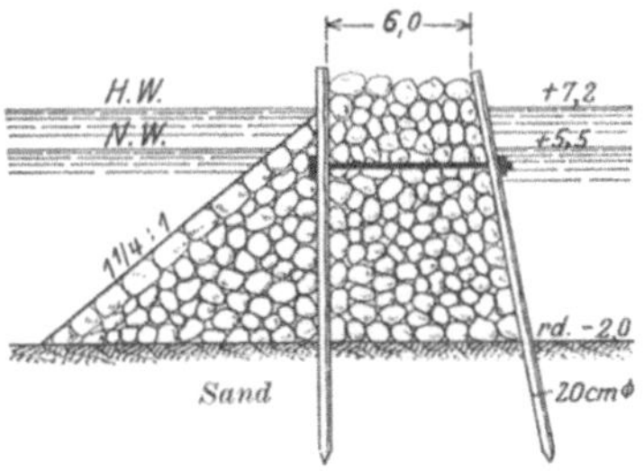

Abb. 882. Damm zu Pillau. Maßstab 1 : 500.

Pfahlwände mit Steinpackung. Wesentlich kräftiger werden die Dämme dadurch, daß sie statt mit Faschinen mit großen Steinen gefüllt werden. Die Pfähle müssen dann dichter stehen, um das Durchfallen der Steine zu verhindern; der ganze Damm erhält auch eine viel größere tote Masse. Der Abstand der Pfähle richtet sich nach der Größe der Steine; man wird bei breiten Dämmen die dicken Steine nach außen, die kleinen nach innen werfen. Die Bauart ist auch nur bei Tiefen anwendbar, die noch das Rammen von Pfählen gestatten und besonders empfehlenswert bei beweglichem Untergrund.

Die Höhe der Tiden hat keinen großen Einfluß auf die Bauart. Hinsichtlich des Bohrwurms gilt das bereits vorher Gesagte. Wohl hauptsächlich des verhältnismäßig ruhigen Wassers, das das Rammen erleichtert, und des Fehlens des Bohrwurms wegen sind diese Dämme vor allem in der Ostsee, seltener in der Nordsee angewendet worden. Wegen des großen Druckes der Steine auf die Wände müssen diese kräftig miteinander verbunden werden. Ob das Unterlegen von Faschinenlagen zweckmäßig ist, ist von der Art des Untergrundes mit abhängig. Die Faschinen verteilen zwar den Druck gleichmäßiger, verhindern aber auch das gleichmäßige Sacken der Steine, so daß eine teilweise Unterspülung mit darauffolgendem plötzlichen Absturz der Steinpackung nicht unmöglich erscheint.

Die Verankerung der Pfähle findet meist in der MW.-Linie oder tiefer statt, und zwar bei schmalen Dämmen durch hölzerne Zangen, bei breiteren durch Ketten oder Rundeisen.

Abb. 882 zeigt einen einfachen, nach außen durch Steinwurf noch besonders geschützten Damm zu Pillau. Die Wände werden durch Rundeisenanker zusammengehalten.

Haben die Steine in dem Damme lange genug gelagert, so daß wesentliche Setzungen nicht mehr zu erwarten sind, dann ist es zweckmäßig, den Damm zu übermauern. Bei gutem Untergrund wird die Übermauerung auch sofort ausgeführt.

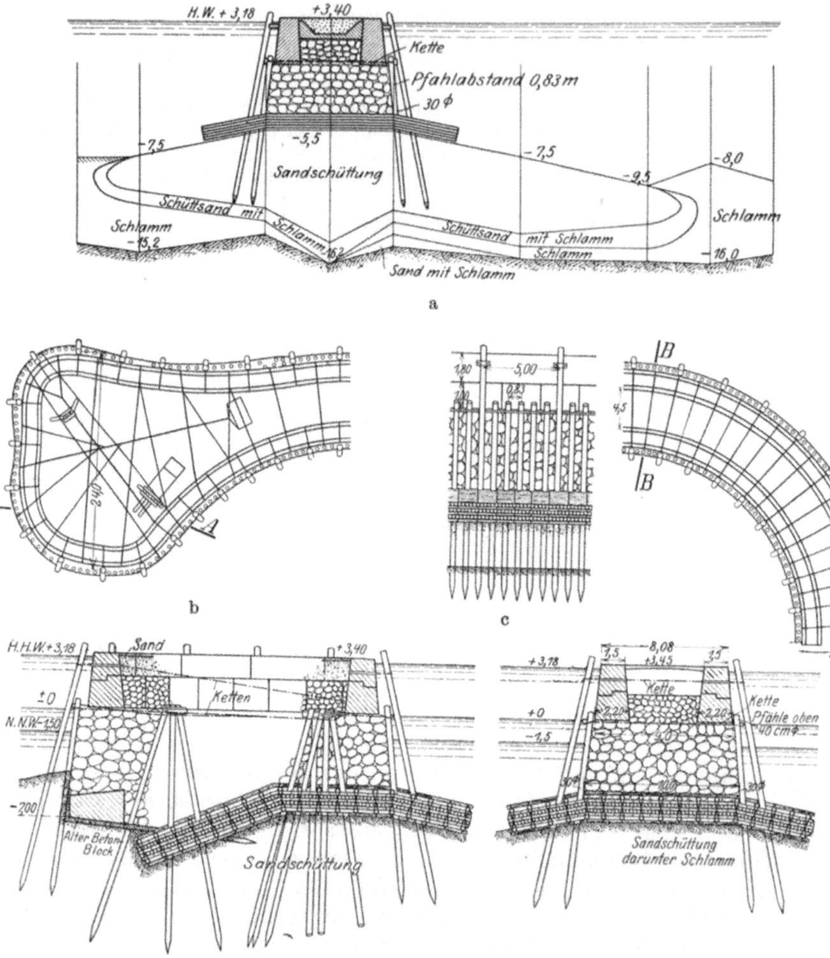

d Maßstab 1 : 500. e Maßstab 1 : 500.

Abb. 883 a—e. Torpedobootsmole Kiel auf Schlammuntergrund.

a Querschnitt mit Schüttung. b Grundriß Maßstab 1 : 700 der Mole. c Ansicht der Mole. d Schnitt $A-A$ durch den Molenkopf. e Schnitt $B-B$ durch die Mole.

Ein älteres besonders interessantes Beispiel ist die von Georg Franzius in der Kieler Bucht in den 70er Jahren des vorigen Jahrhunderts erbaute Torpedobootsmole (Abb. 883a—e). Der Untergrund bestand bis zu 10 m Dicke aus Schlamm. Der Bau wurde zuerst von vorgesetzter Stelle als unmöglich bezeichnet, dann aber doch auf Anraten des Erbauers durchgeführt. Es wurde zuerst der Schlamm durch Sandschüttung so weit als möglich verdrängt und verdichtet, dann folgte Versenken von Sinkstücken, Rammung der Wandpfähle in 0,83 m Abstand, ihre Verankerung gegeneinander durch Ketten und Füllung mit Findlingen. Nach entsprechender Schonzeit wurden dann die Blöcke aufgesetzt, gegeneinander durch Ketten verankert, Einfüllung gemäß Abb. 883d bis e. Wie vom Erbauer vorhergesagt worden war, versackte bei einem Sturm mit HW. ein Stück (Abb. 883d, in der ein Block unten umgestürzt eingezeichnet ist). Der Schaden konnte aber beseitigt werden, die Mole steht heute noch. Diese halb schwimmende Gründung ist ein lehrreiches Beispiel für Ausführungsmöglichkeiten trotz schlechtestem Untergrund. Die Baustelle war durch die Entwickelung der Werft vorgeschrieben, sie wäre sonst verlassen worden.

Ein weiteres Beispiel ist ein Damm zu Saßnitz (Abb. 884). Die Zeichnung zeigt einen Schnitt durch die neue Ostmole. Der ganze Damm erhält durch den festen Kopf einen besseren Verband. Es dürfte möglich sein, durch Eiseneinlagen in die Grundplatte des Kopfes und Einlassen der Außenpfähle in diese nun etwas auskragende Platte das ganze Bauwerk nahezu unvergänglich zu machen, da die Anker dann ganz von Beton umhüllt sind und alles Holz stets feucht bleibt. Ob eine derartige Ausführung bereits besteht, ist nicht bekannt geworden.

4. Dämme aus Steinschüttung. Bei großen Wassertiefen von 10 m und mehr sind die vorerwähnten Arten nicht mehr anwendbar. Besteht der Baugrund aus angeschwemmtem Boden, dann ist als zweckmäßigste Bauart der geschüttete Steindamm mit aufgesetzter regelmäßiger Krone zu nennen. Bei felsigem Boden dürften regelmäßig versetzte Blöcke meist vorzuziehen sein, oft ist der Damm aber auch hier geschüttet worden (vgl. z. B. Abb. 886).

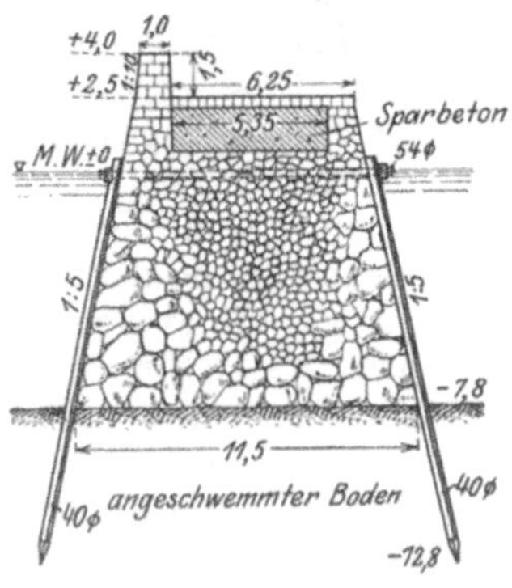

Abb. 884. Damm zu Saßnitz. Maßstab 1 : 400.

Die ersten Versuche zur Erbauung solcher Dämme begannen mit der Schüttung von etwa kopfgroßen Steinen, von denen man annahm, daß sie sich von selbst nach und nach fest lagern würden. Diese Versuche mißglückten. Eines der wichtigsten Beispiele ist der Wellenbrecher von Cherbourg, der in dieser Weise begonnen wurde. Der Damm nahm nach und nach seeseitig eine sehr flache Böschung von 1 : 8, auf der Landseite 1 : 1,5 an. Diese Form behielt er zwar bei, man entdeckte jedoch nach einiger Zeit, daß er sich wie eine Wanderdüne auf das Ufer zu bewegte. Es wurden die Steine die flache seeseitige Böschung hinaufgetrieben und lagerten sich dann steil auf der hinteren ab[1]).

Selbst größere Steine sind für die Welle kein größeres Hindernis als ein Sandkorn für den Wind. Dieses Wandern der Steine findet bis zu der Tiefe statt, in der die Kraft der Wellen zu gering ist, in Cherbourg z. B. etwa bis zu 6 m unter gewöhnlichem NW. In noch größerer Tiefe liegen die Steine auch außen in der gleichen steilen Böschung wie innen. Die Zerstörung eines geschütteten Wellenbrechers vollzieht sich somit derart, daß zuerst die oberen Steine, die im Bereich des unmittelbaren Wellenstoßes liegen, über die Krone geworfen werden, und daß dann das Wandern der Steine von der Außenböschung über die Krone hinweg beginnt. Ist die Krone bis zum HW. sicher, dann werden auch die Außensteine nicht mehr über sie fortkönnen. Noch günstiger ist es, wenn die Krone weit über das HW. hinausragt. Die meisten Dämme haben aus diesen Gründen nachträglich eine massive Brustmauer erhalten, die in oder unter NW.-Höhe beginnt. Außerdem wird die Außenböschung zweckmäßig mit möglichst großen Steinen abgedeckt. Die Steine werden nach drei Größen ausgesucht. Man schüttet

[1]) Vgl. die Schilderung von Hagen, 3. Teil.

die kleinsten in den Kern, darüber die zweite Größe und nach außen die größten Steine. Dieses Verfahren hat folgende Vorteile:

1. Das Steinmaterial erhält größere ungefüllte Hohlräume, wird dadurch ausgiebiger. Bei breiten Wellenbrechern würden bei Verwendung eines gemischten Materials die kleinen Steine ohne wesentlichen Nutzen für das Bauwerk die Hohlräume zwischen den großen Steinen füllen. Man braucht bei Trennung des Materials somit weniger Material, manchmal bis zu 30 vH. Der vH.-Satz an Hohlraum ist im übrigen bei kleinen und großen Steinen annähernd gleich, aber stets viel größer als bei gemischten. Der Hohlraumgehalt von ausgesuchten Steinen kann bis über 40 vH. steigen.

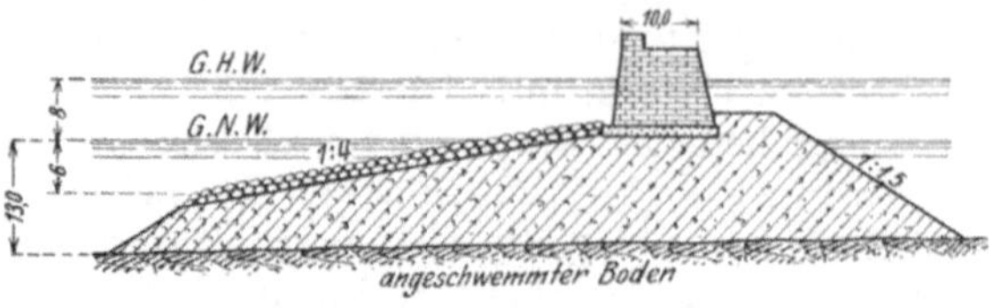

Abb. 885. Wellenbrecher Cherbourg. Maßstab 1 : 150.

2. Die größten und am schwersten beweglichen Steine kommen nach außen und liegen ruhiger als die kleinen. Die Böschung ist daher beständiger.

3. Die großen Steine lagern sich in viel steilerer Böschung als die kleinen. Die Breite des Bauwerks und damit der Materialverbrauch wird zum zweitenmal geringer. Dieses trifft vor allem ein, wenn außen künstliche oder natürliche kantige Blöcke verwendet werden.

Nicht unerwähnt soll aber bleiben, daß bei schmalen Wellenbrechern die Verwendung gemischten Materials vorzuziehen ist, weil das Bauwerk dann geschlossener ist und die Wellen im Innern des Dammes nicht solche Kraft erzeugen können wie bei großen Hohlräumen.

Abb. 885 zeigt den berühmten Wellenbrecher von Cherbourg, der 1784 begonnen und nach vielen Unfällen 1853 vollendet wurde. Dieser Damm ist einer der ersten großen Dämme neuerer Zeit und hat zur Gewinnung vieler wichtiger Erfahrungen geführt. Der Damm wurde zuerst mit steilen Böschungen geschüttet, er kam aber, wie bereits dargestellt, in Bewegung und wanderte auf das Ufer zu. Die Krone ist erst später aufgesetzt worden. Sie bekommt auch

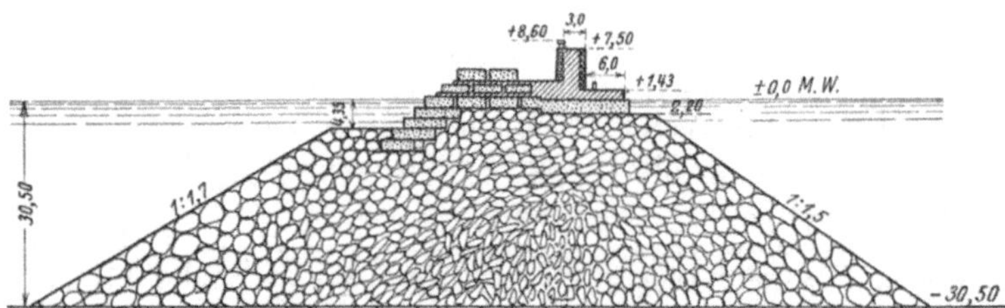

Abb. 886. Wellenbrecher Neapel. Maßstab 1 : 1500.

heute noch Risse, da der Unterbau sich noch nicht völlig gesetzt hat. Vor die Mauer hat man dann noch schwere Granitblöcke gestürzt. An der Form der Außenböschung sieht man, daß der Wellenangriff auf den Damm auch bei tiefster Ebbe infolge der Stürme gefährlich sein kann.

Abb. 886 gibt einen neueren Teil des Wellenbrechers von Neapel wieder, der durchweg in der bedeutenden Tiefe von 30 m auf felsigem Grunde geschüttet wurde. Die steile Außenböschung (1: 1,7) reicht bis 4,35 m unter MW. Der Wasserstand schwankt um nicht mehr als 0,5 m, der sehr heftige Wellenangriff reicht nicht tiefer als etwa 4 m unter NNW. Darüber ist die Deckung durch große künstliche Betonblöcke ausgeführt worden. An den Beispielen

Abb. 885 u. 886 kann man den Unterschied erkennen, der für das Bauwerk durch großen Gezeitenwechsel oder durch dessen Fehlen bedingt ist (flache Böschung und steile Böschung).

Einen Übergang zu Art 5 bildet der neue Wellenbrecher von Le Havre (Abb. 887). Der untere Teil des Dammes ist aus (der Größe nach) ausgesuchten Findlingen geschüttet, darauf ist eine massive Krone gesetzt worden. Die Brustmauer liegt ca. 3,5 m über dem höchsten Wasserstand. Wichtig ist die Abdeckung der Außenböschung durch 30 t schwere künstliche Betonblöcke[1]).

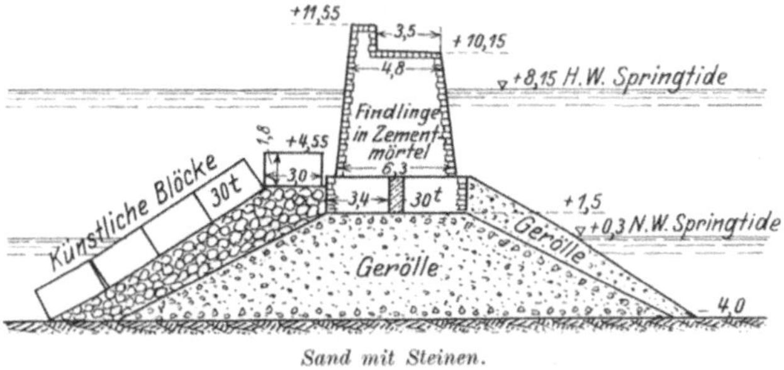

Abb. 887. Wellenbrecher von Le Havre. Maßstab 1 : 500.

5. Dämme aus regelmäßig versetzten Blöcken. Sie finden vor allem bei felsigem Untergrund und mittlerer Tiefe Verwendung, bei festem Ton- oder Sandboden jedoch nur bei nicht zu großer Höhe des Dammes. In letzterem Falle ist eine vorherige Schüttung von Steinen in breiter Lage nötig, so daß eine Unterspülung verhindert und der Druck verteilt wird. Der Gezeitenwechsel hat keinen großen Einfluß, wohl aber die Tiefe, da bei zu großer Tiefe das Versetzen der Blöcke der Taucherarbeiten wegen schwierig wird. Die Methode wird bei Wassertiefen von mehr als 20 m wegen der hohen Taucherkosten selbst bei felsigem Grund zu teuer werden. Die Blöcke sind so groß wie möglich zu machen und in bestem Verband zu versetzen.

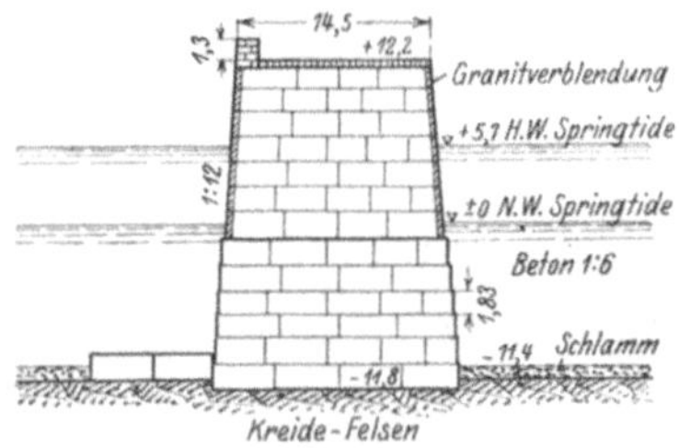

Abb. 888.

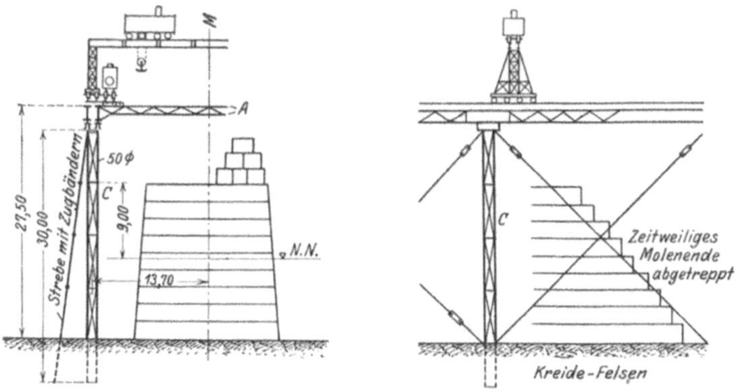

a b

Abb. 889 a u. b. Mole von Dover mit Baugerüst. Maßstab 1 : 1000.

Ein bemerkenswertes Beispiel ist der neuere Hafendamm von Dover (Abb. 888 u. 889). Vgl. auch Abb. 790, S. 624. Der gezeichnete Querschnitt gibt die freistehende Mole an einer ihrer tieferen Stellen wieder. Der Untergrund besteht aus festem Kreidefelsen. Die Mole selber wurde aus künstlichen Betonblöcken

[1]) Ein weiteres gutes Beispiel ist die neue Mole von St. Nazaire, vgl. Engineer v. 9. Aug. 1907, S. 127.

aus Gußbeton von 10—42 t Gewicht gebildet, die am Lande hergestellt und durch große, auf eingerammten Gerüsten laufende Laufkrane versetzt wurden. Durchgehende Fugen gibt es in dem Damm nur in wagerechter Richtung, sonst sind alle Fugen gegeneinander versetzt. Zum Schutz des Fußes liegen außen noch besondere Blöcke. Die einzelnen Blöcke haben dort, wo sie in der senkrechten Querfuge zusammenstoßen, an einer Stelle halbkreisförmige Nuten erhalten, die zusammen ein zylindrisches Loch bilden. Dieses wurde unter Wasser durch eine in einen Sack gehüllte Betonwurst gefüllt, die so die Feder für die Nut bildet. Die Blöcke der Außenwand haben oberhalb der NW.-Linie eine bei der Blockherstellung mit eingestampfte Granitverblendung erhalten.

a

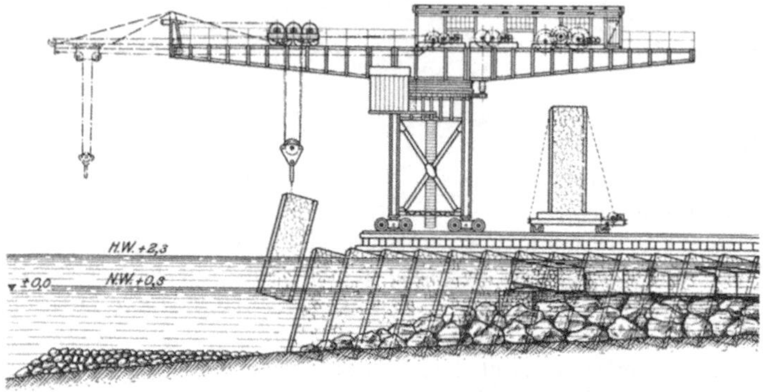

b

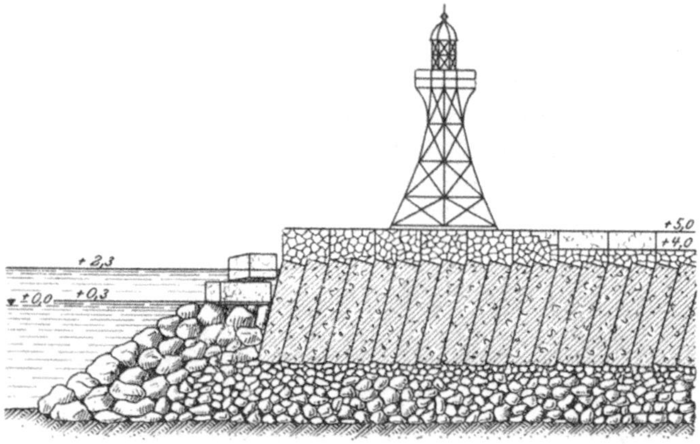

Abb. 890 a u. b. Mole von Larrasch. Maßstab 1 : 500.

Für die unterste Lage mußte der Boden unter einer kleinen Taucherglocke genau wagerecht abgearbeitet werden. Die Taucherglocken hatten 3,3 × 5,3 qm Grundfläche, zwei Mann Besatzung und konnten nach dem Herausheben aus dem Wasser nur von unten her bestiegen werden. Sie hingen an einem fahrbaren Drehauslegerkran. Das Versetzen der Blöcke erfolgte durch zwei Taucher, die den am Kran hängenden Block an Ort und Stelle brachten. Die Arbeit in der Nähe der Wasserlinie war die schwierigste, weil die Wellen bei unruhigem Wetter den Block heftig hin und her bewegten. Bei Sturm sind während des Baues Blöcke trotz ihres Gewichts von 42 t von der Mole herabgeschleudert worden.

Das Baugerüst wurde aus Blaugummipfählen 50 × 50 cm und 30 m Länge gerammt, die aus Tasmania stammten und mehrfach wieder verwendet wurden. Entsprechend dem Fortschreiten des Baues wurde der hintere Teil abgebrochen und vorn wieder aufgebaut. Die Pfähle waren nach eigener Untersuchung des

Verfassers trotz längerer Benutzung nicht vom Bohrwurm befallen. Das Gerüst ist in den Abb. 889a u. b dargestellt. Die Pfeiler C bestanden aus sechs Pfählen. Das Baugerüst war 240 m lang. Das Versetzen der Steine ging mit bemerkenswerter Schnelligkeit vor sich, so wurden z. B. innerhalb einer halben Stunde vier Blöcke in 6 m Wassertiefe versetzt. Das Wasser war dabei sogar etwas unruhig. Es sollen im Monat 25 m Mole im Durchschnitt fertiggestellt worden sein.

Ein Beispiel für Blockversetzung, z. T. auf Steinschüttung, ist die Mole von Larrasch. Hier sind die Blöcke säulenförmig (mit rechteckigem Querschnitt) schräg gestellt worden, so daß sie sich aneinander lehnen und in die Schüttung, dem örtlichen Widerstand entsprechend, eindringen könnten (Abb. 890b). Zum Teil stehen die Blöcke unmittelbar auf dem Untergrund, siehe Abb. 890a. Die ganze Mole ist an den Seiten und vorne durch starken Steinwurf geschützt. Nach Eintritt des Ruhezustandes wurde der Kopf übermauert.

Ein weiteres Beispiel ist die Mole von Seebrügge, die in ihrem vorderen Teil gemäß Abb. 891 auch völlig massiv ist. Die Bauart ist eine ganz andere als in Dover oder Larrasch. Der der Tiefe nach wechselnde Untergrund wurde durch Steinschüttung auf die Ordinate von —8 m erhöht. Dann wurden vorher hergestellte Betonkasten von 25 m Länge, 9 m Breite und 7,5 m Höhe schwimmend an Ort und Stelle gebracht, dort versenkt und durch Schüttbeton ausbetoniert. Dadurch erhielt man massive Blöcke von 3000 t Gewicht in der Luft gerechnet. Auf diesem Unterbau wurden Blöcke von 55 t Gewicht, die am Lande gefertigt wurden, durch einen Riesenauslegerkran versetzt. (Vgl. auch Abb. 890, Larrasch). Der oberste Teil wurde an Ort und Stelle in Beton gestampft. Zum Erreichen des Molenkopfes bei Sturm wurde das letzte Stück mit einem Gang versehen.

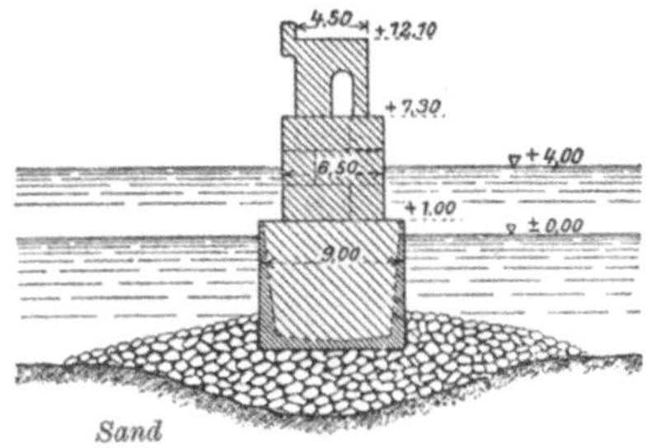

Abb. 891. Mole Seebrügge. Maßstab 1 : 750.

Als neuestes Beispiel folgt dann Helgoland.

In Helgoland sind beide Arten, Blockbau und schwimmende Kästen, verwendet worden. Die Abb. 892a—d geben die Ausführungen wieder. Besonders hingewiesen wird auf die große Vorsicht, die gegen Betonzersetzung angewendet wurde. Die Eisenkästen sind innen mit Klinkern verblendet worden, um ein Zersetzen des Betons nach Verrosten der Kastenhaut zu verhindern. Die Kästen hatten bis zu 25 m Länge. In den Queraußenwänden waren Nuten ausgespart, die nach Verschalung durch Beton geschlossen wurden. Trotzdem haben sich bei starken Stürmen einzelne Kästen bewegt. An der gefährdetsten Westseite sind die Molen durch schwere Blockschüttung geschützt worden. Die gleichzeitige Ausführung von Block- und Kastenbau gab die Möglichkeit zu wertvollen Vergleichen. Es hat sich nicht feststellen lassen, daß das eine Verfahren entscheidende Vorzüge vor dem anderen besitzt.

6. Dämme aus zwei Reihen von Blöcken mit Zwischenfüllung. Die Anwendungsmöglichkeiten sind annähernd die gleichen wie bei Art 4. Als erstes Beispiel dient der größere Teil der soeben erwähnten Mole von Seebrügge, die nach Art 5 gemäß Abb. 893 ausgeführt wurde. Es wurde seeseitig eine Mole, aber von nur 7,50 m unterer Breite, hafenseitig eine Mauer ähnlicher Konstruktion gebaut. Der Zwischenraum von rund 65 m Breite wurde mit Boden ausgefüllt.

Außer den hier mitgeteilten Arten kommen noch alle möglichen Zusammensetzungen vor, so z. B. Leitwerke für Einfahrten, die bis NW. als geschütteter Steindamm ausgebildet sind und darauf ein hölzernes Leitwerk zur Führung der Schiffe tragen (Ostende) u. a. mehr.

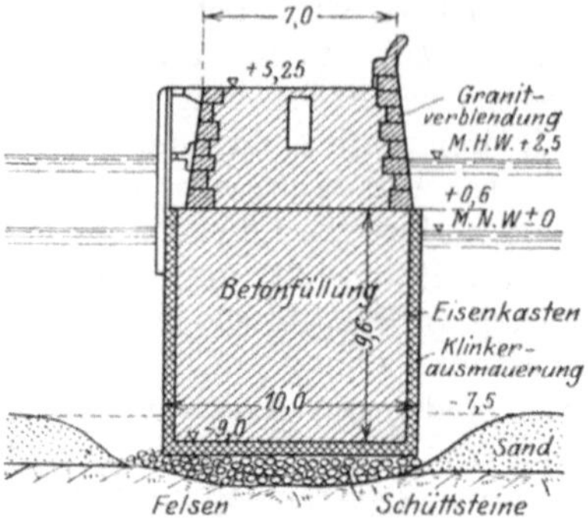

Abb. 892 a.

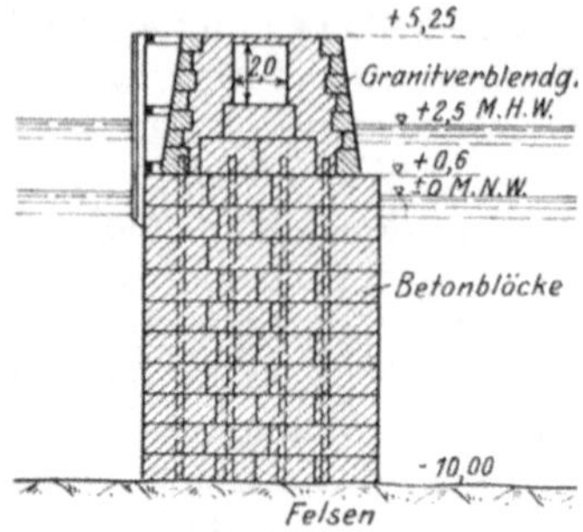

Abb. 892 b.

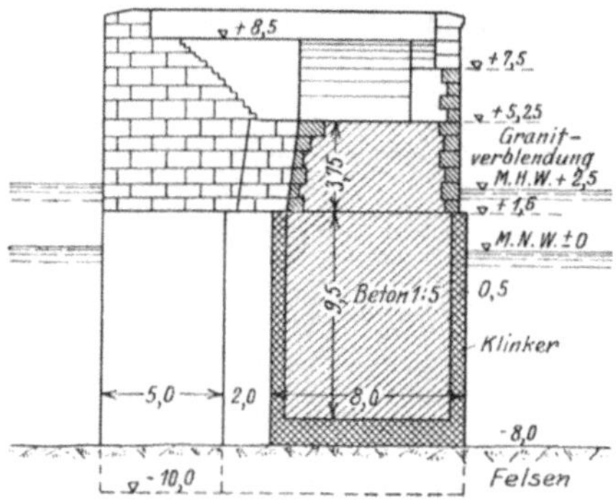

Abb. 892 c.

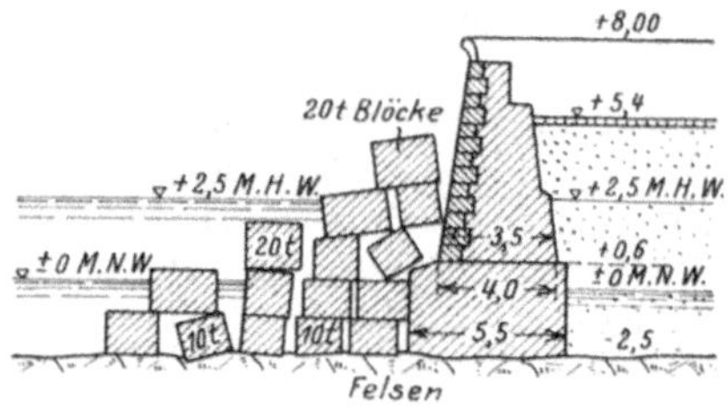

Abb. 892 d.

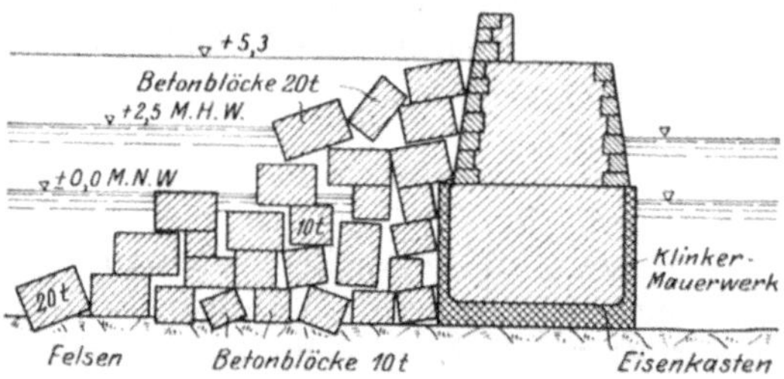

Abb. 892 e.

Abb. 892 a—e. Molen des Hafen von Helgoland.

a Ostmole (Kastenmole) Stat. 1000.
b Ostmole (Blockmole) Stat. 500.
c Westmole (Molen gegen den Kopf gesehen) Stat. 1480.
d Westmole (Hinterfüllter Teil). Stat. 500.
e Kastenmole. Stat. 700.
Maßstab 1 : 450.

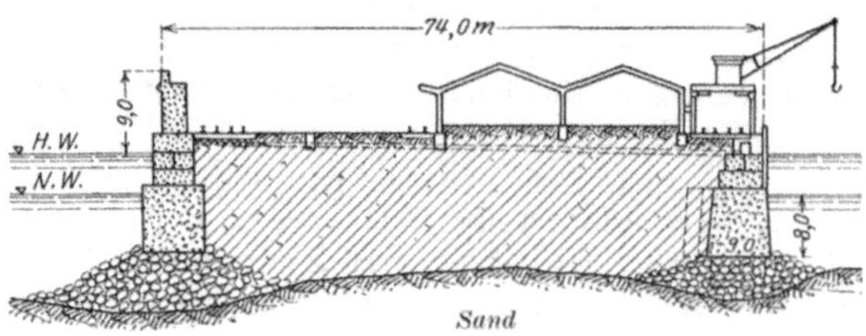

Abb. 893. Mole Seebrügge. Maßstab 1 : 1333.

3. Bauausführung der Dämme.

Die Bauausführungen der Dämme sind meist bei den betreffenden Beispielen mit besprochen worden. Ganz allgemein kann noch folgendes hinzugefügt werden:

Da das unfertige Dammende jederzeit von einem Sturm heimgesucht werden kann, sind Zerstörungen großer Dammstücke nichts Seltenes. Im Winter muß man bei längeren Unterbrechungen das jeweilige Ende vorübergehend befestigen.

Das Versetzen der Blöcke kann erfolgen:

1. von dem fertigen Damm aus durch Riesenkrane (Seebrügge, Tynemouth);
2. von Gerüsten aus (Dover, alte Mole am Tyne, Helgoland),

3. schwimmend (Seebrügge, Cuxhaven, Helgoland),
4. durch Schwimmkrane (New York und Dublin).

Besondere Vorsicht ist stets am Dammende zu beachten, wenn eine Küstenströmung vorhanden ist. In Seebrügge entstanden z. B. durch Ablenken der Gezeitenströmungen während des Baues Kolke bis zu 20 m Tiefe, die sich aber nicht weiter fortsetzten, als die Mole mehr in die Richtung der Strömung umschwenkte. Endet eine Mole nun quer in einer solchen Strömung, dann ist auf eine gute Befestigung des Bodens vor dem Molenende durch Steinbewurf oder sogar Sinkstücklagen zu sehen. Bei Molen in der offenen See (Dover, Helgoland) kann man im Jahr mit kaum mehr als 100 guten Bautagen rechnen. In der Zwischenzeit können im Sommer noch gewisse Arbeiten ausgeführt werden; für das Versetzen von Blöcken oder Versenken von großen Kästen sollte man aber nicht mehr als die obige Zahl annehmen.

Die Kosten solcher Molen sind außerordentliche, es kosten nach Vorkriegspreisen 1 m Mole in Algier, Livorno und Portland je 8000 Mark bei Tiefen von 11 m bis zu 18,5 m, in Plymouth 13000 Mk. bei 12 bis 14 m Tiefe, die alte Admiralitätsmole von Dover sogar 23 000 Mk. bei 12 bis 15 m Tiefe. Letzterer Preis beruht wahrscheinlich vor allem auf der veralteten Bauweise, die bei den neuen Molenbauten in Dover ganz bedeutend verbessert worden ist. Wesentlich geringer werden die Kosten, wenn man statt der fertigen Blöcke Beton an Ort und Stelle schüttet. Diese Bauweise ist aber nicht überall anwendbar und wegen der drohenden Betonzersetzung zudem gefährlich.

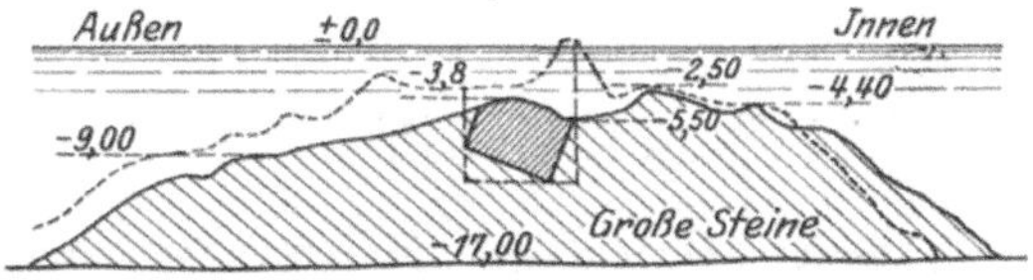

Abb. 894. Mole von Biserta nach den Stürmen von 1915. Maßstab 1 : 1300.

Für Leitdämme im Binnenlande an Flüssen gelten die Ausführungen, die im Kapitel „Flußbau“ gemacht worden sind, besondere Ausführungen sind nicht zu machen.

Die künstlichen Blöcke sind vielfach nicht mit versetzten Fugen hergestellt worden, sondern als schmale hohe Blöcke nebeneinander versenkt worden. Sie sind dann schräg gestellt, um durch das Gegeneinanderlehnen einen besseren Verband zu erzielen. Ein solches Bild zeigt die Mole von Larrasch an der marokkanischen Küste. Abb. 890, S. 686, zeigt die Molen im Bau[1]).

Ein sehr interessantes Bild gibt Abb. 894, das die Veränderungen der Mole von Bizerta nach den Stürmen von 1915 zeigt. Der aus großen Steinen geschüttete Damm ist, wie zur Zeit der von Cherbourg, vorwärts gewälzt worden, wobei seeseitig die flache, binnenseits die steile Böschung steht.

b) Hafenbollwerke und Ufermauern.

1. Allgemeines. Ansatz der Erddrücke und Erdwiderstände, Pfahlbelastungen usw.

Für den Verkehrswasserbau spielen die Ufermauern eine gewaltige Rolle. Ob es sich um Binnenschiffshäfen oder um Seeschiffshäfen handelt, immer bilden die Kosten für die Ufermauern einen großen Teil der Kosten eines Hafens. Zwar erreichen die Ufermauern in Seeschiffshäfen meist nicht so gewaltige Summen wie die vorher erwähnten Hafendämme, aber Kosten von 3 bis 4000 M/m und auch mehr kommen für Ufermauern vor, d. h. ein solcher Hafen kostet in seiner Ufereinfassung bei 2 km Länge in besonders ungünstigen Fällen vielleicht bereits 10 Millionen Mark und mehr. Welche Steigerung der Beanspruchung Mauern in großen Häfen auszuhalten haben, kann man sich vorstellen, wenn man

[1]) Nach Proetel: Seehafenbau. Sammlung Otzen.

das Verhältnis Schiff zu Mauer bedenkt, wie es sich früher und heute in den Hamburger Häfen ergab [Abb. 895 u. 896[1])]. So ist es verständlich, daß viel Arbeit darauf verwendet werden muß, um die beste und billigste Form einer Ufermauer oder eines Hafenbollwerks herauszufinden, besonders da Unfälle an Ufermauern nichts so besonders Seltenes sind.

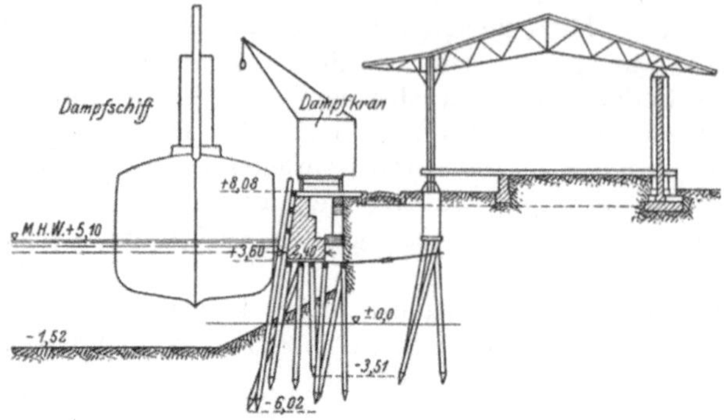

Abb. 895. Sandtorkai in Hamburg (Entwicklung der Ufermauern und Schiffe). Maßstab 1 : 565.

Die Unfälle an Ufermauern haben sich in den letzten Jahren etwas gehäuft. Ufermauern, die durchaus gut gegründet erschienen, sind eingestürzt, manchmal ohne daß man die entscheidende Ursache herausfinden konnte. In großen Häfen sind neuerdings starke Bewegungen von Ufermauern festgestellt worden, die mit dem wechselnden Druck des Hafenwassers zusammenhängen. Es ist selbstverständlich für die Beanspruchung einer Ufermauer ein großer Unterschied, ob vor ihr der Wasserstand dauernd bis 1 m unter Hafenplattform reicht oder zeitweise nur bis z. B. 5 m. Aber alle die verschiedenen Einflüsse erklären noch nicht ausreichend die heutigen Unfälle. Man versucht deshalb eine Erscheinung, die im Brückenbau seit langem bekannt ist, mit zur Erklärung heranzuziehen,

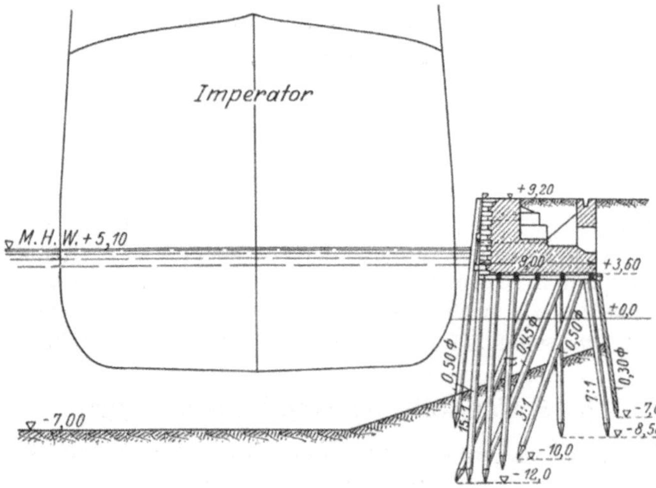

Abb. 896. Mauer an der Vulkanwerft mit Imperator. Maßstab 1 : 580.

das ist die Ermüdung des Materials. Holz unterliegt den gleichen Ermüdungserscheinungen wie Eisen, wenn auch in anderer Form. **Trotzdem Untersuchungen über diese Dinge noch nicht bekannt sind, sollte man in Zukunft an die Möglichkeit der Ermüdung auch von Pfahlrosten und Eisenbetonkonstruktionen für Ufermauern denken.** Für die Berechnung sollte man stets so vorgehen, daß man niemals in den einzelnen Gliedern des Bauwerks Spannungswechsel von Zug auf Druck, also auch

[1]) Jahrbuch der Hafenb.-Ges. 1919, S. 94/95.

nicht Umkehrung der Biegungsspannungen zuläßt. Man muß deshalb jede Ufermauer nicht nur für den niedrigsten, sondern auch für den höchsten Wasserstand durchrechnen, weil bei letzterem Umkehrungen der Pfahl-, Zangen- usw. Beanspruchungen eintreten können. Auch ist den Beanspruchungen der Zangen durch Anker besondere Aufmerksamkeit zuzuwenden. Holz unter Wasser hat erfahrungsgemäß nur die halbe oder noch weniger Druckfestigkeit wie lufttrocknes Holz. Es ist nicht unwahrscheinlich, daß die Materialermüdung sichhier besonders stark bemerkbar macht. Es würde gut sein, Untersuchungen auf diesem Gebicte anzustellen, um den drohenden Gefahren rechtzeitig entgegentreten zu können.

Die Beanspruchungen der Ufermauern sind meist noch verwickelter als bei Wellenbrechern.

Während es nun bei dem Bau der Wellenbrecher vor allem auf den Wellenstoß ankommt, tritt bei offenen Kajen die Wirkung der Erddrücke und des Ankerzugs der Schiffe zum Wellenstoß noch hinzu. Im allgemeinen ist der Wellenangriff auf Ufermauern aber selbst in Seeschiffshäfen nur ein Bruchteil dessen, was ein Wellenbrecher auszuhalten hat. Der Zweck des Hafens ist ja gerade, ruhiges Wasser zu schaffen, dafür sind die Wellenbrecher da, so ist meist der Angriff der Wellen im Hafen eine Größe zweiter Ordnung. Der Erddruck vor allem in Verbindung mit gefährlichen Wassersäcken hinter der Mauer ist ein genügend gefährlicher Feind. Es kommt darauf an, solche Bauweisen zu wählen, welche Wassersäcke mit Sicherheit ausschließen und genügend ungünstige Annahmen für den Erddruck zu machen. Die vorzüglichen Arbeiten von Müller - Breslau, Krey, Max Möller usw. haben auf dem Gebiet des Erddrucks bereits viel Klarheit gebracht. Für den passiven Erddruck, in Zukunft Erdwiderstand genannt, d. h. dem bei einer Verschiebung der Mauer entstehenden Widerstand der Erde, fehlen aber noch wichtige Untersuchungen. Die Arbeiten des Verfassers über Erdwiderstand in dem Erddrucklaboratorium der Technischen Hochschule zu Hannover haben aber bereits so viel gezeigt, daß man wenigstens mit den Werten rechnen kann, die sich nach der Coulombschen Theorie ergeben, daß man sogar bei der Annahme normal wirkender Erdwiderstände und rauher Wand für Sand mit Werten rechnen könnte, die ungefähr doppelt so groß sind, als sie sich nach der Theorie von Coulomb für lose geschütteten Boden und glatter Wand errechnen lassen[1]).

Das Heil wird heute noch meist in der Aufstellung aller möglichen verfeinerten Theorien gesucht. Die Eigenschaften einer jeden Bodenart, ihre besondere Eigentümlichkeit haben aber noch nicht die Aufmerksamkeit gefunden, die sie verdienen. Der gleiche Ingenieur, der mit möglichst feinen Formeln Erddrücke errechnet, die womöglich in der zweiten Stelle nach dem Komma genau sind, dem es darauf ankommt, daß ein Erddruck E_a z. B. 17,85 t/m beträgt, statt 18 t/m, nimmt oft für die ganze Ufermauer ganz gleichmäßige Bodenbeschaffenheit an, und dabei ergibt sich dann vielleicht bei richtigem Einsetzen des Bodengewichts, der Kohäsion, des natürlichen Böschungswinkels, der verschiedenen Feuchtigkeit usw., daß der Erddruck an der einen Stelle $E'_a = 14{,}5$ t/m, an der anderen aber 25 t/m ist.

Es muß unbedingt darauf hingewiesen werden, daß die Hauptsache die Erforschung der Bodeneigenschaften ist[2]), und daß wir im allgemeinen vollständig mit der Theorie von Coulomb auskommen können, trotzdem diese Theorie mit der Wirklichkeit in gewissen Fällen nicht genau übereinstimmt.

Die wertvollste Methode zur Berechnung des Erddrucks ist die der Culmannschen E-Linie, die für alle verwickelten Fälle, in denen einfache Tafeln

---

[1]) Es sind auch von dem Holländer Christianse in Rotterdam Versuche über passiven Erddruck mit eingerammten Bohlen gemacht worden, deren Ergebnisse aber nicht ganz zuverlässig erscheinen. Vgl. de Ingenieur 1924. — Vgl. ferner Doktorarbeit Schiller und Doktorarbeit Streck, Techn. Hochsch. Hannover.

[2]) Es soll hier selbstverständlich nichts gegen die weitere Entwicklung der Erddrucktheorie gesagt werden, die sehr wichtig ist, aber wenn ein praktischer Ingenieur sich mit der Auswahl aller möglichen Theorien abgibt, muß er vorher die Hauptsache, den Boden, selbst erforschen. Vgl. Dr. Ing. Alfred Streck. Beitrag zur Frage des passiven Erddruckes, Bauing. 1926.

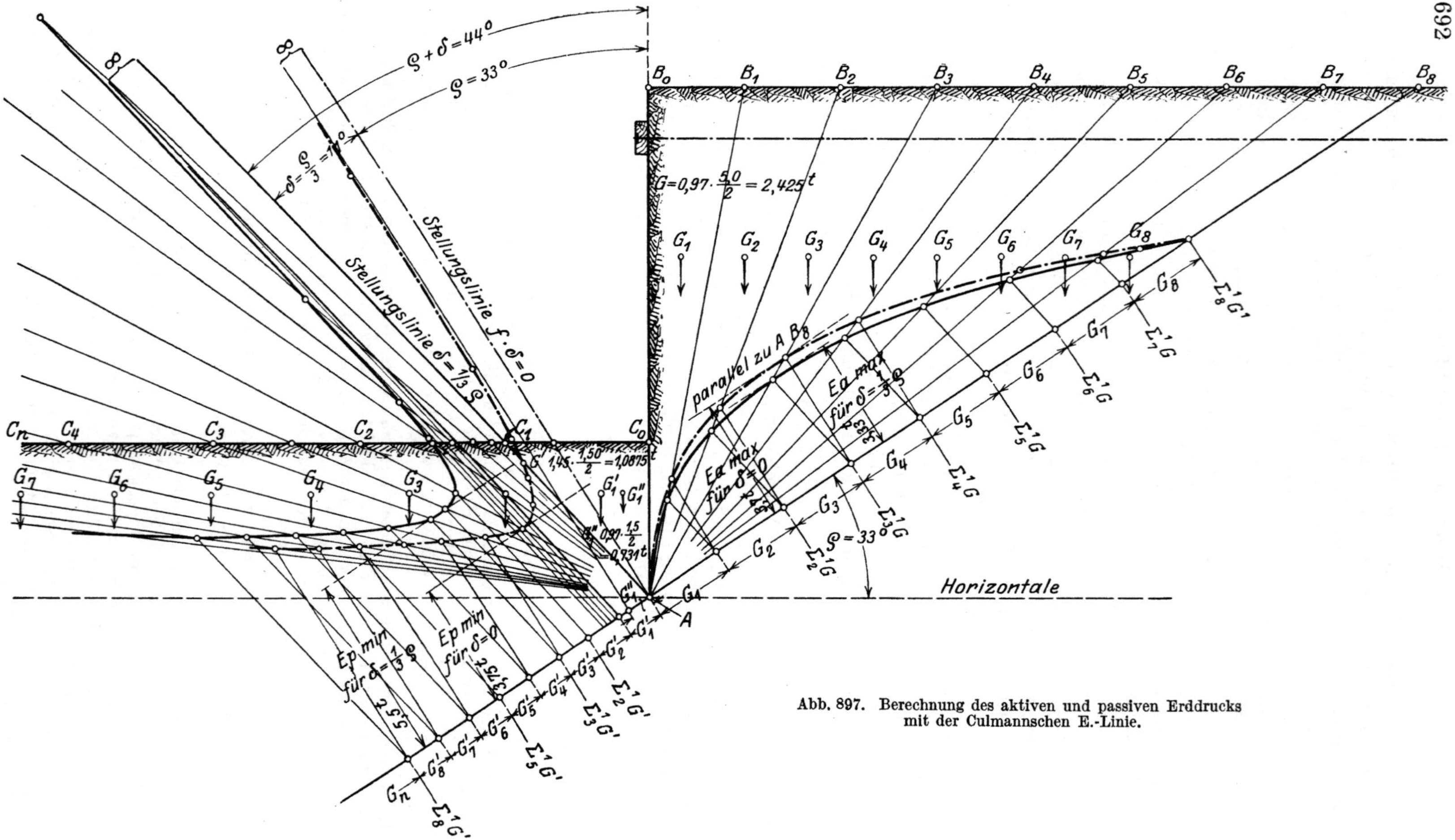

Abb. 897. Berechnung des aktiven und passiven Erddrucks mit der Culmannschen E.-Linie.

versagen, angewendet werden sollte. Sie beruht auf dem Grundgedanken von Coulomb, wonach ein Erdprisma mit ebener Gleitfläche hinter der Mauer abrutscht, wenn es sich um aktiven Erddruck handelt oder vor der Mauer herausgedrückt wird, wenn es sich um passiven Erddruck handelt. Als Beispiel wird eine Bollwerkswand gewählt, die oben durch eine Ankerplatte außerhalb der natürlichen Böschungslinie gehalten wird (Abb. 897).

Die Entstehung der E-Linie sei als bekannt vorausgesetzt[1]). Sie wird gefunden dadurch, daß man eine Reihe von Gleitlinien gelegt denkt, für den aktiven Erddruck AB_1 bis AB_n, für den passiven Erddruck AC_1 bis AC_n. Dann trägt man die Stellungslinie an die Wand dadurch an, daß man in A den Winkel $(\varrho + \delta)$ einträgt, wobei ϱ der natürliche Böschungswinkel des Bodens, δ der Reibungswinkel zwischen Erddruck und Wand ist.

Nun wird von A aus das Gewicht der Erdprismen AB_0B_1, AB_0B_2 usw. für einen Tiefenmeter auf der natürlichen Böschungslinie AB_8 nach aufwärts als Strecke für den aktiven Erddruck aufgetragen, desgleichen für den passiven Erddruck das Gewicht der Prismen AC_0C_1, AC_0C_2 usw. auf B_8A nach unten. Dann wird durch den jeweiligen Endpunkt der Gewichtsstrecke die Parallele zu der Stellungslinie gezogen und ihr Schnittpunkt mit der zugehörigen Gleitfläche festgestellt. Diese Schnittpunkte ergeben Kurven, die Hyperbeln sind. Der größte aktive Erddruck und der kleinste passive Erddruck liegen dann dort, wo eine der natürlichen Böschungslinie parallele Tangente die Kurve berührt, durch diesen gleichen Punkt geht die ungünstigste Gleitfläche. Diese ungünstigsten Gleitflächen erzeugen den größten aktiven Erddruck und den kleinsten passiven Widerstand. Sie werden somit der Rechnung zugrunde gelegt. Diese E-Linien zeigen ferner, daß bei Annahme eines Reibungswinkels $\delta = 0$ zwischen Erde und Wand die dann entstehende E-Linie für den aktiven Erddruck weiter von der natürlichen Böschungslinie abrückt, für den passiven Erddruck aber näher heranrückt; d. h. der Erddruck erhält durch die Annahme, daß die Wand völlig glatt sei, als aktiver Erddruck seinen höchsten Wert, als passiver Erddruck seinen kleinsten Wert. Die Unterschiede sind für den aktiven Erddruck sehr gering, für den passiven Erddruck aber je nach Wahl des Winkels δ groß, und zwar nicht nur relativ, sondern auch absolut genommen. Die Annahme einer glatten Wand ergibt somit ungünstig große aktive Erddrücke, die aber nicht so sehr beträchtlich von den Drücken für rauhe Wände abweichen, sie ergibt aber sehr ungünstig kleine passive Erdwiderstände, die beträchtlich von den theoretisch gefundenen Erddrücken für rauhe Wände abweichen. Der Fehler, den man mit der Annahme einer glatten Wand macht, ist zwar zugunsten der Sicherheit, wahrscheinlich ist aber die Vernachlässigung von δ zu ungünstig. Es empfiehlt sich das Verfahren, die Erddrücke für einfache Fälle, d. h. senkrechte Wand, wagerechtes Gelände, wagerechte Bewegung der Wand, keine Einzellasten, nach vereinfachten Formeln für glatte Wände zu berechnen, dann aber die tatsächliche Wandrauhigkeit dadurch zu berücksichtigen, daß man den Erddruck unter einem Winkel δ ansetzt. Es ist ratsam, δ nicht größer als $\frac{1}{2}\varrho$, besser gleich $\frac{1}{3}\varrho$ zu wählen, weil die Standsicherheit der Bauwerke von der Annahme dieses Winkels δ stark abhängig ist.

Hat man es mit Einzellasten von Belang zu tun, dann muß man die Methode der E-Linie anwenden, hier aber zu dem Gewicht des von der Einzellast beeinflußten Erdprisma die Einzellasten hinzufügen. Die E_a-Linien weisen für verschiedene Größen der Winkel δ keine sehr wesentlichen Unterschiede auf, die E_p-Linien aber sehr große. Sowie man den Winkel $\delta = \frac{1}{3}\varrho$ einzeichnen würde, fällt die E_p-Linie schon weit hinaus. Noch viel größer werden die Unterschiede, wenn ϱ klein wird, es tritt dann die ganz verständliche Erscheinung auf, daß

[1]) Vgl. Franzius: Grundbau, S. 26 ff. Berlin: Julius Springer 1927.

E_a größer, E_p aber kleiner wird. Hingewiesen werden muß auf die Tatsache, daß passiver Erddruck nur soweit in die Rechnung eingeführt werden darf, als er durch aktive Kräfte wirklich erzeugt wird, ferner, daß man bei einzelnen Pfählen nur soviel passiven Erddruck ansetzen darf, als die örtliche Widerstandsfähigkeit des Bodens beträgt. Kann der Boden z. B. nach den Seiten ausweichen, so daß ein Pfahl durch den Boden hindurchpflügt, dann treten nur Bruchteile des passiven Erddruckes auf, wie er vor Wänden möglich ist, die einen geschlossenen Erdkeil vorwärts bewegen können.

Für einfache Verhältnisse empfiehlt sich die Verwendung ganz einfacher Erddruckformeln. Für wagerechten Boden und senkrechte glatte Wände ergibt sich nach Rancine und ebenso nach Coulomb

$$E_{ap} = \frac{1}{2} \gamma h \operatorname{tg}^2\left(45 \mp \frac{\varrho}{2}\right).$$

δ kommt in der Formel nicht vor, da die Wand glatt ist, γ ist das Einheitsgewicht der Erde. Da der Wasserdruck für die Höhe h gleich $\frac{h^2}{2}$ ist, und wir bei Wasserbauten mehr oder minder alles in Beziehung zum Wasserdruck setzen müssen, so kann man die Formel auch schreiben

$$E_a = \mu_a W \quad \text{und} \quad E_p = \mu_p W, \text{ mit}$$

$$\mu_a = \gamma \operatorname{tg}^2\left(45 - \frac{\varrho}{2}\right) \quad \text{und} \quad \mu_p = \gamma \operatorname{tg}^2\left(45 + \frac{\varrho}{2}\right).$$

Für gleiche Bodenart ist μ_a und μ_p unveränderlich. Es wird eine abgekürzte Erddrucktafel für einige Bodenarten gegeben (Tafel S. 405). Das Arbeiten mit diesen E-Werten gestaltet sich sehr einfach. Ist z. B. ein Erddruck $E_a = 0{,}55\ W$, dann braucht man nur auf der Wagerechten am Fuß der Mauer $0{,}55\ h$ aufzutragen, um das Erddruckdreieck zu erhalten.

Es werde eine solche einfache Erddruckrechnung durchgeführt. Die Auflast und die verschiedenen Bodenschichten werden dadurch berücksichtigt, daß man jede überlagernde Bodenschicht in das Gewicht der darunterliegenden umrechnet und sie als Auflast behandelt. Die Auflast (Abb. 898) von 1,2 t/qm kann ersetzt gedacht werden durch eine Sandschüttung von der Höhe $h' = \frac{1{,}2}{1{,}6} = 0{,}75$ m, Ausgleichlinie L_1.

Nun wird das erste Erddruckdreieck für die gesamte Höhe $H_1 = h' + h_1 = 1{,}95$ m mit der Grundlinie $e_1 = 0{,}51 \cdot H_1 =$ rd. 1 t/qm (entsprechend dem Flächendruck an dieser Stelle) aufgetragen. Wirksam ist nur der schraffierte Teil. Die Wirkung der Auflast entspricht einem Rechteck mit der Grundlinie des oben fortfallenden Dreiecks und der Höhe h_1. Dann wird die ganze ideelle Schicht H_1 mit dem Gewicht 1,6 t/cbm auf das Gewicht 1,8 umgerechnet, das ergibt eine neue Höhe $h'' = 1{,}95 \cdot \frac{1{,}6}{1{,}8} = 1{,}74$ m, die jetzt als feuchter Sand gedacht wird, Ausgleichslinie L_2. Die Gesamthöhe für feuchten Sand ist dann $H_2 = h_2 + h'' = 1{,}74 + 2{,}25 = 3{,}99$ m, die Grundlinie des Erddruckdreiecks hierfür nach der Tafel $e_2 = 0{,}4 \cdot H_2 = 1{,}6$ t/qm. Jetzt wird die ideele Schicht von der Höhe H_2 in Torf verwandelt gedacht $h''' = 3{,}99 \cdot \frac{1{,}8}{1{,}4} = 5{,}13$, die Gesamthöhe $H_3 = h''' + h_3 = 6{,}63$ ergibt bei einem angenommenen Wert $e_3 = 0{,}3\ W$ den Wert $e_3 = 0{,}3 \cdot H_3 = 1{,}99$ t/qm. Nun ist die letzte Schicht zu behandeln, es ergibt sich eine ideelle Schicht von der Höhe $h'''' = \frac{1{,}4}{2{,}1} H_3 = 0{,}67 \cdot 6{,}63 = 4{,}33$ m mit der Ausgleichslinie L_4 und dem Flächendruck am Fuß der Mauer $e_4 = \mu_4 H_4 = 0{,}74 \cdot 6{,}33 = 4{,}7$ t/qm.

Man hat so ein Bild der Erddrücke bekommen, das von einer Schicht zur anderen scharfe Absätze enthält. In Wirklichkeit werden die einzelnen Erddrucktrapeze durch sanfte Übergangslinien miteinander verbunden sein, weil die Reibung zwischen den einzelnen Schichten derartige scharfe Übergänge unmöglich macht. Die Wirkung auf die Mauer bleibt dabei aber ziemlich ungeändert. Es empfiehlt sich im allgemeinen, mit den scharfen Formen zu rechnen. — Bei Anwendung der E-Linien muß man in gleicher Weise vorgehen, sich auch zuerst die entsprechenden Ausgleichslinien und dann die E-Linien zeichnen.

Sand unter Wasser kann nach zwei Gesichtspunkten behandelt werden. Entweder setzt man das Gewicht von wassergefülltem Sand ein, oder man trennt Erddruck und Wasserdruck, wobei man das Gewicht des Sandes nach Abzug des Auftriebes einsetzen muß.

Aus der Erddrucktafel finden wir z. B. nasser Sand $E_a = 0{,}74\ W$. Sand unter Wasser + Auftrieb $= E'_a + W = 0{,}45\ W + W = 1{,}45\ W$. Bei Ansatz von Erddruck unter Auftrieb und Wasserdruck besonders ergeben sich daher rund doppelt so hohe Drücke. Aus diesem scheinbaren Widerspruch folgt, daß man je nach der Bodenart nur die eine oder andere Methode anwenden darf. Der Unterschied liegt in der Vorstellung, die man sich von dem Entstehen des Erddruckes macht. Hat man feinen Sand mit kleinen Poren, dann wird das Wasser in dem Sande gezwungen, den Gesetzen des Erddruckes so zu folgen, als ob es Sand von dem Gewicht $\gamma = 1$ sei, d. h. es muß mit auf der Gleitfläche des Sandes abrutschen, während die natürliche Gleitfläche des Wassers wagerecht liegt. In diesem Falle verhält sich das Wasser nicht seiner Natur entsprechend, sondern unter kapillarem Zwang. Bei feinem bis mittelgrobem Sand muß dieser Zwang auch vorhanden sein, es sind in diesem Falle die Formeln für nassen Sand ohne Auftrieb anzuwenden. Hat man aber einen groben Kies mit großen Poren (z. B. Kieskörner von 1 bis 5 cm), dann kann sich das Wasser im Kies frei für sich bewegen, es übt im Augenblick der Bewegung des Sandes seinen Druck so aus, als ob der Kies gar nicht vorhanden wäre, übt also einen Druck $W = \frac{h_2}{2}$ auf die Wand aus, ganz unabhängig von der Menge der Kiesmasse, die sich in 1 cbm befindet, übt ferner den Auftrieb auf jedes Kieskorn aus. Hat z. B. der nasse Kies unter Wasser ein Einheitsgewicht von $\gamma = 1{,}9$ t/cbm, dann ist sein Gewicht nach Abzug des Auftriebs 0,9 t/cbm[1]). Man hat somit am besten durch Versuche immer festzustellen, ob man Erddruck oder Wasserdruck für sich einsetzen muß oder nicht. Voraussetzung für das nicht gesonderte Auftreten des Wasserdruckes ist, daß die Kapillarreibung die Entfaltung des unabhängigen Wasserdruckes unmöglich macht.

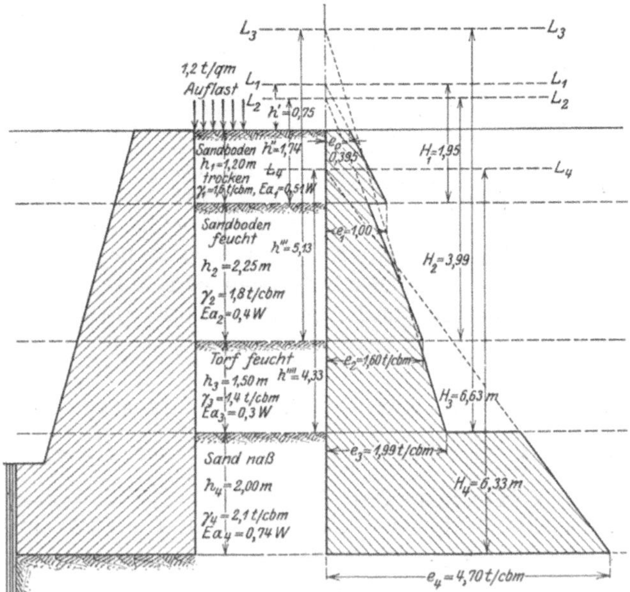

Abb. 898. Ansetzen des Erddruckes nach der Formel $E = \mu \cdot W = \mu \cdot \frac{h^2}{2}$ bei verschiedenen Bodenschichten.

Mit dieser Auflösung von Erd- und Wasserdruck hängt die Behandlung des Wasserdruckes, der vor einer Hafenmauer wirkt, zusammen. Aber auch hier sind noch viele ungeklärte Fragen, die z. B. im Erddrucklaboratorium der

[1]) Das gleiche ergibt sich wie folgt: Hat der Kies einen Hohlraumgehalt von 0,4, dann ist das Gewicht des Kieses in der Luft 1,9 — 0,4 = 1,5 t/cbm. Die Kieskörner nehmen 0,6 cbm ein mit dem Auftrieb von 0,6 t, so bleibt auch wieder ein Gewicht nach Abzug des Auftriebs von 1,5 — 0,6 = 0,9 t/cbm übrig.

Technischen Hochschule zu Hannover zur Zeit geklärt werden sollen. Es ist wahrscheinlich, daß bei Tonboden der Wasserdruck zwischen Hinterfüllung und Spundwand nicht gesondert wirkt. Der passive Erddruck ist selbst bei Annahme des Bodenauftriebs durch Wasser noch so groß, ein Vielfaches des Wasserdruckes, daß letzterer diese Pressung nicht überwinden kann. Nur wenn er durch den Boden hindurchwirken kann, liegen die Verhältnisse anders.

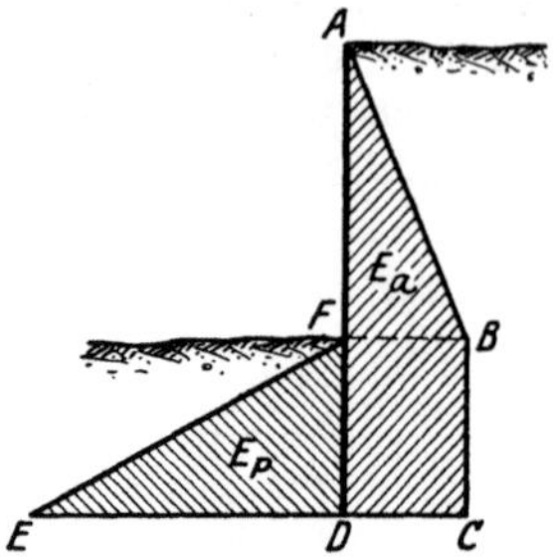

Abb. 899. Falscher Erddruckansatz.

Das Vorhandensein einer Trennungswand zwischen aktivem und passivem Erddruck hat keinen Einfluß auf die Ausbildung der Kräfte. Ein Erddruckbild kann für den aktiven Erddruck nicht so begrenzt werden, daß z. B. unterhalb der Hafensohle der aktive Erddruck hinter der Wand unverändert bleibt, so daß BC eine Senkrechte sei (Abb. 899). Solche Bilder entstehen nur, wenn man von dem Erddruck rechts hinter der Wand stillschweigend einen Teil des Druckes links vor der Wand abzieht.

Zulässige Pfahlbeanspruchung usw. Die Pfähle zum Bau der Ufermauern werden als Holzpfähle beliebig nach dem Durchmesser ausgesucht, können aber als Eisenbetonpfähle beliebig hergestellt werden. Ihre Tragfähigkeit wird vielfach nach Rammformeln berechnet, die aber nur geringe Zuverlässigkeit besitzen. Am besten scheinen die Formeln von Dörr zu sein[1]). Für Druckpfähle mit axialer Beanspruchung ist die Druckkraft $T = \gamma q \left(E + 2 k_r E_1 \frac{l}{d}\right)$, worin T die Druckkraft in t, γ das Raumgewicht des Bodens in t/cbm, q Inhalt des im Boden stehenden Pfahlteiles in cbm, $E = \mathrm{tg}^2\left(45 + \frac{\varrho}{2}\right)$, wenn ϱ der natürliche Böschungswinkel des Bodens ist, k_r ist der Reibungswert zwischen Erde und Pfahl, der von Dörr mit 0,1—0,5 angenommen wird, er rechnet $k = 0{,}5 \sin 2\varrho$, d ist der Pfahldurchmesser, l die Pfahllänge im Boden, beides in m. $q = \frac{\pi d^2}{4} \cdot l$.

$E_1 = 1 + \mathrm{tg}^2 \varrho$; es ist für $\varrho = 30° : E_1 = 1{,}333$.

Für Zugpfähle mit axialem Zug findet Dörr als Zugkraft $Z = 0{,}5\,\pi \gamma E_1 k d l^2$; für schrägstehende Zugpfähle:

$$Z_1 = 0{,}5\,\pi \gamma k l^2 d \cos\alpha\,(E_1 + \zeta \cos\alpha)$$

für schrägstehende Druckpfähle $T_1 = z_1 + \gamma E q \cos\alpha$, worin α der Winkel der Pfahlachse gegen die Senkrechte und ζ ein Wert ist, der die Reibungsvergrößerung durch den senkrecht wirkenden Erddruck ausdrückt, der nach der Erddrucktheorie von Engesser praktisch bestimmt wird. Versuchsrechnungen ergaben befriedigende Übereinstimmungen mit ausgeführten Belastungsversuchen. Rechnet man z. B. die Tragfähigkeit für einen Pfahl von $d = 0{,}3$ m p und $l = 10$ m für einen Boden von $\gamma = 1{,}8$ t/cbm, $\varrho = 30°$, dann ergibt sich

$$E = \mathrm{tg}^2\left(45 + \frac{\varrho}{2}\right) = 3{,}00\,; \qquad k_1 = 1 + \mathrm{tg}^2\varrho = \frac{4}{3}\,;$$

$$q = 0{,}71 \text{ cbm}\,; \qquad k_r = 0{,}5 \sin 2\varrho = 0{,}43\,; \qquad T = 48 \text{ t}$$

ein Wert, der mit der bisherigen Erfahrung gut übereinstimmt.

---

[1]) Dörr: Die Tragfähigkeit der Pfähle. Berlin: Wilh. Ernst & Sohn 1922. — Ferner: Dörr: Der Widerstand von Pfahlböcken. Bauing. 1923, S. 577. Dörr hat andere Bezeichnungen verwendet, die aber mit den früher hier gebrauchten im Widerspruch stehen, so daß hier geänderte Bezeichnungen nötig sind. — Ferner: Krey: Erddruck, Erdwiderstand. Berlin: W. Ernst u. Sohn 1926.

Für einen Zugpfahl von gleicher Ausmessung ergibt sich $Z = 46$ t.

Für Spundwände sind Formeln für axiale Zug- und Druckkräfte noch nicht vorhanden, daß man aber Spundwände entsprechend belasten darf, wie Pfähle, ist sicher. Man kann die Belastungsfähigkeit gegen axiale Kräfte aus dem Erddruck, der auf die Wand wirkt, nach der Methode von Dörr finden.

Eiserne Spundwände werden von verschiedenen Firmen hergestellt, besonders zu nennen sind die Spundwandprofile Larssen, die von der Dortmunder Union in Dortmund gewalzt werden und die Spundwandprofile ‚Rothe Erde', die von dem heute in ausländischen Besitz befindlichen Hüttenwerk ‚Rote Erde' hergestellt werden (Abb. 900—906).

Für die Entwurfsarbeiten wird eine Tafel der bekannteren Spundwände hier wiedergegeben, aus der die notwendigen Angaben entnommen werden können:

Tafel eiserner Spundwände[1]).

Bauart	Profil-Nr.	Bohlenbreite in mm	Wellenhöhe in mm	Gewicht f. d. m Bohle in kg	Gewicht f. d. qm Wand in kg	Widerstandsmoment für den m Wand in ccm	Widerstandsmoment / Gewicht
Larssen Abb. 900	I	400	150	38	96	500	5,2
	II	400	200	49	122	849	6,95
	III	400	247	62	155	1363	8,82
	IV	400	310	75	187	2037	10,8
	V	420	344	100	238	2962	12,5
Rote Erde Abb. 901	I	380	80	32	84,3	230	2,34
	II	380	130	42,8	117,7	485	4,15
	III	380	170	51,7	136,1	744	5,47
	III A	380	170	55,7	146,6	770	5,1
	IV	380	190	59,5	156,6	966	6,16
	IV A	380	190	67	176,4	1055	6
	V	550	230	117,7	214	1655	7,65
Lamp Abb. 902	I	400	125	39,9	99,7	500	5
	II	333	130	43,3	130	700	5,4
	III	400	225	74,8	187,1	1705	9,1
	IV	400	280	78,2	195,5	2220	11,4
	V	430	320	104,5	243	3115	12,8
Ransome Abb. 903	Standard	362	81	49	136,7	349	2,2
	leicht	254	63,5	26	102,5	199	1,93
	schwer	368	152,4	67,4	183	1095	5,98
Kasten-[2]) profil Abb. 904	Ic				293	3000	10,3
	II				377	4800	12,7
	Vb				526	7700	14,6
Hohlpfahl[3]) Köhler Abb. 905	I				358	5000	14
	II				488	7970	16,3
	III				650	13750	21

Die Abb. 900—906 zeigen die üblichen und zwei neuere Systeme, Abb. 904 u. 905 kommen für ganz schwere Wände in Frage. Die Lamp-Wand wird z. Zt. nicht gewalzt, die Herstellung soll aber wieder aufgenommen werden.

[1]) Die Angaben über die Bauarten Larssen, Rote Erde, Lamp, Ransome sind den neuesten Prospekten (1926) entnommen. Die Abmessungen der Kruppschen Profile nach Gutacker: Eisenbau 1915, S. 78, s. auch Jahrb. d. Hafenb.-Ges. III 1921. Scheck: Über die Formen von Spundwände Eisen.

[2]) Das Profil II wird zur Zeit schon hergestellt. Die Herstellung der Profile Ic u. Vb soll aufgenommen werden.

[3]) In Vorbereitung.

Die Spundwände „Rothe Erde“ werden heute in Belgien hergestellt. Die Larssenwände besitzen infolge ihres eckigen Schlosses die größte Dichtigkeit. Das Widerstandsmoment kann heute bei den Larssenwänden nach der Zahlentafel angenommen werden, wenn sie gemäß der Methode der Dortmunder Union durch eine Druckmaschine mit Druckpunkten versehen wird. Es werden dabei an mehreren Stellen des Schlosses nach Zusammensetzen zweier Bohlen Druckstellen eingepreßt, die eine Verschiebung der Bohlen gegeneinander verhindern und die entstehenden Querspannungen aufnehmen. Umfangreiche Versuche Lohmeyers (bei der Dortm. Union) haben die Richtigkeit dieser Auffassung ergeben. Larssenwände wurden 1926 als gewöhnliches Material mit 40 bis 50 kg/qmm Festigkeit und 22 vH Mindestdehnung zu 170 M/t, als Festigkeitsmaterial 50 bis 60 kg/qmm und 20 vH Dehnung zu 180 M/t, ab Werk verkauft. Das Festigkeitsmaterial ist vor allem für wiederholte Rammungen (Baugrubenabschluß usw.) wertvoll, weil es bei gutem Boden Dutzende von Malen gerammt und wieder ausgezogen werden kann. Bei steinigem Boden hat es den Vorteil, daß die Bohle sich nicht aufwickelt, sondern daß ein Stück der Bohle bei Auframmen auf einen großen Stein herausbricht.

Die Rostsicherheit ist vor allem bei Rammen in Sandboden eine sehr große. Es bildet sich an der Berührungsstelle von Sand und Eisen eine Schutzschicht, die das Weiterrosten praktisch verhindert oder so verlangsamt, daß man nach den Untersuchungen von Oberbaurat Kölle, Bremen[1]), mit einer Lebensdauer der Wand von 80 bis 120 Jahren für die schweren Profile rechnen kann. Voraussetzung hierfür ist, daß die sichtbaren Flächen immer gut im Anstrich gehalten

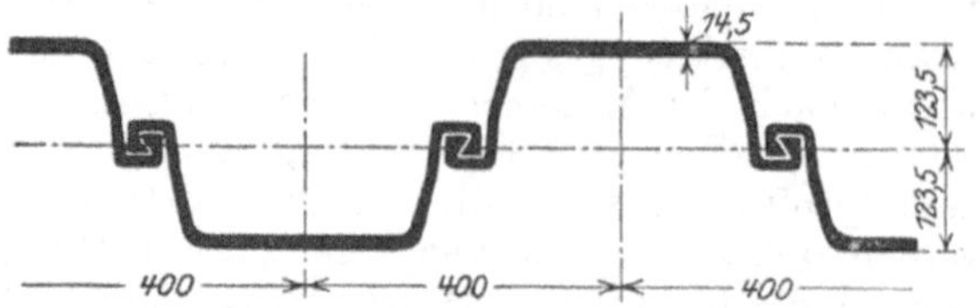

Abb. 900. Neue Bauart Larssen mit gewalztem Schloß. Maßstab 1 : 16.

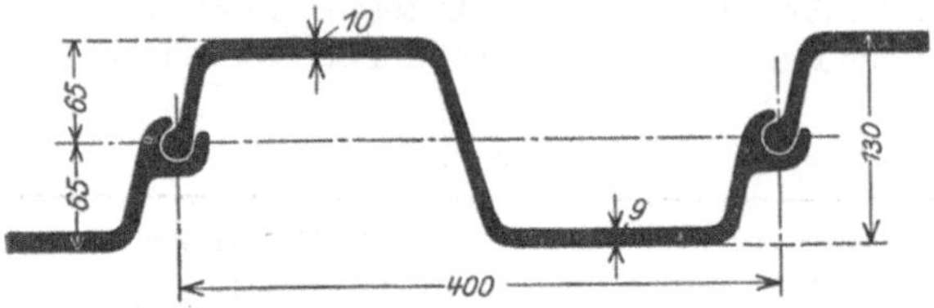

Abb. 901. Eiserne Spundwand Rote Erde. Maßstab 1 : 8.

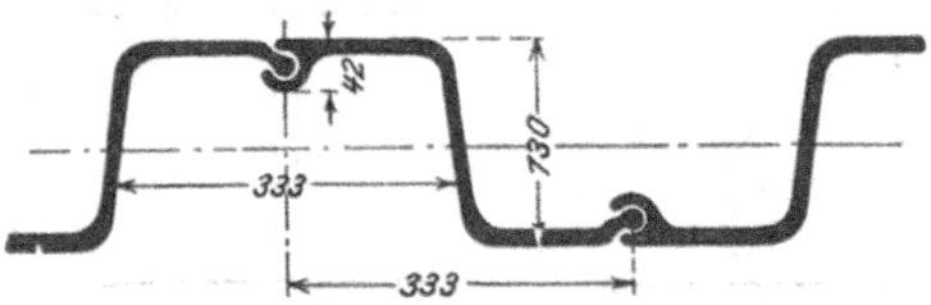

Abb. 902. Bauart Lamp. Maßstab 1 : 14.

Abb. 903. Bauart Ransome.

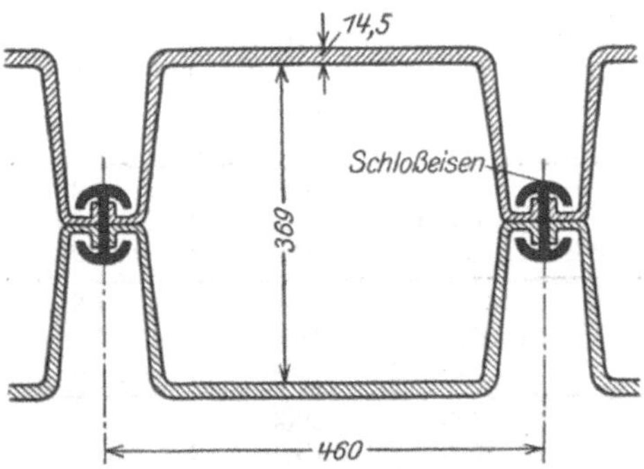

Abb. 904. Zusammengesetztes Kastenprofil der Dortmunder Union. Maßstab 1 : 11.

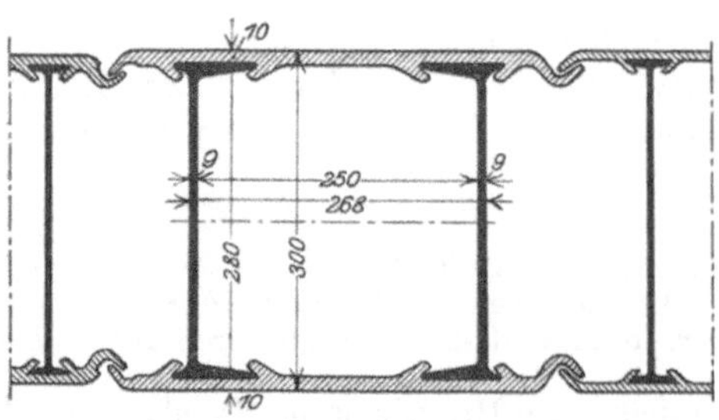

Abb. 905. Hohlwand Patent Köhler, (Dortmunder Union, Deutsche Stahlwerke.) Maßstab 1 : 10.

1) Z. d. Bauv. v. 11. XI. 1925.

werden, Flächen unter Wasser durch eine Betonschürze gesichert sind, während die Rückwand ungeschützt sein soll, damit sich die Sand-Eisen-Schutzschicht bilden kann. Unter Lebensdauer ist die Zeit zu verstehen, in der die Bohle so weit abgerostet ist, daß die Sicherheit gegen Bruch kleiner als 1 geworden ist. Das ist also bei dreifacher Sicherheit im allgemeinen der Fall, wenn $^2/_3$ abgerostet sind. Das in der Tafel aufgeführte Kastenprofil (Abb. 905) ist ein besonderes Walzprofil, das durch Zusammensetzen gewonnen wird. Bei dem Küstenkanal in Oldenburg wurden von Regierungs- und Baurat Popken auch im Moorgebiet Larssenwände verwendet, wenn vorher der Torf ausgegraben ist, so daß die Bohle ganz mit gutem Sand hinterschüttet werden kann und auch mit dem Fuß auf Sand steht. Der Sand wirkt dann als Filter und als Bildner der Schutzschicht. Es wird durch Ausheben des Torfes bis zum Diluvialsand eine Rammebene gebildet. Der Kanalwasserstand liegt in Höhe dieser Rammebene (+ 5,00 NN); die Bohlen werden hier beiderseits mit Inertol gestrichen. Heute stellt der Gelsenkirchener Bergwerks-Verein (Dortmunder Union) Bohlen aus Kupferstahl her, die gegenüber der Rostgefahr ein Vielfaches an Lebensdauer haben wie gewöhnlicher Stahl. Es sind Versuche über die Rostfrage unter Verwendung verschiedener Säuren gemacht worden[1]).

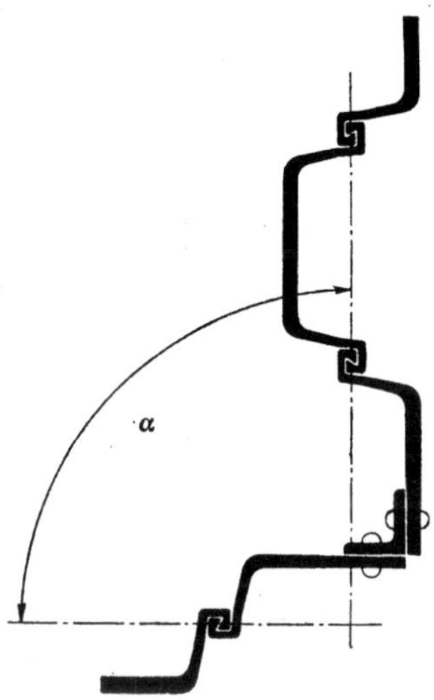

Abb. 906. Spundwandanschlüsse und Eckverbindungen. (Eiserne Spundwand, Bauart Larssen.)

Eine Eckverbindung mit Larssenbohlen zeigt Abb. 906. Für Hafenbauwerke sollte man heute bei Verwendung von eisernen Wänden stets, aus Rücksicht auf den Verkehr, den Holm (Zange) nach hinten legen, wie es bereits in Bremen gemacht worden ist. Wenn man die Verbindung zwischen Wand und Holm etwas stärker macht als die eigentliche Verankerung, dann hat man den gleichen Sicherheitsgrad wie bei vorne liegendem Holm. Es ist aber eine vorn völlig glatte Wand geschaffen worden. Die Muttern der Ankereisen können dabei an der Vorderseite der Wand in dem Wellental liegen, so daß sie dort nachgezogen werden können, sie liegen dabei vertieft.

2. Berechnung von Bollwerken.

α) Unverankerte Bollwerke.

Für Binnenkanalufer, Bootshäfen usw. kann man unverankerte Bollwerke verwenden. Die Erddrücke auf eine Wand an einer Ladestraße, die z. B. zwei Meter über der Sohle hoch sei und zwei Meter unter der Sohle tief sei, ergeben sich aus Abb. 907—909.

Wenn die Wand stehen soll, muß Gleichgewicht aller Kräfte vorhanden sein, es muß die Summe der wagerechten und der senkrechten Kräfte und der Momente gleich 0 sein. Das ist nur möglich, wenn sich die Wand um einen Punkt unter der Sohle dreht, in dem auch keine Vorwärtsbewegung irgendwelcher Art, etwa durch Verbiegen der Wand mehr eintritt, s. Abb. 907. Der Punkt sei S, er hat die Eigentümlichkeit, daß in ihm alle passiven Erddruckkräfte gleich 0 sein müssen, weil er keine Bewegung ausführt. Auf der Rückseite der Wand wirkt von A bis S ein aktiver Erddruck E_a, er kippt die Wand nach vorn, so daß vor der Wand auf der Strecke BS ein passiver Erddruck E_p' entsteht, der in S theoretisch gleich 0 ist, praktisch aber die Größe des dort vor der Wand auch vor-

[1]) S. Franzius: Grundbau S. 46, 1927.

Abb. 907–909. Unverankerte Spundwand, Berechnungsbild.

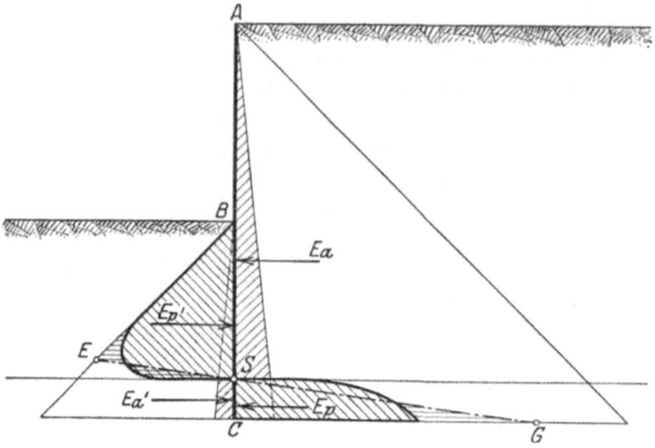

Abb. 907.

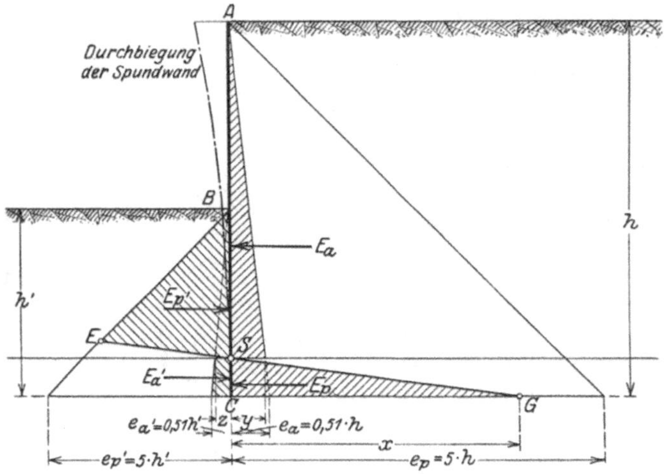

Abb. 908.

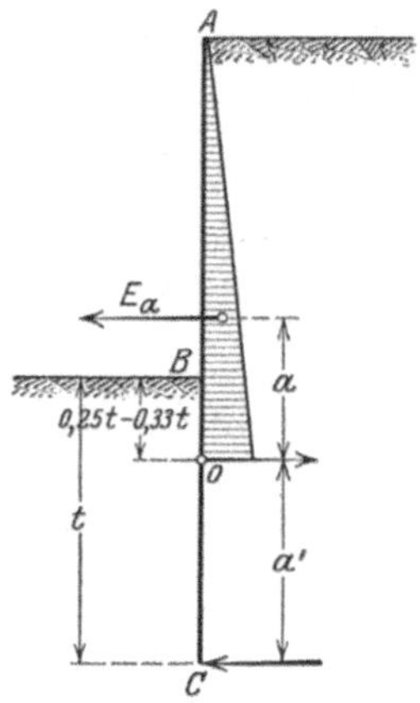

Abb. 909.

handenen aktiven Erddruckes nicht unterschreiten kann. Der Erddruck beginnt nach der Dreieckslinie und verläuft dann nach einer unbekannten Kurve bis S. Der größte Teil der Kraft BES ist passiver Erddruck, ein kleiner Teil in der Nähe von S ist aktiver Natur. Unterhalb von S wirkt vor der Wand nur noch aktiver Erddruck E_a'. Der Teil SC der Wand will nach hinten ausschlagen, er erzeugt hier gleichfalls einen passiven Erddruck E_p, der in S mit der Größe des Flächendruckes von E_a beginnt. Damit Gleichgewicht herrscht, muß sein

(1) $$E_a + E_p = E_p' + E_a',$$

ferner für jeden beliebigen Punkt der Wand,

(2) $$M_a + M_p - M_a' - M_p' = 0,$$

worin M_a, M_p usw. die entsprechenden statischen Momente sind. Dabei sind alle Kräfte normal zur Wand angesetzt worden. Lotrecht an der Wand wirkende Kräfte spielen keine Rolle und heben sich zudem gegenseitig auf, wenn die wagerechten Kräfte gleich 0 sind und der gleiche Reibungsbeiwert vorhanden ist. Die Berechnung gestaltet sich nun so, daß man zuerst den Punkt S z. B. mit der Bedingung $BS = 0,8\,BC$ wählt, dann die Erddruckkräfte berechnet und die Gleichgewichtsbedingungen untersucht. Man verschiebt den Punkt S so lange bis Gleichgewicht herrscht. Hierbei ist das Auftreten von E_p ebenso wichtig, wie das von E'_p. Wenn E'_p sehr groß ist, dann hat man die Wahl hinsichtlich der Form von E_p und E'_p. Man wird dann S so wählen, daß nur ein Teil der vorhandenen passiven Erddruckkräfte aufgebraucht wird, und daß man ein ungünstiges Biegungsmoment für die Wand bekommt. Denn wenn das Auftreten von letzterem möglich ist, muß man damit rechnen. Da es sich aber um Maximalwerte für den aktiven Erddruck handelt, ist es zulässig, mit sehr hohen Spannungen für die Wand zu arbeiten. Es empfiehlt sich, im allgemeinen bei diesen ruhenden Lasten bis an die Elastizitätsgrenze zu gehen, zumal da die Größe der Drehbewegung ziemlich belanglos ist. Da es kaum möglich ist, die richtige Kurve, nach der der passive Erddruck von und zum Punkt S verläuft, herauszufinden, so empfiehlt sich hier eine Vereinfachung durch Annahme gerader Begrenzung. Man kann dabei schließen (Abb. 908), daß das Gleiche, was für die untere Begrenzung von E'_p gilt, auch für die obere Begrenzung von E_p Gültigkeit hat, d. h., daß die Begrenzungslinie ES und GS eine Gerade bilden. Auch bei diesen Rechnungen wird sich eine ganze Reihe von Möglichkeiten ergeben, bei denen die Wand standsicher ist. Die für die Wand ungünstigste Annahme muß gewählt werden.

Ganz abgekürzt kann man auch so rechnen, daß man die Wand unten im Boden als eingespannt annimmt, sowie sie ja auch tatsächlich durch die Kräfte E_p und E'_p eingespannt wird. Man verlegt dann (Abb. 909) den Beginn der Einspannung nach Punkt „O", so daß $BO = 0{,}25$ bis $0{,}33\ BC$ ist, ein Wert, der im allgemeinen das Richtige treffen wird, aber von der Härte des Bodens abhängig ist. Für gewöhnlichen Sandboden wird $0{,}33\ BC$ richtig sein, alles unter der Voraussetzung, daß die Wand über und unter der Sohlenoberkante gleich lang ist. Dann setzt man E_a nur von A bis O ein, fügt aber von da keine Erddruckkräfte mehr hinzu. Das entstehende Moment $a \cdot E_a$ ist dann für die Biegung maßgebend, es entspricht einem gedachten Einspannungsmoment $a' \cdot R$, in welchem R eine gedachte Kraft ist.

β) Verankerte oder abgestützte Bollwerke (Abb. 910—914).

Alle diese Bollwerke haben als gemeinsame Eigentümlichkeit, daß die Wand an wenigstens zwei Stellen aufgelagert ist. Einmal am Kopf oder einem besonderen Ankerpunkt, das anderemal auf dem entgegenstehenden passiven Erddruck vor der Wand. Hinter der Wand wirkt der aktive Erddruck, verbunden mit dem Wasserdruck, wenn man nicht Erd- und Wasserdruck vereinigt ansetzen darf, vor der Wand wirkt gleichfalls der Wasserdruck und der passive Erdwiderstand. Es sei die Berechnungsmethode für ein an einer Ankerplatte verankertes Bollwerk wiedergegeben. Danach kann jede andere Berechnung durchgeführt werden.

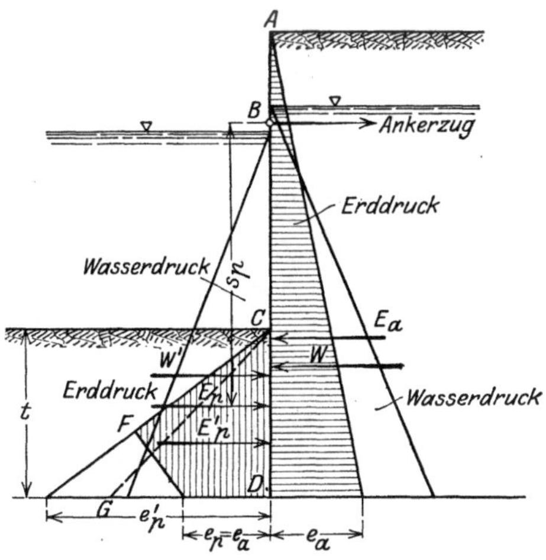

Abb. 910. Berechnung der verankerten Spundwand, Ansetzen der wirkenden Erddruckkräfte.

Der kennzeichnende Unterschied gegenüber der vorigen Berechnung ist der, daß hier zwei Drehpunkte möglich sind, um die die Wand sich drehen kann. Der obere Drehpunkt liegt in dem Ankerangriffspunkt B (Abb. 910), der untere liegt unterhalb der Hafensohle, er kann entweder innerhalb der Strecke CD, oder auch unterhalb von D liegen. Es werde letztere Annahme gemacht, dann wirken die Kräfte auf die Wand so, wie es eingezeichnet ist. Die Aufgabe ist, eine Wand zu bauen, die 1. so stark ist, daß sie nicht zerbricht, 2. so tief gerammt ist, daß ein genügender passiver Erdwiderstand mit Sicherheit auftritt und 3. so verankert ist, daß keine Vorwärtsbewegung der Ankerplatte eintreten kann. Eine Wand so zu konstruieren, daß die drei Bedingungen mit gleichgroßer Sicherheit erfüllt sind, würde nur durch einen seltenen Zufall möglich sein, und sich rechnerisch wegen der ungenügenden Grundlagen schwer nachweisen lassen. Alle mathematisch aufgestellten Berechnungen über die Rammtiefe der Wand haben bis heute, da wir noch zu wenig über den passiven Erddruck wissen, so gut wie keinen Wert. Man hält sich am besten an vorhandene Ausführungen, entwirft die Wand bei großer Wassertiefe (z. B. 10 m) wenigstens mit 4 m Tiefe unter der Sohle und macht nun Versuchsrechnungen. Man setzt den aktiven Erddruck, einschließlich der Auflast, hinter der Wand an und zeichnet den möglichen passiven Erdwiderstand E_p' vor der Wand ein. Wo die Ersatzkraft von E_p' angreift, ist noch unbestimmt. Wie groß der wirksame Teil von E_p' ist, weiß man auch noch nicht, nur wird verlangt, daß der wirksame Teil von E_p' wesentlich kleiner sein muß als E_p'. Bei schematischer Auffassung könnte man das wirksame E_p als dreieckförmig wirkend annehmen, so daß die Ersatzkraft von E_p im unteren Drittel von CD wirkt, mit dem Abstand $\frac{h}{3}$ von D. Diese Annahme ist aber zu ungünstig und zudem unwahrscheinlich. Welches die richtige Form von E_p ist, kann zwar nicht festgestellt werden, wenigstens bestehen heute noch keine Methoden dafür. Wir wissen aber, daß die Durchbiegung der Wand in der Nähe der Hafensohle am stärksten sein muß (etwa bei C), hier wird daher der passive Erddruck, der hier noch sehr klein ist, in voller Größe auftreten. Da die örtliche Pressung bei D durch den aktiven Erddruck „e_a" von der Rückseite sehr groß ist, so wird der passive Erddruck vor der Wand an dieser Stelle wahrscheinlich wenigstens die Größe $e_p = e_a$ erreichen. Man setze deshalb das bei D wirksame $e_p = e_a$. Genaues hierüber könnten nur sehr umständliche Rechnungen ermöglichen, wenn sie überhaupt durchführbar wären oder, wie es wahrscheinlicher ist, nur Versuche im Laboratorium. Der durch die Annahme $e_p = e_a$ vielleicht gemachte Fehler ist zudem niemals von großer Bedeutung, er kann im Interesse der Sicherheit liegen, aber auch umgekehrt wirken. Da die Größe von E_p noch erst gefunden werden muß, ist seine Form noch nicht feststellbar. Man kann aber erst einmal annehmen, daß E_p in der Mitte zwischen C und D angreift. Alle Erddrücke werden normal zur Wand angesetzt, der Ansatz von schräg wirkenden hat hier keine Bedeutung, soweit nicht die Größe von E_a und E_p dadurch beeinflußt wird. Bekannt ist E_a, es muß sein:

1. $Z = E_a - E_p + W - W'$, worin Z der Ankerzug ist,
2. für den Drehpunkt B: $E_p = \frac{E_a \cdot s_a + \sum M_w}{s_p}$, worin s_a und s_p die Abstände

von E_a und E_p von B und $\sum M_w$ die Wasserdruckmomente für B sind. Man hat dann durch Finden von E_p auch Z gefunden. Es wird nun festgestellt, ob nun das für die Standsicherheit erforderliche E_p kleiner ist als das theoretisch mögliche E_p'. Hat die Rechnung ergeben, daß das gefundene $E_p \backsim \mu E_p'$ mit $\mu = 1/2$ oder $2/3$, dann kann man nun nach der zuvor gemachten Annahme die Form von E_p zeichnen. Ist das erforderliche E_p größer als $\mu E_p'$, dann muß die Wandtiefe so lange vergrößert werden, bis $E_p = \mu E_p'$ für die neue Tiefe erreicht ist[1]). Man zieht dann als Begrenzung von Ep eine Linie, die unten den Flächendruck $e_p = e_a$ aufweist, und von diesem Endpunkt geradlinig bis F auf der theoretischen Begrenzung von E_p' verläuft[1]).

[1]) Man muß bedenken, daß es sich nicht um den Widerstand des bewegten passiven Erdkeils handelt, sondern um den des noch ruhenden, bei dem die örtlichen Zusammenpressungen eine große Rolle spielen. Es ist wahrscheinlich, daß sich der passive Gegendruck vor der Wand verhältnismäßig gleichmäßig entwickeln wird. Es liegt jedenfalls gar kein Grund vor, anzunehmen, daß er an dem Fuß der Wand viel größer ist als 1,0 m unter der Hafensohle, solange nur ein Teil des passiven Erdwiderstands in Anspruch genommen wird, also genügend Sicherheit besteht.

Der in Abb. 910 schraffierte Körper E_p ist zwar auch willkürlich gefunden, hat aber mehr Wahrscheinlichkeit für sich, als der dreieckförmige E_p Körper. Es kann uns aber bei dem Unvermögen, das Exakte, mathematisch Richtige zu finden, nur darum handeln, etwas möglichst Wahrscheinliches zu erhalten. Durch die Feststellung der Form des Druckkörpers von E_p ändert sich auch die Lage der Ersatzkraft E_p, die im Schwerpunkt des Druckbildes angreifen muß. Durch die Änderung der Höhenlage des Schwerpunktes der E_p-Fläche und damit der Größe s_p ändert sich auch die Größe von E_p. Die erste Rechnung braucht aber nur bei merkbaren Unterschieden von s_p wiederholt zu werden. Gewöhnlich braucht man nur die richtige Größe von E_p einzuzeichnen, die Änderung der Lage von E_p nach der Höhe ist so unbedeutend, daß ein neuer Wert E_p für eine zweite Versuchsrechnung nicht erscheinen würde. Wir haben durch dieses Verfahren an Sicherheit gewonnen, da das jetzt errechnete E_p größer ist als das dreieckförmig am Fuß der Wand angesetzte *CDG*. Es ist meist sehr schwer, den

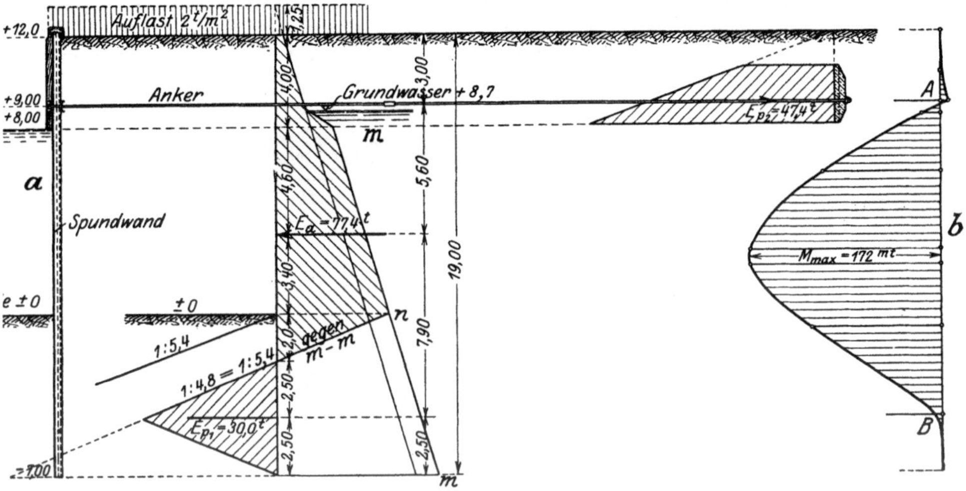

Abb. 911 a u. b. Berechnung einer verankerten Spundwand.
a Druckverteilung und Schnitt. b Momentenlinie (*C*).

Fuß der Spundwand genügend zu sichern; haben wir aber einen Wert E_p gefunden, der ein Größtwert ist, da er von dem größtmöglichen aktiven Erddruck hervorgerufen ist, dann können wir sicher sein, genügend Widerstände vor der Wand zu haben. Der Punkt *B* ist viel leichter mit genügender Sicherheit an einer Platte oder einem Bocksystem zu verankern, es kostet sehr wenig, hier eine größere Sicherheit anzuwenden als am Spundwandfuße.

Die Wasserdrücke *W* und *W'* vor und hinter der Wand müssen bei getrenntem Ansatz, wie es hier gewählt wurde, bis zum Spundwandfuß gerechnet werden. Es genügt, wenn man bei grobem Material annimmt, daß der Wasserstand hinter der Bollwand etwa 20—30 cm höher ist als vor ihr. Bei feinem Material kann es aber bei schnellem Fallen des Wassers vor der Spundwand und großem Grundwasserbecken eintreten, daß der Unterschied wesentlich größer, z. B. bis zu 1 m ist.

Wenn man nun, um ein einfacheres Kräftebild zu erhalten, den wirkenden passiven Erddruck E_p nicht von der Spundwand, sondern von der hinteren Begrenzung des aktiven Erddruckes aufträgt, dann verschiebt sich die Neigung der Linie, unter der E_p von der Hafensohle ab nach unten zunahm. Dieser Unterschied ist unter anderem in Abb. 911 dargestellt worden. Die Neigung von E_p verändert sich aus der ursprünglichen von 1 : 5,4 gegen die Wand auf

1 : 4,8 gegen $m - m$. Wenn auf diese Weise alle äußeren Kräfte bestimmt sind, dann sind die einzelnen Konstruktionsglieder zu berechnen. Die Spundwerkwand muß unter dem Einfluß der Kräfte wie ein Balken auf Biegung berechnet werden, die Ankerplatte desgleichen. Die Bemessung des Ankers auch bei vorne liegender Spundwand bei Bockmauern ergibt sich unmittelbar aus der Größe von Z. Hingewiesen wird darauf, daß bei Verwendung von Holz vielfach die eisernen Unterlagsplatten an der Ankermutter zu klein bemessen sind, so daß die Platte sich tief in das durch das Wasser aufgeweichte Holz hineingezogen hat. Das Holz hat unter Wasser nun einmal weniger als die halbe Festigkeit wie in lufttrockenen Zustande[1]).

Bei der Berechnung der Wand auf Biegung darf man aber nicht den Fehler begehen, die Wand unten als eingespannt zu rechnen[2]). Die Annahme einer Einspannung ist nichts weiter als die Verlegenheitsaushilfe dafür, daß man die von oben und unten auf einen in einer Wand eingespannten Stab wirkenden Kräfte nicht kennt. Jede Einspannung kann durch zwei die Einspannung bewirkenden Kräfte ersetzt werden. Da hier aber bereits alle Kräfte angesetzt worden sind, so ist außer ihnen ein besonderes Einspannungsmoment nicht möglich. Es kann auftreten, aber nur als Folge der errechneten Kraft und ergibt sich dann in der Rechnung ganz von selbst. Vergleiche aber die Ausnahme bei dem freistehendem Bollwerk, bei dem dann aber die weiteren Kräfte fortgelassen werden müssen.

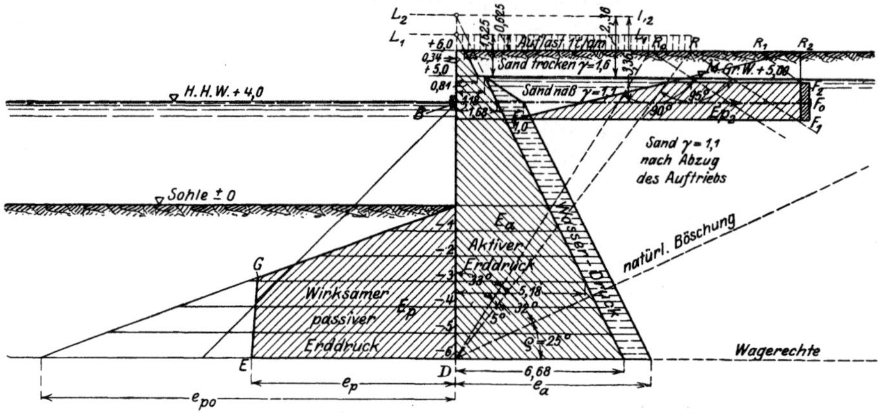

Abb. 912. Untersuchung einer Spundwand, Berechnung des aktiven und passiven Erddruckes und der nötigen Rammtiefe. Lies Ep_2 statt Ep_3, rechts oben.

In der Praxis wird oft bei Bollwerken so gerechnet, als ob unterhalb der Sohle, hinter der Wand, kein aktiver Erddruck mehr wirke. Eine solche Rechnung ist theoretisch unmöglich, denn bei der Bewegung der Wand muß der ganze Körper bis zur Pfahlspitze in Bewegung geraten. Man wird sich aber die Erfahrungen von Brennecke zunutze machen können, wonach bei festgelagerten Bodenarten der aktive Erddruck in den tiefen Schichten nicht mehr nach dem Quadrat der Höhe zunimmt. Die aktive Gleitfläche für die Bestimmung der Lage der Ankerplatte muß aber jedenfalls von der Wandspitze aus angesetzt werden.

Bei festem Boden wirkt es verbilligend, wenn man nicht die ganze Wand bis zu großer Tiefe z. B. 3,5 m unter die Sohle rammt, sondern eine Zahl von Bohlen nur auf 3 m, dann aber immer eine Bohle auf 4,5 m rammt. Man wird meist damit auskommen, drei Bohlen auf 3 m unter Sohle zu rammen, die vierte auf 4,5 m. Die Widerstandskraft dieser tieferen Bohle ist nun ganz bedeutend größer, als wenn sie ein Teil einer durchweg auf 4,5 m Tiefe gerammten Wand wäre. Denn der passive Erddruck wird durch die Reibung, die das Erddruckprisma an den stehenbleibenden Sandteilen erfährt, stark vergrößert. Bei den Versuchen mit rauher Wand im Laboratorium der Technischen Hochschule Hannover wurde der Erddruck bei

[1]) Versuche von G. Lang im Bauingenieurlaboratorium Hannover.

[2]) Vgl. Zeitschr. des hannoverschen Architektenvereins 1917, O. Franzius: Einspannungsmomente bei Bollwerken.

1 m breiter Wand durch die seitliche Wandreibung ungefähr verdoppelt. Hat man es hier mit Doppelbohlen von 80 cm Breite zu tun, dann wird der Erdwiderstand für das unten herausragende Stück auch wenigstens verdoppelt werden. Es ist dabei stets zu untersuchen, ob die Biegungsfähigkeit dieser Kragbohlen nicht überschritten wird.

Ist der Boden lose, wie z. B. ganz trockener Sand, dann ist das Verfahren nicht ratsam, weil dann eine solche Kragbohle durch den Boden hindurchpflügen kann. Der Boden weicht seitlich vor der Bohle aus und schließt sich hinter ihr zusammen. Da in diesem Falle der Erddruck auf vier Bohlen auf der Fläche von 3 m bis 3,37 m bedeutend größer sein dürfte als der auf einer einzelnen Bohle von 3 bis 4,5, wäre das Hinunterrammen der ganzen Wand auf die mittlere Tiefe von 3,37 vorzuziehen. Solche Bodenarten sind aber verhältnismäßig selten, in den meisten Fällen wird das Tieferrammen einzelner Bohlen verbilligend wirken.

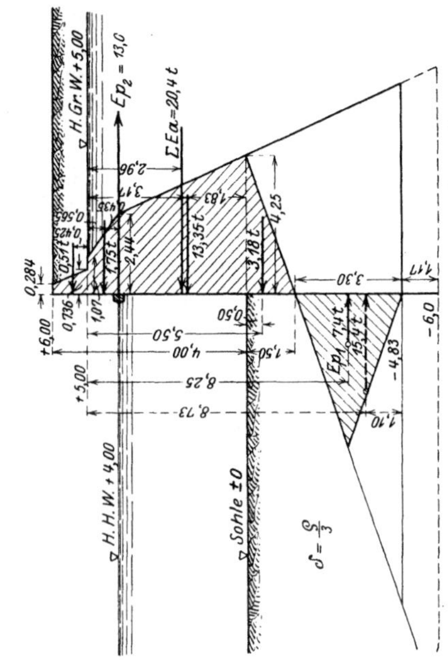

Abb. 914. Berechnung für rauhe Wand $\left(\delta = \frac{\varrho}{3}\right)$.

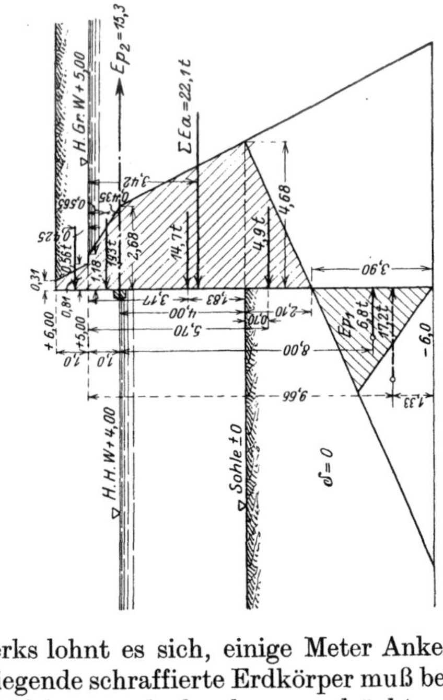

Abb. 913. Berechnung für glatte Wand (Winkel $\delta = 0$).

Abb. 913 u. 914. Berechnung einer veränderten Spundwand für verschieden große Wandreibungswinkel. Maßstab 1 : 250.

Wird nun eine Spundwand (oder auch eine Mauer auf nur Druckpfählen mit Spundwand, Rouen) an einer Ankerplatte verankert, dann muß die Lage der Ankerplatte so sein, daß die Gleitflächen des passiven Erddrucks dieser Platte nicht in den aktiven Gleitkörper der Spundwände hineinragen. Es ist aber dabei daran zu denken, daß die benachbarten um einige Grade mehr oder weniger geneigten Gleitflächen sowohl für den aktiven als passiven Erddruck fast die gleichen Erddruckkräfte ergeben wie die theoretischen Maximallinien. Nimmt man an, daß eine um 5° flacher liegende Gleitfläche auch noch annähernd den größten Erddruck ergibt (Abb. 912), Linie DR, dann soll man die passive Begrenzungslinie RF_1 um den gleichen Winkel von 5° mehr als 90° ausschlagen lassen. Die Ankerplatte P wird dann so gelegt, daß ihre untere Kante, die Linie RF_1 gerade berührt. Bei den großen Kosten einer hohen Mauer oder eines hohen Bollwerks lohnt es sich, einige Meter Ankereisen zuzugeben. Der vor der Ankerplatte liegende schraffierte Erdkörper muß bei Eintritt einer Bewegung der Wand durch die Platte nach oben herausgedrückt werden. Es muß dann sein $E_{p2} > Z_2$. Hierin liegt aber wieder ein Fehler zugunsten der Sicherheit. Denn wenn der Streifen $RF_1F_2R_1$ herausgedrückt werden sollte, dann entsteht eine Reibung an der Fläche R_1F_2, die eine Vergrößerung des passiven Erddruckes

E_{p2} erzeugen würde. Oder es wird das Dreieck $R_1 R_2 F_2$ von der oberen Gleitfläche $F_2 R_1$ mit nach oben herausgenommen, dann wirkt der ganze Erddruck $R_2 F_1$ 0 auf die Ankerplatte. In allen Fällen ist praktisch der Erddruck auf die Ankerplatte wesentlich größer, als ihn das Erddruckbild vor der Platte angibt. Hierin dürfte der Grund liegen, daß man bisher noch nichts über ein Vorrücken der Ankerplatten gehört hat, während das Vordrücken des Spundwandfußes keine sehr seltene Erscheinung ist.

Die Einwirkung der Anlage einer rauhen Wand gegenüber einer glatten zeigt Abb. 914, die mit Abb. 913 zu vergleichen ist. Durch Annahme eines Reibungswinkels, z. B. von $\delta = \frac{\varrho}{3}$, nimmt der passive Erddruck stark zu, während der aktive nur um sehr wenig kleiner wird. Beide Änderungen wirken aber im Sinne der Vergrößerung der widerstehenden und Verkleinerung der angreifenden Kräfte. Man kann in diesem Falle mit einer Rammtiefe von 4,83 m statt 6 m auskommen. Dieses Beispiel zeigt, wie theoretisch falsch es ist, bei Bollwerken mit glatter Wand zu rechnen. Wenn man es tut, soll man sich dessen bewußt sein, daß man damit einen großen Sicherheitsfaktor in die Berechnung hineingebracht hat. Besser ist es aber, bei der endgültigen Durchrechnung einer solchen Wand mit einem entsprechenden Reibungswinkel zu rechnen.

Bei ansteigendem Gelände ist es oft nicht möglich, eine Wand an einer Platte zu verankern, dann muß der Ankerzug Z von einem Bock aufgenommen werden. Dieser Bock steht entweder hinter der Wand, oder es wird eine Bockpfahlreihe vor die Wand gerammt, dann wirkt die Wand als Zugpfahlreihe. Die Zerlegung der Kraft Z nach der Richtung der Bockpfähle bietet nichts Neues.

Bollwerke werden vielfach zweiteilig ausgeführt. Auf einen unteren Teil wird ein oberer aufgeständert. Die Berechnung bietet auch hier nichts wesentlich Neues. Der obere aufgeständerte Teil wird unter dem Einfluß der oberen aktiven Erddruckkräfte E_{a_0}, wie ein Balken auf zwei Stützen berechnet, es ergeben sich die Auflagerkräfte Z_0 und $\Delta_1 Z_u$, aus der Erddruckkraft E_{au} ergibt sich die Ankerkraft $\Delta_2 Z_u$, so daß $Z_u = \Delta Z_u + \Delta_2 Z_u$ wird. Der untere Gegendruck E_p wird bei dieser Ausführung kleiner als bei einheitlicher Wand, man kann leichter den Nachweis einer genügenden Standfestigkeit gegen Herausschlagen der Wand unten führen, als bei ungeteilter Wand, braucht aber eine stärkere Verankerung für beide Anker zusammen genommen.

3. Berechnung von Mauern.

α) Massive Mauern (Abb. 915).

Die Mauern haben vielfach eine schräge Rückwand, wobei es gleich ist, ob sie eine schräge Ebene oder Treppe bildet. Es empfiehlt sich, die vereinfachte Rechnung mit Ansatz des Erddrucks auf eine senkrechte glatte Wand hinter der Mauer, die aus den Tafeln entnommen werden kann, aber unter $\delta = {}^1/_3\,\varrho$ angesetzt wird. Die schräge Rückwand wird durch Ansatz des Erdgewichtes G_2 berücksichtigt. Die Wirkung von E_a und G_2 zusammen ist ähnlich der einer unmittelbar auf die Rückwand wirkenden schrägen Erddruckkraft E_a.

Bei solchen schweren Mauern spielt meist der passive Gegendruck E_p keine solche entscheidende Rolle wie bei Bollwerken. Wenn die Mittelkraft aller aktiven Kräfte R gegen die Senkrechte unter einem Winkel α, der kleiner ist als der Reibungswinkel unter Wasser zwischen Mauer und Baugrund, in den Untergrund eintritt, dann ist die Mauer gegen Verschiebung sicher. Man wird im allgemeinen verlangen, daß dieser Winkel α den möglichen Winkel nur zu ${}^2/_3$ erreicht. Nur wenn man an die Grenze dieses Reibungswinkels kommt, dann tritt der passive Erddruck in Erscheinung, vorher bleibt er unwirksam. Die Reibungswerte für Beton auf feinem Sand unter Wasser (Korngröße 0,5 bis 1,5 mm ∅) können nach Versuchen des Verfassers in Hemelingen bei Bremen für geringe Flächendrücke (0,13 kg/qcm) zu etwa 0,6, für größere Flächendrücke (bis 0,64 kg/qcm) zu 0,5 angenommen werden. Es sind das die Reibungswerte der Bewegung. Danach scheint eine Abnahme des Reibungswertes mit Zunahme des Einheitsdruckes einzutreten. Die Versuche ergaben aber bei größeren Flächendrücken kein weiteres Abnehmen der Reibungswerte. Für groben Kies unter Wasser darf man wahrscheinlich mit 0,6 als Reibungswert auch bei Drücken von 5 kg/qcm rechnen. Man wird selbstverständlich hiervon nur einen Teil als zuverlässigen Reibungswert einführen, um so eine Sicherheitsziffer zu haben. Will man aber die Größe der Sicherheit gegen Verschieben wissen, dann muß man alle Kräfte einsetzen, aber auch den ganzen Reibungswert, wie er oben gegeben ist. Bei nassem Ton- oder Lehmboden darf man wahrscheinlich nicht mehr als 0,3 als Reibungswert einsetzen[1]). Massive Mauern stehen entweder unmittelbar auf dem tragfähigen Untergrund oder auf Pfählen (niedriger Pfahlrost), wobei die eigentliche Mauer bis unter die Hafensohle hinabreicht. Diese Mauern können mit den aufgelösten neuen Konstruktionen den Wettbewerb nicht aushalten. Sie sind fast stets zu teuer.

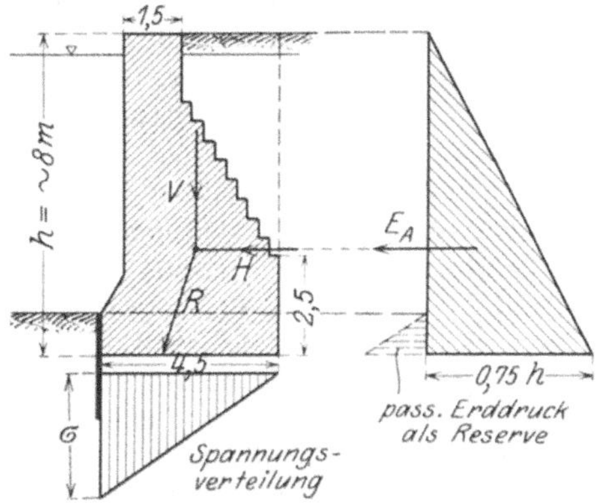

Abb. 915. Massive Mauer. Maßstab 1 : 250.

β) Aufgelöste Mauern, Winkelstützmauern (Abb. 916—917).

Es werden die Bilder der Mauern ohne und mit wagerechter Mittelrippe einander gegenübergestellt, beide mit senkrechtem Versteifungsrippen. Es wird letztere Wand untersucht. Bis zum Punkt *B* ist der Erddruck wie auf jede

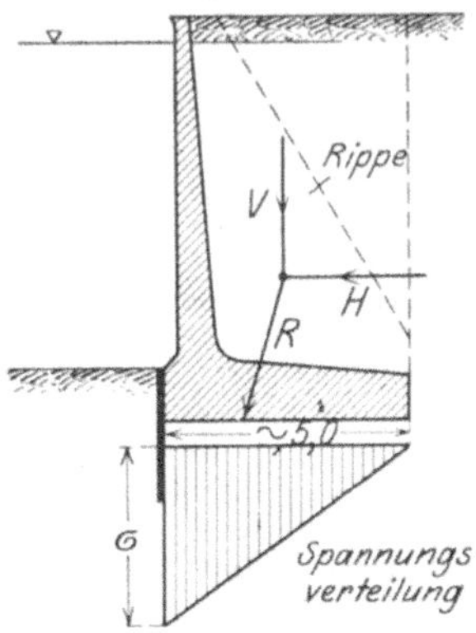

Abb. 916. Winkelstützmauer. Querschnitt.

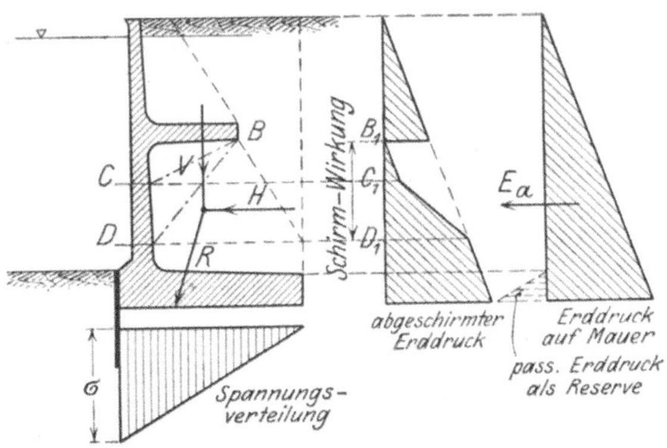

Abb. 917. Winkelstützmauer mit wagerechter Mittelrippe.

andere Mauer anzusetzen. Unter *B* macht sich eine Abschirmung des Erddruckes bemerkbar. Oberhalb der natürlichen Böschungslinie B_1E, die man durch *B* zur Wand zieht, kann kein Boden von oben her nachdrücken,

[1]) Vgl. Gutachten der 8 Sachverständigen zur Frage der Erbauung der neuen Straßenbrücke über den Rhein bei Köln-Mülheim, darin Einzelgutachten Franzius. Veröffentlicht von der Firma Friedrich Krupp, Rheinhausen, April 1927.

weil auf dieser Böschungslinie kein Boden mehr abrutscht[1]). Es kann somit der Druck unter der Rippe bis zum Schnitt dieser Böschungslinie mit der Mauerhinterkante C nur so sein, als ob unter der Rippe die Geländeoberfläche läge. Die Rippe nimmt das Gewicht der darüberliegenden Erde auf und überträgt es an anderen Stellen in die Mauer, nicht aber in die Vorderwand. Zeichnen wir ferner die gefährlichste Gleitfläche durch B, welche die Wand in D schneidet, dann sehen wir, daß unterhalb dieser Gleitfläche, wie es auch eingezeichnet ist, die Erde von obenher ganz abrutschen kann. Hierbei wird die Reibungskraft an der Fläche BD von oben gerechnet, die die Ausbildung des maximalen Erddrucks verhindern würde, auch ganz auf die Mauer übertragen, so daß man zur Vereinfachung mit dem Auftreten des ganzen größten Wertes des Erddruckes rechnen kann. Unterhalb von D wirkt somit auf die Wand der Erddruck so, als ob die Querrippe nicht bestände. Zwischen den Punkten C_1 und D_1 des Druckbildes muß der Erddruck nach irgendeiner Kurve übergehen. Es wird gewöhnlich die gerade Linie als Verbindung eingezeichnet, da sie fast die gleiche Wirkung hat, wie eine Kurve. Die Rippen werden durch die daraufliegende Erdlast belastet, so daß die Wand einschließlich der Erdlast ein großes Gewicht, ähnlich wie eine volle Mauer bekommt. Die Berechnung hat sonst keine Besonderheiten. Die Standfestigkeit der Gesamtmauer wird durch die Querrippe nicht geändert, vgl. die beiden Bilder.

γ) Mauern auf Brunnen.

Die Brunnengründung wird dann angewendet, wenn ein guter Baugrund in nicht zu großer Tiefe erreicht werden kann, z. B. 12—15 m unter dem Bauwasserstand. Liegt der Baugrund tiefer, dann kann die gleiche Auflösung der Mauer in einzelne Pfeiler vorgenommen werden, es müssen dann die Pfeiler aber unter Preßluft mit verlorener Arbeitskammer abgesenkt werden.

Die Berechnung für die Mauer gliedert sich in die beiden Teilberechnungen der einzelnen massiven Pfeiler bis zur Maueroberkante und Berechnung der Lücken, die durch Spundwände geschlossen sind (Abb. 918a bis e).

Der erste Teil bietet keine Sonderheiten, der zweite Teil ist nach Besprechung der Bollwerke ohne weiteres durchführbar. Man geht am einfachsten so vor, daß man die trapezförmige Lücke in ein Rechteck von gleicher Fläche verwandelt, dann berechnet man, genau wie bei aufgeständertem Bollwerk, den unteren Teil der Wand. Die Wand ist dabei oben gegen das Gewölbe gelagert, man wählt als theoretische Auflagerlinie eine Linie in mittlerer Höhe des Gewölbes. Es wird dann zur Berechnung der Standfestigkeit der Pfeiler die Größe des Auflagerdruckes am Spundwandkopf, entsprechend der Kraft Z bei Bollwerken berechnet (Spundwand hinten). Diese Kraft für die ganze Breite der Lücke wirkt dann auf einen Pfeiler als Einzelkraft. Das Berechnungsbild sieht dann aus wie Abb. 918c u. e, die Stützmauer auf der Brunnenabdeckplatte wird wie jede massive Mauer berechnet, die Erdauflast wirkt als Gewicht.

Brunnenmauern können nicht für 1 m Länge berechnet werden, sondern müssen für ein volles Feld von Mitte Pfeiler bis Mitte Pfeiler durchgerechnet werden. Die obige Berechnung gilt für Mauern mit hinten liegender Spundwand, wie sie heute durchweg ausgeführt werden. Man nutzt dabei den Vorteil der Böschung zwischen den Brunnenpfeilern aus, so daß die Spundwand verhältnismäßig kurz mit geringer Biegungslänge wird.

Bei weichem Boden mit sehr kleinem Böschungswinkel ist diese Bauart aber nicht vorteilhaft, dort empfiehlt es sich, die Spundwand nach vorn zu legen, wie man es vielfach bei Mauern auf hohem Pfahlrost macht (Abb. 919a bis d). Man gewinnt dann viel dadurch, daß man die Abdeckplatte der Brunnen nicht als Gewölbe, sondern als Eisenbetonplatte baut und nach hinten um ein Stück auskragt. Die Auskragung muß zur Erzielung der vollen Wirkung auch ein Stück nach der Seite hin erfolgen. Man bekommt dann durch diese Auskragung die Schirmwirkung, wie sie in Abb. 919b gezeichnet ist. Zudem erhalten die Pfeiler noch eine Einspannung an dem Teil des Körpers, der unterhalb der Gleitfläche liegt. Die hier auftretenden Reibungskräfte an den Seitenwänden der Brunnen erhöhen die Standsicherheit.

[1]) Voraussetzung ist, daß sich unter dem Druck der überliegenden Schichten nicht die natürliche Böschung ändert, sie kann aber flacher werden.

Im allgemeinen sind Mauern auf Brunnen den Pfahlbockmauern wirtschaftlich unterlegen.

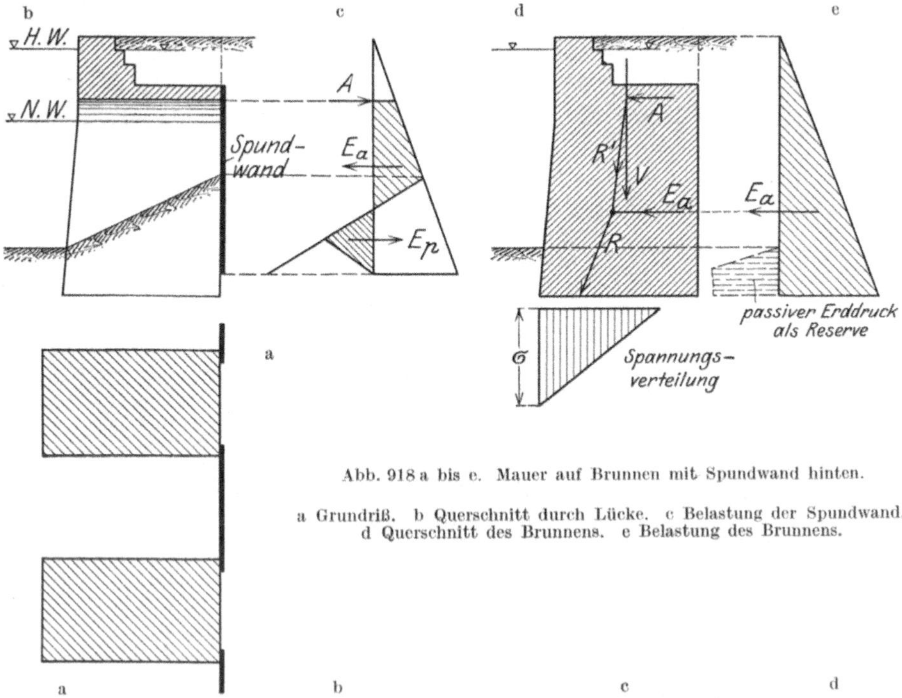

Abb. 918 a bis e. Mauer auf Brunnen mit Spundwand hinten.

a Grundriß. b Querschnitt durch Lücke. c Belastung der Spundwand. d Querschnitt des Brunnens. e Belastung des Brunnens.

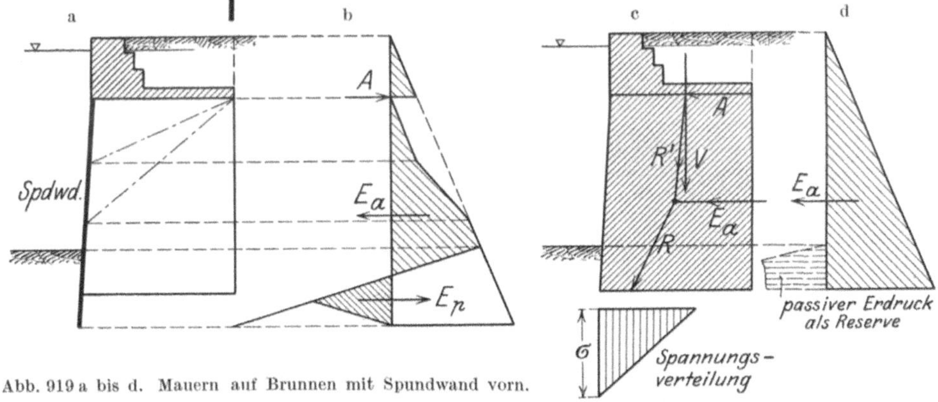

Abb. 919 a bis d. Mauern auf Brunnen mit Spundwand vorn.

a Querschnitt durch Lücke. b Belastung der Lücke. c Querschnitt durch Brunnen. d Belastung des Brunnens.

δ) Mauern auf hohem Pfahlrost mit Böcken.

Die Mauern auf hohem Pfahlrost haben die Mauern auf Brunnen so gut wie verdrängt. Die Mauern (Abb. 920a u. b) bestehen aus einem Mauerkopf, der von einem Pfahlbocksystem getragen wird. Da die Kraft oft nicht von einer einzigen Bockreihe getragen werden kann, hat man viele Druckpfähle in einer Reihe quer zur Mauervorderfläche, dann eine Reihe Zugpfähle, dann wieder Druckpfähle usw., gerammt, die zusammen so wirken sollen wie mehrere Bockreihen hintereinander. Der Abschluß der Erde gegen den Hafen muß durch eine vorn oder hinten liegende Spundwand oder Pfahlwand [Hamburger Mauern[1])]

[1]) In Hamburg wird bei dicken Wänden (z. B. 30 cm) nicht gespundet, sondern nur die rechteckigen Pfähle gerammt. Die Erfahrung hat ihre genügende Dichtigkeit erwiesen.

geschehen. In Abb. 920 ist so gerechnet, als ob gleich viel Druck- und Zugpfähle nötig wären, tatsächlich sind meist wesentlich weniger Zugpfähle erforderlich. Die Berechnung der Spundwand erfolgt jetzt genau wie bei dem Bollwerk. Es ergibt sich die Auflagerkraft Z am Kopf der Spundwand. Ist die Spundwand auch in der Senkrechten so fest mit der Mauer verbunden, daß sie senkrechte Kräfte auf den Mauerkopf übertragen kann (aber nur dann), muß man die senkrechte Komponente des schrägwirkenden Erddrucks als Belastung

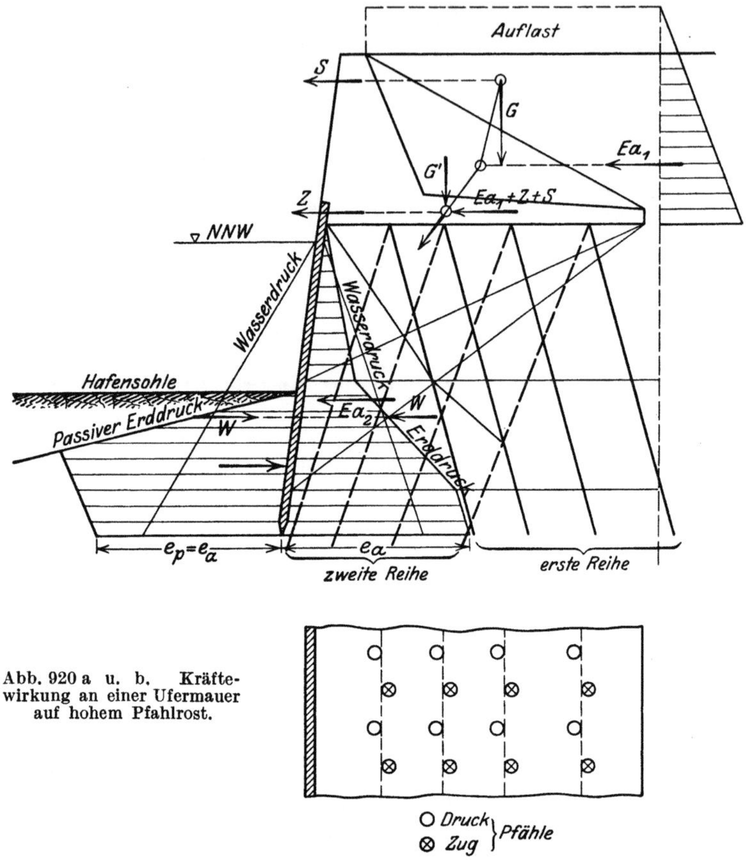

Abb. 920 a u. b. Kräftewirkung an einer Ufermauer auf hohem Pfahlrost.

für die Mauer rechnen. Man muß sie rechnen, wenn sie ungünstig wirken, wie es meist bei vorn liegender Spundwand der Fall ist[1]). Man zerlegt alle Kräfte am besten nach der senkrechten und wagerechten Richtung. Die wagerechte Mittelkraft der Erddruckkräfte, die auf den Mauerkopf wirken soll, dazu der größte Trossenzug S, wird mit den senkrechten Kräften, dem Mauer- und Erdgewicht zusammengesetzt. In dem Schnittpunkt der Resultante R mit der Verbindungslinie der Pfahlböcke wird R wieder nach der Senkrechten und Wagerechten zerlegt. Die wagerechte Kraft $E_{a_1} + S$[2]) wird mit der Auflagerkraft der Spundwand Z zusammengesetzt. Die Kraft $W = E_{a_1} + S + Z$ muß nun durch die Pfahlböcke aufgenommen werden. Voraussetzung ist, daß W durch den theoretischen Schnittpunkt der Bockköpfe geht. Das kann dadurch erreicht werden, daß man alle Pfähle genau symmetrisch um den Mittelpunkt gruppiert. Man kann

[1]) Man hat die Spundwand auch in der Mitte der Mauer angebracht, stört dadurch aber die Ausbildung des Pfahlrostes.

[2]) Der Trossenzug des Schiffes darf je nach der Stärke des Mauerkopfes auf eine Länge von 10—20 m verteilt werden, so daß auf 1 m Mauer nur ein kleiner Bruchteil entfällt.

sich dann alle Druckpfähle durch einen durch diesen theoretischen Mittelpunkt gehenden Druckpfahl ersetzt denken, die Zugpfähle desgleichen. Wie sich nun die Kraft W auf die einzelnen Böcke verteilt, kann genau nur durch Elastizitätsuntersuchungen geklärt werden. Solche sind angestellt worden[1]), haben aber einen nur sehr beschränkten praktischen Wert. Man hat deshalb die vereinfachte Annahme gemacht, daß bei n Pfahlböcken auf jeden Bock $\frac{W}{n}$ wirke. Sind z. B. fünf Druckpfähle, aber nur drei Zugpfähle vorhanden, dann gehören theoretisch immer $\frac{5}{3}$ Druckpfähle und ein Zugpfahl zusammen. Man zerlegt jetzt $\frac{W}{n}$ nach der Richtung des Druck- und Zugpfahles und erhält in den Pfählen die Druck- und Zugkräfte aus den wagerechten Kräften.

Nun sind noch die Pfahlkräfte aus den senkrechten Kräften zu finden. Schneidet die Mittelkraft R die Grundlinie des Pfahlrostes in N (Abb. 921 a bis c), dann zeichnet man das Druckbild für den Pfahlrost nach der Kernpunktlehre und zerlegt es nach den Abständen der einzelnen Pfahlböcke, so daß man das zu jedem Bock gehörende Teilstück des Druckbildes bekommt. Die Zerlegung geschieht so, daß die Bockspitze senkrecht unter dem Schwerpunkt des jeweiligen Drucktrapezes liegt. Nun wird die senkrechte Druckkraft für einen jeden Bock zerlegt, man erhält in beiden Pfählen des Bockes Druckkräfte. Sie werden jetzt mit den Kräften aus den wagerechten Kräften zusammengesetzt mit der Wirkung, daß die Kraft in den Druckpfählen sich zu einer größeren Kraft vereinigt, daß aber die Druckkräfte von den Zugkräften in den Zugpfählen abgezogen werden müssen, die Kräfte also in den Zugpfählen viel kleiner werden. Hierin liegt der Grund, daß man meist mit weniger Zugpfählen als Druckpfählen auskommen kann, daß zum wenigsten die Zugkräfte kleiner sind als die Druckkräfte. Wenn man trotzdem früher vielfach ebenso viel Zugpfähle angewendet hat (Lübeck, Bremerhaven), dann lag das daran, daß man die Mauer nicht breit genug machte und daß man den Zugpfählen nicht die gleiche Widerstandskraft zutraute wie den Druckpfählen. Kann z. B. ein Druckpfahl von 30 cm Durchmesser, der 5 m in gutem Sandboden steht, wenigstens 30 t tragen, dann traut man einem solchen Zugpfahl z. B. nur 20 t Zug zu[2]).

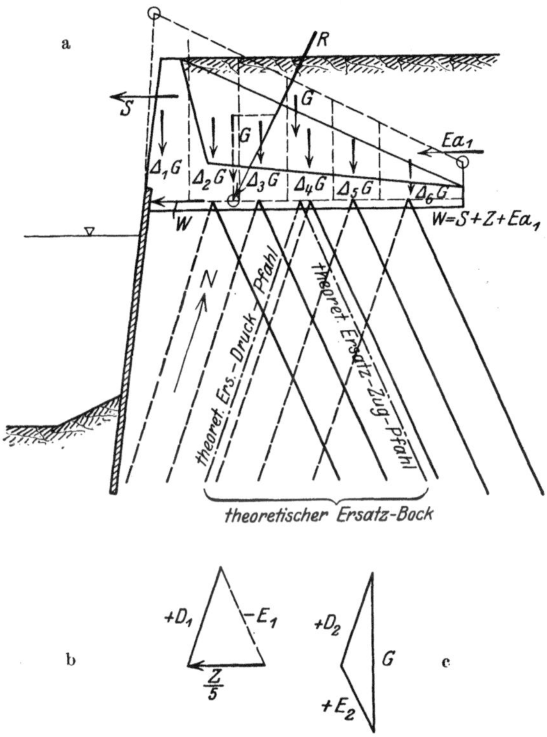

Abb. 921 a bis c. Kraftwirkungen an einer Ufermauer auf hohen Pfahlrost.

Die Auflösung nach wagerechten und senkrechten Kräften hat bei **hinten liegenden** Spundwänden den Vorteil, daß bei der Entwurfsarbeit Änderungen

[1]) Siehe Schulze: Seehafenbau. [2]) Vgl. aber hierzu die Formeln von Dörr.

in der Mauerbreite die wagerechten Kräfte wenig beeinflussen, es ändern sich nur die senkrechten Kräfte durch Vergrößerung des Gewichtes des Mauerkopfes und der Erdauflast. Man kann dadurch die Wirkung einer breiten Anordnung leichter erkennen, als wenn man mit der schrägen Resultierenden aller Kräfte arbeitet. Eine große Entwicklung der Mauer nach der Breite erzeugt große senkrechte Lasten und verringert bei hinten liegender Spundwand infolge Höhersteigens der Böschung vor der Spundwand den Erddruck auf letztere, so daß sie kürzer werden kann. Wir haben darin ein Mittel, die Zahl der Druckpfähle zu vermehren, die der Zugpfähle zu verringern (Mauern in Rotterdam, Bremen usw.). Für den geübten Entwurfsingenieur ist jedoch das Entwerfen mit der Resultierenden aller Kräfte das Zweckmäßigere.

Am einfachsten sind die Verhältnisse bei hinten liegender Spundwand. Sie bekommt den ganzen Erddruck ohne Abzug, sie kann wegen des unter der Mauer liegenden Böschungskeiles kürzer werden als eine vorn liegende; die Pfähle

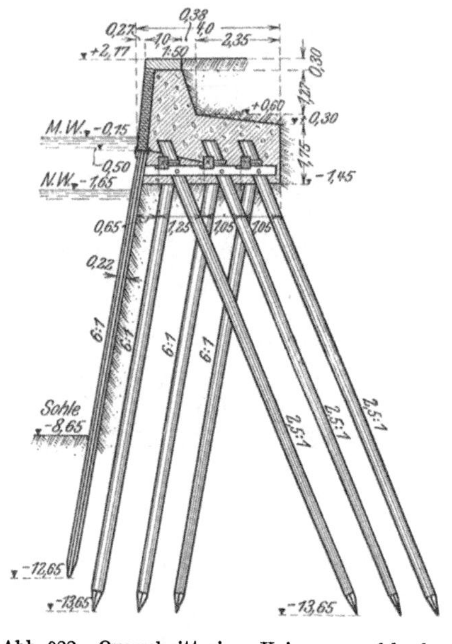

Abb. 922. Querschnitt einer Kaimauer auf hochliegenden Pfahlrost in Lübeck. Maßstab 1 : 230.

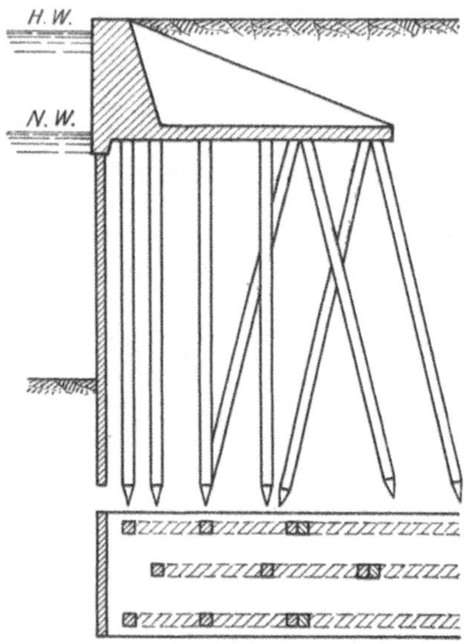

Abb. 923 a u. b.

tragen in voller Stärke mit dem im Boden steckenden Teil; vgl. Abb. 950 u. 951, S. 724 und Abb. 956 a u. b, S. 727. Eine vorn liegende Spundwand dagegen (Abb. 947—949, 953 u. 954) ermöglicht einen erdgefüllten statt eines wassergefüllten Raumes unter der Mauer. Die Pfähle stehen dabei auf der ganzen Länge im Boden, statt nur mit dem oberen Teil. Der obere Boden kann zwar für die Tragfähigkeit der Pfähle nicht mit dem ganzen Widerstand eingesetzt werden, wie der Teil, der unter der natürlichen Böschung liegt, da er bei einer Bewegung der Mauer auf der Gleitfläche abrutscht. Die Tragfähigkeit der Pfähle wird aber doch wesentlich verstärkt werden, denn auch in dem sich etwa bewegenden Bodenteil finden die Pfähle Reibungswiderstand. Man wird wenigstens die halbe Widerstandskraft gegen Eindringen für diesen Bodenteil rechnen müssen. Für die vordere Spundwand stellen sich ganz besondere Verhältnisse ein. Der Boden wird durch den eingerammten Wald von Pfählen am freien Abrutschen gehindert. Ein großer Teil des Erddruckes wird unmittelbar von den Pfählen selbst aufgenommen (Abb. 923 b). Die schraffierten Streifen können nicht abrutschen, da sie überall auf die Pfähle stoßen, nur ein kleiner Teil zwischen dem vordersten Pfahl und der Spundwand kann einen ungehemmten Druck auf die Spundwand ausüben. Die nicht schraffierten Teile zwischen den Pfahlreihen sind aber auch nicht frei, sondern müssen, ehe sie abrutschen können, die Reibung an den stehenbleibenden „Erd- und Pfahlwänden" überwinden. Setzt man die Reibungsflächen entsprechend den möglichen Erddrücken ein, so erhält man oft Druckkräfte auf die Spundwand, die nur noch $^1/_4$—$^1/_3$ der freien Erddrücke betragen. Der größte Teil müßte von den Pfählen aufgenommen werden. Hierbei werden sich die Pfähle zweifellos stark durchbiegen, knicken können sie aber sehr schwer, da sie allseitig vom Boden umgeben sind. Die Knickgefahr ist aber ohne jede Frage vergrößert.

Es steht aber außer Zweifel, daß niemals die Spundwand allein alle Erddrücke aufnimmt, sondern das zusammengesetzte System Bockpfähle und Spundwand. Aus diesem Zusammenwirken ist es zu erklären, daß viele Spundwände, die theoretisch nicht halten könnten, trotzdem genügend stark gewesen sind. Aber auch hierin liegt die Möglichkeit, mit den Beanspruchungen für die Spundwände hochzugehen. Man darf sie wenigstens bis an die Elastizitätsgrenze, wenn nicht noch höher, beanspruchen, sobald man den ganzen Erddruck als unmittelbar auf die Spundwände wirkend ansetzt.

Bei vorn liegenden Spundwänden wird eine Schirmwirkung, wie bei den Winkelstützmauern (Abb. 917, S. 707) und Brunnenmauern (Abb. 919) erzeugt, so daß die Spundwand eine sehr merkliche Entlastung erfährt.

Eine heute sehr beliebte Mauerform ist die Mauer mit vorn liegenden Spundwänden und einfachem Pfahlbock hinten (Abb. 924). Diese Bauweise wird heute vielfach in Eisenbeton, gegebenenfalls mit hölzerner oder eiserner Spundwand, aber auch viel mit Eisenbetonspundwand ausgeführt. Bei Ausführungen ganz in Eisenbeton entsteht der Vorteil, daß alle Bauglieder innig miteinander biegungs- und druckfest verbunden werden können. Die Bauart ist sehr durchsichtig und klar. Die Berechnung ist besonders einfach.

Man setzt alle Kräfte auf die Spundwand, soweit sie nach oben in die Grundplatten wandern, mit den oberen Kräften zu einer Ersatzkraft R_1 zusammen und hat nun diese Kraft nach 3 Richtungen zu zerlegen. Man wendet das Verfahren von Culmann an. Man bringt R_1 mit der Spundwand zum Schnitt und verbindet diesen Punkt mit dem Pfahlkopf durch R_2. Dann zerlegt man R_1 nach den Richtungen der Spundwand und von R_2, die beide Druckkräfte sind (Abb. 924c). Dann wird R_2 nach den Richtungen der Bockpfähle zerlegt. Damit ist das ganze System eindeutig berechnet. Irgendwelche Annahmen über Verteilung der Kräfte sind nicht nötig, man ist sicher, daß, abgesehen von Nebenspannungen, die Kräfte mit viel größerer Wahrscheinlichkeit so wirken, wie man sie errechnet hat, als bei den anderen Bockmauern. Das, was an den Mauern mit vielen Böcken jedoch wieder beruhigend wirken könnte, ist, daß das Material bei Verwendung von Holzpfählen so elastisch und dehnbar ist, daß irgendeine Überanstrengung einer Pfahlreihe von dieser mit gewissen Bewegungen beantwortet wird, die zur Folge hat, daß die zu großen Kräfte auf andere Pfähle übertragen werden. Besser ist es aber immer, eine möglichst große Übereinstimmung zwischen Rechnung und Konstruktion zu schaffen.

Diese verlangte Übereinstimmung ist bei Mauern mit vielen Böcken nicht möglich. Auch die ganz gewöhnlichen Setzungen solcher Mauern ergeben ganz andere Druckverhältnisse in den Pfählen als sie errechnet wurden. Die vorderen Pfähle können ein Vielfaches, die hinteren nur Bruchteile der errechneten Kräfte erhalten. Jede Mauer muß unter dem Einfluß der wagerechten Kräfte eine Kippung machen. Sie erfolgt an dem Punkt des stärksten Widerstandes. Dieser ist der Pfahlbock oder theoretische Pfahlbockersatz. Die Drücke auf die reinen Druckpfähle müssen dann in irgendeinem Verhältnis zu ihrer Bewegung stehen. Diese Bewegung der Druckpfähle muß sich aber verhalten wie ihre Abstände von dem Punkt des stärksten Widerstandes. Die Druckkräfte in den Pfählen müssen sich bei elastischer Veränderung, mit der gerechnet werden muß, entsprechend verhalten. Es ist durchaus dahin zu streben, daß die Druckpfähle an der Vorderkante, die Böcke an der Hinterkante der Mauer angehäuft werden.

Die genaueren Überlegungen und Berechnungsarten sind im Werke Grundbau 1927 des Verfassers, S. 242ff., wiedergegeben worden[1]).

Daß die bisherigen Mauern zum großen Teil „stehen" (manche sind auch umgefallen), sagt nichts gegen obige Forderung. Die Pfähle drücken sich dann entsprechend in den Boden ein. Auf Übereinstimmung zwischen Wirklichkeit und Praxis wird aber bei solcher Begründung schon verzichtet. Man will dann die mangelnde „Schläue" des Menschen durch die „Schläue" des Materials ersetzen, ein nicht ungefährliches Vorgehen.

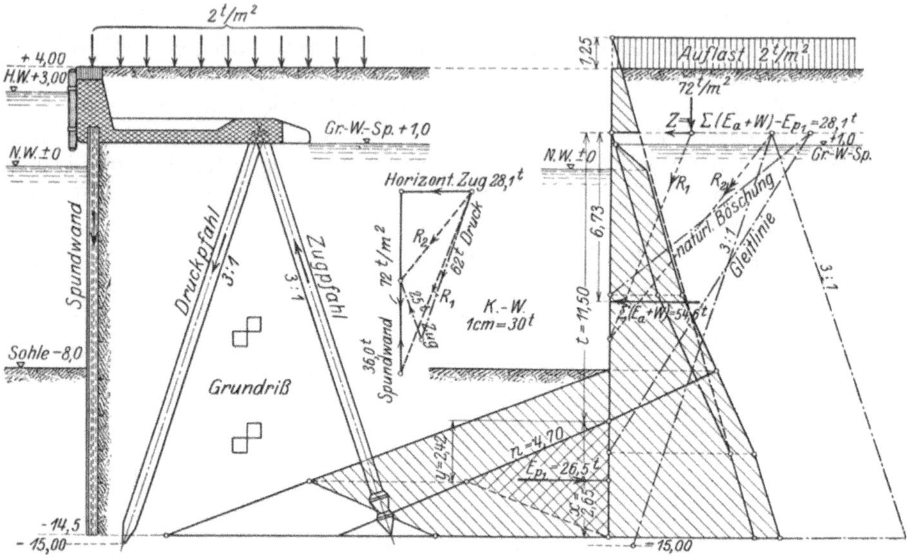

Abb. 924. Berechnung einer leichten Ufermauer. Maßstab 1 : 300. a Schnitt. b Druckverteilung. c Kräftebild.

Mauern auf hohem Pfahlrost nur mit Druckpfählen.

Wenn die Mauern so verbreitert werden, daß die Resultierende aus den senkrechten und wagerechten Kräften sehr steil fällt, so daß man alle Pfähle in die Richtung dieser Resultierenden oder sogar noch schräger stellen kann, dann sind Zugpfähle ganz entbehrlich. Man muß dann nur so viel schräge Pfähle rammen, daß die sehr breite Grundplatte genügend unterstützt ist. Man ist dabei auch mit der Verbreiterung so weit gegangen, daß praktisch fast kein Erddruck auf die Mauer ausgeübt wird, unterstützt dann den vorderen Teil der Mauer nur durch senkrechte Pfähle und den hinteren Teil durch schräge Pfähle (vgl. Abb. 955, S. 722).

4. Beispiele ausgeführter Böschungen, Bollwerke und Ufermauern.

α) Bollwerke.

Die Uferbefestigung durch Böschungen ist oft, manchmal als Zwischenzustand, erforderlich. Abb. 925 zeigt eine solche Böschung in Recklinghausen. Vielfach werden Verladebrücken über die Böschungen gebaut (vgl. Abb. 942, S. 719).

Weiter wird die Ausbildung von Holmen an Bollwerken wiedergegeben. Abb. 926 zeigt die Verankerung einer Larssenwand am Kopf. Der Holm ist in Eisenbeton ausgeführt, die Vorderkante durch ein verankertes Winkeleisen

[1]) Der Grundbau ist später bearbeitet worden, aber früher erschienen.

verstärkt. Für die Auflagerung einer Kranschiene ergibt sich eine Ausbildung nach Abb. 927. Abb. 928 gibt ein älteres Bollwerk aus Holz wieder. Der schräg zurückgelegte Pfahl stützt die Aufständerung. Der ganze Teil unter + 3,2 kann wegen des Flutwechsels als dauerhaft gelten, die Verwendung des Pfahles zur Aufständerung ist aber unzweckmäßig, weil er abfaulen muß. Vgl. dazu die

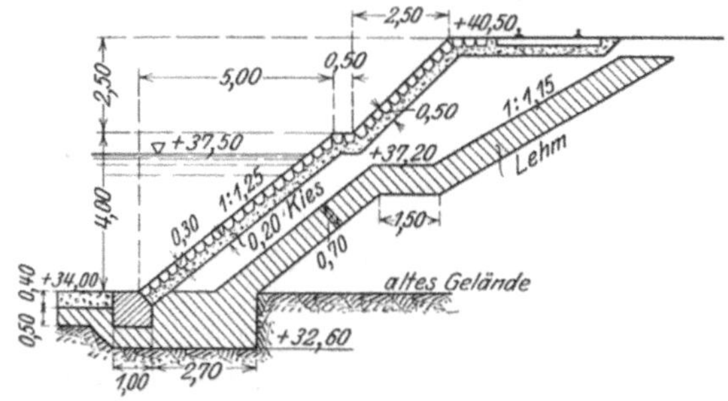

Abb. 925. Böschungsausbildung im Hafen der Gewerkschaft Auguste Viktoria in Hüls (Recklinghausen). Maßstab 1 : 260.

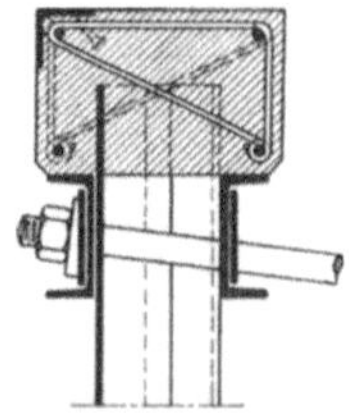

Abb. 926. Verankerung der Larssenspundwand u. Kopfausbildung in Eisenbeton (L a r s s e n).

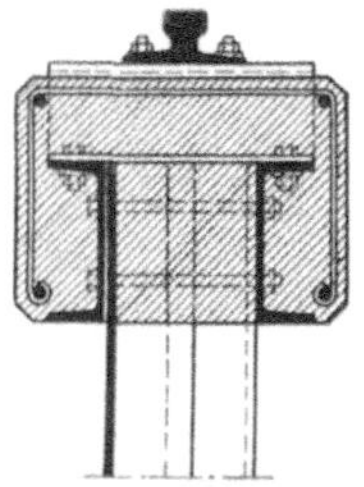

Abb. 927. Kranholm aus Eisenbeton auf einer eisernen Spundwand (L a r s s e n).

Aufständerung Abb. 929. Ebensowenig ist die Verankerung des Pfahles statt des Holmes zu empfehlen. Wieviel einfacher die Ausführung mit Eisenwänden wird, zeigen die Abb. 930, 931 usw. Abb. 930 gibt ein leichtes Bollwerk mit Ankerplatte am Mittellandkanal (Liegestelle Continental) in Hannover wieder.

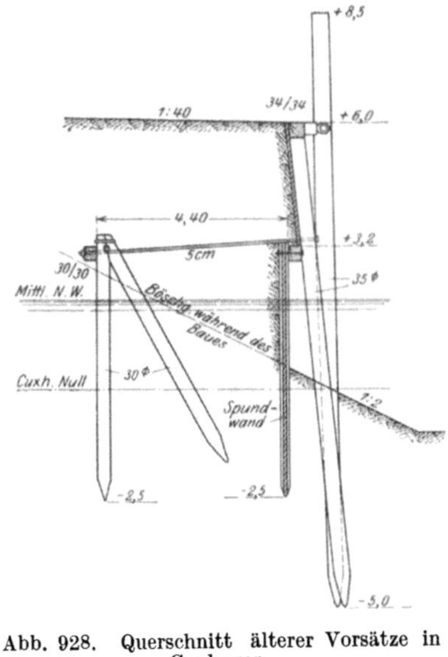

Abb. 928. Querschnitt älterer Vorsätze in Cuxhaven. Maßstab 1 : 200.

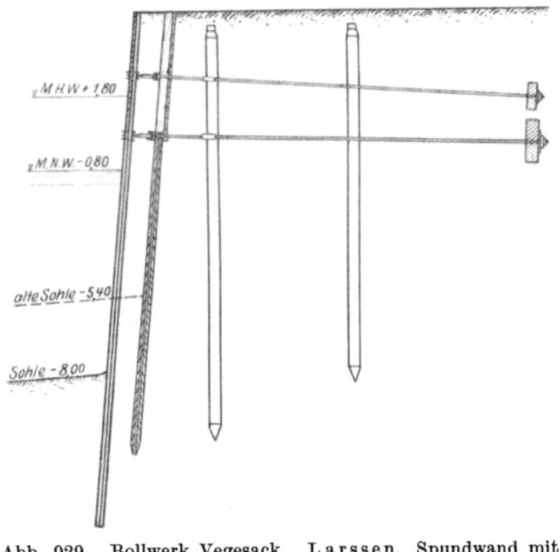

Abb. 929. Bollwerk Vegesack. L a r s s e n. Spundwand mit aufgesetzten Eisenbetonplatten. Die Larssenwand wurde bei der Hafenvertiefung vor das Holzbollwerk gerammt. Maßstab 1 : 290.

Abb. 932 zeigt ein Bollwerk in Eisenbeton mit Bockunterstützung. Die Zugpfähle haben Wulste erhalten. Das Bollwerk steht in dem Ruhrorter Hafen[1]). Bei diesem Bollwerk ist eine gute Verbindung zwischen Spundwand und den Bockpfählen möglich. Die Ausführung eines Bollwerkes mit Eisenbetonspundwänden durch die Firma C h r i s t i a n i N i e l s e n für Aalborg (Dänemark) bei 7,5 m Wassertiefe zeigt Abb. 933. Hier ist besonders die vorsichtige, weit zurückreichende Verankerung bemerkenswert. Auch die bei aufgeschüttetem Boden

[1]) Aus dem Jahrbuch der H.-G. 1918, S. 119.

notwendige Unterstützung der Anker ist hier durchgeführt worden. Daß Holzpfähle bei Einspülung keine Spitze erhalten zu brauchen, sei nebenbei erwähnt[1]).

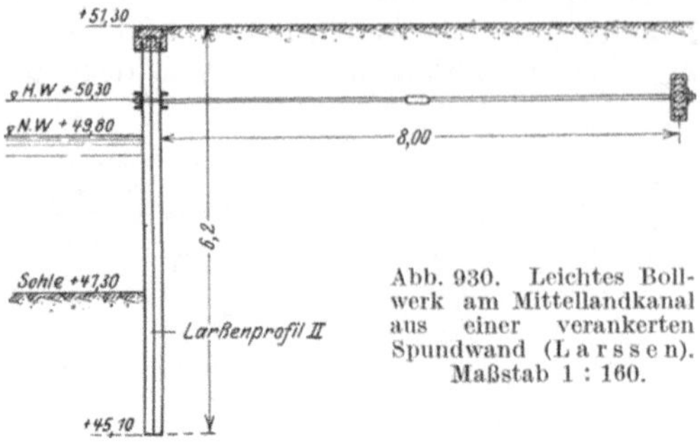

Abb. 930. Leichtes Bollwerk am Mittellandkanal aus einer verankerten Spundwand (Larssen). Maßstab 1 : 160.

Wie vorsichtig man die Ankereisen bei schlechtem Boden unterstützen muß, geht auch aus Abb. 934 hervor. Hier ist auch die starke Ankerplatte bemerkenswert, ebenso, daß man den Poller besonders auf Pfähle gesetzt hat, so daß er nicht auf die Ankereisen drücken kann.

Die Ausführung einer aufgeständerten Wand, die vor einer alten abgängigen Wand für den Bremer Vulkan in Vegesack hergestellt wurde, zeigt Abb. 929. Hierbei ist es wesentlich, daß die alten Verankerungen für das neue Bollwerk wieder verwendet wurde. Die Sohlentiefe

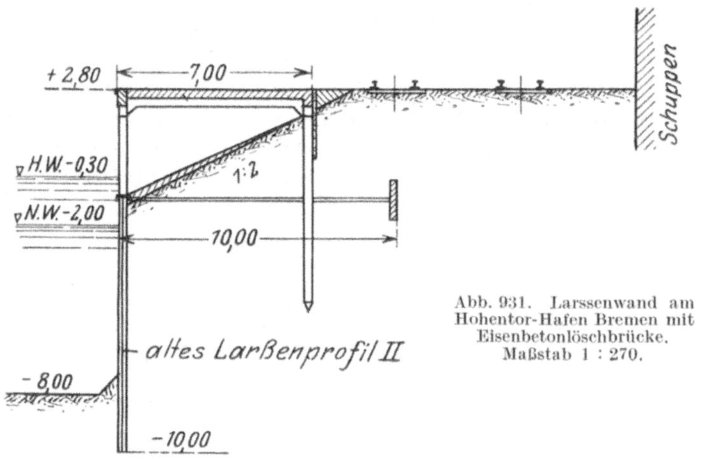

Abb. 931. Larssenwand am Hohentor-Hafen Bremen mit Eisenbetonlöschbrücke. Maßstab 1 : 270.

vor dem neuen Bollwerk ist wesentlich vergrößert worden. Der aufgeständerte Teil besteht aus senkrechten Profileisen, zwischen die Eisenbetonplatten gesetzt worden sind. Die Bohlwand ist vom Hafengelände bis zur Sohle 12,5 m hoch,

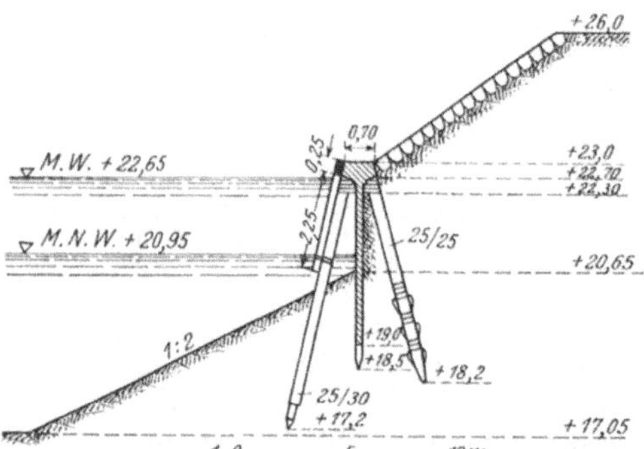

Abb. 932. Bollwerk in Eisenbeton mit Bockunterstützung in Ruhrort. Maßstab 1 : 450.

Abb. 933. Bollwerk mit Eisenbetonspundwand Aalborg, Christiani & Nielsen. Maßstab 1 : 250.

[1]) Von Wichtigkeit ist es, daß auch ohne Spülung von Zander - Magdeburg Tausende von Pfählen an der See ohne Spitze eingerammt worden sind, weil die Zeit zum Anspitzen nicht vorhanden war.

die Spundwand reicht 5,5 m unter die Sohle, verwendet wurde das schwerste Profil Nr. V der Larßenwand. Der Untergrund besteht aus Sand und Kies.

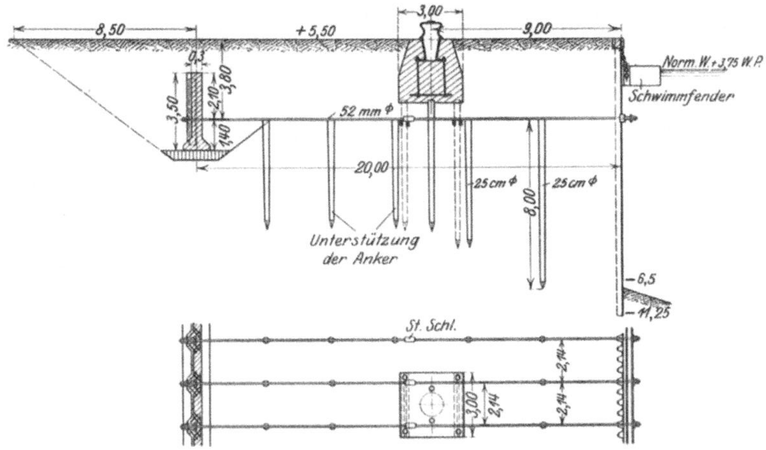

Abb. 934 a u. b. Bollwerk im Hamburger Zwischenhafen.
Die Spundwand ist unten gekürzt, der Fuß liegt auf — 11,25. Maßstab 1 : 350.

In Abb. 935 wird die Ausbildung einer Löschbrücke am Hohentor-Hafen in Bremen gezeigt, die über einem alten hölzernen Bollwerk errichtet wurde. Vorn sind Differdinger Träger eingerammt worden, gegen die sich die alte Wand anlehnt. Hinter die alte hölzerne Spundwand wurde die neue eiserne gerammt und neu nach hinten verankert. Die Sohle sollte nicht vertieft werden, wohl aber das Ufer aufgehöht werden. Die Löschbrücke verlangt hier das Zusammenwirken beider Spundwände, da die neue eiserne nicht tief genug gerammt worden ist. Der Untergrund besteht aus festgelagertem Sande. An anderer Stelle mit vorhandenem altem eisernem Bollwerk war dessen Mitbenutzung möglich (Abb. 931). Hier konnte einfach aufgeständert und damit in Eisenbeton eine neue Kaje geschaffen werden. Die beiden Bilder zeigen die Überlegenheit der Eisenwand.

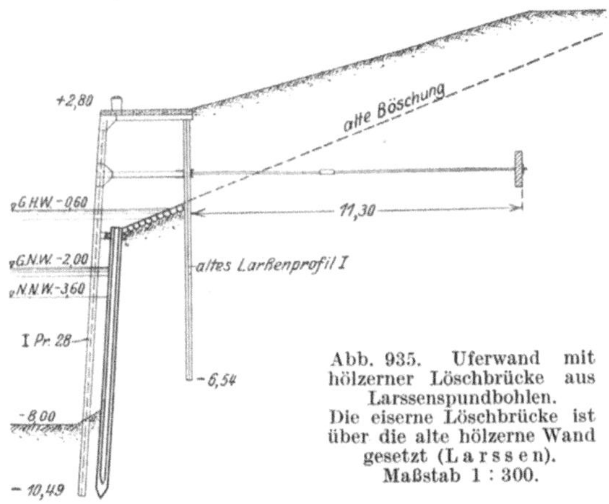

Abb. 935. Uferwand mit hölzerner Löschbrücke aus Larssenspundbohlen.
Die eiserne Löschbrücke ist über die alte hölzerne Wand gesetzt (Larssen).
Maßstab 1 : 300.

β) Massive Mauern.

Die Gründung von massiven Mauern unmittelbar auf dem Untergrund oder auf einem niedrigen Pfahlrost bietet wasserbaulich nichts Bemerkenswertes. Von größerem Interesse sind Gründungen auf Brunnen. Eine derartige sehr schwere Mauer wird durch Abb. 936 wiedergegeben. Hier liegen die sehr ungünstigen Rheinverhältnisse mit 10 m Wasserwechsel vor. Es wurde eine Winkelstützmauern auf Brunnen gesetzt. Die Mauer muß trotz der Brunnen zu den massiven Mauern gerechnet werden. Es werden solche Mauern aber heute vielfach als Senkkastengründung ausgeführt, ähnlich wie es bei Wellenbrechern der Fall ist und zeigen dann interessante Einzelheiten. Die Form der Senkkästen ist dabei eine grundsätzlich andere. Sie werden auch hier meist schwimmend an Ort und Stelle gebracht, wobei Senkkästen auch im schrägliegendem Zustand herangefahren werden. Zweckmäßiger und ungefährlicher erscheint aber das Verfahren des Kastens in der richtigen Stellung. Das Bild eines solchen Senk-

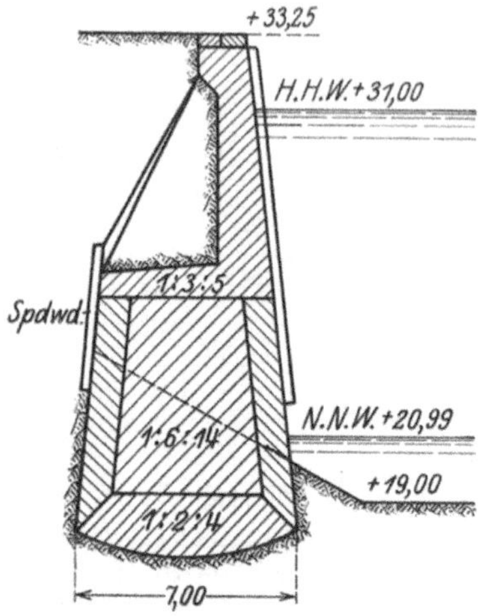

Abb. 936. Ufermauern im Hafen der Mannesmannröhrenwerke am Rhein. Maßstab 1 : 300.

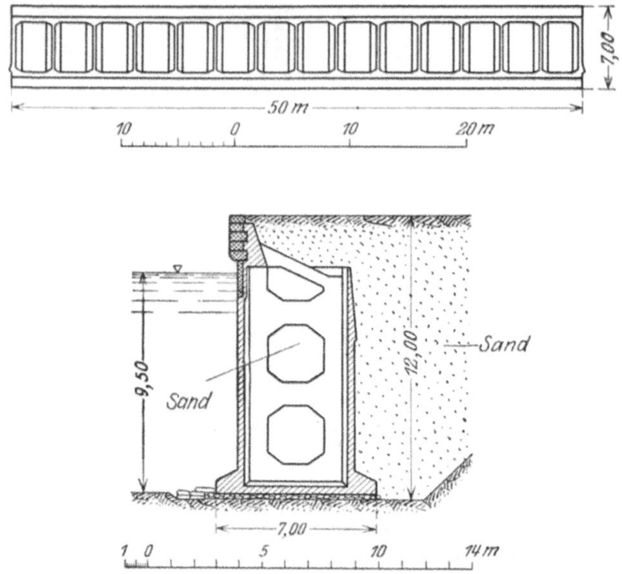

Abb. 937 a u. b. Senkkasten, Kopenhagen. Maßstab 1 : 325.

kastens für den Freihafen in Kopenhagen, ausgeführt durch die Firma Christiani & Nielsen, zeigt Abb. 937 a u. b. Die einzelnen Senkkästen haben die Länge von 50 m bei einer Höhe von 9,8 m und 5 m äußerer Breite. Die Rippen sind durchbrochen, der Kasten ist nach dem Versenken mit Sand ausgefüllt, wirkt aber wie eine völlig massive Mauer. Statt der Sandausfüllung ist auch an anderen

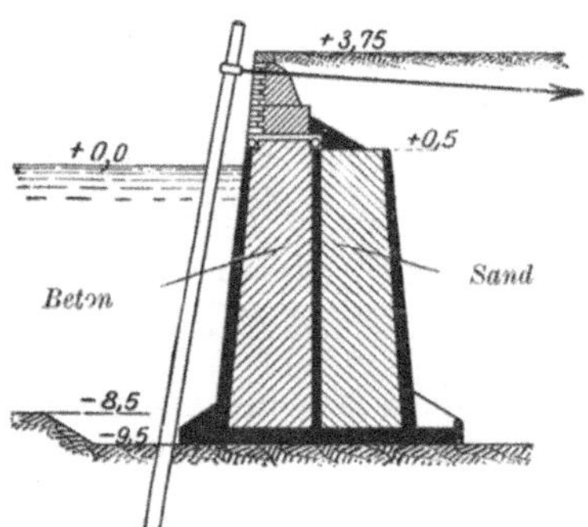

Abb. 938. Alte Form. Maßstab 1 : 425.

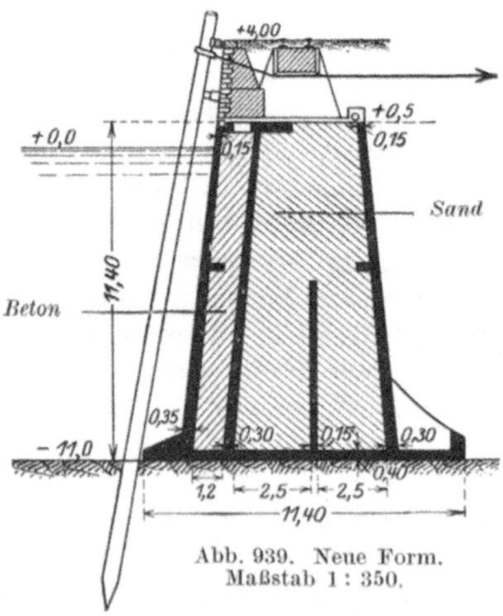

Abb. 939. Neue Form. Maßstab 1 : 350.

Abb. 938 u. 939. Kaimauer auf Senkkästen im Amsterdamer Hafen.

Orten Ausfüllung mit magerem Beton gewählt worden, die unbedingt besser ist. Die Wandstärken usw. der Kästen sind aus der Abbildung zu ersehen. Die Kästen werden in Trockendocks oder auch auf Hellingen erbaut. Für die Hafenanlagen in Nörresund hat die gleiche Firma die Senkkästen z. B. auf Hellingen hergestellt und wie ein Schiff vom Stapel gelassen.

Ähnliche Mauern aus Amsterdam zeigen Abb. 938 u. 939. Die neuere Ausführung (Abb. 939) zeigt wesentlich größere Abmessungen als die ältere. Bei beiden ist das vordere Fach mit Beton gefüllt worden. Durch Heranrücken der hochgehenden Mittelwand an die Vorderwand ist die Füllbetonmenge bei der neuen Mauer eingeschränkt.

γ) Aufgelöste Mauern.

1. Winkelstützmauern. Das Bild einer solchen Mauer zeigt Abb. 940. Die Mauer bildet einen Übergang von den Bollwerken zu den Mauern. Es ist durch Anbringung der wagerechten Rückplatte das Gewicht der Erde zur Erreichung der Kippsicherheit ausgenutzt worden. Noch leichter ausgebildet sind Mauern im Heerdter Hafen (Düsseldorf, Abb. 941 u. 942), die befestigte Böschungen mit heranziehen. Die Ladestraße wird hier bei HHW. überschwemmt. Die Abb. 943 u. 944 sind Schaubilder einer Landungsbrücke in Montevideo, die in ähnlicher Weise in Eisenbeton gebaut ist.

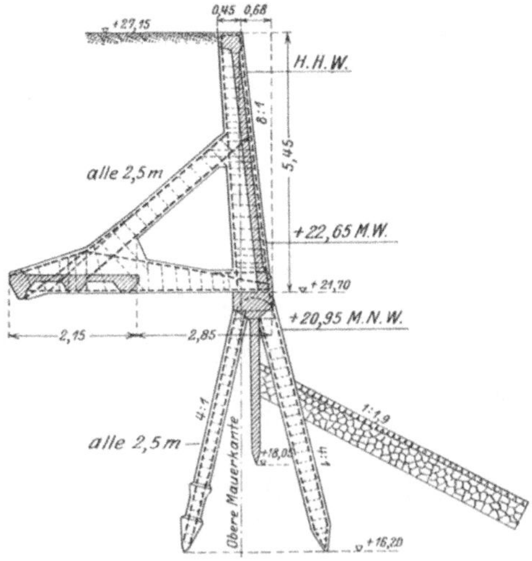

Abb. 940. Ufermauer im Hafen Schwelgern aus Eisenbeton. Maßstab 1 : 180.

Eine kräftigere aufgelöste Mauer wird durch Abb. 945 gegeben. Alles ist gänzlich aufgelöst, die Erddrücke sind durch Anbringen der gepflasterten steilen Böschung sehr verringert worden.

2. Mauer auf Brunnen. Als Beispiel von Kajemauern auf Brunnen werden Abb. 946a u. b[1]) gegeben, die für die Kaiser-, Dalmann-, Hübner- und Magdeburger Kaje in den Hamburger Häfen gelten. Die Baugrube wurde durch Klopfdämme abgedämmt und durch Pumpen so weit trocken gehalten, daß an den Gewölbekämpfern noch unter dem mittleren NW.-Stand gemauert werden konnte. Die vorn stehende

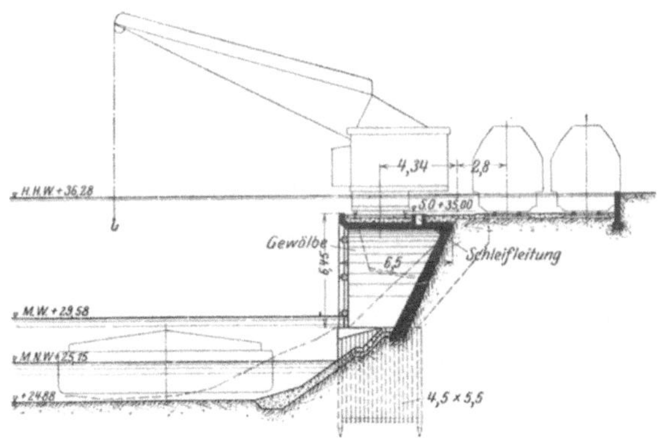

Abb. 941. Auf Pfeilern 4,5×5,5 im Abstand von 10,34 m.

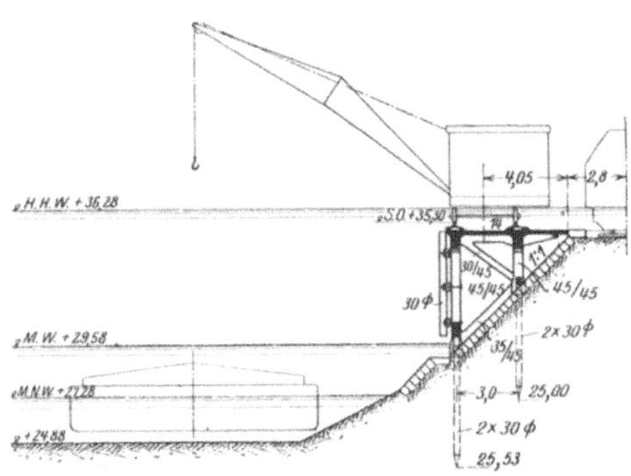

Abb. 942. Auf Eisenbetonpfeilern aufgelöste Bauart im Abstand von 4,35.

Abb. 941 u. 942. Zwei Ufermauern der Stadt Düsseldorf im Heerdter Hafen. Maßstab 1 : 500.

[1]) Jahrb. der Hafenb.-Gesellsch. Bd. 2, Abb. 5 u. 6, Beilage 3, S. 80. 1919.

Stirnmauer für die hintere Schiene des Kajegleises wurde gleichfalls im Trockenen ausgeführt. Die Mauern sind in den Jahren 1868—1877 erbaut worden, die Bauweise wurde aber aufgegeben, weil Pfahlrostgründungen billiger waren. Es wurde dann von Hamburg eine Brunnengründung im Jahre 1893 in Cuxhaven im Tidebau ausgeführt, da man dort Mauern im Holzpfahlrost aus Rücksicht auf den Bohrwurm nicht wählen konnte. Aber auch hier ist die

Abb. 943.

Abb. 944.

Abb. 943 u. 944. Landungsbrücke Montevideo (ausgeführt von Wayss & Freytag).

Bauweise bald wieder verlassen worden, man hat an ihrer Stelle Pfahlbockmauern in Eisenbeton ausgeführt. Im allgemeinen scheint danach die Mauer auf Brunnen der Mauer auf stehendem Pfahlrost unterlegen zu sein.

δ) Mauern auf hohem Pfahlrost.

Eine moderne Ausführung mit einem Bock zeigt Abb. 947. Die Mauer ist für den Hamburger Staat in Cuxhaven von Christiani & Nielsen erbaut worden. Die Spundwand liegt vorn, einzelne Pfähle sind tief heruntergerammt worden, um das Gewicht des Mauerkopfes besser aufnehmen zu können.

Die Mauer ist für 7 und 9 m Wassertiefe ausgeführt worden, die Grundplatte ist weit nach hinten ausgekragt worden, um eine möglichst große Abschirmung des Erddruckes zu erreichen. Der Bockabstand beträgt 3,17 m. Alles übrige geht aus der Zeichnung hervor.

Für geringere Wassertiefen ist die Ausführung von sehr breiten Grundplatten nicht notwendig. So ist z. B. für den Roßkanal in Hamburg eine Mauer mit einem Bock erbaut worden, die einen besonders hohen Mauerkopf erhalten hat, hier ist der Mauerkopf in sehr dünner Eisenbetonausführung gehalten. Auch eine Ufermauer von Ziv.-Ing. Meiners in Essen für 4 m Wassertiefe (Abb. 948) zeigt eine nur 3 m breite Grundplatte.

Ein Beispiel einer Mauer auf hohem Pfahlrost gibt bereits das der Berechnung zugrunde liegende Bild S. 710.

Die Mauer mit vielen Böcken in gedrängter Ausführung, wie sie in Bremerhaven, Lübeck, Kiel usw. früher gebaut wurde, ist durch Abb. 922 wiedergegeben, sie ist den Mauern mit sehr breiter Grundplatte wirtschaftlich unterlegen. Weitere Beispiele siehe Schulze: „Seebau". Eine neue Bremerhavener Ausführung, die Columbus-Kaje am freien Strom, zeigt Abb. 949. Hier sind systematisch

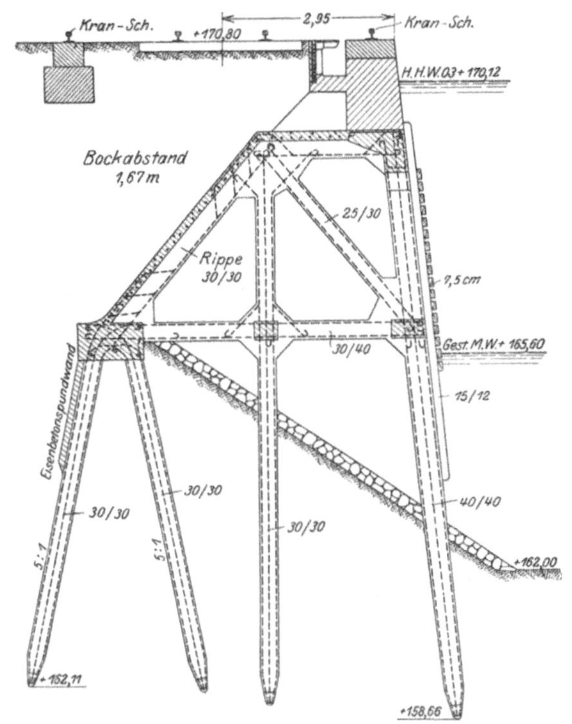

Abb. 945. Ufermauer Cosel, aufgelöst in Eisenbeton. Maßstab 1:130.

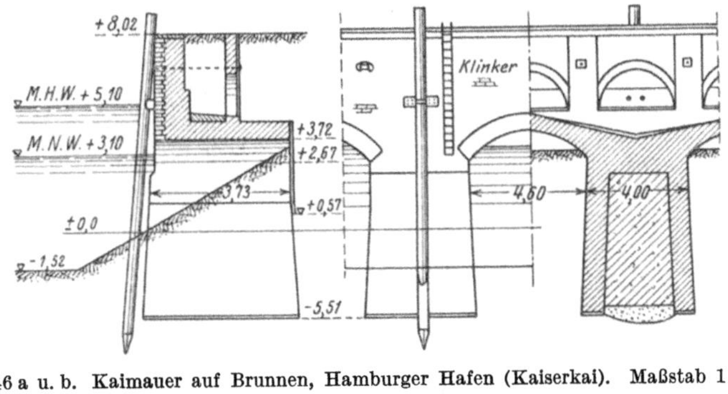

Abb. 946 a u. b. Kaimauer auf Brunnen, Hamburger Hafen (Kaiserkai). Maßstab 1 : 330.

viele Druck- und Zugpfähle angewendet worden. Die Hauptspundwand liegt vorne, eine für die Ausführung nötige hinten. Die Verzimmerung erfolgte in besonders sorgfältiger Weise (Abb. 949 b u. c). Die Zugpfähle sind zwischen zwei Zangen gespannt, wobei der Pfahl über der Zange eine gewisse Scheerlänge behalten muß. Auf den Zangen liegen Holme, die mit ihnen verbolzt sind und unter die die Druckpfähle fassen. Die Pfähle stehen so, daß die Druckpfähle mit den Holmen verbolzt werden, die Zugpfähle desgleichen. Die Bockwirkung entsteht aber nur dadurch, daß bei einer Vorwärtsbewegung der Mauer der Kopf des Druckpfahles einen nach oben gerichteten Kreis beschreiben muß und so den Holm hebt. Der Holm zieht die Zangen in die Höhe (durch die Bolzen), die Zangen erzeugen Zug in den Zugpfählen. Der Zug kann von den Zugpfählen nur übernommen werden, wenn der obere Kopf dieser Pfähle, unter den die Zangen durch Einkämmung seitlich fassen, nicht abgeschoren wird. Deshalb die Verlängerung des Kopfes über die Zangen hinaus nach oben. Der Kopf wurde trotz Ebbe und Flut in Gußbeton hergestellt, der sich auch hier sehr bewährt hat. Die hintere Spundwand war für diese Betonierungsarbeit erforderlich. Die Verankerung der Verblendung im Beton erfolgte durch schwalbenschwanzförmigen Ausbau nach hinten, Abb. 949, die Schnitte und Grundrisse darstellen[1]).

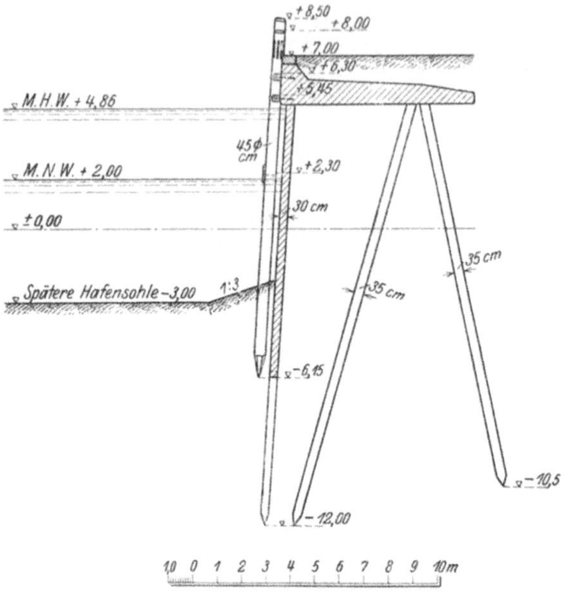

Abb. 947. Mauer auf hohem Pfahlrost mit Bock, Cuxhaven (Christiani & Nielsen). Maßstab 1 : 300. Es entfallen auf 2 Druckpfähle 1 Zugpfahl.

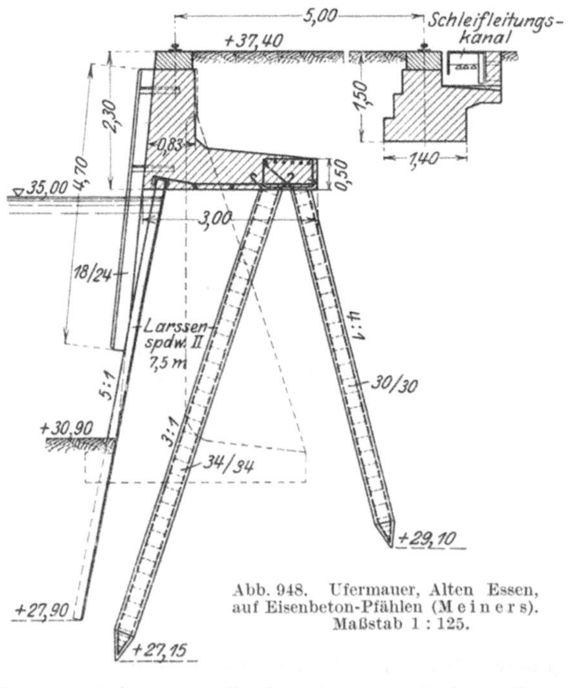

Abb. 948. Ufermauer, Alten Essen, auf Eisenbeton-Pfählen (Meiners). Maßstab 1 : 125.

Abb. 950 zeigt eine Mauer in Königsberg, die einen Übergang zu den Mauern ohne Zugpfähle bildet. Hier werden fast die ganzen Kräfte durch die Druckpfähle aufgenommen.

Abb. 951 zeigt eine Hamburger Ausführung am Breslauer Ufer. Die Mauer ist so gebaut, daß die Wassertiefe noch um 1 m tiefer gebaggert werden kann, so daß sie bei MNW. 10,10 m betragen würde. Die ganze Mauerhöhe über der Sohle wäre dann 16,2 m. Es ist abwechselnd eine Reihe von drei vorderen annähernd senkrechten Holzpfählen (15:1) mit zugehörigem, hinterem Bock und dann eine Reihe von zwei mittleren Druckpfählen geschlagen worden, so daß immer eine Reihe von fünf Pfählen mit einer von nur zwei Pfählen abwechselt.

[1]) Die Columbus-Kaje hat 1927 stärkere Bewegungen ausgeführt, deren Gründe noch nicht festgestellt sind. Da die Vorwärtsbewegung an einer Stelle besonders stark ist, können örtliche Ursachen vermutet werden.

Abb. 949 a—f. Columbus-Kaje Bremerhaven.

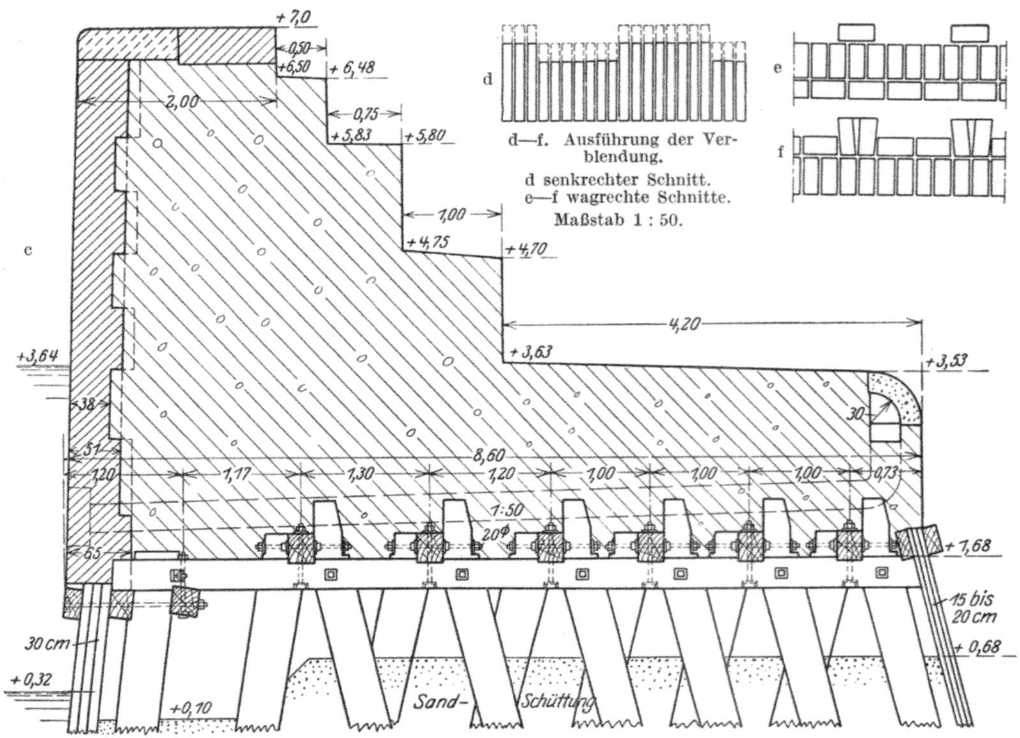

c

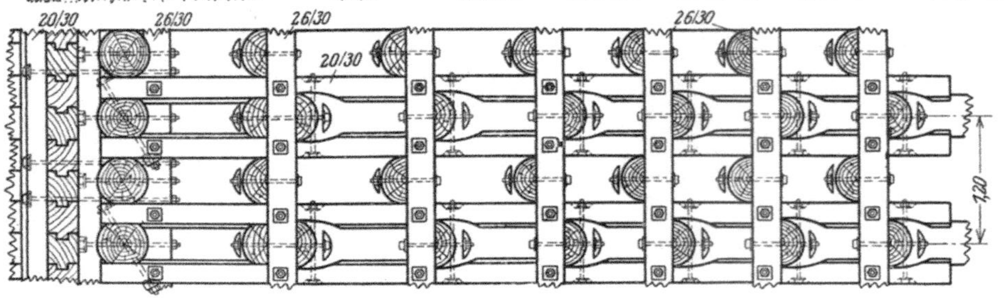

b

b und c. In dem senkrechten Schnitt sind die Fugen der vorderen Läuferreihe fortgelassen. Maßstab 1 : 75.

d

e

f

d—f. Ausführung der Verblendung.

d senkrechter Schnitt.
e—f wagrechte Schnitte.
Maßstab 1 : 50.

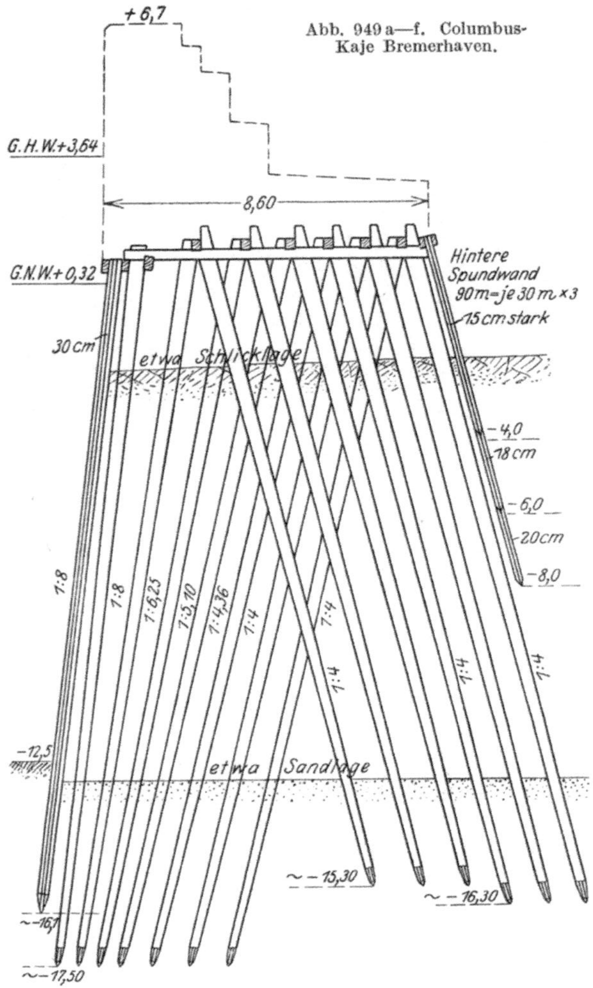

a
Maßstab 1 : 200.

Tatsächlich wirken auf diese Weise immer vier senkrechte Pfähle mit drei Schrägpfählen zusammen, wobei aber die vorderen senkrechten Pfähle nicht als Zugpfähle wirken können. Der Bock reicht so hoch in den Beton, daß ein Abschieben der Mauer nicht möglich ist. Die 30 cm starke ungespundete Pfahlwand liegt hinten. Das Bild ist hier wiedergegeben worden, weil diese Ausführung lange Zeit und auch noch heute für die Ausbildung der Hamburger Mauern typisch ist. Die Mauer zeichnet sich durch große Massigkeit aus, sie bildet eine Art von Übergang von den älteren Systemen zu den neueren Formen. Die Bockausführung wird heute gemäß Abb. 952 ausgeführt. Eine einwandfreie Berechnung dieser Bauart ist aber kaum möglich.

Dann wird die neue Mauerkonstruktion der Firma Butzer für die Ufermauer in Vlissingen wiedergegeben, Abb. 953 a u. b zeigt eine tiefliegende Grundplatte, die ein

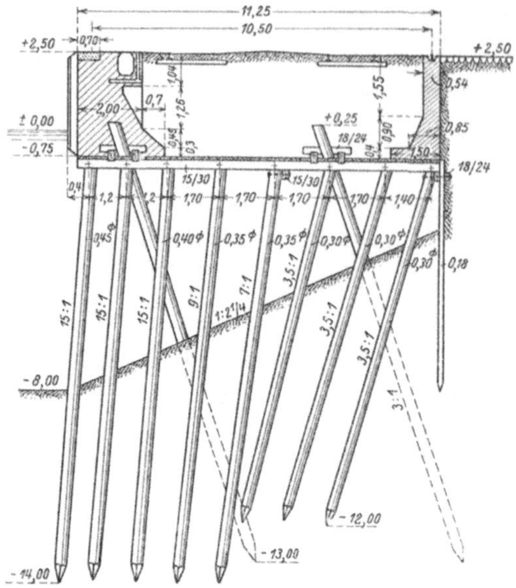

Abb. 950. Königsberger Ufermauer auf dem Nordufer Becken IV. Maßstab 1 : 250.

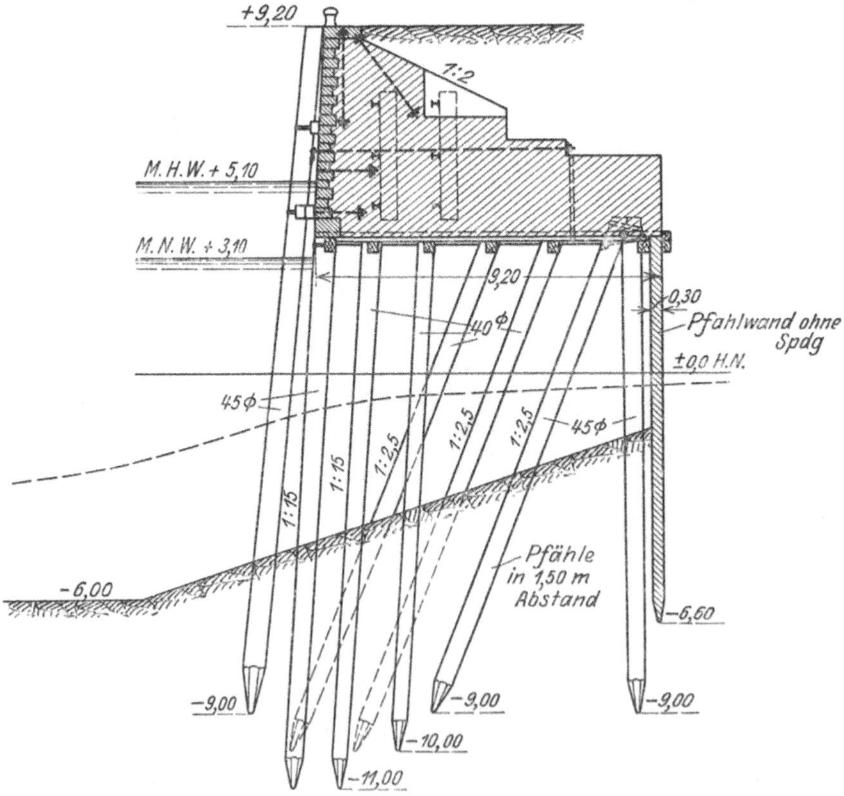

Abb. 951. Kaimauer Hamburg am Breslauer Ufer, Querschnitt. Maßstab 1 : 200.

großes Erdgewicht aufnimmt. Demzufolge sind nur wenige Zugpfähle notwendig, hier zwei gegenüber sechs Druckpfählen. Um das Gewicht von dem vorderen Teil möglichst fortzunehmen, wird eine Gewölbekonstruktion eingebaut, so daß der vordere Raum der Mauer entweder mit Luft oder bei hohem Wasserstand mit Wasser gefüllt wird, die Grundplatte ist zu diesem Zwecke durchbrochen. Die Grundplatte hat die große Breite von 12,75 m. Die Pfahlzahl konnte durch den Gewölbeeinbau verkleinert werden.

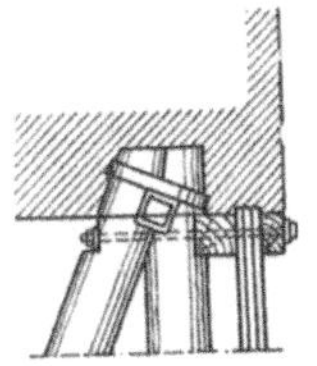

Abb. 952. Verbindung von Pfahlbock und Spundwand in Hamburg. Maßstab 1 : 150.

Mauern mit nur Schrägpfählen sind an der Nordseeküste in Rotterdam, Emden, Bremen usw. ausgeführt worden. Ein Beispiel mit einer schweren Betonschürze vorn, wie sie auch in Wilhelmshaven und Bremen angewendet worden ist, zeigt Abb. 954a u. b. Diese Mauer ist der von Suling und Tillmann im Freihafen II in Bremen ausgeführten nachgebildet und in Bahia Blanca von Dykerhoff und Widmann gebaut worden. Die zwischen eisernen Spundwänden (System Larßen) geschüttete Betonschürze ist 2 m dick. Die Druckpfähle sind zweckmäßigerweise nicht gleichmäßig geneigt, sondern man hat die Möglichkeit, die hinteren Pfähle schräger zu stellen, ausgenutzt, und hat dadurch eine größere Schrägstellung im Mittel erreicht als bei schematischer Beibehaltung der ersten Schräglage an der Wand. Die hintere Spundwand ist, an sich entbehrlich, hier eingebaut worden, um den Erddruck auf die Schürze so weitgehend wie möglich zu verringern — der Abstand der Pfahlreihen ist 2 m. Die Betonschürze könnte heute durch die eisernen Kastenwände (siehe S. 698) ersetzt werden. Füllt man sie mit Beton, dann hat man damit auch die Schürze geschaffen, nur mit geringerer Stärke.

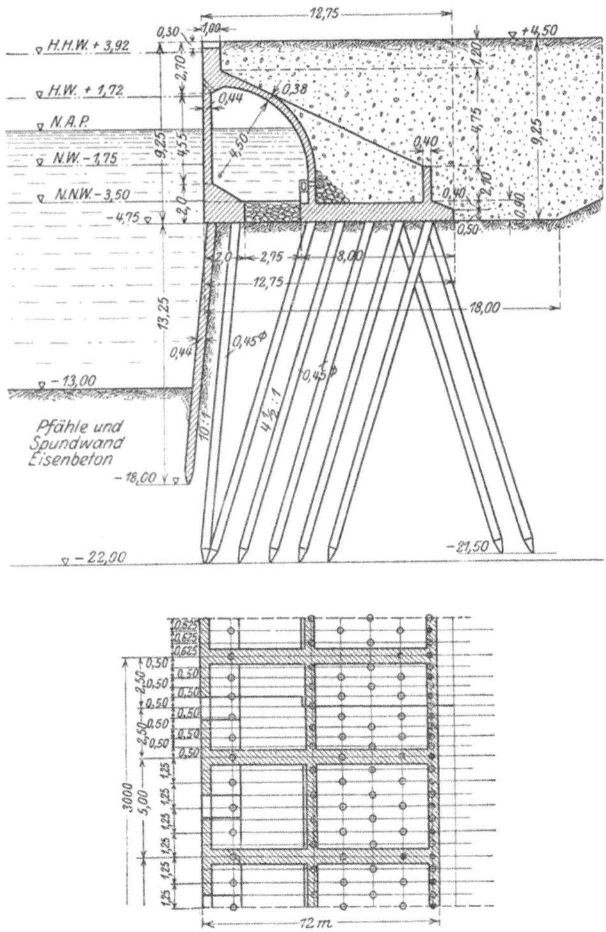

Abb. 953 a u. b. Betonkaimauern auf Pfählen für den Hafen von Vlissingen (Butzer). Schnitt und Grundriß. Maßstab 1 : 380.

Der mit Tosca bezeichnete Untergrund ist ein tuffsteinähnlicher Boden, in dem schwer zu rammen ist. Bemerkenswert ist die vorsichtige Verankerung der Poller an besonderen Ankerblöcken, die bei uns im allgemeinen als entbehrlich angesehen wird. Ferner wird die ältere Emdener Mauer und die kürzlich erbaute neue Ufermauer für den Freihafen II in Bremen dargestellt, bei denen durch die große Breite der Grundplatte bei Verwendung von nur Druckpfählen eine vordere Schürze entbehrlich wurde. Alles Notwendige geht aus Abb. 955 u. 956 hervor.

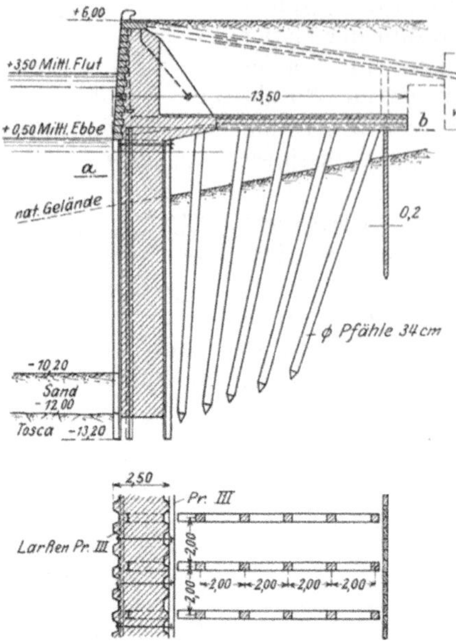

Abb. 954 a u. b. Kriegshafen Bahia Blanca, Argentinien. Maßstab 1 : 350.

ε) Kosten von Ufereinfassungen.

Die Kosten der Ufereinfassungen schwanken stark nach der Bodenart, der Wassertiefe, dem Wasserwechsel, Höhe des Hafengeländes usw. Für Binnenschiffshäfen findet sich eine Zusammenstellung gemäß Angeboten von Firmen im „Jahrbuch der Hafenbautechnischen Gesellschaft V/VI", erschienen 1924, Henrici, S. 294. Die in den Abb. 957 a bis l dargestellten Mauerformen mit der Oberkante der Kaje auf +1,5 und Hafensohle auf −2,5 sind in der Kostentafel S. 732 zusammengestellt worden. Es zeigt sich, daß die aufgeständerte Wand, Holzspundwand mit Eisenbetonaufständerung (Eisenständer mit Betonplatten dazwischen), Abb. 957 *AI*, am billigsten herzustellen

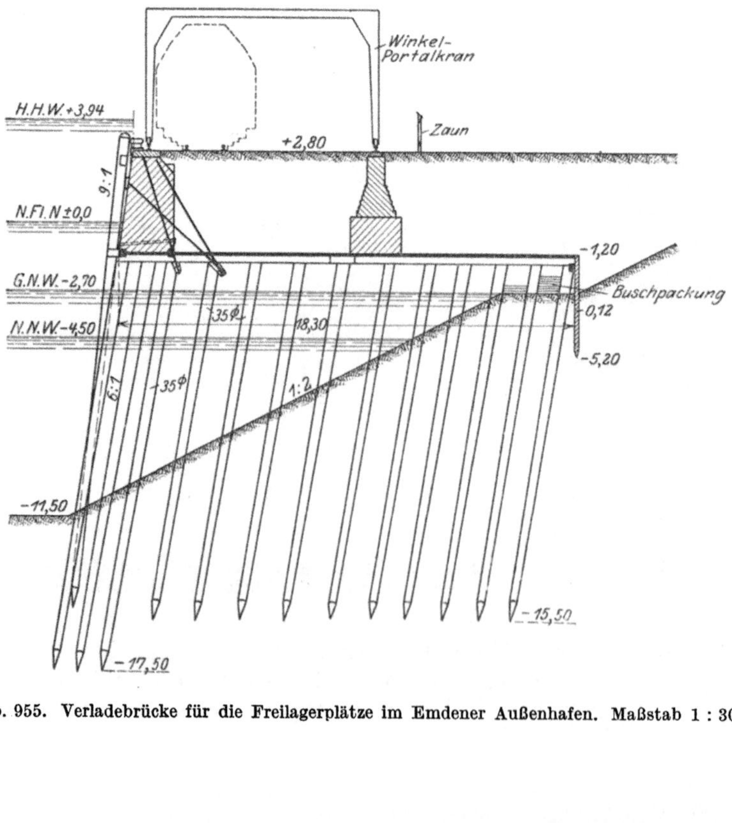

Abb. 955. Verladebrücke für die Freilagerplätze im Emdener Außenhafen. Maßstab 1 : 300.

ist. Dabei war eine Kajeauflast von 3 t/qm vorgesehen. Die Erdarbeiten für Herstellung des Hafengeländes, Ausbaggerung der Sohle auf —2,5 m sind in den Preisen nicht mit enthalten, sie sind für alle Ausführungen gleich. Die aufgeständerten Bollwerke haben sich in Berlin seit 30 Jahren gut bewährt; notwendig ist, daß die Anker gut gegen Rosten geschützt werden. Die Kosten sind naturgemäß von der Marktlage abhängig, hier stammen die Preise aus dem Jahre 1913 und konnten damals als annähernd unveränderlich gelten. Bollwerke mit eisernen Spundwänden stellten sich damals etwa so teuer, wie die billigsten Bollwerke mit Holzspundwänden und Aufständerung. Da aber das Eisen bei richtiger Behandlung eine Lebensdauer von mehreren Generationen hat, so ist von Fall zu Fall zu untersuchen, ob man nicht lieber eine Eisenwand verwendet, besonders da sie den großen Vorteil besitzt, bei Änderung der Verhältnisse ausgezogen und wieder verwendet werden kann. Auch wird die Eisenwand völlig dicht, was bei der Holz- oder Betonspundwand selten zu erreichen ist. Man sollte deshalb niemals eine Ausschreibung auf einen bestimmten Baustoff beschränken.

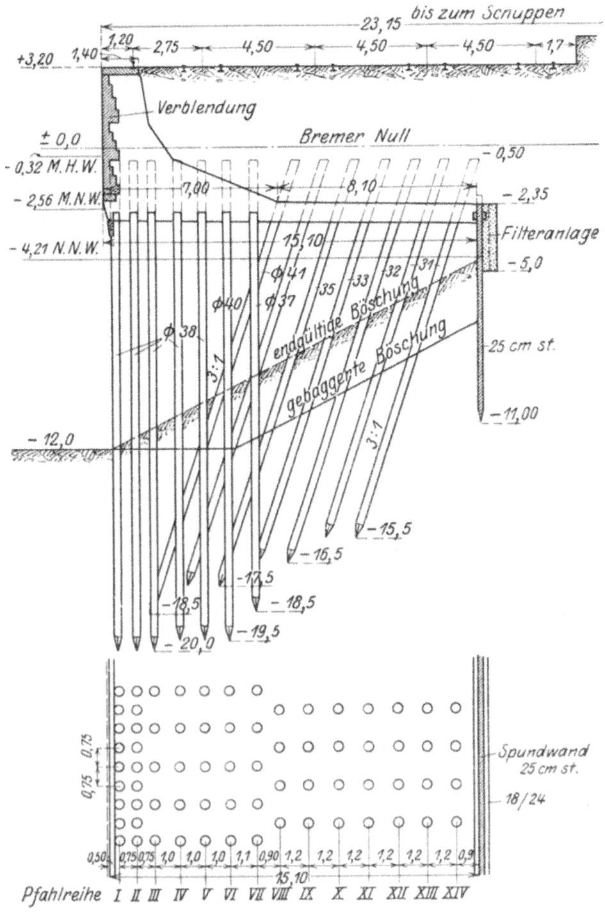

Abb. 956 a u. b. Ufermauer in Bremen, Schnitt und Grundriß. Maßstab 1 : 300.

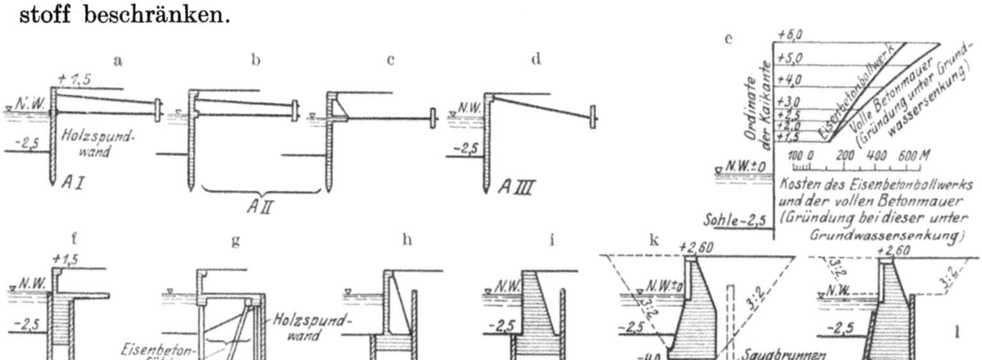

Abb. 957 a bis l. Kaieinfassungen und ihre Kosten.

Kosten von ausgeführten Ufermauern

Ort	Bezeichnung der Mauer	Bauart	Hafengelände	Hafensohle
Stettin	Ufermauer im Freibezirk	Betonkopf auf hölzernem Pfahlrost. Holzspundwand vorn	+ 3,15 Baumbrückenpegel (= B.P.)	− 7,35 B.P.
Stettin	desgl.	Eisenbetonkopf auf hölzernem Pfahlrost. Holzspundwand vorn	desgl.	− 7,85
Stettin	Ufermauer im Reiherwerderhafen	desgl.	+ 2,5 B.P.	− 7,85
Stettin	desgl.	desgl.	+ 2,5 B.P.	− 7,85
Kiel-Holtenau	Ufermauer am Binnenhafen	Gründung auf Pfahlrost. Oberer Teil aus Beton mit Klinkerverblendung und oberer Granitabdeckung	Kohlenlagerplätze, Gleisanschluß, Krananlagen	10 m unter MW. MW. = + 0,10 über NN
Rendsburg	Ufermauer am Kreishafen	desgl.	Wie vor. Lagerschuppen. Getreidesilo	8 m unter MW.
Königsberg (Preußen)	Ufermauer des Hafenbeckens III	Mauer auf Pfahlrost aus Stampfbeton mit bearbeitetem Vorsatzbeton und Abdeckplatte aus Granit	Ehemaliges Wiesengelände mit moorigem Untergrund, welches mit Sand und dem Baggerboden der Becken ca. 2 m hoch aufgespült ist	Beckentiefe ist vor der Ufermauer 7,50 m, sonst 8 m
Königsberg	Ufermauer des Hafenbeckens IV (s. Abb. 950, S. 724)	Mauer auf Pfahlrost aus Beton und Ziegelmauerwerk mit Eisenklinkerverblendung und Abdeckplatte aus Stampfbeton	desgl. + 2,50	desgl. − 8,00
Königsberg	Massives Bollwerk im Innenhafen. Uferstraße „Der Kai“	Auf Aba-Bohrpfählen gegründete Eisenbetonkonstruktion	Das Bollwerk befindet sich im Innenhafen in der Stadt	6,50 m
Königsberg	Massives Bollwerk im Innenhafen. Uferstraße „Große Krangasse“	Mauer aus Pfahlrost aus Stampfbeton mit Klinkerverblendung	desgl.	6,50 m
Königsberg	Massives Bollwerk im Innenhafen. Uferstraße „Bohlwerksgasse“.	desgl.	desgl.	desgl.

und Bollwerken in Seeschiffhäfen.

NNW.	HHW.	Jahr der Erbauung	Länge der Mauer	Kosten i/RM/m	Bemerkungen
– 0,13 B.P.	+ 2,30 B.P.	1897 1901 1910	2576 m	∾ 1100 bis ∾ 1200	8 m Wassertiefe bei Mittelwasser (+0,65 B.P.) 1,5- u. 2,5-t-Kräne.
– 0,13 B.P.	+ 2,30 B.P.	1926	330 m	∾ 1800	8,5 m Wassertiefe bei MW. (+ 0,65 B.P.). 2,5-t-Kräne
– 0,13 B.P.	+ 2,30 B.P.	1916/17	320 m	∾ 1200	8,5 m Wassertiefe bei MW. (+ 0,65 B.P.). Verladebrücken mit 5-t-Greiferkatzen Stützweite 40 m. Wasserseitiger Ausleger 34,5. Landseitiger Ausleger 20,0
– 0,13 B.P.	+ 2,30 B.P.	1925	130 m	∾ 2300	8,5 m Wassertiefe bei MW. (+ 0,65 B.P.). Verladebrücken mit 15-t-Greiferkatzen Stützweite 45 m. Wasserseitiger Ausleger 37,5. Landseitiger Ausleger 28,0
– 0,40 unter NN	+ 0,40 über NN	1912/13	800 m	1650	
– 0,40 unter NN	+0,40 über NN	1910/11	400 m	1200	
gewöhnlicher niedrigst. Wasserstand. Mittelwasser + 0,03 NN – 0,57 NN	gewöhnlicher höchster Wasserstand. + 1,13 NN	1923/24	450 m	2600 für 19,25 m breiten Pfahlrost und Ufermauer	
desgl.	desgl.	1918/21	750 m	2800 für 11,25 m breiten Pfahlrost und Ufer- und Kranschienenmauer	
desgl.	desgl.	1925	120 m	600 ohne Straßenkosten	
desgl.	desgl.	1902/04	463 m	1365	
desgl.	desgl.	1904/06	520 m	1400	

Kosten von ausgeführten Ufermauern

Ort	Bezeichnung der Mauer	Bauart	Hafengelände	Hafensohle
Königsberg	Massives Bollwerk im Innenhafen. Uferstraße „Hamannstraße“.	Eisenständerwerk mit Klinkern ausgemauert. Gründung auf Spundwand	Das Bollwerk befindet sich im Innenhafen in d. Stadt	4,00 m
			Höhen bezogen auf MHW. =	
Emden Industriehafen	Ufermauer der Brikettfabrik Emden	Betonmauer auf Pfahlrostgründung		— 9,0
Emden Binnenhafen	Erz- und Eisenkai	Betonmauer mit Klinkerverblendung auf Pfahlrostgründung		— 10,50
			Höhen bezogen auf Bremer	
Bremen I. Ausbau Hafen II	Barkhausen und Marcuskaje	Betonmauer auf im Boden stehendem hölzernen Pfahlrost und vorn liegender Betonschürze zwischen hölzernen Spundwänden.	+ 4,30	— 11,50
Bremen II. Ausbau Hafen II	Marcuskaje	desgl.	+ 4,30	— 11,50
Bremen III. Ausbau Hafen II	Barkhausenkaje Abb. 956	Betonmauer auf freistehendem hölzernen Pfahlrost mit rückwärtiger hölzerner Spundwand	+ 3,20	— 12,00
			Höhen bezogen auf Bremerhavener	
Bremerhaven Weserufer hinter der Lloydhalle	Columbuskaje Abb. 949	Betonmauer a. hölzernem im Boden stehend. Pfahlböcken mit vorneliegender hölzerner Spundwand	+ 7,00	— 12,00
			Höhen bezogen auf Hamburger	
Hamburg Norderelbe	Tollerort	Eisenbeton	+ 9,20 HN.	— 4,50 HN.
Hamburg Grenzkanal	Ostufer Grenzkanal	Eisenbeton	+ 8,00 HN.	— 4,00 HN.
Hamburg Reiherstieg	Ostufer Reiherstieg Ecke Stillhornerkanal	Beton mit Basaltverkleidung a. Holzpfahlrost	+ 9,20 HN.	— 2,00 HN.
Hamburg Waltershof	Südufer Griesenwerderhafen ähnl. Abb. 951	desgl.	+ 9,20 HN.	— 6,00 HN. später — 7,00 HN.
Hamburg Waltershof	Nordufer Waltershoferhafen, Burchardkai	desgl.	+ 9,20 HN.	— 8,00 HN.

und Bollwerken in Seeschiffhäfen.

Hafenwasserstand		Jahr der Erbauung	Länge der Mauer	Kosten i/RM/m	Bemerkungen		
— 0,57 NN.	+ 1,13 NN.	1904/1906	300 m	817			
gewöhnlicher niedrigst.	höchster						
Wasserstand. Mittelwasser + 0,03 NN.							
+ 1,298 NN.							
— 0,20		1904/1905	300 m	725	Die Mauer ist nach Entwürfen des Regierungs- und Baurats Karsch, Essen, erbaut.		
— 0,20		1923/1926	481 m	3200 ausschl. Hinterfüllung und ausschl. der in die Mauerkrone eingebauten Eisenkonstruktion f. d. Brückenlaufbahn u. Schleifleitungen	Die tatsächlichen Baukosten haben sich nicht ermitteln lassen, weil sie zum erheblichen Teil in Papiermark verausgabt waren. Sie sind deshalb überschläglich unter Einsetzung auch heutiger Preise neu ermittelt. Die Arbeitslöhne sind beispielsweise nach dem tatsächlichen Arbeitsaufwand und den heutigen Löhnen errechnet worden.		
Null = + 2,28 NN.					Die Gesamtkosten setzen sich wie folgt zusammen:		
NNW.	HHW.			GM/m	Reine Mauerkosten	Kosten der Hinterfüllung	Kosten der Baggerarbeiten
					Preise in GM 1903		
— 3,50	+ 3,60	1901/1904	1300 m	2990 (rund 3000)	2710	140	140
					Preise in GM 1913		
— 3,50	+ 3,60	1912/1914	870 m	2940 (rund 3000)	2640	135	165
				RM/m	Preise in RM 1925		
— 4,21	+ 3,00	1924/1926	1000 m	5200	4430	250	520
Null = — 2,07 NN.					Preise in RM 1925		
— 0,96	+ 7,02	1924/1926	1000 m	8000	6000	2000	—
Null = 3,538 unter NN.							
+ 0,53 HN.	+ 8,74 HN.	1924	228 m	2400	Ausrüstungskai ohne Verblendung, Schäkel usw.		
+ 0,53 HN.	+ 8,74 HN.	1926/1927 im Bau.	183 m	2300			
+ 0,53 HN.	+ 8,74 HN.	1926/1927 im Bau.	85 m	2000			
+ 0,53 HN.	+ 8,74 HN.	1926/1929 im Bau.	1160 m	3300	(Ausschreibungsergebnis) Vgl. mit der folgenden Tafel		
+ 0,53 HN.	+ 8,74 HN.	1927/1928	600 m	4000	Die Mittel sind erst bewilligt: ein Ausschreibungergebnis liegt noch nicht vor.		

Neuere Kosten (1926) von Hamburger Ufermauern gemäß Entwurf und Kostenanschlag mit normalen Untergrundverhältnissen.

Hafengelände	Hafensohle	NNW.	HHW.	Jahr der Erbauung	Breite der Mauer	Kosten i/RM/m
+ 9,20 HN.	— 2,0 HN.	+ 0,53 HN.	+ 8,74 HN.	—	5,50 m	2000,—[1])
+ 9,20 HN.	— 3,0 HN.	+ 0,53 HN.	+ 8,74 HN.	—	6,20 m	2200,—[1])
+ 9,20 HN.	— 4,0 HN.	+ 0,53 HN.	+ 8,74 HN.	—	7,50 m	2700,—[1])
+ 9,20 HN.	— 5,0 HN.	+ 0,53 HN.	+ 8,74 HN.	—	8,30 m	3100,—[2])[1])
+ 9,20 HN.	— 6,0 HN.	+ 0,53 HN.	+ 8,74 HN.	—	9,20 m	3300,—[1])
+ 9,20 HN.	— 7,0 HN.	+ 0,53 HN.	+ 8,74 HN.	—	10,00 m	3500,—[1])
+ 9,20 HN.	— 8,0 HN.	+ 0,53 HN.	+ 8,74 HN.	—	12,50 m	4000,—[1])
+ 9,20 HN.	— 9,0 HN.	+ 0,53 HN.	+ 8,74 HN.	—	15,00 m	4400,—[1])

Kosten von Ufereinfassungen im Jahre 1913 für Berlin.

Art der Ufereinfassung	Abbildung 957	Niedrigster Preis gemäß Ausschreibung 1913 G.-M./m	Höchster Preis gemäß Ausschreibung 1913 G.-M./m	Durchschnittspreis G.-M./m	Zahl der Angebote	Bemerkungen
Verankertes aufgeständertes Bollwerk, unten Holz, oben I-Eisen mit Eisenbetonplatten . . .	*A I*	283	335	300	8	Für Reibehölzer und Schiffsringe sind 15 M./m zugeschlagen. Ein Bollwerk aus eisernen Spundwänden kostet etwa den gleichen Preis wie das Holz-Betonwerk gemäß Abb. *A I*.
Wie oben, aber Eisenbetonspundwand	*A II*	290	365	330	5	
Durchgehende Eisenbetonspundwand	*A III*	347	397	370	10	
Eisenbetonwinkelstützmauer . .	*B I*	358	530	430	7	
Vollbetonmauer, Gründung zwischen Spundwänden.	*B II*	375	535	445	3	

Die Ausführung der vollen Mauer hatte zwischen Spundwänden durchgeführt werden müssen, da am bestehenden Hafen gebaut werden mußte. Henrici hat dann noch untersucht, wie sich die Preise bei wachsender Höhe des Geländes bei Anwendung von Grundwassersenkung ändern. Die Preise mit Grundwassersenkung werden gegenüber dem Bau zwischen Spundwänden bedeutend billiger. Die Mauer gemäß Abb. *C I* mit 2,6 m Geländehöhe kostet nach Ausschreibung des Jahres 1924 einschl. der Poller 454 m, bei Ausführung zwischen Spundwänden (Abb. *C II*) 549 Mark, während letztere mit Gelände auf + 1,5 m 515 ℳ/m gekostet hätte. Die Mauer ist wesentlich massiver, als die in Abb. *B II* gezeichnete.

Es wird dann weiter die Mauer Abb. *C I* mit Grundwassersenkung für verschiedene Geländehöhen verglichen mit dem Eisenbetonbollwerk (Abb. *B I*, erstes Bild). Die Preise sind als Kurven in Abb. 957 e dargestellt und zeigen, daß bei beiden mit 340 ℳ/m einschl. Poller, Reibehölzern usw. für + 1,5 etwa Gleichgewicht besteht. Die massive Mauer nimmt mit wachsender Höhe im Preise sehr schnell zu, das Bollwerk wesentlich langsamer. So kostet das Bollwerk bei + 6 m 800 ℳ, die massiven Mauern mit Grundwassersenkung 1010 ℳ/m.

Mauern an Seeschiffhäfen kosten meist ein Vielfaches der Mauern an Binnenschiffhäfen (Ausnahme große Ströme wie der Rhein, Donau usw.). Die Kosten ausgeführter Mauern sind in den Tafeln (S. 728—731) zusammengestellt.

[1]) Kajemauern für Hamburger Häfen für verschiedene Tiefe der Hafensohle, Betonkopf mit Basaltverblendung auf Holzpfahlrost.

[2]) U. a. die Kaimauer am Breslauerufer.

c) Einrichtungen zur Ausbesserung und zum Bau der Schiffe.

1. Allgemeines.

Werften, die zum Bau der Schiffe dienen, brauchen nicht immer mit einem Hafen verbunden zu sein, wenngleich die Verbindung aus vielen Gründen zweckmäßig ist. Jeder Hafen muß aber Einrichtungen zur Ausbesserung der Schiffe besitzen. Das Ausbessern kann geschehen, entweder mittels Absenken des Wassers um das Schiff im Trockendock oder mittels Herausheben des Schiffes aus dem Wasser vermittels Kielholen, Schwimmdocks oder Aufschleppen. Ausnahmsweise kommen auch ältere Schleusen für die Ausbesserung der Schiffe in Frage. So werden heute die alten Schleusen des Kaiser-Wilhelms-Kanals als Trockendocks benutzt. Die frühere Methode des Kielholens bestand darin, daß das Schiff so lange am Mast schräg gezogen wurde, bis der Kiel aus dem Wasser heraussah. Diese Methode wurde früher viel bei Segelschiffen mit spitzem Kiel angewendet, kommt aber kaum noch vor. Kleinere Schiffe werden statt dessen auf Aufschleppen trockengestellt. Ganz kleine Fahrzeuge, wie Fischerboote, werden von der Bemannung meist auf schrägen Ebenen mit untergelegten Walzen auf das Land gezogen. Fischereihäfen müssen deshalb stets derartige Aufschleppen besitzen, die aber keine weiteren Einrichtungen außer einer starken Winde erfordern. Für den Bau der Schiffe sind ganze Werften erforderlich, deren Ausrüstung mit Werkstätten, Kranen, Eisenbahnen einen ähnlichen Umfang besitzt, wie die der Häfen selbst. Auch sind meist besondere Hafenanlagen mit den Werften verbunden. Erbaut werden die Schiffe entweder, wie es überwiegend geschieht, auf Hellingen (schrägen Ebenen), von denen das im Schiffskörper zum größten Teil fertige Schiff durch den Stapellauf ins Wasser gleitet, oder auch (ausnahmsweise) in besonderen Baudocks. Diese Baudocks haben eine geringere Sohlentiefe wie richtige Trockendocks, da die Schiffe auch in ihnen nur zum Teil gebaut werden. Die ganze Ausrüstung, vielfach auch die Kessel- und Maschinenanlagen werden in die Schiffe erst nach ihrem Stapellauf im schwimmenden Zustand eingebaut.

Die Einrichtung der Werften ist im allgemeinen nicht Sache des Bauingenieurs, sondern des Schiffs und Maschinenbauers[1]. Die Anlage der Docks, Hellinge, der Hafenbecken, Gleisanlagen usw. ist aber Aufgabe des Hafenbauers.

2. Einrichtungen zur Ausbesserung der Schiffe.

Ein Trockendock ist eine Wanne aus Beton, Stein oder Holz, die an einer Seite durch ein Tor mit dem Hafen in Verbindung steht. Der Unterschied gegenüber einer entsprechenden Schleuse besteht darin, daß dieses Dock nur ein Tor besitzt und regelmäßig nach Aufnahme eines Schiffes ganz leer gepumpt werden muß.

Die Dockung im Trockendock geschieht so, daß das Schiff in das Dock einfährt, daß dann das Dock geschlossen und leergepumpt wird. Das Schiff setzt sich dabei mit seinem Kiel auf die Kielstapel auf und muß mit dem Fallen des Wasserspiegels im allgemeinen seitlich durch Balken abgestützt werden, damit es nicht umfällt.

Die Dockung durch Herausheben aus dem Wasser geschieht:

1. vermittels Schwimmdocks oder des hydraulischen Docks,
2. durch Aufschleppen vermittels der Patentschleppe,
3. durch Absetzdocks und das rostartige Dock, die wegen ihrer Seltenheit hier nicht weiter behandelt werden sollen[2].

---

[1]) Tjard Schwarz: „Werftanlagen."

[2]) Vgl. darüber „Handb. d. Ing.-Wissensch.", Bd. 11, 3. Teil. 1912.

Die Dockung durch Herausheben spielt sich für das Schiff ganz ähnlich ab wie im Trockendock. Es ist für das Schiff gleichgültig, ob es aus dem Wasser herausgehoben wird oder ob das Wasser um das Schiff herum fällt.

Während aber die Erbauung der Trockendocks eine der Sonderaufgaben des Hafenbauers ist, gehört die Erbauung der Schwimmdocks nur dann in seinen Bereich, wenn er gleichzeitig Eisenkonstrukteur und Statiker ist. Die Berechnung von großen Schwimmdocks sollte mehr eine Aufgabe des Bauingenieurs als des Schiffbauers sein. Tatsächlich sind aber die meisten Schwimmdocks nach den empirischen Regeln für den Bau von Schiffen des Germanischen Lloyd usw. erbaut worden, da der Bau nach diesen Regeln meist billiger wurde als nach den wissenschaftlichen Methoden der Statik, ein Zeichen dafür, daß die Anschauung über die Höhe der zulässigen Beanspruchung des Materials in beiden Fällen verschieden ist.

Trockendocks und Schwimmdocks kommen fast nur an der See oder an großen Seen vor. Sie sind dort notwendig, wo Schiffe verkehren, deren Größe das Aufschleppen verbietet. Sowie das Gewicht des Schiffes 2000 t übersteigt, wird man im allgemeinen Docks und nicht mehr Aufschleppen verwenden.

Die Eigenschaften der Trockendocks sind, soweit sie mit denen der Schleusen übereinstimmen, bereits bei ihnen besprochen worden. Es sollen jetzt noch einige besondere Eigentümlichkeiten der Trockendocks hervorgehoben werden.

Gegenüber den meisten Schleusen haben alle Trockendocks die Aufgabe, völlig trocken gelegt zu werden. Während der mittlere Wasserwechsel der meisten Schleusen 3 bis 4 m beträgt und nur von dem Flutwechsel abhängig ist, beträgt er bei den Docks für große Schiffe 10 bis 12 m und ist von dem Wasserstandswechsel im Hafen und von dem Tiefgang der Schiffe abhängig. Mit dem Anwachsen des letzteren wächst somit auch die Schwierigkeit des Baues von Docks. Die Tiefe des Docks muß wenigstens um 1,3 bis 1,5 m größer sein als der Tiefgang des größten Schiffes bei dem für die Dockung zulässigen tiefsten Wasserstand. Die Breite der Einfahrt sollte wenigstens um 0,3 m beiderseits größer sein als die Breite des größten Schiffes, besser um mehr als 2 m. Die Länge der Kammer muß etwa 15 bis 20 m größer sein als die Schiffslänge, damit die Schraubenwellen ausgezogen werden können.

Kommt es bei dem meist geringen Wasserstandswechsel der Schleusen auf die Dichtigkeit des Mauerwerks weniger an, so ist sie bei den Docks der Hauptpunkt. Ein Dock mit vielen kleinen Quellen ist durch die großen Lenzkosten[1]) im Betrieb teuer und unterliegt auch leicht der Gefahr, daß der Beton durch das stets frisch durchströmende Wasser nach und nach zersetzt wird. Nur dort, wo der Untergrund aus undurchlässigem Boden besteht, dürfen magere Mischungen für die Sohle verwendet werden. In allen anderen Fällen ist die Verwendung fettiger Mischungen billiger, als später vielleicht notwendig werdende Reparaturen. Für massive Docks wurde vielfach der Kalktraßmörtel zur Betonbereitung verwendet. Nach Erfahrungen in Kiel und Wilhelmshaven scheint aber der Zementtraßbeton haltbarer zu sein

In allen Fällen ist es empfehlenswert, die Sohle durch eine starke Schicht von Hartbrandsteinen in Zement zu übermauern, wenn angängig wenigstens 0,5 m stark. Diese Schicht wird am besten durch viele Anker mit der eigentlichen Sohle verbunden. In unserem Klima ist die Verblendung nur mit Beton der Frostgefahr wegen kaum zu empfehlen, in England hat sie sich bei vielen Docks gehalten. Als Zusatz für die dem Seewasser zugekehrten Teile der Sohle und Mauern empfiehlt sich Sika[2]), das mit 10 bis 20 kg/cbm Beton verwendet wird und nach den vorliegenden Zeugnissen eine völlige Dichtung gewährleistet und Schutz gegen gefährliche Wasserarten bietet. Das Mittel kann auch auf der Innenseite der Bauwerke gegen das durchspringende Wasser angewendet werden.

---

[1]) „Lenzen" wird das Herauspumpen des Sickerwassers bei Docks und Schiffen genannt.

[2]) Kaspar Winkler & Co., Durmersheim-Karlsruhe, Baden.

Es erhöht als Beimengung die Druck- und Zugfestigkeit des Betons im Gegensatz zu vielen anderen Mitteln. Heute (1927) kostet 1 kg etwa 1 RM. Die Erfindung solcher Mittel bedeutet für das Wasserbauwesen die Möglichkeit der Herstellung wirklich dichten Betons und der nachträglichen Dichtung, die früher nicht vorhanden war.

Statt der massiven Docks sind bei undurchlässigem Untergrund Trockendocks aus Holz dort zweckmäßig, wo Holz billig und in großen Abmessungen zu haben ist, also z. B. in Nordamerika, Australien usw. Docks aus Jarrah- oder Baugummiholz dürften bei guter Unterhaltung eine große Lebensdauer haben und in der Unterhaltung nicht teurer werden als massive.

Bei elastischem Untergrund sollten bei Docks stets erst die Mauern erbaut werden und dann die Sohle dazwischen gesetzt werden. Es dürfte dabei angängig sein, auch im offenen Wasser die Mauern nach Art des Schleusenbaues in Le Havre unter Druckluft zu versenken und dann die Sohle dazwischen zu schütten. Sind die Mauern dort, wo der Schüttbeton an sie anschließen soll, genügend rauh, dann wird ein inniges Anschließen des Schüttbetons und genügende Dichtung

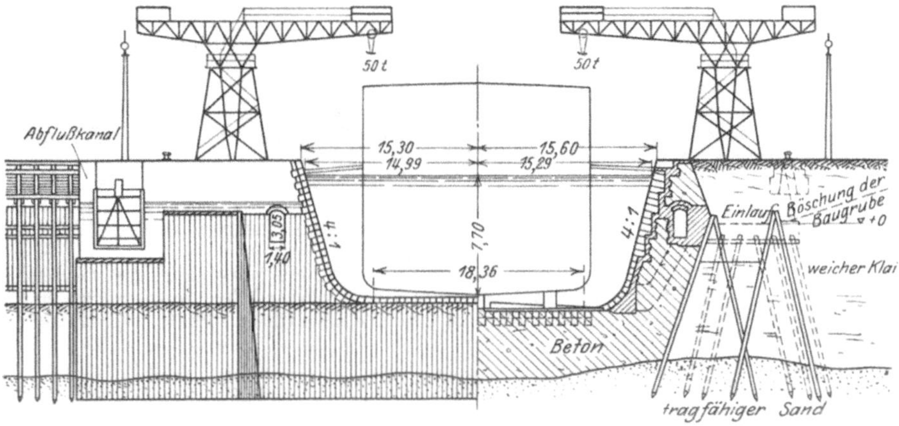

Abb. 958. Kaiserdock Bremerhaven, links Ansicht auf Binnenhaupt, rechts Schnitt der Kammer. Maßstab 1 : 650.

erzielt werden. Die Gefahr der Betonzersetzung ist aber hierbei groß. Sie kann durch Verwendung von Erzzement und starke Sohlenverblendung so gut wie beseitigt werden.

Am einfachsten und besten bleibt jedoch dort, wo die Trockenlegung der Baugrube unmöglich ist, das Verfahren, wie es zuletzt in Bremerhafen mit Erfolg angewendet wurde. Dort wurde die Sohle zwischen schräggerammte Spundwände in solcher Dicke geschüttet, daß sie allein durch ihr Gewicht den Auftrieb überwand. Auf diese Sohlen wurden dann die Mauern nach Trockenlegung der Baugrube aufbetoniert. Hierbei werden auch die Beanspruchungen der Sohle nicht so bedeutend, weil ein großer Teil des Mauergewichts direkt von der sehr kräftigen schrägen Spundwand aufgenommen wird. Gerade die Schrägstellung der Spundwand kann als sehr zweckmäßig bezeichnet werden. Vgl. Abb. 958, Kaiserdock Bremerhaven.

Die in den Abbildungen ersichtlichen Galerien sind nötig, um das Absteifen des Schiffes zu erleichtern. Diese Galerien bilden einen charakteristischen Unterschied gegenüber den Schleusenkörpern, bei denen sie ein Fehler wären.

Die Ausrüstung der Docks. Zur bequemen Bedienung der Trockendocks sind umfangreiche und nicht zu schmale Treppenanlagen erforderlich. Die Treppen sollten möglichst nicht unter 1,0 m breit sein, damit sich zwei Arbeiter mit Werkzeug begegnen können.

Zum Abstützen des Kieles auf der Sohle werden Kielstapel verwendet, die durch eingelegte Stahlkeile auch unter dem vollen Druck des Schiffskiels gelöst werden können.

Abb. 959 a u. b zeigen Kielstapel der Trockendocks V u. VI der Reichswerft Kiel. Die Anordnung der Keile bei Abb. 959 ist gut, da man die Keile durch Schlagen in ihrer Längsrichtung lockern kann. Die Kielstapel erhalten in der Regel die Höhe von 1,2 m und werden alle Meter gesetzt.

Die seitliche Abstützung auf der Sohle erfolgt durch Kimmschlitten. Dieses sind auf Gleitbahnen laufende Holz- oder Eisenstapel, die vor der Dockung für jedes Schiff so bearbeitet werden, daß sie sich der Schiffsform dort, wo sie anliegen sollen, genau anpassen. Hat das Schiff sich nach Abpumpen von 2 bis 3 m Wasser auf die mittleren Kielstapel aufgesetzt, dann werden die seitlich an der Dockmauer stehenden Kimmschlitten durch Ketten, die unter dem Schiff durchgeführt sind, an letzteres herangezogen, so daß sie sich fest anlegen. Dann wird das Pumpen fortgesetzt. Zur Bearbeitung der Kielstapel und Kimmschlitten muß jedes Dock vor Aufnahme eines neuen Schiffs erst trockengelegt werden. Hierdurch wird das Docken sehr verteuert. Nur bei Docken von gleichen Schiffen nacheinander kann man auf die vorherige Trockenlegung oft verzichten.

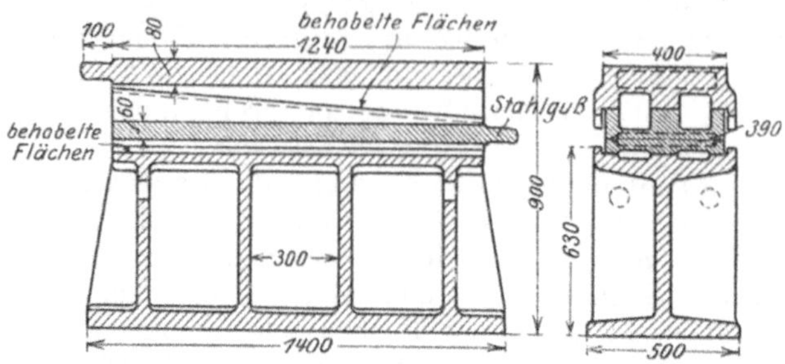

Abb. 959 a u. b. Kielstapel der Werft in Kiel. Maßstab 1 : 32.

Einen sehr praktischen Kimmschlitten, der gerade wegen seiner Einfachheit empfehlenswert ist, zeigt Abb. 960 a u. b. Auf die obere Fläche werden je nach der Form des Schiffes keilförmige Paßstücke aufgesetzt, die durch Bolzen befestigt werden.

Ähnliche, nur höhere Schlitten werden zur Unterstützung des Heckes gebraucht, das wegen seiner großen Ausladung einer besonderen Unterstützung bedarf. Dieser Heckstapel wird untergezogen, während das Schiff in richtiger Lage über den Kielstapeln noch schwimmt.

Zum Verholen der Schiffe in die Docks hinein sind Spills notwendig, die bei neueren Anlagen durch Wasserdruck oder elektrisch angetrieben werden. Zur genauen letzten Einstellung des Schiffes empfehlen sich außerdem einfache Handspills. Poller und Ringe sind

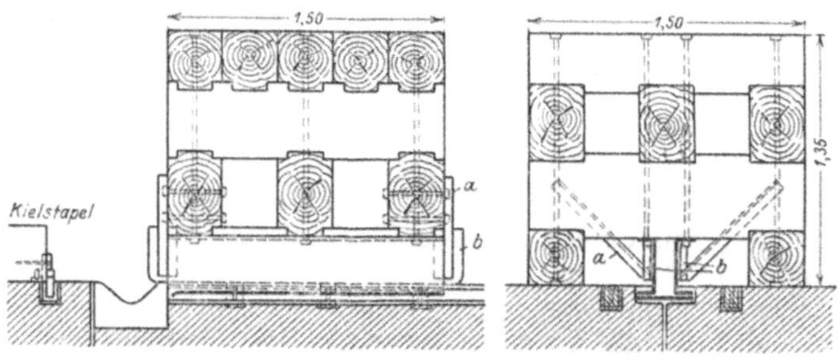

Abb. 960 a u. b. Kimmschlitten. Maßstab 1 : 50.

wie an den Kaimauern notwendig. Statt der früher viel gebrauchten Rutschen zur Hinabbeförderung von Material in das Dock, rüstet man es besser mit ein bis zwei Laufdrehkranen aus. Diese besorgen den gesamten Materialtransport in das Dock hinein und wieder heraus.

Die Einfahrt zum Dock muß durch Pfahlbündel erleichtert werden, die man je nach der Länge der zu dockenden Schiffe in 30 bis 50 m von dem Dockhaupt errichtet.

Wohl kein Dock für große Ozeandampfer kann so hoch gelegt werden, daß es bei Ebbe von selbst leerläuft. Jedes große Dock besitzt somit eine Pumpenanlage, die ein sehr wichtiger Teil der Anlage ist. Liegen mehrere Docks dicht beieinander, dann wird für alle eine gemeinsame Pumpstation erbaut, die nicht größer wird als für ein Dock. Die Pumpen müssen so bemessen werden, daß sie auch das größte Dock in zwei bis drei Stunden oder noch weniger leeren können, damit kleinere Reparaturen in einem Tage ausgeführt werden können.

Man wendet neuerdings bei Docks zweckmäßig Zentrifugalpumpen an, die mit Elektromotoren unmittelbar gekuppelt sind. Die Pumpen müssen so tief gestellt werden, daß sie das Wasser noch gut ansaugen können; sie arbeiten demnach als Saug- und Druckpumpen. Diese Lage der Pumpen zwingt zur Erbauung besonderer tiefgelegener und stets trockener Pumpenkammern. Verwendet man Pumpen und Motoren mit liegender Welle, dann muß dafür gesorgt werden, daß der Raum möglichst trocken ist und daß er nie unter Wasser kommen kann, da sonst die elektrischen Maschinen auch bei bester Sicherung versagen. Einen wesentlichen Fortschritt zeigt die Art, wie man bei den neuen Docks in Wilhelmshaven die Elektromotoren mit den Pumpen kuppelte. Man wendete dort Maschinen mit stehender Welle an, so daß die Motoren senkrecht über den Pumpen in beliebiger Höhe angebracht werden konnten. Man erhielt dadurch die Vorteile der größeren Betriebssicherheit der Anlage, die auch bei Überflutung der Pumpenkammer noch betriebsfähig bleibt, und der besseren Raumausnutzung. Bei liegender Welle muß der hohe Raum über den tiefliegenden Maschinen frei bleiben. Bei der Wilhelmshavener Anordnung braucht die Pumpenkammer nur etwa zwei Drittel so groß zu sein wie bei der Kieler.

Außer den großen Pumpen, die zur Trockenlegung des Docks nötig sind, müssen noch kleinere Lenzpumpen zu dauernder Trockenhaltung des Docks und auch der Pumpenkammer eingebaut werden.

Senkrechte Hebung des Schiffes, insbesondere durch Schwimmdocks.

Ursprünglich baute man die Schwimmdocks als hölzerne Kasten, deren Schmalwände als Stemmtore ausgebildet waren. Man fuhr das Schiff in den abgesenkten Kasten hinein, schloß die Tore und pumpte den Behälter aus. Da der Boden nicht hohl war, konnte er nie bis über die Wasseroberfläche kommen, so daß die Tore während der ganzen Dockung geschlossen sein mußten. Das Verfahren war daher sehr unbequem.

Die neueren Schwimmdocks sind an den Schmalseiten offen, haben einen in Zellen eingeteilten kastenförmigen doppelten Boden und ebensolche Seitenwände.

Soll das Dock versenkt werden, dann wir der Doppelboden so lange mit Wasser gefüllt, bis die gewünschte Tiefe erreicht ist. Dann tragen die Seitenkasten das Dock. Das Schiff wird nun eingefahren und das Wasser aus den Bodenzellen entweder herausgepumpt oder durch Preßluft herausgedrückt. Das Dock hebt sich so weit über Wasser, bis die Oberkante des Bodens völlig trocken ist und etwa 0,5 bis 1 m herausragt.

Die Pumpen und Antriebsmaschinen erhalten ihren Platz in den Seitenwänden; meist wird Dampfantrieb angewendet, in einzelnen Fällen auch elektrischer Antrieb. Das Dock wird dann mit der Station am Lande durch ein Kabel verbunden.

Abb. 961a bis c zeigen Längs- und Querschnitte eines **Docks**, das auf der Vulkanwerft in Stettin im Betrieb ist. Der Boden wird aus fünf einzelnen Pontons gebildet, die zwischen den Seitenwänden sitzen und von denen jedes im eigenen Dock gedockt werden kann. Hierbei kann die Unterhaltung der unteren Teile der Seitenwände nur durch Schrägholen des Docks geschehen. Besser ist somit die Anordnung, daß die Bodenpontons auch noch unter den Seitenwänden hindurchgehen, man kann sie dann lösen und im Schwimmdock docken. Die Seitenwände sind bei ausgetauchtem Dock stets über Wasser.

Man kann auch das ganze Dock in so schmale Abteilungen zerlegen, daß jede in dem übrigen Dock gedockt werden kann. Hierbei entsteht nur die Schwierigkeit einer guten Verbindung zwischen den einzelnen Querstücken, da die durchgehende Seitenwand fehlt. Braucht man z. B. ein Dock von 210 m Länge mit

40 m lichter Weite, dann dürfen die einzelnen Querstücke nicht breiter als etwa 36 m sein, damit sie unter Drehung von 90° noch gedockt werden können. Der

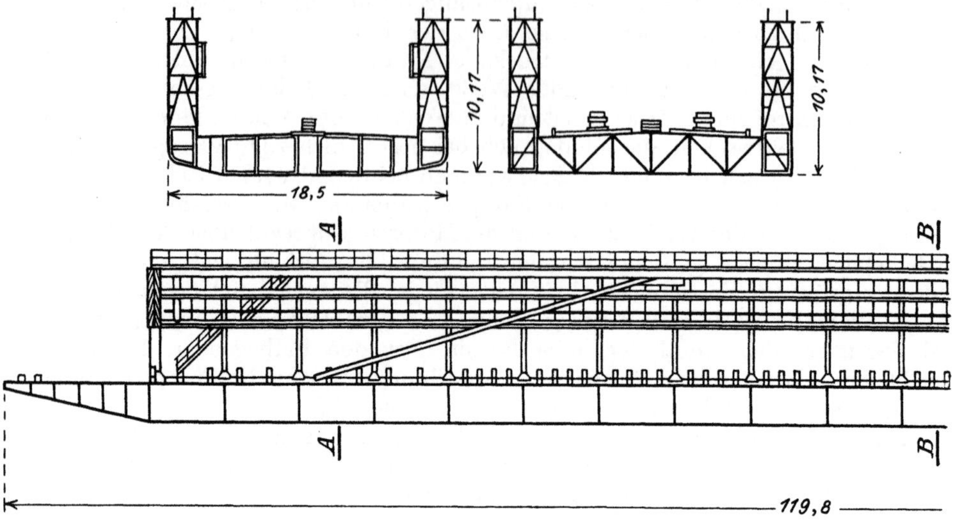

Abb. 961 a bis c. Schwimmdock Vulkanwerft Stettin.
a Schnitt *A*. b Schnitt *B*. c Längenschnitt.
Maßstab 1:500.

große Vorteil dieser Anordnung ist, daß die einzelnen Abteilungen bequem verfahren werden können, auch eher durch Schleusen hindurch können als ganze Seitenwände, die nur im umgelegten Zustand verfahrbar sind.

Eine zweckmäßige Form ist auch die der „L"-Docks, bei denen die eine Längswand ganz fehlt, so daß das Schiff bei abgesenktem Dock von der Seite her quer in das Dock verholt werden kann. Es ist hierbei eine Parallelführung der einen Seitenwand notwendig, damit der Körper bei der Bewegung (Senken oder Heben) nicht umkippt. Abb. 962 zeigt eine solche Anlage, wie sie von der Reiherstiegwerft Hamburg mit gutem Erfolg erbaut ist[1]).

Die Ausrüstung der Schwimmdocks ist eine ganz ähnliche wie die der Trockendocks.

Die hydraulischen Docks und Schraubendocks verfolgen den gleichen Zweck wie die Schwimmdocks, nur wird das Schiff auf einer versenkten Plattform gehoben, die zwischen schweren Traggerüsten an hydraulischen Pressen oder großen Schraubenspindeln hängt. Diese Anlagen wurden bisher selten ausgeführt.

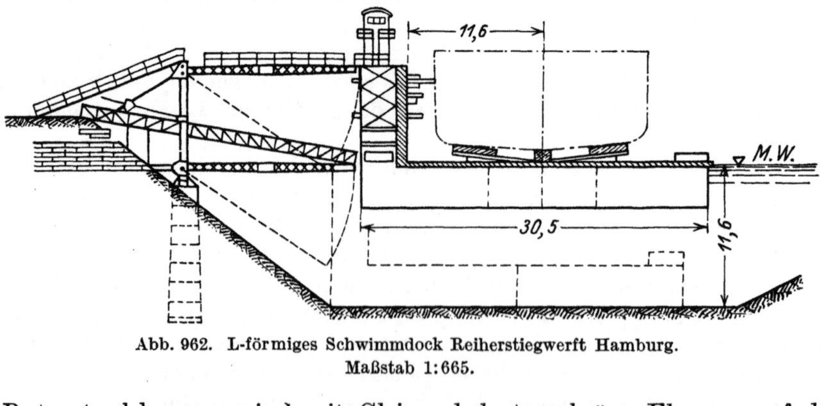

Abb. 962. L-förmiges Schwimmdock Reiherstiegwerft Hamburg.
Maßstab 1:665.

Patentschleppen sind mit Gleisen belegte schräge Ebenen, auf denen mehrere Wagen gleichzeitig hinaufgezogen werden können. Das Hinaufziehen

[1]) „Schiffbau" 1903/04, S. 969 u. 1018.

geschieht durch Ketten, die alle von einer Welle aus gezogen werden. Die Schiffe werden entweder in der Längsrichtung oder in der Querrichtung verholt. Sie fahren über die Wagen und werden so lange gleichzeitig mit ihnen nach dem Ufer verholt, bis sie sich auf die Wagen aufsetzen. Die Wagen sind mit muldenartigen Lagern versehen, die ein Umkippen der Schiffe verhindern. Die größten Patentaufschleppen sind heute auf der Werft von Frerichs in Einswarden an der Weser in Betrieb. Das Bild eines Patentslips Werft Flender zeigt Abb. 963.

Dieses Aufschleppen hat sich begreiflicherweise sehr für Binnenschiffe eingeführt. Eine große Anlage dieser Art ist die Längsslipanlage der Werft Flender A.G. Lübeck, der Gutehoffnungshütte in Walsum a. Rh. Die Berechnung von Aufschleppen erfolgt ähnlich wie die der Hellinge; es wird auf diesen Absatz hingewiesen. Die Aufschleppen sind im allgemeinen nur für Schiffe bis zu etwa 1000 t Wasserverdrängung ausgeführt worden.

Sehr wichtig ist für den Hafenbauer die Entscheidung der Frage, ob dem Trockendock oder dem Schwimmdock der Vorzug zu geben sei. Hierzu ist zu bemerken, daß beide Arten solche Vorzüge und Nachteile haben, daß die Frage nur von Fall zu Fall entschieden werden kann. Die Kosten sind annähernd gleich, entscheidend sind meistens die örtlichen Verhältnisse[1]).

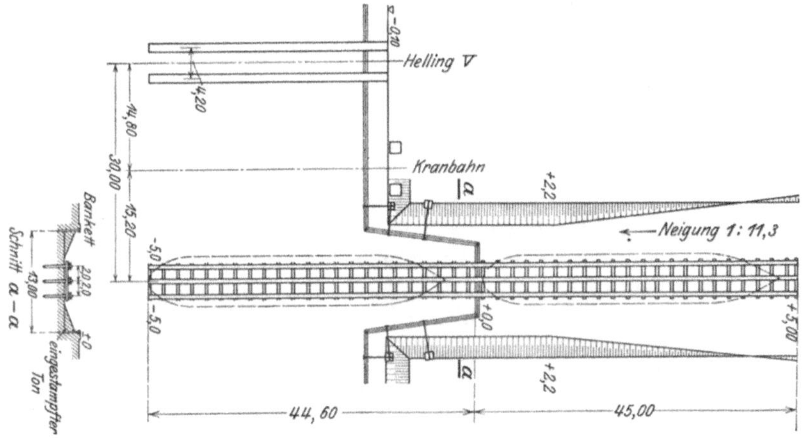

Abb. 963 a und b. Längsslip-Anlage der Werft Flender A.-G. Lübeck. Maßstab 1:1000.

Das Schwimmdock braucht etwa dreimal soviel Platz wie das Trockendock. Wo keine großen geschützten Wasserflächen frei sind, also z. B. hinter Deichen, wird meist das Trockendock vorzuziehen sein; andernfalls das Schwimmdock.

Sehr wichtig sind auch die Bodenverhältnisse. So sind z. B. in Rotterdam des schlechten Baugrunds wegen auch Schwimmdocks gebaut worden, in England dagegen in dem viel vorhandenen dichten Klaiboden oder bei felsigem Untergrund hauptsächlich Trockendocks. In Deutschland mögen beide Systeme etwa gleichviel vertreten sein. Zu bedenken ist, daß die Versenkstelle eines Schwimmdocks genau so tief sein muß und dauernd so tief erhalten werden muß, wie die Baugrube eines Trockendocks.

An Einzelvorteilen bei gleicher Leistungsfähigkeit ist zu nennen für das Trockendock: Einfache Bedienung, Starrheit der Sohle, bequeme Materialanfuhr, geringe Unterhaltungskosten, geringer Platzbedarf, große Unverwundbarkeit im Kriegsfall, bei guter Ausführung sehr lange Lebensdauer.

[1]) Franzius, G.: Generalbericht zum Schiffahrtskongreß 1902 und C. Thalenhorst: Z. V. d. I. 1908.

Für das Schwimmdock: Schnelle Hebung (oft weniger als 1 Stunde), kurze Herstellungsdauer (etwa nur $^1/_2$ bis $^1/_3$ der Bauzeit des Trockendocks), bessere Lüftung und Beleuchtung des Schiffes (für Reinigung und Anstrich wichtig), die Möglichkeit des Verlegens an andere Stellen mit genügender Tiefe. Als Nachteil für das Schwimmdock selbst bei guter Ausführung geringere Lebensdauer. Im großen und ganzen dürften Schwimmdocks vorzuziehen sein.

3. Einrichtungen zum Bau der Schiffe.

Die Erbauung der Schiffe geschieht bis auf die seltenen Ausnahmen der Baudocks auf dem Land, auf für diesen Zweck besonders eingerichteten schrägen Ebenen, den Hellingen. Die Neigung der Helling ist notwendig, damit das Schiff nach dem Zusammenbau des eigentlichen Schiffskörpers in das Wasser gleiten kann. Die Neigung der Hellingsohle beträgt 1 : 8 bis 1 : 20, die große Neigung wird bei kleinen Schiffen, die geringe bei ganz großen Schiffen angewandt. Je länger das Schiff, desto geringer seine Neigung, da sonst das landseitige Ende, der Vordersteven, zu hoch liegen würde. Bei 1 : 20 beträgt der Höhenunterschied für 200 m lange Schiffe bereits 10 m.

Der über Wasser liegende Teil der Helling, auf dem das Schiff gebaut wird, heißt die Stapelhelling, der unter Wasser liegende Teil die Vorhelling. Wird die Helling an ihrem unteren Ende durch ein Ponton abgeschlossen, dann dient die eigentliche Vorhelling mit als Stapelhelling. Dieses ist zweckmäßig, um das ganze Schiff tiefer legen zu können, die Materialien sind dann weniger hoch zu heben. Die Unterstützung des Schiffes kann bei tragfähigem Boden in einfachster Form erfolgen durch Legen von Holzschwellen; bei schlechtem Untergrund ist ein Pfahlrost mit aufgelegten Holmen oder daraufbetonierter Betonsohle notwendig. Auf den Holzschwellen oder der Betonsohle ruht das Schiff beim Bau vermittels Holzstapel.

Zum Ablauf werden breite Gleitbahnen auf der Sohle verlegt und befestigt und an dem Schiffskörper ein starker Holzschlitten angebracht, in dem das Schiff wie in einer Wiege ruht. Dieser Schlitten bildet eine nur für den Ablauf bestimmte Fortsetzung des Schiffes nach unten, die dem Schiff eine glatte Lauffläche schafft. Mit diesem Schlitten zusammen gleitet das Schiff auf der gut geschmierten Gleitbahn in das Wasser, nachdem die haltenden Taue gelöst sind. Vor diesem Ablauf, dem sog. Stapellauf, werden die Baustapel unter vorsichtigem Absetzen des Schiffes auf den Schlitten entfernt, so daß das Schiff ganz auf dem Schlitten ruht. Der größte Druck wird nach Aufschwimmen des Hecks vom Vordersteven ausgeübt.

Die für die Konstruktion massiver Hellingsohlen wichtigen Punkte sind folgende:

1. Das Schiff wird mit dem Heck zum Wasser hin gebaut, es versucht beim Ablauf infolge Reibungswiderstandes die Sohle nach abwärts zu bewegen. Die Sohle muß hiergegen gesichert werden. Liegt sie auf Pfählen, die in, wenn auch nur angefülltem Gelände stecken, dann ist der passive Erddruck auf die Pfähle meist groß genug, um die Schubkraft aufzunehmen.

2. In dem Augenblick, in dem der Auftrieb am eintauchenden hinteren Ende des Schiffes so groß wird, daß es aufschwimmt, ruht das Schiff vorne nur noch auf einer sehr kleinen Fläche, die nun einen ganz bedeutenden Druck von vielleicht $^1/_4$ bis $^1/_5$ des Schiffsgewichtes erhält. Diese Druckkraft des Vorderstevens ist nun bestimmend für die Konstruktion der Helling. Man muß ihre Größe für den Verlauf des Abgleitens von der Helling für jeden wichtigeren Punkt bestimmen, vor allem den Punkt festlegen, in dem das Schiff hinten aufschwimmt. Man erhält dadurch eine Belastungslinie für die ganze Helling, die für ein größeres Schiff wie Abb. 964 aussieht. Diese Linie ist so zu verstehen, daß ihre Ordinate an jedem Punkt den Gesamtdruck des Vorderstevens angibt. Man sieht an ihr, wie der Druck plötzlich geradezu sprunghaft wächst, wenn der Moment des Aufschwimmens eintritt. Der Vordersteven erhält aus diesem Grund bei großen Schiffen am besten einen besonderen Schlitten, den man je nach Bedarf 5 bis 10 m lang machen kann, so daß der große Druck dann in der gleichen Länge auf der Gleitbahn verteilt wird. Hat man z. B. ein großes Schiff, das beim Ablauf 8000 t wiegt, so würde der Stevendruck etwa 2000 bis 2500 t betragen. Auf eine Gleitbahn entfallen

dann 1000 bis 1250 t; verteilen sie sich auf 8 m Länge, so erhält man einen Druck auf der Gleitbahn von 125 t/m bis rund 150 t/m.

Dieser Druck wirkt aber nur im Vorübergleiten, d. h. so kurze Zeit, daß die Pfähle, auf denen die Gleitbahn ruht, gar nicht erst die Zeit haben, nachzugeben. Es ist daher zulässig, solche Pfähle mit ihrer größten Tragkraft in Rechnung zu stellen, z. B. Pfähle von 45 cm Durchmesser, die 4 m im guten Baugrund stekken, mit 50 t Tragkraft und mehr. Nimmt man letzteres Maß an, dann kann man bereits mit $2^1/_2$ bis 3 Pfählen für den Meter auskommen. Da das Rammen in einer Linie der zu engen Stellung wegen nicht mehr möglich ist, muß man dann wenigstens zwei Pfahlreihen unter eine Gleitbahn setzen.

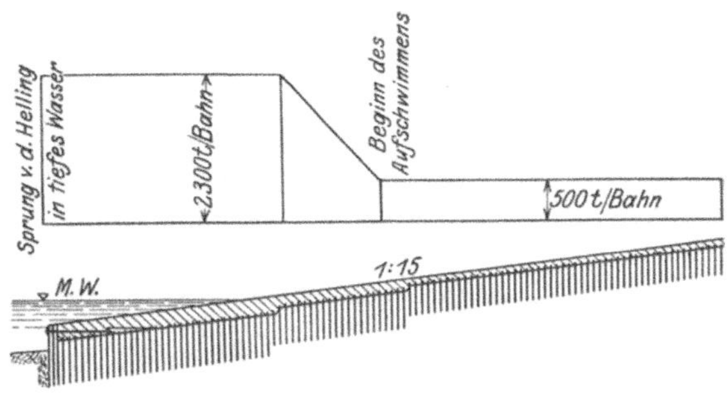

Abb. 964 a und b. Druckkraft des Vorderstevens während des Ablaufens von einer Helling.

Außer dem Druck beim Ablauf kommen noch die Drücke einzelner ungleichmäßig verteilter Baustapel vor dem Stapellauf zur Wirkung. Es sind dieses die Punkte, auf denen das Schiff ruht, ehe es auf die Gleitbahnen gesetzt wird. Zu ihnen gehören die Kielstapel, die vor dem Stapellauf entfernt werden.

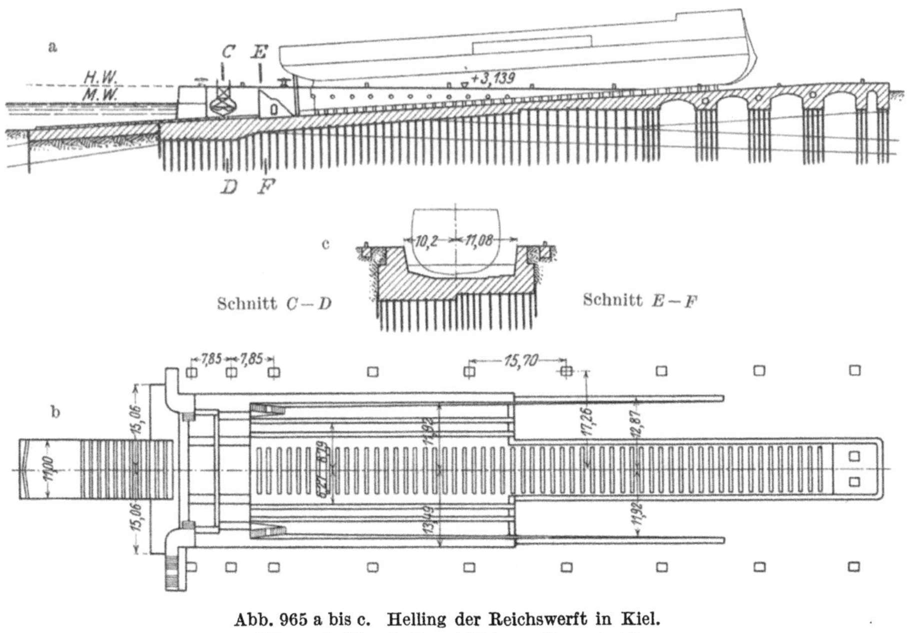

Abb. 965 a bis c. Helling der Reichswerft in Kiel.
a Längsschnitt. b Draufsicht. c Querschnitt.
Maßstab 1 : 1400.

Will man die Vorhelling mit als Stapelhelling ausnutzen, dann muß sie durch eine Betonsohle und durch Seitenmauern gedichtet und vorn durch ein Ponton verschlossen werden. Es wird in den meisten Fällen genügen, die Vorhelling bis 3 m unter den für den Ablauf zulässigen niedrigsten Wasserstand zu führen. Dahinter muß durch Rammen einer Spundwand sofort eine größere Wassertiefe von 5 bis 6 m geschaffen werden. In dem Augenblick, in dem der Stevenschlitten die Vorhelling hinter sich hat, schlägt der Vordersteven mit großer Wucht nach unten, das Schiff springt in das Wasser. Das Schiff würde, wenn es auf den Grund aufschlüge, schwer beschädigt werden.

Abb. 965a—c zeigt eine der älteren Hellinge der Reichswerft Kiel, die für den Bau mittelgroßer Schiffe bestimmt ist. Hier ist vor die untere Stapelhelling außerhalb des Pontons noch eine Vorhelling gelegt, auf der gleichfalls Gleitbahnen liegen. Die Verbindung zwischen den inneren Gleitbahnen und denen der Vorhelling mußte nach Ausfahren des Pontons durch Taucher erfolgen, die ein vorhandenes Paßstück unter Wasser einbauten. Die Neigung dieser Helling ist 1 : 13. Bei dem Umbau einer dieser Hellinge ist die Vorhelling durch Sprengung beseitigt worden, eine solche kann heute ganz allgemein als entbehrlich gelten.

Von großer Wichtigkeit ist die **Ausrüstung der Helling** für die Bewegung der Schiffbaumaterialien. Eine sehr zu empfehlende

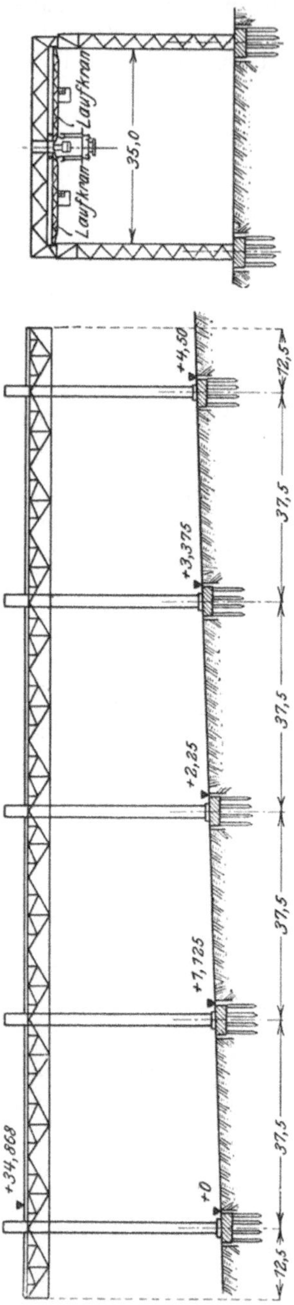

Abb. 966 a u. b. Hellingausrüstung mit hochliegenden Laufkränen. Maßstab 1 : 1370.

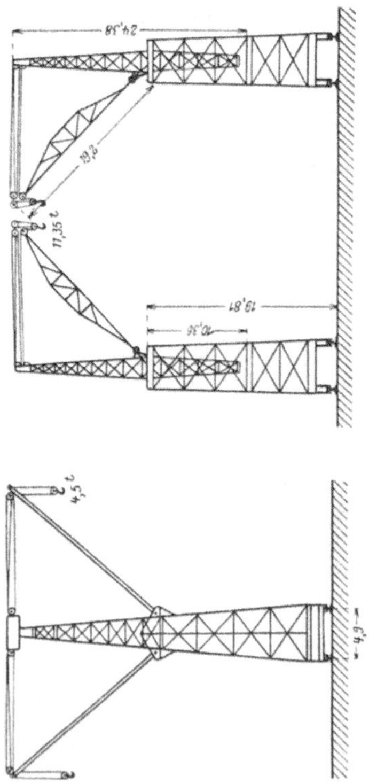

Abb. 967 a u. b. Hellingausrüstung. Auslegerkräne. Maßstab 1 : 800.

Ausrüstung ist die durch große Gerüste, die die Helling quer überspannen und in ganzer Länge der Helling Kranlaufbahnen tragen (Abb. 966a u. b). Auf diesen Bahnen laufen dann schnellfahrende Kräne von 3 bis 6 t Hubkraft. Am besten wird jede Schiffshälfte durch einen solchen hochgelegenen

Laufkran in ganzer Länge bedient. Alles Material wird dabei entweder bis zum landseitigen Kopf der Helling gebracht oder, was noch besser, seitlich an ihr bis zu dem Punkte verfahren, wo es gebraucht wird. Im letzteren Falle braucht es durch den Kran nur quer zu der Helling verfahren zu werden.

Ferner sind noch große Turmdrehkrane mit über die halbe Hellingbreite reichendem Ausleger (Abb. 967a u. b), dann auf seitlichen Hochbahnen laufende Auslegerkrane und viele andere Systeme üblich.

E. Beispiele ausgeführter Häfen.

a) Allgemeines.

Der Umfang des Buches verbietet es, alle Hafenbeispiele anzuführen, die eine besondere Bedeutung haben, es sollen aber möglichst alle größeren deutschen und einige ausländische Häfen besprochen werden. Es kam dabei nicht so auf die Anführung von Einzelheiten an, die durch den Umfang des Werkes verboten wird, als darauf, möglichst viele Hafenpläne wiederzugeben, weil erst dadurch ein Bild der großen Mannigfaltigkeit der wirklichen Ausführungen, die sich oft in gar keine bestimmte Form zwingen ließen, gewonnen werden kann. Das für die einzelnen Häfen Charakteristische ist vielfach ohne Besprechung aus den Plänen zu entnehmen. Eine Unterteilung der Häfen, wie sie im Handbuch der Ing.-Wissensch. vorgenommen wurde, hat Zweck bei großer Fülle des Materials. Es ist aber ohne weiteres erkenntlich, ob ein Hafen zu der Gruppe der Flußmündungshäfen, zu denen mit Wellenbrechern oder den Häfen mit durch Molen geschützter Einfahrt gehört. Außerdem zeigen so viele Häfen gleichzeitig zwei oder womöglich drei dieser Eigentümlichkeiten, daß eine wirklich strenge Einteilung doch nicht durchführbar ist. Auch ist der wichtige Gesichtspunkt Dockhafen oder offener Hafen, starke oder kleine Gezeiten bei der Einteilung nicht berücksichtigt worden, trotzdem er z. T. von entscheidendem Einfluß ist. Im großen und ganzen erschien es wichtiger, dem deutschen Ingenieur die Kenntnis der deutschen Häfen zu vermitteln, als die einer großen Zahl ausländischer Häfen. Es sind aber einige besonders kennzeichnende Beispiele ausländischer Häfen aufgenommen worden, so die Häfen Trelleborg, London, Ymuiden, Zeebrügge, Southampton usw., letzterer vor allem wegen der charakteristischen Form seiner Hafenbecken. Die Beispiele für Binnenschiffhäfen sind ganz auf deutsche Binnenschiffhäfen beschränkt worden. Eine scharfe Trennung nach Seeschiffshäfen und Binnenschiffshäfen konnte auch nicht vorgenommen werden, weil Häfen wie Hamburg, Bremen, Emden, Stettin usw. sämtlich gleichzeitig Seeschiffhäfen und Binnenschiffhäfen sind, wobei nicht einmal immer eine strenge Trennung der Hafenbecken vorhanden ist. In dem Teil „Binnenhäfen“ werden aber nur Häfen gezeigt, die lediglich Binnenschiffszwecken dienen.

b) Deutsche Seeschiffhäfen.

Emden (Abb. 968).

(Charakter: Flußmündungshafen, Dockhafen, starke Gezeiten.)

Emden ist der am meisten nach Westen liegende Hafen Deutschlands, er ist ganz als Dockhafen entwickelt worden. Der Hafen liegt gleichsam eingekeilt zwischen Rotterdam und Bremen und hat ein durch beide große Häfen stark eingeschränktes Hinterland. Emdens Bedeutung im Mittelalter war groß. Es hatte diese aber bis zum Anfang dieses Jahrhunderts fast gänzlich verloren.

Zuerst wurde eine Wiederbelebung durch die Schaffung des Ems-Jadekanals 1879—1888 versucht, der für Schiffe von 250 t Tragfähigkeit erbaut wurde. Es wurde damals bereits der Hafen ausgebaut und die Zufahrtsstraße für Schiffe auf 3 m Tiefgang bei NW. verbessert. Die Entwicklung war aber gering. Im wesentlichen zum Wettbewerb mit Amsterdam und Rotterdam, aber zweifellos auch mit Bremen, wurde dann 1882—1898 der Dortmund-Emskanal für 600 t-Schiffe erbaut, der das rheinisch-westfälische Industriegebiet auf dem kürzesten Wege mit der See verbindet. So sehr man der Stadt Emden auch einen Aufschwung gönnen wird, so wurde dadurch doch die Einheit des deutschen Hafenwesens geschwächt, da zweifellos Emden auch Bremen Konkurrenz macht. Um den Verkehr des Dortmund-Ems-Kanals aufnehmen zu können, mußte der Hafen fast gänzlich neu erbaut werden. (Vgl. Lageplan Abb. 968.) Der Verkehr stieg im Jahre 1913 auf 3,3 Millionen t (zu 1000 kg), wovon 2,8 Mill. t Fluß- und Kanalverkehr sind. Einfuhr von See ist 1,6 Mill. t, Ausfuhr 1,7 Mill. t. Der Verkehr zeichnet sich somit durch eine außergewöhnliche Gleichmäßigkeit aus. Emden hat beinahe die Stellung von Amsterdam erreicht, das 1913 3,8 Mill. t aufweist, und hat Danzig, Lübeck, Königsberg usw. überflügelt. Es ist heute der viertgrößte deutsche Seehafen. Die Verkehrsentwicklung Emdens zwang dazu, bereits 1905 mit großen Erweiterungen zu beginnen. Es wurde der Außenhafen weiter ausgebaut, dann wurde ein großer neuer Binnenhafen mit einer Seeschleuse erbaut und durch Schaffung eines großen neuen Seedeiches längs der Ems oberhalb der Einfahrt ein großes erweiterungsfähiges Gelände angegliedert. In dem Plane ist ein Vorschlag zum Ausbau dieses Geländes punktiert eingetragen. Die neue Schleuse hat die Abmessungen 260 : 40 : 13 m. Der Hafen ist vorwiegend für den Umschlag von Erz, Kohle und Getreide eingerichtet. Der Gesamthafen ist 45 ha groß, besitzt 10,2 km ausgebaute Kajen, von denen 4,6 km Bahnanschluß haben, 3 km sind als Kajemauern, 5,6 als hölzerne Bollwerke ausgebaut, der Rest mit Böschung. Für den Umschlag von Schiff auf Schiff, der bei dem starken Kanalverkehr sehr wichtig ist, sind 12 leichte Schwimmkräne von 3 t Tragfähigkeit eingestellt worden, die mit Kübeln und Selbstgreifern arbeiten.

Der mittlere Flutwechsel beträgt 3 m, der größte 8,5 m. Der Schlickfall ist bedeutend. Das Fahrwasser von der Schleuse bis zur See ist bei NW. 7 m tief, bei MHW. 10 m, es ist auf den ersten 10 km 200 m breit, von da an 250 m und mehr. Die Vertiefung des Außenwassers der Ems auf 10 m unter MNW. wird angestrebt. Sie ist 20 km unterhalb von Emden bereits vorhanden. Die Sperrung des Hafens durch Eis ist bisher stets durch Eisbrecher vermieden worden. Häufige Baggerungen sind nötig, die Offenhaltung des Fahrwassers ist aber durch die Ebbeströmung erleichtert, die infolge der Wasseransammlung im Dollart besonders kräftig ist. Die Befeuerung geschieht in üblicher Weise durch Leit-, Richt- und Quermarkenfeuer, durch Leuchtbojen und zwei Feuerschiffe, die vor Borkum liegen. Es können in Emden Schiffe auf den Nordseewerken bis zu 20 000 t Tragfähigkeit gebaut werden.

In den letzten Jahren vor dem Kriege setzte sich die Einfuhr zu rund 67 vH aus Erz, 20 vH Getreide und dem Rest aud Holz und verschiedenen Gütern zusammen, die Ausfuhr bestand zu 90 vH aus Kohlen.

Ein weiterer Aufschwung von Emden ist unbedingt zu wünschen, soweit er den holländischen Häfen Abbruch tun wird. Jede Schwächung Bremens aber dürfte vom allgemeinen volkswirtschaftlichen Standpunkt aus schädlich sein, denn die Anziehungskraft unserer Häfen ist um so stärker, je größer sie sind. Viele kleine Häfen werden zusammengenommen niemals den Aufschwung zeigen, wie wenige große. Der Ausbau des Hafens ist von Strombaudirektor Zander (jetzt Magdeburg) durchgeführt worden. Auf die Entwicklung von Emden wird der Ausbau des Dortmund-Emskanals von entscheidendem Einfluß sein, während der Ausbau des Hansakanals kaum einen großen Einfluß haben wird. Der Ausbau des Küstenkanals dagegen dürfte die Interessen Emdens berühren.

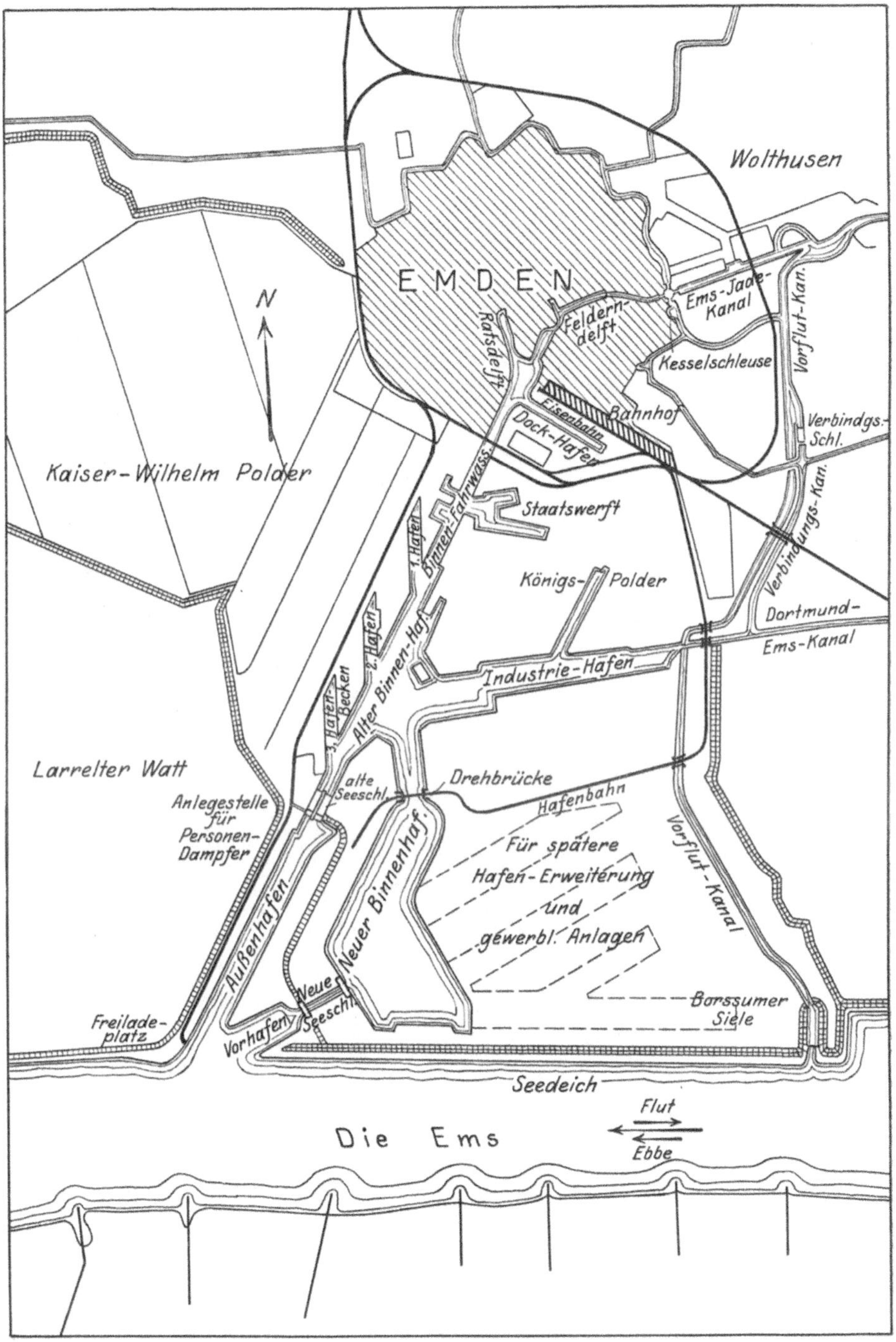

Abb. 968. Der Hafen von Emden mit den Erweiterungsplänen. Flußmündungshafen. Dockhafen. Flutwechsel im Mittel 3 m; Höchstwert 8,5 m. Hauptwindrichtung: SW. Maßstab 1 : 37 200.

Wilhelmshaven (Abb. 969).

(Charakter: Küstenhafen, Dockhafen, starke Gezeiten.)

Wenn auch die verkehrstechnische Bedeutung des Hafens Wilhelmshaven wegen des fehlenden Hinterlandes nur gering ist und auch nur gering bleiben

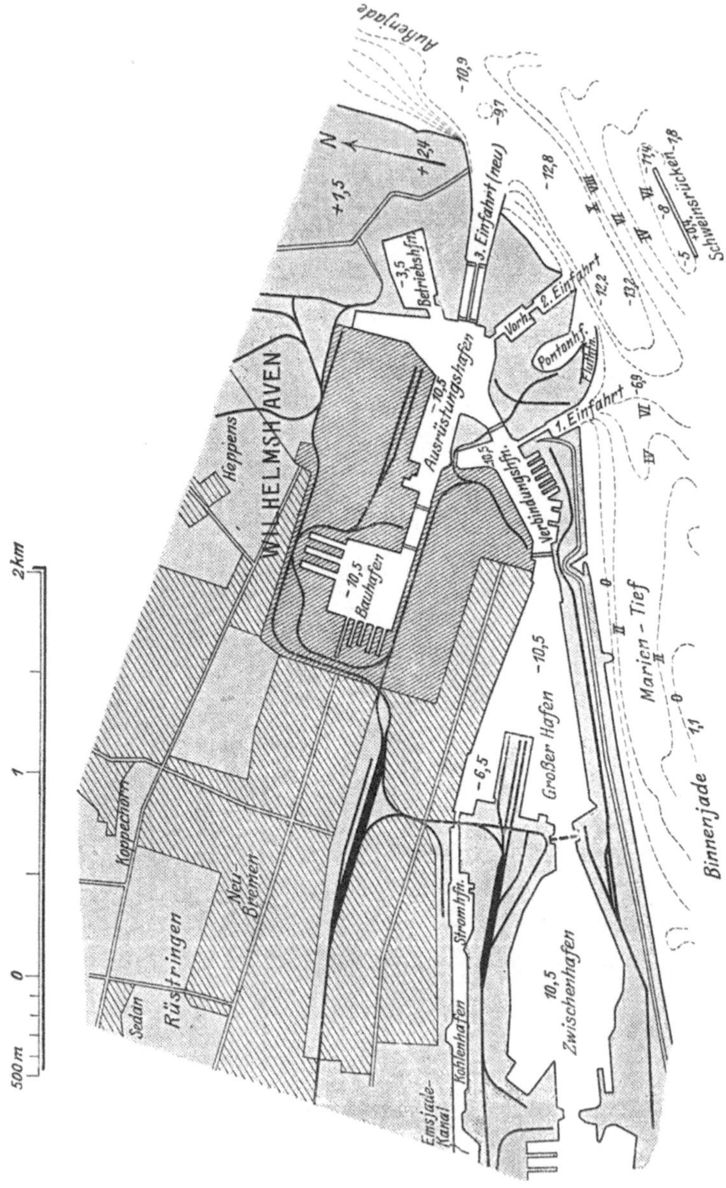

Abb. 969. Die Hafenanlagen von Wilhelmshaven. Küstenhafen, Dockhafen. Flutwechsel im Mittel 3,6 m; Höchstwert 9,5 m. Geringes Hinterland. Früher größter deutscher Kriegshafen. Heute hauptsächlich Industriehafen. Hauptwindrichtung: SW. Maßstab 1 : 38 000.

kann, so soll der Vollständigkeit halber doch ein Bild dieses früheren größten deutschen Kriegshafens gegeben werden.

Wilhelmshaven gehört wie Emden zu den Dockhäfen an Meeren mit starken Gezeiten. Der mittlere Flutwechsel in Wilhelmshaven beträgt 3,6 m, der größte Flutwechsel zwischen niedrigstem NW. und höchstem Hochwasser 9,5 m, wobei das höchste HW. 7,1 m über mittlerem NW. liegt. Die Zufahrt zur See ist nach

Erbauung des Leitwerks auf dem Schweinsrücken und nach umfangreichen Baggerungen eine gute. Vorteilhaft wirkt die große Wassermenge, die wegen des Jadebusens vor Wilhelmshaven hin und her strömt, auf die Tiefenerhaltung ein. Der Charakter ähnelt daher in dieser Hinsicht auch den Flußmündungshäfen. Die Deichoberkante liegt 1 m über höchstem HW.[1]). Der Untergrund besteht in den oberen Lagen aus Kleiboden, dazwischen Moor und Dargschichten. Der feste Diluvialgrund liegt an der Jade etwa 12,5 m unter dem Gelände, er besteht meist aus Sand, z. T. auch aus Ton. Der Schlickfall erreicht das Maß von 4,2 cm/Tag, die Bohrwurmgefahr ist besonders groß. Die Abb. 969 zeigt den Hafen in seiner größten Entwicklung. Er hatte den Zweck, den größten Teil der deutschen Kriegsflotte auszurüsten und instand zu halten. Auch war mit dem Hafen gleichzeitig eine große Bauwerft verbunden.

Der Hafen hat drei verschiedene Schleuseneinfahrten, die neueste dritte Einfahrt ist eine Doppelschleuse mit 250 m langen Kammern, die 40 und 35 m[2]) breit und bei Niedrig-Wasser 10 m tief sind. Heute ist der Kriegshafen z. T. auf Fischerei, Handel und Industriebelange umgestellt worden, und zwar sind die westlich der Kaiser-Wilhelm-Brücke[3]) liegenden Häfen für diese Zwecke freigegeben worden.

Der Westhafen, der westlich vom Zwischenhafen liegt, ist heute den Deutschen Werken zugewiesen worden, die damit einen sehr günstigen Platz zwischen einem Seeschiffhafen und dem zum Kanalhafen erweiterten Ems—Jadekanal erhalten haben. Es werden hier Schiffe bis zu 5000 t Wasserverdrängung gebaut. Der große Hafen ist z. T. als Fischereihafen entwickelt worden. Im übrigen sollen die Hafenanlagen, soweit sie nicht weiter Marinezwecken dienen werden, allen möglichen industriellen Belangen nutzbar gemacht werden. Auch die Marinewerft baut heute im großen Umfang Frachtdampfer. Die Tiefe der Häfen ist entsprechend ihren früheren Zwecken eine erhebliche. Der Bohrwurmbefall ist auch in den Dockhäfen stark, wie es sich bei vielen Holzbrücken zeigt. Hierin liegt der Unterschied zum Flußmündungshafen. Es sind große Teile der Häfen mit Böschungen versehen worden, vor denen Holzbrücken bis zu 20 m Breite stehen. Die Brücken hatten nur behelfsmäßigen Charakter, ihre Pfähle wurden bei 40 cm Durchmesser innerhalb 6 Jahren durch den Bohrwurm völlig zerstört, wobei auch Greenhartholz keine Ausnahme machte. Teergetränkte Pfähle dagegen nach Rüpingverfahren haben nach 10jährigem Bestehen so gut wie keinen Befall gezeigt. Für die heutigen Zwecke ist der Hafen begreiflicherweise viel zu weitgehend mit Trockendocks u. dgl. ausgerüstet.

Der Hafen Helgoland (Abb. 970).

(Charakter: Offener Inselhafen mit Wellenbrechern, starke Gezeiten.)

Helgoland liegt strategisch als Schutzfestung im Mittelpunkt der Deutschen Bucht, als Fort für die Ems-, Weser- und Elbemündung. Der Hafen Helgoland wurde vor dem Kriege für Zwecke der Marine erbaut, sollte aber bei plötzlich auftretenden Stürmen auch als Nothafen für Handel- und Fischereifahrzeuge dienen. Als Kriegshafen war der Hafen bestimmt für die Aufnahme von Torpedo- und Unterseebooten und auch von Seeflugzeugen. Der Hafen ist heute, soweit er Bedeutung als Kriegshafen hatte, zerstört worden. Er ist aber ein wichtiges Beispiel für die Erbauung solcher Häfen[4]) (vgl. S. 680 u. 688). Der Untergrund besteht aus Buntsandstein, der auf Zechstein aufgebaut ist. Es finden sich

---

[1]) Das jetzige Gelände liegt etwa 70 cm unter MHW., die Deiche sind demzufolge durchschnittlich 5,2 m hoch. In Wilhelmshaven besteht eine große Gezeiten-Versuchsanstalt, nach deren Ergebnissen die Jade ausgebaut wird. Jahrb. d. Hafenb.-Ges. 1921, Krüger.

[2]) Der Breitenunterschied entstand dadurch, daß es noch während der Erbauung glückte, eine Schleuse für die neuen Dreadnoughts zu verbreitern.

[3]) Die Kaiser-Wilhelmbrücke liegt zwischen dem Verbindungshafen und dem großen Hafen, sie ist eine doppelte Drehbrücke mit 80 m Durchfahrtsbreite, es können unter ihr Schiffe bis zu 9 m Höhe hindurchfahren.

[4]) Aus Ztschr. f. Bauwesen 1924, Heft 7—9.

vereinzelt noch im Meeresboden Gipsstücke von den früheren Gipsbänken. Die Wasserstände sind folgende:

NNW.	—1,50,
MNW.	+0,00,
MHW.	+2,5,
HHW.	+4,70

alle bezogen auf Helgoländer Pegel, der größte Wasserwechsel ist somit 6,2 m. Pegelnull wird angegeben als Spring-NW. Das Hafengelände liegt auf +5,25 PN.

Von besonderem Interesse ist der Bau der beiden großen Umfassungsmolen. Die Westmole ist fast ganz auf Senkkästen erbaut worden. Abb. 892c[1]), die einen Schnitt kurz vor dem Molenkopf zeigt. An besonders gefährdeten Stellen ist eine Schüttung von Betonblöcken vorgenommen worden (Abb. 892d u. e). Die Kästen bestehen aus Eisenkonstruktion, sind aber

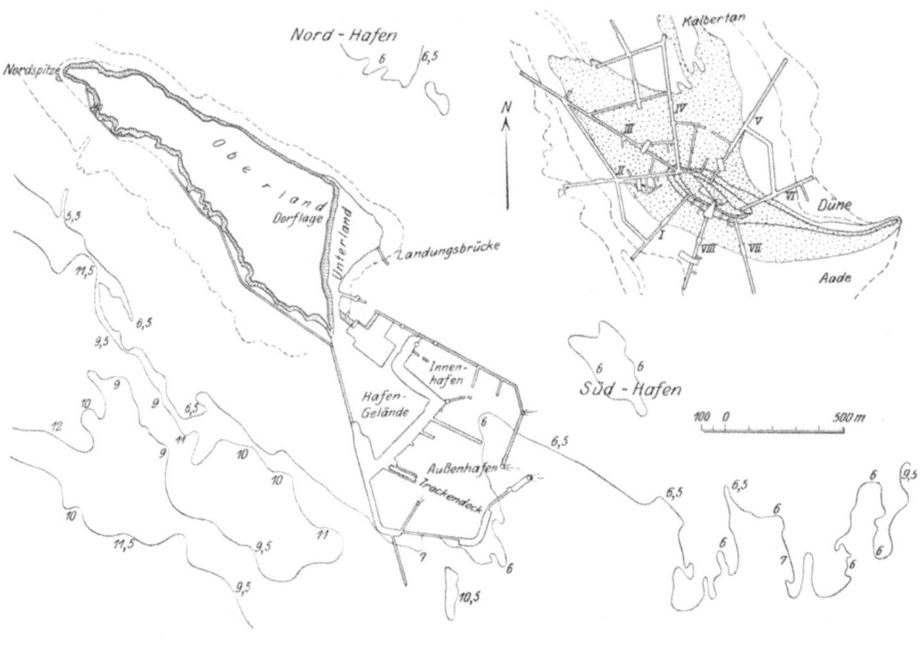

Abb. 970. Hafen von Helgoland und die Düne. Offener Inselhafen. Starke Gezeiten. Flutwechsel im Mittel 2,5 m; Höchstwert 6,2 m. Früher Marinestützpunkt. Heute Zufluchtshafen. Hauptwindrichtung: SW. Maßstab 1 : 3200. Die Bezeichnung Nord-Hafen und Süd-Hafen stammt aus der Zeit, in der Düne und Insel noch verbunden waren.

zum Schutze für den Beton zuletzt mit einer Ausmauerung von Hartbrandsteinen in Zementmörtel versehen worden, darauf wurde erst die Ausbetonierung vorgenommen. Die Kästen wurden auf dem Festlande in den Werften gebaut, stark ausgesteift, bei gutem Wetter nach Helgoland hinübergefahren und nach Versenken und Auspumpen mit Gußbeton gefüllt; sie hatten im Mittel eine Länge von 25 m.

Die östliche Mole wurde als Blockbauwerk erbaut (Abb. 892a[1]). Die Blöcke wurden von einem Versenkgerüst aus versenkt, das aus Differdinger Doppel-T-Eisen hergestellt war. Die Blöcke hatten 16 t Normalgewicht. Die Einfahrt des Hafens war anfänglich nach Osten offen, um aber das Wasser ruhiger zu halten, ist die westliche Mole noch um fast 100 m verlängert worden. Die Hafenanlagen sind bis auf Spring-NW. zerstört worden. Die Hafeneinfahrt wurde nach 1918 durch Versenkung von großen Blöcken blockiert. Der Hafen ist damit bis zu der Zeit, in der Deutschland wieder eine entsprechende Macht erlangt haben wird, unbenutzbar geworden. Besonders zu bedauern ist diese Zerstörung, da Helgoland als Zufluchtshafen ein wertvoller Stützpunkt für die Schiffahrt war.

[1]) Ztschr. f. Bauwesen 1925. S. 96.

Bremerhaven
(Abb. 971).

(Charakter: Flußmündungshafen, Dockhafen, starke Gezeiten.)

Bremerhaven ist der Außenhafen von Bremen unterhalb der Geestemündung. Er war vor Durchführung der Weserkorrektion von entscheidender Bedeutung für die Handelsstellung Bremens, wird aber, je mehr der Ausbau der Weser für tiefgehende Schiffe durchgeführt wird, an selbständiger Bedeutung verlieren. Bremerhaven ist wie Emden und Wilhelmshaven ein Dockhafen.

Der mittlere Flutwechsel in Bremerhaven ist 3,3 m. Die Wasserstände sind:

NNW.	— 1,95	Bremerhavener Pegel Null.
MNW.	+ 0,26	
MHW.	+ 3,56	
HHW.	+ 7,04	

Der größte Wasserwechsel ist somit 9 m.

Die Ebbe dauert in Bremerhaven $6^1/_2$, die Flut rd. 6 Stunden. Die größte Strömungsgeschwindigkeit erreicht 1,5 m/sek. Der Untergrund besteht aus Klei- und Dargschichten, unter denen Diluvialsand und grober Sand lagern. Die Diluvialschichten liegen an der Geestemündung nicht tiefer als 10 m unter Null, sinken aber im Norden von Bremerhaven bis zu 24 m unter Geländeoberkante. Der Marschboden darf mit nicht mehr als 0,5 kg/qcm belastet werden, wenn er nicht nachgeben soll. Es sind zwei ältere Häfen vorhanden, der alte und neue Hafen, die durch die alte und neue Schleuse zugänglich sind, aber keine große Bedeutung zur Zeit besitzen. Dann

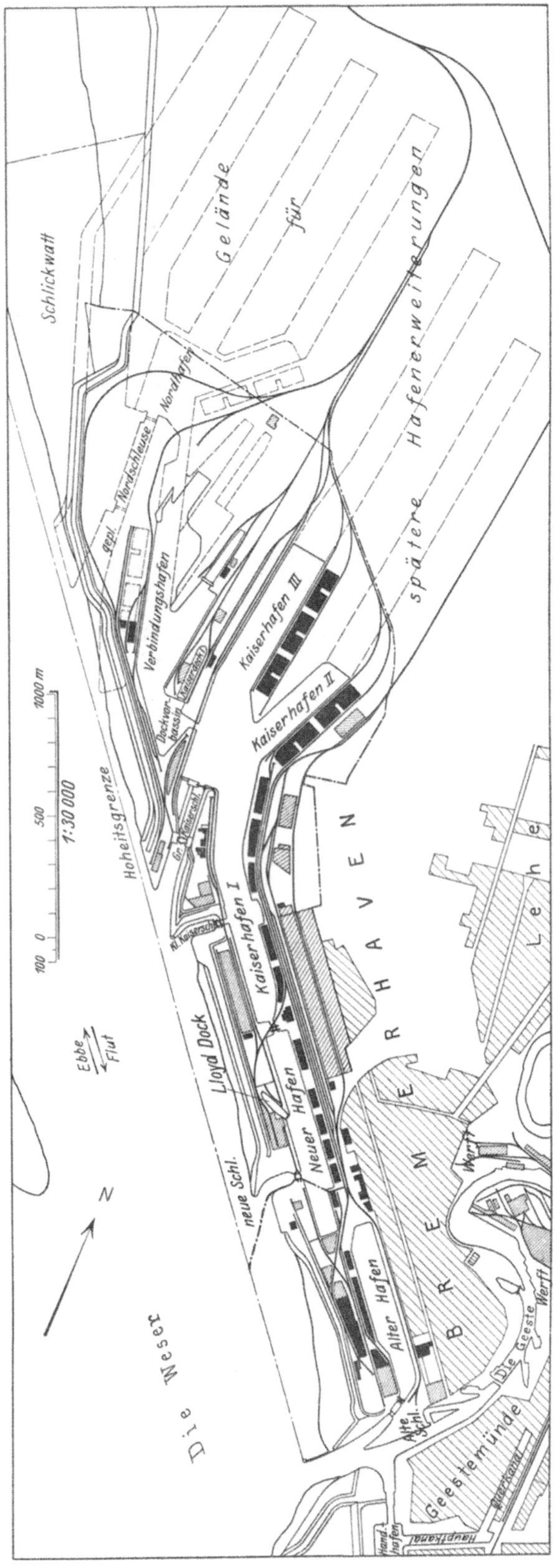

Abb. 971. Hafenanlagen von Bremerhaven mit geplanten Erweiterungen. Flußmündungshafen. Dockhafen. Flutwechsel im Mittel 3,3 m; Höchstwert 9,3 m. Vorhafen von Bremen. Hauptwindrichtung: SW. Maßstab 1 : 30 000.

sind die zur Zeit wichtigsten Becken, die Kaiserhäfen I bis III mit einem besonderen Dockhafen nördlich der älteren Häfen geschaffen worden, die durch die große Kaiserschleuse mit der Weser in Verbindung stehen. Eine große Außen-

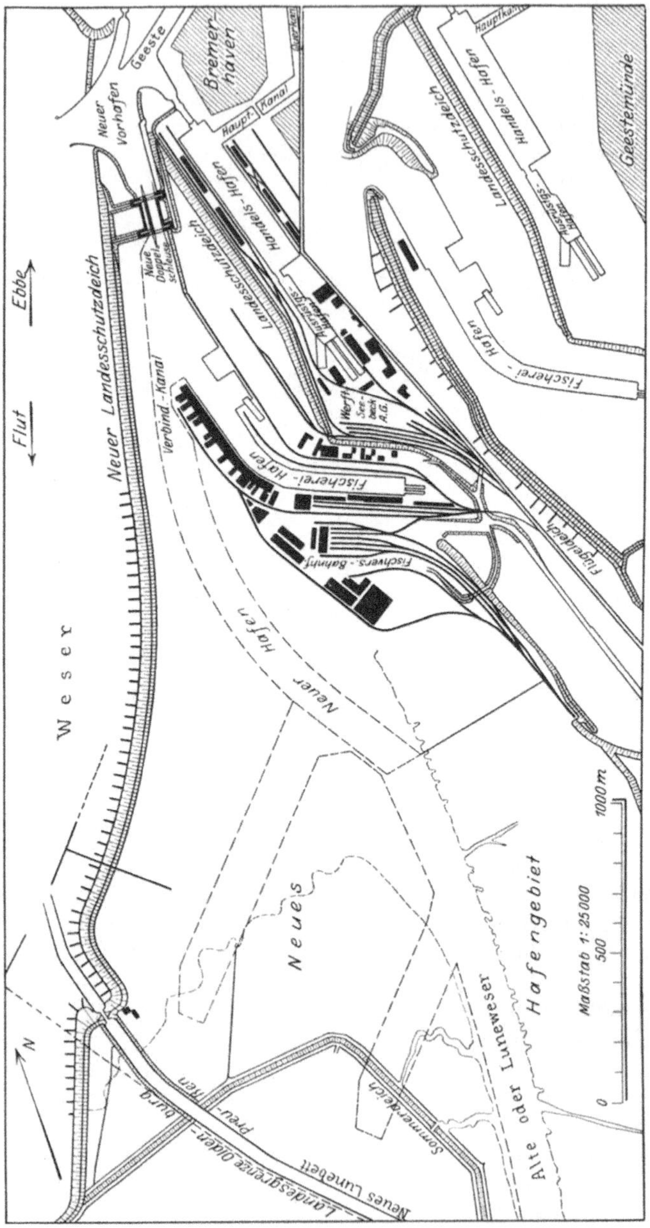

Abb. 972. Erweiterte Hafenanlagen Wesermünde mit geplantem weiteren Ausbau. (Neue Geestemündung mit neuer Schleuse.) Rechts unten: Alte Hafenanlagen. Hauptbedeutung als größter Fischereihafen Deutschlands. Dockhafen. Starke Gezeiten. Hauptwindrichtung: SW. Maßstab 1 : 25 000.

kaje für größte Überseedampfer, die Columbusmauer mit rd. 1000 m Länge, Pfahlbockkonstruktion mit Gußbetonkopf, wurde 1926 fertiggestellt. Die jetzige Form der Geestemündung zeigt Abb. 972[1]).

[1]) Das Wort „Bremerhaven“ in Abb. 972, rechts am Rande, muß durch „Geestemünde“ ersetzt werden. Bremerhaven beginnt auf der Nordseite der Geeste, s. Abb. 971.

Die Kaiserschleuse besitzt eine nutzbare Länge von 250 m, eine Breite von 28 m in den Häuptern. Die Kammerweite ist 45 m. Es kann ein großer Ozeandampfer und ein Leichter gleichzeitig in der Kammer liegen. Während in Emden die Hafeneinfahrt stromauf gerichtet ist, ist sie in Bremerhaven stromab gerichtet. Der Grund liegt darin, daß die Schiffe bei der breiten Reede vor der Einfahrt die Möglichkeit des Schwojens haben, so daß sie bei Einfahrt mit Flut von See nach der Drehung gegen den Strom in die Schleuseneinfahrt fahren können. Es ist hierdurch eine wesentlich größere Sicherheit für die Einfahrt gegeben als bei Einfahrt mit Strömung. Bremerhaven besitzt zur Zeit 2 große Trockendocks. Der Bau einer Reihe weiterer großer Häfen ist geplant, desgleichen einer dazugehörigen großen neuen Schleuse, im Lageplan als punktierte Einfahrt bezeichnet.

Die Ausrüstung des Hafens mit Kränen ist geringer als in den Bremer und Hamburger Häfen. Der Grund hierfür ist das Vorherrschen des Umschlagverkehrs vom Seeschiff zum Leichter und umgekehrt, der im wesentlichen durch Schiffskräne selbst durchgeführt wird. Zur Erleichterung des umfangreichen Baumwollverkehrs sind aber die Kaiserhafen II und III mit fahrbaren elektrischen Kränen ausgeführt worden, die 2,5 t Tragfähigkeit besitzen. Vor einem größeren Schuppen stehen 5 Kräne.

Der Verkehr von Bremerhaven ist bei Bremen mit angegeben, da beide Häfen praktisch einen Hafen bilden.

Wesermünde bisher Geestemünde (Abb. 972).

(Charakter: Flußmündungshafen, Dockhafen, große Gezeiten.)

Geestemünde liegt am gleichen Weserufer wie Bremerhaven, gegenüber auf dem linken Ufer der Geeste, Abb. 972[1]). Es ist der preußische Seehafen an der Wesermündung. Seine Bedeutung als Handelshafen ist gering. Preußen hat aber durch geschickte Verträge mit Bremerhaven erreicht, daß Wesermünde zum größten Fischereihafen Deutschlands herangewachsen ist[2]).

Der Handelshafen war von vornherein als Dockhafen ausgebaut worden. Der Fischereihafen war ursprünglich als offener Hafen erbaut. Es ist von großer Wichtigkeit, daß man bei der Erweiterung des Fischereihafens den Umbau zum Dockhafen vorgenommen hat. Dabei ist die neue Schleuse (vgl. Abb. 973 u. 974) so gelegt worden, daß sie in die Geestemündung hineinweist, wobei die Geeste auch an der linken Seite (Südseite) durch eine Zufahrtsmole eingefaßt worden ist. Durch Ziehen eines Deiches ist das Schlickwatt südlich von Geestemünde in ein Hafengelände umgeschaffen worden. Der neue Fischereihafen liegt in dem alten Lunearm der Weser. Große Erweiterungen können nach Südwesten vorgenommen werden.

Nach Erbauung der neuen Doppelschleuse, die in den vorderen Teil des älteren Fischereihafens eingeführt wurde, konnte die Mündung dieses Hafens geschlossen werden, so daß der alte und der neue Hafen nur durch die Doppelschleuse zugänglich sind. Die Häfen sind in reicher Weise mit allen Einrichtungen für den Fischhandel ausgerüstet worden. Der Auktionsumsatz in Pfund betrug: 1913 94,6 Mill.

Die neue Schleuse ist eins der ersten größeren Bauwerke an der See in Deutschland. das in Gußbeton ausgeführt worden ist.

Bremen (Abb. 975).

(Charakter: Flußhafen, offene und Dockhäfen, mittlere Gezeiten.)

Bremen liegt rund 65 km oberhalb von Bremerhaven, an der heutigen Flutgrenze der Weser. Durch die bereits geschilderte Weserkorrektion ist Bremen wieder zum Seeschiffhafen geworden, während es in der Mitte des vorigen Jahrhunderts wegen des verwilderten Zustandes der Weser aufgehört hatte, Seehafen zu sein. Der gewöhnliche Flutwechsel ist etwa 1,5 m, der größte Wasserstandsunterschied 7 m. Trotzdem hat man alle Handelshäfen als offene Häfen erbaut, weil der Sanduntergrund die sichere Haltung eines Dockhafenwasserstandes nicht zuließ, die hohen HW.-Stände selten sind und die Vorteile des offenen Hafens überwogen.

---

[1]) Siehe Fußnote auf S. 750.

[2]) Näheres siehe Agatz: Die technische und wirtschaftliche Entwicklung der deutschen Hochsee- und Fischereihäfen. Kommissionsverlag Alb. Lockemann, Hannover.

Mit der Weserkorrektion wurde der Bau des Freihafens I als offener Hafen begonnen, der für die Ausführung aller neueren Seeschiffshäfen vorbildlich geworden ist. Im weiteren Verlauf wurden gemäß Abb. 975 noch 2 weitere Handelshäfen II und III, der Werfthafen

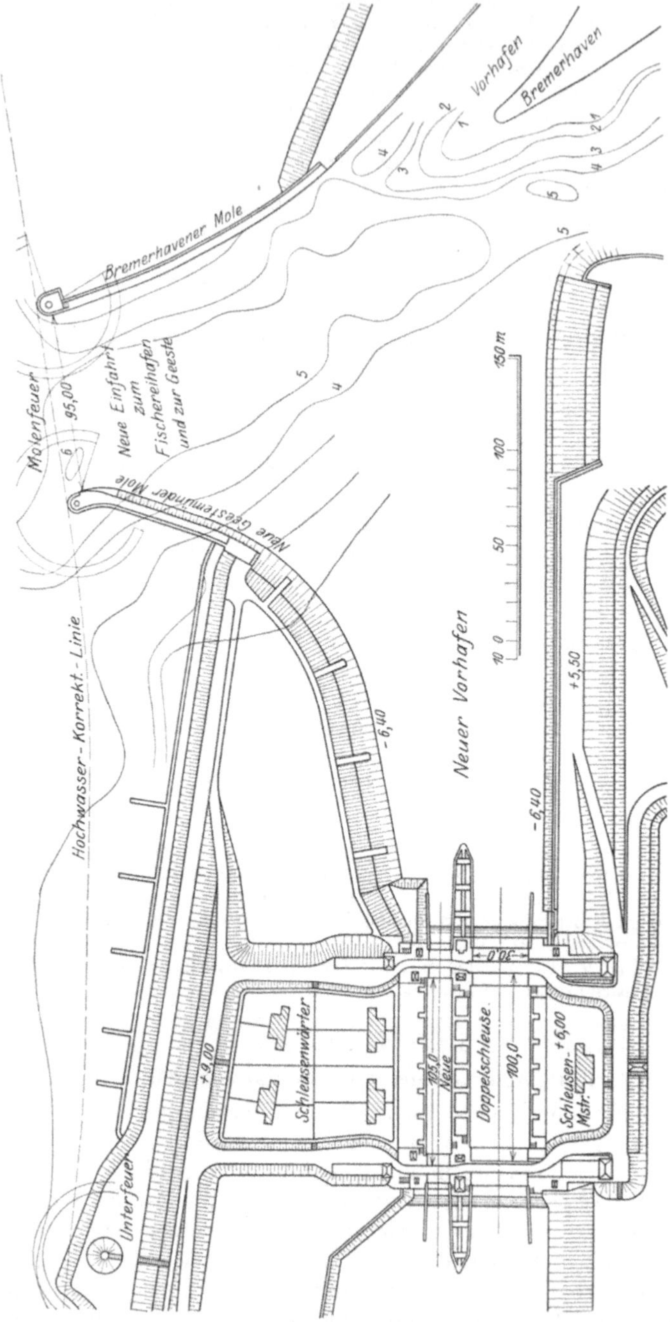

Abb. 973. Lageplan der Hafeneinfahrt. Wesermünde (Geestemünde). Maßstab 1 : 4000.

der Aktiengesellschaft Weser und ein großer Industrie- und Handelshafen unterhalb der vorgenannten Häfen erbaut. Im Gegensatz zu den 4 erstgenannten Häfen, die offen sind, ist der Industrie- und Handelshafen ein geschlossener Hafen. Er ist auch insofern ein interessantes Beispiel von Hafenausführungen, als er zeigt, daß man nicht schematisch nach denselben Grundsätzen an einem gleichen Platze bauen darf. Der Freihafen I hat 2000 m Länge, mit 120 m Becken- und 60 m Einfahrtsbreite. Hafen II ist 1720 m lang, gleichfalls 120 m breit, Hafen III, der Holz- und Fabrikenhafen, hat annähernd die gleiche Länge wie Hafen II, ist aber schmäler. Hafen I hat eine Tiefe von 8 m, Hafen III von 11 m unter Bremer 0.

Die größere Ladefähigkeit der Schiffe hat dazu geführt, die Kajeschuppen, die im Hafen I durchschnittlich nur 40 m waren, 57 und 66 m breit zu machen. Die Schuppen in dem Hafen II sind mit Sprinklereinrichtung, die bei Brand ihre Schleusen selbsttätig öffnet, versehen.

In Bremen sind zuerst die Halbportalkrane erbaut worden (Neukirch). Die Ausrüstung der Häfen ist sehr reichlich. Es wird aus dem Schiffsraum gelöscht und geladen, nicht von

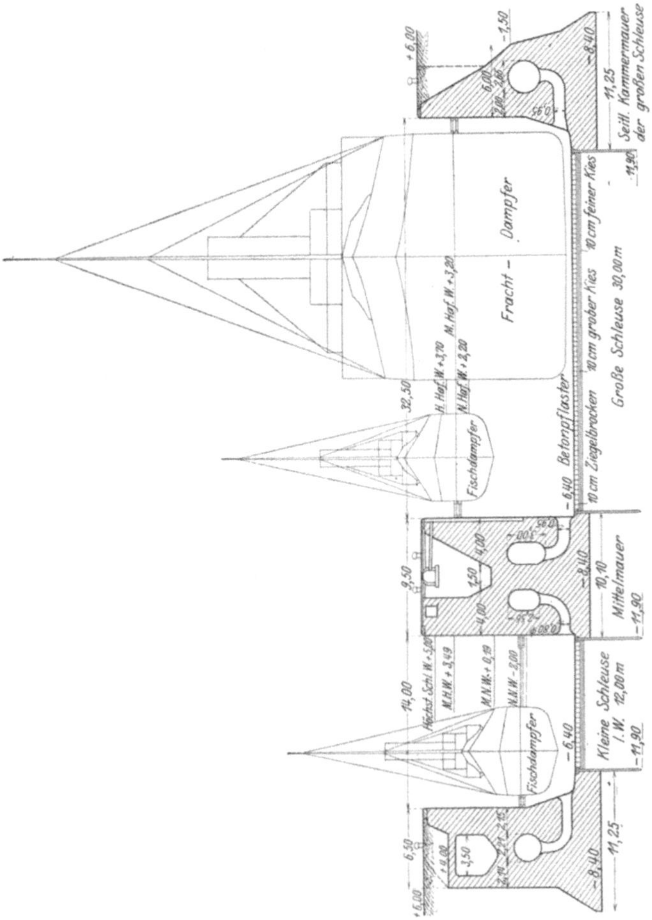

Abb. 974. Querschnitt der neuen Schleuse Wesermünde. Maßstab 1 : 600.

Deck. Die Speicher im Hafen II haben 24 bis 66 m Breite erhalten. Bremen ist im wesentlichen Eisenbahnhafen und als solcher auf den Verkehr von wertvollen Gütern, weniger von billigen Massengütern eingestellt (Baumwolle, Tabak, Zucker, Wein, Öl usw.). Die Gesamtverkehrsziffern waren 1913 für Bremen und Bremerhaven zusammen, die eine Wirtschaftseinheit bilden: Einfuhr 4,4 Mill., Ausfuhr 2,8 Mill. Gewichtstonnen, zusammen 7,2 Mill. t, davon 0,8 Mill. t Binnenschiffsverkehr, also nur 11 vH. Die Eisenbahnanlagen sind daher für Bremen das Entscheidende. Der für den Freihafen I gebaute Verschiebebahnhof liegt sehr ungünstig nördlich neben Hafen I, er dient aber gleichzeitig dem Verkehr für den Hafen II und liegt für diesen günstiger. Wesentlich zweckmäßiger sind die Bezirksbahnhöfe für den Industrie- und Handelshafen angelegt worden, die hier vor Kopf der Häfen liegen.

Bremen ist Sitz des Norddeutschen Lloyd, der Hansa, Rickmers, Roland und weiterer Linien, es besitzt darin eine starke Linienreederei, 1913 im Umfange von über 50 vH der Hamburger Tonnage. Der Verkehr hat jetzt den Friedensverkehr wieder erreicht.

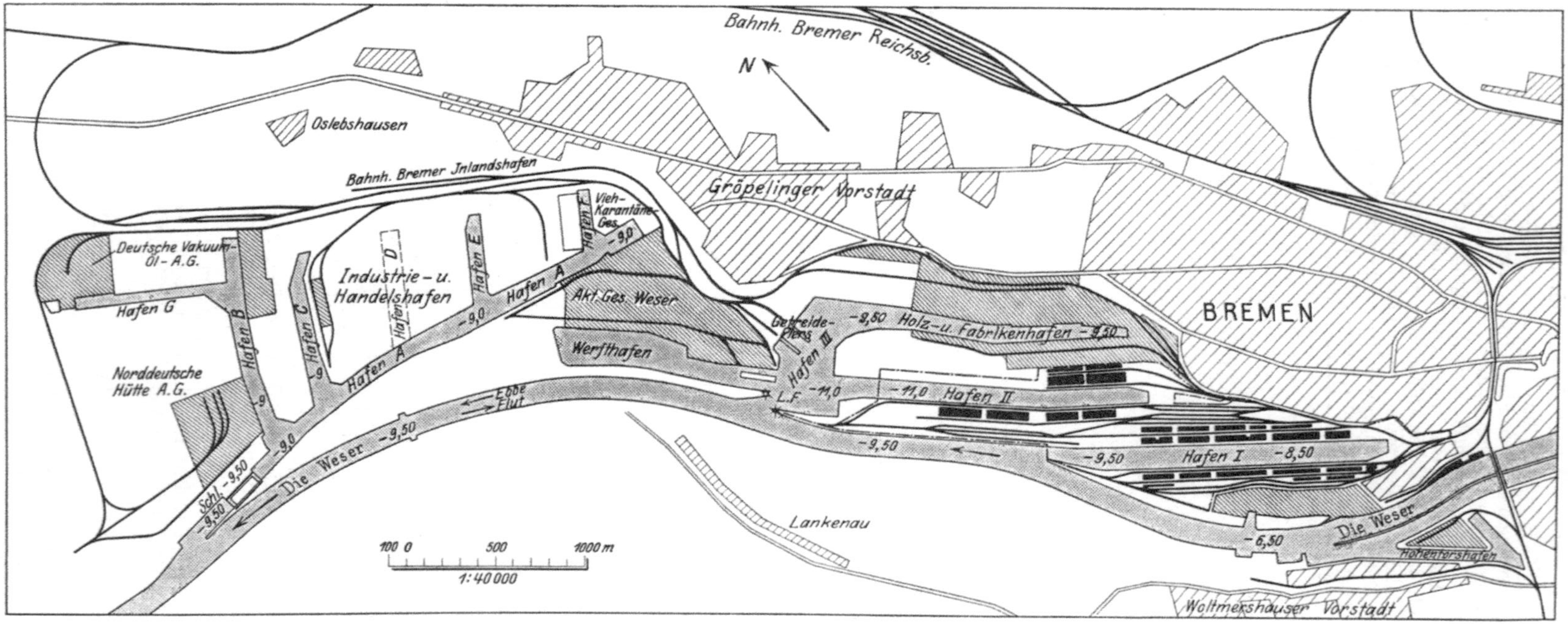

Abb. 975. Häfen der Stadt Bremen. Flußhafen. Teils offener Hafen, teils Dockhafen. Flutwechsel im Mittel 2,5 m; Höchstwert 7 m. Verkehrszahlen (einschließlich Bremerhaven) 1913: Einfuhr 4,4 Mill. t, Ausfuhr 2,8 Mill. t. Hauptanteil: Eisenbahngüter. Hauptwindrichtung: SW.

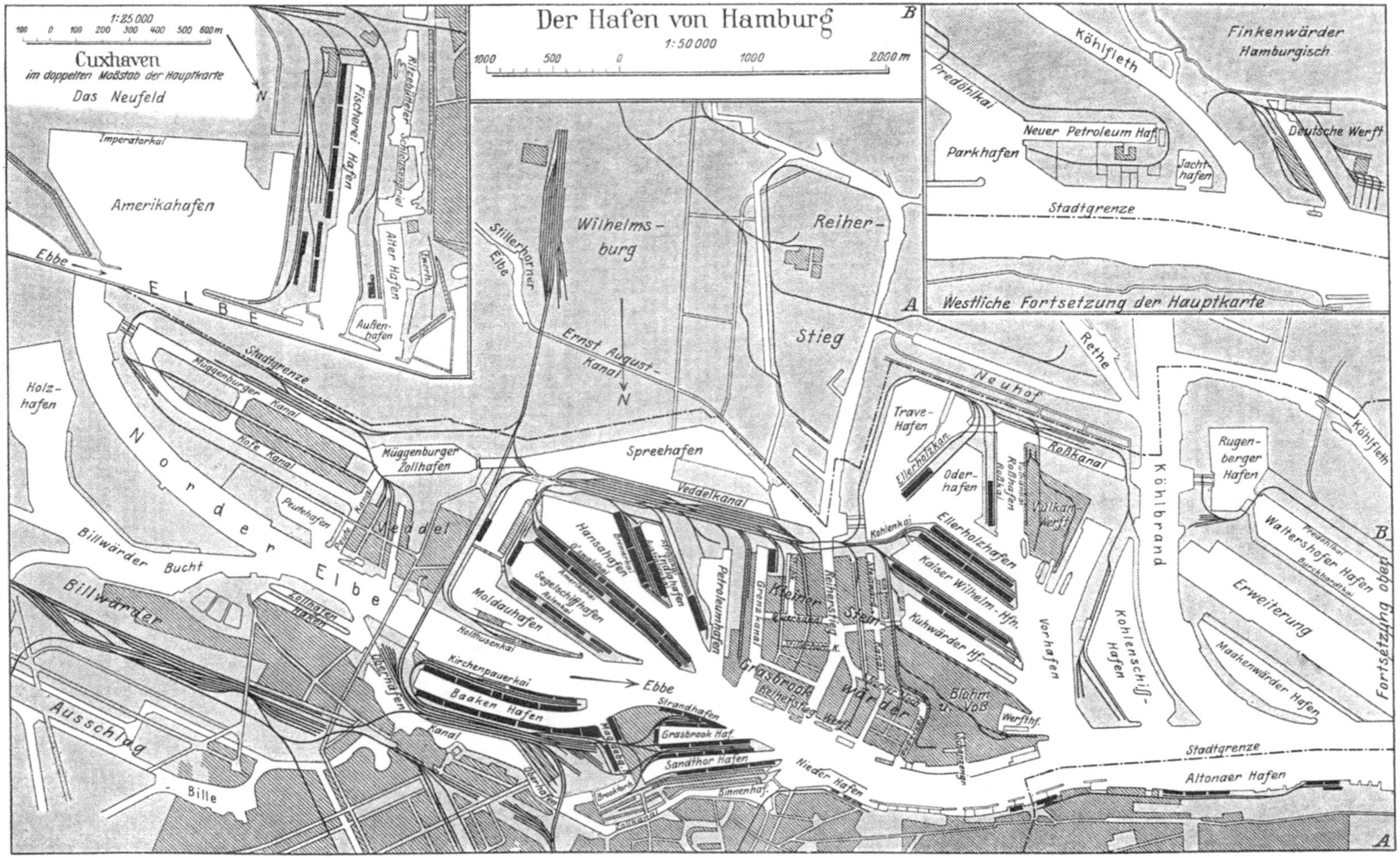

Abb. 976. Der Hafen von Hamburg und Cuxhaven.

Cuxhaven: Flußmündungshafen. Offener Hafen. Vorhafen von Hamburg und Fischereihafen. Flutwechsel im Mittel 1,85 m; Höchstwert 7,70 m. Hauptwindrichtung: SW. Hamburg: Flußhafen. Offener Hafen. Größter Seeschiffhafen Europas. Verkehrszahlen 1913: Einfuhr 16,5 Mill. t, Ausfuhr 9,0 Mill. t je 1000 kg. Davon rund 50% Binnenschiffahrt.

Cuxhaven (Abb. 976).

(Charakter: Flußmündungshafen, offener Hafen, starke Gezeiten).

Cuxhaven hat für Hamburg eine Bedeutung wie etwa Bremerhaven und Wesermünde für Bremen. Es ist einmal der Hauptzufluchtshafen für Schiffe die die Elbe hinauffahren wollen und bei Eisgang den Zufluchtshafen aufsuchen müssen. Hinzu kommt, daß die tiefgehenden Dampfer zur Befahrung der Elbe das Hochwasser abwarten müssen. Daneben aber ist Cuxhaven gleichzeitig der größte Fischereihafen der Elbe (Abb. 976 u. 978). Als Sicherheitshafen wurde der große Amerikahafen gebaut, der eine außergewöhnlich breite Einfahrt von 300 m besitzt und außerdem so weiträumig angelegt ist, daß die Schiffe auch bei Ebbe und Flut schräg durch die Einfahrt in den Hafen einlaufen können. Der Hafen soll auch vor allem den Riesendampfern der Hamburg-Amerika-Linie und anderer Linien die Übernahme der Fahrgäste und darauf folgende schnelle Ausfahrt ermöglichen. Alles Notwendige geht im übrigen aus dem Plane hervor. Der Fischereihafen ist mit Ende des Jahres 1921 auf den jetzigen Umfang gebracht worden. Die Hafentiefe ist vorläufig zu 5 m bei MNW. ausgebaggert

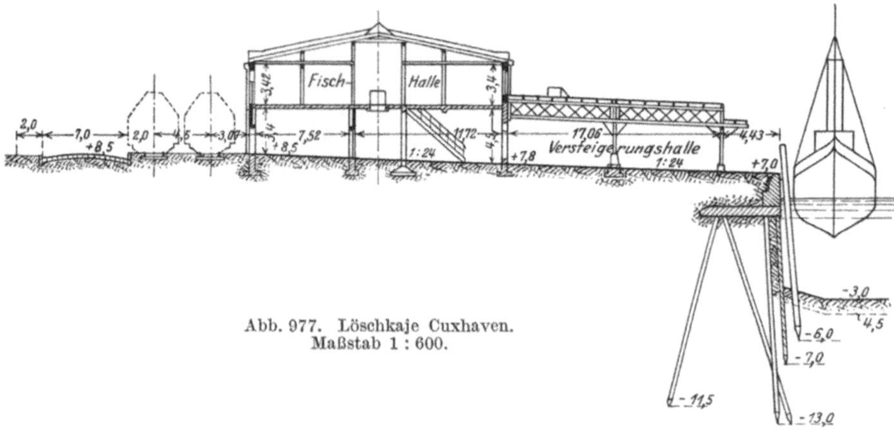

Abb. 977. Löschkaje Cuxhaven.
Maßstab 1 : 600.

worden, da man nach Agatz[1]) zur Zeit mit einem größten Tiefgang beladener Fischdampfer von 4,25 m rechnet. Die Ufereinfassungen sind aber so tief gegründet, daß der Hafen auf —6 m ausgebaggert werden kann. Die Oberkante der Kajen liegt nicht sturmflutfrei aus Rücksicht auf die Segelfischfahrzeuge, die sonst zu tief an der Kaje liegen würden. Der tragfähige Untergrund (Sand und grober Schotter) liegt 13—16 m unter MNW. Darüber liegen Klei- und Sandschichten.

Holzkonstruktionen scheiden wegen des Bohrwurms aus, es sind deshalb alle neueren Mauern in Eisenbeton erbaut worden. Einen Querschnitt der Löschkaje zeigt Abb. 977[1]). Für das schnelle Versenden der frischen Fische die in Extrazügen fahren, ist ein besonderer Fischereibahnhof notwendig, der möglichst in unmittelbarer Nähe der Fischhallen liegen muß. Der Grundriß des Fischbahnhofs wird durch Abb. 978[2]) dargestellt. Der Verkehr im Cuxhavener Fischmarkt war im Jahre 1913 auf rund 22 Mill. Pfund Seefische gestiegen, im Werte von 2,765 Mill. Mk., bis 1920 auf rund 52,5 Mill. Pfund Seefische.

Hamburg (Abb. 976 u. 979).

(Charakter: Flußhafen, offener Hafen, mittlere Gezeiten.)

Hamburg ist der größte Seeschiffshafen Europas, einer der größten Häfen der Welt. Es liegt rund 100 km oberhalb von Cuxhaven. Der mittlere Tidenhub

---

[1]) Agatz, Fischereihäfen. Hannover: Albert Lockemann.

[2]) Abb. aus Jahrb. der Hafenbaut.-Ges. 1920: Aufsatz von Baurat Schätzler, „Der Cuxhavener Fischmarkt".

ist 1,85 m, die größten Wasserstandsunterschiede zwischen NNW. und HHW. betragen 7,7 m. Die Lebensader Hamburgs, die Unterelbe, besitzt eine Tiefe von 10 m unter MNW., bei einer Sohlenbreite von 300 m, so daß Schiffe von 12 m Tiefgang bei normalen Tiden heute in ununterbrochener Fahrt den Hamburger Hafen erreichen können[1]). Die Hamburger Häfen in ihrer heutigen Form werden wiedergegeben durch die Abb. 976 u. 979.

Die Grenze der Hamburger Seeschiffshäfen geht bis zu der Eisenbahnbrücke der Strecke Hamburg—Harburg. Weiter oberhalb liegen nur noch Binnenschiffshäfen, wie der Holzhafen, Müggenburger Kanal, Spreehafen usw. Es ist eine strenge Trennung zwischen Seeschiffshäfen und Binnenschiffshäfen vorgenommen worden, wobei das System durchgeführt worden ist, daß die Binnenschiffe durchweg von hinten her in die Seeschiffshäfen hineinfahren. Es sind deshalb entweder Binnenschiffahrtskanäle hinter den Schiffshäfen herum geführt worden, oder es liegen dort Binnenschiffshäfen. Eine Kreuzung zwischen Seeschiff- und Binnenschiffverkehr auf der Elbe wird vermieden. Wenn auch der Binnenschiffumschlag für Hamburg der ausschlaggebende ist, so ist doch der Eisenbahnverkehr von großer Bedeutung. Es mußten deshalb die Häfen unterhalb des Köhlbrand mit Eisenbahnanlagen ausgerüstet werden. Hamburg hat deshalb das Recht erhalten, die Süderelbe unterhalb von Harburg für Eisenbahnlinien zu überbrücken, so daß die Häfen auf Waltershof und Finkenwerder den lange fehlenden Eisenbahnanschluß erhalten werden. Für die Hafenanlagen gegenüber Hamburg-Altona liegt ein großer Verschiebebahnhof zwischen dem Spreehafen und dem Grasbrook. Diese Eisenbahnanlagen sind aber derartig eingekeilt, daß eine Verlegung in hohen Maßen wünschenswert ist. Das südlich der Hamburger Häfen liegende Wilhelmsburg ist preußisch, hier liegt ein weiterer Verschiebebahnhof. Es wird von Preußen ein weitgehender Ausbau dieses Geländes zu Hafenzwecken geplant. Die Hamburger Häfen sind in weitgehendem Maße mit Schuppen und Speichern ausgerüstet, wobei nicht das Bremer System der Schuppen- und Speicheranordnung gewählt wurde, sondern die Speicher nach einem besonderen Plane in einem besonderen Gebiete vereinigt wurden. Die Breite der Hamburger Häfen schwankt in weitestem Maße je nachdem, ob es sich grundsätzlich um den Umschlag an der Kaje oder von Schiff zu Schiff handelt. Alle Hafenmündungen sind stromab gerichtet, Sonderhäfen, wie z. B. der Petroleum-, der Jagdhafen

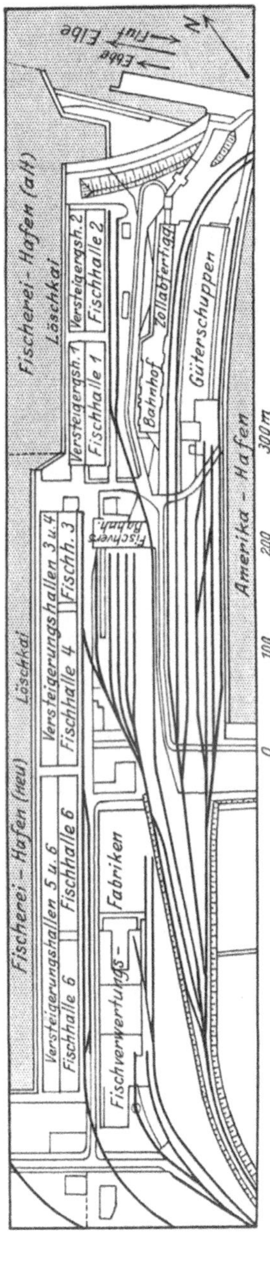

Abb. 978. Fischversandbahnhof Cuxhaven. Maßstab 1:7300.

[1]) Werft und Reederei 1921, S. 549. Lorentzen: Hamburgs Fürsorge für die Unterelbe usw.

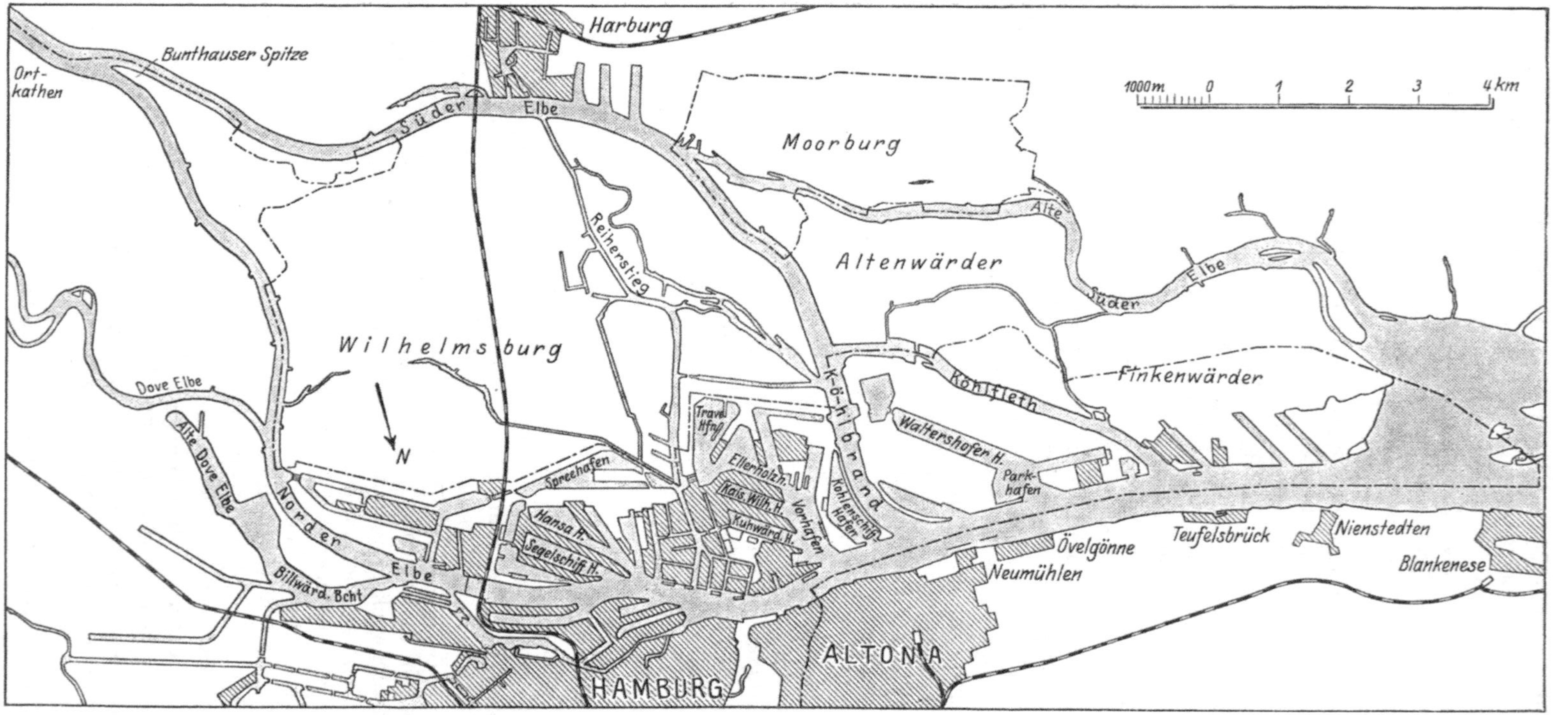

Abb. 979. Elbe von Ortkathen bis Blankenese mit den Hamburger und Harburger Hafenanlagen. Flußhafen. Offener Hafen. Gezeiten wie Hamburg. Verkehrszahlen 1913: 1,2 Mill. t, davon 0,9 Mill. t Kanal- und Flußverkehr. Hauptwindrichtung: SW bis NW. Maßstab 1 : 110 000.

usw., haben eine besondere Lage erhalten. Der Petroleumhafen schließt an den Waltershofhafen an, er kann durch eine Schwimmsperre abgeschlossen werden.

Der Eisenbahnverkehr übertrifft den von Bremen, so daß Hamburg nicht nur der größte Binnenumschlagshafen, sondern auch der größte Eisenbahnhafen an der deutschen Küste ist. Der Verkehr hat den Friedensstand inzwischen wieder erreicht.

Hamburg ist Sitz der Hamburg-Amerika-Linie (Hapag), der Hamburg-Südamerik. D. A. G., Deutsch-Austral. D. A. G., Kosmos-Linie, Deutsche Levante-Linie usw., die 1913 zusammen über rd. 3 Mill. Br.-Reg.-Tons Schiffsraum verfügten.

Die Entwicklung der Hamburger Häfen begann auf der Norderelbe, fand aber bald an der Bebauung der Stadt ihre Grenze und mußte dann auf die linke Seite hinübergelegt werden; so kommt es, daß heute alle großen neuen Häfen auf dem linken Elbufer liegen gegenüber der Stadt Hamburg und Altona. Die eingezeichnete Hoheitsgrenze zeigt, daß die Häfen fast durchweg bis an die Hamburg-Preußische Landesgrenze gebaut sind. Es geht daraus hervor, daß hier nicht der wirtschaftliche oder technische Zwang entscheidend war, sondern der politische. Die Art, wie die Hamburger Häfen angelegt werden mußten, ist ein bedauerliches Beispiel der deutschen Kleinstaaterei. Bei einer wirklich großdeutschen Auffassung hätte man Hamburg seitens Preußens unbedingt weiteren Spielraum gewähren müssen, in der richtigen Erkenntnis, daß Hamburg niemals Selbstzweck sei, sondern letzten Endes der größte preußisch-deutsche Seehafen ist. Die Erweiterung der Hamburger Häfen konnte immer nur durch schwierige Staatsverträge erreicht werden, durch die vielfach der Ausbau der Häfen eine Verzögerung erlitten hat. Die Verbindung zur Süderelbe, an der der preußische Hafen Harburg liegt, wird durch den Köhlbrand — einen alten Elbearm — vermittelt. Durch den systematischen Ausbau der Elbe, vgl. Abb. 979, ist die Süderelbe nach und nach so verschlechtert worden, daß die Zugänglichkeit von Harburg in Frage gestellt worden war. In dem Köhlbrandvertrag hat Hamburg die Verpflichtung übernommen, den Köhlbrand so auszubauen und tief zu erhalten, daß große Seeschiffe Harburg bequem erreichen können. Die neuesten Hamburger Häfen liegen unterhalb des Köhlbrandarmes. Die Deutsche Werft, eines der größten Werftunternehmen, liegt bereits unterhalb des Köhlflehts.

Eine besondere Sehenswürdigkeit des Hamburger Hafens sind die St.-Pauli-Landungsbrücken (s. Abb. 844, S. 660), die eine Länge von 420 m und 20 m Breite besitzen. Die Brücken ruhen auf 100 eisernen Schwimmkästen von je 20 m Länge, 3 m Breite und 1,9 m Höhe. Die Landungsbrücken sind zweistöckig. Bei den St.-Pauli-Landungsbrücken führt ein Tunnel unter der Elbe hindurch nach der Insel Steinwerder mit einer Länge von 450 m. Die Tunnelröhre hat 4,3 m nutzbare Breite und 4,5 m nutzbare Höhe, ihre Oberkante liegt 6 m unter Flußsohle, Baukosten 11 Mill. Friedensmark.

Der Verkehr im Hamburger Hafen betrug 1913 nach Gewichts/t zu 1000 kg 16,5 Mill. Einfuhr von See, 8,9 Mill. Ausfuhr, zusammen 25,4 Mill. Der Fluß- und Kanalverkehr 5,4 Mill. Einfuhr, 7,3 Mill. Ausfuhr, zusammen 12,7 Mill. Danach ist etwa die Hälfte des Hamburger Verkehrs Binnenschiffverkehr. Der Rest verteilt sich auf Eisenbahnverkehr und Hamburger Ortsverkehr[1]).

Harburg (Abb. 979).

(Charakter: Flußhafen, offener Hafen, mittlere Gezeiten.)

Harburg ist der preußische Elbehafen an der Süderelbe gelegen. Die Entwicklung dieses Hafens hat in keiner Weise mit der Hamburgs Schritt halten können, immerhin ist ein nennenswerter Verkehr entstanden, der 1913 nach Rehder für Ein- und Ausfuhr zusammen 1,2 Mill. Gewicht/t betrug, wovon 0,9 Mill./t Fluß- und Kanalverkehr waren. Harburg besitzt heute drei Hafenbecken und hat eine nennenswerte Industrie. Der Hafen hat eine aufsteigende Richtung, es ist zu erwarten, daß durch Erbauung des Hansakanals Harburg eine starke Förderung erfahren wird. Harburg ist für die größten Seeschiffe nach Ausbau des Köhlbrands zugänglich.

---

[1]) Hamburg wird neuerdings durch Antwerpen überflügelt, es ist bald Hamburg, Antwerpen oder Rotterdam der größere Hafen.

Kiel (Abb. 980[1]).

(Charakter: Geschützte Meeresbucht, offener Küstenhafen, praktisch ohne Gezeiten.)

Die Kieler Bucht war bis zum Friedensschluß der zweitgrößte Kriegshafen Deutschlands, seine Bedeutung als Handelshafen war gering, soll jetzt aber

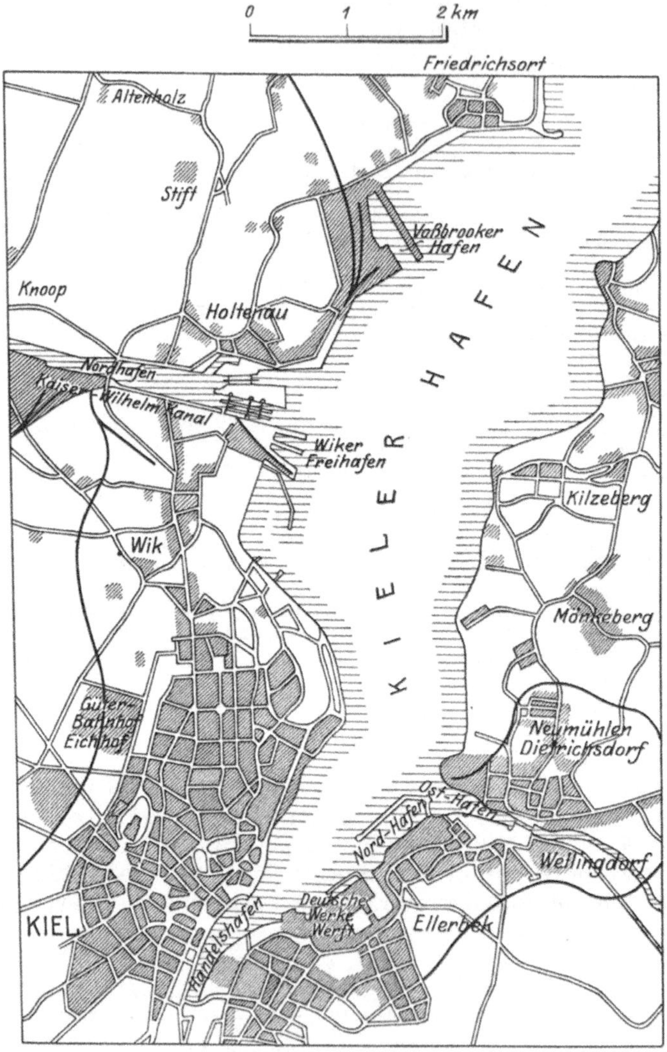

Abb. 980. Hafenanlagen in der Kieler Bucht. Küstenhafen. Geschützte Lage. Kleine Gezeiten. Früher Hauptbedeutung als Kriegshafen. Östlicher Ausgangspunkt des Kaiser-Wilhelm-Kanals. Hauptwindrichtung: Süd bis West. Maßstab 1 : 78 500.

durch die Anlage der Freihäfen, die an der Kieler Bucht und dem Kaiser-Wilhelm-Kanal liegen, gehoben werden. Die Kieler Bucht ist eine der besten Reeden der Erde. Kiel hat industriell eine beträchtliche Bedeutung, da eine große Zahl bedeutender Werften an der Kieler Bucht liegen, wie die frühere Kaiserliche Werft, jetzt Deutsche Werke und Reichswerft, die Germaniawerft (Krupp), die Howaldtwerke, sowie mehrere kleinere Werften.

---

[1]) Die Abbildung steht so, daß Norden oben ist.

Bei der Einfahrt zum Kanal sind umfangreiche Anlagen für die Versorgung der Schiffe mit Betriebsstoff vorgesehen, unter denen in neuerer Zeit besonders das Rohöl eine immer bedeutendere Rolle spielt. Abb. 981a zeigt die Kanaleinfahrt mit den erwähnten Anlagen im Grundriß, die Abb. 981b gibt einen Querschnitt an der Tankstelle der Deutsch-Amerikanischen-Pretoleumgesellschaft wieder und veranschaulicht gut die sich für diesen Betriebsstoff ergebenden einfachen Verhältnisse der Übernahme durch die Schiffe[1]).

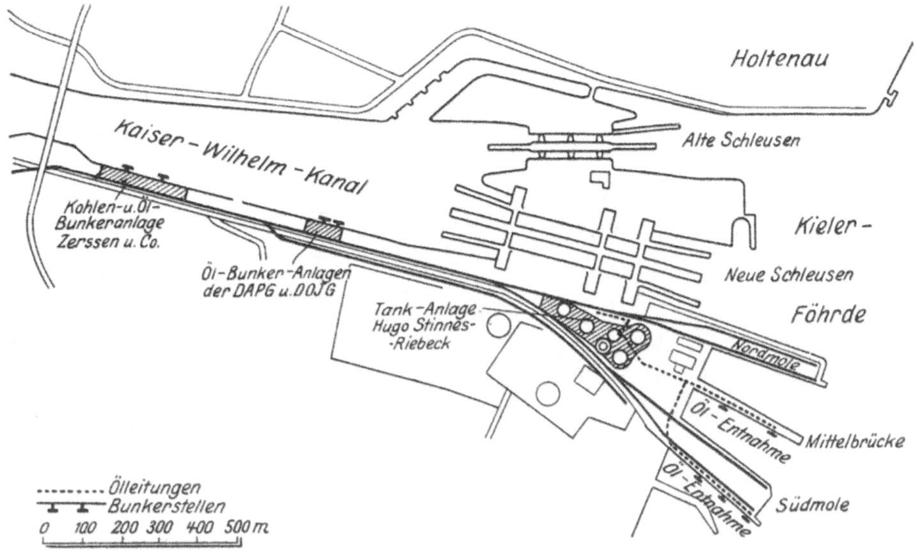

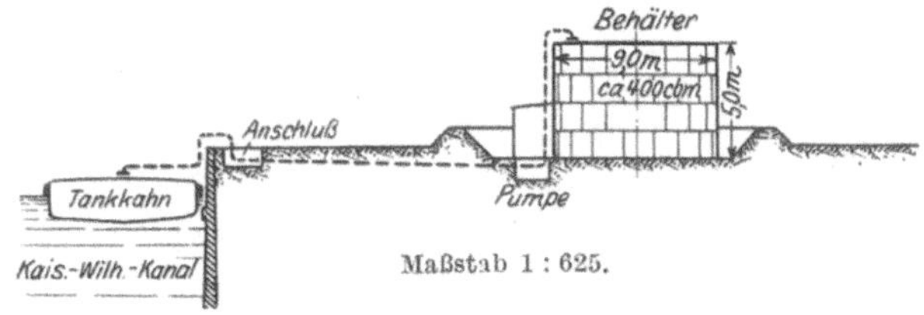

Abb. 981 a u. b. Einfahrt zum Kaiser-Wilhelm-Kanal bei Holtenau mit Einrichtungen für die Übernahme von Betriebsstoff.

In Kiel-Holtenau sind folgende Bunkerstellen, sämtlich am Südufer des Kanals: 1. Zerssen & Co. (Kohle und Öl). 2. Deutsche Öl-Import-Gesellschaft, Hamburg, ein unterirdischer Gasöltank bei km 97,4 mit 11 m Wassertiefe an der Bunkerbrücke. 3. Deutsch-Amerikanische Petroleum-Gesellschaft, ebenfalls bei km 97,4 ein Gasöltank von 400 cbm und ein unterirdischer Tank von 50 cbm. 4. Tankanlage Kiel-Wik der Hugo Stinnes-Riebeck-Öl-A.-G. Maßstab 1 : 50000.

Der Kaiser-Wilhelm-Kanal zweigt bei Kiel-Holtenau ab und verbindet diesen Hafen mit rund 100 km Länge mit der Elbe bei Brunsbüttel. Die bedeutendsten Hafenanlagen Kiels sind die Anlagen der früheren Kaiserlichen Werft, die mit allen Einrichtungen zum Bau und der Ausrüstung von Schiffen versehen sind. Bemerkenswert ist der Bau des großen Werftaußenhafens, der durch einen Sanddamm von über 30 m Breite gegen die aus Nordnordosten kommenden Stürme geschützt ist (s. S. 678).

Kiel besitzt eine Reihe von älteren und zwei neue große Trockendocks. Außerdem waren große Marineanlagen auf der anderen Seite der Bucht in der Nähe des Kaiser-Wilhelm-Kanals vorhanden, unter denen besonders die Anlagen der großen Torpedoressorts zu nennen sind. Die Tiefenverhältnisse der Kieler Bucht sind besonders günstig, auf der großen umfangreichen Reede konnten die größten Kriegsschiffe der deutschen Flotte bei allen Wasserständen liegen. Bohrwurmgefahr besteht im Kieler Hafen nicht. Der Handelsverkehr ist unbedeutend.

[1]) Dr. W. Schweer, Die Ölbunkerstationen an der deutschen Küste. Werft, Reederei, Hafen 1925. S. 568.

Die Entwicklung der neuen Handelshäfen ist teils am Kaiser-Wilhelm-Kanal gedacht, an dem an seinem südlichen Ufer der sogenannte Nordhafen Kiels gebaut ist, dann durch Entwicklung eines Freihafens in der Wiker Bucht außerhalb der Holtenauer Schleuse und durch Ausbau eines Hafens südlich von Friedrichort bei Voßbrook.

Lübeck (Abb. 982).

(Charakter: Flußhafen, offener Hafen, keine Gezeiten.)

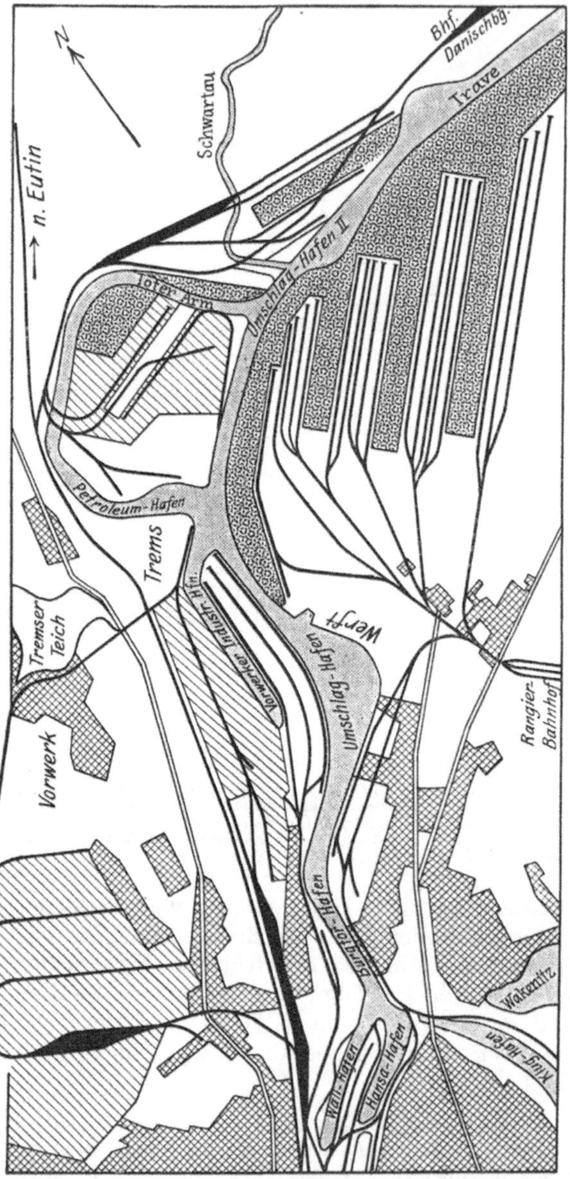

Abb. 982. Hafen von Lübeck mit geplanten Erweiterungen (dunkel gerastert). Offener Flußhafen. Keine Gezeiten. Verkehrszahlen 1913: 2 Mill. t, davon 0,8 Mill. t Binnenschiffahrt. Hauptwindrichtung Süd bis West. Maßstab 1 : 42 000.

Lübeck ist der dritte der alten berühmten Hansahäfen, seinerzeit das Haupt der Hansa, es ist infolge seiner ungünstigen Lage und seines geringen Hinterlandes nach und nach ins Hintertreffen geraten. Auch der von Rehder erbaute Elbe-Trave-Kanal vermochte keinen neuen Aufschwung Lübecks herbeizuführen, da die Ostsee durch den Kaiser-Wilhelm-Kanal in noch günstigerer Weise an die Elbe (Hamburg) angeschlossen ist. Lübeck kämpft aber energisch um seine Stellung als Ostseehafen und hat deshalb neue Hafenanlagen ausgeführt, vgl. Abb. 983. Die Entfernung Lübecks von seinem Mündungshafen Travemünde beträgt 26 km. Lübeck hat umfangreiche Arbeiten geleistet, um die während längerer Zeit nicht schiffbare Trave für seine Schiffe befahrbar zu machen. Die Trave ist auf 10 m vertieft, bei einer Sohlenbreite bis zu 120 m. 1913 hatte der Handel von Lübeck bis auf 2,0 Mill. t (1000 kg) zugenommen, wovon 0,8 Mill./t auf Fluß- und Kanalverkehr entfielen. Die Pläne Lübecks für Schaffung des Hansakanals oder auch eines Nordsüdkanals zum Anschluß an das Gebiet Hannover (Mittellandkanal und Weser) würden wahrscheinlich einen weiteren Aufschwung herbeiführen.

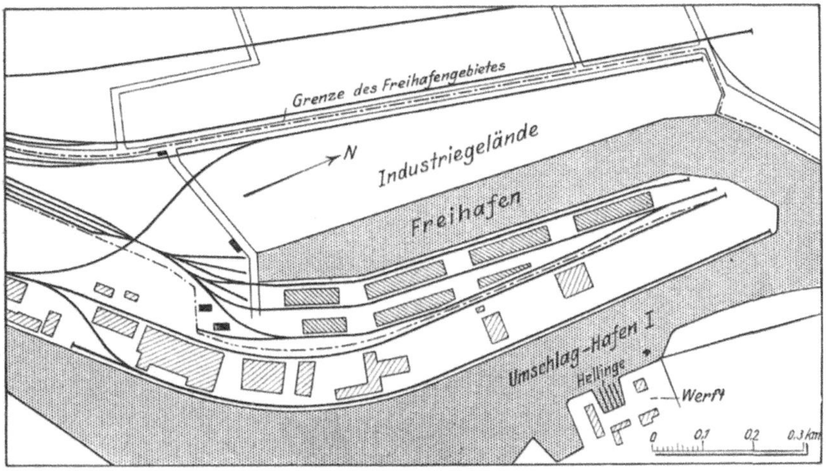

Abb. 983. Hafenbecken des Freihafens[1]) und Umschlaghafens in Lübeck. Maßstab 1 : 15 000.

Stettin (Abb. 984).

(Charakter: Flußhafen, offener Hafen, keine Gezeiten.)

Stettin ist der größte deutsche Ostseehafen. Es liegt an der Mündung der Oder und ist in weitgehender Weise ausgebaut worden[2]). Das Bild des jetzigen Stettiner Hafens und der geplanten Erweiterung zeigen Abb. 984, aus denen zugleich die Lage der Hauptverschiebebahnhöfe, die durchweg am Kopf der neuen Häfen liegen sollen, hervorgeht. Die Erweiterung ist so umfangreich geplant, daß sie nach menschlichem Ermessen für Generationen reichen dürfte. Die Häfen II bis IX sind Entwurf.

Der Ausbau des älteren Stettiner Hafens ist nach dem Muster der Bremer Häfen erfolgt, mit Halbportalkränen vor den Schuppen. Das Hinterland Stettins reicht bis Ratibor, 685 km oberhalb von Stettin, das Hinterland von Stettin und Hamburg überschneiden sich hier bereits. Der seewärtige Warenverkehr beträgt nach Rehder 4,25 Mill. t (1000 kg) Einfuhr, 1,99 Mill. Ausfuhr, zusammen 6,25 Mill. Der Fluß- und Kanalverkehr zu Berg 2,41 Mill., zu Tal 1,83 Mill., zusammen 4,24 Mill., so daß auf Eisenbahnverkehr rund 2 Mill. entfallen. Stettin ist somit vorwiegend Umschlagshafen für Binnenschiffsverkehr. Es besitzt einen Freihafenbezirk. Die Ausrüstung mit Kränen usw. ist gut, es sind rund 90 Kräne von 1—15 t Tragfähigkeit vorhanden. Unter anderem hat Stettin auch Bedeutung als Kohlenausfuhrhafen und Erzhafen.

Saßnitz (Abb. 985).

(Charakter: Insel-(Küsten)-Hafen mit Wellenbrechern, keine Gezeiten.)

Saßnitz hat keine große selbständige Bedeutung als Handelshafen, es ist aber wichtig als Endstation der Fährschiffsverbindung, die von Stralsund—Rügen nach Schweden-Trelleborg läuft. Über den Hafen von Trelleborg vgl. S. 768/69. Die Hafeneinfahrt Saßnitz weist nach Süden, ist den großen Stürmen also möglichst abgewandt.

Der Wellenbrecher ist nach Art der an der Ostsee vielfach ausgeführten Steinschüttung zwischen Pfahlwänden erbaut worden. Es sind zwei Fährbetten für die großen Eisenbahn-Fährdampfer vorhanden vgl. S. 660, die ganze Eisenbahnzüge nach Trelleborg befördern können. Die Fährbetten stehen mit dem Lande durch große bewegliche Brücken in Verbindung, so daß eine Überfahrt vom Dampfer zum Lande jederzeit möglich ist. Die Brücken liegen

---

[1]) Der Freihafen ist in Abb. 982 als Vorwerker Industriehafen bezeichnet.

[2]) Jahrb. d. Hafenbt.-Ges. 1922/23. Die Angaben in dem Aufsatz von Magistratsbaurat Schulze, Stettin, ergeben rund 6,3 Mill. t Seeverkehr, 5,05 Mill. Schiffsverkehr und 3,6 Mill. Eisenbahnverkehr, die man aber nicht zusammenrechnen darf, da sie größtenteils dieselben Güter umfassen. Die t zu 1000 kg.

am Ende nicht auf einem Ponton, sondern sind in der Mitte und am Ende in einem auf Pfählen ruhenden Gerüst an Spindeln aufgehängt. Die Fährschiffe müssen rückwärts in das Fährbett einfahren und werden zum Schluß gleichsam in ihm festgeklemmt, so daß sie völlig unbeweglich liegen[1].

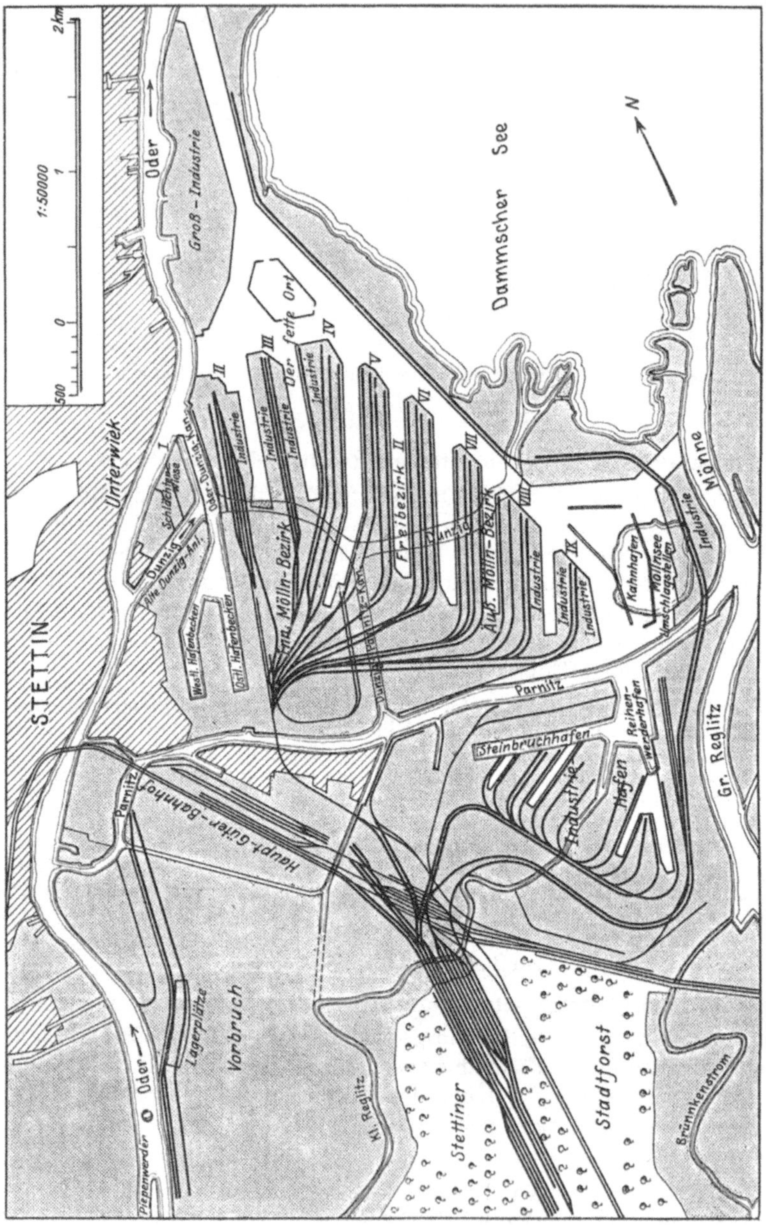

Abb. 984. Der Stettiner Hafen mit Erweiterungsplänen. Maßstab 1 : 50 000. Hauptwindrichtung: SW. Die jetzigen Häfen liegen südlich des Oder-Dunzig-Kanals, alles östlich davon liegende ist Zukunftsplan. Offener Flußhafen. Keine Gezeiten. Verkehrszahlen 1913: 4,25 Mill. t Einfuhr, 1,99 Mill. t Ausfuhr. Anteil der Binnenschiffahrt: 4,24 Mill. t. Kohlenausfuhr und Erzeinfuhr.

Danzig (Abb. 986).

(Charakter: Flußhafen, offener Hafen, keine Gezeiten.)

Danzig liegt an einer der früheren Weichselmündungen, die bei Neu-Fahrwasser in die Ostsee lief (Abb. 986). Stadt und Hafen sind zur Zeit nach dem

[1]) Näheres über die Anlagen siehe Proetel, „Seehafenbau", S. 177. Berlin: Springer.

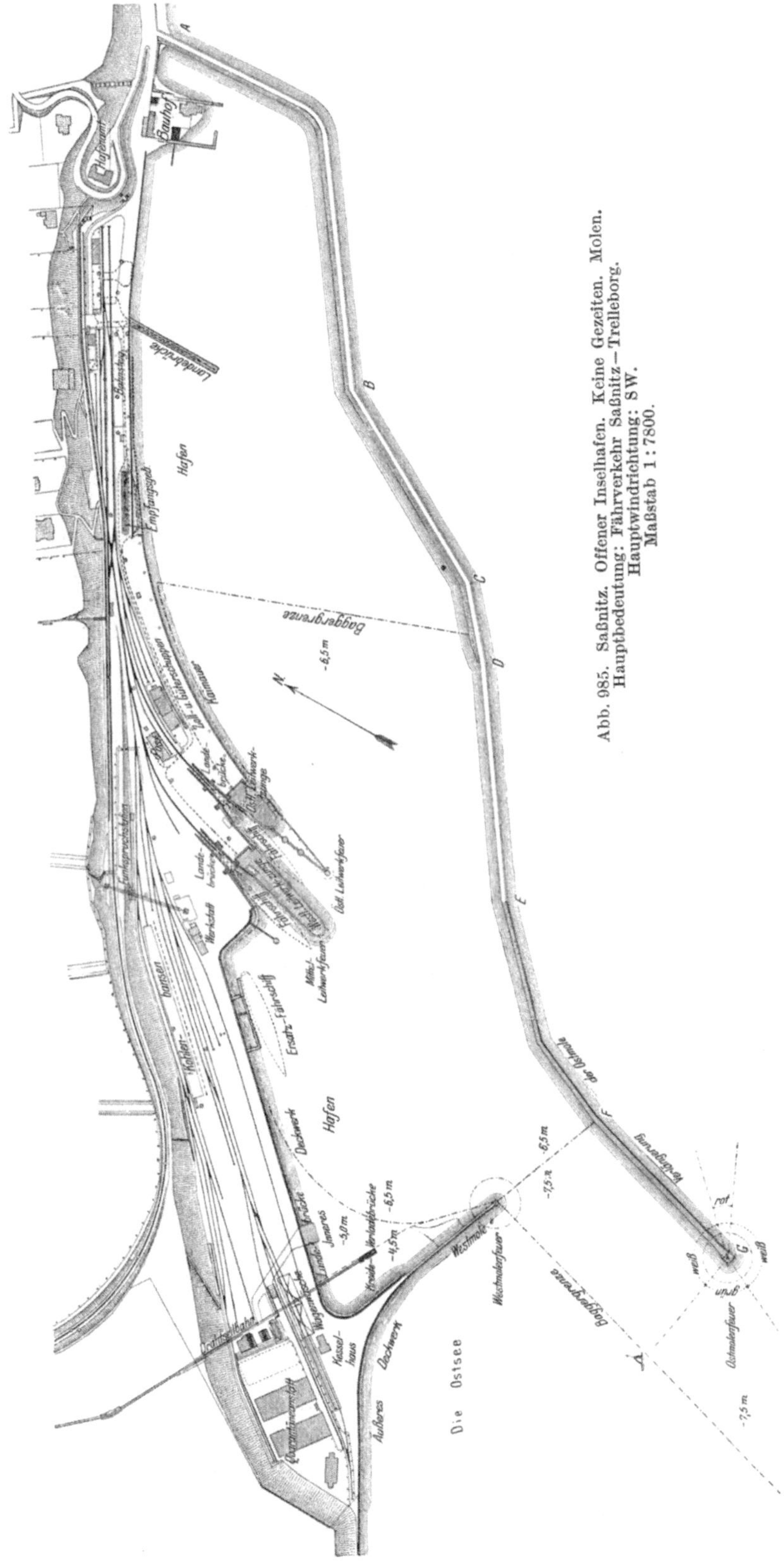

Abb. 985. Saßnitz. Offener Inselhafen. Keine Gezeiten. Molen.
Hauptbedeutung: Fährverkehr Saßnitz—Trelleborg.
Hauptwindrichtung: SW.
Maßstab 1 : 7800.

Versailler Diktat ein selbständiger Staat. Die alten Weichselarme haben mehr oder minder die Bedeutung von Häfen. Danzig war bis zum Versailler Frieden der dritte Marinehafen Deutschlands. Die Hafenanlagen sind durch die Natur vorgezeichnet. Bei Neu-Fahrwasser ist ein kleineres Freihafenbecken vorhanden, des weiteren ist ein größeres Hafenbecken auf dem Holm gebaut worden.

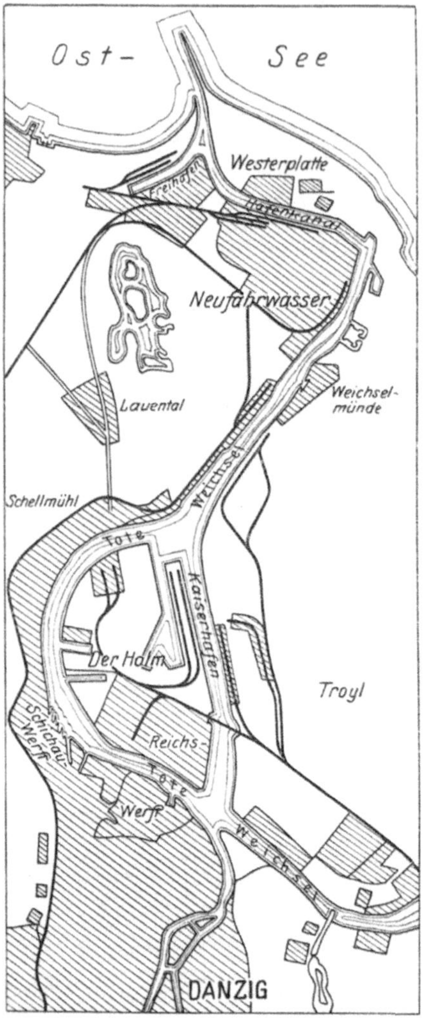

Abb. 986. Der Hafen von Danzig. Offener Flußhafen. Keine Gezeiten. Verkehrszahlen 1913: 2,11 Mill. t. Davon 1,2 Mill. t Einfuhr von See und 0,5 Mill. t Fluß. Maßstab 1 : 86 000.

Ferner wurde der Kaiserhafen, der ein älterer künstlicher Kanal ist, erweitert, dadurch entstand eine sehr günstig gelegene Hafenzunge zwischen dem Kaiserhafen und dem Hafen auf dem Holm. Die alte tote Weichsel hat Bedeutung hauptsächlich als Werftkanal, da an ihr die Reichswerft und die Schichauwerft liegen.

Der Verkehr von Danzig hatte 1913 betragen (nach Rehder) insgesamt 2,11 Mill. Gewicht/t mit 1,2 Mill. Einfuhr von See; der Flußverkehr wird angegeben mit insgesamt 0,8 Mill./t, wovon 0,5 Mill. t Einfuhr.

Die Entwicklung Danzigs ist vor dem Kriege durch die Absperrung, die Rußland gegen deutsche Häfen durchführte, stark verzögert worden, es ist wahrscheinlich, daß der Danziger Hafen durch die Einbeziehung in das Zollgebiet des Staates Polen einen größeren Aufschwung nehmen wird. Hierbei wird der Ausbau der Weichsel ebenso wie die wirtschaftliche Entwicklung Polens von ausschlaggebendem Einfluß sein.

Königsberg (Abb. 987).

(Charakter: Flußhafen, offener Hafen, praktisch keine Gezeiten.)

Königsberg ist der östlichste der größeren deutschen Häfen (Abb. 987). Es liegt an der Ostspitze des Frischen Haffs und ist durch einen Seekanal mit der Ostsee bei Pillau verbunden worden (s. S. 600). Die Anlage des Seekanals war wegen der geringen Wassertiefe des Haffs notwendig, seine Tiefe beträgt 9 m. Es ist beabsichtigt, den Seekanal auf 10 m Tiefe zu bringen. Einen Querschnitt des Seekanals gibt Abb. 720a—d, S. 548, die auch die Erweiterungen angeben. Durch die Aufhebung des inneren Festungsringes 1910 wurde die Möglichkeit des Ausbaus des Königsberger Hafens gegeben. Die für den Gesamtausbau vorgesehene Durchbildung ist in Abb. 987 wiedergegeben. Dies umfangreiche Programm wurde im Jahre 1915 in Angriff genommen. Bisher sind ausgebaut die Hafenbecken III, IV und teilweise das Becken V. Das Hafenbecken IV dient als Handelshafen und besonders für den Getreideumschlag, es sind zu diesem Zwecke zwei große Speicher zur Einlagerung des Getreides vorhanden.

Das Becken V dient als Holzhafen. Das Becken III ist als Freihafen ausgebildet[1]).

Die Lage von Königsberg ist insofern günstig, als es tief im Lande liegt, 42 km von der Ostsee entfernt. Der Verkehr von Königsberg und Pillau betrug nach Rehder 1913: 1,75 Mill. t (1000 kg) Seeverkehr, wovon 0,96 Mill. t Einfuhr war. Der Fluß- und Kanal-

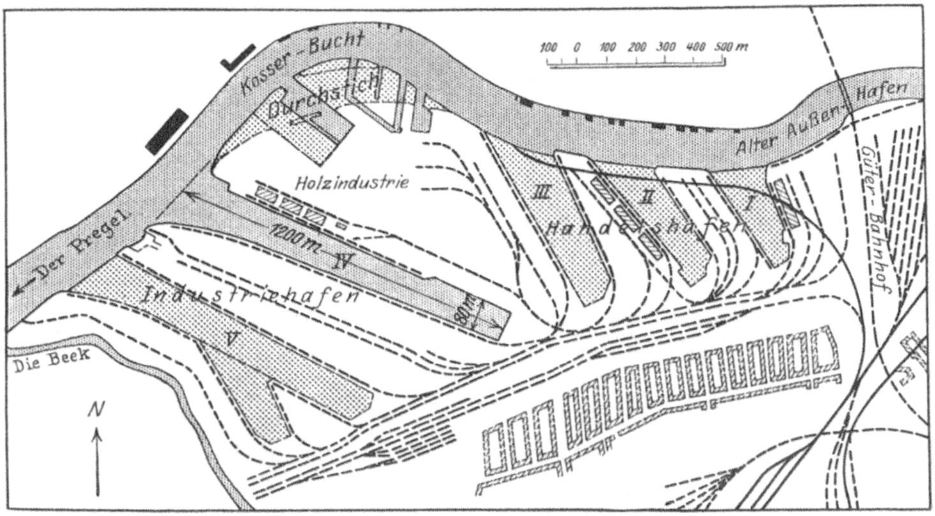

Abb. 987. Königsberger Handels- und Industriehafen 1919. Bisher ausgebaut Becken III, IV und teilweise V. Offener Flußhafen ohne Gezeiten. Verkehrszahlen 1913 (einschließlich Pillau): 1,75 Mill. t, Seeverkehr; 1,2 Mill. t Flußverkehr. Maßstab 1 : 25 000.

verkehr war 1,2 Mill. t mit rd. 1 Mill. t Einfuhr. Die Bedeutung von Königsberg und Danzig ist danach nicht wesentlich voneinander verschieden! Zweifellos leiden beide Häfen darunter, daß sie einander sehr benachbart sind, denn letzten Endes ist Danzig der Westhafen des Frischen Haffs, wie Königsberg dessen Osthafen ist.

c) Fremde Seeschiffhäfen.

Zeebrügge (Abb. 988).

(Charakter: Küstenhafen mit Wellenbrecher, offener Hafen, starke Gezeiten.)

Zeebrügge wurde im Frieden wahrscheinlich aus strategischen Rücksichten erbaut zur erleichterten Landung englischer Truppen für den Weltkrieg. Bezeichnet wurde er immer als der „Port de vitesse", d. h. als der Schnellanlegehafen für große Passagierdampfer. Es ist nur eine einzige nach Osten offene Mole gebaut worden, die bei ihrer Breite von 74 m Kajeschuppen und Gleise trägt, an ihrer Innenseite legen die Seeschiffe unmittelbar an (Abb. 891, S. 687). Zeebrügge ist die Reede für den Kanal nach Brügge, hat somit eine ähnliche Bedeutung wie die Reede von Ymuiden. Die einseitige Lage der Mole ist möglich, da die großen Stürme aus Süden und Nordwest kommen.

Die Mole hat insgesamt eine Länge von 2,5 km. Um eine Versandung des Molenkopfes zu hindern, wurde das landseitige Ende der Mole in einer Länge von 300 m durchbrochen hergestellt. Es sollen sich aber auf der Reede Sandbänke gebildet haben, die aber nicht bis an die Mole selbst heranreichen. Der Freipaß hat sich im allgemeinen nicht bewährt. Die Zufahrtsrinne mußte durch die bis dahin völlig festliegenden Sände gebaggert werden. Diese Sände sollen durch Einfluß der Baggerung nach und nach in Bewegung geraten sein, so daß dauernd gebaggert werden muß.

[1]) Siehe „Der Bauingenieur" 1924, S. 414 u. f.

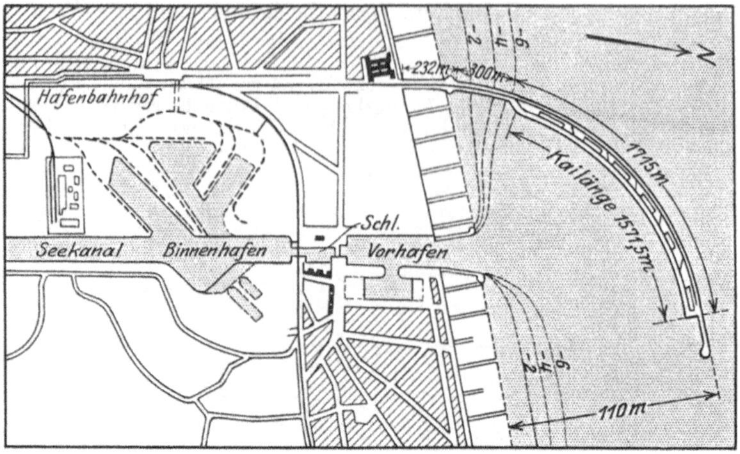

Abb. 988. Hafenanlagen von Zeebrügge. Offener Küstenhafen mit Molen. Starke Gezeiten. Hauptwindrichtung: Süd- und Nordwest. Innenseite der Mole als Anlegestelle der Seeschiffe ausgebildet. Vorhafen von Brügge. Maßstab 1 : 40 000. Lies 1110 m statt 110 m.

Trelleborg (Abb. 989 bis 991).

(Charakter: Hafen mit Wellenbrechern, offener Küstenhafen, keine Gezeiten.)

Der Hafen ist bekannt als der südlichste Hafen Schwedens. Er ist der nördliche Endpunkt der Eisenbahnfähranlage Saßnitz—Trelleborg. Der zur Zeit vorhandene Hafen gehört zu den Häfen mit Wellenbrechern, die hier in sehr einfacher Weise, größtenteils aus Steinkisten errichtet werden konnten. Die Küste liegt sehr geschützt, starker Seegang tritt selten auf. Große Stürme sind für die Reede nicht gefährlich und vorwiegend ablandig. Gewöhnlich können die Schiffe auf der Reede wenden, um dann rückwärts in den Hafen einzusteuern. Die handelstechnische Bedeutung Trelleborgs ist zur Zeit noch gering. 1922 wurde ein internat. Wettbewerb für die Entwicklung eines größeren Hafens ausgeschrieben[1]). Der preisgekrönte Entwurf mit dem Kennwort: „Torgräfning“

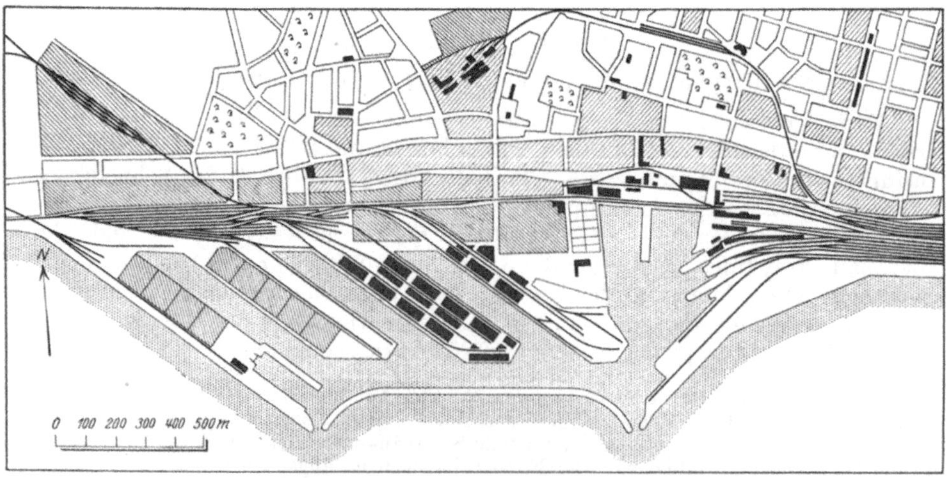

Abb. 989. Trelleborg, preisgekrönter Entwurf für den Hafenumbau. Offener Küstenhafen mit Molen. Keine Gezeiten. Hauptwindrichtung: Süden. Maßstab 1 : 25 000.

---

[1]) Erster Preisträger waren die Siemens-Bau-Union in Verbindung mit den Professoren Blum und Franzius, Hannover. Bauing. 1922, S. 691; Z. für Bauw. 1923, S. 155.

(Trockenaushub) wird in Abb. 990 u. 991 wiedergegeben. Der Entwurf gestattet einen allmählichen Ausbau der Hafenbecken nach Westen fortschreitend, wobei für jeden einzelnen Ausbau Trockenaushub vorhanden ist, siehe

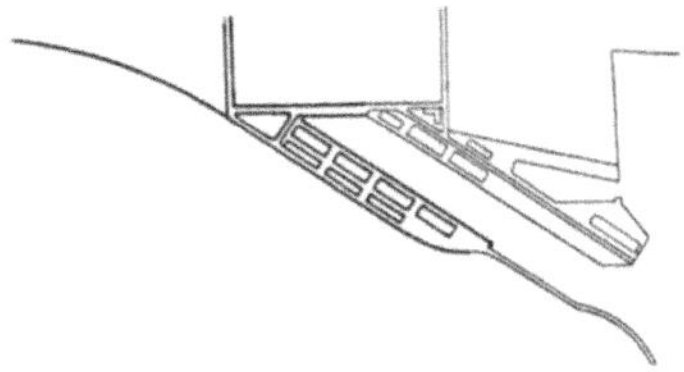

a

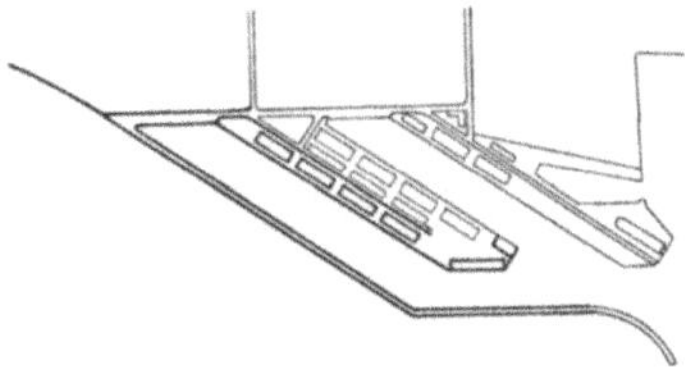

b

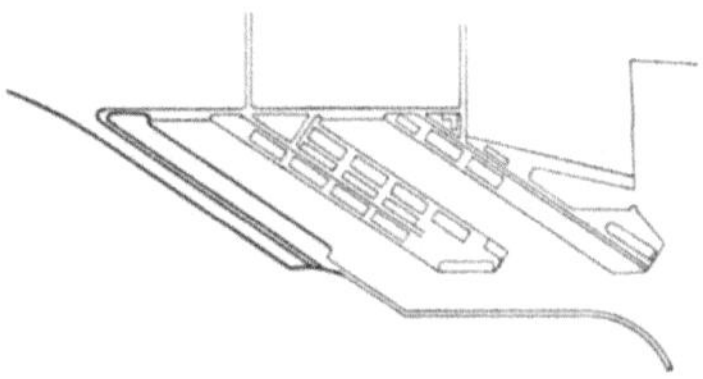

c

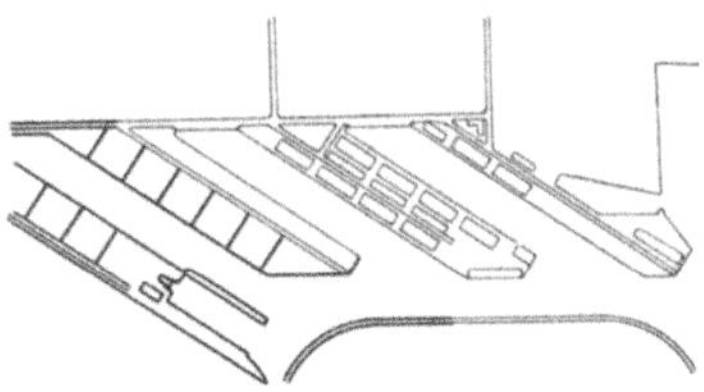

d

Abb. 990 a—d. Ausbaustufen des Hafens von Trelleborg.
Maßstab 1 : 35000.

Abb. 989. Dabei ist beabsichtigt, den Handels- und Fischereiverkehr möglichst zu trennen, wie es für den dargestellten Vollausbau ersichtlich ist; die westliche Einfahrt soll nur für den Fischereiverkehr bei voll ausgebautem Hafen dienen. 1925 wurde ein Teil des Baues des ersten neuen Hafenbeckens an die Siemens-Bau-Union, Berlin, vergeben.

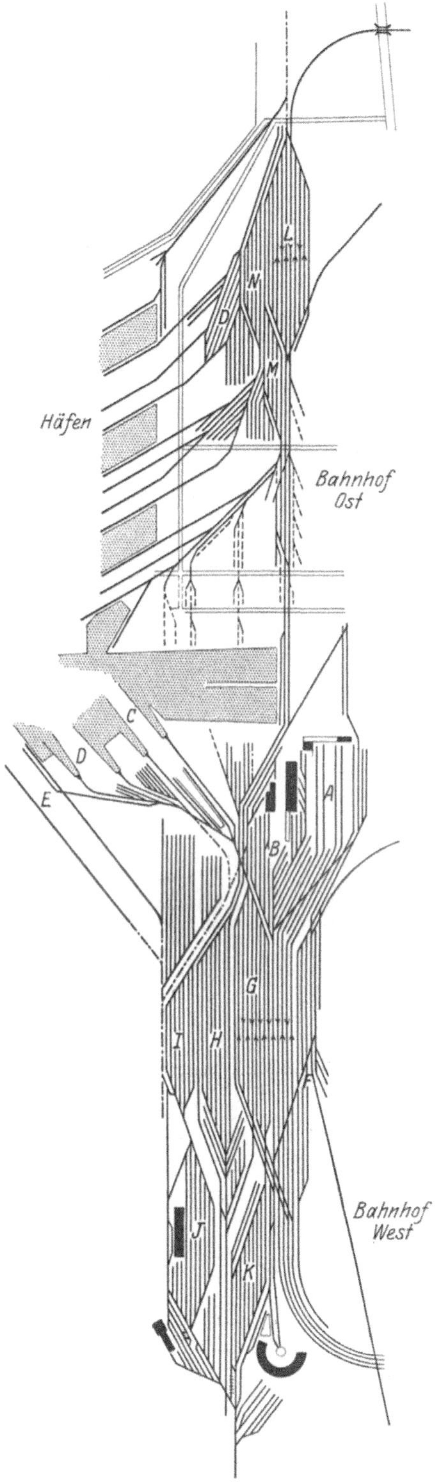

Abb. 991. Verzerrter Gleisplan der Bahnhofsanlagen des Entwurfes für den Hafen Trelleborg.

Ymuiden (Abb. 992 u. 993).

(Charakter: Küstenhafen mit Wellenbrechern, Dockhafen, starke Gezeiten.)

Ymuiden besitzt eine künstliche Reede für den Seekanal nach Amsterdam (Abb. 992a u. b). Der Strand ist sehr flach 1 : 150 bis 1 : 250.

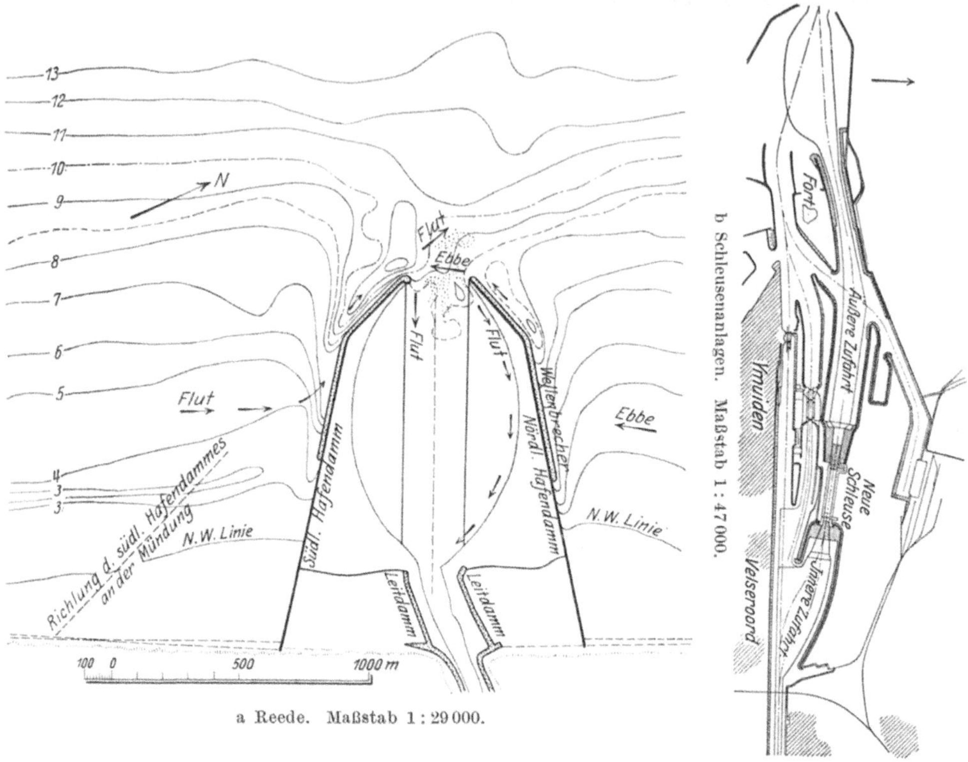

a Reede. Maßstab 1 : 29 000.

b Schleusenanlagen. Maßstab 1 : 47 000.

Abb. 992a u. b. Reede und Hafen von Ymuiden. Küstenhafen. Dockhafen. Vorhafen durch Molen geschützt. Hauptwindrichtung: Nordwest bis Südwest. Ausgangspunkt des Seekanales nach Amsterdam.

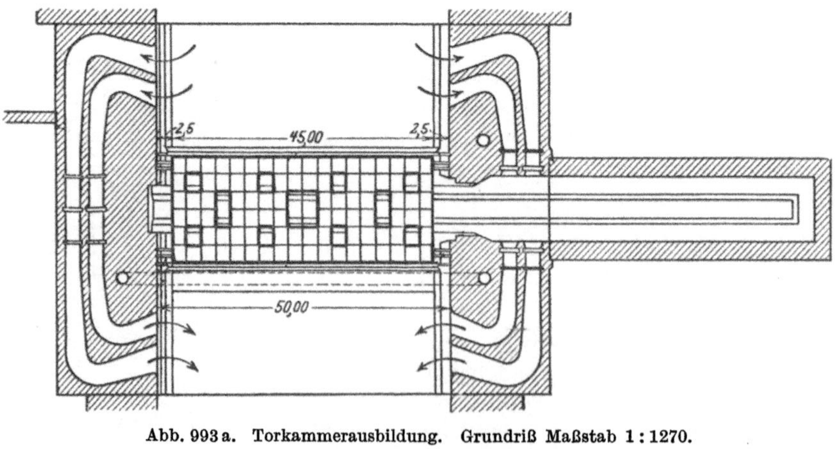

Abb. 993a. Torkammerausbildung. Grundriß Maßstab 1 : 1270.

Häufigste Winde wehen aus Nordwest bis Südwest. Der mittlere Flutwechsel ist 1,6 m, der größte Wasserwechsel etwas über 5 m. Jede Mole hat die beträchtliche Länge von rund 1,5 km, ihre Breite beträgt im allgemeinen 6 m, am Molenkopf 8 m. Die Molenköpfe haben 260 m Abstand bei 220 m Einfahrtsbreite. Die Hafenzufahrt ist auf —10,5 m AP. ausgebaggert bei GNW. mit —0,87 AP.

Außen an den Molen sind Betonblöcke von 10—20 t Gewicht verstürzt. Von der Gewalt der Stürme kann man sich einen Begriff machen, wenn man liest, daß bei dem Weihnachtssturm 1894 fünf 20-t-Blöcke über die Mole in den Hafen geworfen wurden. Man hat deshalb die Blöcke am Molenkopfe durch Ketten aneinander verankert, und dadurch eine genügende Befestigung der Blöcke gegeneinander erzielt. Die NW.-Linie hat sich seit 1866, dem Beginn des Baues bis heute um etwa $^1/_5$ der Molenlänge nach See verschoben vergleiche die Tiefenlinien. Das Vorrücken geschieht aber so langsam, daß in absehbarer Zeit eine Gefahr für die Einfahrt nicht besteht. Unmittelbar östlich des Vorhafens liegen die großen Kammerschleusen, eine neue Schleuse ist gerade im Bau, sie soll die Abmessungen von 394 m nutzbare Länge, 49,2 m Breite bei 14,7 m Wassertiefe erhalten. Abb. 992a zeigt die Hafeneinfahrt in der alten Form. Die Abb. 992b gibt die Hafeneinfahrt wieder, wie sie nach Fertigstellung der neuen Schleuse aussehen wird.

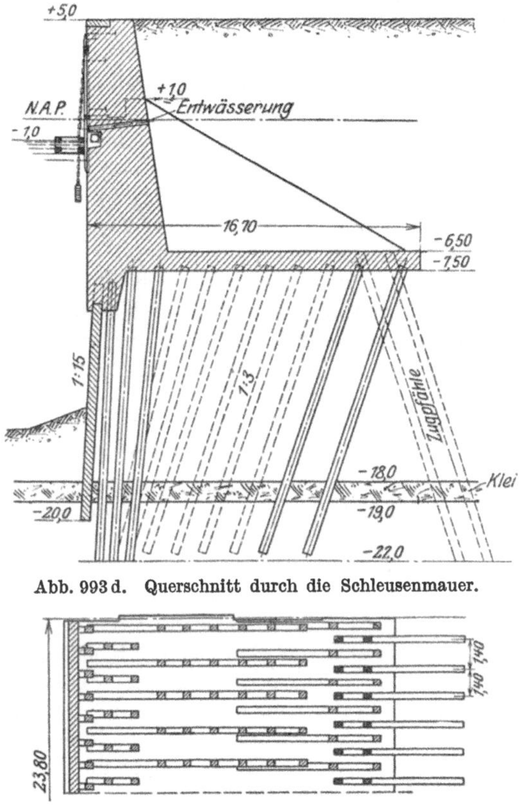

Abb. 993 d. Querschnitt durch die Schleusenmauer.

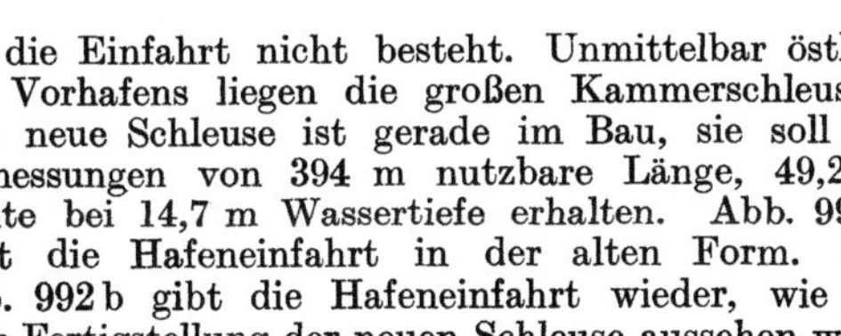

Abb. 993 e. Grundriß durch die Schleusenmauer. Maßstab 1:380.

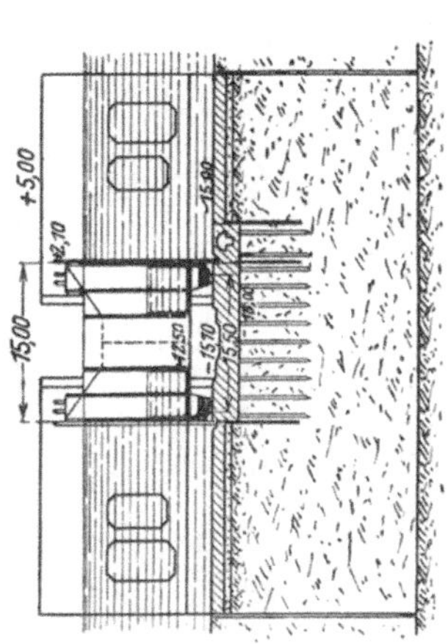

Abb. 993 c. Torkammerausbildung Querschnitt.

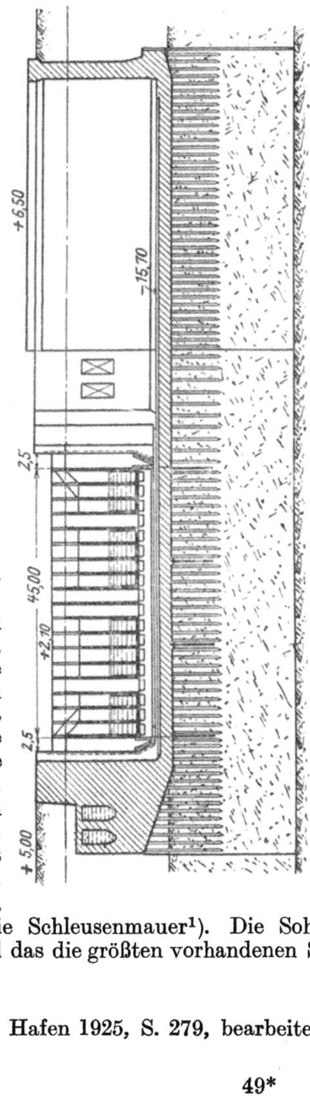

Abb. 993 b. Torkammerausbildung Längenschnitt. Maßstab 1:1270.

Abb. 993 a—e. Einzelheiten der neuen Seeschleuse Ymuiden.

Der Verschluß der neuen Schleuse geschieht durch Schiebetore. Die Umläufe sind zweiteilig ausgebildet. Die Schleusenmauer wurde als Winkelstützmauer mit vornliegender Eisenbetonspundwand ausgebildet. Abb. 993a—c zeigt die Ausbildung einer Torkammer, Abb. 993d u. e Querschnitt und Grundriß durch die Schleusenmauer[1]). Die Sohle der Kammer liegt dabei auf —15,50 m A.P. Zur Zeit sind das die größten vorhandenen Schleusenabmessungen auf der Erde.

[1]) Die Schleuse von Ymuiden. Werft, Reederei, Hafen 1925, S. 279, bearbeitet nach Der Ingenieur 1924, Nr. 39 u. 40.

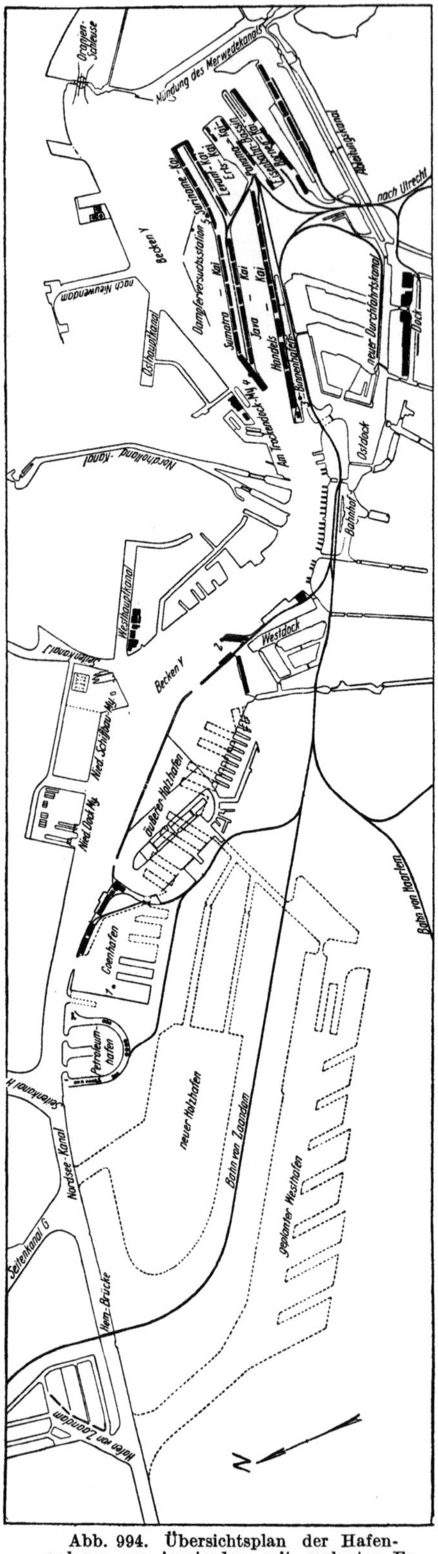

Abb. 994. Übersichtsplan der Hafenanlagen von Amsterdam mit geplanten Erweiterungen. Dockhafen Maßstab 1 : 60 000.

Amsterdam (Abb. 994).

Charakter: Dockhafen, Kanalhafen. In seichter Meeresbucht (Zuidersee) mit Seekanal für große Seeschiffe (s. auch Ymuiden).

Amsterdam war früher der größte Hafen der Niederlande, wurde aber mit dem Anwachsen der Schiffsgrößen infolge der günstigeren Wasserverhältnisse von Rotterdam überflügelt. Diesen Vorteil von Rotterdam suchte Amsterdam durch die Anlage des Nordseekanals auszugleichen, der zur Zeit für die größten Seeschiffe ausgebaut ist. Es ist infolge des Abschlusses des Seekanals durch die Schleuse von Ymuiden und des Abschlusses gegen die Zuidersee durch die Oranienschleuse ein Dockhafen. Früher spielte sich der Hauptumschlag auf den vielen, die Stadt durchziehenden Wasserwegen ab. Den Erfordernissen der Neuzeit will man durch umfangreiche Hafenerweiterungen in Verbindung mit der erwähnten Vergrößerung des Seekanals Rechnung tragen.

Die Abb. 994 gibt eine Übersicht über die bestehenden Hafenanlagen und die vorgesehenen Erweiterungen. Amsterdam besitzt guten Anschluß an das reiche Binnenwasser-Straßennetz der Niederlande und durch den Mervedekanal an das Flußgebiet des Rheins. Der Mervedekanal soll demnächst in größerem Maße weiter ausgebaut werden (s. hierzu S. 596—598, „Holländische Kanalpläne"). Ihre überragende Bedeutung als Handelsstadt besonders mit den Erzeugnissen der holländischen Kolonien hat Amsterdam trotz der Konkurrenz Rotterdams stets behauptet.

Rotterdam (Abb. 995).

Charakter: Flußmündungshafen, offener Hafen, mittlere Gezeiten.

Der Hafen von Rotterdam ist der größte holländische Hafen und einer der größten Europas. Sein Verkehr ist etwa so groß wie der Hamburgs oder Antwerpens. Die Häfen sind offen, meist sehr weiträumig, da der Rhein-Verkehr von entscheidender Bedeutung für Rotterdam ist. Der größte Teil des Verkehrs ist Umschlagsverkehr zwischen Seeschiff und Flußschiff. Die Hauptgüter sind demzufolge Massengüter, unter denen Getreide eine Hauptrolle spielt.

Es sind umfangreiche Erweiterungen geplant. Der Waalhafen soll mit Einbau von Ladezungen nach Süden erweitert werden. Zwischen ihm und Pernis ist ein großes rhombisches Becken geplant, daran anschließend

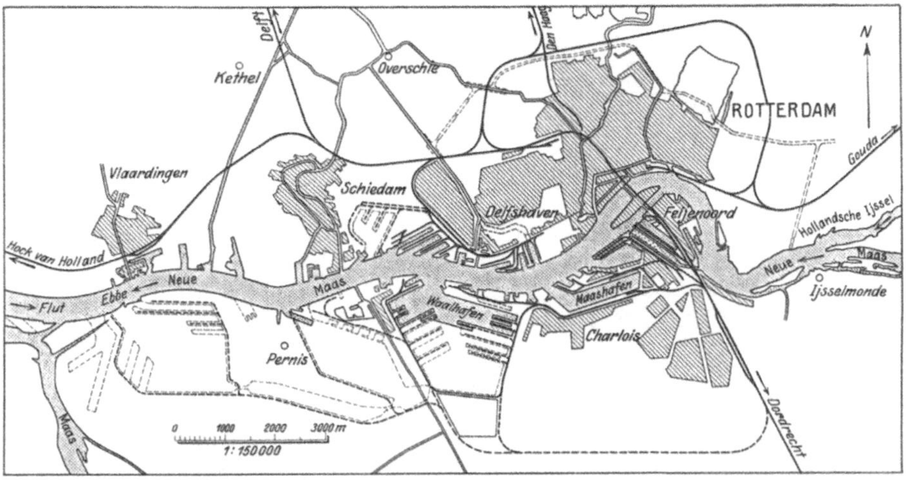

Abb. 995. Hafen von Rotterdam mit geplanten Erweiterungen. Offener Flußmündungshafen. Flutwechsel im Mittel 1,31 m. Größter Seehafen Hollands. Verkehrszahlen ungefähr wie Hamburg und Antwerpen. Hauptbedeutung als Endpunkt des Rheinverkehrs. Hauptanteil: Getreide. Hauptumschlag: Flußschiff, Seeschiff. Maßstab 1 : 150 000.

ein Langbecken, das im Westen an ein weiteres großes Umschlagbecken anschließen würde. Die Seeschiffhäfen sind nach oben, wie in Hamburg, durch die Eisenbahn begrenzt. Der Verkehr von Rotterdam betrug 1913 29,3 Mill. Gewicht/t. — Rotterdam ist der Rhein-Mündungshafen für Westdeutschland.

Antwerpen.

Charakter: Flußmündungshafen. Flutwechsel im Mittel 4,30 m. Höchstens 8,0 m. Zum Teil offen, zum Teil Dockhafen.

Antwerpen ist der größte Hafen Belgiens. Er liegt am rechten Ufer der Schelde, ungefähr 90 km oberhalb der Mündung. Die Abb. 996 gibt eine Übersicht über die derzeitigen Anlagen und über die geplanten Erweiterungen[1]). Auf nähere Beschreibung wird trotz der Bedeutung wegen Platzmangel verzichtet.

London (Abb. 997 u. 998).

(Charakter: Flußhafen, Dockhäfen, starke Gezeiten.)

Die Häfen liegen an der Themse. Der Tidenhub ist in London bei Nippfluten 4,6 m, bei Springfluten 6,3 m.

Die älteren Londoner Docks liegen nahe der Stadt an deren Ostseite, zum Teil in einer großen Schleife. Es sind zu nennen die Katherine und London-Docks, die Surrey-Commercial-Docks, ferner die Ost- und Westindia-Docks und die Millwall-Docks, die auf der Isle of dog liegen. Die Isle of dog wird in Abb. 998 wiedergegeben, und zwar in der Art, wie sie z. T. neu ausgebaut ist oder weiter ausgebaut werden soll. Man sieht, wie diese Docks sämtlich zwischen den beiden Flußschleifen liegen. Die Westindia-Docks sind die drei oberen, die Millwall-Docks die unteren Becken. Durch den neuen Ausbau wird aber der Zugang von der Ostseite neu ausgebaut, der nach der Westseite, der für moderne

---

[1]) K. Bollangier, De Ingenieur 1925, Der Hafen von Antwerpen. H. Schumacher, Antwerpen. Verlag Duncker u. Humblot 1916.

Schiffe unzureichend ist, wird nicht weiter entwickelt. Es wird für wichtiger gehalten durch entsprechend lange und breite Kammerschleusen einen einzigen guten Zugang zu den Docks zu haben, als einen beiderseits durch ein einfaches

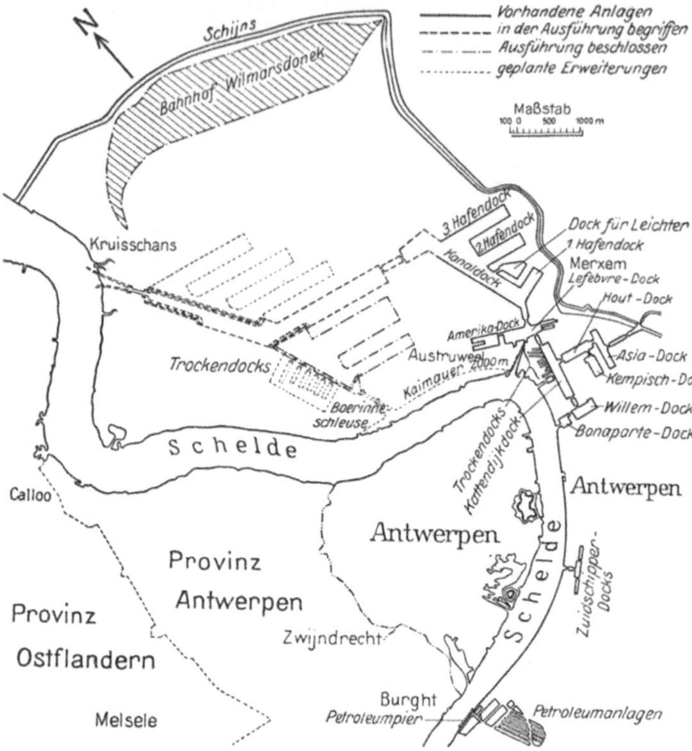

Abb. 996. Übersichtsplan des Hafens von Antwerpen mit geplanten Erweiterungen. Offene Scheldekajen. Dockhäfen. Starke Gezeiten. Maßstab 1 : 120 000.

Docktor. An der Seite weiter nach Osten schließen sich in einer Themseschleife westlich das Royal-Viktoria-Dock, östlich die Albertdocks an, vier größere

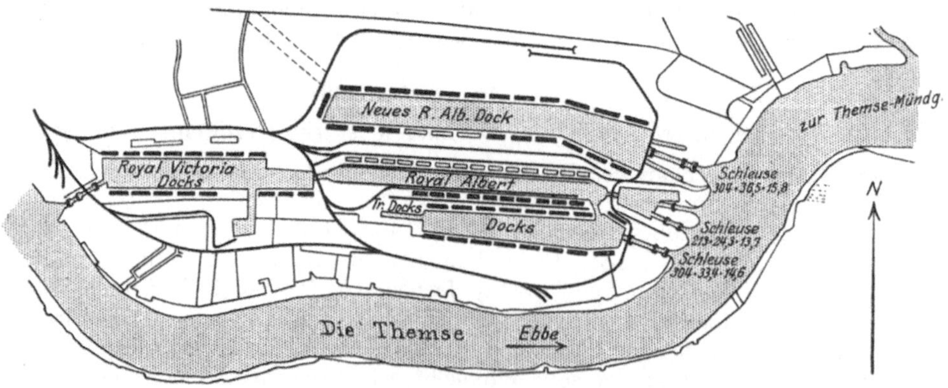

Abb. 997 a. Hafen London. Royal Albert- und Viktoria-Docks. Dockhäfen. Starke Gezeiten. Maßstab 1 : 53 000.

Hafenbecken, von denen die mittleren älteren zusammenhängen und damit nach beiden Seiten mit der Themse Verbindung besitzen (Abb. 998). Auch hier ist auf das bisherige System, den Anschluß auf zwei Seiten, vollständig verzichtet

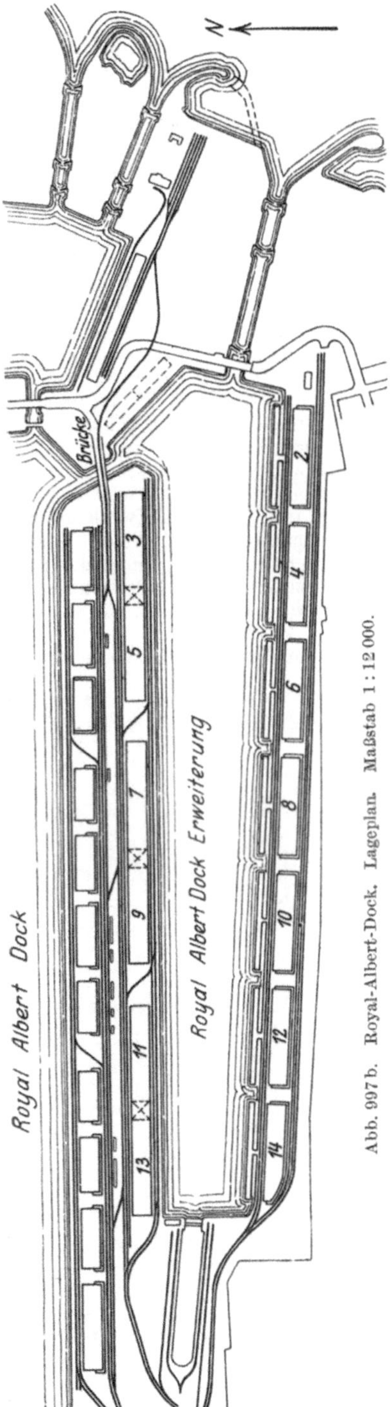

Abb. 997 b. Royal-Albert-Dock. Lageplan. Maßstab 1 : 12 000.

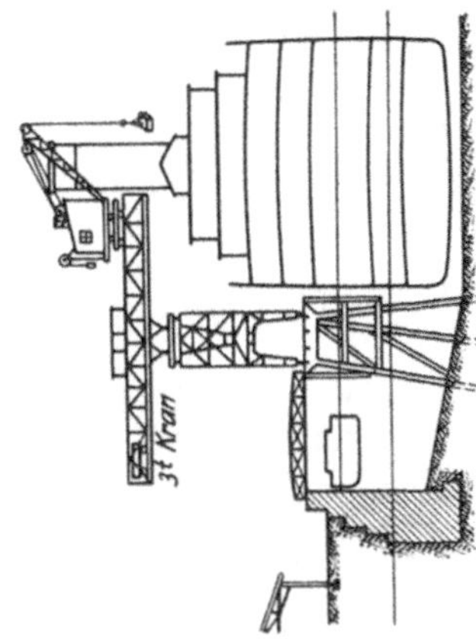

Abb. 997 c. Royal-Albert-Dock.
Kajeausbildung im Querschnitt. Maßstab 1 : 1000.

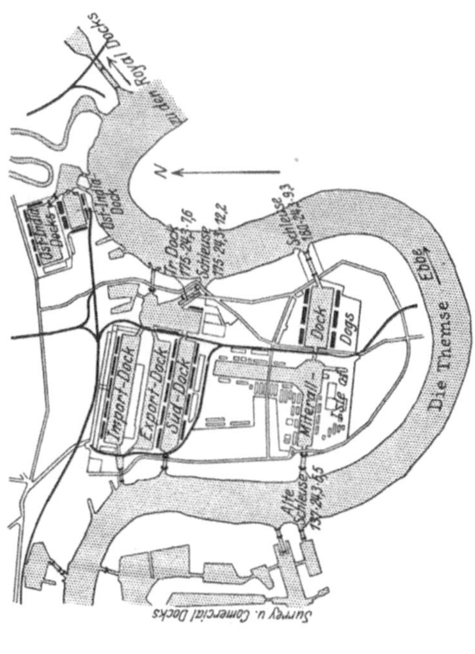

Abb. 998. London. Die Häfen auf der Isle of Dogs. Ost- und Westindia-Docks.
Maßstab 1 : 53 000.

worden. Der südliche der beiden neuen Häfen, der bereits ausgebaut ist, erhält nur Kammerschleusen nach Osten[1]).

Von Interesse ist die Ausbildung der südlichen Kaje des neuen südlichen Albertdocks (Abb. 997a u. b). Es spielt der Leichterverkehr eine sehr große Rolle, da $^3/_4$ der Güter mit Leichter die Themse aufwärts gefahren werden. Es sind 7 Löschbrücken von je 158 m Länge und 67 m Breite so weit vor die Südkajemauer gerückt, daß in dem Zwischenraum Leichter liegen können. Jede Löschbrücke ist durch eine Querbrücke mit der Kaje verbunden. (In Abb. 997b durch die Wasserlinien schlecht zu erkennen.) Die Löschbrücken bestehen aus Pfahlgerüst mit Eisenbetondecke und tragen je 6 fahrbare elektrisch betriebene Hammerkräne, die auf dem Ausleger einen fahrbaren Drehkran tragen, Abb. 997c. Die Kräne löschen direkt aus dem Raum und können die Güter entweder in die Leichter oder auf die Kaje absetzen. Zu jeder Löschbrücke gehört ein Kajeschuppen von 161 m Länge und 37 m Breite, die in Eisenfachwerk mit Wellblechdächern gebaut sind. Vor den Schuppen liegen zwei, hinter den Schuppen drei Gleise. Die Schuppen sind auch noch mit elektrischen Krananlagen ausgerüstet. Der Bau von eisernen Schuppen, der in Deutschland so gut wie abgekommen ist, ist danach in England noch üblich. Ein Anschluß des Hafens nach Westen an die anderen Häfen ist nicht beabsichtigt, wie aus der Lage des Trockendocks am Westende hervorgeht.

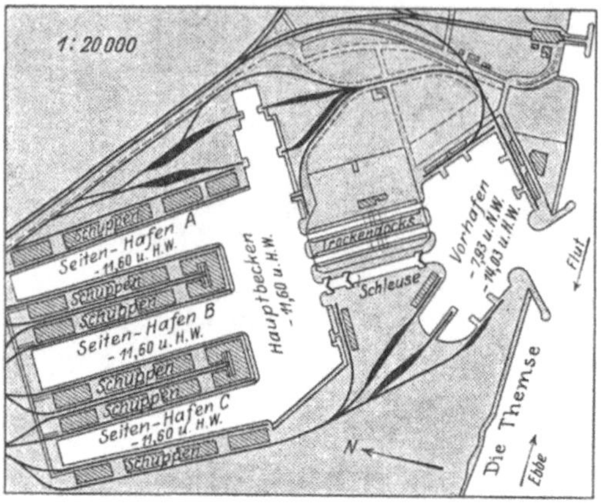

Abb. 999a. Londoner Häfen. Tilbury-Docks an der Themse-Mündung. Maßstab 1 : 20000.

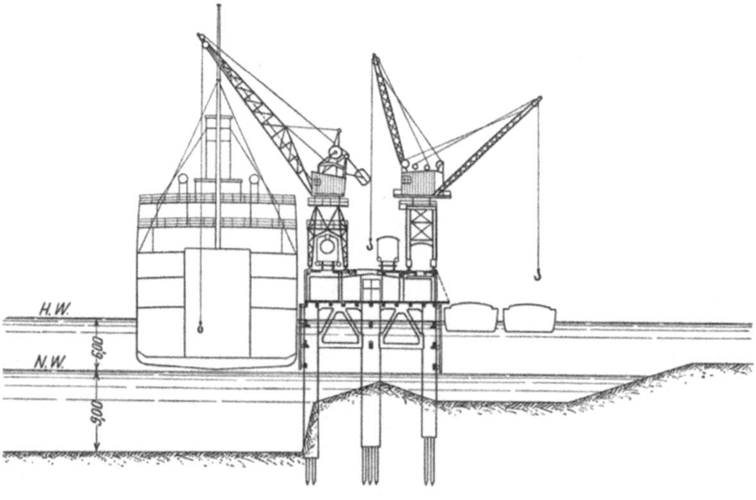

Abb. 999b. Neuer Doppeldeck-Pier an der Themse in Tilbury. Maßstab 1 : 860.

In der Themsemündung liegen entsprechend Cuxhaven zu Hamburg die Tilburrydocks als Anlauf- und Zufluchtshafen, s. Abb. 999a. Hier hat der Vorhafen eine vorzügliche Form erhalten. Die Schiffe können bei Ebbe und bei Flut gut einlaufen. Die Trockendocks liegen neben der Schleuse und sind von beiden Seiten zugänglich. Vgl. Handbuch d. Ing.-W. III, Bd. 11, S. 270 von de Thierry, Fr. u. O. Franzius. Der Verkehr von London war 1913 19,7 Mill. t (zu 1000 kg).

Es ist im Gegensatz zu der Abbildung das Hauptbecken nach Süden neuerdings verlängert worden, und als weiterer Ausbau ein parallel zu den vorhandenen Querbecken liegendes großes Vierbecken mit Anschluß durch eine Schleuse an die Themse geplant. (Siehe Bericht über die Studienreise 1926 der Hamburger Hafendeputation.)

[1]) Werft, Reederei und Hafen 1921, S. 370.

Interessant ist die Ausbildung einer Pieranlage an der offenen Themse für Schiffe, die nur einen Teil ihrer Ladung absetzen (s. Abb. 999b), damit diese Schiffe nicht erst den Dockhafen aufzusuchen brauchen. Die Anlage verläuft in einer Länge von 300 m parallel zum Flußufer und läßt an der Landseite Platz für Binnenschiffe (vgl. auch Abb. 998c). Das Oberdeck des Piers ist wie jeder Kai mit Kranen, Eisenbahnanschluß usw. ausgerüstet. Das Unterdeck dient als Schuppen. Die Ausführung geschah mit einem Kostenaufwand von 6,5 Mill. Mark in Eisenbeton. Die Verwaltung des gesamten Londoner Hafen ist seit 1908 in der Port of London Authority zusammengefaßt, während vorher einzelne Gesellschaften die Eigentümer der verschiedenen Häfen waren. Seit 1908 hat der Ausbau der Häfen bedeutende Fortschritte gemacht. In der P. o. L. A. sind die Hafeninteressenten, die öffentlichen Körperschaften und die Regierung vertreten.

Southampton (Abb. 1000).

(Charakter: Küsten-Flußmündungshafen, offener Hafen, starke Gezeiten.)

Der Hafen von Southampton ist der wichtigste Anlaufhafen der englischen Südküste. Seine Lage ist besonders günstig, da er hinter der Insel Wight liegt

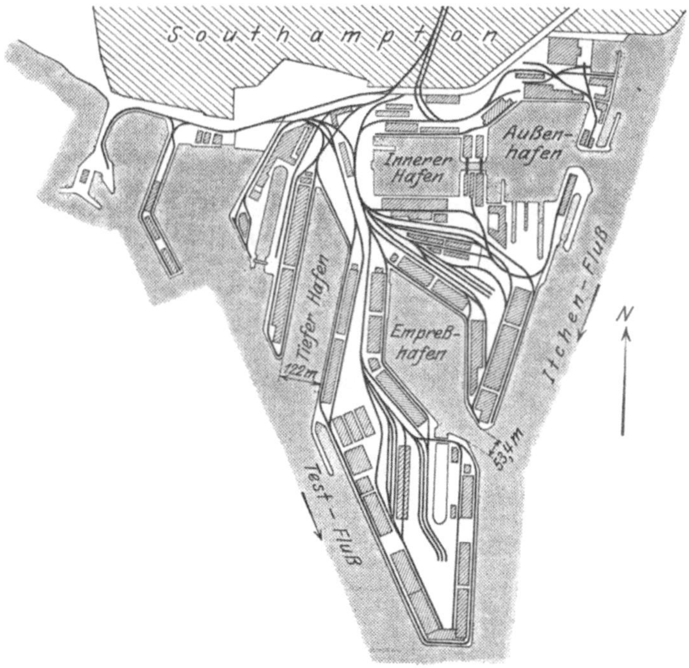

Abb. 1000. Hafen von Southampton (hinter der Insel Wight).
Offener Küsten-Flußmündungshafen. Flutwechsel bei Springflut 4 m. Maßstab 1 : 22000.

und demzufolge keine besonderen Wellenbrecher braucht. Southampton besitzt ein doppeltes Hochwasser, einmal das von Westen durch den Ärmelkanal kommende, zweitens das von Osten um England herumlaufende. Dadurch ist die Hochwasserdauer praktisch 4 Stunden geworden, wobei der Flutwechsel bei Springflut 4 m beträgt. Der Hafen ist lehrreich wegen der Formen seiner Hafenbecken, die ungefähr sämtliche geometrische Formen aufweisen, die für solche Becken anwendbar sind [Abb. 1000[1])].

[1]) Es sind große Erweiterungen am Testfluß nach SW. geplant. Werft, Reederei und Hafen 1925, S. 312.

Marseille (Abb. 1001).

Charakter: Offener Seehafen, starke Winde, schwache Gezeiten.

Verkehr: 21 Mill. t.

Abb. 1001 zeigt die Hafenanlage von Marseille in ihrem jetzigen Zustand und in dem geplanten großzügigen weiteren Ausbau. Die Hafenanlagen dienen hauptsächlich dem Verkehr mit den Mittelmeerküsten. Der Personenverkehr zeigt mit 800000 Fahrgästen die höchste Ziffer aller französischen Häfen.

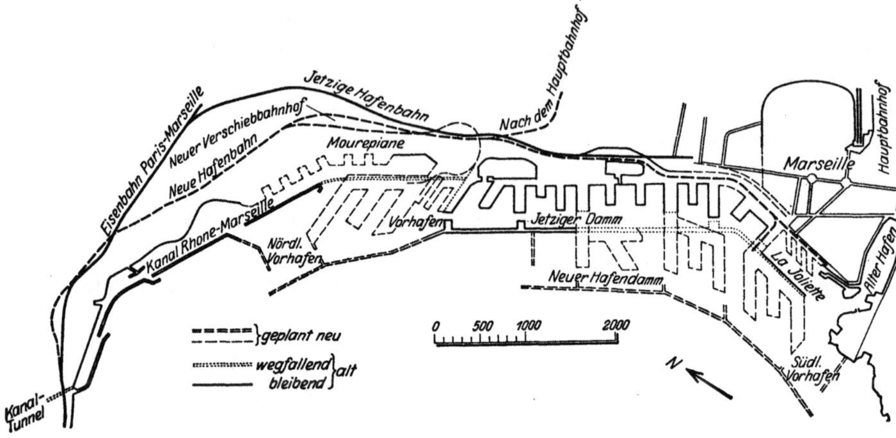

Abb. 1001. Übersichtsplan des Hafens von Marseille mit geplanten Erweiterungen. Offener Seehafen. Maßstab 1 : 83500.

Aus der Abbildung geht hervor, daß die bestehende Mole im südlichen Hafenteil abgebrochen werden soll. Dafür soll ein neuer Hafendamm weiter seewärts geschaffen werden. Es wird hierdurch Raum für eine größere Anzahl neuer Hafenzungen geschaffen. Im nördlichen Teil soll ein Vorhafen geschaffen werden, der eine sichere Einfahrt in das nördliche Hafenbecken verbürgen soll, und zwar besonders bei nordwestlichen Winden. Die Verlängerung der Hauptmole und die dadurch ermöglichte Schaffung eines neuen Hafenbeckens soll in einem späteren Bauabschnitt erfolgen[1]).

New York (Abb. 1002—1004).

Charakter: Offener Flußmündungshafen. Mittlerer Flutwechsel 2 m.

New York ist der Haupthafen für den transozeanischen Verkehr an der Ostküste Amerikas, an der Mündung des Hudson und des East-Rivers. Der Gesamtjahresverkehr beträgt 45—48 Mill. t[2]). Der Umschlagsverkehr verteilt sich zu 70% auf Umschlag mittels Leichter und nur 30% werden direkt vom Land auf Seeschiff oder vom Schiff auf Land umgeschlagen. Der Leichterverkehr im Hafen wird in der Hauptsache durch das sogenannte Carfloat-System bewältigt. Diese sind als Eisenbahnfähren ausgebildete Leichterfahrzeuge meist ohne eigenen Antrieb, sie werden längsseits der Hafenschlepper den Piers zugeführt, die keinen besonderen Bahnanschluß haben und den Hauptteil des Verkehrs bewältigen. Diese Piers ohne Bahnanschluß liegen in der Hauptsache auf der Westseite von New York City (Manhattan Island) und an dem Ufer des Stadtteils Brooklyn. Auf den neueren Piers mit gutem Bahnanschluß, die an der New Jersey Hoboken Seite des East-Rivers liegen, werden nur etwa 25% des Verkehrs direkt umgeschlagen. Es hängt das mit der Entwicklung

[1]) Die Erweiterung des Hafens von Marsaille. Bericht über eine Veröffentlichung im Génie civile 1926. Bauingenieur 1926, S. 229.

[2]) Die für New York erwähnten Verkehrszahlen beziehen sich auf t = 1016 kg.

der Hafenanlagen zusammen, die umfangreiche Bahnanlagen an der Cityseite nicht erstehen ließ. Außerdem versehen den Umschlagverkehr auch noch

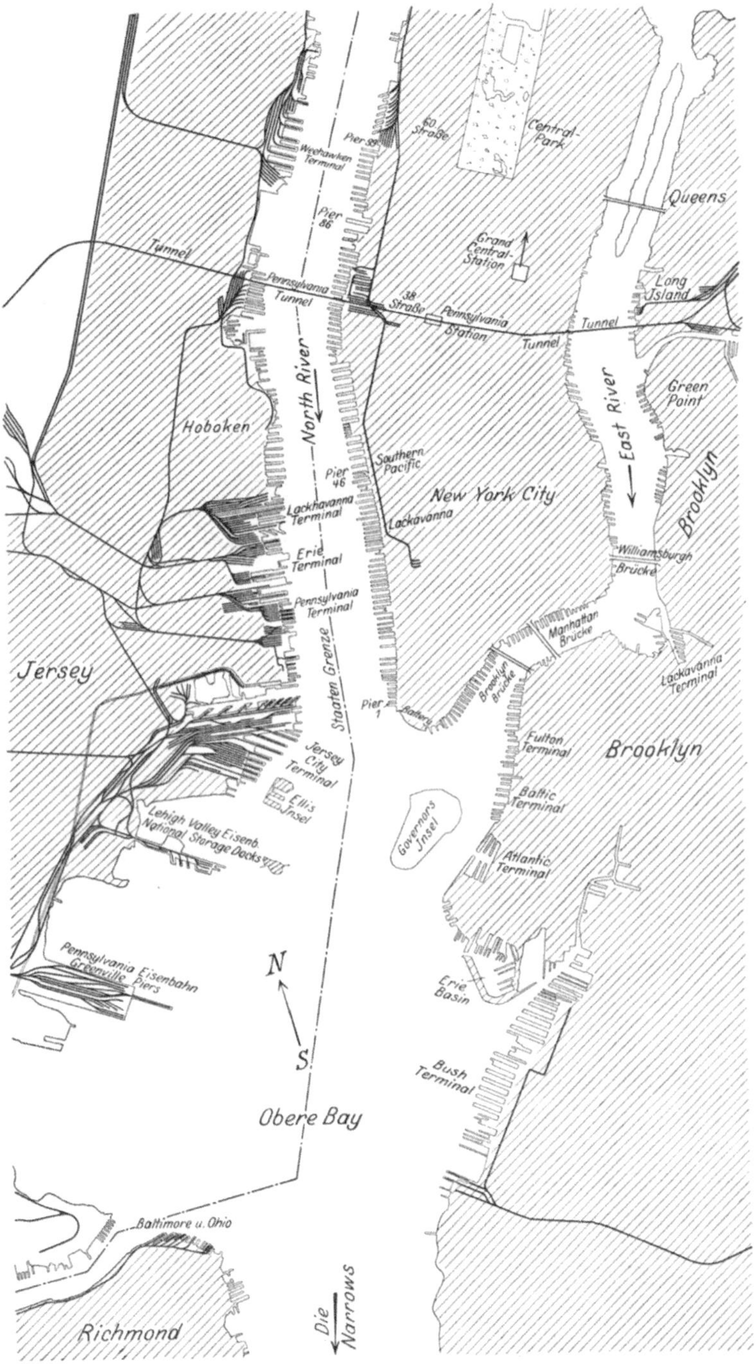

Abb. 1002. Übersichtsplan des New Yorker Hafens. Offener Flußmündungshafen. Maßstab 1 : 106 000.

gewöhnliche Leichter, flacher, viereckiger Bauart, sogenannte Barges. Die Eisenbahnfähren können bis zu 8 Normalwagen zu 15 t aufnehmen. New York bietet ein ausgezeichnetes Beispiel der Vergrößerung der Wasserfronten durch Pieranlagen, eine in Amerika sehr häufige Durchbildung der Häfen. Daß die Mehrzahl der Piers keinen Bahnanschluß haben, muß als Besonderheit gerade der New Yorker Anlagen hervorgehoben werden. Trotzdem wird durch den umständlichen Leichterbetrieb dieser ganz bedeutende Verkehr reibungslos bewältigt[1]).

Abb. 1003. Typischer New Yorker Carfloat-Schleppzug.

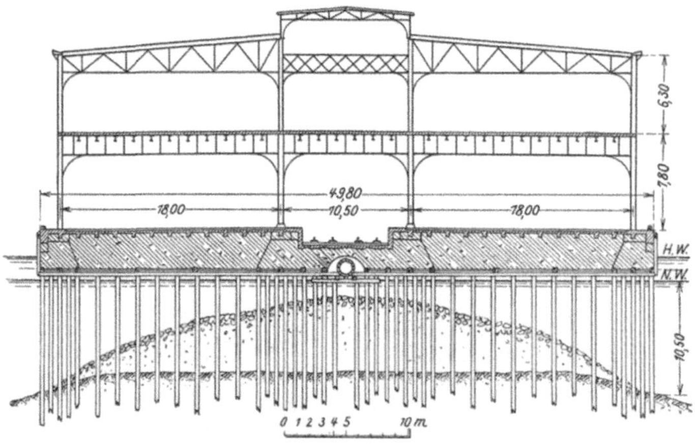

Abb. 1004. Zweigeschossige Eisenbahn-Pier im Hafen von New York. Maßstab 1:620.

San Francisco (Abb. 1005).

Charakter: Küstenhafen in geschützter Meeresbucht. Starke Gezeiten.

Wie New York der Haupthafen der amerikanischen Ostküste, so ist San Francisco der Haupthafen an der Küste des Stillen Ozeans, und besitzt wie New York ein ausgedehntes Hinterland. Der Hauptanteil des Verkehrs ($^4/_5$) besteht in Güterumschlag amerikanischer Herkunft und mit amerikanischen Schiffen, der Überseeverkehr tritt mit $^1/_5$ stark in den Hintergrund. Als Gesamtverkehr werden rund 26,1 Mill. t (1000 kg) angegeben mit einem Wert von rd. 1,9 Milliarden Dollars, im Jahre 1924.

[1]) Förster, Nordamerikanische Seehafentechnik. Werft, Reederei, Hafen 1926, S. 252.

Auch im Hafen von San Francisco geschieht der Umschlag wie in New York in der Hauptsache durch quer zum Lande angelegte Piers. Diese besitzen aber hier guten Bahnanschluß[1]).

d) Binnenschiffshäfen.

Duisburg und Ruhrort (Abb. 1006 u. 1007).

Der Hafen von Duisburg und Ruhrort ist, am Friedensverkehr gemessen, der größte Hafen der Erde, er dient dem Umschlag aus dem rheinisch-westfälischen Kohlengebiet. Es ist eine große Zahl von Hafenbecken angelegt worden (Abb. 1006), die zum großen Teil dem Kohlenverkehr dienen. Das Hafengelände ist nicht hochwasserfrei und wird zeitweilig überflutet. Die Güte der Kohlen soll darunter nicht besonders leiden. Der Verkehr in dem Duisburg-Ruhrort-Hafen hatte 1913 einen Umfang von 28,913 Mill. t erreicht, wovon 63,2 % Kohlenverkehr war, einschließlich aller Güter- und Zechenhäfen 40 Mill. t, gegenüber London 19,7 Mill., New York 48 Mill. t. Von den 28,9 Mill. Umschlag waren 18 Mill. t Kohlen, so daß täglich 4000 Wagen von 15 t Ladegewicht abgefahren werden mußten. Das kleine Beibild zeigt die Häfen im Jahre 1887. Man erkennt daran die riesenhafte Entwick-

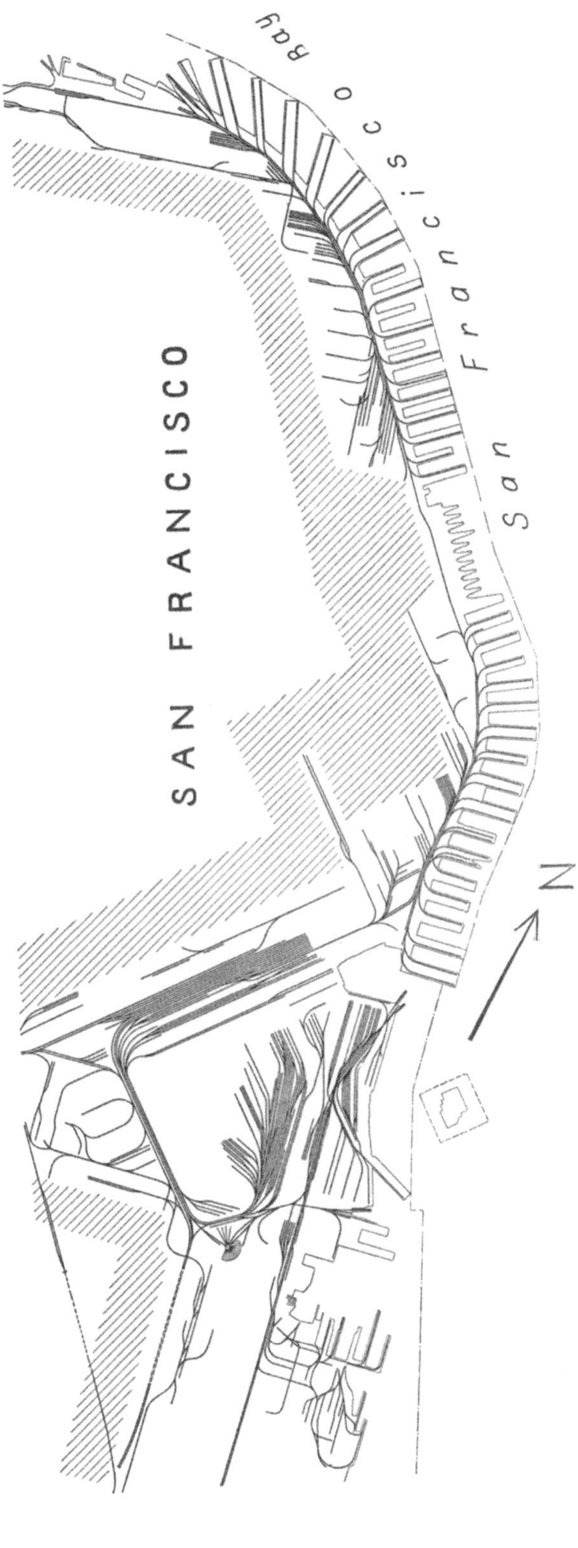

Abb. 1005. Hafenanlage von San Francisco. Küstenhafen in geschützter Meeresbucht. Maßstab 1 : 33 000.

[1]) Förster, Nordamerikanische Seehafentechnik. Werft, Reederei, Hafen 1926.

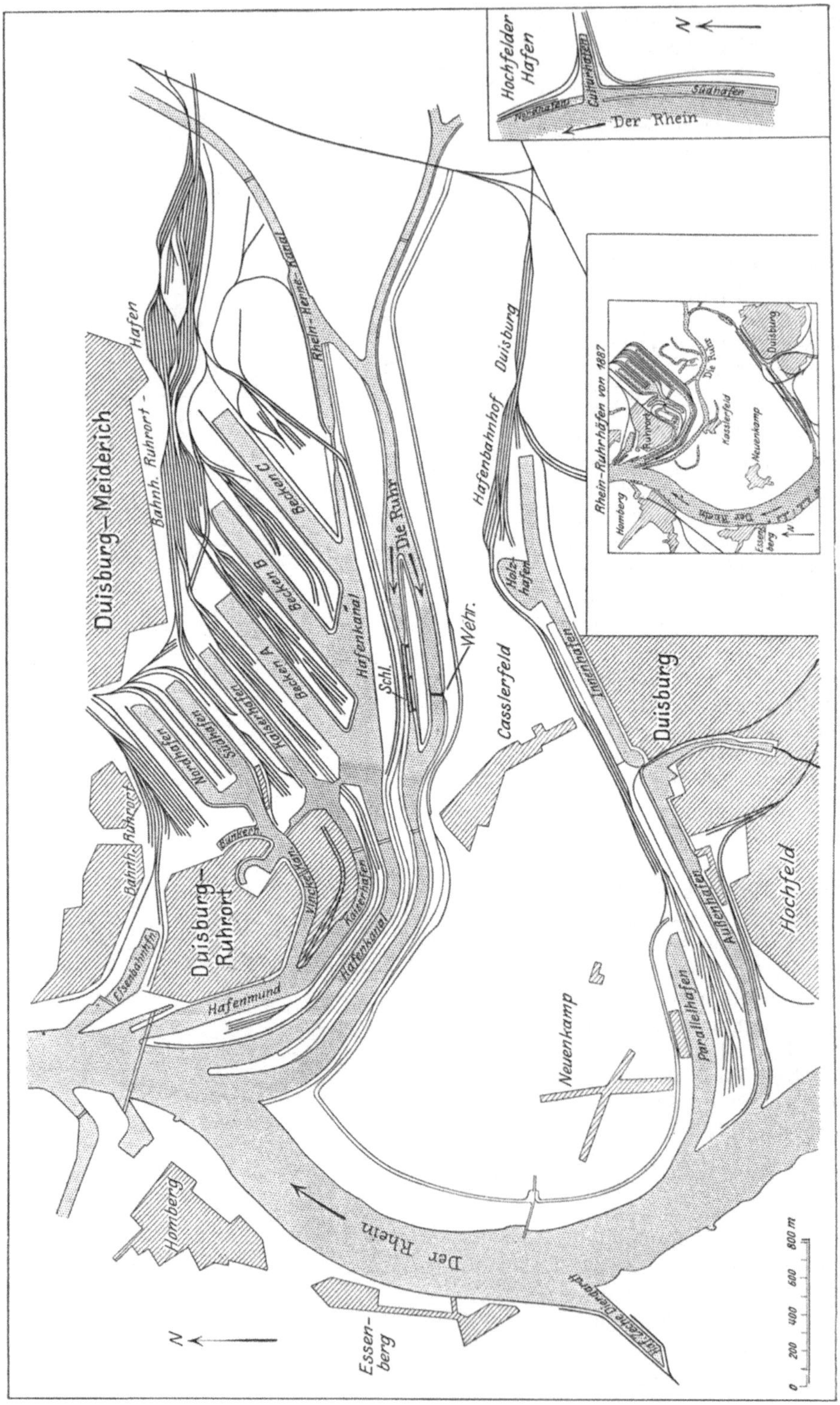

Abb. 1006. Hafen von Duisburg-Ruhrort. Maßstab 1:40000.

lung. Vgl. dazu auch Abb. 1007, in die die Verkehrszahlen für 1923 eingeschrieben sind.

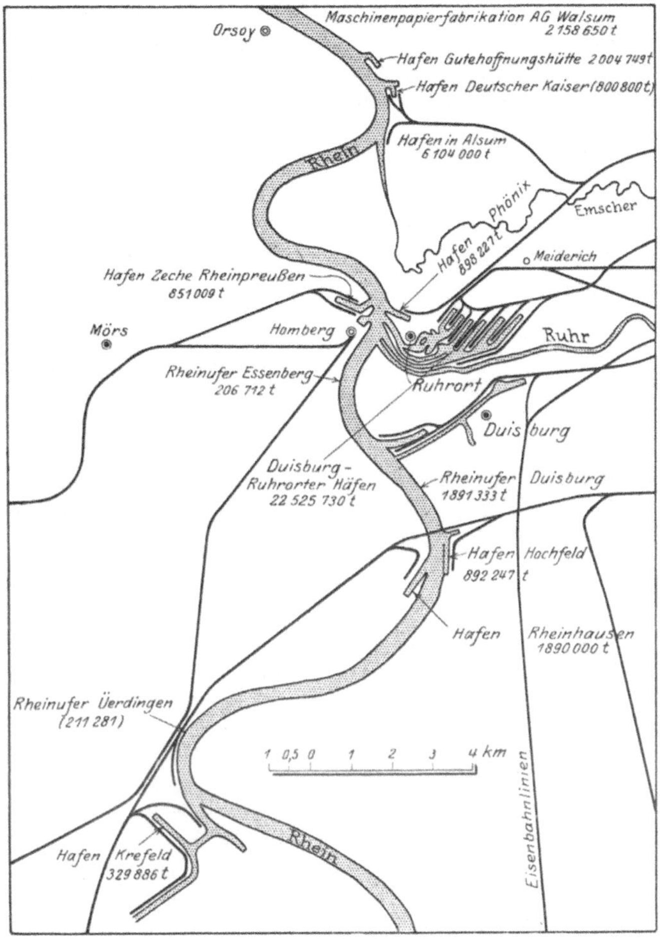

Abb. 1007. Der Verkehr der Rheinhäfen in der Umgebung Duisburg-Ruhrort. Maßstab 1 : 190 000.

Rheinhafen Mannesmann-Röhren-Werke.

Einen kleineren Hafen der M.R.W. in Düsseldorf gibt Abb. 1008 wieder. Der Hafen hat eine einfache, aber zweckmäßige Form erhalten, das Becken ist

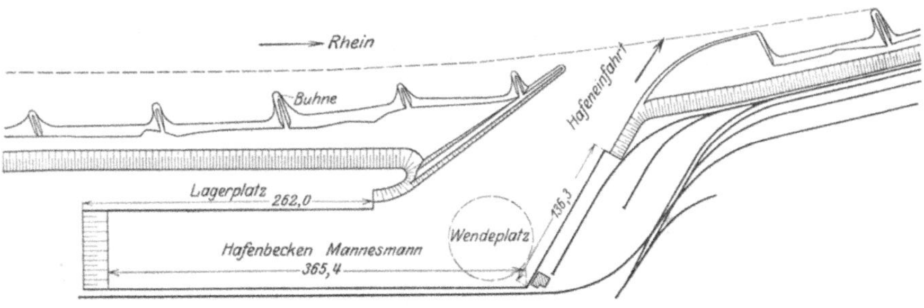

Abb. 1008. Rheinhafen der Mannesmann-Röhrenwerke in Ruckingen bei Düsseldorf. Maßstab 1 : 6900.

70 m breit. Das Einfahren ist bequem, da es durch das stromauf liegende Ufer der Einfahrt bestimmt ist.

Köln (Abb. 1009 u. 1010).

Eine allgemeine Übersicht der neuen Häfen der Stadt Köln gibt Abb. 1009, sie zeigt den Handelshafen bei Köln-Niel und weiter unterhalb das Industriegelände. Die Lage der Bezirksbahnhöfe am Handelshafen und des Übergangsbahnhofs zwischen dem Handelshafen und dem Industriegelände ist ersichtlich. Bei dem Industriegebiet ist die große Geländetiefe bis zu 2,6 km gegenüber der Kailänge von rund 2,3 km bemerkenswert. Das Industriegebiet hat eine mittlere Tiefe von etwa 2 km.

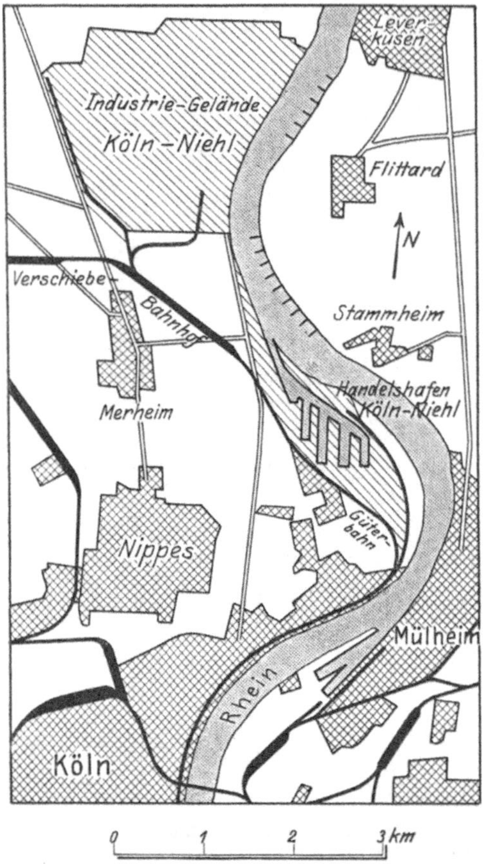

Abb. 1009. Hafen- und Industrieanlagen der Stadt Köln. Wasserwechsel. Maßstab 1 : 84 500.

Die Anlage derartig tief in das Land hineinreichender Industriegebiete ist an sich nicht vorbildlich, sie ist aber hier am Rhein zweckmäßig gewesen, weil der Rhein wegen seiner außergewöhnlich billigen Frachten eine entsprechend große Anziehungskraft ausübt. Es ist immer noch wesentlich billiger von den am weitesten zurückliegenden Industrieplätzen zum Rhein zu gehen, als die Güter mit der Eisenbahn abzufahren. Bei Wasserstraßen mit höheren Frachtsätzen, wie z. B. dem Mittellandkanal usw., werden sich z. B. derartig tiefreichende Industriegelände kaum empfehlen. Das gesamte Industriegebiet ist rund $4^1/_4$ qkm groß, mit Erdarbeiten von rund 3 Mill. cbm. Das Gelände ist mit der Geländehöhe von + 9,5 a. K. P. gegen Überströmung durch Hochwasser gesichert.

Ein genaueres Bild der Hafenanlagen gibt Abb. 1010. Die mittlere Beckenlänge ist rund 600 m. Die Stichbecken erhalten 70 m Breite, das erste Becken kann auf 90 m verbreitert werden. Die Hafenzungen erhalten 100—190 m Breite (vgl. Abb. 1010). Der Hafenkanal besitzt eine untere Breite von 58,3 m bei gemitteltem NW. (+1,5 m a. K. P.). Vor dem Becken I beträgt die Breite 100 m, sie nimmt bis zum Ende auf 70 m ab. Sämtliche Häfen und der Kanal erhalten eine Tiefe von —2,5 a. K. P., 1 m tiefer als die Normalsohle des Rheins, die Hafenoberkante liegt auf +8,5 a. K. P. Der Hafen wird mit Kränen, Kohlenkippern u. dgl. ausgerüstet (s. auch Abb. 813, S. 645). Besondere Bedeutung hat der Braunkohlenverkehr.

Mannheim, Ludwigshafen und Rheinau (Abb. 1011a—c).

Die Häfen der Stadt Mannheim liegen z. T. in dem Raume zwischen Rhein und Neckar, z. T. ist der Alt-Rhein nördlich des Neckars ausgebaut worden (Abb. 1011a). Gegenüber von Mannheim liegen die Häfen von Ludwigshafen, weiter nördlich die Häfen Rheinau, alle Häfen bilden wirtschaftlich eine Einheit.

Der Rhein ist unterhalb von Mannheim durch den Friesenheimer Durchstich geregelt, dadurch wurde zugleich eine gute Einführung des Neckars erreicht. Den wichtigsten Teil der Mannheimer Hafenanlagen bildet der Rhein selbst. Die Rheinkaje (Rheinhafen genannt) beginnt 400 m oberhalb der Rheinbrücke und endet an der Neckarmündung, sie besitzt rund 4 km Länge. Die Oberkante der Kaje liegt z. T. auf + 7,5 m, z. T. auf + 9,5 m a. P. und damit mit dem hochliegenden Teil hochwasserfrei[1]). Das größte Binnenhafenbecken ist der Mühlauhafen von 2 km Länge und 130 m Breite, Hafensohle auf ± 0. Der Hafen ist nur an seinem unteren Ende vom Rhein aus zugänglich. Eine alte Kammerschleuse am oberen Ende ist wegen der kleinen Abmessungen außer Betrieb. Neben diesen Anlagen und einer einzelnen älteren ist dann ein großer Industriehafen unter Benutzung des dort liegenden Floßhafens

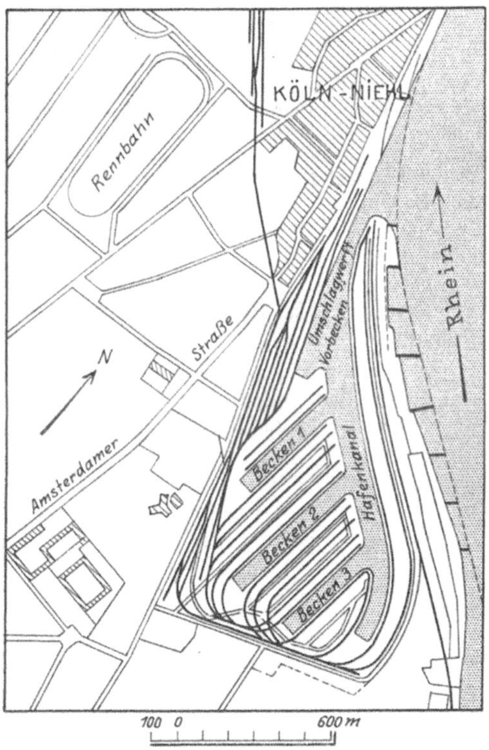

Abb. 1010. Kölner Hafenanlagen (Handelshafen). Maßstab 1 : 30 000.

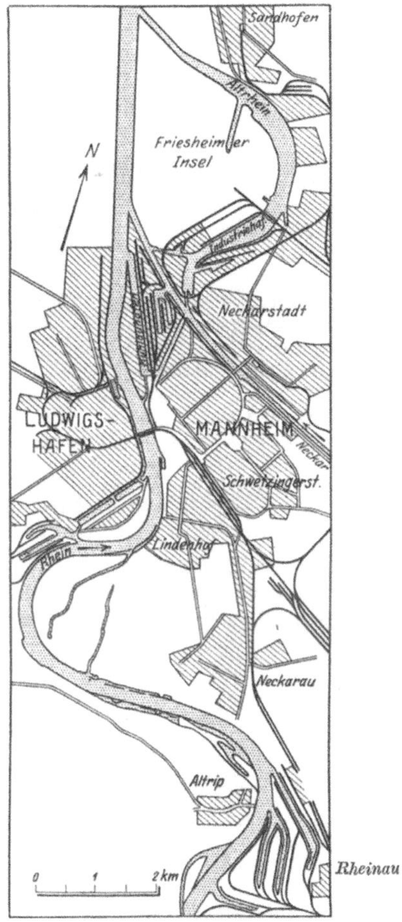

Abb. 1011a. Hafenanlage Mannheim, Ludwigshafen, Rheinau. Maßstab 1 : 125000.

ausgebaut worden. Das Haupthafenbecken bildet der Alt-Rhein und Alt-Neckar. Der neue Industriehafen dient sowohl industriellen Zwecken, wie zur Aufnahme von Flößen.

Das Industrie-Hafenbecken ist bis zu 350 m breit, in ihm ist eine Schiffahrtsstraße von 50 m Breite ausgebaggert worden, die eine geringste Wassertiefe von 2 m erhalten wird. Der Industriehafen ist vom Neckar aus oberhalb von einer Floßschleuse, von unterhalb her durch eine Kammerschleuse von 12 m l/Weite und 110 m Länge zugänglich. Nach demAlt-Rhein zu besteht ein Durchlaß für Flöße von 21,5 m l/Weite. Die Uferbefestigung besteht im allgemeinen aus Pflasterböschung bis auf + 6 m a. P. Dort liegt eine Berme, es

[1]) Höchstes Hochwasser von 1882 + 9,17 A. P.

folgt weiter eine Rasenböschung bis auf + 9,5 m. Das Industriegelände ist rund 1,4 qkm groß, wovon ca. 30 v.H. auf Straßen, Gleise und öffentliche Anlagen entfällt.

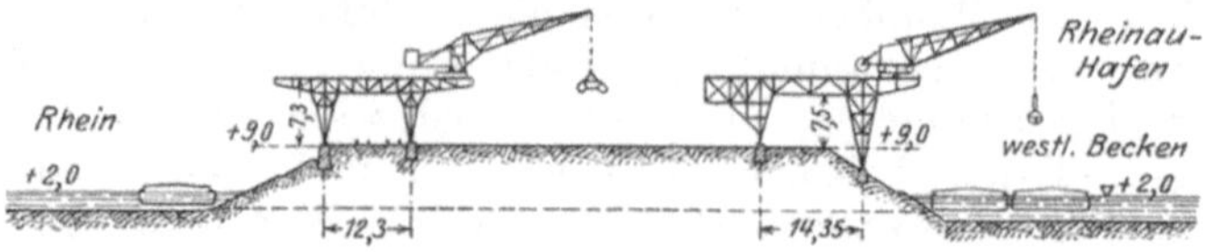

Abb. 1011b. Querschnitt der Anlage Rheinschiffahrt A.-G. vorm. Fendel, Rheinau. Maßstab 1 : 2000.

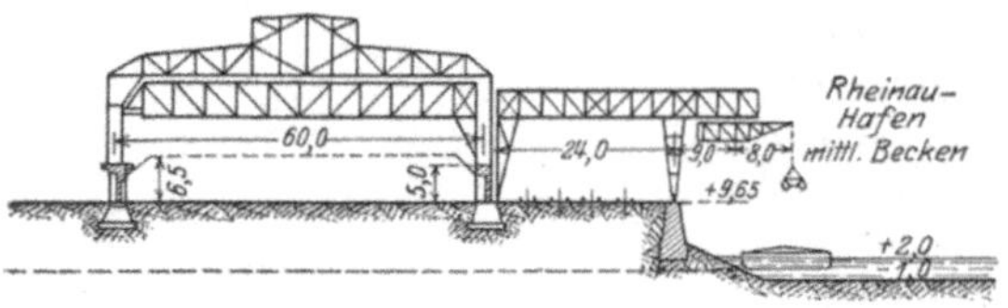

Abb. 1011c. Hafen der Braunkohlenbergwerke (Rheinau). Maßstab 1 : 2000.

Abb. 1011 b u. c. Querschnittausbildung der Mannheimer Hafenanlagen.

Die Rheinauhäfen sind für Industriezwecke errichtet worden, es sind Becken von 1,2 bis 3 km Länge vorhanden mit durchschnittlich 60 m Sohlenbreite. Die Ufer werden im allgemeinen als gepflasterte Böschungen gebildet. die Häfen sind weitgehend mit Umschlagseinrichtungen ausgerüstet. Ein Bild dieser Umschlagseinrichtungen gibt Abb. 1011b.

Die Ludwigshafener Häfen. Sie setzen sich zusammen aus dem Rheinufer und einzelnen Binnenhäfen. Die Hafenbecken haben Längen von 850—1250 m. Der Kaiserwerth-Hafen ist 90 m breit und ist z. T. mit Kajemauern ausgerüstet. Insgesamt ist die Gesamthafenlänge in Mannheim, Ludwigshafen und Rheinau rund 44 km mit 66 km Uferlänge, 388 ha Wasserfläche, 831 ha Erdfläche. Es sind 12,4 km Kajemauern und 53 km gepflasterte Böschung vorhanden. Es sind über 400 Kräne im Betrieb. Der Umschlagsverkehr betrug 1913 10,7 Mill. t und 1920 9,2 Mill. t (1000 kg). Mannheim ist damit einer der größten Rheinhäfen.

Rheinhafen Walsum (Gute-Hoffnungshütte in Oberhausen) (Abb. 1012a u. b).

Rheinhafen Walsum (Abb. 1012) zeigt den Hafen der Guten-Hoffnungshütte Oberhausen in Walsum. Die Hafeneinfahrt ist 50 m breit. Die Becken sind 245 und 320 m lang, bei rund 54 m Sohlenbreite. Das Flußufer ist gleichzeitig als Kaje ausgebaut worden.

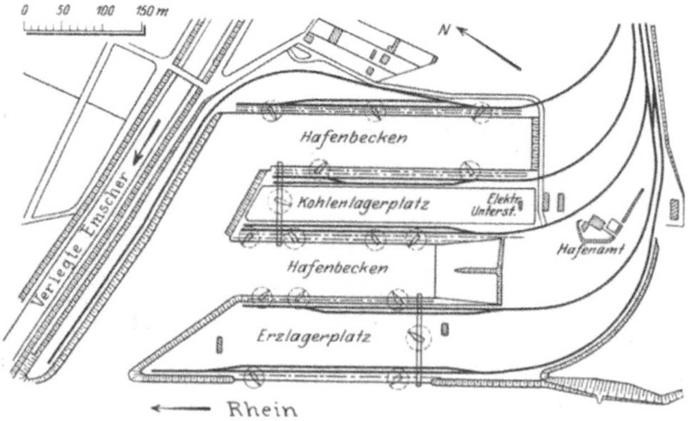

Abb. 1012a. Walsum-Rheinhafen. Maßstab 1 : 10 000.

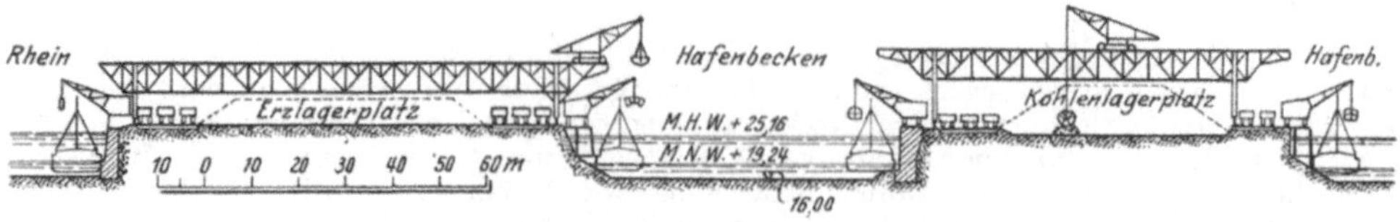

Abb. 1012b. Querschnitt Rheinhafen Walsum. Maßstab 1 : 2300.

Abb. 1012 a u. b. Rheinhafen Walsum der Gute-Hoffnungshütte in Oberhausen.

Abb. 1012 b zeigt einen Querschnitt durch den Hafen, die Kajen sind nicht vollständig hochwasserfrei. Die geringste Hafentiefe bei MNW. beträgt 3,24 m, bei MHW. ergibt sich bereits eine Wassertiefe von 9,16 m. Der Gesamtverkehr des Hafens Walsum im Jahre 1913 betrug 2,26 Mill. t.

Frankfurt a. M. (Abb. 1013).

Die Frankfurter Hafenanlagen (Abb. 1013) liegen im wesentlichen unterhalb und oberhalb des Offenbacher Wehres. Sie bestehen aus mehreren Hafenbecken, außerdem aus den Main-Uferkajen. Die Becken oberhalb sind Industriehäfen, die Becken unterhalb des Wehres sollen dem Handel dienen, also vorwiegend Umschlagverkehr aufnehmen. Der Umschlagsverkehr für die unteren Becken braucht somit nicht durch die Schleuse hindurchzugehen. Ähnlich wie in

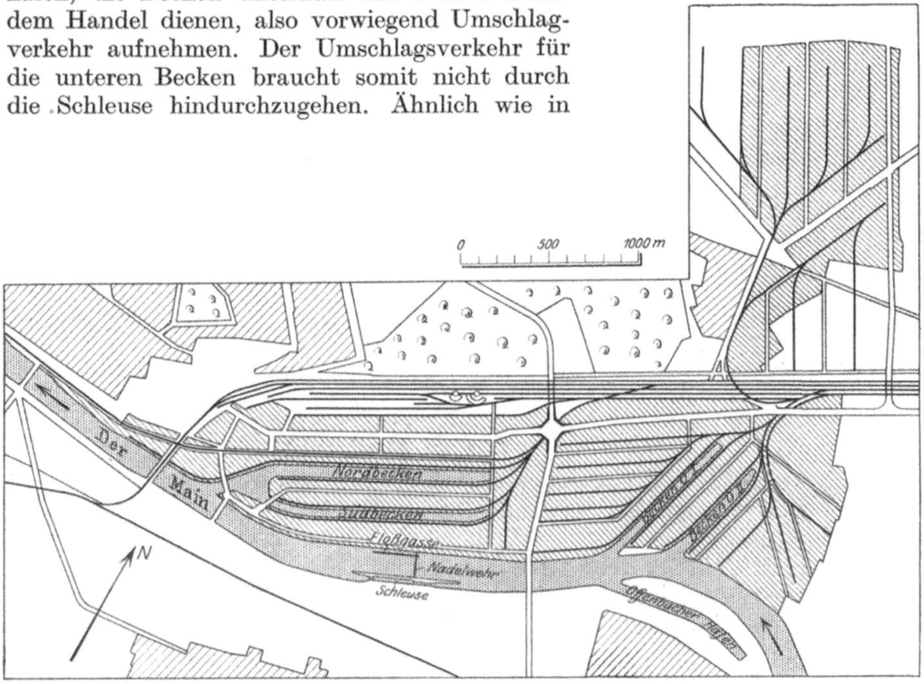

Abb. 1013. Frankfurter Hafen- und Industrieanlage Ost. Maßstab 1 : 42000.

Köln ist auch hier ein großes Trockengelände an die Industriehäfen angeschlossen. Dieses Gelände ist billiger als „nasses" Gelände, d. h. also Gelände, das unmittelbar am Hafen liegt, wird daher von vielen Industrien gern gekauft. Das Hafengelände selbst ist hochwasserfrei gelegt worden. Die Häfen sind weitgehend mit Krananlagen usw. ausgerüstet worden.

Aschaffenburg (Abb. 1014a u. b).

Der Hafen von Aschaffenburg liegt am kanalisierten Main. Er ist für Schiffe bis zu 1500 t zugänglich. Es sollen insgesamt vier Becken von 60—70 m Breite bis zu 1000 m Länge ausgebaut werden. Ausgebaut ist das Hafenbecken II ganz und das Hafenbecken I zu etwa $^2/_3$. Am Hafenmund ist ein Wendebecken mit 130 m Durchmesser vorgesehen. Die Lagerhallen stehen zum Teil unmittelbar an der Kaje. Abb. 1014 b zeigt die Ausrüstung mit drei Gleisen vor dem Lagerhaus und Halbportalkräne, auf denen fahrbare Drehkräne stehen. Die Ausladung von der Kajevorderkante beträgt rund 16 m bei 2—5 t Tragfähigkeit der Greifer. Die Hubhöhe von 20 m gestattet das Einbringen von Gütern noch in das Dachgeschoß der Gebäude. Der Verkehr betrug 1913 46000 t (1000 kg), er hat sich durch den Ausbau bis 1922 auf 614000 t gehoben[1]).

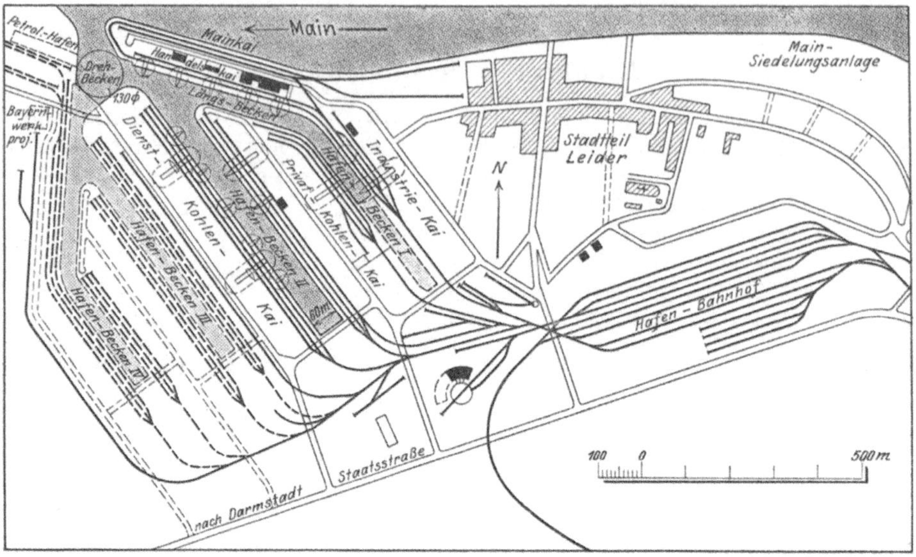

Abb. 1014a. Hafenanlagen Aschaffenburg mit Erweiterungsplänen (Anordnung der Kräne nicht maßstäblich). Maßstab 1 : 17 200.

Westhafen Berlin (Abb. 1015).

Berlin besitzt neben älteren zwei große neue Hafenanlagen. Der Osthafen, ist an der Oberspree gelegen mit rund 1400 m Uferkaje und 9 ha Hafengelände und ist für den Verkehr mit der mittleren und oberen Oder (Kosel) bestimmt (fertiggestellt 1913). Der Westhafen ist 1923 hinzugetreten, er soll dem Verkehr mit der unteren Oder bis Stettin, der Havel und Elbe, Magdeburg, Hamburg, Lübeck und dem Mittellandkanal dienen.

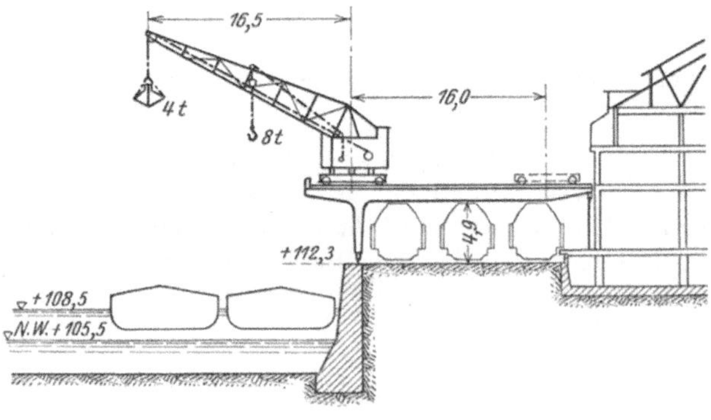

Abb. 1014b. Querschnitt des Hafens Aschaffenburg. Maßstab 1 : 7250.

Der Westhafen liegt nahe an Charlottenburg, gegenüber einer Einmündung des Großschiffahrtswegs Berlin-Stettin in den Charlottenburger Verbindungskanal (Abb. 1015).

Der Westhafen besteht heute aus zwei Häfen, dem nördlichen und südlichen Becken, ein drittes ist vorgesehen. Die Becken haben eine Länge von 448 und 655 m, bei 55 m Becken-

[1]) Graßmann J. d. H. G. VI, S. 202. 1923.

breite. Es können beiderseits je zwei 600 t-Kähne an der Kaje liegen und zwei Kähne sich begegnen. Insgesamt können 68 600 t-Kähne gleichzeitig an der Kaje behandelt werden, oder 100 solche Kähne im Winter Zuflucht finden. Es ist ein Wendeplatz von 70 m vorgesehen, der so liegt, daß das Wenden die an der Kaje liegenden Schiffe nicht behindert.

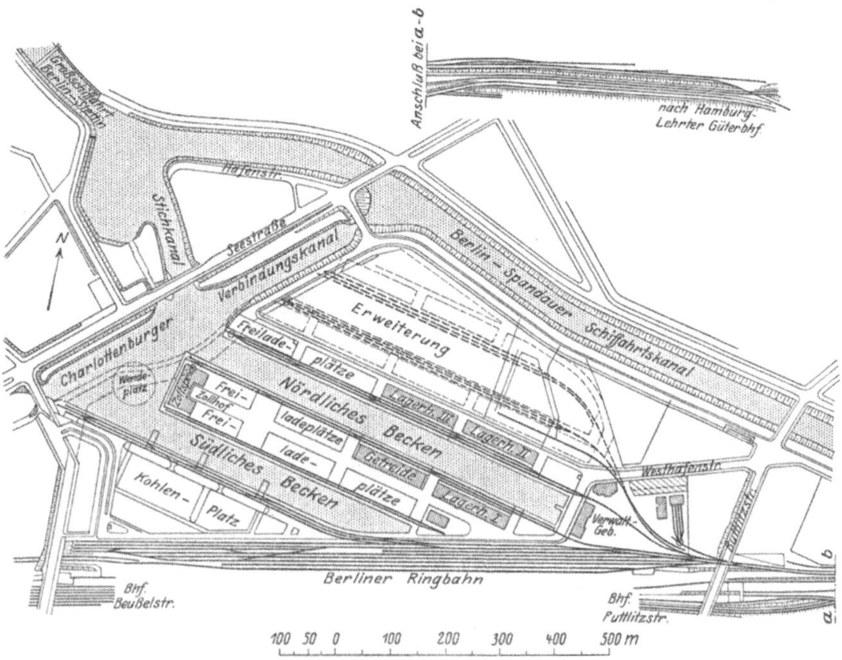

Abb. 1015. Westhafen Berlin. Maßstab 1 : 13 800.

Der Hafen ist reich mit Speichern, Schuppen, weniger aber mit Hebezeugen usw. ausgerüstet. Das Gelände liegt auf + 33,0 m NN, 1,1 m über HW. und 2,6 m über NW. Da das Gelände ursprünglich auf + 34,0 m NN. lag, mußte es um 1 m abgegraben werden. Die Hafensohle liegt auf + 27,9 m. NN., 2,5 m unter NW., sie kann auf 3 m vertieft werden. Die Kajemauern sind größtenteils unter Grundwassersenkung gegründet worden. Die Halbportalkräne können 2,5 t heben.

Kosel (Abb. 1016—1017).

Kosel ist heute praktisch der Endpunkt der Oder-Schiffahrt, er dient vorzugsweise dem Kohlenumschlag. Die Schiffahrt ist zwar durch den Klodnitz-Kanal weiter bis in das Herz des oberschlesischen Industriegebietes geführt (mit rd. 46 km Länge, 48,8 m Aufstieghöhe und 18 Aufstiegschleusen), der Kanal kann aber nur 100-t-Schiffe befördern und hat zur Zeit keine praktische Bedeutung. Er soll aber für die moderne Schiffahrt umgebaut werden und steht mit an erster Stelle im Ausbauprogramm der Reichsregierung.

Das älteste Hafenbecken (1895 fertiggestellt) besitzt eine Länge von 500 m bei 50 m Breite. Es ist mit 5 Schwerpunktkippern ausgerüstet, von denen jeder 150 t/Std. leisten kann (10 Wagen zu je 15 t). Auf der südlichen Ufermauer laufen neun 5-t- und ein 10-t-Kran für den Erzumschlag vom Schiff auf das Land. Das zweite Becken ist 600 m lang bei 55 m Breite (fertiggestellt 1903). Auf dem Südufer stehen elektrisch betriebene Kipper. Das Nordufer ist mit Rutschen für Zink, Bretter, Stabeisen, Zucker, Getreide usw. ausgerüstet. Das dritte Becken (fertiggestellt 1908), ist 700 m lang und 60 m breit und besitzt auf dem Südufer 5 Portalkrane mit je 5 t Tragkraft für den Erzumschlag[1]).

---

[1]) Vgl. auch Abb. 881, S. 674.

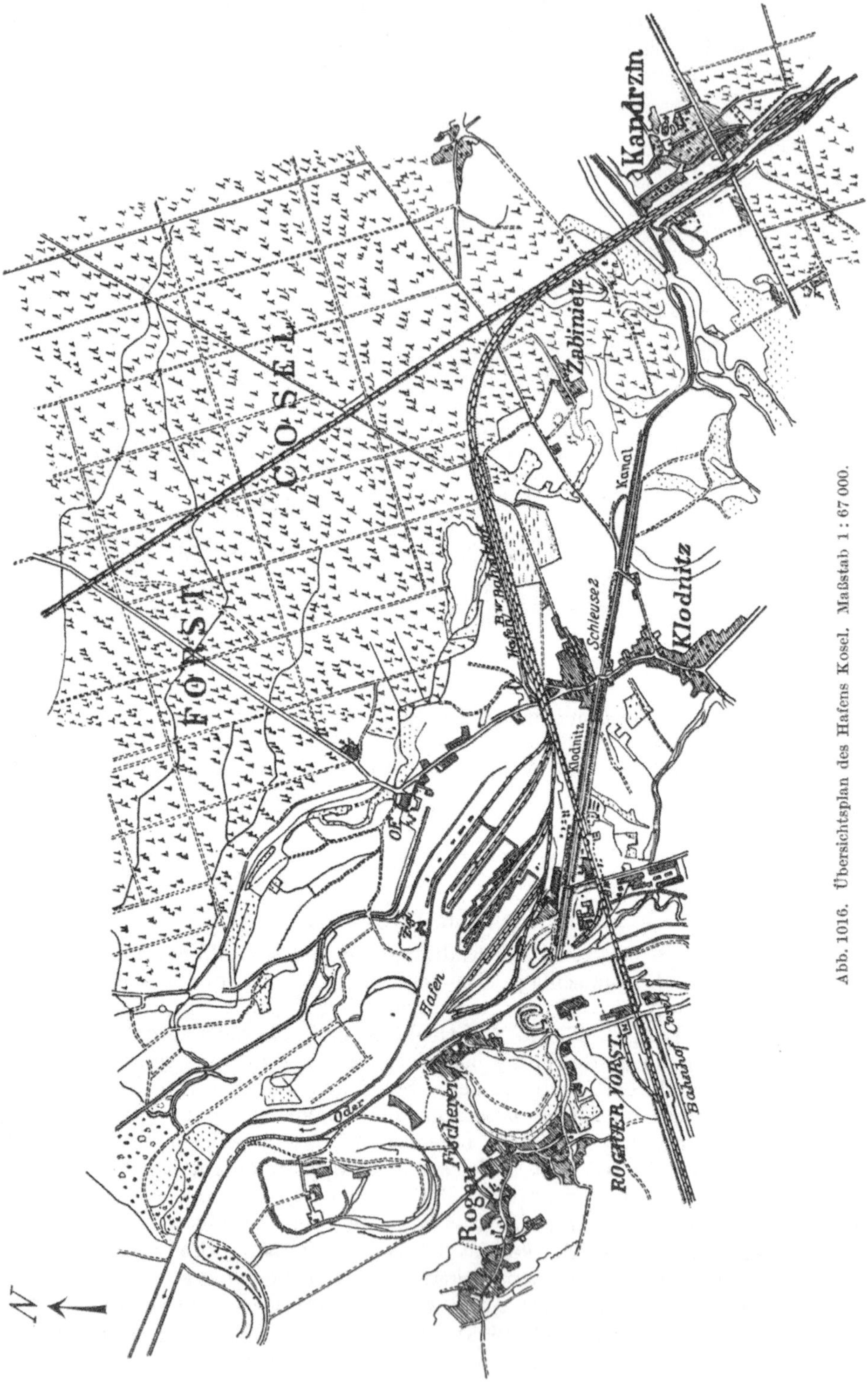

Abb. 1016. Übersichtsplan des Hafens Kosel. Maßstab 1 : 67 000.

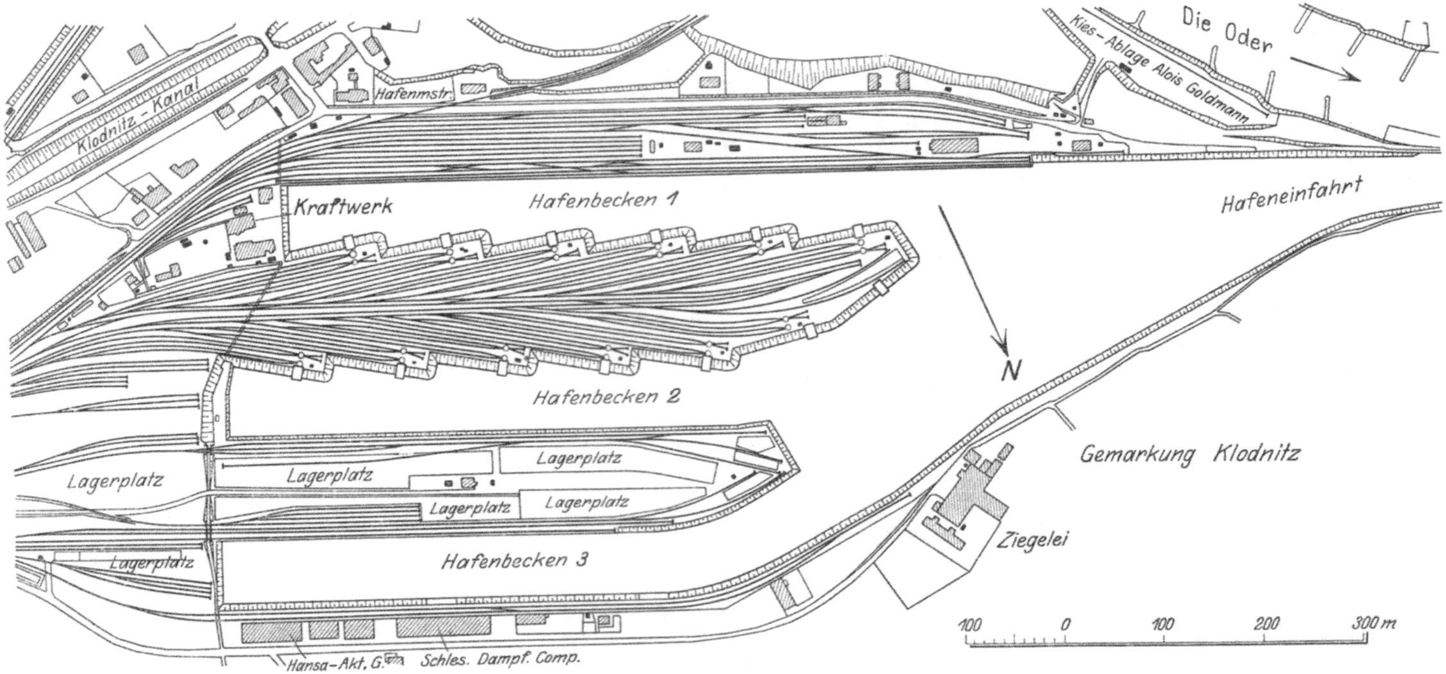

Abb. 1017a. Hafen Kosel. Ausbildung der Hafenzungen. Maßstab 1 : 7700.

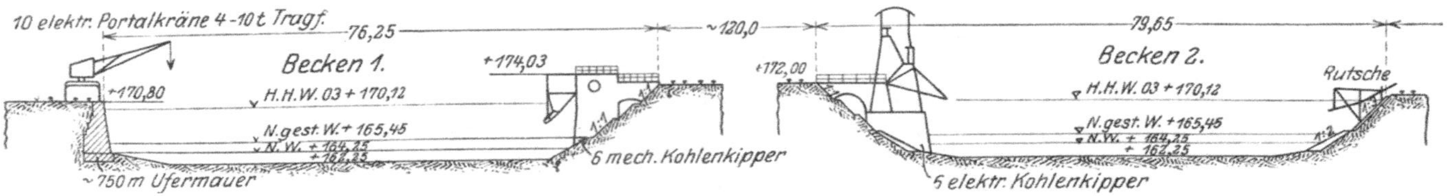

Abb. 1017b. Querschnitt durch Hafenbecken 1 und 2. Maßstab 1 : 11 200.

Die Ufermauern sind teils auf Brunnen, teils auf Pfahlrost gegründet. Die Hafenzunge zwischen Becken I und II hat beiderseits sägeförmige Anordnung erhalten, um die Gleiszuführung zu den Kohlenkippern zu erleichtern). Vor Kopf der zweiten Hafenzunge können am anderen Ufer 40 beladene Fahrzeuge aufgestellt werden, vor dieser Hafenzunge selbst finden 24 leere Kähne Platz.

Der Umschlag des Hafens besteht vorwiegend aus Kohlen, die oderabwärts gehen, zum Teil aus Erzen, die von Stettin heute vorwiegend nach Polen und der Tschechoslowakei ausgeführt werden, ferner aus Zink, Holz usw. Der Umschlag von 1913 betrug im Berg- und Talverkehr 3,7 Mill. t, davon war rd. 845000 t Eisenerzverkehr als Bergverkehr und 2185000 t Kohlenumschlag als Talverkehr. Der Verkehr von 1924 ist auf 2,8 Mill. t zurückgegangen. Der Eisenbahnverkehr wird von der Reichseisenbahnverwaltung, der Wasserverkehr von dem Reichsverkehrsministerium geleitet. Eine Vereinigung des Betriebes, wie in Duisburg-Ruhrort, würde wahrscheinlich Verbesserungen ermöglichen.

Der Hafen hat im Winter die Aufgabe eines Sicherheitshafens und kann 280 Fahrzeugen Schutz gewähren. Da aber bis zum Einfrieren des Hafens der Verkehr aufrechterhalten wird, so ist das Einbringen der Schutz suchenden Schiffe bisher sehr schwierig gewesen. Dadurch, daß zeitweise monatelang die zulässige Tauchtiefe der Schiffe unterhalb von Breslau auf 0,9 m beträgt, ist die Leistungsfähigkeit des Hafens stark eingeschränkt worden. Es ist bei einem weiteren Ausbau der Oder mit einem weiteren Aufschwung von Kosel zu rechnen. Kosel stand 1913 an zweiter Stelle unter den deutschen Binnenhäfen[1]).

Kanalhäfen.

Im folgenden werden einige Häfen am Dortmund-Ems-Kanal und Rhein-Herne-Kanal gegeben, die verschiedene heute erprobte Formen zeigen.

Abb. 1018 zeigt die Hafenanlagen der Stadt Dortmund. Da kein Anschluß an einem Fluß vorhanden ist, konnte die Lage der Häfen frei nach dem Gelände gestaltet werden. Auch war keine Schwierigkeit vorhanden, wie man die Hafeneinfahrt zum Kanal legte, da der Kanal praktisch strömungsfrei ist. Die Häfen

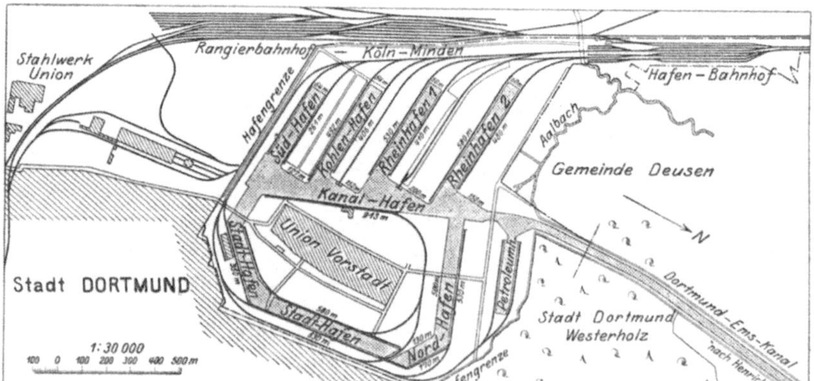

Abb. 1018. Dortmunder Hafen- und Industrieanlagen. Maßstab 1 : 33 000.

zweigen ungefähr normal vom Kanalschlauch ab, sie sind so gelegt, daß die Zuführung der Eisenbahngleise bequem erfolgen konnte. Der Hafen dient dem Kohlen- und Umschlagverkehr.

[1]) Asmussen: Der Koseler Hafen. Werft Reederei Hafen 1925, S. 275.

Die Abb. 1019—1021 zeigen moderne Kohlenhäfen von sog. „nassen“ Zechen. Der Hafen König-Ludwig hat eine, für einen Kanalhafen ohne weiteres zweckmäßige, sehr breite Einfahrt, die gleichzeitig den notwendigen

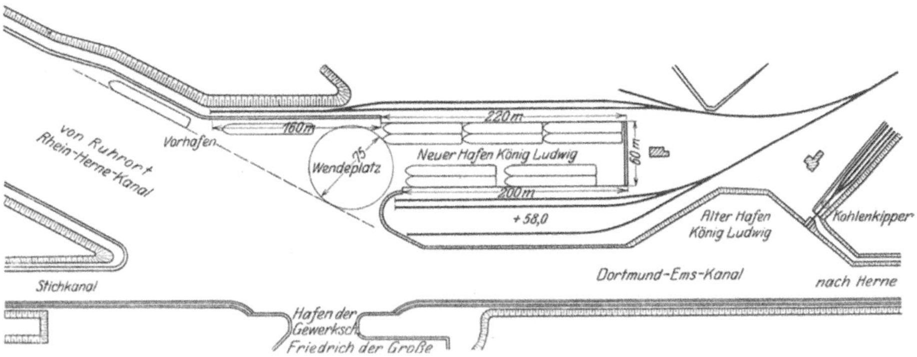

Abb. 1019. Hafen König Ludwig [1]). Maßstab 1 : 6800.

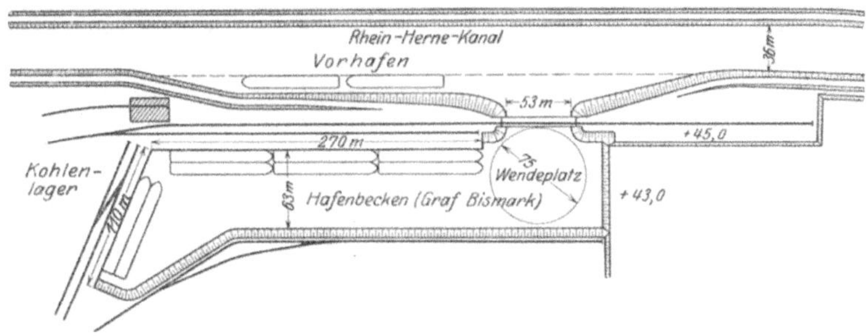

Abb. 1020. Hafen Bismarck [1]). Maßstab 1 : 7000.

Wendeplatz bildet. Gleiszuführung erfolgt an beiden Langseiten, wobei ein Knick im Kanal in geschickter Weise benutzt worden ist. Der alte Hafen besteht nur in einer Erweiterung des Kanals. Der Bismarckhafen liegt parallel zum

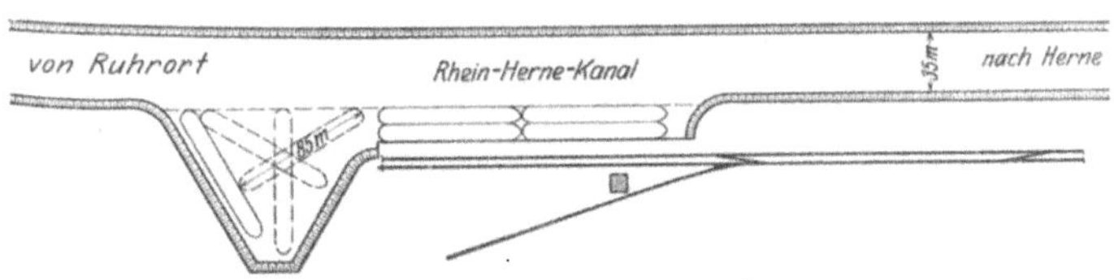

Abb. 1021. Hafen des Köln-Neuessener Bergwerkvereins [1]). Maßstab 1 : 7000.

Kanal, er mußte deshalb eine besondere Einfahrtslücke erhalten, die die für diesen kleineren Hafen immerhin beträchtliche Breite von 53 m erhalten hat.

Der Hafen des Köln-Neuessener-Bergwerksvereins besteht im wesentlichen in der Verbreiterung des Kanals, an die sich ein Wendeplatz mit einer Liegestelle anschließt. Allen Häfen ist die Beigabe eines Vorhafens eigentümlich, der die schnelle Abfahrt der beladenen Schiffe ermöglicht.

---

[1]) Erbaut von H. Meiners, Essen.

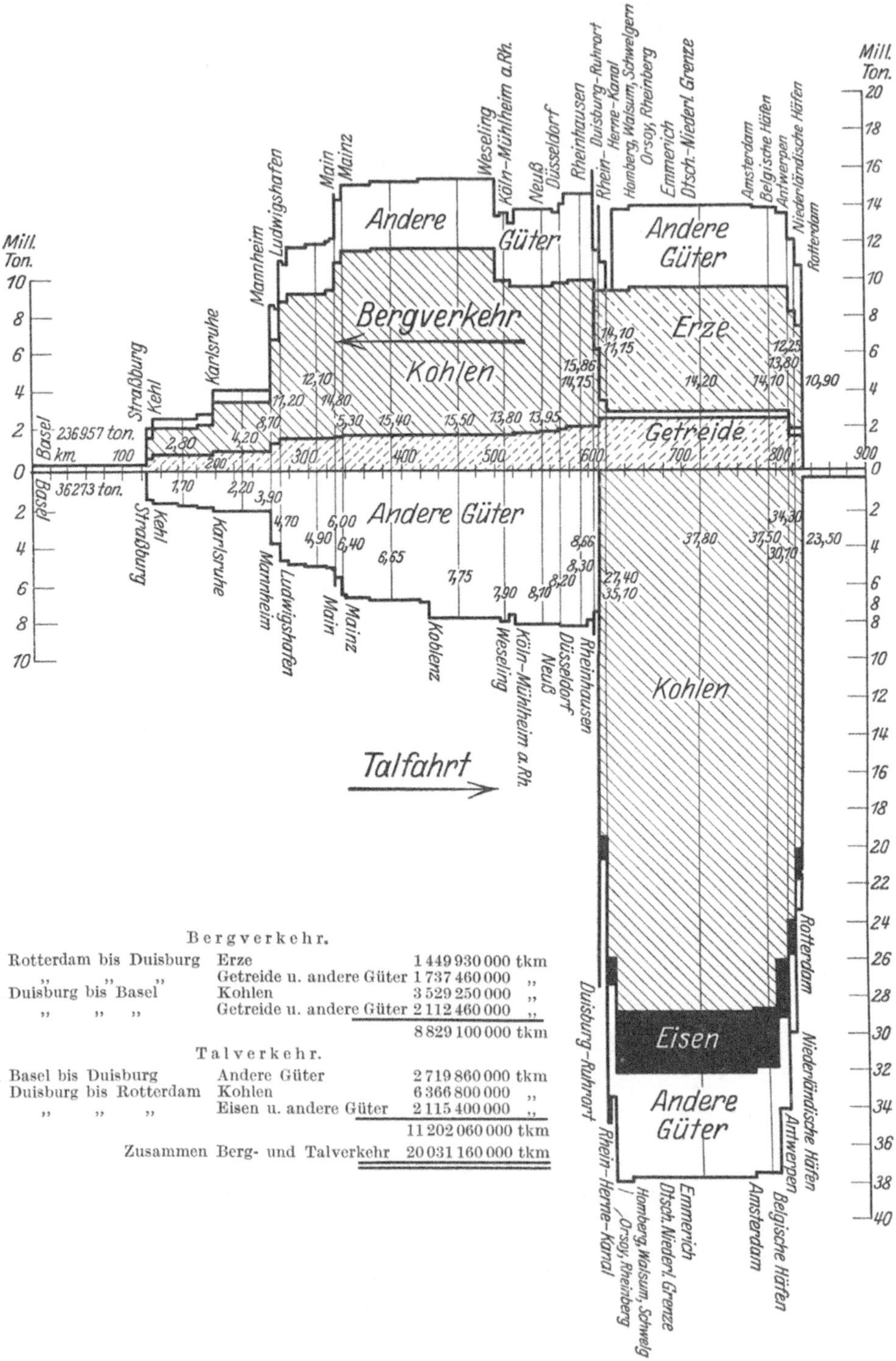

Bergverkehr.

Von Rotterdam bis Duisburg	Erze	1 449 930 000 tkm
„ „ „ „	Getreide u. andere Güter	1 737 460 000 „
Von Duisburg bis Basel	Kohlen	3 529 250 000 „
„ „ „ „	Getreide u. andere Güter	2 112 460 000 „
		8 829 100 000 tkm

Talverkehr.

Von Basel bis Duisburg	Andere Güter	2 719 860 000 tkm
„ Duisburg bis Rotterdam	Kohlen	6 366 800 000 „
„ „ „ „	Eisen u. andere Güter	2 115 400 000 „
		11 202 060 000 tkm
Zusammen Berg- und Talverkehr		20 031 160 000 tkm

Abb. 1022. Hafen- und Stromverkehr auf dem Rhein in Millionen Tonnen im Jahre 1925.

e) Angaben der Verkehrsgrößen für das Rheingebiet.

In Abb. 1022 wird eine Darstellung des Hafen- und Stromverkehrs auf dem Rhein im Jahre 1926 gegeben. Die Abszissenachse bildet der Rhein von Basel bis Rotterdam. Oberhalb von ihr sind die Güter, die im Bergverkehr den Rhein stromauf fahren, unterhalb die der Talfahrt durch verschiedene Schraffur dargestellt, alles in Mill. t/Jahr.

Man sieht, daß im Bergverkehr von Rotterdam bis zu den Ruhrhäfen vor allem Erze befördert und von dort weiter aufwärts Kohlen geschleppt werden. In der Talfahrt wiegt von Straßburg bis zu den Ruhrhäfen allgemeiner Güterverkehr vor, während von Ruhrort der Kohlenverkehr den weitaus größten Raum neben Eisen einnimmt. Es ist aber hierbei zu berücksichtigen, daß die Kohlenabfuhr sowie die Erzanfuhr im Jahre 1926 eine besondere Höhe einmal durch den englischen Bergarbeiterstreik und weiterhin durch die Gründung der Vereinigten Stahlwerke erreichten. In der zeichnerischen Darstellung ist zu beachten, daß die Qesamtordinate an einem Hafen den Gesamtverkehr angibt, also den Verkehr, der zum Hafen, und auch den, der über ihn hinaus weitergeht. Der Verkehr des Hafens erscheint als besonders abgesetzte Strecke. Aus der folgenden Tabelle erhält man eine gute Übersicht über den Verkehr verschiedener Häfen mit dem Rhein in den Jahren 1925 und 1926.

Tabelle über den Verkehr verschiedener Häfen mit dem Rhein in den Jahren 1925/26 in t. Verkehr in 1000 t[1]).

Hafen	1925	1926
Rotterdam	22845	34047
Antwerpen	4728	5764
Rhein-Ruhr-Häfen	34283	41206
hiervon:		
Duisburg-Ruhrort	22526	27706
Rhein-Herne-Kanal	7059	10506
Düsseldorf	859	1091
Köln	1425	1811
Wesseling	1797	2051
Mainz mit Gustavsburg und Weisenau	1759	2229
Mainhäfen	3614	3611
Mannheim	6232	5605
Ludwigshafen	3265	3311
Karlsruhe	1137	1487
Kehl	723	763
Straßburg	2142	3130
Basel	84	273

Tabelle über das Verhältnis der einzelnen Güterarten zueinander in den Duisburg-Ruhrorter Häfen.

	1925	1926
Getreide	2 vH	2 vH
Eisen	4 vH	3 vH
Erze	11 vH	5 vH
Kohle	72 vH	78 vH
Sonstige Güter	11 vH	12 vH

[1]) 1 t = 1000 kg.

Literaturverzeichnis.

Zweiter Teil.

Das Wasser.

Werke.

Hagen: Handbuch der Wasserbaukunst, Zweiter Teil, Die Ströme und Kanäle I, Königsberg: Gebr. Bornträger. 1871.

Lentz, H.: Ebbe und Flut und die Wirkung des Windes auf den Meeresspiegel, 1879.

Hagen, G.: Geschwindigkeit des strömenden Wassers in verschiedenen Tiefen, untersucht nach den von Brünings ausgeführten Messungen. Berlin: Akademie der Wissenschaften.

Stevenson: The design and construction of Harbours 1886.

Voisin Bay: Die Häfen Frankreichs. Übersetzt von Georg Franzius. Leipzig 1886.

Laroche, F.: Travaux maritimes. Paris 1891.

Hann: Die Erde als Ganzes 1896.

Supan: Grundzüge der physikalischen Erdkunde. Leipzig: Veit & Co. 1896.

Bebber, van: Die Wettervorhersage. Stuttgart 1898.

Epper: Die Entwicklung der Hydrometrie in der Schweiz 1907.

Tolkmitt: Grundlagen der Wasserbaukunst. 2. Aufl. Berlin 1907.

Nandelstädt: Die Werk- und Pflastersteine. Hannover: Gebr. Jänecke 1910.

Assmann: Die Winde in Deutschland. Braunschweig: F. Vieweg & Sohn 1910.

Schott: Physik. Meereskunde. Leipzig 1910.

Bubendey: Praktische Hydraulik. Leipzig 1911.

Jasmund: Die Gewässerkunde. H. d. I.-Wissensch. III. Teil, 1. Bd., Leipzig 1911.

Darwin: Ebbe und Flut, sowie verwandte Erscheinungen im Sonnensystem. Leipzig: B. G. Teubner 1911, übersetzt v. Agnes Pockels.

Gravelius: Zeitschrift für Gewässerkunde. Dresden: Baensch 1901—1913.

Krümmel: Ozeanographie II, Stuttgart: J. Engelhorn 1913.

Lang: Das Holz als Baustoff. Wiesbaden: C. W. Kreidels Verlag 1915.

Keilhack: Lehrbuch der Grundwasser- und Quellenkunde. Berlin: Gebr. Bornträger 1917.

— Hellmannsche Regenkarte. Berlin: Dietr. Reimer 1919.

Johows Hilfsbuch f. d. Schiffbau. 4. Aufl. Berlin: Julius Springer 1920.

Proetel, H.: See- und Seehafenbau. Berlin: Julius Springer 1921.

Mack: Mechanik. 8. Auflage 1921.

Weyrauch: Hydraulisches Rechnen. Stuttgart 1921.

Sympher: Die Wasserwirtschaft Deutschlands und ihre neuen Aufgaben, I. u. II. Teil. Berlin: Hobbing 1921.

Freybe, Otto: Praktische Wetterkunde, II. Auflage. Berlin: Paul Parey 1922.

Engels: Handbuch des Wasserbaues, 3. Aufl., Bd. 1. Leipzig: Engelmann 1923.

Schoklitsch: Graphische Hydraulik. Berlin: Julius Springer 1923.

Streck, O.: Aufgaben aus dem Wasserbau. Berlin: Julius Springer 1924.

Forchheimer: Praktische Hydraulik. Leipzig: B. G. Teubner 1924.

Hörbiger: Glacial-Kosmogenie. Bearbeitet von Fauth. Leipzig: R. Voigtländer 1925.

Prašil: Technische Hydrodynamik. Berlin: Julius Springer 1926.

Schriften.

Ganguillet u. Kutter: Neue allgemeine Formel für die Bewegung des Wassers. Ö. Z. 1869, S. 6.

Bornemann: Ausfluß bei Schützen und schützenähnlichen Mündungen. Ziviling. Bd. 25, S. 297. 1880.

Harlacher: Die Messungen in der Elbe und Donau und die hydrometrischen Apparate und Methoden des Verfassers. Leipzig 1881.

Hellmann: Größte Niederschlagsmengen in Deutschland mit besonderer Berücksichtigung Norddeutschlands. Zeitschr. des preuß. Statistischen Büros 1884.

Helmert: Theorien der höheren Geodäsie. II. Teil: Die physikalischen Theorien, 1884.

Fargue: Études sur la corrélation entre la configuration du lit et la profondeur d'eau dans la rivière à fond mobile. Ann. ponts chauss. 1868 u. 1884.

Börgen: Über die Berechnung einer Gezeitentafel unter Benutzung der Konstanten der harmonischen Analyse. Ann. d. Hydrometrie 1889, Heft 1—4.

Freese: Versuche über den Abfluß des Wassers bei vollkommenen Überfällen. Z. V. d. I. 1890, S. 1285.
Roloff: Mitteilungen über nordamerikanisches Wasserbauwesen. Berlin 1895.
— Der Rheinstrom und seine wichtigsten Nebenflüsse. Herausg. v. d. Zentralbüro f. Meteorologie u. Hydrographie im Großh. Baden. Baden 1889.
Kutter: Bewegung des Wassers in Kanälen und Flüssen. 2. Auflage. Berlin 1897.
Bazin: Etude d'une nouvelle formule pour calculer le débit des canaux découverts. Ann. ponts chauss. Bd. 4, S. 20. 1897, ferner Bd. 1, S. 304. 1898; Zentralbl. Bauverw. 1898, S. 317.
Hessle: Die mittlere Geschwindigkeit des Wassers in natürlichen Gewässern. Z. G. K. Bd. 2, S. 20. 1899.
Siedek: Studie über eine neue Formel zur Ermittlung der Geschwindigkeit des Wassers in Flüssen und Strömen. Wien 1901.
Bindemann: Die mittlere Abflußmenge in Flüssen. Zentralbl. Bauverw. 1901, S. 273.
Siedek: Die natürlichen Normalprofile der fließenden Gewässer. Ö. Z. 1902, Nr. 8.
Siedek: Neue Formel zur Ermittlung der Geschwindigkeit des Wassers in Bächen und künstlichen Gerinnen. Wien 1903.
Rottock: Meereswellenbeobachtungen. Ann. d. Hydrographie 1903.
Dankwerts: Tabellen zur Berechnung der Stauweiten in offenen Wasserläufen. Wiesbaden 1903.
Hermanek: Theorie des freien Abflusses von Flüssigkeiten an Mündungen und Überfällen. Wien 1903.
Gaillard: On wave action usw. Professional papers of Engineers. Washington 1904.
Landsberger: Die Wirkung der Wellen auf Ingenieurbauten. Zentralbl. Bauverw. 1905, S. 358 u. 362.
Laas: Photographische Messung der Meereswellen. Z. V. d. I. 1905, S. 1981.
Kayser, H.: Selbsttätiger Differenzenpegel zur Messung des Spiegelgefälles von Flüssigkeiten. Zentralbl. Bauverw. 1906, S. 616.
Krusch: Jahrb. d. geolog. Landesanstalt 1906.
Imhof: Taschenbuch für Kanalisationsingenieure. München u. Berlin 1907.
Giese: Einige Bemerkungen über den Hafen von San Franzisko. Sicherung von Pfählen gegen Bohrwurmangriffe. Zentralbl. Bauverw. 1907, S. 226.
Sandström: Dynamische Versuche mit Meerwasser. Ann. d. Hydrographie 1908, S. 6.
Eger, Dix, Seifert: Die Versuchsanstalt für Wasserbau und Schiffbau in Berlin. Z. Bauw. 1907.
Möller: Zur Verwendung von Beton und Eisenbeton im Meere. Beton Eisen 1909, S. 366.
Krümmel: Neuerl. Theorien der Meeresströmung. Verhandl. des XVII. Geogr. Tages, Lübeck 1909.
Horn, v.: Nach J. J. Canter Cremers. Einfluß der verschiedenen spezifischen Gewichte von Salz- und Süßwasser auf die Strömungen und die Ablagerungen von festen Stoffen in Tideströmen. Ann. d. Hydrographie und maritimen Hydrologie 1909, S. 271.
Burchartz: Das Verhalten hydraulischer Bindemittel im Meere. Beton Eisen 1909, S. 390.
Lorenz: Technische Hydromechanik. Berlin 1910.
Franzius, O.: Vergleich der Ebbe- und Fluttheorien. Ann. d. Hydrographie, Januar 1911.
Krischan, C.: Einführung in die rationelle Methode der Beobachtung im Flußbau. Graz: Leykam 1911.
Engels: Über die Größe des Wasserdruckes im Boden. Z. Bauw. 1911.
Grunsky, C. E.: Hydrometrische Messungsverfahren in den Vereinigten Staaten Amerikas. Gewässerkunde 1911, S. 231.
Arnat: Das Wasserbauwesen auf der Weltausstellung in Brüssel 1910. Ö. W. 1911, Nr. 50, 51 u. 52.
Proetel: Beobachtungen über Meereswellen. Z. Bauw. 1912, S. 687.
Troschel: Holzzerstörer unter Wasser. Zentralbl. Bauverw. 1912, S. 394/395.
de Thierry: Bericht zum intern. Schiffahrtskongreß Philadelphia 1912.
Engels, H.: Versuche über den Reibungswiderstand zwischen strömendem Wasser und Bettsohle. Z. Bauw. 1912, S. 473.
Schaffernak: Neue Anschauungen über den Einfluß des Waldes auf die Wasserstandsverhältnisse der Gewässer. Ö. W. 1912, S. 404.
Ekdahl: Über die Bewegung des Wassers in Kanälen und natürlichen Wasserläufen. Leipzig 1912.
Ehlers: Regulierung geschiebeführender Flüsse insbesondere der Weichsel. Berlin 1913.
Rehbock, Th.: Der Abfluß von Wasser über Wehre verschiedenen Querschnitts. Z. d. V. 1913, Nr. 1.
Mises: Elemente der technischen Hydromechanik. Leipzig 1913.
Gravelius: Flußkunde. Berlin 1914.
Schoklitsch: Über Schleppkraft und Geschiebebewegung. Leipzig 1914.
Reinecke: Die Berechnung der Tidewelle im Tidefluß. Dr. Arbeit, Techn. Hochschule Hannover 1918.
Öltjen: Über die Berechnung von Flutwellenlinien. Zentralbl. Bauverw. 1919, S. 137.

Rehbock, Th.: Zur Frage des Brückenstaues. Zentralbl. Bauverw. 1919, S. 197.
Engels, H.: Mitteilungen aus dem Dresdener Flußbau Laboratorium II. Weitere Versuche über Streichwehre. Z. V. d. I. 1920, S. 101.
Wey, Jost: Die Energie der Meereswellen als Grundlage zur Beobachtung der Molen. Jahrb. Haf. Ges. Bd. 3, S. 201. 1920.
Kozeny: Die Wasserführung der Flüsse mit besonderer Berücksichtigung der turbulenten Strömung. Leipzig u. Wien 1920.
Eisenlohr: Die Flußkorrektion bei Mannheim und deren Einwirkung auf die Entwicklung der Stadt. Jahrb. Haf. Ges. 1921, S. 220; Z. V. d. I. 1921, Nr. 25.
Kobelt: Über eine künstlich erzeugte Hochwasserwelle in der Aare. Mitt. d. eidgenöss. Amtes f. Wasserwirtsch. 1921, Nr. 14.
Krey: Widerstand von Sandkörnern und Kugeln bei der Bewegung im Wasser als Grundlage der Schwemmstoffbewegung in unseren Flüssen. Berlin: E. S. Mittler & Sohn 1921.
Kayser, E.: Geologie. Stuttgart: F. Encke 1921.
Poebing, Oskar: Zur Bestimmung strömender Flüssigkeitsmengen im offenen Gerinne. Berlin: Julius Springer 1922.
Capelle: Weltverkehr. D. A. Z. vom 16. II. 1923.
Soldan: Besprechung des Buches „Die Methoden des Flußbaues von Marquardt". D. W. W. 1923, S. 54.
Marquardt: Erwiderung auf Soldan „Die Methoden des Flußbaues". D. W. W. 1923, S. 127.
— Weichtiere und Bohrmuscheln in Beton. Zentralbl. Bauverw. 1923, S. 598.
Lydtin: Hölzerne Pfähle mit Betonumhüllung. Bauing. 1923, S. 93.
Forchheimer: Der Durchfluß des Wassers durch Röhren und Gräben, insbesondere durch Werkgräben großer Abmessungen. Berlin: Julius Springer 1923.
Heiser: Die Verdunstungsmengen der preuß. Landesanstalt für Gewässerkunde. D. W. W. 1923, S. 11.
Pantell, K.: Das Gibsonsche Meßverfahren. Z. V. d. I. 1924, S. 366, 662 u. 840.
Busch: Die Aufgaben des Bauingenieurs in der Winddruckfrage. Bauing. 1924, S. 417.
Westerberg, Nils: Berechnung von Staukurven. Bauing. 1924, S. 11.
Hummel,: Bohrmuscheln in Beton. Bauing. 1925, Heft 20.
Ott, L. A.: Theorie und Konstantenbestimmung des hydrometrischen Flügels. Berlin 1925.
Ott, L. A.: Wassermessungen bei Wasserkraftanlagen. Wkjahrb. 1924.
Germer, W. F.: Die Venturimessung für Flüssigkeiten und Gase. 3. Aufl. 1925 v. Bopp u. Reuther, Mannheim-Waldhof.
Seifert: Über die Eisbildung und den Wärmehaushalt der Gewässer. Zentralbl. Bauverw. 1925, S. 431.
Staus u. Sanden: Der kreisrunde Überfall und seine Abarten. Das Gas- u. Wasserjahr. 1926.
Staus: Der Genauigkeitsgrad in Flügelmessungen bei Wasserkraftanlagen. Wasserkraft 1926, Heft 16.
Krey: Die Flutwelle in Flußmündungen usw. Berlin: Eigenverl. d. Versuchsanstalt f. W. u. Sch. 1926.
Müller, M.: Die Wellen, die Schwingungen und die Naturkräfte. Braunschweig: F. Vieweg 1926.
— Gezeitentafel der deutschen Marine für das Jahr 1926. Berlin: Mittler & Sohn.
— Gewinnung von Wasserkraft aus Meereswellen. Z. V. d. I. 1927, Heft 5, S. 24.
Ott-Kempten: Moderne Instrumente der Hydrometrie, Nr. 123.
Winkel: Berechnung der Abflußgeschwindigkeit in Flüssen. Zentralbl. Bauverw. 1927, S. 308.

Dritter Teil.

Flußbau.

Werke:

Hagen: Handbuch der Wasserbaukunst, II. Teil: „Die Ströme und Kanäle." Königsberg: Gebr. Bornträger 1871.
Möller: Grundriß des Wasserbaues, I. Teil. Leipzig: S. Hirzel 1906.
Keller: Memel, Pregel und Weichselstrom, ihre Stromgebiete und ihre wichtigsten Nebenflüsse, 4 Bände. Der Oderstrom, sein Stromgebiet und seine wichtigsten Nebenflüsse. Der Elbstrom, sein Stromgebiet und seine wichtigsten Nebenflüsse. Weser und Ems, ihre Stromgebiete und ihre wichtigsten Nebenflüsse, 4 Bände. Berlin: D. Reimer 1899, 1896, 1898 u. 1901.
— Internationale Schiffahrtskongresse, Petersburg 1908. Philadelphia 1912.
Teubert: Die Binnenschiffahrt, 2 Bände. Leipzig: W. Engelmann 1912 u. 1918.
— H. d. I. W. III., 6. Bd., 5. Aufl. 1921: „Der Flußbau", bearbeitet und herausgegeben von Fr. Kreuter. Leipzig: W. Engelmann.
Engels, H.: Handbuch des Wasserbaues, Bd. 1. Leipzig: W. Engelmann 1923.
Marquardt, Erwin: Die Methoden des Flußbaues. Berlin: W. Ernst & Sohn 1922.

Schriften:

Grebenau: Der Rhein vor und nach seiner Regulierung. Dürkheim a. d. Hardt 1870.
Wolff, Ernst: Flußregulierungen und Nutzbarmachung von Wasserkräften in Bayern und Württemberg. Zentralbl. Bauverw. 1882, S. 112.
Seckendorf, v.: Verbauung der Wildbäche 1884.
Wolf, A.: Neuere Strombauten an der Isar. Z. Bauw. 1886.
Wolf, A.: Über Regulierung geschiebeführender Flüsse und Wasserläufe. Wochenschrift für Baukunde 1886, S. 339.
Wolf u. Specht: Über Flußkorrektionen an der Isar usw. Wochenschrift für Baukunde 1885, S. 344; 1886, S. 24.
— Der Wasserbau an den öffentlichen Flüssen in Bayern. München 1888.
Honsell: Kanal oder freier Rhein. Zentralbl. Bauverw. 1890, S. 105.
Franzius, Ludwig: Vorschläge für die zukünftige Regulierung der Flüsse usw. Zentralbl. Bauverw. 1893.
Teubert: Die Verbesserung der Schiffbarkeit unserer Ströme durch Regulierung. Berlin 1894.
Fargue: Expériences rélatives à l'action de l'eau courante sur un fond de sable. Ann. ponts chauss. Bd. 1, S. 462. 1894.
Müller, C.: Die Regulierung der Weichselmündung. Zentralbl. Bauverw. 1895, S. 133.
Faber: Über den natürlichen und künstlichen Bau geschiebeführender Flüsse usw. Zentralverein für Kanal- u. Flußschiffahrt 1896, S. 21.
— Der Elbstrom, sein Stromgebiet und seine wichtigsten Nebenflüsse. Herausg. v. Elbstromverw. in Magdeburg. Berlin 1898.
Heßle: Die mittlere Geschwindigkeit des Wassers in natürlichen Gewässern. Z. G. K. Bd. 2, S. 20. 1899.
Franzius, L.: Regulierung der Flüsse für das Niedrigwasser. Zentralbl. Bauverw. 1899, S. 269—272.
Engels: Das Flußbaulaboratorium der Techn. Hochschule in Dresden. Berlin: W. Ernst & Sohn 1900.
Wang: Grundriß der Wildbachverbauung. Leipzig: S. Hirzel 1901.
Jasmund: Die Arbeiten der Rheinstrombauverwaltung von 1851—1900. Berlin 1901.
Jasmund: Ersatz der Faschinenwürste bei Packwerkbauten durch Drahtschnüre. Zentralbl. Bauverw. 1901, S. 431.
Dubislav: Wildbachverbauungen und Regulierung von Gebirgsflüssen. Berlin: Paul Parey 1902.
Engels, H.: Untersuchungen über die Wirkung der Strömung auf sandigen Boden unter dem Einflusse von Querbauten. Z. Bauw. 1904.
Engels: Untersuchungen über die Bettausbildung gerader oder schwach gekrümmter Flußstrecken mit beweglicher Sohle. Z. Bauw. 1905, S. 693.
Weber, Anton: Über eine Anwendung von Senkbäumen. Ö. W. Heft 17, 1905.
Faber: Denkschrift über die Verbesserung der Schiffbarkeit der bayrischen Donau. München 1905.
Engels, H.: Steile oder flache Buhnenköpfe? Z. Bauw. 1906.
Eidgenössisches Hydrometrisches Bureau: Rheingebiet von den Quellen bis zur Taminamündung. Bern 1907.
— Die Wildbachverbauung in der Schweiz. Berlin 1908.
Leiner: Der Gehängebau. Fortschr. d. Ing.-Wissensch. 21. Heft. Leipzig 1909.
Regulierung der Donau in Niederösterreich. Monographie, verf. v. d. Strombaudirektion der Niederösterr. Donauregulierungskommiss. Wien 1909.
Gräßner: Die Regulierung des Hochwasserbettes der geteilten Weichsel von Gemlitz bis Pickel. Zentralbl. Bauverw. 1911, S. 565.
Franzius, O.: Die Arbeit der Scheldekommission 1907—1911 und der neue Regierungsentwurf für die Schelderegulierung. Dt. Bauzg. 1912, Nr. 51 u. 53.
Engels, H.: Versuche über den Reibungswiderstand zwischen strömendem Wasser und Bettsohle. Z. Bauw. 1912.
Kreuter, F.: Neue Ableitung des Schleppkraftgesetzes. Z. ö. I. A. V. 1912, S. 281.
— Jahresbericht der internationalen Rheinregulierungskommission 1913—1917.
Ehlers: Regulierung geschiebeführender Flüsse insbesondere der Weichsel. Berlin: W. Ernst & Sohn 1913.
— Programm für den öffentlichen Wettbewerb zur Gewinnung von Entwürfen für die Schiffbarmachung des Rheins von Basel bis in den Bodensee. St. Gallen 1913.
Schoklitsch, A.: Über Schleppkraft und Geschiebebewegung. Leipzig 1914.
Wang: Über Wertschätzung der Wildbachverbauungen. Ö. W. 1915, Nr. 11.
Krauth: Die bisherigen Ergebnisse der Rheinregulierung Sondernheim—Straßburg und der heutige Stand der Arbeiten. Z. Bauw. 1915, Nr. 13 u. 14.
Schaffernak: Die Theorie des Geschiebetriebes und ihre Anwendung. Z. ö. I. A. V. 1916 Heft 11 u. 12.

Muttray u. Visarius: Denkschrift über den erweiterten Ausbau der Weser von Minden bis zur Landesgrenze mit Bremen und der Aller. Hannover: Riemschneider 1916.
Engesser: Über die beim gleichförmigen Wasserabfluß wirkenden Kräfte und Energien. Zentralbl. Bauverw. 1917, S. 409.
Engels u. Krey: Allgemeine Gesichtspunkte für Flußregelungen. Zentralbl. Bauverw. 1918, Nr. 13.
Schaffernak: Über die Standsicherheit durchlässiger, geschütteter Dämme. Mitteilungen der Versuchsanstalt für Wasserbau. Wien 1918.
Muttray-Soldan: Der Ausbau der Weser auf Niedrigwasser. Z. Bauw. 1919, Heft 1—6.
Reich: Studie über die notwendige Umgestaltung der Donau bei Wien usw. Ö. W. 1919, Heft 41 u. 42.
Kurzmann: Beobachtungen über Geschiebeführung. München 1919.
Schaffernak, F.: Neue Grundlagen für die Berechnung der Geschiebeführung in Flußläufen. Wien: Fr. Denticke 1922.
Soldan: Besprechung des Buches: „Die Methoden des Flußbaues, Marquardt." D. W. W. 1923, S. 54. Berlin: W. Ernst & Sohn 1922.
Marquardt: Erwiderung auf Soldan: Die Methoden des Flußbaues. D. W. W. 1923, S. 127.
Faber, Eduard: Das Verhalten der beweglichen Sohle in geschiebeführenden Flüssen bei steigendem und fallendem Wasser. Baut. 1923, S. 147—150; Baut. 1924, S. 426—430.
Engels, H.: Modellversuche ü. d. Verhalten der beweglichen Sohle in geschiebeführenden Flüssen. Bauing. 1924, S. 21.
Köbler: Das Problem der Donauversinkung. D. W. W. 1924, S. 221.
Krenzer: Die Donaukatarakte zwischen Stenka und dem eisernen Tor und ihre Schiffbarkeit. Wstrjahrb. 1924, S. 67.
Brandt, A.: Die Weichselmündung und ihre Umgestaltung in den letzten hundert Jahren. D. W. W. 1924, S. 105.
Link: Neue Gedanken zur Berechnung der Geschiebeführung. D. W. W. 1925, Heft 11.
Faber, Eduard: Die Wolfschen Bauten zur Verbesserung geschiebeführender Flüsse. Baut. 1925, Heft 14.
Cassinone: Die Rheinregulierung zwischen Straßburg und Basel. Bauing. 1925, Heft 22.
Lüders, Karl: Geschiebebewegung in S-förmig gekrümmten Flußläufen. Baut. 1925, Heft 53.
Köbler: Die Donauversinkung bei Immendingen, eine Frage des internationalen Wasserrechts. Bauing. 1925, Heft 26.
Gothein: Die Notwendigkeit des Ottmachauer Staubeckens für die Oderschiffahrt. Jahrb. Haf. Ges. 1925, S. 61.
Bulle: Untersuchungen über die Geschiebeableitung bei der Spaltung von Wasserläufen. Berlin: VDI-Verlag 1926.
Dantscher: Die Kachletstufe an der bayrischen Donau. Bauing. 1926, Heft 29.
Schoklitsch: Geschiebebewegung in Flüssen und an Stauwerken. Berlin: Julius Springer 1926.
Witte, Ernst: Die Verbesserung der Schiffbarkeit der Weser, ihre Kraftausnützung und ihre Bedeutung für das deutsche Wasserstraßennetz. Dr.-Arbeit, Techn. Hochschule Hannover 1927.
Oberste Baubehörde im Staatsministerium des Innern: Der Hochwasserschutz an der Donau in Bayern. München: Druck Wolf & Sohn 1927.

Vierter Teil.

Strommündungen und ihre Behandlung.

Werke:

Dalmann: Über Stromkorrektionen im Flutgebiete. Hamburg 1856.
James Deas: The River of Clyde. London 1873.
Gercke, Nienburg u. L. Franzius: Projekt zur Korrektion der Unterweser. Leipzig: W. Engelmann 1882.
Franzius, L.: Die Korrektion der Unterweser. Leipzig: W. Engelmann 1895.
H. d. IW., 3. Bd., III. Abt., 3. Auflage, Wasserbau am Meere und in Strommündungen, XVII. Kapitel, bearbeitet von L. Franzius. Leipzig: W. Engelmann 1901.
Reinecke: Dr.-Arbeit T. H. Hannover, Berechnung der Tidewelle im Tideflusse. Berlin: Mittler & Sohn 1921.
Engels: Handbuch des Wasserbaues, Bd. 1, 3. Auflage. Leipzig: W. Engelmann 1923.

Schriften:

Lohmann: Die Flutwelle der Tideströme. Z. d. V. Hannover 1880, S. 545.
Corthell: The Mississippi Jetties. New York: John Wiley & Sons 1881.
— Ebbe und Flut in den Flüssen und der Mascaret. Ann. ponts chauss. Bd. 2, S. 674. 1884.
— Von der Fortpflanzung der Flut in die Kanäle und Flüsse. Génie civil 1885, S. 196.

Horn, von: Verbesserungen in der Konstruktion der Korrektionswerke im Flutgebiete. Wochenbl. f. Bauk. 1885.
Hoech: Die Bedeutung des Schlicks für Stromregulierungen im Flutgebiete. Zentralbl. Bauverw. 1886, S. 110; Dt. Bauzg. 1886, S. 55.
— Die Mündungssturzwelle (Mascaret) im Flutgebiet der Seine. Zentralbl. Bauverw. 1887, S. 127, vgl. auch 1884, S. 404.
Franzius, L.: Projekt zur Korrektion der Außenweser von der Geestemündung bis zum Wremer Siel. Bremen 1889.
— Barren an den Mündungen großer Tideströme (Entstehung und Beseitigung). Iron 1890, S. 115.
— Über die Bildung von Barren und Sandbänken in Flußmündungen. Ann. Gew. Bauwes. Bd. 2, S. 114. 1890.
Franzius, L.: Die Korrektion der Flüsse in ihrem untersten Gebiet. Vorbericht zum V. Internat. Binnenschiff.-Kongreß. Paris 1892.
Guérard: Verbesserung der Rhonemündung, mit Lageplänen, welche den Zustand der Mündung in fünf verschiedenen Zeiten darstellen, und vier Profilen der Rhonebarre. Internat. Binnenschiff.-Kongreß. Paris 1892.
Vernon-Harcourt: Korrektion der Flüsse in ihrem untersten Gebiet mit Einschluß der Mündungen. Internat. Binnenschiff.-Kongreß. Paris 1892.
Meissner: Regulierungsarbeiten an der unteren Donau. Allg. Bauzg. 1894, S. 45.
Müller: Die Regulierung der Weichselmündung. Zentralbl. Bauverw. 1895, S. 133 u. 365.
Möller: Ein Beitrag zur Berechnung der Wellen und der Flut- und Ebbebewegung des Wassers. Z. Arch. Ing.-Wes. 1896, S. 475.
— Vorkehrungen zur Flutbeobachtung für die Korrektion der Unterelbe. Dt. Bauzg. 1898, S. 519.
Narten: Arten der Bestimmung der Wassermengen im Ebbe- und Flutgebiet in besonderer Anwendung auf die Elbe. Bericht 2, VII. Internat. Schiff.-Kongreß, Brüssel 1898.
Bubendey-Buchheister: Charakteristische Kennzeichen eines Tideflusses mit besonderer Anwendung auf den Elbstrom. Bericht zum VII. Internat. Schiff.-Kongreß, Brüssel 1898.
Belleville et Martin: Notice sur les travaux d'amélioration de la Seine entre Rouen et la mer. VIII. Congres international de navigation. Paris 1900.
De Thierry: Bericht zum Intern. Schiff.-Kongreß, Philadelphia 1912. Engineering Bd. 1, S. 29. 1912.
Dr.-Arbeit Schmidt, T. H., Hannover, Der Einfluß des Oberwassers auf die Tidebewegung in der Elbe. Buchdruckerei der Wilhelm u. Bertha v. Baensch-Stiftung, Dresden 1914.
Salfeld: Der Abfluß der Nogat. Z. Bauw. 1919, S. 535.
Oeltjen: Über die Berechnung von Flutwellenlinien in einem Tideflusse. Zentralbl. Bauverw. 1919, S. 137.
Krey: Der Verlauf von Tide- und Sturmflutwellen in Meeresarmen. Zentralbl. Bauverw. 1921, S. 91.
Plate: Bremen und die Weser. W. R. H. 1923, S. 12.
Weißger: Das Mündungsgebiet der Weichsel und seine Entwicklung. Z. Bauw. 1923, S. 39.
Plate: Der Ausbau der Unterweser. Jahrb. Haf. Ges. 1924, S. 150.
Woebcken: Deiche und Sturmfluten 1924, S. 36. Bremen: Friesen-Verlag.
Krey: Die Flutwelle in Flußmündungen und Meeresbuchten. Berlin 1926.

Fünfter Teil.

Einwirkung des Meeres auf die Küsten.

Werke:

Hagen: Handbuch der Wasserbaukunst. Zweiter Teil. Königsberg: Gebr. Bornträger 1871.
H. d. IW. III. Bd., II. Abt., 1. Hälfte, XII. Kapitel, Deichschleusen (Siele), bearbeitet von H. Garbe. Leipzig: W. Engelmann 1900.
Fülscher: Über Schutzbauten zur Erhaltung der Ost- und Nordfriesischen Inseln. Berlin: W. Ernst & Sohn 1905.
Engels: Handbuch des Wasserbau, 3. Auflage, 1. Bd. Leipzig: W. Engelmann 1923.
H. d. IW., III., Bd. VII, 5. Auflage, bearbeitet und herausgegeben von Paul Gerhardt. Leipzig: W. Engelmann 1924.

Schriften:

Cornaglia: Du flot de fond dans les liquides en état d'ondulation. Ann. ponts chauss. 1881, 1er semestre No. 587.
Müller, F.: Das Wasserwesen der niederländischen Provinz Zeeland. Berlin 1898.
Tolkmitt: Grundlagen der Wasserbaukunst. Berlin 1898.
Graf: Die Deichschauen am Niederrhein. Berlin: W. Ernst & Sohn 1899.
Barschin: Die Entstehung der Dünen. Zentralbl. Bauverw. 1900, S. 231.
Geiße: Schutzbauten an der Helgoländer Düne. Z. Bauw. 1904, S. 469, 621.

Fülscher: Über Schutzbauten zur Erhaltung der ost- und nordfriesischen Inseln. Z. Bauw. 1905, S. 305, 527, 681.
Krey: Über Schutzbauten zur Erhaltung der ost- und nordfriesischen Inseln. Berlin: Ernst & Sohn 1905.
Papke: Schutzbauten zur Erhaltung der nord- und ostfriesischen Inseln. Z. Bauw. 1906, S. 167.
Gerhard: Die Befestigung der Ostseeküste bei Cranz. Z. Bauw. 1906.
Neue Uferbefestigungen in Eisenbeton. Dt. Bauzg. 1907, S. 18 des Anhangs über Eisenbeton.
Hebersiel mit selbsttätiger Entlüftung zum Ent- und Bewässern der eingedeichten Marsche. Zentralbl. Bauverw. 1907, S. 345.
Solger: Die deutschen Küsten in ihrem Werden und Vergehen. Berlin 1907.
Germelmann: Schutzvorkehrungen an der preußischen und pommernschen Ostseeküste. Zentralbl. Bauverw. 1908, Nr. 26.
Engels: Versuche über die Räumungskraft des fließenden Wassers. Zentralbl. Bauverw. 1908, S. 105, 144, 677.
Reinke: Die ostfriesischen Inseln. Studien über Küstenbildung und Küstenzerstörung. Kiel 1909.
Allmähliche Senkung des Bodens der Niederlande. Ann. d. Hydrographie 1909, S. 81.
Folger: Die Geologie der Dünen 1910.
Nolda: Die Hilfsmittel und Erfolge der Neugewinnung an Land an der Westküste in Schleswig-Holstein. Jahrb. dt. Landw.-Ges. 1910, S. 364.
Engels, H.: Verbessertes Verfahren für die Ausführung und Versenkung von Eisenbetonsinkstücken nach de Muralt. Armierter Beton 1910, S. 343.
de Muralt: Uferbefestigung an der Meeresküste und an Kanälen. Z. ö. I. A. V. 1910, Nr. 49.
Grässner: Uferschutz und Seedeiche. Zeitschr. d. Bauk. 1911, S. 565.
Krüger: Meer und Küste bei Wangeroog und die Kräfte, die auf ihre Gestaltung einwirken. Z. Bauw. 1911, Heft 7—9.
Engels: Ufer- und Küstenschutzbauten nach der de Muraltschen Bauart. Zentralbl. Bauverw. 1911, S. 562.
Buchwald, Max: Uferschutz und Landgewinnung an den deutschen Nordseeküsten. Prometheus 1912, S. 232.
Horn: Die Verstärkung des Deichschutzes an der Nordsee und in den Strommündungen. Zentralbl. Bauverw. 1916, S. 683.
Mitteilungen aus dem Dresdener Flußbaulaboratorium von Engels: Versuche über Streichwehre; Ermittlung der früheren Überströmungsverhältnisse bei Hochwasser auf einem ehemaligen Außendeichgelände. Versuche über die Verlandung von Hafeneinfahrten an ausbiegenden Stromufern. Berlin 1917.
Oeltjen: Über die Berechnung von Flutwellenlinien in einem Tideflusse. Zentralbl. Bauverw. 1919.
Hinrichs: Denkschrift zur Vollendung der Bedeichung der Bredeau-Niederung. Husum: Petersen 1919.
Höch: Über Flußdeiche und Kanaldämme. Zentralbl. Bauverw. 1920, S. 301.
Busch: Die ersten Bauausführungen für die Abschließung des Zuidersees. Bauing. 1924, Heft 22.
Woebcken: Deiche und Sturmfluten. Bremen: Friesenverlag 1924.
Hansen: Untersuchung von parallelen Uferschutzwerken an der ost- und nordfriesischen Nordseeküste bezüglich ihrer Wirtschaftlichkeit. T. H. Hannover 1924.
Kittel: Der Abschluß der Zuidersee. Baut. 1925, Heft 9.
Schmidt: Abschluß und Trockenlegung der Zuidersee. Zentralbl. Bauverw. 1925, S. 607.
Martin: Beitrag zur sakulären Senkung der Nordseeküste. Bd. 17 des Jahrb. f. Altertumskunde.
de Thierry u. O. Franzius: Gutachten über die zur Erhaltung und Wiedergewinnung des Norderneyschen Strandes zu ergreifenden Maßnahmen. Gemeindevorstand Norderney 1927.

Sechster Teil.

Wehre.

Werke:

Hagen: Handbuch der Wasserbaukunst. Zweiter Teil. Die Ströme und Kanäle, II. Königsberg: Bornträger 1871.
H. d. IW., III., Bd. 2, Stauwerke, bearbeitet von Th. Rehbock, V. E. Hilgard und P. Gerhardt, herausgegeben von Th. Rehbock. Leipzig: Engelmann 1912.
Ludin: Die Wasserkräfte, 2. Bd. Berlin: Julius Springer 1913.
Engels: Handbuch des Wasserbaus, 1. Bd. Leipzig: Engelmann 1923.
Kulka: Eisenwasserbau. Berlin: Wilh. Ernst & Sohn 1928.

Schriften:

Bornemann: Ausfluß bei Schützen und schützenähnlichen Mündungen. Ziviling. Bd. 25, S. 297. 1880.
Greve: Selbsttätiges Klappenwehr. Zentralbl. Bauverw. 1883, S. 329.
Mathies: Die Melioration der Elbniederung bei Magdeburg und das Wehr bei Pretzien. Zentralbl. Bauverw. 1884, Nr. 48, 49 u. 50.
Engels: Neues selbstwirkendes Klappenwehr von Carro. Zentralbl. Bauverw. 1888, S. 230.
Hellmuth: Fischpaß bei Hameln. Zentralbl. Bauverw. 1890, S. 462.
Roloff: Der Sault Ste. Marie-Kanal. Z. Bauw., Ergänzungsheft 1895.
— Die Kraftübertragungswerke Rheinfelden. Herausgeg. v. d. AEG, Berlin 1896.
Turettini: Usine de chèvres. Genève 1900.
Rubin: Die Kanalisierung des Moldau- und Elbeflusses in Böhmen. K. u. K. Hofbuchdruckerei A. Haase, Prag 1900.
— Neuerungen an Nadelwehren. Schweiz. Bauzg. 1901, Nr. 5.
Greve: Stauregelungsvorrichtung für Nadelwehre. Zentralbl. Bauverw. 1901, S. 224.
— „Engineering News", Nr. 13, New York, Sept. 25, 1902.
Andreae: Die Talsperre von Avignonnet. Schweiz. Bauzg. 1903, Nr. 25 u. 26.
Carstanjen: Über Walzenwehre. Z. ö. I. A. V. 1903, Nr. 50.
Landmark: Über Fischwege oder Lachstreppen. Svensk Fiskeri-Tidschrift 1904, Heft 1.
Recken: Fischschleuse. Allg. Fischerei-Zeitung 1905, Nr. 12.
— IX., XII. und XIII. Jahresbericht der Kommission für die Kanalisierung des Moldau- und Elbeflusses in Böhmen über die Tätigkeit in den Jahren 1905, 1908 und 1909.
— 10. Jahresbericht der Kommission für die Kanalisierung des Moldau- und Elbeflusses in Böhmen für das Jahr 1906.
— Report of Advisory Board of Consulting Engineers in New-York, State Barge Canal, illustriert Albany, Februar 1906.
— The movable Crest-Dams at the Water-Power-Development of the Chicago Drainage-Canal. Engineering Record N. Y. Nr. 8 v. 24. Aug. 1907.
Bazika-Deinlein: Der allgemeine Wettbewerb für Konstruktionen beweglicher Wehre in Flüssen. Allg. Bauzg., Wien 1907, S. 97.
— Elektrizitätswerk Beznau an der Aare. Schweiz. Bauzg. 1907, Nr. 6.
Kuvert, Fr.: Berechnung der Auflagerkräfte bei walzenförmigen Wehrverschlüssen. Zentralbl. Bauverw. 1908, S. 458.
Neuffer: Das Walzenwehr und die Wasserkraftanlage des Württembergischen Portlandzementwerkes Lauffen bei Neckarwestheim am Neckar. Z. V. d. I. 1908, S. 1861.
Klir: Die Bauten für die Kanalisierung des Moldau- und Elbeflusses in Böhmen. Prag 1908.
Denil: Les échelles a poissons. Bruxelles 1909.
Denil: Les échelles hydrauliques. Gand 1909.
Rehbock, Th.: Die Ausbildung der Überfälle beim Abfluß von Wasser über Wehre usw. Festschrift der Fridericiana Karlsruhe 1909.
Oeltjen: Das Sektorwehr der Schleusen- und Wehranlage in der Weser bei Bremen. Dt. Bauzg. 1910, Nr. 49.
Eggenschwyler: Zum Bau eiserner Wehrschützen. Schweiz. Bauzg. 1910, S. 59.
Huber: Automatische Stau- und Abflußvorrichtungen. Schweiz. Bauzg. 1911, Nr. 14 u. 15.
Rehbock: Der Abfluß des Wassers über Wehre verschiedenen Querschnitts. Z. d. V. 1912 und 1913.
Kulka: Dr.-Arbeit. Beitrag zur Bewertung und Konstruktion des Segmentwehres. Leipzig: W. Engelmann 1913.
Sympher-Helmershausen: Schiffbarmachung von Flüssen durch Stautore. Berlin 1914.
Schmidt, F. W.: Bau des neuen Weserwehres bei Dörverden. Zentralbl. Bauverw. 1914, S. 655.
Franzius, O.: Der Panamakanal. Z. V. d. I. 1914.
Dantscher: Die Großschiffahrtsstraße Rhein—Main—Donau. Z. ö. I. A. V. 1915, Heft 15 und 16.
Franzius, O.: Der Panamakanal. Z. V. d. I. 1915, S. 413.
Block: Das staatliche Kraftwerk Dörverden a. d. Weser. Z. Bauw. 1915, Heft 7—12.
Kölle: Die Wehranlage in der Weser bei Bremen. Z. V. d. I. 1916, Nr. 5 und 6.
Gerhardt: Fischschleuse. Zentralbl. Bauverw. 1906, S. 89.
Roth: Kolk-Erfahrungen und ihre Berücksichtigung bei der Ausbildung beweglicher Wehre. Schweiz. Bauzg. 1917, S. 18.
Plate: Der selbsttätige Regler des Sektorwehres in der Weser bei Bremen. Z. V. d. I. 1917, S. 902.
Mitteilungen aus dem Dresdener Flußbaulaboratorium von Engels. Versuche über Streichwehre. Ermittlung der früheren Überströmungsverhältnisse bei Hochwasser auf einem ehemaligen Außendeichgelände. Versuche über die Verlandung von Hafeneinfahrten an ausbiegenden Stromufern. Berlin 1917.

Gruner u. Locher: Mitteilungen über Versuche zur Verhütung von Kolken an Wehren. Schweiz. Bauzg. 1918, S. 25.
Enzweiler: Die Grundwasserabsenkungsmethode in ihrer Anwendung auf den Unterwassertunnelbau unter besonderer Berücksichtigung der Groß-Berliner Verhältnisse. Charlottenburg: Dr.-Arbeit, T. H. Berlin. A. Seydel 1919.
Schmidt: Vor- und Sturzbecken an Stauanlagen mit besonderer Berücksichtigung der Wehranlagen auf angeschwemmtem Untergrunde. Z. Bauw. 1920, S. 557.
Buchholz: Die Kanalisierung des Mains und die Einführung der Walzenwehre. Baut. 1921, Heft 2.
Mangold: Bewegliche Wehre bei Flußkanalisierungen und bei Wasserkraftanlagen. Wstr.-jahrb. 1924, S. 24.
Mangold: Die Entwicklung der beweglichen Wehre. Baut. 1924, Heft 7, 9 u. 16.
Freytag: Walzenwehre mit Winterbetrieb. Baut. 1924, Heft 44.
Becher: Neuere Eisenwasserbauten auf dem Gebiete des Wehrbaues. Bauing. 1925, Heft 24/25.
Krenzer, H.: Versenkwalzen. W. R. H. 1925, S. 343.
Rehbock: Einrichtung zur Verhütung von Auskolkungen der Sohle von Wasserläufen. Zentralbl. Bauverw. 1925, S. 552.
Läufer: Moderne Dachwehranlagen. Z. ö. I. A. V. 1925, Heft 29 u. 30.
Herz: Kettenwehr, Kettennadelwehr und selbstöffnendes Kettennadelwehr. Z. ö. I. A. V. 1925, Heft 47 u. 48.
Ottmann: Eisabführung an Wehren. Baut. 1925, Heft 18.
— Bewegliche Notwehre für die Sault Ste. Marie-Schleusen. Baut. 1925, Heft 21.
Bachmann: Die Talsperrenanlage bei Boberröhrsdorf. Baut. 1926, Heft 35.
— Das Teigitschwerk. Von der Steirischen Wasserkraft- und Elektrizitätsgesellschaft (Steweag Graz). D. W. W. 1926, S. 549.
— Modellversuche für Gestaltung und Kolkabwehr bei Wehren. Baut. 1926, Heft 28.
Kulka: Zur Frage der Eisabführung an Wehren und über verwandte Fragen im Eisenwehrbau. Baut. 1926, Heft 21.
Kulka: Strömungen und Druck an beweglichen Wehren. Baut. 26, Heft 43 u. 45.
— Neuere, selbsttätige Heberüberfälle in Deutschland und Italien. Bauing. 1926, S. 387 u. 591.
Schoklitsch: Geschiebebewegungen in Flüssen und an Stauwerken. Berlin: Julius Springer 1926.
Ludin: Kolkverhütung an Wehren. Z. V. d. I. 1927, Heft 5.

Siebenter Teil.

Talsperren.

Werke:

Intze: Entwicklung des Talsperrenbaues in Rheinland und Westfalen von 1889—1903, Aachen.
Koehn, Th.: Ausbau von Wasserkräften. H. d. I. W., III. Teil, 13. Bd. Leipzig: Engelmann 1908.
Mattern: Handb. d. Ing.-Wissensch., III. Teil, 2. Bd., 2. Abteilung. Leipzig 1912.
Ludin, A.: Die Wasserkräfte. Berlin: Julius Springer 1913. Neudruck 1923.
Marquardt: Talsperren. Handbuch für Eisenbetonbau, 4. Bd. Berlin: W. Ernst & Sohn 1926.
Ziegler: Der Talsperrenbau, Bd. 1. 1925; Bd. 2. 1927. Berlin: W. Ernst & Sohn.
Kelen: Die Staumauern. Berlin: Julius Springer 1926.
Gaye: Der Gußbeton und seine Anwendung im Bauwesen. Berlin: W. Ernst & Sohn 1926.
Kleinlogel: Bewegungsfugen im Beton und Eisenbeton. Berlin: W. Ernst & Sohn 1927.
Stadelmann: Gußbeton. Erfahrungen beim Schweizerischen Talsperrenbau. Bericht der Gußbetonkommission. Zürich: Hoch- u. Tiefbau A.-G. 1926.

Schriften.

Engesser: Geometrische Erddrucktheorie. Z. Bauw. 1880.
Engels: Zur Frage der Richtung des Erddruckes auf Stützmauern. Zentralbl. Bauverw. 1897, S. 144.
Schyler: Reservoirs in Ann. Rep. U. S. Geolog. Survey (Escondidodamm). 1897.
Intze: Entwicklung des Talsperrenbaues in Rheinland und Westfalen von 1889 bis 1903. La Ruelle'sche Accidenzdruckerei, Aachen 1903.
Ehlers: Bemerkungen über Talsperrenbauten. Zentralbl. Bauverw. 1905, S. 569.
Sympher: Der Talsperrenbau in Deutschland. Zentralbl. Bauverw. 1907.
— Damm im kleinen Bärental. Eng. Rec. 3. IV. 1909.
— Damm im kleinen Bärental. Eng. News. 25. VIII. 1910.
Link, E.: Die Bestimmung der Querschnitte von Staumauern und Wehren aus dreieckigen Grundformen. Berlin 1910.

Ehrensperger: Elektrizitätswerk am Löntsch. Schweiz. Bauzg. Bd. 55 u. 56. 1910.
Weidner, Reg.- u. Baurat Magdebg.: Denkschrift über die Staubecken in Schlesien, entworfen und zuerst bearbeitet von C. Weidner, 1911.
Soldan: Die Berücksichtigung des Unterdruckes bei Talsperren. Zentralbl. Bauverw. 1912, S. 134.
Link: Die Zerstörung der Austintalsperre. Zentralbl. Bauverw. 1912, S. 36.
— Talsperre bei Mauer am Bober. Zentralbl. Bauverw. 1912, S. 609.
Bachmann: Die Talsperre bei Mauer. Erschienen im Selbstverlag Bachmann.
Link-Gottermann: Bedeutung und Bau der Waldecker Talsperre. Zentralbl. Bauverw. 1913, Nr. 32, S. 213.
Sympher: Verschluß bei den Grundablässen der Waldecker Talsperre. Zentralbl. Bauverw. 1913, Nr. 62, S. 405.
Sympher: Der Ausbau von Wasserkräften im oberen Quellgebiet der Weser. Zentralbl. Bauverw. 1913, Heft 1 u. 2.
Schaefer, R.: Unterdruck bei Staumauern. Zentralbl. Bauverw. 1913, S. 102.
Soldan, W.: Das Waldecker Sammelbecken, seine technische und wirtschaftliche Bedeutung. Z. V. d. I. 1913, S. 1788.
Singer: Geologische Erfahrungen im Talsperrenbau. Z. ö. A. u. I. V. 1913, S. 305.
Lange: Dr.-Arbeit. Die hydrostatischen Druckverhältnisse bei massiven Talsperren. Braunschweig: T. H. 1915.
Franzius, O.: Der Panamakanal. Z. V. d. I. 1915, Heft 21, 22, 23, 25.
Block: Die Ausnutzung der Wasserkräfte im Wesergebiet. Z. Bauw. 1916, Heft 10—12.
Ziegler, P.: Die tatsächlichen Gefahren des Unterdruckes. Z. Bauw. 1916, S. 407.
Ziegler: Die Berechnungen eines Grunddreiecks gleicher Kantenpressungen der wag. Fuge für die Grenzlagen der Schlußkraft unter Berücksichtigung des Auftriebes. Z. Bauw. 1917, S. 147.
Gutachten der Kgl. Akademie des Bauwesens: Anlagen von Talsperren als Flußregulierungsmittel im Interesse der Landeskultur. Zentralbl. Bauverw. 1918, Nr. 75 u. 76.
Link: Über Sohlenwasserdruck bei Staumauern mit entwässerter Gründungsfläche. Z. Bauw. 1919, S. 518.
Engesser: Über den Einfluß des Wasserauftriebes auf die Standsicherheit der Bauwerke. Zentralbl. Bauverw. 1919, S. 429.
— Talsperre von 260 Mill. cbm bei Ottmachau. Z. V. d. I. 1920, S. 792.
Sympher: Die Einrichtung des Staubeckens bei Ottmachau. (Gutachten der Akademie des Bauwesens.) Zentralbl. Bauverw. 1920, S. 369.
Bachmann: Die Talsperre im Queis bei Goldentraum. Zentralbl. Bauverw. 1920, S. 82.
Kelen: Über die Ableitung von Hochwasser bei Talsperren. Baut. 1923, Heft 35/36.
Maier: Grundzüge für die Berechnung von Eisenbetontalsperren. D. W. W. 1923, S. 17.
Enzweiler: Über die neuesten Erfahrungen im Gußbetonbau. Bauing. 1923, Heft 6.
Lange, O.: Die Waldecker Talsperre bei Hemfurth. Baut. 1923, Heft 13.
Maier u. Kammüller: Das Kraftwerk Vöhrenbach. Die erste Eisenbetonstaumauer in Deutschland. Bauing. 1923, Heft 4; Beton u. Eisen 1924, Heft 2 u. 3.
Momber: Zum Wasserkraftausbau im Deutschen Mittelgebirge. D. W. W. 1924, S. 68.
Kelen: Ausbau der Wasserkräfte in Sardinien und die Tirsotalsperren. D. W. W. 1924, S. 81.
Schmidt: Der Bruch des Apishapa-Staudammes. D. W. W. 1924, S. 69.
Galland: Neuartige Absperrorgane bei Talsperren. D. W. W. 1924, S. 61.
Enzweiler: Aufgelöste oder Massivtalsperren. D. W. W. 1924, S. 58.
Probst: Beobachtungen an Beton und Eisenbetonbauten auf einer Studienreise. Bauing. 1924, Heft 22 u. 23.
Mehmel: Entwurf und Bau einer Talsperrenmauer (Ciscotalsperre). Bauing. 1924, Heft 4.
Enzweiler: Die Fördereinrichtungen beim Bau der Schwarzenbachsperre. Z. V. d. I. 1924, Heft 27.
Soldan: Die Bedeutung des Talsperrenbaues für die allg. Wasserwirtschaft. D. W. W. 1924, Heft 6.
Thürnau: Die Bewegungen der Temperatur in der Sperrmauer der Waldecker Talsperre. D. W. W. 1924, S. 117.
Ludin: Neuere Fortschritte in der Konstruktion und Bauausführung der Staumauern. D. W. W. 1924, S. 243.
Ludin: Der Einsturz der Gleno-Talsperre. D. W. W. 1924, S. 33.
Ziegler: Der Staudamm mit innenliegender massiver Dichtungswand. D. W. W. 1925, Heft 4.
Link: Ein Beitrag zur Querschnittsbestimmung der Staumauern. T. H., Aachen, Dr.-Arbeit. Essen 1925.
Collorio: Beitrag zur Bemessung von Staumauern. Dr.-Arbeit, Techn. Hochschule Hannover 1925.
Leiner: Der Anschluß des Staudammes an den Talhang. Zentralbl. Bauverw. 1925, S. 73.
Kittel: Die Entwicklung des italienischen Talsperrenbaues. Baut. 1925, Heft 3 u. 8.

Dreyer: Das Wäggitalwerk. Electro Journal 1925, S. 194/227.
Enzweiler: Der Bau der Schwarzenbachsperre. Bauing. 1925, Heft 11.
Kreuter: Beitrag zur Berechnung und Ausführung von Staumauern. Wstrjahrb. 1925, Heft 14, 15, 16, 20.
Mattern: Neuere wasserwirtschaftliche Grundsätze und Bauformen der Wasseraufspeicherungen. Dt. Bauzg. 1925, Heft 81, 89.
Walch: Die Maßnahmen zur Abdichtung von Staudämmen. Energ. Elett. 1925, Heft 11.
Gothein: Die Notwendigkeit des Ottmachauer Staubeckens für die Oderschiffahrt. Jahrb. Haf. Ges. 1925, S. 61.
— Das Staubecken von Ottmachau aus den Drucksachen des Oderwasserstraßenbeirats. Zentralbl. Bauverw. 1925, Heft 49.
Heintze: Aus der Praxis der Bauausführungen von Talsperren in Gußbeton (Vöhrenbach, Wäggi, Schwarzenbach). Baut. 1926, Heft 24.
Bachmann: Die Talsperre bei Goldentraum. Baut. 1926, Heft 8.
Mattern: Zur Frage der Hochwasserentlastung an Staudämmen. Zentralbl. Bauverw. 1926, Heft 16 u. 17.
Franzius, O. u. Finkenwirth: Denkschrift über Talsperrenbauten im Westharz. Hannover: Göhmannsche Buchdruckerei 1925.
Köbler: Der Wasserkraftausbau in Baden. Baut. 1927, Heft 14.
Kammüller: Berechnung des Abstandes der Dehnungsfugen in Betonsperrmauern. Bauing. 1927, Heft 2.
Greiff: Neuere amerikanische Verfahren im Bau von Talsperrendämmen nach dem Spülverfahren. Baut. 1927, Heft 6.
Heiser, Link: Talsperren- und Wässernutzungsanlagen im Westharz. Obergutachten zum Westharzsperrenentwurf, Südwestabschnitt. Hannover: Göhmannsche Buchdruckerei 1927.
Franzius, O. u. Proetel, H.: Der wasserwirtschaftliche Ausbau der Rur (Roer) in der Nord-Eifel. Düren: Hamelsche Druckerei 1927.

Achter Teil.

Wasserkraftanlagen.

Werke:

Zeitschrift Die Wasserkraft, herausgeg. v. G. Adam, erschienen ab 1905, R. Pflaum, München.
Koehn, Th.: Ausbau von Wasserkräften. H. d. J. W. III. Teil, 13. Bd., 4. Aufl. Leipzig: Engelmann 1908.
Hallinger: Neuere Bauart für Wasserturbinenanlagen. München: Huber 1913.
Mattern, E.: Die Ausnutzung der Wasserkräfte, 2. Aufl. Leipzig 1921.
Die Wasserkraftwirtschaft Bayerns, herausgegeben vom Staatsministerium des Innern. München 1921.
Ludin: Die Wasserkräfte. Berlin: Julius Springer 1913. Neudruck 1923.
Engels, H.: Handbuch des Wasserbaues, 3. Aufl.. I. Bd. Leipzig 1923.
Quantz, E.: Wasserkraftmaschinen, 2. Aufl. Berlin: Julius Springer 1924.
Camerer, R.: Vorlesungen über Wasserkraftmaschinen, neubearb. v. B. Esterer. 2. Aufl. Leipzig: W. Engelmann 1924.
Drenkhahn: Die hydrographischen Grundlagen für die Planung von Wasserkraftwerken in Südwestdeutschland. Berlin: V. d. I.-Verlag 1926.

Schriften.

Pfarr, A.: Neuere Turbinenanlagen. Z. V. d. I. 1897, S. 72.
Camerer, R.: Wirtschaftliche Gesichtspunkte beim Veranschlagen von Wasserkraftmaschinen. Z. V. d. I. 1908, S. 1901.
Siedeck: Neue Formel zur Ermittlung der Geschwindigkeit des Wassers in Bächen und künstlichen Gerinnen 1902 (S.-A. aus Ö. Z.).
Budau, Art.: Über hydraulische Akkumulierungsanlagen bei Kraftwerken. Zeitschr. d. Berl. Ing. u. Arch.-Ver. 1908, S. 185.
Prăzil: Wasserschloßprobleme. Schweiz. Bauzg. Bd. 52, S. 271, 301, 317, 333. 1908.
Thoma, D.: Zur Theorie des Wasserschlosses bei selbsttätig geregelten Turbinenanlagen. München 1910.
Rümelin, Th.: Leerschuß- und Sturzbettanordnungen an Wasserkraftanlagen. Zentralbl. Bauverw. 1912, S. 470.
Thoma, D.: Die Versuchsanstalt für Wasserturbinen in Gotha.
Kölle: Die Wehranlage in der Weser bei Bremen. Z. V. d. I. 1914, Nr. 5 u. 6.
Rümelin: Freier Ausfluß aus Rohrleitungen. Z. ges. Wasserwirtsch. 1914, S. 10.
Beyerhaus: Über Wasserabflußversuche an Talsperrenmodellen in der königl. Versuchsanstalt für Wasserbau und Schiffahrt in Berlin 1914.
Block: Die Ausnutzung der Wasserkräfte im Wesergebiet. Z. Bauw. 1916, Heft 10—12.

Hallinger: Die Großwasserkräfte an der Main-Donau-Straße in Bayern. München 1920.
Oesterlen, Fr.: Schnellaufende Wasserturbinen. Z. V. d. I. 1921, S. 409.
Reindl, C.: Die Kaplanturbine in Ausführung und Verwendung. Z. V. d. I. 1921, S. 1035.
Oesterlen, Fr.: Wasserkraftmaschinen. D. W. W. Bd. 2, S. 131. Berlin 1921.
Ludin: Rohrleitungen aus Holz. Die Wasserkraft 1921, S. 53.
Wasserwirtschaft in Bayern. Herausg. v. Staatsministerium des Innern. München 1921.
Das Walchenseewerk. Herausgeg. v. Staatsministerium des Innern, 3. Aufl. München 1921.
Krenzer: Die Großschiffahrtsstraße Rhein—Main—Donau. Wstrjahrb. 1921, S. 92.
Krenzer: Großwasserkraftausnutzung in der Schweiz. D. W. W. 1923, S. 81.
Hallinger: Das Isenwerk der Stadt Mühldorf. D. W. W. 1923, S. 93.
Krenzer: Wasserkraft und Schiffahrt. Wstrjahrb. 1923, S. 1.
Mattern, E.: Die „Mittlere Isar". Baut. 1923, Heft 28 u. 30.
Graf: Versuche über die Widerstandsfähigkeit von Beton und Eisenbetonrohren gegen Innendruck. Bauing. 1923, Heft 15.
Vogt: Die hauptsächlichsten Gesichtspunkte für die Anlage von Wasserschlössern. D. W. W. 1924, S. 113.
Schäfer: Ausbau der Illerstufe II, Kraftwerk Tannheim. D. W. W. 1924, S. 125.
Schuber: Die Stau- und Kraftanlage Viereth am Main. D. W. W. 1924, S. 136.
— Der Dammbruch an der Hangkanalstrecke der Alzwerke bei Burgkirchen a. d. Alz. D. W. W. 1924, S. 153.
Bürner: Die Bauausführung des Walchenseewerkes. Wasserkraft 1924, Nr. 10.
Hallinger: Neue Mittel- und Kleinkraftanlagen. D. W. W. 1924, S. 94.
Mangold: Bewegliche Wehre bei Flußkanalisierungen und bei Wasserkraftanlagen. Wstrjahrb. 1924, S. 24.
Momber: Zum Wasserkraftausbau im deutschen Mittelgebirge. D. W. W. 1924, S. 68.
Kennerknecht: Die Wasserkraftanlage des Innwerks, Bayerische Aluminium A.-G. Wasserkraft 1924, Heft 22.
Randzio: Neue Stollenbauten. Baut. 1925, Heft 26.
Walch: Über die Auskleidung von Druckstollen mit besonderer Berücksichtigung der Verwendung einer elastischen Dichtung. Bauing. 1925, Heft 4.
Kaplan: Wie die Kaplanturbine entstand. Wkjahrb. 1925/26, S. 296.
Schoklitsch: Über die Bemessung von Wasserschlössern. Wkjahrb. 1925/26.
Gleichmann: Die Wasserkraftanlage der Rhein—Main—Donau-Schiffahrtsstraße mit besonderer Betonung der Kraftmaschinen. D. W. W. 1926, Nr. 8.
Albrecht: Betrachtungen und Berechnungen über den Ausbau der Oberrheinkräfte. Dr.-Arbeit, T. H., Darmstadt 1926.
Walch: Die Auskleidung von Druckstollen und Druckschächten. Berlin: Julius Springer 1926.
— Eine hölzerne Druckrohrleitung von 4,90 m Lichtweite. Baut. 1926, S. 459.
Kleinlogel: Ausbau von Förderstrecken und Schächten mittels Torkret. Bauing. 1926, Heft 11.
Schubert: Bauausführung der Gothaer Trinkwasserleitung aus Holz. Zentralbl. Bauverw. 1926, Heft 30.
Enzweiler: Das Eisenbetondruckrohr der Wasserkraftanlage Radaunewerk bei Danzig. Bauing. 1926, Heft 38.
Saliger: Druckrohre aus Eisenbeton, Ausführung und Versuche. Bauing. 1926, Heft 39.
Bundschu: Druckrohrleitungen. Berechnungs- und Konstruktionsgrundlagen der Rohrleitungen für Wasserkraft und Wasserbewegungsanlagen. Berlin: Julius Springer 1926.
Thürnau: Über Beseitigung von Geschiebeablagerungen vor den Schwellen der Einlaufbauwerke. Wasserkraft u. Ww. 1927, Heft 9.
Momber: Zur Aufstellung von Wasserwirtschaftsplänen für die Bewirtschaftung von Talsperren. D. W. W. 1926, Heft 10.
Ludin: Statistik der Deutschen Großwasserkraftanlagen. Jahrb. d. D. G. f. Bauing.-Wesen 1926.
Kennerknecht: Die Energievernichtungsanlage des Innwerks W. K. 1926, Heft 13.
Witte: Dr.-Arbeit. Die Verbesserung der Schiffbarkeit der Weser, ihre Kraftausnutzung und ihre Bedeutung für das deutsche Wasserstraßennetz. T. H. Hannover 1927.
Talschlunger: Stollen für Wasserkraftanlagen. Praktische Winke für das Entwerfen eiserner Druckrohrleitungen. D. W. W. 1927, Heft 2.

Neunter Teil.

Schiffsschleusen.

Werke:

Hagen: Handbuch der Wasserbaukunst, II. Teil, Die Ströme und Kanäle. Königsberg: Gebr. Bornträger 1871.
Möller: Erddrucktabellen. Leipzig: S. Hirzel 1902.
Müller (Breslau): Erddruck auf Stützmauern. Stuttgart u. Leipzig: A. Kröner 1906.

H. d. I. W., III. Teil, 8. Bd., Die Schiffsschleusen, bearbeitet von L. Brennecke, herausgegeben von G. de Thierry. Leipzig: W. Engelmann 1914.
Engelhard: Kanal- und Schleusenbau. Berlin: Julius Springer 1921.
Engels: Handbuch des Wasserbaues, 3. Aufl., 2. Bd. Leipzig: W. Engelmann 1923.
Krey: Erddruck, Erdwiderstand und Tragfähigkeit des Baugrundes in größerer Tiefe. Berlin: W. Ernst & Sohn 1926.
Brennecke-Lohmeyer: Der Grundbau. Berlin: W. Ernst & Sohn 1927.
Franzius, O.: Der Grundbau. Berlin: Julius Springer 1927.

Schriften.

Engesser: Geometrische Erddrucktheorie. Z. Bauw. 1880.
Engesser: Zur Theorie des Baugrundes. Zentralbl. Bauverw. 1893, S. 306.
Gerdau: Das Schiffshebewerk zu Henrichenburg. Zentralbl. Bauverw. 1895, S. 509; Dt. Bauzg. 1896, S. 65.
Sympher: Wirtschaftlicher Einfluß von Schleusen und Umwegen bei künstlichen und natürlichen Wasserstraßen. Zentralbl. Bauverw. 1896, S. 423, 433.
Engels, H.: Zur Frage der Richtung des Erddruckes auf Stützmauern. Zentralbl. Bauverw. 1897, S. 144.
Roloff: Vorrichtungen zur Untersuchung der Festigkeit des Baugrundes. Zentralbl. Bauverw. 1897, S. 427.
Riedler, A.: Neuere Schiffshebewerke. Berlin 1897.
— Die Hotoppsche Betriebseinrichtung der Schleusen des Elbe-Trave-Kanals. Z. Arch. Ing.-Wes. 1899, S. 162.
— Bau des Dortmund-Ems-Kanals, ausführliche Beschreibung. Z. Bauw. 1901, S. 38 u. 1902.
— Die Konstruktion und Betriebseinrichtungen der Schleusen am Elbe-Trave-Kanal Ö. W. 1901, Nr. 27, S. 556.
— Bewegungsvorrichtungen bei den Schleusen des Elbe-Trave-Kanals. Z. ö. I. A. V. 1902.
Schnapp: Überwindung großer Höhen, System Schnapp von Gerstenbergk. Intern. Schiff.-Kongreß Düsseldorf 1902.
Rudloff, Claussen, Günther: Die Bremerhavener Dockanlagen, insbesondere das Kaiserdock. Z. Arch. Ing.-Wesen, Hannover 1902, S. 128.
Franzius, G. u. Mönch: Bau der neuen Trockendocks auf der Kaiserl. Werft in Kiel. Z. Bauw. 1903, S. 291; 1905, S. 113.
Die Bremerhavener Hafen- und Dockanlagen. Z. Arch. Bauwesen 1903.
Prüsmann: Schleusen und Hebewerke. Z. Bauw. 1905, Heft 7—9.
Prüsmann: Vergleichung von Schleusen und mechanischen Hebewerken. Z. Bauw. 1905, S. 499, 721.
Prüsmann: Zur Frage der Schiffshebewerke. Zentralbl. Bauverw. 1905, S. 581.
Gerhardt: Der Wettbewerb für ein Schiffshebewerk bei Prerau im Donau-Oder-Kanal. Zentralbl. Bauverw. 1905, S. 125.
Havestadt u. Contag: Der Bau des Teltowkanals. Z. Bauw. 1906. S. 311, 467 u. 641.
Riedler: Über Schiffshebewerke. Z. ö. I. A. V. 1906, S. 405.
Klir: Prinzipien der Sparschleusen. Ö. W. 1907, S. 39.
Bertschinger: Die Wirtschaftlichkeit von Schiffshebewerken. Z. V. d. I. 1907, S. 1925.
Franzius, O.: Messungen von Bewegungen der Trockendocks V und VI der Kaiserlichen Werft Kiel. Z. Bauw. 1908, S. 83.
Franzius, O.: Über Hebung und Senkung von Trockendocks. Z. Bauw. 1908.
Franzius, O.: Über die Berechnung von Trockendocks. Z. Bauw. 1908, S. 475.
Nakonz: Schiffshebewerk. Zentralbl. Bauverw. 1908, S. 8.
Franzius, O.: Über den Bau von Trockendocks auf sandigem Untergrunde. Zentralbl. Bauverw. 1909. S. 662.
Franke: Bewegungsvorrichtung für das Klapptor der zweiten Schleppzugschleuse bei Meppen. Zentralbl. Bauverw. 1909, S. 172.
Engelhard u. Zimmermann: Bau zweier Schleusen bei Wernsdorf und Kersdorf. Z. Bauw. 1909, S. 499.
Unger: Wasserverbrauch beim Betriebe von Schiffahrtsschleusen. Zentralbl. Bauverw. 1909, S. 122.
Felten u. Guilleaume: Verfahren und Einrichtungen zum Fördern von Schiffen über den trockenen Scheitel. Zentralbl. Bauverw. 1909, S. 347.
Sauer: Rekonstruktion of the canal boat lift on the river Weaver at Anderton. Min. of Proc. of the Inst. of civ. Eng. Bd. 2, S. 239. 1909—1910.
Oeltjen: Die Schleusen- und Wehranlage in der Weser bei Bremen. Dt. Bauzg. 1910, S. 376.
Schneuzer: Entwurf zu Rollschützen mit beweglicher Gummidichtung. Zentralbl. Bauverw. 1910, S. 568.
— Schiffshebewerk System Baurat Roeder. Z. Binnensch. 1910, S. 644.
— Anual Report of the Isthmian Canal Commission. Washington 1910 u. folgende.

Schneuzer: Die Schleusen für den Großschiffahrtsweg Berlin—Stettin. Z. V. d. I. 1910, S.954.
— Schleuse und Wehranlage bei Bremen. Z. V. d. I. 1910, S. 1137.
Tuch: Die elektrische Treidelei der Wehranlage für die Unterweserkorrektion bei Bremen. Z. V. d. I. 1910, S. 1823.
— Der Bau der dritten Schleuse bei Sault Ste. Marie (Michigan). Engin. Record 1912, S. 684.
Hermann: Der Bau des Rhein-Herne-Kanals. Zentralbl. Bauverw. 1912, S. 217.
Franzius, O.: Über die Größe des Auftriebes unter Pfeilern und Ufermauern. Zentralbl. Bauverw. 1912, S. 583.
Overbeck: Die Schleusentore des Industrie- und Handelshafens zu Bremen-Oslebshausen 1912.
Overbeck: Schwimmschiebetore usw. Z. V. d. I. 6. Jan. 1912.
— Das Schiffshebewerk bei Niederfinow. Z. Binnensch. 1912, S. 245.
— Schiffshebewerk mit schwimmenden Wagebalken. Zentralbl. Bauverw. 1912, S. 700.
Volk: Einzelheiten der Schleusen des Rhein-Herne-Kanals. Zentralbl. Bauverw. 1913, S. 320.
Krey: „Auftrieb." Z. d. V. 1913, S. 67.
Frölich: Berechnung von Fundamenten unter Berücksichtigung der Elastizität des Baugrundes. Beton Eisen 1913, S. 318.
Mattern: Der Großschiffahrtsweg Berlin—Stettin. Z. V. d. I. 1913, S. 1331.
Freund, Alb.: Anwendung der Elastizitätstheorie auf elastisch gestützte Körper usw. Berlin: W. Ernst & Sohn 1913.
Buchholz, Max: Die Betriebseinrichtungen des Großschiffahrtsweges Berlin—Stettin. Z. V. d. I. 1913, S. 1809.
— Die neueste Erweiterung des Seehafens von Emden. Dt. Bauzg. 1913, S. 501.
Hart: Anwendung des Eisenbetons beim Bau des Ems-Weser-Kanals. Dt. Bauzg. 1913, S. 57.
Preiss u. Schneuzer: Bau der zweiten Schleuse bei Münster in Westfalen. Z. Bauw. 1913, Heft 1—3.
Scheck: Eiserne Spundwände in Deutschland. Zentralbl. Bauverw. 1913, S. 156. u. 1914.
Gährs u. Prietze: Die Betriebseinrichtungen beim Bau der neuen Ostseeschleusen des Kaiser-Wilhelm-Kanals. Z. Bauw. 1913, Heft 1—6 u. 7—9.
— Das Schiffshebewerk für den Abstieg des Großschiffahrtsweges Berlin—Stettin nach der Oder bei Niederfinow. Dt. Bauzg. 1913, S. 199—200.
Gerhardt, P.: Das Hebewerk bei Niederfinow. Zentralbl. Bauverw. 1913, S. 136.
Franzius, O.: Der Unfall an der Schleppzugschleuse in Hemelingen, Bremen. Zentralbl. Bauverw. 1914, S. 146.
Brugsch u. Briske: Der Einfluß der Nachgiebigkeit des Baugrundes auf die Berechnung äußerlich statisch unbestimmter Bauwerke. Beton Eisen 1914, S. 15.
Schmidt: Über neue Bauweisen bei der Schiffahrtsschleuse bei Dörverden an der Weser. Zentralbl. Bauverw. 1914, S. 371.
Zander: Erweiterung des Emdener Hafens. Z. Bauw. 1914, Heft 4—6, 7—9.
Krey, H.: Neuere Versuche für Schiffsschleusen. Zentralbl Bauverw. 1914, S. 333.
Zander: Untersuchungen über das Verhalten von Mörtel- und Betonmischungen mit Traßzusatz beim Bau der neuen Schleuse in Emden. Zentralbl. Bauverw. 1915, S. 582.
Franzius, O.: Der Panamakanal. Z. V. d. I. 1915, Heft 21, 22, 23 u. 25.
Schaper: Auftrieb unter der Grundsohle von Bauwerken, die im Wasser gegründet sind. Zentralbl. Bauverw. 1916, S. 514.
Franke: Bewegungsvorrichtungen für die Klapptore und die Zylinderschütze an den Schleusen im Osnabrücker Zweigkanal. Zentralbl. Bauverw. Nr. 38 vom 10. V. 1916.
Franzius, O.: Vereinfachte Berechnung von trogförmigen Betonkörpern, wie Docks, Schleusen usw. Beton Eisen 1916, S. 85.
— M. A. N. Schiffshebewerk 1917.
Böhmler: Die Tauchschleuse, eine neue Schleuse ohne Wasserverbrauch. Z. V. d. I. 1918. S. 717.
Böhmler: Der Rhein-Neckar-Donau-Kanal und die Neckarwasserkräfte (Tauchschleuse). Vereinsmitteilungen des süddeutschen Kanalvereins, Stuttgart 1920, Heft 5.
Luft u. Essig: Die Erweiterung des Kriegshafens Puerto Militar bei Bahia Blanca. Jahrb. Haf. Ges. 1919, S. 124.
Schmidt-Tychsen: Schleusentore. Z. V. d. I. 1919, S. 360.
Hoech: Trogschleuse mit Gegengewichten an Seilen, lotrechte Schiffshebung mit beiderseitigen Anschlüssen. Z. V. d. I. 1919, S. 1259.
Wreden: Dr.-Arbeit T. H., Hannover. Vorläufer und Entstehen der Kammerschleuse. Berlin: Julius Springer 1919.
Mattern: Standsicherheitsfragen beim Bau von Schiffsschleusen für hohe Gefälle. Zentralbl. Bauverw. 1919, S. 289.
Böhmler: Tauchschleuse oder Schiffshebewerk der Demag. Z. V. d. I. 1919, S. 735 u. 905.

Engesser: Über den Einfluß des Wasserauftriebes auf die Standsicherheit der Bauwerke. Zentralbl. Bauverw. 1919, S. 429.
Gröhe: Untersuchung über die Verwendung von Hebern im Schleusenbetrieb. Z. Bauw. 1921, S. 371.
Dörr: Die Standsicherheit von Masten und Wänden im Erdreich. Berlin: W. Ernst & Sohn 1922.
Plate: Entwurf für den Hansakanal. Wstrjahrb. 1922, S. 140.
Karner: Entwurf eines Schiffshebewerkes von 36 m Hub „Bauart Harkort". Bauing. 1923, Heft 10.
Lawski, Lars: Södertälje Kanals Ombyggnad Uppsala 1924. Almqvist u. Wiksells Boktryckeri.
Lawski, L. u. O. Burmeister: Der Södertälje-Kanal. Jahrb. Haf.-Ges. 1924, S. 165.
Franzius, O.: Versuche mit passivem Erddruck. Bauing. 1924, Heft 10.
Lange: Grundlagen für den Vergleich von Schwimmdock, Trockendock und Aufschleppe. Dr.-Arbeit, T. H. Hannover. W. R. H. 1924, Heft 2.
Loebell: Über Tore und Schützen für Schiffsschleusen. Baut. 1924, Heft 55 und 1925, Heft 4.
M. A. N.: Werbeschrift Eisenwasserbauten. Mai 1925.
Winkel: Besondere Schützausbildung gemäß hydromechanischer Forderungen. Baut. 1925, S. 209.
— Bedeutung und Entwicklung von Schiffshebewerken. Baut. 1925, S. 140.
Mangold: Schiffshebewerk. Schleuse ohne Wasserverbrauch. Bauing. 1925, Heft 4.
Stecher: Schiffahrtsschleusen im Bergbaugebiet. Dt. Bauw. 1925, Heft 14.
Herbst: Über Segment-Torverschlüsse in Schiffsschleusen. Zentralbl. Bauverw. 1925, Heft 30.
Winkel: Die Schleusungsdauer bei langsam zunehmendem Zuflusse. Zentralbl. Bauverw. 1925, Heft 38.
Streck: Beitrag zur Frage des Erdwiderstandes, Dr.-Arbeit. Berlin: Julius Springer 1926.
Götzke: Die Schachtschleuse bei Anderten (Hannover). Dt. Bauw. 1927, Heft 2.
Götzke: Die Schleusen bei Anderten und Bolzum und ihre Bedeutung für die Wasserwirtschaft des Weser-Elbe-Kanals. Wasserkraft 1927, Nr. 7.
Schonk u. Maaske: Die Betriebseinrichtungen für den Bau der Schleusen bei Anderten. Zentralbl. Bauverw. 1927, S. 331 u. 348.

Zehnter Teil.

Künstliche Wasserstraßen.

Werke:

Hagen: Handbuch der Wasserbaukunst, 2. Teil, 3. Bd. Die Ströme und Kanäle. Königsberg: Gebr. Bornträger 1871.
Kutter: Bewegung des Wassers in Kanälen und Flüssen. Berlin 1885.
— Zeitschrift für Binnenschiffahrt, herausgeg. v. Zentral-Verein für deutsche Binnenschiffahrt E. V., erschienen ab 1893, Verlag Max Schröder, Berlin-Halensee.
H. d. I. W., III. Teil, Bd. 5, 4. Aufl., bearbeitet von E. Sonne und W. Becker. Leipzig: Engelmann 1906.
Johows Hilfsbuch für den Schiffbau, 4. Aufl. Berlin: Julius Springer 1920.
Teubert, O.: Die Binnenschiffahrt. Leipzig: Engelmann 1912 und 1918.
Rehder: Der Nord-Süd-Kanal und das zukünftige mitteldeutsche Kanalnetz usw. Druck von Gebr. Borchers, Lübeck 1918.
Engelhardt: Kanal- und Schleusenbau. Berlin: Julius Springer 1921.
Ott, Zeitler: Wasserstraßenjahrbücher, erschienen ab 1921. München: R. Pflaum.
Mattern: Die Wasserstraßen, Häfen und Landeskulturarbeiten in Wirtschaft und Verkehr. Leipzig: W. Engelmann 1922.

Schriften:

Froude, W.: Report of frictional resistance of water 1874.
Peschek: Der Panamakanal. Zentralbl. Bauverw. 1886, S. 325.
— Der Manchester-Seekanal. Zentralbl. Bauverw. 1889, S. 4 u. 17.
Baensch: Der Nord-Ostsee-Kanal. Zentralbl. Bauverw. 1889, S. 73.
Honsell: Die Wasserstraße zwischen Mannheim, Ludwigshafen, Kehl und Straßburg. Kanal oder freier Rhein? Berlin: W. Ernst & Sohn 1890.
Sympher: Die Vollendung des Nord-Ostsee-Kanals. Zentralbl. Bauverw. 1895, S. 265.
Loewe: Festschrift zur Eröffnung des Nord-Ostsee-Kanals. Berlin: W. Ernst & Sohn 1895.
Michelmann: Dichtungsarbeiten am Oder-Spree-Kanal. Zentralbl. Bauverw. 1895, S. 100.
Heubach: Das Gesetz des Schiffswiderstandes und das günstigste Verhältnis von Wasserquerschnitt und eingetauchtem Schiffsquerschnitt bei Kanälen. Z. Binnensch. 1898, S. 187.
Mathies: Mittel zur Sicherung der Dichtigkeit eines Kanals im Auftrag und Abtrag. VII. intern. Schiffahrtskongreß Brüssel 1898, 2. Abt., 3. Frage.

Fülscher: Befestigungen der Böschungen der Seekanäle. VII. intern. Schiffahrtskongreß, Brüssel 1898, 3. Abt., 3. Frage.
Engels, H.: Modellversuche über den Einfluß der Form und Größe des Kanalquerschnitts auf den Schiffswiderstand. Z. Bauw. 1898. (Auch als Sonderdruck erschienen, Berlin 1898.)
— Uferbefestigungen an einigen, dem Regierungspräsidenten in Potsdam unterstellten Schiffahrtskanälen. Kramersche Buchdruckerei, Potsdam 1898.
Prüsmann: Denkschrift über den Entwurf eines Rhein-Elbe-Kanals. Berlin 1899.
— Bau des Oder-Spree-Kanals. Z. Bauw. 1890, S. 369 und 1899.
Sympher: Die wirtschaftliche Bedeutung des Rhein-Elbe-Kanals. Berlin: Siemenroth & Troschel 1899.
Rehder: Der Elbe-Trave-Kanal. Druck v. Gebr. Bochert, Lübeck 1900.
Thiele: Einwirkung des Schiffahrtsbetriebes auf die Sohle und Böschungen des Dortmund-Ems-Kanals. 4. Frage des VIII. Internationalen Schiffahrtskongresses, Paris 1900.
Haack, R.: Schiffswiderstand und Schiffsbetrieb. Berlin 1900.
Thiele: Schiffswiderstand auf Kanälen. Zentralbl. Bauverw. 1901, S. 345.
— Bau des Dortmund-Ems-Kanals. Z. Bauw. 1901, S. 38 und 1902, S. 99.
Suppan: Wasserstraßen- und Binnenschiffahrt. Berlin-Grunewald: A. Troschel 1902.
Havestadt: Der Teltow-Kanal. D. Bauzgt. 1903.
Thiele: Schiffswiderstand auf Kanälen. Z. Binnensch. 1904.
Landmark, A.: Über Fischwege oder Lachstreppen. Svensk Fiskeri-Tidschrift 1904, Heft 1.
Block: Elektrische Treideleiversuche und Einführung des elektrischen Schleppbetriebes auf dem Teltowkanal. Z. Binnensch. 1905, S. 139.
Block: Die Betriebseinrichtungen des Teltowkanals. ETZ 1906, S. 513.
— Abmessungen der Kanäle und Kanalschiffe. Ö. W. 1906, S. 714.
Verhandlungen des Verbands-Ausschusses über die Abmessungen der Kanäle und Kanalschiffe. Dresden 18. und 19. Dez. 1906. Druck v. H. S. Hermann, Berlin.
Block: Die Betriebseinrichtungen des Teltowkanals. ETZ 1906, Heft 22—25.
Sympher: Elektrischer Schiffszug in Amerika. Zentralbl. Bauverw. 1906, S. 495.
Havestadt u. Contag: Der Bau des Teltowkanals. Z. Bauw. 1906, S. 311, 467 u. 641.
Scholer: Die Erweiterung des Kaiser-Wilhelm-Kanals. Zentralbl. Bauverw. 1907, S. 461.
Fülscher: Neuere Verhandlungen über den Ausbau des Panamakanals. Z. Bauw. 1907, S. 231.
Verhandlungen des Verbands-Ausschusses über das Schleppmonopol (festgestellt in der Sitzung in Lindau i. B. am 31. V.). Berlin, Druck von H. S. Herrmann 1907.
Engels, H. u. Fr. Gebers: Über Schleppversuche mit Kanalkahnmodellen in unbegrenztem Wasser und in drei verschiedenen Kanalprofilen, ausgeführt in der Übigauer Versuchsanstalt. Jahrb. Schiffsbaut. Ges. Berlin 1907.
Verhandlungen des Verbands-Ausschusses über die Zugkraft auf den neuen Kanälen (in Lindau i. B. 31. Mai und 1. Juni 1907). Druck von H. S. Hermann, Berlin.
Sympher, Thiele, Block: Untersuchungen über den Schiffahrtsbetrieb auf dem Rhein-Weser-Kanal. Berlin 1907.
Teubert: Der zukünftige Binnenschiffahrtsbetrieb auf den durchgehenden Hauptwasserstraßen der Verbandsländer. Groß-Lichterfelde 1907.
— Über die Organisation des Schleppbetriebes auf Binnenwasserstraßen. Z. Binnensch. 1907, S. 330.
— Die württembergischen Großschiffahrtspläne. Z. Binnensch. 1908, S. 254.
Schliemann: Die künstliche Dichtung des Kanalbettes in der Scheitelhaltung des Großschiffahrtsweges Berlin—Stettin. Z. Bauw. 1910, Heft 7—9.
Korten: Über die bergpolizeilichen Verordnungen und die baulichen Vorkehrungen zum Schutze des Rhein-Herne-Kanals gegen die Einwirkungen des Bergbaues.
Thierry de: Berechnungen über Flutströmungen in Kanälen. Internationaler Schiffahrtskongreß von Chikago 1911.
Gebers, Fr.: Über den Stand der praktischen Erkenntnis der Wasserbewegung des fahrenden Kanalschiffes, gefolgert aus Modellversuchen. Z. Binnensch. 1911, S. 566.
Krey: Modellversuche über den Schiffahrtsbetrieb auf Kanälen. Heft 107 der Mitteilungen über Forschungsarbeiten, Berlin 1911.
Tincauzer, E.: Der Bau des Panamakanals. Z. Bauw. 1911, S. 503 u. 611.
Germelmann, W.: Abmessungen von Kanälen mit großem Verkehr usw. XII. Intern. Schiffahrtskongreß, Philadelphia 1912, 1. Abt., 2. Frage.
Ekdahl: Über die Bewegung des Wassers in Kanälen und natürlichen Wasserläufen. Leipzig 1912.
Thierry, G. de: Abmessungen der Seekanäle mit Rücksicht auf die mutmaßlichen Größenverhältnisse zukünftiger Seeschiffe. XII. Intern. Schiffahrtskongreß, Philadelphia 1912, 2. Abt., 2. Frage.
Corthell, Elmer E.: Abmessungen der Seekanäle mit Rücksicht auf die mutmaßlichen Größenverhältnisse zukünftiger Seeschiffe. XII. Intern. Schiffahrtskongreß, Philadelphia 1912, II. Abt., 2. Frage.

Mattern, E. u. Max Buchholz: Schlepp- und Schraubenversuche im Oder-Spree-Kanal und im Großschiffahrtsweg Berlin—Stettin. Leipzig: Engelmann 1912.
Gerhardt, P.: Die Fischwege. H. d. I.-W. 3. Teil, 2. Bd., 1. Abt., 4. Aufl. 1912.
Haesler: Erfahrungen bei Herstellung der Tondichtung in der Scheitelhaltung des Großschiffahrtsweges Berlin—Stettin. Zentralbl. Bauverw. 1912, S. 325.
Koss: Die Wassereisenbahn. Ö. W. 1912, S. 671.
Heuberg-Taales: Der Rhein-Nordsee-Kanal. Berlin: Julius Springer 1912.
Herrmann: Zum Bau des Rhein-Herne-Kanals. Zentralbl. Bauverw. 1912, S. 217 u. 242.
Sympher: Das Schleppmonopol auf dem Rhein-Weser-Kanal. Zentralbl. Bauverw. 1912, S. 579 u. 598.
Franzius, O.: Sookanal und der Panamakanal. Z. d. V. 1912.
Sympher: Das Anwachsen der deutschen Binnenschiffahrt von 1875—1910. Z. Binnensch. 1913, S. 3.
Mattern: Der Großschiffahrtsweg Berlin—Stettin. Z. V. d. I. 1913, S. 1331.
Gährs u. Prietze: Betriebseinrichtungen beim Bau der neuen Ostseeschleusen des Kaiser-Wilhelm-Kanals. Z. Bauw. 1913, S. 313 u. 501.
Mattern: Der Großschiffahrtsweg Berlin—Stettin. Z. Bauw. 1913, Heft 7—9.
Sympher u. Helmershausen: Schiffbarmachung von Flüssen durch Stautore. Z. Bauw. 1914. Auch als Sonderdruck erschienen. Berlin 1914.
Beiheft zur Karte der Deutschen Schiffahrtsstraßen und ihrer Anschlüsse im Auslande. Berlin: Gea-Verlag G. m. b. H. 1914.
Groth: Die Erweiterung des Kaiser-Wilhelm-Kanals. Zentralbl. Bauverw. 1914, S. 366 u. 373.
Fraser: Der Panamakanal, seine Entstehung und Bedeutung. Leipzig 1914.
Franzius, O.: Der Panamakanal. Z. V. d. I. 1914.
Franzius, O.: Der Panamakanal. Z. V. d. I. 1914; 1915, S. 413, 442.
Havestadt u. Contag: Denkschrift betreffend die Fortsetzung des Rhein-Hannover-Kanals bis zur Elbe. Magdeburg, Fabersche Buchdruckerei 1915.
— Elektrische Treidellokomotiven an den Schleusen des Panamakanals. Engin. Record Nr. 5 vom 30. I. 1915.
Unger u. Bräuler: Die Lehmdichtung der Strecke Datteln—Hamm des Rhein-Herne-Kanals. Zentralbl. Bauverw. Nr. 7 und 9 vom 22. und 29. I. 1916.
Franzius, O.: Die wirtschaftliche und politische Bedeutung der Binnenschiffahrt. Zeitschr. f. Techn. u. Wirtsch. 1917.
Bubendey: Die Elbschiffahrt und ihre Fortsetzung zur Donau. Hamburg: Heroldsche Buchhandlung 1916.
Franke: Die Überführung des Ems-Weser-Kanals über die Leine bei Hannover. Z. Bauw. 1917, Nr. 4/6.
Schäfer: Kanaldichtung unter Wasser am Rhein-Herne-Kanal. Zentralbl. Bauverw. Nr. 63 vom 4. VIII. 1917.
Sympher: Abmessungen neuer Hauptwasserstraßen. Zentralbl. Bauverw. 1918, Nr. 7 u. 8.
Bubendey: Die Wasserstraßenentwürfe für Mitteleuropa und ihre Beziehungen zu den deutschen Seeschiffhäfen. Jahrb. Haf. Ges. 1918, S. 45.
Franzius, O.: Denkschrift betreffend die Vollendung des Mittellandkanals durch Ausbau der Mittellinie, Magdeburg 1918. Druck von E. Baensch jun., Magdeburg.
— Die Vollendung des Mittellandkanals. Selbstverlag der Vereinigung zur Förderung der südlichen Linie des Mittellandkanals. Druck von G. Westermann, Braunschweig 1918.
Franzius, O.: Die technische Ausgestaltung unserer Kanäle. Z. V. d. I. 1919, S. 645.
Kölle: Der Großschiffahrtsweg vom Main zur Donau und seine zweckmäßigste Linienführung. Druck von E. Adelmann, Frankfurt/Main 1919.
Franzius, O.: Entwurf für eine Schiffbarmachung der Leine von Hannover bis Northeim (Denkschrift). Ind. u. Handelsk. Hannover 1919.
— Denkschrift über den Großschiffahrtsweg Rhein—Main—Donau. Main—Donau-Stromverband München 1920.
Böhmler: Der Rhein-Neckar-Donau-Kanal. Sonderdruck aus den Vereinsmitteilungen des südwestdeutschen Kanalwesens. Stuttgart 1920.
— Amtliche Denkschrift. Der Mittellandkanal und die durch ihn bedingten Ergänzungsbauten an vorhandenen Wasserstraßen (Min. der öff. Arbeiten). Berlin, 1. II. 1920.
— Der Mittellandkanal. Ergänzungen zur Denkschrift vom 1. II. 1920.
— Der Küstenkanal. Kanalverbindung von der Ems bei Dörpen zur Unterweser über Kampe—Oldenburg—Elsfleth. Bearb. im Auftr. des Oldenburg. Staatsministeriums. Herbst 1920. Druck von A. Littmann, Oldenburg i. O.
de Thierry: Kanal- und Hafenbau in „Die Technik im XX. Jahrhundert". Braunschweig: G. Westermann 1921.
Franzius, O.: Die deutschen Wasserstraßen und die Eisenbahnen. Verk. Woche 1921, S. 277.
Kern, W.: Die südwestdeutschen Wasserstraßen und ihre Hafenanlagen. Jahrb. Haf. Ges. 1921, S. 60.

Tiefenzahlen der Flüsse.

Strom	Pegelstelle	Zeit der Beobachtung	Errechnete Fahrtiefe bei NW	Errechnete Fahrtiefe bei MW	Errechnete Fahrtiefe bei höchstem schiffbaren HW	Verhältnis zur Fahrtiefe[1]) bei MW. NW	Verhältnis zur Fahrtiefe[1]) bei MW. HW	Neuere mittl. gepeilte Fahrtiefen bei MNW	Neuere mittl. gepeilte Fahrtiefen bei MW	Neuere mittl. gepeilte Fahrtiefen bei HSchHW
Weser	Hann.-Münden	1871	0,65	1,55	4,79	0,42	3,09	0,83	1,75	4,64
	Holzminden . .	bis	0,80	1,70	4,65	0,47	2,74	—	—	—
	Minden	1900	1,00	2,00	5,02	0,50	2,51	1,09	2,08	4,54
	Nienburg . . .		1,00	2,00	7,14	0,50	3,57	1,47	2,69	5,95
	Baden		1,00	2,35	6,12	0,43	2,60	1,44	2,81	5,63
Elbe	Dresden . . .	1875	1,03	2,06	3,59	0,50	1,74	—	—	—
	Torgau	bis	1,08	2,39	6,14	0,45	2,57	1,13	2,60	5,80
	Wittenberg . .	1895	1,23	2,53	4,94	0,49	1,95	1,06	2,44	4,72
	Magdeburg . .		1,26	2,36	5,16	0,53	2,19	1,27	2,40	5,37
	Sandau		1,45	2,77	6,20	0,52	2,24	1,36	2,66	6,43
	Darchau . . .		1,46	2,75	—	0,53	—	1,16	2,48	—
Oder	Ratibor	1873	0,50	1,20	3,16	0,42	2,64	0,50	1,50	3,60
	Oppeln	bis	1,50	1,80	4,02	0,83	2,23	—	—	4,20
	Breslau	1892	1,10	2,10	6,00	0,52	2,86	—	—	4,60
	Glogau		0,90	1,80	3,94	0,50	2,18	0,90	2,20	4,70
	Krossen. . . .		0,90	1,80	3,73	0,50	2,07	0,85	2,00	4,00
	Frankfurt . . .		1,00	2,00	3,84	0,50	1,92	0,80	1,95	5,20
	Küstrin		1,00	2,00	3,63	0,50	1,82	0,70	1,90	4,60
Memel	Schmalleningk.	1871	1,90	3,50	8,38	0,54	2,40	—	—	—
	Tilsit	bis	1,90	3,50	7,47	0,54	2,14	—	—	—
Russ	Sellen	1895	1,50	2,40	6,87	0,63	2,86	—	—	—
Weichsel	Thorn	1871	1,10	2,10	5,48	0,52	2,61	—	—	—
	Graudenz . . .	bis	1,40	2,40	5,43	0,58	2,26	—	—	—
	Dirschau . . .	1895	1,80	3,00	6,17	0,60	2,06	—	—	—
	Rothebude . .		1,40	2,00	3,20	0,70	1,60	—	—	—
Rhein	Basel	1908	0,70	1,60	3,51	0,44	2,20	—	—	—
	Straßburg . . .	bis	0,70	1,60	3,40	0,44	2,12	—	—	—
	Ludwigshafen .	1923	2,00	4,20	8,55	0,48	2,04	—	—	—
	Mainz		2,00	2,75	6,26	0,73	2,28	2,00	2,92	4,75
	Caub		2,25	3,35	7,75	0,67	2,32	2,00	2,94	—
	Ehrenbreitstein		2,50	3,60	8,65	0,69	2,40	2,50	3,44	7,20
	Bonn		2,50	3,60	8,48	0,69	2,36	2,50	3,63	—
	Köln		3,00	4,40	9,62	0,68	2,18	3,00	4,25	7,80
	Orsoy		3,00	4,40	9,71	0,68	2,20	3,00	4,29	—
	Wesel		3,00	4,40	9,62	0,68	2,18	3,00	4,46	—
	Tiel		3,00	3,80	—	0,79	—	—	—	—
	Zalt Bommel .		3,00	3,80	—	0,79	—	—	—	—
	Rotterd. Fey.		6,00	7,40	—	0,81	—	—	—	—
	Rotterd. Harr.		8,00	9,40	—	0,85	—	—	—	—
Main	Bischberg . . .	ge-	0,90	1,90	4,00	0,47	2,10	0,70	1,60	4,35
	Haßfurt . . .	peilt	0,90	1,90	4,15	0,47	2,18	0,70	1,45	3,50
	Würzburg . . .	1911	0,90	1,70	4,06	0,53	2,14	0,90	1,60	4,05
	Wertheim . . .	bis	0,90	1,70	3,66	0,53	2,16	0,90	1,60	3,70
	Aschaffenburg .	1920	0,90	1,70	3,86	0,53	2,86	0,90	1,60	3,90
	Hanau kanalis.	seit 1921	1,00	1,60	—	0,62	—	2,50	2,50	4,59
Donau	Neuulm . . .		0,45	1,10	1,60	0,41	1,45	0,45	1,10	1,60
	Ingolstadt. . .	1911	0,60	1,60	2,90	0,38	1,81	0,60	1,60	2,90
	Kelheim . . .	bis	0,90	1,95	3,50	0,46	1,79	0,90	1,70	3,70
	Regensburg . .	1920	1,50	2,33	4,16	0,64	1,79	1,40	2,40	4,90
	Passau		1,30	2,30	4,32	0,56	1,88	1,40	3,00	5,60
	Linz		2,55	4,10	7,91	0,62	1,93	2,55	3,80	7,45
	Spitz		2,30	3,80	7,97	0,61	2,10	2,30	3,75	7,25
	Wien		2,60	4,20	7,87	0,62	1,87	2,60	4,10	7,50

[1]) Die Verhältniszahlen für NW und HW beziehen sich auf MW = 1,0.

Diese Formel tritt später nicht wieder in Erscheinung, aber darin, daß die Fliehkraft verhältnisgleich r, die Anziehung, wie gleich näher erläutert, verhältnisgleich $\frac{1}{r^2}$ ist, liegt der Hauptschlüssel zum Verständnis der Ebbe- und Fluterscheinung. Diese Kräfte dürfen nicht mit den Schleuderkräften der Erde infolge ihrer täglichen Rotation verwechselt werden. Letztere sind ohne Einfluß auf die Gezeiten.

Jetzt muß die Anziehungskraft der Sonne betrachtet werden. Nach dem Newtonschen Gesetz ändert sich die Anziehungskraft eines Körpers im umgekehrten Verhältnis des Quadrats der Entfernung der angezogenen Körper vom anziehenden, d. h. das Produkt aus Anziehungskraft und Quadrat des Abstandes des angezogenen Punktes ist unveränderlich, wohin er sich auch bewege. Es ist die Anziehungskraft

$$\text{in } A\colon\quad G_{sa} = G_s \cdot \frac{n^2}{(n-1)^2}, \qquad \text{in } B\colon\quad G_{sb} = G_s \cdot \frac{n^2}{(n+1)^2},$$

da beide Punkte gegenüber dem Erdmittelpunkt um einen Erdradius der Sonne näher oder ferner sind.

Diese Kräfte muß man mit der konstanten Fliehkraft zusammensetzen. Man erhält dann für Punkt A einen Überschuß an Anziehungskraft nach der Sonne hin, nämlich

$$\varDelta G_s = G_s \cdot \frac{n^2}{(n-1)^2} - S_e \quad \text{und da} \quad S_e = G_s \text{ war,}$$

$$\varDelta G_s = G_s \cdot \left(\frac{n^2}{(n-1)^2} - 1\right) = G_s \cdot \frac{2n-1}{(n-1)^2}.$$

Da $n = 23\,312$ ist, darf man, wie die Reihenentwicklung zeigt, ohne wesentlichen Fehler setzen

$$\varDelta G_s = \frac{2}{n} \cdot G_s.$$

In B ergibt sich Überschuß an Fliehkraft, dort ist

$$\varDelta S_e = S_e - G_s \cdot \frac{n^2}{(n+1)^2} = \frac{2n+1}{(n+1)^2} \cdot G_s,$$

welcher Wert übergeht in $\varDelta S_e = \frac{2}{n} \cdot G_s$. Absolut genommen ist $\varDelta G_s$ nur annähernd gleich $\varDelta S_e$, man darf aber ohne wesentlichen Fehler setzen $\varDelta G_s = \varDelta S_e$. Diese Kraft $\varDelta G_s$ ist nun genau gleicher Art wie die Schwerkraft der Erde. Die Größe von $\varDelta G_s = (-)\,\varDelta S_e$ läßt sich nun nach Newton leicht für Sonne und Mond finden. Man denkt sich die Masse der Erde M_e im Erdmittelpunkt vereinigt, dann ist bei dem Erdradius r und der Erdmasse M_e die Erdanziehung an der Oberfläche $G_e = \frac{M_e}{r^2}$. Die Sonnenmasse sei $M_s = q_s \cdot M_e = 327000\ M_e$, die Mondmasse $M_m = q_m \cdot M_e = 0{,}0125\ M_e$ $\left[\text{genau } \frac{1}{81{,}45}\ M_e\text{[1])}\right]$. Die Halbmesser von Sonnen- und Mondbahn seien $r_s = n_s \cdot r = 23340\ r$ und $r_m = n_m \cdot r = 60{,}3 \cdot r$ (bei $r = 6377$ km). Dann ist für den Erdmittelpunkt gerechnet, für die Sonne

$$G_s = \frac{M_s}{r_s^2} = \frac{q_s}{n_s^2} \cdot \frac{M_e}{r^2} = \frac{q_s}{n_s^2} \cdot G_e,$$

für den Mond $G_m = \frac{q_m}{n_m^2} \cdot G_e$. Daraus folgt die fluterzeugende Kraft für Sonne und Mond als:

$$\varDelta G_s = \frac{2}{n} G_s = \frac{2 \cdot q_s}{n_s^3} G_e, \qquad \varDelta G_m = \frac{2\,q_m}{n_m^3} G_e.$$

Setzt man die Zahlenwerte ein, so folgt:

$$\varDelta G_s = \frac{1}{19\,440\,000} G_e \quad \text{und} \quad \varDelta G_m = \frac{1}{8\,510\,000} G_e, \quad \text{sowie} \quad \frac{\varDelta G_m}{\varDelta G_s} = 2{,}28.$$

Durch das Auftreten von $\varDelta G_s$ und $\varDelta S_e = -\varDelta G_s$ und $\varDelta G_m$ und $-\varDelta G_m$, die entgegengesetzt der Schwerkraft nach außen wirken, wird letztere in beiden Punkten vermindert und damit auch das Gewicht des Wassers. Diese Kräfte $\varDelta G_s$ und $\varDelta S_e$ usw. nehmen von A und B nach den Punkten N und N_1 (Abb. 59) allmählich bis auf Null ab.

Man sieht an dem Kräftebild, daß nur in den Punkten A und B die Richtung von $\varDelta G_s$ und $\varDelta S_e$ mit der der Schwerkraft G zusammenfällt. Man muß diese Kräfte daher zum weiteren

[1]) Alle genannten Zahlenwerte sind Durchschnittswerte.

wobei für die drei Grenzfälle für Hermanek ist:

$$1)\quad C_1 = \frac{Q^2}{943\,J_o}\,\frac{1}{F_m^2\,t_m^2}, \qquad 2)\quad C_2 = \frac{Q^2}{1156\,J_o}\,\frac{1}{F_m^2\,t_m^{1,5}},$$

$$3)\quad C_3 = \frac{Q^2}{2500\,J_o}\cdot\frac{1}{(1{,}004 + 0{,}01\,t_m)^2\,t_m\,F_m^2}.$$

Das folgende Beispiel zeigt das Verfahren genauer.

Beispiel (Abb. 78). Ein Fluß von $b = 40$ m Spiegelbreite zwischen senkrechten Ufern (Bollwerke), $t = 1{,}25$ m mittlere Tiefe, $J_o = 0{,}576$ m/km Gefälle und $Q = 48$ cbm/sek. Wassermenge wird durch ein Wehr um 1,05 m angestaut. Wieviel Meter hinter dem Wehr beträgt der Stau noch 0,05 m? Man berechne die einzelnen Stauweiten $\varDelta X$ für die Stauunterschiede $\varDelta t_1 = \varDelta t_2 = \ldots 0{,}2$ m, also für die Stauhöhen von 0,85 m, 0,65 ... 0,05 m. Es werden die Formeln (2) und (1) verwendet. Die Stauhöhen werden so gewählt, daß die Strecken $\varDelta X_4$ und $\varDelta X_5$ beiderseits an die Wassertiefe 1,5 m grenzen. Für $\varDelta t_1$ bis $\varDelta t_4$ gilt somit die Formel (2), für $\varDelta t_5$ Formel (1).

Es ist

$$\frac{\varDelta t}{J_s} = \frac{0{,}2}{0{,}000576} = 348 \text{ m};$$

Es werden eingeführt:

$$C_2 = \frac{Q^2}{1156\,J_o}\cdot\frac{1}{F_m^2\cdot t_m^{1,5}} = \frac{3450}{F_m^2\cdot t_m^{1,5}}$$

und

$$C_1 = \frac{Q^2}{943\,J_o}\cdot\frac{1}{F_m^2\cdot t_m^2} = \frac{4230}{F_m^2\cdot t_m^2}$$

und

$$\delta_2 = 1 - C_2, \qquad \delta_1 = 1 - C_1.$$

Dadurch erhalten wir hier die einfachen Werte:

$$\varDelta X_{1\text{ bis }4} = \frac{\varDelta t}{J_o}\cdot\frac{1}{\delta_2} = \frac{348}{\delta_2} \qquad \text{und} \qquad \varDelta X_5 = \frac{\varDelta t'}{J_o}\cdot\frac{1}{\delta_1} = \frac{348}{\delta_1}.$$

Die Berechnung ergibt sich dann aus folgender Tafel:

Strecke Nr.	t_m m	F_m qm	$t_m^{1,5}$	F_m^2	$C_2 = \frac{3450}{F_m^2\cdot t_m^{1,5}}$	$\delta_2 = 1 - C_2$	$\varDelta X = \frac{\varDelta t}{J_o}\cdot\frac{1}{\delta_2} = \frac{348}{\delta_2}$ Ergebnis nach Hermanek m	Vergleichsrechnung: $\varDelta X'$ Ergebnis nach Bazin m	Vergleichsrechnung: $\varDelta X''$ Ergebnis nach Lindboe m	Bemerkungen
Normalstrecke	1,25	50								
1	1,25+1,05 — 0,1 = 2,20	88	3,3	7750	0,135	0,865	403	408	393	Die Werte $\varDelta X'$ und $\varDelta X''$ sind aus der genannten Veröffentlichung entnommen
2	2,2 — 0,2 = 2,00	80	2,84	6400	0,190	0,81	430	435	423	
3	1,8	72	2,45	5200	0,270	0,73	477	488	462	
4	1,6	64	2,05	4100	0,410	0,59	590	610	568	
	t_m m	F_m qm	t_m^2 m	F_m^2	$C_1 = \frac{4230}{F_m^2\,t_m^2}$	$\delta_1 = 1 - C_1$	$\varDelta X = \frac{\varDelta t}{J_o}\cdot\frac{1}{\delta_1} = \frac{348}{\delta_1}$			
5	1,4	56	1,96	3140	0,688	0,312	1116	1100	1035	
$\Sigma\varDelta X$ = praktische Stauweite:							3016	3041	2879	

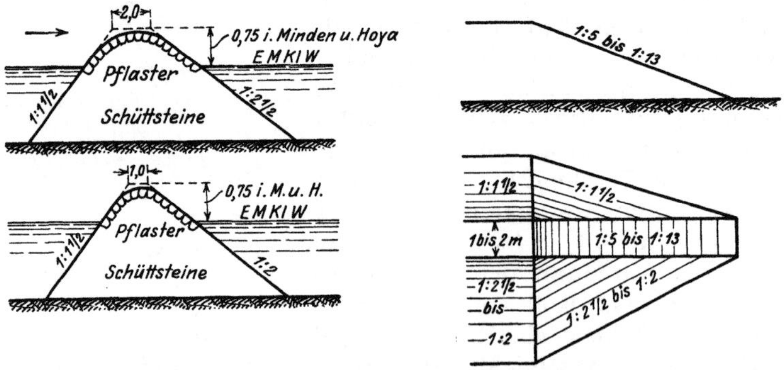

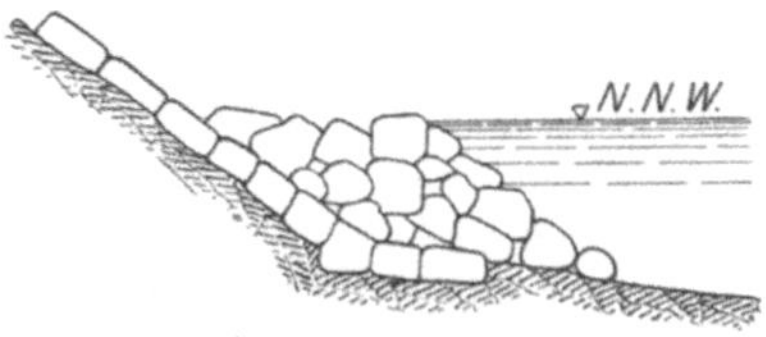

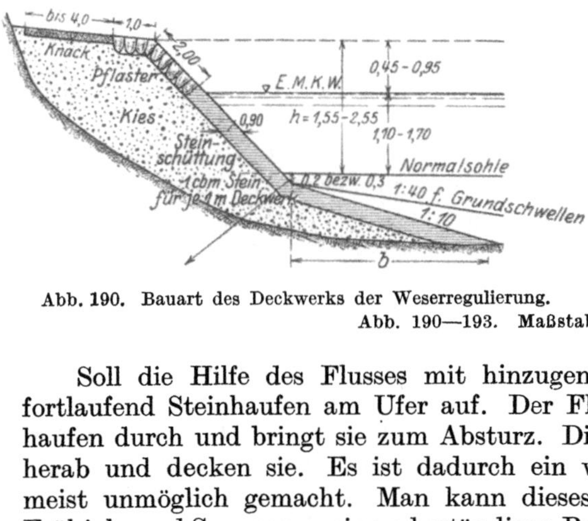

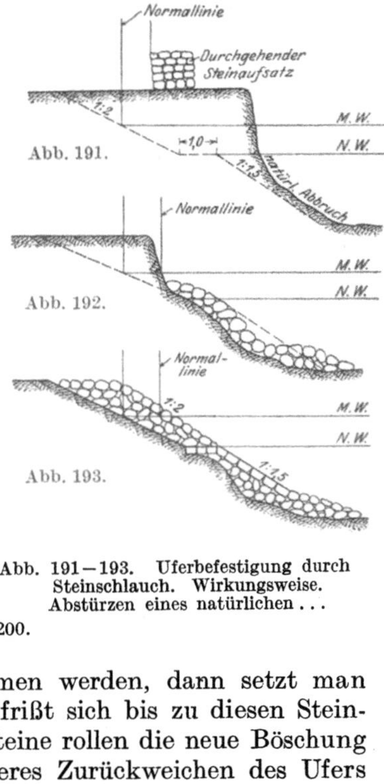

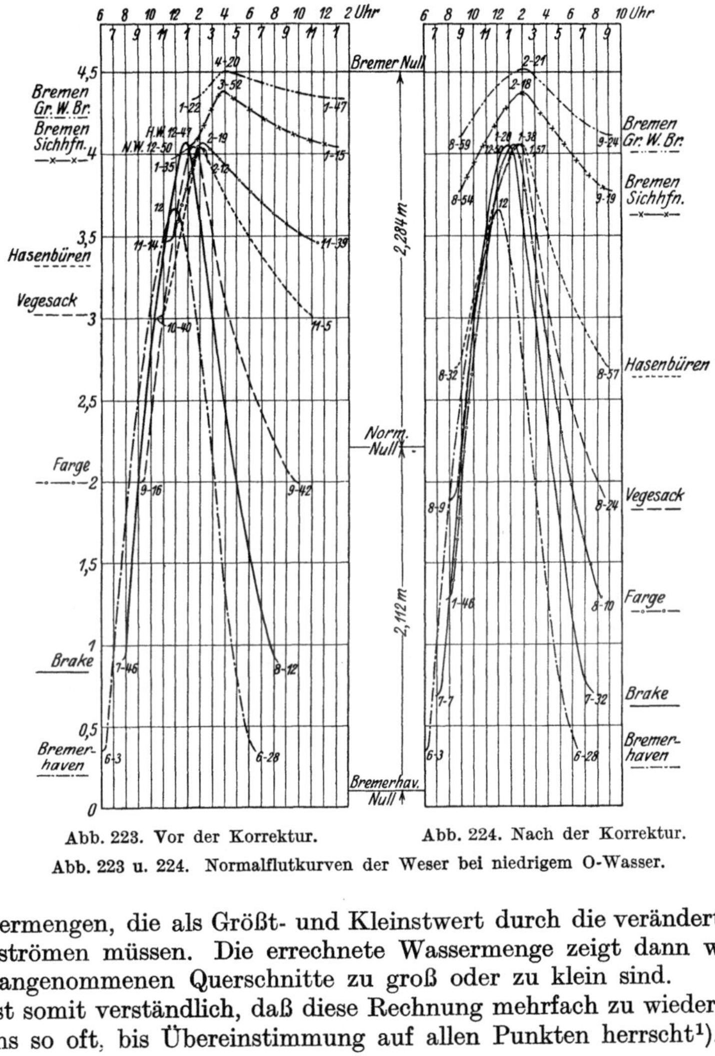

Schutz gegen Eisgang oder Wasserangriff nötig war, wurde starke Steinbelastung zwischen Flechtzäunen unter möglichst enger Packung von Bruchsteinen angewendet.

Tafel der mittlern Tiden nach Höhe Dauer, Fortschrittzeit und Geschwindigkeiten vor und nach der Korrektion.

A. Vor der Korrektion.

I. Normale Flutwelle bei mittlerem Oberwasser = 0,73 m an der Bremer Börsenbrücke[1]).

Bezeichnung der Profile nach Orten	Entfernung der Profile km	Höhen am Pegel: I. Niedrigwasser m	Höhen am Pegel: II. Hochwasser m	Flutgröße m	Dauer der Flut Std.	Dauer der Flut Min.	Dauer der Ebbe Std.	Dauer der Ebbe Min.	Fortschrittszeit des I. Niedrigwassers Std.	Fortschrittszeit des I. Niedrigwassers Min.	Fortschrittszeit des II. Hochwassers Std.	Fortschrittszeit des II. Hochwassers Min.	Fortschrittsgeschwindigkeit des I. Niedrigwassers m. f. d. Sek.	Fortschrittsgeschwindigkeit des II. Hochwassers m. f. d. Sek.	Bemerkungen
1. Bremerhaven .		0,26	3,56	3,30	5	57	6	28							
	26,93								1	42	—	47	4,30	9,50	
2. Brake		0,97	4,11	3,14	5	0	7	25							
	14,80								1	30	—	46	2,74	5,30	
3. Farge.		1,07	3,02	1,95	4	17	8	8							
	8,67								1	42	—	41	1,40	3,52	
4. Vegesack . . .		1,02	1,93	0,91	3	16	9	9							
	8,54								—	56	—	35	2,54	4,07	
5. Hasenbüren . .		0,84	1,10	0,26	2	55	9	30							
	8,46								1	39	1	34	1,42	1,50	
6. Bremen, Sicherheitshafen. . .		0,56	0,66	0,10	2	50	9	35							
	1,63														
7. Bremen, große Weserbrücke. .		0,73	0,73	0											Flutgrenze.
Zwischen Bremerhaven u. Bremen, groß. Weserbrücke	69,03								7	29	4	23	2,50	4,27	Mittlere Fortschrittsgeschwindigkeit mit Beachtung der Länge der einzelnen Strecken.

B. Nach der Korrektion.

II. Normale Flutwelle bei mittlerem Oberwasser = 0,73 m an der Bremer Börsenbrücke.

Bezeichnung der Profile nach Orten	Entfernung der Profile km	Höhen am Pegel: I. Niedrigwasser m	Höhen am Pegel: II. Hochwasser m	Flutgröße m	Dauer der Flut Std.	Dauer der Flut Min.	Dauer der Ebbe Std.	Dauer der Ebbe Min.	Fortschrittszeit des I. Niedrigwassers Std.	Fortschrittszeit des I. Niedrigwassers Min.	Fortschrittszeit des II. Hochwassers Std.	Fortschrittszeit des II. Hochwassers Min.	Fortschrittsgeschwindigkeit des I. Niedrigwassers m. f. d. Sek.	Fortschrittsgeschwindigkeit des II. Hochwassers m. f. d. Sek.	Bemerkungen
1. Bremerhaven .		0,26	3,56	3,30	5	57	6	28							
	26,96								1	4	—	50	7,0	9,0	
2. Brake		0,76	4,11	3,35	5	43	6	42							
	14,80								—	38	—	30	6,5	8,2	
3. Farge.		0,28	3,07	2,79	5	35	6	50							
	8,67								1	3	—	27	2,3	6,1	
4. Vegesack . . .		0,01	1,93	1,94	4	59	7	26							
	8,54								—	40	—	26	3,6	5,5	
5. Hasenbüren . .		0,02	1,10	1,12	4	45	7	40							
	7,41								1	—	—	57	2,4	2,5	
6. Bremen, Sicherheitshafen . .		0,34	0,66	0,32	4	42	7	43							
	1,63								—	19	—	5	1,4	5,03	
7. Bremen, gr. Weserbrücke .		0,60	0,80	0,20	4	28	7	57							
	6,82								—	—	—	—	—	—	
8. Habenhausen .		0,60	0,60	0	—	—	—	—							Flutgrenze.
Zwischen Bremerhaven u. Bremen, groß. Weserbrücke	67,98								4	44	2	55	4,0	6,6	Mittlere Fortschrittsgeschwindigkeit mit Beachtung der Länge der einzelnen Strecken.

[1]) Jetzt „Große Weserbrücke“.

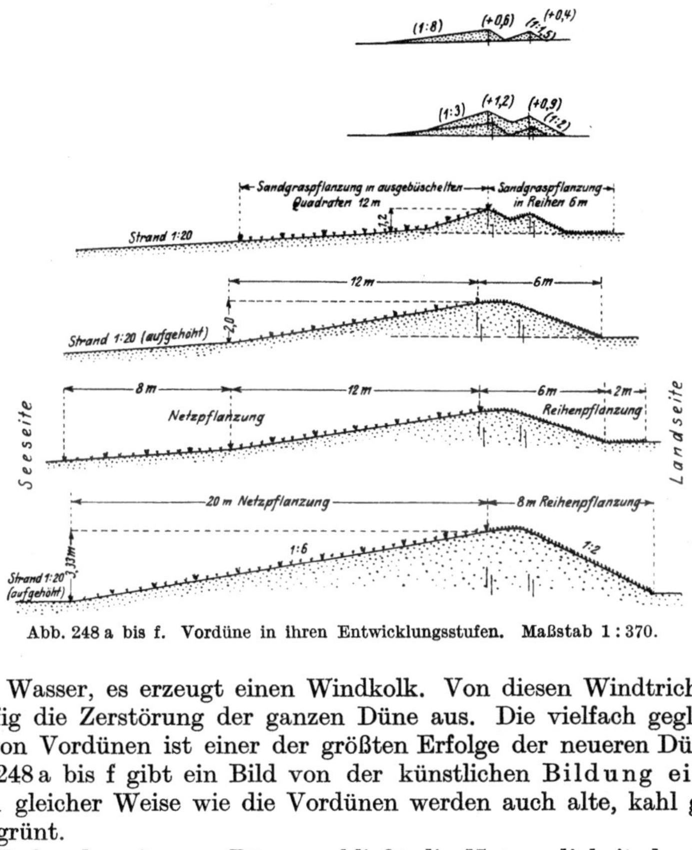

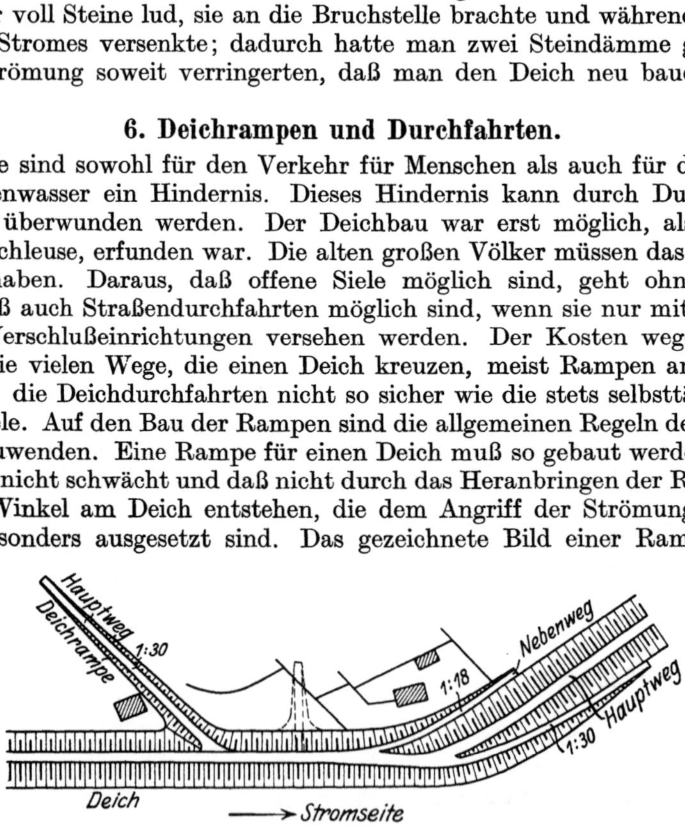

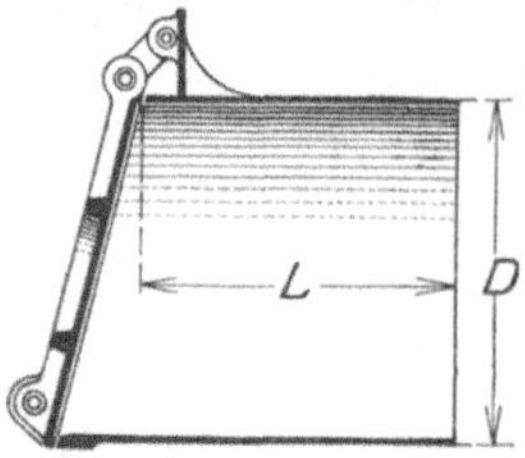

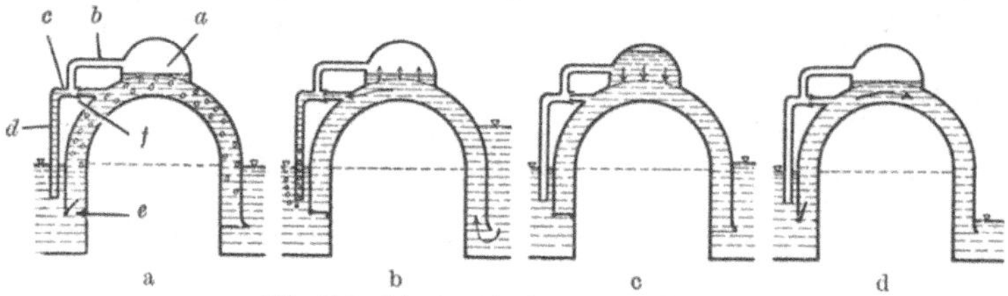

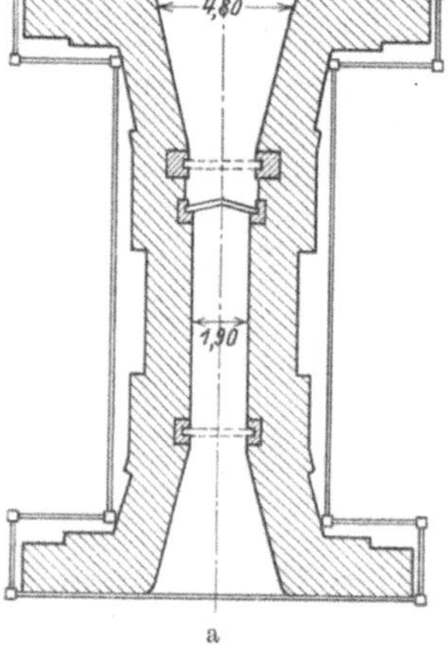

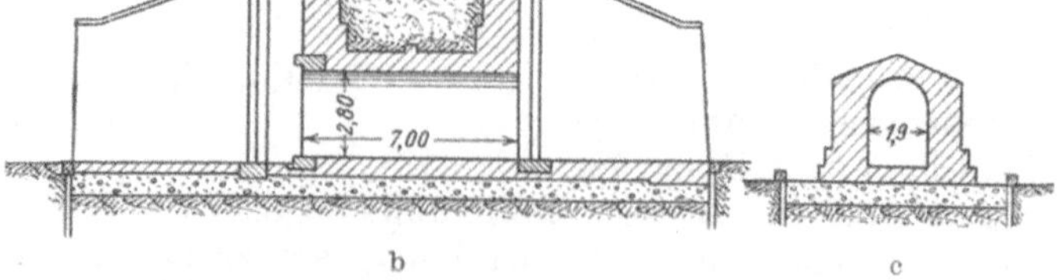

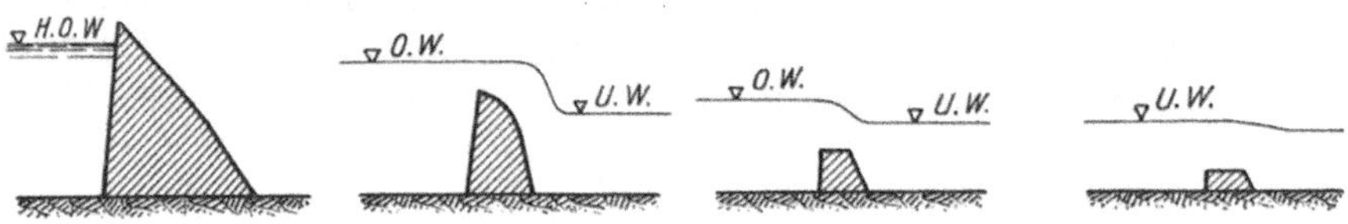

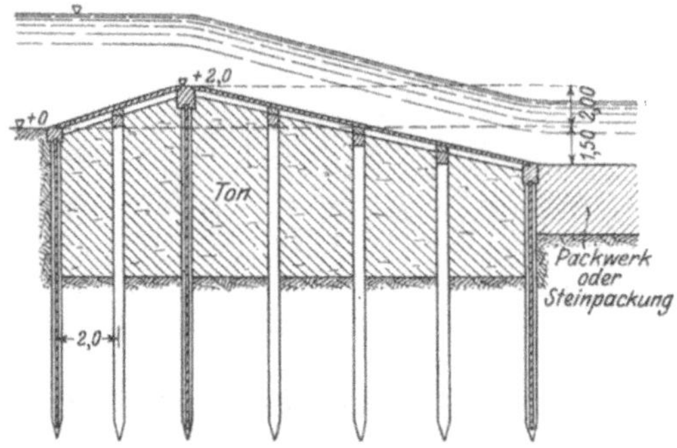

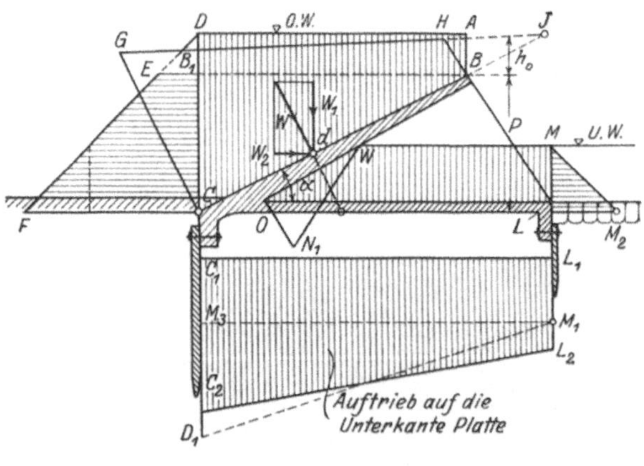

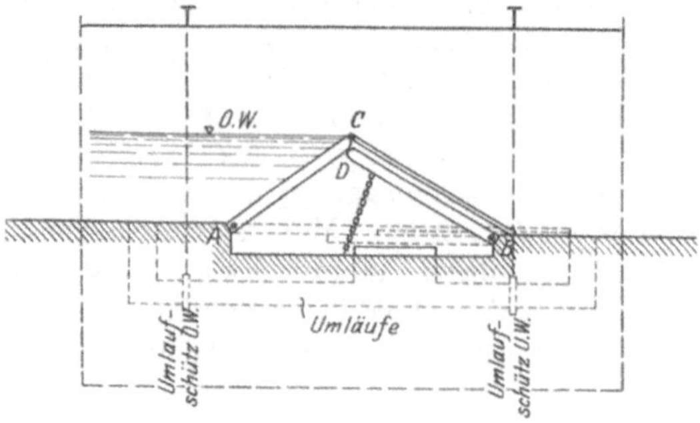

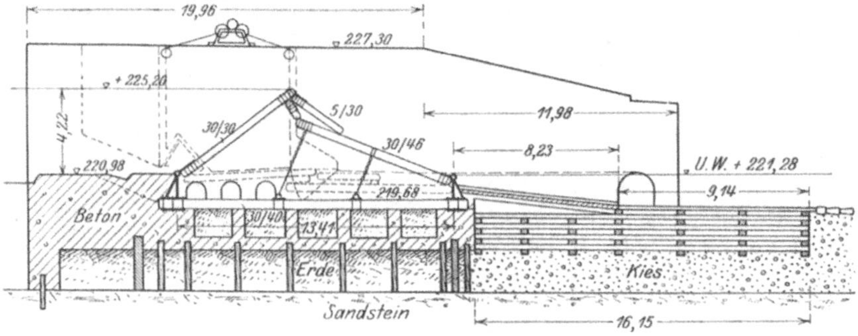

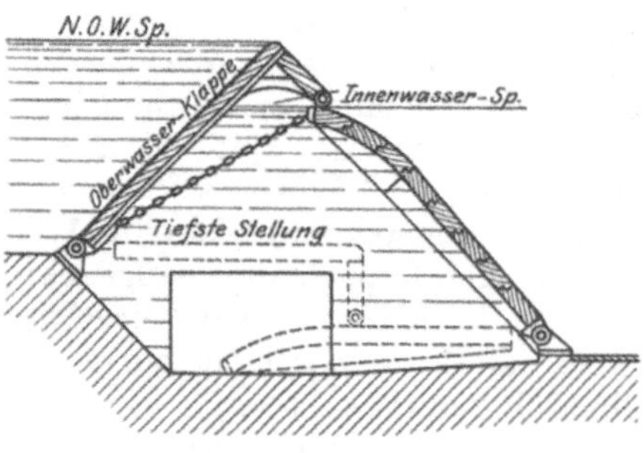

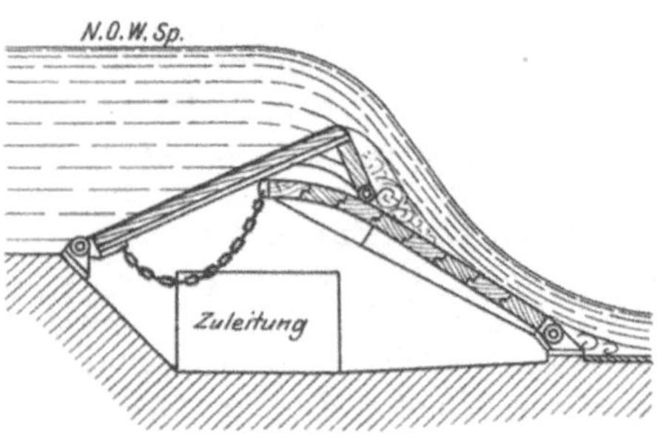

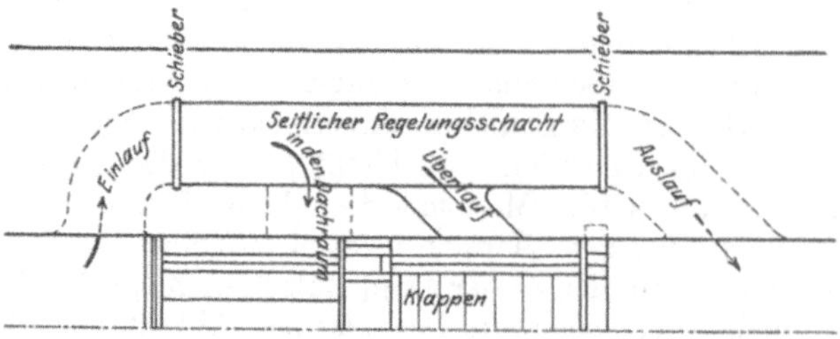

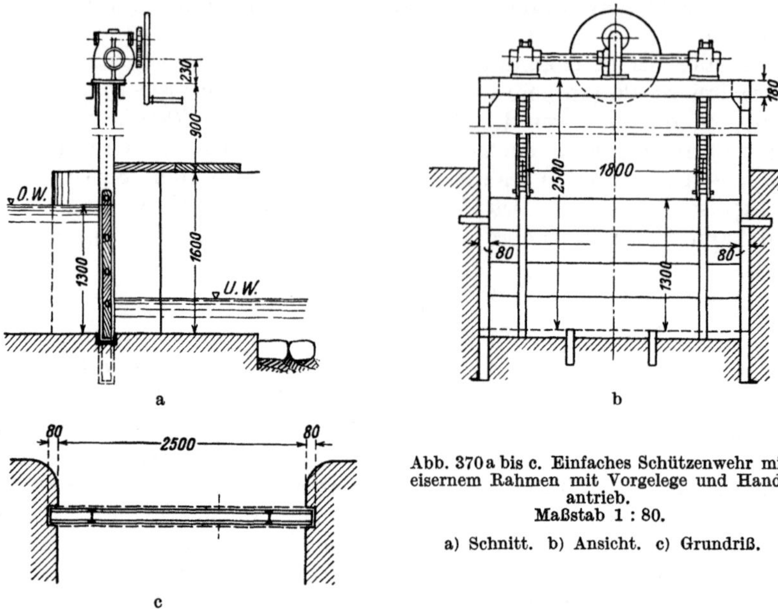

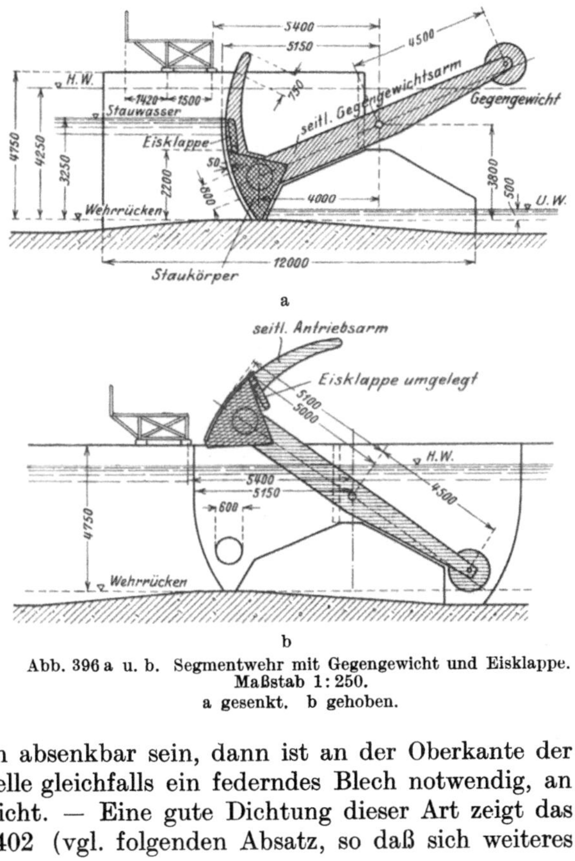

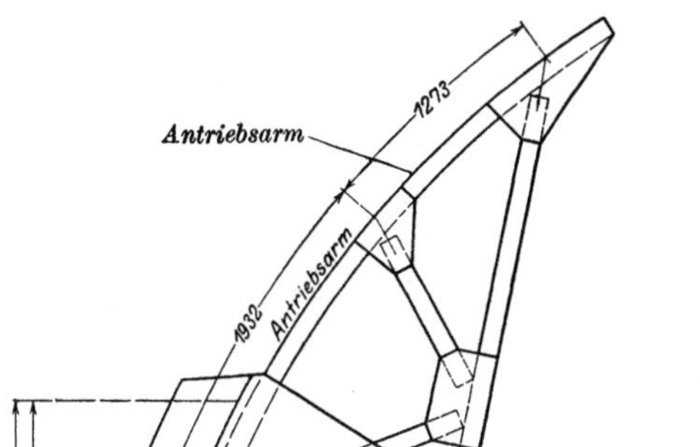

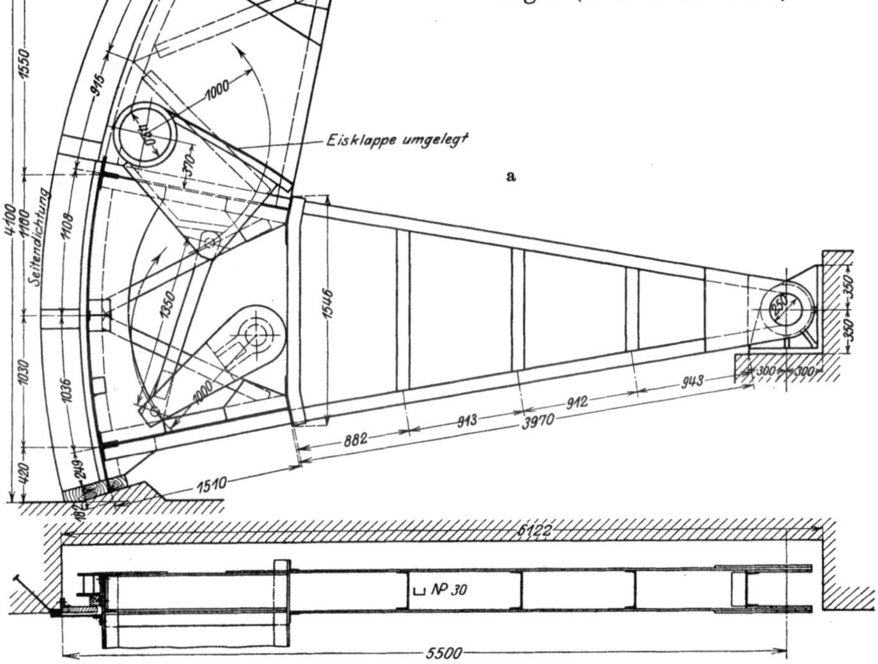

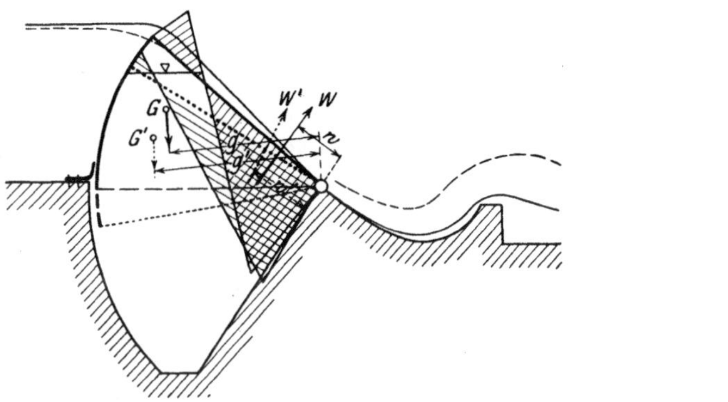

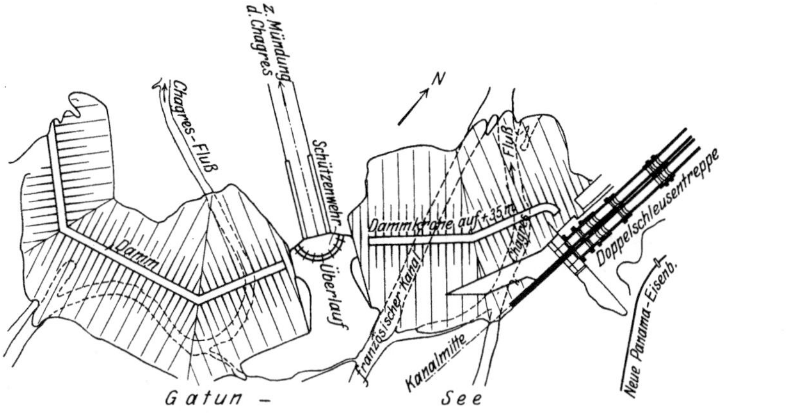

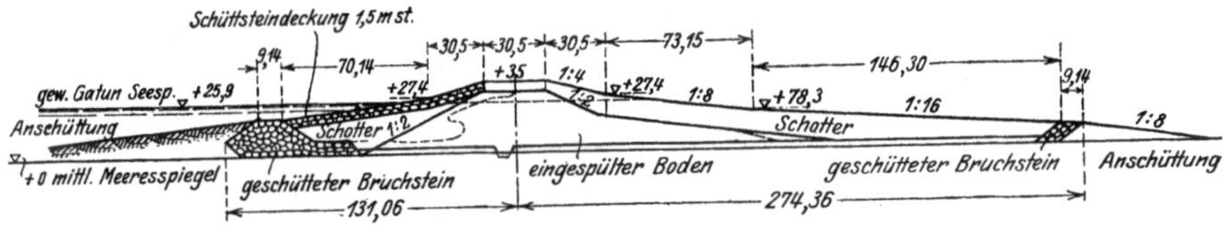

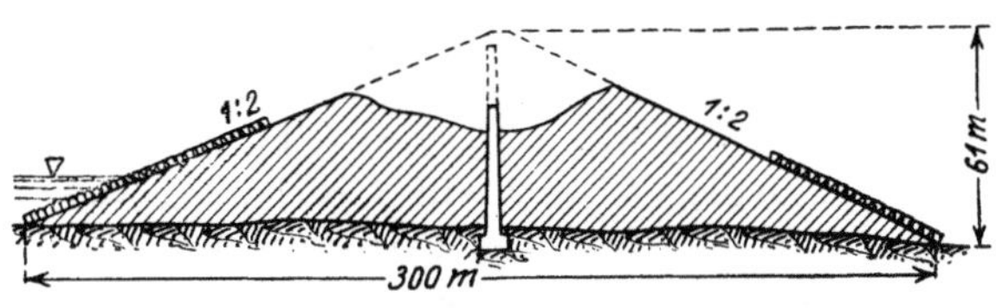

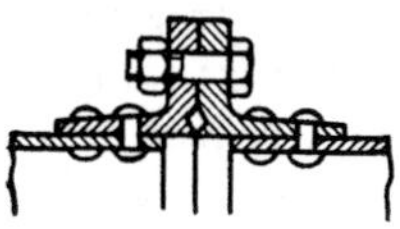

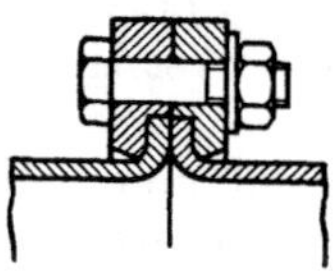

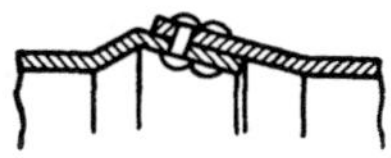

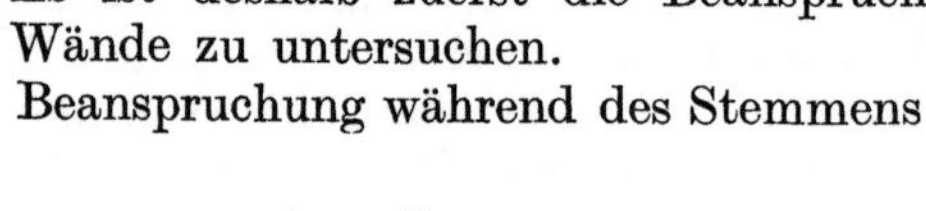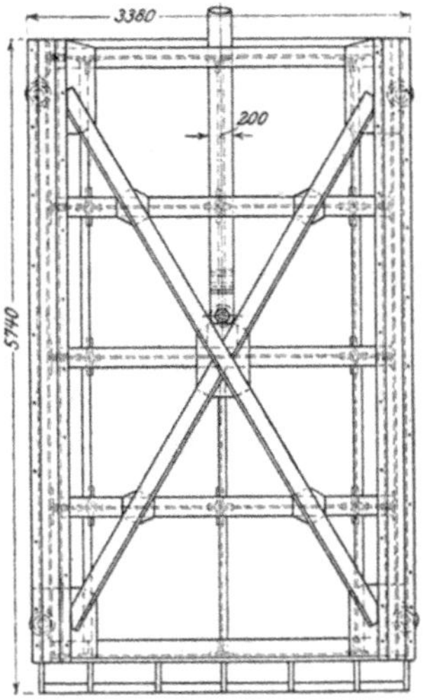

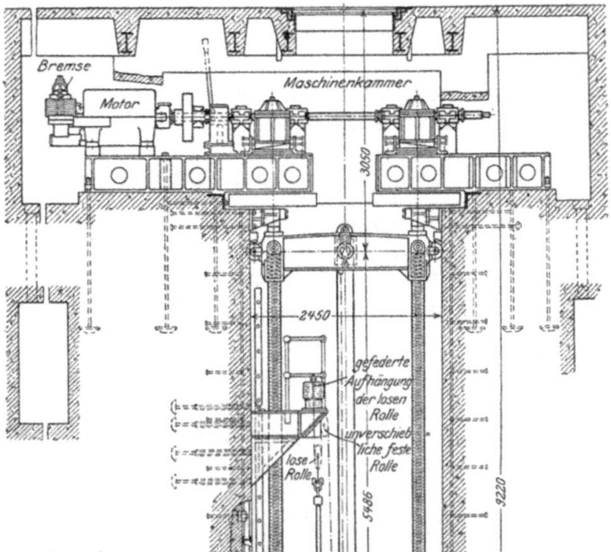

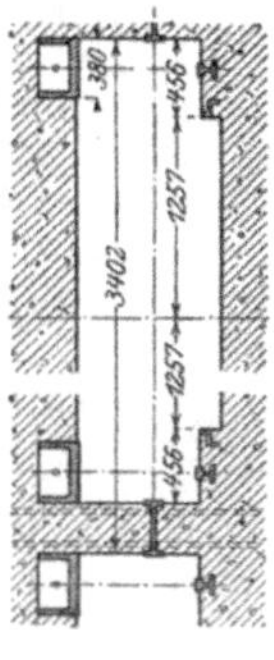

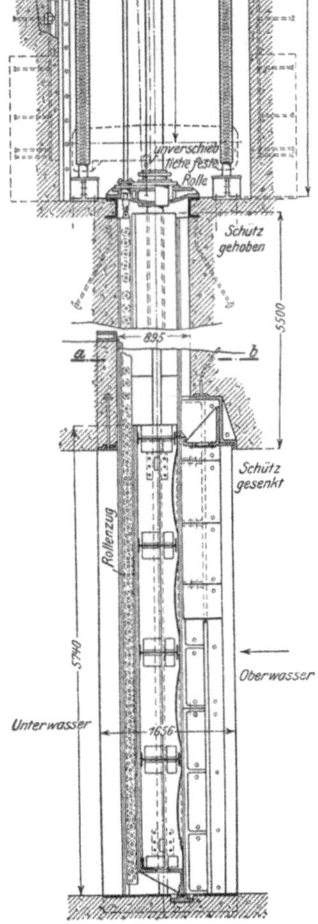

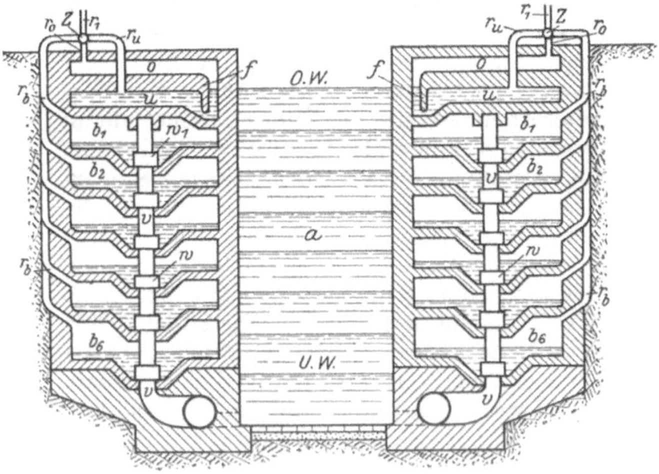

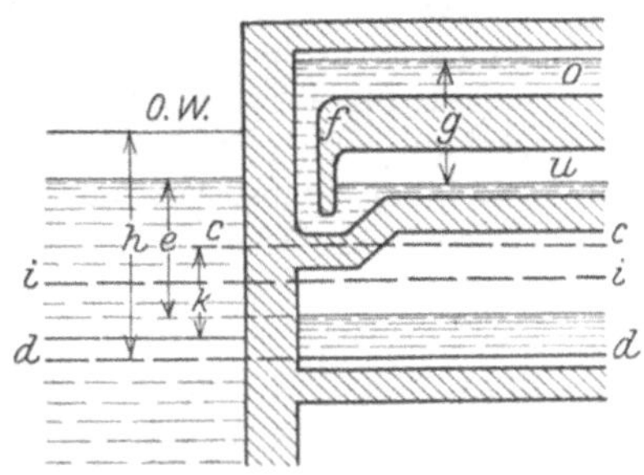

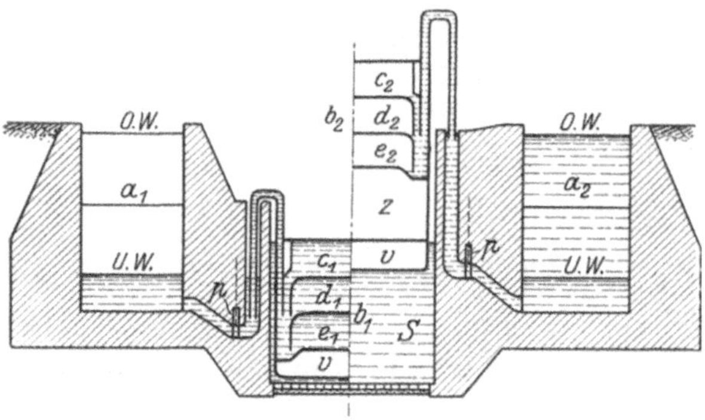

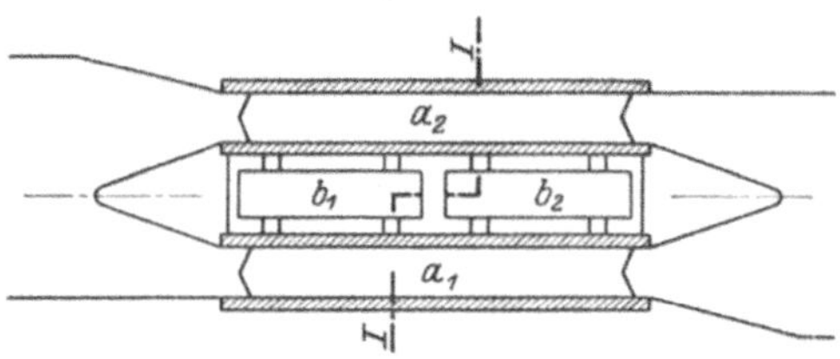

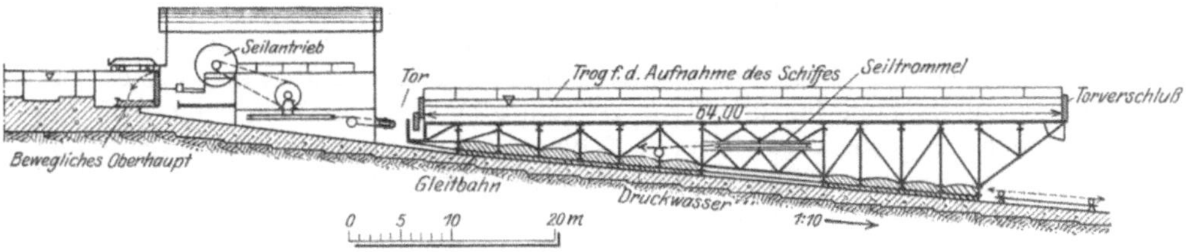

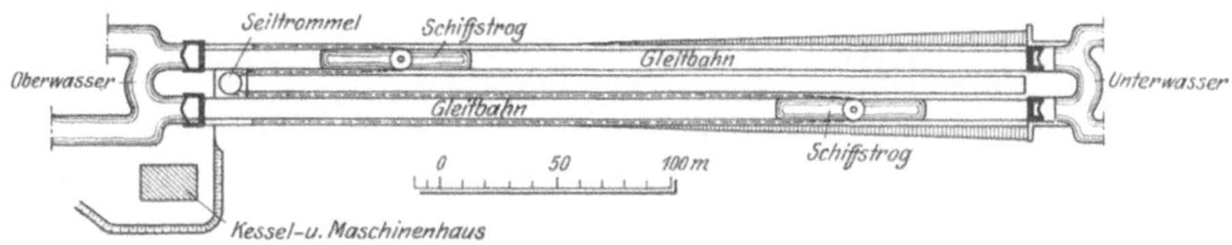

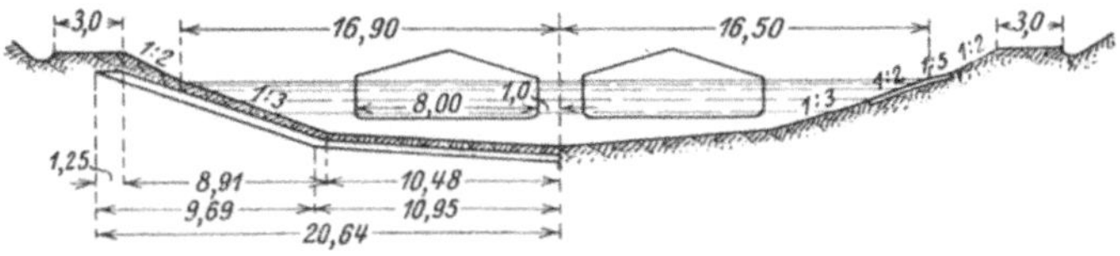

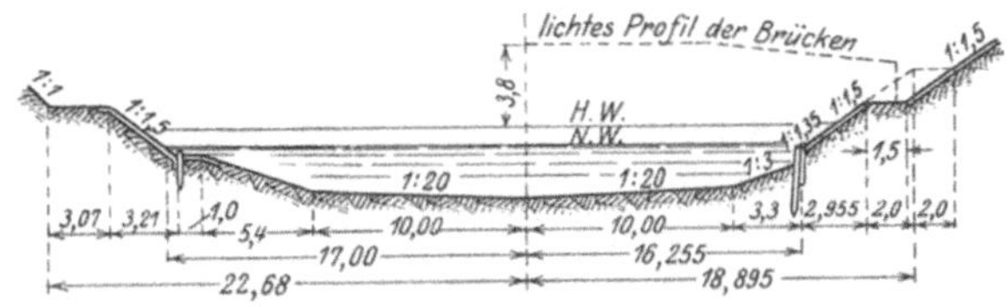

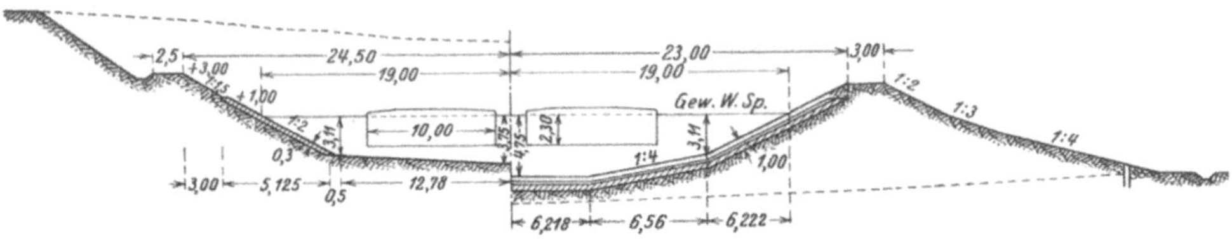

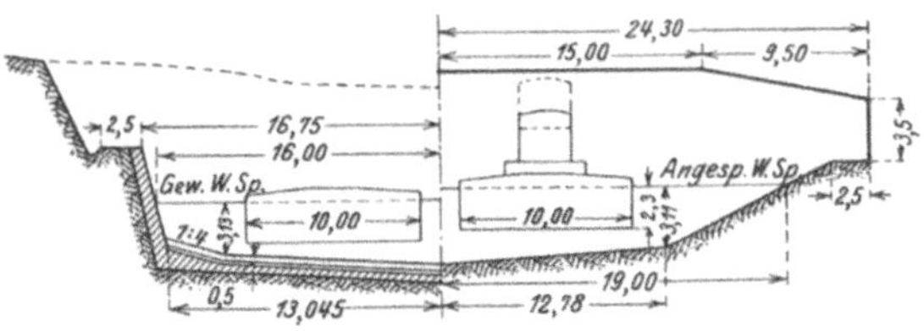

Wasserverbrauch der Mittellinie Hannover—Magdeburg für 8000 Schleusungen im Jahre (12 Mill. t/Jahr) (4000 für den Zweigkanal nach Hildesheim).

Monat (je 30 Tage)	Tägliche Schleusungszahl: Hauptkanal u. Zweigkanäle nach Rothensee und Staßfurt	Tägliche Schleusungszahl: Zweigkanal nach Hildesheim	Haltung + 65: Schleuse I: Torverluste	Haltung + 65: Schleuse I: Schleusungswasser	Haltung + 65: Pumpleistung	Haltung + 65: Verdunstung und Versikkerung	Haltung + 65: Schleuse II: Torverluste	Haltung + 65: Schleuse II: Schleusungswasser	Haltung + 65: Gesamtbedarf	Haltung + 65: Zuschuß d. Oker- u. Ecker-Talsperren	Haltung + 65: Pumpleistung bei Schleuse II	Haltung + 55: Verdunstung und Versikkerung	Haltung + 55: Torverluste Schleuse III u. V	Haltung + 55: Schleusungswasser: Schleuse III	Haltung + 55: Schleusungswasser: Schleuse V	Haltung + 55: Gesamtbedarf	Haltung + 55: Zufluß aus Haltung + 65	Haltung + 55: Pumpleistung bei Schleuse V
			Mill. cbm	Mill. cbm	Mill. cbm	Mill. cbm	Mill. cbm	Mill. cbm	Mill. cbm	Mill. cbm	Mill. cbm	Mill. cbm	Mill. cbm	Mill. cbm	Mill. cbm	Mill. cbm	Mill. cbm	Mill. cbm
Januar . .	7	4	0,40	2,13	2,53	1,64	0,26	2,07	3,97	3,66	0,31	2,62	0,84	2,50	0,90	6,86	1,80	5,06
Februar . .	11	6	0,39	3,34	3,73	1,64	0,26	3,26	5,16	3,66	1,50	2,62	0,84	3,92	1,42	8,80	1,79	6,99
März . . .	16	8	0,39	4,87	5,26	1,64	0,27	4,74	6,65	3,67	2,98	2,62	0,83	5,73	2,06	11,24	1,79	9,45
April . . .	24	12	0,39	7,30	7,69	1,64	0,27	7,11	9,02	3,67	5,35	2,62	0,83	8,58	3,08	15,11	1,79	13,32
Mai . . .	26	13	0,39	7,91	8,30	2,11	0,27	7,69	10,07	3,67	6,40	3,38	0,83	9,29	3,33	16,83	1,79	15,04
Juni . . .	27	14	0,39	8,21	8,60	2,11	0,27	7,98	10,36	3,67	6,69	3,38	0,83	9,65	3,46	17,32	1,79	15,53
Juli . . .	27	14	0,39	8,21	8,60	2,11	0,27	7,98	10,36	3,67	6,69	3,38	0,83	9,65	3,46	17,32	1,79	15,53
August . .	26	13	0,39	7,91	8,30	2,11	0,27	7,69	10,07	3,67	6,40	3,38	0,83	9,29	3,33	16,83	1,79	15,04
September .	27	14	0,39	8,21	8,60	2,11	0,27	7,98	10,36	3,67	6,69	3,38	0,83	9,65	3,46	17,32	1,79	15,53
Oktober . .	28	14	0,39	8,52	8,91	2,11	0,27	8,29	10,67	3,67	7,00	3,38	0,83	10,00	3,59	17,80	1,79	16,01
November .	26	13	0,39	7,91	8,30	1,64	0,26	7,69	9,59	3,66	5,93	2,62	0,84	9,29	3,33	16,08	1,79	14,29
Dezember .	20	10	0,40	6,08	6,48	1,64	0,26	5,92	7,82	3,66	4,16	2,62	0,84	7,15	2,58	13,19	1,80	11,41
	275	135	4,70	80,60	85,30	22,50	3,20	78,40	104,10	44,00	60,10	36,00	10,00	94,60	34,00	174,60	21,50	153,10
Für 4000 Schleusungen im Jahre (6 Mill. t/Jahr) (2000 für den Zweigkanal nach Hildesheim).																		
Das ganze Jahr . .	135	69	4,70	40,30	45,00	22,50	3,20	39,20	64,90	44,00	20,90	36,00	7,80	47,30	17,00	108,10	21,50	86,60

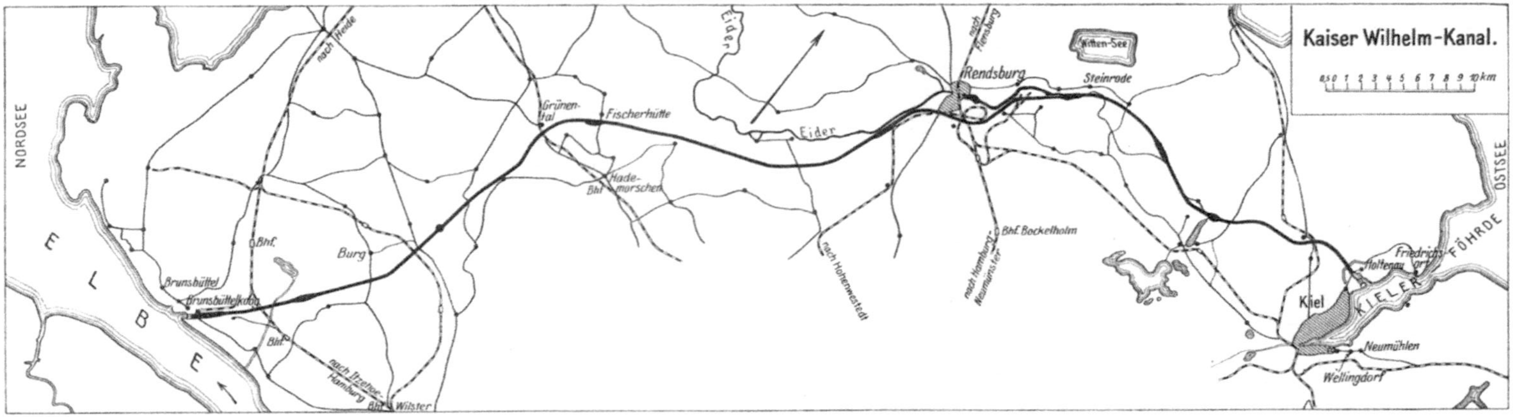

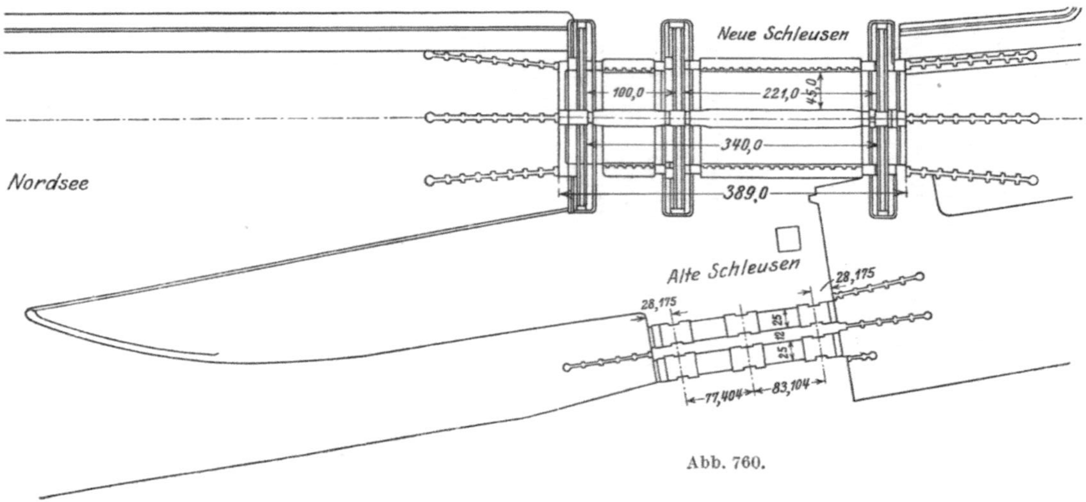

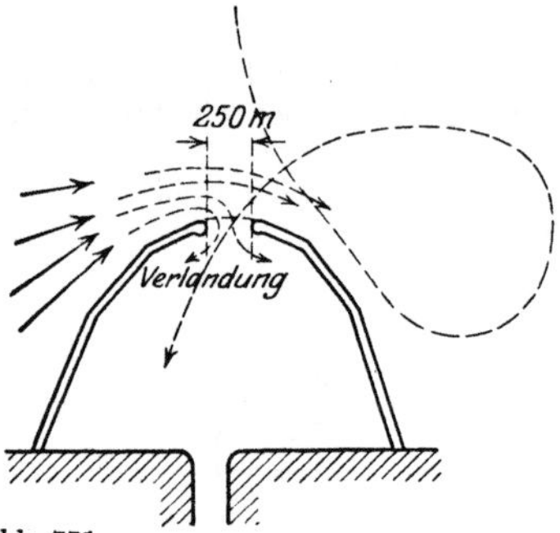

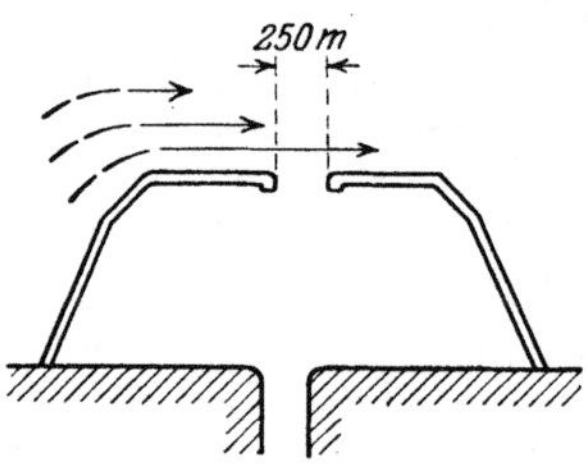

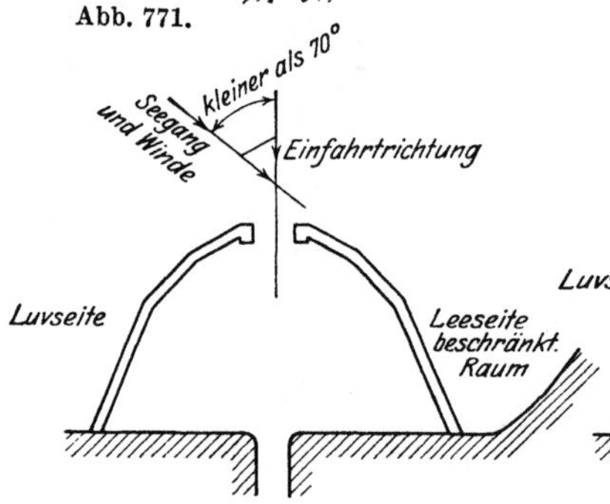

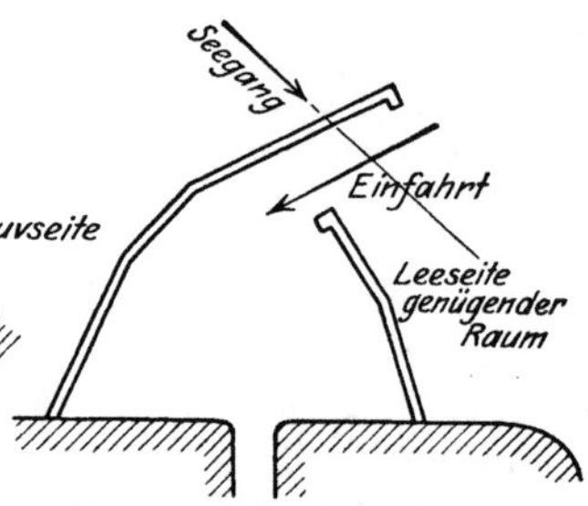

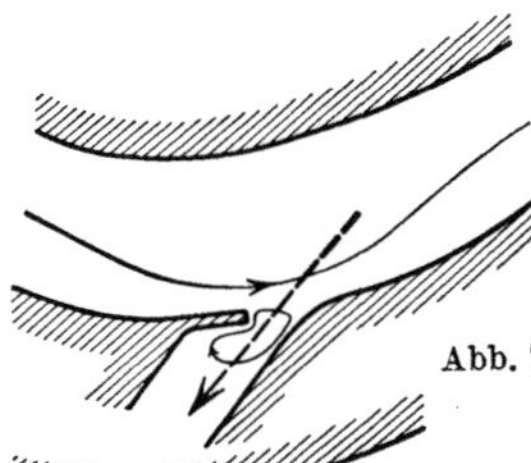
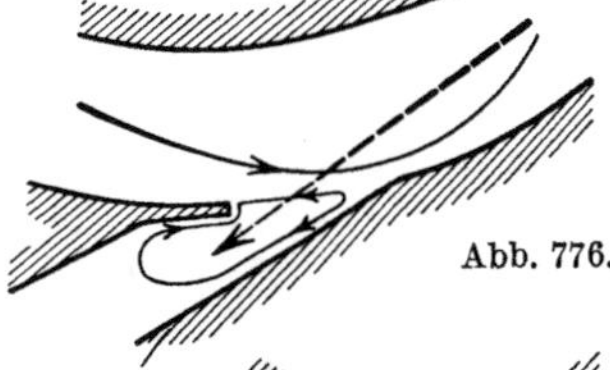
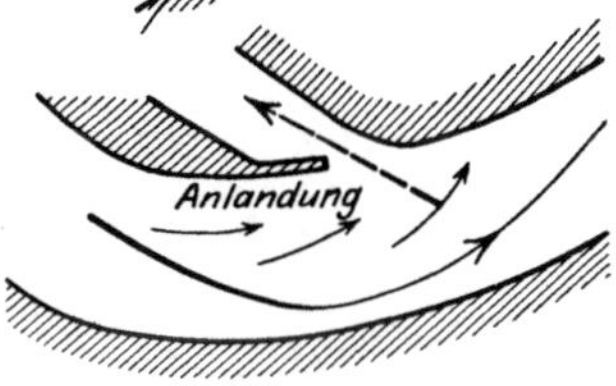

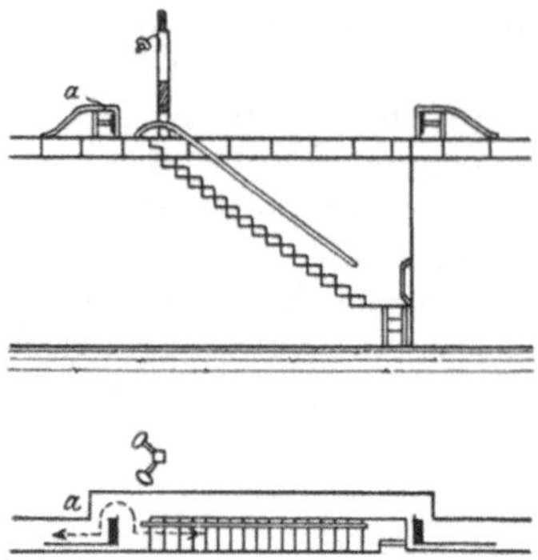

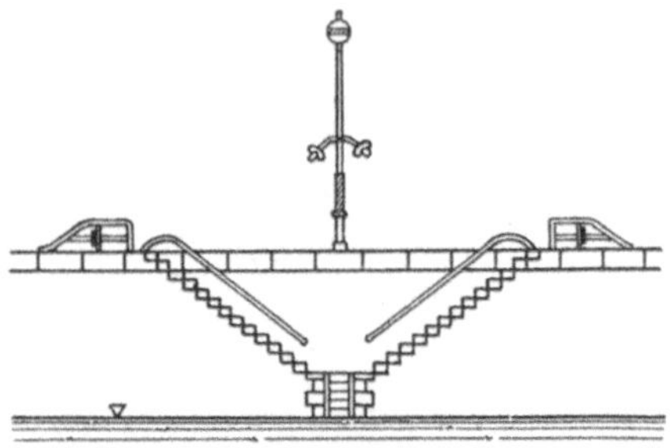

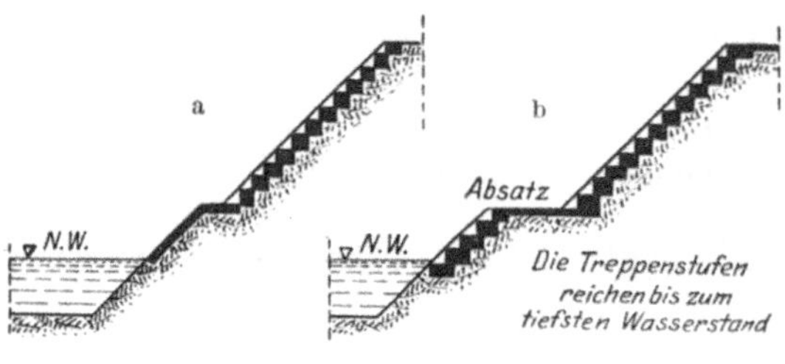

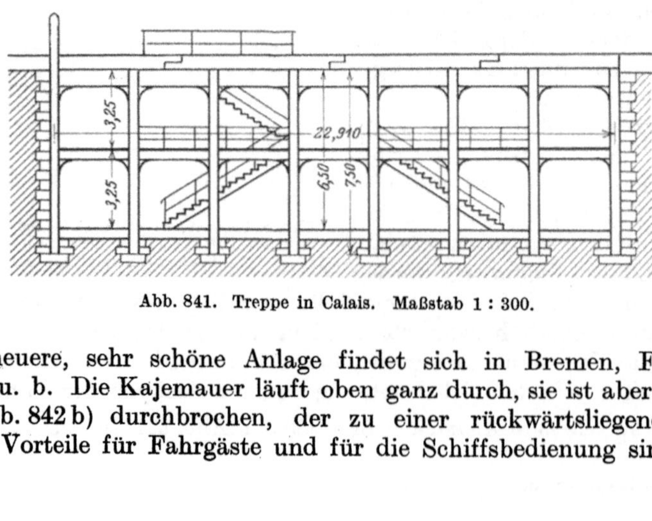

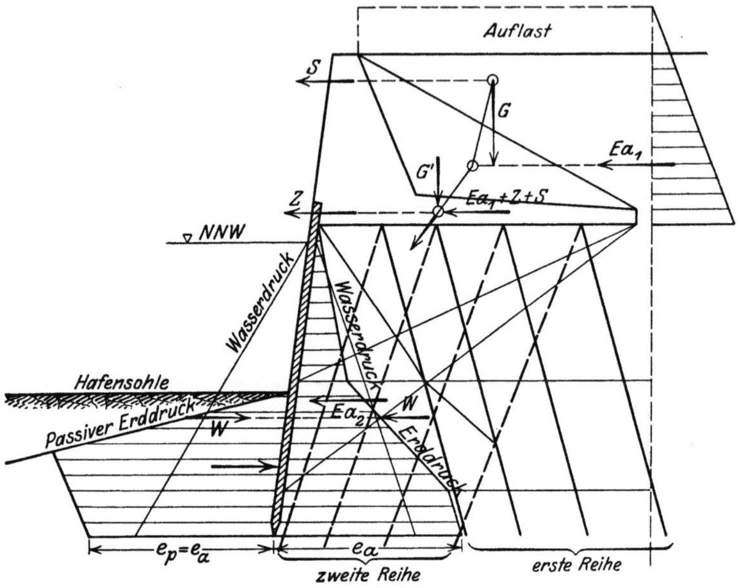

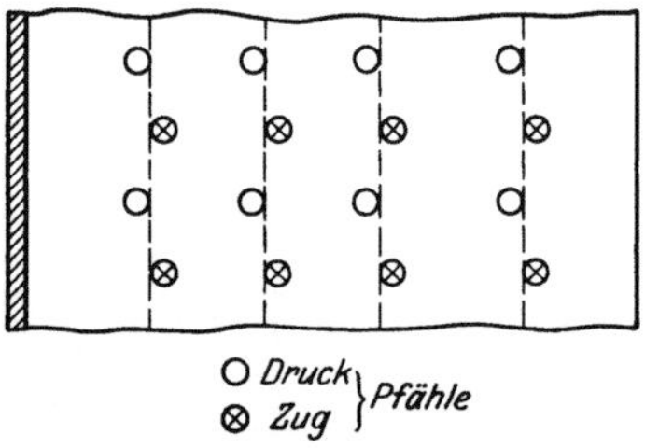

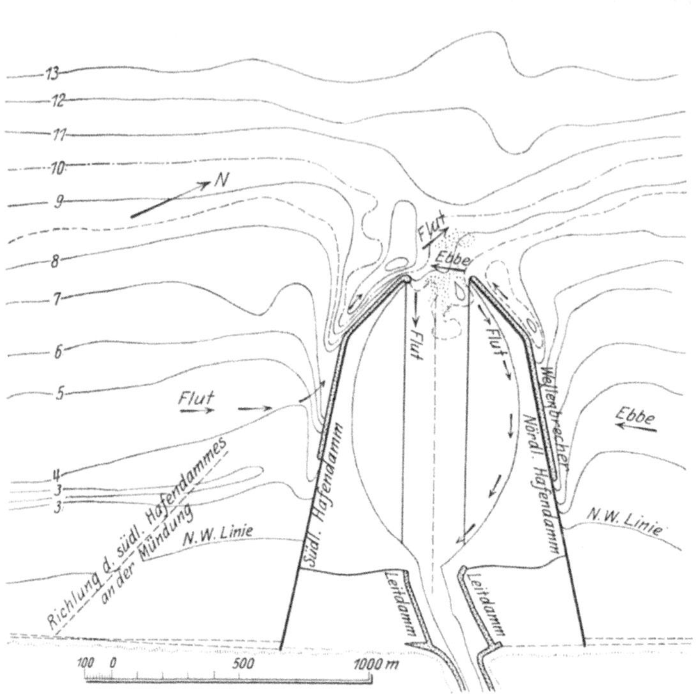

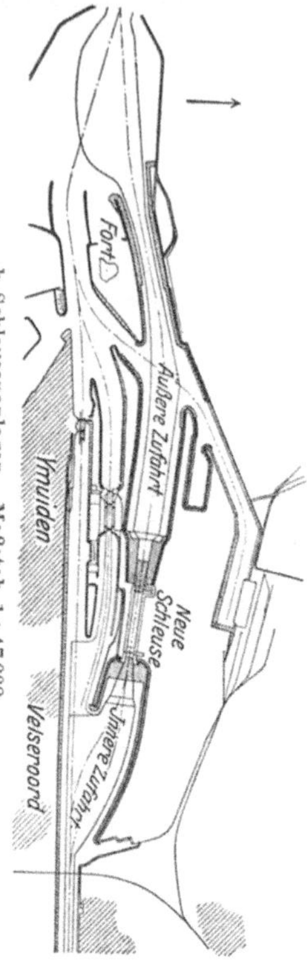

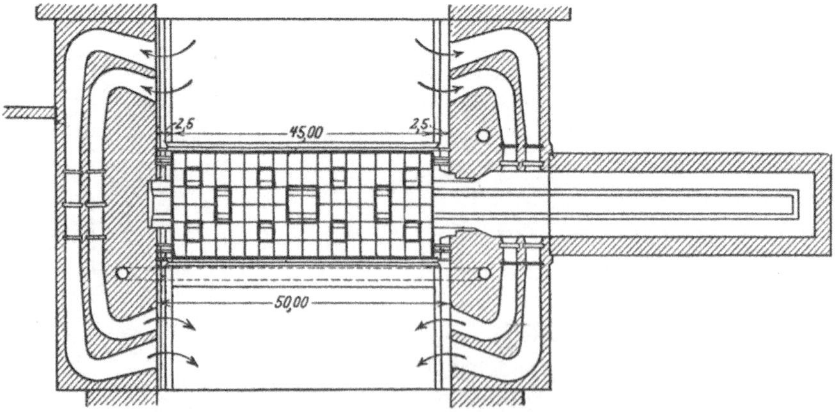

Kühn: Der Spannungszustand der Erdoberfläche bei Bodensenkungen. Zentralbl. Bauverw. 1921, S. 393.
Innecken: Der Weser-Main-Kanal. Wstrjahrb. 1921, S. 124.
Teubert, W.: Der Ausbau des Neckars und der Neckar-Donau-Kanal. Wstrjahrb. 1921, S. 111.
Krenzer: Die Großschiffahrtsstraße Rhein—Main—Donau. Wstrjahrb. 1921, S. 92.
Grassmann, v.: Der Übergang der Wasserstraßen auf das Reich. Wstrjahrb. 1921, S. 13.
— Die Ausgestaltung des nordwestdeutschen Kanalnetzes. Z. Binnensch. 1921, S. 122.
Helm: Vergleich der Wasserstraßen und Eisenbahnen in volkswirtschaftlicher Beziehung. Verk. Woche 1921, S. 115 u. 125.
Krey, H.: Die Wirkung der Schleusungen auf den Wasserstand und die Wasserbewegung in den Haltungen. Z. dt. Wasserv. 1921, S. 77.
Engels, H.: Der Schiffahrtskanal als Kraftwasserstraße. Wasserkraft 1922, S. 24.
Flügel: Der Hansakanal. Bremen 1922.
Engels: Die technischen Möglichkeiten der Niedrigwasserreglung der Elbe. Z. Binnensch. 1922/23, S. 277.
Helm: Wasserstraßen oder Eisenbahnen? Verkehrstechn. 1920, S. 417 und 1922, S. 18.
Plate: Der Hansakanal. Z. Binnensch. 1922/23 und Wstrjahrb. 1922.
Ottmann: Vom Rhein und dem Bingerloch. Wstrjahrb. 1922, S. 42.
Ottmann: Der Mittellandkanal. Wstrjahrb. 1922, S. 136.
Konz: Die Neckarkanalisierung von Mannheim bis Plochingen. Wstrjahrb. 1922, S. 113.
Innecken: Die Entwürfe für eine Schiffahrtsverbindung zwischen Weser und Main. Wstrjahrb. 1922, S. 132.
Greuling: Die Kanalisierung des Mains von Offenbach bis Aschaffenburg und die Hafen- und Umschlagsanlagen bei Aschaffenburg. Wstrjahrb. 1922, S. 60.
Grassmann, v.: Die süddeutschen Wasserstraßen und ihre Hafenanlagen. Jahrb. Haf. Ges. 1922/23, S. 199.
Stülpnagel: Die unterirdische Schiffstraße zwischen Marseille und Berresee und die Verbindung mit dem Rhonekanal. Dt. Bauzg. 1923, S. 121.
Werneburg: Das Binnenschiffahrtsrecht — Lade- und Löschzeit, Liegegeld. Wstrjahrb. 1923, S. 153.
Flügel: Eine gutachtliche Untersuchung über die nordwestdeutschen Kanalpläne. Wstrjahrb. 1923, S. 221.
Mattern: Der Ausbau des Rheins zwischen Basel und Bodensee. Z. V. d. I. 1924, Heft 29.
Schneider: Die Wasserstraße Straßburg—Basel. Baut. 1924; Z. d. V. I. 1924, Heft 29.
Prengel: Der Ausbau des Königsberger Seekanals. Jahrb. Haf. Ges. 1924, S. 104.
Leichtweiss: Entwurf zu einem Nord-Süd-Kanal. Verkehrstechnik 1924, Heft 31 und Dt. Bauzg. 1924, Heft 34.
Contag: Über die Verbindung der Weser mit dem Main-Donau-Gebiet durch einen Werra-Main-Kanal. Baut. 1924, Heft 40.
Teubert, W.: Untersuchungen über die Bauwürdigkeit der zwischen dem Ruhrgebiet und den deutschen Seehäfen geplanten Kanalverbindungen. W. R. H. 1924, Heft 13.
Barche: Der Rhein-Weser-Kanal, sein Verkehr und Ertrag nach der Vorausschätzung und nach der tatsächlichen Entwicklung von 1914—1922. D. W. W. 1924, S. 72.
Ottmann: Flußkanalisierungen. Wstrjahrb. 1924, S. 1.
Richard: Der Hansakanal und die Eisenbahnen. Verk. Woche 1924, S. 229.
Innecken: Die Wasserstraßenverbindung zwischen Weser und Main. Wstrjahrb. 1924, S. 270.
Schnittgar: Vom Bau des Küstenkanals. Wstrjahrb. 1924, S. 290.
Teubert, W.: Aus der Binnenschiffahrtsstatistik. Wstrjahrb. 1924, S. 207.
Erlenbach: Die Kanalisierung des Neckars von Mannheim bis Plochingen. Verkehrstechnik 1924, S. 272.
Richard: Hansastädte und Hansakanal. Verk. Woche 1924, Heft 40.
Dantscher: Die Schaffung der Großschiffahrtsstraßen zwischen Regensburg und Passau. Wstrjahrb. 1924, S. 58.
Schmies: Dr.-Arbeit, Über Querprofile von Binnenschiffahrtskanälen. Berlin: Julius Springer 1925.
Tincauzer: Die Bauwürdigkeit der zwischen dem Ruhrgebiet und den deutschen Seehäfen geplanten Kanalverbindung. W. R. H. 1925, Heft 14.
Richard: Der Hansakanal. Verkehrstechn. 1925.
Platzmann: Kanalpläne zwischen Elbe und Oder. Jahrb. Haf. Ges. 1925, S. 138.
Boelsen: Die Weser-Main-Verbindung als Schlußstück im deutschen Großwasserstraßennetz. Verkehrstechn. 1925, Heft 4.
Plate: Die Beziehungen des Hansakanals zu den Eisenbahnen und den Hansestädten. Verk. Woche 1925, S. 138.
Konz: Bauten für die Kanalisierung des Neckars von Mannheim bis Plochingen. Baut. 1925, Heft 10.
Dantscher: Die Großschiffahrtsstraße Rhein—Main—Donau. Z. ö. I. A. V. 1925, Heft 15/16.
— Deutsche Wasserstraßen. Z. Binnensch. 1925, Heft 7.

Kuske: Der Stichkanal vom Rhein nach Aachen. Köln: Oskar Müller 1926.
de Thierry: Trapezprofil gegen Muldenprofil. Z. Binnensch. 1926, Heft 2.
Gährs: Das Arbeitsprogramm der Reichsregierung und die Ausgestaltung des deutschen Wasserstraßennetzes. Z. Binnensch. 1926, S. 416.
Dantscher: Die Bedeutung des Weser-Werra-Main-Kanals für Süddeutschland. Freie Donau 1926, Heft 21.
— Wasserstraßen und Eisenbahn. Herausgegeben von der Berliner Börsenzeitung, Berlin W 8, 1926.
Franzius, O.: Querschnittsausbildung von Kanälen. Z. Binnensch. 1926, Heft 9, S. 367.
Müller: Die Treidelschwebebahn. Ein neuer Weg zur Lösung des Problems des mechanischen Schiffszuges von fester Bahn. Z. Binnensch. 1926, Heft 8 u. 9.
Ottmann, Wirminghaus u. Heise: Gutachten betreffend die wirtschaftlichen Wirkungen eines Aachen-Rhein-Kanals. Wirtschaftliche Nachrichten für Rhein und Ruhr 1926, S. 1199.
Witte: Die Verbesserung der Schiffbarkeit der Weser, ihre Kraftausnutzung und ihre Bedeutung für das deutsche Wasserstraßennetz (eine technisch-wirtschaftliche Studie). Dr.-Arbeit, T. H. Hannover 1926.
Hetzel: Die Stau-, Schleusen- und Kraftanlage im Donaukachlet bei Passau. Baut. 1926, Heft 23 u. 27.
Schnittger: Vom werdenden Küstenkanal. Z. Binnensch. 1926, Heft 9.
Quaatz: Allgemeine Gesichtspunkte für die Kanalbaupläne. Deutsche Zeitung Nr. 342a vom 14. XII. 1926.
Flügel: Der Hansakanal. Schiffbau 1926, Heft 17.
Heisterbergk: Vom Aachen-Rhein-Kanal. Verk. Woche 1926, Heft 39.
de Thierry: Gutachten über den Aachen-Rhein-Kanal. Wirtschaftliche Nachrichten für Rhein und Ruhr 1926, S. 1206.
— Über die Notwendigkeit des Hansakanals und des Aachen-Rhein-Kanals. Freie Donau 1927, Heft 5.
— Eisenbahn und Wasserstraßen. Z. Bauw. 1927, Heft 1.
— Holländische Pläne zur Verbesserung des Schiffahrtweges von Amsterdam zum Rhein. Bauing. 1927, Heft 4.
Giese: Eisenbahn- oder Wasserstraßenförderung? Verkehrstechn. 1927, Heft 23; Verk. Woche 1927, Heft 5.
Kruse: Die zweite Mündung des Rhein-Herne-Kanals (Ruhr) in den Rhein. W. R. H. 1927, Heft 10.
Behrens: Wettbewerb zwischen Wasserstraßen und Eisenbahnen. Technik voran 1927, Heft 3.
Mattern: Wasserstraßen- und Eisenbahnförderung. Zentralbl. Bauverw. 1927, Heft 7; Z. Binnensch. 1927, Heft 2.
Franzius, Engels u. Krey: Zur Querschnittsausbildung von Kanälen. Z. Binnensch. 1927, Heft 4.
— Kurze Nachrichten. V. d. I. Nachr., Berlin 22. VI. 1927, S. 1.
Franzius, Lange, Wiig u. Schmidt: Wasserstraßen oder Eisenbahnen? Z. Binnensch. 1927, Heft 3.
Flügel: Der Wasserweg von Wien nach den deutschen Nordseehäfen. D. W. W. 1927, Nr. 15.
Schmidt: Trapez oder Muldenquerschnitt bei Binnenkanälen? D. W. W. 1927, Heft 5.
Franzius, O.: Trapez oder Muldenquerschnitt bei Binnenkanälen? D. W. W. 1927.
de Thierry u. a.: Bericht über den Stand der Reichswasserstraßenpolitik. Südwestdeutschland 1927, Märzheft.
Leopold: Zur Wasserstraßenfrage. D. W. W. 1927, S. 53.

Elfter Teil.

Hafenbau.

Werke:

Hagen: Handbuch der Wasserbaukunst, 3. Teil. Königsberg: Gebr. Bornträger. 1863.
Voisin Bey: Die Seehäfen Frankreichs, übersetzt von G. Franzius. Leipzig 1886.
Stevenson, Thomas: The design and construction of harbours, 3. Aufl. Edinburgh 1886.
Franzius, L.: Der Wasserbau (Handbuch der Baukunde). Berlin 1890.
— Berichte zu den Internationalen Schiffahrtskongressen: VII. Brüssel 1898; VIII. Paris 1900; IX. Düsseldorf 1902; XI. St. Petersburg 1908; XII. Philadelphia 1912.
Cuningham, Brysson: Dock Engineering. London: Griffin & Co. 1910.
Schulze, F. W. O.: Seehafenbau, I u. II 1910 u. 1913.
Buhle: Massentransport 1910, Stuttgart, Deutsche Verlagsanstalt.
— Der Wasserbau, III. Teil des H. d. I. W. 11. Bd. „Der Hafenbau", bearbeitet von F. Franzius, O. Franzius, P. Hedde, H. Mönch, R. Rudloff, C. Thalenhorst und G. de Thierry, herausgegeben von G. Franzius, 4. Aufl. Leipzig: Engelmann 1912.

Förster, E.: Zeitschrift Werft, Reederei und Hafen, erschienen ab 1919. Springer, Berlin.
de Thierry, Wendemuth u. Kauermann: Jahrbücher der Hafenbautechnischen Gesellschaft 1918 bis 1925. Hamburg: Boysen & Maasch 1920.
Proetel, H.: See und Seehafenbau. Berlin: Julius Springer 1921.
Engels: Handbuch des Wasserbaues, Bd. 2. Leipzig: Engelmann 1923.
Krey: Erddruck, Erdwiderstand und Tragfähigkeit des Baugrundes in größerer Tiefe. Berlin: Wilhelm Ernst & Sohn 1926.
Brennecke-Lohmeyer: Der Grundbau. Berlin: W. Ernst & Sohn 1927.
Franzius, O.: Der Grundbau. Berlin: Julius Springer 1927.
Franzius, F. u. Böckemann, K.: See und Seehafenbau. Sammlung Göschen 1927.

Schriften:

Franzius, L.: Neue Hafenanlagen in Bremen. Z. d. V., Hannover 1889.
Horn, v.: Richtung und Form der See-Enden von Hafendämmen. Dt. Bauzg. 1892.
Mathies: Der Dortmunder Hafen und sein Einfluß auf die wirtschaftlichen Verhältnisse Westfalens. Z. Binnensch., III. Jahrgang, 1896/97, S. 220; weitere Literatur zum Dortmunder Hafen, H. d. I. W. 3. Bd., VII, 4. Aufl., S. 44.
Krause, Friedrich: Neue Hafenanlagen in Stettin. Z. Bauw. 1899.
— Der Bau des Dortmund-Ems-Kanals. Der Hafen von Emden. Z. Bauw. 1902, S. 303.
Franzius, G.: Generalbericht zum Schiffahrtskongreß 1902 (Trockendock oder Schwimmdock).
Rudloff, Claussen u. Günther: Die Bremerhavener Dockanlagen, insbesondere das Kaiserdock. Z. Arch. Ing.-Vereins Hannover 1902, S. 129.
Möller: Erddrucktabellen. Leipzig: Hirzel 1902.
Lentz, Hugo: Künstliche Spülung von Seehäfen. IX. Intern. Schiffahrtskongreß, Düsseldorf 1902, 2. Abteilung, I. Mitteilung.
— Die Bremerhavener Hafenanlagen. Sonderdruck d. Z. Arch. Ing.-Wesen 1903.
Müller, Bruno (Kiel): Das Seitenschwimmdock der Reiherstiegwerft zu Hamburg. Schiffbau 1903/04, S. 969 und 1018.
Franzius, G. u. Mönch: Bau der neuen Trockendocks auf der kaiserlichen Werft in Kiel. Z. Bauw. 1903, S. 291; 1905, S. 113.
Geiße: Schutzbauten an der Helgoländer Düne. Z. Bauw. 1904, S. 469 u. 621.
Engels, H.: Zur Berechnung der Bohlwerke. Zentralbl. Bauverw. 1902, Nr. 44 u. 103.
Thalenhorst: Schwimmdock oder Trockendock. Z. V. d. I. 1903, Nr. 13.
Dietzius: Schwimmdockanlagen. Schiffbau 1904/05 u. 1905/06.
Joly, G. de: Bericht zum X. Intern. Schiffahrtskongreß, Mailand 1905, 2. Abt., 4. Frage
Berkenkamp: Die neuerbauten Hafenanlagen in Walsum a. Rh. Z. Bauw. 1906, S. 481.
Hafendämme Neapel: Ann. ponts chauss. Bd. 2, S. 144. 1906.
Quedefeld: Der Hafen von Esbjerg auf Jütland. Zentralbl. Bauverw. 1906, Nr. 17.
Engels, H.: Versuche über die Aufschlickung der Mündung des Kaiser-Wilhelm-Kanals bei Brunsbüttel. Zentralbl. Bauverw. 1906, S. 201 u. 427.
Giese: Einige Bemerkungen über den Hafen von San Franzisko. (Sicherung von Pfählen gegen Bohrwurmangriffe.) Zentralbl. Bauverw. 1907, S. 226.
— Denkschrift über die Erbauung eines neuen Handels- und Industriehafens im Osten der Stadt Frankfurt a. M. 1907 (weitere Lit. H. d. I. W. III, Bd. 11, 4. Aufl., S. 42).
Nyssen-Hart, J. u. Ch. Piens: X. Intern. Schiffahrtskongreß (Seebrügge). Mailand 1908.
Franzius, O.: Strömungsverhältnisse an der Mole von Seebrügge. Zentralbl. Bauverw. 1908, S. 232.
Thierry, G. de: Über durchbrochene Hafenmolen (Seebrügge). Zentralbl. Bauverw. 1908, S. 327.
Ottmann: „Die Duisburg-Ruhrorter Häfen." Denkschrift zur Vollendung der in den Jahren 1903—1908 ausgeführten Hafenerweiterungen. (Weitere Literatur H. d. I. W. III, 4. Aufl., Bd. 11, S. 32.)
— Hellinge der Maryland Steel & Co. Z. V. d. I. 1908, S. 1629.
Franzius, O.: Über Hebung und Senkung von Trockendocks. Z. Bauw. 1908.
Quinette de Rochemont: Bericht über die neuesten an den bedeutendsten Seehäfen in Frankreich ausgeführten Arbeiten. X. Intern. Schiffahrtskongreß Mailand 1905; XI. Intern. Schiffahrtskongreß St. Petersburg 1908 (Dover).
Ottmann u. Heinekamp: Eisenbetonuferbefestigungen in den Duisburg-Ruhrorter Häfen. Zentralbl. Bauverw. 1908, S. 466.
Franzius, O.: Messungen von Bewegungen der Trockendocks V und VI der Kaiserlichen Werft in Kiel. Z. Bauw. 1908, S. 83.
Rösing u. Suling: Binnenseehäfen und ihre Zufahrten. Bericht zum XI. Intern. Schiffahrtskongreß St. Petersburg 1908, 2. Abt., 2. Frage.
Vogeler: Die Erweiterung der Kaiserlichen Werft in Kiel. Zentralbl. Bauverw. 1909, Nr. 21.
Merkel: Eisenbahn-Fährverbindung Saßnitz—Trelleborg. Zentralbl. Bauverw. 1909, Nr. 54.

Kammerer: Versuche an der Kohlenumladeanlage in Kosel. Z. V. d. I. 1909, Nr. 40.
Hellinge (Hamburg): Die neue Werft der Stettiner Maschinenbau-Aktiengesellschaft „Vulcan“ im Hamburg. Z. V. d. I. 1909, S. 1362.
Dover Hafendämme: Minutes of proceedings usw. Bd. 11, S. 468 und Bd. 24, S. 175. — Prince of Wales Pier Engineering Bd. 85, S. 774. — Engineering Bd. 2, S. 501. 1909. — Engineering Bd. 2, S. 390. 1909.
Kayser: Zur Berechnung von Bohlwerken. Zentralbl. Bauverw. 1909, S. 219.
Möller: Zur Verwendung von Beton und Eisenbeton im Meere. Beton Eisen 1909, S. 366.
Schacht, R.: Der Bau der St. Pauli-Landungsbrücken in Hamburg. Dt. Bauzg. 1909, S. 6.
Burchartz: Das Verhalten hydraulischer Bindemittel im Seewasser. Beton Eisen 1909, S. 390.
Thalenhorst: Schwimmdock oder Trockendock. Z. V. d. I. 1909, S. 499.
Ottmann u. Loebell: Kohlenverladung. Z. Bauw. 1910, S. 471 u. 529.
Hafendämme Havre: Le Génie civil Bd. 56, S. 218 vom 22. I. 1910. — Engineer Bd. 1, S. 554, 560, 578. 1908; Bd. 2. 1908.
Wilhelmi, J.: Die eiserne Spundwand von Larssen. Z. V. d. I. 1910, S. 2094.
Dalen, G.: Automatische Seebeleuchtung. Zeitschr. Karbid u. Azetylen 1911.
40000 t Schwimmdocks der Kaiserlichen Werf in Kiel. Schiffbau 1911/12 vom 8. XI. 1911, S. 77.
Herwald, O. F.: Hellingausrüstung 1912.
Schuurman: Der neue Osthafen in Frankfurt a. M. Z. V. d. I. 1912, S. 817.
Troschel: Holzzerstörer unter Wasser. Zentralbl. Bauverw. 1912, S. 394/395.
Franzius, O.: Neuere Anlagen der Howald-Werft (Hellingausrüstung). Z. d. V. 1912, S. 369.
Franzius, O.: „Mehr Wasser.“ Z. d. V. 1912, S. 33.
— Stampfbeton unter Preßluft. Z. d. V. 1912, S. 50. — Laboratoriumbeton, dgl. S. 229.
Mönch, Klitzing, v. u. Hedde: Dockanlagen. Bericht zum XII. Intern. Schiffahrtskongreß Philadelphia 1912, 2. Abt., 1. Frage.
— Ein neuer Wagenkipper. Z. V. d. I. 1912, Nr. 11.
Arndt, M.: Untersuchungen über die Entwicklung des Hamburger Hafens. Berlin 1913.
Proetel: Die neuen Hafen- und Fähranlagen in Saßnitz. Z. Bauw. 1913, S. 285.
Christiani: Über Eisenbeton-Kaimauern der norddeutschen Seehäfen (Eisenbetonpfähle mit Eisenbetonrost). Dt. Bauzg. E. 1913, S. 97.
Gährs u. Prietze: Die Betriebseinrichtungen beim Bau der neuen Ostseeschleusen des Kaiser-Wilhelm-Kanals. Z. Bauw. 1913, S. 315.
Bernhard: Belastung von Spundwänden aus Larssen-Eisen. Zentralbl. Bauverw. 1913, S. 712.
Franzius, O.: Über die Wirkung des Auftriebs unter Pfeilern. Zentralbl. Bauverw. 1913, S. 96.
Krey: „Auftrieb!“ Z. d. V. 1913, S. 67.
Granzin: Die Erweiterung des Hamburger Hafens auf Waltershof. Z. V. d. I. 1913, S. 177.
Kaemmerer: Der Ausbau des Hafens von Antwerpen. Z. V. d. I. 1913, S. 66.
Zander: Erweiterung des Emdener Hafens. Z. Bauw. 1914, Heft 1—6 und 7—9.
Schultze: Berechnung von Eisenbetondocksohlen. Beton Eisen 1914, S. 334.
Zimmermann: Die Rammwirkung im Erdreich. Versuche auf neuer Grundlage. Beton Eisen 1915, S. 188.
Schultze: Berechnung von Tragwerken auf elastischer Grundlage. Beton Eisen 1915, S. 110.
Zschokke, Conrad: Die Hafenanlagen an der See. Schweiz. Bauzg. Bd. 68. 1916.
Mitteilungen aus dem Dresdener Flußbaulaboratorium von Engels: Versuche über Streichwehre. Ermittlung der früheren Meerströmungsverhältnisse bei Hochwasser auf einem ehemaligen Außendeichgelände. Berlin 1917.
Franzius, O.: Einspannmomente bei Bollwerken. Z. Arch. Ing.-Wes. Hannover 1917.
Bubendey: Die Wasserstraßenentwürfe für Mitteleuropa und ihre Beziehungen zu den deutschen Seeschiffshäfen. Jahrb. Haf. Ges. 1918, S. 45.
Thierry, de: Weltgeschichte und Seehäfen. Jahrb. Haf. Ges. 1918, S. 55.
Mayer: Verladeeinrichtungen im Hamburger Hafen. Jahrb. Haf. Ges. 1918, S. 76.
Kern, Wilh.: Der Umschlagsverkehr in den Rheinhäfen. Jahrb. Haf. Ges. 1918.
Jacobi: Zur Erddrucklehre. Zentralbl. Bauverw. 1918, S. 81.
Freund: Die Berechnung der Bohlwände nach der Elastizitätslehre. Z. Bauw. 1919, S. 482.
Engesser: Über den Einfluß des Wasserauftriebes auf die Standsicherheit der Bauwerke. Zentralbl. Bauverw. 1919, S. 429.
Gary: Beton im Meere. Dt. Bauzg. E. 1919, S. 89.
— Das Verhalten von bewehrtem Beton im Seewasser. Zentralbl. Bauverw. 1919, S. 533.
Böttcher: Das Problem der Verkehrskreuzungen im Hamburger Hafen. Jahrb. Haf. Ges. 1919, S. 98, 123.

Kutschke: Die Königsberger Hafenanlagen. Jahrb. Haf. Ges. 1919, S. 1—41.
Litten, Hans: Ostpreußens Wirtschaft und der Königsberger Hafen. Jahrb. Haf. Ges. 1919, S. 45—51.
Luft, W. u. G. Eisig: Die Erweiterung des argentinischen Kriegshafens. Jahrb. Haf. Ges. 1919, S. 124—139.
Lohmeyer: Der Emder Hafen und seine Zukunft. Jahrb. Haf. Ges. 1919, S. 42.
Wein, G.: Unfallschutz in den Häfen. Jahrb. Haf. Ges. 1919, S. 156—192.
Agatz: Die technische und wirtschaftliche Entwicklung der deutschen Hochseefischereihäfen. Dr.-Arbeit T. H. Albert Lockemann Hannover 1921.
Panum, M. H. u. H. Ehlers: Die Kaimauern im Hamburger Hafen. Jahrb. Haf. Ges. 1919, S. 63—96.
Borchers: Starrgeführte Greifer, ihre Vorteile und Entwicklungsmöglichkeiten. Jahrb. Haf. Ges. 1919, S. 140.
Bock, E.: Die Hafenneubaupläne der Stadt Köln. Jahrb. Haf. Ges. 1920, S. 82, 85.
Schätzler: Der Cuxhavener Fischmarkt. Jahrb. Haf. Ges. 1920, S. 146, 147.
Schulze, W. O.: Danzig und sein Hafen. Jahrb. Haf. Ges. 1920, S. 58—76.
Weihe: Leistungen und Wirtschaftlichkeit maschineller Fördermittel in Häfen. Jahrb. Haf. Ges. 1920, S. 101.
Wey, J.: Die Energie der Meereswellen zur Berechnung der Molen. Jahrb. Haf. Ges. 1920, S. 201.
Musset: Untersuchung über die Einwirkung der Form der Molen auf Küstenströmung und Sandwanderung vor den Hafeneinfahrten. Z. Bauw. 1920, S. 105.
Scheck: Über die Formen der Spundwandeisen. Jahrb. Haf. Ges. 1920, S. 256.
Heiser: Über die zweckmäßige Anordnung der äußeren Hafendämme von Seehäfen an sandiger Küste. Z. Bauw. 1920, S. 677.
Krüger: Die Jade, das Fahrwasser Wilhelmshavens, ihre Entstehung und ihr Zustand. Jahrb. Haf. Ges. 1921, S. 268.
Die wirtschaftliche und technische Umstellung der Reichskriegshäfen auf Friedenswirtschaft: Kayser: Die wirtschaftlichen Voraussetzungen. Jahrb. Haf. Ges. 1921, S. 85. — Krüger: Die Baugeschichte der Hafenanlagen, ebenda S. 97. — Hermeking: Die technische Umstellung, ebenda S. 106.
Horowitz: Die Hafenanlagen in Mannheim und Ludwigshafen. Jahrb. Haf. Ges. 1921, S. 143—165. (Weitere Literatur H. d. I. W. III, Bd. 11, 4. Aufl., S. 35 u. 41.)
Cauer: Eisenbahnausrüstung der Häfen. Berlin: Julius Springer 1921.
Christiani u. Nielsen: Werbeschrift 1921.
Lorenzen: Fürsorge für die Unterelbe. W. R. H. 1921, S. 549.
Reinhard: Die Häfen als Vermittler der Zusammenarbeit zwischen Schiffahrt und Eisenbahn. Jahrb. Haf. Ges. 1921, S. 49.
Böttcher u. Krahnen: Kipperkatzen-Verladeanlagen für Häfen. Jahrb. Haf. Ges. 1921, S. 285.
Hirsch: Die Eisenbahnausrüstung der Häfen. Zeitfragen der Binnenschiffahrt, Heft 13 der Schriften des Vereins zur Wahrung der Rheinschiffahrtsinteressen. Duisburg 1922.
Dörr: Die Standsicherheit von Masten und Wänden im Erdreich. Berlin: W. Ernst & Sohn 1922.
Waeser: Die technischen Einrichtungen und die wirtschaftliche Stellung der Hafenbahnen. Jahrb. Haf. Ges. 1922, S. 92.
Eisenlohr: Neuzeitliche Hafenanlagen an Binnenwasserstraßen. Wstrjahrb. 1922, S. 6.
Günthel: Internationaler Wettbewerb für die Erweiterung des Hafens von Trelleborg. Bauing. 1922, S. 691—695.
Flügel: Bremen und die Weser. Wstrjahrb. 1922, S. 127.
— Entwurf für den Ausbau des Hafens Trelleborg. Zeitschr. d. Siemens-Bauunion Berlin 1922, Heft 5/6.
Dörr: Die Tragfähigkeit der Pfähle. Berlin: W. Ernst & Sohn 1922.
Probst: Das Stettiner Werk der Vulkanwerke Hamburg und Stettin. Jahrb. Haf. Ges. 1922, S. 125.
Fabrizius: Bebauungspläne für Seehäfen. Jahrb. Haf. Ges. 1922, S. 79—91.
Schulze: Der Stettiner Hafen. Jahrb. Haf. Ges. 1922, S. 113—124.
— Weichtiere und Bohrmuscheln in Beton. Zentralbl. Bauverw. 1923, S. 598.
— Die Erweiterung des Hafens von London (Tilburg Docks). Baut. 1923, Heft 46.
Lydtin: Hölzerne Pfähle mit Betonumhüllung. Bauing. 1923, S. 93 (nach Eng. N. Rec. vom 2. XI. 1922, Bd. 89, Nr. 18).
Dörr: Der Widerstand von Pfahlböcken. Bauing. 1923, S. 577.
Rogge u. Lohmeyer: Kaimauerbauten am Marinekohlenhof zu Kiel Wik. Baut. 1923, Heft 39.
Klebert: Selbsttätige Leuchtfeueranlagen. Jahrb. Haf. Ges. 1923, S. 259.
Günther: Die maschinelle Ausrüstung des Hafens Aschaffenburg. Jahrb. Haf. Ges. 1923, S. 239—256.

Henrici: Der Einfluß der Bau-, Betriebs- und Personalkosten. Jahrb. Haf. Ges. 1923, S. 284—328.
Buhle: Neuere Selbstentlader, Eisenbahnwagenkipper und neuere Kippanlagen. Baut. 1923, S. 528.
— Molen mit senkrechten Seitenflächen. Baut. 1923, S. 82.
A. E. G.: Elektrizität im Nahtransport. A. E. G.-Verlag 1923.
Butzer: Druck- und Zugversuche an Eisenbetonpfählen für Hafenkaibauten. Bauing. 1924, S. 401.
Eger: Die Vergrößerung des Hafens von Le Havre. D. W. W. 1924, S. 294.
Neitzel: Der neue Kieler Freihafen. Bautechnik 1924, S. 559.
Kutschke: Die Neubauten des Königsberger Hafens. Jahrb. Haf. Ges. 1924, S. 56—71.
— Hafenerweiterung in Southampton nach the Engineer 24. X. 1924. W. R. H. 1924, S. 312. (Weitere Literatur: H. d. I. W. III, Bd. 11, 4. Aufl., S. 317.)
Kutschke: Bau und Ausrüstung der neuen Getreidespeicher am Industriehafen Königsberg. Jahrb. Haf. Ges. 1924, S. 85, 103.
Meyer: Zur Eröffnung des Kieler Freihafens. W. R. H. 22. V. 1924.
Nübling u. Barelmann: Zerstörungen der Festungen und des Hafens auf Helgoland. Z. Bauw. 1924, Heft 7—9 u. 10—12.
Stecker: Die Verwendung eiserner Spundwände „Form Larssen" im Hafenbau. Jahrb. Haf. Ges. 1924, S. 194—222.
Buhle: Neuerungen im Bau von Deutschen Umschlaganlagen. Baut. 1924, Heft 13, S. 123.
Christianse: Versuche über den passiven Erddruck mit eingerammten Bohlen. De Ingenieur 1924.
Helbing: Erfahrungen und Versuche über chemische Angriffe auf Beton. Bauing. 1924, S. 257.
Gaye: Die Einschleusung und Erweiterung des Fischereihafens zu Geestemünde, insbesondere der Bau der Doppelschleuse und die bisherigen Erfahrungen mit Gußbeton. Bauing. 1924, S. 256.
Schmidt: Festmachetürme auf Eisenbetonunterbau im Hafen von Rotterdam. D. W. W. 1924, S. 291.
Lange, Dr.-Arbeit T. H. Hannover: Grundlagen für den Vergleich von Schwimmdock, Trockendock und Aufschleppe. W. R. H. 1924, Heft 2.
Müller: Die Vergrößerungsbauten des Hafens von Le Havre. Baut. 1925, S. 27.
Windolf: Arbeitsmethoden und Erfahrungen beim Bau der Fischereihafenerweiterung in Cuxhaven. Baut. 1925, S. 81.
Kölle: Rostgefahr und Lebensdauer eiserner Spundwände. Zentralbl. Bauverw. 1925, S. 545.
Weise: Der Wassergehalt des Gußbetons, auf Grund von Erfahrungen beim Bau der neuen Geestemünder Doppelschleuse. Baut. 1925, S. 490.
Noekkentved: Ingenioren 1925, Nr. 11. Berechnung der Schiffsstoßwirkung auf Kaimauer und ähnliche Bauwerke. Zentralbl. Bauverw. 1925, Nr. 38.
Eger: Die neuen Verbesserungen im Hafen von Boulogne. Zentralbl. Bauverw. 1925, Nr. 1.
Knoll u. Schäff: Der neue Königsberger Seehafen. Zentralbl. Bauverw. 1925, Nr. 13.
Bollengier, K.: Der Hafen von Antwerpen. De Ingenieur 1925.
Pieper: Höchstleistungsverladekrane für Hafenanlagen. W. R. H. 1925, Heft 23, S. 716.
Asmussen: Der Coseler Hafen. W. R. H. 1925, S. 275, 278. (Weitere Literatur: H. d. I. W. III, Bd. 11, 4. Aufl., S. 37.)
Kittel: Die Erweiterung des Hafens von Rotterdam. Baut. 1925, S. 67, 68. (Weitere Literatur: H. d. I. W. III, Bd. 11, 4. Aufl., S. 281.)
Kittel: Der Bau der neuen Schiffsschleuse Ymuiden. W. R. H. 1925, S. 279. (Ältere Literatur: H. d. I. W. III, Bd. 11, 4. Aufl., S. 208.)
Windolf: Arbeitsmethoden und Erfahrungen beim Bau der Fischereihafenerweiterung Cuxhaven. Baut. 1925, Heft 8, S. 81—86.
Firma Krupp, Grusonwerk und Kampfnagel, Eisenwerk: Elektrische Kohlenkipper in den Häfen von Breslau und Cosel. Jahrb. Haf. Ges. 1925, S. 160.
Schweer: Die Ölbunkerstation der deutschen Küste. W. R. H. 1925, S. 568.
Wundram: Neuerungen auf dem Gebiete des mechanischen Hafenumschlags. Jahrb. Haf. Ges. 1925, S. 80.
Leichtweiss: Entwurf zu einem Freihafen in Lübeck (erschienen im Lübecker Anzeiger). Baut. 1925, Heft 17, S. 235.
Teubert: Über verkehrspolitische Aufgaben zur Stärkung des Wettbewerbes der deutschen Seehäfen. Jahrb. Haf. Ges. 1925, S. 67.
Buhle: Bemerkenswerte Einzelheiten der Speicheranlagen des Berliner Westhafens. Baut. 1925, Heft 1, S. 1. (Weitere Literatur des Berliner Westhafens: H. d. I. W. III, Bd. 11, 4. Aufl., S. 50.)
Wichmann: Allgemeine Richtlinien für den Bau eiserner Schwimmdocks. Schiffbau 1925, Heft 20.

Thierry, de: Anforderungen des neuzeitlichen Güterverkehrs an den Hafenbau. Z. V. d. I. 1925, Nr. 38.
Meyer: Der Ausbau der Howaldwerke in den letzten Jahren. Z. V. d. I. 1925, Heft 20.
Foerster: Nordamerikanische Seehafentechnik. W. R. H. 1925/26.
Palmblad: Neuere Ausführungen von Schwimmdocks. Schiffbau 1925, Heft 20.
Agatz: Erfahrungen mit Gußbeton beim Bau der Nordkaje des Hafens II in Bremen. Bauing. 1926, Heft 36.
Streck, A.: Beitrag zur Frage des Erdwiderstandes. Dr.-Arbeit T. H. Hannover 1926.
Streck, A.: Die Grundwerte der Erddruckberechnung. Baut. 1926, S. 431.
Heusen: Erfahrungen mit eisernen Spundwänden beim Bau der neuen Seeschleuse in Ymuiden. Zentralbl. Bauverw. 1926, S. 427.
— Der Maas-Waal-Kanal (De Ingenieur) 6. VI. 1925. W. R. H. 7. V. 1926, S. 236—237 (Antwerpen).
— Die Rhein-Ruhr-Häfen. Rhein-Ruhr-Hafenbetriebsvereine e. V. Duisburg. Verlag: Rhein, Duisburg 1926.
Bollengier: Der Hafen von Antwerpen. W. R. H. 1926, Heft 15, S. 381. (Weitere Literatur hierüber: H. d. I. W. III, Bd. 11, 4. Aufl., S. 276.)
— Die Erweiterung des Hafens von Marseille. Bauing. 1926, S. 229. (Bericht über die Veröffentlichung in Génie civil.) (Weitere Literatur hierüber: H. d. I. W. III, Bd. 11, 4. Aufl., S. 235.)
Arp: Der Fischereihafen in Wesermünde und seine Erweiterung. W. R. H. 2. V. 1926, S. 232.
Clausen u. Hacker: Die Bremischen Häfen. W. R. H. 1926, S. 222.
Andressen: Die Columbuskaje in Bremerhaven. W. R. H. 7. V. 1926, S. 226—227.
Fabricius: Der Stettiner Hafen 1926, gedruckt bei Louis Rasenow, Stettin.
Overbeck: in „Die Weser", Verlag Weserbund, Schütting Bremen.
Tillmann: in „Die Weser", Verlag Weserbund, Schütting Bremen, 15. III. 1926.
Burchard: Studienreise der Hamburger Baudeputation. Hamburg: Kruse u. Freiherr 1926.
— Gutachten der acht Sachverständigen zur Frage der Erbauung der neuen Straßenbrücke über den Rhein bei Köln-Mülheim. Veröffentlicht von der Firma Krupp, Rheinhausen, April 1927.
Brockmann, Dr.-Arbeit: Über die Möglichkeit der wirtschaftlichen Betreibung mehrstöckiger Umschlagsschuppen im Hamburger Hafen.
Hoffbauer: Einige Zahlen vom Rheinverkehr 1926. Wirtschaftliche Nachrichten für Rhein und Ruhr, 30. VI. 1927.
Hoffbauer: Die Duisburg-Ruhrorter Häfen. Schiffahrt-Zg. 26. V. 1927.
Gentsch, C.: Duisburg-Ruhrorter Hafenverkehrsfragen. Schiffahrt-Zg. 26. V. 1927.
Bolle: Über Schutzausrüstungen für Kaimauern. W. R. H. 1927, Heft 10, S. 214.
Sonnemann: Die Duisburg-Ruhrorter Häfen. W. R. H. 1927, Heft 10, S. 197.
Saling: Die Eisenbahnverhältnisse der Duisburg-Ruhrorter Häfen. W. R. H. 1927, Heft 10, S. 200.
Oehler: Die Erweiterung der Hafenanlagen der Hafenbetriebsgesellschaft Wanne-Herne G. m. b. H. W. R. H. 1927, Heft 10, S. 205.
Bode: Die Neubauten im Duisburger Hafen. W. R. H. 1927, Heft 10, S. 204.
Mewes: Die Entwicklung der Krane für den Umschlag von Massengütern. W. R. H. 22. V. 1927, S. 207.

Anmerkung. Die aufgeführten Werke und Schriften sind nicht alle vom Verfasser gelesen worden. Sie sind so ausgewählt worden, daß sie möglichst die wichtigsten Schriften umfassen.

Quellenangabe der Abbildungen.

Viele Abbildungen sind durch Fortlassung nebensächlicher Dinge vereinfacht worden. Es ist auch dann, wenn eine Abbildung geändert wurde, die Quelle angegeben, damit ein Vergleich möglich ist.

Werke:

Franzius, O.: Grundbau. Berlin: Julius Springer 1927. Abb.: 419, 437, 439, 440, 457, 458, 472a—d.

Engelhardt: Kanal- und Schleusenbau. Berlin: Julius Springer 1921. Abb.: 558—560, 562, 645, 671.

Ludin: Die Wasserkräfte. Berlin: Julius Springer. Band II, Jahrg. 1913. Abb.: 419, 437, 439, 440, 457, 458, 472a—d.

Cauer: Eisenbahnausrüstung der Häfen. Berlin: Julius Springer 1921. Abb.: 860—871.

Proetel: See-Hafenbau. Berlin: Julius Springer 1921. Abb.: 294, 295, 787a u. b, 802, 844, 885, 890a u. b, 966, 967, 985.

Foerster, E., u. G. Sütterlin: Das Riesenschiff. V. d. I.-Verlag. Abb.: 691, 692.

Handb. d. Ing.-Wis. Leipzig: Wilh. Engelmann. Teil II, 1, 3. A. 1900. Abb.: 285. — Teil II, 2, 3. A. 1895. Abb.: 611. — Teil III, Bd. I, 4. A. 1911. Abb.: 14, 15, 24, 25, 30, 98, 138. — Teil III, Bd. II, 1, 4. A. 1912. Abb.: 316, 317, 331—333, 339—342, 344, 345, 347, 348, 354, 355a—b, 356, 357, 360, 365—367, 370, 371a—b, 372a—c, 375, 377, 378, 383—388, 396a u. b, 412a u. b, 426a—c, 428a—c. — Teil III, Bd. VII, 5. A. 1924. Abb.: 1, 28, 265, 266, 300a—d, 303. — Teil III, Bd. VI, 5. A. 1921. Abb.: 167—171, 180. — Teil III, Bd. VIII, 5. A. 1914. Abb.: 566a—f, 567, 587, 599, 620, 621, 625, 626, 628, 649, 667, 672, 680, 683. — Teil III, Bd. XI, 4. A. 1912. Abb.: 212, 619, 778, 786, 788, 805, 809, 810, 817, 824, 851, 883a, 962, 988, 1000, 1007.

Esselborn: Lehrbuch des Tiefbaus. Leipzig: Wilh. Engelmann 1920. Band II, 5. A., Kapitel X: Seebau, bearbeitet von O. Franzius. Abb.: 51, 52, 54, 55, 59—62, 66, 67, 78, 198, 213, 222, 226—229, 231, 232, 245, 247, 248a u. b, 249, 251a—c, 252—261, 262a—c, 263, 264, 274, 275, 280, 292, 293a u. b, 296a u. b, 313—315, 335, 346, 349, 369a—c, 403, 650, 761—763, 765, 766, 790, 830, 831, 841, 846a—c, 848, 873, 874, 875, 876, 877, 881, 882, 884—888, 889a u. b, 891, 893, 958—960, 964, 965a—c, 997, 998a, 999a.

Engels: Handbuch für Wasserbau. Leipzig: Wilhelm Engelmann 1923. Band II. Abb.: 673. — Band I, 2. A. Abb.: 94, 95, 100, 101, 110, 119, 120a—c, 124, 125, 160, 161, 174, 175, 177—179, 272, 334, 336—338, 351, 379, 380, 402, 405. — Band II, 2. A. Abb.: 444, 582—584, 592, 600, 603, 607, 647, 651, 666a u. b, 682, 698, 699, 709—717, 719, 721. — Band II, 3. A. Abb.: 693, 694, 769.

Möller: Grundriß des Wasserbaues. Leipzig: S. Hirzel 1906. Abb.: 114—116.

Keller: Weser und Ems, ihre Stromgebiete und ihre wichtigsten Nebenflüsse. Berlin: Dietr. Reimer 1901. Abb.: 18, 19, 26.

Dubislaw: Wildbachverbannungen. Berlin: Paul Parey 1902. Abb.: 121.

Krusch: Jahrb. d. geolog. Landesanstalt. Berlin: Geolog. Landesanstalt 1906. Abb.: 7.

v. Epper: Entwicklung der Hydrometrie in der Schweiz, 1907. Abb.: 96, 97, 113.

Aßmann: Die Winde in Deutschland. Braunschweig: Viehweg & Sohn 1910. Abb.: 37a—e, 38—49.

Krümmel: Ozeanographie. Stuttgart: Engelhorn 1911. Abb.: 63, 64, 230.

Mattern u. Buchholz: Schlepp- und Schraubenversuche im Oder-Spree-Kanal und Großschiffahrtsweg Berlin—Stettin. Leipzig: Wilhelm Engelmann 1912. Abb.: 700—704, 706, 725.

Bubendey: Die Elbschiffahrt und ihre Fortsetzung zur Donau. Hamburg: Heroldsche Buchhandlung 1916. Abb.: 752, 753.

Keilhack: Lehrbuch der Grundwasser- und Quellenkunde. Berlin: Gebr. Bornträger 1917. Abb.: 8.

Hallinger: Die Großwasserkräfte an der Main-Donau-Wasserstraße. München: Huber 1920. Abb.: 500.

Kayser, E.: Geologie. Stuttgart: J. Enke 1921. Abb.: 6.

Honsell: Rheinwerk. Abb.: 31.

Ziegler: Talsperrenbau Band I. Berlin: W. Ernst & Sohn 1925. Abb.: 420.
Walch: Die Auskleidung von Druckstollen und Schächten. Berlin: Julius Springer 1926. Abb.: 479.
Wasserstraßenjahrbuch. München: R. Pflaum A.-G. 1924. Abb.: 728, 729 Ottmann.

Doktorarbeiten:

Wreden: Vorl. u. Entst. der Kammerschl. T. H. Hannover 1919. Abb.: 507, 508, 509a—d.
Agatz: Entwickl. der Hochseefisch.-Häfen. T. H. Hannover 1921. Abb.: 816.
Hansen: Unters. von parall. Uferschutzw. T. H. Hannover 1924. Abb.: 281.
Schmies, P.: Querprof. an Binnenschiff.-Kan. T. H. Hannover 1925. Abb.: 697, 726a, 727.
Collorio: Beitrag z. Bemessung v. Staumauern. T. H. Hannover 1926. Abb.: 445.

Denkschriften:

Muttray u. Visarius: Erweiterter Ausbau der Weser. Hannover: Riemschneider 1916. Abb.: 141—144, 163—166, 181, 190.
Franzius, O.: Denkschrift, betr. die Vollendung des Mittellandkanals durch Ausbau der Mittellinie. Magdeburg: E. Baensch 1918. Abb.: 732, 740.
Hinrichs: Denkschrift zur Vollendung der Bedeichung der Bredeau-Niederung. Husum: Petersen 1919. Abb.: 273, 282.
Der Mittellandkanal. Amtliche Denkschrift Febr. 1920. Abb.: 731.
Main-Donau-Stromverband: Denkschrift über Großschiffahrtsweg Rhein-Main-Donau. München: Carl Gerber 1926. Abb.: 718a u. b, 750a u. b, 751a u. b.
Gußbeton: Erfahrungen beim schweizerischen Talsperrenbau. Bericht der Gußbetonkommission. Zürich: Hoch- u. Tiefbau-Abtlg. 1926. Abb.: 446, 448.
Studienreise der Hamburger Baudeputation 1926. Hamburg: Kruse & Freiherr. Abb.: 999b.
Studienzeichnungen des Lehrstuhls für Wasserkraftmaschinen der Techn. Hochschule Hannover. Abb.: 491—494.
Art. Institut Crell. Zürich: Füssli. Abb.: 764a u. b.
Dierkes u. Gaebler: Handatlas. Abb.: 50.
Meyers Gr. Konvers.-Lexikon 1908. Bd. 19. Abb.: 779, 794—801.

Werbeschriften, Kataloge usw.

Bautechnische Mitteilungen der Firma Butzer, 1926. Abb.: 953.
Zeitschrift der Siemens-Bauunion Jahrg. 1925, H. 7. Abb.: 484.
Schiffshebewerk Holzmann-Bruno Schulz: Erläuterungsbericht zum Modell auf der Ausstellung München 1921. Abb.: 681.
A. E. G.: Elektrizität im Nahtransport Jahrg. 1923. Abb.: 806—808, 823—828, 832—834.
Christiani u. Nielsen: Werbeschrift. Abb.: 933, 937, 947.
Larssenspundwände: Werbeschrift der Dortm. Union. Abb.: 557, 926, 927, 929, 930.
M. A. N.: Werbeschriften Jahrg. 1917. Abb.: 670. — Jahrg. 1925. Abb.: 343, 363, 390, 392—394, 395a u. b, 406—409, 410a u. b, 410e, 413—417, 616—618, 684.
Wayß u. Freytag: Werbeschrift. Abb.: 943, 944.
Stauwerke A.-G. Zürich: Werbeschrift. Abb.: 358, 362.
Huber u. Lutz (Ing.-Büro): Prospekt Zürich. Abb.: 359, 368.
Seibt-Fueß: Katalog. Abb.: 99, 102.
Ott: Katalog. Abb.: 107, 108, 109.

Zeitschriften:

Werft, Reederei, Hafen. Berlin: Julius Springer. 1921: Abb.: 803, 804 Lorenzen; 998b, 998c n. Bull. Techn. du Bureau Véritas 1921, S. 2—4. — 1923: Abb.: 239—244 Plate. — 1925: Abb.: 835 Foerster; 981 Schweer; 992b, 993a—c Arch. f. Schiffbau u. Schiffahrt e. V. Hamburg; 1005 Foerster; 1016, 1017b Asmussen. — 1926: Abb.: 814, 815, 996, 1002 Foerster; 949 Andressen; 994 n. de Ingenieur v. 6. VI. 1925.
Bauing. Berlin: Julius Springer. 1924: Abb.: 278, 279 Busch; 441, 452 Probst; 451a u. b n. Engg. News. Rec. v. 1. XI. 1923. — 1925: Abb.: 476 Walch. — 1926: Abb.: 1001 Rywosch. — 1927: Abb.: 755, 756 B.
Z. V. d. I. Berlin. 1913: Abb.: 589, 605, 636, 637 Buchholz. — 1915: Abb.: 376, 389a u. b, 435, 436, 456a u. b, 556a u. b, 579—581, 596, 633, 640, 642, 687—689, 722a—d O. Franzius. — 1916: Abb.: 404a—c, 421a u. b, 499 Kölle. — 1919: Abb.: 20, 21 O. Franzius, 679 Demag. — 1920: Abb.: 88—91 Engels. — 1921: Abb.: 105, 106 Eisenlohr.
Jahrb. Hafenbautech. Ges. Hamburg: Boysen & Maasch. 1918: Abb.: 940, 1012a u. b Kern. — 1919: Abb.: 720a—d Panum u. Ehlers; 758, 987 Kutschke; 837—840b Stein; 853a—c, 858a u. b, 859a u. b, 895, 896, 946a u. b Panum u. Ehlers; 950 Kutschke; 952, 968 Panum u. Ehlers; 954 Luft u. Eisig. — 1920: Abb.: 813 Bock; 836 Weike; 977, 978 Schätzler u. Meinken; 986 Schulze; 1009, 1010 Bock. — 1921: Abb.: 11 Eisenlohr; 749 Kern; 969 Hermeking; 980 Kruse; 1011a u. b Horowitz. — 1922: Abb.: 984 Fabricius. — 1923: Abb.: 957a—c Henrici, 1014a u. b Günther. — 1924: Abb.: 931 Stecher.

Z. f. Bauw. Berlin: Guido Hackebeil. 1913: Abb.: 429 Buchholz; 593 Preiß u. Schneuzer; 594, 634, 635 Buchholz. — 1923: Abb.: 200—211 Weißker; 696. — 1924: Abb.: 789, 878, 879, 880, 892a—e, 970 Nieblig u. Barrelmann.

Zentralbl. Bauverw. Berlin: W. Ernst & Sohn. 1895: Abb.: 759 Sarrazin u. Hoßfeld. — 1909: Abb.: 601 Franke. — 1918: Abb.: 429 Kölle. — 1919: Abb.: 92, 93 Rehbock. — 1920: Abb.: 431 Sympher. — 1925: Abb.: 432 n. den Drucksachen des Oder-Wasserstraßenbeirats.

Bautechnik. Berlin: W. Ernst & Sohn. 1923: Abb.: 989—991 Günthel. — 1925: Abb.: 477, 478, 480 Randzio; 643 Winkel; 983 ohne Verf., 1015 Buhle.

Dt. Wass. Wirtsch. Berlin-Charlottenburg: Rom-Verlag. 1923: Abb.: 443 Maier; 497 Krenzer. — 1924: Abb.: 135 Köbler; 474 ohne Verf., 504 Schuber; 505a—c Hallinger; 506 Schäfer, 852 Christianse.

Z. f. Binnenschiff. Berlin-Halensee: Schröder. 1925: Abb.: 743. — 1926: Abb.: 695, 723 O. Franzius.

Die Weser. Bremen: Verlag Weserbund, Schütting. 1926: Abb.: 829 Overbeck.

Ö. W. 1919: Abb.: 136, 137 Reich.

Schweiz. Bauzg. Zürich: Jean Frey. 1918: Abb.: 323—330 Gruner u. Locher. — Mitt. d. eidgen. Amts f. Schweizer Wasserwirtsch. 1921: Abb.: 33, 34 Kobelt.

Professional Papers. 1861: Abb.: 36 Humphrey u. Abbot.

Engg. News. Rec. 1923: Abb.: 449 Urban.

Namen- und Sachverzeichnis.

Neue nordische Wasserkraftanlagen. Von Dr.-Ing., Dr. techn. h. c. **Adolf Ludin,** o. Professor und Vorstand des Wasserbaulaboratoriums an der Technischen Hochschule zu Berlin. Mit etwa 1000 Textabbildungen und mehreren zum Teil mehrfarbigen Tafeln. Etwa 30 Bogen 4°. In Vorbereitung.

Das Bayernwerk und seine Kraftquellen. Von Dipl.-Ing. **A. Menge,** München. Mit 118 Abbildungen im Text und 3 Tafeln. VIII, 104 Seiten. 1925. RM 6.—

Wasserkraftmaschinen. Eine Einführung in Wesen, Bau und Berechnung von Wasserkraftmaschinen und Wasserkraftanlagen. Von Dipl.-Ing. **L. Quantz,** Stettin. Sechste, erweiterte und verbesserte Auflage. Mit 207 Abbildungen im Text. VI, 164 Seiten. 1926. RM 4.80

Die Theorie der Wasserturbinen. Ein kurzes Lehrbuch von Prof. **Rudolf Escher †,** Zürich. Dritte, vermehrte und verbesserte Auflage, herausgegeben von Ober-Ing. **Robert Dubs,** Zürich. Mit 364 Textabbildungen und einer Tafel. XIV, 356 Seiten. 1924. Gebunden RM 13.50

Druckrohrleitungen. Berechnungs- und Kalkulationsgrundlagen der Rohrleitungen für Wasserkraft- und Wasserversorgungsanlagen von Obering., Dr.-Ing. **Felix Bundschu.** Mit 12 Abbildungen. IV, 60 Seiten. 1926. RM 6.—

Die Staumauern. Theorie und wirtschaftlichste Bemessung mit besonderer Berücksichtigung der Eisenbetontalsperren und Beschreibung ausgeführter Bauwerke von Dr.-Ing. **N. Kelen.** Mit 307 Textabbildungen und Bemessungstafeln. VIII, 294 Seiten. 1926. Gebunden RM 39.—

Der Beton. Herstellung, Gefüge und Widerstandsfähigkeit gegen physikalische und chemische Einwirkungen. Von Dr. **Richard Grün,** Direktor am Forschungsinstitut der Hüttenzementindustrie in Düsseldorf. Mit 54 Textabbildungen und 35 Tabellen. X, 186 Seiten. 1926. RM 13.20; gebunden RM 15.—

Wasserdurchlässigkeit von Beton in Abhängigkeit von seinem Aufbau und vom Druckgefälle. Von Dipl.-Ing. **Gustav Merkle,** (Mitteilungen des Institus für Beton und Eisenbeton an der Technischen Hochschule in Karlsruhe i. B. Leitung: E. Probst.) Mit 33 Textabbildungen. IV, 66 Seiten. 1927. RM 5.10

Das Wesen des Gußbetons. Eine Studie mit Hilfe von Laboratoriumsversuchen. Von Dr.-Ing. **G. Bethke.** Mit 33 Textabbildungen. 58 Seiten. 1924. RM 3.30

GPSR Compliance

The European Union's (EU) General Product Safety Regulation (GPSR) is a set of rules that requires consumer products to be safe and our obligations to ensure this.

If you have any concerns about our products, you can contact us on ProductSafety@springernature.com

In case Publisher is established outside the EU, the EU authorized representative is:

Springer Nature Customer Service Center GmbH
Europaplatz 3
69115 Heidelberg, Germany

Batch number: 10683448

Printed by Printforce, the Netherlands

Batch number: 10683448

Printed by Printforce, the Netherlands